# Alle Vögel der Welt 3

Impressum

Bibliografische Information der Deutschen Nationalbibliothek:
Die Deutsche Nationalbibliothek verzeichnet diese Publikation in der
Deutschen Nationalbibliografie;
detaillierte bibliografische Daten sind im Internet über www.dnb.de abrufbar.

Verlag:
BoD · Books on Demand GmbH, In de Tarpen 42, 22848 Norderstedt,
bod@bod.de
Druck:
Libri Plureos GmbH, Friedensallee 273, 22763 Hamburg

2 Auflage
© 2025 fotolulu
Fotos & Text: fotolulu · www.fotolulu.de

Deutsche Namen der Unterarten © by fotolulu

ISBN: 978-3-7693-0117-5

fotolulu

3. Überarbeitung

# Alle Vögel der Welt 3

Die komplette Checkliste aller Vogelarten und Unterarten der Welt

Alle Arten und Unterarten mit lateinischen und deutschen Namen,
Verbreitungsgebiet und Autor.

Alle Arten mit englischen und spanischen Namen.

## Aktuelles Update Dezember 2024

Wichtiger Hinweis:
Es handelt sich bei dem Buch um eine reine Checkliste,
es sind keine Fotos der Vögel im Buch.

# Inhalt

## Vorwort

Wie kommt man auf die Idee, alle Vögel der Welt inklusive der Unterarten aufzulisten und allen Vögeln deutsche Namen zu geben?

Der Grund dafür ist recht einfach und simpel - ich wollte für mich eine Checkliste auf Deutsch haben.

In den „offiziellen Checklisten" werden bei Arten mit Unterarten, die Nominatformen zusätzlich als eigene Unterart mit aufgeführt, was verwirrend ist, weil die Art bereits die Nominatform darstellt. Wäre es nicht so, dann müsste auch unter jeder Art ohne Unterarten diese aufgeführt werden.

Ein Beispiel:

**Anser fabilis (Nominatform)**
**Anser fabilis fabilis (Nominatform)**
Anser fabilis johanseni
Anser fabilis middendorffi

**Anser brachyrhynchus (Nominatform)**

Um eine Dopplung zu verhindern habe ich also die Nominatform-Unterart weggelassen. Damit die Verbreitung jedoch stimmig ist, habe ich das Verbreitungsgebiet der Art entsprechend angepasst.

Anser fabalis
**Waldsaatgans**
*Taiga Bean Goose - Ánsar campestre*
Latham, 1787
Skandinavien bis nc Sibirien

Anser fabalis johanseni
**Westliche Waldsaatgans**
Delacour, 1951
w Sibirien
Anser fabalis middendorffii
**Middendorfs Waldsaatgans**
Severtsov, 1873
e Sibirien

Warum aber „Alle Vögel der Welt" in Buchform und warum die Neuauflage?

Die Neuauflage war wieder einmal notwendig, weil die Wissenschaftler die Taxonomie ständig überarbeiten. Für „Hobbyornithologen" sind die Anpassungen nicht nachvollziehbar und verwirrend.

Es ist nicht erklärbar, warum in der Familie Megalaimidae, keine Art mehr mit Megalaima beginnt sondern mit Psilopogon. Sinnvoll wäre dann wohl die Anpassung der Familie auf Psilopogonidae.

Auch werden ständig Unterarten zu Arten erhoben, Unterarten werden nicht mehr anerkannt, andere Arten kommen in neue oder andere Familien und so weiter.

Ein weiterer Grund für das Update ist, dass immer wieder neue Arten entdeckt werden.

In diesem Update sind auch die Namensänderungen der Arten in Deutsch und Englisch berücksichtigt.

Mit diesem Buch möchte ich allen Birding-Freunden und Ornithologen eine komplette und aktuelle Übersicht in Deutsch an die Hand geben. Dazu habe ich allen Unterarten eindeutige deutsche Namen gegeben. Die Namensgebung soll keinen wissenschaftlichen Ansprüchen gerecht werden. Die Namen beruhen auf Übersetzungen aus den lateinischen Namen, geografischen Spezifikationen, Namen der Autoren oder Übersetzungen aus dem Englischen.

Mein Leitspruch: „Alle sagten: Das geht nicht! - Da kam einer, der wusste das nicht und tat es einfach!"

Die Einträge bestehen, wie links im Beispiel zu sehen, aus dem wissenschaftlichen Namen, dem deutschen Namen (Arten und Unterarten), dem englischen und spanischen Namen (Arten), dem Verbreitungsgebiet und dem Autor (Arten und Unterarten).

Ich wünsche Ihnen viel Spaß mit diesem Buch, vor allem aber beim Beobachten der faszinierenden Vogelwelt

Ihr fotolulu

## Grundlegendes zur Taxonomie

Die Taxonomie der Vögel unterliegt einem ständigen Wechsel aufgrund neuer Erkenntnisse. So wurden in den letzten Jahren auch mit Hilfe der Gentechnologie viele Unterarten als eigenständige Arten eingestuft, einige Arten wurden anderen Familien zugeordnet und so weiter.

Somit ist es unmöglich, auf längere Zeit einen aktuellen Index zu erstellen. Das aktuelle Buch ist auf dem Stand von Dezember 2024.

Es sind 11.280 Arten und 14.751 Unterarten aufgeführt. Das sind rund 6.000 Unterarten weniger als in den anderen Listen, weil ich die Nominatformen, wie bereits erklärt, weggelassen habe.

## Wissenschaftliche und deutsche Bezeichnungen

Jede Vogelart hat einen wissenschftlichen Namen. Die wissenschaftliche Bezeichnung einer Art erfolgt in Latein und besteht aus zwei Wörtern. Das erste Wort bezieht sich auf die Gattung, zu der die Art gehört und beginnt mit einem Großbuchstaben. Das zweite Wort beschreibt die Art und wird immer kleingeschrieben.

Beispiel:
Spießente: Anas (Gattung) acuta (Artbezeichnung)

Die Bestimmung von Unterarten bei Vögeln folgt bestimmten Grundregeln, die dabei helfen, die Vielfalt innerhalb einer Art zu kategorisieren und zu unterscheiden.

### Morphologische Unterschiede:
Unterarten unterscheiden sich oft in äußeren Merkmalen wie Größe, Farbe, Zeichnung oder Schnabelform. Diese Unterschiede müssen stabil und über einen längeren Zeitraum hinweg in bestimmten geografischen Regionen oder Populationen auftreten.

### Geografische Trennung:
Unterarten sind häufig geografisch isoliert. Dies bedeutet, dass sie in verschiedenen Regionen vorkommen, die durch natürliche Barrieren wie Gebirge, Flüsse oder Meere getrennt sind. Solche geografischen Unterschiede führen oft zu unterschiedlichen Merkmalen innerhalb einer Art.

### Genetische Unterschiede:
Obwohl Unterarten vor allem auf morphologischen Merkmalen basieren, gibt es auch genetische Unterschiede zwischen ihnen. Diese Unterschiede können durch genetische Studien nachgewiesen werden, um die Abgrenzung zu stützen.

### Fortpflanzungsisolierung:
In vielen Fällen sind die Unterarten auch in ihrer Fortpflanzung voneinander getrennt, entweder durch geografische Barrieren oder durch unterschiedliche Fortpflanzungszeiten oder -verhalten. In einigen Fällen können sich Unterarten noch miteinander kreuzen, aber ihre Nachkommen könnten unfruchtbar oder weniger überlebensfähig sein.

Jede Unterart erhält einen speziellen, dreiteiligen wissenschaftlichen Namen. Dieser Name besteht aus dem Gattungsnamen (z. B. Turdus), dem Artnamen (z. B. merula) und einem zusätzlichen Bezeichner für die Unterart, der oft geografische Hinweise enthält (z. B. Turdus merula merula).

Um als Unterart anerkannt zu werden, müssen die Unterschiede konsistent und stabil sein. Das bedeutet, dass die Merkmale nicht nur sporadisch in einer Population auftauchen, sondern in mehreren Generationen und über größere geographische Bereiche hinweg.

## Erläuterungen zur Namensvergabe

Die Vergabe der neuen deutschen Namen für die Unterarten, habe ich nicht nach wissenschaftlich fundierten Erkenntnissen gemacht. Es geht vielmehr um eine eindeutige Benennung aller Unterarten in deutscher Sprache.

Die gängigen Artennamen sind zum Teil auch nicht schlüssig. Ein schänes Beispiel dafür ist das Braunkehlchen, bei dem so ziemlich alles braun ist, nur die Kehle nicht. Diese ist beim Weibchen weiß und beim Männchen rahmgelb bis orange.

## Grundlagen der Namensvergabe

Ich habe zum Beispiel die Verbreitungsgebiete oder die lateinischen Ortsbezeichnungen verwendet:

Buteo buteo Mäusebussard

Buteo buteo menetriesi - **Elburz**-Mäusebussard

Vorkommen: Kaukasus, **Elburz Mts.**

Buteo buteo **japonicus** - **Japanischer** Mäusebussard

Bei Unterarten mit Verbreitungsgebieten über mehrere Länder, habe ich willkürlich entschieden. Somit ist die Ortsangabe im Namen kein Hinweis auf das Hauptvorkommen der Unterart.

Bei einigen Unterarten weist der dritte Name auf optische Besonderheiten hin, die ich dann übersetzt habe:

Garrulus glandarius **albipectus** - **Weißbauch**eichelhäher

Bei lateinischen Namen, in denen der „Entdecker" genannt ist, habe ich diesen zugrunde gelegt:

Gavia arctica **suschkini** - **Suschkins** Prachttaucher

Bei einigen Arten gibt es derart viele Unterarten, so dass ich mich auf den Autor bezogen habe. Mit Autor ist der Erstbeschreiber der Unterart gemeint, wie zum Beispiel der niederländische Zoologe Coenraad Jacob Temminck.

Athene cunicularia grallaria - **Temmincks** Kaninchenkauz
Autor: **Temminck**, 1822

## Wie kommt es zu den Unterschieden in der Taxonomie, im Vergleich mit gängigen Bestimmungsbüchern?

Die Unterschiede im Vergleich zu gängigen Bestimmungsbüchern entstehen durch die Art und Weise, wie diese Werke organisiert sind. In klassischen Bestimmungsbüchern werden Vögel häufig nach praktischen Kriterien wie Größe, Farbe, Name oder Lebensraum sortiert, um das schnelle Auffinden einer Art zu erleichtern.

Im Gegensatz dazu orientieren sich „moderne" ornithologische Werke stärker an der natürlichen Verwandtschaft der Vögel, also ihrer stammesgeschichtlichen Herkunft. Diese Herangehensweise berücksichtigt die evolutionären Beziehungen zwischen den Arten.

Daher ist die Klassifikation in herkömmlichen Bestimmungsbüchern meist „zweckgebunden" und auf die praktischen Bedürfnisse des Nutzers ausgerichtet, während in wissenschaftlicheren Werken eine systematischere und phylogenetische Gliederung verfolgt wird.

## Handhabung des Buches

## Nominotypisches Taxon (Nominatform)

Ein nominotypisches Taxon, früher auch als Nominatform bezeichnet, ist ein Begriff aus der zoologischen Nomenklatur. Er beschreibt ein Taxon (also eine biologische Klassifikation), das denselben Typus (ein Beispielexemplar, das für die Beschreibung einer Art verwendet wird) hat wie das höherwertige Taxon, zu dem es gehört.

In der Biologie werden neu entdeckte „Formen" oder Taxa (wie z. B. eine Art) anhand eines sogenannten Typusexemplars beschrieben und benannt. Ein Beispiel: Die Kohlmeise (Parus major) wurde 1758 von Carl von Linné wissenschaftlich beschrieben. Nachdem später andere Biologen diese Art in verschiedene Unterarten unterteilten, bleibt die ursprüngliche Beschreibung von Linné und das Typusexemplar die Grundlage, nicht nur für die Art Parus major, sondern auch für die Unterart Parus major major. Daher bezeichnet man diese Unterart als Nominatform der Art Parus major.

Im Buch habe ich dieses nominotypische Taxon nicht aufgeführt, es entspricht in der Checkliste der Art. Das Verbreitungsgebiet der Nominatform habe ich der Art zugeordnet.

Art: Parus major = nom. Taxon: Parus major major

Ausgestorbene Arten und Unterarten sind mit einem † markiert.

## Ausbau und Verbesserung

Sie haben einen anderen Namensvorschlg oder kennen einen bereits gängigen Namen einer Unterart, so lassen Sie es mich wissen. Alle Vorschläge werden geprüft und in der nächsten Auflage berücksichtigt.

## Grundlagen der Taxonomie, den Updates und der englischen/spanischen Namen zum Buch:

Taxonomie und englische Namen: vorherige Auflagen und Gill, F, D Donsker, and P Rasmussen (Eds). 2024. IOC World Bird List (v 14.2). Doi 10.14344/IOC.ML.14.2. http://www.worldbirdnames.org/

## Artensuche

Sie haben die Möglichkeit eine Art über den lateinischen oder deutschen Namen zu finden. Für ein englisches Namensverzeichnis war leider kein Platz mehr, denn die maximale Seitenzahl für den Druck liegt bei 900 Seiten.

Sie können auch über die Taxonomie-Übersicht fündig werden, wenn Sie die Familie oder die Gattung kennen.

## Abkürzungen bei den Verbreitungsgebieten

Vorab sei gesagt, dass es bei den Verbreitungsgebieten einen kleinen Mix von Deutsch und Englisch gibt.

n = North/Norden

w = West/Westen

e = East/Osten

s = South/Süden

c = Central/Zentral

Entsprechende Kombinationen sind möglich wie zum Beispiel: ne, se, nw

Mt. = Mountain/Berg

Mts. = Mountains/Berge, Gebirge

I. = Island/Insel

Is. = Islands/Inseln, Inselgruppe

## Struktur der Checkliste

Beispiel:

**Ordnung: STRUTHIONIFORMES (Laufvögel)**

**Familie: Struthionidae (Strauße)**
Gattung: Struthio

Struthio camelus
**Strauß**
*Common Ostrich - Avestruz común*
Linnaeus, 1758
s Marokko und Mauretanien bis s Ägypten, Eritrea und n, w Äthiopien, s bis Kamerun und n Uganda

† Struthio camelus syriacus
**Syrischer Strauß**
Rothschild, 1919
Syrien und Arabien Wüste
Struthio camelus massaicus
**Massai-Strauß**
Neumann, 1898
s Kenia und c Tansania
Struthio camelus australis
**Südafrikanischer Strauß**
Gurney, JH Sr, 1868
s Afrika

Struthio molybdophanes
**Somalistrauß**
*Somali ostrich - Avestruz somalí*
Reichenow, 1883
extremer se S Sudan, s, e Äthiopien, Somalia, Dschibuti und n, ec Kenia

# Taxonomie Übersicht

Gattung: Sicalis 794

Gattung: Phrygilus 795

Gattung: Nesospiza 795

Gattung: Rowettia 796

Gattung: Melanodera 796

Gattung: Geospizopsis 796

Gattung: Haplospiza 796

Gattung: Acanthidops 796

Gattung: Xenodacnis 796

Gattung: Idiopsar 796

Gattung: Catamenia 797

Gattung: Diglossa 797

Gattung: Calochaetes 798

Gattung: Iridosornis 798

Gattung: Pipraeidea 799

Gattung: Rauenia 799

Gattung: Pseudosaltator 799

Gattung: Dubusia 799

Gattung: Buthraupis 799

Gattung: Sporathraupis 799

Gattung: Tephrophilus 799

Gattung: Chlorornis 799

Gattung: Cnemathraupis 799

Gattung: Anisognathus 800

Gattung: Chlorochrysa 800

Gattung: Wetmorethraupis 800

Gattung: Bangsia 800

Gattung: Lophospingus 801

Gattung: Neothraupis 801

Gattung: Diuca 801

Gattung: Gubernatrix 801

Gattung: Stephanophorus 801

Gattung: Cissopis 801

Gattung: Schistochlamys 801

Gattung: Paroaria 801

Gattung: Ixothraupis 802

Gattung: Chalcothraupis 802

Gattung: Poecilostreptus 802

Gattung: Thraupis 802

Gattung: Stilpnia 803

Gattung: Tangara 804

# Die Checkliste
aller Vogelarten und Unterarten

# PALAEOGNATHAE (Urkiefervögel)

## Ordnung: STRUTHIONIFORMES (Laufvögel)

### Familie: Struthionidae (Strauße)
Gattung: Struthio

Struthio camelus
**Strauß**
*Common Ostrich - Avestruz común*
Linnaeus, 1758
*s Marokko und Mauretanien bis s Ägypten, Eritrea und n, w Äthiopien, s bis Kamerun und n Uganda*

† Struthio camelus syriacus
**Syrischer Strauß**
Rothschild, 1919
Syrien und Arabien Wüste
Struthio camelus massaicus
**Massai-Strauß**
Neumann, 1898
s Kenia und c Tansania
Struthio camelus australis
**Südafrikanischer Strauß**
Gurney, JH Sr, 1868
s Afrika

Struthio molybdophanes
**Somalistrauß**
*Somali ostrich - Avestruz somalí*
Reichenow, 1883
*extremer se S Sudan, s, e Äthiopien, Somalia, Dschibuti und n, ec Kenia*

## Ordnung: RHEIFORMES (Nandus)

### Familie: Rheidae (Nandus)
Gattung: Rhea

Rhea americana
**Nandu**
*Greater Rhea - Ñandú común*
Linnaeus, 1758
*n, e Brasilien*

Rhea americana intermedia
**Mittlerer Nandu**
Rothschild & Chubb, C, 1914
se Brasilien und Uruguay
Rhea americana nobilis
**Paraguay-Nandu**
Brodkorb, 1939
e Paraguay
Rhea americana araneipes
**Bolivischer Nandu**
Brodkorb, 1938
sw Brasilien, e Bolivien und w Paraguay
Rhea americana albescens
**Argentinischer Nandu**
Lynch & Holmberg, 1878
ne, e Argentinien

Rhea pennata
**Darwinnandu**
*Lesser Rhea - Ñandú petiso*
d'Orbigny, 1837
*s Chile und wc, s Argentinien*

Rhea pennata garleppi
**Garlepps-Nandu**
(Chubb, C, 1913)
s Peru, sw Bolivien und nw Argentinien
Rhea pennata tarapacensis
**Chilenandu**
(Chubb, C, 1913)
n Chile

## Ordnung: APTERYGIFORMES (Kiwis)

### Familie: Apterygidae (Kiwis)
Gattung: Apteryx

Apteryx australis
**Südstreifenkiwi**
*Southern Brown Kiwi - Kiwi sureño*
Shaw, 1813
*sw Südinsel (Neuseeland)*

Apteryx australis lawryi
**Stewart-Streifenkiwi**
Rothschild, 1893
Stewart Insel (Neuseeland)

Apteryx mantelli
**Nordstreifenkiwi**
*North Island Brown Kiwi - Kiwi norteño*
Bartlett, AD, 1852
*Nordinsel (Neuseeland)*

Apteryx rowi
**Okaritokiwi**
*Okarito Kiwi - Kiwi de Okarito*
Tennyson, Palma, Robertson, HA, Worthy & Gill, BJ, 2003
*Okarito Forest (wc Südinsel, Neuseeland)*

Apteryx owenii
**Zwergkiwi**
*Little Spotted Kiwi - Kiwi moteado menor*
Gould, 1847
*Kapiti Insel (vor sw Nordinsel) und weitere Raubtierfreie Inseln (Neuseeland)*

Apteryx maxima
**Haastkiwi**
*Great Spotted Kiwi - Kiwi moteado mayor*
Potts, 1872
*Gebirge n Südinsel (Neuseeland)*

## Ordnung: CASUARIIFORMES (Kasuare, Emus)

### Familie: Casuariidae (Kasuare, Emus)
Gattung: Casuarius

Casuarius casuarius
**Helmkasuar**
*Southern Cassowary - Casuario común*
Linnaeus, 1758
*Aru Is. (sw von Neuguinea), Neuguinea und e Cape York Halbinsel, ne Queensland (ne Australien)*

Casuarius bennetti
**Bennettkasuar**
*Dwarf Cassowary - Casuario menor*
Gould, 1857
*Yapen (Geelvink Bay is., nw Neuguinea), Neuguinea (außer nw) und New Britain (se Bismarck Archipel)*

Casuarius bennetti westermanni
**Papua-Bennettkasuar**
Sclater, PL, 1874
nw Neuguinea

Casuarius unappendiculatus
**Einlappenkasuar**
*Northern Cassowary - Casuario unicarunculado*
Blyth, 1860
*Salawati (Raja Ampat Is., nw von Neuguinea), Yapen (Geelvink Bay is., nw Neuguinea) und Neuguinea*

### Gattung: Dromaius

Dromaius novaehollandiae
**Emu**
*Emu - Emú*
Latham, 1790
*Festland Australien*

† Dromaius novaehollandiae diemenensis
**Tasmanischer Emu**
Le Souef, 1907
Tasmanien
† Dromaius novaehollandiae minor
**Kleiner Emu**
Spencer, B, 1906
King Insel (w Bass Strait, se Australien)
† Dromaius novaehollandiae baudinianus
**Kangaroo-Emu**
Parker, SA, 1984
Kangaroo Insel (vor se South Australia; sc Australien)

## Ordnung: TINAMIFORMES (Steißhühner)

### Familie: Tinamidae (Steißhüner)
Gattung: Tinamus

Tinamus tao
**Taotinamu**
*Grey Tinamou - Tinamú tao*
Temminck, 1815
*nc Brasil*

    Tinamus tao larensis
    **Kolumbianischer Tao**
    Phelps, WH & Phelps, WH Jr, 1949
    *c Kolumbien, nw Venezuela*
    Tinamus tao septentrionalis
    **Guyana-Tao**
    Brabourne & Chubb, C, 1913
    *ne Venezuela, nw Guyana*
    Tinamus tao kleei
    **Peruanischer Tao**
    Tschudi, 1843
    *sc Kolumbien bis e Bolivien und w Brasil*

Tinamus solitarius
**Zimttinamu**
*Solitary Tinamou - Tinamú macuco*
Vieillot, 1819
*e Brasil bis ne Argentinien und e Paraguay*

Tinamus osgoodi
**Schwarztinamu**
*Black Tinamou - Tinamú negro*
Conover, 1949
*se Peru*

    Tinamus osgoodi hershkovitzi
    **Kolumbianischer Schwarztinamu**
    Blake, 1953
    *sc Kolumbien*

Tinamus major
**Großtinamu**
*Great Tinamou - Tinamú oliváceo*
Gmelin, JF, 1789
*e Venezuela bis ne Brasil*

    Tinamus major robustus
    **Nikaragua-Großtinamu**
    Sclater, PL & Salvin, 1868
    *se Mexiko, Guatemala, Honduras*
    Tinamus major percautus
    **Mexikanischer Großtinamu**
    Van Tyne, 1935
    *s Mexiko, n Guatemala, Belize*
    Tinamus major fuscipennis
    **Braunflügeltinamu**
    Salvadori, 1895
    *n Nikaragua bis w Panama*
    Tinamus major brunneiventris
    **Schwarzkehl-Großtinamu**
    Aldrich, 1937
    *sc Panama*
    Tinamus major castaneiceps
    **Rotstirn-Großtinamu**
    Salvadori, 1895
    *sw Costa Rica, w Panama*
    Tinamus major saturatus
    **Panama-Großtinamu**
    Griscom, 1929
    *e Panama, nw Kolumbien*
    Tinamus major zuliensis
    **Venezuela-Großtinamu**
    Osgood & Conover, 1922
    *ne Kolumbien, n Venezuela*
    Tinamus major latifrons
    **Weißscheitel-Großtinamu**
    Salvadori, 1895
    *sw Kolumbien, w Ecuador*
    Tinamus major serratus
    **Amazonas-Großtinamu**
    Spix, 1825
    *nw Brasil*
    Tinamus major olivascens
    **Olivtinamu**
    Conover, 1937
    *Amazonasgebiet Brasil*
    Tinamus major peruvianus
    **Peruanischer Großtinamu**
    Bonaparte, 1856
    *se Kolumbien bis Bolivien und w Brasil*

Tinamus guttatus
**Weißkehltinamu**
*White-throated Tinamou - Tinamú moteado*
Pelzeln, 1863
*Amazonasgebiet*



 



Nothocercus bonapartei
**Bergtinamu**
*Highland Tinamou - Tinamú serrano*
Gray, GR, 1867
*nc Kolumbien und w Venezuela*

    Nothocercus bonapartei frantzii
    **Frantzis Bergtinamu**
    Lawrence, 1868
    *Costa Rica und w Panama*
    Nothocercus bonapartei intercedens
    **Westlicher Bergtinamu**
    Salvadori, 1895
    *w Kolumbien*
    Nothocercus bonapartei discrepans
    **Kolumbianischer Bergtinamu**
    Friedmann, 1947
    *e Kolumbien*
    Nothocercus bonapartei plumbeiceps
    **Bonarpatetinamu**
    Lönnberg & Rendahl, 1922
    *e Ecuador und n Peru*

Nothocercus julius
**Gelbbrusttinamu**
*Tawny-breasted Tinamou - Tinamú cabecirrojo*
Bonaparte, 1854
*c Kolumbien und w Venezuela bis sc Peru*

Nothocercus nigrocapillus
**Kapuzentinamu**
*Hooded Tinamou - Tinamú cabecinegro*
Gray, GR, 1867
*c Peru bis n Bolivien*

    Nothocercus nigrocapillus cadwaladeri
    **Cadwaldatinamu**
    Carriker, 1933
    *nw Peru*



Crypturellus berlepschi
**Berlepschtinamu**
*Berlepsch's Tinamou - Tinamú tizón*
Rothschild, 1897
*w Kolumbien und nw Ecuador*

Crypturellus cinereus
**Grautinamu**
*Cinereous Tinamou - Tinamú sombrío*
Gmelin, JF, 1789
*Amazonasgebiet*

Crypturellus soui
**Brauntinamu**
*Little Tinamou - Tinamú chico*
Hermann, 1783
*e Kolumbien bis ne Brasilien*

    Crypturellus soui meserythrus
    **Mexikanischer Brauntinamu**
    Sclater, PL, 1860
    *s Mexico bis se Nicaragua*
    Crypturellus soui modestus
    **Nikaragua-Brauntinamu**
    Cabanis, 1869
    *Costa Rica und w Panama*
    Crypturellus soui capnodes
    **Capnode-Brauntinamu**
    Wetmore, 1963
    *nw Panama*
    Crypturellus soui poliocephalus
    **Panama-Brauntinamu**
    Aldrich, 1937
    *Panama (Pazifikseite)*
    Crypturellus soui panamensis
    **Perleninsel-Brauntinamu**
    Carriker, 1910
    *Panama*
    Crypturellus soui mustelinus
    **Kolumbianischer Brauntinamu**
    Bangs, 1905
    *ne Kolumbien und nw Venezuela*
    Crypturellus soui andrei
    **Andres Brauntinamu**
    Brabourne & Chubb, C, 1914
    *Trinidad und ne Venezuela*
    Crypturellus soui caucae
    **Cauca-Brauntinamu**
    Chapman, 1912
    *nc Kolumbien*

Crypturellus soui harterti
**Harters Brauntinamu**
Brabourne & Chubb, C, 1914
w Kolumbien und w Ecuador
Crypturellus soui caquetae
**Caqueta-Brauntinamu**
Chapman, 1915
se Kolumbien
Crypturellus soui nigriceps
**Ekuador-Brauntinamu**
Chapman, 1923
e Ecuador und ne Peru
Crypturellus soui albigularis
**Brasilianischer Brauntinamu**
Brabourne & Chubb, C, 1914
n, e Brasilien
Crypturellus soui inconspicuus
**Bolivianischer Brauntinamu**
Carriker, 1935
c Peru bis e Bolivien

Crypturellus ptaritepui
**Tepuitinamu**
*Tepui Tinamou - Tinamú de tepuy*
Zimmer, JT & Phelps, WH, 1945
*Venezuela*

Crypturellus obsoletus
**Kastanientinamu**
*Brown Tinamou - Tinamú café*
Temminck, 1815
*s Brasilien, Paraguay und ne Argentinien*

Crypturellus obsoletus cerviniventris
**Venezuela-Kastanientinamu**
Sclater, PL & Salvin, 1873
n Venezuela
Crypturellus obsoletus knoxi
**Knox-Kastanientinamu**
Phelps, WH Jr, 1976
nw Venezuela
Crypturellus obsoletus castaneus
**Ekuador-Kastanientinamu**
Sclater, PL, 1858
e Kolumbien bis n Peru
Crypturellus obsoletus ochraceiventris
**Peruanischer Kastanientinamu**
Stolzmann, 1926
c Peru
Crypturellus obsoletus traylori
**Taylors Kastanientinamu**
Blake, 1961
se Peru
Crypturellus obsoletus punensis
**Puna-Kastanientinamu**
Chubb, C, 1918
se Peru und n Bolivien
Crypturellus obsoletus griseiventris
**Santarem-Kastanientinamu**
Salvadori, 1895
nc Brasilien
Crypturellus obsoletus hypochraceus
**Brasilianischer Kastanientinamu**
Miranda-Ribeiro, 1938
sw Brasilien

Crypturellus undulatus
**Wellentinamu**
*Undulated Tinamou - Tinamú ondeado*
Temminck, 1815
*se Peru bis n Argentinien*

Crypturellus undulatus manapiare
**Venezuela-Wellentinamu**
Phelps, WH & Phelps, WH Jr, 1952
s Venezuela
Crypturellus undulatus simplex
**Guyana-Wellentinamu**
Salvadori, 1895
s Guyana und nc Brasilien
Crypturellus undulatus yapura
**Yapu-Wellentinamu**
Spix, 1825
w Amazonasgebiet
Crypturellus undulatus adspersus
**Amazonas-Wellentinamu**
Temminck, 1815
c Brasilien
Crypturellus undulatus vermiculatus
**Brasilien-Wellentinamu**
Temminck, 1825
e Brasilien

Crypturellus transfasciatus
**Brauentinamu**
*Pale-browed Tinamou - Tinamú cejudo*
Sclater, PL & Salvin, 1878
*w Ecuador und nw Peru*

Crypturellus strigulosus
**Rotkehltinamu**
*Brazilian Tinamou - Tinamú brasileño*
Temminck, 1815
*e Peru und nw Bolivien über s Amazonasgebiet Brasilien*

Crypturellus duidae
**Graufußtinamu**
*Grey-legged Tinamou - Tinamú patigrís*
Zimmer, JT, 1938
*ec Kolumbien bis s Venezuela*

Crypturellus erythropus
**Rotfußtinamu**
*Red-legged Tinamou - Tinamú patirrojo*
Pelzeln, 1863
*e Venezuela bis ne Brasilien*

Crypturellus erythropus cursitans
**Venezuela-Rotfußtinamu**
Wetmore & Phelps, WH Jr, 1956
n Kolumbien und nw Venezuela
Crypturellus erythropus idoneus
**Östlicher Rotfußtinamu**
Todd, 1919
ne Kolumbien und nw Venezuela
Crypturellus erythropus columbianus
**Kolumbianischer Rotfußtinamu**
Salvadori, 1895
nc Kolumbien
Crypturellus erythropus saltuarius
**Amazonas-Rotfußtinamu**
Wetmore, 1950
Magdalena Prov. (nc Kolumbien)
Crypturellus erythropus spencei
**Spence-Rotfußtinamu**
Brabourne & Chubb, C, 1914
n Venezuela
Crypturellus erythropus margaritae
**Margaritatinamu**
Phelps, WH & Phelps, WH Jr, 1948
Margarita Insel (vor Venezuela)

Crypturellus noctivagus
**Gelbfußtinamu**
*Yellow-legged Tinamou - Tinamú patigualdo*
Wied-Neuwied, M, 1820
*se Brasilien*

Crypturellus noctivagus zabele
**Zabeltinamu**
Spix, 1825
ne Brasilien

Crypturellus atrocapillus
**Schwarzkappentinamu**
*Black-capped Tinamou - Tinamú capirotado*
Tschudi, 1844
*se Peru*

Crypturellus atrocapillus garleppi
**Garlepps Tinamu**
Berlepsch, 1892
n Bolivien

Crypturellus cinnamomeus
**Buschtinamu**
*Thicket Tinamou - Tinamú canelo*
Lesson, RP, 1842
*s Guatemala, El Salvador und s Honduras*

Crypturellus cinnamomeus occidentalis
**Westlicher Buschtinamu**
Salvadori, 1895
wc Mexico
Crypturellus cinnamomeus mexicanus
**Mexikanischer Buschtinamu**
Salvadori, 1895
ec Mexico
Crypturellus cinnamomeus soconuscensis
**Chiapas-Buschtinamu**
Brodkorb, 1939
sw Mexico
Crypturellus cinnamomeus vicinior
**Honduras-Buschtinamu**
Conover, 1933
s Mexico bis c Honduras
Crypturellus cinnamomeus sallaei
**Südlicher Buschtinamu**
Bonaparte, 1856
s Mexico
Crypturellus cinnamomeus goldmani
**Goldmanns Buschtinamu**
Nelson, 1901
se Mexico, n Guatemala und n Belize

Crypturellus cinnamomeus delattrii
**Nikaragua-Buschtinamu**
Bonaparte, 1854
w Nicaragua
Crypturellus cinnamomeus praepes
**Costa Rica-Buschtinamu**
Bangs & Peters, JL, 1927
nw Costa Rica

Crypturellus boucard
**Graukehltinamu**
*Slaty-breasted Tinamou - Tinamú pizarroso*
Sclater, PL, 1860
s Mexico bis nw Honduras

Crypturellus boucardi costaricensis
**Costa Rica-Graukehltinamu**
Dwight & Griscom, 1924
n, e Honduras bis Costa Rica

Crypturellus kerriae
**Kerrtinamu**
*Choco Tinamou - Tinamú del Chocó*
Chapman, 1915
se Panama und nw Kolumbien

Crypturellus variegatus
**Rotbrusttinamu**
*Variegated Tinamou - Tinamú abigarrado*
Gmelin, JF, 1789
Amazonasgebiet und e Brasilien

Crypturellus brevirostris
**Rosttinamu**
*Rusty Tinamou - Tinamú herrumbroso*
Pelzeln, 1863
w, ne Amazonasgebiet

Crypturellus bartletti
**Bartletttinamu**
*Bartlett's Tinamou - Tinamú de Bartlett*
Sclater, PL & Salvin, 1873
w Amazonasgebiet

Crypturellus parvirostris
**Kleinschnabeltinamu**
*Small-billed Tinamou - Tinamú piquicorto*
Wagler, 1827
se Peru und s Amazonasgebiet Brasilien bis ne Argentinien

Crypturellus casiquiare
**Bindentinamu**
*Barred Tinamou - Tinamú del Casiquiare*
Chapman, 1929
e Kolumbien und s Venezuela

Crypturellus tataupa
**Tataupatinamu**
*Tataupa Tinamou - Tinamú tataupá*
Temminck, 1815
n, e Bolivien bis s Brasilien, Paraguay und n Argentinien

Crypturellus tataupa inops
**Nördlicher Tataupatinamu**
Bangs & Noble, 1918
sw Ecuador und nw Peru
Crypturellus tataupa lepidotus
**Brasilianischer Tataupatinamu**
Swainson, 1837
ne Brasilien
Crypturellus tataupa peruvianus
**Peruanischer Tataupatinamu**
Cory, 1915
c Peru



Gattung: Rhynchotus

Rhynchotus rufescens
**Rotflügeltinamu**
*Red-winged Tinamou - Tinamú alirrojo*
Temminck, 1815
n Bolivien bis e Brasilien, Paraguay, ne Argentinien und Uruguay

Rhynchotus rufescens catingae
**Brasilianischer Rotflügeltinamu**
Reiser, 1905
c, ne Brasilien
Rhynchotus rufescens pallescens
**Argentinischer Rotflügeltinamu**
Kothe, 1907
ne, c Argentinien

Rhynchotus maculicollis
**Streifenhalstinamu**
*Huayco Tinamou - Tinamú huayco*
Gray, GR, 1867
nw Bolivien und nw Argentinien

Gattung: Nothoprocta

Nothoprocta taczanowskii
**Taczanowskitinamu**
*Taczanowski's Tinamou - Tinamú de Taczanowski*
Sclater, PL & Salvin, 1875
sc Peru

Nothoprocta ornata
**Pisaccatinamu**
*Ornate Tinamou - Tinamú pisacca*
Gray, GR, 1867
s Peru, w Bolivien und n Chile

Nothoprocta ornata branickii
**Branicks Pisaccatinamu**
Taczanowski, 1875
c Peru
Nothoprocta ornata rostrata
**Südlicher Pisaccatinamu**
Berlepsch, 1907
s Bolivien und nw Argentinien

Nothoprocta perdicaria
**Chiletinamu**
*Chilean Tinamou - Tinamú chileno*
Kittlitz, 1830
nc Chile

Nothoprocta perdicaria sanborni
**Sanborntinamu**
Conover, 1924
sc Chile

Nothoprocta cinerascens
**Cordobatinamu**
*Brushland Tinamou - Tinamú montaraz*
Burmeister, 1860
se Bolivien bis nw Paraguay und c Argentinien

Nothoprocta cinerascens parvimaculata
**Riojatinamu**
Olrog, 1959
nw Argentinien

Nothoprocta pentlandii
**Andentinamu**
*Andean Tinamou - Tinamú andino*
Gray, GR, 1867
w Bolivien, nw Argentinien (Catamarca) und n Chile

Nothoprocta pentlandii ambigua
**Ambiguatinamu**
Cory, 1915
s Ecuador und nw Peru
Nothoprocta pentlandii niethammeri
**Niethammers Andentinamu**
Koepcke, 1968
wc Peru
Nothoprocta pentlandii oustaleti
**Oustalettinamu**
Berlepsch & Stolzmann, 1901
c, s Peru
Nothoprocta pentlandii fulvescens
**Peruanischer Andentinamu**
Berlepsch, 1902
se Peru
Nothoprocta pentlandii patriciae
**Patriciatinamu**
Hoy, G, 1987
nw Argentinien (Salta)
Nothoprocta pentlandii mendozae
**Mendoza-Andentinamu**
Banks & Bohl, 1968
wc Argentinien
Nothoprocta pentlandii doeringi
**Döringtinamu**
Cabanis, 1878
c Argentinien

Nothoprocta curvirostris
**Krummschnabeltinamu**
*Curve-billed Tinamou - Tinamú del páramo*
Sclater, PL & Salvin, 1873
c Ecuador bis n Peru

Nothoprocta curvirostris peruviana
**Peruanischer Krummschnabeltinamu**
Taczanowski, 1886
n, c Peru



## Gattung: Nothura

Nothura boraquira
**Weißbauchtinamu**
*White-bellied Nothura - Tinamú ventriblanco*
Spix, 1825
e Brasilien bis e Bolivien und ne Paraguay

Nothura minor
**Wachteltinamu**
*Lesser Nothura - Tinamú menor*
Spix, 1825
se Brasilien

Nothura darwinii
**Darwintinamu**
*Darwin's Nothura - Tinamú de Darwin*
Gray, GR, 1867
sc Argentinien

Nothura darwinii peruviana
**Peru-Darwintinamu**
Berlepsch & Stolzmann, 1906
s Peru
Nothura darwinii agassizii
**Agassi-Darwintinamu**
Bangs, 1910
se Peru und w Bolivien
Nothura darwinii boliviana
**Bolivien-Darwintinamu**
Salvadori, 1895
w Bolivien
Nothura darwinii salvadorii
**Salvadori-Darwintinamu**
Hartert, EJO, 1909
w Argentinien

Nothura maculosa
**Fleckentinamu**
*Spotted Nothura - Tinamú manchado*
Temminck, 1815
se Brasilien bis e Paraguay, ne Argentinien und Uruguay

Nothura maculosa cearensis
**Brasilianischer Fleckentinamu**
Naumburg, 1932
ne Brasilien
Nothura maculosa major
**Großer Fleckentinamu**
Spix, 1825
ec Brasilien
Nothura maculosa paludivaga
**Paraguay-Fleckentinamu**
Conover, 1950
c Paraguay und nc Argentinien
Nothura maculosa pallida
**Nördlicher Fleckentinamu**
Olrog, 1959
nw Argentinien
Nothura maculosa annectens
**Östlicher Fleckentinamu**
Conover, 1950
e Argentinien
Nothura maculosa submontana
**Flachland-Fleckentinamu**
Conover, 1950
sw Argentinien
Nothura maculosa nigroguttata
**Südlicher Fleckentinamu**
Salvadori, 1895
sc Argentinien
Nothura maculosa chacoensis
**Chaco-Fleckentinamu**
Conover, 1937
nw Paraguay

## Gattung: Taoniscus

Taoniscus nanus
**Pfauentinamu**
*Dwarf Tinamou - Tinamú enano*
Temminck, 1815
se Brasilien und ne Argentinien

## Gattung: Eudromia

Eudromia elegans
**Perltinamu**
*Elegant Crested Tinamou - Martineta común*
Geoffroy Saint-Hilaire, I, 1832
sc Argentinien

Eudromia elegans intermedia
**Kleiner Perltinamu**
Dabbene & Lillo, 1913
nw Argentinien
Eudromia elegans magnistriata
**Nordargentinischer Perltinamu**
Olrog, 1959
nc Argentinien
Eudromia elegans riojana
**Rioja-Perltinamu**
Olrog, 1959
wc Argentinien
Eudromia elegans albida
**Westargentinischer Perltinamu**
Wetmore, 1921
wc Argentinien
Eudromia elegans wetmorei
**Wetmores-Perltinamu**
Banks, 1977
w Argentinien
Eudromia elegans numida
**Numida-Perltinamu**
Banks, 1977
c Argentinien
Eudromia elegans multiguttata
**Ostargentinischer Perltinamu**
Conover, 1950
ec Argentinien
Eudromia elegans devia
**Devi-Perltinamu**
Conover, 1950
sw Argentinien
Eudromia elegans patagonica
**Patagonien-Perltinamu**
Conover, 1950
s Chile und s Argentinien

Eudromia formosa
**Schmucktinamu**
*Quebracho Crested Tinamou - Martineta chaqueña*
Lillo, 1905
n Argentinien

Eudromia formosa mira
**Paraguay-Schmucktinamu**
Brodkorb, 1938
sw Paraguay

## Gattung: Tinamotis

Tinamotis pentlandii
**Punatinamu**
*Puna Tinamou - Kiula andina*
Vigors, 1837
sc Peru, n Bolivien, n Chile und nw Argentinien

Tinamotis ingoufi
**Patagonientinamu**
*Patagonian Tinamou - Kiula patagona*
Oustalet, 1890
s Chile und sw Argentinien

# NEOGNATHAE (Neukiefervögel)

## GALLOANSERES (Hühnervögel)
## WATERFOWL & LANDFOWL

### Ordnung: ANSERIFORMES (Gänsevögel)

### Familie: Anhimidae (Wehrvögel)
## Gattung: Anhima

Anhima cornuta
**Hornwehrvogel**
*Horned Screamer - Chajá añuma*
Linnaeus, 1766
Kolumbien und Venezuela über Amazonasgebiet bis Bolivien

Gattung: Chauna

Chauna chavaria
**Weißwangen-Wehrvogel**
*Northern Screamer - Chajá chicagüire*
Linnaeus, 1766
*n Kolumbien und nw Venezuela*

Chauna torquata
**Halsband-Wehrvogel**
*Southern Screamer - Chajá común*
Oken, 1816
*se Peru und s Brasilien bis c Argentinien*

## Familie: Anseranatidae (Spaltfußgänse)
Gattung: Anseranas

Anseranas semipalmata
**Spaltfußgans**
*Magpie Goose - Ganso urraca*
Latham, 1798
*Trans-Fly (sc Neuguinea) und ne Western Australia bis s Victoria (n, e Australien)*

## Familie: Anatidae (Entenvögel)
Gattung: Dendrocygna

Dendrocygna viduata
**Witwenpfeifgans**
*White-faced Whistling Duck - Suirirí cariblanco*
Linnaeus, 1766
*Afrika und Südamerika weit verbreitet*

Dendrocygna autumnalis
**Rotschnabel-Pfeifgans**
*Black-bellied Whistling Duck - Suirirí piquirrojo*
Linnaeus, 1758
*Panama bis Ecuador und n Argentinien*

    Dendrocygna autumnalis fulgens
    **Südliche Rotschnabel-Pfeifgans**
    Friedmann, 1947
    *se Texas bis Panama*

Dendrocygna guttata
**Tüpfelpfeifgans**
*Spotted Whistling Duck - Suirirí moteado*
Schlegel, 1866
*Sulawesi-Region, n, c Molukken, Neuguinea, n Cape York Halbinsel, ne Queensland (ne Australien), Umboi (w von New Britain) und New Britain (se Bismarck Archipel)*

Dendrocygna arborea
**Kubapfeifgans**
*West Indian Whistling Duck - Suirirí yaguaza*
Linnaeus, 1758
*Westindische Inseln*

Dendrocygna bicolor
**Gelbbrust-Pfeifgans**
*Fulvous Whistling Duck - Suirirí bicolor*
Vieillot, 1816
*S US to Argentina; e Africa, Madagascar and s Asia*

Dendrocygna eytoni
**Gelbfuß-Pfeifgans**
*Plumed Whistling Duck - Suirirí australiano*
Eyton, 1838
*Australien (außer sw, sc, Tasmanien)*

Dendrocygna arcuata
**Wanderpfeifgans**
*Wandering Whistling Duck - Suirirí capirotado*
Horsfield, 1824
*Philippinen bis Indonesisches Archipel*

    Dendrocygna arcuata pygmaea
    **Zwerg-Wanderpfeifgans**
    Mayr, 1945
    *New Britain (se Bismarck Archipel)*
    Dendrocygna arcuata australis
    **Australien-Wanderpfeifgans**
    Reichenbach, 1850
    *s Neuguinea und n, e Australien*

Dendrocygna javanica
**Javapfeifgans**
*Lesser Whistling Duck - Suirirí de Java*
Horsfield, 1821
*Pakistan bis se China und Greater Sundas*

Gattung: Thalassornis

Thalassornis leuconotus
**Weißrücken-Pfeifgans**
*White-backed Duck - Pato dorsiblanco*
Eyton, 1838
*e Kamerun bis s Äthiopien und Südafrika*

    Thalassornis leuconotus insularis
    **Madagaskarpfeifgans**
    Richmond, 1897
    Madagascar

Gattung: Cereopsis

Cereopsis novaehollandiae
**Hühnergans**
*Cape Barren Goose - Ganso cenizo*
Latham, 1801
*Inseln vor Nuyts Archipel (South Australia), Western Port (Victoria) und Bass Strait (se Australien)*

    Cereopsis novaehollandiae grisea
    **Recherche-Hühnergans**
    Vieillot, 1818
    Recherche Archipel (sw Australien)

Gattung: Branta

Branta bernicla
**Ringelgans**
*Brant Goose - Barnacla carinegra*
Linnaeus, 1758
*nw, nc Russland*

    Branta bernicla nigricans
    **Dunkle Ringelgans**
    Lawrence, 1846
    ne Sibirien, Alaska und nw Kanada
    Branta bernicla hrota
    **Hellbäuchige-Ringelgans**
    Müller, OF, 1776
    ne Kanada, Grönland und Spitzbergen

Branta ruficollis
**Rothalsgans**
*Red-breasted Goose - Barnacla cuelliroja*
Pallas, 1769
*niedrige arktische Tundra von Yamal, Gydan und Taymyr pens. (nw Sibirien)*

Branta sandvicensis
**Hawaiigans**
*Nene - Barnacla nené*
Vigors, 1834
*Hawaiian Is.*

Branta canadensis
**Kanadagans**
*Canada Goose - Barnacla canadiense grande*
Linnaeus, 1758
*e Kanada*

    Branta canadensis occidentalis
    **Dunkle Kanadagans**
    Baird, SF, 1858
    sw Alaska
    Branta canadensis fulva
    **Vancuver Kanadagans**
    Delacour, 1951
    s Alaska (USA) und w British Columbia (Kanada)
    Branta canadensis maxima
    **Riesenkanadagans**
    Delacour, 1951
    sc Kanada
    Branta canadensis parvipes
    **Kleine Kanadagans**
    Cassin, 1852
    c Alaska (USA) bis c Kanada
    Branta canadensis moffitti
    **Moffits Kanadagans**
    Aldrich, 1946
    sw Kanada und nw USA
    Branta canadensis interior
    **Todds Kanadagans**
    Todd, 1938
    sc Kanada

Branta leucopsis
**Weißwangengans**
*Barnacle Goose - Barnacla cariblanca*
Bechstein, 1803
*hohe Arktis e Grönland, Svalbard (nördlich von Norwegen), Novaya Zemlya und nahe Kolguyev und Vaygach is. (nw Russland)*

Branta hutchinsii
**Zwergkanadagans**
*Cackling Goose - Barnacla canadiense chica*
Richardson, 1832
*nc Kanada und Grönland*

Branta hutchinsii leucopareia
**Aleuten-Zwergkanadagans**
Brandt, JF, 1836
*Bering Insel, n Kuril Is. (se Russland) und Aleutian Is. (USA)*
Branta hutchinsii minima
**Alaska-Zwergkanadagans**
Ridgway, 1885
*w Alaska (USA)*
Branta hutchinsii taverneri
**Taverner-Zwergkanadagans**
Delacour, 1951
*ne Alaska (USA) und n Kanada*

## Gattung: Anser

Anser indicus
**Streifengans**
*Bar-headed Goose - Ánsar indio*
Latham, 1790
*c Asien*

Anser canagicus
**Kaisergans**
*Emperor Goose - Ánsar emperador*
Sevastianov, 1802
*w Alaska und ne Sibirien*

Anser rossii
**Zwergschneegans**
*Ross's Goose - Ánsar de Ross*
Cassin, 1861
*n Kanada*

Anser caerulescens
**Schneegans**
*Snow Goose - Ánsar nival*
Linnaeus, 1758
*ne Sibirien, n Alaska (USA) und nw Kanada*

Anser caerulescens atlanticus
**Atlantik-Schneegans**
Kennard, 1927
*ne Kanada und nw Grönland*

Anser anser
**Graugans**
*Greylag Goose - Ánsar común*
Linnaeus, 1758
*n, c Europa*

Anser anser rubrirostris
**Indochina-Graugans**
Swinhoe, 1871
*ec Europa bis China*

Anser cygnoides
**Schwanengans**
*Swan Goose - Ánsar cisnal*
Linnaeus, 1758
*c Asien und Mongolei bis se Sibirien*

Anser fabalis
**Waldsaatgans**
*Taiga Bean Goose - Ánsar campestre*
Latham, 1787
*Skandinavien bis nc Sibirien*

Anser fabalis johanseni
**Westliche Waldsaatgans**
Delacour, 1951
*w Sibirien*
Anser fabalis middendorffii
**Middendorfs Waldsaatgans**
Severtsov, 1873
*e Sibirien*

Anser brachyrhynchus
**Kurzschnabelgans**
*Pink-footed Goose - Ánsar piquicorto*
Baillon, 1834
*Grönland, Island und Svalbard*

Anser serrirostris
**Tundrasaatgans**
*Tundra Bean Goose - Ánsar campestre de la tundra*
Gould, 1852
*ne Sibirien*

Anser serrirostris rossicus
**Nördliche Tundrasaatgans**
Buturlin, 1933
*n Russland und nw Sibirien*
Anser albifrons
**Blässgans**
*Greater White-fronted Goose - Ánsar careto*
Scopoli, 1769
*n Russland*

Anser albifrons flavirostris
**Grönlandbläßgans**
Dalgety & Scott, P, 1948
*w Grönland*
Anser albifrons elgasi
**Alaskabläßgans**
Delacour & Ripley, 1975
*s Alaska (USA)*
Anser albifrons gambelli
**Gambell-Bläßgans**
Hartlaub, 1852
*Alaska und nw, nc Kanada*
Anser albifrons sponsa
**Sponsabläßgans**
Banks, 2011
*w Alaska (USA)*

Anser erythropus
**Zwerggans**
*Lesser White-fronted Goose - Ánsar chico*
Linnaeus, 1758
*n Eurasien*

## Gattung: Coscoroba

Coscoroba coscoroba
**Coscorobaschwan**
*Coscoroba Swan - Cisne coscoroba*
Molina, 1782
*Südamerika Südspitze*

## Gattung: Cygnus

Cygnus atratus
**Schwarzschwan**
*Black Swan - Cisne negro*
Latham, 1790
*Australien (außer n, sc), Tasmanien, und North, South, Stewart und Chatham is. (Neuseeland)*

Cygnus melancoryphus
**Schwarzhalsschwan**
*Black-necked Swan - Cisne cuellinegro*
Molina, 1782
*Südamerika Südspitze*

Cygnus olor
**Höckerschwan**
*Mute Swan - Cisne vulgar*
Gmelin, JF, 1789
*Europa bis c Asien*

Cygnus buccinator
**Trompeterschwan**
*Trumpeter Swan - Cisne trompetero*
Richardson, 1831
*Alaska, w Kanada und nc USA*

Cygnus columbianus
**Zwergschwan**
*Tundra Swan - Cisne chico*
Ord, 1815
*Alaska und n Kanada*

Cygnus columbianus bewickii
**Bewickis Zwergschwan**
Yarrell, 1830
*n Eurasien*

Cygnus cygnus
**Singschwan**
*Whooper Swan - Cisne cantor*
Linnaeus, 1758
*n Eurasien*

Cygnus cygnus iskandicus
**Islandsingschwan**
Brehm 1831
*Island, s Gönland*



Stictonetta naevosa
**Affengans**
*Freckled Duck - Pato pecoso*
Gould, 1841
*Australien (außer n, sc, Tasmanien)*



Hymenolaimus malacorhynchos
**Saumschnabelente**
*Blue Duck - Pato azul*
Gmelin, JF, 1789
*w Südinsel (Neuseeland)*

Hymenolaimus malacorhynchos hymenolaimus
**Nördliche Saumschnabelente**
Mathews, 1937
*c, s Nordinsel (New Zeland)*



Tachyeres patachonicus
**Langflügel-Dampfschiffente**
*Flying Steamer Duck - Pato vapor volador*
King, PP, 1831
*s Chile, s Argentinien und Falkland Is.*

Tachyeres pteneres
**Magellan-Dampfschiffente**
*Fuegian Steamer Duck - Pato vapor del Magallanes*
Forster, JR, 1844
*Küste s Chile und s Argentinien*

Tachyeres brachypterus
**Falkland-Dampfschiffente**
*Falkland Steamer Duck - Pato vapor malvinero*
Latham, 1790
*Falkland Is.*

Tachyeres leucocephalus
**Weißkopf-Dampfschiffente**
*Chubut Steamer Duck - Pato vapor cabeciblanco*
Humphrey & Thompson, 1981
*Küste nc bis s Chubut Province (se Argentinien)*



Merganetta armata
**Sturzbachente**
*Torrent Duck - Pato torrentero*
Gould, 1842
*w Argentinien und Chile*

Merganetta armata colombiana
**Ekuador-Sturzbachente**
des Murs, 1845
*w Venezuela und n Kolumbien bis c Ecuador*
Merganetta armata leucogenis
**Peru-Sturzbachente**
Tschudi, 1843
*n Peru*
Merganetta armata turneri
**Chile-Sturzbachente**
Sclater, PL & Salvin, 1869
*s Peru und n Chile*
Merganetta armata garleppi
**Garlepps Sturzbachente**
Berlepsch, 1894
*n Bolivien*
Merganetta armata berlepschi
**Berlepschs Sturzbachente**
Hartert, EJO, 1909
*s Bolivien und nw Argentinien*



Plectropterus gambensis
**Sporngans**
*Spur-winged Goose - Ganso espolonado*
Linnaeus, 1766
*Gambia bis Äthiopien s bis Angola und Mosambik*

Plectropterus gambensis niger
**Südafrikanische Sporngans**
Sclater, PL, 1877
*Namibia und Simbabwe über Südafrika*



Sarkidiornis sylvicola
**Höckerschnabelente**
*Comb Duck - Pato crestudo americano*
Ihering, HFA & Ihering, R, 1907
*n Kolumbien und Venezuela bis n Argentinien*

Sarkidiornis melanotos
**Glanzente**
*Knob-billed Duck - Pato crestudo afroasiático*
Pennant, 1769
*Afrika s in der Sahara und s, se Asien*



Cyanochen cyanoptera
**Blauflügelgans**
*Blue-winged Goose - Ganso aliazul*
Rüppell, 1845
*Gebirge Äthiopien*



Alopochen aegyptiaca
**Nilgans**
*Egyptian Goose - Ganso del Nilo*
Linnaeus, 1766
*s Mauretanien bis s Ägypten und Äthiopien s bis Südafrika*

†† Alopochen mauritiana
**Mauritiusgans**
*Mauritius Sheldgoose - Ganso de Mauricio*
Newton, E & Gadow, 1893
*Mauritius (c Mascarenes)*

†† Alopochen kervazoi
**Réuniongans**
*Reunion Sheldgoose - Ganso de Reunión*
Cowles, 1994
*Réunion (w Mascarenes)*



Neochen jubata
**Orinokogans**
*Orinoco Goose - Ganso del Orinoco*
Spix, 1825
*Amazonasgebiet bis n Argentinien*



Chloephaga melanoptera
**Andengans**
*Andean Goose - Cauquén guayata*
Eyton, 1838
*Peru bis s Chile und Argentinien*

Chloephaga picta
**Magellangans**
*Upland Goose - Cauquén común*
Gmelin, JF, 1789
*s Chile und s Argentinien*

Chloephaga picta leucoptera
**Falklandgans**
Gmelin, JF, 1789
*Falkland Is.*

Chloephaga hybrida
**Kelpgans**
*Kelp Goose - Cauquén caranca*
Molina, 1782
*s Chile und s Argentinien*

> Chloephaga hybrida malvinarum
> **Falkland-Kelpgans**
> Phillips, JC, 1916
> Falkland Is.

Chloephaga poliocephala
**Graukopfgans**
*Ashy-headed Goose - Cauquén cabecigrís*
Sclater, PL, 1857
*Südamerika Südspitze*

Chloephaga rubidiceps
**Rotkopfgans**
*Ruddy-headed Goose - Cauquén colorado*
Sclater, PL, 1861
*s Chile, s Argentinien und Falkland Is.*

## Gattung: Radjah

Radjah radjah
**Radjahgans**
*Radjah Shelduck - Tarro rajá*
Garnot & Lesson, RP, 1828
*Moluccas und Neuguinea*

> Radjah radjah rufitergum
> **Australische Radjahgans**
> Hartert, EJO, 1905
> ne Western Australia bis se Queensland (n, e Australien)

## Gattung: Tadorna

Tadorna tadorna
**Brandgans**
*Common Shelduck - Tarro blanco*
Linnaeus, 1758
*w Europa bis ne China*

Tadorna ferruginea
**Rostgans**
*Ruddy Shelduck - Tarro canelo*
Pallas, 1764
*s Europa bis c Asien, nw Afrika und Äthiopien*

Tadorna cana
**Kapgans**
*South African Shelduck - Tarro sudafricano*
Gmelin, JF, 1789
*Namibia, Botswana und Südafrika*

Tadorna tadornoides
**Halsbandgans**
*Australian Shelduck - Tarro australiano*
Jardine & Selby, 1828
*s Australien (außer c) und Tasmanien*

Tadorna variegata
**Paradiesgans**
*Paradise Shelduck - Tarro maorí*
Gmelin, JF, 1789
*North, South, Stewart und kleine Inseln (Neuseeland)*

† Tadorna cristata
**Schopfgans**
*Crested Shelduck - Tarro crestado*
Kuroda, Nm, 1917
*ne Asien*

## Gattung: Malacorhynchus

Malacorhynchus membranaceus
**Rosenohrente**
*Pink-eared Duck - Pato pachón*
Latham, 1801
*Australien (außer ne, sc, Tasmanien)*

## Gattung: Salvadorina

Salvadorina waigiuensis
**Salvadoriente**
*Salvadori's Teal - Ánade papúa*
Rothschild & Hartert, EJO, 1894
*Gebirge Neuguinea*

## Gattung: Cairina

Cairina moschata
**Moschusente**
*Muscovy Duck - Pato criollo*
Linnaeus, 1758
*s Texas bis n Argentinien*

## Gattung: Asarcornis

Asarcornis scutulata
**Weißflügelente**
*White-winged Duck - Pato de jungla*
Müller, S, 1842
*ne Indien bis se Asien und Sumatra*

## Gattung: Pteronetta

Pteronetta hartlaubii
**Hartlaubente**
*Hartlaub's Duck - Pato de Hartlaub*
Cassin, 1860
*Sierra Leone bis sw Uganda und n Angola*

## Gattung: Aix

Aix sponsa
**Brautente**
*Wood Duck - Pato joyuyo*
Linnaeus, 1758
*weit verbreitet*

Aix galericulata
**Mandarinente**
*Mandarin Duck - Pato mandarín*
Linnaeus, 1758
*se Sibirien, Koreanische Halbinsel, Japan und e China*

## Gattung: Chenonetta

Chenonetta jubata
**Mähnenente**
*Maned Duck - Pato de crin*
Latham, 1801
*Australien (außer n, sc)*

## Gattung: Nettapus

Nettapus auritus
**Schmuckzwergente**
*African Pygmy Goose - Gansito africano*
Boddaert, 1783
*s in der Sahara*

Nettapus coromandelianus
**Koromandelzwergente**
*Cotton Pygmy Goose - Gansito asiático*
Gmelin, JF, 1789
*Indien bis s China, Indonesisches Archipel und Neuguinea*

> Nettapus coromandelianus albipennis
> **Australische Zwergglanzente**
> Gould, 1842
> ne Australien

Nettapus pulchellus
**Smaragdzwergente**
*Green Pygmy Goose - Gansito australiano*
Gould, 1842
*e Lesser Sundas, s Moluccas, s Neuguinea und ne Western Australia bis se Queensland (n, e Australien)*

### Gattung: Amazonetta

Amazonetta brasiliensis
**Amazonasente**
*Brazilian Teal - Pato brasileño*
Gmelin, JF, 1789
*e Kolumbien bis e Brasilien*

    Amazonetta brasiliensis ipecutiri
    **Argentinische Amazonasente**
    Vieillot, 1816
    *e Bolivien bis s Brasilien und n Argentinien*

### Gattung: Callonetta

Callonetta leucophrys
**Rotschulterente**
*Ringed Teal - Pato acollarado*
Vieillot, 1816
*se Bolivien bis se Brasilien und Uruguay*

### Gattung: Lophonetta

Lophonetta specularioides
**Schopfente**
*Crested Duck - Ánade juarjal*
King, PP, 1828
*s Chile, s Argentinien und Falkland Is.*

    Lophonetta specularioides alticola
    **Gebirgsschopfente**
    Ménégaux, 1909
    *c Peru bis c Chile und nw Argentinien*

### Gattung: Speculanas

Speculanas specularis
**Kupferspiegelente**
*Bronze-winged Duck - Ánade anteojillo*
King, PP, 1828
*s Chile und s Argentinien*

### Gattung: Sibirionetta

Sibirionetta formosa
**Gluckente**
*Baikal Teal - Cerceta del Baikal*
Georgi, 1775
*e Sibirien*

### Gattung: Spatula

Spatula querquedula
**Knäkente**
*Garganey - Cerceta carretona*
Linnaeus, 1758
*w Europa bis Japan*

Spatula hottentota
**Pünktchenente**
*Blue-billed Teal - Cerceta hotentote*
Eyton, 1838
*Nigeria bis Äthiopien und s bis Südafrika, Madagascar*

Spatula puna
**Punaente**
*Puna Teal - Cerceta de la puna*
Tschudi, 1844
*Peru bis nw Argentinien*

Spatula versicolor
**Silberente**
*Silver Teal - Cerceta capuchina*
Vieillot, 1816
*c Chile bis s Brasilien und s Argentinien*

    Spatula versicolor fretensis
    **Südliche Silberente**
    King, PP, 1831
    *s Chile, s Argentinien und Falkland Is.*

Spatula platalea
**Fuchslöffelente**
*Red Shoveler - Cuchara argentino*
Vieillot, 1816
*s Peru, c Chile und s Brasilien bis Tierra del Fuego*

Spatula cyanoptera
**Zimtente**
*Cinnamon Teal - Cerceta colorada*
Vieillot, 1816
*sw Peru bis s Brasilien, s Argentinien und Falkland Is.*

    Spatula cyanoptera septentrionalium
    **Nordamerikanische Zimtente**
    Snyder & Lumsden, 1951
    *w Nordamerika*

    Spatula cyanoptera tropica
    **Tropenzimtente**
    Snyder & Lumsden, 1951
    *nw Kolumbien*

    Spatula cyanoptera borreroi
    **Hochlandzimtente**
    Snyder & Lumsden, 1951
    *ec Kolumbien*

    Spatula cyanoptera orinoma
    **Chile-Zimtente**
    Oberholser, 1906
    *Peru, Bolivien, n Chile und nw Argentinien*

Spatula discors
**Blauflügelente**
*Blue-winged Teal - Cerceta aliazul*
Linnaeus, 1766
*s Kanada und USA*

Spatula smithii
**Kaplöffelente**
*Cape Shoveler - Cuchara de El Cabo*
Hartert, EJO, 1891
*Namibia, Botswana und Südafrika*

Spatula rhynchotis
**Halbmond-Löffelente**
*Australasian Shoveler - Cuchara australiano*
Latham, 1801
*s Australien, Tasmanien und Nord- und Südinsel (Neuseeland)*

Spatula clypeata
**Löffelente**
*Northern Shoveler - Cuchara común*
Linnaeus, 1758
*Nordhalbkugel weit verbreitet*

### Gattung: Mareca

Mareca strepera
**Schnatterente**
*Gadwall - Ánade friso*
Linnaeus, 1758
*n, c PAL, NA*

    † Mareca strepera couesi
    **Tabuaeran-Schnatterente**
    Streets, 1876
    *Tabuaeran Is. (Kiribati)*

Mareca falcata
**Sichelente**
*Falcated Duck - Cerceta de Alfanjes*
Georgi, 1775
*Mongolei, e Sibirien und ne China*

Mareca penelope
**Pfeifente**
*Eurasian Wigeon - Silbón europeo*
Linnaeus, 1758
*n Eurasien*

Mareca sibilatrix
**Chilepfeifente**
*Chiloe Wigeon - Silbón overo*
Poeppig, 1829
*Südamerika Südspitze*

Mareca americana
**Kanadapfeifente**
*American Wigeon - Silbón americano*
Gmelin, JF, 1789
*Alaska, Kanada und n USA*

†† *Mareca marecula*
**Amsterdamente**
*Amsterdam Wigeon - Pato de la isla de Amsterdam*
Olson & Jouventin, 1996
*Amsterdam Insel*



*Anas sparsa*
**Schwarzente**
*African Black Duck - Ánade negro*
Eyton, 1838
*Namibia und s Simbabwe bis Südafrika*

Anas sparsa leucostigma
**Äthiopien-Schwarzente**
Rüppell, 1845
Nigeria bis Demokratische Republik Kongo, Sudan und Äthiopien s bis Simbabwe und
Angola

*Anas undulata*
**Gelbschnabelente**
*Yellow-billed Duck - Ánade picolimón*
Dubois, CF, 1838
*s Kenia bis Angola und w Südafrika*

Anas undulata ruppelli
**Rupells Gelbschnabelente**
Blyth, 1855
e Sudan, Äthiopien und n Kenia

*Anas melleri*
**Madagaskarente**
*Meller's Duck - Ánade malgache*
Sclater, PL, 1865
*Gebirge e Madagascar*

*Anas superciliosa*
**Augenbrauenente**
*Pacific Black Duck - Ánade cejudo*
Gmelin, JF, 1789
*Java und Sulawesi Region bis w Neuguinea, w Australien, Tasmanien und Neuseeland Region*

Anas superciliosa pelewensis
**Polynesien-Augenbrauenente**
Hartlaub & Finsch, 1872
n, c Neuguinea, Solomon Is. bis Society Is. und Austral Is. (e Polynesien)

*Anas laysanensis*
**Laysanente**
*Laysan Duck - Ánade de Laysán*
Rothschild, 1892
*Laysan Insel*

*Anas wyvilliana*
**Hawaiiente**
*Hawaiian Duck - Ánade hawaiano*
Sclater, PL, 1878
*Hawaiian Is.*

*Anas luzonica*
**Philippinenente**
*Philippine Duck - Ánade filipino*
Fraser, 1839
*Philippinen (außer Sulu Archipel)*

*Anas poecilorhyncha*
**Indien-Fleckschnabelente**
*Indian Spot-billed Duck - Ánade picopinto indio*
Forster, JR, 1781
*Indien und Sri Lanka*

Anas poecilorhyncha haringtoni
**Nördliche Fleckschnabelente**
Oates, 1907
Myanmar bis s China und Laos

*Anas zonorhyncha*
**China-Fleckschnabelente**
*Eastern Spot-billed Duck - Ánade picopinto chino*
Swinhoe, 1866
*China und se Asien*

*Anas platyrhynchos*
**Stockente**
*Mallard - Ánade azulón*
Linnaeus, 1758
*Europa, Asien und Nordamerika*

Anas platyrhynchos conboschas
**Grönland Stockente**
Brehm, CL, 1831
Grönland

*Anas fulvigula*
**Floridaente**
*Mottled Duck - Ánade moteado*
Ridgway, 1874
*Florida (se USA)*

Anas fulvigula maculosa
**Westliche Floridaente**
Sennett, 1889
sc USA und ne Mexico

*Anas rubripes*
**Dunkelente**
*American Black Duck - Ánade sombrío*
Brewster, 1902
*e Kanada und ne USA*

*Anas diazi*
**Mexikoente**
*Mexican Duck - Pato mexicano*
Ridgway, 1886
*sw USA bis n, c Mexico Hochland*

*Anas capensis*
**Fahlente**
*Cape Teal - Cerceta de El Cabo*
Gmelin, JF, 1789
*Chad, Sudan und Äthiopien bis Südafrika*

*Anas bahamensis*
**Bahamaente**
*White-cheeked Pintail - Ánade gargantillo*
Linnaeus, 1758
*West Indies und n Südamerika*

Anas bahamensis rubrirostris
**Rotmasken-Bahamaente**
Vieillot, 1816
s Ecuador und s Brasilien bis n Argentinien und n Chile
Anas bahamensis galapagensis
**Galapagosente**
Ridgway, 1890
Galápagos

*Anas erythrorhyncha*
**Rotschnabelente**
*Red-billed Teal - Ánade piquirrojo*
Gmelin, JF, 1789
*s Sudan und Äthiopien bis Südafrika*

*Anas georgica*
**Spitzschwanzente**
*Yellow-billed Pintail - Ánade maicero*
Gmelin, JF, 1789
*South Georgia Is.*

† Anas georgica niceforoi
**Niceforoente**
Wetmore & Borrero, 1946
ec Kolumbien
Anas georgica spinicauda
**Südliche Spitzschwanzente**
Vieillot, 1816
s Kolumbien bis s Argentinien, s Chile und Falkland Is.

*Anas eatoni*
**Kerguelenente**
*Eaton's Pintail - Ánade rabudo meridional*
Sharpe, 1875
*Kerguelen Is.*

Anas eatoni drygalskii
**Crozetspießente**
Reichenow, 1904
Crozet Is.

*Anas acuta*
**Spießente**
*Northern Pintail - Ánade rabudo norteño*
Linnaeus, 1758
*Paläarktis und N-Amerika; überwintert in Südeurasien und N-S-Amerika*

*Anas crecca*
**Krickente**
*Eurasian Teal - Cerceta común*
Linnaeus, 1758
*n, c Europa, Asien und Aleutian Is.*

Anas carolinensis
**Carolinakrickente**
*Green-winged Teal - Cerceta americana*
Gmelin, JF, 1789
*Brütet in Nordamerika; überwintert in Mexiko und Westindien*

Anas flavirostris
**Braunkopfente**
*Yellow-billed Teal - Cerceta barcina*
Vieillot, 1816
*Südspitze, Falkland Is. und South Georgia Is.*

Anas flavirostris oxyptera
**Nördliche Braunkopfente**
Meyen, 1834
*n Peru bis n Chile und n Argentinien*

Anas andium
**Andenente**
*Andean Teal - Cerceta andina*
Sclater, PL & Salvin, 1873
*c, s Kolumbien bis Ecuador*

Anas andium altipetens
**Nördliche Andenente**
Conover, 1941
*e Kolumbien und w Venezuela*

Anas gibberifrons
**Sundaente**
*Sunda Teal - Cerceta de la Sonda*
Müller, S, 1842
*Sumatra und Borneo bis Sulawesi Region und Lesser Sundas*

Anas albogularis
**Weißkehlente**
*Andaman Teal - Cerceta de Andamán*
Hume, 1873
*Andaman Is. und Cocos Is.*

†† Anas theodori
**Mauritiusente**
*Mascarene Teal - Pato de Mauricio*
Newton, E & Gadow, 1893
*Réunion und Mauritius (w, c Mascarenes, sw indischer Ozean)*

Anas gracilis
**Australente**
*Grey Teal - Cerceta gris*
Buller, 1869
*Neuguinea bis Australien, Vanuatu, Grande Terre (New Caledonia) und Nord- und Südinsel (Neuseeland)*

† Anas gracilis remissa
**Renellente**
Ripley, 1942
Rennell (s Solomon Is.)

Anas castanea
**Kastanienente**
*Chestnut Teal - Cerceta castaña*
Eyton, 1838
*Australien (außer n, c)*

Anas bernieri
**Bernierente**
*Bernier's Teal - Cerceta malgache*
Hartlaub, 1860
*Küste w Madagascar*

Anas chlorotis
**Neuseelandente**
*Brown Teal - Cerceta maorí*
Gray, GR, 1845
*Great Barrier Insel (vor ne Nordinsel) und kleine Inseln (Neuseeland)*

Anas aucklandica
**Aucklandente**
*Auckland Teal - Cerceta de las Auckland*
Gray, GR, 1844
*Auckland Is. (S Südinsel, Neuseeland)*

Anas nesiotis
**Campbellente**
*Campbell Teal - Cerceta de la Campbell*
Fleming, JH, 1935
*Campbell Is. (S Südinsel, Neuseeland)*

Gattung: Marmaronetta

Marmaronetta angustirostris
**Marmelente**
*Marbled Duck - Cerceta pardilla*
Ménétriés, 1832
*s Spanien und nw Afrika bis Pakistan*

† Gattung: Rhodonessa

† Rhodonessa caryophyllacea
**Rosenkopfente**
*Pink-headed Duck - Pato cabecirrosado*
Latham, 1790
*ne, e Indien und Myanmar*

Gattung: Netta

Netta rufina
**Kolbenente**
*Red-crested Pochard - Pato colorado*
Pallas, 1773
*c, s Europa bis n China*

Netta peposaca
**Rosenschnabelente**
*Rosy-billed Pochard - Pato picazo*
Vieillot, 1816
*Brasilien und Paraguay bis c Argentinien und c Chile*

Netta erythrophthalma
**Rotaugenente**
*Southern Pochard - Pato morado*
Wied-Neuwied, M, 1833
*Amazonasgebiet*

Netta erythrophthalma brunnea
**Afrikanische Rotaugenente**
Eyton, 1838
*Äthiopien bis Südafrika*

Gattung: Aythya

Aythya valisineria
**Riesentafelente**
*Canvasback - Porrón coacoxtle*
Wilson, A, 1814
*Brütet in Nordamerika; überwintert in Südmexiko*

Aythya americana
**Rotkopfente**
*Redhead - Porrón americano*
Eyton, 1838
*Nordamerika weit verbreitet*

Aythya ferina
**Tafelente**
*Common Pochard - Porrón europeo*
Linnaeus, 1758
*w Europa bis c Asien und n China*

Aythya australis
**Tasmanmoorente**
*Hardhead - Porrón australiano*
Eyton, 1838
*Australien und Tasmanien, New Zealand, Grande Terre (New Caledonia) und Banks Is. bis Tanna (n bis s Vanuatu)*

Aythya innotata
**Madagaskarmoorente**
*Madagascar Pochard - Porrón malgache*
Salvadori, 1894
*nw Madagaskar (fast ausgerottet und jetzt auf einen einzigen See im Banemavka-Gebiet beschränkt)*

Aythya baeri
**Baermoorente**
*Baer's Pochard - Porrón de Baer*
Radde, 1863
*se Sibirien und n China*

Aythya nyroca
**Moorente**
*Ferruginous Duck - Porrón pardo*
Güldenstädt, 1770
*w Europa und nw Afrika bis c Asien*

Aythya novaeseelandiae
**Maoriente**
*New Zealand Scaup - Porrón maorí*
Gmelin, JF, 1789
*Nord- und Südinsel (Neuseeland)*

Aythya collaris
**Ringschnabelente**
*Ring-necked Duck - Porrón acollarado*
Donovan, 1809
*Brütet von Alaska bis zum Süden der USA; überwintert in Panama und auf den Kleinen Antillen*

Aythya fuligula
**Reiherente**
*Tufted Duck - Porrón moñudo*
Linnaeus, 1758
*Nordpaläarktische Region; überwintert in Nordafrika und Südasien*

Aythya marila
**Bergente**
*Greater Scaup - Porrón bastardo*
Linnaeus, 1761
*Subarktis von Island und Skandinavien bis Lena-Fluss (nc Sibirien)*

    Aythya marila nearctica
    **Arktische Bergente**
    Stejneger, 1885
    *Lena River (nc Sibirien) bis Kamtschatka und Commander Is. (se Russland); Alaska bis n Quebec*

Aythya affinis
**Kanadabergente**
*Lesser Scaup - Porrón bola*
Eyton, 1838
*sw Alaska Festland bis California, wc Quebec und w Minnesota*

Gattung: Polysticta

Polysticta stelleri
**Scheckente**
*Steller's Eider - Éider menor*
Pallas, 1769
*nw, ne Sibirien von Yamal Halbinsel bis Chukotka; und Arctic Coastal Plain, n Alaska*

† Gattung: Camptorhynchus

† Camptorhynchus labradorius
**Labradorente**
*Labrador Duck - Pato del Labrador*
Gmelin, JF, 1789
*Labrador? Gulf von St. Lawrence?*

Gattung: Somateria

Somateria fischeri
**Plüschkopfente**
*Spectacled Eider - Éider de anteojos*
Brandt, JF, 1847
*nc, ne Sibirien von Lena Delta bis Chukotka; w, n Alaska in Yukon Delta und Arktische Küstenebene*

Somateria spectabilis
**Prachteiderente**
*King Eider - Éider real*
Linnaeus, 1758
*Küste n, c Grönland, Svalbard (n von Norwegen), Russland von e des Weißen Meeres bis Tschukotka (ne Russland); Arktische Küstenebene von Alaska, n Kanada und assoziierte Arktis Inseln.*

Somateria mollissima
**Eiderente**
*Common Eider - Éider común*
Linnaeus, 1758
*c, s Küste Grönland, Island, Färöer Is., nw Europa bis Chukotka Halbinsel (ne Russland), Alaska über Arctic Kanada bis Massachusetts (nw Atlantic)*

    Somateria mollissima v-nigrum
    **Pazifische Eiderente**
    Bonaparte & Gray, GR, 1855
    *nw Europa bis Novaya Zemlya (nw Russland)*
    Somateria mollissima borealis
    **Grönlandeiderente**
    Brehm, CL, 1824
    *Grönland, Island und ne Kanada*

    Somateria mollissima sedentaria
    **Hudsoneiderente**
    Snyder, 1941
    *Hudson und James Bays (ec Kanada)*
    Somateria mollissima dresseri
    **Neufundlandeiderente**
    Sharpe, 1871
    *Groswater Bay, Labrador (se Kanada) bis Massachusetts (ne USA)*
    Somateria mollissima faeroeensis
    **Färöereiderente**
    Brehm, CL, 1831
    *Faroe, Shetland, Orkney und Outer Hebrides Is. (nw Europa)*

Gattung: Histrionicus

Histrionicus histrionicus
**Kragenente**
*Harlequin Duck - Pato arlequín*
Linnaeus, 1758
*ne Sibirien, Chukotka, Kamtschatka, und Sakhalin pens., Kuril Is., Hokkaido und n Honshu (c Japan); Aleutian Is., Alaska, w Kanada, Pacific Northwest und n Rocky Mt. states; ne Kanada, s Grönland und Island*

Gattung: Melanitta

Melanitta perspicillata
**Brillenente**
*Surf Scoter - Negrón careto*
Linnaeus, 1758
*Festland Alaska über Subarktis Kanada e bis Labrador*

Melanitta fusca
**Samtente**
*Velvet Scoter - Negrón especulado*
Linnaeus, 1758
*n Europa von Norwegen bis Yenisey River (c Sibirien) und ne Kasachstan, Türkei und Georgia*

Melanitta deglandi
**Höckersamtente**
*White-winged Scoter - Negrón aliblanco*
Bonaparte, 1850
*Subarktis w Alaska bis e shore von James Bay (ec Kanada)*

Melanitta stejnegeri
**Kamtschatkasamtente**
*Stejneger's Scoter - Negrón siberiano*
Ridgway, 1887
*Yenisey Basin bis Kamtschatka (c, e Sibirien), ne Kasachstan und n, w Mongolei*

Melanitta nigra
**Trauerente**
*Common Scoter - Negrón común*
Linnaeus, 1758
*se Grönland, Island, Schottland, und n, w Skandinavien bis Olenyok River (nc Sibirien)*

Melanitta americana
**Pazifiktrauerente**
*Black Scoter - Negrón americano*
Swainson, 1832
*Yana River bis Kamtschatka (e Sibirien), Alaska e bis nw Yukon; e Northwest Territories und sw Nunavut bis Neufundland (c bis e Kanada)*

Gattung: Clangula

Clangula hyemalis
**Eisente**
*Long-tailed Duck - Pato havelda*
Linnaeus, 1758
*Küste Grönland, Island, n Fennoscandia und Arctic archs., n Russland und Sibirien bis Chukotka Halbinsel, Alaska und n Kanada*

Gattung: Bucephala

Bucephala albeola
**Büffelkopfente**
*Bufflehead - Porrón albeola*
Linnaeus, 1758
*Subarktis wc Alaska und Kanada e bis e Quebec und (locally) nw, nc USA*

Bucephala clangula
**Schellente**
*Common Goldeneye - Porrón osculado*
Linnaeus, 1758
*Subarktis von Schottland und Skandinavien bis Sakhalin und Kamtschatka (se Russland), in s über n Kasachstan, n Mongolei und Heilongjiang (ne China)*

Bucephala clangula americana
**Amerikanische Schellente**
Bonaparte, 1838
Subarktis von w Alaskan Festland bis Labrador und New Brunswick, in s über n USA

Bucephala islandica
**Spatelente**
*Barrow's Goldeneye - Porrón islándico*
Gmelin, JF, 1789
*c, sw Alaska über w Kanada s bis nw USA se bis Oregon und Colorado; ne Quebec und sw, n Labrador; Island*

Gattung: Mergellus

Mergellus albellus
**Zwergsäger**
*Smew - Serreta chica*
Linnaeus, 1758
*Subarktis von n Skandinavien bis Kamtschatka (se Russland)*

Gattung: Lophodytes

Lophodytes cucullatus
**Kappensäger**
*Hooded Merganser - Serreta capuchona*
Linnaeus, 1758
*se Alaska bis nw USA; s Manitoba bis Nova Scotia (c, se Kanada) bis e Texas und n Florida (e, se USA)*

Gattung: Mergus

† Mergus australis
**Aucklandsäger**
*New Zealand Merganser - Serreta de las Auckland*
Hombron & Jacquinot, 1841
*Auckland Is. (S Südinsel, Neuseeland)*

Mergus octosetaceus
**Dunkelsäger**
*Brazilian Merganser - Serreta brasileña*
Vieillot, 1817
*sc Brasilien, e Paraguay und ne Argentinien*

Mergus merganser
**Gänsesäger**
*Common Merganser - Serreta grande*
Linnaeus, 1758
*Island, n, c Europa, Subarktis Russland über ne Kasachstan und n Mongolei bis Kamtschatka, Hokkaido (n Japan) und ne China*

    Mergus merganser orientalis
    **Orientgänsesäger**
    Gould, 1845
    ne Afghanistan über Tibet und w China
    Mergus merganser americanus
    **Amerikagänsesäger**
    Cassin, 1852
    sw Alaska Festland über Subarktis Kanada bis Neufundland, s über w USA und bis n Great Lakes

Mergus serrator
**Mittelsäger**
*Red-breasted Merganser - Serreta mediana*
Linnaeus, 1758
*s Grönland, Island, n Britische Inseln, Skandinavien bis Sakhalin und Kamtschatka pens., und Kuril und Commander is. (se Russland), s über n Kasachstan und ne China; w Alaska Festland über Festland Kanada von Arctic bis n Great Lakes und e bis Nova Scotia*

Mergus squamatus
**Schuppensäger**
*Scaly-sided Merganser - Serreta china*
Gould, 1864
*e Sibirien, Koreanische Halbinsel und ne China*

Gattung: Heteronetta

Heteronetta atricapilla
**Kuckucksente**
*Black-headed Duck - Pato rinconero*
Merrem, 1841
*c Chile bis Paraguay und s bis c Argentinien*

Gattung: Nomonyx

Nomonyx dominicus
**Maskenruderente**
*Masked Duck - Malvasía enmascarada*
Linnaeus, 1766
*Mittel: und Südamerikaweit verbreitet*

Gattung: Oxyura

Oxyura jamaicensis
**Schwarzkopf-Ruderente**
*Ruddy Duck - Malvasía canela*
Gmelin, JF, 1789
*s Kanada, USA und West Indies*

Oxyura ferruginea
**Andenruderente**
*Andean Duck - Malvasía andina*
Eyton, 1838
*sw Kolumbien bis Tierra del Fuego*

    Oxyura ferruginea andina
    **Anden-Schwarzkopfruderente**
    Lehmann, 1946
    nc, wc Kolumbien

Oxyura vittata
**Bindenruderente**
*Lake Duck - Malvasía argentina*
Philippi, 1860
*Südamerika Südspitze*

Oxyura australis
**Schwarzkinn-Ruderente**
*Blue-billed Duck - Malvasía australiana*
Gould, 1837
*sw Western Australia, sw Queensland bis s Victoria und se USA und Tasmanien (sw, se Australien)*

Oxyura maccoa
**Afrikaruderente**
*Maccoa Duck - Malvasía maccoa*
Eyton, 1838
*Äthiopien bis Südafrika*

Oxyura leucocephala
**Weißkopf-Ruderente**
*White-headed Duck - Malvasía cabeciblanca*
Scopoli, 1769
*s Europa und n Afrika bis c Asien und nw China*

Gattung: Biziura

Biziura lobata
**Lappenente**
*Musk Duck - Malvasía papuda*
Shaw, 1796
*sw SW (sw Australien)*

    Biziura lobata menziesi
    **Tasmanische Lappenente**
    Mathews, 1914
    sw Queensland bis s Victoria und se South Australia und Tasmanien (se Australien)

**Ordnung: GALLIFORMES (Hühnervögel)**

**Familie: Megapodiidae (Großfußhühner)**
Gattung: Alectura

Alectura lathami
**Australbuschhuhn**
*Australian Brushturkey - Talégalo cabecirrojo*
Gray, JE, 1831
*s Cape York Halbinsel, ne Queensland bis ec New South Wales (e Australien)*

    Alectura lathami purpureicollis
    **Queenslandbuschhuhn**
    Le Souef, 1898
    n Cape York Halbinsel, ne Queensland (ne Australien)

## Gattung: Aepypodius

Aepypodius arfakianus
**Kammbuschhuhn**
*Wattled Brushturkey - Talégalo carunculado*
Salvadori, 1877
Gebirge Yapen (Geelvink Bay is., nw Neuguinea) und Neuguinea

   Aepypodius arfakianus misoliensis
   **Miso-Kammbusschhuhn**
   Ripley, 1957
   Misool (Raja Ampat Is., nw von Neuguinea)

Aepypodius bruijnii
**Braunbrust-Buschhuhn**
*Waigeo Brushturkey - Talégalo de la Waigeo*
Oustalet, 1880
Gebirge Waigeo (Raja Ampat Is., nw von Neuguinea)

## Gattung: Talegalla

Talegalla cuvieri
**Rotschnabel-Buschhuhn**
*Red-billed Brushturkey - Talégalo de Cuvier*
Lesson, RP, 1828
Misool und Salawati (Raja Ampat Is., nw von Neuguinea), Bird's Head und Neck (n Sector) und
wc Neuguinea

Talegalla fuscirostris
**Schwarzschnabel-Buschhuhn**
*Black-billed Brushturkey - Talégalo piquinegro*
Salvadori, 1877
Aru Is. (sw von Neuguinea) und s Neuguinea

Talegalla jobiensis
**Halsband-Buschhuhn**
*Collared Brushturkey - Talégalo patirrojo*
Meyer, AB, 1874
Yapen (Geelvink Bay is., nw Neuguinea) und nc Neuguinea

   Talegalla jobiensis longicaudus
   **Papua-Halsband-Buschhuhn**
   Meyer, AB, 1891
   e, se Neuguinea

## Gattung: Leipoa

Leipoa ocellata
**Thermometerhuhn**
*Malleefowl - Talégalo leipoa*
Gould, 1840
sw Western Australia bis ec New South Wales (s Australien)

## Gattung: Macrocephalon

Macrocephalon maleo
**Hammerhuhn**
*Maleo - Talégalo maleo*
Müller, S, 1846
Sulawesi und Butung (=Buton, s von se Sulawesi)

## Gattung: Eulipoa

Eulipoa wallacei
**Wallace-Großfußhuhn**
*Moluccan Megapode - Talégalo de Wallace*
Gray, GR, 1861
n, c Moluccas und Misool (Raja Ampat Is., nw von Neuguinea)

## Gattung: Megapodius

Megapodius pritchardii
**Tonga-Großfußhuhn**
*Tongan Megapode - Talégalo de las Tonga*
Gray, GR, 1864
Niuafo'ou (nw Tonga, sc Polynesien)

Megapodius laperouse
**Marianen-Großfußhuhn**
*Micronesian Megapode - Talégalo de las Marianas*
Gaimard, 1823
Northern Mariana Is. und Guam (s Mariana Is., where extinct; w Micronesia)

   Megapodius laperouse senex
   **Caroline-Großfußhuhn**
   Hartlaub, 1868
   Palau (w Caroline Is., w Micronesia)

Megapodius nicobariensis
**Nikobaren-Großfußhuhn**
*Nicobar Megapode - Talégalo de Nicobar*
Blyth, 1846
n, c Nicobar Is.

   Megapodius nicobariensis abbotti
   **Abbotts Nikobaren-Großfußhuhn**
   Oberholser, 1919
   Great und Little Nicobar Is.

Megapodius cumingii
**Philippinen-Großfußhuhn**
*Philippine Megapode - Talégalo filipino*
Dillwyn, 1853
Inseln O Borneo, Balabac Insel, Palawan, Calamian Inseln und Sulu Archipel

   Megapodius cumingii dillwyni
   **Luzon-Großfußhuhn**
   Tweeddale, 1878
   Luzon Insel, Mindoro Insel, Marinduque Insel und umliegende Inseln

   Megapodius cumingii pusillus
   **Visaya-Großfußhuhn**
   Tweeddale, 1878
   W und O Visayas, W Mindanao Insel und Basilan Insel

   Megapodius cumingii tabon
   **Mindanao-Großfußhuhn**
   Hachisuka, 1931
   O Mindanao Insel

   Megapodius cumingii gilbertii
   **Gilberts Großfußhuhn**
   Gray, GR, 1862
   Sulawesi und Togian Is.

   Megapodius cumingii sanghirensis
   **Sanghir-Großfußhuhn**
   Schlegel, 1880
   Sanghir Archipel

   Megapodius cumingii talautensis
   **Talaud Großfußhuhn**
   Roselaar, 1994
   Talaudinseln

Megapodius bernsteinii
**Sula-Großfußhuhn**
*Sula Megapode - Talégalo de Sula*
Schlegel, 1866
Banggai und Sula Is. (e von Sulawesi)

Megapodius tenimberensis
**Tanimbar-Großfußhuhn**
*Tanimbar Megapode - Talégalo de Tanimbar*
Sclater, PL, 1883
Tanimbar Is. (s Moluccas)

Megapodius freycinet
**Molukken-Großfußhuhn**
*Dusky Megapode - Talégalo de Freycinet*
Gaimard, 1823
Gebe, Waigeo, Misool und angrenzende Inseln (Raja Ampat Is., nw von Neuguinea)

   Megapodius freycinet quoyii
   **Morotai-Großfußhuhn**
   Gray, GR, 1862
   Morotai bis Obi (n Moluccas)

   Megapodius freycinet oustaleti
   **Batabta-Großfußhuhn**
   Roselaar, 1994
   Batanta, Salawati, und Inseln (Raja Ampat Is., nw von Neuguinea)

   Megapodius freycinet forsteni
   **Seram-Großfußhuhn**
   Gray, GR, 1847
   Seram, Ambon und Haruku (s von w Seram) und Gorong (se von Seram; ec Moluccas)

   Megapodius freycinet buruensis
   **Buru-Großfußhuhn**
   Stresemann, 1914
   Buru (wc Moluccas)

Megapodius geelvinkianus
**Biak-Großfußhuhn**
*Biak Scrubfowl - Talégalo de Biak*
Meyer, AB, 1874
Numfor, Biak, und angrenzende Inseln (Geelvink Bay is., nw Neuguinea)

Megapodius eremita
**Bismarck-Großfußhuhn**
*Melanesian Megapode - Talégalo eremita*
Hartlaub, 1868
Karkar (n von ne Neuguinea), Bismarck Archipel bis Solomon Is. (außer Rennell und Temotu)

Megapodius layardi
**Vanuatu-Großfußhuhn**
*Vanuatu Megapode - Talégalo de Nuevas Hébridas*
Tristram, 1879
*Torres Is. bis Efate (n bis sc Vanuatu)*

Megapodius decollatus
**Neuguinea-Großfußhuhn**
*New Guinea Scrubfowl - Talégalo papúa*
Oustalet, 1878
*Yapen (Geelvink Bay is., nw Neuguinea), n bis n se Neuguinea, Tarawai und Manam (n von ne Neuguinea)*

Megapodius reinwardt
**Rotbein-Großfußhuhn**
*Orange-footed Scrubfowl - Talégalo de Reinwardt*
Dumont, 1823
*Lesser Sundas, Kai Is. (se Moluccas), Aru Is. (sw von Neuguinea) und s, se Neuguinea*

    Megapodius reinwardt macgillivrayi
    **Louisiade-Großfußhuhn**
    Gray, GR, 1862
    *D'Entrecasteaux Is. und Louisiade Archipel (e von se Neuguinea)*
    Megapodius reinwardt tumulus
    **Australisches Großfußhuhn**
    Gould, 1842
    *n Top End, n Nortern Territory (nc Australien)*
    Megapodius reinwardt yorki
    **Yorks Großfußhuhn**
    Mathews, 1929
    *n, c Cape York Halbinsel, ne Queensland (ne Australien)*
    Megapodius reinwardt castanonotus
    **Queensland-Großfußhuhn**
    Mayr, 1938
    *se Cape York Halbinsel, ne Queensland (ne Australien)*

**Familie: Cracidae (Hokkohühner)**
**Gattung: Ortalis**

Ortalis vetula
**Braunflügelguan**
*Plain Chachalaca - Chachalaca norteña*
Wagler, 1830
*e Mexico bis nw Costa Rica*

    Ortalis vetula mccalli
    **McCallis Braunflügelguan**
    Baird, SF, 1858
    *s Texas (USA) und ne Mexico*
    Ortalis vetula pallidiventris
    **Yucatan-Braunflügelguan**
    Ridgway, 1887
    *n Yucatán (Mexico)*
    Ortalis vetula deschauenseei
    **Utilaguan**
    Bond, J, 1936
    *Utila Insel (Bay Is., vor n Honduras)*

Ortalis cinereiceps
**Graukopfguan**
*Grey-headed Chachalaca - Chachalaca cabecigrís*
Gray, GR, 1867
*Honduras bis n Kolumbien*

Ortalis garrula
**Rotflügelguan**
*Chestnut-winged Chachalaca - Chachalaca alirroja*
Humboldt, 1805
*nw Kolumbien*

Ortalis ruficauda
**Rotsteißguan**
*Rufous-vented Chachalaca - Chachalaca culirroja*
Jardine, 1847
*ne Kolumbien bis n Venezuela, Tobago und Isla Margarita*

    Ortalis ruficauda ruficrissa
    **Kolumbianischer Rotsteißguan**
    Sclater, PL & Salvin, 1870
    *n Kolumbien und nw Venezuela*

Ortalis erythroptera
**Rotkopfguan**
*Rufous-headed Chachalaca - Chachalaca cabecirrufa*
Sclater, PL & Salvin, 1870
*w Ecuador und nw Peru*

Ortalis wagleri
**Rotbauchguan**
*Rufous-bellied Chachalaca - Chachalaca ventricastaña*
Gray, GR, 1867
*nw und w Mexico*

Ortalis poliocephala
**Graubrustguan**
*West Mexican Chachalaca - Chachalaca pechigrís*
Wagler, 1830
*w  und sw Mexico*

Ortalis canicollis
**Chacoguan**
*Chaco Chachalaca - Chachalaca charata*
Wagler, 1830
*e Bolivien, w Paraguay und n Argentinien*

    Ortalis canicollis pantanalensis
    **Pantanalguan**
    Cherrie & Reichenberger, 1921
    *eParaguay und sw Brasilien*

Ortalis leucogastra
**Weißbauchguan**
*White-bellied Chachalaca - Chachalaca ventriblanca*
Gould, 1843
*s Mexico bis Nicaragua*

Ortalis guttata
**Tüpfelguan**
*Speckled Chachalaca - Chachalaca moteada*
Spix, 1825
*w Amazonasgebiet*

    Ortalis guttata subaffinis
    **Bolivianischer Tüpfelguan**
    Todd, 1932
    *e, ne Bolivien und Brasilien*
    Ortalis guttata remota
    **Brasilianischer Tüpfelguan**
    Pinto, 1960
    *sc Brasilien*

Ortalis araucuan
**Ostbrasilienguan**
*East Brazilian Chachalaca - Chachalaca oriental*
Spix, 1825
*e Brasilien*

Ortalis squamata
**Schuppenguan**
*Scaled Chachalaca - Chachalaca escamosa*
Lesson, RP, 1829
*se Brasilien*

Ortalis columbiana
**Kolumbienguan**
*Colombian Chachalaca - Chachalaca colombiana*
Hellmayr, 1906
*nc Kolumbien*

Ortalis motmot
**Motmotguan**
*Little Chachalaca - Chachalaca motmot*
Linnaeus, 1766
*n Amazonasgebiet*

Ortalis ruficeps
**Maronenkopfguan**
*Chestnut-headed Chachalaca - Chachalaca con Cabeza Castaña*
Wagler, 1830
*nc Brasilien*

Ortalis superciliaris
**Gelbbrauenguan**
*Buff-browed Chachalaca - Chachalaca cejuda*
Gray, GR, 1867
*ne Brasilien*

**Gattung: Penelope**

Penelope argyrotis
**Bindenschwanzguan**
*Band-tailed Guan - Pava camata*
Bonaparte, 1856
*ne Kolumbien und n, sw Venezuela*

    Penelope argyrotis colombiana
    **Kolumbianischer Bindenschwanzguan**
    Todd, 1912
    *Santa Marta Mts. (n Kolumbien)*

Penelope argyrotis albicauda
**Weißschwanz-Bindenguan**
Phelps, WH & Gilliard, 1940
Perijá Mts. (Kolumbien-Venezuela Grenze)

Penelope barbata
**Bartguan**
*Bearded Guan - Pava barbuda*
Chapman, 1921
s Ecuador und nw Peru

Penelope ortoni
**Ortonguan**
*Baudo Guan - Pava de Orton*
Salvin, 1874
w Kolumbien und w Ecuador

Penelope montagnii
**Andenguan**
*Andean Guan - Pava andina*
Bonaparte, 1856
n, c Kolumbien und nw Venezuela

> Penelope montagnii atrogularis
> **Kolumbianischer Andenguan**
> Hellmayr & Conover, 1932
> sw Kolumbien und w Ecuador
> Penelope montagnii brooki
> **Brookes Andenguan**
> Chubb, C, 1917
> s Kolumbien und e Ecuador
> Penelope montagnii plumosa
> **Peruanischer Andenguan**
> Berlepsch & Stolzmann, 1902
> c Peru
> Penelope montagnii sclateri
> **Sclaters Andenguan**
> Gray, GR, 1860
> c Bolivien

Penelope marail
**Marailguan**
*Marail Guan - Pava marail*
Müller, PLS, 1776
e Venezuela und Guianas

> Penelope marail jacupeba
> **Jacupeaguan**
> Spix, 1825
> se Venezuela und n Brasilien

Penelope superciliaris
**Weißstirnguan**
*Rusty-margined Guan - Pava yacupemba*
Temminck, 1815
e Amazonasgebiet Brasilien

> Penelope superciliaris pseudonyma
> **Amazonas-Weißstirnguan**
> Neumann, 1933
> c Amazonasgebiet Brasilien
> Penelope superciliaris jacupemba
> **Brasilianischer Weißstirnguan**
> Spix, 1825
> e, s Brasilien und e Bolivien
> Penelope superciliaris major
> **Großer Weißstirnguan**
> Bertoni, AW, 1901
> s Brasilien, e Paraguay und ne Argentinien

Penelope dabbenei
**Rotgesichtguan**
*Red-faced Guan - Pava carirroja*
Hellmayr & Conover, 1942
se Bolivien und nw Argentinien

Penelope purpurascens
**Haubenguan**
*Crested Guan - Pava cojolita*
Wagler, 1830
nw, ne Mexico bis Honduras und Nicaragua

> Penelope purpurascens aequatorialis
> **Äquator-Haubenguan**
> Salvadori & Festa, 1900
> s Honduras bis nw Kolumbien und se Ecuador
> Penelope purpurascens brunnescens
> **Venezuela-Haubenguan**
> Hellmayr & Conover, 1932
> n Kolumbien bis e Venezuela

Penelope perspicax
**Caucaguan**
*Cauca Guan - Pava del Cauca*
Bangs, 1911
w Kolumbien

Penelope albipennis
**Weißschwingenguan**
*White-winged Guan - Pava aliblanca*
Taczanowski, 1878
nw Peru

Penelope jacquacu
**Spixguan**
*Spix's Guan - Pava amazónica*
Spix, 1825
e Kolumbien bis n Bolivien

> Penelope jacquacu granti
> **Grants Spixguan**
> Berlepsch, 1908
> e Venezuela und Guyana
> Penelope jacquacu orienticola
> **Venezuela-Spixguan**
> Todd, 1932
> se Venezuela und nw Brasilien
> Penelope jacquacu speciosa
> **Bolivianischer Spixguan**
> Todd, 1915
> c, e Bolivien

Penelope obscura
**Bronzeguan**
*Dusky-legged Guan - Pava oscura*
Temminck, 1815
s Brasilien bis se Paraguay, Uruguay und ne Argentinien

> Penelope obscura bronzina
> **Brasilianischer Bronzeguan**
> Hellmayr, 1914
> e Brasilien

Penelope bridgesi
**Yungasguan**
*Yungas Guan - Pava de las yungas*
Gray, GR, 1860
c Bolivien bis nw Argentinien

Penelope pileata
**Weißschopfguan**
*White-crested Guan - Pava crestiblanca*
Wagler, 1830
nc Brasilien

Penelope ochrogaster
**Rotbrustguan**
*Chestnut-bellied Guan - Pava ventrirrufa*
Pelzeln, 1870
c Brasilien

Penelope jacucaca
**Weißbrauenguan**
*White-browed Guan - Pava yacucaca*
Spix, 1825
e Brasilien

## Gattung: Pipile

Pipile pipile
**Trinidadguan**
*Trinidad Piping Guan - Pava de Trinidad*
Jacquin, 1784
Trinidad

Pipile cumanensis
**Blaukehlguan**
*Blue-throated Piping Guan - Pava goliazul*
Jacquin, 1784
e Kolumbien bis Guianas, w Brasilien und Peru

Pipile grayi
**Blasskehlguan**
*White-throated Piping Guan - Pava goliblanca*
Pelzeln, 1870
sw Brasilien, se Peru, e Bolivien und ne Paraguay

Pipile cujubi
**Rotkehlguan**
*Red-throated Piping Guan - Pava cuyubí*
Pelzeln, 1858
*nc Brasilien*

> Pipile cujubi nattereri
> **Natterers Rotkehlguan**
> Reichenbach, 1861
> *w Brasilien bis ne Bolivien*

Pipile jacutinga
**Schwarzmaskenguan**
*Black-fronted Piping Guan - Pava yacutinga*
Spix, 1825
*se Brasilien, ne Argentinien und se Paraguay*

## Gattung: Aburria

Aburria aburri
**Lappenguan**
*Wattled Guan - Pava aburria*
Lesson, RP, 1828
*Venezuela bis Peru*

## Gattung: Chamaepetes

Chamaepetes unicolor
**Schwarzguan**
*Black Guan - Pava negra*
Salvin, 1867
*Costa Rica und Panama*

Chamaepetes goudotii
**Sichelguan**
*Sickle-winged Guan - Pava falcialar*
Lesson, RP, 1828
*w, c Kolumbien*

> Chamaepetes goudotii sanctaemarthae
> **Santa Marta-Guan**
> Chapman, 1912
> Santa Marta Mts. (ne Kolumbien)
> Chamaepetes goudotii fagani
> **Ekuador-Sichelguan**
> Chubb, C, 1917
> sw Kolumbien und w Ecuador
> Chamaepetes goudotii tschudii
> **Tschudiguan**
> Taczanowski, 1886
> s Kolumbien, Ecuador und n Peru
> Chamaepetes goudotii rufiventris
> **Rotbauch-Sichelguan**
> Tschudi, 1843
> ec Peru

## Gattung: Penelopina

Penelopina nigra
**Schluchtenguan**
*Highland Guan - Pava pajuil*
Fraser, 1852
*s Mexico bis Nicaragua*

## Gattung: Oreophasis

Oreophasis derbianus
**Zapfenguan**
*Horned Guan - Pavón cornudo*
Gray, GR, 1844
*se Mexico und Guatemala*

## Gattung: Nothocrax

Nothocrax urumutum
**Rothokko**
*Nocturnal Curassow - Paují nocturno*
Spix, 1825
*w Amazonasgebiet*

## Gattung: Mitu

Mitu tomentosum
**Samthokko**
*Crestless Curassow - Paují culicastaño*
Spix, 1825
*n Amazonasgebiet*

Mitu salvini
**Salvinhokko**
*Salvin's Curassow - Paují culiblanco*
Roinhardt, 1870
*w Amazonasgebiet*

Mitu tuberosum
**Amazonashokko**
*Razor-billed Curassow - Paují tuberoso*
Spix, 1825
*Amazonasgebiet s Amazonas*

Mitu mitu
**Mituhokko**
*Alagoas Curassow - Paují de Alagoas*
Linnaeus, 1766
*e Brasilien*

## Gattung: Pauxi

Pauxi pauxi
**Helmhokko**
*Helmeted Curassow - Paují de Yelmo*
Linnaeus, 1766
*ne Kolumbien bis nc, w Venezuela*

> Pauxi pauxi gilliardi
> **Giiliards Helmhokko**
> Wetmore & Phelps, WH, 1943
> Perijá Mts. (Kolumbien-Venezuela Grenze)

Pauxi unicornis
**Hornhokko**
*Horned Curassow - Paují unicornio boliviano*
Bond, J & Meyer de Schauensee, 1939
*c Bolivien*

Pauxi koepckeae
**Koepckehokko**
*Sira Curassow - Paují unicornio peruano*
Weske & Terborgh, 1971
*Cerros del Sira (c Peru)*

## Gattung: Crax

Crax rubra
**Kronenhokko**
*Great Curassow - Pavón norteño*
Linnaeus, 1758
*e Mexico bis w Ecuador*

> Crax rubra griscomi
> **Cozumel-Tuberkelhokko**
> Nelson, 1926
> Cozumel Insel (Mexico)

Crax alberti
**Blaulappenhokko**
*Blue-billed Curassow - Pavón piquiazul*
Fraser, 1852
*n Kolumbien*

Crax daubentoni
**Gelblappenhokko**
*Yellow-knobbed Curassow - Pavón porú*
Gray, GR, 1867
*ne Kolumbien und n Venezuela*

Crax alector
**Glattschnabelhokko**
*Black Curassow - Pavón guayanés*
Linnaeus, 1766
*e Venezuela, Guianas und n Brasilien*

> Crax alector erythrognatha
> **Kolumbischer Glattschnabelhokko**
> Sclater, PL & Salvin, 1877
> e Kolumbien und s Venezuela

Crax globulosa
**Rotlappenhokko**
*Wattled Curassow - Pavón carunculado*
Spix, 1825
*w Amazonasgebiet*

Crax fasciolata
**Nacktgesichthokko**
*Bare-faced Curassow - Pavón muitú*
Spix, 1825
*c, sw Brasilien, Paraguay und ne Argentinien*

    Crax fasciolata pinima
    **Brasilianischer Nacktgesichthokko**
    Pelzeln, 1870
    *ne Brasilien*
    Crax fasciolata grayi
    **Bolivianischer Nacktgesichthokko**
    Ogilvie-Grant, 1893
    *e Bolivien*

Crax blumenbachii
**Rotschnabelhokko**
*Red-billed Curassow - Pavón piquirrojo*
Spix, 1825
*se Brasilien*

## Familie: Numididae (Perlhühner)
## Gattung: Agelastes

Agelastes meleagrides
**Weißbrust-Perlhuhn**
*White-breasted Guineafowl - Pintada pechiblanca*
Bonaparte, 1850
*Sierra Leone bis Ghana*

Agelastes niger
**Schwarzperlhuhn**
*Black Guineafowl - Pintada negra*
Cassin, 1857
*se Nigeria bis c Demokratische Republik Kongo*

## Gattung: Numida

Numida meleagris
**Helmperlhuhn**
*Helmeted Guineafowl - Pintada común*
Linnaeus, 1758
*e Chad bis w Äthiopien, n Kenia, Uganda und n Demokratische Republik Kongo*

    Numida meleagris sabyi
    **Sabyperlhuhn**
    Hartert, EJO, 1919
    *nw Marokko*
    Numida meleagris galeatus
    **Kamerunperlhuhn**
    Pallas, 1767
    *w Afrika bis s Chad und n Angola*
    Numida meleagris somaliensis
    **Somaliaperlhuhn**
    Neumann, 1899
    *ne Äthiopien und Somalia*
    Numida meleagris reichenowi
    **Reichenowhelmperlhuhn**
    Ogilvie-Grant, 1894
    *Kenia bis c Tansania*
    Numida meleagris mitratus
    **Madagaskaperlhuhn**
    Pallas, 1764
    *Tansania bis Mosambik, Sambia und Botswana*
    Numida meleagris marungensis
    **Sambiaperlhuhn**
    Schalow, 1884
    *s Demokratische Republik Kongo bis w Angola und Sambia*
    Numida meleagris papillosus
    **Botswanaperlhuhn**
    Reichenow, 1894
    *Botswana und Namibia*
    Numida meleagris coronatus
    **Natal-Helmperlhuhn**
    Gurney, JH Sr, 1868
    *e Südafrika*

## Gattung: Guttera

Guttera plumifera
**Schlichthauben-Perlhuhn**
*Plumed Guineafowl - Pintada plumífera*
Cassin, 1857
*s Kamerun bis n Angola*

    Guttera plumifera schubotzi
    **Schubotzperlhuhn**
    Reichenow, 1912
    *n, e Demokratische Republik Kongo*

Guttera verreauxi
**Kongo-Haubenperlhuhn**
*Western Crested Guineafowl - Pintada moñuda occidental*
Elliot, DG, 1870
*Guinea-Bissau bis w Kenia, Sambia und Angola*

    Guttera verreauxi sclateri
    **Sclaters Kongo-Haubenperlhuhn**
    Reichenow, 1898
    *nw Kamerun*

Guttera pucherani
**Haubenperlhuhn**
*Eastern Crested Guineafowl - Pintada moñuda oriental*
Hartlaub, 1861
*sw Somalia bis c Tansania, Sansibar und Tumbatu Insel*

Guttera edouardi
**Sambesi-Haubenperlhuhn**
*Southern Crested Guineafowl - Pintada moñuda meridional*
Hartlaub, 1867
*e Sambia bis s Mosambik und Südafrika*

    Guttera edouardi barbata
    **Malawi-Haubenperlhuhn**
    Ghigi, 1905
    *se Tansania bis n Mosambik und Malawi*

## Gattung: Acryllium

Acryllium vulturinum
**Geierperlhuhn**
*Vulturine Guineafowl - Pintada vulturina*
Hardwicke, 1834
*Äthiopien und Somalia bis Tansania*

## Familie: Odontophoridae (Zahnwachteln)
## Gattung: Ptilopachus

Ptilopachus petrosus
**Felsenwachtel**
*Stone Partridge - Gallinita roquera*
Gmelin, JF, 1789
*Gambia bis Kamerun*

    Ptilopachus petrosus brehmi
    **Brehms Felsenwachtel**
    Neumann, 1908
    *s Chad bis c Sudan*
    Ptilopachus petrosus major
    **Große Felsenwachtel**
    Neumann, 1908
    *n Äthiopien*
    Ptilopachus petrosus florentiae
    **Florentias Felsenwachtel**
    Ogilvie-Grant, 1900
    *s Sudan und s Äthiopien bis ne Demokratische Republik Kongo, n Uganda und c Kenia*

Ptilopachus nahani
**Nahanwachtel**
*Nahan's Partridge - Gallinita de Nahan*
Dubois, AJC, 1905
*ne Demokratische Republik Kongo und w Uganda*

## Gattung: Dendrortyx

Dendrortyx leucophrys
**Guatemalawachtel**
*Buffy-crowned Wood Partridge - Colín cariclaro*
Gould, 1844
*s Mexico bis Nicaragua*

    Dendrortyx leucophrys hypospodius
    **Costa Rica-Wachtel**
    Salvin, 1896
    *n Costa Rica*

Dendrortyx macroura
**Langschwanzwachtel**
*Long-tailed Wood Partridge - Colín rabudo*
Jardine & Selby, 1828
*ec Mexico*

Dendrortyx macroura griseipectus
**Graubrust-Langschwanzwachtel**
Nelson, 1897
c Mexico
Dendrortyx macroura diversus
**Jalisco-Langschwanzwachtel**
Friedmann, 1943
nw Jalisco (wc Mexico)
Dendrortyx macroura striatus
**Gestreifte Langschwanzwachtel**
Nelson, 1897
wc Mexico
Dendrortyx macroura inesperatus
**Phillips-Langschwanzwachtel**
Phillips, AR, 1966
sc Mexico
Dendrortyx macroura oaxacae
**Oaxaca-Langschwanzwachtel**
Nelson, 1897
w Oaxaca (sc Mexico)

Dendrortyx barbatus
**Bartwachtel**
*Bearded Wood Partridge - Colín barbudo*
Gould, 1846
c Mexico

## Gattung: Oreortyx

Oreortyx pictus
**Bergwachtel**
*Mountain Quail - Colín serrano*
Douglas, 1829
sw Washington bis nw California (nw USA)

Oreortyx pictus plumifer
**Nevada Bergwachtel**
Gould, 1837
Oregon, ne California, w Nevada (nw USA)
Oreortyx pictus russelli
**Russells Bergwachtel**
Miller, AH, 1946
Little San Bernadino Mts., California (sw USA)
Oreortyx pictus eremophilus
**Kaliforniische Bergwachtel**
Van Rossem, 1937
s California (sw USA)
Oreortyx pictus confinis
**Mexikanische Bergwachtel**
Anthony, 1889
n Baja California (Mexico)

## Gattung: Callipepla

Callipepla squamata
**Schuppenwachtel**
*Scaled Quail - Colín escamado*
Vigors, 1830
n und nc Mexico

Callipepla squamata pallida
**Mexikanische Schuppenwachtel**
Brewster, 1881
sw USA und nw Mexico
Callipepla squamata hargravei
**Hargraves Schuppenwachtel**
Rea, 1973
sc USA
Callipepla squamata castanogastris
**Kastanienbauchwachtel**
Brewster, 1883
s Texas (USA) und ne Mexico

Callipepla douglasii
**Douglaswachtel**
*Elegant Quail - Colín elegante*
Vigors, 1829
Sinaloa und nw Durango (nw Mexico)

Callipepla douglasii bensoni
**Bensonswachtel**
Ridgway, 1887
Sonora und c Chihuahua (nw Mexico)
Callipepla douglasii impedita
**Nayaritwachtel**
Friedmann, 1943
Nayarit (wc Mexico)
Callipepla douglasii teres
**Jaliscowachtel**
Friedmann, 1943
Jalisco (wc Mexico)
Callipepla douglasii vanderbilti
**Tres Mariaswachtel**
Bond, J & Meyer de Schauensee, 1944
Tres Marías Is. (vor wc Mexico)

Callipepla californica
**Schopfwachtel**
*California Quail - Colín de California*
Shaw, 1798
e Oregon (USA) bis nw Mexico

Callipepla californica brunnescens
**Küstenschopfwachtel**
Ridgway, 1884
sw Oregon bis c California (wc USA)
Callipepla californica canfieldae
**Kalifornische Schopfwachtel**
Van Rossem, 1939
ec California (wc USA)
Callipepla californica catalinensis
**Catalinaschopfwachtel**
Grinnell, 1906
Santa Catalina Insel (USA)
Callipepla californica achrustera
**Mexikanische Schopfwachtel**
Peters, JL, 1923
c, s Baja California (nw Mexico)

Callipepla gambelii
**Helmwachtel**
*Gambel's Quail – Colín de Gambel*
Gambel, 1843
sw USA (s Nevada bis Arizona) und nw Mexico

Callipepla gambelii ignoscens
**Friedmanns Helmwachtel**
Friedmann, 1943
sw USA (s New Mexico und w Texas)
Callipepla gambelii fulvipectus
**Sonora-Helmwachtel**
Nelson, 1899
nc Sonora bis nw Sinaloa (nw Mexico)
Callipepla gambelii stephensi
**Stephens-Helmwachtel**
Phillips, AR, 1959
s Sonora (nw Mexico)

## Gattung: Philortyx

Philortyx fasciatus
**Bindenwachtel**
*Banded Quail - Colín bandeado*
Gould, 1844
c Mexico

## Gattung: Colinus

Colinus virginianus
**Virginiawachtel**
*Northern Bobwhite - Colín de Virginia*
Linnaeus, 1758
ec, e NA von sc Kanada bis n Florida

Colinus virginianus floridanus
**Floridawachtel**
Coues, 1872
Florida (se USA) und Bahamas
† Colinus virginianus insulanus
**Key Westwachtel**
Howe, 1904
Key West, Florida (USA)
Colinus virginianus cubanensis
**Kubawachtel**
Gray, GR, 1846
Kuba
Colinus virginianus taylori
**Taylors Wachtel**
Lincoln, 1915
c USA
Colinus virginianus ridgwayi
**Ridgways Virginiawachtel**
Brewster, 1885
Sonora (n Mexico)
Colinus virginianus texanus
**Texaswachtel**
Lawrence, 1853
sw Texas (sc USA) bis Coahuila, Nuevo-León und Tamaulipas (n Mexico)
Colinus virginianus maculatus
**Gefleckte Virginiawachtel**
Nelson, 1899
ec und c Mexico
Colinus virginianus aridus
**Adriuwachtel**
Aldrich, 1942
ne Mexico
Colinus virginianus graysoni
**Graysons Virginiawachtel**
Lawrence, 1867
wc Mexico

Colinus virginianus nigripectus
**Schwarzbrust-Virginiawachtel**
Nelson, 1897
e Mexico
Colinus virginianus pectoralis
**Veracruzwachtel**
Gould, 1843
c Veracruz (se Mexico)
Colinus virginianus godmani
**Godmanswachtel**
Nelson, 1897
e Veracruz (se Mexico)
Colinus virginianus minor
**Kleine Virginiawachtel**
Nelson, 1901
Tabasco und ne Chiapa (se Mexico)
Colinus virginianus insignis
**Chiapaswachtel**
Nelson, 1897
se Chiapa (s Mexico) und nw Guatemala
Colinus virginianus salvini
**Salvins Virginiawachtel**
Nelson, 1897
s Chiapa (s Mexico)
Colinus virginianus coyoleos
**Südliche Virginiawachtel**
Müller, PLS, 1776
e Oaxaca und n Chiapa (s Mexico)
Colinus virginianus thayeri
**Thayerswachtel**
Bangs & Peters, JL, 1928
ne Oaxaca (s Mexico)
Colinus virginianus harrisoni
**Harrisons Virginiawachtel**
Orr & Webster, JD, 1968
sw Oaxaca (s Mexico)
Colinus virginianus atriceps
**Oaxaca-Virginiawachtel**
Ogilvie-Grant, 1893
w Oaxaca (s Mexico)

Colinus nigrogularis
**Schwarzkehlwachtel**
*Yucatan Bobwhite - Colín gorjinegro*
Gould, 1843
*Belize und n Guatemala*

Colinus nigrogularis caboti
**Cabots Schwarzkehlwachtel**
Van Tyne & Trautman, 1941
Campeche (se Mexico)
Colinus nigrogularis persiccus
**Yucatan-Schwarzkehlwachtel**
Van Tyne & Trautman, 1941
n Yucatán (se Mexico)
Colinus nigrogularis segoviensis
**Honduras-Schwarzkehlwachtel**
Ridgway, 1888
e Honduras und ne Guatemala

Colinus leucopogon
**Fleckenwachtel**
*Spot-bellied Bobwhite - Colín gorjiblanco*
Lesson, RP, 1842
*se El Salvador und w Honduras*

Colinus leucopogon incanus
**Guatemala-Fleckenwachtel**
Friedmann, 1944
s Guatemala
Colinus leucopogon hypoleucus
**El Salvador-Fleckenwachtel**
Gould, 1860
w El Salvador und w Guatemala
Colinus leucopogon leylandi
**Leylands Fleckenwachtel**
Moore, TJ, 1859
nw Honduras
Colinus leucopogon sclateri
**Sclaters Fleckenwachtel**
Bonaparte, 1856
sw, c Honduras und nw Nicaragua
Colinus leucopogon dickeyi
**Dickeys Fleckenwachtel**
Conover, 1932
nw, c Costa Rica

Colinus cristatus
**Haubenwachtel**
*Crested Bobwhite - Colín crestudo*
Linnaeus, 1766
ne Kolumbien, nw Venezuela, Aruba und Curaçao

Colinus cristatus mariae
**Marias Haubenwachtel**
Wetmore, 1962
sw Costa Rica und Chiriquí (nw Panama)

Colinus cristatus panamensis
**Panama-Haubenwachtel**
Dickey & Van Rossem, 1930
sw Panama
Colinus cristatus decoratus
**Schmuckhaubenwachtel**
Todd, 1917
n Kolumbien
Colinus cristatus littoralis
**Küsten-Haubenwachtel**
Todd, 1917
Santa Marta Ausläufer (ne Kolumbien)
Colinus cristatus horvathi
**Horvath-Haubenwachtel**
Madarász, G, 1904
Mérida Mts. (nw Venezuela)
Colinus cristatus barnesi
**Barnes Haubenwachtel**
Gilliard, 1940
wc Venezuela
Colinus cristatus sonnini
**Sonnis Haubenwachtel**
Temminck, 1815
nc Venezuela, Guianas und n Brasilien
Colinus cristatus mocquerysi
**Margarita-Haubenwachtel**
Hartert, EJO, 1894
ne Venezuela
Colinus cristatus leucotis
**Helle Haubenwachtel**
Gould, 1844
Magdalena Tal (nc Kolumbien)
Colinus cristatus badius
**Kastanienbraune Haubenwachtel**
Conover, 1938
wc Kolumbien
Colinus cristatus bogotensis
**Bogota-Haubenwachtel**
Dugand, 1943
nc Kolumbien
Colinus cristatus parvicristatus
**Kolumbianische Haubenwachtel**
Gould, 1843
ec Kolumbien und sc Venezuela



Odontophorus gujanensis
**Marmorwachtel**
*Marbled Wood Quail - Corcovado común*
Gmelin, JF, 1789
*se Venezuela, Guianas, Brasilien und n Paraguay*

Odontophorus gujanensis castigatus
**Costa Rica-Marmorwachtel**
Bangs, 1901
sw Costa Rica und nw Panama
Odontophorus gujanensis marmoratus
**Panama-Marmorwachtel**
Gould, 1843
e Panama, n Kolumbien und nw Venezuela
Odontophorus gujanensis medius
**Mittlere Marmorwachtel**
Chapman, 1929
s Venezuela und nw Brasilien
Odontophorus gujanensis buckleyi
**Buckleys Marmorwachtel**
Chubb, C, 1919
s, e Kolumbien, e Ecuador und n Peru
Odontophorus gujanensis rufogularis
**Rotkehl-Marmorwachtel**
Blake, 1959
ne Peru
Odontophorus gujanensis pachyrhynchus
**Dickschnabel-Marmorwachtel**
Tschudi, 1844
ec Peru und w Bolivien
Odontophorus gujanensis simonsi
**Simons Marmorwachtel**
Chubb, C, 1919
n, e Bolivien

Odontophorus capueira
**Capueirawachtel**
*Spot-winged Wood Quail - Corcovado urú*
Spix, 1825
*e Brasilien bis ne Argentinien und e Paraguay*

Odontophorus melanotis
**Schwarzohrwachtel**
*Black-eared Wood Quail - Corcovado orejinegro*
Salvin, 1865
*se Honduras bis Panama*

Odontophorus melanotis verecundus
**Honduras-Schwarzohrwachtel**
Peters, JL, 1929
n Honduras

Odontophorus erythrops
**Rotstirnwachtel**
*Rufous-fronted Wood Quail - Corcovado frentirrojo*
Gould, 1859
*sw Ecuador*

Odontophorus erythrops parambae
**Panama-Rotstirnwachtel**
Rothschild, 1897
*w Kolumbien und w Ecuador*

Odontophorus atrifrons
**Schwarzstirnwachtel**
*Black-fronted Wood Quail - Corcovado carinegro*
Allen, JA, 1900
*Santa Marta Mts. (ne Kolumbien)*

Odontophorus atrifrons variegatus
**Kolumbische Schwarzstirnwachtel**
Todd, 1919
*ne Kolumbien*
Odontophorus atrifrons navai
**Nava-Schwarzstirnwachtel**
Aveledo & Pons, 1952
*Perijá Mts. (ne Kolumbien und nw Venezuela)*

Odontophorus hyperythrus
**Kastanienwachtel**
*Chestnut Wood Quail - Corcovado castaño*
Gould, 1858
*Kolumbien*

Odontophorus melanonotus
**Schwarzrückenwachtel**
*Dark-backed Wood Quail - Corcovado dorsioscuro*
Gould, 1861
*sw Kolumbien und nw Ecuador*

Odontophorus speciosus
**Rotbrustwachtel**
*Rufous-breasted Wood Quail - Corcovado pechirrufo*
Tschudi, 1843
*ec Peru*

Odontophorus speciosus soderstromii
**Söderströms Rotbrustwachtel**
Lönnberg & Rendahl, 1922
*e, s Ecuador*
Odontophorus speciosus loricatus
**Bolivianische Rotbrustwachtel**
Todd, 1932
*se Peru und e Bolivien*

Odontophorus dialeucos
**Tacarcunawachtel**
*Tacarcuna Wood Quail - Corcovado del Tacarcuna*
Wetmore, 1963
*e Panama und nw Kolumbien*

Odontophorus strophium
**Kragenwachtel**
*Gorgeted Wood Quail - Corcovado gorjiblanco*
Gould, 1844
*Kolumbien*

Odontophorus columbianus
**Venezuelawachtel**
*Venezuelan Wood Quail - Corcovado venezolano*
Gould, 1850
*nc Venezuela*

Odontophorus leucolaemus
**Weißkehlwachtel**
*Black-breasted Wood Quail - Corcovado pechinegro*
Salvin, 1867
*Costa Rica und Panama*

Odontophorus balliviani
**Streifengesichtwachtel**
*Stripe-faced Wood Quail - Corcovado enmascarado*
Gould, 1846
*se Peru und nw Bolivien*

Odontophorus stellatus
**Sternwachtel**
*Starred Wood Quail - Corcovado estrellado*
Gould, 1843
*w Amazonasgebiet*

Odontophorus guttatus
**Tropfenwachtel**
*Spotted Wood Quail - Corcovado goteado*
Gould, 1838
*s Mexico bis Panama*

Gattung: Dactylortyx

Dactylortyx thoracicus
**Singwachtel**
*Singing Quail - Colín cantor*
Gambel, 1040
*ne Puebla und c Veracruz (ec Mexico)*

Dactylortyx thoracicus pettingilli
**Pettingillis-Singwachtel**
Warner & Harrell, 1957
*se San Luis Potosí und sw Tamaulipas (ec Mexico)*
Dactylortyx thoracicus sharpei
**Sharps Singwachtel**
Nelson, 1903
*Yucatán Halbinsel (se Mexico) bis n Guatemala*
Dactylortyx thoracicus paynteri
**Quintanasingwachtel**
Warner & Harrell, 1955
*s Quintana Roo (se Mexico)*
Dactylortyx thoracicus devius
**Jalisco-Singwachtel**
Nelson, 1898
*Jalisco (w Mexico)*
Dactylortyx thoracicus melodus
**Guerrerosingwachtel**
Warner & Harrell, 1957
*Guerrero (sw Mexico)*
Dactylortyx thoracicus chiapensis
**Chiapas-Singwachtel**
Nelson, 1898
*c Chiapa (s Mexico)*
Dactylortyx thoracicus dolichonyx
**Nelsons-Singwachtel**
Warner & Harrell, 1957
*s Chiapa (s Mexico) und w Guatemala*
Dactylortyx thoracicus salvadoranus
**Salvadorsingwachtel**
Dickey & Van Rossem, 1928
*El Salvador*
Dactylortyx thoracicus fuscus
**Braune Singwachtel**
Conover, 1937
*c Honduras*
Dactylortyx thoracicus conoveri
**Hondurassingwachtel**
Warner & Harrell, 1957
*e Honduras*

Gattung: Cyrtonyx

Cyrtonyx montezumae
**Montezumawachtel**
*Montezuma Quail - Colín de Moctezuma*
Vigors, 1830
*c Mexico*

Cyrtonyx montezumae mearnsi
**Menarswachtel**
Nelson, 1900
*sw USA und n Mexico*
Cyrtonyx montezumae rowleyi
**Rowleyswachtel**
Phillips, AR, 1966
*Oaxaca (s Mexico)*
Cyrtonyx montezumae sallei
**Salleswachtel**
Verreaux, J, 1859
*Michoacán und Guerrero (sw Mexico)*

Cyrtonyx ocellatus
**Tränenwachtel**
*Ocellated Quail - Colín ocelado*
Gould, 1837
*sw Mexico bis Nicaragua*

Gattung: Rhynchortyx

Rhynchortyx cinctus
**Graubrustwachtel**
*Tawny-faced Quail - Colín carirrufo*
Salvin, 1876
*s Nicaragua bis Panama*

Rhynchortyx cinctus pudibundus
**Honduras Graubrustwachtel**
Peters, JL, 1929
*ne Honduras und e, nc Nicaragua*

Rhynchortyx cinctus australis
**Südliche Graubrustwachtel**
Chapman, 1915
w Kolumbien und nw Ecuador

## Familie: Phasianidae (Fasanenartige)
### Gattung: Xenoperdix

Xenoperdix udzungwensis
**Udzungwawachtel**
*Udzungwa Forest Partridge - Perdiz de las Udzungwa*
Dinesen, Lehmberg, Svendsen, Hansen & Fjeldså, 1994
*Udzungwa Mts. von s Tansania*

Xenoperdix obscuratus
**Rubehowachtel**
*Rubeho Forest Partridge - Perdiz de Rubeho*
Fjeldså & Kiure, 2003
*Rubeho Hochland von s Tansania*

### Gattung: Caloperdix

Caloperdix oculeus
**Augenwachtel**
*Ferruginous Partridge - Perdicilla herrumbrosa*
Temminck, 1815
*se Myanmar und sw Thailand bis Malayische Halbinsel*

    Caloperdix oculeus ocellatus
    **Sumatraaugenwachtel**
    Raffles, 1822
    Sumatra
    Caloperdix oculeus borneensis
    **Borneoaugenwachtel**
    Ogilvie-Grant, 1892
    Borneo

### Gattung: Rollulus

Rollulus rouloul
**Straußwachtel**
*Crested Partridge - Perdiz rulrul*
Scopoli, 1786
*Thailand, Malayische Halbinsel, Sumatra und Borneo und kleine Inseln*

### Gattung: Melanoperdix

Melanoperdix niger
**Schwarzwachtel**
*Black Partridge - Perdiz negra*
Vigors, 1829
*Malayische Halbinsel und Sumatra*

    Melanoperdix niger borneensis
    **Borneoschwarzwachtel**
    Rothschild, 1917
    Borneo

### Gattung: Arborophila

Arborophila torqueola
**Hügelbuschwachtel**
*Hill Partridge - Arborófila común*
Valenciennes, 1825
*c, e Himalaya bis n Myanmar und s China*

    Arborophila torqueola millardi
    **Nepal-Hügelbuschwachtel**
    Baker, ECS, 1921
    w Himalaya bis w Nepal
    Arborophila torqueola interstincta
    **Assam-Hügelbuschwachtel**
    Ripley, 1951
    s, se Assam (ne Indien)
    Arborophila torqueola batemani
    **Batemans Hügelbuschwachtel**
    Ogilvie-Grant, 1906
    w, nw Myanmar und s China
    Arborophila torqueola griseata
    **Vietnamesische Hügelbuschwachtel**
    Delacour & Jabouille, 1930
    nw Vietnam

Arborophila rufipectus
**Sichuanbuschwachtel**
*Sichuan Partridge - Arborófila de Sichuán*
Boulton, 1932
*sc China*

Arborophila mandellii
**Rotbrust-Buschwachtel**
*Chestnut-breasted Partridge - Arborófila pechirroja*
Hume, 1874
*ne Indien bis se Tibet*

Arborophila gingica
**Chinabuschwachtel**
*White-necklaced Partridge - Arborófila de Fujián*
Gmelin, JF, 1789
*se China*

    Arborophila gingica guangxiensis
    **Guangxibuschwachtel**
    Zhou F & Jiang A, 2008
    Guangxi (sc China)

Arborophila rufogularis
**Rotkehl-Buschwachtel**
*Rufous-throated Partridge - Arborófila golirrufa*
Blyth, 1849
*ne Indien, Nepal, Bhutan und se Tibet*

    Arborophila rufogularis intermedia
    **Kleine Buschwachtel**
    Blyth, 1855
    ne Indien bis n, nw Myanmar
    Arborophila rufogularis tickelli
    **Tickels Buschwachtel**
    Hume, 1880
    e Myanmar bis Thailand und sw Laos
    Arborophila rufogularis euroa
    **Yunnanbuschwachtel**
    Bangs & Phillips, JC, 1914
    se Yunnan (s China) bis n Laos
    Arborophila rufogularis guttata
    **Laosbuschwachtel**
    Delacour & Jabouille, 1928
    c Vietnam und c Laos
    Arborophila rufogularis annamensis
    **Vietnambuschwachtel**
    Robinson & Kloss, 1919
    sc Vietnam

Arborophila rubrirostris
**Rotschnabel-Buschwachtel**
*Red-billed Partridge - Arborófila piquirroja*
Salvadori, 1879
*Gebirge Sumatra*

Arborophila diversa
**Siambuschwachtel**
*Siamese Partridge - Arborófila de Tailandia*
Riley, 1930
*se Thailand*

Arborophila cambodiana
**Kambodschabuschwachtel**
*Chestnut-headed Partridge - Arborófila de Camboya*
Delacour & Jabouille, 1928
*se Kambodscha*

    Arborophila cambodiana chandamonyi
    **Westliche Kambodschabuschwachtel**
    Eames, JC, Steinheimer & Bansok, 2002
    sw Kambodscha

Arborophila ardens
**Hainanbuschwachtel**
*Hainan Partridge - Arborófila de Hainán*
Styan, 1892
*Hainan*

Arborophila crudigularis
**Taiwanbuschwachtel**
*Taiwan Partridge - Arborófila de Formosa*
Swinhoe, 1864
*Taiwan*

Arborophila atrogularis
**Weißwangen-Buschwachtel**
*White-cheeked Partridge - Arborófila cariblanca*
Blyth, 1849
*ne Indien und Myanmar*

Arborophila brunneopectus
**Braunbrust-Buschwachtel**
*Bar-backed Partridge - Arborófila pechiparda*
Blyth, 1855
*sw China bis e Myanmar, n Laos und w Thailand*

Arborophila brunneopectus henrici
**Vietnamesische Braunbrust-Buschwachtel**
Oustalet, 1896
n, c Vietnam
Arborophila brunneopectus albigula
**Südliche Braunbrust-Buschwachtel**
Robinson & Kloss, 1919
sc Vietnam

Arborophila davidi
**Davidbuschwachtel**
*Orange-necked Partridge - Arborófila de David*
Delacour, 1927
s Vietnam

Arborophila hyperythra
**Borneobuschwachtel**
*Red-breasted Partridge - Arborófila de Borneo*
Sharpe, 1879
Gebirge Borneo

Arborophila campbelli
**Malaienbuschwachtel**
*Malayan Partridge - Arborófila de Malasia*
Robinson, 1904
Gebirge Malayische Halbinsel

Arborophila rolli
**Orangebrust-Buschwachtel**
*Roll's Partridge - Arborófila batak*
Rothschild, 1909
Gebirge nw Sumatra

Arborophila sumatrana
**Sumatrabuschwachtel**
*Sumatran Partridge - Arborófila de Sumatra*
Ogilvie-Grant, 1891
Gebirge c, s Sumatra

Arborophila javanica
**Javabuschwachtel**
*Chestnut-bellied Partridge - Arborófila de Java*
Gmelin, JF, 1789
Gebirge w, wc Java

Arborophila javanica lawuana
**Lawuanabuschwachtel**
Bartels, M, 1938
Gebirge ec Java

Arborophila orientalis
**Weißgesicht-Buschwachtel**
*Grey-breasted Partridge - Arborófila oriental*
Horsfield, 1821
Gebirge e Java

## Gattung: Lerwa

Lerwa lerwa
**Haldenhuhn**
*Snow Partridge - Perdiz lerwa*
Hodgson, 1833
Himalaya bis c China

## Gattung: Ithaginis

Ithaginis cruentus
**Blutfasan**
*Blood Pheasant - Faisán ensangrentado*
Hardwicke, 1821
n Nepal und sc Tibet

Ithaginis cruentus affinis
**Sikkim-Blutfasan**
Beebe, 1912
Sikkim (ne Indien), w Bhutan und se Tibet
Ithaginis cruentus tibetanus
**Tibet-Blutfasan**
Baker, ECS, 1914
e Bhutan und se Tibet
Ithaginis cruentus kuseri
**Kusers Blutfasan**
Beebe, 1912
n Assam und e Arunachal Pradesh (ne Indien), e Tibet und nw Yunnan (sw China)
Ithaginis cruentus marionae
**Marions Blutfasan**
Mayr, 1941
w Yunnan (sw China) und ne Myanmar

Ithaginis cruentus rocki
**Yunnan-Blutfasan**
Riley, 1925
nw Yunnan (sw China)
Ithaginis cruentus clarkei
**Clarks Blutfasan**
Rothschild, 1920
Lichiang Mts. (nw Yunnan, sw China)
Ithaginis cruentus geoffroyi
**Geoffroys Blutfasan**
Verreaux, J, 1867
e Tibet und sw Sichuan (w China)
Ithaginis cruentus berezowskii
**Berezowski-Blutfasan**
Bianchi, 1904
nw Sichuan bis s Gansu (c China)
Ithaginis cruentus beicki
**Qinghai-Blutfasan**
Mayr & Birckhead, 1937
ne Qinghai (nc China)
Ithaginis cruentus michaelis
**Gansu-Blutfasan**
Bianchi, 1904
n Qinghai und nw Gansu (nc China)
Ithaginis cruentus sinensis
**Chinesischer Blutfasan**
David, A, 1873
Shensi (c China)

## Gattung: Tragopan

Tragopan melanocephalus
**Schwarzkopftragopan**
*Western Tragopan - Tragopán dorsigrís*
Gray, JE, 1829
Himalaya

Tragopan satyra
**Satyrtragopan**
*Satyr Tragopan - Tragopán sátiro*
Linnaeus, 1758
Himalaya

Tragopan blythii
**Blythtragopan**
*Blyth's Tragopan - Tragopán de Blyth*
Jerdon, 1870
ne Indien bis sw China und Myanmar

Tragopan blythii molesworthi
**Tibet-Blythtragopan**
Baker, ECS, 1914
e Bhutan und s Tibet bis ne Assam (ne Indien)

Tragopan temminckii
**Temmincktragopan**
*Temminck's Tragopan - Tragopán cariazul*
Gray, JE, 1831
e Himalaya bis sc China

Tragopan caboti
**Cabottragopan**
*Cabot's Tragopan - Tragopán chino*
Gould, 1857
se China

Tragopan caboti guangxiensis
**Guangxi-Cabottragopan**
Cheng T & Wu M, 1979
Guangxi (sc China)

## Gattung: Tetraophasis

Tetraophasis obscurus
**Braunkehl-Keilschwanzhuhn**
*Chestnut-throated Monal-Partridge - Perdiz faisán gorjioscura*
Verreaux, J, 1869
w China

Tetraophasis szechenyii
**Rostkehl-Keilschwanzhuhn**
*Buff-throated Monal-Partridge - Perdiz faisán gorjiclara*
Madarász, G, 1885
Himalaya

## Gattung: Lophophorus

Lophophorus impejanus
**Rostschwanz-Glanzfasan**
*Himalayan Monal - Monal colirrojo*
Latham, 1790
Himalaya

Lophophorus sclateri
## Weißschwanz-Glanzfasan
*Sclater's Monal - Monal coliblanco*
Jerdon, 1870
*ne Indien, s Tibet und n Myanmar*

Lophophorus sclateri arunachalensis
### Arunachal-Weißschwanz-Glanzfasan
Kumar & Singh, 2004
Arunachal Pradesh (ne Indien)
Lophophorus sclateri orientalis
### Östlicher Weißschwanz-Glanzfasan
Davison, GWH, 1974
ne Myanmar und w Yunnan (s China)

Lophophorus lhuysii
## Grünschwanz-Glanzfasan
*Chinese Monal - Monal coliverde*
Geoffroy Saint-Hilaire, A, 1866
*c China*

## Gattung: Pucrasia

Pucrasia macrolopha
## Koklasfasan
*Koklass Pheasant - Faisán koklas*
Lesson, RP, 1829
*w Himalaya*

Pucrasia macrolopha castanea
### Afghanischer Fasan
Gould, 1854
e Afghanistan und nw Pakistan
Pucrasia macrolopha biddulphi
### Kashmirfasan
Marshall, GFL, 1879
Kashmir (n Indien)
Pucrasia macrolopha nipalensis
### Nepalfasan
Gould, 1854
w Nepal
Pucrasia macrolopha meyeri
### Yunnanfasan
Madarász, G, 1886
w Sichuan bis nw Yunnan (sc China)
Pucrasia macrolopha ruficollis
### Gansufasan
David, A & Oustalet, 1877
wc Sichuan bis sw Gansu und s Shaanxi (c China)
Pucrasia macrolopha xanthospila
### Shaanxifasan
Gray, GR, 1864
n Shaanxi und Shaanxi bis w Hebei (ne China)
Pucrasia macrolopha joretiana
### Anhuifasan
Heude, 1883
sw Anhui (ec China)
Pucrasia macrolopha darwini
### Hubeifasan
Swinhoe, 1872
Hubei und se Sichuan bis Fujian (c China)

## Gattung: Meleagris

Meleagris gallopavo
## Truthuhn
*Wild Turkey - Guajolote gallipavo*
Linnaeus, 1758
*s Mexico*

Meleagris gallopavo silvestris
### Nördliches Truthuhn
Vieillot, 1817
s Kanada und c, e USA
Meleagris gallopavo osceola
### Floridatruthuhn
Scott, WED, 1890
Florida (USA)
Meleagris gallopavo intermedia
### Texastruthuhn
Sennett, 1879
n Texas bis ec Mexico
Meleagris gallopavo mexicana
### Mexikanisches Truthuhn
Gould, 1856
nw, nc Mexico
Meleagris gallopavo merriami
### Westliches Truthuhn
Nelson, 1900
w USA

Meleagris ocellata
## Pfauentruthuhn
*Ocellated Turkey - Guajolote ocelado*
Cuvier, 1820
*se Mexico, Belize und Guatemala*

## Gattung: Bonasa

Bonasa umbellus
## Kragenhuhn
*Ruffed Grouse - Grévol engolado*
Linnaeus, 1766
*ec USA*

Bonasa umbellus yukonensis
### Yukonkragenhuhn
Grinnell, 1916
Alaska (USA) und nw Kanada
Bonasa umbellus umbelloides
### Kanadisches Kragenhuhn
Douglas, 1829
se Alaska (USA) über c Kanada bis c Oregon und nw Wyoming (USA)
Bonasa umbellus labradorensis
### Labradorkragenhuhn
Ouellet, 1991
Labrador Halbinsel (Kanada)
Bonasa umbellus castanea
### Olympic-Kragenhuhn
Aldrich & Friedmann, 1943
Olympic Halbinsel (USA)
Bonasa umbellus obscura
### Dunkles Kragenhuhn
Todd, 1947
n Ontario (Kanada)
Bonasa umbellus sabini
### Sabinis Kragenhuhn
Douglas, 1829
w Küste von Kanada und USA
Bonasa umbellus brunnescens
### Vancoverkragenhuhn
Conover, 1935
Vancouver Insel (Kanada)
Bonasa umbellus togata
### Nördliches Kragenhuhn
Linnaeus, 1766
nc, ne USA und se Kanada
Bonasa umbellus mediana
### Mittleres Kragenhuhn
Todd, 1940
nc USA
Bonasa umbellus phaios
### Idahokragenhuhn
Aldrich & Friedmann, 1943
se British Columbia (Kanada) bis sc Idaho und e Oregon (USA)
Bonasa umbellus incana
### Uthakragenhuhn
Aldrich & Friedmann, 1943
se Idaho bis c Utah (USA)
Bonasa umbellus monticola
### Gebirgskragenhuhn
Todd, 1940
c, ec USA

## Gattung: Tetrastes

Tetrastes bonasia
## Haselhuhn
*Hazel Grouse - Grévol común*
Linnaeus, 1758
*w, s Skandinavien und c Polen e bis Ural Mts. (Russland)*

Tetrastes bonasia rhenanus
### Benelux-Haselhuhn
Kleinschmidt, 1917
ne Frankreich, Luxemburg, Belgien und w Deutschland
Tetrastes bonasia styriacus
### Alpenhaselhuhn
von Jordans & Schiebel, 1944
Alpen, s Polen bis Ungarn
Tetrastes bonasia schiebeli
### Balkanhaselhuhn
Kleinschmidt, 1943
Balkan Halbinsel
Tetrastes bonasia rupestris
### Brehms Haselhuhn
Brehm, CL, 1831
s Deutschland und Tschechische Republik
Tetrastes bonasia griseonota
### Schwedisches Haselhuhn
Salomonsen, 1947
n Schweden
Tetrastes bonasia sibiricus
### Himalaya-Haselhuhn
Buturlin, 1916
ne Russland, n, c Sibirien und n Mongolei
Tetrastes bonasia kolymensis
### Sibirisches Haselhuhn
Buturlin, 1916
e Sibirien
Tetrastes bonasia amurensis
### Amurhaselhuhn
Riley, 1916
ne China bis n Koreanische Halbinsel

Tetrastes bonasia yamashinai
**Yamashina-Haselhuhn**
Momiyama, 1928
Sakhalin Insel (Russland)
Tetrastes bonasia vicinitas
**Hokkaido-Haselhuhn**
Riley, 1915
Hokkaido (Japan)

Tetrastes sewerzowi
**Schwarzbrust-Haselhuhn**
*Chinese Grouse - Grévol chino*
Przevalski, 1876
*nc China*

Tetrastes sewerzowi secundus
**Südliches Schwarzbrusthaselhuhn**
Riley, 1925
sc China

## Gattung: Centrocercus

Centrocercus urophasianus
**Beifußhuhn**
*Sage Grouse - Gallo de las artemisas grande*
Bonaparte, 1827
*sc Kanada bis wc USA*

Centrocercus minimus
**Gunnison-Beifußhuhn**
*Gunnison Grouse - Gallo de las artemisas chico*
Young, Braun, C, Oyler-McCance, Hupp & Quinn, 2000
*sw Colorado und e Utah*

## Gattung: Dendragapus

Dendragapus obscurus
**Douglasiengebirgshuhn**
*Dusky Grouse - Gallo oscuro*
Say, 1822
*Wyoming bis New Mexico und Arizona (USA)*

Dendragapus obscurus richardsonii
**Richards Gebirgshuhn**
Douglas, 1829
s Yukon (Kanada) bis Idaho, nw Wyoming und w Montana (USA)
Dendragapus obscurus pallidus
**Kanadisches Gebirgshuhn**
Swarth, 1931
se British Columbia (Kanada) bis ne Oregon und w Wyoming (USA)
Dendragapus obscurus oreinus
**Nevada-Gebirgshuhn**
Behle & Selander, 1951
e Nevada, s Idaho und w Utah (USA)

Dendragapus fuliginosus
**Küstengebirgshuhn**
*Sooty Grouse - Gallo fuliginoso*
Ridgway, 1873
*Yukon (Kanada) bis nw California (USA)*

Dendragapus fuliginosus sitkensis
**Alaska-Küstengebirgshuhn**
Swarth, 1921
se Alaska (USA)
Dendragapus fuliginosus sierrae
**Kalifornisches Küstengebirgshuhn**
Chapman, 1904
Washington bis nc California und Nevada (USA)
Dendragapus fuliginosus howardi
**Howards Küstengebirgshuhn**
Dickey & Van Rossem, 1923
c California

## Gattung: Tympanuchus

Tympanuchus phasianellus
**Schweifhuhn**
*Sharp-tailed Grouse - Gallo de las praderas rabudo*
Linnaeus, 1758
*c Kanada*

Tympanuchus phasianellus caurus
**Alaskaschweifhuhn**
Friedmann, 1943
Alaska (USA) und nw Kanada
Tympanuchus phasianellus kennicotti
**Nördliches Schweifhuhn**
Suckley, 1861
c Northwest Territory (Kanada)

Tympanuchus phasianellus columbianus
**Kanadisches Schweifhuhn**
Ord, 1815
British Columbia (Kanada) bis w Colorado (USA)
† Tympanuchus phasianellus hueyi
**Neumexikoschweifhuhn**
Dickerman & Hubbard, 1994
New Mexico (USA)
Tympanuchus phasianellus jamesi
**Jamesschweifhuhn**
Lincoln, 1917
nc Alberta (Kanada) bis nc USA
Tympanuchus phasianellus campestris
**Feldschweifhuhn**
Ridgway, 1884
c Kanada bis Wisconsin (USA)

† Tympanuchus cupido
**Präriehuhn**
*Greater Prairie Chicken - Gallo de las praderas grande*
Linnaeus, 1758
*Maine bis Virginia (e USA)*

Tympanuchus cupido pinnatus
**Texaspräriehuhn**
Brewster, 1885
sc Kanada bis ne Texas (USA)
Tympanuchus cupido attwateri
**Attwaters Präriehuhn**
Bendire, 1893
se Texas (USA)

Tympanuchus pallidicinctus
**Oklahomapräriehuhn**
*Lesser Prairie Chicken - Gallo de las praderas chico*
Ridgway, 1873
c USA

## Gattung: Lagopus

Lagopus leucura
**Weißschwanz-Schneehuhn**
*White-tailed Ptarmigan - Lagópodo coliblanco*
Richardson, 1831
w Kanada

Lagopus leucura peninsularis
**Yukonschneehuhn**
Chapman, 1902
sc Alaska und Yukon
Lagopus leucura rainierensis
**Taylorschneehuhn**
Taylor, W, 1920
c, s Washington (USA)
Lagopus leucura saxatilis
**Vancoverschneehuhn**
Cowan, 1939
Vancouver Insel (Kanada)
Lagopus leucura altipetens
**Rocky Mountains-Schneehuhn**
Osgood, 1901
Rocky Mts. von Montana bis New Mexico (USA)

Lagopus scotica
**Irisches Moorschneehuhn**
*Red Grouse - Lagópodo irlandés*
Latham, 1787
*Großbritannien und Ireland*

Lagopus lagopus
**Moorschneehuhn**
*Willow Ptarmigan - Moorschneehuhn*
Linnaeus, 1758
*Skandinavien und n Russland*

Lagopus lagopus variegata
**Norwegisches Moorschneehuhn**
Salomonsen, 1936
Inseln vor w Norwegen
Lagopus lagopus rossica
**Baltisches Moorschneehuhn**
Serebrovski, 1926
Baltische Staaten bis c Russland
Lagopus lagopus koreni
**Kamschatka-Moorschneehuhn**
Thayer & Bangs, 1914
Sibirien bis Kamtschatka Halbinsel
Lagopus lagopus maior
**Großes Moorschneehuhn**
Lorenz, T, 1904
n Kasachstan und sw Sibirien
Lagopus lagopus brevirostris
**Himalaya-Moorschneehuhn**
Hesse, 1912
e Kasachstan bis sc Sibirien und w Mongolei

Lagopus lagopus kozlowae
**Kozlowas Moorschneehuhn**
Portenko, 1931
n Mongolei und s Sibirien

Lagopus lagopus sserebrowsky
**Östliches Moorschneehuhn**
Domaniewski, 1933
ne Mongolei bis se Sibirien und ne China

Lagopus lagopus okadai
**Okada-Moorschneehuhn**
Momiyama, 1928
Sakhalin Insel (Russland)

Lagopus lagopus alascensis
**Alaska-Moorschneehuhn**
Swarth, 1926
Alaska (USA)

Lagopus lagopus alexandrae
**Alexander-Moorschneehuhn**
Grinnell, 1909
Aleutian Is., Kodiak Insel, s, se Alaskan Inseln (USA) und nw British Columbia (Kanada)

Lagopus lagopus leucoptera
**Akrtisches Moorschneehuhn**
Taverner, 1932
Kanada und Arctic Inseln

Lagopus lagopus alba
**Weißes Moorschneehuhn**
Gmelin, JF, 1789
n Kanada

Lagopus lagopus ungavus
**Kanadisches Moorschneehuhn**
Riley, 1911
ne Kanada

Lagopus lagopus alleni
**Neufundland-Moorschneehuhn**
Stejneger, 1884
Neufundland (Kanada)

Lagopus muta
**Alpenschneehuhn**
*Rock Ptarmigan - Lagópodo alpino*
Montin, 1781)
*n Skandinavien bis Kola Halbinsel (nw Russland)*

Lagopus muta millaisi
**Schottisches Alpenschneehuhn**
Hartert, EJO, 1923
Schottland

Lagopus muta helvetica
**Schweizer Alpenschneehuhn**
Thienemann, 1829
Alpen

Lagopus muta pyrenaica
**Pyrinäenschneehuhn**
Hartert, EJO, 1921
c, e Pyrenäen (Frankreich und Spanien)

Lagopus muta pleskei
**Sibirienschneehuhn**
Serebrovski, 1926
n Sibirien

Lagopus muta nadezdae
**Altaischneehuhn**
Serebrovski, 1926
s Sibirien und n Mongolei

Lagopus muta gerasimovi
**Gerasimovs Alpenschneehuhn**
Red'kin, 2005
Karaginskiy Is. (Russland)

Lagopus muta ridgwayi
**Ridgwaischneehuhn**
Stejneger, 1884
Commander Is. (Russland)

Lagopus muta kurilensis
**Kurilenschneehuhn**
Kuroda, Nm, 1924
Kuril Is. (Russland)

Lagopus muta japonica
**Japanschneehuhn**
Clark, AH, 1907
Honshu (Japan)

Lagopus muta evermanni
**Evermanns Alpenschneehuhn**
Elliot, DG, 1896
Attu Insel (w Aleutian Is., USA)

Lagopus muta townsendi
**Kiskaschneehuhn**
Elliot, DG, 1896
Kiska Insel, Amchitka, Little Sitkin und Rat Is. (w Aleutian Is., USA)

Lagopus muta atkhensis
**Atkaschneehuhn**
Turner, 1882
Tanaga Insel, Adak Insel und Atka Insel (wc Aleutian Is., USA)

Lagopus muta yunaskensis
**Yunaskaschneehuhn**
Gabrielson & Lincoln, 1951
Yunaska Insel (c Aleutian Is., USA)

Lagopus muta nelsoni
**Nelsons Schneehuhn**
Stejneger, 1884
Unimak und Unalaska Is. (e Aleutian Is., USA) und s Alaska

Lagopus muta dixoni
**Dixonschneehuhn**
Grinnell, 1909
Glacier Bay Is. und se Alaska

Lagopus muta rupestris
**Nordamerikaschneehuhn**
Gmelin, JF, 1789
n Nordamerika

Lagopus muta welchi
**Neufundlandschneehuhn**
Brewster, 1885
Neufundland (Kanada)

Lagopus muta saturata
**Westgröland-Schneehuhn**
Salomonsen, 1950
nw Grönland

Lagopus muta macruros
**Grönlandschneehuhn**
Schiøler, 1925
ne Grönland

Lagopus muta reinhardi
**Reinhards Schneehuhn**
Brehm, CL, 1824
s Grönland

Lagopus muta hyperborea
**Spitzbergenschneehuhn**
Sundevall, 1845
Svalbard (Norwegen) und Franz Josef Land (Russland)

Lagopus muta islandorum
**Islandschneehuhn**
Faber, 1822
Island

Gattung: Falcipennis

Falcipennis falcipennis
**Sichelhuhn**
*Siberian Grouse - Gallo siberiano*
Hartlaub, 1855
*e Sibirien und Sakhalin Insel*

Gattung: Canachites

Canachites canadensis
**Tannenhuhn**
*Spruce Grouse - Gallo canadiense*
Linnaeus, 1758
*c Alberta bis Labrador und Nova Scotia (Kanada)*

Canachites canadensis osgoodi
**Osgoods Tannenhuhn**
Bishop, 1900
n Alaska (USA)

Canachites canadensis atratus
**Alaskatannenhuhn**
Grinnell, 1910
s Alaska (USA)

Canachites canadensis canace
**Südliches Alaskatannenhuhn**
Linnaeus, 1766
se Kanada und ne USA

Canachites canadensis isleibi
**Kanadisches Tannenhuhn**
Dickerman & Gustafson, 1996
se Alaska (USA)

Canachites canadensis franklinii
**Franklins Tannehuhn**
Douglas, 1829
se Alaska bis nw Wyoming und Idaho (USA)

Gattung: Tetrao

Tetrao urogallus
**Auerhuhn**
*Western Capercaillie - Urogallo común*
Linnaeus, 1758
*Schottland und Skandinavien bis Weißes Meer (Russland)*

Tetrao urogallus cantabricus
**Spanisches Auerhuhn**
Castroviejo, 1967
nw Spanien

Tetrao urogallus aquitanicus
**Pyrinäen-Auerhuhn**
Ingram, C, 1915
Pyrenäen (Frankreich und Spanien)

Tetrao urogallus crassirostris
**Alpenauerhuhn**
Brehm, CL, 1831
Deutschland und Polen bis Balkan Halbinsel

Tetrao urogallus volgensis
**Russisches Auerhuhn**
Buturlin, 1907
s, c Belarus und ec Russland

Tetrao urogallus kureikensis
**Jenissei-Auerhuhn**
Buturlin, 1927
nw Russland
Tetrao urogallus uralensis
**Uralauerhuhn**
Nazarov, 1886
sw Russland
Tetrao urogallus taczanowskii
**Mongolisches Auerhuhn**
Stejneger, 1885
c Sibirien bis nw Mongolei und n Koreanische Halbinsel

Tetrao urogalloides
**Steinauerhuhn**
*Black-billed Capercaillie - Urogallo piquinegro*
Middendorff, 1853
*ne Asien*

Tetrao urogalloides kamtschaticus
**Kamschatka-Steinauerhuhn**
Kittlitz, 1858
Kamtschatka Halbinsel

## Gattung: Lyrurus

Lyrurus tetrix
**Birkhuhn**
*Black Grouse - Gallo lira común*
Linnaeus, 1758
*Skandinavien bis s Frankreich und n Italien bis ne Sibirien*

Lyrurus tetrix britannicus
**Englisches Birkhuhn**
Witherby & Lönnberg, 1913
Schottland, Wales und n England
Lyrurus tetrix viridanus
**Himalayabirkhuhn**
Lorenz, T, 1891
se Russland bis sw Sibirien
Lyrurus tetrix baikalensis
**Baikalbirkhuhn**
Lorenz, T, 1911
se Sibirien bis n Mongolei und nw Manchuria (China)
Lyrurus tetrix mongolicus
**Mongolenbirkhuhn**
Lönnberg, 1904
e Kirgisistan und nw China bis e Kasachstan, sc Sibirien und w Mongolei
Lyrurus tetrix ussuriensis
**Ussuribirkhuhn**
Kohts, 1911
e Sibirien und ne China bis nw Koreanische Halbinsel

Lyrurus mlokosiewiczi
**Kaukasusbirkhuhn**
*Caucasian Grouse - Gallo lira caucasiano*
Taczanowski, 1875
*Gebirge sw Russland e bis ne Aserbaidschan und s bis ne Türkei, Armenien und nw Iran*

## Gattung: Rhizothera

Rhizothera longirostris
**Langschnabelwachtel**
*Long-billed Partridge - Perdiz piquilarga*
Temminck, 1815
*Malayische Halbinsel, Sumatra und Borneo*

Rhizothera dulitensis
**Dulitwachtel**
*Dulit Partridge - Perdiz del Dulit*
Ogilvie-Grant, 1895
*Gebirge n Borneo*

## Gattung: Perdix

Perdix hodgsoniae
**Tibetrebhuhn**
*Tibetan Partridge - Perdiz tibetana*
Hodgson, 1856
*se Tibet, Bhutan, Nepal und n Indien*

Perdix hodgsoniae caraganae
**Westliches Tibetrebhuhn**
Meinertzhagen, R & Meinertzhagen, A, 1926
w Tibet
Perdix hodgsoniae sifanica
**Östliches Tibetrebhuhn**
Przevalski, 1876
e Tibet bis wc China

Perdix perdix
**Rebhuhn**
*Grey Partridge - Perdiz pardilla*
Linnaeus, 1758
*s Skandinavien und Großbritannien bis Bulgaria und Griechenland*

Perdix perdix armoricana
**Französisches Rebhuhn**
Hartert, EJO, 1917
w, s Frankreich
Perdix perdix sphagnetorum
**Westliches Rebhuhn**
Altum, 1894
ne Niederlande und nw Deutschland
Perdix perdix hispaniensis
**Iberisches Rebhuhn**
Reichenow, 1892
ne Portugal und n Spanien
† Perdix perdix italica
**Italienisches Rebhuhn**
Hartert, EJO, 1917
Italien
Perdix perdix lucida
**Uralrebhuhn**
Altum, 1894
Finnland bis Ural Mts. und n Kaukasus
Perdix perdix canescens
**Türkisches Rebhuhn**
Buturlin, 1906
Türkei bis Kaukasus und nw Iran
Perdix perdix robusta
**Sibirisches Rebhuhn**
Homeyer & Tancre, 1883
Ural Mts. bis sw Sibirien und nw China

Perdix dauurica
**Bartrebhuhn**
*Daurian Partridge - Perdiz dáurica*
Pallas, 1811
*Kirgisistan und ne Kasachstan über w, n Xinjiang, sw Sibirien, Mongolei, Xinghai und Gansu (nc China)*

Perdix dauurica suschkini
**Suschkinrebhuhn**
Poliakov, 1915
Transsibirien und Amurland (ne Russland) und ne China

## Gattung: Syrmaticus

Syrmaticus soemmerringii
**Kupferfasan**
*Copper Pheasant - Faisán cobrizo*
Temminck, 1830
*n, o Kyuohu (o Japan)*

Syrmaticus soemmerringii scintillans
**Honshu-Kupferfasan**
Gould, 1866
n, c Honshu (c Japan)
Syrmaticus soemmerringii subrufus
**Shikoku-Kupferfasan**
Kuroda, Nm, 1919
c, sw Honshu und sw Shikoku (c Japan)
Syrmaticus soemmerringii intermedius
**Kleiner Kupferfasan**
Kuroda, Nm, 1919
Shikoku und se, sw Honshu (c Japan)
Syrmaticus soemmerringii ijimae
**Weißrücken Kupferfasan**
Dresser, 1902
se Kyushu (s Japan)

Syrmaticus reevesii
**Königsfasan**
*Reeves's Pheasant - Faisán venerado*
Gray, JE, 1829
n, c China

Syrmaticus mikado
**Mikadofasan**
*Mikado Pheasant - Faisán mikado*
Ogilvie-Grant, 1906
*Taiwan*

Syrmaticus ellioti
**Elliotfasan**
*Elliot's Pheasant - Faisán de Elliot*
Swinhoe, 1872
*se China*

Syrmaticus humiae
**Burmafasan**
*Mrs. Hume's Pheasant - Faisán de Hume*
Hume, 1881
*ne Indien und n Myanmar*

Syrmaticus humiae burmanicus
**Thailandfasan**
Oates, 1898
ne Myanmar, sw China (Yunnan) bis n Thailand



## Gattung: Chrysolophus

Chrysolophus pictus
**Goldfasan**
*Golden Pheasant - Faisán dorado*
Linnaeus, 1758
c, s China

Chrysolophus amherstiae
**Diamantfasan**
*Lady Amherst's Pheasant - Faisán de Lady Amherst*
Leadbeater, 1829
ne Myanmar, se Tibet und sw China

## Gattung: Phasianus

Phasianus colchicus
**Jagdfasan**
*Common Pheasant - Faisán vulgar*
Linnaeus, 1758
Transkaukasien (Georgien, Armenien und Aserbaidschan)

Phasianus colchicus septentrionalis
**Kaukasischer Jagdfasan**
Lorenz, T, 1889
n Kaukasus (s Russland)
Phasianus colchicus talischensis
**Iranischer Jagdfasan**
Lorenz, T, 1889
se Transkaukasien (Aserbaidschan und nc Iran)
Phasianus colchicus persicus
**Perischer Jagdfasan**
Severtsov, 1875
sw Turkmenistan und ne Iran
Phasianus colchicus principalis
**Afghanischer Jagdfasan**
Sclater, PL, 1885
se Turkmenistan und nw Afghanistan
Phasianus colchicus chrysomelas
**Usbekischer Jagdfasan**
Severtsov, 1875
n Turkmenistan und w Usbekistan
Phasianus colchicus zarudnyi
**Zarudnyfasan**
Buturlin, 1904
e Turkmenistan
Phasianus colchicus bianchii
**Bianchis Jagdfasan**
Buturlin, 1904
se Usbekistan, sw Tadschikistan und ne Afghanistan
Phasianus colchicus zerafschanicus
**Zerafschanfasan**
Tarnovski, 1891
s Usbekistan
Phasianus colchicus turcestanicus
**Turkestanischer Jagdfasan**
Lorenz, T, 1896
s Kasachstan
Phasianus colchicus mongolicus
**Mongolischer Jagdfasan**
Brandt, JF, 1844
se Kasachstan und n Kirgisistan
Phasianus colchicus shawii
**Shawifasan**
Elliot, DG, 1870
w China
Phasianus colchicus tarimensis
**Tarimenfasan**
Pleske, 1889
Tarim Basin bis Lop Nur (w China)
Phasianus colchicus vlangalii
**Vlangalfasan**
Przevalski, 1876
Qaidam Basin (wc China)
Phasianus colchicus strauchi
**Strauchs Jagdfasan**
Przevalski, 1876
ne Qinghai (c China)
Phasianus colchicus sohokhotensis
**Sohokhotenfasan**
Buturlin, 1908
e Gansu (c China)
Phasianus colchicus satscheuensis
**Gansu-Jagdfasan**
Pleske, 1892
w Gansu (nc China)
Phasianus colchicus hagenbecki
**Hagenbeckfasan**
Rothschild, 1901
w Mongolei

Phasianus colchicus edzinensis
**Mongolenfasan**
Sushkin, 1926
sc Mongolei
Phasianus colchicus alaschanicus
**Ningxiafasan**
Alphéraky & Bianchi, 1908
Ningxia (nc China)
Phasianus colchicus kiangsuensis
**Kiangsufasan**
Buturlin, 1904
ne China
Phasianus colchicus karpowi
**Karpows Jagdfasan**
Buturlin, 1904
ne China bis Koreanische Halbinsel
Phasianus colchicus pallasi
**Pallasfasan**
Rothschild, 1903
se Sibirien, ne China und ne Koreanische Halbinsel
Phasianus colchicus suehschanensis
**Sichuanjagdfasan**
Bianchi, 1906
nw Sichua und s Gansu (wc China)
Phasianus colchicus elegans
**Eleganter Jagdfasan**
Elliot, DG, 1870
w Sichuan bis nw Yunnan (wc China), ne Myanmar und e Tibet
Phasianus colchicus decollatus
**Ringloser Jagdfasan**
Swinhoe, 1870
c China
Phasianus colchicus rothschildi
**Rothschildfasan**
La Touche, 1922
se Yunnan (sc China) und nw Vietnam
Phasianus colchicus takatsukasae
**Guandongfasan**
Delacour, 1927
sw Guangdong (s China) und ne Vietnam
Phasianus colchicus torquatus
**Halsband-Jagdfasan**
Gmelin, JF, 1789
e China
Phasianus colchicus formosanus
**Taiwanjagdfasan**
Elliot, DG, 1870
Taiwan

Phasianus versicolor
**Buntfasan**
*Green Pheasant - Faisán verde*
Vieillot, 1825
w Honshu und Kyushu (c, s Japan)

Phasianus versicolor robustipes
**Sadobuntfasan**
Kuroda, Nm, 1919
nw Honshu und Sado (c Japan)
Phasianus versicolor tohkaidi
**Honshubuntfasan**
Momiyama, 1922
c, w Honshu und Shikoku (c Japan)
Phasianus versicolor tanensis
**Kyushubuntfasan**
Kuroda, Nm, 1919
s Honshu, Izu Is. (se von Honshu), Kyushu und Yakushima und Tanegashima, se von Kyushu (c, s Japan)

## Gattung: Catreus

Catreus wallichii
**Schopffasan**
*Cheer Pheasant - Faisán chir*
Hardwicke, 1827
Himalaya

## Gattung: Crossoptilon

Crossoptilon harmani
**Tibetohrfasan**
*Tibetan Eared Pheasant - Faisán orejudo gris*
Elwes, 1881
Tibet

Crossoptilon crossoptilon
**Weißflügel-Ohrfasan**
*White Eared Pheasant - Faisán orejudo blanco*
Hodgson, 1838
se Tibet, sw China

Crossoptilon crossoptilon dolani
**Dolanohrfasan**
Meyer de Schauensee, 1937
se Qinghai (wc China)

Crossoptilon crossoptilon lichiangense
**Sichuanohrfasan**
Delacour, 1945
n Yunnan bis sw Sichuan (sc China)
Crossoptilon crossoptilon drouynii
**Tibetohrfasan**
Verreaux, J, 1868
e Tibet

Crossoptilon mantchuricum
**Braunflügel-Ohrfasan**
*Brown Eared Pheasant - Faisán orejudo pardo*
Swinhoe, 1863
ne China

Crossoptilon auritum
**Blauflügel-Ohrfasan**
*Blue Eared Pheasant - Faisán orejudo azul*
Pallas, 1811
c China

## Gattung: Lophura

Lophura edwardsi
**Edwardsfasan**
*Edwards's Pheasant - Faisán de Edwards*
Oustalet, 1896
c Vietnam

Lophura swinhoii
**Swinhoefasan**
*Swinhoe's Pheasant - Faisán de Swinhoe*
Gould, 1863
*Taiwan*

Lophura bulweri
**Bulwerfasan**
*Bulwer's Pheasant - Faisán coliblanco*
Sharpe, 1874
*Borneo*

Lophura leucomelanos
**Kalifasan**
*Kalij Pheasant - Faisán kálij*
Latham, 1790
c Nepal

Lophura leucomelanos hamiltonii
**Hamiltons Kalifasan**
Gray, JE, 1829
n Pakistan bis w Nepal
Lophura leucomelanos melanota
**Nepal-Kalifasan**
Hutton, T, 1848
e Nepal bis w Bhutan
Lophura leucomelanos moffitti
**Moffottis Kalidasan**
Hachisuka, 1938
c Bhutan
Lophura leucomelanos lathami
**Lathams Kalifasan**
Gray, JE, 1829
e Bhutan und s Tibet bis n Myanmar
Lophura leucomelanos williamsi
**Williams Kalidasan**
Oates, 1898
w Myanmar
Lophura leucomelanos oatesi
**Myabmar-Kalifasan**
Ogilvie-Grant, 1893
wc Myanmar
Lophura leucomelanos lineata
**Thailand-Kalifasan**
Vigors, 1831
ec Myanmar und w Thailand
Lophura leucomelanos crawfurdii
**Crawfurdis Kalidasan**
Gray, JE, 1829
se Myanmar und sw Thailand

Lophura nycthemera
**Silberfasan**
*Silver Pheasant - Faisán plateado*
Linnaeus, 1758
*Guangxi, Guangdong (s China) und ne Vietnam*

Lophura nycthemera omeiensis
**Sichuansilberfasan**
Cheng T, Chang C & Tang R, 1964
c, s Sichuan (sc China)
Lophura nycthemera rongjiangensis
**Guizhousilberfasan**
Tan Y & Wu Z, 1981
se Guizhou (sc China)

Lophura nycthemera fokiensis
**Fokiensilberfasan**
Delacour, 1948
nw Fokien (se China)
Lophura nycthemera whiteheadi
**Hainansilberfasan**
Ogilvie-Grant, 1899
Hainan Insel (s China)
Lophura nycthemera occidentalis
**Hunnansilberfasan**
Delacour, 1948
nw Yunnan (sw China) und ne Myanmar
Lophura nycthemera rufipes
**Myanmarsilberfasan**
Oates, 1898
sw Yunnan (sw China) und nc Myanmar
Lophura nycthemera jonesi
**Jones Silberfasan**
Oates, 1903
e Myanmar bis s China und n Thailand
Lophura nycthemera ripponi
**Rippons Silberfasan**
Sharpe, 1902
ec Myanmar
Lophura nycthemera beaulieui
**Delacour Silberfasan**
Delacour, 1948
sw Yunnan (sc China), n Laos und nw Vietnam
Lophura nycthemera berliozi
**Berliozis Silberfasan**
Delacour & Jabouille, 1928
nc Vietnam
Lophura nycthemera beli
**Vietnamesischer Silberfasan**
Oustalet, 1898
wc Vietnam
Lophura nycthemera annamensis
**Annamensilberfasan**
Ogilvie-Grant, 1906
sc Vietnam
Lophura nycthemera lewisi
**Kambotscha-Silberfasan**
Delacour & Jabouille, 1928
sw Kambodscha und se Thailand
Lophura nycthemera engelbachi
**Engelbachs Silberfasan**
Delacour, 1948
s Laos

Lophura erythrophthalma
**Gelbschwanzfasan**
*Malayan Crestless Fireback - Faisán colicanelo malayo*
Raffles, 1822
*Malayische Halbinsel und Sumatra*

Lophura pyronota
**Borneo-Gelbschwanzfasan**
*Bornean Crestless Fireback - Faisán colicanelo de Borneo*
Gray, GR, 1841
*n Borneo*

Lophura diardi
**Prälatfasan**
*Siamese Fireback - Faisán siamés*
Bonaparte, 1856
*se Asien*

Lophura inornata
**Salvadorifasan**
*Salvadori's Pheasant - Faisán sencillo*
Salvadori, 1879
*Gebirge s Sumatra*

Lophura inornata hoogerwerfi
**Nördlicher Salvadorifasan**
Chasen, 1939
Gebirge n Sumatra

Lophura rufa
**Malaienhaubenfasan**
*Malayan Crested Fireback - Faisán noble de Malasia*
Raffles, 1822
*Malayische Halbinsel und n, c Sumatra*

Lophura ignita
**Haubenfasan**
*Bornean Crested Fireback - Faisán noble de Borneo*
Shaw, 1798
*Bangka (e von s Sumatra) und s Borneo*

Lophura ignita nobilis
**Borneo-Haubenfasan**
Sclater, PL, 1863
n Borneo

Rheinardia ocellata
**Perlenfasan**
*Vietnamese Crested Argus - Argos perlado*
Elliot, DG, 1871
*c Vietnam, e Laos*

Rheinardia nigrescens
**Malaienfasan**
*Malayan Crested Argus - Argo Ocelado*
Rothschild, 1902
*c Malayische Halbinsel*



Argusianus argus
**Argusfasan**
*Great Argus - Argos real*
Linnaeus, 1766
*Malayische Halbinsel und Sumatra*

    Argusianus argus grayi
    **Borneo-Argusfasan**
    Elliot, DG, 1865
    Borneo



Afropavo congensis
**Kongopfau**
*Congo Peafowl - Pavo real del Congo*
Chapin, 1936
*Demokratische Republik Kongo*



Pavo cristatus
**Pfau**
*Indian Peafowl - Pavo real común*
Linnaeus, 1758
*Indien, Pakistan und Sri Lanka*

Pavo muticus
**Ährenträgerpfau**
*Green Peafowl - Pavo real cuelliverde*
Linnaeus, 1766
*Malaysian Halbinsel (extinct) und Java*

    Pavo muticus spicifer
    **Indischer Ährenträgerpfau**
    Shaw, 1804
    ne Indien und Bangladesch bis w Myanmar
    Pavo muticus imperator
    **Königspfau**
    Delacour, 1949
    e Myanmar bis Thailand, Indochina und s China



Tropicoperdix chloropus
**Grünfuß-Buschwachtel**
*Green-legged Partridge - Arborófila pativerde*
Blyth, 1859
*sw China bis Myanmar und w Thailand*

    Tropicoperdix chloropus cognacqi
    **Tonkins Grünfußbuschwachtel**
    Delacour & Jabouille, 1924
    sc Vietnam
    Tropicoperdix chloropus merlini
    **Cognacqbuschwachtel**
    Delacour & Jabouille, 1924
    wc Vietnam
    Tropicoperdix chloropus vivida
    **Merlins Grünfußbuschwachtel**
    Delacour, 1926
    ec Vietnam
    Tropicoperdix chloropus peninsularis
    **Vietnam-Grünfußbuschwachtel**
    Meyer de Schauensee, 1941
    sw Thailand
    Tropicoperdix chloropus olivacea
    **Thailand-Grünfußbuschwachtel**
    Delacour & Jabouille, 1928
    Laos und Kambodscha
    Tropicoperdix chloropus tonkinensis
    **Laos-Grünfußbuschwachtel**
    Delacour, 1927
    n, nc Vietnam

Tropicoperdix charltonii
**Charltonbuschwachtel**
*Chestnut-necklaced Partridge - Arborófila pechicastaña*
Eyton, 1845
*s Thailand und s Myanmar bis Malayische Halbinsel*

    Tropicoperdix charltonii atjenensis
    **Indonesische Charltonbuschwachtel**
    Meyer de Schauensee & Ripley, 1940
    n, s Sumatra

Tropicoperdix graydoni
**Sabahbuschwachtel**
*Sabah Partridge - Arborófila de Sabah*
Sharpe & Chubb, C, 1906
*n Borneo*



Haematortyx sanguiniceps
**Rotkopfwachtel**
*Crimson-headed Partridge - Perdicilla cabecirroja*
Sharpe, 1879
*Gebirge Borneo*



Galloperdix spadicea
**Rotspornhuhn**
*Red Spurfowl - Faisancillo rojo*
Gmelin, JF, 1789
*w Nepal und n, c Indien*

    Galloperdix spadicea caurina
    **Indienspornhuhn**
    Blanford, 1898
    s Rajasthan (w Indien)
    Galloperdix spadicea stewarti
    **Keralaspornhuhn**
    Baker, ECS, 1919
    c, s Kerala (s Indien)

Galloperdix lunulata
**Perlspornhuhn**
*Painted Spurfowl - Faisancillo moteado*
Valenciennes, 1825
*Indien*

Galloperdix bicalcarata
**Ceylonspornhuhn**
*Sri Lanka Spurfowl - Faisancillo de Ceilán*
Forster, JR, 1781
*Sri Lanka*



Polyplectron napoleonis
**Palawanpfaufasan**
*Palawan Peacock-Pheasant - Espolonero de Palawan*
Lesson, RP, 1831
*Palawan (sw Philippinen)*

Polyplectron schleiermacheri
**Borneopfaufasan**
*Bornean Peacock-Pheasant - Espolonero de Borneo*
Brüggemann, 1877
*Borneo*

Polyplectron malacense
**Malaienpfaufasan**
*Malayan Peacock-Pheasant - Espolonero malayo*
Scopoli, 1786
*sw Thailand und Malayische Halbinsel*

Polyplectron germaini
**Annampfaufasan**
*Germain's Peacock-Pheasant - Espolonero de Germain*
Elliot, DG, 1866
*Vietnam*

Polyplectron katsumatae
**Hainanpfaufasan**
*Hainan Peacock-Pheasant - Espolonero de Hainán*
Rothschild, 1906
*Hainan Is.*

Polyplectron bicalcaratum
**Indochina-Pfaufasan**
*Grey Peacock-Pheasant - Espolonero chinquis*
Linnaeus, 1758
*Sikkim bis c Vietnam*

Polyplectron inopinatum
**Rothschild-Pfaufasan**
*Mountain Peacock-Pheasant - Espolonero de Rothschild*
Rothschild, 1903
*Malayische Halbinsel*

Polyplectron chalcurum
**Bronzepfaufasan**
*Bronze-tailed Peacock-Pheasant - Espolonero colibronceado*
Lesson, RP, 1831
*Gebirge s Sumatra*

  Polyplectron chalcurum scutulatum
  **Nördlicher Bronzepfaufasan**
  Chasen, 1941
  Gebirge n Sumatra

## Gattung: Bambusicola

Bambusicola fytchii
**Gelbbrauen-Bambushuhn**
*Mountain Bamboo Partridge - Bambusícola montana*
Anderson, 1871
*Yunnan und w Sichuan (sc China) bis Myanmar und n Vietnam*

  Bambusicola fytchii hopkinsoni
  **Indisches Gelbbrauen-Bambushuhn**
  Godwin-Austen, 1874
  ne Indien, Bangladesch und w Myanmar

Bambusicola thoracicus
**Graubrauen-Bambushuhn**
*Chinese Bamboo Partridge - Bambusícola china*
Temminck, 1815
*s China*

Bambusicola sonorivox
**Taiwanbambushuhn**
*Taiwan Bamboo Partridge - Bambusícola de Formosa*
Gould, 1863
*Taiwan*

## Gattung: Gallus

Gallus varius
**Gabelschwanzhuhn**
*Green Junglefowl - Gallo de Java*
Shaw, 1798
*Java, Bali und Lombok bis Alor (w, ec Lesser Sundas)*

Gallus gallus
**Bankivahuhn**
*Red Junglefowl - Gallo bankiva*
Linnaeus, 1758
*s Myanmar über Indochina*

  Gallus gallus murghi
  **Indisches Bankivahuhn**
  Robinson & Kloss, 1920
  n Indien, Nepal, Bhutan und Bangladesch
  Gallus gallus spadiceus
  **Chinesisches Bankivahuhn**
  Bonnaterre, 1792
  ne Indien bis s China, Malayische Halbinsel und n Sumatra
  Gallus gallus jabouillei
  **Delacours Bankivahuhn**
  Delacour & Kinnear, 1928
  s China bis n Vietnam und n Laos
  Gallus gallus bankiva
  **Javadschungelhuhn**
  Temminck, 1813
  Java und Bali

Gallus sonneratii
**Sonnerathuhn**
*Grey Junglefowl - Gallo gris*
Temminck, 1813
*Indien*

Gallus lafayettii
**Ceylonhuhn**
*Sri Lanka Junglefowl - Gallo de Ceilán*
Lesson, RP, 1831
*Sri Lanka*

## Gattung: Peliperdix

Peliperdix lathami
**Lathamfrankolin**
*Latham's Francolin - Francolín cariblanco*
Hartlaub, 1854
*Sierra Leone bis nw Demokratische Republik Kongo und Angola*

  Peliperdix lathami schubotzi
  **Schubotzfrankolin**
  Reichenow, 1912
  w Demokratische Republik Kongo bis sw Sudan, w Uganda und nw Tansania

## Gattung: Ortygornis

Ortygornis sephaena
**Schopffrankolin**
*Crested Francolin - Francolín capirotado*
Smith, A, 1836
*e Simbabwe bis se Botswana, s Mosambik und ne Südafrika*

  Ortygornis sephaena grantii
  **Grants Schopffrankolin**
  Hartlaub, 1866
  s Sudan und w Äthiopien bis nc Tansania
  Ortygornis sephaena rovuma
  **Rovuma-Schopffrankolin**
  Gray, GR, 1867
  e Kenia bis n Mosambik
  Ortygornis sephaena spilogaster
  **Somalischer Schopffrankolin**
  Salvadori, 1888
  e Äthiopien, Somalia und ne Kenia
  Ortygornis sephaena zambesiae
  **Sambesi-Schopffrankolin**
  Mackworth-Praed, 1920
  wc Mosambik bis Namibia und s Angola

Ortygornis pondicerianus
**Wachtelfrankolin**
*Grey Francolin - Francolín gris*
Gmelin, JF, 1789
*s Indien und Sri Lanka*

  Ortygornis pondicerianus mecranensis
  **Iranischer Wachtelfrankolin**
  Zarudny & Härms, 1913
  s Iran und s Pakistan
  Ortygornis pondicerianus interpositus
  **Nepal-Wachtelfrankolin**
  Hartert, EJO, 1917
  e Pakistan, n Indien und Nepal

Ortygornis gularis
**Sumpffrankolin**
*Swamp Francolin - Francolín palustre*
Temminck, 1815
*n Indien und Nepal bis Bangladesch*

## Gattung: Francolinus

Francolinus pintadeanus
**Perlfrankolin**
*Chinese Francolin - Francolín chino*
Scopoli, 1786
*se China*

  Francolinus pintadeanus phayrei
  **Indochina-Perlfrankolin**
  Blyth, 1843
  ne Indien bis s China und Indochina

Francolinus francolinus
**Halsbandfrankolin**
*Black Francolin - Francolín ventrinegro*
Linnaeus, 1766
*Zypern und Kleinasien (Türkei) s bis Israel und e bis Iran und Turkmenistan*

  Francolinus francolinus arabistanicus
  **Arabischer Halsbandfrankolin**
  Zarudny & Härms, 1913
  c, s Irak und sw Iran
  Francolinus francolinus bogdanovi
  **Bogdanov-Halsbandfrankolin**
  Zarudny, 1906
  s Iran, s Afghanistan und sw Pakistan
  Francolinus francolinus henrici
  **Henrics Halsbandfrankolin**
  Bonaparte, 1856
  s Pakistan und w Indien
  Francolinus francolinus asiae
  **Asischer Halsbandfrankolin**
  Bonaparte, 1856
  w, c Indien, Nepal und Bhutan

Francolinus francolinus melanonotus
**Indischer Halsbandfrankolin**
Hume, 1888
e Indien und Bangladesch

Francolinus pictus
**Tropfenfrankolin**
*Painted Francolin - Francolín pintojo*
Jardine & Selby, 1828
c, s Indien

Francolinus pictus pallidus
**Nördlicher Tropfenfrankolin**
Gray, JE, 1831
nc Indien
Francolinus pictus watsoni
**Watsons Tropfenfrankolin**
Legge, 1880
Sri Lanka

## Gattung: Campocolinus

Campocolinus coqui
**Coquifrankolin**
*Coqui Francolin - Francolín coqui*
Smith, A, 1836
Gabun, Demokratische Republik Kongo bis s Kenia und Uganda, s bis Südafrika

Campocolinus coqui spinetorum
**Mauretanischer Frankolin**
Bates, GL, 1928
Mauretanien und Mali bis n Nigeria
Campocolinus coqui maharao
**Maharafrankolin**
Sclater, WL, 1927
s Äthiopien und c, e Kenia
Campocolinus coqui hubbardi
**Hubbardfrankolin**
Ogilvie-Grant, 1895
w, s Kenia und n Tansania

Campocolinus albogularis
**Weißkehlfrankolin**
*White-throated Francolin - Francolín gorjiblanco*
Hartlaub, 1854
Senegal und Gambia bis Elfenbeinküste

Campocolinus albogularis buckleyi
**Buckleyfrankolin**
Ogilvie-Grant, 1892
e Elfenbeinküste bis n Kamerun
Campocolinus albogularis dewittei
**Dewittefrankolin**
Chapin, 1937
se Demokratische Republik Kongo, nw Sambia und e Angola

Campocolinus schlegelii
**Schlegelfrankolin**
*Schlegel's Francolin - Francolín de Schlegel*
Heuglin, 1863
Kamerun bis Sudan

## Gattung: Scleroptila

Scleroptila streptophora
**Kragenfrankolin**
*Ring-necked Francolin - Francolín acollarado*
Ogilvie-Grant, 1891
Kamerun, Uganda, Kenia und Tansania

Scleroptila levaillantii
**Rotflügelfrankolin**
*Red-winged Francolin - Francolín alirrojo*
Valenciennes, 1825
Simbabwe und e Südafrika

Scleroptila levaillantii kikuyuensis
**Kikuyufrankolin**
Ogilvie-Grant, 1897
e Demokratische Republik Kongo bis wc Kenia s bis Angola und Sambia
Scleroptila levaillantii crawshayi
**Malawi-Rotflügelfrankolin**
Ogilvie-Grant, 1896
n Malawi

Scleroptila finschi
**Finschfrankolin**
*Finsch's Francolin - Francolín de Finsch*
Barboza du Bocage, 1881
Gabun bis sw Demokratische Republik Kongo und w Angola

Scleroptila psilolaema
**Hochlandfrankolin**
*Moorland Francolin - Francolín etíope*
Gray, GR, 1867
c, s Äthiopien

Scleroptila elgonensis
**Elgonfrankolin**
*Elgon Francolin - Francolín del Elgon*
Ogilvie-Grant, 1891
e Uganda bis c Kenia

Scleroptila afra
**Grauflügelfrankolin**
*Grey-winged Francolin - Francolín aligrís*
Latham, 1790
Lesotho und Südafrika

Scleroptila gutturalis
**Rebhuhnfrankolin**
*Orange River Francolin - Francolín del Orange*
Rüppell, 1835
Eritrea und n Äthiopien

Scleroptila gutturalis archeri
**Mauretanischer Rebhuhnfrankolin**
Sclater, WL, 1927
s Äthiopien, se Sudan, n Uganda und nw Kenia
Scleroptila gutturalis lorti
**Somalia-Rebhuhnfrankolin**
Sharpe, 1897
n Somalia
Scleroptila gutturalis jugularis
**Angola-Rebhuhnfrankolin**
Büttikofer, 1889
sw Angola
Scleroptila gutturalis pallidior
**Namibia-Rebhuhnfrankolin**
Neumann, 1908
n Namibia
Scleroptila gutturalis levalliantoides
**Botswana-Rebhuhnfrankolin**
Smith, A, 1836
e Namibia und s Botswana bis c Südafrika

Scleroptila shelleyi
**Shelleyfrankolin**
*Shelley's Francolin - Francolín de Shelley*
Ogilvie-Grant, 1890
s Uganda und c Tansania bis n Südafrika und w Mosambik

Scleroptila shelleyi uluensis
**Östlicher Shelleyfrankolin**
Ogilvie-Grant, 1892
c, s Kenia und n Tansania
Scleroptila shelleyi macarthuri
**Chyulufrankolin**
Van Someren, 1938
Chyulu Hills (se Kenia)

Scleroptila whytei
**Whytefrankolin**
*Whyte's Francolin - Francolín de Whyte*
Neumann, 1908
se Demokratische Republik Kongo, Sambia und n Malawi

## Gattung: Tetraogallus

Tetraogallus tibetanus
**Tibetkönigshuhn**
*Tibetan Snowcock - Perdigallo tibetano*
Gould, 1854
e Afghanistan bis w Tibetische Hochebene und n Indien

Tetraogallus tibetanus tschimenensis
**Kun Lun-Königshuhn**
Sushkin, 1926
Kun Lun und Altun Shan Mts. (n Tibet, nw China)
Tetraogallus tibetanus aquilonifer
**Nepalkönigshuhn**
Meinertzhagen, R & Meinertzhagen, A, 1926
n Nepal bis n Bhutan, ne Indien und sw China
Tetraogallus tibetanus yunnanensis
**Yunnankönigshuhn**
Yang L & Xu Y, 1987
n Yunnan (sc China)
Tetraogallus tibetanus henrici
**Sichuankönigshuhn**
Oustalet, 1892
e Xizang und w Sichuan (c China)
Tetraogallus tibetanus przewalskii
**Przewalskis Königshuhn**
Bianchi, 1907
Qinghai, n Sichuan und w Gansu (nc China)

Tetraogallus altaicus
**Altaikönigshuhn**
*Altai Snowcock - Perdigallo altaico*
Gebler, 1836
*Gebirge ne Kasachstan, sw Sibirien, n Xinjiang und w, c Mongolei*

Tetraogallus caucasicus
**Kaukasuskönigshuhn**
*Caucasian Snowcock - Perdigallo caucasiano*
Pallas, 1811
*Hochgebirge Kaukasus von sw Russland, n Georgia und n Aserbaidschan*

Tetraogallus caspius
**Kaspikönigshuhn**
*Caspian Snowcock - Perdigallo del Caspio*
Gmelin, SG, 1784
*Gebirge c Armenien bis Kopet-Dag von sw Turkmenistan und ne Iran*

    Tetraogallus caspius tauricus
    **Türkenkönigshuhn**
    Dresser, 1876
    Gebirge s, e Türkei und w Armenien
    Tetraogallus caspius semenowtianschanskii
    **Zagroskönigshuhn**
    Zarudny, 1908
    Zagros Mts. (sw Iran)

Tetraogallus himalayensis
**Himalajakönigshuhn**
*Himalayan Snowcock - Perdigallo himalayo*
Gray, GR, 1843
*e Afghanistan bis nw Indien und w Nepal*

    Tetraogallus himalayensis sauricus
    **Tabagataikönigshuhn**
    Potapov, 1993
    Tarbagatai Mts. (e Kasachstan und w China)
    Tetraogallus himalayensis sewerzowi
    **Tien Shan-Königshuhn**
    Zarudny, 1910
    Tien-Shan-Gebirge im nw China (e Xinjiang)
    Tetraogallus himalayensis incognitus
    **Afghanisches Königshuhn**
    Zarudny, 1911
    s Tadschikistan und n Afghanistan
    Tetraogallus himalayensis grombczewskii
    **Xinjiang-Königshuhn**
    Bianchi, 1898
    s Xinjiang (w China) und n Tibet
    Tetraogallus himalayensis koslowi
    **Koslows Königshuhn**
    Bianchi, 1898
    sw Xinjiang, n Qinghai und sw Gansu (w, sw China)

## Gattung: Ammoperdix

Ammoperdix griseogularis
**Persienwüstenhuhn**
*See-see Partridge - Perdiz gorjigrís*
Brandt, JF, 1843
*se Türkei, n Syrien, und n Saudi-Arabien bis s Armenien, Usbekistan, se Turkmenistan, s Tadschikistan s über Iran und Afghanistan (außer ne) bis Sub-Himalaya Pakistan*

Ammoperdix heyi
**Arabienwüstenhuhn**
*Sand Partridge - Perdiz desértica*
Temminck, 1825
*Sinai Halbinsel (Ägypten), Israel und Jordanien über w Saudi-Arabien*

    Ammoperdix heyi nicolli
    **Ägyptisches Wüstenhuhn**
    Hartert, EJO, 1919
    ne bis ec Ägypten
    Ammoperdix heyi cholmleyi
    **Sudanwüstenhuhn**
    Ogilvie-Grant, 1897
    c Ägypten bis n Sudan
    Ammoperdix heyi intermedius
    **Omanwüstenhuhn**
    Hartert, EJO, 1917
    sw Arabische Halbinsel und s Oman

## Gattung: Synoicus

Synoicus ypsilophorus
**Tasmanienwachtel**
*Brown Quail - Codorniz de Tasmania*
Bosc, 1792
*Tasmanien (se Australien)*

    Synoicus ypsilophorus raaltenii
    **Floreswachtel**
    Müller, S, 1842
    Flores bis Leti, Moa und Luang (e von Timor; c, e Lesser Sundas) und Tanimbar Is. (s Moluccas)

    Synoicus ypsilophorus pallidior
    **Sumbawachtel**
    Hartert, EJO, 1897
    Sumba und Sawu (=Savu; sw Lesser Sundas)
    Synoicus ypsilophorus saturatior
    **Nördliche Neuguineawachtel**
    Hartert, EJO, 1930
    Flachland n Neuguinea
    Synoicus ypsilophorus dogwa
    **Südliche Neuguineawachtel**
    Mayr & Rand, 1935
    Trans-Fly (sc Neuguinea Flachland)
    Synoicus ypsilophorus plumbeus
    **Östliche Neuguineawachtel**
    Salvadori, 1895
    Flachland ne (Huon Halbinsel) und se Neuguinea
    Synoicus ypsilophorus monticola
    **Alpine Neuguineawachtel**
    Mayr & Rand, 1935
    Hochebirge se Neuguinea
    Synoicus ypsilophorus mafulu
    **Mafuluwachtel**
    Mayr & Rand, 1935
    Mittelgebirge e, se Neuguinea
    Synoicus ypsilophorus australis
    **Australienwachtel**
    Latham, 1801
    Australien (außer sc, Tasmanien)

Synoicus monorthonyx
**Schneegebirgswachtel**
*Snow Mountain Quail - Codorniz papúa*
van Oort, 1910
*Hoch-Gebirge wc Neuguinea*

Synoicus chinensis
**Zwergwachtel**
*King Quail - Codorniz china*
Linnaeus, 1766
*Indien bis Sri Lanka, Malayische Halbinsel, Sumatra, Java, Indochina, se China und Taiwan*

    Synoicus chinensis trinkutensis
    **Nikobarenzwergwachtel**
    Richmond, 1902
    Nicobar Is.
    Synoicus chinensis lineatus
    **Borneozwergwachtel**
    Scopoli, 1786
    Philippinen und Indonesisches Archipel
    Synoicus chinensis lepidus
    **Bismarckzwergwachtel**
    Hartlaub, 1879
    Neuguinea und Bismarck Archipel
    Synoicus chinensis victoriae
    **Australische Zwergwachtel**
    Mathews, 1912
    Cape York Halbinsel, ne Queensland bis se New South Wales (e Australien)
    Synoicus chinensis colletti
    **Collettzwergwachtel**
    Mathews, 1912
    ne Western Australia bis ne Nortern Territory (nc Australien)

Synoicus adansonii
**Adansonwachtel**
*Blue Quail - Codorniz africana*
Verreaux, J & Verreaux, É, 1851
*Afrika weit verbreitet s in der Sahara*

## Gattung: Margaroperdix

Margaroperdix madagarensis
**Perlwachtel**
*Madagascar Partridge - Perdiz malgache*
Scopoli, 1786
*Madagascar*

## Gattung: Coturnix

Coturnix coturnix
**Wachtel**
*Common Quail - Codorniz común*
Linnaeus, 1758
*Europa und nw Afrika bis Mongolei und n Indien*

    Coturnix coturnix conturbans
    **Azorenwachtel**
    Hartert, EJO, 1917
    Azoren
    Coturnix coturnix inopinata
    **Kap Verdewachtel**
    Hartert, EJO, 1917
    Cape Verde Is.
    Coturnix coturnix africana
    **Afrikanische Wachtel**
    Temminck & Schlegel, 1849
    Sub-Saharan Afrika, Comoros, Madagascar und Mauritius (c Mascarenes)

Coturnix coturnix erlangeri
**Erlangers Wachtel**
Zedlitz, 1912
e, ne Afrika

Coturnix japonica
**Japanwachtel**
*Japanese Quail - Codorniz japonesa*
Temminck & Schlegel, 1848
*Mongolei und e Sibirien, Japan und Koreanische Halbinsel*

Coturnix delegorguei
**Harlekinwachtel**
*Harlequin Quail - Codorniz arlequín*
Delegorgue, 1847
*Afrika s in der Sahara und Madagascar*

    Coturnix delegorguei histrionica
    **Sao Tome-Wachtel**
    Hartlaub, 1849
    São Tomé
    Coturnix delegorguei arabica
    **Arabische Harlekinwachtel**
    Bannerman, 1929
    s Arabien

Coturnix coromandelica
**Regenwachtel**
*Rain Quail - Codorniz coromandélica*
Gmelin, JF, 1789
*Pakistan bis Sri Lanka und Myanmar*

Coturnix pectoralis
**Schwarzbrustwachtel**
*Stubble Quail - Codorniz pectoral*
Gould, 1837
*Australien (außer n)*

† Coturnix novaezelandiae
**Neuseelandwachtel**
*New Zealand Quail - Codorniz maorí*
Quoy & Gaimard, 1832
*New Zealand*

## Gattung: Alectoris

Alectoris barbara
**Felsenhuhn**
*Barbary Partridge - Perdiz moruna*
Bonnaterre, 1790
*ne Marokko bis n Tunesien*

    Alectoris barbara koenigi
    **Kanarisches Felsenhuhn**
    Reichenow, 1899
    Kanarische Is. und nw Marokko
    Alectoris barbara spatzi
    **Spatzis Felsenhuhn**
    Reichenow, 1895
    s Marokko bis c, s Algerien und s Tunesien
    Alectoris barbara barbata
    **Barbatafelsenhuhn**
    Reichenow, 1896
    ne Libyen und nw Ägypten

Alectoris melanocephala
**Schwarzkopf-Steinhuhn**
*Arabian Partridge - Perdiz árabe*
Rüppell, 1835
*sw Arabien bis Jemen und sw Oman*

Alectoris rufa
**Rothuhn**
*Red-legged Partridge - Perdiz roja*
Linnaeus, 1758
*Großbritanien, Frankreich, n Italien und Korsika*

    Alectoris rufa hispanica
    **Spanisches Rothuhn**
    Seoane, 1894
    n, w Iberische Halbinsel
    Alectoris rufa intercedens
    **Andalusienrothuhn**
    Brehm, AE, 1857
    e, s Iberische Halbinsel

Alectoris chukar
**Chukarhuhn**
*Chukar Partridge - Perdiz chúcar*
Gray, JE, 1830
*e Afghanistan bis Nepal*

    Alectoris chukar kleini
    **Griechsisches Chukarhuhn**
    Hartert, EJO, 1925
    n Griechenland über Bulgaria und n Türkei bis Kaukasus
    Alectoris chukar cypriotes
    **Zypern-Chukarhuhn**
    Hartert, EJO, 1917
    Kreta, Rhodos, Zypern und sw, sc Türkei
    Alectoris chukar kurdestanica
    **Kurdisches Chukarhuhn**
    Meinertzhagen, R, 1923
    se Türkei, n Syrien, n Irak bis n Iran
    Alectoris chukar sinaica
    **Sinai-Chukarhuhn**
    Bonaparte, 1858
    Syrien bis Sinai Halbinsel (Ägypten)
    Alectoris chukar werae
    **Weras Chukarhuhn**
    Zarudny & Loudon, 1904
    e Irak und sw Iran
    Alectoris chukar koroviakovi
    **Pakistanisches Chukarhuhn**
    Zarudny, 1914
    ne, e Iran bis w Pakistan
    Alectoris chukar subpallida
    **Usbekisches Chukarhuhn**
    Zarudny, 1914
    c Turkmenistan bis c Usbekistan und n Afghanistan
    Alectoris chukar falki
    **Falks Chukarhuhn**
    Hartert, EJO, 1917
    w Usbekistan bis nc Afghanistan und w China
    Alectoris chukar dzungarica
    **Dschungarisches Chukarhuhn**
    Sushkin, 1927
    Tien Shan Mts. (e Kasachstan, w China) bis nw Mongolei
    Alectoris chukar pallida
    **Xinjiang-Chukarhuhn**
    Hume, 1873
    w Xinjiang (w China)
    Alectoris chukar pallescens
    **Tibet-Chukarhuhn**
    Hume, 1873
    ne Afghanistan bis w Tibet
    Alectoris chukar potanini
    **Mongolisches Chukarhuhn**
    Sushkin, 1927
    w Mongolei und nw China
    Alectoris chukar pubescens
    **Swinhoes Chukarhuhn**
    Swinhoe, 1871
    ne Xinjiang (w China) bis sw Mongolei und n Ningxia (c China)

Alectoris graeca
**Steinhuhn**
*Rock Partridge - Perdiz griega*
Meisner, 1804
*Serbien und Albanien bis Griechenland und Bulgaria*

    Alectoris graeca saxatilis
    **Alpensteinhuhn**
    Bechstein, 1805
    Alpen von Frankreich bis w Kroatien
    Alectoris graeca orlandoi
    **Italienisches Steinhuhn**
    Priolo, 1984
    Italien
    Alectoris graeca whitakeri
    **Siziliensteinhuhn**
    Schiebel, 1934
    Sizilien

Alectoris philbyi
**Philbysteinhuhn**
*Philby's Partridge - Perdiz gorjinegra*
Lowe, 1934
*Gebirge sw Saudi-Arabien und nw Jemen (sw Arabische Halbinsel)*

Alectoris magna
**Przewalskisteinhuhn**
*Przevalski's Partridge - Perdiz magna*
Przevalski, 1876
*n, ne Qinghai (wc China)*

    Alectoris magna lanzhouensis
    **Gansusteinhuhn**
    Liu N, Huang Z & Wen L, 2004
    Lanzhou Basin, c Gansu (nc China)

## Gattung: Perdicula

Perdicula asiatica
**Dschungelwachtel**
*Jungle Bush Quail - Perdicilla golirroja*
Latham, 1790
*n, c Indien*

Perdicula asiatica punjaubi
**Nördliche Dschungelwachtel**
Whistler, 1939
nw Indien

Perdicula asiatica vidali
**Westliche Dschungelwachtel**
Whistler & Kinnear, 1936
sw Indien

Perdicula asiatica vellorei
**Südliche Dschungelwachtel**
Abdulali & Reuben, 1965
s Indien

Perdicula asiatica ceylonensis
**Ceylondschungelwachtel**
Whistler & Kinnear, 1936
Sri Lanka

Perdicula argoondah
**Madraswachtel**
*Rock Bush Quail - Perdicilla argundá*
Sykes, 1832
c, se Indien

Perdicula argoondah meinertzhageni
**Meinertzhagenwachtel**
Whistler, 1937
w, nw Indien

Perdicula argoondah salimalii
**Salimaliwachtel**
Whistler, 1943
s Indien

Perdicula erythrorhyncha
**Buntwachtel**
*Painted Bush Quail - Perdicilla piquirroja*
Sykes, 1832
sw Indien

Perdicula erythrorhyncha blewitti
**Blewittwachtel**
Hume, 1874
c, se Indien

Perdicula manipurensis
**Manipurwachtel**
*Manipur Bush Quail - Perdicilla de Manipur*
Hume, 1881
Bangladesch bis s Assam (ne Indien)

Perdicula manipurensis inglisi
**Bengalwachtel**
Ogilvie-Grant, 1909
n Bengal bis n Assam (ne Indien)

† Gattung: Ophrysia

† Ophrysia superciliosa
**Himalajawachtel**
*Himalayan Quail - Perdicilla himalaya*
Gray, JE, 1846
n Indien

Gattung: Pternistis

Pternistis hartlaubi
**Hartlaubfrankolin**
*Hartlaub's Spurfowl - Francolín de Hartlaub*
Barboza du Bocage, 1869
sw Angola und c, n Namibia

Pternistis camerunensis
**Kamerunfrankolin**
*Mount Cameroon Spurfowl - Francolín del Camerún*
Alexander, 1909
s Kamerun

Pternistis nobilis
**Edelfrankolin**
*Handsome Spurfowl - Francolín noble*
Reichenow, 1908
e Demokratische Republik Kongo, sw Uganda, Rwanda und Burundi

Pternistis castaneicollis
**Braunnackenfrankolin**
*Chestnut-naped Spurfowl - Francolín cuellicastaño*
Salvadori, 1888
sw bis ne Äthiopien, und nw Somalia

Pternistis castaneicollis atrifrons
**Südlicher Braunnackenfrankolin**
Conover, 1930
s Äthiopien

Pternistis erckelii
**Erckelfrankolin**
*Erckel's Spurfowl - Francolín de Erckel*
Rüppell, 1835
ne Sudan, Eritrea bis c Äthiopien

Pternistis ochropectus
**Wacholderfrankolin**
*Djibouti Spurfowl - Francolín de Yibuti*
Dorst & Jouanin, 1952
Gebirge Dschibuti

Pternistis swierstrai
**Swierstrafrankolin**
*Swierstra's Spurfowl - Francolín de Swierstra*
Roberts, 1929
w Angola

Pternistis ahantensis
**Ahantafrankolin**
*Ahanta Spurfowl - Francolín de Ahanta*
Temminck, 1854
Senegal, Gambia bis sw Nigeria

Pternistis griseostriatus
**Graustreifenfrankolin**
*Grey-striped Spurfowl - Francolín angoleño*
Ogilvie-Grant, 1890
w Angola

Pternistis jacksoni
**Jacksonfrankolin**
*Jackson's Spurfowl - Francolín de Jackson*
Ogilvie-Grant, 1891
w, c Kenia

Pternistis adspersus
**Rotschnabelfrankolin**
*Red-billed Spurfowl - Francolín piquirrojo*
Waterhouse, 1838
sw Angola, n Namibia und Botswana bis sw Sambia, nw Simbabwe und nc Südafrika

Pternistis capensis
**Kapfrankolin**
*Cape Spurfowl - Francolín de El Cabo*
Gmelin, JF, 1789
w, sw Südafrika

Pternistis natalensis
**Natalfrankolin**
*Natal Spurfowl - Francolín de Natal*
Smith, A, 1833
s Sambia und Simbabwe bis w Mosambik und ne Südafrika

Pternistis hildebrandti
**Hildebrandtfrankolin**
*Hildebrandt's Spurfowl - Francolín de Hildebrandt*
Cabanis, 1878
Kenia, n, w Tansania, se Demokratische Republik Kongo und ne Sambia

Pternistis hildebrandti johnstoni
**Johnstonfrankolin**
Shelley, 1894
se Tansania, n Mosambik und Malawi

Pternistis bicalcaratus
**Doppelspornfrankolin**
*Double-spurred Spurfowl - Francolín biespolado*
Linnaeus, 1766
Senegal, Gambia und s Mauretanien bis w Nigeria

Pternistis bicalcaratus adamauae
**Marokkanischer Doppelspornfrankolin**
Neumann, 1915
c Nigeria bis Kamerun und sw Chad

Pternistis bicalcaratus ayesha
**Bannermans Doppelspornfrankolin**
Hartert, EJO, 1917
w Marokko

Pternistis squamatus
**Schuppenfrankolin**
*Scaly Spurfowl - Francolín escamoso*
Cassin, 1857
se Nigeria bis n, e Demokratische Republik Kongo, Gabun und Kongo Republic

Pternistis squamatus schuetti
**Schütts Schuppenfrankolin**
Cabanis, 1881
e Demokratische Republik Kongo bis Uganda, c, sw Kenia, und c Äthiopien; ne, se Tansania und n Malawi (Viphya Plateau)
Pternistis squamatus maranensis
**Kenianischer Schuppenfrankolin**
Mearns, 1910
se Kenia und ne Tansania

Pternistis icterorhynchus
**Gelbschnabelfrankolin**
*Heuglin's Spurfowl - Francolín piquigualdo*
Heuglin, 1863
s Chad und sw Sudan bis n Demokratische Republik Kongo und w Uganda

Pternistis clappertoni
**Clappertonfrankolin**
*Clapperton's Spurfowl - Francolín de Clapperton*
Children & Vigors, 1826
Mali bis s Sudan, e Süd-Sudan, ne Uganda und w Äthiopien

Pternistis clappertoni sharpii
**Sharps Frankolin**
Ogilvie-Grant, 1892
n, c Äthiopien und Eritrea

Pternistis harwoodi
**Harwoodfrankolin**
*Harwood's Spurfowl - Francolín de Harwood*
Blundell & Lovat, 1899
Gebirge c Äthiopien

Pternistis swainsonii
**Swainsonfrankolin**
*Swainson's Spurfowl - Francolín de Swainson*
Smith, A, 1836
se Angola, n Namibia und Sambia bis e Botswana, n Südafrika, Simbabwe und s Mosambik

Pternistis leucoscepus
**Gelbkehlfrankolin**
*Yellow-necked Spurfowl - Francolín gorjiamarillo*
Gray, GR, 1867
Eritrea und n Äthiopien

Pternistis leucoscepus infuscatus
**Südlicher Gelbkehlfrankolin**
Cabanis, 1868
n Somalia und Dschibuti s über Äthiopien, e Süd-Sudan, s Somalia, ne Uganda, Kenia und nc Tansania

Pternistis rufopictus
**Graubrustfrankolin**
*Grey-breasted Spurfowl - Francolín del Victoria*
Reichenow, 1887
nw Tansania

Pternistis afer
**Rotkehlfrankolin**
*Red-necked Spurfowl - Francolín gorjirrojo*
Müller, PLS, 1776
w Angola und nw Namibia

Pternistis afer cranchii
**Chranchfrankolin**
Leach, 1818
n Gabun und s Kongo Republic über s, e Demokratische Republik Kongo bis c Angola und w Sambia bis c Tansania, w Kenia und Uganda
Pternistis afer castaneiventer
**Südlicher Rotkehlfrankolin**
Gunning & Roberts, 1911
s, e Südafrika
Pternistis afer humboldtii
**Humbolds Rotkehlfrankolin**
Peters, W, 1854
se Kenia und n, e Tansania bis Mosambik, ne Sambia und e Simbabwe

# NEOAVES (Neuzeitliche Vögel)
## Modern BIRDS

### Ordnung: CAPRIMULGIFORMES (Schwalmartige)

**Familie: Caprimulgidae (Nachtschwalben)**
Gattung: Eurostopodus

Eurostopodus argus
**Argusnachtschwalbe**
*Spotted Nightjar - Chotacabras argos*
Hartert, EJO, 1892
Australien (außer se, Tasmanien)

Eurostopodus mystacalis
**Bartnachtschwalbe**
*White-throated Nightjar - Chotacabras bigotudo*
Temminck, 1826
ne Cape York Halbinsel, ne Queensland bis sc Victoria (e Australien)

Eurostopodus nigripennis
**Salomonennachtschwalbe**
*Solomons Nightjar - Chotacabras de las Salomón*
Ramsay, EP, 1882
Bougainville bis Isabel und New Georgia Gruppe (n, c Solomon Is.)

Eurostopodus exul
**Neukaledonien-Nachtschwalbe**
*New Caledonian Nightjar - Chotacabras de Nueva Caledonia*
Mayr, 1941
Grande Terre (New Caledonia)

Eurostopodus diabolicus
**Teufelsnachtschwalbe**
*Satanic Nightjar - Chotacabras diabólico*
Stresemann, 1931
Gebirge n, c Sulawesi

Eurostopodus papuensis
**Papuanachtschwalbe**
*Papuan Nightjar - Chotacabras papú*
Schlegel, 1866
Salawati (Raja Ampat Is., nw von Neuguinea) und Neuguinea

Eurostopodus archboldi
**Archboldnachtschwalbe**
*Archbold's Nightjar - Chotacabras de Archbold*
Mayr & Rand, 1935
Gebirge Neuguinea

Gattung: Lyncornis

Lyncornis temminckii
**Temmincknachtschwalbe**
*Malaysian Eared Nightjar - Chotacabras de Temminck*
Gould, 1838
Malayische Halbinsel, Sumatra, Nias (w von n Sumatra), Bangka und Belitung (e von s Sumatra) und Borneo

Lyncornis macrotis
**Riesennachtschwalbe**
*Great Eared Nightjar - Chotacabras orejudo*
Vigors, 1831
Philippinen (außer West Visayas, Palawan Gruppe, und Sulu Archipel)

Lyncornis macrotis cerviniceps
**Indische Riesennachtschwalbe**
Gould, 1838
Bangladesch und ne Indien bis s China, Indochina und n Malayische Halbinsel
Lyncornis macrotis bourdilloni
**Humes Riesennachtschwalbe**
Hume, 1875
sw Indien
Lyncornis macrotis jacobsoni
**Jacobsons Riesennachtschwalbe**
Junge, 1936
Simeulue (w von n Sumatra)
Lyncornis macrotis macropterus
**Sulawesi-Riesennachtschwalbe**
Bonaparte, 1850
Sulawesi, Sangihe und Talaud is. (n von ne Sulawesi), Banggai und Sula is. (e von Sulawesi)

Gattung: Gactornis

Gactornis enarratus
**Halsband-Nachtschwalbe**
*Collared Nightjar - Chotacabras acollarado*
Gray, GR, 1871
nw, e Madagascar

Gattung: Chordeiles

Chordeiles nacunda
**Weißbauch-Nachtschwalbe**
*Nacunda Nighthawk - Añapero ñacundá*
Vieillot, 1817
e Peru und c Brasilien bis c Argentinien

Chordeiles nacunda coryi
**Corys Weißbauch-Nachtschwalbe**
Agne & Pacheco, 2011
n, e Kolumbien und n Venezuela über Guyana und Suriname bis n Brasilien

Chordeiles pusillus
## Gnomennachtschwalbe
*Least Nighthawk - Añapero menudo*
Gould, 1861
*Tocantins, Bahia und Goiás (e Brasilien)*

Chordeiles pusillus septentrionalis
**Hellmayrs Gnomennachtschwalbe**
Hellmayr, 1908
e Kolumbien über Venezuela und Guianas
Chordeiles pusillus esmeraldae
**Venezuela-Gnomennachtschwalbe**
Zimmer, JT & Phelps, WH, 1947
se Kolumbien, s Venezuela und nw Brasilien
Chordeiles pusillus xerophilus
**Paraiba-Gnomennachtschwalbe**
Dickerman, 1988
Paraíba und Pernambuco (ne Brasilien)
Chordeiles pusillus novaesi
**Piaui-Gnomennachtschwalbe**
Dickerman, 1988
Maranhão und Piauí (ne Brasilien)
Chordeiles pusillus saturatus
**Bolivien-Gnomennachtschwalbe**
Pinto & Camargo, 1957
e Bolivien und wc Brasilien

Chordeiles rupestris
## Flussnachtschwalbe
*Sand-colored Nighthawk - Añapero blanco*
Spix, 1825
*Amazonasgebiet*

Chordeiles rupestris xyostictus
**Kolumbische Flußnachtschwalbe**
Oberholser, 1914
c Kolumbien

Chordeiles acutipennis
## Texasnachtschwalbe
*Lesser Nighthawk - Añapero garrapena*
Hermann, 1783
*n, c Südamerika bis n Argentinien*

Chordeiles acutipennis texensis
**Kleine Lawrencenachtschwalbe**
Lawrence, 1857
sw USA bis c Mexico
Chordeiles acutipennis littoralis
**Kleine Costaricanachtschwalbe**
Brodkorb, 1940
s Mexico bis Costa Rica
Chordeiles acutipennis micromeris
**Kleine Yucatannachtschwalbe**
Oberholser, 1914
s Yucatán Halbinsel und Belize
Chordeiles acutipennis crissalis
**Kleine Kolumbiennachtschwalbe**
Miller, AH, 1959
sw Kolumbien
Chordeiles acutipennis aequatorialis
**Kleine Ekuadornachtschwalbe**
Chapman, 1923
w Kolumbien, w Ecuador und nw Peru
Chordeiles acutipennis exilis
**Kleine Perunachtschwalbe**
Lesson, RP, 1839
w Peru

Chordeiles minor
## Falkennachtschwalbe
*Common Nighthawk - Añapero yanqui*
Forster, JR, 1771
*c, s Kanada und c, e USA*

Chordeiles minor hesperis
**Kanada-Falkennachtschwalbe**
Grinnell, 1905
sw Kanada und w USA
Chordeiles minor sennetti
**Amerikanische Falkennachtschwalbe**
Coues, 1888
sc Kanada und c, nc USA
Chordeiles minor howelli
**Howells Falkennachtschwalbe**
Oberholser, 1914
wc USA
Chordeiles minor henryi
**Henrys Falkennachtschwalbe**
Cassin, 1855
sw USA und nc Mexico

Chordeiles minor aserriensis
**Texas-Falkennachtschwalbe**
Cherrie, 1896
se Texas (sc USA) und ne Mexico
Chordeiles minor chapmani
**Chapmans Falkennachtschwalbe**
Coues, 1888
se USA
Chordeiles minor neotropicalis
**Mexiko-Falkennachtschwalbe**
Selander & Álvarez del Toro, 1955
e, s Mexico
Chordeiles minor panamensis
**Panama-Falkennachtschwalbe**
Eisenmann, 1962
Belize und Honduras bis Panama

Chordeiles gundlachii
## Antillennachtschwalbe
*Antillean Nighthawk - Añapero querequeté*
Lawrence, 1857
*s Florida, Bahamas, Kuba , Hispaniola, Jamaika, Puerto Rico und Virgin Is.*

Gattung: Lurocalis

Lurocalis semitorquatus
## Bändernachtschwalbe
*Short-tailed Nighthawk - Añapero colicorto*
Gmelin, JF, 1789
*n Kolumbien bis Guianas und n Brasilien, Trinidad und Tobago*

Lurocalis semitorquatus stonei
**Stones Bändernachtschwalbe**
Huber, 1923
se Mexico bis nw Ecuador
Lurocalis semitorquatus schaeferi
**Schäfers Bändernachtschwalbe**
Phelps, WH & Phelps, WH Jr, 1952
Aragua (n Venezuela)
Lurocalis semitorquatus nattererii
**Natterers Bändernachtschwalbe**
Temminck, 1822)
Amazonasgebiet s Amazonas bis n Argentinien

Lurocalis rufiventris
## Andennachtschwalbe
*Rufous-bellied Nighthawk - Añapero ventrirrufo*
Taczanowski, 1884
*Venezuela bis Bolivien*

Gattung: Nyctiprogne

Nyctiprogne leucopyga
## Bindenschwanz-Nachtschwalbe
*Band-tailed Nighthawk - Añapero colibandeado*
Spix, 1825
*e Venezuela, Guianas und n Brasilien*

Nyctiprogne leucopyga exigua
**Kolumbien-Bindenschwanz-Nachtschwalbe**
Friedmann, 1945
e Kolumbien und s Venezuela
Nyctiprogne leucopyga pallida
**Venezuela-Bindenschwanz-Nachtschwalbe**
Phelps, WH & Phelps, WH Jr, 1952
ne Kolumbien und w, c Venezuela
Nyctiprogne leucopyga latifascia
**Friedmanns Bindenschwanz-Nachtschwalbe**
Friedmann, 1945
extremer s Venezuela
Nyctiprogne leucopyga majuscula
**Peru-Bindenschwanz-Nachtschwalbe**
Pinto & Camargo, 1952
ne Peru, n, e Bolivien und w, c Brasilien

Nyctiprogne vielliardi
## Caatinganachtschwalbe
*Plain-tailed Nighthawk - Añapero de Bahía*
Lencioni-Neto, 1994
*e Brasilien*

Gattung: Nyctipolus

Nyctipolus nigrescens
## Trauernachtschwalbe
*Blackish Nightjar - Chotacabras negruzco*
Cabanis, 1849
*Amazonasgebiet*

Nyctipolus hirundinaceus
**Spixnachtschwalbe**
*Pygmy Nightjar - Chotacabras pigmeo*
Spix, 1825
*Piauí bis Bahia und Alagoas (e Brasilien)*

Nyctipolus hirundinaceus cearae
**Cearanachtschwalbe**
Cory, 1917
Ceará bis n Bahia (ne Brasilien)
Nyctipolus hirundinaceus vielliardi
**Espirito Santonachtschwalbe**
Ribon, 1995
Espírito Santo (e Brasilien)



Nyctidromus albicollis
**Pauraquenachtschwalbe**
*Pauraque - Chotacabras pauraque*
Gmelin, JF, 1789
*s Guatemala bis nw Peru; e Kolumbien, nw Peru und Venezuela über Guianas und Brasilien*

Nyctidromus albicollis insularis
**Tres Marias-Nachtschwalbe**
Nelson, 1898
Tres Marías Is. (vor w Mexico)
Nyctidromus albicollis merrilli
**Merrillnachtschwalbe**
Sennett, 1888
s Texas (USA) und ne Mexico
Nyctidromus albicollis yucatanensis
**Nelsons Nachtschwalbe**
Nelson, 1901
w, e Mexico (inklusive Yucatán Halbinsel) bis c Guatemala
Nyctidromus albicollis gilvus
**Bangsnachtschwalbe**
Bangs, 1902
c, e Panama und n Kolumbien
Nyctidromus albicollis derbyanus
**Gouldsnachtschwalbe**
Gould, 1838
Bolivien, c, s Brasilien, Paraguay und ne Argentinien

Nyctidromus anthonyi
**Ecuadornachtschwalbe**
*Anthony's Nightjar - Chotacabras de Anthony*
Chapman, 1923
*w Ecuador und nw Peru*



Setopagis heterura
**Guajiranachtschwalbe**
*Todd's Nightjar - Chotacabras de Todd*
Todd, 1915
*ne Kolumbien und n, c Venezuela*

Setopagis parvula
**Zwergnachtschwalbe**
*Little Nightjar - Chotacabras Chico*
Gould, 1837
*e Peru bis e Brasilien, s bis c Argentinien und Uruguay*

Setopagis whitelyi
**Tepuinachtschwalbe**
*Roraiman Nightjar - Chotacabras del Roraima*
Salvin, 1885
*Tepuis e Venezuela, w Guyana und n Brasilien*

Setopagis maculosa
**Cayennenachtschwalbe**
*Cayenne Nightjar - Chotacabras guayanés*
Todd, 1920
*Französisch-Guayana*



Eleothreptus anomalus
**Sichelschwingen-Nachtschwalbe**
*Sickle-winged Nightjar - Chotacabras pantanero*
Gould, 1838
*se Brasilien; se Paraguay bis c Argentinien und Uruguay*

Eleothreptus candicans
**Weißflügel-Nachtschwalbe**
*White-winged Nightjar - Chotacabras aliblanco*
Pelzeln, 1867
*n Bolivien und sc Brasilien und e Paraguay*



Systellura longirostris
**Breitspiegel-Nachtschwalbe**
*Band-winged Nightjar - Chotacabras ñañarca grande*
Bonaparte, 1825
*se Brasilien, Paraguay, Uruguay und ne Argentinien*

Systellura longirostris ruficervix
**Sclaters Spiegelnachtschwalbe**
Sclater, PL, 1866
Kolumbien, Venezuela und Ecuador
Systellura longirostris roraimae
**Roraima-Spiegelnachtschwalbe**
Chapman, 1929
Tepuis s Venezuela
Systellura longirostris atripunctata
**Peru-Spiegelnachtschwalbe**
Chapman, 1923
Peru bis nw Argentinien
Systellura longirostris bifasciata
**Argentinien-Spiegelnachtschwalbe**
Gould, 1837
Chile und w Argentinien
Systellura longirostris pedrolimai
**Brasilien-Spiegelnachtschwalbe**
Grantsau, 2008
ne Brasilien
Systellura longirostris mochaensis
**Cleeres Spiegelnachtschwalbe**
Cleere, 2006
c Chile
Systellura longirostris patagonica
**Olrogs Spiegelnachtschwalbe**
Olrog, 1962
c, s Argentinien

Systellura decussata
**Schmalspiegel-Nachtschwalbe**
*Tschudi's Nightjar - Chotacabras ñañarca chico*
Tschudi, 1844
*w Peru und n Chile*



Uropsalis segmentata
**Schwalbenschwanz-Nachtschwalbe**
*Swallow-tailed Nightjar - Chotacabras golondrina*
Cassin, 1849
*Kolumbien und Ecuador*

Uropsalis segmentata kalinowskii
**Kalinowskinachtschwalbe**
Berlepsch & Stolzmann, 1894
Peru und Bolivien

Uropsalis lyra
**Leierschwanz-Nachtschwalbe**
*Lyre-tailed Nightjar - Chotacabras lira*
Bonaparte, 1850
*Kolumbien, Venezuela und Ecuador*

Uropsalis lyra peruana
**Peru-Leierschwanz-Nachtschwalbe**
Berlepsch & Stolzmann, 1906
Peru bis w Bolivien
Uropsalis lyra argentina
**Argentinien-Leierschwanz-Nachtschwalbe**
Olrog, 1975
s Bolivien und n Argentinien



Hydropsalis cayennensis
**Weißschwanz-Nachtschwalbe**
*White-tailed Nightjar - Chotacabras coliblanco*
Gmelin, JF, 1789
*e Kolumbien über Venezuela und Guianas bis n Brasilien*

Hydropsalis cayennensis albicauda
**Kolumbien-Weißschwanz-Nachtschwalbe**
Lawrence, 1875
Costa Rica bis n Kolumbien
Hydropsalis cayennensis aperta
**Ekuador-Weißschwanz-Nachtschwalbe**
Peters, JL, 1940
w Kolumbien und n Ecuador
Hydropsalis cayennensis insularis
**Venezuela-Weißschwanz-Nachtschwalbe**
Richmond, 1902
ne Kolumbien und n Venezuela und nahegelegene Inseln
Hydropsalis cayennensis leopetes
**Trinidad-Weißschwanz-Nachtschwalbe**
Jardine & Selby, 1830
Trinidad und Tobago

Hydropsalis cayennensis manati
**Antillen-Weißschwanz-Nachtschwalbe**
Pinchon, 1963
Martinique (Kleine Antillen)

Hydropsalis maculicaudus
**Fleckschwanz-Nachtschwalbe**
*Spot-tailed Nightjar - Chotacabras colipinto*
Lawrence, 1862
*Mittel- und Südamerika weit verbreitet*

Hydropsalis climacocerca
**Staffelschwanz-Nachtschwalbe**
*Ladder-tailed Nightjar - Chotacabras de Escalera*
Tschudi, 1844
*w Amazonasgebiet*

Hydropsalis climacocerca schomburgki
**Schomburgks Staffelschwanz-Nachtschwalbe**
Sclater, PL, 1866
e Venezuela und Guianas

Hydropsalis climacocerca pallidior
**Santarem-Staffelschwanz-Nachtschwalbe**
Todd, 1937
Santarém, w Pará (nc Brasilien)

Hydropsalis climacocerca intercedens
**Obidos-Staffelschwanz-Nachtschwalbe**
Todd, 1937
Obidos, w Pará (c Brasilien)

Hydropsalis climacocerca canescens
**Tapajos-Staffelschwanz-Nachtschwalbe**
Griscom & Greenway, 1937
lower Rio Tapajós, w Pará (nc Brasilien)

Hydropsalis torquata
**Scherenschwanz-Nachtschwalbe**
*Scissor-tailed Nightjar - Chotacabras tijereta*
Gmelin, JF, 1789
*s Suriname, Brasilien und e Peru*

Hydropsalis torquata furcifer
**Südliche Scherenschwanz-Nachtschwalbe**
Vieillot, 1817
s Peru bis s Brasilien und c Argentinien



Macropsalis forcipata
**Gabelschwanz-Nachtschwalbe**
*Long-trained Nightjar - Chotacabras coludo*
Nitsch, 1840
*se Brasilien und ne Argentinien*



Siphonorhis brewsteri
**Haitinachtschwalbe**
*Least Poorwill - Chotacabras torico*
Chapman, 1917
*Hispaniola*

Siphonorhis brewsteri gonavensis
**Gonavenachtschwalbe**
Garrido, 2003
Gonâve Insel

† Siphonorhis americana
**Jamaikanachtschwalbe**
*Jamaican Poorwill - Chotacabras jamaicano*
Linnaeus, 1758
*Jamaika*



Nyctiphrynus rosenbergi
**Chocónachtschwalbe**
*Choco Poorwill - Chotacabras del Chocó*
Hartert, EJO, 1895
*w Kolumbien und nw Ecuador*

Nyctiphrynus mcleodii
**Ohrennachtschwalbe**
*Eared Poorwill - Chotacabras prío*
Brewster, 1888
*Chihuahua und s Sonora bis Jalisco und Colima (w Mexico)*

Nyctiphrynus mcleodii rayi
**Millers Ohrennachtschwalbe**
Miller, AH, 1948
Guerrero (wc Mexico)

Nyctiphrynus yucatanicus
**Yucatánnachtschwalbe**
*Yucatan Poorwill - Chotacabras yucateco*
Hartert, EJO, 1892
*Yucatán Halbinsel*

Nyctiphrynus ocellatus
**Augennachtschwalbe**
*Ocellated Poorwill - Chotacabras ocelado*
Tschudi, 1844
*Kolumbien bis Peru, e Brasilien und ne Argentinien*

Nyctiphrynus ocellatus lautus
**Millers Augennachtschwalbe**
Miller, W & Griscom, 1925
e Honduras bis nw Costa Rica



Phalaenoptilus nuttallii
**Winternachtschwalbe**
*Common Poorwill - Chotacabras pachacua*
Audubon, 1844
*sw Kanada, w, wc USA und n Mexico*

Phalaenoptilus nuttallii californicus
**Kalifornische Winternachtschwalbe**
Ridgway, 1887
w California (USA) und n Baja California (Mexico)

Phalaenoptilus nuttallii hueyi
**Arizona-Winternachtschwalbe**
Dickey, 1928
se California, sw Arizona (USA) und ne Baja California (Mexico)

Phalaenoptilus nuttallii dickeyi
**Dickeys Winternachtschwalbe**
Grinnell, 1928
s Baja California (Mexico)

Phalaenoptilus nuttallii adustus
**Mexikanische Winternachtschwalbe**
Van Rossem, 1941
s Arizona (USA) und n Mexico

Phalaenoptilus nuttallii centralis
**Moores Winternachtschwalbe**
Moore, RT, 1947
c Mexico



Antrostomus carolinensis
**Carolinanachtschwalbe**
*Chuck-will's-widow - Chotacabras de la Carolina*
Gmelin, JF, 1789
*e USA*

Antrostomus rufus
**Rostnachtschwalbe**
*Rufous Nightjar - Chotacabras colorado*
Boddaert, 1783
*s Venezuela, Guianas und n Brasilien*

Antrostomus rufus minimus
**Kleine Rostnachtschwalbe**
Griscom & Greenway, 1937
s Costa Rica bis Kolumbien und Venezuela

Antrostomus rufus otiosus
**Antillen-Rostnachtschwalbe**
Bangs, 1911
St. Lucia (Kleine Antillen)

Antrostomus rufus rutilus
**Argentinische Rostnachtschwalbe**
Burmeister, 1856
s Brasilien und e Bolivien bis n Argentinien

Antrostomus cubanensis
**Kubanachtschwalbe**
*Cuban Nightjar - Chotacabras cubano*
Lawrence, 1860
*Kuba*

Antrostomus cubanensis insulaepinorum
**Juventudnachtschwalbe**
Garrido, 1983
Isle von Pines

Antrostomus ekmani
**Hispaniolanachtschwalbe**
*Hispaniolan Nightjar - Chotacabras de La Española*
Lönnberg, 1929
*Hispaniola*

Antrostomus salvini
**Salvinnachtschwalbe**
*Tawny-collared Nightjar - Chotacabras ticuer*
Hartert, EJO, 1892
*e Mexico*

Antrostomus badius
**Belizenachtschwalbe**
*Yucatan Nightjar - Chotacabras guatemalteco*
Bangs & Peck, 1908
*Yucatán Halbinsel*

Antrostomus sericocaudatus
**Seidennachtschwalbe**
*Silky-tailed Nightjar - Chotacabras coladeseda*
Cassin, 1849
*se Brasilien, e Paraguay und ne Argentinien*

Antrostomus sericocaudatus mengeli
**Nördliche Seidennachtschwalbe**
Dickerman, 1975
*n Brasilien, n Peru und n Bolivien*

Antrostomus ridgwayi
**Braunhals-Nachtschwalbe**
*Buff-collared Nightjar - Chotacabras tucuchillo*
Nelson, 1897
*se Arizona (USA) und w Mexico*

Antrostomus ridgwayi troglodytes
**Südliche Braunhals-Nachtschwalbe**
Griscom, 1930
*c Guatemala, c Honduras und c Nicaragua*

Antrostomus vociferus
**Schwarzkehl-Nachtschwalbe**
*Eastern Whip-poor-will - Chotacabras cuerporruín norteño*
Wilson, A, 1812
*sc, se Kanada und ec, e USA*

Antrostomus arizonae
**Mexikonachtschwalbe**
*Mexican Whip-poor-will - Chotacabras cuerporruín mexicano*
Brewster, 1881
*sw USA bis c Mexico*

Antrostomus arizonae setosus
**Östliche Mexiko-Nachtschwalbe**
Van Rossem, 1934
*e Mexico*
Antrostomus arizonae oaxacae
**Südwestliche Mexiko-Nachtschwalbe**
Nelson, 1900
*sw Mexico*
Antrostomus arizonae chiapensis
**Südöstliche Mexiko-Nachtschwalbe**
Nelson, 1900
*se Mexico und Guatemala*
Antrostomus arizonae vermiculatus
**Südliche Mexiko-Nachtschwalbe**
Dickey & Van Rossem, 1928
Honduras und El Salvador

Antrostomus noctitherus
**Puerto-Rico-Nachtschwalbe**
*Puerto Rican Nightjar - Chotacabras puertorriqueño*
Wetmore, 1919
*sw Puerto Rico*

Antrostomus saturatus
**Bergnachtschwalbe**
*Dusky Nightjar - Chotacabras fuliginoso*
Salvin, 1870
*Costa Rica und w Panama*

Gattung: Veles

Veles binotatus
**Braunnachtschwalbe**
*Brown Nightjar - Chotacabras bimaculado*
Bonaparte, 1850
*Liberia bis c Demokratische Republik Kongo*

Gattung: Caprimulgus

Caprimulgus ruficollis
**Rothals-Nachtschwalbe**
*Red-necked Nightjar - Chotacabras cuellirrojo*
Temminck, 1820
*Iberische Halbinsel und n Marokko*

Caprimulgus ruficollis desertorum
**Wüstenziegenmelker**
Erlanger, 1900
*ne Marokko, n Algerien und n Tunesien*

Caprimulgus indicus
**Dschungelnachtschwalbe**
*Jungle Nightjar - Chotacabras de jungla*
Latham, 1790
*c, s Indien*

Caprimulgus indicus kelaarti
**Sri Lanka-Dschungelnachtschwalbe**
Blyth, 1851
*Sri Lanka*

Caprimulgus jotaka
**Graunachtschwalbe**
*Grey Nightjar - Chotacabras jotaka*
Temminck & Schlegel, 1845
*se Sibirien bis Japan, Koreanische Halbinsel und e China*

Caprimulgus jotaka hazarae
**Hazaranachtschwalbe**
Whistler, 1935
*ne Pakistan über Himalaya bis ne Indien, Myanmar, s China und Malayische Halbinsel*

Caprimulgus phalaena
**Palaunachtschwalbe**
*Palau Nightjar - Chotacabras de Palaos*
Hartlaub & Finsch, 1872
*Palau (w Caroline Is., w Micronesia)*

Caprimulgus europaeus
**Nachtschwalbe**
*European Nightjar - Chotacabras europeo*
Linnaeus, 1758
*c, n Europa bis c, n, sc Sibirien*

Caprimulgus europaeus meridionalis
**Südliche Nachtschwalbe**
Hartert, EJO, 1896
*s Europa und n Afrika bis Kaukasus und nw Iran*
Caprimulgus europaeus sarudnyi
**Sibirische Nachtschwalbe**
Hartert, EJO, 1912
*Kasachstan und w Sibirien*
Caprimulgus europaeus unwini
**Turkmenische Nachtschwalbe**
Hume, 1871
*Irak und Iran bis Turkmenistan und Usbekistan*
Caprimulgus europaeus plumipes
**Chinesische Nachtschwalbe**
Przevalski, 1876
*nw China bis w, s Mongolei*
Caprimulgus europaeus dementievi
**Mongolische Nachtschwalbe**
Stegmann, 1949
*ne Mongolei bis sc Sibirien*

Caprimulgus fraenatus
**Zügelnachtschwalbe**
*Sombre Nightjar - Chotacabras oscuro*
Salvadori, 1884
*Eritrea, Äthiopien und Somalia bis ne Tansania*

Caprimulgus rufigena
**Rostwangen-Nachtschwalbe**
*Rufous-cheeked Nightjar - Chotacabras carirrojo*
Smith, A, 1845
*sw Sambia, Simbabwe und c, e, s Südafrika*

Caprimulgus rufigena damarensis
**Damaranachtschwalbe**
Strickland, 1853
*w Angola, Namibia, Botswana und nw Südafrika*

Caprimulgus aegyptius
**Pharaonennachtschwalbe**
*Egyptian Nightjar - Chotacabras egipcio*
Lichtenstein, MHC, 1823
*ne Ägypten über Arabien bis w China, w Pakistan und se Iran*

Caprimulgus aegyptius saharae
**Saharanachtschwalbe**
Erlanger, 1900
*Marokko bis w Ägypten*

Caprimulgus mahrattensis
**Pakistannachtschwalbe**
*Sykes's Nightjar - Chotacabras de Mahratta*
Sykes, 1832
*se Iran, s Afghanistan, Sub-Himalaya Pakistan und w Indien*

Caprimulgus nubicus
## Nubiennachtschwalbe
*Nubian Nightjar - Chotacabras nubio*
Lichtenstein, MHC, 1823
*c Sudan*

Caprimulgus nubicus tamaricis
### Arabische Nubiennachtschwalbe
Tristram, 1864
Jordanien und Israel über sw Saudi-Arabien bis Jemen
Caprimulgus nubicus torridus
### Äthiopische Nubiennachtschwalbe
Lort Phillips, 1898
c Äthiopien bis Somalia, Kenia und ne Uganda; Socotra

Caprimulgus eximius
## Prachtnachtschwalbe
*Golden Nightjar - Chotacabras dorado*
Temminck, 1826
*w, c Sudan*

Caprimulgus eximius simplicior
### Harters Prachtnachtschwalbe
Hartert, EJO, 1921
s Mauretanien bis n Kamerun

Caprimulgus atripennis
## Maharadschanachtschwalbe
*Jerdon's Nightjar - Chotacabras marajá*
Jerdon, 1845
*s Indien*

Caprimulgus atripennis aequabilis
### Ripleynachtschwalbe
Ripley, 1945
Sri Lanka

Caprimulgus macrurus
## Langschwanz-Nachtschwalbe
*Large-tailed Nightjar - Chotacabras macruro*
Horsfield, 1821
*Java, Bali und Lombok (w Lesser Sundas)*

Caprimulgus macrurus albonotatus
### Pakistan-Langschwanz-Nachtschwalbe
Tickell, 1833
ne Pakistan über n Indien bis Bhutan und Bangladesch

Caprimulgus macrurus bimaculatus
### Südostasien-Langschwanz-Nachtschwalbe
Peale, 1849
ne Indien und s China über se Asien, Malayische Halbinsel, Sumatra und Riau Is. (e von c Sumatra)
Caprimulgus macrurus salvadorii
### Borneo-Langschwanz-Nachtschwalbe
Sharpe, 1875
s Sulu Archipel (s Philippinen) und Borneo
Caprimulgus macrurus johnsoni
### Philippinen-Langschwanz-Nachtschwalbe
Deignan, 1955
Palawan Gruppe (sw Philippinen)
Caprimulgus macrurus schlegelii
### Molukken-Langschwanz-Nachtschwalbe
Meyer, AB, 1874
Moluccas, Neuguinea und kleine Inseln bis n, ne Australien und c, e Bismarck Archipel

Caprimulgus meesi
## Floresnachtschwalbe
*Mees's Nightjar - Chotacabras de Mees*
Sangster & Rozendaal, 2004
*Sumba, Flores, Alor und Pantar (sw, c Lesser Sundas)*

Caprimulgus ritae
## Timornachtschwalbe
*Timor Nightjar - Chotacabras de Timor*
King, BF et al. 2024
*Timor*

Caprimulgus andamanicus
## Andamanennachtschwalbe
*Andaman Nightjar - Chotacabras de Andamán*
Hume, 1873
*Andaman Is.*

Caprimulgus manillensis
## Philippinennachtschwalbe
*Philippine Nightjar - Chotacabras filipino*
Walden, 1875
*Philippinen (außer Palawan Gruppe)*

Caprimulgus celebensis
## Sulawesinachtschwalbe
*Sulawesi Nightjar - Chotacabras de Célebes*
Ogilvie-Grant, 1894
*Sulawesi und Butung (=Buton, s von se Sulawesi)*

Caprimulgus celebensis jungei
### Sulunachtschwalbe
Neumann, 1939
Banggai und Sula is. (e von Sulawesi)

Caprimulgus donaldsoni
## Dornbusch-Nachtschwalbe
*Donaldson Smith's Nightjar - Chotacabras espinero*
Sharpe, 1895
*e Äthiopien und nw Somalia bis ne Tansania*

Caprimulgus pectoralis
## Pfeifnachtschwalbe
*Fiery-necked Nightjar - Chotacabras músico*
Cuvier, 1816
*s Südafrika*

Caprimulgus pectoralis nigriscapularis
### Senegal-Pfeifnachtschwalbe
Reichenow, 1893
Senegal und Gambia bis w Kenia und sw Demokratische Republik Kongo
Caprimulgus pectoralis shelleyi
### Angola-Pfeifnachtschwalbe
Barboza du Bocage, 1878
Angola und s Demokratische Republik Kongo bis se Kenia, c Tansania und n Malawi
Caprimulgus pectoralis fervidus
### Namibia-Pfeifnachtschwalbe
Sharpe, 1875
s Angola und n Namibia bis Simbabwe und n Südafrika
Caprimulgus pectoralis crepusculans
### Kap-Pfeifnachtschwalbe
Clancey, 1994
se Simbabwe und Mosambik bis e Südafrika

Caprimulgus poliocephalus
## Höhennachtschwalbe
*Montane Nightjar - Chotacabras montano*
Rüppell, 1840
*sw Saudi-Arabien, Äthiopien bis n Tansania*

Caprimulgus poliocephalus ruwenzorii
### Ruwenzorinachtschwalbe
Ogilvie-Grant, 1909
sw Uganda, e Demokratische Republik Kongo
Caprimulgus poliocephalus guttifer
### Gutiffernachtschwalbe
Grote, 1921
Tansania, Malawi und Sambia
Caprimulgus poliocephalus koesteri
### Kösternachtschwalbe
Neumann, 1931
c Angola

Caprimulgus asiaticus
## Indiennachtschwalbe
*Indian Nightjar - Chotacabras hindú*
Latham, 1790
*se Pakistan über Indien bis s Indochina*

Caprimulgus asiaticus eidos
### Südliche Hindunachtschwalbe
Peters, JL, 1940
Sri Lanka

Caprimulgus madagascariensis
## Madagaskarnachtschwalbe
*Madagascar Nightjar - Chotacabras malgache*
Sganzin, 1840
*Madagascar*

Caprimulgus madagascariensis aldabrensis
### Aldabranachtschwalbe
Ridgway, 1894
Aldabra (w Aldabra Gruppe, sw Seychellen)

Caprimulgus natalensis
## Natalnachtschwalbe
*Swamp Nightjar - Chotacabras del Natal*
Smith, A, 1845
*Mali und Sudan bis Gabun und e Südafrika*

Caprimulgus natalensis accrae
### Sumpfnachtschwalbe
Shelley, 1875
Sierra Leone bis w Kamerun

Caprimulgus solala
**Nechisarnachtschwalbe**
*Nechisar Nightjar - Chotacabras de Nechisar*
Safford, Ash, Duckworth, Telfer & Zewdie, 1995
s Äthiopien

Caprimulgus inornatus
**Marmornachtschwalbe**
*Plain Nightjar - Chotacabras sencillo*
Heuglin, 1869
Mauretanien und n Senegal bis Äthiopien und Somalia, sw Arabische Halbinsel

Caprimulgus stellatus
**Sternnachtschwalbe**
*Star-spotted Nightjar - Chotacabras estrellado*
Blundell & Lovat, 1899
Äthiopien und Somalia bis c Kenia

Caprimulgus affinis
**Savannennachtschwalbe**
*Savanna Nightjar - Chotacabras de sabana*
Horsfield, 1821
s Thai-Malayische Halbinsel, Große Sundas und w, c Lesser Sundas

Caprimulgus affinis monticolus
**Indische Savannennachtschwalbe**
Franklin, 1831
ne Pakistan über n Indien und Myanmar bis Thailand, Kambodscha und s Vietnam
Caprimulgus affinis amoyensis
**Chinesische Savannennachtschwalbe**
Baker, ECS, 1931
s, se China und n Vietnam
Caprimulgus affinis stictomus
**Taiwan-Savannennachtschwalbe**
Swinhoe, 1863
Taiwan
Caprimulgus affinis propinquus
**Sulawesi-Savannennachtschwalbe**
Riley, 1918
c, s Sulawesi
Caprimulgus affinis timorensis
**Timor-Savannennachtschwalbe**
Mayr, 1944
Rote, Timor, Alor, Kisar und Leti (e von Timor; e Lesser Sundas)

Caprimulgus griseatus
**Phillipinische Savannennachtschwalbe**
*Chirruping Nightjar - Chotacabras de philipinas*
Walden, 1875
n, c Philippinen

Caprimulgus griseatus mindanensis
**Mindanao-Savannennachtschwalbe**
Mearns, 1905
Mindanao (s Philippinen)

Caprimulgus tristigma
**Fleckennachtschwalbe**
*Freckled Nightjar - Chotacabras pecoso*
Rüppell, 1840
s Sudan und Äthiopien bis ne Demokratische Republik Kongo und n Tansania

Caprimulgus tristigma sharpei
**Sharps Fleckennachtschwalbe**
Alexander, 1901
Senegal bis c Zentralafrikanische Republik
Caprimulgus tristigma pallidogriseus
**Nigeria-Fleckennachtschwalbe**
Parker, RH & Benson, 1971
Nigeria
Caprimulgus tristigma granosus
**Kongo-Fleckennachtschwalbe**
Clancey, 1965
se Demokratische Republik Kongo bis s Tansania und e Südafrika
Caprimulgus tristigma lentiginosus
**Angola-Fleckennachtschwalbe**
Smith, A, 1845
Angola bis w Südafrika

Caprimulgus concretus
**Sundanachtschwalbe**
*Bonaparte's Nightjar - Chotacabras de Bonaparte*
Bonaparte, 1850
Sumatra, Belitung (e von s Sumatra) und Borneo

Caprimulgus pulchellus
**Salvadorinachtschwalbe**
*Salvadori's Nightjar - Chotacabras de Salvadori*
Salvadori, 1879
Gebirge Sumatra

Caprimulgus pulchellus bartelsi
**Finschnachtschwalbe**
Finsch, 1902
Gebirge Java

Caprimulgus prigoginei
**Kivunachtschwalbe**
*Prigogine's Nightjar - Chotacabras de Prigogine*
Louette, 1990
e Demokratische Republik Kongo

Caprimulgus batesi
**Waldnachtschwalbe**
*Bates's Nightjar - Chotacabras de Bates*
Sharpe, 1906
Kamerun bis Uganda und e Demokratische Republik Kongo

Caprimulgus climacurus
**Schleppennachtschwalbe**
*Long-tailed Nightjar - Chotacabras rabudo*
Vieillot, 1824
Mauretanien bis w Äthiopien (außer c Sudan) s bis Demokratische Republik Kongo

Caprimulgus climacurus nigricans
**Sudan-Schleppennachtschwalbe**
Salvadori, 1869
c Sudan
Caprimulgus climacurus sclateri
**Sclaters Schleppennachtschwalbe**
Bates, GL, 1927
Guinea bis Kamerun, n Demokratische Republik Kongo und nw Kenia

Caprimulgus clarus
**Kurzschleppen-Nachtschwalbe**
*Slender-tailed Nightjar - Chotacabras colifino*
Reichenow, 1892
Äthiopien und Somalia bis c Tansania

Caprimulgus fossii
**Gartennachtschwalbe**
*Square-tailed Nightjar - Chotacabras de Fosse*
Hartlaub, 1857
Gabun und sw Kongo

Caprimulgus fossii welwitschii
**Welwitschnachtschwalbe**
Barboza du Bocage, 1867
s Demokratische Republik Kongo und n Namibia bis s Tansania und e, ne Südafrika
Caprimulgus fossii griseoplurus
**Botswana-Gartennachtschwalbe**
Clancey, 1965
w Botswana und n Südafrika

Caprimulgus longipennis
**Fahnennachtschwalbe**
*Standard-winged Nightjar - Chotacabras portaestandarte*
Shaw, 1796
Senegal und Gambia bis Liberia, e bis sw Sudan und Uganda

Caprimulgus vexillarius
**Flaggennachtschwalbe**
*Pennant-winged Nightjar - Chotacabras cuelgacintas*
Gould, 1838
Angola, s Demokratische Republik Kongo und sw Tansania s bis Namibia, Botswana und e Südafrika

## Ordnung: STEATORNITHIFORMES (Fettschwalme)

### Familie: Steatornithidae (Fettschwalme)
Gattung: Steatornis

Steatornis caripensis
**Fettschwalm**
*Oilbird - Guácharo*
Humboldt, 1817
Panama und das n Südamerika einschließlich Trinidad bis w Bolivien

## Ordnung: NYCTIBIIFORMES (Tagschläfer)

### Familie: Nyctibiidae (Tagschläfer)
Gattung: Phyllaemulor

Phyllaemulor bracteatus
**Tropfentagschläfer**
*Rufous Potoo - Nictibio rufo*
Gould, 1846
Amazonasgebiet

Nyctibius grandis
**Riesentagschläfer**
*Great Potoo - Nictibio grande*
Gmelin, JF, 1789
*s Mexico bis Panama über Südamerika bis c Bolivien und sc, se Brasilien*

Nyctibius aethereus
**Langschwanz-Tagschläfer**
*Long-tailed Potoo - Nictibio colilargo*
Wied Neuwied, M, 1820
*se Brasilien, se Paraguay und ne Argentinien*

> Nyctibius aethereus chocoensis
> **Kolumbien-Langschwanz-Tagschläfer**
> Chapman, 1921
> w Kolumbien
>
> Nyctibius aethereus longicaudatus
> **Amazonas-Langschwanz-Tagschläfer**
> Spix, 1825
> Amazonasgebiet

Nyctibius jamaicensis
**Mexikotagschläfer**
*Northern Potoo - Nictibio jamaicano*
Gmelin, JF, 1789
*Jamaika*

> Nyctibius jamaicensis lambi
> **Davids Tagschläfer**
> Davis, J, 1959
> w Mexico
>
> Nyctibius jamaicensis mexicanus
> **Nelsontagschläfer**
> Nelson, 1900
> e, s Mexico bis Honduras
>
> Nyctibius jamaicensis costaricensis
> **Costa Rica-Tagschläfer**
> Ridgway, 1912
> Costa Rica
>
> Nyctibius jamaicensis abbotti
> **Abbotts Tagschläfer**
> Richmond, 1917
> Hispaniola und Gonâve Insel

Nyctibius griseus
**Klagetagschläfer**
*Common Potoo - Nictibio urutaú*
Gmelin, JF, 1789
*n, c Südamerika e in den Anden*

> Nyctibius griseus panamensis
> **Ridgways Tagschläfer**
> Ridgway, 1912
> e Nicaragua bis w Panama, w Kolumbien und w Ecuador

Nyctibius maculosus
**Andentagschläfer**
*Andean Potoo - Nictibio andino*
Ridgway, 1912
*Venezuela bis Bolivien*

Nyctibius leucopterus
**Weißflügel-Tagschläfer**
*White-winged Potoo - Nictibio aliblanco*
Wied-Neuwied, M, 1821
*Amazonasgebiet*

## Ordnung: PODARGIFORMES (Eulenschwalme)

### Familie: Podargidae (Eulenschwalme)
Gattung: Podargus

Podargus ocellatus
**Marmorschwalm**
*Marbled Frogmouth - Podargo ocelado*
Quoy & Gaimard, 1832
*Neuguinea und w kleine Inseln*

> Podargus ocellatus marmoratus
> **Cape York-Marmorschwalm**
> Gould, 1855
> ne Cape York Halbinsel, ne Queensland (ne Australien)
>
> Podargus ocellatus plumiferus
> **Goulds Marmorschwalm**
> Gould, 1846
> se Queensland und ne New South Wales (ec Australien)
>
> Podargus ocellatus intermedius
> **Kleiner Marmorschwalm**
> Hartert, EJO, 1895
> D'Entrecasteaux Archipel und Trobriand Is. (e von se Neuguinea)

> Podargus ocellatus meeki
> **Tagula Marmorschwalm**
> Hartert, EJO, 1898
> Tagula (c Louisiade Archipel, e von se Neuguinea)

Podargus papuensis
**Papuaschwalm**
*Papuan Frogmouth - Podargo papú*
Quoy & Gaimard, 1832
*Neuguinea und w kleine Inseln, und Cape York Halbinsel, ne Queensland (ne Australien)*

Podargus strigoides
**Eulenschwalm**
*Tawny Frogmouth - Podargo australiano*
Latham, 1801
*ec Queensland bis s Victoria und Tasmanien (e Australien)*

> Podargus strigoides brachypterus
> **Westlicher Eulenschwalm**
> Gould, 1841
> wc, sw Western Australia bis nc Queensland und se South Australia (w, c Australien)
>
> Podargus strigoides phalaenoides
> **Nördlicher Eulenschwalm**
> Gould, 1840
> ne Western Australia bis Cape York Halbinsel, ne Queensland (n Australien)



Rigidipenna inexpectata
**Salomonenschwalm**
*Solomons Frogmouth - Podargo de las Salomón*
Hartert, EJO, 1901
*Bougainville, Choiseul, Isabel, und San Jorge (se von Isabel; n, c Solomon Is.)*



Batrachostomus auritus
**Riesenschwalm**
*Large Frogmouth - Podargo orejudo*
Gray, JE, 1829
*Malayische Halbinsel, Sumatra, n Natuna Is. (nw von Borneo), Borneo und Labuan (w von ne Borneo)*

Batrachostomus harterti
**Bergschwalm**
*Dulit Frogmouth - Podargo del Dulit*
Sharpe, 1892
*Gebirge ne Sarawak und nc Kalimantan (nc Borneo)*

Batrachostomus septimus
**Philippinenschwalm**
*Philippine Frogmouth - Podargo filipino*
Tweeddale, 1877
*Samar, Leyte, Bohol, Mindanao und Basilan (ec, s Philippinen)*

> Batrachostomus septimus microrhynchus
> **Luzonfroschmaul**
> Ogilvie-Grant, 1895
> Luzon und Catanduanes (n Philippinen)
>
> Batrachostomus septimus menagei
> **Negrosfroschmaul**
> Bourns & Worcester, 1894
> Panay und Negros (wc Philippinen)

Batrachostomus stellatus
**Schuppenschwalm**
*Gould's Frogmouth - Podargo estrellado*
Gould, 1837
*Malayische Halbinsel, Sumatra, Riau und Lingga is. (e von c Sumatra), Bangka (e von s Sumatra), n Natuna Is. (nw von Borneo) und Borneo*

Batrachostomus moniliger
**Ceylonschwalm**
*Sri Lanka Frogmouth - Podargo de Ceilán*
Blyth, 1849
*Sri Lanka*

Batrachostomus hodgsoni
**Langschwanzschwalm**
*Hodgson's Frogmouth - Podargo colilargo*
Gray, GR, 1859
*ne Indien, e Bangladesch und n, w Myanmar*

> Batrachostomus hodgsoni indochinae
> **Indochina-Langschwanzschwalm**
> Stresemann, 1937
> e Myanmar und sw Yunnan (China) bis n Thailand, nw Laos und c Vietnam

Batrachostomus poliolophus
**Sumatraschwalm**
*Sumatran Frogmouth - Podargo colicorto*
Hartert, EJO, 1892
*Gebirge Sumatra*

Batrachostomus mixtus
**Borneoschwalm**
*Bornean Frogmouth - Podargo de Borneo*
Sharpe, 1892
*Gebirge Borneo*

Batrachostomus javensis
**Javaschwalm**
*Javan Frogmouth - Podargo de Java*
Horsfield, 1821
*Java*

Batrachostomus affinis
**Malaienschwalm**
*Blyth's Frogmouth - Podargo de Blyth*
Blyth, 1847
*s Thailand, s Malayische Halbinsel, Sumatra, Riau Is. (e von c Sumatra) und Borneo*

    Batrachostomus affinis continentalis
    **Laosschwalm**
    Stresemann, 1937
    *se Myanmar bis Thailand, s Laos und c Vietnam*

Batrachostomus chaseni
**Palawanschwalm**
*Palawan Frogmouth - Podargo de Palawan*
Stresemann, 1937
*Palawan Gruppe (w Philippinen) und Banggi (n von ne Borneo)*

Batrachostomus cornutus
**Sundaschwalm**
*Sunda Frogmouth - Podargo cornudo*
Temminck, 1822
*Sumatra, Bangka und Belitung (e von s Sumatra), Borneo und Banggi (n von ne Borneo)*

    Batrachostomus cornutus longicaudatus
    **Kangeanschwalm**
    Hoogerwerf, 1962
    *Kangean Is. (n von Bali)*

## Ordnung: AEGOTHELIFORMES Höhlenschwalme)

### Familie: Aegothelidae (Höhlenschwalme)
Gattung: Aegotheles

Aegotheles insignis
**Käuzchenhöhlenschwalm**
*Feline Owlet-nightjar - Egotelo grande*
Salvadori, 1876
*Gebirge Neuguinea*

Aegotheles tatei
**Tiefland-Höhlenschwalm**
*Starry Owlet-nightjar - Egotelo de Rand*
Rand, 1941
*Fly/Elevala Gebiet von ec Neuguinea und Amazon Bay Gebiet von se Neuguinea*

Aegotheles crinifrons
**Molukkenhöhlenschwalm**
*Moluccan Owlet-nightjar - Egotelo moluqueño*
Bonaparte, 1850
*Halmahera und Bacan (n Moluccas)*

Aegotheles wallacii
**Fleckenhöhlenschwalm**
*Wallace's Owlet-nightjar - Egotelo de Wallace*
Gray, GR, 1859
*Waigeo (Raja Ampat Is., nw von Neuguinea), Aru Is. (sw von Neuguinea), Bird's Head (nw Neuguinea) und in Neuguinea*

Aegotheles albertisi
**Berghöhlenschwalm**
*Mountain Owlet-nightjar - Egotelo montano*
Sclater, PL, 1874
*Gebirge Neuguinea*

Aegotheles savesi
**Schwarzrücken-Höhlenschwalm**
*New Caledonian Owlet-nightjar - Egotelo de Nueva Caledonia*
Layard, EL & Layard, ELC, 1881
*Grande Terre (New Caledonia)*

Aegotheles bennettii
**Bennetthöhlenschwalm**
*Barred Owlet-nightjar - Egotelo barrado*
Salvadori & D'Albertis, 1875
*Aru Is. (sw von Neuguinea) und s Neuguinea*

    Aegotheles bennettii wiedenfeldi
    **Wiedenfelds Bennettschwalm**
    Laubmann, 1914
    *n Neuguinea*
    Aegotheles bennettii plumifer
    **Ramsays Bennettschwalm**
    Ramsay, EP, 1883
    *D'Entrecasteaux Archipel (e von se Neuguinea)*

Aegotheles affinis
**Arfakhöhlenschwalm**
*Vogelkop Owlet-nightjar - Egotelo afín*
Salvadori, 1876
*Arfak Mts., Bird's Head (nw Neuguinea)*

Aegotheles terborghi
**Terborghs Bennettschwalm**
*Karimui Owlet-nightjar - Egotelo de Vogelkop*
Diamond, 1967
*Karimui Basin (sc Neuguinea)*

Aegotheles cristatus
**Baumhöhlenschwalm**
*Australian Owlet-nightjar - Egotelo australiano*
Shaw, 1790
*Trans-Fly (sc Neuguinea), Port Moresby Gebiet (se Neuguinea) und Australien*

    Aegotheles cristatus tasmanicus
    **Tasmanienbaumschwalm**
    Mathews, 1918
    *Tasmanien (se Australien)*

## Ordnung: APODIFORMES (Seglervögel)

### Familie: Hemiprocnidae (Baumsegler)
Gattung: Hemiprocne

Hemiprocne coronata
**Kronenbaumsegler**
*Crested Treeswift - Vencejo arborícola coronado*
Tickell, 1833
*Indien über se Asien*

Hemiprocne longipennis
**Haubenbaumsegler**
*Grey-rumped Treeswift - Vencejo arborícola culigrís*
Rafinesque, 1802
*Java, Bali, Kangean Is. (n von Bali) und Lombok (w Lesser Sundas)*

    Hemiprocne longipennis harterti
    **Harters Haubenbaumsegler**
    Stresemann, 1913
    *s Myanmar bis sw Thailand, Malayische Halbinsel, Sumatra, Borneo und Sulu Archipel (s Philippinen)*
    Hemiprocne longipennis perlonga
    **Sumatra-Haubenbaumsegler**
    Richmond, 1903
    *w Sumatran is.*
    Hemiprocne longipennis wallacii
    **Wallacs Haubenbaumsegler**
    Gould, 1859
    *Sulawesi, Banggai und Sula is. (e von Sulawesi)*

Hemiprocne comata
**Ohrenbaumsegler**
*Whiskered Treeswift - Vencejo arborícola chico*
Temminck, 1824
*s Myanmar, s Thailand, Malaysia, Borneo, Sumatra und kleine Inseln*

    Hemiprocne comata major
    **Großer Ohrenbaumsegler**
    Hartert, EJO, 1895
    *Philippinen (außer Palawan Gruppe)*

Hemiprocne mystacea
**Bartbaumsegler**
*Moustached Treeswift - Vencejo arborícola bigotudo*
Lesson, RP & Garnot, 1827
*Neuguinea und w kleine Inseln*

    Hemiprocne mystacea confirmata
    **Aru-Bartbaumsegler**
    Stresemann, 1914
    *n, c Moluccas und Aru Is.*

Hemiprocne mystacea aeroplanes
**Bismarck-Bartbaumsegler**
Stresemann, 1921
St. Matthias Is., Lavongai (=New Hanover), New Ireland, New Britain und kleine Inseln
(nc, e Bismarck Archipel)
Hemiprocne mystacea macrura
**Admiralität-Bartbaumsegler**
Salomonsen, 1983
Admiralty Is. (nw Bismarck Archipel)
Hemiprocne mystacea woodfordiana
**Salomonen-Bartbaumsegler**
Hartert, EJO, 1896
Buka bis Malaita und Rennell (Solomon Is.)
Hemiprocne mystacea carbonaria
**San Cristobal-Bartbaumsegler**
Salomonsen, 1983
Makira (=San Cristóbal), Santa Ana und Santa Catalina (e von Makira; se Solomon Is.)

## Familie: Apodidae (Segler)
## Gattung: Cypseloides

Cypseloides cherriei
**Diademsegler**
*Spot-fronted Swift - Vencejo cuatroojos*
Ridgway, 1893
*Costa Rica bis n Venezuela und n Ecuador*

Cypseloides cryptus
**Weißkinnsegler**
*White-chinned Swift - Vencejo barbiblanco*
Zimmer, JT, 1945
*Belize bis Guyana, n Brasilien und se Peru*

Cypseloides storeri
**Weißstirnsegler**
*White-fronted Swift - Vencejo frentiblanco*
Navarro, Peterson, Escalante & Benitez, 1992
*sw Mexico*

Cypseloides fumigatus
**Rauchsegler**
*Sooty Swift - Vencejo negruzco*
Streubel, 1848
*e Bolivien, e Paraguay, ne Argentinien und se Brasilien*

Cypseloides rothschildi
**Rothschildsegler**
*Rothschild's Swift - Vencejo parduzco*
Zimmer, JT, 1945
*s Bolivien, s Peru und nw Argentinien*

Cypseloides niger
**Schwarzsegler**
*American Black Swift - Vencejo negro*
Gmelin, JF, 1789
*West Indies und Trinidad*

Cypseloides niger borealis
**Alaska-Schwarzsegler**
Kennerly, 1858
se Alaska bis sw USA
Cypseloides niger costaricensis
**Costa Rica-Schwarzsegler**
Ridgway, 1910
c Mexico bis Costa Rica

Cypseloides lemosi
**Brustflecksegler**
*White-chested Swift - Vencejo pechiblanco*
Eisenmann & Lehmann, 1962
*Kolumbien bis ne Ecuador und nw Peru*

Cypseloides senex
**Rußsegler**
*Great Dusky Swift - Vencejo canoso*
Temminck, 1826
*c Brasilien bis ne Bolivien, e Paraguay und ne Argentinien*

## Gattung: Streptoprocne

Streptoprocne phelpsi
**Orangekehlsegler**
*Tepui Swift - Vencejo de tepuy*
Collins, 1972
*Tepuis im Süden Venezuelas, im angrenzenden Nordwesten Guyanas und im Norden Brasiliens
(Roraima)*

Streptoprocne rutila
**Rothalssegler**
*Chestnut-collared Swift - Vencejo cuellirrojo*
Vieillot, 1817
*Venezuela, Guyana und Trinidad*

Streptoprocne rutila griseifrons
**Nelsons Rothalssegler**
Nelson, 1900
w Mexico
Streptoprocne rutila brunnitorques
**Bolivianischer Rothalssegler**
Lafresnaye, 1844
se Mexico bis Bolivien

Streptoprocne zonaris
**Halsbandsegler**
*White-collared Swift - Vencejo acollarado*
Shaw, 1796
*e Bolivien, Paraguay, s Brasilien und n Argentinien*

Streptoprocne zonaris mexicana
**Mexikanischer Halsbandsegler**
Ridgway, 1910
s Mexico und Belize
Streptoprocne zonaris bouchellii
**Bouchellis Halsbandsegler**
Huber, 1923
Honduras bis Panama
Streptoprocne zonaris pallidifrons
**Antillen-Halsbandsegler**
Hartert, EJO, 1896
Große und Kleine Antillen
Streptoprocne zonaris minor
**Kleiner Halsbandsegler**
Lawrence, 1882
n Venezuela und Trinidad
Streptoprocne zonaris albicincta
**Venezuela-Halsbandsegler**
Cabanis, 1862
s Venezuela und Guianas
Streptoprocne zonaris subtropicalis
**Peru-Halsbandsegler**
Parkes, 1994
Kolumbien, w Venezuela und Peru
Streptoprocne zonaris altissima
**Hochland Halsbandsegler**
Chapman, 1914
Kolumbien und Ecuador
Streptoprocne zonaris kuenzeli
**Bolivien-Halsbandsegler**
Niethammer, 1953
Bolivien und nw Argentinien

Streptoprocne biscutata
**Schildsegler**
*Biscutate Swift - Vencejo nuquiblanco brasileño*
Sclater, PL, 1866
*se Brasilien, Paraguay und n Argentinien*

Streptoprocne biscutata seridoensis
**Nördlicher Schildsegler**
Sick, 1991
ne Brasilien

Streptoprocne semicollaris
**Weißnackensegler**
*White-naped Swift - Vencejo nuquiblanco mexicano*
de Saussure, HLF, 1859
*w Mexico*

## Gattung: Hydrochous

Hydrochous gigas
**Riesensalangane**
*Giant Swiftlet - Salangana gigante*
Hartert, EJO & Butler, AL, 1901
*Gebirge Malayische Halbinsel und Große Sundas*

## Gattung: Collocalia

Collocalia affinis
**Flaumfußsalangane**
*Plume-toed Swiftlet - Salangana calzada*
Beavan, 1867
*Andaman und Nicobar Is.*

Collocalia affinis elachyptera
**Mergui-Flaumfußsalangane**
Oberholser, 1906
Mergui Archipel (vor s Myanmar)
Collocalia affinis vanderbilti
**Nias-Flaumfußsalangane**
Meyer de Schauensee & Ripley, 1940
Nias (n Sumatra)

Collocalia affinis oberholseri
**Batu-Flaumfußsalangane**
Stresemann, 1912
Batu und Mentawai is. (c Sumatra)
Collocalia affinis cyanoptila
**Sumatra-Flaumfußsalangane**
Oberholser, 1906
Malayische Halbinsel, Sumatra und kleine Inseln, Natuna Is. (nw Borneo) und Flachland Borneo

Collocalia marginata
**Graubürzelsalangane**
*Grey-rumped Swiftlet - Rabitojo Filipino*
Salvadori, 1882
*c, s Luzon und Visayas (n, c Philippinen; Palawan)*

Collocalia marginata septentrionalis
**Luzon-Graubürzelsalangane**
Mayr, 1945
Babuyan, Calayan und n Camiguin (n Luzon, n Philippinen)

Collocalia isonota
**Luzonsalangane**
*Ridgetop Swiftlet - Salangana crestada*
Oberholser, 1906
*n Luzon (n Philippinen)*

Collocalia isonota bagobo
**Mindoro-Luzonsalangane**
Hachisuka, 1930
Mindoro, Mindanao und Sulu Archipel (nc, s Philippinen)

Collocalia sumbawae
**Tenggarasalangane**
*Tenggara Swiftlet - Salangana de Tenggara*
Stresemann, 1925
*Sumbawa und Flores (w, c Lesser Sundas)*

Collocalia sumbawae sumbae
**Sumbasalangane**
Schodde, Rheindt & Christidis, 2017
Sumba (sw Lesser Sundas)

Collocalia neglecta
**Sundasalangane**
*Drab Swiftlet - Salangana pardusca*
Gray, GR, 1866
*Rote und Timor (se Lesser Sundas)*

Collocalia neglecta perneglecta
**Sawusalagane**
Mayr, 1944
Sawu (=Savu, e Sumba, c Lesser Sundas) und Pantar bis Babar (e Lesser Sundas)

Collocalia esculenta
**Glanzkopfsalangane**
*Glossy Swiftlet - Salangana lustrosa*
Linnaeus, 1758
*c, s Sulawesi, Banggai und Sula is. (e Sulawesi) bis c, s Moluccas; ?Aru Is.*

Collocalia esculenta minuta
**Kalao-Glanzkopfsalangane**
Stresemann, 1925
Tanahjampea und Kalao (sw Sulawesi)
Collocalia esculenta manadensis
**Sulawesi-Glanzkopfsalangane**
Salomonsen, 1983
n Sulawesi, Sangihe und Talaud is. (ne Sulawesi)
Collocalia esculenta spilura
**Molukken-Glanzkopfsalangane**
Gray, GR, 1866
n Moluccas
Collocalia esculenta amethystina
**Waigeo-Glanzkopfsalangane**
Salomonsen, 1983
Waigeo (Raja Ampat Is., nw Neuguinea)
Collocalia esculenta numforensis
**Numfor-Glanzkopfsalangane**
Salomonsen, 1983
Numfor (Geelvink Bay is., nw Neuguinea)
Collocalia esculenta nitens
**Tiefland-Glanzkopfsalangane**
Ogilvie-Grant, 1914
Yapen (Geelvink Bay is., nw Neuguinea), n Neuguinea und Karkar (ne Neuguinea), und Crown, Long, und Tolokiwa (w von New Britain; sc Bismarck Archipel)
Collocalia esculenta misimae
**Louisidae-Glanzkopfsalangane**
Salomonsen, 1983
Louisiade Archipel, Trobriand Is. und Woodlark Insel ( se Neuguinea)
Collocalia esculenta tametamele
**Bismarck-Glanzkopfsalangane**
Stresemann, 1921
New Britain und kleine Inseln (se Bismarck Archipel)
Collocalia esculenta stresemanni
**Stresemanns Glanzkopfsalangane**
Rothschild & Hartert, EJO, 1914
Admiralty Is. (nw Bismarck Archipel), Tench (n von Lavongai =New Hanover), und Nusa (n von New Ireland; ne Bismarck Archipel)

Collocalia esculenta heinrothi
**Neuirland-Glanzkopfsalangane**
Neumann, 1919
Lavongai (=New Hanover), New Ireland und Dyaul (=Djaul, s von w New Ireland; ne Bismarck Archipel)
Collocalia esculenta spilogaster
**Lihir-Glanzkopfsalangane**
Salomonsen, 1983
Tabar und Lihir (ne New Ireland, ne Bismarck Archipel)
Collocalia esculenta hypogrammica
**Nissan-Glanzkopfsalangane**
Salomonsen, 1983
Nissan (nw Bougainville)
Collocalia esculenta lagonoleucos
**Buka-Glanzkopfsalangane**
Schodde, Rheindt & Christidis, 2017
Buka, Bougainville und Shortland Is. (nw Solomon Is.)
Collocalia esculenta becki
**Salomonen-Glanzkopfsalangane**
Mayr, 1931
Fauro, Choiseul bis Malaita und Guadalcanal (n bis sc Solomon Is.)
Collocalia esculenta makirensis
**Makira-Glanzkopfsalangane**
Mayr, 1931
Makira Gruppe (=San Cristóbal; se Solomon Is.)
Collocalia esculenta desiderata
**Rennell-Glanzkopfsalangane**
Mayr, 1931
Rennell und Bellona (nw Rennell; s Solomon Is.)

Collocalia uropygialis
**Samtsalangane**
*Satin Swiftlet - Salangana satinada*
Gray, GR, 1866
*Utupua und Vanikoro (Temotu =Santa Cruz Is., se Solomon Is.) und Vanuatu*

Collocalia uropygialis albidior
**Neukaledonische Samtsalangane**
Salomonsen, 1983
New Caledonia inklusive Loyalty Is.

Collocalia dodgei
**Borneosalangane**
*Bornean Swiftlet - Salangana de Borneo*
Richmond, 1905
*Gebirge Borneo*

Collocalia linchi
**Braunkehlsalangane**
*Cave Swiftlet - Salangana linchi*
Horsfield & Moore, F, 1854
*Java, Madura und Bawean (e Java)*

Collocalia linchi ripleyi
**Sumatra Braunkehlsalangane**
Somadikarta, 1986
Sumatra
Collocalia linchi dedii
**Bali-Braunkehlsalangane**
Somadikarta, 1986
Bali und Lombok (w Lesser Sundas)

Collocalia natalis
**Weihnachtsinselsalangane**
*Christmas Swiftlet - Salangana de Isla Navidad*
Lister, 1889
*Christmas Insel (w Java)*

Collocalia troglodytes
**Zwergsalangane**
*Pygmy Swiftlet - Salangana chica*
Gray, GR, 1845
*Philippinen*



Aerodramus elaphrus
**Seychellensalangane**
*Seychelles Swiftlet - Salangana de Seychelles*
Oberholser, 1906
*Mahé, Praslin und La Digue (Inner Is., ne Seychellen)*

Aerodramus francicus
**Maskarenensalangane**
*Mascarene Swiftlet - Salangana de las Mascareñas*
Gmelin, JF, 1789
*Mauritius (c Mascarenes)*

Aerodramus francicus saffordi
**Indische Maskarenensalangane**
Kirwan, Shirihai & Schweizer, 2018
Réunion (w Mascarenes)

Aerodramus unicolor
## Malabarsalangane
*Indian Swiftlet - Salangana de Malabar*
Jerdon, 1840
*sw Indien und Sri Lanka*

Aerodramus mearnsi
## Braunbürzelsalangane
*Philippine Swiftlet - Salangana filipina*
Oberholser, 1912
*Philippinen*

Aerodramus infuscatus
## Molukkensalangane
*Moluccan Swiftlet - Salangana moluqueña*
Salvadori, 1880
*Sangihe und Siau (ne Sulawesi) und n Moluccas*

### Aerodramus infuscatus sororum
**Sulawesisalangane**
Stresemann, 1931
Zentral und s Sulawesi
### Aerodramus infuscatus ceramensis
**Burusalangane**
van Ort, 1911
Buru, Seram

Aerodramus hirundinaceus
## Bergsalangane
*Mountain Swiftlet - Salangana montana*
Stresemann, 1914
*Gebirge Neuguinea, Karkar (ne Neuguinea) und Goodenough (D'Entrecasteaux Archipel, e von se Neuguinea)*

### Aerodramus hirundinaceus baru
**Yapen-Bergsalangane**
Stresemann & Paludan, 1932
Yapen (Geelvink Bay is., nw Neuguinea)

Aerodramus spodiopygius
## Weißbürzelsalangane
*White-rumped Swiftlet - Salangana culiblanca*
Peale, 1849
*w Samoa und American Samoa (c Polynesien)*

### Aerodramus spodiopygius delichon
**Manus-Weißbürzelsalangane**
Salomonsen, 1983
Admiralty Is. (nw Bismarck Archipel)
### Aerodramus spodiopygius eichhorni
**Eichhorns Weißbürzelsalangane**
Hartert, EJO, 1924
Mussau und Emirau (to se von Mussau); St. Matthias Is. (nc Bismarck Archipel)
### Aerodramus spodiopygius noonaedanae
**Bismarck-Weißbürzelsalangane**
Salomonsen, 1983
Manam (vor n Neuguinea), New Ireland und New Britain und kleine Inseln (e Bismarck Archipel)
### Aerodramus spodiopygius reichenowi
**Reichenows Weißbürzelsalangane**
Stresemann, 1912
Buka bis Makira und kleine Inseln (Solomon Is.)
### Aerodramus spodiopygius desolatus
**Salomonen-Weißbürzelsalangane**
Salomonsen, 1983
Temotu (=Santa Cruz Is., se Solomon Is.)
### Aerodramus spodiopygius epiensis
**Nordvanuatu-Weißbürzelsalangane**
Salomonsen, 1983
Ureparapara (Banks Is., n Vanuatu) und Santo bis Epi (n, c Vanuatu)
### Aerodramus spodiopygius ingens
**Vanuatu-Weißbürzelsalangane**
Salomonsen, 1983
Emae bis Aneityum (s Vanuatu)
### Aerodramus spodiopygius leucopygius
**Wallaces Weißbürzelsalangane**
Wallace, 1864
New Caledonia inklusive Loyalty Is.
### Aerodramus spodiopygius assimilis
**Fiji-Weißbürzelsalangane**
Stresemann, 1912
Fiji (sw Polynesien)
### Aerodramus spodiopygius townsendi
**Tonga-Weißbürzelsalangane**
Oberholser, 1906
Tonga (sc Polynesien)

Aerodramus terraereginae
## Queenslandsalangane
*Australian Swiftlet - Salangana australiana*
Ramsay, EP, 1875
*Küste ne Cape York Halbinsel, ne Queensland bis ne New South Wales*

### Aerodramus terraereginae chillagoensis
**Australiensalangane**
Pecotich, 1982
Inland ec Queensland (ne Australien)

Aerodramus brevirostris
## Himalajasalangane
*Himalayan Swiftlet - Salangana del Himalaya*
Horsfield, 1840
*Himalaya, ne Indien, s China und n Myanmar*

### Aerodramus brevirostris innominatus
**Humes Himalayasalangane**
Hume, 1873
c China bis n Vietnam

### Aerodramus brevirostris rogersi
**Rogers Himalayasalangane**
Deignan, 1955
e Myanmar, n, w Thailand, n Laos und nw Vietnam

Aerodramus vulcanorum
## Vulkansalangane
*Volcano Swiftlet - Salangana de los volcanes*
Stresemann, 1926
*Gebirge Java*

Aerodramus whiteheadi
## Philippinensalangane
*Whitehead's Swiftlet - Salangana de Whitehead*
Ogilvie-Grant, 1895
*Mt. Data (n Luzon, n Philippinen)*

### Aerodramus whiteheadi origenis
**Aposalangane**
Oberholser, 1906
Mt. Apo (Mindanao, s Philippinen)

Aerodramus nuditarsus
## Nacktfußsalangane
*Bare-legged Swiftlet - Salangana tarsidesnuda*
Salomonsen, 1962
*Gebirge Neuguinea*

Aerodramus orientalis
## Salomonensalangane
*Mayr's Swiftlet - Salangana de Guadalcanal*
Mayr, 1935
*Guadalcanal (sc Solomon Is.)*

### Aerodramus orientalis leletensis
**Neuirlandsalangane**
Salomonsen, 1962
c New Ireland (ne Bismarck Archipel)

Aerodramus salangana
## Moosnestsalangane
*Mossy-nest Swiftlet - Salangana de la Sonda*
Streubel, 1848
*Java*

### Aerodramus salangana aerophilus
**Sumatra-Moosnestsalangane**
Oberholser, 1912
w Sumatran is.
### Aerodramus salangana natunae
**Borneo-Moosnestsalangane**
Stresemann, 1930
Sumatra, Natuna Is. (nw von Borneo) und Borneo
### Aerodramus salangana maratua
**Maratua-Moosnestsalangane**
Riley, 1927
Maratua (e von ne Borneo)

Aerodramus vanikorensis
## Einfarbsalangane
*Uniform Swiftlet - Salangana de Vanikoro*
Quoy & Gaimard, 1832
*Temotu (=Santa Cruz Is., se Solomon Is.) und Vanuatu*

### Aerodramus vanikorensis aenigma
**Sulawesi-Einfarbsalangane**
Riley, 1918
n, c, se Sulawesi, Banggai und Sula is. (e von Sulawesi)
### Aerodramus vanikorensis heinrichi
**Heinrichs Einfarbsalangane**
Stresemann, 1932
s Sulawesi
### Aerodramus vanikorensis moluccarum
**Molukken-Einfarbsalangane**
Stresemann, 1914
c, s Moluccas
### Aerodramus vanikorensis waigeuensis
**Papua-Einfarbsalangane**
Stresemann & Paludan, 1932
n Moluccas und Raja Ampat Is. (nw von Neuguinea)
### Aerodramus vanikorensis steini
**Steins Einfarbsalangane**
Stresemann & Paludan, 1932
Numfor und Biak (Geelvink Bay is., nw Neuguinea)

Aerodramus vanikorensis yorki
**Yorks Einfarbsalangane**
Mathews, 1916
Aru Is. (sw von Neuguinea), Yapen (Geelvink Bay is., nw Neuguinea) und Neuguinea
Aerodramus vanikorensis tagulae
**Mayrs Einfarbsalangane**
Mayr, 1937
D'Entrecasteaux Archipel, Louisiade Archipel, Trobriand Is. und Woodlark
Aerodramus vanikorensis coultasi
**Matthias-Einfarbsalangane**
Mayr, 1937
Admiralty Is. und St. Matthias Is. (nw, nc Bismarck Archipel)
Aerodramus vanikorensis pallens
**Bismarck-Einfarbsalangane**
Salomonsen, 1983
Lavongai (=New Hanover), New Ireland und Dyaul (=Djaul) und New Britain (e Bismarck Archipel)
Aerodramus vanikorensis lihirensis
**Neuirland-Einfarbsalangane**
Mayr, 1937
Inseln ne von New Ireland (ne Bismarck Archipel)
Aerodramus vanikorensis lugubris
**Salomonen-Einfarbsalangane**
Salomonsen, 1983
Buka bis Rennell und Makira (Solomon Is. außer Tetepare)

## Aerodramus amelis
**Grausalangane**
*Ameline Swiftlet - Salangana de Mindanao*
Oberholser, 1906
*Philippinen (außer Palawan Gruppe)*

Aerodramus amelis palawanensis
**Palawan-Grausalangane**
Stresemann, 1914
Palawan Gruppe und Balambangan (ne Borneo)

## Aerodramus pelewensis
**Palausalangane**
*Palau Swiftlet - Salangana de las Palau*
Mayr, 1935
*Palau (w Caroline Is., w Micronesia)*

## Aerodramus bartschi
**Marianensalangane**
*Mariana Swiftlet - Salangana de Guam*
Mearns, 1909
*Saipan, Aguijan (s Northern Mariana Is., w Micronesia)*

## Aerodramus inquietus
**Karolinensalangane**
*Caroline Swiftlet - Salangana de las Carolinas*
Kittlitz, 1858
*Kosrae (e Caroline Is., c Micronesia)*

Aerodramus inquietus rukensis
**Chuuksalangane**
Kuroda, Nm, 1915
Chuuk (=Truk, c Caroline Is., c Micronesia)
Aerodramus inquietus ponapensis
**Pohnpeisalangane**
Mayr, 1935
Pohnpei (=Ponape, e Caroline Is., c Micronesia)

## Aerodramus leucophaeus
**Polynesiensalangane**
*Tahiti Swiftlet - Salangana polinesia*
Peale, 1849
*Tahiti (se Society Is., e Polynesien)*

## Aerodramus sawtelli
**Atiusalangane**
*Atiu Swiftlet - Salangana de las Cook*
Holyoak, 1974
*Atiu (se Cook Is., se Polynesien)*

## Aerodramus ocistus
**Marquesassalangane**
*Marquesan Swiftlet - Salangana de las Marquesas*
Oberholser, 1906
*Fiao, Nuku Hiva und Ua Huka (n Marquesas Is., ne Polynesien)*

Aerodramus ocistus gilliardi
**Südliche Marquesassalangane**
Somadikarta, 1994
Ua Pou, Hiva Oa, Tahuata und Mohotani (s Marquesas Is., ne Polynesien)

## Aerodramus maximus
**Schwarznestsalangane**
*Black-nest Swiftlet - Salangana nidonegro*
Hume, 1878
*s Myanmar, Malaysia und se Vietnam*

Aerodramus maximus lowi
**Sumatra-Schwarznestsalangane**
Sharpe, 1879
Sumatra, n, w Borneo und Java
Aerodramus maximus tichelmani
**Borneo-Schwarznestsalangane**
Stresemann, 1926
se Borneo

## Aerodramus fuciphagus
**Weißnestsalangane**
*Edible-nest Swiftlet - Salangana nidoblanco*
Thunberg, 1812
*Java, Kangean Is. (n Bali), Bali, Lombok bis Sumbawa (w Lesser Sundas, Flores Sea is. s von Sulawesi)*

Aerodramus fuciphagus inexpectatus
**Andamanen-Weißnestsalangane**
Hume, 1873
Andaman und Nicobar Is.
Aerodramus fuciphagus vestitus
**Sumatra-Weißnestsalangane**
Lesson, RP, 1843
Malayische Halbinsel, Sumatra, Belitung (e von s Sumatra) und Borneo
Aerodramus fuciphagus perplexus
**Maratua-Weißnestsalangane**
Riley, 1927
Maratua (e von ne Borneo)
Aerodramus fuciphagus dammermani
**Dammermanns Weißnestsalangane**
Rensch, 1931
Flores bis Alor (c Lesser Sundas)
Aerodramus fuciphagus micans
**Sumba-Weißnestsalangane**
Stresemann, 1914
Sumba, Savu und Timor (sc Lesser Sundas)
Aerodramus fuciphagus germani
**Küsten-Weißnestsalangane**
Oustalet, J-FÉ 1876
Küste Malaysia, nBorneo, s Phillippinen
Aerodramus fuciphagus amechanus
**Anambas-Weißnestsalangane**
Oberholser, 1912
Anambas Is. (Südchinesisches Meer)

## Aerodramus papuensis
**Papuasalangane**
*Three-toed Swiftlet - Salangana papúa*
Rand, 1941
n, se Neuguinea



Schoutedenapus myoptilus
**Maussegler**
*Scarce Swift - Vencejo de Shoa*
Salvadori, 1888
*Äthiopien bis Simbabwe*

Schoutedenapus myoptilus poensis
**Bioko-Maussegler**
Alexander, 1903
Bioko Insel (Gulf von Guinea)
Schoutedenapus myoptilus chapini
**Kongo-Maussegler**
Prigogine, 1957
e Demokratische Republik Kongo, Rwanda und sw Uganda



Mearnsia picina
**Philippinensegler**
*Philippine Spinetail - Vencejo filipino*
Tweeddale, 1879
*Visayas bis Sulu Archipel (c, s Philippinen)*

Mearnsia novaeguineae
**Papuasegler**
*Papuan Spinetail - Vencejo papúa*
D'Albertis & Salvadori, 1879
*s Neuguinea*

Mearnsia novaeguineae buergersi
**Nördlicher Papuasegler**
Reichenow, 1917
n Neuguinea

Zoonavena grandidieri
**Malegassensegler**
*Madagascar Spinetail - Vencejo malgache*
Verreaux, J, 1867
*Madagascar (außer c)*

    Zoonavena grandidieri mariae
    **Marias Malegassensegler**
    Benson, 1960
    Gebirge Grande Comore (=Njazidja; nw Comoros)

Zoonavena thomensis
**Sao-Tomé-Segler**
*Sao Tome Spinetail - Vencejo de Santo Tomé*
Hartert, EJO, 1900
*São Tomé und Príncipe (c Gulf von Guinea Is.)*

Zoonavena sylvatica
**Indiensegler**
*White-rumped Spinetail - Vencejo indio*
Tickell, 1846
*Nepal und Indien*



Telacanthura ussheri
**Baobabsegler**
*Mottled Spinetail - Vencejo de baobab*
Sharpe, 1870
*Senegal und Gambia bis Nigeria*

    Telacanthura ussheri sharpei
    **Sharps Baobabsegler**
    Neumann, 1908
    Kamerun und Gabun über Demokratische Republik Kongo bis Uganda
    Telacanthura ussheri stictilaema
    **Kenia-Baobabsegler**
    Reichenow, 1879
    s Kenia und ne, c Tansania
    Telacanthura ussheri benguellensis
    **Bengalen-Baobabsegler**
    Neumann, 1908
    w Angola bis Mosambik

Telacanthura melanopygia
**Iturisegler**
*Black Spinetail - Vencejo del Ituri*
Chapin, 1915
*Sierra Leone bis Kamerun und Gabun, sw Zentralafrikanische Republik und n Demokratische Republik Kongo*



Rhaphidura leucopygialis
**Silberbürzelsegler**
*Silver-rumped Spinetail - Vencejo culiplata*
Blyth, 1849
*Malayische Halbinsel und Große Sundas*

Rhaphidura sabini
**Sumpfsegler**
*Sabine's Spinetail - Vencejo de Sabine*
Gray, JE, 1829
*Sierra Leone bis w Uganda und w Kenia*



Neafrapus cassini
**Cassinsegler**
*Cassin's Spinetail - Vencejo de Cassin*
Sclater, PL, 1863
*Elfenbeinküste bis w Uganda, Demokratische Republik Kongo und Gabun*

Neafrapus boehmi
**Fledermaussegler**
*Böhm's Spinetail - Vencejo de Böhm*
Schalow, 1882
*Angola bis w Tansania und n Sambia*

    Neafrapus boehmi sheppardi
    **Sheppards Fledermaussegler**
    Roberts, 1922
    se Kenia und e Tansania, Sambia, Simbabwe, Mosambik und ne Südafrika



Hirundapus caudacutus
**Stachelschwanzsegler**
*White-throated Needletail - Vencejo mongol*
Latham, 1801
*c Sibirien bis Kuril Is. (e Russland) und Japan*

    Hirundapus caudacutus nudipes
    **Himalaya-Stachelschwanzsegler**
    Hodgson, 1837
    Himalaya und ne Indien bis sw, s China

Hirundapus cochinchinensis
**Graukehlsegler**
*Silver-backed Needletail - Vencejo de la Cochinchina*
Oustalet, 1878
*Himalaya von c Nepal bis n Myanmar, Hainan und Taiwan*

Hirundapus giganteus
**Eilsegler**
*Brown-backed Needletail - Vencejo gigante*
Temminck, 1825
*Malayische Halbinsel, Große Sundas und Palawan (w Philippinen)*

    Hirundapus giganteus indicus
    **Indischer Eilsegler**
    Hume, 1873
    sw Indien und Sri Lanka; e Indien und Bangladesch bis se Asien; Andaman Is.

Hirundapus celebensis
**Purpursegler**
*Purple Needletail - Vencejo de Célebes*
Sclater, PL, 1866
*Philippinen (außer Palawan Gruppe und Sulu Archipel), Sulawesi, Banggai und Sula is. (e von Sulawesi)*



Chaetura cinereiventris
**Graubürzelsegler**
*Grey-rumped Swift - Vencejo ceniciento*
Sclater, PL, 1862
*e Brasilien, Paraguay und ne Argentinien*

    Chaetura cinereiventris phaeopygos
    **Panama-Graubürzelsegler**
    Hellmayr, 1906
    e Nicaragua bis Panama
    Chaetura cinereiventris lawrencei
    **Trinidad-Graubürzelsegler**
    Ridgway, 1893
    n Venezuela, Trinidad, Tobago, Grenada und Margarita Insel
    Chaetura cinereiventris schistacea
    **Venezuela-Graubürzelsegler**
    Todd, 1937
    e Kolumbien und w Venezuela
    Chaetura cinereiventris guianensis
    **Guyana-Graubürzelsegler**
    Hartert, EJO, 1892
    e Venezuela und w Guyana
    Chaetura cinereiventris occidentalis
    **Peruanischer Graubürzelsegler**
    Berlepsch & Taczanowski, 1884
    w Kolumbien, w Ecuador und nw Peru
    Chaetura cinereiventris sclateri
    **Sclaters Graubürzelsegler**
    Pelzeln, 1868
    s Kolumbien und s Venezuela bis nw Brasilien, e Peru und nw Bolivien

Chaetura spinicaudus
**Dornensegler**
*Band-rumped Swift - Vencejo lomiblanco*
Temminck, 1839
*e Venezuela, Guianas und n, c Brasilien*

    Chaetura spinicaudus aetherodroma
    **Panama-Dornensegler**
    Wetmore, 1951
    Panama bis w Kolumbien und w Ecuador

Chaetura martinica
**Antillensegler**
*Lesser Antillean Swift - Vencejo de Martinica*
Hermann, 1783
*Kleine Antillen*

Chaetura fumosa
**Blasskehlsegler**
*Costa Rican Swift - Vencejo costarricense*
Salvin, 1870
*Costa Rica, Panama und n Kolumbien*

Chaetura egregia
**Blassbürzelsegler**
*Pale-rumped Swift - Vencejo egregio*
Todd, 1916
*w Amazonasgebiet*

Chaetura pelagica
**Schornsteinsegler**
*Chimney Swift - Vencejo de chimenea*
Linnaeus, 1758
*sc, se Kanada und c, e USA*

Chaetura vauxi
**Graubauchsegler**
*Vaux's Swift - Vencejo de Vaux*
Townsend, JK, 1839
*w Kanada bis sw USA*

    Chaetura vauxi tamaulipensis
    **Östlicher Graubauchsegler**
    Sutton, 1941
    *e Mexico*
    Chaetura vauxi warneri
    **Westlicher Graubauchsegler**
    Phillips, AR, 1966
    *w Mexico*
    Chaetura vauxi richmondi
    **Richmonds Graubauchsegler**
    Ridgway, 1910
    *s Mexico bis Costa Rica*
    Chaetura vauxi gaumeri
    **Gaumers Graubauchsegler**
    Lawrence, 1882
    *Yucatán Halbinsel und Cozumel Insel (Mexico)*
    Chaetura vauxi ochropygia
    **Panama-Graubauchsegler**
    Aldrich, 1937
    *e Panama*
    Chaetura vauxi aphanes
    **Venezuela-Graubauchsegler**
    Wetmore & Phelps, WH Jr, 1956
    *n Venezuela*

Chaetura chapmani
**Chapmansegler**
*Chapman's Swift - Vencejo de Chapman*
Hellmayr, 1907
*Panama bis ne Brasilien*

    Chaetura chapmani viridipennis
    **Amazonas-Chapmansegler**
    Cherrie, 1916
    *w Amazonasgebiet*

Chaetura andrei
**Grauschwanzsegler**
*Ashy-tailed Swift - Vencejo de Tormenta*
Berlepsch & Hartert, EJO, 1902
*e Venezuela*

Chaetura meridionalis
**Sicksegler**
*Sick's Swift - Vencejo de Tormenta*
Hellmayr, 1907
*s Brasilien bis e Bolivien, Paraguay und n Argentinien*

Chaetura brachyura
**Stutzschwanzsegler**
*Short-tailed Swift - Vencejo rabón*
Jardine, 1846
*Panama bis Trinidad und Guianas s bis wc Brasilien und n Bolivien*

    Chaetura brachyura praevelox
    **Granada-Stutzschwanzsegler**
    Bangs & Penard, TE, 1918
    *Grenada, St. Vincent und Tobago (s Kleine Antillen)*
    Chaetura brachyura ocypetes
    **Ekuador-Stutzschwanzsegler**
    Zimmer, JT, 1953
    *sw Ecuador und nw Peru*
    Chaetura brachyura cinereocauda
    **Brasilien-Stutzschwanzsegler**
    Cassin, 1850
    *nc Brasilien*



Aeronautes saxatalis
**Weißbrustsegler**
*White-throated Swift - Vencejo gorjiblanco*
Woodhouse, 1853
*sw Kanada bis w Mexico*

    Aeronautes saxatalis nigrior
    **Südlicher Weißbrustsegler**
    Dickey & Van Rossem, 1928
    *s Mexico bis c Honduras*

Aeronautes montivagus
**Bergsegler**
*White-tipped Swift - Vencejo montañés*
d'Orbigny & Lafresnaye, 1837
*n Venezuela s bis n Bolivien und nw Argentinien*

    Aeronautes montivagus tatei
    **Chapmans Bergsegler**
    Chapman, 1929
    *s Venezuela und n Brasilien*

Aeronautes andecolus
**Andensegler**
*Andean Swift - Vencejo andino*
d'Orbigny & Lafresnaye, 1837
*c Bolivien bis w Argentinien*

    Aeronautes andecolus parvulus
    **Chileandensegler**
    Berlepsch & Stolzmann, 1892
    *w Peru bis c Chile*
    Aeronautes andecolus peruvianus
    **Peruandensegler**
    Chapman, 1919
    *se Peru*



Tachornis phoenicobia
**Kubasegler**
*Antillean Palm Swift - Vencejillo antillano*
Gosse, 1847
*Jamaika und Hispaniola*

    Tachornis phoenicobia iradii
    **Juventudsegler**
    Lembeye, 1850
    *Kuba und Isle von Pines*

Tachornis furcata
**Däumlingssegler**
*Pygmy Palm Swift - Vencejillo venezolano*
Sutton, 1928
*ne Kolumbien und nw Venezuela*

    Tachornis furcata nigrodorsalis
    **Östlicher Däumlingssegler**
    Aveledo & Pons, 1952
    *w Venezuela*

Tachornis squamata
**Gabelschwanzsegler**
*Fork-tailed Palm Swift - Vencejillo tijereta*
Cassin, 1853
*Trinidad, Guianas bis Amazonasgebiet und e Brasilien*

    Tachornis squamata semota
    **Rileys Gabelschwanzsegler**
    Riley, 1933
    *e Ecuador und ne Peru über e Kolumbien und nw Brasilien bis s, e Venezuela*



Panyptila sanctihieronymi
**Großschwalbensegler**
*Great Swallow-tailed Swift - Vencejo tijereta grande*
Salvin, 1863
*sw Mexico bis Honduras*

Panyptila cayennensis
**Kleinschwalbensegler**
*Lesser Swallow-tailed Swift - Vencejo tijereta chico*
Gmelin, JF, 1789
*Mexico bis n Bolivien und se Brasilien, Trinidad und Tobago*



Cypsiurus parvus
**Palmensegler**
*African Palm Swift - Vencejo palmero africano*
Lichtenstein, MHC, 1823
*Senegal und Gambia bis n Äthiopien und sw Arabien*

Cypsiurus parvus brachypterus
**Kongo-Palmensegler**
Reichenow, 1903
Sierra Leone bis ne Demokratische Republik Kongo, Angola und Inseln in Gulf von Guinea

Cypsiurus parvus myochrous
**Sudan-Palmensegler**
Reichenow, 1886
s Sudan bis ne Südafrika

Cypsiurus parvus laemostigma
**Somalia-Palmensegler**
Reichenow, 1905
s Somalia bis c Mosambik

Cypsiurus parvus hyphaenes
**Namibia-Palmensegler**
Brooke, 1972
n Namibia und n Botswana

Cypsiurus parvus celer
**Südafrikanischer Palmensegler**
Clancey, 1983
s Mosambik bis e Südafrika

Cypsiurus gracilis
## Madagaskarpalmsegler
*Malagasy Palm Swift - Vencejo palmero malgache*
Sharpe, 1871
*Madagascar (außer c)*

Cypsiurus gracilis griveaudi
**Komoro-Palmensegler**
Benson, 1960
Comoros

Cypsiurus balasiensis
## Bengalensegler
*Asian Palm Swift - Vencejo palmero asiático*
Gray, JE, 1829
*Indien Subkontinent und Sri Lanka*

Cypsiurus balasiensis infumatus
**Sclaters Bengalensegler**
Sclater, PL, 1866
ne Indien bis Indochina, Malayische Halbinsel, Sumatra und Borneo

Cypsiurus balasiensis bartelsorum
**Brookes Bengalensegler**
Brooke, 1972
Java und Bali

Cypsiurus balasiensis pallidior
**McGregors Bengalensegler**
McGregor, 1905
Philippinen (außer Palawan Gruppe und Sulu Archipel)



Tachymarptis melba
## Alpensegler
*Alpine Swift - Vencejo real*
Linnaeus, 1758
*s Europa über Türkei bis nw Iran*

Tachymarptis melba tuneti
**Östlicher Alpensegler**
Tschusi, 1904
Marokko über Mittlerer Osten und e bis w Pakistan

Tachymarptis melba archeri
**Archers Alpensegler**
Hartert, EJO, 1928
n Somalia, sw Arabien bis Jordanien und Israel

Tachymarptis melba maximus
**Großer Alpensegler**
Ogilvie-Grant, 1907
Rwenzori Mts. (ne Demokratische Republik Kongo und Uganda)

Tachymarptis melba africanus
**Afrikanischer Alpensegler**
Temminck, 1815
Äthiopien bis Südafrika und sw Angola

Tachymarptis melba marjoriae
**Namibia-Alpensegler**
Bradfield, 1935
nc Namibia und nw Südafrika

Tachymarptis melba willsi
**Madagaskar-Alpensegler**
Hartert, EJO, 1896
Madagaskar

Tachymarptis melba nubifugus
**Himalaya-Alpensegler**
Koelz, 1954
Himalaya

Tachymarptis melba dorabtatai
**Indischer Alpensegler**
Abdulali, 1965
w Indien

Tachymarptis melba bakeri
**Sri Lanka-Alpensegler**
Hartert, EJO, 1928
Sri Lanka

Tachymarptis aequatorialis
## Schuppensegler
*Mottled Swift - Vencejo ecuatorial*
Müller, JW, 1851
*Eritrea und Äthiopien über e Afrika bis s Mosambik, e Simbabwe und wc Angola*

Tachymarptis aequatorialis lowei
**Lowes Schuppensegler**
Bannerman, 1920
Sierra Leone bis Nigeria

Tachymarptis aequatorialis bamendae
**Kamerun-Schuppensegler**
Serle, 1949
nw Kamerun

Tachymarptis aequatorialis furensis
**Sudan-Schuppensegler**
Lynes, 1920
w Sudan

Tachymarptis aequatorialis gelidus
**Simbabwe-Schuppensegler**
Brooke, 1967
w Simbabwe



Apus alexandri
## Kapverdensegler
*Cape Verde Swift - Vencejo de Cabo Verde*
Hartert, EJO, 1901
*Cape Verde Is. (all Inseln; s Makaronesien, w von n Afrika)*

Apus apus
## Mauersegler
*Common Swift - Vencejo común*
Linnaeus, 1758
*w Europa und n Afrika bis c Sibirien*

Apus apus pekinensis
**Chinesischer Mauersegler**
Swinhoe, 1870
n Iran bis n China und Mongolei

Apus unicolor
## Einfarbsegler
*Plain Swift - Vencejo unicolor*
Jardine, 1830
*Madeira und Kanarische Inseln*

Apus niansae
## Braunsegler
*Nyanza Swift - Vencejo de Nyanza*
Reichenow, 1887
*Eritrea und Äthiopien bis Tansania*

Apus niansae somalicus
**Somalia-Braunsegler**
Clarke, S, 1919
n Somalia

Apus pallidus
## Fahlsegler
*Pallid Swift - Vencejo pálido*
Shelley, 1870
*Mauretanien über Ägypten und Mittlerer Osten bis Pakistan*

Apus pallidus brehmorum
**Kanarischer Fahlsegler**
Hartert, EJO, 1901
Madeira, Kanarische Is., Küste n Afrika, s Europa bis Türkei

Apus pallidus illyricus
**Balkan-Fahlsegler**
Tschusi, 1907
nw Küste von Balkan Halbinsel

Apus barbatus
## Kapsegler
*African Black Swift - Vencejo de El Cabo*
Sclater, PL, 1866
*Südafrika*

Apus barbatus glanvillei
**Sierra Leone-Schwarzsegler**
Benson, 1967
Sierra Leone

Apus barbatus serlei
**Kamerun-Schwarzsegler**
De Roo, 1970
w Kamerun

Apus barbatus roehli
**Kenia-Schwarzsegler**
Reichenow, 1906
e Äthiopien über Kenia und Uganda bis ne Angola, e Demokratische Republik Kongo und Malawi

Apus barbatus hollidayi
**Victoria-Schwarzsegler**
Benson & Irwin, 1960
Victoria Falls (Sambia und Simbabwe)
Apus barbatus oreobates
**Mosambik-Schwarzsegler**
Brooke, 1970
Simbabwe bis Mosambik

## Apus balstoni
## Madagaskarsegler
*Malagasy Black Swift - Vencejo de Balston*
Bartlett, E, 1880
*Madagascar*

Apus balstoni mayottensis
**Mayottsegler**
Nicoll, 1906
Comoros

## Apus sladeniae
## Dunkelsegler
*Fernando Po Swift - Vencejo de Fernando Poo*
Ogilvie-Grant, 1904
*sw Nigeria, w Kamerun, w Angola und Bioko*

## Apus berliozi
## Sokotrasegler
*Forbes-Watson's Swift - Vencejo de Socotora*
Ripley, 1966
*Socotra*

Apus berliozi bensoni
**Brookes Sokotrasegler**
Brooke, 1969
e Somalia

## Apus bradfieldi
## Damarasegler
*Bradfield's Swift - Vencejo de Namibia*
Roberts, 1926
*sw Angola und Namibia*

Apus bradfieldi deserticola
**Kalaharisegler**
Brooke, 1970
n Südafrika

## Apus pacificus
## Pazifiksegler
*Pacific Swift - Vencejo del Pacífico*
Latham, 1801
*Sibirien bis Kamtschatka (e Russland), n China und Japan bis Amami Is. (s Japan)*

Apus pacificus kanoi
**Yamashinasegler**
Yamashina, 1942
se Tibet bis e China, Taiwan und n Philippinen

## Apus salimalii
## Hochlandsegler
*Salim Ali's Swift - Vencejo del Tibet*
Lack, 1958
*e Tibetische Hochebene und w Sichuan*

## Apus leuconyx
## Assamsegler
*Blyth's Swift - Vencejo del Himalaya*
Blyth, 1845
*Pakistan, Nepal, Bhutan und ne Indien*

## Apus cooki
## Indochinasegler
*Cook's Swift - Vencejo de Tailandia*
Harington, 1913
*Flachland Myanmar, n Thailand, Vietnam und Guangxi, China*

## Apus acuticauda
## Glanzrückensegler
*Dark-rumped Swift - Vencejo de los Khasi*
Jerdon, 1864
*ne Indien und Myanmar*

## Apus affinis
## Haussegler
*Little Swift - Vencejo moro*
Gray, JE, 1830
*s Somalia bis Mosambik; Indien (außer ne, s)*

Apus affinis galilejensis
**Afrikanischer Haussegler**
Antinori, 1855
nw Afrika bis Pakistan, e Sudan bis nw Somalia
Apus affinis bannermani
**Guinea-Haussegler**
Hartert, EJO, 1928
Gulf von Guinea Inseln
Apus affinis aerobates
**Mauretanien-Haussegler**
Brooke, 1969
Mauretanien bis Somalia und s bis e Südafrika
Apus affinis theresae
**Angola-Haussegler**
Meinertzhagen, R, 1949
w, s Angola und s Sambia bis Südafrika
Apus affinis singalensis
**Indischer Haussegler**
Madarász, G, 1911
s Indien und Sri Lanka

## Apus nipalensis
## Malaiensegler
*House Swift - Vencejo oriental*
Hodgson, 1837
*Himalaya bis Japan und se China s bis Myanmar, se Asien und Philippinen*

Apus nipalensis subfurcatus
**Borneosegler**
Blyth, 1849
Malayische Halbinsel bis Sumatra, Borneo und kleine Inseln
Apus nipalensis furcatus
**Javasegler**
Brooke, 1971
Java und Bali
Apus nipalensis kuntzi
**Taiwansegler**
Deignan, 1958
Taiwan

## Apus horus
## Horussegler
*Horus Swift - Vencejo horus*
Heuglin, 1869
*Nigeria und Kamerun bis Äthiopien über e Demokratische Republik Kongo und Sambia bis Südafrika*

## Apus caffer
## Weißbürzelsegler
*White-rumped Swift - Vencejo cafre*
Lichtenstein, MHC, 1823
*Afrika weit verbreitet*

## Apus batesi
## Kamerunsegler
*Bates's Swift - Vencejo del Camerún*
Sharpe, 1904
*Sierra Leone bis Elfenbeinküste; Kamerun bis Gabun*

## Familie: Trochilidae (Kolibris)
Gattung: Topaza

Topaza pella
## Rotnacken-Topaskolibri
*Crimson Topaz - Colibrí topacio*
Linnaeus, 1758
*e Venezuela, n Brasilien, Guyana und Suriname*

Topaza pella smaragdulus
**Amazonas-Topaskolibri**
Bosc, 1792
Französisch-Guayana und ne Brasilien (n Amazon)
Topaza pella microrhyncha
**Butlers Topaskolibri**
Butler, AL, 1926
nc Brasilien (s Amazon)

Topaza pyra
## Schwarznacken-Topaskolibri
*Fiery Topaz - Colibrí ígneo*
Gould, 1846
*e Kolumbien, s Venezuela und nw Brasilien*

Topaza pyra amaruni
**Peru-Topaskolibri**
Hu, Joseph & Agro, 2000
e Ecuador und ne Peru

## Gattung: Florisuga

Florisuga mellivora
**Weißnackenkolibri**
*White-necked Jacobin - Colibrí nuquiblanco*
Linnaeus, 1758
*s Mexico bis Bolivien, Brasilien und Trinidad*

Florisuga mellivora flabellifera
**Tobago-Weißnackenkolibri**
Gould, 1846
Tobago Insel

Florisuga fusca
**Schwarzkolibri**
*Black Jacobin - Colibrí negro*
Vieillot, 1817
*se Brasilien bis n Uruguay; e Paraguay und ne Argentinien*

## Gattung: Eutoxeres

Eutoxeres aquila
**Weißkehl-Sichelschnabel**
*White-tipped Sicklebill - Picohoz coliverde*
Bourcier, 1847
*e Kolumbien bis n Peru*

Eutoxeres aquila salvini
**Salvins Weißkehl-Sichelschnabel**
Gould, 1868
e Costa Rica bis w Kolumbien
Eutoxeres aquila heterurus
**Goulds Weißkehl-Sichelschnabel**
Gould, 1868
sw Kolumbien bis w Ecuador

Eutoxeres condamini
**Rotschwanz-Sichelschnabel**
*Buff-tailed Sicklebill - Picohoz colicanela*
Bourcier, 1851
*se Kolumbien bis n Peru*

Eutoxeres condamini gracilis
**Zierlicher Rotschwanz-Sichelschnabel**
Berlepsch & Stolzmann, 1902
c Peru bis nw Bolivien

## Gattung: Ramphodon

Ramphodon naevius
**Sägeschnabel-Schattenkolibri**
*Saw-billed Hermit - Ermitaño picosierra*
Dumont, 1818
*se Brasilien*

## Gattung: Glaucis

Glaucis dohrnii
**Bronzeschwanz-Schattenkolibri**
*Hook-billed Hermit - Ermitaño de Espírito Santo*
Bourcier & Mulsant, 1852
*se Brasilien*

Glaucis aeneus
**Kupferschattenkolibri**
*Bronzy Hermit - Ermitaño bronceado*
Lawrence, 1868
*Honduras bis Ecuador*

Glaucis hirsutus
**Rotschwanz-Schattenkolibri**
*Rufous-breasted Hermit - Ermitaño hirsuto*
Gmelin, JF, 1788
*Panama und w Kolumbien über Venezuela und Guianas bis Brasilien und n Bolivien*

Glaucis hirsutus insularum
**Trinidad-Rotschwanz-Schattenkolibri**
Hellmayr & Seilern, 1913
Grenada, Trinidad und Tobago

## Gattung: Threnetes

Threnetes ruckeri
**Weißbinden-Schattenkolibri**
*Band-tailed Barbthroat - Ermitaño barbudo colibandeado*
Bourcier, 1847
*n, w Kolumbien und w Ecuador*

Threnetes ruckeri venezuelensis
**Venezuela-Weißbinden-Schattenkolibri**
Cory, 1913
nw Venezuela
Threnetes ruckeri ventosus
**Belize-Weißbinden-Schattenkolibri**
Bangs & Penard, TE, 1924
e Guatemala und Belize bis Panama

Threnetes leucurus
**Schwarzkinn-Schattenkolibri**
*Pale-tailed Barbthroat - Ermitaño barbudo coliblanco*
Linnaeus, 1766
*s und e Venezuela, Guyana, Suriname und Amazonasgebiet Brasilien bis ne Bolilvia*

Threnetes leucurus cervinicauda
**Goulds Schattenkolibri**
Gould, 1855
e Kolumbien, e Ecuador, ne Peru und nw Amazonasgebiet Brasilien
Threnetes leucurus rufigastra
**Corys Schattenkolibri**
Cory, 1915
e Peru bis n Bolivien
Threnetes leucurus medianus
**Kleiner Hellschwanz-Schattenkolibri**
Hellmayr, 1929
ne Amazonasgebiet Brasilien

Threnetes niger
**Rußschattenkolibri**
*Sooty Barbthroat - Ermitaño barbudo guayanés*
Linnaeus, 1758
*Französisch-Guayana und ne Brasilien*

Threnetes niger loehkeni
**Amazonas-Rußschattenkolibri**
Grantsau, 1969
ne Brasilien (n Amazon)

## Gattung: Anopetia

Anopetia gounellei
**Caatingaschattenkolibri**
*Broad-tipped Hermit - Ermitaño coliancho*
Boucard, 1891
*e Brasilien*

## Gattung: Phaethornis

Phaethornis squalidus
**Dunkelkehl-Schattenkolibri**
*Dusky-throated Hermit - Ermitaño escuálido*
Temminck, 1822
*se Brasilien*

Phaethornis rupurumii
**Strichelkehl-Schattenkolibri**
*Streak-throated Hermit - Ermitaño del Rupununi*
Boucard, 1892
*e Kolumbien, Venezuela, w Guyana und nw Brasilien*

Phaethornis rupurumii amazonicus
**Amazonas-Strichelkehl-Schattenkolibri**
Hellmayr, 1906
nc Brasilien

Phaethornis longuemareus
**Braunkehl-Schattenkolibri**
*Little Hermit - Ermitaño chico*
Lesson, RP, 1832
*ne Venezuela und Guianas*

Phaethornis aethopygus
**Tapajósschattenkolibri**
*Tapajos Hermit - Ermitaño de Tapajoz*
Zimmer, JT, 1950
*Zentralamazonien Brasilien, östlich des Rio Tapajós und des Rio Teles Peres*

Phaethornis idaliae
**Schillerschattenkolibri**
*Minute Hermit - Ermitaño pigmeo*
Bourcier & Mulsant, 1856
*se Brasilien*

Phaethornis nattereri
**Zimtkehl-Schattenkolibri**
*Cinnamon-throated Hermit - Ermitaño de Natterer*
Berlepsch, 1887
*e Bolivien und sw, e Brasilien*

Phaethornis atrimentalis
## Schwarzkehl-Schattenkolibri
*Black-throated Hermit - Ermitaño barbinegro*
Lawrence, 1858
*Kolumbien, Ecuador und n Peru*

Phaethornis atrimentalis riojae
### Rioja-Schwarzkehl-Schattenkolibri
Berlepsch, 1889
c Peru

Phaethornis striigularis
## Streifenkehl-Schattenkolibri
*Stripe-throated Hermit - Ermitaño gorjiestriado*
Gould, 1854
*n Kolumbien und w Venezuela*

Phaethornis striigularis saturatus
### Ridgways Streifenkehl-Schattenkolibri
Ridgway, 1910
s Mexico bis nw Kolumbien
Phaethornis striigularis subrufescens
### Chapmans Streifenkehl-Schattenkolibri
Chapman, 1917
w Kolumbien und w Ecuador
Phaethornis striigularis ignobilis
### Todds Streifenkehl-Schattenkolibri
Todd, 1913
n Venezuela

Phaethornis griseogularis
## Schwanzbinden-Schattenkolibri
*Grey-chinned Hermit - Ermitaño barbigrís*
Gould, 1851
*s, e Kolumbien, s Venezuela und nw Brasilien bis e Ecuador und e Peru*

Phaethornis griseogularis zonura
### Goulds Schwanzbinden-Schattenkolibri
Gould, 1860
e Andean in nw Peru
Phaethornis griseogularis porcullae
### Anden-Schwanzbinden-Schattenkolibri
Carriker, 1935
w Andean in nw Peru und sw Ecuador

Phaethornis ruber
## Rotschattenkolibri
*Reddish Hermit - Ermitaño rojizo*
Linnaeus, 1758
*Suriname und Französisch-Guayana über Brasilien bis se Peru und n Bolivien*

Phaethornis ruber episcopus
### Guyana-Rotschattenkolibri
Gould, 1857
c, e Venezuela, Guyana und nw Brasilien
Phaethornis ruber nigricinctus
### Kolumbien-Rotschattenkolibri
Lawrence, 1858
e Kolumbien und sw Venezuela bis n Peru
Phaethornis ruber longipennis
### Peru-Rotschattenkolibri
Berlepsch & Stolzmann, 1902
s Peru

Phaethornis stuarti
## Stuartschattenkolibri
*White-browed Hermit - Ermitaño boliviano*
Hartert, EJO, 1897
*se Peru und c Bolivien*

Phaethornis subochraceus
## Ockerbauch-Schattenkolibri
*Buff-bellied Hermit - Ermitaño ocráceo*
Todd, 1915
*c Bolivien bis sw Brasilien*

Phaethornis augusti
## Graubauch-Schattenkolibri
*Sooty-capped Hermit - Ermitaño limpiacasa*
Bourcier, 1847
*e Kolumbien und n Venezuela*

Phaethornis augusti curiosus
### Santa Marta-Schattenkolibri
Wetmore, 1956
Santa Marta Mts. (ne Kolumbien)
Phaethornis augusti incanescens
### Simons Schattenkolibri
Simon, 1921
s Venezuela, w Guyana und n Brasilien

Phaethornis pretrei
## Zimtrot-Schattenkolibri
*Planalto Hermit - Ermitaño del Planalto*
Lesson, RP & Delattre, 1839
*e, sc Brasilien bis Bolivien, Paraguay und n Argentinien*

Phaethornis eurynome
## Schuppenkehl-Schattenkolibri
*Scale-throated Hermit - Ermitaño escamoso*
Lesson, RP, 1832
*se Brasilien*

Phaethornis eurynome paraguayensis
### Paraguay-Schattenkolibri
Bertoni, MS & Bertoni, AW, 1901
e Paraguay und ne Argentinien

Phaethornis anthophilus
## Fleckenkehl-Schattenkolibri
*Pale-bellied Hermit - Ermitaño ventripálido*
Bourcier, 1843
*c Panama, n Kolumbien und n Venezuela*

Phaethornis anthophilus hyalinus
### Pearl-Schattenkolibri
Bangs, 1901
Pearl Is. (Panama)

Phaethornis hispidus
## Weißbart-Schattenkolibri
*White-bearded Hermit - Ermitaño barbiblanco*
Gould, 1846
*w, c Amazonasgebiet*

Phaethornis yaruqui
## Smaragdschattenkolibri
*White-whiskered Hermit - Ermitaño de Yaruqui*
Bourcier, 1851
*w Kolumbien und Ecuador*

Phaethornis guy
## Grünschattenkolibri
*Green Hermit - Ermitaño verde*
Lesson, RP, 1833
*ne Venezuela und Trinidad*

Phaethornis guy apicalis
### Tschudis Grünschattenkolibri
Tschudi, 1844
n Kolumbien und nw Venezuela bis se Peru
Phaethornis guy coruscus
### Bangs Grünschattenkolibri
Bangs, 1902
Costa Rica bis nw Kolumbien
Phaethornis guy emiliae
### Emilias Grünschattenkolibri
Bourcier & Mulsant, 1846
wc Kolumbien

Phaethornis syrmatophorus
## Orangebauch-Schattenkolibri
*Tawny-bellied Hermit - Ermitaño ventrihabano*
Gould, 1852
*w Kolumbien und sw Ecuador*

Phaethornis syrmatophorus columbianus
### Kolumbien-Orangebauch-Schattenkolibri
Boucard, 1891
e Kolumbien, e Ecuador und n Peru

Phaethornis koepckeae
## Koepckeschattenkolibri
*Koepcke's Hermit - Ermitaño de Koepcke*
Weske & Terborgh, 1977
*Peru*

Phaethornis philippii
## Orangekehl-Schattenkolibri
*Needle-billed Hermit - Ermitaño picoaguja*
Bourcier, 1847
*w Amazonasgebiet*

Phaethornis bourcieri
## Braunbauch-Schattenkolibri
*Straight-billed Hermit - Ermitaño piquirrecto*
Lesson, RP, 1832
*e Kolumbien, s Venezuela, Guianas, n Brasilien (n Amazon) und n Peru*

Phaethornis bourcieri major
### Großer Braunbauch-Schattenkolibri
Hinkelmann, 1989
Brasilien (s Amazon)

Phaethornis mexicanus
**Mexikoschattenkolibri**
*Mexican Hermit - Ermitaño mexicano*
Hartert, EJO, 1897
*Guerrero bis w Oaxaca (sw Mexico)*

Phaethornis mexicanus griseoventer
**Nayarit-Schattenkolibri**
Phillips, AR, 1962
Nayarit bis Colima (w Mexico)

Phaethornis longirostris
**Langschnabel-Schattenkolibri**
*Long-billed Hermit - Ermitaño piquilargo*
Delattre, 1843
*se Veracruz bis Chiapa (s Mexico) bis n Honduras*

Phaethornis longirostris cephalus
**Honduras-Langschnabel-Schattenkolibri**
Bourcier & Mulsant, 1848
e Honduras bis nw Kolumbien
Phaethornis longirostris susurrus
**Kolumbien-Langschnabel-Schattenkolibri**
Bangs, 1901
n Kolumbien
Phaethornis longirostris baroni
**Peru-Langschnabel-Schattenkolibri**
Hartert, EJO, 1897
w Ecuador und nw Peru

Phaethornis superciliosus
**Langschwanz-Schattenkolibri**
*Long-tailed Hermit - Ermitaño colilargo*
Linnaeus, 1766
*s Venezuela, Guianas und n Brasilien (n Amazon)*

Phaethornis superciliosus muelleri
**Müllers Langschwanz-Schattenkolibri**
Hellmayr, 1911
n Brasilien (s Amazon)

Phaethornis malaris
**Dunkelschattenkolibri**
*Great-billed Hermit - Ermitaño picogrande*
Nordmann, 1835
*Guianas und n Brasilien*

Phaethornis malaris insolitus
**Zimmers Dunkelschattenkolibri**
Zimmer, JT, 1950
e Kolumbien, s Venezuela und n Brasilien
Phaethornie malaris moorei
**Moores Dunkelschattenkolibri**
Lawrence, 1858
e Kolumbien, e Ecuador und n Peru
Phaethornis malaris ochraceiventris
**Peru-Dunkelschattenkolibri**
Hellmayr, 1907
ne Peru und w Brasilien
Phaethornis malaris bolivianus
**Bolivien-Dunkelschattenkolibri**
Gould, 1861
se Peru, Bolivien und w Brasilien
Phaethornis malaris margarettae
**Margarettas Dunkelschattenkolibri**
Ruschi, 1972
e Brasilien



Doryfera ludovicae
**Grünstirn-Lanzettschnabel**
*Green-fronted Lancebill - Colibrí picolanza mayor*
Bourcier & Mulsant, 1847
*e Panama, Kolumbien und w Venezuela bis nw Bolivien*

Doryfera ludovicae veraguensis
**Panama-Lanzettschnabel**
Salvin, 1867
Costa Rica und w Panama

Doryfera johannae
**Blaustirn-Lanzettschnabel**
*Blue-fronted Lancebill - Colibrí picolanza menor*
Bourcier, 1847
*se Kolumbien, e Ecuador und ne Peru*

Doryfera johannae guianensis
**Guyana-Lanzettschnabel**
Boucard, 1893
s Venezuela, s Guyana und n Brasilien



Schistes albogularis
**West-Bunthalskolibri**
*White-throated Daggerbill - Colibrí picocuña occidental*
Gould, 1852
w Kolumbien und w Ecuador

Schistes geoffroyi
**Ost-Bunthalskolibri**
*Geoffroy's Daggerbill - Colibrí picocuña oriental*
Bourcier, 1843
e Kolumbien und n Venezuela bis e Peru

Schistes geoffroyi chapmani
**Chapmanns Bunthalskolibri**
Berlioz, 1941
c Bolivien



Augastes scutatus
**Grünmaskenkolibri**
*Hyacinth Visorbearer - Colibrí colaceleste*
Temminck, 1824
high forests von c, e Minas Gerais (se Brasilien)

Augastes scutatus ilseae
**Grantsaus Grünmaskenkolibri**
Grantsau, 1967
c, e Minas Gerais (se Brasilien)
Augastes scutatus soaresi
**Ruschis Grünmaskenkolibri**
Ruschi, 1963
sc Minas Gerais (se Brasilien)

Augastes lumachella
**Goldmaskenkolibri**
*Hooded Visorbearer - Colibrí lumaquela*
Lesson, RP, 1839
e Brasilien



Colibri delphinae
**Braun-Veilchenohrkolibri**
*Brown Violetear - Colibrí pardo*
Lesson, RP, 1839
Guatemala bis n, w USA und e Brasilien (Bahia)

Colibri thalassinus
**Mexiko-Veilchenohrkolibri**
*Mexican Violetear - Colibrí verdemar*
Swainson, 1827
c Mexico bis nc Nicaragua

Colibri cyanotus
**Berg-Veilchenohrkolibri**
*Lesser Violetear - Colibrí oreja violeta menor*
Bourcier, 1843
Kolumbien, nw Venezuela und Ecuador

Colibri cyanotus cabanidis
**Panama-Berg-Veilchenohrkolibri**
Heine, 1863
Costa Rica und w Panama
Colibri cyanotus kerdeli
**Venezuela-Berg-Veilchenohrkolibri**
Aveledo & Peréz, 1991
ne Venezuela
Colibri cyanotus crissalis
**Peru-Berg-Veilchenohrkolibri**
Todd, 1942
Peru und Bolivien

Colibri coruscans
**Glanz-Veilchenohrkolibri**
*Sparkling Violetear - Colibrí rutilante*
Gould, 1846
nw Venezuela und Kolumbien bis nw Argentinien

Colibri coruscans germanus
**Guyana-Glanz-Veilchenohrkolibri**
Salvin & Godman, 1884
s, se Venezuela, Guyana und n Brasilien

Colibri serrirostris
**Amethystohrkolibri**
*White-vented Violetear - Colibrí orejimorado*
Vieillot, 1816
*Bolivien und n Argentinien bis e, se Brasilien und e Paraguay*



Androdon aequatorialis
**Zahnschnabelkolibri**
*Tooth-billed Hummingbird - Colibrí piquidentado*
Gould, 1863
*e Panama bis nw Ecuador*



Heliactin bilophus
**Goldhauben-Schmuckkolibri**
*Horned Sungem - Colibrí cornudito*
Temminck, 1820
*s Suriname und n Brasilien; e, se Brasilien bis e Bolivien*



Heliothryx barroti
**Purpurkron-Schmuckkolibri**
*Purple-crowned Fairy - Colibrí hada occidental*
Bourcier, 1843
*se Mexico bis sw Ecuador*

Heliothryx auritus
**Grünstirn-Schmuckkolibri**
*Black-eared Fairy - Colibrí hada oriental*
Gmelin, JF, 1788
*se Kolumbien und e Ecuador über Venezuela, Guianas und n Brasilien*

Heliothryx auritus phainolaemus
**Amazonas-Schmuckkolibri**
Gould, 1855
nc Brasilien (s Amazon)
Heliothryx auritus auriculatus
**Bolivianischer Schmuckkolibri**
Nordmann, 1835
e Peru bis c Bolivien und c, e Brasilien



Polytmus guainumbi
**Bronzerücken-Glanzkehlchen**
*White-tailed Goldenthroat - Colibrí guainumbí*
Pallas, 1764
*Venezuela, Guianas, n Brasilien und Trinidad*

Polytmus guainumbi andinus
**Anden-Bronzerücken-Glanzkehlchen**
Simon, 1921
e Kolumbien
Polytmus guainumbi thaumantias
**Bolivien-Bronzerücken-Glanzkehlchen**
Linnaeus, 1766
e Bolivien bis e Paraguay, e, c Brasilien und ne Argentinien

Polytmus milleri
**Tepuiglanzkehlchen**
*Tepui Goldenthroat - Colibrí de tepuy*
Chapman, 1929
*Tepuis Venezuela, w Guyana und extremer n Brasilien*

Polytmus theresiae
**Grünschwanz-Glanzkehlchen**
*Green-tailed Goldenthroat - Colibrí de Teresa*
Da Silva Maia, 1843
*Guianas und nc Brasilien*

Polytmus theresiae leucorrhous
**Sclaters Grünschwanz-Glanzkehlchen**
Sclater, PL & Salvin, 1867
e Kolumbien und s Venezuela bis ne Peru und nw Brasilien



Avocettula recurvirostris
**Avosettkolibri**
*Fiery-tailed Awlbill - Mango picolezna*
Swainson, 1822
*Amazonasgebiet*



Chrysolampis mosquitus
**Moskitokolibri**
*Ruby-topaz Hummingbird - Colibrí rubí*
Linnaeus, 1758
*e Panama über e, c USA bis ne Argentinien*



Anthracothorax mango
**Jamaikamangokolibri**
*Jamaican Mango - Mango jamaicano*
Linnaeus, 1758
*Jamaika*

Anthracothorax viridigula
**Smaragdkehl-Mangokolibri**
*Green-throated Mango - Mango gorjiverde*
Boddaert, 1783
*ne Venezuela, Guianas und ne Brasilien*

Anthracothorax prevostii
**Grünbrust-Mangokolibri**
*Green-breasted Mango - Mango pechiverde*
Lesson, RP, 1832
*e Mexico bis Guatemala, Belize und El Salvador*

Anthracothorax prevostii gracilirostris
**Rigdways Grünbrust-Mangokolibri**
Ridgway, 1910
El Salvador bis c Costa Rica
Anthracothorax prevostii hendersoni
**San Andres-Grünbrust-Mangokolibri**
Cory, 1887
San Andrés und Providencia Is. (vor e Nicaragua)
Anthracothorax prevostii viridicordatus
**Corys Grünbrust-Mangokolibri**
Cory, 1913
ne Kolumbien und n Venezuela

Anthracothorax veraguensis
**Veragua-Mangokolibri**
*Veraguan Mango - Mango de Veragua*
Reichenbach, 1855
*Pazifik Tiefland sw Costa Rica (Puntarenas) bis c Panama (Chiriquí bis s Coclé)*

Anthracothorax nigricollis
**Schwarzbrust-Mangokolibri**
*Black-throated Mango - Mango gorjinegro*
Vieillot, 1817
*wc Panama (Veraguas) und w Kolumbien bis Guianas und Trinidad s bis ne Argentinien und Uruguay*

Anthracothorax nigricollis iridescens
**Westlicher Schwarzbrust-Mangokolibri**
Gould, 1861
w Kolumbien, sw Ecuador und nw Peru

Anthracothorax dominicus
**Dominikanermangokolibri**
*Hispaniolan Mango - Mango dominicano*
Linnaeus, 1766
*Hispaniola und nahegelegene Inseln*

Anthracothorax aurulentus
**Puerto-Rico-Mangokolibri**
*Puerto Rican Mango - Mango puertorriqueño dorado*
Audebert & Vieillot, 1801
*Puerto Rico, Virgin Is. und nahegelegene Inseln*

Anthracothorax viridis
**Smaragdmangokolibri**
*Green Mango - Mango puertorriqueño verde*
Audebert & Vieillot, 1801
*Puerto Rico*



Eulampis holosericeus
**Blaustern-Antillenkolibri**
*Green-throated Carib - Colibrí caribeño gorjiverde*
Linnaeus, 1758
*Puerto Rico und Kleine Antillen*

Eulampis holosericeus chlorolaemus
**Grenada-Blaustern-Antillenkolibri**
Gould, 1857
Grenada Insel (s Kleine Antillen)

Eulampis jugularis
**Purpurkehl-Antillenkolibri**
*Purple-throated Carib - Colibrí caribeño gorjimorado*
Linnaeus, 1766
Kleine Antillen

## Gattung: Heliangelus

Heliangelus mavors
**Orangekehl-Sonnennymphe**
*Orange-throated Sunangel - Colibrí de Marte*
Gould, 1848
Kolumbien und Venezuela

Heliangelus amethysticollis
**Amethystsonnennymphe**
*Amethyst-throated Sunangel - Colibrí gorjiamatista*
d'Orbigny & Lafresnaye, 1838
s Peru und nw Bolivien

Heliangelus amethysticollis laticlavius
**Salvins Amethystsonnennymphe**
Salvin, 1891
s Ecuador und n Peru
Heliangelus amethysticollis decolor
**Peru-Amethystsonnennymphe**
Zimmer, JT, 1951
c Peru
Heliangelus amethysticollis apurimacensis
**Wellers Amethystsonnennymphe**
Weller, 2009
se Peru

Heliangelus clarisse
**Longuemare-Sonnennymphe**
*Longuemare's Sunangel - Colibrí de Clarissa*
Longuemare, 1841
e Kolumbien und w Venezuela

Heliangelus clarisse violiceps
**Phelps Sonnennymphe**
Phelps, WH & Phelps, WH Jr, 1953
Perijá Mts. (ne Kolumbien und w Venezuela)
Heliangelus clarisse verdiscutus
**Kolumbien-Sonnennymphe**
Phelps, WH & Phelps, WH Jr, 1955
Tamá Region von ne Kolumbien und nw Venezuela

Heliangelus spencei
**Méridasonnennymphe**
*Merida Sunangel - Colibrí de Mérida*
Bourcier, 1847
Mérida (nw Venezuela)

Heliangelus strophianus
**Weißband-Sonnennymphe**
*Gorgeted Sunangel - Colibrí pectoral*
Gould, 1846
sw Kolumbien und nw Ecuador

Heliangelus exortis
**Grünband-Sonnennymphe**
*Tourmaline Sunangel - Colibrí turmalina*
Fraser, 1840
Kolumbien und nw Ecuador

Heliangelus micraster
**Goldkehl-Sonnennymphe**
*Flame-throated Sunangel - Colibrí lucero*
Gould, 1872
se Ecuador und n Peru

Heliangelus micraster cutervensis
**Simons Goldkehl-Sonnennymphe**
Simon, 1921
nw Peru

Heliangelus viola
**Purpurkehl-Sonnennymphe**
*Purple-throated Sunangel - Colibrí violeta*
Gould, 1853
Ecuador und Peru

Heliangelus regalis
**Blausonnennymphe**
*Royal Sunangel - Colibrí real*
Fitzpatrick, Willard & Terborgh, 1979
Cajamarca und San Martín (n Peru)

Heliangelus regalis johnsoni
**Johnsons Blaue Sonnennymphe**
Graves, GR, Lane, O'Neill & Valqui, 2011
Cordillera Azul, Loreto (n Peru)

## Gattung: Sephanoides

Sephanoides sephaniodes
**Chilekolibri**
*Green-backed Firecrown - Colibrí austral*
Lesson, RP & Garnot, 1827
c, s Chile und c, w Argentinien

Sephanoides fernandensis
**Juan-Fernández-Kolibri**
*Juan Fernandez Firecrown - Colibrí de Juan Fernández*
King, PP, 1831
Robinson Crusoe Insel

† Sephanoides fernandensis leyboldi
**Leyboldskolibri**
Gould, 1870
Alejandro Selkirk Insel

## Gattung: Discosura

Discosura conversii
**Grünfadenelfe**
*Green Thorntail - Rabudito verde*
Bourcier & Mulsant, 1846
Costa Rica bis w Ecuador

Discosura popelairii
**Haubenfadenelfe**
*Wire-crested Thorntail - Rabudito crestado*
Du Bus de Gisignies, 1846
ec Kolumbien bis se Peru und nw Bolivien

Discosura langsdorffi
**Brustband-Fadenelfe**
*Black-bellied Thorntail - Rabudito ventrinegro*
Temminck, 1821
e Brasilien

Discosura langsdorffi melanosternon
**Goulds Brustband-Fadenelfe**
Gould, 1868
se Kolumbien und s Venezuela bis e Ecuador, e Peru und nw Brasilien

Discosura letitiae
**Kupferfadenelfe**
*Letitia's Thorntail - Rabudito cobrizo*
Bourcier & Mulsant, 1852
ne Bolivien

Discosura longicaudus
**Diskusfadenelfe**
*Racket-tipped Thorntail - Rabudito de Raquetas*
Gmelin, JF, 1788
c, s Venezuela, n, e Brasilien und Guianas

## Gattung: Lophornis

Lophornis ornatus
**Schmuckelfe**
*Tufted Coquette - Coqueta adornada*
Boddaert, 1783
n Venezuela und Trinidad; c Venezuela, Guianas und ne Brasilien

Lophornis gouldii
**Gouldelfe**
*Dot-eared Coquette - Coqueta moteada*
Lesson, RP, 1832
ne, c Brasilien

Lophornis magnificus
**Prachtelfe**
*Frilled Coquette - Coqueta magnífica*
Vieillot, 1817
sc, e, se Brasilien

Lophornis brachylophus
**Kurzhaubenelfe**
*Short-crested Coquette - Coqueta de Guerrero*
Moore, RT, 1949
sw Mexico

Lophornis delattrei
**Zierelfe**
*Rufous-crested Coquette - Coqueta crestirrufa*
Lesson, RP, 1839
e Peru und n Bolivien

    Lophornis delattrei lessoni
    **Lessons Zierelfe**
    Simon, 1921
    sw Costa Rica bis c Kolumbien

Lophornis stictolophus
**Glanzelfe**
*Spangled Coquette - Coqueta coronada*
Salvin & Elliot, DG, 1873
w Venezuela bis n Peru

Lophornis chalybeus
**Schmetterlingselfe**
*Festive Coquette - Coqueta verde sureña*
Temminck, 1821
se Brasilien

Lophornis verreauxii
**Grünschopfelfe**
*Butterfly Coquette - Coqueta verde norteña*
Bourcier, 1853
e Kolumbien bis c Bolivien und nw Brasilien

    Lophornis verreauxii klagesi
    **Klages-Grünschopfelfe**
    Berlepsch & Hartert, EJO, 1902
    se Venezuela

Lophornis pavoninus
**Pfauenelfe**
*Peacock Coquette - Coqueta pavonina*
Salvin & Godman, 1882
Cerro Ptaretepui (se Venezuela), Mt. Roraima (se Venezuela und nc Brasilien) und Merumé Mts.
(Guyana)

    Lophornis pavoninus duidae
    **Duida-Pfauenelfe**
    Chapman, 1929
    Mt. Duida (se Venezuela)

Lophornis helenae
**Schwarzschopfelfe**
*Black-crested Coquette - Coqueta crestinegra*
Delattre, 1843
s Mexico bis Costa Rica

Lophornis adorabilis
**Weißschopfelfe**
*White-crested Coquette - Coqueta adorable*
Salvin, 1870
Costa Rica und Panama



## Gattung: Phlogophilus

Phlogophilus hemileucurus
**Schwarzweißschwanz-Kolibri**
*Ecuadorian Piedtail - Colibrí colipinto ecuatoriano*
Gould, 1860
s Kolumbien bis ne Peru

Phlogophilus harterti
**Hartertkolibri**
*Peruvian Piedtail - Colibrí colipinto peruano*
Berlepsch & Stolzmann, 1901
c, se Peru

## Gattung: Adelomyia

Adelomyia melanogenys
**Schwarzohrkolibri**
*Speckled Hummingbird - Colibrí jaspeado*
Fraser, 1840
e Kolumbien und w Venezuela bis sc Peru

Adelomyia melanogenys cervina
**Goulds Schwarzohrkolibri**
Gould, 1872
w, c Kolumbien

Adelomyia melanogenys sabinae
**Sabinas Schwarzohrkolibri**
Bourcier & Mulsant, 1846
w e Anden von Kolumbien (Santander und Boyacá)

Adelomyia melanogenys connectens
**Meyers Schwarzohrkolibri**
Meyer de Schauensee, 1945
s Kolumbien

Adelomyia melanogenys debellardiana
**Perija-Schwarzohrkolibri**
Aveledo & Peréz, 1994
Perijá Mts. (w Venezuela)

Adelomyia melanogenys aeneosticta
**Venezuela-Schwarzohrkolibri**
Simon, 1889
c, n Venezuela

Adelomyia melanogenys maculata
**Ekuador-Schwarzohrkolibri**
Gould, 1861
Ecuador und n Peru

Adelomyia melanogenys chlorospila
**Peru-Schwarzohrkolibri**
Gould, 1872
se Peru

Adelomyia melanogenys inornata
**Bolivien-Schwarzohrkolibri**
Gould, 1846
Bolivien und nw Argentinien

## Gattung: Aglaiocercus

Aglaiocercus kingii
**Himmelssylphe**
*Long-tailed Sylph - Silfo de King*
Lesson, RP, 1832
e Kolumbien

    Aglaiocercus kingii margarethae
    **Margarethas Himmelssylphe**
    Heine, 1863
    nc, n Venezuela

    Aglaiocercus kingii caudatus
    **Berlepscha Himmelssylphe**
    Berlepsch, 1893
    n Kolumbien und w Venezuela

    Aglaiocercus kingii emmae
    **Emmas Himmelssylphe**
    Berlepsch, 1893
    c, w Kolumbien und nw Ecuador

    Aglaiocercus kingii mocoa
    **Ekuador-Himmelssylphe**
    Delattre & Bourcier, 1846
    s Kolumbien, Ecuador und n Peru

    Aglaiocercus kingii smaragdinus
    **Smaragdgrüne Himmelssylphe**
    Gould, 1846
    c Peru bis c Bolivien

Aglaiocercus coelestis
**Langschwanzsylphe**
*Violet-tailed Sylph - Silfo celeste*
Gould, 1861
w Kolumbien bis c Ecuador

    Aglaiocercus coelestis aethereus
    **Chapmans Langschwanzsylphe**
    Chapman, 1925
    sw Ecuador

Aglaiocercus berlepschi
**Berlepschsylphe**
*Venezuelan Sylph - Silfo de Berlepsch*
Hartert, EJO, 1898
ne Venezuela

## Gattung: Sappho

Sappho sparganurus
**Goldschwanzsylphe**
*Red-tailed Comet - Colibrí cometa*
Shaw, 1812
n, c Bolivien

    Sappho sparganurus sapho
    **Lessons Goldschwanzsylphe**
    Lesson, RP, 1828
    s Bolivien, n, w Argentinien und ec Chile

Oxypogon cyanolaemus
**Blaubart-Helmkolibri**
*Blue-bearded Helmetcrest - Colibrí chivito de Santa Marta*
Salvin & Godman, 1880
*Santa Marta Mts. (ne Kolumbien)*

Oxypogon lindenii
**Weißbart-Helmkolibri**
*White-bearded Helmetcrest - Colibrí chivito de Mérida*
Parzudaki, 1845
*nw Venezuela*

Oxypogon guerinii
**Grünbart-Helmkolibri**
*Green-bearded Helmetcrest - Colibrí chivito de Bogotá*
Boissonneau, 1840
*SA : e Kolumbien*



Chalcostigma heteropogon
**Bronzeglanzschwänzchen**
*Bronze-tailed Thornbill - Colibrí picoespina*
Boissonneau, 1840
*w Venezuela und e Kolumbien*

Chalcostigma herrani
**Weißspitzen-Glanzschwänzchen**
*Rainbow-bearded Thornbill - Colibrí de Herrán*
Delattre & Bourcier, 1846
*s Kolumbien bis n Peru*

Chalcostigma herrani tolimae
**Tolimas Weißspitzen-Glanzschwänzchen**
Kleinschmidt, 1927
wc Kolumbien

Chalcostigma ruficeps
**Kastanienkappen-Glanzschwänzchen**
*Rufous-capped Thornbill - Colibrí capirrufo*
Gould, 1846
*se Ecuador bis wc Bolivien*

Chalcostigma olivaceum
**Braunglanzschwänzchen**
*Olivaceous Thornbill - Colibrí oliváceo*
Lawrence, 1864
*se Peru bis c Bolivien*

Chalcostigma olivaceum pallens
**Carrikers Braunglanzschwänzchen**
Carriker, 1935
c Peru

Chalcostigma stanleyi
**Schwarzkopf-Glanzschwänzchen**
*Blue-mantled Thornbill - Colibrí de Stanley*
Bourcier, 1851
*Ecuador*

Chalcostigma stanleyi versigulare
**Zimmers Schwarzkopf-Glanzschwänzchen**
Zimmer, JT, 1924
n Peru
Chalcostigma stanleyi vulcani
**Goulds Schwarzkopf-Glanzschwänzchen**
Gould, 1852
s Peru bis wc Bolivien



Metallura tyrianthina
**Smaragdkehl-Glanzschwänzchen**
*Tyrian Metaltail - Metalura tiria*
Loddiges, 1832
*c Kolumbien und Táchira (nw Venezuela) bis e, s Ecuador und n Peru*

Metallura tyrianthina districta
**Santa Marta-Glanzschwänzchen**
Bangs, 1899
Santa Marta Mts. (ne Kolumbien)
Metallura tyrianthina chloropogon
**Cabanis Glanzschwänzchen**
Cabanis & Heine, 1860
n Venezuela
Metallura tyrianthina oreopola
**Todds Glanzschwänzchen**
Todd, 1913
w Venezuela

Metallura tyrianthina quitensis
**Goulds Glanzschwänzchen**
Gould, 1861
nw Ecuador
Metallura tyrianthina septentrionalis
**Harters Glanzschwänzchen**
Hartert, EJO, 1899
w Rio Marañón (n Peru)
Metallura tyrianthina smaragdinicollis
**Peruglanzschwänzchen**
d'Orbigny & Lafresnaye, 1838
c, s Peru und nw Bolivien

Metallura iracunda
**Rotschwanz-Glanzschwänzchen**
*Perija Metaltail - Metalura iracunda*
Wetmore, 1946
*n Kolumbien und Venezuela*

Metallura williami
**Grünglanzschwänzchen**
*Viridian Metaltail - Metalura verde*
Delattre & Bourcier, 1846
*c Kolumbien*

Metallura williami recisa
**Kolumbien-Grünglanzschwänzchen**
Wetmore, 1970
nc Kolumbien
Metallura williami primolina
**Ekuador-Grünglanzschwänzchen**
Bourcier, 1853
n Ecuador und s Kolumbien
Metallura williami atrigularis
**Salvins-Grünglanzschwänzchen**
Salvin, 1893
s Ecuador

Metallura baroni
**Violettkehl-Glanzschwänzchen**
*Violet-throated Metaltail - Metalura de Azuay*
Salvin, 1893
*sc Ecuador*

Metallura odomae
**Purpurkehl-Glanzschwänzchen**
*Neblina Metaltail - Metalura del Chinguela*
Graves, GR, 1980
*s Ecuador und n Peru*

Metallura theresiae
**Kupferglanzschwänzchen**
*Coppery Metaltail - Metalura de Teresa*
Simon, 1902
*n, c Peru (nc Amazonas bis Huánuco)*

Metallura theresiae parkeri
**Parkers Kupferglanzschwänzchen**
Graves, GR, 1981
n Peru (Cordillera de Colán)

Metallura eupogon
**Feuerkehl-Glanzschwänzchen**
*Fiery-throated Metaltail - Metalura barbafuego*
Cabanis, 1874
*Peru*

Metallura aeneocauda
**Schuppenbauch-Glanzschwänzchen**
*Scaled Metaltail - Metalura escamosa*
Gould, 1846
*se Peru und nw Bolivien*

Metallura aeneocauda malagae
**Malagas Schuppenbauch-Glanzschwänzchen**
Berlepsch, 1897
c Bolivien

Metallura phoebe
**Schwarzbauch-Glanzschwänzchen**
*Black Metaltail - Metalura negra*
Lesson, RP & Delattre, 1839
*Peru*



Haplophaedia aureliae
**Kupferglanz-Höschenkolibri**
*Greenish Puffleg - Calzadito verdoso norteño*
Bourcier & Mulsant, 1846
*c, e Kolumbien*

Haplophaedia aureliae floccus
**Nelsons Höschenkolibri**
Nelson, 1912
e Panama und nw Kolumbien
Haplophaedia aureliae galindoi
**Wetmores Höschenkolibri**
Wetmore, 1967
e Panama (Cerro Pirre)
Haplophaedia aureliae caucensis
**Simons Höschenkolibri**
Simon, 1911
w Kolumbien
Haplophaedia aureliae russata
**Goulds Höschenkolibri**
Gould, 1871
n, c Ecuador
Haplophaedia aureliae cutucuensis
**Ekuador-Höschenkolibri**
Schuchmann, Weller & Heynen, 2000
se Ecuador

Haplophaedia assimilis
**Fahlschenkel-Höschenkolibri**
*Buff-thighed Puffleg - Calzadito verdoso sureño*
Elliot, DG, 1876
*se Peru und w Bolivien*

Haplophaedia assimilis affinis
**Tanczankowskis Höschenkolibri**
Taczanowski, 1884
n, c Peru

Haplophaedia lugens
**Schuppenbauch-Höschenkolibri**
*Hoary Puffleg - Calzadito canoso*
Gould, 1852
*sw Kolumbien bis nw Ecuador*



Eriocnemis nigrivestis
**Schwarzbauch-Höschenkolibri**
*Black-breasted Puffleg - Calzadito pechinegro*
Bourcier & Mulsant, 1852
*nw Ecuador*

Eriocnemis isabellae
**Schmuckkehl-Höschenkolibri**
*Gorgeted Puffleg - Calzadito del Pinche*
Cortés-Diago, Ortega, Mazariegos-Hurtado & Weller, 2007
*sw Kolumbien*

Eriocnemis vestita
**Violettkehl-Höschenkolibri**
*Glowing Puffleg - Calzadito reluciente*
Lesson, RP, 1839
*e Kolumbien und nw Venezuela*

Eriocnemis vestita paramillo
**Chapmanns Violettkehl-Höschenkolibri**
Chapman, 1917
nw Kolumbien
Eriocnemis vestita smaragdinipectus
**Goulds Violettkehl-Höschenkolibri**
Gould, 1868
sw Kolumbien und e Ecuador
Eriocnemis vestita arcosae
**Peru-Violettkehl-Höschenkolibri**
Schuchmann, Weller & Heynen, 2001
s Ecuador und n Peru

Eriocnemis derbyi
**Schwarzfeder-Höschenkolibri**
*Black-thighed Puffleg - Calzadito patinegro*
Delattre & Bourcier, 1846
*Kolumbien und nw Ecuador*

Eriocnemis godini
**Türkiskehl-Höschenkolibri**
*Turquoise-throated Puffleg - Calzadito turquesa*
Bourcier, 1851
*nw Ecuador*

Eriocnemis cupreoventris
**Kupferbauch-Höschenkolibri**
*Coppery-bellied Puffleg - Calzadito cobrizo*
Fraser, 1840
*Kolumbien und Venezuela*

Eriocnemis luciani
**Langschwanz-Höschenkolibri**
*Sapphire-vented Puffleg - Calzadito colilargo norteño*
Bourcier, 1847
*sw Kolumbien und n Ecuador*

Eriocnemis luciani meridae
**Merida-Höschenkolibri**
Schuchmann, Weller & Heynen, 2001
Mérida (nw Venezuela)
Eriocnemis luciani baptistae
**Baptista-Höschenkolibri**
Schuchmann, Weller & Heynen, 2001
c, s Ecuador
Eriocnemis luciani catharina
**Catharinas Höschenkolibri**
Salvin, 1897
n Peru
Eriocnemis luciani sapphiropygia
**Peru-Langschwanz-Höschenkolibri**
Taczanowski, 1874
c, s Peru

Eriocnemis mosquera
**Goldbrust-Höschenkolibri**
*Golden-breasted Puffleg - Calzadito de Mosquera*
Delattre & Bourcier, 1846
*w Kolumbien bis nw Ecuador*

Eriocnemis glaucopoides
**Blaustirn-Höschenkolibri**
*Blue-capped Puffleg - Calzadito frentiazul*
d'Orbigny & Lafresnaye, 1838
*c Bolivien bis nw Argentinien*

Eriocnemis mirabilis
**Blaubauch-Höschenkolibri**
*Colorful Puffleg - Calzadito admirable*
Meyer de Schauensee, 1967
*w Kolumbien*

Eriocnemis aline
**Weißbrust-Höschenkolibri**
*Emerald-bellied Puffleg - Calzadito pechiblanco*
Bourcier, 1843
*e Kolumbien und e Ecuador*

Eriocnemis aline dybowskii
**Dubowskis Höschenkolibri**
Taczanowski, 1882
n, c Peru



Loddigesia mirabilis
**Violettscheitel-Flaggensylphe**
*Marvelous Spatuletail - Colibrí admirable*
Bourcier, 1847
*n Peru*



Aglaeactis cupripennis
**Rostkolibri**
*Shining Sunbeam - Colibrí cobrizo*
Bourcier, 1843
*Kolumbien, Ecuador bis n Peru*

Aglaeactis cupripennis caumatonota
**Goulds Rostkolibri**
Gould, 1848
sc Peru

Aglaeactis castelnaudii
**Tropfenbrustkolibri**
*White-tufted Sunbeam - Colibrí condecorado*
Bourcier & Mulsant, 1848
*s Peru*

Aglaeactis castelnaudii regalis
**Zimmers Tropfenbrustkolibri**
Zimmer, JT, 1951
c Peru

Aglaeactis aliciae
**Maronenkolibri**
*Purple-backed Sunbeam - Colibrí de Alicia*
Salvin, 1896
*n Peru*

Aglaeactis pamela
**Schwarzkopfkolibri**
*Black-hooded Sunbeam - Colibrí negrito*
d'Orbigny, 1838
*Bolivien*

## Gattung: Coeligena

Coeligena coeligena
**Bronzekolibri**
*Bronzy Inca - Inca bronceado*
Lesson, RP, 1833
*n Venezuela*

Coeligena coeligena ferruginea
**Chapmans Bronzekolibri**
Chapman, 1917
w, c Kolumbien
Coeligena coeligena columbiana
**Kolumbien-Bronzekolibri**
Elliot, DG, 1876
e, c Kolumbien und nw Venezuela
Coeligena coeligena zuliana
**Perija-Bronzekolibri**
Phelps, WH & Phelps, WH Jr, 1953
Perijá Mts. (ne Kolumbien und w Venezuela)
Coeligena coeligena obscura
**Dunkler Bronzekolibri**
Berlepsch & Stolzmann, 1902
s Kolumbien, Ecuador und Peru
Coeligena coeligena boliviana
**Goulds Bronzekolibri**
Gould, 1861
c, se Bolivien

Coeligena wilsoni
**Braunkolibri**
*Brown Inca - Inca pardo*
Delattre & Bourcier, 1846
*w Kolumbien bis w Ecuador*

Coeligena prunellei
**Blauschulterkolibri**
*Black Inca - Inca negro*
Bourcier, 1843
*nc Kolumbien*

Coeligena conradii
**Mérida-Andenkolibri**
*Green Inca - Inca verde*
Bourcier, 1847
*ne Kolumbien und nw Venezuela (Trujillo bis n Táchira)*

Coeligena torquata
**Violettscheitelkolibri**
*Collared Inca - Inca acollarado*
Boissonneau, 1840
*Kolumbien, nw Venezuela (Táchira), e Ecuador und n Peru*

Coeligena torquata fulgidigula
**Ekuador-Violettscheitelkolibri**
Gould, 1854
w Ecuador
Coeligena torquata margaretae
**Margaretas Violettscheitelkolibri**
Zimmer, JT, 1948
Chachapoyas (n Peru)
Coeligena torquata insectivora
**Eisenmanns Violettscheitelkolibri**
Tschudi, 1844
c Peru (Huánuco bis Ayacucho)
Coeligena torquata eisenmanni
**Peruanischer Violettscheitelkolibri**
Weske, 1985
s Peru (Cordillera Vilcabamba, Cuzco)

Coeligena inca
**Inkaandenkolibri**
*Gould's Inca - Inca de Gould*
Gould, 1852
*Bolivien*

Coeligena inca omissa
**Peruanischer Inkaandenkolibri**
Zimmer, JT, 1948
se Peru

Coeligena violifer
**Veilchenkehlkolibri**
*Violet-throated Starfrontlet - Inca boliviano*
Gould, 1846
*nw Bolivien*

Coeligena violifer dichroura
**Westlicher Veilchenkehl-Andenkolibri**
Taczanowski, 1874
n, c, w Peru
Coeligena violifer albicaudata
**Südlicher Veilchenkehl-Andenkolibri**
Schuchmann & Züchner, 1998
s Peru

Coeligena violifer osculans
**Östlicher Veilchenkehl-Andenkolibri**
Gould, 1871
se Peru

Coeligena iris
**Regenbogenkolibri**
*Rainbow Starfrontlet - Inca arcoiris*
Gould, 1853
*Loja (s Ecuador) und Piura (n Peru)*

Coeligena iris hesperus
**Goulds Grünroter Andenkolibri**
Gould, 1865
sc Ecuador
Coeligena iris aurora
**Cajamarca-Grünrotandenkolibri**
Gould, 1853
Cajamarca und Cutervo (nw Peru)
Coeligena iris flagrans
**Zimmers Grünroter Andenkolibri**
Zimmer, JT, 1951
nw Cajamarca (nw Peru)
Coeligena iris eva
**Evas Grünroter Andenkolibri**
Salvin, 1897
s Cajamarca und La Libertad (nw Peru)
Coeligena iris fulgidiceps
**Simons Grünroter Andenkolibri**
Simon, 1921
e von Marañón River (n Peru)

Coeligena phalerata
**Türkiskronkolibri**
*White-tailed Starfrontlet - Inca coliblanco*
Bangs, 1898
*ne Kolumbien*

Coeligena orina
**Antioquiakolibri**
*Dusky Starfrontlet - Inca de Antioquía*
Wetmore, 1953
*nc Kolumbien*

Coeligena lutetiae
**Fahlflügelkolibri**
*Buff-winged Starfrontlet - Inca alihabano*
Delattre & Bourcier, 1846
*c Kolumbien bis c Ecuador*

Coeligena lutetiae albimaculata
**Ekuador-Fahlflügelkolibri**
Sánchez Osés, C, 2006
nw Ecuador

Coeligena consita
**Perija-Andenkolibri**
*Perija Starfrontlet - Inca de Perijá*
Wetmore & Phelps, WH Jr, 1952
*Perijá Mts. (ne Kolumbien und w Venezuela)*

Coeligena bonapartei
**Goldbauchkolibri**
*Golden-bellied Starfrontlet - Inca de Bogotá*
Boissonneau, 1840
*e Kolumbien*

Coeligena eos
**Goldandenkolibri**
*Golden-tailed Starfrontlet - Inca alirrufo*
Gould, 1848
*w Venezuela*

Coeligena helianthea
**Rosenbauchkolibri**
*Blue-throated Starfrontlet - Inca ventrivioleta*
Lesson, RP, 1839
*n, e Kolumbien*

Coeligena helianthea tamai
**Tama-Rosenbauchkolibri**
Berlioz & Phelps, WH, 1953
w Venezuela

Gattung: Lafresnaya

Lafresnaya lafresnayi
**Samtbauchkolibri**
*Mountain Velvetbreast - Colibrí aterciopelado*
Boissonneau, 1840
*c, e Kolumbien und w, sw von Lake Maracaibo (nw Venezuela)*

Lafresnaya lafresnayi liriope
**Santa Marta-Samtbauchkolibri**
Bangs, 1910
Santa Marta Mts. (ne Kolumbien)
Lafresnaya lafresnayi longirostris
**Kolumbien-Samtbauchkolibri**
Schuchmann, Weller & Wulfmeyer, 2003
wc Kolumbien
Lafresnaya lafresnayi greenewalti
**Maracaibo-Samtbauchkolibri**
Phelps, WH & Phelps, WH Jr, 1961
se, e von Lake Maracaibo (nw Venezuela)
Lafresnaya lafresnayi saul
**Piura-Samtbauchkolibri**
Delattre & Bourcier, 1846
sw Kolumbien, Ecuador und n Peru (e Piura, w Cajamarca)
Lafresnaya lafresnayi orestes
**Amazonas-Samtbauchkolibri**
Zimmer, JT, 1951
n Peru (s Amazonas)
Lafresnaya lafresnayi rectirostris
**Peru-Samtbauchkolibri**
Berlepsch & Stolzmann, 1902
c Peru

Gattung: Ensifera

Ensifera ensifera
**Schwertschnabelkolibri**
*Sword-billed Hummingbird - Colibrí picoespada*
Boissonneau, 1840
*w Venezuela bis ne Bolivien*

Gattung: Pterophanes

Pterophanes cyanopterus
**Blauflügelkolibri**
*Great Sapphirewing - Colibrí aliazul*
Fraser, 1840
*nc Kolumbien*

Pterophanes cyanopterus caeruleus
**Zimmers Blauflügelkolibri**
Zimmer, JT, 1951
c, s Kolumbien
Pterophanes cyanopterus peruvianus
**Peruanischer Blauflügelkolibri**
Boucard, 1895
Ecuador, Peru und n Bolivien

Gattung: Boissonneaua

Boissonneaua flavescens
**Fahlschwanzkolibri**
*Buff-tailed Coronet - Colibrí colihabano*
Loddiges, 1832
*Kolumbien und w Venezuela*

Boissonneaua flavescens tinochlora
**Südlicher Fahlschwanzkolibri**
Oberholser, 1902
sw Kolumbien und w Ecuador

Boissonneaua matthewsii
**Rotbauchkolibri**
*Chestnut-breasted Coronet - Colibrí pechirrojo*
Bourcier, 1847
*Kolumbien bis Peru*

Boissonneaua jardini
**Hyazinthkolibri**
*Velvet-purple Coronet - Colibrí sietecolores*
Bourcier, 1851
*sw Kolumbien bis nw Ecuador*

Gattung: Ocreatus

Ocreatus underwoodii
**Grünscheitel-Flaggensylphe**
*White-booted Racket-tail - Colibrí de raquetas*
Lesson, RP, 1832
*e Kolumbien*

Ocreatus underwoodii polystictus
**Todds Grünscheitel-Flaggensylphe**
Todd, 1942
n Venezuela
Ocreatus underwoodii discifer
**Heines Grünscheitel-Flaggensylphe**
Heine, 1863
ne Kolumbien und nw Venezuela
Ocreatus underwoodii incommodus
**Kleinschmidts Grünscheitel-Flaggensylphe**
Kleinschmidt, 1943
w, c Kolumbien
Ocreatus underwoodii melanantherus
**Jardines Grünscheitel-Flaggensylphe**
Jardine, 1851
c, w Ecuador

Ocreatus peruanus
**Peruflaggensylphe**
*Peruvian Racket-tail - Colibrí de raquetas peruana*
Gould, 1849
*e Ecuador und ne Peru*

Ocreatus addae
**Rotschenkel-Flaggensylphe**
*Rufous-booted Racket-tail - Colibrí de coronirrojo*
Bourcier, 1846
*Bolivien*

Ocreatus addae annae
**Berlepschs Rotschenkel-Flaggensylphe**
Berlepsch & Stolzmann, 1894
c, s Peru

Gattung: Urochroa

Urochroa bougueri
**Orangerachenkolibri**
*Rufous-gaped Hillstar - Colibrí de Bouguer occidental*
Bourcier, 1851
*sw Kolumbien bis nw Ecuador*

Urochroa leucura
**Bronzebürzelkolibri**
*Green-backed Hillstar - Colibrí de Bouguer oriental*
Lawrence, 1864
*s Kolumbien, e Ecuador und ne Peru*

Gattung: Urosticte

Urosticte benjamini
**Purpurbrustkolibri**
*Purple-bibbed Whitetip - Colibrí puntiblanco occidental*
Bourcier, 1851
*Anden von w Kolumbien bis nw Ecuador*

Urosticte ruficrissa
**Rotsteißkolibri**
*Rufous-vented Whitetip - Colibrí puntiblanco oriental*
Lawrence, 1864
*e Anden in sc Kolumbien, Ecuador und n Peru*

Gattung: Heliodoxa

Heliodoxa xanthogonys
**Samtstirn-Brillantkolibri**
*Velvet-browed Brilliant - Brillante de tepuy*
Salvin & Godman, 1882
*e Venezuela, Guyana und nc Brasilien*

Heliodoxa xanthogonys willardi
**Südlicher Samtstirn-Brillantkolibri**
Weller & Renner, 2001
s Venezuela

Heliodoxa gularis
**Rotkehl-Brillantkolibri**
*Pink-throated Brilliant - Brillante gorjirrosado*
Gould, 1860
*nw Amazonasgebiet*

Heliodoxa branickii
**Rotflügel-Brillantkolibri**
*Rufous-webbed Brilliant - Brillante alicanela*
Taczanowski, 1874
*se Peru*

Heliodoxa schreibersii
**Brustband-Brillantkolibri**
*Black-throated Brilliant - Brillante ventrinegro*
Bourcier, 1847
se Kolumbien bis e Ecuador, ne Peru und nw Brasilien

> Heliodoxa schreibersii whitelyana
> **Östlicher Brustband-Brillantkolibri**
> Gould, 1872
> e Peru

Heliodoxa aurescens
**Rotbrust-Brillantkolibri**
*Gould's Jewelfront - Brillante pechicastaño*
Gould, 1846
w, c Amazonasgebiet

Heliodoxa rubinoides
**Braunbauch-Brillantkolibri**
*Fawn-breasted Brilliant - Brillante pechigamuza*
Bourcier & Mulsant, 1846
c, e Kolumbien

> Heliodoxa rubinoides aequatorialis
> **Goulds Braunbauch-Brillantkolibri**
> Gould, 1860
> w Kolumbien und w Ecuador
> Heliodoxa rubinoides cervinigularis
> **Salvins Braunbauch-Brillantkolibri**
> Salvin, 1892
> e Ecuador und e Peru

Heliodoxa jacula
**Grünstirn-Brillantkolibri**
*Green-crowned Brilliant - Brillante coroniverde*
Gould, 1850
e Panama und n, c Kolumbien

> Heliodoxa jacula henryi
> **Henrys Grünstirn-Brillantkolibri**
> Lawrence, 1867
> Costa Rica bis w Panama
> Heliodoxa jacula jamersoni
> **Jamersons Grünstirn-Brillantkolibri**
> Bourcier, 1851
> sw Kolumbien und w Ecuador

Heliodoxa imperatrix
**Rotstern-Brillantkolibri**
*Empress Brilliant - Brillante emperador*
Gould, 1856
wc Kolumbien bis nw Ecuador

Heliodoxa leadbeateri
**Violettstirn-Brillantkolibri**
*Violet-fronted Brilliant - Brillante frentivioleta*
Bourcier, 1843
n Venezuela

> Heliodoxa leadbeateri parvula
> **Berlepschs Violettstirn-Brillantkolibri**
> Berlepsch, 1888
> n, c, s Kolumbien und w Venezuela
> Heliodoxa leadbeateri sagitta
> **Reichenbachs Violettstirn-Brillantkolibri**
> Reichenbach, 1854
> e Ecuador und n Peru
> Heliodoxa leadbeateri otero
> **Bolivianischer Violettstirn-Brillantkolibri**
> Tschudi, 1844
> c Peru bis nw Bolivien

Heliodoxa rubricauda
**Rubinkolibri**
*Brazilian Ruby - Colibrí colirrojo*
Boddaert, 1783
se Brasilien



Patagona gigas
**Riesenkolibri**
*Giant Hummingbird - Colibrí gigante*
Vieillot, 1824
c, s Chile und wc Argentinien

> Patagona gigas peruviana
> **Peruanischer Riesenkolibri**
> Boucard, 1893
> sw Kolumbien bis n Chile und nw Argentinien



Sternoclyta cyanopectus
**Veilchenbrustkolibri**
*Violet-chested Hummingbird - Colibrí pechiazul*
Gould, 1846
n Venezuela



Hylonympha macrocerca
**Scherenschwanznymphe**
*Scissor-tailed Hummingbird - Colibrí tijereta*
Gould, 1873
ne Venezuela



Eugenes fulgens
**Violettkron-Brillantkolibri**
*Rivoli's Hummingbird - Colibrí magnífico*
Swainson, 1827
sw USA bis Honduras und Nicaragua

Eugenes spectabilis
**Glitzerbrillantkolibri**
*Talamanca Hummingbird - Colibrí de Talamanca*
Lawrence, 1867
Costa Rica bis w Panama



Panterpe insignis
**Feuerkehlkolibri**
*Fiery-throated Hummingbird - Colibrí insigne*
Cabanis & Heine, 1860
nc Costa Rica bis w Panama

> Panterpe insignis eisenmanni
> **Eisenmanns Feuerkehlkolibri**
> Stiles, 1985
> nw Costa Rica



Heliomaster longirostris
**Rosenkehlkolibri**
*Long-billed Starthroat - Colibrí piquilargo*
Audebert & Vieillot, 1801
Costa Rica bis Bolivien, Brasilien, Guianas, und Trinidad

> Heliomaster longirostris pallidiceps
> **Mexikanischer Rosenkehlkolibri**
> Gould, 1861
> s Mexico bis Nicaragua
> Heliomaster longirostris albicrissa
> **Peruanischer Rosenkehlkolibri**
> Gould, 1871
> w Ecuador und nw Peru

Heliomaster constantii
**Funkenkehlkolibri**
*Plain-capped Starthroat - Colibrí pochotero*
Delattre, 1843
El Salvador und Nicaragua bis Costa Rica

> Heliomaster constantii pinicola
> **Goulds Funkenkehlkolibri**
> Gould, 1853
> nw Mexico
> Heliomaster constantii leocadiae
> **Guatemala-Funkenkehlkolibri**
> Bourcier & Mulsant, 1852
> w Mexico bis w Guatemala

Heliomaster squamosus
**Violettkehlkolibri**
*Stripe-breasted Starthroat - Colibrí escamoso*
Temminck, 1823
e, se Brasilien

Heliomaster furcifer
**Blaubartkolibri**
*Blue-tufted Starthroat - Colibrí de barbijo*
Shaw, 1812
Bolivien und sw Brasilien bis n Argentinien, se Brasilien und Uruguay

Gattung: Eulidia

Eulidia yarrellii
**Aricaelfe**
*Chilean Woodstar - Colibrí de Arica*
Bourcier, 1847
*s Peru und n Chile*

Gattung: Microstilbon

Microstilbon burmeisteri
**Rotbart-Sternkolibri**
*Slender-tailed Woodstar - Colibrí de Burmeister*
Sclater, PL, 1888
*c Bolivien bis nw Argentinien*

Gattung: Chaetocercus

Chaetocercus mulsant
**Weißbauchelfe**
*White-bellied Woodstar - Colibrí de Mulsant*
Bourcier, 1843
*Kolumbien bis c Bolivien*

Chaetocercus bombus
**Hummelelfe**
*Little Woodstar - Colibrí abejorro*
Gould, 1871
*sw Kolumbien bis nc Peru*

Chaetocercus heliodor
**Prachtkehlelfe**
*Gorgeted Woodstar - Colibrí de Heliodoro*
Bourcier, 1840
*w Ecuador bis nw Venezuela*

    Chaetocercus heliodor cleavesi
    **Moores Prachtkehlelfe**
    Moore, RT, 1934
    *ne Ecuador*

Chaetocercus astreans
**Santa-Marta-Elfe**
*Santa Marta Woodstar - Colibrí astral*
Bangs, 1899
*ne Kolumbien*

Chaetocercus berlepschi
**Esmeraldaselfe**
*Esmeraldas Woodstar - Colibrí de Esmeraldas*
Simon, 1889
*w Ecuador*

Chaetocercus jourdanii
**Rotfahnenelfe**
*Rufous-shafted Woodstar - Colibrí de Jourdan*
Bourcier, 1839
*ne Venezuela und Trinidad*

    Chaetocercus jourdanii andinus
    **Anden-Rotfahnenelfe**
    Phelps, WH & Phelps, WH Jr, 1949
    *ne Kolumbien und w Venezuela*
    Chaetocercus jourdanii rosae
    **Rosas-Rotfahnenelfe**
    Bourcier & Mulsant, 1846
    *n Venezuela*

Gattung: Tilmatura

Tilmatura dupontii
**Blaukehl-Sternkolibri**
*Sparkling-tailed Woodstar - Colibrí de Dupont*
Lesson, RP, 1832
*c Mexico bis Nicaragua*

Gattung: Doricha

Doricha enicura
**Scherenschwanz-Sternkolibri**
*Slender Sheartail - Colibrí colirraro*
Vieillot, 1818
*s Mexico bis El Salvador*

Doricha eliza
**Rosenkehl-Sternkolibri**
*Mexican Sheartail - Colibrí de Elisa*
Lesson, RP & Delattre, 1839
*se Mexico*

Gattung: Calothorax

Calothorax lucifer
**Luzifersternkolibri**
*Lucifer Sheartail - Colibrí luminoso*
Swainson, 1827
*sw USA bis c Mexico*

Calothorax pulcher
**Schmucksternkolibri**
*Beautiful Sheartail - Colibrí bonito*
Gould, 1859
*sc Mexico*

Gattung: Archilochus

Archilochus alexandri
**Schwarzkinnkolibri**
*Black-chinned Hummingbird - Colibrí gorjinegro*
Bourcier & Mulsant, 1846
*sw Kanada, w USA und n, nw Mexico*

Archilochus colubris
**Rubinkehlkolibri**
*Ruby-throated Hummingbird - Colibrí gorjirrubí*
Linnaeus, 1758
*sc, se Kanada und c, e USA*

Gattung: Mellisuga

Mellisuga minima
**Zwergelfe**
*Vervain Hummingbird - Colibrí zumbadorcito*
Linnaeus, 1758
*Jamaika*

    Mellisuga minima vielloti
    **Hispaniolazwergelfe**
    Shaw, 1812
    Hispaniola und nahegelegene Inseln

Mellisuga helenae
**Bienenelfe**
*Bee Hummingbird - Colibrí zunzuncito*
Lembeye, 1850
*Kuba*

Gattung: Nesophlox

Nesophlox evelynae
**Bahamasternkolibri**
*Bahama Woodstar - Colibrí de las Bahamas*
Bourcier, 1847
*Bahamas und Caicos Is.*

Nesophlox lyrura
**Inaguasternkolibri**
*Inagua Woodstar - Colibrí de Inagua*
Gould, 1869
*Great Inagua Insel*

Gattung: Calypte

Calypte anna
**Annakolibri**
*Anna's Hummingbird - Colibrí de Anna*
Lesson, RP, 1829
*sw Kanada, w USA und nw Mexico*

Calypte costae
**Veilchenkopfelfe**
*Costa's Hummingbird - Colibrí de Costa*
Bourcier, 1839
*sw USA und nw Mexico*

Selasphorus calliope
**Sternelfe**
*Calliope Hummingbird - Colibrí calíope*
Gould, 1847
*sw Kanada und w USA*

Selasphorus rufus
**Rotrücken-Zimtelfe**
*Rufous Hummingbird - Colibrí rufo*
Gmelin, JF, 1788
*se Alaska, w Kanada und nw USA*

Selasphorus sasin
**Grünrücken-Zimtelfe**
*Allen's Hummingbird - Colibrí de Allen*
Lesson, RP, 1829
*s Oregon und California (USA)*

    Selasphorus sasin sedentarius
    **Island-Grünrücken-Zimtelfe**
    Grinnell, 1929
    *Inseln vor s California (USA)*

Selasphorus platycercus
**Breitschwanzelfe**
*Broad-tailed Hummingbird - Colibrí coliancho*
Swainson, 1827
*wc USA, Mexico und w Guatemala*

Selasphorus heloisa
**Rosenkehlelfe**
*Bumblebee Hummingbird - Colibrí de Eloísa*
Lesson, RP & Delattre, 1839
*ne, c, s Mexico*

    Selasphorus heloisa margarethae
    **Westlicher Rosenkehlelfe**
    Moore, RT, 1937
    *nw und w Mexico*

Selasphorus ellioti
**Elliotelfe**
*Wine-throated Hummingbird - Colibrí de Elliot*
Ridgway, 1878
*s Mexico und Guatemala*

    Selasphorus ellioti selasphoroides
    **Honduras-Elliotelfe**
    Griscom, 1932
    *Honduras*

Selasphorus flammula
**Vulkanelfe**
*Volcano Hummingbird - Colibrí volcanero*
Salvin, 1865
*Irazú und Turrialba Volcanoes (Costa Rica)*

    Selasphorus flammula simoni
    **Simons Vulkanelfe**
    Carriker, 1910
    *Poás und Barba Volcanoes (Costa Rica)*
    Selasphorus flammula torridus
    **Salvins Vulkanelfe**
    Salvin, 1870
    *Talamanca Range (Costa Rica) und Barú Volcanoes (w Panama)*

Selasphorus scintilla
**Orangekehlelfe**
*Scintillant Hummingbird - Colibrí centelleante*
Gould, 1851
*nc Costa Rica und w Panama*

Selasphorus ardens
**Feuerkehlelfe**
*Glow-throated Hummingbird - Colibrí ardiente*
Salvin, 1870
*wc Panama*



Phaeoptila sordida
**Graukolibri**
*Dusky Hummingbird - Colibrí prieto*
Gould, 1859
*s Mexico*



Riccordia ricordii
**Kubasmaragdkolibri**
*Cuban Emerald - Esmeralda zunzún*
Gervais, 1835
*Kuba und Bahamas*

† Riccordia bracei
**Bahamasmaragdkolibri**
*Brace's Emerald - Esmeralda de Brace*
Lawrence, 1877
*n Bahamas*

Riccordia swainsonii
**Hispaniolasmaragdkolibri**
*Hispaniolan Emerald - Esmeralda de La Española*
Lesson, RP, 1829
*Hispaniola*

Riccordia maugaeus
**Puerto-Rico-Smaragdkolibri**
*Puerto Rican Emerald - Esmeralda puertorriqueña*
Audebert & Vieillot, 1801
*Puerto Rico*

Riccordia bicolor
**Blaukopfkolibri**
*Blue-headed Hummingbird - Colibrí bicolor*
Gmelin, JF, 1788
*Kleine Antillen*



Cynanthus latirostris
**Breitschnabelkolibri**
*Broad-billed Hummingbird - Colibrí piquiancho común*
Swainson, 1827
*Tamaulipas, San Luis Potosí bis Veracruz (e Mexico)*

    Cynanthus latirostris magicus
    **Sonora-Breitschnabelkolibri**
    Mulsant & Verreaux, J, 1872
    *sw USA, Sonora, Sinaloa und Nayarit (nw Mexico)*
    Cynanthus latirostris propinquus
    **Moores Breitschnabelkolibri**
    Moore, RT, 1939
    *Guanajuato und n Michoacán (c Mexico)*

Cynanthus lawrencei
**Türkiskehlkolibri**
*Tres Marias Hummingbird - Colibrí piquiancho de Tres Marías*
Berlepsch, 1887
*Tres Marías Is. (vor w Mexico)*

Cynanthus doubledayi
**Blaugesichtkolibri**
*Turquoise-crowned Hummingbird - Colibrí piquiancho de Guerrero*
Bourcier, 1847
*s Mexico*

Cynanthus auriceps
**Goldscheitel-Smaragdkolibri**
*Golden-crowned Emerald - Esmeralda mexicana*
Gould, 1852
*w, c Mexico*

Cynanthus forficatus
**Schwalbenschwanz-Smaragdkolibri**
*Cozumel Emerald - Esmeralda de Cozumel*
Ridgway, 1885
*Inseln vor Yucatán Halbinsel*

Cynanthus canivetii
**Gabelschwanz-Smaragdkolibri**
*Canivet's Emerald - Esmeralda de Canivet*
Lesson, RP, 1832
*Tamaulipas (se Mexico) bis Belize, n Guatemala und Bay Is. (Honduras)*

    Cynanthus canivetii osberti
    **Chiapas Gabelschwanz-Smaragdkolibri**
    Gould, 1860
    *se Chiapa (se Mexico) bis w Nicaragua*
    Cynanthus canivetii salvini
    **Costa Rica-Gabelschwanz-Smaragdkolibri**
    Cabanis & Heine, 1860
    *w Costa Rica*

Chlorostilbon assimilis
**Gartensmaragdkolibri**
*Garden Emerald - Esmeralda afín*
Lawrence, 1861
*sw Costa Rica und Panama*

Chlorostilbon melanorhynchus
**Hochland-Smaragdkolibri**
*Western Emerald - Esmeralda de los Andes Occidentales*
Gould, 1860
*w Kolumbien und w, c Ecuador*

Chlorostilbon gibsoni
**Kolumbiensmaragdkolibri**
*Red-billed Emerald - Esmeralda piquirroja*
Fraser, 1840
*Upper Magdalena Tal (c Kolumbien)*

    Chlorostilbon gibsoni chrysogaster
    **Cartagena-Rotschnabel-Smaragdkolibri**
    Bourcier, 1843
    Cartagena bis Santa Marta (n Kolumbien)
    Chlorostilbon gibsoni nitens
    **Venezuela-Rotschnabel-Smaragdkolibri**
    Lawrence, 1861
    ne Kolumbien und nw Venezuela

Chlorostilbon mellisugus
**Blauschwanz-Smaragdkolibri**
*Blue-tailed Emerald - Esmeralda coliazul*
Linnaeus, 1758
*Suriname, Französisch-Guayana und ne Brasilien*

    Chlorostilbon mellisugus caribaeus
    **Karibik-Blauschwanz-Smaragdkolibri**
    Lawrence, 1871
    ne Venezuela, Trinidad und Niederländische Antillen
    Chlorostilbon mellisugus duidae
    **Duida-Blauschwanz-Smaragdkolibri**
    Zimmer, JT & Phelps, WH, 1952
    Mt. Duida (s Venezuela)
    Chlorostilbon mellisugus subfurcatus
    **Guyana-Blauschwanz-Smaragdkolibri**
    Berlepsch, 1887
    s Venezuela, Guyana und Rio Branco Region (nw Brasilien)
    Chlorostilbon mellisugus phoeopygus
    **Amazonas-Blauschwanz-Smaragdkolibri**
    Tschudi, 1844
    oberes Amazonasgebiet
    Chlorostilbon mellisugus napensis
    **Goulds Blauschwanz-Smaragdkolibri**
    Gould, 1861
    ne Peru
    Chlorostilbon mellisugus peruanus
    **Peru-Blauschwanz-Smaragdkolibri**
    Gould, 1861
    se Peru und e Bolivien

Chlorostilbon olivaresi
**Chiribiquete-Smaragdkolibri**
*Chiribiquete Emerald - Esmeralda del Chiribiquete*
Stiles, 1996
*se Kolumbien*

Chlorostilbon lucidus
**Goldbauch-Smaragdkolibri**
*Glittering-bellied Emerald - Esmeralda ventridorada*
Shaw, 1812
*Bolivien, Paraguay, wc Brasilien und nw Argentinien*

    Chlorostilbon lucidus pucherani
    **Östlicher Goldbauch-Smaragdkolibri**
    Bourcier & Mulsant, 1848
    e Brasilien
    Chlorostilbon lucidus berlepschi
    **Südlicher Goldbauch-Smaragdkolibri**
    Pinto, 1938
    s Brasilien, Uruguay und ne Argentinien

Chlorostilbon russatus
**Bronzeschwanz-Smaragdkolibri**
*Coppery Emerald - Esmeralda bronceada*
Salvin & Godman, 1881
*ne Kolumbien und nw Venezuela*

Chlorostilbon stenurus
**Schmalschwanz-Smaragdkolibri**
*Narrow-tailed Emerald - Esmeralda colifina*
Cabanis & Heine, 1860
*ne Kolumbien, Trujillo, Mérida, Táchira (nw Venezuela) und ne Ecuador*

    Chlorostilbon stenurus ignotus
    **Todds Schmalschwanz-Smaragdkolibri**
    Todd, 1942
    Küste Gebirge bis Lara (nw Venezuela)

Chlorostilbon alice
**Alicesmaragdkolibri**
*Green-tailed Emerald - Esmeralda Coliverde*
Bourcier & Mulsant, 1848
*n Venezuela*

Chlorostilbon poortmani
**Grünschwanz-Smaragdkolibri**
*Short-tailed Emerald - Esmeralda colicorta*
Bourcier, 1843
*e Kolumbien und nw Venezuela*

    Chlorostilbon poortmani euchloris
    **Reichenbachs Grünschwanz-Smaragdkolibri**
    Reichenbach, 1854
    c Kolumbien

Gattung: Basilinna

Basilinna leucotis
**Purpurstirn-Saphirkolibri**
*White-eared Hummingbird - Colibrí orejiblanco*
Vieillot, 1818
*c, s Mexico und Guatemala*

    Basilinna leucotis borealis
    **Arizona-Purpurstirn-Saphirkolibri**
    Griscom, 1929
    se Arizona (USA) und n Mexico
    Basilinna leucotis pygmaea
    **Kleiner Purpurstirn-Saphirkolibri**
    Simon & Hellmayr, 1908
    El Salvador, Honduras und Nicaragua

Basilinna xantusii
**Schwarzstirn-Saphirkolibri**
*Xantus's Hummingbird - Colibrí de Xantus*
Lawrence, 1860
*s Baja California*

Gattung: Pampa

Pampa curvipennis
**Blaukron-Degenflügel**
*Curve-winged Sabrewing - Colibrí ruiseñor*
Deppe, 1830
*ec Mexico von se San Luis Potosí bis Veracruz, ne Puebla, und n Oaxaca*

    Pampa curvipennis exellens
    **Veracruzdegenflügel**
    Wetmore, 1941
    s Vercruz (se Mexiko)

Pampa pampa
**Yukatandegenflügel**
*Wedge-tailed Sabrewing - Colibrí Pampa*
Lesson, RP, 1832
*Yucatán bis Guatemala, Belize und ne Honduras*

Pampa rufa
**Buntschwanz-Degenflügel**
*Rufous Sabrewing - Colibrí rojizo mexicano*
Lesson, RP, 1840
*sw Mexico bis El Salvador*

Gattung: Abeillia

Abeillia abeillei
**Smaragdkehlkolibri**
*Emerald-chinned Hummingbird - Colibrí de Abeillé*
Lesson, RP & Delattre, 1839
*se Mexico bis n Honduras*

    Abeillia abeillei aurea
    **Südlicher Smaragdkehlkolibri**
    Miller, W & Griscom, 1925
    s Honduras und n Nicaragua

Gattung: Klais

Klais guimeti
**Violettkopfkolibri**
*Violet-headed Hummingbird - Colibrí cabeciazul*
Bourcier, 1843
*e Kolumbien und n Venezuela bis e Ecuador und extremer n Peru*

Klais guimeti merrittii
**Panama-Violettkopfkolibri**
Lawrence, 1860
*e Honduras bis e Panama*
Klais guimeti pallidiventris
**Bolivien-Violettkopfkolibri**
Stolzmann, 1926
*e Peru und w Bolivien*

Gattung: Orthorhyncus

Orthorhyncus cristatus
**Antillenhaubenkolibri**
*Antillean Crested Hummingbird - Colibrí crestado*
Linnaeus, 1758
*Barbados Insel (s Kleine Antillen)*

Orthorhyncus cristatus exilis
**St. Lucia-Antillenhaubenkolibri**
Gmelin, JF, 1788
*Puerto Rico über Kleine Antillen bis St. Lucia*
Orthorhyncus cristatus ornatus
**St Vincent-Antillenhaubenkolibri**
Gould, 1861
*St. Vincent Insel (s Kleine Antillen)*
Orthorhyncus cristatus emigrans
**Grenada-Antillenhaubenkolibri**
Lawrence, 1877
*Grenada und Grenadines (s Kleine Antillen)*

Gattung: Anthocephala

Anthocephala floriceps
**Blassstirnkolibri**
*Santa Marta Blossomcrown - Colibrí florido de Santa Marta*
Gould, 1853
*Santa Marta Mts. (ne Kolumbien)*

Anthocephala berlepschi
**Weißfleckenkolibri**
*Tolima Blossomcrown - Colibrí florido de Tolima*
Salvin, 1893
*Magdalena Tal (c Kolumbien)*

Gattung: Stephanoxis

Stephanoxis lalandi
**Grünhaubenelfe**
*Green-crowned Plovercrest - Colibrí copetón norteño*
Vieillot, 1818
*e Brasilien*

Stephanoxis loddigesii
**Violetthaubenelfe**
*Purple-crowned Plovercrest - Colibrí copetón sureño*
Vigors, 1831
*e Paraguay, s Brasilien und ne Argentinien*

Gattung: Campylopterus

Campylopterus largipennis
**Graubrust-Degenflügel**
*Grey-breasted Sabrewing - Colibrí pechigrís*
Boddaert, 1783
*e Venezuela, Guianas und n Brasilien*

Campylopterus largipennis obscurus
**Dunkler Graubrust-Degenflügel**
Gould, 1848
*ne Brasilien*
Campylopterus largipennis aequatorialis
**Äquator-Graubrust-Degenflügel**
Gould, 1861
*e Kolumbien und nw Brasilien bis n Bolivien*

Campylopterus calcirupicola
**Kalkstein-Degenflügel**
*Outcrop Sabrewing - Colibrí de bosque seco*
Lopes, de Vasconcelos & Gonzaga, 2017
*e Brasilien*

Campylopterus diamantinensis
**Diamantina-Degenflügel**
*Diamantina Sabrewing - Colibrí de Diamantina*
Ruschi, 1963
*se Brasilien*

Campylopterus hyperythrus
**Rostbauch-Degenflügel**
*Rufous-breasted Sabrewing - Colibrí rojizo venezolano*
Cabanis, 1849
*Tepuis im Südosten Venezuelas und im angrenzenden Nordwesten Brasiliens*

Campylopterus ensipennis
**Weißschwanz-Degenflügel**
*White-tailed Sabrewing - Colibrí coliblanco*
Swainson, 1822
*ne Venezuela und Tobago*

Campylopterus falcatus
**Rotschwanz-Degenflügel**
*Lazuline Sabrewing - Colibrí lazulita*
Swainson, 1821
*ne Venezuela bis ne Ecuador*

Campylopterus phainopeplus
**Santa-Marta-Degenflügel**
*Santa Marta Sabrewing - Colibrí de Santa Marta*
Salvin & Godman, 1879
*ne Kolumbien*

Campylopterus hemileucurus
**Violettdegenflügel**
*Violet Sabrewing - Colibrí morado*
Deppe, 1830
*s Mexico bis sc Nicaragua*

Campylopterus hemileucurus mellitus
**Bangs Violettdegenflügel**
Bangs, 1902
*Costa Rica und w Panama*

Campylopterus duidae
**Tepuidegenflügel**
*Buff-breasted Sabrewing - Colibrí del Duida*
Chapman, 1929
*s Venezuela und n Brasilien*

Campylopterus duidae guaiquinimae
**Guaiquinima-Tepuidegenflügel**
Zimmer, JT & Phelps, WH, 1946
*Mt. Guaiquinima (s Venezuela)*

Campylopterus villaviscensio
**Napodegenflügel**
*Napo Sabrewing - Colibrí del Napo*
Bourcier, 1851
*s Kolumbien bis ne Peru*

Gattung: Chalybura

Chalybura urochrysia
**Bronzeschwanz-Buffonkolibri**
*Bronze-tailed Plumeleteer - Colibrí patirrojo*
Gould, 1861
*se Panama, nc, w Kolumbien bis nw Ecuador*

Chalybura urochrysia melanorrhoa
**Salvins Buffonkolibri**
Salvin, 1865
*Nicaragua und Costa Rica*
Chalybura urochrysia isaurae
**Panama-Buffonkolibri**
Gould, 1861
*e, w Panama und nw Kolumbien*

Chalybura buffonii
**Blauschwanz-Buffonkolibri**
*White-vented Plumeleteer - Colibrí de Buffon*
Lesson, RP, 1832
*c, ne Kolumbien und nw Venezuela*

Chalybura buffonii micans
**Bangs Buffonkolibri**
Bangs & Barbour, 1922
c Panama bis nw Kolumbien
Chalybura buffonii aeneicauda
**Lawrences Buffonkolibri**
Lawrence, 1865
n Kolumbien und nc, w Venezuela
Chalybura buffonii caeruleogaster
**Goulds Buffonkolibri**
Gould, 1847
n, c Kolumbien
Chalybura buffonii intermedia
**Kleiner Buffonkolibri**
Hartert, EJO & Hartert, CBE, 1894
sw Ecuador

## Gattung: Thalurania

Thalurania colombica
**Violettkronennymphe**
*Crowned Woodnymph - Zafiro coronado*
Bourcier, 1843
n Kolumbien und nw Venezuela

Thalurania colombica townsendi
**Townsends Violettkronennymphe**
Ridgway, 1888
Guatemala, Belize und Honduras
Thalurania colombica venusta
**Panama-Violettkronennymphe**
Gould, 1851
Nicaragua bis Panama
Thalurania colombica rostrifera
**Venezuela-Violettkronennymphe**
Phelps, WH & Phelps, WH Jr, 1956
nw Venezuela
Thalurania colombica fannyae
**Kolumbien-Violettkronennymphe**
Delattre & Bourcier, 1846
e Panama bis w Kolumbien
Thalurania colombica subtropicalis
**Cauca-Violettkronennymphe**
Griscom, 1932
Cauca Tal und nearby Anden (wc Kolumbien)
Thalurania colombica verticeps
**Ekuador-Violettkronennymphe**
Gould, 1851
sw Kolumbien und nw Ecuador
Thalurania colombica hypochlora
**Peru-Violettkronennymphe**
Gould, 1871
w Ecuador und nw Peru

Thalurania furcata
**Schwalbennymphe**
*Fork-tailed Woodnymph - Zafiro golondrina*
Gmelin, JF, 1788
ec Venezuela über Guianas bis ne Brasilien

Thalurania furcata refulgens
**Paria-Schwalbennymphe**
Gould, 1853
Paria Halbinsel und Sierra de Cumaná (ne Venezuela)
Thalurania furcata fissilis
**Roraima-Schwalbennymphe**
Berlepsch & Hartert, EJO, 1902
se Venezuela, wc Guyana und Roraima (nc Brasilien)
Thalurania furcata orenocensis
**Orinoco-Schwalbennymphe**
Hellmayr, 1921
Unterer Orinoco (s Venezuela)
Thalurania furcata nigrofasciata
**Venezuela-Schwalbennymphe**
Gould, 1846
se Kolumbien, s Venezuela und nw Brasilien
Thalurania furcata viridipectus
**Kolumbien-Schwalbennymphe**
Gould, 1848
e Kolumbien, e Ecuador und ne Peru
Thalurania furcata jelskii
**Jelskis Schwalbennymphe**
Taczanowski, 1874
e Peru und w Brasilien
Thalurania furcata simoni
**Simons Schwalbennymphe**
Hellmayr, 1906
se Peru und sw Brasilien
Thalurania furcata balzani
**Brasilianische Schwalbennymphe**
Simon, 1896
nc Brasilien s Amazonas
Thalurania furcata furcatoides
**Amazonas-Schwalbennymphe**
Gould, 1861
e Brasilien s Amazonas
Thalurania furcata boliviana
**Peru-Schwalbennymphe**
Boucard, 1894
se Peru und ne Bolivien

Thalurania furcata baeri
**Bolivien-Schwalbennymphe**
Hellmayr, 1907
ne, c Brasilien bis se Bolivien und nw, nc Argentinien
Thalurania furcata eriphile
**Paraguay-Schwalbennymphe**
Lesson, RP, 1832)
se Brasilien, Paraguay und ne Argentinien

Thalurania watertonii
**Langschwanznymphe**
*Long-tailed Woodnymph - Zafiro colilargo*
Bourcier, 1847
e Brasilien

Thalurania glaucopis
**Blaukronennymphe**
*Violet-capped Woodnymph - Zafiro capirotado*
Gmelin, JF, 1788
se Brasilien bis e Paraguay, ne Argentinien und n Uruguay

## Gattung: Microchera

Microchera albocoronata
**Schneekappenkolibri**
*Snowcap - Colibrí coroniblanco*
Lawrence, 1855
wc Panama

Microchera albocoronata parvirostris
**Nördlicher Schneekappenkolibri**
Lawrence, 1865
s Honduras bis Costa Rica

Microchera cupreiceps
**Bronzekappenkolibri**
*Coppery-headed Emerald - Esmeralda capirotada*
Lawrence, 1866
Costa Rica

Microchera chionura
**Elvirakolibri**
*White-tailed Emerald - Esmeralda de Elvira*
Gould, 1851
Costa Rica und Panama

## Gattung: Goldmania

Goldmania violiceps
**Violettkappenkolibri**
*Violet-capped Hummingbird - Colibrí de Goldman*
Nelson, 1911
e Panama und nw Kolumbien

Goldmania bella
**Rotgesichtkolibri**
*Pirre Hummingbird - Colibrí del Pirre*
Nelson, 1912
e Panama und nw Kolumbien

## Gattung: Eupherusa

Eupherusa ridgwayi
**Mexikonymphe**
*Mexican Woodnymph - Zafiro mexicano*
Nelson, 1900
w Mexico

Eupherusa poliocerca
**Weißschwanzkolibri**
*White-tailed Hummingbird - Colibrí de Guerrero*
Elliot, DG, 1871
s Mexico

Eupherusa cyanophrys
**Blauscheitelkolibri**
*Oaxaca Hummingbird - Colibrí oaxaqueño*
Rowley, JS & Orr, 1964
sc Mexico

Eupherusa eximia
**Streifenschwanzkolibri**
*Stripe-tailed Hummingbird - Colibrí colirrayado*
Delattre, 1843
c Chiapa (e Mexico) bis c Nicaragua

Eupherusa eximia nelsoni
**Nelsons Streifenschwanzkolibri**
Ridgway, 1910
Veracruz und Oaxaca (se Mexico)
Eupherusa eximia egregia
**Panama-Streifenschwanzkolibri**
Sclater, PL & Salvin, 1868
Costa Rica und w Panama

Eupherusa nigriventris
**Schwarzbauchkolibri**
*Black-bellied Hummingbird - Colibrí ventrinegro*
Lawrence, 1868
*Costa Rica und w Panama*

## Gattung: Phaeochroa

Phaeochroa cuvierii
**Schuppenbrustkolibri**
*Scaly-breasted Hummingbird - Colibrí de Cuvier*
Delattre & Bourcier, 1846
*e, c Panama*

Phaeochroa cuvierii roberti
**Roberts Schuppenbrustkolibri**
Salvin, 1861
se Mexico bis ne Costa Rica
Phaeochroa cuvierii maculicauda
**Pazifik-Schuppenbrustkolibri**
Griscom, 1932
Pazifikseite von Costa Rica
Phaeochroa cuvierii furvescens
**Panama-Schuppenbrustkolibri**
Wetmore, 1967
Pazifikseite von w Panama
Phaeochroa cuvierii saturatior
**Coiba-Schuppenbrustkolibri**
Hartert, EJO, 1901
Coiba Insel (Panama)
Phaeochroa cuvierii berlepschi
**Berlepschs Schuppenbrustkolibri**
Hellmayr, 1915
n Kolumbien

## Gattung: Leucippus

Leucippus fallax
**Zimtbrustkolibri**
*Buffy Hummingbird - Colibrí ante*
Bourcier, 1843
*ne Kolumbien und nw, n Venezuela*

## Gattung: Thaumasius

Thaumasius baeri
**Baerkolibri**
*Tumbes Hummingbird - Colibrí de Tumbes*
Simon, 1901
*sw Ecuador und nw Peru*

Thaumasius taczanowskii
**Taczanowskikolibri**
*Spot-throated Hummingbird - Colibrí de Taczanowski*
Sclater, PL, 1879
*n, c Peru*

## Gattung: Taphrospilus

Taphrospilus hypostictus
**Tropfenkolibri**
*Many-spotted Hummingbird - Colibrí moteado*
Gould, 1862
*Ecuador bis Bolivien und sw Brasilien*

## Gattung: Eupetomena

Eupetomena macroura
**Gabelschwanzkolibri**
*Swallow-tailed Hummingbird - Colibrí golondrina*
Gmelin, JF, 1788
*Guianas, n, c, se Brasilien, Paraguay und ne Argentinien*

Eupetomena macroura simoni
**Simos Gabelschwanzkolibri**
Hellmayr, 1929
ne Brasilien

Eupetomena macroura cyanoviridis
**Grantsaus Gabelschwanzkolibri**
Grantsau, 1988
se Brasilien
Eupetomena macroura hirundo
**Goulds Gabelschwanzkolibri**
Gould, 1875
e Peru
Eupetomena macroura boliviana
**Zimmers Gabelschwanzkolibri**
Zimmer, JT, 1950
nw Bolivien

Eupetomena cirrochloris
**Erzkolibri**
*Sombre Hummingbird - Colibrí apagado*
Vieillot, 1818
*se, e Brasilien*

## Gattung: Talaphorus

Talaphorus chlorocercus
**Fleckenkolibri**
*Olive-spotted Hummingbird - Colibrí blanquioliva*
Gould, 1866
*w Amazonasgebiet*

## Gattung: Trochilus

Trochilus polytmus
**Rotschnabel-Jamaikasylphe**
*Red-billed Streamertail - Colibrí portacintas piquirrojo*
Linnaeus, 1758
*Jamaika (außer extremer ne)*

Trochilus scitulus
**Schwarzschnabel-Jamaikasylphe**
*Black-billed Streamertail - Colibrí portacintas piquinegro*
Brewster & Bangs, 1901
*extremer ne Jamaika*

## Gattung: Ramosomyia

Ramosomyia violiceps
**Veilchenscheitelamazilie**
*Violet-crowned Hummingbird - Amazilia coronivioleta*
Gould, 1859
*sw Mexico*

Ramosomyia violiceps ellioti
**Elliots Veilchenscheitelamazilie**
Berlepsch, 1889
sw USA bis nw, c Mexico

Ramosomyia viridifrons
**Grünscheitelamazilie**
*Green-fronted Hummingbird - Amazilia frentiverde*
Elliot, DG, 1871
*c Guerrero bis w Oaxaca (s Mexico)*

Ramosomyia viridifrons villadai
**Chiapas-Grünscheitelamazilie**
Peterson & Navarro, 2000
se Oaxaca und Chiapa (se Mexico)

Ramosomyia wagneri
**Zimtflankenamazilie**
*Cinnamon-sided Hummingbird - Amazilia de Wagner*
Phillips, AR, 1966
*c, s Oaxaca (s Mexico)*

## Gattung: Saucerottia

Saucerottia cyanocephala
**Blaukopfamazilie**
*Azure-crowned Hummingbird - Amazilia coroniazul*
Lesson, RP, 1830
*se Mexico bis e Honduras und nc Nicaragua*

Saucerottia cyanocephala chlorostephana
**Südliche Blaukopfamazilie**
Howell, TR, 1965
ne Honduras und ne Nicaragua

Saucerottia hoffmanni
**Blausteißamazilie**
*Blue-vented Hummingbird - Amazilia azul*
Cabanis & Heine, 1860
*w Nicaragua bis c Costa Rica*

Saucerottia beryllina
**Beryllamazilie**
*Berylline Hummingbird - Amazilia berilina*
Deppe, 1830
*c Oaxaca (s Mexico)*

    Saucerottia beryllina viola
    **Violas Beryllamazilie**
    Miller, W, 1905
    se Arizona (USA) und w, nw Mexico
Saucerottia beryllina lichtensteini
**Lichtensteins Beryllamazilie**
Moore, RT, 1950
e Oaxaca und w Chiapa (s Mexico)
Saucerottia beryllina sumichrasti
**Chiapas-Beryllamazilie**
Salvin, 1891
c, s Chiapa (s Mexico)
Saucerottia beryllina devillei
**Guatemala-Beryllamazilie**
Bourcier & Mulsant, 1848
Guatemala, El Salvador und Honduras

Saucerottia cyanura
**Blauschwanzamazilie**
*Blue-tailed Hummingbird - Amazilia coliazul*
Gould, 1859
*s Honduras, e El Salvador und nw Nicaragua*

Saucerottia cyanura guatemalae
**Guatemala-Blauschwanzamazilie**
Dearborn, 1907
s Mexico bis s Guatemala
Saucerottia cyanura impatiens
**Bangs-Blauschwanzamazilie**
Bangs, 1906
nw, c Costa Rica

Saucerottia edward
**Edwardamazilie**
*Snowy-bellied Hummingbird - Amazilia de Edward*
Delattre & Bourcier, 1846
*ec Panama*

Saucerottia edward niveoventer
**Coiba-Edwardamazilie**
Gould, 1851
sw Costa Rica, sw Panama und Coiba Insel
Saucerottia edward collata
**Panama-Edwardamazilie**
Wetmore, 1952
c Panama
Saucerottia edward margaritarum
**Margarita-Edwardamazilie**
Griscom, 1927
e Panama und n Gulf von Panama is.

Saucerottia saucerottei
**Grünamazilie**
*Steely-vented Hummingbird - Amazilia verdiazul*
Delattre & Bourcier, 1846
*nw Kolumbien*

Saucerottia saucerottei warscewiczi
**Warscewicz-Stahlgrünamazilie**
Cabanis & Heine, 1860
n Kolumbien und nw Venezuela
Saucerottia saucerottei braccata
**Merida-Stahlgrünamazilie**
Heine, 1863
Mérida und Trujillo (w Venezuela)

Saucerottia cyanifrons
**Blaukappenamazilie**
*Indigo-capped Hummingbird - Amazilia capiazul*
Bourcier, 1843
*Kolumbien*

Saucerottia castaneiventris
**Braunbauchamazilie**
*Chestnut-bellied Hummingbird - Amazilia ventricastaña*
Gould, 1856
*nc Kolumbien*

Saucerottia viridigaster
**Grünbauchamazilie**
*Green-bellied Hummingbird - Amazilia colimorada*
Bourcier, 1843
*nc Kolumbien*

Saucerottia viridigaster iodura
**Östliche Grünbauchamazilie**
Reichenbach, 1854
w Venezuela

Saucerottia cupreicauda
**Kupferschwanzamazilie**
*Copper-tailed Hummingbird - Amazilia colicobriza*
Salvin & Godman, 1884
*Tepuis s Venezuela, w Guyana und Roraima (nc Brasilien)*

Saucerottia cupreicauda duidae
**Duida-Kupferschwanzamazilie**
Chapman, 1929
Mt. Duida (s Venezuela)
Saucerottia cupreicauda laireti
**Unturan-Kupferschwanzamazilie**
Phelps, WH Jr & Aveledo, 1988
Sierra de Unturán und Cerro de la Neblina (Tepuis s Venezuela)
Saucerottia cupreicauda pacaraimae
**Pacaraima-Kupferschwanzamazilie**
Weller, 2000
Sierra de Pacaraima (Gebirge von s Venezuela)

Saucerottia tobaci
**Kupferbürzelamazilie**
*Copper-rumped Hummingbird - Amazilia de Tobago*
Gmelin, JF, 1788
*Tobago*

Saucerottia tobaci monticola
**Todds Kupferbürzelamazilie**
Todd, 1913
nw Venezuela
Saucerottia tobaci feliciae
**Lessons Kupferbürzelamazilie**
Lesson, RP, 1840
nc Venezuela
Saucerottia tobaci caudata
**Zimmers Kupferbürzelamazilie**
Zimmer, JT & Phelps, WH, 1949
ne Venezuela
Saucerottia tobaci aliciae
**Margarita-Kupferbürzelamazilie**
Richmond, 1895
Margarita Insel (vor n Venezuela)
Saucerottia tobaci erythronotos
**Trinidad-Kupferbürzelamazilie**
Lesson, RP, 1829
Trinidad
Saucerottia tobaci caurensis
**Venezuela-Kupferbürzelamazilie**
Berlepsch & Hartert, EJO, 1902
e, se Venezuela

## Gattung: Amazilia

Amazilia rutila
**Zimtbauchamazilie**
*Cinnamon Hummingbird - Amazilia canela*
Delattre, 1843
*w, sw Mexico*

Amazilia rutila diluta
**Nördliche Zimtbauchamazilie**
Van Rossem, 1938
nw Mexico
Amazilia rutila graysoni
**Graysons Zimtbauchamazilie**
Lawrence, 1867
Tres Marías Is. (vor w Mexico)
Amazilia rutila corallirostris
**Südliche Zimtbauchamazilie**
Bourcier & Mulsant, 1846
se Mexico bis w Costa Rica

Amazilia yucatanensis
**Fahlbauchamazilie**
*Buff-bellied Hummingbird - Amazilia yucateca*
Cabot, S, 1845
*Yucatán Halbinsel (se Mexico), nw Guatemala und Belize*

Amazilia yucatanensis chalconota
**Texas-Fahlbauchamazilie**
Oberholser, 1898
s Texas (USA) bis ne Mexico
Amazilia yucatanensis cerviniventris
**Mexikanische Fahlbauchamazilie**
Gould, 1856
e, s Mexico

Amazilia tzacatl
**Braunschwanzamazilie**
*Rufous-tailed Hummingbird - Amazilia tzacatl*
de la Llave, 1833
*ec Mexico bis c Panama*

Amazilia tzacatl handleyi
**Escudo-Braunschwanzamazilie**
Wetmore, 1963
Isle Escudo de Veraguas (vor nw Panama)

Amazilia tzacatl fuscicaudata
**Venezuela-Braunschwanzamazilie**
Fraser, 1840
n Kolumbien und w Venezuela
Amazilia tzacatl brehmi
**Narino-Braunschwanzamazilie**
Weller & Schuchmann, 1999
Nariño (sw Kolumbien)
Amazilia tzacatl jucunda
**Ekuador-Braunschwanzamazilie**
Heine, 1863
w Kolumbien und w Ecuador

Amazilia luciae
## Hondurasamazllle
*Honduran Emerald - Amazilia hondureña*
Lawrence, 1868
*Honduras*



Amazilis amazilia
## Rostbauchamazilie
*Amazilia Hummingbird - Amazilia costeña*
Lesson, RP & Garnot, 1827
*w Peru*

Amazilis amazilia alticola
**Südekuador-Rostbauchamazilie**
Gould, 1860
s Ecuador
Amazilis amazilia azuay
**Westekuador-Rostbauchamazilie**
Krabbe & Ridgely, 2010
sw Ecuador
Amazilis amazilia dumerilii
**Dumerllls Rostbauchamazilie**
Lesson, RP, 1832
w Ecuador und nw Peru
Amazilis amazilia leucophoea
**Peruanische Rostbauchamazilie**
Reichenbach, 1854
nw Peru (s von dumerilii)
Amazilis amazilia caeruleigularis
**Carrikers Rostbauchamazilie**
Carriker, 1933
sw Peru



Uranomitra franciae
## Andenamazilie
*Andean Emerald - Amazilia andina*
Bourcier & Mulsant, 1846
*nw, c Kolumbien*

Uranomitra franciae viridiceps
**Goulds Andenamazilie**
Gould, 1860
sw Kolumbien und w Ecuador
Uranomitra franciae cyanocollis
**Peru-Andenamazille**
Gould, 1853
n Peru



Chrysuronia goudoti
## Grünkolibri
*Shining-green Hummingbird - Colibrí de Goudot*
Bourcier, 1843
*Magdalena Tal (nc Kolumbien)*

Chrysuronia goudoti luminosa
**Kolumbien-Grünkolibri**
Lawrence, 1862
n Kolumbien
Chrysuronia goudoti zuliae
**Maracaibo-Grünkolibri**
Cory, 1918
n, w Gebiet des Maracaibo-Sees (ne Kolumbien und nw Venezuela)
Chrysuronia goudoti phaeochroa
**Todds Grünkolibri**
Todd, 1942
s, e Gebiet des Maracaibo-Sees (nw Venezuela)

Chrysuronia oenone
## Bronzeschwanz-Saphirkolibri
*Golden-tailed Sapphire - Zafiro colidorado*
Lesson, RP, 1832
*e Kolumbien und n, w Venezuela bis e Ecuador, ne Peru und w Brasilien*

Chrysuronia oenone josephinae
**Josephinas Bronzeschwanz-Saphirkolibri**
Bourcier & Mulsant, 1848
e Peru und n Bolivien

Chrysuronia versicolor
## Glanzamazilie
*Versicolored Emerald - Amazilia versicolor*
Vieillot, 1818
*se Brasilien*

Chrysuronia versicolor millerii
**Milleris Glanzamazilie**
Bourcier, 1847
e Kolumbien, w Venezuela, e Peru und nw Brasilien
Chrysuronia versicolor hollandi
**Hollands Glanzamazilie**
Todd, 1913
se Venezuela
Chrysuronia versicolor nitidifrons
**Brasilien-Glanzamazilie**
Gould, 1860
ne Brasilien
Chrysuronia versicolor kubtchecki
**Paraguay-Glanzamazilie**
Ruschi, 1959
ne Bolivien, e Paraguay, sw Brasilien und ne Argentinien
Chrysuronia versicolor rondoniae
**Bolivien-Glanzamazilie**
Ruschi, 1982
n Bolivien und wc Brasilien

Chrysuronia boucardi
## Mangrovenamazilie
*Mangrove Hummingbird - Amazilia de manglar*
Mulsant, 1877
*w Küste Costa Rica*

Chrysuronia coeruleogularis
## Blaukehlkolibri
*Sapphire-throated Hummingbird - Colibrí gorjizafiro*
Gould, 1851
*w Panama (Chiriquí bis Canal Zone)*

Chrysuronia coeruleogularis confinis
**Panama-Blaukehlkolibri**
Griscom, 1932
e Panama (Darién) und nw Colombia
Chrysuronia coeruleogularis coelina
**Kolumbien-Blaukehlkolibri**
Bourcier, 1856
n Colombia (n Chocó bis Santa Marta)

Chrysuronia lilliae
## Blaubauchkolibri
*Sapphire-bellied Hummingbird - Colibrí ventrizafiro*
Stone, 1917
*nc Kolumbien*

Chrysuronia humboldtii
## Humboldtsaphirkolibri
*Humboldt's Sapphire - Amazilia de Humboldt*
Bourcier & Mulsant, 1852
*se Panama bis nw Ecuador*

Chrysuronia grayi
## Blaukopf-Saphirkolibri
*Blue-headed Sapphire - Amazilia cabeciazul*
Delattre & Bourcier, 1846
*w Kolumbien und n Ecuador*

Chrysuronia brevirostris
## Kurzschnabelamazilie
*White-chested Emerald - Amazilia pechiblanca*
Lesson, RP, 1829
*e Venezuela, Guyana, Suriname und nc Brasilien*

Chrysuronia brevirostris chionopectus
**Trinidad-Kurzschnabelamazilie**
Gould, 1859
Trinidad
Chrysuronia brevirostris orienticola
**Guyana-Kurzschnabelamazilie**
Todd, 1942
Küste Französisch-Guayana

Chrysuronia leucogaster
## Hellbauchamazilie
*Plain-bellied Emerald - Amazilia ventriblanca*
Gmelin, JF, 1788
*e Venezuela, Guianas und ne Brasilien*

Chrysuronia leucogaster bahiae
**Bahia-Hellbauchamazilie**
Hartert, EJO, 1899
e Brasilien



Leucochloris albicollis
**Weißkehlkolibri**
*White-throated Hummingbird - Colibrí gargantilla*
Vieillot, 1818
s Brasilien, e Paraguay, ne Argentinien und Uruguay



Chionomesa fimbriata
**Glitzerkehlamazilie**
*Glittering-throated Emerald - Amazilia listada*
Gmelin, JF, 1788
ne Venezuela, Guianas und n Brasilien

Chionomesa fimbriata elegantissima
**Elegante Glitzerkehlamazilie**
Todd, 1942
ne Kolumbien und n, w Venezuela
Chionomesa fimbriata apicalis
**Kolumbien-Glitzerkehlamazilie**
Gould, 1861
e Kolumbien
Chionomesa fimbriata fluviatilis
**Ekuador-Glitzerkehlamazilie**
Gould, 1861
se Kolumbien und e Ecuador
Chionomesa fimbriata laeta
**Peru-Glitzerkehlamazilie**
Hartert, EJO, 1900
ne Peru und w Brasilien
Chionomesa fimbriata nigricauda
**Bolivien-Glitzerkehlamazilie**
Elliot, DG, 1878
e Bolivien bis c Brasilien
Chionomesa fimbriata tephrocephala
**Brasilien-Glitzerkehlamazilie**
Vieillot, 1818
se Brasilien

Chionomesa lactea
**Saphiramazilie**
*Sapphire-spangled Emerald - Amazilia zafirina*
Lesson, RP, 1832
c, s Brasilien und ne Argentinien

Chionomesa lactea zimmeri
**Zimmers Saphiramazilie**
Gilliard, 1941
se Venezuela
Chionomesa lactea bartletti
**Bartletts Saphiramazilie**
Gould, 1866
e Peru bis n Bolivien



Hylocharis sapphirina
**Rotkehl-Saphirkolibri**
*Rufous-throated Sapphire - Amazilia gorjirroja*
Gmelin, JF, 1788
Amazonasgebiet, se Brasilien, e Paraguay und ne Argentinien

Hylocharis chrysura
**Goldsaphirkolibri**
*Gilded Sapphire - Zafiro bronceado*
Shaw, 1812
Bolivien bis se Brasilien, Uruguay und n Argentinien



Elliotomyia chionogaster
**Weißbauchamazilie**
*White-bellied Hummingbird - Amazilia ventrinívea*
Tschudi, 1846
n, c Peru

Elliotomyia chionogaster hypoleuca
**Südliche Weißbauchamazilie**
Gould, 1846
se Peru, Bolivien, Paraguay, sw Brasilien und nw Argentinien

Elliotomyia viridicauda
**Grünweißamazilie**
*Green-and-white Hummingbird - Amazilia blanquiverde*
Berlepsch, 1883
c Peru



Polyerata amabilis
**Blaubrustamazilie**
*Blue-chested Hummingbird - Amazilia amable*
Gould, 1853
Nicaragua bis s Ecuador

Polyerata decora
**Schmuckamazilie**
*Charming Hummingbird - Amazilia encantadora*
Salvin, 1891
sw Costa Rica und w Panama

Polyerata rosenbergi
**Rosenbergamazilie**
*Purple-chested Hummingbird - Amazilia de Rosenberg*
Boucard, 1895
w Kolumbien und nw Ecuador



Chlorestes candida
**Bronzekopfamazilie**
*White-bellied Emerald - Amazilia cándida*
Bourcier & Mulsant, 1846
se Mexico (Yucatán Halbinsel) bis Belize und Nicaragua

Chlorestes candida genini
**Karibik-Andenamazilie**
Meise, 1938
Karibikseite von se Mexico
Chlorestes candida pacifica
**Pazifik-Andenamazilie**
Griscom, 1929
Pacifikseite von se Mexico (Chiapas) bis s Guatemala

Chlorestes eliciae
**Goldschwanz-Saphirkolibri**
*Blue-throated Sapphire - Zafiro de Elicia*
Bourcier & Mulsant, 1846
se Mexico bis s Costa Rica

Chlorestes eliciae earina
**Panama-Goldschwanz-Saphirkolibri**
Wetmore, 1967
w Panama bis nw Kolumbien

Chlorestes cyanus
**Weißkinn-Saphirkolibri**
*White-chinned Sapphire - Zafiro gorjiblanco*
Vieillot, 1818
e Brasilien

Chlorestes cyanus viridiventris
**Berlepschs Weißkinn-Saphirkolibri**
Berlepsch, 1880
Kolumbien, s Venezuela, Guianas und n Brasilien
Chlorestes cyanus rostrata
**Rötlicher Weißkinn-Saphirkolibri**
Boucard, 1895
e Peru, ne Bolivien und w Brasilien
Chlorestes cyanus conversa
**Zimmers Weißkinn-Saphirkolibri**
Zimmer, JT, 1950
e Bolivien, n Paraguay und sw Brasilien
Chlorestes cyanus griseiventris
**Graubauch-Weißkinn-Saphirkolibri**
Grantsau, 1988
se Brasilien bis ne Argentinien

Chlorestes julie
**Juliakolibri**
*Violet-bellied Hummingbird - Colibrí de Julia*
Bourcier, 1843
n, c Kolumbien

Chlorestes julie panamensis
**Panama-Juliakolibri**
Berlepsch, 1884
c Panama
Chlorestes julie feliciana
**Felicianakolibri**
Lesson, RP, 1844
sw Kolumbien, w Ecuador und nw Peru

Chlorestes notata
**Blaukinn-Smaragdkolibri**
*Blue-chinned Sapphire - Esmeralda gorjiazul*
Reich, 1793
*ne Kolumbien und Venezuela über Guianas bis e Brasilien, Trinidad und Tobago*

Chlorestes notata puruensis
**Purpurblaukinn-Smaragdkolibri**
Riley, 1913
nw Brasilien, se Kolumbien und ne Peru
Chlorestes notata obsoleta
**Zimmers Blaukinn-Smaragdkolibri**
Zimmer, JT, 1950
Rio Ucayali (ne Peru)

## Ordnung: MUSOPHAGIFORMES (Turakos)

## Familie: Musophagidae (Turakos)
Gattung: Corythaeola

Corythaeola cristata
**Riesenturako**
*Great Blue Turaco - Turaco gigante*
Vieillot, 1816
*Guinea-Bissau und Guinea bis w Kenia, nw Tansania und n Angola*

## Gattung: Crinifer

Crinifer personatus
**Nacktgesicht-Lärmvogel**
*Bare-faced Go-away-bird - Turaco enmascarado*
Rüppell, 1842
*Äthiopien Rift Valley*

Crinifer personatus leopoldi
**Leopolds Lärmvogel**
Shelley, 1881
s Uganda, sw Kenia und Tansania bis Malawi und Sambia
Crinifer concolor
**Graulärmvogel**
*Grey Go-away-bird - Turaco unicolor*
Smith, A, 1833
*s Malawi und c Mosambik bis e Südafrika*

Crinifer concolor molybdophanes
**Clanceys Graulärmvogel**
Clancey, 1964
ne Angola bis s Tansania, n Malawi und n Mosambik
Crinifer concolor pallidiceps
**Damaralärmvogel**
Neumann, 1899
w Angola bis c Namibia
Crinifer concolor bechuanae
**Bechuana-Graulärmvogel**
Roberts, 1932
s Angola und ne Namibia bis Simbabwe und n Südafrika
Crinifer leucogaster
**Weißbauch-Lärmvogel**
*White-bellied Go-away-bird - Turaco ventriblanco*
Rüppell, 1842
*Süd-Sudan, Äthiopien und Somalia bis n Tansania*

Crinifer piscator
**Schwarzschwanz-Lärmvogel**
*Western Plantain-eater - Turaco gris occidental*
Boddaert, 1783
*Senegal und Gambia bis Zentralafrikanische Republik und w Demokratische Republik Kongo*

Crinifer zonurus
**Bindenlärmvogel**
*Eastern Plantain-eater - Turaco gris oriental*
Rüppell, 1835
*Chad und w Sudan, Eritrea und Äthiopien, s bis ne Demokratische Republik Kongo und nw Tansania*

## Gattung: Gallirex

Gallirex porphyreolophus
**Glanzhaubenturako**
*Purple-crested Turaco - Turaco crestimorado*
Vigors, 1831
*Simbabwe und Mosambik bis ne Südafrika*

Gallirex porphyreolophus chlorochlamys
**Östlicher Glanzhaubenturako**
Shelley, 1881
se Kenia bis n Mosambik und Malawi

Gallirex johnstoni
**Ruwenzoriturako**
*Rwenzori Turaco - Turaco del Ruwenzori*
Sharpe, 1901
*ne Demokratische Republik Kongo und w Uganda*

Gallirex johnstoni kivuensis
**Kivuturako**
Neumann, 1908
e Demokratische Republik Kongo, Rwanda, Burundi und sw Uganda
Gallirex johnstoni bredoi
**Kaboboturako**
Verheyen, 1947
Mt. Kabobo (e Demokratische Republik Kongo)

## Gattung: Menelikornis

Menelikornis ruspolii
**Ruspoliturako**
*Ruspoli's Turaco - Turaco de Ruspoli*
Salvadori, 1896
*Gebirge sc Äthiopien*

Menelikornis leucotis
**Weißohrturako**
*White-cheeked Turaco - Turaco cariblanco*
Rüppell, 1835
*e Sudan, Eritrea, w Äthiopien*

Menelikornis leucotis donaldsoni
**Sharps Weißohrturako**
Sharpe, 1895
c Äthiopien Hochland

## Gattung: Tauraco

Tauraco violaceus
**Schildturako**
*Violet Turaco - Turaco violáceo*
Isert, 1788
*Senegal und Gambia bis Chad und Zentralafrikanische Republik*

Tauraco rossae
**Rossturako**
*Ross's Turaco - Turaco de Ross*
Gould, 1852
*Kamerun bis Süd-Sudan und w Kenia s bis Angola und Botswana*

Tauraco macrorhynchus
**Blaurückenturako**
*Yellow-billed Turaco - Turaco piquigualdo*
Fraser, 1839
*Sierra Leone bis Ghana*

Tauraco macrorhynchus verreauxii
**Verreauxis Turako**
Schlegel, 1854
Nigeria bis Demokratische Republik Kongo, n Angola und Bioko Insel
Tauraco bannermani
**Bannermanturako**
*Bannerman's Turaco - Turaco de Bannerman*
Bates, GL, 1923
*nw Kamerun*

Tauraco leucolophus
**Weißhaubenturako**
*White-crested Turaco - Turaco crestiblanco*
Heuglin, 1855
*Nigeria und Kamerun bis Süd-Sudan und w Kenia*

Tauraco erythrolophus
**Rotschopfturako**
*Red-crested Turaco - Turaco crestirrojo*
Vieillot, 1819
*Angola*

Tauraco persa
**Guineaturako**
*Guinea Turaco - Turaco de Guinea*
Linnaeus, 1758
*Elfenbeinküste bis Kamerun*

Tauraco persa buffoni
**Buffonturako**
Vieillot, 1819
Senegal und Gambia bis Liberia
Tauraco persa zenkeri
**Zenkers Turako**
Reichenow, 1896
s Kamerun bis n Angola und nw Demokratische Republik Kongo

Tauraco livingstonii
**Livingstoneturako**
*Livingstone's Turaco - Turaco de Livingstone*
Gray, GR, 1864
*Malawi bis n Mosambik und e Simbabwe*

Tauraco livingstonii reichenowi
**Reichenows Turako**
Fischer, GA, 1880
Tansania bis Mosambik und e Südafrika

Tauraco schalowi
**Schalowturako**
*Schalow's Turaco - Turaco de Schalow*
Reichenow, 1891
*Angola und w Sambia*

Tauraco schalowi chalcolophus
**Mbuluturako**
Neumann, 1895
nc Tansania (Crater und Mbulu Hochland)
Tauraco schalowi loitanus
**Loitaturako**
Neumann, 1908
sw Kenia (Loita Hills)
Tauraco schalowi marungensis
**Reichenows Schalowturako**
Reichenow, 1902
se Demokratische Republik Kongo und Sambia bis Malawi, sw Tansania und wc Mosambik

Tauraco corythaix
**Helmturako**
*Knysna Turaco - Turaco de Knysna*
Wagler, 1827
*se Südafrika*

Tauraco corythaix phoebus
**Neumanns Helmturako**
Neumann, 1907
nw Swaziland und Transvaal (Südafrika)

Tauraco schuettii
**Schwarzschnabelturako**
*Black-billed Turaco - Turaco piquinegro*
Cabanis, 1879
*w, n Demokratische Republik Kongo bis n Angola*

Tauraco schuettii emini
**Östlicher Schwarzschnabelturako**
Reichenow, 1893
e Demokratische Republik Kongo bis se Sudan, w Kenia und Uganda

Tauraco fischeri
**Fischerturako**
*Fischer's Turaco - Turaco de Fischer*
Reichenow, 1878
*s Somalia bis ne Tansania*

Tauraco fischeri zanzibaricus
**Sansibarturako**
Pakenham, 1938
Sansibar (vor Tansania)

Tauraco hartlaubi
**Seidenturako**
*Hartlaub's Turaco - Turaco de Hartlaub*
Fischer, GA & Reichenow, 1884
*c Kenia bis e Uganda und n Tansania*

## Ordnung: OTIDIFORMES (Trappen)

## Familie: Otididae (Trappen)
Gattung: Otis

Otis tarda
**Großtrappe**
*Great Bustard - Avutarda euroasiática*
Linnaeus, 1758
*sw, c Europa und nw Afrika bis sw Sibirien und c Mongolei*

Otis tarda dybowskii
**Mongolengroßtrappe**
Taczanowski, 1874
Mongolei bis e Sibirien und ne China

Gattung: Ardeotis

Ardeotis arabs
**Arabientrappe**
*Arabian Bustard - Avutarda árabe*
Linnaeus, 1758
*Äthiopien, Somalia, sw Saudi-Arabien und w Jemen*

Ardeotis arabs lynesi
**Marokkotrappe**
Bannerman, 1930
w Marokko
Ardeotis arabs stieberi
**Stieberstrappe**
Neumann, 1907
sw Mauretanien, Senegal und Gambia bis e Sudan
Ardeotis arabs butleri
**Butlerstrappe**
Bannerman, 1930
s Sudan

Ardeotis kori
**Riesentrappe**
*Kori Bustard - Avutarda kori*
Burchell, 1822
*Angola bis s Mosambik und Südafrika*

Ardeotis kori struthiunculus
**Nördliche Riesentrappe**
Neumann, 1907
Äthiopien und n Somalia bis Uganda und n Tansania

Ardeotis nigriceps
**Kappentrappe**
*Great Indian Bustard - Avutarda india*
Vigors, 1831
*Indien*

Ardeotis australis
**Wammentrappe**
*Australian Bustard - Avutarda australiana*
Gray, JE, 1829
*Trans-Fly (sc Neuguinea) und Australien (außer se, Tasmanien)*

Gattung: Chlamydotis

Chlamydotis undulata
**Saharakragentrappe**
*African Houbara - Avutarda hubara africana*
Jacquin, 1784
*n Afrika*

Chlamydotis undulata fuertaventurae
**Fuerteventura-Kragentrappe**
Rothschild & Hartert, EJO, 1894
Fuerteventura, Lanzarote und La Graciosa (n von Lanzarote; e Kanarische Is., c Makaronesien, nw von w Afrika)

Chlamydotis macqueenii
**Steppenkragentrappe**
*Asian Houbara - Avutarda hubara asiática*
Gray, JE, 1832
*Mittlerer Osten bis c China*

Gattung: Neotis

Neotis ludwigii
**Ludwigtrappe**
*Ludwig's Bustard - Avutarda de Namibia*
Rüppell, 1837
*Angola, Namibia und Südafrika*

Neotis denhami
**Savannentrappe**
*Denham's Bustard - Avutarda cafre*
Children & Vigors, 1826
*sw Mauretanien, Senegal und Gambia bis w Äthiopien und n Uganda*

Neotis denhami jacksoni
**Jacksons Savannentrappe**
Bannerman, 1930
Kenia bis n Simbabwe, Demokratische Republik Kongo und s Angola
Neotis denhami stanleyi
**Stanleys Savannentrappe**
Gray, JE, 1831
Südafrika

Neotis heuglinii
**Heuglintrappe**
*Heuglin's Bustard - Avutarda somalí*
Hartlaub, 1859
*Eritrea bis Somalia und n Kenia*

Neotis nuba
**Nubientrappe**
*Nubian Bustard - Avutarda núbica*
Cretzschmar, 1826
*Mauretanien bis e Sudan*

**Gattung: Eupodotis**

Eupodotis senegalensis
**Senegaltrappe**
*White-bellied Bustard - Sisón senegalés*
Vieillot, 1821
*sw Mauretanien bis Sudan und w Äthiopien s bis Guinea, Kamerun und Zentralafrikanische Republik*

    Eupodotis senegalensis canicollis
    **Äthiopientrappe**
    Reichenow, 1881
    *Äthiopien und Somalia bis ne Tansania*
    Eupodotis senegalensis erlangeri
    **Erlangertrappe**
    Reichenow, 1905
    *sw Kenia und w Tansania*
    Eupodotis senegalensis mackenziei
    **McKenzi-Trappe**
    White, CMN, 1945
    *e Gabun bis e Angola und w Sambia*
    Eupodotis senegalensis barrowii
    **Barrowtrappe**
    Gray, JE, 1829
    *Botswana und e Südafrika*

Eupodotis caerulescens
**Blautrappe**
*Blue Korhaan - Sisón azulado*
Vieillot, 1821
*e Südafrika*

**Gattung: Heterotetrax**

Heterotetrax vigorsii
**Knarrtrappe**
*Karoo Korhaan - Sisón del Karroo*
Smith, A, 1831
*Orange Free State bis s Cape Province (Südafrika)*

    Heterotetrax vigorsii namaqua
    **Namaqutrappe**
    Roberts, 1932
    *s Namibia und nw Cape Province (Südafrika)*

Heterotetrax rueppelii
**Rüppelltrappe**
*Rüppell's Korhaan - Sisón de Damaraland*
Wahlberg, 1856
*s Angola und nw Namibia*

    Heterotetrax rueppelii fitzsimonsi
    **Fritzsimons Rüppeltrappe**
    Roberts, 1937
    *wc Namibia*

Heterotetrax humilis
**Somalitrappe**
*Little Brown Bustard - Sisón somalí*
Blyth, 1855
*e Äthiopien und n, c Somalia*

**Gattung: Lophotis**

Lophotis savilei
**Saheltrappe**
*Savile's Bustard - Sisón moñudo del Sahel*
Lynes, 1920
*Mauretanien, Senegal und Gambia bis c Sudan*

Lophotis gindiana
**Äthiopientrappe**
*Buff-crested Bustard - Sisón moñudo etíope*
Oustalet, 1881
*Äthiopien und Somalia bis n Tansania*

Lophotis ruficrista
**Rotschopftrappe**
*Red-crested Korhaan - Sisón moñudo austral*
Smith, A, 1836
*Angola und Namibia bis Mosambik, Swaziland und Südafrika*

**Gattung: Afrotis**

Afrotis afra
**Gackeltrappe**
*Southern Black Korhaan - Sisón negro alioscuro*
Linnaeus, 1758
*w, s Südafrika*

Afrotis afraoides
**Weißflügeltrappe**
*Northern Black Korhaan - Sisón negro aliclaro*
Smith, A, 1831
*se Botswana bis Lesotho und ne Südafrika*

    Afrotis afraoides etoschae
    **Etosha-Weißflügeltrappe**
    Grote, 1922
    *nw Namibia und n Botswana*
    Afrotis afraoides damarensis
    **Damara-Weißflügeltrappe**
    Roberts, 1926
    *Namibia und w, c Botswana*

**Gattung: Lissotis**

Lissotis melanogaster
**Schwarzbauchtrappe**
*Black-bellied Bustard - Sisón ventrinegro común*
Rüppell, 1835
*Senegal und Gambia bis Äthiopien s bis Angola und Mosambik*

    Lissotis melanogaster notophila
    **Kap-Schwarzbauchtrappe**
    Oberholser, 1905
    *Simbabwe und s Mosambik bis Südafrika*

Lissotis hartlaubii
**Hartlaubtrappe**
*Hartlaub's Bustard - Sisón ventrinegro de Hartlaub*
Heuglin, 1863
*Sudan und Süd-Sudan bis Somalia und Kenia*

**Gattung: Houbaropsis**

Houbaropsis bengalensis
**Barttrappe**
*Bengal Florican - Sisón bengalí*
Müller, PLS, 1776
*s Nepal bis n, e Indien*

    Houbaropsis bengalensis blandini
    **Kambotschabarttrappe**
    Delacour, 1928
    *s Kambodscha und s Vietnam*

**Gattung: Sypheotides**

Sypheotides indicus
**Flaggentrappe**
*Lesser Florican - Sisón de penacho*
Miller, JF, 1782
*Indien*

**Gattung: Tetrax**

Tetrax tetrax
**Zwergtrappe**
*Little Bustard - Sisón común*
Linnaeus, 1758
*sw Europa und nw Afrika bis c Asien*

## Ordnung: CUCULIFORMES (Kuckucksvögel)

### Familie: Cuculidae (Kuckukce)
Gattung: Guira

Guira guira
**Guirakuckuck**
*Guira Cuckoo - Pirincho*
Gmelin, JF, 1788
*e, s Brasilien bis Bolivien, Paraguay, n Argentinien und Uruguay*

Gattung: Crotophaga

Crotophaga major
**Riesenani**
*Greater Ani - Garrapatero mayor*
Gmelin, JF, 1788
*e Panama bis n Argentinien*

Crotophaga ani
**Glattschnabelani**
*Smooth-billed Ani - Garrapatero aní*
Linnaeus, 1758
*s Florida bis n Argentinien*

Crotophaga sulcirostris
**Riefenschnabelani**
*Groove-billed Ani - Garrapatero asurcado*
Swainson, 1827
*Mexico bis Guyana und nw Argentinien*

Gattung: Tapera

Tapera naevia
**Streifenkuckuck**
*Striped Cuckoo - Cuclillo crespín*
Linnaeus, 1766
*s Mexico bis n Argentinien*

Gattung: Dromococcyx

Dromococcyx phasianellus
**Fasanenkuckuck**
*Pheasant Cuckoo - Cuclillo faisán*
Spix, 1824
*s Mexico bis n Argentinien*

Dromococcyx pavoninus
**Pfauenkuckuck**
*Pavonine Cuckoo - Cuclillo pavonino*
Pelzeln, 1870
*Guyana bis n Argentinien*

Gattung: Morococcyx

Morococcyx erythropygus
**Drosselkuckuck**
*Lesser Ground Cuckoo - Cuclillo bobo*
Lesson, RP, 1842
*s Mexico bis nw Costa Rica*

   Morococcyx erythropygus mexicanus
   **Mexikanischer Drosselkuckuck**
   Ridgway, 1915
   *w, s Mexico*

Gattung: Geococcyx

Geococcyx californianus
**Wegekuckuck**
*Greater Roadrunner - Correcaminos grande*
Lesson, RP, 1829
*sw USA und Mexico*

Geococcyx velox
**Rennkuckuck**
*Lesser Roadrunner - Correcaminos chico*
Wagner, 1836
*w Mexico bis Nicaragua*

Neomorphus geoffroyi
**Geoffroygrundkuckuck**
*Rufous-vented Ground Cuckoo - Cuco hormiguero ventrirrufo*
Temminck, 1820
*Bahia (e Brasilien)*

   Neomorphus geoffroyi salvini
   **Salvins Grundkuckuck**
   Sclater, PL, 1866
   *Nicaragua bis w Kolumbien*
   Neomorphus geoffroyi aequatorialis
   **Äquatorgrundkuckuck**
   Chapman, 1923
   *se Kolumbien bis n Peru*
   Neomorphus geoffroyi australis
   **Carrikergrundkuckuck**
   Carriker, 1935
   *s Peru und nw Bolivien*
   Neomorphus geoffroyi amazonicus
   **Amazonasgrundkuckuck**
   Pinto, 1964
   *Pará (nc Brasilien s Amazonas)*
   Neomorphus geoffroyi dulcis
   **Snethlagegrundkuckuck**
   Snethlage, E, 1927
   *se Brasilien*

Neomorphus squamiger
**Schuppengrundkuckuck**
*Scaled Ground Cuckoo - Váquiro Escamado*
Todd, 1925
*Brasilien und sc Amazonasgebiet (lower Rio Tapajós)*

Neomorphus radiolosus
**Bindengrundkuckuck**
*Banded Ground Cuckoo - Cuco hormiguero escamoso*
Sclater, PL & Salvin, 1878
*sw Kolumbien und nw Ecuador*

Neomorphus rufipennis
**Rotschwingen-Grundkuckuck**
*Rufous-winged Ground Cuckoo - Cuco hormiguero alirrufo*
Gray, GR, 1849
*s Venezuela, Guyana und n Brasilien*

Neomorphus pucheranii
**Rotschnabel-Grundkuckuck**
*Red-billed Ground Cuckoo - Cuco hormiguero piquirrojo*
Deville, 1851
*ne Peru und w Brasilien n Amazonas*

   Neomorphus pucheranii lepidophanes
   **Todds Rotschnabel-Grundkuckuck**
   Todd, 1925
   *e Peru und w Brasilien s Amazonas*

Gattung: Centropus

Centropus milo
**Blasskopfkuckuck**
*Buff-headed Coucal - Cucal milo*
Gould, 1856
*Guadalcanal und Florida Is. (c Solomon Is.)*

   Centropus milo albidiventris
   **Salomonen-Blaßkopfkuckuck**
   Rothschild, 1904
   *New Georgia Gruppe (wc Solomon Is.)*

Centropus ateralbus
**Weißkopfkuckuck**
*White-necked Coucal - Cucal blanquinegro*
Lesson, RP, 1826
*New Ireland, Dyaul (=Djaul, s von w New Ireland), Umboi (w von New Britain), New Britain und Lolobau (n von e New Britain; e Bismarck Archipel)*

Centropus menbeki
**Weißschnabelkuckuck**
*Ivory-billed Coucal - Cucal menebiki*
Lesson, RP & Garnot, 1828
*Raja Ampat Is. (nw von Neuguinea), Yapen (Geelvink Bay is., nw Neuguinea) und Neuguinea*

   Centropus menbeki aruensis
   **Aru-Mohrenkuckuck**
   Salvadori, 1878
   *Aru Is. (sw von Neuguinea)*

Centropus chalybeus
**Biakkuckuck**
*Biak Coucal - Cucal de Biak*
Salvadori, 1876
*Biak (Geelvink Bay is., nw Neuguinea)*

Centropus unirufus
**Bambuskuckuck**
*Rufous Coucal - Cucal rufo*
Cabanis & Heine, 1863
*Luzon Gruppe (Philippinen)*

Centropus chlororhynchos
**Ceylonkuckuck**
*Green-billed Coucal - Cucal de Ceilán*
Blyth, 1849
*Sri Lanka*

Centropus melanops
**Maskenkuckuck**
*Black-faced Coucal - Cucal carinegro*
Lesson, RP, 1830
*East Visayas und Mindanao Gruppe (ec. s Philippinen)*

Centropus steerii
**Mindorokuckuck**
*Black-hooded Coucal - Cucal de Mindoro*
Bourns & Worcester, 1894
*Mindoro (Philippinen)*

Centropus rectunguis
**Kurzspornkuckuck**
*Short-toed Coucal - Cucal de Strickland*
Strickland, 1847
*Malayische Halbinsel, Sumatra und Borneo*

Centropus celebensis
**Celebeskuckuck**
*Bay Coucal - Cucal de Célebes*
Quoy & Gaimard, 1832
*n Sulawesi und Togian Is. (zwischen ne und ec Sulawesi)*

  Centropus celebensis rufescens
  **Sulawesikuckuck**
  Meyer, AB & Wiglesworth, 1896
  *c, s, e Sulawesi, Muna und Butung (=Buton) und Labuan Blanda (Pulau Labuan Belanda, n von Butung; s von se Sulawesi)*

Centropus anselli
**Ansellkuckuck**
*Gabon Coucal - Cucal de Gabón*
Sharpe, 1874
*Kamerun bis Angola und c Demokratische Republik Kongo*

Centropus leucogaster
**Weißbauchkuckuck**
*Black-throated Coucal - Cucal ventriblanco*
Leach, 1814
*s Senegal und Guinea-Bissau bis se Nigeria*

  Centropus leucogaster efulenensis
  **Sharps Weißbauchkuckuck**
  Sharpe, 1904
  *sw Kamerun und Gabun*
  Centropus leucogaster neumanni
  **Neumanns Weißbauchkuckuck**
  Alexander, 1908
  *ne Demokratische Republik Kongo*

Centropus senegalensis
**Spornkuckuck**
*Senegal Coucal - Cucal senegalés*
Linnaeus, 1766
*Senegal und Gambia bis Eritrea s bis nw Angola, sc Demokratische Republik Kongo und Uganda*

  Centropus senegalensis aegyptius
  **Ägyptischer Spornkuckuck**
  Gmelin, JF, 1788
  *ne Ägypten*
  Centropus senegalensis flecki
  **Flecks Spornkuckuck**
  Reichenow, 1893
  *e Angola bis ne Namibia und sw Tansania s bis Malawi und Simbabwe*

Centropus monachus
**Blaukopfkuckuck**
*Blue-headed Coucal - Cucal monje*
Rüppell, 1837
*Eritrea und Äthiopien bis c Kenia*

  Centropus monachus occidentalis
  **Gabun-Blaukopfkuckuck**
  Neumann, 1908
  *Guinea bis w Zentralafrikanische Republik s bis Gabun und n Angola*
  Centropus monachus fischeri
  **Fischers Blaukopfkuckuck**
  Reichenow, 1887
  *Süd-Sudan bis e Demokratische Republik Kongo, Uganda, w Kenia und nw Tansania*

Centropus cupreicaudus
**Kupferschwanzkuckuck**
*Coppery-tailed Coucal - Cucal colicobrizo*
Reichenow, 1896
*s Demokratische Republik Kongo und sw Tansania bis Angola, n Botswana und Malawi*

  Centropus cupreicaudus songweensis
  **Tansania-Kupferschwanzkuckuck**
  Benson, 1948
  *s Tansania*

Centropus superciliosus
**Weißbrauenkuckuck**
*White-browed Coucal - Cucal cejiblanco*
Hemprich & Ehrenberg, 1829
*sw Arabien, Socotra Insel, e Sudan bis w Somalia, n, c, e Kenia, ne Uganda und ne Tansania*

  Centropus superciliosus loandae
  **Loandas Weißbrauenkuckuck**
  Grant, CHB, 1915
  *Uganda und sw Kenia bis n Simbabwe, Botswana und Angola*

Centropus burchellii
**Burchellkuckuck**
*Burchell's Coucal - Cucal de Burchel*
Swainson, 1838
*e Botswana bis s Simbabwe, Mosambik und Südafrika*

  Centropus burchellii fasciipygialis
  **Reichenowkuckuck**
  Reichenow, 1898
  *e Tansania bis e Simbabwe und Mosambik*

Centropus nigrorufus
**Javakuckuck**
*Sunda Coucal - Cucal de la Sonda*
Cuvier, 1816
*Java*

Centropus sinensis
**Heckenkuckuck**
*Greater Coucal - Cucal chino*
Stephens, 1815
*Pakistan über n Indien bis se China*

  Centropus sinensis parroti
  **Parrots Heckenkuckuck**
  Stresemann, 1913
  *c, s Indien und Sri Lanka*
  Centropus sinensis intermedius
  **Kleiner Heckenkuckuck**
  Hume, 1873
  *Bangladesch und Myanmar bis s Thailand, Indochina und Malayische Halbinsel*
  Centropus sinensis bubutus
  **Sunda-Heckenkuckuck**
  Horsfield, 1821
  *Sumatra, Nias (w von n Sumatra), Mentawai (w von c Sumatra), Java, Madura (n von e Java), Bali, Borneo und Palawan Gruppe (sw Philippinen)*
  Centropus sinensis anonymus
  **Philippinen-Heckenkuckuck**
  Stresemann, 1913
  *Basilan und Sulu Archipel (s Philippinen)*
  Centropus sinensis kangeangensis
  **Kangean-Heckenkuckuck**
  Vorderman, 1893
  *Kangean Is. (n von Bali)*

Centropus toulou
**Tulukuckuck**
*Malagasy Coucal - Cucal malgache*
Müller, PLS, 1776
*Madagascar*

  Centropus toulou insularis
  **Aldabrakuckuck**
  Ridgway, 1894
  *Aldabra (w Aldabra Gruppe, sw Seychellen)*
  † Centropus toulou assumptionis
  **Seychellenkuckuck**
  Nicoll, 1906
  *Assumption (sw Aldabra Gruppe, sw Seychellen)*

Centropus goliath
**Goliathkuckuck**
*Goliath Coucal - Cucal goliat*
Bonaparte, 1850
*Morotai bis Obi (n Moluccas)*

Centropus grillii
**Grillkuckuck**
*Black Coucal - Cucal negro*
Hartlaub, 1861
*Afrka weit verbreitet*

Centropus viridis
**Grünkuckuck**
*Philippine Coucal - Cucal filipino*
Scopoli, 1786
*Luzon Gruppe, Visayas, Mindanao Gruppe und Jolo (n Sulu Archipel; n bis s Philippinen)*

    Centropus viridis major
    **Großer Grünkuckuck**
    Parkes & Niles, 1988
    *Babuyanes Is. (n Philippinen)*
    Centropus viridis mindorensis
    **Mindoro-Grünkuckuck**
    Steere, 1890
    *Mindoro und Semirara Is. (nc Philippinen)*
    Centropus viridis carpenteri
    **Carpenters Grünkuckuck**
    Mearns, 1907
    *Batanes Is. (n Philippinen)*

Centropus bengalensis
**Bengalenkuckuck**
*Lesser Coucal - Cucal bengalí*
Gmelin, JF, 1788
*Indien und Nepal bis Myanmar, Thailand und Indochina*

    Centropus bengalensis lignator
    **Hainankuckuck**
    Swinhoe, 1861
    *s, se China, Hainan und Taiwan*
    Centropus bengalensis javanensis
    **Javakuckuck**
    Dumont, 1818
    *Malayische Halbinsel bis Sumatra, Riau und Lingga is. (e von c Sumatra), Bangka und Belitung (e von s Sumatra), Java, Borneo, Palawan Gruppe und Sulu Archipel (sw, s Philippinen)*
    Centropus bengalensis philippinensis
    **Philippinenkuckuck**
    Mees, 1971
    *Philippinen (außer Palawan Gruppe und Sulu Archipel)*
    Centropus bengalensis sarasinorum
    **Stresemanns Bengalenkuckuck**
    Stresemann, 1912
    *Sulawesi, Sangihe und Talaud is. (n von ne Sulawesi) und Lesser Sundas*
    Centropus bengalensis medius
    **Kleiner Bengalenkuckuck**
    Bonaparte, 1850
    *Moluccas (außer Kai Is., se Moluccas)*

Centropus violaceus
**Purpurkuckuck**
*Violaceous Coucal - Cucal violáceo*
Quoy & Gaimard, 1832
*New Ireland und New Britain (e Bismarck Archipel)*

Centropus bernsteini
**Bernsteinkuckuck**
*Black-billed Coucal - Cucal de Bernstein*
Schlegel, 1866
*Batanta (Raja Ampat Is., nw von Neuguinea), Bird's Head und Neck (nw Neuguinea), wc bis ec und ne (Huon Halbinsel) Neuguinea und Manam (n von ne Neuguinea)*

Centropus spilopterus
**Keikuckuck**
*Kai Coucal - Cucal de las Kai*
Gray, GR, 1858
*Kai Is. (se Moluccas)*

Centropus phasianinus
**Fasanschwanzkuckuck**
*Pheasant Coucal - Cucal faisán*
Latham, 1801
*Lesser Sundas, ec bis se Neuguinea und n, e Australien*

    Centropus phasianinus mui
    **Timor-Fasanenschwanzkuckuck**
    Mason, IJ & McKean, 1984
    *ec Queensland bis ne New South Wales (ec Australien)*
    Centropus phasianinus propinquus
    **Mayrs Fasanenschwanzkuckuck**
    Mayr, 1937
    *n Neuguinea*
    Centropus phasianinus nigricans
    **Salvadoris Fasanenschwanzkuckuck**
    Salvadori, 1876
    *se Neuguinea und D'Entrecasteaux Archipel (e von se Neuguinea)*
    Centropus phasianinus thierfelderi
    **Thierfelds Fasanenschwanzkuckuck**
    Stresemann, 1927
    *Trans-Fly (sc Neuguinea) und Torres Strait is. (ne Australien)*

    Centropus phasianinus melanurus
    **Goulds Fasanenschwanzkuckuck**
    Gould, 1847
    *nc Western Australia bis Cape York Halbinsel, ne Queensland (nw bis ne Australien)*

Centropus andamanensis
**Andamanenkuckuck**
*Andaman Coucal - Cucal de Andamán*
Beavan, 1867
*Andaman Is.*

## Gattung: Carpococcyx

Carpococcyx radiceus
**Laufkuckuck**
*Bornean Ground Cuckoo - Cuco terrestre de Borneo*
Temminck, 1832
*Borneo*

Carpococcyx viridis
**Sumatrakuckuck**
*Sumatran Ground Cuckoo - Cuco terrestre de Sumatra*
Salvadori, 1879
*Gebirge Sumatra*

Carpococcyx renauldi
**Korallenschnabelkuckuck**
*Coral-billed Ground Cuckoo - Cuco terrestre de Indochina*
Oustalet, 1896
*se Asien*

## Gattung: Coua

† Coua delalandei
**Schneckenseidenkuckuck**
*Snail-eating Coua - Cúa de Delalande*
Temminck, 1827
*Nosy Boraha (=Ile Sainte-Marie, just e von ne Madagascar)*

Coua cristata
**Schopfseidenkuckuck**
*Crested Coua - Cúa crestado*
Linnaeus, 1766
*n, e Madagascar*

    Coua cristata dumonti
    **Dumonts Schopfseidenkuckuck**
    Delacour, 1931
    *wc Madagascar*
    Coua cristata pyropyga
    **Südlicher Schopfseidenkuckuck**
    Grandidier, A, 1867
    *sw Madagascar*
    Coua cristata maxima
    **Großer Schopfseidenkuckuck**
    Milon, 1950
    *se Madagascar*

Coua verreauxi
**Breitschopf-Seidenkuckuck**
*Verreaux's Coua - Cúa de Verreaux*
Grandidier, A, 1867
*Küste s Madagascar*

Coua caerulea
**Blauseidenkuckuck**
*Blue Coua - Cúa azul*
Linnaeus, 1766
*nw, e Madagascar*

Coua ruficeps
**Rostkappen-Seidenkuckuck**
*Red-capped Coua - Cúa capirrojo*
Gray, GR, 1846
*nw Madagascar*

Coua olivaceiceps
**Olivstirn-Seidenkuckuck**
*Olive-capped Coua - Cúa capiolivo*
Sharpe, 1873
*sw Madagascar*

Coua reynaudii
**Rotstirn-Seidenkuckuck**
*Red-fronted Coua - Cúa frentirrojo*
Pucheran, 1845
*nw, e Madagascar*

Coua coquereli
**Coquerel-Seidenkuckuck**
*Coquerel's Coua - Cúa de Coquerel*
Grandidier, A, 1867
w, ne Madagascar

Coua cursor
**Gelbkehl-Seidenkuckuck**
*Running Coua - Cúa corredor*
Grandidier, A, 1867
sw, s Madagascar

Coua gigas
**Riesenseidenkuckuck**
*Giant Coua - Cúa gigante*
Boddaert, 1783
w, s Madagascar

Coua serriana
**Rotbrust-Seidenkuckuck**
*Red-breasted Coua - Cúa pechirrojo*
Pucheran, 1845
nw, ne bis nc Madagascar

## Gattung: Rhinortha

Rhinortha chlorophaea
**Raffleskuckuck**
*Raffles's Malkoha - Malcoha de Raffles*
Raffles, 1822
Malayische Halbinsel, Sumatra, Batu Is. (w von c Sumatra), Bangka (e von s Sumatra), Natuna Is. (nw von Borneo) und Borneo

## Gattung: Ceuthmochares

Ceuthmochares aereus
**Blauerzkuckuck**
*Blue Malkoha - Malcoha africano occidental*
Vieillot, 1817
se Nigeria bis w Kenia, n Sambia, Angola und Bioko Insel

Ceuthmochares aereus flavirostris
**Swainsons Erzkuckuck**
Swainson, 1837
Gambia bis sw Nigeria

Ceuthmochares australis
**Grünerzkuckuck**
*Green Malkoha - Malcoha africano oriental*
Sharpe, 1873
Äthiopien und Somalia bis Mosambik und Südafrika

## Gattung: Taccocua

Taccocua leschenaultii
**Sirkarkuckuck**
*Sirkeer Malkoha - Malcoha sirkir*
Lesson, RP, 1830
s Indien und Sri Lanka

Taccocua leschenaultii sirkee
**Grays Sirkarkuckuck**
Gray, JE, 1831
Pakistan und nw Indien
Taccocua leschenaultii infuscata
**Blyths Sirkarkuckuck**
Blyth, 1845
c, e Himalaya Ausläufer bis ne Indien

## Gattung: Zanclostomus

Zanclostomus javanicus
**Kastanienbauchkuckuck**
*Red-billed Malkoha - Malcoha piquirrojo*
Horsfield, 1821
Java

Zanclostomus javanicus pallidus
**Borneo-Kastanienbauchkuckuck**
Robinson & Kloss, 1921
Malayische Halbinsel, Sumatra und Borneo

## Gattung: Rhamphococcyx

Rhamphococcyx calyorhynchus
**Buntschnabelkuckuck**
*Yellow-billed Malkoha - Malcoha de Célebes*
Temminck, 1825
n, e, se Sulawesi und Togian Is. (zwischen ne und ec Sulawesi)

Rhamphococcyx calyorhynchus meridionalis
**Südlicher Buntschnabelkuckuck**
Meyer, AB & Wiglesworth, 1896
c, s Sulawesi
Rhamphococcyx calyorhynchus rufiloris
**Butung-Buntschnabelkuckuck**
Hartert, EJO, 1903
Muna und Butung (=Buton; s von se Sulawesi)

## Gattung: Phaenicophaeus

Phaenicophaeus curvirostris
**Schimmerkuckuck**
*Chestnut-breasted Malkoha - Malcoha pechicastaño*
Shaw, 1810
w, c Java

Phaenicophaeus curvirostris singularis
**Sumatra Schimmerkuckuck**
Parrot, 1907
s Myanmar bis Sumatra
Phaenicophaeus curvirostris deningeri
**Deningers Schimmerkuckuck**
Stresemann, 1913
e Java und Bali
Phaenicophaeus curvirostris microrhinus
**Borneo-Schimmerkuckuck**
Berlepsch, 1895
Bangka (e von c Sumatra), Natuna Is. (nw von Borneo) und Borneo
Phaenicophaeus curvirostris harringtoni
**Harrongtons Schimmerkuckuck**
Sharpe, 1877
Palawan Gruppe (sw Philippinen)

Phaenicophaeus oeneicaudus
**Mentawai-Schimmerkuckuck**
*Mentawai Malkoha - Malcoha de mentawai*
Verreaux, J & Verreaux, É, 1855
Mentawai Is. (w von c Sumatra)

Phaenicophaeus pyrrhocephalus
**Nacktstirnkuckuck**
*Red-faced Malkoha - Malcoha carirrojo*
Pennant, 1769
Sri Lanka

Phaenicophaeus sumatranus
**Rotbauchkuckuck**
*Chestnut-bellied Malkoha - Malcoha ventrirrufo*
Raffles, 1822
Malayische Halbinsel, Sumatra, Borneo und kleine Inseln

Phaenicophaeus viridirostris
**Blauringkuckuck**
*Blue-faced Malkoha - Malcoha cariazul*
Jerdon, 1840
s Indien und Sri Lanka

Phaenicophaeus diardi
**Diardkuckuck**
*Black-bellied Malkoha - Malcoha ventrinegro*
Lesson, RP, 1830
s Myanmar, s Thailand, Malayische Halbinsel und Sumatra

Phaenicophaeus diardi borneensis
**Borneokuckuck**
Salvadori, 1874
Borneo

Phaenicophaeus tristis
**Grünschnabelkuckuck**
*Green-billed Malkoha - Malcoha sombrío*
Lesson, RP, 1830
n Indien bis s China, se Asien und Sumatra

Phaenicophaeus tristis kangeangensis
**Kangean-Grünschnabelkuckuck**
Vorderman, 1893
Kangean Is. (n von Bali)

## Gattung: Dasylophus

Dasylophus superciliosus
### Rotbrauenkuckuck
*Rough-crested Malkoha - Malcoha crestirrojo*
Dumont, 1823
*Luzon s von Cagayan Province*

Dasylophus superciliosus cagayanensis
#### Cagayan-Rotbrauenkuckuck
Rand & Rabor, 1967
Cagayan Province (ne Luzon)

Dasylophus cumingi
### Schuppenhalskuckuck
*Scale-feathered Malkoha - Malcoha frisado*
Fraser, 1839
*Luzon Gruppe (n Philippinen)*

## Gattung: Clamator

Clamator coromandus
### Koromandelkuckuck
*Chestnut-winged Cuckoo - Críalo oriental*
Linnaeus, 1766
*Himalaya bis e China und se Asien*

Clamator glandarius
### Häherkuckuck
*Great Spotted Cuckoo - Críalo europeo*
Linnaeus, 1758
*s Europa bis N Afrika*

Clamator levaillantii
### Kapkuckuck
*Levaillant's Cuckoo - Críalo listado*
Swainson, 1829
*weit verbreitet s in der Sahara*

Clamator jacobinus
### Jakobinerkuckuck
*Jacobin Cuckoo - Críalo blanquinegro*
Boddaert, 1783
*s Indien, Sri Lanka und s Myanmar*

Clamator jacobinus serratus
#### Afrikanischer Jakobinerkuckuck
Sparrman, 1786
Südafrika und s Sambia
Clamator jacobinus pica
#### Elsterkuckuck
Hemprich & Ehrenberg, 1833
Afrika s in der Sahara bis n Sambia und Malawi; nw Indien bis Nepal und Myanmar

## Gattung: Coccycua

Coccycua minuta
### Rötelkuckuck
*Little Cuckoo - Cuco ardilla menor*
Vieillot, 1817
*e Kolumbien bis Guianas, Brasilien und Amazonasgebiet Peru*

Coccycua minuta gracilis
#### Kleiner Rötelkuckuck
Heine, 1863
e Panama bis n Bolivien

Coccycua pumila
### Zwergkuckuck
*Dwarf Cuckoo - Cuclillo enano*
Strickland, 1852
*Kolumbien und Venezuela*

Coccycua cinerea
### Graukehlkuckuck
*Ash-colored Cuckoo - Cuclillo ceniciento*
Vieillot, 1817
*s Brasilien, Paraguay, n Argentinien und Uruguay*

## Gattung: Piaya

Piaya cayana
### Eichhornkuckuck
*Squirrel Cuckoo - Cuco ardilla común*
Linnaeus, 1766
*e, s Venezuela bis Guianas und n Brasilien*

Piaya cayana mexicana
#### Meikanischer Eichhornkuckuck
Swainson, 1827
w Mexico
Piaya cayana thermophila
#### Panama-Eichhornkuckuck
Sclater, PL, 1860
e Mexico bis Panama und nw Kolumbien
Piaya cayana nigricrissa
#### Peruanischer Eichhornkuckuck
Cabanis, 1862
w Kolumbien bis nw Peru
Piaya cayana mehleri
#### Mehlers Eichhornkuckuck
Bonaparte, 1850
ne Kolumbien und n Venezuela
Piaya cayana mesura
#### Ekuador-Eichhornkuckuck
Cabanis & Heine, 1863
e Kolumbien, e Ecuador und ne Peru
Piaya cayana circe
#### Venezuela-Eichhornkuckuck
Bonaparte, 1850
w Venezuela
Piaya cayana insulana
#### Trinidad-Eichhornkuckuck
Hellmayr, 1906
Trinidad
Piaya cayana obscura
#### Dunkler Eichhornkuckuck
Snethlage, E, 1908
Rio Juruá bis Rio Tapajós (c Brasilien s Amazonas), e Peru und n Bolivien
Piaya cayana hellmayri
#### Hellmayrs Eichhornkuckuck
Pinto, 1938
Rio Tapajós bis zum Amazonasdelta (ne Brasilien s Amazonas)
Piaya cayana pallescens
#### Cabanis-Eichhornkuckuck
Cabanis & Heine, 1863
e Brasilien
Piaya cayana cabanisi
#### Allens Eichhornkuckuck
Allen, JA, 1893
sc Brasilien
Piaya cayana macroura
#### Paraguay-Eichhornkuckuck
Gambel, 1849
se Brasilien bis Paraguay, ne Argentinien und Uruguay
Piaya cayana mogenseni
#### Bolivianischer Eichhornkuckuck
Peters, JL, 1926
s Bolivien und nw Argentinien

Piaya melanogaster
### Schwarzbauchkuckuck
*Black-bellied Cuckoo - Cuco ardilla ventrinegro*
Vieillot, 1817
*Kolumbien, Venezuela und Guianas bis n Bolivien und sc Brasilien*

## Gattung: Coccyzus

Coccyzus melacoryphus
### Dunkelschnabelkuckuck
*Dark-billed Cuckoo - Cuclillo canela*
Vieillot, 1817
*Kolumbien und Venezuela s bis c Argentinien und Uruguay*

Coccyzus americanus
### Gelbschnabelkuckuck
*Yellow-billed Cuckoo - Cuclillo piquigualdo*
Linnaeus, 1758
*s Kanada bis n Mexico und West Indies*

Coccyzus euleri
### Perlbrustkuckuck
*Pearly-breasted Cuckoo - Cuclillo ventriblanco*
Cabanis, 1873
*Kolumbien, Venezuela und Guianas bis e Paraguay und ne Argentinien*

Coccyzus minor
### Mangrovekuckuck
*Mangrove Cuckoo - Cuclillo de manglar*
Gmelin, JF, 1788
*s Florida, Karibik, MA bis ne Brasilien*

Coccyzus ferrugineus
### Cocoskuckuck
*Cocos Cuckoo - Cuclillo de Isla del Coco*
Gould, 1843
*Insel del Coco (sw von Costa Rica)*

Coccyzus erythropthalmus
**Schwarzschnabelkuckuck**
*Black-billed Cuckoo - Cuclillo piquinegro*
Wilson, A, 1811
*sc, se Kanada und c, e USA*

Coccyzus lansbergi
**Graukappenkuckuck**
*Grey-capped Cuckoo - Cuclillo cabecigrís*
Bonaparte, 1850
*Kolumbien und Venezuela*

Coccyzus pluvialis
**Regenkuckuck**
*Chestnut-bellied Cuckoo - Cuco picogordo de Jamaica*
Gmelin, JF, 1788
*Jamaika*

Coccyzus rufigularis
**Dominikanerkuckuck**
*Bay-breasted Cuckoo - Cuco picogordo de La Española*
Hartlaub, 1852
*Hispaniola*

Coccyzus vetula
**Jamaikakuckuck**
*Jamaican Lizard Cuckoo - Cuco lagartero jamaicano*
Linnaeus, 1758
*Jamaika*

Coccyzus merlini
**Eidechsenkuckuck**
*Great Lizard Cuckoo - Cuco lagartero cubano*
d'Orbigny, 1839
*Kuba*

    Coccyzus merlini bahamensis
    **Bahamas-Eidechsenkuckuck**
    Bryant, H, 1864
    Bahamas
    Coccyzus merlini santamariae
    **Kubanischer Eidechsenkuckuck**
    Garrido, 1971
    Inseln vor nc Kuba
    Coccyzus merlini decolor
    **Juventud-Eidechsenkuckuck**
    Bangs & Zappey, 1905
    Isle von Pines

Coccyzus vieilloti
**Puerto-Rico-Kuckuck**
*Puerto Rican Lizard Cuckoo - Cuco lagartero puertorriqueño*
Bonaparte, 1850
*Puerto Rico*

Coccyzus longirostris
**Hispaniolakuckuck**
*Hispaniolan Lizard Cuckoo - Cuco lagartero de La Española*
Hermann, 1783
*Hispaniola und Sãona Insel*

    Coccyzus longirostris petersi
    **Gonavekuckuck**
    Richmond & Swales, 1924
    La Mahotiere und Gonâve Is. (vor w Haiti)



Pachycoccyx audeberti
**Dickschnabelkuckuck**
*Thick-billed Cuckoo - Críalo piquigrueso*
Schlegel, 1879
*sw, e Madagascar*

    Pachycoccyx audeberti brazzae
    **Brazza-Dickschnabelkuckuck**
    Oustalet, 1886
    Guinea bis Kamerun und w Demokratische Republik Kongo
    Pachycoccyx audeberti validus
    **Kogo-Dickschnabelkuckuck**
    Reichenow, 1879
    e Demokratische Republik Kongo bis se Kenia, Mosambik und Südafrika



Microdynamis parva
**Schwarzkappenkuckuck**
*Dwarf Koel - Koel enano*
Salvadori, 1876
*Bird's Head (nw Neuguinea), s Neuguinea, s von se Neuguinea, und D'Entrecasteaux Archipel*

    Microdynamis parva grisescens
    **Nördlicher Schwarzkappenkuckuck**
    Mayr & Rand, 1936
    nc, ne Neuguinea und n von se Neuguinea



Eudynamys scolopaceus
**Asienkoel**
*Asian Koel - Koel occidental*
Linnaeus, 1758
*Nepal, Pakistan, Indien, Sri Lanka, Laccadive Is. und Maldives*

    Eudynamys scolopaceus chinensis
    **Indochina-Koel**
    Cabanis & Heine, 1863
    s China und Indochina
    Eudynamys scolopaceus harterti
    **Hainan-Koel**
    Ingram, C, 1912
    Hainan (vor se China)
    Eudynamys scolopaceus malayanus
    **Malayenkoel**
    Cabanis & Heine, 1863
    ne Indien und Bangladesch bis Sumatra, Java, Bali, Borneo und Lombok bis Flores (w, c Lesser Sundas)
    Eudynamys scolopaceus mindanensis
    **Mindanao-Koel**
    Linnaeus, 1766
    Philippinen (inklusive Palawan), Sangihe und Talaud is. (n von ne Sulawesi) und n Moluccas

Eudynamys melanorhynchus
**Schwarzschnabelkoel**
*Black-billed Koel - Koel de Piconegro*
Müller, S, 1843
*Sulawesi und kleine Inseln, Banggai und Sula is. (e von Sulawesi)*

Eudynamys orientalis
**Pazifikkoel**
*Pacific Koel - Koel oriental*
Linnaeus, 1766
*c Moluccas*

    Eudynamys orientalis picatus
    **Timorkoel**
    Müller, S, 1843
    Sumba bis Timor (Lesser Sundas) und s Moluccas
    Eudynamys orientalis rufiventer
    **Neuguineakoel**
    Lesson, RP, 1830
    Neuguinea und w, n kleine Inseln
    Eudynamys orientalis hybrida
    **Long-Insel-Koel**
    Diamond, 2002
    Crown, Long und Tolokiwa (w von New Britain) und Credner Is. (e von New Britain, se Bismarck Archipel)
    Eudynamys orientalis salvadorii
    **Salvadoris Koel**
    Hartert, EJO, 1900
    New Ireland, New Britain und kleine Inseln (e Bismarck Archipel)
    Eudynamys orientalis alberti
    **Alberts Koel**
    Rothschild & Hartert, EJO, 1907
    Buka bis Makira Gruppe (Solomon Is.)
    Eudynamys orientalis cyanocephalus
    **Lathams Koel**
    Latham, 1801
    ec Queensland bis s New South Wales (ec, se Australien)
    Eudynamys orientalis subcyanocephalus
    **Queenslandkoel**
    Mathews, 1912
    ne Western Australia bis ec Queensland (n Australien)



Urodynamis taitensis
**Langschwanzkoel**
*Pacific Long-tailed Cuckoo - Koel colilargo*
Sparrman, 1787
*North, South und Stewart is. und kleine Inseln (Neuseeland)*



Scythrops novaehollandiae
**Fratzenkuckuck**
*Channel-billed Cuckoo - Cuco tucán*
Latham, 1790
*Flores und Sumba (wc Lesser Sundas), Buru (wc Moluccas) und ne Western Australia bis se New South Wales (n, e Australien)*

    Scythrops novaehollandiae fordi
    **Fords Fratzenkuckuck**
    Mason, IJ, 1996
    Sulawesi, Tukangbesi Is. (se von se Sulawesi), Banggai und Sula is. (e von Sulawesi)

Scythrops novaehollandiae schoddei
**Bismarck-Fratzenkuckuck**
Mason, IJ, 1996
Lavongai (=New Hanover), New Ireland, New Britain und kleine Inseln (e Bismarck Archipel)

## Gattung: Chrysococcyx

Chrysococcyx maculatus
**Prachtkuckuck**
*Asian Emerald Cuckoo - Cuclillo esmeralda asiático*
Gmelin, JF, 1788
*Himalaya bis sc China und se Asien*

Chrysococcyx xanthorhynchus
**Amethystkuckuck**
*Violet Cuckoo - Cuclillo violeta*
Horsfield, 1821
*ne Indien bis se Asien, Große Sundas und Palawan*

Chrysococcyx xanthorhynchus amethystinus
**Philippinischer Amethystkuckuck**
Vigors, 1831
Philippinen (außer Palawan)

Chrysococcyx caprius
**Goldkuckuck**
*Diederik Cuckoo - Cuclillo didric*
Boddaert, 1783
*Afrika weit verbreitet; se Arabische Halbinsel*

Chrysococcyx klaas
**Klaaskuckuck**
*Klaas's Cuckoo - Cuclillo de Klaas*
Stephens, 1815
*weit verbreitet in Sub-Saharan Afrika. sw Arabische Halbinsel*

Chrysococcyx flavigularis
**Gelbkehlkuckuck**
*Yellow-throated Cuckoo - Cuclillo gorjigualdo*
Shelley, 1880
*Sierra Leone bis Ghana, Kamerun bis e Demokratische Republik Kongo und Gabun*

Chrysococcyx cupreus
**Smaragdkuckuck**
*African Emerald Cuckoo - Cuclillo esmeralda africano*
Shaw, 1792
*Senegal und Gambia bis Süd-Sudan und Äthiopien, s bis Angola und e Südafrika*

## Gattung: Chalcites

Chalcites megarhynchus
**Langschnabelkuckuck**
*Long-billed Cuckoo - Cuclillo piquilargo*
Gray, GR, 1858
*Raja Ampat Is. (nw von Neuguinea), Aru Is. (sw von Neuguinea) und Neuguinea*

Chalcites basalis
**Rotschwanzkuckuck**
*Horsfield's Bronze Cuckoo - Cuclillo de Horsfield*
Horsfield, 1821
*Australien und Tasmanien*

Chalcites osculans
**Schwarzohrkuckuck**
*Black-eared Cuckoo - Cuclillo orejinegro*
Gould, 1847
*Australien (außer Tasmanien)*

Chalcites ruficollis
**Rothals-Bronzekuckuck**
*Rufous-throated Bronze Cuckoo - Cuclillo gorjirrojo*
Salvadori, 1876
*Gebirge Neuguinea*

Chalcites lucidus
**Glanzbronzekuckuck**
*Shining Bronze Cuckoo - Cuclillo broncíneo*
Gmelin, JF, 1788
*North, South, Stewart is., kleine Inseln und Chatham Is. (e von Südinsel; New Zealand)*

Chalcites lucidus harterti
**Harters Glanzbronzekuckuck**
Mayr, 1932
Rennell und Bellona (to nw von Rennell; s Solomon Is.)
Chalcites lucidus layardi
**Layards Glanzbronzekuckuck**
Mathews, 1912
Temotu (=Santa Cruz Is.), se Solomon Is.), Vanuatu inklusive Banks Is. und New Caledonia inklusive Loyalty Is.

Chalcites lucidus plagosus
**Australischer Glanzbronzekuckuck**
Latham, 1801
sw Western Australia, Cape York Halbinsel, ne Queensland bis se South Australia und Tasmanien (sw, ne Australien und Tasmanien)

Chalcites meyerii
**Rotschwingen-Bronzekuckuck**
*White-eared Bronze Cuckoo - Cuclillo orejiblanco*
Salvadori, 1874
*Gebirge Batanta (Raja Ampat Is., nw von Neuguinea), Neuguinea und Goodenough (D'Entrecasteaux Archipel, e von se Neuguinea)*

Chalcites minutillus
**Grünscheitel-Bronzekuckuck**
*Little Bronze Cuckoo - Cuclillo menudo*
Gould, 1859
*ne Western Australia bis nw Cape York Halbinsel und ne Queensland (n Australien)*

Chalcites minutillus peninsularis
**Malayischer Bronzekuckuck**
Parker, SA, 1981
s Thailand und Malayische Halbinsel
Chalcites minutillus albifrons
**Java-Bronzekuckuck**
Junge, 1938
Sumatra, Mentawai Is. (w von c Sumatra) und w Java
Chalcites minutillus aheneus
**Borneo-Bronzekuckuck**
Junge, 1938
Borneo und Philippinen (außer Luzon Gruppe)
Chalcites minutillus jungei
**Flores Bronzekuckuck**
Stresemann, 1938
Sulawesi, Banggai Is. (e von Sulawesi), Madu (se von se Sulawesi) und Flores bis Alor (c Lesser Sundas)
Chalcites minutillus rufomerus
**Sunda-Bronzekuckuck**
Hartert, EJO, 1900
Romang bis Damar (ne von Timor, e Lesser Sundas)
Chalcites minutillus salvadorii
**Tepa-Bronzekuckuck**
Hartert, EJO & Stresemann, 1925
Tepa (Babar Is., e Lesser Sundas)
Chalcites minutillus misoriensis
**Biak-Bronzekuckuck**
Salvadori, 1876
Biak (Geelvink Bay is., nw Neuguinea)
Chalcites minutillus poecilurus
**Grays Bronzekuckuck**
Gray, GR, 1862
Moluccas, Küste Neuguinea und kleine Inseln
Chalcites minutillus russatus
**Goulds Bronzekuckuck**
Gould, 1868
ne Cape York Halbinsel, ne Queensland (ne Australien)
Chalcites minutillus barnardi
**Barnards Bronzekuckuck**
Mathews, 1912
ec Queensland bis ec New South Wales (ec Australien)

Chalcites crassirostris
**Molukken-Bronzekuckuck**
*Pied Bronze Cuckoo - Cuclillo pequeño*
Salvadori, 1878
*Tayandu, Kai, und Tanimbar is. (s Moluccas)*

## Gattung: Heteroscenes

Heteroscenes pallidus
**Blasskuckuck**
*Pallid Cuckoo - Cuco pálido*
Latham, 1801
*Australien und Tasmanien*

## Gattung: Caliechthrus

Caliechthrus leucolophus
**Weißscheitelkuckuck**
*White-crowned Cuckoo - Koel coroniblanco*
Müller, S, 1840
*Salawati (Raja Ampat Is., nw von Neuguinea) und Neuguinea*

## Gattung: Cacomantis

Cacomantis castaneiventris
**Rostbauchkuckuck**
*Chestnut-breasted Cuckoo - Cuco ventricastaño*
Gould, 1867
*Neuguinea und w kleine Inseln, und n, e Cape York Halbinsel, ne Queensland (ne Australien)*

Cacomantis flabelliformis
## Fächerschwanzkuckuck
*Fan-tailed Cuckoo - Cuco flabeliforme*
Latham, 1801
*sw Western Australia, s South Australia bis Tasmanien und ec Queensland (sw, e Australien und Tasmanien)*

Cacomantis flabelliformis excitus
### Neuguinea-Fächerschwanzkuckuck
Rothschild & Hartert, EJO, 1907
Gebirge Neuguinea

Cacomantis flabelliformis pyrrophanus
### Neukaledonien-Fächerschwanzkuckuck
Vieillot, 1817
New Caledonia inklusive Loyalty Is.

Cacomantis flabelliformis meeki
### Salomonen-Fächerschwanzkuckuck
Rothschild & Hartert, EJO, 1902
c Solomon Is.

Cacomantis flabelliformis schistaceigularis
### Vanuatu-Fächerschwanzkuckuck
Sharpe, 1900
Vanuatu

Cacomantis flabelliformis simus
### Fiji-Fächerschwanzkuckuck
Peale, 1849
w, c Fiji (sw Polynesien)

Cacomantis sonneratii
## Sonneratkuckuck
*Banded Bay Cuckoo - Cuco bayo*
Latham, 1790
*Indien und Nepal bis s Indochina und Malayische Halbinsel*

Cacomantis sonneratii waiti
### Sri Lanka Braunbandkuckuck
Baker, ECS, 1919
Sri Lanka

Cacomantis sonneratii fasciolatus
### Borneo-Braunbandkuckuck
Müller, S, 1843
Sumatra, Borneo und Palawan (sw Philippinen)

Cacomantis sonneratii musicus
### Java-Braunbandkuckuck
Ljungh, 1803
Java und Bali

Cacomantis merulinus
## Klagekuckuck
*Plaintive Cuckoo - Cuco plañidero*
Scopoli, 1786
*Philippinen und Sulawesi*

Cacomantis merulinus querulus
### Himalaya-Klagekuckuck
Heine, 1863
e Himalaya bis s China, Indochina und Malayische Halbinsel

Cacomantis merulinus threnodes
### Malasia-Klagekuckuck
Cabanis & Heine, 1863
s Malayische Halbinsel, Sumatra und Borneo

Cacomantis merulinus lanceolatus
### Sulawesi-Klagekuckuck
Müller, S, 1843
Java, Bali

Cacomantis passerinus
## Graubauchkuckuck
*Grey-bellied Cuckoo - Cuco pechigrís*
Vahl, 1797
Indien

Cacomantis sepulcralis
## Rostbrustkuckuck
*Sunda Brush Cuckoo - Cuco de Indonesia*
Müller, S, 1843
*Malayische Halbinsel, Greater und Lesser Sundas e bis Alor*

Cacomantis sepulcralis everetti
### Everetts Rostbrustkuckuck
Hartert, EJO, 1925
Basilan und Sulu Archipel (s Philippinen)

Cacomantis virescens
## Sunda-Rostbrustkuckuck
*Sulawesi Brush Cuckoo - Cuco de sunda*
Brüggemann, 1876
*Sulawesi, Banggai und Sula Is. (e von Sulawesi), Butung (=Buton) und Tukangbesi Is. (s, se von se Sulawesi)*

Cacomantis variolosus
## Buschkuckuck
*Sahul Brush Cuckoo - Cuco varioloso*
Vigors & Horsfield, 1827
*ne Western Australia bis s Victoria (n, e Australien)*

Cacomantis variolosus major
### Morotai-Buschkuckuck
Salvadori, 1880
n Molukken, Morotai bis Obi

Cacomantis variolosus tymbonomus
### Timor-Buschkuckuck
Müller, S, 1843
Rote, Timor und Wetar (e Lesser Sundas)

Cacomantis variolosus infaustus
### Molukken-Buschkuckuck
Cabanis & Heine, 1863
n, s Moluccas bis nw, c Neuguinea und w kleine Inseln, Long und Umboi (w von New Britain, sc Bismarck Archipel)

Cacomantis variolosus obscuratus
### Numfor-Buschkuckuck
Stresemann & Paludan, 1932
Numfor (Geelvink Bay is., nw Neuguinea)

Cacomantis variolosus macrocercus
### Tabar-Buschkuckuck
Stresemann, 1921
New Ireland, New Britain und kleine Inseln (e Bismarck Archipel)

Cacomantis variolosus websteri
### Neuhannover-Buschkuckuck
Hartert, EJO, 1898
Lavongai (=New Hanover, nc Bismarck Archipel)

Cacomantis variolosus fortior
### New-Guinea-Buschkuckuck
Rotschild & Hartert, EJO, 1814
Dèntrecasteaux Archipel (New Guinea)

Cacomantis addendus
## Salomonen-Buschkuckuck
*Solomons Brush Cuckoo - Cuco de Solomon*
Rothschild & Hartert, EJO, 1901
*Solomon Is. (außer Rennell)*

Cacomantis blandus
## Rotschilds Buschkuckuck
*Manus Brush Cuckoo - Cuco de Australia*
Rothschild & Hartert, EJO, 1914
*Ninigo und Admiralty Is. (nw Bismarck Archipel)*

Cacomantis aeruginosus
## Molukkenkuckuck
*Moluccan Brush Cuckoo - Cuco moluqueño*
Salvadori, 1878
*Obi (nc Moluccas), Buru, Ambon und Seram (c Moluccas)*

Cacomantis aeruginosus heinrichi
### Heinrichs Molukkenkuckuck
Stresemann, 1931
Halmahera und Bacan (n Moluccas)



Cercococcyx mechowi
## Schweifkuckuck
*Dusky Long-tailed Cuckoo - Cuco colilargo oscuro*
Cabanis, 1882
*Sierra Leone bis Uganda, e Demokratische Republik Kongo und n Angola*

Cercococcyx mechowi lemaireae
### Bakossi-Schweifkuckuck
Boesman & Collar (2019)
Bakossi Mountains, Sierra Leone w bis Kamerun

Cercococcyx olivinus
## Olivkuckuck
*Olive Long-tailed Cuckoo - Cuco colilargo oliváceo*
Sassi, 1912
*Guinea bis Uganda und e Demokratische Republik Kongo, Gabun, Angola und Sambia*

Cercococcyx montanus
## Bergkuckuck
*Barred Long-tailed Cuckoo - Cuco colilargo montano*
Chapin, 1928
*sw Uganda, e Demokratische Republik Kongo und Rwanda*

Cercococcyx montanus patulus
### Kenia-Bergkuckuck
Friedmann, 1928
Kenia bis Mosambik und s Demokratische Republik Kongo



Surniculus velutinus
## Philippinendrongokuckuck
*Philippine Drongo-Cuckoo - Cuclillo drongo filipino*
Sharpe, 1877
*Bohol, Leyte, Samar, Mindanao und Basilan (ec, s Philippinen)*

Surniculus velutinus chalybaeus
**Luzon-Drongokuckuck**
Salomonsen, 1953
Luzon, Mindoro und Negros (n, wc Philippinen)
Surniculus velutinus suluensis
**Sulu-Drongokuckuck**
Salomonsen, 1953
Sulu Archipel (s Philippinen)

Surniculus lugubris
## Geradschwanz-Drongokuckuck
*Square-tailed Drongo-Cuckoo - Cuclillo drongo colitruncado*
Horsfield, 1821
*Java und Bali*

Surniculus lugubris barussarum
**Sri Lanka-Drongokuckuck**
Oberholser, 1912
e Indien, n Myanmar, n Thailand, n Indochina, Yunnan und Hainan (vor se China)
Surniculus lugubris brachyurus
**Malayen-Drongokuckuck**
Stresemann, 1913
nw Himalaya bis ne Indien und Bangladesch, Myanmar, Thailand bis Malayische
Halbinsel, Sumatra, Borneo, und Palawan

Surniculus dicruroides
## Gabelschwanz-Drongokuckuck
*Fork-tailed Drongo-Cuckoo - Cuclillo drongo coliahorquillado*
Hodgson, 1839
*Himalaya Ausläufer und c, s Indien*

Surniculus dicruroides stewarti
**Indochinesischer Drongokuckuck**
Baker, ECS, 1920
Sri Lanka

Surniculus musschenbroeki
## Molukkendrongokuckuck
*Moluccan Drongo-Cuckoo - Cuclillo drongo moluqueño*
Meyer, AB, 1878
*Sulawesi, Banggai und Sula is. (e von Sulawesi) und Halmahera (n Moluccas)*



Hierococcyx vagans
## Bartkuckuck
*Moustached Hawk-Cuckoo - Cuco bigotudo*
Müller, S, 1845
*se Myanmar, sw Thailand, Malayische Halbinsel, Sumatra und Borneo*

Hierococcyx sparverioides
## Sperberkuckuck
*Large Hawk-Cuckoo - Cuco grande*
Vigors, 1832
*weit verbreitet w Himalaya über e China und se Asien*

Hierococcyx bocki
## Grausperberkuckuck
*Dark Hawk-Cuckoo - Cuco oscuro*
Wardlaw-Ramsay, RG, 1886
*Gebirge Malayische Halbinsel, Sumatra und Borneo*

Hierococcyx varius
## Wechselkuckuck
*Common Hawk-Cuckoo - Cuco chikra*
Vahl, 1797
*Indien und Nepal bis Bangladesch und Myanmar*

Hierococcyx varius ciceliae
**Cicelias Wechselkuckuck**
Phillips, WWA, 1949
Sri Lanka

Hierococcyx hyperythrus
## Weißnackenkuckuck
*Northern Hawk-Cuckoo - Cuco ventrirrojo*
Gould, 1856
*se Sibirien, Japan, Koreanische Halbinsel und ne China*

Hierococcyx pectoralis
## Philippinenkuckuck
*Philippine Hawk-Cuckoo - Cuco filipino*
Cabanis & Heine, 1863
*Philippinen (außer Sulu Archipel)*

Hierococcyx fugax
## Fluchtkuckuck
*Malaysian Hawk-Cuckoo - Cuco huidizo*
Horsfield, 1821
*Malayische Halbinsel, Sumatra und kleine Inseln, w Java und Borneo*

Hierococcyx nisicolor
## Pfeifkuckuck
*Hodgson's Hawk-Cuckoo - Cuco silbador*
Blyth, 1843
*Nepal und e Himalaya bis Myanmar, Thailand und Hainan Insel*



Cuculus clamosus
## Schwarzkuckuck
*Black Cuckoo - Cuco negro*
Latham, 1801
*n, c Äthiopien und e, c Kenia bis s Angola und Südafrika*

Cuculus clamosus gabonensis
**Gabun-Schwarzkuckuck**
Lafresnaye, 1853
Liberia bis sw Äthiopien, w Kenia und nw Angola

Cuculus solitarius
## Einsiedlerkuckuck
*Red-chested Cuckoo - Cuco solitario*
Stephens, 1815
*Afrika s der Sahara weit verbreitet*

Cuculus poliocephalus
## Gackelkuckuck
*Lesser Cuckoo - Cuco chico*
Latham, 1790
*se Sibirien und Japan bis s China, n se Asien und Himalaya*

Cuculus crassirostris
## Sulawesikuckuck
*Sulawesi Cuckoo - Cuco de Célebes*
Walden, 1872
*Sulawesi*

Cuculus micropterus
## Kurzflügelkuckuck
*Indian Cuckoo - Cuco alicorto*
Gould, 1838
*Indien bis se Sibirien, ne China, se Asien und nw, ec, s Philippinen*

Cuculus micropterus concretus
**Östlicher Kurzflügelkuckuck**
Müller, S, 1845
Vietnam, s Thailand und Malayische Halbinsel, Sumatra, Java und Borneo

Cuculus rochii
## Madagaskarkuckuck
*Madagascar Cuckoo - Cuco malgache*
Hartlaub, 1863
*Madagascar*

Cuculus gularis
## Afrikakuckuck
*African Cuckoo - Cuco barbiblanco*
Stephens, 1815
*Senegal, Gambia bis Somalia und Südafrika*

Cuculus saturatus
## Himalajakuckuck
*Himalayan Cuckoo - Cuco oriental*
Blyth, 1843
*Himalaya über se Asien bis e China und Taiwan*

Cuculus optatus
## Hopfkuckuck
*Oriental Cuckoo - Cuco de Horsfield*
Gould, 1845
*w Russland und Kasachstan über ne Russland bis Japan*

Cuculus lepidus
## Sundakuckuck
*Sunda Cuckoo - Cuco de la Sonda*
Müller, S, 1845
*Gebirge Malayische Halbinsel, Greater und Lesser Sundas und Seram (ec Moluccas)*

Cuculus canorus
## Kuckuck
*Common Cuckoo - Cuco común*
Linnaeus, 1758
*Europa und Mittlerer Osten bis Kamtschatka, Japan und n China*

Cuculus canorus bangsi
**Iberiakuckuck**
Oberholser, 1919
Iberische Halbinsel, Balearen Is. und nw Afrika

Cuculus canorus subtelephonus
**Mongolenkuckuck**
Zarudny, 1914
Turkmenistan bis s Mongolei
Cuculus canorus bakeri
**Chinakuckuck**
Hartert, EJO, 1912
w China und n Indien bis s China und nw Thailand

†† Gattung: Nannococcyx

†† Nannococcyx psix
**Helenakuckuck**
*St. Helena Cuckoo - Cuco de Santa Helena*
Olson, 1975
*St. Helena (Tropisch se Atlantischer Ozean)*

## Ordnung: MESITORNITHIFORMES (Stelzenrallen)

### Familie: Mesitornithidae (Stelzenrallen)
Gattung: Mesitornis

Mesitornis variegatus
**Weißbrust-Stelzenralle**
*White-breasted Mesite - Mesito pechiblanco*
Geoffroy Saint-Hilaire, I, 1838
*nw, ne, ce Madagascar*

Mesitornis unicolor
**Einfarb-Stelzenralle**
*Brown Mesite - Mesito unicolor*
des Murs, 1845
*e Madagascar*

Gattung: Monias

Monias benschi
**Halbwüsten-Stelzenralle**
*Subdesert Mesite - Mesito monias*
Oustalet & Grandidier, G, 1903
*Küste sw Madagascar*

## Ordnung: PTEROCLIFORMES (Flughühner)

### Familie: Pteroclidae (Flughühner)
Gattung: Syrrhaptes

Syrrhaptes tibetanus
**Tibetflughuhn**
*Tibetan Sandgrouse - Ganga tibetana*
Gould, 1850
*Tadschikistan über Tibet bis wc China*

Syrrhaptes paradoxus
**Steppenflughuhn**
*Pallas's Sandgrouse - Ganga de Pallas*
Pallas, 1773
*w Kasachstan bis ne, ec China*

Gattung: Pterocles

Pterocles alchata
**Spießflughuhn**
*Pin-tailed Sandgrouse - Ganga ibérica*
Linnaeus, 1766
*Iberische Halbinsel und se Frankreich*

Pterocles alchata caudacutus
**Afrikanisches Spießflughuhn**
Gmelin, SG, 1774
n Afrika über Mittlerer Osten bis s Kasachstan und Pakistan

Pterocles namaqua
**Namaflughuhn**
*Namaqua Sandgrouse - Ganga namaqua*
Gmelin, JF, 1789
*Angola, Namibia, Botswana und Südafrika*

Pterocles exustus
**Braunbauch-Flughuhn**
*Chestnut-bellied Sandgrouse - Ganga moruna*
Temminck, 1825
*Mauretanien, Senegal und Gambia bis c Sudan*

Pterocles exustus floweri
**Ägyptenflughuhn**
Nicoll, 1921
Ägypten
Pterocles exustus ellioti
**Elliotflughuhn**
Bogdanov, 1881
se Sudan, Eritrea, n Äthiopien und Somalia
Pterocles exustus olivascens
**Äthiopienflughuhn**
Hartert, EJO, 1909
sw Äthiopien, Kenia und n Tansania
Pterocles exustus erlangeri
**Erlangers Flughuhn**
Neumann, 1909
w, s Arabische Halbinsel
Pterocles exustus hindustan
**Hinduflughuhn**
Meinertzhagen, R, 1923
se Iran, Pakistan und Indien

Pterocles senegallus
**Tropfenflughuhn**
*Spotted Sandgrouse - Ganga moteada*
Linnaeus, 1771)
*nw Afrika bis nw Indien*

Pterocles orientalis
**Sandflughuhn**
*Black-bellied Sandgrouse - Ganga ortega*
Linnaeus, 1758
*Kanarische Is., Iberische Halbinsel, Marokko bis w Iran*

Pterocles orientalis arenarius
**Östliches Sandflughuhn**
Pallas, 1775
Kasachstan bis s Iran und Afghanistan, e bis nw China

Pterocles gutturalis
**Gelbkehl-Flughuhn**
*Yellow-throated Sandgrouse - Ganga gorjigualda*
Smith, A, 1836
*s Sambia bis Südafrika*

Pterocles gutturalis saturatior
**Nördliches Gelbkehlflughuhn**
Hartert, EJO, 1900
Äthiopien bis n Sambia

Pterocles coronatus
**Kronenflughuhn**
*Crowned Sandgrouse - Ganga coronada*
Lichtenstein, MHC, 1823
*w, c Sahara bis e Ägypten und n Sudan*

Pterocles coronatus vastitas
**Sinai-Kronenflughuhn**
Meinertzhagen, R, 1928
Sinai Halbinsel (ne Ägypten) bis Israel und Jordanien
Pterocles coronatus saturatus
**Oman-Kronenflughuhn**
Kinnear, 1927
n Oman
Pterocles coronatus atratus
**Arabisches Kronenflughuhn**
Hartert, EJO, 1902
Arabische Halbinsel bis s Afghanistan
Pterocles coronatus ladas
**Pakistanisches Kronenflughuhn**
Koelz, 1954
Pakistan

Pterocles decoratus
**Schmuckflughuhn**
*Black-faced Sandgrouse - Ganga decorada*
Cabanis, 1868
*se Kenia und e Tansania*

Pterocles decoratus ellenbecki
**Ellenbecks Schmuckflughuhn**
Erlanger, 1905
s Äthiopien und s Somalia bis n Kenia und ne Uganda
Pterocles decoratus loveridgei
**Westliches Schmuckflughuhn**
Friedmann, 1928
sw Kenia und c Tansania

Pterocles personatus
## Madagaskarflughuhn
*Madagascar Sandgrouse - Ganga malgache*
Gould, 1843
*w, s Madagascar*

Pterocles lichtensteinii
## Wellenflughuhn
*Lichtenstein's Sandgrouse - Ganga de Lichtenstein*
Temminck, 1825
*ne Chad, n Sudan bis Eritrea, n Somalia, Socotra, e, ne Ägypten bis Jordanien*

Pterocles lichtensteinii targius
### Marokkanisches Wellenflughuhn
Geyr von Schweppenburg, 1916
Marokko und Mauretanien bis Chad
Pterocles lichtensteinii sukensis
### Äthiopisches Wellenflughuhn
Neumann, 1909
se Sudan, s Äthiopien bis c Kenia
Pterocles lichtensteinii arabicus
### Arabisches Wellenflughuhn
Neumann, 1909
s Arabische Halbinsel über s Iran und Afghanistan bis Pakistan
Pterocles lichtensteinii ingramsi
### Jemenflughuhn
Bates, GL & Kinnear, 1937
Hadhramaut (s Jemen)

Pterocles indicus
## Bindenflughuhn
*Painted Sandgrouse - Ganga india*
Gmelin, JF, 1789
*Indien*

Pterocles quadricinctus
## Buschflughuhn
*Four-banded Sandgrouse - Ganga cuadricinta*
Temminck, 1815
*Senegal und Gambia bis Eritrea, Äthiopien und w Kenia*

Pterocles bicinctus
## Nachtflughuhn
*Double-banded Sandgrouse - Ganga bicinta*
Temminck, 1815
*Namibia, Botswana und nw Südafrika*

Pterocles bicinctus ansorgei
### Ansorgflughuhn
Benson, 1947
sw Angola
Pterocles bicinctus multicolor
### Vielfarbnachtflughuhn
Hartert, EJO, 1908
Sambia und Malawi bis w Mosambik und ne Südafrika

Pterocles burchelli
## Fleckenflughuhn
*Burchell's Sandgrouse - Ganga goteada*
Sclater, WL, 1922
*s Angola und Namibia über Botswana bis Simbabwe und Südafrika*

## Ordnung: COLUMBIFORMES (Taubenvögel)

## Familie: Columbidae (Tauben)
Gattung: Columba

Columba livia
## Felsentaube
*Rock Dove - Paloma bravía*
Gmelin, JF, 1789
*w, c Europa, n Afrika bis c Asien*

Columba livia gymnocycla
### Mauretanien-Felsentaube
Gray, GR, 1856
Mauretanien und Senegal bis s Mali und Ghana
Columba livia targia
### Sudanfelsentaube
Geyr von Schweppenburg, 1916
n Mali und s Algerien bis c Sudan
Columba livia dakhlae
### Ägyptenfelsentaube
Meinertzhagen, R, 1928
w Ägypten
Columba livia schimperi
### Schimpers Felsentaube
Bonaparte, 1854
e Ägypten, s Sudan und Eritrea

Columba livia palaestinae
### Palestinafelsentaube
Zedlitz, 1912
Sinai Halbinsel (Ägypten) bis Syrien und w, s Arabische Halbinsel
Columba livia gaddi
### Türkische Felsentaube
Zarudny & Loudon, 1906
e Türkei bis Usbekistan und w, n Afghanistan
Columba livia neglecta
### Himalayafelsentaube
Hume, 1873
w Pakistan und e Afghanistan bis Himalaya
Columba livia intermedia
### Sri Lankafelsentaube
Strickland, 1844
s Indien und Sri Lanka

Columba rupestris
## Klippentaube
*Hill Pigeon - Paloma rupestre*
Pallas, 1811
*Mongolei, s Sibirien bis Koreanische Halbinsel, s China und e Tibet*

Columba rupestris turkestanica
### Himalaya-Klippentaube
Buturlin, 1908
Turkestan, w, n Himalaya und Tibet

Columba leuconota
## Schneetaube
*Snow Pigeon - Paloma nival*
Vigors, 1831
*w, c Himalaya*

Columba leuconota gradaria
### Tibet-Schneetaube
Hartert, EJO, 1916
e Himalaya und e Tibet bis se China und n Myanmar

Columba guinea
## Guineataube
*Speckled Pigeon - Paloma de Guinea*
Linnaeus, 1758
*Mauretanien bis Äthiopien s bis Demokratische Republik Kongo und n Malawi*

Columba guinea phaeonota
### Südliche Guineataube
Gray, GR, 1856
sw Angola bis Simbabwe und Südafrika

Columba albitorques
## Weißringtaube
*White-collared Pigeon - Paloma etíope*
Rüppell, 1837
*Gebirge Eritrea und Äthiopien*

Columba oenas
## Hohltaube
*Stock Dove - Paloma zurita*
Linnaeus, 1758
*w Europa und nw Afrika bis n Kasachstan, sw Sibirien und n Iran*

Columba oenas yarkandensis
### Östliche Hohltaube
Buturlin, 1908
se Kasachstan und Usbekistan bis w China

Columba eversmanni
## Gelbaugentaube
*Yellow-eyed Pigeon - Paloma del Turquestán*
Bonaparte, 1856
*Iran bis nw China*

Columba oliviae
## Somalitaube
*Somali Pigeon - Paloma somalí*
Clarke, S, 1918
*Küste ne Somalia*

Columba palumbus
## Ringeltaube
*Common Wood Pigeon - Paloma torcaz*
Linnaeus, 1758
*Europa bis w Sibirien, nw Afrika und Irak*

† Columba palumbus maderensis
### Madeiraringeltaube
Tschusi, 1904
Madeira (w Madeira Gruppe, nc Makaronesien, nw von n Afrika)
Columba palumbus azorica
### Azorenringeltaube
Hartert, EJO, 1905
c, e Azoren (nw Makaronesien, nw von n Afrika)

Columba palumbus iranica

**Orientringeltaube**
Zarudny, 1910
sw, n Iran bis sw Turkmenistan
Columba palumbus casiotis
**Indische Ringeltaube**
Bonaparte, 1854
se Iran bis Kasachstan bis w China, nw Indien und Nepal

Columba trocaz
**Silberhalstaube**
*Trocaz Pigeon - Paloma de Madeira*
Heineken, 1829
*Madeira (w Madeira Gruppe, nc Makaronesien, nw von n Afrika)*

Columba bollii
**Kanarentaube**
*Bolle's Pigeon - Paloma turqué*
Godman, 1872
*El Hierro, La Palma, La Gomera und Tenerife; Gran Canaria (w, c Kanarische Is., c Makaronesien, nw von n Afrika)*

Columba junoniae
**Lorbeertaube**
*Laurel Pigeon - Paloma rabiche*
Hartert, EJO, 1916
*El Hierro, La Palma, La Gomera und Tenerife (w, c Kanarische Is., c Makaronesien, nw von n Afrika)*

Columba unicincta
**Kongotaube**
*Afep Pigeon - Paloma del Congo*
Cassin, 1860
*Guinea bis Ghana; e Nigeria bis Angola, Demokratische Republik Kongo und Uganda*

Columba arquatrix
**Oliventaube**
*African Olive Pigeon - Paloma ojigualda*
Temminck, 1808
*Äthiopien bis Südafrika und Angola*

Columba sjostedti
**Kameruntaube**
*Cameroon Olive Pigeon - Paloma del Camerún*
Reichenow, 1901
*Kamerun*

Columba thomensis
**Mahagonitaube**
*Sao Tome Olive Pigeon - Paloma de Santo Tomé*
Barboza du Bocage, 1888
*Gebirge São Tomé (sc Gulf von Guinea Is.)*

Columba pollenii
**Komorentaube**
*Comoro Olive Pigeon - Paloma de las Comoras*
Schlegel, 1865
*Komoren Is.*

Columba hodgsonii
**Rhododendrontaube**
*Speckled Wood Pigeon - Paloma de Hodgson*
Vigors, 1832
*Himalaya bis Myanmar*

Columba albinucha
**Weißnackentaube**
*White-naped Pigeon - Paloma nuquialba*
Sassi, 1911
*Kamerun; e Demokratische Republik Kongo, w Uganda, Rwanda und Burundi*

Columba pulchricollis
**Himalajataube**
*Ashy Wood Pigeon - Paloma cenicienta*
Blyth, 1846
*Himalaya bis s China und Taiwan*

Columba elphinstonii
**Nilgiritaube**
*Nilgiri Wood Pigeon - Paloma de los Nilgiris*
Sykes, 1832
*sw Indien*

Columba torringtoniae
**Ceylontaube**
*Sri Lanka Wood Pigeon - Paloma de Ceilán*
Kelaart, 1853
*Sri Lanka*

Columba punicea
**Kupfertaube**
*Pale-capped Pigeon - Paloma purpúrea*
Blyth, 1842
*ne Indien über se Asien*

Columba argentina
**Silbertaube**
*Silvery Pigeon - Paloma plateada*
Bonaparte, 1855
*w Sumatran Inseln; Anambas (e von Malayische Halbinsel), Riau und Lingga is. (e von c Sumatra), Natunas (nw von Borneo) und Karimata Is. (w von w Borneo)*

Columba palumboides
**Andamanentaube**
*Andaman Wood Pigeon - Paloma de Andamán*
Hume, 1873
*Andaman Is.*

Columba janthina
**Veilchentaube**
*Black Wood Pigeon - Paloma japonesa*
Temminck, 1830
*islets sw von s Koreanische Halbinsel, Tsushima (zwischen s Koreanische Halbinsel und s Honshu, sw Japan), Izu Is. (se von Honshu, e Japan), Ryukyu Is. (s Japan)*

Columba janthina nitens
**Boninveilchentaube**
Stejneger, 1887
Ogasawara (Bonin Is.) und Iwo Is.
Columba janthina stejnegeri
**Japanveilchentaube**
Kuroda, Nm, 1923
Yaeyama Is. (s Ryukyu Is., s Japan)

† Columba versicolor
**Bonintaube**
*Bonin Wood Pigeon - Paloma de las Bonin*
Kittlitz, 1832
*Bonin Is. (=Ogasawara Insel, se Japan)*

† Columba jouyi
**Silberbandtaube**
*Ryukyu Wood Pigeon - Paloma de las Ryukyu*
Stejneger, 1887
*Okinawa und Daito Insel, Ryukyu Is. (s Japan)*

Columba vitiensis
**Weißkehltaube**
*Metallic Pigeon - Paloma gorjiblanca*
Quoy & Gaimard, 1832
*Fiji (sw Polynesien)*

Columba vitiensis griseogularis
**Philippinen Weißkehltaube**
Walden & Layard, EL, 1872
Philippinen (außer Palawan Gruppe), Mantanani (w von ne Borneo), Sipadan und Maratua (e von ne, c Borneo)
Columba vitiensis anthracina
**Palawa-Weißkehltaube**
Hachisuka, 1939
Palawan Gruppe (w Philippinen)
Columba vitiensis metallica
**Sunda-Weißkehltaube**
Temminck, 1835
Sumba bis Timor Region (Lesser Sundas) und Tanimbar Is. (s Moluccas)
Columba vitiensis halmaheira
**Molukken-Weißkehltaube**
Bonaparte, 1855
Talaud Is. (ne von ne Sulawesi), Banggai und Sula is. (e von Sulawesi), Kai Is. (se Moluccas), Neuguinea und kleine Inseln, New Ireland und New Britain (e Bismarck Archipel) und Bougainville bis Makira (n bis se Solomon Is.)
Columba vitiensis leopoldi
**Vanuatu-Weißkehltaube**
Tristram, 1879
Vanuatu
Columba vitiensis hypoenochroa
**Neukaledonien-Weißkehltaube**
Gould, 1856
Grande Terre, Ile des Pins und Loyalty Is. (New Caledonia)
† Columba vitiensis godmanae
**Lord Howe-Weißkehltaube**
Mathews, 1915
Lord Howe Insel (e von Australien)
Columba vitiensis castaneiceps
**Samoa-Weißkehltaube**
Peale, 1849
Savaii und Upolu und kleine Inseln (w Samoa, c Polynesien)

Columba leucomela
**Weißbrusttaube**
*White-headed Pigeon - Paloma blanquinegra*
Temminck, 1821
*se Cape York Halbinsel, ne Queensland bis se Victoria (e Australien)*

Columba pallidiceps
**Gelbfußtaube**
*Yellow-legged Pigeon - Paloma cabeciclara*
Ramsay, EP, 1878
*New Ireland und New Britain (e Bismarck Archipel) und Bougainville bis Makira (n bis se Solomon Is.)*

Columba delegorguei
**Bronzehalstaube**
*Eastern Bronze-naped Pigeon - Paloma de Delegorgue*
Delegorgue, 1847
*Malawi bis e Südafrika*

    Columba delegorguei sharpei
    **Sharps Bronzehalstaube**
    Salvadori, 1893
    se Sudan bis Tansania

Columba iriditorques
**Glanzkopftaube**
*Western Bronze-naped Pigeon - Paloma nuquibronceada*
Cassin, 1856
*Guinea und Sierra Leone bis Uganda, Demokratische Republik Kongo und Angola*

Columba malherbii
**Malherbetaube**
*Island Bronze-naped Pigeon - Paloma de Malherbe*
Verreaux, J & Verreaux, É, 1851
*Príncipe, São Tomé und Annobón (c, s Gulf von Guinea is.)*

Columba larvata
**Zimttaube**
*Lemon Dove - Paloma caripálida*
Temminck, 1809
*s Sudan und c, e Uganda bis Südafrika*

    Columba larvata inornata
    **Biokozimttaube**
    Reichenow, 1892
    Sierra Leone bis Kamerun und Gabun, Bioko und Annobon (n, s Gulf von Guinea Is.)
    Columba larvata principalis
    **Principe-Zimttaube**
    Hartlaub, 1866
    Príncipe (c Gulf von Guinea Is.)
    Columba larvata simplex
    **Sao Tome-Zimttaube**
    Hartlaub, 1849
    São Tomé (sc Gulf von Guinea Is.)
    Columba larvata bronzina
    **Sudanzimttaube**
    Rüppell, 1837
    se Sudan und Äthiopien
    Columba larvata jacksoni
    **Jacksons Zimttaube**
    Sharpe, 1904
    e Demokratische Republik Kongo und sw Uganda bis w Tansania
    Columba larvata samaliyae
    **Angolazimttaube**
    White, CMN, 1948
    Angola, s Demokratische Republik Kongo und nw Sambia

† **Gattung: Ectopistes**

† Ectopistes migratorius
**Wandertaube**
*Passenger Pigeon - Paloma migratoria*
Linnaeus, 1766
*sc, se Kanada und c, e USA*

**Gattung: Patagioenas**

Patagioenas leucocephala
**Weißscheiteltaube**
*White-crowned Pigeon - Paloma coronita*
Linnaeus, 1758
*s Florida bis West Indies und e Mittelamerika*

Patagioenas squamosa
**Antillentaube**
*Scaly-naped Pigeon - Paloma isleña*
Bonnaterre, 1792
*West Indies*

Patagioenas speciosa
**Schuppenbauchtaube**
*Scaled Pigeon - Paloma escamosa*
Gmelin, JF, 1789
*s Mexico bis s Brasilien*

Patagioenas picazuro
**Picazurotaube**
*Picazuro Pigeon - Paloma picazuró*
Temminck, 1813
*e, s Brasilien und Bolivien bis sc Argentinien*

    Patagioenas picazuro marginalis
    **Nördliche Picazurotaube**
    Naumburg, 1932
    ne Brasilien

Patagioenas corensis
**Nacktaugentaube**
*Bare-eyed Pigeon - Paloma aliblanca*
Jacquin, 1784
*Kolumbien, Venezuela und Niederländische Antillen*

Patagioenas maculosa
**Fleckentaube**
*Spot-winged Pigeon - Paloma moteada común*
Temminck, 1813
*s Bolivien bis se Brasilien und sc Argentinien*

    Patagioenas maculosa albipennis
    **Hochlandfleckentaube**
    Sclater, PL & Salvin, 1876
    c Peru bis w Bolivien und nw Argentinien

Patagioenas fasciata
**Bandtaube**
*Band-tailed Pigeon - Paloma torcaza septentrional*
Say, 1822
*wc, sw USA bis Nicaragua*

    Patagioenas fasciata monilis
    **Alaskabandtaube**
    Vigors, 1839
    se Alaska und w Kanada bis w USA
    Patagioenas fasciata vioscae
    **Mexikanische Bandtaube**
    Brewster, 1888
    s Baja California (Mexico)
    Patagioenas fasciata crissalis
    **Panamabandtaube**
    Salvadori, 1893
    Costa Rica und w Panama
    Patagioenas fasciata albilinea
    **Argentinische Bandtaube**
    Bonaparte, 1854
    Kolumbien bis nw Argentinien
    Patagioenas fasciata roraimae
    **Roraimabandtaube**
    Chapman, 1929
    Mt. Roraima und Mt. Duida (s Venezuela)

Patagioenas araucana
**Araukanientaube**
*Chilean Pigeon - Paloma araucana*
Lesson, RP & Garnot, 1827
*Chile und w Argentinien*

Patagioenas caribaea
**Karibentaube**
*Ring-tailed Pigeon - Paloma jamaicana*
Jacquin, 1784
*Jamaika*

Patagioenas cayennensis
**Rotrückentaube**
*Pale-vented Pigeon - Paloma colorada*
Bonnaterre, 1792
*Guianas*

    Patagioenas cayennensis pallidicrissa
    **Mexikanische Rotrückentaube**
    Chubb, C, 1910
    se Mexico bis n Kolumbien
    Patagioenas cayennensis occidentalis
    **Ekuador-Rotrückentaube**
    Stolzmann, 1926
    w Kolumbien und w Ecuador
    Patagioenas cayennensis tamboensis
    **Kolumbianische Rotrückentaube**
    Conover, 1938
    wc Kolumbien
    Patagioenas cayennensis andersoni
    **Andersons Rotrückentaube**
    Cory, 1915
    se Kolumbien und e Ecuador bis Venezuela und n Brasilien
    Patagioenas cayennensis tobagensis
    **Tobago-Rotrückentaube**
    Cory, 1915
    Trinidad und Tobago

Patagioenas cayennensis sylvestris
**Brasilianische Rotrückentaube**
Vieillot, 1818
e Brasilien und s Brasilien bis Paraguay und n Argentinien

Patagioenas flavirostris
## Rotschnabeltaube
*Red-billed Pigeon - Paloma piquirroja*
Wagler, 1831
*s Texas (USA) bis e Costa Rica*

Patagioenas flavirostris madrensis
**Tres Marias-Rotschnabeltaube**
Nelson, 1898
Ires Marias Is. (vor w Mexico)
Patagioenas flavirostris restricta
**Mexikanische Rotschnabeltaube**
Van Rossem, 1930
w Mexico
Patagioenas flavirostris minima
**Costa Rica-Rotschnabeltaube**
Carriker, 1910
w Costa Rica

Patagioenas oenops
## Pfeffertaube
*Maranon Pigeon - Paloma peruana*
Salvin, 1895
*Ecuador und Peru*

Patagioenas inornata
## Rosenschultertaube
*Plain Pigeon - Paloma boba*
Vigors, 1827
*Kuba , Hispaniola, Jamaika und Puerto Rico*

Patagioenas plumbea
## Weintaube
*Plumbeous Pigeon - Paloma plomiza*
Vieillot, 1818
*se Brasilien und Paraguay*

Patagioenas plumbea bogotensis
**Andenweintaube**
Berlepsch & Leverkühn, 1890
e Andean Hänge von w Venezuela bis w Bolivien
Patagioenas plumbea chapmani
**Kolumbienweintaube**
Ridgway, 1916
w Kolumbien bis nw Peru
Patagioenas plumbea pallescens
**Amazonasweintaube**
Snethlage, E, 1908
e Ecuador, e Peru und w Amazonasgebiet Brasilien
Patagioenas plumbea wallacei
**Guyanasweintaube**
Chubb, C, 1918
e Venezuela, Guianas und e Amazonasgebiet Brasilien
Patagioenas plumbea baeri
**Brasilienweintaube**
Hellmayr, 1908
Ec Brasilien

Patagioenas subvinacea
## Purpurtaube
*Ruddy Pigeon - Paloma vinosa*
Lawrence, 1868
*Costa Rica und w Panama*

Patagioenas subvinacea berlepschi
**Panamapurpurtaube**
Hartert, EJO, 1898
se Panama bis nw Peru
Patagioenas subvinacea ruberrima
**Kolumbiebpurpurtaube**
Meyer de Schauensee, 1950
nw Kolumbien
Patagioenas subvinacea peninsularis
**Halbinselpurpurtaube**
Chapman, 1915
ne Venezuela
Patagioenas subvinacea zuliae
**Venezuelapurpurtaube**
Cory, 1915
ne Kolumbien und w Venezuela
Patagioenas subvinacea anolaimae
**Anolaimapurpurtaube**
Chubb, C, 1917
c Kolumbien
Patagioenas subvinacea purpureotincta
**Amazonaspurpurtaube**
Ridgway, 1888
s, e Venezuela, Guianas und e Amazonasgebiet Brasilien
Patagioenas subvinacea ogilviegranti
**Bolivienpurpurtaube**
Chubb, C, 1917
se Kolumbien bis n, e Bolivien, w Amazonasgebiet Brasilien

Patagioenas subvinacea recondita
**Brasilienpurpurtaube**
Todd, 1937
c Amazonasgebiet Brasilien

Patagioenas nigrirostris
## Kurzschnabeltaube
*Short-billed Pigeon - Paloma piquicorta*
Sclater, PL, 1860
*se Mexico bis nw Kolumbien*

Patagioenas goodsoni
## Goodsontaube
*Dusky Pigeon - Paloma oscura*
Hartert, EJO, 1902
*w Kolumbien und nw Ecuador*

Gattung: Nesoenas

Nesoenas picturatus
## Madagaskartaube
*Malagasy Turtle Dove - Tórtola malgache*
Temminck, 1813
*Madagascar; eingeführt ne Seychellen, Mauritius*

Nesoenas picturatus rostratus
**Seychellenturteltaube**
Bonaparte, 1855
Inner Is. (ne Seychellen)
† Nesoenas picturatus aldabranus
**Amirantesturteltaube**
Sclater, PL, 1872
Amirantes Gruppe (c Seychellen)
Nesoenas picturatus coppingeri
**Aldabraturteltaube**
Sharpe, 1884
Aldabra und Cosmoledo (Aldabra Gruppe, sw Seychellen) und Iles Glorieuses (nw von Madagascar)
Nesoenas picturatus comorensis
**Komorenturteltaube**
Newton, E, 1877
Komoren

†† Nesoenas rodericanus
## Rodriguestaube
*Rodrigues Pigeon - Tórtola de Rodríguez*
Milne-Edwards, 1873
*Rodrigues (e Mascarenes)*

Nesoenas mayeri
## Rosentaube
*Pink Pigeon - Paloma de Mauricio*
Prévost, 1843
*s Mauritius und Ile aux Aigrettes (e von Mauritius; c Mascarenes)*

† Nesoenas mayeri duboisi
**Reunionrosentaube**
Rothschild, 1907
Réunion (w Mascarenes)

Gattung: Streptopelia

Streptopelia turtur
## Turteltaube
*European Turtle Dove - Tórtola europea*
Linnaeus, 1758
*Europa, Madeira und Kanarische Is. bis w Sibirien*

Streptopelia turtur arenicola
**Afrikanische Turteltaube**
Hartert, EJO, 1894
nw Afrika bis Iran und w China
Streptopelia turtur hoggara
**Saharaturteltaube**
Geyr von Schweppenburg, 1916
Air Massif und Hoggar Mts. (s Sahara)
Streptopelia turtur rufescens
**Ägyptenturteltaube**
Brehm, CL, 1845
Ägypten und n Sudan

Streptopelia lugens
## Trauerturteltaube
*Dusky Turtle Dove - Tórtola oscura*
Rüppell, 1837
*Süd-Sudan und Äthiopien bis Malawi; Saudi-Arabien und Jemen*

Streptopelia hypopyrrha
## Adamauaturteltaube
*Adamawa Turtle Dove - Tórtola del Camerún*
Reichenow, 1910
*Senegal und Gambia, Nigeria und Kamerun*

Streptopelia orientalis
**Orientturteltaube**
*Oriental Turtle Dove - Tórtola oriental*
Latham, 1790
*c Sibirien bis Japan, China, e Himalaya und Taiwan*

Streptopelia orientalis meena
**Himalayaturteltaube**
Sykes, 1832
*sw Sibirien bis Iran und c Himalaya*
Streptopelia orientalis stimpsoni
**Japanturteltaube**
Stejneger, 1887
Ryukyu Is. (Japan)
Streptopelia orientalis erythrocephala
**Indische Turteltaube**
Bonaparte, 1855
c, s Indien
Streptopelia orientalis agricola
**Asiatische Turteltaube**
Tickell, 1833
ne Indien, Myanmar und n Thailand bis sc China

Streptopelia bitorquata
**Sundakichertaube**
*Sunda Collared Dove - Tórtola bicollar de la Sonda*
Temminck, 1809
*Java, Bali und Lombok bis Timor (Lesser Sundas)*

Streptopelia dusumieri
**Philippinenkichertaube**
*Philippine Collared Dove - Tórtola bicollar filipina*
Temminck, 1823
*Philippinen*

Streptopelia decaocto
**Türkentaube**
*Eurasian Collared Dove - Tórtola turca*
Frivaldszky, 1838
*w Europa bis Indien, e China und Koreanische Halbinsel*

Streptopelia xanthocycla
**Burmataube**
*Burmese Collared Dove - Tórtola birmana*
Newman, TH, 1906
*c Myanmar*

Streptopelia roseogrisea
**Lachtaube**
*African Collared Dove - Tórtola rosigrís*
Sundevall, 1857
*sw Mauretanien, Senegal und Gambia bis n Sudan und nw Äthiopien*

Streptopelia roseogrisea arabica
**Arabische Lachtaube**
Neumann, 1904
ne Sudan bis n Somalia und sw Arabien

Streptopelia reichenowi
**Reichenowtaube**
*White-winged Collared Dove - Tórtola de Reichenow*
Erlanger, 1901
*se Äthiopien und sw Somalia*

Streptopelia decipiens
**Brillentaube**
*Mourning Collared Dove - Tórtola engañosa*
Hartlaub & Finsch, 1870
*e Sudan bis Äthiopien und nw Somalia*

Streptopelia decipiens shelleyi
**Nigeriabrillentaube**
Salvadori, 1893
Mauretanien bis c Nigeria
Streptopelia decipiens logonensis
**Kongobrillentaube**
Reichenow, 1921
Lake Chad bis s Sudan, n Demokratische Republik Kongo und w Uganda
Streptopelia decipiens elegans
**Somaliabrillentaube**
Zedlitz, 1913
s Äthiopien bis s Somalia und e Kenia
Streptopelia decipiens perspicillata
**Keniabrillentaube**
Fischer, GA & Reichenow, 1884
w Kenia bis c Tansania
Streptopelia decipiens ambigua
**Namibiabrillentaube**
Barboza du Bocage, 1881
Angola und Namibia; e Demokratische Republik Kongo, Malawi, n Botswana und n
Simbabwe; e Botswana, s Simbabwe, s Mosambik und ne Südafrika

Streptopelia semitorquata
**Halbmondtaube**
*Red-eyed Dove - Tórtola ojirroja*
Rüppell, 1837)
*weit verbreitet s in der Sahara, Saudi-Arabien und Jemen*

Streptopelia capicola
**Gurrtaube**
*Ring-necked Dove - Tórtola de El Cabo*
Sundevall, 1857
*w Südafrika*

Streptopelia capicola electa
**Äthiopische Gurrtaube**
Madarász, G, 1913
w Äthiopien
Streptopelia capicola somalica
**Somaliagurrtaube**
Erlanger, 1905
e Äthiopien, Somalia und n Kenia
Streptopelia capicola tropica
**Südafrikagurrtaube**
Reichenow, 1902
c Kenia bis Angola und Südafrika
Streptopelia capicola onguati
**Angolagurrtaube**
Macdonald, 1957
sw Angola und n Namibia
Streptopelia capicola damarensis
**Damaragurrtaube**
Hartlaub & Finsch, 1870
Namibia, Botswana und sw Simbabwe

Streptopelia vinacea
**Röteltaube**
*Vinaceous Dove - Tórtola vinosa*
Gmelin, JF, 1789
*Mauretanien, Senegal und Gambia bis Eritrea, Äthiopien und Uganda*

Streptopelia tranquebarica
**Halsringtaube**
*Red Collared Dove - Tórtola cabecigrís*
Hermann, 1804
*Pakistan, Halbinsel Indien und w Nepal*

Streptopelia tranquebarica humilis
**Tibet-Halsringtaube**
Temminck, 1824
e Nepal, ne Indien und ne Tibet bis n China und Philippinen (außer Basilan und Sulu
Archipel)

Gattung: Spilopelia

Spilopelia chinensis
**Perlhalstaube**
*Spotted Dove - Tórtola moteada oriental*
Scopoli, 1786
*ne Myanmar bis c, e China und Taiwan*

Spilopelia chinensis suratensis
**Pakistan-Perlhalstaube**
Gmelin, JF, 1789
Pakistan, Indien, Nepal und Bhutan
Spilopelia chinensis ceylonensis
**Ceylonperlhalstaube**
Reichenbach, 1851
Sri Lanka
Spilopelia chinensis tigrina
**Indochinesische Perlhalstaube**
Temminck, 1809
Bangladesch und ne Indien über Indochina bis Philippinen und Greater und Lesser
Sundas
Spilopelia chinensis hainana
**Hainan-Perlhalstaube**
Hartert, EJO, 1910
Hainan (vor se China)

Spilopelia senegalensis
**Palmtaube**
*Laughing Dove - Tórtola senegalesa*
Linnaeus, 1766
*w Arabien, Socotra und Afrika s in der Sahara*

Spilopelia senegalensis phoenicophila
**Marokkopalmtaube**
Hartert, EJO, 1916
Marokko bis nw Libyen
Spilopelia senegalensis aegyptiaca
**Nilpalmtaube**
Latham, 1790
Niltal (Ägypten)
Spilopelia senegalensis cambayensis
**Arabische Palmtaube**
Gmelin, JF, 1789
e Arabien und e Iran bis Indien und Bangladesch

Spilopelia senegalensis ermanni
**Ermanns Palmtaube**
Bonaparte, 1856
Kasachstan, n Afghanistan, w China

Gattung: Macropygia

Macropygia unchall
**Bindenschwanztaube**
*Barred Cuckoo-Dove - Tórtola cuco unchal*
Wagler, 1827
*Gebirge Malayische Halbinsel, Sumatra, Java, Bali und Lombok bis Flores (w, c Lesser Sundas)*

Macropygia unchall tusalia
**Himalaya-Bindenschwanztaube**
Blyth, 1843
Himalaya bis sw China und Myanmar
Macropygia unchall minor
**Kleine Bindenschwanztaube**
Swinhoe, 1870
se China und Indochina

Macropygia amboinensis
**Kuckuckstaube**
*Amboyna Cuckoo-Dove - Tórtola cuco pechirrosa*
Linnaeus, 1766
*Buru, Seram, Ambon und Seram Laut (c Moluccas)*

Macropygia amboinensis admiralitatis
**Admiralitätskuckuckstaube**
Mayr, 1937
Admiralty Is. (nw Bismarck Archipel)
Macropygia amboinensis carteretia
**Lihirkuckuckstaube**
Bonaparte, 1854
Lavongai (=New Hanover), New Ireland und New Britain und kleine Inseln (e Bismarck Archipel)
Macropygia amboinensis keyensis
**Kaikuckuckstaube**
Salvadori, 1876
Kai Is. (se Moluccas)
Macropygia amboinensis maforensis
**Numforkuckuckstaube**
Salvadori, 1878
Numfor (Geelvink Bay is., nw Neuguinea)
Macropygia amboinensis griseinucha
**Mios Numkuckuckstaube**
Salvadori, 1876
Meos Num (Geelvink Bay is., nw Neuguinea)
Macropygia amboinensis meeki
**Manamkuckuckstaube**
Rothschild & Hartert, EJO, 1915
Manam (n von ne Neuguinea)
Macropygia amboinensis cinereiceps
**Yapenkuckuckstaube**
Tristram, 1889
Biak und Yapen (Geelvink Bay is., nw Neuguinea), wc bis se Neuguinea und D'Entrecasteaux Archipel (e von se Neuguinea)
Macropygia amboinensis cunctata
**Louisadekuckuckstaube**
Hartert, EJO, 1899
Louisiade Archipel (e von se Neuguinea)

Macropygia doreya
**Sultantaube**
*Sultan's Cuckoo-Dove - Tórtola cuco Sultán*
Bonaparte, 1854
*w Neuguinea (Irian Jaya) und w Papuan Inseln*

Macropygia doreya balim
**Balim-Sultantaube**
Rand, 1941
Balim Tal (nc Neuguinea)
Macropygia doreya albiceps
**Morotai-Sultantaube**
Bonaparte, 1856
Morotai bis Obi (n Moluccas)
Macropygia doreya atrata
**Togian-Sultantaube**
Ripley, 1941
Togian Is. (zwischen ne und ec Sulawesi)
Macropygia doreya sanghirensis
**Talaud-Sultantaube**
Salvadori, 1878
Sangihe und Talaud is. (ne von ne Sulawesi)
Macropygia doreya albicapilla
**Sulawesi-Sultantaube**
Bonaparte, 1854
Sulawesi und kleine Inseln
Macropygia doreya sedecima
**Sula-Sultantaube**
Neumann, 1939
Sula Is. (e von Sulawesi)

Macropygia emiliana
**Indonesientaube**
*Ruddy Cuckoo-Dove - Tórtola cuco indonesia*
Bonaparte, 1854
*Krakatau (w von Java), Java, Bali und Lombok bis Flores (w, c Lesser Sundas)*
Macropygia emiliana megala
**Kangeantaube**
Siebers, 1929
Kangean Is. (n von Bali)

Macropygia cinnamomea
**Engganotaube**
*Enggano Cuckoo-Dove - Tórtola cuco de Enggano*
Salvadori, 1892
*Enggano (w von s Sumatra)*

Macropygia modiglianii
**Sumatrataube**
*Barusan Cuckoo-Dove - Tórtola cuco de Barusan*
Salvadori, 1887
*Nias (w von n Sumatra)*

Macropygia modiglianii elassa
**Mentawaitaube**
Oberholser, 1912
Mentawai Is. (w von c Sumatra)
Macropygia modiglianii hypopercna
**Simeuletaube**
Oberholser, 1912
Simeulue (w von n Sumatra)

Macropygia magna
**Schweiftaube**
*Timor Cuckoo-Dove - Tórtola cuco grande*
Wallace, 1864
*Timor, Alor, Wetar, Romang, Kisar, Leti, Moa und Sermata (e Lesser Sundas)*

Macropygia timorlaoensis
**Tanimbartaube**
*Tanimbar Cuckoo-Dove - Tórtola cuco de Tanimbar*
Meyer, AB, 1884
*Tanimbar Is. (s Moluccas)*

Macropygia macassariensis
**Wellenbrusttaube**
*Flores Sea Cuckoo-Dove - Tórtola cuco de Flores*
Wallace, 1865
*sw Sulawesi, Selayar und Tana Keke (s von sw Sulawesi)*

Macropygia macassariensis longa
**Kalao-Wellenbrusttaube**
Meise, 1930
Tanahjampea, Kalao und Kalaotoa (se von sw Sulawesi)

Macropygia tenuirostris
**Philippinentaube**
*Philippine Cuckoo-Dove - Tórtola cuco filipina*
Bonaparte, 1854
*Philippinen (außer Palawan taxon novum)*

Macropygia tenuirostris phaea
**Calayan-Philippinentaube**
McGregor, 1904
Calayan (n Philippinen)
Macropygia tenuirostris borneensis
**Borneo-Philippinentaube**
Robinson & Kloss, 1921
Borneo
Macropygia tenuirostris septentrionalis
**Batantaube**
Hachisuka, 1930
Batan, Itbayat und Sabtang (n Philippinen); Lanyu (Taiwan)

Macropygia phasianella
**Maronentaube**
*Brown Cuckoo-Dove - Tórtola cuco parda*
Temminck, 1821
*se Queensland bis se New South Wales (e, se Australien)*

Macropygia phasianella quinkan
**Cap York-Maronentaube**
Schodde, 1989
ne Cape York Halbinsel, ne Queensland (ne Australien)
Macropygia phasianella robinsoni
**Robinsons Maronentaube**
Mathews, 1912
se Cape York Halbinsel, ne Queensland bis se Queensland (ne, nc Australien)

Macropygia rufipennis
**Rotsteißtaube**
*Andaman Cuckoo-Dove - Tórtola cuco de Andamán*
Blyth, 1846
*Nicobar Is.*

Macropygia rufipennis andamanica
**Andamanen Rotsteißtaube**
Abdulali, 1967
Andaman Is.

Macropygia nigrirostris
**Kastanientaube**
*Bar-tailed Cuckoo-Dove - Tórtola cuco piquinegra*
Salvadori, 1876
*Yapen (Geelvink Bay is., nw Neuguinea), Neuguinea, Karkar (n von ne Neuguinea), Goodenough
und Fergusson (D'Entrecasteaux Archipel, e von se Neuguinea) und e Bismarck Archipel*

Macropygia mackinlayi
**Mackinlaytaube**
*Spot-breasted Cuckoo-Dove - Tórtola cuco de Mackinlay*
Ramsay, EP, 1878
*Temotu (=Santa Cruz Is., se Solomon Is.) und Banks Is. über Aneityum (s Vanuatu)*

Macropygia mackinlayi arossi
**Karkar-Kuckuckstaube**
Tristram, 1879
Karkar (e von ne Neuguinea), kleine Inseln von Bismarck Archipel, und Buka bis Makira
und Rennell (Solomon Is.)

Macropygia ruficeps
**Sundataube**
*Little Cuckoo-Dove - Tórtola cuco chica*
Temminck, 1835
*Gebirge Java und Bali*

Macropygia ruficeps assimilis
**Kleine Chinakuckuckstaube**
Hume, 1874
s Myanmar bis nw Thailand und sw China
Macropygia ruficeps engelbachi
**Kleine Laoskuckuckstaube**
Delacour, 1928
nw Vietnam und n Laos
Macropygia ruficeps malayana
**Kleine Malayenkuckuckstaube**
Chasen & Kloss, 1931
Gebirge Malayische Halbinsel
Macropygia ruficeps simalurensis
**Kleine Simalurkuckuckstaube**
Richmond, 1902
Simeulue (w von n Sumatra)
Macropygia ruficeps sumatrana
**Kleine Sumatrakuckuckstaube**
Robinson & Kloss, 1919
Gebirge Sumatra
Macropygia ruficeps nana
**Zwergkuckuckstaube**
Stresemann, 1913
Gebirge Borneo und Sibatik (e von ne Borneo)
Macropygia ruficeps orientalis
**Kleine Sundakuckuckstaube**
Hartert, EJO, 1896
Gebirge Lombok bis Flores (w, c Lesser Sundas)



Reinwardtoena reinwardti
**Reinwardttaube**
*Great Cuckoo-Dove - Paloma rabuda papúa*
Temminck, 1824
*Morotai bis Obi (n Moluccas), Buru bis Seram und Seram Laut (se von Seram; c Moluccas)*

Reinwardtoena reinwardti griseotincta
**Große Kuckuckstaube**
Hartert, EJO, 1896
Neuguinea und kleine Inseln (außer Biak und Louisiade Archipel)
Reinwardtoena reinwardti brevis
**Riesenkuckuckstaube**
Peters, JL, 1937
Biak (Geelvink Bay is., nw Neuguinea)

Reinwardtoena browni
**Bismarcktaube**
*Pied Cuckoo-Dove - Paloma rabuda de Nueva Bretaña*
Sclater, PL, 1877
*Admiralty Is., Lavongai (=New Hanover), New Ireland und New Britain und kleine Inseln (nw, e
Bismarck Archipel)*

Reinwardtoena crassirostris
**Helmtaube**
*Crested Cuckoo-Dove - Paloma rabuda crestada*
Gould, 1856
*Gebirge Bougainville bis Makira und kleine Inseln (n bis se Solomon Is.)*



Turacoena manadensis
**Manadotaube**
*White-faced Cuckoo-Dove - Paloma cariblanca*
Quoy & Gaimard, 1832
*Sulawesi und kleine Inseln*
Turacoena sulaensis

**Sulataube**
*Sula Cuckoo-Dove - Tórtola cuco de Sula*
Forbes, HO & Robinson, 1900
*Banggai und Sula is. (e von Sulawesi)*

Turacoena modesta
**Timortaube**
*Black Cuckoo-Dove - Paloma de Timor*
Temminck, 1835
*Rote, Timor, Atauro und Wetar (e Lesser Sundas)*



Turtur chalcospilos
**Bronzeflecktaube**
*Emerald-spotted Wood Dove - Palomita aliverde*
Wagler, 1827
*Äthiopien und Somalia bis Angola, Namibia und Südafrika*

Turtur abyssinicus
**Erzflecktaube**
*Black-billed Wood Dove - Palomita saheliana*
Sharpe, 1902
*Mauretanien, Senegal und Gambia bis Eritrea, Äthiopien und Uganda*

Turtur afer
**Stahlflecktaube**
*Blue-spotted Wood Dove - Palomita aliazul*
Linnaeus, 1766
*Senegal und Gambia bis Eritrea, Äthiopien und Uganda, s bis Angola, n Südafrika und Mosambik*

Turtur tympanistria
**Tamburintaube**
*Tambourine Dove - Palomita tamborilera*
Temminck, 1809
*Guinea bis Äthiopien, s bis Angola, Sambia und Südafrika, und Comoros*

Turtur brehmeri
**Blaukopftaube**
*Blue-headed Wood Dove - Palomita cabeciazul*
Hartlaub, 1865
*s Kamerun bis e Demokratische Republik Kongo und nw Angola*

Turtur brehmeri infelix
**Guineablaukopftaube**
Peters, JL, 1937
Guinea und Sierra Leone bis Kamerun



Oena capensis
**Kaptäubchen**
*Namaqua Dove - Tortolita rabilarga*
Linnaeus, 1766
*Afrika s in der Sahara, Socotra, Mittlerer Osten von Zypern bis sw Iran*

Oena capensis aliena
**Madagaskartäubchen**
Bangs, 1918
Madagascar



Chalcophaps indica
**Glanztaube**
*Common Emerald Dove - Palomita esmeralda cabecigrís*
Linnaeus, 1758
*Indien bis s China, Malaysia, Philippinen, Indonesisches Archipel (außer se Lesser Sundas und s
Moluccas) und Raja Ampat Is. (nw von Neuguinea)*

Chalcophaps indica robinsoni
**Sri Lanka-Glanztaube**
Baker, ECS, 1928
Sri Lanka
Chalcophaps indica maxima
**Andamanen-Glanztaube**
Hartert, EJO, 1931
Andaman Is.
Chalcophaps indica augusta
**Nikobaren-Glanztaube**
Bonaparte, 1855
Nicobar Is.
Chalcophaps indica natalis
**Christmas-Glanztaube**
Lister, 1889
Christmas Insel (s von w Java)

Chalcophaps indica minima
**Biak-Glanztaube**
Hartert, EJO, 1931
Numfor, Biak und Meos Num (Geelvink Bay is., n Neuguinea)

Chalcophaps longirostris
## Grünflügeltaube
*Pacific Emerald Dove - Palomita esmeralda cabeciparda*
Gould, 1848
*ne Western Australia bis ne Nortern Territory (nc Australien)*

Chalcophaps longirostris timorensis
**Sunda-Grünflügeltaube**
Bonaparte, 1856
Timor bis Babar (e Lesser Sundas), Banda, Kai und Tanimbar is. und intervening is. (s Moluccas)

Chalcophaps longirostris rogersi
**Australische Grünflügeltaube**
Mathews, 1912
n Cape York Halbinsel, ne Queensland bis se New South Wales (e Australien), Lord Howe und Norfolk is. (e von Australien), e, se Küste Neuguinea, D'Entrecasteaux Archipel, Trobriand Is., Woodlark Gruppe und Louisiade Archipel (e von se Neuguinea)

Chalcophaps longirostris sandwichensis
**Neukaledonien-Grünflügeltaube**
Ramsay, EP, 1878
Temotu (=Santa Cruz Is., se Solomon Is.), Vanuatu inklusive Banks Is., und Grande Terre und Loyalty Is. (New Caledonia)

Chalcophaps stephani
## Stephantaube
*Stephan's Emerald Dove - Palomita esmeralda dorsiparda*
Reichenbach, 1851
*Kai Is. (se Moluccas), Neuguinea und kleine Inseln (außer most Geelvink Bay is. und Louisiade Archipel) und Bismarck Archipel inklusive Admiralty Is. und St. Matthias Is.*

Chalcophaps stephani wallacei
**Wallaceitaube**
Brüggemann, 1877
Sulawesi und Sula Is. (e von Sulawesi)

Chalcophaps stephani mortoni
**Mortontaube**
Ramsay, EP, 1882
Nissan (ne von Bismarck Archipel) und Buka bis Makira und Santa Ana (se von Makira; n bis se Solomon Is.)



Henicophaps albifrons
## Weißstirntaube
*New Guinea Bronzewing - Paloma bronce frentiblanca*
Gray, GR, 1862
*Waigeo, Gam und Salawati (Raja Ampat Is., nw von Neuguinea), Yapen (Geelvink Bay is., nw Neuguinea) und Neuguinea*

Henicophaps albifrons schlegeli
**Schlegels Weißstirntaube**
Rosenberg, HKB, 1866
Aru Is. (sw von Neuguinea)

Henicophaps foersteri
## Rotscheiteltaube
*New Britain Bronzewing - Paloma bronce de Nueva Bretaña*
Rothschild & Hartert, EJO, 1906
*Umboi (w von New Britain), New Britain und Lolobau (w von ne New Britain; se Bismarck Archipel)*



Phaps chalcoptera
## Bronzeflügeltaube
*Common Bronzewing - Paloma bronce común*
Latham, 1790
*Australien und Tasmanien*

Phaps elegans
## Buschtaube
*Brush Bronzewing - Paloma bronce elegante*
Temminck, 1809
*sc South Australia bis se Queensland und Tasmanien (se Australien)*

Phaps elegans occidentalis
**Australische Buschtaube**
Schodde, 1989
sw Western Australia (sw Australien)

Phaps histrionica
## Harlekintaube
*Flock Bronzewing - Paloma bronce arlequín*
Gould, 1841
*Western Australia bis nw New South Wales (nc Australien)*



Ocyphaps lophotes
## Spitzschopftaube
*Crested Pigeon - Paloma bronce crestada*
Temminck, 1822
*w Nortern Territory bis s Cape York Halbinsel, ne Queensland und sc Victoria (nc, e Australien)*

Ocyphaps lophotes whitlocki
**Nördliche Spitzschopftaube**
Mathews, 1912
w Western Australia (nw Australien)



Geophaps plumifera
## Rotschopftaube
*Spinifex Pigeon - Paloma plumífera ventriblanca*
Gould, 1842
*ne Western Australia und w Nortern Territory (nc Australien)*

Geophaps plumifera ferruginea
**Westliche Rotschopftaube**
Gould, 1865
wc bis ec Western Australia (wc Australien)

Geophaps plumifera leucogaster
**Nördliche Rotschopftaube**
Gould, 1867
Nortern Territory und nw South Australia bis w Queensland (c bis ne Australien)

Geophaps scripta
## Buchstabentaube
*Squatter Pigeon - Paloma escrita*
Temminck, 1821
*c Queensland bis ne New South Wales (ec Australien)*

Geophaps scripta peninsulae
**Halbinsel-Buchstabentaube**
White, HL, 1922
ne Queensland (ne Australien)

Geophaps smithii
## Schuppenbrusttaube
*Partridge Pigeon - Paloma de Smith*
Jardine & Selby, 1830
*Top End und kleine Inseln, n Nortern Territory (nc Australien)*

Geophaps smithii blaauwi
**Kimberley-Schuppenbrusttaube**
Mathews, 1912
Kimberley Region, ne Western Australia (nc Australien)



Trugon terrestris
## Erdtaube
*Thick-billed Ground Pigeon - Paloma perdiz picogorda*
Gray, GR, 1849
*Salawati (Raja Ampat Is., nw von Neuguinea) und Bird's Head und Neck (nw Neuguinea)*

Trugon terrestris leucopareia
**Südliche Erdtaube**
Meyer, AB, 1886
s Neuguinea

Trugon terrestris mayri
**Mayris Erdtaube**
Rothschild, 1931
nc Neuguinea



Leucosarcia melanoleuca
## Wongataube
*Wonga Pigeon - Paloma wonga*
Latham, 1801
*se Queensland bis se Victoria (e, se Australien)*



Petrophassa rufipennis
## Rotspiegeltaube
*Chestnut-quilled Rock Pigeon - Paloma roquera alirrufa*
Collett, 1898
*nc Top End, n Nortern Territory (nc Australien)*

Petrophassa albipennis
## Weißspiegeltaube
*White-quilled Rock Pigeon - Paloma roquera aliblanca*
Gould, 1841
*ne Western Australia bis nw Nortern Territory (nc Australien)*

Petrophassa albipennis boothi
**Booths Weißspiegeltaube**
Goodwin, 1969
nw Nortern Territory (nc Australien)



Geopelia cuneata
**Diamanttäubchen**
*Diamond Dove - Tortolita diamante*
Latham, 1801
*Australien (außer s, Tasmanien)*

Geopelia striata
**Sperbertäubchen**
*Zebra Dove - Tortolita estriada*
Linnaeus, 1766
*Malayische Halbinsel, Sumatra und Java*

Geopelia placida
**Friedenstäubchen**
*Peaceful Dove - Tortolita plácida*
Gould, 1844
*Trans-Fly (sc Neuguinea), ne bis se Küste Neuguinea und ne Western Australia bis se South Australia und se New South Wales (n, e Australien)*

Geopelia placida clelandi
**Clelandfriedenstäubchen**
Mathews, 1912
wc Western Australia (wc Australien)

Geopelia maugeus
**Zebratäubchen**
*Barred Dove - Tortolita de Timor*
Temminck, 1809
*Sumbawa bis Babar (Lesser Sundas) und s Moluccas*

Geopelia humeralis
**Kupfernackentäubchen**
*Bar-shouldered Dove - Tortolita humeral*
Temminck, 1821
*ec Queensland bis se New South Wales (e Australien)*

Geopelia humeralis gregalis
**Südliches Kupfernackentäubchen**
Bangs & Peters, JL, 1926
Trans-Fly (sc Neuguinea) und Port Moresby Gebiet (sc Küste von se Neuguinea)
Geopelia humeralis headlandi
**Australisches Kupfernackentäubchen**
Mathews, 1913
nc Western Australia (nw Australien)
Geopelia humeralis inexpectata
**Nördliches Kupfernackentäubchen**
Mathews, 1912
ne Western Australia bis Cape York Halbinsel, ne Queensland (n Australien)



Columbina inca
**Aztekentäubchen**
*Inca Dove - Tortolita mexicana*
Lesson, RP, 1847
*sw USA bis Costa Rica*

Columbina squammata
**Schuppentäubchen**
*Scaled Dove - Tortolita escamosa*
Lesson, RP, 1831
*c, e Brasilien bis ne Argentinien*

Columbina squammata ridgwayi
**Ridgways Schuppentäubchen**
Richmond, 1896
Kolumbien, Venezuela, Trinidad, Tobago und Französisch-Guayana

Columbina passerina
**Sperlingstäubchen**
*Common Ground Dove - Columbina común*
Linnaeus, 1758
*se USA*

Columbina passerina pallescens
**Belize-Sperlingstäubchen**
Baird, SF, 1860
sw USA bis Guatemala und Belize
Columbina passerina socorroensis
**Socorro-Sperlingstäubchen**
Ridgway, 1887
Socorro Insel (vor w Mexico)

Columbina passerina neglecta
**Honduras-Sperlingstäubchen**
Carriker, 1910
Honduras bis Panama
Columbina passerina bahamensis
**Bahama-Sperlingstäubchen**
Maynard, 1887
Bahamas und Bermuda
Columbina passerina exigua
**Inagua-Sperlingstäubchen**
Riley, 1905
Great Inagua Insel (s Bahamas) und Mona Insel (Puerto Rico)
Columbina passerina insularis
**Kuba-Sperlingstäubchen**
Ridgway, 1888
Kuba , Hispaniola und Cayman Is.
Columbina passerina umbrina
**Hispaniola-Sperlingstäubchen**
Buden, 1985
Ile de la Tortue (vor nw Hispaniola)
Columbina passerina jamaicensis
**Jamaika-Sperlingstäubchen**
Maynard, 1899
Jamaika
Columbina passerina portoricensis
**Puertorico-Sperlingstäubchen**
Lowe, 1908
Puerto Rico (außer Mona Insel) und Virgin Is. (außer St. Croix)
Columbina passerina nigrirostris
**Croix-Sperlingstäubchen**
Danforth, 1935
St. Croix (n Kleine Antillen)
Columbina passerina trochila
**Martinique-Sperlingstäubchen**
Bonaparte, 1855
Martinique (Kleine Antillen)
Columbina passerina antillarum
**Antillen-Sperlingstäubchen**
Lowe, 1908
s Kleine Antillen
Columbina passerina albivitta
**Venezuela-Sperlingstäubchen**
Bonaparte, 1855
n Kolumbien, n Venezuela, Niederländische Antillen und Trinidad
Columbina passerina parvula
**Kolumbianisches Sperlingstäubchen**
Todd, 1913
c Kolumbien
Columbina passerina nana
**Kleines Sperlingstäubchen**
Todd, 1913
w Kolumbien
Columbina passerina quitensis
**Ekuador-Sperlingstäubchen**
Todd, 1913
c Ecuador
Columbina passerina griseola
**Guyanas-Sperlingstäubchen**
Spix, 1825
s Venezuela bis Guianas und e Brasilien

Columbina minuta
**Zwergtäubchen**
*Plain-breasted Ground Dove - Columbina menuda*
Linnaeus, 1766
*e Kolumbien und Venezuela über Guianas bis s Brasilien und ne Argentinien*

Columbina minuta interrupta
**Belize-Zwergtäubchen**
Griscom, 1929
s Mexico bis Belize, Guatemala und Nicaragua
Columbina minuta elaeodes
**Costa Rica-Zwergtäubchen**
Todd, 1913
Costa Rica bis wc Kolumbien
Columbina minuta amazilia
**Peru-Zwergtäubchen**
Bonaparte, 1855
sw Ecuador und nw Peru

Columbina buckleyi
**Blasstäubchen**
*Ecuadorian Ground Dove - Columbina ecuatoriana*
Sclater, PL & Salvin, 1877
*nw Ecuador bis nw Peru*

Columbina buckleyi dorsti
**Dorsti-Erdtaube**
Koepcke, 1962
Marañon Tal (nw Peru)

Columbina talpacoti
**Rosttäubchen**
*Ruddy Ground Dove - Columbina colorada*
Temminck, 1810
*e Ecuador und Peru bis Guianas, Brasilien und c Argentinien*

Columbina talpacoti eluta
**Bangs Rosttäubchen**
Bangs, 1901
w Mexico
Columbina talpacoti rufipennis
**Bonapartes Rosttäubchen**
Bonaparte, 1855
se Mexico bis n Kolumbien, n Venezuela, Trinidad und Tobago
Columbina talpacoti caucae
**Chapmans Rosttäubchen**
Chapman, 1915
w Kolumbien

Columbina picui
**Picuitäubchen**
*Picui Ground Dove - Columbina picuí*
Temminck, 1813
Bolivien und s Brasilien bis c Chile und s Argentinien

Columbina picui strepitans
**Picuiterdtaube**
Spix, 1825
ne Brasilien

Columbina cruziana
**Goldschnabeltäubchen**
*Croaking Ground Dove - Columbina quiquagua*
Prévost, 1842
n Ecuador bis n Chile

Columbina cyanopis
**Blauaugentäubchen**
*Blue-eyed Ground Dove - Columbina ojiazul*
Pelzeln, 1870
sc Brasilien



Claravis pretiosa
**Schmucktäubchen**
*Blue Ground Dove - Tortolita azulada*
Ferrari-Pérez, 1886
e Mexico bis n Argentinien und se Brasilien



Paraclaravis geoffroyi
**Purpurbindentäubchen**
*Purple-winged Ground Dove - Tortolita alipúrpura*
Temminck, 1811
se Brasilien, e Paraguay und ne Argentinien

Paraclaravis mondetoura
**Mondetourtäubchen**
*Maroon-chested Ground Dove - Tortolita pechimorada*
Bonaparte, 1856
se Mexico bis wc Bolivien



Metriopelia ceciliae
**Nacktgesichttäubchen**
*Bare-faced Ground Dove - Palomita cascabelita*
Lesson, RP, 1845
w Peru

Metriopelia ceciliae obsoleta
**Nördliches Nacktgesichttäubchen**
Zimmer, JT, 1924
n Peru
Metriopelia ceciliae zimmer
**Zimmers Nacktgesichttäubchen**
Peters, JL, 1937
s Peru bis n Chile, Bolivien und nw Argentinien

Metriopelia morenoi
**Morenotäubchen**
*Moreno's Ground Dove - Palomita de Moreno*
Sharpe, 1902
nw Argentinien

Metriopelia melanoptera
**Weißbugtäubchen**
*Black-winged Ground Dove - Palomita alinegra*
Molina, 1782
Peru bis Chile und s Argentinien

Metriopelia melanoptera saturatior
**Ekuador-Weißbugtäubchen**
Chubb, C, 1918
sw Kolumbien und Ecuador

Metriopelia aymara
**Aymaratäubchen**
*Golden-spotted Ground Dove - Palomita aimará*
Prévost, 1840
sc Peru bis n Chile



Uropelia campestris
**Campostäubchen**
*Long-tailed Ground Dove - Columbina colilarga*
Spix, 1825
nc, c, wc Brasilien und n, e Bolivien



Starnoenas cyanocephala
**Kubataube**
*Blue-headed Quail-Dove - Paloma perdiz cubana*
Linnaeus, 1758
Kuba



Geotrygon purpurata
**Indigotaube**
*Purple Quail-Dove - Paloma perdiz purpúrea*
Salvin, 1878
nw Kolumbien bis nw Ecuador

Geotrygon saphirina
**Saphirtaube**
*Sapphire Quail-Dove - Paloma perdiz zafiro*
Bonaparte, 1855
e Ecuador bis se Peru, w Brasilien und n Bolivien

Geotrygon saphirina rothschildi
**Rothschilds Saphirtaube**
Stolzmann, 1926
Marcapata Tal (se Peru)

Geotrygon versicolor
**Kurzschopftaube**
*Crested Quail-Dove - Paloma perdiz jamaicana*
Lafresnaye, 1846
Jamaika

Geotrygon montana
**Bergtaube**
*Ruddy Quail-Dove - Paloma perdiz común*
Linnaeus, 1758
Mexico bis ne Argentinien; Große Antillen und Trinidad

Geotrygon montana martinica
**Antillen-Bergtaube**
Linnaeus, 1766
Kleine Antillen

Geotrygon violacea
**Bischofstaube**
*Violaceous Quail-Dove - Paloma perdiz violácea*
Temminck, 1809
Suriname bis e Brasilien, Paraguay und ne Argentinien

Geotrygon violacea albiventer
**Weißbauch-Bischofstaube**
Lawrence, 1865
Nicaragua bis n Kolumbien und Venezuela

Geotrygon caniceps
**Gundlachtaube**
*Grey-fronted Quail-Dove - Paloma perdiz camao*
Gundlach, 1852
Kuba

Geotrygon leucometopia
**Hispaniolataube**
*White-fronted Quail-Dove - Paloma perdiz dominicana*
Chapman, 1917
Dominikanische Republick

Geotrygon chrysia
**Bahamataube**
*Key West Quail-Dove - Paloma perdiz barbiqueja*
Bonaparte, 1855
*West Indies*

Geotrygon mystacea
**Schnurrbarttaube**
*Bridled Quail-Dove - Paloma perdiz de Martinica*
Temminck, 1811
*Kleine Antillen*

**Gattung: Leptotrygon**

Leptotrygon veraguensis
**Veraguataube**
*Olive-backed Quail-Dove - Paloma perdiz de Veragua*
Lawrence, 1866
*Costa Rica bis nw Ecuador*

**Gattung: Leptotila**

Leptotila verreauxi
**Blauringtaube**
*White-tipped Dove - Paloma montaraz común*
Bonaparte, 1855
*sw Nicaragua und Costa Rica bis n Venezuela, Niederländische Antillen und Trinidad*

   Leptotila verreauxi capitalis
   **Tres Marias-Blauringtaube**
   Nelson, 1898
   Tres Marías Is. (vor w Mexico)
   Leptotila verreauxi angelica
   **Angelicas Blauringtaube**
   Bangs & Penard, TE, 1922
   s Texas (USA) und n, c Mexico
   Leptotila verreauxi fulviventris
   **Mexikanische Blauringtaube**
   Lawrence, 1882
   se Mexico bis Belize und ne Guatemala
   Leptotila verreauxi bangsi
   **Bangs Blauringtaube**
   Dickey & Van Rossem, 1926
   w Guatemala bis w Nicaragua und w Honduras
   Leptotila verreauxi nuttingi
   **Ridgways Blauringtaube**
   Ridgway, 1915
   Lake Nicaragua
   Leptotila verreauxi tobagensis
   **Tobabo-Blauringtaube**
   Hellmayr & Seilern, 1915
   Tobago
   Leptotila verreauxi hernandezi
   **Hernandez-Blauringtaube**
   Romero-Zambrano & Morales-Sánchez, 1981
   sw Kolumbien
   Leptotila verreauxi decolor
   **Salvins Blauringtaube**
   Salvin, 1895
   w Kolumbien bis w, n Peru
   Leptotila verreauxi brasiliensis
   **Brasilianische Blauringtaube**
   Bonaparte, 1856
   Guianas und n Brasilien
   Leptotila verreauxi approximans
   **Corys Blauringtaube**
   Cory, 1917
   ne Brasilien
   Leptotila verreauxi decipiens
   **Peruanische Blauringtaube**
   Salvadori, 1871
   e Peru, Bolivien und w, c, e Brasilien
   Leptotila verreauxi chlorauchenia
   **Sclaters Blauringtaube**
   Giglioli & Salvadori, 1870
   s Bolivien bis se Brasilien, Uruguay und nc Argentinien

Leptotila megalura
**Yungastaube**
*Yungas Dove - Paloma montaraz de las Yungas*
Sclater, PL & Salvin, 1879
*Bolivien und nw Argentinien*

Leptotila rufaxilla
**Rotachseltaube**
*Grey-fronted Dove - Paloma montaraz frentiblanca*
Richard & Bernard, 1792
*e Venezuela, Guianas und n Brasilien*

   Leptotila rufaxilla pallidipectus
   **Venezuela-Rotachseltaube**
   Chapman, 1915
   e Kolumbien und w Venezuela

   Leptotila rufaxilla dubusi
   **Peruanische Rotachseltaube**
   Bonaparte, 1855
   se Kolumbien bis e Peru, nw Brasilien und s Venezuela
   Leptotila rufaxilla hellmayri
   **Hellmayrs Rotachseltaube**
   Chapman, 1915
   ne Venezuela und Trinidad
   Leptotila rufaxilla bahiae
   **Bahia-Rotachseltaube**
   Berlepsch, 1885
   c Brasilien
   Leptotila rufaxilla reichenbachii
   **Reichenbachs Rotachseltaube**
   Pelzeln, 1870
   sc, s Brasilien, Paraguay, Uruguay und ne Argentinien

Leptotila plumbeiceps
**Graukopftaube**
*Grey-headed Dove - Paloma montaraz cabecigrís*
Sclater, PL & Salvin, 1868
*se Mexico bis w Costa Rica und w Kolumbien*

   Leptotila plumbeiceps notia
   **Graukopftaube**
   Peters, JL, 1931
   w Panama

Leptotila pallida
**Fahltaube**
*Pallid Dove - Paloma montaraz pálida*
Berlepsch & Taczanowski, 1884
*Kolumbien und Ecuador*

Leptotila battyi
**Panamataube**
*Azuero Dove - Paloma montaraz de Coiba*
Rothschild, 1901
*Coiba Insel (vor sc Panama)*

   Leptotila battyi malae
   **Cebacotaube**
   Griscom, 1927
   Pacifikseite von Panama und Cebaco Insel (vor w Panama)

Leptotila wellsi
**Grenadataube**
*Grenada Dove - Paloma montaraz de Granada*
Lawrence, 1884
*Grenada*

Leptotila jamaicensis
**Jamaikataube**
*Caribbean Dove - Paloma montaraz jamaicana*
Linnaeus, 1766
*Jamaika*

   Leptotila jamaicensis collaris
   **Caymantaube**
   Cory, 1886
   Cayman Is.
   Leptotila jamaicensis gaumeri
   **Holboxtaube**
   Lawrence, 1885
   n Yucatán, Mujeres, Holbox und Cozumel Insel (Mexico), Ambergris Caye (Belize) und Inseln vor Honduras
   Leptotila jamaicensis neoxena
   **San Andrestaube**
   Cory, 1887
   San Andrés Insel (vor e Nicaragua)

Leptotila cassinii
**Cassintaube**
*Grey-chested Dove - Paloma montaraz pechigrís*
Lawrence, 1867
*Panama bis n Kolumbien*

   Leptotila cassinii cerviniventris
   **Panama-Graubrusttaube**
   Sclater, PL & Salvin, 1868
   e Guatemala bis w Panama
   Leptotila cassinii rufinucha
   **Costa Rica-Graubrusttaube**
   Sclater, PL & Salvin, 1873
   sw Costa Rica und nw Panama

Leptotila ochraceiventris
**Ockerbauchtaube**
*Ochre-bellied Dove - Paloma montaraz ventriocre*
Chapman, 1914
*Ecuador und Peru*

Leptotila conoveri
**Tolimataube**
*Tolima Dove - Paloma montaraz de Tolima*
Bond, J & Meyer de Schauensee, 1943
*Kolumbien*



**Gattung: Zentrygon**

Zentrygon carrikeri
**Veracruztaube**
*Tuxtla Quail-Dove - Paloma perdiz de Veracruz*
Wetmore, 1941
*se Mexico*

Zentrygon costaricensis
**Costa-Rica-Taube**
*Buff-fronted Quail-Dove - Paloma perdiz costarricense*
Lawrence, 1868
*Costa Rica und Panama*

Zentrygon lawrencii
**Purpurrückentaube**
*Purplish-backed Quail-Dove - Paloma perdiz de Lawrence*
Salvin, 1874
*Costa Rica und Panama*

Zentrygon albifacies
**Weißgesichttaube**
*White-faced Quail-Dove - Paloma perdiz cariblanca*
Sclater, PL, 1858
*e Mexico bis Nicaragua*

Zentrygon frenata
**Zügeltaube**
*White-throated Quail-Dove - Paloma perdiz gorjiblanca*
Tschudi, 1843
*n Peru bis c Bolivien*

Zentrygon frenata bourcieri
**Ekuadorzügeltaube**
Bonaparte, 1855
w Kolumbien und w, e Ecuador
Zentrygon frenata subgrisea
**Peruzügeltaube**
Chapman, 1922
sw Ecuador und nw Peru
Zentrygon frenata margaritae
**Bolivienzügeltaube**
Blake, Hoy, G & Contino, 1961
s Bolivien bis nw Argentinien

Zentrygon linearis
**Streifentaube**
*Lined Quail-Dove - Paloma perdiz embridada*
Prévost, 1843
*n, c, e Kolumbien bis n Venezuela*

Zentrygon linearis trinitatis
**Trinidad-Streifentaube**
Hellmayr & Seilern, 1912
ne Venezuela, Trinidad und Tobago

Zentrygon chiriquensis
**Chiriquitaube**
*Chiriqui Quail-Dove - Paloma perdiz de Chiriquí*
Sclater, PL, 1856
*Costa Rica und Panama*

Zentrygon goldmani
**Goldmantaube**
*Russet-crowned Quail-Dove - Paloma perdiz de Goldman*
Nelson, 1912
*Darién (Panama) und nw Kolumbien*

Zentrygon goldmani oreas
**Panama-Goldmantaube**
Wetmore, 1950
e Panama

**Gattung: Zenaida**

Zenaida macroura
**Carolinataube**
*Mourning Dove - Zenaida huilota*
Linnaeus, 1758
*Kuba , Hispaniola, Puerto Rico und Jamaika*

Zenaida macroura marginella
**Kanada-Morgentaube**
Woodhouse, 1852
w Kanada und w USA bis sc Mexico
Zenaida macroura carolinensis
**Bahamas Morgentaube**
Linnaeus, 1766
e Kanada, e USA, Bermuda und Bahamas
Zenaida macroura clarionensis
**Clarion-Morgentaube**
Townsend, CH, 1890
Clarion Is. (vor w Mexico)
Zenaida macroura turturilla
**Panama-Morgentaube**
Wetmore, 1956
Costa Rica und w Panama

Zenaida graysoni
**Socorrotaube**
*Socorro Dove - Zenaida de Socorro*
Lawrence, 1871
*Socorro Insel*

Zenaida auriculata
**Ohrflecktaube**
*Eared Dove - Zenaida torcaza*
des Murs, 1847
*c Chile und wc Argentinien*

Zenaida auriculata caucae
**Westliche Ohrflecktaube**
Chapman, 1922
w Kolumbien
Zenaida auriculata antioquiae
**Nördliche Ohrflecktaube**
Chapman, 1917
nc Kolumbien
Zenaida auriculata pentheria
**Venezuela-Ohrflecktaube**
Bonaparte, 1855
e Kolumbien und w Venezuela
Zenaida auriculata vinaceorufa
**Antillen-Ohrflecktaube**
Ridgway, 1884
Niederländische Antillen
Zenaida auriculata stenura
**Trinidad-Ohrflecktaube**
Bonaparte, 1855
Kleine Antillen, Trinidad, c Kolumbien bis Guianas und n Brasilien
Zenaida auriculata jessieae
**Ridgways Ohrflecktaube**
Ridgway, 1888
lower Amazon (Brasilien)
Zenaida auriculata marajoensis
**Amazonas-Ohrflecktaube**
Berlepsch, 1913
Amazon estuary (Brasilien)
Zenaida auriculata noronha
**Sharps Ohrflecktaube**
Chubb, C, 1919
ne Brasilien und Fernando de Noronha Is. (Brasilien)
Zenaida auriculata hypoleuca
**Peru-Ohrflecktaube**
Bonaparte, 1855
w Ecuador und w Peru bis nw Bolivien und n Chile
Zenaida auriculata chrysauchenia
**Bolivien-Ohrflecktaube**
Reichenbach, 1847
e Bolivien bis c Brasilien s bis Tierra del Fuego

Zenaida aurita
**Liebestaube**
*Zenaida Dove - Zenaida caribeña*
Temminck, 1809
*Kleine Antillen*

Zenaida aurita salvadorii
**Salvadori-Liebestaube**
Ridgway, 1916
n Yucatán Halbinsel, Cozumel, Holbox und Mujeres is. (Mexico)
Zenaida aurita zenaida
**Bahamsliebestaube**
Bonaparte, 1825
Bahamas, Große Antillen und Virgin Is.

Zenaida galapagoensis
**Galápagostaube**
*Galapagos Dove - Zenaida de Galápagos*
Gould, 1841
*Galápagos außer Culpepper und Wenman*

Zenaida galapagoensis exsul
**Culpeppertaube**
Rothschild & Hartert, EJO, 1899
Culpepper und Wenman is. (Galápagos)

Zenaida asiatica
**Weißflügeltaube**
*White-winged Dove - Zenaida aliblanca*
Linnaeus, 1758
*s USA bis Nicaragua und West Indies*

Zenaida asiatica mearnsi
**Mexikanische Weißflügeltaube**
Ridgway, 1915
*sw USA und w Mexico*
Zenaida asiatica australis
**Costa-Rica Weißflügeltaube**
Peters, JL, 1913
*W Costa Rica und w Panama*

Zenaida meloda
**Perutaube**
*West Peruvian Dove - Zenaida peruana*
Tschudi, 1843
*Ecuador bis n Chile*

Gattung: Caloenas

Caloenas nicobarica
**Kragentaube**
*Nicobar Pigeon - Paloma de Nicobar*
Linnaeus, 1758
*Andaman und Nicobar Is., Philippinen, Indonesisches Archipel, Neuguinea kleine Inseln,
Bismarck Archipel und Solomon Is.*

Caloenas nicobarica pelewensis
**Palaukragentaube**
Finsch, 1875
*Palau (w Caroline Is., w Micronesia)*

† Caloenas maculata
**Liverpooltaube**
*Spotted Green Pigeon - Paloma de Liverpool*
Gmelin, JF, 1789
*s Pacifik*

Gattung: Gallicolumba

Gallicolumba tristigmata
**Hopftaube**
*Sulawesi Ground Dove - Paloma perdiz de Célebes*
Bonaparte, 1855
*n, nc Sulawesi*

Gallicolumba tristigmata auripectus
**Stresemannhopftaube**
Stresemann, 1941
*sc, se Sulawesi*
Gallicolumba tristigmata bimaculata
**Salvadorihopftaube**
Salvadori, 1892
*s Sulawesi*

Gallicolumba rufigula
**Goldbrusttaube**
*Cinnamon Ground Dove - Paloma perdiz pechidorada*
Pucheran, 1853
*Raja Ampat Is. (nw von Neuguinea), Bird's Head und Neck (nw Neuguinea), Yapen (Geelvink Bay
is., nw Neuguinea) und wc, n, ne (Huon Halbinsel) und se Neuguinea*

Gallicolumba rufigula helviventris
**Aru-Goldbrusttaube**
Rosenberg, HKB, 1866
*Aru Is. (sw von Neuguinea)*
Gallicolumba rufigula alaris
**Südliche Goldbrusttaube**
Rand, 1941
*s Neuguinea*

Gallicolumba luzonica
**Dolchstichtaube**
*Luzon Bleeding-heart - Paloma apuñalada de Luzón*
Scopoli, 1786
*c, s Luzon (n Philippinen)*

Gallicolumba luzonica griseolateralis
**Luzondolchstichtaube**
Parkes, 1962
*n Luzon (n Philippinen)*
Gallicolumba luzonica rubiventris
**Catanduanes-Dolchstichtaube**
Gonzales, 1979
*Catanduanes (n Philippinen)*

Gallicolumba crinigera
**Brandtaube**
*Mindanao Bleeding-heart - Paloma apuñalada de Mindanao*
Reichenbach, 1851
*Mindanao und Dinagat (s Philippinen)*

Gallicolumba crinigera leytensis
**Harters Brandtaube**
Hartert, EJO, 1918
*Samar, Leyte und Bohol (ec Philippinen)*
Gallicolumba crinigera bartletti
**Sclaters Brandtaube**
Sclater, PL, 1864
*Basilan (s Philippinen)*

Gallicolumba platenae
**Platentaube**
*Mindoro Bleeding-heart - Paloma apuñalada de Mindoro*
Salvadori, 1893
*Mindoro (nw Philippinen)*

Gallicolumba keayi
**Negrostaube**
*Negros Bleeding-heart - Paloma apuñalada de Negros*
Clarke, WE, 1900
*Negros und Panay, West Visayas (wc Philippinen)*

Gallicolumba menagei
**Tawitawitaube**
*Sulu Bleeding-heart - Paloma apuñalada de Tawitawi*
Bourns & Worcester, 1894
*Tawitawi (s Sulu Archipel, s Philippinen)*

Gattung: Pampusana

Pampusana hoedtii
**Wetartaube**
*Wetar Ground Dove - Paloma perdiz de la Wetar*
Schlegel, 1871
*Timor und Wetar (e Lesser Sundas)*

Pampusana jobiensis
**Jobitaube**
*White-breasted Ground Dove - Paloma perdiz pechiblanca*
Meyer, AB, 1875
*Yapen (Geelvink Bay is., nw Neuguinea), Neuguinea, Manam, Karkar und Bagabag (n von ne
Neuguinea), D'Entrecasteaux Archipel (e von se Neuguinea) und e Bismarck Archipel*

Pampusana jobiensis chalconota
**Vella Lavellataube**
Mayr, 1935
*Vella Lavella, Guadalcanal und Makira (wc, sc, sc Solomon Is.)*

Pampusana kubaryi
**Karolinentaube**
*White-fronted Ground Dove - Paloma perdiz de las Carolinas*
Finsch, 1880
*Chuuk (=Truk, c Caroline Is.) und Pohnpei (=Ponape, e Caroline Is., c Micronesia)*

Pampusana erythroptera
**Tahititaube**
*Polynesian Ground Dove - Paloma perdiz de Tuamotu*
Gmelin, JF, 1789
*Tuamotu Archipel (Society Is.; e Polynesien)*

Pampusana xanthonura
**Jungferntaube**
*White-throated Ground Dove - Paloma perdiz de las Marianas*
Temminck, 1823
*Northern Mariana Is., Guam (s Mariana Is.)und Yap (w Caroline Is., w Micronesia)*

† Pampusana norfolkensis
**Norfolktaube**
*Norfolk Ground Dove - Paloma-perdiz de la Isla Norfolk*
Forshaw, 2015
*Norfolk Insel (e von Australien)*

Pampusana stairi
**Purpurschultertaube**
*Shy Ground Dove - Paloma perdiz de las Fiji*
Gray, GR, 1856
*Fiji (sw Polynesien), Wallis und Futuna (ne von Fiji), Savaii, Upolu und Aleipata (e von Upolu, w
Samoa), Manua Gruppe (American Samoa, c Polynesien) und Tonga (sc Polynesien)*

Pampusana sanctaecrucis
**Santa-Cruz-Taube**
*Santa Cruz Ground Dove - Paloma perdiz de Santa Cruz*
Mayr, 1935
*Tinakula und Utupua (Temotu=Santa Cruz Is., se Solomon Is.) und Santo (n Vanuatu)*

† Pampusana ferruginea
**Tannataube**
*Tanna Ground Dove - Paloma-perdiz de Tanna*
Forster, JR, 1844
*Tanna (s Vanuatu)*

† Pampusana salamonis
**Makirataube**
*Thick-billed Ground Dove - Paloma perdiz de las Salomón*
Ramsay, EP, 1882
*Makira und Ramos (n von Isabel; se Solomon Is.)*

Pampusana rubescens
**Marquesastaube**
*Marquesan Ground Dove - Paloma perdiz de las Marquesas*
Vieillot, 1818
*Fatu Uku und Hatutaa (Marquesas Is., ne Polynesien)*

Pampusana beccarii
**Graubrusttaube**
*Bronze Ground Dove - Paloma perdiz pechigrís*
Salvadori, 1876
*Gebirge Bird's Head (nw Neuguinea) und nc bis ne (Huon Halbinsel) Neuguinea*

    Pampusana beccarii johannae
    **Johannas Graubrusttaube**
    Sclater, PL, 1877
    Karkar (e von ne Neuguinea), Lavongai (=New Hanover), New Ireland und New Britain
    und kleine Inseln (e Bismarck Archipel)
    Pampusana beccarii eichhorni
    **Eichhorns Graubrusttaube**
    Hartert, EJO, 1924
    Mussau und Emirau (to se von Mussau; St. Matthias Is., ne Bismarck Archipel)
    Pampusana beccarii admiralitatis
    **Admiralitäts-Graubrusttaube**
    Rothschild & Hartert, EJO, 1914
    Manus (Admiralty Is., nw Bismarck Archipel)
    Pampusana beccarii intermedia
    **Kleine Graubrusttaube**
    Rothschild & Hartert, EJO, 1905
    Bougainville, Kolombangara, Gizo und New Georgia (nw, wc Solomon Is.)
    Pampusana beccarii solomonensis
    **Salomonen-Graubrusttaube**
    Ogilvie-Grant, 1888
    Ndai (n von Malaita), Guadalcanal, Makira, Three Sisters (n von c Makira), Santa Ana (ne
    von e Makira), Rennell und Bellona (nw von Rennell; se Solomon Is.)
    Pampusana beccarii masculina
    **Nissan-Graubrusttaube**
    Salomonsen, 1972
    Nissan (ne von Bismarck Archipel)

Pampusana canifrons
**Graustirntaube**
*Palau Ground Dove - Paloma perdiz de las Palau*
Hartlaub & Finsch, 1872
*Palau (w Caroline Is., w Micronesia)*

† Gattung: Microgoura

† Microgoura meeki
**Salomonentaube**
*Choiseul Pigeon - Paloma perdiz de la Choiseul*
Rothschild, 1904
*Choiseul (ne Solomon Is.)*

Gattung: Otidiphaps

Otidiphaps nobilis
**Fasantaube**
*Pheasant Pigeon - Paloma faisán cuelliverde*
Gould, 1870
*Waigeo und Batanta (nw von Neuguinea), Yapen (Geelvink Bay is., nw Neuguinea), Bird's Head
und Neck und w, nc Neuguinea*

    Otidiphaps nobilis aruensis
    **Weißnackenfasantaube**
    Rothschild, 1928
    Aru Is. (sw von Neuguinea)
    Otidiphaps nobilis cervicalis
    **Graunackenfasantaube**
    Ramsay, EP, 1880
    ec, ne (Huon Halbinsel) und se Neuguinea
    Otidiphaps nobilis insularis
    **Fergusson-Fasantaube**
    Salvin & Godman, 1883
    Fergusson (D'Entrecasteaux Archipel, e von se Neuguinea; no recent records)

Gattung: Goura

Goura cristata
**Blaubrust-Krontaube**
*Western Crowned Pigeon - Gura occidental*
Pallas, 1764
*Raja Ampat Is. (nw von Neuguinea) und Bird's Head und Neck (nw Neuguinea)*

Goura scheepmakeri
**Graubug-Krontaube**
*Scheepmaker's Crowned Pigeon - Gura de Scheepmaker*
Finsch, 1876
*s von se Neuguinea*

Goura sclaterii
**Rotbug-Krontaube**
*Sclater's Crowned Pigeon - Gura de Sclater*
Salvadori, 1876
*sc Neuguinea (außer Trans-Fly)*

Goura victoria
**Fächertaube**
*Victoria Crowned Pigeon - Gura de Victoria*
Fraser, 1844
*Yapen und Biak (Geelvink Bay is., nw Neuguinea)*

    Goura victoria beccarii
    **Beccarifächertaube**
    Salvadori, 1876
    n Neuguinea

† Gattung: Raphus

† Raphus cucullatus
**Dodo**
*Dodo - Dodo*
Linnaeus, 1758
*Mauritius (c Mascarenes)*

† Gattung: Pezophaps

† Pezophaps solitaria
**Rodriguesdodo**
*Rodrigues Solitaire - Solitario de Rodrigues*
Gmelin, JF, 1789
*Rodrigues*

Gattung: Didunculus

Didunculus strigirostris
**Zahntaube**
*Tooth-billed Pigeon - Paloma manumea*
Jardine, 1845
*Savaii und Upolu (w Samoa, c Polynesien)*

Gattung: Phapitreron

Phapitreron leucotis
**Ohrstreiftaube**
*White-eared Brown Dove - Vinago pardo de Luzón*
Temminck, 1823
*Catanduanes, Luzon und Mindoro (n Philippinen)*

    Phapitreron leucotis nigrorum
    **Visaya-Ohrstreiftaube**
    Sharpe, 1877
    West Visayas (wc Philippinen)
    Phapitreron leucotis brevirostris
    **Mindanao-Ohrstreiftaube**
    Tweeddale, 1877
    East Visayas und Mindanao (ec, s Philippinen)
    Phapitreron leucotis occipitalis
    **Basilan-Ohrstreiftaube**
    Salvadori, 1893
    Basilan und Sulu Archipel (s Philippinen)

Phapitreron amethystinus
**Amethysttaube**
*Amethyst Brown Dove - Vinago pardo amatista*
Bonaparte, 1855
*n, e, se Philippinen*

    Phapitreron amethystinus imeldae
    **Marinduque-Amethysttaube**
    De la Paz, 1976
    Marinduque (nc Philippinen)
    Phapitreron amethystinus maculipectus
    **Negros-Amethysttaube**
    Bourns & Worcester, 1894
    Negros (ec Philippinen)

Phapitreron amethystinus frontalis
**Cebu-Amethysttaube**
Bourns & Worcester, 1894
Cebu (c Philippinen)

Phapitreron cinereiceps
**Grauscheiteltaube**
*Tawitawi Brown Dove - Vinago pardo de Tawitawi*
Bourns & Worcester, 1894
Tawitawi (s Sulu Archipel, s Philippinen)

Phapitreron brunneiceps
**Braunkopftaube**
*Mindanao Brown Dove - Vinago pardo de Mindanao*
Bourns & Worcester, 1894
Mindanao und Basilan (s Philippinen)

## Gattung: Treron

Treron fulvicollis
**Zimtkopf-Grüntaube**
*Cinnamon-headed Green Pigeon - Vinago cabecirrufo*
Wagler, 1827
Malayische Halbinsel bis Sumatra und e kleine Inseln

    Treron fulvicollis melopogenys
    **Nias-Zimtkopftaube**
    Oberholser, 1912
    Nias (w von n Sumatra)
    Treron fulvicollis oberholseri
    **Natuna-Zimtkopftaube**
    Chasen, 1935
    Natuna Is. (nw von Borneo)
    Treron fulvicollis baramensis
    **Borneo-Zimtkopftaube**
    Meyer, AB, 1891
    n Borneo und kleine Inseln

Treron olax
**Graukopf-Grüntaube**
*Little Green Pigeon - Vinago chico*
Temminck, 1823
Malayische Halbinsel, Sumatra, Riau Is. (e von c Sumatra), Bangka und Belitung (e von s Sumatra), Natuna Is. (nw von Borneo) und Borneo

Treron vernans
**Frühlingsgrüntaube**
*Pink-necked Green Pigeon - Vinago cuellirrosa*
Linnaeus, 1771
se Asien bis Philippinen, Sulawesi Region, w, c Lesser Sundas und n Moluccas

Treron bicinctus
**Bindengrüntaube**
*Orange-breasted Green Pigeon - Vinago bicinta*
Jerdon, 1840
Indien bis se Asien und n Malayische Halbinsel

    Treron bicinctus leggei
    **Sri Lanka-Bindengrüntaube**
    Hartert, EJO, 1910
    Sri Lanka
    Treron bicinctus domvilii
    **Hainan-Bindengrüntaube**
    Swinhoe, 1870
    Hainan Insel (vor se China)
    Treron bicinctus javanus
    **Java-Bindengrüntaube**
    Robinson & Kloss, 1923
    Java und Bali

Treron pompadora
**Ceylongrüntaube**
*Sri Lanka Green Pigeon - Vinago de Ceilán*
Gmelin, JF, 1789
Sri Lanka

Treron affinis
**Graustirn-Grüntaube**
*Grey-fronted Green Pigeon - Vinago de los Ghats*
Jerdon, 1840
**sw Indien**

Treron phayrei
**Aschkopf-Grüntaube**
*Ashy-headed Green Pigeon - Vinago del Himalaya*
Blyth, 1862
ne Indien über Myanmar bis sw China und s Indochina

Treron phayrei conoveri
**Nepal-Aschfalkopftaube**
Rand & Fleming, RL, 1953
Nepal

Treron chloropterus
**Andamanengrüntaube**
*Andaman Green Pigeon - Vinago de Andamán*
Blyth, 1845
Andaman und Nicobar Is.

Treron axillaris
**Philippinengrüntaube**
*Philippine Green Pigeon - Vinago axilar*
Bonaparte, 1855
s Luzon, Polillo, Catanduanes, Mindoro, Lubang und Alabat (n Philippinen)

    Treron axillaris amadoni
    **Luzongrüntaube**
    Parkes, 1965
    n Luzon (n Philippinen)
    Treron axillaris canescens
    **Visayagrüntaube**
    Parkes, 1965
    Visayas, Mindanao und Basilan (c, s Philippinen)
    Treron axillaris everetti
    **Sulugrüntaube**
    Rothschild, 1894
    Sulu Archipel (s Philippinen)

Treron aromaticus
**Burugrüntaube**
*Buru Green Pigeon - Vinago de Buru*
Gmelin, JF, 1789
Buru (wc Moluccas)

Treron curvirostra
**Papageischnabel-Grüntaube**
*Thick-billed Green Pigeon - Vinago piquigrueso*
Gmelin, JF, 1789
Malayische Halbinsel und Sumatra

    Treron curvirostra nipalensis
    **Nepal-Papageischnabeltaube**
    Hodgson, 1836
    c Nepal und ne Indien über Myanmar bis s Indochina
    Treron curvirostra hainanus
    **Hainan-Papageischnabeltaube**
    Hartert, EJO & Goodson, 1918
    Hainan Insel (vor s China)
    Treron curvirostra haliplous
    **Simeulue-Papageischnabeltaube**
    Oberholser, 1912
    Simeulue (w von n Sumatra)
    Treron curvirostra pegus
    **Nias-Papageischnabeltaube**
    Oberholser, 1912
    Nias (w von n Sumatra)
    Treron curvirostra smicrus
    **Siberut-Papageischnabeltaube**
    Oberholser, 1912
    Sipura, Siberut und Batu Is. (w von c Sumatra)
    Treron curvirostra hypothapsinus
    **Enggano-Papageischnabeltaube**
    Oberholser, 1912
    Enggano (w von s Sumatra)

Treron griseicauda
**Graumasken-Grüntaube**
*Grey-cheeked Green Pigeon - Vinago carigrís*
Bonaparte, 1855
Java und Bali

    Treron griseicauda sangirensis
    **Sangihemaskentaube**
    Brüggemann, 1876
    Sangihe und Talaud is. (n von ne Sulawesi)
    Treron griseicauda wallacei
    **Wallaceimaskentaube**
    Salvadori, 1893
    Sulawesi und kleine Inseln, Banggai und Sula is. (e von Sulawesi)
    Treron griseicauda vordermani
    **Vordermanmaskentaube**
    Finsch, 1901
    Kangean Is. (n von Bali)
    Treron griseicauda pallidior
    **Kalaomaskentaube**
    Hartert, EJO, 1896
    Tanahjampea, Kalao und Kalaotoa (s von sw Sulawesi)

Treron teysmannii
**Sumbagrüntaube**
*Sumba Green Pigeon - Vinago de Sumba*
Schlegel, 1879
Sumba (sw Lesser Sundas)

*Treron floris*
**Floresgrüntaube**
*Flores Green Pigeon - Vinago de Flores*
Wallace, 1864
*Lombok bis Alor (w, c Lesser Sundas)*


*Treron psittaceus*
**Timorgrüntaube**
*Timor Green Pigeon - Vinago de Timor*
Temminck, 1808
*Roti, Semau, Timor und Atauro (e Lesser Sundas)*

*Treron capellei*
**Dickschnabel-Grüntaube**
*Large Green Pigeon - Vinago grande*
Temminck, 1822
*Java*

    *Treron capellei magnirostris*
    **Borneodickschnabeltaube**
    Strickland, 1844
    *Malayische Halbinsel, Sumatra und kleine Inseln, und Borneo*

*Treron phoenicopterus*
**Orangegrüntaube**
*Yellow-footed Green Pigeon - Vinago patigualdo*
Latham, 1790
*e Pakistan und n Indien bis Bangladesch und ne Indien*

    *Treron phoenicopterus chlorigaster*
    **Indische Orangegrüntaube**
    Blyth, 1843
    *c, s Indien*
    *Treron phoenicopterus phillipsi*
    **Sri Lanka-Orangegrüntaube**
    Ripley, 1949
    *Sri Lanka*
    *Treron phoenicopterus viridifrons*
    **Thailand-Orangegrüntaube**
    Blyth, 1846
    *sw China bis Myanmar und nw Thailand*
    *Treron phoenicopterus annamensis*
    **Laos-Orangegrüntaube**
    Ogilvie-Grant, 1909
    *e Thailand, s Laos und s Vietnam*

*Treron waalia*
**Waaliagrüntaube**
*Bruce's Green Pigeon - Vinago waalia*
Meyer, FAA, 1793
*sw Arabische Halbinsel, Senegal und Gambia bis Eritrea, Äthiopien, Somalia, Socotra und Uganda*

*Treron australis*
**Madagaskargrüntaube**
*Madagascar Green Pigeon - Vinago malgache*
Linnaeus, 1771
*e Madagascar*

    *Treron australis xenius*
    **Westliche Madagaskargrüntaube**
    Salomonsen, 1934
    *w Madagascar*

*Treron griveaudi*
**Komorengrüntaube**
*Comoro Green Pigeon - Vinago de las Comoras*
Benson, 1960
*Mohéli (=Mwali; wc Comoros)*

*Treron calvus*
**Rotnasen-Grüntaube**
*African Green Pigeon - Vinago africano común*
Temminck, 1811
*e Nigeria bis c Angola und e, s Demokratische Republik Kongo*

    *Treron calvus nudirostris*
    **Senegalgrüntaube**
    Swainson, 1837
    Senegal bis Guinea
    *Treron calvus sharpei*
    **Sharps Grüntaube**
    Reichenow, 1902
    Sierra Leone bis n Kamerun
    *Treron calvus poensis*
    **Biokogrüntaube**
    Hartert, EJO & Goodson, 1918
    Bioko Insel (Gulf von Guinea)
    *Treron calvus virescens*
    **Principegrüntaube**
    Amadon, 1953
    São Tomé und Príncipe Is. (Gulf von Guinea)

    *Treron calvus uellensis*
    **Kongogrüntaube**
    Reichenow, 1912
    n Demokratische Republik Kongo bis s Sudan und sw Äthiopien
    *Treron calvus gibberifrons*
    **Viktoriagrüntaube**
    Madarász, G, 1915
    s Sudan bis Lake Victoria basin
    *Treron calvus brevicera*
    **Äthiopiengrüntaube**
    Hartert, EJO & Goodson, 1918
    s Äthiopien bis n Tansania
    *Treron calvus wakefieldii*
    **Keniagrüntaube**
    Sharpe, 1874
    Küste Kenia bis ne Tansania
    *Treron calvus granti*
    **Tansaniagrüntaube**
    Van Someren, 1919
    e Tansania
    *Treron calvus salvadorii*
    **Mosambikgrüntaube**
    Dubois, AJC, 1897
    se Demokratische Republik Kongo bis w Tansania und Mosambik
    *Treron calvus ansorgei*
    **Angolagrüntaube**
    Hartert, EJO & Goodson, 1918
    w Angola
    *Treron calvus schalowi*
    **Botswanagrüntaube**
    Reichenow, 1880
    e Angola bis ne Namibia, n Botswana und w Simbabwe
    *Treron calvus vylderi*
    **Namibiagrüntaube**
    Gyldenstolpe, 1924
    nw Namibia
    *Treron calvus delalandii*
    **Südafrikagrüntaube**
    Bonaparte, 1854
    se Tansania bis Südafrika

*Treron pembaensis*
**Pembagrüntaube**
*Pemba Green Pigeon - Vinago de Pemba*
Pakenham, 1940
*Pemba Insel (vor Tansania)*

*Treron sanctithomae*
**Sao-Tomé-Grüntaube**
*Sao Tome Green Pigeon - Vinago de Santo Tomé*
Gmelin, JF, 1789
*São Tomé (sc Gulf von Guinea Is.)*

*Treron apicauda*
**Spitzschwanz-Grüntaube**
*Pin-tailed Green Pigeon - Vinago rabudo*
Blyth, 1846
*Himalaya bis sw China und Myanmar*

    *Treron apicauda laotianus*
    **Chinesische Spitzschwanztaube**
    Delacour, 1926
    s China, n Vietnam und n Laos
    *Treron apicauda lowei*
    **Thai-Spitzschwanztaube**
    Delacour & Jabouille, 1924
    Thailand und c Laos

*Treron oxyurus*
**Sumatragrüntaube**
*Sumatran Green Pigeon - Vinago de Sumatra*
Temminck, 1823
*Gebirge Sumatra und w Java*

*Treron seimundi*
**Weißbauch-Grüntaube**
*Yellow-vented Green Pigeon - Vinago culigualdo*
Robinson, 1910
*sc Malayische Halbinsel*

    *Treron seimundi modestus*
    **Laos-Weißbauchgrüntaube**
    Delacour, 1926
    Laos und Vietnam

*Treron sphenurus*
**Keilschwanz-Grüntaube**
*Wedge-tailed Green Pigeon - Vinago rabocuña*
Vigors, 1832
*Himalaya bis Myanmar, n Thailand, n Laos und s China*

    *Treron sphenurus delacouri*
    **Delacours Keilschwanztaube**
    Biswas, 1950
    c Vietnam

Treron sphenurus robinsoni
**Robinsons Keilschwanztaube**
Ogilvie-Grant, 1906
w Malaysia
Treron sphenurus etorques
**Sumatra Keilschwanztaube**
Salvadori, 1879
Sumatra
Treron sphenurus korthalsi
**Java-Keilschwanztaube**
Bonaparte, 1855
Gebirge Java, Bali und Lombok (w Lesser Sundas)

Treron sieboldii
**Sieboldgrüntaube**
*White-bellied Green Pigeon - Vinago japonés*
Temminck, 1835
Japan und e China

Treron sieboldii fopingensis
**Sichuangrüntaube**
Cheng T, Tan Y & Sung S, 1973
e Sichuan und s Shaanxi (c China)
Treron sieboldii sororius
**Taiwangrüntaube**
Swinhoe, 1866
Taiwan
Treron sieboldii murielae
**Vietnamgrüntaube**
Delacour, 1927
sc China, n, c Vietnam und n Thailand

Treron permagnus
**Ryūkyūgrüntaube**
*Ryukyu Green Pigeon - Vinago de Ryukyu*
Stejneger, 1887
n Ryukyu Is. bis Okinawa (s Japan)

Treron permagnus medioximus
**Japangrüntaube**
Bangs, 1901
s Ryukyu Is. bis Yaeyama Is. (s Japan)

Treron formosae
**Formosagrüntaube**
*Taiwan Green Pigeon - Vinago de Formosa*
Swinhoe, 1863
Taiwan

Treron formosae filipinus
**Botelgrüntaube**
Hachisuka, 1952
Batanes und Babuan (n Philippinen)



Ptilinopus cinctus
**Weißkopf-Fruchttaube**
*Banded Fruit Dove - Tilopo dorsinegro*
Temminck, 1809
Timor, Wetar und Romang (e von Wetar; e Lesser Sundas)

Ptilinopus cinctus baliensis
**Balifruchttaube**
Hartert, EJO, 1896
Bali
Ptilinopus cinctus albocinctus
**Flores-Weißkopffruchttaube**
Wallace, 1864
Lombok, Sumbawa und Flores (w, c Lesser Sundas)
Ptilinopus cinctus everetti
**Everettsfruchttaube**
Rothschild, 1898
Pantar und Alor (nc Lesser Sundas)
Ptilinopus cinctus lettiensis
**Letifruchttaube**
Schlegel, 1871
Leti, Moa, Luang, Sermata und Teun (e Lesser Sundas)
Ptilinopus cinctus ottonis
**Damarfruchttaube**
Hartert, EJO, 1904
Damar, Babar und Nila (e Lesser Sundas)

Ptilinopus alligator
**Graubauch-Fruchttaube**
*Black-banded Fruit Dove - Tilopo del Alligator*
Collett, 1898
Arnhem Land escarpment, c Top End, nc Nortern Territory (nc Australien)

Ptilinopus dohertyi
**Sumbafruchttaube**
*Red-naped Fruit Dove - Tilopo de Sumba*
Rothschild, 1896
Sumba (sw Lesser Sundas)

Ptilinopus porphyreus
**Rosenhals-Fruchttaube**
*Pink-headed Fruit Dove - Tilopo cuellirrosa*
Temminck, 1822
Gebirge Sumatra, Java und Bali

Ptilinopus marchei
**Flammenfruchttaube**
*Flame-breasted Fruit Dove - Tilopo de Marche*
Oustalet, 1880
Gebirge Luzon (n Philippinen)

Ptilinopus merrilli
**Merrillfruchttaube**
*Cream-breasted Fruit Dove - Tilopo de Merrill*
McGregor, 1916
s Luzon, Catanduanes und Polillo (n Philippinen)

Ptilinopus merrilli faustinoi
**Faustinofruchttaube**
Manuel, 1936
n Luzon (n Philippinen)

Ptilinopus occipitalis
**Gelbbrust-Fruchttaube**
*Yellow-breasted Fruit Dove - Tilopo occipital*
Gray, GR, 1844
n, c Philippinen

Ptilinopus occipitalis incognitus
**Mindanao-Gelbbrustfruchttaube**
Tweeddale, 1877
Mindanao (s Philippinen)

Ptilinopus fischeri
**Rotohr-Fruchttaube**
*Red-eared Fruit Dove - Tilopo de Fischer*
Brüggemann, 1876
Gebirge n Sulawesi

Ptilinopus fischeri centralis
**Östliche Rotohrfruchttaube**
Meyer, AB, 1903
Gebirge c, se Sulawesi
Ptilinopus fischeri meridionalis
**Westliche Rotohrfruchttaube**
Meyer, AB & Wiglesworth, 1893
Gebirge sw Sulawesi

Ptilinopus jambu
**Jambufruchttaube**
*Jambu Fruit Dove - Tilopo jambú*
Gmelin, JF, 1789
Malayische Halbinsel, Sumatra, Nias (w von n Sumatra), Riau Is. (e von c Sumatra), Bangka und Belitung (e von s Sumatra) und Borneo

Ptilinopus subgularis
**Banggaifruchttaube**
*Banggai Fruit Dove - Tilopo de Banggai*
Meyer, AB & Wiglesworth, 1896
Banggai Is. (e von Sulawesi)

Ptilinopus gularis
**Sulawesifruchttaube**
*Oberholser's Fruit Dove - Tilopo barbioscuro*
Quoy & Gaimard, 1832
Sulawesi

Ptilinopus mangoliensis
**Sulafruchttaube**
*Sula Fruit Dove - Tilopo de Sula*
Rothschild, 1898
Sula Is. (e von Sulawesi)

Ptilinopus leclancheri
**Schwarzkinn-Fruchttaube**
*Black-chinned Fruit Dove - Tilopo barbinegro*
Bonaparte, 1855
Philippinen (außer n, Palawan Gruppe, und Sulu Archipel)

Ptilinopus leclancheri taiwanus
**Taiwan-Schwarzkinn-Fruchttaube**
Ripley, 1962
Taiwan
Ptilinopus leclancheri longialis
**Lanyufruchttaube**
Manuel, 1936
Lanyu Insel (vor s Taiwan) und n Philippinen (Inseln n von Luzon)
Ptilinopus leclancheri gironieri
**Gironierfruchttaube**
Verreaux, J & des Murs, 1862
Palawan Gruppe (sw Philippinen)

Ptilinopus bernsteinii
## Scharlachbrust-Fruchttaube
*Scarlet-breasted Fruit Dove - Tilopo de Bernstein*
Schlegel, 1863
*Halmahera, Ternate und Bacan (n Moluccas)*

Ptilinopus bernsteinii micrus
### Bernsteinfruchttaube
Jany, 1955
Obi (nc Moluccas)

Ptilinopus magnificus
## Purpurbrust-Fruchttaube
*Wompoo Fruit Dove - Tilopo magnífico*
Temminck, 1821
*se Queensland bis sc New South Wales (ec, se Australien)*

Ptilinopus magnificus puella
### Vogelkopffruchttaube
Lesson, RP & Garnot, 1827
Raja Ampat Is. (nw von Neuguinea, außer Gebe und Kofiau) und Bird's Head (nw Neuguinea)

Ptilinopus magnificus poliurus
### Salvadoris Purpurbrustfruchttaube
Salvadori, 1878
Yapen (Geelvink Bay is., nw Neuguinea), wc bis ne, se Neuguinea, Manam, Bagabag und Karkar (n von ne Neuguinea) und Normanby (e D'Entrecasteaux Archipel, e von se Neuguinea)

Ptilinopus magnificus assimilis
### Goulds Purpurbrustfruchttaube
Gould, 1850
n Cape York Halbinsel, ne Queensland (ne Australien)

Ptilinopus magnificus keri
### Mathews Purpurbrustfruchttaube
Mathews, 1912
se Cape York Halbinsel, ne Queensland bis ec Queensland (ne, ec Australien)

Ptilinopus perlatus
## Perlenfruchttaube
*Pink-spotted Fruit Dove - Tilopo perlado*
Temminck, 1835
*Raja Ampat Is. (nw von Neuguinea), Aru Is. (sw von Neuguinea), Yapen (Geelvink Bay is., nw Neuguinea) und Bird's Head und Neck (nw Neuguinea)*

Ptilinopus perlatus plumbeicollis
### Nördliche Perlenfruchttaube
Meyer, AB, 1890
nc, ne (Huon Halbinsel) Neuguinea

Ptilinopus perlatus zonurus
### Südliche Perlenfruchttaube
Salvadori, 1876
Aru Is. (sw von Neuguinea), s Neuguinea und D'Entrecasteaux Archipel

Ptilinopus ornatus
## Schmuckfruchttaube
*Ornate Fruit Dove - Tilopo adornado occidental*
Schlegel, 1871
*Bird's Head (nw Neuguinea)*

Ptilinopus ornatus gestroi
### Östliche Schmuckfruchttaube
D'Albertis & Salvadori, 1875
wc bis ne, se Neuguinea

Ptilinopus tannensis
## Silberfleck-Fruchttaube
*Tanna Fruit Dove - Tilopo de Tanna*
Latham, 1790
*Banks Is. bis s Vanuatu*

Ptilinopus aurantiifrons
## Goldstirn-Fruchttaube
*Orange-fronted Fruit Dove - Tilopo frentiáureo*
Gray, GR, 1858
*Neuguinea (außer Huon Halbinsel) und viele kleine Inseln*

Ptilinopus wallacii
## Weißkehl-Fruchttaube
*Wallace's Fruit Dove - Tilopo de Wallace*
Gray, GR, 1858
*Banda, Kai und Tanimbar is. und Inseln (s Moluccas), Babar (e Lesser Sundas), Aru Is. (sw von Neuguinea) und Küste sw Neuguinea*

Ptilinopus superbus
## Prachtfruchttaube
*Superb Fruit Dove - Tilopo soberbio oriental*
Temminck, 1809
*n, c Moluccas, Neuguinea und kleine Inseln, Admiralty Is., Mussau, Lavongai (=New Hanover), New Ireland und New Britain (Bismarck Archipel), Buka bis Malaita (n bis sc Solomon Is.) und ne Cape York Halbinsel, ne Queensland bis sc New South Wales (e Australien)*

Ptilinopus superbus temminckii
### Temminckfruchttaube
des Murs & Prévost, 1849
Sulawesi und Salayar (=Selayar, s von sw Sulawesi)

Ptilinopus perousii
## Perousefruchttaube
*Many-colored Fruit Dove - Tilopo multicolor*
Peale, 1849
*Savaii und Upolu (w Samoa) und Tutuila (American Samoa, c Polynesien)*

Ptilinopus perousii mariae
### Mariafruchttaube
Pucheran, 1853
Fiji (sw Polynesien) und Tonga (sc Polynesien)

Ptilinopus porphyraceus
## Purpurscheitel-Fruchttaube
*Crimson-crowned Fruit Dove - Tilopo de Tonga*
Temminck, 1821
*Inseln von Fiji (sw Polynesien), Wallis und Futuna (ne von Fiji), Tonga, Samoa und Niue (c Polynesien)*

Ptilinopus porphyraceus fasciatus
### Samoafruchttaube
Peale, 1849
Samoa und American Samoa (c Polynesien)

Ptilinopus ponapensis
## Pohnpeifruchttaube
*Purple-capped Fruit Dove - Tilopo de Ponape*
Finsch, 1878
*Chuuk (=Truk, c Caroline Is.) und Pohnpei (=Ponape, e Caroline Is., c Micronesia)*

Ptilinopus hernsheimi
## Korsraefruchttaube
*Kosrae Fruit Dove - Tilopo de Kosrae*
Finsch, 1880
*Kosrae (e Caroline Is., c Micronesia)*

Ptilinopus pelewensis
## Palaufruchttaube
*Palau Fruit Dove - Tilopo de las Palau*
Hartlaub & Finsch, 1868
*Palau (w Caroline Is., w Micronesia)*

Ptilinopus rarotongensis
## Rarotongafruchttaube
*Lilac-crowned Fruit Dove - Tilopo de Rarotonga*
Hartlaub & Finsch, 1871
*Rarotonga (s Cook Is., e Polynesien)*

Ptilinopus rarotongensis goodwini
### Atiufruchttaube
Holyoak, 1974
Atiu (s Cook Is., e Polynesien)

Ptilinopus roseicapilla
## Marianenfruchttaube
*Mariana Fruit Dove - Tilopo de las Marianas*
Lesson, RP, 1831
*Saipan, Tinian, Agiguan und Rota (s Northern Mariana Is., w Micronesia) und Guam*

Ptilinopus regina
## Königsfruchttaube
*Rose-crowned Fruit Dove - Tilopo reina*
Swainson, 1825
*Torres Strait is., n Cape York Halbinsel, ne Queensland bis se New South Wales (ne bis se Australien)*

Ptilinopus regina flavicollis
### Flores-Königsfruchttaube
Bonaparte, 1855
Flores, Sawu (=Savu), Rote, Semau und w Timor (c Lesser Sundas)

Ptilinopus regina roseipileum
### Timor-Königsfruchttaube
Hartert, EJO, 1904
e Timor, Wetar, Romang, Kisar, Leti und Moa (e Lesser Sundas)

Ptilinopus regina xanthogaster
### Banda-Königsfruchttaube
Wagler, 1827
Damar, Sermata, Nila, Teun und Babar (e Lesser Sundas), Banda, Kai und Tanimbar is. (s Moluccas) und Aru Is. (sw von Neuguinea)

Ptilinopus regina ewingii
### Melville-Königsfruchttaube
Gould, 1842
ne Western Australia bis ne Nortern Territory und Melville Insel (Tiwi Is., n von Nortern Territory; n Australien)

Ptilinopus richardsii
## Silberstirn-Fruchttaube
*Silver-capped Fruit Dove - Tilopo de Richards*
Ramsay, EP, 1882
*Ugi, Three Sisters, Santa Ana und Santa Catalina (ne von Makira; se Solomon Is.)*

Ptilinopus richardsii cyanopterus
### Renellfruchttaube
Mayr, 1931
Rennell und Bellona (nw von Rennell; s Solomon Is.)

Ptilinopus chrysogaster
**Raiateafruchttaube**
*Raiatea Fruit Dove - Tilopo de Raiatea*
Gray, GR, 1854
*Bora Bora, Huahine, Raiatea, Tahaa und Maupiti (wc Society Is., e Polynesien)*

Ptilinopus purpuratus
**Tahitifruchttaube**
*Grey-green Fruit Dove - Tilopo de Tahití*
Gmelin, JF, 1789
*Tahiti (e Society Is., e Polynesien)*

    Ptilinopus purpuratus frater
    **Mooreafruchttaube**
    Ripley & Birckhead, 1942
    *Moorea (e Society Is., e Polynesien)*

Ptilinopus chalcurus
**Makateafruchttaube**
*Makatea Fruit Dove - Tilopo de la Makatea*
Gray, GR, 1860
*Makatea (nw Tuamotu Archipel, ne Polynesien)*

Ptilinopus coralensis
**Tuamotufruchttaube**
*Atoll Fruit Dove - Tilopo de Tuamotu*
Peale, 1849
*w, e Tuamotu Archipel (außer Makatea; ne Polynesien)*

Ptilinopus greyi
**Greyfruchttaube**
*Red-bellied Fruit Dove - Tilopo de Grey*
Bonaparte, 1857
*Ndai (=Gower; n von Malaita, sc Solomon Is.), Temotu (=Santa Cruz Is., se Solomon Is.), und Vanuatu bis New Caledonia (inklusive Loyalty Is.)*

Ptilinopus huttoni
**Rapafruchttaube**
*Rapa Fruit Dove - Tilopo de Rapa*
Finsch, 1874
*Rapa (e Tubuai=Austral Is., se Polynesien)*

Ptilinopus dupetithouarsii
**Weißkappen-Fruchttaube**
*White-capped Fruit Dove - Tilopo coroniblanco*
Néboux, 1840
*Hiva Oa, Tahuata, Mohotani und Fatu Iva (s Marquesas Is., ne Polynesien)*

    Ptilinopus dupetithouarsii viridior
    **Weißscheitelfruchttaube**
    Murphy, 1924
    *Nuku Hiva, Ua Huku und Ua Pou (n Marquesas Is., ne Polynesien)*

† Ptilinopus mercierii
**Rotbart-Fruchttaube**
*Red-moustached Fruit Dove - Tilopo de Mercier*
des Murs & Prévost, 1849
*Nuku Hiva (n Marquesas Is., ne Polynesien)*

    † Ptilinopus mercierii tristrami
    **Südliche Rotbart-Fruchttaube**
    Salvadori, 1892
    *Hiva Oa (s Marquesas Is., ne Polynesien)*

Ptilinopus insularis
**Silberwangen-Fruchttaube**
*Henderson Fruit Dove - Tilopo de la Henderson*
North, 1908
*Henderson (c Pitcairn Gruppe, se Polynesien)*

Ptilinopus coronulatus
**Veilchenkappen-Fruchttaube**
*Coroneted Fruit Dove - Tilopo coronita*
Gray, GR, 1858
*Aru Is. (sw von Neuguinea) und s Küste Neuguinea*

    Ptilinopus coronulatus trigeminus
    **Vogelkop-Veilchenkappentaube**
    Salvadori, 1875
    *Salawati (Raja Ampat Is., nw von Neuguinea) und w Bird's Head (nw Neuguinea)*
    Ptilinopus coronulatus geminus
    **Yapen-Veilchenkappentaube**
    Salvadori, 1875
    *Yapen (Geelvink Bay is., nw Neuguinea) und nw Neuguinea*
    Ptilinopus coronulatus quadrigeminus
    **Manam-Veilchenkappentaube**
    Meyer, AB, 1890
    *ne Neuguinea, Manam und Kairiru (n von ne Neuguinea)*
    Ptilinopus coronulatus huonensis
    **Neuguinea-Veilchenkappentaube**
    Meyer, AB, 1892
    *ne (Huon Gulf Region) Neuguinea*

Ptilinopus pulchellus
**Rotkappen-Fruchttaube**
*Beautiful Fruit Dove - Tilopo bonito*
Temminck, 1835
*Raja Ampat Is. (nw von Neuguinea) und Neuguinea*

Ptilinopus monacha
**Blaukappen-Fruchttaube**
*Blue-capped Fruit Dove - Tilopo monje*
Temminck, 1824
*Morotai bis Obi (n Moluccas) und Damar (ne Lesser Sundas)*

Ptilinopus rivoli
**Korallenfruchttaube**
*White-bibbed Fruit Dove - Tilopo de Rivoli*
Prévost, 1843
*Lavongai (=New Hanover), New Ireland und New Britain und kleine Inseln (e Bismarck Archipel)*

    Ptilinopus rivoli prasinorrhous
    **Aru-Korallenfruchttaube**
    Gray, GR, 1858
    *Buru, Seram und kleine Inseln bis s Moluccas, Raja Ampat Is. (nw von Neuguinea) und Inseln von Geelvink Bay (außer Biak und Yapen)*
    Ptilinopus rivoli bellus
    **Karkar-Korallenfruchttaube**
    Sclater, PL, 1874
    *Gebirge Neuguinea, Karkar (n von ne Neuguinea), Goodenough und Fergusson (D'Entrecasteaux Archipel, e von se Neuguinea)*
    Ptilinopus rivoli miquelii
    **Yapen-Korallenfruchttaube**
    Schlegel, 1871
    *Yapen, Meos Num, und Woendi Atoll (e von Biak; Geelvink Bay is., nw Neuguinea)*
    Ptilinopus rivoli strophium
    **Egum Korallenfruchttaube**
    Gould, 1850
    *islets von D'Entrecasteaux Archipel, Trobriand Is., Woodlark und Louisiade Archipel (e von se Neuguinea)*

Ptilinopus speciosus
**Biakfruchttaube**
*Geelvink Fruit Dove - Tilopo de Geelvink*
Schlegel, 1871
*Numfor, Biak und nahegelegene Inseln (Geelvink Bay is., nw Neuguinea)*

Ptilinopus solomonensis
**Malvenstirn-Fruchttaube**
*Yellow-bibbed Fruit Dove - Tilopo de las Salomón*
Gray, GR, 1870
*Makira und kleine Inseln (se Solomon Is.)*

    Ptilinopus solomonensis johannis
    **Johanns Gelbbauchtaube**
    Sclater, PL, 1877
    *Western Is., Admiralty Is., St. Matthias Is. und Lavongai (=New Hanover; nw, nc Bismarck Archipel)*
    Ptilinopus solomonensis meyeri
    **Meyers Gelbbauchtaube**
    Hartert, EJO, 1926
    *kleine Inseln vor New Britain (se Bismarck Archipel)*
    Ptilinopus solomonensis neumanni
    **Neumanns Gelbbauchtaube**
    Hartert, EJO, 1926
    *Nissan (ne von Bismarck Archipel)*
    Ptilinopus solomonensis bistictus
    **Buka-Gelbbauchtaube**
    Mayr, 1931
    *Buka und Bougainville (n Solomon Is.)*
    Ptilinopus solomonensis ocularis
    **Salomonen-Gelbbauchtaube**
    Mayr, 1931
    *Guadalcanal (sc Solomon Is.)*
    Ptilinopus solomonensis vulcanorum
    **Vulcano-Gelbbauchtaube**
    Mayr, 1931
    *New Georgia Gruppe und Florida Is. (wc, c Solomon Is.)*
    Ptilinopus solomonensis ambiguus
    **Malaita-Gelbbauchtaube**
    Mayr, 1931
    *Malaita (ec Solomon Is.)*

Ptilinopus viridis
**Rotlatz-Fruchttaube**
*Claret-breasted Fruit Dove - Tilopo pechirrojo*
Linnaeus, 1766
*Buru, Seram und kleine Inseln bis Seram Laut (c Moluccas)*

    Ptilinopus viridis pectoralis
    **Papua-Rotlatzfruchttaube**
    Wagler, 1829
    *Raja Ampat Is. (nw von Neuguinea) und Bird's Head und Neck (nw Neuguinea)*
    Ptilinopus viridis geelvinkianus
    **Geelvinkfruchttaube**
    Schlegel, 1871
    *Numfor, Biak und angrenzende Inseln (Geelvink Bay is., nw Neuguinea)*

Ptilinopus viridis salvadorii
**Salvadors Rotlatzfruchttaube**
Rothschild, 1892
Yapen (Geelvink Bay is., nw Neuguinea) und n Neuguinea
Ptilinopus viridis vicinus
**Trobriandfruchttaube**
Hartert, EJO, 1895
D'Entrecasteaux Archipel und Trobriand Is. (e von se Neuguinea)
Ptilinopus viridis lewisii
**Lihir-Rotlatzfruchttaube**
Ramsay, EP, 1882
Manus, Lihir (e von c New Ireland), Nissan (ne von Bismarck Archipel) bis Guadalcanal,
Malaita und kleine Inseln (n bis sc Solomon Is.)

Ptilinopus eugeniae
**Schneekopf-Fruchttaube**
*White-headed Fruit Dove - Tilopo de Eugenia*
Gould, 1856
*Makira (=San Cristobal) und small kleine Inseln (se Solomon Is.)*

Ptilinopus iozonus
**Orangebauch-Fruchttaube**
*Orange-bellied Fruit Dove - Tilopo ventrinaranja*
Gray, GR, 1858
*Aru Is. (sw von Neuguinea) und Trans-Fly (sw von Neuguinea)*

Ptilinopus iozonus humeralis
**Papua-Orangebrusttaube**
Wallace, 1862
Salawati und Waigeo (Raja Ampat Is., nw von Neuguinea), Bird's Head und Neck (nw
Neuguinea) und w Neuguinea
Ptilinopus iozonus iobiensis
**Yapen-Orangebrusttaube**
Schlegel, 1873
Yapen (Geelvink Bay is., nw Neuguinea), n Neuguinea, Manam und Karkar und
angrenzende Inseln (n von ne Neuguinea)
Ptilinopus iozonus finschi
**Finschs Orangebrusttaube**
Mayr, 1931
e, se Neuguinea

Ptilinopus insolitus
**Knopffruchttaube**
*Knob-billed Fruit Dove - Tilopo insólito*
Schlegel, 1863
*Lavongai (=New Hanover), New Ireland und New Britain und kleine Inseln (e Bismarck Archipel)*

Ptilinopus insolitus inferior
**Bismarck-Knopffruchttaube**
Hartert, EJO, 1924
Mussau und Emirau (St. Matthias Is., nc Bismarck Archipel)

Ptilinopus hyogastrus
**Graukopf-Fruchttaube**
*Grey-headed Fruit Dove - Tilopo cabecigrís*
Temminck, 1824
*Morotai bis Bacan (n Moluccas)*

Ptilinopus granulifrons
**Karunkelfruchttaube**
*Carunculated Fruit Dove - Tilopo carunculado*
Hartert, EJO, 1898
*Obi (nc Moluccas)*

Ptilinopus melanospilus
**Schwarznacken-Fruchttaube**
*Black-naped Fruit Dove - Tilopo nuquinegro*
Salvadori, 1875
*Sulawesi und Togian Is. (zwischen ne und ec Sulawesi)*

Ptilinopus melanospilus bangueyensis
**Borneo-Schwarznacken-Fruchttaube**
Meyer, AB, 1891
Palawan Gruppe, Sulu Archipel, und Basilan Gebiet (sw, s Philippinen) und Balambangan
und Banggi (n von ne Borneo)
Ptilinopus melanospilus xanthorrhous
**Talaud-Schwarznacken-Fruchttaube**
Salvadori, 1875
Sangihe und Talaud is. (ne von ne Sulawesi) und Doi (w von nw Halmahera, n Moluccas)
Ptilinopus melanospilus chrysorrhous
**Sula-Schwarznacken-Fruchttaube**
Salvadori, 1875
Banggai und Sula is. (e von Sulawesi) und Obi (nc Moluccas)
Ptilinopus melanospilus melanauchen
**Bali-Schwarznacken-Fruchttaube**
Salvadori, 1875
Java und Bali, Lombok bis Alor (w, c Lesser Sundas), Matasiri Insel, Java Sea is. (n von
Java), Kangean Is. (n von Bali) und Flores Sea is. (s von Sulawesi)

Ptilinopus nainus
**Zwergfruchttaube**
*Dwarf Fruit Dove - Tilopo enano*
Temminck, 1835
*Raja Ampat Is. (nw von Neuguinea), Bird's Head und Neck (nw Neuguinea), ne, se Neuguinea,
und s von wc bis ec Neuguinea*

Ptilinopus arcanus
**Negrosfruchttaube**
*Negros Fruit Dove - Tilopo de Negros*
Ripley & Rabor, 1955
*Negros (West Visayas, wc Philippinen)*

Ptilinopus victor
**Orangefruchttaube**
*Orange Dove - Tilopo naranja*
Gould, 1872
*Vanua Levu, Rabi, Kioa und Taveuni (nc Fiji, sw Polynesien)*

Ptilinopus victor aureus
**Qameataube**
Amadon, 1943
Qamea und Laucala (nc Fiji, sw Polynesien)

Ptilinopus luteovirens
**Goldfruchttaube**
*Golden Dove - Tilopo dorado*
Hombron & Jacquinot, 1841
*Vitu Levu, Beqa, Ovalau und Gau (wc Fiji, sw Polynesien)*

Ptilinopus layardi
**Smaragdfruchttaube**
*Whistling Dove - Tilopo de la Kadavu*
Elliot, DG, 1878
*Kadavu und Ono (sw Fiji, sw Polynesien)*



Drepanoptila holosericea
**Spaltschwingen-Fruchttaube**
*Cloven-feathered Dove - Tilopo de Nueva Caledonia*
Temminck, 1809
*Grande Terre und Ile des Pins (New Caledonia)*



† Alectroenas nitidissimus
**Mauritiusfruchttaube**
*Mauritius Blue Pigeon - Paloma azul de Mauricio*
Scopoli, 1786
*Mauritius (c Mascarenes)*

Alectroenas madagascariensis
**Madagaskarfruchttaube**
*Madagascar Blue Pigeon - Paloma azul malgache*
Linnaeus, 1766
*nw, c, e Madagascar*

Alectroenas sganzini
**Komorenfruchttaube**
*Comoro Blue Pigeon - Paloma azul de las Comoras*
Bonaparte, 1854
*Komoren*

Alectroenas sganzini minor
**Aldabrafruchttaube**
Berlepsch, 1898
Aldabra; Cosmoledo und Astove (sw, e Aldabra Gruppe, sw Seychellen)

Alectroenas pulcherrimus
**Warzenfruchttaube**
*Seychelles Blue Pigeon - Paloma azul de Seychelles*
Scopoli, 1786
*Inner Is. (ne Seychellen Is.)*



Ducula poliocephala
**Philippinenfruchttaube**
*Pink-bellied Imperial Pigeon - Dúcula ventrirrosa*
Gray, GR, 1844
*Philippinen (außer Palawan Gruppe)*

Ducula forsteni
**Weißbauch-Fruchttaube**
*White-bellied Imperial Pigeon - Dúcula de Forsten*
Bonaparte, 1854
*Gebirge Sulawesi, Togian Is. (zwischen ne und ec Sulawesi), Banggai und Sula is. (e von Sulawesi)*

Ducula mindorensis
**Mindorofruchttaube**
*Mindoro Imperial Pigeon - Dúcula de Mindoro*
Whitehead, J, 1896
*Gebirge Mindoro (Philippinen)*

Ducula radiata
**Rotflanken-Fruchttaube**
*Grey-headed Imperial Pigeon - Dúcula colibarrada*
Quoy & Gaimard, 1832
*Gebirge Sulawesi*

Ducula carola
**Hufeisen-Fruchttaube**
*Spotted Imperial Pigeon - Dúcula de Carlota*
Bonaparte, 1854
*Luzon, Mindoro und Sibuyan*

Ducula carola nigrorum
**Negroskaisertaube**
Whitehead, J, 1897
*Negros und Siquijor*
Ducula carola mindanensis
**Mindanaokaisertaube**
Ogilvie-Grant, 1905
*Mindanao*

Ducula aenea
**Bronzefruchttaube**
*Green Imperial Pigeon - Dúcula verde*
Linnaeus, 1766
*Philippinen (außer n und Palawan Gruppe)*

Ducula aenea sylvatica
**Nepal-Bronzefruchttaube**
Tickell, 1833
*n Indien und Nepal bis s China bis Thailand und Indochina*
Ducula aenea pusilla
**Sri Lanka-Bronzefruchttaube**
Blyth, 1849
*s Indien und Sri Lanka*
Ducula aenea andamanica
**Andamanen-Bronzefruchttaube**
Abdulali, 1964
*Andaman Is.*
Ducula aenea consobrina
**Sumatra-Bronzefruchttaube**
Salvadori, 1887
*w Sumatran is. (außer Enggano)*
Ducula aenea polia
**Sunda-Bronzefruchttaube**
Oberholser, 1917
*Malayische Halbinsel bis Große Sundas und Lombok bis Alor (w, c Lesser Sundas)*
Ducula aenea palawanensis
**Borneo-Bronzefruchttaube**
Blasius, W, 1888
*Banggi (n von ne Borneo) bis Palawan Gruppe (sw Philippinen)*
Ducula aenea fugaensis
**Calayan-Bronzefruchttaube**
Hachisuka, 1930
*Calayan, Camiguin Norte und Fuga (n Philippinen)*
Ducula aenea nuchalis
**Luzon-Bronzefruchttaube**
Cabanis, 1882
*n Luzon (n Philippinen)*
Ducula aenea intermedia
**Talaud-Bronzefruchttaube**
Meyer, AB & Wiglesworth, 1894
*Talaud Is. (ne von ne Sulawesi)*
Ducula aenea paulina
**Sulawesi-Bronzefruchttaube**
Bonaparte, 1854
*Sulawesi, Sangihe Is. (n von ne Sulawesi), Togian (zwischen ne und ec Sulawesi), Banggai und Sula is. (e von Sulawesi)*

Ducula oenothorax
**Engganofruchttaube**
*Enggano Imperial Pigeon - Dúcula de la Enggano*
Salvadori, 1892
*Enggano (w von s Sumatra)*

Ducula nicobarica
**Nikobarenfruchttaube**
*Nicobar Imperial Pigeon - Dúcula de Nicobars*
Pelzeln, 1865
*Nicobar Is.*

Ducula perspicillata
**Brillenfruchttaube**
*Spectacled Imperial Pigeon - Dúcula de anteojos*
Temminck, 1824
*Morotai bis Obi (n Moluccas), Buru (wc Moluccas) und Kofiau (Raja Ampat Is., nw von Neuguinea)*

Ducula neglecta
**Seramfruchttaube**
*Seram Imperial Pigeon - Dúcula de Ceram*
Schlegel, 1866
*Seram, Boano (nw von Seram), Ambon und Saparua (s von w Seram; ec Moluccas)*

Ducula concinna
**Blauschwanz-Fruchttaube**
*Elegant Imperial Pigeon - Dúcula coliazul*
Wallace, 1865
*Inseln von Wallacea: Sangihe und Talaud is. (n von ne Sulawesi), Flores Sea is. s von Sulawesi, Lesser Sundas e von Romang (e von Timor), Banda, Manuk, Kai und Tanimbar is. (s Moluccas), Aru Is. (sw von Neuguinea) und Inseln vor Bomberai Halbinsel, Bird's Neck (nw Neuguinea)*

Ducula pacifica
**Tongafruchttaube**
*Pacific Imperial Pigeon - Dúcula del Pacífico*
Gmelin, JF, 1789
*islets von Louisiade Archipel bis Solomon Is., Fiji (sw Polynesien), w und American Samoa (c Polynesien), Tonga und Niue (sc Polynesien) und Cook Is. (e Polynesien)*

Ducula pacifica sejuncta
**Amadonfruchttaube**
Amadon, 1943
*Inseln vor n Neuguinea bis Western und St. Matthias is. (nw, nc Bismarck Archipel) und Nissan (ne Bismarck Archipel)*

Ducula oceanica
**Karolinenfruchttaube**
*Micronesian Imperial Pigeon - Dúcula de Micronesia*
Desmarest, 1826
*Kosrae (e Caroline Is., c Micronesia)*

Ducula oceanica monacha
**Momiyamafruchttaube**
Momiyama, 1922
*Palau und Yap (w Caroline Is., w Micronesia)*
Ducula oceanica teraokai
**Chuukfruchttaube**
Momiyama, 1922
*Chuuk (=Truk, c Caroline Is., c Micronesia)*
Ducula oceanica townsendi
**Pohnpeifruchttaube**
Wetmore, 1919
*Pohnpei (=Ponape, e Caroline Is., c Micronesia)*
Ducula oceanica ratakensis
**Marshallfruchttaube**
Taka-Tsukasa & Yamashina, 1932
*Marshall Is.*

Ducula aurorae
**Aurorafruchttaube**
*Polynesian Imperial Pigeon - Dúcula de Makatea*
Peale, 1849
*Makatea (w Tuamotu Archipel)*

Ducula galeata
**Marquesasfruchttaube**
*Nuku Hiva Imperial Pigeon - Dúcula de las Marquesas*
Bonaparte, 1855
*Nuku Hiva (c Marquesas Is., ne Polynesien)*

Ducula rubricera
**Rothöcker-Fruchttaube**
*Red-knobbed Imperial Pigeon - Dúcula cerirrubra*
Bonaparte, 1854
*Lavongai (=New Hanover), New Ireland, Umboi (w von New Britain), New Britain und kleine Inseln (e Bismarck Archipel)*

Ducula rubricera rufigula
**Salomonen-Rothöckertaube**
Salvadori, 1878
*Buka bis Makira und kleine Inseln (n bis se Solomon Is., but not Rennell or Temotu)*

Ducula myristicivora
**Schwarzhöcker-Fruchttaube**
*Spice Imperial Pigeon - Dúcula de la nuez moscada*
Scopoli, 1786
*Widi Is. (e von se Halmahera, n Moluccas; 1 old record), Gebe (nw von Neuguinea) und Raja Ampat Is. (nw von Neuguinea)*

Ducula geelvinkiana
**Numforfruchttaube**
*Geelvink Imperial Pigeon - Dúcula de Geelvink*
Schlegel, 1873
*Numfor, Meos Num und Biak (Geelvink Bay is., nw Neuguinea)*

Ducula rufigaster
**Rostbauch-Fruchttaube**
*Purple-tailed Imperial Pigeon - Dúcula ventrirrufa*
Quoy & Gaimard, 1832
*Raja Ampat Is. (nw von Neuguinea) und nw, s Neuguinea*

Ducula rufigaster uropygialis
**Yapen-Rotbauchfruchttaube**
Stresemann & Paludan, 1932
Yapen (Geelvink Bay is., nw Neuguinea) und n Neuguinea

Ducula basilica
**Zimtbauch-Fruchttaube**
*Cinnamon-bellied Imperial Pigeon - Dúcula moluqueña*
Bonaparte, 1854
Morotai bis Bacan (n Moluccas)

Ducula basilica obiensis
**Obifruchttaube**
Hartert, EJO, 1898
Obi (nc Moluccas)

Ducula finschii
**Finschfruchttaube**
*Finsch's Imperial Pigeon - Dúcula de Finsch*
Ramsay, EP, 1882
Lavongai (=New Hanover), New Ireland, Umboi (w von New Britain) und New Britain (e Bismarck Archipel)

Ducula chalconota
**Bronzerücken-Fruchttaube**
*Rufescent Imperial Pigeon - Dúcula capuchina*
Salvadori, 1874
Bird's Head (nw Neuguinea)

Ducula chalconota smaragdina
**Smaragdfruchttaube**
Mayr, 1931
w, c, e Neuguinea

Ducula pistrinaria
**Nelkenfruchttaube**
*Island Imperial Pigeon - Dúcula insular*
Bonaparte, 1855
Inseln ne von New Ireland und Solomon Is. (außer Rennell und Temotu=Santa Cruz Is.)

Ducula pistrinaria rhodinolaema
**Sclaters Nelkenfruchttaube**
Sclater, PL, 1877
Western, Admiralty Is. und Lavongai (=New Hanover; nw, nc Bismarck Archipel) und Schouten, Manam, Karkar, und Madang (n von ne Neuguinea)
Ducula pistrinaria vanwyckii
**Vanwycifruchttaube**
Cassin, 1862
New Ireland und New Britain und kleine Inseln (e Bismarck Archipel)
Ducula pistrinaria postrema
**Woodlarkfruchttaube**
Hartert, EJO, 1926
D'Entrecasteaux Archipel, Louisiade Archipel und Woodlark (e von se Neuguinea)

Ducula rosacea
**Sundafruchttaube**
*Pink-headed Imperial Pigeon - Dúcula rosácea*
Temminck, 1836
Java Sea is. von Seribu bis Karamian (=Arends) und Masalembu, Kangean Is. (n von Bali), Flores Sea is. s von Sulawesi, Satonda (n von e Sumba) bis Babar (Lesser Sundas), Inseln in n Moluccas und Tayandu, Kai und Tanimbar is. (s Moluccas)

Ducula whartoni
**Weihnachtsinsel-Fruchttaube**
*Christmas Imperial Pigeon - Dúcula de la Christmas*
Sharpe, 1887
Christmas Insel (s von w Java)

Ducula pickeringii
**Pickeringfruchttaube**
*Grey Imperial Pigeon - Dúcula gris*
Cassin, 1855
Inseln vor ne Borneo, Talaud Is. (ne von ne Sulawesi), Miangas (n Indonesia, se von Mindanao) und Sulu Sea Inseln (s Philippinen)

Ducula latrans
**Braunschwanz-Fruchttaube**
*Barking Imperial Pigeon - Dúcula ladradora*
Peale, 1849
Fiji (sw Polynesien)

Ducula brenchleyi
**Brenchleyfruchttaube**
*Chestnut-bellied Imperial Pigeon - Dúcula de las Salomón*
Gray, GR, 1870
Guadalcanal, Malaita und Makira und kleine Inseln (sc, se Solomon Is.)

Ducula bakeri
**Kurzflügel-Fruchttaube**
*Vanuatu Imperial Pigeon - Dúcula de Nuevas Hébridas*
Kinnear, 1928
Banks Is. bis Ambrym (n bis c Vanuatu)

Ducula goliath
**Riesenfruchttaube**
*Goliath Imperial Pigeon - Dúcula goliat*
Gray, GR, 1859
Grande Terre und Ile des Pins (New Caledonia)

Ducula pinon
**Pinonfruchttaube**
*Pinon's Imperial Pigeon - Dúcula de Pinon*
Gaimard, 1823
Raja Ampat Is. (nw von Neuguinea), Aru Is. (sw von Neuguinea), Bird's Head (nw Neuguinea), s Neuguinea und n Küste von se Neuguinea

Ducula pinon jobiensis
**Neuguineakaisertaube**
Schlegel, 1871
Yapen (Geelvink Bay is., nw Neuguinea), n Neuguinea und Manam, Bagabag und Karkar (n von ne Neuguinea)
Ducula pinon salvadorii
**Louisiade-Kaiserfruchttaube**
Tristram, 1882
D'Entrecasteaux und Louisiade archs. (e von se Neuguinea)

Ducula melanochroa
**Anthrazitfruchttaube**
*Black Imperial Pigeon - Dúcula negra*
Sclater, PL, 1878
Gebirge New Ireland, New Britain und kleine Inseln (e Bismarck Archipel)

Ducula mullerii
**Schwarzhals-Fruchttaube**
*Collared Imperial Pigeon - Dúcula acollarada*
Temminck, 1835
Aru Is. (sw von Neuguinea), wc, n, sc, se Neuguinea und Boigu und Saibai (n Torres Strait is., ne Australien)

Ducula zoeae
**Halsband-Fruchttaube**
*Zoe's Imperial Pigeon - Dúcula de Zoé*
Desmarest, 1826
Neuguinea und kleine Inseln

Ducula cuprea
**Malabarfruchttaube**
*Malabar Imperial Pigeon - Dúcula de las Nilgiri*
Jerdon, 1840
sw Indien

Ducula badia
**Fahlbauch-Fruchttaube**
*Mountain Imperial Pigeon - Dúcula dorsicastaña*
Raffles, 1822
Gebirge Malayische Halbinsel bis Sumatra, Nias (w von n Sumatra), Borneo und w Java

Ducula badia insignis
**Himalayakaisertaube**
Hodgson, 1836
c, e Himalaya von c Nepal bis Brahmaputra River
Ducula badia griseicapilla
**Chinakaisertaube**
Walden, 1875
ne Indien bis sw, s China, Indochina und Myanmar

Ducula lacernulata
**Schwarzrücken-Fruchttaube**
*Dark-backed Imperial Pigeon - Dúcula dorsioscura*
Temminck, 1822
Gebirge w, c Java

Ducula lacernulata williami
**Williams Schwarzrückentaube**
Hartert, EJO, 1896
Gebirge e Java und Bali
Ducula lacernulata sasakensis
**Flores-Schwarzrückentaube**
Hartert, EJO, 1896
Gebirge Lombok, Sumbawa und Flores (w, c Lesser Sundas)

Ducula cineracea
**Schieferfruchttaube**
*Timor Imperial Pigeon - Dúcula de Timor*
Temminck, 1835
Timor und Wetar (e Lesser Sundas)

Ducula bicolor
**Zweifarben-Fruchttaube**
*Pied Imperial Pigeon - Dúcula bicolor*
Scopoli, 1786
Andaman Is., se Asien, Philippinen, Indonesisches Archipel, Raja Ampat Is. (nw von Neuguinea) und Küsten von Bird's Head und Neck (nw Neuguinea)

Ducula luctuosa
**Elsterfruchttaube**
*Silver-tipped Imperial Pigeon - Dúcula luctuosa*
Temminck, 1824
*Sulawesi und kleine Inseln, Banggai und Sula is. (e von Sulawesi)*

Ducula spilorrhoa
**Kaiserfruchttaube**
*Torresian Imperial Pigeon - Dúcula australiana*
Gray, GR, 1858
*nw, ne, s, se Neuguinea und kleine Inseln, und Torres Strait is., Küste ne Western Australia bis ec Queensland (n Australien)*

Ducula subflavescens
**Elfenbein-Fruchttaube**
*Yellowish Imperial Pigeon - Dúcula amarillenta*
Finsch, 1886
*Admiralty Is., Lavongai (=New Hanover), New Ireland und New Britain und kleine Inseln (Bismarck Archipel)*

Gattung: Lopholaimus

Lopholaimus antarcticus
**Haubenfruchttaube**
*Topknot Pigeon - Paloma bicrestada*
Shaw, 1793
*ne Cape York Halbinsel, ne Queensland bis e Victoria (e Australien)*

Gattung: Hemiphaga

Hemiphaga novaeseelandiae
**Maorifruchttaube**
*New Zealand Pigeon - Paloma maorí*
Gmelin, JF, 1789
*North, South und Stewart is. (Neuseeland)*

† Hemiphaga novaeseelandiae spadicea
**Norfolkfruchttaube**
Latham, 1801
*Norfolk Insel (e von Australien)*

Hemiphaga chathamensis
**Chathamfruchttaube**
*Chatham Islands Pigeon - Paloma de las Chatham*
Rothschild, 1891
*Chatham Is. (e von Südinsel, New Zealand)*

Gattung: Cryptophaps

Cryptophaps poecilorrhoa
**Fleckenfruchttaube**
*Sombre Pigeon - Paloma culipinta*
Brüggemann, 1876
*Gebirge Sulawesi*

Gattung: Gymnophaps

Gymnophaps albertisii
**Albertistaube**
*Papuan Mountain Pigeon - Paloma montana papúa*
Salvadori, 1874
*Yapen (Geelvink Bay is., nw Neuguinea), Neuguinea, Goodenough und Fergusson (D'Entrecasteaux Archipel, e von se Neuguinea), New Ireland und New Britain (e Bismarck Archipel)*

Gymnophaps albertisii exsul
**Papua-Bergfruchttaube**
Hartert, EJO, 1903
*Gebirge Bacan (nc Moluccas)*

Gymnophaps mada
**Burutaube**
*Buru Mountain Pigeon - Paloma montana de Buru*
Hartert, EJO, 1899
*Gebirge Buru (wc Moluccas)*

Gymnophaps stalkeri
**Seramtaube**
*Seram Mountain Pigeon - Paloma montana de Ceram*
Ogilvie-Grant, 1911
*Gebirge Seram (ec Moluccas)*

Gymnophaps solomonensis
**Malaitataube**
*Pale Mountain Pigeon - Paloma montana de las Salomón*
Mayr, 1931
*Bougainville, Kolombangara, Vangunu, Guadalcanal und Malaita (n bis sc Solomon Is.)*

## Ordnung: GRUIFORMES (Kranichvögel)

### Familie: Heliornithidae (Binsenrallen)
Gattung: Podica

Podica senegalensis
**Binsenralle**
*African Finfoot - Avesol africano*
Vieillot, 1817
*Gambia und Senegal bis Nigeria und Äthiopien bis n Demokratische Republik Kongo, Uganda und nw Tansania*

Podica senegalensis camerunensis
**Kongobinsenralle**
Sjöstedt, 1893
*s Kamerun bis Demokratische Republik Kongo*
Podica senegalensis petersii
**Peters Binsenralle**
Hartlaub, 1852
*Angola bis Mosambik s bis Südafrika*
Podica senegalensis somereni
**Keniabinsenralle**
Chapin, 1954
*Kenia und ne Tansania*

Gattung: Heliopais

Heliopais personatus
**Maskenbinsenralle**
*Masked Finfoot - Avesol asiático*
Gray, GR, 1849
*ne Indien und se Asien*

Gattung: Heliornis

Heliornis fulica
**Zwergbinsenralle**
*Sungrebe - Avesol americano*
Boddaert, 1783
*se Mexico bis ne Argentinien*

### Familie: Sarothruridae (Sarothura-Rallen)
Gattung: Mentocrex

Mentocrex kioloides
**Graukehlralle**
*Madagascar Forest Rail - Rascón kioloide*
Pucheran, 1845
*e Madagascar*

Mentocrex kioloides berliozi
**Berliotz Graukehlralle**
Salomonsen, 1934
*nw Madagascar*

Mentocrex beankaensis
**Tsingyralle**
*Tsingy Forest Rail - Rascón del Tsingy*
Goodman, Raherilalao & Block, 2011
*wc Madagascar*

Gattung: Sarothrura

Sarothrura pulchra
**Perlenralle**
*White-spotted Flufftail - Polluela pulcra*
Gray, JE, 1829
*Gambia und Senegal bis n Kamerun*

Sarothrura pulchra batesi
**Kamerun-Perlenralle**
Bannerman, 1922
*s Kamerun*

Sarothrura pulchra centralis
**Zentrale Perlenralle**
Neumann, 1908
*Gabun bis s Sudan south bis n Angola und nw Sambia*

Sarothrura pulchra zenkeri
**Zenkers Perlenralle**
Neumann, 1908
se Nigeria, w Kamerun und n Gabun

Sarothrura elegans
**Tropfenralle**
*Buff-spotted Flufftail - Polluela elegante*
Smith, A, 1839
*Äthiopien und Somalia bis Südafrika*

Sarothrura elegans reichenovi
**Reichenovs Tropfenralle**
Sharpe, 1894
Sierra Leone bis Uganda und n Angola

Sarothrura rufa
**Rotbrustralle**
*Red-chested Flufftail - Polluela rufa*
Vieillot, 1819
*c Kenia und ne Tansania bis Südafrika*

Sarothrura rufa bonapartii
**Bonaparts Rotbrustralle**
Bonaparte, 1856
Sierra Leone bis Gabun und Kongo
Sarothrura rufa elizabethae
**Elizabet-Rotbrustralle**
Van Someren, 1919
Zentralafrikanische Republik bis Äthiopien south bis Demokratische Republik Kongo,
Uganda und w Kenia

Sarothrura lugens
**Ugallaralle**
*Chestnut-headed Flufftail - Polluela cabecirroja*
Böhm, 1884
*Kamerun bis Demokratische Republik Kongo und w Tansania*

Sarothrura lugens lynesi
**Kastanienkopfralle**
Grant, CHB & Mackworth-Praed, 1934
c Angola bis Simbabwe

Sarothrura boehmi
**Strichelbrustralle**
*Streaky-breasted Flufftail - Polluela de Boehm*
Reichenow, 1900
*Kamerun bis Kenia und south bis Simbabwe*

Sarothrura ayresi
**Spiegelralle**
*White-winged Flufftail - Polluela especulada*
Gurney, JH Sr, 1877
*Äthiopien, Simbabwe und e Südafrika*

Sarothrura affinis
**Streifenralle**
*Striped Flufftail - Polluela estriada*
Smith, A, 1828
*Südafrika*

Sarothrura affinis antonii
**Antonis Streifenralle**
Madarász, G & Neumann, 1911
s Sudan bis e Simbabwe

Sarothrura insularis
**Merinaralle**
*Madagascar Flufftail - Polluela malgache*
Sharpe, 1870
*c, e Madagascar*

Sarothrura watersi
**Lemurenralle**
*Slender-billed Flufftail - Polluela de Waters*
Bartlett, E, 1880
*Gebirge e Madagascar*

Gattung: Rallicula

Rallicula leucospila
**Strichelralle**
*White-striped Forest Rail - Polluela listada*
Salvadori, 1876
*Gebirge Bird's Head (nw Neuguinea)*

Rallicula rubra
**Kastanienralle**
*Chestnut Forest Rail - Polluela castaña*
Schlegel, 1871
*Arfak Mts., Bird's Head (nw Neuguinea)*

Rallicula rubra klossi
**Klossralle**
Ogilvie-Grant, 1913
Gebirge wc, c Neuguinea

Rallicula forbesi
**Nymphenralle**
*Forbes's Forest Rail - Polluela de Forbes*
Sharpe, 1887
*wc, ne (Huon Halbinsel) und se Neuguinea*

Rallicula forbesi parva
**Forbesralle**
Pratt, 1982
Adelbert Range (ne Neuguinea)

Rallicula mayri
**Zyklopenralle**
*Mayr's Forest Rail - Polluela de Mayr*
Hartert, EJO, 1930
*Cyclops Mts. (nc Neuguinea)*

Rallicula mayri carmichaeli
**Fojaralle**
Diamond, 1969
Foja, Bewani und Torricelli mts. (nc Neuguinea)
153 Familie: Rallidae (Rallen)

## Familie: Rallidae (Rallenvögel)
Gattung: Canirallus

Canirallus oculeus
**Augenralle**
*Grey-throated Rail - Rascón carigrís*
Hartlaub, 1855)
*Sierra Leone bis Ghana, s Nigeria bis Uganda und Demokratische Republik Kongo*

Gattung: Pardirallus

Pardirallus maculatus
**Fleckenralle**
*Spotted Rail - Rascón overo*
Boddaert, 1783
*Kolumbien bis e Brasilien s bis Peru und Argentinien, Karibik is.*

Pardirallus maculatus insolitus
**Costa Rica-Fleckenralle**
Bangs & Peck, 1908
Mexico bis Costa Rica

Pardirallus nigricans
**Dunkelralle**
*Blackish Rail - Rascón negruzco*
Vieillot, 1819
*e Ecuador und Peru bis e Brasilien und ne Argentinien*

Pardirallus nigricans caucae
**Kolumbianische Dunkelralle**
Conover, 1949
sw Kolumbien

Pardirallus sanguinolentus
**Grauralle**
*Plumbeous Rail - Rascón gallineta*
Swainson, 1838
*se Brasilien bis Paraguay, n Argentinien und Uruguay*

Pardirallus sanguinolentus simonsi
**Simons Grauralle**
Chubb, C, 1918
s Ecuador, w Peru und n Chile
Pardirallus sanguinolentus tschudii
**Peruanische Grauralle**
Chubb, C, 1919
Peru, c und se Bolivien
Pardirallus sanguinolentus zelebori
**Zeleborgrauralle**
Pelzeln, 1865
se Brasilien
Pardirallus sanguinolentus landbecki
**Landbecks Grauralle**
Hellmayr, 1932
c Chile und sw Argentinien
Pardirallus sanguinolentus luridus
**Südliche Grauralle**
Peale, 1849
s Chile und s Argentinien

Mustelirallus albicollis
**Weißkehl-Sumpfhuhn**
*Ash-throated Crake - Polluela turura*
Vieillot, 1819
*e Brasilien bis e Bolivien, Paraguay und n Argentinien*

Mustelirallus albicollis typhoeca
**Galapagos-Weißkehl-Sumpfhuhn**
Peters, JL, 1932
Kolumbien bis Guianas und n Brasilien

Mustelirallus cerverai
**Kubasumpfhuhn**
*Zapata Rail - Polluela de Zapata*
Barbour & Peters, JL, 1927
*Kuba*

Mustelirallus colombianus
**Kolumbiensumpfhuhn**
*Colombian Crake - Polluela colombiana*
Bangs, 1898
*nm w Kolumbien und w Ecuador*

Mustelirallus colombianus ripleyi
**Ripleys Kolumbiensumpfhuhn**
Wetmore, 1967
c Panama bis nw Kolumbien

Mustelirallus erythrops
**Goldschnabel-Sumpfhuhn**
*Paint-billed Crake - Polluela picopinta*
Sclater, PL, 1867
*Galápagos und Küste Peru*

Mustelirallus erythrops olivascens
**Westliches Goldschnabel-Sumpfhuhn**
Chubb, C, 1918
Panama bis Guianas s über Brasilien bis n Argentinien



† Amaurolimnas concolor
**Einfarbralle**
*Uniform Crake - Cotara café*
Gosse, 1847
*Jamaika*

Amaurolimnas concolor guatemalensis
**Guatemala-Einfarbralle**
Lawrence, 1863
s Mexico bis Ecuador
Amaurolimnas concolor castaneus
**Braune Einfarbralle**
Pucheran, 1851
Venezuela, Guianas, Brasilien, e Peru und e Bolivien



Aramides axillaris
**Braunkappenralle**
*Rufous-necked Wood Rail - Cotara cuellirrufa*
Lawrence, 1863
*Mexico bis Ecuador, Belize und n USA*

Aramides mangle
**Küstenralle**
*Little Wood Rail - Cotara de manglar*
Spix, 1825
*e Brasilien*

Aramides albiventris
**Rotnackenralle**
*Russet-naped Wood Rail - Cotara ventriblanca*
Lawrence, 1868
*Yucatán Halbinsel, Belize und n Guatemala*

Aramides albiventris mexicanus
**Mexikanische Rotnackenralle**
Bangs, 1907
e Mexico
Aramides albiventris vanrossemi
**Guatemala-Graunackenralle**
Dickey, 1929
s Mexico bis sw Guatemala und w El Salvador
Aramides albiventris pacificus
**Pazifische Rotnackenralle**
Miller, W & Griscom, 1921
Honduras und Nicaragua

Aramides albiventris plumbeicollis
**Costa Rica-Rotnackenralle**
Zeledón, 1892
ne Costa Rica

Aramides cajaneus
**Cayenneralle**
*Grey-cowled Wood Rail - Cotara chiricote*
Müller, PLS, 1776
*Costa Rica bis Guianas, Paraguay und n Argentinien*

Aramides cajaneus avicenniae
**Brasilianische Cayenneralle**
Stotz, 1992
Küste se Brasilien

Aramides wolfi
**Esmeraldasralle**
*Brown Wood Rail - Cotara morena*
Berlepsch & Taczanowski, 1884
*Kolumbien bis Peru*

Aramides ypecaha
**Galeriewaldralle**
*Giant Wood Rail - Cotara ipacaá*
Vieillot, 1819
*e Paraguay bis se Brasilien, Uruguay und ne Argentinien*

Aramides calopterus
**Rotflügelralle**
*Red-winged Wood Rail - Cotara alirrufa*
Sclater, PL & Salvin, 1878
*w Amazonasgebiet*

Aramides saracura
**Schieferbrustralle**
*Slaty-breasted Wood Rail - Cotara saracura*
Spix, 1825
*se Brasilien bis e Paraguay und ne Argentinien*



Rallus obsoletus
**Ridgwayralle**
*Ridgway's Rail - Rascón de Ridgway*
Ridgway, 1874
*wc California (USA)*

Rallus obsoletus levipes
**Baja California-Klapperralle**
Bangs, 1899
sw California (USA) bis n Baja California (Mexico)
Rallus obsoletus yumanensis
**Arizonaklapperralle**
Dickey, 1923
se California und s Arizona (USA) bis nw Mexico
Rallus obsoletus beldingi
**Mexikanische Klapperralle**
Ridgway, 1882
s Baja California (Mexico)

Rallus crepitans
**Klapperralle**
*Clapper Rail - Rascón crepitante*
Gmelin, JF, 1789
*Küste Connecticut bis ne North Carolina (USA)*

Rallus crepitans waynei
**Küstenklapperralle**
Brewster, 1899
Küste se USA
Rallus crepitans saturatus
**Carolinaklapperralle**
Ridgway, 1880
Gulf Coast von sw Alabama bis ne Mexico
Rallus crepitans scottii
**Scotts Klapperralle**
Sennett, 1888
Küste Florida (USA)
Rallus crepitans insularum
**Floridaklapperralle**
Brooks, WS, 1920
Florida Keys (USA)
Rallus crepitans coryi
**Bahamasklapperralle**
Maynard, 1887
Bahamas
Rallus crepitans caribaeus
**Antillenklapperralle**
Ridgway, 1880
Kuba bis Puerto Rico, Kleine Antillen bis Antigua und Guadeloupe

Rallus crepitans pallidus
**Yucatanklapperralle**
Nelson, 1905
n Yucatán Halbinsel, Inseln vor Quintana Roo (se Mexico), Ycacos Lagoon (Belize)

Rallus tenuirostris
**Aztekenralle**
*Aztec Rail - Rascón mexicano*
Ridgway, 1874
*c Mexico*

Rallus longirostris
**Mangroveralle**
*Mangrove Rail - Rascón de manglar*
Boddaert, 1783
*Küste von Guianas*

Rallus longirostris phelpsi
**Kolumbien-Mangroveralle**
Wetmore, 1941
ne Kolumbien und nw Venezuela
Rallus longirostris dillonripleyi
**Venezuela-Mangroveralle**
Phelps, WH Jr & Aveledo, 1987
ne Venezuela
Rallus longirostris margaritae
**Margarita-Mangroveralle**
Zimmer, JT & Phelps, WH, 1944
Margarita Insel (Venezuela)
Rallus longirostris pelodramus
**Trinidad-Mangroveralle**
Oberholser, 1937
Trinidad
Rallus longirostris crassirostris
**Brasilianische Mangroveralle**
Lawrence, 1871
Küste von Brasilien
Rallus longirostris cypereti
**Peruanische Mangroveralle**
Taczanowski, 1878
Küste sw Kolumbien bis nw Peru
Rallus longirostris berryorum
**Honduras-Mangroveralle**
Maley, McCormack, Tsai, Schwab, Van Dort, Juárez & Carling, 2016
Küste w Honduras bis w Nicaragua und nw Costa Rica

Rallus elegans
**Königsralle**
*King Rail - Rascón elegante*
Audubon, 1834
*e Kanada und ne USA*

Rallus elegans ramsdeni
**Kubanische Königsralle**
Riley, 1913
Kuba und Is. Pines

Rallus wetmorei
**Wetmoreralle**
*Plain-flanked Rail - Rascón de Wetmore*
Zimmer, JT & Phelps, WH, 1944
*Venezuela*

Rallus limicola
**Virginiaralle**
*Virginia Rail - Rascón de Virginia*
Vieillot, 1819
*s Kanada und USA*

Rallus limicola friedmanni
**Friedmannralle**
Dickerman, 1966
sc, se Mexico

Rallus semiplumbeus
**Bogotáralle**
*Bogota Rail - Rascón de Bogotá*
Sclater, PL, 1856
*e Kolumbien*

† Rallus semiplumbeus peruvianus
**Peruralle**
Taczanowski, 1886
Peru

Rallus aequatorialis
**Ecuadorralle**
*Ecuadorian Rail - Rascón Ecuatoriano*
Sharpe, 1894
*sw Kolumbien und Ecuador*

Rallus aequatorialis meyerdeschauenseei
**Fjeldsaralle**
Fjeldså, 1990
Küste Peru

Rallus antarcticus
**Magellanralle**
*Austral Rail - Rascón pidén*
King, PP, 1828
*s Chile und s Argentinien*

Rallus aquaticus
**Wasserralle**
*Water Rail - Rascón europeo*
Linnaeus, 1758
*Europa, n Afrika und w Asien*

† Rallus aquaticus hibernans
**Islandralle**
Salomonsen, 1931
Island
Rallus aquaticus korejewi
**Aralseeralle**
Zarudny, 1905
Aral Sea und Iran bis nw China und Kashmir

Rallus indicus
**Asienwasserralle**
*Brown-cheeked Rail - Rascón asiático*
Blyth, 1849
*e Sibirien bis Japan*

Rallus caerulescens
**Kapralle**
*African Rail - Rascón cafre*
Gmelin, JF, 1789
*e, sc, se, s Afrika*

Rallus madagascariensis
**Madagaskarralle**
*Madagascar Rail - Rascón malgache*
Verreaux, J, 1833
*e Madagascar*

Gattung: Crecopsis

Crecopsis egregia
**Savannenralle**
*African Crake - Guión africano*
Peters, W, 1854
*Afrika südlich der Sahara weit verbreitet*

Gattung: Rougetius

Rougetius rougetii
**Äthiopienralle**
*Rouget's Rail - Rascón etíope*
Guérin-Méneville, 1843
*Gebirge Eritrea und Äthiopien*

Gattung: Dryolimnas

Dryolimnas cuvieri
**Cuvierralle**
*White-throated Rail - Rascón de Cuvier*
Pucheran, 1845
*Madagascar und Mauritius (c Mascarenes)*

Dryolimnas cuvieri aldabranus
**Aldabraralle**
Günther, 1879
Aldabra (w Aldabra Gruppe, sw Seychellen)
† Dryolimnas cuvieri abbotti
**Assumtionralle**
Ridgway, 1894
Assumption (sw Aldabra Gruppe, sw Seychellen)

†† Dryolimnas augusti
**Réunionralle**
*Reunion Rail - Rascón de Reunión*
Mourer-Chauviré, Bour, Ribes & Moutou, 1999
*Réunion (Mascarenes)*

Gattung: Crex

Crex crex
**Wachtelkönig**
*Corn Crake - Guión de codornices*
Linnaeus, 1758
*Europa bis c Sibirien und nw China*

Aramidopsis plateni
**Schnarchralle**
*Snoring Rail - Rascón de Platen*
Blasius, W, 1886
*Sulawesi*

Gattung: Lewinia

Lewinia striata
**Graubrustralle**
*Slaty-breasted Rail - Rascón rufigrís*
Linnaeus, 1766
*n Borneo, Philippinen und n Sulawesi*

    Lewinia striata albiventer
    **Sri Lanka Graubrustralle**
        Swainson, 1838
        Indien und Sri Lanka bis s China und Thailand
    Lewinia striata obscurior
    **Andamanen Graubrustralle**
        Hume, 1874
        Andaman und Nicobar Is.
    Lewinia striata jouyi
    **Hainan-Graubrustralle**
        Stejneger, 1887
        se China und Hainan
    Lewinia striata taiwana
    **Taiwan-Graubrustralle**
        Yamashina, 1932
        Taiwan
    Lewinia striata gularis
    **Sumatra-Graubrustralle**
        Horsfield, 1821
        Malaysia bis Indochina, Sumatra, Java, s Borneo und Flores (c Lesser Sundas)

Lewinia mirifica
**Luzonralle**
*Brown-banded Rail - Rascón de Luzón*
Parkes & Amadon, 1959
*Gebirge Luzon (Philippinen)*

Lewinia pectoralis
**Krickralle**
*Lewin's Rail - Rascón pectoral*
Temminck, 1831
*se Queensland bis se South Australia (e, se Australien)*

    Lewinia pectoralis exsul
    **Floreskrickralle**
        Hartert, EJO, 1898
        Flores (c Lesser Sundas)
    **Lewinia pectoralis mayri**
    Nördliche Neuguineakrickralle
        Hartert, EJO, 1930
        Gebirge nw bis ec Neuguinea
    **Lewinia pectoralis alberti**
    Neuguineakrickralle
        Rothschild & Hartert, EJO, 1907
        Gebirge se Neuguinea
    **† Lewinia pectoralis clelandi**
    Herzogkrickralle
        Mathews, 1911
        sw Western Australia (sw Australien)
    **Lewinia pectoralis brachipus**
    Albertkrickralle
        Swainson, 1838
        Tasmanien (se Australien)

Lewinia muelleri
**Aucklandralle**
*Auckland Rail - Rascón de las Auckland*
Rothschild, 1893
*Adams und Disappointment is. (Auckland Is., s von Südinsel, New Zealand)*

†† Gattung: Diaphorapteryx

†† Diaphorapteryx hawkinsi
**Hawkinsralle**
*Hawkins's Rail - Rascón de Hawkins*
Forbes, HO, 1892
*Chatham Is. (e von Südinsel, New Zealand)*

Gattung: Aptenorallus

Aptenorallus calayanensis
**Calayanralle**
*Calayan Rail - Rascón de Calayán*
Allen, D, Oliveros, Española, Broad & Gonzalez, 2004)
*Calayan (n Philippinen)*

Gattung: Habroptila

Habroptila wallacii
**Trommelralle**
*Invisible Rail - Rascón de Wallace*
Gray, GR, 1861
*Halmahera (n Moluccas)*

Gattung: Gallirallus

Gallirallus australis
**Wekaralle**
*Weka - Rascón weka*
Sparrman, 1786
*n, sw Südinsel und kleine Inseln (Neuseeland)*

    Gallirallus australis greyi
    **Nördliche Wekaralle**
        Buller, 1888
        Nordinsel (Neuseeland)
    Gallirallus australis hectori
    **Südliche Wekaralle**
        Hutton, FW, 1874
        e Südinsel und Chatham Is. (eingeführt; e von Südinsel; New Zealand)
    Gallirallus australis scotti
    **Solanderralle**
        Ogilvie-Grant, 1905
        Stewart und kleine Inseln Solander und Codfish (=Whenua Hou, nw von Stewart Insel; New Zealand)

Gattung: Eulabeornis

Eulabeornis castaneoventris
**Kastanienbauchralle**
*Chestnut Rail - Cotara australiana*
Gould, 1844
*Küste ne Western Australia bis nw Queensland (nc Australien)*

    Eulabeornis castaneoventris sharpei
    **Sharps Kastanienbauchralle**
        Rothschild, 1906
        Aru Is. (sw von Neuguinea)

Gattung: Cabalus

Cabalus lafresnayanus
**Pelzralle**
*New Caledonian Rail - Rascón de Nueva Caledonia*
Verreaux, J & des Murs, 1860
*Grande Terre (New Caledonia)*

† Cabalus modestus
**Chathamralle**
*Chatham Islands Rail - Rascón de las Chatham*
Hutton, FW, 1872
*Chatham Is.*

Gattung: Hypotaenidia

Hypotaenidia okinawae
**Okinawaralle**
*Okinawa Rail - Rascón de Okinawa*
Yamashina & Mano, 1981
*n Okinawa (Ryukyu Is., Japan)*

Hypotaenidia torquata
**Zebraralle**
*Barred Rail - Rascón acollarado*
Linnaeus, 1766
*Pom Pom (=Pulau Pompong) und Selingan (e von ne Borneo) und Philippinen*

    Hypotaenidia torquata celebensis
    **Sulawesi-Zebraralle**
        Quoy & Gaimard, 1832
        Sulawesi und kleine Inseln
    Hypotaenidia torquata sulcirostris
    **Sula-Zebraralle**
        Wallace, 1863
        Banggai und Sula is. (e von Sulawesi)
    Hypotaenidia torquata kuehni
    **Tukangbesiralle**
        Rothschild, 1902
        Tukangbesi Is. (se von s Sulawesi)
    Hypotaenidia torquata limaria
    **Salawati-Zebraralle**
        Peters, JL, 1934
        Salawati (Raja Ampat Is., nw von Neuguinea) und nw Neuguinea

Hypotaenidia philippensis
**Bindenralle**
*Buff-banded Rail - Rascón filipino*
Linnaeus, 1766
*Philippinen (außer Palawan, und Zamboanga Halbinsel über Sulu Archipel), Borneo, Sulawesi und kleine Inseln, Bali und Lesser Sundas*

Hypotaenidia philippensis andrewsi
**Andrews Bindenralle**
Mathews, 1911
Cocos (Keeling) Insel (se indischer Ozean)
Hypotaenidia philippensis xerophila
**Bandaseeralle**
van Bemmel & Hoogerwerf, 1940
Gunungapi Wetar (Banda Sea)
Hypotaenidia philippensis wilkinson
**Floresbindenralle**
Mathews, 1911
Flores (c Lesser Sundas)
Hypotaenidia philippensis pelewensis
**Palaubindenralle**
Mayr, 1933
Palau (w Caroline Is., w Micronesia)
Hypotaenidia philippensis anachoretae
**Kanietbindenralle**
Mayr, 1949
Kaniet Is. (=Anchorite Is., nw von Manus, Admiralty Is., nw Bismarck Archipel)
Hypotaenidia philippensis admiralitatis
**Admiralitätsralle**
Stresemann, 1929
Admiralty Is. (nw Bismarck Archipel)
Hypotaenidia philippensis praedo
**Skokiebindenralle**
Mayr, 1949
Skoki (Admiralty Is., nw Bismarck Archipel)
Hypotaenidia philippensis lesouefi
**Tangabindenralle**
Mathews, 1911
New Hanover (=Lavongai), New Ireland, Tabar und Tanga (ne Bismarck Archipel)
Hypotaenidia philippensis meyeri
**Meyers Bindenralle**
Hartert, EJO, 1930
Witu und New Britain (se Bismarck Archipel)
Hypotaenidia philippensis christophori
**Salomonenbindenralle**
Mayr, 1938
Solomon Is.
Hypotaenidia philippensis sethsmithi
**Vanuatubindenralle**
Mathews, 1911
Vanuatu und Fiji (Viti Levu und Vanua Levu; sw Polynesien)
Hypotaenidia philippensis swindellsi
**Loyaltybindenralle**
Mathews, 1911
New Caledonia inklusive Loyalty Is.
Hypotaenidia philippensis goodsoni
**Samoabindenralle**
Mathews, 1911
Samoa und Niue (sc Polynesien)
Hypotaenidia philippensis ecaudata
**Tongabindenralle**
Miller, JF, 1783
Tonga (sc Polynesien)
Hypotaenidia philippensis assimilis
**Neuseelandbindenralle**
Gray, GR, 1843
n North, n South und kleine Inseln von Stewart is. (Neuseeland)
† Hypotaenidia philippensis macquariensis
**Macquariebindenralle**
Hutton, FW, 1879
Macquarie Insel (se von Australien)
Hypotaenidia philippensis lacustris
**Neuguineabindenralle**
Mayr, 1938
nw, ne, c, se Neuguinea und Long Insel (n von ne Neuguinea)
Hypotaenidia philippensis tounelieri
**Coralbindenralle**
Schodde & Naurois, 1982
Coral Sea Is. (se Neuguinea bis n New Caledonia)
Hypotaenidia philippensis mellori
**Mellorbindenralle**
Mathews, 1912
Moluccas, nw, s Neuguinea, Australien (außer c, Tasmanien) und Norfolk Insel (e von Australien)

Hypotaenidia owstoni
**Guamralle**
*Guam Rail - Rascón de Guam*
Rothschild, 1895
*Guam (s Mariana Is.); Rota (s Northern Mariana Is., w Micronesia) und Cocos Insel (s von Guam)*

Hypotaenidia insignis
**Bartralle**
*Pink-legged Rail - Rascón de Nueva Bretaña*
Sclater, PL, 1880
*New Britain (se Bismarck Archipel)*

Hypotaenidia rovianae
**Rovianaralle**
*Roviana Rail - Rascón roviana*
Diamond, 1991
*New Georgia Gruppe (wc Solomon Is.)*

Hypotaenidia woodfordi
**Salomonenralle**
*Woodford's Rail - Rascón de Guadalcanal*
Ogilvie-Grant, 1889
*Guadalcanal (sc Solomon Is.)*

Hypotaenidia woodfordi tertia
**Bougainvilleralle**
Mayr, 1949
Buka und Bougainville (n Solomon Is.)
Hypotaenidia woodfordi immaculata
**Santa Isabel-Ralle**
Mayr, 1949
Isabel (c Solomon Is.)

† Hypotaenidia poeciloptera
**Fidschiralle**
*Bar-winged Rail - Rascón alibarrado*
Hartlaub, 1866
*Viti Levu und Ovalau (Lomaiviti Gruppe, w Fiji, sw Polynesien)*

Hypotaenidia sylvestris
**Lord-Howe-Ralle**
*Lord Howe Woodhen - Rascón de la Lord Howe*
Sclater, PL, 1870
*Lord Howe Insel (e von Australien)*

† Hypotaenidia dieffenbachii
**Dieffenbachralle**
*Dieffenbach's Rail - Rascón de Dieffenbach*
Gray, GR, 1843
*Chatham Is.*

† Hypotaenidia pacifica
**Tahitiralle**
*Tahiti Rail - Rascón de Tahiti*
Gmelin, JF, 1789
*Tahiti und Mehetia (e Society Is., e Polynesien)*

† Hypotaenidia wakensis
**Wakeralle**
*Wake Island Rail - Rascón de la Wake*
Rothschild, 1903
*Wake (ne Micronesia)*

Gattung: Porphyriops

Porphyriops melanops
**Maskenteichhuhn**
*Spot-flanked Gallinule - Gallineta pintada*
Vieillot, 1819
*Peru bis e Bolivien, e Brasilien, Uruguay, Paraguay und ne Argentinien*

Porphyriops melanops bogotensis
**Bogota-Maskenteichhuhn**
Chapman, 1914
c Kolumbien
Porphyriops melanops crassirostris
**Südliches Maskenteichhuhn**
Gray, JE, 1829
Argentinien und Chile

Gattung: Porzana

Porzana carolina
**Carolinasumpfhuhn**
*Sora - Polluela sora*
Linnaeus, 1758
*Nordamerika weit verbreitet*

Porzana porzana
**Tüpfelsumpfhuhn**
*Spotted Crake - Polluela pintoja*
Linnaeus, 1766
*w Europa bis c Asien*

Porzana fluminea
**Flusssumpfhuhn**
*Australian Crake - Polluela australiana*
Gould, 1843
*Australien (außer n, sc)*

## Gattung: Tribonyx

Tribonyx ventralis
**Rotfuß-Teichhuhn**
*Black-tailed Nativehen - Gallineta patirroja*
Gould, 1837
*Australien (außer n, sc, Tasmanien)*

Tribonyx mortierii
**Grünfuß-Teichhuhn**
*Tasmanian Nativehen - Gallineta de Tasmania*
Du Bus de Gisignies, 1840
*Tasmanien (se Australien)*

## Gattung: Paragallinula

Paragallinula angulata
**Zwergteichhuhn**
*Lesser Moorhen - Gallineta chica*
Sundevall, 1850
*Afrika weit verbreitet*

## Gattung: Gallinula

Gallinula tenebrosa
**Papuateichhuhn**
*Dusky Moorhen - Gallineta enlutada*
Gould, 1846
*sw Western Australia, ec Queensland bis se South Australia und n Tasmanien (sw, e Australien)*

    Gallinula tenebrosa frontata
    **Borneoteichhuhn**
      Wallace, 1863
      se Borneo bis Sulawesi, c, s Moluccas, Lesser Sundas und w, se Neuguinea
    Gallinula tenebrosa neumanni
    **Neuguineateichhuhn**
      Hartert, EJO, 1930
      n Neuguinea

Gallinula galeata
**Amerikateichhuhn**
*Common Gallinule - Gallineta americana*
Lichtenstein, MHC, 1818
*Trinidad, s Guianas bis Uruguay und n Argentinien*

    Gallinula galeata sandvicensis
    **Hawaiteichhuhn**
      Streets, 1877
      Hawaiian Is.
    Gallinula galeata cachinnans
    **Bermudateichhuhn**
      Bangs, 1915
      se Kanada, USA bis w Panama, Bermuda und Galápagos
    Gallinula galeata cerceris
    **Antillenteichhuhn**
      Bangs, 1910
      Große und Kleine Antillen
    Gallinula galeata barbadensis
    **Barbadosteichhuhn**
      Bond, J, 1954
      Barbados
    Gallinula galeata pauxilla
    **Panamateichhuhn**
      Bangs, 1915
      e Panama, n und w Kolumbien und w Ecuador bis sw Peru und n Chile
    Gallinula galeata garmani
    **Andenteichhuhn**
      Allen, JA, 1876
      Anden von Peru, Chile, Bolivien und Argentinien

Gallinula chloropus
**Teichhuhn**
*Common Moorhen - Gallineta común*
Linnaeus, 1758
*Europa und n Afrika bis Japan und se Asien*

    Gallinula chloropus meridionalis
    **Südafrikanisches Teichhuhn**
      Brehm, CL, 1831
      Afrika s In der Sahara und St. Helena (Tropisch se Atlantischer Ozean)
    Gallinula chloropus pyrrhorrhoa
    **Madagaskarteichhuhn**
      Newton, A, 1861
      Comoros, Madagascar, Réunion und Mauritius (w, c Mascarenes)
    Gallinula chloropus orientalis
    **Seychellenteichhuhn**
      Horsfield, 1821
      ne Seychellen, Andamans, Malayische Halbinsel, Greater und Lesser Sundas, Sulawesi Region und Philippinen
    Gallinula chloropus guami
    **Guamteichhuhn**
      Hartert, EJO, 1917
      n Mariana Is. und Guam (w Micronesia)

† Gallinula nesiotis
**Tristanteichhuhn**
*Tristan Moorhen - Gallineta de Tristán de Acuña*
Sclater, PL, 1861
*Tristan da Cunha*

Gallinula comeri
**Goughteichhuhn**
*Gough Moorhen - Gallineta de Gough*
Allen, JA, 1892
*Gough Is.*

Gallinula silvestris
**Blaustirn-Teichhuhn**
*Makira Woodhen - Gallineta de San Cristóbal*
Mayr, 1933
*Makira (se Solomon Is.)*

† Gallinula pacifica
**Samoateichhuhn**
*Samoan Woodhen - Gallineta de Samoa*
Hartlaub & Finsch, 1871
*Savaii (w Samoa, c Polynesien)*

## Gattung: Fulica

Fulica rufifrons
**Rotstirn-Blässhuhn**
*Red-fronted Coot - Focha frentirroja*
Philippi & Landbeck, 1861
*Südamerika Südspitze*

Fulica cornuta
**Rüsselblässhuhn**
*Horned Coot - Focha cornuda*
Bonaparte, 1853
*n Chile bis nw Argentinien*

Fulica gigantea
**Riesenblässhuhn**
*Giant Coot - Focha gigante*
Eydoux & Souleyet, 1841
*Peru bis nw Argentinien*

Fulica armillata
**Gelbschnabel-Blässhuhn**
*Red-gartered Coot - Focha de ligas*
Vieillot, 1817
*Südamerika Südspitze*

Fulica atra
**Blässhuhn**
*Eurasian Coot - Focha común*
Linnaeus, 1758
*Europa und n Afrika bis Japan, Indien, se Asien, und Borneo*

    Fulica atra lugubris
    **Javabläßhuhn**
      Müller, S, 1847
      Java, Bali, Lesser Sundas und nw Neuguinea
    Fulica atra novaeguineae
    **Neuguineabläßhuhn**
      Rand, 1940
      c Neuguinea
    Fulica atra australis
    **Tasmanisches Bläßhuhn**
      Gould, 1845
      Australien, Tasmanien, Nord- und Südinsel (Neuseeland) und e Lesser Sundas

Fulica cristata
**Kammblässhuhn**
*Red-knobbed Coot - Focha moruna*
Gmelin, JF, 1789
*s Spanien und Marokko, Äthiopien bis Angola, Namibia und Südafrika, Madagascar*

†† Fulica newtonii
**Mauritiusblässhuhn**
*Mascarene Coot - Focha de las Mascareñas*
Milne-Edwards, 1867
*Réunion und Mauritius (w, c Mascarenes)*

Fulica alai
**Hawaiiblässhuhn**
*Hawaiian Coot - Focha hawaiana*
Peale, 1849
*Hawaiian Is.*

Fulica americana
**Indianerblässhuhn**
*American Coot - Focha americana*
Gmelin, JF, 1789
*se Alaska und Kanada bis Costa Rica und West Indies*

Fulica americana columbiana
**Kolumbienbläßhuhn**
Chapman, 1914
Kolumbien und n Ecuador

Fulica ardesiaca
**Andenblässhuhn**
*Andean Coot - Focha andina*
Tschudi, 1843
*c Peru bis n Chile und nw Argentinien*

Fulica ardesiaca atrura
**Fjeldsas Bläßhuhn**
Fjeldså, 1983
s Kolumbien bis nw Peru

Fulica leucoptera
**Weißflügel-Blässhuhn**
*White-winged Coot - Focha aliblanca*
Vieillot, 1817
*Südamerika sc, Südspitze*

Gattung: Porphyrio

Porphyrio alleni
**Bronzesultanshuhn**
*Allen's Gallinule - Calamoncillo africano*
Thomson, 1842
*Afrika weit verbreitet*

Porphyrio martinica
**Zwergsultanshuhn**
*Purple Gallinule - Calamoncillo americano*
Linnaeus, 1766
*se USA bis n Argentinien*

Porphyrio flavirostris
**Azursultanshuhn**
*Azure Gallinule - Calamoncillo celeste*
Gmelin, JF, 1789
*n, Amazonasgebiet, sc*

Porphyrio porphyrio
**Purpurhuhn**
*Western Swamphen - Calamón común*
Linnaeus, 1758
*sw Europa und nw Afrika*

Porphyrio madagascariensis
**Smaragdhuhn**
*African Swamphen - Calamón de Africa*
Latham, 1801
*Afrika und Madagascar*

Porphyrio poliocephalus
**Graukopf-Purpurhuhn**
*Grey-headed Swamphen - Calamón cabecigrís*
Latham, 1801
*Indien und Sri Lanka bis sw China und n Thailand, Andaman und Nicobar Is.*

Porphyrio poliocephalus seistanicus
**Indisches Graukopf-Purpurhuhn**
Zarudny & Härms, 1911
se Türkei bis Caspian Sea, nw Iran, Irak bis Pakistan und nw Indien
Porphyrio poliocephalus viridis
**Indochinesisches Graukopf-Purpurhuhn**
Begbie, 1834
s Myanmar bis c, s Indochina, Malayische Halbinsel und n Sumatra

Porphyrio indicus
**Schwarzmantel-Purpurhuhn**
*Black-backed Swamphen - Calamón dorsinegro*
Horsfield, 1821
*Sumatra, Java, se Borneo, sw Sulawesi und s Philippinen*

Porphyrio pulverulentus
**Philippinenpurpurhuhn**
*Philippine Swamphen - Calamón Filipino*
Temminck, 1826
*Philippinen (außer most West Visayas und Palawan Gruppe)*

Porphyrio melanotus
**Australpurpurhuhn**
*Australasian Swamphen - Calamón Australiano*
Temminck, 1820
*n, e Australien, Tasmanien, Lord Howe und Norfolk is. (e von Australien) und North, South, Stewart, Kermadec (ne von Nordinsel) und Chatham is. (e von Südinsel; New Zealand)*

Porphyrio melanotus melanopterus
**Molukkenpurpurhuhn**
Bonaparte, 1856
n, se Sulawesi, Moluccas, Lesser Sundas und Neuguinea Region
Porphyrio melanotus pelewensis
**Palaupurpurhuhn**
Hartlaub & Finsch, 1872
Palau (w Caroline Is., w Micronesia)
Porphyrio melanotus bellus
**Goulds Purpurhuhn**
Gould, 1841
sw Western Australia (sw Australien)
Porphyrio melanotus samoensis
**Samoapurpurhuhn**
Peale, 1849
Admiralty Is. bis New Caledonia, Solomon Is., Fiji und Samoa

† Porphyrio albus
**Lord-Howe-Purpurhuhn**
*White Swamphen - Calamón blanco*
Shaw, 1790
*Lord Howe Insel (Australien)*

† Porphyrio paepae
**Marquesas-Purpurhuhn**
*Marquesan Swamphen - Calamón de Marquesas*
Steadam, 1988
*Hiva Pa und Tahuata (Marquesas Isl.)*

†† Porphyrio mantelli
**Nordinseltakahe**
*North Island Takahe - Calamón Takahe de la Isla Norte*
Owen, 1848
*Nordinsel (Neuseeland)*

Porphyrio hochstetteri
**Takahe**
*South Island Takahe - Calamón takahe*
Meyer, AB, 1883
*Gebirge sw Südinsel; eingeführt bis kleine Inseln (Neuseeland)*

Gattung: Micropygia

Micropygia schomburgkii
**Augenfleckenralle**
*Ocellated Crake - Polluela ocelada*
Schomburgk, 1848
*s Costa Rica, e Kolumbien, Venezuela und Guianas*

Micropygia schomburgkii chapmani
**Chapmanralle**
Naumburg, 1930
se Peru, n Bolivien, c und se Brasilien und e Paraguay

Gattung: Rufirallus

Rufirallus viridis
**Amazonienralle**
*Russet-crowned Crake - Polluela coronirrufa*
Müller, PLS, 1776
*e Kolumbien, s Venezuela über Guianas und Amazonasgebiet Brasilien bis e Peru und n Bolivien*

Rufirallus viridis brunnescens
**Nördliche Amazonienralle**
Todd, 1932
nc Kolumbien

Rufirallus castaneiceps
**Rotmaskenralle**
*Chestnut-headed Crake - Polluela pituro*
Sclater, PL & Salvin, 1869
*e Ecuador, e Peru, sw Brasilien und nw Bolivien*

Rufirallus castaneiceps coccineipes
**Kolumbianische Rotmaskenralle**
Olson, 1973
s Kolumbien, ne Ecuador

**Gattung: Coturnicops**

Coturnicops exquisitus
**Mandschurenralle**
*Swinhoe's Rail - Polluela exquisita*
Swinhoe, 1873
*e Sibirien und ne China*

Coturnicops noveboracensis
**Gelbralle**
*Yellow Rail - Polluela amarillenta*
Gmelin, JF, 1789
*Kanada und n USA*

   † Coturnicops noveboracensis goldmani
   **Goldmans Gelbralle**
   Nelson, 1904
   *c Mexico*

Coturnicops notatus
**Darwinralle**
*Speckled Rail - Polluela de Darwin*
Gould, 1841
*Paraguay und s Brasilien bis ec Argentinien*

**Gattung: Laterallus**

Laterallus flaviventer
**Gelbbrust-Sumpfhuhn**
*Yellow-breasted Crake - Polluela pálida*
Boddaert, 1783
*Panama bis Guianas s über Brasilien bis n Argentinien*

   Laterallus flaviventer gossii
   **Kubanisches Gelbbrust-Sumpfhuhn**
   Bonaparte, 1856
   *Kuba und Jamaika*
   Laterallus flaviventer hendersoni
   **Hispaniola Gelbbrust-Sumpfhuhn**
   Bartsch, 1917
   *Hispaniola und Puerto Rico*
   Laterallus flaviventer woodi
   **Woods Gelbbrust-Sumpfhuhn**
   Van Rossem, 1934
   *c Mexico bis nw Costa Rica*
   Laterallus flaviventer bangsi
   **Bangs Gelbbrust-Sumpfhuhn**
   Darlington, 1931
   *n Kolumbien*

Laterallus jamaicensis
**Schieferralle**
*Black Rail - Polluela negruzca*
Gmelin, JF, 1789
*e USAund e Central America*

   Laterallus jamaicensis coturniculus
   **Kalifornische Schieferralle**
   Ridgway, 1874
   *wc California (USA) bis Baja California (Mexico)*
   Laterallus jamaicensis murivagans
   **Rileys Schieferralle**
   Riley, 1916
   *w Peru*
   Laterallus jamaicensis salinasi
   **Salinenralle**
   Philippi, 1857
   *c Chile*
   Laterallus jamaicensis tuerosi
   **Peruanische Schieferralle**
   Fjeldså, 1983
   *Peru*

Laterallus spilonota
**Galápagosralle**
*Galapagos Crake - Polluela de Galápagos*
Gould, 1841
*Galápagos*

Laterallus spiloptera
**Fleckensumpfhuhn**
*Dot-winged Crake - Polluela overa*
Durnford, 1877
*s Uruguay und ne Argentinien*

Laterallus rogersi
**Atlantisralle**
*Inaccessible Island Rail - Rasconcillo de Tristán de Acuña*
Lowe, 1923
*Inaccessible Insel*

Laterallus ruber
**Rubinralle**
*Ruddy Crake - Polluela rojiza*
Sclater, PL & Salvin, 1860
*e Mexico bis Costa Rica*

Laterallus melanophaius
**Rothalsralle**
*Rufous-sided Crake - Polluela burrito*
Vieillot, 1819
*ne Venezuela bis s Suriname bis n Argentinien*

   Laterallus melanophaius oenops
   **Salvins Rothalsralle**
   Sclater, PL & Salvin, 1880
   *se Kolumbien, e Ecuador und e Peru, w Brasilien*

Laterallus levraudi
**Venezuelaralle**
*Rusty-flanked Crake - Polluela venezolana*
Sclater, PL & Salvin, 1869
*Venezuela*

Laterallus xenopterus
**Rotgesichtralle**
*Rufous-faced Crake - Polluela guaraní*
Conover, 1934
*sc Brasilien und c Paraguay*

Laterallus leucopyrrhus
**Weißbrustralle**
*Red-and-white Crake - Polluela rojiblanca*
Vieillot, 1819
*se Südamerika*

Laterallus exilis
**Amazonasralle**
*Grey-breasted Crake - Polluela pechigrís*
Temminck, 1831
*Guatemala über Amazonasgebiet und se USA*

Laterallus albigularis
**Weißkehlralle**
*White-throated Crake - Polluela carrasqueadora*
Lawrence, 1861
*sw Costa Rica bis w Ecuador*

   Laterallus albigularis cinereiceps
   **Panama-Weißkehlralle**
   Lawrence, 1875
   *se Honduras bis nw Panama*
   Laterallus albigularis cerdaleus
   **Nördliche Weißkehlralle**
   Wetmore, 1958
   *nc, n Kolumbien und nw Venezuela*

Laterallus fasciatus
**Streifenbauchralle**
*Black-banded Crake - Polluela barreada*
Sclater, PL & Salvin, 1868
*w Amazonasgebiet*

**†† Gattung: Mundia**

†† Mundia elpenor
**Ascensionralle**
*Ascension Crake - Rascón de Ascensión*
Olson, 1973
*Ascension Insel (sc Atlantischer Ozean)*

**†† Gattung: Aphanocrex**

†† Aphanocrex podarces
**Helenaralle**
*St. Helena Rail - Calamón de Santa Helena*
Wetmore, 1963
*St. Helena (Tropisch se Atlantischer Ozean)*

**Gattung: Zapornia**

Zapornia flavirostra
**Schwarzkielralle**
*Black Crake - Polluela negra africana*
Swainson, 1837
*Afrika südlich der Sahara weit verbreitet*

Zapornia olivieri
## Malegassenkielralle
*Sakalava Rail - Polluela negra malgache*
Grandidier, G & Berlioz, 1929
*wc Madagascar*

Zapornia fusca
## Zimtsumpfhuhn
*Ruddy-breasted Crake - Polluela pechirrufa*
Linnaeus, 1766
*Pakistan und n Indien bis Malaysia, Indonesisches Archipel und Philippinen (außer Palawan Gruppe und Sulu Archipel)*

Zapornia fusca zeylonica
### Ceylonsumpfhuhn
Baker, ECS, 1927
*w, sw Indien und Sri Lanka*
Zapornia fusca phaeopyga
### Japansumpfhuhn
Stejneger, 1887
*Ryukyu Is. (s Japan)*
Zapornia fusca erythrothorax
### Koreasumpfhuhn
Temminck & Schlegel, 1850
*se Sibirien bis ne China, Korea und Japan, Taiwan*

Zapornia paykullii
## Mandarinsumpfhuhn
*Band-bellied Crake - Polluela mandarina*
Ljungh, 1813
*e Sibirien, Korea und ne China*

Zapornia bicolor
## Zweifarb-Sumpfhuhn
*Black-tailed Crake - Polluela bicolor*
Walden, 1872
*ne Indien bis sc China*

Zapornia akool
## Braunbauch-Kielralle
*Brown Crake - Gallineta akul*
Sykes, 1832
*Indien, Bangladesch und w Myanmar*

Zapornia akool coccineipes
### Slaters Braunbauch-Kielralle
Slater, HH, 1891
*se China bis ne Vietnam*

Zapornia pusilla
## Zwergsumpfhuhn
*Baillon's Crake - Polluela chica*
Pallas, 1776
*Zentral- und Ostasien; überwintert in Indien, Malaya und auf den Philippinen*

Zapornia pusilla intermedia
### Europäisches Zwergsumpfhuhn
Hermann, 1804
*e Europa bis c, e Asien*
Zapornia pusilla mira
### Borneo-Zwergsumpfhuhn
Riley, 1938
*Borneo*
Zapornia pusilla mayri
### Neuguinea-Zwergsumpfhuhn
Junge, 1952
*wc, ec Neuguinea*
Zapornia pusilla palustris
### Australisches Zwergsumpfhuhn
Gould, 1843
*se Neuguinea und Australien (außer ne, sc, Tasmanien)*
Zapornia pusilla affinis
### Chatham-Zwergsumpfhuhn
Gray, GR, 1845
*North, South und Stewart is. (Neuseeland); Chatham Is. (e von Südinsel)*

†† Zapornia astrictocarpus
## Helenasumpfhuhn
*St. Helena Crake - Polluela de Santa Helena*
Olson, 1973
*St. Helena (Tropisch se Atlantischer Ozean)*

Zapornia parva
## Kleinsumpfhuhn
*Little Crake - Polluela bastarda*
Scopoli, 1769
*s und c Europa bis nw China*

Zapornia tabuensis
## Südsee-Sumpfhuhn
*Spotless Crake - Polluela de Tongatapu*
Gmelin, JF, 1789
*Luzon und Mindoro (n Philippinen), Timor (e Lesser Sundas), Australasian Region und Ozeanien*

† Zapornia monasa
## Kosraesumpfhuhn
*Kosrae Crake - Rascón de la Kosrae*
Kittlitz, 1858
*Kosrae (e Caroline Is., c Micronesia)*

† Zapornia nigra
## Tahitisumpfhuhn
*Tahiti Crake - Polluela de Miller*
Miller, JF, 1784
*Tahiti (e Society Is., e Polynesien)*

Zapornia atra
## Hendersonsumpfhuhn
*Henderson Crake - Polluela de la Henderson*
North, 1908
*Henderson (c Pitcairn Gruppe, se Polynesien)*

† Zapornia sandwichensis
## Hawaiisumpfhuhn
*Hawaiian Rail - Rascón hawaiano*
Gmelin, JF, 1789
*Hawaii (Hawaiian Is.)*

† Zapornia palmeri
## Laysansumpfhuhn
*Laysan Rail - Rascón de Laysan*
Frohawk, 1892
*Laysan (Northwestern Hawaiian Is.)*

## Gattung: Rallina

Rallina eurizonoides
## Graubeinralle
*Slaty-legged Crake - Polluela de jungla*
Lafresnaye, 1845
*Philippinen (außer Batan und Palawan Gruppe) und Palau (w Caroline Is., w Micronesia)*

Rallina eurizonoides amauroptera
### Indische Graubeinralle
Jerdon, 1864
*nw Pakistan, Indien*
Rallina eurizonoides telmatophila
### Chinesische Graubeinralle
Hume, 1878
*Myanmar bis se China und Indochina*
Rallina eurizonoides sepiaria
### Japan-Graubeinralle
Stejneger, 1887
*Ryukyu Is. (s Japan)*
Rallina eurizonoides alvarezi
### Batan-Graubeinralle
Kennedy, RS & Ross, CA, 1987
*Batan Is. (n Philippinen)*
Rallina eurizonoides formosana
### Taiwan-Graubeinralle
Seebohm, 1894
*Taiwan, inklusive Lanyu Insel*
Rallina eurizonoides minahasa
### Sulawesi-Graubeinralle
Wallace, 1863
*Sulawesi, Banggai und Sula is. (e von Sulawesi)*

Rallina canningi
## Andamanenralle
*Andaman Crake - Polluela de Andamán*
Blyth, 1863
*Andaman Is.*

Rallina fasciata
## Malaienralle
*Red-legged Crake - Polluela patirroja*
Raffles, 1822
*s Myanmar bis Indonesisches Archipel und Philippinen (außer East Visayas und Mindanao)*

Rallina tricolor
## Dreifarbenralle
*Red-necked Crake - Polluela tricolor*
Gray, GR, 1858
*Talaud Is. (ne von ne Sulawesi), n, s Moluccas, Neuguinea und kleine Inseln, Mussau, Lavongai (=New Hanover), New Ireland (ne Bismarck Archipel) und ne Cape York Halbinsel, ne Queensland (ne Australien)*

## Gattung: Gymnocrex

Gymnocrex rosenbergii
**Blaumaskenralle**
*Blue-faced Rail - Cotara cariazul*
Schlegel, 1866
*Sulawesi, Togian Is. (zwischen ne und ec Sulawesi) und Banggai Is. (e von Sulawesi)*

Gymnocrex talaudensis
**Talaudralle**
*Talaud Rail - Cotara de las Talaud*
Lambert, 1998
*Karakelong (Talaud Is., ne von ne Sulawesi)*

Gymnocrex plumbeiventris
**Rostschwingenralle**
*Bare-eyed Rail - Cotara moluqueña*
Gray, GR, 1862
*n Moluccas, Misool (Raja Ampat Is., nw von Neuguinea), Aru Is., (sw von Neuguinea), Biak (Geelvink Bay is., nw Neuguinea), Neuguinea, Karkar (n von ne Neuguinea) und New Ireland (ne Bismarck Archipel)*

> † Gymnocrex plumbeiventris intactus
> **Solomonen Rostschwingenralle**
> Sclater, PL, 1869
> Solomon Is.

## Gattung: Himantornis

Himantornis haematopus
**Rotfußralle**
*Nkulengu Rail - Rascón nkulenga*
Hartlaub, 1855
*Sierra Leone bis Uganda und c Demokratische Republik Kongo*

## Gattung: Megacrex

Megacrex inepta
**Baumralle**
*New Guinea Flightless Rail - Rascón inepto*
D'Albertis & Salvadori, 1879
*sc Neuguinea*

> Megacrex inepta pallida
> **Nördliche Baumralle**
> Rand, 1938
> nc Neuguinea

## Gattung: Poliolimnas

Poliolimnas cinereus
**Weißbrauen-Sumpfhuhn**
*White-browed Crake - Polluela cejiblanca*
Vieillot, 1819
*ne Indien, s se Asien, Malayische Halbinsel, Indonesisches Archipel und Philippinen, Neuguinea und kleine Inseln, n Australien bis wc Polynesien*

## Gattung: Aenigmatolimnas

Aenigmatolimnas marginalis
**Graukehl-Sumpfhuhn**
*Striped Crake - Polluela culirroja*
Hartlaub, 1857
*Ghana, Nigeria, Kamerun bis c Demokratische Republik Kongo und Gabun*

## Gattung: Gallicrex

Gallicrex cinerea
**Schildralle**
*Watercock - Gallineta crestada*
Gmelin, JF, 1789
*Pakistan und Maldives über ne China, Koreanische Halbinsel, Ryukyu Is. (Japan) über Philippinen und Große Sundas*

## Gattung: Amaurornis

Amaurornis phoenicurus
**Weißbrust-Kielralle**
*White-breasted Waterhen - Gallineta pechiblanca*
Pennant, 1769
*s Asien, Malay Archipel, Sangihe und Talaud (n von ne Sulawesi) und Philippinen*

> Amaurornis phoenicurus insularis
> **Andamanen-Weißbrust-Kielralle**
> Sharpe, 1894
> Andaman und Nicobar Is. (außer Car Nibobar und c Nicobar Is.)
> Amaurornis phoenicurus leucocephalus
> **Car Nicobar-Weißbrust-Kielralle**
> Abdulali, 1964
> Car Nicobar Insel.
> Amaurornis phoenicurus midnicobarica
> **Nicobar Weißbrust-Kielralle**
> Abdulali, 1979
> c Nicobar Is.
> Amaurornis phoenicurus leucomelana
> **Molukken-Weißbrust-Kielralle**
> Müller, S, 1842
> Sulawesi und kleine Inseln, Sula Is. (e von Sulawesi), Moluccas und Lesser Sundas

Amaurornis olivacea
**Philippinenkielralle**
*Plain Bush-hen - Gallineta filipina*
Meyen, 1834
*Philippinen (außer Palawan Gruppe)*

Amaurornis magnirostris
**Karakelong-Kielralle**
*Talaud Bush-hen - Gallineta de las Talaud*
Lambert, 1998
*Karakelong (Talaud Is., ne von ne Sulawesi)*

Amaurornis isabellina
**Isabellkielralle**
*Isabelline Bush-hen - Gallineta isabelina*
Schlegel, 1865
*Sulawesi*

Amaurornis moluccana
**Roststeiß-Kielralle**
*Pale-vented Bush-hen - Gallineta moluqueña*
Wallace, 1865
*Sangihe (n von ne Sulawesi), Moluccas, Misool (Raja Ampat Is., nw von Neuguinea) und w, n Neuguinea*

> Amaurornis moluccana nigrifrons
> **Bismarckkielralle**
> Hartert, EJO, 1926
> Bismarck Archipel und w Solomon Is.
> Amaurornis moluccana ultima
> **Salomonenkielralle**
> Mayr, 1949
> e Solomon Is.
> Amaurornis moluccana ruficrissa
> **Neuguineakielralle**
> Gould, 1869
> s, e Neuguinea und ne Western Australia bis ne New South Wales (n, ne Australien)

## †† Gattung: Aphanapteryx

†† Aphanapteryx bonasia
**Mauritiusralle**
*Red Rail - Rascón Rojo*
de Sélys-Longchamps, 1848
*Mauritius (c Mascarenes)*

## †† Gattung: Erythromachus

†† Erythromachus leguati
**Rodriguesralle**
*Rodrigues Rail - Rascón de Rodríguez*
Milne-Edwards, 1873
*Rodrigues Insel*

## Familie: Psophiidae (Trompetervögel)

## Gattung: Psophia

Psophia crepitans
**Grauflügel-Trompetervogel**
*Grey-winged Trumpeter - Trompetero aligrís*
Linnaeus, 1758
*Venezuela und se Kolumbien über Guianas und n Brasilien*

> Psophia crepitans napensis
> **Sclaters Grauflügel-Trompetervogel**
> Sclater, PL & Salvin, 1873
> se Kolumbien bis ne Peru und nw Brasilien
> Psophia crepitans ochroptera
> **Brasilianischer Grauflügel-Trompetervogel**
> Pelzeln, 1857
> nc Brasilien

Psophia leucoptera
**Weißflügel-Trompetervogel**
*Pale-winged Trumpeter - Trompetero aliblanco*
Spix, 1825
*w Amazonasgebiet*

Psophia viridis
**Grünflügel-Trompetervogel**
*Dark-winged Trumpeter - Trompetero aliverde occidental*
Spix, 1825
*vom Rio Madeira bis Rio Tapajós (c Brasilien)*

   Psophia viridis dextralis
   **Tapajos-Trompetervogel**
    Conover, 1934
    vom Rio Tapajós bis Rio Tocantins (ec Brasilien)
   Psophia viridis obscura
   **Dunkler Trompetervogel**
    Pelzeln, 1857
    vom Rio Tocantins über ne Pará (ne Brasilien)

## Familie: Gruidae (Kraniche)

### Gattung: Balearica

Balearica regulorum
**Grauhals-Kronenkranich**
*Grey Crowned Crane - Grulla coronada cuelligrís*
Bennett, ET, 1834
*s Angola und n Namibia bis Simbabwe und e Südafrika*

   Balearica regulorum gibbericeps
   **Keniakronenkranich**
    Reichenow, 1892
    s Uganda und Kenia bis n Simbabwe und n Mosambik

Balearica pavonina
**Schwarzhals-Kronenkranich**
*Black Crowned Crane - Grulla coronada cuellinegra*
Linnaeus, 1758
*Senegal und Gambia bis Chad*

   Balearica pavonina ceciliae
   **Ceciliakronenkranich**
    Mitchell, 1904
    sw Chad bis w Äthiopien bis nw Kenia und n Uganda

### Gattung: Leucogeranus

Leucogeranus leucogeranus
**Schneekranich**
*Siberian Crane - Grulla siberiana*
Pallas, 1773
*nw, ec Sibirien*

### Gattung: Antigone

Antigone canadensis
**Kanadakranich**
*Sandhill Crane - Grulla canadiense*
Linnaeus, 1758
*ne Sibirien über Alaska und n Kanada bis Baffin Insel*

   Antigone canadensis tabida
   **Peters Kanadakranich**
    Peters, JL, 1925
    s Kanada und w, c USA
   Antigone canadensis pratensis
   **Wiesenkanadakranich**
    Meyer, FAA, 1794
    Georgia und Florida (USA)
   Antigone canadensis pulla
   **Mississippikranich**
    Aldrich, 1972
    Mississippi (USA)
   Antigone canadensis nesiotes
   **Kubakranich**
    Bangs & Zappey, 1905
    Kuba und Isle von Pines

Antigone vipio
**Weißnackenkranich**
*White-naped Crane - Grulla cuelliblanca*
Pallas, 1811
*se Sibirien, ne Mongolei und ne China*

Antigone antigone
**Saruskranich**
*Sarus Crane - Grulla sarus*
Linnaeus, 1758
*n Indien, Nepal und Bangladesch*

   Antigone antigone sharpii
   **Laoskranich**
    Blanford, 1895
    Kambodscha und s Laos (Philippinen)
   Antigone antigone gillae
   **Gillakranich**
    Schodde, Blackman & Haffenden, 1989
    n Queensland (ne Australien)

Antigone rubicunda
**Brolgakranich**
*Brolga - Grulla brolga*
Perry, 1810
*Trans-Fly (sc Neuguinea) und n, c, e Australien*

### Gattung: Grus

Grus carunculata
**Klunkerkranich**
*Wattled Crane - Grulla carunculada*
Gmelin, JF, 1789
*Demokratische Republik Kongo und Tansania bis Botswana, Simbabwe und Südafrika*

Grus paradisea
**Paradieskranich**
*Blue Crane - Grulla del Paraíso*
Lichtenstein, AAH, 1793
*Südafrika*

Grus virgo
**Jungfernkranich**
*Demoiselle Crane - Grulla damisela*
Linnaeus, 1758
*nw Afrika, e Türkei, sw Russland bis n China*

Grus japonensis
**Mandschurenkranich**
*Red-crowned Crane - Grulla manchú*
Müller, PLS, 1776
*se Sibirien, ne China und Japan*

Grus americana
**Schreikranich**
*Whooping Crane - Grulla trompetera*
Linnaeus, 1758
*c Kanada und c USA*

Grus grus
**Kranich**
*Common Crane - Grulla común*
Linnaeus, 1758
*brütet im Norden Eurasiens; überwintert in Nordafrika, Südindien und Südostasien*

Grus monacha
**Mönchskranich**
*Hooded Crane - Grulla monje*
Temminck, 1835
*se Sibirien und n China*

Grus nigricollis
**Schwarzhalskranich**
*Black-necked Crane - Grulla cuellinegra*
Przevalski, 1876
*Tibet und wc China*

## Familie: Aramidae (Rallenkraniche)
### Gattung: Aramus

Aramus guarauna
**Rallenkranich**
*Limpkin - Carrao*
Linnaeus, 1766
*n Südamerika bis Paraguay und Argentinien*

   Aramus guarauna pictus
   **Floridalimpkin**
    Meyer, FAA, 1794
    Florida (USA), Kuba und Jamaika

Aramus guarauna elucus
**Hispanilalimpkin**
Peters, JL, 1925
Hispaniola und Puerto Rico
Aramus guarauna dolosus
**Mittelamerika-Limpkin**
Peters, JL, 1925
se Mexico bis Panama

## Ordnung: PODICIPEDIFORMES (Lappentaucher)

## Familie: Podicipedidae (Lappentaucher)
Gattung: Tachybaptus

† Tachybaptus rufolavatus
**Alaotrazwergtaucher**
*Alaotra Grebe - Zampullín del Alaotra*
Delacour, 1932
*Lac Alaotra (ec Madagascar)*

Tachybaptus ruficollis
**Zwergtaucher**
*Little Grebe - Zampullín común*
Pallas, 1764
*Europa von Great Britain, s Skandinavien und s Spanien bis Schwarzes Meer und nw Afrika*

Tachybaptus ruficollis albescens
**Kaukasus-Zwergtaucher**
Blanford, 1877
Kaukasus bis Lake Balkash (ne Kasachstan), Tien Shan, Indien Subkontinent bis Myanmar
Tachybaptus ruficollis iraquensis
**Irak-Zwergtaucher**
Ticehurst, 1923
Irak und sw Iran
Tachybaptus ruficollis capensis
**Kap-Zwergtaucher**
Salvadori, 1884
Sub-Saharan Afrika, Madagascar und Comoros
Tachybaptus ruficollis poggei
**Hainan-Zwergtaucher**
Reichenow, 1902
Kuril Is., Japan inklusive Ryukyu Is., Koreanische Halbinsel, e China, Taiwan und Hainan
Tachybaptus ruficollis philippensis
**Philipinen-Zwergtaucher**
Bonnaterre, 1790
Philippinen (außer Mindanao und Palawan Gruppe) und n Borneo
Tachybaptus ruficollis cotabato
**Mindanao-Zwergtaucher**
Rand, 1948
Mindanao (s Philippinen)

Tachybaptus tricolor
**Dreifarb-Zwergtaucher**
*Tricolored Grebe - Zampullín tricolor*
Gray, GR, 1861
*Sulawesi, Banggai und Sula is. (e von Sulawesi), Moluccas bis nw, nc Neuguinea*

Tachybaptus tricolor vulcanorum
**Vulcan-Zwergtaucher**
Rensch, 1929
Java, Lesser Sundas und Tanimbar (s Moluccas)
Tachybaptus tricolor collaris
**Bougainville-Zwergtaucher**
Mayr, 1945
ne Neuguinea (Huon Halbinsel), Bismarck Archipel bis Bougainville (n Solomon Is.)

Tachybaptus novaehollandiae
**Australzwergtaucher**
*Australasian Grebe - Zampullín australiano*
Stephens, 1826
*Timor, s Neuguinea, Australien (außer sc), Tasmanien und n Nordinsel (Neuseeland)*

Tachybaptus novaehollandiae javanicus
**Java-Zwergtaucher**
Mayr, 1943
Java
Tachybaptus novaehollandiae fumosus
**Sanghir-Zwergtaucher**
Mayr, 1943
Sangihe und Talaud is. (n von ne Sulawesi)
Tachybaptus novaehollandiae incola
**Papua-Zwergtaucher**
Mayr, 1943
n Neuguinea und New Britain (se Bismarck Archipel)
Tachybaptus novaehollandiae leucosternos
**Vanuatu-Zwergtaucher**
Mayr, 1931
Vanuatu und Grande Terre (New Caledonia)
Tachybaptus novaehollandiae rennellianus
**Rennell-Zwergtaucher**
Mayr, 1943
Rennell (s Solomon Is.)

Tachybaptus pelzelnii
**Madagaskarzwergtaucher**
*Madagascar Grebe - Zampullín malgache*
Hartlaub, 1861
*Madagascar*

Tachybaptus dominicus
**Schwarzkopf-Zwergtaucher**
*Least Grebe - Zampullín macacito*
Linnaeus, 1766
*Cozumel Insel (e von Yucatan Halbinsel, ne Mexico), Bahamas und Große Antillen bis Virgin Is. (n, ec Karibik)*

Tachybaptus dominicus brachypterus
**Texanischer Schwarzkopftaucher**
Chapman, 1899
s Texas (USA) und nw Mexico bis Panama
Tachybaptus dominicus bangsi
**Mexikanischer Schwarzkopftaucher**
Van Rossem & Hachisuka, 1937
s Baja California (nw Mexico)
Tachybaptus dominicus brachyrhynchus
**Südamerikanischer Schwarzkopftaucher**
Chapman, 1899
n Südamerika bis n Argentinien
Tachybaptus dominicus eisenmanni
**Eisenmanns Schwarzkopftaucher**
Storer & Getty, 1985
w Ecuador

Gattung: Podilymbus

Podilymbus podiceps
**Bindentaucher**
*Pied-billed Grebe - Zampullín picogrueso*
Linnaeus, 1758
*nw Kanada über USA, Mexico und Central America*

Podilymbus podiceps antillarum
**Antillen-Bindentaucher**
Bangs, 1913
Karibik
Podilymbus podiceps antarcticus
**Südlicher Bindentaucher**
Lesson, RP, 1842
e Panama und n Südamerika (außer Amazonasbecken) bis sc Chile und c Argentinien

† Podilymbus gigas
**Atitlantaucher**
*Atitlan Grebe - Zampullín del Atitlán*
Griscom, 1929
*Lake Atitlan (sw Guatemala)*

Gattung: Rollandia

Rollandia rolland
**Rollandtaucher**
*White-tufted Grebe - Zampullín pimpollo*
Gaimard, 1823
*Falkland Is.*

Rollandia rolland chilensis
**Chilenischer Rollandtaucher**
Lesson, RP, 1828
w Peru (außer Lake Junín) bis s Brasilien und Tierra del Fuego
Rollandia rolland morrisoni
**Morresontaucher**
Simmons, 1962
Lake Junín (=Chinchaycocha, wc Peru)

Rollandia microptera
**Titikakataucher**
*Titicaca Grebe - Zampullín del Titicaca*
Gould, 1868
*Gebirgsseen von Lake Titicaca und naheliegende Seen (se Peru) bis zu den Seen Uru Uru und Poopó (wc Bolivien)*

Gattung: Poliocephalus

Poliocephalus poliocephalus
**Haarschopftaucher**
*Hoary-headed Grebe - Zampullín canoso*
Jardine & Selby, 1827
*sw, se Australien und Tasmanien*

Poliocephalus rufopectus
**Maoritaucher**
*New Zealand Grebe - Zampullín maorí*
Gray, GR, 1843
*Nordinsel (Neuseeland)*

Podiceps major
**Magellantaucher**
*Great Grebe - Somormujo macachón*
Boddaert, 1783
*Küste w Peru; Paraguay und se Brasilien bis c Chile und s Argentinien*

Podiceps major navasi
**Südlicher Magellantaucher**
Manghi, 1984
*s Chile*

Podiceps grisegena
**Rothalstaucher**
*Red-necked Grebe - Somormujo cuellirrojo*
Boddaert, 1783
*c Europa von Skandinavien, Balkans und Türkei bis wc Russland und Kasachstan*

Podiceps grisegena holbollii
**Holbollitaucher**
Reinhardt, 1853
*Subarktis c, e Sibirien bis Kamtschatka, Hokkaido und Subarktis Alaska und Kanada bis sw Quebec*

Podiceps cristatus
**Haubentaucher**
*Great Crested Grebe - Somormujo lavanco*
Linnaeus, 1758
*Eurasien von nw Europa, s Skandinavien bis s Spanien über s Russland und n, wc Mongolei, und n Afghanistan, nw Indien, bis ne Russland, n Honshu (nc Japan) und ne China*

Podiceps cristatus infuscatus
**Afrikanischer Haubentaucher**
Salvadori, 1884
*Gebirgsseen von Eritrea, Äthiopien und e Afrika; s Afrika*
Podiceps cristatus australis
**Australischer Haubentaucher**
Gould, 1844
*sw, se, e Australien, Tasmanien und Südinsel (Neuseeland)*

Podiceps auritus
**Ohrentaucher**
*Horned Grebe - Zampullín cuellirrojo*
Linnaeus, 1758
*Island, Skandinavien über n Kasachstan und nw Mongolei bis s Chukotka, Sakhalin und Kamtschatka (e Russland)*

Podiceps auritus cornutus
**Amerikanischer Ohrentaucher**
Gmelin, JF, 1789
*Subarktis s, c Alaska , w, c Kanada und n von w, c USA*

Podiceps nigricollis
**Schwarzhalstaucher**
*Black-necked Grebe - Zampullín cuellinegro*
Brehm, CL, 1831
*Eurasien (s von Skandinavien) von Großbritanien und Spanien e über die Baltikstaaten über Kasachstan, n, c Mongolei bis Russland e und ne China*

Podiceps nigricollis gurneyi
**Kap-Schwarzhalstaucher**
Roberts, 1919
*Äthiopien bis Tansania und s Afrika*
Podiceps nigricollis californicus
**Kalifornischer Schwarzhalstaucher**
Heermann, 1854
*sw Kanada und w, wc USA bis c Mexico*

† Podiceps andinus
**Andentaucher**
*Colombian Grebe - Zampullín colombiano*
Meyer de Schauensee, 1959
*Gebirge von Bogotá (e Anden, c Kolumbien)*

Podiceps occipitalis
**Silbertaucher**
*Silvery Grebe - Zampullín blanquillo meridional*
Garnot, 1826
*c, s Chile und Argentinien bis Tierra del Fuego; Falkland Is.*

Podiceps occipitalis juninensis
**Junintaucher**
Berlepsch & Stolzmann, 1894
*Gebirgsseen von c Anden von Kolumbien bis n Chile und nw Argentinien*

Podiceps taczanowskii
**Punataucher**
*Junin Grebe - Zampullín del Junín*
Berlepsch & Stolzmann, 1894
*Lake Junín (=Chinchaycocha, wc Peru)*

Podiceps gallardoi
**Goldscheiteltaucher**
*Hooded Grebe - Zampullín tobiano*
Rumboll, 1974
*Gebirgsseen von w Santa Cruz Province, sw Argentinien*



Aechmophorus occidentalis
**Renntaucher**
*Western Grebe - Achichilique común*
Lawrence, 1858
*wc Kanada bis nc, sw USA*

Aechmophorus occidentalis ephemeralis
**Mexikanischer Renntaucher**
Dickerman, 1986
*c Mexico*

Aechmophorus clarkii
**Clarktaucher**
*Clark's Grebe - Achichilique de Clark*
Lawrence, 1858
*n, c Mexico*

Aechmophorus clarkii transitionalis
**Westlicher Clarktaucher**
Dickerman, 1986
*sw, sc Kanada bis c, sw USA*

# Ordnung: PHOENICOPTERIFORMES (Flamingos)

## Familie: Phoenicopteridae (Flamingos)


Phoenicopterus roseus
**Rosaflamingo**
*Greater Flamingo - Flamenco común*
Pallas, 1811
*weit verbreitet in Afrika und sw, sc Eurasien*

Phoenicopterus ruber
**Kubaflamingo**
*American Flamingo - Flamenco rojo*
Linnaeus, 1758
*n, Galápagos Is; Karibik*

Phoenicopterus chilensis
**Chileflamingo**
*Chilean Flamingo - Flamenco chileno*
Molina, 1782
*c Peru bis Tierra del Fuego e bis s Brasilien, Uruguay und c Argentinien*



Phoeniconaias minor
**Zwergflamingo**
*Lesser Flamingo - Flamenco enano*
Geoffroy Saint-Hilaire, É, 1798
*e Afrika, Namibia, Botswana bis Mauretanien und Senegal; nw Indien und se Pakistan*



Phoenicoparrus andinus
**Andenflamingo**
*Andean Flamingo - Parina grande*
Philippi, 1854
*s Peru, w Bolivien, n Chile und nw Argentinien*

Phoenicoparrus jamesi
**Jamesflamingo**
*James's Flamingo - Parina chica*
Sclater, PL, 1886
*s Peru, w Bolivien, n Chile und nw Argentinien*

Turnix tanki
### Rotnacken-Laufhühnchen
*Yellow-legged Buttonquail - Torillo tanki*
Blyth, 1843
*c Pakistan, Indien, Nicobar und Andaman Is.*

Turnix tanki blanfordii
### Blandfords Laufhühnchen
Blyth, 1863
se Sibirien, Koreanische Halbinsel und ne China bis Myanmar, Thailand und Indochina

Turnix maculosus
### Fleckenlaufhühnchen
*Red-backed Buttonquail - Torillo moteado*
Temminck, 1815
*Rote, Semau, Timor, Wetar, Kisar und Moa (e von Timor; e Lesser Sundas)*

Turnix maculosus beccarii
### Tukanbesilaufhühnchen
Salvadori, 1875
Sulawesi, Togian Is. (zwischen ne und ec Sulawesi), Muna (s von se Sulawesi) und Tomia Is. (Tukangbesi Is., se von se Sulawesi)

Turnix maculosus kinneari
### Pelenglaufhühnchen
Neumann, 1939
Peleng (Banggai Is., e von Sulawesi)

Turnix maculosus obiensis
### Babarlaufhühnchen
Sutter, 1955
Obi (nc Moluccas), Babar (e Lesser Sundas) und Kai Is. (se Moluccas)

Turnix maculosus sumbanus
### Sundalaufhühnchen
Sutter, 1955
Sumba (sw Lesser Sundas)

Turnix maculosus floresianus
### Floreslaufhühnchen
Sutter, 1955
Sumbawa, Komodo, Padar, Flores und Alor (w, c Lesser Sundas)

Turnix maculosus savuensis
### Sawulaufhühnchen
Sutter, 1955
Sawu (=Savu, e von Sumba, c Lesser Sundas)

Turnix maculosus saturatus
### Bismarcklaufhühnchen
Forbes, WA, 1882
New Britain und Duke von York Is. (to ne von New Britain; se Bismarck Archipel)

Turnix maculosus furvus
### Huonlaufhühnchen
Parkes, 1949
Huon Halbinsel (ne Neuguinea)

Turnix maculosus giluwensis
### Neuguinealaufhühnchen
Sims, 1954
Gebirge ec Neuguinea

Turnix maculosus horsbrughi
### Horsburgs Laufhühnchen
Ingram, C, 1909
s Neuguinea

Turnix maculosus mayri
### Louisiadelaufhühnchen
Sutter, 1955
Tagula und Veina (c Louisiade Archipel, e von se Neuguinea)

Turnix maculosus salomonis
### Salomonenlaufhühnchen
Mayr, 1938
Guadalcanal (sc Solomon Is.)

Turnix maculosus melanotus
### Australisches Laufhühnchen
Gould, 1837
ne Western Australia bis ec New South Wales (n, e Australien)

Turnix suscitator
### Bindenlaufhühnchen
*Barred Buttonquail - Torillo batallador*
Gmelin, JF, 1789
*Sumatra, Belitung und Bangka (e von s Sumatra), Java, Bawean (n von e Java) und Bali*

Turnix suscitator plumbipes
### Nepal-Bindenlaufhühnchen
Hodgson, 1837
Nepal bis ne Indien und n Myanmar

Turnix suscitator bengalensis
### Bengalen-Bindenlaufhühnchen
Blyth, 1852
c, s West Bengal (ne Indien)

Turnix suscitator taigoor
### Indisches Bindenlaufhühnchen
Sykes, 1832
Indien

Turnix suscitator leggei
### Sri Lanka-Bindenlaufhühnchen
Baker, ECS, 1920
Sri Lanka

Turnix suscitator okinavensis
### Japanisches Bindenlaufhühnchen
Phillips, AR, 1947
s Kyushu Insel bis Ryukyu Is. (s Japan)

Turnix suscitator rostratus
### Taiwan-Bindenlaufhühnchen
Swinhoe, 1865
Taiwan

Turnix suscitator blakistoni
### Indochinesisches Bindenlaufhühnchen
Swinhoe, 1871
e Myanmar bis s China und n Indochina

Turnix suscitator pallescens
### Myanmar-Bindenlaufhühnchen
Robinson & Baker, ECS, 1928
sc Myanmar

Turnix suscitator thai
### Thaibindenlaufhühnchen
Deignan, 1946
nw, c Thailand

Turnix suscitator atrogularis
### Malayisches Bindenlaufhühnchen
Eyton, 1839
s Myanmar, s Thailand und Malayische Halbinsel

Turnix suscitator powelli
### Lombokbindenlaufhühnchen
Guillemard, 1885
Lombok bis Alor (w, c Lesser Sundas)

Turnix suscitator rufilatus
### Sulawesibindenlaufhühnchen
Wallace, 1865
Sulawesi

Turnix suscitator haynaldi
### Palawanbindenlaufhühnchen
Blasius, W, 1888
Palawan Gruppe (sw Philippinen)

Turnix suscitator fasciatus
### Luzonbindenlaufhühnchen
Temminck, 1815
Luzon, Mindoro, Masbate und Sibuyan (n, c Philippinen)

Turnix suscitator nigrescens
### Cebubindenlaufhühnchen
Tweeddale, 1878
Cebu, Guimaras, Negros und Panay (wc Philippinen)

Turnix ocellatus
### Riesenlaufhühnchen
*Spotted Buttonquail - Torillo ocelado*
Scopoli, 1786
*s, c Luzon*

Turnix ocellatus benguetensis
### Luzon Riesenlaufhühnchen
Parkes, 1968
n Luzon

Turnix sylvaticus
### Laufhühnchen
*Common Buttonquail - Torillo andaluz*
Desfontaines, 1789
*s Iberische Halbinsel und nw Afrika*

Turnix sylvaticus lepurana
### Afrikanisches Laufhühnchen
Smith, A, 1836
Afrika s in der Sahara

Turnix sylvaticus dussumier
### Temmnicklaufhühnchen
Temminck, 1828
e Iran bis Myanmar

Turnix sylvaticus davidi
### Indochinesisches Laufhühnchen
Delacour & Jabouille, 1930
c Thailand bis s China, n Indochina und Taiwan

Turnix sylvaticus bartelsorum
### Javalaufhühnchen
Neumann, 1929
Java und Bali

Turnix sylvaticus whiteheadi
### Luzonlaufhühnchen
Ogilvie-Grant, 1897
Luzon (n Philippinen)

Turnix sylvaticus celestinoi
### Bohollaufhühnchen
McGregor, 1907
Bohol und Mindanao (s Philippinen)

Turnix sylvaticus nigrorum
### Negroslaufhühnchen
duPont, 1976
Negros (wc Philippinen)

Turnix sylvaticus suluensis
### Sululaufhühnchen
Mearns, 1905
Sulu Archipel (s Philippinen)

Turnix velox
## Zwerglaufhühnchen
*Little Buttonquail - Torillo veloz*
Gould, 1841
*Australien (außer n, Tasmanien)*

Turnix pyrrhothorax
## Rotbrust-Laufhühnchen
*Red-chested Buttonquail - Torillo pechirrufo*
Gould, 1841
*Australien (außer n, se, Tasmanien)*

Turnix worcesteri
## Worcesterlaufhühnchen
*Worcester's Buttonquail - Torillo de Worcester*
McGregor, 1904
*Luzon (n Philippinen)*

Turnix everetti
## Sumbalaufhühnchen
*Sumba Buttonquail - Torillo de Sumba*
Hartert, EJO, 1898
*Sumba (sw Lesser Sundas)*

Turnix nanus
## Schwarzbürzel-Laufhühnchen
*Black-rumped Buttonquail - Torillo enano*
Sundevall, 1850
*Ghana to Kenya, Uganda, and southeastern Cape Province*

Turnix hottentottus
## Kaplaufhühnchen
*Fynbos Buttonquail - Torillo hotentote*
Temminck, 1815
*Südafrika*

Turnix castanotus
## Rotrücken-Laufhühnchen
*Chestnut-backed Buttonquail - Torillo dorsicastaño*
Gould, 1840
*n Western Australia, Top End und kleine Inseln (n Nortern Territory; nc Australien)*

Turnix olivii
## Ockerbrust-Laufhühnchen
*Buff-breasted Buttonquail - Torillo de Robinson*
Robinson, 1900
*se Cape York Halbinsel, ne Queensland (ne Australien)*

Turnix varius
## Buntlaufhühnchen
*Painted Buttonquail - Torillo pintojo*
Latham, 1801
*sw South Australia, ec Queensland bis sc South Australia und e Tasmanien (sw, se, e Australien)*

### Turnix varius scintillans
### Goulds Buntlaufhühnchen
Gould, 1845
*Houtman Abrolhos Is. (vor sw Western Australia; sw Australien)*

† Turnix novaecaledoniae
## Neukaledonien-Laufhühnchen
*New Caledonian Buttonquail - Torillo de Nueva Caledonia*
Ogilvie-Grant, 1889
*Grande Terre (New Caledonia)*

Turnix melanogaster
## Schwarzbrust-Laufhühnchen
*Black-breasted Buttonquail - Torillo pechinegro*
Gould, 1837
*se Queensland (ec Australien)*

Turnix nigricollis
## Schwarzkehl-Laufhühnchen
*Madagascar Buttonquail - Torillo malgache*
Gmelin, JF, 1789
*Madagascar*

Gattung: Ortyxelos

Ortyxelos meiffrenii
## Lerchenlaufhühnchen
*Quail-plover - Torillo alaudino*
Vieillot, 1819
*Mauretanien und Senegal bis Sudan, Äthiopien und Kenia*

## Familie: Burhinidae (Triele)
Gattung: Hesperoburhinus

Hesperoburhinus bistriatus
## Dominikanertriel
*Double-striped Thick-knee - Alcaraván venezolano*
Wagler, 1829
*e Veracruz und se Oaxaca (s Mexico) bis c Honduras und nw Costa Rica*

### Hesperoburhinus bistriatus vocifer
### Guyanatriel
L'Herminier, 1837
*c, e Kolumbien, Venezuela (inklusive Insel Margarita, just n von c Venezuela), Guyana und n Brasilien*
Hesperoburhinus bistriatus pediacus
### Kolumbianertriel
Wetmore & Borrero, 1964
*n, w Kolumbien und nw Venezuela*
Hesperoburhinus bistriatus dominicensis
### Hispaniolatriel
Cory, 1883
*n Hispaniola*

Hesperoburhinus superciliaris
## Inkatriel
*Peruvian Thick-knee - Alcaraván peruano*
Tschudi, 1843
*Küste s Ecuador bis n Chile*

## Gattung: Esacus

Esacus recurvirostris
## Krabbentriel
*Great Stone-curlew - Alcaraván piquigrueso indio*
Cuvier, 1829
*Flusssysteme von s, se Asien: Flussmündungen von s Iran; Inland Indus Tal (c Pakistan), Sub-Himalaya Indien s bis Sri Lanka und e bis n Thailand, n Kambodscha und n, s Vietnam*

Esacus magnirostris
## Rifftriel
*Beach Stone-curlew - Alcaraván piquigrueso australiano*
Vieillot, 1818
*Küsten und Inseln von Tropisch e Indien und w Pazifische Ozeane: Andaman Is., Malayische Halbinsel und sw, s Philippinen, Indonesisches Archipel, Neuguinea und kleine Inseln, nc Western Australia bis se New South Wales (nw, n, e Australien), Bismarck Archipel (inklusive Admiralty Is.), n bis se Solomon Is. (außer Rennell)*

## Gattung: Burhinus

Burhinus capensis
## Kaptriel
*Spotted Thick-knee - Alcaraván de El Cabo*
Lichtenstein, MHC, 1823
*s Kenia bis Südafrika, w von Sambia bis nw Angola*

### Burhinus capensis maculosus
### Somaliatriel
Temminck, 1824
*Senegal bis Inland Somalia s bis n Uganda und n Kenia*
Burhinus capensis dodsoni
### Küstentriel
Ogilvie-Grant, 1899
*Küste Eritrea und Somalia; sw, se Arabische Halbinsel*
Burhinus capensis damarensis
### Damaratriel
Reichenow, 1905
*sw Angola, Namibia, sw Botswana und nw Südafrika*

Burhinus vermiculatus
## Wassertriel
*Water Thick-knee - Alcaraván acuático*
Cabanis, 1868
*Demokratische Republik Kongo bis Somalia und Südafrika*

### Burhinus vermiculatus buettikoferi
### Buettikofers Wassertriel
Reichenow, 1898
*Liberia bis Gabun*

Burhinus grallarius
## Langschwanztriel
*Bush Stone-curlew - Alcaraván colilargo*
Latham, 1801
*Inland s Trans-Fly (sc Neuguinea) und Australien (außer sc, Tasmanien)*

Burhinus oedicnemus
**Triel**
*Eurasian Stone-curlew - Alcaraván común*
Linnaeus, 1758
*s Großbritanien und Iberische Halbinsel (w, s Europa) bis Litauen und Volga River delta (n Caspian Sea)*

Burhinus oedicnemus distinctus
**Westkanarischer Triel**
Bannerman, 1914
*El Hierro, La Palma, La Gomera, Tenerife und Gran Canaria (w, c Kanarische Is.; c Makaronesien, w von nw Afrika)*
Burhinus oedicnemus insularum
**Ostkanarischer Triel**
Sassi, 1908
*Fuerteventura bis Alegranza (e Kanarische Is.; Makaronesien, w von nw Afrika)*
Burhinus oedicnemus saharae
**Saharatriel**
Reichenow, 1894
*n Afrika s bis Mauretanien und e bis Niltal; Balearen, Malta und Zypern (w bis e Mittelmeer); Türkei und Levant bis Irak und Iran*
Burhinus oedicnemus harterti
**Vaurietriel**
Vaurie, 1963
*Volga River delta, w bis e Kasachstan bis w Xinjiang (w China) und w, c Pakistan*

Burhinus indicus
**Indientriel**
*Indian Stone-curlew - Alcaraván indio*
Salvadori, 1866
*Inland nw, w Indien und Sri Lanka e bis c Myanmar, c Thailand, Kambodscha und s Vietnam*

Burhinus senegalensis
**Senegaltriel**
*Senegal Thick-knee - Alcaraván senegalés*
Swainson, 1837
*Inland Senegal bis Äthiopien und Kenia und n bis Ägypten*



## Familie: Pluvianellidae (Magellanregenpfeifer)

Gattung: Pluvianellus

Pluvianellus socialis
**Magellanregenpfeifer**
*Magellanic Plover - Chorlito de Magallanes*
Gray, GR, 1846
*Inland w Santa Cruz Province (sw Argentinien), se Magallanes Province (se Chile) und n, c Isla Grande de Tierra del Fuego*

## Familie: Chionidae (Scheidenschnäbel)

Gattung: Chionis

Chionis albus
**Weißgesicht-Scheidenschnabel**
*Snowy Sheathbill - Picovaina de las Malvinas*
Gmelin, JF, 1789
*Antarktis Halbinsel und kleine Inseln, South Shetland, South Orkney, und South Georgia is.*

Chionis minor
**Schwarzgesicht-Scheidenschnabel**
*Black-faced Sheathbill - Picovaina de las Kerguelen*
Hartlaub, 1841
*Kerguelen Is. (sc South indischer Ozean)*

Chionis minor marionensis
**Marion-Scheidenschnabel**
Reichenow, 1908
*Prince Edward und Marion Is. (s von Südafrika, sw South indischer Ozean)*
Chionis minor crozettensis
**Crozet-Scheidenschnabel**
Sharpe, 1896
*Crozet Is. (sw South indischer Ozean)*
Chionis minor nasicornis
**Heard-Scheidenschnabel**
Reichenow, 1904
*Heard und McDonald is. (sc South indischer Ozean)*

## Familie: Haematopodidae (Austernfischer)

Gattung: Haematopus

Haematopus leucopodus
**Magellanausternfischer**
*Magellanic Oystercatcher - Ostrero magallánico*
Garnot, 1826
*Küste und Inland sc Chile und sc Argentinien bis Cape Horn und Falkland Is.*

Haematopus ater
**Chileausternfischer**
*Blackish Oystercatcher - Ostrero negro americano*
Vieillot, 1825
*Küste n Peru und se Argentinien bis Cape Horn und Falkland Is.*

Haematopus bachmani
**Klippenausternfischer**
*Black Oystercatcher - Ostrero Negro Norteamericano*
Audubon, 1838
*Küste e Nordpazifik Küste von w Aleutian Is. bis wc Baja California (nw Mexico)*

Haematopus palliatus
**Braunmantel-Austernfischer**
*American Oystercatcher - Ostrero pío americano*
Temminck, 1820
*Küste e Nordpazifik Küste von Coronado Is. (nw Baja California) und Gulf von California bis s Panama, Küste wc Kolumbien bis sc Chile; w Nordatlantik-Küste von s Nova Scotia (se Kanada) und Massachusetts (ne USA) bis Florida, n Gulf von Mexico Küste bis Tamaulipas (ne Mexico), Yucatan Halbinsel; Bahamas, Puerto Rico, Virgin Is. und Kleine Antillen; Küste Venezuela und Inseln bis n; und bis s Argentinien*

Haematopus palliatus galapagensis
**Galapagosausternfischer**
Ridgway, 1886
*Galápagos (außer Darwin und Wolf)*

† Haematopus meadewaldoi
**Kanarenausternfischer**
*Canary Islands Oystercatcher - Ostrero negro canario*
Bannerman, 1913
*Küste Fuerteventura, Lanzarote und La Graciosa (e Kanarische Is., Makaronesien, w von nw Afrika)*

Haematopus moquini
**Kapausternfischer**
*African Oystercatcher - Ostrero negro africano*
Bonaparte, 1856
*Küste n Namibia bis Kwa-Zulu Natal (s Afrika)*

Haematopus ostralegus
**Austernfischer**
*Eurasian Oystercatcher - Ostrero euroasiático*
Linnaeus, 1758
*Island bis Skandinavien, nw Russland s bis Iberische Halbinsel und Türkei*

Haematopus ostralegus longipes
**Türkenausternfischer**
Buturlin, 1910
*Ukraine bis c Russland und w Sibirien*
Haematopus ostralegus buturlini
**Chinaausternfischer**
Dementiev, 1941
*w Kasachstan bis nw Xinjiang (nw China)*
Haematopus ostralegus osculans
**Koreaausternfischer**
Swinhoe, 1871
*Küste Kamtschatka, Sea von Okhotsk (se Russland), Küste und Inland n Koreanische Halbinsel, ne China und Kinmen Insel (vor Fujian Province, e China)*

Haematopus finschi
**Südinsel-Austernfischer**
*South Island Oystercatcher - Ostrero de Finsch*
Martens, GH, 1897
*Inland Südinsel (Neuseeland)*

Haematopus longirostris
**Australausternfischer**
*Pied Oystercatcher - Ostrero pío australiano*
Vieillot, 1817
*Küste e Lesser Sundas, Tanimbar und Kai Is. (se Moluccas), Küste Australien und Tasmanien*

Haematopus unicolor
**Neuseeland-Austernfischer**
*Variable Oystercatcher - Ostrero variable*
Forster, JR, 1844
*Küste North, South und Stewart is. (Neuseeland)*

Haematopus chathamensis
**Chathamausternfischer**
*Chatham Islands Oystercatcher - Ostrero de las Chatham*
Hartert, EJO, 1927
*Chatham Is. (e von Südinsel, New Zealand)*

Haematopus fuliginosus
**Rußausternfischer**
*Sooty Oystercatcher - Ostrero negro australiano*
Gould, 1845
*s Küste Western Australia bis se Queensland und Tasmanien (s Australien)*

Haematopus fuliginosus opthalmicus
**Nördlicher Rußausternfischer**
Castelnau & Ramsay, EP, 1877
wc, n Küste Western Australia bis sc Queensland (n Australien)

## Familie: Ibidorhynchidae (Ibisschnäbler)

### Gattung: Ibidorhyncha

Ibidorhyncha struthersii
**Iblsschnabel**
*Ibisbill - Picoibis*
Vigors, 1832
*Flüsse von w Tadschikistan, se Kasachstan, nw Xinjiang (nw China) und ne Afghanistan über Himalaya und Tibetische Hochebene bis Qinghai, Gansu, e Inner Mongolei, Hebei und n von Beijing (ne China)*

## Familie: Recurvirostridae (Säbelschnäbler)

### Gattung: Himantopus

Himantopus himantopus
**Stelzenläufer**
*Black-winged Stilt - Cigüeñuela común*
Linnaeus, 1758
*Küste und Inland s bis ec Europa, Sal (ne Cape Verde Is., s Makaronesien, w von nw Afrika); n und Sub-Saharan Afrika, Socotra, und Küste Madagascar; über sw Russland, Kasachstan und Mongolei bis se Russland, ne, e China, Honshu und Shikoku (sc Japan), Taiwan, Semirara (ec Philippinen), s bis n Mittlerer Osten, Indien Subkontinent bis Sri Lanka, Malayische Halbinsel, Vietnam, n Sumatra und w Java*

Himantopus leucocephalus
**Weißgesicht-Stelzenläufer**
*Pied Stilt - Cigüeñuela Pechirroja*
Gould, 1837
*c, s Philippinen, Indonesisches Archipel, Neuguinea Region, Australien, New Zealand, ne New Britain (se Bismarck Archipel)*

Himantopus mexicanus
**Schwarznacken-Stelzenläufer**
*Black-necked Stilt - Cigüeñuela de Cuello Negro*
Müller, PLS, 1776
*Inland ne Alberta und nw Saskatchewan (sc Kanada) bis n Baja California (nw Mexico), Mexico über w Küste Central America bis sw Küste Peru und Galápagos; über sc USA bis wc Nordatlantik-Küste bis Florida und Gulf von Mexico bis Inseln n von Honduras; Küste Venezuela und Inseln bls n, Inklusive Trinidad, bls ne Brasilien; überout West Indies*

Himantopus mexicanus knudseni
**Hawaiistelzenläufer**
Stejneger, 1887
Hawaiian Is.

Himantopus melanurus
**Halsband-Stelzenläufer**
*White-backed Stilt - Cigüeñuela Americana*
Vieillot, 1817
*Inland ec Peru, c Bolivien und se Brasilien bis sc Chile und sc Argentinien*

Himantopus novaezelandiae
**Rußstelzenläufer**
*Black Stilt - Cigüeñuela negra*
Gould, 1841
*c Südinsel (Neuseeland)*

### Gattung: Cladorhynchus

Cladorhynchus leucocephalus
**Schlammstelzer**
*Banded Stilt - Cigüeñuela pechirroja*
Vieillot, 1816
*s, c Australien*

### Gattung: Recurvirostra

Recurvirostra avosetta
**Säbelschnäbler**
*Pied Avocet - Avoceta común*
Linnaeus, 1758
*Inland und Küste s Britische Inseln, Iberische Halbinsel, s Skandinavien (nw bis sw Europa) und sw Russland bis Transsibirien (ne Russland) und ne China s über n Mittlerer Osten, c Asien bis ec Afghanistan, Sind und Kutch (Küste Pakistan und nw Indien); e und s Afrika*

Recurvirostra americana
**Braunhals-Säbelschnäbler**
*American Avocet - Avoceta americana*
Gmelin, JF, 1789
*se British Columbia bis sw Ontario (sc Kanada) bis California, Texas (w, sc USA) und n Baja California (nw Mexico) bis c Mexico*

Recurvirostra novaehollandiae
**Rotkopf-Säbelschnäbler**
*Red-necked Avocet - Avoceta australiana*
Vieillot, 1816
*Australien (außer n, Tasmanien)*

Recurvirostra andina
**Andensäbelschnäbler**
*Andean Avocet - Avoceta andina*
Philippi & Landbeck, 1861
*Gebirge c Peru, Bolivien, n Chile und nw Argentinien*

## Familie: Charadriidae (Regenpfeifer)

### Gattung: Pluvialis

Pluvialis squatarola
**Kiebitzregenpfeifer**
*Grey Plover - Chorlito gris*
Linnaeus, 1758
*Küsten von nw Russland bis Chukotskiy Halbinsel (n von ec Sibirien) und w, n Alaska*

Pluvialis squatarola tomkovichi
**Wrangel-Kiebitzregenpfeifer**
Engelmoer & Roselaar, 1998
Wrangel Insel (n von no Sibirien)
Pluvialis squatarola cynosurae
**Kanadischer Kiebitzregenpfeifer**
Thayer & Bangs, 1914
nc bis ne Kanada Küste und Inseln bis Baffin Insel (außer Ellesmere und kleine Inseln)

Pluvialis apricaria
**Goldregenpfeifer**
*European Golden Plover - Chorlito dorado europeo*
Linnaeus, 1758
*Inland niedrige Arktis (hauptsächlich) bis gemäßigte Zone: ec Grönland, Island, Färöer Is., Britische Is., n Deutschland und Dänemark, Fennoscandia, Baltic e bis Taimyr Halbinsel (nc Russland)*

Pluvialis fulva
**Tundra-Goldregenpfeifer**
*Pacific Golden Plover - Chorlito dorado siberiano*
Gmelin, JF, 1789
*Arktisches Festland Russland und Subarktis e Russland und w Alaska: Yamal Halbinsel (nc Sibirien) bis Chukotskiy Halbinsel, n Kamtschatka und n Sea von Okhotsk (e Sibirien), und Wrangel Insel (n von ne Sibirien); Chukchi und Beringsee Küsten von w Alaska und kleine Inseln, inklusive St. Lawrence Insel (n Beringsee)*

Pluvialis dominica
**Prärie-Goldregenpfeifer**
*American Golden Plover - Chorlito dorado americano*
Müller, PLS, 1776
*hohe Arktis bis Subarktis, Alaska und n, ne Kanada: nw, n, e Alaska, Yukon bis nc British Columbia e bis w Hudson Bay und Baffin Insel (ne Kanada)*

### Gattung: Oreopholus

Oreopholus ruficollis
**Orangekehl-Regenpfeifer**
*Tawny-throated Dotterel - Chorlito cabezón*
Wagler, 1829
*Inland und Küste c Peru, Bolivien, Küste nc Chile, Inland Chile und w, sc Argentinien bis Tierra del Fuego*

Oreopholus ruficollis pallidus
**Nördlicher Orangekehl-Regenpfeifer**
Carriker, 1935
Küste n Peru

### Gattung: Zonibyx

Zonibyx modestus
**Rotbrust-Regenpfeifer**
*Rufous-chested Plover - Chorlito chileno*
Lichtenstein, MHC, 1823
*Inland sc Chile, s Argentinien und Falkland Is.*

Phegornis mitchellii
**Diademregenpfeifer**
*Diademed Sandpiper-Plover - Chorlitejo cordillerano*
Fraser, 1845
*Gebirge nc Peru und Bolivien bis nc Chile und nc Argentinien*

Gattung: Eudromias

Eudromias morinellus
**Mornellregenpfeifer**
*Eurasian Dotterel - Chorlito carambolo*
Linnaeus, 1758
*n Britische Inseln, Skandinavien, nw Russland (inklusive Novaya Zemlya und , n von nw, ne Sibirien) bis Chukotskiy Halbinsel (ne Sibirien) und w Alaska (inklusive St. Lawrence Insel, n Beringsee); s bis Pyrenäen, Alpen und Carpathians; Altai von ne Kasachstan, sc Russland, nw Mongolei, und n Xinjiang (nw China), und Gebirge nc, e, Mongolei*

Gattung: Charadrius

Charadrius vociferus
**Keilschwanz-Regenpfeifer**
*Killdeer - Chorlito carambolo*
Linnaeus, 1758
*s Alaska, Subarktis bis Kanada von Yukon bis Hudson Bay und Gulf von St. Lawrence; USA, s Baja California und bis c Mexico und Nicaragua bis sw Panama*

    Charadrius vociferus ternominatus
    **Antillenregenpfeifer**
    Bangs & Kennard, 1920
    *Bahamas, Große Antillen und Virgin Is.*
    Charadrius vociferus peruvianus
    **Peruanischer Keilschwanzregenpfeifer**
    Chapman, 1920
    *Küste w Ecuador bis nw Chile*

Charadrius hiaticula
**Sandregenpfeifer**
*Common Ringed Plover - Chorlitejo grande*
Linnaeus, 1758
*e North Atlantic Region: Britische Inseln und nw Frankreich bis s Skandinavien und Baltische Staaten*

    Charadrius hiaticula psammodromus
    **Isländischer Sandregenpfeifer**
    Salomonsen, 1930
    *Ellesmere und Baffin is. (ne Kanada); Grönland, Island, Färöer Is. und Svalbard (n von Norwegen)*
    Charadrius hiaticula tundrae
    **Eurasischer Sandregenpfeifer**
    Lowe, 1915
    *Küsten des Arktischen Ozeans, Inseln: n Skandinavien bis Chukotskiy Halbinsel (ne Sibirien) inklusive Novaya Zemlya und  (n von nw, ne Russland) und St. Lawrence Insel (n Beringsee)*

Charadrius semipalmatus
**Eskimoregenpfeifer**
*Semipalmated Plover - Chorlitejo semipalmeado*
Bonaparte, 1825
*Inland  ne Russland und Subarktis Alaska und Kanada: e Chukotskiy Halbinsel (ne Russland), c, e Aleutian Is., all Alaskan Festland und nw British Columbia bis Banks und Baffin is., s bis w James Bay, Neufundland und Nova Scotia (nw bis ne, se Kanada)*

Charadrius melodus
**Flötenregenpfeifer**
*Piping Plover - Chorlitejo silbador*
Ord, 1824
*Küste s Neufundland (e Kanada) bis North Carolina*

    Charadrius melodus circumcinctus
    **Südlicher Flötenregenpfeifer**
    Ridgway, 1874
    *Inland se Alberta bis sw Ontario (sc Kanada) und Great Lakes s bis e Colorado und n Kansas*

Charadrius cucullatus
**Kappenregenpfeifer**
*Hooded Dotterel - Chorlito encapuchado*
Vieillot, 1818
*Küste und Inland sw Western Australia und Küste sc South Australia bis se New South Wales (sc, se Australien) und Tasmanien*

Charadrius forbesi
**Forbesregenpfeifer**
*Forbes's Plover - Chorlitejo de Forbes*
Shelley, 1883
*Inland Guinea bis Süd-Sudan, Sambia und Angola*

Charadrius tricollaris
**Dreiband-Regenpfeifer**
*Three-banded Plover - Chorlitejo tricollar*
Vieillot, 1818
*sc Ägypten, Eritrea, Äthiopien und e Afrika bis Gabun und s Afrika*

    Charadrius tricollaris bifrontatus
    **Madagaskar-Dreibandregenpfeifer**
    Cabanis, 1882
    Inland Madagascar

Charadrius melanops
**Schwarzstirn-Regenpfeifer**
*Black-fronted Dotterel - Chorlitejo frentinegro*
Vieillot, 1818
*Inland Australien, Tasmanien und Nord- und Südinsel (Neuseeland)*

Charadrius novaeseelandiae
**Chathamregenpfeifer**
*Shore Dotterel - Chorlitejo de las Chatham*
Gmelin, JF, 1789
*South East Insel (=Rangatira, Chatham Is., e von Südinsel) bis New Zealand kleine Inseln*

Charadrius dubius
**Flussregenpfeifer**
*Little Ringed Plover - Chorlitejo chico*
Scopoli, 1786
*Philippinen, Neuguinea, New Ireland und New Britain (e Bismarck Archipel)*

    Charadrius dubius curonicus
    **Afrikanischer Flussregenpfeifer**
    Gmelin, JF, 1789
    *Britische Is., s, c Skandinavien, Iberische Halbinsel und n Afrika, Russland bis Sea von Okhotsk und Ussriland, s über Türkei, Mittlerer Osten bis Iran, n Mongolei bis ec China, Koreanische Halbinsel, Taiwan und Hokkaido bis Kyushu (n bis s Japan)*
    Charadrius dubius jerdoni
    **Asiatischer Flussregenpfeifer**
    Legge, 1880
    *Indien bis s China, n, c Thailand, e Kambodscha und nc, se Vietnam*

Charadrius placidus
**Ussuriregenpfeifer**
*Long-billed Plover - Chorlitejo piquilargo*
Gray, JE & Gray, GR, 1863
*se Sibirien, Hokkaido bis Kyushu (n bis s Japan), n, c Koreanische Halbinsel, ne, ec China, ne Indien*

Gattung: Hoploxypterus

Hoploxypterus cayanus
**Cayennekiebitz**
*Pied Plover - Avefría de Cayena*
Latham, 1790
*Anden Südamerika von e Kolumbien und e Ecuador bis c Bolivien, ne Paraguay und se Brasilien*

Gattung: Vanellus

Vanellus vanellus
**Kiebitz**
*Northern Lapwing - Avefría europea*
Linnaeus, 1758
*weit verbreitet Inland und Subarktis Eurasien: Britische Is., Skandinavien und Baltische Staaten bis Iberische Halbinsel e über s, c Russland bis se Russland und ne China, s über Türkei und Caspian Region, Kasachstan und Kirgisistan, Mongolei, und Xinjiang und Inner Mongolei (nw, nc China)*

Vanellus crassirostris
**Langzehenkiebitz**
*Long-toed Lapwing - Avefría palustre*
Hartlaub, 1855
*n Nigeria und Chad; s Sudan s bis e Demokratische Republik Kongo, n Tansania und n Malawi*

    Vanellus crassirostris leucopterus
    **Kongo-Langzehenkiebitz**
    Reichenow, 1889
    *wc Angola; s Demokratische Republik Kongo und Tansania bis Malawi s bis Botswana und ne Südafrika*

Vanollus armatus
**Schmiedekiebitz**
*Blacksmith Lapwing - Avefría armada*
Burchell, 1822
*Inland wc Angola bis sc Kenia und s bis Südafrika*

Vanellus spinosus
**Spornkiebitz**
*Spur-winged Lapwing - Avefría espinosa*
Linnaeus, 1758
*e Griechenland (se Europa), Türkei, Zypern, Mittlerer Osten bis sw Iran und Arabische Halbinsel; Mauretanien bis Nigeria und e bis Eritrea, Somalia, n in Sudan und Ägypten bis Nil-Delta; s bis Sambia und Malawi*

Vanellus duvaucelii
**Flusskiebitz**
*River Lapwing - Avefría fluvial*
Lesson, RP, 1826
*nc Indien bis w Yunnan (sw China), Thailand bis n Thai-Malayische Halbinsel und n, s Vietnam*

Vanellus malabaricus
**Gelblappenkiebitz**
*Yellow-wattled Lapwing - Avefría malabar*
Boddaert, 1783
*s Indus Tal (sc Pakistan), Inland Indien bis c Assam (außer n, ne), s Nepal, und Sri Lanka*

Vanellus tectus
**Schwarzschopfkiebitz**
*Black-headed Lapwing - Avefría coletuda*
Boddaert, 1783
*sw Mauretanien s bis Guinea-Bissau, w bis Eritrea, Äthiopien und Uganda*

   Vanellus tectus latifrons
   **Somalischer Schwarzschopfkiebitz**
   Reichenow, 1881
   *s Somalia bis e Kenia und nc Tansania*

Vanellus albiceps
**Weißscheitelkiebitz**
*White-crowned Lapwing - Avefría coroniblanca*
Gould, 1834
*Inland Senegal bis Liberia und n Angola, e bis w Süd-Sudan, nw Uganda, Tansania, Sambia bis Mosambik und ne Südafrika*

Vanellus lugubris
**Weißkehlkiebitz**
*Senegal Lapwing - Avefría lúgubre*
Lesson, RP, 1826
*Inland s Guinea und s Mali bis w Nigeria; Gabun s bis wc Angola, e bis ne Kenia, s bis ne Südafrika*

Vanellus melanopterus
**Schwarzflügelkiebitz**
*Black-winged Lapwing - Avefría lugubroide*
Cretzschmar, 1829
*Eritrea und Äthiopien bis nw Somalia*

   Vanellus melanopterus minor
   **Kleiner Schwarzflügelkiebitz**
   Zedlitz, 1908
   *sc Kenia, nc Tansania und Küste se Afrika*

Vanellus coronatus
**Kronenkiebitz**
*Crowned Lapwing - Avefría coronada*
Boddaert, 1783
*Äthiopien und e Afrika bis Sambia, sw Angola, w Simbabwe und Südafrika*

   Vanellus coronatus demissus
   **Somaliakronenkiebitz**
   Friedmann, 1928
   *n, c Somalia und se Äthiopien*

Vanellus senegallus
**Senegalkiebitz**
*African Wattled Lapwing - Avefría senegalesa*
Linnaeus, 1766
*Senegal s bis c Nigeria, e bis Eritrea und c Äthiopien, s bis ne Demokratische Republik Kongo und n Uganda*

   Vanellus senegallus lateralis
   **Kongokiebitz**
   Smith, A, 1839
   *s, e Demokratische Republik Kongo bis w Kenia s, w bis Angola, n Namibia und e Südafrika*

Vanellus melanocephalus
**Strichelbrustkiebitz**
*Spot-breasted Lapwing - Avefría pechipinta*
Rüppell, 1845
*Gebirge nc bis sc Äthiopien*

Vanellus superciliosus
**Rotbrustkiebitz**
*Brown-chested Lapwing - Avefría pechirrufa*
Reichenow, 1886
*Inland Nigeria bis n Demokratische Republik Kongo*

Vanellus cinereus
**Graukopfkiebitz**
*Grey-headed Lapwing - Avefría ceniza*
Blyth, 1842
*Inland Heilongjiang und Inner Mongolei (nc, ne China), Honshu bis Kyushu (c, s Japan)*

Vanellus indicus
**Rotlappenkiebitz**
*Red-wattled Lapwing - Avefría india*
Boddaert, 1783
*c Pakistan bis Nepal und Bangladesch*

   Vanellus indicus aigneri
   **Türkischer Rotlappenkiebitz**
   Laubmann, 1913
   *e Türkei, Irak, ne Arabische Halbinsel, s Turkmenistan, Afghanistan und Pakistan*
   Vanellus indicus lankae
   **Sri Lanka-Kiebitz**
   Koelz, 1939
   *Sri Lanka*
   Vanellus indicus atronuchalis
   **Asiatischer Rotlappenkiebitz**
   Jerdon, 1864
   *ne Indien bis sw China, se Asien und Malayische Halbinsel*

† Vanellus macropterus
**Javakiebitz**
*Javan Lapwing - Avefría javanesa*
Wagler, 1827
*Java*

Vanellus tricolor
**Schwarzbandkiebitz**
*Banded Lapwing - Avefría tricolor*
Vieillot, 1818
*Inland Australien (außer n, wc) und Tasmanien*

Vanellus miles
**Maskenkiebitz**
*Masked Lapwing - Avefría militar norteña*
Boddaert, 1783
*Aru Is. (sw von Neuguinea), Trans-Fly (sc Neuguinea), ne, se Neuguinea und ne Western Australia bis ne Queensland (n Australien)*

   Vanellus miles novaehollandiae
   **Stephens Maskenkiebitz**
   Stephens, 1819
   *sw Western Australia (sw Australien), e South Australia bis ec Queensland (e Australien) bis Tasmanien, New Caledonia , und North, South, Stewart, Kermadec (ne von Nordinsel) und Chatham is. (e von Südinsel; New Zealand)*

Vanellus gregarius
**Steppenkiebitz**
*Sociable Lapwing - Avefría sociable*
Pallas, 1771
*Inland n Kasachstan und s Russland (Ukraine bis Xinjiang nw China)*

Vanellus leucurus
**Weißschwanzkiebitz**
*White-tailed Lapwing - Avefría coliblanca*
Lichtenstein, MHC, 1823
*Inland c Türkei und e Aserbaidschan bis n Caspian Sea, s Kasachstan, Usbekistan und Turkmenistan und nw Afghanistan; s bis n Jordanien und Persian Gulf bis sw Pakistan*

Vanellus chilensis
**Bronzekiebitz**
*Southern Lapwing - Avefría tero*
Molina, 1782
*c Chile und wc Argentinien*

   Vanellus chilensis cayennensis
   **Nördlicher Bronzekiebitz**
   Gmelin, JF, 1789
   *Nicaragua bis n Südamerika n von Amazon (n Amazonasgebiet)*
   Vanellus chilensis lampronotus
   **Waglers Bronzekiebitz**
   Wagler, 1827
   *Amazonasgebiet (c, e Brasilien) bis n Chile und n Argentinien*
   Vanellus chilensis fretensis
   **Chilekiebitz**
   Brodkorb, 1934
   *s Chile und s Argentinien bis Cape Horn*

Vanellus resplendens
**Andenkiebitz**
*Andean Lapwing - Avefría andina*
Tschudi, 1843
*Gebirge wc Kolumbien bis ne Chile und nw Argentinien*

Gattung: Erythrogonys

Erythrogonys cinctus
**Schwarzbrust-Regenpfeifer**
*Red-kneed Dotterel - Chorlito pechinegro*
Gould, 1838
*Australien (außer sc, Tasmanien)*

## Gattung: Peltohyas

**Peltohyas australis**
### Gürtelregenpfeifer
*Inland Dotterel - Chorlito australiano*
Gould, 1841
*Inland Australien (außer n, e, Tasmanien)*

## Gattung: Anarhynchus

Anarhynchus asiaticus
### Wermutregenpfeifer
*Caspian Plover - Chorlitejo asiático chico*
Pallas, 1773
*Inland c Asien: sw Russland, Kasachstan (außer n), Usbekistan und Turkmenistan bis nw Xinjiang (nw China)*

Anarhynchus veredus
### Steppenregenpfeifer
*Oriental Plover - Chorlito asiático grande*
Gould, 1848
*e Asien: s Tuva und s Transsibirien (n von Mongolei, sc Sibirien), Mongolei (außer w, s) und w Inner Mongolei (nc China)*

Anarhynchus atrifrons
### Tibetregenpfeifer
*Tibetan Sand Plover - Chorlito tibetano*
Wagler, 1829
*n Himalaya und s Tibet*

Anarhynchus atrifrons pamirensis
#### Kirgisistanregenpfeifer
Richmond, 1896
w Tien Shan und Pamir Mts. von Kirgisistan und Tadschikistan und ne Afghanistan bis Kunlun Shan (wc China)
Anarhynchus atrifrons schaefer
#### Schäfers Regenpfeifer
Meyer de Schauensee, 1937
e Tibet

Anarhynchus mongolus
### Mongolenregenpfeifer
*Siberian Sand Plover - Chorlitejo mongol chico*
Pallas, 1776
*Sea von Okhotsk bis Ussuriland (se Sibirien)*

Anarhynchus mongolus stegmanni
#### Stegmanns Regenpfeifer
Portenko, 1939
Chukotskiy Halbinsel, Kamtschatka, Kuril und Commander is. (e Sibirien); w Alaska

Anarhynchus leschenaultii
### Wüstenregenpfeifer
*Greater Sand Plover - Chorlitejo mongol grande*
Lesson, RP, 1826
*nw China (Kirgisistan/Tadschikistan) bis s Sibirien und se Mongolei*

Anarhynchus leschenaultii columbinus
#### Türkischer Wüstenregenpfeifer
Wagler, 1829
Türkei e bis Aserbaidschan und Jordanien
Anarhynchus leschenaultii scythicus
#### Kasachstan-Wüstenregenpfeifer
Carlos, Roselaar & Voisin, 2012
Turkmenistan über s Kasachstan, Afghanistan

Anarhynchus bicinctus
### Doppelband-Regenpfeifer
*Double-banded Plover - Chorlitejo bicinchado*
Jardine & Selby, 1827
*North, South, Stewart und Chatham is. (e von Südinsel; New Zealand)*

Anarhynchus bicinctus exilis
#### Aucklandregenpfeifer
Falla, 1978
Auckland Is. (S Südinsel, Neuseeland)

Anarhynchus frontalis
### Schiefschnabel
*Wrybill - Chorlitejo piquituerto*
Quoy & Gaimard, 1832
*Südinsel (Neuseeland)*

Anarhynchus obscurus
### Maoriregenpfeifer
*New Zealand Plover - Chorlito maorí de Isla Sur*
Gmelin, JF, 1789
*Südinsel und Gebirge Stewart Insel (Neuseeland)*

Anarhynchus obscurus aquilonius
#### Neuseelandregenpfeifer
Dowding, 1994
Küsten von n Nordinsel (Neuseeland)

Anarhynchus wilsonia
### Wilsonregenpfeifer
*Wilson's Plover - Chorlitejo piquigrueso*
Ord, 1814
*Küste wc North Atlantic, Gulf von Mexico und Karibik: Virginia bis Florida (ec USA) und Gulf von Mexico bis Karibik Küste von Central America und Bahamas, Große Antillen (außer Jamaika) und n Kleine Antillen*

Anarhynchus wilsonia beldingi
#### Mexikanischer Wilsonregenpfer
Ridgway, 1919
Küste e Pazifik: wc Baja California und Gulf von California bis Nayarit (nw, wc Mexico) und n Central America bis wc Peru
Anarhynchus wilsonia cinnamominus
#### Guyanas Wilsonregenpfeifer
Ridgway, 1919
ne Kolumbien, Venezuela und is. bis n, Trinidad, Grenadines und Grenada (s Kleine Antillen), und Niederländische Antillen bis Französisch-Guayana
Anarhynchus wilsonia crassirostris
#### Brasilianischer Wilsonregenpfer
Spix, 1825
Küste Amapa bis Bahia (ne, ec Brasilien)

Anarhynchus collaris
### Schlankschnabel-Regenpfeifer
*Collared Plover - Chorlitejo de Azara*
Vieillot, 1818
*weit verbreitet: Küste Mexico von Sinaloa und s Tamaulipas, Küste Central America, Inland Lake Nicaragua und Panama Canal; n Kolumbien und Venezuela, Inseln n von Venezuela, Trinidad, nc Chile und c Argentinien*

Anarhynchus montanus
### Bergregenpfeifer
*Mountain Plover - Chorlito llanero*
Townsend, JK, 1837
*Inland s Alberta und sw Saskatchewan (sc Kanada) s bis ne Utah und w Texas (wc USA)*

Anarhynchus alticola
### Punaregenpfeifer
*Puna Plover - Chorlitejo andino*
Berlepsch & Stolzmann, 1902
*Gebirge c Peru und Bolivien bis ne Chile und nw Argentinien*

Anarhynchus falklandicus
### Falkland-Regenpfeifer
*Two-banded Plover - Chorlitejo malvinero*
Latham, 1790
*Inland und Küste se Chile, sc, se Argentinien, nc Argentinien und se Brasilien; Falkland Is.*

Anarhynchus thoracicus
### Madagaskarregenpfeifer
*Madagascar Plover - Chorlitejo torácico*
Richmond, 1896
*Küste w Madagascar*

Anarhynchus pecuarius
### Hirtenregenpfeifer
*Kittlitz's Plover - Chorlitejo pecuario*
Temminck, 1823
*weit verbreitet Inland Sub-Saharan Afrika (außer c), Niltal bis Nil-Delta, und Madagascar*

Anarhynchus sanctaehelenae
### Helenaregenpfeifer
*St. Helena Plover - Chorlitejo de Santa Elena*
Harting, 1873
*St. Helena (Tropisch se Atlantischer Ozean)*

Anarhynchus ruficapillus
### Rotkopf-Regenpfeifer
*Red-capped Plover - Chorlitejo capirrojo*
Temminck, 1821
*Timor (e Lesser Sundas), Inland und Küste Australien und Tasmanien*

Anarhynchus nivosus
### Schneeregenpfeifer
*Snowy Plover - Chorlitejo nivoso*
Cassin, 1858
*Küste Washington, Inland Saskatchewan, und Küste Gulf von Mexico bis Yucatan Halbinsel; Inland c Mexico; s, c Bahamas bis Virgin Is.*

Anarhynchus nivosus occidentalis
#### Küstenregenpfeifer
Cabanis, 1872
Küste sw Ecuador und Peru bis sc Chile

Anarhynchus pallidus
**Rotband-Regenpfeifer**
*Chestnut-banded Plover - Chorlitejo pálido*
Strickland, 1853
*Küsten und Inland sw Angola und Namibia bis Mosambik und nc Südafrika*

Anarhynchus pallidus venustus
**Kenia-Rotbandregenpfeifer**
Fischer, GA & Reichenow, 1884
Inland sc Kenia und nc Tansania

Anarhynchus peronii
**Malaienregenpfeifer**
*Malaysian Plover - Chorlitejo malayo*
Schlegel, 1865
*Küste Malayische Halbinsel bis Philippinen (local), Greater und Lesser Sundas und Sulawesi Region*

Anarhynchus marginatus
**Weißstirn-Regenpfeifer**
*White-fronted Plover - Chorlitejo frentiblanco*
Vieillot, 1818
*Küste sw Angola bis sw Südafrika*

Anarhynchus marginatus mechowi
**Westlicher Weißstirnregenpfeifer**
Cabanis, 1884
Küste und Inland Sub-Saharan Afrika von Senegal und s Mali s bis n Angola, Botswana, Simbabwe und n Mosambik
Anarhynchus marginatus arenaceus
**Östlicher Weißstirnregenpfeifer**
Clancey, 1971
Inland und Küste s Mosambik bis s Südafrika
Anarhynchus marginatus tenellus
**Madagaskar-Weißstirnregenpfeifer**
Hartlaub, 1861
Inland und Küste Madagascar

Anarhynchus javanicus
**Javaregenpfeifer**
*Javan Plover - Chorlitejo javanés*
Chasen, 1938
*Küste s Sumatra, Java, Bali, Lesser Sundas und w Sulawesi*

Anarhynchus alexandrinus
**Seeregenpfeifer**
*Kentish Plover - Chorlitejo patinegro*
Linnaeus, 1758
*Küste w Europa (Britische Is.), Makaronesien (w von nw Afrika), n Afrika, bis Senegal; Inland über c Asien bis nw, nc Indien Subkontinent, n, c Mongolei und n China*

Anarhynchus alexandrinus nihonensis
**Japan-Seeregenpfeifer**
Deignan, 1941
Sakhalin und Kuril Is. (se Russland), Hokkaido über Ryukyu Is. (=Nansei Shoto; n bis s Japan), Koreanische Halbinsel, ne, e China und Taiwan
Anarhynchus alexandrinus seebohmi
**Sri Lanka-Seeregenpfeifer**
Hartert, EJO & Jackson, AC, 1915
s Indien und Sri Lanka

Anarhynchus dealbatus
**Weißgesicht-Regenpfeifer**
*White-faced Plover - Chorlitejo cariblanco*
Swinhoe, 1870
*Küste se China; s Vietnam*


## Familie: Pluvianidae (Ägyptenregenpfeifer)

### Gattung: Pluvianus

Pluvianus aegyptius
**Krokodilwächter**
*Egyptian Plover - Pluvial*
Linnaeus, 1758
*Senegal und Gambia e bis Äthiopien, s bis n Angola, Demokratische Republik Kongo und Sudan; Nile River, Ägypten*


## Familie: Rostratulidae (Goldschnepfen)

### Gattung: Rostratula

Rostratula benghalensis
**Goldschnepfe**
*Greater Painted-snipe - Aguatero bengalí*
Linnaeus, 1758
*weit verbreitet Inland Afrika, Asien: Afrika und Madagascar; Indus Tal (c Pakistan) bis s China, c Japan, Philippinen und e Lesser Sundas*

Rostratula australis
**Schmuckschnepfe**
*Australian Painted-snipe - Aguatero australiano*
Gould, 1838
*Australien (außer wc, nc, ne, Tasmanien)*

### Gattung: Nycticryphes

Nycticryphes semicollaris
**Weißflecken-Goldschnepfe**
*South American Painted-snipe - Aguatero americano*
Vieillot, 1816
*stellenweise in Paraguay und se Brasilien bis sc Argentinien und c Chile*


## Familie: Jacanidae (Blatthühnchen)

### Gattung: Hydrophasianus

Hydrophasianus chirurgus
**Fasanenblatthühnchen**
*Pheasant-tailed Jacana - Jacana colilarga*
Scopoli, 1786
*weit verbreitet Inland Pakistan bis Luzon, Mindanao (n, s Philippinen), Java und Bali*

### Gattung: Jacana

Jacana spinosa
**Gelbstirn-Blatthühnchen**
*Northern Jacana - Jacana centroamericana*
Linnaeus, 1758
*Inland s Sinaloa und c Tamaulipas bis w Panama und Cozumel (Mexico); und Kuba , Jamaika und Hispaniola*

Jacana jacana
**Rotstirn-Blatthühnchen**
*Wattled Jacana - Jacana suramericana*
Linnaeus, 1766
*Trinidad, s Kolumbien und s Venezuela über Guianas s bis e Bolivien, n Argentinien und Uruguay*

Jacana jacana hypomelaena
**Panama-Rotstirnblatthühnchen**
Gray, GR, 1846
wc Panama bis n Kolumbien
Jacana jacana melanopygia
**Kolumbianisches Rotstirnblatthühnchen**
Sclater, PL, 1857
w Kolumbien bis w Venezuela
Jacana jacana intermedia
**Venezuela-Rotstirnblatthühnchen**
Sclater, PL, 1857
n, c Venezuela
Jacana jacana scapularis
**Ekuador-Rotstirnblatthühnchen**
Chapman, 1922
w Ecuador und nw Peru
Jacana jacana peruviana
**Peruanisches Rotstirnblatthühnchen**
Zimmer, JT, 1930
ne Peru und nw Brasilien

### Gattung: Microparra

Microparra capensis
**Zwergblatthühnchen**
*Lesser Jacana - Jacana chica*
Smith, A, 1839
*Mali bis Ghana, e bis Äthiopien und s bis Namibia, Botswana und se Afrika*

### Gattung: Irediparra

Irediparra gallinacea
**Kammblatthühnchen**
*Comb-crested Jacana - Jacana crestada*
Temminck, 1828
*Inland se Borneo, Sulawesi, Lesser Sundas und Mindanao (s Philippinen) bis Neuguinea und kleine Inseln, und ne Western Australia bis sc New South Wales (n, e Australien)*

### Gattung: Metopidius

Metopidius indicus
**Bronzeblatthühnchen**
*Bronze-winged Jacana - Jacana bronceada*
Latham, 1790
*Inland Indien bis Vietnam und n Malayische Halbinsel*

Actophilornis africanus
**Blaustirn-Blatthühnchen**
*African Jacana - Jacana africana*
Gmelin, JF, 1789
*weit verbreitet Inland Sub-Saharan Afrika*

Actophilornis albinucha
**Madagaskarblatthühnchen**
*Madagascar Jacana - Jacana malgache*
Geoffroy Saint-Hilaire, I, 1832
*Inland w Madagascar*

## Familie: Pedionomidae (Steppenläufer)

### Gattung: Pedionomus

Pedionomus torquatus
**Steppenläufer**
*Plains-wanderer - Llanero*
Gould, 1840
*se Nortern Territory und sw Queensland bis nc Victoria (ec Australien)*

## Familie: Thinocoridae (Höhenläufer)

### Gattung: Attagis

Attagis gayi
**Rotbauch-Höhenläufer**
*Rufous-bellied Seedsnipe - Agachona grande*
Geoffroy Saint-Hilaire, I & Lesson, RP, 1831
*Gebirge nc Chile und wc Argentinien bis s Santa Cruz Province*

Attagis gayi latreillii
**Ekuadorhöhenläufer**
Lesson, RP, 1831
*Gebirge n, c Ecuador*
Attagis gayi simonsi
**Simonshöhenläufer**
Chubb, C, 1918
*Gebirge c Peru bis n Chile und nw Argentinien*

Attagis malouinus
**Weißbauch-Höhenläufer**
*White-bellied Seedsnipe - Agachona patagona*
Boddaert, 1783
*Hoch-Gebirge s Chile und Rio Negro (wc Argentinien) bis Cape Horn*

### Gattung: Thinocorus

Thinocorus orbignyianus
**Graubrust-Höhenläufer**
*Grey-breasted Seedsnipe - Agachona mediana*
Geoffroy Saint-Hilaire, I & Lesson, RP, 1831
*Gebirge nc Chile und wc Argentinien bis Tierra del Fuego*

Thinocorus orbignyianus ingae
**Peruhöhenläufer**
Tschudi, 1843
*Gebirge n Peru bis ne Chile und nw Argentinien*

Thinocorus rumicivorus
**Zwerghöhenläufer**
*Least Seedsnipe - Agachona chica*
Eschscholtz, 1829
*Flachland Patagonia bis Tierra del Fuego*

Thinocorus rumicivorus cuneicauda
**Küstenhöhenläufer**
Peale, 1849
*Flachland Küste sw Ecuador und Peru bis nw Chile*
Thinocorus rumicivorus bolivianus
**Bolivianischer Zwerghöhenläufer**
Lowe, 1921
*Hoch-Gebirge s Peru, w Bolivien, n Chile und nw Argentinien*

## Familie: Scolopacidae (Schnepfenvögel)

### Gattung: Bartramia

Bartramia longicauda
**Prärieläufer**
*Upland Sandpiper - Correlimos batitú*
Bechstein, 1812
*Inland Grasland von Subarktis bis n gemäßigten Neotropen: n bis se Alaska und nw Kanada, e bis se Kanada und New England, in s bis e Oregon, ne Oklahoma und in se bis Pennsylvania (ec USA)*

### Gattung: Numenius

Numenius tahitiensis
**Borstenbrachvogel**
*Bristle-thighed Curlew - Zarapito del Pacífico*
Gmelin, JF, 1789
*Niedere arktische Hochlandtundra von w Alaska: nc Seward Halbinsel und n Yukon Delta*

Numenius phaeopus
**Regenbrachvogel**
*Eurasian Whimbrel - Zarapito trinador*
Linnaeus, 1758
*Norwegen bis c Sibirien*

Numenius phaeopus islandicus
**Islandbrachvogel**
Brehm, CL, 1831
*ne Grönland, Island, Färöer Is., und n Schottland (n Britische Is.)*
Numenius phaeopus alboaxillaris
**Kasachstanbrachvogel**
Lowe, 1921
*w Kasachstan und sw Sibirien*
Numenius phaeopus rogachevae
**Rogachevbrachvogel**
Tomkovich, 2008
*nc Sibirien*
Numenius phaeopus variegatus
**Sibirischer Brachvogel**
Scopoli, 1786
*ne Sibirien*

Numenius hudsonicus
**Hudsonbrachvogel**
*Hudsonian Whimbrel - Chorlo Trinador*
Latham, 1790
*sw, s Hudson Bay (ec Kanada)*

Numenius hudsonicus rufiventris
**Alaskabrachvogel**
Vigors, 1829
*w, n, c Alaska und nw Kanada*

Numenius minutus
**Zwergbrachvogel**
*Little Curlew - Zarapito chico*
Gould, 1841
*lückenhaft in der subarktischen Taiga von wc bis ec Sibirien*

Numenius borealis
**Eskimobrachvogel**
*Eskimo Curlew - Zarapito esquimal*
Forster, JR, 1772
*niedrige arktische Tundra von nw Nordamerika*

Numenius americanus
**Rostbrachvogel**
*Long-billed Curlew - Zarapito americano*
Bechstein, 1812
*Inland Grünland der gemäßigten Zone in wc Nordamerika: s British Columbia e bis sw Saskatchewan (sw, sc Kanada) und s bis ne California, ne New Mexico und nw Nebraska (sw, wc USA)*

Numenius madagascariensis
**Isabellbrachvogel**
*Far Eastern Curlew - Zarapito siberiano*
Linnaeus, 1766
*Inland Feuchtgebiete von Subarktis bis gemäßigt ne Paläarktis: ec Sibirien bis Kamtschatka und Ussuriland (se Russland) und Heilongjiang (ne China)*

Numenius tenuirostris
**Dünnschnabel-Brachvogel**
*Slender-billed Curlew - Zarapito fino*
Vieillot, 1817
*sw Sibirien*

Numenius arquata
**Brachvogel**
*Eurasian Curlew - Zarapito real*
Linnaeus, 1758
*w, n, c Europa*

Numenius arquata orientalis
**Mandschurenbrachvogel**
Brehm, CL, 1831
*w, c Sibirien bis Manchuria*
Numenius arquata suschkini
**Suschkins Brachvogel**
Neumann, 1929
*w Kasachstan bis sw Sibirien*

Gattung: Limosa

Limosa lapponica
**Pfuhlschnepfe**
*Bar-tailed Godwit - Aguja colipinta*
Linnaeus, 1758
*n Europa*

Limosa lapponica yamalensis
**Westsibirische Pfuhlschnepfe**
Bom, RA; Conklin, JR; Verkuil, YI; Alves, JA; De Fouw, J; Dekinga, A; Hassell, CJ;
Klaassen, RHG; Kwarteng, AY; Rakhimberdiev, E; Rocha, A; Horn, JT; Tibbitts, TL;
Tomkovich, PS; Victor, R; Piersma, T 2021
Nördliche westsibirische Ebene, einschließlich der Jamal-Halbinsel und des unteren Ob-
Tals
Limosa lapponica taymyrensis
**Taymyrenspfuhlschnepfe**
Engelmoer & Roselaar, 1998
*nw, nc Sibirien*
Limosa lapponica menzbieri
**Sibirische Pfuhlschnepfe**
Portenko, 1936
*ne Sibirien*
Limosa lapponica baueri
**Alaskapfuhlschnepfe**
Naumann, JF, 1836
*ne Sibirien bis n, w Alaska*

Limosa limosa
**Uferschnepfe**
*Black-tailed Godwit - Aguja colinegra*
Linnaeus, 1758
*w, c Europa bis c Asien*

Limosa limosa islandica
**Islanduferschnepfe**
Brehm, CL, 1831
*Island, Färöer Is., Shetland Is. und n Norwegen*
Limosa limosa melanuroides
**Asiatische Uferschnepfe**
Gould, 1846
*c, e Asien*
Limosa limosa bohaii
**Bohai Uferschnepfe**
Zhu, Verkuil, Conklin, Yang A, Lei W, Alves, Hassell, Dorofeev, Zhang Z, Piersma, 2020
*e Russland*

Limosa haemastica
**Hudsonschnepfe**
*Hudsonian Godwit - Aguja café*
Linnaeus, 1758
*stellenweise in niedrigen arktischen Mooren nahe der Baumgrenze, w Alaska bis c Kanada: w, sc
Alaska, n und sc Northwest Territories, sw Ufer der Hudson Bay in n Manitoba und n Ontario (ec
Kanada)*

Limosa fedoa
**Marmorschnepfe**
*Marbled Godwit - Aguja canela*
Linnaeus, 1758
*s Alberta e bis s Manitoba (c, sc Kanada), und s bis s Montana, South Dakota, w Minnesota (nc
USA) und ne Ontario (ec Kanada)*

Limosa fedoa beringiae
**Alaskamarmorschnepfe**
Gibson & Kessel, 1989
*c Alaska Halbinsel*

Gattung: Limnodromus

Limnodromus semipalmatus
**Steppenschlammläufer**
*Asian Dowitcher - Agujeta asiática*
Blyth, 1848
*Inland Feuchtgebiete von gemäßigt c, e Paläarktis: sw Sibirien und e Kasachstan, n Mongolei bis
Amurland (se Sibirien) und ne China*

Limnodromus scolopaceus
**Tundraschlammläufer**
*Long-billed Dowitcher - Agujeta escolopácea*
Say, 1822
*niedrige Arktis bis Subarktis feuchte Graslandschaften von e Paläarktis und w Nearktis: Lena River
bis e Chukotskiy Halbinsel und s bis Anadyr Halbinsel (ne Sibirien); St. Lawrence Insel (Beringsee),
w Alaska und n Northwest Territories (nc Kanada)*

Limnodromus griseus
**Moorschlammläufer**
*Short-billed Dowitcher - Agujeta gris*
Gmelin, JF, 1789
*sw Hudson Bay und James Bay bis w Labrador (ec Kanada)*

Limnodromus griseus caurinus
**Yukonschlammläufer**
Pitelka, 1950
Gulf von Alaska und Inland sc Alaska, sw Yukon und Gebirge nw British Columbia (nw
Kanada)
Limnodromus griseus hendersoni
**Kanadaschlammläufer**
Rowan, 1932
*nc Alberta bis w Manitoba (c Kanada)*

Gattung: Lymnocryptes

Lymnocryptes minimus
**Zwergschnepfe**
*Jack Snipe - Agachadiza chica*
Brünnich, 1764
*Subarktis bis gemäßigte Taiga Feuchtgebiete von n Palearktis: Skandinavien und ne Polen bis e
Sakha Republic (ec Sibirien)*

Gattung: Scolopax

Scolopax minor
**Kanadaschnepfe**
*American Woodcock - Chocha americana*
Gmelin, JF, 1789
*gemäßigter und nearktischer Wald und Waldrand: sw Alberta e bis Maritime Provinces (sc bis se
Kanada) und s bis se Texas und n Florida (e USA)*

Scolopax rusticola
**Waldschnepfe**
*Eurasian Woodcock - Chocha perdiz*
Linnaeus, 1758
*weit verbreitet subarktische bis gemäßigte und subtropische feuchte Bergwälder der Paläarktis:
Britische Is. n bis Skandinavien (außer n) s bis n Iberische Halbinsel, Azoren, Madeira und w, c
Kanarische Is. (Macaronesia, nw von w Afrika), e über Russland, ne Kasachstan, n Xinjiang (nw
China), n Mongolei, ne China, Amurland und Sakhalin (se Russland), und Hokkaido bis c Honshu
(n, c Japan); in Kaukasus und Himalaya*

Scolopax mira
**Amamischnepfe**
*Amami Woodcock - Chocha de Amami*
Hartert, EJO, 1916
*Amami-Oshima bis Tokunoshima (n Ryukyu Is., s Japan)*

Scolopax bukidnonensis
**Bukidnonschnepfe**
*Bukidnon Woodcock - Chocha filipina*
Kennedy, RS, Fisher, TH, Harrap, Diesmos & Manamtam, 2001
*Calayan, Babuyan Claro, und Gebirge Luzon und Mindanao (n, s Philippinen)*

Scolopax saturata
**Malaienschnepfe**
*Javan Woodcock - Chocha oscura*
Horsfield, 1821
*Gebirge Sumatra und w Java*

Scolopax rosenbergii
**Neuguineaschnepfe**
*New Guinea Woodcock - Chocha papúa*
Schlegel, 1871
*Gebirge Neuguinea*

Scolopax celebensis
**Celebesschnepfe**
*Sulawesi Woodcock - Chocha de Célebes*
Riley, 1921
*Gebirge c Sulawesi*

Scolopax celebensis heinrichi
**Nördliche Celebesschnepfe**
Stresemann, 1932
Gebirge ne Sulawesi

Scolopax rochussenii
**Obischnepfe**
*Moluccan Woodcock - Chocha moluqueña*
Schlegel, 1866
*Obi (nc Moluccas)*

## Gattung: Coenocorypha

† Coenocorypha barrierensis
**Nordinselschnepfe**
*North Island Snipe - Chochita de Isla Norte*
Oliver, 1955
*North, Browns und Little Barrier is. (n New Zealand)*

† Coenocorypha iredalei
**Stewartschnepfe**
*South Island Snipe - Chochita de la Stewart*
Rothschild, 1921
*South, Stewart, und kleine Inseln (Neuseeland)*

Coenocorypha pusilla
**Chathamschnepfe**
*Chatham Islands Snipe - Chochita de las Chatham*
Buller, 1869
*South East Insel (=Rangatira), Mangere und Little Mangere is. und Star Keys (Chatham Is., e von Südinsel, New Zealand)*

Coenocorypha huegeli
**Snaresschnepfe**
*Snares Snipe - Chochita de las Snares*
Tristram, 1893
*Snares Is. (S Südinsel, Neuseeland)*

Coenocorypha aucklandica
**Aucklandschnepfe**
*Subantarctic Snipe - Chochita de las Auckland*
Gray, GR, 1845
*Auckland Is. (S Südinsel, Neuseeland)*

    Coenocorypha aucklandica meinertzhagenae
    **Antipodesschnepfe**
    Rothschild, 1927
    *Antipodes Is. (se von Stewart Insel, New Zealand)*
    Coenocorypha aucklandica perseverance
    **Campbellschnepfe**
    Miskelly & Baker, AJ, 2010
    *Campbell Is. (S Südinsel, Neuseeland)*

## Gattung: Gallinago

Gallinago imperialis
**Kaiserbekassine**
*Imperial Snipe - Agachadiza imperial*
Sclater, PL & Salvin, 1869
*Gebirge von nw Südamerika: Ecuador bis Peru (old records Kolumbien)*

Gallinago jamesoni
**Andenbekassine**
*Jameson's Snipe - Agachadiza andina*
Jardine & Bonaparte, 1855
*Gebirge von n bis wc Südamerika: wc Venezuela bis nc Bolivien*

Gallinago stricklandii
**Kordillerenbekassine**
*Fuegian Snipe - Agachadiza fueguina*
Gray, GR, 1845
*s Südamerika: c, s Chile und s Argentinien bis Cape Horn und Isla de los Estados (e von Tierra del Fuego)*

Gallinago solitaria
**Einsiedlerbekassine**
*Solitary Snipe - Agachadiza solitaria*
Hodgson, 1831
*Altai und Tien Shan mts. von sc Russland, ne Kasachstan, nw Xinjiang und n Mongolei*

    Gallinago solitaria japonica
    **Kamschatka Einsiedlerbekassine**
    Bonaparte, 1856
    *ne China bis Kamtschatka*

Gallinago nemoricola
**Nepalbekassine**
*Wood Snipe - Agachadiza del Himalaya*
Hodgson, 1836
*alpine Graslandschaften und Buschwerk in den subtropischen Bergen Asiens: w Himalaya von Himachal Pradesh bis e Indien und sc China*

Gallinago media
**Doppelschnepfe**
*Great Snipe - Agachadiza real*
Latham, 1787
*subarktische bis gemäßigte Graslandschaften der Nordpaläarktis: w, n Skandinavien und e Polen über w Russland bis Jenissei Fluss (w Sibirien)*

Gallinago megala
**Waldbekassine**
*Swinhoe's Snipe - Agachadiza del Baikal*
Swinhoe, 1861
*gemäßigte Waldrandfeuchtgebiete von c, e Paläarktis: ne Kasachstan, sc Sibirien, nc Mongolei und Amurland (se Russland)*

Gallinago stenura
**Spießbekassine**
*Pin-tailed Snipe - Agachadiza colirrara*
Bonaparte, 1831
*niedrige arktische Tundra bis gemäßigte Graslandschaften des Gebirges von nc, ne Paläarktis: nw Sibirien und ne Kasachstan und n Mongolei bis c Chukotskiy Halbinsel bis Sea von Okhotsk (e Sibirien)*

Gallinago hardwickii
**Japanbekassine**
*Latham's Snipe - Agachadiza japonesa*
Gray, JE, 1831
*Graslandschaften und Felder der gemäßigten Neopaläarktis: e Amurland und s Sakhalin (se Russland) und s Kuril Is. s über Honshu und Kyushu (n bis s Japan*

Gallinago nigripennis
**Afrikabekassine**
*African Snipe - Agachadiza africana*
Bonaparte, 1839
*s Mosambik und Südafrika*

    Gallinago nigripennis aequatorialis
    **Äquatorbekassine**
    Rüppell, 1845
    *Äthiopien bis e Demokratische Republik Kongo, e Simbabwe und n Mosambik*
    Gallinago nigripennis angolensis
    **Angolabekassine**
    Barboza du Bocage, 1868
    *Angola und n Namibia bis Sambia und w Simbabwe*

Gallinago gallinago
**Bekassine**
*Common Snipe - Agachadiza común*
Linnaeus, 1758
*c, n Europa und Asien*

    Gallinago gallinago faeroeensis
    **Islandbekassine**
    Brehm, CL, 1831
    *Island, Faroe, Orkney und Shetland is.*

Gallinago delicata
**Wilsonbekassine**
*Wilson's Snipe - Agachadiza de Wilson*
Ord, 1825
*Alaska bis e Kanada und n USA*

Gallinago undulata
**Riesenbekassine**
*Giant Snipe - Agachadiza gigante*
Boddaert, 1783
*c, e Kolumbien, Venezuela, Guianas und n Brasilien*

    Gallinago undulata gigantea
    **Bolivianische Riesenbekassine**
    Temminck, 1826
    *e Bolivien bis Paraguay, se Brasilien und Uruguay*

Gallinago nobilis
**Nobelbekassine**
*Noble Snipe - Agachadiza noble*
Sclater, PL, 1856
*Gebirge nw Südamerika: w Venezuela bis n Peru*

Gallinago andina
**Punabekassine**
*Puna Snipe - Agachadiza de la puna*
Taczanowski, 1875
*Peru bis n Chile (Tarapacá) und nw Argentinien*

    Gallinago andina innotata
    **Hellmayrs Bekassine**
    Hellmayr, 1932
    *n Chile (Antofagasta)*

Gallinago macrodactyla
**Madagaskarbekassine**
*Madagascar Snipe - Agachadiza malgache*
Bonaparte, 1839
*Feuchtgebiete von e Madagaskar*

Gallinago paraguaiae
**Pantanalbekassine**
*Pantanal Snipe - Agachadiza paraguaya*
Vieillot, 1816
*Feuchtgebiete von tropisch bis subtropisch n, c Südamerika: Trinidad, c, e Kolumbien über Guianas s bis n Argentinien und Uruguay*

Gallinago magellanica
**Magellanbekassine**
*Magellanic Snipe - Agachadiza magallánica*
King, PP, 1828
*feuchtes Grasland von gemäßigt s Südamerika: c Chile und c Argentinien bis Tierra del Fuego und Falkland Is.*

## Gattung: Phalaropus

Phalaropus tricolor
**Wilsonwassertreter**
*Wilson's Phalarope - Falaropo tricolor*
Vieillot, 1819
*w, c Kanada und nw bis wc USA*

Phalaropus lobatus
**Odinshühnchen**
*Red-necked Phalarope - Falaropo picofino*
Linnaeus, 1758
*s Grönland, Island, Schottland , n Skandinavien, und Arctic und Subarktis Russland bis Kamtschatka, Kuril und Commander is.; Aleutian Is., Arctic und Subarktis Alaska und Kanada*

Phalaropus fulicarius
**Thorshühnchen**
*Red Phalarope - Falaropo picogrueso*
Linnaeus, 1758
*sw, ec Grönland, Island (local), Svalbard (n von Norwegen), Novaya Zemlya und n Sibirien bis Bering Strait; n Alaska und n Kanada inklusive s tier von Arctic Kanadische Inseln*

## Gattung: Xenus

Xenus cinereus
**Terekwasserläufer**
*Terek Sandpiper - Andarríos del Terek*
Güldenstädt, 1775
*Finnland und Ukraine e über Russland bis ec Chukotskiy Halbinsel, n Kamtschatka und s bis w Amurland (e Russland)*

## Gattung: Actitis

Actitis hypoleucos
**Flussuferläufer**
*Common Sandpiper - Andarríos chico*
Linnaeus, 1758
*weit verbreitet, Britische Is. n bis Skandinavien s bis Iberische Halbinsel, e über Russland bis ec Chukotskiy Halbinsel (ne Russland), s von Türkei, Kaukasus, Iran, c Asien bis Kashmir (nw Himalaya), n Mongolei, ne China und Japan*

Actitis macularius
**Drosseluferläufer**
*Spotted Sandpiper - Andarríos maculado*
Linnaeus, 1766
*weit verbreitet, niedrige arktische bis gemäßigte Binnengewässerränder von Nearktik: Aleutian Is., Alaska Festland außer North Slope, Kanada (außer n ) bis Neufundland, s bis sw, ec USA*

## Gattung: Tringa

Tringa ochropus
**Waldwasserläufer**
*Green Sandpiper - Andarríos grande*
Linnaeus, 1758
*Subarktis bis gemäßigte Zone Taiga Feuchtgebiete von Palearktis: Skandinavien (außer n) s bis Deutschland, e bis Sakha Republic (ne Sibirien), s über n, e Kasachstan und Kirgisistan, w, nw Xinjiang (nw China), n Mongolei und Inner Mongolei (ne China)*

Tringa solitaria
**Einsiedelwasserläufer**
*Solitary Sandpiper - Andarríos solitario*
Wilson, A, 1813
*e British Columbia bis e Quebec (e Kanada)*

Tringa solitaria cinnamomea
**Einsamer Alaskawasserläufer**
Brewster, 1890
*Alaska und w Kanada*

Tringa brevipes
**Grauschwanz-Wasserläufer**
*Grey-tailed Tattler - Playero siberiano*
Vieillot, 1816
*Gebirge Krasnoyarsk (wc Sibirien) und Yana River bis Anadyr Halbinsel und Kamtschatka (ec, e Sibirien)*

Tringa incana
**Wanderwasserläufer**
*Wandering Tattler - Playero de Alaska*
Gmelin, JF, 1789
*Chukotka (ne Sibirien), Alaska Festland (außer n), Yukon und nw British Columbia (nw Kanada)*

Tringa stagnatilis
**Teichwasserläufer**
*Marsh Sandpiper - Archibebe fino*
Bechstein, 1803
*e Polen und Baltische Staaten e über s Russland, n Kasachstan und n Mongolei bis Amurland und ne China*

Tringa glareola
**Bruchwasserläufer**
*Wood Sandpiper - Andarríos bastardo*
Linnaeus, 1758
*Schottland (n Britische Is.), n Skandinavien, Österreich e über Inland n Russland bis w Chukotskiy Halbinsel,  bis e Sibirien und ne China, in s über n Mongolei, ne China, Kamtschatka und Commander Is. (e Russland)*

Tringa totanus
**Rotschenkel**
*Common Redshank - Archibebe común*
Linnaeus, 1758
*w, n Europa bis w Sibirien*

   Tringa totanus robusta
   **Islandrotschenkel**
Schiøler, 1919
*Island und Färöer Is.*

   Tringa totanus ussuriensis
   **Mongolenrotschenkel**
Buturlin, 1934
*s Sibirien und Mongolei bis e Asien*

   Tringa totanus terrignotae
   **Mandschurenrotschenkel**
Meinertzhagen, R & Meinertzhagen, A, 1926
*s Manchuria und e China*

   Tringa totanus craggi
   **Chinarotschenkel**
Hale, 1971
*nw China*

   Tringa totanus eurhina
   **Tibetrotschenkel**
Oberholser, 1900
*Tadschikistan bis n Indien und Tibet*

Tringa flavipes
**Gelbschenkel**
*Lesser Yellowlegs - Archibebe patigualdo chico*
Gmelin, JF, 1789
*Alaska Festland s bis c British Columbia und s Alberta, e bis James Bay und c Quebec (ec Kanada)*

Tringa guttifer
**Tüpfelgrünschenkel**
*Nordmann's Greenshank - Archibebe moteado*
Nordmann, 1835
*w, s Küste Sea von Okhotsk, Tatar Strait (w von Sakhalin) und Sakhalin (e Sibirien)*

Tringa semipalmata
**Schlammtreter**
*Willet - Playero aliblanco*
Gmelin, JF, 1789
*Küste Neufundland bis Florida und Gulf von Mexico s bis Tamaulipas; Bahamas, Große Antillen, Inseln in Karibik, Los Roques (n von Venezuela)*

   Tringa semipalmata inornata
   **Kanadaschlammtreter**
Brewster, 1887
*Inland c Alberta bis sw Manitoba, s bis ne California und n Nebraska*

Tringa erythropus
**Dunkelwasserläufer**
*Spotted Redshank - Archibebe oscuro*
Pallas, 1764
*n, c Skandinavien e über Inland Russland bis c Chukotskiy Halbinsel (ne Sibirien)*

Tringa nebularia
**Grünschenkel**
*Common Greenshank - Archibebe claro*
Gunnerus, 1767
*n Europa bis e Sibirien: Schottland, Skandinavien und Baltische Staaten e über Russland bis Chukotskiy Halbinsel, Kamtschatka und Amurland (se Russland)*

Tringa melanoleuca
**Tüpfelgelbschenkel**
*Greater Yellowlegs - Archibebe patigualdo grande*
Gmelin, JF, 1789
*s Alaska und sw Kanada über s tier von Canadian provinces bis e Labrador (e Kanada)*

## Gattung: Prosobonia

† Prosobonia cancellata
**Kiritimati-Südseeläufer**
*Kiritimati Sandpiper - Andarríos de Tuamotu*
Gmelin, JF, 1789
*Kiritimati (Line Is., e Polynesien)*

† Prosobonia leucoptera
**Tahiti-Südseeläufer**
*Tahiti Sandpiper - Andarríos de Tahití*
Gmelin, JF, 1789
*Tahiti (Society Is., e Polynesien)*

† Prosobonia ellisi
**Moorea-Südseeläufer**
*Moorea Sandpiper - Andarríos de Moorea*
Sharpe, 1906
*Moorea (Society Is., e Polynesien)*

Prosobonia parvirostris
**Tuamotu-Südseeläufer**
*Tuamotu Sandpiper - Andarríos de Tuamotu*
Peale, 1849
*Tuamotu Is. (e Polynesien)*

## Gattung: Arenaria

Arenaria interpres
**Steinwälzer**
*Ruddy Turnstone - Vuelvepiedras común*
Linnaeus, 1758
*Ellesmere Insel (ne Kanada), n Grönland, n Skandinavien, Baltische Staaten, Weißes Meer, s Novaya Zemlya und bis ne Sibirien und w Alaska*

Arenaria interpres morinella
**Alaskasteinwälzer**
Linnaeus, 1766
ne Alaska und n Kanada

Arenaria melanocephala
**Schwarzkopf-Steinwälzer**
*Black Turnstone - Vuelvepiedras oscuro*
Vigors, 1829
*Küste w Alaska, along rivers, streambeds und lakes*

## Gattung: Calidris

Calidris tenuirostris
**Anadyrknutt**
*Great Knot - Correlimos grande*
Horsfield, 1821
*niedrige Arktis und Subarktis Gebirge Tundra: ne Sibirien von Yakutsk e bis Anadyr Halbinsel*

Calidris canutus
**Knutt**
*Red Knot - Correlimos gordo*
Linnaeus, 1758
*Taymyr Halbinsel (nc Sibirien)*

Calidris canutus piersmai
**Neusibirienknutt**
Tomkovich, 2001
n von nc Sibirien

Calidris canutus rogersi
**Tschuktschenknutt**
Mathews, 1913
Chukotskiy Halbinsel (e Sibirien)

Calidris canutus roselaari
**Wrangelknutt**
Tomkovich, 1990
Wrangel Insel (n von ne Sibirien) und nw Alaska

Calidris canutus rufa
**Wilsons Knutt**
Wilson, A, 1813
Zentral Arktik Inseln von nc Kanada

Calidris canutus islandica
**Grönlandknutt**
Linnaeus, 1767
n Kanadische Inseln, n Grönland (n von Norwegen)

Calidris virgata
**Gischtläufer**
*Surfbird - Correlimos de rompientes*
Gmelin, JF, 1789
*Gebirge niedrige Arktis bis Subarktis: Alaska Festland (außer n) und Yukon (nw Kanada)*

Calidris pugnax
**Kampfläufer**
*Ruff - Combatiente*
Linnaeus, 1758
*niedrige arktische bis gemäßigte Tundra und Steppe von Paläarktis: nw Europa von Belgien und Skandinavien s über n Ukraine, nw Kasachstan, n Mongolei bis e Sibirien*

Calidris falcinellus
**Sumpfläufer**
*Broad-billed Sandpiper - Correlimos falcinelo*
Pontoppidan, 1763
*Skandinavien bis Kanin Halbinsel (nw Russland)*

Calidris falcinellus sibirica
**Sibirischer Sumpfläufer**
Dresser, 1876
Taymyr Halbinsel (nw Sibirien) und Lena bis Kolyma rivers (ne Sibirien)

Calidris acuminata
**Spitzschwanz-Strandläufer**
*Sharp-tailed Sandpiper - Correlimos acuminado*
Horsfield, 1821
*niedrig Arktis bis Subarktis Tundra von ne Paläarktis: Lena bis Kolyma rivers (ne Sibirien)*

Calidris himantopus
**Bindenstrandläufer**
*Stilt Sandpiper - Correlimos zancolín*
Bonaparte, 1826
*hoch und niedrig Arktische Tundra bis Taigarand von n Nearctic: North Slope von Alaska und n Kanada bis s Victoria Insel (nc Kanada); w Küsten von Hudson und James Bays*

Calidris ferruginea
**Sichelstrandläufer**
*Curlew Sandpiper - Correlimos zarapitín*
Pontoppidan, 1763
*trockenere niedrige arktische Tundra von nc, ne Paläarktis: nw Sibirien von Yamal Halbinsel bis nw Chukotskiy Halbinsel (ne Sibirien), und (n von nc Sibirien)*

Calidris temminckii
**Temminckstrandläufer**
*Temminck's Stint - Correlimos de Temminck*
Leisler, 1812
*niedrig (lokal hoch) Arktis bis Subarktis Tundra von n Paläarktis: s bis n Skandinavien e über n Russland bis e Chukotskiy Halbinsel (ne Russland), inklusive (n von nc Sibirien)*

Calidris subminuta
**Langzehen-Strandläufer**
*Long-toed Stint - Correlimos dedilargo*
Middendorff, 1853
*Subarktis bis gemäßigte Moore von c, e Paläarktis: von sw bis s Chukotskiy Halbinsel, n Kuril und Commander is. (e Russland); n Mongolei*

Calidris ruficollis
**Rotkehl-Strandläufer**
*Red-necked Stint - Correlimos cuellirrojo*
Pallas, 1776
*Küste niedrige arktische bis subarktische Tundra von nc, ne Sibirien: Taymyr Halbinsel (nc Sibirien) e bis Chukotskiy Halbinsel und s bis n Kamtschatka Halbinsel (ne Russland)*

Calidris pygmaea
**Löffelstrandläufer**
*Spoon-billed Sandpiper - Correlimos cuchareta*
Linnaeus, 1758
*Küste niedrige arktische bis subarktische Tundra von ne Sibirien: ne, e Chukotskiy Halbinsel bis n Kamtschatka Halbinsel (ne Russland)*

Calidris subruficollis
**Grasläufer**
*Buff-breasted Sandpiper - Correlimos canelo*
Vieillot, 1819
*hocharktische trockene Küstentundra von der Paläarktis und der Nearktis: n Chukotka e von Wrangel Insel (n von ne Sibirien), Alaskan North Slope von Pt. Barrow e über ne Kanada, inklusive Arctic is. von Banks bis Devon is. (ne Kanada)*

Calidris alba
## Sanderling
*Sanderling - Correlimos tridáctilo*
Pallas, 1764
*Ellesmere Insel (ne Kanada), n, e Grönland, Svalbard (n von Norwegen), Severnaya Zemlya (n von nc Russland) und n Taymyr Halbinsel (nc Russland)*

### Calidris alba rubida
#### Alaskasanderling
Gmelin, JF, 1789
*Lena Delta und (nc Sibirien), Alaskan North Slope , Canadian Arctic Inseln von Banks s bis Southhampton*

Calidris alpina
## Alpenstrandläufer
*Dunlin - Correlimos común*
Linnaeus, 1758
*n Skandinavien bis nw Sibirien*

### Calidris alpina arctica
#### Grönland-Alpenstrandläufer
Schiøler, 1922
ne Grönland

### Calidris alpina schinzii
#### Schinzis Alpenstrandläufer
Brehm, CL & Schilling, 1822
se Grönland, Island, s Britische Is. bis s Skandinavien und Baltische Staaten

### Calidris alpina centralis
#### Sibirischer Alpenstrandläufer
Buturlin, 1932
nc bis ne Sibirien

### Calidris alpina sakhalina
#### Tschuktschenstrandläufer
Vieillot, 1816
ne Russland bis Chukotskiy Halbinsel

### Calidris alpina actites
#### Sakhalin-Alpenstrandläufer
Nechaev & Tomkovich, 1988
n Sakhalin (se Russland)

### Calidris alpina kistchinski
#### Kistchinsk-Alpenstrandläufer
Tomkovich, 1986
Sea von Okhotsk bis Kamtschatka und Kuril Is. (e Russland)

### Calidris alpina arcticola
#### Arktischer Alpenstrandläufer
Todd, 1953
nw Alaska bis nw Kanada

### Calidris alpina pacifica
#### Pazifischer Alpenstrandläufer
Coues, 1861
w, s Alaska

### Calidris alpina hudsonia
#### Hudson-Alpenstrandläufer
Todd, 1953
c Kanada

Calidris maritima
## Meerstrandläufer
*Purple Sandpiper - Correlimos oscuro*
Brünnich, 1764
*Hoch- bis Tiefgebirge Arktis von Nordatlantik und Arktischen Ozeanen: Grönland (außer n, ne), Island, Jan Mayen (ne von Island), Bear Insel und Svalbard (n von Norwegen), Skandinavien bis nw Russland, Franz Josef Land und Novaya Zemlya (n von nw Sibirien) und Severnaya Zemlya und Taymyr Halbinsel (nc Sibirien); Banks bis s Ellesmere und Baffin is. (nc Kanada)*

Calidris ptilocnemis
## Beringstrandläufer
*Rock Sandpiper - Correlimos roquero*
Coues, 1873
*Pribilof, Hall und St. Matthew is. (Beringsee Is.)*

### Calidris ptilocnemis quarta
#### Kurilenstrandläufer
Hartert, EJO, 1920
s Kamtschatka Halbinsel, Kuril und Commander is. (e Russland)

### Calidris ptilocnemis tschuktschorum
#### Tschuktschenstrandläufer
Portenko, 1937
Chukotskiy Halbinsel (e Sibirien) bis w Alaska

### Calidris ptilocnemis couesi
#### Aleutenstrandläufer
Ridgway, 1880
Aleutian Is. und Alaskan Halbinsel

Calidris bairdii
## Bairdstrandläufer
*Baird's Sandpiper - Correlimos de Baird*
Coues, 1861
*hocharktische (lokale bis subarktische) trockene Tundra: Wrangelinsel (nördlich von Neusibirien und östlich der Tschukotskij-Halbinsel (n Sibirien)), n, c Alaska, n Kanada, einschließlich der arktischen Inseln von Banks bis Ellesmere und Baffin Island und Nordwestgrönland*

Calidris minuta
## Zwergstrandläufer
*Little Stint - Correlimos menudo*
Leisler, 1812
*hoch bis niedrig Arktische trockenere Tundra von n Palearktis: n Skandinavien, Weißes Meer coast, s Novaya Zemlya, über n Russland bis (ec Sibirien)*

Calidris minutilla
## Wiesenstrandläufer
*Least Sandpiper - Correlimos menudillo*
Vieillot, 1819
*niedrig Arktis und Subarktis n Nearktische Tundra und Taiga Feuchtgebiete: e Aleutian Is., all Alaska, n Kanada von n Yukon bis n British Columbia, e bis s James Bay, Ungava Halbinsel, Labrador und Nova Scotia*

Calidris fuscicollis
## Weißbürzel-Strandläufer
*White-rumped Sandpiper - Correlimos culiblanco*
Vieillot, 1819
*hoch- bis niedrigarktische feuchte Tundra der nördlichen Nearktis: North Slope Alaska, Küste n Kanada bis nw Hudson Bay, und Banks bis Devon und Baffin is. (ne Kanada)*

Calidris melanotos
## Graubrust-Strandläufer
*Pectoral Sandpiper - Correlimos pectoral*
Vieillot, 1819
*hohe bis niedrige arktische feuchte Tundra von Holarctic: Yamal Halbinsel (nw Sibirien) e bis Chukotskiy Halbinsel, s bis Anadyr, inklusive und Wrangel is. (ne Russland); w, n Alaska über ne Kanada, inklusive Arctic Inseln von Banks bis Devon und Southampton (ne Kanada)*

Calidris mauri
## Bergstrandläufer
*Western Sandpiper - Correlimos de Alaska*
Cabanis, 1857
*Chukotskiy Halbinsel s bis Anadyr (ne Sibirien; few), St. Lawrence Insel (Beringsee) und w, n Alaska*

Calidris pusilla
## Sandstrandläufer
*Semipalmated Sandpiper - Correlimos semipalmeado*
Linnaeus, 1766
*niedrige (lokal hohe) arktische bis subarktische Tundra von weit ne Paläarktis und Nearktis: e Chukotskiy Halbinsel (ne Sibirien), w, n Alaska und n Kanada inklusive von Festland Nunavut, around Hudson und James Bays und e bis n Labrador, Arktische Inseln von Banks bis Baffin (ne Kanada)*

## Familie: Dromadidae (Reiherläufer)

Gattung: Dromas

Dromas ardeola
## Reiherläufer
*Crab-plover - Dromas*
Paykull, 1805
*Küsten und Inseln von Red Sea, Arabische Halbinsel und Persian Gulf (nw indischer Ozean)*

## Familie: Glareolidae (Brachschwalbenartige)

Gattung: Rhinoptilus

Rhinoptilus africanus
## Doppelband-Rennvogel
*Double-banded Courser - Corredor escamoso chico*
Temminck, 1807
*e Namibia, c, se Botswana und n Südafrika*

### Rhinoptilus africanus raffertyi
#### Dschibutirennvogel
Mearns, 1915
ec Äthiopien

### Rhinoptilus africanus hartingi
#### Hartingrennvogel
Sharpe, 1893
se Äthiopien und Somalia

### Rhinoptilus africanus gracilis
#### Tansaniarennvogel
Fischer, GA & Reichenow, 1884
Kenia und Tansania

### Rhinoptilus africanus bisignatus
#### Hartlaubrennvogel
Hartlaub, 1865
sw Angola

### Rhinoptilus africanus erlangeri
#### Erlangerrennvogel
Niethammer & Wolters, 1966
nw Namibia

### Rhinoptilus africanus traylori
#### Taylorrennvogel
Irwin, 1963
ne Botswana und nw Simbabwe

### Rhinoptilus africanus granti
#### Grantrennvogel
Sclater, WL, 1921
w Südafrika

Rhinoptilus chalcopterus
**Amethystrennvogel**
*Bronze-winged Courser - Corredor patirrojo*
Temminck, 1824
*Sub-Saharan Afrika: Senegal e bis e Sudan und s bis n Südafrika*

Rhinoptilus cinctus
**Bindenrennvogel**
*Three-banded Courser - Corredor escamoso grande*
Heuglin, 1863
*se Sudan und nw Kenia*

    Rhinoptilus cinctus mayaudi
    **Mayaudrennvogel**
    Érard, Hémery & Pasquet, 1993
    *Äthiopien und n Somalia*
    Rhinoptilus cinctus balsaci
    **Balsacrennvogel**
    Érard, Hémery & Pasquet, 1993
    *s Somalia und ne Kenia*
    Rhinoptilus cinctus emini
    **Sambiarennvogel**
    Zedlitz, 1914
    *s Kenia, Tansania und n Sambia*
    Rhinoptilus cinctus seebohmi
    **Seebohmrennvogel**
    Sharpe, 1893
    *s Angola und n Namibia bis Simbabwe und n Südafrika*

Rhinoptilus bitorquatus
**Godavarirennvogel**
*Jerdon's Courser - Corredor del Godavari*
Blyth, 1848
*Eastern Ghats von Andhra Pradesh*

## Gattung: Cursorius

Cursorius coromandelicus
**Koromandelrennvogel**
*Indian Courser - Corredor indio*
Gmelin, JF, 1789
*s Asien: nc Pakistan, Sub-Himalaya Indien, s Nepal und n Sri Lanka*

Cursorius temminckii
**Temminckrennvogel**
*Temminck's Courser - Corredor etiópico*
Swainson, 1822
*s Mauretanien e bis Eritrea und w Somalia, Kenia und n Tansania*

    Cursorius temminckii ruvanensis
    **Angolarennvogel**
    Madarász, G, 1915
    *s Tansania bis Angola, Mosambik und ne Südafrika*
    Cursorius temminckii aridus
    **Namibiarennvogel**
    Clancey, 1989
    *n Namibia bis w Simbabwe*

Cursorius rufus
**Rostrennvogel**
*Burchell's Courser - Corredor rufo*
Gould, 1837
*s Afrika: sw Angola bis s, ne Südafrika*

Cursorius cursor
**Rennvogel**
*Cream-colored Courser - Corredor sahariano*
Latham, 1787
*e Kanarische Is. (c Makaronesien, w von nw Afrika) und North Afrika bis Irak*

    Cursorius cursor bogolubovi
    **Indienrennvogel**
    Zarudny, 1886
    *se Türkei bis nw Indien*
    Cursorius cursor exsul
    **Kapverderennvogel**
    Hartert, EJO, 1920
    *São Vicente, Santiago, Maio, Sal und Boavista (nc, sc, ne Cape Verde Is., s Makaronesien, w von w Afrika)*

Cursorius somalensis
**Somalirennvogel**
*Somali Courser - Corredor somalí*
Shelley, 1885
*Eritrea, e Äthiopien und n Somalia*

    Cursorius somalensis littoralis
    **Keniarennvogel**
    Erlanger, 1905
    *se Sudan, n, e Kenia und s Somalia*

## Gattung: Stiltia

Stiltia isabella
**Stelzenbrachschwalbe**
*Australian Pratincole - Canastera patilarga*
Vieillot, 1816
*von n, c bis Inland se Australien: ne Western Australia bis w Queensland und c New South Wales*

## Gattung: Glareola

Glareola nuchalis
**Halsband-Brachschwalbe**
*Rock Pratincole - Canastera sombría*
Gray, GR, 1849
*Chad bis Äthiopien s bis s Angola und ne Namibia bis w Sambia und Mosambik*

    Glareola nuchalis liberiae
    **Schlegels Brachschwalbe**
    Schlegel, 1881
    *Sierra Leone bis w Kamerun*

Glareola cinerea
**Graubrachschwalbe**
*Grey Pratincole - Canastera gris*
Fraser, 1843
*s Mali und s Niger bis n Angola und c Demokratische Republik Kongo*

Glareola lactea
**Sandbrachschwalbe**
*Small Pratincole - Canastera chica*
Temminck, 1820
*von ne Indien bis Sri Lanka, e über Nepal, Bhutan, s Yunnan (s China) bis Vietnam*

Glareola maldivarum
**Orientbrachschwalbe**
*Oriental Pratincole - Canastera oriental*
Forster, JR, 1795
*stellenweise in gemäßigtem bis tropischem Grasland in Wassernähe von s bis ne Asien: w Indien und Sri Lanka, se Asien bis Malayische Halbinsel, e, ne China, Philippinen, Taiwan, e Sibirien und s, c Japan*

Glareola nordmanni
**Schwarzflügel-Brachschwalbe**
*Black-winged Pratincole - Canastera alinegra*
Fischer von Waldheim, 1842
*c Ukraine und sw Russland e bis e Kasachstan*

Glareola pratincola
**Rotflügel-Brachschwalbe**
*Collared Pratincole - Canastera común*
Linnaeus, 1766
*s Europa und n Afrika über Türkei, Ägypten und Kaukasus über c Asien (außer n) bis Xinjiang (nw China), s bis Pakistan und nw Indien*

    Glareola pratincola fuelleborni
    **Fülleborn-Brachschwalbe**
    Neumann, 1910
    *Sub-Saharan Afrika von Senegal bis c Äthiopien und s Somalia s bis e Südafrika*

Glareola ocularis
**Madagaskarbrachschwalbe**
*Madagascar Pratincole - Canastera malgache*
Verreaux, J, 1833
*Fels-Küste und Flußinseln von nw, e Madagascar*

## Familie: Laridae (Möwen)

### Gattung: Rynchops

Rynchops flavirostris
**Afrikascherenschnabel**
*African Skimmer - Rayador africano*
Vieillot, 1816
*Tropisch-Afrika Flüsse*

Rynchops albicollis
**Indienscherenschnabel**
*Indian Skimmer - Rayador indio*
Swainson, 1838
*nc, ec Indien, c Myanmar*

Rynchops niger
## Amerikascherenschnabel
*Black Skimmer - Rayador americano*
Linnaeus, 1758
*Küste USA von s California bis Nayarit (w Mexico) und Massachusetts bis Florida und Yucatan (e Mexico)*

Rynchops niger cinerascens
### Spixscherenschnabel
Spix, 1825
Orinoco und Amazon bis n, w Kolumbien und w Ecuador

Rynchops niger intercedens
### Südamerikanischer Scherenschnabel
Saunders, H, 1895
e Brasilien, e Paraguay, Uruguay und s bis s Buenos Aires Prov. (ne Argentinien)



Gygis alba
## Feenseeschwalbe
*White Tern - Charrán blanco común*
Sparrman, 1786
*Fernando de Noronha, Trindade (ne, s von ne Brasilien); Ascension und St. Helena (se Atlantischer Ozean)*

Gygis alba candida
### Seychellenseeschwalbe
Gmelin, JF, 1789
alle Seychellen Gruppen von Aldabra ne bis Inner Is., Mascarenes, Chagos und Maldives; Lord Howe und Norfolk is. (e von Australien), Kermadec Is. (ne von New Zealand), Inseln ne von Neuguinea, Melanesia, Micronesia, Polynesien bis Northwestern Hawaiian Is. und O'ahu, Clipperton (sw von Mexico), Insel del Coco (sw von Costa Rica) und Insel Malpelo (w von Kolumbien)

Gygis alba leucopes
### Phoenixseeschwalbe
Holyoak & Thibault, 1976
Henderson und Pitcairn (Pitcairn Gruppe, e Polynesien)

Gygis alba microrhyncha
### Pitcarinseeschwalbe
Saunders, H, 1876
Phoenix (c Polynesien), Line und Marquesas is. (ne Polynesien)



Anous stolidus
## Braunnoddi
*Brown Noddy - Tiñosa boba*
Linnaeus, 1758
*Trindade (e von ne Brasilien), Ascension und St. Helena (se Atlantischer Ozean), Gulf von Guinea is. und Tristan da Cunha Gruppe (ec Südatlantischer Ozean); über Karibik von Bush Key, Dry Tortugas (w von Florida) über Inseln vor Yucatan, e Central America und Kolumbien bis Französisch-Guayana*

Anous stolidus pileatus
### Seychellen-Braunnoddi
Scopoli, 1786
Red Sea und Gulf von Aden, Seychellen von Aldabra ne bis Inner Is., Madagascar und Mascarenes (w indischer Ozean) e über Pacific von Ryukyu und Bonin is. (s Japan) bis Hawaiian Is. und Easter Is. Gruppe (=Eastern Is., se Polynesien)

Anous stolidus galapagensis
### Galapagosnoddi
Sharpe, 1879
Galápagos

Anous stolidus ridgwayi
### Ridgways Noddi
Anthony, 1898
Tres Marias und Socorro (w von Nayarit, wc Mexico) bis Clipperton (sw von Mexico), Insel del Coco (sw von Costa Rica), is. Malpelo (w von Kolumbien) und Gorgona (w von sw Kolumbien)

Anous tenuirostris
## Schlankschnabelnoddi
*Lesser Noddy - Tiñosa picofina*
Temminck, 1823
*Amirantes und Inner Is. (c, ne Seychellen) und Mascarenes (w Indischer Ozean), Chagos Archipel und Maldives (wc Indischer Ozean)*

Anous tenuirostris melanops
### Goulds Noddi
Gould, 1846
Houtman Abrolhos Is. (w von Western Australia, w Australien)

Anous minutus
## Weißkopfnoddi
*Black Noddy - Tiñosa menuda*
Boie, F, 1844
*Inseln von Ashmore Reef (nw von Australien), e Queensland (ne Australien), ne, se Neuguinea kleine Inseln, Lord Howe und Norfolk is. (e von Australien), Kermadec Is. (ne von Nordinsel, New Zealand) über Melanesia bis Pitcairn Gruppe (e Polynesien)*

Anous minutus americanus
### Karibiknoddi
Mathews, 1912
Karibik Inseln: Los Roques Is. (n von Caracas, Venezuela) und Inseln vor Venezuela, Nicaragua, und Anguilla (Kleine Antillen)

Anous minutus melanogenys
### Hawaiinoddi
Gray, GR, 1846
Northwestern und main Hawaiian Is.

Anous minutus diamesus
### Clippertonnoddi
Heller & Snodgrass, 1901
Clipperton (sw von Mexico), Insel del Coco (sw von Costa Rica) und Insel Malpelo (w von Kolumbien; e Pazifischer Ozean)

Anous minutus worcesteri
### Worcesternoddi
McGregor, 1911
Cavili Insel und Tubbataha Reefs, Sulu Sea (sw Philippinen)

Anous minutus marcusi
### Marcusnoddi
Bryan, 1903
Minami-Torishima (=Marcus Insel, se von Japan) und Wake Insel (ne Micronesia) bis Caroline Is. (to e Micronesia)

Anous minutus atlanticus
### Tropennoddi
Mathews, 1912
St. Paul, Fernando de Noronha und Martim Vaz (e, se von ne Brasilien), Ascension und St. Helena (se Atlantischer Ozean) und Gulf von Guinea is.

Anous albivitta
## Graunoddi
*Grey Noddy - Tiñosa gris*
Bonaparte, 1856
*Lord Howe und Norfolk is. (e von Australien), Kermadec Is. (ne von Nordinsel) und kleine Inseln ne von Nordinsel (Neuseeland) und Tonga (c Polynesien)*

Anous albivitta skottsbergii
### Skottsbergnoddi
Lönnberg, 1921
Henderson Insel (Pitcairn Gruppe, e Polynesien), Easter Is. (=Eastern Is. Gruppe, se Polynesien) und Salas y Gómez (w von n Chile, ec Südpazifischer Ozean)

Anous albivitta imitatrix
### San Ambrosionoddi
Mathews, 1912
San Ambrosio und San Félix (Desventuradas Is., w von n Chile)

Anous ceruleus
## Blaunoddi
*Blue Noddy - Tiñosa azulada*
Bennett, FD, 1840
*Kiritimati (Christmas Insel, Line Is) und Marquesas (e Polynesien)*

Anous ceruleus saxatilis
### Marshallnoddi
Fisher, WK, 1903
Minami-Torishima (=Marcus Insel, se Japan) und n Marshall Is. (e Micronesia) bis Northwestern Hawaiian Is.

Anous ceruleus nebouxi
### Phoenixnoddi
Mathews, 1912
Kiribati (=Phoenix Is.) und Tuvalu (=Ellice Is.) s bis Fiji und Samoa (w, c Polynesien)

Anous ceruleus teretirostris
### Cooknoddi
Lafresnaye, 1841
Tuamotu Archipel, und Cook, Society und Austral is. (e Polynesien)

Anous ceruleus murphyi
### Gambiernoddi
Mougin & Naurois, 1981
Gambier Is. (se Tuamotu Archipel, e Polynesien)



Onychoprion aleuticus
## Aleutenseeschwalbe
*Aleutian Tern - Charrán aleutiano*
Baird, SF, 1869
*Nordpazifik Küste von Sakhalin, Sea von Okhotsk und Kamtschatka über Aleutian Is., und w bis sw Alaska*

Onychoprion fuscatus
## Rußseeschwalbe
*Sooty Tern - Charrán sombrío*
Linnaeus, 1766
*Inseln des Atlantiks und der Randmeere: Senegal und Golf von Guinea; Südatlantischer Ozean bis Ascension und St. Helena (tropischer se Atlantischer Ozean); Golf von Mexiko und Karibik*

Onychoprion fuscatus nubilosus
### Ryukyuseeschwalbe
Sparrman, 1788
Rotes Meer, Golf von Aden, Somalia bis Kenia, Europa (westlich von Süd-Madagaskar, Mosambik-Kanal), Cosmoledo (östliche Aldabra-Gruppe, südliche Seychellen), Amirantes und kleine Inner Is. (c, ne Seychellen), nw, n, e Madagaskar, Mascarenes, Chagos Archipel (nördlicher Indischer Ozean), Lakshadweep (westlich von Indien), Vengurla Rocks (vor Süd-Maharashtra, westlich von Indien) und Große Sundas (Indischer Ozean) bis Ryukyu Is. (Südjapan) und Inseln im Westen der Philippinen

Onychoprion fuscatus serratus
### Easterseeschwalbe
Wagler, 1830
w, n Australien, Torres Strait is., Tench (St. Matthias Gruppe, nc Bismarck Archipel), Lord Howe und Norfolk is. (e von Australien), Kermadec Is. (ne von Nordinsel, New Zealand) und Südpazifik bis Easter Is. (=Eastern Is. Gruppe, se Polynesien)

Onychoprion fuscatus oahuensis
### Boninseeschwalbe
Bloxam, A, 1827
Bonin Is. (=Ogasawara Is., se von Japan) bis Hawaiian Is. s bis Kiritimati (Line Is.)

Onychoprion fuscatus crissalis
### Galappagos-Rußseeschwalbe
Lawrence, 1872
Rocas Alijos (westlich von Baja California), Revillagigedo, Clipperton, und Tres Marias (westlich von Mexiko), del Coco (ganz westlich von Costa Rica), Los Frailes de Sur (vor Panama), Malpelo (ganz westlich von Kolumbien) und Darwin (nordwestlich von Galápagos)

Onychoprion fuscatus luctuosus
### Fernandezseeschwalbe
Philippi & Landbeck, 1866
Salas y Gómez und Desventuradas (w von n Chile)

Onychoprion anaethetus
## Zügelseeschwalbe
*Bridled Tern - Charrán embridado*

Scopoli, 1786
*Inseln w von Thailand und Malaysia, in Indonesisches Archipel, Okinawa und Yaeyama is. (Ryukyu Is.=Nansei Shoto, s Japan), Taiwan, Inseln vor e China, Philippinen, Neuguinea und w, n, ne Australien kleine Inseln, Admiralty Is. (nw Bismarck Archipel), Rennell (s Solomon Is.), New Caledonia und Fiji (sw Polynesien) bis Samoa (c Polynesien)*

Onychoprion anaethetus melanopterus
### Karibische Zügelseeschwalbe
Swainson, 1837
Karibik von Bahamas (Pelican Shoal, Florida Keys), e Yucatan Halbinsel, e Belize, Bay Is. (n von c Honduras) bis Kleine Antillen und n Venezuela und Tobago; vor s Marokko, Mauretanien, Senegal und Gulf von Guinea is. (nw, wc Afrika)

Onychoprion anaethetus antarcticus
### Pazifik-Zügelseeschwalbe
Lesson, RP, 1831
tropische Inseln im Indischen Ozean: Rotes Meer, Persischer Golf, Somalia bis Tansania, kleiner Inner Is. (nahe Seychellen) und Barren Island (westlich von Madagaskar, westlicher Indischer Ozean); Chagos Archipel (nördlicher Indischer Ozean), Lakshadweep (westlich von Indien), Vengurla Rocks (westlich von Maharashtra, westlich von Indien) und Adam's Bridge Islands (zwischen Indien und Sri Lanka)

Onychoprion anaethetus nelsoni
### Mexikanische Zügelseeschwalbe
Ridgway, 1919
Inseln westlich von Nayarit und Guerrero (westlich von Mexiko), Golf von Fonseca (westlich von Honduras), Guanacaste (nordwestlich von Costa Rica), Los Frailes del Sur (vor Panama) und Islote Pelado (vor Süd-Ecuador)

Onychoprion lunatus
## Brillenseeschwalbe
*Spectacled Tern - Charrán lunado*

Peale, 1849
*n Mariana, Phoenix, Line, Tuamotu, Marquesas, American Samoa, Northwestern Hawaiian Is., Inseln vor Kauai und Oahu (main Hawaiian Is.) und Johnston Atoll (s von Hawaii)*

## Gattung: Sternula

Sternula albifrons
## Zwergseeschwalbe
*Little Tern - Charrancito común*

Pallas, 1764
*Europa (außer n) und n Afrika bis c Asien, Irak und Persian Gulf*

Sternula albifrons guineae
### Mauretanische Zwergseeschwalbe
Bannerman, 1931
Küste und Niger River, Mauretanien bis Gabun (w Afrika) und n Kenia

Sternula albifrons sinensis
### Indische Zwergseeschwalbe
Gmelin, JF, 1789
Indus River basin (Pakistan), Gangetic Plain (nc Indien); Sri Lanka; se Russland über Japan, Koreanische Halbinsel, e China, Taiwan, Vietnam und Mindanao (s Philippinen); Gulf von Thailand, Malayische Halbinsel, Singapore, und Inseln vor Große Sundas; vor New Britain (se Bismarck Archipel), Bougainville (n Solomon Is.); Küste nw, n, e, se Australien und Tasmanien; und Saipan (s Northern Mariana Is., nw Micronesia)

Sternula albifrons placens
### Australische Zwergseeschwalbe
Gould, 1871
Küste Osten Australien und Tasmanien

Sternula saundersi
## Orientseeschwalbe
*Saunders's Tern - Charrancito de Saunders*

Hume, 1877
*Inseln von Red Sea und Persian Gulf, vor Somalia und Socotra, bis Küste von Pakistan, nw Indien, und Adam's Bridge is. (zwischen Indien und Sri Lanka)*

Sternula antillarum
## Antillenseeschwalbe
*Least Tern - Charrancito americano*

Lesson, RP, 1847
*w Nordatlantik-Küste von Maine bis Florida, Gulf von Mexico und Karibik von Bahamas bis Kleine Antillen, Inseln vor Yucatan Halbinsel, Belize und n Honduras, ne Kolumbien und Inseln n von Venezuela*

Sternula antillarum athalassos
### Nordamerikanische Zwergseeschwalbe
Burleigh & Lowery, 1942
Great Plains von Montana und North Dakota bis New Mexico, Texas und n Louisiana

Sternula antillarum browni
### Kalifornische Zwergseeschwalbe
Mearns, 1916
c California und Gulf von California Küsten bis Oaxaca (w Mexico)

Sternula superciliaris
## Amazonasseeschwalbe
*Yellow-billed Tern - Charrancito amazónico*

Vieillot, 1819
*ne Peru, n, c Kolumbien, n Venezuela und Guianas bis ec Argentinien*

Sternula lorata
## Peruseeschwalbe
*Peruvian Tern - Charrancito peruano*

Philippi & Landbeck, 1861
*Küsten c Ecuador bis n Chile*

Sternula nereis
## Australseeschwalbe
*Fairy Tern - Charrancito australiano*

Gould, 1843
*Küsten von wc Western Australia bis se New South Wales und Tasmanien (w, s Australien)*

Sternula nereis exsul
### Neukaledonienseeschwalbe
Mathews, 1912
New Caledonia

Sternula nereis davisae
### Neuseelandseeschwalbe
Mathews & Iredale, 1913
Küsten von n Nordinsel (Neuseeland)

Sternula balaenarum
## Damaraseeschwalbe
*Damara Tern - Charrancito de Damara*

Strickland, 1853
*Küste s Angola, Namibia und Südafrika*

## Gattung: Phaetusa

Phaetusa simplex
## Großschnabel-Seeschwalbe
*Large-billed Tern - Charrán picudo*

Gmelin, JF, 1789
*weit verbreitet an Flüssen und Seen in den Anden bis Argentinien*

## Gattung: Gelochelidon

Gelochelidon nilotica
## Lachseeschwalbe
*Gull-billed Tern - Pagaza piconegra*

Gmelin, JF, 1789
*Inland s Europa, n Afrika über Mittlerer Osten bis Inner Mongolei (ne China) und Indus Tal (c Pakistan)*

Gelochelidon nilotica affinis
### Asiatische Lachseeschwalbe
Horsfield, 1821
Küste Bohai Gulf (ec China) bis se China

Gelochelidon nilotica aranea
### Antillen-Lachseeschwalbe
Wilson, A, 1814
Küste w North Atlantic von e USA von s New England bis Florida, Gulf von Mexico bis se Mexico; Große Antillen und Virgin Is.

Gelochelidon nilotica vanrossemi
### Kalifonische Lachseeschwalbe
Bancroft, 1929
s California bis Sinaloa (nw Mexico)

Gelochelidon nilotica gronvoldi
### Südamerikanische Lachseeschwalbe
Mathews, 1912
Küste Französisch-Guayana und Ecuador bis Brasilien und ec Argentinien; Inland in nc Argentinien

Gelochelidon macrotarsa
## Australien-Lachseeschwalbe
*Australian Tern - Pagaza australiana*

Gould, 1837
*Inland Australien (außer sc, Tasmanien)*

## Gattung: Hydroprogne

Hydroprogne caspia
## Raubseeschwalbe
*Caspian Tern - Pagaza piquirroja*

Pallas, 1770
*stellenweise Küste Ostsee und Binnenland se Europa bis w Mongolei und Ussuriland (se Russland) und ne China und s Asien Küsten; Küste und Binnenland w und s Afrika; Europa (w von s Russland, Mosambik-Kanal), Küste Madagaskar und Aldabra-Gruppe (sw Seychellen); Küste Australien und Neuseeland (North, South und Stewart is.) und Binnenland n, e Australien; Binnenland Northwest Territories bis c Kalifornien, Great Lakes und ne Kanada*

Larosterna inca
**Inkaseeschwalbe**
*Inca Tern - Charrán inca*
Lesson, RP & Garnot, 1827
*Küste n Peru bis c Chile*



Chlidonias hybrida
**Weißbart-Seeschwalbe**
*Whiskered Tern - Fumarel cariblanco*
Pallas, 1811
*n Afrika und sw, c Europa bis c Asien (Caspian und Amu Darya Region), Kashmir und bis w, c Mongolei, Lake Baikal bis Lake Khanka (ec, se Russland) und e China*

    Chlidonias hybrida delalandii
    **Madagaskar-Weißbartseeschwalbe**
    Mathews, 1912
    Inland c Kenia bis s Afrika und w Madagaskar
    Chlidonias hybrida javanicus
    **Australische Weißbartseeschwalbe**
    Horsfield, 1821
    Inland Australien (außer Tasmanien)

Chlidonias albostriatus
**Graubauch-Seeschwalbe**
*Black-fronted Tern - Fumarel maorí*
Gray, GR, 1845
*Flüsse von e Südinsel (Neuseeland)*

Chlidonias niger
**Trauerseeschwalbe**
*Black Tern - Fumarel común*
Linnaeus, 1758
*Inland Europa (außer Britische Inseln und n Skandinavien) bis c Asien, sc Russland und nw Mongolei*

    Chlidonias niger surinamensis
    **Amerikanische Trauerseeschwalbe**
    Gmelin, JF, 1789
    Inland wc Northwest Territories und e British Columbia bis s James Bay und se Maritime Provinces (nw bis se Kanada) bis c California, Kansas, Great Lakes und Maine (nw, wc bis ne USA)

Chlidonias leucopterus
**Weißflügel-Seeschwalbe**
*White-winged Tern - Fumarel aliblanco*
Temminck, 1815
*Inland sc, e Europa und Irak bis se Russland, ne China und nc Sibirien*



Sterna aurantia
**Goldschnabel-Seeschwalbe**
*River Tern - Charrán indio*
Gray, JE, 1831
*Indus Tal (c Pakistan), Sub-Himalaya Indien, nw, c Myanmar, sw China, bis se Kambodscha*

Sterna forsteri
**Forsterseeschwalbe**
*Forster's Tern - Charrán de Forster*
Nuttall, 1834
*Inland c Alberta bis c Manitoba (sc Kanada) bis California und n Baja California (nw Mexico), Colorado, und Great Lakes; Küste w North Atlantic von New Jersey bis North Carolina; Gulf von Mexico Küste von Alabama bis n Tamaulipas (ne Mexico)*

Sterna trudeaui
**Weißscheitel-Seeschwalbe**
*Snowy-crowned Tern - Charrán coroniblanco*
Audubon, 1838
*Küste se Brasilien und Uruguay bis Inland ec Argentinien; Küste Aconcagua bis Llanquihue provinces (c, sc Chile)*

Sterna paradisaea
**Küstenseeschwalbe**
*Arctic Tern - Charrán ártico*
Pontoppidan, 1763
*weit verbreitet Arctic und Subarktis Küsten und Inland, von Grönland, Island und Britische Inseln bis ne Sibirien, Sakhalin und Kamtschatka (e Russland), Aleutian Is., Alaska Festland über Arctic und Subarktis Kanada bis James Bay, se Kanada und New York*

Sterna hirundinacea
**Falklandseeschwalbe**
*South American Tern - Charrán suramericano*
Lesson, RP, 1831
*Küste s Peru und Espiritu Santo (ec Brasilien) bis Tierra del Fuego, Cape Horn is. und Falkland Is.*

Sterna vittata
**Antarktisseeschwalbe**
*Antarctic Tern - Charrán antártico*
Gmelin, JF, 1789
*Prince Edward, Crozet, Kerguelen, Bouvet und Heard is. (sw, se South indischer Ozean)*

    Sterna vittata tristanensis
    **Tristanseeschwalbe**
    Murphy, 1938
    Tristan da Cunha Gruppe inklusive Gough (sc Südatlantischer Ozean)
    Sterna vittata sanctipauli
    **Amsterdamseeschwalbe**
    Gould, 1865
    St. Paul und Amsterdam is. (sc Südatlantischer Ozean)
    Sterna vittata gaini
    **Orkneyseeschwalbe**
    Murphy, 1938
    South Shetland Is., Antarktis Halbinsel und kleine Inseln
    Sterna vittata bethunei
    **Snaresseeschwalbe**
    Buller, 1896
    Macquarie (Australien), Stewart, Snares, Auckland, und Campbell (s von Südinsel) und Bounty und Antipodes (se von Südinsel; New Zealand)
    Sterna vittata georgiae
    **Südgeorgienseeschwalbe**
    Reichenow, 1904
    South Orkney, South Georgia und South Sandwich is.

Sterna virgata
**Kerguelenseeschwalbe**
*Kerguelen Tern - Charrán de las Kerguelen*
Cabanis, 1875
*Kerguelen Is. (c Südatlantischer Ozean)*

    Sterna virgata mercuri
    **Prinz Edwardseeschwalbe**
    Voisin, 1971
    Crozet und Prince Edward is. (w Südatlantischer Ozean)

Sterna hirundo
**Flussseeschwalbe**
*Common Tern - Charrán común*
Linnaeus, 1758
*Azoren, Madeira und Kanarische Inseln (Macaronesia, w von nw Afrika); Tunesien (n Afrika), Mauretanien und Senegal (w Afrika); Inland Europa (außer Arctic) bis nw Sibirien und w China; Inland Northwest Territories bis Montana, James Bay und se Kanada und New England, Küste w North Atlantic bis South Carolina; Bahamas (erratic), und Inseln n von Venezuela*

    Sterna hirundo tibetana
    **Tibetflussseeschwalbe**
    Saunders, H, 1876
    c Asien bis Xinjiang (w China) e bis nw Inner Mongolei, s über Tibetische Hochebene von e Ladakh bis Qinghai
    Sterna hirundo minussensis
    **Mongolische Flussseeschwalbe**
    Sushkin, 1925
    c, s Sibirien s bis Transsibirien, s Russisch Altai und sc Mongolei
    Sterna hirundo longipennis
    **Sibirische Flussseeschwalbe**
    Nordmann, 1835
    ne Sibirien s bis Kamtschatka, Sakhalin, Ussuriland und e Mongolei bis ne China

Sterna repressa
**Weißwangen-Seeschwalbe**
*White-cheeked Tern - Charrán arábigo*
Hartert, EJO, 1916
*Küste Kenia bis Persian Gulf, Red Sea und Küste Pakistan*

Sterna sumatrana
**Schwarznacken-Seeschwalbe**
*Black-naped Tern - Charrán de Sumatra*
Raffles, 1822
*Andaman Is., Thailand, Vietnam, Malayische Halbinsel, Ryukyu Is. (=Nansei Shoto, s Japan), Inseln vor e China, Taiwan, Philippinen, Indonesisches Archipel, Neuguinea kleine Inseln, n Australien, Melanesia, s Micronesia, Tuvalu (=Ellice Is.), Fiji, Tonga, Tokelau und Samoa (w, c Polynesien), und n Cook Is. (e Polynesien)*

    Sterna sumatrana mathewsi
    **Mathewsseeschwalbe**
    Stresemann, 1914
    Aldabra und Cosmoledo (Aldabra Gruppe, sw Seychellen), Farquhar und Amirantes Gruppes (c Seychellen; w indischer Ozean); Chagos Archipel und Maldives (nw indischer Ozean)

Sterna dougallii
**Rosenseeschwalbe**
*Roseate Tern - Charrán rosado*
Montagu, 1813
*Azoren, Britische Inseln und w Frankreich; Somalia bis Tansania (ne, e Afrika) und s Afrika; Küste se Kanada und ne USA (w North Atlantic), Florida Keys, Belize cays, Inseln vor n Honduras, West Indies und Inseln n von Venezuela*

    Sterna dougallii arideensis
    **Seychellen-Rosenseeschwalbe**
    Mathews, 1912
    Farquhar und Amirantes Gruppes (c Seychellen) und Aride (nc Inner Is., ne Seychellen) bis Küste w Madagaskar und St. Brandon (=Cargados Carajos Shoals, n von Mascarenes)

Sterna dougallii korustes
**Andamanenseeschwalbe**
Hume, 1874
Inseln vor w Indien und Sri Lanka, Andaman Is. und Mergui Archipel (sw Myanmar)

Sterna dougallii bangsi
**Bangsseeschwalbe**
Mathews, 1912
Ryukyu Is. (s Japan), e China, Con Dao Is. (se von Vietnam), s Thailand, Malayische Halbinsel, Neuguinea kleine Inseln, Bismarck Archipel, Solomon Is., Vanuatu und New Caledonia inklusive Loyalty Is.

Sterna dougallii gracilis
**Molukkenseeschwalbe**
Gould, 1845
Inseln vor Moluccas, und w, n, ne Australien

## Sterna striata
### Weißstirn-Seeschwalbe
*White-fronted Tern - Charrán maorí*
Gmelin, JF, 1789
*Küsten und kleine Inseln von North, South, Stewart, Chatham (e von Südinsel) und Auckland is. (s von Südinsel; New Zealand); Furneaux Gruppe, e Bass Strait is. (Australien)*

## Sterna acuticauda
### Schwarzbauch-Seeschwalbe
*Black-bellied Tern - Charrán ventrinegro*
Gray, JE, 1831
*Indus Tal (Pakistan), Sub-Himalaya Indien und Irrawaddy (=Ayeyarwady) River, c Myanmar*



## Thalasseus sandvicensis
### Brandseeschwalbe
*Sandwich Tern - Charrán patinegro*
Latham, 1787
*Küste nw bis se Europa von Britische Inseln und Ostsee bis e Iberische Halbinsel, Mittelmeer, Schwarzes und e, s Kaspisches Meer*

## Thalasseus acuflavidus
### Cayenneseeschwalbe
*Cabot's Tern - Charrán cayena*
Cabot, S, 1847
*Küste w North Atlantic von Virginia bis Florida, Gulf von Mexico bis s Texas, Campeche Bank (n von Yucatan Halbinsel, ec Mexico), Belize cays und West Indies*

Thalasseus acuflavidus eurygnathus
**Saundersseeschwalbe**
Saunders, H, 1876
Inseln vor Venezuela und Guianas, Küste e Brasilien, ec und se Argentinien

## Thalasseus elegans
### Schmuckseeschwalbe
*Elegant Tern - Charrán elegante*
Gambel, 1849
*Küste e Pacific von sw California und Baja California und Gulf von California (nw Mexico)*

## Thalasseus bengalensis
### Rüppellseeschwalbe
*Lesser Crested Tern - Charrán bengalí*
Lesson, RP, 1831
Red Sea, Persian Gulf bis Sind (Pakistan) und Lakshadweep und Maldives (nc indischer Ozean) und Orissa (w Bay von Bengal)

Thalasseus bengalensis emigratus
**Persienseeschwalbe**
Neumann, 1934
Küste sc Mittelmeer: Libyen (c North Afrika)

Thalasseus bengalensis torresii
**Torresseeschwalbe**
Gould, 1843
Küste nw, nc, ne Australien

## Thalasseus albididorsalis
### Guineaseeschwalbe
*West African Crested Tern - Charrán real africano*
Hartert, EJO, 1921
*Küsten von Mauretanien bis Guinea (w Afrika)*

## Thalasseus maximus
### Königsseeschwalbe
*Royal Tern - Charrán real americano*
Boddaert, 1783
*Küste w North Atlantic von Virginia bis Florida, Gulf von Mexico bis s Texas, Campeche Bank (ne Mexico), vor n Honduras, über West Indies und vor n Venezuela bis Französisch-Guayana; s California, n Gulf von California bis Sinaloa und Is. Tres Marias (vor wc Mexico) und Küste s Brasilien, Uruguay und ec Argentinien*

## Thalasseus bergii
### Eilseeschwalbe
*Greater Crested Tern - Charrán piquigualdo*
Lichtenstein, MHC, 1823
*Küsten von Namibia bis Mosambik*

Thalasseus bergii thalassinus
**Chagosseeschwalbe**
Stresemann, 1914
Tansania, Aldabra Gruppe (sw Seychellen), Madagascar und Mascarenes (w tropischer indischer Ozean) und Chagos Archipel (wc indischer Ozean)

Thalasseus bergii velox
**Östliche Eilseeschwalbe**
Cretzschmar, 1827
Red Sea und nw Somalia bis Maldives, Sri Lanka und Myanmar

Thalasseus bergii cristatus
**Australische Eilseeschwalbe**
Stephens, 1826
Küste e China, Taiwan, Spratly Is. (s China Sea), Senkaku Is. (w von Okinawa), und Nishinoshima (Iwo=Volcano Is., s von Japan), sw Philippinen, Con Dao Is. (se von Vietnam), Australien inklusive Torres Strait is. (ne Australien), New Caledonia, Micronesia, Fiji und Tonga (sw, sc Polynesien), Line Is. (e Kiribati), Society und Tuamotu is. (e Polynesien)

## Thalasseus bernsteini
### Bernsteinseeschwalbe
*Chinese Crested Tern - Charrán chino*
Schlegel, 1863
*Inseln vor Zhejiang und Fujian (e China coast)*



## Creagrus furcatus
### Gabelschwanzmöwe
*Swallow-tailed Gull - Gaviota tijereta*
Néboux, 1842
*Galápagos und Malpelo Insel (w von Kolumbien)*



## Hydrocoloeus minutus
### Zwergmöwe
*Little Gull - Gaviota enana*
Pallas, 1776
*Baltik-Region von e, n Europa bis w Sibirien und n Kasachstan, nw, nc Mongolei; Sibirien e von Lake Baikal bis Sea von Okhotsk und ne China; Great Lakes, Hudson und James Bays (ec Kanada)*



## Rhodostethia rosea
### Rosenmöwe
*Ross's Gull - Gaviota rosada*
MacGillivray, W, 1824
*w, e Grönland ; Arctic ne Sibirien, Taimyr Halbinsel bis Kolyma River; Arctic ne Kanada und Churchill, Manitoba (wc Hudson Bay, ec Kanada)*



## Rissa tridactyla
### Dreizehenmöwe
*Black-legged Kittiwake - Gaviota tridáctila*
Linnaeus, 1758
*Grönland, Island, w, nw Europa, Svalbard und nw Sibirien is., ne Kanada, Gulf von St. Lawrence und Neufundland (se Kanada)*

Rissa tridactyla pollicaris
**Alaska-Dreizehenmöwe**
Ridgway, 1884
ne Sibirien is. bis Sakhalin, Kamtschatka, Kuril und Commander is. (e Russland); Aleutian und Beringsee is., und w, sw Alaska

## Rissa brevirostris
### Klippenmöwe
*Red-legged Kittiwake - Gaviota piquicorta*
Bruch, 1855
*Commander Is. (se Russland), Aleutian und Pribilof is., und St. Matthew Insel (n Beringsee)*



## Pagophila eburnea
### Elfenbeinmöwe
*Ivory Gull - Gaviota marfileña*
Phipps, 1774
*Grönland, Svalbard (n von Norwegen), Franz Josef Land bis Herald Insel (e von Wrangel Insel, n von Chukotka Halbinsel; n Russland) und n Kanada*



## Xema sabini
### Schwalbenmöwe
*Sabine's Gull - Gaviota de Sabine*
Sabine, 1819
*nw, e Grönland, Svalbard (n Norwegen), ne Sibirien von Taimyr Halbinsel bis Wrangel Insel (n Tschukotka Halbinsel) und Gulf von Anadyr (e Tschukotka Halbinsel; ne Russland); St. Lawrence Insel (n Beringsee), w, n Alaska und Arktisches Kanada*

## Gattung: Saundersilarus

Saundersilarus saundersi
### Saundersmöwe
*Saunders's Gull - Gaviota de Saunders*
Swinhoe, 1871
*Küste Liaoning bis Jiangsu (Yellow Sea, e China) und Songdo (nw South Korea)*

## Gattung: Chroicocephalus

Chroicocephalus genei
### Dünnschnabelmöwe
*Slender-billed Gull - Gaviota picofina*
Brème, 1839
*s Iberische Halbinsel, s Europa, Black und Caspian seas und Türkei bis Central Asien, Pakistan und Küste nw Indien; Mauretanien, Senegal und Gambia*

Chroicocephalus philadelphia
### Bonapartemöwe
*Bonaparte's Gull - Gaviota de Bonaparte*
Ord, 1815
*sw Alaska Festland und nw, sw Kanada bis e Quebec (se Kanada)*

Chroicocephalus novaehollandiae
### Silberkopfmöwe
*Silver Gull - Gaviota plateada australiana*
Stephens, 1826
*Küste und Inland sw, n Western Australia (sw Australien) und se South Australia bis ne Queensland und Tasmanien (s, se bis ne Australien)*

Chroicocephalus novaehollandiae forsteri
#### Forsters Silberkopfmöwe
Mathews, 1912
New Caledonia inklusive Loyalty Is.
Chroicocephalus novaehollandiae scopulinus
#### Tasmanische Silberkopfmöwe
Forster, JR, 1844
Küsten und Inseln vor North, South, Stewart und kleine Inseln und at Lake Rotorua, Nordinsel, Chatham Is. (e von Südinsel) und Snares, Auckland und Campbell is. (s von Südinsel; New Zealand)

Chroicocephalus bulleri
### Maorimöwe
*Black-billed Gull - Gaviota maorí*
Hutton, FW, 1871
*Nord- und Südinsel (Neuseeland)*

Chroicocephalus serranus
### Andenmöwe
*Andean Gull - Gaviota andina*
Tschudi, 1844
*Anden sw Kolumbien bis sc Chile und sw Argentinien*

Chroicocephalus maculipennis
### Patagonienmöwe
*Brown-hooded Gull - Gaviota cahuil*
Lichtenstein, MHC, 1823
*Inland und Küste se Brasilien, c Chile, nc Argentinien und Falkland Is.*

Chroicocephalus ridibundus
### Lachmöwe
*Black-headed Gull - Gaviota reidora*
Linnaeus, 1766
*Küste s Grönland, Binnenland Island, gemäßigtes und subarktisches w Europa über Russland bis Jakutsk, Kamtschatka, Sachalin (e Russland); im Süden über Kaspisches Meer, n Zentralasien, n, c Mongolei und ne China; wc Neufundland (se Kanada)*

Chroicocephalus brunnicephalus
### Braunkopfmöwe
*Brown-headed Gull - Gaviota centroasiática*
Jerdon, 1840
*Inland Tibetische Hochebene von Tadschikistan, Xinjiang (w China), Ladakh (nw Indien) und Tibet*

Chroicocephalus cirrocephalus
### Graukopfmöwe
*Grey-headed Gull - Gaviota cabecigrís*
Vieillot, 1818
*Küste Ecuador und Peru; Rio de la Plata von s Uruguay und ne Argentinien und Inland along Paraguay und Paraná basins bis Santa Fe Province (nc Argentinien)*

Chroicocephalus cirrocephalus poiocephalus
#### Swainsons Graukopfmöwe
Swainson, 1837
Küste und Inland Afrika s in der Sahara (außer c, ne Afrika) und Madagascar

Chroicocephalus hartlaubii
### Hartlaubmöwe
*Hartlaub's Gull - Gaviota plateada surafricana*
Bruch, 1855
*Küste c Namibia bis W Cape, s Afrika*

## Gattung: Leucophaeus

Leucophaeus modestus
### Graumöwe
*Grey Gull - Gaviota garuma*
Tschudi, 1843
*Atacama-Wüste (n Chile)*

Leucophaeus scoresbii
### Blutschnabelmöwe
*Dolphin Gull - Gaviota patagona*
Traill, 1823
*Küste c, s Chile und Argentinien bis Tierra del Fuego; Falkland Is.*

Leucophaeus atricilla
### Aztekenmöwe
*Laughing Gull - Gaviota guanaguanare*
Linnaeus, 1758
*West Indies, Inseln vor Yucatan Halbinsel, Inseln n von Venezuela, Trinidad und Tobago und bis Französisch-Guayana*

Leucophaeus atricilla megalopterus
#### Nördliche Aztekenmöwe
Bruch, 1855
Inseln vor w Nordatlantik-Küste von se Kanada, Maine bis Florida, Gulf von Mexico bis s Texas, Salton Sea (se California), Gulf von California bis Colima

Leucophaeus pipixcan
### Präriemöwe
*Franklin's Gull - Gaviota pipizcan*
Wagler, 1831
*Prärie-Sümpfe von w, n Alberta und ec Oregon bis sw Manitoba (wc, ec Kanada) und nw Minnesota*

Leucophaeus fuliginosus
### Lavamöwe
*Lava Gull - Gaviota fuliginosa*
Gould, 1841
*Küsten von Galápagos*

## Gattung: Ichthyaetus

Ichthyaetus ichthyaetus
### Fischmöwe
*Pallas's Gull - Gavión cabecinegro*
Pallas, 1773
*Inseln von der Krim bis Kasachstan, w, s Mongolei, Gansu, Qinghai und Inner Mongolei (w, c China)*

Ichthyaetus relictus
### Reliktmöwe
*Relict Gull - Gaviota relicta*
Lönnberg, 1931
*Seen von ne Kasachstan, Mongolei, Inner Mongolei und Shaanxi (nc China) und Transsibirien (se Russland)*

Ichthyaetus audouinii
### Korallenmöwe
*Audouin's Gull - Gaviota de Audouin*
Payraudeau, 1826
*e Nordatlantik-Küste von s Portugal und Spanien; Küsten und Inseln von Mittelmeer und bis Zypern und s Türkei*

Ichthyaetus melanocephalus
### Schwarzkopfmöwe
*Mediterranean Gull - Gaviota cabecinegra*
Temminck, 1820
*Inland s Großbritanien und e Spanien bis sw Russland, Ukraine und Aserbaidschan*

Ichthyaetus hemprichii
### Hemprichmöwe
*Sooty Gull - Gaviota cejiblanca*
Bruch, 1855
*Inseln von Red Sea, Gulf von Aden, Socotra, nw indischer Ozean bis ne Kenia, Persian Gulf und nw Arabien Sea bis s Pakistan*

Ichthyaetus leucophthalmus
### Weißaugenmöwe
*White-eyed Gull - Gaviota ojiblanca*
Temminck, 1825
*Inseln vor Red Sea coasts*

## Larus pacificus
**Dickschnabelmöwe**
*Pacific Gull - Gaviota de Tasmania*
Latham, 1801
*Küsten von s Victoria bis se Queensland und Tasmanien (se Australien)*

### Larus pacificus georgii
**Georgs Dickschnabelmöwe**
King, PP, 1826
Küsten von wc, sw Western Australia und sc South Australia (sw, sc Australien)

## Larus belcheri
**Schwanzbandmöwe**
*Belcher's Gull - Gaviota simeón*
Vigors, 1829
*w Küsten und Inseln von Südamerika von n Peru bis n Chile*

## Larus crassirostris
**Japanmöwe**
*Black-tailed Gull - Gaviota japonesa*
Vieillot, 1818
*Küsten und Inseln von e Sibirien, Sakhalin und Kuril Is. (se Russland), Hokkaido und Honshu (n, c Japan), Koreanische Halbinsel, e China und Matsu Is. (=Lienchiang County; w von Taiwan)*

## Larus atlanticus
**Olrogmöwe**
*Olrog's Gull - Gaviota cangrejera*
Olrog, 1958
*Küste s Buenos Aires und Chubut provinces (ne, ec Argentinien)*

## Larus heermanni
**Heermannmöwe**
*Heermann's Gull - Gaviota mexicana*
Cassin, 1852
*Insel Rasa (n Gulf von California, c California) und Baja California bis Nayarit (w Mexico)*

## Larus canus
**Sturmmöwe**
*Common Gull - Gaviota cana*
Linnaeus, 1758
*Island, n Britische Inseln, Skandinavien und in c Europa bis Weißes Meer (nw Russland)*

### Larus canus heinei
**Sibirische Sturmmöwe**
Homeyer, 1853
nw Russland von Weißes Meer bis Lena River (c Sibirien)
### Larus canus kamtschatschensis
**Kamschatkasturmmöwe**
Bonaparte, 1857
ne Sibirien und Kamtschatka

## Larus brachyrhynchus
**Kurzschnabel-Sturmmöwe**
*Short-billed Gull - Gaviota piquicorta*
Richardson, 1831
*w, n Alaska Festland s bis Vancouver Insel (sw British Columbia), und nw Kanada e bis nw Alberta*

## Larus delawarensis
**Ringschnabelmöwe**
*Ring-billed Gull - Gaviota de Delaware*
Ord, 1815
*Inland e British Columbia bis s Northwest Territories, s James Bay bis Labrador und Neufundland (c, s Kanada), Pacific Northwest states und Great Lakes (n contiguous USA)*

## Larus livens
**Gelbfußmöwe**
*Yellow-footed Gull - Gaviota de Cortés*
Dwight, 1919
*Inseln in Gulf von California, von Roca Consag bis La Paz Bay*

## Larus occidentalis
**Westmöwe**
*Western Gull - Gaviota occidental*
Audubon, 1839
*w Nordpazifik Küste von nw Washington bis se Farallon Is. (c California)*

### Larus occidentalis wymani
**Wymanwestmöwe**
Dickey & Van Rossem, 1925
Monterey Bay (c California) bis Insel Guadelupe und c Baja California (nw Mexico)

## Larus cachinnans
**Steppenmöwe**
*Caspian Gull - Gaviota del Caspio*
Pallas, 1811
*Inland s Polen und Ungarn e über Black-, Caspian- und Aral-See bis e Kasachstan*

## Larus dominicanus
**Dominikanermöwe**
*Kelp Gull - Gaviota cocinera*
Lichtenstein, MHC, 1823
*Küste Südamerika, Falkland Is., South Georgia, Australien und New Zealand Region*

### Larus dominicanus vetula
**Südliche Dominikanermöwe**
Bruch, 1855
Küste w, s Afrika
### Larus dominicanus melisandae
**Madagaskarmöwe**
Jiguet, 2002
Küste s Madagascar
### Larus dominicanus judithae
**Subarktische Dominikanermöwe**
Jiguet, 2002
Indischer Ozean is.
### Larus dominicanus austrinus
**Antarktische Dominikanermöwe**
Fleming, JH, 1924
Küste Antarktis und kleine Inseln

## Larus argentatus
**Silbermöwe**
*European Herring Gull - Gaviota argéntea europea*
Pontoppidan, 1763
*Skandinavien bis Niederlande und Kola Halbinsel (nw Russland) und sw Russland*

### Larus argentatus argenteus
**Westliche Silbermöwe**
Pontoppidan, 1763
Island, Faroe und Britische Inseln, w Deutschland bis w Frankreich

## Larus vegae
**Ostsibirienmöwe**
*Vega Gull - Gaviota del este de Siberia*
Palmén, 1887
*c, e Sibirien von Taimyr bis Chukotka, New Siberian Is. (nc Russland) und St. Lawrence Insel (n Beringsee)*

## Larus mongolicus
**Mongolenmöwe**
*Mongolian Gull - Gaviota de Mongolia*
Sushkin, 1925
*Altai Republic bis Lake Baikal (sc Russland) und Mongolei; Lake Khanka (Heilongjiang, ne China); und Yellow Sea is. (w Koreanische Halbinsel)*

## Larus michahellis
**Mittelmeermöwe**
*Yellow-legged Gull - Gaviota patiamarilla*
Naumann, JF, 1840
*Atlantic Portugal, Spanien und Marokko; Küste und Inland Mittelmeer von Belgien bis Polen und Türkei*

### Larus michahellis atlantis
**Atlantische Mittelmeermöwe**
Dwight, 1922
Azoren, Madeira und Kanarische Is. (Macaronesia, w von n Afrika)

## Larus armenicus
**Armenienmöwe**
*Armenian Gull - Gaviota armenia*
Buturlin, 1934
*Seen von s Georgien, Armenien, e Türkei und nw Iran*

## Larus marinus
**Mantelmöwe**
*Great Black-backed Gull - Gavión atlántico*
Linnaeus, 1758
*Nordatlantik-Küstes, von sw, se Grönland, Island bis nw Europa, Svalbard (n von Norwegen) und Baltische Staaten (nw Russland); Küste und Inland ne Kanada bis Great Lakes (scarce) und Küsten bis New Jersey*

## Larus hyperboreus
**Eismöwe**
*Glaucous Gull - Gavión hiperbóreo*
Gunnerus, 1767
*Svalbard (n von Norwegen) bis Küste Taimyr Halbinsel (nw Sibirien)*

### Larus hyperboreus pallidissimus
**Beringeismöwe**
Portenko, 1939
Küste Taimyr Halbinsel (nw Sibirien) bis St. Lawrence Insel (n Beringsee)
### Larus hyperboreus barrovianus
**Alaskaeismöwe**
Ridgway, 1886
Küste w, n Alaska bis w Mackenzie River Region (nw Kanada)
### Larus hyperboreus leuceretes
**Islandeismöwe**
Schleep, 1819
Grönland, Island und e Mackenzie River Region (nw Kanada) über Hocharktik ne Canadian is.

Larus fuscus
## Heringsmöwe
*Lesser Black-backed Gull - Gaviota sombría*
Linnaeus, 1758
*n Norwegen, Schweden und Finnland bis Weißes Meer (nw Russland)*

Larus fuscus graellsii
### Grönlandheringsmöwe
Brehm, AE, 1857
sw Grönland, Island, Färöer Is. und w Europa bis n Iberische Halbinsel
Larus fuscus intermedius
### Mitteleuropäische Heringsmöwe
Schiøler, 1922
Niederlande, Deutschland, Dänemark, sw Schweden und w Norwegen
Larus fuscus heuglini
### Sibirische Heringsmöwe
Bree, 1876
von Kola Halbinsel (nw Russland) bis Yamal Halbinsel (nc Sibirien)
Larus fuscus barabensis
### Asiatische Heringsmöwe
Johansen, HC, 1960
wc Asien von se Ural Mts. bis w Sibirien und n Kasachstan

Larus californicus
## Kalifornienmöwe
*California Gull - Gaviota californiana*
Lawrence, 1854
*sc British Columbia (sw Kanada), e Washington bis Montana und s bis Colorado und c California*

Larus californicus albertaensis
### Albertamöwe
Jehl, 1987
c Northwest Territories bis c Manitoba (c Kanada) bis ne South Dakota (nc USA)

Larus smithsonianus
## Kanadamöwe
*American Herring Gull - Gaviota argéntea americana*
Coues, 1862
*n, w Alaska und n Yukon, Kanada bis Baffin Insel und Neufundland, s e Nordpazifik Küste bis sc British Columbia; e bis Great Lakes, Inland ne USA und w Nordatlantik-Küste s bis North Carolina*

Larus glaucescens
## Beringmöwe
*Glaucous-winged Gull - Gaviota de Bering*
Naumann, JF, 1840
*Küste Nordpazifik Küste in e Sibirien, Kamtschatka, Kuril und Commander is. (e Russland); Aleutian und Pribilof is., sw Alaska Festland bis n Washington*

Larus schistisagus
## Kamtschatkamöwe
*Slaty-backed Gull - Gaviota de Kamchatka*
Stejneger, 1884
*Küsten und Seen von ne Sibirien s von Anadyr, Kamtschatka, Sea von Okhotsk, Sakhalin, Kuril Is. (e Russland), ne China, und Hokkaido und n Honshu (n Japan)*

Larus glaucoides
## Polarmöwe
*Iceland Gull - Gaviota groenlandesa*
Meyer, B, 1822
*Küste sw, se Island*

Larus glaucoides kumlieni
### Kanadische Polarmöwe
Brewster, 1883
e, s Baffin Insel, Southampton Insel (n Hudson Bay) und Ungava Halbinsel (ne Kanada)
Larus glaucoides thayeri
### Arktische Polarmöwe
Brooks, WS, 1915
Arctic e Kanadische Inseln von Banks bis Ellesmere und n, c Baffin is. (ne Kanada); nw Grönland

# Familie: Stercorariidae (Raubmöwen)

## Gattung: Stercorarius

Stercorarius longicaudus
## Falkenraubmöwe
*Long-tailed Jaeger - Págalo rabero*
Vieillot, 1819
*Arktis n Skandinavien (einschließlich Svalbard, n von Norwegen) und n Russland e bis Lena Fluss (ec Sibirien)*

Stercorarius longicaudus pallescens
### Sibirische Falkenraubmöwe
Løppenthin, 1932
Lena River (ec Sibirien) bis ne Sibirien und Kamtschatka, Arctic und w, s Alaska über Kanada bis Ellesmere und Baffin is. (ne Kanada) und nw, se Grönland

Stercorarius parasiticus
## Schmarotzerraubmöwe
*Parasitic Jaeger - Págalo parásito*
Linnaeus, 1758
*Holarktische niedrige arktische Tundra, örtlich hohe Arktis und Subarktis: w, s Grönland, Island, n Schottland, Skandinavienn Küsten inklusive Ostsee, Svalbard (n von Norwegen), n Russland bis ne Sibirien und Kamtschatka, Aleuten und Beringsee, w und sw Alaska, Arktis Kanada (außer n high Arctic Inseln) bis Baffin Insel und ec Kanada*

Stercorarius pomarinus
## Spatelraubmöwe
*Pomarine Jaeger - Págalo pomarino*
Temminck, 1815
*Holarktische hocharktische Tundra: unregelmäßig vor sw Grönland, Svalbard (Nistplatz unbestätigt; n von Norwegen), nw bis ne Arktisches Russland (inklusive vieler hocharktischer Inseln), hocharktisches n Alaska und sw Alaska Festland, und Arktisches Kanada bis Baffin Insel (ne Kanada)*

Stercorarius skua
## Skua
*Great Skua - Págalo grande*
Brünnich, 1764
*Island, Färöer, Irland, Schottland, Norwegen, Svalbard (nördlich von Norwegen), und Nordwestrussland bis Novaya Zemlya*

Stercorarius chilensis
## Chileskua
*Chilean Skua - Págalo chileno*
Bonaparte, 1857
*Küste sc Chile und se Argentinien bis Cape Horn*

Stercorarius antarcticus
## Braunskua
*Brown Skua - Págalo subantártico*
Lesson, RP, 1831
*Küste Chubut und Santa Cruz provinces (se Argentinien) und Falkland Is.*

Stercorarius antarcticus hamiltoni
### Tristanskua
Hagen, 1952
Tristan da Cunha Gruppe inklusive Gough (sc Südatlantischer Ozean)
Stercorarius antarcticus lonnbergi
### Antarktisskua
Mathews, 1912
Kap Hoorn, Antarktis Halbinsel, South Georgia und South Shetlands, und bis Neuseeland Region

Stercorarius maccormicki
## Südpolarskua
*South Polar Skua - Págalo polar*
Saunders, H, 1893
*Küste Antarktis, Ross Sea; South Shetland und South Orkney is. (vor Antarktis Halbinsel)*

# Familie: Alcidae (Alkenvögel)

## Gattung: Cerorhinca

Cerorhinca monocerata
## Nashornalk
*Rhinoceros Auklet - Alca unicórnea*
Pallas, 1811
*Nordpazifik Küste: vor Sakhalin und Kuril Is. (se Russland), Hokkaido und n Honshu (n Japan), Aleutian Is., s, se Alaska bis s California*

## Gattung: Fratercula

Fratercula cirrhata
## Gelbschopflund
*Tufted Puffin - Frailecillo coletudo*
Pallas, 1769
*n Chukotka, Sea von Okhotsk, Sakhalin, Kamtschatka, Kuril und Commander is. (e Russland), vor se Hokkaido (n Japan), Beringsee is., Aleutian Is., w, s Alaska bis c California*

Fratercula arctica
## Papageitaucher
*Atlantic Puffin - Frailecillo atlántico*
Linnaeus, 1758
*w, ec Grönland, Island, Faroe, British, und Channel is., nw Frankreich, s bis n Skandinavien, Svalbard (n von Norwegen) und Novaya Zemlya (nw Russland); n Hudson Bay bis se Kanada und Maine (e Kanada, ne USA)*

Fratercula corniculata
## Hornlund
*Horned Puffin - Frailecillo corniculado*
Naumann, JF, 1821
*Wrangel Insel (n von ne Sibirien), Beaufort Sea, Sea von Okhotsk, Sakhalin, Kamtschatka, Kuril und Commander is. (e Russland), Beringsee is., Aleutian Is. und n, w, s Alaska bis British Columbia*

Ptychoramphus aleuticus
**Aleutenalk**
*Cassin's Auklet - Mérgulo sombrío*
Pallas, 1811
Aleutian Is. bis Küste sw Alaska, se Alaska bis n Baja California (nw Mexico)

>Ptychoramphus aleuticus australis
>**Kalifornienalk**
>Van Rossem, 1939
>s Baja California (nw Mexico)



Aethia pusilla
**Zwergalk**
*Least Auklet - Mérgulo mínimo*
Pallas, 1811
nw bis ne Nordpazifik Küste: e Chukotka, ne Kamtschatka, Sea von Okhotsk, Kuril und
Commander is. (e Russland); Beringsee is. und Aleutian Is.

Aethia pygmaea
**Bartalk**
*Whiskered Auklet - Mérgulo bigotudo*
Gmelin, JF, 1789
nc, nw Nordpazifik Küste: Sea von Okhotsk, Kuril und Commander is. (e Russland) und Aleutian
Is.

Aethia cristatella
**Schopfalk**
*Crested Auklet - Mérgulo empenachado*
Pallas, 1769
nw bis ne Nordpazifik Küste Küste: e Chukotka, ne Kamtschatka, Sea von Okhotsk, Sakhalin,
Kuril und Commander is. (e Russland); Beringsee is. und Aleutian Is.

Aethia psittacula
**Rotschnabelalk**
*Parakeet Auklet - Mérgulo lorito*
Pallas, 1769
nw, ne Nordpazifik Küste Küsten: e Chukotka, ne Kamtschatka, Sea von Okhotsk, Sakhalin, Kuril
und Commander is. (e Russland); Beringsee is., Aleutian Is., und Gulf von Alaska



Brachyramphus perdix
**Langschnabelalk**
*Long-billed Murrelet - Mérgulo jaspeado asiático*
Pallas, 1811
Küste Kamtschatka, Sea von Okhotsk, Sakhalin (e Russland) und n Hokkaido (n Japan); bis 30 km
Inland

Brachyramphus brevirostris
**Kurzschnabelalk**
*Kittlitz's Murrelet - Mérgulo piquicorto*
Vigors, 1829
Wrangel Insel (n von ne Sibirien), Chukotka, ne Kamtschatka, n Sea von Okhotsk (e Russland);
Beringsee und Aleutian Is., Gulf von Alaska bis se Alaska

Brachyramphus marmoratus
**Marmelalk**
*Marbled Murrelet - Mérgulo jaspeado americano*
Gmelin, JF, 1789
Küste c, e Nordpazifik Küste: Aleutian Is. bis c California; bis 100 km Inland



Cepphus grylle
**Gryllteiste**
*Black Guillemot - Arao aliblanco*
Linnaeus, 1758
Küste Ostsee

>Cepphus grylle mandtii
>**Spitzbergengryllteiste**
>Lichtenstein, MHC, 1822
>w, e Grönland, Jan Mayen (ne von Island), Svalbard (n von Norwegen), n Sibirien und n
>Alaska, ne Kanada bis n Labrador
>Cepphus grylle arcticus
>**Grönlandgryllteiste**
>Brehm, CL, 1824
>s Grönland, nw Britische Inseln, s Skandinavien, und Weißes Meer (nw Russland), s
>Labrador und Neufundland (se Kanada) und Gulf von Maine
>Cepphus grylle islandicus
>**Islandgryllteiste**
>Hørring, 1937
>Küste Island

>Cepphus grylle faeroeensis
>**Färörgryllteiste**
>Brehm, CL, 1831
>Färöer Is.

Cepphus carbo
**Brillenteiste**
*Spectacled Guillemot - Arao de anteojos*
Pallas, 1811
Sea von Okhotsk, s Kamtschatka, Sakhalin, Kuril Is. (e Russland), Hokkaido (n Japan) und ne
Koreanische Halbinsel

Cepphus columba
**Taubenteiste**
*Pigeon Guillemot - Arao colombino*
Pallas, 1811
Küste ne Sibirien und Kamtschatka (e Russland), Beringsee und w Alaska

>Cepphus columba snowi
>**Kurilenteiste**
>Stejneger, 1897
>n, c Kuril Is. (se Russland) und s Kuril Is. (n Japan)
>Cepphus columba kaiurka
>**Kanadateiste**
>Portenko, 1937
>Commander Is. (se Russland) bis wc Aleutian Is.
>Cepphus columba adiantus
>**Aleutenteiste**
>Storer, 1950
>Küste c Aleutian Is. bis Washington (ec Nordpazifik Küste)
>Cepphus columba eureka
>**Kalifornienteiste**
>Storer, 1950
>Küste Oregon und c California (ec Nordpazifik Küste)



Alca torda
**Tordalk**
*Razorbill - Alca común*
Linnaeus, 1758
ne Hudson Bay und s Baffin Insel (ne Kanada bis Gulf von Maine; w, se Grönland bis n
Skandinavien, Ostsee und Weißes Meer (nw Russland)

>Alca torda islandica
>**Islandtordalk**
>Brehm, CL, 1831
>Island, Färöer, Britische Inseln und Kanalinseln, Nordfrankreich und Helgoland (nördlich
>von Deutschland)



† Pinguinus impennis
**Riesenalk**
*Great Auk - Alca gigante*
Linnaeus, 1758
n Nordatlantik-Küstes: e Kanada, Grönland, Island, Färöer Is., Britische Inseln und Dänemark



Alle alle
**Krabbentaucher**
*Little Auk - Mérgulo atlántico*
Linnaeus, 1758
Baffin Insel (Arktis ne Kanada), nw, e Grönland, n Island, Jan Mayen (ne von Island), Svalbard (n
von Norwegen) und Novaya Zemlya (n von nw Russland)

>Alle alle polaris
>**Polarkrabbentaucher**
>Stenhouse, 1930
>Franz-Josef-Land (nördlich von Nowaja Semlja, Nordwestrussland); vielleicht Sewernaja
>Semlja (nördlich von Zentralrussland) bis St. Lawrence Insel (Beringsee, Alaska)



Uria lomvia
**Dickschnabellumme**
*Thick-billed Murre - Arao de Brünnich*
Linnaeus, 1758
Küste ne, se Kanada, Grönland, Island, Jan Mayen (ne von Island), n Skandinavien, Svalbard (n
von Norwegen) bis Novaya Zemlya (nw Russland)

>Uria lomvia eleonorae
>**Eleonoralumme**
>Portenko, 1937
>Küste e Taymyr Halbinsel bis New Sibirien Is. (nc Russland)
>Uria lomvia heckeri
>**Heckerlumme**
>Portenko, 1944
>Wrangel und Herald Insel. (n von ne Sibirien) und Tschuktschen-Halbinsel (ne Sibirien)

Uria lomvia arra
**Japanlumme**
Pallas, 1811
Küste Kamtschatka,Meerof Okhotsk, Kuril und Commander is. (e Russland), Aleutian Is.,
w, se Alaska, n Yukon (nw Kanada)

Uria aalge
**Trottellumme**
*Common Murre - Arao común*
Pontoppidan, 1763
*Küste se Kanada, sw Grönland, Island, Färöer Inseln, Schottland, s Norwegen und Ostsee*

Uria aalge hyperborea
**Spitzbergentrottellume**
Salomonsen, 1932
Küste n Norwegen bis Svalbard und Novaya Zemlya (nw Russland)
Uria aalge albionis
**Westliche Trottellumme**
Witherby, 1923
Küste Britische Inseln, Helgoland (n Deutschland), nw Frankreich und w Iberische
Halbinsel
Uria aalge inornata
**Beringlumme**
Salomonsen, 1932
Küste Kamtschatka, Sakhalin, Kuril und Commander is. (e Russland), s Kuril Is. (n Japan),
Teuri Insel (nw Hokkaido; n Japan); Aleutian und Beringsee is. bis w Alaska und sw
Kanada
Uria aalge californica
**Kalifonienlumme**
Bryant, H, 1861
Küste n Washington bis s California (e Nordpazifik Küste)

Gattung: Synthliboramphus

Synthliboramphus antiquus
**Silberalk**
*Ancient Murrelet - Mérgulo antiguo*
Gmelin, JF, 1780
*Küste Kamtschatka bis Yellow Sea, Kuril is. (e Russland); Aleutian Is. bis w British Columbia (sw
Kanada)*

Synthliboramphus antiquus microrhynchos
**Commander-Silberalk**
Stepanyan, 1972
Commander Is. (se Russland)

Synthliboramphus wumizusume
**Japanalk**
*Japanese Murrelet - Mérgulo japonés*
Temminck, 1836
*w Nordpazifik Küste: Inseln vor w Honshu, Kyushu und Izu Is. (c, s Japan), s von Koreanische
Halbinsel und se Russland*

Synthliboramphus scrippsi
**Kalifornienalk**
*Scripps's Murrelet - Mérgulo californiano aliclaro*
Green & Arnold, 1939
*ec Nordpazifik Küste: Channel Is. (s California) und Inseln vor nw, nc Baja California bis San
Benito (nw Mexico)*

Synthliboramphus hypoleucus
**Guadalupealk**
*Guadalupe Murrelet - Mérgulo de la Guadalupe*
Xántus, J, 1860
*ec Nordpazifik Küste: is. Guadalupe und San Benito (w von c Baja California, nw Mexico)*

Synthliboramphus craveri
**Niederkalifornienalk**
*Craveri's Murrelet - Mérgulo californiano alioscuro*
Salvadori, 1866
*ec Nordpazifik Küste: is. Cedros, San Benito und Asuncion-San Jorge (w von wc Baja California),
Inseln in Gulf von California, inklusive Rasa und Tiburon (n Gulf von California) und Partida (s Gulf
von California)*

## Ordnung: EURYPYGIFORMES ( Kagus & Sonnenrallen)

## Familie: Rhynochetidae (Kagus)

Gattung: Rhynochetos

Rhynochetos jubatus
**Kagu**
*Kagu - Kagú*
Verreaux, J & des Murs, 1860
*Grande Terre (New Caledonia)*

## Familie: Eurypygidae (Sonnenrallen)

Gattung: Eurypyga

Eurypyga helias
**Sonnenralle**
*Sunbittern - Tigana*
Pallas, 1781
*Kolumbien bis Guianas s über Amazonasgebiet Brasilien bis e Bolivien*

Eurypyga helias major
**Große Sonnenralle**
Hartlaub, 1844
Guatemala bis w Ecuador
Eurypyga helias meridionalis
**Peruanische Sonnenralle**
Berlepsch & Stolzmann, 1902
sc Peru

## Ordnung: PHAETHONTIFORMES (Tropikvögel)

## Familie: Phaethontidae (Tropikvögel)

Gattung: Phaethon

Phaethon aethereus
**Rotschnabel-Tropikvogel**
*Red-billed Tropicbird - Rabijunco etéreo*
Linnaeus, 1758
*Fernando de Noronha (ne von ne Brasilien), Abrolhos Is. (vor se Brasilien; wc South Atlantic),
Ascension und St. Helena (se Atlantischer Ozean)*

Phaethon aethereus mesonauta
**Antillen-Tropikvogel**
Peters, JL, 1930
Cape Verde Is. (s Makaronesien, w von nw Afrika) und Is. de la Madeleine (vor Senegal, w
Afrika); in e Pacific, Rocas Alijos (w von sw Baja California), Inseln in Gulf von California,
Inseln vor Nayarit und Colima, is. Revillagigedo und Tres Marias (nw, wc Mexico); is.
Malpelo (w von Kolumbien), de la Plata (w von c Ecuador), Galápagos und Chañaral (vor n
Chile); in Karibik, Inseln vor n Panama, Puerto Rico, Virgin Is., Kleine Antillen, Tobago, und
n von Venezuela
Phaethon aethereus indicus
**Indischer Tropikvogel**
Hume, 1876
Küste Red Sea, Gulf von Aden, Socotra, vor ne Somalia, vor e Küste von Arabische
Halbinsel, und Persian Gulf; Con Dao Is. (se von Vietnam)

Phaethon rubricauda
**Rotschwanz-Tropikvogel**
*Red-tailed Tropicbird - Rabijunco colirrojo*
Boddaert, 1783
*Europa (w von s Madagascar, Mosambik Channel), Aldabra und Cosmoledo (Aldabra Gruppe, sw
Seychellen), Aride (n Inner Is., ne Seychellen), Nosy Ve (sw Madagascar) und Mascarenes*

Phaethon rubricauda westralis
**Autralischer Tropikvogel**
Mathews, 1912
Cocos (Keeling) und Christmas Insel (s von Java), Rowley Shoals und Ashmore Reef (nw
von Australien) und Sugarloaf Rock (vor sw Australien); (presumably this race) Gunungapi
und Manuk (w, c Banda Sea, e Indonesia)
Phaethon rubricauda roseotinctus
**Norfolk-Tropikvogel**
Mathews, 1926
Great Barrier Reef Inseln, Lord Howe und Norfolk is. (e von Australien) und Kermadec Is.
(ne von New Zealand)
Phaethon rubricauda melanorhynchos
**Palmerston-Tropikvogel**
Gmelin, JF, 1789
w, c, s Pacific Inseln: s Ryukyu (=Nansei Shoto), Ogasawara (=Bonin) und Iwo (=Volcano)
is. (sw, se Japan) bis Vanuatu und New Caledonia, e über Micronesia und Polynesien bis
Northwestern und main Hawaiian Is. und Easter und Salas y Gomez (Eastern Is. Gruppe, e
Polynesien); presumably this race, Insel San Benedicto (Is. Revillagigedos, w von c
Mexico)

Phaethon lepturus
**Weißschwanz-Tropikvogel**
*White-tailed Tropicbird - Rabijunco menor*
Daudin, 1802
*tropischer indischer Ozean: Comoros, n, nw Madagascar, Inner Is. (ne Seychellen), Mascarenes (w
indischer Ozean); Chagos Archipel, Maldives (nc indischer Ozean), Cocos (Keeling) Insel (e
indischer Ozean), se Java bis Lombok (w Lesser Sundas) und Ashmore Reef (nw von Australien)*

Phaethon lepturus catesbyi
**Bahamas-Tropikvogel**
Brandt, JF, 1838
Bermuda und Bahamas, Große Antillen, Virgin Is. und Kleine Antillen
Phaethon lepturus ascensionis
**Acsension-Tropikvogel**
Mathews, 1915
Fernando de Noronha (ne von ne Brasilien) und Ascension Insel (sc South Atlantic)
Phaethon lepturus europae
**Europa-Tropikvogel**
Le Corre & Jouventin, 1999
Europa (w von s Madagascar, Mosambik Channel)

Phaethon lepturus fulvus
**Weihnachtsinsel-Tropikvogel**
Brandt, JF, 1838
Christmas Insel (s von w Java)
Phaethon lepturus dorotheae
**Dorothea-Tropikvogel**
Mathews, 1913
Inseln von Melanesia, Northern Mariana Is. s bis Palau (w Caroline Is., sw Micronesia)
und all Polynesienn Gruppes e bis Easter Insel (=Eastern Gruppe, e Polynesien) und n bis
Midway Insel (Northwestern Hawaiian Is.) und main Hawaiian is.

## Ordnung: GAVIIFORMES (Seetaucher)

## Familie: Gaviidae (Seetaucher)

## Gattung: Gavia

Gavia stellata
**Sterntaucher**
*Red-throated Loon - Colimbo chico*
Pontoppidan, 1763
*sw, se Grönland, Island, Färöer Is., n Britische Inseln, n Skandinavien, Svalbard (n von
Norwegen), n Russland bis Chukotka Halbinsel, Kamtschatka und Sakhalin und s bis Lake Baikal
(e Russland); Aleutian Is., Alaska Festland bis nw British Columbia, n Kanada bis Ellesmere Insel
und Neufundland (ne, se Kanada)*

Gavia arctica
**Prachttaucher**
*Black-throated Loon - Colimbo ártico*
Linnaeus, 1758
*n Schottland, Fennoscandia und Baltic über Russland und n Kasachstan und n Mongolei bis
Lena River (ne Sibirien); Novaya Zemlya und Franz Josef Land (n von nw Russland)*

Gavia arctica viridigularis
**Alaskaprachttaucher**
Dwight, 1918
Lena River (ne Sibirien) bis Chukotka Halbinsel, Kamtschatka und Sea von Okhotsk,
Wrangel Insel (n von ne Sibirien) und Seward Halbinsel (w Alaska)

Gavia pacifica
**Pazifiktaucher**
*Pacific Loon - Colimbo del Pacífico*
Lawrence, 1858
*Yana und Indigirka rivers e bis Chukotka (nc, ne Sibirien), Wrangel Insel (n von ne Sibirien),
Alaska, wc British Columbia, und n Kanada bis Baffin Insel und James Bay (ne, se Kanada)*

Gavia immer
**Eistaucher**
*Common Loon - Colimbo grande*
Brünnich, 1764
*w, se Grönland, Island; Subarktis bis n Nordamerika: w Alaska Festland bis n USA, across
Subarktis Kanada bis s Baffin Insel und New England*

Gavia adamsii
**Gelbschnabeltaucher**
*Yellow-billed Loon - Colimbo de Adams*
Gray, GR, 1859
*Arctic nw Russland von Novaya Zemlya bis Chukotka Halbinsel; nw, n Alaska und n Kanada bis
Nunavut (ec Kanada)*

## Ordnung: SPHENISCIFORMES (Pinguine)

## Familie: Spheniscidae (Pinguine)

## Gattung: Aptenodytes

Aptenodytes patagonicus
**Königspinguin**
*King Penguin - Pingüino rey*
Miller, JF, 1778
*Tierra del Fuego, Falkland Is., South Georgia, South Sandwich Is. (sw South Atlantic), Prince
Edward, Crozet, Kerguelen und Heard is. (sw, se South Indienn), Macquarie Insel (Australien, sw
Südpazifik)*

Aptenodytes forsteri
**Kaiserpinguin**
*Emperor Penguin - Pingüino emperador*
Gray, GR, 1844
*Antarktisches Meereis*

## Gattung: Pygoscelis

Pygoscelis adeliae
**Adeliepinguin**
*Adelie Penguin - Pingüino de Adelia*
Hombron & Jacquinot, 1841
*Antarktis Küsten und Inseln*

Pygoscelis antarcticus
**Kehlstreifpinguin**
*Chinstrap Penguin - Pingüino barbijo*
Forster, JR, 1781
*Antarktis Halbinsel und kleine Inseln; Balleny Insel (e Antarktis)*

Pygoscelis papua
**Eselspinguin**
*Gentoo Penguin - Pingüino juanito*
Forster, JR, 1781
*Falkland Is., Martillo Insel (=Hammer Insel, Beagle Channel) und Insel de los Estados (=Staten
Insel; s von Südamerika)*

Pygoscelis papua taeniata
**Kerguelen-Eselspinguin**
Peale, 1849
Crozet, Prince Edward, Marion, Kerguelen, Heard (sw, se South indischer Ozean) und
Macquarie is. (Australien, sw Südpazifik)
Pygoscelis papua ellsworthi
**Ellsworth-Eselspinguin**
Murphy, 1947
Antarktis Halbinsel, South Orkney, South Shetland und South Sandwich is.
Pygoscelis papua poncetii
**Südgeorgien-Eselspinguin**
Tyler, Bonfitto, Clucas, Reddy & Younger, 2020
South Georgia

## Gattung: Eudyptula

Eudyptula minor
**Zwergpinguin**
*Little Penguin - Pingüino enano*
Forster, JR, 1781
*w, s Südinsel und Stewart Insel (Neuseeland)*

Eudyptula minor novaehollandiae
**Tasmanischer Zwergpinguin**
Stephens, 1826
Küsten von sw Western Australia bis ec New South Wales und Tasmanien (s Australien)
Eudyptula minor iredalei
**Nordneuseeland-Zwergpinguin**
Mathews, 1911
n Nordinsel (Neuseeland)
Eudyptula minor variabilis
**Wellington-Zwergpinguin**
Kinsky & Falla, 1976
s Nordinsel und Cook Strait (Neuseeland)
Eudyptula minor albosignata
**Weißflügelpinguin**
Finsch, 1874
e Südinsel (Neuseeland)
Eudyptula minor chathamensis
**Chathampinguin**
Kinsky & Falla, 1976
Chatham Is. (e von Südinsel, New Zealand)

## Gattung: Spheniscus

Spheniscus mendiculus
**Galápagospinguin**
*Galapagos Penguin - Pingüino de Galápagos*
Sundevall, 1871
*w Galápagos*

Spheniscus humboldti
**Humboldtpinguin**
*Humboldt Penguin - Pingüino de Humboldt*
Meyen, 1834
*Küste n Peru bis c Chile*

Spheniscus magellanicus
**Magellanpinguin**
*Magellanic Penguin - Pingüino magallánico*
Forster, JR, 1781
*Küste c Chile und c Argentinien bis Cape Horn und Falkland Is.*

Spheniscus demersus
**Brillenpinguin**
*African Penguin - Pingüino de El Cabo*
Linnaeus, 1758
*Küste s Namibia und s Südafrika*

## Gattung: Megadyptes

Megadyptes antipodes
**Gelbaugenpinguin**
*Yellow-eyed Penguin - Pingüino ojigualdo*
Hombron & Jacquinot, 1841
*se South, Stewart und kleine Inseln, Auckland und Campbell is. (s von Südinsel; New Zealand)*

Gattung: Eudyptes

Eudyptes chrysolophus
**Goldschopfpinguin**
*Macaroni Penguin - Pingüino de macarrones*
Brandt, JF, 1837
*Antarktis Halbinsel und Falkland Is. bis Kerguelen und Heard is.*

Eudyptes schlegeli
**Haubenpinguin**
*Royal Penguin - Pingüino de Schlegel*
Finsch, 1876
*Macquarie und Bishop und Clerk is. (Australien)*

Eudyptes moseleyi
**Tristanpinguin**
*Northern Rockhopper Penguin - Pingüino saltarrocas septentrional*
Mathews & Iredale, 1921
*Tristan da Cunha Gruppe inklusive Gough (sc Südatlantischer Ozean), St. Paul und Amsterdam is. (sc indischer Ozean)*

Eudyptes chrysocome
**Felsenpinguin**
*Southern Rockhopper Penguin - Pingüino saltarrocas meridional*
Forster, JR, 1781
*Inseln von s Chile inklusive Cape Horn; Falkland Is.*

    Eudyptes chrysocome filholi
    **Australischer Felsenpinguin**
    Hutton, FW, 1879
    Prince Edward (s von Südafrika), Crozet (s von Madagascar), Kerguelen und Heard (sw, sc South indischer Ozean), Macquarie (Australien), Antipodes (se von Stewart Insel) und Auckland und Campbell is. (s von Südinsel; New Zealand)

Eudyptes pachyrhynchus
**Dickschnabelpinguin**
*Fiordland Penguin - Pingüino de Fiordland*
Gray, GR, 1845
*w South, w, s Stewart, und kleine Inseln (Neuseeland)*

Eudyptes robustus
**Snaresinselpinguin**
*Snares Penguin - Pingüino de las Snares*
Oliver, 1953
*Snares Insel (S Südinsel, Neuseeland)*

Eudyptes sclateri
**Kronenpinguin**
*Erect-crested Penguin - Pingüino de Sclater*
Buller, 1888
*Bounty (e von Stewart Insel) und Antipodes is. (se von Stewart Insel; New Zealand)*

## Ordnung: PROCELLARIIFORMES (Röhrennasen)

### Familie: Oceanitidae (Sturmschwalben)

Gattung: Oceanites

Oceanites oceanicus
**Buntfuß-Sturmschwalbe**
*Wilson's Storm Petrel - Paíño de Wilson*
Kuhl, 1820
*Crozet, Heard, Kerguelen (sw bis se indischer Ozean) und Macquarie is. (Australien)*

    Oceanites oceanicus exasperatus
    **Wilsons Sturmschwalbe**
    Mathews, 1912
    South Shetland, South Georgia und South Sandwich is., Küsten und Inland in Antarktis
    Oceanites oceanicus chilensis
    **Kaphorn-Sturmschwalbe**
    Murphy, 1936
    Inseln s Chilean Fjords und Cape Horn Archipel; Falkland Is.

Oceanites gracilis
**Elliotsturmschwalbe**
*Elliot's Storm Petrel - Paíño de Elliot*
Elliot, DG, 1859
*Chungunga Insel (Coquimbo Region, nc Chile), und Atacama-Wüste*

    Oceanites gracilis galapagoensis
    **Galapagossturmschwalbe**
    Lowe, 1921
    Galápagos

Oceanites pincoyae
**Pincoyasturmschwalbe**
*Pincoya Storm Petrel - Paíño pincoya*
Harrison, P, Sallaberry, Gaskin, Baird, K, Jaramillo, Metz, Pearman, O'Keeffe, Dowdall, Enright, Fahy, Gilligan & Lillie, 2013
*Reloncavi Sound (Puerto Montt n Chiloe, Los Lagos Region, sc Chile)*

Gattung: Garrodia

Garrodia nereis
**Graurücken-Sturmschwalbe**
*Grey-backed Storm Petrel - Paíño dorsigrís*
Gould, 1841
*Reloncavi Sound (Puerto Montt n Chiloe, Los Lagos Region, sc Chile)*

Gattung: Pelagodroma

Pelagodroma marina
**Weißgesicht-Sturmschwalbe**
*White-faced Storm Petrel - Paíño pechialbo*
Latham, 1790
*Tristan da Cunha Gruppe inklusive Gough (sc Atlantischer Ozean)*

    Pelagodroma marina hypoleuca
    **Kanaren-Weißgesichtsturmschwalbe**
    Webb, Berthelot & Moquin-Tandon, 1842
    Salvage Is. (nw von Kanarische Is.) und Montana Clara (few; vor Lanzarote, Kanarische Inseln; c Makaronesien, w von nw Afrika)
    Pelagodroma marina eadesorum
    **Kap Verde-Weißgesichtsturmschwalbe**
    Bourne, 1953
    Inseln von Branco, Ilheu de Cima, Boavista und Maio (Cape Verde Is., s Makaronesien, w von nw Afrika)
    Pelagodroma marina dulciae
    **Australische Weißgesichtsturmschwalbe**
    Mathews, 1912
    Inseln vor s Australien von Pelsart (Western Australia) bis Broughton (New South Wales)
    Pelagodroma marina maoriana
    **Chatham-Weißgesichtsturmschwalbe**
    Mathews, 1912
    kleine Inseln von North, South und Stewart is., Chatham (e von Südinsel) und Auckland is. (s von Südinsel; New Zealand)
    Pelagodroma marina albiclunis
    **Kerdamec-Weißgesichtsturmschwalbe**
    Murphy & Irving, 1951
    Haszard Insel (Kermadec Is., ne von Nordinsel, New Zealand)

Gattung: Fregetta

Fregetta grallaria
**Weißbauch-Sturmschwalbe**
*White-bellied Storm Petrel - Paíño ventriblanco*
Vieillot, 1818
*Roach Insel (Admiralty Is., Lord Howe Gruppe, e von Australien) und Kermadec Is. (ne von Nordinsel, New Zealand)*

    Fregetta grallaria leucogaster
    **Gouldssturmschwalbe**
    Gould, 1844
    Inaccessible, Nightingale und Gough (Tristan da Cunha Gruppe, sc Atlantischer Ozean) und St. Paul und Amsterdam (sc indischer Ozean)
    Fregetta grallaria segethi
    **Fernandezsturmschwalbe**
    Philippi & Landbeck, 1860
    San Felix und San Ambrosio (Easter Insel=Eastern Is. Gruppe, se Polynesien) und Juan Fernandez Is. (c Chile)
    Fregetta grallaria titan
    **Australsturmschwalbe**
    Murphy, 1928
    Rapa (e Tubuai=Austral Is., se Polynesien)

Fregetta tropica
**Schwarzbauch-Sturmschwalbe**
*Black-bellied Storm Petrel - Paíño ventrinegro*
Gould, 1844
*Inseln von South Georgia, Antarktis Halbinsel, Bouvetoya (sw von s Afrika), Prince Edward, Crozet und Kerguelen (sw bis se indischer Ozean), Bounty, Antipodes und Auckland is. (se und s von Südinsel, New Zealand)*

    Fregetta tropica melanoleuca
    **Gough-Schwarzbauchsturmschwalbe**
    Salvadori, 1908
    Tristan da Cunha Gruppe inklusive Gough (sc Atlantischer Ozean)

Fregetta lineata
**Neukaledonien-Sturmschwalbe**
*New Caledonian Storm Petrel - Paíño de Nueva Caledonia*
Peale, 1848
*New Caledonia*

Fregetta maoriana
**Maoristurmschwalbe**
*New Zealand Storm Petrel - Paíño maorí*
Mathews, 1932
*Little Barrier Insel (e von n Nordinsel, New Zealand)*

## Gattung: Nesofregetta

Nesofregetta fuliginosa
**Weißkehl-Sturmschwalbe**
*Polynesian Storm Petrel - Paíño gorjiblanco*
Gmelin, JF, 1789
*Tristan da Cunha Gruppe inklusive Gough (sc Atlantischer Ozean)*

## Familie: Diomedeidae (Albatrosse)

### Gattung: Diomedea

Diomedea sanfordi
**Schwarzflügelalbatros**
*Northern Royal Albatross - Albatros real septentrional*
Murphy, 1917
*Otago Halbinsel (se Südinsel) und Sisters und Forty Fours (Chatham Is., e von Südinsel; New Zealand)*

Diomedea epomophora
**Königsalbatros**
*Southern Royal Albatross - Albatros real meridional*
Lesson, RP, 1825
*Enderby (Auckland) und Campbell is. (s von Südinsel; New Zealand)*

Diomedea exulans
**Wanderalbatros**
*Wandering Albatross - Albatros viajero*
Linnaeus, 1758
*Inseln von South Georgia, Prince Edward (s von Südafrika, sw Südatlantischer Ozean), Crozet (s von Madagascar), Heard und Kerguelen (sw bis se indischer Ozean)*

Diomedea dabbenena
**Tristanalbatros**
*Tristan Albatross - Albatros de Tristán de Acuña*
Mathews, 1929
*Inaccessible und Gough is. (Tristan da Cunha Gruppe, sc Atlantischer Ozean)*

Diomedea antipodensis
**Antipodenalbatros**
*Antipodean Albatross - Albatros de las Antípodas*
Robertson, CJR & Warham, 1992
*Pitt (Chatham Is., e von Südinsel), Antipodes (se von Stewart Insel) und Campbell is. (S Südinsel, Neuseeland)*

> Diomedea antipodensis gibsoni
> **Gibsons Albatross**
> Robertson, CJR & Warham, 1992
> Auckland Is. (S Südinsel, Neuseeland)

Diomedea amsterdamensis
**Amsterdamalbatros**
*Amsterdam Albatross - Albatros de la Amsterdam*
Roux, JP, Jouventin, Mougin, Stahl & Weimerskirch, 1983
*Amsterdam Insel (sc indischer Ozean)*

### Gattung: Phoebastria

Phoebastria irrorata
**Galápagosalbatros**
*Waved Albatross - Albatros de Galápagos*
Salvin, 1883
*Hood (=Espanola, se Galápagos) und Insel La Plata (vor Küste Ecuador)*

Phoebastria immutabilis
**Laysanalbatros**
*Laysan Albatross - Albatros de Laysan*
Rothschild, 1893
*Torishima (s Izu) und Muko-jima (Ogasawara=Bonin Is.; s Japan), Northwestern Hawaiian Is. und Guadelupe und Revillagigedo is. (w von n, c Mexico)*

Phoebastria nigripes
**Schwarzfußalbatros**
*Black-footed Albatross - Albatros patinegro*
Audubon, 1839
*Torishima (s Izu), Kita-ko-jima (Senkaku Is., w von Okinawa), und Muko-jima (Ogasawara=Bonin Is.; s von Japan) und Northwestern Hawaiian Is.*

Phoebastria albatrus
**Kurzschwanzalbatros**
*Short-tailed Albatross - Albatros colicorto*
Pallas, 1769
*Minami-Kojima (Senkaku Is., sw von Okinawa), Tori-shima (s Izu Is.), Yome-jima (Ogasawara=Bonin Is.; se von Japan) und Midway Atoll (Northwestern Hawaiian Is.)*

### Gattung: Phoebetria

Phoebetria fusca
**Rußalbatros**
*Sooty Albatross - Albatros ahumado*
Hilsenberg, 1822
*Tristan da Cunha Gruppe inklusive Gough (sc Atlantischer Ozean), Amsterdam und St. Paul is. (sc indischer Ozean), Prince Edward, Crozet und Kerguelen is. (sw bis se indischer Ozean)*

Phoebetria palpebrata
**Graumantelalbatros**
*Light-mantled Albatross - Albatros tiznado*
Forster, JR, 1785
*South Georgia bis Macquarie Insel (Australien), Antipodes (se von Stewart Insel) und Campbell Is. (s von Südinsel; New Zealand)*

### Gattung: Thalassarche

Thalassarche chlororhynchos
**Gelbnasenalbatros**
*Atlantic Yellow-nosed Albatross - Albatros clororrinco atlántico*
Gmelin, JF, 1789
*Tristan da Cunha Gruppe inklusive Gough (sc Atlantischer Ozean)*

Thalassarche carteri
**Kerguelenalbatros**
*Indian Yellow-nosed Albatross - Albatros clororrinco pacífico*
Rothschild, 1903
*Prince Edward Is. (s von Südafrika), Crozet Is. (s von Madagascar), Amsterdam, St. Paul und Kerguelen is. (sw bis se indischer Ozean)*

Thalassarche chrysostoma
**Graukopfalbatros**
*Grey-headed Albatross - Albatros cabecigrís*
Forster, JR, 1785
*Inseln von Ildefonso und Diego Ramirez (sw von Tierra del Fuego), South Georgia, Prince Edward, Crozet, Kerguelen (sw bis se indischer Ozean), Macquarie (Australien) und Campbell is. (S Südinsel, Neuseeland)*

Thalassarche bulleri
**Bulleralbatros**
*Buller's Albatross - Albatros de Buller*
Rothschild, 1893
*Solander Is. (w von Stewart Insel) und Snares Is. (s von Südinsel; New Zealand)*

> Thalassarche bulleri platei
> **Plates Albatross**
> Reichenow, 1898
> Three Kings (vor nw Nordinsel) und Chatham Is. (e von Südinsel; New Zealand)

Thalassarche cauta
**Tasmanalbatros**
*Shy Albatross - Albatros cauto*
Gould, 1841
*Albatross Insel (Bass Strait), Mewstone und Pedra Branca is. (s von Tasmanien)*

> Thalassarche cauta steadi
> **Steads Albatross**
> Falla, 1933
> Forty-Fours (rare; Chatham, e von Südinsel), Bollons (Antipodes, e von Stewart Insel) und Disappointment (Auckland is.; s von Südinsel; New Zealand)

Thalassarche salvini
**Salvinalbatros**
*Salvin's Albatross - Albatros de Salvin*
Rothschild, 1893
*Bounty, e von Stewart Insel), w Snares (s von Südinsel; New Zealand) und Crozet is. (few; South indischer Ozean)*

Thalassarche eremita
**Chathamalbatros**
*Chatham Albatross - Albatros de las Chatham*
Murphy, 1930
*Pyramid Rock (Chatham Is., e von Südinsel, New Zealand)*

Thalassarche melanophris
**Schwarzbrauenalbatros**
*Black-browed Albatross - Albatros ojeroso*
Temminck, 1828
*Inseln von s Chile, Falkland, South Georgia und South Sandwich (se von South Georgia), Crozet, Heard, Kerguelen (sw bis se indischer Ozean), Macquarie (Australien), Antipodes, Snares und Campbell Gruppes (se, s von Südinsel; New Zealand)*

*Thalassarche impavida*
**Campbellalbatros**
*Campbell Albatross - Albatros impávido*
Mathews, 1912
*Campbell und Jeanette Marie is. (Campbell Is., s von Südinsel, New Zealand)*


## Familie: Hydrobatidae (Wellenläufer)

### Gattung: Hydrobates

*Hydrobates pelagicus*
**Sturmwellenläufer**
*European Storm Petrel - Paíño europeo*
Linnaeus, 1758
*Inseln von s Island, Färöer Is., Ireland, w Britain, c Norwegen, nw Frankreich und n Spanien (ne North Atlantischer Ozean) und Kanarische Is. (c Makaronesien, w von nw Afrika)*

*Hydrobates pelagicus melitensis*
**Mittelmeer-Sturmwellenläufer**
Schembri, 1843
*Inseln von w, nc Mittelmeer und Tyrrhenian, Adriatic und Aegean seas*

*Hydrobates furcatus*
**Gabelschwanz-Wellenläufer**
*Fork-tailed Storm Petrel - Paíño rabihorcado*
Gmelin, JF, 1789
*Inseln vor n Kuril und Komandorskiye (=Commander Is., se Russland) und Aleutian Is.*

*Hydrobates furcatus plumbeus*
**Atacama-Gabelschwanz-Wellenläufer**
Peale, 1849
*Inseln vor se Alaska bis Little River Rock (Humboldt Co., n California)*

*Hydrobates hornbyi*
**Kragenwellenläufer**
*Ringed Storm Petrel - Paíño acollarado*
Gray, GR, 1854
*Atacama-Wüste (n Chile)*

*Hydrobates monorhis*
**Swinhoewellenläufer**
*Swinhoe's Storm Petrel - Paíño de Swinhoe*
Swinhoe, 1867
*Verkhovsky und Karamzhin is. und umliegende Inseln (sw von Vladivostok, Russland), vor Honshu, Shikoku und Kyushu (c Japan), Koreanische Halbinsel, vor Shandong und Guangdong (e China) und Taiwan; Makaronesien (vor nw Afrika)*

*Hydrobates matsudairae*
**Matsudairawellenläufer**
*Matsudaira's Storm Petrel - Paíño de Matsudaira*
Kuroda, Nm, 1922
*Kita-Iwojima und Minami-Iwojima (Iwo=Volcano Is., s von Ogasawara=Bonin Is., s von Japan)*

*Hydrobates leucorhous*
**Wellenläufer**
*Leach's Storm Petrel - Paíño boreal*
Vieillot, 1818
*Inseln von ne Atlantic von Westmann (s von Island), Faroe, Lofoten und Erkna (w von c Norwegen) und n von Ireland und Schottland; Inseln von nw Atlantic Küste und Gulf von St. Lawrence von Herring (s Labrador) bis Penikese (sw von Cape Cod, Massachusetts); Inseln von nw Pacific von Kuril, Sakhalin und Commander Is. (se Russland), ne Hokkaido (Japan), Aleutian Is., Inseln von Alaska Halbinsel bis Cape Grenville (nw Washington), Inseln vor s Oregon und scattered Inseln vor n, c California*

*Hydrobates leucorhous chapmani*
**Chapmans Wellenläufer**
Berlepsch, 1906
*Coronado und San Benito is. (w von nw, nc Baja California, nw Mexico)*

*Hydrobates socorroensis*
**Townsend-Wellenläufer**
*Townsend's Storm Petrel - Paíño de isla Socorro*
Townsend, CH, 1890
*Negro und Afuera, vor Guadalupe Insel (w von s Baja California, nw Mexico)*

*Hydrobates cheimomnestes*
**Ainleywellenläufer**
*Ainley's Storm Petrel - Paíño de Ainley*
Ainley, 1980
*Negro, Afuera und Gargoyle Rocks, vor Guadalupe Insel (w von Baja California, nw Mexico)*

*Hydrobates homochroa*
**Kalifornienwellenläufer**
*Ashy Storm Petrel - Paíño ceniciento*
Coues, 1864
*Inseln von Van Damme Cove (Mendocino Co.); Bird Rock (Pt. Reyes), und Farallon Is. (w von c California); Channel Is. (w von s California); Coronado Is. und Insel de Todos Santos (w von nw Baja California, nw Mexico)*

*Hydrobates castro*
**Madeirawellenläufer**
*Band-rumped Storm Petrel - Paíño de Madeira*
Harcourt, 1851
*Azoren, Madeira, Desertas, Salvage, Canary und Cape Verde is. (n bis s Makaronesien, w von n Afrika); Berlengas Is. (w von c Portugal); Inseln vor St. Helena (se Atlantischer Ozean), Boatswainbird Insel (Ascension Insel; se Atlantischer Ozean); Hide-jima und Sangan-jima (Futagojima Is., e von s Honshu, c Japan); Kauai (w main Hawaiian Is.) und Galápagos*

*Hydrobates monteiroi*
**Azorenwellenläufer**
*Monteiro's Storm Petrel - Paíño de Monteiro*
Bolton, Smith, AL, Gómez-Díaz, Friesen, Medeiros, Bried, Roscales & Furness, 2008
*da Praia und de Baixo (e, se von Graciosa, nc Azoren, n Makaronesien, w von Portugal)*

*Hydrobates jabejabe*
**Kapverden-Wellenläufer**
*Cape Verde Storm Petrel - Paíño de Cabo Verde*
Barboza du Bocage, 1875
*Branco, Raso, vor Boavista, und Rombo (ne, ec, und sw Cape Verde Is.; s Makaronesien, w von nw Afrika)*

*Hydrobates tethys*
**Galápagoswellenläufer**
*Wedge-rumped Storm Petrel - Paíño de Galápagos*
Bonaparte, 1852
*Roca Redonda (nw von Isabela), Genovesa und Pitt Point (ne San Cristobal; nw, nc und ne Galápagos)*

*Hydrobates tethys kelsalli*
**Peruwellenläufer**
Lowe, 1925
*is. San Lorenzo und Pescadores (n, w von Lima), Sanayan und Los Vieja (=Independencia; Paracas Halbinsel area, c Peru), Atacama-Wüste und Insel Grande (Caldera, n Chile)*

*Hydrobates melania*
**Schwarzwellenläufer**
*Black Storm Petrel - Paíño negro*
Bonaparte, 1854
*Channel Is. (w von s California), Is. de San Benito (w von c Baja California), Roca Consag, Isla San Luis, Isla Partida und Isla Cardonosa Este (e von n, nc, c Baja California, Gulf von California)*

† *Hydrobates macrodactylus*
**Guadalupewellenläufer**
*Guadalupe Storm Petrel - Paíño de la Guadalupe*
Bryant, WE, 1887
*Guadalupe Insel (w von Baja California, nw Mexico)*

*Hydrobates markhami*
**Rußwellenläufer**
*Markham's Storm Petrel - Paíño ahumado*
Salvin, 1883
*Insel San Gallan und Insel Independencia (=La Vieja, w und s von Paracas Halbinsel, sc Peru), Atacama-Wüste bis Inland zwischen Arica und s von Iquique (n Chile)*

*Hydrobates tristrami*
**Tristramwellenläufer**
*Tristram's Storm Petrel - Paíño de Tristram*
Salvin, 1896
*Izu, Ogasawara (=Bonin) und Iwo (=Volcano) is. (s von Japan), und Northwestern Hawaiian Is.*

*Hydrobates microsoma*
**Zwergwellenläufer**
*Least Storm Petrel - Paíño menudo*
Coues, 1864
*Is. de San Benito (w von c Baja California), Roca Consag, Isla San Luis, Insel Partida und Insel Cardonosa Este (e von n, nc, c Baja California, Gulf von California)*


## Familie: Procellariidae (Sturmvögel)

### Gattung: Macronectes

*Macronectes giganteus*
**Riesensturmvogel**
*Southern Giant Petrel - Abanto marino antártico*
Gmelin, JF, 1789
*Inseln und Küsten von s Chile und Argentinien und Antarktis bis Heard (sc indischer Ozean) und Macquarie is. (Australien)*

*Macronectes halli*
**Hallsturmvogel**
*Northern Giant Petrel - Abanto marino subantártico*
Mathews, 1912
*Inseln n von Antarktis Convergence von South Georgia bis Macquarie (Australien) und Stewart, Chatham (e von Südinsel), Antipodes (se von Stewart Insel), und Auckland und Campbell is. (s von Südinsel; New Zealand)*

## Gattung: Fulmarus

Fulmarus glacialis
**Eissturmvogel**
*Northern Fulmar - Fulmar boreal*
Linnaeus, 1761
*ne Kanada von Baffin Bay, n Grönland bis Svalbard (n von Norwegen) und Franz Josef Land (n von Novaya Zemlya, nw Russland)*

Fulmarus glacialis auduboni
**Kleiner Eissturmvogel**
Bonaparte, 1857
*se Kanada in Neufundland und Labrador, w, s Grönland und Island bis w, n Europa und Novaya Zemlya (nw Russland)*
Fulmarus glacialis rodgersii
**Rodgers Eissturmvogel**
Cassin, 1862
*Kuril Is., Commander Is. und Beringsee Küste n bis Chukchi Sea (e Russland), Pribilof und Aleutian is., se Alaska und British Columbia*

Fulmarus glacialoides
**Silbersturmvogel**
*Southern Fulmar - Fulmar austral*
Smith, A, 1840
*Inseln und Küste von Antarktis*

## Gattung: Thalassoica

Thalassoica antarctica
**Antarktissturmvogel**
*Antarctic Petrel - Petrel antártico*
Gmelin, JF, 1789
*Inseln, Küsten und bis 300 km Inland in Antarktis*

## Gattung: Daption

Daption capense
**Kapsturmvogel**
*Pintado Petrel - Petrel damero*
Linnaeus, 1758
*South Georgia bis Heard (sc indischer Ozean) und Macquarie is. (Australien) und Antarktisküste*

Daption capense australe
**Austral-Kapsturmvogel**
Mathews, 1913
*Chatham (e von Südinsel), Bounty (e von Stewart Insel), Antipodes (se von Stewart Insel), Snares, Auckland und Campbell is. (s von Südinsel; New Zealand)*

## Gattung: Pagodroma

Pagodroma nivea
**Schneesturmvogel**
*Snow Petrel - Petrel níveo*
Forster, G, 1777
*Scotia Arc (South Georgia) und Antarktis*

Pagodroma nivea major
**Adeliesturmvogel**
Schlegel, 1863
*Balleny Is. (n von se Antarktis) und e Antarktis inklusive South Orkney Is.*

## Gattung: Halobaena

Halobaena caerulea
**Blausturmvogel**
*Blue Petrel - Petrel azulado*
Gmelin, JF, 1789
*Inseln von subantarktischen Atlantik und Indien, s von Antarktis Convergence von Diego Ramirez (s von Tierra del Fuego) und Cape Horn (s Südamerika) bis Macquarie (Australien)*

## Gattung: Pachyptila

Pachyptila vittata
**Forster-Entensturmvogel**
*Broad-billed Prion - Prión piquiancho*
Forster, G, 1777
*Inseln vor Südinsel und Insel-Gruppen von New Zealand, und Nightingale, Inaccessible, und Gough (Tristan da Cunha Gruppe, sc Atlantischer Ozean)*

Pachyptila salvini
**Salvin-Entensturmvogel**
*Salvin's Prion - Prión de Salvin*
Mathews, 1912
*Prince Edward und Crozet is. (sw indischer Ozean)*

Pachyptila macgillivrayi
**MacGillivray-Entensturmvogel**
*MacGillivray's Prion - Prión de MacGillivray*
Mathews, 1912
*Roche Quille, vor St. Paul Insel und Amsterdam Insel (c South indischer Ozean) und Gough (Tristan da Cunha Gruppe, sc Atlantischer Ozean)*

Pachyptila desolata
**Taubensturmvogel**
*Antarctic Prion - Prión antártico*
Gmelin, JF, 1789
*Inseln von subantarktischen bis Antarktis (s von Antarktis Convergence) von Antarktis Halbinsel bis Scott Insel (n von Ross Sea) Macquarie (Australien) und Auckland is. (S Südinsel, Neuseeland)*

Pachyptila belcheri
**Dünnschnabel-Sturmvogel**
*Slender-billed Prion - Prión picofino*
Mathews, 1912
*Isla Noir (vor s Chile), Falkland Is., Crozet Is. (s von Madagascar, sw South indischer Ozean) und Kerguelen (se indischer Ozean)*

Pachyptila turtur
**Feensturmvogel**
*Fairy Prion - Prión piquicorto*
Kuhl, 1820
*Falkland Is., South Georgia, Prince Edward, St. Paul, Crozet und Kerguelen (s indischer Ozean), Inseln in Bass Strait und vor Tasmanien, kleine Inseln vor North, South und Stewart is., Chatham (e von Südinsel)*

Pachyptila turtur subantarktischena
**Subarktischer-Taubensturmvogel**
Oliver, 1955
*Macquarie (Australien), Antipodes (se von Stewart Insel) und Snares is. (s von Südinsel; New Zealand)*

Pachyptila crassirostris
**Dickschnabel-Sturmvogel**
*Fulmar Prion - Prión picogrueso*
Mathews, 1912
*Bounty (e von Stewart Insel) und Snares Is. (s von Südinsel; New Zealand)*

Pachyptila crassirostris pyramidalis
**Chatham-Dickschnabesturmvogel**
Fleming, CA, 1939
*Chatham Is. (e von Südinsel, New Zealand)*
Pachyptila crassirostris flemingi
**Flemmings-Dickschnabesturmvogel**
Tennyson & Bartle, 2005
*Heard Insel (sc indischer Ozean) und Auckland Is. (S Südinsel, Neuseeland)*

## Gattung: Aphrodroma

Aphrodroma brevirostris
**Kerguelensturmvogel**
*Kerguelen Petrel - Petrel de las Kerguelen*
Lesson, RP, 1831
*South Georgia, Gough und Inaccessible (sc Atlantic), Prince Edward (s von Südafrika), Crozet (s von Madagascar) und Kerguelen is. (s indischer Ozean)*

## Gattung: Pterodroma

Pterodroma macroptera
**Langflügel-Sturmvogel**
*Great-winged Petrel - Petrel aligrande*
Smith, A, 1840
*Tristan da Cunha und Gough (sc Atlantischer Ozean) bis Kerguelen Is. (se indischer Ozean) und Inseln vor sw Australien*

Pterodroma lessonii
**Weißkopf-Sturmvogel**
*White-headed Petrel - Petrel cabeciblanco*
Garnot, 1826
*subantarktischen Inseln von South Indien und Südpazifik, von Crozet (sw indischer Ozean) bis Antipodes (se von Stewart Insel) und Auckland is. (s von Südinsel; New Zealand)*

Pterodroma gouldi
**Gouldsturmvogel**
*Grey-faced Petrel - Petrel carigrís*
Hutton, FW, 1869
*Inseln vor n Nordinsel (Neuseeland)*

Pterodroma incerta
**Schlegelsturmvogel**
*Atlantic Petrel - Petrel de Schlegel*
Schlegel, 1863
*Gough und Tristan da Cunha (Tristan da Cunha Gruppe, sc Atlantischer Ozean)*

Pterodroma solandri
**Solandersturmvogel**
*Providence Petrel - Petrel de Solander*
Gould, 1844
*Lord Howe Insel und Phillip Insel (Norfolk Gruppe; e von Australien)*

Pterodroma magentae
**Magentasturmvogel**
*Magenta Petrel - Petrel taiko*
Giglioli & Salvadori, 1869
*Chatham Is. (e von Südinsel, New Zealand)*

Pterodroma ultima
**Murphysturmvogel**
*Murphy's Petrel - Petrel de Murphy*
Murphy, 1949
*s Tuamotu, Gambier, Austral, Pitcairn, Easter is. (=Eastern Is.) und Salas y Gomez (se Polynesien)*

Pterodroma mollis
**Weichfeder-Sturmvogel**
*Soft-plumaged Petrel - Petrel suave*
Gould, 1844
*subtropische bis subantarktischen Inseln von South Indien und South Atlantic, von Tristan da Cunha und Gough (sc Atlantic) bis Maatsuyker Insel (s von Tasmanien), Macquarie (Australien) und Antipodes (se von Stewart Insel, New Zealand)*

Pterodroma madeira
**Madeirasturmvogel**
*Zino's Petrel - Petrel freira*
Mathews, 1934
*c Madeira (c Makaronesien, w von n Afrika)*

Pterodroma feae
**Kapverden-Sturmvogel**
*Fea's Petrel - Petrel gongón*
Salvadori, 1900
*Santo Antao, Sao Nicolau, Fogo und Santiago (Cape Verde Is., s Makaronesien, w von n Afrika)*

Pterodroma deserta
**Desertassturmvogel**
*Desertas Petrel - Petrel de las Desertas*
Mathews, 1934
*Bugio (Desertas Is., se von Madeira, c Makaronesien, w von n Afrika)*

Pterodroma cahow
**Bermudasturmvogel**
*Bermuda Petrel - Petrel cahow*
Nichols & Mowbray, 1916
*Inseln in Castle Harbour (se Bermuda, wc North Atlantic)*

Pterodroma hasitata
**Teufelssturmvogel**
*Black-capped Petrel - Petrel antillano*
Kuhl, 1820
*Gebirge Hispaniola ("Black-faced") und Dominica ("White-faced"), se Kuba und ne Jamaika*

† Pterodroma caribbaea
**Jamaikasturmvogel**
*Jamaican Petrel - Petrel jamaicano*
Carte, 1866
*Gebirge e Jamaika*

Pterodroma externa
**Robinsonsturmvogel**
*Juan Fernandez Petrel - Petrel de las Juan Fernández*
Salvin, 1875
*Gebirge Alejandro Selkirk (=Mas Afuera, Juan Fernandez Is., w von c Chile)*

Pterodroma occulta
**Vanuatusturmvogel**
*Vanuatu Petrel - Petrel de Vanuatu*
Imber & Tennyson, 2001
*Vanua Lava (Banks Is., n Vanuatu)*

Pterodroma neglecta
**Kermadecsturmvogel**
*Kermadec Petrel - Petrel de las Kermadec*
Schlegel, 1863
*Lord Howe und Norfolk is. (e von Australien), Kermadec Is. (ne von Nordinsel, New Zealand), Tonga (c Polynesien), s Cook, Austral, Tuamotu, Pitcairn und Easter is. (=Eastern Is. Gruppe; e Polynesien)*

Pterodroma neglecta juana
**Juan Fernadez-Sturmvogel**
Mathews, 1936
*San Ambrosio und San Felix (Desventaduras Is., w von nc Chile) und Alejandro Selkirk (=Mas Afuera, Juan Fernandez Is., w von c Chile)*

Pterodroma heraldica
**Heraldsturmvogel**
*Herald Petrel - Petrel del Herald*
Salvin, 1888
*Round Insel (ne von Mauritius, c Mascarenes, sw indischer Ozean); Raine Insel (ne Australien), Chesterfield Reefs (New Caledonia), Tonga und Samoa (c Polynesien) bis s Cook, Austral, Marquesas, Tuamotu und Pitcairn Gruppes und Rapa Nui (Easter=Eastern Is. Gruppe, se Polynesien)*

Pterodroma arminjoniana
**Trindadesturmvogel**
*Trindade Petrel - Petrel de la Trindade*
Giglioli & Salvadori, 1869
*Trindade und Martim Vaz Is. (e von c Brasilien, sw Atlantischer Ozean) und Round Insel (ne von Mauritius, c Mascarenes, sw indischer Ozean)*

Pterodroma atrata
**Hendersonsturmvogel**
*Henderson Petrel - Petrel de la Henderson*
Mathews, 1912
*Henderson (c Pitcairn Gruppe) und Moto Nui, Eastern Is. (=Eastern Is.; se Polynesien)*

Pterodroma alba
**Phönixsturmvogel**
*Phoenix Petrel - Petrel de las Fénix*
Gmelin, JF, 1789
*Phoenix (Kiribati, c Polynesien), Line, Marquesas, Pitcairn und Easter is. (=Eastern Is. Gruppe; se Polynesien)*

Pterodroma baraui
**Barausturmvogel**
*Barau's Petrel - Petrel de Barau*
Jouanin, 1964
*Gebirge Réunion (w Mascarenes, sw indischer Ozean)*

Pterodroma sandwichensis
**Hawaiisturmvogel**
*Hawaiian Petrel - Petrel hawaiano*
Ridgway, 1884
*Gebirge Kaua'i, Moloka'i, Lana'i, Maui und Hawaii (Hawaiian Is.)*

Pterodroma phaeopygia
**Galápagossturmvogel**
*Galapagos Petrel - Petrel de Galápagos*
Salvin, 1876
*Gebirge Isabela, Santiago, Santa Cruz, Floreana und San Cristobal (Galápagos)*

Pterodroma inexpectata
**Regensturmvogel**
*Mottled Petrel - Petrel moteado*
Forster, JR, 1844
*Inseln vor Fiordland und in Lake Hauroko (sw Südinsel), in Foveaux Strait und Stewart is., und Snares Is. (s von Südinsel; New Zealand)*

Pterodroma cervicalis
**Weißnacken-Sturmvogel**
*White-necked Petrel - Petrel cuelliblanco*
Salvin, 1891
*Phillip Insel (s von Norfolk Is., Australien) und Macauley Insel (Kermadec Is., ne von Nordinsel, New Zealand)*

Pterodroma nigripennis
**Schwarzflügel-Sturmvogel**
*Black-winged Petrel - Petrel alinegro*
Rothschild, 1893
*Round Insel (ne von Mauritius, c Mascarenes, sw indischer Ozean); Lord Howe und Norfolk is. (e von Australien), Grande Terre (New Caledonia), n, e Nordinsel und Kermadec Is. (ne von Nordinsel) und Chatham Is. (e von Südinsel; New Zealand), Tonga und Cook Is. (c Polynesien), Bass Rock (=Marotiri, se Austral Is., e Polynesien), und Rapa (e Tubuai=Austral Is., se Polynesien)*

Pterodroma axillaris
**Chathamsturmvogel**
*Chatham Islands Petrel - Petrel de las Chatham*
Salvin, 1893
*South East Insel (=Rangatira, Chatham Is., e von Südinsel, New Zealand)*

Pterodroma hypoleuca
**Boninsturmvogel**
*Bonin Petrel - Petrel de las Bonin*
Salvin, 1888
*Ogasawara Is. (=Bonin) und Iwo Is. (=Volcano; se von Japan) und Kure Atoll bis French Frigate Shoals (Northwestern Hawaiian Is.)*

Pterodroma leucoptera
**Weißflügel-Sturmvogel**
*Gould's Petrel - Petrel aliblanco*
Gould, 1844
*Cabbage Tree, Boondelbah, Broughton und Little Broughton, und Montague is. (vor se Australien) und Gebirge Grande Terre (New Caledonia)*

Pterodroma brevipes
## Brustband-Sturmvogel
*Collared Petrel - Petrel acollarado*
Peale, 1849
Tanna, Erromango und Aneityum (s Vanuatu), Gau und Kadavu (Fiji, sw Polynesien) und Raivavae
(c Austral Is., se Polynesien)

Pterodroma brevipes magnificens
### Bankssturmvogel
Bretagnolle & Shirihai, 2010
Vanua Lava (Banks Is., n Vanuatu)

Pterodroma cookii
## Cooksturmvogel
*Cook's Petrel - Petrel de Cook*
Gray, GR, 1843
Great und Little Barrier is. (vor ne Nordinsel) und Codfish Insel (=Whenua Hou, nw von Stewart
Insel; New Zealand)

Pterodroma defilippiana
## Juan-Fernández-Sturmvogel
*Masatierra Petrel - Petrel chileno*
Giglioli & Salvadori, 1869
San Ambrosio und San Felix (Desventuradas Is., nc Chile) und Santa Clara (sw von Robinson
Crusoe=Mas a Tierra, Juan Fernandez Is., c Chile)

Pterodroma longirostris
## Stejnegersturmvogel
*Stejneger's Petrel - Petrel de Más Afuera*
Stejneger, 1893
Alejandro Selkirk (=Mas Afuera, Juan Fernandez Is., w von c Chile)

Pterodroma pycrofti
## Pycroftsturmvogel
*Pycroft's Petrel - Petrel de Pycroft*
Falla, 1933
Inseln vor ne Nordinsel (Neuseeland)

## Gattung: Pseudobulweria

Pseudobulweria aterrima
## Maskarenensturmvogel
*Mascarene Petrel - Petrel de Reunión*
Bonaparte, 1857
Gebirge Réunion (w Mascarenes)

†† Pseudobulweria rupinarum
## Helena-Riesensturmvogel
*St. Helena Petrel - Petrel de Santa Helena Mayor*
Olson, 1975
St. Helena (se Atlantischer Ozean)

Pseudobulweria rostrata
## Tahitisturmvogel
*Tahiti Petrel - Petrel de Tahití*
Peale, 1849
Fiji (sw Polynesien), American Samoa (c Polynesien), Society, Marquesas und Gambier is. (se
Tuamotu Is.; e Polynesien)

Pseudobulweria rostrata trouessarti
### Neukaledonien-Sturmvogel
Brasil, 1917
Grande Terre und kleine Inseln (New Caledonia)

Pseudobulweria becki
## Becksturmvogel
*Beck's Petrel - Petrel de Beck*
Murphy, 1928
Gebirge s New Ireland (ne Bismarck Archipel)

Pseudobulweria macgillivrayi
## Fidschisturmvogel
*Fiji Petrel - Petrel de las Fiji*
Gray, GR, 1860
Gau (c Fiji, sw Polynesien)

## Gattung: Procellaria

Procellaria cinerea
## Grausturmvogel
*Grey Petrel - Pardela gris*
Gmelin, JF, 1789
Inseln: Inaccessible und Gough (c Südatlantischer Ozean) bis Macquarie (Australien), Antipodes
(se von Stewart Insel) und Campbell is. (s von Südinsel; New Zealand)

Procellaria aequinoctialis
## Weißkinn-Sturmvogel
*White-chinned Petrel - Pardela gorjiblanca*
Linnaeus, 1758
Islets von s subantarktischen Atlantik und indischer Ozeans von Falkland Is. bis Kerguelen Insel

Procellaria aequinoctialis steadi
### Subarktischer Weißkinn-Sturmvogel
Mathews, 1912
subantarktische Inseln von New Zealand

Procellaria conspicillata
## Brillensturmvogel
*Spectacled Petrel - Pardela de anteojos*
Gould, 1844
Südatlantischer Ozean: Inaccessible (Tristan da Cunha Gruppe, sc Atlantic)

Procellaria parkinsoni
## Schwarzsturmvogel
*Black Petrel - Pardela de Parkinson*
Gray, GR, 1862
Great und Little Barrier is. (vor ne Nordinsel, New Zealand)

Procellaria westlandica
## Westland-Sturmvogel
*Westland Petrel - Pardela de Westland*
Falla, 1946
Küste Ausläufer von Paparoa Range, nw Südinsel (Neuseeland)

## Gattung: Calonectris

Calonectris leucomelas
## Weißgesicht-Sturmtaucher
*Streaked Shearwater - Pardela canosa*
Temminck, 1836
Inseln von Russland East, Koreanische Halbinsel, und Japan bis Inseln vor w Taiwan

Calonectris diomedea
## Sepiasturmtaucher
*Scopoli's Shearwater - Pardela cenicienta mediterránea*
Scopoli, 1769
Inseln von Mittelmeer und sw Frankreich

Calonectris borealis
## Corysturmtaucher
*Cory's Shearwater - Pardela cenicienta canaria*
Cory, 1881
Azoren; Madeira Insel, Porto Santo Gruppe und Desertas, Madeira Is.; Salvages (n von Kanarische
Is.); Kanarische Is. (n, c Makaronesien, w von nw Afrika), Berlenga Is. (w von c Portugal) und w
Mittelmeer Inseln

Calonectris edwardsii
## Kapverden-Sturmtaucher
*Cape Verde Shearwater - Pardela cenicienta caboverdiana*
Oustalet, 1883
Santo Antao, Branco, Raso, San Nicolau, Santiago und Brava (Cape Verde Is.; s Makaronesien, w
von nw Afrika)

## Gattung: Ardenna

Ardenna pacifica
## Keilschwanz-Sturmtaucher
*Wedge-tailed Shearwater - Pardela del Pacífico*
Gmelin, JF, 1789
Inseln: Amirantes und Inner Is. (c, ne Seychellen) und Mascarenes (Malagasy Region), Chagos und
Cocos (Keeling) (se indischer Ozean), Neuguinea Region, und w Australien; e Australien inklusive
Torres Strait is. (ne Australien), Lord Howe und Norfolk is. (e von Australien), Kermadec Is. (ne von
Nordinsel, New Zealand); Solomon Is., Vanuatu und New Caledonia; Senkaku (=Pescadores Is.),
Ogasawara (=Bonin Is.) und Iwo (= Volcano Is; s von Japan); über Micronesia und Polynesien
(außer Cook und Pitcairn Gruppes); Northwestern und main Hawaiian Is.; und Revillagigedo Is. (w
von c Mexico)

Ardenna bulleri
## Graumantel-Sturmtaucher
*Buller's Shearwater - Pardela dorsigrís*
Salvin, 1888
Poor Knights Is. (vor ne Nordinsel, New Zealand)

Ardenna grisea
## Dunkelsturmtaucher
*Sooty Shearwater - Pardela sombría*
Gmelin, JF, 1789
Inseln von s Chile und Falklands bis s Australien und Tasmanien, Macquarie (Australien) und Inseln
von New Zealand

Ardenna tenuirostris
**Kurzschwanz-Sturmtaucher**
*Short-tailed Shearwater - Pardela de Tasmania*
Temminck, 1836
*Inseln vor s, se Australien, Bass Strait und Tasmanien (se Australien)*

Ardenna creatopus
**Rosafuß-Sturmtaucher**
*Pink-footed Shearwater - Pardela patirrosa*
Coues, 1864
*e Südpazifischer Ozean Inseln vor Chile: Santa Clara und Morro Vinilla (sw von Robinson Crusoe), Robinson Crusoe (=Mas a Tierra; Juan Fernandez Is., w von c Chile) und Isla Mocha (w von sc Chile)*

Ardenna carneipes
**Blassfuß-Sturmtaucher**
*Flesh-footed Shearwater - Pardela paticlara*
Gould, 1844
*Inseln vor St. Paul (c indischer Ozean), sw, s Australien, Lord Howe Insel (e von Australien), Nordinsel und Cook Strait (Neuseeland)*

Ardenna gravis
**Kappensturmtaucher**
*Great Shearwater - Pardela capirotada*
O'Reilly, 1818
*Kidney Insel (Falkland Is.), Nightingale, Inaccessible und Gough (Tristan da Cunha Gruppe; sc Atlantischer Ozean)*

Gattung: Puffinus

Puffinus nativitatis
**Weihnachtssturmtaucher**
*Christmas Shearwater - Pardela de Navidad*
Streets, 1877
*Inseln von Northwestern Hawaiian Is., Lehua und Ka'ula (n, sw von Ni'hau, w von Kauai), Moku Manu (O'ahu; Hawaiian Is.), Line, Austral, Marquesas, Gambier, Pitcairn, Easter (=Eastern) Gruppes und is. Salas y Gomez (e Polynesien)*

Puffinus puffinus
**Atlantiksturmtaucher**
*Manx Shearwater - Pardela pichoneta*
Brünnich, 1764
*Inseln North Atlantischer Ozean: vor Neufundland bis Massachusetts (w Atlantic); s Island, Färöer Is., Ireland, Wales, Schottland und England, Channel Is., und Frankreich (nw Europa); Azoren, Madeira*

> Puffinus puffinus canariensis
> **Kanarensturmtaucher**
> Rodríguez, A, Rodríguez, B, Montelongo, Garcia-Porta, Pipa, Carty, Danielsen, Nunes, Silva, C, Geraldes, Medina & Illera, 2020
> *La Palma und Tenerife (Canary Is; c Makaronesien, w von nw Afrika)*

Puffinus yelkouan
**Mittelmeer-Sturmtaucher**
*Yelkouan Shearwater - Pardela mediterránea*
Acerbi, 1827
*Inseln von c, e Mittelmeer und w Schwarzes Meer*

Puffinus mauretanicus
**Balearensturmtaucher**
*Balearic Shearwater - Pardela balear*
Lowe, 1921
*Balearen Is. (w Mittelmeer)*

Puffinus bryani
**Midwaysturmtaucher**
*Bryan's Shearwater - Pardela de Bryan*
Pyle, Welch & Fleischer, RC, 2011
*Higashi-jima (n Bonin=Ogasawara Is., se Japan)*

Puffinus opisthomelas
**Schwarzsteiß-Sturmtaucher**
*Black-vented Shearwater - Pardela culinegra*
Coues, 1864
*Insel San Martin (w von nw Baja), Guadalupe, San Benito, Cedros, und Is. Natividad (w von c Baja California), und Insel Rasa (n Gulf von California; nw Mexico)*

Puffinus auricularis
**Townsendsturmtaucher**
*Townsend's Shearwater - Pardela de Townsend*
Townsend, CH, 1890
*Gebirge Socorro und Clarion is. (Revillagigedo Is., w von c Mexico)*

Puffinus newelli
**Hawaiisturmtaucher**
*Newell's Shearwater - Pardela de Newell*
Henshaw, 1900
*Lehua (n von Nihau), Gebirge Kauai, Molokai und Hawaii (main Hawaiian Is.)*

Puffinus myrtae
**Rapasturmtaucher**
*Rapa Shearwater - Pardela de Rapa*
Bourne, 1959
*Tauturou, Rapa Iti und Karapoo Iti (islets vor Rapa, e Tubuai=Austral Is., se Polynesien)*

Puffinus gavia
**Flattersturmtaucher**
*Fluttering Shearwater - Pardela gavia*
Forster, JR, 1844
*Inseln von ne Nordinsel und Marlborough Sounds (ne Südinsel; New Zealand)*

Puffinus huttoni
**Huttonsturmtaucher**
*Hutton's Shearwater - Pardela de Hutton*
Mathews, 1912
*Gebirge ne Südinsel (Neuseeland)*

Puffinus lherminieri
**Audubonsturmtaucher**
*Sargasso Shearwater - Pardela de Audubon*
Lesson, RP, 1839
*Karibik: Elbow Cay (e von c Abaco, n Bahamas), Long Cay (Exumas, ec Bahamas), Inseln vor n Kuba , e von Puerto Rico, und Kleine Antillen (Karibik Sea); Crab Cay (Providencia Is., e von Nicaragua)*

> Puffinus lherminieri loyemilleri
> **Guyana-Schuppensturmtaucher**
> Wetmore, 1959
> Bocas del Toro Archipel (islets just vor n Karibik Panama), is. Los Roques, Orchila und Los Hermanos (n von c Venezuela); und Inseln von Fernando de Noronha (e von n Brasilien)

Puffinus persicus
**Arabiensturmtaucher**
*Persian Shearwater - Pardela persa*
Humo, 1872
*Khuriya Muriya Is. (s von Oman) und Socotra*

> Puffinus persicus temptator
> **Komoro-Schuppensturmtaucher**
> Louette & Herremans, 1985
> Moheli (=Mwali, Comoro Is.; sw indischer Ozean)

Puffinus bailloni
**Tropensturmtaucher**
*Tropical Shearwater - Pardela tropical*
Bonaparte, 1857
*Europa (w von s Madagascar, Mosambik Channel) und Réunion (w Mascarenes)*

> Puffinus bailloni nicolae
> **Nicolas-Schuppensturmtaucher**
> Jouanin, 1971
> Cousine, Cousin, Aride, Récif und kleine Inseln (Inner Is., ne Seychellen), Chagos Archipel und Maldives (nw indischer Ozean)
>
> Puffinus bailloni colstoni
> **Aldabra-Schuppensturmtaucher**
> Shirihai & Christie, 1996
> Aldabra (w Aldabra Gruppe, sw von Seychellen)
>
> Puffinus bailloni dichrous
> **Phoenix-Schuppensturmtaucher**
> Finsch & Hartlaub, 1867
> Mariana und Caroline is. (inklusive Palau) und Kiribati (Micronesia), Fiji, Tonga und Samoa (w Polynesien), Line, s Cook, Society, Marquesas, Gambier und Austral is. (e Polynesien)
>
> Puffinus bailloni gunax
> **Gugax-Schuppensturmtaucher**
> Mathews, 1930
> Mere Lava (ne Banks Is., n Vanuatu)

Puffinus subalaris
**Galápagossturmtaucher**
*Galapagos Shearwater - Pardela de Galápagos*
Ridgway, 1897
*Inseln vor Wolf (=Wenman), Santa Cruz (=Indefatigable), Campeon (=Champion, ne von Floreana), Islote Pitt (ne von San Cristobal=Chatham) und Espanola (=Hood; Galápagos)*

Puffinus bannermani
**Boninsturmtaucher**
*Bannerman's Shearwater - Pardela de las Bonin*
Mathews & Iredale, 1915
*Higashijima (Ogasawara=Bonin Is.) und Minami-iwo-jima (Volcano=Iwo Is.; se Japan)*

Puffinus heinrothi
**Heinrothsturmtaucher**
*Heinroth's Shearwater - Pardela de Heinroth*
Reichenow, 1919
*Gebirge Bougainville, Kolombangara und Rendova (n, wc Solomon Is.)*

Puffinus assimilis
**Zwergsturmtaucher**
*Little Shearwater - Pardela semejante*
Gould, 1838
*Lord Howe und Norfolk is. (e von Australien)*

Puffinus assimilis haurakiensis
**Kleiner Neuseeland-Sturmtaucher**
Fleming, CA & Serventy, 1943
Inseln von ne Nordinsel (Neuseeland)

Puffinus assimilis kermadecensis
**Kleiner Kerdamec-Sturmtaucher**
Murphy, 1927
Kermadec Is. (ne von Nordinsel, New Zealand)

Puffinus assimilis tunneyi
**Kleiner Australien-Sturmtaucher**
Mathews, 1912
Amsterdam und St. Paul is. (c South indischer Ozean), Abrolhos Is. (w von Australien) und Recherche Archipel (s von sw Australien)

Puffinus elegans
**Subantarktis-Sturmtaucher**
*Subantarctic Shearwater - Pardela subantártica*
Giglioli & Salvadori, 1869
*Tristan da Cunha und Gough (sc Atlantic), Star Keys (Chatham Is., e von Südinsel) und Antipodes Is. (se von Südinsel; New Zealand)*

Puffinus baroli
**Barolosturmtaucher**
*Barolo Shearwater - Pardela chica macaronésica*
Bonaparte, 1857
*Inseln vor Graciosa und Santa Maria (c, s Azoren); Porto Santo und Desertas Gruppes (ne, se Madeira); Selvagem Grande (Salvage Is., n von Kanarische Is.); Tenerife und kleine Inseln, und kleine Inseln vor Lanzarote (wc, e Kanarische Is.)*

Puffinus boydi
**Boydsturmtaucher**
*Boyd's Shearwater - Pardela chica de Cabo Verde*
Mathews, 1912
*Cape Verde Is. (außer Maio)*



Pelecanoides garnotii
**Peru-Lummensturmvogel**
*Peruvian Diving Petrel - Potoyunco peruano*
Lesson, RP & Garnot, 1828
*Inseln von Lobos de Tierra (w von n Peru) bis Coronel (Bio-Bio Region, sc Chile)*

Pelecanoides magellani
**Magellan-Lummensturmvogel**
*Magellanic Diving Petrel - Potoyunco magallánico*
Mathews, 1912
*Inseln Chile bis Cape Horn*

Pelecanoides georgicus
**Breitschnabel-Lummensturmvogel**
*South Georgia Diving Petrel - Potoyunco de Georgia del Sur*
Murphy & Harper, 1916
*Inseln von South Georgia bis Heard Insel (sc South indischer Ozean)*

Pelecanoides georgicus whenuahouensis
**Neuseeland-Breitschnabel-Lummensturmvogel**
Fischer, JH, Debski, Miskelly, Bost, Fromant, Tennyson, Tessler, Cole, Hiscock, Taylor, G & Wittmer, 2018
Codfish Insel (=Whenua Hou, nw von Stewart Insel, New Zealand)

Pelecanoides urinatrix
**Subantarktis-Lummensturmvogel**
*Common Diving Petrel - Potoyunco común*
Gmelin, JF, 1789
*Inseln von se Australien, Tasmanien, ne Nordinsel und Cook und Foveaux straits (Neuseeland)*

Pelecanoides urinatrix dacunhae
**Nicolls Lummensturmvogel**
Nicoll, 1906
Tristan da Cunha und Gough Is. (s Atlantischer Ozean)

Pelecanoides urinatrix berard
**Falkland-Lummensturmvogel**
Gaimard, 1823
Falkland Is.

Pelecanoides urinatrix chathamensis
**Chatham-Lummensturmvogel**
Murphy & Harper, 1916
kleine Inseln von Stewart Insel, Chatham is. (e von Südinsel) und Snares Is. (s von Südinsel; New Zealand)

Pelecanoides urinatrix exsul
**Südlicher Lummensturmvogel**
Salvin, 1896
South Georgia, Prince Edward bis Heard (sw bis se indischer Ozean), Macquarie (Australien), Antipodes (se von Stewart Insel), Auckland und Campbell is. (s von Südinsel; New Zealand)

Pelecanoides urinatrix coppingeri
**Coppingers Lummensturmvogel**
Mathews, 1912
Inseln von s Chile



Bulweria bulwerii
**Bulwersturmvogel**
*Bulwer's Petrel - Petrel de Bulwer*
Jardine & Selby, 1828
*Ilheu da Vila (Azoren), Porto Santo und Desertas (Madeira Gruppe), Salvage (n von Kanarische Is.), Kanarische Is., Raso und Ilheu de Cima (n, s Cape Verde is.; Makaronesien, vor w Afrika), Round Insel (ne von Mauritius, c Mascarenes, sw indischer Ozean), Inseln vor s China coast, Ogasawara Is. (=Bonin, s von Japan), Northwestern und main Hawaiian is. und Johnson Atoll (sw von Hawaii), Kiribati und Marquesas Is. (e Polynesien)*

†† Bulweria bifax
**Helenasturmvogel**
*Olson's Petrel - Petrel de Santa Helena Menor*
Olson, 1975
*St. Helena (se Atlantischer Ozean)*

Bulweria fallax
**Jouaninsturmvogel**
*Jouanin's Petrel - Petrel de Jouanin*
Jouanin, 1955
*Socotra und Oman*

## Ordnung: CICONIIFORMES (Schreitvögel)

### Familie: Ciconiidae (Störche)



Anastomus lamelligerus
**Glanzklaffschnabel**
*African Openbill - Picotenaza africano*
Temminck, 1823
*Afrika s in der Sahara*

Anastomus lamelligerus madagascariensis
**Madagaskar Glanzklaffschnabel**
Milne-Edwards, 1880
Madagascar

Anastomus oscitans
**Silberklaffschnabel**
*Asian Openbill - Picotenaza asiático*
Boddaert, 1783
*ndien und se Asien*



Leptoptilos crumenifer
**Marabu**
*Marabou Stork - Marabú africano*
Lesson, RP, 1831
*Afrika weit verbreitet südlich der Sahara*

Leptoptilos javanicus
**Sundamarabu**
*Lesser Adjutant - Marabú menor*
Horsfield, 1821
*Nepal und Indien über se Asien bis Große Sundas*

Leptoptilos dubius
**Argalamarabu**
*Greater Adjutant - Marabú argala*
Gmelin, JF, 1789
*n Indien*



Mycteria americana
**Waldstorch**
*Wood Stork - Tántalo americano*
Linnaeus, 1758
*se USA bis n Argentinien*

Mycteria ibis
**Nimmersatt**
*Yellow-billed Stork - Tántalo africano*
Linnaeus, 1766
*Afrika weit verbreitet südlich der Sahara*

Mycteria leucocephala
**Buntstorch**
*Painted Stork - Tántalo indio*
Pennant, 1769
*Indien und se Asien*

Mycteria cinerea
**Milchstorch**
*Milky Stork - Tántalo malayo*
Raffles, 1822
*c Kambodscha, w Malayische Halbinsel, Sumatra, Java und Sulawesi*

**Gattung: Jabiru**

Jabiru mycteria
**Jabirustorch**
*Jabiru - Jabirú americano*
Lichtenstein, MHC, 1819
*s Mexico bis n Argentinien*

**Gattung: Ephippiorhynchus**

Ephippiorhynchus senegalensis
**Sattelstorch**
*Saddle-billed Stork - Jabirú africano*
Shaw, 1800
*Afrika weit verbreitet südlich der Sahara*

Ephippiorhynchus asiaticus
**Riesenstorch**
*Black-necked Stork - Jabirú asiático*
Latham, 1790
*Indien bis Malayische Halbinsel und Vietnam*

Ephippiorhynchus asiaticus australis
**Australischer Riesenstorch**
Shaw, 1800
Neuguinea und nc Western Australia bis se New South Wales (n, e Australien)

**Gattung: Ciconia**

Ciconia abdimii
**Abdimstorch**
*Abdim's Stork - Cigüeña de Abdim*
Lichtenstein, MHC, 1823
*Senegal bis Äthiopien*

Ciconia microscelis
**Afrika-Wollhalsstorch**
*African Woolly-necked Stork - Cigüeña lanuda africana*
Gray, GR, 1848
*Afrika südlich der Sahara*

Ciconia episcopus
**Wollhalsstorch**
*Asian Woolly-necked Stork - Cigüeña lanuda asiática*
Boddaert, 1783
*Indien bis Indochina, Philippinen, Malayische Halbinsel und n Sumatra*

Ciconia episcopus neglecta
**Asiatischer Wollhalsstorch**
Finsch, 1904
s Sumatra, Java, Lesser Sundas und Sulawesi Region

Ciconia stormi
**Höckerstorch**
*Storm's Stork - Cigüeña de Storm*
Blasius, W, 1896
*Malayische Halbinsel, Sumatra, Mentawai und Pagai is. (w von c Sumatra) und Borneo*

Ciconia nigra
**Schwarzstorch**
*Black Stork - Cigüeña negra*
Linnaeus, 1758
*Namibia und Malawi bis Südafrika, c Europa bis n China*

Ciconia maguari
**Maguaristorch**
*Maguari Stork - Cigüeña maguari*
Gmelin, JF, 1789
*e Kolumbien und Venezuela bis c Argentinien*

Ciconia ciconia
**Weißstorch**
*White Stork - Cigüeña blanca*
Linnaeus, 1758
*Europa und w Asien, Mittlerer Osten und n Afrika, s Afrika*

Ciconia ciconia asiatica
**Asiatischer Weißstorch**
Severtsov, 1873
c Asien

Ciconia boyciana
**Schwarzschnabelstorch**
*Oriental Stork - Cigüeña oriental*
Swinhoe, 1873
*se Sibirien, ne China, Korea, Japan*

**Ordnung: SULIFORMES (Tölpel, Fregattvögel, Kormorane & Schlangenhalsvögel)**

**Familie: Fregatidae (Fregattvögel)**

**Gattung: Fregata**

Fregata aquila
**Adlerfregattvogel**
*Ascension Frigatebird - Rabihorcado de Ascensión*
Linnaeus, 1758
*Ascension Insel und Boatswainbird Insel (e von Ascension Insel, nc Südatlantischer Ozean)*

Fregata magnificens
**Prachtfregattvogel**
*Magnificent Frigatebird - Rabihorcado magnífico*
Mathews, 1914
*Galápagos*

Fregata magnificens rothschildi
**Rothschilds Fregattvogel**
Mathews, 1915
Boavista (ne Cape Verde Is., s Makaronesien, w von w Afrika); Insel Santa Margarita (w von sw Baja California), Tres Marias, Revillagigedo, und other Inseln vor wc Mexico, Pearl Is. (sw von c Panama), und Inseln vor w Central America; Inseln von Karibik von s Florida und Florida Keys, inklusive San Andrés und Providencia (e von Nicaragua), bis Inseln vor Venezuela, Guianas und ne, se Brasilien, Fernando de Noronha (ne von ne Brasilien)

Fregata ariel
**Arielfregattvogel**
*Lesser Frigatebird - Rabihorcado chico*
Gray, GR, 1845
*Cocos (Keeling) Is. (ec indischer Ozean), Ashmore Reef (nw von Australien), Inseln vor nw Western Australia und Gulf von Carpentaria (nc Australien), Great Barrier Reef und Coral Sea is. (ne Australien), Tench Insel (St. Matthias Gruppe, nc Bismarck Archipel), Chesterfield Is. (w von New Caledonia), Walpole Insel (e von New Caledonia) und Fiji (sw Polynesien) bis e Tuamotu Gruppe (e Polynesien)*

Fregata ariel trinitatis
**Trinidadefregattvogel**
Miranda-Ribeiro, 1919
Trindade Insel (e von e Brasilien, nw Südatlantischer Ozean)

Fregata ariel iredalei
**Kleiner Aldabra-Fregattvogel**
Mathews, 1914
Europa (w von s Madagascar, Mosambik Channel), Aldabra (w Aldabra Gruppe, sw Seychellen), St. Brandon (n von Mascarenes), Maldives und Chagos Archipel (nc indischer Ozean)

Fregata minor
**Bindenfregattvogel**
*Great Frigatebird - Rabihorcado grande*
Gmelin, JF, 1789
*Chagos Archipel (nc indischer Ozean), Cocos (Keeling) Is. (ec indischer Ozean), Christmas Insel (s von w Java), Flores und Banda Sea is. (sc, se Indonesisches Archipel), Ashmore Reef (nw von Australien), Inseln vor nw Western Australia und Gulf von Carpentaria (nc Australien)*

Fregata minor nicolli
**Martim-Fregattvogel**
Mathews, 1914
Trindade und Martim Vaz (e von e Brasilien)

Fregata minor aldabrensis
**Seychellenfregattvogel**
Mathews, 1914
Europa (w von s Madagascar, Mosambik Channel), Aldabra und Cosmoledo (Aldabra Gruppe, sw Seychellen), St. Brandon (n von Mascarenes)

Fregata minor palmerstoni
**Palmerston-Fregattvogel**
Gmelin, JF, 1789
Great Barrier Reef und Coral Sea is. (ne Australien) und Tench Insel (St. Matthias Gruppe, nc Bismarck Archipel), Chesterfield Is. (w von New Caledonia), Walpole Insel (e von New Caledonia), Palau (w Caroline Is., w Micronesia), Marshall Is. und Fiji (sw Polynesien) bis Hawaiian Is. (Northwestern Gruppe) und Pitcairn Gruppe (e Polynesien)

Fregata minor ridgwayi
**Galapagosfregattvogel**
Mathews, 1914
Revillagigedo (w von c Mexico), del Coco (sw von Costa Rica), Wolf und Darwin
(=Wenman und Culpepper, nw Galápagos), Genovesa (ne Galápagos) und several other
small Inseln von Galápagos, La Plata und Santa Clara (Küste Inseln von wc, sw Ecuador)
und Salas y Gomez und (race?) Rapa Nui (=Easter/Eastern Is. Gruppe, se Polynesien)

Fregata andrewsi
**Weißbauch-Fregattvogel**
*Christmas Frigatebird - Rabihorcado de la Christmas*
Mathews, 1914
*Christmas Insel (s von w Java)*

## Familie: Sulidae (Tölpel)

## Gattung: Papasula

Papasula abbotti
**Abbotttölpel**
*Abbott's Booby - Piquero de Abbott*
Ridgway, 1893
*Christmas Insel (s von w Java); Assumption (Aldabra Gruppe, sw Seychellen), Mauritius und
Rodrigues (c, e Mascarenes, sw indischer Ozean); Solomon Is., Vanuatu, und Marquesas (ne
Polynesien)*

## Gattung: Morus

Morus bassanus
**Basstölpel**
*Northern Gannet - Alcatraz atlántico*
Linnaeus, 1758
*Island, Färöer Is., Britische Inseln, nw Frankreich und n Norwegen (e North Atlantic); Gulf von St.
Lawrence und Atlantic Küste von Neufundland (se Kanada, w North Atlantic)*

Morus capensis
**Kaptölpel**
*Cape Gannet - Alcatraz de El Cabo*
Lichtenstein, MHC, 1823
*Inseln vor Namibia und s Afrika*

Morus serrator
**Australtölpel**
*Australasian Gannet - Alcatraz australiano*
Gray, GR, 1843
*Inseln vor sw Australien, Bass Strait und Tasmanien, Philip Insel (Norfolk Gruppe, e von
Australien) und Nord- und Südinsel (Neuseeland)*

## Gattung: Sula

Sula sula
**Rotfußtölpel**
*Red-footed Booby - Piquero patirrojo*
Linnaeus, 1766
*w, s, e Karibik und sw Atlantic Inseln: Fernando de Noronha (ne von ne Brasilien), Insel Trindade
(e von ec Brasilien) und Boatswain Bird Insel (vor Ascension Insel, sc Südatlantischer Ozean);
Half Moon Cay (e von Belize), Swan Is. (n von e Honduras); Cayman Is. über Kleine Antillen und
Inseln n von Venezuela und Tobago (s, e Karibik)*

Sula sula rubripes
**Ozean-Rotfußtölpel**
Gould, 1838
Europa (w von s Madagascar, Mosambik Channel), Aldabra und Cosmoledo (Aldabra
Gruppe, sw Seychellen), Farquhar und Amirantes Gruppes (c Seychellen), Tromelin und
St. Brandon (n von Mascarenes), Chagos Archipel, Cocos (Keeling) und Christmas is. (w,
nc, ne indischer Ozean); Flores und Banda seas Inseln (sc, se Indonesisches Archipel),
Ashmore Reef und Adele Insel (nw von Australien), Great Barrier Reef und Coral Sea
Inseln (vor Queensland, nw Australien), Tench Insel (St. Matthias Is., nc Bismarck
Archipel), many other Inseln in outer Melanesia inklusive New Caledonia, Tubbataha
Reefs (wc Philippinen), Spratly Is. (s China Sea), s Ryukyu (=Nansei Shoto), Ogasawara
(=Bonin) und Iwo (=Volcano) is. (sw, se Japan), Taiwan, Micronesia über Northwestern
und w main Hawaiian Is. und Pitcairn Gruppe (e Polynesien)

Sula sula websteri
**Galapagos-Rotfußtölpel**
Rothschild, 1898
Revillagigedo, Tres Marias und Isabel (w von wc Mexico), Clipperton (sw von Mexico),
Violin (vor sw Costa Rica), del Coco (sw von Costa Rica), Malpelo (w von Kolumbien) und
Galápagos

Sula leucogaster
**Weißbauchtölpel**
*Brown Booby - Piquero pardo*
Boddaert, 1783
*Atlantic und Karibik Inseln: Fernando de Noronha (ne von ne Brasilien), Küste Inseln vor se
Brasilien, Cape Verde Is. (s Makaronesien, w von w Afrika), Boatswain Bird Insel (vor Ascension,
sc Südatlantischer Ozean); Alcatraz Insel (ne von w New Guinea) und Gulf von Guinea is.; Karibik
Inseln vor Yucatan Halbinsel und Honduras bis Panama, San Andrés und Providencia (e von
Nicaragua), Bahamas und Cayman Is. bis Kleine Antillen, und Inseln n von Venezuela und Tobago*

Sula leucogaster plotus
**Java-Weißbauchtölpel**
Forster, JR, 1844
Red Sea, Inseln vor Somalia und Socotra (nw indischer Ozean); Cosmoledo (e Aldabra
Gruppe, sw Seychellen), Inseln vor nw Madagascar und Chagos Archipel (w, nc indischer
Ozean); Cocos (Keeling) und Christmas is. (ec indischer Ozean), Inseln vor nw bis ne
Australien, Tench (St. Matthias Gruppe, nc Bismarck Archipel), other remote Inseln in
Melanesia inklusive vor New Caledonia; many Inseln von s Japan inklusive Kyushu;
Taiwan; offshore Inseln von n, sw, sc Philippinen; Con Dao (se von Vietnam), Perak Insel
(w von Malayische Halbinsel), Inseln in Flores und Banda seas (sc, se Indonesisches
Archipel), von Marianas und Palau (nw, sw Micronesia) über Northwestern und w main
Hawaiian Is. und Gambier Is. (e Tuamotu Archipel; e Polynesien)

Sula leucogaster etesiaca
**Australien-Weißbauchtölpel**
Thayer & Bangs, 1905
Pacifik-Küsten von Central America und Kolumbien: Gulf von Fonseca is. (Honduras) bis
Gorgona Insel (w von sw Kolumbien)

Sula brewsteri
**Kalifornischer Weißbauchtölpel**
*Cocos Booby - Piquero cocos*
Goss, 1888
*c Baja California und Gulf von California (nw Mexico) bis Revillagigedo Is. (w von c Mexico) und
Clipperton (sw von Mexico)*

Sula dactylatra
**Maskentölpel**
*Masked Booby - Piquero enmascarado*
Lesson, RP, 1831
*Karibik von Campeche Bank (w von Yucatan Halbinsel) und Inseln ne von Honduras, Insel San
Andrés (e von Nicaragua), Inseln Puerto Rico und Kleine Antillen, Inseln n von Venezuela;
Fernando de Noronha (ne von ne Brasilien), Abrolhos Archipel und Insel Trindade (e von ec
Brasilien), Ascension und St. Helena*

Sula dactylatra melanops
**Seychellen-Maskentölpel**
Hartlaub, 1859
Inseln in Red Sea, Socotra, Inseln ne von Somalia, s Oman (nw Arabien Sea)

Sula dactylatra tasmani
**Tasmanischer Maskentölpel**
Van Tets, Meredith, Fullagar & Davidson, PM, 1988
Lord Howe und Norfolk is. (e von Australien) und Kermadec Is. (ne von New Zealand)

Sula dactylatra personata
**Australischer Maskentölpel**
Gould, 1846
Comoros, Cosmoledo (e Aldabra Gruppe, sw Seychellen), Boudeuse (Amirantes, c
Seychellen), Mauritius und St. Brandon (ne von Mascarenes); Chagos Archipel (nc
indischer Ozean), Con Dao Insel (se von Vietnam), Cocos (Keeling) Is. (ec indischer
Ozean), vor se Neuguinea, Inseln vor nw Western Australia und Queensland (n Australien),
Inseln vor New Caledonia, Senkaku und Ogasawara is. (sw, se Japan), und bis Hawaii und
Easter (=Eastern) is., Inseln vor w Mexico, Insel del Coco (sw von Costa Rica), Insel
Malpelo (w von Kolumbien) und Is. Desventuradas (w von n Chile)

Sula granti
**Nazcatölpel**
*Nazca Booby - Piquero nazca*
Rothschild, 1902
*San Benedicto (Revillagigedo, w von c Mexico), Clipperton Insel (sw von Mexico), Insel del Coco
(sw von Costa Rica), Insel Malpelo (w von Kolumbien), Galápagos, Insel de la Plata (w von c
Ecuador) und Lobos de Afuera (w von nw Peru)*

Sula nebouxii
**Blaufußtölpel**
*Blue-footed Booby - Piquero camanay*
Milne-Edwards, 1882
*Inseln in c Gulf von California; Is. Tres Marietas (vor Nayarit, c Mexico), Inseln in Gulf von Fonseca
(w Honduras) und vor sw Panama, Insel Gorgonilla (w von sw Kolumbien) bis nw Peru*

Sula nebouxii excisa
**Galapagos-Blaufußtölpel**
Todd, 1948
Galápagos

Sula variegata
**Guanotölpel**
*Peruvian Booby - Piquero peruano*
Tschudi, 1843
*Küste n Peru bis c Chile*

## Familie: Anhingidae (Schlangenhalsvögel)

## Gattung: Anhinga

Anhinga anhinga
**Amerika-Schlangenhalsvogel**
*Anhinga - Anhinga americana*
Linnaeus, 1766
*Trinidad und Tobago, Kolumbien bis n Argentinien*

Anhinga anhinga leucogaster
**Nordamerikanischer Schlangenhalsvogel**
Vieillot, 1816
se Texas bis e North Carolina und Florida (se USA), wc Mexico bis Panama; Kuba und
Cayman Is.

Anhinga novaehollandiae
**Austral-Schlangenhalsvogel**
*Australasian Darter - Anhinga australiana*
Gould, 1847
*Australien (außer sc, Tasmanien)*

Anhinga novaehollandiae papua
**Papua-Schlangenhalsvogel**
Rand, 1938
Neuguinea

Anhinga melanogaster
**Orient-Schlangenhalsvogel**
*Oriental Darter - Anhinga asiática*
Pennant, 1769
*Indus Tal (c Pakistan) s bis Sri Lanka und e bis Vietnam, s bis Große Sundas, Sulawesi und Philippinen (Mindanao und Jolo, Sulu Archipel, s Philippinen)*

Anhinga rufa
**Afrika-Schlangenhalsvogel**
*African Darter - Anhinga africana*
Daudin, 1802
*Sub-Sahara Afrika*

Anhinga rufa vulsini
**Madagaskar-Schlangenhalsvogel**
Bangs, 1918
Madagascar
Anhinga rufa chantrei
**Tigris-Schlangenhalsvogel**
Oustalet, 1882
se Irak; sc Türkei


## Familie: Phalacrocoracidae (Kormorane)

### Gattung: Microcarbo

Microcarbo pygmaeus
**Zwergscharbe**
*Pygmy Cormorant - Cormorán pigmeo*
Pallas, 1773
*Inland se Europa bis c Asien: ne Italien und ne Österreich bis c Kasachstan, Tadschikistan, und e Irak*

Microcarbo africanus
**Riedscharbe**
*Reed Cormorant - Cormorán africano*
Gmelin, JF, 1789
*Inland und Küste Sub-Saharan Afrika*

Microcarbo africanus pictilis
**Madagaskarscharbe**
Bangs, 1918
Madagascar

Microcarbo coronatus
**Kronenscharbe**
*Crowned Cormorant - Cormorán coronado*
Wahlberg, 1855
*n Namibia bis s von s Afrika*

Microcarbo niger
**Kleinscharbe**
*Little Cormorant - Cormorán de Java*
Vieillot, 1817
*weit verbreitet Inland und Küste, Indus Tal (c Pakistan) über Sub-Himalaya Indien und Nepal bis Sri Lanka, e bis s China, Vietnam und Java*

Microcarbo melanoleucos
**Kräuselscharbe**
*Little Pied Cormorant - Cormorán piquicorto*
Vieillot, 1817
*Lesser Sundas bis Australien, New Britain (se Bismarck Archipel), Bougainville, Guadalcanal, Three Sisters und Santa Ana (e von Makira; n, sc, se Solomon Is.), Tikopia (se Vanuatu) und Grande Terre (New Caledonia)*

Microcarbo melanoleucos brevicauda
**Rennell-Kräuselscharbe**
Mayr, 1931
Rennell (s Solomon Is.)
Microcarbo melanoleucos brevirostris
**Neuseeland-Kräuselscharbe**
Gould, 1837
North, South, Stewart und Campbell is. (s von Südinsel; New Zealand)


### Gattung: Poikilocarbo

Poikilocarbo gaimardi
**Buntscharbe**
*Red-legged Cormorant - Cormorán chuita*
Garnot, 1828
*n Peru bis sc Chile; Santa Cruz Province, se Argentinien*

### Gattung: Urile

Urile penicillatus
**Pinselscharbe**
*Brandt's Cormorant - Cormorán sargento*
Brandt, JF, 1837
*se Alaska bis sw Baja California und c Gulf von California (nw Mexico)*

Urile urile
**Rotgesichtscharbe**
*Red-faced Cormorant - Cormorán carirrojo*
Gmelin, JF, 1789
*Kamtschatka, n, c Kuril und Commander is. (se Russland) bis s Kuril Is. und e Hokkaido (n Japan; w Nordpazifik Küste); Aleutian und Pribilof is. (Beringsee) und s Alaska is. (e Nordpazifik Küste)*

Urile pelagicus
**Meerscharbe**
*Pelagic Cormorant - Cormorán pelágico*
Pallas, 1811
*Sibirien von Chukotka, Kamtschatka, Sea von Okhotsk, Kuril Is., und Commander Is. (e Russland), Hokkaido und n Honshu (n Japan) und Inseln von Liaoning (ne China); Aleutian Is., s Alaska bis sw Kanada*

Urile pelagicus resplendens
**Nördliche Meerscharbe**
Audubon, 1838
e Nordpazifik Küste von sw Kanada bis n Baja California (nw Mexico)

† Urile perspicillatus
**Brillenscharbe**
*Spectacled Cormorant - Cormorán de anteojos*
Pallas, 1811
*Beringsee: Commander Is. (se Russland, nw Nordpazifik Küste Ocean)*

### Gattung: Phalacrocorax

Phalacrocorax neglectus
**Küstenscharbe**
*Bank Cormorant - Cormorán de bajío*
Wahlberg, 1855
*wc Namibia bis s von s Afrika*

Phalacrocorax nigrogularis
**Sokotrascharbe**
*Socotra Cormorant - Cormorán de Socotora*
Ogilvie-Grant & Forbes, HO, 1899
*Persian Gulf, Arabien Sea (vor Oman), Gulf von Aden, Socotra und Red Sea (vor Eritrea)*

Phalacrocorax featherstoni
**Pittscharbe**
*Pitt Shag - Cormorán de la Pitt*
Buller, 1873
*Chatham Is. (e von Südinsel, New Zealand)*

Phalacrocorax punctatus
**Tüpfelscharbe**
*Spotted Shag - Cormorán moteado*
Sparrman, 1786
*Küste North und n, e South Is. (Neuseeland)*

Phalacrocorax punctatus oliveri
**Oliveris Tüpfelscharbe**
Mathews, 1930
Küste sw South und Stewart is.

Phalacrocorax fuscescens
**Schwarzgesichtscharbe**
*Black-faced Cormorant - Cormorán carinegro*
Vieillot, 1817
*Küsten von s Western Australia bis se New South Wales, Bass Strait is. und Tasmanien (s Australien)*

Phalacrocorax varius
**Elsterscharbe**
*Australian Pied Cormorant - Cormorán pío*
Gmelin, JF, 1789
*Küste North, South und Stewart is. (Neuseeland)*

Phalacrocorax varius hypoleucos
**Tasmanienelsterscharbe**
Brandt, JF, 1837
Küste und Inland Australien (außer sc) und Tasmanien

Phalacrocorax sulcirostris
**Schwarzscharbe**
*Little Black Cormorant - Cormorán totinegro*
Brandt, JF, 1837
*Küste und Inland Java und Sulawesi über Neuguinea Region, sw, e Australien inklusive Tasmanien, New Caledonia und Nordinsel (Neuseeland)*

Phalacrocorax fuscicollis
**Braunwangenscharbe**
*Indian Cormorant - Cormorán indio*
Stephens, 1826
*Indus Tal (c Pakistan), w, s, ne Indien, Sri Lanka, s Myanmar, s Kambodscha und s Vietnam*

Phalacrocorax capensis
**Kapscharbe**
*Cape Cormorant - Cormorán de El Cabo*
Sparrman, 1788
*s Küste Afrika: s Angola bis s Afrika*

Phalacrocorax capillatus
**Japankormoran**
*Japanese Cormorant - Cormorán japonés*
Temminck & Schlegel, 1850
*se Russland inklusive Sakhalin, s Kuril Is., Hokkaido bis Kyushu (n bis s Japan), Koreanische Halbinsel und ne China*

Phalacrocorax lucidus
**Weißbrustkormoran**
*White-breasted Cormorant - Cormorán Cuelliblanco*
Lichtenstein, MHC, 1823
*weit verbreitet Inland ne bis sw Sub-Saharan Afrika*

Phalacrocorax carbo
**Kormoran**
*Great Cormorant - Cormorán grande*
Linnaeus, 1758
*w Grönland, w Europa und e Kanada bis Maine (ne USA, w North Atlantic)*

    Phalacrocorax carbo sinensis
**Chinesischer Kormoran**
Staunton, 1796
c Europa bis n, s, Indien und Sri Lanka bis ne Russland, ne China und Koreanische Halbinsel, s bis Türkei, c Asien und n Mongolei; sc Kambodscha und s Vietnam, ne Borneo
    Phalacrocorax carbo hanedae
**Japanischer Küstenkormoran**
Kuroda, Nm, 1925
Küste und Inland Japan: Hokkaido bis Kyushu (n bis s Japan)
    Phalacrocorax carbo maroccanus
**Marokkokormoran**
Hartert, EJO, 1906
Küste Marokko bis Mauretanien
    Phalacrocorax carbo novaehollandiae
**Australischer Kormoran**
Stephens, 1826
Inland und Küste Australasia: Australien, North, South, Stewart und Chatham is. (e von Südinsel; New Zealand), Rennell (s Solomon Is.) und Grande Terre (New Caledonia)



Gulosus aristotelis
**Krähenscharbe**
*European Shag - Cormorán moñudo*
Linnaeus, 1761
*Island, Faroe und Britische Inseln, Skandinavien bis nw Russland, nw Frankreich bis Spanien*

    Gulosus aristotelis riggenbachi
**Nordafrika-Krähenscharbe**
Hartert, EJO, 1923
Küste w Marokko
    Gulosus aristotelis desmarestii
**Mittelmeer-Krähenscharbe**
Payraudeau, 1826
Küste Mittelmeer



Nannopterum harrisi
**Galápagosscharbe**
*Flightless Cormorant - Cormorán mancón*
Rothschild, 1898
*Fernandina und Isabela is. (w Galápagos)*

Nannopterum brasilianum
**Humboldtscharbe**
*Neotropic Cormorant - Cormorán biguá*
Gmelin, JF, 1789
*Inland und Küste Costa Rica bis Tierra del Fuego*

    Nannopterum brasilianum mexicanum
**Mexikoscharbe**
Brandt, JF, 1837
Inland und Küste Great Plains (c USA) von South Dakota und Kansas bis Gulf von Mexico, und Mexico bis Nicaragua; Bahamas und Kuba

Nannopterum auritum
**Ohrenscharbe**
*Double-crested Cormorant - Cormorán orejudo*
Lesson, RP, 1831
*Alberta bis Gulf von St. Lawrence (c bis se Kanada) s bis Utah und Massachusetts (wc bis ne USA)*

    Nannopterum auritum cincinatum
**Alaskaohrenscharbe**
Brandt, JF, 1837
Küste e Aleutian Is., sw, s Alaska bis sw Kanada
    Nannopterum auritum albociliatum
**Kalifornien-Ohrenscharbe**
Ridgway, 1884
Küste und Inland sw Kanada bis s Baja California, Gulf von California und nw Festland Mexico
    Nannopterum auritum floridanum
**Florida-Ohrenscharbe**
Audubon, 1835
Küste South Carolina bis Florida (se USA), Kuba , n Yucatan Halbinsel und Belize
    Nannopterum auritum heuretum
**Bahamas-Ohrenscharbe**
Watson, Olson & Miller, JR, 1991
San Salvador (ec Bahamas)



Leucocarbo magellanicus
**Felsenscharbe**
*Rock Shag - Cormorán magallánico*
Gmelin, JF, 1789
*Küste sc Chile und sc Argentinien bis Cape Horn und Falkland Is.*

Leucocarbo bougainvilliorum
**Guanoscharbe**
*Guanay Cormorant - Cormorán guanay*
Lesson, RP, 1837
*Küste Peru bis c Chile und sc Argentinien*

Leucocarbo ranfurlyi
**Bountyscharbe**
*Bounty Shag - Cormorán de las Bounty*
Ogilvie-Grant, 1901
*Bounty Is. (e von Stewart Insel, New Zealand)*

Leucocarbo carunculatus
**Warzenscharbe**
*New Zealand King Shag - Cormorán carunculado*
Gmelin, JF, 1789
*Cook Strait is. (n von Südinsel, New Zealand)*

Leucocarbo onslowi
**Chathamscharbe**
*Chatham Islands Shag - Cormorán de las Chatham*
Forbes, HO, 1893
*Chatham Is. (e von Südinsel, New Zealand)*

Leucocarbo chalconotus
**Otagoscharbe**
*Otago Shag - Cormorán de la Stewart*
Gray, GR, 1845
*e Südinsel (Neuseeland)*

Leucocarbo stewarti
**Stewartscharbe**
*Foveaux Shag - Cormorán de la Foveaux*
Ogilvie-Grant, 1898
*s South und Stewart is. (Neuseeland)*

Leucocarbo colensoi
**Aucklandscharbe**
*Auckland Shag - Cormorán de las Auckland*
Buller, 1888
*Auckland Is. (S Südinsel, Neuseeland)*

Leucocarbo campbelli
**Campbellscharbe**
*Campbell Shag - Cormorán de la Campbell*
Filhol, 1878
*Campbell Is. (S Südinsel, Neuseeland)*

Leucocarbo atriceps
**Kaiserscharbe**
*Imperial Shag - Cormorán imperial*
King, PP, 1828
sc Chile und sc Argentinien bis Cape Horn

Leucocarbo atriceps albiventer
**Weißbauch-Kaiserscharbe**
Lesson, RP, 1831
Falkland Is.

Leucocarbo georgianus
**Südgeorgienscharbe**
*South Georgia Shag - Cormorán de Georgia*
Lönnberg, 1906
Shag Rocks (w von South Georgia), South Georgia, South Sandwich und South Orkney is. (sw Südatlantischer Ozean)

Leucocarbo melanogenis
**Crozetscharbe**
*Crozet Shag - Cormorán de las Crozet*
Blyth, 1860
Prince Edward, Marion und Crozet is. (sw South indischer Ozean)

Leucocarbo bransfieldensis
**Antarktisscharbe**
*Antarctic Shag - Cormorán Antártico*
Murphy, 1936
South Shetland Is. und Antarktis Halbinsel

Leucocarbo verrucosus
**Kerguelenscharbe**
*Kerguelen Shag - Cormorán de las Kerguelen*
Cabanis, 1875
Kerguelen Is. (sc South indischer Ozean)

Leucocarbo nivalis
**Heardscharbe**
*Heard Island Shag - Cormorán de la Heard*
Falla, 1937
Heard Is. (sc South indischer Ozean)

Leucocarbo purpurascens
**Macquariescharbe**
*Macquarie Shag - Cormorán de la Macquarie*
Brandt, JF, 1837
Macquarie Insel und nearby rocks (w Südpazifischer Ozean, Australien)


## Ordnung: PELECANIFORMES (Pelikanverwandte)

### Familie: Threskiornithidae (Ibise, Löffler & Sichler)

#### Gattung: Threskiornis

Threskiornis aethiopicus
**Pharaonenibis**
*African Sacred Ibis - Ibis sagrado*
Latham, 1790
Afrika s in der Sahara, Irak

Threskiornis bernieri
**Hellaugenibis**
*Malagasy Sacred Ibis - Ibis malgache*
Bonaparte, 1855
Küste w Madagascar

Threskiornis bernieri abbotti
**Abbotibis**
Ridgway, 1893
Aldabra (w Aldabra Gruppe, sw Seychellen)

†† Threskiornis solitarius
**Réunionibis**
*Reunion Ibis - Ibis de Reunión*
de Sélys-Longchamps, 1848
Réunion (w Mascarenes)

Threskiornis melanocephalus
**Schwarzkopfibis**
*Black-headed Ibis - Ibis oriental*
Latham, 1790
Indien, se Asien, se Sumatra und n Java (where now rare)

Threskiornis molucca
**Australibis**
*Australian White Ibis - Ibis moluqueño*
Cuvier, 1829
Lesser Sundas, c, s Moluccas, n, s Neuguinea, Australien und Tasmanien

Threskiornis molucca pygmaeus
**Molukkenibis**
Mayr, 1931
Rennell und Bellona (Rennell; s Solomon Is.)

Threskiornis spinicollis
**Stachelibis**
*Straw-necked Ibis - Ibis tornasolado*
Jameson, 1835
Trans-Fly (sc Neuguinea), Port Moresby (se Neuguinea), Australien und Tasmanien

#### Gattung: Pseudibis

Pseudibis papillosa
**Warzenibis**
*Red-naped Ibis - Ibis verrugoso*
Temminck, 1824
Indien, Pakistan und Nepal

Pseudibis davisoni
**Weißschulteribis**
*White-shouldered Ibis - Ibis de Davison*
Hume, 1875
s Indochina und Borneo

Pseudibis gigantea
**Riesenibis**
*Giant Ibis - Ibis gigante*
Oustalet, 1877
s Vietnam und Kambodscha

#### Gattung: Geronticus

Geronticus eremita
**Waldrapp**
*Northern Bald Ibis - Ibis eremita*
Linnaeus, 1758
Küste wc Marokko; c Syrien; sc Türkei; c, s Europa

Geronticus calvus
**Kahlkopfibis**
*Southern Bald Ibis - Ibis calvo*
Boddaert, 1783
Südafrika

#### Gattung: Nipponia

Nipponia nippon
**Nipponibis**
*Crested Ibis - Ibis nipón*
Temminck, 1835
ne China

#### Gattung: Bostrychia

Bostrychia olivacea
**Olivibis**
*Olive Ibis - Ibis oliváceo*
Du Bus de Gisignies, 1838
Sierra Leone, Liberia und Elfenbeinküste

Bostrychia olivacea cupreipennis
**Kongo-Olivenibis**
Reichenow, 1903
s Kamerun bis Demokratische Republik Kongo
Bostrychia olivacea rothschildi
**Rotschilds Olivenibis**
Bannerman, 1919
Príncipe (c Gulf von Guinea is.)
Bostrychia olivacea akeleyorum
**Kenia-Olivenibis**
Chapman, 1912
Kenia und Tansania

Bostrychia bocagei
**São-Tomé-Ibis**
*Sao Tome Ibis - Ibis enano*
Chapin, 1923
São Tomé (sc Gulf von Guinea is.)

Bostrychia rara
**Fleckenbrustibis**
*Spot-breasted Ibis - Ibis moteado*
Rothschild, Hartert, EJO & Kleinschmidt, 1897
*s Afrika*

Bostrychia hagedash
**Hagedaschibis**
*Hadada Ibis - Ibis hadada*
Latham, 1790
*südliches Afrika (südlich des Sambesi-Tals)*

    Bostrychia hagedash nilotica
    **Nilibis**
    Neumann, 1909
    Sudan und Äthiopien bis ne Demokratische Republik Kongo, Uganda und nw Tansania
    Bostrychia hagedash brevirostris
    **Gambia-Hagedashibis**
    Reichenow, 1907
    Senegal bis Kenia und s bis Sambia und n Mosambik

Bostrychia carunculata
**Klunkeribis**
*Wattled Ibis - Ibis carunculado*
Rüppell, 1837
*Gebirge Eritrea und Äthiopien*



Theristicus caerulescens
**Stirnbandibis**
*Plumbeous Ibis - Bandurria mora*
Vieillot, 1817
*ne Bolivien und s Brasilien bis ne Argentinien und Uruguay*

Theristicus caudatus
**Weißhalsibis**
*Buff-necked Ibis - Bandurria común*
Boddaert, 1783
*n Südamerika bis Mato Grosso (sw Brasilien)*

    Theristicus caudatus hyperorius
    **Kap-Weißhalsibis**
    Todd, 1948
    e Bolivien bis s Brasilien und n Argentinien

Theristicus melanopis
**Schwarzzügelibis**
*Black-faced Ibis - Bandurria acollarada austral*
Gmelin, JF, 1789
*sw Peru, w Chile und s Argentinien*

Theristicus branickii
**Andenibis**
*Andean Ibis - Bandurria acollarada andina*
Berlepsch & Stolzmann, 1894
*Anden von Ecuador bis n Chile und n Bolivien*



Cercibis oxycerca
**Spitzschwanzibis**
*Sharp-tailed Ibis - Ibis rabudo*
Spix, 1825
*e Kolumbien, Venezuela, Guyana und n Brasilien*



Mesembrinibis cayennensis
**Grünibis**
*Green Ibis - Ibis verde*
Gmelin, JF, 1789
*Honduras bis se Brasilien und ne Argentinien*



Phimosus infuscatus
**Nacktzügelibis**
*Bare-faced Ibis - Ibis afeitado*
Lichtenstein, MHC, 1823
*e Bolivien bis Paraguay, Uruguay und c Argentinien*

    Phimosus infuscatus berlepschi
    **Berlepschs Nacktzügelibis**
    Hellmayr, 1903
    n Südamerika

    Phimosus infuscatus nudifrons
    **Brasilianischer Nacktzügelibis**
    Spix, 1825
    c, s Brasilien



Eudocimus albus
**Schneesichler**
*American White Ibis - Corocoro blanco*
Linnaeus, 1758
*se USA und Karibik*

    Eudocimus albus ramobustorum
    **Südlicher Schneesichler**
    Patten, 2012
    n Südamerika

Eudocimus ruber
**Scharlachsichler**
*Scarlet Ibis - Corocoro rojo*
Linnaeus, 1758
*n, e Kolumbien und e Ecuador bis ne Brasilien*



Plegadis falcinellus
**Sichler**
*Glossy Ibis - Morito común*
Linnaeus, 1766
*Weltweit: s Europa, Sub-Saharan Afrika, Madagascar, c, s Asien bis Philippinen, Sulawesi, Java und Australien; e und Gulf Küsten von N America, Karibik und n Venezuela*

Plegadis chihi
**Brillensichler**
*White-faced Ibis - Morito cariblanco*
Vieillot, 1817
*c USA bis c Argentinien*

Plegadis ridgwayi
**Punasichler**
*Puna Ibis - Morito de la puna*
Allen, JA, 1876
*n Peru bis n Chile und nw Argentinien*



Lophotibis cristata
**Schopfibis**
*Madagascar Ibis - Ibis crestado*
Boddaert, 1783
*n, e Madagascar*

    Lophotibis cristata urschi
    **Westlicher Mähnenibis**
    Lavauden, 1929
    s, w Madagascar



Platalea leucorodia
**Löffler**
*Eurasian Spoonbill - Espátula común*
Linnaeus, 1758
*Europa bis n China, Indien und Sri Lanka*

    Platalea leucorodia balsaci
    **Mauretanischer Löffler**
    Naurois & Roux, F, 1974
    w Mauretanien
    Platalea leucorodia archeri
    **Archerlöffler**
    Neumann, 1928
    Küsten Red Sea und Somalia

Platalea minor
**Schwarzgesichtlöffler**
*Black-faced Spoonbill - Espátula menor*
Temminck & Schlegel, 1850
*ne Russland, Koreanische Halbinsel und ne China*

Platalea alba
**Rotgesichtlöffler**
*African Spoonbill - Espátula africana*
Scopoli, 1786
*Afrika südlich der Sahara und Madagaskar*

Platalea regia
**Königslöffler**
*Royal Spoonbill - Espátula real*
Gould, 1838
sc Neuguinea, Australien, Tasmanien, Küste Nord- und Südinsel (Neuseeland)

Platalea flavipes
**Gelbschnabellöffler**
*Yellow-billed Spoonbill - Espátula piquigualda*
Gould, 1838
Australien (außer Tasmanien)

Platalea ajaja
**Rosalöffler**
*Roseate Spoonbill - Espátula rosada*
Linnaeus, 1758
s USA bis n Argentinien

## Familie: Ardeidae (Reiher)

### Gattung: Tigriornis

Tigriornis leucolopha
**Weißschopfreiher**
*White-crested Tiger Heron - Avetigre africana*
Jardine, 1846
Senegal bis Zentralafrikanische Republik und Demokratische Republik Kongo

### Gattung: Tigrisoma

Tigrisoma lineatum
**Marmorreiher**
*Rufescent Tiger Heron - Avetigre colorada*
Boddaert, 1783
Honduras s bis ne Bolivien und Amazonasgebiet Brasilien

   Tigrisoma lineatum marmoratum
   **Südlicher Marmorreiher**
   Vieillot, 1817
   se Bolivien bis s Brasilien und n Argentinien

Tigrisoma mexicanum
**Nacktkehlreiher**
*Bare-throated Tiger Heron - Avetigre mejicana*
Swainson, 1834
Mexico bis Kolumbien

Tigrisoma fasciatum
**Streifenreiher**
*Fasciated Tiger Heron - Avetigre oscura*
Such, 1825
se Brasilien bis n Argentinien

   Tigrisoma fasciatum salmoni
   **Salomonen-Streifenreiher**
   Sclater, PL & Salvin, 1875
   Costa Rica bis n Bolivien
   Tigrisoma fasciatum pallescens
   **Argentinischer-Streifenreiher**
   Olrog, 1950
   nw Argentinien

### Gattung: Cochlearius

Cochlearius cochlearius
**Kahnschnabelreiher**
*Boat-billed Heron - Martinete cucharón*
Linnaeus, 1766
n, c Südamerika

   Cochlearius cochlearius zeledoni
   **Mexiko Kahnschnabel**
   Ridgway, 1885
   w Mexico
   Cochlearius cochlearius phillipsi
   **Phillips Kahnschnabel**
   Dickerman, 1973
   e Mexico und Belize
   Cochlearius cochlearius ridgwayi
   **Ridgway Kahnschnabel**
   Dickerman, 1973
   s Mexico bis Honduras
   Cochlearius cochlearius panamensis
   **Panama Kahnschnabel**
   Griscom, 1926
   Costa Rica und Panama

### Gattung: Agamia

Agamia agami
**Speerreiher**
*Agami Heron - Garza agamí*
Gmelin, JF, 1789
e Mexico bis Amazonasgebiet

### Gattung: Zebrilus

Zebrilus undulatus
**Zickzackreiher**
*Zigzag Heron - Avetigre enana*
Gmelin, JF, 1789
Amazonasgebiet

### Gattung: Botaurus

Botaurus stellaris
**Rohrdommel**
*Eurasian Bittern - Avetoro común*
Linnaeus, 1758
Europa bis e Asien

   Botaurus stellaris capensis
   **Kap-Rohrdommel**
   Schlegel, 1863
   s Afrika

Botaurus poiciloptilus
**Braunbart-Rohrdommel**
*Australasian Bittern - Avetoro australiano*
Wagler, 1827
sw Western Australia, se Queensland bis se South Australia und Tasmanien (sw, se Australien),
North, South und Stewart is. (Neuseeland), Ouvea (Loyalty Is.) und Grande Terre (New Caledonia)

Botaurus lentiginosus
**Schwarzbart-Rohrdommel**
*American Bittern - Avetoro lentiginoso*
Rackett, 1813
Nordamerika weit verbreitet

Botaurus pinnatus
**Schuppenhals-Rohrdommel**
*Pinnated Bittern - Avetoro mirasol*
Wagler, 1829
El Salvador und Nicaragua bis n Argentinien und s Brasilien

   Botaurus pinnatus caribaeus
   **Karibik-Rohrdommel**
   Dickerman, 1961
   se Mexico und Belize

Botaurus involucris
**Streifendommel**
*Stripe-backed Bittern - Avetorillo listado*
Vieillot, 1823
Kolumbien bis Suriname, s Bolivien und s Brasilien bis c Chile und c Argentinien

Botaurus exilis
**Indianerdommel**
*Least Bittern - Avetorillo americano*
Gmelin, JF, 1789
e Kanada und e, sw USA

   Botaurus exilis pullus
   **Sonora Zwergdommel**
   Van Rossem, 1930
   nw Mexico
   Botaurus exilis erythromelas
   **Trinidad Zwergdommel**
   Vieillot, 1817
   e Panama und n Südamerika bis n Bolivien und n Argentinien
   Botaurus exilis limoncochae
   **Ekuador Zwergdommel**
   Norton, DW, 1965
   e Ecuador
   Botaurus exilis bogotensis
   **Kolumbianische Zwergdommel**
   Chapman, 1914
   c Kolumbien
   Botaurus exilis peruvianus
   **Peru Zwergdommel**
   Bond, J, 1955
   wc Peru

Botaurus flavicollis
**Schwarzdommel**
*Black Bittern - Avetorillo negro*
Latham, 1790
*Indien bis Indochina, Philippinen und w, c Indonesia*

Botaurus flavicollis australis
**Timor-Schwarzdommel**
Lesson, RP, 1831
*e Indonesia, Neuguinea, Bismarck Archipel und Australien*
Botaurus flavicollis woodfordi
**Salomonen-Schwarzdommel**
Ogilvie-Grant, 1888
*Bougainville bis Rennell (n bis s Solomon Is., außer Makira)*

Botaurus cinnamomeus
**Zimtdommel**
*Cinnamon Bittern - Avetorillo canelo*
Gmelin, JF, 1789
*Pakistan und Maldives über se, e Asien bis e China, Ryukyu Is. (s Japan), s bis Philippinen und w, c, Indonesisches Archipel*

Botaurus eurhythmus
**Mandschurendommel**
*Von Schrenck's Bittern - Avetorillo manchú*
Swinhoe, 1873
*se Sibirien, Koreanische Halbinsel, Japan und e China*

Botaurus sturmii
**Graurückendommel**
*Dwarf Bittern - Avetorillo plomizo*
Wagler, 1827
*südlich der Sahara weit verbreitet*

Botaurus minutus
**Zwergdommel**
*Little Bittern - Avetorillo común*
Linnaeus, 1766
*c, s Europa bis c Asien und nw Indien*

Botaurus minutus payesii
**Kapzwergdommel**
Hartlaub, 1858
*Afrika südlich der Sahara*
Botaurus minutus podiceps
**Madagaskar-Zwergdommel**
Bonaparte, 1855
*Madagascar*

Botaurus sinensis
**Chinadommel**
*Yellow Bittern - Avetorillo chino*
Gmelin, JF, 1789
*Oman, Inner Is. (ne Seychellen), Pakistan und Sri Lanka über se Russland und Japan s bis se Asien, Indonesisches Archipel, Philippinen bis w Micronesia*

Botaurus dubius
**Schwarzmanteldommel**
*Black-backed Bittern - Avetorillo australiano*
Mathews, 1912
*sc, nc, se Neuguinea und sw Western Australia, ne Western Australia bis s Victoria (sw, n, e Australien)*

† Botaurus novaezelandiae
**Schwarzrückendommel**
*New Zealand Bittern - Avetorillo maorí*
Purdie, 1871
*Südinsel (Neuseeland)*



Nyctanassa violacea
**Krabbenreiher**
*Yellow-crowned Night Heron - Martinete coronado*
Linnaeus, 1758
*c, e USA bis e Mexico und e Costa Rica*

Nyctanassa violacea bancrofti
**Bancroft-Krabbenreiher**
Huey, 1927
*w Mexico bis w Nicaragua, Socorro Insel und West Indies*
Nyctanassa violacea caliginis
**Kolumbien-Krabbenreiher**
Wetmore, 1946
*Panama und w Kolumbien bis Peru*
Nyctanassa violacea cayennensis
**Cayennnen-Krabbenreiher**
Gmelin, JF, 1789
*Panama und ne Kolumbien bis ne Brasilien*

Nyctanassa violacea pauper
**Galapagos-Krabbenreiher**
Sclater, PL & Salvin, 1870
*Galápagos*

†† Nyctanassa carcinocatactes
**Bermuda-Krabbenreiher**
*Bermuda Night Heron - Martinete de Bermudas*
Olson & Wingate, 2006
*Bermuda*



Nycticorax nycticorax
**Nachtreiher**
*Black-crowned Night Heron - Martinete común*
Linnaeus, 1758
*Eurasien s bis Afrika und Madagascar und e bis e Asien, Philippinen und Indonesisches Archipel*

Nycticorax nycticorax hoactli
**Hawaiinachtreiher**
Gmelin, JF, 1789
*s Kanada bis n Argentinien und Chile; Hawaii*
Nycticorax nycticorax obscurus
**Dunkler Nachtreiher**
Bonaparte, 1855
*Chile und sw Argentinien*
Nycticorax nycticorax falklandicus
**Falkland-Nachtreiher**
Hartert, EJO, 1914
*Falkland Is.*

†† Nycticorax olsoni
**Ascension-Nachtreiher**
*Ascension Night Heron - Martinete de Ascensión*
Bourne, Ashmole & Simmons, 2003
*Ascension Insel*

†† Nycticorax duboisi
**Réunion-Nachtreiher**
*Reunion Night Heron - Martinete de Reunión*
Rothschild, 1907
*Réunion (w Mascarenes)*

†† Nycticorax mauritianus
**Mauritius-Nachtreiher**
*Mauritius Night Heron - Martinete de Mauricio*
Newton, E & Gadow, 1893
*Mauritius (c Mascarenes)*

†† Nycticorax megacephalus
**Rodrigues-Nachtreiher**
*Rodrigues Night Heron - Martinete de Rodríguez*
Milne-Edwards, 1873
*Rodrigues (e Mascarenes)*

Nycticorax caledonicus
**Rotrückenreiher**
*Nankeen Night Heron - Martinete canelo*
Gmelin, JF, 1789
*Grande Terre (New Caledonia)*

† Nycticorax caledonicus crassirostris
**Boninreiher**
Vigors, 1839
*Bonin Is. (=Ogasawara Is.; e Japan)*
Nycticorax caledonicus manillensis
**Philippinen Rotrückenreiher**
Vigors, 1831
*Philippinen und n Borneo*
Nycticorax caledonicus australasiae
**Australasiatischer Rotrückenreiher**
Vieillot, 1823
*Java e bis Neuguinea, nw Bismarck Archipel, Australien und New Zealand*
Nycticorax caledonicus mandibularis
**Salomonen Rotrückenreiher**
Ogilvie-Grant, 1888
*e Bismarck Archipel und Solomon Is. außer Temotu (=Santa Cruz Is.; se Solomon Is.)*
Nycticorax caledonicus pelewensis
**Palau Rotrückenreiher**
Mathews, 1926
*Palau und Caroline Is. (s Micronesia)*



Gorsachius goisagi
**Rotscheitelreiher**
*Japanese Night Heron - Martinete japonés*
Temminck, 1836
*Honshu, Shikoku, Kyushu (c, s Japan), Jeju (vor s Koreanische Halbinsel) und Taiwan*

Gorsachius melanolophus
**Wellenreiher**
*Malayan Night Heron - Martinete malayo*
Raffles, 1822
*w Ghats (sw Indien), ne Indien über se Asien und se China bis Philippinen, Peleng (Banggai Is., e von Sulawesi)*

Gattung: Pilherodius

Pilherodius pileatus
**Kappenreiher**
*Capped Heron - Garza capirotada*
Boddaert, 1783
*e Panama bis se Brasilien*

Gattung: Syrigma

Syrigma sibilatrix
**Pfeifreiher**
*Whistling Heron - Garza chiflona*
Temminck, 1824
*e Bolivien und s Brasilien bis ne Argentinien*

 Syrigma sibilatrix fostersmithi
 **Forsterpfeifreiher**
 Friedmann, 1949
 *ne Kolumbien und nw Venezuela*

Gattung: Egretta

Egretta caerulea
**Blaureiher**
*Little Blue Heron - Garceta azul*
Linnaeus, 1758
*se USA bis s Brasilien*

Egretta tricolor
**Dreifarbenreiher**
*Tricolored Heron - Garceta tricolor*
Müller, PLS, 1776
*nc, ne Südamerika*

 Egretta tricolor ruficollis
 **Amerika Dreifarbenreiher**
 Gosse, 1847
 *e, se USA und e, w Mexico bis nw Südamerika und West Indies*

Egretta rufescens
**Rötelreiher**
*Reddish Egret - Garceta rojiza*
Gmelin, JF, 1789
*s USA, West Indies und Mexico*

 Egretta rufescens dickeyi
 **Dickeys Rötelreiher**
 Van Rossem, 1926
 *Baja California (Mexico)*

Egretta vinaceigula
**Braunkehlreiher**
*Slaty Egret - Garceta gorjirroja*
Sharpe, 1895
*Sambia bis ne Namibia, n Botswana und w Simbabwe*

Egretta ardesiaca
**Glockenreiher**
*Black Heron - Garceta azabache*
Wagler, 1827
*weit verbreitet südlich der Sahara*

Egretta sacra
**Riffreiher**
*Pacific Reef Heron - Garceta de arrecife*
Gmelin, JF, 1789
*Küste s Bangladesch und Andaman Is. bis Ryukyu Is. (s Japan), Australasia, Melanesia (außer New Caledonia) bis Tuamotu Archipel (e Polynesien)*

 Egretta sacra albolineata
 **Neukaledonien Riffreiher**
 Gray, GR, 1859
 *New Caledonia inklusive Loyalty Is.*

Egretta eulophotes
**Schneereiher**
*Chinese Egret - Garceta china*
Swinhoe, 1860
*Küste Ost-Russland und Koreanische Halbinsel bis e China*

Egretta thula
**Schmuckreiher**
*Snowy Egret - Garceta nívea*
Molina, 1782
*e, s Nordamerika bis c Chile und n Argentinien*

 Egretta thula brewsteri
 **Kalifornischer Schmuckreiher**
 Thayer & Bangs, 1909
 *w Nordamerika*

Egretta garzetta
**Seidenreiher**
*Little Egret - Garceta común*
Linnaeus, 1766
*Europa bis Japan s bis Afrika, Indien und Mindanao (s Philippinen)*

 Egretta garzetta nigripes
 **Indonesischer Seidenreiher**
 Temminck, 1840
 *Sundas bis Australien und New Zealand*

Egretta dimorpha
**Meerreiher**
*Dimorphic Egret - Garceta Dimorfa*
Hartert, EJO, 1914
*e, Europa (w von s Madagascar, Mosambik Channel), Aldabra Gruppe (sw Seychellen) und Madagascar*

Egretta gularis
**Küstenreiher**
*Western Reef Heron - Garceta dimorfa*
Bosc, 1792
*Küste w Afrika*

 Egretta gularis schistacea
 **Indischer Küstenreiher**
 Hemprich & Ehrenberg, 1828
 *Küste ne Afrika bis w Indien und Sri Lanka*

Egretta picata
**Elsterreiher**
*Pied Heron - Garceta pía*
Gould, 1845
*Sulawesi und ne Western Australia bis ne Queensland (n Australien)*

Egretta novaehollandiae
**Weißwangenreiher**
*White-faced Heron - Garceta cariblanca*
Latham, 1790
*Timor (e Lesser Sundas), Australasia bis New Caledonia, Fiji und Tonga (sw, sc Polynesien)*

Gattung: Calherodius

Calherodius leuconotus
**Weißrückenreiher**
*White-backed Night Heron - Martinete encapuchado*
Wagler, 1827
*Afrika südlich der Sahara*

Gattung: Oroanassa

Oroanassa magnifica
**Hainanreiher**
*White-eared Night Heron - Martinete magnífico*
Ogilvie-Grant, 1899
*s, e China und n Vietnam*

Gattung: Butorides

Butorides striata
**Mangrovereiher**
*Striated Heron - Garcita verdosa*
Linnaeus, 1758
*e Panama bis n Argentinien, Bolivien und Chile*

 Butorides striata atricapilla
 **Kap Mangrovereiher**
 Afzelius, 1804
 *Afrifa südlich der Sahara*
 Butorides striata brevipes
 **Somalia-Mangrovenreiher**
 Hemprich & Ehrenberg, 1833
 *Somalia und Red Sea coasts*
 Butorides striata crawfordi
 **Aldabra-Mangrovereiher**
 Nicoll, 1906
 *Aldabra und Amirante Gruppes (s, c Seychellen)*

Butorides striata rhizophorae
**Komoren Mangrovereiher**
Salomonsen, 1934
Comoros
Butorides striata rutenbergi
**Madagaskar Mangrovereiher**
Hartlaub, 1880
Madagascar und Réunion Insel
Butorides striata degens
**Seychellen Mangrovereiher**
Hartert, EJO, 1920
ne Seychellen
Butorides striata albolimbata
**Garcia Island-Mangrovereiher**
Reichenow, 1900
Chagos Archipel und Maldives
Butorides striata amurensis
**Philippinen-Mangrovereiher**
Schrenck, 1860
se Sibirien, ne China und Japan
Butorides striata actophila
**Indochinesischer Mangrovereiher**
Oberholser, 1912
e China bis n Myanmar und n Vietnam
Butorides striata javanica
**Indischer-Mangrovereiher**
Horsfield, 1821
Pakistan, Indien und Sri Lanka bis Thailand, Philippinen, Große Sundas und Sulawesi
Butorides striata spodiogaster
**Sumatra-Mangrovereiher**
Sharpe, 1894
Andaman und Nicobar Is. und Inseln vor w Sumatra
Butorides striata steini
**Sunda-Mangrovereiher**
Mayr, 1943
Lesser Sundas
Butorides striata moluccarum
**Molukken-Mangrovereiher**
Hartert, EJO, 1920
Moluccas
Butorides striata papuensis
**Papua-Mangrovereiher**
Mayr, 1940
nw Neuguinea
Butorides striata idenburgi
**Idenburgs Mangrovereiher**
Rand, 1941
n Neuguinea
Butorides striata flyensis
**Flyens Mangrovereiher**
Salomonsen, 1966
sc, se Neuguinea
Butorides striata stagnatilis
**Australischer Mangrovereiher**
Gould, 1848
nw, nc Australien
Butorides striata macrorhyncha
**Neuguinea-Mangrovereiher**
Gould, 1848
e, ne Australien und New Caledonia
Butorides striata solomonensis
**Salomonen-Mangrovereiher**
Mayr, 1940
Lavongai (=New Hanover) bis Solomon Is. (außer Rennell), und Vanuatu bis Fiji (sw Polynesien)
Butorides striata patruelis
**Thaiti-Mangrovereiher**
Peale, 1849
Tahiti Is. (Society Is.)

Butorides sundevalli
**Lavareiher**
*Lava Heron - Garcilla de Lava*
Reichenow, 1877
*Galápagos*

Butorides virescens
**Grünreiher**
*Green Heron - Garcilla Verde*
Linnaeus, 1758
*e, c USA bis Panama*

Butorides virescens anthonyi
**Anthony-Grünreiher**
Mearns, 1895
c, e USA und e Kanada bis Panama und Karibik
Butorides virescens frazari
**Mexikanischer Grünreiher**
Brewster, 1888
s Baja California (Mexico)
Butorides virescens bahamensis
**Bahamas-Grünreiher**
Brewster, 1888
Bahamas

**Gattung: Zonerodius**

Zonerodius heliosylus
**Bindenreiher**
*Forest Bittern - Avetigre papúa*
Lesson, RP & Garnot, 1828
*Salawati (Raja Ampat Is., nw von Neuguinea), Aru Is. (sw von Neuguinea) und Neuguinea*

**Gattung: Ardeola**

Ardeola rufiventris
**Rotbauchreiher**
*Rufous-bellied Heron - Garcilla ventrirroja*
Sundevall, 1850
*Uganda und s Kenia bis s Angola, n Botswana und e Südafrika*

Ardeola ralloides
**Rallenreiher**
*Squacco Heron - Garcilla cangrejera*
Scopoli, 1769
*südliche Paläarktis, in Afrika und Madagaskar*

Ardeola idae
**Dickschnabelreiher**
*Malagasy Pond Heron - Garcilla malgache*
Hartlaub, 1860
*Madagascar und Aldabra Insel*

Ardeola grayii
**Paddyreiher**
*Indian Pond Heron - Garcilla india*
Sykes, 1832)
*Persischer Golf bis Myanmar und Maldives*

Ardeola bacchus
**Bacchusreiher**
*Chinese Pond Heron - Garcilla china*
Bonaparte, 1855
*Assam (ne Indien) und n Myanmar über Russland East, Japan und s China*

Ardeola speciosa
**Prachtreiher**
*Javan Pond Heron - Garcilla indonesia*
Horsfield, 1821
*Sundas (w, c Indonesia) und Philippinen*

Ardeola speciosa continentalis
**Indochinaprachtreiher**
Salomonsen, 1933
c Thailand über s Indochina

**Gattung: Ardea**

Ardea pacifica
**Weißhalsreiher**
*White-necked Heron - Garza cuelliblanca*
Latham, 1801
*Australien*

Ardea alba
**Silberreiher**
*Great Egret - Garceta grande*
Linnaeus, 1758
*c Europa bis ne Asien s bis n, c Afrika und s Asien*

Ardea alba melanorhynchos
**Südafrikanischer Silberreiher**
Wagler, 1827
Afrika s in der Sahara
Ardea alba egretta
**Amerikanischer Silberreiher**
Gmelin, JF, 1789
s Kanada bis s Argentinien und s Chile
Ardea alba modesta
**Indischer Silberreiher**
Gray, JE, 1831
s, e Asien bis Mindanao (s Philippinen), Indonesisches Archipel und Australasia

Ardea brachyrhyncha
**Afrikamittelreiher**
*Yellow-billed Egret - Garceta piquicorta*
Brehm, AE, 1854
*Afrika s in der Sahara*

Ardea intermedia
**Mittelreiher**
*Intermediate Egret - Garceta intermedia*
Wagler, 1829
*Indien bis Japan und Große Sundas*

Ardea plumifera
**Pazifikmittelreiher**
*Plumed Egret - Garceta plumífera*
Gould, 1848
*e Indonesia, Neuguinea und Australien*

Ardea ibis
**Kuhreiher**
*Western Cattle Egret - Garcilla bueyera occidental*
Linnaeus, 1758
*s Europa bis Iran, Afrika, indischer Ozean Is., North bis Südamerika*

Ardea coromandus
**Koromandelkuhreiher**
*Eastern Cattle Egret - Garcilla bueyera oriental*
Boddaert, 1783
*s, e Asien und Australasia*

Ardea cinerea
**Graureiher**
*Grey Heron - Garza real*
Linnaeus, 1758
*w Europa bis e Asien bis Indien und Afrika*

    Ardea cinerea jouyi
    **Asiatischer Graureiher**
    Clark, AH, 1907
    n China, Koreanische Halbinsel und Japan bis Sumatra und Java
    Ardea cinerea monicae
    **Mauretanien Graurelher**
    Jouanin & Roux, F, 1963
    Banc d'Arguin (Mauretanien)
    Ardea cinerea firasa
    **Madagaskar Graureiher**
    Hartert, EJO, 1917
    Madagascar, Comoros und Aldabra

Ardea herodias
**Kanadareiher**
*Great Blue Heron - Garza azulada*
Linnaeus, 1758
*s Kanada bis nc, e USA s bis Carolinas*

    Ardea herodias fannini
    **Fannis-Blaureiher**
    Chapman, 1901
    nw Nordamerika
    Ardea herodias wardi
    **Wards Blaureiher**
    Ridgway, 1882
    w, sc, s USA bis n Florida und w, ne Mexico
    Ardea herodias occidentalis
    **Karibik-Kanadareiher**
    Audubon, 1835
    s Florida (USA) über West Indies
    Ardea herodias cognata
    **Galapagos-Blaureiher**
    Bangs, 1903
    Galápagos

Ardea cocoi
**Cocoireiher**
*Cocoi Heron - Garza cuca*
Linnaeus, 1766
*Südamerika weit verbreitet*

Ardea purpurea
**Purpurreiher**
*Purple Heron - Garza imperial*
Linnaeus, 1766
*s und c Europa bis c Asien und Mittlerer Osten, Afrika s in der Sahara*

    Ardea purpurea bournei
    **Kap Verde Purpurreiher**
    Naurois, 1966
    Cape Verde Is.
    Ardea purpurea madagascariensis
    **Madagaskar Purpurreiher**
    van Oort, 1910
    Madagascar
    Ardea purpurea manilensis
    **Indochinesischer Purpurreiher**
    Meyen, 1834
    s, e Asien bis Philippinen und Indonesia

Ardea humbloti
**Madagaskarreiher**
*Humblot's Heron - Garza malgache*
Milne-Edwards & Grandidier, A, 1885
*w, c Madagascar*

Ardea insignis
**Weißbauchreiher**
*White-bellied Heron - Garza ventriblanca*
Hume, 1878
*e Himalaya*

Ardea sumatrana
**Rußreiher**
*Great-billed Heron - Garza de Sumatra*
Raffles, 1822
*se Asien und w Philippinen bis n Australien und Neuguinea*

Ardea melanocephala
**Schwarzhalsreiher**
*Black-headed Heron - Garza cabecinegra*
Children & Vigors, 1826
*weit verbreitet südlich der Sahara*

Ardea goliath
**Goliathreiher**
*Goliath Heron - Garza goliat*
Cretzschmar, 1829
*weit verbreitet in Afrika südlich der Sahara, Iran und Irak bis Indien*

## Familie: Scopidae (Hammerköpfe)

### Gattung: Scopus

Scopus umbretta
**Hammerkopf**
*Hamerkop - Avemartillo*
Gmelin, JF, 1789
*Afrika, Madagascar und sw Arabien*

    Scopus umbretta minor
    **Kleiner Hammerkopf**
    Bates, GL, 1931
    Küste w Afrika

## Familie: Balaenicipitidae (Schuhschnäbel)

### Gattung: Balaeniceps

Balaeniceps rex
**Schuhschnabel**
*Shoebill - Picozapato*
Gould, 1850
*s Sudan, Uganda und sw Äthiopien bis se Demokratische Republik Kongo und n Sambia*

## Familie: Pelecanidae (Pelikane)

### Gattung: Pelecanus

Pelecanus onocrotalus
**Rosapelikan**
*Great White Pelican - Pelícano común*
Linnaeus, 1758
*e Europa bis e Kasachstan; Sub-Saharan Afrika*

Pelecanus rufescens
**Rötelpelikan**
*Pink-backed Pelican - Pelícano rosado*
Gmelin, JF, 1789
*Inland se Ägypten, w, sw Arabische Halbinsel, und Afrika s in der Sahara; Madagascar und St. Joseph's Atoll (Amirantes Gruppe, nc Seychellen)*

Pelecanus philippensis
**Graupelikan**
*Spot-billed Pelican - Pelícano oriental*
Gmelin, JF, 1789
*Inland se Indien, Sri Lanka, Kambodscha und Sumatra*

Pelecanus crispus
**Krauskopfpelikan**
*Dalmatian Pelican - Pelícano ceñudo*
Bruch, 1832
*Inland se Europa bis Kasachstan und w Mongolei, s bis Türkei und Xinjiang (w China)*

Pelecanus conspicillatus
**Brillenpelikan**
*Australian Pelican - Pelícano australiano*
Temminck, 1824
*Inland Australien und Tasmanien*

Pelecanus erythrorhynchos
**Nashornpelikan**
*American White Pelican - Pelícano norteamericano*
Gmelin, JF, 1789
*Inland sc British Columbia und ne Alberta bis wc Ontario (sw, sc Kanada) bis c California und Texas (sw, sc USA)*

Pelecanus occidentalis
**Braunpelikan**
*Brown Pelican - Pelícano pardo*
Linnaeus, 1766
*Küste West Indies, Swan Is. (e von Belize), San Andrés und Providencia (e von Nicaragua) und Inseln vor Karibik n Südamerika*

    Pelecanus occidentalis californicus
    **Kalifornischer Braunpelikan**
    Ridgway, 1884
    *e Nordpazifik Küste von s California bis c Baja California und Gulf von California bis wc Mexico*

    Pelecanus occidentalis carolinensis
    **Florida-Braunpelikan**
    Gmelin, JF, 1789
    *w Nordatlantik-Küstes von Maryland (e USA) bis Florida, Gulf von Mexico, und Küsten von Yucatan Halbinsel bis Panama*

    Pelecanus occidentalis murphyi
    **Murphys Braunpelikan**
    Wetmore, 1945
    *Küste Inseln vor w Kolumbien und Ecuador*

    Pelecanus occidentalis urinator
    **Galapagos-Braunpelikan**
    Wetmore, 1945
    *Galápagos*

Pelecanus thagus
**Chilepelikan**
*Peruvian Pelican - Pelícano alcatraz*
Molina, 1782
*Küste n Peru bis c Chile*


## Ordnung: OPISTHOCOMIFORMES (Hoatzinte)

## Familie: Opisthocomidae (Hoatzine)

## Gattung: Opisthocomus

Opisthocomus hoazin
**Hoatzin**
*Hoatzin - Hoazín*
Müller, PLS, 1776
*Amazonasgebiet*


## Ordnung: ACCIPITRIFORMES (Greifvögel)

## Familie: Cathartidae (Neuweltgeier)

## Gattung: Gymnogyps

Gymnogyps californianus
**Kalifornienkondor**
*California Condor - Cóndor californiano*
Shaw, 1797
*w USA*

## Gattung: Sarcoramphus

Sarcoramphus papa
**Königsgeier**
*King Vulture - Zopilote rey*
Linnaeus, 1758
*Mexico bis n Argentinien*

## Gattung: Vultur

Vultur gryphus
**Andenkondor**
*Andean Condor - Cóndor andino*
Linnaeus, 1758
*Venezuela bis s Chile und Argentinien*

## Gattung: Coragyps

Coragyps atratus
**Rabengeier**
*Black Vulture - Zopilote negro*
Bechstein, 1793
*Nord- Mittel- und Südamerika weit verbreitet*

## Gattung: Cathartes

Cathartes aura
**Truthahngeier**
*Turkey Vulture - Aura gallipavo*
Linnaeus, 1758
*sw USA (s California bis s Texas) bis n Costa Rica und Große Antillen*

    Cathartes aura meridionalis
    **Westamerikanischer Truthangeier**
    Swann, 1921
    *w Nordamerika*

    Cathartes aura septentrionalis
    **Nordamerikanischer Truthangeier**
    Wied-Neuwied, M, 1839
    *e Nordamerika*

    Cathartes aura ruficollis
    **Trinidad-Truthangeier**
    Spix, 1824
    *s Costa Rica und Panama bis n Argentinien und e Brasilien*

    Cathartes aura jota
    **Patagonien-Truthangeier**
    Molina, 1782
    *Anden von Kolumbien bis s Argentinien*

    Cathartes aura falklandicus
    **Falkland-Truthangeier**
    Sharpe, 1873
    *Pacific Küste von Ecuador bis s Chile und Falkland Is.*

Cathartes burrovianus
**Savannen-Gelbkopfgeier**
*Lesser Yellow-headed Vulture - Aura sabanera*
Cassin, 1845
*se Mexico bis c Kolumbien und nw Venezuela*

    Cathartes burrovianus urubutinga
    **Südlicher Savannen-Gelbkopfgeier**
    Pelzeln, 1861
    *se Kolumbien bis Guianas s bis ne Argentinien und Uruguay*

Cathartes melambrotus
**Wald-Gelbkopfgeier**
*Greater Yellow-headed Vulture - Aura selvática*
Wetmore, 1964
*Amazonasgebiet*


## Familie: Sagittariidae (Sekretäre)

## Gattung: Sagittarius

Sagittarius serpentarius
**Sekretär**
*Secretarybird - Secretario*
Miller, JF, 1779
*Savanne und Grasland in Afrika südlich der Sahara*


## Familie: Pandionidae (Fischadler)

## Gattung: Pandion

Pandion haliaetus
**Fischadler**
*Osprey - Águila pescadora*
Linnaeus, 1758
*Europa und Asien*

Pandion haliaetus carolinensis
**Carolina-Fischadler**
Gmelin, JF, 1788
Kanada bis s USA
Pandion haliaetus ridgwayi
**Ridgwayfischadler**
Maynard, 1887
e Belize, Kuba und Bahamas
Pandion haliaetus cristatus
**Australischer Fischadler**
Vieillot, 1816
Sulawesi und Java bis Küste Australien, Bismarck Is., Solomon Is. und Grande Terre
(New Caledonia)

## Familie: Accipitridae (Bussarde, Weihen & Adler)

## Gattung: Elanus

Elanus caeruleus
**Gleitaar**
*Black-winged Kite - Elanio común*
Desfontaines, 1789
*sw Iberische Halbinsel, Afrika und w Arabien*

Elanus caeruleus vociferus
**Sumatra-Gleitaar**
Latham, 1790
Pakistan bis e China, Malayische Halbinsel und Indochina
Elanus caeruleus hypoleucus
**Goulds Gleitaar**
Gould, 1859
Indonesisches Archipel (außer Moluccas), Philippinen (außer Palawan Gruppe; widely
extirpated), Sulawesi und sc, e Neuguinea

Elanus axillaris
**Australienaar**
*Black-shouldered Kite - Elanio australiano*
Latham, 1801
*Australien (außer Tasmanien)*

Elanus leucurus
**Weißschwanzaar**
*White-tailed Kite - Elanio maromero*
Vieillot, 1818
*n Südamerika bis c Chile und Argentinien*

Elanus leucurus majusculus
**Mexikanischer Weißschwanzaar**
Bangs & Penard, TE, 1920
w, s USA bis Panama

Elanus scriptus
**Schwarzachselaar**
*Letter-winged Kite - Elanio escrito*
Gould, 1842
c Nortern Territory und n South Australia bis c Queensland und nw New South Wales (c
Australien)

## Gattung: Gampsonyx

Gampsonyx swainsonii
**Perlaar**
*Pearl Kite - Elanio enano*
Vigors, 1825
*c Brasilien bis e Peru, Bolivien und n Argentinien*

Gampsonyx swainsonii leonae
**Leona-Perlaar**
Chubb, C, 1918
Nicaragua bis n Südamerika
Gampsonyx swainsonii magnus
**Ekuador-Perlaar**
Chubb, C, 1918
w Kolumbien bis w Peru

## Gattung: Chelictinia

Chelictinia riocourii
**Schwalbenschwanzaar**
*Scissor-tailed Kite - Elanio golondrina*
Temminck, 1821
*Senegal und Gambia bis Somalia und ne Kenia*

## Gattung: Polyboroides

Polyboroides typus
**Höhlenweih**
*African Harrier-Hawk - Aguilucho caricalvo común*
Smith, A, 1829
*Sudan bis East Afrika s bis Angola und Südafrika*

Polyboroides typus pectoralis
**Kongo-Höhlenweih**
Sharpe, 1903
Senegal und Gambia bis Gabun und Demokratische Republik Kongo

Polyboroides radiatus
**Madagaskarhöhlenweih**
*Madagascar Harrier-Hawk - Aguilucho caricalvo malgache*
Scopoli, 1786
*Madagascar*

## Gattung: Gypohierax

Gypohierax angolensis
**Palmgeier**
*Palm-nut Vulture - Buitre palmero*
Gmelin, JF, 1788
*Senegal und Gambia bis Süd-Sudan und e Kenia, s bis Angola und ne Südafrika*

## Gattung: Gypaetus

Gypaetus barbatus
**Bartgeier**
*Bearded Vulture - Quebrantahuesos*
Linnaeus, 1758
*s Europa und nw Afrika bis ne China über Himalaya bis Nepal und w Pakistan*

Gypaetus barbatus meridionalis
**Südlicher Bartgeier**
Keyserling & Blasius, JH, 1840
sw Arabien und ne, e, s Afrika

## Gattung: Neophron

Neophron percnopterus
**Schmutzgeier**
*Egyptian Vulture - Alimoche común*
Linnaeus, 1758
*s Europa, Mittlerer Osten und Afrika*

Neophron percnopterus ginginianus
**Himalaya-Schmutzgeier**
Latham, 1790
Nepal bis s Indien
Neophron percnopterus majorensis
**Kanaren-Schmutzgeier**
Donázar, Negro, Palacios, Gangoso, Godoy, Ceballos, Hiraldo & Capote, 2002
e Kanarische Is.; (c Makaronesien, nw von w Afrika)

## Gattung: Eutriorchis

Eutriorchis astur
**Geckoweih**
*Madagascar Serpent Eagle - Culebrera azor*
Sharpe, 1875
*nw, ne bis nc Madagascar*

## Gattung: Leptodon

Leptodon cayanensis
**Cayenneweih**
*Grey-headed Kite - Milano cabecigrís*
Latham, 1790
*se Mexico bis Ecuador, Amazonasgebiet, Guianas und Trinidad*

Leptodon cayanensis monachus
**Amazonas-Cayenneweih**
Vieillot, 1817
c Brasilien bis n Argentinien

Leptodon forbesi
**Kragenweih**
*White-collared Kite - Milano acollarado*
Swann, 1922
*ne Brasilien*

## Gattung: Chondrohierax

Chondrohierax uncinatus
**Langschnabelweih**
*Hook-billed Kite - Milano picogarfio*
Temminck, 1822
*s USA und Mexico bis n Argentinien*

Chondrohierax uncinatus mirus
**Grenada Langschnabelweih**
Friedmann, 1934
Grenada (Kleine Antillen)

Chondrohierax wilsonii
**Kubaweih**
*Cuban Kite - Milano de Cuba*
Cassin, 1847
e Kuba



Pernis apivorus
**Wespenbussard**
*European Honey Buzzard - Abejero europeo*
Linnaeus, 1758
Europa und w Asien

Pernis ptilorhynchus
**Schopfwespenbussard**
*Crested Honey Buzzard - Abejero oriental*
Temminck, 1821
Java

Pernis ptilorhynchus orientalis
**Östlicher Schopfwespenbussard**
Taczanowski, 1891
s Sibirien bis ne China und Japan
Pernis ptilorhynchus ruficollis
**Indischer Schopfwespenbussard**
Lesson, RP, 1830
Indien und Sri Lanka bis Myanmar, Vietnam und sw China
Pernis ptilorhynchus torquatus
**Malaysiawespenbussard**
Lesson, RP, 1830
Malayische Halbinsel, Sumatra und Borneo
Pernis ptilorhynchus philippensis
**Philippinenwespenbussard**
Mayr, 1939
Philippinen (außer Palawan Gruppe und Sulu Archipel)
Pernis ptilorhynchus palawanensis
**Palawanwespenbussard**
Stresemann, 1940
Palawan Gruppe (sw Philippinen)

Pernis celebensis
**Celebeswespenbussard**
*Barred Honey Buzzard - Abejero de Célebes*
Wallace, 1868
Sulawesi und kleine Inseln

Pernis steerei
**Philippinenwespenbussard**
*Philippine Honey Buzzard - Abejero de Filipinas*
Sclater, WL, 1919
Philippinen (außer Palawan Gruppe, Luzon und nahegelegene Inseln)

Pernis steerei winkleri
**Luzonwespenbussard**
Gamauf & Preleuthner, 1998
Luzon (n Philippinen)



Elanoides forficatus
**Schwalbenweih**
*Swallow-tailed Kite - Elanio tijereta*
Linnaeus, 1758
se USA und n, e Mexico

Elanoides forficatus yetapa
**Yetapa-Schwalbenweih**
Vieillot, 1818
s Mexico bis n Argentinien



Lophoictinia isura
**Milanweih**
*Square-tailed Kite - Milano colicuadrado*
Gould, 1838
Australien (außer sc, Tasmanien)



Hamirostra melanosternon
**Schwarzbrustweih**
*Black-breasted Buzzard - Milano pechinegro*
Gould, 1841
Australien (außer s, Tasmanien)



Aviceda cuculoides
**Kuckucksweih**
*African Cuckoo-Hawk - Baza africano*
Swainson, 1837
Senegal bis sw Äthiopien und n Demokratische Republik Kongo

Aviceda cuculoides batesi
**Batesis Kuckucksweih**
Swann, 1920
Sierra Leone bis Uganda und n Angola
Aviceda cuculoides verreauxii
**Verreaux-Kuckucksweih**
Lafresnaye, 1846
e Angola bis Uganda und Südafrika

Aviceda madagascariensis
**Lemurenweih**
*Madagascar Cuckoo-Hawk - Baza malgache*
Smith, A, 1834
Madagascar

Aviceda jerdoni
**Orientweih**
*Jerdon's Baza - Baza oriental*
Blyth, 1842
n Indien bis s China und Myanmar, Indochina und Sumatra

Aviceda jerdoni ceylonensis
**Sri Lanka-Orientweih**
Legge, 1876
sw Indien und Sri Lanka
Aviceda jerdoni borneensis
**Borneo-Orientweih**
Brüggemann, 1876
Borneo
Aviceda jerdoni magnirostris
**Philippinen-Orientweih**
Kaup, 1847
Samar, Mindanao und Palawan Gruppe (ec, s, sw Philippinen)
Aviceda jerdoni celebensis
**Sulawesi-Orientweih**
Schlegel, 1873
Sulawesi, Togian Is. (zwischen ne und ec Sulawesi), Banggai und Sula is. (e von Sulawesi)

Aviceda subcristata
**Papuaweih**
*Pacific Baza - Baza australiano*
Gould, 1838
ne Western Australia bis sc New South Wales (n, e Australien)

Aviceda subcristata timorlaoensis
**Timorweih**
Meyer, AB, 1893
Lombok bis Babar (Lesser Sundas), Tanimbar Is. (s Moluccas) und Flores Sea is. s, se von Sulawesi
Aviceda subcristata rufa
**Obiweih**
Schlegel, 1866
Morotai, Dagasuli, Halmahera, Ternate, Tidore, Bacan und Obi (n Moluccas)
Aviceda subcristata stresemanni
**Stresemanns Papuaweih**
Siebers, 1930
Buru (wc Moluccas)
Aviceda subcristata reinwardtii
**Reinwardts Papuaweih**
Schlegel & Müller, S, 1841
Boano, Seram, Ambon und Haruku (ec Moluccas)
Aviceda subcristata pallida
**Keiinselweih**
Stresemann, 1913
Seram Laut und Kai Is. (s, se Moluccas)
Aviceda subcristata waigeuensis
**Waigeoweih**
Mayr, 1940
Waigeo (Raja Ampat Is., nw von Neuguinea)
Aviceda subcristata obscura
**Dunkle Papuaweih**
Junge, 1956
Biak (Geelvink Bay is., nw von Neuguinea)
Aviceda subcristata stenozona
**Stenozon-Papuaweih**
Gray, GR, 1858
Misool, Batanta und Salawati (Raja Ampat Is., nw von Neuguinea), Aru Is. (sw von Neuguinea), und w, s, se Neuguinea

Aviceda subcristata megala
**Nidulaweih**
Stresemann, 1913
n Neuguinea und n kleine Inseln, bis se Neuguinea
Aviceda subcristata coultasi
**Coultas Papuaweih**
Mayr, 1945
Manus und San Miguel (Admiralty Is., nw Bismarck Archipel)
Aviceda subcristata bismarckii
**Bismarcks Pazifikweih**
Sharpe, 1888
Lavongai (=New Hanover), New Ireland und New Britain und kleine Inseln (e Bismarck Archipel)
Aviceda subcristata gurneyi
**Gurneys Papuaweih**
Ramsay, EP, 1882
Solomon Is. (außer Rennell)

Aviceda leuphotes
**Dreifarbweih**
*Black Baza - Baza negro*
Dumont, 1820
*sw Indien bis s Myanmar und w Thailand*

Aviceda leuphotes syama
**Sayama-Dreifarbenweih**
Hodgson, 1837
c Himalaya bis s China und n Myanmar
Aviceda leuphotes andamanica
**Andamanen Dreifarbenweih**
Abdulali & Grubh, 1970
Andaman Is.

Gattung: Henicopernis

Henicopernis longicauda
**Langschwanzweih**
*Long-tailed Honey Buzzard - Milano colilargo*
Lesson, RP & Garnot, 1828
*Neuguinea und kleine Inseln*

Henicopernis infuscatus
**Bänderweih**
*Black Honey Buzzard - Milano de Nueva Bretaña*
Gurney, JH Sr, 1882
*New Britain und Lolobau (w von n New Britain; se Bismarck Archipel)*

Gattung: Necrosyrtes

Necrosyrtes monachus
**Kappengeier**
*Hooded Vulture - Alimoche sombrío*
Temminck, 1823
*Afrika weit verbreitet*

Gattung: Gyps

Gyps africanus
**Weißrückengeier**
*White-backed Vulture - Buitre dorsiblanco africano*
Salvadori, 1865
*Afrika weit verbreitet*

Gyps bengalensis
**Bengalengeier**
*White-rumped Vulture - Buitre dorsiblanco bengalí*
Gmelin, JF, 1788
*Iran über se Asien*

Gyps indicus
**Indiengeier**
*Indian Vulture - Buitre indio*
Scopoli, 1786
*se Pakistan und s Indien*

Gyps tenuirostris
**Dünnschnabelgeier**
*Slender-billed Vulture - Buitre picofino*
Gray, GR, 1844
*Himalaya über se Asien*

Gyps rueppelli
**Sperbergeier**
*Rüppell's Vulture - Buitre moteado*
Brehm, AE, 1852
*sw Mauretanien bis e Sudan und s bis Tansania*

Gyps rueppelli erlangeri
**Erlangers Sperbergeier**
Salvadori, 1908
Äthiopien und Somalia

Gyps himalayensis
**Schneegeier**
*Himalayan Vulture - Buitre del Himalaya*
Hume, 1869
*Himalaya*

Gyps fulvus
**Gänsegeier**
*Griffon Vulture - Buitre leonado*
Hablizl, 1783
*s Europa und n Afrika bis c Asien*

Gyps fulvus fulvescens
**Indischer Gänsegeier**
Hume, 1869
Afghanistan bis n Indien

Gyps coprotheres
**Kapgeier**
*Cape Vulture - Buitre de El Cabo*
Forster, JR, 1798
*Namibia bis Simbabwe, Mosambik und s Südafrika*

Gattung: Sarcogyps

Sarcogyps calvus
**Kahlkopfgeier**
*Red-headed Vulture - Buitre cabecirrojo*
Scopoli, 1786
*weit verbreitet Indien und Südostasien*

Gattung: Trigonoceps

Trigonoceps occipitalis
**Wollkopfgeier**
*White-headed Vulture - Buitre cabeciblanco*
Burchell, 1824
*Dornengestrüpp und Wüste in Afrika südlich der Sahara weit verbreitet*

Gattung: Aegypius

Aegypius monachus
**Mönchsgeier**
*Cinereous Vulture - Buitre negro*
Linnaeus, 1766
*s Europa bis c Asien, Pakistan und nw Indien*

Gattung: Torgos

Torgos tracheliotos
**Ohrengeier**
*Lappet-faced Vulture - Buitre orejudo*
Forster, JR, 1796
*nw Afrika, Afrika s in der Sahara*

Torgos tracheliotos negevensis
**Negev-Ohrengeier**
Bruun, Mendelsohn & Bull, 1981
s Israel und Arabische Halbinsel

Gattung: Spilornis

Spilornis cheela
**Haubenschlangenadler**
*Crested Serpent Eagle - Culebrera chiíla*
Latham, 1790
*n Indien, Nepal und Bhutan*

Spilornis cheela melanotis
**Südindischer Haubenschlangenadler**
Jerdon, 1841
s Indien
Spilornis cheela spilogaster
**Sri Lanka Haubenschlangenadler**
Blyth, 1852
Sri Lanka
Spilornis cheela burmanicus
**Myanmar Haubenschlangenadler**
Swann, 1920
Myanmar bis sw China und c, s Indochina

Spilornis cheela ricketti
**Chinesischer Haubenschlangenadler**
Sclater, WL, 1919
s China und n Vietnam
Spilornis cheela malayensis
**Malaysia Haubenschlangenadler**
Swann, 1920
Malayische Halbinsel, Anambas Is. (e von s Malayische Halbinsel) und n Sumatra
Spilornis cheela davisoni
**Davidsons Haubenschlangenadler**
Hume, 1873
Andaman Is.
Spilornis cheela perplexus
**Riukiu Haubenschlangenadler**
Swann, 1922
s Ryukyu Is. (Japan)
Spilornis cheela hoya
**Taiwan Haubenschlangenadler**
Swinhoe, 1866
Taiwan
Spilornis cheela rutherfordi
**Hainan Haubenschlangenadler**
Swinhoe, 1870
Hainan Insel (vor se China)
Spilornis cheela pallidus
**Borneo Haubenschlangenadler**
Walden, 1872
n Borneo
Spilornis cheela richmondi
**Richmonds Schlangenweihe**
Swann, 1922
s Borneo
Spilornis cheela natunensis
**Natun Haubenschlangenadler**
Chasen, 1935
Belitung (e von s Sumatra) und Natuna Is. (nw von Borneo)
Spilornis cheela sipora
**Sipora Haubenschlangenadler**
Chasen & Kloss, 1926
Mentawai Is. (w von c Sumatra)
Spilornis cheela batu
**Batu Haubenschlangenadler**
Meyer de Schauensee & Ripley, 1940
s Sumatra und Batu Is. (w von c Sumatra)
Spilornis cheela asturinus
**Nias Haubenschlangenadler**
Meyer, AB, 1884
Nias (w von n Sumatra)
Spilornis cheela abbotti
**Abbottis Haubenschlangenadler**
Richmond, 1903
Simeulue (w von n Sumatra)
Spilornis cheela bido
**Java Haubenschlangenadler**
Horsfield, 1821
Java und Bali
Spilornis cheela baweanus
**Bawean Haubenschlangenadler**
Oberholser, 1917
Bawean (n von e Java)
Spilornis cheela palawanensis
**Palawan Haubenschlangenadler**
Sclater, WL, 1919
Palawan Gruppe (sw Philippinen)
Spilornis cheela minimus
**Kleiner Haubenschlangenadler**
Hume, 1873
c Nicobar Is.

Spilornis klossi
**Nikobarenschlangenadler**
*Great Nicobar Serpent Eagle - Culebrera de Nicobar*
Richmond, 1902
*Great Nicobar Insel (s Nicobar Is.)*

Spilornis kinabaluensis
**Bergschlangenadler**
*Mountain Serpent Eagle - Culebrera del Kinabalu*
Sclater, WL, 1919
*Gebirge Borneo*

Spilornis rufipectus
**Sulawesischlangenadler**
*Sulawesi Serpent Eagle - Culebrera de Célebes*
Gould, 1858
*Sulawesi, Salayar (s von sw Sulawesi) und Muna und Butung (s von se Sulawesi)*

Spilornis rufipectus sulaensis
**Sulaschlangenweihe**
Schlegel, 1866
Banggai und Sula is. (e von Sulawesi)

Spilornis holospilus
**Philippinenschlangenadler**
*Philippine Serpent Eagle - Culebrera filipina*
Vigors, 1831
*Philippinen (außer Palawan Gruppe)*

Spilornis elgini
**Andamanenschlangenadler**
*Andaman Serpent Eagle - Culebrera de Andamán*
Blyth, 1863
*Andaman Is.*



Pithecophaga jefferyi
**Affenadler**
*Philippine Eagle - Águila monera*
Ogilvie-Grant, 1896
*Luzon, East Visayas und Mindanao (n, ec, s Philippinen)*



Circaetus gallicus
**Schlangenadler**
*Short-toed Snake Eagle - Culebrera europea*
Gmelin, JF, 1788
*sw Europa bis c Asien, nw China und Indien*

Circaetus gallicus sacerdotis
**Sunda-Schlangenadler**
Ng, NSR, Christidis, Olsen, Norman & Rheindt, 2017
e Java, Bali, und Lombok bis Timor (Lesser Sundas)

Circaetus beaudouini
**Beaudouin-Schlangenadler**
*Beaudouin's Snake Eagle - Culebrera sudanesa*
Verreaux, J & des Murs, 1862
*Senegal bis Süd-Sudan, nw Kenia und Uganda*

Circaetus pectoralis
**Schwarzbrust-Schlangenadler**
*Black-chested Snake Eagle - Culebrera pechinegra*
Smith, A, 1829
*e Sudan und Äthiopien bis Südafrika*

Circaetus cinereus
**Einfarb-Schlangenadler**
*Brown Snake Eagle - Culebrera sombría*
Vieillot, 1818
*Senegal und Gambia bis Äthiopien und s bis Südafrika*

Circaetus fasciolatus
**Graubrust-Schlangenadler**
*Southern Banded Snake Eagle - Culebrera barrada*
Kaup, 1847
*Kenia bis ne Südafrika*

Circaetus cinerascens
**Bandschlangenadler**
*Western Banded Snake Eagle - Culebrera coliblanca*
Müller, JW, 1851
*Senegal und Gambia bis w Äthiopien und s bis Namibia und Simbabwe*

Circaetus spectabilis
**Kongoschlangenadler**
*Congo Serpent Eagle - Culebrera congoleña*
Schlegel, 1863
*Sierra Leone und Liberia bis n Kamerun*

Circaetus spectabilis batesi
**Sharps Kongoschlangenadler**
Sharpe, 1904
s Kamerun bis s Sudan, c Demokratische Republik Kongo und nw Angola



Terathopius ecaudatus
**Gaukler**
*Bateleur - Águila volatinera*
Daudin, 1800
*Savanne und Dornengestrüpp in Afrika südlich der Sahara weit verbreitet*



Macheiramphus alcinus
**Fledermausadler**
*Bat Hawk - Milano murcielaguero*
Bonaparte, 1850
*Myanmar, Malayische Halbinsel, Sumatra, Borneo und Sulawesi*

Macheiramphus alcinus anderssoni
**Anderssons Fledermausadler**
Gurney, JH Sr, 1866
Afrika s in der Sahara
Macheiramphus alcinus papuanus
**Papua-Fledermausadler**
Mayr, 1940
e Neuguinea

## Gattung: Harpyopsis

Harpyopsis novaeguineae
**Papuaadler**
*Papuan Eagle - Arpía papúa*
Salvadori, 1875
Neuguinea

## Gattung: Morphnus

Morphnus guianensis
**Würgadler**
*Crested Eagle - Arpía menor*
Daudin, 1800
Guatemala bis ne Argentinien

## Gattung: Harpia

Harpia harpyja
**Harpyie**
*Harpy Eagle - Arpía mayor*
Linnaeus, 1758
s Mexico bis ne  Argentinien

## Gattung: Stephanoaetus

Stephanoaetus coronatus
**Kronenadler**
*Crowned Eagle - Águila coronada*
Linnaeus, 1766
e Süd-Sudan und w Äthiopien; Sierra Leone bis s Kenia, e Südafrika und n Angola

## Gattung: Nisaetus

Nisaetus kelaarti
**Ceylonhaubenadler**
*Legge's Hawk-Eagle - Aguila-azor de Ceilán*
Legge, 1878
sw Indien und Sri Lanka

Nisaetus nanus
**Dschungelhaubenadler**
*Wallace's Hawk-Eagle - Águila de Wallace*
Wallace, 1868
s Myanmar und Thailand, Malayische Halbinsel, Sumatra, Bangka (e von s Sumatra) und Borneo

Nisaetus nanus stresemanni
**Stresemanns Dschungeladler**
Amadon, 1953)  Nias
w von n Sumatra)

Nisaetus nipalensis
**Berghaubenadler**
*Mountain Hawk-Eagle - Águila montañesa*
Hodgson, 1836
Himalaya e bis China und s bis Malayische Halbinsel

Nisaetus nipalensis orientalis
**Japanischer Berghaubenadler**
Temminck & Schlegel, 1845
Japan

Nisaetus alboniger
**Borneohaubenadler**
*Blyth's Hawk-Eagle - Águila indonesia*
Blyth, 1845
Malayische Halbinsel, Sumatra, Simeulue und Nias (w von n Sumatra), Mentawai Is. (w von c Sumatra), Belitung (e von s Sumatra) und Borneo

Nisaetus bartelsi
**Javahaubenadler**
*Javan Hawk-Eagle - Águila de Java*
Stresemann, 1924
Gebirge Java

Nisaetus lanceolatus
**Celebeshaubenadler**
*Sulawesi Hawk-Eagle - Águila de Célebes*
Temminck & Schlegel, 1845
Sulawesi, Togian Is. (zwischen ne und ec Sulawesi), Banggai und Sula is. (e von Sulawesi) und Muna und Butung (=Buton; s von se Sulawesi)

Nisaetus pinskeri
**Mindanaohaubenadler**
*Pinsker's Hawk-Eagle - Águila de Pinsker*
Preleuthner & Gamauf, 1998
Visayas, Mindanao, und Basilan (c, s Philippinen)

Nisaetus philippensis
**Luzonhaubenadler**
*Philippine Hawk-Eagle - Águila filipina*
Gould, 1863
Luzon und Mindoro (n Philippinen)

Nisaetus cirrhatus
**Indienhaubenadler**
*Changeable Hawk-Eagle - Águila variable*
Gmelin, JF, 1788
s Indien

Nisaetus cirrhatus limnaeetus
**Indonesischer Haubenadler**
Horsfield, 1821
n Indien bis Indochina, Malayische Halbinsel, Große Sundas und Mindoro, Palawan Gruppe, Mindanao und Sulu Archipel (nw, sw, s Philippinen)
Nisaetus cirrhatus ceylanensis
**Ceylon Haubenadler**
Gmelin, JF, 1788
Sri Lanka
Nisaetus cirrhatus andamanensis
**Andaman Haubenadler**
Tytler, 1865
Andaman Is.
Nisaetus cirrhatus vanheurni
**Silamur Haubenadler**
Junge, 1936
Simeulue (w von n Sumatra)

Nisaetus floris
**Floreshaubenadler**
*Flores Hawk-Eagle - Águila de Flores*
Hartert, EJO, 1898
Lombok bis Alor (w, c Lesser Sundas)

## Gattung: Spizaetus

Spizaetus tyrannus
**Tyrannenadler**
*Black Hawk-Eagle - Águila negra*
Wied-Neuwied, M, 1820
e, s Brasilien, Uruguay und ne Argentinien

Spizaetus tyrannus serus
**Peruanischer Tyrannenadler**
Friedmann, 1950
c Mexico über n Südamerika bis c Brasilien, Bolivien und Peru

Spizaetus melanoleucus
**Elsteradler**
*Black-and-white Hawk-Eagle - Águila blanquinegra*
Vieillot, 1816
s Mexico bis ne Argentinien

Spizaetus ornatus
**Prachtadler**
*Ornate Hawk-Eagle - Águila galana*
Daudin, 1800
c Kolumbien bis Guianas s bis n Argentinien

Spizaetus ornatus vicarius
**Ekuador-Prachtadler**
Friedmann, 1935
s Mexico bis w Kolumbien und Ecuador

Spizaetus isidori
**Kastanienbauchadler**
*Black-and-chestnut Eagle - Águila poma*
des Murs, 1845
Venezuela bis nw Argentinien

## Gattung: Lophotriorchis

Lophotriorchis kienerii
**Rotbauchadler**
*Rufous-bellied Eagle - Águila ventrirroja*
de Sparre, 1835
*s Himalaya, w Indien und Sri Lanka*

Lophotriorchis kienerii formosus
**Kieneris Rotbauchadler**
Stresemann, 1924
Myanmar über se Asien, Große Sundas, Philippinen (außer Sulu Archipel), Sulawesi
Region und n Lesser Sundas

## Gattung: Polemaetus

Polemaetus bellicosus
**Kampfadler**
*Martial Eagle - Águila marcial*
Daudin, 1800
*Afrika südlich der Sahara weit verbreitet*

## Gattung: Lophaetus

Lophaetus occipitalis
**Schopfadler**
*Long-crested Eagle - Águila crestilarga*
Daudin, 1800
*Afrika südlich der Sahara weit verbreitet*

## Gattung: Ictinaetus

Ictinaetus malaiensis
**Malaienadler**
*Black Eagle - Águila milana*
Temminck, 1822
*Myanmar bis s China, se Asien und Indonesisches Archipel (außer Lesser Sundas)*

Ictinaetus malaiensis perniger
**Sri Lanka-Adler**
Hodgson, 1836
n Indien und Nepal, Bhutan, s Indien und Sri Lanka

## Gattung: Clanga

Clanga hastata
**Gangesadler**
*Indian Spotted Eagle - Águila india*
Lesson, RP, 1831
*n Indien*

Clanga pomarina
**Schreiadler**
*Lesser Spotted Eagle - Águila pomerana*
Brehm, CL, 1831
*e Europa*

Clanga clanga
**Schelladler**
*Greater Spotted Eagle - Águila moteada*
Pallas, 1811
*c Europa bis e Sibirien und n China*

## Gattung: Hieraaetus

Hieraaetus wahlbergi
**Silberadler**
*Wahlberg's Eagle - Águila de Wahlberg*
Sundevall, 1850
*Afrika südlich der Sahara weit verbreitet*

Hieraaetus ayresii
**Fleckenadler**
*Ayres's Hawk-Eagle - Águila de Ayres*
Gurney, JH Sr, 1862
*Afrika südlich der Sahara weit verbreitet*

Hieraaetus pennatus
**Zwergadler**
*Booted Eagle - Águila calzada*
Gmelin, JF, 1788
*sw Europa und nw Afrika bis c Asien und n Indien; Südafrika*

Hieraaetus weiskei
**Papuazwergadler**
*Pygmy Eagle - Águila papúa*
Reichenow, 1900
*n, c Moluccas und Neuguinea*

Hieraaetus morphnoides
**Kaninchenadler**
*Little Eagle - Águila chica*
Gould, 1841
*Australien (außer Tasmanien)*

## Gattung: Aquila

Aquila nipalensis
**Steppenadler**
*Steppe Eagle - Águila esteparia*
Hodgson, 1833
*e Kasachstan bis n China*

Aquila nipalensis orientalis
**Östlicher Steppenadler**
Cabanis, 1854
e Europa bis c Kasachstan

Aquila rapax
**Savannenadler**
*Tawny Eagle - Águila rapaz*
Temminck, 1828
*s Kenia und Demokratische Republik Kongo bis Südafrika*

Aquila rapax vindhiana
**Indischer Raubadler**
Franklin, 1831
Pakistan, Indien und Nepal
Aquila rapax belisarius
**Ätiopischer Raubadler**
Levaillant, J, 1850
Marokko und Algerien, s Mauretanien bis Äthiopien und sw Arabien s bis Demokratische
Republik Kongo, Uganda und Kenia

Aquila adalberti
**Iberienadler**
*Spanish Imperial Eagle - Águila imperial ibérica*
Brehm, CL, 1861
*Spanien, Portugal, Marokko*

Aquila heliaca
**Kaiseradler**
*Eastern Imperial Eagle - Águila imperial oriental*
Savigny, 1809
*se Europa bis c Sibirien*

Aquila chrysaetos
**Steinadler**
*Golden Eagle - Águila real*
Linnaeus, 1758
*Europa bis nc Asien*

Aquila chrysaetos kamtschatica
**Kamschatka Steinadler**
Severtsov, 1888
ne Asien
Aquila chrysaetos japonica
**Japanischer Steinadler**
Severtsov, 1888
Koreanische Halbinsel und Japan
Aquila chrysaetos daphanea
**Turkistan-Steinadler**
Severtsov, 1888
c Asien
Aquila chrysaetos homeyeri
**Spanischer Steinadler**
Severtsov, 1888
Iberische Halbinsel, n Afrika über Mittlerer Osten bis Iran und Usbekistan
Aquila chrysaetos canadensis
**Kanadischer Steinadler**
Linnaeus, 1758
Alaska, Kanada, w USA und wc Mexico

Aquila africana
**Schwarzachseladler**
*Cassin's Hawk-Eagle - Águila congoleña*
Cassin, 1865
*Afrika südlich der Sahara weit verbreitet*

Aquila audax
**Keilschwanzadler**
*Wedge-tailed Eagle - Águila audaz*
Latham, 1801
*Trans-Fly (sc Neuguinea) und Australien*

Aquila audax fleayi
**Tasmanischer Keilschwanzadler**
Condon & Amadon, 1954
Tasmanien (se Australien)

Aquila gurneyi
**Molukkenadler**
*Gurney's Eagle - Águila moluqueña*
Gray, GR, 1861
n, c Moluccas, Neuguinea und kleine Inseln

Aquila verreauxii
**Klippenadler**
*Verreaux's Eagle - Águila cafre*
Lesson, RP, 1831
weit verbreitet, Arabische Halbinsel

Aquila fasciata
**Habichtsadler**
*Bonelli's Eagle - Águila perdicera*
Vieillot, 1822
n Afrika und s Europa bis s China und Indochina

Aquila fasciata renschi
**Renschis Habichtsadler**
Stresemann, 1932
Sumbawa bis Luang (w von Babar, e Lesser Sundas) und Tanimbar (s Moluccas)

Aquila spilogaster
**Akazienadler**
*African Hawk-Eagle - Águila estriada*
Bonaparte, 1850
Afrika südlich der Sahara weit verbreitet



Harpagus bidentatus
**Rostbrust-Zahnhabicht**
*Double-toothed Kite - Milano bidentado*
Latham, 1790
e Kolumbien bis Bolivien und e Brasilien

Harpagus bidentatus fasciatus
**Westlicher Rostbrust-Zahnhabicht**
Lawrence, 1869
s Mexico bis w Kolumbien und Ecuador

Harpagus diodon
**Rostschenkel-Zahnhabicht**
*Rufous-thighed Kite - Milano muslirrufo*
Temminck, 1823
e Amazonasgebiet und se USA



Kaupifalco monogrammicus
**Kuckuckshabicht**
*Lizard Buzzard - Busardo gavilán*
Temminck, 1824
Senegal und Gambia bis Äthiopien und Kenia

Kaupifalco monogrammicus meridionalis
**Südlicher Kuckuckshabicht**
Hartlaub, 1860
s Kenia bis Angola, Namibia und Südafrika



Micronisus gabar
**Gabarhabicht**
*Gabar Goshawk - Gavilán gabar*
Daudin, 1800
s Angola bis s Mosambik und Südafrika

Micronisus gabar niger
**Nigerhabicht**
Vieillot, 1823
Gambia und Senegal bis Äthiopien bis Kamerun und s Sudan; sw Arabien

Micronisus gabar aequatorius
**Clanceys Habicht**
Clancey, 1987
Äthiopien bis Gabun, n Sambia und Mosambik



Melierax metabates
**Graubürzel-Singhabicht**
*Dark Chanting Goshawk - Azor lagartijero oscuro*
Heuglin, 1861
Senegal bis Äthiopien und n Tansania

Melierax metabates theresae
**Marokkosinghabicht**
Meinertzhagen, R, 1939
sw Marokko

Melierax metabates ignoscens
**Jemensinghabicht**
Friedmann, 1928
sw Arabische Halbinsel

Melierax metabates mechowi
**Mechowsinghabicht**
Cabanis, 1882
Gabun bis s Tansania s bis Angola und ne Südafrika

Melierax poliopterus
**Weißbürzel-Singhabicht**
*Eastern Chanting Goshawk - Azor lagartijero somalí*
Cabanis, 1868
Äthiopien und Somalia bis Tansania

Melierax canorus
**Silbersinghabicht**
*Pale Chanting Goshawk - Azor lagartijero claro*
Thunberg, 1799
w, s Südafrika

Melierax canorus argentior
**Angolasinghabicht**
Clancey, 1960
sw Angola bis n Südafrika



Urotriorchis macrourus
**Langschwanzhabicht**
*Long-tailed Hawk - Azor rabilargo*
Hartlaub, 1855
Liberia bis Uganda und c Demokratische Republik Kongo



Erythrotriorchis buergersi
**Prachthabicht**
*Chestnut-shouldered Goshawk - Azor de Bürgers*
Reichenow, 1914
Gebirge n, ne, ec, se Neuguinea

Erythrotriorchis radiatus
**Fuchshabicht**
*Red Goshawk - Azor rojo*
Latham, 1801
ne Western Australia, n Nortern Territory und Tiwi Is. (n von Nortern Territory) bis Cape York Halbinsel, ne Queensland (n Australien)



Megatriorchis doriae
**Salvadorihabicht**
*Doria's Goshawk - Azor de Doria*
Salvadori & D'Albertis, 1875
Batanta (Raja Ampat Is., nw von Neuguinea) und Neuguinea



Microspizias superciliosus
**Däumlingssperber**
*Tiny Hawk - Gavilancito americano*
Linnaeus, 1766
Venezuela und Guianas bis e Peru und n Argentinien

Microspizias superciliosus fontainieri
**Tinysperber**
Bonaparte, 1853
Nicaragua bis w Kolumbien und Ecuador

Microspizias collaris
**Halsbandsperber**
*Semicollared Hawk - Gavilancito torcaz*
Sclater, PL, 1860
Venezuela bis Peru

Lophospiza trivirgata
**Schopfhabicht**
*Crested Goshawk - Azor moñudo*
Temminck, 1824
*Sumatra*

Lophospiza trivirgata indica
**Indochina-Schopfhabicht**
Hodgson, 1836
ne Indien bis s China, Indochina und Malayische Halbinsel
Lophospiza trivirgata formosae
**Taiwan Schopfhabicht**
Mayr, 1949
Taiwan
Lophospiza trivirgata peninsulae
**Indischer Schopfhabicht**
Koelz, 1949
sw Indien
Lophospiza trivirgata layardi
**Layards Schopfhabicht**
Whistler, 1936
Sri Lanka
Lophospiza trivirgata niasensis
**Nias-Schopfhabicht**
Mayr, 1949
Nias (w von n Sumatra)
Lophospiza trivirgata javanica
**Java-Schopfhabicht**
Mayr, 1949
Java und Bali
Lophospiza trivirgata microsticta
**Borneo-Schopfhabicht**
Mayr, 1949
Borneo
Lophospiza trivirgata palawana
**Palawan-Schopfhabicht**
Mayr, 1949
Palawan Gruppe (sw Philippinen)
Lophospiza trivirgata castroi
**Castro-Schopfhabicht**
Manuel & Gilliard, 1952
Polillo (n Philippinen)
Lophospiza trivirgata extima
**Mindanao-Schopfhabicht**
Mayr, 1945
se Philippinen

Lophospiza griseiceps
**Graukopfhabicht**
*Sulawesi Goshawk - Gavilán de Célebes*
Kaup, 1848
*Sulawesi*



Aerospiza tousselenii
**Rotbrusthabicht**
*Red-chested Goshawk - Azor de Toussenel*
Verreaux, J, Verreaux, É & des Murs, 1855
s Kamerun bis n, w Demokratische Republik Kongo

Aerospiza tousselenii macroscelides
**Sierra Leone-Habicht**
Hartlaub, 1855
Senegal und Gambia bis w Kamerun
Aerospiza tousselenii lopezi
**Lopez-Afrikahabicht**
Alexander, 1903
Bioko (Gulf von Guinea)
Aerospiza tousselenii canescens
**Kongohabicht**
Chapin, 1921
e Demokratische Republik Kongo bis w Uganda

Aerospiza tachiro
**Afrikahabicht**
*African Goshawk - Azor tachiro*
Daudin, 1800
s Angola bis Mosambik und Südafrika

Aerospiza tachiro unduliventer
**Äthiopien-Afrikahabicht**
Rüppell, 1836
Eritrea und Äthiopien
Aerospiza tachiro sparsimfasciata
**Reichenows Afrikahabicht**
Reichenow, 1895
Somalia bis Angola, Sambia und Mosambik
Aerospiza tachiro pembaensis
**Pembahabicht**
Benson & Elliott, HFI, 1975
Pemba Insel (vor Tansania)

Aerospiza castanilius
**Rotflankenhabicht**
*Chestnut-flanked Sparrowhawk - Gavilán flanquirrojo*
Bonaparte, 1853
s Nigeria bis Gabun und w Demokratische Republik Kongo

Aerospiza castanilius beniensis
**Benens-Rotflankenhabicht**
Lönnberg, 1917
e Demokratische Republik Kongo



Tachyspiza badida
**Schikrasperber**
*Shikra - Gavilán chikra*
Gmelin, JF, 1788
sw Indien und Sri Lanka

Tachyspiza badius sphenura
**Gambias Shikrasperber**
Rüppell, 1836
Senegal und Gambia bis sw Arabien s bis n Tansania und n Demokratische Republik Kongo
Tachyspiza badius polyzonoides
**Südafrikanischer Shikrasperber**
Smith, A, 1838
s Demokratische Republik Kongo und s Tansania bis Südafrika
Tachyspiza badius cenchroides
**Kaukasus-Shikrasperber**
Severtsov, 1873
Kaukasus bis c Asien und nw Indien
Tachyspiza badius dussumieri
**Himalaya-Shikrasperber**
Temminck, 1824
c Indien und Bangladesch
Tachyspiza badius poliopsis
**Assam-Shikrasperber**
Hume, 1874
n Indien bis s China, Indochina und n Sumatra

Tachyspiza butleri
**Nikobarensperber**
*Nicobar Sparrowhawk - Gavilán de Nicobar*
Gurney, JH Jr, 1898
Car Nicobar (n Nicobar Is.)

Tachyspiza butleri obsoleta
**Südlicher Nikobarensperber**
Richmond, 1902
Katchall und Kamorta (c Nicobar Is.)

Tachyspiza brevipes
**Kurzfangsperber**
*Levant Sparrowhawk - Gavilán griego*
Severtsov, 1850
se Europa bis w Kasachstan

Tachyspiza soloensis
**Froschsperber**
*Chinese Sparrowhawk - Gavilán ranero*
Horsfield, 1821
e Sibirien, Koreanische Halbinsel und China

Tachyspiza francesiae
**Echsensperber**
*Frances's Sparrowhawk - Gavilán de Frances*
Smith, A, 1834
Madagascar

Tachyspiza francesiae griveaudi
**Komoren-Echsensperber**
Benson, 1960
Grande Comore (=Njazidja; nw Comoros)
† Tachyspiza francesiae pusilla
**Anjouan-Echsensperber**
Gurney, JH Sr, 1875
Anjouan (=Nzwani; ec Comoros)
Tachyspiza francesiae bruta
**Mayotte-Echsensperber**
Schlegel, 1865)  Mayotte
se Comoros)

Tachyspiza trinotata
**Fleckschwanzsperber**
*Spot-tailed Sparrowhawk - Gavilán colipinto*
Bonaparte, 1850
Sulawesi, Talisei (n von ne Sulawesi), Muna und Butung (=Buton; s von se Sulawesi)

Tachyspiza novaehollandiae
**Grauhabicht**
*Grey Goshawk - Azor gris*
Gmelin, JF, 1788
ne Western Australia bis e Queensland, sw Victoria und Tasmanien (n, e Australien)

Tachyspiza hiogaster
# Inselhabicht
*Variable Goshawk - Azor variable*
Müller, S, 1841
*Kelang (n von nw Seram), Seram, Saparua (s von w Seram) und Ambon (ec Moluccas)*

Tachyspiza hiogaster sylvestris
## Flores-Bunthabicht
Wallace, 1864
Sumbawa bis Alor (w, c Lesser Sundas)
Tachyspiza hiogaster polionota
## Bandasee-Bunthabicht
Salvadori, 1889
Damar und Babar (e Lesser Sundas), Banda und Tanimbar is. (s Moluccas)
Tachyspiza hiogaster mortyi
## Morotai-Bunthabicht
Hartert, EJO, 1925
Morotai (n Moluccas)
Tachyspiza hiogaster griseogularis
## Molukken-Bunthabicht
Gray, GR, 1861
Halmahera, Ternate, Tidore und Bacan (n Moluccas) und Gebe (nw von Neuguinea)
Tachyspiza hiogaster obiensis
## Obi-Bunthabicht
Hartert, EJO, 1903
Obi (nc Moluccas)
Tachyspiza hiogaster pallidiceps
## Buru-Bunthabicht
Salvadori, 1879
Buru (wc Moluccas)
Tachyspiza hiogaster albiventris
## Kei-Bunthabicht
Salvadori, 1876
Tayandu und Kai is. (se Moluccas)
Tachyspiza hiogaster leucosoma
## Papua-Bunthabicht
Sharpe, 1874
Neuguinea und many kleine Inseln
Tachyspiza hiogaster misoriensis
## Biak-Bunthabicht
Salvadori, 1876
Biak (Geelvink Bay is., nw Neuguinea)
Tachyspiza hiogaster pallidimas
## D'Entrecasteaux-Bunthabicht
Mayr, 1940
D'Entrecasteaux Archipel (e von se Neuguinea)
Tachyspiza hiogaster misulae
## Louisiade-Bunthabicht
Mayr, 1940
Misima und Tagula (w, c, Louisiade Archipel, e von se Neuguinea)
Tachyspiza hiogaster lavongai
## Lavonga-Bunthabicht
Mayr, 1945
Lavongai (=New Hanover), New Ireland und Dyaul (=Djaul, s von nw New Ireland; ne Bismarck Archipel)
Tachyspiza hiogaster matthiae
## Matthias-Bunthabicht
Mayr, 1945
Mussau (St. Matthias Is., nc Bismarck Archipel)
Tachyspiza hiogaster manusi
## Manus-Bunthabicht
Mayr, 1945
Admiralty Is. (nw Bismarck Archipel)
Tachyspiza hiogaster dampieri
## Rook-Bunthabicht
Gurney, JH Sr, 1882
Umboi (w von New Britain) und New Britain und kleine Inseln (se Bismarck Archipel)
Tachyspiza hiogaster lihirensis
## Lihir-Bunthabicht
Stresemann, 1933
Lihir und Tanga (e von c New Ireland; ne Bismarck Archipel)
Tachyspiza hiogaster bougainvillei
## Boungainville-Bunthabicht
Rothschild & Hartert, EJO, 1905
Buka, Bougainville und Shortland Is. (n Solomon Is.)
Tachyspiza hiogaster rufoschistacea
## Isabel-Bunthabicht
Rothschild & Hartert, EJO, 1902
Choiseul, Isabel und Florida Is. (ec Solomon Is.)
Tachyspiza hiogaster rubianae
## Rendov-Bunthabicht
Rothschild & Hartert, EJO, 1905
New Georgia (wc Solomon Is., außer Ranongga)
Tachyspiza hiogaster malaitae
## Malaita-Bunthabicht
Mayr, 1931
Malaita (se Solomon Is.)
Tachyspiza hiogaster pulchellus
## Guadacanal-Bunthabicht
Ramsay, EP, 1882
Guadalcanal (se Solomon Is.)

Tachyspiza fasciata
# Bänderhabicht
*Brown Goshawk - Azor australiano*
Vigors & Horsfield, 1827
*Australien (außer n) und Tasmanien, Rennell und Bellona (nw von Rennell; s Solomon Is.)*

Tachyspiza fasciatus natalis
## Weihnachtsinsel-Bänderhabicht
Lister, 1889
Christmas Insel (s von w Java)
Tachyspiza fasciatus wallacii
## Lombok-Bänderhabicht
Sharpe, 1874
Lombok bis Babar (n Lesser Sundas)
Tachyspiza fasciatus tjendanae
## Sumba-Bänderhabicht
Stresemann, 1925
Sumba (sw Lesser Sundas)
Tachyspiza fasciatus stresemanni
## Stresemanns Bänderhabicht
Rensch, 1931
Tanahjampea, Kalao, Bonerate, Kalaotoa und Madu (s, se von sw Sulawesi) und Tukangbesi Is. (se von se Sulawesi)
Tachyspiza fasciatus savu
## Savu-Bänderhabicht
Mayr, 1941
Savu (=Sawu; e von Sumba, c Lesser Sundas)
Tachyspiza fasciatus hellmayri
## Hellmayers Bänderhabicht
Stresemann, 1922
Rote, Semau und Timor (e Lesser Sundas)
Tachyspiza fasciatus buruensis
## Buru-Bänderhabicht
Stresemann, 1914
Buru (wc Moluccas)
Tachyspiza fasciatus dogwa
## Dogwa-Bänderhabicht
Rand, 1941
Trans-Fly (sc Neuguinea) und Boigu und Saibai (n Torres Strait is., ne Australien)
Tachyspiza fasciatus polycrypta
## Papua-Bänderhabicht
Rothschild & Hartert, EJO, 1915
e Neuguinea
Tachyspiza fasciatus vigilax
## Neukaledonien-Bänderhabicht
Wetmore, 1926
Vanuata und New Caledonia inklusive Loyalty Is.
Tachyspiza fasciatus didimus
## Küsten-Bänderhabicht
Mathews, 1912
ne Western Australia bis Cape York Halbinsel, ne Queensland (n Australien)
Tachyspiza fasciatus rosseliana
## Rossel-Bänderhabicht
Mayr, 1940
Rossel (e Louisiade Archipel, e von Neuguinea)

Tachyspiza melanochlamys
## Schwarzmantelhabicht
*Black-mantled Goshawk - Gavilán rufinegro*
Salvadori, 1876
*Gebirge Neuguinea*

Tachyspiza albogularis
## Elsterhabicht
*Pied Goshawk - Gavilán pío*
Gray, GR, 1870
*Makira (=San Cristóbal) und kleine Inseln (se Solomon Is.)*

Tachyspiza albogularis eichhorni
## Eichhorns Elsterhabicht
Hartert, EJO, 1926
Feni (e von se New Ireland, ne Bismarck Archipel)
Tachyspiza albogularis woodfordi
## Woodfords Elsterhabicht
Sharpe, 1888
Buka bis Malaita und Ulawa (n von Makira; n bis sc Solomon Is., außer New Georgia Gruppe)
Tachyspiza albogularis gilva
## Rendova-Elsterhabicht
Mayr, 1945
New Georgia Gruppe (wc Solomon Is.)
Tachyspiza albogularis sharpei
## Sharps Elsterhabicht
Oustalet, 1875
Utupua und Vanikoro (Temotu=Santa Cruz Is., se Solomon Is.)

Tachyspiza haplochroa
## Weißbauchhabicht
*White-bellied Goshawk - Gavilán de Nueva Caledonia*
Sclater, PL, 1859
*Grande Terre (New Caledonia)*

Tachyspiza rufitorques
## Fidschihabicht
*Fiji Goshawk - Gavilán de las Fiji*
Peale, 1849
*Fiji (außer small Inseln; sw Polynesien)*

Tachyspiza henicogramma
## Halmaherahabicht
*Moluccan Goshawk - Azor moluqueño*
Gray, GR, 1861
*Morotai, Halmahera und Bacan (n Moluccas)*

Tachyspiza luteoschistacea
**Schiefermantelhabicht**
*Slaty-mantled Goshawk - Gavilán de Nueva Bretaña*
Rothschild & Hartert, EJO, 1926
*Umboi (w von New Britain) und New Britain (se Bismarck Archipel)*

Tachyspiza imitator
**Trughabicht**
*Imitator Goshawk - Gavilán imitador*
Hartert, EJO, 1926
*Bougainville, Choiseul und Isabel (n, ec Solomon Is.)*

Tachyspiza poliocephala
**Aschkopfhabicht**
*Grey-headed Goshawk - Gavilán cabecigrís*
Gray, GR, 1858
*Raja Ampat Is. (nw von Neuguinea), Aru Is. (sw von Neuguinea), Yapen (Geelvink Bay is., nw Neuguinea), Neuguinea, D'Entrecasteaux und Louisiade Archipel (e von se Neuguinea)*

Tachyspiza princeps
**Prinzenhabicht**
*New Britain Goshawk - Azor de Nueva Bretaña*
Mayr, 1934
*Normanby (D'Entrecasteaux Archipel), Tagula (c Louisiade Archipel, e von se Neuguinea) und Gebirge New Britain (se Bismarck Archipel)*

Tachyspiza erythropus
**Waldsperber**
*Red-thighed Sparrowhawk - Gavilancito patirrojo*
Hartlaub, 1855
*Senegal und Gambia bis Nigeria*

Tachyspiza erythropus zenkeri
**Angolawaldsperber**
Reichenow, 1894
*Kamerun bis w Uganda und n Angola*

Tachyspiza minulla
**Zwergsperber**
*Little Sparrowhawk - Gavilancito chico*
Daudin, 1800
*Äthiopien bis Angola und Südafrika*

Tachyspiza minulla tropicalis
**Küstenzwergsperber**
Reichenow, 1898
*s Somalia Küstely bis e Mosambik*

Tachyspiza gularis
**Trillersperber**
*Japanese Sparrowhawk - Gavilancito japonés*
Temminck & Schlegel, 1845
*ne China, Russland East und Japan*

Tachyspiza gularis sibirica
**Sibirischer Trillersperber**
Stepanyan, 1959
*Mongolei bis e China*

Tachyspiza gularis iwasakii
**Iwasakisperber**
Mishima, 1962
*s Ryukyu Is. (Japan)*

Tachyspiza virgata
**Besrasperber**
*Besra - Gavilán besra*
Temminck, 1822
*Gebirge Java und Bali*

Tachyspiza virgata affinis
**Himalaya-Besrasperber**
Hodgson, 1836
*w Himalaya bis c China und Indochina*

Tachyspiza virgatas fuscipectus
**Taiwan-Besrasperber**
Mees, 1970
*Taiwan*

Tachyspiza virgata besra
**Sri Lanka-Besrasperber**
Jerdon, 1839
*s Indien und Sri Lanka*

Tachyspiza virgata vanbemmeli
**Sumatra-Besrasperber**
Voous, 1950
*Gebirge Sumatra*

Tachyspiza virgata rufotibialis
**Borneo-Besrasperber**
Sharpe, 1887
*Gebirge Borneo*

Tachyspiza virgata quinquefasciata
**Flores-Besrasperber**
Mees, 1984
*Gebirge Flores (c Lesser Sundas)*

Tachyspiza virgata abdulalii

Andaman-Besrasperber
Mees, 1981
*Andaman und Nicobar Is.*

Tachyspiza virgata confusa
**Philippinen-Besrasperber**
Hartert, EJO, 1910
*n, c Philippinen*

Tachyspiza virgata quagga
**Leyte-Besrasperber**
Parkes, 1973
*c, s Philippinen (außer Palawan Gruppe und Sulu Archipel)*

Tachyspiza nanus
**Sulawesisperber**
*Small Sparrowhawk - Gavilancito de Célebes*
Blasius, W, 1897
*Gebirge Sulawesi (außer sw, se)*

Tachyspiza erythrauchen
**Rotnackensperber**
*Rufous-necked Sparrowhawk - Gavilancito moluqueño*
Gray, GR, 1861
*Morotai, Halmahera, Bacan und Obi (n Moluccas)*

Tachyspiza erythrauchen ceramensis
**Seram-Rotnackensperber**
Schlegel, 1862
*Buru, Seram und Ambon (c Moluccas)*

Tachyspiza cirrocephala
**Halsringsperber**
*Collared Sparrowhawk - Gavilán acollarado*
Vieillot, 1817
*Australien*

Tachyspiza cirrocephala papuana
**Papua-Halsringsperber**
Rothschild & Hartert, EJO, 1913
*Neuguinea und kleine Inseln*

Tachyspiza brachyura
**Dreifarbensperber**
*New Britain Sparrowhawk - Gavilancito de Nueva Bretaña*
Ramsay, EP, 1880
*AU : New Britain und New Ireland (e Bismarck Archipel)*

Tachyspiza rhodogaster
**Rosenbrustsperber**
*Vinous-breasted Sparrowhawk - Gavilán pechirrojo*
Schlegel, 1862
*Sulawesi, Muna und Butung (=Buton; s von se Sulawesi)*

Tachyspiza rhodogaster butonensis
**Butung-Rosenbrustsperber**
Voous, KH 1951
*Muna und Butung islands (Sulawesi)*

Tachyspiza rhodogaster sulaensis
**Östlicher Rosenbrustsperber**
Schlegel, 1866
*Banggai und Sula is. (e von Sulawesi)*



Accipiter madagascariensis
**Madagaskarsperber**
*Madagascar Sparrowhawk - Gavilán malgache*
Verreaux, J, 1833
*Madagascar (außer c)*

Accipiter ovampensis
**Ovambosperber**
*Ovambo Sparrowhawk - Gavilán del Ovampo*
Gurney, JH Sr, 1875
*Senegal und Gambia bis Äthiopien s bis n Südafrika*

Accipiter nisus
**Sperber**
*Eurasian Sparrowhawk - Gavilán común*
Linnaeus, 1758
*Europa bis sw Sibirien und c Asien*

Accipiter nisus nisosimilis
**Madschurensperber**
Tickell, 1833
*nw Sibirien bis n China und Japan*

Accipiter nisus dementjevi
**Dementjevs Sperber**
Stepanyan, 1958
*Pamir-Alai bis Tien Shan Mts. (c Asien)*

Accipiter nisus melaschistos
**Himalayasperber**
Hume, 1869
*e Afghanistan bis sw China*

Accipiter nisus wolterstorffi
**Sardiniensperber**
Kleinschmidt, 1901
Korsika und Sardinien
Accipiter nisus punicus
**Tunesiensperber**
Erlanger, 1897
nw Afrika
Accipiter nisus granti
**Grants Sperber**
Sharpe, 1890
Madeira (w Madeira Gruppe) und w, c Kanarische Is. (c Makaronesien, nw von n Afrika)

Accipiter rufiventris
## Rotbauchsperber
*Rufous-breasted Sparrowhawk - Gavilán papirrufo*
Smith, A, 1830
*e Demokratische Republik Kongo bis Kenia und Südafrika*

Accipiter rufiventris perspicillaris
**Äthiopischer Rotbauchsperber**
Rüppell, 1836
Äthiopien

Accipiter poliogaster
## Graubauchhabicht
*Grey-bellied Hawk - Azor ventrigrís*
Temminck, 1824
*Amazonasgebiet bis n Argentinien*

Accipiter striatus
## Eckschwanzsperber
*Sharp-shinned Hawk - Gavilán americano*
Vieillot, 1808
*Hispaniola*

Accipiter striatus perobscurus
**Haida Gwaii-Echschwanzsperber**
Snyder, 1938
Haida Gwaii (vor British Columbia, Kanada)
Accipiter striatus velox
**Velox-Echschwanzsperber**
Wilson, A, 1812
Kanada und USA
Accipiter striatus suttoni
**Suttons Echschwanzsperber**
Van Rossem, 1939
s New Mexico (sw USA) bis e Mexico
Accipiter striatus madrensis
**Mexikanischer Echschwanzsperber**
Storer, 1952
sw Mexico
Accipiter striatus fringilloides
**Kubanischer Echschwanzsperber**
Vigors, 1827
Kuba
Accipiter striatus venator
**Puerto Rico-Echschwanzsperber**
Wetmore, 1914
Puerto Rico

Accipiter chionogaster
## Weißbrustsperber
*White-breasted Hawk - Gavilán Ventriblanco*
Kaup, 1852
*s Mexico bis Nicaragua*

Accipiter ventralis
## Andensperber
*Plain-breasted Hawk - Gavilán Andino*
Sclater, PL, 1866
*Venezuela bis w Bolivien*

Accipiter erythronemius
## Rotschenkelsperber
*Rufous-thighed Hawk - Gavilán Muslirrufo*
Kaup, 1850
*se Bolivien und s Brasilien bis Paraguay, Uruguay und n Argentinien*

## Gattung: Astur

Astur cooperii
## Rundschwanzhabicht
*Cooper's Hawk - Gavilán de Cooper*
Bonaparte, 1828
*s Kanada bis Honduras*

Astur gundlachi
## Kubahabicht
*Gundlach's Hawk - Gavilán cubano*
Lawrence, 1860
*w, c Kuba*

Astur gundlachi wileyi
**Östlicher Kubahabicht**
Wotzkow, 1991
e Kuba

Astur bicolor
## Zweifarbhabicht
*Bicolored Hawk - Gavilán bicolor*
Vieillot, 1817
*se Mexico bis Guianas, n Brasilien und e Peru*

Astur bicolor fidens
**Mexikanischer Zweifarbensperber**
Bangs & Noble, 1918
sw Mexico
Astur bicolor guttifer
**Guttifers Zweifarbensperber**
Hellmayr, 1917
s Bolivien, sw Brasilien, Paraguay und n Argentinien
Astur bicolor pileatus
**Brasilianischer Zweifarbensperber**
Temminck, 1823
c, s Brasilien und ne Argentinien

Astur chilensis
## Chilehabicht
*Chilean Haw - Gavilán Chileno*
kPhilippi & Landbeck, 1864
*c Chile und wc Argentinien bis Tierra del Fuego*

Astur melanoleucus
## Dominohabicht
*Black Sparrowhawk - Azor blanquinegro*
Smith, A, 1830
*Sudan und Äthiopien über e Afrika bis Südafrika*

Astur melanoleucus temminckii
**Temmnicks Dominohabicht**
Hartlaub, 1855
Liberia bis n Angola

Astur henstii
## Madagaskarhabicht
*Henst's Goshawk - Azor malgache*
Schlegel, 1873
*Madagascar (außer c, s)*

Astur gentilis
## Habicht
*Eurasian Goshawk - Azor común*
Linnaeus, 1758
*c, n Europa*

Astur gentilis buteoides
**Skandinavienhabicht**
Menzbier, 1882
n Eurasien
Astur gentilis albidus
**Alaskahabicht**
Menzbier, 1882
ne Sibirien
Astur gentilis schvedowi
**Schvedows Habicht**
Menzbier, 1882
ne Asien bis c China
Astur gentilis fujiyamae
**Japanhabicht**
Swann & Hartert, EJO, 1923
Japan
Astur gentilis marginatus
**Balkanhabicht**
Piller & Mitterpacher, 1783
Italien und Balkan bis Kaukasus und n Iran
Astur gentilis arrigonii
**Sardenhabicht**
Kleinschmidt, 1903
Korsika und Sardinien

Astur atricapillus
## Amerikanischer Habicht
*American Goshawk - Halcón americano*
Wilson, A, 1812
*Nordamerika (außer sw Kanada, sw USA und nw Mexico)*

Astur atricapillus laingi
**Laingihabicht**
Taverner, 1940
Inseln von British Columbia (sw Kanada)
Astur atricapillus apache
**Apachehabicht**
Van Rossem, 1938
sw USA und nw Mexico

Astur meyerianus
**Papuahabicht**
*Meyer's Goshawk - Azor de Meyer*
Sharpe, 1878
*Sula Is. (e von Sulawesi), Halmahera, Obi, Boano (nw von Seram), Seram, Seram Laut (se von Seram), Bird's Head (nw Neuguinea), Yapen (Geelvink Bay is., nw Neuguinea), wc bis ne, se Neuguinea, Karkar und Bagabag (n von ne Neuguinea), Umboi (w von New Britain), New Britain, Watom (n von ne New Britain; se Bismarck Archipel), New Georgia Gruppe und Guadalcanal (wc, s Solomon Is.)*

Gattung: Megatriorchis

Megatriorchis doriae
**Salvadorihabicht**
*Doria's Hawk - Milano de Dorias*
Salvadori & D'Albertis, 1875
*Neuguinea*

Gattung: Circus

Circus aeruginosus
**Rohrweihe**
*Western Marsh Harrier - Aguilucho lagunero occidental*
Linnaeus, 1758
*Europa und Mittlerer Osten bis c Asien*

    Circus aeruginosus harterti
    **Harters Rohrweihe**
    Zedlitz, 1914
    *nw Afrika*

Circus spilonotus
**Mangroveweihe**
*Eastern Marsh Harrier - Aguilucho lagunero oriental*
Kaup, 1847
*c Sibirien bis ne China und Japan*

Circus spilothorax
**Papuaweihe**
*Papuan Harrier - Aguilucho lagunero papú*
Salvadori & D'Albertis, 1875
*wc bis se Neuguinea*

Circus approximans
**Sumpfweihe**
*Swamp Harrier - Aguilucho lagunero del Pacífico*
Peale, 1849
*Australien (außer sc), North, South, Stewart und Chatham is. (e von Südinsel; New Zealand), Vanuatu, New Caledonia inklusive Loyalty Is., bis Fiji und Tonga (sw, sc Polynesien)*

Circus ranivorus
**Froschweihe**
*African Marsh Harrier - Aguilucho lagunero etiópico*
Daudin, 1800
*Süd-Sudan und Kenia bis Südafrika*

Circus maillardi
**Réunionweihe**
*Reunion Harrier - Aguilucho lagunero de Reunión*
Verreaux, J, 1862
*Réunion (w Mascarenes)*

Circus macrosceles
**Madagaskarweihe**
*Malagasy Harrier - Aguilucho lagunero malgache*
Newton, A, 1863
*Grande Comore (=Njazidja), Mohéli (=Mwali) und Anjouan (=Nzwani; nw, c Comoros) und w, c Madagascar*

Circus buffoni
**Weißbrauenweihe**
*Long-winged Harrier - Aguilucho de Azara*
Gmelin, JF, 1788
*Kolumbien bis Guianas und ne Brasilien, s bis c Chile und c Argentinien*

Circus assimilis
**Fleckenweihe**
*Spotted Harrier - Aguilucho moteado*
Jardine & Selby, 1828
*Sulawesi und Sumba (sw Lesser Sundas) und Australien (außer Tasmanien)*

Circus maurus
**Kapweihe**
*Black Harrier - Aguilucho negro*
Temminck, 1828
*Namibia und Südafrika*

Circus cyaneus
**Kornweihe**
*Hen Harrier - Aguilucho pálido*
Linnaeus, 1766
*Europa und c, n Asien*

Circus hudsonius
**Hudsonweihe**
*Northern Harrier - Aguilucho de Hudson*
Linnaeus, 1766
*Nord- und Mittelamerika weit verbreitet*

Circus cinereus
**Grauweihe**
*Cinereous Harrier - Aguilucho vari*
Vieillot, 1816
*c Kolumbien bis Tierra del Fuego, Paraguay und se Brasilien bis Tierra del Fuego*

Circus macrourus
**Steppenweihe**
*Pallid Harrier - Aguilucho papialbo*
Gmelin, SG, 1770
*e Europa bis c Asien*

Circus melanoleucos
**Elsterweihe**
*Pied Harrier - Aguilucho pío*
Pennant, 1769
*se Sibirien, Koreanische Halbinsel und ne China*

Circus pygargus
**Wiesenweihe**
*Montagu's Harrier - Aguilucho cenizo*
Linnaeus, 1758
*w Europa und nw Afrika bis c Asien*

Gattung: Milvus

Milvus milvus
**Rotmilan**
*Red Kite - Milano real*
Linnaeus, 1758
*Europa und nw Afrika bis Mittlerer Osten*

    Milvus milvus fasciicauda
    **Kap Verde-Rotmilan**
    Hartert, EJO, 1914
    *Santo Antão und Santiago (near extinction; nw, sc Cape Verde Is., s Makaronesien, w von w Afrika)*

Milvus migrans
**Schwarzmilan**
*Black Kite - Milano negro*
Boddaert, 1783
*s und c Europa bis n Afrika und sc Asien*

    Milvus migrans lineatus
    **Himalaya-Schwarzmilan**
    Gray, JE, 1831
    *Sibirien bis Japan, Indochina und Indien*
    Milvus migrans govinda
    **Indochinesischer Schwarzmilan**
    Sykes, 1832
    *e Pakistan und India bis sw Asia und w Yunnan (s China)*
    Milvus migrans formosanus
    **Hainan-Schwarzmilan**
    Kuroda, Nm, 1920
    *Taiwan und Hainan (vor se China)*
    Milvus migrans affinis
    **Sulawesi-Schwarzmilan**
    Gould, 1838
    *Sulawesi und Nusa Tenggara bis Moluccas, New Guinea, und Australia*

Milvus aegyptius
**Schmarotzermilan**
*Yellow-billed Kite - Milano parásito*
Gmelin, JF, 1788
*Ägypten, ne Afrika und sw Arabien*

    Milvus aegyptius parasitus
    **Kap-Schwarzmilan**
    Daudin, 1800
    *Afrika s in der Sahara, Comoros und Madagascar*

Gattung: Haliastur

Haliastur sphenurus
**Keilschwanzmilan**
*Whistling Kite - Milano silbador*
Vieillot, 1818
*Australien, sc, ne, se Neuguinea und Grande Terre (New Caledonia)*

Haliastur indus
**Brahmanenmilan**
*Brahminy Kite - Milano brahmán*
Boddaert, 1783
*Indien bis s China und Vietnam*

Haliastur indus intermedius
**Kleine Brahimenweih**
Blyth, 1865
Malaiische Halbinsel, Greater und Lesser Sundas, Philippinen und Sulawesi
Haliastur indus girrenera
**Australische Brahimenweih**
Vieillot, 1822
Moluccas, Neuguinea und kleine Inseln, Küste Australien (außer s, Tasmanien) und
Bismarck Archipel
Haliastur indus flavirostris
**Salomonen-Brahimenweih**
Condon & Amadon, 1954
Feni und Nissan (e von se New Ireland, ne Bismarck Archipel) und Solomon Is. (außer
Rennell und Temotu)

## Gattung: Haliaeetus

Haliaeetus pelagicus
**Riesenseeadler**
*Steller's Sea Eagle - Pigargo gigante*
Pallas, 1811
*ne Asien*

Haliaeetus leucoryphus
**Bindenseeadler**
*Pallas's Fish Eagle - Pigargo de Pallas*
Pallas, 1771
*c, n Indien*

Haliaeetus albicilla
**Seeadler**
*White-tailed Eagle - Pigargo europeo*
Linnaeus, 1758
*Europa, n Asien bis Indien und China*

Haliaeetus albicilla groenlandicus
**Grönlandseeadler**
Brehm, CL, 1831
Grönland

Haliaeetus leucocephalus
**Weißkopf-Seeadler**
*Bald Eagle - Pigargo americano*
Linnaeus, 1766
*s USA und nw Mexico*

Haliaeetus leucocephalus washingtoniensis
**Alaska Weißkopfseeadler**
Audubon, 1827
Alaska, Kanada und n USA

## Gattung: Icthyophaga

Icthyophaga leucogaster
**Weißbauch-Seeadler**
*White-bellied Sea Eagle - Pigargo oriental*
Gmelin, JF, 1788
*Indien bis e China, Philippinen, Indonesia, Neuguinea und kleine Inseln, Australien (außer c),
Tasmanien und Bismarck Archipel*

Icthyophaga sanfordi
**Salomonenseeadler**
*Sanford's Sea Eagle - Pigargo de las Salomón*
Mayr, 1935
*Buka bis Makira (Solomon Is. außer Rennell, Temotu)*

Icthyophaga vocifer
**Schreiseeadler**
*African Fish Eagle - Pigargo vocinglero*
Daudin, 1800
*Afrika südlich der Saghara weit verbreitet*

Icthyophaga vociferoides
**Madagaskarseeadler**
*Madagascar Fish Eagle - Pigargo malgache*
des Murs, 1845
*nw bis wc Madagascar*

Icthyophaga humilis
**Braunschwanz-Seeadler**
*Lesser Fish Eagle - Pigarguillo menor*
Müller, S & Schlegel, 1841
*Malaiische Halbinsel, Borneo, Sumatra, Sulawesi, Sula Is. (e von Sulawesi) und Buru (wc
Moluccas)*

Icthyophaga humilis plumbea
**Kashmir-Seeadler**
Jerdon, 1871
Himalaya bis s China und n Indochina

Icthyophaga ichthyaetus
**Graukopf-Seeadler**
*Grey-headed Fish Eagle - Pigarguillo común*
Horsfield, 1821
*Indien über se Asien, Philippinen, Große Sundas und Sulawesi*

## Gattung: Butastur

Butastur rufipennis
**Heuschreckenbussard**
*Grasshopper Buzzard - Busardo langostero*
Sundevall, 1850
*Senegal und Gambia bis Somalia und n Tansania*

Butastur teesa
**Weißaugenbussard**
*White-eyed Buzzard - Busardo tisa*
Franklin, 1831
*Pakistan bis Myanmar*

Butastur liventer
**Malaienbussard**
*Rufous-winged Buzzard - Busardo alirrufo*
Temminck, 1827
*se Asien, Java und Sulawesi*

Butastur indicus
**Amurbussard**
*Grey-faced Buzzard - Busardo carigrís*
Gmelin, JF, 1788
*e Sibirien, Japan, Koreanische Halbinsel und ne China*

## Gattung: Ictinia

Ictinia mississippiensis
**Mississippibussard**
*Mississippi Kite - Elanio del Misisipi*
Wilson, A, 1811
*sc, se USA*

Ictinia plumbea
**Schwebebussard**
*Plumbeous Kite - Elanio plomizo*
Gmelin, JF, 1788
*ne Mexico bis n Argentinien*

## Gattung: Busarellus

Busarellus nigricollis
**Fischbussard**
*Black-collared Hawk - Busardo colorado*
Latham, 1790
*Mexico bis Brasilien*

Busarellus nigricollis leucocephalus
**Weißkopffischbussard**
Vieillot, 1816
Paraguay, Uruguay und n Argentinien

## Gattung: Rostrhamus

Rostrhamus sociabilis
**Schneckenbussard**
*Snail Kite - Caracolero común*
Vieillot, 1817
*s Nicaragua bis n Argentinien*

Rostrhamus sociabilis plumbeus
**Florida-Schneckeweih**
Ridgway, 1874
Florida (USA)
Rostrhamus sociabilis levis
**Kuba-Schneckenweih**
Friedmann, 1933
Kuba
Rostrhamus sociabilis major
**Große Schneckenweih**
Nelson & Goldman, 1933
e Mexico, Guatemala, Belize und nw Honduras

## Gattung: Helicolestes

Helicolestes hamatus
**Hakenbussard**
*Slender-billed Kite - Caracolero plomizo*
Temminck, 1821
*e Panama über Amazonasgebiet*

## Gattung: Geranospiza

Geranospiza caerulescens
**Stelzenbussard**
*Crane Hawk - Azor zancón*
Vieillot, 1817
*e Kolumbien bis Guianas bis e Peru und Amazonasgebiet Brasilien*

    Geranospiza caerulescens livens
    **Mexikanischer Stelzenbussard**
    Bangs & Penard, TE, 1921
    nw Mexico
    Geranospiza caerulescens nigra
    **Dunkler Stelzenbussard**
    Du Bus de Gisignies, 1847
    Mexico bis c Panama
    Geranospiza caerulescens balzarensis
    **Panama-Stelzenbussard**
    Sclater, WL, 1918
    e Panama bis nw Peru
    Geranospiza caerulescens gracilis
    **Brasilianischer Stelzenbussard**
    Temminck, 1821
    ne Brasilien
    Geranospiza caerulescens flexipes
    **Argentinischer Stelzenbussard**
    Peters, JL, 1935
    s Brasilien bis Paraguay, Bolivien, n Argentinien und Uruguay

## Gattung: Cryptoleucopteryx

Cryptoleucopteryx plumbea
**Bleibussard**
*Plumbeous Hawk - Busardo plomizo*
Salvin, 1872
*Kolumbien bis Peru*

## Gattung: Buteogallus

Buteogallus schistaceus
**Schieferbussard**
*Slate-colored Hawk - Busardo pizarroso*
Sundevall, 1850
*Amazonasgebiet*

Buteogallus anthracinus
**Krabbenbussard**
*Common Black Hawk - Busardo negro*
Deppe, 1830
*sw USA bis n Südamerika, einschließlich Cancún, Cozumel, Inseln im Golf von Honduras, St. Vincent (südliche Kleine Antillen) und Trinidad*

Buteogallus subtilis
**Mangrovenbussard**
*Mangrove Black-Hawk - Busardo negro del magrove*
Thayer & Bangs, 1905
*Pacific Küsten von Kolumbien, Ecuador und n Peru*

    Buteogallus subtilis rhizophorae
    **El Salvador-Mangrovenbussard**
    Monroe, 1963
    Pacific Küsten von El Salvador und Honduras
    Buteogallus subtilis bangsi
    **Bangs-Mangrovenbussard**
    Swann, 1922
    Pacific Küsten von Costa Rica und Panama

Buteogallus gundlachii
**Kubabussard**
*Cuban Black Hawk - Busardo cubano*
Cabanis, 1855
*Kuba*

Buteogallus aequinoctialis
**Rotbauchbussard**
*Rufous Crab Hawk - Busardo cangrejero*
Gmelin, JF, 1788
*Küste Venezuela bis Küste ne Brasilien*

Buteogallus meridionalis
**Savannenbussard**
*Savanna Hawk - Busardo sabanero*
Latham, 1790
*Panama bis n Argentinien*

Buteogallus lacernulatus
**Weißhalsbussard**
*White-necked Hawk - Busardo cuelliblanco*
Temminck, 1827
*e Brasilien*

Buteogallus urubitinga
**Schwarzbussard**
*Great Black Hawk - Busardo urubitinga*
Gmelin, JF, 1788
*e Panama bis n Argentinien*

    Buteogallus urubitinga ridgwayi
    **Rigdway-Schwarzbussard**
    Gurney, JH Sr, 1884
    Mexico bis w Panama

Buteogallus solitarius
**Einsiedlerbussard**
*Solitary Eagle - Águila solitaria*
Tschudi, 1844
*Kolumbien bis Guianas und nw Argentinien*

    Buteogallus solitarius sheffleri
    **Shefflers-Einsiedlerbussard**
    Van Rossem, 1948
    s Mexico bis Panama

Buteogallus coronatus
**Kronenbussard**
*Chaco Eagle - Águila de Azara*
Vieillot, 1817
*e Bolivien, Paraguay und s Brasilien bis c Argentinien*

## Gattung: Morphnarchus

Morphnarchus princeps
**Prinzenbussard**
*Barred Hawk - Busardo azoreño*
Sclater, PL, 1865
*Costa Rica bis n Ecuador*

## Gattung: Rupornis

Rupornis magnirostris
**Wegebussard**
*Roadside Hawk - Busardo caminero*
Gmelin, JF, 1788
*Kolumbien bis Guianas und n Peru und Amazonasgebiet Brasilien s Amazonas und e Rio Madeira*

    Rupornis magnirostris griseocauda
    **Graubürzel-Wegebussard**
    Ridgway, 1874
    Mexico bis w Panama
    Rupornis magnirostris conspectus
    **Belize-Wegebussard**
    Peters, JL, 1913
    se Mexico und n Belize
    Rupornis magnirostris gracilis
    **Cozumel-Wegebussard**
    Ridgway, 1885
    Cozumel und Holbox Is. (Mexico)
    Rupornis magnirostris sinushonduri
    **Honduras-Wegebussard**
    Bond, J, 1936
    Bonacca und Ruatan Is. (Honduras)
    Rupornis magnirostris petulans
    **Costa Rica-Wegebussard**
    Van Rossem, 1935
    sw Costa Rica und sw Panama
    Rupornis magnirostris alius
    **Panama-Wegebussard**
    Peters, JL & Griscom, 1929
    Pearl Is. (Panama)
    Rupornis magnirostris occiduus
    **Peruanischer Wegebussard**
    Bangs, 1911
    w Amazonasgebiet Brasilien, e Peru und n Bolivien
    Rupornis magnirostris saturatus
    **Bolivien-Wegebussard**
    Sclater, PL & Salvin, 1876
    Bolivien und sw Brasilien bis w Argentinien
    Rupornis magnirostris nattereri
    **Natterers Wegebussard**
    Sclater, PL & Salvin, 1869
    ne Brasilien

Rupornis magnirostris magniplumis
**Brasilianischer Wegebussard**
Bertoni, AW, 1901
s Brasilien und ne Argentinien
Rupornis magnirostris pucherani
**Paraguay-Wegebussard**
Verreaux, J & Verreaux, É, 1855
Uruguay und e Argentinien

## Gattung: Parabuteo

Parabuteo unicinctus
**Wüstenbussard**
*Harris's Hawk - Busardo mixto*
Temminck, 1824
e Kolumbien und Venezuela bis n Argentinien und s Chile

Parabuteo unicinctus harrisi
**Harris Wüstenbussard**
Audubon, 1837
sw USA bis w Kolumbien, Ecuador und Peru

Parabuteo leucorrhous
**Weißbürzelbussard**
*White-rumped Hawk - Busardo culiblanco*
Quoy & Gaimard, 1824
Venezuela bis nw Bolivien und se

## Gattung: Geranoaetus

Geranoaetus albicaudatus
**Weißschwanzbussard**
*White-tailed Hawk - Busardo coliblanco*
Vieillot, 1816
s Südamerika

Geranoaetus albicaudatus hypospodius
**Texas-Weißschwanzbussard**
Gurney, JH Sr, 1876
s Texas (USA) bis n Kolumbien und nw Venezuela
Geranoaetus albicaudatus colonus
**Surinam-Weißschwanzbussard**
Berlepsch, 1892
Niederländische Antillen und n Südamerika

Geranoaetus polyosoma
**Rotrückenbussard**
*Variable Hawk - Busardo dorsirrojo*
Quoy & Gaimard, 1824
Anden von w Kolumbien bis Tierra del Fuego, Falkland Is.

Geranoaetus polyosoma exsul
**Salvins Rotrückenbussard**
Salvin, 1875
Juan Fernandez Is. (Chile)
Geranoaetus polyosoma poecilochrous
**Punabussard**
Gurney, JH Sr, 1879
Anden von s Kolumbien bis s Ecuador
Geranoaetus polyosoma fjeldsai
**Andenrotrückenbussard**
Cabot, J & de Vries, 2009
Anden von n Peru bis nw Argentinien

Geranoaetus melanoleucus
**Blaubussard**
*Black-chested Buzzard-Eagle - Águila mora*
Vieillot, 1819
s Brasilien, Paraguay, Uruguay und ne Argentinien

Geranoaetus melanoleucus australis
**Südlicher Blaubussard**
Swann, 1922
Anden von w Venezuela bis Tierra del Fuego

## Gattung: Pseudastur

Pseudastur polionotus
**Mantelbussard**
*Mantled Hawk - Busardo blanquinegro*
Kaup, 1847
e Brasilien, Uruguay und Paraguay

Pseudastur albicollis
**Schneebussard**
*White Hawk - Busardo blanco*
Latham, 1790
Trinidad, c Venezuela, Guianas bis Bolivien

Pseudastur albicollis ghiesbreghti
**Mexikanischer Schneebussard**
Du Bus de Gisignies, 1845
Mexico bis Guatemala und Belize
Pseudastur albicollis costaricensis
**Costa Rica-Schneebussard**
Sclater, WL, 1919
Honduras bis nw Kolumbien
Pseudastur albicollis williaminae
**Williaminschneebussard**
Meyer de Schauensee, 1950
nw Kolumbien bis nw Venezuela

Pseudastur occidentalis
**Graurückenbussard**
*Grey-backed Hawk - Busardo dorsigrís*
Salvin, 1876
w Ecuador und nw Peru

## Gattung: Leucopternis

Leucopternis semiplumbeus
**Möwenbussard**
*Semiplumbeous Hawk - Busardo semiplomizo*
Lawrence, 1861
Honduras bis nw Ecuador

Leucopternis melanops
**Zügelbussard**
*Black-faced Hawk - Busardo carinegro*
Latham, 1790
n Amazonasgebiet

Leucopternis kuhli
**Weißbrauenbussard**
*White-browed Hawk - Busardo cejiblanco*
Bonaparte, 1850
s Amazonasgebiet

## †† Gattung: Bermuteo

†† Bermuteo avivorus
**Bermudabussard**
*Bermuda Hawk - Busardo de las Bermudas*
Olson, 2008
Bermuda

## Gattung: Buteo

Buteo plagiatus
**Graubussard**
*Grey Hawk - Busardo gris norteño*
Schlegel, 1862
sw USA bis nw Costa Rica

Buteo nitidus
**Silberbussard**
*Grey-lined Hawk - Busardo gris meridional*
Latham, 1790
Trinidad und n Amazonasgebiet

Buteo nitidus blakei
**Costa Rica-Zweibindenbussard**
Hellmayr & Conover, 1949
sw Costa Rica bis w Ecuador
Buteo nitidus pallidus
**Brasilien-Zweibindenbussard**
Todd, 1915
s Brasilien, e Bolivien, Paraguay und n Argentinien

Buteo lineatus
**Rotschulterbussard**
*Red-shouldered Hawk - Busardo de hombro rojo*
Gmelin, JF, 1788
e Nordamerika

Buteo lineatus alleni
**Allens Rotschulterbussard**
Ridgway, 1885
sc Texas bis North Carolina und n Florida (USA)
Buteo lineatus extimus
**Florida-Rotschulterbussard**
Bangs, 1920
s Florida und Florida Keys (USA)
Buteo lineatus texanus
**Texas-Rotschulterbussard**
Bishop, 1912
s Texas (USA) bis se Mexico

Buteo lineatus elegans
**Kalifornischer Rotschulterbussard**
Cassin, 1855
s Oregon (USA) bis Baja California (Mexico)

Buteo ridgwayi
**Haitibussard**
*Ridgway's Hawk - Busardo de La Española*
Cory, 1883
*Hispaniola*

Buteo platypterus
**Breitflügelbussard**
*Broad-winged Hawk - Busardo aliancho*
Vieillot, 1823
*c, se Kanada und e USA*

Buteo platypterus cubanensis
**Kubanischer Breitflügelbussard**
Burns, FL, 1911
Kuba
Buteo platypterus brunnescens
**Puerto Rico-Breitflügelbussard**
Danforth & Smyth, 1935
Puerto Rico
Buteo platypterus insulicola
**Antigua-Breitflügelbussard**
Riley, 1908
Antigua Insel (Kleine Antillen)
Buteo platypterus rivierei
**Hispaniola-Breitflügelbussard**
Verrill, 1905
Dominica, Martinique und St. Lucia (Kleine Antillen)
Buteo platypterus antillarum
**Barbados-Breitflügelbussard**
Clark, AH, 1905
St. Vincent, Grenada (Kleine Antillen) und Tobago

Buteo albigula
**Weißkehlbussard**
*White-throated Hawk - Busardo gorjiblanco*
Philippi, 1899
*Venezuela bis c Chile*

Buteo brachyurus
**Kurzschwanzbussard**
*Short-tailed Hawk - Busardo colicorto*
Vieillot, 1816
*Südamerika*

Buteo brachyurus fuliginosus
**Florida Kurzschwanzbussard**
Sclater, PL, 1858
s Florida (USA), e Mexico bis Panama

Buteo solitarius
**Hawaiibussard**
*Hawaiian Hawk - Busardo hawaiano*
Peale, 1849
*Hawaiian Is.*

Buteo swainsoni
**Präriebussard**
*Swainson's Hawk - Busardo chapulinero*
Bonaparte, 1838
*sw Kanada, w USA und n Mexico*

Buteo galapagoensis
**Galápagosbussard**
*Galapagos Hawk - Busardo de Galápagos*
Gould, 1837
*Galápagos*

Buteo albonotatus
**Rußbussard**
*Zone-tailed Hawk - Busardo aura*
Kaup, 1847
*sw USA bis Paraguay*

Buteo jamaicensis
**Rotschwanzbussard**
*Red-tailed Hawk - Busardo colirrojo*
Gmelin, JF, 1788
*Jamaika, Hispaniola, Puerto Rico und n Kleine Antillen*

Buteo jamaicensis alascensis
**Alaska-Rotschwanzbussard**
Grinnell, 1909
se Alaska und sw Kanada
Buteo jamaicensis harlani
**Harlan-Rotschwanzbussard**
Audubon, 1830
c Alaska und nw Kanada

Buteo jamaicensis calurus
**Mittelamerikanischer Rotschwanzbussard**
Cassin, 1855
w Nordamerika und Socorro Is.
Buteo jamaicensis borealis
**Nordamerikanischer Rotschwanzbussard**
Gmelin, JF, 1788
e Nordamerika
Buteo jamaicensis suttoni
**Baja California-Rotschwanzbussard**
Dickerman, 1993
s Baja California (Mexico)
Buteo jamaicensis fuertesi
**Fuertes-Rotschwanzbussard**
Sutton & Van Tyne, 1935
sw USA und n Mexico
Buteo jamaicensis fumosus
**Tres Marias-Rotschwanzbussard**
Nelson, 1898
Tres Marías Is. (vor wc Mexico)
Buteo jamaicensis hadropus
**Hadrop-Rotschwanzbussard**
Storer, 1962
c Mexico
Buteo jamaicensis kemsiesi
**Kiemsis Rotschwanzbussard**
Oberholser, 1959
s Mexico bis Nicaragua
Buteo jamaicensis costaricensis
**Panama-Rotschwanzbussard**
Ridgway, 1874
Costa Rica und w Panama
Buteo jamaicensis umbrinus
**Bahamas-Rotschwanzbussard**
Bangs, 1901
Florida (USA), Bahamas und Kuba

Buteo ventralis
**Magellanbussard**
*Rufous-tailed Hawk - Busardo patagón*
Gould, 1837
*s Chile und sw Argentinien*

Buteo regalis
**Königsbussard**
*Ferruginous Hawk - Busardo herrumbroso*
Gray, GR, 1844
*sc Kanada bis wc USA*

Buteo lagopus
**Raufußbussard**
*Rough-legged Buzzard - Busardo calzado*
Pontoppidan, 1763
*n Eurasien*

Buteo lagopus menzbieri
**Menzbiers Raufußbussard**
Dementiev, 1951
ne Asien
Buteo lagopus kamtschatkensis
**Kamschatka-Raufußbussard**
Dementiev, 1931
Kamtschatka Halbinsel
Buteo lagopus sanctijohannis
**Sanktjohannes-Raufußbussard**
Gmelin, JF, 1788
Alaska und Kanada

Buteo hemilasius
**Mongolenbussard**
*Upland Buzzard - Busardo mongol*
Temminck & Schlegel, 1845
*c, sc Asien bis se Sibirien und ne China*

Buteo japonicus
**Taigabussard**
*Eastern Buzzard - Busardo japonés*
Temminck & Schlegel, 1845
*Japan, Luzon (n Philippinen)*

Buteo japonicus burmanicus
**Sibirienbussard**
Hume, 1875
se Sibirien (Transsibirien) und n Mongolei bis ne China, n Korea und e, ne Sibirien.
Sakhalin?
Buteo japonicus toyoshimai
**Toyoshimabussard**
Momiyama, 1927
Izu und Bonin Is. (s Japan)
Buteo japonicus oshiroi
**Oshirobussard**
Kuroda, Nh, 1971
Daito Is. (s Japan)

Buteo refectus
**Tibetbussard**
*Himalayan Buzzard - Busardo del Himalaya*
Portenko, 1935
*Himalaya*

Buteo rufinus
**Adlerbussard**
*Long-legged Buzzard - Busardo moro*
Cretzschmar, 1829
*c Europa bis c Asien*

    Buteo rufinus cirtensis
    **Arabischer Adlerbussard**
    Levaillant, J, 1850
    Mauretanien bis Ägypten und Arabische Halbinsel

Buteo bannermani
**Kapverdenbussard**
*Cape Verde Buzzard - Busardo de Cabo Verde*
Swann, 1919
*Santo Antão und Santiago; (nw, sc Cape Verde Is., s Makaronesien, w von n Afrika)*

Buteo socotraensis
**Sokotrabussard**
*Socotra Buzzard - Busardo de Socotora*
Porter & Kirwan, 2010
*Socotra*

Buteo buteo
**Mäusebussard**
*Common Buzzard - Busardo ratonero*
Linnaeus, 1758
*Europa e bis Finnland, Rumänien und Türkei; Madeira, Porto Santo und Desertas (Madeira Gruppe, nc Makaronesien, nw von n Afrika)*

    Buteo buteo rothschildi
    **Azoren-Mäusebussard**
    Swann, 1919
    c, w Azoren (nw Makaronesien, nw von n Afrika)
    Buteo buteo insularum
    **Harters Mäusebussard**
    Floericke, 1903
    Kanarische Is. (c Makaronesien, nw von n Afrika)
    Buteo buteo pojana
    **Sardenbussard**
    Savi, 1831
    Korsika, Sardinien, Sizilien und c, s Italien.
    Buteo buteo menetriesi
    **Elburz-Mäusebussard**
    Bogdanov, 1879
    e Türkei über Kaukasus bis n Iran
    Buteo buteo vulpinus
    **Fuchsfarbener Mäusebussard**
    Gloger, 1833
    n, e Europa und c Asien

Buteo trizonatus
**Kapbussard**
*Forest Buzzard - Busardo de El Cabo*
Rudebeck, 1957
*s, e Südafrika*

Buteo oreophilus
**Bergbussard**
*Mountain Buzzard - Busardo montañés*
Hartert, EJO & Neumann, 1914
*Äthiopien bis n Malawi*

Buteo auguralis
**Rostnackenbussard**
*Red-necked Buzzard - Busardo cuellirrojo*
Salvadori, 1866
*Sierra Leone bis Äthiopien, Uganda und Angola*

Buteo brachypterus
**Madagaskarbussard**
*Madagascar Buzzard - Busardo malgache*
Hartlaub, 1860
*Madagascar*

Buteo augur
**Augurbussard**
*Augur Buzzard - Busardo augur oriental*
Rüppell, 1836
*Gebirge Äthiopien bis Simbabwe; c Angola bis c Namibia*

    Buteo augur archeri
    **Somaliabussard**
    Sclater, WL, 1918
    Gebirge n Somalia

Buteo rufofuscus
**Felsenbussard**
*Jackal Buzzard - Busardo augur meridional*
Forster, JR, 1798
*Namibia und Südafrika*

## Ordnung: STRIGIFORMES (Eigentliche Eulen)

### Familie: Tytonidae (Schleiereulen)

Gattung: Tyto

Tyto tenebricosa
**Rußeule**
*Greater Sooty Owl - Lechuza tenebrosa*
Gould, 1845
*ec Queensland bis ec Victoria (ec, se Australien)*

    Tyto tenebricosa arfaki
    **Arfak-Rußeule**
    Schlegel, 1879)
    Yapen (Geelvink Bay is., nw Neuguinea) und Neuguinea (außer Trans-Fly, sc Neuguinea)

Tyto multipunctata
**Fleckenrußeule**
*Lesser Sooty Owl - Lechuza moteada*
Mathews, 1912
*se Cape York Halbinsel, ne Queensland (ne Australien)*

Tyto inexspectata
**Minahassaeule**
*Minahasa Masked Owl - Lechuza de Minahassa*
Schlegel, 1879
*n, nc Sulawesi*

Tyto nigrobrunnea
**Taliabueule**
*Taliabu Masked - Lechuza de la Taliabu*
Owl    Neumann, 1939
*Taliabu (Sula Is., e von Sulawesi)*

Tyto sororcula
**Molukkeneule**
*Moluccan Masked Owl - Lechuza de las Tanimbar*
Sclater, PL, 1883
*Tanimbar Is. (s Moluccas)*

    Tyto sororcula cayelii
    **Burueule**
    Hartert, EJO, 1900
    Buru (wc Moluccas)
    Tyto sororcula almae
    **Serameule**
    Jønsson, Poulsen, Haryoko, Reeve & Fabre, 2013
    Seram (ec Moluccas)

Tyto manusi
**Manuseule**
*Manus Masked Owl - Lechuza de la Manus*
Rothschild & Hartert, EJO, 1914
*Manus (Admiralty Is., nw Bismarck Archipel)*

Tyto aurantia
**Goldeule**
*Golden Masked Owl - Lechuza dorada*
Salvadori, 1881
*New Britain (se Bismarck Archipel)*

Tyto novaehollandiae
**Neuhollandeule**
*Australian Masked Owl - Lechuza australiana*
Stephens, 1826
*sw Western Australia und ec Queensland bis s Victoria (sw, e Australien)*

    Tyto novaehollandiae calabyi
    **Calabyeule**
    Mason, IJ, 1983
    Trans-Fly (sc Neuguinea)
    Tyto novaehollandiae kimberli
    **Kimberleule**
    Mathews, 1912
    ne Western Australia bis nw Nortern Territory (nc Australien)
    Tyto novaehollandiae melvillensis
    **Melvilleeule**
    Mathews, 1912
    Bathurst und Melville is. (Tiwi Is., n von Nortern Territory)

Tyto novaehollandiae galei
**Caoyorkeule**
Mathews, 1914
ne Cape York Halbinsel, ne Queensland (ne Australien)
Tyto novaehollandiae castanops
**Maatsuykereule**
Gould, 1837
Tasmanien, Maria Insel (e von Tasmanien) und Maatsuyker Insel (s von Tasmanien; se Australien)

Tyto rosenbergii
## Sulawesieule
*Sulawesi Masked Owl - Lechuza de Célebes*
Schlegel, 1866
*Sulawesi, Sangihe (n von Sulawesi), Togian Is. (zwischen ne und ec Sulawesi), Salayar (=Selayar, s von sw Sulawesi) und Butung (=Buton, s von se Sulawesi)*

Tyto rosenbergii pelengensis
**Pelengeule**
Neumann, 1939
Peleng (Banggai Is., e von Sulawesi)

Tyto soumagnei
## Malegasseneule
*Red Owl - Lechuza malgache*
Grandidier, A, 1878
*nw, e Madagascar*

Tyto alba
## Schleiereule
*Western Barn Owl - Lechuza común*
Scopoli, 1769
*nw Afrika, w, s Europa bis Balkan*

Tyto alba guttata
**Balkan-Schleiereule**
Brehm, CL, 1831
c Europa und e Balkans bis Ukraine
Tyto alba ernesti
**Sardenschleiereule**
Kleinschmidt, 1901
Korsika und Sardinien
Tyto alba erlangeri
**Zypern-Schleiereule**
Sclater, WL, 1921
Kreta und Zypern über Mittlerer Osten bis s Iran
Tyto alba schmitzi
**Madeira-Schleiereule**
Hartert, EJO, 1900
Madeira, Porto Santo und Desertas (nc Makaronesien, nw von n Afrika)
Tyto alba gracilirostris
**Kanaren-Schleiereule**
Hartert, EJO, 1905
e Kanarische Is. (c Makaronesien, nw von n Afrika)
Tyto alba detorta
**Kapverde-Schleiereule**
Hartert, EJO, 1913
Cape Verde Is. (most Inseln; s Makaronesien, w von n Afrika)
Tyto alba poensis
**Bioko-Schleiereule**
Fraser, 1843
Afrika s in der Sahara, Bioko (n Gulf von Guinea is.)
Tyto alba thomensis
**Sao Tome-Schleiereule**
Hartlaub, 1852
São Tomé (sc Gulf von Guinea is.)
Tyto alba hypermetra
**Komoren-Schleiereule**
Grote, 1928
Comoros, Europa (w von s Madagascar, Mosambik Channel) und Madagascar

Tyto furcata
## Amerikaschleiereule
*American Barn Owl - Lechuza común americana*
Temminck, 1827
*Kuba , Cayman Is. und Jamaika*

Tyto furcata pratincola
**Nordamerikanische Schleiereule**
Bonaparte, 1838
s Kanada und ne USA bis e Nicaragua, Hispaniola, Bermuda und Bahamas
Tyto furcata guatemalae
**Guatemala-Schleiereule**
Ridgway, 1874
w Guatemala bis Panama und n Kolumbien
Tyto furcata bondi
**Bay-Insel-Schleiereule**
Parkes & Phillips, AR, 1978
Bay Is. (vor n Honduras)
Tyto furcata niveicauda
**Pines-Schleiereule**
Parkes & Phillips, AR, 1978
Isle von Pines (vor Kuba )
Tyto furcata bargei
**Aruba-Schleiereule**
Hartert, EJO, 1892
Niederländische Antillen

Tyto furcata contempta
**Andenschleiereule**
Hartert, EJO, 1898
w Venezuela und Kolumbien bis Peru
Tyto furcata hellmayri
**Guyana-Schleiereule**
Griscom & Greenway, 1937
Guianas und n Brasilien
Tyto furcata tuidara
**Brasilien-Schleiereule**
Gray, JE, 1828
c Brasilien s Amazonas bis Tierra del Fuego
Tyto furcata punctatissima
**Galapagos-Schleiereule**
Gould & Gray, GR, 1838
Galápagos

Tyto javanica
## Australschleiereule
*Eastern Barn Owl - Lechuza común javana*
Gmelin, JF, 1788
*Malayische Halbinsel bis Große Sundas und w Lesser Sundas*

Tyto javanica stertens
**Indische Schleiereule**
Hartert, EJO, 1929
Pakistan, Indien und n Sri Lanka bis sw China und Indochina
Tyto javanica sumbaensis
**Sumba-Schleiereule**
Hartert, EJO, 1897
Sumba und Sawu (se von Sumba; wc Lesser Sundas)
Tyto javanica meeki
**Neuguinea-Schleiereule**
Rothschild & Hartert, EJO, 1907
ne, se Neuguinea und Manam und Karkar (n von ne Neuguinea)
Tyto javanica delicatula
**Timor-Schleiereule**
Gould, 1837
Rote und Timor (e Lesser Sundas) bis Australien und Tasmanien, e Neuguinea, Bismarck Archipel, Solomon Is., Vanuatu, New Caledonia, und Samoa
Tyto javanica crassirostris
**Bismarck-Schleiereule**
Mayr, 1935
Tanga (ne von New Ireland, ne Bismarck Archipel)
Tyto javanica interposita
**Vanuatu-Schleiereule**
Mayr, 1935
Reef, Nendo und Vanikoro (Temotu =Santa Cruz Is., se Solomon Is.), Banks Is. bis Efate (n bis c Vanuatu)

Tyto deroepstorffi
## Andamanenschleiereule
*Andaman Masked Owl - Lechuza de Andamán*
Hume, 1875
*s Andaman Is.*

Tyto glaucops
## Hispaniolaschleiereule
*Ashy-faced Owl - Lechuza de La Española*
Kaup, 1852
*Hispaniola*

Tyto glaucops nigrescens
**Dominicaschleiereule**
Lawrence, 1878
Dominica
Tyto glaucops insularis
**Antillenschleiereule**
Pelzeln, 1872
St. Vincent bis Grenada (s Kleine Antillen)

Tyto capensis
## Kapgraseule
*African Grass Owl - Lechuza de El Cabo*
Smith, A, 1834
*Sub-Saharan Afrika von Äthiopien und Kamerun s bis Südafrika*

Tyto longimembris
## Graseule
*Eastern Grass Owl - Lechuza patilarga*
Jerdon, 1839
*Indien bis Indochina, Sulawesi, Tukangbesi (se von se Sulawesi), Flores und Sumba (c Lesser Sundas) und n, e Australien*

Tyto longimembris chinensis
**Chinesische Graseule**
Hartert, EJO, 1929
se China und Vietnam
Tyto longimembris pithecops
**Taiwangraseule**
Swinhoe, 1866
Taiwan
Tyto longimembris amauronota
**Philippinengraseule**
Cabanis, 1872
Philippinen

Tyto longimembris papuensis
**Neuguineagraseule**
Hartert, EJO, 1929
Gebirge wc, ec, ne (Huon Halbinsel) und se Neuguinea

Tyto prigoginei
**Kongomaskeneule**
*Itombwe Owl - Lechuza del Congo*
Schouteden, 1952
*e Demokratische Republik Kongo und nw Tansania*

## Gattung: Phodilus

Phodilus badius
**Maskeneule**
*Oriental Bay Owl - Lechuza cornuda oriental*
Horsfield, 1821
*s Thailand, Malayische Halbinsel und Große Sundas inklusive Nias (w von n Sumatra)*

Phodilus badius saturatus
**Indische Maskeneule**
Robinson, 1927
ne Indien bis s China, n Thailand und Indochina
Phodilus badius parvus
**Borneo-Maskeneule**
Chasen, 1937
Belitung (e von s Sumatra)
Phodilus badius arixuthus
**Bunguran-Maskeneule**
Oberholser, 1932
Bunguran (Natuna Is., nw von Borneo)

Phodilus assimilis
**Sri-Lanka-Maskeneule**
*Sri Lanka Bay Owl - Lechuza cornuda de Sri-Lanka*
Hume, 1877
*Sri Lanka*

Phodilus assimilis ripleyi
**Ripleys Maskeneule**
Hussain & Reza Khan, 1978
sw Indien

# Familie: Strigidae (Eigentliche Eulen)

## Gattung: Uroglaux

Uroglaux dimorpha
**Rundflügelkauz**
*Papuan Hawk-Owl - Nínox halcón*
Salvadori, 1874
*Neuguinea und kleine Inseln*

## Gattung: Ninox

† Ninox albifacies
**Lachkauz**
*Laughing Owl - Nínox reidor*
Gray, GR, 1844
*South und Stewart is. (Neuseeland)*

† Ninox albifacies rufifacies
**Nördlicher Lachkauz**
Buller, 1904
Nordinsel (Neuseeland)

Ninox rufa
**Rostkauz**
*Rufous Owl - Nínox rojizo*
Gould, 1846
*ne Western Australia und Top End, n Nortern Territory (nc Australien)*

Ninox rufa humeralis
**Waigeo-Rostkauz**
Bonaparte, 1850
Waigeo (Raja Ampat Is., nw von Neuguinea), Aru Is. (sw von Neuguinea) und Neuguinea
Ninox rufa meesi
**Capyork-Rostkauz**
Mason, IJ & Schodde, 1980
n, ne Cape York Halbinsel, ne Queensland (ne Australien)
Ninox rufa queenslandica
**Queensland-Rostkauz**
Mathews, 1911
ec Queensland (e Australien)

Ninox strenua
**Riesenkauz**
*Powerful Owl - Nínox robusto*
Gould, 1838
*se Queensland bis se South Australia (e, se Australien)*

Ninox connivens
**Kläfferkauz**
*Barking Owl - Nínox ladrador*
Latham, 1801
*sw SQ und ec Queensland bis s Victoria (sw, e, se Australien)*

Ninox connivens rufostrigata
**Molukkenkläfferkauz**
Gray, GR, 1861
Morotai bis Obi (n Moluccas)
Ninox connivens remigialis
**Kai-Besarkläfferkauz**
Stresemann, 1930
Kai Besar (Kai Is., se Moluccas)
Ninox connivens assimilis
**Neuguineakläfferkauz**
Salvadori & D'Albertis, 1875
ne Neuguinea, Manam und Karkar (n von ne Neuguinea) und sc, se Neuguinea
Ninox connivens peninsularis
**Halbinselkläfferkauz**
Salvadori, 1876
wc, ne Western Australia bis Cape York Halbinsel, ne Queensland (wc, n Australien)

Ninox rudolfi
**Sumbakauz**
*Sumba Boobook - Nínox de Sumba grande*
Meyer, AB, 1882
*Sumba (sc Lesser Sundas)*

Ninox boobook
**Boobookkauz**
*Australian Boobook - Nínox australiano*
Latham, 1801
*ec Queensland bis s Victoria und se South Australia (e bis sc Australien)*

Ninox boobook moae
**Moa-Boobookkauz**
Mayr, 1943
Romang, Leti, Moa, Leti und Sermata (e Lesser Sundas)
Ninox boobook cinnamomina
**Babar-Boobookkauz**
Hartert, EJO, 1906
Babar (e Lesser Sundas)
Ninox boobook pusilla
**Neuguinea-Boobookkauz**
Mayr & Rand, 1935
se Trans-Fly (sc Neuguinea)
Ninox boobook ocellata
**Sunda-Boobookkauz**
Bonaparte, 1850
Savu (=Sawu; c Lesser Sundas) und w, c Australien
Ninox boobook halmaturina
**Kangaroo-Boobookkauz**
Mathews, 1912
Kangaroo Insel (vor se South Australia; sc Australien)
Ninox boobook lurida
**Queensland-Boobookkauz**
De Vis, 1887
se Cape York Halbinsel, ne Queensland (ne Australien)

Ninox rotiensis
**Rotikauz**
*Rote Boobook - Nínox de Rote*
Johnstone, RE & Darnell, 1997
*Rote (e Lesser Sundas)*

Ninox fusca
**Timorkauz**
*Timor Boobook - Nínox de Timor*
Vieillot, 1817
*Timor (e Lesser Sundas)*

Ninox plesseni
**Alorkauz**
*Alor Boobook - Nínox de Alor*
Stresemann, 1929
*Alor (ec Lesser Sundas)*

Ninox leucopsis
**Tasmankuckuckskauz**
*Tasmanian Boobook - Nínox tasmano*
Gould, 1838
*Tasmanien (se Australien)*

Ninox novaeseelandiae
**Kuckuckskauz**
*Morepork - Nínox maorí*
Gmelin, JF, 1788
*North, South und Stewart is. (Neuseeland)*

Ninox novaeseelandiae undulata
**Tasmanischer Kuckuckskauz**
Latham, 1801
Norfolk Insel (e von Australien)

† Ninox novaeseelandiae albaria
**Norfolk-Kuckuckskauz**
Ramsay, EP, 1888
Lord Howe Insel (e von Australien)

Ninox japonica
**Japankauz**
*Northern Boobook - Nínox japonés*
Temminck & Schlegel, 1845
s Koreanische Halbinsel und Japan

Ninox japonica florensis
**Chinesischer Boobookkauz**
Wallace, 1864
se Sibirien, ne, e China und n Koreanische Halbinsel
Ninox japonica totogo
**Japanischer Boobookkauz**
Momiyama, 1931
Ryukyu Is. (Japan) und Taiwan

Ninox scutulata
**Falkenkauz**
*Brown Boobook - Nínox pardo*
Raffles, 1822
Malayische Halbinsel, Sumatra, Riau Is. (e von c Sumatra) und Bangka (e von s Sumatra)

Ninox scutulata lugubris
**Nepal-Falkenkauz**
Tickell, 1833
n, ne, c Indien und Nepal
Ninox scutulata burmanica
**Indischer Falkenkauz**
Hume, 1876
ne Indien bis s China, Indochina und Thailand
Ninox scutulata hirsuta
**Sri Lanka-Falkenkauz**
Temminck, 1824
s Indien und Sri Lanka
Ninox scutulata isolata
**Bakers Falkenkauz**
Baker, ECS, 1926
Car Nicobar Insel
Ninox scutulata rexpimenti
**Nicobar-Falkenkauz**
Abdulali, 1979
Great Nicobar Insel
Ninox scutulata javanensis
**Java-Falkenkauz**
Stresemann, 1928
Java und Bali
Ninox scutulata borneensis
**Borneo-Falkenkauz**
Bonaparte, 1850
n Natuna Is. (nw von Borneo) und Borneo
Ninox scutulata palawanensis
**Palawan-Falkenkauz**
Ripley & Rabor, 1962
Palawan Gruppe (sw Philippinen)

Ninox obscura
**Dunkelkauz**
*Hume's Boobook - Nínox oscuro*
Hume, 1872
Andaman Is.

Ninox randi
**Schokoladenkauz**
*Chocolate Boobook - Nínox chocolate*
Deignan, 1951
Philippinen (außer Palawan Gruppe) und Talaud Is. (ne von Sulawesi)

Ninox affinis
**Andamanenkauz**
*Andaman Boobook - Nínox de Andamán*
Beavan, 1867
Andaman Is.

Ninox philippensis
**Luzonkauz**
*Luzon Boobook - Nínox de Luzón*
Bonaparte, 1855
Leyte, Luzon, Marinduque, Samar, Polillo, Masbate und Catanduanes Is. (c, n Philippinen)

Ninox philippensis ticaoensis
**Ticaokauz**
duPont, 1972
Ticao Insel (c Philippinen)
Ninox philippensis centralis
**Silquijorkauz**
Mayr, 1945
Siquijor Is. (c Philippinen)

Ninox spilocephala
**Mindanaokauz**
*Mindanao Boobook - Nínox de Mindanao*
Tweeddale, 1879
Basilan, Mindanao, Siargao und Dinagat Is. (s Philippinen)

Ninox leventisi
**Camiguinkauz**
*Camiguin Boobook - Nínox de Camiguín*
Rasmussen, Allen, D, Collar, Hutchinson, Jakosalem, Kennedy, RS, Lambert & Paguntalan, 2012
Camiguin Sur (n von Mindanao, s Philippinen)

Ninox reyi
**Sulukauz**
*Sulu Boobook - Nínox de las Sulu*
Oustalet, 1880
Sulu Archipel (s Philippinen)

Ninox rumseyi
**Cebukauz**
*Cebu Boobook - Nínox de Cebú*
Rasmussen, Allen, D, Collar, Hutchinson, Jakosalem, Kennedy, RS, Lambert & Paguntalan, 2012
Cebu (w Philippinen)

Ninox spilonotus
**Romblonkauz**
*Romblon Boobook - Nínox de Romblón*
Bourns & Worcester, 1894
Sibuyan

Ninox spilonotus fisheri
**Tabals-Tüpfelkauz**
Rasmussen, Allen, D, Collar, Hutchinson, Jakosalem, Kennedy, RS, Lambert & Paguntalan, 2012
Tablas

Ninox mindorensis
**Mindorokauz**
*Mindoro Boobook - Nínox de Mindoro*
Ogilvie-Grant, 1896
Mindoro (wc Philippinen)

Ninox sumbaensis
**Graugesicht-Sumbakauz**
*Least Boobook - Nínox de Sumba chico*
Olsen, Wink, Sauer-Gürth & Trost, 2002
Sumba (wc Lesser Sundas)

Ninox burhani
**Togiankauz**
*Togian Boobook - Nínox de las Togian*
Indrawan & Somadikarta, 2004
Togian Is. (zwischen ne und ec Sulawesi)

Ninox ochracea
**Ockerbauchkauz**
*Ochre-bellied Boobook - Nínox ocráceo*
Schlegel, 1866
Sulawesi und Butung (=Buton; s von se Sulawesi)

Ninox ios
**Zinnoberkauz**
*Cinnabar Boobook - Nínox bermejo*
Rasmussen, 1999
Gebirge n Sulawesi

Ninox hypogramma
**Halmaherakauz**
*Halmahera Boobook - Nínox de Halmahera*
Gray, GR, 1861
Halmahera, Ternate und Bacan (n Moluccas)

Ninox hantu
**Burukauz**
*Buru Boobook - Nínox de la Buru*
Wallace, 1863
Buru (wc Moluccas)

Ninox squamipila
**Seramkauz**
*Seram Boobook - Nínox de Seram*
Bonaparte, 1850
Seram (ec Moluccas)

Ninox forbesi
**Tanimbarkauz**
*Tanimbar Boobook - Nínox de las Tanimbar*
Sclater, PL, 1883
*Tanimbar Is. (s Moluccas)*

Ninox natalis
**Weihnachtsinselkauz**
*Christmas Boobook - Nínox de la Christmas*
Lister, 1889
*Christmas Insel (s von w Java)*

Ninox meeki
**Manuskauz**
*Manus Boobook - Nínox de la Manus*
Rothschild & Hartert, EJO, 1914
*Manus und Los Negros (ne von Manus; Admiralty Is., nw Bismarck Archipel)*

Ninox theomacha
**Einfarbkauz**
*Papuan Boobook - Nínox papú*
Bonaparte, 1855
*Misool und Waigeo (Raja Ampat Is., nw von Neuguinea) und Neuguinea (außer Trans-Fly, sc Neuguinea)*

    Ninox theomacha goldii
    **Golds Einfarbkauz**
    Gurney, JH Sr, 1883
    D'Entrecasteaux Archipel (e von se Neuguinea)
    Ninox theomacha rosseliana
    **Louisidae-Einfarbkauz**
    Tristram, 1889
    Louisiade Archipel (e von se Neuguinea)

Ninox punctulata
**Pünktchenkauz**
*Speckled Boobook - Nínox punteado*
Quoy & Gaimard, 1832
*Sulawesi, Kabaena, Muna und Butung (=Buton; s von se Sulawesi)*

Ninox odiosa
**Neubritannienkauz**
*New Britain Boobook - Nínox de Nueva Bretaña*
Sclater, PL, 1877
*New Britain und Watom (n von ne New Britain; se Bismarck Archipel)*

Ninox variegata
**Bismarckkauz**
*New Ireland Boobook - Nínox de las Bismarck*
Quoy & Gaimard, 1832
*Gebirge New Ireland (ne Bismarck Archipel)*

    Ninox variegata superior
    **Neuhannoverkauz**
    Hartert, EJO, 1925
    Gebirge Lavongai (=New Hanover; nc Bismarck Archipel)

### Gattung: Margarobyas

Margarobyas lawrencii
**Kubaeule**
*Bare-legged Owl - Autillo cubano*
Sclater, PL & Salvin, 1868
*Kuba*

### Gattung: Taenioptynx

Taenioptynx brodiei
**Wachtelzwergkauz**
*Collared Owlet - Mochuelo acollarado*
Burton, 1836
*Himalaya bis s China s über Indochina und Malayische Halbinsel*

    Taenioptynx brodiei pardalotus
    **Taiwanwachtelkauz**
    Swinhoe, 1863
    Taiwan

Taenioptynx sylvaticus
**Sundazwergkauz**
*Sunda Owlet - Mochuelo de la Sonda*
Bonaparte, 1850
*Gebirge Sumatra*

    Taenioptynx sylvaticus borneensis
    **Borneowachtelkauz**
    Sharpe, 1893
    Gebirge Borneo

### Gattung: Micrathene

Micrathene whitneyi
**Elfenkauz**
*Elf Owl - Mochuelo de los saguaros*
Cooper, JG, 1861
*sw USA und nw Mexico*

    Micrathene whitneyi idonea
    **Texas-Elfenkauz**
    Ridgway, 1914
    s Texas (USA) bis c Mexico
    Micrathene whitneyi sanfordi
    **Mexikanischer Elfenkauz**
    Ridgway, 1914
    s Baja California (Mexico)
    † Micrathene whitneyi graysoni
    **Graysons Elfenkauz**
    Ridgway, 1886
    Socorro Insel (Revillagigedo Is., w von c Mexico)

### Gattung: Xenoglaux

Xenoglaux loweryi
**Perukauz**
*Long-whiskered Owlet - Mochuelo peludo*
O'Neill & Graves, GR, 1977
*n Peru*

### Gattung: Aegolius

Aegolius funereus
**Raufußkauz**
*Boreal Owl - Mochuelo boreal*
Linnaeus, 1758
*n, c, se Europa bis Ural Mts. (Russland)*

    Aegolius funereus richardsoni
    **Richardsons Rauhfußkauz**
    Bonaparte, 1838
    Alaska, n Kanada und n USA
    Aegolius funereus magnus
    **Großer Rauhfußkauz**
    Buturlin, 1907
    ne Sibirien
    Aegolius funereus sibiricus
    **Sibirischer Rauhfußkauz**
    Buturlin, 1910
    se Sibirien und ne China
    Aegolius funereus pallens
    **Schalows Rauhfußkauz**
    Schalow, 1908
    w, s Sibirien
    Aegolius funereus caucasicus
    **Kaukasus-Rauhfußkauz**
    Buturlin, 1907
    n Kaukasus Mts. (Russland)
    Aegolius funereus beickianus
    **Indischer Rauhfußkauz**
    Stresemann, 1928
    nw Indien und sw China

Aegolius acadicus
**Sägekauz**
*Northern Saw-whet Owl - Mochuelo cabezón*
Gmelin, JF, 1788
*s Alaska, Kanada, n, sw USA und n Mexico*

    Aegolius acadicus brooksi
    **Brooks Sägekauz**
    Fleming, JH, 1916
    Haida Gwaii (vor British Columbia, Kanada)

†† Aegolius gradyi
**Bermudakauz**
*Bermuda Saw-whet Owl - Mochuelo de las Bermudas*
Olson, 2012
*Bermuda*

Aegolius ridgwayi
**Ridgwaykauz**
*Unspotted Saw-whet Owl - Mochuelo moreno*
Alfaro, 1905
*s Mexico bis w Panama*

Aegolius harrisii
**Blassstirnkauz**
*Buff-fronted Owl - Mochuelo canela*
Cassin, 1849
*Kolumbien bis Venezuela, Ecuador und Peru*

Aegolius harrisii iheringi
**Südlicher Blaßstirnkauz**
Sharpe, 1899
Paraguay, se Brasilien, Uruguay und ne Argentinien
Aegolius harrisii dabbenei
**Bolivien-Blaßstirnkauz**
Olrog, 1979
w Bolivien und nw Argentinien

## Gattung: Athene

Athene blewitti
**Blewittkauz**
*Forest Owlet - Mochuelo de Blewitt*
Hume, 1873
*c Indien*

Athene superciliaris
**Madagaskarkauz**
*White-browed Owl - Mochuelo malgache*
Vieillot, 1817
*Madagascar (außer c)*

Athene cunicularia
**Kaninchenkauz**
*Burrowing Owl - Mochuelo de madriguera*
Molina, 1782
*s Bolivien, Paraguay und s Brasilien bis Tierra del Fuego*

Athene cunicularia hypugaea
**Kanadischer Kaninchenkauz**
Bonaparte, 1825
sw Kanada bis w Mexico
Athene cunicularia rostrata
**Clarion-Kaninchenkauz**
Townsend, CH, 1890
Clarion Insel (vor w Mexico)
Athene cunicularia floridana
**Florida-Kaninchenkauz**
Ridgway, 1874
c, s Florida (USA) und Bahamas
† Athene cunicularia amaura
**Antigua-Kaninchenkauz**
Lawrence, 1878
Antigua und Nevis (Kleine Antillen)
† Athene cunicularia guadeloupensis
**Guadeloupe-Kaninchenkauz**
Ridgway, 1874
Guadeloupe (n Kleine Antillen)
Athene cunicularia guantanamensis
**Kubanischer Kaninchenkauz**
Garrido, 2001
Kuba
Athene cunicularia troglodytes
**Hispaniola-Kaninchenkauz**
Wetmore & Swales, 1931
Hispaniola, Gonâve und Beata Is.
Athene cunicularia brachyptera
**Margarita-Kaninchenkauz**
Richmond, 1896
wc, nc Venezuela, Margarita Insel (vor n Venezuela) und Aruba (Niederländische Antillen)
Athene cunicularia minor
**Guyana-Kaninchenkauz**
Cory, 1918
c, se Venezuela, s Guyana und n Brasilien
Athene cunicularia carrikeri
**Kolumbianischer Kaninchenkauz**
Stone, 1922
e Kolumbien
Athene cunicularia tolimae
**Tolimas-Kaninchenkauz**
Stone, 1899
w Kolumbien
Athene cunicularia pichinchae
**Ekuador-Kaninchenkauz**
Boetticher, 1929
w Ecuador
Athene cunicularia nanodes
**Zwergkaninchenkauz**
Berlepsch & Stolzmann, 1892
sw Ecuador bis sw Peru und n Chile
Athene cunicularia juninensis
**Berlepschs Kaninchenkauz**
Berlepsch & Stolzmann, 1902
sc Peru bis w Bolivien und nw Argentinien
Athene cunicularia boliviana
**Bolivien-Kaninchenkauz**
Kelso, L, 1939
Bolivien
Athene cunicularia grallaria
**Temmincks Kaninchenkauz**
Temminck, 1822
e, c Brasilien
Athene cunicularia partridgei
**Corrientes-Kaninchenkauz**
Olrog, 1976
Corrientes (n Argentinien)

Athene noctua
**Steinkauz**
*Little Owl - Mochuelo europeo*
Scopoli, 1769
*c, s, se Europa bis nw Russland*

Athene noctua vidalii
**Westeuropäischer Steinkauz**
Brehm, AE, 1857
w Europa
Athene noctua indigena
**Brehms Steinkauz**
Brehm, CL, 1855
Rumänien bis Griechenland über Ukraine und Türkei e bis s Russland
Athene noctua lilith
**Sinaisteinkauz**
Hartert, EJO, 1913
Zypern, s Türkei bis Irak und Sinai (Ägypten)
Athene noctua bactriana
**Indischer Steinkauz**
Blyth, 1847
Irak und Aserbaidschan bis Pakistan und nw Indien
Athene noctua orientalis
**Kasachischer Steinkauz**
Severtsov, 1873
ne Kasachstan und nw China
Athene noctua ludlowi
**Himalayasteinkauz**
Baker, ECS, 1926
Himalaya
Athene noctua impasta
**Chinesischer Steinkauz**
Bangs & Peters, JL, 1928
wc China
Athene noctua plumipes
**Mongolensteinkauz**
Swinhoe, 1870
Mongolei, sc Sibirien und ne China
Athene noctua glaux
**Küstensteinkauz**
Savigny, 1809
Küste n Afrika bis sw Israel
Athene noctua saharae
**Arabischer Steinkauz**
Kleinschmidt, 1909
Marokko bis w Ägypten und c Arabien
Athene noctua spilogastra
**Äthiopischer Steinkauz**
Heuglin, 1863
e Sudan, Eritrea und ne Äthiopien
Athene noctua somaliensis
**Somalia-Steinkauz**
Reichenow, 1905
e Äthiopien und Somalia

Athene brama
**Brahmakauz**
*Spotted Owlet - Mochuelo brahmán*
Temminck, 1821
*s Indien*

Athene brama indica
**Indischer Brahmakauz**
Franklin, 1831
Iran bis n, c Indien, Bhutan und Bangladesch
Athene brama ultra
**Assam-Brahmakauz**
Ripley, 1948
Assam (ne Indien)
Athene brama pulchra
**Chinesischer Brahmakauz**
Hume, 1873
c, s Myanmar und s China
Athene brama mayri
**Mayrs Brahmakauz**
Deignan, 1941
n, e Myanmar, Thailand, s Laos, Kambodscha und s Vietnam

Athene jacquinoti
**Salomonenkauz**
*West Solomons Owl - Nínox de las Salomón occidentales*
Bonaparte, 1850
*Isabel und San Jorge (sw von s Isabel; c Solomon Is.)*

Athene jacquinoti eichhorni
**Bougainvillekauz**
Hartert, EJO, 1929
Buka, Bougainville und Choiseul (n, c Solomon Is.)
Athene jacquinoti mono
**Monokauz**
Mayr, 1935
Mono (sw von Shortland Is., nw Solomon Is.)
Athene jacquinoti floridae
**Floridakauz**
Mayr, 1935
Florida Is. (c Solomon Is.)

Athene granti
**Guadalcanalkauz**
*Guadalcanal Owl - Nínox de Guadalcanal*
Sharpe, 1888
*Guadalcanal (sc Solomon Is.)*

Athene malaitae
**Malaitakauz**
*Malaita Owl - Nínox de Malaita*
Mayr, 1931
*Malaita (sc Solomon Is.)*

Athene roseoaxillaris
**Makirakauz**
*Makira Owl - Nínox de San Cristóbal*
Hartert, EJO, 1929
*Makira (=San Cristóbal Is.; se Solomon Is.)*

## Gattung: Surnia

Surnia ulula
**Sperbereule**
*Northern Hawk-Owl - Cárabo gavilán*
Linnaeus, 1758
*n Eurasien*

Surnia ulula tianschanica
**Asiatische Sperbereule**
Smallbones, 1906
*c Asien bis n China und n Mongolei*
Surnia ulula caparoch
**Amerikanische Sperbereule**
Müller, PLS, 1776
*n Nordamerika*

## Gattung: Glaucidium

Glaucidium passerinum
**Sperlingskauz**
*Eurasian Pygmy Owl - Mochuelo alpino*
Linnaeus, 1758
*c, n Europa bis sw Sibirien*

Glaucidium passerinum orientale
**Orientsperlingskauz**
Taczanowski, 1891
*c, e Sibirien, Mongolei und ne China*

Glaucidium perlatum
**Perlzwergkauz**
*Pearl-spotted Owlet - Mochuelo perlado*
Vieillot, 1817
*Senegal und Gambia bis w Sudan*

Glaucidium perlatum licua
**Südlicher Perlzwergkauz**
Lichtenstein, MHC, 1842
*e Sudan und Äthiopien bis Südafrika, Namibia und Angola*

Glaucidium tephronotum
**Rotbrust-Zwergkauz**
*Red-chested Owlet - Mochuelo pechirrojo*
Sharpe, 1875
*Liberia, Elfenbeinküste und Ghana*

Glaucidium tephronotum pycrafti
**Kamerun-Rotbrustkauz**
Bates, GL, 1911
*Kamerun*
Glaucidium tephronotum medje
**Kongo-Rotbrustkauz**
Chapin, 1932
*Gabun und Demokratische Republik Kongo bis Rwanda und Burundi, sw, e Uganda und w Kenia*

Glaucidium sjostedti
**Prachtzwergkauz**
*Sjöstedt's Barred Owlet - Mochuelo del Congo*
Reichenow, 1893
*Kamerun bis Demokratische Republik Kongo und Gabun*

Glaucidium cuculoides
**Kuckuckszwergkauz**
*Asian Barred Owlet - Mochuelo cuco*
Vigors, 1830
*w, c Himalaya*

Glaucidium cuculoides austerum
**Indischer Kuckuckszwergkauz**
Ripley, 1948
*ne Indien, Bhutan und nw Myanmar*

Glaucidium cuculoides rufescens
**Myanmar-Kuckuckszwergkauz**
Baker, ECS, 1926
*ne Indien, Bangladesch, n Myanmar und s Yunnan (s China)*
Glaucidium cuculoides whiteleyi
**Südchinesischer Kuckuckszwergkauz**
Blyth, 1867
*s China bis ne Vietnam*
Glaucidium cuculoides persimile
**Hainan-Kuckuckszwergkauz**
Hartert, EJO, 1910
*Hainan (vor s China)*
Glaucidium cuculoides delacouri
**Laos-Kuckuckszwergkauz**
Ripley, 1948
*ne Laos und nw, c Vietnam*
Glaucidium cuculoides deignani
**Kambodscha-Kuckuckszwergkauz**
Ripley, 1948
*se Thailand, s Vietnam und Kambodscha*
Glaucidium cuculoides bruegeli
**Thailand-Kuckuckszwergkauz**
Parrot, 1908
*se Myanmar und Thailand (außer se)*

Glaucidium castanopterum
**Trillerzwergkauz**
*Javan Owlet - Mochuelo de Java*
Horsfield, 1821
*Java und Bali*

Glaucidium radiatum
**Dschungelzwergkauz**
*Jungle Owlet - Mochuelo de jungla*
Tickell, 1833
*Himalaya bis w Myanmar, s Indien und Sri Lanka*

Glaucidium radiatum malabaricum
**Indischer Dschungelkauz**
Blyth, 1846
*sw Indien*

Glaucidium castanotum
**Kastanienmantel-Zwergkauz**
*Chestnut-backed Owlet - Mochuelo de Ceilán*
Blyth, 1851
*Sri Lanka*

Glaucidium capense
**Kapzwergkauz**
*African Barred Owlet - Mochuelo de El Cabo*
Smith, A, 1834
*s Mosambik bis Südafrika*

Glaucidium capense etchecopari
**Liberiakauz**
Érard & Roux, F, 1983
*Liberia und Elfenbeinküste*
Glaucidium capense castaneum
**Kongokauz**
Reichenow, 1893
*ne Demokratische Republik Kongo und sw Uganda*
Glaucidium capense scheffleri
**Somaliakauz**
Neumann, 1911
*s Somalia, e Kenia und ne Tansania*
Glaucidium capense ngamiense
**Botswanakauz**
Roberts, 1932
*se Demokratische Republik Kongo und w Tansania bis Angola, Botswana und Mosambik*

Glaucidium albertinum
**Albertzwergkauz**
*Albertine Owlet - Mochuelo del Alberto*
Prigogine, 1983
*ne Kongo und n Rwanda*

Glaucidium californicum
**Kalifornienzwergkauz**
*Northern Pygmy Owl - Mochuelo californiano*
Sclater, PL, 1857
*c British Columbia (Kanada) bis sw USA*

Glaucidium californicum grinnelli
**Grinnells Zwergkauz**
Ridgway, 1914
*se Alaska bis n California*
Glaucidium californicum swarthi
**Swarths Zwergkauz**
Grinnell, 1913
*Vancouver Insel (Kanada)*
Glaucidium californicum pinicola
**Rocky Mountainszwergkauz**
Nelson, 1910
*Rocky Mts. (wc USA) und n Mexico*

Glaucidium gnoma
**Gnomenzwergkauz**
*Mountain Pygmy Owl - Mochuelo gnomo*
Wagler, 1832
*sw Arizona (USA) bis c Mexico*

Glaucidium hoskinsii
**Hoskinszwergkauz**
*Baja Pygmy Owl - Mochuelo de Hoskins*
Brewster, 1888
*Baja California (Mexico)*

Glaucidium cobanense
**Guatemalazwergkauz**
*Guatemalan Pygmy Owl - Mochuelo guatemalteco*
Sharpe, 1875
*s Mexico bis Guatemala und Honduras*

Glaucidium costaricanum
**Costa-Rica-Zwergkauz**
*Costa Rican Pygmy Owl - Mochuelo costarricense*
Kelso, L, 1937
*Costa Rica und Panama*

Glaucidium nubicola
**Nebelzwergkauz**
*Cloud-forest Pygmy Owl - Mochuelo ecuatoriano*
Robbins & Stiles, 1999
*Kolumbien und Ecuador*

Glaucidium jardinii
**Andenzwergkauz**
*Andean Pygmy Owl - Mochuelo andino*
Bonaparte, 1855
*w Venezuela bis c Peru*

Glaucidium bolivianum
**Bolivienzwergkauz**
*Yungas Pygmy Owl - Mochuelo boliviano*
König, C, 1991
*Peru bis nw Argentinien*

Glaucidium palmarum
**Palmenzwergkauz**
*Colima Pygmy Owl - Mochuelo de Colima*
Nelson, 1901
*w Mexico*

Glaucidium sanchezi
**Sanchezzwergkauz**
*Tamaulipas Pygmy Owl - Mochuelo tamaulipeco*
Lowery & Newman, RJ, 1949
*ne Mexico*

Glaucidium griseiceps
**Graukopf-Zwergkauz**
*Central American Pygmy Owl - Mochuelo centroamericano*
Sharpe, 1875
*s Mexico bis w Kolumbien und nw Ecuador*

Glaucidium parkeri
**Parkerzwergkauz**
*Subtropical Pygmy Owl - Mochuelo de Parker*
Robbins & Howell, SNG, 1995
*Ecuador bis Bolivien*

Glaucidium hardyi
**Amazonaszwergkauz**
*Amazonian Pygmy Owl - Mochuelo amazónico*
Vielliard, 1989
*Amazonasgebiet*

Glaucidium minutissimum
**Kleinstzwergkauz**
*East Brazilian Pygmy Owl - Mochuelo mínimo*
Wied-Neuwied, M, 1830
*se Brasilien und e Paraguay*

Glaucidium mooreorum
**Pernambuco-Zwergkauz**
*Pernambuco Pygmy Owl - Mochuelo de Pernambuco*
Cardoso da Silva, Coelho & Gonzaga, 2003
*e Brasilien*

Glaucidium brasilianum
**Brasilzwergkauz**
*Ferruginous Pygmy Owl - Mochuelo caburé*
Gmelin, JF, 1788
*e Brasilien bis ne Argentinien*

Glaucidium brasilianum cactorum
**Arizona-Strichelstirnkauz**
Van Rossem, 1937
*s Arizona (USA) bis Sonora bis n Nayarit (w Mexico)*
Glaucidium brasilianum intermedium
**Oaxaca-Strichelstirnkauz**
Phillips, AR, 1966
*s Nayarit bis Oaxaca (w Mexico)*
Glaucidium brasilianum ridgwayi
**Mittelamerika-Strichelstirnkauz**
Sharpe, 1875
*s Texas (sc USA) bis w Panama*
Glaucidium brasilianum medianum
**Kolumbien-Strichelstirnkauz**
Todd, 1916
*n Kolumbien*
Glaucidium brasilianum margaritae
**Margarita-Strichelstirnkauz**
Phelps, WH & Phelps, WH Jr, 1951
*Margarita Insel (vor Venezuela)*
Glaucidium brasilianum phaloenoides
**Trinidad-Strichelstirnkauz**
Daudin, 1800
*n, e Venezuela, Trinidad und Guianas*
Glaucidium brasilianum duidae
**Duida-Strichelstirnkauz**
Chapman, 1929
*Mt. Duida (s Venezuela)*
Glaucidium brasilianum olivaceum
**Tepui-Strichelstirnkauz**
Chapman, 1939
*Auyán-Tepui (se Venezuela)*
Glaucidium brasilianum ucayalae
**Amazonas-Strichelstirnkauz**
Chapman, 1929
*Amazonasgebiet*
Glaucidium brasilianum pallens
**Bolivien-Strichelstirnkauz**
Brodkorb, 1938
*e Bolivien, w Paraguay und n Argentinien*
Glaucidium brasilianum stranecki
**Uruguay-Strichelstirnkauz**
König, C & Wink, 1995
*c Argentinien bis s Uruguay*
Glaucidium brasilianum tucumanum
**Argentinien-Strichelstirnkauz**
Chapman, 1922
*w Argentinien*

Glaucidium peruanum
**Peruzwergkauz**
*Pacific Pygmy Owl - Mochuelo peruano*
König, C, 1991
*w Ecuador und Peru*

Glaucidium nana
**Australzwergkauz**
*Austral Pygmy Owl - Mochuelo patagón*
King, PP, 1827
*Südspitze*

Glaucidium siju
**Kubazwergkauz**
*Cuban Pygmy Owl - Mochuelo sijú*
d'Orbigny, 1839
*Kuba*

Glaucidium siju turquinense
**Turquinokauz**
Garrido, 2002
*Pico Turquino, Santiago de Kuba  (se Kuba )*
Glaucidium siju vittatum
**Inselkubakauz**
Ridgway, 1914
*Isle von Pines*



Otus gurneyi
**Rot-Zwergohreule**
*Giant Scops Owl - Búho de Mindanao*
Tweeddale, 1879
*Samar, Dinagat, Siargao und Mindanao (Philippinen)*

Otus sagittatus
**Weißstirn-Zwergohreule**
*White-fronted Scops Owl - Autillo frentiblanco*
Cassin, 1849
*Malayische Halbinsel*

Otus rufescens
**Rötel-Zwergohreule**
*Reddish Scops Owl - Autillo rojizo*
Horsfield, 1821
*Sumatra, Bangka (e von s Sumatra), Java und Borneo*

    Otus rufescens malayensis
    **Malayische Röteleule**
    Hachisuka, 1934
    s Thailand und Malayische Halbinsel

Otus thilohoffmanni
**Ceylon-Zwergohreule**
*Serendib Scops Owl - Autillo de Thilo Hoffmann*
Warakagoda & Rasmussen, 2004
*Sri Lanka*

Otus icterorhynchus
**Gelbschnabel-Zwergohreule**
*Sandy Scops Owl - Autillo piquigualdo*
Shelley, 1873
*Liberia, Elfenbeinküste und Ghana*

    Otus icterorhynchus holerythrus
    **Kongo-Gelbschnabeleule**
    Sharpe, 1901
    Kamerun und Demokratische Republik Kongo

Otus ireneae
**Sokoke-Zwergohreule**
*Sokoke Scops Owl - Autillo de Sokoke*
Ripley, 1966
*se Kenia und ne Tansania*

Otus balli
**Andamanen-Zwergohreule**
*Andaman Scops Owl - Autillo de Andamán*
Hume, 1873
*Andaman Is.*

Otus alfredi
**Flores-Zwergohreule**
*Flores Scops Owl - Autillo de Flores*
Hartert, EJO, 1897
*Gebirge Flores (c Lesser Sundas)*

Otus spilocephalus
**Fuchs-Zwergohreule**
*Mountain Scops Owl - Autillo montano*
Blyth, 1846
*c Nepal bis Myanmar*

    Otus spilocephalus huttoni
    **Nepal-Fuchs-Zwergohreule**
    Hume, 1870
    n Pakistan bis c Nepal
    Otus spilocephalus latouchi
    **Chinesische Fuchs-Zwergohreule**
    Rickett, 1900
    se China und n Indochina
    Otus spilocephalus hambroecki
    **Taiwan-Fuchs-Zwergohreule**
    Swinhoe, 1870
    Taiwan
    Otus spilocephalus siamensis
    **Siam-Fuchs-Zwergohreule**
    Robinson & Kloss, 1922
    s Thailand und s Vietnam
    Otus spilocephalus vulpes
    **Malayische Fuchs-Zwergohreule**
    Ogilvie-Grant, 1906
    Gebirge s Malayische Halbinsel
    Otus spilocephalus vandewateri
    **Sumatra-Fuchs-Zwergohreule**
    Robinson & Kloss, 1916
    Gebirge Sumatra
    Otus spilocephalus luciae
    **Borneo-Fuchs-Zwergohreule**
    Sharpe, 1888
    Gebirge Borneo

Otus angelinae
**Angelina-Zwergohreule**
*Javan Scops Owl - Autillo de Java*
Finsch, 1912
*Gebirge w Java*

Otus mirus
**Mindanao-Zwergohreule**
*Mindanao Scops Owl - Autillo de Mindanao*
Ripley & Rabor, 1968
*Gebirge Mindanao (s Philippinen)*

Otus longicornis
**Luzon-Zwergohreule**
*Luzon Scops Owl - Autillo de Luzón*
Ogilvie-Grant, 1894
*Gebirge Luzon (n Philippinen)*

Otus mindorensis
**Mindoro-Zwergohreule**
*Mindoro Scops Owl - Autillo de Mindoro*
Whitehead, J, 1899
*Gebirge Mindoro (nc Philippinen)*

Otus madagascariensis
**Torotoroka-Zwergohreule**
*Torotoroka Scops Owl - Autillo de Madagascar*
Grandidier, A, 1867
*w, c Madagascar*

Otus rutilus
**Madagaskar-Zwergohreule**
*Rainforest Scops Owl - Autillo malgache*
Pucheran, 1849
*e Madagascar*

Otus mayottensis
**Mayotte-Zwergohreule**
*Mayotte Scops Owl - Autillo de la Mayotte*
Benson, 1960
*Mayotte (se Comoros)*

Otus pauliani
**Komoren-Zwergohreule**
*Karthala Scops Owl - Autillo de las Comoras*
Benson, 1960
*Gebirge Grande Comore (=Njazidja; nw Comoros)*

Otus capnodes
**Anjouan-Zwergohreule**
*Anjouan Scops Owl - Autillo de Anjouan*
Gurney, JH Sr, 1889
*Anjouan (=Nzwani; ec Comoros)*

Otus moheliensis
**Moheli-Zwergohreule**
*Moheli Scops Owl - Autillo de Moheli*
Lafontaine & Moulaert, 1998
*Gebirge Mohéli (=Mwali; wc Comoros)*

†† Otus grucheti
**Réunioneule**
*Reunion Scops Owl - Lechuza de Reunión*
Mourer-Chauviré, Bour, Moutou & Ribes, 1994
*Réunion (w Mascarenes)*

†† Otus sauzieri
**Mauritiuseule**
*Mauritius Scops Owl - Lechuza de Mauricio*
Newton, E & Gadow, 1893
*Mauritius (c Mascarenes)*

†† Otus murivorus
**Rodrigueseule**
*Rodrigues Scops Owl - Lechuza de Rodríguez*
Milne-Edwards, 1873
*Rodrigues (e Mascarenes)*

Otus brucei
**Streifen-Zwergohreule**
*Pallid Scops Owl - Autillo persa*
Hume, 1872
*Aral Sea bis Kirgisistan und Tadschikistan*

    Otus brucei exiguus
    **Arabische Streifenohreule**
    Mukherjee, 1958
    Israel und s Irak bis w Pakistan und ne Arabien
    Otus brucei obsoletus
    **Türkische Streifenohreule**
    Cabanis, 1875
    s Türkei und n Syrien bis Usbekistan und n Afghanistan
    Otus brucei semenowi
    **Semenows Streifenohreule**
    Zarudny & Härms, 1902
    s Tadschikistan bis w China, n Pakistan und e Afghanistan

Otus pamelae
**Arabien-Zwergohreule**
*Arabian Scops Owl - Autillo árabe*
Bates, GL, 1937
*wc, sw Saudi-Arabien, Jemen und sw Oman*

Otus scops
**Zwergohreule**
*Eurasian Scops Owl - Autillo europeo*
Linnaeus, 1758
*Frankreich und Italien bis Kaukasus area*

Otus scops mallorcae
**Iberische Zwergohreule**
von Jordans, 1923
Iberische Halbinsel, Balearen Is. und nw Afrika
Otus scops cycladum
**Griechische Zwergohreule**
Tschusi, 1904
s Griechenland und Kreta bis s Türkei, Syrien und Jordanien
Otus scops turanicus
**Irakische Zwergohreule**
Loudon, 1905
Irak bis nw Pakistan
Otus scops pulchellus
**Sibirische Zwergohreule**
Pallas, 1771
Kasachstan bis s Sibirien und w Himalaya

Otus cyprius
**Zypern-Zwergohreule**
*Cyprus Scops Owl - Autillo chipriota*
Madarász, G, 1901
*Zypern*

Otus bikegila
**Principe-Zwergohreule**
*Principe Scops Owl - Príncipe Scops Owl*
Melo, Freitas, Verbelen, da Costa, Pereira, Fuchs, Sangster, Correia, de Lima & Crottini, 2022
*Príncipe (c Gulf von Guinea Is.)*

Otus pembaensis
**Pemba-Zwergohreule**
*Pemba Scops Owl - Autillo de Pemba*
Pakenham, 1937
*Pemba Insel (vor Tansania)*

Otus hartlaubi
**Hartlaub-Zwergohreule**
*Sao Tome Scops Owl - Autillo de Santo Tomé*
Giebel, 1872
*São Tomé (sc Gulf von Guinea Is.)*

Otus senegalensis
**Afrika-Zwergohreule**
*African Scops Owl - Autillo africano*
Swainson, 1837
*Afrika s in der Sahara*

Otus senegalensis nivosus
**Kenia-Zwergohreule**
Keith & Twomey, 1968
se Kenia

Otus feae
**Annobón-Zwergohreule**
*Annobon Scops Owl - Autillo de Annobón*
Salvadori, 1903
*Annobón (Gulf von Guinea is.)*

Otus socotranus
**Sokotra-Zwergohreule**
*Socotra Scops Owl - Autillo de Socotora*
Ogilvie-Grant & Forbes, HO, 1899
*Socotra*

Otus sunia
**Orient-Zwergohreule**
*Oriental Scops Owl - Autillo oriental*
Hodgson, 1836
*n Pakistan, n Indien, Nepal und Bangladesch*

Otus sunia japonicus
**Japanische Zwergohreule**
Temminck & Schlegel, 1845
Japan
Otus sunia stictonotus
**Sharps Zwergohreule**
Sharpe, 1875
se Sibirien, ne China und Koreanische Halbinsel

Otus sunia malayanus
**Malayische Zwergohreule**
Hay, 1845
s China
Otus sunia distans
**Thailand-Zwergohreule**
Friedmann & Deignan, 1939
Myanmar, n, e Thailand und Indochina
Otus sunia rufipennis
**Südindische Zwergohreule**
Sharpe, 1875
s Indien
Otus sunia leggei
**Sri Lanka-Zwergohreule**
Ticehurst, 1923
Sri Lanka
Otus sunia modestus
**Andamanen-Zwergohreule**
Walden, 1874
Andaman Is.
Otus sunia nicobaricus
**Nikobaren-Zwergohreule**
Hume, 1876
Nicobar Is.

Otus elegans
**Schmuck-Zwergohreule**
*Ryukyu Scops Owl - Autillo elegante*
Cassin, 1852
*Ryukyu Is. (s Japan)*

Otus elegans interpositus
**Daito-Schmuckeule**
Kuroda, Nm, 1923
Daito Is. (s Japan)
Otus elegans botelensis
**Lanyu-Schmuckeule**
Kuroda, Nm, 1928
Lanyu Insel (vor s Taiwan)
Otus elegans calayensis
**Batan-Schmuckeule**
McGregor, 1904
Batan, Calayan und Sabtang (n Philippinen)

Otus magicus
**Molukken-Zwergohreule**
*Moluccan Scops Owl - Autillo moluqueño*
Müller, S, 1841
*Seram und Ambon (ec Moluccas)*

Otus magicus kalidupae
**Kaledupa-Zwergohreule**
Hartert, EJO, 1903
Kaledupa (Tukangbesi Is., se von se Sulawesi)
Otus magicus morotensis
**Morotai-Zwergohreule**
Sharpe, 1875
Morotai (n Moluccas)
Otus magicus leucospilus
**Halmahera-Zwergohreule**
Gray, GR, 1861
Halmahera, Ternate, Kasiruta, und Bacan (n Moluccas)
Otus magicus obira
**Obi-Zwergohreule**
Jany, 1955
Obi (nc Moluccas)
Otus magicus bouruensis
**Flores-Zwergohreule**
Sharpe, 1875
Buru (wc Moluccas)
Otus magicus albiventris
**Sumbawa-Zwergohreule**
Sharpe, 1875
Sumbawa, Komodo, Flores, Lomblen (=Lembata; w, c Lesser Sundas)

Otus tempestatis
**Wetar-Zwergohreule**
*Wetar Scops Owl - Autillo de Wetar*
Hartert, EJO, 1904
*Wetar (e Lesser Sundas)*

Otus sulaensis
**Sula-Zwergohreule**
*Sula Scops Owl - Autillo de Sula*
Hartert, EJO, 1898
*Sula Is. (e von Sulawesi)*

Otus beccarii
**Biak-Zwergohreule**
*Biak Scops Owl - Autillo de Biak*
Salvadori, 1876
*Biak (Geelvink Bay is., nw Neuguinea)*

Otus manadensis
**Manado-Zwergohreule**
*Sulawesi Scops Owl - Autillo de Célebes*
Quoy & Gaimard, 1832
*Sulawesi, Salayar (s von sw Sulawesi), Kabaena, Muna, Butung (=Buton) und Wowoni (se von se Sulawesi)*

Otus mendeni
**Banggai-Zwergohreule**
*Banggai Scops Owl - Autillo de Banggai*
Neumann, 1939
*Banggai Is. (e von Sulawesi)*

Otus siaoensis
**Siau-Zwergohreule**
*Siau Scops Owl - Autillo de Siau*
Schlegel, 1873
*Siau (n von Sulawesi)*

Otus collari
**Sangihe-Zwergohreule**
*Sangihe Scops Owl - Autillo de la Sangihe*
Lambert & Rasmussen, 1998
*Sangihe (n von Sulawesi)*

Otus mantananensis
**Mantanani-Zwergohreule**
*Mantanani Scops Owl - Autillo de la Mantanani*
Sharpe, 1892
*Mantanani (n von ne Borneo), Rasa und Ursula (vor s Küste von Palawan, sw Philippinen)*

    Otus mantananensis cuyensis
    **Cuyo-Zwergohreule**
    McGregor, 1904
    *Cuyo und Calamian Is. (w Philippinen)*
    Otus mantananensis romblonis
    **Tablas-Zwergohreule**
    McGregor, 1905
    *Banton, Romblon, Tablas, Sibuyan, Tres Reyes und Semirara Is. (c Philippinen)*
    Otus mantananensis sibutuensis
    **Sibutu-Zwergohreule**
    Sharpe, 1893
    *Tumindao und Sibutu Is. (sw Sulu Archipel, s Philippinen)*

Otus insularis
**Seychellen-Zwergohreule**
*Seychelles Scops Owl - Autillo de Seychelles*
Tristram, 1880
*Gebirge Mahé (sw Inner Is., ne Seychellen)*

Otus alius
**Nikobaren-Zwergohreule**
*Nicobar Scops Owl - Autillo de Nicobar*
Rasmussen, 1998
*Nicobar Is.*

Otus umbra
**Simalur-Zwergohreule**
*Simeulue Scops Owl - Autillo de la Simeulue*
Richmond, 1903
*Simeulue (w von n Sumatra)*

Otus enganensis
**Enggano-Zwergohreule**
*Enggano Scops Owl - Autillo de la Enggano*
Riley, 1927
*Enggano (w von s Sumatra)*

Otus mentawi
**Mentawi-Zwergohreule**
*Mentawai Scops Owl - Autillo de las Mentawai*
Chasen & Kloss, 1926
*Mentawai Is. (w von c Sumatra)*

Otus brookii
**Radscha-Zwergohreule**
*Rajah Scops Owl - Autillo rajá*
Sharpe, 1892
*Gebirge Borneo*

    Otus brookii solokensis
    **Sumatra-Radschaeule**
    Hartert, EJO, 1893
    *Gebirge Sumatra*

Otus bakkamoena
**Indien-Zwergohreule**
*Indian Scops Owl - Autillo indio*
Pennant, 1769
*s Indien und Sri Lanka*

    Otus bakkamoena deserticolor
    **Pakistanische Zwergohreule**
    Ticehurst, 1922
    *s Iran, s Pakistan*
    Otus bakkamoena gangeticus
    **Nepal-Zwergohreule**
    Ticehurst, 1922
    *nw Indien bis Nepal*
    Otus bakkamoena marathae
    **Maratha-Zwergohreule**
    Ticehurst, 1922
    *c Indien*

Otus lettia
**Halsband-Zwergohreule**
*Collared Scops Owl - Autillo chino*
Hodgson, 1836
*e Nepal bis Myanmar und Indochina*

    Otus lettia plumipes
    **Humes Zwergohreule**
    Hume, 1870
    *n Pakistan bis w Nepal*
    Otus lettia erythrocampe
    **Vietnamesische Zwergohreule**
    Swinhoe, 1874
    *se China und nw Vietnam*
    Otus lettia glabripes
    **Taiwan-Zwergohreule**
    Swinhoe, 1870
    *Taiwan*
    Otus lettia umbratilis
    **Hainan-Zwergohreule**
    Swinhoe, 1870
    *Hainan Insel (vor se China)*
    Otus lettia cnephaeus
    **Singapore-Zwergohreule**
    Deignan, 1950
    *s Malyan-Halbinsel, Singapore*

Otus semitorques
**Japan-Zwergohreule**
*Japanese Scops Owl - Autillo japonés*
Temminck & Schlegel, 1845
*Kuril Is. und Hokkaido s bis Yakushima (Osumi Is., s Japan)*

    Otus semitorques ussuriensis
    **Koreanische Zwergohreule**
    Buturlin, 1910
    *ne China, se Sibirien und Koreanische Halbinsel*
    Otus semitorques pryeri
    **Ryukyu-Zwergohreule**
    Gurney, JH Sr, 1889
    *Okinawa bis Iriomote (c, s Ryukyu Is., s Japan)*

Otus lempiji
**Sunda-Zwergohreule**
*Sunda Scops Owl - Autillo de la Sonda*
Horsfield, 1821
*Malayische Halbinsel, Sumatra, Bangka und Belitung (e von s Sumatra), Java, Bali, n Natuna Is. (nw von Borneo) und Borneo*

    Otus lempiji condorensis
    **Con Son-Zwergohreule**
    Kloss, 1930
    *Con Son Is. Vietnam*
    Otus lempiji hypnodes
    **Sumatra-Zwergohreule**
    Deignan, 1950
    *n, c Sumatra*
    Otus lempiji kangeanus
    **Kangean-Zwergohreule**
    Mayr, 1938
    *Kangean Is. (n von Bali)*
    Otus lempiji lemurum
    **Sarawak-Zwergohreule**
    Deignan, 1957
    *Sarawak (n Borneo)*

Otus megalotis
**Philippinen-Zwergohreule**
*Philippine Scops Owl - Autillo orejudo de Luzón*
Walden, 1875
*Luzon, Catanduanes und Marinduque (n Philippinen)*

Otus nigrorum
**Negros-Zwergohreule**
*Negros Scops Owl - Autillo orejudo de Negros*
Rand, 1950
*Negros und Panay (wc Philippinen)*

Otus everetti
## Everett-Zwergohreule
*Everett's Scops Owl - Autillo orejudo de Mindanao*
Tweeddale, 1879
*Bohol, Leyte, Samar, Mindanao und Basilan (ec und s Philippinen)*

Otus fuliginosus
## Palawan-Zwergohreule
*Palawan Scops Owl - Autillo de Palawan*
Sharpe, 1888
*Palawan (sw Philippinen)*

Otus silvicola
## Wallace-Zwergohreule
*Wallace's Scops Owl - Autillo de Wallace*
Wallace, 1864
*Sumbawa und Flores (w, c Lesser Sundas)*

Otus jolandae
## Lombok-Zwergohreule
*Rinjani Scops Owl - Autillo de Rinjani*
Sangster, King, BF, Verbelen & Trainor, 2013
*Lombok (w Lesser Sundas)*

Otus podarginus
## Palaueule
*Palau Scops Owl - Autillo de las Palau*
Hartlaub & Finsch, 1872
*Palau (w Caroline Is., w Micronesia)*

### Gattung: Ptilopsis

Ptilopsis leucotis
## Nordbüscheleule
*Northern White-faced Owl - Autillo cariblanco norteño*
Temminck, 1820
*Senegal und Gambia bis Somalia, s bis n Demokratische Republik Kongo, Uganda und c Kenia*

Ptilopsis granti
## Südbüscheleule
*Southern White-faced Owl - Autillo cariblanco sureño*
Kollibay, 1910
*Gabun bis s Uganda und sw Kenia, s bis Namibia und Südafrika*

### Gattung: Asio

Asio grammicus
## Jamaikaeule
*Jamaican Owl - Búho jamaicano*
Gosse, 1847
*Jamaika*

Asio clamator
## Schreieule
*Striped Owl - Búho gritón*
Vieillot, 1808
*Kolumbien und Venezuela bis e Peru und c, ne Brasilien*

Asio clamator forbesi
### Forbes Schreieule
Lowery & Dalquest, 1951
s Mexico bis Panama
Asio clamator oberi
### Trinidad-Schreieule
Kelso, EH, 1936
Trinidad und Tobago
Asio clamator midas
### Schelgels Schreieule
Schlegel, 1862
e Bolivien bis Paraguay, s Brasilien, Uruguay und n Argentinien

Asio otus
## Waldohreule
*Long-eared Owl - Búho chico*
Linnaeus, 1758
*Azoren (nw Makaronesien, nw von n Afrika), Europa, Asien und n Afrika*

Asio otus canariensis
### Kanaren-Waldohreule
Madarász, G, 1901
Kanarische Is. (außer Lanzarote; c Makaronesien, nw von n Afrika)
Asio otus tuftsi
### Amerikanische Waldohreule
Godfrey, 1948
w Kanada bis n Mexico
Asio otus wilsonianus
### Lessons Waldohreule
Lesson, RP, 1830
sc, se Kanada bis sc, e USA

Asio abyssinicus
## Afrika-Waldohreule
*Abyssinian Owl - Búho abisinio*
Guérin-Méneville, 1843
*Eritrea und Äthiopien*

Asio abyssinicus graueri
### Grauers Waldohreule
Sassi, 1912
c Kenia bis e Demokratische Republik Kongo

Asio madagascariensis
## Madagaskar-Waldohreule
*Madagascar Owl - Búho malgache*
Smith, A, 1834
*Madagascar*

Asio stygius
## Styxeule
*Stygian Owl - Búho negruzco*
Wagler, 1832
*Kolumbien und Venezuela bis e Bolivien und c, s Brasilien*

Asio stygius lambi
### Mexikanische Styxeule
Moore, RT, 1937
nw Mexico
Asio stygius robustus
### Nikaragua-Styxeule
Kelso, L, 1934
e Mexico bis Nicaragua
Asio stygius siguapa
### Kubanische Styxeule
d'Orbigny, 1839
Kuba und Isle von Pines
Asio stygius noctipetens
### Hispaniola-Styxeule
Riley, 1916
Hispaniola und Gonâve Insel
Asio stygius barberoi
### Bertonis Styxeule
Bertoni, AW, 1930
Paraguay und n Argentinien

Asio flammeus
## Sumpfohreule
*Short-eared Owl - Búho campestre*
Pontoppidan, 1763
*Nordamerika, Europa, n Afrika und n Asien*

Asio flammeus cubensis
### Kubanische Sumpfohreule
Garrido, 2007
Kuba
Asio flammeus domingensis
### Hispaniola-Sumpfohreule
Müller, PLS, 1776
Hispaniola
Asio flammeus portoricensis
### Puerto Rico-Sumpfohreule
Ridgway, 1882
Puerto Rico
Asio flammeus bogotensis
### Bogota-Sumpfohreule
Chapman, 1915
Kolumbien, Ecuador und nw Peru
Asio flammeus galapagoensis
### Galapagos-Sumpfohreule
Gould, 1837
Galápagos
Asio flammeus pallidicaudus
### Surinam-Sumpfohreule
Friedmann, 1949
Venezuela, Guyana und Suriname
Asio flammeus suinda
### Peruanische Sumpfohreule
Vieillot, 1817
s Peru und s Brasilien bis Tierra del Fuego
Asio flammeus sanfordi
### Sanfords Sumpfohreule
Bangs, 1919
Falkland Is.
Asio flammeus sandwichensis
### Hawaii-Sumpfohreule
Bloxam, A, 1827
Hawaiian Is.
Asio flammeus ponapensis
### Ponapen-Sumpfohreule
Mayr, 1933
e Caroline Is.

Asio capensis
## Kapohreule
*Marsh Owl - Búho moro*
Smith, A, 1834
*Senegal und Gambia bis Äthiopien s bis Südafrika*

Asio capensis tingitanus
**Marokkoohreule**
Loche, 1867
n Marokko
Asio capensis hova
**Madagaskarohreule**
Stresemann, 1922
Madagascar (außer s)

Asio solomonensis
**Salomoneneule**
*Fearful Owl - Búho de las Salomón*
Hartert, EJO, 1901
Bougainville, Choiseul und Isabel (n. c Solomon Is.)

## Gattung: Jubula

Jubula lettii
**Mähnenkauz**
*Maned Owl - Búho de crin*
Büttikofer, 1889
Liberia bis Ghana; s Kamerun und Gabun bis e Demokratische Republik Kongo

## Gattung: Bubo

Bubo scandiacus
**Schneeeule**
*Snowy Owl - Búho nival*
Linnaeus, 1758
Arktisch zirkumpolar weit verbreitet

Bubo virginianus
**Virginiauhu**
*Great Horned Owl - Búho americano*
Gmelin, JF, 1788
se Kanada bis c, e USA

Bubo virginianus algistus
**Alaskauhu**
Oberholser, 1904
w Alaska
Bubo virginianus lagophonus
**Montanauhu**
Oberholser, 1904
c Alaska bis ne Oregon, Idaho und nw Montana (USA)
Bubo virginianus saturatus
**Ridgways Uhu**
Ridgway, 1877
Küste se Alaska bis Küste n California (USA)
Bubo virginianus pacificus
**Pazifikuhu**
Cassin, 1854
Küste c California (USA) bis nw Baja California (Mexico)
Bubo virginianus subarcticus
**Subarktischer Uhu**
Hoy, PR, 1853
wc Kanada bis n Idaho (USA)
Bubo virginianus pallescens
**Stones Uhu**
Stone, 1897
sw USA bis s Mexico
Bubo virginianus pinorum
**Idahouhu**
Dickerman & Johnson, AB, 2008
s Idaho bis n Arizona und n New Mexico (USA)
Bubo virginianus heterocnemis
**Kanadauhu**
Oberholser, 1904
ne Kanada bis Great Lakes Region
Bubo virginianus elachistus
**Brewsteruhu**
Brewster, 1902
s Baja California (Mexico)
Bubo virginianus mayensis
**Yucatanuhu**
Nelson, 1901
Yucatán Halbinsel (se Mexico)
Bubo virginianus mesembrinus
**Panamauhu**
Oberholser, 1904
s Mexico bis w Panama
Bubo virginianus nigrescens
**Berlepschs Uhu**
Berlepsch, 1884
Kolumbien bis nw Peru
Bubo virginianus nacurutu
**Südamerikanischer Uhu**
Vieillot, 1817
e Kolumbien über Guianas bis n, e Brasilien, Argentinien, Bolivien und c Peru
Bubo virginianus deserti
**Wüstenuhu**
Reiser, 1905
ne Brasilien (nc Bahia)

Bubo magellanicus
**Magellanuhu**
*Lesser Horned Owl - Búho magallánico*
Lesson, RP, 1828
c Peru bis Tierra del Fuego

Bubo bubo
**Uhu**
*Eurasian Eagle-Owl - Búho real*
Linnaeus, 1758
Skandinavien und Frankreich bis w Russland

Bubo bubo hispanus
**Spanischer Uhu**
Rothschild & Hartert, EJO, 1910
Iberische Halbinsel
Bubo bubo interpositus
**Türkenuhu**
Rothschild & Hartert, EJO, 1910
Türkei bis Bulgaria, Rumänien und s Ukraine
Bubo bubo nikolskii
**Nikolskis Uhu**
Zarudny, 1905
e Irak bis w Pakistan
Bubo bubo ruthenus
**Europäischer Uhu**
Buturlin & Zhitkov, 1906
c, e, s Europäisch Russland
Bubo bubo sibiricus
**Sibirischer Uhu**
Gloger, 1833
Ural Mts. von e Europäisch Russland und w Sibirien bis c, sw Sibirien
Bubo bubo yenisseensis
**Yenisseensuhu**
Buturlin, 1911
c Sibirien bis n Mongolei
Bubo bubo jakutensis
**Jakutensuhu**
Buturlin, 1908
nc, ne Sibirien
Bubo bubo turcomanus
**Mongolenuhu**
Eversmann, 1835
Kasachstan bis w Mongolei und nw China
Bubo bubo omissus
**Turkmenenuhu**
Dementiev, 1933
ne Iran und Turkmenistan bis w China
Bubo bubo hemachalanus
**Himalayauhu**
Hume, 1873
w Himalaya bis w Tibet
Bubo bubo tibetanus
**Tibetuhu**
Bianchi, 1906
Tibetische Hochebene
Bubo bubo tarimensis
**Tarimenuhu**
Buturlin, 1928
e Tarim Basin (w China) bis s Mongolei
Bubo bubo kiautschensis
**Koreanischer Uhu**
Reichenow, 1903
e China und Koreanische Halbinsel
Bubo bubo ussuriensis
**Ussuriuhu**
Poliakov, 1915
se Sibirien und e Mongolei bis ne China und e Sibirien
Bubo bubo borissowi
**Kurilenuhu**
Hesse, 1915
Sakhalin und Kuril Is. (vor se Sibirien)

Bubo bengalensis
**Bengalenuhu**
*Indian Eagle-Owl - Búho bengalí*
Franklin, 1831
Indien Subkontinent

Bubo ascalaphus
**Wüstenuhu**
*Pharaoh Eagle-Owl - Búho desértico*
Savigny, 1809
nw AF bis Arabische Halbinsel

Bubo capensis
**Kapuhu**
*Cape Eagle-Owl - Búho de El Cabo*
Smith, A, 1834
Südafrika und s Namibia

Bubo capensis dillonii
**Äthiopienuhu**
des Murs & Prévost, 1846
Äthiopien und Eritrea

Bubo capensis mackinderi
**Keniauhu**
Sharpe, 1899
Kenia bis w Mosambik

Bubo milesi
**Arabienuhu**
*Arabian Eagle-Owl - Búho árabe*
Sharpe, 1886
sw Saudi-Arabien und sw Jemen, ne Jemen und sw Oman, und n Oman (s Arabische Halbinsel)

Bubo cinerascens
**Grauuhu**
*Greyish Eagle-Owl - Búho ceniciento*
Guérin-Méneville, 1843
Senegal und Gambia bis Äthiopien und n Kenia

Bubo africanus
**Fleckenuhu**
*Spotted Eagle-Owl - Búho africano*
Temminck, 1821
s von Equator

## Gattung: Ketupa

Ketupa poensis
**Guineauhu**
*Fraser's Eagle-Owl - Búho de Guinea*
Fraser, 1854
Sierra Leone bis Uganda c Demokratische Republik Kongo und n Angola

Ketupa poensis vosseleri
**Tansaniauhu**
Reichenow, 1908
ne Tansania

Ketupa leucosticta
**Schwachschnabeluhu**
*Akun Eagle-Owl - Búho de Akún*
Hartlaub, 1855
Sierra Leone bis Ghana; Nigeria bis e Demokratische Republik Kongo und n Angola

Ketupa lactea
**Blassuhu**
*Verreaux's Eagle-Owl - Búho lechoso*
Temminck, 1820
Afrika weit verbreitet südlich der Sahara

Ketupa shelleyi
**Bindenuhu**
*Shelley's Eagle-Owl - Búho barrado*
Sharpe & Ussher, 1872
Sierra Leone bis Ghana; Kamerun bis e Demokratische Republik Kongo und Gabun

Ketupa blakistoni
**Riesenfischuhu**
*Blakiston's Fish Owl - Búho manchú*
Seebohm, 1884
Sakhalin, Kuril Is. (vor se Sibirien) und Hokkaido (n Japan)

Ketupa blakistoni doerriesi
**Westlicher Riesenfischuhu**
Seebohm, 1895
ne China und se Sibirien

Ketupa zeylonensis
**Fischuhu**
*Brown Fish Owl - Búho pescador de Ceilán*
Gmelin, JF, 1788
Sri Lanka

Ketupa zeylonensis semenowi
**Semenows Fischuhu**
Zarudny, 1905
se Türkei, Mittlerer Osten bis nw Indien
Ketupa zeylonensis leschenaulti
**Leschenaults Fischuhu**
Temminck, 1820
Indien über Myanmar bis w Thailand
Ketupa zeylonensis orientalis
**Orientfischuhu**
Delacour, 1926
ne Myanmar bis se China, Indochina und Malayische Halbinsel

Ketupa flavipes
**Himalajafischuhu**
*Tawny Fish Owl - Búho pescador leonado*
Hodgson, 1836
Himalaya bis se Asien

Ketupa ketupu
**Sundafischuhu**
*Buffy Fish Owl - Búho pescador malayo*
Horsfield, 1821
ne Indien über Myanmar bis Vietnam und Malaysische Halbinsel, Sumatra, Riau Is. (e von c
Sumatra), Bangka und Belitung (e von s Sumatra), Java, Bali und Borneo (außer Küste nw)

Ketupa ketupu pageli
**Küstenfischuhu**
Neumann, 1936
Küste nw Borneo
Ketupa ketupu minor
**Niasfischuhu**
Büttikofer, 1896
Nias (w von n Sumatra)

Ketupa sumatrana
**Malaienuhu**
*Barred Eagle-Owl - Búho malayo*
Raffles, 1822
s Myanmar, sw Thailand, Malayische Halbinsel, Sumatra und Bangka (e von s Sumatra)

Ketupa sumatrana strepitans
**Javauhu**
Temminck, 1823
Java und Bali
Ketupa sumatrana tenuifasciata
**Borneouhu**
Mees, 1964
Borneo

Ketupa nipalensis
**Nepaluhu**
*Spot-bellied Eagle-Owl - Búho nepalí*
Hodgson, 1836
Himalaya bis s Indien e bis Vietnam

Ketupa nipalensis blighi
**Sri Lanka-Uhu**
Legge, 1878
Sri Lanka

Ketupa coromanda
**Koromandeluhu**
*Dusky Eagle-Owl - Búho de Coromandel*
Latham, 1790
Pakistan, Indien, Nepal und Bangladesch

Ketupa coromanda klossii
**Klossis Uhu**
Robinson, 1911
s China bis s Myanmar und s Thailand

Ketupa philippensis
**Streifenuhu**
*Philippine Eagle-Owl - Búho filipino*
Kaup, 1851
Luzon und Catanduanes (n Philippinen)

Ketupa philippensis mindanensis
**Mindanao-Streifenuhu**
Ogilvie-Grant, 1906
Mindanao, Samar, Leyte und Bohol (s Philippinen)

## Gattung: Scotopelia

Scotopelia peli
**Bindenfischeule**
*Pel's Fishing Owl - Cárabo pescador común*
Bonaparte, 1850
Afrika weit verbreitet südlich der Sahara

Scotopelia ussheri
**Rotrücken-Fischeule**
*Rufous Fishing Owl - Cárabo pescador rojizo*
Sharpe, 1871
Sierra Leone bis Ghana

Scotopelia bouvieri
**Marmorfischeule**
*Vermiculated Fishing Owl - Cárabo pescador vermiculado*
Sharpe, 1875
Nigeria bis e Demokratische Republik Kongo und n Angola

## Gattung: Psiloscops

Psiloscops flammeolus
**Ponderosaeule**
*Flammulated Owl - Autillo flamulado*
Kaup, 1852
sw Kanada bis s Mexico

Gymnasio nudipes
**Nacktfußeule**
*Puerto Rican Owl - Autillo puertorriqueño*
Daudin, 1800
*Puerto Rico*

Gymnasio nudipes newtoni
**Newtons Nacktfußeule**
Lawrence, 1860
Virgin Is.

Gattung: Megascops

Megascops trichopsis
**Fleckenkreischeule**
*Whiskered Screech Owl - Autillo bigotudo*
Wagler, 1832
*c Mexico*

Megascops trichopsis aspersus
**Arizona-Fleckeneule**
Brewster, 1888
se Arizona (sw USA) und n Mexico
Megascops trichopsis mesamericanus
**Nikaragua-Fleckeneule**
Van Rossem, 1932
se Mexico bis nc Nicaragua

Megascops clarkii
**Nacktbein-Kreischeule**
*Bare-shanked Screech Owl - Autillo serrano*
Kelso, L & Kelso, EH, 1935
*Costa Rica bis nw Kolumbien*

Megascops albogularis
**Weißkehl-Kreischeule**
*White-throated Screech Owl - Autillo gorjiblanco*
Cassin, 1849
*e Anden bis n Ecuador*

Megascops albogularis obscurus
**Dunkle Weißkehleule**
Phelps, WH & Phelps, WH Jr, 1953
Perijá Mts. (nw Venezuela)
Megascops albogularis meridensis
**Venezuela-Weißkehleule**
Chapman, 1923
w Venezuela
Megascops albogularis macabrus
**Anden-Weißkehleule**
Bonaparte, 1850
w, c Anden von Kolumbien bis n Peru
Megascops albogularis remotus
**Bolivien-Weißkehleule**
Bond, J & Meyer de Schauensee, 1941
Peru bis c Bolivien

Megascops choliba
**Tropenkreischeule**
*Tropical Screech Owl - Autillo chóliba*
Vieillot, 1817
*s Brasilien und e Paraguay*

Megascops choliba luctisonus
**Costa Rica Tropeneule**
Bangs & Penard, TE, 1921
Costa Rica bis nw Kolumbien
Megascops choliba margaritae
**Margarita-Tropeneule**
Cory, 1915
Margarita Insel (vor n Venezuela)
Megascops choliba duidae
**Venezuela-Tropeneule**
Chapman, 1929
s Venezuela
Megascops choliba cruciger
**Spix-Tropeneule**
Spix, 1824
e Kolumbien und e Peru über Venezuela, Guianas bis ne Brasilien
Megascops choliba surutus
**Bolivinische Tropeneule**
Kelso, L, 1941
Bolivien
Megascops choliba decussatus
**Brasilianische Tropeneule**
Lichtenstein, MHC, 1823
c, e Brasilien
Megascops choliba wetmorei
**Argentinische Tropeneule**
Brodkorb, 1937
w Paraguay und n Argentinien
Megascops choliba uruguaii
**Uruguay-Tropeneule**
Hekstra, 1982
se Brasilien, Uruguay und ne Argentinien

Megascops barbarus
**Tropfenkreischeule**
*Bearded Screech Owl - Autillo barbudo*
Sclater, PL & Salvin, 1868
s Mexico und n Guatemala

Megascops cooperi
**Mangrovekreischeule**
*Pacific Screech Owl - Autillo de manglar*
Ridgway, 1878
sw Oaxaca bis Costa Rica

Megascops cooperi lambi
**Oaxaca-Mangroveeule**
Moore, RT & Marshall, JT Jr, 1959
c Oaxaca (sw Mexico)

Megascops kennicottii
**Westkreischeule**
*Western Screech Owl - Autillo californiano*
Elliot, DG, 1867
se Alaska bis nw California (USA)

Megascops kennicottii macfarlanei
**Wyomingkreischeule**
Brewster, 1891
se British Columbia (Kanada) bis ne California und Wyoming (USA)
Megascops kennicottii bendirei
**Oregonkreischeule**
Brewster, 1882
sc Oregon (nw USA) bis n Baja California (Mexico)
Megascops kennicottii aikeni
**Coloradokreischeule**
Brewster, 1891
w Texas w bis Colorado, Utah, Nevada und e California (w USA)
Megascops kennicottii cardonensis
**Cardonenkreischeule**
Huey, 1926
ne Baja California (Mexico)
Megascops kennicottii xantusi
**Xantuskreischeule**
Brewster, 1902
s Baja California (Mexico)
Megascops kennicottii yumanensis
**Arizonakreischeule**
Miller, AH & Miller, L, 1951
se California, sw Arizona (sw USA) und nw Sonora (Mexico)
Megascops kennicottii vinaceus
**Sonorakreischeule**
Brewster, 1888
s Sonora bis Sinaloa (n Mexico)
Megascops kennicottii suttoni
**Texaskreischeule**
Moore, RT, 1941
sw Texas (USA) bis Mexican plateau (c Mexico)

Megascops asio
**Ostkreischeule**
*Eastern Screech Owl - Autillo yanqui*
Linnaeus, 1758
se Kanada und ne USA bis c, ec USA

Megascops asio maxwelliae
**Maxwellkreischeule**
Ridgway, 1877
sc Kanada und nc USA
Megascops asio hasbroucki
**Hasbroukkreischeule**
Ridgway, 1914
sc USA
Megascops asio mccallii
**McCallikreischeule**
Cassin, 1854
s Texas (sc USA) bis ne Mexico
Megascops asio floridanus
**Floridakreischeule**
Ridgway, 1874
Louisiana bis Florida (se USA)

Megascops seductus
**Balsaskreischeule**
*Balsas Screech Owl - Autillo del Balsas*
Moore, RT, 1941
sw Mexico

Megascops guatemalae
**Rotgesicht-Kreischeule**
*Middle American Screech Owl - Autillo guatemalteco*
Sharpe, 1875
Yucatán Halbinsel, Cozumel Insel, se Veracruz und ne Oaxaca (Mexico) bis Honduras

Megascops guatemalae hastatus
**Sonora-Rotgesichteule**
Ridgway, 1887
Sonora und Chihuahua bis Sinaloa, Oaxaca (Mexico)

Megascops guatemalae cassini
**Tamaulipas-Rotgesichteule**
Ridgway, 1878
Tamaulipas bis n Veracruz (e Mexico)
Megascops guatemalae fuscus
**Veracruz-Rotgesichteule**
Moore, RT & Peters, JL, 1939
c Veracruz (e Mexico)
Megascops guatemalae dacrysistactus
**Nikaragua-Rotgesichteule**
Moore, RT & Peters, JL, 1939
n Nicaragua
Megascops guatemalae vermiculatus
**Panama-Rotgesichteule**
Ridgway, 1887
e Nicaragua, Costa Rica und w Panama

Megascops koepckeae
**Andenkreischeule**
*Koepcke's Screech Owl - Autillo de Koepcke*
Hekstra, 1982
nw Peru

Megascops koepckeae hockingi
**Hockings Andenkreischeule**
Fjeldså, Baiker, Engblom, Franke, Geale, Krabbe, Lane, Lezana, Schmitt, Williams, RSR,
Ugarte-Núñez, Yábar, V & Yábar, R, 2012
c Peru

Megascops ingens
**Rostkreischeule**
*Rufescent Screech Owl - Autillo pálido*
Salvin, 1897
n Ecuador bis c Bolivien

Megascops ingens venezuelanus
**Venezuelarostkreischaeule**
Phelps, WH & Phelps, WH Jr, 1954
n Kolumbien und nw Venezuela
Megascops ingens colombianus
**Kolumbienrostkreischaeule**
Traylor, 1952
w Kolumbien bis n Peru

Megascops petersoni
**Zimtkreischeule**
*Cinnamon Screech Owl - Autillo de Peterson*
Fitzpatrick & O'Neill, 1986
se Ecuador bis nw Peru

Megascops marshalli
**Nebelwald-Kreischeule**
*Cloud-forest Screech Owl - Autillo de Marshall*
Weske & Terborgh, 1981
SA : c, s Peru

Megascops hoyi
**Hoykreischeule**
*Yungas Screech Owl - Autillo fresco*
König, C & Straneck, 1989
s Bolivien bis nw Argentinien

Megascops centralis
**Chocókreischeule**
*Choco Screech Owl - Autillo de Chocó*
Hekstra, 1982
Canal Zone (Panama) s bis w Ecuador (bis nw Peru) und e Cauca und Magdalena Valleys von
Kolumbien

Megascops roraimae
**Roraima-Kreischeule**
*Foothill Screech Owl - Autillo de Roraima*
Salvin, 1897
Tepuis s Venezuela, Guyana, Suriname und Brasilien

Megascops roraimae pallidus
**Perija-Kreischeule**
Hekstra, 1982
Serranía de Perijá (n Kolumbien und Venezuela) und Küste Gebirge von n Venezuela
Megascops roraimae napensis
**Anden-Roraima-Kreischeule**
Chapman, 1928
e Anden von Kolumbien bis Bolivien

Megascops sanctaecatarinae
**Langohr-Kreischeule**
*Long-tufted Screech Owl - Autillo de Santa Catarina*
Salvin, 1897
se Brasilien, ne Argentinien und Uruguay

Megascops gilesi
**Santa-Marta-Kreischeule**
*Santa Marta Screech Owl - Autillo de Santa Marta*
Krabbe, 2017
nw Santa Marta Mts. (ne Kolumbien)

Megascops roboratus
**Buschkreischeule**
*West Peruvian Screech Owl - Autillo peruano*
Bangs & Noble, 1918
s Ecuador und nw Peru (zwischen w, c Anden)

Megascops roboratus pacificus
**Pazifische Buschkreischeule**
Hekstra, 1982
sw Ecuador und nw Peru (s bis Lambayeque)

Megascops watsonii
**Watsonkreischeule**
*Tawny-bellied Screech Owl - Autillo del Amazonas*
Cassin, 1849
n Amazonas

Megascops watsonii usta
**Südliche Watsonkreischeule**
Sclater, PL, 1858
s Amazonas

Megascops atricapilla
**Kappenkreischeule**
*Black-capped Screech Owl - Autillo capirotado*
Temminck, 1822
e Paraguay und se Brasilien



Pulsatrix perspicillata
**Brillenkauz**
*Spectacled Owl - Lechuzón de anteojos*
Latham, 1790
e Kolumbien über Guianas und Amazonasgebiet

Pulsatrix perspicillata saturata
**Mexikanischer Brillenkauz**
Ridgway, 1914
s Mexico bis w Panama
Pulsatrix perspicillata chapmani
**Chapmans Brillenkauz**
Griscom, 1932
e Costa Rica bis nw Peru
Pulsatrix perspicillata trinitatis
**Trinidad-Brillenkauz**
Bangs & Penard, TE, 1918
Trinidad
Pulsatrix perspicillata boliviana
**Bolivianischer Brillenkauz**
Kelso, L, 1933
s Bolivien und n Argentinien
Pulsatrix perspicillata pulsatrix
**Paraguay-Brillenkauz**
Wied-Neuwied, M, 1820
Paraguay, e Brasilien und ne Argentinien

Pulsatrix koeniswaldiana
**Gelbbrauenkauz**
*Tawny-browed Owl - Lechuzón acollarado chico*
Bertoni, MS & Bertoni, AW, 1901
se Brasilien, e Paraguay und ne Argentinien

Pulsatrix melanota
**Bindenkauz**
*Band-bellied Owl - Lechuzón acollarado grande*
Tschudi, 1844
se Kolumbien bis se Peru

Pulsatrix melanota philoscia
**Bolivianischer Bindenkauz**
Todd, 1947
w Bolivien



Lophostrix cristata
**Haubenkauz**
*Crested Owl - Búho corniblanco*
Daudin, 1800
Amazonasgebiet

Lophostrix cristata stricklandi
**Stricklands Haubenkauz**
Sclater, PL & Salvin, 1859
s Mexico bis w Panama und w Kolumbien

Lophostrix cristata wedeli
**Wedels Haubenkauz**
Griscom, 1932
e Panama, n Kolumbien und nw Venezuela



Strix seloputo
**Pagodenkauz**
*Spotted Wood Owl - Cárabo de las pagodas*
Horsfield, 1821
*Myanmar bis s Indochina, Malayische Halbinsel und Java*

Strix seloputo baweana
**Baewankauz**
Oberholser, 1917
Bawean (n von e Java)
Strix seloputo wiepkeni
**Palawankauz**
Blasius, W, 1888
Palawan und Calamian Is. (sw Philippinen)

Strix ocellata
**Mangokauz**
*Mottled Wood Owl - Cárabo ocelado*
Lesson, RP, 1839
*c, s Indien; sw Myanmar?*

Strix ocellata grisescens
**Nördlicher Mangokauz**
Koelz, 1950
nw, nc Indien
Strix ocellata grandis
**Großer Mangokauz**
Koelz, 1950
w Indien

Strix leptogrammica
**Malaienkauz**
*Brown Wood Owl - Cárabo oriental*
Temminck, 1832
*c, s Borneo*

Strix leptogrammica ticehursti
**Indochinesischer Braunkauz**
Delacour, 1930
se China und n Indochina
Strix leptogrammica caligata
**Taiwan-Braunkauz**
Swinhoe, 1863
Taiwan und Hainan
Strix leptogrammica laotiana
**Laos-Braunkauz**
Delacour, 1926
s Laos und c Vietnam
Strix leptogrammica newarensis
**Nepal-Braunkauz**
Hodgson, 1836
n Indien, Nepal und Bangladesch
Strix leptogrammica indranee
**Indischer Braunkauz**
Sykes, 1832
c, s Indien
Strix leptogrammica ochrogenys
**Sri Lanka-Braunkauz**
Hume, 1873
Sri Lanka
Strix leptogrammica maingayi
**Malayischer Braunkauz**
Hume, 1878
Malayische Halbinsel
Strix leptogrammica myrtha
**Sumatra-Braunkauz**
Bonaparte, 1850
Sumatra
Strix leptogrammica nyctiphasma
**Banyak-Braunkauz**
Oberholser, 1924
Banyak Is. (w von n Sumatra)
Strix leptogrammica niasensis
**Nias-Braunkauz**
Salvadori, 1887
Nias (w von n Sumatra)
Strix leptogrammica chaseni
**Belitung-Braunkauz**
Hoogerwerf & de Boer, 1947
Belitung (e von s Sumatra)
Strix leptogrammica vaga
**Borneo-Braunkauz**
Mayr, 1938
n Borneo
Strix leptogrammica bartelsi
**Java-Braunkauz**
Finsch, 1906
Gebirge Java

Strix aluco
**Waldkauz**
*Tawny Owl - Cárabo común*
Linnaeus, 1758
*n, c, se Europa über Ukraine und Europäisch Russland*

Strix aluco biddulphi
**Indischer Waldkauz**
Scully, 1881
Pakistan und nw Indien
Strix aluco harmsi
**Usbekischer Waldkauz**
Zarudny, 1911
Kasachstan, Usbekistan und Kirgisistan
Strix aluco sanctinicolai
**Iranischer Waldkauz**
Zarudny, 1905
ne Irak und w Iran
Strix aluco siberiae
**Sibirischer Waldkauz**
Dementiev, 1934
Ural Mts. bis w Sibirien
Strix aluco sylvatica
**Südeuropäischer Waldkauz**
Shaw, 1809
w, s Europa und w Türkei
Strix aluco willkonskii
**Türkischer Waldkauz**
Menzbier, 1896
ne Türkei und nw Iran bis Turkmenistan

Strix mauritanica
**Maghrebkauz**
*Maghreb Owl - Cárabo del Magreb*
Witherby, 1905
*nw Afrika*

Strix nivicolum
**Himalajakauz**
*Himalayan Owl - Cárabo del Himalaya*
Blyth, 1845
*ne Indien und Nepal bis se China, Myanmar und Vietnam*

Strix nivicolum yamadae
**Taiwan-Waldkauz**
Yamashina, 1936
s Taiwan
Strix nivicolum ma
**Korea-Waldkauz**
Clark, AH, 1907
ne China und Koreanische Halbinsel

Strix hadorami
**Fahlkauz**
*Desert Owl - Cárabo árabe*
Kirwan, Schweizer & Copete, 2015
*Red Sea Küste von Ägypten und Sudan, Sinai Halbinsel, s, e Israel, w Jordanien und über Saudi-Arabien, Jemen und s Oman*

Strix butleri
**Omankauz**
*Omani Owl - Cárabo de Omán*
Hume, 1878
*Gebirge ne UAE, n Oman und ne Iran*

Strix occidentalis
**Fleckenkauz**
*Spotted Owl - Cárabo californiano*
Xántus, J, 1860
*s California (USA) und n Baja California (Mexico)*

Strix occidentalis caurina
**Nördlicher Fleckenkauz**
Merriam, 1898
s British Columbia (Kanada) bis n California (USA)
Strix occidentalis lucida
**Südlicher Fleckenkauz**
Nelson, 1903
sw USA bis c Mexico
Strix occidentalis juanaphillipsae
**Mexikanischer Fleckenkauz**
Dickerman, 1997
c Mexico

Strix varia
**Streifenkauz**
*Barred Owl - Cárabo norteamericano*
Barton, 1799
*se Alaska und s Kanada über se, sc USA*

Strix sartorii
**Mexikokauz**
*Cinereous Owl - Cárabo mexicano*
Ridgway, 1874
*c Mexico*

Strix fulvescens
**Gelbkauz**
*Fulvous Owl - Cárabo guatemalteco*
Sclater, PL & Salvin, 1868
*s Mexico bis El Salvador*

Strix hylophila
**Brasilkauz**
*Rusty-barred Owl - Cárabo guatemalteco*
Temminck, 1825
*se Brasilien, e Paraguay und ne Argentinien*

Strix chacoensis
**Chacokauz**
*Chaco Owl - Cárabo chaqueño*
Cherrie & Reichenberger, 1921
*s Bolivien und w Paraguay bis c Argentinien*

Strix rufipes
**Rotfußkauz**
*Rufous-legged Owl - Cárabo bataraz*
King, PP, 1827
*s Chile und s Argentinien*

    Strix rufipes sanborni
    **Sanborns Rotfußkauz**
    Wheeler, 1938
    Chiloe Insel (w von c Chile)

Strix uralensis
**Habichtskauz**
*Ural Owl - Cárabo uralense*
Pallas, 1771
*e Europäisch Russland bis w Sibirien*

    Strix uralensis macroura
    **Südeuropäischer Habichtskauz**
    Wolf, 1810
    c, se Europa
    Strix uralensis liturata
    **Osteuropäischer Habichtskauz**
    Lindroth, 1788
    n Polen und Skandinavien bis nw Russland
    Strix uralensis yenisseensis
    **Sibirischer Habichtskauz**
    Buturlin, 1915
    c Sibirien und ne Sibirien bis nw Mongolein plateau
    Strix uralensis daurica
    **Daurischer Habichtskauz**
    Stegmann, 1929
    sc Sibirien und ne Mongolei bis w, n Amurland (se Sibirien) und w, n Manchuria (ne China)
    Strix uralensis nikolskii
    **Amur-Habichtskauz**
    Buturlin, 1907
    e Amurland (se Sibirien), Sakhalin, ne China und Koreanische Halbinsel
    Strix uralensis japonica
    **Japanischer Habichtskauz**
    Clark, AH, 1907
    s Kuril Is. und Hokkaido (Japan)
    Strix uralensis hondoensis
    **Hondo-Habichtskauz**
    Clark, AH, 1907
    n Honshu (Japan)
    Strix uralensis momiyamae
    **Momiyama-Habichtskauz**
    Taka-Tsukasa, 1931
    c Honshu (Japan)
    Strix uralensis fuscescens
    **Honshu-Habichtskauz**
    Temminck & Schlegel, 1845
    w, s Honshu (Japan)
    Strix uralensis davidi
    **Sichuankauz**
    Sharpe, 1875
    c China

Strix nebulosa
**Bartkauz**
*Great Grey Owl - Cárabo lapón*
Forster, JR, 1772
*n Nordamerika*

    Strix nebulosa lapponica
    **Lapplandbartkauz**
    Thunberg, 1798
    n Europa und n Asien

Strix woodfordii
**Afrikakauz**
*African Wood Owl - Cárabo africano*
Smith, A, 1834
*s Angola und Demokratische Republik Kongo bis sw Tansania und Südafrika*

Strix woodfordii umbrina
**Äthiopischer Waldkauz**
Heuglin, 1863
se Sudan und Äthiopien
Strix woodfordii nigricantior
**Somailscher Waldkauz**
Sharpe, 1897
s Somalia bis Tansania und e Demokratische Republik Kongo
Strix woodfordii nuchalis
**Senegal-Waldkauz**
Sharpe, 1870
Senegal und Gambia bis s Sudan s bis n Angola, c Demokratische Republik Kongo und Uganda

Strix virgata
**Sprenkelkauz**
*Mottled Owl - Cárabo café*
Cassin, 1849
*e Panama bis Kolumbien, Ecuador, Venezuela und Trinidad*

    Strix virgata squamulata
    **Westlicher Sprenkelkauz**
    Bonaparte, 1850
    w Mexico
    Strix virgata tamaulipensis
    **Nördlicher Sprenkelkauz**
    Phillips, JC, 1911
    ne Mexico
    Strix virgata centralis
    **Südlicher Sprenkelkauz**
    Griscom, 1929
    s Mexico bis w Panama
    Strix virgata macconnelli
    **Guyanas-Sprenkelkauz**
    Chubb, C, 1916
    Guianas
    Strix virgata superciliaris
    **Brasilianischer Sprenkelkauz**
    Pelzeln, 1863
    nc, ne Brasilien
    Strix virgata borelliana
    **Argentinischer Sprenkelkauz**
    Bertoni, AW, 1901
    s Brasilien, Paraguay und ne Argentinien

Strix nigrolineata
**Bindenhalskauz**
*Black-and-white Owl - Cárabo blanquinegro*
Sclater, PL, 1859
*c Mexico bis Venezuela und Peru*

Strix huhula
**Zebrakauz**
*Black-banded Owl - Cárabo negro*
Daudin, 1800
*Kolumbien, Venezuela und Guianas s bis e Peru, e Bolivien, nw Argentinien und ec Brasilien*

    Strix huhula albomarginata
    **Spix-Zebrakauz**
    Spix, 1824
    se Brasilien, Paraguay und ne Argentinien

Strix albitarsis
**Rötelkauz**
*Rufous-banded Owl - Cárabo patiblanco*
Bonaparte, 1850
*Kolumbien, Ecuador, Venezuela*

    Strix albitarsis opaca
    **Peruanischer Rötelkauz**
    Peters, JL, 1943
    c Peru
    Strix albitarsis tertia
    **Bolivianischer Rötelkauz**
    Todd, 1947
    Bolivien

## Ordnung: COLIIFORMES Mausvögel)

### Familie: Coliidae (Mausvögel)

Gattung: Colius

Colius striatus
**Braunflügel-Mausvogel**
*Speckled Mousebird - Pájaro ratón común*
Gmelin, JF, 1789
*s Südafrika*

    Colius striatus nigricollis
    **Ghana-Braunflügel-Mausvogel**
    Vieillot, 1817
    Ghana und Nigeria bis sw Zentralafrikanische Republik und s bis w Angola und sw Demokratische Republik Kongo

Colius striatus leucophthalmus
**Kongo-Braunflügel-Mausvogel**
Chapin, 1921
n Demokratische Republik Kongo, se Zentralafrikanische Republik und sw Sudan
Colius striatus leucotis
**Eritrea-Braunflügel-Mausvogel**
Rüppell, 1839
e Sudan, Eritrea und w, c Äthiopien
Colius striatus hilgerti
**Dschibuti-Braunflügel-Mausvogel**
Zedlitz, 1910
sw Dschibuti, ne Äthiopien und nw Somalia
Colius striatus jebelensis
**Uganda-Braunflügel-Mausvogel**
Mearns, 1915
s Sudan, ne Demokratische Republik Kongo und n Uganda
Colius striatus mombassicus
**Somalia-Braunflügel-Mausvogel**
Van Someren, 1919
s Somalia bis ne Tansania
Colius striatus kikuyensis
**Kenia-Braunflügel-Mausvogel**
Van Someren, 1919
c Kenia und n Tansania
Colius striatus cinerascens
**Tansania-Braunflügel-Mausvogel**
Neumann, 1900
w, c Tansania
Colius striatus affinis
**Mosambik-Braunflügel-Mausvogel**
Shelley, 1885
e Tansania bis ne Simbabwe und n Mosambik
Colius striatus berlepschi
**Sambia-Braunflügel-Mausvogel**
Hartert, EJO, 1899
sw Tansania bis ne Sambia und Malawi
Colius striatus kiwuensis
**Burundi-Braunflügel-Mausvogel**
Reichenow, 1908
e Demokratische Republik Kongo, c, s Uganda, Rwanda, Burundi und nw Tansania
Colius striatus congicus
**Angola-Braunflügel-Mausvogel**
Reichenow, 1923
e Angola bis s, se Demokratische Republik Kongo und w Sambia
Colius striatus simulans
**Malawi-Braunflügel-Mausvogel**
Clancey, 1979
c Mosambik und se Malawi
Colius striatus integralis
**Südafrika-Braunflügel-Mausvogel**
Clancey, 1957
ne Südafrika, se Simbabwe und s Mosambik
Colius striatus rhodesiae
**Simbabwe-Braunflügel-Mausvogel**
Grant, CHB & Mackworth-Praed, 1938
e Simbabwe und w Mosambik
Colius striatus minor
**Swaziland-Braunflügel-Mausvogel**
Cabanis, 1876
e Südafrika und Swaziland

Colius leucocephalus
**Weißkopf-Mausvogel**
*White-headed Mousebird - Pájaro ratón cabeciblanco*
Reichenow, 1879
s Äthiopien, s Somalia, se Kenia bis ne Tansania

Colius leucocephalus turneri
**Kenia-Weißkopf-Mausvogel**
Van Someren, 1919
n Kenia

Colius castanotus
**Rotrücken-Mausvogel**
*Red-backed Mousebird - Pájaro ratón dorsirrojo*
Verreaux, J & Verreaux, É, 1855
w Angola

Colius colius
**Weißrücken-Mausvogel**
*White-backed Mousebird - Pájaro ratón dorsiblanco*
Linnaeus, 1766
s, c Südafrika

Colius colius damarensis
**Damara-Weißrücken-Mausvogel**
Reichenow, 1899
Namibia, s Botswana und w, nw Südafrika


Gattung: Urocolius

Urocolius macrourus
**Blaunacken-Mausvogel**
*Blue-naped Mousebird - Pájaro ratón nuquiazul*
Linnaeus, 1766
Mauretanien, Senegal und Gambia bis e Äthiopien
Urocolius macrourus laeneni

**Niger-Blaunacken-Mausvogel**
Niethammer, 1955
Aïr Mts. (Niger)
Urocolius macrourus abyssinicus
**Somalia-Blaunacken-Mausvogel**
Schifter, 1975
c, s Äthiopien bis nw Somalia
Urocolius macrourus pulcher
**Uganda-Blaunacken-Mausvogel**
Neumann, 1900
se Sudan und s Somalia über Kenia bis ne Uganda und n Tansania
Urocolius macrourus griseogularis
**Kongo-Blaunacken-Mausvogel**
Van Someren, 1919
s Sudan und e Demokratische Republik Kongo e bis w Tansania
Urocolius macrourus massaicus
**Tansania-Blaunacken-Mausvogel**
Schifter, 1975
c bis e Tansania

Urocolius indicus
**Rotzügel-Mausvogel**
*Red-faced Mousebird - Pájaro ratón carirrojo*
Latham, 1790
s, c Südafrika

Urocolius indicus mossambicus
**Reichenows Rotzügel-Mausvogel**
Reichenow, 1896
e Angola bis sw Tansania und Malawi
Urocolius indicus lacteifrons
**Sharps Rotzügel-Mausvogel**
Sharpe, 1892
w Angola, n, c Namibia und w Botswana
Urocolius indicus pallidus
**Tansania-Rotzügel-Mausvogel**
Reichenow, 1896
se Tansania und ne Mosambik
Urocolius indicus transvaalensis
**Südafrika-Rotzügel-Mausvogel**
Roberts, 1922
c, e Botswana und sw Sambia bis c, s Mosambik und w, n, e Südafrika

# Ordnung: LEPTOSOMIFORMES (Kuckucksroller)

## Familie: Leptosomidae (Kurole)

Gattung: Leptosomus

Leptosomus discolor
**Kuckucksroller**
*Cuckoo-roller - Carraca curol*
Hermann, 1783
*Mohéli und Mayotte (wc, se Comoros) und Madagascar*

Leptosomus discolor gracilis
**Comorokurol**
Milne-Edwards & Oustalet, 1885
Gebirge Grande Comore (=Njazidja; nw Comoros)
Leptosomus discolor intermedius
**Anjouankurol**
Hartert, EJO & Neumann, 1924
Gebirge Anjouan (=Nzwani; ec Comoros)

# Ordnung: TROGONIFORMES (Trogona)

## Familie: Trogonidae (Trogone)

Gattung: Apaloderma

Apaloderma narina
**Narinatrogon**
*Narina Trogon - Trogón de Narina*
Stephens, 1815
*Äthiopien bis Angola und Südafrika*

Apaloderma narina constantia
**Sharps Narinatrogon**
Sharpe & Ussher, 1872
Sierra Leone bis Ghana
Apaloderma narina brachyurum
**Chapins Narinatrogon**
Chapin, 1923
se Nigeria und Kamerun bis Demokratische Republik Kongo und Uganda
Apaloderma narina littorale
**Somalia-Narinatrogon**
Van Someren, 1931
s Somalia bis e Tansania und Mosambik

Apaloderma aequatoriale
## Gelbwangentrogon
*Bare-cheeked Trogon - Trogón carigualdo*
Sharpe, 1901
*se Nigeria bis s Gabun und c, ne Demokratische Republik Kongo*

Apaloderma vittatum
## Bergtrogon
*Bar-tailed Trogon - Trogón montano*
Shelley, 1882
*se Nigeria und w Kamerun; c Angola, Uganda und e Demokratische Republik Kongo, Kenia bis Mosambik*

## Gattung: Apalharpactes

Apalharpactes reinwardtii
## Javatrogon
*Javan Trogon - Trogón de Java*
Temminck, 1822
*Gebirge w Java*

Apalharpactes mackloti
## Sumatratrogon
*Sumatran Trogon - Trogón de Sumatra*
Müller, S, 1836
*Gebirge Sumatra*

## Gattung: Harpactes

Harpactes fasciatus
## Malabartrogon
*Malabar Trogon - Trogón malabar*
Pennant, 1769
*Sri Lanka*

   Harpactes fasciatus malabaricus
### Westlicher Malabartrogon
Gould, 1834
*w, s Indien*
   Harpactes fasciatus legerli
### Indischer Malabartrogon
Koelz, 1939
*c Indien*

Harpactes kasumba
## Rotnackentrogon
*Red-naped Trogon - Trogón kasumba*
Raffles, 1822
*Malayische Halbinsel und Sumatra*

   Harpactes kasumba impavidus
### Borneo-Rotnackentrogon
Chasen & Kloss, 1931
*Borneo*

Harpactes diardii
## Diardtrogon
*Diard's Trogon - Trogón de Diard*
Temminck, 1832
*Bangka (e von s Sumatra) und Borneo*

   Harpactes diardii sumatranus
### Sumatra-Diardtrogon
Blasius, W, 1896
*Malayische Halbinsel, Sumatra und Lingga Is. (e von c Sumatra)*

Harpactes ardens
## Philippinentrogon
*Philippine Trogon - Trogón filipino*
Temminck, 1826
*Basilan, Dinagat und Mindanao (s Philippinen)*

   Harpactes ardens herberti
### Luzontrogon
Parkes, 1970
*ne Luzon (n Philippinen)*
   Harpactes ardens luzoniensis
### Marinduquetrogon
Rand & Rabor, 1952
*Luzon (außer ne), Marinduque und Catanduanes (n Philippinen)*
   Harpactes ardens minor
### Polillotrogon
Manuel, 1958
*Polillo Insel (n Philippinen)*
   Harpactes ardens linae
### Leytetrogon
Rand & Rabor, 1959
*Bohol, Leyte und Samar (c Philippinen)*

Harpactes whiteheadi
## Graubrusttrogon
*Whitehead's Trogon - Trogón de Borneo*
Sharpe, 1888
*Gebirge n Borneo*

Harpactes orrhophaeus
## Zimtbürzeltrogon
*Cinnamon-rumped Trogon - Trogón canela*
Cabanis & Heine, 1863
*Malayische Halbinsel und Sumatra*

   Harpactes orrhophaeus vidua
### Borneo-Zimtbürzeltrogon
Ogilvie-Grant, 1892
*Borneo*

Harpactes duvaucelii
## Rotbürzeltrogon
*Scarlet-rumped Trogon - Trogón culirrojo*
Temminck, 1824
*Malayische Halbinsel, Sumatra, Batu Is. (w von c Sumatra), Riau Is. (e von c Sumatra), Bangka und Belitung (e von s Sumatra), Natuna Is. (nw von Borneo) und Borneo*

Harpactes oreskios
## Orangebauchtrogon
*Orange-breasted Trogon - Trogón pechinaranja*
Temminck, 1823
*Java*

   Harpactes oreskios stellae
### Stellas Orangebrusttrogon
Deignan, 1941
*sw China, s Myanmar und Indochina*
   Harpactes oreskios uniformis
### Sumatra-Orangebrusttrogon
Robinson, 1917
*Malayische Halbinsel und Sumatra*
   Harpactes oreskios dulitensis
### Borneo-Orangebrusttrogon
Ogilvie-Grant, 1892
*Borneo*
   Harpactes oreskios nias
### Nias-Orangebrusttrogon
Meyer de Schauensee & Ripley, 1940
*Nias (w von n Sumatra)*

Harpactes erythrocephalus
## Rotkopftrogon
*Red-headed Trogon - Trogón cabecirrojo*
Gould, 1834
*c Himalaya und ne Indien bis Myanmar und nw Thailand*

   Harpactes erythrocephalus helenae
### Helenas Rotkopftrogon
Mayr, 1941
*s China und n Myanmar*
   Harpactes erythrocephalus yamakanensis
### Südchinesischer Rotkopftrogon
Rickett, 1899
*se China*
   Harpactes erythrocephalus intermedius
### Kleiner Rotkopftrogon
Kinnear, 1925
*Yunnan (s China), n Laos und n Vietnam*
   Harpactes erythrocephalus annamensis
### Thailand-Rotkopftrogon
Robinson & Kloss, 1919
*ne, ec Thailand und s Indochina*
   Harpactes erythrocephalus klossi
### Kambodscha-Rotkopftrogon
Robinson, 1915
*Krâvanh Mts. (w Kambodscha und se Thailand)*
   Harpactes erythrocephalus chaseni
### Malaysia-Rotkopftrogon
Riley, 1934
*c, s Malayische Halbinsel*
   Harpactes erythrocephalus hainanus
### Hainan-Rotkopftrogon
Ogilvie-Grant, 1900
*Hainan Insel (vor se China)*
   Harpactes erythrocephalus flagrans
### Sumatra-Rotkopftrogon
Müller, S, 1836
*Gebirge Sumatra*

Harpactes wardi
## Rosenschwanztrogon
*Ward's Trogon - Trogón de Ward*
Kinnear, 1927
*ne Indien bis n Vietnam*

Euptilotis neoxenus
**Kiefernquetzal**
*Eared Quetzal - Trogón orejón*
Gould, 1838
*w Mexico*



Pharomachrus pavoninus
**Pfauenquetzal**
*Pavonine Quetzal - Quetzal pavonino*
Spix, 1824
*Amazonasgebiet*

Pharomachrus auriceps
**Goldkopftrogon**
*Golden-headed Quetzal - Quetzal cabecidorado*
Gould, 1842
*e Panama und n Kolumbien bis n Bolivien*

> Pharomachrus auriceps hargitti
> **Hargitts Goldkopftrogon**
> Oustalet, 1891
> nw Venezuela

Pharomachrus mocinno
**Quetzal**
*Resplendent Quetzal - Quetzal guatemalteco*
de la Llave, 1832
*s Mexico bis n Nicaragua*

> Pharomachrus mocinno costaricensis
> **Costa Rica-Quetzal**
> Cabanis, 1869
> Costa Rica und w Panama

Pharomachrus fulgidus
**Glanztrogon**
*White-tipped Quetzal - Quetzal fúlgido*
Gould, 1838
*n Venezuela*

> Pharomachrus fulgidus festatus
> **Bangs Glanztrogon**
> Bangs, 1899
> n Kolumbien

Pharomachrus antisianus
**Kammtrogon**
*Crested Quetzal - Quetzal crestado*
d'Orbigny, 1837
*Venezuela bis n Bolivien*



Priotelus temnurus
**Kubatrogon**
*Cuban Trogon - Trogón tocororo*
Temminck, 1825
*Kuba*

> Priotelus temnurus vescus
> **Juventudtrogon**
> Bangs & Zappey, 1905
> Isle von Pines

Priotelus roseigaster
**Hispaniolatrogon**
*Hispaniolan Trogon - Trogón de La Española*
Vieillot, 1817
*Hispaniola*



Trogon clathratus
**Sperberschwanztrogon**
*Lattice-tailed Trogon - Trogón colibarrado*
Salvin, 1866
*Costa Rica und Panama*

Trogon massena
**Schieferschwanztrogon**
*Slaty-tailed Trogon - Trogón grande*
Gould, 1838
*se Mexico bis Nicaragua*

Trogon massena hoffmanni
**Hoffmanns Schieferschwanztrogon**
Cabanis & Heine, 1863
Costa Rica und Panama
Trogon massena australis
**Chapmanns Schieferschwanztrogon**
Chapman, 1915
w Kolumbien und nw Ecuador

Trogon comptus
**Blauschwanztrogon**
*Choco Trogon - Trogón coliazul*
Zimmer, JT, 1948
*w Kolumbien und nw Ecuador*

Trogon mesurus
**Guayaquiltrogon**
*Ecuadorian Trogon - Trogón colinegro occidental*
Cabanis & Heine, 1863
*w Ecuador und nw Peru*

Trogon melanurus
**Schwarzschwanztrogon**
*Black-tailed Trogon - Trogón colinegro común*
Swainson, 1838
*e Kolumbien bis Guianas s bis n Bolivien und e Brasilien*

> Trogon melanurus macroura
> **Goulds Schwarzschwanztrogon**
> Gould, 1838
> e Panama und n Kolumbien
> Trogon melanurus eumorphus
> **Zimmers Schwarzschwanztrogon**
> Zimmer, JT, 1948
> w Amazonasgebiet

Trogon melanocephalus
**Schwarzkopftrogon**
*Black-headed Trogon - Trogón cabecinegro*
Gould, 1836
*se Mexico bis n Costa Rica*

Trogon citreolus
**Graukopftrogon**
*Citreoline Trogon - Trogón citrino*
Gould, 1835
*w Mexico*

> Trogon citreolus sumichrasti
> **Südlicher Graukopftrogon**
> Brodkorb, 1942
> s Mexico

Trogon chionurus
**Weißschwanztrogon**
*White-tailed Trogon - Trogón coliblanco*
Sclater, PL & Salvin, 1871
*Panama bis w Ecuador*

Trogon bairdii
**Bairdtrogon**
*Baird's Trogon - Trogón de Baird*
Lawrence, 1868
*Costa Rica und Panama*

Trogon viridis
**Grünmanteltrogon**
*Green-backed Trogon - Trogón dorsiverde*
Linnaeus, 1766
*Trinidad, Amazonasgebiet und se Brasilien*

Trogon caligatus
**Grünschwanztrogon**
*Gartered Trogon - Trogón violáceo*
Gould, 1838
*n Kolumbien und w Venezuela*

> Trogon caligatus sallaei
> **Bonapartetrogon**
> Bonaparte, 1856
> s Mexico bis Costa Rica
> Trogon caligatus concinnus
> **Lawrencetrogon**
> Lawrence, 1862
> Panama über w Kolumbien bis w Ecuador und nw Peru

Trogon ramonianus
**Amazonastrogon**
*Amazonian Trogon - Trogón Amazónico*
Deville & des Murs, 1849
*w Amazonasgebiet*

Trogon ramonianus crissalis
**Östlicher Amazonastrogon**
Cabanis & Heine, 1863
ec Amazonasgebiet Brasilien (zwischen Madeira und Tapajós Rivers)

Trogon violaceus
**Veilchentrogon**
*Guianan Trogon - Trogón de las Guayanas*
Gmelin, JF, 1788
*s Venezuela, n Brasilien, Guianas und Trinidad*

Trogon curucui
**Blauscheiteltrogon**
*Blue-crowned Trogon - Trogón curucuí*
Linnaeus, 1766
*e Brasilien*

Trogon curucui peruvianus
**Peruanischer Blauscheiteltrogon**
Swainson, 1838
s Kolumbien bis Bolivien und c Brasilien
Trogon curucui behni
**Goulds Blauscheiteltrogon**
Gould, 1875
e Bolivien, sw Brasilien, Paraguay und n Argentinien

Trogon surrucura
**Surucuátrogon**
*Surucua Trogon - Trogón surucuá meridional*
Vieillot, 1817
*Paraguay, s Brasilien, Uruguay und n Argentinien*

Trogon surrucura aurantius
**Östlicher Surucuatrogon**
Spix, 1824
e Brasilien

Trogon tenellus
**Nördlicher Schwarzkehltrogon**
*Northern Black-throated Trogon - Trogón Amarillo del norte*
Cabanis, 1862
*se Honduras bis nw Kolumbien*

Trogon cupreicauda
**Choco-Schwarzkehltrogon**
*Choco Black-throated Trogon - Trogón Choco*
Chapman, 1914
*w Kolumbien und w Ecuador*

Trogon rufus
**Schwarzkehltrogon**
*Black-throated Trogon - Trogón amarillo*
Gmelin, JF, 1788
*e Venezuela, Guianas und n Brasilien*

Trogon rufus sulphureus
**Ekuador Schwarzkehltrogon**
Spix, 1824
se Kolumbien, e Ecuador, ne Peru und w Brasilien
Trogon rufus amazonicus
**Amazonas-Schwarzkehltrogon**
Todd, 1943
ne Brasilien

Trogon chrysochloros
**Atlantik-Schwarzkehltrogon**
*Atlantic Black-throated Trogon - Trogón atlantico*
Pelzeln, 1856
*s Brasilien, Paraguay und ne Argentinien*

Trogon chrysochloros muriciensis
**Murici-Schwarzkehltrogon**
Dickens, JK; Bitton, PP; Bravo, GA; Silveira, LF 2021
Alagoas, Brazil (Murici forest)

Trogon elegans
**Kupfertrogon**
*Elegant Trogon - Trogón elegante*
Gould, 1834
*Guatemala*

Trogon elegans canescens
**Arizona-Kupfertrogon**
Van Rossem, 1934
s Arizona (USA) und nw Mexico
Trogon elegans ambiguus
**Texas-Kupfertrogon**
Gould, 1835
s Texas (USA) und e, c Mexico
Trogon elegans lubricus
**Costa Rica-Kupfertrogon**
Peters, JL, 1945
Honduras, Nicaragua und Costa Rica

Trogon elegans goldmani
**Goldmans Kupfertrogon**
Nelson, 1898
Tres Marías Is. (vor w Mexico)

Trogon mexicanus
**Bronzetrogon**
*Mountain Trogon - Trogón mexicano*
Swainson, 1827
*c Mexico bis Honduras*

Trogon mexicanus clarus
**Nördlicher Kupfertrogon**
Griscom, 1932
nw Mexico

Trogon collaris
**Jungferntrogon**
*Collared Trogon - Trogón acollarado*
Vieillot, 1817
*Kolumbien bis n Bolivien, wc Brasilien, Guianas, Trinidad und Tobago*

Trogon collaris puella
**Goulds Jungferntrogon**
Gould, 1845
c Mexico bis w Panama
Trogon collaris underwoodi
**Costa Rica-Jungferntrogon**
Bangs, 1908
nw Costa Rica
Trogon collaris aurantiiventris
**Panama-Jungferntrogon**
Gould, 1856
c Costa Rica und w Panama
Trogon collaris extimus
**Nordpanama-Jungferntrogon**
Griscom, 1929
ne Panama
Trogon collaris heothinus
**Darien-Jungferntrogon**
Wetmore, 1967
Darién (e Panama)
Trogon collaris virginalis
**Ekuador-Jungferntrogon**
Cabanis & Heine, 1863
w Kolumbien, w Ecuador und nw Peru
Trogon collaris subtropicalis
**Kolumbien-Jungferntrogon**
Zimmer, JT, 1948
c Kolumbien
Trogon collaris exoptatus
**Venezuela-Jungferntrogon**
Cabanis & Heine, 1863
n Venezuela
Trogon collaris castaneus
**Brasilien-Jungferntrogon**
Spix, 1824
se Kolumbien und nw Brasilien bis e Peru, n Bolivien und e Brasilien

Trogon personatus
**Maskentrogon**
*Masked Trogon - Trogón enmascarado*
Gould, 1842
*e Kolumbien und w Venezuela bis e Peru*

Trogon personatus sanctaemartae
**Santa Maria-Maskentrogon**
Zimmer, JT, 1948
Santa Marta Mts. (ne Kolumbien)
Trogon personatus ptaritepui
**Tepui-Maskentrogon**
Zimmer, JT & Phelps, WH, 1946
Tepuis s Venezuela
Trogon personatus duidae
**Duida-Maskentrogon**
Chapman, 1929
Mt. Duida (s Venezuela)
Trogon personatus roraimae
**Roraima-Maskentrogon**
Chapman, 1929
Mt. Roraima und Tepuis (se Venezuela und w Guyana)
Trogon personatus assimilis
**Peru-Maskentrogon**
Gould, 1846
w Kolumbien, w Ecuador und nw Peru
Trogon personatus temperatus
**Ekuador-Maskentrogon**
Chapman, 1923
c Kolumbien und Ecuador
Trogon personatus heliothrix
**Peruanischer Maskentrogon**
Tschudi, 1844
Peru
Trogon personatus submontanus
**Todds Maskentrogon**
Todd, 1943
se Peru und Bolivien

## Ordnung: BUCEROTIFORMES (Hornvogelartige)

### Familie: Upupidae (Wiedehopfe)

#### Gattung: Upupa

Upupa epops
**Wiedehopf**
*Eurasian Hoopoe - Abubilla común*
Linnaeus, 1758
*Nordwestafrika und Europa bis Südostrussland (westlich des Jenissej), Nordchina (Xinjiang) und Nordindien*

Upupa epops saturata
**Asiatischer Wiedehopf**
Lönnberg, 1909
*e Russland (östlich des Flusses Jenissej) nach Korea, Japan, c China und Tibet*

Upupa epops ceylonensis
**Indischer Wiedehopf**
Reichenbach, 1853
*c, s Indien und Sri Lanka*

Upupa epops longirostris
**Indochinesischer Wiedehopf**
Jerdon, 1862
*ne Indien bis s China, Indochina und n Malayische Halbinsel*

Upupa epops major
**Großer Wiedehopf**
Brehm, CL, 1855
*Ägypten*

Upupa epops senegalensis
**Senegal-Wiedehopf**
Swainson, 1837
*Senegal und Gambia bis Somalia*

Upupa epops waibeli
**Reichenows Wiedehopf**
Reichenow, 1913
*Kamerun bis nw Kenia und n Uganda*

Upupa africana
**Afrikawiedehopf**
*African Hoopoe - Abubilla Africana*
Bechstein, 1811
*c DR Kongo e bis c Kenia, und s bis Südafrika*

Upupa marginata
**Madagaskarwiedehopf**
*Madagascar Hoopoe - Abubilla malgache*
Cabanis & Heine, 1860
*Madagascar*

†† Upupa antaios
**Helenawiedehopf**
*St. Helena Hoopoe - Abubilla Gigante*
Olson, 1975
*St. Helena (se Atlantischer Ozean)*

### Familie: Phoeniculidae (Baumhopfe)

#### Gattung: Phoeniculus

Phoeniculus castaneiceps
**Waldbaumhopf**
*Forest Wood Hoopoe - Abubilla arbórea cabeciparda*
Sharpe, 1871
*Liberia bis Nigeria*

Phoeniculus castaneiceps brunneiceps
**Sharps Waldhopf**
Sharpe, 1903
*Kamerun bis Demokratische Republik Kongo und Uganda*

Phoeniculus bollei
**Weißmasken-Baumhopf**
*White-headed Wood Hoopoe - Abubilla arbórea cabeciblanca*
Hartlaub, 1858
*Liberia bis Zentralafrikanische Republik*

Phoeniculus bollei jacksoni
**Jacksons Weißmaskenhopf**
Sharpe, 1890
*e Demokratische Republik Kongo bis s Sudan und c Kenia*

Phoeniculus bollei okuensis
**Kamerun-Weißmaskenhopf**
Serle, 1949
*s Kamerun*

Phoeniculus purpureus
**Grünbaumhopf**
*Green Wood Hoopoe - Abubilla arbórea verde*
Miller, JF, 1784
*c, sw Südafrika*

Phoeniculus purpureus senegalensis
**Senegal-Baumhopf**
Vieillot, 1822
*s Senegal bis s Ghana*

Phoeniculus purpureus guineensis
**Guinea-Baumhopf**
Reichenow, 1902
*n Senegal und s Mauretanien nach n Ghana, s Tschad und der Zentralafrikanischen Republik*

Phoeniculus purpureus niloticus
**Nil-Baumhopf**
Neumann, 1903
*Sudan bis w Äthiopien und ne Demokratische Republik Kongo*

Phoeniculus purpureus marwitzi
**Uganda-Baumhopf**
Reichenow, 1906
*e Uganda und Kenia bis e Südafrika*

Phoeniculus purpureus angolensis
**Angola-Baumhopf**
Reichenow, 1902
*Angola und w Sambia bis ne Namibia und n Botswana*

Phoeniculus somaliensis
**Schwarzschnabel-Baumhopf**
*Black-billed Wood Hoopoe - Abubilla arbórea piquinegra*
Ogilvie-Grant, 1901
*se Äthiopien, sw Somalia und ne Kenia*

Phoeniculus somaliensis abyssinicus
**Nördlicher Schwarzschnabel-Baumhopf**
Neumann, 1903
*n Äthiopien und Eritrea*

Phoeniculus somaliensis neglectus
**Westlicher Schwarzschnabel-Baumhopf**
Neumann, 1905
*c, sw Äthiopien*

Phoeniculus damarensis
**Damarabaumhopf**
*Violet Wood Hoopoe - Abubilla arbórea violeta*
Ogilvie-Grant, 1901
*Angola und Namibia*

Phoeniculus granti
**Grantbaumhopf**
*Grant's Wood Hoopoe - Kenyan Abubilla arbórea*
Neumann, 1903
*Kenia*

#### Gattung: Rhinopomastus

Rhinopomastus aterrimus
**Violettsichelhopf**
*Black Scimitarbill - Abubilla arbórea negra*
Stephens, 1826
*Senegal und Gambia bis w Sudan*

Rhinopomastus aterrimus emini
**Neumanns Violettsichelhopf**
Neumann, 1905
*c Sudan bis ne Demokratische Republik Kongo und Uganda*

Rhinopomastus aterrimus notatus
**Salvins Violettsichelhopf**
Salvin, 1892
*Äthiopien*

Rhinopomastus aterrimus anchietae
**Angola-Violettsichelhopf**
Barboza du Bocage, 1892
*sw Demokratische Republik Kongo, Angola und w Sambia*

Rhinopomastus cyanomelas
**Glanzsichelhopf**
*Common Scimitarbill - Abubilla arbórea cimitarra*
Vieillot, 1819
*sw Angola, Namibia, Botswana und nc Südafrika*

Rhinopomastus cyanomelas schalowi
**Schalows Sichelhopf**
Neumann, 1900
*s Somalia bis Sambia, e Südafrika und Mosambik*

Rhinopomastus minor
**Goldschnabel-Sichelhopf**
*Abyssinian Scimitarbill - Abubilla arbórea menor*
Rüppell, 1845
*Äthiopien, Somalia und ne Kenia*

Rhinopomastus minor cabanisi
**Cabanis-Goldschnabelhopf**
de Filippi, 1853
*s Sudan, sw Äthiopien und n Kenia bis n Tansania*

## Familie: Bucorvidae (Hornraben)

### Gattung: Bucorvus

Bucorvus abyssinicus
**Blaugesicht-Hornrabe**
*Abyssinian Ground Hornbill - Cálao terrestre norteño*
Boddaert, 1783
*Senegal, Gambia und Guinea bis Äthiopien und Kenia*

Bucorvus leadbeateri
**Rotgesicht-Hornrabe**
*Southern Ground Hornbill - Cálao terrestre sureño*
Vigors, 1825
*Kenia und Tansania bis c Angola, n Botswana und e Südafrika*

## Familie: Bucerotidae (Nashornvögel)

### Gattung: Tockus

Tockus ruahae
**Tansaniatoko**
*Tanzanian Red-billed Hornbill - Toco de Ruaha*
Kemp, A & Delport, 2002
*c Tansania*

Tockus kempi
**Senegaltoko**
*Western Red-billed Hornbill - Toco piquirrojo occidental*
Tréca & Érard, 2000
*Senegal und Gambia bis s Mauretanien und w Mali*

Tockus damarensis
**Damaratoko**
*Damara Red-billed Hornbill - Toco de Damara*
Shelley, 1888
*sw Angola, n Namibia und w Botswana*

Tockus rufirostris
**Mopanetoko**
*Southern Red-billed Hornbill - Toco piquirrojo sureño*
Sundevall, 1850
*Malawi und Sambia bis s Angola und Transvaal*

Tockus erythrorhynchus
**Savannentoko**
*Northern Red-billed Hornbill - Toco piquirrojo norteño*
Temminck, 1823
*s Mauretanien über Somalia bis ne Tansania*

Tockus monteiri
**Fleckentoko**
*Monteiro's Hornbill - Toco angoleño*
Hartlaub, 1865
*sw Angola bis c Namibia*

Tockus deckeni
**Von-der-Decken-Toko**
*Von der Decken's Hornbill - Toco de Von der Decken*
Cabanis, 1868
*Äthiopien und Somalia bis c Tansania*

Tockus jacksoni
**Jacksontoko**
*Jackson's Hornbill - Toco de Jackson*
Ogilvie-Grant, 1891
*s Süd-Sudan, sw Äthiopien, ne Uganda und w Kenia*

Tockus leucomelas
**Rotringtoko**
*Southern Yellow-billed Hornbill - Toco piquigualdo sureño*
Lichtenstein, MHC, 1842
*Namibia bis w Mosambik und n Südafrika*

    Tockus leucomelas elegans
    **Angola Rotringtoko**
    Hartlaub, 1865
    *sw Angola*

Tockus flavirostris
**Gelbschnabeltoko**
*Eastern Yellow-billed Hornbill - Toco piquigualdo norteño*
Rüppell, 1835
*Eritrea, Äthiopien und Somalia bis n Tansania*

### Gattung: Lophoceros

Lophoceros bradfieldi
**Felsentoko**
*Bradfield's Hornbill - Toco de Bradfield*
Roberts, 1930
*s Angola und n Namibia bis w Simbabwe*

Lophoceros alboterminatus
**Kronentoko**
*Crowned Hornbill - Toco coronado*
Büttikofer, 1889
*sw Äthiopien und s Somalia bis n, w Angola und e Südafrika*

Lophoceros semifasciatus
**Guineatoko**
*West African Pied Hornbill - Toco blanquinegro de Guinea*
Hartlaub, 1855
*Senegal und Gambia bis s Nigeria*

Lophoceros fasciatus
**Elstertoko**
*Congo Pied Hornbill - Toco blanquinegro del Congo*
Shaw, 1812
*se Nigeria bis n Angola und Uganda*

Lophoceros hemprichii
**Hemprichtoko**
*Hemprich's Hornbill - Toco abisinio*
Ehrenberg, 1833
*Eritrea, Äthiopien und n Somalia bis Uganda und c Kenia*

Lophoceros nasutus
**Grautoko**
*African Grey Hornbill - Toco piquinegro*
Linnaeus, 1766
*Senegal und Gambia bis Äthiopien, c Kenia und sw Arabien*

    Lophoceros nasutus epirhinus
    **Südlicher Grautoko**
    Sundevall, 1850
    *s Uganda und s Kenia bis n Südafrika*

Lophoceros camurus
**Zwergtoko**
*Red-billed Dwarf Hornbill - Toco pardo*
Cassin, 1857
*Sierra Leone bis Ghana; s Nigeria bis Uganda, Rwanda, c Demokratische Republik Kongo und Gabun*

Lophoceros pallidirostris
**Blassschnabeltoko**
*Pale-billed Hornbill - Toco piquiclaro*
Hartlaub & Finsch, 1870
*Angola, s Demokratische Republik Kongo und Sambia (außer e)*

    Lophoceros pallidirostris neumanni
    **Neumanns Blaßschnabeltoko**
    Reichenow, 1894
    *e Sambia bis s Tansania und n Mosambik*

### Gattung: Bycanistes

Bycanistes fistulator
**Schreihornvogel**
*Piping Hornbill - Cálao silbador occidental*
Cassin, 1850
*Senegal und Gambia bis w Nigeria*

    Bycanistes fistulator sharpii
    **Sharpis Schreihornvogel**
    Elliot, DG, 1873
    *se Nigeria bis n Angola*
    Bycanistes fistulator duboisi
    **Dubois-Schreihornvogel**
    Sclater, WL, 1922
    *Zentralafrikanische Republik bis c, e Demokratische Republik Kongo und w Uganda*

Bycanistes bucinator
**Trompeterhornvogel**
*Trumpeter Hornbill - Cálao trompetero*
Temminck, 1824
*Angola bis Kenia, s bis e Südafrika*

Bycanistes cylindricus
**Braunwangen-Hornvogel**
*Brown-cheeked Hornbill - Cálao caripardo*
Temminck, 1831
*Sierra Leone bis Ghana*

Bycanistes albotibialis
**Weißschenkel-Hornvogel**
*White-thighed Hornbill - Cálao patiblanco*
Cabanis & Reichenow, 1877
*Benin und s Nigeria bis w Uganda, c Demokratische Republik Kongo und nw Angola*

Bycanistes subcylindricus
**Grauwangen-Hornvogel**
*Black-and-white-casqued Hornbill - Cálao carigrís*
Sclater, PL, 1871
*Sierra Leone bis w Nigeria*

    Bycanistes subcylindricus subquadratus
    **Angola-Grauwangen-Hornvogel**
    Cabanis & Schütt, 1881
    *e Nigeria bis w Kenia nw Tansania und e Demokratische Republik Kongo, n Angola*

Bycanistes brevis
**Silberwangen-Hornvogel**
*Silvery-cheeked Hornbill - Cálao cariplateado*
Friedmann, 1929
*Süd-Sudan und Äthiopien bis Mosambik*

## Gattung: Ceratogymna

Ceratogymna atrata
**Schwarzhelm-Hornvogel**
*Black-casqued Hornbill - Cálao casquinegro*
Temminck, 1835
*Sierra Leone bis Togo; s Nigeria bis s Süd-Sudan, c Demokratische Republik Kongo und Angola*

Ceratogymna elata
**Goldhelm-Hornvogel**
*Yellow-casqued Hornbill - Cálao casquigualdo*
Temminck, 1831
*s Senegal bis Kamerun*

## Gattung: Horizocerus

Horizocerus hartlaubi
**Hartlaub-Hornvogel**
*Black Dwarf Hornbill - Toco negro occidental*
Gould, 1861
*Guinea und Sierra Leone bis Gabun und Kongo*

Horizocerus granti
**Östlicher Hartlaub-Hornvogel**
*Eastern Dwarf Hornbill - Toco negro oriental*
Hartert, EJO, 1895
*Demokratische Republik Kongo und ec Kongo bis w Uganda*

Horizocerus albocristatus
**Weißkopf-Hornvogel**
*White-crested Hornbill - Cálao crestiblanco occidental*
Cassin, 1848
*Guinea bis Elfenbeinküste*

    Horizocerus albocristatus macrourus
    **Benin-Weißkopf-Hornvogel**
    Bonaparte, 1850
    *Elfenbeinküste bis Benin*

Horizocerus cassini
**Weißhauben-Hornvogel**
*Eastern Long-tailed Hornbill - Cálao crestiblanco oriental*
Finsch, 1903
*Nigeria bis n Angola und w Uganda*

## Gattung: Berenicornis

Berenicornis comatus
**Langschopf-Hornvogel**
*White-crowned Hornbill - Cálao cabeciblanco*
Raffles, 1822
*Malayische Halbinsel, Sumatra und Borneo*

## Gattung: Buceros

Buceros rhinoceros
**Rhinozeroshornvogel**
*Rhinoceros Hornbill - Cálao rinoceronte*
Linnaeus, 1758
*s Malayische Halbinsel und Sumatra*

Buceros rhinoceros borneoensis
**Borneo-Rhinozeroshornvogel**
Schlegel & Müller, S, 1845
Borneo
Buceros rhinoceros silvestris
**Java-Rhinozeroshornvogel**
Vieillot, 1816
Java

Buceros bicornis
**Doppelhornvogel**
*Great Hornbill - Cálao bicorne*
Linnaeus, 1758
*w Indien, Himalaya bis Sumatra*

Buceros hydrocorax
**Feuerhornvogel**
*Rufous Hornbill - Cálao rojizo norteño*
Linnaeus, 1766
*Luzon und Marinduque (n Philippinen)*

    Buceros hydrocorax semigaleatus
    **Philippinen-Feuerhornvogel**
    Tweeddale, 1878
    East Visayas (c Philippinen)
    Buceros hydrocorax mindanensis
    **Mindanao-Feuerhornvogel**
    Tweeddale, 1877
    Mindanao Gruppe (s Philippinen)

## Gattung: Rhinoplax

Rhinoplax vigil
**Schildhornvogel**
*Helmeted Hornbill - Cálao de yelmo*
Pennant, 1781
*Malayische Halbinsel, Sumatra und Borneo*

## Gattung: Anthracoceros

Anthracoceros marchei
**Palawanhornvogel**
*Palawan Hornbill - Cálao de Palawan*
Oustalet, 1885
*Palawan Gruppe (sw Philippinen)*

Anthracoceros albirostris
**Orienthornvogel**
*Oriental Pied Hornbill - Cálao cariblanco*
Shaw, 1808
*Indien bis s China, Indochina und n Malayische Halbinsel*

    Anthracoceros albirostris convexus
    **Temmincks Orienthornvogel**
    Temminck, 1832
    s Malayische Halbinsel, Große Sundas und kleine Inseln

Anthracoceros coronatus
**Malabarhornvogel**
*Malabar Pied Hornbill - Cálao coronado*
Boddaert, 1783
*Indien und Sri Lanka*

Anthracoceros montani
**Suluhornvogel**
*Sulu Hornbill - Cálao de las Sulu*
Oustalet, 1880
*Sulu Archipel (s Philippinen)*

Anthracoceros malayanus
**Malaienhornvogel**
*Black Hornbill - Cálao malayo*
Raffles, 1822
*Malayische Halbinsel, Sumatra. Lingga Is. (e von c Sumatra), Bangka und Belitung (e von s Sumatra) und Borneo*

## Gattung: Ocyceros

Ocyceros griseus
**Grauhornvogel**
*Malabar Grey Hornbill - Cálao gris malabar*
Latham, 1790
*sw Indien*

Ocyceros gingalensis
**Ceylonhornvogel**
*Sri Lanka Grey Hornbill - Cálao gris cingalés*
Shaw, 1812
*Sri Lanka*

Ocyceros birostris
**Indienhornvogel**
*Indian Grey Hornbill - Cálao gris indio*
Scopoli, 1786
*Indien und Nepal*

Gattung: Anorrhinus

Anorrhinus tickelli
**Rostbauch-Hornvogel**
*Tickell's Brown Hornbill - Cálao pardo de Tickell*
Blyth, 1855
*s Myanmar und sw Thailand*

Anorrhinus austeni
**Weißgesicht-Hornvogel**
*Austen's Brown Hornbill - Cálao pardo de Austen*
Jerdon, 1872
*Assam bis sw China und Indochina*

Anorrhinus galeritus
**Kurzschopf-Hornvogel**
*Bushy-crested Hornbill - Cálao crestado*
Temminck, 1831
*Malayische Halbinsel, Sumatra, n Natuna Is. (nw von Borneo) und Borneo*

Gattung: Aceros

Aceros nipalensis
**Nepalhornvogel**
*Rufous-necked Hornbill - Cálao del Nepal*
Hodgson, 1829
*ne Indien bis w Thailand und nw Vietnam*

Gattung: Rhyticeros

Rhyticeros plicatus
**Papuahornvogel**
*Blyth's Hornbill - Cálao papú*
Pennant, 1781
*n, ec Moluccas, Neuguinea und kleine Inseln bis e Bismarck Archipel und Solomon Is.*

Rhyticeros narcondami
**Narcondamhornvogel**
*Narcondam Hornbill - Cálao de la Narcondam*
Hume, 1873
*Narcondam (ne Andaman Is.)*

Rhyticeros undulatus
**Furchenhornvogel**
*Wreathed Hornbill - Cálao gorjinegro*
Shaw, 1812
*Bhutan und ne Indien bis Vietnam, Borneo und Java*

Rhyticeros everetti
**Sumbahornvogel**
*Sumba Hornbill - Cálao de la Sumba*
Rothschild, 1898
*Sumba (sc Lesser Sundas)*

Rhyticeros subruficollis
**Tenasserimhornvogel**
*Plain-pouched Hornbill - Cálao gorjiclaro*
Blyth, 1843
*Myanmar bis Malayische Halbinsel*

Rhyticeros cassidix
**Helmhornvogel**
*Knobbed Hornbill - Cálao grande de Célebes*
Temminck, 1823
*Sulawesi, Lembeh (ne von ne Sulawesi), Togian Is. (zwischen ne und ec Sulawesi) und Muna und Butung (=Buton; s von se Sulawesi)*

Gattung: Rhabdotorrhinus

Rhabdotorrhinus waldeni
**Waldenhornvogel**
*Walden's Hornbill - Cálao grande de Panay*
Sharpe, 1877
*Panay und Negros (wc Philippinen)*

Rhabdotorrhinus leucocephalus
**Mindanaohornvogel**
*Writhed Hornbill - Cálao grande de Mindanao*
Vieillot, 1816
*Mindanao Gruppe (Philippinen)*

Rhabdotorrhinus exarhatus
**Gelbmasken-Hornvogel**
*Sulawesi Hornbill - Cálao chico de Célebes*
Temminck, 1823
*n Sulawesi und Lembeh (ne von ne Sulawesi)*

   Rhabdotorrhinus exarhatus sanfordi
   **Sanfords Gelbmasken-Hornvogel**
   Stresemann, 1932
   *c, s, e Sulawesi, Muna und Butung (=Buton; s von se Sulawesi)*

Rhabdotorrhinus corrugatus
**Runzelhornvogel**
*Wrinkled Hornbill - Cálao arrugado*
Temminck, 1832
*Malayische Halbinsel, Sumatra, Rupat (e von n Sumatra), Batu Is. (w von c Sumatra) und Borneo*

Gattung: Penelopides

Penelopides manillae
**Luzonhornvogel**
*Luzon Hornbill - Cálao chico de Luzón*
Boddaert, 1783
*Luzon, Marinduque, Catanduanes und angrenzende Inseln*

   Penelopides manillae subniger
   **Polillohornvogel**
   McGregor, 1910
   *Polillo und Patnanongan Is.*

Penelopides mindorensis
**Mindorohornvogel**
*Mindoro Hornbill - Cálao chico de Mindoro*
Steere, 1890
*Mindoro (Philippinen)*

Penelopides affinis
**Basilanhornvogel**
*Mindanao Hornbill - Cálao chico de Mindanao*
Tweeddale, 1877
*Mindanao, Dinagat und Siargao*

   Penelopides affinis basilanicus
   **Tariktikhornvogel**
   Steere, 1890
   *Basilan*

Penelopides samarensis
**Samarhornvogel**
*Samar Hornbill - Cálao chico de Samar*
Steere, 1890
*East Visayas (ec Philippinen)*

Penelopides panini
**Visayashornvogel**
*Visayan Hornbill - Cálao chico de Panay*
Boddaert, 1783
*Masbate, Panay, Sicogon, Pan de Azucar, Guimaras und Negros (c Philippinen)*

   Penelopides panini ticaensis
   **Ticaohornvogel**
   Hachisuka, 1930
   *Ticao (nc Philippinen)*

## Ordnung: CORACIIFORMES (Rackenartigen)

### Familie: Coraciidae (Racken)

Gattung: Coracias

Coracias naevius
**Strichelracke**
*Purple Roller - Carraca coroniparda*
Daudin, 1800
*Senegal und Gambia bis Somalia und n Tansania*

   Coracias naevius mosambicus
   **Mosambikstrichelracke**
   Dresser, 1890
   *Angola und s Demokratische Republik Kongo bis Namibia und Südafrika*

Coracias benghalensis
**Bengalenracke**
*Indian Roller - Carraca india*
Linnaeus, 1758
*e Arabien bis ne Indien und Bangladesch*

Coracias benghalensis indicus
**Sri Lanka-Bengalenracke**
Linnaeus, 1766
*c, s Indien und Sri Lanka*

Coracias affinis
**Purpurbrustracke**
*Indochinese Roller - Carraca indochina*
Horsfield, 1840
*ne Indien bis sc China, n Malayische Halbinsel und Indochina*

Coracias temminckii
**Celebesracke**
*Purple-winged Roller - Carraca de Célebes*
Vieillot, 1819
*AU : Sulawesi, Manterawu (w von ne Sulawesi), Bangka (n von ne Sulawesi), Lembeh (ne von ne Sulawesi) und Muna und Butung (=Buton; se von se Sulawesi)*

Coracias spatulatus
**Spatelracke**
*Racket-tailed Roller - Carraca de raquetas*
Trimen, 1880
*Angola, se Demokratische Republik Kongo und s Tansania bis n Botswana, Simbabwe, Malawi und Mosambik*

Coracias caudatus
**Gabelracke**
*Lilac-breasted Roller - Carraca lila*
Linnaeus, 1766
*Uganda und s, w Kenia bis n Namibia und n Südafrika*

Coracias caudatus lorti
**Somalia-Gabelracke**
Shelley, 1885
*Eritrea bis w Somalia und ne Kenia*

Coracias abyssinicus
**Senegalracke**
*Abyssinian Roller - Carraca abisinia*
Hermann, 1783
*Mauretanien bis Elfenbeinküste, e bis Eritrea, Somalia und Kenia*

Coracias garrulus
**Blauracke**
*European Roller - Carraca europea*
Linnaeus, 1758
*n Afrika und c, s Europa bis Iran und sw Sibirien*

Coracias garrulus semenowi
**Himalayablauracke**
Loudon & Tschusi, 1902
*Irak bis w Pakistan, w Himalaya und c Kasachstan*

Coracias cyanogaster
**Opalracke**
*Blue-bellied Roller - Carraca blanquiazul*
Cuvier, 1816
*Senegal bis Guinea, e bis s Süd-Sudan und n Demokratische Republik Kongo*



Eurystomus gularis
**Blaukehlracke**
*Blue-throated Roller - Carraca gorjiazul*
Vieillot, 1819
*Guinea bis w Kamerun*

Eurystomus gularis neglectus
**Neumanns Blaukehlracke**
Neumann, 1908
*se Nigeria und s Kamerun bis n Angola und Uganda*

Eurystomus glaucurus
**Zimtracke**
*Broad-billed Roller - Carraca picogorda*
Müller, PLS, 1776
*Madagascar*

Eurystomus glaucurus aethiopicus
**Äthiopien-Zimtracke**
Neumann, 1905
*Äthiopien*

Eurystomus glaucurus afer
**Senegal-Zimtracke**
Latham, 1790
*Senegal und Gambia bis n Demokratische Republik Kongo und Sudan*

Eurystomus glaucurus suahelicus
**Suaheli-Zimtracke**
Neumann, 1905
*s Somalia bis Uganda, n Sambia, Angola, Mosambik und ne Südafrika*

Eurystomus orientalis
**Türkisracke**
*Oriental Dollarbird - Carraca oriental*
Linnaeus, 1766
*s Himalaya bis Indochina, Malayische Halbinsel, Sumatra, Java, Borneo und Philippinen*

Eurystomus orientalis cyanocollis
**Himalaya-Türkisracke**
Vieillot, 1819
*Himalaya über China bis se Sibirien, Koreanische Halbinsel und Japan*

Eurystomus orientalis laetior
**Indischer Türkisracke**
Sharpe, 1890
*sw Indien*

Eurystomus orientalis gigas
**Großer Türkisracke**
Stresemann, 1913
*s Andaman Is.*

Eurystomus orientalis irisi
**Sri Lanka-Türkisracke**
Deraniyagala, 1951
*Sri Lanka*

Eurystomus orientalis oberholseri
**Oberholsers Türkisracke**
Junge, 1936
*Simeulue (w von n Sumatra)*

Eurystomus orientalis pacificus
**Pazifik-Türkisracke**
Latham, 1801
*Lesser Sundas und ne Western Australia bis ne Queensland und nc Victoria (n, e Australien)*

Eurystomus orientalis waigiouensis
**Neuguiena-Türkisracke**
Elliot, DG, 1871
*Neuguinea und kleine Inseln*

Eurystomus orientalis crassirostris
**Bismarck-Türkisracke**
Sclater, PL, 1869
*Bismarck Archipel inklusive Admiralty Is. und kleine Inseln*

Eurystomus orientalis solomonensis
**Salomonen-Türkisracke**
Sharpe, 1890
*Feni (e von New Ireland, ne Bismarck Archipel) und Buka bis Makira (n bis se Solomon Is.)*

Eurystomus azureus
**Azurracke**
*Azure Dollarbird - Carraca moluqueña*
Gray, GR, 1861
*Halmahera bis Bacan (n Moluccas)*



Brachypteracias leptosomus
**Bindenerdracke**
*Short-legged Ground Roller - Carraca terrestre paticorta*
Lesson, RP, 1833
*nw, e Madagascar*



Geobiastes squamiger
**Schuppenerdracke**
*Scaly Ground Roller - Carraca terrestre escamosa*
Lafresnaye, 1838
*e Madagascar*



Atelornis pittoides
**Blaukopf-Erdracke**
*Pitta-like Ground Roller - Carraca terrestre cabeciazul*
Lafresnaye, 1834
*nw, e Madagascar*

Atelornis crossleyi
**Lätzchenerdracke**
*Rufous-headed Ground Roller - Carraca terrestre cabecirrufa*
Sharpe, 1875
*Gebirge nw, e Madagascar*

## Gattung: Uratelornis

Uratelornis chimaera
**Langschwanz-Erdracke**
*Long-tailed Ground Roller - Carraca terrestre colilarga*
Rothschild, 1895
*Küste sw Madagascar*

## Familie: Alcedinidae (Eisvögel)

### Gattung: Actenoides

Actenoides monachus
**Einsiedlerliest**
*Green-backed Kingfisher - Alción monje*
Bonaparte, 1850
*n, c Sulawesi, Manadotua (nw von ne Sulawesi) und Lembeh (e von ne Sulawesi)*

Actenoides monachus capucinus
**Östlicher Einsiedlerliest**
Meyer, AB & Wiglesworth, 1896
*e, se, s Sulawesi und Butung (=Buton, s von se Sulawesi)*

Actenoides princeps
**Prinzenliest**
*Scaly-breasted Kingfisher - Alción príncipe*
Reichenbach, 1851
*ne Sulawesi*

Actenoides princeps erythrorhamphus
**Westlicher Prinzenliest**
Stresemann, 1931
*nw, c, sw Sulawesi*
Actenoides princeps regalis
**Südlicher Prinzenliest**
Stresemann, 1932
*se Sulawesi*

Actenoides bougainvillei
**Bartliest**
*Moustached Kingfisher - Alción bigotudo de la Bougainville*
Rothschild, 1904
*Gebirge Bougainville (n Solomon Is.)*

Actenoides bougainvillei excelsus
**Guadacanal-Bartliest**
Mayr, 1941
*Gebirge Guadalcanal (sc Solomon Is.)*

Actenoides lindsayi
**Tropfenliest**
*Spotted Wood Kingfisher - Alción moteado*
Vigors, 1831
*Catanduanes, Marinduque und Luzon (n Philippinen)*

Actenoides lindsayi moseleyi
**Moseleys Tropfenliest**
Steere, 1890
*Negros und Panay (c Philippinen)*

Actenoides hombroni
**Mindanaoliest**
*Blue-capped Kingfisher - Alción de Mindanao*
Bonaparte, 1850
*Gebirge Mindanao (Philippinen)*

Actenoides concretus
**Malaienliest**
*Rufous-collared Kingfisher - Alción malayo*
Temminck, 1825
*s Malayische Halbinsel, Sumatra, Bangka und Belitung (e von s Sumatra) und Mentawai Is.*

Actenoides concretus peristephes
**Nördlicher Malaienliest**
Deignan, 1946
*n Malayische Halbinsel*
Actenoides concretus borneanus
**Borneo-Malaienliest**
Chasen & Kloss, 1930
*Borneo*

### Gattung: Melidora

Melidora macrorrhina
**Hakenliest**
*Hook-billed Kingfisher - Martín cazador ganchudo*
Lesson, RP, 1827
*Misool, Salawati und Batanta (Raja Ampat Is., nw von Neuguinea) und w, c, e Neuguinea*

Melidora macrorrhina waigiuensis
**Waigeo-Hakenliest**
Hartert, EJO, 1930
*Waigeo (Raja Ampat Is., nw von Neuguinea)*
Melidora macrorrhina jobiensis
**Yapen-Hakenliest**
Salvadori, 1880
*Yapen (Geelvink Bay is., nw Neuguinea) und n Neuguinea*

### Gattung: Lacedo

Lacedo pulchella
**Wellenliest**
*Banded Kingfisher - Martín cazador bonito*
Horsfield, 1821
*Malayische Halbinsel, Sumatra, Riau Is. (e von c Sumatra), Java und n Natuna Is. (nw von Borneo)*

Lacedo pulchella amabilis
**Thailand-Wellenliest**
Hume, 1873
*s Myanmar, Thailand und s Vietnam*
Lacedo pulchella melanops
**Borneo-Wellenliest**
Bonaparte, 1850
*Bangka (e von s Sumatra) und Borneo*

### Gattung: Tanysiptera

Tanysiptera galatea
**Spatelliest**
*Common Paradise Kingfisher - Alción colilargo común*
Gray, GR, 1859
*Raja Ampat Is. (nw von Neuguinea) und Bird's Head und Neck (nw Neuguinea)*

Tanysiptera galatea emiliae
**Emilias Spatelliest**
Sharpe, 1871
*Rau (w von Morotai; n Moluccas)*
Tanysiptera galatea doris
**Morotai-Spatelliest**
Wallace, 1862
*Morotai (n Moluccas)*
Tanysiptera galatea browningi
**Halmahera-Spatelliest**
Ripley, 1983
*Halmahera (n Moluccas)*
Tanysiptera galatea brunhildae
**Brunhildas Spatelliest**
Jany, 1955
*Doi (nw von Halmahera; n Moluccas)*
Tanysiptera galatea margarethae
**Margarethas Spatelliest**
Heine, 1860
*Bacan (n Moluccas)*
Tanysiptera galatea sabrina
**Sabrinas Spatelliest**
Gray, GR, 1861
*Kayoa (w von s Halmahera; n Moluccas)*
Tanysiptera galatea obiensis
**Obi-Spatelliest**
Salvadori, 1877
*Bisa, Obi Latu und Obi (nc Moluccas)*
Tanysiptera galatea acis
**Buru-Spatelliest**
Wallace, 1863
*Buru (wc Moluccas)*
Tanysiptera galatea boanensis
**Boano-Spatelliest**
Mees, 1964
*Boano (nw von Seram; ec Moluccas)*
Tanysiptera galatea nais
**Nias-Spatelliest**
Gray, GR, 1861
*Manipa (w von Seram), Ambon, Seram, Manawoka (se von Seram; c, ec Moluccas)*
Tanysiptera galatea meyeri
**Meyers Spatelliest**
Salvadori, 1889
*n Neuguinea*
Tanysiptera galatea minor
**Kleiner Spatelliest**
Salvadori & D'Albertis, 1875
*s Neuguinea*
Tanysiptera galatea vulcani
**Vulcan-Spatelliest**
Rothschild & Hartert, EJO, 1915
*Manam (n von ne Neuguinea)*
Tanysiptera galatea rosseliana
**Rossel-Spatelliest**
Tristram, 1889
*Rossel (e Louisiade Archipel, e von se Neuguinea)*

Tanysiptera ellioti
**Elliotliest**
*Kofiau Paradise Kingfisher - Alción colilargo de Kofiau*
Sharpe, 1870
*Kofiau (Raja Ampat Is., nw von Neuguinea)*

Tanysiptera riedelii
**Biakliest**
*Biak Paradise Kingfisher - Alción colilargo de Biak*
Verreaux, J, 1866
*Biak (Geelvink Bay is., nw Neuguinea)*

Tanysiptera carolinae
**Numforliest**
*Numfor Paradise Kingfisher - Alción colilargo de Numfor*
Schlegel, 1871
*Numfor (Geelvink Bay is., nw Neuguinea)*

Tanysiptera hydrocharis
**Feenliest**
*Little Paradise Kingfisher - Alción colilargo de las Aru*
Gray, GR, 1858
*Aru Is. (sw von Neuguinea) und sc Neuguinea*

Tanysiptera sylvia
**Blaukappenliest**
*Buff-breasted Paradise Kingfisher - Alción colilargo silvia*
Gould, 1850
*ne Cape York Halbinsel, ne Queensland bis ec Queensland (ne Australien)*

    Tanysiptera sylvia salvadoriana
    **Salvadori-Blaukappenliest**
    Ramsay, EP, 1879
    s von se Neuguinea

Tanysiptera nigriceps
**Schwarzkappenliest**
*Black-capped Paradise Kingfisher - Alción colilargo cabecinegro*
Sclater, PL, 1877
*New Britain Gruppe (se Bismarck Archipel)*

    Tanysiptera nigriceps leucura
    **Umboi-Schwarzkappenliest**
    Neumann, 1915
    Umboi (w von New Britain, sc Bismarck Archipel)

Tanysiptera nympha
**Nymphenliest**
*Red-breasted Paradise Kingfisher - Alción colilargo ninfa*
Gray, GR, 1840
*Bird's Head und Neck (nw Neuguinea) und (Adelbert Range, Huon Halbinsel und Huon Gulf) Neuguinea*

Tanysiptera danae
**Braunmantelliest**
*Brown-headed Paradise Kingfisher - Alción colilargo dánae*
Sharpe, 1880
*se Neuguinea*



Cittura cyanotis
**Blauohrliest**
*Sulawesi Lilac Kingfisher - Martín cazador de Célebes*
Temminck, 1824
*Sulawesi und Lembeh (e von ne Sulawesi)*

Cittura sanghirensis
**Lilaliest**
*Sangihe Lilac Kingfisher - Martín cazador de las Sangihe*
Sharpe, 1868
*Sangihe und Siau (n von Sulawesi)*



Dacelo rex
**Froschschnabelliest**
*Shovel-billed Kookaburra - Martín cazador picopala*
Sharpe, 1880
*Neuguinea (außer Trans-Fly, sc Neuguinea)*

Dacelo tyro
**Aruliest**
*Spangled Kookaburra - Cucaburra escamosa*
Gray, GR, 1858
*Aru Is. (sw von Neuguinea)*

    Dacelo tyro archboldi
    **Archboldsliest**
    Rand, 1938
    Trans-Fly (sc Neuguinea)

Dacelo gaudichaud
**Rotbauchliest**
*Rufous-bellied Kookaburra - Cucaburra ventrirrufa*
Gaimard, 1823
*Raja Ampat Is. (nw von Neuguinea), Aru Is. (sw von Neuguinea), Meos Num und Yapen (Geelvink Bay is., nw Neuguinea), Neuguinea, Sariba (=Rogeia) und Heath (e von se Neuguinea)*

Dacelo novaeguineae
**Jägerliest**
*Laughing Kookaburra - Cucaburra común*
Hermann, 1783
*sw Western Australia, ec Queensland bis s Victoria und se South Australia (sw, e Australien); eingeführt Tasmanien*

    Dacelo novaeguineae minor
    **Kleiner Jägerliest**
    Robinson, 1900
    Cape York Halbinsel, ne Queensland (ne Australien)

Dacelo leachii
**Blauflügelliest**
*Blue-winged Kookaburra - Cucaburra aliazul*
Vigors & Horsfield, 1827
*ne Western Australia bis se Queensland (n, ne Australien)*

    Dacelo leachii superflua
    **Neuguinea-Blauflügelliest**
    Mathews, 1918
    sw Neuguinea
    Dacelo leachii intermedia
    **Kleiner Blauflügelliest**
    Salvadori, 1876
    Trans-Fly (sc Neuguinea) und s Küste von se Neuguinea
    Dacelo leachii cervina
    **Melville-Blauflügelliest**
    Gould, 1838
    Melville Insel (Tiwi Is., n von Nortern Territory) und Nortern Territory (nc Australien)
    Dacelo leachii occidentalis
    **Westlicher Blauflügelliest**
    Gould, 1870
    nw Western Australia (wc Australien)



Caridonax fulgidus
**Glitzerliest**
*White-rumped Kingfisher - Alción culiblanco*
Gould, 1857
*Lombok bis Flores, Besar (n von e Flores) und Adonara (e von Flores; w, c Lesser Sundas)*



Pelargopsis capensis
**Storchschnabelliest**
*Stork-billed Kingfisher - Alción picocigüeña*
Linnaeus, 1766
*Nepal über Indien bis Sri Lanka*

    Pelargopsis capensis osmastoni
    **Andamanen-Storchschnabelliest**
    Baker, ECS, 1934
    Andaman Is.
    Pelargopsis capensis intermedia
    **Nikobaren-Storchschnabelliest**
    Hume, 1874
    Nicobar Is.
    Pelargopsis capensis burmanica
    **Myanmar-Storchschnabelliest**
    Sharpe, 1870
    Myanmar bis Indochina und s bis n Malayische Halbinsel
    Pelargopsis capensis malaccensis
    **Malyischer Storchschnabelliest**
    Sharpe, 1870
    c, s Malayische Halbinsel, Riau und Lingga is. (e von c Sumatra)
    Pelargopsis capensis cyanopteryx
    **Sumatra-Storchschnabelliest**
    Oberholser, 1909
    Sumatra, Bangka und Belitung (e von s Sumatra)
    Pelargopsis capensis simalurensis
    **Simeulue-Storchschnabelliest**
    Richmond, 1903
    Simeulue und Babi (w von n Sumatra)
    Pelargopsis capensis sodalis
    **Nias-Storchschnabelliest**
    Richmond, 1903
    Banyak, Nias, Batu und Mentawai Is. (w von n, c Sumatra)
    Pelargopsis capensis innominata
    **Borneo-Storchschnabelliest**
    van Oort, 1910
    Borneo
    Pelargopsis capensis javana
    **Java-Storchschnabelliest**
    Boddaert, 1783
    Java

Pelargopsis capensis floresiana
**Flores-Storchschnabelliest**
Sharpe, 1870
Bali und Lombok bis Flores und Pantar (w, c Lesser Sundas)
Pelargopsis capensis gouldi
**Goulds Storchschnabelliest**
Sharpe, 1870
Mindoro und Palawan Gruppe (nw, sw Philippinen)
Pelargopsis capensis gigantea
**Riesenstorchschnabelliest**
Walden, 1874
Philippinen (außer Palawan Gruppe und Mindoro)

Pelargopsis melanorhyncha
**Schwarzschnabelliest**
*Great-billed Kingfisher - Alción piquinegro*
Temminck, 1826
*Sulawesi und kleine Inseln*

Pelargopsis melanorhyncha dichrorhyncha
**Peleng-Schwarzschnabelliest**
Meyer, AB & Wiglesworth, 1896
Banggai Is. (e von Sulawesi)
Pelargopsis melanorhyncha eutreptorhyncha
**Sulu-Schwarzschnabelliest**
Hartert, EJO, 1898
Sula Is. (e von Sulawesi)

Pelargopsis amauroptera
**Braunflügelliest**
*Brown-winged Kingfisher - Alción alipardo*
Pearson, JT, 1841
*e Indien bis w Thailand*

Gattung: Halcyon

Halcyon coromanda
**Feuerliest**
*Ruddy Kingfisher - Alción rojizov*
Latham, 1790
*Nepal bis s China, s Thailand und n Myanmar*

Halcyon coromanda major
**Großer Feuerliest**
Temminck & Schlegel, 1848
ne China, Koreanische Halbinsel und Japan
Halcyon coromanda bangsi
**Bangs Feuerliest**
Oberholser, 1915
Ryukyu Is., Taiwan und Lanyu Insel
Halcyon coromanda mizorhina
**Andamanen-Feuerliest**
Oberholser, 1915
Andaman Is.
Halcyon coromanda minor
**Kleiner Feuerliest**
Temminck & Schlegel, 1848
s Malayische Halbinsel, Sumatra, Simeulue und Batu Is. (w von n Sumatra), Mentawai Is.
(w von c Sumatra), Riau Is. (e von c Sumatra), Bangka und Belitung (e von s Sumatra),
Java und Borneo
Halcyon coromanda linae
**Palawan-Feuerliest**
Hubbard & duPont, 1974
Palawan (sw Philippinen)
Halcyon coromanda claudiae
**Claudias Feuerliest**
Hubbard & duPont, 1974
Tawitawi (s Sulu Archipel, s Philippinen)
Halcyon coromanda rufa
**Sulawesi-Feuerliest**
Wallace, 1863
Sulawesi, Talisei (n von ne Sulawesi), Lembeh (e von ne Sulawesi), Talaud und Sangihe is.
(ne von Sulawesi), Togian Is. (zwischen ne und ec Sulawesi), Muna und Butung (=Buton,
e von se Sulawesi)
Halcyon coromanda pelingensis
**Peleng-Feuerliest**
Neumann, 1939
Banggai Is. (e von Sulawesi)
Halcyon coromanda sulana
**Sula-Feuerliest**
Mees, 1970
Sula Is. (e von Sulawesi)

Halcyon smyrnensis
**Braunliest**
*White-throated Kingfisher - Alción de Esmirna*
Linnaeus, 1758
*s Türkei bis ne Ägypten, Irak bis nw Indien*

Halcyon smyrnensis fusca
**Sri Lanka-Braunliest**
Boddaert, 1783
w Indien und Sri Lanka
Halcyon smyrnensis perpulchra
**Indochinesischer Braunliest**
Madarász, G, 1904
Bhutan bis e Indien, Indochina, Malayische Halbinsel, Sumatra, w Java und w Borneo

Halcyon smyrnensis saturatior
**Andamanen-Braunliest**
Hume, 1874
Andaman Is.
Halcyon smyrnensis fokiensis
**Hainan-Braunliest**
Laubmann & Götz, 1926
s, e China, Taiwan und Hainan

Halcyon gularis
**Braunbrustliest**
*Brown-breasted Kingfisher - Alción filipino*
Kuhl, 1820
*Philippinen (außer Palawan Gruppe und Sulu Archipel)*

Halcyon cyanoventris
**Javaliest**
*Javan Kingfisher - Alción de Java*
Vieillot, 1818
*Java und Bali*

Halcyon badia
**Kastanienliest**
*Chocolate-backed Kingfisher - Alción castaño*
Verreaux, J & Verreaux, É, 1851
*Sierra Leone bis Ghana, s Nigeria bis w Süd-Sudan, Uganda und c Demokratische Republik
Kongo*

Halcyon pileata
**Kappenliest**
*Black-capped Kingfisher - Alción capirotado*
Boddaert, 1783
*Indien über Myanmar und China bis Koreanische Halbinsel*

Halcyon leucocephala
**Graukopfliest**
*Grey-headed Kingfisher - Alción cabeciblanco*
Müller, PLS, 1776
*Senegal und Gambia bis nw Somalia, n Tansania und n Demokratische Republik Kongo*

Halcyon leucocephala acteon
**Kapverde-Graukopfliest**
Lesson, RP, 1830
Brava, Fogo und Santiago (sw, sc Cape Verde Is., s Makaronesien, w von n Afrika)
Halcyon leucocephala semicaerulea
**Arabischer Graukopfliest**
Gmelin, JF, 1788
s Arabische Halbinsel
Halcyon leucocephala hyacinthina
**Somalia-Graukopfliest**
Reichenow, 1900
se Somalia bis Tansania
Halcyon leucocephala pallidiventris
**Südafrikanischer Graukopfliest**
Cabanis, 1881
s Demokratische Republik Kongo bis nw Tansania und s bis n Südafrika

Halcyon albiventris
**Braunkopfliest**
*Brown-hooded Kingfisher - Alción cabecipardo*
Scopoli, 1786
*s Südafrika*

Halcyon albiventris orientalis
**Somalia-Braunkopfliest**
Peters, W, 1868
Somalia bis Botswana und Mosambik
Halcyon albiventris prentissgrayi
**Kongo-Braunkopfliest**
Bowen, 1930
se Kenia bis Kongo, Demokratische Republik Kongo, Angola und Sambia
Halcyon albiventris vociferans
**Südafrikanischer Braunkopfliest**
Clancey, 1952
Simbabwe und s Mosambik bis ne Südafrika

Halcyon chelicuti
**Streifenliest**
*Striped Kingfisher - Alción estriado*
Stanley, 1814
*s Mauretanien, Senegal und Gambia bis Äthiopien und Südafrika*

Halcyon chelicuti eremogiton
**Mali-Streifenliest**
Hartert, EJO, 1921
c Mali bis c Sudan

Halcyon malimbica
**Zügelliest**
*Blue-breasted Kingfisher - Alción pechiazul*
Shaw, 1812
*Kamerun bis Uganda und Sambia*

Halcyon malimbica torquata
**Gambia-Zügelliest**
Swainson, 1837
Senegal und Gambia bis Guinea-Bissau und w Mali
Halcyon malimbica forbesi
**Forbes-Zügelliest**
Sharpe, 1892
Sierra Leone bis w Kamerun und Bioko (n Gulf von Guinea Is.)
Halcyon malimbica dryas
**Principe-Zügelliest**
Hartlaub, 1854
Príncipe (c Gulf von Guinea Is.)

Halcyon senegalensis
**Senegalliest**
*Woodland Kingfisher - Alción senegalés*
Linnaeus, 1766
Senegal und Gambia bis Äthiopien und n Tansania

Halcyon senegalensis fuscopileus
**Nigerialiest**
Reichenow, 1906
Sierra Leone bis s Nigeria und s bis Demokratische Republik Kongo und n Angola
Halcyon senegalensis cyanoleuca
**Angolaliest**
Vieillot, 1818
s Angola und w Tansania bis Südafrika

Halcyon senegaloides
**Mangroveliest**
*Mangrove Kingfisher - Alción de manglar*
Smith, A, 1834
südöstliches Küstengebiet Afrikas (Mosambik bis Südafrika)

## Gattung: Todiramphus

Todiramphus nigrocyaneus
**Dunkelliest**
*Blue-black Kingfisher - Alción oscuro*
Wallace, 1862
Salawati und Batanta (Raja Ampat Is., nw von Neuguinea), Bird's Head und Neck (nw Neuguinea) und sw bis sc Neuguinea

Todiramphus nigrocyaneus quadricolor
**Vierfarb-Dunkelliest**
Oustalet, 1880
Yapen (Geelvink Bay is., nw Neuguinea) und n Neuguinea
Todiramphus nigrocyaneus stictolaemus
**Salvadoris Dunkelliest**
Salvadori, 1876
sc, se Neuguinea

Todiramphus winchelli
**Rotnackenliest**
*Rufous-lored Kingfisher - Alción cuellirrojo*
Sharpe, 1877
Basilan (sw Philippinen)

Todiramphus winchelli nigrorum
**Cebu-Rotnackenliest**
Hachisuka, 1934
Bohol, Cebu, Negros, Samar, Leyte, Calicoan, Biliran und Siquijor (c, ec Philippinen)
Todiramphus winchelli nesydrionetes
**Tablas-Rotnackenliest**
Parkes, 1966
Romblon, Sibuyan und Tablas (nc Philippinen)
Todiramphus winchelli mindanensis
**Mindanao-Rotnackenliest**
Parkes, 1966
Mindanao (s Philippinen)
Todiramphus winchelli alfredi
**Sulu-Rotnackenliest**
Oustalet, 1890
Sulu Archipel (sw Philippinen)

Todiramphus diops
**Lasurliest**
*Blue-and-white Kingfisher - Alción moluqueño*
Temminck, 1824
Morotai bis Obi (n Moluccas)

Todiramphus lazuli
**Lazuliliest**
*Lazuli Kingfisher - Alción lapislázuli*
Temminck, 1830
Seram, Ambon und Haruku (s von sw Seram; ec Moluccas)

Todiramphus macleayii
**Spiegelliest**
*Forest Kingfisher - Alción del Macleay*
Jardine & Selby, 1830
n Nortern Territory (nc Australien)

Todiramphus macleayii elisabeth
**Elisabeths Spiegelliest**
Heine, 1883
ne (Huon Halbinsel) und se Neuguinea
Todiramphus macleayii incinctus
**Goulds Spiegelliest**
Gould, 1838
Cape York Halbinsel, ne Queensland bis ec New South Wales (ne, ec Australien)

Todiramphus albonotatus
**Weißrückenliest**
*White-mantled Kingfisher - Alción dorsiblanco*
Ramsay, EP, 1884
New Britain (se Bismarck Archipel)

Todiramphus leucopygius
**Ultramarinliest**
*Ultramarine Kingfisher - Alción ultramar*
Verreaux, J, 1858
Buka bis Florida Is. und Guadalcanal (n bis c Solomon Is.)

Todiramphus farquhari
**Braunbauchliest**
*Vanuatu Kingfisher - Alción ventrirrufo*
Sharpe, 1899
Santo bis Malekula (Vanuatu)

Todiramphus funebris
**Molukkenliest**
*Sombre Kingfisher - Alción sombrío*
Bonaparte, 1850
Halmahera (n Moluccas)

Todiramphus chloris
**Halsbandliest**
*Collared Kingfisher - Alción acollarado*
Boddaert, 1783
Sulawesi, Sangihe und Talaud is. (ne von Sulawesi), Banggai und Sula is. (e von Sulawesi), Moluccas, Lesser Sundas, Raja Ampat Is. (nw von Neuguinea) und Bird's Head und Neck (nw Neuguinea)

Todiramphus chloris abyssinicus
**Rotmeer-Halsbandliest**
Pelzeln, 1856
s Red Sea coasts
Todiramphus chloris kalbaensis
**Arabischer Halsbandliest**
Cowles, 1980
ne Arabien
Todiramphus chloris vidali
**Vidals Halsbandliest**
Sharpe, 1892
w Küste von Indien
Todiramphus chloris davisoni
**Davidsons Halsbandliest**
Sharpe, 1892
Andaman und Cocos Is. (indischer Ozean vor Myanmar)
Todiramphus chloris occipitalis
**Nikobaren-Halsbandliest**
Blyth, 1846
Nicobar Is.
Todiramphus chloris humii
**Sharps Halsbandliest**
Sharpe, 1892
Küste e Indien bis s Malayische Halbinsel und ne Sumatra
Todiramphus chloris armstrongi
**Armstrongs Halsbandliest**
Sharpe, 1892
Myanmar bis Thailand, Indochina und s China
Todiramphus chloris laubmannianus
**Laubmanns Halsbandliest**
Grote, 1933
Sumatra (außer ne), Bangka und Belitung (e von s Sumatra), Borneo und kleine Inseln
Todiramphus chloris chloropterus
**Sumatra-Halsbandliest**
Oberholser, 1919
Simeulue bis Sipora (w von n bis c Sumatra)
Todiramphus chloris azelus
**Enggano-Halsbandliest**
Oberholser, 1919)
Enggano (w von s Sumatra)
Todiramphus chloris palmeri
**Palmers Halsbandliest**
Oberholser, 1919
Java, Bawean (n von e Java), Bali und Kangean Is. (n von Bali)
Todiramphus chloris collaris
**Philippinen-Halsbandliest**
Scopoli, 1786
Philippinen
Todiramphus chloris teraokai
**Palau-Halsbandliest**
Kuroda, Nm, 1915
Palau (w Caroline Is., w Micronesia)

Todiramphus sordidus
## Gouldliest
*Torresian Kingfisher - Alción adán*
Gould, 1842
*Aru Is. (sw von Neuguinea), Küste s Neuguinea, Torres Strait is. und Küste ne Western Australia bis Cape York Halbinsel, ne Queensland (n, ne Australien)*

Todiramphus sordidus pilbara
### Australischer Gouldliest
Johnstone, RE, 1983
Küste nw Western Australia (nw Australien)
Todiramphus sordidus colcloughi
### Matthews Gouldliest
Mathews, 1916
Küste ec Queensland bis ne New South Wales (ec Australien)

Todiramphus colonus
## Hartertliest
*Islet Kingfisher - Alción colonizador*
Hartert, EJO, 1896
*Egum, Alcester, Bonvouloir und Louisiade Archipel (e von se Neuguinea)*

Todiramphus albicilla
## Marianenliest
*Mariana Kingfisher - Alción de las Marianas*
Dumont, 1823
*Saipan und Tinian (nc Northern Mariana Is., w Micronesia)*

Todiramphus albicilla owstoni
### Owstonliest
Rothschild, 1904
Asuncion, Agrihan, Pagan und Alamagan (n Northern Mariana Is., w Micronesia)
Todiramphus albicilla orii
### Oriliest
Taka-Tsukasa & Momiyama, 1931
Rota (s Northern Mariana Is., w Micronesia)

Todiramphus tristrami
## Melanesienliest
*Melanesian Kingfisher - Alción de Melanesia*
Layard, EL, 1880
*New Britain, Lolobau und Watom (n von e New Britain; se Bismarck Archipel)*

Todiramphus tristrami nusae
### Neuirlandliest
Heinroth, 1902
Lavongai, New Ireland (außer sw) und kleine Inseln (ne Bismarck Archipel)
Todiramphus tristrami matthiae
### Matthiasliest
Heinroth, 1902
Mussau und Emirau (to se von Mussau; St. Matthias Is., wc Bismarck Archipel)
Todiramphus tristrami stresemanni
### Stresemannliest
Laubmann, 1923
Inseln zwischen Neuguinea und New Britain (sc Bismarck Archipel)
Todiramphus tristrami novaehiberniae
### Bismarckliest
Hartert, EJO, 1925
sw New Ireland (ne Bismarck Archipel)
Todiramphus tristrami bennetti
### Bennettliest
Ripley, 1947
Nissan (nw von Bougainville)
Todiramphus tristrami alberti
### Albertliest
Rothschild & Hartert, EJO, 1905
Buka se bis Florida Is. und Guadalcanal (nw bis sc Solomon Is.)

Todiramphus sacer
## Pazifikliest
*Pacific Kingfisher - Alción de Pacific*
Gmelin, JF, 1788
*c, s Tonga (sc Polynesien)*

Todiramphus sacer torresianus
### Torres-Pazifikliest
Mayr, 1931
Torres Is. (n Vanuatu)
Todiramphus sacer santoensis
### Espiritu Santo-Pazifikliest
Mayr, 1931
Banks Is. und Santo (n Vanuatu)
Todiramphus sacer juliae
### Julias Pazifikliest
Heine, 1860
Maéwo bis Éfaté (c Vanuatu)
Todiramphus sacer erromangae
### Erromanga-Pazifikliest
Mayr, 1938
Erromango und Aneityum (s Vanuatu)
Todiramphus sacer tannensis
### Tanna-Pazifikliest
Sharpe, 1892
Tanna (s Vanuatu)
Todiramphus sacer pealei
### Tutuila-Pazifikliest
Finsch & Hartlaub, 1867
Tutuila (w American Samoa, c Polynesien)

Todiramphus sacer manuae
### Manua-Pazifikliest
Mayr, 1941
Ofu, Olosega und Tau (Manua Gruppe, e American Samoa, c Polynesien)
Todiramphus sacer pavuvu
### Pavuvu-Pazifikliest
Mayr, 1935
Pavuvu (=Russell; sc Solomon Is.)
Todiramphus sacer mala
### Malaita-Pazifikliest
Mayr, 1935
Malaita (se Solomon Is.)
Todiramphus sacer amoenus
### Rennell-Pazifikliest
Mayr, 1931
Rennell und Bellona (nw von Rennell; s Solomon Is.)
Todiramphus sacer sororum
### Olu Malau-Pazifikliest
Galbraith, ICJ & Galbraith, EH, 1962
Olu Malau Is. (=Three Sisters; n von Makira; se Solomon Is.)
Todiramphus sacer solomonis
### Salomonen-Pazifikliest
Ramsay, EP, 1882
Makira (=San Cristóbal) und nahegelegene Inseln (se Solomon Is.)
Todiramphus sacer brachyurus
### Reef-Pazifikliest
Mayr, 1931
Reef Is. (n Temotu =Santa Cruz Is., se Solomon Is.)
Todiramphus sacer vicina
### Duff-Pazifikliest
Mayr, 1931
Duff Is. (ne Temotu =Santa Cruz Is., se Solomon Is.)
Todiramphus sacer ornatus
### Nendo-Pazifikliest
Mayr, 1931
Nendo und Tinakula (to n von Nendo; wc Temotu =Santa Cruz Is., se Solomon Is.)
Todiramphus sacer utupuae
### Utupua-Pazifikliest
Mayr, 1931
Utupua (se Temotu =Santa Cruz Is., se Solomon Is.)
Todiramphus sacer melanodera
### Vanikolo-Pazifikliest
Mayr, 1931
Vanikoro (se Temotu=Santa Cruz Is., se Solomon Is.)
Todiramphus sacer vitiensis
### Viti Levu-Pazifikliest
Peale, 1849
Viti Levu, Ovalau, Koro und Ngau (Lomaiviti Gruppe), Vanua Levu und Taveuni (w, c Fiji, sw Polynesien)
Todiramphus sacer eximius
### Kandavu-Pazifikliest
Mayr, 1941
Kadavu und kleine Inseln Ono und Kanua Kula (sw Fiji, sw Polynesien)
Todiramphus sacer regina
### Futuna-Pazifikliest
Mayr, 1941
Futuna (Wallis und Futuna Is., ne von Fiji, sw Polynesien)
Todiramphus sacer marinus
### Fiji-Pazifikliest
Mayr, 1941
Lau Archipel (e Fiji, sw Polynesien)

Todiramphus enigma
## Talaudliest
*Talaud Kingfisher - Alción de las Talaud*
Hartert, EJO, 1904
*Talaud Is. (ne von Sulawesi)*

Todiramphus cinnamominus
## Zimtliest
*Guam Kingfisher - Alción de Guam*
Swainson, 1821
*Guam (s Mariana Is.)*

Todiramphus pelewensis
## Palauliest
*Rusty-capped Kingfisher - Alción de Palau*
Wiglesworth, 1891
*Palau (w Caroline Is., w Micronesia)*

Todiramphus reichenbachii
## Pohnpeiliest
*Pohnpei Kingfisher - Alción de Pohnpei*
Hartlaub, 1852
*Pohnpei (=Ponape, e Caroline Is., c Micronesia)*

Todiramphus saurophagus
## Echsenliest
*Beach Kingfisher - Alción lagartijero*
Gould, 1843
*Morotai bis Obi (n Moluccas) und Seram und kleine Inseln (ec Moluccas), n Neuguinea und kleine Inseln bis c, e Bismarck Archipel und Solomon Is.*

Todiramphus saurophagus anachoreta
### Hermit-Echsenliest
Reichenow, 1898
Wuvulu, Ninigo, Kaniet (=Anchorite) und Hermit Is. (w Bismarck Archipel)

Todiramphus saurophagus admiralitatis
**Admiralitätsechsenliest**
Sharpe, 1892
Admiralty Is. (nc Bismarck Archipel)

Todiramphus sanctus
## Götzenliest
*Sacred Kingfisher - Alción sagrado*
Vigors & Horsfield, 1827
*Australien (außer wc, Tasmanien) bis e Solomon Is.*

Todiramphus sanctus vagans
**Lessons Götzenliest**
Lesson, RP, 1828
Lord Howe Insel (e von Australien), North, South, Stewart und Kermadec Is. (ne von Nordinsel; New Zealand)
Todiramphus sanctus norfolkiensis
**Norfolk-Götzenliest**
Tristram, 1885
Norfolk Insel (e von Australien)
Todiramphus sanctus canacorum
**Neukaledonien-Götzenliest**
Brasil, 1916
Grande Terre und Ile des Pins (New Caledonia)
Todiramphus sanctus macmillani
**Mayrs Götzenliest**
Mayr, 1940
Loyalty Is. (New Caledonia)

Todiramphus recurvirostris
## Flachschnabelliest
*Flat-billed Kingfisher - Alción piquiplano*
Lafresnaye, 1842
*Savaii, Upolu und kleine Inseln (w Samoa, c Polynesien)*

Todiramphus australasia
## Timorliest
*Cinnamon-banded Kingfisher - Alción piquiplano*
Vieillot, 1818
*Lombok, Sumba, Timor, Wetar und Romang (e von Wetar; Lesser Sundas)*

Todiramphus australasia dammerianus
**Dammerialiest**
Hartert, EJO, 1900
Leti und Moa (e von Timor), Damar und Babar (e Lesser Sundas)
Todiramphus australasia odites
**Oditliest**
Peters, JL, 1945
Tanimbar Is. (s Moluccas)

Todiramphus tutus
## Boraboraliest
*Chattering Kingfisher - Alción respetado*
Gmelin, JF, 1788
*c Society Is. (e Polynesien)*

Todiramphus tutus atiu
**Atiuliest**
Holyoak, 1974
Atiu (e Cook Is.)
Todiramphus tutus mauke
**Maukeliest**
Holyoak, 1974
Mauke (e Cook Is.)

Todiramphus ruficollaris
## Mangaialiest
*Mewing Kingfisher - Alción de Mangaia*
Holyoak, 1974
*Mangaia (se Cook Is.)*

Todiramphus veneratus
## Tahitiliest
*Society Kingfisher - Alción venerado de Tahití*
Gmelin, JF, 1788
*Tahiti (se Society Is., e Polynesien)*

Todiramphus veneratus youngi
**Moorealiest**
Sharpe, 1892
Moorea (se Society Is., e Polynesien)

† Todiramphus gambieri
## Tuamotuliest
*Mangareva Kingfisher - Alción de Mangareva*
Oustalet, 1895
*Mangareva (=Gambier, se Tuamotu Archipel, e Polynesien)*

Todiramphus gertrudae
## Niauliest
*Niau Kingfisher - Alción de Niau*
Murphy, 1924
*Niau (w Tuamotu Archipel, e Polynesien)*

Todiramphus godeffroyi
## Marquesasliest
*Marquesan Kingfisher - Alción de las Marquesas*
Finsch, 1877
*Tahuata (Nuku Hiva, Ua Huku und Hiva Oa; Marquesas Is., ne Polynesien)*

Todiramphus pyrrhopygius
## Rotbürzelliest
*Red-backed Kingfisher - Alción culirrojo*
Gould, 1841
*Australien (außer s, Tasmanien)*



Syma torotoro
## Gelbschnabelliest
*Yellow-billed Kingfisher - Alción torotoro*
Lesson, RP, 1827
*Raja Ampat Is. (nw von Neuguinea), Aru Is. (sw von Neuguinea), Yapen (Geelvink Bay is., nw Neuguinea) und Neuguinea*

Syma torotoro ochracea
**Rotschilds Gelbschnabelliest**
Rothschild & Hartert, EJO, 1901
D'Entrecasteaux Archipel (e von se Neuguinea)
Syma torotoro flavirostris
**Goulds Gelbschnabelliest**
Gould, 1850
n Cape York Halbinsel, ne Queensland (ne Australien)

Syma megarhyncha
## Bergliest
*Mountain Kingfisher - Alción montano*
Salvadori, 1896
*Gebirge wc bis se Neuguinea*

Syma megarhyncha sellamontis
**Huon-Bergliest**
Reichenow, 1919
Gebirge Huon Halbinsel (ne Neuguinea)



Ispidina lecontei
## Braunkopf-Zwergfischer
*African Dwarf Kingfisher - Martín pigmeo del Congo*
Cassin, 1856
s Nigeria bis w Süd-Sudan, Uganda und c Demokratische Republik Kongo; c Angola

Ispidina lecontei ruficeps
**Hartlaubs Braunkopf-Zwergfischer**
Hartlaub, 1857
Sierra Leone bis Ghana

Ispidina picta
## Natalzwergfischer
*African Pygmy Kingfisher - Martín pigmeo africano*
Boddaert, 1783
*Senegal und Gambia bis Äthiopien und s bis Uganda*

Ispidina picta ferrugina
**Angola-Natalzwergfischer**
Clancey, 1984
Guinea-Bissau bis w Uganda und s bis Angola, Sambia und n Tansania
Ispidina picta natalensis
**Südlicher Natalzwergfischer**
Smith, A, 1832
s Angola bis c Tansania s bis n, e Südafrika



Corythornis madagascariensis
## Madagaskarzwergfischer
*Madagascar Pygmy Kingfisher - Martín pigmeo malgache*
Linnaeus, 1766
*wc, n, e Madagascar*

Corythornis madagascariensis dilutus
**Südwestlicher Madagaskarfischer**
Benson, 1974
sw Madagascar

Corythornis leucogaster
## Weißbauch-Zwergfischer
*White-bellied Kingfisher - Martín pescador ventriblanco*
Fraser, 1843
*Nigeria bis nw Angola und Bioko Insel*

Corythornis leucogaster bowdleri
**Mali-Weißbauch-Zwergfischer**
Neumann, 1908
Guinea bis Mali und Ghana
Corythornis leucogaster leopoldi
**Leopolds Weißbauch-Zwergfischer**
Dubois, AJC, 1905
e Kongo bis s Uganda und nw Sambia

Corythornis cristatus
**Haubenzwergfischer**
*Malachite Kingfisher - Martín pescador malaquita*
Pallas, 1764
*Nigeria e bis w Sudan, Uganda, Kenia, s bis s Angola, n Namibia, Botswana, Simbabwe, Südafrika*

Corythornis cristatus galeritus
**Senegal-Haubenzwergfischer**
Müller, PLS, 1776
Senegal bis Ghana
Corythornis cristatus nais
**Nias-Haubenzwergfischer**
Kaup, 1848
Príncipe (c Gulf von Guinea Is.)
Corythornis cristatus thomensis
**Sao Tome-Haubenzwergfischer**
Salvadori, 1902
São Tomé (sc Gulf von Guinea Is.)
Corythornis cristatus stuartkeithi
**Sudan-Haubenzwergfischer**
Dickerman, 1989
e Sudan, Äthiopien und Somalia

Corythornis vintsioides
**Malegassenzwergfischer**
*Malagasy Kingfisher - Martín pescador malgache*
Eydoux & Gervais, 1836
*Madagascar*

Corythornis vintsioides johannae
**Komorenzwergfischer**
Meinertzhagen, R, 1924
Mohéli (=Mwali), Anjouan (=Nzwani) und Mayotte (c se Comoros)

## Gattung: Alcedo

Alcedo coerulescens
**Türkiseisvogel**
*Cerulean Kingfisher - Martín pescador azulado*
Vieillot, 1818
*s Sumatra, Java und Bali, Kangean Is. (n von Bali) und Lombok bis Flores (w, c Lesser Sundas)*

Alcedo peninsulae
**Blauband-Eisvogel**
*Malaysian Blue-banded Kingfisher - Martín pescador bandeado de Malasia*
Laubmann, 1941
*s Myanmar, Malayische Halbinsel, Sumatra und Borneo*

Alcedo euryzona
**Brustband-Eisvogel**
*Javan Blue-banded Kingfisher - Martín pescador bandeado de Java*
Temminck, 1830
*Java*

Alcedo quadribrachys
**Schillereisvogel**
*Shining-blue Kingfisher - Martín pescador brillante*
Bonaparte, 1850
*Senegal und Gambia bis wc Nigeria*

Alcedo quadribrachys guentheri
**Günthers Schillereisvogel**
Sharpe, 1892
s Nigeria bis Kenia, nw Sambia und n Angola

Alcedo meninting
**Menintingeisvogel**
*Blue-eared Kingfisher - Martín pescador meninting*
Horsfield, 1821
*Sumatra (einschließlich der Inseln vor der Westküste), Java e bis Lombok, Sulawesi, Inseln Banggai und Sula (vor Ostsulawesi)*

Alcedo meninting coltarti
**Nepal-Blauohreisvogel**
Baker, ECS, 1919
Nepal und Indien bis n, c Thailand und Indochina
Alcedo meninting phillipsi
**Indischer Blauohreisvogel**
Baker, ECS, 1927
sw Indien und Sri Lanka
Alcedo meninting scintillans
**Malayischer Blauohreisvogel**
Baker, ECS, 1919
n Malayische Halbinsel

Alcedo meninting rufigastra
**Andamanen-Blauohreisvogel**
Walden, 1873
Andaman Is.

Alcedo atthis
**Eisvogel**
*Common Kingfisher - Martín pescador común*
Linnaeus, 1758
*s Spanien und n Afrika e bis c Sibirien, nw China und nw Indien*

Alcedo atthis ispida
**Europäischer Eisvogel**
Linnaeus, 1758
s Norwegen, Britische Inseln und n Spanien bis w Russland
Alcedo atthis bengalensis
**Bengaleneisvogel**
Gmelin, JF, 1788
c Indien bis se Sibirien, Japan und se Asien
Alcedo atthis taprobana
**Sri Lanka-Eisvogel**
Kleinschmidt, 1894
s Indien und Sri Lanka
Alcedo atthis floresiana
**Floreseisvogel**
Sharpe, 1892
Bali, Lombok bis Wetar und Timor (Lesser Sundas)
Alcedo atthis hispidoides
**Molukkeneisvogel**
Lesson, RP, 1837
Sulawesi, Moluccas, e, se Neuguinea, D'Entrecasteaux und Louisiade Archipel (e von se Neuguinea), Bismarck Archipel bis Nissan Atoll (e von New Britain) und Louisiade Archipel
Alcedo atthis salomonensis
**Salomoneneisvogel**
Rothschild & Hartert, EJO, 1905
Buka bis Makira (n bis se Solomon Is., but not Florida Is. or most outlying is.)

Alcedo semitorquata
**Kobalteisvogel**
*Half-collared Kingfisher - Martín pescador cobalto*
Swainson, 1823
*Äthiopien, Angola bis Tansania, s bis Mosambik und s Südafrika*

Alcedo hercules
**Herkuleseisvogel**
*Blyth's Kingfisher - Martín pescador hércules*
Laubmann, 1917
*e Nepal bis c Vietnam*

## Gattung: Ceyx

Ceyx erithaca
**Dschungelzwergfischer**
*Oriental Dwarf Kingfisher - Martín pigmeo oriental*
Linnaeus, 1758
*Indien und Sri Lanka bis se China, Indochina und Sumatra*

Ceyx erithaca macrocarus
**Andamanen-Dschungelfischer**
Oberholser, 1917
Andaman und Nicobar Is.

Ceyx rufidorsa
**Rotrücken-Zwergfischer**
*Rufous-backed Dwarf Kingfisher - Martín Pigmeo Herrumbroso*
Strickland, HE 1847
*Thailändisch-Malaiische Halbinsel, Große und Kleine Sundas bis w Philippinen*

Ceyx rufidorsa motleyi
**Borneo Rotrücken-Zwergfischer**
Chasen & Kloss, 1929
Borneo und die angrenzenden nördlichen vorgelagerten Inseln
Ceyx rufidorsa captus
**Nias Rotrücken-Zwergfischer**
Ripley, SD 1941
Nias I. (nw Sumatra)
Ceyx rufidorsa jungei
**Sumatra Rotrücken-Zwergfischer**
Ripley, SD 1942
Batu I. and Simeulue I. (nw Sumatra)
Ceyx rufidorsa vargasi
**Mindoro Rotrücken-Zwergfischer**
Manuel, 1939
Lubang, Mindoro (Phillippinen)

Ceyx melanurus
**Goldzwergfischer**
*Philippine Dwarf Kingfisher - Martín pigmeo de Luzón*
Kaup, 1848
*Luzon, Polillo, Alabat und Catanduanes (n Philippinen)*

Ceyx melanurus samarensis
**Samar-Goldfischer**
Steere, 1890
Samar und Leyte (ec Philippinen)

Ceyx melanurus platenae
**Mindanao-Goldfischer**
Blasius, W, 1890
Mindanao und Basilan (s Philippinen)

Ceyx sangirensis
**Sangihezwergfischer**
*Sangihe Dwarf Kingfisher - Martín pigmeo de las Sangihe*
Meyer, AB & Wiglesworth, 1898
*Sangihe (n von Sulawesi)*

Ceyx fallax
**Sulawesizwergfischer**
*Sulawesi Dwarf Kingfisher - Martín pigmeo de Célebes*
Schlegel, 1866
*Sulawesi und Lembeh (e von ne Sulawesi)*

Ceyx lepidus
**Molukkenzwergfischer**
*Moluccan Dwarf Kingfisher - Martín pigmeo de las Molucas*
Temminck, 1836
*Seram und kleine Inseln (ec Moluccas) und Watubela (s Moluccas)*

    Ceyx lepidus uropygialis
    **Morotaizwergfischer**
    Gray, GR, 1861
    Morotai bis Obi (n Moluccas)

Ceyx margarethae
**Philippinenzwergfischer**
*Dimorphic Dwarf Kingfisher - Martín pigmeo dimorfo*
Blasius, W, 1890
*West Visayas, Camaguin Sur, s Mindanao und Sulu Archipel (wc, s, sw Philippinen)*

Ceyx wallacii
**Sulazwergfischer**
*Sula Dwarf Kingfisher - Martín pigmeo de Sula*
Sharpe, 1868
*Sula Is. (e von Sulawesi)*

Ceyx cajeli
**Buruzwergfischer**
*Buru Dwarf Kingfisher - Martín pigmeo de Buru*
Wallace, 1863
*Buru (wc Moluccas)*

Ceyx solitarius
**Papuazwergfischer**
*Papuan Dwarf Kingfisher - Martín pigmeo papú*
Temminck, 1836
*Raja Ampat Is. (nw von Neuguinea), Aru Is. (sw von Neuguinea), Biak und Yapen (Geelvink Bay is., nw Neuguinea), Neuguinea, Karkar (n von ne Neuguinea) und D'Entrecasteaux Archipel (e von se Neuguinea)*

Ceyx dispar
**Manuszwergfischer**
*Manus Dwarf Kingfisher - Martín pigmeo de Manus*
Rothschild & Hartert, EJO, 1914
*Manus (Admiralty Is., nc Bismarck Archipel)*

Ceyx mulcatus
**Neuirland-Zwergfischer**
*New Ireland Dwarf Kingfisher - Martín pigmeo de Nueva Irlanda*
Rothschild & Hartert, EJO, 1914
*Lavongai (=New Hanover), New Ireland, Dyaul (=Djaul; s von w New Ireland) und Tabar und Lihir Is. (n von c New Ireland; ne Bismarck Archipel)*

Ceyx sacerdotis
**Neubritannien-Zwergfischer**
*New Britain Dwarf Kingfisher - Martín pigmeo de Nueva Bretaña*
Ramsay, EP, 1882
*Umboi (w von New Britain), New Britain, Lolobau und Watom (n von e New Britain; se Bismarck Archipel)*

Ceyx meeki
**Bougainville-Zwergfischer**
*North Solomons Dwarf Kingfisher - Martín pigmeo de Santa Isabel*
Rothschild, 1901
*Choiseul und Isabel (c Solomon Is.)*

    Ceyx meeki pallidus
    **Bukazwergfischer**
    Mayr, 1935
    Buka und Bougainville (n Solomon Is.)

Ceyx collectoris
**Neugeorgien-Zwergfischer**
*New Georgia Dwarf Kingfisher - Martín pigmeo de Nueva Georgia*
Rothschild & Hartert, EJO, 1901
*Vella Lavella bis Nggatokae (=Gatukai; New Georgia Gruppe, wc Solomon Is.)*

Ceyx nigromaxilla
**Guadalcanal-Zwergfischer**
*Guadalcanal Dwarf Kingfisher - Martín pigmeo de Guadalcanal*
Rothschild & Hartert, EJO, 1905
*Guadalcanal (sc Solomon Is.)*

    Ceyx nigromaxilla malaitae
    **Malaitazwergfischer**
    Mayr, 1935
    Malaita (sc Solomon Is.)

Ceyx gentianus
**Makirazwergfischer**
*Makira Dwarf Kingfisher - Martín pigmeo de San Cristóbal*
Tristram, 1879
*Makira (=San Cristóbal; se Solomon Is.)*

Ceyx cyanopectus
**Blaubrust-Zwergfischer**
*Indigo-banded Kingfisher - Martín pigmeo pechiazul*
Lafresnaye, 1840
*Luzon, Mindoro und nahegelegene Inseln (n Philippinen)*

    Ceyx cyanopectus nigrirostris
    **Schwarzmasken-Blaubrustfischer**
    Bourns & Worcester, 1894
    Cebu (?), Negros und Panay (wc Philippinen)

Ceyx argentatus
**Silberzwergfischer**
*Southern Silvery Kingfisher - Martín pigmeo plateado del sur*
Tweeddale, 1877
*Mindanao, Basilan, Dinagat und Siargao (s Philippinen)*

Ceyx flumenicola
**Platinzwergfischer**
*Northern Silvery Kingfisher - Martín pigmeo plateado del norte*
Steere, 1890
*Bohol, Leyte und Samar (ec Philippinen)*

Ceyx azureus
**Azurzwergfischer**
*Azure Kingfisher - Martín pescador azur*
Latham, 1801
*se Cape York Halbinsel, ne Queensland bis sw Victoria (e, se Australien)*

    Ceyx azureus affinis
    **Molukken-Azurfischer**
    Gray, GR, 1861
    Morotai, Halmahera und Bacan (n Moluccas)
    Ceyx azureus yamdenae
    **Romang-Azurfischer**
    Rothschild, 1901
    Romang (e Lesser Sundas) und Tanimbar (s Moluccas)
    Ceyx azureus lessonii
    **Neuguinea-Azurfischer**
    Cassin, 1850
    Raja Ampat Is. (nw von Neuguinea), w, s, se Neuguinea und D'Entrecasteaux Archipel (e von se Neuguinea)
    Ceyx azureus ochrogaster
    **Geelvink-Azurfischer**
    Reichenow, 1903
    Numfor, Biak und Yapen (Geelvink Bay is., nw Neuguinea), n Neuguinea, Kairiru und Karkar (n von ne Neuguinea)
    Ceyx azureus ruficollaris
    **Australischer-Azurfischer**
    Bankier, 1841
    ne Western Australia bis n Cape York Halbinsel, ne Queensland (n Australien)
    Ceyx azureus diemenensis
    **Tasmanischer Azurfischer**
    Gould, 1846
    Tasmanien (se Australien)

Ceyx websteri
**Bismarckzwergfischer**
*Bismarck Kingfisher - Martín pescador de las Bismarck*
Hartert, EJO, 1898
*Lavongai (=New Hanover), New Ireland, Lihir (n von c New Ireland), Umboi (w von New Britain) und New Britain (e Bismarck Archipel)*

Ceyx pusillus
**Mangrovezwergfischer**
*Little Kingfisher - Martín pescador menudo*
Temminck, 1836
*Kai Is. (se Moluccas), Raja Ampat Is. (nw von Neuguinea), Aru Is. (sw von Neuguinea), Bird's Head (nw Neuguinea), wc, s, se Neuguinea, D'Entrecasteaux Archipel (e von se Neuguinea) und n Torres Strait is. (n Queensland, ne Australien)*

    Ceyx pusillus halmaherae
    **Halmahera-Mangrovefischer**
    Salomonsen, 1934
    Halmahera, Bacan und Obi (n Moluccas) und Seram (ec Moluccas)

Ceyx pusillus laetior
**Neuguinea-Mangrovefischer**
Rand, 1941
n Neuguinea

Ceyx pusillus ramsayi
**Ramsay-Mangrovefischer**
North, 1912
nw Nortern Territory und kleine Inseln bis nw Cape York Halbinsel, ne Queensland (nc Australien)

Ceyx pusillus halli
**Halls Mangrovefischer**
Mathews, 1912
ne Cape York Halbinsel, ne Queensland bis ec Queensland (ne Australien)

Ceyx pusillus masauji
**Bismarck-Mangrovefischer**
Mathews, 1927
Lavongai (=New Hanover), New Ireland, Dyaul (=Djaul, s von w New Ireland), Tabar (n von c New Ireland), Umboi (w von New Britain) und New Britain (e Bismarck Archipel)

Ceyx pusillus bougainvillei
**Bougainville-Mangrovefischer**
Ogilvie-Grant, 1914
Buka bis Isabel und Florida Is. (n bis c Solomon Is.)

Ceyx pusillus richardsi
**Richards Mangrovefischer**
Tristram, 1882
Vellalavella bis Vangunu und kleine Inseln (New Georgia Gruppe, wc Solomon Is.)

Ceyx pusillus aolae
**Salomonen-Mangrovefischer**
Ogilvie-Grant, 1914
Guadalcanal (sc Solomon Is.)

## Gattung: Chloroceryle

Chloroceryle amazona
**Amazonasfischer**
*Amazon Kingfisher - Martín pescador amazónico*
Latham, 1790
*c Mexico bis c Argentinien*

Chloroceryle aenea
**Erzfischer**
*American Pygmy Kingfisher - Martín pescador enano*
Pallas, 1764
*c Costa Rica bis n Bolivien, Paraguay, sc Brasilien und n Argentinien*

Chloroceryle aenea stictoptera
**Ridgways Erzfischer**
Ridgway, 1884
s Mexico bis c Costa Rica

Chloroceryle americana
**Grünfischer**
*Green Kingfisher - Martín pescador verde*
Gmelin, JF, 1788
*Südamerika e von Anden von Venezuela bis ne Bolivien, und n, c Brasilien, Trinidad und Tobago*

Chloroceryle americana hachisukai
**Laubmanns Grünfischer**
Laubmann, 1941
sc USA und nw Mexico

Chloroceryle americana septentrionalis
**Sharps Grünfischer**
Sharpe, 1892
sc Texas (USA) und e Mexico s bis n Kolumbien und w Venezuela

Chloroceryle americana mathewsii
**Bolivien-Grünfischer**
Laubmann, 1927
s Brasilien, s Bolivien und n Argentinien

Chloroceryle americana cabanisii
**Cabansis Grünfischer**
Tschudi, 1846
Kolumbien bis Chile w von Anden

Chloroceryle inda
**Zweifarbenfischer**
*Green-and-rufous Kingfisher - Martín pescador verdirrufo*
Linnaeus, 1766
*Nicaragua bis n Bolivien und se Brasilien*

Chloroceryle inda chocoensis
**Kolumbianischer Zweifarbenfischer**
Todd, 1943
w Kolumbien und nw Ecuador

## Gattung: Megaceryle

Megaceryle lugubris
**Haubenfischer**
*Crested Kingfisher - Martín gigante asiático*
Temminck, 1834
*c, s Japan*

Megaceryle lugubris continentalis
**Himalaya-Haubenfischer**
Hartert, EJO, 1900
w, c Himalaya

Megaceryle lugubris guttulata
**Indochinesischer Haubenfischer**
Stejneger, 1892
e Himalaya bis c China und n Indochina

Megaceryle lugubris pallida
**Japanischer Haubenfischer**
Momiyama, 1927
Hokkaido Insel (n Japan) und s Kuril Is. (Russland)

Megaceryle maxima
**Riesenfischer**
*Giant Kingfisher - Martín gigante africano*
Pallas, 1769
*Senegal und Gambia bis Äthiopien und s bis Südafrika*

Megaceryle maxima gigantea
**Angola-Riesenfischer**
Swainson, 1837
Liberia bis n Angola und w Tansania und Bioko

Megaceryle torquata
**Rotbrustfischer**
*Ringed Kingfisher - Martín gigante neotropical*
Linnaeus, 1766
*s Texas (USA) bis n Argentinien; Margarita Insel und Trinidad*

Megaceryle torquata stictipennis
**Antillen-Rotbrustfischer**
Lawrence, 1885
Kleine Antillen

Megaceryle torquata stellata
**Südlicher Rotbrustfischer**
Meyen, 1834
Chile und Argentinien

Megaceryle alcyon
**Gürtelfischer**
*Belted Kingfisher - Martín gigante norteamericano*
Linnaeus, 1758
*Nordamerika weit verbreitet*

## Gattung: Ceryle

Ceryle rudis
**Graufischer**
*Pied Kingfisher - Martín pescador pío*
Linnaeus, 1758
*Ägypten und Afrika s in der Sahara*

Ceryle rudis syriacus
**Syrischer Graufischer**
Roselaar, 1995
Türkei bis Israel e bis sw Iran

Ceryle rudis leucomelanurus
**Indochinesischer Graufischer**
Reichenbach, 1851
e Afghanistan über Indien bis s China und n Indochina

Ceryle rudis travancoreensis
**Indischer Graufischer**
Whistler, 1935
sw Indien

Ceryle rudis insignis
**Hainan Graufischer**
Hartert, EJO, 1910
e, se China und Hainan Insel

## Familie: Todidae (Todis)

### Gattung: Todus

Todus multicolor
**Vielfarbentodi**
*Cuban Tody - Barrancolí cubano*
Gould, 1837
*Kuba*

Todus subulatus
**Breitschnabeltodi**
*Broad-billed Tody - Barrancolí picogrueso*
Gray, GR, 1847
*Hispaniola*

Todus angustirostris
**Schmalschnabeltodi**
*Narrow-billed Tody - Barrancolí picofino*
Lafresnaye, 1851
*Hispaniola*

Todus todus
**Grüntodi**
*Jamaican Tody - Barrancolí jamaicano*
Linnaeus, 1758
*Jamaika*

Todus mexicanus
**Gelbflankentodi**
*Puerto Rican Tody - Barrancolí puertorriqueño*
Lesson, RP, 1838
*Puerto Rico*

## Familie: Momotidae (Motmots)

### Gattung: Hylomanes

Hylomanes momotula
**Zwergmotmot**
*Tody Motmot - Momoto enano*
Lichtenstein, MHC, 1839
*Veracruz (s Mexico) bis Honduras*

    Hylomanes momotula chiapensis
    **Chiapas-Zwergmotmot**
    Brodkorb, 1938
    *Chiapa (s Mexico)*
    Hylomanes momotula obscurus
    **Nelsons Zwergmotmot**
    Nelson, 1911
    *nw Costa Rica bis nw Kolumbien*

### Gattung: Aspatha

Aspatha gularis
**Blaukehlmotmot**
*Blue-throated Motmot - Momoto gorjiazul*
Lafresnaye, 1840
*s Mexico bis Honduras*

### Gattung: Momotus

Momotus mexicanus
**Braunscheitelmotmot**
*Russet-crowned Motmot - Momoto mexicano*
Swainson, 1827
*nc und c Mexico*

    Momotus mexicanus vanrossemi
    **Moores Braunscheitelmotmot**
    Moore, RT, 1932
    *nw Mexico*
    Momotus mexicanus saturatus
    **Nelsons Braunscheitelmotmot**
    Nelson, 1897
    *sw Mexico*
    Momotus mexicanus castaneiceps
    **Goulds Braunscheitelmotmot**
    Gould, 1855
    *c Guatemala*

Momotus coeruliceps
**Blauscheitelmotmot**
*Blue-capped Motmot - Momoto capiazul*
Gould, 1836
*ne Mexico*

Momotus lessonii
**Diademmotmot**
*Lesson's Motmot - Momoto diademado*
Lesson, RP, 1842
*Chiapa (s Mexico) bis w Panama*

    Momotus lessonii goldmani
    **Goldmanns Diademmotmot**
    Nelson, 1900
    *se Mexico bis n Guatemala*
    Momotus lessonii exiguus
    **Campeche Diademmotmot**
    Ridgway, 1912
    *Campeche und Yucatán (s Mexico)*

Momotus subrufescens
**Rötelbauchmotmot**
*Whooping Motmot - Momoto rojizo*
Sclater, PL, 1853
*c Panama, n, c Kolumbien und nw Venezuela*

    Momotus subrufescens spatha
    **Guajira-Rötelbauchmotmot**
    Wetmore, 1946
    *Guajira Halbinsel (e Kolumbien)*
    Momotus subrufescens osgoodi
    **Osgoods Rötelbauchmotmot**
    Cory, 1913
    *w Venezuela*
    Momotus subrufescens argenticinctus
    **Sharps-Rötelbauchmotmot**
    Sharpe, 1892
    *w Ecuador und nw Peru*

Momotus bahamensis
**Trinidadmotmot**
*Trinidad Motmot - Momoto de Trinidad*
Swainson, 1838
*Trinidad und Tobago*

Momotus momota
**Amazonasmotmot**
*Amazonian Motmot - Momoto amazónico*
Linnaeus, 1766
*e Venezuela, Guianas und n Brasilien*

    Momotus momota microstephanus
    **Sclaters Amazonasmotmot**
    Sclater, PL, 1858
    *se Kolumbien, e Ecuador und nw Brasilien*
    Momotus momota ignobilis
    **Peruanischer Amazonasmotmot**
    Berlepsch, 1889
    *e Peru und w Brasilien*
    Momotus momota nattereri
    **Natterers Amazonasmotmot**
    Sclater, PL, 1858
    *ne Bolivien*
    Momotus momota simplex
    **Chapmans Amazonasmotmot**
    Chapman, 1923
    *w Brasilien bis wc Brasilien (s Amazon)*
    Momotus momota cametensis
    **Brasilianischer Amazonasmotmot**
    Snethlage, E, 1912
    *nc Brasilien*
    Momotus momota parensis
    **Sharps Amazonasmotmot**
    Sharpe, 1892
    *ne Brasilien*
    Momotus momota marcgravianus
    **Östlicher Amazonasmotmot**
    Pinto & Camargo, 1961
    *e Brasilien*
    Momotus momota pilcomajensis
    **Südlicher Amazonasmotmot**
    Reichenow, 1919
    *s Bolivien, s Brasilien und nw Argentinien*

Momotus aequatorialis
**Hochlandmotmot**
*Andean Motmot - Momoto serrano*
Gould, 1858
*wc Kolumbien und e Ecuador*

    Momotus aequatorialis chlorolaemus
    **Andenmotmot**
    Berlepsch & Stolzmann, 1902
    *e Peru und w Bolivien*

### Gattung: Baryphthengus

Baryphthengus martii
**Zimtbrustmotmot**
*Rufous Motmot - Momoto yeruvá occidental*
Spix, 1824
*w Amazonasgebiet*

    Baryphthengus martii semirufus
    **Sclaters Zimtbrustmotmot**
    Sclater, PL, 1853
    *e Honduras bis nw Kolumbien und w Ecuador*

Baryphthengus ruficapillus
**Rotkopfmotmot**
*Rufous-capped Motmot - Momoto yeruvá oriental*
Vieillot, 1818
*se Brasilien, e Paraguay und ne Argentinien*

### Gattung: Electron

Electron carinatum
**Kielschnabelmotmot**
*Keel-billed Motmot - Momoto carenado*
Du Bus de Gisignies, 1847
*s Mexico bis n Costa Rica*

Electron platyrhynchum
**Plattschnabelmotmot**
*Broad-billed Motmot - Momoto picoancho*
Leadbeater, 1829
*nw Kolumbien bis sw Ecuador*

Electron platyrhynchum minus
**Harters Plattschnabelmotmot**
Hartert, EJO, 1898
e Honduras bis n Kolumbien
Electron platyrhynchum colombianum
**Kolumbianischer Plattschnabelmotmot**
Meyer de Schauensee, 1950
n Kolumbien
Electron platyrhynchum pyrrholaemum
**Peruanischer Plattschnabelmotmot**
Berlepsch & Stolzmann, 1902
e Kolumbien, e Ecuador, e Peru und n Bolivien
Electron platyrhynchum orienticola
**Oberholsers Plattschnabelmotmot**
Oberholser, 1921
w Brasilien
Electron platyrhynchum chlorophrys
**Brasilianischer Plattschnabelmotmot**
Miranda-Ribeiro, 1931
c Brasilien



Eumomota superciliosa
**Brauenmotmot**
*Turquoise-browed Motmot - Momoto cejiazul*
Sandbach, 1837
*se Mexico*

Eumomota superciliosa bipartita
**Ridgways Brauenmotmot**
Ridgway, 1912
s Mexico bis w Guatemala
Eumomota superciliosa vanrossemi
**Guatemala Brauenmotmot**
Griscom, 1929
c Guatemala
Eumomota superciliosa sylvestris
**Carriker Brauenmotmot**
Carriker & Meyer de Schauensee, 1935
e Guatemala
Eumomota superciliosa apiaster
**Lessons Brauenmotmot**
Lesson, RP, 1842
El Salvador, w Honduras und nw Nicaragua
Eumomota superciliosa euroaustris
**Honduras-Brauenmotmot**
Griscom, 1929
n Honduras
Eumomota superciliosa australis
**Bangs Brauenmotmot**
Bangs, 1906
sw Nicaragua und nw Costa Rica

## Familie: Meropidae (Bienenfresser)

Gattung: Nyctyornis

Nyctyornis amictus
**Rotbartspint**
*Red-bearded Bee-eater - Abejaruco barbirrojo*
Temminck, 1824
*Malayische Halbinsel, Sumatra, Bangka (e von s Sumatra) und Borneo*

Nyctyornis athertoni
**Blaubartspint**
*Blue-bearded Bee-eater - Abejaruco barbiazul*
Jardine & Selby, 1828
*Indien bis Indochina und n Malayische Halbinsel*

Nyctyornis athertoni brevicaudatus
**Hainan-Blaubartspint**
Koelz, 1939
Hainan Insel (vor se China)

Gattung: Meropogon

Meropogon forsteni
**Celebesspint**
*Purple-bearded Bee-eater - Abejaruco de Célebes*
Bonaparte, 1850
*Gebirge n, c, se Sulawesi*

Gattung: Merops

Merops breweri
**Schwarzkopfspint**
*Black-headed Bee-eater - Abejaruco cabecinegro*
Cassin, 1859
*Elfenbeinküste, Ghana, s Nigeria und n Zentralafrikanische Republik, Gabun bis w Süd-Sudan, c Demokratische Republik Kongo und nw Angola*

Merops muelleri
**Saphirspint**
*Blue-headed Bee-eater - Abejaruco cabeciazul oriental*
Cassin, 1857
*s Kamerun bis w Kenia*

Merops mentalis
**Türkisbartspint**
*Blue-moustached Bee-eater - Abejaruco cabeciazul occidental*
Cabanis, 1889
*Sierra Leone bis w Kamerun und Bioko Insel*

Merops gularis
**Purpurspint**
*Black Bee-eater - Abejaruco negro*
Shaw, 1798
*Sierra Leone bis s Nigeria*

Merops gularis australis
**Reichenows Purpurspint**
Reichenow, 1885
se Nigeria bis w Uganda und n Angola

Merops hirundineus
**Schwalbenschwanzspint**
*Swallow-tailed Bee-eater - Abejaruco golondrina*
Lichtenstein, AAH, 1793
*Angola über Namibia und Botswana bis n Südafrika*

Merops hirundineus chrysolaimus
**Senegal-Schwalbenschwanzspint**
Jardine & Selby, 1830
Senegal bis Zentralafrikanische Republik
Merops hirundineus heuglini
**Heuglins Schwalbenschwanzspint**
Neumann, 1906
ne Demokratische Republik Kongo, n Uganda, s Sudan und sw Äthiopien
Merops hirundineus furcatus
**Stanleys Schwalbenschwanzspint**
Stanley, 1814
se Demokratische Republik Kongo und Tansania s bis Simbabwe und Mosambik

Merops pusillus
**Zwergspint**
*Little Bee-eater - Abejaruco chico*
Müller, PLS, 1776
*Senegal und Gambia bis sw Sudan und n Demokratische Republik Kongo*

Merops pusillus ocularis
**Reichenows Zwergspint**
Reichenow, 1900
e Demokratische Republik Kongo, n Uganda und c Sudan bis Red Sea coast
Merops pusillus cyanostictus
**Cabanis-Zwergspint**
Cabanis, 1869
e Äthiopien, w Somalia und e Kenia
Merops pusillus meridionalis
**Sharps Zwergspint**
Sharpe, 1892
s, e Demokratische Republik Kongo bis w Kenia s bis c Angola, Simbabwe und Südafrika
Merops pusillus argutus
**Clanceys Zwergspint**
Clancey, 1967
sw Angola, Botswana und sw Sambia

Merops variegatus
**Blaubrustspint**
*Blue-breasted Bee-eater - Abejaruco variegado*
Vieillot, 1817
*Gabun bis c Demokratische Republik Kongo und n Angola*

Merops variegatus loringi
**Uganda-Blaubrustspint**
Mearns, 1915
se Nigeria und Kamerun bis Uganda und w Kenia
Merops variegatus bangweoloensis
**Angola-Blaubrustspint**
Grant, CHB, 1915
e Angola bis se Demokratische Republik Kongo, Sambia und w Tansania

Merops lafresnayii
**Hochlandspint**
*Ethiopian Bee-eater - Abejaruco etíope*
Guérin-Méneville, 1843
*Eritrea, Äthiopien und e Süd-Sudan*

Merops oreobates
## Bergspint
*Cinnamon-chested Bee-eater - Abejaruco montano*
Sharpe, 1892
*s Süd-Sudan bis ne Tansania, w Uganda und e Demokratische Republik Kongo bis nw Tansania*

Merops bulocki
## Rotkehlspint
*Red-throated Bee-eater - Abejaruco gorjirrojo*
Vieillot, 1817
*Senegal und Gambia bis Zentralafrikanische Republik*

### Merops bulocki frenatus
### Hartlaubs Rotkehlspint
Hartlaub, 1854
*s Sudan und w Äthiopien bis ne Demokratische Republik Kongo und n Uganda*

Merops bullockoides
## Weißstirnspint
*White-fronted Bee-eater - Abejaruco frentiblanco*
Smith, A, 1834
*Gabun bis Kenia, s bis s Angola, c Südafrika und s Mosambik*

Merops revoilii
## Somalispint
*Somali Bee-eater - Abejaruco somalí*
Oustalet, 1882
*e Äthiopien und Somalia bis e Kenia*

Merops albicollis
## Weißkehlspint
*White-throated Bee-eater - Abejaruco gorjiblanco*
Vieillot, 1817
*Mauretanien und Senegal bis e Sudan, Eritrea, Jemen und Somalia*

Merops boehmi
## Böhmspint
*Böhm's Bee-eater - Abejaruco de Boehm*
Reichenow, 1882
*w Tansania bis Sambia, e Tansania bis c Mosambik*

Merops viridissimus
## Sahelsmaragdspint
*African Green Bee-eater - Abejaruco esmeralda africano*
Swainson, 1837
*Senegal bis n, c Äthiopien*

### Merops viridissimus flavoviridis
### Sudan-Smaragdspint
Niethammer, 1955
Chad bis e Sudan
### Merops viridissimus cleopatra
### Nil-Smaragdspint
Nicoll, 1910
Niltal (Ägypten) bis n Sudan

Merops cyanophrys
## Blaukehl-Smaragdspint
*Arabian Green Bee-eater - Abejaruco esmeralda árabe*
Cabanis & Heine, 1860
*s Israel und w, s Arabien*

### Merops cyanophrys muscatensis
### Arabischer Smaragdspint
Sharpe, 1886
c, e Arabien

Merops orientalis
## Bronzescheitel-Smaragdspint
*Asian Green Bee-eater - Abejaruco esmeralda oriental*
Latham, 1801
*w Indien e bis Bangladesch*

### Merops orientalis beludschicus
### Iranischer Bronzescheitel-Smaragdspint
Neumann, 1910
s Iran bis nw Indien
### Merops orientalis ceylonicus
### Sri-Lanka-Bronzescheitel-Smaragdspint
Whistler, 1944
Sri Lanka
### Merops orientalis ferrugeiceps
### Indochinesischer Bronzescheitel-Smaragdspint
Anderson, 1879
ne Indien bis sc China und Indochina

Merops persicus
## Blauwangenspint
*Blue-cheeked Bee-eater - Abejaruco persa*
Pallas, 1773
*Ägypten und Mittlerer Osten bis Kasachstan und w Indien*

### Merops persicus chrysocercus
### Afrikanischer Blauwangenspint
Cabanis & Heine, 1860
nw Afrika

Merops superciliosus
## Madagaskarspint
*Olive Bee-eater - Abejaruco malgache*
Linnaeus, 1766
*e Afrika, Comoros, Juan de Nova (w von c Madagascar, Mosambik Channel) und Madagascar*

### Merops superciliosus alternans
### Namibia-Olivspint
Clancev, 1971
w Angola und nw Namibia

Merops philippinus
## Blauschwanzspint
*Blue-tailed Bee-eater - Abejaruco coliazul*
Linnaeus, 1767
*Indien und Sri Lanka bis s China, se Asien, Philippinen, Sulawesi, Lombok bis Timor (Lesser Sundas), Küste ne, s, se Neuguinea und New Britain Gruppe (se Bismarck Archipel)*

Merops ornatus
## Regenbogenspint
*Rainbow Bee-eater - Abejaruco australiano*
Latham, 1801
*Australien (außer Tasmanien)*

Merops viridis
## Malaienspint
*Blue-throated Bee-eater - Abejaruco gorjiazul*
Linnaeus, 1758
*s China bis Sumatra, Nias (w von n Sumatra), Riau Is. (e von c Sumatra), Bangka und Belitung (e von s Sumatra), Java, n Natuna Is. (nw von Borneo) und Borneo*

Merops americanus
## Rostscheitelspint
*Rufous-crowned Bee-eater - Abejaruco filipino*
Müller, PLS, 1776
*Philippinen (außer Sulu Archipel)*

Merops leschenaulti
## Braunkopfspint
*Chestnut-headed Bee-eater - Abejaruco cabecirrufo*
Vieillot, 1817
*Indien und Sri Lanka bis sc China, Indochina und Malayische Halbinsel*

### Merops leschenaulti quinticolor
### Fünffarbenspint
Vieillot, 1817
s Sumatra, Java und Bali
### Merops leschenaulti andamanensis
### Andamanenspint
Marien, 1950
Andaman Is.

Merops apiaster
## Bienenfresser
*European Bee-eater - Abejaruco europeo*
Linnaeus, 1758
*nw Afrika, sw Europa bis c Asien; Südafrika*

Merops malimbicus
## Rosenspint
*Rosy Bee-eater - Abejaruco de Malimba*
Shaw, 1806
*s Nigeria; Gabun bis c Demokratische Republik Kongo*

Merops nubicus
## Scharlachspint
*Northern Carmine Bee-eater - Abejaruco carmesí norteño*
Gmelin, JF, 1788
*Mauretanien, Senegal und Gambia bis Eritrea, Äthiopien und Somalia*

Merops nubicoides
## Karminspint
*Southern Carmine Bee-eater - Abejaruco carmesí sureño*
des Murs & Pucheran, 1846
*Angola bis w Tansania, s bis Namibia, Botswana und n Südafrika*

Galbalcyrhynchus leucotis
**Kastanienglanzvogel**
*White-eared Jacamar - Jacamará orejiblanco*
des Murs, 1845
*w Amazonasgebiet*

Galbalcyrhynchus purusianus
**Purúsglanzvogel**
*Purus Jacamar - Jacamará del Purús*
Goeldi, 1904
*sw Amazonasgebiet*

Gattung: Brachygalba

Brachygalba salmoni
**Salmonglanzvogel**
*Dusky-backed Jacamar - Jacamará dorsioscuro*
Sclater, PL & Salvin, 1879
*e Panama und nw Kolumbien*

Brachygalba goeringi
**Fahlnacken-Glanzvogel**
*Pale-headed Jacamar - Jacamará acollarado*
Sclater, PL & Salvin, 1869
*ne Kolumbien und nw Venezuela*

Brachygalba lugubris
**Braunbrust-Glanzvogel**
*Brown Jacamar - Jacamará pardo*
Swainson, 1838
*e, s Venezuela, Guianas und ne Brasilien*

    Brachygalba lugubris fulviventris
    **Sclaters Braunbrust-Glanzvogel**
    Sclater, PL, 1891
    e Kolumbien
    Brachygalba lugubris caquetae
    **Chapmans Braunbrust-Glanzvogel**
    Chapman, 1917
    se Kolumbien bis e Peru
    Brachygalba lugubris obscuriceps
    **Zimmers Braunbrust-Glanzvogel**
    Zimmer, JT & Phelps, WH, 1947
    s Venezuela und nw Brasilien
    Brachygalba lugubris naumburgae
    **Maranhao-Braunbrust-Glanzvogel**
    Chapman, 1931
    Maranhão und Piauí (ne Brasilien)
    Brachygalba lugubris phaeonota
    **Brasilien-Braunbrust-Glanzvogel**
    Todd, 1943
    wc Brasilien
    Brachygalba lugubris melanosterna
    **Bolivien-Braunbrust-Glanzvogel**
    Sclater, PL, 1855
    e Bolivien und c, sw Brasilien

Brachygalba albogularis
**Weißkehl-Glanzvogel**
*White-throated Jacamar - Jacamará gorjiblanco*
Spix, 1824
*w Amazonasgebiet*

Gattung: Jacamaralcyon

Jacamaralcyon tridactyla
**Dreizehen-Glanzvogel**
*Three-toed Jacamar - Jacamará tridáctilo*
Vieillot, 1817
*se Brasilien*

Gattung: Galbula

Galbula albirostris
**Gelbschnabel-Glanzvogel**
*Yellow-billed Jacamar - Jacamará piquigualdo oriental*
Latham, 1790
*e Kolumbien, Venezuela, Guianas und n Brasilien*

    Galbula albirostris chalcocephala
    **Devilles Gelbschnabel-Glanzvogel**
    Deville, 1849
    s Kolumbien, Ecuador, ne Peru und w Brasilien

Galbula cyanicollis
**Blauhals-Glanzvogel**
*Blue-necked Jacamar - Jacamará cariazul*
Cassin, 1851
*s Amazonasgebiet*

Galbula ruficauda
**Rotschwanz-Glanzvogel**
*Rufous-tailed Jacamar - Jacamará colirrufo*
Cuvier, 1816
*c Kolumbien, Venezuela, Guianas, n Brasilien, Trinidad und Tobago*

    Galbula ruficauda melanogenia
    **Sclaters Rotschwanz-Glanzvogel**
    Sclater, PL, 1852
    s Mexico bis w Ecuador
    Galbula ruficauda pallens
    **Bangs Rotschwanz-Glanzvogel**
    Bangs, 1898
    n Kolumbien
    Galbula ruficauda brevirostris
    **Corys Rotschwanz-Glanzvogel**
    Cory, 1913
    ne Kolumbien und nw Venezuela
    Galbula ruficauda rufoviridis
    **Cabanis-Rotschwanz-Glanzvogel**
    Cabanis, 1851
    c, s Brasilien, n Bolivien und Paraguay
    Galbula ruficauda heterogyna
    **Todds Rotschwanz-Glanzvogel**
    Todd, 1932
    e Bolivien und sw Brasilien

Galbula galbula
**Grünschwanz-Glanzvogel**
*Green-tailed Jacamar - Jacamará coliverde*
Linnaeus, 1766
*n Amazonasgebiet*

Galbula pastazae
**Kupferglanzvogel**
*Coppery-chested Jacamar - Jacamará cobrizo*
Taczanowski & Berlepsch, 1885
*s Kolumbien bis e Ecuador*

Galbula tombacea
**Weißkinn-Glanzvogel**
*White-chinned Jacamar - Jacamará barbiblanco*
Spix, 1824
*s Kolumbien, e Ecuador, ne Peru und w Brasilien*

    Galbula tombacea mentalis
    **Westlicher Weißkinn-Glanzvogel**
    Todd, 1943
    c, wc Brasilien

Galbula cyanescens
**Blaustirn-Glanzvogel**
*Bluish-fronted Jacamar - Jacamará coroniazul*
Deville, 1849
*w Amazonasgebiet*

Galbula chalcothorax
**Purpurglanzvogel**
*Purplish Jacamar - Jacamará violáceo*
Sclater, PL, 1855
*w Amazonasgebiet*

Galbula leucogastra
**Bronzeglanzvogel**
*Bronzy Jacamar - Jacamará bronceado*
Vieillot, 1817
*s Venezuela, Guianas, w, c Brasilien und n Bolivien*

Galbula dea
**Paradiesglanzvogel**
*Paradise Jacamar - Jacamará colilargo*
Linnaeus, 1758
*Venezuela, Guianas und Brasilien (n Amazon)*

    Galbula dea amazonum
    **Amazonas-Paradiesglanzvogel**
    Sclater, PL, 1855
    n Bolivien und sw Brasilien
    Galbula dea brunneiceps
    **Peru-Paradiesglanzvogel**
    Todd, 1943
    e Kolumbien, e Peru und w Brasilien

Galbula dea phainopepla
**Todds Paradiesglanzvogel**
Todd, 1943
wc Brasilien



Jacamerops aureus
**Riesenglanzvogel**
*Great Jacamar - Jacamará grande*
Müller, PLS, 1776
e Kolumbien, Venezuela und Guianas

    Jacamerops aureus penardi
    **Penards Riesenglanzvogel**
    Bangs & Barbour, 1922
    Costa Rica bis w Kolumbien und nw Ecuador
    Jacamerops aureus ridgwayi
    **Ridgways Riesenglanzvogel**
    Todd, 1943
    ne, c Brasilien
    Jacamerops aureus isidori
    **Isidors Riesenglanzvogel**
    Deville, 1849
    e Ecuador, e Peru, w Brasilien und n Bolivien

## Familie: Bucconidae (Faulvögel)



Notharchus hyperrhynchus
**Weißnacken-Faulvogel**
*White-necked Puffbird - Buco picogordo occidental*
Sclater, PL, 1856
s Mexico bis sw Ecuador, c, s Venezuela und w Amazonasgebiet

    Notharchus hyperrhynchus paraensis
    **Brasilien-Weißnacken-Faulvogel**
    Sassi, 1932
    ec Brasilien

Notharchus macrorhynchos
**Guyanasfaulvogel**
*Guianan Puffbird - Buco picogordo oriental*
Gmelin, JF, 1788
Guianas und n Brasilien

Notharchus swainsoni
**Fahlbauch-Faulvogel**
*Buff-bellied Puffbird - Buco de Swainson*
Gray, GR, 1846
se Brasilien, ne Paraguay und ne Argentinien

Notharchus pectoralis
**Gürtelfaulvogel**
*Black-breasted Puffbird - Buco pechinegro*
Gray, GR, 1846
Panama bis nw Ecuador

Notharchus ordii
**Braunbinden-Faulvogel**
*Brown-banded Puffbird - Buco pechipardo*
Cassin, 1851
n, w, sw Amazonasgebiet

Notharchus tectus
**Elsterfaulvogel**
*Pied Puffbird - Buco pío mayor*
Boddaert, 1783
s Venezuela, Guianas und n Brasilien

    Notharchus tectus subtectus
    **Costa Rica-Elsterfaulvogel**
    Sclater, PL, 1860
    e Costa Rica bis c Kolumbien und sw Ecuador
    Notharchus tectus picatus
    **Ekuador-Elsterfaulvogel**
    Sclater, PL, 1856
    e Ecuador und e Peru



Bucco macrodactylus
**Braunkappen-Faulvogel**
*Chestnut-capped Puffbird - Buco cabecirrojo*
Spix, 1824
w, c Amazonasgebiet

Bucco tamatia
**Fleckenfaulvogel**
*Spotted Puffbird - Buco moteado*
Gmelin, JF, 1788
e Kolumbien, Venezuela, Guianas und n Brasilien

    Bucco tamatia pulmentum
    **Sclaters Fleckenfaulvogel**
    Sclater, PL, 1856
    s Kolumbien bis ne Bolivien
    Bucco tamatia hypnaleus
    **Brasilien-Fleckenfaulvogel**
    Cabanis & Heine, 1863
    ec Brasilien

Bucco noanamae
**Rußkappen-Faulvogel**
*Sooty-capped Puffbird - Buco de Noanamá*
Hellmayr, 1909
w Kolumbien

Bucco capensis
**Halsband-Faulvogel**
*Collared Puffbird - Buco musiú*
Linnaeus, 1766
se Kolumbien bis e Peru, s, e Venezuela, Guianas, Amazonasgebiet Brasilien und nw Bolivien



Nystalus radiatus
**Tigerfaulvogel**
*Barred Puffbird - Buco barrado*
Sclater, PL, 1854
Panama bis w Ecuador

Nystalus chacuru
**Weißohr-Faulvogel**
*White-eared Puffbird - Buco chacurú*
Vieillot, 1816
ne, e, s Brasilien, Paraguay und ne Argentinien

    Nystalus chacuru uncirostris
    **Stolzmanns Weißohr-Faulvogel**
    Stolzmann, 1926
    e Peru, w Brasilien und ne Bolivien

Nystalus striolatus
**Strichelfaulvogel**
*Eastern Striolated Puffbird - Buco estriado oriental*
Pelzeln, 1856
c Amazonasgebiet Brasilien

    Nystalus striolatus torridus
    **Para-Strichelfaulvogel**
    Bond, J & Meyer de Schauensee, 1940
    Pará (nc Brasilien)

Nystalus obamai
**Schwarzmantel-Faulvogel**
*Western Striolated Puffbird - Buco estriado occidental*
Whitney, Piacentini, Schunck, Aleixo, de Sousa, BRS, Silveira & Rêgo, MA, 2013
w Amazonasgebiet

Nystalus maculatus
**Fleckmantel-Faulvogel**
*Caatinga Puffbird - Buco durmilí*
Gmelin, JF, 1788
ne, c Brasilien

Nystalus striatipectus
**Chacofaulvogel**
*Chaco Puffbird - Buco chaco*
Sclater, PL, 1854
e Bolivien bis sc Brasilien, s über w Paraguay bis c Argentinien



Hypnelus ruficollis
**Rostkehl-Faulvogel**
*Russet-throated Puffbird - Buco bobito*
Wagler, 1829
n Kolumbien und w Venezuela

    Hypnelus ruficollis decolor
    **Todds Rostkehl-Faulvogel**
    Todd & Carriker, 1922
    ne Kolumbien und nw Venezuela

Hypnelus ruficollis striaticollis
**Phelps Rostkehl-Faulvogel**
Phelps, WH & Phelps, WH Jr, 1958
nw Venezuela

Hypnelus ruficollis coloratus
**Ridgways Rostkehl-Faulvogel**
Ridgway, 1914
w Venezuela

Hypnelus bicinctus
**Doppelband-Faulvogel**
*Two-banded Puffbird - Buco bicinto*
Gould, 1837
n Venezuela

Hypnelus bicinctus stoicus
**Wetmores Doppelband-Faulvogel**
Wetmore, 1939
Margarita Is. (Venezuela)

Gattung: Malacoptila

Malacoptila striata
**Halbmond-Faulvogel**
*Crescent-chested Puffbird - Buco rayado*
Spix, 1824
se Brasilien

Malacoptila striata minor
**Kleiner Halbmond-Faulvogel**
Sassi, 1911
ne Brasilien

Malacoptila fusca
**Weißbrust-Faulvogel**
*White-chested Puffbird - Buco pechiblanco*
Gmelin, JF, 1788
n, nw Amazonasgebiet

Malacoptila semicincta
**Halbring-Faulvogel**
*Semicollared Puffbird - Buco de medio collar*
Todd, 1925
w Amazonasgebiet

Malacoptila fulvogularis
**Ockerkehl-Faulvogel**
*Black-streaked Puffbird - Buco listado*
Sclater, PL, 1854
c Kolumbien bis nw Bolivien

Malacoptila rufa
**Kapuzenfaulvogel**
*Rufous-necked Puffbird - Buco cuellirrojo*
Spix, 1824
e Peru, w Brasilien und e Bolivien

Malacoptila rufa brunnescens
**Zimmers Kapuzenfaulvogel**
Zimmer, JT, 1931
nc Brasilien

Malacoptila panamensis
**Weißzügel-Faulvogel**
*White-whiskered Puffbird - Buco barbón*
Lafresnaye, 1847
sw Costa Rica bis nw Kolumbien

Malacoptila panamensis inornata
**Mexiko-Weißzügel-Faulvogel**
Du Bus de Gisignies, 1847
se Mexico bis w Panama

Malacoptila panamensis magdalenae
**Magdalena-Weißzügel-Faulvogel**
Todd, 1943
Magdalena Tal (wc Kolumbien)

Malacoptila panamensis poliopis
**Ekuador-Weißzügel-Faulvogel**
Sclater, PL, 1862
sw Kolumbien und w Ecuador

Malacoptila mystacalis
**Schnurrbart-Faulvogel**
*Moustached Puffbird - Buco bigotudo*
Lafresnaye, 1850
Kolumbien, Venezuela und nc Ecuador

Gattung: Micromonacha

Micromonacha lanceolata
**Streifenfaulvogel**
*Lanceolated Monklet - Monjilla lanceolada*
Deville, 1849
Costa Rica bis n Bolivien

Gattung: Nonnula

Nonnula rubecula
**Zügelfaulvogel**
*Rusty-breasted Nunlet - Monjilla macurú*
Spix, 1824
e, se Brasilien, Paraguay und ne Argentinien

Nonnula rubecula tapanahoniensis
**Guyana-Zügelfaulvogel**
Mees, 1968
s Guianas und n Brasilien

Nonnula rubecula duidae
**Orinoco-Zügelfaulvogel**
Chapman, 1914
e Venezuela n Rio Orinoco

Nonnula rubecula interfluvialis
**Venezuela-Zügelfaulvogel**
Parkes, 1970
s Venezuela s Rio Orinoco und n von Rio Negro (n Brasilien)

Nonnula rubecula simulatrix
**Rio Negro-Zügelfaulvogel**
Parkes, 1970
se Kolumbien und nw Brasilien zwischen Rio Negro und Amazonas

Nonnula rubecula cineracea
**Amazonas-Zügelfaulvogel**
Sclater, PL, 1881
e Ecuador, ne Peru und w Brasilien s Amazonas

Nonnula rubecula simplex
**Nördlicher Zügelfaulvogel**
Todd, 1937
nc, ne Brasilien s Amazonas

Nonnula sclateri
**Gelbkinn-Faulvogel**
*Fulvous-chinned Nunlet - Monjilla de Sclater*
Hellmayr, 1907
w Amazonasgebiet

Nonnula brunnea
**Einfarb-Faulvogel**
*Brown Nunlet - Monjilla canela*
Sclater, PL, 1881
nw Amazonasgebiet

Nonnula frontalis
**Grauwangen-Faulvogel**
*Grey-cheeked Nunlet - Monjilla carigrís*
Sclater, PL, 1854
n Kolumbien

Nonnula frontalis stulta
**Wetmores Grauwangenfaulvogel**
Wetmore, 1953
c Panama und nw Kolumbien

Nonnula frontalis pallescens
**Todds Grauwangenfaulvogel**
Todd, 1919
Karibik Tiefland n Kolumbien

Nonnula ruficapilla
**Rostscheitel-Faulvogel**
*Rufous-capped Nunlet - Monjilla coronada*
Tschudi, 1844
e Peru und w Brasilien

Nonnula ruficapilla rufipectus
**Westlicher Rotscheitelfaulvogel**
Chapman, 1928
ne Peru

Nonnula ruficapilla inundata
**Östlicher Rotscheitelfaulvogel**
Novaes, 1991
e Brasilien

Nonnula ruficapilla nattereri
**Natterers Rotscheitelfaulvogel**
Hellmayr, 1921
nc, sw Brasilien und n Bolivien

Nonnula amaurocephala
**Braunkopf-Faulvogel**
*Chestnut-headed Nunlet - Monjilla cabeciparda*
Chapman, 1921
nw Brasilien

Gattung: Hapaloptila

Hapaloptila castanea
**Diademfaulvogel**
*White-faced Nunbird - Buco cariblanco*
Verreaux, J, 1866
*w Kolumbien, c Ecuador und nw Peru*

Gattung: Monasa

Monasa atra
**Weißschulter-Faulvogel**
*Black Nunbird - Monja negra*
Boddaert, 1783
*n Amazonasgebiet*

Monasa nigrifrons
**Schwarzstirn-Faulvogel**
*Black-fronted Nunbird - Monja unicolor*
Spix, 1824
*w, nw Amazonasgebiet*

    Monasa nigrifrons canescens
    **Bolivien-Schwarzstirn-Faulvogel**
    Todd, 1937
    *e Bolivien*

Monasa morphoeus
**Weißstirn-Faulvogel**
*White-fronted Nunbird - Monja frentiblanca*
Hahn & Küster, 1823
*e Brasilien*

    Monasa morphoeus grandior
    **Honduras-Weißstirn-Faulvogel**
    Sclater, PL & Salvin, 1868
    Nicaragua und Honduras bis nw Panama
    Monasa morphoeus fidelis
    **Nelsons Weißstirn-Faulvogel**
    Nelson, 1912
    e Panama und nw Kolumbien
    Monasa morphoeus pallescens
    **Cassins Weißstirn-Faulvogel**
    Cassin, 1860
    se Panama und w Kolumbien
    Monasa morphoeus sclateri
    **Sclaters Weißstirn-Faulvogel**
    Ridgway, 1912
    n, c Kolumbien
    Monasa morphoeus peruana
    **Peru-Weißstirn-Faulvogel**
    Sclater, PL, 1856
    se Kolumbien, e Ecuador und s Venezuela bis e Peru, n Bolivien und w, c Brasilien
    Monasa morphoeus rikeri
    **Rikers Weißstirn-Faulvogel**
    Ridgway, 1912
    ec Brasilien

Monasa flavirostris
**Gelbschnabel-Faulvogel**
*Yellow-billed Nunbird - Monja piquigualda*
Strickland, 1850
*w Amazonasgebiet*

Gattung: Chelidoptera

Chelidoptera tenebrosa
**Schwalbenfaulvogel**
*Swallow-winged Puffbird - Buco golondrina*
Pallas, 1782
*e Kolumbien bis Guianas s bis n Bolivien und c Brasilien*

    Chelidoptera tenebrosa pallida
    **Corys Schwalbenfaulvogel**
    Cory, 1913
    nw Venezuela
    Chelidoptera tenebrosa brasiliensis
    **Sclaters Schwalbenfaulvogel**
    Sclater, PL, 1862
    e, se Brasilien

## Familie: Capitonidae (Amerikanische Bartvögel)

Gattung: Capito

Capito aurovirens
**Kappenbartvogel**
*Scarlet-crowned Barbet - Cabezón oliva*
Cuvier, 1829
*w Amazonasgebiet*

Capito wallacei
**Loretobartvogel**
*Scarlet-banded Barbet - Cabezón de Loreto*
O'Neill, Lane, Kratter, Capparella & Fox Joo, 2000
*nc Peru*

Capito fitzpatricki
**Sirabartvogel**
*Sira Barbet - Cabezón del Sira*
Seeholzer, Winger, Harvey, Cáceres A & Weckstein, 2012
*c Peru*

Capito maculicoronatus
**Tropfenbartvogel**
*Spot-crowned Barbet - Cabezón pechiblanco*
Lawrence, 1861
*w Panama*

    Capito maculicoronatus rubrilateralis
    **Chapmans Tropfenbartvogel**
    Chapman, 1912
    e Panama und nw Kolumbien

Capito squamatus
**Weißnacken-Bartvogel**
*Orange-fronted Barbet - Cabezón escamoso*
Salvin, 1876
*sw Kolumbien und w Ecuador*

Capito hypoleucus
**Weißmantel-Bartvogel**
*White-mantled Barbet - Cabezón dorsiblanco*
Salvin, 1897
*Bolivar bis Antioquia (nw Kolumbien)*

    Capito hypoleucus carrikeri
    **Antioquia-Weißmantel-Bartvogel**
    Graves, GR, 1986
    Antioquia (nw Kolumbien)
    Capito hypoleucus extinctus
    **Magdalena-Weißmantel-Bartvogel**
    Graves, GR, 1986
    Magdalena Tal (c Kolumbien)

Capito dayi
**Kehlbinden-Bartvogel**
*Black-girdled Barbet - Cabezón brasileño*
Cherrie, 1916
*s Amazonasgebiet*

Capito brunneipectus
**Zimtbrust-Bartvogel**
*Brown-chested Barbet - Cabezón pechipardo*
Chapman, 1921
*nc Brasilien*

Capito niger
**Tupfenbartvogel**
*Black-spotted Barbet - Cabezón negro*
Müller, PLS, 1776
*ne Amazonasgebiet*

Capito auratus
**Goldbartvogel**
*Gilded Barbet - Cabezón dorado*
Dumont, 1805
*ne Peru*

    Capito auratus punctatus
    **Gefleckter Goldbartvogel**
    Lesson, RP, 1830
    e Kolumbien, e Ecuador und e Peru
    Capito auratus aurantiicinctus
    **Dalmas-Goldbartvogel**
    Dalmas, 1900
    wc bis e Venezuela
    Capito auratus orosae
    **Chapmans Goldbartvogel**
    Chapman, 1928
    ec Peru und w Brasilien
    Capito auratus amazonicus
    **Amazonas-Goldbartvogel**
    Deville & des Murs, 1849
    nw Brasilien s Amazonas
    Capito auratus nitidior
    **Rio Negro-Goldbartvogel**
    Chapman, 1928
    se Kolumbien und Rio Negro bis Rio Japura (nw Brasilien)
    Capito auratus hypochondriacus
    **Roraima-Goldbartvogel**
    Chapman, 1928
    Roraima (nc Brasilien)

Capito auratus insperatus
**Bolivien-Goldbartvogel**
Cherrie, 1916
se Peru, n Bolivien und sw Brasilien

Capito quinticolor
**Fünffarben-Bartvogel**
*Five-colored Barbet - Cabezón cincocolores*
Elliot, DG, 1865
*w Kolumbien und nw Ecuador*

## Gattung: Eubucco

Eubucco richardsoni
**Goldbrust-Bartvogel**
*Lemon-throated Barbet - Cabezón pechiamarillo*
Gray, GR, 1846
*se Kolumbien, e Ecuador und nc Peru*

Eubucco richardsoni nigriceps
**Nördlicher Goldbrust-Bartvogel**
Chapman, 1928
ne Peru
Eubucco richardsoni aurantiicollis
**Östlicher Goldbrust-Bartvogel**
Sclater, PL, 1858
e Peru, extremer w Brasilien und nw Bolivien
Eubucco richardsoni purusianus
**Westlicher Goldbrust-Bartvogel**
Gyldenstolpe, 1951
wc Brasilien

Eubucco bourcierii
**Andenbartvogel**
*Red-headed Barbet - Cabezón cabecirrojo*
Lafresnaye, 1845
*c Kolumbien bis w Venezuela*

Eubucco bourcierii salvini
**Salvins Andenbartvogel**
Shelley, 1891
Costa Rica und w Panama
Eubucco bourcierii anomalus
**Panama-Andenbartvogel**
Griscom, 1929
e Panama
Eubucco bourcierii occidentalis
**Kolumbianischer Andenbartvogel**
Chapman, 1914
w Kolumbien
Eubucco bourcierii aequatorialis
**Ekuador-Andenbartvogel**
Salvadori & Festa, 1900
w Ecuador
Eubucco bourcierii orientalis
**Peruanischer Andenbartvogel**
Chapman, 1914
e Ecuador und n Peru

Eubucco tucinkae
**Scharlachkopf-Bartvogel**
*Scarlet-hooded Barbet - Cabezón de Carabaya*
Seilern, 1913
*sw Amazonasgebiet*

Eubucco versicolor
**Buntbartvogel**
*Versicolored Barbet - Cabezón versicolor del sur*
Müller, PLS, 1776
*s Peru und n Bolivien*

Eubucco versicolor steerii
**Nördlicher Buntbartvogel**
Sclater, PL & Salvin, 1878
n Peru
Eubucco versicolor glaucogularis
**Tschudis Buntbartvogel**
Tschudi, 1844
c Peru

## Familie: Semnornithidae (Tukan-Bartvögel)

## Gattung: Semnornis

Semnornis frantzii
**Aztekenbartvogel**
*Prong-billed Barbet - Cabezón cocora*
Sclater, PL, 1864
*Costa Rica und Panama*

Semnornis ramphastinus
**Tukanbartvogel**
*Toucan Barbet - Cabezón tucán*
Jardine, 1855
*nw und wc Ecuador*

Semnornis ramphastinus caucae
**Kolumbien-Tukanbartvogel**
Gyldenstolpe, 1941
sw Kolumbien

## Familie: Ramphastidae (Tukane)

## Gattung: Aulacorhynchus

Aulacorhynchus wagleri
**Waglerarassari**
*Wagler's Toucanet - Tucanete de Wagler*
Sturm, JHCF & Sturm, JW, 1841
*sw Mexico*

Aulacorhynchus prasinus
**Laucharassari**
*Emerald Toucanet - Tucanete esmeralda*
Gould, 1833
*e, se Mexico bis Belize und n Guatemala*

Aulacorhynchus prasinus warneri
**Warners Laucharassari**
Winker, 2000
se Mexico
Aulacorhynchus prasinus virescens
**Ridgways Laucharassari**
Ridgway, 1912
e Guatemala bis Honduras und n Nicaragua
Aulacorhynchus prasinus volcanius
**Salvador-Laucharassari**
Dickey & Van Rossem, 1930
e El Salvador

Aulacorhynchus caeruleogularis
**Blaukehlarassari**
*Blue-throated Toucanet - Tucanete gorjiazul*
Gould, 1853
*Costa Rica bis w Panama*

Aulacorhynchus caeruleogularis cognatus
**Kolumbianischer Blaukehlarassari**
Nelson, 1912
e Panama und nw Kolumbien

Aulacorhynchus albivitta
**Weißkehlarassari**
*White-throated Toucanet - Tucanete gorjiblanco*
Boissonneau, 1840
*c, e Kolumbien (e Central Anden, e Anden), w Venezuela und e Ecuador*

Aulacorhynchus albivitta lautus
**Santa Marta-Weißkehlarassari**
Bangs, 1898
Santa Marta Mts. (ne Kolumbien)
Aulacorhynchus albivitta griseigularis
**Anden-Weißkehlarassari**
Chapman, 1915
w, c Kolumbien (n Western Anden, w Central Anden)
Aulacorhynchus albivitta phaeolaemus
**Westlicher Weißkehlarassari**
Gould, 1874
w Kolumbien (Western Anden)

Aulacorhynchus atrogularis
**Schwarzkinnarassari**
*Black-throated Toucanet - Tucanete gorjinegro*
Sturm, JHCF & Sturm, JW, 1841
*e Anden von n Peru bis c Bolivien*

Aulacorhynchus atrogularis cyanolaemus
**Goulds Schwarzkinnarassari**
Gould, 1866
se Ecuador und n Peru
Aulacorhynchus atrogularis dimidiatus
**Ridgways Schwarzkinnarassari**
Ridgway, 1886
e Peru bis w Brasilien (Acre) und n Bolivien

Aulacorhynchus sulcatus
**Blauzügelarassari**
*Groove-billed Toucanet - Tucanete picosurcado*
Swainson, 1820
*n Venezuela*

Aulacorhynchus sulcatus erythrognathus
**Östlicher Blauzügelarassari**
Gould, 1874
ne Venezuela
Aulacorhynchus sulcatus calorhynchus
**Westlicher Blauzügelarassari**
Gould, 1874
nw Venezuela und ne Kolumbien

Aulacorhynchus derbianus
**Blaunackenarassari**
*Chestnut-tipped Toucanet - Tucanete de Derby*
Gould, 1835
*se Kolumbien bis c Bolivien*

Aulacorhynchus whitelianus
**Tepuiarassari**
*Tepui Toucanet - Tucanete de tepuy*
Salvin & Godman, 1882
*Roraima und Tepuis (s Venezuela und nw Guyana)*

Aulacorhynchus whitelianus duidae
**Duidaarassari**
Chapman, 1929
Mt. Duida (s Venezuela)
Aulacorhynchus whitelianus osgoodi
**Osgoodarassari**
Blake, 1941
s Guyana

Aulacorhynchus haematopygus
**Blutbürzelarassari**
*Crimson-rumped Toucanet - Tucanete culirrojo*
Gould, 1835
*Kolumbien und w Venezuela*

Aulacorhynchus haematopygus sexnotatus
**Goulds Blutbürzelarassari**
Gould, 1868
sw Kolumbien und w Ecuador

Aulacorhynchus huallagae
**Gelbbrauenarassari**
*Yellow-browed Toucanet - Tucanete del Huallaga*
Carriker, 1933
n Peru (San Martín und La Libertad)

Aulacorhynchus coeruleicinctis
**Grauschnabelarassari**
*Blue-banded Toucanet - Tucanete pechiazul*
d'Orbigny, 1840
c Peru bis se Bolivien

## Gattung: Pteroglossus

Pteroglossus viridis
**Grünarassari**
*Green Aracari - Arasarí verde*
Linnaeus, 1766
*ne Amazonasgebiet*

Pteroglossus inscriptus
**Schriftarassari**
*Lettered Aracari - Arasarí marcado*
Swainson, 1822
*c, s Brasilien*

Pteroglossus inscriptus humboldti
**Humboldtarassari**
Wagler, 1827
se Kolumbien und w Brasilien bis n Bolivien

Pteroglossus bitorquatus
**Rotnackenarassari**
*Red-necked Aracari - Arasarí cuellirrojo oriental*
Vigors, 1826
*ne Brasilien*

Pteroglossus bitorquatus sturmii
**Sturmis Rotnackenarassari**
Natterer, 1843
c Brasilien bis e Bolivien
Pteroglossus bitorquatus reichenowi
**Reichenows Rotnackenarassari**
Snethlage, E, 1907
nc Brasilien

Pteroglossus azara
**Rotkropfarassari**
*Ivory-billed Aracari - Arasarí de Azara*
Vieillot, 1819
*nw Brasilien*

Pteroglossus azara flavirostris
**Amazonas-Rotkopfarassari**
Fraser, 1841
w Amazonasgebiet

Pteroglossus mariae
**Braunschnabelarassari**
*Brown-mandibled Aracari - Arasarí de Maria*
Gould, 1854
*sw Amazonasgebiet*

Pteroglossus aracari
**Schwarzkehlarassari**
*Black-necked Aracari - Arasarí cuellinegro*
Linnaeus, 1758
*ne, e, se Brasilien*

Pteroglossus aracari atricollis
**Guyana-Schwarzkehlarassari**
Müller, PLS, 1776
e Venezuela, Guianas und n Brasilien
Pteroglossus aracari wiedii
**Südöstlicher Schwarzkehlarassari**
Sturm, JHCF & Sturm, JW, 1847
se Brasilien

Pteroglossus castanotis
**Braunohrarassari**
*Chestnut-eared Aracari - Arasarí caripardo*
Gould, 1834
*e, s Kolumbien bis e Ecuador, se Peru und nw Brasilien*

Pteroglossus castanotis australis
**Cassins Braunohrarassari**
Cassin, 1867
e Bolivien, w, s Brasilien, Paraguay und ne Argentinien

Pteroglossus pluricinctus
**Bindenarassari**
*Many-banded Aracari - Arasarí fajado*
Gould, 1835
*nw Amazonasgebiet*

Pteroglossus torquatus
**Halsbandarassari**
*Collared Aracari - Arasarí acollarado*
Gmelin, JF, 1788
*ec Mexico bis nw Kolumbien*

Pteroglossus torquatus erythrozonus
**Ridgways Halsbandarassari**
Ridgway, 1912
se Mexico, Belize und n Guatemala
Pteroglossus torquatus nuchalis
**Cabanis-Halsbandarassari**
Cabanis, 1862
ne Kolumbien und n Venezuela

Pteroglossus sanguineus
**Chocóarassari**
*Stripe-billed Aracari - Arasarí sanguíneo*
Gould, 1854
*w Kolumbien und nw Ecuador*

Pteroglossus erythropygius
**Hellschnabelarassari**
*Pale-mandibled Aracari - Arasarí piquipálido*
Gould, 1843
*w Ecuador*

Pteroglossus frantzii
**Feuerschnabelarassari**
*Fiery-billed Aracari - Arasarí piquinaranja*
Cabanis, 1861
*Costa Rica und Panama*

Pteroglossus beauharnaisii
**Krauskopfarassari**
*Curl-crested Aracari - Arasarí crespo*
Wagler, 1831
*w Amazonasgebiet*

Pteroglossus bailloni
**Goldarassari**
*Saffron Toucanet - Arasarí banana*
Vieillot, 1819
*se Brasilien, e Paraguay und ne Argentinien*

Selenidera spectabilis
**Gelbohrarassari**
*Yellow-eared Toucanet - Tucanete orejigualdo*
Cassin, 1858
*Honduras bis sw Kolumbien*

Selenidera piperivora
**Pfefferarassari**
*Guianan Toucanet - ucanete culik*
Linnaeus, 1758
*ne Amazonasgebiet*

Selenidera reinwardtii
**Reinwardtarassari**
*Golden-collared Toucanet - Tucanete de Reinwardt*
Wagler, 1827
*s Kolumbien, e Ecuador und ne Peru*

    Selenidera reinwardtii langsdorffii
    **Langsdorffiarassari**
    Wagler, 1827
    *e Peru, w Brasilien und n Bolivien*

Selenidera nattereri
**Nattererarassari**
*Tawny-tufted Toucanet - Tucanete de Natterer*
Gould, 1835
*nc Amazonasgebiet*

Selenidera gouldii
**Gouldarassari**
*Gould's Toucanet - Tucanete de Gould*
Natterer, 1837
*s Amazonasgebiet*

Selenidera maculirostris
**Fleckenarassari**
*Spot-billed Toucanet - Tucanete piquimaculado*
Lichtenstein, MHC, 1823
*se Brasilien, e Paraguay und ne Argentinien*



Andigena hypoglauca
**Blautukan**
*Grey-breasted Mountain Toucan - Tucán pechigrís*
Gould, 1833
*c Kolumbien bis e Ecuador*

    Andigena hypoglauca lateralis
    **Chapmans Blautukan**
    Chapman, 1923
    *e Ecuador und c Peru*

Andigena laminirostris
**Leistenschnabeltukan**
*Plate-billed Mountain Toucan - Tucán piquiplano*
Gould, 1851
*sw Kolumbien bis s Ecuador*

Andigena cucullata
**Kapuzentukan**
*Hooded Mountain Toucan - Tucán encapuchado*
Gould, 1846
*se Peru bis c Bolivien*

Andigena nigrirostris
**Schwarzschnabeltukan**
*Black-billed Mountain Toucan - Tucán piquinegro*
Waterhouse, 1839
*e Kolumbien, w Venezuela und e Ecuador*

    Andigena nigrirostris occidentalis
    **Chapmans Schwarzschnabeltukan**
    Chapman, 1915
    *w Kolumbien*
    Andigena nigrirostris spilorhynchus
    **Goulds Schwarzschnabeltukan**
    Gould, 1858
    *s Kolumbien, ne Ecuador und n Peru*



Ramphastos dicolorus
**Bunttukan**
*Red-breasted Toucan - Tucán bicolor*
Linnaeus, 1766
*se Brasilien, e Paraguay und ne Argentinien*

Ramphastos vitellinus
**Dotterkehltukan**
*Channel-billed Toucan - Tucán vitelino*
Lichtenstein, MHC, 1823
*Venezuela, Guianas, n Brasilien n Amazonas und Trinidad*

    Ramphastos vitellinus culminatus
    **Amazonas-Dottertukan**
    Gould, 1833
    *oberes Amazonasgebiet von w Venezuela bis n Bolivien*
    Ramphastos vitellinus ariel
    **Arieldottertukan**
    Vigors, 1826
    *c, e Brasilien s Amazonas*

Ramphastos citreolaemus
**Zitronenkehltukan**
*Citron-throated Toucan - Tucán citrino*
Gould, 1844
*n Kolumbien und nw Venezuela*

Ramphastos brevis
**Küstentukan**
*Choco Toucan - Tucán del Chocó*
Meyer de Schauensee, 1945
*nw Kolumbien bis sw Ecuador*

Ramphastos sulfuratus
**Fischertukan**
*Keel-billed Toucan - Tucán piquiverde*
Lesson, RP, 1830
*se Mexico, Belize und n Guatemala*

    Ramphastos sulfuratus brevicarinatus
    **Goulds Fischertukan**
    Gould, 1854
    *se Guatemala bis n Kolumbien und nw Venezuela*

Ramphastos toco
**Riesentukan**
*Toco Toucan - Tucán toco*
Müller, PLS, 1776
*Guianas, n, ne Brasilien und se Peru*

    Ramphastos toco albogularis
    **Südlicher Riesentukan**
    Cabanis, 1862
    *e, s Brasilien, n Bolivien, Paraguay und n Argentinien*

Ramphastos tucanus
**Weißbrusttukan**
*White-throated Toucan - Tucán pechiblanco*
Linnaeus, 1758
*se Venezuela, Guianas und n Brasilien*

    Ramphastos tucanus cuvieri
    **Cuviers Weißbrusttukan**
    Wagler, 1827
    *oberes Amazonasgebiet von w Venezuela bis n Bolivien*
    Ramphastos tucanus inca
    **Inca-Weißbrusttukan**
    Gould, 1846
    *n, c Bolivien*

Ramphastos ambiguus
**Goldkehltukan**
*Yellow-throated Toucan - Tucán pechigualdo*
Swainson, 1823
*sw Kolumbien bis sc Peru*

    Ramphastos ambiguus swainsonii
    **Swainsontukan**
    Gould, 1833
    *se Honduras bis w Ecuador*
    Ramphastos ambiguus abbreviatus
    **Cabanis-Goldkehltukan**
    Cabanis, 1862
    *ne Kolumbien und n Venezuela*

## Psilopogon pyrolophus
### Rotbüschel-Bartvogel
*Fire-tufted Barbet - Barbudo picofuego*
Müller, S, 1836
*Gebirge Malayische Halbinsel und Sumatra*

## Psilopogon virens
### Heulbartvogel
*Great Barbet - Barbudo grande*
Boddaert, 1783
*c, e Myanmar, n Thailand, n Laos und se China*

#### Psilopogon virens marshallorum
##### Nepal-Heubartvogel
Swinhoe, 1870
ne Pakistan bis w Nepal
#### Psilopogon virens magnificus
##### Myanmar-Heubartvogel
Baker, ECS, 1926
e Nepal bis nw Myanmar und sc China
#### Psilopogon virens clamator
##### Chinesischer Heubartvogel
Mayr, 1941
ne Assam (ne Indien) bis ne Myanmar und sc China
#### Psilopogon virens indochinensis
##### Vietnamesischer Heubartvogel
Rand, 1953
n Vietnam

## Psilopogon lagrandieri
### Rotsteiß-Bartvogel
*Red-vented Barbet - Barbudo ventrirrojo*
Verreaux, J, 1868
*n Laos und n Vietnam*

#### Psilopogon lagrandieri rothschildi
##### Südlicher Rotsteißbartvogel
Delacour, 1927
s Laos und s Vietnam

## Psilopogon zeylanicus
### Braunkopf-Bartvogel
*Brown-headed Barbet - Barbudo cabecipardo*
Gmelin, JF, 1788
*s Indien und Sri Lanka*

#### Psilopogon zeylanicus inornatus
##### Westlicher Braunkopfbartvogel
Walden, 1870
w Indien
#### Psilopogon zeylanicus caniceps
##### Nepal-Braunkopfbartvogel
Franklin, 1831
Nepal bis c Indien

## Psilopogon lineatus
### Streifenbartvogel
*Lineated Barbet - Barbudo listado*
Vieillot, 1816
*Java und Bali*

#### Psilopogon lineatus hodgsoni
##### Hodgons Streifenbartvogel
Bonaparte, 1850
nw Indien und Nepal bis s China, Indochina und Malayische Halbinsel

## Psilopogon viridis
### Grünbartvogel
*White-cheeked Barbet - Barbudo cariblanco*
Boddaert, 1783
*w Indien*

## Psilopogon faiostrictus
### Grünohr-Bartvogel
*Green-eared Barbet - Barbudo orejiverde*
Temminck, 1832
*c, s Thailand, Kambodscha und s Vietnam*

#### Psilopogon faiostrictus praetermissus
##### Nördlicher Grünohrbartvogel
Kloss, 1918
s China bis n Thailand, Laos und n Vietnam

## Psilopogon corvinus
### Braunkehl-Bartvogel
*Brown-throated Barbet - Barbudo corvino*
Temminck, 1831
*Gebirge w Java*

## Psilopogon chrysopogon
### Goldwangen-Bartvogel
*Golden-whiskered Barbet - Barbudo carigualdo*
Temminck, 1824
*Sumatra*

#### Psilopogon chrysopogon laetus
##### Malayischer Goldwangenbartvogel
Robinson & Kloss, 1918
Malayische Halbinsel
#### Psilopogon chrysopogon chrysopsis
##### Borneo-Goldwangenbartvogel
Goffin, 1863
Borneo

## Psilopogon rafflesii
### Vielfarben-Bartvogel
*Red-crowned Barbet - Barbudo multicolor*
Lesson, RP, 1839
*Malayische Halbinsel, Sumatra, Bangka und Belitung (e von s Sumatra) und Borneo*

## Psilopogon mystacophanos
### Harlekinbartvogel
*Red-throated Barbet - Barbudo arlequín*
Temminck, 1824
*Malayische Halbinsel, Sumatra und Borneo*

#### Psilopogon mystacophanos ampalus
##### Ampalabartvogel
Oberholser, 1912
Batu (w von c Sumatra)

## Psilopogon javensis
### Javabartvogel
*Black-banded Barbet - Barbudo de Java*
Horsfield, 1821
*Java*

## Psilopogon flavifrons
### Goldstirn-Bartvogel
*Yellow-fronted Barbet - Barbudo frentigualdo*
Cuvier, 1816
*Sri Lanka*

## Psilopogon franklinii
### Goldkehl-Bartvogel
*Golden-throated Barbet - Barbudo de Franklin*
Blyth, 1842
*e Himalaya und ne Indien bis s China und n Vietnam*

#### Psilopogon franklinii ramsayi
##### Ramsays Goldkehlbartvogel
Walden, 1875
e, se Myanmar und nw Thailand
#### Psilopogon franklinii trangensis
##### Thailand-Goldkehlbartvogel
Riley, 1934
s Thailand
#### Psilopogon franklinii minor
##### Kleiner Goldkehlbartvogel
Kloss & Chasen, 1926
w Malaysia

## Psilopogon auricularis
### Weißwangen-Bartvogel
*Necklaced Barbet - Barbudo de lazo*
Robinson & Kloss, 1919
*se Laos und s Vietnam*

## Psilopogon oorti
### Schwarzbrauen-Bartvogel
*Black-browed Barbet - Barbudo cejinegro*
Müller, S, 1836
*Gebirge Malayische Halbinsel und Sumatra*

## Psilopogon annamensis
### Annambartvogel
*Indochinese Barbet - Barbudo de Annam*
Robinson & Kloss, 1919
*s Laos, sc Vietnam und e Kambodscha*

## Psilopogon faber
### Schwarzstirn-Bartvogel
*Chinese Barbet - Barbudo chino*
Swinhoe, 1870
*Hainan Insel (vor se China)*

#### Psilopogon faber sini
##### Sinibartvogel
Stresemann, 1929
s China

Psilopogon nuchalis
**Taiwanbartvogel**
*Taiwan Barbet - Barbudo de Formosa*
Gould, 1863
*Taiwan*

Psilopogon asiaticus
**Blauwangen-Bartvogel**
*Blue-throated Barbet - Barbudo gorjiazul común*
Latham, 1790
*ne Pakistan bis w, n Myanmar und sw Yunnan (sc China)*

    Psilopogon asiaticus davisoni
    **Davidsonbartvogel**
    Hume, 1877
    *se Myanmar bis se Yunnan (sc China) und n Indochina*

Psilopogon chersonesus
**Türkiskehl-Bartvogel**
*Turquoise-throated Barbet - Barbudo gorjiazul tailandés*
Chasen & Kloss, 1927
*s Thailand*

Psilopogon monticola
**Borneobartvogel**
*Mountain Barbet - Barbudo montano*
Sharpe, 1889
*Gebirge Borneo*

Psilopogon incognitus
**Grünscheitel-Bartvogel**
*Moustached Barbet - Barbudo bigotudo*
Hume, 1874
*s Myanmar und w Thailand*

    Psilopogon incognitus elbeli
    **Nördlicher Grünscheitelbartvogel**
    Deignan, 1956
    *ne, e Thailand, n Laos und n Vietnam*
    Psilopogon incognitus eurous
    **Südlicher Grünscheitelbartvogel**
    Deignan, 1939
    *se Thailand, Kambodscha, s Laos und s Vietnam*

Psilopogon henricii
**Gelbscheitel-Bartvogel**
*Yellow-crowned Barbet - Barbudo coronigualdo*
Temminck, 1831
*c, s Malayische Halbinsel und Sumatra*

    Psilopogon henricii brachyrhynchus
    **Borneo-Gelbscheitelbartvogel**
    Neumann, 1908
    *Borneo*

Psilopogon armillaris
**Temminckbartvogel**
*Flame-fronted Barbet - Barbudo coroniazul*
Temminck, 1821
*Gebirge Java*

    Psilopogon armillaris baliensis
    **Balibartvogel**
    Rensch, 1928
    *Gebirge Bali*

Psilopogon pulcherrimus
**Prachtbartvogel**
*Golden-naped Barbet - Barbudo elegante*
Sharpe, 1888
*Gebirge n, c Borneo*

Psilopogon australis
**Gelbohr-Bartvogel**
*Yellow-eared Barbet - Barbudo orejigualdo*
Horsfield, 1821
*Java und Bali*

Psilopogon cyanotis
**Blauohr-Bartvogel**
*Blue-eared Barbet - Barbudo orejiazul*
Blyth, 1847
*e Nepal und ne Indien bis s China und n Thailand*

    Psilopogon cyanotis orientalis
    **Orient-Schwarzohr-Bartvogel**
    Robinson, 1915
    *e, se Thailand über Indochina*
    Psilopogon cyanotis stuarti
    **Stuarts Schwarzohr-Bartvogel**
    Robinson & Kloss, 1919
    *s Myanmar und sw, s Thailand*

Psilopogon duvaucelii
**Schwarzohr-Bartvogel**
*Black-eared Barbet - Barbudo orejinegro*
Lesson, RP, 1830
*w Malaysia, Sumatra, Bangka (e von s Sumatra) und Borneo*

    Psilopogon duvaucelii gigantorhinus
    **Nias-Schwarzohr-Bartvogel**
    Oberholser, 1912
    *Nias (w von n Sumatra)*
    Psilopogon duvaucelii tanamassae
    **Batu-Schwarzohr-Bartvogel**
    Meyer de Schauensee, 1929
    *Batu Is. (w von c Sumatra)*

Psilopogon eximius
**Schwarzkehl-Bartvogel**
*Bornean Barbet - Barbudo eximio*
Sharpe, 1892
*Gebirge Borneo (außer ne)*

    Psilopogon eximius cyaneus
    **Kinabalu-Bartvogel**
    Harrisson & Hartley, 1934
    *Gebirge ne Borneo*

Psilopogon rubricapillus
**Ceylonbartvogel**
*Crimson-fronted Barbet - Barbudo de Ceilán*
Gmelin, JF, 1788
*Sri Lanka*

Psilopogon malabaricus
**Malabarbartvogel**
*Malabar Barbet - Barbudo malabar*
Blyth, 1847
*sw Indien*

Psilopogon haemacephalus
**Kupferschmied-Bartvogel**
*Coppersmith Barbet - Barbudo calderero*
Müller, PLS, 1776
*Luzon und Mindoro (n Philippinen)*

    Psilopogon haemacephalus indicus
    **Indischer Kupferschmied**
    Latham, 1790
    *ne Pakistan, Indien und Sri Lanka bis s China, Vietnam und s Malaysia*
    Psilopogon haemacephalus delicus
    **Sumatra-Kupferschmied**
    Parrot, 1907
    *Sumatra*
    Psilopogon haemacephalus roseus
    **Java-Kupferschmied**
    Dumont, 1805
    *Java und Bali*
    Psilopogon haemacephalus celestinoi
    **Leyte-Kupferschmied**
    Gilliard, 1949
    *Samar, Leyte, Catanduanes und Biliran (c Philippinen)*
    Psilopogon haemacephalus mindanensis
    **Mindanao-Kupferschmied**
    Rand, 1948
    *Mindanao (s Philippinen)*
    Psilopogon haemacephalus intermedius
    **Kleiner Kupferschmied**
    Shelley, 1891
    *Guimaras, Negros und Panay (c Philippinen)*
    Psilopogon haemacephalus cebuensis
    **Cebu-Kupferschmied**
    Dziadosz & Parkes, 1984
    *Cebu (c Philippinen)*
    Psilopogon haemacephalus homochroa
    **Tablas-Kupferschmied**
    Dziadosz & Parkes, 1984
    *Tablas, Romblon, Masbate (c Philippinen)*

## Gattung: Caloramphus

Caloramphus fuliginosus
**Rostbartvogel**
*Brown Barbet - Barbudo pardo de Borneo*
Temminck, 1830
*Borneo (außer n)*

    Caloramphus fuliginosus tertius
    **Borneo-Braunbartvogel**
    Chasen & Kloss, 1929
    *n Borneo*

Caloramphus hayii
**Braunbartvogel**
*Sooty Barbet - Barbudo pardo de Malasia*
Gray, JE, 1831
*Malayische Halbinsel und Sumatra*

## Familie: Lybiidae (Afrikanische Bartvögel)

### Gattung: Trachyphonus

Trachyphonus goffinii
**Westlicher Gelbschnabel-Bartvogel**
*Western Yellow-billed Barbet - Barbudo piquigualdo occidental*
Goffin, 1863
*Sierra Leone bis Ghana*

    Trachyphonus goffinii togoensis
    **Togo-Gelbschnabel-Bartvogel**
    Reichenow, 1891
    Togo bis sw Nigeria

Trachyphonus purpuratus
**Östlicher Gelbschnabel-Bartvogel**
*Eastern Yellow-billed Barbet - Barbudo piquigualdo oriental*
Verreaux, J & Verreaux, É, 1851
*se Nigeria bis Zentralafrikanische Republik, n, c Demokratische Republik Kongo und nw Angola*

    Trachyphonus purpuratus elgonensis
    **Sudan-Gelbschnabel-Bartvogel**
    Sharpe, 1891
    s Sudan und ne Demokratische Republik Kongo bis w Kenia

Trachyphonus vaillantii
**Haubenbartvogel**
*Crested Barbet - Barbudo crestado*
Ranzani, 1821
*s Angola bis s Mosambik und e Südafrika*

    Trachyphonus vaillantii suahelicus
    **Suaheli-Haubenbartvogel**
    Reichenow, 1887
    c Angola und se Demokratische Republik Kongo bis n Tansania und c Mosambik

Trachyphonus erythrocephalus
**Flammenkopf-Bartvogel**
*Red-and-yellow Barbet - Barbudo cabecirrojo*
Cabanis, 1878
*c Kenia bis n Tansania*

    Trachyphonus erythrocephalus shelleyi
    **Somalia-Flammenkopf-Bartvogel**
    Hartlaub, 1886
    e Äthiopien und Somalia
    Trachyphonus erythrocephalus versicolor
    **Uganda-Flammenkopf-Bartvogel**
    Hartlaub, 1882
    se Sudan, s Äthiopien, n Kenia und ne Uganda

Trachyphonus margaritatus
**Perlenbartvogel**
*Yellow-breasted Barbet - Barbudo perlado*
Cretzschmar, 1828
*e Mauretanien bis n Äthiopien und Eritrea*

    Trachyphonus margaritatus somalicus
    **Somalia-Perlenbartvogel**
    Zedlitz, 1910
    e Äthiopien bis n Somalia

Trachyphonus darnaudii
**Ohrfleck-Bartvogel**
*D'Arnaud's Barbet - Barbudo de d'Arnaud*
Prévost & des Murs, 1847
*se Sudan und sw Äthiopien bis wc Kenia*

    Trachyphonus darnaudii boehmi
    **Böhms Ohrfleck-Bartvogel**
    Fischer, GA & Reichenow, 1884
    s, e Äthiopien bis s Somalia, e Kenia und ne Tansania
    Trachyphonus darnaudii emini
    **Reichenows Ohrfleck-Bartvogel**
    Reichenow, 1891
    c, e Tansania

Trachyphonus usambiro
**Usambirobartvogel**
*Usambiro Barbet - Barbudo usambiro*
Neumann, 1908
*sw Kenia und nw Tansania*

### Gattung: Cryptolybia

Cryptolybia olivacea
**Olivbartvogel**
*Green Barbet - Barbudo oliváceo*
Shelley, 1880
*se Kenia und ne Tansania*

    Cryptolybia olivacea howelli
    **Howells Olivbartvogel**
    Jensen & Stuart, S, 1982
    Udzungwa und Mahenge Mts. (ec Tansania)
    Cryptolybia olivacea woodwardi
    **Woodwards Olivbartvogel**
    Shelley, 1895
    se Tansania und ne Südafrika
    Cryptolybia olivacea rungweensis
    **Malawi-Olivbartvogel**
    Benson, 1948
    sw Tansania und n Malawi
    Cryptolybia olivacea belcheri
    **Belchers Olivbartvogel**
    Sclater, WL, 1927
    s Malawi und n Mosambik

### Gattung: Gymnobucco

Gymnobucco bonapartei
**Trauerbartvogel**
*Grey-throated Barbet - Barbudo gorjigrís*
Hartlaub, 1854
*w Kamerun bis Gabun, sw Kongo Republic, ec Demokratische Republik Kongo und n Angola*

    Gymnobucco bonapartei cinereiceps
    **Sharps Braunbartvogel**
    Sharpe, 1891
    Zentralafrikanische Republik und s Sudan bis e Demokratische Republik Kongo, nw Tansania und w Kenia

Gymnobucco sladeni
**Rußbartvogel**
*Sladen's Barbet - Barbudo de Sladen*
Ogilvie-Grant, 1907
*Demokratische Republik Kongo und s Zentralafrikanische Republik*

Gymnobucco peli
**Borstenbartvogel**
*Bristle-nosed Barbet - Barbudo de pinceles*
Hartlaub, 1857
*Sierra Leone bis Republic von Kongo, w Demokratische Republik Kongo und nw Angola*

Gymnobucco calvus
**Glatzenbartvogel**
*Naked-faced Barbet - Barbudo calvo común*
Lafresnaye, 1841
*Sierra Leone bis Kamerun und Gabun*

    Gymnobucco calvus congicus
    **Kongo-Glatzenbartvogel**
    Chapin, 1932
    w Kongo bis nw Angola
    Gymnobucco calvus vernayi
    **Angola-Glatzenbartvogel**
    Boulton, 1931
    wc Angola

### Gattung: Stactolaema

Stactolaema leucotis
**Weißohr-Bartvogel**
*White-eared Barbet - Barbudo orejiblanco común*
Sundevall, 1850
*Malawi und Mosambik bis Südafrika*

    Stactolaema leucotis kilimensis
    **Kenia-Weißohr-Bartvogel**
    Shelley, 1889
    c Kenia bis ne Tansania
    Stactolaema leucotis leucogrammica
    **Tansania-Weißohr-Bartvogel**
    Reichenow, 1915
    s und c Tansania

Stactolaema whytii
**Spiegelbartvogel**
*Whyte's Barbet - Barbudo especulado*
Shelley, 1893
*s Tansania bis se Malawi und nw Mosambik*

Stactolaema whytii buttoni
**Buttons Spiegelbartvogel**
White, CMN, 1945
nc Sambia
Stactolaema whytii stresemanni
**Stresemanns Spiegelbartvogel**
Grote, 1934
sw Tansania und ne Sambia
Stactolaema whytii terminata
**Iringa-Spiegelbartvogel**
Clancey, 1956
Iringa Region (sc Tansania)
Stactolaema whytii angoniensis
**Sambia-Spiegelbartvogel**
Benson, 1964
e Sambia und w Malawi
Stactolaema whytii sowerbyi
**Sowerbys Spiegelbartvogel**
Sharpe, 1898
e Simbabwe bis wc Mosambik

Stactolaema anchietae
**Strohkopf-Bartvogel**
*Anchieta's Barbet - Barbudo de Anchieta*
Barboza du Bocage, 1869
*sc Angola und w Sambia*

Stactolaema anchietae katangae
**Nördlicher Strohkopf-Bartvogel**
Vincent, 1934
ne Angola, se Demokratische Republik Kongo und n Sambia
Stactolaema anchietae rex
**Westlicher Strohkopf-Bartvogel**
Neumann, 1908
wc Angola

## Gattung: Pogoniulus

Pogoniulus scolopaceus
**Schuppenbartvogel**
*Speckled Tinkerbird - Barbudito escolopáceo*
Bonaparte, 1850
*Sierra Leone bis s Nigeria*

Pogoniulus scolopaceus stellatus
**Bioko-Schuppenbartvogel**
Jardine & Fraser, 1852
Bioko Insel (Gulf von Guinea)
Pogoniulus scolopaceus flavisquamatus
**Angola-Schuppenbartvogel**
Verreaux, J & Verreaux, É, 1855
Kamerun bis w Kenia und n Angola

Pogoniulus simplex
**Schlichtbartvogel**
*Green Tinkerbird - Barbudito sencillo*
Fischer, GA & Reichenow, 1884
*s Kenia bis c Mosambik*

Pogoniulus leucomystax
**Bergbartvogel**
*Moustached Tinkerbird - Barbudito bigotudo*
Sharpe, 1892
*e Uganda und w Kenia bis s Malawi*

Pogoniulus coryphaea
**Gelbrücken-Bartvogel**
*Western Tinkerbird - Barbudito coronado*
Reichenow, 1892
*se Nigeria und sw Kamerun*

Pogoniulus coryphaea angolensis
**Angola-Gelbrücken-Bartvogel**
Boulton, 1931
wc Angola
Pogoniulus coryphaea hildamariae
**Hildamarias Gelbrücken-Bartvogel**
Sclater, WL, 1938
e Demokratische Republik Kongo, Rwanda und sw Uganda

Pogoniulus atroflavus
**Rotbürzel-Bartvogel**
*Red-rumped Tinkerbird - Barbudito culirrojo*
Sparrman, 1798
*s Senegal bis s Zentralafrikanische Republik, w Uganda und c Demokratische Republik Kongo*

Pogoniulus subsulphureus
**Gelbkehl-Bartvogel**
*Yellow-throated Tinkerbird - Barbudito gorjigualdo*
Fraser, 1843
*Bioko Insel (Gulf von Guinea)*

Pogoniulus subsulphureus chrysopygus
**Ghana-Gelbkehl-Bartvogel**
Shelley, 1889
Sierra Leone bis Ghana
Pogoniulus subsulphureus flavimentum
**Togo-Gelbkehl-Bartvogel**
Verreaux, J & Verreaux, É, 1851
Togo bis Gabun, Demokratische Republik Kongo und Uganda

Pogoniulus bilineatus
**Goldbürzel-Bartvogel**
*Yellow-rumped Tinkerbird - Barbudito culigualdo*
Sundevall, 1850
*se Tansania bis e Südafrika*

Pogoniulus bilineatus leucolaimus
**Senegal-Goldbürzel-Bartvogel**
Verreaux, J & Verreaux, É, 1851
Senegal und Gambia bis s Sudan, Uganda, s Demokratische Republik Kongo und n Angola
Pogoniulus bilineatus poensis
**Bioko-Goldbürzel-Bartvogel**
Alexander, 1908
Bioko Insel (Gulf von Guinea)
Pogoniulus bilineatus mfumbiri
**Kongo-Goldbürzel-Bartvogel**
Ogilvie-Grant, 1907
sw Uganda und e Demokratische Republik Kongo bis w Tansania und Sambia
Pogoniulus bilineatus jacksoni
**Jacksons Goldbürzel-Bartvogel**
Sharpe, 1897
c Kenia und e Uganda bis Rwanda, Burundi und nw Tansania
Pogoniulus bilineatus fischeri
**Fischers Goldbürzel-Bartvogel**
Reichenow, 1880
Küste Kenia und ne Tansania

Pogoniulus uropygialis
**Nördlicher Feuerstirn-Bartvogel**
*Northern Red-fronted Tinkerbird - Barbudito de rabadilla amarilla*
Heuglin, 1862
*Eritrea bis c Äthiopien und n Somalia*

Pogoniulus uropygialis affinis
**Reichenows Feuerstirn-Bartvogel**
Reichenow, 1879
se Sudan bis s Somalia s bis Uganda und Tansania

Pogoniulus pusillus
**Feuerstirn-Bartvogel**
*Southern Red-fronted Tinkerbird - Barbudito frentirrojo*
Dumont, 1805
*östlicher Wald im Süden Mosambiks bis zum Osten Südafrikas*

Pogoniulus chrysoconus
**Gelbstirn-Bartvogel**
*Yellow-fronted Tinkerbird - Barbudito frentigualdo*
Temminck, 1832
*sw Mauretanien und Senegal bis nw Äthiopien, nw Tansania und n Demokratische Republik Kongo*

Pogoniulus chrysoconus extoni
**Angola-Gelbstirn-Bartvogel**
Layard, EL, 1871
Angola bis s Tansania, s Mosambik und n Südafrika
Pogoniulus chrysoconus xanthostictus
**Äthiopien-Gelbstirn-Bartvogel**
Blundell & Lovat, 1899
sw, c Äthiopien

## Gattung: Buccanodon

Buccanodon duchaillui
**Gelbfleck-Bartvogel**
*Yellow-spotted Barbet - Barbudo pintado*
Cassin, 1855
*sw Nigeria bis Uganda, w Kenia, nw Tansania und c Demokratische Republik Kongo*

Buccanodon duchaillui dowsetti
**Togo-Gelbfleck-Bartvogel**
Boesman & Collar, 2019
Sierra Leone bis Togo

## Gattung: Tricholaema

Tricholaema hirsuta
**Fleckenbartvogel**
*Hairy-breasted Barbet - Barbudo hirsuto*
Swainson, 1821
*Sierra Leone bis sc Nigeria*

Tricholaema hirsuta flavipunctata
**Nigeria-Fleckenbartvogel**
Verreaux, J & Verreaux, É, 1855
s Nigeria bis c Gabun

Tricholaema hirsuta angolensis
**Angola-Fleckenbartvogel**
Neumann, 1908
s Gabun bis n Angola
Tricholaema hirsuta ansorgii
**Ansorgis Fleckenbartvogel**
Shelley, 1895
e Kamerun und e Demokratische Republik Kongo bis w Kenia und nw Tansania

Tricholaema diademata
## Diadembartvogel
*Red-fronted Barbet - Barbudo diademado*
Heuglin, 1861
*s Sudan und Äthiopien bis se Uganda und c Kenia*

Tricholaema diademata massaica
**Massai-Diadembartvogel**
Reichenow, 1887
sc Kenia bis sw Tansania

Tricholaema frontata
## Miombobartvogel
*Miombo Pied Barbet - Barbudo del miombo*
Cabanis, 1881
*Angola bis Tansania und Malawi*

Tricholaema leucomelas
## Rotstirn-Bartvogel
*Acacia Pied Barbet - Barbudo pío*
Boddaert, 1783
*s Südafrika*

Tricholaema leucomelas centralis
**Angola-Rotstirn-Bartvogel**
Roberts, 1932
Angola bis w Simbabwe s bis s Namibia und n Südafrika
Tricholaema leucomelas affinis
**Südafrikanischer Rotstirn-Bartvogel**
Shelley, 1880
e Simbabwe, sw Mosambik und ne Südafrika

Tricholaema lacrymosa
## Tränenbartvogel
*Spot-flanked Barbet - Barbudo lacrimoso*
Cabanis, 1878
*s Sudan und ne Demokratische Republik Kongo bis c Kenia und ne Tansania*

Tricholaema lacrymosa radcliffei
**Radcliffes Tränenbartvogel**
Ogilvie-Grant, 1904
e Demokratische Republik Kongo bis sw Kenia, s Uganda, sw Tansania und nw Sambia

Tricholaema melanocephala
## Schwarzkopf-Bartvogel
*Black-throated Barbet - Barbudo cabecinegro*
Cretzschmar, 1829
*Eritrea bis c Äthiopien und nw Somalia*

Tricholaema melanocephala blandi
**Somalia-Schwarzkopf-Bartvogel**
Lort Phillips, 1897
nc, ne Somalia
Tricholaema melanocephala stigmatothorax
**Äthiopien-Schwarzkopf-Bartvogel**
Cabanis, 1878
s Äthiopien und s Somalia bis ne Tansania
Tricholaema melanocephala flavibuccalis
**Tansania-Schwarzkopf-Bartvogel**
Reichenow, 1893
nc Tansania

## Gattung: Lybius

Lybius undatus
## Wellenbartvogel
*Banded Barbet - Barbudo etíope*
Rüppell, 1837
*nw bis c Äthiopien*

Lybius undatus thiogaster
**Östlicher Wellenbartvogel**
Neumann, 1903
Eritrea und ne Äthiopien
Lybius undatus leucogenys
**Westlicher Wellenbartvogel**
Blundell & Lovat, 1899
w bis sw Äthiopien
Lybius undatus salvadorii
**Salvadoris Wellenbartvogel**
Neumann, 1903
se Äthiopien

Lybius vieilloti
## Blutbrust-Bartvogel
*Vieillot's Barbet - Barbudo sangrante*
Leach, 1815
*c Sudan bis ne Demokratische Republik Kongo, sc Äthiopien und Eritrea*

Lybius vieilloti buchanani
**Harters Blutbrust-Bartvogel**
Hartert, EJO, 1924
s Mauretanien bis s Chad
Lybius vieilloti rubescens
**Temmincks Blutbrust-Bartvogel**
Temminck, 1823
Senegal und Gambia bis Kamerun und n Demokratische Republik Kongo

Lybius leucocephalus
## Weißkopf-Bartvogel
*White-headed Barbet - Barbudo cabeciblanco*
de Filippi, 1853
*s Sudan und ne Demokratische Republik Kongo bis wc Kenia und nw Tansania*

Lybius leucocephalus adamauae
**Nigeria-Weißkopf-Bartvogel**
Reichenow, 1921
n Nigeria bis nw Demokratische Republik Kongo
Lybius leucocephalus senex
**Reichenows Weißkopf-Bartvogel**
Reichenow, 1887
c, sc Kenia
Lybius leucocephalus albicauda
**Kenia-Weißkopf-Bartvogel**
Shelley, 1881
sw Kenia und n Tansania
Lybius leucocephalus lynesi
**Tansania-Weißkopf-Bartvogel**
Grant, CHB & Mackworth-Praed, 1938
c Tansania
Lybius leucocephalus leucogaster
**Angola-Weißkopf-Bartvogel**
Barboza du Bocage, 1877
sw Angola

Lybius chaplini
## Feigenbartvogel
*Chaplin's Barbet - Barbudo de Chaplin*
Clarke, S, 1920
*Sambia*

Lybius rubrifacies
## Rotgesicht-Bartvogel
*Red-faced Barbet - Barbudo carirrojo*
Reichenow, 1892
*Uganda, Rwanda, Burundi und nw Tansania*

Lybius guifsobalito
## Purpurmasken-Bartvogel
*Black-billed Barbet - Barbudo guifsobalito*
Hermann, 1783
*Eritrea und Äthiopien bis ne Demokratische Republik Kongo, Uganda, w Kenia und nw Tansania*

Lybius torquatus
## Halsband-Bartvogel
*Black-collared Barbet - Barbudo acollarado*
Dumont, 1805
*se Botswana und Südafrika*

Lybius torquatus zombae
**Zomba-Halsband-Bartvogel**
Shelley, 1893
s Tansania bis s Malawi und ne, c Mosambik
Lybius torquatus pumilio
**Grotes Halsband-Bartvogel**
Grote, 1927
e Demokratische Republik Kongo bis w Tansania, n Malawi, e Sambia und nw Mosambik
Lybius torquatus irroratus
**Kenia-Halsband-Bartvogel**
Cabanis, 1878
e Kenia bis c Tansania
Lybius torquatus congicus
**Reichenows Halsband-Bartvogel**
Reichenow, 1898
sc Demokratische Republik Kongo und n Angola bis n Sambia
Lybius torquatus vivacens
**Malawi-Halsband-Bartvogel**
Clancey, 1977
e Simbabwe bis s Malawi und sc Mosambik
Lybius torquatus bocagei
**Namibia-Halsband-Bartvogel**
de Sousa, JA, 1886
s Angola und n Namibia bis sw Sambia, w Simbabwe und nw Botswana

Pogonornis melanopterus
**Braunbrust-Bartvogel**
*Brown-breasted Barbet - Barbudo pechipardo*
Peters, W, 1854
*Somalia bis Mosambik*

Pogonornis minor
**Rosenbauch-Bartvogel**
*Black-backed Barbet - Barbudo frentirrojo occidental*
Cuvier, 1816
*s Gabun bis w Angola*

Pogonornis minor macclounii
**Kongo-Rosenbauch-Bartvogel**
Shelley, 1899
s Demokratische Republik Kongo und ne Angola bis w Tansania und nw Malawi

Pogonornis bidentatus
**Doppelzahn-Bartvogel**
*Double-toothed Barbet - Barbudo bidentado*
Shaw, 1799
*Guinea-Bissau e bis Kamerun und s bis nw Angola*

Pogonornis bidentatus aequatorialis
**Äquator-Doppelzahn-Bartvogel**
Shelley, 1889
Zentralafrikanische Republik bis c Äthiopien s bis n Demokratische Republik Kongo und nw Tansania

Pogonornis dubius
**Furchenschnabel-Bartvogel**
*Bearded Barbet - Barbudo pechirrojo*
Gmelin, JF, 1788
*Senegal, Gambia und Guinea-Bissau bis s Chad und Zentralafrikanische Republik*

Pogonornis rolleti
**Schwarzbrust-Bartvogel**
*Black-breasted Barbet - Barbudo pechinegro*
de Filippi, 1853
*s Chad und sw Sudan bis n Zentralafrikanische Republik, Süd-Sudan und n Uganda*

## Familie: Indicatoridae (Honiganzeiger)

Gattung: Prodotiscus

Prodotiscus insignis
**Liliputhoniganzeiger**
*Cassin's Honeybird - Indicador insigne*
Cassin, 1856
*se Nigeria e bis w Kenia und s bis n Angola*

Prodotiscus insignis flavodorsalis
**Bannermans Liliputhoniganzeiger**
Bannerman, 1923
Sierra Leone bis sw Nigeria

Prodotiscus zambesiae
**Graubauch-Honiganzeiger**
*Green-backed Honeybird - Indicador del Zambeze*
Shelley, 1894
*s Angola bis s Tansania und Mosambik*

Prodotiscus zambesiae ellenbecki
**Ellenbecks Graubauch-Honiganzeiger**
Erlanger, 1901
s Äthiopien bis Kenia und n Tansania
Prodotiscus zambesiae lathburyi
**Angola-Graubauch-Honiganzeiger**
Hall, BP, 1958
wc Angola

Prodotiscus regulus
**Braunrücken-Honiganzeiger**
*Brown-backed Honeybird - Indicador dorsipardo*
Sundevall, 1850
*ec Sudan und sw Äthiopien s bis ne Namibia und e Südafrika*

Prodotiscus regulus camerunensis
**Kamerun-Braunrücken-Honiganzeiger**
Reichenow, 1921
Guinea bis w Zentralafrikanische Republik



Melignomon zenkeri
**Gelbbauch-Honiganzeiger**
*Zenker's Honeyguide - Indicador de Zenker*
Reichenow, 1898
*s Kamerun und n Gabun bis w Uganda und e Demokratische Republik Kongo*

Melignomon eisentrauti
**Gelbfuß-Honiganzeiger**
*Yellow-footed Honeyguide - Indicador patiamarillo*
Louette, 1981
*Sierra Leone, Liberia, s Ghana und sw Kamerun*

Gattung: Indicator

Indicator pumilio
**Kurzschnabel-Honiganzeiger**
*Dwarf Honeyguide - Indicador enano*
Chapin, 1958
*e Demokratische Republik Kongo, w Uganda, Rwanda und Burundi*

Indicator willcocksi
**Guineahoniganzeiger**
*Willcocks's Honeyguide - Indicador de Willcocks*
Alexander, 1901
*Sierra Leone bis s Kamerun, w Uganda, Demokratische Republik Kongo und Gabun*

Indicator willcocksi ansorgei
**Ansorges Guineahoniganzeiger**
Grant, CHB, 1915
Guinea-Bissau
Indicator willcocksi hutsoni
**Hutsons Guineahoniganzeiger**
Bannerman, 1928
c Nigeria, n Kamerun und sw Sudan

Indicator meliphilus
**Tavetahoniganzeiger**
*Pallid Honeyguide - Indicador pálido*
Oberholser, 1905
*e Uganda bis c Kenia und c Tansania*

Indicator meliphilus angolensis
**Angola-Tavetahoniganzeiger**
Monard, 1934
e Angola und s Demokratische Republik Kongo bis c Mosambik

Indicator exilis
**Barthoniganzeiger**
*Least Honeyguide - Indicador chico*
Cassin, 1856
*Senegal und Gambia bis Zentralafrikanische Republik s bis n Angola und nw Sambia*

Indicator exilis poensis
**Bioko-Barthoniganzeiger**
Alexander, 1903
Bioko Insel (Gulf von Guinea)
Indicator exilis pachyrhynchus
**Heuglins Barthoniganzeiger**
Heuglin, 1864
e Demokratische Republik Kongo, s Uganda, w Kenia und nw Tansania

Indicator minor
**Nasenstreif-Honiganzeiger**
*Lesser Honeyguide - Indicador menor*
Stephens, 1815
*s Namibia, s Botswana und s Mosambik bis Südafrika*

Indicator minor ussheri
**Ghana-Nasenstreif-Honiganzeiger**
Sharpe, 1902
Sierra Leone bis Ghana
Indicator minor conirostris
**Angola-Nasenstreif-Honiganzeiger**
Cassin, 1856
Nigeria bis w Kenia, Demokratische Republik Kongo und w Angola
Indicator minor senegalensis
**Senegal-Nasenstreif-Honiganzeiger**
Neumann, 1908
Senegal und Gambia bis n Kamerun, Chad und w Sudan
Indicator minor riggenbachi
**Riggenbachs Nasenstreif-Honiganzeiger**
Zedlitz, 1915
c Kamerun bis sw Sudan und w Uganda
Indicator minor diadematus
**Rüppells Nasenstreif-Honiganzeiger**
Rüppell, 1837
c Sudan, Äthiopien und n Somalia
Indicator minor teitensis
**Somalia-Nasenstreif-Honiganzeiger**
Neumann, 1900
se Sudan und Somalia bis Simbabwe und c Mosambik

Indicator minor damarensis
**Damara-Nasenstreif-Honiganzeiger**
Roberts, 1928
s Angola bis c Namibia

Indicator maculatus
**Tropfenbrust-Honiganzeiger**
*Spotted Honeyguide - Indicador moteado*
Gray, GR, 1847
Gambia bis Nigeria

Indicator maculatus stictithorax
**Reichenows Tropfenbrust-Honiganzeiger**
Reichenow, 1877
s Kamerun bis sw Sudan, e Demokratische Republik Kongo und n Angola

Indicator variegatus
**Strichelstirn-Honiganzeiger**
*Scaly-throated Honeyguide - Indicador variegado*
Lesson, RP, 1830
Äthiopien und Somalia bis s Südafrika, w über s Demokratische Republik Kongo und Sambia bis w Angola

Indicator xanthonotus
**Gelbbürzel-Honiganzeiger**
*Yellow-rumped Honeyguide - Indicador indio*
Blyth, 1842
Nepal bis n Myanmar

Indicator xanthonotus radcliffii
**Indischer Gelbbürzel-Honiganzeiger**
Hume, 1870
nw Indien bis w Nepal

Indicator archipelagicus
**Malaienhoniganzeiger**
*Malaysian Honeyguide - Indicador malayo*
Temminck, 1832
Malayische Halbinsel, Sumatra und Borneo

Indicator indicator
**Schwarzkehl-Honiganzeiger**
*Greater Honeyguide - Indicador grande*
Sparrman, 1777
Afrika südlich der Sahara weit verbreitet

## Gattung: Melichneutes

Melichneutes robustus
**Leierschwanz-Honiganzeiger**
*Lyre-tailed Honeyguide - Indicador lira*
Bates, GL, 1909
Sierra Leone und Guinea bis sw Ghana, se Nigeria und Kamerun bis w Uganda und e Demokratische Republik Kongo

## Familie: Picidae (Spechte)

## Gattung: Jynx

Jynx torquilla
**Wendehals**
*Eurasian Wryneck - Torcecuello euroasiático*
Linnaeus, 1758
w Europa bis Bulgaria und Kaukasus

Jynx torquilla sarudnyi
**Sibirischer Wendehals**
Loudon, 1912
w Sibirien
Jynx torquilla chinensis
**Chinesischer Wendehals**
Hesse, 1911
e Sibirien und ne, c China
Jynx torquilla himalayana
**Himalaya-Wendehals**
Vaurie, 1959
n Pakistan und nw Himalaya
Jynx torquilla tschusii
**Südeuropäischer Wendehals**
Kleinschmidt, 1907
s Europa
Jynx torquilla mauretanica
**Afrikanischer Wendehals**
Rothschild, 1909
nw Afrika

Jynx ruficollis
**Rostkehl-Wendehals**
*Red-throated Wryneck - Torcecuello africano*
Wagler, 1830
Gabun und Angola bis s Sudan, e Uganda und e Südafrika

Jynx ruficollis pulchricollis
**Hartlaubs Rotkehl-Wendehals**
Hartlaub, 1884
Kamerun bis s Sudan und nw Uganda
Jynx ruficollis aequatorialis
**Rüppells Rotkehl-Wendehals**
Rüppell, 1842
Äthiopien

## Gattung: Picumnus

Picumnus innominatus
**Tüpfelzwergspecht**
*Speckled Piculet - Carpinterito moteado*
Burton, 1836
ne Afghanistan, n Pakistan, Kashmir bis se Tibet und ne Indien

Picumnus innominatus malayorum
**Harters Tüpfelzwergspecht**
Hartert, EJO, 1912
s, e Indien bis s China, Indochina, Sumatra und Borneo
Picumnus innominatus chinensis
**Chinesischer Tüpfelzwergspecht**
Hargitt, 1881
c, e, s China

Picumnus aurifrons
**Goldstirn-Zwergspecht**
*Bar-breasted Piculet - Carpinterito del Amazonas*
Pelzeln, 1870
n Mato Grosso (c Brasilien)

Picumnus aurifrons transfasciatus
**Tapajos-Goldstirn-Zwergspecht**
Hellmayr & Gyldenstolpe, 1937
Rio Tapajós bis Rio Tocantins (ne Brasilien)
Picumnus aurifrons borbae
**Madeira-Goldstirn-Zwergspecht**
Pelzeln, 1870
Rio Madeira bis Rio Tapajós (nc Brasilien)
Picumnus aurifrons wallacii
**Wallacis Goldstirn-Zwergspecht**
Hargitt, 1889
Rio Purús bis Rio Madeira (wc Brasilien)
Picumnus aurifrons purusianus
**Puru-Goldstirn-Zwergspecht**
Todd, 1946
Rio Purús (w Brasilien)
Picumnus aurifrons flavifrons
**Peru-Goldstirn-Zwergspecht**
Hargitt, 1889
ne Peru und nw Brasilien
Picumnus aurifrons juruanus
**Jurua-Goldstirn-Zwergspecht**
Gyldenstolpe, 1941
Rio Juruá (e Peru und w Brasilien)

Picumnus lafresnayi
**Lafresnaye-Zwergspecht**
*Lafresnaye's Piculet - Carpinterito de Lafresnaye*
Malherbe, 1862
se Kolumbien, e Ecuador und n Peru

Picumnus lafresnayi punctifrons
**Östlicher Lafresnayezwergspecht**
Taczanowski, 1886
n Peru
Picumnus lafresnayi taczanowskii
**Nordöstlicher Lafresnayezwergspecht**
Domaniewski, 1925
c Peru
Picumnus lafresnayi pusillus
**Nordwestlicher Lafresnayezwergspecht**
Pinto, 1936
nw Brasilien

Picumnus pumilus
**Orinokozwergspecht**
*Orinoco Piculet - Carpinterito del Orinoco*
Cabanis & Heine, 1863
nw Amazonasgebiet

Picumnus exilis
**Goldschuppen-Zwergspecht**
*Golden-spangled Piculet - Carpinterito telegrafista*
Lichtenstein, MHC, 1823
Bahia bis Espírito Santo (e Brasilien)

Picumnus exilis clarus
**Venezuela-Goldschuppen-Zwergspecht**
Zimmer, JT & Phelps, WH, 1946
ec Venezuela
Picumnus exilis undulatus
**Hargitts Goldschuppen-Zwergspecht**
Hargitt, 1889
e Kolumbien, se Venezuela, Guyana und Roraima (n Brasilien)

Picumnus exilis buffonii
**Buffons Goldschuppen-Zwergspecht**
Lafresnaye, 1845
e Guyana bis Amapá (ne Amazonasgebiet Brasilien)
Picumnus exilis pernambucensis
**Zimmers Goldschuppen-Zwergspecht**
Zimmer, JT, 1947
Pernambuco bis Alagoas (e Brasilien)
Picumnus exilis alegriae
**Hellmayrs Goldschuppen-Zwergspecht**
Hellmayr, 1929
ne Pará bis nw Maranhão (ne Brasilien)

Picumnus sclateri
# Braunohr-Zwergspecht
*Ecuadorian Piculet - Carpinterito ecuatoriano*
Taczanowski, 1877
*sw Ecuador und nw Peru*

Picumnus sclateri parvistriatus
**Westlicher Braunohr-Zwergspecht**
Chapman, 1921
w Ecuador
Picumnus sclateri porcullae
**Peruanischer Braunohr-Zwergspecht**
Bond, J, 1954
n Peru

Picumnus squamulatus
# Schuppenzwergspecht
*Scaled Piculet - Carpinterito escamoso*
Lafresnaye, 1854
*ne, c Kolumbien*

Picumnus squamulatus roehli
**Röhls Schuppenzwergspecht**
Zimmer, JT & Phelps, WH, 1944
ne Kolumbien und n Venezuela
Picumnus squamulatus obsoletus
**Alles Schuppenzwergspecht**
Allen, JA, 1892
ne Venezuela
Picumnus squamulatus lovejoyi
**Lovejoy-Schuppenzwergspecht**
Phelps, WH Jr & Aveledo, 1987
nw Venezuela
Picumnus squamulatus apurensis
**Apuren-Schuppenzwergspecht**
Phelps, WH Jr & Aveledo, 1987
nc Venezuela

Picumnus spilogaster
# Weißbauch-Zwergspecht
*White-bellied Piculet - Carpinterito ventriblanco*
Sundevall, 1866
*Roraima (n Brasilien) und n Guianas*

Picumnus spilogaster orinocensis
**Venezuela-Weißbauch-Zwergspecht**
Zimmer, JT & Phelps, WH, 1950
c Venezuela
Picumnus spilogaster pallidus
**Brasilien-Weißbauch-Zwergspecht**
Snethlage, E, 1924
ne Brasilien

Picumnus minutissimus
# Däumlingsspecht
*Arrowhead Piculet - Carpinterito de Guayana*
Pallas, 1782
*Guianas*

Picumnus pygmaeus
# Fleckenzwergspecht
*Spotted Piculet - Carpinterito ocelado*
Lichtenstein, MHC, 1823
*e Brasilien*

Picumnus steindachneri
# Perlenbrust-Zwergspecht
*Speckle-chested Piculet - Carpinterito perlado*
Taczanowski, 1882
*Anden von n Peru (Amazonas und San Martín)*

Picumnus varzeae
# Varzeazwergspecht
*Varzea Piculet - Carpinterito de las várzeas*
Snethlage, E, 1912
*c Amazonasgebiet*

Picumnus cirratus
# Zebrazwergspecht
*White-barred Piculet - Carpinterito variable*
Temminck, 1825
*se Brasilien und e Paraguay*

Picumnus cirratus macconnelli
**Sharps Zebrazwergspecht**
Sharpe, 1901
ne Brasilien
Picumnus cirratus confusus
**Roraima-Zebrazwergspecht**
Kinnear, 1927
e Roraima (n Brasilien), sw Guyana und Französisch-Guayana
Picumnus cirratus pilcomayensis
**Paraguay-Zebrazwergspecht**
Hargitt, 1891
se Bolivien, Paraguay und n Argentinien
Picumnus cirratus tucumanus
**Agentinischer Zebrazwergspecht**
Hartert, EJO, 1909
n Argentinien
Picumnus cirratus thamnophiloides
**Bolivianischer Zebrazwergspecht**
Bond, J & Meyer de Schauensee, 1942
se Bolivien und nw Argentinien

Picumnus dorbignyanus
# Andenzwergspecht
*Ocellated Piculet - Carpinterito boliviano*
Lafresnaye, 1845
*w Bolivien*

Picumnus dorbignyanus jelskii
**Jelskis Andenzwergspecht**
Taczanowski, 1882
e Peru

Picumnus temminckii
# Temminckzwergspecht
*Ochre-collared Piculet - Carpinterito cuellicanela*
Lafresnaye, 1845
*se Brasilien, e Paraguay und ne Argentinien*

Picumnus albosquamatus
# Weißschuppen-Zwergspecht
*White-wedged Piculet - Carpinterito albiescamoso*
d'Orbigny, 1840
*n Bolivien und sw Brasilien bis n Paraguay und nw Argentinien*

Picumnus albosquamatus guttifer
**Sundevalls Weißschuppen-Zwergspecht**
Sundevall, 1866
c Brasilien

Picumnus fuscus
# Rostnacken-Zwergspecht
*Rusty-necked Piculet - Carpinterito cuellirrufo*
Pelzeln, 1870
*ne Bolivien und wc Brasilien*

Picumnus rufiventris
# Rotbauch-Zwergspecht
*Rufous-breasted Piculet - Carpinterito ventrirrufo*
Bonaparte, 1838
*c Kolumbien, e Ecuador, ne Peru und w Brasilien*

Picumnus rufiventris grandis
**Großer Rotbauch-Zwergspecht**
Carriker, 1930
ec Peru und w Brasilien
Picumnus rufiventris brunneifrons
**Bolivien-Rotbauch-Zwergspecht**
Stager, 1968
nw, c Bolivien

Picumnus limae
# Ockerzwergspecht
*Ochraceous Piculet - Carpinterito de Ceará*
Snethlage, E, 1924
*ne Brasilien (n Ceará)*

Picumnus limae fulvescens
**Fahlzwergspecht**
Stager, 1961
ne Brasilien (s Ceará bis Paríba und Alagoas)

Picumnus nebulosus
# Braunbrust-Zwergspecht
*Mottled Piculet - Carpinterito uruguayo*
Sundevall, 1866
*se Brasilien, ne Argentinien und n Uruguay*

Picumnus castelnau
## Graubrust-Zwergspecht
*Plain-breasted Piculet - Carpinterito blancuzco*
Malherbe, 1862
*w Amazonasgebiet*

Picumnus subtilis
## Cuscozwergspecht
*Fine-barred Piculet - Carpinterito de Cuzco*
Stager, 1968
*e Peru*

Picumnus olivaceus
## Olivrücken-Zwergspecht
*Olivaceous Piculet - Carpinterito oliváceo*
Lafresnaye, 1845
*n, w Kolumbien*

> Picumnus olivaceus dimotus
> **Guatemala-Olivrücken-Zwergspecht**
> Bangs, 1903
> *e Guatemala bis e Nicaragua*
> Picumnus olivaceus flavotinctus
> **Costarica-Olivrücken-Zwergspecht**
> Ridgway, 1889
> *Costa Rica bis nw Kolumbien*
> Picumnus olivaceus eisenmanni
> **Eisenmanns Olivrücken-Zwergspecht**
> Phelps, WH Jr & Aveledo, 1966
> *ne Kolumbien und nw Venezuela*
> Picumnus olivaceus tachirensis
> **Tachirens-Olivrücken-Zwergspecht**
> Phelps, WH & Gilliard, 1941
> *nc Kolumbien und sw Venezuela*
> Picumnus olivaceus harterti
> **Harters Olivrücken-Zwergspecht**
> Hellmayr, 1909
> *sw Kolumbien und w Ecuador*

Picumnus granadensis
## Braunrücken-Zwergspecht
*Greyish Piculet - Carpinterito colombiano*
Lafresnaye, 1847
*w Kolumbien*

> Picumnus granadensis antioquensis
> **Chapmans Braunrücken-Zwergspecht**
> Chapman, 1915
> *nw Kolumbien*

Picumnus cinnamomeus
## Zimtzwergspecht
*Chestnut Piculet - Carpinterito castaño*
Wagler, 1829
*n Kolumbien*

> Picumnus cinnamomeus perijanus
> **Perijan-Zimtzwergspecht**
> Zimmer, JT & Phelps, WH, 1944
> *nw Venezuela*
> Picumnus cinnamomeus persaturatus
> **Kolumbien-Zimtzwergspecht**
> Haffer, 1961
> *c Kolumbien*
> Picumnus cinnamomeus venezuelensis
> **Venezuela-Zimtzwergspecht**
> Cory, 1913
> *wc Venezuela*

### Gattung: Verreauxia

Verreauxia africana
## Graubauch-Mausspecht
*African Piculet - Carpinterito africano*
Verreaux, J & Verreaux, É, 1855
*Sierra Leone bis Ghana; Kamerun bis w Uganda, c Demokratische Republik Kongo und n Angola*

### Gattung: Sasia

Sasia abnormis
## Malaienmausspecht
*Rufous Piculet - Carpinterito malayo*
Temminck, 1825
*Malayische Halbinsel, Sumatra, Belitung (e von s Sumatra), w Java und Borneo*

> Sasia abnormis magnirostris
> **Niasmausspecht**
> Hartert, EJO, 1901
> *Nias (w von n Sumatra)*

Sasia ochracea
## Rötelmausspecht
*White-browed Piculet - Carpinterito cejiblanco*
Hodgson, 1837
*n Indien und Nepal bis n, c Thailand und Vietnam*

> Sasia ochracea reichenowi
> **Reichenows Rötelmausspecht**
> Hesse, 1911
> *s Myanmar und sw Thailand*
> Sasia ochracea kinneari
> **Stresemanns Rötelmausspecht**
> Stresemann, 1929
> *s China und n Vietnam*

### Gattung: Nesoctites

Nesoctites micromegas
## Hüpfspecht
*Antillean Piculet - Carpinterito antillano*
Sundevall, 1866
*Hispaniola*

> Nesoctites micromegas abbotti
> **Abbotts Hüpfspecht**
> Wetmore, 1928
> *Gonâve Insel (vor w Haiti)*

### Gattung: Hemicircus

Hemicircus concretus
## Kurzschwanzspecht
*Grey-and-buff Woodpecker - Pito colicorto de Java*
Temminck, 1821
*Java*

> Hemicircus concretus sordidus
> **Malaysia-Kurzschwanzspecht**
> Eyton, 1845
> *Malayische Halbinsel, Sumatra, n Mentawai Is. (w von c Sumatra), Bangka (e von s Sumatra) und Borneo*

Hemicircus canente
## Rundschwanzspecht
*Heart-spotted Woodpecker - Pito de corazones*
Lesson, RP, 1832
*Myanmar, Thailand und Indochina*

### Gattung: Melanerpes

Melanerpes candidus
## Weißspecht
*White Woodpecker - Carpintero blanco*
Otto, 1796
*Küste Suriname und Französisch-Guayana; Amazon River, e, se Brasilien bis se Peru, n Argentinien und Uruguay*

Melanerpes lewis
## Blutgesichtspecht
*Lewis's Woodpecker - Carpintero de Lewis*
Gray, GR, 1849
*sw Kanada bis sw USA*

Melanerpes herminieri
## Guadeloupespecht
*Guadeloupe Woodpecker - Carpintero de la Guadalupe*
Lesson, RP, 1830
*Kleine Antillen*

Melanerpes portoricensis
## Puerto-Rico-Specht
*Puerto Rican Woodpecker - Carpintero puertorriqueño*
Daudin, 1803
*Puerto Rico*

Melanerpes erythrocephalus
## Rotkopfspecht
*Red-headed Woodpecker - Carpintero cabecirrojo*
Linnaeus, 1758
*sc, se Kanada bis se USA*

Melanerpes formicivorus
## Eichelspecht
*Acorn Woodpecker - Carpintero bellotero*
Swainson, 1827
*sw USA bis se Mexico*

Melanerpes formicivorus bairdi
**Bairds Eichelspecht**
Ridgway, 1881
Oregon (USA) bis n Baja California (Mexico)
Melanerpes formicivorus angustifrons
**Mexikanischer Eichelspecht**
Baird, SF, 1870
s Baja California (Mexico)
Melanerpes formicivorus albeolus
**Chiapas Eichelspecht**
Todd, 1910
e Chiapa (se Mexico) bis Belize und ne Guatemala
Melanerpes formicivorus lineatus
**Nikaragua-Eichelspecht**
Dickey & Van Rossem, 1927
Chiapa (s Mexico) bis n Nicaragua
Melanerpes formicivorus striatipectus
**Panama Eichelspecht**
Ridgway, 1874
Nicaragua bis w Panama
Melanerpes formicivorus flavigula
**Kolumbien-Eichelspecht**
Malherbe, 1849)
Kolumbien

Melanerpes cruentatus
# Gelbbrauenspecht
*Yellow-tufted Woodpecker - Carpintero azulado*
Boddaert, 1783
*Amazonasgebiet*

Melanerpes flavifrons
# Goldmaskenspecht
*Yellow-fronted Woodpecker - Carpintero arcoiris*
Vieillot, 1818
*se Brasilien, e Paraguay und ne Argentinien*

Melanerpes chrysauchen
# Buntkopfspecht
*Golden-naped Woodpecker - Carpintero nuquigualdo*
Salvin, 1870
*Costa Rica und Panama*

Melanerpes pulcher
# Schmuckspecht
*Beautiful Woodpecker - Carpintero lindo*
Sclater, PL, 1870
*nc Kolumbien*

Melanerpes pucherani
# Schläfenfleckspecht
*Black-cheeked Woodpecker - Carpintero centroamericano*
Malherbe, 1849
*s Mexico bis w Ecuador*

Melanerpes cactorum
# Kaktusspecht
*White-fronted Woodpecker - Carpintero de los cardones*
d'Orbigny, 1840
*Bolivien und w Paraguay bis nc Argentinien*

Melanerpes striatus
# Haitispecht
*Hispaniolan Woodpecker - Carpintero de La Española*
Müller, PLS, 1776
*Hispaniola*

Melanerpes radiolatus
# Jamaikaspecht
*Jamaican Woodpecker - Carpintero jamaicano*
Wagler, 1827
*Jamaika*

Melanerpes chrysogenys
# Goldwangenspecht
*Golden-cheeked Woodpecker - Carpintero cariamarillo*
Vigors, 1839
*nw Mexico*

Melanerpes chrysogenys flavinuchus
**Ridgways Goldwangenspecht**
Ridgway, 1911
sw Mexico

Melanerpes hypopolius
# Fahlbrustspecht
*Grey-breasted Woodpecker - Carpintero pechigrís*
Wagler, 1829
*sw Mexico*

Melanerpes pygmaeus
# Yucatánspecht
*Yucatan Woodpecker - Carpintero yucateco*
Ridgway, 1885
*Cozumel (e von Mexico)*

Melanerpes pygmaeus tysoni
**Guanajaspecht**
Bond, J, 1936
Guanaja Insel (vor Honduras)
Melanerpes pygmaeus rubricomus
**Peters Yucatanspecht**
Peters, JL, 1948
Yucatán Halbinsel (se Mexico) bis c Belize

Melanerpes rubricapillus
# Rotkappenspecht
*Red-crowned Woodpecker - Carpintero coronirrojo*
Cabanis, 1862
*sw Costa Rica bis Guianas und Tobago*

Melanerpes rubricapillus subfusculus
**Coiba-Rotkappenspecht**
Wetmore, 1957
Coiba Insel (vor Panama)
Melanerpes rubricapillus seductus
**San Miguel-Rotkappenspecht**
Bangs, 1901
San Miguel Insel (vor Panama)
Melanerpes rubricapillus paraguanae
**Paraguana-Rotkappenspecht**
Gilliard, 1940
Paraguaná Halbinsel (n Venezuela)

Melanerpes uropygialis
# Gilaspecht
*Gila Woodpecker - Carpintero del Gila*
Baird, SF, 1854
*sw USA  bis w Mexico*

Melanerpes uropygialis cardonensis
**Nördlicher Gilaspecht**
Grinnell, 1927
n Baja California (Mexico)
Melanerpes uropygialis brewsteri
**Südlicher Gilaspecht**
Ridgway, 1911
s Baja California (Mexico)

Melanerpes hoffmannii
# Hoffmannspecht
*Hoffmann's Woodpecker - Carpintero de Hoffmann*
Cabanis, 1862
*Honduras bis Costa Rica*

Melanerpes aurifrons
# Goldstirnspecht
*Golden-fronted Woodpecker - Carpintero frentidorado*
Wagler, 1829
*sc USA  bis c Mexico*

Melanerpes santacruzi
# Karibikspecht
*Velasquez's Woodpecker - Carpintero de Caribic*
Bonaparte, 1838
*s Chiapa (s Mexico) bis n Nicaragua*

Melanerpes santacruzi polygrammus
**Oaxaca-Karibikspecht**
Cabanis, 1862
Oaxaca bis Chiapa (sw Mexico)
Melanerpes santacruzi grateloupensis
**Tamaulipas-Karibikspecht**
Lesson, RP, 1839
s Tamaulipas bis Puebla und c Veracruz (e Mexico)
Melanerpes santacruzi veraecrucis
**Veracruz-Karibikspecht**
Nelson, 1900
s Veracruz (e Mexico) bis n Guatemala
Melanerpes santacruzi dubius
**Yucatan-Karibikspecht**
Cabot, S, 1844
Yucatán Halbinsel (se Mexico) bis Belize und ne Guatemala
Melanerpes santacruzi leei
**Cozumel-Karibikspecht**
Ridgway, 1885
Cozumel (e von Mexico)
Melanerpes santacruzi hughlandi
**Guatemala-Karibikspecht**
Dickerman, 1987
c Guatemala
Melanerpes santacruzi pauper
**Honduras-Karibikspecht**
Ridgway, 1888
n Honduras

Melanerpes santacruzi turneffensis
**Turneffe-Karibikspecht**
Russell, 1963
Turneffe Is. (vor Belize)
Melanerpes santacruzi insulanus
**Utila-Karibikspecht**
Bond, J, 1936
Utila Insel (Bay Is., vor n Honduras)
Melanerpes santacruzi canescens
**Roatan-Karibikspecht**
Salvin, 1889
Roatán Insel und Barburat Insel (vor Honduras)

Melanerpes carolinus
## Carolinaspecht
*Red-bellied Woodpecker - Carpintero de Carolina*
Linnaeus, 1758
e, c, se USA

Melanerpes superciliaris
## Bahamaspecht
*West Indian Woodpecker - Carpintero antillano*
Temminck, 1827
Kuba

Melanerpes superciliaris nyeanus
**Grand Bahamaspecht**
Ridgway, 1886
Grand Bahama und San Salvador Is.
Melanerpes superciliaris blakei
**Great Abacospecht**
Ridgway, 1886
Great Abaco Insel (n Bahamas)
Melanerpes superciliaris murceus
**Juventudspecht**
Bangs, 1910
Isle von Pines und nahegelegene Inseln
Melanerpes superciliaris caymanensis
**Gran Caymanspecht**
Cory, 1886
Grand Cayman Insel



Sphyrapicus thyroideus
## Kiefernsaftlecker
*Williamson's Sapsucker - Chupasavia oscuro*
Cassin, 1852
s British Columbia (Kanada) bis n Baja California (Mexico)

Sphyrapicus thyroideus nataliae
**Natalias Kiefernsaftlecker**
Malherbe, 1854
se British Columbia (Kanada) über wc USA

Sphyrapicus varius
## Gelbbauch-Saftlecker
*Yellow-bellied Sapsucker - Chupasavia norteño*
Linnaeus, 1766
e Alaska und nw Kanada bis se Kanada und ne USA

Sphyrapicus nuchalis
## Rotnacken-Saftlecker
*Red-naped Sapsucker - Chupasavia nuquirrojo*
Baird, SF, 1858
sw Kanada bis sw USA

Sphyrapicus ruber
## Feuerkopf-Saftlecker
*Red-breasted Sapsucker - Chupasavia pechirrojo*
Gmelin, JF, 1788
s Alaska (USA) bis w Oregon (USA)

Sphyrapicus ruber daggetti
**Westlicher Feuerkopf-Saftlecker**
Grinnell, 1901
sw USA



Xiphidiopicus percussus
## Blutfleckspecht
*Cuban Green Woodpecker - Carpintero tajá*
Temminck, 1826
Kuba

Xiphidiopicus percussus insulaepinorum
**Insel-Blutfleckspecht**
Bangs, 1910
Isle von Pines und nahegelegene Inseln



Pardipicus nivosus
## Termitenspecht
*Buff-spotted Woodpecker - Pito nevado*
Swainson, 1837
Gambia und Senegal bis w Demokratische Republik Kongo und n Angola

Pardipicus nivosus poensis
**Bioko-Termitenspecht**
Alexander, 1903
Bioko Insel (Gulf von Guinea)
Pardipicus nivosus herberti
**Herberts Termitenspecht**
Alexander, 1908
s Zentralafrikanische Republik bis w Kenia s bis sc, e Demokratische Republik Kongo

Pardipicus caroli
## Braunohrspecht
*Brown-eared Woodpecker - Pito orejipardo*
Malherbe, 1852
s Nigeria, Kamerun bis w Kenia, nw Tansania und nw Angola

Pardipicus caroli arizelus
**Ghana-Braunohrspecht**
Oberholser, 1899
Sierra Leone bis Ghana



Geocolaptes olivaceus
## Erdspecht
*Ground Woodpecker - Pito terrestre*
Gmelin, JF, 1788
Südafrika und Lesotho



Campethera punctuligera
## Pünktchenspecht
*Fine-spotted Woodpecker - Pito salpicado*
Wagler, 1827
sw Mauretanien, Senegal und Gambia bis Kamerun, n Demokratische Republik Kongo und sw Sudan

Campethera punctuligera balia
**Kongo-Pünktchenspecht**
Heuglin, 1871
s Sudan und ne Demokratische Republik Kongo

Campethera bennettii
## Bennettspecht
*Bennett's Woodpecker - Pito de Bennett*
Smith, A, 1836
c Angola, se Demokratische Republik Kongo und Tansania bis Mosambik und ne Südafrika

Campethera bennettii capricorni
**Capricornspecht**
Strickland, 1853
s Angola, sw Sambia, n Namibia und n Botswana

Campethera scriptoricauda
## Reichenowspecht
*Speckle-throated Woodpecker - Pito de Tanzania*
Reichenow, 1896
Tansania bis Malawi und Mosambik

Campethera nubica
## Nubierspecht
*Nubian Woodpecker - Pito de Nubia*
Boddaert, 1783
Sudan und Äthiopien bis ne Demokratische Republik Kongo, sw Tansania und Kenia

Campethera nubica pallida
**Sharps Nubierspecht**
Sharpe, 1902
s Somalia und Küste Kenia

Campethera abingoni
## Goldschwanzspecht
*Golden-tailed Woodpecker - Pito colidorado*
Smith, A, 1836
w Demokratische Republik Kongo bis w Tansania s bis ne Namibia, nw Sambia und ne Südafrika

Campethera abingoni chrysura
**Senegal-Goldschwanzspecht**
Swainson, 1837
Senegal und Gambia bis s Sudan und w Uganda

Campethera abingoni kavirondensis
**Ruanda-Goldschwanzspecht**
Van Someren, 1926
sw Kenia, e Rwanda bis c Tansania
Campethera abingoni suahelica
**Suaheli-Goldschwanzspecht**
Reichenow, 1902
n Tansania bis e Simbabwe, Mosambik und Swaziland
Campethera abingoni anderssoni
**Anderssons Goldschwanzspecht**
Roberts, 1936
sw Angola, Namibia, sw Botswana und n Südafrika
Campethera abingoni constricta
**Südafrikanischer Goldschwanzspecht**
Clancey, 1965
s Mosambik, s Swaziland und e Südafrika

Campethera mombassica
**Mombasaspecht**
*Mombasa Woodpecker - Pito de Mombasa*
Fischer, GA & Reichenow, 1884
*s Somalia bis ne Tansania*

Campethera notata
**Knysnaspecht**
*Knysna Woodpecker - Pito de Knysna*
Lichtenstein, MHC, 1823
*s Südafrika*

Campethera maculosa
**Goldmantelspecht**
*Little Green Woodpecker - Pito de Guinea*
Valenciennes, 1826
*Senegal und Guinea-Bissau bis sw, sc Ghana*

Campethera maculosa permista
**Reichenows Goldmantelspecht**
Reichenow, 1876
e Ghana bis sw Süd-Sudan s bis n Angola. c Demokratische Republik Kongo und sw Uganda

Campethera cailliautii
**Tüpfelspecht**
*Little Spotted Woodpecker - Pito de Cailliaud*
Malherbe, 1849
*s Somalia bis ne Tansania*

Campethera cailliautii nyansae
**Neumanns Tüpfelspecht**
Neumann, 1900
sw Kenia, sw Äthiopien und nw Tansania bis e Demokratische Republik Kongo, ne Angola und n Sambia
Campethera cailliautii loveridgei
**Harters Tüpfelspecht**
Hartert, EJO, 1920
c Tansania bis Mosambik

Campethera tullbergi
**Tullbergspecht**
*Tullberg's Woodpecker - Pito de Tullberg*
Sjöstedt, 1892
*se Nigeria, w Kamerun und Bioko Insel (Gulf von Guinea)*

Campethera taeniolaema
**Kehlbindenspecht**
*Fine-banded Woodpecker - Pito rayado*
Reichenow & Neumann, 1895
*extremer e Demokratische Republik Kongo bis sw und e Uganda, w Kenia Hochland, w Rwanda, w Burundi und extremer w Tansania*

Campethera taeniolaema hausburgi
**Östlicher Kehlbindenspecht**
Sharpe, 1900
e, c Kenia und n Tansania



Yungipicus temminckii
**Temminckspecht**
*Sulawesi Pygmy Woodpecker - Pico de Célebes*
Malherbe, 1849
*Sulawesi, Togian Is. (zwischen ne und ec Sulawesi) und Butung (=Buton; se von se Sulawesi)*

Yungipicus nanus
**Indienspecht**
*Brown-capped Pygmy Woodpecker - Pico crestipardo*
Vigors, 1832
*ne Pakistan, w, n Indien und Bangladesch*

Yungipicus nanus hardwickii
**Zentralerindienspecht**
Jerdon, 1845
c Indien

Yungipicus nanus cinereigula
**Südlicher Indienspecht**
Malherbe, 1849
s Indien
Yungipicus nanus gymnopthalmos
**Sri Lanka-Indienspecht**
Blyth, 1849
Sri Lanka

Yungipicus canicapillus
**Grauscheitelspecht**
*Grey-capped Pygmy Woodpecker - Pico crestigrís*
Blyth, 1845
*Bangladesch und ne Indien über s Myanmar bis Thailand und Laos*

Yungipicus canicapillus doerriesi
**Sibirischer Grauscheitelspecht**
Hargitt, 1881
se Sibirien, Manchuria (ne China) und Koreanische Halbinsel
Yungipicus canicapillus scintilliceps
**Mandschuren-Grauscheitelspecht**
Swinhoe, 1863
e China
Yungipicus canicapillus kaleensis
**Taiwan-Grauscheitelspecht**
Swinhoe, 1863
c, wc, s China und Taiwan
Yungipicus canicapillus swinhoei
**Swinhoes Grauscheitelspecht**
Hartert, EJO, 1910
Hainan Insel (vor s China)
Yungipicus canicapillus mitchelli
**Mitchellis Grauscheitelspecht**
Malherbe, 1849
n Pakistan und nw Indien bis Nepal
Yungipicus canicapillus semicoronatus
**Nepal-Grauscheitelspecht**
Malherbe, 1849
e Nepal bis ne Indien
Yungipicus canicapillus delacouri
**Delacours Grauscheitelspecht**
Meyer de Schauensee, 1938
se Thailand, Kambodscha und s Vietnam
Yungipicus canicapillus auritus
**Malayischer Grauscheitelspecht**
Eyton, 1845
sw Thailand und Malayische Halbinsel
Yungipicus canicapillus volzi
**Sumatra-Grauscheitelspecht**
Stresemann, 1920
Sumatra, Nias (w von n Sumatra) und Riau Is. (e von c Sumatra)
Yungipicus canicapillus aurantiiventris
**Borneo-Grauscheitelspecht**
Salvadori, 1868
Borneo

Yungipicus maculatus
**Scopolispecht**
*Philippine Pygmy Woodpecker - Pico filipino*
Scopoli, 1786
*Philippinen (außer Palawan Gruppe und Sulu Archipel)*

Yungipicus maculatus validirostris
**Luzonzwergspecht**
Blyth, 1849
Luzon Gruppe und Mindoro (n Philippinen)
Yungipicus maculatus fulvifasciatus
**Visayaszwergspecht**
Hargitt, 1881
East Visayas und Mindanao Gruppe (ec, s Philippinen)
Yungipicus maculatus maculatus
**West-Visayaszwergspecht**
Scopoli, 1786
West Visayas (wc, c Philippinen)

Yungipicus ramsayi
**Suluspecht**
*Sulu Pygmy Woodpecker - Pico de las Sulu*
Hargitt, 1881
*Sulu Archipel (s Philippinen)*

Yungipicus moluccensis
**Braunscheitelspecht**
*Sunda Pygmy Woodpecker - Pico de la Sonda*
Gmelin, JF, 1788
*Malayische Halbinsel bis Borneo, Sumatra, Riau Is. (e von c Sumatra), Bangka und Belitung (e von s Sumatra), Java und Bali*

Yungipicus moluccensis grandis
**Großer Braunscheitelspecht**
Hargitt, 1882
Lombok bis Alor (w, c Lesser Sundas)

Yungipicus kizuki
**Kizukispecht**
*Japanese Pygmy Woodpecker - Pico kizuki*
Temminck, 1836
*Kyushu (Japan)*

Yungipicus kizuki permutatus
## Westlicher Japanzwergspecht
Meise, 1934
ne China, se Sibirien und n Koreanische Halbinsel

Yungipicus kizuki seebohmi
## Seebohms Japanzwergspecht
Hargitt, 1884
Sakhalin, s Kuril Is. (se Sibirien) und Hokkaido (Japan)

Yungipicus kizuki nippon
## Honshu-Japanzwergspecht
Kuroda, Nm, 1922
ec China, South Korea und Honshu (Japan)

Yungipicus kizuki shikokuensis
## Shikoku-Japanzwergspecht
Kuroda, Nm, 1922
sw Honshu und Shikoku (Japan)

Yungipicus kizuki matsudairai
## Izu-Japanzwergspecht
Kuroda, Nm, 1921
Yakushima und Izu Is. (Osumi Is., s Japan)

Yungipicus kizuki kotataki
## Oki-Japanzwergspecht
Kuroda, Nm, 1922
Tsushima und Oki Is. (Japan)

Yungipicus kizuki amamii
## Amani-Japanzwergspecht
Kuroda, Nm, 1922
Amami Oshima (Ryukyu Is., Japan)

Yungipicus kizuki nigrescens
## Okinanwa-Japanzwergspecht
Seebohm, 1887
Okinawa (Ryukyu Is., Japan)

Yungipicus kizuki orii          Iriomote
## Japanzwergspecht
Kuroda, Nm, 1923
Iriomote (Ryukyu Is., Japan)



Picoides tridactylus
## Dreizehenspecht
*Eurasian Three-toed Woodpecker - Pico tridáctilo*
Linnaeus, 1758
*n Europa bis s Ural Mts. bis se Sibirien und ne China*

Picoides tridactylus alpinus
## Europäischer Dreizehenspecht
Brehm, CL, 1831
c, se Europa bis w Ukraine und Rumänien

Picoides tridactylus crissoleucus
## Ural-Dreizehenspecht
Reichenbach, 1854)
n Ural Mts. bis e Sibirien

Picoides tridactylus albidior
## Kamschatka-Dreizehenspecht
Stejneger, 1885
Kamtschatka Halbinsel (e Sibirien)

Picoides tridactylus tianschanicus
## Chinesischer Dreizehenspecht
Buturlin, 1907
e Kasachstan und w China

Picoides tridactylus kurodai
## Koreanischer Dreizehenspecht
Yamashina, 1930
ne China und n Koreanische Halbinsel

Picoides tridactylus inouyei
## Japanischer Dreizehenspecht
Yamashina, 1943
Hokkaido (Japan)

Picoides tridactylus funebris
## Verreaux-Dreizehenspecht
Verreaux, J, 1871
c China

Picoides dorsalis
## Fichtenspecht
*American Three-toed Woodpecker - Pico Tridáctilo Americano*
Baird, SF, 1858
*n Montana bis c Arizona und New Mexico (USA)*

Picoides dorsalis fasciatus
## Bairds Fichtenspecht
Baird, SF, 1870
Alaska, w Kanada und nw USA

Picoides dorsalis bacatus
## Bangs Fichtenspecht
Bangs, 1900
c, e Kanada und ne USA

Picoides arcticus
## Schwarzrückenspecht
*Black-backed Woodpecker - Pico ártico*
Swainson, 1832
*Alaska, c, s Kanada und n, w USA*



Dendrocoptes dorae
## Arabienspecht
*Arabian Woodpecker - Pico árabe*
Bates, GL & Kinnear, 1935
*wc bis sw Saudi-Arabien und sw Jemen (wc, sw Arabische Halbinsel)*

Dendrocoptes auriceps
## Braunstirnspecht
*Brown-fronted Woodpecker - Pico frentipardo*
Vigors, 1831
*ne Afghanistan bis c Nepal*

Dendrocoptes medius
## Mittelspecht
*Middle Spotted Woodpecker - Pico mediano*
Linnaeus, 1758
*Europa bis w Russland*

Dendrocoptes medius caucasicus
## Kaukasus-Mittelspecht
Bianchi, 1904
n Türkei über Kaukasus

Dendrocoptes medius anatoliae
## Anatolien-Mittelspecht
Hartert, EJO, 1912
w, s Türkei

Dendrocoptes medius sanctijohannis
## Zagros-Mittelspecht
Blanford, 1873
Zagros Mts. (sw Iran)



Leiopicus mahrattensis
## Gelbscheitelspecht
*Yellow-crowned Woodpecker - Pico mahratta*
Latham, 1801
*Indien bis sw China, Kambodscha, Myanmar und Sri Lanka*

Leiopicus mahrattensis pallescens
## Biswas-Gelbscheitelspecht
Biswas, 1951
e Pakistan und nw Indien



Chloropicus namaquus
## Namaspecht
*Bearded Woodpecker - Pito namaqua*
Lichtenstein, AAH, 1793
*Zentralafrikanische Republik bis s Sudan, Kenia, Tansania, n Südafrika und n Namibia*

Chloropicus namaquus schoensis
## Rüppells Namaspecht
Rüppell, 1842
Äthiopien, Somalia und n Kenia

Chloropicus namaquus coalescens
## Clanceys Namaspecht
Clancey, 1958
s Mosambik und e Südafrika

Chloropicus xantholophus
## Scheitelfleckspecht
*Yellow-crested Woodpecker - Pito coronado*
Hargitt, 1883
*se Nigeria und Kamerun bis w Kenia, e Demokratische Republik Kongo und n Angola*

Chloropicus pyrrhogaster
## Rotbauchspecht
*Fire-bellied Woodpecker - Pito ventrirrojo*
Malherbe, 1845
*Guinea bis w Kamerun*



Dendropicos elachus
## Wüstenspecht
*Little Grey Woodpecker - Pito saheliano*
Oberholser, 1919
*s Mauretanien und n Senegal; Mali bis w Sudan*

Dendropicos poecilolaemus
## Tropfenspecht
*Speckle-breasted Woodpecker - Pito cuellipinto*
Reichenow, 1893
*Kamerun bis Uganda, w Kenia und Rwanda*

Dendropicos abyssinicus
**Wacholderspecht**
*Abyssinian Woodpecker - Pito abisinio*
Stanley, 1814
*Gebirge c Eritrea und c Äthiopien*

Dendropicos fuscescens
**Kardinalspecht**
*Cardinal Woodpecker - Pito cardenal*
Vieillot, 1818
*nc Namibia bis w, c Südafrika*

    Dendropicos fuscescens lafresnayi
    **Lafresnay-Kardinalspecht**
    Malherbe, 1849
    Senegal und Gambia bis Nigeria
    Dendropicos fuscescens sharpii
    **Sharpis Kardinalspecht**
    Oustalet, 1879
    Kamerun bis s Sudan und n Angola
    Dendropicos fuscescens lepidus
    **Kongo-Kardinalspecht**
    Cabanis & Heine, 1863
    e Demokratische Republik Kongo bis sw Äthiopien, c Kenia und nw Tansania
    Dendropicos fuscescens hemprichii
    **Hemprichis Kardinalspecht**
    Ehrenberg, 1833
    n Äthiopien bis Somalia und e Kenia
    Dendropicos fuscescens massaicus
    **Massai-Kardinalspecht**
    Neumann, 1900
    s Äthiopien bis w, c Kenia und nc Tansania
    Dendropicos fuscescens loandae
    **Angola-Kardinalspecht**
    Grant, CHB, 1915
    Angola bis w Tansania, Sambia, n Namibia, n Botswana, w Simbabwe und n Südafrika
    Dendropicos fuscescens hartlaubii
    **Hartlaubs Kardinalspecht**
    Malherbe, 1849
    s Kenia bis e Sambia und c Mosambik
    Dendropicos fuscescens intermedius
    **Kleiner Kardinalspecht**
    Roberts, 1924
    e Südafrika bis s Mosambik

Dendropicos gabonensis
**Gabunspecht**
*Gabon Woodpecker - Pito del Gabón*
Verreaux, J & Verreaux, É, 1851
*s Kamerun bis w Uganda, Demokratische Republik Kongo und n Angola*

    Dendropicos gabonensis reichenowi
    **Reichenows Gabunspecht**
    Sjöstedt, 1893
    s Nigeria und sw Kamerun

Dendropicos lugubris
**Düsterspecht**
*Melancholy Woodpecker - Pito lúgubre*
Hartlaub, 1857
*Sierra Leone bis sw Nigeria*

Dendropicos stierlingi
**Stierlingspecht**
*Stierling's Woodpecker - Pito de Stierling*
Reichenow, 1901
*s Tansania, s Malawi und nw Mosambik*

Dendropicos elliotii
**Elliotspecht**
*Elliot's Woodpecker - Pito de Elliot*
Cassin, 1863
*s Kamerun und Gabun bis Uganda; nw Angola*

    Dendropicos elliotii johnstoni
    **Bioko-Elliotspecht**
    Shelley, 1887
    e Nigeria, sw Kamerun, Mt. Kupe (wc Kamerun) und Bioko Insel (Gulf von Guinea)

Dendropicos goertae
**Graubrustspecht**
*African Grey Woodpecker - Pito gris occidental*
Müller, PLS, 1776
*Senegal und Gambia bis Mali*

    Dendropicos goertae koenigi
    **Königs Graubrustspecht**
    Neumann, 1903
    Mali bis w Sudan
    Dendropicos goertae abessinicus
    **Sudan-Graubrustspecht**
    Reichenow, 1900
    e Sudan bis w Äthiopien

    Dendropicos goertae centralis
    **Nigeria-Graubrustspecht**
    Reichenow, 1900
    Sierra Leone bis Nigeria, s Sudan, w Kenia und nw Tansania
    Dendropicos goertae meridionalis
    **Angola-Graubrustspecht**
    Louette & Prigogine, 1982
    s Gabun und nw Angola bis sc Demokratische Republik Kongo

Dendropicos spodocephalus
**Graukopfspecht**
*Eastern Grey Woodpecker - Pito gris oriental*
Bonaparte, 1850
*e Sudan und c, s Äthiopien*

    Dendropicos spodocephalus rhodeogaster
    **Kenia-Graukopfspecht**
    Fischer, GA & Reichenow, 1884
    c Kenia bis nc Tansania

Dendropicos griseocephalus
**Goldrückenspecht**
*Olive Woodpecker - Pito oliváceo*
Boddaert, 1783
*s Mosambik bis Südafrika*

    Dendropicos griseocephalus ruwenzori
    **Ruwenzori-Goldrückenspecht**
    Sharpe, 1902
    Angola, n Sambia, n Malawi und c Tansania bis se Demokratische Republik Kongo und sw Uganda
    Dendropicos griseocephalus kilimensis
    **Tansania-Goldrückenspecht**
    Neumann, 1926
    n, e Tansania

Dendropicos obsoletus
**Braunrückenspecht**
*Brown-backed Woodpecker - Pico dorsipardo*
Wagler, 1829
*Senegal und Gambia bis s Sudan und w Uganda s bis s Kamerun und ne Demokratische Republik Kongo*

    Dendropicos obsoletus heuglini
    **Heuglins Braunrückenspecht**
    Neumann, 1904
    e Sudan bis n Äthiopien
    Dendropicos obsoletus ingens
    **Harters Braunrückenspecht**
    Hartert, EJO, 1900
    s Äthiopien bis Uganda und c Kenia
    Dendropicos obsoletus crateri
    **Crater-Braunrückenspecht**
    Sclater, WL & Moreau, 1935
    n Tansania



Dryobates nuttallii
**Nuttallspecht**
*Nuttall's Woodpecker - Pico de Nuttall*
Gambel, 1843
*California bis n Baja California (Mexico)*

Dryobates scalaris
**Texasspecht**
*Ladder-backed Woodpecker - Pico mexicano*
Wagler, 1829
*s Mexico*

    Dryobates scalaris cactophilus
    **Östlicher Leiterrückenspecht**
    Oberholser, 1911
    sw USA bis c, e Mexico
    Dryobates scalaris eremicus
    **Nördlicher Leiterrückenspecht**
    Oberholser, 1911
    n Baja California (Mexico)
    Dryobates scalaris lucasanus
    **Südlicher Leiterrückenspecht**
    Xántus, J, 1860
    s Baja California (Mexico)
    Dryobates scalaris soulei
    **Cerralvo-Leiterrückenspecht**
    Banks, 1963
    Cerralvo Insel
    Dryobates scalaris graysoni
    **Tres Marias-Leiterrückenspecht**
    Baird, SF, 1874
    Tres Marías Is. (vor w Mexico)
    Dryobates scalaris sinaloensis
    **Ridgways Leiterrückenspecht**
    Ridgway, 1887
    w Mexico

Dryobates scalaris parvus
**Yucatan-Leiterrückenspecht**
Cabot, S, 1844
n Yucatán und Cozumel Insel (se Mexico)
Dryobates scalaris leucoptilurus
**Belize-Leiterrückenspecht**
Oberholser, 1911
Belize bis n Nicaragua

Dryobates pubescens
## Dunenspecht
*Downy Woodpecker - Pico pubescente*
Linnaeus, 1766
se USA

Dryobates pubescens glacialis
**Alaska-Dunenspecht**
Grinnell, 1910
se Alaska (USA)
Dryobates pubescens medianus
**Kleiner Dunenspecht**
Swainson, 1832
c Alaska bis e Kanada und c, e USA
Dryobates pubescens fumidus
**Maynards Dunenspecht**
Maynard, 1889
sw Kanada und w Washington (USA)
Dryobates pubescens gairdnerii
**Oregon-Dunenspecht**
Audubon, 1839
w Oregon bis nw California (USA)
Dryobates pubescens turati
**Kalifornischer Dunenspecht**
Malherbe, 1860
c Washington bis c California (USA)
Dryobates pubescens leucurus
**Hartlaubs Dunenspecht**
Hartlaub, 1852
Rocky Mts. (se Alaska bis sw USA)

Dryobates cathpharius
## Scharlachbrustspecht
*Crimson-naped Woodpecker - Pico pechirrojo occidental*
Blyth, 1843
wc Nepal bis ne Indien

Dryobates cathpharius ludlowi
**Tibet-Scharlachbrustspecht**
Vaurie, 1959
se Tibet
Dryobates cathpharius pyrrhothorax
**Indien-Scharlachbrustspecht**
Hume, 1881
ne Indien und w Myanmar

Dryobates pernyii
## Karmesinbrustspecht
*Necklaced Woodpecker - Pico pechirrojo oriental*
Verreaux, J, 1867
c China

Dryobates pernyii tenebrosus
**Vietnam-Karmesinbrustspecht**
Rothschild, 1926
n, e Myanmar bis n Laos, nw Vietnam und s China
Dryobates pernyii innixus
**Bangs Karmesinbrustspecht**
Bangs & Peters, JL, 1928
nc, ec China

Dryobates minor
## Kleinspecht
*Lesser Spotted Woodpecker - Pico menor*
Linnaeus, 1758
Skandinavien und ne Polen bis Ural Mts. (Russland)

Dryobates minor comminutus
**Englischer Kleinspecht**
Hartert, EJO, 1907
England und Wales
Dryobates minor kamtschatkensis
**Kamschatka-Kleinspecht**
Malherbe, 1860
Ural Mts. bis Sea von Okhotsk und n Mongolei
Dryobates minor immaculatus
**Basin-Kleinspecht**
Stejneger, 1884
Anadyr Basin und Kamtschatka Halbinsel (e Sibirien)
Dryobates minor amurensis
**Amur-Kleinspecht**
Buturlin, 1908
ne China, Sibirien, Koreanische Halbinsel und Hokkaido (Japan)
Dryobates minor hortorum
**Europäischer Kleinspecht**
Brehm, CL, 1831
c Europa

Dryobates minor buturlini
**Südeuropäischer Kleinspecht**
Hartert, EJO, 1912
s Europa
Dryobates minor danfordi
**Griechischer Kleinspecht**
Hargitt, 1883
c, e Griechenland und Türkei
Dryobates minor colchicus
**Kaukasus-Kleinspecht**
Buturlin, 1908
Kaukasus und Transkaukasien (sw Asien)
Dryobates minor quadrifasciatus
**Aserbaidschan-Kleinspecht**
Radde, 1884
se Aserbaidschan (sw Asien)
Dryobates minor hyrcanus
**Iranischer Kleinspecht**
Zarudny & Bilkevitch, 1913
n Iran
Dryobates minor morgani
**Morgans Kleinspecht**
Zarudny & Loudon, 1904
sw Iran
Dryobates minor ledouci
**Afrikanischer Kleinspecht**
Malherbe, 1855
nw Afrika

## Gattung: Veniliornis

Veniliornis passerinus
## Sperlingsspecht
*Little Woodpecker - Carpintero chico*
Linnaeus, 1766
Guianas und ne Brasilien

Veniliornis passerinus fidelis
**Kolumbien-Sperlingsspecht**
Hargitt, 1889
e Kolumbien und w Venezuela
Veniliornis passerinus modestus
**Venezuela-Sperlingsspecht**
Zimmer, JT, 1942
ne Venezuela
Veniliornis passerinus diversus
**Brasilien-Sperlingsspecht**
Zimmer, JT, 1942
n Brasilien
Veniliornis passerinus agilis
**Ekuador-Sperlingsspecht**
Cabanis & Heine, 1863
e Ecuador bis n Bolivien und w Brasilien
Veniliornis passerinus insignis
**Zimmers Sperlingsspecht**
Zimmer, JT, 1942
wc Brasilien
Veniliornis passerinus tapajozensis
**Tapajozens-Sperlingsspecht**
Gyldenstolpe, 1941
c Brasilien
Veniliornis passerinus taenionotus
**Reichenbachs-Sperlingsspecht**
Reichenbach, 1854
e Brasilien
Veniliornis passerinus olivinus
**Südlicher Sperlingsspecht**
Natterer & Malherbe, 1845
s Brasilien bis s Bolivien, Paraguay und n Argentinien

Veniliornis frontalis
## Perlstirnspecht
*Dot-fronted Woodpecker - Carpintero de las Yungas*
Cabanis, 1883
Bolivien bis nw Argentinien

Veniliornis spilogaster
## Perlbauchspecht
*White-spotted Woodpecker - Carpintero manchado*
Wagler, 1827
se Brasilien, e Paraguay, ne Argentinien und Uruguay

Veniliornis mixtus
## Streifenschwanzspecht
*Checkered Woodpecker - Pico bataraz chico*
Boddaert, 1783
e Paraguay, Uruguay und ne Argentinien

Veniliornis mixtus cancellatus
**Waglers Streifenschwanzspecht**
Wagler, 1829
se Brasilien
Veniliornis mixtus malleator
**Wetmores Streifenschwanzspecht**
Wetmore, 1922
Chaco Region von se Bolivien, w Paraguay und n Argentinien

Veniliornis mixtus berlepschi
**Berlepscha Streifenschwanzspecht**
Hellmayr, 1915
wc und c Argentinien

Veniliornis lignarius
**Strichelkopfspecht**
*Striped Woodpecker - Pico bataraz grande*
Molina, 1782
Bolivien, s Chile und Argentinien

Veniliornis callonotus
**Scharlachrückenspecht**
*Scarlet-backed Woodpecker - Carpintero escarlata*
Waterhouse, 1841
sw Kolumbien und nw Ecuador

Veniliornis callonotus major
**Großer Scharlachrückenspecht**
Berlepsch & Taczanowski, 1884
sw Ecuador und nw Peru

Veniliornis dignus
**Gelbbauchspecht**
*Yellow-vented Woodpecker - Carpintero ventriamarillo*
Sclater, PL & Salvin, 1877
sw Venezuela, w Kolumbien und n Ecuador

Veniliornis dignus baezae
**Ekuador-Gelbbauchspecht**
Chapman, 1923
ec Ecuador
Veniliornis dignus valdizani
**Peru-Gelbbauchspecht**
Berlepsch & Stolzmann, 1894
ec Peru

Veniliornis nigriceps
**Bindenbauchspecht**
*Bar-bellied Woodpecker - Carpintero ventribarrado*
d'Orbigny, 1840
n Bolivien

Veniliornis nigriceps equifasciatus
**Kolumbianischer Bindenbauchspecht**
Chapman, 1912
wc Kolumbien und n Ecuador
Veniliornis nigriceps pectoralis
**Peruanischer Bindenbauchspecht**
Berlepsch & Stolzmann, 1902
c Peru

Veniliornis sanguineus
**Blutrückenspecht**
*Blood-colored Woodpecker - Carpintero sanguíneo*
Lichtenstein, AAH, 1793
Guianas

Veniliornis kirkii
**Blutbürzelspecht**
*Red-rumped Woodpecker - Carpintero culirrojo*
Malherbe, 1845
Trinidad, Tobago und ne Venezuela

Veniliornis kirkii neglectus
**Costa Rica-Blutbürzelspecht**
Bangs, 1901
sw Costa Rica und w Panama
Veniliornis kirkii cecilii
**Panama-Blutbürzelspecht**
Malherbe, 1849
e Panama und w Kolumbien bis w Ecuador und n Peru
Veniliornis kirkii continentalis
**Venezuela-Blutbürzelspecht**
Hellmayr, 1906
n, w Venezuela
Veniliornis kirkii monticola
**Tepuis-Blutbürzelspecht**
Hellmayr, 1918
Tepuis se Venezuela

Veniliornis affinis
**Blutflügelspecht**
*Red-stained Woodpecker - Carpintero teñido*
Swainson, 1821
e Brasilien

Veniliornis affinis orenocensis
**Kolumbien-Blutflügelspecht**
Berlepsch & Hartert, EJO, 1902
se Kolumbien, s Venezuela und n Brasilien
Veniliornis affinis hilaris
**Bolivien-Blutflügelspecht**
Cabanis & Heine, 1863
e Ecuador bis n Bolivien und w Brasilien

Veniliornis affinis ruficeps
**Brasilien-Blutflügelspecht**
Spix, 1824
c, ne Brasilien

Veniliornis chocoensis
**Chocóspecht**
*Choco Woodpecker - Carpintero del Chocó*
Todd, 1919
w Kolumbien bis nw Ecuador

Veniliornis cassini
**Goldnackenspecht**
*Golden-collared Woodpecker - Carpintero cebrado*
Malherbe, 1862
ne Amazonasgebiet

Veniliornis maculifrons
**Goldohrspecht**
*Yellow-eared Woodpecker - Carpintero orejigualdo*
Spix, 1824
e Brasilien

Gattung: Leuconotopicus

Leuconotopicus borealis
**Kokardenspecht**
*Red-cockaded Woodpecker - Pico de Florida*
Vieillot, 1809
se USA

Leuconotopicus fumigatus
**Rußspecht**
*Smoky-brown Woodpecker - Carpintero ahumado*
d'Orbigny, 1840
n Kolumbien und nw Venezuela bis nw Argentinien

Leuconotopicus fumigatus oleagineus
**Mexiko-Reichenbachs Rußspecht**
Reichenbach, 1854
sw, e Mexico
Leuconotopicus fumigatus sanguinolentus
**Panama-Rußspecht**
Sclater, PL, 1859
s Mexico bis w Panama
Leuconotopicus fumigatus reichenbachi
**Reichenbachs Rußspecht**
Cabanis & Heine, 1863
n Venezuela
Leuconotopicus fumigatus obscuratus
**Südlicher Rußspecht**
Chapman, 1927
nw Ecuador und nw Peru

Leuconotopicus arizonae
**Arizonaspecht**
*Arizona Woodpecker - Pico de Arizona*
Hargitt, 1886
se Arizona (USA) und nw Mexico

Leuconotopicus arizonae fraterculus
**Südlicher Arizonaspecht**
Ridgway, 1887
w Mexico

Leuconotopicus stricklandi
**Stricklandspecht**
*Strickland's Woodpecker - Pico de Strickland*
Malherbe, 1845
c Mexico

Leuconotopicus villosus
**Haarspecht**
*Hairy Woodpecker - Pico velloso*
Linnaeus, 1766
se Kanada und nc, ne USA

Leuconotopicus villosus septentrionalis
**Nutalls Haarspecht**
Nuttall, 1840
w Nordamerika von s Alaska bis Ontario (Kanada) bis New Mexico (USA)
Leuconotopicus villosus picoideus
**Queen Charlotte-Haarspecht**
Osgood, 1901
Haida Gwaii (vor British Columbia, Kanada)
Leuconotopicus villosus harrisi
**Kalifonischer Haarspecht**
Audubon, 1838
se Alaska bis n California (USA)
Leuconotopicus villosus terraenovae
**Neufundland-Haarspecht**
Batchelder, 1908
Neufundland (Kanada)

Leuconotopicus villosus orius
**Kanada-Haarspecht**
Oberholser, 1911
sc British Columbia (Kanada) bis se California und sw Utah (USA)
Leuconotopicus villosus monticola
**Hochland-Haarspecht**
Anthony, 1898
c British Kolumbien (Kanada) bis n New Mexico (USA)
Leuconotopicus villosus leucothorectis
**Texas-Haarspecht**
Oberholser, 1911
se California bis w Texas (USA)
Leuconotopicus villosus audubonii
**Swainsons Haarspecht**
Swainson, 1832
se USA
Leuconotopicus villosus hyloscopus
**Cabanis-Haarspecht**
Cabanis & Heine, 1863
w, s California (USA) und n Baja California (Mexico)
Leuconotopicus villosus icastus
**Arizona-Haarspecht**
Oberholser, 1911
se Arizona, sw New Mexico (USA) bis w Mexico
Leuconotopicus villosus intermedius
**Nelsons Haarspecht**
Nelson, 1900
e Mexico
Leuconotopicus villosus jardinii
**Mexikanischer Haarspecht**
Malherbe, 1845
sc, ec Mexico
Leuconotopicus villosus sanctorum
**Nikaragua-Haarspecht**
Nelson, 1897
se Mexico bis nw Nicaragua
Leuconotopicus villosus extimus
**Costa Rica-Haarspecht**
Bangs, 1902
nc Costa Rica bis w Panama
Leuconotopicus villosus piger
**Bahamas-Haarspecht**
Allen, GM, 1905
n Bahamas
Leuconotopicus villosus maynardi
**Maynards Haarspecht**
Ridgway, 1887
s Bahamas

Leuconotopicus albolarvatus
**Weißkopfspecht**
*White-headed Woodpecker - Pico cabeciblanco*
Cassin, 1850
*British Columbia (Kanada) bis sw USA*

Leuconotopicus albolarvatus gravirostris
**Südlicher Weißkopfspecht**
Grinnell, 1902
s California

## Gattung: Dendrocopos

Dendrocopos hyperythrus
**Rostbauchspecht**
*Rufous-bellied Woodpecker - Pico ventrirrufo*
Vigors, 1831
*n Indien (Uttarakhand) und Nepal bis Tibet, sw China, Myanmar und n Thailand*

Dendrocopos hyperythrus marshalli
**Marshalls Rostbauchspecht**
Hartert, EJO, 1912
ne Pakistan und n Indien
Dendrocopos hyperythrus subrufinus
**Sibirischer Rostbauchspecht**
Cabanis & Heine, 1863
ne China, se Sibirien und Koreanische Halbinsel
Dendrocopos hyperythrus annamensis
**Indischer Rostbauchspecht**
Kloss, 1925
s Indochina

Dendrocopos macei
**Isabellbrustspecht**
*Fulvous-breasted Woodpecker - Pico pechileonado*
Vieillot, 1818
*c Nepal und e Indien bis n Myanmar*

Dendrocopos macei westermani
**Westermannbrustspecht**
Blyth, 1870
n Pakistan und nw Indien bis w Nepal

Dendrocopos analis
**Sprenkelbrustspecht**
*Freckle-breasted Woodpecker - Pico pechimoteado*
Bonaparte, 1850
*s Sumatra, Java und Bali*

Dendrocopos analis longipennis
**Langschwanz-Sprenkelbrustspecht**
Hesse, 1912
c Myanmar über Thailand bis s Vietnam
Dendrocopos analis andamanensis
**Andamanen-Sprenkelbrustspecht**
Blyth, 1859
Andaman Is.

Dendrocopos atratus
**Streifenbrustspecht**
*Stripe-breasted Woodpecker - Pico estriado*
Blyth, 1849
*ne Indien, Myanmar, Thailand und Laos*

Dendrocopos atratus vietnamensis
**Vietnam-Streifenbrustspecht**
Stepanyan, 1988
Vietnam

Dendrocopos darjellensis
**Darjeelingspecht**
*Darjeeling Woodpecker - Pico de Darjeeling*
Blyth, 1845
*Nepal und ne Indien bis s China und nw Vietnam*

Dendrocopos darjellensis desmursi
**Desmursspecht**
Verreaux, J, 1871
c China

Dendrocopos himalayensis
**Himalajaspecht**
*Himalayan Woodpecker - Pico del Himalaya*
Jardine & Selby, 1831
*Kashmir bis Nepal*

Dendrocopos himalayensis albescens
**Bakers Himalajaspecht**
Baker, ECS, 1926
ne Afghanistan, n Pakistan und n Indien

Dendrocopos assimilis
**Tamariskenspecht**
*Sind Woodpecker - Pico del Sind*
Blyth, 1849
*se Iran, Sub-Himalaya Pakistan und w Indien*

Dendrocopos syriacus
**Blutspecht**
*Syrian Woodpecker - Pico sirio*
Hemprich & Ehrenberg, 1833
*se Europa bis Türkei und sw Iran*

Dendrocopos syriacus transcaucasicus
**Transkaukasus-Blutspecht**
Buturlin, 1910
Transkaukasien und n Iran
Dendrocopos syriacus milleri
**Millers Blutspecht**
Zarudny, 1909
se Iran

Dendrocopos leucopterus
**Weißflügelspecht**
*White-winged Woodpecker - Pico aliblanco*
Salvadori, 1871
*sc, se Kasachstan bis n, w Xinjiang (nw China), s über Usbekistan und Turkmenistan bis nc Afghanistan und w Kirgisistan und w Tadschikistan*

Dendrocopos major
**Buntspecht**
*Great Spotted Woodpecker - Pico picapinos*
Linnaeus, 1758
*Skandinavien und ne Polen bis w Sibirien*

Dendrocopos major brevirostris
**Sibirienbuntspecht**
Reichenbach, 1854
w Sibirien bis e Sibirien, ne China und n Mongolei
Dendrocopos major kamtschaticus
**Kamschatkabuntspecht**
Dybowski, 1883
Kamtschatka Halbinsel (e Sibirien)
Dendrocopos major anglicus
**Englischer Buntspecht**
Hartert, EJO, 1900
Great Britain
Dendrocopos major pinetorum
**Europäischer Buntspecht**
Brehm, CL, 1831
c Europa

Dendrocopos major parroti
**Korsikabuntspecht**
Hartert, EJO, 1911
Korsika
Dendrocopos major harterti
**Sardenbuntspecht**
Arrigoni degli Oddi, 1902
Sardinia
Dendrocopos major italiae
**Italienbuntspecht**
Stresemann, 1919
Italien, Sizilien und w Slovenien
Dendrocopos major hispanus
**Iberiabuntspecht**
Schluter, 1908
Iberische Halbinsel
Dendrocopos major canariensis
**Kanaren-Buntspecht**
Koenig, AF, 1889
Tenerife (c Kanarische Is., c Makaronesien, nw von n Afrika)
Dendrocopos major thanneri
**Thanners Buntspecht**
le Roi, 1911
Gran Canaria (c Kanarische Is., c Makaronesien, nw von n Afrika)
Dendrocopos major mauritanus
**Marokkobuntspecht**
Brehm, CL, 1855
Marokko
Dendrocopos major numidus
**Algerien-Buntspecht**
Malherbe, 1843
n Algerien und Tunesien
Dendrocopos major candidus
**Stresemanns Buntspecht**
Stresemann, 1919
Rumänien und s Ukraine bis Griechenland
Dendrocopos major paphlagoniae
**Türkischer Buntspecht**
Kummerlöwe & Niethammer, 1935
n Türkei
Dendrocopos major tenuirostris
**Kaukasus-Buntspecht**
Buturlin, 1906
Kaukasus und Transkaukasien (sw Asien)
Dendrocopos major poelzami
**Poelzams Buntspecht**
Bogdanov, 1879
se Aserbaidschan, n Iran und sw Turkmenistan
Dendrocopos major japonicus
**Japanischer Buntspecht**
Seebohm, 1883
se Sibirien, ne China, Koreanische Halbinsel und n, c Japan
Dendrocopos major wulashanicus
**Mongolischer Buntspecht**
Cheng T, Xian Y, Zhang Y & Jiang Z, 1975
Innere Mongolei (n China)
Dendrocopos major cabanisi
**Cabanis-Buntspecht**
Malherbe, 1854
e China
Dendrocopos major beicki
**Chinesischer Buntspecht**
Stresemann, 1927
c China
Dendrocopos major mandarinus
**Mandarinbuntspecht**
Malherbe, 1857
s China und e Myanmar bis n Laos und n Vietnam
Dendrocopos major stresemanni
**Indischer Buntspecht**
Rensch, 1923
ne Indien, ne Myanmar bis se Tibet und sc China (w Sichuan, Yunnan)
Dendrocopos major hainanus
**Hainan-Buntspecht**
Hartert, EJO & Hesse, 1911
Hainan Insel (vor se China)

Dendrocopos noguchii
**Okinawaspecht**
*Okinawa Woodpecker - Pito de Okinawa*
Seebohm, 1887
n Okinawa (s Ryukyu Is., s Japan)

Dendrocopos leucotos
**Weißrückenspecht**
*White-backed Woodpecker - Pico dorsiblanco*
Bechstein, 1802
c, n Europa über c Russland bis se Sibirien und ne China

Dendrocopos leucotos tangi
**Ural-Weißrückenspecht**
Cheng T, 1956
wc China
Dendrocopos leucotos fohkiensis
**Lilfords Weißrückenspecht**
Buturlin, 1908
se China
Dendrocopos leucotos insularis
**Chinesischer Weißrückenspecht**
Gould, 1863
Taiwan

Dendrocopos leucotos lilfordi
**Hokkaido-Weißrückenspecht**
Sharpe & Dresser, 1871
s Europa bis Kaukasus
Dendrocopos leucotos subcirris
**Honshu-Weißrückenspecht**
Stejneger, 1886
Hokkaido (Japan)
Dendrocopos leucotos stejnegeri
**Shikoku-Weißrückenspecht**
Kuroda, Nm, 1921
n Honshu (Japan)
Dendrocopos leucotos namiyei
**Koreanischer Weißrückenspecht**
Stejneger, 1886
s Honshu, Kyushu und Shikoku (Japan)
Dendrocopos leucotos takahashii
**Ryukyu-Weißrückenspecht**
Kuroda, Nm & Mori, 1920
Ulleungdo Insel (vor South Korea)
Dendrocopos leucotos quelpartensis
**Jejudo-Weißrückenspecht**
Kuroda, Nm & Mori, 1918
Jeju-do (vor South Korea)
Dendrocopos leucotos owstoni
**Fohkien-Weißrückenspecht**
Ogawa, 1905
n Ryukyu Is. (Japan)
Dendrocopos leucotos uralensis
**Taiwan-Weißrückenspecht**
Malherbe, 1860
w Ural Mts. bis Lake Baikal



Piculus simplex
**Zimtflügelspecht**
*Rufous-winged Woodpecker - Carpintero alirrufo*
Salvin, 1870
*Honduras bis Panama*

Piculus callopterus
**Panamaspecht**
*Stripe-cheeked Woodpecker - Carpintero panameño*
Lawrence, 1862
*Panama*

Piculus leucolaemus
**Weißkehlspecht**
*White-throated Woodpecker - Carpintero gorjiblanco*
Natterer & Malherbe, 1845
*w Amazonasgebiet*

Piculus litae
**Litaspecht**
*Lita Woodpecker - Carpintero de Lita*
Rothschild, 1901
*w Kolumbien bis nw Ecuador*

Piculus flavigula
**Gelbkehlspecht**
*Yellow-throated Woodpecker - Carpintero gorjigualdo*
Boddaert, 1783
*e Kolumbien und s Venezuela über Guianas und n Brasilien*

Piculus flavigula magnus
**Großer Gelbkehlspecht**
Cherrie & Reichenberger, 1921
ne Ecuador und se Kolumbien bis n Bolivien und w Brasilien
Piculus flavigula erythropis
**Brasilien-Gelbkehlspecht**
Vieillot, 1818
e, se Brasilien

Piculus chrysochloros
**Bronzespecht**
*Golden-green Woodpecker - Carpintero verdiamarillo*
Vieillot, 1818
*ne, ec, s Brasilien bis c, e Bolivien, Paraguay und n Argentinien*

Piculus chrysochloros xanthochlorus
**Kolumbien-Bronzespecht**
Sclater, PL & Salvin, 1875
e Panama, n Kolumbien und nw Venezuela
Piculus chrysochloros capistratus
**Surinam-Bronzespecht**
Malherbe, 1862
e Ecuador, ne Peru und se Kolumbien bis n Brasilien (n Amazon) und Guianas
Piculus chrysochloros laemostictus
**Todds Bronzespecht**
Todd, 1937
e Peru, w, c Amazonasgebiet Brasilien (s Amazon) und nw Bolivien

Piculus chrysochloros paraensis
**Nördlicher Bronzespecht**
Snethlage, E, 1907
ne Amazonasgebiet Brasilien
Piculus chrysochloros polyzonus
**Östlicher Bronzespecht**
Valenciennes, 1826
se Brasilien

Piculus aurulentus
**Weißbrauenspecht**
*Yellow-browed Woodpecker - Carpintero cejigualdo*
Temminck, 1821
*se Brasilien, e Paraguay und ne Argentinien*

## Gattung: Colaptes

Colaptes rubiginosus
**Olivmantelspecht**
*Golden-olive Woodpecker - Carpintero oliváceo*
Swainson, 1820
*nc, ne Venezuela*

Colaptes rubiginosus yucatanensis
**Yucatan-Olivmantelspecht**
Cabot, S, 1844
s, se Mexico bis w Panama
Colaptes rubiginosus alleni
**Allens Olivmantelspecht**
Bangs, 1902
n Kolumbien
Colaptes rubiginosus buenavistae
**Buenavista-Olivmantelspecht**
Chapman, 1915
e Kolumbien und e Ecuador
Colaptes rubiginosus meridensis
**Ridgways Olivmantelspecht**
Ridgway, 1911
nw Venezuela
Colaptes rubiginosus deltanus
**Delta-Olivmantelspecht**
Aveledo & Ginés, 1953
Delta Amacuro (ne Venezuela)
Colaptes rubiginosus paraquensis
**Venezuela-Olivmantelspecht**
Phelps, WH & Phelps, WH Jr, 1948
sc Venezuela
Colaptes rubiginosus guianae
**Guyana-Olivmantelspecht**
Hellmayr, 1918
e Venezuela und w Guyana
Colaptes rubiginosus viridissimus
**Tepui-Olivmantelspecht**
Chapman, 1939
Tepuis se Venezuela
Colaptes rubiginosus nigriceps
**Surinam-Olivmantelspecht**
Blake, 1941
s Guyana und s Suriname
Colaptes rubiginosus trinitatis
**Trinidad-Olivmantelspecht**
Ridgway, 1911
Trinidad
Colaptes rubiginosus tobagensis
**Tobago-Olivmantelspecht**
Ridgway, 1911
Tobago
Colaptes rubiginosus gularis
**Kolumbien-Olivmantelspecht**
Hargitt, 1889
c, w Kolumbien
Colaptes rubiginosus rubripileus
**Ekuador-Olivmantelspecht**
Salvadori & Festa, 1900
sw Kolumbien, w Ecuador und nw Peru
Colaptes rubiginosus coloratus
**Chapmans Olivmantelspecht**
Chapman, 1923
se Ecuador bis nc Peru
Colaptes rubiginosus chrysogaster
**Peru-Olivmantelspecht**
Berlepsch & Stolzmann, 1902
c Peru
Colaptes rubiginosus canipileus
**Bolivien-Olivmantelspecht**
d'Orbigny, 1840
c, se Bolivien
Colaptes rubiginosus tucumanus
**Argentinien-Olivmantelspecht**
Cabanis, 1883
s Bolivien und nw Argentinien

Colaptes aeruginosus
**Bronzeflügelspecht**
*Bronze-winged Woodpecker - Carpintero tamaulipeco*
Malherbe, 1862
*ne Mexico*

Colaptes auricularis
**Graukappenspecht**
*Grey-crowned Woodpecker - Carpintero cabecigrís*
Salvin & Godman, 1889
*w Mexico*

Colaptes rivolii
**Rotmantelspecht**
*Crimson-mantled Woodpecker - Carpintero candela común*
Boissonneau, 1840
*ec Kolumbien und nw Venezuela*

Colaptes rivolii quindiuna
**Chapmans Rotmantelspecht**
Chapman, 1923
nc Kolumbien
Colaptes rivolii zuliensis
**Perija-Rotmantelspecht**
Aveledo & Peréz, 1989
Perijá Mts. (Kolumbien-Venezuela Grenze)
Colaptes rivolii meridae
**Venezuela-Rotmantelspecht**
Chapman, 1923
w Venezuela
Colaptes rivolii brevirostris
**Peru-Rotmantelspecht**
Taczanowski, 1875
sw Kolumbien bis c Peru
Colaptes rivolii atriceps
**Bolivien-Rotmantelspecht**
Sclater, PL & Salvin, 1876
se Peru und Bolivien

Colaptes atricollis
**Graustirnspecht**
*Black-necked Woodpecker - Carpintero peruano*
Malherbe, 1850
*w Peru*

Colaptes atricollis peruvianus
**Östlicher Graustirnspecht**
Reichenbach, 1854
e Peru

Colaptes punctigula
**Tüpfelbrustspecht**
*Spot-breasted Woodpecker - Carpintero moteado*
Boddaert, 1783
*Guianas*

Colaptes punctigula ujhelyii
**Panama-Tüpfelbrustspecht**
Madarász, G, 1912
e Panama bis n Kolumbien
Colaptes punctigula striatigularis
**Kolumbien-Tüpfelbrustspecht**
Chapman, 1914
wc Kolumbien
Colaptes punctigula punctipectus
**Venezuela-Tüpfelbrustspecht**
Cabanis & Heine, 1863
e Kolumbien und Venezuela
Colaptes punctigula zuliae
**Zulia-Tüpfelbrustspecht**
Cory, 1915
nw Venezuela
Colaptes punctigula guttatus
**Amazonas-Tüpfelbrustspecht**
Spix, 1824
Upper Amazonasgebiet

Colaptes melanochloros
**Grünbindenspecht**
*Green-barred Woodpecker - Carpintero real norteño*
Gmelin, JF, 1788
*s Brasilien, se Paraguay, ne Argentinien und Uruguay*

Colaptes melanochloros nattereri
**Natterers Grünbindenspecht**
Malherbe, 1845
ne Brasilien über c Brasilien bis e Bolivien
Colaptes melanochloros melanolaimus
**Malherbes Grünbindenspecht**
Malherbe, 1857
c, s Bolivien
Colaptes melanochloros nigroviridis
**Grants Grünbindenspecht**
Grant, CHB, 1911
e Bolivien, w Paraguay und nc Argentinien
Colaptes melanochloros leucofrenatus
**Leybolds Grünbindenspecht**
Leybold, 1873
nw bis c, ec Argentinien

Colaptes auratus
## Goldspecht
*Northern Flicker - Carpintero escapulario dorado*
Linnaeus, 1758
*se USA*

Colaptes auratus cafer
### Gmelins Goldspecht
Gmelin, JF, 1788
s Alaska bis n California (USA)
Colaptes auratus collaris
### Vigors Goldspecht
Vigors, 1829
sw Kanada und w USA  (außer Pacific nw) bis nw Mexico
† Colaptes auratus rufipileus
### Ridgways Goldspecht
Ridgway, 1876
Guadalupe Insel (vor nw Mexico)
Colaptes auratus nanus
### Texas-Goldspecht
Griscom, 1934
w Texas (USA) bis ne Mexico
Colaptes auratus mexicanus
### Mexikanischer Goldspecht
Swainson, 1827
c Mexico
Colaptes auratus luteus
### Bangs Goldspecht
Bangs, 1898
c Alaska bis e Kanada, ne USA  und Montana (nc USA)
Colaptes auratus chrysocaulosus
### Gundlachs Goldspecht
Gundlach, 1858
Kuba
Colaptes auratus gundlachi
### Grand Cayman-Goldspecht
Cory, 1886
Grand Cayman Insel

Colaptes mexicanoides
## Guatemala-Goldspecht
*Guatemalan Flicker - Carpintero escapulario de Guatemala*
Lafresnaye, 1844
*s Mexico bis Nicaragua*

Colaptes chrysoides
## Wüstengoldspecht
*Gilded Flicker - Carpintero escapulario californiano*
Malherbe, 1852
*s Baja California (nw Mexico)*

Colaptes chrysoides mearnsi
### Ridgways Wüstengoldspecht
Ridgway, 1911
se California und c, s Arizona (USA) bis n Sonora (nw Mexico)
Colaptes chrysoides tenebrosus
### Sonora-Wüstengoldspecht
Van Rossem, 1930
n Sonora bis n Sinaloa (nw Mexico)
Colaptes chrysoides brunnescens
### Anthonys Wüstengoldspecht
Anthony, 1895
n, c Baja California (nw Mexico)

†† Colaptes oceanicus
## Bermudaspecht
*Bermuda Flicker - Carpintero de las Bermudas*
Olson, 2013
*Bermuda*

Colaptes fernandinae
## Kubaspecht
*Fernandina's Flicker - Carpintero churroso*
Vigors, 1827
*Kuba*

Colaptes pitius
## Bänderspecht
*Chilean Flicker - Carpintero pitío*
Molina, 1782
*Chile und sw Argentinien*

Colaptes rupicola
## Südandenspecht
*Andean Flicker - Carpintero andino meridional*
d'Orbigny, 1840
*Bolivien, n Chile und nw Argentinien*

Colaptes rupicola cinereicapillus
### Ekuador-Andenspecht
Reichenbach, 1854
s Ecuador und n Peru

Colaptes rupicola puna
### Peruanischer Andenspecht
Cabanis, 1883
c, s Peru

Colaptes campestris
## Feldspecht
*Campo Flicker - Carpintero campestre*
Vieillot, 1818
*c Suriname und nc, e Brasilien bis Bolivien und c Paraguay*

Colaptes campestris campestroides
### Südlicher Feldspecht
Malherbe, 1849
c, s Paraguay bis se Brasilien, Uruguay und e Argentinien



Celeus loricatus
## Rotkehlspecht
*Cinnamon Woodpecker - Carpintero canelo*
Reichenbach, 1854
*w Kolumbien bis sw Ecuador*

Celeus loricatus diversus
### Ridgways Rotkehlspecht
Ridgway, 1914
e Nicaragua bis w Panama
Celeus loricatus mentalis
### Cassins Rotkehlspecht
Cassin, 1860
Panama und nw Kolumbien
Celeus loricatus innotatus
### Todds Rotkehlspecht
Todd, 1917
n Kolumbien

Celeus undatus
## Olivbürzelspecht
*Waved Woodpecker - Carpintero ondoso*
Linnaeus, 1766
*e Venezuela, Guianas und ne Brasilien*

Celeus undatus amacurensis
### Phelps Olivbürzelspecht
Phelps, WH & Phelps, WH Jr, 1950
ne Venezuela
Celeus undatus multifasciatus
### Amazonas-Olivbürzelspecht
Natterer & Malherbe, 1845
ne Brasilien (s Amazon)
Celeus undatus verreauxii
### Verreauxis Gelbflankenspecht
Malherbe, 1858
e Ecuador und ne Peru
Celeus undatus grammicus
### Gelbflankenspecht
Natterer & Malherbe, 1845
se Kolumbien und s Venezuela bis ne Peru und w Brasilien; Französisch-Guayana
Celeus undatus subcervinus
### Amazonas-Olivbürzelspecht
Todd, 1937
c Brasilien
Celeus undatus latifasciatus
### Südlicher Olivbürzelspecht
Seilern, 1934
se Peru und sw Brasilien bis n Bolivien

Celeus castaneus
## Kastanienspecht
*Chestnut-colored Woodpecker - Carpintero castaño*
Wagler, 1829
*se Mexico bis w Panama*

Celeus elegans
## Fahlkopfspecht
*Chestnut Woodpecker - Carpintero elegante*
Müller, PLS, 1776
*Französisch-Guayana und ne Brasilien (n Amazonas)*

Celeus elegans hellmayri
### Hellmayrs Fahlkopfspecht
Berlepsch, 1908
e Venezuela, Guyana und Suriname
Celeus elegans deltanus
### Delta-Fahlkopfspecht
Phelps, WH & Phelps, WH Jr, 1950
ne Venezuela
Celeus elegans leotaudi
### Trinidad-Fahlkopfspecht
Hellmayr, 1906
Trinidad
Celeus elegans citreopygius
### Sclaters Fahlkopfspecht
Sclater, PL & Salvin, 1867
e Ecuador und e Peru

Celeus elegans jumanus
**Spix-Fahlkopfspecht**
Spix, 1824
e Kolumbien und s Venezuela bis n Bolivien

Celeus lugubris
**Blassschopfspecht**
*Pale-crested Woodpecker - Carpintero lúgubre*
Malherbe, 1851
e Bolivien und sw Brasilien

Celeus lugubris kerri
**Südlicher Blassschopfspecht**
Hargitt, 1891
Paraguay, s Brasilien und ne Argentinien

Celeus flavescens
**Gelbschopfspecht**
*Blond-crested Woodpecker - Carpintero amarillento*
Gmelin, JF, 1788
e Paraguay bis se Brasilien und ne Argentinien

Celeus flavescens intercedens
**Hellmayrs Gelbschopfspecht**
Hellmayr, 1908
ne Brasilien

Celeus ochraceus
**Blondschopfspecht**
*Ochre-backed Woodpecker - Carpintero ocráceo*
Spix, 1824
e Brasilien

Celeus flavus
**Strohspecht**
*Cream-colored Woodpecker - Carpintero amarillo*
Müller, PLS, 1776
e Kolumbien, Venezuela, Guianas und Amazonasgebiet

Celeus flavus subflavus
**Östlicher Strohspecht**
Sclater, PL & Salvin, 1877
e Brasilien

Celeus spectabilis
**Zimtkopfspecht**
*Rufous-headed Woodpecker - Carpintero cabecirrufo*
Sclater, PL & Salvin, 1880
e Ecuador und ne Peru

Celeus spectabilis exsul
**Bolivien-Zimtkopfspecht**
Bond, J & Meyer de Schauensee, 1941
se Peru, n Bolivien und w Brasilien

Celeus obrieni
**Caatingaspecht**
*Kaempfer's Woodpecker - Carpintero de Kaempfer*
Short, 1973
e Brasilien

Celeus torquatus
**Schwarzbrustspecht**
*Ringed Woodpecker - Carpintero pechinegro guayanés*
Boddaert, 1783
e Venezuela, Guianas und ne Brasilien

Celeus torquatus occidentalis
**Amazonas-Schwarzbrustspecht**
Hargitt, 1889
se Kolumbien, Amazonasgebiet Brasilien und n Bolivien
Celeus torquatus tinnunculus
**Waglers Schwarzbrustspecht**
Wagler, 1829
e Brasilien

Celeus galeatus
**Wellenohrspecht**
*Helmeted Woodpecker - Picamaderos caricanelo*
Temminck, 1822
se Brasilien, e Paraguay und ne Argentinien



Dryocopus schulzii
**Schwarzbauchspecht**
*Black-bodied Woodpecker - Picamaderos chaqueño*
Cabanis, 1882
sc Bolivien und w Paraguay bis nc Argentinien

Dryocopus lineatus
**Linienspecht**
*Lineated Woodpecker - Picamaderos listado*
Linnaeus, 1766
e Costa Rica bis e Peru, n Paraguay, e Brasilien und Guianas

Dryocopus lineatus scapularis
**Mexikanischer Linienspecht**
Vigors, 1829
w Mexico
Dryocopus lineatus similis
**Costa Rica-Linienspecht**
Lesson, RP, 1847
e Mexico bis nw Costa Rica
Dryocopus lineatus fuscipennis
**Peruanischer Linienspecht**
Sclater, PL, 1860
w Ecuador und nw Peru
Dryocopus lineatus erythrops
**Argentinischer Linienspecht**
Valenciennes, 1826
se Brasilien, e Paraguay und ne Argentinien

Dryocopus pileatus
**Helmspecht**
*Pileated Woodpecker - Picamaderos norteamericano*
Linnaeus, 1758
se USA

Dryocopus pileatus abieticola
**Bangs Helmspecht**
Bangs, 1898
s Kanada s über w, nc, ne USA

Dryocopus javensis
**Weißbauchspecht**
*White-bellied Woodpecker - Picamaderos ventriblanco*
Horsfield, 1821
c, s Malayische Halbinsel, Sumatra, Nias (w von n Sumatra), Java, Bali, n Natuna Is. (nw von Borneo) und Borneo

Dryocopus javensis hodgsonii
**Hodgsonis Weißbauchspecht**
Jerdon, 1840
Indien
Dryocopus javensis richardsi
**Richards Weißbauchspecht**
Tristram, 1879
Koreanische Halbinsel
Dryocopus javensis forresti
**Chinesischer Weißbauchspecht**
Rothschild, 1922
n Myanmar und sw China
Dryocopus javensis feddeni
**Indochina-Weißbauchspecht**
Blyth, 1863
Myanmar, Thailand und s Indochina
Dryocopus javensis parvus
**Simeulue-Weißbauchspecht**
Richmond, 1902
Simeulue (w von n Sumatra)
Dryocopus javensis hargitti
**Palawan-Weißbauchspecht**
Sharpe, 1884
Palawan Gruppe (sw Philippinen)
Dryocopus javensis esthloterus
**Luzon-Weißbauchspecht**
Parkes, 1971
n Luzon (n Philippinen)
Dryocopus javensis confusus
**Stresemanns Weißbauchspecht**
Stresemann, 1913
c, s Luzon (n Philippinen)
Dryocopus javensis pectoralis
**Leyte-Weißbauchspecht**
Tweeddale, 1878
Samar, Leyte, Bohol (ec Philippinen)
Dryocopus javensis multilunatus
**Mindanao-Weißbauchspecht**
McGregor, 1907
Basilan, Dinagat, Mindanao (s Philippinen)
Dryocopus javensis suluensis
**Sulu-Weißbauchspecht**
Blasius, W, 1890
Sulu Archipel (s Philippinen)
Dryocopus javensis philippinensis
**Negros-Weißbauchspecht**
Steere, 1890
Panay, Masbate, Guimaras, Negros (wc Philippinen)
† Dryocopus javensis cebuensis
**Cebu-Weißbauchspecht**
Kennedy, RS, 1987
Cebu (c Philippinen)
Dryocopus javensis mindorensis
**Mindoro-Weißbauchspecht**
Steere, 1890
Mindoro (wc Philippinen)

Dryocopus hodgei
**Andamanenspecht**
*Andaman Woodpecker - Picamaderos de Andamán*
Blyth, 1860
*Andaman Is.*

Dryocopus martius
**Schwarzspecht**
*Black Woodpecker - Picamaderos negro*
Linnaeus, 1758
*w Europa bis Kamtschatka und Japan*

    Dryocopus martius khamensis
    **Asiatischer Schwarzspecht**
    Buturlin, 1908
    Tibet und sw China



Campephilus pollens
**Zimtbindenspecht**
*Powerful Woodpecker - Picamaderos poderoso*
Bonaparte, 1845
*nc Kolumbien und sw Venezuela bis Ecuador*

    Campephilus pollens peruvianus
    **Peruanischer Zimtbindenspecht**
    Cory, 1915
    Peru

Campephilus splendens
**Bänder-Blutbauchspecht**
*Splendid Woodpecker - Picamaderos esplendoroso*
Hargitt, 1889
*Panama, w Kolumbien und nw Ecuador*

Campephilus haematogaster
**Blutbauchspecht**
*Crimson-bellied Woodpecker - Picamaderos ventrirrojo*
Tschudi, 1844
*c Kolumbien, e Ecuador bis c Peru*

Campephilus rubricollis
**Rothalsspecht**
*Red-necked Woodpecker - Picamaderos cuellirrojo*
Boddaert, 1783
*e Kolumbien und e Ecuador über s Venezuela, Guianas und n Brasilien*

    Campephilus rubricollis trachelopyrus
    **Bolivien-Rothalsspecht**
    Malherbe, 1857
    e Peru, n Bolivien und w Brasilien
    Campephilus rubricollis olallae
    **Brasilien-Rothalsspecht**
    Gyldenstolpe, 1945
    c, sw Brasilien bis c Bolivien

Campephilus robustus
**Scharlachkopfspecht**
*Robust Woodpecker - Picamaderos robusto*
Lichtenstein, MHC, 1818
*se Brasilien, e Paraguay und ne Argentinien*

Campephilus melanoleucos
**Schwarzkehlspecht**
*Crimson-crested Woodpecker - Picamaderos barbinegro*
Gmelin, JF, 1788
*Kolumbien bis Guianas, s bis Bolivien, Paraguay und ne Argentinien*

    Campephilus melanoleucos malherbii
    **Malherbis Schwarzkehlspecht**
    Gray, GR, 1845
    w Panama bis n, c Kolumbien
    Campephilus melanoleucos cearae
    **Brasilianischer Schwarzkehlspecht**
    Cory, 1915
    e, s Brasilien

Campephilus guatemalensis
**Königspecht**
*Pale-billed Woodpecker - Picamaderos piquiclaro*
Hartlaub, 1844
*s Mexico bis w Panama*

    Campephilus guatemalensis regius
    **Bairds Elfenbeinspecht**
    Reichenbach, 1854
    e Mexico
    Campephilus guatemalensis nelsoni
    **Bairds Elfenbeinspecht**
    Ridgway, 1911
    n, w Mexico

Campephilus gayaquilensis
**Guayaquilspecht**
*Guayaquil Woodpecker - Picamaderos de Guayaquil*
Lesson, RP, 1845
*sw Kolumbien bis nw Peru*

Campephilus leucopogon
**Weißmantelspecht**
*Cream-backed Woodpecker - Picamaderos dorsiblanco*
Valenciennes, 1826
*c Bolivien und w Paraguay bis nw Uruguay und nc Argentinien*

Campephilus magellanicus
**Magellanspecht**
*Magellanic Woodpecker - Picamaderos de Magallanes*
King, PP, 1827
*Chile und sw Argentinien*

Campephilus principalis
**Elfenbeinspecht**
*Ivory-billed Woodpecker - Picamaderos picomarfil*
Linnaeus, 1758
*se USA*

    Campephilus principalis bairdii
    **Bairds Elfenbeinspecht**
    Cassin, 1864
    Kuba

Campephilus imperialis
**Kaiserspecht**
*Imperial Woodpecker - Picamaderos imperial*
Gould, 1832
*nc, c Mexico*



Chrysophlegma miniaceum
**Mennigspecht**
*Banded Woodpecker - Pito miniado*
Pennant, 1769
*Java*

    Chrysophlegma miniaceum perlutum
    **Myanmar-Mennigspecht**
    Kloss, 1918
    s Myanmar und sw Thailand
    Chrysophlegma miniaceum malaccense
    **Malaysia-Mennigspecht**
    Latham, 1790
    Malayische Halbinsel, Sumatra, Bangka und Belitung (e von s Sumatra) und Borneo
    Chrysophlegma miniaceum niasense
    **Nias-Mennigspecht**
    Büttikofer, 1896
    Nias (w von n Sumatra)

Chrysophlegma mentale
**Tropfenkehlspecht**
*Checker-throated Woodpecker - Pito gargantilla de Java*
Temminck, 1826
*Java*

    Chrysophlegma mentale humii
    **Humis Tropfenkehlspecht**
    Hargitt, 1889
    s Myanmar, Malayische Halbinsel, Sumatra, Bangka (e von s Sumatra) und Borneo

Chrysophlegma flavinucha
**Gelbnackenspecht**
*Greater Yellownape - Pito nuquigualdo*
Gould, 1834
*ne, e Indien bis Myanmar, w Thailand, s China, n Laos und nw Vietnam*

    Chrysophlegma flavinucha kumaonense
    **Himalaya-Gelbnackenspecht**
    Koelz, 1950
    c Himalaya
    Chrysophlegma flavinucha ricketti
    **Tonkin-Gelbnackenspecht**
    Styan, 1898
    se China und Tonkin (n Vietnam)
    Chrysophlegma flavinucha styani
    **Hainan-Gelbnackenspecht**
    Ogilvie-Grant, 1899
    Hainan Insel und se China
    Chrysophlegma flavinucha pierrei
    **Südthailand-Gelbnackenspecht**
    Oustalet, 1889
    se Thailand bis s Vietnam
    Chrysophlegma flavinucha wrayi
    **Sharps Gelbnackenspecht**
    Sharpe, 1888
    Gebirge Malayische Halbinsel

Chrysophlegma flavinucha mystacale
**Salvadoris Gelbnackenspecht**
Salvadori, 1879
Gebirge n, c Sumatra
Chrysophlegma flavinucha korinchi
**Sumatra-Gelbnackenspecht**
Chasen, 1940
Gebirge s Sumatra

## Gattung: Picus

Picus chlorolophus
**Gelbhaubenspecht**
*Lesser Yellownape - Pito crestigualdo*
Vieillot, 1818
*e Nepal und ne Indien über Myanmar bis ne Thailand, n Laos und n Vietnam*

Picus chlorolophus simlae
**Nepal-Gelbhaubenspecht**
Meinertzhagen, R, 1924
n Indien bis c Nepal
Picus chlorolophus chlorigaster
**Indischer Gelbhaubenspecht**
Jerdon, 1845
c, s Indien
Picus chlorolophus wellsi
**Sri Lanka-Gelbhaubenspecht**
Meinertzhagen, R, 1924
Sri Lanka
Picus chlorolophus citrinocristatus
**Tonkin-Gelbhaubenspecht**
Rickett, 1901
Tonkin Gebiet von n Vietnam und se China
Picus chlorolophus longipennis
**Hainan-Gelbhaubenspecht**
Hartert, EJO, 1910
Hainan Insel (vor se China)
Picus chlorolophus annamensis
**Südthailand-Gelbhaubenspecht**
Meinertzhagen, R, 1924
s Thailand bis s Vietnam
Picus chlorolophus rodgeri
**Malaysia-Gelbhaubenspecht**
Hartert, EJO & Butler, AL, 1898
Gebirge Malayische Halbinsel
Picus chlorolophus vanheysti
**Sumatra-Gelbhaubenspecht**
Robinson & Kloss, 1919
Gebirge Sumatra

Picus puniceus
**Rotflügelspecht**
*Crimson-winged Woodpecker - Pito alirrojo*
Horsfield, 1821
*Java*

Picus puniceus observandus
**Sumatra-Rotflügelspecht**
Hartert, EJO, 1896
s Myanmar, Malayische Halbinsel, Sumatra, Bangka (e von s Sumatra) und Borneo
Picus puniceus soligae
**Nias-Rotflügelspecht**
Meyer de Schauensee & Ripley, 1940
Nias (w von n Sumatra)

Picus viridanus
**Burmagrünspecht**
*Streak-breasted Woodpecker - Pito verdoso*
Blyth, 1843
*Myanmar bis Malayische Halbinsel*

Picus vittatus
**Netzbauchspecht**
*Laced Woodpecker - Pito colinegro*
Vieillot, 1818
*e Myanmar, s China, Thailand und Indochina bis e Sumatra, Lingga Is. (e von c Sumatra), Java, Bali und Kangean Is. (n von Bali)*

Picus xanthopygaeus
**Indiengrünspecht**
*Streak-throated Woodpecker - Pito culigualdo*
Gray, JE & Gray, GR, 1847
*Indien und Nepal bis s Thailand und Kambodscha*

Picus squamatus
**Schuppengrünspecht**
*Scaly-bellied Woodpecker - Pito escamoso*
Vigors, 1831
*ne Afghanistan bis n Indien*

Picus squamatus flavirostris
**Turkmenischer Schuppengrünspecht**
Menzbier, 1886
e Iran und s Turkmenistan bis w Pakistan

Picus awokera
**Japangrünspecht**
*Japanese Green Woodpecker - Pito japonés*
Temminck, 1836
*Honshu (c Japan)*

Picus awokera horii
**Shikokugrünspecht**
Taka-Tsukasa, 1918
Kyushu, Shikoku (s Japan)
Picus awokera takatsukasae
**Yakushimagrünspecht**
Kuroda, Nm, 1921
Tanegashima und Yakushima (Osumi Is., s von Kyushu, s Japan)

Picus viridis
**Grünspecht**
*European Green Woodpecker - Pito real euroasiático*
Linnaeus, 1758
*n, c Europa*

Picus viridis karelini
**Karelins Grünspecht**
Brandt, JF, 1841
se Europa bis sw Turkmenistan
Picus viridis innominatus
**Iranischer Grünspecht**
Zarudny & Loudon, 1905
sw Iran

Picus sharpei
**Iberiengrünspecht**
*Iberian Green Woodpecker - Pito real ibérico*
Saunders, H, 1872
*Iberische Halbinsel*

Picus vaillantii
**Atlasgrünspecht**
*Levaillant's Woodpecker - Pito real bereber*
Malherbe, 1847
*Marokko bis Tunesien*

Picus rabieri
**Halsbandspecht**
*Red-collared Woodpecker - Pito vietnamita*
Oustalet, 1898
*Laos und Vietnam*

Picus erythropygius
**Rotbürzelspecht**
*Black-headed Woodpecker - Pito cabecinegro*
Elliot, DG, 1865
*ne Thailand und Indochina*

Picus erythropygius nigrigenis
**Humes Rotbürzelspecht**
Hume, 1874
Myanmar und w Thailand

Picus canus
**Grauspecht**
*Grey-headed Woodpecker - Pito cano*
Gmelin, JF, 1788
*n, c Europa bis w Sibirien*

Picus canus jessoensis
**Koreanischer Grauspecht**
Stejneger, 1886
e Sibirien bis ne China, Koreanische Halbinsel und n Japan
Picus canus kogo
**Kogograuspecht**
Bianchi, 1906
c China
Picus canus guerini
**Chinesischer Grauspecht**
Malherbe, 1849
nc, ec China
Picus canus sobrinus
**Vietnam-Grauspecht**
Peters, JL, 1948
se China und ne Vietnam
Picus canus tancolo
**Hainan-Grauspecht**
Gould, 1863
Hainan Insel (vor se China) und Taiwan
Picus canus sordidior
**Tibet-Grauspecht**
Rippon, 1906
se Tibet und sw China bis ne Myanmar
Picus canus sanguiniceps
**Indischer Grauspecht**
Baker, ECS, 1926
ne Pakistan bis n Indien und w Nepal

Picus canus hessei
**Indochinesischer Grauspecht**
Gyldenstolpe, 1916
Nepal und ne Indien bis Myanmar und Indochina
Picus canus robinsoni
**Malayischer Grauspecht**
Ogilvie-Grant, 1906
w Malaysia

Picus dedemi
**Sumatragrauspecht**
*Sumatran Woodpecker - Pito de Sumatra*
van Oort, 1911
*Gebirge Sumatra*



Dinopium shorii
**Himalaja-Feuerrückenspecht**
*Himalayan Flameback - Pito de Shore*
Vigors, 1831
*n Indien bis n Bangladesch*

Dinopium shorii anguste
**Myanmar-Feuerrückenspecht**
Ripley, 1950
*w, n Myanmar*

Dinopium javanense
**Feuerrückenspecht**
*Common Flameback - Pito culirrojo de Java*
Ljungh, 1797
*Malayische Halbinsel, Sumatra, Riau Is. (e von s Sumatra) und w Java*

Dinopium javanense malabaricum
**Indischer Feuerrückenspecht**
Whistler, 1934
*sw Indien*
Dinopium javanense intermedium
**Kleiner Feuerrückenspecht**
Blyth, 1845
*ne Indien und Bangladesch bis sc China, Indochina und Myanmar*
Dinopium javanense exsul
**Java-Feuerrückenspecht**
Hartert, EJO, 1901
*e Java und Bali*
Dinopium javanense borneonense
**Borneo-Feuerrückenspecht**
Dubois, AJC, 1897
*Borneo (außer ne)*
Dinopium javanense raveni
**Eraban-Feuerrückenspecht**
Riley, 1927
*ne Borneo, Eraban Insel*

Dinopium everetti
**Palawanspecht**
*Spot-throated Flameback - Pito culirrojo de Filipinas*
Tweeddale, 1878
*Palawan, Balabac, und Calamian Is. (sw Philippinen)*

Dinopium benghalense
**Bengalenspecht**
*Black-rumped Flameback - Pito bengalí*
Linnaeus, 1758
*n, c, ne Indien*

Dinopium benghalense dilutum
**Pakistan-Bengalenspecht**
Blyth, 1852
*Pakistan bis w Indien*
Dinopium benghalense tehminae
**Indischer Bengalenspecht**
Whistler & Kinnear, 1934
*sw Indien*
Dinopium benghalense puncticolle
**Malherbes Bengalenspecht**
Malherbe, 1845
*c, s Indien*
Dinopium benghalense jaffnense
**Sri Lanka-Bengalenspecht**
Whistler, 1944
*n Sri Lanka*

Dinopium psarodes
**Rotrückenspecht**
*Red-backed Flameback - Pito dorsirrojo*
Lichtenstein, AAH, 1793
*c, s Sri Lanka*



Chrysocolaptes validus
**Reinwardtspecht**
*Orange-backed Woodpecker - Pito dorsinaranja*
Temminck, 1825
*Java*

Chrysocolaptes validus xanthopygius
**Sumatra-Reinwardtspecht**
Finsch, 1905
Malayische Halbinsel, Sumatra, Riau Is. (e von c Sumatra), Bangka (e von s Sumatra), n
Natuna Is. (nw von Borneo) und Borneo

Chrysocolaptes lucidus
**Kupfermantel-Sultanspecht**
*Buff-spotted Flameback - Pito sultán moteado*
Scopoli, 1786
*Zamboanga Halbinsel (w Mindanao) und Basilan (s Philippinen)*

Chrysocolaptes lucidus rufopunctatus
**Philippinen-Sultanspecht**
Hargitt, 1889
*ec Philippinen*
Chrysocolaptes lucidus montanus
**Mindanao-Sultanspecht**
Ogilvie-Grant, 1905
*Mindanao (s Philippinen)*

Chrysocolaptes haematribon
**Luzonsultanspecht**
*Luzon Flameback - Pito sultán de Luzón*
Wagler, 1827
*Luzon Gruppe (n Philippinen)*

Chrysocolaptes xanthocephalus
**Gelbwangen-Sultanspecht**
*Yellow-faced Flameback - Pito sultán carigualdo*
Walden & Layard, EL, 1872
*West Visayas (wc Philippinen)*

Chrysocolaptes erythrocephalus
**Rotkopf-Sultanspecht**
*Red-headed Flameback - Pito sultán cabecirrojo*
Sharpe, 1877
*Palawan Gruppe (sw Philippinen)*

Chrysocolaptes strictus
**Javasultanspecht**
*Javan Flameback - Pito sultán de Java*
Horsfield, 1821
*Java und Bali*

Chrysocolaptes strictus kangeanensis
**Kangean-Sultanspecht**
Hoogerwerf, 1963
Kangean Is. (n von Bali)

Chrysocolaptes guttacristatus
**Goldmantel-Sultanspecht**
*Greater Flameback - Pito sultán grande*
Tickell, 1833
*c, e Himalaya und se Indien bis s China, Thailand und Indochina*

Chrysocolaptes guttacristatus sultaneus
**Himalaya-Goldmantel-Sultanspecht**
Hodgson, 1837
nw Himalaya
Chrysocolaptes guttacristatus indomalayicus
**Sumatra-Goldmantel-Sultanspecht**
Hesse, 1911
Malayische Halbinsel, Sumatra und w Java
Chrysocolaptes guttacristatus andrewsi
**Borneo-Goldmantel-Sultanspecht**
Amadon, 1943
Borneo

Chrysocolaptes socialis
**Malabarsultanspecht**
*Malabar Flameback - Pito de Malabar*
Koelz, 1939
*sw Indien*

Chrysocolaptes stricklandi
**Ceylonsultanspecht**
*Crimson-backed Flameback - Pito sultán de Ceilán*
Layard, EL, 1854
*Sri Lanka*

Chrysocolaptes festivus
**Goldschulterspecht**
*White-naped Woodpecker - Pito dorsiblanco*
Boddaert, 1783
*c, s Indien*

Chrysocolaptes festivus tantus
**Sri Lanka-Goldschulterspecht**
Ripley, 1946
Sri Lanka



Gecinulus grantia
**Fahlstirnspecht**
*Pale-headed Woodpecker - Pito del bambú norteño*
Horsfield, 1840
*e Nepal und ne Indien bis w Myanmar*

Gecinulus grantia viridanus
**Chinesischer Fahlstirnspecht**
Slater, HH, 1897
se China
Gecinulus grantia indochinensis
**Indochina-Fahlstirnspecht**
Delacour, 1927
sw China bis ne Myanmar, Laos und Vietnam

Gecinulus viridis
**Bambusspecht**
*Bamboo Woodpecker - Pito del bambú sureño*
Blyth, 1862
*c, e Myanmar und Thailand*

Gecinulus viridis robinsoni
**Robinsons Bambusspecht**
Kloss, 1918
Malayische Halbinsel

Gecinulus rafflesii
**Olivrückenspecht**
*Olive-backed Woodpecker - Pito dorsioliva*
Vigors, 1830
*s Myanmar, sw Thailand, Malayische Halbinsel, Sumatra und Bangka (e von s Sumatra)*

Gecinulus rafflesii dulitensis
**Borneo-Olivrückenspecht**
Delacour, 1946
Borneo



Blythipicus rubiginosus
**Maronenspecht**
*Maroon Woodpecker - Pito herrumbroso*
Swainson, 1837
*Malayische Halbinsel, Sumatra und Borneo*

Blythipicus pyrrhotis
**Rotohrspecht**
*Bay Woodpecker - Pito orejirrojo*
Hodgson, 1837
*Nepal und ne Indien bis s China, Laos und n Vietnam*

Blythipicus pyrrhotis sinensis
**Chinesischer Rotohrspecht**
Rickett, 1897
se China
Blythipicus pyrrhotis annamensis
**Vietnam-Rotohrspecht**
Kinnear, 1926
s Vietnam
Blythipicus pyrrhotis hainanus
**Hainan-Rotohrspecht**
Ogilvie-Grant, 1899
Hainan Insel (vor se China)
Blythipicus pyrrhotis cameroni
**Malaysia-Rotohrspecht**
Robinson, 1928
Malayische Halbinsel



Micropternus brachyurus
**Rötelspecht**
*Rufous Woodpecker - Carpintero rufo*
Vieillot, 1818
*Java*

Micropternus brachyurus jerdonii
**Jerdonis Rötelspecht**
Malherbe, 1849
c, s Indien und Sri Lanka
Micropternus brachyurus humei
**Humes Rötelspecht**
Kloss, 1918
nw Indien bis w Nepal
Micropternus brachyurus phaioceps
**Nepal-Rötelspecht**
Blyth, 1845
c Nepal und ne Indien bis sw, s China, n, e Thailand und Myanmar
Micropternus brachyurus annamensis
**Laos-Rötelspecht**
Delacour & Jabouille, 1924
Laos, Kambodscha und s Vietnam
Micropternus brachyurus fokiensis
**Fokien-Rötelspecht**
Swinhoe, 1863
se China und n Vietnam
Micropternus brachyurus holroydi
**Hainan-Rötelspecht**
Swinhoe, 1870
Hainan Insel (vor se China)
Micropternus brachyurus williamsoni
**Williamsons Rötelspecht**
Kloss, 1918
sw, c Thailand
Micropternus brachyurus badius
**Malaysia-Rötelspecht**
Raffles, 1822
Malayische Halbinsel, Sumatra, Nias (w von n Sumatra) und Bangka und Belitung (e von s Sumatra)
Micropternus brachyurus badiosus
**Borneo-Rötelspecht**
Bonaparte, 1850
n Natuna Is. (nw von Borneo) und Borneo



Meiglyptes grammithorax
**Wellenspecht**
*Buff-rumped Woodpecker - Pito barrado*
Malherbe, 1862
*Malayische Halbinsel, Sumatra, Nias (w von n Sumatra), Bangka (e von s Sumatra), Natuna Is. (nw von Borneo) und Borneo inklusive ne is.*

Meiglyptes tristis
**Zebraspecht**
*Zebra Woodpecker - Pito triste*
Horsfield, 1821
*Java*

Meiglyptes jugularis
**Dominospecht**
*Black-and-buff Woodpecker - Pito blanquinegro*
Blyth, 1845
*se Asien*

Meiglyptes tukki
**Tukkispecht**
*Buff-necked Woodpecker - Pito tukki*
Lesson, RP, 1839
*Malayische Halbinsel, Sumatra, Banyak Is. (w von n Sumatra), Bangka (e von s Sumatra), n Natuna Is. (nw von Borneo) und n Borneo*

Meiglyptes tukki pulonis
**Banggi-Tukkispecht**
Chasen & Kloss, 1929
Banggi (n von ne Borneo)
Meiglyptes tukki percnerpes
**Borneo-Tukkispecht**
Oberholser, 1924
s Borneo
Meiglyptes tukki infuscatus
**Nias-Tukkispecht**
Salvadori, 1887
Nias (w von n Sumatra)
Meiglyptes tukki batu
**Batu-Tukkispecht**
Meyer de Schauensee & Ripley, 1940
Batu Is. (w von c Sumatra)



Mulleripicus fulvus
**Celebesspecht**
*Ashy Woodpecker - Picatroncos de Célebes*
Quoy & Gaimard, 1832
*n Sulawesi, Mantehage (=Manterawu, nw von ne Sulawesi), Lembeh (e von ne Sulawesi) und Togian Is. (zwischen ne und ec Sulawesi)*

Mulleripicus fulvus wallacei
**Südlicher Celebesspecht**
Tweeddale, 1877
c, s Sulawesi, Muna und Butung (=Buton; se von se Sulawesi)

Mulleripicus funebris
**Luzonspecht**
*Northern Sooty Woodpecker - Picatroncos filipino norteño*
Valenciennes, 1826
c und s Luzon, Catanduanes und Marinduque (n Philippinen)

Mulleripicus funebris mayri
**Mayrs Luzonspecht**
Gilliard, 1949
n Luzon (n Philippinen)
Mulleripicus funebris parkesi
**Parkes Luzonspecht**
Manuel, 1958
Polillo (n Philippinen)

Mulleripicus fuliginosus
**Leytespecht**
*Southern Sooty Woodpecker - Picatroncos filipino sureño*
Tweeddale, 1877
Samar, Leyte und Mindanao (ec, s Philippinen)

Mulleripicus pulverulentus
**Puderspecht**
*Great Slaty Woodpecker - Picatroncos pizarroso*
Temminck, 1826
s Malayische Halbinsel, ec Sumatra, n Natuna Is. (nw von Borneo), Borneo, Java und Palawan
Gruppe (sw Philippinen)

Mulleripicus pulverulentus mohun
**Nepal-Puderspecht**
Ripley, 1950
n Indien, Nepal und ne Indien
Mulleripicus pulverulentus harterti
**Harters Puderspecht**
Hesse, 1911
ne Indien bis sw China, Indochina und n Malayische Halbinsel


# Ordnung: CARIAMIFORMES (Seriemas)

## Familie: Cariamidae (Seriemas)

### Gattung: Cariama

Cariama cristata
**Rotfußseriema**
*Red-legged Seriema - Chuña patirroja*
Linnaeus, 1766
e Bolivien bis e Brasilien s bis n Argentinien und Uruguay

### Gattung: Chunga

Chunga burmeisteri
**Schwarzfußseriema**
*Black-legged Seriema - Chuña patinegra*
Hartlaub, 1860
s Bolivien und w Paraguay bis c Argentinien


# Ordnung: FALCONIFORMES (Falkenartigen)

## Familie: Falconidae (Falkenartige)

### Gattung: Daptrius

Daptrius ater
**Gelbkehlkarakara**
*Black Caracara - Caracara negro*
Vieillot, 1816
Amazonasgebiet

### Gattung: Ibycter

Ibycter americanus
**Rotkehlkarakara**
*Red-throated Caracara - Caracara gorjirrojo*
Boddaert, 1783
s Mexico bis s Brasilien

### Gattung: Phalcoboenus

Phalcoboenus carunculatus
**Streifenkarakara**
*Carunculated Caracara - Caracara carunculado*
des Murs, 1853
Ecuador und sw Kolumbien

Phalcoboenus megalopterus
**Bergkarakara**
*Mountain Caracara - Caracara andino*
Meyen, 1834
Peru bis c Chile

Phalcoboenus albogularis
**Weißkehlkarakara**
*White-throated Caracara - Caracara araucano*
Gould, 1837
s Chile und s Argentinien

Phalcoboenus australis
**Falklandkarakara**
*Striated Caracara - Caracara austral*
Gmelin, JF, 1788
Inseln vor s von Südamerika; Falkland Is.

### Gattung: Caracara

† Caracara lutosa
**Guadalupekarakara**
*Guadalupe Caracara - Carancho de Guadalupe*
Ridgway, 1876
Guadalupe Insel (vor nw Mexico)

Caracara plancus
**Schopfkarakara**
*Crested Caracara - Carancho meridional*
Miller, JF, 1777
se Peru, n Bolivien bis e Brasilien s bis Tierra del Fuego und Falkland Is.

Caracara plancus cheriway
**Cheriwaykarakara**
Jacquin, 1784
s USA bis n USA . Kuba , Aruba und Trinidad

### Gattung: Milvago

Milvago chimachima
**Gelbkopfkarakara**
*Yellow-headed Caracara - Caracara chimachima*
Vieillot, 1816
Amazon s bis n Argentinien

Milvago chimachima cordata
**Costa Rica-Karakara**
Bangs & Penard, TE, 1918
s Costa Rica über Südamerika n Amazonas

Milvago chimango
**Chimangokarakara**
*Chimango Caracara - Caracara chimango*
Vieillot, 1816
s Brasilien, Uruguay, Paraguay bis c Argentinien und Chile

Milvago chimango temucoensis
**Temucokarakara**
Sclater, WL, 1918
s Argentinien und Chile bis Tierra del Fuego

### Gattung: Herpetotheres

Herpetotheres cachinnans
**Lachfalke**
*Laughing Falcon - Halcón reidor*
Linnaeus, 1758
Mexico über c, e Südamerika bis n Argentinien

Herpetotheres cachinnans fulvescens
**Panama-Lachfalke**
Chapman, 1915
e Panama und nw Kolumbien bis nw Peru

## Gattung: Micrastur

**Micrastur ruficollis**
**Sperberwaldfalke**
*Barred Forest Falcon - Halcón montés agavilanado*
Vieillot, 1817
*e Brasilien, Paraguay und n Argentinien*

Micrastur ruficollis guerilla
**Guerillawaldfalke**
Cassin, 1849
Mexico bis Nicaragua
Micrastur ruficollis interstes
**Costa Rica-Waldfalke**
Bangs, 1907
Costa Rica bis w Kolumbien und Ecuador
Micrastur ruficollis zonothorax
**Venezuela-Sperberwaldfalke**
Cabanis, 1866
e Kolumbien und n Venezuela s bis Bolivien
Micrastur ruficollis concentricus
**Guyanas Sperberfalke**
Lesson, RP, 1830
s Venezuela, Guianas und Amazonasgebiet
Micrastur ruficollis olrogi
**Olrogsperberfalke**
Amadon, 1964
nw Argentinien

**Micrastur plumbeus**
**Einbinden-Waldfalke**
*Plumbeous Forest Falcon - Halcón montés plomizo*
Sclater, WL, 1918
*sw Kolumbien und nw Ecuador*

**Micrastur gilvicollis**
**Zweibinden-Waldfalke**
*Lined Forest Falcon - Halcón montés cabecigrís*
Vieillot, 1817
*Amazonasgebiet*

**Micrastur mintoni**
**Mintonwaldfalke**
*Cryptic Forest Falcon - Halcón montés críptico*
Whittaker, 2003
*e Amazonasgebiet s bis Bolivien*

**Micrastur mirandollei**
**Graurücken-Waldfalke**
*Slaty-backed Forest Falcon - Halcón montés dorsigrís*
Schlegel, 1862
*Costa Rica bis e Brasilien*

**Micrastur semitorquatus**
**Kappenwaldfalke**
*Collared Forest Falcon - Halcón montés collarejo*
Vieillot, 1817
*e Kolumbien über Guianas und Brasilien bis n Argentinien*

Micrastur semitorquatus naso
**Naso-Kappenwaldfalke**
Lesson, RP, 1842
Mexico bis nw Peru

**Micrastur buckleyi**
**Vierbinden-Waldfalke**
*Buckley's Forest Falcon - Halcón montés de Buckley*
Swann, 1919
*w Amazonasgebiet*

## Gattung: Spiziapteryx

Spiziapteryx circumcincta
**Tropfenfalke**
*Spot-winged Falconet - Halconcito argentino*
Kaup, 1852
*se Bolivien und w Paraguay bis c Argentinien*

## Gattung: Polihierax

**Polihierax semitorquatus**
**Halsband-Zwergfalke**
*Pygmy Falcon - Halconcito africano*
Smith, A, 1836
*s Angola bis nw Südafrika*

Polihierax semitorquatus castanonotus
**Tansania-Zwergfalke**
Heuglin, 1860
s Sudan und Äthiopien bis c Tansania

## Gattung: Microhierax

Microhierax caerulescens
**Rotkehlfälkchen**
*Collared Falconet - Falconete acollarado*
Linnaeus, 1758
*n Indien und Nepal*

Microhierax caerulescens burmanicus
**Burmafälkchen**
Swann, 1920
Myanmar bis Indochina

Microhierax fringillarius
**Finkenfälkchen**
*Black-thighed Falconet - Falconete indonesio*
Drapiez, 1824
*Malayische Halbinsel, Sumatra, Java, Bali und Borneo (außer ne)*

Microhierax latifrons
**Weißscheitelfälkchen**
*White-fronted Falconet - Falconete de Borneo*
Sharpe, 1879
*Sabah und n Kalimantan (ne Borneo)*

Microhierax erythrogenys
**Zweifarbenfälkchen**
*Philippine Falconet - Falconete filipino*
Vigors, 1831
*n Philippinen*

Microhierax erythrogenys meridionalis
**Südliches Zweifarbenfälkchen**
Ogilvie-Grant, 1897
s Philippinen

Microhierax melanoleucos
**Elsterfälkchen**
*Pied Falconet - Falconete pío*
Blyth, 1843
*ne Indien bis s China und c Vietnam*

## Gattung: Neohierax

Neohierax insignis
**Langschwanz-Zwergfalke**
*White-rumped Falcon - Halconcito asiático*
Walden, 1872
*w, c Myanmar*

Neohierax insignis cinereiceps
**Indochinazwergfalke**
Baker, ECS, 1927
s Myanmar und nw Thailand
Neohierax insignis harmandi
**Laoszwergfalke**
Oustalet, 1876
Laos, Vietnam und Kambodscha

## Gattung: Falco

Falco naumanni
**Rötelfalke**
*Lesser Kestrel - Cernícalo primilla*
Fleischer, JG, 1818
*s Europa und nw Afrika bis n China*

Falco tinnunculus
**Turmfalke**
*Common Kestrel - Cernícalo vulgar*
Linnaeus, 1758
*Europa und nw Afrika bis Sibirien*

Falco tinnunculus perpallidus
**Clarks Turmfalke**
Clark, AH, 1907
ne Sibirien bis ne China und Koreanische Halbinsel
Falco tinnunculus interstinctus
**Himalaya-Turmfalke**
McClelland, 1840
Himalaya bis Japan und Indochina
Falco tinnunculus objurgatus
**Indischer Turmfalke**
Baker, ECS, 1927
s Indien und Sri Lanka

Falco tinnunculus canariensis
**Kanarischer Turmfalke**
Koenig, AF, 1889
Madeira und Porto Santo (Madeira Gruppe, nc Makaronesien) und w, c Kanarische Is. (c Makaronesien, nw von w Afrika)
Falco tinnunculus dacotiae
**Ostkanaren-Turmfalke**
Hartert, EJO, 1913
e Kanarische Is. (c Makaronesien, nw von w Afrika)
Falco tinnunculus neglectus
**Kap Verde- Turmfalke**
Schlegel, 1873
n Cape Verde Is. (s Makaronesien, nw von w Afrika)
Falco tinnunculus alexandri
**Alexander-Turmfalke**
Bourne, 1955
s Cape Verde Is. (s Makaronesien, nw von w Afrika)
Falco tinnunculus rupicolaeformis
**Jemen-Turmfalke**
Brehm, CL, 1855
ne Afrika und Arabien
Falco tinnunculus archeri
**Archerfalke**
Hartert, EJO & Neumann, 1932
Socotra, Somalia und ne Kenia
Falco tinnunculus rufescens
**Afrikanischer Turmfalke**
Swainson, 1837
West Afrika bis Äthiopien s bis n Angola und Tansania

Falco rupicolus
**Felsenfalke**
*Rock Kestrel - Cernícalo Africano*
Daudin, 1800
*Angola bis s Tansania s bis Südafrika*

Falco newtoni
**Madagaskarfalke**
*Malagasy Kestrel - Cernícalo de Aldabra*
Gurney, JH Sr, 1863
*Madagascar*

Falco newtoni aldabranus
**Komorenfalke**
Grote, 1928
Aldabra (w Aldabra Gruppe, sw Seychellen)

Falco punctatus
**Mauritiusfalke**
*Mauritius Kestrel - Cernícalo de la Mauricio*
Temminck, 1821
*Mauritius (c Mascarenes)*

†† Falco duboisi
**Réunionfalke**
*Reunion Kestrel - Cernícalo de Reunión*
Cowles, 1994
*Réunion (w Mascarenes)*

Falco araeus
**Seychellenfalke**
*Seychelles Kestrel - Cernícalo de las Seychelles*
Oberholser, 1917
*North, Silhouette, Mahé, Praslin und kleine Inseln (Inner Is., ne Seychellen)*

Falco moluccensis
**Molukkenfalke**
*Spotted Kestrel - Cernícalo moluqueño*
Bonaparte, 1850
*Morotai bis Buru und Seram (n, c Moluccas), Kofiau und Gag (nw von Neuguinea)*

Falco moluccensis microbalius
**Sulawesifalke**
Oberholser, 1917
s Mindanao (s Philippinen), Java und Bali, Lesser Sundas, Sulawesi Region und Tanimbar Is. (s Moluccas)

Falco cenchroides
**Graubartfalke**
*Nankeen Kestrel - Cernícalo australiano*
Vigors & Horsfield, 1827
*Australien, Tasmanien, Lord Howe und Norfolk Is. (e von Australien)*

Falco cenchroides baru
**Baru-Graubartfalke**
Rand, 1940
Snow Mts. (wc Neuguinea)

Falco sparverius
**Buntfalke**
*American Kestrel - Cernícalo americano*
Linnaeus, 1758
*Alaska und Kanada über USA bis w Mexico*

Falco sparverius paulus
**Paulus-Buntfalke**
Howe & King, L, 1902
se USA
Falco sparverius peninsularis
**Halbinsel-Buntfalke**
Mearns, 1892
nw Mexico
Falco sparverius tropicalis
**Tropischer Buntfalke**
Griscom, 1930
s Mexico bis n Honduras
Falco sparverius nicaraguensis
**Nikaragua-Buntfalke**
Howell, TR, 1965
nw Honduras, Nicaragua
Falco sparverius sparverioides
**Bahamas Buntfalke**
Vigors, 1827
Bahamas und Kuba
Falco sparverius dominicensis
**Hispaniola-Buntfalke**
Gmelin, JF, 1788
Hispaniola
Falco sparverius caribaearum
**Karibik-Buntfalke**
Gmelin, JF, 1788
Puerto Rico bis Grenada (West Indies)
Falco sparverius brevipennis
**Westindischer-Buntfalke**
Berlepsch, 1892
Aruba, Curaçao, Bonaire (Niederländische Antillen)
Falco sparverius isabellinus
**Isabell-Buntfalke**
Swainson, 1838
e Venezuela, Guianas und n Brasilien
Falco sparverius ochraceus
**Venezuela-Buntfalke**
Cory, 1915
e Kolumbien und nw Venezuela
Falco sparverius caucae
**Chapman-Buntfalke**
Chapman, 1915
w Kolumbien
Falco sparverius aequatorialis
**Ekuador-Buntfalke**
Mearns, 1892
n Ecuador
Falco sparverius peruvianus
**Peru-Buntfalke**
Cory, 1915
sw Ecuador, Peru und n Chile
Falco sparverius cinnamominus
**Cinnamom-Buntfalke**
Swainson, 1838
se Peru bis Paraguay, se Brasilien (Rio Grande do Sul) und Tierra del Fuego
Falco sparverius fernandensis
**Fernandes -Buntfalke**
Chapman, 1915
Alejandro Selkirk und Juan Fernandez Is. (Chile)
Falco sparverius cearae
**Brasilien-Buntfalke**
Cory, 1915
s Brasilien

Falco rupicoloides
**Steppenfalke**
*Greater Kestrel - Cernícalo ojiblanco*
Smith, A, 1829
*s Angola bis sw Sambia s bis Südafrika*

Falco rupicoloides fieldi
**Field-Steppenfalke**
Elliot, DG, 1897
ne Äthiopien, n Somalia und n Kenia
Falco rupicoloides arthuri
**Arthur-Steppenfalke**
Gurney, JH Sr, 1884
c, s Kenia und ne Tansania

Falco alopex
**Fuchsfalke**
*Fox Kestrel - Cernícalo zorruno*
Heuglin, 1861
*Mauretanien, Senegal und Gambia bis Sudan, Äthiopien und Kenia*

Falco ardosiaceus
**Graufalke**
*Grey Kestrel - Cernícalo pizarroso*
Vieillot, 1823
*Senegal und Gambia bis Äthiopien s bis Tansania und w bis Angola und Namibia*

Falco dickinsoni
**Schwarzrückenfalke**
*Dickinson's Kestrel - Cernícalo dorsinegro*
Sclater, PL, 1864
*Angola und Namibia bis c Kenia und n Mosambik*

Falco zoniventris
## Bindenfalke
*Banded Kestrel - Cernícalo malgache*
Peters, W, 1854
*Madagascar (außer se)*

Falco chicquera
## Rotkopffalke
*Red-necked Falcon - Alcotán turumti*
Daudin, 1800
*se Iran über Indien bis Bangladesch*

Falco chicquera ruficollis
### Afrikanischer Rothalsfalke
Swainson, 1837
Senegal bis w Äthiopien, e Afrika bis ne Simbabwe und c Mosambik
Falco chicquera horsbrughi
### Kap-Rothalsfalke
Gunning & Roberts, 1911
Namibia, Botswana, w Simbabwe und n, nw Südafrika

Falco vespertinus
## Rotfußfalke
*Red-footed Falcon - Cernícalo patirrojo*
Linnaeus, 1766
*c Europa bis c Asien*

Falco amurensis
## Amurfalke
*Amur Falcon - Cernícalo del Amur*
Radde, 1863
*e Sibirien, Koreanische Halbinsel und ne China*

Falco eleonorae
## Eleonorenfalke
*Eleonora's Falcon - Halcón de Eleonora*
Géné, 1839
*s Europa und n Afrika*

Falco concolor
## Schieferfalke
*Sooty Falcon - Halcón pizarroso*
Temminck, 1825
*e Libyen bis sw Pakistan*

Falco femoralis
## Aplomadofalke
*Aplomado Falcon - Halcón aleto*
Temminck, 1822
*Nicaragua über Südamerika bis Tierra del Fuego*

Falco femoralis septentrionalis
### Mexikanischer Aplomadofalke
Todd, 1916
sw USA bis Honduras
Falco femoralis pichinchae
### Anden-Aplomadofalke
Chapman, 1925
Anden von Kolumbien bis n Chile und nw Argentinien

Falco columbarius
## Merlin
*Merlin - Esmerejón*
Linnaeus, 1758
*Alaska bis Neufundland bis n USA*

Falco columbarius subaesalon
### Islandmerlin
Brehm, CL, 1827
Island
Falco columbarius aesalon
### Europäischer Merlin
Tunstall, 1771
Europa bis nw Sibirien
Falco columbarius insignis
### Indochina-Merlin
Clark, AH, 1907
nc Sibirien
Falco columbarius pacificus
### Pazifikmerlin
Stegmann, 1929
ne Asien
Falco columbarius pallidus
### Kaukasusmerlin
Sushkin, 1900
wc Asien
Falco columbarius lymani
### Altaimerlin
Bangs, 1913
Gebirge von ec Asien
Falco columbarius suckleyi
### Amerikanischer Merlin
Ridgway, 1874
se Alaska bis n Washington (USA)

Falco columbarius richardsonii
### Richardsons Merlin
Ridgway, 1871
c, sc Kanada bis nc USA

Falco rufigularis
## Fledermausfalke
*Bat Falcon - Halcón murcielaguero*
Daudin, 1800
*e Kolumbien über Guianas und Trinidad bis s Brasilien und nw, nc Argentinien*

Falco rufigularis petoensis
### Mexikanischer Fledermausfalke
Chubb, C, 1918
Mexico bis w Ecuador
Falco rufigularis ophryophanes
### Saldadori-Fledermausfalke
Salvadori, 1895
e Bolivien bis s Brasilien, Paraguay und ne Argentinien

Falco deiroleucus
## Rotbrustfalke
*Orange-breasted Falcon - Halcón pechirrojo*
Temminck, 1825
*s Mexico bis ne Argentinien*

Falco subbuteo
## Baumfalke
*Eurasian Hobby - Alcotán europeo*
Linnaeus, 1758
*Europa bis Japan bis n Indien und c China*

Falco subbuteo streichi
### Laosbaumfalke
Hartert, EJO & Neumann, 1907
Myanmar bis s China und n Indochina

Falco cuvierii
## Afrikabaumfalke
*African Hobby - Alcotán africano*
Smith, A, 1830
*weit verbreitet südlich der Sahara*

Falco severus
## Malaienbaumfalke
*Oriental Hobby - Alcotán filipino*
Horsfield, 1821
*Himalaya von nw Indien bis e China, se Asien, Philippinen, Java und Bali, Sulawesi bis Neuguinea und kleine Inseln, Bismarck Archipel und Solomon Is.*

Falco longipennis
## Australbaumfalke
*Australian Hobby - Alcotán australiano*
Swainson, 1838
*sw South Australia, e Australien und Tasmanien (sw, e Australien)*

Falco longipennis hanieli
### Sundabaumfalke
Hellmayr, 1914
Lombok bis Babar (Lesser Sundas) und Tanimbar Is. (s Moluccas)
Falco longipennis murchisonianus
### Nordaustralischer Baumfalke
Mathews, 1912
w, c Australien (außer sw)

Falco novaeseelandiae
## Maorifalke
*New Zealand Falcon - Halcón maorí*
Gmelin, JF, 1788
*North, South, Stewart und Chatham is. (e von Südinsel; New Zealand)*

Falco berigora
## Habichtfalke
*Brown Falcon - Halcón berigora*
Vigors & Horsfield, 1827
*Australien inklusive Tasmanien*

Falco berigora novaeguineae
### Neuguinea-Habichtfalke
Meyer, AB, 1894
wc bis se Neuguinea, Inseln vor ne Neuguinea inklusive Long (w von sc New Britain)

Falco hypoleucos
## Silberfalke
*Grey Falcon - Halcón gris*
Gould, 1841
*Inland Australien*

Falco subniger
## Rußfalke
*Black Falcon - Halcón negro*
Gray, GR, 1843
*Australien (außer Tasmanien)*

Falco biarmicus
## Lannerfalke
*Lanner Falcon - Halcón borní*
Temminck, 1825
*Demokratische Republik Kongo bis s Kenia s bis Südafrika*

### Falco biarmicus feldeggii
**Feldeggs Lannerfalke**
Schlegel, 1843
Italien bis Türkei, Aserbaidschan und nw Iran
### Falco biarmicus erlangeri
**Erlangers Lannerfalke**
Kleinschmidt, 1901
nw Afrika
### Falco biarmicus tanypterus
**Arabischer Lannerfalke**
Schlegel, 1843
ne Afrika bis Arabien, Israel und Irak
### Falco biarmicus abyssinicus
**Zentralafrikanischer Lannerfalke**
Neumann, 1904
s Mauretanien bis Äthiopien und Somalia s bis Kamerun und n Kenia

Falco jugger
## Laggarfalke
*Laggar Falcon - Halcón yággar*
Gray, JE, 1834
*Pakistan über Indien bis c Myanmar*

Falco cherrug
## Würgfalke
*Saker Falcon - Halcón sacre*
Gray, JE, 1834
*c Europa bis sc Sibirien und n Kasachstan*

### Falco cherrug coatsi
**Altai-Würgfalke**
Dementiev, 1945
c Asien bis s Sibirien und n China
### Falco cherrug hendersoni
**Hendersons-Würgfalke**
Hume, 1871
w, s Kasachstan und Usbekistan
### Falco cherrug milvipes
**Himalaya-Würgfalke**
Jerdon, 1871
Himalaya bis Tibet

Falco rusticolus
## Gerfalke
*Gyrfalcon - Halcón gerifalte*
Linnaeus, 1758
*Arctic Europa, Asien und Nordamerika*

Falco mexicanus
## Präriefalke
*Prairie Falcon - Halcón mexicano*
Schlegel, 1850
*sc Kanada bis sc USA*

Falco peregrinus
## Wanderfalke
*Peregrine Falcon - Halcón peregrino*
Tunstall, 1771
*n Eurasien (s von Tundra)*

### Falco peregrinus tundrius
**Tundra Wanderfalke**
White, CM, 1968
Alaska bis Grönland
### Falco peregrinus pealei
**Nordamerikanischer Wanderfalke**
Ridgway, 1874
Aleutian Is. bis s Alaska und sw Kanada
### Falco peregrinus anatum
**Amerikanischer Wanderfalke**
Bonaparte, 1838
Nordamerika bis n Mexico
### Falco peregrinus cassini
**Cassini-Wanderfalke**
Sharpe, 1873
w Südamerika (Kolumbien bis Tierra del Fuego) und Falkland Is.
### Falco peregrinus calidus
**Sibirischer Wanderfalke**
Latham, 1790
Lapland bis ne Sibirien

### Falco peregrinus japonensis
**Japanischer Wanderfalke**
Gmelin, JF, 1788
ne Sibirien bis Japan
### Falco peregrinus brookei
**Brookei-Wanderfalke**
Sharpe, 1873
Mittelmeer-Region bis Kaukasus und n Iran
### Falco peregrinus peregrinator
**Sri Lanka-Wanderfalke**
Sundevall, 1837
Pakistan, Indien und Sri Lanka bis s, e China
### Falco peregrinus furuitii
**Volcano-Wanderfalke**
Momiyama, 1927
Bonin Is. (Japan)
### Falco peregrinus madens
**Kap Verde-Wanderfalke**
Ripley & Watson, 1963
Cape Verde Is. (s Makaronesien, w von w Afrika)
### Falco peregrinus minor
**Kleiner Wanderfalke**
Bonaparte, 1850
Marokko, Mauretanien, Afrika s in der Sahara
### Falco peregrinus radama
**Madagaskar-Wanderfalke**
Hartlaub, 1861
Madagascar und Comoros
### Falco peregrinus ernesti
**Indonesischer Wanderfalke**
Sharpe, 1894
Philippinen, Große Sundas, Neuguinea und kleine Inseln, und Bismarck Archipel
### Falco peregrinus macropus
**Australischer Wanderfalke**
Swainson, 1838
Australien
### Falco peregrinus nesiotes
**Neukaledonien-Wanderfalke**
Mayr, 1941
Solomon Is., Vanuatu, New Caledonia inklusive Loyalty Is. und Fiji (sw Polynesien)
### Falco peregrinus babylonicus
**Mongolischer Wanderfalke**
Sclater, PL, 1861
e Iran bis Mongolei und Pakistan
### Falco peregrinus pelegrinoides
**Kanaren-Wanderfalke**
Temminck, 1829
Kanarische Is., n Afrika bis Arabien und sw Iran

Falco fasciinucha
## Taitafalke
*Taita Falcon - Halcón taita*
Reichenow & Neumann, 1895
*s Äthiopien bis n Südafrika*

## Ordnung: PSITTACIFORMES (Papageienvögel)

## Familie: Strigopidae (Neuseeland-Papageien)

## Gattung: Strigops

Strigops habroptilus
## Kakapo
*Kakapo - Kakapo*
Gray, GR, 1845
*Codfish Insel (=Whenua Hou, w von Stewart Insel); North, South und Stewart is. (Neuseeland)*

## Gattung: Nestor

Nestor notabilis
## Kea
*Kea - Kea*
Gould, 1856
*Gebirge Südinsel (Neuseeland)*

Nestor meridionalis
## Kaka
*New Zealand Kaka - Kaka*
Gmelin, JF, 1788
*South und Stewart is. und kleine Inseln (Neuseeland)*

### Nestor meridionalis septentrionalis
**Nordkaka**
Lorenz von Liburnau, L, 1896
Nordinsel und kleine Inseln (Neuseeland)

† Nestor productus
## Norfolkkaka
*Norfolk Kaka - Kaka de la Norfolk*
Gould, 1836
*Norfolk Insel (e von Australien)*

## Zanda funerea
### Gelbschwanz-Rabenkakadu
*Yellow-tailed Black Cockatoo - Cacatúa fúnebre coliamarilla*
Shaw, 1794
*ec Queensland bis sc Victoria (e Australien)*

#### Zanda funerea whiteae
##### Gelbohrrabenkakadu
Mathews, 1912
se South Australia und Kangaroo Insel (vor se South Australia; sc Australien)

#### Zanda funerea xanthanota
##### Tasmanischer Gelbschwanz-Rabenkakadu
Gould, 1838
Tasmanien und Bass Strait is. (se Australien)

## Zanda baudinii
### Langschnabel-Rabenkakadu
*Baudin's Black Cockatoo - Cacatúa fúnebre piquilarga*
Lear, 1832
*sw Western Australia (sw Australien)*

## Zanda latirostris
### Weißschwanz-Rabenkakadu
*Carnaby's Black Cockatoo - Cacatúa fúnebre piquicorta*
Carnaby, 1948
*sw Western Australia (sw Australien)*

Gattung: Calyptorhynchus

## Calyptorhynchus banksii
### Rotschwanz-Rabenkakadu
*Red-tailed Black Cockatoo - Cacatúa colirroja*
Latham, 1790
*Cape York Halbinsel, ne Queensland bis ne New South Wales (n, e Australien)*

#### Calyptorhynchus banksii naso
##### Goulds Rabenkakadu
Gould, 1837
sw Western Australia (sw Australien)

#### Calyptorhynchus banksii escondidus
##### Südlicher Banks-Rabenkakadu
Ewart, Joseph & Schodde, 2020
wc Western Australia (wc Australien)

#### Calyptorhynchus banksii samueli
##### Westaustralischer Banks-Rabenkakadu
Mathews, 1917
s Nortern Territory bis sc New South Wales (nc bis ec Australien)

#### Calyptorhynchus banksii graptogyne
##### Mathews Rabenkakadu
Schodde, Saunders, DA & Homberger, 1989
se South Australia und sw Victoria (sc Australien)

## Calyptorhynchus lathami
### Braunkopf-Rabenkakadu
*Glossy Black Cockatoo - Cacatúa lustrosa*
Temminck, 1807
*se Queensland bis se New South Wales (e Australien)*

#### Calyptorhynchus lathami erebus
##### Queensland-Braunkopf-Rabenkakadu
Schodde & Mason, IJ, 1993
ec Queensland (ec Australien)

#### Calyptorhynchus lathami halmaturinus
##### Kangaroo-Braunkopf-Rabenkakadu
Mathews, 1912
Kangaroo Insel (vor se South Australia; sc Australien)

Gattung: Nymphicus

## Nymphicus hollandicus
### Nymphensittich
*Cockatiel - Cacatúa ninfa*
Kerr, 1792
*Australien (außer n, s, Tasmanien)*

Gattung: Prosciger

## Prosciger aterrimus
### Palmkakadu
*Palm Cockatoo - Cacatúa enlutada*
Gmelin, JF, 1788
*Aru Is. (sw von Neuguinea)*

#### Prosciger aterrimus stenolophus
##### Van-Oorts Palmkakadu
van Oort, 1911
Yapen (Geelvink Bay is., nw Neuguinea) und n, e Neuguinea

#### Prosciger aterrimus goliath
##### Großer Palmkakadu
Kuhl, 1820
Raja Ampat Is. (nw von Neuguinea), Bird's Head und Neck (nw Neuguinea) und w, c, se Neuguinea

#### Prosciger aterrimus macgillivrayi
##### Kap-York-Palmkakadu
Mathews, 1912
s Neuguinea und n Cape York Halbinsel, ne Queensland (ne Australien)

Gattung: Callocephalon

## Callocephalon fimbriatum
### Helmkakadu
*Gang-gang Cockatoo - Cacatúa gangang*
Grant, J, 1803
*sc New South Wales bis sw Victoria (se Australien)*

Gattung: Eolophus

## Eolophus roseicapilla
### Rosakakadu
*Galah - Cacatúa galah*
Vieillot, 1817
*Western Australia (außer ne; w, wc Australien)*

#### Eolophus roseicapilla kuhli
##### Kuhls Rosenkakadu
Mathews, 1912
ne Western Australia bis ne Queensland (n Australien)

#### Eolophus roseicapilla albiceps
##### Tasmanischer Rosenkakadu
Schoddo, 1080
w South Australia bis ec Queensland und Tasmanien (ec, se Australien)

Gattung: Cacatua

## Cacatua leadbeateri
### Inkakakadu
*Major Mitchell's Cockatoo - Cacatúa abanderada*
Vigors, 1831
*sc Queensland bis se South Australia und nw Victoria (ec Australien)*

#### Cacatua leadbeateri mollis
##### Mollikakadu
Mathews, 1912
sc, nc Western Australia bis ec Nortern Territory und sc South Australia (sw, c Australien)

## Cacatua haematuropygia
### Rotsteißkakadu
*Red-vented Cockatoo - Cacatúa filipina*
Müller, PLS, 1776
*Palawan Gruppe und Sulu Archipel (sw, s Philippinen)*

## Cacatua goffiniana
### Goffinkakadu
*Tanimbar Corella - Cacatúa de las Tanimbar*
Roselaar & Michels, 2004
*Tanimbar Is. (s Moluccas)*

## Cacatua ducorpsii
### Salomonenkakadu
*Solomons Corella - Cacatúa de las Salomón*
Pucheran, 1853
*Buka bis Malaita und Guadalcanal (n bis sc Solomon Is., außer Ranongga)*

## Cacatua pastinator
### Wühlerkakadu
*Western Corella - Cacatúa cavadora*
Gould, 1841
*Lake Muir und Unicup Region, sw Western Australia (sw Australien)*

#### Cacatua pastinator derbyi
##### Derbys Wühlerkakadu
Mathews, 1916
sw bis wc Western Australia (sc, sw Australien)

## Cacatua sanguinea
### Nacktaugenkakadu
*Little Corella - Cacatúa sanguínea*
Gould, 1843
ne Western Australia bis ne Nortern Territory (nc Australien)

#### Cacatua sanguinea transfreta
##### Südlicher Nacktaugenkakadu
Mees, 1982
Trans-Fly (sc Neuguinea)

Cacatua sanguinea westralensis
**Westlicher Nacktaugenkakadu**
Mathews, 1917
wc, c Western Australia (wc Australien)
Cacatua sanguinea gymnopis
**Östlicher Nacktaugenkakadu**
Sclater, PL, 1871
c Nortern Territory bis ec Queensland, se South Australia und Tasmanien (c, ec Australien)
Cacatua sanguinea normantoni
**Normantonkakadu**
Mathews, 1917
Cape York Halbinsel, ne Queensland (ne Australien)

Cacatua tenuirostris
## Nasenkakadu
*Long-billed Corella - Cacatúa picofina*
Kuhl, 1820
*se South Australia bis c Victoria (se Australien)*

Cacatua alba
## Weißhaubenkakadu
*White Cockatoo - Cacatúa blanca*
Müller, PLS, 1776
*Halmahera bis Bacan (n Moluccas)*

Cacatua ophthalmica
## Brillenkakadu
*Blue-eyed Cockatoo - Cacatúa oftálmica*
Sclater, PL, 1864
*New Britain (se Bismarck Archipel)*

Cacatua moluccensis
## Molukkenkakadu
*Salmon-crested Cockatoo - Cacatúa moluqueña*
Gmelin, JF, 1788
*Seram (ec Moluccas)*

Cacatua sulphurea
## Gelbwangenkakadu
*Yellow-crested Cockatoo - Cacatúa sulfúrea*
Gmelin, JF, 1788
*Sulawesi, Muna, Butung (=Buton) und Tukangbesi Is. (se von se Sulawesi)*

Cacatua sulphurea abbotti
**Abbotts Gelbwangenkakadu**
Oberholser, 1917
Masalembu Besar (zwischen Borneo und Bali)
Cacatua sulphurea paulandrewi
**Tukangbesi-Gelbwangenkakadu**
Collar & Marsden, 2014
Tukangbesi Is. (se Sulawesi)
Cacatua sulphurea djampeana
**Flores-Gelbwangenkakadu**
Hartert, EJO, 1897
Tanahjampea bis Kalaotoa und Madu (Flores Sea Inseln vor s Sulawesi)
Cacatua sulphurea occidentalis
**Lombok-Gelbwangenkakadu**
Hartert, EJO, 1898
Nusa Penida (se von Bali) und Lombok bis Alor (w, c Lesser Sundas)
Cacatua sulphurea parvula
**Timor-Gelbwangenkakadu**
Bonaparte, 1850
Lombok bis Timor (Lesser Sundas)

Cacatua citrinocristata
## Zitronenhaubenkakadu
*Citron-crested Cockatoo - Cacatúa sulfúrea*
Fraser, 1844
*Sumba (sc Lesser Sundas)*

Cacatua galerita
## Gelbhaubenkakadu
*Sulphur-crested Cockatoo - Cacatúa galerita*
Latham, 1790
*Cape York Halbinsel, ne Queensland bis s Victoria, se South Australia und Tasmanien (e, se Australien)*

Cacatua galerita triton
**Tritonkakadu**
Temminck, 1849
Neuguinea und kleine Inseln
Cacatua galerita eleonora
**Eleonorakakadu**
Finsch, 1863
Aru Is. (sw von Neuguinea)
Cacatua galerita fitzroyi
**Mathews-Gelbhaubenkakadu**
Mathews, 1912
ne Western Australia bis nw Queensland (nc Australien)


## Familie: Psittacidae (Eigentliche Papageien)
### Gattung: Psittacus

Psittacus erithacus
## Graupapagei
*Grey Parrot - Loro yaco*
Linnaeus, 1758
*se Elfenbeinküste bis Kenia, Tansania und Angola, und Gulf von Guinea Is.*

Psittacus timneh
## Timnehpapagei
*Timneh Parrot - Loro timneh*
Fraser, 1844
*s Guinea bis Sierra Leone, Liberia, Mali und w Elfenbeinküste*

Psittacus timneh princeps
**Principe-Graupapagei**
Alexander, 1909
Príncipe Insel

### Gattung: Poicephalus

Poicephalus gulielmi
## Kongopapagei
*Red-fronted Parrot - Lorito frentirrojo*
Jardine, 1849
*Kamerun bis n Angola, e Demokratische Republik Kongo und w Uganda*

Poicephalus gulielmi fantiensis
**Ghanapapagei**
Neumann, 1908
Liberia bis Ghana
Poicephalus gulielmi massaicus
**Massaipapagei**
Fischer, GA & Reichenow, 1884
w, c Kenia und n Tansania

Poicephalus flavifrons
## Gelbstirnpapagei
*Yellow-fronted Parrot - Lorito carigualdo*
Rüppell, 1842
*Gebirge c Äthiopien*

Poicephalus fuscicollis
## Graukopfpapagei
*Brown-necked Parrot - Lorito cabecigrís*
Kuhl, 1820
*Senegal und Gambia bis ec Nigeria und n Angola*

Poicephalus fuscicollis suahelicus
**Suaheligraupapagei**
Reichenow, 1898
c Tansania und Rwanda bis ne Südafrika und sc Angola

Poicephalus robustus
## Kappapagei
*Cape Parrot - Lorito robusto*
Gmelin, JF, 1788
*e Südafrika*

Poicephalus meyeri
## Goldbugpapagei
*Meyer's Parrot - Lorito de Meyer*
Cretzschmar, 1827
*n Kamerun und s Chad bis Äthiopien und n Demokratische Republik Kongo*

Poicephalus meyeri saturatus
**Sharps Goldbugpapagei**
Sharpe, 1901
e Demokratische Republik Kongo bis w Kenia und nw Tansania
Poicephalus meyeri matschiei
**Matschie-Goldbugpapagei**
Neumann, 1898
se Demokratische Republik Kongo und c Tansania bis e Angola, n Sambia und n Malawi
Poicephalus meyeri reichenowi
**Reichenows Goldbugpapagei**
Neumann, 1898
w Angola
Poicephalus meyeri damarensis
**Damarapapagei**
Neumann, 1898
s Angola, n Namibia und nw Botswana
Poicephalus meyeri transvaalensis
**Trasvaalpapagei**
Neumann, 1899
s Sambia und w Mosambik bis e Botswana und nc Südafrika

Poicephalus rueppellii
**Rüppellpapagei**
*Rüppell's Parrot - Lorito de Rüppell*
Gray, GR, 1849
nw, wc Angola (Benguela und Luanda)

Poicephalus rueppellii mariettae
**Südlicher Rüppellpapagei**
Hubers & Schnitker, 2022
sw Angola und n Namibia

Poicephalus cryptoxanthus
**Braunkopfpapagei**
*Brown-headed Parrot - Lorito cabecipardo*
Peters, W, 1854
se Simbabwe, s Mosambik und ne Südafrika

Poicephalus cryptoxanthus tanganyikae
**Tanganjikapapagei**
Bowen, 1930
se Kenia bis n, c Mosambik und Malawi

Poicephalus crassus
**Niamniampapagei**
*Niam-niam Parrot - Lorito nianiam*
Sharpe, 1884
Kamerun und Chad bis Süd-Sudan und ne Demokratische Republik Kongo

Poicephalus senegalus
**Senegalpapagei**
*Senegal Parrot - Lorito senegalés*
Linnaeus, 1766
Gambia und Guinea-Bissau bis s Niger, n Nigeria, n Kamerun und sw Chad

Poicephalus senegalus versteri
**Finschpapagei**
Finsch, 1863
nw Elfenbeinküste bis sw Nigeria

Poicephalus rufiventris
**Rotbauchpapagei**
*Red-bellied Parrot - Lorito ventrirrojo*
Rüppell, 1842
c Äthiopien bis ne Tansania

Poicephalus rufiventris pallidus
**Somalia-Rotbauchpapagei**
Van Someren, 1922
e Äthiopien und Somalia



Touit batavicus
**Siebenfarbenpapagei**
*Lilac-tailed Parrotlet - Cotorrita sietecolores*
Boddaert, 1783
Venezuela bis Französisch-Guayana

Touit huetii
**Schwarzstirnpapagei**
*Scarlet-shouldered Parrotlet - Cotorrita alirroja*
Temminck, 1830
Amazonasgebiet

Touit costaricensis
**Costa-Rica-Papagei**
*Red-fronted Parrotlet - Cotorrita costarricense*
Cory, 1913
Costa Rica bis w Panama

Touit dilectissimus
**Kronenpapagei**
*Blue-fronted Parrotlet - Cotorrita cariazul*
Sclater, PL & Salvin, 1871
e Panama bis Venezuela und nw Ecuador

Touit purpuratus
**Purpurschwanzpapagei**
*Sapphire-rumped Parrotlet - Cotorrita purpurada*
Gmelin, JF, 1788
s Venezuela über Guianas und n Brasilien

Touit purpuratus viridiceps
**Chapmanns Purpurschwanzpapagei**
Chapman, 1929
se Kolumbien und s Venezuela bis nw Brasilien, e Ecuador und ne Peru

Touit melanonotus
**Braunrückenpapagei**
*Brown-backed Parrotlet - Cotorrita dorsinegra*
Wied-Neuwied, M, 1820
se Brasilien

Touit surdus
**Gelbschwanzpapagei**
*Golden-tailed Parrotlet - Cotorrita sorda*
Kuhl, 1820
e Brasilien

Touit stictopterus
**Tüpfelpapagei**
*Spot-winged Parrotlet - Cotorrita alipinta*
Sclater, PL, 1862
s Kolumbien, Ecuador und n Peru



Psilopsiagon aymara
**Aymarasittich**
*Grey-hooded Parakeet - Catita aimará*
d'Orbigny, 1841
nc Bolivien bis nw Argentinien

Psilopsiagon aurifrons
**Zitronensittich**
*Mountain Parakeet - Catita frentidorada*
Lesson, RP, 1831
c, wc Peru

Psilopsiagon aurifrons robertsi
**Roberts Zitronensittich**
Carriker, 1933
nc Peru

Psilopsiagon aurifrons margaritae
**Margaritas Zitronensittich**
Berlioz & Dorst, 1956
s Peru bis w Bolivien, n Chile und nw Argentinien

Psilopsiagon aurifrons rubrirostris
**Rotmasken-Zitronensittich**
Burmeister, 1860
nw Argentinien bis c Chile



Bolborhynchus llneola
**Katharinasittich**
*Barred Parakeet - Catita barrada*
Cassin, 1853
s Mexico bis w Panama

Bolborhynchus lineola tigrinus
**Südlicher Katharinasittich**
Souancé, 1856
n, w Venezuela und Kolumbien bis c Peru

Bolborhynchus ferrugineifrons
**Rotstirnsittich**
*Rufous-fronted Parakeet - Catita frentirrufa*
Lawrence, 1880
c Kolumbien

Bolborhynchus orbygnesius
**Andensittich**
*Andean Parakeet - Catita andina*
Souancé, 1856
Peru bis nc Bolivien



Nannopsittaca panychlora
**Tepuisittich**
*Tepui Parrotlet - Cotorrita de tepuy*
Salvin & Godman, 1883
Tepuis im Süden Venezuelas, im Süden Guyanas und im hohen Norden Brasiliens

Nannopsittaca dachilleae
**Amazonassittich**
*Manu Parrotlet - Cotorrita amazónica*
O'Neill, Munn & Franke, 1991
sw Amazonasgebiet

Myiopsitta monachus
**Mönchssittich**
*Monk Parakeet - Cotorra argentina*
Boddaert, 1783
*se Brasilien, Uruguay und ne Argentinien*

Myiopsitta monachus cotorra
**Amazonas-Mönchssittich**
Vieillot, 1818
s Bolivien, s Brasilien, Paraguay und nw Argentinien
Myiopsitta monachus calita
**Argentinischer Mönchssittich**
Jardine & Selby, 1830
w Argentinien

Myiopsitta luchsi
**Luchssittich**
*Cliff Parakeet - Cotorra boliviana*
Finsch, 1868
*c Bolivien*



Brotogeris sanctithomae
**Tuisittich**
*Tui Parakeet - Catita frentigualda*
Müller, PLS, 1776
*w Amazonasgebiet*

Brotogeris sanctithomae takatsukasae
**Nördlicher Tuisittich**
Neumann, 1931
Lower Amazonasbecken (nc Brasilien)

Brotogeris tirica
**Tirikasittich**
*Plain Parakeet - Catita tirica*
Gmelin, JF, 1788
*se Brasilien*

Brotogeris versicolurus
**Weißflügelsittich**
*White-winged Parakeet - Catita versicolor*
Müller, PLS, 1776
*Amazonasgebiet*

Brotogeris chiriri
**Gelbflügelsittich**
*Yellow-chevroned Parakeet - Catita chirirí*
Vieillot, 1818
*ne, c, se Brasilien, n Bolivien, Paraguay und n Argentinien*

Brotogeris chiriri behni
**Südlicher Gelbflügelsittich**
Neumann, 1931
c, s Bolivien

Brotogeris pyrrhoptera
**Feuerflügelsittich**
*Grey-cheeked Parakeet - Catita macareña*
Latham, 1801
*w Ecuador bis nw Peru*

Brotogeris jugularis
**Tovisittich**
*Orange-chinned Parakeet - Catita churica*
Müller, PLS, 1776
*sw Mexico bis n Kolumbien und nw Venezuela*

Brotogeris jugularis exsul
**Orangekinnsittich**
Todd, 1917
e Kolumbien und w Venezuela

Brotogeris cyanoptera
**Kobaltflügelsittich**
*Cobalt-winged Parakeet - Catita aliazul*
Pelzeln, 1870
*se Kolumbien und s Venezuela bis e Peru und wc Brasilien*

Brotogeris cyanoptera gustavi
**Gustavs Kobaltflügelsittich**
Berlepsch, 1889
n Peru
Brotogeris cyanoptera beniensis
**Bolivianischer Kobaltflügelsittich**
Gyldenstolpe, 1941
n Bolivien

Brotogeris chrysoptera
**Braunkinnsittich**
*Golden-winged Parakeet - Catita alidorada*
Linnaeus, 1766
*ne Venezuela über Guianas und nc Brasilien*

Brotogeris chrysoptera tenuifrons
**Rio Negrosittich**
Friedmann, 1945
Rio Negro (nw Brasilien)
Brotogeris chrysoptera solimoensis
**Solimonensittich**
Gyldenstolpe, 1941
Codajás und Manaus Regionen (n Brasilien)
Brotogeris chrysoptera tuipara
**Tuiparasittich**
Gmelin, JF, 1788
c Brasilien
Brotogeris chrysoptera chrysosema
**Sclaters Braunkinnsittich**
Sclater, PL, 1864
w Brasilien



Pionopsitta pileata
**Scharlachkopfpapagei**
*Pileated Parrot - Lorito pileado*
Scopoli, 1769
*se Brasilien, e Paraguay und ne Argentinien*



Triclaria malachitacea
**Blaubauchpapagei**
*Blue-bellied Parrot - Loro ventriazul*
Spix, 1824
*se Brasilien*



Pyrilia haematotis
**Grauwangenpapagei**
*Brown-hooded Parrot - Lorito encapuchado*
Sclater, PL & Salvin, 1860
*se Mexico bis w Panama*

Pyrilia haematotis coccinicollaris
**Lawrencepapagei**
Lawrence, 1862
e Panama und nw Kolumbien

Pyrilia pyrilia
**Goldkopfpapagei**
*Saffron-headed Parrot - Lorito cabecigualdo*
Bonaparte, 1853
*e Panama bis nw Venezuela*

Pyrilia pulchra
**Rosenwangenpapagei**
*Rose-faced Parrot - Lorito carirrosado*
Berlepsch, 1897
*w Kolumbien bis nw Ecuador*

Pyrilia barrabandi
**Goldwangenpapagei**
*Orange-cheeked Parrot - Lorito carinaranja*
Kuhl, 1820
*sw Kolumbien, s Venezuela und nw Brasilien n Amazonas*

Pyrilia barrabandi aurantiigena
**Amazonas-Goldwangenpapagei**
Gyldenstolpe, 1951
e Ecuador, e Peru, n Bolivien und ne Brasilien s Amazonas

Pyrilia caica
**Kappenpapagei**
*Caica Parrot - Lorito caica*
Latham, 1790
*e Venezuela, Guianas und ne Brasilien*

Pyrilia aurantiocephala
**Orangekopfpapagei**
*Bald Parrot - Lorito calvo*
Gaban-Lima, Raposo, M & Höfling, 2002
*c Brasilien*

Pyrilia vulturina
**Kahlkopfpapagei**
*Vulturine Parrot - Lorito vulturino*
Kuhl, 1820
*se Amazonasgebiet*



Hapalopsittaca amazonina
**Rostkopfpapagei**
*Rusty-faced Parrot - Lorito amazonino*
des Murs, 1845
*e Anden von Kolumbien*

Hapalopsittaca amazonina theresae
**Theresas Rostkopfpapagei**
Hellmayr, 1915
ne Kolumbien und nw Venezuela
Hapalopsittaca amazonina velezi
**Velez-Rostkopfpapagei**
Graves, GR & Restrepo, 1989
c Anden von Kolumbien

Hapalopsittaca fuertesi
**Fuertespapagei**
*Fuertes's Parrot - Lorito de Fuertes*
Chapman, 1912
*c Kolumbien*

Hapalopsittaca pyrrhops
**Salvinpapagei**
*Red-faced Parrot - Lorito ecuatoriano*
Salvin, 1876
*sw Ecuador und nw Peru*

Hapalopsittaca melanotis
**Schwarzflügelpapagei**
*Black-winged Parrot - Lorito alinegro*
Lafresnaye, 1847
*wc Bolivien*

Hapalopsittaca melanotis peruviana
**Peruanischer Schwarzflügelpapagei**
Carriker, 1932
c, s Peru



Pionus fuscus
**Veilchenpapagei**
*Dusky Parrot - Loro morado*
Müller, PLS, 1776
*n Kolumbien und e Venezuela bis n, ne Brasilien*

Pionus sordidus
**Dunenkopfpapagei**
*Red-billed Parrot - Loro piquirrojo*
Linnaeus, 1758
*n Venezuela*

Pionus sordidus saturatus
**Santa Marta-Dunenkopfpapagei**
Todd, 1915
Santa Marta Mts. (ne Kolumbien)
Pionus sordidus ponsi
**Östlicher Dunenkopfpapagei**
Aveledo & Ginés, 1950
n Kolumbien bis nw Venezuela
Pionus sordidus antelius
**Venezuela-Dunenkopfpapagei**
Todd, 1947
ne Venezuela
Pionus sordidus corallinus
**Anden-Dunenkopfpapagei**
Bonaparte, 1854
e Anden von Kolumbien bis Bolivien
Pionus sordidus mindoensis
**Mindodunenkopfpapagei**
Chapman, 1925
w Ecuador

Pionus maximiliani
**Maximilianpapagei**
*Scaly-headed Parrot - Loro choclero*
Kuhl, 1820
*ne, ec Brasilien*

Pionus maximiliani siy
**Schuppenkopfpapagei**
Souancé, 1856
se Bolivien bis Paraguay, wc Brasilien und n Argentinien

Pionus maximiliani lacerus
**Südlicher Schuppenkopfpapagei**
Heine, 1884
nw Argentinien
Pionus maximiliani melanoblepharus
**Paraguay-Schuppenkopfpapagei**
Miranda-Ribeiro, 1920
e Paraguay bis se Brasilien und ne Argentinien

Pionus tumultuosus
**Purpurstirnpapagei**
*Plum-crowned Parrot - Loro tumultuoso*
Tschudi, 1844
*c Peru bis Bolivien*

Pionus seniloides
**Greisenkopfpapagei**
*White-capped Parrot - Loro tumultuoso*
Massena & Souancé, 1854
*w Venezuela bis nw Peru*

Pionus menstruus
**Schwarzohrpapagei**
*Blue-headed Parrot - Loro cabeciazul*
Linnaeus, 1766
*e Kolumbien bis n Bolivien, Guianas und ne Brasilien*

Pionus menstruus rubrigularis
**Rotkehl-Schwarzohrpapagei**
Cabanis, 1881
n Costa Rica bis w Ecuador
Pionus menstruus reichenowi
**Reichenows Schwarzohrpapagei**
Heine, 1884
e Brasilien

Pionus senilis
**Weißstirnpapagei**
*White-crowned Parrot - Loro senil*
Spix, 1824
*ne Mexico bis w Panama*

Pionus chalcopterus
**Glanzflügelpapagei**
*Bronze-winged Parrot - Loro alibronceado*
Fraser, 1841
*Venezuela bis nw Peru*



Graydidascalus brachyurus
**Kurzschwanzpapagei**
*Short-tailed Parrot - Lorito colicorto*
Temminck & Kuhl, 1820
*Amazonasgebiet*



Alipiopsitta xanthops
**Goldbauchamazone**
*Yellow-faced Parrot - Amazona del Cerrado*
Spix, 1824
*ec, se Brasilien bis e Bolivien*



Amazona festiva
**Blaubrauenamazone**
*Festive Amazon - Amazona festiva sureña*
Linnaeus, 1758
*w Amazonasgebiet*

Amazona festiva bodini
**Bodiniamazone**
Finsch, 1873
e Kolumbien, e Venezuela, Guyana

Amazona vinacea
**Taubenhalsamazone**
*Vinaceous-breasted Amazon - Amazona vinosa*
Kuhl, 1820
*e Paraguay bis se Brasilien*

Amazona tucumana
**Tucumanamazone**
*Tucuman Amazon - Amazona tucumana*
Cabanis, 1885
*s Bolivien und nw Argentinien*

Amazona pretrei
**Prachtamazone**
*Red-spectacled Amazon - Amazona charao*
Temminck, 1830
*s Brasilien*

Amazona agilis
**Rotspiegelamazone**
*Black-billed Amazon - Amazona jamaicana piquioscura*
Linnaeus, 1758
*Jamaika*

Amazona albifrons
**Weißstirnamazone**
*White-fronted Amazon - Amazona frentialba*
Sparrman, 1788
*w Mexico bis sw Guatemala*

Amazona albifrons saltuensis
**Sonora-Weißstirnamazone**
Nelson, 1899
*nw Mexico*
Amazona albifrons nana
**Kleine Weißstirnamazone**
Miller, W, 1905
*se Mexico bis nw Costa Rica*

Amazona collaria
**Jamaikaamazone**
*Yellow-billed Amazon - Amazona jamaicana piquiclara*
Linnaeus, 1758
*Jamaika*

Amazona leucocephala
**Kubaamazone**
*Cuban Amazon - Amazona cubana*
Linnaeus, 1758
*Kuba und Isle von Pines*

Amazona leucocephala bahamensis
**Bahama-Amazone**
Bryant, H, 1867
*Bahamas*
Amazona leucocephala caymanensis
**Cayman-Amazone**
Cory, 1886
*Grand Cayman Insel*
Amazona leucocephala hesterna
**Cayman-Brac-Amazone**
Bangs, 1916
*Cayman Brac Insel*

Amazona ventralis
**Hispaniolaamazone**
*Hispaniolan Amazon - Amazona de La Española*
Müller, PLS, 1776
*Hispaniola*

Amazona vittata
**Puerto-Rico-Amazone**
*Puerto Rican Amazon - Amazona puertorriqueña*
Boddaert, 1783
*Puerto Rico*

† Amazona vittata gracilipes
**Culebraamazone**
Ridgway, 1915
*Culebra Insel (vor Puerto Rico)*

Amazona finschi
**Blaukappenamazone**
*Lilac-crowned Amazon - Amazona guayabera*
Sclater, PL, 1864
*w Mexico*

Amazona autumnalis
**Rotstirnamazone**
*Red-lored Amazon - Amazona frentirroja*
Linnaeus, 1758
*e Mexico bis n Nicaragua*

Amazona autumnalis salvini
**Salvinamazone**
Salvadori, 1891
*n Nicaragua bis sw Kolumbien und nw Venezuela*
Amazona autumnalis lilacina
**Ekuadoramazone**
Lesson, RP, 1844
*w Ecuador*

Amazona diadema
**Diademamazone**
*Diademed Amazon - Amazona diadema*
Spix, 1824
*nw Brasilien*

Amazona viridigenalis
**Grünwangenamazone**
*Red-crowned Amazon - Amazona tamaulipeca*
Cassin, 1853
*ne Mexico*

Amazona xantholora
**Goldzügelamazone**
*Yucatan Amazon - Amazona yucateca*
Gray, GR, 1859
*Yucatán Halbinsel*

Amazona dufresniana
**Goldmaskenamazone**
*Blue-cheeked Amazon - Amazona cariazul*
Shaw, 1812
*e Venezuela und Guianas*

Amazona rhodocorytha
**Rotscheitelamazone**
*Red-browed Amazon - Amazona coronirroja*
Salvadori, 1890
*e, se Brasilien*

Amazona arausiaca
**Blaukopfamazone**
*Red-necked Amazon - Amazona gorjirroja*
Müller, PLS, 1776
*Dominica*

Amazona versicolor
**Saint-Lucia-Amazone**
*St. Lucia Amazon - Amazona de Santa Lucía*
Müller, PLS, 1776
*St. Lucia*

Amazona oratrix
**Gelbkopfamazone**
*Yellow-headed Amazon - Amazona cabecigualda*
Ridgway, 1887
*sw, s Mexico*

Amazona oratrix tresmariae
**Tres Marias-Amazone**
Nelson, 1900
*Tres Marías Is., Mexico*
Amazona oratrix belizensis
**Belize-Amazone**
Monroe & Howell, TR, 1966
*Belize*
Amazona oratrix hondurensis
**Honduras-Amazone**
Lousada & Howell, SNG, 1997
*n Honduras*

Amazona auropalliata
**Gelbnackenamazone**
*Yellow-naped Amazon - Amazona nuquigualda*
Lesson, RP, 1842
*s Mexico bis nw Costa Rica*

Amazona auropalliata caribaea
**Roatán-Gelbnackenamazone**
Lousada, 1989
*Bay Is. (vor Honduras)*
Amazona auropalliata parvipes
**Rotbug-Gelbnackenamazone**
Monroe & Howell, TR, 1966
*n Honduras bis ne Nicaragua*

Amazona ochrocephala
**Gelbscheitelamazone**
*Yellow-crowned Amazon - Amazona real*
Gmelin, JF, 1788
*e Kolumbien und Venezuela über Guianas und n Brasilien*

Amazona ochrocephala panamensis
**Gelbstirnamazone**
Cabanis, 1874
*w Panama und nw Kolumbien*
Amazona ochrocephala xantholaema
**Marajó-Amazone**
Berlepsch, 1913
*Marajó Insel (vor n Brasilien im Amazonasdelta)*

Amazona ochrocephala nattereri
**Natterer-Amazone**
Finsch, 1865
s Kolumbien bis e Peru, n Bolivien und w Brasilien

Amazona barbadensis
**Gelbschulteramazone**
*Yellow-shouldered Amazon - Amazona de hombro gualda*
Gmelin, JF, 1788
*Venezuela*

Amazona aestiva
**Blaustirnamazone**
*Turquoise-fronted Amazon - Amazona trentiazul*
Linnaeus, 1758
*e Brasilien*

Amazona aestiva xanthopteryx
**Südliche Blaustirnamazone**
Berlepsch, 1896
Bolivien bis sw Brasilien, Paraguay und n Argentinien

Amazona mercenarius
**Soldatenamazone**
*Scaly-naped Amazon - Amazona mercenaria*
Tschudi, 1844
*Anden von Peru und Bolivien*

Amazona mercenarius canipalliata
**Kolumbien-Soldatenamazone**
Cabanis, 1874
Anden von Venezuela, Kolumbien und Ecuador

Amazona farinosa
**Mülleramazone**
*Mealy Amazon - Amazona harinosa sureña*
Sclater, PL, 1860
*e Panama und Kolumbien bis ne Bolivien, e Brasilien und Guianas*

Amazona farinosa guatemalae
**Guatemala-Amazone**
Sclater, PL, 1860
se Mexico bis nw Honduras
Amazona farinosa virenticeps
**Salvadoris Mülleramazone**
Salvadori, 1891
n Honduras bis w Panama

Amazona kawalli
**Kawallamazone**
*Kawall's Amazon - Amazona de Kawall*
Grantsau & Camargo, 1989
*Amazonasgebiet Brasilien*

Amazona imperialis
**Kaiseramazone**
*Imperial Amazon - Amazona imperial*
Richmond, 1899
*Dominica*

Amazona brasiliensis
**Rotschwanzamazone**
*Red-tailed Amazon - Amazona colirroja*
Linnaeus, 1758
*se Brasilien*

Amazona amazonica
**Venezuelaamazone**
*Orange-winged Amazon - Amazona alinaranja*
Linnaeus, 1766
*Kolumbien, Venezuela und Guianas bis Bolivien und sc Brasilien; se Brasilien*

Amazona guildingii
**Königsamazone**
*St. Vincent Amazon - Amazona de San Vicente*
Vigors, 1837
*St. Vincent*



Forpus modestus
**Schwarzschnabel-Sperlingspapagei**
*Dusky-billed Parrotlet - Cotorrita de Sclater*
Cabanis, 1849
*e Kolumbien und s Venezuela über Guianas und n Brasilien*

Forpus modestus sclateri
**Sclaters Sperlingspapagei**
Gray, GR, 1859
se Kolumbien bis n Bolivien und s Amazonasgebiet Brasilien

Forpus cyanopygius
**Blaubürzel-Sperlingspapagei**
*Mexican Parrotlet - Cotorrita mexicana*
Souancé, 1856
*w Mexico*

Forpus cyanopygius insularis
**Tres Marias-Sperlingspapagei**
Ridgway, 1888
Tres Marías Is. (vor w Mexico)

Forpus crassirostris
**Dickschnabel-Sperlingspapagei**
*Riparian Parrotlet - Cotorrita azuleja*
Taczanowski, 1883
*se Kolumbien bis n Peru und w Brasilien*

Forpus spengeli
**Türkissperlingspapagei**
*Turquoise-winged Parrotlet - Cotorrita aliturquesa*
Hartlaub, 1885
*n Kolumbien*

Forpus xanthopterygius
**Blauflügel-Sperlingspapagei**
*Cobalt-rumped Parrotlet - Cotorrita aliazul*
Spix, 1824
*e Brasilien bis Paraguay und n Argentinien*

Forpus xanthopterygius flavescens
**Salvadoris Sperlingspapagei**
Salvadori, 1891
se Peru und e Bolivien
Forpus xanthopterygius flavissimus
**Hellmayrs Sperlingspapagei**
Hellmayr, 1929
ne Brasilien

Forpus passerinus
**Grünbürzel-Sperlingspapagei**
*Green-rumped Parrotlet - Cotorrita culiverde*
Linnaeus, 1758
*Guianas*

Forpus passerinus cyanophanes
**Kolumbianischer Sperlingspapagei**
Todd, 1915
n Kolumbien
Forpus passerinus viridissimus
**Trinidad-Sperlingspapagei**
Lafresnaye, 1848
n Venezuela, Trinidad und Tobago
Forpus passerinus cyanochlorus
**Roraima-Sperlingspapagei**
Schlegel, 1864
Roraima (n Brasilien)
Forpus passerinus deliciosus
**Amazonas-Sperlingspapagei**
Ridgway, 1888
Amazonasgebiet Brasilien

Forpus conspicillatus
**Brillensperlingspapagei**
*Spectacled Parrotlet - Cotorrita de anteojos*
Lafresnaye, 1848
*e Panama und nc Kolumbien*

Forpus conspicillatus metae
**Metasperlingspapagei**
Borrero & Hernández-Camacho, 1961
c Kolumbien bis w Venezuela
Forpus conspicillatus caucae
**Caucasperlingspapagei**
Chapman, 1915
sw Kolumbien

Forpus coelestis
**Himmelsperlingspapagei**
*Pacific Parrotlet - Cotorrita de Piura*
Lesson, RP, 1847
*w Ecuador und nw Peru*

Forpus xanthops
**Gelbmasken-Sperlingspapagei**
*Yellow-faced Parrotlet - Cotorrita carigualda*
Salvin, 1895
*nc Peru*

Pionites melanocephalus
**Grünzügelpapagei**
*Black-headed Parrot - Lorito chirlecrés*
Linnaeus, 1758
*se Kolumbien und s Venezuela über Guianas und n Brasilien*

Pionites melanocephalus pallidus
**Berlepschs Grünzügelpapagei**
Berlepsch, 1889
*s Kolumbien bis ne Peru*

Pionites leucogaster
**Rostkappenpapagei**
*White-bellied Parrot - Lorito rubio oriental*
Kuhl, 1820
*Madeira River bis Maranhão (ec Brasilien s Amazonas)*

Pionites leucogaster xanthomerius
**Peruanischer Rostkappenpapagei**
Sclater, PL, 1858
*e Peru, n Bolivien und w Brasilien*

Pionites leucogaster xanthurus
**Rio Juruapapagei**
Todd, 1925
*Juruá River bis Madeira River (wc Brasilien s Amazonas)*



Deroptyus accipitrinus
**Fächerpapagei**
*Red-fan Parrot - Loro cacique*
Linnaeus, 1758
*se Kolumbien bis ne Peru, n Brasilien und Guianas*

Deroptyus accipitrinus fuscifrons
**Brasilianischer Fächerpapagei**
Hellmayr, 1905
*c Brasilien s Amazonas*



Pyrrhura cruentata
**Blaulatzsittich**
*Ochre-marked Parakeet - Cotorra tiriba*
Wied-Neuwied, M, 1820
*se Brasilien*

Pyrrhura devillei
**Devillesittich**
*Blaze-winged Parakeet - Cotorra de Deville*
Massena & Souancé, 1854
*n Paraguay und sw Brasilien*

Pyrrhura frontalis
**Braunohrsittich**
*Maroon-bellied Parakeet - Cotorra chiripepé*
Vieillot, 1818
*e Brasilien*

Pyrrhura frontalis chiripepe
**Südlicher Braunohrsittich**
Vieillot, 1818
*se Brasilien bis se Paraguay und n Argentinien*

Pyrrhura lepida
**Blausteißsittich**
*Pearly Parakeet - Cotorra pulcra*
Wagler, 1832
*ne Pará und nw Maranhão (cn Brasilien)*

Pyrrhura lepida anerythra
**Para-Blausteißsittich**
Neumann, 1927
*e Pará (ne Brasilien)*

Pyrrhura lepida coerulescens
**Maranhao-Blausteißsittich**
Neumann, 1927
*w, c Maranhão (nc Brasilien)*

Pyrrhura perlata
**Rotbauchsittich**
*Crimson-bellied Parakeet - Cotorra ventrirroja*
Spix, 1824
*c Brasilien bis n Bolivien*

Pyrrhura molinae
**Molinasittich**
*Green-cheeked Parakeet - Cotorra de Molina*
Massena & Souancé, 1854
*Hochland von w bis sc Bolivien*

Pyrrhura molinae flavoptera
**Westlicher Grünwangensittich**
Maijer, Herzog, Kessler, Friggens & Fjeldså, 1998
*wc Bolivien*

Pyrrhura molinae phoenicura
**Nördlicher Grünwangensittich**
Schlegel, 1864
*ne Bolivien und w Brasilien*

Pyrrhura molinae hypoxantha
**Östlicher Grünwangensittich**
Salvadori, 1899
*extremer e Bolivien und sw Brasilien*

Pyrrhura molinae restricta
**Tiefland-Grünwangensittich**
Todd, 1947
*Tiefland e Bolivien*

Pyrrhura molinae australis
**Südlicher Grünwangensittich**
Todd, 1915
*s Bolivien bis nw Argentinien*

Pyrrhura pfrimeri
**Goiassittich**
*Pfrimer's Parakeet - Cotorra de Goiás*
Miranda-Ribeiro, 1920
*ec Brasilien*

Pyrrhura griseipectus
**Graubrustsittich**
*Grey-breasted Parakeet - Cotorra pechigrís*
Salvadori, 1900
*ne Brasilien*

Pyrrhura leucotis
**Weißohrsittich**
*White-eared Parakeet - Cotorra orejiblanca*
Kuhl, 1820
*e, se Brasilien*

Pyrrhura picta
**Rotzügelsittich**
*Painted Parakeet - Cotorra pintada*
Müller, PLS, 1776
*Venezuela, Guianas und n Brasilien*

Pyrrhura picta eisenmanni
**Azuerosittich**
Delgado, 1985
*Azuero Halbinsel (c Panama)*

Pyrrhura picta subandina
**Rio Sinusittich**
Todd, 1917
*Rio Sinú Tal (nw Kolumbien)*

Pyrrhura picta caeruleiceps
**Auguachicasittich**
Todd, 1947
*e von Aguachica, Cesar und Norte de Santander (n Kolumbien) und Perijá Mts. (ne Kolumbien, nw Venezuela)*

Pyrrhura emma
**Blauscheitelsittich**
*Venezuelan Parakeet - Cotorra de Emma*
Salvadori, 1891
*n Venezuela*

Pyrrhura amazonum
**Santaremsittich**
*Santarem Parakeet - Cotorra de Santarém*
Hellmayr, 1906
*n von Amazon River zwischen Monte Allegre und Obidos (s Pará, Brasilien), s von Amazon in Tapajós-Tocantins*

Pyrrhura amazonum pallescens
**Rio Madeirasittich**
Miranda-Ribeiro, 1926
*Rio Madeira (sw Brasilien und n Bolivien)*

Pyrrhura amazonum lucida
**Rio Cristalinosittich**
Arndt, 2008
*Rio Teles Peres-Rio Cristalino Region (Mato Grosso, Brasilien)*

Pyrrhura lucianii
**Bonapartesittich**
*Bonaparte's Parakeet - Cotorra de Bonaparte*
Deville, 1851
*w Amazonasgebiet*

Pyrrhura roseifrons
## Rosenscheitelsittich
*Rose-fronted Parakeet - Cotorra frentirrosa*
Gray, GR, 1859
*w Brasilien, e Peru und n Bolivien*

Pyrrhura roseifrons peruviana
### Peruanischer Rosenscheitelsittich
Hocking, Blake & Joseph, 2002
*n Peru und se Ecuador*
Pyrrhura roseifrons dilutissima
### Arndts Rosenscheitelsittich
Arndt, 2008
*c Peru*
Pyrrhura roseifrons parvifrons
### Östlicher Rosenscheitelsittich
Arndt, 2008
*ne Peru*

Pyrrhura viridicata
## Santa-Marta-Sittich
*Santa Marta Parakeet - Cotorra de Santa Marta*
Todd, 1913
*n Kolumbien*

Pyrrhura egregia
## Feuerbugsittich
*Fiery-shouldered Parakeet - Cotorra egregia*
Sclater, PL, 1881
*se Venezuela und sw Guyana*

Pyrrhura egregia obscura
### Dunkler Feuerbugsittich
Zimmer, JT & Phelps, WH, 1946
*s Venezuela und ne Brasilien*

Pyrrhura melanura
## Braunschwanzsittich
*Maroon-tailed Parakeet - Cotorra colinegra*
Spix, 1824
*se Kolumbien und s Venezuela bis e Ecuador, ne Peru und nw Brasilien*

Pyrrhura melanura pacifica
### Pazifik-Braunschwanzsittich
Chapman, 1915
*sw Kolumbien und nw Ecuador*
Pyrrhura melanura chapmani
### Chapmans Braunschwanzsittich
Bond, J & Meyer de Schauensee, 1940
*Anden von s Kolumbien*
Pyrrhura melanura souancei
### Südlicher Braunschwanzsittich
Verreaux, J, 1858
*sc Kolumbien und ec Ecuador*
Pyrrhura melanura berlepschi
### Berlepschs Braunschwanzsittich
Salvadori, 1891
*se Ecuador und n Peru*

Pyrrhura orcesi
## Orcessittich
*El Oro Parakeet - Cotorra de El Oro*
Ridgely & Robbins, 1988
*sw Ecuador*

Pyrrhura albipectus
## Weißhalssittich
*White-breasted Parakeet - Cotorra cuelliblanca*
Chapman, 1914
*se Ecuador*

Pyrrhura rupicola
## Schwarzkappensittich
*Black-capped Parakeet - Cotorra capirotada*
Tschudi, 1844
*c Peru*

Pyrrhura rupicola sandiae
### Sandia-Schwarzkappensittich
Bond, J & Meyer de Schauensee, 1944
*se Peru, extremer w Brasilien und n Bolivien*

Pyrrhura calliptera
## Braunbrustsittich
*Flame-winged Parakeet - Cotorra pechiparda*
Massena & Souancé, 1854
*c Kolumbien*

Pyrrhura hoematotis
## Blutohrsittich
*Blood-eared Parakeet - Cotorra colirroja*
Souancé, 1857
*n Venezuela*

Pyrrhura hoematotis immarginata
### Larasittich
Zimmer, JT & Phelps, WH, 1944
*Lara (nw Venezuela)*

Pyrrhura rhodocephala
## Rotkopfsittich
*Rose-crowned Parakeet - Cotorra coronirroja*
Sclater, PL & Salvin, 1871
*w Venezuela*

Pyrrhura hoffmanni
## Hoffmannsittich
*Sulphur-winged Parakeet - Cotorra catana*
Cabanis, 1861
*s Costa Rica*

Pyrrhura hoffmanni gaudens
### Schwefelflügelsittich
Bangs, 1906
*w Panama*



Enicognathus ferrugineus
## Smaragdsittich
*Austral Parakeet - Cotorra cachaña*
Müller, PLS, 1776
*extremer s Chile und Argentinien*

Enicognathus ferrugineus minor
### Kleiner Smaragdsittich
Chapman, 1919
*s Chile und sw Argentinien*

Enicognathus leptorhynchus
## Langschnabelsittich
*Slender-billed Parakeet - Cotorra choroy*
King, PP, 1831
*c Chile*



Cyanoliseus patagonus
## Felsensittich
*Burrowing Parrot - Loro barranquero*
Vieillot, 1818
*c, se Argentinien*

Cyanoliseus patagonus andinus
### Andenfelsensittich
Dabbene & Lillo, 1913
*nw Argentinien*
Cyanoliseus patagonus conlara
### Westlicher Felsensittich
Nores & Yzurieta, 1983
*wc Argentinien*
Cyanoliseus patagonus bloxami
### Chilenischer Felsensittich
Olson, 1995
*c Chile*



Anodorhynchus hyacinthinus
## Hyazinthara
*Hyacinth Macaw - Guacamayo jacinto*
Latham, 1790
*c Brasilien bis se Bolivien und ne Paraguay*

Anodorhynchus leari
## Learara
*Lear's Macaw - Guacamayo de Lear*
Bonaparte, 1856
*e Brasilien*

† Anodorhynchus glaucus
## Türkisara
*Glaucous Macaw - Guacamayo glauco*
Vieillot, 1816
*se Brasilien, e Paraguay, w Uruguay und ne Argentinien*



Rhynchopsitta pachyrhyncha
## Kiefernsittich
*Thick-billed Parrot - Cotorra serrana occidental*
Swainson, 1827
*w Mexico*

Rhynchopsitta terrisi
**Maronenstirnsittich**
*Maroon-fronted Parrot - Cotorra serrana oriental*
Moore, RT, 1947
*ec Mexico*

## Gattung: Eupsittula

Eupsittula nana
**Jamaikasittich**
*Olive-throated Parakeet - Aratinga jamaicana*
Vigors, 1830
*Jamaika*

Eupsittula nana vicinalis
**Mexikanischer Aztekensittich**
Bangs & Penard, TE, 1919
ne Mexico
Eupsittula nana astec
**Panama-Aztekensittich**
Souancé, 1857
se Mexico bis w Panama

Eupsittula canicularis
**Elfenbeinsittich**
*Orange-fronted Parakeet - Aratinga frentinaranja*
Linnaeus, 1758
*s Mexico bis w Costa Rica*

Eupsittula canicularis clarae
**Westlicher Elfenbeinsittich**
Moore, RT, 1937
wc Mexico
Eupsittula canicularis eburnirostrum
**Mexikanischer Elfenbeinsittich**
Lesson, RP, 1842
sw Mexico

Eupsittula aurea
**Goldstirnsittich**
*Peach-fronted Parakeet - Aratinga frentidorada*
Gmelin, JF, 1788
*Amazonasgebiet bis s Bolivien, Paraguay und n Argentinien*

Eupsittula pertinax
**Braunwangensittich**
*Brown-throated Parakeet - Aratinga pertinaz*
Linnaeus, 1758
*Curaçao (Niederländische Antillen)*

Eupsittula pertinax ocularis
**Sclaters Braunwangensittich**
Sclater, PL & Salvin, 1865
Panama
Eupsittula pertinax aeruginosa
**Westlicher Braunwangensittich**
Linnaeus, 1758
n Kolumbien und nw Venezuela
Eupsittula pertinax griseipecta
**Östlicher Braunwangensittich**
Meyer de Schauensee, 1950
ne Kolumbien
Eupsittula pertinax lehmanni
**Lehmanns Braunwangensittich**
Dugand, 1943
e Kolumbien
Eupsittula pertinax arubensis
**Aruba-Braunwangensittich**
Hartert, EJO, 1892
Aruba (Niederländische Antillen)
Eupsittula pertinax xanthogenia
**Bonaire-Braunwangensittich**
Bonaparte, 1850
Bonaire (Niederländische Antillen)
Eupsittula pertinax tortugensis
**Tortuga-Braunwangensittich**
Cory, 1909
Tortuga Insel (vor n Venezuela)
Eupsittula pertinax margaritensis
**Margarita-Braunwangensittich**
Cory, 1918
Margarita Insel (vor n Venezuela)
Eupsittula pertinax venezuelae
**Venezuela-Braunwangensittich**
Zimmer, JT & Phelps, WH, 1951
n, c Venezuela
Eupsittula pertinax surinama
**Surinam-Braunwangensittich**
Zimmer, JT & Phelps, WH, 1951
ne Venezuela über n Guianas
Eupsittula pertinax chrysophrys
**Swainsons Braunwangensittich**
Swainson, 1838
se Venezuela, c, sw Guiana und Brasilien

Eupsittula pertinax chrysogenys
**Massena-Braunwangensittich**
Massena & Souancé, 1854
nw Brasilien
Eupsittula pertinax paraensis
**Brasilianischer Braunwangensittich**
Sick, 1959
nc Brasilien

Eupsittula cactorum
**Kaktussittich**
*Caatinga Parakeet - Aratinga de los cactos*
Kuhl, 1820
*ec Brasilien*

Eupsittula cactorum caixana
**Caixanasittich**
Spix, 1824
ne Brasilien

## † Gattung: Conuropsis

† Conuropsis carolinensis
**Carolinasittich**
*Carolina Parakeet - Cotorra de Carolina*
Linnaeus, 1758
*se USA*

† Conuropsis carolinensis ludoviciana
**Östlicher Carolinasittich**
Gmelin, JF, 1788
ec USA

## Gattung: Aratinga

Aratinga weddellii
**Weddellsittich**
*Dusky-headed Parakeet - Aratinga cabecifusca*
Deville, 1851
*Kolumbien bis Bolivien*

Aratinga nenday
**Nandaysittich**
*Nanday Parakeet - Aratinga ñanday*
Vieillot, 1823
*sw Brasilien und Bolivien bis Paraguay und n Argentinien*

Aratinga solstitialis
**Sonnensittich**
*Sun Parakeet - Aratinga sol*
Linnaeus, 1758
*n Brasilien (ne Roraima) und w Guyana*

Aratinga maculata
**Schwefelbrustsittich**
*Sulphur-breasted Parakeet - Aratinga pechisulfúrea*
Müller, PLS, 1776
*Pará, Brasilien*

Aratinga jandaya
**Jandayasittich**
*Jandaya Parakeet - Aratinga jandaya*
Gmelin, JF, 1788
*ne Brasilien*

Aratinga auricapillus
**Goldscheitelsittich**
*Golden-capped Parakeet - Aratinga testadorada*
Kuhl, 1820
*ec Brasilien*

Aratinga auricapillus aurifrons
**Spix-Goldkopfsittich**
Spix, 1824
se Brasilien

## Gattung: Cyanopsitta

Cyanopsitta spixii
**Spixara**
*Spix's Macaw - Guacamayo de Spix*
Wagler, 1832
*e Brasilien*

## Gattung: Orthopsittaca

Orthopsittaca manilatus
**Rotbauchara**
*Red-bellied Macaw - Guacamayo ventrirrojo*
Boddaert, 1783
*Amazonasgebiet*

## Gattung: Primolius

Primolius couloni
**Blaukopfara**
*Blue-headed Macaw - Guacamayo cabeciazul*
Sclater, PL, 1876
*w Amazonasgebiet*

Primolius auricollis
**Halsbandara**
*Golden-collared Macaw - Guacamayo acollarado*
Cassin, 1853
*c Brasilien, sw Brasilien und Bolivien bis n Argentinien und n Paraguay*

Primolius maracana
**Rotrückenara**
*Blue-winged Macaw - Guacamayo maracaná*
Vieillot, 1816
*c, e Brasilien bis e Paraguay und ne Argentinien*

## Gattung: Ara

Ara ararauna
**Gelbbrustara**
*Blue-and-yellow Macaw - Guacamayo azuliamarillo*
Linnaeus, 1758
*Amazonasgebiet und sc*

Ara glaucogularis
**Blaukehlara**
*Blue-throated Macaw - Guacamayo barbiazul*
Dabbene, 1921
*n Bolivien*

Ara severus
**Rotbugara**
*Chestnut-fronted Macaw - Guacamayo severo*
Linnaeus, 1758
*e Panama bis Guianas, sw Ecuador, n Bolivien und Amazonasgebiet Brasilien*

Ara rubrogenys
**Rotohrara**
*Red-fronted Macaw - Guacamayo de Cochabamba*
Lafresnaye, 1847
*c Bolivien*

† Ara tricolor
**Dreifarbenara**
*Cuban Macaw - Guacamayo cubano*
Bechstein, 1811
*Kuba*

Ara militaris
**Soldatenara**
*Military Macaw - Guacamayo militar*
Linnaeus, 1766
*Kolumbien, nw Venezuela, Ecuador, n, se Peru und nw Bolivien*

> Ara militaris mexicanus
> **Mexikanischer Soldatenara**
> Ridgway, 1915
> w Mexico
> Ara militaris bolivianus
> **Bolivianischer Soldatenara**
> Reichenow, 1908
> c Bolivien und nw Argentinien

Ara ambiguus
**Bechsteinara**
*Great Green Macaw - Guacamayo ambiguo*
Bechstein, 1811
*e Honduras bis nw Kolumbien*

> Ara ambiguus guayaquilensis
> **Südlicher Bechsteinara**
> Chapman, 1925
> w Ecuador

Ara macao
**Scharlachara**
*Scarlet Macaw - Guacamayo macao*
Linnaeus, 1758
*Costa Rica bis Bolivien und c Brasilien*

> Ara macao cyanopterus
> **Nördlicher Scharlachara**
> Wiedenfeld, 1995
> se Mexico bis Nicaragua

Ara chloropterus
**Grünflügelara**
*Red-and-green Macaw - Guacamayo aliverde*
Gray, GR, 1859
*Ost-Panama südlich und östlich der Anden, bis Bolivien, Brasilien und Paraguay*

## Gattung: Leptosittaca

Leptosittaca branickii
**Pinselsittich**
*Golden-plumed Parakeet - Aratinga de pinceles*
Berlepsch & Stolzmann, 1894
*Kolumbien bis Peru*

## Gattung: Ognorhynchus

Ognorhynchus icterotis
**Gelbohrsittich**
*Yellow-eared Parrot - Aratinga orejigualda*
Massena & Souancé, 1854
*Kolumbien und n Ecuador*

## Gattung: Guaruba

Guaruba guarouba
**Goldsittich**
*Golden Parakeet - Aratinga guaruba*
Gmelin, JF, 1788
*ne Brasilien*

## Gattung: Diopsittaca

Diopsittaca nobilis
**Zwergara**
*Red-shouldered Macaw - Guacamayo noble norteño*
Linnaeus, 1758
*e Venezuela, Guianas und n Brasilien*

> Diopsittaca nobilis cumanensis
> **Lichtensteins Zwergara**
> Lichtenstein, MHC, 1823
> nc, ne Brasilien (s Amazon)
> Diopsittaca nobilis longipennis
> **Langschwanzzwergara**
> Neumann, 1931
> c, s Brasilien, ne Bolivien und se Peru

## Gattung: Thectocercus

Thectocercus acuticaudatus
**Spitzschwanzsittich**
*Blue-crowned Parakeet - Aratinga cabeciazul*
Vieillot, 1818
*e Bolivien und s Brasilien bis n Argentinien und w Uruguay*

> Thectocercus acuticaudatus koenigi
> **Königs Spitzschwanzsittich**
> Arndt, 1995
> ne Kolumbien und n Venezuela
> Thectocercus acuticaudatus neoxenus
> **Margarita-Spitzschwanzsittich**
> Cory, 1909
> Margarita Insel (vor Venezuela)
> Thectocercus acuticaudatus haemorrhous
> **Brasilianischer Spitzschwanzsittich**
> Spix, 1824
> ne Brasilien
> Thectocercus acuticaudatus neumanni
> **Naumanns Spitzschwanzsittich**
> Blake & Traylor, 1947
> e Bolivien

Psittacara holochlorus
**Grünsittich**
*Green Parakeet - Aratinga verde*
Sclater, PL, 1859
e, s Mexico

Psittacara holochlorus brewsteri
**Nördlicher Grünsittich**
Nelson, 1928
nw Mexico

Psittacara brevipes
**Socorrosittich**
*Socorro Parakeet - Aratinga de Socorro*
Lawrence, 1871
Socorro Insel

Psittacara rubritorquis
**Rotkehlsittich**
*Red-throated Parakeet - Aratinga gorjirroja*
Sclater, PL, 1887
s Guatemala, Honduras und n Nicaragua

Psittacara strenuus
**Mexikosittich**
*Pacific Parakeet - Aratinga del Pacífico*
Ridgway, 1915
s Mexico bis n Nicaragua

Psittacara wagleri
**Kolumbiensittich**
*Scarlet-fronted Parakeet - Aratinga de Wagler*
Gray, GR, 1845
n Kolumbien und nw Venezuela

Psittacara wagleri transilis
**Östlicher Kolumbiasittich**
Peters, JL, 1927
e Kolumbien und n Venezuela

Psittacara frontatus
**Kordillerensittich**
*Cordilleran Parakeet - Aratinga cordillerana*
Cabanis, 1846
w Ecuador, w Peru

Psittacara frontatus minor
**Kleiner Kordillerensittich**
Carriker, 1933
c, s Peru

Psittacara mitratus
**Rotmaskensittich**
*Mitred Parakeet - Aratinga mitrada*
Tschudi, 1844
s Peru bis Bolivien und nw Argentinien

Psittacara mitratus chlorogenys
**Peruanischer Rotmaskensittich**
Arndt, 2006
n, c Peru
Psittacara mitratus tucumanus
**Argentinischer Rotmaskensittich**
Arndt, 2006
nw, nc Argentinien

Psittacara erythrogenys
**Guayaquilsittich**
*Red-masked Parakeet - Aratinga de Guayaquil*
Lesson, RP, 1844
w Ecuador und nw Peru

Psittacara finschi
**Veraguasittich**
*Finsch's Parakeet - Aratinga de Finsch*
Salvin, 1871
Nicaragua bis Panama

Psittacara leucophthalmus
**Pavuasittich**
*White-eyed Parakeet - Aratinga ojiblanca*
Müller, PLS, 1776
e Venezuela und Guianas über Brasilien bis Bolivien, Paraguay und n Argentinien

Psittacara leucophthalmus callogenys
**Amazonas-Weißaugensittich**
Salvadori, 1891
w Amazonasgebiet
Psittacara leucophthalmus nicefori

---

Nicefor-Weißaugensittich
Meyer de Schauensee, 1946
e Kolumbien

Psittacara euops
**Kubasittich**
*Cuban Parakeet - Aratinga cubana*
Wagler, 1832
Kuba

Psittacara chloropterus
**Haitisittich**
*Hispaniolan Parakeet - Aratinga de La Española*
Souancé, 1856
Hispaniola

† Psittacara maugei
**Monasittich**
*Puerto Rican Parakeet - Aratinga de Puerto Rico*
Souancé, 1856
Puerto Rico und Mona Insel

## Familie: Psittaculidae (Altweltpapageien)

### Gattung: Psittrichas

Psittrichas fulgidus
**Borstenkopfpapagei**
*Pesquet's Parrot - Loro aguileño*
Lesson, RP, 1830
Gebirge Neuguinea

### † Gattung: Mascarinus

† Mascarinus mascarinus
**Maskarenenpapagei**
*Mascarene Parrot - Loro de las Mascareñas*
Linnaeus, 1771
Réunion (w Mascarenes)

### Gattung: Coracopsis

Coracopsis vasa
**Vasapapagei**
*Greater Vasa Parrot - Loro vasa*
Shaw, 1812
e Madagascar

Coracopsis vasa comorensis
**Komorenvasa**
Peters, W, 1854
Grande Comore (=Njazidja), Mohéli (=Mwali) und Anjouan (=Nzwani; nw, c Comoros)
Coracopsis vasa drouhardi
**Westlicher Vasa**
Lavauden, 1929
w, s Madagascar

Coracopsis barklyi
**Seychellenpapagei**
*Seychelles Black Parrot - Loro de Seychelles*
Newton, E, 1867
Praslin und Curieuse (n von Praslin); früher Aride und Marianne (ne Inner Is., ne Seychellen)

Coracopsis sibilans
**Komorenpapagei**
*Comoro Black Parrot - Loro de las Comoras*
Milne-Edwards & Oustalet, 1885
Gebirge Grande Comore (=Njazidja) und Anjouan (=Nzwani; nw, ec Comoros)

Coracopsis nigra
**Rabenpapagei**
*Lesser Vasa Parrot - Loro negro*
Linnaeus, 1758
e Madagascar

Coracopsis nigra libs
**Westlicher Rabenpapagei**
Bangs, 1927
w, s Madagascar

Micropsitta keiensis
**Gelbkappen-Spechtpapagei**
*Yellow-capped Pygmy Parrot - Microloro de las Kai*
Salvadori, 1876
*Kai Is. (se Moluccas), Aru Is. und s Neuguinea*

Micropsitta keiensis chloroxantha
**Raja Ampat-Spechtpapagei**
Oberholser, 1917
*Raja Ampat Is. (nw von Neuguinea) und Bird's Head und Neck (nw Neuguinea)*

Micropsitta geelvinkiana
**Biakspechtpapagei**
*Geelvink Pygmy Parrot - Microloro de Geelvink*
Schlegel, 1871
*Numfor (Geelvink Bay is., nw von Neuguinea)*

Micropsitta geelvinkiana misoriensis
**Papuaspechtpapagei**
Salvadori, 1876
*Biak (Geelvink Bay is., nw von Neuguinea)*

Micropsitta pusio
**Braunstirn-Spechtpapagei**
*Buff-faced Pygmy Parrot - Microloro pusio*
Sclater, PL, 1866
*se Neuguinea, New Britain und kleine Inseln (se Bismarck Archipel)*

Micropsitta pusio beccarii
**Beccaris Spechtpapagei**
Salvadori, 1876
*n, ne Neuguinea und is. zwischen Neuguinea und New Britain (sw Bismarck Archipel)*
Micropsitta pusio harterti
**Harters Spechtpapagei**
Mayr, 1940
*Fergusson (D'Entrecasteaux Archipel, e von se Neuguinea)*
Micropsitta pusio stresemanni
**Stresemanns Spechtpapagei**
Hartert, EJO, 1926
*Misima und Tagula (w, c Louisiade Archipel, e von se Neuguinea)*

Micropsitta meeki
**Meekspechtpapagei**
*Meek's Pygmy Parrot - Microloro de Meek*
Rothschild & Hartert, EJO, 1914
*Manus und Rambutyo (se von Manus; nw Admiralty Is.)*

Micropsitta meeki proxima
**St. Matthias-Spechtpapagei**
Rothschild & Hartert, EJO, 1924
*Mussau, Eloaua (s von Mussau) und Emirau (=Squally Insel; St. Matthias Is.)*

Micropsitta finschii
**Salomonenspechtpapagei**
*Finsch's Pygmy Parrot - Microloro de Finsch*
Ramsay, EP, 1881
*Makira (=San Cristóbal), Ugi (n von w Makira) und Rennell (se Solomon Is.)*

Micropsitta finschii viridifrons
**Grünstirnspechtpapagei**
Rothschild & Hartert, EJO, 1899
*Lavongai (=New Hanover), New Ireland und kleine Inseln (ne Bismarck Archipel)*
Micropsitta finschii nanina
**Choiseulspechtpapagei**
Tristram, 1891
*Buka, Bougainville, Choiseul und Isabel (n, e Solomon Is.)*
Micropsitta finschii tristrami
**Tristramspechtpapagei**
Rothschild & Hartert, EJO, 1902
*New Georgia Gruppe (wc Solomon Is.)*
Micropsitta finschii aolae
**Russellspechtpapagei**
Ogilvie-Grant, 1888
*Russell Is. (w von Guadalcanal), Guadalcanal, Florida Is. und Malaita (cs Solomon Is.)*

Micropsitta bruijnii
**Rotbrust-Spechtpapagei**
*Red-breasted Pygmy Parrot - Microloro pechirrojo*
Salvadori, 1875
*Gebirge Neuguinea*

Micropsitta bruijnii buruensis
**Buruspechtpapagei**
Arndt, 1999
*Buru (wc Moluccas)*
Micropsitta bruijnii pileata
**Seramspechtpapagei**
Mayr, 1940
*Seram (ec Moluccas)*
Micropsitta bruijnii necopinata
**Bismarckspechtpapagei**
Hartert, EJO, 1925
*Gebirge New Britain und New Ireland (e Bismarck Archipel)*

Micropsitta bruijnii rosea
**Bougainville-Spechtpapagei**
Mayr, 1940
*Gebirge Bougainville, Kolombangara und Guadalcanal (n bis sc Solomon Is.)*



Polytelis swainsonii
**Schildsittich**
*Superb Parrot - Perico soberbio*
Desmarest, 1826
*nc New South Wales bis nc Victoria (inland se Australien)*

Polytelis anthopeplus
**Bergsittich**
*Regent Parrot - Perico regente*
Lear, 1831
*sw Western Australia (sw Australien)*

Polytelis anthopeplus monarchoides
**Monarchbergsittich**
Schodde, 1993
*se South Australia, sw New South Wales und nw Victoria (sc Australien)*

Polytelis alexandrae
**Alexandrasittich**
*Princess Parrot - Perico princesa*
Gould, 1863
*Great Sandy Desert, nc, sc Western Australia und sw Nortern Territory, wc Australien*



Alisterus amboinensis
**Amboinasittich**
*Moluccan King Parrot - Papagayo moluqueño*
Linnaeus, 1766
*Boano, Ambon und Seram (ec Moluccas)*

Alisterus amboinensis hypophonius
**Halmahera-Königssittich**
Müller, S, 1843
*Halmahera (n Moluccas)*
Alisterus amboinensis sulaensis
**Sula-Königssittich**
Reichenow, 1881
*Sula Is. (e von Sulawesi)*
Alisterus amboinensis versicolor
**Peleng-Königssittich**
Neumann, 1939
*Peleng (Banggai Is., e von Sulawesi)*
Allsterus amboinensis buruensis
**Buru-Königssittich**
Salvadori, 1876
*Buru (wc Moluccas)*
Alisterus amboinensis dorsalis
**Salawati-Königssittich**
Quoy & Gaimard, 1832
*Raja Ampat Is. (nw von Neuguinea) und Bird's Head und Neck (nw Neuguinea)*

Alisterus chloropterus
**Papuasittich**
*Papuan King Parrot - Papagayo papú*
Ramsay, EP, 1879
*Gebirge ne (Huon Halbinsel) und se Neuguinea*

Alisterus chloropterus moszkowskii
**Moszkowskisittich**
Reichenow, 1911
*Gebirge n Neuguinea*
Alisterus chloropterus callopterus
**Sepiksittich**
D'Albertis & Salvadori, 1879
*Gebirge wc bis ec Neuguinea*

Alisterus scapularis
**Königssittich**
*Australian King Parrot - Papagayo australiano*
Lichtenstein, MHC, 1816
*ec Queensland bis s Victoria (ec, se Australien)*

Alisterus scapularis minor
**Kleiner Königssittich**
Mathews, 1911
*se Cape York Halbinsel, ne Queensland (ne Australien)*



Aprosmictus jonquillaceus
**Timorsittich**
*Jonquil Parrot - Papagayo de Timor*
Vieillot, 1818
*Rote und Timor (e Lesser Sundas)*

Aprosmictus jonquillaceus wetterensis
**Wetarsittich**
Salvadori, 1891
Wetar (e Lesser Sundas)

Aprosmictus erythropterus
**Rotflügelsittich**
*Red-winged Parrot - Papagayo alirrojo*
Gmelin, JF, 1788
ec Queensland bis c New South Wales (ec Australien)

Aprosmictus erythropterus coccineopterus
**Goulds Rotflügelsittich**
Gould, 1865
Trans-Fly (sc Neuguinea) und Kimberley Region, ne Nortern Territory bis Cape York
Halbinsel, ne Queensland (n Australien)

## Gattung: Prioniturus

Prioniturus mada
**Buru-Spatelschwanzpapagei**
*Buru Racket-tail - Lorito momoto de Buru*
Hartert, EJO, 1900
Buru (wc Moluccas)

Prioniturus platurus
**Goldmantel-Spatelschwanzpapagei**
*Golden-mantled Racket-tail - Lorito momoto dorsidorado*
Vieillot, 1818
Sulawesi und kleine Inseln

Prioniturus platurus talautensis
**Talaud-Spatelschwanzpapagei**
Hartert, EJO, 1898
Talaud Is. (ne von Sulawesi)
Prioniturus platurus sinerubris
**Taliabu-Spatelschwanzpapagei**
Forshaw, 1971
Taliabu und Mangole (Sula Is., e von Sulawesi)

Prioniturus waterstradti
**Mindanao-Spatelschwanzpapagei**
*Mindanao Racket-tail - Lorito momoto de Mindanao*
Rothschild, 1904
Gebirge se Mindanao (s Philippinen)

Prioniturus waterstradti malindangensis
**Westlicher Spatelschwanzpapagei**
Mearns, 1909
Gebirge w Mindanao (s Philippinen)

Prioniturus montanus
**Berg-Spatelschwanzpapagei**
*Montane Racket-tail - Lorito momoto montano*
Ogilvie-Grant, 1895
Gebirge n Luzon (n Philippinen)

Prioniturus platenae
**Palawan-Spatelschwanzpapagei**
*Blue-headed Racket-tail - Lorito momoto de Palawan*
Blasius, W, 1888
Palawan Gruppe (sw Philippinen)

Prioniturus mindorensis
**Mindoro-Spatelschwanzpapagei**
*Mindoro Racket-tail - Lorito momoto de Mindoro*
Steere, 1890
Mindoro (nc Philippinen)

Prioniturus verticalis
**Sulu-Spatelschwanzpapagei**
*Blue-winged Racket-tail - Lorito momoto de las Sulu*
Sharpe, 1893
Sulu Archipel (s Philippinen)

Prioniturus flavicans
**Olivbrust-Spatelschwanzpapagei**
*Yellow-breasted Racket-tail - Lorito momoto amarillento*
Cassin, 1853
n Sulawesi, Bangka und Lembeh (n, e von ne Sulawesi) und Togian Is. (zwischen ne und ec
Sulawesi)

Prioniturus luconensis
**Luzon-Spatelschwanzpapagei**
*Green Racket-tail - Lorito momoto de Luzón*
Steere, 1890
Luzon (n Philippinen)

Prioniturus discurus
**Philippinen-Spatelschwanzpapagei**
*Blue-crowned Racket-tail - Lorito momoto coroniazul*
Vieillot, 1822
Mindanao, Basilan und Sulu Archipel (s Philippinen)

Prioniturus discurus whiteheadi
**Leyte-Spatelschwanzpapagei**
Salomonsen, 1953
Luzon bis Leyte und Bohol (n, ec Philippinen)

## Gattung: Eclectus

Eclectus roratus
**Edelpapagei**
*Moluccan Eclectus - Loro ecléctico*
Müller, PLS, 1776
Buru, Seram, Ambon, Haruku und Saparua (s von sw Seram; c Moluccas)

Eclectus roratus vosmaeri
**Halmahera-Edelpapagei**
Rothschild, 1922
Morotai bis Obi (n Moluccas)
† Eclectus roratus westermani
**Westermans Edelpapagei**
Bonaparte, 1850
Banda Sea Region (e Indonesia)

Eclectus cornelia
**Cornelia-Edelpapagei**
*Sumba Eclectus - Loro ecléctico de Sumba*
Bonaparte, 1850
Sumba (c Lesser Sundas)

Eclectus riedeli
**Riedels Edelpapagei**
*Tanimbar Eclectus - Loro ecléctico de Tanimbar*
Meyer, AB, 1882
Tanimbar Is. (s Moluccas)

Eclectus polychloros
**Papua-Edelpapagei**
*Papuan Eclectus - Loro ecléctico de Papua*
Scopoli, 1786
Kai Is. (se Moluccas), Neuguinea und kleine Inseln

Eclectus polychloros solomonensis
**Salomon-Edelpapagei**
Rothschild & Hartert, EJO, 1901
Bismarck Archipel inklusive Admiralty Is. (but not St. Matthias Gruppe), und Solomon Is.
bis Makira (s Solomon Is.)
Eclectus polychloros macgillivrayi
**Queensland-Edelpapagei**
Mathews, 1913
ec Cape York Halbinsel, ne Queensland (ne Australien)

† Eclectus infectus
**Polynesien-Edelpapagei**
*Oceanic Eclectus - Loro ecléctico Oceánico*
Steadman, 2006
Tonga (sw Polynesien), Vanuatu

## Gattung: Geoffroyus

Geoffroyus geoffroyi
**Rotkopfpapagei**
*Red-cheeked Parrot - Lorito carirrojo*
Bechstein, 1811
Timor, Semau (w von Timor) und Wetar (e Lesser Sundas)

Geoffroyus geoffroyi cyanicollis
**Molukken-Rotkopfpapagei**
Müller, S, 1841
Morotai, Halmahera und Bacan (n Moluccas)
Geoffroyus geoffroyi obiensis
**Obi-Rotkopfpapagei**
Finsch, 1868
Bisa und Obi (nc Moluccas)
Geoffroyus geoffroyi rhodops
**Schelgels Rotkopfpapagei**
Schlegel, 1864
Buru, Seram, Boano (nw von Seram), Ambon, Haruku und Saparua (s von sw Seram; c
Moluccas)
Geoffroyus geoffroyi keyensis
**Kai-Rotkopfpapagei**
Finsch, 1868
Kai Is. (se Moluccas)
Geoffroyus geoffroyi floresianus
**Flores-Rotkopfpapagei**
Salvadori, 1891
Lombok bis Flores und Sumba (w, c Lesser Sundas)

Geoffroyus geoffroyi timorlaoensis
**Timor-Rotkopfpapagei**
Meyer, AB, 1884
Tanimbar Is. (s Moluccas)
Geoffroyus geoffroyi pucherani
**Vogelkop-Rotkopfpapagei**
Souancé, 1856
Raja Ampat Is. (nw von Neuguinea) und Bird's Head (nw Neuguinea)
Geoffroyus geoffroyi minor
**Kleiner Rotkopfpapagei**
Neumann, 1922
n Neuguinea
Geoffroyus geoffroyi jobiensis
**Jobi-Rotkopfpapagei**
Meyer, AB, 1874
Yapen und Meos Num (Geelvink Bay is., nw Neuguinea)
Geoffroyus geoffroyi mysorensis
**Biak-Rotkopfpapagei**
Meyer, AB, 1874
Biak und Numfor (Geelvink Bay is., nw Neuguinea)
Geoffroyus geoffroyi sudestiensis
**Misima-Rotkopfpapagei**
De Vis, 1890
Misima und Tagula (w, c Louisiade Archipel, e von se Neuguinea)
Geoffroyus geoffroyi cyanicarpus
**Rossel-Rotkopfpapagei**
Hartert, EJO, 1899
Rossel (e Louisiade Archipel, e von se Neuguinea)
Geoffroyus geoffroyi aruensis
**Aru-Rotkopfpapagei**
Gray, GR, 1858
Aru Is. (sw von Neuguinea), s, ne (Huon Halbinsel), se Neuguinea und D'Entrecasteaux
Archipel (e von se Neuguinea)
Geoffroyus geoffroyi maclennani
**Capyork-Rotkopfpapagei**
MacGillivray, WDK, 1913
ec Cape York Halbinsel, ne Queensland (ne Australien)

Geoffroyus simplex
**Blauhalspapagei**
*Blue-collared Parrot - Lorito acollarado*
Meyer, AB, 1874
*Gebirge Bird's Head (nw Neuguinea)*

Geoffroyus simplex buergersi
**Buergers Blauhalspapagei**
Neumann, 1922
Gebirge wc bis se Neuguinea

Geoffroyus heteroclitus
**Bismarckpapagei**
*Song Parrot - Lorito heteróclito*
Hombron & Jacquinot, 1841
e Bismarck Archipel von Lavongai (=New Hanover) und Umboi (w von New Britain) über Solomon
Is. bis Makira (außer Rennell)

Geoffroyus heteroclitus hyacinthinus
**Mayrs Papagei**
Mayr, 1931
Rennell (sw Solomon Is.)



Psittinus cyanurus
**Blaubürzelpapagei**
*Blue-rumped Parrot - Lorito dorsiazul*
Forster, JR, 1795
*Malayische Halbinsel, Sumatra, Riau und Lingga is. (e von c Sumatra), Bangka (e von s Sumatra)
und Borneo*

Psittinus cyanurus pontius
**Mentawai-Blaubürzelpapagei**
Oberholser, 1912
Mentawai Is. (w von c Sumatra)

Psittinus abbotti
**Grünbürzelpapagei**
*Simeulue Parrot - Lorito de la Simeulue*
Richmond, 1902
*Simeulue und Siumat (w von n Sumatra)*



Tanygnathus megalorynchos
**Schwarzschulterpapagei**
*Great-billed Parrot - Loro picogordo*
Boddaert, 1783
*kleine Inseln von Sulawesi und Flores bis Moluccas und Raja Ampat Is. (nw von Neuguinea);
früher Balut und Sarangani, vor s Mindanao (s Philippinen)*

Tanygnathus megalorynchos affinis
**Molukken-Schwarzschulterpapagei**
Wallace, 1863
Buru, Seram, Ambon, Haruku (s von sw Seram) und Seram Laut (se von Seram; c
Moluccas)

Tanygnathus megalorynchos sumbensis
**Sumba-Schwarzschulterpapagei**
Meyer, AB, 1881
Sumba (c Lesser Sundas)
Tanygnathus megalorynchos hellmayri
**Hellmayrs Schwarzschulterpapagei**
Mayr, 1944
Rote, Semau und sw Timor (e Lesser Sundas)
Tanygnathus megalorynchos subaffinis
**Barbar-Schwarzschulterpapagei**
Sclater, PL, 1883
Babar (e Lesser Sundas) und Tanimbar Is. (s Moluccas)

Tanygnathus lucionensis
**Blauscheitelpapagei**
*Blue-naped Parrot - Loro nuquiazul*
Linnaeus, 1766
*Luzon und Mindoro (n Philippinen)*

Tanygnathus lucionensis hybridus
**Polillo-Blauscheitelpapagei**
Salomonsen, 1952
Polillo (n Philippinen)
Tanygnathus lucionensis salvadorii
**Salvadors Blauscheitelpapagei**
Ogilvie-Grant, 1896
c Philippinen bis Si Amil (e von ne Borneo) und Maratua (e von ne Borneo)
Tanygnathus lucionensis talautensis
**Talaud-Blauscheitelpapagei**
Meyer, AB & Wiglesworth, 1895
Talaud Is. (ne von Sulawesi)

Tanygnathus everetti
**Blaurückenpapagei**
*Blue-backed Parrot - Loro de Everett*
Tweeddale, 1877
*Visayas und Mindanao (c, s Philippinen)*

Tanygnathus everetti duponti
**Dupontpapagei**
Parkes, 1971
Luzon (n Philippinen)
Tanygnathus everetti freeri
**Polilli-Blauwangenpapagei**
McGregor, 1910
Polillo (n Philippinen)
Tanygnathus everetti burbidgii
**Sulu-Blauwangenpapagei**
Sharpe, 1879
Sulu Archipel (s Philippinen)

Tanygnathus sumatranus
**Azurbürzelpapagei**
*Azure-rumped Parrot - Loro de Müller*
Raffles, 1822
*Sulawesi und kleine Inseln und Banggai und Sula is. (e von Sulawesi)*

Tanygnathus sumatranus sangirensis
**Talaud-Azurbügelpapagei**
Meyer, AB & Wiglesworth, 1894
Sangihe und Talaud Is. (n von Sulawesi)

Tanygnathus gramineus
**Burupapagei**
*Black-lored Parrot - Loro de Buru*
Gmelin, JF, 1788
*Gebirge Buru (wc Moluccas)*



Psittacula finschii
**Finschsittich**
*Grey-headed Parakeet - Cotorra de Finsch*
Hume, 1874
*se Asien*

Psittacula himalayana
**Himalajasittich**
*Slaty-headed Parakeet - Cotorra del Himalaya*
Lesson, RP, 1831
*Himalaya*

Psittacula roseata
**Rosenkopfsittich**
*Blossom-headed Parakeet - Cotorra carirrosa*
Biswas, 1951
*West Bengal (Indien) bis Bangladesch*

Psittacula roseata juneae
**Indischer Rosenbrustsittich**
Biswas, 1951
ne Indien und n Myanmar bis Indochina

Psittacula cyanocephala
## Pflaumenkopfsittich
*Plum-headed Parakeet - Cotorra cabeciazul*
Linnaeus, 1766
*Indien*

Psittacula alexandri
## Bartsittich
*Red-breasted Parakeet - Cotorra pechirroja*
Linnaeus, 1758
*Java, Bali und s Borneo*

### Psittacula alexandri fasciata
#### Conchinchina-Rosenbrustbartsittich
Müller, PLS, 1776
n Indien bis s China und Indochina
### Psittacula alexandri abbotti
#### Andamanen-Bartsittich
Oberholser, 1919
Andaman Is.
### Psittacula alexandri cala
#### Simeulue-Bartsittich
Oberholser, 1912
Simeulue (w von n Sumatra)
### Psittacula alexandri major
#### Babi-Bartsittich
Richmond, 1902
Lasia und Babi Is. (w von n Sumatra)
### Psittacula alexandri perionca
#### Nias-Bartsittich
Oberholser, 1912
Nias (w von n Sumatra)
### Psittacula alexandri dammermani
#### Dammermans Rosenbrustbartsittich
Chasen & Kloss, 1932
Karimunjawa Is. (n von c Java)
### Psittacula alexandri kangeanensis
#### Kangean-Rosenbrustbartsittich
Hoogerwerf, 1962
Kangean Is. (n von Bali)

Psittacula derbiana
## Chinasittich
*Lord Derby's Parakeet - Cotorra de Derby*
Fraser, 1852
*sw China, ne Indien*

Psittacula longicauda
## Langschwanzsittich
*Long-tailed Parakeet - Cotorra colilarga*
Boddaert, 1783
*s Malayische Halbinsel, Sumatra, Nias (w von n Sumatra), Bangka (e von s Sumatra) und Borneo*

### Psittacula longicauda tytleri
#### Andamanen-Langschwanzsittich
Hume, 1874
Andaman und Cocos Is.
### Psittacula longicauda nicobarica
#### Nikobaren-Langschwanzsittich
Gould, 1857
Nicobar Is.
### Psittacula longicauda modesta
#### Sumatra-Langschwanzsittich
Fraser, 1845
Enggano (w von s Sumatra)
### Psittacula longicauda defontainei
#### Borneo-Langschwanzsittich
Chasen, 1935
Riau Is. (e von c Sumatra), Belitung (e von s Sumatra), Natuna Is. (nw von Borneo),
Karimata Is. (w von Borneo)

Psittacula columboides
## Taubensittich
*Blue-winged Parakeet - Cotorra de Malabar*
Vigors, 1830
*sw Indien*

Psittacula calthrapae
## Blauschwanzsittich
*Layard's Parakeet - Cotorra de Ceilán*
Blyth, 1849
*Sri Lanka*

Psittacula eupatria
## Alexandersittich
*Alexandrine Parakeet - Cotorra alejandrina*
Linnaeus, 1766
*s Indien und Sri Lanka*

### Psittacula eupatria nipalensis
#### Nepal-Alexandersittich
Hodgson, 1836
e Afghanistan bis Bangladesch

### Psittacula eupatria magnirostris
#### Andamanen-Alexandersittich
Ball, 1872
Andaman Is.
### Psittacula eupatria avensis
#### Indischer Alexandersittich
Kloss, 1917
ne Indien und n Myanmar
### Psittacula eupatria siamensis
#### Siam-Alexandersittich
Kloss, 1917
n, w Thailand und Indochina

† Psittacula wardi
## Seychellensittich
*Seychelles Parakeet - Cotorra de Seychelles*
Newton, E, 1867
*Silhouette, Mahe und Praslin (Inner Is., ne Seychellen)*

Psittacula krameri
## Halsbandsittich
*Rose-ringed Parakeet - Cotorra de Kramer*
Scopoli, 1769
*s Mauretanien und Senegal bis s Sudan und w Uganda*

### Psittacula krameri parvirostris
#### Abessinischer Halsbandsittich
Souancé, 1856
e Sudan bis nw Somalia
### Psittacula krameri borealis
#### Neumanns Halsbandsittich
Neumann, 1915
nw Pakistan bis se China und c Myanmar
### Psittacula krameri manillensis
#### Indischer Halsbandsittich
Bechstein, 1800
s Indien und Sri Lanka

† Psittacula eques
## Mauritiussittich
*Echo Parakeet - Cotorra de Mauricio*
Boddaert, 1783
*Réunion (w Mascarenes)*

### Psittacula eques echo
#### Echosittich
Newton, A & Newton, E, 1876
Mauritius (c Mascarenes)

† Psittacula exsul
## Rodriguessittich
*Newton's Parakeet - Cotorra de Rodrigues*
Newton, A, 1872
*Rodrigues (e Mascarenes)*

Psittacula caniceps
## Graukopfsittich
*Nicobar Parakeet - Cotorra de Nicobar*
Blyth, 1846
*Nicobar Is.*

†† Psittacula bensoni
## Mauritius-Grausittich
*Mascarene Grey Parakeet - Loro gris de Mauricio*
Holyoak, 1973
*Réunion und Mauritius (w, c Mascarenes)*

## Gattung: Psittacella

Psittacella brehmii
## Brehmpapagei
*Brehm's Tiger Parrot - Lorito tigre de Brehm*
Schlegel, 1871
*Gebirge Bird's Head (nw Neuguinea)*

### Psittacella brehmii intermixta
#### Westlicher Brehmpapagei
Hartert, EJO, 1930
Gebirge wc Neuguinea
### Psittacella brehmii harterti
#### Östlicher Brehmpapagei
Mayr, 1931
Gebirge Huon Halbinsel (ne Neuguinea)
### Psittacella brehmii pallida
#### Südlicher Brehmpapagei
Meyer, AB, 1886
Gebirge ec, se Neuguinea

Psittacella picta
## Braunscheitelpapagei
*Painted Tiger Parrot - Lorito tigre pintado*
Rothschild, 1896
*Gebirge se Neuguinea*

Psittacella picta lorentzi
**Snow-Mountainpapagei**
van Oort, 1910
Gebirge wc Neuguinea
Psittacella picta excelsa
**Gillards Braunscheitelpapagei**
Mayr & Gilliard, 1951
Gebirge ec Neuguinea

Psittacella modesta
**Olivpapagei**
*Modest Tiger Parrot - Lorito tigre modesto*
Schlegel, 1871
*Gebirge Bird's Head (nw Neuguinea)*

Psittacella modesta collaris
**Snow-Mountains Olivpapagei**
Ogilvie-Grant, 1914
Gebirge w, wc, c Neuguinea

Psittacella madaraszi
**Madaraszpapagei**
*Madarasz's Tiger Parrot - Lorito tigre de Madarasz*
Meyer, AB, 1886
*Gebirge wc bis se Neuguinea*

Psittacella madaraszi huonensis
**Huonpapagei**
Mayr & Rand, 1935
Gebirge Huon Halbinsel (ne Neuguinea)



Psephotus haematonotus
**Singsittich**
*Red-rumped Parrot - Perico dorsirrojo*
Gould, 1838
*se South Australia bis se Queensland und s Victoria (se Australien)*

Psephotus haematonotus caeruleus
**Nördlicher Singsittich**
Condon, 1941
ne South Australia und sw Queensland (ec Australien)



Northiella haematogaster
**Blutbauchsittich**
*Eastern Bluebonnet - Perico cariazul*
Gould, 1838
*wc South Australia bis sc Queensland und n Victoria (se Australien)*

Northiella haematogaster haematorrhoa
**Rotsteißsittich**
Bonaparte, 1856
se Queensland und nc New South Wales (se Australien)
Northiella haematogaster pallescens
**Blasser Gelbsteißsittich**
Salvadori, 1891
ne South Australia und SW Queensland (ec Australien)

Northiella narethae
**Narethasittich**
*Naretha Bluebonnet - Perico naretha*
White, HL, 1921
*se Western Australia und sw South Australia (sc Australien)*



Psephotellus varius
**Vielfarbensittich**
*Mulga Parrot - Perico variado*
Clark, AH, 1910
*wc, sw Western Australia bis sc Queensland und nw Victoria (s, c Australien)*

Psephotellus dissimilis
**Schwarzgesichtsittich**
*Hooded Parrot - Perico capirotado*
Collett, 1898
*c Top End, n Nortern Territory (nc Australien)*

Psephotellus chrysopterygius
**Goldschultersittich**
*Golden-shouldered Parrot - Perico aligualdo*
Gould, 1858
*nc Cape York Halbinsel, ne Queensland (ne Australien)*

† Psephotellus pulcherrimus
**Paradiessittich**
*Paradise Parrot - Perico del paraíso*
Gould, 1845
*c, s Queensland und n New South Wales (ec Australien)*



Purpureicephalus spurius
**Rotkappensittich**
*Red-capped Parrot - Perico capelo*
Kuhl, 1820
*sw Western Australia (sw Australien)*



Platycercus caledonicus
**Gelbbauchsittich**
*Green Rosella - Perico de Tasmania*
Gmelin, JF, 1788
*Flinders Insel (Furneaux Gruppe, e Bass Strait) und Tasmanien (se Australien)*

Platycercus caledonicus brownii
**Browns Gelbbauchsittich**
Kuhl, 1820
King Insel (w Bass Strait, se Australien)

Platycercus elegans
**Pennantsittich**
*Crimson Rosella - Perico elegante*
Gmelin, JF, 1788
*se Queensland bis se South Australia (se Australien)*

Platycercus elegans nigrescens
**Kleiner Pennantsittich**
Ramsay, EP, 1888
se Cape York Halbinsel, ne Queensland (ne Australien)
Platycercus elegans filewoodi
**Filewoodsittich**
McAllan & Bruce, 1989
ec Queensland (ec Australien)
Platycercus elegans melanopterus
**Nördlicher Pennantsittich**
North, 1906
Kangaroo Insel (vor sc South Australia; sc Australien)
Platycercus elegans adelaidae
**Fleurieusittich**
Gould, 1840
Fleurieu Peninsula und Mt. Lofty Ranges bis Mid North, se South Australia (sc Australien)
Platycercus elegans subadelaidae
**Nördlicher Adelaidesittich**
Mathews, 1912
s Flinders Ranges, se South Australia (sc Australien)
Platycercus elegans flaveolus
**Strohsittich**
Gould, 1837
Murray River, sw New South Wales (se Australien)

Platycercus venustus
**Schwarzkopfsittich**
*Northern Rosella - Perico gracioso*
Kuhl, 1820
*Top End, n Nortern Territory bis nw Queensland (nc Australien)*

Platycercus venustus hilli
**Queensland-Schwarzkopfsittich**
Mathews, 1910
ne Western Australia und nw Nortern Territory (nc Australien)

Platycercus adscitus
**Blasskopfsittich**
*Pale-headed Rosella - Perico pálido*
Latham, 1790
*Cape York Halbinsel, ne Queensland (ne Australien)*

Platycercus adscitus palliceps
**Südlicher Blasskopfsittich**
Lear, 1832
ec Queensland bis nw New South Wales (ne, ec Australien)

Platycercus eximius
**Rosellasittich**
*Eastern Rosella - Perico multicolor*
Shaw, 1792
*sc New South Wales, Victoria und se South Australia (se Australien)*

Platycercus eximius elecica
**Queenslandrosella**
Schodde & Short, 1989
se Queensland und ne New South Wales (ec Australien)

Platycercus eximius diemenensis
**Tasmanienrosella**
North, 1911
Tasmanien (se Australien)

Platycercus icterotis
**Gelbwangensittich**
*Western Rosella - Perico carigualdo*
Temminck & Kuhl, 1820
Küste sw Western Australia (sw Australien)

Platycercus icterotis xanthogenys
**Westernrosella**
Salvadori, 1891
Inland sw Western Australia (sw Australien)



Barnardius zonarius
**Ringsittich**
*Australian Ringneck - Perico de Port Lincoln*
Shaw, 1805
wc, sc Western Australia bis c Nortern Territory und ec South Australia (w, c Australien)

Barnardius zonarius barnardi
**Barnards Ringsittich**
Vigors & Horsfield, 1827
sc Queensland bis se South Australia und n Victoria (se Australien)
Barnardius zonarius parkeri
**Parkers Ringsittich**
Forshaw & Joseph, 2016
ne South Australia und sw Queensland (ec Australien)
Barnardius zonarius macgillivrayi
**Nördlicher Ringsittich**
North, 1900
ec Nortern Territory bis nc Queensland (nc Australien)
Barnardius zonarius semitorquatus
**Stirnbandringsittich**
Quoy & Gaimard, 1832
sw Western Australia (sw Australien)



Lathamus discolor
**Schwalbensittich**
*Swift Parrot - Periquito migrador*
Shaw, 1790
e Tasmanien (se Australien)



Prosopeia splendens
**Fidschisittich**
*Crimson Shining Parrot - Papagayo escarlata*
Peale, 1849
Kadavu und Ono (sw Fiji, sw Polynesien)

Prosopeia personata
**Maskensittich**
*Masked Shining Parrot - Papagayo enmascarado*
Gray, GR, 1848
Viti Levu (w Fiji, sw Polynesien)

Prosopeia tabuensis
**Pompadoursittich**
*Maroon Shining Parrot - Papagayo granate*
Gmelin, JF, 1788
Vanua Levu, Kioa, Koro und Gau (nc Fiji, sw Polynesien) und Eua (Tonga, sc Polynesien)

Prosopeia tabuensis taviunensis
**Taveunisittich**
Layard, EL, 1876
Taveuni, Qamea und Laucala (nc Fiji, sw Polynesien)



Eunymphicus cornutus
**Hornsittich**
*Horned Parakeet - Perico cornudo*
Gmelin, JF, 1788
Grande Terre (New Caledonia)

Eunymphicus uvaeensis
**Ouvéasittich**
*Ouvea Parakeet - Perico de Uvea*
Layard, EL & Layard, ELC, 1882
Ouvea (w Loyalty Is., New Caledonia)



Cyanoramphus saisseti
**Neukaledoniensittich**
*New Caledonian Parakeet - Perico de Nueva Caledonia*
Verreaux, J & des Murs, 1860
Grande Terre (New Caledonia)

Cyanoramphus cookii
**Norfolksittich**
*Norfolk Parakeet - Perico de Norfolk*
Gray, GR, 1859
Norfolk Insel (e von Australien)

† Cyanoramphus subflavescens
**Lord-Howe-Sittich**
*Lord Howe Parakeet - Perico de Lord Howe*
Salvadori, 1891
Lord Howe Insel (e von Australien)

Cyanoramphus forbesi
**Chathamsittich**
*Chatham Islands Parakeet - Perico de las Chatham*
Rothschild, 1893
Mangere und Little Mangere (Chatham Is., e von Südinsel, New Zealand)

Cyanoramphus unicolor
**Einfarbsittich**
*Antipodes Parakeet - Perico de las Antípodas*
Lear, 1831
Antipodes Is. (se von Stewart Insel, New Zealand)

Cyanoramphus malherbi
**Malherbesittich**
*Malherbe's Parakeet - Perico maorí montano*
Souancé, 1857
Südinsel und kleine Inseln (Neuseeland)

Cyanoramphus hochstetteri
**Antipodensittich**
*Reischek's Parakeet - Perico de Reischek*
Reischek, 1889
Antipodes Is. (se von Stewart Insel, New Zealand)

Cyanoramphus auriceps
**Springsittich**
*Yellow-crowned Parakeet - Perico maorí cabecigualdo*
Kuhl, 1820
North, South, Stewart und kleine Inseln, und Auckland is. (s von Südinsel; New Zealand)

Cyanoramphus novaezelandiae
**Ziegensittich**
*Red-crowned Parakeet - Perico maorí cabecirrojo*
Sparrman, 1787
North, Stewart und kleine Inseln, Chatham (e von Südinsel) und Auckland is. (s von Südinsel; New Zealand)

Cyanoramphus novaezelandiae cyanurus
**Kermadec-Ziegensittich**
Salvadori, 1891
Kermadec Is. (ne von Nordinsel, New Zealand)
Cyanoramphus novaezelandiae chathamensis
**Chatham-Ziegensittich**
Oliver, 1930
Chatham Is. (e von Südinsel, New Zealand)
† Cyanoramphus novaezelandiae erythrotis
**Macquarie-Ziegensittich**
Wagler, 1832
Macquarie Is. (Australia)

† Cyanoramphus zealandicus
**Schwarzstirnsittich**
*Black-fronted Parakeet - Perico frentinegro*
Latham, 1790
Tahiti (se Society Is., e Polynesien)

† Cyanoramphus ulietanus
**Raiateasittich**
*Raiatea Parakeet - Perico de Raiatea*
Gmelin, JF, 1788
Raiatea (c Society Is., e Polynesien)

## Gattung: Pezoporus

Pezoporus wallicus
**Erdsittich**
*Ground Parrot - Perico terrestre*
Kerr, 1792
*Küste se Queensland bis sw Victoria (e, se Australien)*

    Pezoporus wallicus flaviventris
    **Küstenerdsittich**
    North, 1911
    Küste sw Western Australia (sw Australien)
    Pezoporus wallicus leachi
    **Tasmanischer Erdsittich**
    Mathews, 1912
    Tasmanien (se Australien)

Pezoporus occidentalis
**Höhlensittich**
*Night Parrot - Perico nocturno*
Gould, 1861
*sw Queensland (at least; c Australien)*

## Gattung: Neopsephotus

Neopsephotus bourkii
**Bourkesittich**
*Bourke's Parrot - Periquito rosado*
Gould, 1841
*wc Western Australia bis sc Queensland und nc New South Wales (c, w Australien)*

## Gattung: Neophema

Neophema chrysostoma
**Feinsittich**
*Blue-winged Parrot - Periquito crisóstomo*
Kuhl, 1820
*e South Australia, sw Queensland bis s Victoria und Tasmanien (sc, se Australien)*

Neophema elegans
**Schmucksittich**
*Elegant Parrot - Periquito elegante*
Gould, 1837
*sc, se South Australia (sc Australien)*

    Neophema elegans carteri
    **Südlicher Schmucksittich**
    Mathews, 1912
    sw Western Australia (sw Australien)

Neophema petrophila
**Klippensittich**
*Rock Parrot - Periquito roquero*
Gould, 1841
*Küste sw Western Australia (sw Australien)*

    Neophema petrophila zietzi
    **Küsten-Klippensittich**
    Mathews, 1912
    Küste sc, se South Australia (sc Australien)

Neophema chrysogaster
**Goldbauchsittich**
*Orange-bellied Parrot - Periquito ventrinaranja*
Latham, 1790
*Küste sw Tasmanien (se Australien)*

Neophema pulchella
**Schönsittich**
*Turquoise Parrot - Periquito turquesa*
Shaw, 1792
*se Queensland bis e Victoria (se Australien)*

Neophema splendida
**Glanzsittich**
*Scarlet-chested Parrot - Periquito espléndido*
Gould, 1841
*ec Western Australia, sw Nortern Territory und South Australia (sc Australien)*

## Gattung: Oreopsittacus

Oreopsittacus arfaki
**Arfaklori**
*Plum-faced Lorikeet - Lori bigotudo*
Meyer, AB, 1874
*Gebirge Bird's Head (nw Neuguinea)*

Oreopsittacus arfaki major
**Großer Arfaklori**
Ogilvie-Grant, 1914
Gebirge wc Neuguinea
Oreopsittacus arfaki grandis
**Gebirgs-Arfaklori**
Ogilvie-Grant, 1895
Gebirge c, ne (Huon Halbinsel) und se Neuguinea

## Gattung: Charminetta

Charminetta wilhelminae
**Elfenlori**
*Pygmy Lorikeet - Lori pigmeo*
Meyer, AB, 1874
*Gebirge Bird's Head (nw Neuguinea) und wc bis ne (Huon Halbinsel) und se Neuguinea*

## Gattung: Hypocharmosyna

Hypocharmosyna rubronotata
**Rotstirnlori**
*Red-fronted Lorikeet - Lori frentirrojo*
Wallace, 1862
*Salawati (Raja Ampat Is., nw von Neuguinea), Bird's Head (nw Neuguinea) und n Neuguinea*

    Hypocharmosyna rubronotata kordoana
    **Biak-Rotstirnlori**
    Meyer, AB, 1874
    Biak (Geelvink Bay Is., nw Neuguinea)

Hypocharmosyna placentis
**Schönlori**
*Red-flanked Lorikeet - Lori flanquirrojo*
Temminck, 1835
*Ambelau (se von Buru, wc Moluccas), Seram (ec Moluccas), Kai Is. (se Moluccas), Aru Is. (se von Neuguinea) und s Neuguinea*

    Hypocharmosyna placentis intensior
    **Halmahera-Schönlori**
    Kinnear, 1928
    Morotai bis Obi (n Moluccas) und Gebe (nw von Neuguinea)
    Hypocharmosyna placentis ornata
    **Braunbürzeliger Schönlori**
    Mayr, 1940
    Raja Ampat Is. (nw von Neuguinea), Bird's Head (nw Neuguinea) bis nc Neuguinea
    Hypocharmosyna placentis pallidior
    **Grünbürzeliger Schönlori**
    Rothschild & Hartert, EJO, 1905
    Woodlark (e von se Neuguinea), New Ireland, New Britain und small Inseln bis Nuguria und Nissan (ne von eastern New Ireland; e Bismarck Archipel) bis Bougainville (n Solomon Is.)
    Hypocharmosyna placentis subplacens
    **Salomonen-Schönlori**
    Sclater, PL, 1876
    nc bis se Neuguinea

## Gattung: Charmosynopsis

Charmosynopsis toxopei
**Burulori**
*Blue-fronted Lorikeet - Lori de Buru*
Siebers, 1930
*Gebirge Buru (wc Moluccas)*

Charmosynopsis pulchella
**Goldstrichellori**
*Fairy Lorikeet - Lori lindo*
Gray, GR, 1859
*Gebirge Neuguinea (außer Foja und Cyclops mts., nc Neuguinea)*

    Charmosynopsis pulchella rothschildi
    **Harterts Goldstrichellori**
    Hartert, EJO, 1930
    Foja und Cyclops mts. (nc Neuguinea)

## Gattung: Synorhacma

Synorhacma multistriata
**Vielstrichellori**
*Striated Lorikeet - Lori estriado*
Rothschild, 1911
*s Hänge der Gebirge wc bis ec Neuguinea*

## Gattung: Charmosyna

Charmosyna josefinae
**Josefinenlori**
*Josephine's Lorikeet - Lori de Josefina*
Finsch, 1873
*Gebirge Bird's Head und Neck (nw Neuguinea) bis wc Neuguinea*

Charmosyna josefinae cyclopum
**Cyclopen-Josephinenlori**
Hartert, EJO, 1930
Cyclops Mts. (nw Neuguinea)
Charmosyna josefinae sepikiana
**Sepik-Josephinenlori**
Neumann, 1922
Gebirge c Neuguinea

Charmosyna papou
**Papualori**
*West Papuan Lorikeet - Lori papú*
Scopoli, 1786
Bird's Head (nw Neuguinea)

Charmosyna stellae
**Stellalori**
*Stella's Lorikeet - Lori de Stella*
Meyer, AB, 1886
se Neuguinea

Charmosyna stellae goliathina
**Mount-Goliath-Papualori**
Rothschild & Hartert, EJO, 1911
w, c, ne (Adelbert Range) Neuguinea
Charmosyna stellae wahnesi
**Wahnes Papualori**
Rothschild, 1906
Huon Halbinsel (ne Neuguinea)



Charmosynoides margarethae
**Margarethenlori**
*Duchess Lorikeet - Lori de Margarita*
Tristram, 1879
Bougainville bis Makira, Santa Ana und Santa Catalina (se von Makira; Solomon Is.)



Vini meeki
**Salomonenlori**
*Meek's Lorikeet - Lori de Meek*
Rothschild & Hartert, EJO, 1901
Gebirge Bougainville bis Malaita (at least; n bis sc Solomon Is.)

Vini rubrigularis
**Rotkinnlori**
*Red-chinned Lorikeet - Lori barbirrojo*
Sclater, PL, 1881
Gebirge Karkar (n von ne Neuguinea), New Ireland und New Britain (e Bismarck Archipel)

Vini palmarum
**Palmenlori**
*Palm Lorikeet - Lori palmero*
Gmelin, JF, 1788
Temotu (=Santa Cruz Is., se Solomon Is.) und Banks Is. bis Aneityum (n bis s Vanuatu)

Vini amabilis
**Rotschenkellori**
*Red-throated Lorikeet - Lori gorjirrojo*
Ramsay, EP, 1875
Viti Levu, Ovalau (w Lomaiviti Gruppe), Vanua Levu und Taveuni

† Vini diadema
**Diademlori**
*New Caledonian Lorikeet - Lori diadema*
Verreaux, J & des Murs, 1860
Grande Terre (New Caledonia)

Vini solitaria
**Einsiedlerlori**
*Collared Lory - Lori solitario*
Suckow, 1800
Fiji (außer s Lau Arch; sw Polynesien)

Vini australis
**Blaukappenlori**
*Blue-crowned Lorikeet - Lori de Samoa*
Gmelin, JF, 1788
Lau Archipel (e Fiji, sw Polynesien), Wallis und Futuna (ne von Fiji), Savaii, Upolu und Aleipata (w Samoa) und Manua Gruppe (American Samoa, c Polynesien), Tonga und Niue (sc Polynesien)

Vini ultramarina
**Ultramarinlori**
*Ultramarine Lorikeet - Lori ultramar*
Kuhl, 1820
Ua Huka, (Marquesas Is., ne Polynesien)

Vini stepheni
**Hendersonlori**
*Stephen's Lorikeet - Lori de Stephen*
North, 1908
Henderson (c Pitcairn Gruppe, se Polynesien)

Vini kuhlii
**Rubinlori**
*Kuhl's Lorikeet - Lori de Rimatara*
Vigors, 1824
Rimatara (Austral Is.) und eingeführt bis Kiritimati, Tabuaeran und Teraina (Line Is.) und Atiu und Mitiaro (Cook Is.; e Polynesien)

Vini peruviana
**Saphirlori**
*Blue Lorikeet - Lori monjita*
Müller, PLS, 1776
Aitutaki (s Cook Is.), Manuae, Maupihaa, Motu One (w Society Is.) und Apataki, Arutua, Kaukura, Rangiroa und Tikehau



Neopsittacus musschenbroekii
**Gelbschnabel-Berglori**
*Yellow-billed Lorikeet - Lori montano grande*
Schlegel, 1871
Gebirge Bird's Head (nw Neuguinea), wc bis ne (Huon Halbinsel) und se Neuguinea

Neopsittacus pullicauda
**Orangeschnabel-Berglori**
*Orange-billed Lorikeet - Lori montano chico*
Hartert, EJO, 1896
Gebirge wc bis ne (Huon Halbinsel) und se Neuguinea



Lorius albidinucha
**Weißnackenlori**
*White-naped Lory - Lori nuquiblanco*
Rothschild & Hartert, EJO, 1924
Gebirge c, s New Ireland (ne Bismarck Archipel)

Lorius chlorocercus
**Grünschwanzlori**
*Yellow-bibbed Lory - Lori acollarado*
Gould, 1856
Guadalcanal bis Makira und kleine Inseln, und Rennell (n bis se Solomon Is. außer New Georgia Gruppe)

Lorius domicella
**Erzlori**
*Purple-naped Lory - Lori damisela*
Linnaeus, 1758
Gebirge Seram (ec Moluccas)

Lorius garrulus
**Prachtlori**
*Chattering Lory - Lori gárrulo*
Linnaeus, 1758
Halmahera und Widi (e von se Halmahera; n Moluccas)

Lorius garrulus morotaianus
**Morotaiprachtlori**
van Bemmel, 1940
Morotai und Rau (e von Morotai; n Moluccas)
Lorius garrulus flavopalliatus
**Obiprachtlori**
Salvadori, 1877
Kasiruta und Mandioli (w von Bacan), Bacan, Obi und Obilatu (w von Obi; nc Moluccas)

Lorius hypoinochrous
**Schwarzsteißlori**
*Purple-bellied Lory - Lori ventrivinoso*
Gray, GR, 1859
Misima und Tagula (w, c Louisiade Archipel, e von se Neuguinea)

Lorius hypoinochrous devittatus
**Harters Schwarzsteißlori**
Hartert, EJO, 1898
se Neuguinea, Trobriand Is., D'Entrecasteaux Archipel und Woodlark Gruppe (e von se Neuguinea), Lavongai (=New Hanover), New Ireland und New Britain und kleine Inseln (e Bismarck Archipel)
Lorius hypoinochrous rosselianus
**Rossel-Schwarzsteißlori**
Rothschild & Hartert, EJO, 1918
Rossel (e Louisiade Archipel, e von se Neuguinea)

Lorius lory
**Frauenlori**
*Black-capped Lory - Lori tricolor*
Linnaeus, 1758
*Raja Ampat Is. (nw von Neuguinea) und Bird's Head (nw Neuguinea)*

Lorius lory viridicrissalis
**Biak Frauenlori**
Beaufort, 1909
nc Neuguinea
Lorius lory erythrothorax
**Jobi Frauenlori**
Salvadori, 1877
Bird's Neck (nw Neuguinea), s und se Neuguinea
Lorius lory somu
**Beaufort´s Frauenlori**
Diamond, 1967
Inland sc Neuguinea
Lorius lory jobiensis
**Meyer´s Frauenlori**
Meyer, AB, 1874
Yapen und Meos Num (Geelvink Bay is., nw Neuguinea)
Lorius lory cyanauchen
**Salvatori Frauenlori**
Müller, S, 1841
Biak (Geelvink Bay is., nw Neuguinea)
Lorius lory salvadorii
**Somu Frauenlori**
Meyer, AB, 1891
ne Neuguinea



Psitteuteles versicolor
**Buntlori**
*Varied Lorikeet - Lori versicolor*
Lear, 1831
*ne Western Australia bis nw Queensland (n Australien)*



Parvipsitta porphyrocephala
**Purpurkronlori**
*Purple-crowned Lorikeet - Lori coronipúrpura*
Dietrichsen, 1837
*sw Western Australia bis c Victoria (s Australien)*

Parvipsitta pusilla
**Rotmaskenlori**
*Little Lorikeet - Lori carirrojo*
Shaw, 1790
*se Cape York Halbinsel, ne Queensland bis w Victoria (e, se Australien)*



Pseudeos fuscata
**Weißbürzellori**
*Dusky Lory - Lori sombrío*
Blyth, 1858
*Salawati (Raja Ampat Is., nw von Neuguinea), Yapen (Geelvink Bay is., nw Neuguinea) und
Festland Neuguinea*

Pseudeos cardinalis
**Kardinallori**
*Cardinal Lory - Lori cardenal*
Gray, GR, 1849
*Inseln e von New Britain (se Bismarck Archipel) und Solomon Is.*



Chalcopsitta duivenbodei
**Braunlori**
*Brown Lory - Lori pardo*
Dubois, AJC, 1884
*n Neuguinea und kleine Inseln*

Chalcopsitta atra
**Schwarzlori**
*Black Lory - Lori negro*
Scopoli, 1786
*Batanta und Salawati (Raja Ampat Is., nw von Neuguinea) und w Bird's Head (nw Neuguinea)*

Chalcopsitta atra bernsteini
**Bernsteins Schwarzlori**
Rosenberg, HKB, 1861
Misool (Raja Ampat Is., nw von Neuguinea)

Chalcopsitta atra insignis
**Vogelkop-Schwarzlori**
Oustalet, 1878
Amberpon (=Rumbarpon, vor w Küste von Geelvink Bay, nw Neuguinea), und Bomberai
Halbinsel von w Bird's Neck (nw Neuguinea)

Chalcopsitta scintillata
**Schimmerlori**
*Yellow-streaked Lory - Lori chispeado*
Temminck, 1835
*e von Bird's Neck (nw Neuguinea) bis Trans-Fly (sc Neuguinea)*

Chalcopsitta scintillata rubrifrons
**Aruschimmerlori**
Gray, GR, 1858
Aru Is. (sw von Neuguinea)
Chalcopsitta scintillata chloroptera
**Salvadoris Schimmerlori**
Salvadori, 1876
sc Neuguinea und s von se Neuguinea



Glossoptilus goldiei
**Veilchenlori**
*Goldie's Lorikeet - Lori de Goldie*
Sharpe, 1882
*Gebirge wc bis ne (Huon Halbinsel) und se Neuguinea*



Glossopsitta concinna
**Moschuslori**
*Musk Lorikeet - Lori almizclero*
Shaw, 1791
*se Queensland bis se South Australia (e, se Australien)*

Glossopsitta concinna didimus
**Tasmanienlori**
Mathews, 1915
Tasmanien (se Australien)



Saudareos johnstoniae
**Mindanaolori**
*Mindanao Lorikeet - Lori de Mindanao*
Hartert, EJO, 1903
*Gebirge Mindanao (Philippinen)*

Saudareos iris
**Irislori**
*Iris Lorikeet - Lori iris*
Temminck, 1835
*Timor (e Lesser Sundas)*

Saudareos iris wetterensis
**Wettarlori**
Hellmayr, 1912
Wetar (e Lesser Sundas)

Saudareos flavoviridis
**Sulalori**
*Sula Lorikeet - Lori verdigualdo*
Wallace, 1863
*Sula Is. (e von Sulawesi)*

Saudareos meyeri
**Sulawesilori**
*Yellow-cheeked Lorikeet - Lori mostaza*
Walden, 1871
*Gebirge Sulawesi*

Saudareos ornata
**Schmucklori**
*Ornate Lorikeet - Lori adornado*
Linnaeus, 1758
*Sulawesi, Togian Is. (zwischen ne und ec Sulawesi), Banggai Is. (e von Sulawesi), und Muna,
Butung (=Buton) und Kaledupa (e von se Sulawesi)*



Eos reticulata
**Blaustrichellori**
*Blue-streaked Lory - Lori de las Tanimbar*
Müller, S, 1841
*Tanimbar Is. (s Moluccas)*

Eos semilarvata
**Halbmaskenlori**
*Blue-eared Lory - Lori de Seram*
Bonaparte, 1850
*Gebirge Seram (ec Moluccas)*

Eos bornea
**Rotlori**
*Red Lory - Lori rojo*
Linnaeus, 1758
*Boano (nw von Seram), Ambon, Haruku und Saparua (s von sw Seram), Seram, Seram Laut (se von Seram), Banda und Watubela Is. (nw von Kai Is.), Tayandu Is. (w von Kai Is.) und Kai Is. (se Moluccas)*

Eos bornea cyanonotha
**Bururotlori**
Vieillot, 1818
Buru (wc Moluccas)

Eos cyanogenia
**Schwarzschulterlori**
*Black-winged Lory - Lori alinegro*
Bonaparte, 1850
*Manim (w von Numfor), Numfor, Biak und Meos Num (w von Yapen), Geelvink Bay is., nw Neuguinea)*

† Eos histrio
**Harlekinlori**
*Red-and-blue Lory - Lori de las Sangihe*
Müller, PLS, 1776
*Sangihe, Siau und Ruang (n von Sulawesi; extinct)*

Eos histrio challengeri
**Challenger-Harlekinlori**
Salvadori, 1891
Talaud Is. (ne von n Sulawesi)

Eos squamata
**Kapuzenlori**
*Violet-necked Lory - Lori escamoso*
Boddaert, 1783
*Inseln von Raja Ampat Is. (nw von Neuguinea)*

Eos squamata riciniata
**Molukken-Kapuzenlori**
Bechstein, 1811
Morotai bis Damar (se von se Halmahera) und Widi Is. (e von se Halmahera; n Moluccas)
Eos squamata obiensis
**Obilori**
Rothschild, 1899
Bisa (nw von Obi) und Obi (nc Moluccas)



Trichoglossus rubiginosus
**Kirschlori**
*Pohnpei Lorikeet - Lori de Ponapé*
Bonaparte, 1850
*Pohnpei (=Ponape, e Caroline Is., c Micronesia)*

Trichoglossus chlorolepidotus
**Schuppenlori**
*Scaly-breasted Lorikeet - Lori escuamiverde*
Kuhl, 1820
*se Cape York Halbinsel, ne Queensland bis ec New South Wales (e Australien)*

Trichoglossus haematodus
**Allfarblori**
*Coconut Lorikeet - Lori de cocotero*
Linnaeus, 1771
*Buru (wc Moluccas), Ambon und Seram (ec Moluccas), Tayandu Is. (s Moluccas), Raja Ampat Is. (nw von Neuguinea), Bird's Head und Neck (nw Neuguinea) und w, nc Neuguinea*

Trichoglossus haematodus caeruleiceps
**Blasskopf Allfarblori**
D'Albertis & Salvadori, 1879
Trans-Fly (sc Neuguinea) und n Torres Strait is. (ne Australien)
Trichoglossus haematodus micropteryx
**Südlicher Grünnacken-Allfarblori**
Stresemann, 1922
ne, se Neuguinea
Trichoglossus haematodus flavicans
**Olivgrüner Allfarblori**
Cabanis & Reichenow, 1876
Admiralty Is. und Lavongai (=New Hanover; nw, wc Bismarck Archipel)
Trichoglossus haematodus nigrogularis
**Schwarzkehl-Allfarblori**
Gray, GR, 1858
Kai Is. (se Moluccas) und Aru Is. (sw von Neuguinea)
Trichoglossus haematodus nesophilus
**Ninigo-Allfarblori**
Neumann, 1929
Ninigo und ?Hermit Is. (Western Is., Bismarck Archipel)

Trichoglossus haematodus massena
**Massena-Allfarblori**
Bonaparte, 1854
Schouten Is. (Geelvink Bay is., nw Neuguinea) bis Budibudi (e von Woodlark, e von se Neuguinea), Bismarck Archipel, Solomon Is. inklusive Temotu (=Santa Cruz Is.; but not Rennell) und Vanuatu
Trichoglossus haematodus deplanchii
**Neukaledonien-Allfarblori**
Verreaux, J & des Murs, 1860
Grande Terre und Ile des Pins (New Caledonia; eingeführt Ouvea, w Loyalty Is.)

Trichoglossus rosenbergii
**Gelbnackenlori**
*Biak Lorikeet - Lori de Biak*
Schlegel, 1871
*Biak (Geelvink Bay is., nw Neuguinea)*

Trichoglossus moluccanus
**Regenbogenlori**
*Rainbow Lorikeet - Lori arcoiris*
Gmelin, JF, 1788
*ec Queensland bis s Victoria, ec South Australia und Tasmanien (e, se Australien)*

Trichoglossus moluccanus septentrionalis
**Östlicher Regenbogenlori**
Robinson, 1900
Cape York Halbinsel, ne Queensland (ne Australien)

Trichoglossus rubritorquis
**Rotnackenlori**
*Red-collared Lorikeet - Lori cuellirrojo*
Vigors & Horsfield, 1827
*ne Western Australia bis nw Queensland (nc Australien)*

Trichoglossus euteles
**Gelbkopflori**
*Olive-headed Lorikeet - Lori humilde*
Temminck, 1835
*Timor und Adonara (e von Flores) bis Nila und Babar (e Lesser Sundas)*

Trichoglossus capistratus
**Gelbbrustlori**
*Marigold Lorikeet - Lori embridado*
Bechstein, 1811
*Timor, Rote (sw von Timor) und Atauro (n von e Timor)*

Trichoglossus capistratus fortis
**Sumba-Gelbbrustlori**
Hartert, EJO, 1898
Sumba (sc Lesser Sundas)
Trichoglossus capistratus flavotectus
**Wetar-Gelbbrustlori**
Hellmayr, 1914
Wetar und Romang (e von Wetar; e Lesser Sundas)

Trichoglossus weberi
**Weberlori**
*Leaf Lorikeet - Lori de Flores*
Büttikofer, 1894
*Gebirge Flores (c Lesser Sundas)*

Trichoglossus forsteni
**Forstenlori**
*Sunset Lorikeet - Lori pechiescarlata*
Bonaparte, 1850
*Sumbawa (w Lesser Sundas)*

Trichoglossus forsteni djampeanus
**Djampealori**
Hartert, EJO, 1897
Tanahjampea (s von s Sulawesi)
Trichoglossus forsteni stresemanni
**Stresemann-Allfarblori**
Meise, 1929
Kalaotoa (s von s Sulawesi)
Trichoglossus forsteni mitchellii
**Mitchell-Allfarblori**
Gray, GR, 1859
Bali und Lombok (w Lesser Sundas)



Melopsittacus undulatus
**Wellensittich**
*Budgerigar - Periquito común*
Shaw, 1805
*Australien (außer n, e, s, Tasmanien)*

**Gattung: Psittaculirostris**

Psittaculirostris desmarestii
**Buntbrust-Zwergpapagei**
*Large Fig Parrot - Lorito de Desmarest*
Desmarest, 1826
*e Bird's Head (nw Neuguinea) und e Küste von Geelvink Bay*

Psittaculirostris desmarestii blythii
**Blyths Buntbrustzwergpapagei**
Wallace, 1864)   Misool
*Raja Ampat Is., nw von Neuguinea)*
Psittaculirostris desmarestii occidentalis
**Salawati-Buntbrustzwergpapagei**
Salvadori, 1876
*Salawati und Batanta (Raja Ampat Is., nw von Neuguinea), w Bird's Head und Bomberai*
*Halbinsel, w Bird's Neck (nw Neuguinea)*
Psittaculirostris desmarestii godmani
**Godmans Buntbrustzwergpapagei**
Ogilvie-Grant, 1911
*sc Neuguinea*
Psittaculirostris desmarestii cervicalis
**Östlicher Orangebrust-Zwergpapagei**
Salvadori & D'Albertis, 1875
*ec, se Neuguinea*

Psittaculirostris edwardsii
**Rotkehl-Zwergpapagei**
*Edwards's Fig Parrot - Lorito de Edwards*
Oustalet, 1885
*nc, ne Neuguinea*

Psittaculirostris salvadorii
**Rotbrust-Zwergpapagei**
*Salvadori's Fig Parrot - Lorito de Salvadori*
Oustalet, 1880
*nc Neuguinea*

**Gattung: Cyclopsitta**

Cyclopsitta gulielmitertii
**Orangebrust-Zwergpapagei**
*Blue-fronted Fig Parrot - Lorito pechinaranja*
Schlegel, 1866
*Salawati (Raja Ampat Is., nw von Neuguinea) und Bird's Head (nw Neuguinea)*

Cyclopsitta nigrifrons
**Blaustirn-Zwergpapagei**
*Black-fronted Fig Parrot - Lorito frentinegro*
Reichenow, 1891
*n Neuguinea*

Cyclopsitta nigrifrons amabilis
**Aru-Blaustirn-Zwergpapagei**
Reichenow, 1891
*n Küste von e Neuguinea*

Cyclopsitta melanogenia
**Schwarzwangen-Zwergpapagei**
*Dusky-cheeked Fig Parrot - Lorito carinegro*
Rosenberg, HKB, 1866
*Aru Is. (sw von Neuguinea)*

Cyclopsitta melanogenia suavissima
**Sclaters Schwarzwangen-Zwergpapagei**
Salvadori, 1876
*sc Neuguinea und s von se Neuguinea*
Cyclopsitta melanogenia fuscifrons
**Südlicher Schwarzwangen-Zwergpapagei**
Salvadori, 1876
*s Neuguinea*

Cyclopsitta diophthalma
**Maskenzwergpapagei**
*Double-eyed Fig Parrot - Lorito dobleojo*
Hombron & Jacquinot, 1841
*Raja Ampat Is. (nw von Neuguinea) und Neuguinea (außer s)*

Cyclopsitta diophthalma aruensis
**Aru-Maskenzwergpapagei**
Schlegel, 1874
*Aru Is. (sw von Neuguinea) und sc Neuguinea*
Cyclopsitta diophthalma virago
**Fergusson-Maskenzwergpapagei**
Hartert, EJO, 1895
*D'Entrecasteaux Archipel (e von se Neuguinea)*
Cyclopsitta diophthalma inseparabilis
**Tagula-Maskenzwergpapagei**
Hartert, EJO, 1898
*Tagula (c Louisiade Archipel, e von se Neuguinea)*
Cyclopsitta diophthalma marshalli
**Marshall-Maskenzwergpapagei**
Iredale, 1946
*ec Cape York Halbinsel, n Queensland (ne Australien)*

Cyclopsitta diophthalma macleayana
**Ramsay-Maskenzwergpapagei**
Ramsay, EP, 1874
*se Cape York Halbinsel, ne Queensland (ne Australien)*
Cyclopsitta diophthalma coxeni
**Goulds Maskenzwergpapagei**
Gould, 1867
*se Queensland und ne New South Wales (e Australien)*

**Gattung: Bolbopsittacus**

Bolbopsittacus lunulatus
**Stummelschwanzpapagei**
*Guaiabero - Lorito guayabero*
Scopoli, 1786
*Luzon (n Philippinen)*

Bolbopsittacus lunulatus callainipictus
**Samar-Stummelschwanzpapagei**
Parkes, 1971
*Samar (c Philippinen)*
Bolbopsittacus lunulatus intermedius
**Leyte-Stummelschwanzpapagei**
Salvadori, 1891
*Leyte und Panaon (ec Philippinen)*
Bolbopsittacus lunulatus mindanensis
**Mindanao-Stummelschwanzpapagei**
Steere, 1890
*Mindanao (s Philippinen)*

**Gattung: Loriculus**

Loriculus vernalis
**Frühlingspapageichen**
*Vernal Hanging Parrot - Lorículo vernal*
Sparrman, 1787
*Indien bis Indochina*

Loriculus vernalis phileticus
**Thailand-Frühlingspapageichen**
Deignan, 1956
*Thailand Halbinsel*

Loriculus beryllinus
**Ceylonpapageichen**
*Sri Lanka Hanging Parrot - Lorículo de Ceilán*
Pennant, 1781
*Sri Lanka*

Loriculus philippensis
**Philippinenpapageichen**
*Philippine Hanging Parrot - Lorículo filipino*
Müller, PLS, 1776
*Luzon Gruppe (n Philippinen)*

Loriculus philippensis mindorensis
**Mindoropapageichen**
Steere, 1890
*Mindoro (wc Philippinen)*
Loriculus philippensis bournsi
**Sibuyanpapageichen**
McGregor, 1905
*Sibuyan (wc Philippinen)*
Loriculus philippensis regulus
**Negrospapageichen**
Souancé, 1856
*Guimaras, Negros, Ticao, Tablas, Masbate, Panay und Romblon (wc Philippinen)*
† Loriculus philippensis chrysonotus
**Cebu-Fledermauspapageichen**
Sclater, PL, 1872
*Cebu (wc Philippinen)*
Loriculus philippensis worcesteri
**Leytepapageichen**
Steere, 1890
*Samar, Leyte und Bohol (ec Philippinen)*
Loriculus philippensis siquijorensis
**Siquijorpapageichen**
Steere, 1890
*Siquijor*
Loriculus philippensis apicalis
**Balutpapageichen**
Souancé, 1856
*Mindanao, Dinagat, Siargao, Bazol und Balut (s Philippinen)*
Loriculus philippensis dohertyi
**Basilanpapageichen**
Hartert, EJO, 1906
*Basilan (s Philippinen)*

Loriculus camiguinensis
**Camiguinpapageichen**
*Camiguin Hanging Parrot - Lorículo de Camiguin*
Tello, Degner, Bates, JM & Willard, 2006
*Camiguin Sur (s Philippinen)*

Loriculus bonapartei
**Schwarzschnabelpapageichen**
*Black-billed Hanging Parrot - Lorículo colinegra*
Souancé, 1856
*Sulu Archipel (s Philippinen)*

Loriculus galgulus
**Blaukronenpapageichen**
*Blue-crowned Hanging Parrot - Lorículo coroniazul*
Linnaeus, 1758
*Malayische Halbinsel, Sumatra und Borneo und many kleine Inseln*

Loriculus stigmatus
**Rotstirnpapageichen**
*Great Hanging Parrot - Lorículo de Célebes*
Müller, S, 1843
*Sulawesi*

Loriculus stigmatus croconotus
**Buton-Rotstirnpapageichen**
Jany, 1955
*Butung (=Buton) und Muna (se von se Sulawesi)*
Loriculus stigmatus quadricolor
**Vierfarbrotplättchen**
Walden, 1872
*Togian Is. (zwischen ne und ec Sulawesi)*

Loriculus amabilis
**Zierpapageichen**
*Moluccan Hanging Parrot - Lorículo amable*
Wallace, 1862
*Morotai bis Bacan (n Moluccas)*

Loriculus sclateri
**Sulapapageichen**
*Sula Hanging Parrot - Lorículo de las Sula*
Wallace, 1863
*Sula Is. (e von Sulawesi)*

Loriculus sclateri ruber
**Sulu-Hangpapageichen**
Meyer, AB & Wiglesworth, 1896
*Banggai Is. (e von Sulawesi)*

Loriculus catamene
**Rotsteißpapageichen**
*Sangihe Hanging Parrot - Lorículo de la Sangihe*
Schlegel, 1871
*Sangihe (ne von Sulawesi)*

Loriculus aurantiifrons
**Goldstirnpapageichen**
*Orange-fronted Hanging Parrot - Lorículo papú*
Schlegel, 1871
*Misool (Raja Ampat Is., nw von Neuguinea)*

Loriculus aurantiifrons meeki
**Meekgoldstirnpapageichen**
Hartert, EJO, 1895
*Waigeo (Raja Ampat Is., nw von Neuguinea), Neuguinea, Karkar (e von ne Neuguinea)
und D'Entrecasteaux Archipel (e von se Neuguinea)*

Loriculus tener
**Bismarckpapageichen**
*Bismarck Hanging Parrot - Lorículo de las Bismarck*
Sclater, PL, 1877
*Lavongai (=New Hanover), New Ireland, New Britain und Duke von York (e Bismarck Archipel)*

Loriculus exilis
**Däumlingspapageichen**
*Pygmy Hanging Parrot - Lorículo exiguo*
Schlegel, 1866
*Sulawesi und Butung (=Buton, se von se Sulawesi)*

Loriculus pusillus
**Elfenpapageichen**
*Yellow-throated Hanging Parrot - Lorículo de Java*
Gray, GR, 1859
*Java und Bali*

Loriculus flosculus
**Florespapageichen**
*Wallace's Hanging Parrot - Lorículo de Flores*
Wallace, 1864
*Flores und Rinca (w von Flores; c Lesser Sundas)*



Agapornis canus
**Grauköpfchen**
*Grey-headed Lovebird - Inseparable malgache*
Gmelin, JF, 1788
*Madagascar (außer s, c)*

Agapornis canus ablectaneus
**Südliches Grauköpfchen**
Bangs, 1918
*s Madagascar*

Agapornis pullarius
**Orangeköpfchen**
*Red-headed Lovebird - Inseparable carirrojo*
Linnaeus, 1758
*Guinea und Sierra Leone bis Sudan, Demokratische Republik Kongo und Angola*

Agapornis pullarius ugandae
**Uganda-Orangeköpfchen**
Neumann, 1908
*w Äthiopien bis e Demokratische Republik Kongo und nw Tansania*

Agapornis taranta
**Tarantapapagei**
*Black-winged Lovebird - Inseparable abisinio*
Stanley, 1814
*Gebirge Eritrea und Äthiopien*

Agapornis swindernianus
**Grünköpfchen**
*Black-collared Lovebird - Inseparable acollarado*
Kuhl, 1820
*Liberia, Elfenbeinküste und Ghana*

Agapornis swindernianus zenkeri
**Zenkers Grünköpfchen**
Reichenow, 1895
*Kamerun bis sw Zentralafrikanische Republik und w Demokratische Republik Kongo*
Agapornis swindernianus emini
**Kongogrünköpfchen**
Neumann, 1908
*n, c, e Demokratische Republik Kongo und w Uganda*

Agapornis roseicollis
**Rosenköpfchen**
*Rosy-faced Lovebird - Inseparable de Namibia*
Vieillot, 1818
*Namibia und nw Südafrika*

Agapornis roseicollis catumbella
**Angola-Rosenköpfchen**
Hall, BP, 1952
*sw Angola*

Agapornis fischeri
**Pfirsichköpfchen**
*Fischer's Lovebird - Inseparable de Fischer*
Reichenow, 1887
*Tansania*

Agapornis personatus
**Schwarzköpfchen**
*Yellow-collared Lovebird - Inseparable cabecinegro*
Reichenow, 1887
*Tansania*

Agapornis lilianae
**Erdbeerköpfchen**
*Lilian's Lovebird - Inseparable del Nyasa*
Shelley, 1894
*Tansania bis Simbabwe und Mosambik*

Agapornis nigrigenis
**Rußköpfchen**
*Black-cheeked Lovebird - Inseparable cachetón*
Sclater, WL, 1906
*s Sambia*



†† Lophopsittacus mauritianus
**Mauritiuspapagei**
*Broad-billed Parrot - Loro de Pico Ancho*
Owen, 1866
*Mauritius (c Mascarenes)*

†† Gattung: Necropsittacus

†† Necropsittacus rodricanus
**Rodriguespapagei**
*Rodrigues Parrot - Loro de Rodríguez*
Milne-Edwards, 1867
*Rodrigues (e Mascarenes)*


## Ordnung: PASSERIFORMES (Sperlingsvögel)

### Familie: Acanthisittidae (Maorischlüpfer)

Gattung: Acanthisitta

Acanthisitta chloris
**Grünstummelschwanz**
*Rifleman - Acantisita verdoso*
Sparrman, 1787
*South und Stewart is. und kleine Inseln (Neuseeland)*

    Acanthisitta chloris granti
    **Grants Grünstummelschwanz**
    Mathews & Iredale, 1913
    Nordinsel und kleine Inseln (Neuseeland)

Gattung: Xenicus

† Xenicus longipes
**Waldstummelschwanz**
*Bushwren - Acantisita de matorral*
Gmelin, JF, 1789
*Südinsel (Neuseeland)*

    † Xenicus longipes stokesii
    **North-Waldstummelschwanz**
    Gray, GR, 1862
    Nordinsel (Neuseeland)
    † Xenicus longipes variabilis
    **Steward-Waldstummelschwanz**
    Stead, 1936
    Stewart Insel und kleine Inseln (Neuseeland)

Xenicus gilviventris
**Felsenstummelschwanz**
*New Zealand Rockwren - Acantisita roquero*
Pelzeln, 1867
*Gebirge Südinsel (Neuseeland)*

† Gattung: Traversia

† Traversia lyalli
**Stephenstummelschwanz**
*Lyall's Wren - Acantisita de la Stephens*
Rothschild, 1894
*Stephens Insel (zwischen Nord- und Südinsel, New Zealand)*


### Familie: Sapayoidae (Tyrannenbreitrachen)

Gattung: Sapayoa

Sapayoa aenigma
**Tyrannenbreitrachen**
*Sapayoa - Sapayoa*
Hartert, EJO, 1903
*e Panama bis nw Ecuador*


### Familie: Philepittidae (Lappenpittas)

Gattung: Philepitta

Philepitta schlegeli
**Gelbbauchjala**
*Schlegel's Asity - Filepita de Schlegel*
Schlegel, 1867
*nw, wc Madagascar*

Philepitta castanea
**Seidenjala**
*Velvet Asity - Filepita aterciopelada*
Müller, PLS, 1776
*nw, e Madagascar*

Gattung: Neodrepanis

Neodrepanis coruscans
**Nektarjala**
*Common Sunbird-Asity - Filepita-suimanga común*
Sharpe, 1875
*nw, e Madagascar*

Neodrepanis hypoxantha
**Veilchenjala**
*Yellow-bellied Sunbird-Asity - Filepita-suimanga ventrigualda*
Salomonsen, 1933
*Gebirge n, e Madagascar*


### Familie: Eurylaimidae (Breitrachen)

Gattung: Pseudocalyptomena

Pseudocalyptomena graueri
**Blaukehl-Breitrachen**
*Grauer's Broadbill - Eurilaimo de Grauer*
Rothschild, 1909
*s Uganda, ec Demokratische Republik Kongo*

Gattung: Psarisomus

Psarisomus dalhousiae
**Papageibreitrachen**
*Long-tailed Broadbill - Eurilaimo lorito*
Jameson, 1835
*n Indien und Nepal bis s China und c Vietnam*

    Psarisomus dalhousiae cyanicauda
    **Vietnam-Papageibreitrachen**
    Riley, 1935
    se Thailand und Kambodscha
    Psarisomus dalhousiae divinus
    **Thailand-Papageibreitrachen**
    Deignan, 1947
    s Vietnam
    Psarisomus dalhousiae psittacinus
    **Malaysia-Papageibreitrachen**
    Müller, S, 1836
    Gebirge Malayische Halbinsel und Sumatra
    Psarisomus dalhousiae borneensis
    **Borneo-Papageibreitrachen**
    Hartert, EJO, 1904
    Gebirge Borneo

Gattung: Corydon

Corydon sumatranus
**Braunbreitrachen**
*Dusky Broadbill - Eurilaimo sombrío*
Raffles, 1822
*Malayische Halbinsel und Sumatra*

    Corydon sumatranus laoensis
    **Laos-Braunbreitrachen**
    Meyer de Schauensee, 1929
    s Myanmar bis n Thailand und Indochina
    Corydon sumatranus brunnescens
    **Natuna-Braunbreitrachen**
    Hartert, EJO, 1916
    Borneo und n Natuna Is. (nw von Borneo)

Gattung: Sarcophanops

Sarcophanops samarensis
**Samarbreitrachen**
*Visayan Broadbill - Eurilaimo de las Visayan*
Steere, 1890
*East Visayas (ec Philippinen)*

Sarcophanops steerii
## Lappenbreitrachen
*Wattled Broadbill - Eurilaimo de Mindanao*
Sharpe, 1876
*Mindanao Gruppe (s Philippinen)*



Serilophus rubropygius
## Graubrust-Breitrachen
*Grey-lored Broadbill - Eurilaimo cejigrís*
Hodgson, 1839
*ne Indien, ne Bangladesch und Bhutan bis ne Myanmar*

Serilophus lunatus
## Schwarzbrauen-Breitrachen
*Silver-breasted Broadbill - Eurilaimo pechoplata*
Gould, 1834
*s Myanmar und nw Thailand*

Serilophus lunatus elisabethae
### China-Breitrachen
La Touche, 1921
*c Myanmar bis ne Thailand, n, c Laos, n Vietnam und s China; se Thailand und Kambodscha*
Serilophus lunatus polionotus
### Hainan-Breitrachen
Rothschild, 1903
*Hainan Insel (vor se China)*
Serilophus lunatus impavidus
### Laos-Breitrachen
Deignan, 1948
*s Laos*
Serilophus lunatus stolidus
### Robinsons Breitrachen
Robinson & Kloss, 1919
*sw Thailand und Malayische Halbinsel (außer s)*
Serilophus lunatus rothschildi
### Harters Breitrachen
Hartert, EJO & Butler, AL, 1898
*Gebirge s Malayische Halbinsel*
Serilophus lunatus intensus
### Sumatra-Breitrachen
Robinson & Kloss, 1916
*Gebirge Sumatra*



Cymbirhynchus macrorhynchos
## Karminbreitrachen
*Black-and-red Broadbill - Eurilaimo rojinegro*
Gmelin, JF, 1788
*Sumatra, Bangka und Belitung (e von s Sumatra), Borneo und Pulau Laut (e von se Borneo)*

Cymbirhynchus macrorhynchos affinis
### Blyths Karminbreitrachen
Blyth, 1846
*w, c Myanmar*
Cymbirhynchus macrorhynchos siamensis
### Siam-Karminbreitrachen
Meyer de Schauensee & Ripley, 1940
*s Myanmar, s Thailand, Kambodscha, s Laos und s Vietnam*
Cymbirhynchus macrorhynchos malaccensis
### Salvadoris Karminbreitrachen
Salvadori, 1874  c,
*s Thai-Malayische Halbinsel*



Eurylaimus javanicus
## Purpurbreitrachen
*Banded Broadbill - Eurilaimo de Java*
Horsfield, 1821
*Java*

Eurylaimus javanicus pallidus
### Myanmar-Purpurkopfbreitrachen
Chasen, 1935
*se Myanmar bis s Vietnam und Malayische Halbinsel*
Eurylaimus javanicus harterti
### Sumatra-Purpurkopfbreitrachen
van Oort, 1909
*Sumatra, Riau Is. (e von c Sumatra), Bangka und Belitung (e von s Sumatra)*
Eurylaimus javanicus brookei
### Borneo-Purpurkopfbreitrachen
Robinson & Kloss, 1919
*n Natuna Is. (ne von Borneo) und Borneo*

Eurylaimus ochromalus
## Halsband-Breitrachen
*Black-and-yellow Broadbill - Eurilaimo negrigualdo*
Raffles, 1822
*Malayische Halbinsel, Sumatra, Banyak und Batu Is. (w von n, nc Sumatra), Riau und Lingga is. (e von c Sumatra), Bangka und Belitung (e von s Sumatra), n Natuna Is. (nw von Borneo), Borneo und Pulau Laut (e von se Borneo)*



Smithornis sharpei
## Graukopf-Breitrachen
*Grey-headed Broadbill - Eurilaimo cabecigrís*
Alexander, 1903
*Bioko Insel (Gulf von Guinea)*

Smithornis sharpei zenkeri
### Zenkers Breitrachen
Reichenow, 1903
*se Nigeria bis n Gabun, nw Kongo und sw Zentralafrikanische Republik*
Smithornis sharpei eurylaemus
### Kongo-Graukopfbreitrachen
Neumann, 1923
*e Demokratische Republik Kongo*

Smithornis rufolateralis
## Weißbinden-Breitrachen
*Rufous-sided Broadbill - Eurilaimo flanquirrojo*
Gray, GR, 1864
*Sierra Leone bis n Angola und w Demokratische Republik Kongo*

Smithornis rufolateralis budongoensis
### Uganda-Weißbinden-Breitrachen
Van Someren, 1921
*e Demokratische Republik Kongo und w Uganda*

Smithornis capensis
## Schwarzscheitel-Breitrachen
*African Broadbill - Eurilaimo africano*
Smith, A, 1839
*e Südafrika*

Smithornis capensis delacouri
### Delacours Breitrachen
Bannerman, 1923
*Sierra Leone bis Ghana*
Smithornis capensis camarunensis
### Kamerun-Breitrachen
Sharpe, 1905
*Kamerun, Gabun und Zentralafrikanische Republik*
Smithornis capensis albigularis
### Weißkehlbreitrachen
Hartert, EJO, 1904
*w Angola bis Tansania s bis Sambia und Malawi*
Smithornis capensis meinertzhageni
### Kongo-Breitrachen
Van Someren, 1919
*ne Demokratische Republik Kongo bis w Kenia*
Smithornis capensis medianus
### Kleiner Schwarzscheitel-Breitrachen
Hartert, EJO & Van Someren, 1916
*c Kenia und ne Tansania*
Smithornis capensis suahelicus
### Suaheli-Breitrachen
Grote, 1926
*se Kenia, e Tansania und ne Mosambik*
Smithornis capensis cryptoleucus
### Clanceys Breitrachen
Clancey, 1963
*e Simbabwe bis sw Tansania bis s Mosambik und ne Südafrika*
Smithornis capensis conjunctus
### Namibia-Breitrachen
Clancey, 1963
*ne Namibia bis s Sambia und nw Mosambik*



Calyptomena viridis
## Smaragdbreitrachen
*Green Broadbill - Eurilaimo verde*
Raffles, 1822
*s Myanmar, sw Thailand, Malayische Halbinsel und Singapore*

Calyptomena viridis gloriosa
### Swainsons Smaragdbreitrachen
Deignan, 1947
*Sumatra, Nias (w von n Sumatra), Lingga Is. (e von s Sumatra), Natuna Is. (nw von Borneo) und Borneo*

Calyptomena viridis siberu
**Sumatra-Smaragdbreitrachen**
Chasen & Kloss, 1926
Mentawai Is. (w von c Sumatra)

Calyptomena hosii
**Fleckenflügel-Breitrachen**
*Hose's Broadbill - Eurilaimo de Hose*
Sharpe, 1892
*Gebirge n, c Borneo*

Calyptomena whiteheadi
**Schwarzkehl-Breitrachen**
*Whitehead's Broadbill - Eurilaimo de Whitehead*
Sharpe, 1887
*Gebirge n, c Borneo*

## Familie: Pittidae (Pittas)

### Gattung: Hydrornis

Hydrornis phayrei
**Ohrenpitta**
*Eared Pitta - Pita orejuda*
Blyth, 1862
*se Myanmar, s China bis n Vietnam und s Kambodscha*

Hydrornis caeruleus
**Riesenpitta**
*Giant Pitta - Pita gigante*
Raffles, 1822
*Malayische Halbinsel und sw Sumatra (no recent records)*

Hydrornis caeruleus hosei
**Borneo-Riesenpitta**
Baker, ECS, 1918
n, c Borneo

Hydrornis oatesi
**Rostnackenpitta**
*Rusty-naped Pitta - Pita rojiza*
Hume, 1873
*e Myanmar bis ne Laos und Thailand*

Hydrornis oatesi castaneiceps
**Chinesische Rostnackenpitta**
Delacour & Jabouille, 1930
se China bis c Laos und nw Vietnam
Hydrornis oatesi bolovenensis
**Laos-Rostnackenpitta**
Delacour, 1932
s Laos und s Vietnam
Hydrornis oatesi deborah
**Malaysia-Rostnackenpitta**
King, BF, 1978
c Malayische Halbinsel

Hydrornis schneideri
**Schneiderpitta**
*Schneider's Pitta - Pita de Schneider*
Hartert, EJO, 1909
*Gebirge Sumatra*

Hydrornis nipalensis
**Blaunackenpitta**
*Blue-naped Pitta - Pita nuquiazul*
Hodgson, 1837
*c Nepal, se Tibet und ne Indien bis Bangladesch und Myanmar*

Hydrornis nipalensis hendeei
**Laos-Blaunackenpitta**
Bangs & Van Tyne, 1931
e Myanmar, n Thailand, Laos und n Vietnam

Hydrornis soror
**Blaubürzelpitta**
*Blue-rumped Pitta - Pita lomiazul*
Wardlaw-Ramsay, RG, 1881
*s Laos und c, s Vietnam*

Hydrornis soror tonkinensis
**Chinesische Blaubürzelpitta**
Delacour, 1927
s China und n Vietnam
Hydrornis soror douglasi
**Hainan-Blaubürzelpitta**
Ogilvie-Grant, 1910
Hainan Insel (vor se China)

Hydrornis soror petersi
**Peters Blaubürzelpitta**
Delacour, 1934
c Laos und nc Vietnam
Hydrornis soror flynnstonei
**Flynnstones Blaubürzelpitta**
Rozendaal, 1993
se Thailand und s Kambodscha

Hydrornis irena
**Malaienbindenpitta**
*Malayan Banded Pitta - Pita barrada malaya*
Temminck, 1836
*Malayische Halbinsel und Sumatra*

Hydrornis guajanus
**Javabindenpitta**
*Javan Banded Pitta - Pita barrada de Java*
Müller, PLS, 1776
*Java und Bali*

Hydrornis schwaneri
**Borneobindenpitta**
*Bornean Banded Pitta - Pita barrada de Borneo*
Bonaparte, 1850
*Gebirge Borneo*

Hydrornis baudii
**Blauscheitelpitta**
*Blue-headed Pitta - Pita cabeciazul*
Müller, S & Schlegel, 1839
*Borneo*

Hydrornis cyaneus
**Blaupitta**
*Blue Pitta - Pita azul*
Blyth, 1843
*ne Indien, e Bangladesch und Myanmar bis s China, Thailand, ne Laos und n, c Vietnam*

Hydrornis cyaneus aurantiacus
**Kambodscha-Blaupitta**
Delacour & Jabouille, 1928
se Thailand und sw Kambodscha
Hydrornis cyaneus willoughbyi
**Delacours Blaupitta**
Delacour, 1926
c Laos bis s Vietnam

Hydrornis gurneyi
**Gurneypitta**
*Gurney's Pitta - Pita de Gurney*
Hume, 1875
*Halbinsel Thailand und s Myanmar*

Hydrornis elliotii
**Streifenbauchpitta**
*Bar-bellied Pitta - Pita de Elliot*
Oustalet, 1874
*se Asien*

### Gattung: Erythropitta

Erythropitta kochi
**Bartpitta**
*Whiskered Pitta - Pita de Luzón*
Brüggemann, 1876
*Gebirge Luzon (n Philippinen)*

Erythropitta erythrogaster
**Philippinen-Blaubrustpitta**
*Philippine Pitta - Pita ventrirroja*
Temminck, 1823
*Philippinen (außer Sulu Archipel und Palawan Gruppe)*

Erythropitta erythrogaster propinqua
**Palawan-Blaubrustpitta**
Sharpe, 1877
Palawan, Balabac und Culion (sw Philippinen)
Erythropitta erythrogaster thompsoni
**Culion-Blaubrustpitta**
Ripley & Rabor, 1962
Culion und Calauit Is. (s Phillippinen)
Erythropitta erythrogaster yairocho
**Sulu-Blaubrustpitta**
Hachisuka, 1935
Sulu Archipel (s Philippinen)
Erythropitta erythrogaster inspeculata
**Talaud-Blaubrustpitta**
Meyer, AB & Wiglesworth, 1894
Talaud Is. (ne von Sulawesi)

Erythropitta dohertyi
**Sula-Blaubrustpitta**
*Sula Pitta - Pita de las Sula*
Rothschild, 1898
*Banggai und Sula is. (e von Sulawesi)*

Erythropitta celebensis
**Sulawesi-Blaubrustpitta**
*Sulawesi Pitta - Pita de Célebes*
Müller, S & Schlegel, 1845
*Sulawesi, inklusive Manterawu (=Mantehage; nw von ne Sulawesi), Togian Is. (zwischen ne und ec Sulawesi) und Butung (=Buton, s von se Sulawesi)*

Erythropitta celebensis palliceps
**Siau-Blaubrustpitta**
Brüggemann, 1876
Siau und Tahulandang (ne von Sulawesi)
Erythropitta celebensis caeruleitorques
**Sangihe-Blaubrustpitta**
Salvadori, 1876
Sangihe (ne von Sulawesi)

Erythropitta rufiventris
**Nordmolukken-Blaubrustpitta**
*North Moluccan Pitta - Pita moluqueña septentrional*
Heine, 1860
*Morotai bis Obi (n Moluccas)*

Erythropitta rufiventris obiensis
**Ternate-Blaubrustpitta**
Hachisuka, 1935
Obi (n Molukken)
Erythropitta rufiventris cyanonota
**Ternate-Blaubrustpitta**
Gray, GR, 1861
Ternate (n Moluccas)
Erythropitta rufiventris bernsteini
**Gebe-Blaubrustpitta**
Junge, 1958
Gebe (nw von Neuguinea)

Erythropitta rubrinucha
**Südmolukken-Blaubrustpitta**
*South Moluccan Pitta - Pita moluqueña meridional*
Wallace, 1862
*Gebirge Buru (wc Moluccas)*

Erythropitta rubrinucha piroensis
**Seram-Blaubrustpitta**
Muir & Kershaw, 1910
Gebirge Seram (ec Moluccas)

Erythropitta macklotii
**Papua-Blaubrustpitta**
*Papuan Pitta - Pita de Nueva Guinea*
Temminck, 1834
*Kai Is. (se Moluccas), Raja Ampat Is. (nw von Neuguinea), Aru Is. (sw von Neuguinea), Yapen (Geelvink Bay is., nw Neuguinea), Bird's Head und Neck (nw Neuguinea) und w, s, se Neuguinea*

Erythropitta macklotii habenichti
**Habenichts Blaubrustpitta**
Finsch, 1912
nw bis nc Neuguinea
Erythropitta macklotii oblita
**Aroa-Blaubrustpitta**
Rothschild & Hartert, EJO, 1912
w Port Moresby, Neuguinea
Erythropitta macklotii loriae
**Lorias Blaubrustpitta**
Salvadori, 1890
se Neuguinea
Erythropitta macklotii digglesi
**Diggles Blaubrustpitta**
Krefft, 1869
Cape York Halbinsel (ne Australien)
Erythropitta macklotii finschii
**Findschis Blaubrustpitta**
Ramsay, EP, 1884
D'Entrecasteaux Archipel (e von se Neuguinea)

Erythropitta novaehibernicae
**Neuirland-Blaubrustpitta**
*Bismarck Pitta - Pita de Nueva Irlanda*
Ramsay, EP, 1878
*New Ireland (Dyaul; ne Bismarck Archipel)*

Erythropitta novaehibernicae extima
**Lavongai-Blaubrustpitta**
Mayr, 1955
Lavongai (=New Hanover, nc Bismarck Archipel)
Erythropitta novaehibernicae splendida
**Tabar-Blaubrustpitta**
Mayr, 1955
Tabar (n von c New Ireland, ne Bismarck Archipel)

Erythropitta novaehibernicae gazellae
**Neuirland-Blaubrustpitta**
Neumann, 1908
New Britain und kleine Inseln von Tolokiwa bis Duke von York (se Bismarck Archipel)

Erythropitta meeki
**Louisade-Blaubrustpitta**
*Louisiade Pitta - Pita de las Luisiadas*
Rothschild, 1898
*Rossel (e Louisiade Archipel, e von se Neuguinea)*

Erythropitta venusta
**Maronenpitta**
*Graceful Pitta - Pita graciosa*
Müller, S, 1836
*Gebirge Sumatra*

Erythropitta granatina
**Granatpitta**
*Garnet Pitta - Pita granate*
Temminck, 1830
*Borneo (außer ne)*

Erythropitta granatina coccinea
**Sumatra-Granatpitta**
Eyton, 1839
Malayische Halbinsel und Sumatra

Erythropitta ussheri
**Schwarzscheitelpitta**
*Black-crowned Pitta - Pita de Ussher*
Gould, 1877
*Sabah (ne Borneo)*

Erythropitta arquata
**Azurbandpitta**
*Blue-banded Pitta - Pita bandeada*
Gould, 1871
*Gebirge Borneo*



Pitta angolensis
**Angolapitta**
*African Pitta - Pita angoleña*
Vieillot, 1816
*sw Kamerun bis nw Angola*

Pitta angolensis pulih
**Pulihpitta**
Fraser, 1843
Sierra Leone bis w Kamerun
Pitta angolensis longipennis
**Afrikanische Pitta**
Reichenow, 1901
se Demokratische Republik Kongo bis se Tansania und s bis ne Südafrika

Pitta reichenowi
**Grünbrustpitta**
*Green-breasted Pitta - Pita pechiverde*
Madarász, G, 1901
*w Kamerun bis s Uganda und c Demokratische Republik Kongo*

Pitta brachyura
**Bengalenpitta**
*Indian Pitta - Pita india*
Linnaeus, 1766
*Indien*

Pitta moluccensis
**Blauflügelpitta**
*Blue-winged Pitta - Pita aliazul*
Müller, PLS, 1776
*ne Myanmar und s Yunnan (s China) bis n, s Vietnam und n Malayische Halbinsel inklusive Langkawi (w von c Malayische Halbinsel)*

Pitta megarhyncha
**Mangrovepitta**
*Mangrove Pitta - Pita de manglar*
Schlegel, 1863
*Küsten von ne Indien Halbinsel, s Bangladesch, w Myanmar, Thailand, w Malayische Halbinsel, e Sumatra, Riau Is. (e von c Sumatra) und Bangka (e von s Sumatra)*

Pitta sordida
**Kappenpitta**
*Hooded Pitta - Pita encapuchada occidental*
Müller, PLS, 1776
*Philippinen (außer Palawan Gruppe)*

Pitta sordida cucullata
**Indien-Kappenpitta**
Hartlaub, 1843
n Indien bis s China und Indochina
Pitta sordida mulleri
**Mullers Kappenpitta**
Bonaparte, 1850
Malayische Halbinsel, Sumatra, Java, Borneo und sw Sulu Is. (s Philippinen)
Pitta sordida bangkana
**Bangka-Kappenpitta**
Schlegel, 1863
Bangka und Belitung (e von s Sumatra)
Pitta sordida palawanensis
**Palawan-Kappenpitta**
Parkes, 1960
Palawan Gruppe (sw Philippinen)
Pitta sordida sanghirana
**Sanghir-Kappenpitta**
Schlegel, 1866
Sangihe Is. (ne von Sulawesi)

Pitta abbotti
**Abbotts Kappenpitta**
*Nicobar Hooded Pitta - Pita encapuchada de nicobar*
Richmond, 1902
*Nicobar Is.*

Pitta forsteni
**Sulawesi-Kappenpitta**
*Minahasa Hooded Pitta - Pita encapuchada de minahasa*
Bonaparte, 1850
*n Sulawesi*

Pitta novaeguineae
**Neuguinea-Kappenpitta**
*Eastern Hooded Pitta - Pita encapuchada oriental*
Müller, S & Schlegel, 1845
*Raja Ampat Is. (nw von Neuguinea), Neuguinea, Karkar (vor ne Neuguinea) und Crown bis Tolokiwa (zwischen Neuguinea und New Britain, se Bismarck Archipel)*

Pitta novaeguineae goodfellowi
**Goodfellows Kappenpitta**
White, CMN, 1937
Aru Is. (sw von Neuguinea)
Pitta novaeguineae mefoorana
**Numfor-Kappenpitta**
Schlegel, 1874
Numfor (Geelvink Bay is., nw Neuguinea)

Pitta rosenbergii
**Rosenbergs Kappenpitta**
*Biak Hooded Pitta - Pita encapuchada de Biak*
Schlegel, 1871
*Biak (Geelvink Bay is., nw Neuguinea)*

Pitta nympha
**Nymphenpitta**
*Fairy Pitta - Pita ninfa*
Temminck & Schlegel, 1847
*Honshu, Shikoku und Kyushu (s, c Japan), Jeju (s von Koreanische Halbinsel), s, e China und Taiwan*

Pitta versicolor
**Lärmpitta**
*Noisy Pitta - Pita bulliciosa*
Swainson, 1825
*se Queensland bis ec New South Wales (ec Australien)*

Pitta versicolor simillima
**Goulds Lärmpitta**
Gould, 1868
Trans-Fly (sc Neuguinea), Torres Strait is. und ne Cape York Halbinsel, ne Queensland (ne Australien)
Pitta versicolor intermedia
**Kleine Lärmpitta**
Mathews, 1912
se Cape York Halbinsel bis ec Queensland (ne, nc Australien)

Pitta maxima
**Weißbrustpitta**
*Ivory-breasted Pitta - Pita de Halmahera*
Müller, S & Schlegel, 1845
*Halmahera, Kasiruta und Bacan (n Moluccas)*

Pitta maxima morotaiensis
**Morotai-Weißbrustpitta**
van Bemmel, 1939
Morotai (n Moluccas)

Pitta concinna
**Sundaschmuckpitta**
*Ornate Pitta - Pita ventrinegra*
Gould, 1857
*Nusa Penida (se von Bali), Lombok, Sumbawa, Flores, Adonara, Lomblen (=Lembata) und Alor (w bis ec Lesser Sundas)*

Pitta elegans
**Schmuckpitta**
*Elegant Pitta - Pita elegante*
Temminck, 1836
*Rote, Semau, Timor und Kisar (e Lesser Sundas)*

Pitta elegans virginalis
**Harters Schmuckpitta**
Hartert, EJO, 1896
Tanahjampea, Kalaotoa und Kalao (s von sw Sulawesi)
Pitta elegans maria
**Sumba-Schmuckpitta**
Hartert, EJO, 1896
Sumba (sc Lesser Sundas)

Pitta vigorsii
**Weißkehl-Schmuckpitta**
*Banda Sea Pitta - Pita gorjiblanca*
Gould, 1838
*Romang, Sermata, Damar und Babar (e Lesser Sundas) und Banda, Watubela und Kai is. (s Moluccas)*

Pitta anerythra
**Maskenpitta**
*Black-faced Pitta - Pita carinegra*
Rothschild, 1901
*Isabel (c Solomon Is.)*

Pitta anerythra pallida
**Choiseul-Maskenpitta**
Rothschild, 1904
Bougainville (n Solomon Is.)
Pitta anerythra nigrifrons
**Isabel-Maskenpitta**
Mayr, 1935
Choiseul (c Solomon Is.)

Pitta steerii
**Azurbrustpitta**
*Azure-breasted Pitta - Pita de Mindanao*
Sharpe, 1876
*Mindanao (s Philippinen)*

Pitta steerii coelestis
**Samar-Azurbrustpitta**
Parkes, 1971
Samar, Leyte und Bohol (ec Philippinen)

Pitta superba
**Manuspitta**
*Superb Pitta - Pita soberbia*
Rothschild & Hartert, EJO, 1914
*Manus (Admiralty Is., nc Bismarck Archipel)*

Pitta iris
**Regenbogenpitta**
*Rainbow Pitta - Pita arcoiris*
Gould, 1842
*Top End und kleine Inseln, n Nortern Territory (nc Australien)*

Pitta iris johnstoneiana
**Westliche Regenbogenpitta**
Schodde & Mason, IJ, 1999
ne Western Australia (nc Australien)

## Familie: Furnariidae (Töpfervögel)

### Gattung: Sclerurus

Sclerurus mexicanus
**Rostkehl-Laubwender**
*Tawny-throated Leaftosser - Tirahojas mexicano*
Sclater, PL, 1857
*se Mexico bis Honduras*

Sclerurus mexicanus pullus
**Bangs Rostkehl-Laubwender**
Bangs, 1902
Costa Rica bis w Panama

Sclerurus obscurior
**Braunkehl-Laubwender**
*Dusky Leaftosser - Tirahojas oscuro*
Hartert, EJO, 1901
*w Kolumbien und w Ecuador*

Sclerurus obscurior andinus
**Anden-Rostkehl-Laubwender**
Chapman, 1914
e Panama und n Kolumbien bis w Guyana

Sclerurus obscurior peruvianus
**Peruanischer Rostkehl-Laubwender**
Chubb, C, 1919
w Amazonasgebiet
Sclerurus obscurior macconnelli
**McConenells Rostkehl-Laubwender**
Chubb, C, 1919
Guianas und n Brasilien
Sclerurus obscurior bahiae
**Bahia-Rostkehl-Laubwender**
Chubb, C, 1919
e Brasilien

Sclerurus rufigularis
**Kurzschnabel-Laubwender**
*Short-billed Leaftosser - Tirahojas piquicorto*
Pelzeln, 1868
s Venezuela über Guianas bis ne Brasilien

Sclerurus rufigularis furfurosus
**Guyana-Kurzschnabel-Laubwender**
Todd, 1948
n Brasilien n Amazonas
Sclerurus rufigularis brunnescens
**Amazonas-Kurzschnabel-Laubwender**
Todd, 1948
se Kolumbien und nw Brasilien bis e Ecuador und nw Peru
Sclerurus rufigularis rufigularis
**Ekuador-Kurzschnabel-Laubwender**
Pelzeln, 1868
e Peru, e Bolivien und sw, sc Brasilien

Sclerurus guatemalensis
**Fleckenbrust-Laubwender**
*Scaly-throated Leaftosser - Tirahojas guatemalteco*
Hartlaub, 1844
s Mexico bis Panama

Sclerurus guatemalensis salvini
**Salvins Fleckenbrust-Laubwender**
Salvadori & Festa, 1899
e Panama, w Kolumbien und e Ecuador
Sclerurus guatemalensis ennosiphyllus
**Wetmores Fleckenbrust-Laubwender**
Wetmore, 1951
c Kolumbien

Sclerurus caudacutus
**Weißkehl-Laubwender**
*Black-tailed Leaftosser - Tirahojas colinegro*
Vieillot, 1816
Guianas

Sclerurus caudacutus insignis
**Venezuela-Weißkehl-Laubwender**
Zimmer, JT, 1934
s Venezuela und n Brasilien
Sclerurus caudacutus brunneus
**Sclaters Weißkehl-Laubwender**
Sclater, PL, 1857
se Kolumbien bis e Peru, w Amazonasgebiet Brasilien und n Bolivien
Sclerurus caudacutus pallidus
**Zimmers Weißkehl-Laubwender**
Zimmer, JT, 1934
nc Brasilien (s Amazon)
Sclerurus caudacutus umbretta
**Brasilien-Weißkehl-Laubwender**
Lichtenstein, MHC, 1823
s Amazonasgebiet Brasilien
Sclerurus caudacutus caligineus
**Östlicher Weißkehl-Laubwender**
Pinto, 1954
e Brasilien

Sclerurus albigularis
**Graukehl-Laubwender**
*Grey-throated Leaftosser - Tirahojas gorjigrís*
Sclater, PL & Salvin, 1869
e Kolumbien, n Venezuela, Trinidad und Tobago

Sclerurus albigularis canigularis
**Ridgways Graukehl-Laubwender**
Ridgway, 1889
Costa Rica und w Panama
Sclerurus albigularis propinquus
**Bangs Graukehl-Laubwender**
Bangs, 1899
Santa Marta Mts. (ne Kolumbien)
Sclerurus albigularis kunanensis
**Perija-Graukehl-Laubwender**
Aveledo & Ginés, 1950
Perijá Mts. (ne Kolumbien und nw Venezuela)
Sclerurus albigularis zamorae
**Chapmans Graukehl-Laubwender**
Chapman, 1923
e Ecuador und c Peru

Sclerurus albigularis albicollis
**Carrikers Graukehl-Laubwender**
Carriker, 1935
se Peru und n Bolivien
Sclerurus albigularis kempffi
**Kempffs Graukehl-Laubwender**
Kratter, 1997
ne Bolivien

Sclerurus scansor
**Schuppenkehl-Laubwender**
*Rufous-breasted Leaftosser - Tirahojas ogarití*
Ménétriés, 1835
e Brasilien bis e Paraguay und ne Argentinien

Sclerurus scansor cearensis
**Nördlicher Schuppenkehl-Laubwender**
Snethlage, E, 1924
ne Brasilien

## Gattung: Geositta

Geositta peruviana
**Küstenerdhacker**
*Coastal Miner - Minero peruano*
Lafresnaye, 1847
wc Peru

Geositta peruviana paytae
**Hellmayrs Küstenerdhacker**
Ménégaux & Hellmayr, 1906
nw Peru
Geositta peruviana rostrata
**Stolzmanns Küstenerdhacker**
Stolzmann, 1926
sw Peru

Geositta tenuirostris
**Dünnschnabel-Erdhacker**
*Slender-billed Miner - Minero picudo*
Lafresnaye, 1836
Peru, Bolivien und nw Argentinien

Geositta tenuirostris kalimayae
**Kalimayaerdhacker**
Krabbe, 1992
c Ecuador

Geositta cunicularia
**Patagonienerdhacker**
*Common Miner - Minero común*
Vieillot, 1816
sc Brasilien bis e, s Argentinien und s Chile

Geositta cunicularia juninensis
**Juninerdhacker**
Taczanowski, 1884
c Peru
Geositta cunicularia titicacae
**Titicacaerdhacker**
Zimmer, JT, 1935
sc Peru, w Bolivien, n Chile und nw Argentinien
Geositta cunicularia frobeni
**Frobenserdhacker**
Philippi & Landbeck, 1864
s Peru (Pacifikseite)
Geositta cunicularia georgei
**Icaerdhacker**
Koepcke, 1965
Ica und w Arequipa (Küste s Peru)
Geositta cunicularia deserticolor
**Arequipaerdhacker**
Hellmayr, 1924
Arequipa (Küste s Peru) bis n Chile
Geositta cunicularia fissirostris
**Atacamaerdhacker**
Kittlitz, 1835
s Atacama bis Llanquihué (c Chile)
Geositta cunicularia contrerasi
**Cordobaerdhacker**
Nores & Yzurieta, 1980
Sierras Grandes in Córdoba (wc Argentinien)
Geositta cunicularia hellmayri
**Hellmayrerdhacker**
Peters, JL, 1925
Malleco (ec Chile) und w Argentinien

Geositta punensis
**Altiplano-Erdhacker**
*Puna Miner - Minero puneño*
Dabbene, 1917
s Peru bis nw Argentinien

Geositta poeciloptera
**Camposerdhacker**
*Campo Miner - Minero brasileño*
Wied-Neuwied, M, 1830
e Bolivien über sc Brasilien

Geositta crassirostris
**Dickschnabel-Erdhacker**
*Thick-billed Miner - Minero picogrueso*
Sclater, PL, 1866
w Peru

    Geositta crassirostris fortis
    **Peru-Dickschnabel-Erdhacker**
    Berlepsch & Stolzmann, 1901
    sw Peru

Geositta rufipennis
**Rotschwanz-Erdhacker**
*Rufous-banded Miner - Minero rojizo*
Burmeister, 1860
nw Argentinien

    Geositta rufipennis fasciata
    **Chile-Rotschwanz-Erdhacker**
    Philippi & Landbeck, 1864
    w Bolivien und n, c Chile
    Geositta rufipennis harrisoni
    **Antofagastaerdhacker**
    Marin, Kiff & Peña, 1989
    n Chile (sw von Antofagasta)
    Geositta rufipennis giaii
    **Giaierdhacker**
    Contreras, 1976
    sw Argentinien
    Geositta rufipennis ottowi
    **Ottoerdhacker**
    Hoy, G, 1968
    c Argentinien
    Geositta rufipennis hoyi
    **Hoyerdhacker**
    Contreras, 1980
    wc, sw Argentinien und s Chile

Geositta maritima
**Grauerdhacker**
*Greyish Miner - Minero gris*
d'Orbigny & Lafresnaye, 1837
w Peru und n Chile

Geositta antarctica
**Feuerland-Erdhacker**
*Short-billed Miner - Minero austral*
Landbeck, 1880
s, w Argentinien und s Chile

Geositta saxicolina
**Zimthals-Erdhacker**
*Dark-winged Miner - Minero alioscuro*
Taczanowski, 1875
c Peru

Geositta isabellina
**Hellbürzel-Erdhacker**
*Creamy-rumped Miner - Minero grande*
Philippi & Landbeck, 1864
c Chile und wc Argentinien



Certhiasomus stictolaemus
**Kehlflecken-Baumsteiger**
*Spot-throated Woodcreeper - Trepatroncos gorjipunteado*
Pelzeln, 1868
c Brasilien

    Certhiasomus stictolaemus clarior
    **Zimmers Kehlflecken-Baumsteiger**
    Zimmer, JT, 1929
    Französisch-Guayana und ne Brasilien
    Certhiasomus stictolaemus secundus
    **Hellmayrs Kehlflecken-Baumsteiger**
    Hellmayr, 1904
    s Kolumbien und s Venezuela bis e Ecuador, e Peru und nw Brasilien



Sittasomus griseicapillus
**Dünnschnabel-Baumsteiger**
*Olivaceous Woodcreeper - Trepatroncos oliváceo oriental*
Vieillot, 1818
se Bolivien, n, w Paraguay, sc Brasilien und nc Argentinien

    Sittasomus griseicapillus jaliscensis
    **Jalisco-Dünnschnabel-Baumsteiger**
    Nelson, 1900
    ne und wc Mexico s bis Isthmus von Tehuantepec
    Sittasomus griseicapillus gracileus
    **Yucatan-Dünnschnabel-Baumsteiger**
    Bangs & Peters, JL, 1928
    Yucatán Halbinsel (se Mexico), n Guatemala und Belize
    Sittasomus griseicapillus sylvioides
    **Costa Rica-Dünnschnabel-Baumsteiger**
    Lafresnaye, 1850
    se Mexico bis nw Kolumbien
    Sittasomus griseicapillus perijanus
    **Perlja-Dünnschnabel-Baumsteiger**
    Phelps, WH & Gilliard, 1940
    Perijá Mts. (ne Kolumbien und nw Venezuela)
    Sittasomus griseicapillus tachirensis
    **Venezuela-Dünnschnabel-Baumsteiger**
    Phelps, WH & Phelps, WH Jr, 1956
    n Kolumbien und w Venezuela
    Sittasomus griseicapillus griseus
    **Tobago-Dünnschnabel-Baumsteiger**
    Jardine, 1847
    n Venezuela und Tobago
    Sittasomus griseicapillus aequatorialis
    **Ekuador-Dünnschnabel-Baumsteiger**
    Ridgway, 1891
    w Ecuador und nw Peru
    Sittasomus griseicapillus amazonus
    **Peru-Dünnschnabel-Baumsteiger**
    Lafresnaye, 1850
    se Kolumbien und s Venezuela bis e Ecuador, e Peru und w Brasilien
    Sittasomus griseicapillus axillaris
    **Guyana-Dünnschnabel-Baumsteiger**
    Zimmer, JT, 1934
    se Venezuela, Guianas und n Brasilien
    Sittasomus griseicapillus viridis
    **Bolivien-Dünnschnabel-Baumsteiger**
    Carriker, 1935
    n, e Bolivien
    Sittasomus griseicapillus transitivus
    **Pintos Dünnschnabel-Baumsteiger**
    Pinto & Camargo, 1948
    c Brasilien
    Sittasomus griseicapillus reiseri
    **Reisers Dünnschnabel-Baumsteiger**
    Hellmayr, 1917
    ne Brasilien
    Sittasomus griseicapillus olivaceus
    **Brasilien-Dünnschnabel-Baumsteiger**
    Wied-Neuwied, M, 1831
    e Brasilien
    Sittasomus griseicapillus sylviellus
    **Argentinien-Dünnschnabel-Baumsteiger**
    Temminck, 1821
    se Brasilien und se Paraguay bis ne Argentinien



Deconychura typica
**Tüpfelbrust-Baumsteiger**
*Little Long-tailed Woodcreeper - Trepatroncos colilargo pequeño*
Cherrie, 1891
Costa Rica und w Panama

    Deconychura typica darienensis
    **Panama-Tüpfelbrust-Baumsteiger**
    Griscom, 1929
    e Panama
    Deconychura typica minor
    **Kleiner Tüpfelbrust-Baumsteiger**
    Todd, 1919
    n Kolumbien

Deconychura longicauda
**Langschwanz-Baumsteiger**
*Northern Long-tailed Woodcreeper - Trepatroncos colilargo norteño*
Pelzeln, 1868
Guianas und n Brasilien

Deconychura pallida
**Gelbkehl-Baumsteiger**
*Southern Long-tailed Woodcreeper - Trepatroncos colilargo sureño*
Zimmer, JT, 1929
se Peru, n Bolivien und sw Brasilien

Deconychura pallida connectens
**Nördlicher Gelbkehl-Baumsteiger**
Zimmer, JT, 1929
e Kolumbien und s Venezuela bis e Ecuador, e Peru und nw Brasilien
Deconychura pallida zimmeri
**Zimmers Gelbkehl-Baumsteiger**
Pinto, 1974
c Brasilien

## Gattung: Dendrocincla

Dendrocincla tyrannina
### Tyrannenbaumsteiger
*Tyrannine Woodcreeper - Trepatroncos tiranino*
Lafresnaye, 1851
*w, c Kolumbien bis c Peru*

Dendrocincla tyrannina hellmayri
**Hellmayrs Tyrannenbaumsteiger**
Cory, 1913
ne Kolumbien und w Venezuela

Dendrocincla merula
### Weißkinn-Baumsteiger
*White-chinned Woodcreeper - Trepatroncos barbiblanco*
Lichtenstein, MHC, 1820
*Guianas und extremer n Brasilien*

Dendrocincla merula bartletti
**Bartletts Weißkinn-Baumsteiger**
Chubb, C, 1919
c Kolumbien und c Venezuela bis e Ecuador, e Peru, n Bolivien und w Brasilien
Dendrocincla merula obidensis
**Amazonas-Weißkinn-Baumsteiger**
Todd, 1948
nc Brasilien n Amazonas
Dendrocincla merula remota
**Bolivien-Weißkinn-Baumsteiger**
Todd, 1925
ec Bolivien
Dendrocincla merula olivascens
**Madeira-Weißkinn-Baumsteiger**
Zimmer, JT, 1934
Madeira River bis Tapajós River (sw Amazonasgebiet Brasilien)
Dendrocincla merula castanoptera
**Tapajos-Weißkinn-Baumsteiger**
Ridgway, 1888
Tapajós River bis Tocantins River (sc Amazonasgebiet Brasilien)
Dendrocincla merula badia
**Tocantins-Weißkinn-Baumsteiger**
Zimmer, JT, 1934
Tocantins River bis Maranhão River (se Amazonasgebiet Brasilien)

Dendrocincla homochroa
### Rostkappen-Baumsteiger
*Ruddy Woodcreeper - Trepatroncos rojizo*
Sclater, PL, 1860
*s Mexico bis Honduras*

Dendrocincla homochroa acedesta
**Costa Rica-Rostkappen-Baumsteiger**
Oberholser, 1904
sw Nicaragua, w Costa Rica und w Panama
Dendrocincla homochroa ruficeps
**Panama-Rostkappen-Baumsteiger**
Sclater, PL & Salvin, 1868
Panama bis nw Venezuela
Dendrocincla homochroa meridionalis
**Perija-Rostkappen-Baumsteiger**
Phelps, WH & Phelps, WH Jr, 1953
Perijá Mts. (ne Kolumbien und nw Venezuela)

Dendrocincla anabatina
### Hellschwingen-Baumsteiger
*Tawny-winged Woodcreeper - Trepatroncos sepia*
Sclater, PL, 1859
*s Mexico bis ne Nicaragua (Karibikseite)*

Dendrocincla anabatina typhla
**Yucatan-Hellschwingen-Baumsteiger**
Oberholser, 1904
Yucatán Halbinsel (se Mexico)
Dendrocincla anabatina saturata
**Pazifik-Hellschwingen-Baumsteiger**
Carriker, 1910
Costa Rica bis w Panama (Karibikseite)

Dendrocincla fuliginosa
### Grauwangen-Baumsteiger
*Plain-brown Woodcreeper - Trepatroncos fuliginoso*
Vieillot, 1818
*se Venezuela, Guianas und n Brasilien*

Dendrocincla fuliginosa ridgwayi
**Ridgways Grauwangen-Baumsteiger**
Oberholser, 1904
se Honduras bis w Kolumbien, w Ecuador und nw Peru

Dendrocincla fuliginosa lafresnayei
**Kolumbien-Grauwangen-Baumsteiger**
Ridgway, 1888
n, e Kolumbien und nw Venezuela
Dendrocincla fuliginosa meruloides
**Trinidad-Grauwangen-Baumsteiger**
Lafresnaye, 1851
n Venezuela und Trinidad
Dendrocincla fuliginosa deltana
**Delta-Grauwangen-Baumsteiger**
Phelps, WH & Phelps, WH Jr, 1950
Orinoco River delta (ne Venezuela)
Dendrocincla fuliginosa barinensis
**Venezuela-Grauwangen-Baumsteiger**
Phelps, WH & Phelps, WH Jr, 1949
n Kolumbien und wc Venezuela
Dendrocincla fuliginosa phaeochroa
**Brasilien-Grauwangen-Baumsteiger**
Berlepsch & Hartert, EJO, 1902
se Kolumbien und s Venezuela und nw Brasilien
Dendrocincla fuliginosa neglecta
**Ekuador-Grauwangen-Baumsteiger**
Todd, 1948
e Ecuador, e Peru und w Brasilien
Dendrocincla fuliginosa atrirostris
**Peru-Grauwangen-Baumsteiger**
d'Orbigny & Lafresnaye, 1838
se Peru, n, c Bolivien und sw Brasilien
Dendrocincla fuliginosa rufoolivacea
**Östlicher Grauwangen-Baumsteiger**
Ridgway, 1888
ec Brasilien
Dendrocincla fuliginosa trumaii
**Sicks Grauwangen-Baumsteiger**
Sick, 1950
c Brasilien

Dendrocincla turdina
### Einfarb-Baumsteiger
*Plain-winged Woodcreeper - Trepatroncos turdino*
Lichtenstein, MHC, 1820
*se Brasilien bis e Paraguay und ne Argentinien*

Dendrocincla turdina taunayi
**Taunaybaumsteiger**
Pinto, 1939
ne Brasilien

## Gattung: Glyphorynchus

Glyphorynchus spirurus
### Keilschnabel-Baumsteiger
*Wedge-billed Woodcreeper - Trepatroncos picocuña*
Vieillot, 1819
*e Venezuela, Guianas und n Brasilien*

Glyphorynchus spirurus pectoralis
**Mexiko-Keilschnabel-Baumsteiger**
Sclater, PL & Salvin, 1860
se Mexico bis c Panama
Glyphorynchus spirurus subrufescens
**Panama-Keilschnabel-Baumsteiger**
Todd, 1948
e Panama, w Kolumbien und nw Ecuador
Glyphorynchus spirurus pallidulus
**Wetmores Keilschnabel-Baumsteiger**
Wetmore, 1970
e Panama und nw Kolumbien
Glyphorynchus spirurus integratus
**Kolumbien-Keilschnabel-Baumsteiger**
Zimmer, JT, 1946
n Kolumbien und w Venezuela
Glyphorynchus spirurus rufigularis
**Rotkehl-Keilschnabel-Baumsteiger**
Zimmer, JT, 1934
c Kolumbien und s Venezuela bis ne Ecuador und nw Brasilien
Glyphorynchus spirurus amacurensis
**Venezuela-Keilschnabel-Baumsteiger**
Phelps, WH & Phelps, WH Jr, 1952
ne Venezuela
Glyphorynchus spirurus coronobscurus
**Phelps Keilschnabel-Baumsteiger**
Phelps, WH & Phelps, WH Jr, 1955
s Venezuela
Glyphorynchus spirurus castelnaudii
**Peru-Keilschnabel-Baumsteiger**
des Murs, 1856
e Peru und w Brasilien
Glyphorynchus spirurus albigularis
**Weißkehl-Keilschnabel-Baumsteiger**
Chapman, 1923
se Peru und n, c Bolivien
Glyphorynchus spirurus inornatus
**Brasilien-Keilschnabel-Baumsteiger**
Zimmer, JT, 1934
c Brasilien

Glyphorynchus spirurus paraensis
**Pintos Keilschnabel-Baumsteiger**
Pinto, 1974
ne Brasilien s Amazonas
Glyphorynchus spirurus cuneatus
**Lichtensteins Keilschnabel-Baumsteiger**
Lichtenstein, MHC, 1820)
ec Brasilien

## Gattung: Dendrexetastes

Dendrexetastes rufigula
## Perlhals-Baumstelger
*Cinnamon-throated Woodcreeper - Trepatroncos gorjicanelo*
Lesson, RP, 1844
*e Venezuela, Guianas und n Brasilien*

Dendrexetastes rufigula devillei
**Amazonas-Perlhals-Baumsteiger**
Lafresnaye, 1850
w Amazonasgebiet
Dendrexetastes rufigula moniliger
**Westlicher Perlhals-Baumsteiger**
Zimmer, JT, 1934
wc Brasilien
Dendrexetastes rufigula paraensis
**Nördlicher Perlhals-Baumsteiger**
Lorenz von Liburnau, L, 1895
ne Brasilien s Amazonas

## Gattung: Nasica

Nasica longirostris
## Langschnabel-Baumsteiger
*Long-billed Woodcreeper - Trepatroncos piquilargo*
Vieillot, 1818
*Amazonasgebiet*

## Gattung: Dendrocolaptes

Dendrocolaptes sanctithomae
## Mexiko-Bindenbaumsteiger
*Northern Barred Woodcreeper - Trepatroncos barrado occidental*
Lafresnaye, 1852
*s Mexico bis n, w Kolumbien und nw Ecuador*

Dendrocolaptes sanctithomae sheffleri
**Shefflers Bindenbaumstelger**
Binford, 1965
sw Mexico
Dendrocolaptes sanctithomae hesperius
**Costa Rica-Bindenbaumsteiger**
Bangs, 1907
sw Costa Rica und w Panama
Dendrocolaptes sanctithomae punctipectus
**Phelps-Bindenbaumsteiger**
Phelps, WH & Gilliard, 1940
n Kolumbien und nw Venezuela

Dendrocolaptes certhia
## Amazonien-Bindenbaumsteiger
*Amazonian Barred Woodcreeper - Trepatroncos barrado amazónico*
Boddaert, 1783
*e Kolumbien, Venezuela, Guianas und n Brasilien*

Dendrocolaptes certhia radiolatus
**Sclaters Bindenbaumsteiger**
Sclater, PL & Salvin, 1868
se Kolumbien, e Ecuador, ne Peru und nw Brasilien
Dendrocolaptes certhia juruanus
**Peru-Bindenbaumsteiger**
Ihering, HFA, 1905
e, se Peru, n, w, c Bolivien und w Brasilien
Dendrocolaptes certhia concolor
**Bolivien-Bindenbaumsteiger**
Pelzeln, 1868
ne Bolivien und sc Brasilien in Madeira-Tapajós interfluvium
Dendrocolaptes certhia medius
**Kleiner Bindenbaumsteiger**
Todd, 1920
ne Brasilien s Amazonas und e Tocantins
Dendrocolaptes certhia retentus
**Brasilien-Bindenbaumsteiger**
Batista, Aleixo, Vallinoto, Azevedo, Rêgo, PS, Silveira, Sampaio & Schneider, H, 2013
Xingu-Tocantins (nc Brasilien)
Dendrocolaptes certhia ridgwayi
**Ridgways Bindenbaumsteiger**
Hellmayr, 1905
Tapajós-Xingu (nc Brasilien)

Dendrocolaptes picumnus
## Dunkelschnabel-Baumsteiger
*Black-banded Woodcreeper - Trepatroncos variable*
Lichtenstein, MHC, 1820
*e Venezuela, Guianas und n Brasilien*

Dendrocolaptes picumnus puncticollis
**Sclaters Dunkelschnabel-Baumsteiger**
Sclater, PL & Salvin, 1868
s Mexico bis Honduras
Dendrocolaptes picumnus costaricensis
**Costa Rica-Dunkelschnabel-Baumsteiger**
Ridgway, 1909
Costa Rica und w Panama
Dendrocolaptes picumnus multistrigatus
**Eytons Dunkelschnabel-Baumsteiger**
Eyton, 1851
e Kolumbien und w Venezuela
Dendrocolaptes picumnus seilerni
**Harters Dunkelschnabel-Baumsteiger**
Hartert, EJO & Goodson, 1917
n Kolumbien und n Venezuela
Dendrocolaptes picumnus validus
**Tschudis Dunkelschnabel-Baumsteiger**
Tschudi, 1844
w Amazonasgebiet
Dendrocolaptes picumnus transfasciatus
**Todds Dunkelschnabel-Baumsteiger**
Todd, 1925
sc Brasilien
Dendrocolaptes picumnus olivaceus
**Zimmers Dunkelschnabel-Baumsteiger**
Zimmer, JT, 1934
w, c Bolivien
Dendrocolaptes picumnus pallescens
**Bolivien-Dunkelschnabel-Baumsteiger**
Pelzeln, 1868
e Bolivien, s Brasilien und w Paraguay
Dendrocolaptes picumnus casaresi
**Argentinien-Dunkelschnabel-Baumsteiger**
Steullet & Deautier, 1950
nw Argentinien

Dendrocolaptes hoffmannsi
## Parábaumsteiger
*Hoffmanns's Woodcreeper - Trepatroncos de Hoffmanns*
Hellmayr, 1909
*sc Amazonasgebiet*

Dendrocolaptes platyrostris
## Planaltobaumsteiger
*Planalto Woodcreeper - Trepatroncos oscuro*
Spix, 1824
*e, se Brasilien bis e Paraguay und ne Argentinien*

Dendrocolaptes platyrostris intermedius
**Belepschs Planaltobaumsteiger**
Berlepsch, 1883
ne Brasilien bis ne Paraguay

## Gattung: Hylexetastes

Hylexetastes stresemanni
## Wellenbauch-Baumsteiger
*Bar-bellied Woodcreeper - Trepatroncos de Stresemann*
Snethlage, E, 1925
*Rio Negro bis zum Amazonas (nw Brasilien)*

Hylexetastes stresemanni insignis
**Uaupes-Wellenbauch-Baumsteiger**
Zimmer, JT, 1934
Uaupés River Region (nw Brasilien, se Kolumbien)
Hylexetastes stresemanni undulatus
**Peru-Wellenbauch-Baumsteiger**
Todd, 1925
e Peru, n Bolivien und w Brasilien

Hylexetastes perrotii
## Weißbart-Baumsteiger
*Red-billed Woodcreeper - Trepatroncos piquirrojo*
Lafresnaye, 1844
*ne Amazonasgebiet*

Hylexetastes uniformis
## Braunkehl-Baumsteiger
*Uniform Woodcreeper - Trepatroncos Uniforme*
Hellmayr, 1909
*se Amazonasgebiet*

Hylexetastes uniformis brigidai
**Nördlicher Braunkehl-Baumsteiger**
Cardoso da Silva, Novaes & Oren, 1995
nc Brasilien

Xiphocolaptes promeropirhynchus
**Starkschnabel-Baumsteiger**
*Strong-billed Woodcreeper - Trepatroncos picofuerte*
Lesson, RP, 1840
*Anden von ec Kolumbien und Ecuador und w Venezuela*

Xiphocolaptes promeropirhynchus omiltemensis
**Mexiko-Starkschnabel-Baumsteiger**
Nelson, 1903
sw Mexico

Xiphocolaptes promeropirhynchus sclateri
**Sclater Starkschnabel-Baumsteiger**
Ridgway, 1890
e, se Mexico

Xiphocolaptes promeropirhynchus emigrans
**Nikaragua-Starkschnabel-Baumsteiger**
Sclater, PL & Salvin, 1859
s Mexico bis n Nicaragua

Xiphocolaptes promeropirhynchus costaricensis
**Costa Rica-Starkschnabel-Baumsteiger**
Ridgway, 1889
Costa Rica und sw Panama

Xiphocolaptes promeropirhynchus panamensis
**Panama-Starkschnabel-Baumsteiger**
Griscom, 1927
s Panama

Xiphocolaptes promeropirhynchus rostratus
**Tiefland-Starkschnabel-Baumsteiger**
Todd, 1917
Tiefland n Kolumbien

Xiphocolaptes promeropirhynchus sanctaemartae
**Santa Marta-Starkschnabel-Baumsteiger**
Hellmayr, 1925
Santa Marta Mts. (ne Kolumbien)

Xiphocolaptes promeropirhynchus virgatus
**Kolumbien-Starkschnabel-Baumsteiger**
Ridgway, 1890
c Kolumbien

Xiphocolaptes promeropirhynchus macarenae
**Macarena-Starkschnabel-Baumsteiger**
Blake, 1959
wc Kolumbien

Xiphocolaptes promeropirhynchus procerus
**Venezuela-Starkschnabel-Baumsteiger**
Cabanis & Heine, 1860
n, c Venezuela

Xiphocolaptes promeropirhynchus tenebrosus
**Guyana-Starkschnabel-Baumsteiger**
Zimmer, JT & Phelps, WH, 1948
se Venezuela und Guyana

Xiphocolaptes promeropirhynchus neblinae
**Phelps-Starkschnabel-Baumsteiger**
Phelps, WH & Phelps, WH Jr, 1955
s Venezuela

Xiphocolaptes promeropirhynchus crassirostris
**Westperu-Starkschnabel-Baumsteiger**
Taczanowski & Berlepsch, 1885
sw Ecuador und nw Peru

Xiphocolaptes promeropirhynchus compressirostris
**Nordperu-Starkschnabel-Baumsteiger**
Taczanowski, 1882
n Peru

Xiphocolaptes promeropirhynchus phaeopygus
**Zentralperu-Starkschnabel-Baumsteiger**
Berlepsch & Stolzmann, 1896
c Peru

Xiphocolaptes promeropirhynchus solivagus
**Ostperu-Starkschnabel-Baumsteiger**
Bond, J, 1950
e Peru

Xiphocolaptes promeropirhynchus lineatocephalus
**Südperu-Starkschnabel-Baumsteiger**
Gray, GR, 1847
se Peru bis c Bolivien

Xiphocolaptes promeropirhynchus orenocensis
**Harters Starkschnabel-Baumsteiger**
Berlepsch & Hartert, EJO, 1902
c Kolumbien und s Venezuela bis ne Ecuador, ne Peru und nw Brasilien

Xiphocolaptes promeropirhynchus berlepschi
**Berlepschs Starkschnabel-Baumsteiger**
Snethlage, E, 1908
w Brasilien

Xiphocolaptes promeropirhynchus paraensis
**Pintos Starkschnabel-Baumsteiger**
Pinto, 1945
c Brasilien

Xiphocolaptes promeropirhynchus obsoletus
**Todds Starkschnabel-Baumsteiger**
Todd, 1917
n, e Bolivien

Xiphocolaptes promeropirhynchus carajaensis
**Amazonas-Starkschnabel-Baumsteiger**
Cardoso da Silva, Novaes & Oren, 2002
ne Brasilien s Amazonas

Xiphocolaptes falcirostris
**Bartbaumsteiger**
*Moustached Woodcreeper - Trepatroncos bigotudo*
Spix, 1824
ne Brasilien

Xiphocolaptes falcirostris franciscanus
**Franciscabaumsteiger**
Snethlage, E, 1927
e Brasilien

Xiphocolaptes albicollis
**Weißkehl-Baumsteiger**
*White-throated Woodcreeper - Trepatroncos gorjiblanco*
Vieillot, 1818
se, s Brasilien, e Paraguay und ne Argentinien

Xiphocolaptes albicollis bahiae
**Bahia-Weißkehl-Baumsteiger**
Cory, 1919
e Brasilien

Xiphocolaptes albicollis villanovae
**Villanova- Weißkehl-Baumsteiger**
Lima, 1920
ne Brasilien

Xiphocolaptes major
**Rötelbaumsteiger**
*Great Rufous Woodcreeper - Trepatroncos colorado*
Vieillot, 1818
Paraguay und n Argentinien

Xiphocolaptes major remoratus
**Pintos Rötelbaumsteiger**
Pinto, 1945
sw Brasilien

Xiphocolaptes major castaneus
**Ridgways Rötelbaumsteiger**
Ridgway, 1890
nc, e Bolivien, s Brasilien und nw Argentinien

Xiphocolaptes major estebani
**Estebans Rötelbaumsteiger**
Cardoso da Silva, Novaes & Oren, 1991
nw Argentinien



Xiphorhynchus obsoletus
**Streifenbaumsteiger**
*Striped Woodcreeper - Trepatroncos loco*
Lichtenstein, MHC, 1820
e Venezuela, Guianas, n, c Brasilien und ne Bolivien

Xiphorhynchus obsoletus palliatus
**Amazonas-Streifenbaumsteiger**
des Murs, 1856
w Amazonasgebiet

Xiphorhynchus obsoletus notatus
**Kolumbien-Streifenbaumsteiger**
Eyton, 1852
e Kolumbien, sw Venezuela und nw Brasilien

Xiphorhynchus obsoletus caicarae
**Venezuela-Streifenbaumsteiger**
Zimmer, JT & Phelps, WH, 1955
c Venezuela

Xiphorhynchus fuscus
**Zwergbaumsteiger**
*Lesser Woodcreeper - Trepatroncos enano*
Vieillot, 1818
se Brasilien, e Paraguay und ne Argentinien

Xiphorhynchus fuscus pintoi
**Pintos Zwergbaumsteiger**
Longmore & Silveira, 2005
w Bahia (e Brasilien)

Xiphorhynchus fuscus tenuirostris
**Küsten-Zwergbaumsteiger**
Lichtenstein, MHC, 1820
Küste e Brasilien

Xiphorhynchus atlanticus
**Ockerkehl-Baumsteiger**
*Ceara Woodcreeper - Trepatroncos atlántico*
Cory, 1916
ne Brasilien

Xiphorhynchus pardalotus
**Kastanienbürzel-Baumsteiger**
*Chestnut-rumped Woodcreeper - Trepatroncos silbador*
Vieillot, 1818
Guianas und n Brasilien

Xiphorhynchus pardalotus caurensis
**Todds Kastanienbürzel-Baumsteiger**
Todd, 1948
se Venezuela, w Guyana und extremer n Brasilien

Xiphorhynchus ocellatus
## Augenflecken-Baumsteiger
*Ocellated Woodcreeper - Trepatroncos ocelado meridional*
Spix, 1824
*nc Brasilien s Amazonas*

Xiphorhynchus ocellatus lineatocapilla
**Orinoco-Augenflecken-Baumsteiger**
Berlepsch & Leverkühn, 1890
Orinoco River (Venezuela)
Xiphorhynchus ocellatus beauperthuysii
**Ekuador-Augenflecken-Baumsteiger**
Pucheran & Lafresnaye, 1850
se Kolumbien und sw Venezuela bis e Ecuador, ne Peru und nw Brasilien
Xiphorhynchus ocellatus perplexus
**Peru-Augenflecken-Baumsteiger**
Zimmer, JT, 1934
e Peru und w Brasilien
Xiphorhynchus ocellatus napensis
**Chapmanns Augenflecken-Baumsteiger**
Chapman, 1924
se Kolumbien, e Ecuador und ne Peru
Xiphorhynchus ocellatus chunchotambo
**Tschudis Augenflecken-Baumsteiger**
Tschudi, 1844
e Peru
Xiphorhynchus ocellatus brevirostris
**Zimmers Augenflecken-Baumsteiger**
Zimmer, JT, 1934
se Peru und Bolivien

Xiphorhynchus elegans
## Schmuckbaumsteiger
*Elegant Woodcreeper - Trepatroncos elegante*
Pelzeln, 1868
*c, sw Brasilien und ne Bolivien*

Xiphorhynchus elegans buenavistae
**Buenavista-Schmuckbaumsteiger**
Zimmer, JT, 1948
e Kolumbien
Xiphorhynchus elegans ornatus
**Kolumbien-Schmuckbaumsteiger**
Zimmer, JT, 1934
se Kolumbien, e Ecuador, ne Peru und nw Brasilien
Xiphorhynchus elegans insignis
**Peru-Schmuckbaumsteiger**
Hellmayr, 1905
ec Peru
Xiphorhynchus elegans juruanus
**Bolivien-Schmuckbaumsteiger**
Ihering, HFA, 1905
se Peru bis ne Bolivien und w Brasilien

Xiphorhynchus spixii
## Spixbaumsteiger
*Spix's Woodcreeper - Trepatroncos de Spix*
Lesson, RP, 1830
*se Amazonasgebiet*

Xiphorhynchus guttatus
## Fahlkehl-Baumsteiger
*Buff-throated Woodcreeper - Trepatroncos pegón*
Lichtenstein, MHC, 1820
*Paraíba bis Espírito Santo (Küste e Brasilien)*

Xiphorhynchus guttatus polystictus
**Guyana-Fahlkehl-Baumsteiger**
Salvin & Godman, 1883
e Kolumbien, Venezuela, Guianas und extremer n Brasilien
Xiphorhynchus guttatus connectens
**Amazonas-Fahlkehl-Baumsteiger**
Todd, 1948
ne Brasilien n Amazonas
Xiphorhynchus guttatus guttatoides
**Ekuador-Fahlkehl-Baumsteiger**
Lafresnaye, 1850
se Kolumbien und s Venezuela bis e Ecuador, e Peru, n Bolivien und w Brasilien
Xiphorhynchus guttatus vicinalis
**Brasilien-Fahlkehl-Baumsteiger**
Todd, 1948
nc Brasilien s Amazonas
Xiphorhynchus guttatus eytoni
**Eytons Fahlkehl-Baumsteiger**
Sclater, PL, 1854
ne Brasilien s Amazonas
Xiphorhynchus guttatus gracilirostris
**Ceara-Fahlkehl-Baumsteiger**
Pinto & Camargo, 1957
Ceará (e Brasilien)
Xiphorhynchus guttatus dorbignyanus
**Bolivien-Fahlkehl-Baumsteiger**
Pucheran & Lafresnaye, 1850
n, e Bolivien bis c Brasilien

Xiphorhynchus susurrans
## Kakaobaumsteiger
*Cocoa Woodcreeper - Trepatroncos Cacao*
Jardine, 1847
*Trinidad und Tobago*

Xiphorhynchus susurrans confinis
**Bangs Kakaobaumsteiger**
Bangs, 1903
e Guatemala und n Honduras
Xiphorhynchus susurrans costaricensis
**Ridgways Kakaobaumsteiger**
Ridgway, 1888
s Honduras bis w Panama
Xiphorhynchus susurrans marginatus
**Griscoms Kakaobaumsteiger**
Griscom, 1927
e Panama
Xiphorhynchus susurrans nana
**Fahlkehl-Kakaobaumsteiger**
Lawrence, 1863
e Panama bis n Kolumbien und w Venezuela
Xiphorhynchus susurrans rosenbergi
**Rosenbergs Kakaobaumsteiger**
Bangs, 1910
w Kolumbien
Xiphorhynchus susurrans jardinei
**Jardin-Kakaobaumsteiger**
Dalmas, 1900
ne Venezuela
Xiphorhynchus susurrans margaritae
**Margarita-Kakaobaumsteiger**
Phelps, WH & Phelps, WH Jr, 1949
Margarita Insel (vor Venezuela)

Xiphorhynchus flavigaster
## Strichelbaumsteiger
*Ivory-billed Woodcreeper - Trepatroncos picomarfil*
Swainson, 1827
*sw Mexico*

Xiphorhynchus flavigaster tardus
**Nördlicher Strichelbaumsteiger**
Bangs & Peters, JL, 1928
nw Mexico
Xiphorhynchus flavigaster mentalis
**Westlicher Strichelbaumsteiger**
Baird, SF, 1867
w Mexico
Xiphorhynchus flavigaster saltuarius
**Östlicher Strichelbaumsteiger**
Wetmore, 1942
ne Mexico
Xiphorhynchus flavigaster yucatanensis
**Yucatan-Strichelbaumsteiger**
Ridgway, 1909
Yucatán Halbinsel (se Mexico) und Meco Insel (Mexico)
Xiphorhynchus flavigaster ascensor
**Südlicher Strichelbaumsteiger**
Wetmore & Parkes, 1962
s Mexico
Xiphorhynchus flavigaster eburneirostris
**Costa Rica-Strichelbaumsteiger**
des Murs, 1847
se Mexico bis nw Costa Rica
Xiphorhynchus flavigaster ultimus
**Nicoya-Strichelbaumsteiger**
Bangs & Griscom, 1932
Nicoya Halbinsel (nw Costa Rica)

Xiphorhynchus lachrymosus
## Schwarzrücken-Baumsteiger
*Black-striped Woodcreeper - Trepatroncos pinto*
Lawrence, 1862
*e Nicaragua bis w Ecuador*

Xiphorhynchus lachrymosus eximius
**Pazifik-Schwarzrücken-Baumsteiger**
Hellmayr, 1904
sw Costa Rica bis w Panama (Karibikseite)
Xiphorhynchus lachrymosus alarum
**Kolumbien-Schwarzrücken-Baumsteiger**
Chapman, 1915
n Kolumbien

Xiphorhynchus erythropygius
## Tropfenbaumsteiger
*Spotted Woodcreeper - Trepatroncos manchado norteño*
Sclater, PL, 1860
*sc, sw Mexico*

Xiphorhynchus erythropygius parvus
**Nikaragua-Tropfenbaumsteiger**
Griscom, 1937
s Mexico bis n Nicaragua
Xiphorhynchus erythropygius punctigula
**Panama-Tropfenbaumsteiger**
Ridgway, 1889
s Nicaragua bis c Panama

Xiphorhynchus erythropygius insolitus
**Kolumbien-Tropfenbaumsteiger**
Ridgway, 1909
e Panama bis nw Kolumbien
Xiphorhynchus erythropygius aequatorialis
**Ekuador-Tropfenbaumsteiger**
Berlepsch & Taczanowski, 1884
w Kolumbien bis sw Ecuador

Xiphorhynchus triangularis
**Olivrücken-Baumsteiger**
*Olive-backed Woodcreeper - Trepatroncos dorsioliva*
Lafresnaye, 1842
*Kolumbien und w Venezuela bis e Ecuador und n Peru*

 Xiphorhynchus triangularis hylodromus
 **Venezuela-Olivrücken-Baumsteiger**
 Wetmore, 1939
 n Venezuela
 Xiphorhynchus triangularis intermedius
 **Peru-Olivrücken-Baumsteiger**
 Carriker, 1935
 c Peru
 Xiphorhynchus triangularis bangsi
 **Bangs Olivrücken-Baumsteiger**
 Chapman, 1919
 se Peru bis c Bolivien



Dendroplex picus
**Spechtschnabel-Baumsteiger**
*Straight-billed Woodcreeper - Trepatroncos piquirrecto*
Gmelin, JF, 1788
*e Venezuela, Guianas und n, c, e Brasilien*

 Dendroplex picus extimus
 **Panama-Spechtschnabel-Baumsteiger**
 Griscom, 1927
 c, e Panama und nw Kolumbien
 Dendroplex picus dugandi
 **Dungards Spechtschnabel-Baumsteiger**
 Wetmore & Phelps, WH, 1946
 n Kolumbien
 Dendroplex picus picirostris
 **Lafresnayes Spechtschnabel-Baumsteiger**
 Lafresnaye, 1847
 n Kolumbien und extremer nw Venezuela
 Dendroplex picus saturatior
 **Hellmayrs Spechtschnabel-Baumsteiger**
 Hellmayr, 1925
 e Kolumbien und w Venezuela
 Dendroplex picus choicus
 **Venezuela-Spechtschnabel-Baumsteiger**
 Wetmore & Phelps, WH, 1946
 n Venezuela
 Dendroplex picus paraguanae
 **Phelps-Spechtschnabel-Baumsteiger**
 Phelps, WH & Phelps, WH Jr, 1962
 nw Venezuela
 Dendroplex picus longirostris
 **Margarita-Spechtschnabel-Baumsteiger**
 Richmond, 1896
 Margarita Insel (vor Venezuela)
 Dendroplex picus altirostris
 **Trinidad-Spechtschnabel-Baumsteiger**
 Leotaud, 1866
 Trinidad
 Dendroplex picus phalarus
 **Wetmores Spechtschnabel-Baumsteiger**
 Wetmore, 1939
 c, n Venezuela
 Dendroplex picus deltanus
 **Delta-Spechtschnabel-Baumsteiger**
 Phelps, WH & Phelps, WH Jr, 1952
 ne Venezuela
 Dendroplex picus duidae
 **Duida-Spechtschnabel-Baumsteiger**
 Zimmer, JT, 1934
 e Kolumbien, s Venezuela und nw Brasilien
 Dendroplex picus peruvianus
 **Peru-Spechtschnabel-Baumsteiger**
 Zimmer, JT, 1934
 e Peru, n, e Bolivien und sw Brasilien

Dendroplex kienerii
**Amazonasbaumsteiger**
*Zimmer's Woodcreeper - Trepatroncos de Zimmer*
des Murs, 1856
*Amazon*



Campylorhamphus trochilirostris
**Rotrücken-Sensenschnabel**
*Red-billed Scythebill - Picoguadaña piquirrojo*
Lichtenstein, MHC, 1820
*Küste ne Brasilien*

 Campylorhamphus trochilirostris brevipennis
 **Griscoms Rotrücken-Sensenschnabel**
 Griscom, 1932
 e Panama und nw Kolumbien

 Campylorhamphus trochilirostris venezuelensis
 **Venezuela-Rotrücken-Sensenschnabel**
 Chapman, 1889
 n Kolumbien und n, c Venezuela
 Campylorhamphus trochilirostris thoracicus
 **Kolumbien-Rotrücken-Sensenschnabel**
 Sclater, PL, 1860
 sw Kolumbien und w Ecuador
 Campylorhamphus trochilirostris zarumillanus
 **Peru-Rotrücken-Sensenschnabel**
 Stolzmann, 1926
 nw Peru
 Campylorhamphus trochilirostris napensis
 **Ekuador-Rotrücken-Sensenschnabel**
 Chapman, 1925
 e Ecuador und e Peru
 Campylorhamphus trochilirostris notabilis
 **Westlicher Rotrücken-Sensenschnabel**
 Zimmer, JT, 1934
 w Brasilien s Amazonas
 Campylorhamphus trochilirostris snethlageae
 **Brasilianischer Rotrücken-Sensenschnabel**
 Zimmer, JT, 1934
 c Brasilien
 Campylorhamphus trochilirostris major
 **Großer Rotrücken-Sensenschnabel**
 Ridgway, 1911
 ne, e, se Brasilien
 Campylorhamphus trochilirostris devius
 **Paraguay-Rotrücken-Sensenschnabel**
 Zimmer, JT, 1934
 w, c Bolivien
 Campylorhamphus trochilirostris lafresnayanus
 **Lafresnaya-Rotrücken-Sensenschnabel**
 d'Orbigny, 1846
 e Bolivien, sw Brasilien und w Paraguay
 Campylorhamphus trochilirostris hellmayri
 **Hellmayrs Rotrücken-Sensenschnabel**
 Laubmann, 1930
 sw Paraguay und n Argentinien

Campylorhamphus falcularius
**Dunkelkappen-Sensenschnabel**
*Black-billed Scythebill - Picoguadaña piquinegro*
Vieillot, 1822
*se Brasilien bis e Paraguay und ne Argentinien*

Campylorhamphus procurvoides
**Dunkelsensenschnabel**
*Curve-billed Scythebill - Picoguadaña del Amazonas*
Lafresnaye, 1850
*ne Amazonasgebiet in e Venezuela bis Guianas und n Brasilien*

 Campylorhamphus procurvoides sanus
 **Nördlicher Dunklesensenschnabel**
 Zimmer, JT, 1934
 nw Amazonasgebiet von Venezuela und Brasilien, w bis Kolumbien, Ecuador, und Peru n Amazonas
 Campylorhamphus procurvoides gyldenstolpei
 **Westlicher Dunklesensenschnabel**
 Aleixo, Portes, Whittaker, Weckstein, Gonzaga, Zimmer, KJ, Ribas & Bates, JM, 2013
 sw Amazonasgebiet w von Madeira und s Amazonas

Campylorhamphus probatus
**Dunkelrücken-Sensenschnabel**
*Tapajos Scythebill - Picoguadaña del Tapajós*
Zimmer, JT, 1934
*sw Amazonasgebiet in Madeira-Tapajós*

 Campylorhamphus probatus cardosoi
 **Amazonas-Dunkelrücken-Sensenschnabel**
 Portes, Aleixo, Zimmer, KJ, Whittaker, Weckstein, Gonzaga, Ribas, Bates, JM & Lees, 2013
 sc Amazonasgebiet Brasilien in Tapajós-Xingu

Campylorhamphus multostriatus
**Strichelbrust-Sensenschnabel**
*Xingu Scythebill - Picoguadaña del Xingu*
Snethlage, E, 1907
*e Amazonasgebiet Brasilien zwischen Xingu und Tocantins Rivers*

Campylorhamphus pusillus
**Braunsensenschnabel**
*Brown-billed Scythebill - Picoguadaña andino*
Sclater, PL, 1860
*w, c Kolumbien, w Ecuador und n Peru*

Campylorhamphus pusillus borealis
**Costa Rica-Braunsensenschnabel**
Carriker, 1910
Costa Rica und w Panama
Campylorhamphus pusillus olivaceus
**Panama-Braunsensenschnabel**
Griscom, 1927
c, e Panama
Campylorhamphus pusillus tachirensis
**Venezuela-Braunsensenschnabel**
Phelps, WH & Phelps, WH Jr, 1956
ne Kolumbien und nw Venezuela
Campylorhamphus pusillus guapiensis
**Kolumbien-Braunsensenschnabel**
Romero-Zambrano, 1980
Küste sw Kolumbien

## Gattung: Drymotoxeres

Drymotoxeres pucheranii
**Wangenstreif-Sensenschnabel**
*Greater Scythebill - Picoguadaña grande*
Lafresnaye, 1849
*c Kolumbien bis se Peru*

## Gattung: Drymornis

Drymornis bridgesii
**Degenschnabel-Baumsteiger**
*Scimitar-billed Woodcreeper - Trepatroncos chinchero*
Eyton, 1849
*se Bolivien und w Paraguay bis c Argentinien und w Uruguay*

## Gattung: Lepidocolaptes

Lepidocolaptes leucogaster
**Weißstreifen-Baumsteiger**
*White-striped Woodcreeper - Trepatroncos escarchado*
Swainson, 1827
*c, s Mexico*

Lepidocolaptes leucogaster umbrosus
**Moores Weißstreifen-Baumsteiger**
Moore, RT, 1934
nw Mexico

Lepidocolaptes souleyetii
**Lanzettstrichel-Baumsteiger**
*Streak-headed Woodcreeper - Trepatroncos cabecirrayado*
Lafresnaye, 1849
*sw Ecuador und nw Peru*

Lepidocolaptes souleyetii guerrerensis
**Mexiko-Lanzettstrichel-Baumsteiger**
Van Rossem, 1939
w Mexico
Lepidocolaptes souleyetii compressus
**Panama-Lanzettstrichel-Baumsteiger**
Cabanis, 1861
s Mexico bis w Panama
Lepidocolaptes souleyetii lineaticeps
**Venezuela-Lanzettstrichel-Baumsteiger**
Lafresnaye, 1850
c Panama bis n, e Kolumbien und w Venezuela
Lepidocolaptes souleyetii littoralis
**Santa Marta-Lanzettstrichel-Baumsteiger**
Hartert, EJO & Goodson, 1917
Santa Marta Region (ne Kolumbien), n, c Venezuela, Guyana, n Brasilien und Trinidad
Lepidocolaptes souleyetii uaireni
**Phelps-Lanzettstrichel-Baumsteiger**
Phelps, WH & Phelps, WH Jr, 1950
se Venezuela
Lepidocolaptes souleyetii esmeraldae
**Kolumbien-Lanzettstrichel-Baumsteiger**
Chapman, 1923
sw Kolumbien und w Ecuador

Lepidocolaptes angustirostris
**Hellbauch-Baumsteiger**
*Narrow-billed Woodcreeper - Trepatroncos chico*
Vieillot, 1818
*e Paraguay, sw Brasilien und n Argentinien*

Lepidocolaptes angustirostris griseiceps
**Surinam-Hellbauch-Baumsteiger**
Mees, 1974
Suriname
Lepidocolaptes angustirostris coronatus
**Lessons Hellbauch-Baumsteiger**
Lesson, RP, 1830
ec Brasilien
Lepidocolaptes angustirostris bahiae
**Bahia-Hellbauch-Baumsteiger**
Hellmayr, 1903
e Brasilien
Lepidocolaptes angustirostris bivittatus
**Bolivien-Hellbauch-Baumsteiger**
Lichtenstein, MHC, 1822
n, e Bolivien bis c, se Brasilien
Lepidocolaptes angustirostris hellmayri
**Hellmayrs Hellbauch-Baumsteiger**
Naumburg, 1925
wc Bolivien
Lepidocolaptes angustirostris certhiolus
**Paraguay-Hellbauch-Baumsteiger**
Todd, 1913
c Bolivien bis w Paraguay und nw Argentinien
Lepidocolaptes angustirostris praedatus
**Uruguay-Hellbauch-Baumsteiger**
Cherrie, 1916
extremer s Brasilien, Uruguay und n, c Argentinien

Lepidocolaptes affinis
**Perlkappen-Baumsteiger**
*Spot-crowned Woodcreeper - Trepatroncos coronipunteado norteño*
Lafresnaye, 1839
*s Mexico bis n Nicaragua*

Lepidocolaptes affinis lignicida
**Bangs Perlkappen-Baumsteiger**
Bangs & Penard, TE, 1919
ne Mexico
Lepidocolaptes affinis neglectus
**Ridgways Perlkappen-Baumsteiger**
Ridgway, 1909
Costa Rica und w Panama

Lepidocolaptes lacrymiger
**Bergwald-Baumsteiger**
*Montane Woodcreeper - Trepatroncos montano*
Lafresnaye, 1849
*e Kolumbien und w Venezuela*

Lepidocolaptes lacrymiger sanctaemartae
**Santa Marta-Bergwald-Baumsteiger**
Chapman, 1912
Santa Marta Mts. (ne Kolumbien)
Lepidocolaptes lacrymiger sneiderni
**Meyers Bergwald-Baumsteiger**
Meyer de Schauensee, 1945
w Kolumbien
Lepidocolaptes lacrymiger lafresnayi
**Venezuela-Bergwald-Baumsteiger**
Cabanis & Heine, 1860
n Venezuela
Lepidocolaptes lacrymiger aequatorialis
**Ekuador-Bergwald-Baumsteiger**
Ménégaux, 1912
sw Kolumbien und Ecuador
Lepidocolaptes lacrymiger frigidus
**Kolumbien-Bergwald-Baumsteiger**
Meyer de Schauensee, 1951
s Kolumbien
Lepidocolaptes lacrymiger warscewiczi
**Cabanis-Bergwald-Baumsteiger**
Cabanis & Heine, 1860
se Ecuador bis c Peru
Lepidocolaptes lacrymiger carabayae
**Peru-Bergwald-Baumsteiger**
Hellmayr, 1920
se Peru
Lepidocolaptes lacrymiger bolivianus
**Bolivien-Bergwald-Baumsteiger**
Chapman, 1919
Bolivien

Lepidocolaptes squamatus
**Fleckenbauch-Baumsteiger**
*Scaled Woodcreeper - Trepatroncos escamado*
Lichtenstein, MHC, 1822
se Brasilien

Lepidocolaptes squamatus wagleri
**Waglers Fleckenbauch-Baumsteiger**
Spix, 1824
e Brasilien

Lepidocolaptes falcinellus
**Dunkelkappen-Baumsteiger**
*Scalloped Woodcreeper - Trepatroncos festoneado*
Cabanis & Heine, 1860
e Paraguay, s Brasilien und ne Argentinien

Lepidocolaptes albolineatus
**Kastanienscheitel-Baumsteiger**
*Guianan Woodcreeper - Trepatroncos listado*
Lafresnaye, 1846
e Venezuela, Guianas und n Brasilien

Lepidocolaptes duidae
**Dunkelwangen-Baumsteiger**
*Duida Woodcreeper - Trepatroncos del Duida*
Zimmer, JT, 1934
nw Amazonasgebiet in Brasilien, Venezuela, se Kolumbien, e Ecuador, und ne Peru

Lepidocolaptes fatimalimae
**Inambaribaumsteiger**
*Inambari Woodcreeper - Trepatrocos del Inambari*
Rodrigues, Aleixo, Whittaker & Naka, 2013
w Amazonasgebiet

Lepidocolaptes fuscicapillus
**Rondoniabaumsteiger**
*Dusky-capped Woodcreeper - Trepatroncos cabecipardo*
Pelzeln, 1868
sw Amazonasgebiet in Madeira-Tapajós

    Lepidocolaptes fuscicapillus layardi
    **Östlicher Rondoniabaumsteiger**
    Sclater, PL, 1873
    se Amazonasgebiet Brasilien e von Tapajós

## Gattung: Xenops

Xenops tenuirostris
**Streifenschwanz-Baumspäher**
*Slender-billed Xenops - Picolezna picofino*
Pelzeln, 1859
se Peru, n Bolivien und w Brasilien

    Xenops tenuirostris acutirostris
    **Chapmans Streifenschwanz-Baumspäher**
    Chapman, 1923
    se Kolumbien, s Venezuela und Guyana bis e Ecuador und ne Peru
    Xenops tenuirostris hellmayri
    **Hellmayrs Streifenschwanz-Baumspäher**
    Todd, 1925
    Suriname, Französisch-Guayana und extremer n Brasilien

Xenops mexicanus
**Nördlicher Einfarbiger Baumspäher**
*Northern Plain Xenops - Picolezna liso  norteño*
Sclater, PL, 1857
s Mexico bis Honduras

    Xenops mexicanus ridgwayi
    **Ridgways Einfarbiger Baumspäher**
    Hartert, EJO & Goodson, 1917
    Nicaragua bis c Panama
    Xenops mexicanus littoralis
    **Panama-Einfarbiger Baumspäher**
    Sclater, PL, 1862
    e Panama und n Kolumbien bis w Ecuador und nw Peru
    Xenops mexicanus neglectus
    **Kolumbien-Einfarbiger Baumspäher**
    Todd, 1913
    ne Kolumbien und n Venezuela
    Xenops mexicanus olivaceus
    **Aveledos Einfarbiger Baumspäher**
    Aveledo & Pons, 1952
    ne Kolumbien

Xenops genibarbis
**Einfarbiger Baumspäher**
*Amazonian Plain Xenops - Picolezna liso*
Illiger, 1811
nc Brasilien (s Amazon)

    Xenops genibarbis remoratus
    **Venezuela-Einfarbiger Baumspäher**
    Zimmer, JT, 1935
    e Kolumbien, s Venezuela und nw Brasilien
    Xenops genibarbis ruficaudus
    **Guyana-Einfarbiger Baumspäher**
    Vieillot, 1816
    e Kolumbien, Venezuela, Guianas und n Brasilien
    Xenops genibarbis obsoletus
    **Zimmers Einfarbiger Baumspäher**
    Zimmer, JT, 1924
    e Ecuador, e Peru, n Bolivien und w Brasilien
    Xenops genibarbis alagoanus
    **Brasilien-Einfarbiger Baumspäher**
    Pinto, 1954
    ne Brasilien

Xenops minutus
**Braunbauch-Baumspäher**
*Atlantic Plain Xenops - Picolezna gorjiblanco*
Sparrman, 1788
e Brasilien bis e Paraguay und ne Argentinien

Xenops rutilans
**Strichelscheitel-Baumspäher**
*Streaked Xenops - Picolezna rojizo*
Temminck, 1821
se Brasilien, e Paraguay und ne Argentinien

    Xenops rutilans septentrionalis
    **Costa Rica-Strichelscheitel-Baumspäher**
    Zimmer, JT, 1929
    Costa Rica und w Panama
    Xenops rutilans incomptus
    **Panama-Strichelscheitel-Baumspäher**
    Wetmore, 1970
    e Panama
    Xenops rutilans heterurus
    **Trinidad-Strichelscheitel-Baumspäher**
    Cabanis & Heine, 1860
    Kolumbien, n Venezuela, ne Ecuador und Trinidad
    Xenops rutilans perijanus
    **Perija-Strichelscheitel-Baumspäher**
    Phelps, WH & Phelps, WH Jr, 1954
    Perijá Mts. (ne Kolumbien und nw Venezuela)
    Xenops rutilans phelpsi
    **Santa Marta-Strichelscheitel-Baumspäher**
    Meyer de Schauensee, 1959
    Santa Marta Mts. (ne Kolumbien)
    Xenops rutilans guayae
    **Ekuador-Strichelscheitel-Baumspäher**
    Hellmayr, 1920
    w Ecuador und nw Peru
    Xenops rutilans peruvianus
    **Peru-Strichelscheitel-Baumspäher**
    Zimmer, JT, 1935
    e Ecuador bis s Peru
    Xenops rutilans connectens
    **Bolivien-Strichelscheitel-Baumspäher**
    Chapman, 1919
    w Bolivien bis nw Argentinien
    Xenops rutilans purusianus
    **Amazonas-Strichelscheitel-Baumspäher**
    Todd, 1925
    s Amazonasgebiet Brasilien
    Xenops rutilans chapadensis
    **Brasilien-Strichelscheitel-Baumspäher**
    Zimmer, JT, 1935
    e Bolivien und sw Brasilien

## Gattung: Berlepschia

Berlepschia rikeri
**Palmsteiger**
*Point-tailed Palmcreeper - Palmero*
Ridgway, 1887
Amazonasgebiet

## Gattung: Microxenops

Microxenops milleri
**Rotschwanz-Baumspäher**
*Rufous-tailed Xenops - Picolezna colirrufo*
Chapman, 1914
Amazonasgebiet

## Gattung: Pygarrhichas

Pygarrhichas albogularis
**Kleiberbaumspäher**
*White-throated Treerunner - Picolezna comesebo*
King, PP, 1831
c, s Chile und w Argentinien

## Gattung: Ochetorhynchus

Ochetorhynchus ruficaudus
**Geradschnabel-Erdhacker**
*Straight-billed Earthcreeper - Bandurrita piquirrecta*
Meyen, 1834
w Bolivien, n Chile und nw Argentinien

    Ochetorhynchus ruficaudus montanus
    **Gebirgs-Geradschnabel-Erdhacker**
    d'Orbigny & Lafresnaye, 1838
    s Peru

Ochetorhynchus ruficaudus famatinae
**Nores-Geradschnabel-Erdhacker**
Nores, 1986
n Argentinien

Ochetorhynchus andaecola
**Rostschwanz-Erdhacker**
*Rock Earthcreeper - Bandurrita roquera*
d'Orbigny & Lafresnaye, 1838
*Bolivien, n Chile und nw Argentinien*

Ochetorhynchus phoenicurus
**Schwarzschwanz-Erdhacker**
*Band-tailed Earthcreeper - Bandurrita patagona*
Gould, 1839
*s Argentinien*

Ochetorhynchus melanurus
**Rotbürzel-Erdhacker**
*Crag Chilia - Chiricoca*
Gray, GR, 1846
*c Chile*

    Ochetorhynchus melanurus atacamae
    **Atacama-Rotbürzel-Erdhacker**
    Hellmayr, 1925
    nc Chile

## Gattung: Pseudocolaptes

Pseudocolaptes lawrencii
**Fahlwangen-Astspäher**
*Buffy Tuftedcheek - Trepamusgos barbablanca panameño*
Ridgway, 1878
*Costa Rica und Panama*

Pseudocolaptes johnsoni
**Tropfenbrust-Astspäher**
*Pacific Tuftedcheek - Trepamusgos barbablanca del Pacífico*
Lönnberg & Rendahl, 1922
*Kolumbien und Ecuador*

Pseudocolaptes boissonneautii
**Weißwangen-Astspäher**
*Streaked Tuftedcheek - Trepamusgos barbablanca andino*
Lafresnaye, 1840
*Anden von w, c, e Kolumbien*

    Pseudocolaptes boissonneautii striaticeps
    **Venezuela-Weißwangen-Astspäher**
    Hellmayr & Seilern, 1912
    n Venezuela
    Pseudocolaptes boissonneautii meridae
    **Harters Weißwangen-Astspäher**
    Hartert, EJO & Goodson, 1917
    Anden von nw, w Venezuela und ne Kolumbien
    Pseudocolaptes boissonneautii oberholseri
    **Ekuador-Weißwangen-Astspäher**
    Cory, 1919
    Anden von Ecuador
    Pseudocolaptes boissonneautii intermedianus
    **Chapmans Weißwangen-Astspäher**
    Chapman, 1923
    nw Peru
    Pseudocolaptes boissonneautii medianus
    **Hellmayrs Weißwangen-Astspäher**
    Hellmayr, 1919
    Anden von n Peru
    Pseudocolaptes boissonneautii auritus
    **Tschudis Weißwangen-Astspäher**
    Tschudi, 1844)
    Anden von c Peru
    Pseudocolaptes boissonneautii carabayae
    **Anden-Weißwangen-Astspäher**
    Zimmer, JT, 1936
    Anden von s Peru bis c Bolivien

## Gattung: Premnornis

Premnornis guttuliger
**Rostschwingen-Blattspäher**
*Rusty-winged Barbtail - Subepalo alirrojizo*
Sclater, PL, 1864
*Kolumbien, Ecuador und Peru*

    Premnornis guttuliger venezuelanus
    **Venezuela-Rostschwingen-Blattspäher**
    Phelps, WH & Phelps, WH Jr, 1956
    nw Venezuela

## Gattung: Tarphonomus

Tarphonomus harterti
**Blassbauch-Erdhacker**
*Bolivian Earthcreeper - Bandurrita boliviana*
Berlepsch, 1892
*Bolivien und nw Argentinien*

Tarphonomus certhioides
**Roststirn-Erdhacker**
*Chaco Earthcreeper - Bandurrita chaqueña*
d'Orbigny & Lafresnaye, 1838
*ne Argentinien*

    Tarphonomus certhioides luscinia
    **Westlicher Roststirn-Erdhacker**
    Burmeister, 1860
    w Argentinien
    Tarphonomus certhioides estebani
    **Nördlicher Roststirn-Erdhacker**
    Wetmore & Peters, JL, 1949
    sc Bolivien, n Argentinien und w Paraguay

## Gattung: Furnarius

Furnarius figulus
**Schwarzspitzentöpfer**
*Band-tailed Hornero - Hornero colibandeado*
Lichtenstein, MHC, 1823
*e Brasilien*

    **Furnarius figulus pileatus**
    Sclaters Schwarzspitzentöpfer
    Sclater, PL & Salvin, 1878
    c Brasilien

Furnarius cinnamomeus
**Weißbauchtöpfer**
*Pacific Hornero - Hornero del Pacífico*
Lesson, RP, 1844
*SA : w Ecuador und nw Peru*

Furnarius longirostris
**Kolumbientöpfer**
*Caribbean Hornero - Hornero del Caribe*
Pelzeln, 1856
*n Kolumbien und nw Venezuela*

    Furnarius longirostris endoecus
    **Südlicher Kolumbientöpfer**
    Cory, 1919
    c Kolumbien und w Venezuela

Furnarius leucopus
**Blassfußtöpfer**
*Pale-legged Hornero - Hornero paticlaro*
Swainson, 1838
*sw Guyana und n Brasilien*

    Furnarius leucopus tricolor
    **Dreifarb-Blaßfußtöpfer**
    Giebel, 1868
    e Peru, w Brasilien und n Bolivien
    Furnarius leucopus araguaiae
    **Pintos Blaßfußtöpfer**
    Pinto & Camargo, 1952
    sc Brasilien
    Furnarius leucopus assimilis
    **Südlicher Blaßfußtöpfer**
    Cabanis & Heine, 1860
    e, s Brasilien und se Bolivien

Furnarius torridus
**Brauntöpfer**
*Bay Hornero - Hornero castaño*
Sclater, PL & Salvin, 1866
*w Amazon*

Furnarius minor
**Kleintöpfer**
*Lesser Hornero - Hornero chico*
Pelzeln, 1858
*Amazon*

Furnarius rufus
**Rosttöpfer**
*Rufous Hornero - Hornero común*
Gmelin, JF, 1788
*se Brasilien, Uruguay bis c Argentinien*

Furnarius rufus commersoni
**Commersons Rosttöpfer**
Pelzeln, 1868
c, e, Bolivien, sw Brasilien und nw Argentinien
Furnarius rufus paraguayae
**Paraguay-Rosttöpfer**
Cherrie & Reichenberger, 1921
Paraguay und n Argentinien
Furnarius rufus albogularis
**Weißkehl-Rosttöpfer**
Spix, 1824
e Brasilien

Furnarius cristatus
**Haubentöpfer**
*Crested Hornero - Hornero copetón*
Burmeister, 1888
*s Bolivien, w Paraguay und n Argentinien*

## Gattung: Lochmias

Lochmias nematura
**Flussuferschlüpfer**
*Sharp-tailed Streamcreeper - Riachuelero*
Lichtenstein, MHC, 1823
*se Brasilien bis e Paraguay, ne Argentinien und Uruguay*

Lochmias nematura nelsoni
**Nelsons Flussuferschlüpfer**
Aldrich, 1945
e Panama
Lochmias nematura chimantae
**Phelps Flussuferschlüpfer**
Phelps, WH & Phelps, WH Jr, 1947
se Venezuela
Lochmias nematura castanonotus
**Chubbs Flussuferschlüpfer**
Chubb, C, 1918
e Venezuela
Lochmias nematura sororius
**Sclaters Flussuferschlüpfer**
Sclater, PL & Salvin, 1873
n Venezuela und Kolumbien bis Ecuador und ne Peru
Lochmias nematura obscuratus
**Bolivien-Flussuferschlüpfer**
Cabanis, 1873
ec Peru, Bolivien und nw Argentinien

## Gattung: Phleocryptes

Phleocryptes melanops
**Binsenschlüpfer**
*Wren-like Rushbird - Junquero*
Vieillot, 1817
*s Brasilien bis c Chile und c Argentinien*

Phleocryptes melanops brunnescens
**Westlicher Binsenschlüpfer**
Zimmer, JT, 1935
Küste w Peru
Phleocryptes melanops schoenobaenus
**Südlicher Binsenschlüpfer**
Cabanis & Heine, 1860
c, s Peru, w Bolivien und nw Argentinien
Phleocryptes melanops loaensis
**Chilenischer Binsenschlüpfer**
Philippi Bañados & Goodall, 1946
Küste s Peru und n Chile

## Gattung: Limnornis

Limnornis curvirostris
**Braunrücken-Riedschlüpfer**
*Curve-billed Reedhaunter - Pajonalera piquicurva*
Gould, 1839
*ne Argentinien, s Uruguay und s Brasilien*

## Gattung: Geocerthia

Geocerthia serrana
**Streifenerdhacker**
*Striated Earthcreeper - Bandurrita estriada*
Taczanowski, 1875
*wc Peru*

Geocerthia serrana huancavelicae
**Südlicher Streifenerdhacker**
Morrison, 1938
sw Peru

## Gattung: Upucerthia

Upucerthia dumetaria
**Schuppenkehl-Erdhacker**
*Scale-throated Earthcreeper - Bandurrita común*
Geoffroy Saint-Hilaire, I, 1832
*s Chile und c, s Argentinien*

Upucerthia dumetaria peruana
**Peru-Schuppenkehl-Erdhacker**
Zimmer, JT, 1954
s Peru
Upucerthia dumetaria hypoleuca
**Reichenbachs Schuppenkehl-Erdhacker**
Reichenbach, 1853
sw Bolivien, n, c Chile und w Argentinien

Upucerthia saturatior
**Dunkelrücken-Erdhacker**
*Patagonian Forest Earthcreeper - Bandurrita saturada*
Scott, WED, 1900
*wc Argentinien und c Chile*

Upucerthia albigula
**Weißkehl-Erdhacker**
*White-throated Earthcreeper - Bandurrita de Arica*
Hellmayr, 1932
*Sw Peru und n Chile*

Upucerthia validirostris
**Langschnabel-Erdhacker**
*Buff-breasted Earthcreeper - Bandurrita ocrácea*
Burmeister, 1861
*nw Argentinien*

Upucerthia validirostris saturata
**Anden-Langschnabel-Erdhacker**
Carriker, 1933
w Anden von c Peru
Upucerthia validirostris jelskii
**Jelskis Langschnabel-Erdhacker**
Cabanis, 1874
Anden von c, s Peru, w Bolivien, n Chile und nw Argentinien

## Gattung: Cinclodes

Cinclodes pabsti
**Langschwanz-Uferwipper**
*Long-tailed Cinclodes - Remolinera colilarga*
Sick, 1969
*se Santa Catarina und ne Rio Grande do Sul*

Cinclodes pabsti espinhacensis
**Serra Cipo-Uferwipper**
Freitas, Chaves, Costa, Santos, FR & Rodrigues, 2012
Serra do Cipó (Minas Gerais)

Cinclodes antarcticus
**Falkland-Uferwipper**
*Blackish Cinclodes - Remolinera negruzca*
Garnot, 1826
*Falkland Is.*

Cinclodes antarcticus maculirostris
**Cape Horn-Uferwipper**
Dabbene, 1917
Cape Horn Is.

Cinclodes fuscus
**Kurzschnabel-Uferwipper**
*Buff-winged Cinclodes - Remolinera fusca*
Vieillot, 1818
c, s Chile; c, s Argentinien

Cinclodes comechingonus
**Rostspitzen-Uferwipper**
*Cordoba Cinclodes - Remolinera de Córdoba*
Zotta & Gavio, 1945
*nc Argentinien*

Cinclodes albidiventris
**Zimtflügel-Uferwipper**
*Chestnut-winged Cinclodes - Remolinera común septentrional*
Sclater, PL, 1860
*n Ecuador bis n Peru*

Cinclodes albidiventris heterurus
**Venezuela-Zimtflügel-Uferwipper**
Madarász, G, 1903
w Venezuela

Cinclodes albidiventris oreobates
**Kolumbien-Zimtflügel-Uferwipper**
Scott, WED, 1900
n Kolumbien

Cinclodes albiventris
**Blassbauch-Uferwipper**
*Cream-winged Cinclodes - Remolinera común meridional*
Philippi & Landbeck, 1861
n Peru bis Bolivien, n Chile und nw Argentinien

Cinclodes albiventris tucumanus
**Tucuman-Uferwipper**
Chapman, 1919
Tucumán (nw Argentinien)
Cinclodes albiventris riojanus
**Riojauferwipper**
Nores, 1986
La Rioja (nw Argentinien)
Cinclodes albiventris rufus
**Nores-Blassbauch-Uferwipper**
Nores, 1986
c Argentinien
Cinclodes albiventris yzurietae
**Südlicher Blassbauch-Uferwipper**
Nores, 1986
s Argentinien

Cinclodes olrogi
**Zweifarb-Uferwipper**
*Olrog's Cinclodes - Remolinera de Olrog*
Nores & Yzurieta, 1979
nc Argentinien

Cinclodes oustaleti
**Grauflanken-Uferwipper**
*Grey-flanked Cinclodes - Remolinera chica*
Scott, WED, 1900
Chile und w Argentinien

Cinclodes oustaleti hornensis
**Tierra del Fuego-Uferwipper**
Dabbene, 1917
Cape Horn Is. und Tierra del Fuego
Cinclodes oustaleti baeckstroemii
**Bäckströmis Uferwipper**
Lönnberg, 1921
Juan Fernandez Is. (vor c Chile)

Cinclodes excelsior
**Schuppenbrust-Uferwipper**
*Stout-billed Cinclodes - Remolinera ecuatoriana*
Sclater, PL, 1860
sw Kolumbien bis s Ecuador

Cinclodes excelsior columbianus
**Kolumbienuferwipper**
Chapman, 1912
n Kolumbien

Cinclodes aricomae
**Weißkehl-Uferwipper**
*Royal Cinclodes - Remolinera real*
Carriker, 1932
s Peru

Cinclodes palliatus
**Weißbauch-Uferwipper**
*White-bellied Cinclodes - Remolinera ventriblanca*
Tschudi, 1844
c Peru

Cinclodes atacamensis
**Schwarzschwanz-Uferwipper**
*White-winged Cinclodes - Remolinera castaña*
Philippi, 1857
c Peru bis Bolivien, n Chile und nw Argentinien

Cinclodes atacamensis schocolatinus
**Schokobrauner Uferwipper**
Reichenow, 1920
c Argentinien

Cinclodes patagonicus
**Streifenbrust-Uferwipper**
*Dark-bellied Cinclodes - Remolinera araucana*
Gmelin, JF, 1789
s Chile und s Argentinien

Cinclodes patagonicus chilensis
**Chilenischer Uferwipper**
Lesson, RP, 1828
c Chile und w Argentinien

Cinclodes taczanowskii
**Felsuferwipper**
*Peruvian Seaside Cinclodes - Remolinera costera peruana*
Berlepsch & Stolzmann, 1892
c, s Peru

Cinclodes nigrofumosus
**Stricheluferwipper**
*Chilean Seaside Cinclodes - Remolinera costera chilena*
d'Orbigny & Lafresnaye, 1838
n, c Chile

Gattung: Anabazenops

Anabazenops dorsalis
**Graubauch-Baumspäher**
*Bamboo Foliage-gleaner - Ticotico carioscuro*
Sclater, PL & Salvin, 1880
w, s Amazonasgebiet

Anabazenops fuscus
**Halsband-Baumspäher**
*White-collared Foliage-gleaner - Ticotico acollarado*
Vieillot, 1816
se Brasilien

Gattung: Megaxenops

Megaxenops parnaguae
**Zimtbaumspäher**
*Great Xenops - Picolezna grande*
Reiser, 1905
e Brasilien

Gattung: Cichlocolaptes

Cichlocolaptes leucophrus
**Zimtschwanz-Blattspäher**
*Pale-browed Treehunter - Ticotico cejipálido grande*
Jardine & Selby, 1830
se Brasilien (s Bahia bis Rio de Janeiro)

Cichlocolaptes leucophrus holti
**Holts Zimtschwanz-Blattspäher**
Pinto, 1941
se Brasilien (São Paulo bis Rio Grande do Sul)

Cichlocolaptes mazarbarnetti
**Dunkelkopf-Blattspäher**
*Cryptic Treehunter - Ticotico críptico*
Buzzetti, 2014
ne Brasilien (Alagoas, Pernambuco)

Gattung: Heliobletus

Heliobletus contaminatus
**Ockerbrauen-Baumspäher**
*Sharp-billed Treehunter - Ticotico estriado*
Berlepsch, 1885
se Brasilien

Heliobletus contaminatus camargoi
**Südlicher Ockerbrauen-Baumspäher**
Cardoso da Silva & Stotz, 1992
extremer se Brasilien, ne Argentinien und e Paraguay

Gattung: Neophilydor

Neophilydor fuscipenne
**Schieferflügel-Blattspäher**
*Slaty-winged Foliage-gleaner - Ticotico aligrís*
Salvin, 1866
c Panama

Neophilydor fuscipenne erythronotum
**Ekuador-Schieferflügel-Blattspäher**
Sclater, PL & Salvin, 1873
e Panama bis w Ecuador

Neophilydor erythrocercum
**Rostbürzel-Blattspäher**
*Rufous-rumped Foliage-gleaner - Ticotico lomirrufo*
Pelzeln, 1859
Guianas und Brasilien ne Amazonas

Neophilydor erythrocercum subfulvum
**Sclaters Rostbürzel-Blattspäher**
Sclater, PL, 1862
se Kolumbien, e Ecuador und n Peru
Neophilydor erythrocercum ochrogaster
**Hellmayrs Rostbürzel-Blattspäher**
Hellmayr, 1917
c Peru bis nc Bolivien
Neophilydor erythrocercum lyra
**Cherries Rostbürzel-Blattspäher**
Cherrie, 1916
e Peru, ne Bolivien und Brasilien s Amazonas
Neophilydor erythrocercum suboles
**Todds Rostbürzel-Blattspäher**
Todd, 1948
se Kolumbien und nw Brasilien

## Gattung: Philydor

Philydor novaesi
**Alagoasblattspäher**
*Alagoas Foliage-gleaner - Ticotico de Alagoas*
Teixeira & Gonzaga, 1983
e Brasilien

Philydor atricapillus
**Schwarzscheitel-Blattspäher**
*Black-capped Foliage-gleaner - Ticotico cabecinegro*
Wied-Neuwied, M, 1821
se Brasilien bis e Paraguay und ne Argentinien

Philydor pyrrhodes
**Zimtbürzel-Blattspäher**
*Cinnamon-rumped Foliage-gleaner - Ticotico lomicanelo*
Cabanis, 1849
Amazonasgebiet

## Gattung: Anabacerthia

Anabacerthia striaticollis
**Weißbrillen-Blattspäher**
*Montane Foliage-gleaner - Ticotico montano*
Lafresnaye, 1841
Anden von Kolumbien und w Venezuela

Anabacerthia striaticollis anxia
**Santa-Marta-Weißbrillen-Blattspäher**
Bangs, 1902
Santa Marta Mts. (ne Kolumbien)
Anabacerthia striaticollis perijana
**Perija-Weißbrillen-Blattspäher**
Phelps, WH & Phelps, WH Jr, 1952
Perijá Mts. (ne Kolumbien und nw Venezuela)
Anabacerthia striaticollis venezuelana
**Venezuela-Weißbrillen-Blattspäher**
Hellmayr, 1911
n Venezuela
Anabacerthia striaticollis montana
**Gebirgsblattspäher**
Tschudi, 1844
se Kolumbien und e Ecuador bis c Peru
Anabacerthia striaticollis yungae
**Yunga-Weißbrillen-Blattspäher**
Chapman, 1923
s Peru und w Bolivien

Anabacerthia variegaticeps
**Ockerbrillen-Blattspäher**
*Scaly-throated Foliage-gleaner - Ticotico de anteojos*
Sclater, PL, 1857
s Mexico bis w Panama

Anabacerthia variegaticeps schaldachi
**Schaldachs Ockerbrillen-Blattspäher**
Winker, 1997
sw Mexico
Anabacerthia variegaticeps temporalis
**Sclater Ockerbrillen-Blattspäher**
Sclater, PL, 1859
Kolumbien und Ecuador

Anabacerthia ruficaudata
**Olivrücken-Blattspäher**
*Rufous-tailed Foliage-gleaner - Ticotico colirrufo*
d'Orbigny & Lafresnaye, 1838
se Amazonasgebiet Brasiliens, se Peru und n Bolivien

Anabacerthia ruficaudata subflavescens
**Westlicher Olivrücken-Blattspäher**
Cabanis, 1873
ne Ecuador und e Peru

Anabacerthia ruficaudata flavipectus
**Östlicher Olivrücken-Blattspäher**
Phelps, WH & Gilliard, 1941
se Kolumbien, s Venezuela, Guianas und ne Brasilien

Anabacerthia amaurotis
**Rahmbrauen-Blattspäher**
*White-browed Foliage-gleaner - Ticotico cejiblanco*
Temminck, 1823
se Brasilien, e Paraguay und ne Argentinien

Anabacerthia lichtensteini
**Schuppenscheitel-Blattspäher**
*Ochre-breasted Foliage-gleaner - Ticotico ocráceo chico*
Cabanis & Heine, 1860
se Brasilien bis e Paraguay und ne Argentinien

## Gattung: Syndactyla

Syndactyla rufosuperciliata
**Ockerbrauen-Blattspäher**
*Buff-browed Foliage-gleaner - Ticotico cejudo*
Lafresnaye, 1832
se Brasilien

Syndactyla rufosuperciliata cabanisi
**Cabanis-Ockerbrauen-Blattspäher**
Taczanowski, 1875
s Ecuador und n Peru bis c Bolivien
Syndactyla rufosuperciliata oleaginea
**Sclaters Ockerbrauen-Blattspäher**
Sclater, PL, 1884
c Bolivien bis nw Argentinien
Syndactyla rufosuperciliata acrita
**Paraguay-Ockerbrauen-Blattspäher**
Oberholser, 1901
Paraguay, s Brasilien, Uruguay und ne Argentinien

Syndactyla dimidiata
**Rötelblattspäher**
*Planalto Foliage-gleaner - Ticotico del Planalto*
Pelzeln, 1859
ne Paraguay und sw, se Brasilien

Syndactyla roraimae
**Tepuibaumspäher**
*Tepui Foliage-gleaner - Ticotico gorjiblanco*
Hellmayr, 1917
Mt. Roraima (se Venezuela, w Guyana und n Brasilien)

Syndactyla roraimae paraquensis
**Südlicher Tepuibaumspäher**
Phelps, WH & Phelps, WH Jr, 1947
sc Venezuela
Syndactyla roraimae duidae
**Duidabaumspäher**
Chapman, 1939
Mt. Duida und Mt. Yavi (sc Venezuela und n Brasilien)
Syndactyla roraimae urutani
**Östlicher Tepuibaumspäher**
Phelps, WH Jr & Dickerman, 1980
se Venezuela

Syndactyla subalaris
**Streifenblattspäher**
*Lineated Foliage-gleaner - Ticotico rayado*
Sclater, PL, 1859
w Kolumbien und w Ecuador

Syndactyla subalaris lineata
**Costa Rica-Streifenblattspäher**
Lawrence, 1865
Costa Rica und w Panama
Syndactyla subalaris tacarcunae
**Panama-Streifenblattspäher**
Chapman, 1923
e Panama und nw Kolumbien
Syndactyla subalaris striolata
**Anden-Streifenblattspäher**
Todd, 1913
e Anden von Kolumbien und w Anden von Venezuela
Syndactyla subalaris olivacea
**Tachira-Blattspäher**
Phelps, WH & Phelps, WH Jr, 1956
sw Táchira (w Venezuela)
Syndactyla subalaris mentalis
**Ekuador-Streifenblattspäher**
Taczanowski & Berlepsch, 1885
e Ecuador bis c Peru

Syndactyla ruficollis
**Rosthals-Blattspäher**
*Rufous-necked Foliage-gleaner - Ticotico cuellirrufo*
Taczanowski, 1884
sw Ecuador und nw Peru

Syndactyla guttulata
**Zimtbrauen-Blattspäher**
*Guttulate Foliage-gleaner - Ticotico goteado*
Sclater, PL, 1858
*n Venezuela*

Syndactyla guttulata pallida
**Östlicher Zimtbrauen-Blattspäher**
Zimmer, JT & Phelps, WH, 1944
*ne Venezuela*

Syndactyla ucayalae
**Starkschnabel-Blattspäher**
*Peruvian Recurvebill - Ticotico picolezna peruano*
Chapman, 1928
*s, sw Amazonasgebiet*

Syndactyla striata
**Ockerstrichel-Blattspäher**
*Bolivian Recurvebill - Ticotico picolezna boliviano*
Carriker, 1935
*w, c Bolivien*

## Gattung: Ancistrops

Ancistrops strigilatus
**Hakenschnabel-Blattspäher**
*Chestnut-winged Hookbill - Ticotico picogancho*
Spix, 1825
*w, c Amazonasgebiet*

## Gattung: Dendroma

Dendroma rufa
**Ockerstirn-Blattspäher**
*Buff-fronted Foliage-gleaner - Ticotico ocráceo grande*
Vieillot, 1818
*e Brasilien bis e Paraguay und ne Argentinien*

Dendroma rufa panerythra
**Anden-Ockerstirn-Blattspäher**
Sclater, PL, 1862
Costa Rica bis e Anden von Kolumbien
Dendroma rufa riveti
**Rivets Ockerstirn-Blattspäher**
Ménégaux & Hellmayr, 1906
w Anden von Kolumbien und nw Ecuador
Dendroma rufa columbiana
**Nördlicher-Ockerstirn-Blattspäher**
Cabanis & Heine, 1860
n Venezuela
Dendroma rufa cuchiverus
**Südlicher-Blattspäher**
Phelps, WH & Phelps, WH Jr, 1949
s Venezuela
Dendroma rufa boliviana
**Bolivien-Ockerstirn-Blattspäher**
Berlepsch, 1907
e Ecuador bis c Bolivien
Dendroma rufa chapadensis
**Zimmers Ockerstirn-Blattspäher**
Zimmer, JT, 1935
sw Brasilien

Dendroma erythroptera
**Kastanienflügel-Blattspäher**
*Chestnut-winged Foliage-gleaner - Ticotico alicastaño*
Sclater, PL, 1856
*s Venezuela über w Amazonasgebiet bis ne Bolivien*

Dendroma erythroptera diluvialis
**Brasilien-Kastanienflügel-Blattspäher**
Griscom & Greenway, 1937
ec Brasilien

## Gattung: Clibanornis

Clibanornis dendrocolaptoides
**Halsflecken-Baumspäher**
*Canebrake Groundcreeper - Espinero tacuatí*
Pelzeln, 1859
*e Paraguay, ne Argentinien und s Brasilien*

Clibanornis rectirostris
**Rötelbaumspäher**
*Henna-capped Foliage-gleaner - Ticotico cabecirrufo oriental*
Wied-Neuwied, M, 1831
*sc Brasilien und ne Paraguay*

Clibanornis erythrocephalus
**Braunschulter-Baumspäher**
*Henna-hooded Foliage-gleaner - Ticotico cabecirrufo occidental*
Chapman, 1919
*sw Ecuador und extremer nw Peru (Tumbes)*

Clibanornis erythrocephalus palamblae
**Pirua-Braunschulter-Baumspäher**
Zimmer, JT, 1935
nw Peru (Piura, Lambayeque)

Clibanornis rubiginosus
**Zimtkehl-Baumspäher**
*Ruddy Foliage-gleaner - Ticotico castaño*
Sclater, PL, 1857
*e Mexico*

Clibanornis rubiginosus guerrerensis
**Mexikanischer Zimtkehlbaumspäher**
Salvin & Godman, 1891
sw Mexico
Clibanornis rubiginosus veraepacis
**Nikaragua-Zimtkehlbaumspäher**
Salvin & Godman, 1891
s Mexico bis Nicaragua
Clibanornis rubiginosus fumosus
**Costa Rica-Zimtkehlbaumspäher**
Salvin & Godman, 1891
sw Costa Rica und w Panama
Clibanornis rubiginosus saturatus
**Panama-Zimtkehlbaumspäher**
Chapman, 1915
e Panama und nw Kolumbien
Clibanornis rubiginosus sasaimae
**Kolumbien-Zimtkehlbaumspäher**
Meyer de Schauensee, 1947
e Anden in c Kolumbien
Clibanornis rubiginosus nigricauda
**Ekuador-Zimtkehlbaumspäher**
Hartert, EJO, 1898
w Kolumbien und w Ecuador
Clibanornis rubiginosus venezuelanus
**Venezuela-Zimtkehlbaumspäher**
Zimmer, JT & Phelps, WH, 1947
s Venezuela
Clibanornis rubiginosus cinnamomeigula
**Anden-Zimtkehlbaumspäher**
Hellmayr, 1905
e Anden von Kolumbien
Clibanornis rubiginosus caquetae
**Meyers Zimtkehlbaumspäher**
Meyer de Schauensee, 1947
se Kolumbien und ne Ecuador
Clibanornis rubiginosus brunnescens
**Berllozes Zimtkehlbaumspaher**
Berlioz, 1927
e Ecuador
Clibanornis rubiginosus watkinsi
**Watkins-Zimtkehlbaumspäher**
Hellmayr, 1912
n Peru bis n Bolivien und sw Brasilien (Acre)
Clibanornis rubiginosus obscurus
**Guyana-Zimtkehlbaumspäher**
Pelzeln, 1859
Guianas und ne Brasilien

Clibanornis rufipectus
**Rostbrust-Baumspäher**
*Santa Marta Foliage-gleaner - Ticotico de Santa Marta*
Bangs, 1898
*n Kolumbien*

## Gattung: Thripadectes

Thripadectes ignobilis
**Einfarbbaumspäher**
*Uniform Treehunter - Trepamusgos uniforme*
Sclater, PL & Salvin, 1879
*Kolumbien und nw Ecuador*

Thripadectes flammulatus
**Streifenbaumspäher**
*Flammulated Treehunter - Trepamusgos flamulado*
Eyton, 1849
*ne Kolumbien und sw Venezuela bis Ecuador und n Peru*

Thripadectes flammulatus bricenoi
**Westlicher Streifenbaumspäher**
Berlepsch, 1907
w Venezuela

Thripadectes scrutator
**Braunrücken-Baumspäher**
*Peruvian Treehunter - Trepamusgos peruano*
Taczanowski, 1874
*n Peru bis nc Bolivien*

Thripadectes rufobrunneus
**Ockerkehl-Baumspäher**
*Streak-breasted Treehunter - Trepamusgos pechirrayado*
Lawrence, 1865
*Costa Rica und w Panama*

Thripadectes melanorhynchus
**Schuppenkehl-Baumspäher**
*Black-billed Treehunter - Trepamusgos piquinegro*
Tschudi, 1844
*Ecuador und Peru*

  Thripadectes melanorhynchus striaticeps
  **Sclaters Schuppenkehlbaumspäher**
  Sclater, PL & Salvin, 1875
  Kolumbien

Thripadectes holostictus
**Strichelbaumspäher**
*Striped Treehunter - Trepamusgos listado*
Sclater, PL & Salvin, 1876
*c Kolumbien bis sw Venezuela, e Ecuador und n Peru*

  Thripadectes holostictus striatidorsus
  **Berlepschs Strichelbaumspäher**
  Berlepsch & Taczanowski, 1884
  sw Kolumbien und w Ecuador
  Thripadectes holostictus moderatus
  **Zimmers Strichelbaumspäher**
  Zimmer, JT, 1935
  c Peru bis w Bolivien

Thripadectes virgaticeps
**Ockerkinn-Baumspäher**
*Streak-capped Treehunter - Trepamusgos cabecirrayado*
Lawrence, 1874
*nw Ecuador*

  Thripadectes virgaticeps klagesi
  **Klages-Ockerkinn-Baumspäher**
  Hellmayr & Seilern, 1912
  n Venezuela
  Thripadectes virgaticeps tachirensis
  **Phelps-Ockerkinn-Baumspäher**
  Phelps, WH & Phelps, WH Jr, 1958
  w Venezuela
  Thripadectes virgaticeps magdalenae
  **Magdalena-Ockerkinn-Baumspäher**
  Meyer de Schauensee, 1945
  nw, c Kolumbien
  Thripadectes virgaticeps sclateri
  **Sclaters Ockerkinn-Baumspäher**
  Berlepsch, 1907
  sw Kolumbien
  Thripadectes virgaticeps sumaco
  **Ekuador-Ockerkinn-Baumspäher**
  Chapman, 1925
  e Ecuador

## Gattung: Automolus

Automolus rufipileatus
**Rostkappen-Baumspäher**
*Chestnut-crowned Foliage-gleaner - Ticotico coronicastaño*
Pelzeln, 1859
*Brasilien s Amazonas*

  Automolus rufipileatus consobrinus
  **Amazonas-Rostkappen-Baumspäher**
  Sclater, PL, 1870
  n, w Amazonasgebiet

Automolus melanopezus
**Orangekehl-Baumspäher**
*Brown-rumped Foliage-gleaner - Ticotico pardo*
Sclater, PL, 1858
*w, sw Amazonasgebiet*

Automolus cervinigularis
**Gelbkehl-Baumspäher**
*Fawn-throated Foliage-gleaner - Rascahojas Gorguipálida*
Sclater, PL, 1857
*s Mexico bis Belize und Guatemala*

  Automolus cervinigularis hypophaeus
  **Panama-Gelbkehl-Baumspäher**
  Ridgway, 1909
  Honduras bis nw Panama

Automolus ochrolaemus
**Fahlkehl-Baumspäher**
*Ochre-throated Foliage-gleaner - Ticotico gorjiclaro*
Tschudi, 1844
*sw Amazonasgebiet s Amazonas*

  Automolus ochrolaemus pallidigularis
  **Ekuador-Fahlkehl-Baumspäher**
  Lawrence, 1862
  e Panama bis Kolumbien und nw Ecuador
  Automolus ochrolaemus turdinus
  **Amazonas-Fahlkehl-Baumspäher**
  Pelzeln, 1859
  Amazonasgebiet n Amazonas
  Automolus ochrolaemus auricularis
  **Bolivien-Fahlkehl-Baumspäher**
  Zimmer, JT, 1935
  c Brasilien bis ne Bolivien

Automolus exsertus
**Chiriquíbaumspäher**
*Chiriqui Foliage-gleaner - Ticotico de Chiriquí*
Bangs, 1901
*sw Costa Rica bis w Panama*

Automolus virgatus
**Olivbauch-Baumspäher**
*Western Woodhaunter - Ticotico listado occidental*
Lawrence, 1867
*Costa Rica und w Panama*

Automolus subulatus
**Strichelrücken-Baumspäher**
*Eastern Woodhaunter - Ticotico listado amazónico*
Spix, 1824
*se Kolumbien, w Brasilien und n Bolivien*

  Automolus subulatus lemae
  **Lema-Strichelrücken-Baumspäher**
  Phelps, WH & Phelps, WH Jr, 1960
  sc, se Venezuela
  Automolus virgatus nicaraguae
  **Nikaragua-Olivbauch-Baumspäher**
  Miller, W & Griscom, 1925
  e Nicaragua
  Automolus virgatus assimilis
  **Panama-Olivbauch-Baumspäher**
  Berlepsch & Taczanowski, 1884
  e Panama bis w Kolumbien und w Ecuador
  Automolus virgatus cordobae
  **Cordoba-Olivbauch-Baumspäher**
  Meyer de Schauensee, 1960
  nw Kolumbien

Automolus infuscatus
**Olivrücken-Baumspäher**
*Olive-backed Foliage-gleaner - Ticotico oliváceo*
Sclater, PL, 1856
*se Kolumbien, e Ecuador, e Peru und nw Bolivien*

  Automolus infuscatus badius
  **Zimmers Olivrücken-Baumspäher**
  Zimmer, JT, 1935
  e Kolumbien, s Venezuela und nw Brasilien
  Automolus infuscatus cervicalis
  **Sclaters Olivrücken-Baumspäher**
  Sclater, PL, 1889
  se Venezuela, Guianas und ne Brasilien
  Automolus infuscatus purusianus
  **Todds Olivrücken-Baumspäher**
  Todd, 1948
  w Brasilien

Automolus paraensis
**Dunkelbaumspäher**
*Para Foliage-gleaner - Ticotico de Pará*
Hartert, EJO, 1902
*sc Amazonasgebiet Brasilien*

Automolus lammi
**Weißkehl-Baumspäher**
*Pernambuco Foliage-gleaner - Ticotico de Pernambuco*
Zimmer, JT, 1947
*ne Brasilien*

Automolus leucophthalmus
**Weißaugen-Baumspäher**
*White-eyed Foliage-gleaner - Ticotico ojiblanco*
Wied-Neuwied, M, 1821
e Brasilien

> Automolus leucophthalmus sulphurascens
> **Südlicher Weißaugen-Baumspäher**
> Lichtenstein, MHC, 1823
> s Brasilien, e Paraguay und ne Argentinien


**Gattung: Premnoplex**

Premnoplex brunnescens
**Hellkehl-Stachelschwanz**
*Spotted Barbtail - Subepalo moteado*
Sclater, PL, 1856
Anden von Kolumbien, Venezuela, Ecuador bis sc Peru

> Premnoplex brunnescens brunneicauda
> **Costa Rica-Hellkehl-Stachelschwanz**
> Lawrence, 1865
> Costa Rica und w Panama
> Premnoplex brunnescens albescens
> **Panama-Hellkehl-Stachelschwanz**
> Griscom, 1927
> e Panama
> Premnoplex brunnescens coloratus
> **Bangs-Hellkehl-Stachelschwanz**
> Bangs, 1902
> Santa Marta Mts. (ne Kolumbien)
> Premnoplex brunnescens rostratus
> **Venezuela-Hellkehl-Stachelschwanz**
> Hellmayr & Seilern, 1912
> n Venezuela
> Premnoplex brunnescens stictonotus
> **Anden-Hellkehl-Stachelschwanz**
> Berlepsch, 1901
> Anden von s Peru und n Bolivien

Premnoplex tatei
**Weißkehl-Stachelschwanz**
*White-throated Barbtail - Subepalo gorjiblanco*
Chapman, 1925
n Venezuela

> Premnoplex tatei pariae
> **Phelps-Weißkehl-Stachelschwanz**
> Phelps, WH & Phelps, WH Jr, 1949
> ne Venezuela

**Gattung: Margarornis**

Margarornis bellulus
**Fleckenbrust-Stachelschwanz**
*Beautiful Treerunner - Subepalo bonito*
Nelson, 1912
e Panama

Margarornis rubiginosus
**Rostbrust-Stachelschwanz**
*Ruddy Treerunner - Subepalo rojizo*
Lawrence, 1865
Costa Rica und w Panama

> Margarornis rubiginosus boultoni
> **Panama-Rostbrust-Stachelschwanz**
> Griscom, 1924
> c Panama

Margarornis stellatus
**Schmuckbrust-Stachelschwanz**
*Star-chested Treerunner - Subepalo estrellado*
Sclater, PL & Salvin, 1873
Kolumbien und Ecuador

Margarornis squamiger
**Tropfenbrust-Stachelschwanz**
*Pearled Treerunner - Subepalo perlado*
d'Orbigny & Lafresnaye, 1838
s Peru und w Bolivien

> Margarornis squamiger perlatus
> **Perlenbrust-Stachelschwanz**
> Lesson, RP, 1844
> w Venezuela und Kolumbien bis n Peru
> Margarornis squamiger peruvianus
> **Peru-Tropfenbrust-Stachelschwanz**
> Cory, 1913
> n, c Peru

**Gattung: Aphrastura**

Aphrastura spinicauda
**Stachelschwanzschlüpfer**
*Thorn-tailed Rayadito - Rayadito común*
Gmelin, JF, 1789
c, s Chile und w, s Argentinien

> Aphrastura spinicauda bullocki
> **Bullocks Stachelschwanzschlüpfer**
> Chapman, 1934
> Mocha Insel (vor Chile)
> Aphrastura spinicauda fulva
> **Chiloe-Stachelschwanzschlüpfer**
> Angelini, 1905
> Chiloé Insel (vor Chile)
> Aphrastura spinicauda subantarktischena
> **Diego Ramirez-Stachelschwanzschlüpfer**
> Rozzi, R, Quilodrán, CS, Botero-Delgadillo, E, Crego, RD, Napolitano, C, Barroso, O,
> Torres-Mura, JC & Vásquez, RA, 2022
> Diego Ramírez Archipel (vor extremer s Chile)

Aphrastura masafuerae
**Inselschlüpfer**
*Masafuera Rayadito - Rayadito de Más Afuera*
Philippi & Landbeck, 1866
Juan Fernandez Archipel

**Gattung: Sylviorthorhynchus**

Sylviorthorhynchus desmurii
**Fadenschwanzschlüpfer**
*Des Murs's Wiretail - Tijeral colilargo*
Gay, 1845
c, s Chile und sw Argentinien

Sylviorthorhynchus yanacensis
**Roststirn-Meisenschlüpfer**
*Tawny Tit-Spinetail - Tijeral de Yánac*
Carriker, 1933
Peru bis nw Argentinien

**Gattung: Leptasthenura**

Leptasthenura fuliginiceps
**Braunkappen-Meisenschlüpfer**
*Brown-capped Tit-Spinetail - Tijeral canelo*
d'Orbigny & Lafresnaye, 1837
w Bolivien

> Leptasthenura fuliginiceps paranensis
> **Sclaters Braunkappen-Meisenschlüpfer**
> Sclater, PL, 1862
> w Argentinien

Leptasthenura platensis
**Haubenmeisenschlüpfer**
*Tufted Tit-Spinetail - Tijeral copetón*
Reichenbach, 1853
n Argentinien und c Paraguay bis s Brasilien, Uruguay und ec Argentinien

Leptasthenura aegithaloides
**Zimtspiegel-Meisenschlüpfer**
*Plain-mantled Tit-Spinetail - Tijeral colinegro costeño*
Kittlitz, 1830
c Chile

> Leptasthenura aegithaloides grisescens
> **Hellmayrs Meisenschlüpfer**
> Hellmayr, 1925
> Küste s Peru und n Chile
> Leptasthenura aegithaloides berlepschi
> **Berlepschs Meisenschlüpfer**
> Hartert, EJO, 1909
> Altiplano von s Peru, w Bolivien, n Chile und nw Argentinien
> Leptasthenura aegithaloides pallida
> **Dabbenes Meisenschlüpfer**
> Dabbene, 1920
> w, c Argentinien und s Chile

Leptasthenura striolata
**Isabellstreifen-Meisenschlüpfer**
*Striolated Tit-Spinetail - Tijeral brasileño*
Pelzeln, 1856
se Brasilien

Leptasthenura pileata
**Rostkappen-Meisenschlüpfer**
*Rusty-crowned Tit-Spinetail - Tijeral coronado*
Sclater, PL, 1881
wc Peru

Leptasthenura pileata cajabambae
**Cajabamba-Meisenschlüpfer**
Chapman, 1921
n, c Peru
Leptasthenura pileata latistriata
**Köpckes Meisenschlüpfer**
Koepcke, 1965
sc Peru

Leptasthenura xenothorax
**Graubauch-Meisenschlüpfer**
*White-browed Tit-Spinetail - Tijeral cejiblanco*
Chapman, 1921
s Peru

Leptasthenura striata
**Rostspiegel-Meisenschlüpfer**
*Streak-backed Tit-Spinetail - Tijeral listado*
Philippi & Landbeck, 1863
extremer sw Peru und nw Chile

Leptasthenura striata superciliaris
**Peruanischer Meisenschlüpfer**
Hellmayr, 1932
wc Peru
Leptasthenura striata albigularis
**Weißkehl-Meisenschlüpfer**
Morrison, 1938
sw Peru

Leptasthenura andicola
**Andenmeisenschlüpfer**
*Andean Tit-Spinetail - Tijeral andino*
Sclater, PL, 1870
c Anden von Kolumbien und Ecuador

Leptasthenura andicola certhia
**Mardarasz-Meisenschlüpfer**
Madarász, G, 1903
w Venezuela
Leptasthenura andicola extima
**Santa Marta-Meisenschlüpfer**
Todd, 1916
Santa Marta Mts. (ne Kolumbien)
Leptasthenura andicola exterior
**Andenmeisenschlüpfer**
Todd, 1919
e Anden von c Kolumbien
Leptasthenura andicola peruviana
**Bolivien-Meisenschlüpfer**
Chapman, 1919
Peru bis n Bolivien

Leptasthenura setaria
**Araukarienmeisenschlüpfer**
*Araucaria Tit-Spinetail - Tijeral de las araucarias*
Temminck, 1824
ne Argentinien und se Brasilien

## Gattung: Phacellodomus

Phacellodomus rufifrons
**Rotstirn-Bündelnister**
*Rufous-fronted Thornbird - Espinero frentirrufo*
Wied-Neuwied, M, 1821
e Brasilien

Phacellodomus rufifrons peruvianus
**Peru-Rotstirn-Bündelnister**
Hellmayr, 1925
s Ecuador und n Peru
Phacellodomus rufifrons specularis
**Brasilien-Rotstirn-Bündelnister**
Hellmayr, 1925
ne Brasilien
Phacellodomus rufifrons sincipitalis
**Bolivien-Rotstirn-Bündelnister**
Cabanis, 1883
e Bolivien, s Brasilien, nc Paraguay und nw Argentinien

Phacellodomus inornatus
**Blasskehl-Bündelnister**
*Plain Thornbird - Espinero liso*
Ridgway, 1887
nc Venezuela

Phacellodomus inornatus castilloi
**Kolumbiens Blasskehl-Bündelnister**
Phelps, WH Jr & Aveledo, 1987
ne Kolumbien und w, c Venezuela

Phacellodomus striaticeps
**Strichelstirn-Bündelnister**
*Streak-fronted Thornbird - Espinero andino*
d'Orbigny & Lafresnaye, 1838
w Bolivien und nw Argentinien

Phacellodomus striaticeps griseipectus
**Peru-Strichelstirn-Bündelnister**
Chapman, 1919
s Peru

Phacellodomus sibilatrix
**Zwergbündelnister**
*Little Thornbird - Espinero chico*
Sclater, PL, 1879
s Bolivien und n Paraguay bis cw Uruguay und c, e Argentinien

Phacellodomus dorsalis
**Graunacken-Bündelnister**
*Chestnut-backed Thornbird - Espinero dorsicastaño*
Salvin, 1895
n Peru

Phacellodomus maculipectus
**Sprenkelbrust-Bündelnister**
*Spot-breasted Thornbird - Espinero pechimoteado*
Cabanis, 1883
c Bolivien bis nw Argentinien

Phacellodomus striaticollis
**Fleckenbrust-Bündelnister**
*Freckle-breasted Thornbird - Espinero pechirrayado*
d'Orbigny & Lafresnaye, 1838
ne Argentinien, Uruguay und s Brasilien

Phacellodomus ruber
**Rostflügel-Bündelnister**
*Greater Thornbird - Espinero grande*
Vieillot, 1817
w Bolivien bis c Brasilien, Paraguay und n Argentinien

Phacellodomus erythrophthalmus
**Rotaugen-Bündelnister**
*Orange-eyed Thornbird - Espinero ojirrubio*
Wied-Neuwied, M, 1821
e Brasilien

Phacellodomus ferrugineigula
**Orangebrust-Bündelnister**
*Orange-breasted Thornbird - Espinero pechicanelo*
Pelzeln, 1858
se Brasilien, n Uruguay und ne Argentinien

## Gattung: Hellmayrea

Hellmayrea gularis
**Kurzschwanz-Dickichtschlüpfer**
*White-browed Spinetail - Pijuí paramero*
Lafresnaye, 1843
Anden von Kolumbien, Ecuador und n Peru

Hellmayrea gularis brunneidorsalis
**Perija-Kurzschwanz-Dickichtschlüpfer**
Phelps, WH & Phelps, WH Jr, 1953
Perijá Mts. (ne Kolumbien und nw Venezuela)
Hellmayrea gularis cinereiventris
**Westanden-Kurzschwanz-Dickichtschlüpfer**
Chapman, 1912
Anden von w Venezuela
Hellmayrea gularis rufiventris
**Nordanden-Kurzschwanz-Dickichtschlüpfer**
Berlepsch & Stolzmann, 1896
Anden von n, c Peru

## Gattung: Anumbius

Anumbius annumbi
**Weißkehl-Bündelnister**
*Firewood-gatherer - Leñatero*
Vieillot, 1817
Paraguay und c Brasilien bis c Argentinien

Asthenes humilis cajamarcae
**Zimmers Streifenkehlcanastero**
Zimmer, JT, 1936
nw Peru
Asthenes humilis robusta
**Großer Streifenkehlcanastero**
Berlepsch, 1901
s Peru und n Bolivien

Asthenes modesta
**Graslandcanastero**
*Cordilleran Canastero - Canastero pálido*
Eyton, 1852
sw Peru, w Bolivien, n Chile und nw Argentinien

Asthenes modesta proxima
**Peru-Graslandcanastero**
Chapman, 1921
c, s Peru
Asthenes modesta hilereti
**Tucuman-Graslandcanastero**
Oustalet, 1904
Tucumán und Catamarca (nw Argentinien)
Asthenes modesta rostrata
**Bolivien-Graslandcanastero**
Berlepsch, 1901
c Bolivien
Asthenes modesta serrana
**Nores-Graslandcanastero**
Nores, 1986
wc Argentinien
Asthenes modesta cordobae
**Cordoba-Graslandcanastero**
Nores & Yzurieta, 1980
c Argentinien
Asthenes modesta australis
**Chile-Graslandcanastero**
Hellmayr, 1925
c, s Chile und c, s Argentinien

Asthenes moreirae
**Blasscanastero**
*Itatiaia Spinetail - Piscuiz de Itatiaia*
Miranda-Ribeiro, 1905
se Brasilien

Asthenes pyrrholeuca
**Dünnschnabelcanastero**
*Sharp-billed Canastero - Canastero coludo*
Vieillot, 1817
c, s Argentinien

Asthenes pyrrholeuca sordida
**Lessons Dünnschnabelcanastero**
Lesson, RP, 1839
c, s Chile und wc Argentinien

Asthenes harterti
**Schwarzkehlcanastero**
*Black-throated Thistletail - Piscuiz gorjinegro*
Berlepsch, 1901
n Bolivien

Asthenes harterti bejaranoi
**Bejarano-Schwarzkehlcanastero**
Remsen, 1981
c Bolivien

Asthenes helleri
**Punacanastero**
*Puna Thistletail - Piscuiz de la puna*
Chapman, 1923
s Peru und n Bolivien

Asthenes vilcabambae
**Rostkehlcanastero**
*Vilcabamba Thistletail - Piscuiz de Vilcabamba*
Vaurie, Weske & Terborgh, 1972
Vilcabamba Mts. (sc Peru)

Asthenes ayacuchensis
**Kastanienkehlcanastero**
*Ayacucho Thistletail - Piscuiz de Ayacucho*
Vaurie, Weske & Terborgh, 1972
n Ayacucho (s Peru)

Asthenes pudibunda
**Rostschwanzcanastero**
*Canyon Canastero - Canastero peruano*
Sclater, PL, 1874
w Peru

Asthenes pudibunda neglecta
**Corys Rostschwanzcanastero**
Cory, 1916
nw Peru
Asthenes pudibunda grisior
**Köpckes Rostschwanzcanastero**
Koepcke, 1961
sw Peru und n Chile

Asthenes ottonis
**Rostgesichtcanastero**
*Rusty-fronted Canastero - Canastero frentirrufo*
Berlepsch, 1901
sc Peru

Asthenes heterura
**Dornbuschcanastero**
*Maquis Canastero - Canastero de Iquico*
Berlepsch, 1901
n Bolivien bis nw Argentinien

Asthenes palpebralis
**Brillencanastero**
*Eye-ringed Thistletail - Piscuiz de anteojos*
Cabanis, 1873
c Peru

Asthenes coryi
**Ockerbrauencanastero**
*Ochre-browed Thistletail - Piscuiz de Cory*
Berlepsch, 1888
w Venezuela

Asthenes perijana
**Perijacanastero**
*Perija Thistletail - Piscuiz del Perijá*
Phelps, WH Jr, 1977
n Kolumbien und nw Venezuela

Asthenes fuliginosa
**Graubauchcanastero**
*White-chinned Thistletail - Piscuiz barbiblanco*
Lafresnaye, 1843
e Kolumbien, w Venezuela und n Ecuador

Asthenes fuliginosa fumigata
**Borreros Graubauchcanastero**
Borrero, 1960
c Kolumbien
Asthenes fuliginosa peruviana
**Peruanischer Graubauchcanastero**
Cory, 1916
n Peru
Asthenes fuliginosa plengei
**Plenges Graubauchcanastero**
O'Neill & Parker, TA, 1976
c Peru

Asthenes griseomurina
**Olivrückencanastero**
*Mouse-colored Thistletail - Piscuiz ratón*
Sclater, PL, 1882
s Ecuador und n Peru

Gattung: Acrobatornis

Acrobatornis fonsecai
**Plantagenschlüpfer**
*Pink-legged Graveteiro - Graveteiro*
Pacheco, Whitney & Gonzaga, 1996
e Brasilien

Gattung: Metopothrix

Metopothrix aurantiaca
**Orangestirn-Bündelnister**
*Orange-fronted Plushcrown - Coronafelpa*
Sclater, PL & Salvin, 1866
w Amazonasgebiet

Gattung: Xenerpestes

Xenerpestes minlosi
**Flügelbindenschlüpfer**
*Double-banded Greytail - Colagrís norteño*
Berlepsch, 1886
Karibikseite von e Panama und n Kolumbien

Xenerpestes minlosi umbraticus
**Darien-Flügelbindenschlüpfer**
Wetmore, 1951
Darién (e Panama) und nw Kolumbien bis nw Ecuador

Xenerpestes singularis
**Roststirnschlüpfer**
*Equatorial Greytail - Colagrís sureño*
Taczanowski & Berlepsch, 1885
*Ecuador bis n Peru*

## Gattung: Siptornis

Siptornis striaticollis
**Brillenschlüpfer**
*Spectacled Prickletail - Curutié frontino*
Lafresnaye, 1843
*Kolumbien*

Siptornis striaticollis nortoni
**Südlicher Brillenschlüpfer**
Graves, GR & Robbins, 1987
Ecuador und n Peru

## Gattung: Roraimia

Roraimia adusta
**Tepuistachelschwanz**
*Roraiman Barbtail - Subepalo del Roraima*
Salvin & Godman, 1884
*e Venezuela, w Guyana und extremer n Brasilien*

Roraimia adusta obscurodorsalis
**Dunkler Tepuistachelschwanz**
Phelps, WH & Phelps, WH Jr, 1948
se Venezuela
Roraimia adusta mayri
**Mayrs Tepuistachelschwanz**
Phelps, WH Jr, 1977
s Bolivar (se Venezuela)
Roraimia adusta duidae
**Duida-Tepuistachelschwanz**
Chapman, 1939
s Amazonas (s Venezuela)

## Gattung: Thripophaga

Thripophaga gutturata
**Fleckenbrust-Baumschlüpfer**
*Speckled Spinetail - Curutié jaspeado*
d'Orbigny & Lafresnaye, 1838
*Amazonasgebiet*

Thripophaga macroura
**Strichelbauchcanastero**
*Striated Softtail - Colasuave estriado*
Wied-Neuwied, M, 1821
*se Brasilien*

Thripophaga cherriei
**Strichelkehlcanastero**
*Orinoco Softtail - Colasuave del Orinoco*
Berlepsch & Hartert, EJO, 1902
*sc Venezuela*

Thripophaga amacurensis
**Orinokocanastero**
*Delta Amacuro Softtail - Colasuave del Amacuro*
Hilty, Ascanio & Whittaker, 2013
*n Venezuela*

Thripophaga fusciceps
**Rostflügelcanastero**
*Plain Softtail - Colasuave sencillo*
Sclater, PL, 1889
*n Bolivien*

Thripophaga fusciceps dimorpha
**Peru-Rostflügelcanastero**
Bond, J & Meyer de Schauensee, 1941
e Ecuador und ne, se Peru
Thripophaga fusciceps obidensis
**Brasilien-Rostflügelcanastero**
Todd, 1925
c Brasilien

## Gattung: Limnoctites

Limnoctites rectirostris
**Grauscheitel-Riedschlüpfer**
*Straight-billed Reedhaunter - Pajonalera piquirrecta*
Gould, 1839
*ne Argentinien, s Uruguay und s Brasilien*

Limnoctites sulphuriferus
**Flügelspiegel-Riedschlüpfer**
*Sulphur-bearded Reedhaunter - Curutié ocráceo*
Burmeister, 1869
*s Brasilien, Uruguay und ne Argentinien*

## Gattung: Cranioleuca

Cranioleuca berlepschi
**Graustirncanastero**
*Russet-mantled Softtail - Colasuave dorsirrufo*
Hellmayr, 1905
*n Peru*

Cranioleuca weskei
**Vilcabamba-Baumschlüpfer**
*Vilcabamba Spinetail - Curutié de Vilcabamba*
Remsen, 1984
*Vilcabamba Mts. (sc Peru)*

Cranioleuca marcapatae
**Marcapata-Baumschlüpfer**
*Marcapata Spinetail - Curutié de Marcapata*
Zimmer, JT, 1935
*Marcapata (se Peru)*

Cranioleuca albiceps
**Hellscheitel-Baumschlüpfer**
*Light-crowned Spinetail - Curutié coronado*
d'Orbigny & Lafresnaye, 1837
*s Peru und w Bolivien*

Cranioleuca albiceps discolor
**Zimmers Hellscheitel-Baumschlüpfer**
Zimmer, JT, 1935
c Bolivien

Cranioleuca vulpina
**Rostrücken-Baumschlüpfer**
*Rusty-backed Spinetail - Curutié vulpino*
Pelzeln, 1856
*ne Kolumbien bis c, s Venezuela, w Guyana und n, c Brasilien bis ne Bolivien*

Cranioleuca vulpina apurensis
**Venezuelas Rostrücken-Baumschlüpfer**
Zimmer, JT & Phelps, WH, 1948
w Venezuela
Cranioleuca vulpina foxi
**Fox-Rostrücken-Baumschlüpfer**
Bond, J & Meyer de Schauensee, 1940
c Bolivien
Cranioleuca vulpina reiseri
**Reisers Rostrücken-Baumschlüpfer**
Reichenberger, 1922
ne Brasilien

Cranioleuca dissita
**Weißkinn-Baumschlüpfer**
*Coiba Spinetail - Curutié de la Coiba*
Wetmore, 1957
*Panama (I. Coiba)*

Cranioleuca vulpecula
**Flussbaumschlüpfer**
*Parker's Spinetail - Curutié de Parker*
Sclater, PL & Salvin, 1866
*w Amazon und Nebenflüsse*

Cranioleuca subcristata
**Strichelscheitel-Baumschlüpfer**
*Crested Spinetail - Curutié copetón*
Sclater, PL, 1874
*ne Kolumbien und n Venezuela*

Cranioleuca subcristata fuscivertex
**Perija-Strichelscheitel-Baumschlüpfer**
Phelps, WH & Phelps, WH Jr, 1955
Perijá Mts. (ne Kolumbien und nw Venezuela)

Cranioleuca pyrrhophia
**Streifenscheitel-Baumschlüpfer**
*Stripe-crowned Spinetail - Curutié ventriblanco*
Vieillot, 1818
s Bolivien bis s Brasilien, Uruguay und n Argentinien

Cranioleuca pyrrhophia rufipennis
**Sclaters Streifenscheitel-Baumschlüpfer**
Sclater, PL & Salvin, 1879
w Bolivien
Cranioleuca pyrrhophia striaticeps
**Bolivien-Streifenscheitel-Baumschlüpfer**
d'Orbigny & Lafresnaye, 1837
c Bolivien

Cranioleuca henricae
**La-Paz-Baumschlüpfer**
*Bolivian Spinetail - Curutié boliviano*
Maijer & Fjeldså, 1997
c Bolivien

Cranioleuca obsoleta
**Braunoliv-Baumschlüpfer**
*Olive Spinetail - Curutié oliváceo*
Reichenbach, 1853
s Brasilien, e Paraguay und ne Argentinien

Cranioleuca pallida
**Minas-Gerais-Baumschlüpfer**
*Pallid Spinetail - Curutié pálido*
Wied-Neuwied, M, 1831
se Brasilien

Cranioleuca semicinerea
**Graukopf-Baumschlüpfer**
*Grey-headed Spinetail - Curutié cabecigrís*
Reichenbach, 1853
e Brasilien

Cranioleuca albicapilla
**Fahlkappen-Baumschlüpfer**
*Creamy-crested Spinetail - Curutié crestado*
Cabanis, 1873
c Peru

Cranioleuca albicapilla albigula
**Peru-Fahlkappen-Baumschlüpfer**
Zimmer, JT, 1924
s Peru

Cranioleuca erythrops
**Rotgesicht-Baumschlüpfer**
*Red-faced Spinetail - Curutié carirrojo*
Sclater, PL, 1860
w Ecuador

Cranioleuca erythrops rufigenis
**Panama-Rotgesicht-Baumschlüpfer**
Lawrence, 1868
Costa Rica und w Panama
Cranioleuca erythrops griseigularis
**Graukehl-Rotgesicht-Baumschlüpfer**
Ridgway, 1909
e Panama und w, c Kolumbien

Cranioleuca demissa
**Tepuibaumschlüpfer**
*Tepui Spinetail - Curutié de tepuí*
Salvin & Godman, 1884
se Venezuela, wc Guyana und n Brasilien (n Roraima)

Cranioleuca demissa cardonai
**Cardona-Baumschlüpfer**
Phelps, WH Jr & Dickerman, 1980
s Venezuela

Cranioleuca hellmayri
**Santa-Marta-Baumschlüpfer**
*Streak-capped Spinetail - Curutié de Santa Marta*
Bangs, 1907
n Kolumbien

Cranioleuca curtata
**Graubrauen-Baumschlüpfer**
*Ash-browed Spinetail - Curutié cejigrís*
Sclater, PL, 1870
e Anden von Kolumbien

Cranioleuca curtata cisandina
**Ekuador-Graubrauen-Baumschlüpfer**
Taczanowski, 1882
e Anden von s Kolumbien, e Ecuador und n Peru

Cranioleuca curtata debilis
**Anden-Graubrauen-Baumschlüpfer**
Berlepsch & Stolzmann, 1906
Anden von c Peru bis c Bolivien

Cranioleuca antisiensis
**Olivrücken-Baumschlüpfer**
*Line-cheeked Spinetail - Curutié cariestriado*
Sclater, PL, 1859
sw Ecuador

Cranioleuca antisiensis palamblae
**Peru-Olivrücken-Baumschlüpfer**
Chapman, 1923
nw Peru
Cranioleuca antisiensis baroni
**Anden-Olivrücken-Baumschlüpfer**
Salvin, 1895
n Anden von Peru
Cranioleuca antisiensis capitalis
**Huanuco-Olivrücken-Baumschlüpfer**
Zimmer, JT, 1924
Huánuco (c Peru)
Cranioleuca antisiensis zaratensis
**Lima-Olivrücken-Baumschlüpfer**
Koepcke, 1961
Pasco und Lima (sc, sw Peru)

Cranioleuca muelleri
**Schuppenbauch-Baumschlüpfer**
*Scaled Spinetail - Curutié escamoso*
Hellmayr, 1911
e Amazon

## Gattung: Pseudasthenes

Pseudasthenes humicola
**Rostschultercanastero**
*Dusky-tailed Canastero - Canastero colinegro*
Kittlitz, 1830
nc Chile; Argentinien

Pseudasthenes humicola goodalli
**Nördlicher Rostschultercanastero**
Marin, Kiff & Peña, 1989
n Chile
Pseudasthenes humicola polysticta
**Südlicher Rostschultercanastero**
Hellmayr, 1925
s Chile

Pseudasthenes patagonica
**Fleckenkehlcanastero**
*Patagonian Canastero - Canastero patagón*
d'Orbigny, 1839
se Argentinien

Pseudasthenes steinbachi
**Weißkinncanastero**
*Steinbach's Canastero - Canastero castaño*
Hartert, EJO, 1909
w Argentinien

Pseudasthenes cactorum
**Kaktuscanastero**
*Cactus Canastero - Canastero de los cactos*
Koepcke, 1959
w Peru

## Gattung: Spartonoica

Spartonoica maluroides
**Strichelrücken-Dickichtschlüpfer**
*Bay-capped Wren-Spinetail - Canastero enano*
d'Orbigny & Lafresnaye, 1837
s Brasilien und Uruguay bis c Argentinien

## Gattung: Pseudoseisura

Pseudoseisura cristata
**Zimthaubenläufer**
*Caatinga Cacholote - Cacholote de caatinga*
Spix, 1824
e Brasilien

Pseudoseisura unirufa
**Grauschopf-Haubenläufer**
*Grey-crested Cacholote - Cacholote crestigrís*
d'Orbigny & Lafresnaye, 1838
nc Bolivien, e Bolivien und sw Brasilien

Pseudoseisura lophotes
**Braunhaubenläufer**
*Brown Cacholote - Cacholote castaño*
Reichenbach, 1853
s Bolivien und w Paraguay

Pseudoseisura lophotes argentina
**Argentinischer Braunhaubenläufer**
Parkes, 1960
n, c Argentinien, se Brasilien und Uruguay

Pseudoseisura gutturalis
**Weißkehl-Haubenläufer**
*White-throated Cacholote - Cacholote pardo*
d'Orbigny & Lafresnaye, 1838
c Argentinien

Pseudoseisura gutturalis ochroleuca
**Nördlicher Weißkehl-Haubenläufer**
Olrog, 1959
nw Argentinien



Certhiaxis cinnamomeus
**Gelbkinn-Riedschlüpfer**
*Yellow-chinned Spinetail - Curutié colorado*
Gmelin, JF, 1788
Trinidad, ne Venezuela, Guianas und ne Brasilien

Certhiaxis cinnamomeus fuscifrons
**Kolumbien-Riedschlüpfer**
Madarász, G, 1913
n Kolumbien
Certhiaxis cinnamomeus marabinus
**Phelps-Riedschlüpfer**
Phelps, WH & Phelps, WH Jr, 1946
ne Kolumbien und nw Venezuela
Certhiaxis cinnamomeus valencianus
**Venezuela-Riedschlüpfer**
Zimmer, JT & Phelps, WH, 1944
wc Venezuela
Certhiaxis cinnamomeus orenocensis
**Orinoco-Riedschlüpfer**
Zimmer, JT, 1935
Orinoco Tal (e Venezuela)
Certhiaxis cinnamomeus pallidus
**Amazonasriedschlüpfer**
Zimmer, JT, 1935
se Kolumbien und w, c Amazonasgebiet Brasilien
Certhiaxis cinnamomeus cearensis
**Corys Riedschlüpfer**
Cory, 1916
e Brasilien
Certhiaxis cinnamomeus russeolus
**Vieillots Riedschlüpfer**
Vieillot, 1817
e Bolivien bis se Brasilien, Uruguay und n Argentinien

Certhiaxis mustelinus
**Weißbauch-Riedschlüpfer**
*Red-and-white Spinetail - Curutié rojiblanco*
Sclater, PL, 1874
Amazon



Mazaria propinqua
**Flussinsel-Dickichtschlüpfer**
*White-bellied Spinetail - Pijuí ventriblanco*
Pelzeln, 1859
w Amazon



Schoeniophylax phryganophilus
**Weißwangen-Dickichtschlüpfer**
*Chotoy Spinetail - Pijuí chotoy*
Vieillot, 1817
Bolivien, s Brasilien, Paraguay, Uruguay und n Argentinien

Schoeniophylax phryganophilus petersi
**Peters Weißwangen-Dickichtschlüpfer**
Pinto, 1949
e Brasilien



Synallaxis scutata
**Weißbrauen-Dickichtschlüpfer**
*Ochre-cheeked Spinetail - Pijuí canela*
Sclater, PL, 1859
e, c Brasilien

Synallaxis scutata whitii
**Para-Dickichtschlüpfer**
Sclater, PL, 1881
e Bolivien, sw Brasilien und nw Argentinien

Synallaxis cinerascens
**Graubauch-Dickichtschlüpfer**
*Grey-bellied Spinetail - Pijuí ceniciento*
Temminck, 1823
se Brasilien bis e Paraguay, ne Argentinien und c Uruguay

Synallaxis gujanensis
**Braunkappen-Dickichtschlüpfer**
*Plain-crowned Spinetail - Pijuí coronipardo*
Gmelin, JF, 1789
e, s Venezuela über Guianas bis n, e Brasilien

Synallaxis gujanensis columbiana
**Kolumbien-Braunkappen-Dickichtschlüpfer**
Chapman, 1914
e Kolumbien
Synallaxis gujanensis huallagae
**Corys Braunkappen-Dickichtschlüpfer**
Cory, 1919
se Kolumbien und e Ecuador über e Peru bis n Bolivien
Synallaxis gujanensis canipileus
**Chapmans Braunkappen-Dickichtschlüpfer**
Chapman, 1923
se Peru
Synallaxis gujanensis inornata
**Brasilien-Braunkappen-Dickichtschlüpfer**
Pelzeln, 1856
ne Bolivien und wc Brasilien
Synallaxis gujanensis certhiola
**Bolivien-Braunkappen-Dickichtschlüpfer**
Todd, 1916
e Bolivien

Synallaxis simoni
**Simons Dickichtschlüpfer**
*Araguaia Spinetail - Piují del Araguaia*
Hellmayr, 1907
wc Brasilien

Synallaxis albilora
**Weißzügel-Dickichtschlüpfer**
*White-lored Spinetail - Piují cariblanco*
Pelzeln, 1856
e Bolivien, sw Brasilien und n Paraguay

Synallaxis maranonica
**Marañón-Dickichtschlüpfer**
*Maranon Spinetail - Pijuí del Marañón*
Taczanowski, 1879
s Ecuador und n Peru

Synallaxis hypochondriaca
**Weißbrust-Dickichtschlüpfer**
*Great Spinetail - Curutié grande*
Salvin, 1895
n Peru

Synallaxis chinchipensis
**Chinchipedickichtschlüpfer**
*Chinchipe Spinetail - Piují del Chinchipe*
Chapman, 1925
Marañón Tal (n Peru)

Synallaxis stictothorax
**Strichelbrust-Dickichtschlüpfer**
*Necklaced Spinetail - Pijuí collarejo*
Sclater, PL, 1859
sw Ecuador

Synallaxis stictothorax maculata
**Loja-Strichelbrust-Dickichtschlüpfer**
Lawrence, 1872
s Loja (extremer sw Ecuador) und nw Peru

Synallaxis zimmeri
**Rostbauch-Dickichtschlüpfer**
*Russet-bellied Spinetail - Pijuí de Ancash*
Koepcke, 1957
w Peru

Synallaxis brachyura
**Graurücken-Dickichtschlüpfer**
*Slaty Spinetail - Pijuí pizarroso*
Lafresnaye, 1843
*Magdalena Tal (nc Kolumbien)*

    Synallaxis brachyura nigrifumosa
    **Honduras-Graurücken-Dickichtschlüpfer**
    Lawrence, 1865
    nc Honduras bis nw Kolumbien und nw Ecuador
    Synallaxis brachyura griseonucha
    **Peru-Graurücken-Dickichtschlüpfer**
    Chapman, 1923
    sw Ecuador und nw Peru
    Synallaxis brachyura caucae
    **Cauca-Graurücken-Dickichtschlüpfer**
    Chapman, 1914
    Cauca Tal (c Kolumbien)

Synallaxis subpudica
**Grauschwanz-Dickichtschlüpfer**
*Silvery-throated Spinetail - Pijuí de Cundinamarca*
Sclater, PL, 1874
*Kolumbien*

Synallaxis hellmayri
**Rotschulter-Dickichtschlüpfer**
*Red-shouldered Spinetail - Pijuí de Hellmayr*
Reiser, 1905
*e Brasilien*

Synallaxis ruficapilla
**Rotkappen-Dickichtschlüpfer**
*Rufous-capped Spinetail - Pijuí coronirrojo*
Vieillot, 1819
*se Brasilien bis e Paraguay und ne Argentinien*

Synallaxis cinerea
**Bahiadickichtschlüpfer**
*Bahia Spinetail - Pijuí de Bahía*
Wied-Neuwied, M, 1831
*e Brasilien*

Synallaxis infuscata
**Dunkelbauch-Dickichtschlüpfer**
*Pinto's Spinetail - Pijuí de Pinto*
Pinto, 1950
*e Brasilien*

Synallaxis moesta
**Dunkeldickichtschlüpfer**
*Dusky Spinetail - Pijuí oscuro*
Sclater, PL, 1856
*e Kolumbien*

    Synallaxis moesta brunneicaudalis
    **Ekuador-Dunkeldickichtschlüpfer**
    Sclater, PL, 1858
    se Kolumbien, e Ecuador und ne Peru
    Synallaxis moesta obscura
    **Kolumbien-Dunkeldickichtschlüpfer**
    Chapman, 1914
    se Kolumbien

Synallaxis macconnelli
**Olivrücken-Dickichtschlüpfer**
*McConnell's Spinetail - Pijuí de McConnell*
Chubb, C, 1919
*s Venezuela und n Brasilien*

    Synallaxis macconnelli obscurior
    **Surinam-Dunkeldickichtschlüpfer**
    Todd, 1948
    Suriname, Französisch-Guayana und ne Brasilien

Synallaxis cabanisi
**Rostscheitel-Dickichtschlüpfer**
*Cabanis's Spinetail - Pijuí de Cabanis*
Berlepsch & Leverkühn, 1890
*c, s Peru*

    Synallaxis cabanisi fulviventris
    **Bolivien-Rostscheitel-Dickichtschlüpfer**
    Chapman, 1924
    n, c Bolivien

Synallaxis hypospodia
**Graubrust-Dickichtschlüpfer**
*Cinereous-breasted Spinetail - Pijuí cenizo*
Sclater, PL, 1874
*s Amazonasgebiet und e Brasilien*

Synallaxis spixi
**Spixdickichtschlüpfer**
*Spix's Spinetail - Pijuí plomizo*
Sclater, PL, 1856
*se Brasilien bis e Paraguay, ne Argentinien und Uruguay*

Synallaxis albigularis
**Dunkelbrust-Dickichtschlüpfer**
*Dark-breasted Spinetail - Pijuí pechioscuro*
Sclater, PL, 1858
*se Kolumbien, e Ecuador, e Peru und w Brasilien*

    Synallaxis albigularis rodolphei
    **Rodolphes Dickichtschlüpfer**
    Bond, J, 1956
    s Kolumbien und ne Ecuador

Synallaxis beverlyae
**Orinokodickichtschlüpfer**
*Rio Orinoco Spinetail - Pijuí del Orinoco*
Hilty & Ascanio, 2009
*Venezuela und e Kolumbien*

Synallaxis albescens
**Weißbauch-Dickichtschlüpfer**
*Pale-breasted Spinetail - Pijuí pechiblanco*
Temminck, 1823
*e Brasilien bis e Paraguay und ne Argentinien*

    Synallaxis albescens latitabunda
    **Bangs-Weißbauch-Dickichtschlüpfer**
    Bangs, 1907
    sw Costa Rica bis nw Kolumbien
    Synallaxis albescens insignis
    **Venezuela-Weißbauch-Dickichtschlüpfer**
    Zimmer, JT, 1935
    n, c Kolumbien und w Venezuela
    Synallaxis albescens occipitalis
    **Perija-Weißbauch-Dickichtschlüpfer**
    Madarász, G, 1903
    Perijá Mts. (ne Kolumbien und nw Venezuela)
    Synallaxis albescens littoralis
    **Todds Weißbauch-Dickichtschlüpfer**
    Todd, 1948
    Küste n Kolumbien
    Synallaxis albescens perpallida
    **Kolumbien-Weißbauch-Dickichtschlüpfer**
    Todd, 1916
    extremer n Kolumbien und nw Venezuela
    Synallaxis albescens nesiotis
    **Clarks Weißbauch-Dickichtschlüpfer**
    Clark, AH, 1902
    Santa Marta Region (ne Kolumbien) und n Venezuela
    Synallaxis albescens trinitatis
    **Trinidad-Weißbauch-Dickichtschlüpfer**
    Zimmer, JT, 1935
    e Venezuela und Trinidad
    Synallaxis albescens josephinae
    **Jesephinas Weißbauch-Dickichtschlüpfer**
    Chubb, C, 1919
    s Venezuela, Guyana, Suriname und n Brasilien
    Synallaxis albescens inaequalis
    **Guyana-Weißbauch-Dickichtschlüpfer**
    Zimmer, JT, 1935
    Französisch-Guayana und ne, nc Brasilien
    Synallaxis albescens australis
    **Raraguay-Weißbauch-Dickichtschlüpfer**
    Zimmer, JT, 1935
    e Bolivien, w Paraguay und nw Argentinien

Synallaxis frontalis
**Graustirn-Dickichtschlüpfer**
*Sooty-fronted Spinetail - Pijuí frentigrís*
Pelzeln, 1859
*e, c, s Brasilien, Bolivien, n, nw Argentinien, Paraguay und Uruguay*

Synallaxis azarae
**Azaradickichtschlüpfer**
*Azara's Spinetail - Pijuí de Azara*
d'Orbigny, 1835
*s Peru (Puno) bis c Bolivien*

    Synallaxis azarae elegantior
    **Kolumbien-Azaradickichtschlüpfer**
    Sclater, PL, 1862
    e Kolumbien und w Venezuela
    Synallaxis azarae media
    **Kleiner Azaradickichtschlüpfer**
    Chapman, 1914
    w Kolumbien und n Ecuador
    Synallaxis azarae ochracea
    **Ekuador-Azaradickichtschlüpfer**
    Zimmer, JT, 1936
    sw Ecuador und nw Peru

Synallaxis azarae fruticicola
**Maranon-Azaradickichtschlüpfer**
Taczanowski, 1880
Marañón Tal (n Peru)
Synallaxis azarae infumata
**Peru-Azaradickichtschlüpfer**
Zimmer, JT, 1925
n, c Peru
Synallaxis azarae urubambae
**Cusco-Azaradickichtschlüpfer**
Zimmer, JT, 1935
se Peru (Cusco)
Synallaxis azarae samaipatae
**Bolivien-Azaradickichtschlüpfer**
Bond, J & Meyer de Schauensee, 1941
s Bolivien
Synallaxis azarae superciliosa
**Argentinien-Azaradickichtschlüpfer**
Cabanis, 1883
nw Argentinien

## Synallaxis courseni
**Langschwanz-Dickichtschlüpfer**
*Apurimac Spinetail - Pijuí de Apurímac*
Blake, 1971
c Peru

## Synallaxis candei
**Weißbart-Dickichtschlüpfer**
*White-whiskered Spinetail - Pijuí barbiblanco*
d'Orbigny & Lafresnaye, 1838
*Küste n Kolumbien und w Venezuela*

Synallaxis candei atrigularis
**Magdalena-Weißbart-Dickichtschlüpfer**
Todd, 1917
Magdalena Tal (nc Kolumbien)
Synallaxis candei venezuelensis
**Venezuela-Weißbart-Dickichtschlüpfer**
Cory, 1913
ne Kolumbien und nw Venezuela

## Synallaxis erythrothorax
**Rotbrust-Dickichtschlüpfer**
*Rufous-breasted Spinetail - Pijuí centroamericano*
Sclater, PL, 1855
*se Mexico bis Guatemala, Belize und nw Honduras*

Synallaxis erythrothorax pacifica
**Griscoms Rotbrust-Dickichtschlüpfer**
Griscom, 1930
sw Mexico bis El Salvador

## Synallaxis kollari
**Grauwangen-Dickichtschlüpfer**
*Hoary-throated Spinetail - Pijuí del Roraima*
Pelzeln, 1856
*n Brasilien*

## Synallaxis tithys
**Schwarzgesicht-Dickichtschlüpfer**
*Blackish-headed Spinetail - Pijuí cabecinegro*
Taczanowski, 1877
*sw Ecuador und nw Peru*

## Synallaxis fuscorufa
**Rotkopf-Dickichtschlüpfer**
*Rusty-headed Spinetail - Pijuí de Santa Marta*
Sclater, PL, 1882
*n Kolumbien*

## Synallaxis unirufa
**Rostdickichtschlüpfer**
*Rufous Spinetail - Pijuí rufo*
Lafresnaye, 1843
*Anden von Kolumbien und e Ecuador*

Synallaxis unirufa munoztebari
**Perija-Rostdickichtschlüpfer**
Phelps, WH & Phelps, WH Jr, 1953
Perijá Mts. (ne Kolumbien und nw Venezuela)
Synallaxis unirufa meridana
**Harters Rostdickichtschlüpfer**
Hartert, EJO & Goodson, 1917
e Anden von Kolumbien und Anden von w Venezuela
Synallaxis unirufa ochrogaster
**Zimmers Rostdickichtschlüpfer**
Zimmer, JT, 1935
Anden von Peru

## Synallaxis castanea
**Schwarzkehl-Dickichtschlüpfer**
*Black-throated Spinetail - Pijuí gorjinegro*
Sclater, PL, 1856
n Venezuela

## Synallaxis cinnamomea
**Streifenbrust-Dickichtschlüpfer**
*Stripe-breasted Spinetail - Pijuí pechiestriado*
Lafresnaye, 1843
*ne Kolumbien und nw Venezuela (e Anden in Magdalena, Santander, Cundinamarca und Perijá Mts.)*

Synallaxis cinnamomea carri
**Chapmans Streifenbrust-Dickichtschlüpfer**
Chapman, 1895
Trinidad
Synallaxis cinnamomea terrestris
**Jardines Streifenbrust-Dickichtschlüpfer**
Jardine, 1847
Tobago
Synallaxis cinnamomea aveledoi
**Aveledo-Streifenbrust-Dickichtschlüpfer**
Phelps, WH & Phelps, WH Jr, 1946
e Anden von Kolumbien (Norte de Santander) und Anden von w Venezuela
Synallaxis cinnamomea bolivari
**Bolivar-Streifenbrust-Dickichtschlüpfer**
Hartert, EJO, 1917
Küste von n Venezuela
Synallaxis cinnamomea striatipectus
**Küsten-Streifenbrust-Dickichtschlüpfer**
Chapman, 1899
Küste von ne Venezuela
Synallaxis cinnamomea pariae
**Paria-Streifenbrust-Dickichtschlüpfer**
Phelps, WH & Phelps, WH Jr, 1949
Paria Halbinsel (ne Venezuela)

## Synallaxis rutilans
**Röteldickichtschlüpfer**
*Ruddy Spinetail - Pijuí rojizo*
Temminck, 1823
*c, s Brasilien*

Synallaxis rutilans caquetensis
**Ekuador-Röteldickichtschlüpfer**
Chapman, 1914
se Kolumbien, e Ecuador und ne Peru
Synallaxis rutilans confinis
**Brasilien-Röteldickichtschlüpfer**
Zimmer, JT, 1935
nw Brasilien
Synallaxis rutilans dissors
**Zimmers Röteldickichtschlüpfer**
Zimmer, JT, 1935
e Kolumbien, s Venezuela, Guianas und n Brasilien
Synallaxis rutilans amazonica
**Amazonas-Röteldickichtschlüpfer**
Hellmayr, 1907
e Peru, n Bolivien und w, c Brasilien
Synallaxis rutilans omissa
**Harters Röteldickichtschlüpfer**
Hartert, EJO, 1901
ec Brasilien
Synallaxis rutilans tertia
**Bolivien-Röteldickichtschlüpfer**
Hellmayr, 1907
ne Bolivien und sw Brasilien

## Synallaxis cherriei
**Orangekehl-Dickichtschlüpfer**
*Chestnut-throated Spinetail - Pijuí gorjicastaño*
Gyldenstolpe, 1930
c Amazonasgebiet Brasilien

Synallaxis cherriei saturata
**Peru-Orangekehl-Dickichtschlüpfer**
Carriker, 1934
e Peru
Synallaxis cherriei napoensis
**Ekuador-Orangekehl-Dickichtschlüpfer**
Gyldenstolpe, 1930
se Kolumbien und e Ecuador

## Familie: Thamnophilidae (Ameisenvögel)

### Gattung: Euchrepomis

Euchrepomis callinota
**Rostbürzel-Ameisenfänger**
*Rufous-rumped Antwren - Tiluchí lomirrufo*
Sclater, PL, 1855
*Costa Rica bis n Peru*

Euchrepomis callinota peruviana
**Peru-Rostbürzel-Ameisenfänger**
Meyer de Schauensee, 1945
c Peru
Euchrepomis callinota venezuelana
**Venezuela-Rostbürzel-Ameisenfänger**
Phelps, WH & Phelps, WH Jr, 1954
nw Venezuela
Euchrepomis callinota guianensis
**Guyana-Rostbürzel-Ameisenfänger**
Blake, 1949
Guyana und Suriname

Euchrepomis humeralis
**Rotschulter-Ameisenfänger**
*Chestnut-shouldered Antwren - Tiluchí hombrocastaño*
Sclater, PL & Salvin, 1880
e Ecuador, e Peru, n Bolivien und w, wc Brasilien

Euchrepomis sharpei
**Gelbbürzel-Ameisenfänger**
*Yellow-rumped Antwren - Tiluchí lomigualdo*
Berlepsch, 1901
s Peru und w Bolivien

Euchrepomis spodioptila
**Rotrücken-Ameisenfänger**
*Ash-winged Antwren - Tiluchí piojito*
Sclater, PL & Salvin, 1881
s Venezuela, Guianas und nc Brasilien

Euchrepomis spodioptila signata
**Zimmers Rotrücken-Ameisenfänger**
Zimmer, JT, 1932
se Kolumbien, e Ecuador, ne Peru und nw Brasilien
Euchrepomis spodioptila meridionalis
**Amazonas-Rotrücken-Ameisenfänger**
Snethlage, E, 1925
sc Amazonasgebiet Brasilien

Gattung: Myrmornis

Myrmornis torquata
**Stummelschwanz-Ameisenvogel**
*Wing-banded Antbird - Hormiguero alifranjeado sureño*
Boddaert, 1783
Amazonasgebiet

Myrmornis torquata stictoptera
**Salvins Stummelschwanz-Ameisenvogel**
Salvin, 1893
e Nicaragua bis nw Kolumbien

Gattung: Pygiptila

Pygiptila stellaris
**Fleckenflügel-Ameisenwürger**
*Spot-winged Antshrike - Batará estrellado*
Spix, 1825
c Brasilien

Pygiptila stellaris maculipennis
**Sclaters Fleckenflügel-Ameisenwürgerg**
Sclater, PL, 1855
se Kolumbien bis ne Peru
Pygiptila stellaris occipitalis
**Zimmers Fleckenflügel-Ameisenwürger**
Zimmer, JT, 1932
s Kolumbien bis Guianas und n Brasilien
Pygiptila stellaris purusiana
**Todds Fleckenflügel-Ameisenwürger**
Todd, 1927
w Brasilien, se Peru und n Bolivien

Gattung: Thamnistes

Thamnistes anabatinus
**Rostschwanz-Ameisenwürger**
*Russet Antshrike - Batará café occidental*
Sclater, PL & Salvin, 1860
se Mexico bis Honduras

Thamnistes anabatinus saturatus
**Ridgways Rostschwanz-Ameisenwürger**
Ridgway, 1908
Nicaragua bis w Panama
Thamnistes anabatinus coronatus
**Nelsons Rostschwanz-Ameisenwürger**
Nelson, 1912
e, c Panama und nw Kolumbien

Thamnistes anabatinus intermedius
**Chapmans Rostschwanz-Ameisenwürger**
Chapman, 1914
w Kolumbien und w Ecuador
Thamnistes anabatinus gularis
**Phelps Rostschwanz-Ameisenwürger**
Phelps, WH & Phelps, WH Jr, 1956
ne Kolumbien und nw Venezuela
Thamnistes anabatinus aequatorialis
**Sclaters Rostschwanz-Ameisenwürger**
Sclater, PL, 1862
c Kolumbien bis n Peru

Thamnistes rufescens
**Rostbrust-Ameisenwürger**
*Rufescent Antshrike - Batará andino*
Cabanis, 1873
e Peru bis w Bolivien

Gattung: Microrhopias

Microrhopias quixensis
**Tropfenflügel-Ameisenfänger**
*Dot-winged Antwren - Hormiguerito del Quijos*
Cornalia, 1849
s Kolumbien bis e Ecuador und ne Peru

Microrhopias quixensis boucardi
**Boucards Tropfenflügel-Ameisenfänger**
Sclater, PL, 1858
se Mexico bis n Honduras
Microrhopias quixensis virgatus
**Honduras-Tropfenflügel-Ameisenfänger**
Lawrence, 1863
se Honduras bis w Panama
Microrhopias quixensis consobrina
**Panama-Tropfenflügel-Ameisenfänger**
Sclater, PL, 1860
e Panama bis w Kolumbien und w Ecuador
Microrhopias quixensis intercedens
**Amazonas-Tropfenflügel-Ameisenfänger**
Zimmer, JT, 1932
ec Peru und sw Amazonasgebiet Brasilien
Microrhopias quixensis nigriventris
**Peru-Tropfenflügel-Ameisenfänger**
Carriker, 1930
c Peru
Microrhopias quixensis albicauda
**Bolivien-Tropfenflügel-Ameisenfänger**
Carriker, 1932
se Peru und n Bolivien
Microrhopias quixensis microstictus
**Guyana-Tropfenflügel-Ameisenfänger**
Berlepsch, 1908
Guianas und ne Brasilien
Microrhopias quixensis bicolor
**Brasilien-Tropfenflügel-Ameisenfänger**
Pelzeln, 1868
sc Brasilien
Microrhopias quixensis emiliae
**Emilia-Tropfenflügel-Ameisenfänger**
Chapman, 1921
ec Brasilien

Gattung: Neoctantes

Neoctantes niger
**Buschameisenwürger**
*Black Bushbird - Batará arbustero*
Pelzeln, 1859
w Amazonasgebiet

Gattung: Clytoctantes

Clytoctantes alixii
**Bootschnabel-Ameisenwürger**
*Recurve-billed Bushbird - Batará piquicurvo*
Elliot, DG, 1870
nw Venezuela und n Kolumbien

Clytoctantes atrogularis
**Rondoniaameisenwürger**
*Rondonia Bushbird - Batará de Rondonia*
Lanyon, S, Stotz & Willard, 1991
sw Amazonasgebiet

Epinecrophylla fulviventris
**Tropfenkehl-Ameisenschlüpfer**
*Checker-throated Stipplethroat - Hormiguerito leonado*
Lawrence, 1862
*se Honduras bis w Ecuador*

Epinecrophylla ornata
**Schmuckameisenschlüpfer**
*Ornate Stipplethroat - Hormiguerito adornado occidental*
Sclater, PL, 1853
*c Kolumbien*

Epinecrophylla ornata saturata
**Chapmans Schmuckameisenschlüpfer**
Chapman, 1923
sc Kolumbien, e Ecuador und ne Peru
Epinecrophylla ornata atrogularis
**Peru-Schmuckameisenschlüpfer**
Taczanowski, 1874
ec Peru und w Brasilien
Epinecrophylla ornata meridionalis
**Bolivien-Schmuckameisenschlüpfer**
Zimmer, JT, 1932
se Peru, n Bolivien und w Brasilien
Epinecrophylla ornata hoffmannsi
**Hoffmanns Schmuckameisenschlüpfer**
Hellmayr, 1906
c Brasilien

Epinecrophylla erythrura
**Rostschwanz-Ameisenschlüpfer**
*Rufous-tailed Stipplethroat - Hormiguerito colirrufo*
Sclater, PL, 1890
*se Kolumbien bis ne Peru und nw Brasilien*

Epinecrophylla erythrura septentrionalis
**Peru-Rostschwanz-Ameisenschlüpfer**
Zimmer, JT, 1932
e Peru und w Brasilien

Epinecrophylla leucophthalma
**Weißaugen-Ameisenschlüpfer**
*White-eyed Stipplethroat - Hormiguerito ojiblanco*
Pelzeln, 1868
*e Peru, w Brasilien und n Bolivien*

Epinecrophylla leucophthalma dissita
**Bonds Weißaugen-Ameisenschlüpfer**
Bond, J, 1950
se Peru und w Bolivien
Epinecrophylla leucophthalma phaeonota
**Todds Weißaugen-Ameisenschlüpfer**
Todd, 1927
nc Brasilien s Amazonas
Epinecrophylla leucophthalma sordida
**Amazonas-Weißaugen-Ameisenschlüpfer**
Todd, 1927
ne Brasilien s Amazonas

Epinecrophylla gutturalis
**Braunbauch-Ameisenschlüpfer**
*Brown-bellied Stipplethroat - Hormiguerito ventripardo*
Sclater, PL & Salvin, 1881
*ne Amazonasgebiet*

Epinecrophylla haematonota
**Napoameisenschlüpfer**
*Rufous-backed Stipplethroat - Hormiguerito dorsirrojo occidental*
Sclater, PL, 1857
*e Peru und w Brasilien*

Epinecrophylla haematonota pyrrhonota
**Salvins Napoameisenschlüpfer**
Sclater, PL & Salvin, 1873
se Kolumbien und s Venezuela bis ne Ecuador, ne Peru und nw Brasilien
Epinecrophylla haematonota fjeldsaai
**Fjelds Napoameisenschlüpfer**
Krabbe, Isler, ML, Isler, PR, Whitney, Álvarez A, J & Greenfield, 1999
e Ecuador und nc Peru

Epinecrophylla spodionota
**Andenameisenschlüpfer**
*Foothill Stipplethroat - Hormiguerito submontano*
Sclater, PL & Salvin, 1880
*s Kolumbien bis n Peru*

Epinecrophylla spodionota sororia
**Peru-Andenameisenschlüpfer**
Berlepsch & Stolzmann, 1894
n, c Peru

Epinecrophylla amazonica
**Amazonasameisenschlüpfer**
*Rio Madeira Stipplethroat - Hormiguerito dorsirrojo oriental*
Ihering, HFA, 1905
*c Brasilien und n Bolivien*

Epinecrophylla amazonica dentei
**Maderia-Amazonasameisenschlüpfer**
Whitney, Bravo, Aristizábal, Schunck, Silveira & Piacentini, 2013
sc Brasilien (Amazonasgebiet zwischen Madeira und Ji-Paraná Rivers und Aripuanã River)



Myrmorchilus strigilatus
**Strichelrücken-Ameisenfänger**
*Stripe-backed Antbird - Hormiguero estriado*
Wied-Neuwied, M, 1831
*e Brasilien*

Myrmorchilus strigilatus suspicax
**Südlicher Strichelrücken-Ameisenfänger**
Wetmore, 1922
se Bolivien, w Paraguay, sw Brasilien und n Argentinien



Aprositornis disjuncta
**Zweifarb-Ameisenvogel**
*Yapacana Antbird - Hormiguero del Yapacana*
Friedmann, 1945
*nc Amazonasgebiet*



Ammonastes pelzelni
**Tüpfelwangen-Ameisenvogel**
*Grey-bellied Antbird - Hormiguero ventrigrís*
Sclater, PL, 1890
*nc Amazonasgebiet*



Myrmophylax atrothorax
**Braunscheitel-Ameisenvogel**
*Black-throated Antbird - Hormiguero gorjinegro*
Boddaert, 1783
*Venezuela, Guianas und ne Brasilien*

Myrmophylax atrothorax metae
**Kolumbien-Braunscheitel-Ameisenvogel**
Meyer de Schauensee, 1947
c Kolumbien
Myrmophylax atrothorax tenebrosa
**Ekuador-Braunscheitel-Ameisenvogel**
Zimmer, JT, 1932
e Ecuador, ne Peru und nw Brasilien
Myrmophylax atrothorax maynana
**Peru-Braunscheitel-Ameisenvogel**
Taczanowski, 1882
nc Peru
Myrmophylax atrothorax melanura
**Brasilien-Braunscheitel-Ameisenvogel**
Ménétriés, 1835
e Peru, e, w Bolivien und sw Brasilien



Myrmotherula ignota
**Kurzschwanz-Ameisenschlüpfer**
*Moustached Antwren - Hormiguerito de Griscom*
Griscom, 1929
*e Panama, n, w Kolumbien und nw Ecuador*

Myrmotherula ignota obscura
**Dunkler Kurzschwanz-Ameisenschlüpfer**
Zimmer, JT, 1932
e Kolumbien bis ne Peru und nw Brasilien

Myrmotherula brachyura
**Weißkehl-Ameisenschlüpfer**
*Pygmy Antwren - Hormiguerito pigmeo*
Hermann, 1783
*Amazonasgebiet*

Myrmotherula surinamensis
**Guayana-Strichelameisenschlüpfer**
*Guianan Streaked Antwren - Hormiguerito de Surinam*
Gmelin, JF, 1788
*ne Amazonasgebiet*

Myrmotherula multostriata
**Amazonien-Strichelameisenschlüpfer**
*Amazonian Streaked Antwren - Hormiguerito amazónico*
Sclater, PL, 1858
*s, w Amazonasgebiet*

Myrmotherula pacifica
**Chocó-Strichelameisenschlüpfer**
*Pacific Antwren - Hormiguerito del Pacífico*
Hellmayr, 1911
*Panama bis w Ecuador*

Myrmotherula cherriei
**Weißstreifen-Ameisenschlüpfer**
*Cherrie's Antwren - Hormiguerito de Cherrie*
Berlepsch & Hartert, EJO, 1902
*nc Amazonasgebiet*

Myrmotherula klagesi
**Rio-Negro-Ameisenschlüpfer**
*Klages's Antwren - Hormiguerito de Klages*
Todd, 1927
*c Amazonasgebiet*

Myrmotherula longicauda
**Weißbauch-Ameisenschlüpfer**
*Stripe-chested Antwren - Hormiguerito pechilistado*
Berlepsch & Stolzmann, 1894
*c Peru*

    Myrmotherula longicauda soderstromi
    **Soderstroms Weißbauch-Ameisenschlüpfer**
    Gyldenstolpe, 1930
    *s Kolumbien und n Ecuador*
    Myrmotherula longicauda pseudoaustralis
    **Peru-Weißbauch-Ameisenschlüpfer**
    Gyldenstolpe, 1930
    *e Ecuador bis n Peru*
    Myrmotherula longicauda australis
    **Bolivien-Weißbauch-Ameisenschlüpfer**
    Chapman, 1923
    *se Peru und nw Bolivien*

Myrmotherula ambigua
**Gelbkehl-Ameisenschlüpfer**
*Yellow-throated Antwren - Hormiguerito gorjiamarillo*
Zimmer, JT, 1932
*nc Amazonasgebiet*

Myrmotherula sclateri
**Gelbstreifen-Ameisenschlüpfer**
*Sclater's Antwren - Hormiguerito de Sclater*
Snethlage, E, 1912
*s Amazonasgebiet*

Myrmotherula axillaris
**Weißflanken-Ameisenschlüpfer**
*White-flanked Antwren - Hormiguerito flanquialbo*
Vieillot, 1817
*Venezuela, Guianas, Trinidad und e Amazonasgebiet Brasilien s bis ne Bolivien*

    Myrmotherula axillaris albigula
    **Honduras-Weißflanken-Ameisenschlüpfer**
    Lawrence, 1865
    *se Honduras bis w Kolumbien und w Ecuador*
    Myrmotherula axillaris melaena
    **Amazonas-Weißflanken-Ameisenschlüpfer**
    Sclater, PL, 1857
    *nw Amazonasgebiet*
    Myrmotherula axillaris heterozyga
    **Brasilien-Weißflanken-Ameisenschlüpfer**
    Zimmer, JT, 1932
    *e Peru und w Brasilien*
    Myrmotherula axillaris fresnayana
    **Peru-Weißflanken-Ameisenschlüpfer**
    d'Orbigny, 1835
    *se Peru und nw Bolivien*

Myrmotherula luctuosa
**Silberflanken-Ameisenschlüpfer**
*Silvery-flanked Antwren - Hormiguerito luctuoso*
Pelzeln, 1868
*e, se Brasilien*

Myrmotherula schisticolor
**Hochland-Ameisenschlüpfer**
*Slaty Antwren - Hormiguerito pizarroso*
Lawrence, 1865
*se Mexico bis w Ecuador*

    Myrmotherula schisticolor sanctaemartae
    **Allens Hochland-Ameisenschlüpfer**
    Allen, JA, 1900
    *n Kolumbien und n Venezuela*
    Myrmotherula schisticolor interior
    **Chapmans Hochland-Ameisenschlüpfer**
    Chapman, 1914
    *e Kolumbien und e Ecuador bis s Peru*

Myrmotherula sunensis
**Schwarzkehl-Ameisenschlüpfer**
*Rio Suno Antwren - Hormiguerito del Suno*
Chapman, 1925
*sc Kolumbien und Ecuador*

    Myrmotherula sunensis yessupi
    **Kleiner Schwarzkehl-Ameisenschlüpfer**
    Bond, J, 1950
    *ec Peru und sw Amazonasgebiet Brasilien*

Myrmotherula minor
**Salvadoriameisenschlüpfer**
*Salvadori's Antwren - Hormiguerito de Salvadori*
Salvadori, 1864
*se Brasilien*

Myrmotherula longipennis
**Silberameisenschlüpfer**
*Long-winged Antwren - Hormiguerito alilargo*
Pelzeln, 1868
*n, nw Amazonasgebiet*

    Myrmotherula longipennis zimmeri
    **Zimmers Silberameisenschlüpfer**
    Chapman, 1925
    *e Ecuador und ne Peru*
    Myrmotherula longipennis garbei
    **Amazonas-Silberameisenschlüpfer**
    Ihering, HFA, 1905
    *e Peru, sw Amazonasgebiet Brasilien und nw Bolivien*
    Myrmotherula longipennis transitiva
    **Hellmayrs Silberameisenschlüpfer**
    Hellmayr, 1929
    *wc Brasilien*
    Myrmotherula longipennis ochrogyna
    **Brasilien-Silberameisenschlüpfer**
    Todd, 1927
    *c Brasilien*
    Myrmotherula longipennis paraensis
    **Todds Silberameisenschlüpfer**
    Todd, 1920
    *ec Brasilien*

Myrmotherula urosticta
**Schwarzbinden-Ameisenschlüpfer**
*Band-tailed Antwren - Hormiguerito atlántico*
Sclater, PL, 1857
*e, se Brasilien*

Myrmotherula iheringi
**Iheringameisenschlüpfer**
*Ihering's Antwren - Hormiguerito de Ihering*
Snethlage, E, 1914
*sc Amazonasgebiet Brasilien*

    Myrmotherula iheringi heteroptera
    **Brasilien-Iheringameisenschlüpfer**
    Todd, 1927
    *se Peru, sw Amazonasgebiet Brasilien und nw Bolivien*
    Myrmotherula iheringi oreni
    **Bolivien-Iheringameisenschlüpfer**
    Miranda, Aleixo, Whitney, Silveira, Guilherme, Santos, MPD & Schneider, MPC, 2013
    *w Brasilien (Acre) und nw Bolivien (Pando)*

Myrmotherula fluminensis
**Rio-de-Janeiro-Ameisenschlüpfer**
*Rio de Janeiro Antwren - Hormiguerito Carioca*
Gonzaga, 1988
*se Brasilien*

Myrmotherula grisea
**Yungasameisenschlüpfer**
*Yungas Antwren - Hormiguerito ceniciento*
Carriker, 1935
*w Bolivien*

Myrmotherula unicolor
**Paranáameisenschlüpfer**
*Unicolored Antwren - Hormiguerito unicolor*
Ménétriés, 1835
*se Brasilien*

Myrmotherula snowi
**Alagoasameisenschlüpfer**
*Alagoas Antwren - Hormiguerito de Alagoas*
Teixeira & Gonzaga, 1985
*e Brasilien*

Myrmotherula behni
**Grauflügel-Ameisenschlüpfer**
*Plain-winged Antwren - Hormiguerito de Behn*
Berlepsch & Leverkühn, 1890
*c Kolumbien und e Ecuador*

    Myrmotherula behni yavii
    **Zimmers Grauflügel-Ameisenschlüpfer**
    Zimmer, JT & Phelps, WH, 1948
    *s Venezuela und nw Brasilien*

    Myrmotherula behni inornata
    **Sclaters Grauflügel-Ameisenschlüpfer**
    Sclater, PL, 1890
    *se Venezuela, Guyana und n Brasilien*

    Myrmotherula behni camanii
    **Camani-Grauflügel-Ameisenschlüpfer**
    Phelps, WH & Phelps, WH Jr, 1952
    *sc Venezuela*

Myrmotherula menetriesii
**Grauameisenschlüpfer**
*Grey Antwren - Hormiguerito gris*
d'Orbigny, 1837
*e Peru, nw Bolivien und sw Amazonasgebiet Brasilien*

    Myrmotherula menetriesii pallida
    **Harters Grauameisenschlüpfer**
    Berlepsch & Hartert, EJO, 1902
    *e Kolumbien und sw Venezuela bis ne Peru und nw Brasilien*

    Myrmotherula menetriesii cinereiventris
    **Sclaters Grauameisenschlüpfer**
    Sclater, PL & Salvin, 1868
    *e Venezuela, Guianas und ne Brasilien n Amazonas*

    Myrmotherula menetriesii berlepschi
    **Berlepschs Grauameisenschlüpfer**
    Hellmayr, 1903
    *sc Amazonasgebiet Brasilien und n Bolivien*

    Myrmotherula menetriesii omissa
    **Todds Grauameisenschlüpfer**
    Todd, 1927
    *ne Brasilien s Amazonas*

Myrmotherula assimilis
**Várzeaameisenschlüpfer**
*Leaden Antwren - Hormiguerito plomizo*
Pelzeln, 1868
*e Peru, w Brasilien und n Bolivien*

    Myrmotherula assimilis transamazonica
    **Brasilien-Várzeaameisenschlüpfer**
    Gyldenstolpe, 1951
    *nc Brasilien*

## Gattung: Terenura

Terenura maculata
**Rostrücken-Ameisenfänger**
*Streak-capped Antwren - Tiluchí enano*
Wied-Neuwied, M, 1831
*e Paraguay, ne Argentinien und se Brasilien*

Terenura sicki
**Schwarzrücken-Ameisenfänger**
*Orange-bellied Antwren - Tiluchí de Sick*
Teixeira & Gonzaga, 1983
*e Brasilien*

## Gattung: Myrmochanes

Myrmochanes hemileucus
**Flussufer-Ameisenvogel**
*Black-and-white Antbird - Hormiguero negriblanco*
Sclater, PL & Salvin, 1866
*w Amazon und Nebenflüsse*

## Gattung: Formicivora

Formicivora iheringi
**Schieferameisenfänger**
*Narrow-billed Antwren - Hormiguerito picofino*
Hellmayr, 1909
*e Brasilien*

Formicivora erythronotos
**Schwarzkopf-Ameisenfänger**
*Black-hooded Antwren - Hormiguerito encapuchado*
Hartlaub, 1852
*se Brasilien*

Formicivora intermedia
**Blassrücken-Ameisenfänger**
*Northern White-fringed Antwren - Hormiguerito coicorita norteño*
Cabanis, 1847
*n Kolumbien und n Venezuela inklusive Margarita Insel (vor Venezuela)*

    Formicivora intermedia alticincta
    **Pearl-Blassrücken-Ameisenfänger**
    Bangs, 1902
    Pearl Is. (Panama)

    Formicivora intermedia hondae
    **Honda-Blassrücken-Ameisenfänger**
    Chapman, 1914
    *nw Kolumbien*

    Formicivora intermedia fumosa
    **Corys Blassrücken-Ameisenfänger**
    Cory, 1913
    *ne Kolumbien und w Venezuela*

    Formicivora intermedia tobagensis
    **Tobago-Blassrücken-Ameisenfänger**
    Dalmas, 1900
    Tobago

    Formicivora intermedia orenocensis
    **Hellmayrs Blassrücken-Ameisenfänger**
    Hellmayr, 1904
    *sc Venezuela*

Formicivora grisea
**Braunrücken-Ameisenfänger**
*Southern White-fringed Antwren - Hormiguerito coicorita sureño*
Boddaert, 1783
*Guianas und e Brasilien*

    Formicivora grisea rufiventris
    **Venezuela-Braunrücken-Ameisenfänger**
    Carriker, 1936
    *e Kolumbien und s Venezuela*

Formicivora serrana
**Serraameisenfänger**
*Serra Antwren - Hormiguerito serrano*
Hellmayr, 1929
*e Minas Gerais und Espírito Santo (se Brasilien)*

    Formicivora serrana interposita
    **Minasgeraisameisenfänger**
    Gonzaga & Pacheco, 1990
    *se Minas Gerais und nw Rio de Janeiro (se Brasilien)*

    Formicivora serrana littoralis
    **Küsten-Janeiroameisenfänger**
    Gonzaga & Pacheco, 1990
    *Küste Rio de Janeiro (se Brasilien)*

Formicivora melanogaster
**Dunkelrücken-Ameisenfänger**
*Black-bellied Antwren - Hormiguerito ventrinegro*
Pelzeln, 1868
*e Bolivien, n Paraguay bis c Brasilien*

    Formicivora melanogaster bahiae
    **Bahia-Dunkelrücken-Ameisenfänger**
    Hellmayr, 1909
    *ne Brasilien*

Formicivora rufa
**Zimtrücken-Ameisenfänger**
*Rusty-backed Antwren - Hormiguerito dorsirrufo*
Wied-Neuwied, M, 1831
*se Peru, Bolivien, Paraguay und c, s Brasilien*

    Formicivora rufa urubambae
    **Urubamba-Ameisenfänger**
    Zimmer, JT, 1932
    *e Peru*

    Formicivora rufa chapmani
    **Chapmans Zimtrücken-Ameisenfänger**
    Cherrie, 1916
    *Suriname und ne Brasilien*

Formicivora grantsaui
**Sincorá-Ameisenfänger**
*Sincora Antwren - Hormiguerito de Sincorá*
Gonzaga, Carvalhaes & Buzzetti, 2007
*ne Brasilien*

Formicivora acutirostris
**Schilfameisenfänger**
*Marsh Antwren - Hormiguerito del Paraná*
Bornschein, Reinert & Teixeira, 1995
*Paraná bis ne Rio Grande do Sul (se Brasilien)*

    Formicivora acutirostris paludicola
    **São Paulo Schilfameisenfänger**
    Buzzetti, Belmonte-Lopes, Reinert, Silveira & Bornschein, 2014
    *e São Paulo (se Brasilien)*



Dichrozona cincta
**Bürzelbinden-Ameisenfänger**
*Banded Antbird - Hormiguero bandeado*
Pelzeln, 1868
*e Kolumbien, s Venezuela und nw Brasilien*

    Dichrozona cincta stellata
    **Ekuador-Bürzelbinden-Ameisenfänger**
    Sclater, PL & Salvin, 1880
    *e Ecuador und w Brasilien*
    Dichrozona cincta zononota
    **Bolivien-Bürzelbinden-Ameisenfänger**
    Ridgway, 1888
    *wc Brasilien und n Bolivien*



Rhopias gularis
**Perlenkehl-Ameisenschlüpfer**
*Star-throated Antwren - Hormiguerito gorjipinto*
Spix, 1825
*se Brasilien*



Isleria hauxwelli
**Graubauch-Ameisenschlüpfer**
*Plain-throated Antwren - Hormiguerito de Hauxwell*
Sclater, PL, 1857
*e Peru, w Brasilien und n Bolivien*

    Isleria hauxwelli suffusa
    **Peru-Graubauch-Ameisenschlüpfer**
    Zimmer, JT, 1932
    *se Kolumbien bis e Ecuador, ne Peru und nw Brasilien*
    Isleria hauxwelli clarior
    **Kolumbien-Graubauch-Ameisenschlüpfer**
    Zimmer, JT, 1932
    *c Brasilien*
    Isleria hauxwelli hellmayri
    **Amazonas-Graubauch-Ameisenschlüpfer**
    Snethlage, E, 1906
    *ne Brasilien s Amazonas*

Isleria guttata
**Rostbauch-Ameisenschlüpfer**
*Rufous-bellied Antwren - Hormiguerito ventrirrufo*
Vieillot, 1824
*ne Amazonasgebiet*



Thamnomanes ardesiacus
**Schwarzkinn-Ameisenvogel**
*Dusky-throated Antshrike - Batará gorjioscuro*
Sclater, PL & Salvin, 1868
*s Kolumbien bis e Peru, ne Bolivien und w Brasilien*

    Thamnomanes ardesiacus obidensis
    **Guyana-Schwarzkinn-Ameisenvogel**
    Snethlage, E, 1914
    *e Kolumbien, Venezuela, Guianas und n Brasilien*

Thamnomanes saturninus
**Bauchflecken-Ameisenvogel**
*Saturnine Antshrike - Batará saturnino*
Pelzeln, 1868
*sw, sc Amazonasgebiet Brasilien und ne Bolivien*

    Thamnomanes saturninus huallagae
    **Corys Bauchflecken-Ameisenvogel**
    Cory, 1916
    *ne Peru und w Brasilien*

Thamnomanes caesius
**Bleiameisenvogel**
*Cinereous Antshrike - Batará cinéreo*
Temminck, 1820
*e Brasilien*

    Thamnomanes caesius glaucus
    **Cabanis-Bleiameisenvogel**
    Cabanis, 1847
    *e Kolumbien bis ne Peru, Guianas und n Brasilien*
    Thamnomanes caesius persimilis
    **Hellmayrs Bleiameisenvogel**
    Hellmayr, 1907
    *c Brasilien*
    Thamnomanes caesius simillimus
    **Südlicher Bleiameisenvogel**
    Gyldenstolpe, 1951
    *sc Brasilien*
    Thamnomanes caesius hoffmannsi
    **Hoffmanns Bleiameisenvogel**
    Hellmayr, 1906
    *ec Brasilien*

Thamnomanes schistogynus
**Blaugrau-Ameisenvogel**
*Bluish-slate Antshrike - Batará azulino*
Hellmayr, 1911
*sw Amazonasgebiet*

    Thamnomanes schistogynus intermedius
    **Kleiner Blaugrau-Ameisenvogel**
    Carriker, 1935
    *c Peru*



Megastictus margaritatus
**Kurzschwanz-Ameisenwürger**
*Pearly Antshrike - Batará perlado*
Sclater, PL, 1855
*w, c Amazonasgebiet*



Sakesphoroides cristatus
**Silberwangen-Ameisenwürger**
*Silvery-cheeked Antshrike - Batará crestado*
Wied-Neuwied, M, 1831
*e Brasilien*

    Sakesphoroides cristatus niedeguidonae
    **Caatinga-Silberwangen-Ameisenwürger**
    Cerqueira, PV; Gonçalves, GR; Quaresma, TF; Silva, M; Pichorim, M; Aleixo, ALP 2024
    *Caatinga in ne Brasilien am nördlichen/linken Ufer des São Francisco Flusses*



Herpsilochmus pileatus
**Weißbrauen-Ameisenfänger**
*Bahia Antwren - Tiluchí pileado*
Lichtenstein, MHC, 1823
*e Brasilien*

Herpsilochmus atricapillus
**Schwarzscheitel-Ameisenfänger**
*Black-capped Antwren - Tiluchí plomizo*
Pelzeln, 1868
*e, se Brasilien bis c Bolivien, nw Argentinien und Paraguay*

Herpsilochmus stotzi
**Aripuanaameisenfänger**
*Aripuana Antwren - Tiluchí de Aripuana*
Whitney, Cohn-Haft, Bravo, Schunck & Silveira, 2013
*Aripuanã-Machado interfluvium (c Brasilien)*

Herpsilochmus praedictus
**Schwarznacken-Ameisenfänger**
*Predicted Antwren - Tiluchí de Purús*
Cohn-Haft & Bravo, 2013
*w Brasilien*

Herpsilochmus motacilloides
## Fahlbauch-Ameisenfänger
*Creamy-bellied Antwren - Tiluchí motaciloide*
Taczanowski, 1874
*e Peru*

Herpsilochmus parkeri
## Graukehl-Ameisenfänger
*Ash-throated Antwren - Tiluchí de Parker*
Davis, TJ & O'Neill, 1986
*nc Peru*

Herpsilochmus sticturus
## Salvinameisenfänger
*Spot-tailed Antwren - Tiluchí colipunteado*
Salvin, 1885
*Venezuela, Guianas und ne Brasilien*

Herpsilochmus dugandi
## Marañónameisenfänger
*Dugand's Antwren - Tiluchí de Dugand*
Meyer de Schauensee, 1945
*w Amazonasgebiet*

Herpsilochmus stictocephalus
## Toddameisenfänger
*Todd's Antwren - Tiluchí de Todd*
Todd, 1927
*Venezuela, Guianas und ne Brasilien*

Herpsilochmus dorsimaculatus
## Fleckenmantel-Ameisenfänger
*Spot-backed Antwren - Tiluchí dorsimanchado*
Pelzeln, 1868
*nw Amazonasgebiet*

Herpsilochmus roraimae
## Tepuiameisenfänger
*Roraiman Antwren - Tiluchí del Roraima*
Hellmayr, 1903
*Tepuis (se Venezuela, extremer n Brasilien und wc Guyana)*

Herpsilochmus roraimae kathleenae
### Kathaleena-Tepuiameisenfänger
Phelps, WH Jr & Dickerman, 1980
Tepuis (sw Venezuela und extremer nw Brasilien)

Herpsilochmus pectoralis
## Brustband-Ameisenfänger
*Pectoral Antwren - Tiluchí pectoral*
Sclater, PL, 1857
*e Brasilien*

Herpsilochmus longirostris
## Fleckenbrust-Ameisenfänger
*Large-billed Antwren - Tiluchí piquilargo*
Pelzeln, 1868
*n Bolivien bis c, se Brasilien*

Herpsilochmus gentryi
## Gelbbrust-Ameisenfänger
*Ancient Antwren - Tiluchí antiguo*
Whitney & Álvarez A, J, 1998
*e Ecuador und n Peru*

Herpsilochmus axillaris
## Gelbkehl-Ameisenfänger
*Yellow-breasted Antwren - Tiluchí pechiamarillo*
Tschudi, 1844
*s Peru*

Herpsilochmus axillaris senex
### Kolumbien-Gelbkehl-Ameisenfänger
Bond, J & Meyer de Schauensee, 1940
sw Kolumbien
Herpsilochmus axillaris aequatorialis
### Ekuador-Gelbkehl-Ameisenfänger
Taczanowski & Berlepsch, 1885
Ecuador und n Peru
Herpsilochmus axillaris puncticeps
### Peru-Gelbkehl-Ameisenfänger
Taczanowski, 1882
nc und c Peru

Herpsilochmus frater
## Paranáameisenfänger
*Rusty-winged Antwren - Tiluchí alirrufo norteño*
Sclater, PL & Salvin, 1880
*Base von Anden von Kolumbien bis northern Bolivien, e bis sw Amazonasgebiet Brasilien, c
Venezuela; s Guyana, c Suriname, und nc und ne Brasilien*

Herpsilochmus frater exiguus
## Anden-Paranáameisenfänger
Nelson, 1912
e Panama

Herpsilochmus rufimarginatus
## Rotflügel-Ameisenfänger
*Rufous-margined Antwren - Tiluchí alirrufo sureño*
Temminck, 1822
*e, se Brasilien, e Paraguay und ne Argentinien*



Dysithamnus stictothorax
## Fleckenbrust-Ameisenvogel
*Spot-breasted Antvireo - Batarito pechipinto*
Temminck, 1823
*se Brasilien*

Dysithamnus mentalis
## Olivgrau-Ameisenvogel
*Plain Antvireo - Batarito cabecigrís*
Temminck, 1823
*se Brasilien, e Paraguay und ne Argentinien*

Dysithamnus mentalis septentrionalis
### Mexiko-Olivgrau-Ameisenvogel
Ridgway, 1908
s Mexico bis w Panama
Dysithamnus mentalis suffusus
### Panama-Olivgrau-Ameisenvogel
Nelson, 1912
e Panama und nw Kolumbien
Dysithamnus mentalis extremus
### Todds Olivgrau-Ameisenvogel
Todd, 1916
c Kolumbien
Dysithamnus mentalis semicinereus
### Sclaters Olivgrau-Ameisenvogel
Sclater, PL, 1855
wc Kolumbien
Dysithamnus mentalis viridis
### Kolumbien-Olivgrau-Ameisenvogel
Aveledo & Pons, 1952
n Kolumbien und nw Venezuela
Dysithamnus mentalis cumbreanus
### Venezuela-Olivgrau-Ameisenvogel
Hellmayr & Seilern, 1915
n Venezuela
Dysithamnus mentalis andrei
### Trinidad-Olivgrau-Ameisenvogel
Hellmayr, 1906
ne Venezuela und Trinidad
Dysithamnus mentalis oberi
### Tobago-Olivgrau-Ameisenvogel
Ridgway, 1908
Tobago
Dysithamnus mentalis ptaritepui
### Tepui-Olivgrau-Ameisenvogel
Zimmer, JT & Phelps, WH, 1946
Tepuis (s Venezuela)
Dysithamnus mentalis spodionotus
### Brasilien-Olivgrau-Ameisenvogel
Salvin & Godman, 1883
s Venezuela und n Brasilien
Dysithamnus mentalis aequatorialis
### Ekuador-Olivgrau-Ameisenvogel
Todd, 1916
w Ecuador und nw Peru
Dysithamnus mentalis napensis
### Chapmans Olivgrau-Ameisenvogel
Chapman, 1925
s Kolumbien bis n Peru
Dysithamnus mentalis tambillanus
### Peru-Olivgrau-Ameisenvogel
Taczanowski, 1884
n, c Peru
Dysithamnus mentalis olivaceus
### Tschudis Olivgrau-Ameisenvogel
Tschudi, 1844
c, sc Peru
Dysithamnus mentalis tavarae
### Zimmers Olivgrau-Ameisenvogel
Zimmer, JT, 1932
se Peru bis c Bolivien
Dysithamnus mentalis emiliae
### Hellmayrs Olivgrau-Ameisenvogel
Hellmayr, 1912
ne Brasilien
Dysithamnus mentalis affinis
### Bolivien-Olivgrau-Ameisenvogel
Pelzeln, 1868
c Brasilien und ne Bolivien

Dysithamnus striaticeps
**Streifenkopf-Ameisenvogel**
*Streak-crowned Antvireo - Batarito estriado*
Lawrence, 1865
*se Honduras bis Costa Rica*

Dysithamnus puncticeps
**Tüpfelkronen-Ameisenvogel**
*Spot-crowned Antvireo - Batarito coronipunteado*
Salvin, 1866
*Costa Rica bis nw Ecuador*

Dysithamnus xanthopterus
**Rostrücken-Ameisenvogel**
*Rufous-backed Antvireo - Batarito dorsirrufo*
Burmeister, 1856
*se Brasilien*

Dysithamnus occidentalis
**Anthrazitameisenvogel**
*Bicolored Antvireo - Batarito bicolor*
Chapman, 1923
*sw Kolumbien und n Ecuador*

    Dysithamnus occidentalis punctitectus
    **Ekuador-Anthrazitameisenvogel**
    Chapman, 1924
    *e Ecuador*

Dysithamnus plumbeus
**Schattenameisenvogel**
*Plumbeous Antvireo - Batarito plomizo*
Wied-Neuwied, M, 1831
*se Brasilien*

Dysithamnus leucostictus
**Schwarzbrust-Ameisenvogel**
*White-streaked Antvireo - Batarito albilistado*
Sclater, PL, 1858
*e Kolumbien bis n Peru*

    Dysithamnus leucostictus tucuyensis
    **Tucu-Schwarzbrust-Ameisenvogel**
    Hartert, EJO, 1894
    *n Venezuela*

## Gattung: Thamnophilus

Thamnophilus bernardi
**Fleckengesicht-Ameisenwürger**
*Collared Antshrike - Batará collarejo*
Lesson, RP, 1844
*w Ecuador und nw Peru*

    Thamnophilus bernardi shumbae
    **Nördlicher Fleckengesicht-Ameisenwürger**
    Carriker, 1934
    *nc Peru*

Thamnophilus melanonotus
**Schwarzweiß-Ameisenwürger**
*Black-backed Antshrike - Batará dorsinegro*
Sclater, PL, 1855
*n Kolumbien und Venezuela*

Thamnophilus melanothorax
**Schulterflecken-Ameisenwürger**
*Band-tailed Antshrike - Batará guayanés*
Sclater, PL, 1857
*ne Amazonasgebiet*

Thamnophilus doliatus
**Bindenameisenwürger**
*Barred Antshrike - Batará barrado*
Linnaeus, 1764
*e Kolumbien, Venezuela (außer nw), Trinidad, Guianas und n Brasilien*

    Thamnophilus doliatus intermedius
    **Kleiner Bindenameisenwürger**
    Ridgway, 1888
    *e, s Mexico bis w Panama*
    Thamnophilus doliatus nesiotes
    **Pearl-Bindenameisenwürger**
    Wetmore, 1970
    *Pearl Is. (Panama)*
    Thamnophilus doliatus eremnus
    **Coiba-Bindenameisenwürger**
    Wetmore, 1957
    *Coibá Insel (Panama)*

    Thamnophilus doliatus nigricristatus
    **Panama-Bindenameisenwürger**
    Lawrence, 1865
    *c Panama*
    Thamnophilus doliatus albicans
    **Kolumbien-Bindenameisenwürger**
    Lafresnaye, 1844
    *n, w Kolumbien*
    Thamnophilus doliatus nigrescens
    **Venezuela-Bindenameisenwürger**
    Lawrence, 1867
    *nc Kolumbien und nw Venezuela*
    Thamnophilus doliatus tobagensis
    **Tobago-Bindenameisenwürger**
    Hartert, EJO & Goodson, 1917
    *Tobago*
    Thamnophilus doliatus difficilis
    **Hellmayrs Bindenameisenwürger**
    Hellmayr, 1903
    *ec Brasilien*
    Thamnophilus doliatus capistratus
    **Lessons Bindenameisenwürger**
    Lesson, RP, 1840
    *e Brasilien*
    Thamnophilus doliatus radiatus
    **Vieillots Bindenameisenwürger**
    Vieillot, 1816
    *ne Ecuador, e Peru, se Kolumbien, w, sw, sc Brasilien, ne Bolivien, Paraguay und n Argentinien*
    Thamnophilus doliatus cadwaladeri
    **Bolivien-Bindenameisenwürger**
    Bond, J & Meyer de Schauensee, 1940
    *s Bolivien*

Thamnophilus zarumae
**Fahlflanken-Ameisenwürger**
*Chapman's Antshrike - Batará de Chapman*
Chapman, 1921
*sw Ecuador und extremer nw Peru*

    Thamnophilus zarumae palamblae
    **Zimmers Fahlflanken-Ameisenwürger**
    Zimmer, JT, 1933
    *nw Peru*

Thamnophilus multistriatus
**Streifenameisenwürger**
*Bar-crested Antshrike - Batará crestibarrado*
Lafresnaye, 1844
*c Kolumbien*

    Thamnophilus multistriatus brachyurus
    **Kolumbien-Streifenameisenwürger**
    Todd, 1927
    *w Kolumbien*
    Thamnophilus multistriatus selvae
    **Selva-Streifenameisenwürger**
    Meyer de Schauensee, 1950
    *extremer w Kolumbien*
    Thamnophilus multistriatus oecotonophilus
    **Venezuela-Streifenameisenwürger**
    Borrero & Hernández-Camacho, 1958
    *ne Kolumbien und w Venezuela*

Thamnophilus tenuepunctatus
**Feinstreifen-Ameisenwürger**
*Lined Antshrike - Batará vermiculado*
Lafresnaye, 1853
*nc Kolumbien*

    Thamnophilus tenuepunctatus tenuifasciatus
    **Ekuador-Feinstreifen-Ameisenwürger**
    Lawrence, 1867
    *sc Kolumbien und e Ecuador*
    Thamnophilus tenuepunctatus berlepschi
    **Berlepschs Feinstreifen-Ameisenwürger**
    Taczanowski, 1884
    *se Ecuador und ne Peru*

Thamnophilus palliatus
**Dunkelmantel-Ameisenwürger**
*Chestnut-backed Antshrike - Batará dorsicastaño*
Lichtenstein, MHC, 1823
*ne Brasilien*

    Thamnophilus palliatus vestitus
    **Lessons Dunkelmantel-Ameisenwürger**
    Lesson, RP, 1831
    *Küste e Brasilien*
    Thamnophilus palliatus puncticeps
    **Sclaters Dunkelmantel-Ameisenwürger**
    Sclater, PL, 1890
    *se Peru, n Bolivien und w Brasilien*
    Thamnophilus palliatus similis
    **Zimmers Dunkelmantel-Ameisenwürger**
    Zimmer, JT, 1933
    *c Peru*

Thamnophilus bridgesi
**Kapuzenameisenwürger**
*Black-hooded Antshrike - Batará negruzco*
Sclater, PL, 1856
*Costa Rica und Panama*

Thamnophilus nigriceps
**Schwarzameisenwürger**
*Black Antshrike - Batará negro*
Sclater, PL, 1869
*e Panama und n Kolumbien*

Thamnophilus praecox
**Napoameisenwürger**
*Cocha Antshrike - Batará de cocha*
Zimmer, JT, 1937
*ne Ecuador*

Thamnophilus nigrocinereus
**Schwarzgrau-Ameisenwürger**
*Blackish-grey Antshrike - Batará ceniciento*
Sclater, PL, 1855
*Amazonas (ne Brasilien)*

   Thamnophilus nigrocinereus cinereoniger
   **Pelzelns Schwarzgrau-Ameisenwürger**
   Pelzeln, 1868
   Kolumbien, Venezuela und nw Brasilien
   Thamnophilus nigrocinereus kulczynskii
   **Kulczynkis Schwarzgrau-Ameisenwürger**
   Domaniewski & Stolzmann, 1922
   Französisch-Guayana und Brasilien
   Thamnophilus nigrocinereus tschudii
   **Tschudis Schwarzgrau-Ameisenwürger**
   Pelzeln, 1868
   wc Brasilien
   Thamnophilus nigrocinereus huberi
   **Hubers Schwarzgrau-Ameisenwürger**
   Snethlage, E, 1907
   ec Brasilien

Thamnophilus cryptoleucus
**Flussufer-Ameisenwürger**
*Castelnau's Antshrike - Batará de Castelnau*
Ménégaux & Hellmayr, 1906
*w Amazonasgebiet*

Thamnophilus aethiops
**Perlschulter-Ameisenwürger**
*White-shouldered Antshrike - Batará hombroblanco*
Sclater, PL, 1858
*e Ecuador und ne Peru*

   Thamnophilus aethiops wetmorei
   **Wetmores Perlschulter-Ameisenwürger**
   Meyer de Schauensee, 1945
   se Kolumbien
   Thamnophilus aethiops polionotus
   **Brasilien-Perlschulter-Ameisenwürger**
   Pelzeln, 1868
   s, e Venezuela und nw Brasilien
   Thamnophilus aethiops kapouni
   **Peru-Perlschulter-Ameisenwürger**
   Seilern, 1913
   e, se Peru, n Bolivien und extremer w Brasilien
   Thamnophilus aethiops juruanus
   **Jurua-Perlschulter-Ameisenwürger**
   Ihering, HFA, 1905
   zwischen Juruá River und Purús River (sw Amazonasgebiet Brasilien)
   Thamnophilus aethiops injunctus
   **Purus-Perlschulter-Ameisenwürger**
   Zimmer, JT, 1933
   zwischen Purús River und Madeira River (nc Brasilien s Amazonas)
   Thamnophilus aethiops punctuliger
   **Tapajos-Perlschulter-Ameisenwürger**
   Pelzeln, 1868
   zwischen Madeira River und Tapajós River (c Brasilien s Amazonas) und ne Bolivien
   Thamnophilus aethiops atriceps
   **Tocantins-Perlschulter-Ameisenwürger**
   Todd, 1927
   zwischen Tapajós River und Tocantins River (nc Brasilien s Amazonas)
   Thamnophilus aethiops incertus
   **Para-Perlschulter-Ameisenwürger**
   Pelzeln, 1868
   s Pará und nw Maranhão (ne Brasilien s Amazonas)
   Thamnophilus aethiops distans
   **Alagoas-Perlschulter-Ameisenwürger**
   Pinto, 1954
   Pernambuco, Alagoas (ne Brasilien)

Thamnophilus unicolor
**Einfarbameisenwürger**
*Uniform Antshrike - Batará unicolor*
Sclater, PL, 1859
*w Ecuador*

   Thamnophilus unicolor grandior
   **Hellmayrs Einfarbameisenwürger**
   Hellmayr, 1924
   Kolumbien, e Ecuador und n Peru
   Thamnophilus unicolor caudatus
   **Carrikers Einfarbameisenwürger**
   Carriker, 1933
   nc bis sc Peru

Thamnophilus schistaceus
**Schieferameisenwürger**
*Plain-winged Antshrike - Batará alillano*
d'Orbigny, 1837
*e Peru, n Bolivien und sw, sc Amazonasgebiet Brasilien*

   Thamnophilus schistaceus capitalis
   **Sclaters Schieferameisenwürger**
   Sclater, PL, 1858
   se Kolumbien, e Ecuador und ne Peru
   Thamnophilus schistaceus heterogynus
   **Hellmayrs Schieferameisenwürger**
   Hellmayr, 1907
   e Kolumbien und wc Amazonasgebiet Brasilien

Thamnophilus murinus
**Braunflügel-Ameisenwürger**
*Mouse-colored Antshrike - Batará murino*
Sclater, PL & Salvin, 1868
*e Kolumbien bis Suriname und n Brasilien n Amazonas*

   Thamnophilus murinus canipennis
   **Amazonas-Braunflügel-Ameisenwürger**
   Todd, 1927
   w Amazonasgebiet
   Thamnophilus murinus cayennensis
   **Guyana-Braunflügel-Ameisenwürger**
   Todd, 1927
   Französisch-Guayana und ne Brasilien

Thamnophilus aroyae
**Hochland-Ameisenwürger**
*Upland Antshrike - Batará montano*
Hellmayr, 1904
*se Peru und nw Bolivien*

Thamnophilus atrinucha
**Kolumbienameisenwürger**
*Black-crowned Antshrike - Batará pizarroso occidental*
Salvin & Godman, 1892
*s Belize und nw Guatemala bis nw Venezuela und nw Peru*

   Thamnophilus atrinucha gorgonae
   **Gorgonaameisenwürger**
   Thayer & Bangs, 1905
   Gorgona Insel (vor w Kolumbien)

Thamnophilus punctatus
**Guayanaameisenwürger**
*Northern Slaty Antshrike - Batará pizarroso punteado*
Shaw, 1809
*e Venezuela, Guianas und n Brasilien*

   Thamnophilus punctatus interpositus
   **Goodsons Guayanaameisenwürger**
   Hartert, EJO & Goodson, 1917
   e Kolumbien und w Venezuela
   Thamnophilus punctatus leucogaster
   **Maranon-Guayanaameisenwürger**
   Hellmayr, 1924
   Marañón River (s Ecuador und n Peru)
   Thamnophilus punctatus huallagae
   **Huallaga-Guayanaameisenwürger**
   Carriker, 1934
   Huallaga River (n Peru)

Thamnophilus stictocephalus
**Tapajósameisenwürger**
*Natterer's Slaty Antshrike - Batará pizarroso de Natterer*
Pelzeln, 1868
*c Brasilien und n Bolivien*

   Thamnophilus stictocephalus parkeri
   **Parkers Tapajósameisenwürger**
   Isler, ML, Isler, PR & Whitney, 1997
   ne Bolivien

Thamnophilus sticturus
**Bolivienameisenwürger**
*Bolivian Slaty Antshrike - Batará pizarroso boliviano*
Pelzeln, 1868
*sw Amazonasgebiet*

Thamnophilus pelzelni
**Planaltoameisenwürger**
*Planalto Slaty Antshrike - Batará pizarroso del Planalto*
Hellmayr, 1924
*e, sc Brasilien*

Thamnophilus ambiguus
**Sooretamaameisenwürger**
*Sooretama Slaty Antshrike - Batará pizarroso de Sooretama*
Swainson, 1825
*se Brasilien*

Thamnophilus amazonicus
**Amazonienameisenwürger**
*Amazonian Antshrike - Batará amazónico*
Sclater, PL, 1858
*s Kolumbien bis n Bolivien*

    Thamnophilus amazonicus cinereiceps
    **Pelzelns Amazonienameisenwürger**
    Pelzeln, 1868
    *ec Kolumbien, sw Venezuela und nw Brasilien*
    Thamnophilus amazonicus divaricatus
    **Mees-Amazonienameisenwürger**
    Mees, 1974
    *se Venezuela, Guianas und nc Brasilien*
    Thamnophilus amazonicus obscurus
    **Zimmers Amazonienameisenwürger**
    Zimmer, JT, 1933
    *c Brasilien*
    Thamnophilus amazonicus paraensis
    **Todds Amazonienameisenwürger**
    Todd, 1927
    *ec Brasilien*

Thamnophilus divisorius
**Divisorameisenwürger**
*Acre Antshrike - Batará de Acre*
Whitney, Oren & Brumfield, 2004
*w Brasilien und e Peru*

Thamnophilus insignis
**Tepuiameisenwürger**
*Streak-backed Antshrike - Batará insigne*
Salvin & Godman, 1884
*s Venezuela, w Guyana und n Brasilien*

    Thamnophilus insignis nigrofrontalis
    **Dunkelkopf-Tepuiameisenwürger**
    Phelps, WH & Phelps, WH Jr, 1947
    *extremer sw Venezuela*

Thamnophilus caerulescens
**Wechselameisenwürger**
*Variable Antshrike - Batará variable*
Vieillot, 1816
*se Paraguay, se Brasilien und ne Argentinien*

    Thamnophilus caerulescens melanchrous
    **Salvins Wechselameisenwürger**
    Sclater, PL & Salvin, 1876
    *n, c, s Peru*
    Thamnophilus caerulescens aspersiventer
    **Orbignys Wechselameisenwürger**
    d'Orbigny & Lafresnaye, 1837
    *se Peru und wc Bolivien*
    Thamnophilus caerulescens dinellii
    **Dinellis Wechselameisenwürger**
    Berlepsch, 1906
    *c, s Bolivien und nw Argentinien*
    Thamnophilus caerulescens paraguayensis
    **Paraguay-Wechselameisenwürger**
    Hellmayr, 1904
    *se Bolivien, n Paraguay und s Brasilien*
    Thamnophilus caerulescens gilvigaster
    **Uruguay-Wechselameisenwürger**
    Pelzeln, 1868
    *se Brasilien, Uruguay und ne Argentinien*
    Thamnophilus caerulescens ochraceiventer
    **Snethlages Wechselameisenwürger**
    Snethlage, E, 1928
    *sc Brasilien*
    Thamnophilus caerulescens cearensis
    **Corys Wechselameisenwürger**
    Cory, 1919
    *ne Brasilien*

Thamnophilus torquatus
**Rostflügel-Ameisenwürger**
*Rufous-winged Antshrike - Batará alirrufo*
Swainson, 1825
*se Amazonasgebiet, e Brasilien und ne Paraguay*

Thamnophilus ruficapillus
**Rostscheitel-Ameisenwürger**
*Rufous-capped Antshrike - Batará pardo sureño*
Vieillot, 1816
*Paraguay, se Brasilien, Uruguay und ne Argentinien*

    Thamnophilus ruficapillus jaczewskii
    **Nördlicher Rostscheitel-Ameisenwürger**
    Domaniewski, 1925
    *n Peru*
    Thamnophilus ruficapillus marcapatae
    **Südlicher Rostscheitel-Ameisenwürger**
    Hellmayr, 1912
    *se Peru*
    Thamnophilus ruficapillus subfasciatus
    **Bolivien-Rostscheitel-Ameisenwürger**
    Sclater, PL & Salvin, 1876
    *w Bolivien*
    Thamnophilus ruficapillus cochabambae
    **Argentinien-Rostscheitel-Ameisenwürger**
    Chapman, 1921
    *c Bolivien bis nw Argentinien*



Sakesphorus canadensis
**Schwarzgesicht-Ameisenwürger**
*Black-crested Antshrike - Batará crestinegro*
Linnaeus, 1766
*Suriname und Französisch-Guayana*

    Sakesphorus canadensis pulchellus
    **Cabanis-Schwarzgesicht-Ameisenwürger**
    Cabanis & Heine, 1860
    *n Kolumbien und w Venezuela*
    Sakesphorus canadensis intermedius
    **Cherries Schwarzgesicht-Ameisenwürger**
    Cherrie, 1916
    *e Kolumbien und nc Venezuela*
    Sakesphorus canadensis fumosus
    **Zimmers Schwarzgesicht-Ameisenwürger**
    Zimmer, JT, 1933
    *sw Venezuela und extremer n Brasilien*
    Sakesphorus canadensis trinitatis
    **Ridgways Schwarzgesicht-Ameisenwürger**
    Ridgway, 1891
    *ne, se Venezuela, Guyana und Trinidad*
    Sakesphorus canadensis loretoyacuensis
    **Bartletts Schwarzgesicht-Ameisenwürger**
    Bartlett, E, 1882
    *se Kolumbien, nw Brasilien und ne Peru*

Sakesphorus luctuosus
**Trauerameisenwürger**
*Glossy Antshrike - Batará luctuoso*
Lichtenstein, MHC, 1823
*c, e Amazonasgebiet Brasilien*



Radinopsyche sellowi
**Caatingaameisenfänger**
*Caatinga Antwren - Tiluchí de caatinga*
Whitney & Pacheco, 2000
*e Brasilien*



Biatas nigropectus
**Weißbart-Ameisenwürger**
*White-bearded Antshrike - Batará pechinegro*
Lafresnaye, 1850
*e Paraguay, ne Argentinien und se Brasilien*



Cymbilaimus lineatus
**Zebraameisenwürger**
*Fasciated Antshrike - Batará lineado*
Leach, 1814
*se Venezuela, Guianas und ne Brasilien*

    Cymbilaimus lineatus fasciatus
    **Honduras-Zebraameisenwürger**
    Ridgway, 1884
    *se Honduras bis nw Ecuador*
    Cymbilaimus lineatus intermedius
    **Amazonas-Zebraameisenwürger**
    Hartert, EJO & Goodson, 1917
    *w Amazonasgebiet*

Cymbilaimus sanctaemariae
**Bambusameisenwürger**
*Bamboo Antshrike - Batará de Madre de Dios*
Gyldenstolpe, 1941
*sw Amazonasgebiet*


## Gattung: Taraba

Taraba major
**Weißbrust-Ameisenwürger**
*Great Antshrike - Batará mayor*
Vieillot, 1816
*e Bolivien, Paraguay, s Brasilien und n Argentinien*

Taraba major melanocrissus
**Panama-Weißbrust-Ameisenwürger**
Sclater, PL, 1860
*se Mexico bis w Panama*
Taraba major obscurus
**Zimmers Weißbrust-Ameisenwürger**
Zimmer, JT, 1933
*w Costa Rica bis n Kolumbien*
Taraba major transandeanus
**Peru-Weißbrust-Ameisenwürger**
Sclater, PL, 1855
*sw Kolumbien, w Ecuador und nw Peru*
Taraba major granadensis
**Venezuela-Weißbrust-Ameisenwürger**
Cabanis, 1872
*n, c Kolumbien und nw Venezuela*
Taraba major semifasciatus
**Guyana-Weißbrust-Ameisenwürger**
Cabanis, 1872
*e Kolumbien, s und ne Venezuela, Guianas und ne, c Brasilien*
Taraba major duidae
**Duida-Weißbrust-Ameisenwürger**
Chapman, 1929
*Mt. Duida (se Venezuela)*
Taraba major melanurus
**Amazonas-Weißbrust-Ameisenwürger**
Sclater, PL, 1855
*w Amazonasgebiet*
Taraba major borbae
**Borba-Weißbrust-Ameisenwürger**
Pelzeln, 1868
*wc Brasilien s Amazonas*
Taraba major stagurus
**Brasilien-Weißbrust-Ameisenwürger**
Lichtenstein, MHC, 1823
*e, ne Brasilien*

## Gattung: Mackenziaena

Mackenziaena leachii
**Langschwanz-Ameisenwürger**
*Large-tailed Antshrike - Batará pintado*
Such, 1825
*s Brasilien, e Paraguay und ne Argentinien*

Mackenziaena severa
**Schwarzmasken-Ameisenwürger**
*Tufted Antshrike - Batará copetón*
Lichtenstein, MHC, 1823
*s Brasilien, e Paraguay und ne Argentinien*

## Gattung: Frederickena

Frederickena viridis
**Schwarzkehl-Ameisenwürger**
*Black-throated Antshrike - Batará gorjinegro*
Vieillot, 1816
*ne Amazonasgebiet*

Frederickena unduliger
**Dunkelameisenwürger**
*Undulated Antshrike - Batará ondulado*
Pelzeln, 1868
*nw Brasilien*

Frederickena unduliger diversa
**Peru-Dunkelameisenwürger**
Zimmer, JT, 1944
*e, se Peru und nw Bolivien*
Frederickena unduliger pallida
**Zimmers Dunkelameisenwürger**
Zimmer, JT, 1944
*sw Amazonasgebiet; n Bolivien?*

Frederickena fulva
**Wellenameisenwürger**
*Fulvous Antshrike - Batará leonado*
Zimmer, JT, 1944
*sc Kolumbien, e Ecuador, ne Peru n von Rio Amazonas und Rio Marañon*

## Gattung: Hypoedaleus

Hypoedaleus guttatus
**Perlenmantel-Ameisenwürger**
*Spot-backed Antshrike - Batará goteado*
Vieillot, 1816
*e, se Brasilien, Paraguay und ne Argentinien*

## Gattung: Batara

Batara cinerea
**Riesenameisenwürger**
*Giant Antshrike - Batará gigante*
Vieillot, 1819
*se Brasilien und ne Argentinien*

Batara cinerea excubitor
**Bolivien-Riesenameisenwürger**
Bond, J & Meyer de Schauensee, 1940
*c Bolivien*
Batara cinerea argentina
**Agentinien-Riesenameisenwürger**
Shipton, 1918
*e Bolivien, w Paraguay und nw Argentinien*

## Gattung: Xenornis

Xenornis setifrons
**Strichelrücken-Ameisenwürger**
*Speckled Antshrike - Batará moteado*
Chapman, 1924
*e Panama und nw Kolumbien*

## Gattung: Pithys

Pithys albifrons
**Weißgesicht-Ameisenvogel**
*White-plumed Antbird - Hormiguero cuerniblanco*
Linnaeus, 1766
*s Venezuela, Guianas und ne Brasilien*

Pithys albifrons peruvianus
**Amazonas-Weißgesicht-Ameisenvogel**
Taczanowski, 1884
*w Amazonasgebiet*

Pithys castaneus
**Weißmasken-Ameisenvogel**
*White-masked Antbird - Hormiguero castaño*
Berlioz, 1938
*ne Peru*

## Gattung: Phaenostictus

Phaenostictus mcleannani
**Halsband-Ameisenvogel**
*Ocellated Antbird - Hormiguero ocelado*
Lawrence, 1860
*e Panama und nw Kolumbien*

Phaenostictus mcleannani saturatus
**Honduras-Halsband-Ameisenvogel**
Richmond, 1896
*e Honduras bis w Panama*
Phaenostictus mcleannani pacificus
**Pazifik-Halsband-Ameisenvogel**
Hellmayr, 1924
*sw Kolumbien und nw Ecuador*

## Gattung: Gymnopithys

Gymnopithys bicolor
**Weißkehl-Ameisenvogel**
*Bicolored Antbird - Hormiguero bicolor*
Lawrence, 1863
*e Panama und nw Kolumbien*

Gymnopithys bicolor olivascens
**Panama-Weißohrameisenvogel**
Ridgway, 1891
Honduras bis w Panama
Gymnopithys bicolor daguae
**Hellmayrs Weißohrameisenvogel**
Hellmayr, 1906
w Kolumbien
Gymnopithys bicolor aequatorialis
**Ekuador-Weißohrameisenvogel**
Hellmayr, 1902
sw Kolumbien und w Ecuador
Gymnopithys bicolor ruficeps
**Kolumbien-Weißohrameisenvogel**
Salvin & Godman, 1892
c Kolumbien

Gymnopithys leucaspis
## Braunweiß-Ameisenvogel
*White-cheeked Antbird - Hormiguero cariblanco*
Sclater, PL, 1855
*e Kolumbien*

Gymnopithys leucaspis castaneus
**Ekuador-Braunweiß-Ameisenvogel**
Zimmer, JT, 1937
e Ecuador und ne Peru
Gymnopithys leucaspis peruanus
**Peru-Braunweiß-Ameisenvogel**
Zimmer, JT, 1937
n Peru
Gymnopithys leucaspis lateralis
**Amazonas-Braunweiß-Ameisenvogel**
Todd, 1927
nw Amazonasgebiet Brasilien

Gymnopithys rufigula
## Rostkehl-Ameisenvogel
*Rufous-throated Antbird - Hormiguero gorjirrufo*
Boddaert, 1783
*e Venezuela, Guianas und ne Brasilien*

Gymnopithys rufigula pallidus
**Südlicher Rostkehl-Ameisenvogel**
Cherrie, 1909
s Venezuela
Gymnopithys rufigula pallidigula
**Tepui-Rostkehl-Ameisenvogel**
Phelps, WH & Phelps, WH Jr, 1947
Tepuis (extremer sw Venezuela)

### Gattung: Oneillornis

Oneillornis salvini
## Bindenschwanz-Ameisenvogel
*White-throated Antbird - Hormiguero gorjiblanco*
Berlepsch, 1901
*sw Amazonasgebiet*

Oneillornis lunulatus
## Schwarzschwanz-Ameisenvogel
*Lunulated Antbird - Hormiguero lunulado*
Sclater, PL & Salvin, 1873
*w Amazonasgebiet*

### Gattung: Rhegmatorhina

Rhegmatorhina gymnops
## Schwarzkopf-Ameisenvogel
*Bare-eyed Antbird - Hormiguero ojicalvo*
Ridgway, 1888
*sc Amazonasgebiet*

Rhegmatorhina berlepschi
## Rostbrust-Ameisenvogel
*Harlequin Antbird - Hormiguero arlequín*
Snethlage, E, 1907
*sc Amazonasgebiet*

Rhegmatorhina hoffmannsi
## Weißbrust-Ameisenvogel
*White-breasted Antbird - Hormiguero pechiblanco*
Hellmayr, 1907
*sc Amazonasgebiet*

Rhegmatorhina cristata
## Rostbauch-Ameisenvogel
*Chestnut-crested Antbird - Hormiguero cresticastaño*
Pelzeln, 1868
*nw Amazonasgebiet*

Rhegmatorhina melanosticta
## Grauschopf-Ameisenvogel
*Hairy-crested Antbird - Hormiguero canoso*
Sclater, PL & Salvin, 1880
*sc Kolumbien, e Ecuador und ne Peru*

Rhegmatorhina melanosticta brunneiceps
**Peru-Grauschopf-Ameisenvogel**
Chapman, 1928
n, c Peru
Rhegmatorhina melanosticta purusiana
**Amazonas-Grauschopf-Ameisenvogel**
Snethlage, E, 1908
e Peru und w Amazonasgebiet Brasilien
Rhegmatorhina melanosticta badia
**Bolivien-Grauschopf-Ameisenvogel**
Zimmer, JT, 1932
se Peru, n Bolivien und sw Amazonasgebiet Brasilien

### Gattung: Phlegopsis

Phlegopsis nigromaculata
## Tropfenmantel-Ameisenvogel
*Black-spotted Bare-eye - Hormiguero maculado*
d'Orbigny & Lafresnaye, 1837
*se Kolumbien, e Ecuador, e Peru, n Bolivien und sw Amazonasgebiet Brasilien*

Phlegopsis nigromaculata bowmani
**Bowmans Tropfenmantel-Ameisenvogel**
Ridgway, 1888
sc Amazonasgebiet Brasilien und c Bolivien
Phlegopsis nigromaculata confinis
**Zimmers Tropfenmantel-Ameisenvogel**
Zimmer, JT, 1932
ec Amazonasgebiet Brasilien
Phlegopsis nigromaculata paraensis
**Hellmayrs Tropfenmantel-Ameisenvogel**
Hellmayr, 1904
ne Brasilien s Amazonas

Phlegopsis erythroptera
## Rotspiegel-Ameisenvogel
*Reddish-winged Bare-eye - Hormiguero alirrojo*
Gould, 1855
*se Kolumbien und s Venezuela bis e Ecuador, ne Peru und nw Brasilien*

Phlegopsis erythroptera ustulata
**Todds Rotspiegel-Ameisenvogel**
Todd, 1927
e Peru, nw Bolivien und sw Amazonasgebiet Brasilien

Phlegopsis borbae
## Weißstirn-Ameisenvogel
*Pale-faced Bare-eye - Hormiguero de Skutch*
Hellmayr, 1907
*sc Amazonasgebiet*

### Gattung: Willisornis

Willisornis poecilinotus
## Schuppenmantel-Ameisenwächter
*Common Scale-backed Antbird - Hormiguero dorsiescamado común*
Cabanis, 1847
*s Venezuela, Guianas und ne Brasilien*

Willisornis poecilinotus duidae
**Duida-Schuppenmantel-Ameisenwächter**
Chapman, 1923
e Kolumbien, s Venezuela und nw Brasilien
Willisornis poecilinotus lepidonota
**Ekuador-Schuppenmantel-Ameisenwächter**
Sclater, PL & Salvin, 1880
se Kolumbien, e Ecuador und ne Peru
Willisornis poecilinotus griseiventris
**Peru-Schuppenmantel-Ameisenwächter**
Pelzeln, 1868
se Peru, n Bolivien und sw Amazonasgebiet Brasilien
Willisornis poecilinotus gutturalis
**Amazonas-Schuppenmantel-Ameisenwächter**
Todd, 1927
ne Peru und w Amazonasgebiet Brasilien

Willisornis vidua
## Graukopf-Ameisenwächter
*Xingu Scale-backed Antbird - Hormiguero dorsiescamado del Xingú*
Hellmayr, 1905
*se Amazonasgebiet Brasilien*

Willisornis vidua nigrigula
**Südlicher Xingu-Ameisenwächter**
Snethlage, E, 1914
sc Amazonasgebiet Brasilien

Drymophila ferruginea
**Rostbauch-Ameisenfänger**
*Ferruginous Antbird - Tiluchí herrumbroso*
Temminck, 1822
*se Brasilien*

Drymophila rubricollis
**Zimtbauch-Ameisenfänger**
*Bertoni's Antbird - Tiluchí colorado*
Bertoni, AW, 1901
*e Paraguay, ne Argentinien und se Brasilien*

Drymophila genei
**Rostschwanz-Ameisenfänger**
*Rufous-tailed Antbird - Tiluchí colirrufo*
de Filippi, 1847
*se Brasilien*

Drymophila ochropyga
**Ockerbürzel-Ameisenfänger**
*Ochre-rumped Antbird - Tiluchí culipardo*
Hellmayr, 1906
*e, se Brasilien*

Drymophila malura
**Olivrücken-Ameisenfänger**
*Dusky-tailed Antbird - Tiluchí estriado oriental*
Temminck, 1825
*e Paraguay, ne Argentinien und s, se Brasilien*

Drymophila squamata
**Bindenschwanz-Ameisenfänger**
*Scaled Antbird - Tiluchí escamoso*
Lichtenstein, MHC, 1823
*Alagoas und Bahia (e Brasilien)*

> Drymophila squamata stictocorypha
> **Südlicher Bindenschwanz-Ameisenfänger**
> Boucard & Berlepsch, 1892
> e Minas Gerais bis Santa Catarina (se Brasilien)

Drymophila devillei
**Weißbauch-Ameisenfänger**
*Striated Antbird - Tiluchí estriado occidental*
Ménégaux & Hellmayr, 1906
*sc Kolumbien und ne Ecuador bis se Peru, c Bolivien und w Brasilien*

> Drymophila devillei subochracea
> **Amazonas Weißbauch-Ameisenfänger**
> Chapman, 1921
> sc Amazonasgebiet Brasilien und ne Bolivien

Drymophila hellmayri
**Santa-Marta-Ameisenfänger**
*Santa Marta Antbird - Tiluchí de Santa Marta*
Todd, 1915
*Santa Marta Mts. (Kolumbien)*

Drymophila klagesi
**Küstenkordilleren-Ameisenfänger**
*Klages's Antbird - Tiluchí del Perijá*
Hellmayr & Seilern, 1912
*Venezuela und ne Kolumbien*

Drymophila caudata
**Langschwanz-Ameisenfänger**
*East Andean Antbird - Tiluchí de Santander*
Sclater, PL, 1855
*w e Anden und Upper Magdalena Tal (e Kolumbien)*

Drymophila striaticeps
**Strichelkopf-Ameisenfänger**
*Streak-headed Antbird - Tiluchí colilargo*
Chapman, 1912
*w, c Kolumbien, Ecuador, Peru und Bolivien Andean Cordillera*



Hypocnemis cantator
**Rostflanken-Ameisenschnäpper**
*Guianan Warbling Antbird - Hormiguero guayanés*
Boddaert, 1783
*e Venezuela, Guianas und ne Amazonasgebiet Brasilien*

Hypocnemis flavescens
**Strichelschulter-Ameisenschnäpper**
*Imeri Warbling Antbird - Hormiguero amarillento*
Sclater, PL, 1865
*e Kolumbien, s Venezuela und nw Brasilien*

> Hypocnemis flavescens perflava
> **Roraima-Ameisenschnäpper**
> Pinto, 1966
> c Roraima (n Brasilien)

Hypocnemis peruviana
**Rostschulter-Ameisenschnäpper**
*Peruvian Warbling Antbird - Hormiguero peruano*
Taczanowski, 1884
*e Peru bis nw Bolivien*

> Hypocnemis peruviana saturata
> **Carrikers Rostschulter-Ameisenschnäpper**
> Carriker, 1930
> se Kolumbien, e Ecuador, ne Peru und nw Brasilien

Hypocnemis subflava
**Gelbbrust-Ameisenschnäpper**
*Yellow-breasted Warbling Antbird - Hormiguero pechiamarillo*
Cabanis, 1873
*ec Peru*

> Hypocnemis subflava collinsi
> **Collins Gelbbrust-Ameisenschnäpper**
> Cherrie, 1916
> se Peru bis nw Bolivien und extremer sw Brasilien

Hypocnemis ochrogyna
**Rondoniaameisenschnäpper**
*Rondonia Warbling Antbird - Hormiguero boliviano*
Zimmer, JT, 1932
*ne Bolivien und sc Amazonasgebiet Brasilien*

Hypocnemis striata
**Spixameisenschnäpper**
*Spix's Warbling Antbird - Hormiguero de Spix*
Spix, 1825
*c Amazonasgebiet Brasilien*

> Hypocnemis striata implicata
> **Westlicher Spixameisenschnäpper**
> Zimmer, JT, 1932
> wc Amazonasgebiet Brasilien
> Hypocnemis striata affinis
> **Östlicher Spixameisenschnäpper**
> Zimmer, JT, 1932
> ec Amazonasgebiet Brasilien

Hypocnemis rondoni
**Olivschulter-Ameisenschnäpper**
*Manicore Warbling Antbird - Hormiguero de Manicoré*
Whitney, Isler, ML, Bravo, Aristizábal, Schunck, Silveira, Piacentini, Cohn-Haft & Rêgo, MA, 2013
*Aripuanã-Machado (c Brasilien)*

Hypocnemis hypoxantha
**Gelbbrauen-Ameisenschnäpper**
*Yellow-browed Antbird - Hormiguero cejiamarillo*
Sclater, PL, 1869
*se Kolumbien bis e Ecuador, c Peru und w Amazonasgebiet Brasilien*

> Hypocnemis hypoxantha ochraceiventris
> **Südlicher Gelbbrauen-Ameisenschnäpper**
> Chapman, 1921
> se Amazonasgebiet Brasilien



Sciaphylax hemimelaena
**Rotschwanz-Ameisenvogel**
*Southern Chestnut-tailed Antbird - Hormiguero colicastaño sureño*
Sclater, PL, 1857
*e Peru, nw Bolivien und sw Amazonasgebiet Brasilien*

> Sciaphylax hemimelaena pallens
> **Südlicher Rotschwanz-Ameisenvogel**
> Berlepsch & Hellmayr, 1905
> ne Bolivien und sc Brasilien

Sciaphylax castanea
**Napoameisenvogel**
*Northern Chestnut-tailed Antbird - Hormiguero colicastaño norteño*
Zimmer, JT, 1932
*se Ecuador und n Peru*

Sciaphylax castanea centunculorum
**Nördlicher Napoameisenvogel**
Isler, ML, Álvarez Á, J, Isler, PR, Valqui, Begazo & Whitney, 2002)
s Kolumbien, e Ecuador und ne Peru

## Gattung: Cercomacroides

Cercomacroides laeta
**Amazonasameisenfänger**
*Willis's Antbird - Hormiguero de Willis*
Todd, 1920
*se Amazonasgebiet Brasilien*

Cercomacroides laeta waimiri
**Waimir-Amazonasameisenfänger**
Bierregaard, Cohn-Haft & Stotz, 1997
nc Amazonasgebiet Brasilien und s Guyana
Cercomacroides laeta sabinoi
**Sabino-Amazonasameisenfänger**
Pinto, 1939
ne Brasilien

Cercomacroides parkeri
**Parkerameisenfänger**
*Parker's Antbird - Hormiguero de Parker*
Graves, GR, 1997
*wc Kolumbien*

Cercomacroides nigrescens
**Schwarzgrau-Ameisenfänger**
*Blackish Antbird - Hormiguero negruzco*
Cabanis & Heine, 1860
*Suriname, Französisch-Guayana und ne Brasilien*

Cercomacroides nigrescens aequatorialis
**Ekuadors Schwarzgrauer Ameisenfänger**
Zimmer, JT, 1931
sc Kolumbien, e Ecuador und ne Peru
Cercomacroides nigrescens notata
**Perus Schwarzgrauer Ameisenfänger**
Zimmer, JT, 1931
c Peru
Cercomacroides nigrescens approximans
**Brasiliens Schwarzgrauer Ameisenfänger**
Pelzeln, 1868
c Brasilien
Cercomacroides nigrescens ochrogyna
**Amazonas-Schwarzgrau-Ameisenfänger**
Snethlage, E, 1928
ec Brasilien

Cercomacroides fuscicauda
**Flussufer-Ameisenfänger**
*Riparian Antbird - Hormiguero ribereño*
Zimmer, JT, 1931
*s Kolumbien, e Ecuador, e Peru, n Bolivien und sw Amazonasgebiet Brasilien*

Cercomacroides tyrannina
**Grauameisenfänger**
*Dusky Antbird - Hormiguero tirano*
Sclater, PL, 1855
*e Panama bis w Ecuador, e Kolumbien, s Venezuela und nw Brasilien*

Cercomacroides tyrannina crepera
**Bangs Grauameisenfänger**
Bangs, 1901
se Mexico bis w Panama
Cercomacroides tyrannina vicina
**Todds Grauameisenfänger**
Todd, 1927
n Kolumbien und nw Venezuela
Cercomacroides tyrannina saturatior
**Chubbs Grauameisenfänger**
Chubb, C, 1918
e Venezuela, Guianas und ne Brasilien

Cercomacroides serva
**Schwarzbrust-Ameisenfänger**
*Black Antbird - Hormiguero negro*
Sclater, PL, 1858
*e Ecuador, e Peru, n Bolivien und w Brasilien*

## Gattung: Cercomacra

Cercomacra manu
**Manuameisenfänger**
*Manu Antbird - Hormiguero del Manu*
Fitzpatrick & Willard, 1990
*sw, s Amazonasgebiet*

Cercomacra brasiliana
**Rio-de-Janeiro-Ameisenfänger**
*Rio de Janeiro Antbird - Hormiguero brasileño*
Hellmayr, 1905
*se Brasilien*

Cercomacra cinerascens
**Aschgrau-Ameisenfänger**
*Grey Antbird - Hormiguero gris*
Sclater, PL, 1857
*se Kolumbien und s Venezuela bis e Ecuador, ne Peru und nw Amazonasgebiet Brasilien*

Cercomacra cinerascens immaculata
**Guyana-Aschgrauer Ameisenfänger**
Chubb, C, 1918
e Venezuela, Guianas und ne Brasilien
Cercomacra cinerascens sclateri
**Sclaters Aschgrauer Ameisenfänger**
Hellmayr, 1905
e Peru, nw Bolivien und sw Amazonasgebiet Brasilien
Cercomacra cinerascens iterata
**Amazonas-Aschgrauer Ameisenfänger**
Zimmer, JT, 1932
se Amazonasgebiet Brasilien und ne Bolivien

Cercomacra melanaria
**Mato-Grosso-Ameisenfänger**
*Mato Grosso Antbird - Hormiguero de Mato Grosso*
Ménétriés, 1835
*c Bolivien; e Bolivien, n Paraguay und w Brasilien*

Cercomacra ferdinandi
**Bananalameisenfänger**
*Bananal Antbird - Hormiguero de Bananal*
Snethlage, E, 1928
*c Brasilien*

Cercomacra nigricans
**Schwarzbauch-Ameisenfänger**
*Jet Antbird - Hormiguero azabache*
Sclater, PL, 1858
*Panama bis w Ecuador, nw Kolumbien und e Venezuela*

Cercomacra carbonaria
**Rio-Branco-Ameisenfänger**
*Rio Branco Antbird - Hormiguero del Branco*
Sclater, PL & Salvin, 1873
*n Brasilien, sw Guyana*

## Gattung: Myrmoderus

Myrmoderus ferrugineus
**Weißband-Ameisenvogel**
*Ferruginous-backed Antbird - Hormiguero ferruginoso*
Müller, PLS, 1776
*e Venezuela, Guianas und ne Brasilien*

Myrmoderus ferrugineus elutus
**Todds Weißband-Ameisenvogel**
Todd, 1927
sc Amazonasgebiet Brasilien

Myrmoderus eowilsoni
**Blauband-Ameisenvogel**
*Cordillera Azul Antbird - Hormiguerito de Cordillera Azul*
Moncrieff, Johnson, O, Lane, Beck, Angulo & Fagan, 2017
*Cordillera Azul (San Martín, Peru)*

Myrmoderus ruficauda
**Schwarzgesicht-Ameisenvogel**
*Scalloped Antbird - Hormiguero festoneado*
Wied-Neuwied, M, 1831
*se Brasilien*

Myrmoderus ruficauda soror
**Pintos Schwarzgesicht-Ameisenvogel**
Pinto, 1940
e Brasilien

Myrmoderus loricatus
**Schmuckbrust-Ameisenvogel**
*White-bibbed Antbird - Hormiguero enmascarado*
Lichtenstein, MHC, 1823
*e, se Brasilien*

Myrmoderus squamosus
**Schwarzkehl-Ameisenvogel**
*Squamate Antbird - Hormiguero escamoso*
Pelzeln, 1868
*se Brasilien*

Gattung: Hypocnemoides

Hypocnemoides melanopogon
**Nordamazonien-Ameisenschnäpper**
*Black-chinned Antbird - Hormiguero barbinegro*
Sclater, PL, 1857
*Guianas und n Brasilien*

    Hypocnemoides melanopogon occidentalis
    **Zimmers Nordamazonien-Ameisenschnäpper**
    Zimmer, JT, 1932
    Kolumbien, Venezuela und nw Brasilien
    Hypocnemoides melanopogon minor
    **Kleiner Nordamazonien-Ameisenschnäpper**
    Gyldenstolpe, 1941
    sc Amazonasgebiet Brasilien

Hypocnemoides maculicauda
**Südamazonien-Ameisenschnäpper**
*Band-tailed Antbird - Hormiguero colibandeado*
Pelzeln, 1868
*e Peru, n Bolivien und c, se Brasilien*

Gattung: Hylophylax

Hylophylax naevioides
**Rotmantel-Ameisenwächter**
*Spotted Antbird - Hormiguero moteado*
Lafresnaye, 1847
*e Panama bis w Ecuador*

    Hylophylax naevioides capnitis
    **Bangs Rotmantel-Ameisenwächter**
    Bangs, 1906
    e Honduras bis w Panama

Hylophylax naevius
**Ockerflecken-Ameisenwächter**
*Spot-backed Antbird - Hormiguero dorsipunteado*
Gmelin, JF, 1789
*se Kolumbien und ne Ecuador bis Guianas, n Peru und n Brasilien*

    Hylophylax naevius theresae
    **Theresas Ockerflecken-Ameisenwächter**
    des Murs, 1856
    se Ecuador, ne Peru und w Amazonasgebiet Brasilien
    Hylophylax naevius peruvianus
    **Peru-Ockerflecken-Ameisenwächter**
    Carriker, 1932
    nc Peru
    Hylophylax naevius inexpectatus
    **Bolivien-Ockerflecken-Ameisenwächter**
    Carriker, 1932
    se Peru, sw Brasilien (Acre) und nw Bolivien
    Hylophylax naevius ochraceus
    **Amazonas-Ockerflecken-Ameisenwächter**
    Berlepsch, 1912
    sc, se Amazonasgebiet Brasilien

Hylophylax punctulatus
**Weißflecken-Ameisenwächter**
*Dot-backed Antbird - Hormiguero lomipunteado*
des Murs, 1856
*Amazonasgebiet*

Gattung: Sclateria

Sclateria naevia
**Silberameisenschnäpper**
*Silvered Antbird - Hormiguero plateado*
Gmelin, JF, 1788
*e Venezuela, Guianas, ne Brasilien und Trinidad*

    Sclateria naevia diaphora
    **Venezuela-Silberameisenschnäpper**
    Todd, 1913
    c Venezuela
    Sclateria naevia argentata
    **Ekuador-Silberameisenschnäpper**
    des Murs, 1856
    se Kolumbien und s Venezuela bis e Ecuador, e Peru, n Bolivien und w Brasilien
    Sclateria naevia toddi
    **Todds Silberameisenschnäpper**
    Hellmayr, 1924
    sc Amazonasgebiet Brasilien

Gattung: Myrmelastes

Myrmelastes hyperythrus
**Bleigrau-Ameisenvogel**
*Plumbeous Antbird - Hormiguero plomizo*
Sclater, PL, 1855
*w, sw Amazonasgebiet*

Myrmelastes schistaceus
**Schwarzschnabel-Ameisenvogel**
*Slate-colored Antbird - Hormiguero pizarroso*
Sclater, PL, 1858
*w Amazonasgebiet*

Myrmelastes leucostigma
**Dreibinden-Ameisenvogel**
*Spot-winged Antbird - Hormiguero alimoteado*
Pelzeln, 1868
*se Venezuela, Guianas und ne Brasilien*

    Myrmelastes leucostigma subplumbeus
    **Ekuador-Dreibinden-Ameisenvogel**
    Sclater, PL & Salvin, 1880
    e Kolumbien, w Venezuela, e Ecuador, ne Peru und sw Amazonasgebiet Brasilien
    Myrmelastes leucostigma intensus
    **Peru-Dreibinden-Ameisenvogel**
    Zimmer, JT, 1927
    c Peru
    Myrmelastes leucostigma infuscatus
    **Venezuela-Dreibinden-Ameisenvogel**
    Todd, 1927
    e Kolumbien, s Venezuela und nw Brasilien

Myrmelastes humaythae
**Olivscheitel-Ameisenvogel**
*Humaita Antbird - Hormiguero de Humaitá*
Hellmayr, 1907
*w Amazonasgebiet Brasilien und n Bolivien*

Myrmelastes brunneiceps
**Grauameisenvogel**
*Brownish-headed Antbird - Hormiguero de Carabaya*
Zimmer, JT, 1931
*sw Peru und nw Bolivien*

Myrmelastes rufifacies
**Grauwangen-Ameisenvogel**
*Rufous-faced Antbird - Hormiguero del Tapajós*
Hellmayr, 1929
*e Amazonasgebiet Brasilien*

Myrmelastes saturatus
**Schieferameisenvogel**
*Roraiman Antbird - Hormiguero del Roraima*
Salvin, 1885
*se Venezuela und w Guyana*

    Myrmelastes saturatus obscurus
    **Dunkler Roraima-Schieferameisenvogel**
    Zimmer, JT & Phelps, WH, 1946
    c Venezuela bis extremer n Brasilien

Myrmelastes caurensis
**Rotaugen-Ameisenvogel**
*Caura Antbird - Hormiguero del Caura*
Hellmayr, 1906
*sc Venezuela*

    Myrmelastes caurensis australis
    **Südlicher Rotaugen-Ameisenvogel**
    Zimmer, JT & Phelps, WH, 1947
    s Venezuela und n Brasilien

Gattung: Poliocrania

Poliocrania exsul
**Braunrücken-Ameisenvogel**
*Chestnut-backed Antbird - Hormiguero dorsicastaño*
Sclater, PL, 1859
*e Nicaragua bis w Panama*

    Poliocrania exsul occidentalis
    **Panama-Braunrücken-Ameisenvogel**
    Cherrie, 1891
    w Costa Rica und s Panama
    Poliocrania exsul cassini
    **Cassins Braunrücken-Ameisenvogel**
    Ridgway, 1908
    se Panama und n Kolumbien

Poliocrania exsul niglarus
**Wetmores Braunrücken-Ameisenvogel**
Wetmore, 1962
e Panama und nw Kolumbien
Poliocrania exsul maculifer
**Hellmayrs Braunrücken-Ameisenvogel**
Hellmayr, 1906
w Kolumbien und w Ecuador

## Gattung: Ampelornis

Ampelornis griseiceps
**Graukopf-Ameisenvogel**
*Grey-headed Antbird - Hormiguero cabecigrís*
Chapman, 1923
sw Ecuador und nw Peru

## Gattung: Sipia

Sipia berlepschi
**Kurzschwanz-Ameisenvogel**
*Stub-tailed Antbird - Hormiguero colimocho*
Hartert, EJO, 1898
w Kolumbien bis nw Ecuador

Sipia nigricauda
**Chocóameisenvogel**
*Esmeraldas Antbird - Hormiguero de Esmeraldas*
Salvin & Godman, 1892
w Kolumbien und w Ecuador

Sipia palliata
**Magdalenaameisenvogel**
*Magdalena Antbird - Homiguero guardarribera oriental*
Todd, 1917
c, n Kolumbien und nw Venezuela

Sipia laemosticta
**Grauscheitel-Ameisenvogel**
*Dull-mantled Antbird - Homiguero guardarribera occidental*
Salvin, 1865
e Costa Rica und Panama

## Gattung: Myrmeciza

Myrmeciza longipes
**Grauband-Ameisenvogel**
*White-bellied Antbird - Hormiguero ventriblanco*
Swainson, 1825
ne Kolumbien, n Venezuela und Trinidad

Myrmeciza longipes panamensis
**Panama-Grauband-Ameisenvogel**
Ridgway, 1908
e Panama und n Kolumbien
Myrmeciza longipes boucardi
**Bucards Grauband-Ameisenvogel**
Berlepsch, 1888
nc Kolumbien
Myrmeciza longipes griseipectus
**Guyana-Grauband-Ameisenvogel**
Berlepsch & Hartert, EJO, 1902
se Kolumbien, s Venezuela, Guianas und ne Brasilien

## Gattung: Myrmoborus

Myrmoborus melanurus
**Schwarzkopf-Ameisenschnäpper**
*Black-tailed Antbird - Hormiguero colinegro*
Sclater, PL & Salvin, 1866
w Amazonasgebiet

Myrmoborus lophotes
**Schwarzschopf-Ameisenvogel**
*White-lined Antbird - Hormiguero crestado*
Hellmayr & Seilern, 1914
sw Amazonasgebiet

Myrmoborus myotherinus
**Schmalbrauen-Ameisenschnäpper**
*Black-faced Antbird - Hormiguero carinegro*
Spix, 1825
e Peru, nw Bolivien und sw Amazonasgebiet Brasilien

Myrmoborus myotherinus elegans
**Sclaters Schmalbrauen-Ameisenschnäpper**
Sclater, PL, 1857
e Kolumbien, s Venezuela bis nw Brasilien, e Ecuador und ne Peru
Myrmoborus myotherinus incanus
**Westamazonas-Schmalbrauen-Ameisenschnäpper**
Hellmayr, 1929
w Amazonasgebiet Brasilien
Myrmoborus myotherinus ardesiacus
**Amazonas-Schmalbrauen-Ameisenschnäpper**
Todd, 1927
nw Amazonasgebiet Brasilien
Myrmoborus myotherinus proximus
**Todds Schmalbrauen-Ameisenschnäpper**
Todd, 1927
sw Amazonasgebiet Brasilien
Myrmoborus myotherinus ochrolaemus
**Hellmayrs Schmalbrauen-Ameisenschnäpper**
Hellmayr, 1906
c Brasilien
Myrmoborus myotherinus sororius
**Brasilien-Schmalbrauen-Ameisenschnäpper**
Hellmayr, 1910
sc Brasilien

Myrmoborus leucophrys
**Weißstirn-Ameisenschnäpper**
*White-browed Antbird - Hormiguero cejiblanco*
Tschudi, 1844
s Kolumbien, e Ecuador, e Peru, c Brasilien und n Bolivien

Myrmoborus leucophrys erythrophrys
**Kolumbien-Weißstirn-Ameisenschnäpper**
Sclater, PL, 1855
Kolumbien und nw Venezuela
Myrmoborus leucophrys angustirostris
**Guyana-Weißstirn-Ameisenschnäpper**
Cabanis, 1849
Venezuela, Guianas und n Brasilien
Myrmoborus leucophrys koenigorum
**Peru-Weißstirn-Ameisenschnäpper**
O'Neill & Parker, TA, 1997
c Peru

Myrmoborus lugubris
**Várzeaameisenschnäpper**
*Ash-breasted Antbird - Hormiguero lúgubre*
Cabanis, 1847
ec Amazonasgebiet Brasilien

Myrmoborus lugubris berlepschi
**Berlepschs Várzeaameisenschnäpper**
Hellmayr, 1910
ne Peru und w Brasilien
Myrmoborus lugubris stictopterus
**Todds Várzeaameisenschnäpper**
Todd, 1927
c Amazonasgebiet Brasilien
Myrmoborus lugubris femininus
**Hellmayrs Várzeaameisenschnäpper**
Hellmayr, 1910
sc Amazonasgebiet Brasilien

## Gattung: Gymnocichla

Gymnocichla nudiceps
**Nacktstirn-Ameisenvogel**
*Bare-crowned Antbird - Hormiguero calvo*
Cassin, 1850
e Panama und nw Kolumbien

Gymnocichla nudiceps chiroleuca
**Sclaters Nacktstirn-Ameisenvogel**
Sclater, PL & Salvin, 1869
s Belize bis w Panama; se Mexico
Gymnocichla nudiceps erratilis
**Bangs Nacktstirn-Ameisenvogel**
Bangs, 1907
w Costa Rica bis w Panama
Gymnocichla nudiceps sanctamartae
**Ridgways Nacktstirn-Ameisenvogel**
Ridgway, 1908
n Kolumbien

## Gattung: Pyriglena

Pyriglena maura
**Glutaugen-Ameisenvogel**
*Western Fire-eye - Ojodefuego occidental*
Ménétriés, 1835
e Bolivien, Paraguay und sw Brasilien

Pyriglena maura pacifica
**Pazifik-Glutaugen-Ameisenvogel**
Chapman, 1923
w Ecuador und nw Peru

Pyriglena maura castanoptera
**Ekuador-Glutaugen-Ameisenvogel**
Chubb, C, 1916
sc Kolumbien, e Ecuador und ne Peru
Pyriglena maura picea
**Peru-Glutaugen-Ameisenvogel**
Cabanis, 1847
c Peru
Pyriglena maura marcapatensis
**Stolzmanns Glutaugen-Ameisenvogel**
Stolzmann & Domaniewski, 1918
se Peru
Pyriglena maura hellmayri
**Hellmayrs Glutaugen-Ameisenvogel**
Stolzmann & Domaniewski, 1918
c Bolivien

Pyriglena similis
## Tapajósameisenvogel
*Tapajos Fire-eye - Ojodefuego del Tapajós*
Zimmer, JT, 1931
sc Amazonasgebiet Brasilien

Pyriglena leuconota
## Feueraugen-Ameisenvogel
*East Amazonian Fire-eye - Ojodefuego dorsiblanco*
Spix, 1824
ne Brasilien s Amazonas

Pyriglena leuconota interposita
**Pintos Feueraugen-Ameisenvogel**
Pinto, 1947
ec Brasilien
Pyriglena leuconota pernambucensis
**Brasilien-Feueraugen-Ameisenvogel**
Zimmer, JT, 1931
e Brasilien

Pyriglena atra
## Weißrücken-Ameisenvogel
*Fringe-backed Fire-eye - Ojodefuego de Bahía*
Swainson, 1825
e Brasilien

Pyriglena leucoptera
## Weißbinden-Ameisenvogel
*White-shouldered Fire-eye - Ojodefuego aliblanco*
Vieillot, 1818
e Paraguay, ne Argentinien und se Brasilien

Gattung: Rhopornis

Rhopornis ardesiacus
## Bahiaameisenvogel
*Slender Antbird - Hormiguero esbelto*
Wied-Neuwied, M, 1831
e Brasilien

Gattung: Percnostola

Percnostola rufifrons
## Schwarzscheitel-Ameisenvogel
*Black-headed Antbird - Hormiguero cabecinegro*
Gmelin, JF, 1789
*Guianas und ne Brasilien*

Percnostola rufifrons subcristata
**Hellmayrs Schwarzscheitel-Ameisenvogel**
Hellmayr, 1908
n Brasilien
Percnostola rufifrons minor
**Kleiner Schwarzscheitel-Ameisenvogel**
Pelzeln, 1868
e Kolumbien, sw Venezuela und nw Brasilien
Percnostola rufifrons jensoni
**Jensons Schwarzscheitel-Ameisenvogel**
Capparella, Rosenberg, GH & Cardiff, 1997
ne Peru

Percnostola arenarum
## Einfarb-Ameisenvogel
*Allpahuayo Antbird - Hormiguero del Allpahuayo*
Isler, ML, Álvarez A, J, Isler, PR & Whitney, 2001
ne Peru

Gattung: Akletos

Akletos melanoceps
## Weißschulter-Ameisenvogel
*White-shouldered Antbird - Hormiguero Hombroblanco*
Spix, 1825
w Amazonasgebiet

Akletos goeldii
## Goeldiameisenvogel
*Goeldi's Antbird - Hormiguero de Goeldi*
Snethlage, E, 1908
sw Amazonasgebiet

Gattung: Hafferia

Hafferia fortis
## Schwarzgrau-Ameisenvogel
*Sooty Antbird - Hormiguero tiznado*
Sclater, PL & Salvin, 1868
se Kolumbien, e Ecuador, e Peru, nw Bolivien und w Brasilien

Hafferia fortis incanescens
**Todds Schwarzgrau-Ameisenvogel**
Todd, 1927
Tonantins (w Amazonasgebiet Brasilien)

Hafferia immaculata
## Schwarzameisenvogel
*Blue-lored Antbird - Hormiguero inmaculado*
Lafresnaye, 1845
e Kolumbien und nw, w Venezuela

Hafferia immaculata concepcion
**Concepcion-Schwarzameisenvogel**
Donegan, 2012
c Kolumbien

Hafferia zeledoni
## Panamáameisenvogel
*Zeledon's Antbird - Hormiguero de Zeledón*
Ridgway, 1909
s Nicaragua bis w Panama

Hafferia zeledoni berlepschi
**Berlepschs Panamáameisenvogel**
Ridgway, 1909
e Panama bis w Ecuador

# Familie: Formicariidae (Ameisendrosseln)

Gattung: Formicarius

Formicarius colma
## Rostkappen-Ameisendrossel
*Rufous-capped Antthrush - Formicario capirrojo*
Boddaert, 1783
e Kolumbien, s Venezuela, Guianas und n Brasilien n Amazonas

Formicarius colma nigrifrons
**Goulds Rostkappen-Ameisendrossel**
Gould, 1855
e Ecuador, e Peru, n Bolivien und sw Amazonasgebiet Brasilien
Formicarius colma amazonicus
**Amazonas-Rostkappen-Ameisendrossel**
Hellmayr, 1902
c Brasilien
Formicarius colma ruficeps
**Spix-Rostkappen-Ameisendrossel**
Spix, 1824
e, se, s Brasilien

Formicarius analis
## Graubrust-Ameisendrossel
*Black-faced Antthrush - Formicario enmascarado*
d'Orbigny & Lafresnaye, 1837
e, se Peru, n Bolivien und c Brasilien

Formicarius analis umbrosus
**Honduras Graubrust-Ameisendrossel**
Ridgway, 1893
e Honduras bis w Panama
Formicarius analis hoffmanni
**Hoffmans Ameisendrossel**
Cabanis, 1861
sw Costa Rica und sw Panama
Formicarius analis panamensis
**Panama-Ameisendrossel**
Ridgway, 1908
e Panama und nw Kolumbien

Formicarius analis virescens
**Santa Marta-Ameisendrossel**
Todd, 1915
Santa Marta Mts. (ne Kolumbien)
Formicarius analis saturatus
**Ridgways Ameisendrossel**
Ridgway, 1893
n Kolumbien, nw Venezuela und Trinidad
Formicarius analis griseoventris
**Perija-Ameisendrossel**
Aveledo & Ginés, 1950
Perijá Mts. (ne Kolumbien und nw Venezuela)
Formicarius analis connectens
**Kolumbien-Graubrust-Ameisendrossel**
Chapman, 1914
e Kolumbien
Formicarius analis zamorae
**Zamora-Ameisendrossel**
Chapman, 1923
e Ecuador, ne Peru und w Brasilien
Formicarius analis crissalis
**Cabanis-Ameisendrossel**
Cabanis, 1861
e Venezuela, Guianas und ne Brasilien
Formicarius analis paraensis
**Novaes-Ameisendrossel**
Novaes, 1957
se Amazonasgebiet Brasilien

Formicarius moniliger
## Mexikoameisendrossel
*Mayan Antthrush - Formicario mexicano*
Sclater, PL, 1857
*s Mexico bis c Guatemala*

Formicarius moniliger pallidus
**Yucatanameisendrossel**
Lawrence, 1882
se Yucatán Halbinsel (se Mexico) bis n Guatemala
Formicarius moniliger intermedius
**Kleine Mexikoameisendrossel**
Ridgway, 1908
Belize, e Guatemala und nw Honduras

Formicarius rufifrons
## Roststirn-Ameisendrossel
*Rufous-fronted Antthrush - Formicario frentirrufo*
Blake, 1957
*sw Amazonasgebiet*

Formicarius nigricapillus
## Schwarzkopf-Ameisendrossel
*Black-headed Antthrush - Formicario cabecinegro*
Ridgway, 1893
*e Costa Rica und Panama*

Formicarius nigricapillus destructus
**Harters Schwarzkopf-Ameisendrossel**
Hartert, EJO, 1898
w Kolumbien und w Ecuador

Formicarius rufipectus
## Rostbrust-Ameisendrossel
*Rufous-breasted Antthrush - Formicario pechirrufo*
Salvin, 1866
*e Costa Rica und Panama*

Formicarius rufipectus carrikeri
**Carrikers Ameisendrossel**
Chapman, 1912
w Kolumbien und w Ecuador
Formicarius rufipectus lasallei
**Venezuela-Rostbrust-Ameisendrossel**
Aveledo & Ginés, 1952
nw Venezuela
Formicarius rufipectus thoracicus
**Ekuador-Rostbrust-Ameisendrossel**
Taczanowski & Berlepsch, 1885
e Ecuador bis se Peru

## Gattung: Chamaeza

Chamaeza campanisona
## Streifenbrust-Ameisendrossel
*Short-tailed Antthrush - Tovacá colicorto*
Lichtenstein, MHC, 1823
*e, se Brasilien, e Paraguay und ne Argentinien*

Chamaeza campanisona columbiana
**Kolumbien-Ameisendrossel**
Berlepsch & Stolzmann, 1896
e Kolumbien
Chamaeza campanisona punctigula
**Peru-Streifenbrust-Ameisendrossel**
Chapman, 1924
e Ecuador und n Peru

Chamaeza campanisona olivacea
**Tschudis Ameisendrossel**
Tschudi, 1844
ec Peru
Chamaeza campanisona huachamacarii
**Tepui-Ameisendrossel**
Phelps, WH & Phelps, WH Jr, 1951
Tepuis s Venezuela
Chamaeza campanisona berlepschi
**Berlepschs Ameisendrossel**
Stolzmann, 1926
se Peru und w Bolivien
Chamaeza campanisona venezuelana
**Venezuela-Ameisendrossel**
Ménégaux & Hellmayr, 1906
n Venezuela
Chamaeza campanisona yavii
**Yavi-Ameisendrossel**
Phelps, WH & Phelps, WH Jr, 1947
Tepuis sc Venezuela
Chamaeza campanisona obscura
**Dunkle Ameisendrossel**
Zimmer, JT & Phelps, WH, 1944
e Venezuela
Chamaeza campanisona fulvescens
**Salvins Ameisendrossel**
Salvin & Godman, 1882
se Venezuela und w Guyana
Chamaeza campanisona boliviana
**Bolivien-Ameisendrossel**
Hellmayr & Seilern, 1912
c, w Bolivien

Chamaeza nobilis
## Weißkehl-Ameisendrossel
*Striated Antthrush - Tovacá noble*
Gould, 1855
*e Peru bis nw Bolivien und sw Amazonasgebiet Brasilien*

Chamaeza nobilis rubida
**Zimmers Ameisendrossel**
Zimmer, JT, 1932
se Kolumbien, e Ecuador, ne Peru und w Amazonasgebiet Brasilien
Chamaeza nobilis fulvipectus
**Todds Ameisendrossel**
Todd, 1927
sc Amazonasgebiet Brasilien

Chamaeza meruloides
## Blasskehl-Ameisendrossel
*Cryptic Antthrush - Tovacá críptico*
Vigors, 1825
*se Brasilien*

Chamaeza ruficauda
## Rostschwanz-Ameisendrossel
*Rufous-tailed Antthrush - Tovacá colirrufo*
Cabanis & Heine, 1860
*se Brasilien und ne Argentinien*

Chamaeza turdina
## Schuppenbauch-Ameisendrossel
*Schwartz's Antthrush - Tovacá turdino*
Cabanis & Heine, 1860
*wc Kolumbien*

Chamaeza turdina chionogaster
**Hellmayrs Ameisendrossel**
Hellmayr, 1906
n Venezuela

Chamaeza mollissima
## Bindenbrust-Ameisendrossel
*Barred Antthrush - Tovacá barrado*
Sclater, PL, 1855
*Kolumbien, Ecuador und n Peru*

Chamaeza mollissima yungae
**Yunga-Ameisendrossel**
Carriker, 1935
s Peru bis c Bolivien

## Familie: Grallariidae (Ameisenpittas)

## Gattung: Grallaria

Grallaria squamigera
## Ockerbauch-Ameisenpitta
*Undulated Antpitta - Tororoí ondoso*
Prévost & des Murs, 1842
*Kolumbien und w Venezuela bis s Ecuador*

**Grallaria squamigera canicauda**
**Peru-Ockerbauch-Ameisenpitta**
Chapman, 1926
se Ecuador, e Peru und w Bolivien

Grallaria gigantea
**Riesenameisenpitta**
*Giant Antpitta - Tororoí gigante*
Lawrence, 1866
e Ecuador

**Grallaria gigantea lehmanni**
**Lehmanns Riesenameisenpitta**
Wetmore, 1945
sw Kolumbien
**Grallaria gigantea hylodroma**
**Wetmores Riesenameisenpitta**
Wetmore, 1945
extremer sw Kolumbien und w Ecuador

Grallaria excelsa
**Fahlbauch-Ameisenpitta**
*Great Antpitta - Tororoí excelso*
Berlepsch, 1893
w Venezuela

**Grallaria excelsa phelpsi**
**Phelps-Ameisenpitta**
Gilliard, 1939
n Venezuela

Grallaria varia
**Bartameisenpitta**
*Variegated Antpitta - Tororoí pintado*
Boddaert, 1783
e Venezuela, Guianas und ne Brasilien

**Grallaria varia cinereiceps**
**Hellmayrs Bartameisenpitta**
Hellmayr, 1903
s Venezuela, nw Brasilien und ne Peru
**Grallaria varia distincta**
**Todds Bartameisenpitta**
Todd, 1927
c Brasilien
**Grallaria varia intercedens**
**Berlepschs Bartameisenpitta**
Berlepsch & Leverkühn, 1890
e Brasilien
**Grallaria varia imperator**
**Kaiser-Bartameisenpitta**
Lafresnaye, 1842
se Brasilien, e Paraguay und ne Argentinien

Grallaria alleni
**Grauscheitel-Ameisenpitta**
*Moustached Antpitta - Tororoí bigotudo*
Chapman, 1912
w Kolumbien

**Grallaria alleni andaquiensis**
**Südliche Grauscheitel-Ameisenpitta**
Hernández-Camacho & Rodríguez-M, 1979
s Kolumbien und n Ecuador

Grallaria guatimalensis
**Kehlband-Ameisenpitta**
*Scaled Antpitta - Tororoí cholino*
Prévost & des Murs, 1842
s Mexico bis ne Nicaragua

**Grallaria guatimalensis binfordi**
**Binfords Kehlband-Ameisenpitta**
Dickerman, 1990
sc Mexico
**Grallaria guatimalensis ochraceiventris**
**Nelsons Kehlband-Ameisenpitta**
Nelson, 1898
sw Mexico
**Grallaria guatimalensis princeps**
**Panama-Kehlband-Ameisenpitta**
Sclater, PL & Salvin, 1869
Costa Rica und w Panama
**Grallaria guatimalensis chocoensis**
**Chapmans Kehlband-Ameisenpitta**
Chapman, 1917
e Panama und nw Kolumbien
**Grallaria guatimalensis regulus**
**Sclaters Kehlband-Ameisenpitta**
Sclater, PL, 1860
Anden von w Venezuela bis c Peru
**Grallaria guatimalensis sororia**
**Bolivien-Kehlband-Ameisenpitta**
Berlepsch & Stolzmann, 1901
s Peru bis c Bolivien

**Grallaria guatimalensis carmelitae**
**Venezuela-Kehlband-Ameisenpitta**
Todd, 1915
ne Kolumbien und nw Venezuela
**Grallaria guatimalensis aripoensis**
**Trinidad-Kehlband-Ameisenpitta**
Hellmayr & Seilern, 1912
Trinidad
**Grallaria guatimalensis roraimae**
**Guyana-Kehlband-Ameisenpitta**
Chubb, C, 1921
s Venezuela, n Brasilien und w Guyana

Grallaria chthonia
**Táchiraameisenpitta**
*Tachira Antpitta - Tororoí de Táchira*
Wetmore & Phelps, WH Jr, 1956
w Venezuela

Grallaria haplonota
**Ockerbart-Ameisenpitta**
*Plain-backed Antpitta - Tororoí torero*
Sclater, PL, 1877
n Venezuela

**Grallaria haplonota pariae**
**Venezuela-Ockerbart-Ameisenpitta**
Phelps, WH & Phelps, WH Jr, 1949
ne Venezuela
**Grallaria haplonota parambae**
**Rotschilds Ockerbart-Ameisenpitta**
Rothschild, 1900
w Kolumbien und w Ecuador
**Grallaria haplonota chaplinae**
**Ekuador-Ockerbart-Ameisenpitta**
Robbins & Ridgely, 1986
c Kolumbien, e Ecuador und n Peru

Grallaria dignissima
**Rostkehl-Ameisenpitta**
*Ochre-striped Antpitta - Tororoí del Napo*
Sclater, PL & Salvin, 1880
w Amazonasgebiet

Grallaria eludens
**Fahlbrust-Ameisenpitta**
*Elusive Antpitta - Tororoí del Ucayali*
Lowery & O'Neill, 1969
sw Amazonasgebiet

Grallaria ruficapilla
**Rostkappen-Ameisenpitta**
*Chestnut-crowned Antpitta - Tororoí compadre*
Lafresnaye, 1842
c Kolumbien bis n Ecuador

**Grallaria ruficapilla perijana**
**Perija-Rostkappen-Ameisenpitta**
Phelps, WH & Gilliard, 1940
Perijá Mts. (ne Kolumbien und nw Venezuela)
**Grallaria ruficapilla avilae**
**Hellmayrs Rostkappen-Ameisenpitta**
Hellmayr & Seilern, 1914
n Venezuela
**Grallaria ruficapilla nigrolineata**
**Sclaters Rostkappen-Ameisenpitta**
Sclater, PL, 1890
w Venezuela
**Grallaria ruficapilla connectens**
**Chapmans Rostkappen-Ameisenpitta**
Chapman, 1923
sw Ecuador
**Grallaria ruficapilla albiloris**
**Ekuador-Rostkappen-Ameisenpitta**
Taczanowski, 1880
s Ecuador und nw Peru
**Grallaria ruficapilla interior**
**Peru-Rostkappen-Ameisenpitta**
Zimmer, JT, 1934
n Peru

Grallaria watkinsi
**Buschland-Ameisenpitta**
*Watkins's Antpitta - Tororoí matorralero*
Chapman, 1919
w Ecuador und nw Peru

Grallaria bangsi
**Ockerkehl-Ameisenpitta**
*Santa Marta Antpitta - Tororoí de Santa Marta*
Allen, JA, 1900
n Kolumbien

Grallaria kaestneri
**Cundinamarca-Ameisenpitta**
*Cundinamarca Antpitta - Tororoí de Cundinamarca*
Stiles, 1992
*c Kolumbien*

Grallaria andicolus
**Strichelkopf-Ameisenpitta**
*Stripe-headed Antpitta - Tororoí andino*
Cabanis, 1873
*c Peru*

    Grallaria andicolus punensis
    **Peru-Strichelkopf-Ameisenpitta**
    Chubb, C, 1918
    *se Peru und w Bolivien*

Grallaria griseonucha
**Graunacken-Ameisenpitta**
*Grey-naped Antpitta - Tororoí nuquigrís*
Sclater, PL & Salvin, 1871
*nw Venezuela*

    Grallaria griseonucha tachirae
    **Tachira-Graunacken-Ameisenpitta**
    Zimmer, JT & Phelps, WH, 1945
    *w Venezuela*

Grallaria ridgelyi
**Zügelfleck-Ameisenpitta**
*Jocotoco Antpitta - Tororoí jocotoco*
Krabbe, Agro, Rice, Jacome, Navarrete & Sornoza-Molina, 1999
*s Ecuador und n Peru*

Grallaria nuchalis
**Rostnacken-Ameisenpitta**
*Chestnut-naped Antpitta - Tororoí nuquicastaño*
Sclater, PL, 1860
*e Ecuador und n Peru*

    Grallaria nuchalis ruficeps
    **Sclaters Rostnacken-Ameisenpitta**
    Sclater, PL, 1874
    *c Kolumbien*
    Grallaria nuchalis obsoleta
    **Chubbs Rostnacken-Ameisenpitta**
    Chubb, C, 1916
    *nw Ecuador*

Grallaria carrikeri
**Blassschnabel-Ameisenpitta**
*Pale-billed Antpitta - Tororoí de Carriker*
Schulenberg & Williams, MD, 1982
*Peru*

Grallaria albigula
**Grauflanken-Ameisenpitta**
*White-throated Antpitta - Tororoí gorjiblanco*
Chapman, 1923
*se Peru und Bolivien*

    Grallaria albigula cinereiventris
    **Südliche Grauflanken-Ameisenpitta**
    Olrog & Contino, F, 1970
    *nw Argentinien*

Grallaria flavotincta
**Gelbbrust-Ameisenpitta**
*Yellow-breasted Antpitta - Tororoí pechiamarillo*
Sclater, PL, 1877
*Kolumbien bis nw Ecuador*

Grallaria hypoleuca
**Blassbauch-Ameisenpitta**
*White-bellied Antpitta - Tororoí ventriblanco*
Sclater, PL, 1855
*w Kolumbien*

    Grallaria hypoleuca castanea
    **Peru-Blassbauch-Ameisenpitta**
    Chapman, 1923
    *sc Kolumbien, e Ecuador und n Peru*

Grallaria przewalskii
**Taczanowskiameisenpitta**
*Rusty-tinged Antpitta - Tororoí rojizo*
Taczanowski, 1882
*c Peru*

Grallaria capitalis
**Rostameisenpitta**
*Bay Antpitta - Tororoí bayo*
Chapman, 1926
*c Peru*

Grallaria erythroleuca
**Weißflecken-Ameisenpitta**
*Red-and-white Antpitta - Tororoí de Cuzco*
Sclater, PL, 1874
*se Peru*

Grallaria spatiator
**Sierra-Nevada-Ameisenpitta**
*Sierra Nevada Antpitta - Tororoí de Sierra Nevada*
Bangs, 1898
*Santa Marta Mts. (ne Kolumbien)*

Grallaria saltuensis
**Perijáameisenpitta**
*Perija Antpitta - Tororoí del Perijá*
Wetmore, 1946
*Perijá Mts. (ne Kolumbien und nw Venezuela)*

Grallaria rufula
**Einfarb-Ameisenpitta**
*Muisca Antpitta - Tororoí rufo*
Lafresnaye, 1843
*ec Kolumbien (Norte de Santander bis Cundinamarca und w Meta), sw Venezuela (Táchira)*

Grallaria rufocinerea
**Zweifarben-Ameisenpitta**
*Bicolored Antpitta - Tororoí bicolor*
Sclater, PL & Salvin, 1879
*c Kolumbien*

Grallaria alvarezi
**Caucaameisenpitta**
*Chami Antpitta - Tororoí chamí*
Cuervo, Cadena, Isler, ML & Chesser, 2020
*w Kolumbien (nw Antioquia bis nw Cauca)*

Grallaria saturata
**Äquatorameisenpitta**
*Equatorial Antpitta - Tororoí ecuatorial*
Domaniewski & Stolzmann, 1918
*c, sc Kolumbien, Ecuador, nc Peru*

Grallaria cajamarcae
**Cajamarcaameisenpitta**
*Cajamarca Antpitta - Tororoí de Cajamarca*
Chapman, 1927
*nw Peru (Piura, Cajamarca, und Lambayeque w Río Huancabamba und Río Marañón)*

Grallaria blakei
**Kastanienameisenpitta**
*Chestnut Antpitta - Tororoí castaño*
Graves, GR, 1987
*ec Peru (Amazonas und San Martín s und e Río Marañón s bis Huánuco n von Río Huallaga)*

Grallaria gravesi
**Cachapoyasameisenpitta**
*Chachapoyas Antpitta - Tororoí de Graves*
Isler, ML, Chesser, Robbins & Hosner, 2020
*nc, c Peru (Amazonas und San Martín s und e Río Marañón, s bis Huánuco n von Río Huallaga)*

Grallaria oneilli
**Panaoameisenpitta**
*Panao Antpitta - Tororoí de O´Neill*
Chesser & Isler, ML, 2020
*ec Peru (Huánuco und Pasco, s Río Huallaga und n Río Perené)*

Grallaria obscura
**Junínameisenpitta**
*Junin Antpitta - Tororoí de Junin*
Berlepsch & Stolzmann, 1896
*ec Peru (Junín, s Río Perené, n Río Mantaro, und w Río Ene)*

Grallaria centralis
**Oxapampaameisenpitta**
*Oxapampa Antpitta - Tororoí de Oxapampa*
Hosner, Robbins, Isler, ML & Chesser, 2020
*ec Peru (Huánuco s Río Huallaga über Pasco bis Junín w Río Ene und n Río Mantaro)*

Grallaria ayacuchensis
**Ayacuchoameisenpitta**
*Ayacucho Antpitta - Tororoí de Ayacucho*
Hosner, Robbins, Isler, ML & Chesser, 2020
*sc Peru (Ayacucho)*

Grallaria occabambae
**Urubambaameisenpitta**
*Urubamba Antpitta - Tororoí de Urubamba*
Chapman, 1923
*sc Peru (e Junín und Cusco) w Río Paucartambo Tal*

      Grallaria occabambae marcapatensis
      **Cusco-Urubambaameisenpitta**
      Isler, ML & Chesser, 2020
      sc Peru (e Junín und Cusco) e Río Paucartambo Tal

Grallaria sinaensis
**Punoameisenpitta**
*Puno Antpitta - Tororoí de Sina*
Robbins, Isler, ML, Chesser & Tobias, 2020
*s Peru (Puno) und extremer w Bolivien (w La Paz)*

Grallaria cochabambae
**Bolivienameisenpitta**
*Bolivian Antpitta - Tororoí de Boyaca*
Bond, J & Meyer de Schauensee, 1940
*w Bolivien*

Grallaria quitensis
**Grauwangen-Ameisenpitta**
*Tawny Antpitta - Tororoí leonado occidental*
Lesson, RP, 1844
*c Kolumbien und Ecuador*

Grallaria alticola
**Ockerwangen-Ameisenpitta**
*Boyaca Antpitta - Tororoí leonado norteño*
Todd, 1919
*e Kolumbien*

Grallaria atuensis
**Dunkelameisenpitta**
*Atuen Antpitta - Tororoí leonado sureño*
Carriker, 1933
*n Peru*

Grallaria milleri
**Brustband-Ameisenpitta**
*Brown-banded Antpitta - Tororoí bandeado*
Chapman, 1912
*c Anden*

      Grallaria milleri gilesi
      **Nördliche Brustband-Ameisenpitta**
      Salaman, Donegan & Prŷs-Jones, 2009
      nc Anden

Grallaria urraoensis
**Antioquia-Ameisenpitta**
*Urrao Antpitta - Tororoí de Urrao*
Carantón-Ayala & Certuche-Cubillos, 2010
*nw Kolumbien*

Grallaria erythrotis
**Rostwangen-Ameisenpitta**
*Rufous-faced Antpitta - Tororoí carirrufo*
Sclater, PL & Salvin, 1876
*Yungas von extremer se Peru (Puno) und w Bolivien (La Paz, Cochabamba und w Santa Cruz)*



Cryptopezus nattereri
**Fleckenbauch-Ameisenpitta**
*Speckle-breasted Antpitta - Tororoí de Natterer*
Pinto, 1937
*e Paraguay, ne Argentinien und s, se Brasilien*



Hylopezus perspicillatus
**Orangewangen-Ameisenpitta**
*Streak-chested Antpitta - Tororoí de anteojos*
Lawrence, 1861
*e Panama und nw Kolumbien*

Hylopezus perspicillatus intermedius
**Kleine Orangewangen-Ameisenpitta**
Ridgway, 1884
e Honduras bis w Panama
Hylopezus perspicillatus lizanoi
**Panama-Orangewangen-Ameisenpitta**
Cherrie, 1891
w Costa Rica und w Panama
Hylopezus perspicillatus periophthalmicus
**Ekuador-Orangewangen-Ameisenpitta**
Salvadori & Festa, 1898
w Kolumbien und nw Ecuador
Hylopezus perspicillatus pallidior
**Kolumbien-Orangewangen-Ameisenpitta**
Todd, 1919
c Kolumbien

Hylopezus macularius
**Brillenameisenpitta**
*Spotted Antpitta - Tororoí moteado*
Temminck, 1830
*e Venezuela, Guianas und ne Brasilien*

      Hylopezus macularius dilutus
      **Venezuela-Brillenameisenpitta**
      Hellmayr, 1910
      se Kolumbien, s Venezuela und ne Peru

Hylopezus paraensis
**Paraameisenpitta**
*Snethlage's Antpitta - Tororoí de Pará*
Snethlage, E, 1910
*w, s Amazonasgebiet Brasilien*

Hylopezus whittakeri
**Alta-Floresta-Ameisenpitta**
*Alta Floresta Antpitta - Tororoí de Alta Floresta*
Carniero, Gonzaga, Rêgo, PS, Sampaio, Schneider, H & Aleixo, 2012
*sc Amazonasgebiet Brasilien*

Hylopezus auricularis
**Braunwangen-Ameisenpitta**
*Masked Antpitta - Tororoí enmascarado*
Gyldenstolpe, 1941
*n Bolivien*

Hylopezus ochroleucus
**Weißbrauen-Ameisenpitta**
*White-browed Antpitta - Tororoí teguá*
Wied-Neuwied, M, 1831
*e Brasilien*



Myrmothera fulviventris
**Weißwangen-Ameisenpitta**
*White-lored Antpitta - Tororoí ventricanela ecuatoriano*
Sclater, PL, 1858
*e Ecuador und ne Peru*

      Myrmothera fulviventris caquetae
      **Chapmans Weißwangen-Ameisenpitta**
      Chapman, 1923
      se Kolumbien

Myrmothera berlepschi
**Olivmantel-Ameisenpitta**
*Amazonian Antpitta - Tororoí amazónico*
Hellmayr, 1903
*s Amazonasgebiet Brasilien, se Peru und n Bolivien*

      Myrmothera berlepschi yessupi
      **Yessupameisenpitta**
      Carriker, 1930
      e, c Peru und w Amazonasgebiet Brasilien

Myrmothera dives
**Orangeflanken-Ameisenpitta**
*Thicket Antpitta - Tororoí ventricanela colombiano*
Salvin, 1865
*e Honduras bis Costa Rica*

      Myrmothera dives flammulata
      **Flammenameisenpitta**
      Griscom, 1928
      nw Panama
      Myrmothera dives barbacoae
      **Barbacoaameisenpitta**
      Chapman, 1914
      e Panama und w Kolumbien

Myrmothera simplex
**Olivbauch-Ameisenpitta**
*Tepui Antpitta - Tororoí flautista*
Salvin & Godman, 1884
*Tepuis se Bolivar (se Venezuela) und w Guyana*

Myrmothera simplex pacaraimae
**Pacaraimaameisenpitta**
Phelps, WH Jr & Dickerman, 1980
*Tepuis s Bolivar (se Venezuela) und n Brasilien*
Myrmothera simplex guaiquinimae
**Tepuiameisenpitta**
Zimmer, JT & Phelps, WH, 1946
*Tepuis c, se Bolivar (se Venezuela)*
Myrmothera simplex duidae
**Duidaameisenpitta**
Chapman, 1929
*Tepuis Amazonas (s Venezuela)*

Myrmothera campanisona
**Strichelbrust-Ameisenpitta**
*Thrush-like Antpitta - Tororoí campanero*
Hermann, 1783
*se Venezuela, Guianas und ne Brasilien*

Myrmothera campanisona modesta
**Sclaters Strichelbrust-Ameisenpitta**
Sclater, PL, 1855
*se Kolumbien*
Myrmothera campanisona dissors
**Zimmers Strichelbrust-Ameisenpitta**
Zimmer, JT, 1934
*e Kolumbien, s Venezuela und nw Brasilien*
Myrmothera campanisona signata
**Peru-Strichelbrust-Ameisenpitta**
Zimmer, JT, 1934
*e Ecuador und ne Peru*
Myrmothera campanisona minor
**Kleine Strichelbrust-Ameisenpitta**
Taczanowski, 1882
*e Peru, w Amazonasgebiet Brasilien und nw Bolivien*

Myrmothera subcanescens
**Tapajósameisenpitta**
*Tapajos Antpitta - Tororoí de Tapajos*
Todd, 1927
*sc Amazonasgebiet Brasilien*

Gattung: Grallaricula

Grallaricula flavirostris
**Ockerbrust-Ameisenpitta**
*Ochre-breasted Antpitta - Ponchito ocráceo*
Sclater, PL, 1858
*e Kolumbien und e Ecuador*

Grallaricula flavirostris costaricensis
**Costarica-Ockerbrust-Ameisenpitta**
Lawrence, 1866
*Costa Rica und w Panama*
Grallaricula flavirostris brevis
**Panama-Ockerbrust-Ameisenpitta**
Nelson, 1912
*e Panama*
Grallaricula flavirostris ochraceiventris
**Kolumbien-Ockerbrust-Ameisenpitta**
Chapman, 1922
*w Kolumbien*
Grallaricula flavirostris mindoensis
**Chapmans Ockerbrust-Ameisenpitta**
Chapman, 1925
*n Ecuador*
Grallaricula flavirostris zarumae
**Ekuador-Ockerbrust-Ameisenpitta**
Chapman, 1922
*sw Ecuador*
Grallaricula flavirostris similis
**Peru-Ockerbrust-Ameisenpitta**
Carriker, 1933
*e Peru*
Grallaricula flavirostris boliviana
**Bolivien-Ockerbrust-Ameisenpitta**
Chapman, 1919
*w Bolivien*

Grallaricula loricata
**Schuppenameisenpitta**
*Scallop-breasted Antpitta - Ponchito lorigado*
Sclater, PL, 1857
*n Venezuela*

Grallaricula cucullata
**Rotkopf-Ameisenpitta**
*Hooded Antpitta - Ponchito encapuchado*
Sclater, PL, 1856
*w Kolumbien*

Grallaricula cucullata venezuelana
**Venezuela-Rotkopf-Ameisenpitta**
Phelps, WH & Phelps, WH Jr, 1956
*c Kolumbien und nw Venezuela*

Grallaricula peruviana
**Schmuckameisenpitta**
*Peruvian Antpitta - Ponchito peruano*
Chapman, 1923
*se Ecuador und n Peru*

Grallaricula ochraceifrons
**Ockerstirn-Ameisenpitta**
*Ochre-fronted Antpitta - Ponchito frentiocre*
Graves, GR, O'Neill & Parker, TA, 1983
*c Peru*

Grallaricula ferrugineipectus
**Rostbrust-Ameisenpitta**
*Rusty-breasted Antpitta - Ponchito pechicastaño sureño*
Sclater, PL, 1857
*ne Kolumbien und n Venezuela*

Grallaricula ferrugineipectus rara
**Venezuela-Rostbrust-Ameisenpitta**
Hellmayr & Madarász, G, 1914
*e Kolumbien und nw Venezuela*

Grallaricula leymebambae
**Orangebrust-Ameisenpitta**
*Rufous-breasted Antpitta - Ponchito pechicastaño norteño*
Carriker, 1933
*Peru und w Bolivien*

Grallaricula nana
**Graukappen-Ameisenpitta**
*Slaty-crowned Antpitta - Ponchito enano*
Lafresnaye, 1842
*e Kolumbien und w Venezuela bis n Peru*

Grallaricula nana occidentalis
**Östliche Graukappen-Ameisenpitta**
Todd, 1927
*w Kolumbien*
Grallaricula nana hallsi
**Kolumbien-Graukappen-Ameisenpitta**
Donegan, 2008
*nc Kolumbien*
Grallaricula nana nanitaea
**Merida-Graukappen-Ameisenpitta**
Donegan, 2008
*Mérida Anden (w Venezuela)*
Grallaricula nana olivascens
**Venezuela-Graukappen-Ameisenpitta**
Hellmayr, 1917
*n Venezuela*
Grallaricula nana kukenamensis
**Guyana-Graukappen-Ameisenpitta**
Chubb, C, 1918
*se Venezuela und w Guyana*

Grallaricula cumanensis
**Sucreameisenpitta**
*Sucre Antpitta - Ponchito de Sucre*
Hartert, EJO, 1900
*Caripe Mts. (ne Venezuela)*

Grallaricula cumanensis pariae
**Paria-Ameisenpitta**
Phelps, WH & Phelps, WH Jr, 1949
*Paria Halbinsel (ne Venezuela)*

Grallaricula lineifrons
**Halbmond-Ameisenpitta**
*Crescent-faced Antpitta - Ponchito medialuna*
Chapman, 1924
*c, s Kolumbien und Ecuador*

## Familie: Conopophagidae (Mückenfresser)

### Gattung: Conopophaga

**Conopophaga lineata**
### Rotkehl-Mückenfresser
*Rufous Gnateater - Jejenero rojizo*
Wied-Neuwied, M, 1831
*e, c Brasilien*

> Conopophaga lineata vulgaris
> **Uruguay-Rotkehl-Mückenfresser**
> Ménétriés, 1835
> sc, se Brasilien, Paraguay, Uruguay und ne Argentinien

**Conopophaga aurita**
### Rostbrust-Mückenfresser
*Chestnut-belted Gnateater - Jejenero orejudo*
Gmelin, JF, 1789
*Guianas und ne Brasilien*

> Conopophaga aurita inexpectata
> **Zimmers Rostbrust-Mückenfresser**
> Zimmer, JT, 1931
> se Kolumbien und nw Brasilien
> Conopophaga aurita occidentalis
> **Chubbs Rostbrust-Mückenfresser**
> Chubb, C, 1918
> ne Ecuador und ne Peru
> Conopophaga aurita australis
> **Todds Rostbrust-Mückenfresser**
> Todd, 1927
> e Peru und sw Amazonasgebiet Brasilien

**Conopophaga snethlageae**
### Schwarzbrust-Mückenfresser
*Black-breasted Gnateater - Jejenero de Snethlage*
Berlepsch, 1912
*c Amazonasgebiet Brasilien*

> Conopophaga snethlageae pallida
> **Südamazonas-Mückenfresser**
> Snethlage, E, 1914
> ec Amazonasgebiet Brasilien

**Conopophaga roberti**
### Schwarzkopf-Mückenfresser
*Hooded Gnateater - Jejenero encapuchado*
Hellmayr, 1905
*ne Brasilien*

**Conopophaga peruviana**
### Graurücken-Mückenfresser
*Ash-throated Gnateater - Jejenero peruano*
des Murs, 1856
*w, sw Amazonasgebiet*

**Conopophaga cearae**
### Cearamückenfresser
*Ceara Gnateater - Jejenero de Ceará*
Cory, 1916
*ne Brasilien*

**Conopophaga ardesiaca**
### Schiefermückenfresser
*Slaty Gnateater - Jejenero pizarroso*
d'Orbigny & Lafresnaye, 1837
*s Peru bis s Bolivien*

> Conopophaga ardesiaca saturata
> **Perus Schiefermückenfresser**
> Berlepsch & Stolzmann, 1906
> se Peru

**Conopophaga castaneiceps**
### Roststirn-Mückenfresser
*Chestnut-crowned Gnateater - Jejenero coronicastaño*
Sclater, PL, 1857
*e Kolumbien und ne Ecuador*

> Conopophaga castaneiceps chocoensis
> **Kolumbien-Roststirn-Mückenfresser**
> Chapman, 1915
> w Kolumbien
> Conopophaga castaneiceps chapmani
> **Chapmans Mückenfresser**
> Carriker, 1933
> se Ecuador und ne Peru
> Conopophaga castaneiceps brunneinucha
> **Peru-Roststirn-Mückenfresser**
> Berlepsch & Stolzmann, 1896
> c Peru

**Conopophaga melanops**
### Rotscheitel-Mückenfresser
*Black-cheeked Gnateater - Jejenero carinegro*
Vieillot, 1818
*se Brasilien*

> Conopophaga melanops perspicillata
> **Bahia-Mückenfresser**
> Lichtenstein, MHC, 1823
> Bahia und Sergipe (e Brasilien)
> Conopophaga melanops nigrifrons
> **Alagoas-Mückenfresser**
> Pinto, 1954
> Paraíba bis Alagoas (e Brasilien)

**Conopophaga melanogaster**
### Weißbüschel-Mückenfresser
*Black-bellied Gnateater - Jejenero ventrinegro*
Ménétriés, 1835
*sc, se Amazonasgebiet*

### Gattung: Pittasoma

**Pittasoma michleri**
### Schwarzscheitel-Mückenfresser
*Black-crowned Antpitta - Tororoí capinegro*
Cassin, 1860
*e Panama und nw Kolumbien*

> Pittasoma michleri zeledoni
> **Costa Rica-Schwarzscheitel-Mückenfresser**
> Ridgway, 1884
> Costa Rica und w Panama

**Pittasoma rufopileatum**
### Schwarzbrauen-Mückenfresser
*Rufous-crowned Antpitta - Tororoí capirrufo*
Hartert, EJO, 1901
*nw Ecuador*

> Pittasoma rufopileatum rosenbergi
> **Rosenbergs Schwarzbrauen-Mückenfresser**
> Hellmayr, 1911
> w Kolumbien
> Pittasoma rufopileatum harterti
> **Harters Schwarzbrauen-Mückenfresser**
> Chapman, 1917
> sw Kolumbien

## Familie: Rhinocryptidae (Bürzelstelzer)

### Gattung: Acropternis

**Acropternis orthonyx**
### Perlmanteltapaculo
*Ocellated Tapaculo - Tapaculo ocelado*
Lafresnaye, 1843
*c Kolumbien bis nw Venezuela*

> Acropternis orthonyx infuscatus
> **Ekuador-Perlmanteltapaculo**
> Salvadori & Festa, 1899
> e Ecuador und n Peru

### Gattung: Pteroptochos

**Pteroptochos castaneus**
### Braunkehltapaculo
*Chestnut-throated Huet-huet - Huet-huet gorjicastaño*
Philippi & Landbeck, 1864
*c Chile und wc Argentinien*

**Pteroptochos tarnii**
### Schwarzkehltapaculo
*Black-throated Huet-huet - Huet-huet gorjinegro*
King, PP, 1831
*c, s Chile und sw Argentinien*

**Pteroptochos megapodius**
### Weißbarttapaculo
*Moustached Turca - Huet-huet turca*
Kittlitz, 1830
*c Chile*

> Pteroptochos megapodius atacamae
> **Atacama-Weißbarttapaculo**
> Philippi Bañados, 1946
> n Chile

Scelorchilus albicollis
**Weißkehltapaculo**
*White-throated Tapaculo - Tapaculo gorjiblanco*
Kittlitz, 1830
*c Chile*

Scelorchilus albicollis atacamae
**Atacama-Weißkehltapaculo**
Hellmayr, 1924
*n Chile*

Scelorchilus rubecula
**Rotkehltapaculo**
*Chucao Tapaculo - Tapaculo chucao*
Kittlitz, 1830
*s Chile und w Argentinien*

Scelorchilus rubecula mochae
**Mocha-Rotkehltapaculo**
Chapman, 1934
Mocha Insel (vor c Chile)

**Gattung: Rhinocrypta**

Rhinocrypta lanceolata
**Schopftapaculo**
*Crested Gallito - Gallito copetón*
Geoffroy Saint-Hilaire, I, 1832
*n, c Argentinien*

Rhinocrypta lanceolata saturata
**Nördlicher Schopftapaculo**
Brodkorb, 1939
*se Bolivien und w Paraguay*

**Gattung: Teledromas**

Teledromas fuscus
**Fahltapaculo**
*Sandy Gallito - Gallito arena*
Sclater, PL & Salvin, 1873
*c Argentinien*

**Gattung: Liosceles**

Liosceles thoracicus
**Brustflecktapaculo**
*Rusty-belted Tapaculo - Tapaculo amazónico*
Sclater, PL, 1865
*se Peru und sw Amazonasgebiet Brasilien*

Liosceles thoracicus dugandi
**Dugands Brustflecktapaculo**
Meyer de Schauensee, 1950
*se Kolumbien und w Brasilien*
Liosceles thoracicus erithacus
**Sclaters Brustflecktapaculo**
Sclater, PL, 1890
*e Ecuador und e Peru*

**Gattung: Psilorhamphus**

Psilorhamphus guttatus
**Zaunkönigtapaculo**
*Spotted Bamboowren - Tapaculo overo*
Ménétriés, 1835
*ne Argentinien und se Brasilien*

**Gattung: Merulaxis**

Merulaxis ater
**Braunbauchtapaculo**
*Slaty Bristlefront - Macuquiño negro*
Lesson, RP, 1831
*se Brasilien*

Merulaxis stresemanni
**Stirnhaubentapaculo**
*Stresemann's Bristlefront - Macuquiño de Stresemann*
Sick, 1960
*e Brasilien*

**Gattung: Eugralla**

Eugralla paradoxa
**Rostflankentapaculo**
*Ochre-flanked Tapaculo - Churrín grande*
Kittlitz, 1830
*sc Chile und wc Argentinien*

**Gattung: Myornis**

Myornis senilis
**Aschgrautapaculo**
*Ash-colored Tapaculo - Tapaculo cenizo*
Lafresnaye, 1840
*Kolumbien bis Peru*

**Gattung: Eleoscytalopus**

Eleoscytalopus indigoticus
**Weißbrusttapaculo**
*White-breasted Tapaculo - Churrín pechiblanco*
Wied-Neuwied, M, 1831
*se Brasilien*

Eleoscytalopus psychopompus
**Bahiatapaculo**
*Bahia Tapaculo - Churrín de Bahía*
Teixeira & Carnevalli, 1989
*e Brasilien*

**Gattung: Scytalopus**

Scytalopus iraiensis
**Flussauentapaculo**
*Marsh Tapaculo - Churrín palustre*
Bornschein, Reinert & Pichorim, 1998
*s Brasilien*

Scytalopus diamantinensis
**Diamantinatapaculo**
*Diamantina Tapaculo - Churrín de Diamantina*
Bornschein, Maurício, Belmonte-Lopes, Mata & Bonatto, 2007
*ne Brasilien*

Scytalopus novacapitalis
**Brasiliatapaculo**
*Brasilia Tapaculo - Churrín de Brasilia*
Sick, 1958
*s Brasilien*

Scytalopus petrophilus
**Felstapaculo**
*Rock Tapaculo - Churrín roquero*
Whitney, de Vasconcelos, Silveira & Pacheco, 2010
*se Brasilien*

Scytalopus pachecoi
**Planalto-Tapaculo**
*Planalto Tapaculo - Churrín de Pacheco*
Maurício, 2005
*s Brasilien und ne Argentinien*

Scytalopus gonzagai
**Braunschwingentapaculo**
*Boa Nova Tapaculo - Churrín de Boa Nova*
Maurício, Belmonte-Lopes, Pacheco, Silveira, Whitney & Bornschein, 2014
*se Brasilien*

Scytalopus speluncae
**Maustapaculo**
*Mouse-colored Tapaculo - Churrín plomizo*
Ménétriés, 1835
*se Brasilien*

Scytalopus fuscus
**Rußtapaculo**
*Dusky Tapaculo - Churrín sombrío*
Gould, 1837
*c Chile*

Scytalopus magellanicus
**Magellantapaculo**
*Magellanic Tapaculo - Churrín magallánico*
Gmelin, JF, 1789
*c, s Chile und w Argentinien*

Scytalopus affinis
**Ancashtapaculo**
*Ancash Tapaculo - Churrín de Ancash*
Zimmer, JT, 1939
w Peru

Scytalopus krabbei
**Weißflügeltapaculo**
*White-winged Tapaculo - Churrín aliblanco*
Schulenberg, Lane, Spencer, AJ, Angulo & Cadena, 2020
nc Peru (n Amazonas bis Huánuco)

Scytalopus androstictus
**Lojatapaculo**
*Loja Tapaculo - Churrín de Loja*
Krabbe & Cadena, 2010
se Ecuador und n Peru

Scytalopus opacus
**Kordillerentapaculo**
*Paramo Tapaculo - Churrín paramero*
Zimmer, JT, 1941
c Kolumbien bis sc Ecuador

Scytalopus canus
**Antioquiatapaculo**
*Paramillo Tapaculo - Churrín del Paramillo*
Chapman, 1915
w Kolumbien

Scytalopus superciliaris
**Weißbrauentapaculo**
*White-browed Tapaculo - Churrín cejiblanco*
Cabanis, 1883
Jujuy bis Cajamarca (nw Argentinien)

    Scytalopus superciliaris santabarbarae
    **Santa Barbara-Weißbrauentapaculo**
    Nores, 1986
    Santa Barbara Mts. (Jujuy, nw Argentinien)

Scytalopus zimmeri
**Graukehltapaculo**
*Zimmer's Tapaculo - Churrín de Zimmer*
Bond, J & Meyer de Schauensee, 1940
s Bolivien und nw Argentinien

Scytalopus simonsi
**Punatapaculo**
*Puna Tapaculo - Churrín de la puna*
Chubb, C, 1917
se Peru bis c Bolivien

Scytalopus schulenbergi
**Diademtapaculo**
*Diademed Tapaculo - Churrín diademado*
Whitney, 1994
se Peru bis c Bolivien

Scytalopus urubambae
**Vilcabambatapaculo**
*Vilcabamba Tapaculo - Churrín de Vilcabamba*
Zimmer, JT, 1939
ec Peru

Scytalopus whitneyi
**Ampaytapaculo**
*Ampay Tapaculo - Churrín de Ampay*
Krabbe, Fjeldså, Hosner, Robbins & Andersen, 2020
s Peru (Ayacucho und Apurímac)

Scytalopus frankeae
**Nebelwaldtapaculo**
*Jalca Tapaculo - Churrín de la jalca*
Rosenberg, KV, Davis, TJ, Rosenberg, GH, Hosner, Robbins, Valqui & Lane, 2020
c Peru (Huanuco bis Junin)

Scytalopus altirostris
**Neblinatapaculo**
*Neblina Tapaculo - Churrín de neblina*
Zimmer, JT, 1939
n Peru (s Amazonas und San Martín)

Scytalopus parvirostris
**Trillertapaculo**
*Trilling Tapaculo - Churrín trinador*
Zimmer, JT, 1939
nc Peru bis ec Bolivien

Scytalopus bolivianus
**Weißkronentapaculo**
*Bolivian Tapaculo - Churrín boliviano*
Allen, JA, 1889
se Peru bis s Bolivien

Scytalopus atratus
**Weißscheiteltapaculo**
*White-crowned Tapaculo - Churrín coroniblanco*
Hellmayr, 1922
c Kolumbien und Ecuador bis c Peru

    Scytalopus atratus nigricans
    **Phelps Weißscheiteltapaculo**
    Phelps, WH & Phelps, WH Jr, 1953
    nw Venezuela
    Scytalopus atratus confusus
    **Zimmers Weißscheiteltapaculo**
    Zimmer, JT, 1939
    w Kolumbien

Scytalopus sanctaemartae
**Santa-Marta-Tapaculo**
*Santa Marta Tapaculo - Churrín de Santa Marta*
Chapman, 1915
n Kolumbien

Scytalopus micropterus
**Dunkelrückentapaculo**
*Long-tailed Tapaculo - Churrín colilargo*
Sclater, PL, 1858
Kolumbien bis n Peru

Scytalopus femoralis
**Schieferrückentapaculo**
*Rufous-vented Tapaculo - Churrín ventrirrufo*
Tschudi, 1844
c Peru

Scytalopus intermedius
**Utcubambatapaculo**
*Utcubamba Tapaculo - Churrín de Utcubamba*
Zimmer, JT, 1939
nc Peru

Scytalopus macropus
**Großfußtapaculo**
*Large-footed Tapaculo - Churrín patudo*
Berlepsch & Stolzmann, 1896
Peru

Scytalopus gettyae
**Juníntapaculo**
*Junin Tapaculo - Churrín de Junín*
Hosner, Robbins, Valqui & Peterson, 2013
c Peru

Scytalopus unicolor
**Hellbauchtapaculo**
*Unicolored Tapaculo - Churrín unicolor*
Salvin, 1895
wc Peru

Scytalopus acutirostris
**Grautapaculo**
*Tschudi's Tapaculo - Churrín de Tschudi*
Tschudi, 1844
c Peru

Scytalopus latrans
**Schwarztapaculo**
*Blackish Tapaculo - Churrín negruzco*
Hellmayr, 1924
Kolumbien und w Venezuela bis e Ecuador und n Peru

    Scytalopus latrans subcinereus
    **Ekuador-Schwarztapaculo**
    Zimmer, JT, 1939
    sw Ecuador und nw Peru

Scytalopus argentifrons
**Silberbrauentapaculo**
*Silvery-fronted Tapaculo - Churrín plateado*
Ridgway, 1891
*s Costa Rica und extremer w Panama*

Scytalopus argentifrons chiriquensis
**Panama-Silberbrauentapaculo**
Griscom, 1924
*w Panama*

Scytalopus vicinior
**Nariñotapaculo**
*Narino Tapaculo - Churrín de Nariño*
Zimmer, JT, 1939
*w Kolumbien bis c Ecuador*

Scytalopus panamensis
**Tacarcunatapaculo**
*Tacarcuna Tapaculo - Churrín panameño*
Chapman, 1915
*e Panama und nw Kolumbien*

Scytalopus chocoensis
**Chocótapaculo**
*Choco Tapaculo - Churrín del Chocó*
Krabbe & Schulenberg, 1997
*e Panama bis nw Ecuador*

Scytalopus rodriguezi
**Magdalenatapaculo**
*Magdalena Tapaculo - Churrín del Alto Magdalena*
Krabbe, Salaman, Cortés-Diago, Quevedo, Ortega & Cadena, 2005
*sc Kolumbien*

Scytalopus rodriguezi yariguiorum
**Nördlicher Magdalenatapaculo**
Donegan, Avendaño & Lambert, 2013
nc Kolumbien

Scytalopus stilesi
**Stilestapaculo**
*Stiles's Tapaculo - Churrín de Stiles*
Cuervo, Cadena, Krabbe & Renjifo, 2005
*c Kolumbien*

Scytalopus alvarezlopezi
**Tatamátapaculo**
*Tatama Tapaculo - Churrín de Tatamá*
Stiles, Laverde-R, O & Cadena, 2017
*w Kolumbien*

Scytalopus robbinsi
**Robbinstapaculo**
*El Oro Tapaculo - Churrín de El Oro*
Krabbe & Schulenberg, 1997
*sw Ecuador*

Scytalopus caracae
**Caracastapaculo**
*Caracas Tapaculo - Churrín de Caracas*
Hellmayr, 1922
*n Venezuela*

Scytalopus griseicollis
**Rostbürzeltapaculo**
*Pale-bellied Tapaculo - Churrín de matorral*
Lafresnaye, 1840
*Cundinamarca und Boyacá (c Kolumbien)*

Scytalopus griseicollis gilesi
**Yariguies-Rostbürzeltapaculo**
Donegan & Avendaño, 2008
Yariguies Mts. (c Kolumbien)
Scytalopus griseicollis morenoi
**Santander-Rostbürzeltapaculo**
Avendaño & Donegan, 2015
Santander und Norte de Santander (nc Kolumbien) und Apure und Táchira (w Venezuela)

Scytalopus latebricola
**Hellkehltapaculo**
*Brown-rumped Tapaculo - Churrín ratona*
Bangs, 1899
*n Kolumbien*

Scytalopus perijanus
**Perijátapaculo**
*Perija Tapaculo - Churrín del Perijá*
Avendaño, Cuervo, López-O, Gutiérrez-Pinto, Cortés-Diago & Cadena, 2015
*Perijá Mts. (ne Kolumbien und Venezuela)*

Scytalopus meridanus
**Méridatapaculo**
*Merida Tapaculo - Churrín de Mérida*
Hellmayr, 1922
*Mérida und Táchira (nw Venezuela)*

Scytalopus meridanus fuscicauda
**Laratapaculo**
Hellmayr, 1922
Lara und Trujillo (nw Venezuela)

Scytalopus parkeri
**Bambustapaculo**
*Chusquea Tapaculo - Churrín del bambú*
Krabbe & Schulenberg, 1997
*s Ecuador und n Peru*

Scytalopus spillmanni
**Roststeißtapaculo**
*Spillmann's Tapaculo - Churrín de Spillmann*
Stresemann, 1937
*Kolumbien bis Ecuador*



## Familie: Melanopareiidae (Bandvögel)

### Gattung: Melanopareia

Melanopareia torquata
**Rotnacken-Bandvogel**
*Collared Crescentchest - Pecholuna brasileño*
Wied-Neuwied, M, 1831
*e Brasilien*

Melanopareia torquata rufescens
**Paraguay-Rotnacken-Bandvogel**
Hellmayr, 1924
c Brasilien und ne Paraguay

Melanopareia bitorquata
**Doppelbandvogel**
*Double-collared Crescentchest - Pecholuna bolivian*
d'Orbigny & Lafresnaye, 1837
*e Bolivien*

Melanopareia maximiliani
**Olivscheitel-Bandvogel**
*Olive-crowned Crescentchest - Pecholuna del Chaco*
d'Orbigny, 1835
*w Bolivien*

Melanopareia maximiliani argentina
**Argentinien-Olivscheitel-Bandvogel**
Hellmayr, 1907
c Bolivien und nw Argentinien
Melanopareia maximiliani pallida
**Bolivien-Olivscheitel-Bandvogel**
Nores & Yzurieta, 1980
se Bolivien, w Paraguay und n Argentinien

Melanopareia maranonica
**Weißflügel-Bandvogel**
*Maranon Crescentchest - Pecholuna del Marañón*
Chapman, 1924
*s Ecuador und n Peru*

Melanopareia elegans
**Rotflügel-Bandvogel**
*Elegant Crescentchest - Pecholuna elegante*
Lesson, RP, 1844
*sw Ecuador*

Melanopareia elegans paucalensis
**Peru-Rotflügel-Bandvogel**
Taczanowski, 1884
nw Peru

## Familie: Tyrannidae (Tyrannen)

### Gattung: Piprites

Piprites griseiceps
**Graustirn-Pipratyrann**
*Grey-headed Piprites - Piprites cabecigrís*
Salvin, 1865
*e Guatemala bis w Panama*

Piprites chloris
**Gelbzügel-Pipratyrann**
*Wing-barred Piprites - Piprites verde*
Temminck, 1822
*e Brasilien, e Paraguay und ne Argentinien*

Piprites chloris antioquiae
**Chapmans Gelbzügel-Pipratyrann**
Chapman, 1924
nc Kolumbien
Piprites chloris perijana
**Perija-Gelbzügel-Pipratyrann**
Phelps, WH & Phelps, WH Jr, 1949
Perijá Mts. (ne Kolumbien und nw Venezuela)
Piprites chloris tschudii
**Tschudis Gelbzügel-Pipratyrann**
Cabanis, 1874
se Kolumbien bis c Peru und w Brasilien
Piprites chloris chlorion
**Venezuela-Gelbzügel-Pipratyrann**
Cabanis, 1847
n, se Venezuela, Guianas und ne Brasilien
Piprites chloris grisescens
**Para-Gelbzügel-Pipratyrann**
Novaes, 1964
Pará (nc Brasilien)
Piprites chloris boliviana
**Bolivien-Gelbzügel-Pipratyrann**
Chapman, 1924
sw Brasilien und n Bolivien

Piprites pileata
**Zimtpipratyrann**
*Black-capped Piprites - Piprites capirotado*
Temminck, 1822
*se Brasilien und ne Argentinien*

### Gattung: Phyllomyias

Phyllomyias virescens
**Grünrücken-Kleintyrann**
*Greenish Tyrannulet - Mosquerito verdoso*
Temminck, 1824
*e Paraguay, ne Argentinien und s, se Brasilien*

Phyllomyias reiseri
**Reiserkleintyrann**
*Reiser's Tyrannulet - Mosquerito de Reiser*
Hellmayr, 1905
*ec Brasilien, Paraguay*

Phyllomyias urichi
**Urichkleintyrann**
*Urich's Tyrannulet - Mosquerito de Paria*
Chapman, 1899
*ne Venezuela*

Phyllomyias sclateri
**Graubrust-Kleintyrann**
*Sclater's Tyrannulet - Mosquerito de Sclater*
Berlepsch, 1901
*Bolivien und nw Argentinien*

Phyllomyias sclateri subtropicalis
**Peru-Graubrust-Kleintyrann**
Chapman, 1919
se Peru

Phyllomyias weedeni
**Yungaskleintyrann**
*Yungas Tyrannulet - Mosquerito de las yungas*
Herzog, Kessler & Balderrama, 2008
*se Peru und nw Bolivien*

Phyllomyias fasciatus
**Planaltokleintyrann**
*Planalto Tyrannulet - Mosquerito oliváceo*
Thunberg, 1822
*c Brasilien und w, ne Bolivien*

Phyllomyias fasciatus cearae
**Hellmayrs Planaltokleintyrann**
Hellmayr, 1927
e Brasilien
Phyllomyias fasciatus brevirostris
**Spix-Planaltokleintyrann**
Spix, 1825
se Brasilien, e Paraguay und ne Argentinien

Phyllomyias griseiceps
**Rußkappen-Kleintyrann**
*Sooty-headed Tyrannulet - Mosquerito cabecigrís*
Sclater, PL & Salvin, 1871
*e Panama bis Guianas und n Brasilien, e Ecuador und e Peru, sw Kolumbien und nw Ecuador*

Phyllomyias plumbeiceps
**Graukronen-Kleintyrann**
*Plumbeous-crowned Tyrannulet - Mosquerito coroniplomizo*
Lawrence, 1869
*c Kolumbien bis s Peru*

Phyllomyias griseocapilla
**Graukappen-Kleintyrann**
*Grey-capped Tyrannulet - Mosquerito coronigrís*
Sclater, PL, 1862
*se Brasilien*

### Gattung: Acrochordopus

Acrochordopus burmeisteri
**Burmeisterkleintyrann**
*Rough-legged Tyrannulet - Mosquerito de Burmeister*
Cabanis & Heine, 1860
*e Paraguay, n Argentinien und se Brasilien*

Acrochordopus zeledoni
**Weißstirn-Kleintyrann**
*White-fronted Tyrannulet - Mosquerito de Zeledón*
Lawrence, 1869
*Costa Rica und w Panama*

Acrochordopus zeledoni leucogonys
**Sclaters Weißstirn-Kleintyrann**
Sclater, PL & Salvin, 1871
c Kolumbien, e Ecuador und ne Peru
Acrochordopus zeledoni wetmorei
**Weltmores Weißstirn-Kleintyrann**
Aveledo & Pons, 1953
Perijá Mts. (ne Kolumbien und nw Venezuela)
Acrochordopus zeledoni viridiceps
**Venezuela-Weißstirn-Kleintyrann**
Zimmer, JT & Phelps, WH, 1944
n Venezuela
Acrochordopus zeledoni bunites
**Tepui-Weißstirn-Kleintyrann**
Wetmore & Phelps, WH Jr, 1956
Tepuis s Venezuela

### Gattung: Tyranniscus

Tyranniscus nigrocapillus
**Schwarzkappen-Kleintyrann**
*Black-capped Tyrannulet - Mosquerito capirotado*
Lafresnaye, 1845
*w Kolumbien und Ecuador bis c Peru*

Tyranniscus nigrocapillus flavimentum
**Chapmans Schwarzkappen-Kleintyrann**
Chapman, 1912
Santa Marta Mts. (ne Kolumbien)
Tyranniscus nigrocapillus aureus
**Zimmers Schwarzkappen-Kleintyrann**
Zimmer, JT, 1941
w Venezuela

Tyranniscus cinereiceps
**Ohrfleck-Kleintyrann**
*Ashy-headed Tyrannulet - Mosquerito cenizo*
Sclater, PL, 1860
*Venezuela bis Peru*

Tyranniscus uropygialis
**Zimtbürzel-Kleintyrann**
*Tawny-rumped Tyrannulet - Mosquerito culirrufo*
Lawrence, 1869
*Venezuela bis nw Argentinien*

Tyrannulus elatus
**Gelbscheitel-Olivtyrann**
*Yellow-crowned Tyrannulet - Mosquerito coronado*
Latham, 1790
*s Costa Rica über Amazonasgebiet*



Myiopagis gaimardii
**Weißscheitel-Olivtyrann**
*Forest Elaenia - Fiofío selvático*
d'Orbigny, 1840
*e Ecuador, e Peru, s, c, e Brasilien und n Bolivien*

Myiopagis gaimardii macilvainii
**Panama-Weißscheitel-Olivtyrann**
Lawrence, 1871
*e Panama und n Kolumbien*
Myiopagis gaimardii bogotensis
**Bogota-Weißscheitel-Olivtyrann**
Berlepsch, 1907
*ne Kolumbien und n Venezuela*
Myiopagis gaimardii trinitatis
**Trinidad-Weißscheitel-Olivtyrann**
Hartert, EJO & Goodson, 1917
*Trinidad*
Myiopagis gaimardii guianensis
**Kolumbien-Weißscheitel-Olivtyrann**
Berlepsch, 1907
*e Kolumbien, s Venezuela, Guianas, n Amazonasgebiet Brasilien und ne Peru*

Myiopagis parambae
**Chocóolivtyrann**
*Choco Elaenia - Fiofío gris del Chocó*
Hellmayr, 1904
*w Kolumbien und nw Ecuador*

Myiopagis parambae absita
**Nördlicher Chocóolivtyrann**
Wetmore, 1963
*e Panama*

Myiopagis cinerea
**Graurücken-Olivtyrann**
*Amazonian Elaenia - Fiofío gris amazónico*
Pelzeln, 1868
*Amazonasgebiet von e Kolumbien und s Venezuela bis e Ecuador, ne Peru und nw Brasilien*

Myiopagis caniceps
**Grauolivtyrann**
*Grey-headed Elaenia - Fiofío gris del Atlántico*
Swainson, 1835
*se Brasilien bis Bolivien, Paraguay und n Argentinien*

Myiopagis olallai
**Vorgebirgs-Olivtyrann**
*Foothill Elaenia - Fiofío submontano*
Coopmans & Krabbe, 2000
*Ecuador, Peru*

Myiopagis olallai coopmansi
**Coopmanns Vorgebirgs-Olivtyrann**
Cuervo, Stiles, Lentino, Brumfield & Derryberry, 2014
*nc Kolumbien (Antioquia)*
Myiopagis olallai incognita
**Perija-Vorgebirgs-Olivtyrann**
Cuervo, Stiles, Lentino, Brumfield & Derryberry, 2014
*Perijá Mts. (w Venezuela)*

Myiopagis subplacens
**Weißbrauen-Olivtyrann**
*Pacific Elaenia - Fiofío del Pacífico*
Sclater, PL, 1862
*w Ecuador, nw Peru*

Myiopagis flavivertex
**Goldscheitel-Olivtyrann**
*Yellow-crowned Elaenia - Fiofío coroniamarillo*
Sclater, PL, 1887
*Amazonasgebiet*

Myiopagis viridicata
**Grünolivtyrann**
*Greenish Elaenia - Fiofío verdoso*
Vieillot, 1817
*se Peru bis e Bolivien, e Paraguay, n Argentinien und sc, e, se Brasilien*

Myiopagis viridicata jaliscensis
**Jalisco-Grünolivtyrann**
Nelson, 1900
*sw Mexico*
Myiopagis viridicata minima
**Kleiner Grünolivtyrann**
Nelson, 1898
*Tres Marías Is. (vor w Mexico)*
Myiopagis viridicata placens
**Honduras-Grünolivtyrann**
Sclater, PL, 1859
*e Mexico bis e Honduras*
Myiopagis viridicata pacifica
**Pazifik-Grünolivtyrann**
Brodkorb, 1943
*s Mexico bis w Honduras*
Myiopagis viridicata accola
**Nikaragua-Grünolivtyrann**
Bangs, 1902
*Nicaragua bis Panama, n Kolumbien und w Venezuela*
Myiopagis viridicata pallens
**Kolumbien-Grünolivtyrann**
Bangs, 1902
*n Kolumbien*
Myiopagis viridicata restricta
**Guyana-Grünolivtyrann**
Todd, 1952
*n, c Venezuela und Guyana*
Myiopagis viridicata zuliae
**Venezuela-Grünolivtyrann**
Zimmer, JT & Phelps, WH, 1955
*extremer n Venezuela*
Myiopagis viridicata implacens
**Ekuador-Grünolivtyrann**
Sclater, PL, 1862
*sw Kolumbien und w Ecuador*

Myiopagis cotta
**Weißkehl-Olivtyrann**
*Jamaican Elaenia - Fiofío jamaicano*
Gosse, 1849
*Jamaika*



Elaenia flavogaster
**Gelbbauch-Olivtyrann**
*Yellow-bellied Elaenia - Fiofío ventriamarillo*
Thunberg, 1822
*Kolumbien, Venezuela, Trinidad, und s Kleine Antillen, Guianas, Brasilien (außer w, c Amazonas), se Peru, Bolivien, Paraguay und ne Argentinien*

Elaenia flavogaster subpagana
**Sclaters Gelbbauch-Olivtyrann**
Sclater, PL, 1860
*se Mexico bis Costa Rica und Coiba Insel (sw Panama)*
Elaenia flavogaster pallididorsalis
**Aldrichs Gelbbauch-Olivtyrann**
Aldrich, 1937
*Panama*
Elaenia flavogaster semipagana
**Ekuador-Gelbbauch-Olivtyrann**
Sclater, PL, 1862
*sw Kolumbien, w, s Ecuador und nw Peru*

Elaenia martinica
**Weißkinn-Olivtyrann**
*Caribbean Elaenia - Fiofío caribeño*
Linnaeus, 1766
*Kleine Antillen*

Elaenia martinica riisii
**Virgin-Weißkinn-Olivtyrann**
Sclater, PL, 1860
*Puerto Rico, Virgin Is., Anguilla, St. Martin, St. Bartholomew, Antigua, Barbuda und Niederländische Antillen*
Elaenia martinica barbadensis
**Barbados-Weißkinn-Olivtyrann**
Cory, 1888
*Barbados*
Elaenia martinica remota
**Berlepschs Weißkinn-Olivtyrann**
Berlepsch, 1907
*Inseln vor e Mexico*
Elaenia martinica chinchorrensis
**Cay-Weißkinn-Olivtyrann**
Griscom, 1926
*Great Cay Insel (vor e Mexico)*
Elaenia martinica cinerescens
**Honduras-Weißkinn-Olivtyrann**
Ridgway, 1884
*Inseln vor Honduras*
Elaenia martinica caymanensis
**Cayman-Weißkinn-Olivtyrann**
Berlepsch, 1907
*Cayman Is.*

Elaenia spectabilis
**Graubrust-Olivtyrann**
*Large Elaenia - Fiofío grande*
Pelzeln, 1868
*w Amazonasgebiet bis e Brasilien und c Bolivien*

Elaenia ridleyana
**Noronha-Olivtyrann**
*Noronha Elaenia - Fiofío de Noronha*
Sharpe, 1888
*Ilha Fernando de Noronha*

Elaenia albiceps
**Weißkronen-Olivtyrann**
*White-crested Elaenia - Fiofío crestiblanco*
d'Orbigny & Lafresnaye, 1837
*extremer se Peru und nw Bolivien*

    Elaenia albiceps griseigularis
    **Graukehl-Weißkronen-Olivtyrann**
    Sclater, PL, 1859
    *sw Kolumbien bis nw Peru*
    Elaenia albiceps diversa
    **Nördlicher Weißkronen-Olivtyrann**
    Zimmer, JT, 1941
    *nc Peru*
    Elaenia albiceps urubambae
    **Südlicher Weißkronen-Olivtyrann**
    Zimmer, JT, 1941
    *se Peru*
    Elaenia albiceps modesta
    **Westlicher Weißkronen-Olivtyrann**
    Tschudi, 1844
    *w Peru und nw Chile*

Elaenia chilensis
**Weißbauch-Olivtyrann**
*Chilean Elaenia - Fiofío vientre blanco*
Hellmayr, 1927
*s Bolivien bis s Argentinien und Chile*

Elaenia parvirostris
**Dreibinden-Olivtyrann**
*Small-billed Elaenia - Fiofío piquicorto*
Pelzeln, 1868
*Kolumbien und Venezuela bis c Bolivien und se Brasilien*

Elaenia mesoleuca
**Schlichtolivtyrann**
*Olivaceous Elaenia - Fiofío oliváceo*
Deppe, 1830
*e Paraguay, ne Argentinien und s, se Brasilien*

Elaenia strepera
**Schieferolivtyrann**
*Slaty Elaenia - Fiofío plomizo*
Cabanis, 1883
*Bolivien und nw Argentinien*

Elaenia gigas
**Schuppenolivtyrann**
*Mottle-backed Elaenia - Fiofío gigante*
Sclater, PL, 1871
*s Kolumbien bis w Bolivien*

Elaenia pelzelni
**Braunolivtyrann**
*Brownish Elaenia - Fiofío pardo*
Berlepsch, 1907
*Amazon River und Nebenflüsse*

Elaenia cristata
**Braunscheitel-Olivtyrann**
*Plain-crested Elaenia - Fiofío crestado*
Pelzeln, 1868
*Venezuela und Guianas über Brasilien bis se Peru und Bolivien*

    Elaenia cristata alticola
    **Tepui-Braunscheitel-Olivtyrann**
    Zimmer, JT & Phelps, WH, 1946
    *Tepuis s Venezuela und n Brasilien*

Elaenia chiriquensis
**Grauwangen-Olivtyrann**
*Lesser Elaenia - Fiofío belicoso*
Lawrence, 1865
*Costa Rica und Panama*

    Elaenia chiriquensis albivertex
    **Guyana-Grauwangen-Olivtyrann**
    Pelzeln, 1868
    *Kolumbien bis Guianas, Brasilien und n Argentinien*

Elaenia brachyptera
**Braunrücken-Olivtyrann**
*Coopmans's Elaenia - Fiofío alicorto*
Berlepsch, 1907
*sw Kolumbien und nw Ecuador*

Elaenia ruficeps
**Rostnacken-Olivtyrann**
*Rufous-crowned Elaenia - Fiofío crestirrufo*
Pelzeln, 1868
*n Amazonasgebiet*

Elaenia frantzii
**Nordanden-Olivtyrann**
*Mountain Elaenia - Fiofío montano*
Lawrence, 1865
*Nicaragua, Costa Rica und w Panama*

    Elaenia frantzii ultima
    **Griscoms Nordanden-Olivtyrann**
    Griscom, 1935
    *Chiapa (s Mexico), Guatemala, El Salvador und Honduras*
    Elaenia frantzii browni
    **Bangs Nordanden-Olivtyrann**
    Bangs, 1898
    *n Kolumbien und nw Venezuela*
    Elaenia frantzii pudica
    **Sclaters Nordanden-Olivtyrann**
    Sclater, PL, 1871
    *n, e Kolumbien, n, w Venezuela*

Elaenia obscura
**Hochland-Olivtyrann**
*Highland Elaenia - Fiofío oscuro*
d'Orbigny & Lafresnaye, 1837
*se Ecuador bis Bolivien und nw Argentinien*

Elaenia sordida
**Paranáolivtyrann**
*Small-headed Elaenia - Fiofío brasileño*
Zimmer, JT, 1941
*se Brasilien, e Paraguay und ne Argentinien*

Elaenia dayi
**Riesenolivtyrann**
*Great Elaenia - Fiofío de Day*
Chapman, 1929
*s Bolívar (se Venezuela); Guyana*

    Elaenia dayi auyantepui
    **Bolivar-Riesenolivtyrant**
    Zimmer, JT & Phelps, WH, 1952
    *se Bolívar (se Venezuela)*
    Elaenia dayi tyleri
    **Amazonas-Riesenolivtyrann**
    Chapman, 1929
    *s Amazonas und sw Bolívar (s Venezuela)*

Elaenia pallatangae
**Sierraolivtyrann**
*Sierran Elaenia - Fiofío de Pallatanga*
Sclater, PL, 1862
*sw Kolumbien und Ecuador*

    Elaenia pallatangae intensa
    **Zimmers Sierraolivtyrann**
    Zimmer, JT, 1941
    *Peru*
    Elaenia pallatangae exsul
    **Todds Sierraolivtyrann**
    Todd, 1952
    *Bolivien*

Elaenia olivina
**Tepuiolivtyrann**
*Tepui Elaenia - Fiofío de tepuí*
Salvin & Godman, 1884
*Tepuis se Venezuela und Guyana*

    Elaenia olivina davidwillardi
    **Phelps Tepuiolivtyrann**
    Dickerman & Phelps, WH Jr, 1987
    *Tepuis s Venezuela*

Elaenia fallax
**Jamaikaolivtyrann**
*Greater Antillean Elaenia - Fiofío canoso jamaicano*
Sclater, PL, 1861
Jamaika

Elaenia fallax cherriei
**Corys Hispaniolaolivtyrann**
Cory, 1895
Hispaniola



Ornithion semiflavum
**Gelbbauch-Kleintyrann**
*Yellow-bellied Tyrannulet - Mosquerito ventriamarillo*
Sclater, PL & Salvin, 1860
se Mexico bis w Panama

Ornithion brunneicapillus
**Braunkappen-Kleintyrann**
*Brown-capped Tyrannulet - Mosquerito coronipardo*
Lawrence, 1862
Costa Rica bis nw Venezuela und nw Ecuador

Ornithion inerme
**Weißzügel-Kleintyrann**
*White-lored Tyrannulet - Mosquerito moteado*
Hartlaub, 1853
Amazonasgebiet und e Brasilien



Camptostoma imberbe
**Blasskleintyrann**
*Northern Beardless Tyrannulet - Mosquerito imberbe*
Sclater, PL, 1857
sc, sw USA und Mexico bis nw Costa Rica, Cozumel Insel (Mexico)

Camptostoma obsoletum
**Haubenkleintyrann**
*Southern Beardless Tyrannulet - Mosquerito silbón*
Temminck, 1824
se Brasilien, Uruguay, Paraguay bis c Argentinien

Camptostoma obsoletum flaviventre
**Costa Rica-Haubenkleintyrann**
Sclater, PL & Salvin, 1865
sw Costa Rica und Panama
Camptostoma obsoletum orphnum
**Coiba-Haubenkleintyrann**
Wetmore, 1957
Coiba Insel (vor sw Panama)
Camptostoma obsoletum majus
**Pearl-Haubenkleintyrann**
Griscom, 1932
Pearl Is. (vor s Panama)
Camptostoma obsoletum caucae
**Chapmans Haubenkleintyrann**
Chapman, 1914
c, wc Kolumbien
Camptostoma obsoletum pusillum
**Cabanis-Haubenkleintyrann**
Cabanis & Heine, 1860
n Kolumbien bis n, c Venezuela und Trinidad
Camptostoma obsoletum napaeum
**Ridgways Haubenkleintyrann**
Ridgway, 1888
se Venezuela, Guianas und ne Brasilien
Camptostoma obsoletum maranonicum
**Peru-Haubenkleintyrann**
Carriker, 1933
n Peru
Camptostoma obsoletum olivaceum
**Ekuador-Haubenkleintyrann**
Berlepsch, 1889
se Kolumbien, e Ecuador, ne Peru und w Brasilien
Camptostoma obsoletum sclateri
**Sclaters Haubenkleintyrann**
Berlepsch & Taczanowski, 1884
w Ecuador und nw Peru
Camptostoma obsoletum griseum
**Carrikers Haubenkleintyrann**
Carriker, 1933
w Peru
Camptostoma obsoletum bolivianum
**Bolivien-Haubenkleintyrann**
Zimmer, JT, 1941
c Bolivien bis nw Argentinien
Camptostoma obsoletum cinerascens
**Brasilien-Haubenkleintyrann**
Wied-Neuwied, M, 1831
e Bolivien bis c, e Brasilien



Suiriri suiriri
**Grauscheitel-Olivtyrann**
*Suiriri Flycatcher - Fiofío suirirí*
Vieillot, 1818
e Bolivien, sw Brasilien, Paraguay, Uruguay und n Argentinien

Suiriri suiriri burmeisteri
**Surinam-Grauscheitel-Olivtyrann**
Kirwan, Steinheimer, Raposo, M & Zimmer, KJ, 2014
s Suriname, c Brasilien und nw Bolivien
Suiriri suiriri bahiae
**Bahia-Grauscheitel-Olivtyrann**
Berlepsch, 1893
e Brasilien



Mecocerculus leucophrys
**Weißkehl-Tachurityrann**
*White-throated Tyrannulet - Piojito gargantilla*
d'Orbigny & Lafresnaye, 1837
se Peru, Bolivien und nw Argentinien

Mecocerculus leucophrys montensis
**Snata Marta-Weißkehl-Tachurityrann**
Bangs, 1899
Santa Marta Mts. (ne Kolumbien)
Mecocerculus leucophrys chapmani
**Süd-Venezuela-Weißkehl-Tachurityrann**
Dickerman, 1985
s Venezuela
Mecocerculus leucophrys nigriceps
**Nord-Venezuels-Weißkehl-Tachurityrann**
Chapman, 1899
n Venezuela
Mecocerculus leucophrys notatus
**West-Kolumbien-Weißkehl-Tachurityrann**
Todd, 1919
w Kolumbien
Mecocerculus leucophrys setophagoides
**Nord-Kolumbien-Weißkehl-Tachurityrann**
Bonaparte, 1845
nc Kolumbien und nw Venezuela
Mecocerculus leucophrys parui
**Paru-Weißkehl-Tachurityrann**
Phelps, WH & Phelps, WH Jr, 1950
s Venezuela
Mecocerculus leucophrys rufomarginatus
**Ekuador-Weißkehl-Tachurityrann**
Lawrence, 1869
s Kolumbien, Ecuador und nw Peru
Mecocerculus leucophrys roraimae
**Venezuela-Weißkehl-Tachurityrann**
Hellmayr, 1921
c Venezuela
Mecocerculus leucophrys brunneomarginatus
**Peru-Weißkehl-Tachurityrann**
Chapman, 1924
c Peru
Mecocerculus leucophrys pallidior
**West-Peru-Weißkehl-Tachurityrann**
Carriker, 1933
w Peru

Mecocerculus poecilocercus
**Weißschwanz-Tachurityrann**
*White-tailed Tyrannulet - Piojito coliblanco*
Sclater, PL & Salvin, 1873
Kolumbien bis Peru

Mecocerculus hellmayri
**Fahlbinden-Tachurityrann**
*Buff-banded Tyrannulet - Piojito de los pinos*
Berlepsch, 1907
se Peru bis nw Argentinien

Mecocerculus calopterus
**Rotschwingen-Tachurityrann**
*Rufous-winged Tyrannulet - Piojito alirrufo*
Sclater, PL, 1859
Ecuador, Peru

Mecocerculus minor
**Gelbbauch-Tachurityrann**
*Sulphur-bellied Tyrannulet - Piojito azufre*
Taczanowski, 1879
Venezuela, Kolumbien bis n Peru

Mecocerculus stictopterus
**Weißbinden-Tachurityrann**
*White-banded Tyrannulet - Piojito alifranjeado*
Sclater, PL, 1859
*Kolumbien, Ecuador und n Peru*

    Mecocerculus stictopterus albocaudatus
    **Venezuela-Weißbinden-Tachurityrann**
    Phelps, WH & Gilliard, 1941
    *nw Venezuela*
    Mecocerculus stictopterus taeniopterus
    **Bolivien-Weißbinden-Tachurityrann**
    Cabanis, 1874
    *se Peru und w Bolivien*

## Gattung: Anairetes

Anairetes nigrocristatus
**Schwarzhauben-Tachurityrann**
*Black-crested Tit-Tyrant - Cachudito crestinegro*
Taczanowski, 1884
*s Ecuador, n Peru*

Anairetes reguloides
**Streifenbauch-Tachurityrann**
*Pied-crested Tit-Tyrant - Cachudito crestiblanco*
d'Orbigny & Lafresnaye, 1837
*sw Peru und nw Chile*

    Anairetes reguloides albiventris
    **Peru-Streifenbauch-Tachurityrann**
    Chapman, 1924
    *w Peru*

Anairetes alpinus
**Graubrust-Tachurityrann**
*Ash-breasted Tit-Tyrant - Cachudito pechicenizo*
Carriker, 1933
*c Peru*

    Anairetes alpinus bolivianus
    **Bolivien-Graubrust-Tachurityrann**
    Carriker, 1935
    *w Bolivien*

Anairetes flavirostris
**Gelbschnabel-Tachurityrann**
*Yellow-billed Tit-Tyrant - Cachudito piquiamarillo*
Sclater, PL & Salvin, 1876
*s Peru bis Bolivien, n Chile und w, c Argentinien*

    Anairetes flavirostris huancabambae
    **Nördlicher Gelbschnabel-Tachurityrann**
    Chapman, 1924
    *nw Peru*
    Anairetes flavirostris arequipae
    **Westlicher Gelbschnabel-Tachurityrann**
    Chapman, 1926
    *sw Peru und nw Chile*
    Anairetes flavirostris cuzcoensis
    **Südlicher Gelbschnabel-Tachurityrann**
    Chapman, 1924
    *se Peru*

Anairetes parulus
**Meisentachurityrann**
*Tufted Tit-Tyrant - Cachudito piquinegro*
Kittlitz, 1830
*s Chile und sw Argentinien*

    Anairetes parulus aequatorialis
    **Nördlicher Meisentachurityrann**
    Berlepsch & Taczanowski, 1884
    *s Kolumbien bis n Argentinien*
    Anairetes parulus patagonicus
    **Hellmayrs Meisentachurityrann**
    Hellmayr, 1920
    *c Argentinien*

Anairetes fernandezianus
**Juan-Fernández-Tachurityrann**
*Juan Fernandez Tit-Tyrant - Cachudito de Juan Fernández*
Philippi, 1857
*Juan Fernandez Archipel*

## Gattung: Uromyias

Uromyias agilis
**Brauentachurityrann**
*Agile Tit-Tyrant - Cachudito ágil*
Sclater, PL, 1856
*Venezuela bis Ecuador*

Uromyias agraphia
**Weißbauch-Tachurityrann**
*Unstreaked Tit-Tyrant - Cachudito liso*
Chapman, 1919
*se Peru*

    Uromyias agraphia plengei
    **Plenges Weißbauch-Tachurityrann**
    Schulenberg & Graham, 1981
    *nc Peru*
    Uromyias agraphia squamiger
    **Peru-Weißbauch-Tachurityrann**
    O'Neill & Parker, TA, 1976
    *c Peru*

## Gattung: Serpophaga

Serpophaga cinerea
**Sturzbach-Kleintyrann**
*Torrent Tyrannulet - Piojito guardarríos*
Tschudi, 1844
*Kolumbien und Venezuela bis Bolivien*

    Serpophaga cinerea grisea
    **Grauer Sturzbach-Kleintyrann**
    Lawrence, 1871
    *Costa Rica und w Panama*

Serpophaga hypoleuca
**Uferkleintyrann**
*River Tyrannulet - Piojito ribereño*
Sclater, PL & Salvin, 1866
*se Kolumbien, e Ecuador, e Peru, ne Bolivien und w Brasilien*

    Serpophaga hypoleuca venezuelana
    **Venezuela-Uferkleintyrann**
    Zimmer, JT, 1940
    *Venezuela*
    Serpophaga hypoleuca pallida
    **Brasilien-Uferkleintyrann**
    Snethlage, E, 1907
    *ec Brasilien*

Serpophaga nigricans
**Rußkleintyrann**
*Sooty Tyrannulet - Piojito gris*
Vieillot, 1817
*s Bolivien, e Paraguay und sc Brasilien bis c Argentinien und Uruguay*

Serpophaga subcristata
**Weißscheitel-Kleintyrann**
*White-crested Tyrannulet - Piojito tiquitiqui*
Vieillot, 1817
*e Bolivien bis sc Brasilien, Paraguay und c Argentinien*

    Serpophaga subcristata munda
    **Bolivien-Weißscheitel-Kleintyrann**
    Berlepsch, 1893
    *nc Bolivien und sw Brasilien bis c Argentinien und Uruguay*
    Serpophaga subcristata straminea
    **Uruguay-Weißscheitel-Kleintyrann**
    Temminck, 1822
    *se Brasilien und Uruguay*

Serpophaga griseicapilla
**Grauscheitel-Kleintyrann**
*Straneck's Tyrannulet - Piojito de Straneck*
Straneck, 2007
*cw, nw Argentinien*

## Gattung: Nesotriccus

Nesotriccus incomtus
**Atlantik-Kleintyrann**
*Atlantic Tyrannulet - Piojito pardo*
Cabanis, JL; Heine, F 1860
*Kolumbien bis Venezuela, die Guianas und Brasilien; Trinidad*

    Nesotriccus incomtus eremonomus
    **Pazifik-Kleintyrann**
    Wetmore, A 1953
    *Pazifisches Tiefland im Südwesten Costa Ricas und Panamas*

Nesotriccus ridgwayi
**Kokosinseltyrann**
*Cocos Flycatcher - Mosquerito de Cocos*
Townsend, CH, 1895
*Insel del Coco (sw von Costa Rica)*

Nesotriccus murinus
**Graubraun-Kleintyrann**
*Southern Mouse-colored Tyrannulet - Piojito pardo*
Spix, 1825
*Guianas und c, e, s Brasilien, e, s Bolivien und Paraguay*

Nesotriccus murinus wagae
**Peru-Graubraun-Kleintyrann**
Taczanowski, 1884
*e Peru, w Amazonasgebiet Brasilien und nw Bolivien bis nw Argentinien*
Nesotriccus murinus eremonomus
**Panama-Graubraun-Kleintyrann**
Wetmore, 1953
*Pacific Tiefland s Costa Rica und Panama*

Nesotriccus tumbezanus
**Tumbeskleintyrann**
*Tumbesian Tyrannulet - Piojito de Tumbes*
Taczanowski, 1877
*sw Ecuador und extremer nw Peru*

Nesotriccus tumbezanus inflavus
**Westlicher Tumbesityrann**
Chapman, 1924
*nw Peru (c Piura und c Lambayeque bis n Lima)*

Nesotriccus maranonicus
**Kastanienbrauner Kleintyrannt**
*Maranon Tyrannulet - Piojito moscareta*
Zimmer, JT, 1941
*nc Peru (Marañón Valley, w Amazonas, e Cajamarca und e La Libertad)*



Capsiempis flaveola
**Zitronentyrann**
*Yellow Tyrannulet - Mosquerito amarillo*
Lichtenstein, MHC, 1823
*e Bolivien, Paraguay, ne Argentinien und e Brasilien*

Capsiempis flaveola semiflava
**Nikaragua-Zitronentyrann**
Lawrence, 1865
*s Nicaragua bis Panama*
Capsiempis flaveola cerula
**Venezuela-Zitronentyrann**
Wetmore, 1939
*e Kolumbien, sw, s Venezuela, ne Ecuador, Guianas und n Brasilien*
Capsiempis flaveola leucophrys
**Kolumbien-Zitronentyrann**
Berlepsch, 1907
*n Kolumbien und nw Venezuela*
Capsiempis flaveola magnirostris
**Ekuador-Zitronentyrann**
Hartert, EJO, 1898
*sw Ecuador*



Polystictus pectoralis
**Streifenkinn-Grastyrann**
*Bearded Tachuri - Tachurí barbado*
Vieillot, 1817
*e Bolivien, s Brasilien, Paraguay, Uruguay und ne Argentinien*

Polystictus pectoralis bogotensis
**Bogota-Streifenkinn-Grastyrann**
Chapman, 1915
*w Kolumbien*
Polystictus pectoralis brevipennis
**Guyana-Streifenkinn-Grastyrann**
Berlepsch & Hartert, EJO, 1902
*ne Kolumbien, Venezuela, Guianas und n Brasilien*

Polystictus superciliaris
**Graunacken-Grastyrann**
*Grey-backed Tachuri - Tachurí gris*
Wied-Neuwied, M, 1831
*se Brasilien*



Pseudocolopteryx dinelliana
**Dinellisumpftyrann**
*Dinelli's Doradito - Doradito tucumano*
Lillo, 1905
*c Paraguay und sw Brasilien bis c Argentinien*

Pseudocolopteryx sclateri
**Schopfsumpftyrann**
*Crested Doradito - Doradito copetón*
Oustalet, 1892
*Venezuela, Guyana und Trinidad, Bolivien, e, s Brasilien bis ne Argentinien*

Pseudocolopteryx acutipennis
**Andensumpftyrann**
*Subtropical Doradito - Doradito oliváceo*
Sclater, PL & Salvin, 1873
*Kolumbien bis nw Argentinien*

Pseudocolopteryx flaviventris
**Braunrücken-Sumpftyrann**
*Warbling Doradito - Doradito común*
d'Orbigny & Lafresnaye, 1837
*Paraguay und s Brasilien bis ec Argentinien*

Pseudocolopteryx citreola
**Tickersumpftyrann**
*Ticking Doradito - Doradito limón*
Landbeck, 1864
*c Chile und wc Argentinien*



Pseudotriccus pelzelni
**Bronzeolivtyrann**
*Bronze-olive Pygmy Tyrant - Tiranuelo bronceado*
Taczanowski & Berlepsch, 1885
*e Kolumbien und e Ecuador*

Pseudotriccus pelzelni berlepschi
**Berlepschs Bronzeolivtyrann**
Nelson, 1913
*e Panama und nw Kolumbien*
Pseudotriccus pelzelni annectens
**Ekuador-Bronzeolivtyrann**
Salvadori & Festa, 1899
*sw Kolumbien und w Ecuador*
Pseudotriccus pelzelni peruvianus
**Peru-Bronzeolivtyrann**
Bond, J, 1947
*e Peru*

Pseudotriccus simplex
**Roststirntyrann**
*Hazel-fronted Pygmy Tyrant - Tiranuelo simple*
Berlepsch, 1901
*se Peru und nw Bolivien*

Pseudotriccus ruficeps
**Rotkopftyrann**
*Rufous-headed Pygmy Tyrant - Tiranuelo cabecirrojo*
Lafresnaye, 1843
*Kolumbien bis Bolivien*



Corythopis torquatus
**Brustbandtyrann**
*Ringed Antpipit - Mosquero terrestre norteño*
Tschudi, 1844
*e Peru, n Bolivien und w Amazonasgebiet Brasilien*

Corythopis torquatus sarayacuensis
**Chubbs Brustbandtyrann**
Chubb, C, 1918
*se Kolumbien, e Ecuador und ne Peru*
Corythopis torquatus anthoides
**Pucherans Brustbandtyrann**
Pucheran, 1855
*s Venezuela, Guianas und n, e Brasilien*

Corythopis delalandi
**Schwarzbrusttyrann**
*Southern Antpipit - Mosquero terrestre sureño*
Lesson, RP, 1831
*e Bolivien und c Brasilien bis e Paraguay, se Brasilien und ne und nw Argentinien*



Euscarthmus meloryphus
**Graubrust-Zwergtyrann**
*Fulvous-crowned Scrub Tyrant - Tiranuelo copetón*
Wied-Neuwied, M, 1831
*s Peru, Bolivien bis c, e Brasilien, Uruguay und n Argentinien*

Euscarthmus meloryphus paulus
**Bangs Graubrust-Zwergtyrann**
Bangs, 1899
ne Kolumbien und n Venezuela

Euscarthmus fulviceps
**Ockerstirn-Zwergtyrann**
*Fulvous-faced Scrub Tyrant - Tiranuelo caripardo*
Sclater, PL, 1871
sw Ecuador und w Peru

Euscarthmus rufomarginatus
**Weißkehl-Zwergtyrann**
*Rufous-sided Scrub Tyrant - Tiranuelo flanquirruto*
Pelzeln, 1868
Suriname, e Brasilien bis ne Bolivien und e Paraguay



Pseudelaenia leucospodia
**Weißkronentyrann**
*Grey-and-white Tyrannulet - Mosquerito blanquigrís*
Taczanowski, 1877
sw Ecuador, nw Peru



Stigmatura napensis
**Nordstelzentyrann**
*Lesser Wagtail-Tyrant - Rabicano menor*
Chapman, 1926
Amazon, Orinoco und Nebenflüsse in se Kolumbien, e Ecuador, ne Peru und w Brasilien

Stigmatura bahiae
**Bahiastelzentyrann**
*Bahia Wagtail-Tyrant - Rabicano de Bahía*
Chapman, 1926
se Brasilien (Ceará und Rio Grande do Norte south bis s Bahia)

Stigmatura budytoides
**Südstelzentyrann**
*Greater Wagtail-Tyrant - Rabicano mayor*
d'Orbigny & Lafresnaye, 1837
c Bolivien

 Stigmatura budytoides inzonata
 **Bolivien-Südstelzentyrann**
 Wetmore & Peters, JL, 1923
 se Bolivien, w Paraguay und nw Argentinien
 Stigmatura budytoides flavocinerea
 **Argentinien-Südstelzentyrann**
 Burmeister, 1861
 c Argentinien
 Stigmatura budytoides gracilis
 **Brasilien-Südstelzentyrann**
 Zimmer, JT, 1955
 e Brasilien



Zimmerius vilissimus
**Weißstreif-Kleintyrann**
*Guatemalan Tyrannulet - Mosquerito nimio*
Sclater, PL & Salvin, 1859
s Mexico und w Guatemala bis El Salvador

Zimmerius parvus
**Hellbauch-Kleintyrann**
*Mistletoe Tyrannulet - Mosquerito menor*
Lawrence, 1862
ne Guatemala und Belize bis extremer nw Kolumbien

Zimmerius improbus
**Küstenkordilleren-Kleintyrann**
*Spectacled Tyrannulet - Mosquerito serrano*
Sclater, PL & Salvin, 1871
Perijá Mts. (ne Kolumbien und nw Venezuela)

 Zimmerius improbus tamae
 **Tama-Kleintyrann**
 Phelps, WH & Phelps, WH Jr, 1954
 Santa Marta Mts. (ne Kolumbien)

Zimmerius petersi
**Mirandakleintyrann**
*Venezuelan Tyrannulet - Mosquerito venezolano*
Berlepsch, 1907
n Venezuela

Zimmerius bolivianus
**Olivkleintyrann**
*Bolivian Tyrannulet - Mosquerito boliviano*
d'Orbigny, 1840
se Peru und c, w Bolivien

Zimmerius cinereicapilla
**Purpurschnabel-Kleintyrann**
*Red-billed Tyrannulet - Mosquerito piquirrojo*
Cabanis, 1873
Ecuador, Peru und Bolivien

Zimmerius villarejoi
**Mishana-Kleintyrann**
*Mishana Tyrannulet - Mosquerito de Villarejo*
Álvarez A, J & Whitney, 2001
n Peru

Zimmerius chicomendesi
**Grünkleintyrann**
*Chico's Tyrannulet - Mosquerito de Chico Mendes*
Whitney, Schunck, Rêgo, MA & Silveira, 2013
Rio Madeirinha, s Amazonas (Brasilien)

Zimmerius gracilipes
**Schlankfuß-Kleintyrann**
*Slender-footed Tyrannulet - Mosquerito patifino*
Sclater, PL & Salvin, 1868
se Kolumbien, s, e Venezuela, nw Brasilien, e Ecuador und ne Peru

 Zimmerius gracilipes gilvus
 **Peru-Schlankfuß-Kleintyrann**
 Zimmer, JT, 1941
 se Peru, n Bolivien bis sw, s Amazonasgebiet Brasilien

Zimmerius acer
**Guayanakleintyrann**
*Guianan Tyrannulet - Mosquerito guayanés*
Salvin & Godman, 1883
Guianas und ne Brasilien

Zimmerius chrysops
**Goldgesicht-Kleintyrann**
*Golden-faced Tyrannulet - Mosquerito caridorado*
Sclater, PL, 1859
s Kolumbien und w Venezuela bis Ecuador und n Peru

Zimmerius minimus
**Santa-Marta-Kleintyrann**
*Coopmans's Tyrannulet - Mosquerito Santa Marta*
Chapman, 1912
Santa Marta Mts. (ne Kolumbien)

 Zimmerius minimus cumanensis
 **Cumanen Kleintyrann**
 Zimmer, JT, 1941
 n Venezuela

Zimmerius albigularis
**Chocókleintyrann**
*Choco Tyrannulet - Mosquerito del Chocó*
Chapman, 1924
w Ecuador, sw Kolumbien

Zimmerius flavidifrons
**Lojakleintyrann**
*Loja Tyrannulet - Mosquerito del Chocó*
Sclater, PL, 1860
sw Ecuador

Zimmerius viridiflavus
**Gelbstreif-Kleintyrann**
*Peruvian Tyrannulet - Mosquerito peruano*
Tschudi, 1844
Peru



Pogonotriccus poecilotis
**Zimtbinden-Laubtyrann**
*Variegated Bristle Tyrant - Orejerito variegado*
Sclater, PL, 1862
n Kolumbien und nw Venezuela bis Peru

Pogonotriccus chapmani
**Olivkappen-Laubtyrann**
*Chapman's Bristle Tyrant - Orejerito de Chapman*
Gilliard, 1940
*s Venezuela*

Pogonotriccus chapmani duidae
**Duida-Olivkappen-Laubtyrann**
Phelps, WH & Phelps, WH Jr, 1951
*se Venezuela*

Pogonotriccus ophthalmicus
**Schwarzohr-Laubtyrann**
*Marble-faced Bristle Tyrant - Orejerito jaspeado*
Taczanowski, 1874
*Kolumbien und nw Venezuela bis e Ecuador und n Peru*

Pogonotriccus ophthalmicus ottonis
**Berlepschs Schwarzohr-Laubtyrann**
Berlepsch, 1901
*se Peru und w Bolivien*
Pogonotriccus ophthalmicus purus
**Todds Schwarzohr-Laubtyrann**
Todd, 1952
*n Venezuela*

Pogonotriccus orbitalis
**Augenring-Laubtyrann**
*Spectacled Bristle Tyrant - Orejerito de anteojos*
Cabanis, 1873
*s Kolumbien bis Bolivien*

Pogonotriccus venezuelanus
**Karibiklaubtyrann**
*Venezuelan Bristle Tyrant - Orejerito venezolano*
Berlepsch, 1907
*n Venezuela*

Pogonotriccus lanyoni
**Antioquialaubtyrann**
*Antioquia Bristle Tyrant - Orejerito antioqueño*
Graves, GR, 1988
*nw Kolumbien*

Pogonotriccus eximius
**Weißzügel-Laubtyrann**
*Southern Bristle Tyrant - Orejerito cejudo*
Temminck, 1822
*e Paraguay, ne Argentinien und se Brasilien*

Pogonotriccus paulista
**Zwerglaubtyrann**
*Sao Paulo Tyrannulet - Orejerito de Sao Paulo*
Ihering, HFA & Ihering, R, 1907
*e Paraguay, ne Argentinien und se Brasilien*

Pogonotriccus difficilis
**Olivgrau-Laubtyrann**
*Serra do Mar Tyrannulet - Orejerito de Serra do Mar*
Ihering, HFA & Ihering, R, 1907
*e, se Brasilien*

Gattung: Phylloscartes

Phylloscartes ventralis
**Olivgelb-Laubtyrann**
*Mottle-cheeked Tyrannulet - Orejerito oliváceo*
Temminck, 1824
*se Brasilien, Paraguay, Uruguay und ne Argentinien*

Phylloscartes ventralis angustirostris
**Peru-Olivgelb-Laubtyrann**
d'Orbigny & Lafresnaye, 1837
*ec Peru bis w, c Bolivien*
Phylloscartes ventralis tucumanus
**Agentinien-Olivgelb-Laubtyrann**
Zimmer, JT, 1940
*nw Argentinien*

Phylloscartes ceciliae
**Alagoaslaubtyrann**
*Alagoas Tyrannulet - Orejerito de Alagoas*
Teixeira, 1987
*e Brasilien*

Phylloscartes kronei
**Uferlaubtyrann**
*Restinga Tyrannulet - Orejerito de restinga*
Willis & Oniki, 1992
*se Brasilien*

Phylloscartes beckeri
**Bahialaubtyrann**
*Bahia Tyrannulet - Orejerito de Bahía*
Gonzaga & Pacheco, 1995
*e Brasilien*

Phylloscartes flavovirens
**Panamalaubtyrann**
*Panama Tyrannulet - Orejerito verdiamarillo*
Lawrence, 1862
*Panama*

Phylloscartes virescens
**Guyanalaubtyrann**
*Olive-green Tyrannulet - Orejerito verdoso*
Todd, 1925
*ne Amazonasgebiet*

Phylloscartes gualaquizae
**Graukronen-Laubtyrann**
*Ecuadorian Tyrannulet - Orejerito ecuatoriano*
Sclater, PL, 1887
*s Kolumbien, Ecuador, n Peru*

Phylloscartes nigrifrons
**Schwarzstirn-Laubtyrann**
*Black-fronted Tyrannulet - Orejerito frentinegro*
Salvin & Godman, 1884
*Tepuis im südlichen Venezuela (südlicher Bolívar und Amazonas)*

Phylloscartes superciliaris
**Weißwangen-Laubtyrann**
*Rufous-browed Tyrannulet - Orejerito cejirrufo*
Sclater, PL & Salvin, 1868
*Costa Rica bis w Panama*

Phylloscartes superciliaris palloris
**Panama-Weißwangen-Laubtyrann**
Griscom, 1935
*e Panama und n Kolumbien*
Phylloscartes superciliaris griseocapillus
**Ekuador-Weißwangen-Laubtyrann**
Phelps, WH & Phelps, WH Jr, 1952
*nw Venezuela, c Kolumbien und se Ecuador*

Phylloscartes flaviventris
**Rostzügel-Laubtyrann**
*Rufous-lored Tyrannulet - Orejerito amarillo*
Hartert, EJO, 1897
*n Venezuela*

Phylloscartes parkeri
**Zimtgesicht-Laubtyrann**
*Cinnamon-faced Tyrannulet - Orejerito de Parker*
Fitzpatrick & Stotz, 1997
*c Peru bis n Bolivien*

Phylloscartes roquettei
**Gelbbürzel-Laubtyrann**
*Minas Gerais Tyrannulet - Orejerito de Minas Gerais*
Snethlage, E, 1928
*e Brasilien*

Phylloscartes oustaleti
**Gelbohr-Laubtyrann**
*Oustalet's Tyrannulet - Orejerito de Oustalet*
Sclater, PL, 1887
*e, se Brasilien*

Phylloscartes sylviolus
**Rostring-Laubtyrann**
*Bay-ringed Tyrannulet - Orejerito ojirrojo*
Cabanis & Heine, 1860
*e Paraguay, ne Argentinien und se Brasilien*

Gattung: Mionectes

Mionectes striaticollis
**Graukappen-Pipratyrann**
*Streak-necked Flycatcher - Mosquero gorjiestriado*
d'Orbigny & Lafresnaye, 1837
*c, s Peru bis c Bolivien*

Mionectes striaticollis columbianus
**Kolumbien-Graukappen-Pipratyrann**
Chapman, 1919
*wc, e Kolumbien und e Ecuador*

Mionectes striaticollis viridiceps
**Chapmans Graukappen-Pipratyrann**
Chapman, 1924
sw Kolumbien und w Ecuador
Mionectes striaticollis palamblae
**Peru-Graukappen-Pipratyrann**
Chapman, 1927
n Peru

Mionectes olivaceus
**Olivkopf-Pipratyrann**
*Olive-streaked Flycatcher - Mosquero oliváceo*
Lawrence, 1868
*Costa Rica und w Panama*

Mionectes galbinus
**Santa-Marta-Pipratyrann**
*Olive-striped Flycatcher - Mosquero rayadito*
Bangs, 1902
*Santa Marta Mts. (ne Kolumbien)*

Mionectes galbinus hederaceus
**Panama-Olivkopf-Pipratyrann**
Bangs, 1910
e Panama bis w Kolumbien und w Ecuador
Mionectes galbinus venezuelensis
**Venezuela-Olivkopf-Pipratyrann**
Ridgway, 1906
e Kolumbien, nw, n Venezuela und Trinidad
Mionectes galbinus fasciaticollis
**Chapmans Olivkopf-Pipratyrann**
Chapman, 1923
s Kolumbien, e Ecuador, e Peru und n Bolivien

Mionectes oleagineus
**Ockerbauch-Pipratyrann**
*Ochre-bellied Flycatcher - Mosquero aceitunado*
Lichtenstein, MHC, 1823
*e Kolumbien, sw, s Venezuela, Guianas, Amazonasgebiet und e Brasilien*

Mionectes oleagineus assimilis
**Mexiko-Ockerbauch-Pipratyrann**
Sclater, PL, 1859
s Mexico bis w Panama
Mionectes oleagineus parcus
**Bangs Ockerbauch-Pipratyrann**
Bangs, 1900
e Panama, n Kolumbien und nw Venezuela
Mionectes oleagineus abdominalis
**Phelps Ockerbauch-Pipratyrann**
Phelps, WH & Phelps, WH Jr, 1955
n Venezuela
Mionectes oleagineus pallidiventris
**Trinidad-Ockerbauch-Pipratyrann**
Hellmayr, 1906
ne Venezuela und Trinidad
Mionectes oleagineus dorsalis
**Venezuela-Ockerbauch-Pipratyrann**
Phelps, WH & Phelps, WH Jr, 1952
se Venezuela
Mionectes oleagineus pacificus
**Pazifik-Ockerbauch-Pipratyrann**
Todd, 1921
sw Kolumbien und w Ecuador

Mionectes macconnelli
**Schwarzschnabel-Pipratyrann**
*McConnell's Flycatcher - Mosquero de McConnell*
Chubb, C, 1919
*e Venezuela, Guianas, n, c Brasilien und ne Bolivien*

Mionectes macconnelli peruanus
**Peru-Schwarzschnabel-Pipratyrann**
Carriker, 1930
c Peru

Mionectes roraimae
**Tepuipipratyrann**
*Sierra de Lema Flycatcher - Mosquero de Sierra de Lema*
Chubb, C, 1919
*s, se Venezuela, w Guyana und nc Brasilien*

Mionectes rufiventris
**Graukopf-Pipratyrann**
*Grey-hooded Flycatcher - Mosquero ladrillito*
Cabanis, 1846
*e Paraguay, ne Argentinien und se Brasilien*



Leptopogon amaurocephalus
**Braunkappen-Laubtyrann**
*Sepia-capped Flycatcher - Orejero coronipardo*
Cabanis, 1846
*s, e Brasilien, e Bolivien, Paraguay und n Argentinien*

Leptopogon amaurocephalus pileatus
**Mexiko-Braunkappen-Laubtyrann**
Cabanis, 1866
s Mexico bis Panama
Leptopogon amaurocephalus idius
**Coiba-Braunkappen-Laubtyrann**
Wetmore, 1957
Coiba Insel (vor sw Panama)
Leptopogon amaurocephalus diversus
**Todds Braunkappen-Laubtyrann**
Todd, 1913
nc, ne Kolumbien und nw Venezuela
Leptopogon amaurocephalus orinocensis
**Venezuela-Braunkappen-Laubtyrann**
Zimmer, JT & Phelps, WH, 1946
w, s, se Venezuela über Guianas und ne Brasilien
Leptopogon amaurocephalus peruvianus
**Amazonas-Braunkappen-Laubtyrann**
Sclater, PL & Salvin, 1868
w Amazonasgebiet

Leptopogon superciliaris
**Schieferkappen-Laubtyrann**
*Slaty-capped Flycatcher - Orejero coronigrís*
Tschudi, 1844
*Costa Rica bis n Venezuela und Trinidad, s bis Kolumbien und e Peru*

Leptopogon superciliaris albidiventer
**Peru-Schieferkappen-Laubtyrann**
Hellmayr, 1918
se Peru und w Bolivien

Leptopogon rufipectus
**Rostbrust-Laubtyrann**
*Rufous-breasted Flycatcher - Orejero pechirrufo*
Lafresnaye, 1846
*sw Venezuela und se Kolumbien bis n Peru*

Leptopogon taczanowskii
**Graugesicht-Laubtyrann**
*Inca Flycatcher - Orejero inca*
Hellmayr, 1917
*Peru*



Guyramemua affine
**Chapadatyrann**
*Chapada Flycatcher - Fiofío de la Chapada*
Burmeister, 1856
*sc Brasilien, e Bolivien*



Sublegatus arenarum
**Karibikstrauchtyrann**
*Northern Scrub Flycatcher - Mosquero matorralero norteño*
Salvin, 1863
*Costa Rica und Panama*

Sublegatus arenarum atrirostris
**Pearl-Strauchtyrann**
Lawrence, 1871
Pearl Is. (vor Panama) und n Kolumbien
Sublegatus arenarum glaber
**Trinidad-Strauchtyrann**
Sclater, PL & Salvin, 1868
n Venezuela und nahegelegene Inseln, n Guianas und Trinidad
Sublegatus arenarum tortugensis
**Tortuga-Strauchtyrann**
Phelps, WH & Phelps, WH Jr, 1946
Isla La Tortuga (vor Venezuela)
Sublegatus arenarum pallens
**Curacao-Strauchtyrann**
Zimmer, JT, 1941
Curaçao
Sublegatus arenarum orinocensis
**Orinoco-Strauchtyrann**
Zimmer, JT, 1941
e Kolumbien und s Venezuela

Sublegatus obscurior
**Amazonienstrauchtyrann**
*Amazonian Scrub Flycatcher - Mosquero matorralero amazónico*
Todd, 1920
*Amazonasgebiet*

Sublegatus modestus
**Pantanalstrauchtyrann**
*Southern Scrub Flycatcher - Mosquero matorralero sureño*
Wied-Neuwied, M, 1831
*e Peru und n Bolivien bis e, s Brasilien*

    Sublegatus modestus brevirostris
    **Orbignys Strauchtyrann**
    d'Orbigny & Lafresnaye, 1837
    e Bolivien, Paraguay und Uruguay bis c Argentinien

## Gattung: Inezia

Inezia tenuirostris
**Olivbraun-Tachurityrann**
*Slender-billed Inezia - Piojito picofino*
Cory, 1913
*ne Kolumbien und nw Venezuela*

Inezia inornata
**Grauscheitel-Tachurityrann**
*Plain Inezia - Piojito picudo*
Salvadori, 1897
*w, sw Amazonasgebiet*

Inezia subflava
**Braunscheitel-Tachurityrann**
*Amazonian Inezia - Piojito pantanero*
Sclater, PL & Salvin, 1873
*c Brasilien bis n Bolivien*

    Inezia subflava obscura
    **Dunkler Braunscheitel-Tachurityrann**
    Zimmer, JT, 1939
    se Kolumbien, sw Venezuela und nw Brasilien

Inezia caudata
**Blassspitzen-Tachurityrann**
*Pale-tipped Inezia - Piojito coludo*
Salvin, 1897
*c Venezuela über Guianas und ne Brasilien*

    Inezia caudata intermedia
    **Kleiner Blassspitzen-Tachurityrann**
    Cory, 1913
    n Kolumbien und n Venezuela

## Gattung: Myiophobus

Myiophobus flavicans
**Gelbzügel-Schnäppertyrann**
*Flavescent Flycatcher - Mosquero amarillo*
Sclater, PL, 1861
*Kolumbien bis Ecuador und n Peru*

    Myiophobus flavicans perijanus
    **Perija-Gelbzügel-Schnäppertyrann**
    Phelps, WH & Phelps, WH Jr, 1957
    nw Venezuela
    Myiophobus flavicans venezuelanus
    **Venezuela-Gelbzügel-Schnäppertyrann**
    Hellmayr, 1920
    n Venezuela
    Myiophobus flavicans caripensis
    **Zimmers Gelbzügel-Schnäppertyrann**
    Zimmer, JT & Phelps, WH, 1954
    ne Venezuela
    Myiophobus flavicans superciliosus
    **Peru-Gelbzügel-Schnäppertyrann**
    Taczanowski, 1875
    c Peru

Myiophobus phoenicomitra
**Olivrücken-Schnäppertyrann**
*Orange-crested Flycatcher - Mosquero crestinaranja*
Taczanowski & Berlepsch, 1885
*e Ecuador bis n Peru*

    Myiophobus phoenicomitra litae
    **Harters Olivrücken-Schnäppertyrann**
    Hartert, EJO, 1900
    w Kolumbien und nw Ecuador

Myiophobus inornatus
**Zimtflügel-Schnäppertyrann**
*Unadorned Flycatcher - Mosquero sencillo*
Carriker, 1932
*se Peru bis n Bolivien*

Myiophobus roraimae
**Tepuischnäppertyrann**
*Roraiman Flycatcher - Mosquero del Roraima*
Salvin & Godman, 1883
*s, se Venezuela und w Guyana*

    Myiophobus roraimae sadiecoatsae
    **Dickermanns Tepuischnäppertyrann**
    Dickerman & Phelps, WH Jr, 1987
    s Venezuela und nw Brasilien
    Myiophobus roraimae rufipennis
    **Carrikers Tepuischnäppertyrann**
    Carriker, 1932
    se Kolumbien, se Ecuador, c, s Peru und nw Bolivien

Myiophobus cryptoxanthus
**Grauflecken-Schnäppertyrann**
*Olive-chested Flycatcher - Mosquero pechioliva*
Sclater, PL, 1861
*e Ecuador, ne Peru*

Myiophobus fasciatus
**Rostschnäppertyrann**
*Bran-colored Flycatcher - Mosquero estriado*
Müller, PLS, 1776
*Kolumbien, n Venezuela, Guianas, ne Brasilien und Trinidad*

    Myiophobus fasciatus furfurosus
    **Costa Rica-Rostschnäppertyrann**
    Thayer & Bangs, 1905
    sw Costa Rica und w Panama
    Myiophobus fasciatus saturatus
    **Peru-Rostschnäppertyrann**
    Berlepsch & Stolzmann, 1906
    e Peru
    Myiophobus fasciatus auriceps
    **Goulds Rostschnäppertyrann**
    Gould & Gray, GR, 1839
    se Peru, n, e Bolivien, w Brasilien, w Paraguay bis c, e Argentinien
    Myiophobus fasciatus flammiceps
    **Temmincks Rostschnäppertyrann**
    Temminck, 1822
    e, se Brasilien, e Paraguay, ne Argentinien und Uruguay

Myiophobus crypterythrus
**Grauschulter-Schnäppertyrann**
*Mouse-grey Flycatcher - Mosquero grisáceo*
Sclater, PL, 1861
*sw Kolumbien, w Ecuador und nw Peru*

Myiophobus rufescens
**Orangebauch-Schnäppertyrann**
*Rufescent Flycatcher - Mosquero rojizo*
Salvadori, 1864
*w Peru und n Chile*

## Gattung: Nephelomyias

Nephelomyias pulcher
**Graukronen-Schnäppertyrann**
*Handsome Flycatcher - Mosquero hermoso*
Sclater, PL, 1861
*sw Kolumbien und nw Ecuador*

    Nephelomyias pulcher bellus
    **Sclaters Graukronen-Schnäppertyrann**
    Sclater, PL, 1862
    c Kolumbien und e Ecuador
    Nephelomyias pulcher oblitus
    **Bonds Graukronen-Schnäppertyrann**
    Bond, J, 1943
    se Peru

Nephelomyias lintoni
**Orangeband-Schnäppertyrann**
*Orange-banded Flycatcher - Mosquero de Linton*
Meyer de Schauensee, 1951
*s Ecuador, ne Peru*

Nephelomyias ochraceiventris
**Ockerhals-Schnäppertyrann**
*Ochraceous-breasted Flycatcher - Mosquero pechiocre*
Cabanis, 1873
*n Peru bis nw Bolivien*

Myiotriccus ornatus
**Schmucktyrann**
*Ornate Flycatcher - Mosquiterito adornado occidental*
Lafresnaye, 1853
c Kolumbien

Myiotriccus ornatus stellatus
**Kolumbien-Schmucktyrann**
Cabanis, 1873
w Kolumbien und w Ecuador
Myiotriccus ornatus phoenicurus
**Ekuador-Schmucktyrann**
Sclater, PL, 1855
se Kolumbien, e Ecuador und ne Peru
Myiotriccus ornatus aureiventris
**Peru-Schmucktyrann**
Sclater, PL, 1874
se Peru

Gattung: Tachuris

Tachuris rubrigastra
**Vielfarben-Tachurityrann**
*Many-colored Rush Tyrant - Sietecolores*
Vieillot, 1817
se Brasilien, Paraguay, Uruguay, n Argentinien und w Chile

Tachuris rubrigastra alticola
**Hochland-Vielfarben-Tachurityrann**
Berlepsch & Stolzmann, 1896
se Peru, w Bolivien und nw Argentinien
Tachuris rubrigastra libertatis
**Peru-Vielfarben-Tachurityrann**
Hellmayr, 1920
w Peru
Tachuris rubrigastra loaensis
**Chile-Vielfarben-Tachurityrann**
Philippi Bañados & Johnson, AW, 1946
n Chile

Gattung: Culicivora

Culicivora caudacuta
**Spitzschwanz-Grastyrann**
*Sharp-tailed Grass Tyrant - Tachurí coludo*
Vieillot, 1818
w Bolivien bis c Brasilien, s bis ne Argentinien

Gattung: Hemitriccus

Hemitriccus diops
**Weißstern-Todityrann**
*Drab-breasted Bamboo Tyrant - Titirijí pechigrís*
Temminck, 1822
e Paraguay, ne Argentinien und se Brasilien

Hemitriccus obsoletus
**Braunbrust-Todityrann**
*Brown-breasted Bamboo Tyrant - Titirijí pechipardo*
Miranda-Ribeiro, 1905
se Brasilien

Hemitriccus obsoletus zimmeri
**Zimmers Braunbrust-Todityrann**
Traylor, 1979
s Brasilien und ne Argentinien

Hemitriccus flammulatus
**Streifenbrust-Todityrann**
*Flammulated Bamboo Tyrant - Titirijí flamulado*
Berlepsch, 1901
e Peru, sw Brasilien und nw Bolivien

Hemitriccus flammulatus olivascens
**Todds Streifenbrust-Todityrann**
Todd, 1915
e Bolivien

Hemitriccus minor
**Kleintodityrann**
*Snethlage's Tody-Tyrant - Titirijí de Snethlage*
Snethlage, E, 1907
se Amazonasgebiet Brasilien

Hemitriccus minor snethlageae
**Westlicher Kleintodityrann**
Snethlage, EH, 1937
w Amazonasgebiet Brasilien

Hemitriccus minor pallens
**Amazonas-Kleintodityrann**
Todd, 1925
c Amazonasgebiet Brasilien bis ne Bolivien

Hemitriccus spodiops
**Yungastodityrann**
*Yungas Tody-Tyrant - Titirijí boliviano*
Berlepsch, 1901
c Bolivien

Hemitriccus cohnhafti
**Acretodityrann**
*Acre Tody-Tyrant - Titirijí de Acre*
Zimmer, KJ, Whittaker, Sardelli, Guilherme & Aleixo, 2013
Brasilien-Bolivien-Grenze in se Acre und se Peru

Hemitriccus josephinae
**Grauwangen-Todityrann**
*Boat-billed Tody-Tyrant - Titirijí de Josefina*
Chubb, C, 1914
Guianas und nc Brasilien

Hemitriccus zosterops
**Weißaugen-Todityrann**
*White-eyed Tody-Tyrant - Titirijí ojiblanco*
Pelzeln, 1868
s Kolumbien, s Venezuela, Guianas und n Brasilien

Hemitriccus zosterops flaviviridis
**Peru-Weißaugen-Todityrann**
Zimmer, JT, 1940
n Peru

Hemitriccus griseipectus
**Weißbauch-Todityrann**
*White-bellied Tody-Tyrant - Titirijí ventriblanco*
Snethlage, E, 1907
se Peru, n Bolivien und c Brasilien

Hemitriccus griseipectus naumburgae
**Naumburgs Weißbauch-Todityrann**
Zimmer, JT, 1945
e Brasilien

Hemitriccus minimus
**Zwergtodityrann**
*Zimmer's Tody-Tyrant - Titirijí de Zimmer*
Todd, 1925
Amazonasgebiet

Hemitriccus orbitatus
**Augenring-Todityrann**
*Eye-ringed Tody-Tyrant - Titirijí de anteojos*
Wied-Neuwied, M, 1831
se Brasilien

Hemitriccus iohannis
**Braunzügel-Todityrann**
*Johannes's Tody-Tyrant - Titirijí de Joao*
Snethlage, E, 1907
w Amazonasgebiet

Hemitriccus striaticollis
**Streifenkehl-Todityrann**
*Stripe-necked Tody-Tyrant - Titirijí gorjiestriado*
Lafresnaye, 1853
e Kolumbien, n, e Peru bis n Bolivien und c, e Brasilien

Hemitriccus striaticollis griseiceps
**Amazonas-Streifenkehl-Todityrann**
Todd, 1925
e Amazonasgebiet Brasilien

Hemitriccus nidipendulus
**Grünrücken-Todityrann**
*Hangnest Tody-Tyrant - Titirijí de Wied*
Wied-Neuwied, M, 1831
e Brasilien

Hemitriccus nidipendulus paulistus
**Südlicher Grünrücken-Todityrann**
Hellmayr, 1914
se Brasilien

Hemitriccus margaritaceiventer
**Perlbauch-Todityrann**
*Pearly-vented Tody-Tyrant - Titirijí perlado*
d'Orbigny & Lafresnaye, 1837
e Bolivien bis c, s Brasilien, Paraguay bis c Argentinien

Hemitriccus margaritaceiventer impiger
**Sclaters Perlbauch-Todityrann**
Sclater, PL & Salvin, 1868
ne Kolumbien und n Venezuela
Hemitriccus margaritaceiventer septentrionalis
**Magdalena-Perlbauch-Todityrann**
Chapman, 1914
Upper Magdalena Tal (wc Kolumbien)
Hemitriccus margaritaceiventer chiribiquetensis
**Kolumbien-Perlbauch-Todityrann**
Stiles, 1995
Sierra de Chiribiquete (s Kolumbien)
Hemitriccus margaritaceiventer duidae
**Duida-Perlbauch-Todityrann**
Chapman, 1929
Tepuis s Venezuela
Hemitriccus margaritaceiventer auyantepui
**Venezuela-Perlbauch-Todityrann**
Gilliard, 1941
se Venezuela
Hemitriccus margaritaceiventer breweri
**Brewers Perlbauch-Todityrann**
Phelps, WH Jr, 1977
sc Venezuela
Hemitriccus margaritaceiventer rufipes
**Peru-Perlbauch-Todityrann**
Tschudi, 1844
c Peru bis nw Bolivien
Hemitriccus margaritaceiventer wuchereri
**Wucherers Perlbauch-Todityrann**
Sclater, PL & Salvin, 1873
e Brasilien

Hemitriccus inornatus
**Pelzelntodityrann**
*Pelzeln's Tody-Tyrant - Titirijí de Pelzeln*
Pelzeln, 1868
*nw Brasilien*

Hemitriccus granadensis
**Schwarzkehl-Todityrann**
*Black-throated Tody-Tyrant - Titirijí gorjinegro*
Hartlaub, 1843
*w, c Kolumbien bis n Ecuador*

Hemitriccus granadensis lehmanni
**Lehmanns Schwarzkehl-Todityrann**
Meyer de Schauensee, 1945
Santa Marta Mts. (ne Kolumbien)
Hemitriccus granadensis intensus
**Phelps Schwarzkehl-Todityrann**
Phelps, WH & Phelps, WH Jr, 1952
nw Venezuela
Hemitriccus granadensis federalis
**Venezuela-Schwarzkehl-Todityrann**
Phelps, WH & Phelps, WH Jr, 1950
n Venezuela
Hemitriccus granadensis andinus
**Anden-Schwarzkehl-Todityrann**
Todd, 1952
nc Kolumbien und w Venezuela
Hemitriccus granadensis pyrrhops
**Ekuador-Schwarzkehl-Todityrann**
Cabanis, 1874
se Ecuador und n Peru
Hemitriccus granadensis caesius
**Peru-Schwarzkehl-Todityrann**
Carriker, 1932
se Peru und w Bolivien

Hemitriccus mirandae
**Ockerbauch-Todityrann**
*Buff-breasted Tody-Tyrant - Titirijí de Miranda*
Snethlage, E, 1925
*ne, e Brasilien*

Hemitriccus cinnamomeipectus
**Zimtbrust-Todityrann**
*Cinnamon-breasted Tody-Tyrant - Titirijí pechicanelo*
Fitzpatrick & O'Neill, 1979
*se Ecuador, n Peru*

Hemitriccus kaempferi
**Ockerbrust-Todityrann**
*Kaempfer's Tody-Tyrant - Titirijí de Kaempfer*
Zimmer, JT, 1953
*se Brasilien*

Hemitriccus rufigularis
**Graukappen-Todityrann**
*Buff-throated Tody-Tyrant - Titirijí gorjirrufo*
Cabanis, 1873
*Ecuador bis Bolivien*

Hemitriccus furcatus
**Gabelschwanz-Todityrann**
*Fork-tailed Tody-Tyrant - Titirijí tijereta*
Lafresnaye, 1846
*se Brasilien*



Myiornis auricularis
**Ohrfleck-Zwergtyrann**
*Eared Pygmy Tyrant - Mosqueta enana*
Vieillot, 1818
*se Brasilien (Rio de Janeiro bis Rio Grande do Sul), se Paraguay und ne Argentinien*

Myiornis auricularis cinereicollis
**Bahia-Schwarzkehl-Todityrann**
Wied-Neuwied, M, 1831
e Brasilien (se Bahia bis Espírito Santo)
Myiornis albiventris
**Weißbauch-Zwergtyrann**
*White-bellied Pygmy Tyrant - Mosqueta ventriblanca*
Berlepsch & Stolzmann, 1894
*se Ecuador, ec Peru und n Bolivien*

Myiornis atricapillus
**Schwarzkappen-Zwergtyrann**
*Black-capped Pygmy Tyrant - Mosqueta capirotada*
Lawrence, 1875
*Costa Rica bis nw Ecuador*

Myiornis ecaudatus
**Stummelschwanz-Zwergtyrann**
*Short-tailed Pygmy Tyrant - Mosqueta colicorta*
d'Orbigny & Lafresnaye, 1837
*e Ecuador, e Peru, w Amazonasgebiet Brasilien und n Bolivien*

Myiornis ecaudatus miserabilis
**Chubbs Stummelschwanz-Zwergtyrann**
Chubb, C, 1919
e Kolumbien, Venezuela, Guianas, n Brasilien und Trinidad



Oncostoma cinereigulare
**Graukehl-Krummschnabeltyrann**
*Northern Bentbill - Mosquerito piquicurvo norteño*
Sclater, PL, 1857
*s Mexico bis Panama*

Oncostoma olivaceum
**Gelbkehl-Krummschnabeltyrann**
*Southern Bentbill - Mosquerito piquicurvo sureño*
Lawrence, 1862
*Panama und Kolumbien*



Lophotriccus pileatus
**Rot-Schuppenkopftyrann**
*Scale-crested Pygmy Tyrant - Cimerillo andino*
Tschudi, 1844
*e Ecuador bis c Peru*

Lophotriccus pileatus luteiventris
**Panama-Rotschuppenkopftyrann**
Taczanowski, 1884
Costa Rica bis e Panama
Lophotriccus pileatus santaeluciae
**Venezuela-Rotschuppenkopftyrann**
Todd, 1952
ne Kolumbien und n Venezuela
Lophotriccus pileatus squamaecrista
**Ekuador-Rotschuppenkopftyrann**
Lafresnaye, 1846
w Kolumbien, c, w Ecuador und nw Peru
Lophotriccus pileatus hypochlorus
**Peru-Rotschuppenkopftyrann**
Berlepsch & Stolzmann, 1906
se Peru

Lophotriccus eulophotes
**Weißbauch-Schuppenkopftyrann**
*Long-crested Pygmy Tyrant - Cimerillo crestilargo*
Todd, 1925
*sw Amazonasgebiet*

Lophotriccus vitiosus
**Grau-Schuppenkopftyrann**
*Double-banded Pygmy Tyrant - Cimerillo bilistado*
Bangs & Penard, TE, 1921
*e Peru*

Lophotriccus vitiosus affinis
**Zimmers Grauschuppenkopftyrann**
Zimmer, JT, 1940
se Kolumbien, e Ecuador, ne Peru und nw Brasilien
Lophotriccus vitiosus guianensis
**Guyana-Grauschuppenkopftyrann**
Zimmer, JT, 1940
Guianas und ne Brasilien
Lophotriccus vitiosus congener
**Amazonas-Grauschuppenkopftyrann**
Todd, 1925
w Amazonasgebiet Brasilien

Lophotriccus galeatus
**Helm-Schuppenkopftyrann**
*Helmeted Pygmy Tyrant - Cimerillo de casquete*
Boddaert, 1783
*n, se Amazonasgebiet*

## Gattung: Atalotriccus

Atalotriccus pilaris
**Blassaugen-Zwergtyrann**
*Pale-eyed Pygmy Tyrant - Mosquerito ojiblanco*
Cabanis, 1847
*n Kolumbien und w Venezuela*

Atalotriccus pilaris wilcoxi
**Wilcox-Blassaugen-Zwergtyrann**
Griscom, 1924
Panama
Atalotriccus pilaris venezuelensis
**Venezuela-Blassaugen-Zwergtyrann**
Ridgway, 1906
n, c Venezuela
Atalotriccus pilaris griseiceps
**Hellmayrs Blassaugen-Zwergtyrann**
Hellmayr, 1911
e Kolumbien, s Venezuela und w Guyana

## Gattung: Poecilotriccus

Poecilotriccus ruficeps
**Rostkappen-Todityrann**
*Rufous-crowned Tody-Flycatcher - Titirijí capirrufo*
Kaup, 1852
*e Anden von Kolumbien und c Ecuador, sw Venezuela*

Poecilotriccus ruficeps melanomystax
**Hellmayrs Rostkappen-Todityrann**
Hellmayr, 1927
w, c Anden von Kolumbien und nw Venezuela
Poecilotriccus ruficeps rufigenis
**Sclaters Rostkappen-Todityrann**
Sclater, PL & Salvin, 1877
sw Kolumbien und w Ecuador
Poecilotriccus ruficeps peruvianus
**Peru-Rostkappen-Todityrann**
Chapman, 1924
se Ecuador und n Peru

Poecilotriccus luluae
**Lulutodityrann**
*Lulu's Tody-Flycatcher - Titirijí de Lulu*
Johnson, NK & Jones, RE, 2001
*n Peru*

Poecilotriccus albifacies
**Weißwangen-Todityrann**
*White-cheeked Tody-Flycatcher - Titirijí cariblanco*
Blake, 1959
*se Peru, nw Bolivien und extremer w Brasilien*

Poecilotriccus capitalis
**Schwarzweiß-Todityrann**
*Black-and-white Tody-Flycatcher - Titirijí pío*
Sclater, PL, 1857
*w, sw Amazonasgebiet*

Poecilotriccus senex
**Ockerwangen-Todityrann**
*Buff-cheeked Tody-Flycatcher - Titirijí carirrosa*
Pelzeln, 1868
*nc Brasilien*

Poecilotriccus russatus
**Rostgesicht-Todityrann**
*Ruddy Tody-Flycatcher - Titirijí bermejo*
Salvin & Godman, 1884
*Tepuis im Südosten Venezuelas und im Norden Brasiliens (Cerro Uei-tepui in Roraima)*

Poecilotriccus plumbeiceps
**Ockergesicht-Todityrann**
*Ochre-faced Tody-Flycatcher - Titirijí cabecicanela*
Lafresnaye, 1846
*se Brasilien, Paraguay und ne Argentinien*

Poecilotriccus plumbeiceps obscurus
**Dunkler Ockergesicht-Todityrann**
Zimmer, JT, 1940
se Peru und n Bolivien
Poecilotriccus plumbeiceps viridiceps
**Bolivien-Ockergesicht-Todityrann**
Salvadori, 1897
s Bolivien und nw Argentinien
Poecilotriccus plumbeiceps cinereipectus
**Brasilien-Ockergesicht-Todityrann**
Novaes, 1953
e Brasilien

Poecilotriccus fumifrons
**Graustirn-Todityrann**
*Smoky-fronted Tody-Flycatcher - Titirijí frentigrís*
Hartlaub, 1853
*nc, ne Brasilien*

Poecilotriccus fumifrons penardi
**Penards Graustirn-Todityrann**
Hellmayr, 1905
Suriname und Französisch-Guayana

Poecilotriccus latirostris
**Rostzügel-Todityrann**
*Rusty-fronted Tody-Flycatcher - Titirijí frentirrojo*
Pelzeln, 1868
*c Amazonasgebiet Brasilien*

Poecilotriccus latirostris mituensis
**Olivares Rostzügel-Todityrann**
Olivares, 1965
se Kolumbien
Poecilotriccus latirostris caniceps
**Chapmanns Rostzügel-Todityrann**
Chapman, 1924
s Kolumbien, e Ecuador und e Peru
Poecilotriccus latirostris mixtus
**Zimmers Rostzügel-Todityrann**
Zimmer, JT, 1940
s Peru und Bolivien
Poecilotriccus latirostris ochropterus
**Allens Rostzügel-Todityrann**
Allen, JA, 1889
s Brasilien
Poecilotriccus latirostris austroriparius
**Todds Rostzügel-Todityrann**
Todd, 1952
e Amazonasgebiet Brasilien
Poecilotriccus latirostris senectus
**Amazonas-Rostzügel-Todityrann**
Griscom & Greenway, 1937
n Amazonasgebiet Brasilien

Poecilotriccus sylvia
**Graukopf-Todityrann**
*Slaty-headed Tody-Flycatcher - Titirijí gris*
Desmarest, 1806
*n Brasilien, Guyana und Französisch-Guayana*

Poecilotriccus sylvia schistaceiceps
**Panama-Graukopf-Todityrann**
Sclater, PL, 1859
s Mexico bis Panama
Poecilotriccus sylvia superciliaris
**Kolumbien-Graukopf-Todityrann**
Lawrence, 1871
n, w, c Kolumbien
Poecilotriccus sylvia griseolus
**Venezuela-Graukopf-Todityrann**
Todd, 1913
e Kolumbien und n, c Venezuela
Poecilotriccus sylvia schulzi
**Schulzes Graukopf-Todityrann**
Berlepsch, 1907
ne Brasilien

Poecilotriccus calopterus
**Goldflügel-Todityrann**
*Golden-winged Tody-Flycatcher - Titirijí alidorado*
Sclater, PL, 1857
*w Amazonasgebiet*

Poecilotriccus pulchellus
**Weißzügel-Todityrann**
*Black-backed Tody-Flycatcher - Titirijí dorsinegro*
Sclater, PL, 1874
*se Peru*


## Gattung: Taeniotriccus

Taeniotriccus andrei
**Schwarzschopf-Todityrann**
*Black-chested Tyrant - Mosquero pechinegro*
Berlepsch & Hartert, EJO, 1902
*se Venezuela und nw Brasilien*

> Taeniotriccus andrei klagesi
> **Klages-Schwarzschopf-Todityrann**
> Todd, 1925
> se Amazonasgebiet Brasilien

## Gattung: Todirostrum

Todirostrum maculatum
**Fleckenbrust-Todityrann**
*Spotted Tody-Flycatcher - Titirijí moteado*
Desmarest, 1806
*Suriname, Französisch-Guayana und ne Brasilien*

> Todirostrum maculatum amacurense
> **Trinidad-Fleckenbrust-Todityrann**
> Eisenmann & Phelps, WH Jr, 1971
> ne Venezuela, Guyana und Trinidad
> Todirostrum maculatum signatum
> **Peru-Fleckenbrust-Todityrann**
> Sclater, PL & Salvin, 1881
> se Kolumbien, e Ecuador, e Peru, nw Bolivien und w Amazonasgebiet Brasilien
> Todirostrum maculatum diversum
> **Zimmers Fleckenbrust-Todityrann**
> Zimmer, JT, 1940
> c Amazonasgebiet Brasilien
> Todirostrum maculatum annectens
> **Amazonas-Fleckenbrust-Todityrann**
> Zimmer, JT, 1940
> nc Amazonasgebiet Brasilien

Todirostrum poliocephalum
**Gelbzügel-Todityrann**
*Yellow-lored Tody-Flycatcher - Titirijí cabecigrís*
Wied-Neuwied, M, 1831
*se Brasilien*

Todirostrum cinereum
**Graugelb-Todityrann**
*Common Tody-Flycatcher - Titirijí común*
Linnaeus, 1766
*Kolumbien, Venezuela, Guianas und ne Brasilien*

> Todirostrum cinereum virididorsale
> **Oaxaca-Graugelb-Todityrann**
> Parkes, 1976
> Veracruz und Oaxaca (s Mexico)
> Todirostrum cinereum finitimum
> **Chiapas-Graugelb-Todityrann**
> Bangs, 1904
> Chiapa und Tabasco (s Mexico) bis nw Costa Rica
> Todirostrum cinereum wetmorei
> **Wetmores Graugelb-Todityrann**
> Parkes, 1976
> c Costa Rica und Panama
> Todirostrum cinereum sclateri
> **Sclaters Graugelb-Todityrann**
> Cabanis & Heine, 1860
> sw Kolumbien, w Ecuador und nw Peru
> Todirostrum cinereum peruanum
> **Peru-Graugelb-Todityrann**
> Zimmer, JT, 1930
> e Ecuador und e Peru
> Todirostrum cinereum coloreum
> **Bolivien-Graugelb-Todityrann**
> Ridgway, 1906
> n Bolivien und n Paraguay bis se Brasilien und ne Argentinien
> Todirostrum cinereum cearae
> **Brasilien-Graugelb-Todityrann**
> Cory, 1916
> e Brasilien

Todirostrum viridanum
**Kurzschwanz-Todityrann**
*Maracaibo Tody-Flycatcher - Titirijí de Maracaibo*
Hellmayr, 1927
*nw Venezuela*

Todirostrum pictum
**Schwarzflecken-Todityrann**
*Painted Tody-Flycatcher - Titirijí pintado*
Salvin, 1897
*ne Amazonasgebiet*

Todirostrum chrysocrotaphum
**Goldbrauen-Todityrann**
*Yellow-browed Tody-Flycatcher - Titirijí cejiamarillo*
Strickland, 1850
*ne, e Peru und w Amazonasgebiet Brasilien*

> Todirostrum chrysocrotaphum guttatum
> **Pelzelns Goldbrauen-Todityrann**
> Pelzeln, 1868
> se Kolumbien, e Ecuador, extremer ne Peru und nw Brasilien
> Todirostrum chrysocrotaphum neglectum
> **Carrikers Goldbrauen-Todityrann**
> Carriker, 1932
> e, se Peru, sw Amazonasgebiet Brasilien und n Bolivien
> Todirostrum chrysocrotaphum simile
> **Zimmers Goldbrauen-Todityrann**
> Zimmer, JT, 1940
> sc Amazonasgebiet Brasilien
> Todirostrum chrysocrotaphum illigeri
> **Amazonas-Goldbrauen-Todityrann**
> Cabanis & Heine, 1860
> se Amazonasgebiet Brasilien

Todirostrum nigriceps
**Schwarzkopf-Todityrann**
*Black-headed Tody-Flycatcher - Titirijí cabecinegro*
Sclater, PL, 1855
*Costa Rica bis n Venezuela und Ecuador*

## Gattung: Cnipodectes

Cnipodectes subbrunneus
**Drehschwingentyrann**
*Brownish Twistwing - Mosquero pardo*
Sclater, PL, 1860
*e Panama bis n, w Kolumbien und w Ecuador*

> Cnipodectes subbrunneus minor
> **Kleiner Drehschwingentyrann**
> Sclater, PL, 1884
> se Kolumbien, e Ecuador, e Peru, n Bolivien und w Amazonasgebiet Brasilien

Cnipodectes superrufus
**Rötel-Drehschwingentyrann**
*Rufous Twistwing - Mosquero rufo*
Lane, Servat, Valqui & Lambert, 2007
*se Peru und nw Bolivien*

## Gattung: Rhynchocyclus

Rhynchocyclus pacificus
**Pazifik-Breitschnabeltyrann**
*Pacific Flatbill - Picoplano del Pacífico*
Chapman, 1914
*w Kolumbien und nw Ecuador*

Rhynchocyclus brevirostris
**Augenring-Breitschnabeltyrann**
*Eye-ringed Flatbill - Picoplano de anteojos*
Cabanis, 1847
*s Mexico bis w Panama*

> Rhynchocyclus brevirostris pallidus
> **Mexiko-Augenring-Breitschnabeltyrann**
> Binford, 1965
> sw Mexico
> Rhynchocyclus brevirostris hellmayri
> **Hellmayrs Augenring-Breitschnabeltyrann**
> Griscom, 1932
> e Panama bis nw Kolumbien

Rhynchocyclus fulvipectus
**Ockerbrust-Breitschnabeltyrann**
*Fulvous-breasted Flatbill - Picoplano pechirrufo*
Sclater, PL, 1860
*w Venezuela bis nw Bolivien*

Rhynchocyclus aequinoctialis
**Äquator-Breitschnabeltyrann**
*Western Olivaceous Flatbill - Picoplano equinoccial*
Sclater, PL, 1858
*nw Amazonasgebiet von sc Kolumbien bis e Ecuador und ne Peru.*

Rhynchocyclus aequinoctialis bardus
**Panama-Äquator-Breitschnabeltyrann**
Bangs & Barbour, 1922
e Panama bis nw Kolumbien (Antioquia)
Rhynchocyclus aequinoctialis mirus
**Atrato-OÄquator-Breitschnabeltyrann**
Meyer de Schauensee, 1950
Atrato Tal und Inland in nw Kolumbien
Rhynchocyclus aequinoctialis jelambianus
**Venezuela-Äquator-Breitschnabeltyrann**
Aveledo & Peréz, 1994
ne Venezuela
Rhynchocyclus aequinoctialis tamborensis
**Santander-Äquator-Breitschnabeltyrann**
Todd, 1952
Santander (nc Kolumbien)
Rhynchocyclus aequinoctialis flavus
**Chapmanns Äquator-Breitschnabeltyrann**
Chapman, 1914
n, c Kolumbien und n Venezuela
Rhynchocyclus aequinoctialis cryptus
**Amazonas- Äquator-Breitschnabeltyrann**
Simões, Cerqueira, Peloso & Aleixo, 2021
sw Amazonasgebiet von e Peru, und sw Brasilien bis n Bolivien

Rhynchocyclus olivaceus
**Amazonien-Breitschnabeltyrann**
*Eastern Olivaceous Flatbill - Picoplano oliváceo*
Temminck, 1820
nc, e Brasilien

Rhynchocyclus olivaceus guianensis
**Guyana-Amazonien-Breitschnabeltyrann**
McConnell, 1911
s Venezuela, Guianas und w, n Amazonasgebiet Brasilien
Rhynchocyclus olivaceus sordidus
**Amazonas-Amazonien-Breitschnabeltyrann**
Todd, 1952
se Amazonasgebiet Brasilien

## Gattung: Tolmomyias

Tolmomyias sulphurescens
**Olivscheitel-Breitschnabeltyrann**
*Yellow-olive Flatbill - Picoplano sulfuroso*
Spix, 1825
s Brasilien, e Paraguay und ne Argentinien

Tolmomyias sulphurescens cinereiceps
**Mexiko-Olivscheitel-Breitschnabeltyrann**
Sclater, PL, 1859
s Mexico bis Costa Rica
Tolmomyias sulphurescens flavoolivaceus
**Panama-Olivscheitel-Breitschnabeltyrann**
Lawrence, 1863
Panama und nw Kolumbien
Tolmomyias sulphurescens berlepschi
**Berlepschs Olivscheitel-Breitschnabeltyrann**
Hartert, EJO & Goodson, 1917
Trinidad
Tolmomyias sulphurescens exortivus
**Bangs Olivscheitel-Breitschnabeltyrann**
Bangs, 1908
ne Kolumbien und n Venezuela
Tolmomyias sulphurescens asemus
**Kolumbien-Olivscheitel-Breitschnabeltyrann**
Bangs, 1910
w Kolumbien
Tolmomyias sulphurescens confusus
**Venezuela-Olivscheitel-Breitschnabeltyrann**
Zimmer, JT, 1939
c Kolumbien und w Venezuela bis ne Ecuador
Tolmomyias sulphurescens duidae
**Duida-Olivscheitel-Breitschnabeltyrann**
Zimmer, JT, 1939
s Venezuela und nw Brasilien
Tolmomyias sulphurescens aequatorialis
**Ekuador-Olivscheitel-Breitschnabeltyrann**
Berlepsch & Taczanowski, 1884
w Ecuador und nw Peru
Tolmomyias sulphurescens cherriei
**Guyana-Olivscheitel-Breitschnabeltyrann**
Hartert, EJO & Goodson, 1917
c Venezuela, Guianas und n Brasilien
Tolmomyias sulphurescens peruvianus
**Peru-Olivscheitel-Breitschnabeltyrann**
Taczanowski, 1875
se Ecuador und n, c Peru
Tolmomyias sulphurescens insignis
**Amazonas-Olivscheitel-Breitschnabeltyrann**
Zimmer, JT, 1939
ne Peru und w Amazonasgebiet Brasilien
Tolmomyias sulphurescens mixtus
**Brasilien-Olivscheitel-Breitschnabeltyrann**
Zimmer, JT, 1939
ne Brasilien

Tolmomyias sulphurescens inornatus
**Zimmers Olivscheitel-Breitschnabeltyrann**
Zimmer, JT, 1939
se Peru
Tolmomyias sulphurescens pallescens
**Bolivien-Olivscheitel-Breitschnabeltyrann**
Hartert, EJO & Goodson, 1917
c, e Brasilien bis e Bolivien und nw Argentinien
Tolmomyias sulphurescens grisescens
**Paraguay-Olivscheitel-Breitschnabeltyrann**
Chubb, C, 1910
c Paraguay und n Argentinien

Tolmomyias traylori
**Orangeaugen-Breitschnabeltyrann**
*Orange-eyed Flatbill - Picoplano ojinaranja*
Schulenberg & Parker, TA, 1997
w Amazonasgebiet

Tolmomyias flavotectus
**Gelbschwingen-Breitschnabeltyrann**
*Yellow-winged Flatbill - Picoplano aliamarillo del Pacífico*
Hartert, EJO, 1902
Costa Rica bis nw Ecuador

Tolmomyias assimilis
**Flügelspiegel-Breitschnabeltyrann**
*Yellow-margined Flatbill - Picoplano aliamarillo común*
Pelzeln, 1868
sc Amazonasgebiet Brasilien e bis Canumã-Sucunduri Rivers

Tolmomyias assimilis neglectus
**Venezuela-Flügelspiegel-Breitschnabeltyrann**
Zimmer, JT, 1939
e Kolumbien, s Venezuela und nw Brasilien
Tolmomyias assimilis examinatus
**Guyana-Flügelspiegel-Breitschnabeltyrann**
Chubb, C, 1920
se Venezuela, Guianas und nc Brasilien
Tolmomyias assimilis obscuriceps
**Kolumbien-Flügelspiegel-Breitschnabeltyrann**
Zimmer, JT, 1939
se Kolumbien bis ne Peru
Tolmomyias assimilis clarus
**Peru-Flügelspiegel-Breitschnabeltyrann**
Zimmer, JT, 1939
c Peru
Tolmomyias assimilis sucunduri
**Tapajós-Flügelspiegel-Breitschnabeltyrann**
Whitney, Schunck, Régo, MA & Silveira, 2013
sc Amazonasgebiet Brasilien zwischen Canumã-Sucunduri und Tapajós Rivers
Tolmomyias assimilis paraensis
**Brasilien-Flügelspiegel-Breitschnabeltyrann**
Zimmer, JT, 1939
ne Brasilien
Tolmomyias assimilis calamae
**Bolivien-Flügelspiegel-Breitschnabeltyrann**
Zimmer, JT, 1939
n Bolivien und sw Brasilien

Tolmomyias poliocephalus
**Grauscheitel-Breitschnabeltyrann**
*Grey-crowned Flatbill - Picoplano cabecigrís*
Taczanowski, 1884
e Kolumbien und sw Venezuela bis e Ecuador, e Peru und w Brasilien

Tolmomyias poliocephalus klagesi
**Klages Grauscheitel-Breitschnabeltyrann**
Ridgway, 1906
s Venezuela
Tolmomyias poliocephalus sclateri
**Sclaters Grauscheitel-Breitschnabeltyrann**
Hellmayr, 1903
Guianas über e Amazonasgebiet Brasilien bis c Bolivien

Tolmomyias flaviventris
**Gelbbauch-Breitschnabeltyrann**
*Ochre-lored Flatbill - Picoplano pechiamarillo*
Wied-Neuwied, M, 1831
e Brasilien

Tolmomyias flaviventris aurulentus
**Todds Gelbbauch-Breitschnabeltyrann**
Todd, 1913
e Panama, n, e Kolumbien und n, c Venezuela über Guianas, n Brasilien und Trinidad
Tolmomyias flaviventris dissors
**Zimmers Gelbbauch-Breitschnabeltyrann**
Zimmer, JT, 1939
sw Venezuela und ne Brasilien

Tolmomyias viridiceps
**Grünkopf-Breitschnabeltyrann**
*Olive-faced Flatbill - Picoplano cabeciverde*
Sclater, PL & Salvin, 1873
se Kolumbien, e Ecuador, ne Peru und w Amazonasgebiet Peru

Tolmomyias viridiceps zimmeri
**Zimmers Grünkopf-Breitschnabeltyrann**
Bond, J, 1947
c Peru
Tolmomyias viridiceps subsimilis
**Carrikers Grünkopf-Breitschnabeltyrann**
Carriker, 1935
se Peru, nw Bolivien und sw Brasilien



Calyptura cristata
**Goldhähnchentyrann**
*Kinglet Calyptura - Cotinguita reyezuelo*
Vieillot, 1818
se Brasilien



Platyrinchus saturatus
**Zimtkopf-Spatelschnabeltyrann**
*Cinnamon-crested Spadebill - Picoplano cresticanela*
Salvin & Godman, 1882
e Kolumbien, s Venezuela, Guianas, ne Ecuador, ne Peru und n Brasilien

Platyrinchus saturatus pallidiventris
**Novaes-Zimtkopf-Breitschnabeltyrann**
Novaes, 1968
c Brasilien

Platyrinchus cancrominus
**Kurzschwanz-Spatelschnabeltyrann**
*Stub-tailed Spadebill - Picoplano rabón*
Sclater, PL & Salvin, 1860
se, s Mexico bis w Costa Rica

Platyrinchus mystaceus
**Gelbscheitel-Spatelschnabeltyrann**
*White-throated Spadebill - Picoplano bigotudo oriental*
Vieillot, 1818
se Brasilien, Paraguay und ne Argentinien

Platyrinchus mystaceus neglectus
**Todds Gelbscheitel-Breitschnabeltyrann**
Todd, 1919
e Costa Rica bis e Kolumbien und w Venezuela
Platyrinchus mystaceus perijanus
**Perija-Gelbscheitel-Breitschnabeltyrann**
Phelps, WH & Phelps, WH Jr, 1954
Perijá Mts. (ne Kolumbien und nw Venezuela)
Platyrinchus mystaceus insularis
**Allens-Gelbscheitel-Breitschnabeltyrann**
Allen, JA, 1889
n Venezuela und Trinidad
Platyrinchus mystaceus imatacae
**Venezuela-Gelbscheitel-Breitschnabeltyrann**
Zimmer, JT & Phelps, WH, 1945
ec Venezuela
Platyrinchus mystaceus ventralis
**Phelps-Gelbscheitel-Breitschnabeltyrann**
Phelps, WH & Phelps, WH Jr, 1955
extremer s Venezuela und nw Brasilien
Platyrinchus mystaceus duidae
**Duida-Gelbscheitel-Breitschnabeltyrann**
Zimmer, JT, 1939
Tepuis sc, se Venezuela bis n Roraima (extremer n Brasilien)
Platyrinchus mystaceus ptaritepui
**Tepui-Gelbscheitel-Breitschnabeltyrann**
Zimmer, JT & Phelps, WH, 1946
Tepuis se Venezuela
Platyrinchus mystaceus albogularis
**Sclaters Gelbscheitel-Breitschnabeltyrann**
Sclater, PL, 1860
w Kolumbien und w Ecuador
Platyrinchus mystaceus zamorae
**Zamora-Gelbscheitel-Breitschnabeltyrann**
Chapman, 1924
e Ecuador und n Peru
Platyrinchus mystaceus partridgei
**Peru-Gelbscheitel-Breitschnabeltyrann**
Short, 1969
s Peru und n, w Bolivien
Platyrinchus mystaceus bifasciatus
**Bolivien-Gelbscheitel-Breitschnabeltyrann**
Allen, JA, 1889
n Bolivien bis sc Brasilien
Platyrinchus mystaceus cancromus
**Temmincks Gelbscheitel-Breitschnabeltyrann**
Temminck, 1820
e Brasilien
Platyrinchus mystaceus niveigularis
**Pintos Gelbscheitel-Breitschnabeltyrann**
Pinto, 1954
ne Brasilien

Platyrinchus coronatus
**Goldkappen-Spatelschnabeltyrann**
*Golden-crowned Spadebill - Picoplano coronado*
Sclater, PL, 1858
w Amazonasgebiet

Platyrinchus coronatus superciliaris
**Honduras-Goldkappen-Spatelschnabeltyrann**
Lawrence, 1863
Honduras bis w Ecuador
Platyrinchus coronatus gumia
**Guyana-Goldkappen-Spatelschnabeltyrann**
Bangs & Penard, TE, 1918
se Venezuela, Guianas und ne Brasilien

Platyrinchus flavigularis
**Gelbkehl-Spatelschnabeltyrann**
*Yellow-throated Spadebill - Picoplano gorjiamarillo*
Sclater, PL, 1862
Kolumbien und w Venezuela bis se Peru

Platyrinchus flavigularis vividus
**Phelps-Gelbkehl-Spatelschnabeltyrann**
Phelps, WH & Phelps, WH Jr, 1952
nw Venezuela

Platyrinchus platyrhynchos
**Silberkopf-Spatelschnabeltyrann**
*White-crested Spadebill - Picoplano crestiblanco*
Gmelin, JF, 1788
e Kolumbien über Guianas und n Brasilien

Platyrinchus platyrhynchos senex
**Sclaters Silberkopf-Spatelschnabeltyrann**
Sclater, PL & Salvin, 1880
e Ecuador, e Peru, n Bolivien und extremer w Brasilien
Platyrinchus platyrhynchos nattereri
**Natterers Silberkopf-Spatelschnabeltyrann**
Hartert, EJO & Hellmayr, 1902
sc Amazonasgebiet Brasilien
Platyrinchus platyrhynchos amazonicus
**Amazonas-Silberkopf-Spatelschnabeltyrann**
Berlepsch, 1912
e Amazonasgebiet Brasilien

Platyrinchus leucoryphus
**Rostflügel-Spatelschnabeltyrann**
*Russet-winged Spadebill - Picoplano alirrufo*
Wied-Neuwied, M, 1831
e Paraguay, ne Argentinien und se Brasilien



Neopipo cinnamomea
**Zimtbauchtyrann**
*Cinnamon Neopipo - Mosquerito canelo*
Lawrence, 1869
e Kolumbien und s Venezuela bis e Ecuador, e Peru und w, c Amazonasgebiet Brasilien

Neopipo cinnamomea helenae
**Helenas Zimtbauchtyrann**
McConnell, 1911
Guianas und n Brasilien



Pyrrhomyias cinnamomeus
**Zimttyrann**
*Cinnamon Flycatcher - Birro chico*
d'Orbigny & Lafresnaye, 1837
e Peru, Bolivien und nw Argentinien

Pyrrhomyias cinnamomeus assimilis
**Allens Zimttyrann**
Allen, JA, 1900
Santa Marta Mts. (ne Kolumbien)
Pyrrhomyias cinnamomeus pyrrhopterus
**Hartlaubs Zimttyrann**
Hartlaub, 1843
Kolumbien und nw Venezuela bis Ecuador und n Peru
Pyrrhomyias cinnamomeus vieillotioides
**Venezuela-Zimttyrann**
Lafresnaye, 1848
Küste Gebirge von nw Venezuela
Pyrrhomyias cinnamomeus spadix
**Wetmores Zimttyrann**
Wetmore, 1939
Küste Gebirge von ne Venezuela
Pyrrhomyias cinnamomeus pariae
**Paria-Zimttyrann**
Phelps, WH & Phelps, WH Jr, 1949
Paria Halbinsel (ne Venezuela)

Hirundinea ferruginea
**Schwalbentyrann**
*Cliff Flycatcher - Birro roquero*
Gmelin, JF, 1788
*e Kolumbien, nw Brasilien, se Venezuela, sw Guyana und Französisch-Guayana*

Hirundinea ferruginea sclateri
**Sclaters Schwalbentyrann**
Reinhardt, 1870
w Venezuela, Kolumbien bis se Peru
Hirundinea ferruginea bellicosa
**Vieillots Schwalbentyrann**
Vieillot, 1819
s, e Brasilien, e Paraguay, ne Argentinien und Uruguay
Hirundinea ferruginea pallidior
**Paraguay-Schwalbentyrann**
Hartert, EJO & Goodson, 1917
n, e Bolivien, w Paraguay und nw Argentinien

Gattung: Lathrotriccus

Lathrotriccus euleri
**Eulerschnäppertyrann**
*Euler's Flycatcher - Mosquero de Euler*
Cabanis, 1868
*se Brasilien und ne Argentinien*

† Lathrotriccus euleri flaviventris
**Grenada-Eulerschnäppertyrann**
Lawrence, 1887
Grenada (Kleine Antillen)
Lathrotriccus euleri lawrencei
**Lawrenc-Eulerschnäppertyrann**
Allen, JA, 1889)
e Kolumbien, n Venezuela, Suriname, Französisch-Guayana und Trinidad
Lathrotriccus euleri bolivianus
**Bolivien-Eulerschnäppertyrann**
Allen, JA, 1889
w Amazonasgebiet
Lathrotriccus euleri argentinus
**Argentinischer Eulerschnäppertyrann**
Cabanis, 1868
e Bolivien, Paraguay und n Argentinien

Lathrotriccus griseipectus
**Graubrust-Schnäppertyrann**
*Grey-breasted Flycatcher - Mosquero pechigrís*
Lawrence, 1869
*w Ecuador, n Peru*

Gattung: Aphanotriccus

Aphanotriccus capitalis
**Ockerbrust-Schnäppertyrann**
*Tawny-chested Flycatcher - Mosquero pechileonado*
Salvin, 1865
*e Nicaragua, n Costa Rica*

Aphanotriccus audax
**Schwarzschnabel-Schnäppertyrann**
*Black-billed Flycatcher - Mosquero piquinegro*
Nelson, 1912
*Panama und n Kolumbien*

Gattung: Cnemotriccus

Cnemotriccus fuscatus
**Augenstreif-Schnäppertyrann**
*Fuscous Flycatcher - Mosquero parduzco*
Wied-Neuwied, M, 1831
*se Brasilien und ne Argentinien*

Cnemotriccus fuscatus cabanisi
**Cabansis Augenstreif-Schnäppertyrann**
Leotaud, 1866
Kolumbien, nw, n Venezuela und Trinidad
Cnemotriccus fuscatus duidae
**Duida-Augenstreif-Schnäppertyrann**
Zimmer, JT, 1938
s Venezuela und nw Brasilien
Cnemotriccus fuscatus fumosus
**Guyana-Augenstreif-Schnäppertyrann**
Berlepsch, 1908
Guianas und ne Brasilien
Cnemotriccus fuscatus fuscatior
**Chapmans Augenstreif-Schnäppertyrann**
Chapman, 1926
se Kolumbien und sw Venezuela bis e Ecuador, e Peru und c Brasilien

Cnemotriccus fuscatus beniensis
**Bolivien-Augenstreif-Schnäppertyrann**
Gyldenstolpe, 1941
n Bolivien
Cnemotriccus fuscatus bimaculatus
**Brasilien-Augenstreif-Schnäppertyrann**
d'Orbigny & Lafresnaye, 1837
c Bolivien, s, e Brasilien, Paraguay und n Argentinien

Gattung: Xenotriccus

Xenotriccus callizonus
**Brustband-Schnäppertyrann**
*Belted Flycatcher - Mosquero fajado*
Dwight & Griscom, 1927
*s Mexico, sw Guatemala und nw El Salvador*

Xenotriccus mexicanus
**Schopfschnäppertyrann**
*Pileated Flycatcher - Mosquero del Balsas*
Zimmer, JT, 1938
*sw Mexico*

Gattung: Sayornis

Sayornis phoebe
**Weißbauch-Phoebetyrann**
*Eastern Phoebe - Mosquero fibí*
Latham, 1790
*nc Kanada bis sc, se USA*

Sayornis nigricans
**Schwarzkopf-Phoebetyrann**
*Black Phoebe - Mosquero negro*
Swainson, 1827
*ne, c, s Mexico*

Sayornis nigricans semiater
**Vigors Schwarzkopf-Phoebetyrann**
Vigors, 1839
w USA und w Mexico
Sayornis nigricans aquaticus
**Nikaragua-Schwarzkopf-Phoebetyrann**
Sclater, PL & Salvin, 1859
s Mexico bis Nicaragua
Sayornis nigricans amnicola
**Panama-Schwarzkopf-Phoebetyrann**
Bangs, 1902
Costa Rica und w Panama
Sayornis nigricans angustirostris
**Peru-Schwarzkopf-Phoebetyrann**
Berlepsch & Stolzmann, 1896
e Panama, n Kolumbien und n, w Venezuela bis Peru
Sayornis nigricans latirostris
**Bolivien-Schwarzkopf-Phoebetyrann**
Cabanis & Heine, 1860
Bolivien und nw Argentinien

Sayornis saya
**Zimtbauch-Phoebetyrann**
*Say's Phoebe - Mosquero llanero*
Bonaparte, 1825
*Alaska, w Kanada, w USA und n, s Mexico*

Sayornis saya quiescens
**Grinnells Zimtbauch-Phoebetyrann**
Grinnell, 1926
Baja California (nw Mexico)

Gattung: Mitrephanes

Mitrephanes phaeocercus
**Gelbbauch-Schnäppertyrann**
*Northern Tufted Flycatcher - Mosquero moñudo común*
Sclater, PL, 1859
*s, sw, e Mexico bis Honduras und Nicaragua*

Mitrephanes phaeocercus tenuirostris
**Brewsters Gelbbauch-Schnäppertyrann**
Brewster, 1888
w Mexico
Mitrephanes phaeocercus aurantiiventris
**Panama-Gelbbauch-Schnäppertyrann**
Lawrence, 1865
Costa Rica und w, c Panama
Mitrephanes phaeocercus berlepschi
**Berlepschs Gelbbauch-Schnäppertyrann**
Hartert, EJO, 1902
e Panama bis nw Ecuador

Mitrephanes olivaceus
**Olivbauch-Schnäppertyrann**
*Olive Tufted Flycatcher - Mosquero moñudo oliváceo*
Berlepsch & Stolzmann, 1894
*Peru bis nw Bolivien*



Contopus cooperi
**Olivflanken-Schnäppertyrann**
*Olive-sided Flycatcher - Pibí boreal*
Nuttall, 1831
*w Alaska bis sw USA , nw Mexico, ec USA  und se Kanada*

Contopus pertinax
**Mexikoschnäppertyrann**
*Greater Pewee - Pibí tengofrío*
Cabanis & Heine, 1860
*se Arizona, sw New Mexico (sw USA) bis sw Mexico (Oaxaca)*

Contopus pertinax minor
**Kleiner Mexikoschnäppertyrann**
Miller, W & Griscom, 1925
s Mexico (Chiapas) bis Belize, Honduras, El Salvador und n Nicaragua

Contopus lugubris
**Trauerschnäppertyrann**
*Dark Pewee - Pibí oscuro*
Lawrence, 1865
*Costa Rica und w Panama*

Contopus fumigatus
**Schieferschnäppertyrann**
*Smoke-colored Pewee - Pibí ahumado*
d'Orbigny & Lafresnaye, 1837
*se Peru und w Bolivien*

Contopus fumigatus ardosiacus
**Ekuador-Schieferschnäppertyrann**
Lafresnaye, 1844
Kolumbien und w Venezuela bis e Ecuador und e Peru

Contopus fumigatus cineraceus
**Venezuela-Schieferschnäppertyrann**
Lafresnaye, 1848
n Venezuela

Contopus fumigatus duidae
**Duida-Schieferschnäppertyrann**
Chapman, 1929
s Venezuela und Guyana

Contopus fumigatus zarumae
**Peru-Schieferschnäppertyrann**
Chapman, 1924
sw Kolumbien, w Ecuador und nw Peru

Contopus fumigatus brachyrhynchus
**Bolivien-Schieferschnäppertyrann**
Cabanis, 1883
se Bolivien und nw Argentinien

Contopus ochraceus
**Ockergelb-Schnäppertyrann**
*Ochraceous Pewee - Pibí ocráceo*
Sclater, PL & Salvin, 1869
*Costa Rica und w Panama*

Contopus sordidulus
**Blasskehl-Schnäppertyrann**
*Western Wood Pewee - Pibí occidental*
Sclater, PL, 1859
*s, sw Mexico bis Honduras*

Contopus sordidulus saturatus
**Alaska-Blasskehl-Schnäppertyrann**
Bishop, 1900
se Alaska bis w Oregon (nw NA)

Contopus sordidulus veliei
**Coues-Blasskehl-Schnäppertyrann**
Coues, 1866
w, wc USA  und n Mexico

Contopus sordidulus peninsulae
**Brewsters Blasskehl-Schnäppertyrann**
Brewster, 1891
s Baja California (nw Mexico)

Contopus virens
**Hellbauch-Schnäppertyrann**
*Eastern Wood Pewee - Pibí oriental*
Linnaeus, 1766
*sc, se Kanada bis sc, se USA*

Contopus bogotensis
**Waldschnäppertyrann**
*Northern Tropical Pewee - Pibí tropical norteño*
Bonaparte, 1850
*n Kolumbien, n Venezuela, nw Brasilien und Trinidad*

Contopus bogotensis brachytarsus
**Sclaters Waldschnäppertyrann**
Sclater, PL, 1859
se Mexico bis Panama

Contopus bogotensis rhizophorus
**Costa Rica-Waldschnäppertyrann**
Dwight & Griscom, 1924
w Costa Rica

Contopus bogotensis aithalodes
**Coiba-Waldschnäppertyrann**
Wetmore, 1957
Coiba Insel (vor Panama)

Contopus bogotensis surinamensis
**Surinam-Waldschnäppertyrann**
Penard, FP & Penard, AP, 1910
s Venezuela, Guianas und ne Brasilien

Contopus punensis
**Tumbesschnäppertyrann**
*Tumbes Pewee - Pibí tropical occidental*
Lawrence, 1869
*w Ecuador, w Peru*

Contopus cinereus
**Dunkel-Waldschnäppertyrann**
*Southern Tropical Pewee - Pibí tropical sureño*
Spix, 1825
*se Paraguay, se Brasilien und ne Argentinien*

Contopus cinereus pallescens
**Hellmayrs Waldschnäppertyrann**
Hellmayr, 1927
e, sc Brasilien, Bolivien, nw Paraguay und nw Argentinien

Contopus albogularis
**Weißkehl-Schnäppertyrann**
*White-throated Pewee - Pibí gorjiblanco*
Berlioz, 1962
*ne Amazonasgebiet*

Contopus nigrescens
**Dunkelschnäppertyrann**
*Blackish Pewee - Pibí negruzco*
Sclater, PL & Salvin, 1880
*e Ecuador*

Contopus nigrescens canescens
**Chapmans Dunkelschnäppertyrann**
Chapman, 1926
e Peru, s Guyana und nc Brasilien

Contopus caribaeus
**Kubaschnäppertyrann**
*Cuban Pewee - Pibí cubano*
d'Orbigny, 1839
*Kuba und Isle von Pines*

Contopus caribaeus bahamensis
**Bahamas-Dunkelschnäppertyrann**
Bryant, H, 1859
Bahamas

Contopus caribaeus morenoi
**Zapatatyrann**
Burleigh & Duvall, 1948
Zapata Swamp (s Kuba )

Contopus caribaeus nerlyi
**Garridos Dunkelschnäppertyrann**
Garrido, 1978
Inseln vor sc Kuba

Contopus hispaniolensis
**Hispaniolaschnäppertyrann**
*Hispaniolan Pewee - Pibí de La Española*
Bryant, H, 1867
*Hispaniola*

Contopus hispaniolensis tacitus
**Gonaveschnäppertyrann**
Wetmore, 1928
Gonâve Insel (w von Haiti)

Contopus pallidus
**Jamaikaschnäppertyrann**
*Jamaican Pewee - Pibí jamaicano*
Gosse, 1847
*Jamaika*

Contopus latirostris
**Kleinantillen-Schnäppertyrann**
*Lesser Antillean Pewee - Pibí puertorriqueño*
Verreaux, J, 1866
*St. Lucia*

    Contopus latirostris blancoi
    **Puerto Rico-Schnäppertyrann**
    Cabanis, 1875
    Puerto Rico
    Contopus latirostris brunneicapillus
    **Dominica-Schnäppertyrann**
    Lawrence, 1878
    Dominica, Guadeloupe und Martinique (Kleine Antillen)

## Gattung: Empidonax

Empidonax flaviventris
**Birkenschnäppertyrann**
*Yellow-bellied Flycatcher - Mosquero ventriamarillo*
Baird, WM & Baird, SF, 1843
*wc Kanada bis se Kanada und ne USA*

Empidonax virescens
**Buchenschnäppertyrann**
*Acadian Flycatcher - Mosquero verdoso*
Vieillot, 1818
*c, e USA*

Empidonax traillii
**Weidenschnäppertyrann**
*Willow Flycatcher - Mosquero saucero*
Audubon, 1828
*sc Kanada und se Kanada bis c USA  und ne USA*

    Empidonax traillii brewsteri
    **Brewsters Weidenschnäppertyrann**
    Oberholser, 1918
    sw British Columbia (w Kanada) bis c California (w USA)
    Empidonax traillii adastus
    **Utha-Weidenschnäppertyrann**
    Oberholser, 1932
    s British Columbia (w Kanada) bis e California, Utah und Colorado (wc USA)
    Empidonax traillii extimus
    **Kalifornischer Weidenschnäppertyrann**
    Phillips, AR, 1948
    s California bis New Mexico

Empidonax alnorum
**Erlenschnäppertyrann**
*Alder Flycatcher - Mosquero alisero*
Brewster, 1895
*c Alaska bis e canada und ne USA*

Empidonax albigularis
**Fahlkehl-Schnäppertyrann**
*White-throated Flycatcher - Mosquero gorjiblanco*
Sclater, PL & Salvin, 1859
*e Mexico bis Honduras*

    Empidonax albigularis timidus
    **Nelsons Fahlkehl-Schnäppertyrann**
    Nelson, 1900
    nw Mexico
    Empidonax albigularis australis
    **Panama-Fahlkehl-Schnäppertyrann**
    Miller, W & Griscom, 1925
    Nicaragua bis Panama

Empidonax minimus
**Zwergschnäppertyrann**
*Least Flycatcher - Mosquero mínimo*
Baird, WM & Baird, SF, 1843
*w Kanada bis nc, ne USA  und se Kanada*

Empidonax hammondii
**Tannenschnäppertyrann**
*Hammond's Flycatcher - Mosquero de Hammond*
Xántus, J, 1858
*c Alaska über w Kanada bis w USA*

Empidonax oberholseri
**Buschland-Schnäppertyrann**
*American Dusky Flycatcher - Mosquero oscuro*
Phillips, AR, 1939
*w Kanada und w USA*

Empidonax wrightii
**Trockenbusch-Schnäppertyrann**
*American Grey Flycatcher - Mosquero gris*
Baird, SF, 1858
*sw Kanada und w USA*

Empidonax affinis
**Kiefernschnäppertyrann**
*Pine Flycatcher - Mosquero de los pinos*
Swainson, 1827
*c Mexico*

    Empidonax affinis pulverius
    **Mexiko-Kiefernschnäppertyrann**
    Brewster, 1889
    nw Mexico
    Empidonax affinis trepidus
    **Nelsons Kiefernschnäppertyrann**
    Nelson, 1901
    ne Mexico
    Empidonax affinis bairdi
    **Bairds Kiefernschnäppertyrann**
    Sclater, PL, 1858
    s Mexico
    Empidonax affinis vigensis
    **Phillips-Kiefernschnäppertyrann**
    Phillips, AR, 1942
    se Mexico

Empidonax difficilis
**Feuchtwald-Schnäppertyrann**
*Western Flycatcher - Mosquero del Pacífico*
Baird, SF, 1858
*w Kanada und w USA*

    Empidonax difficilis cineritius
    **Channel-Feuchtwald-Schnäppertyrann**
    Brewster, 1888
    Baja California (nw Mexico)
    Empidonax difficilis insulicola
    **Mexiko-Feuchtwald-Schnäppertyrann**
    Oberholser, 1897
    Channel Is. (vor California, USA)
    Empidonax difficilis hellmayri
    **Hellmayrs Feuchtwald-Schnäppertyrann**
    Brodkorb, 1935
    sw Kanada bis n Mexico
    Empidonax difficilis occidentalis
    **Nelsons Feuchtwald-Schnäppertyrann**
    Nelson, 1897
    c, s Mexico

Empidonax flavescens
**Sumpfschnäppertyrann**
*Yellowish Flycatcher - Mosquero amarillento*
Lawrence, 1865
*Costa Rica und w Panama*

    Empidonax flavescens imperturbatus
    **Wetmores Sumpfschnäppertyrann**
    Wetmore, 1942
    s Mexico
    Empidonax flavescens salvini
    **Salvins Sumpfschnäppertyrann**
    Ridgway, 1886
    se Mexico bis Nicaragua

Empidonax fulvifrons
**Orangebrust-Schnäppertyrann**
*Buff-breasted Flycatcher - Mosquero pechicanelo*
Giraud Jr, 1841
*ne Mexico*

    Empidonax fulvifrons pygmaeus
    **Kleiner Orangebrust-Schnäppertyrann**
    Coues, 1865
    sw USA  und nw Mexico
    Empidonax fulvifrons rubicundus
    **Mexiko-Orangebrust-Schnäppertyrann**
    Cabanis & Heine, 1860
    c Mexico
    Empidonax fulvifrons brodkorbi
    **Brodkorbs Orangebrust-Schnäppertyrann**
    Phillips, AR, 1966
    Oaxaca (s Mexico)
    Empidonax fulvifrons fusciceps
    **Guatemala-Orangebrust-Schnäppertyrann**
    Nelson, 1904
    se Mexico bis Guatemala und El Salvador
    Empidonax fulvifrons inexpectatus
    **Honduras-Orangebrust-Schnäppertyrann**
    Griscom, 1932
    Honduras

Empidonax atriceps
**Schwarzkappen-Schnäppertyrann**
*Black-capped Flycatcher - Mosquero cabecinegro*
Salvin, 1870
*Costa Rica und Panama*

Gattung: Pyrocephalus

Pyrocephalus rubinus
**Rubintyrann**
*Scarlet Flycatcher - Mosquero cardenal*
Boddaert, 1783
*se Bolivien, Paraguay, se Brasilien bis Argentinien und Uruguay*

Pyrocephalus obscurus
**Karmintyrann**
*Vermilion Flycatcher - Mosquero rojo oscuro*
Gould, 1839
*Lima (w Peru)*

    Pyrocephalus obscurus flammeus
    **Flammen-Karmintyrann**
    Van Rossem, 1934
    *sw USA und nw Mexico*
    Pyrocephalus obscurus mexicanus
    **Mexikanischer Karmintyrann**
    Sclater, PL, 1859
    *sc USA und c, s Mexico*
    Pyrocephalus obscurus blatteus
    **Bangs Karmintyrann**
    Bangs, 1911
    *se Mexico bis Honduras*
    Pyrocephalus obscurus pinicola
    **Howells Karmintyrann**
    Howell, TR, 1965
    *Nicaragua*
    Pyrocephalus obscurus saturatus
    **Venezuela-Karmintyrann**
    Berlepsch & Hartert, EJO, 1902
    *ne Kolumbien, Venezuela, Guyana und n Brasilien*
    Pyrocephalus obscurus piurae
    **Kolumbien-Karmintyrann**
    Zimmer, JT, 1941
    *w Kolumbien, w Ecuador und nw Peru*
    Pyrocephalus obscurus ardens
    **Peru-Karmintyrann**
    Zimmer, JT, 1941
    *nc Peru*
    Pyrocephalus obscurus cocachacrae
    **Zimmers Karmintyrann**
    Zimmer, JT, 1941
    *sw Peru und n Chile*

Pyrocephalus nanus
**Galápagostyrann**
*Darwin's Flycatcher - Mosquero de Galápagos*
Gould, 1838
*Galápagos (außer San Cristobal)*

† Pyrocephalus dubius
**San-Cristóbal-Tyrann**
*San Cristobal Flycatcher - Mosquero de San Cristóbal*
Gould, 1839
*San Cristobal (Galápagos)*

Gattung: Ochthornis

Ochthornis littoralis
**Weißbrauentyrann**
*Drab Water Tyrant - Mosquerito guardarríos*
Pelzeln, 1868
*Amazonasgebiet*

Gattung: Satrapa

Satrapa icterophrys
**Goldbrauentyrann**
*Yellow-browed Tyrant - Mosquero cejiamarillo*
Vieillot, 1818
*n Venezuela, ne Brasilien bis Bolivien, c Argentinien und Uruguay*

Gattung: Syrtidicola

Syrtidicola fluviatilis
**Tiefland-Grundtyrann**
*Little Ground Tyrant - Dormilona enana*
Sclater, PL & Salvin, 1866
*sw Amazonasgebiet*

Gattung: Muscisaxicola

Muscisaxicola maculirostris
**Schnabelfleck-Grundtyrann**
*Spot-billed Ground Tyrant - Dormilona chica*
d'Orbigny & Lafresnaye, 1837
*Peru, w Bolivien, w Argentinien und Chile*

    Muscisaxicola maculirostris niceforoi
    **Zimmers Schnabelfleck-Grundtyrann**
    Zimmer, JT, 1947
    *c Kolumbien*
    Muscisaxicola maculirostris rufescens
    **Ekuador-Schnabelfleck-Grundtyrann**
    Berlepsch & Stolzmann, 1896
    *c Ecuador*

Muscisaxicola albifrons
**Weißstirn-Grundtyrann**
*White-fronted Ground Tyrant - Dormilona gigante*
Tschudi, 1844
*Peru bis n Chile*

Muscisaxicola flavinucha
**Gelbnacken-Grundtyrann**
*Ochre-naped Ground Tyrant - Dormilona fraile*
Lafresnaye, 1855
*w Argentinien und n, c Chile*

    Muscisaxicola flavinucha brevirostris
    **Olrogs Gelbnacken-Grundtyrann**
    Olrog, 1949
    *s Chile und s Argentinien*

Muscisaxicola alpinus
**Weißbrauen-Grundtyrann**
*Paramo Ground Tyrant - Dormilona gris*
Jardine, 1849
*Ecuador*

    Muscisaxicola alpinus columbianus
    **Kolumbien-Weißbrauen-Grundtyrann**
    Chapman, 1912
    *wc Kolumbien*
    Muscisaxicola alpinus quesadae
    **Meyers Weißbrauen-Grundtyrann**
    Meyer de Schauensee, 1942
    *c Kolumbien*

Muscisaxicola griseus
**Graubrust-Grundtyrann**
*Taczanowski's Ground Tyrant - Dormilona de Taczanowski*
Taczanowski, 1884
*Peru und Bolivien*

Muscisaxicola cinereus
**Graubraun-Grundtyrann**
*Cinereous Ground Tyrant - Dormilona cenicienta*
Philippi & Landbeck, 1864
*s Peru, w Bolivien, w Argentinien und n Chile*

    Muscisaxicola cinereus argentina
    **Argentinien-Graubraun-Grundtyrann**
    Hellmayr, 1932
    *nw Argentinien*

Muscisaxicola rufivertex
**Rotscheitel-Grundtyrann**
*Rufous-naped Ground Tyrant - Dormilona nuquirroja*
d'Orbigny & Lafresnaye, 1837
*c Chile und w Argentinien*

    Muscisaxicola rufivertex occipitalis
    **Peru-Rotscheitel-Grundtyrann**
    Ridgway, 1887
    *Peru (außer sw) und nw Bolivien*
    Muscisaxicola rufivertex pallidiceps
    **Chile-Rotscheitel-Grundtyrann**
    Hellmayr, 1927
    *sw Peru, sw Bolivien, n Chile und nw Argentinien*
    Muscisaxicola rufivertex achalensis
    **Cordoba-Rotscheitel-Grundtyrann**
    Nores & Yzurieta, 1983
    *c Argentinien (Sierras de Córdoba)*

Muscisaxicola maclovianus
**Maskengrundtyrann**
*Dark-faced Ground Tyrant - Dormilona carinegra*
Garnot, 1826
*Falkland Is.*

Muscisaxicola maclovianus mentalis
**Südlicher Maskengrundtyrann**
d'Orbigny & Lafresnaye, 1837
s Chile und s Argentinien

Muscisaxicola albilora
**Rostkappen-Grundtyrann**
*White-browed Ground Tyrant - Dormilona cejiblanca*
Lafresnaye, 1855
*Ecuador bis s Chile und w Argentinien*

Muscisaxicola capistratus
**Zimtbauch-Grundtyrann**
*Cinnamon-bellied Ground Tyrant - Dormilona canela*
Burmeister, 1860
*s Argentinien, Chile und Peru*

Muscisaxicola juninensis
**Braunscheitel-Grundtyrann**
*Puna Ground Tyrant - Dormilona puneña*
Taczanowski, 1884
*Peru bis n Chile und nw Argentinien*

Muscisaxicola frontalis
**Schwarzstirn-Grundtyrann**
*Black-fronted Ground Tyrant - Dormilona frentinegra*
Burmeister, 1860
*c Chile und wc Argentinien und Peru*

## Gattung: Lessonia

Lessonia oreas
**Andensporntyrann**
*Andean Negrito - Negrito andino*
Sclater, PL & Salvin, 1869
*Peru bis nw Argentinien*

Lessonia rufa
**Patagoniensporntyrann**
*Austral Negrito - Negrito austral*
Gmelin, JF, 1789
*Südamerika Südspitze*

## Gattung: Hymenops

Hymenops perspicillatus
**Brillendunkeltyrann**
*Spectacled Tyrant - Viudita picoplata*
Gmelin, JF, 1789
*se Brasilien, Uruguay und e Paraguay bis nc Argentinien*

Hymenops perspicillatus andinus
**Anden-Brillendunkeltyrann**
Ridgway, 1879
c Chile und wc, sc Argentinien

## Gattung: Knipolegus

Knipolegus cyanirostris
**Einfarb-Dunkeltyrann**
*Blue-billed Black Tyrant - Viudita picoceleste*
Vieillot, 1818
*se, s Brasilien, e Paraguay, ne Argentinien und Uruguay*

Knipolegus signatus
**Nordanden-Dunkeltyrann**
*Jelski's Black Tyrant - Viudita andina septentrional*
Taczanowski, 1875
*n Peru*

Knipolegus cabanisi
**Mittelanden-Dunkeltyrann**
*Plumbeous Tyrant - Viudita andina meridional*
Schulz, 1882
*se Peru, w Bolivien und nw Argentinien*

Knipolegus striaticeps
**Schwarzmasken-Dunkeltyrann**
*Cinereous Tyrant - Viudita chaqueña*
d'Orbigny & Lafresnaye, 1837
*e Bolivien bis c Argentinien*

Knipolegus aterrimus
**Weißspiegel-Dunkeltyrann**
*White-winged Black Tyrant - Viudita aliblanca*
Kaup, 1853
*e Bolivien, Paraguay und w Argentinien*

Knipolegus aterrimus heterogyna
**Peru-Weißspiegel-Dunkeltyrann**
Berlepsch, 1907
n Peru
Knipolegus aterrimus anthracinus
**Heines Weißspiegel-Dunkeltyrann**
Heine, 1860
s Peru und w Bolivien

Knipolegus hudsoni
**Weißflanken-Dunkeltyrann**
*Hudson's Black Tyrant - Viudita patagona*
Sclater, PL, 1872
*c Argentinien*

Knipolegus poecilurus
**Fahlbauch-Dunkeltyrann**
*Rufous-tailed Tyrant - Viudita colirrufa*
Sclater, PL, 1862
*Kolumbien und nw Venezuela*

Knipolegus poecilurus venezuelanus
**Hellmayrs-Fahlbauch-Dunkeltyrann**
Hellmayr, 1927
n, w Venezuela
Knipolegus poecilurus paraquensis
**Venezuela-Fahlbauch-Dunkeltyrann**
Phelps, WH & Phelps, WH Jr, 1949
sc Venezuela
Knipolegus poecilurus salvini
**Salvinis Fahlbauch-Dunkeltyrann**
Sclater, PL, 1888
se Venezuela, n Brasilien und w Guyana
Knipolegus poecilurus peruanus
**Peru-Fahlbauch-Dunkeltyrann**
Berlepsch & Stolzmann, 1896
e Ecuador bis c Bolivien

Knipolegus orenocensis
**Flussufer-Dunkeltyrann**
*Riverside Tyrant - Viudita ribereña del Orinoco*
Berlepsch, 1884
*se Kolumbien und Venezuela*

Knipolegus orenocensis xinguensis
**Amazonas-Flussufer-Dunkeltyrann**
Berlepsch, 1912
ne Brasilien s Amazonas
Knipolegus orenocensis sclateri
**Sclaters Flussufer-Dunkeltyrann**
Hellmayr, 1906
ne Ecuador und ne Peru bis nc Brasilien

Knipolegus poecilocercus
**Várzeadunkeltyrann**
*Amazonian Black Tyrant - Viudita amazónica*
Pelzeln, 1868
*Amazonasgebiet*

Knipolegus lophotes
**Haubendunkeltyrann**
*Crested Black Tyrant - Viudita copetona*
Boie, F, 1828
*c, se Brasilien bis Uruguay*

Knipolegus nigerrimus
**Kurzschopf-Dunkeltyrann**
*Velvety Black Tyrant - Viudita aterciopelada*
Vieillot, 1818
*se Brasilien*

Knipolegus nigerrimus hoflingae
**Hoffings Kurzschopf-Dunkeltyrann**
Lencioni-Neto, 1996
e Brasilien

Knipolegus franciscanus
**São-Francisco-Dunkeltyrann**
*Sao Francisco Black Tyrant - Viudita de caatinga*
Snethlage, E, 1928
*e Brasilien*

## Gattung: Cnemarchus

Cnemarchus erythropygius
**Rostbürzel-Buschtyrann**
*Red-rumped Bush Tyrant - Birro culirrojo*
Sclater, PL, 1853
c Kolumbien bis w Bolivien

Cnemarchus erythropygius orinomus
**Wetmores Rostbürzel-Buschtyrann**
Wetmore, 1946
n Kolumbien

Cnemarchus rufipennis
**Rostspiegel-Buschtyrann**
*Rufous-webbed Bush Tyrant - Birro alirrufo*
Taczanowski, 1874
Peru und w Bolivien

Cnemarchus rufipennis bolivianus
**Bolivien-Rostspiegel-Buschtyrann**
Fjeldså, 1990
c Bolivien bis n Chile und nw Argentinien

## Gattung: Xolmis

Xolmis velatus
**Weißbinden-Scheckenentyrann**
*White-rumped Monjita - Monjita velada*
Lichtenstein, MHC, 1823
c Brasilien bis Bolivien und n Paraguay

Xolmis irupero
**Weißscheckenentyrann**
*White Monjita - Monjita blanca*
Vieillot, 1823
e Bolivien, Paraguay, n Argentinien, s Brasilien und Uruguay

Xolmis irupero niveus
**Östlicher Weißscheckenentyrann**
Spix, 1825
e Brasilien

## Gattung: Pyrope

Pyrope pyrope
**Feueraugen-Scheckentyrann**
*Fire-eyed Diucon - Diucón*
Kittlitz, 1830
s Chile und s Argentinien

Pyrope pyrope fortis
**Chiloe-Feueraugen-Scheckentyrann**
Philippi Bañados & Johnson, AW, 1946
Chiloe Insel (vor Chile)

## Gattung: Nengetus

Nengetus cinereus
**Bartstreif-Scheckenentyrann**
*Grey Monjita - Monjita gris*
Vieillot, 1816
Suriname, e Brasilien, ne Argentinien und Uruguay

Nengetus cinereus pepoaza
**Peru-Bartstreif-Scheckenentyrann**
Vieillot, 1823
se Peru und e Bolivien bis sw Brasilien, Paraguay und n Argentinien

## Gattung: Neoxolmis

Neoxolmis coronatus
**Schwarzkappen-Scheckenentyrann**
*Black-crowned Monjita - Monjita coronada*
Vieillot, 1823
n, c Argentinien

Neoxolmis rubetra
**Rotrücken-Scheckenentyrann**
*Rusty-backed Monjita - Monjita castaña*
Burmeister, 1860
c, n Argentinien

Neoxolmis salinarum
**Weißnacken-Scheckenentyrann**
*Salinas Monjita - Monjita salinera*
Nores & Yzurieta, 1979
nc Argentinien

Neoxolmis rufiventris
**Hellschulter-Nonnentyrann**
*Chocolate-vented Tyrant - Monjita chocolate*
Vieillot, 1823
se Brasilien bis Tierra del Fuego

## Gattung: Myiotheretes

Myiotheretes striaticollis
**Streifenkehl-Buschtyrann**
*Streak-throated Bush Tyrant - Birro grande*
Sclater, PL, 1853
Kolumbien und w Venezuela bis c Peru

Myiotheretes striaticollis pallidus
**Südlicher Streifenkehl-Buschtyrann**
Berlepsch, 1906
e Peru, Bolivien und nw Argentinien

Myiotheretes fuscorufus
**Rostbinden-Buschtyrann**
*Rufous-bellied Bush Tyrant - Birro ventrirrufo*
Sclater, PL & Salvin, 1876
Peru und Bolivien

Myiotheretes pernix
**Santa-Marta-Buschtyrann**
*Santa Marta Bush Tyrant - Birro de Santa Marta*
Bangs, 1899
n Kolumbien

Myiotheretes fumigatus
**Rußbuschtyrann**
*Smoky Bush Tyrant - Birro ahumado*
Boissonneau, 1840
Kolumbien und n Ecuador

Myiotheretes fumigatus olivaceus
**Perija-Rußbuschtyrann**
Phelps, WH & Phelps, WH Jr, 1953
Perijá Mts. (ne Kolumbien und nw Venezuela)
Myiotheretes fumigatus lugubris
**Berlepschs Rußbuschtyrann**
Berlepsch, 1883
w Venezuela
Myiotheretes fumigatus cajamarcae
**Chapmans Rußbuschtyrann**
Chapman, 1927
s Ecuador bis s Peru

## Gattung: Agriornis

Agriornis montanus
**Schwarzschnabel-Hakentyrann**
*Black-billed Shrike-Tyrant - Gaucho serrano*
d'Orbigny & Lafresnaye, 1837
c, s Bolivien und nw Argentinien

Agriornis montanus solitarius
**Sclaters Schwarzschnabel-Hakentyrann**
Sclater, PL, 1859
Kolumbien und Ecuador
Agriornis montanus insolens
**Peru-Schwarzschnabel-Hakentyrann**
Sclater, PL & Salvin, 1869
Peru
Agriornis montanus intermedius
**Bolivien-Schwarzschnabel-Hakentyrann**
Hellmayr, 1927
w Bolivien und n Chile
Agriornis montanus maritimus
**Chile-Schwarzschnabel-Hakentyrann**
d'Orbigny & Lafresnaye, 1837
nc, c Chile und wc Argentinien, c Argentinien (s Buenos Aires und Somuncará Plateau)
Agriornis montanus fumosus
**Goulds Schwarzschnabel-Hakentyrann**
Nores & Yzurieta, 1983
c Argentinien (Sierras de Córdoba)

Agriornis murinus
**Kleinhakentyrann**
*Lesser Shrike-Tyrant - Gaucho chico*
d'Orbigny & Lafresnaye, 1837
Südamerika Südspitze

Agriornis albicauda
**Weißschwanz-Hakentyrann**
*White-tailed Shrike-Tyrant - Gaucho andino*
Philippi & Landbeck, 1863
Peru, w Bolivien, n Chile und nw Argentinien

Agriornis albicauda pollens
**Ekuador-Weißschwanz-Hakentyrann**
Sclater, PL, 1869
Ekuador

Agriornis micropterus
**Weißbrauen-Hakentyrann**
*Grey-bellied Shrike-Tyrant - Gaucho gris*
Gould, 1839
*Argentinien*

Agriornis micropterus andecola
**Anden-Weißbrauen-Hakentyrann**
d'Orbigny, 1840
s Peru, Bolivien, n Chile und nw Argentinien

Agriornis lividus
**Schwarzschwanz-Hakentyrann**
*Great Shrike-Tyrant - Gaucho grande*
Kittlitz, 1835
*sc Chile*

Agriornis lividus fortis
**Argentinien-Schwarzschwanz-Hakentyrann**
Berlepsch, 1907
s Chile und s Argentinien



Gubernetes yetapa
**Kehlband-Schleppentyrann**
*Streamer-tailed Tyrant - Yetapá grande*
Vieillot, 1818
*n Bolivien, e Bolivien und c Brasilien bis ne Argentinien*



Muscipipra vetula
**Kerbschwanztyrann**
*Shear-tailed Grey Tyrant - Viudita coluda*
Lichtenstein, MHC, 1823
*se Brasilien bis e Paraguay und ne Argentinien*



Fluvicola pica
**Elsterwassertyrann**
*Pied Water Tyrant - Viudita pía*
Boddaert, 1783
*Panama bis Guianas und n Brasilien*

Fluvicola albiventer
**Schwarzrücken-Wassertyrann**
*Black-backed Water Tyrant - Viudita dorsinegra*
Spix, 1825
*c, e, se Südamerika*

Fluvicola nengeta
**Graurücken-Wassertyrann**
*Masked Water Tyrant - Viudita enmascarada*
Linnaeus, 1766
*e Brasilien*

Fluvicola nengeta atripennis
**Ekuador-Graurücken-Wassertyrann**
Sclater, PL, 1860
w Ecuador und nw Peru



Arundinicola leucocephala
**Weißkopf-Wassertyrann**
*White-headed Marsh Tyrant - Viudita cabeciblanca*
Linnaeus, 1764
*Südamerika weit verbreitet*



Heteroxolmis dominicana
**Schwarzschwanz-Scheckenentyrann**
*Black-and-white Monjita - Monjita dominicana*
Vieillot, 1823
*s Brasilien, ne Argentinien und Uruguay*



Alectrurus tricolor
**Hahnenschwanztyrann**
*Cock-tailed Tyrant - Yetapá chico*
Vieillot, 1816
*n Bolivien, Paraguay und se Brasilien*

Alectrurus risora
**Rotkehl-Schleppentyrann**
*Strange-tailed Tyrant - Yetapá acollarado*
Vicillot, 1824
*s Paraguay, ne Argentinien und Uruguay*



Tumbezia salvini
**Gelbstirntyrann**
*Tumbes Tyrant - Pitajo de Tumbes*
Taczanowski, 1877
*nw Peru*



Silvicultrix frontalis
**Nordanden-Schmätzertyrann**
*Crowned Chat-Tyrant - Pitajo coronado*
Lafresnaye, 1847
*c Kolumbien bis Ecuador und n Peru*

Silvicultrix frontalis albidiadema
**Kolumbianischer Schmätzertyrann**
Lafresnaye, 1848
e Kolumbien

Silvicultrix spodionota
**Mittelanden-Schmätzertyrann**
*Kalinowski's Chat-Tyrant - Pitajo de Kalinowski*
Berlepsch & Stolzmann, 1896
*c Peru*

Silvicultrix spodionota boliviana
**Bolivien-Nordanden-Schmätzertyrann**
Carriker, 1935
s Peru und w Bolivien

Silvicultrix pulchella
**Gelbbrauen-Schmätzertyrann**
*Golden-browed Chat-Tyrant - Pitajo cejidorado*
Sclater, PL & Salvin, 1876
*se Peru und w Bolivien*

Silvicultrix pulchella similis
**Peru-Gelbbrauen-Schmätzertyrann**
Carriker, 1933
c Peru

Silvicultrix diadema
**Gelbbauch-Schmätzertyrann**
*Yellow-bellied Chat-Tyrant - Pitajo diademado*
Hartlaub, 1843
*e Kolumbien und w, nw Venezuela*

Silvicultrix diadema jesupi
**Allens Gelbbauch-Schmätzertyrann**
Allen, JA, 1900
Santa Marta Mts. (ne Kolumbien)
Silvicultrix diadema rubellula
**Wetmores Gelbbauch-Schmätzertyrann**
Wetmore, 1946
Perijá Mts. (ne Kolumbien und nw Venezuela)
Silvicultrix diadema tovarensis
**Gilliards Gelbbauch-Schmätzertyrann**
Gilliard, 1940
n Venezuela
Silvicultrix diadema gratiosa
**Sclaters Gelbbauch-Schmätzertyrann**
Sclater, PL, 1862
w Kolumbien, e Ecuador und n Peru

Silvicultrix jelskii
**Rostbürzel-Schmätzertyrann**
*Jelski's Chat-Tyrant - Pitajo de Jelski*
Taczanowski, 1883
*sw Ecuador, nw Peru*

Ochthoeca cinnamomeiventris
**Schiefermantel-Schmätzertyrann**
*Slaty-backed Chat-Tyrant - Pitajo ventricastaño*
Lafresnaye, 1843
*sw Venezuela bis n Peru*

Ochthoeca nigrita
**Schwarzbauch-Schmätzertyrann**
*Blackish Chat-Tyrant - Pitajo negro*
Sclater, PL & Salvin, 1871
*w Venezuela*

Ochthoeca thoracica
**Maronenbrust-Schmätzertyrann**
*Maroon-belted Chat-Tyrant - Pitajo pechicastaño*
Taczanowski, 1874
*se Peru und w Bolivien*

 Ochthoeca thoracica angustifasciata
 **Nördlicher Maronenbrust-Schmätzertyrann**
 Chapman, 1926
 n Peru

Ochthoeca rufipectoralis
**Orangebrust-Schmätzertyrann**
*Rufous-breasted Chat-Tyrant - Pitajo pechirrufo*
d'Orbigny & Lafresnaye, 1837
*se Peru und w Bolivien*

 Ochthoeca rufipectoralis poliogastra
 **Marta-Orangebrust-Schmätzertyrann**
 Salvin & Godman, 1880
 Santa Marta Mts. (ne Kolumbien)
 Ochthoeca rufipectoralis rubicundula
 **Perija-Orangebrust-Schmätzertyrann**
 Wetmore, 1946
 Perijá Mts. (ne Kolumbien und nw Venezuela)
 Ochthoeca rufipectoralis obfuscata
 **Zimmers Orangebrust-Schmätzertyrann**
 Zimmer, JT, 1942
 wc Kolumbien bis n, nw Peru
 Ochthoeca rufipectoralis rufopectus
 **Lessons Orangebrust-Schmätzertyrann**
 Lesson, RP, 1844
 c Kolumbien
 Ochthoeca rufipectoralis centralis
 **Hellmayrs Orangebrust-Schmätzertyrann**
 Hellmayr, 192
 nc Peru
 Ochthoeca rufipectoralis tectricialis
 **Chapmans Orangebrust-Schmätzertyrann**
 Chapman, 1921
 sc Peru

Ochthoeca fumicolor
**Fahlbrauen-Schmätzertyrann**
*Brown-backed Chat-Tyrant - Pitajo dorsipardo*
Sclater, PL, 1856
*ne Kolumbien und nw Venezuela*

 Ochthoeca fumicolor ferruginea
 **Kolumbien-Fahlbrauen-Schmätzertyrann**
 Zimmer, JT, 1937
 w, c Kolumbien
 Ochthoeca fumicolor brunneifrons
 **Ekuador-Fahlbrauen-Schmätzertyrann**
 Berlepsch & Stolzmann, 1896
 w Kolumbien und Ecuador bis c Peru
 Ochthoeca fumicolor berlepschi
 **Peru-Fahlbrauen-Schmätzertyrann**
 Hellmayr, 1914
 se Peru und w Bolivien

Ochthoeca superciliosa
**Rötelbrauen-Schmätzertyrann**
*Rufous-browed Chat-Tyrant - Pitajo cejirrojo*
Sclater, PL & Salvin, 1871
*w Venezuela*

Ochthoeca oenanthoides
**Graurücken-Schmätzertyrann**
*D'Orbigny's Chat-Tyrant - Pitajo canela*
d'Orbigny & Lafresnaye, 1837
*Bolivien, n Chile und nw Argentinien*

 Ochthoeca oenanthoides polionota
 **Peru-Graurücken-Schmätzertyrann**
 Sclater, PL & Salvin, 1870
 Peru

Ochthoeca leucophrys
**Graubauch-Schmätzertyrann**
*White-browed Chat-Tyrant - Pitajo gris*
d'Orbigny & Lafresnaye, 1837
*w Bolivien*

 Ochthoeca leucophrys dissors
 **Nördlicher Graubauch-Schmätzertyrann**
 Zimmer, JT, 1940
 n Peru
 Ochthoeca leucophrys interior
 **Peru-Graubauch-Schmätzertyrann**
 Zimmer, JT, 1930
 c Peru
 Ochthoeca leucophrys urubambae
 **Südlicher Graubauch-Schmätzertyrann**
 Zimmer, JT, 1937
 s Peru
 Ochthoeca leucophrys leucometopa
 **Westlicher Graubauch-Schmätzertyrann**
 Sclater, PL & Salvin, 1877
 w Peru und nw Chile
 Ochthoeca leucophrys tucumana
 **Agentinien-Graubauch-Schmätzertyrann**
 Berlepsch, 1906
 nw Argentinien

Ochthoeca piurae
**Buntflügel-Schmätzertyrann**
*Piura Chat-Tyrant - Pitajo de Piura*
Chapman, 1924
*nw Peru*



Colorhamphus parvirostris
**Patagonienschmätzertyrann**
*Patagonian Tyrant - Peutrén*
Gould & Gray, GR, 1839
*s Chile und sw Argentinien*



Colonia colonus
**Weißkappen-Schleppentyrann**
*Long-tailed Tyrant - Mosquero colilargo*
Vieillot, 1818
*c, e Brasilien, e Paraguay und ne Argentinien*

 Colonia colonus leuconota
 **Honduras-Schleppentyrann**
 Lafresnaye, 1842
 se Honduras bis w Kolumbien und w Ecuador
 Colonia colonus fuscicapillus
 **Sclaters Schleppentyrann**
 Sclater, PL, 1862
 c Kolumbien bis n Ecuador und ne Peru
 Colonia colonus poecilonota
 **Guyana-Schleppentyrann**
 Cabanis, 1849
 se Venezuela und Guianas
 Colonia colonus niveiceps
 **Bolivien-Schleppentyrann**
 Zimmer, JT, 1930
 se Ecuador, Peru und n Bolivien



Muscigralla brevicauda
**Stummelschwanztyrann**
*Short-tailed Field Tyrant - Dormilona colicorta*
d'Orbigny & Lafresnaye, 1837
*Ecuador bis n Chile*



Machetornis rixosa
**Graslandtyrann**
*Cattle Tyrant - Picabuey*
Vieillot, 1819
*ec Brasilien bis e Bolivien, Paraguay, n Argentinien und Uruguay*

 Machetornis rixosa flavigularis
 **Todds Graslandtyrann**
 Todd, 1912
 e Panama, n Kolumbien und n Venezuela
 Machetornis rixosa obscurodorsalis
 **Phelps Graslandtyrann**
 Phelps, WH & Phelps, WH Jr, 1948
 e Kolumbien, e Ecuador und sw Venezuela

## Gattung: Legatus

Legatus leucophaius
**Kurzschnabel-Maskentyrann**
*Piratic Flycatcher - Mosquero pirata*
Vieillot, 1818
*Nicaragua bis s Brasilien und n Argentinien; Trinidad*

Legatus leucophaius variegatus
**Sclaters Kurzschnabel-Maskentyrann**
Sclater, PL, 1857
se Mexico bis Honduras

## Gattung: Phelpsia

Phelpsia inornata
**Schwarzscheitel-Maskentyrann**
*White-bearded Flycatcher - Bienteveo barbiblanco*
Lawrence, 1869
n Venezuela

## Gattung: Myiozetetes

Myiozetetes cayanensis
**Rostschwingen-Maskentyrann**
*Rusty-margined Flycatcher - Bienteveo alicastaño*
Linnaeus, 1766
*s Venezuela, Guianas bis c Brasilien, se Peru und n Bolivien*

Myiozetetes cayanensis rufipennis
**Ekuador-Rostschwingen-Maskentyrann**
Lawrence, 1869
n Venezuela, e Kolumbien und e Ecuador
Myiozetetes cayanensis hellmayri
**Hellmayrs Rostschwingen-Maskentyrann**
Hartert, EJO & Goodson, 1917
e Panama, n, w Kolumbien, nw Venezuela und w Ecuador
Myiozetetes cayanensis erythropterus
**Brasilien-Rostschwingen-Maskentyrann**
Lafresnaye, 1853
se Brasilien

Myiozetetes similis
**Rotscheitel-Maskentyrann**
*Social Flycatcher - Bienteveo sociable*
Spix, 1825
*e Kolumbien und s Venezuela über w Amazonasgebiet bis n Bolivien*

Myiozetetes similis primulus
**Rossems Rotscheitel-Maskentyrann**
Van Rossem, 1930
nw Mexico
Myiozetetes similis hesperis
**Phillips Rotscheitel-Maskentyrann**
Phillips, AR, 1966
w Mexico
Myiozetetes similis texensis
**Girauds Rotscheitel-Maskentyrann**
Giraud Jr, 1841
e Mexico bis n Costa Rica
Myiozetetes similis columbianus
**Panama-Rotscheitel-Maskentyrann**
Cabanis & Heine, 1860
sw Costa Rica, Panama, n Kolumbien und n Venezuela
Myiozetetes similis grandis
**Peru-Rotscheitel-Maskentyrann**
Lawrence, 1871
w Ecuador und nw Peru
Myiozetetes similis pallidiventris
**Pintos Rotscheitel-Maskentyrann**
Pinto, 1935
e Brasilien bis e Paraguay und ne Argentinien

Myiozetetes granadensis
**Graukappen-Maskentyrann**
*Grey-capped Flycatcher - Bienteveo cabecigrís*
Lawrence, 1862
e Honduras bis Panama

Myiozetetes granadensis occidentalis
**Zimmers Graukappen-Maskentyrann**
Zimmer, JT, 1937
e Panama bis nw Peru
Myiozetetes granadensis obscurior
**Todds Graukappen-Maskentyrann**
Todd, 1925
e Kolumbien und s Venezuela über w Amazonasgebiet Brasilien bis n Bolivien

Myiozetetes luteiventris
**Strichelbrust-Maskentyrann**
*Dusky-chested Flycatcher - Bienteveo pechioscuro*
Sclater, PL, 1858
*se Kolumbien und e Ecuador bis se Venezuela s über Amazonasgebiet Brasilien, e Peru und n Bolivien*

Myiozetetes luteiventris septentrionalis
**Blakes Strichelbrust-Maskentyrann**
Blake, 1961
Suriname, Französisch-Guayana und ne Brasilien

## Gattung: Pitangus

Pitangus sulphuratus
**Schwefelmaskentyrann**
*Great Kiskadee - Bienteveo común*
Linnaeus, 1766
*Guianas und Amazonasgebiet Brasilien, se Kolumbien und e Ecuador bis se Peru*

Pitangus sulphuratus texanus
**Texas-Schwefelmaskentyrann**
Van Rossem, 1940
s Texas (sc USA) bis e Mexico
Pitangus sulphuratus derbianus
**Kaups Schwefelmaskentyrann**
Kaup, 1852
w Mexico
Pitangus sulphuratus guatimalensis
**Panama-Schwefelmaskentyrann**
Lafresnaye, 1852
se Mexico bis c Panama
Pitangus sulphuratus rufipennis
**Kolumbien-Schwefelmaskentyrann**
Lafresnaye, 1851
n Kolumbien und n Venezuela
Pitangus sulphuratus caucensis
**Chapmans Schwefelmaskentyrann**
Chapman, 1914
w, s Kolumbien
Pitangus sulphuratus trinitatis
**Venezuela-Schwefelmaskentyrann**
Hellmayr, 1906
e Kolumbien, s, e Venezuela und nw Brasilien, Trinidad
Pitangus sulphuratus maximiliani
**Paraguay-Schwefelmaskentyrann**
Cabanis & Heine, 1860
n, e Bolivien und w, c Paraguay bis e, s Brasilien
Pitangus sulphuratus bolivianus
**Bolivien-Schwefelmaskentyrann**
Lafresnaye, 1852
c Bolivien
Pitangus sulphuratus argentinus
**Argentinischer Schwefelmaskentyrann**
Todd, 1952
e Paraguay, se Brasilien (Rio Grande do Sul) und Uruguay bis c Argentinien

## Gattung: Philohydor

Philohydor lictor
**Liktormaskentyrann**
*Lesser Kiskadee - Bienteveo chico*
Lichtenstein, MHC, 1823
e Kolumbien über Guianas s bis Bolivien und e, c Brasilien

Philohydor lictor panamensis
**Panama-Liktormaskentyrann**
Bangs & Penard, TE, 1918
e Panama und n Kolumbien

## Gattung: Conopias

Conopias albovittatus
**Weißnacken-Maskentyrann**
*White-ringed Flycatcher - Bienteveo del Chocó*
Lawrence, 1862
c Panama bis nw Ecuador

Conopias albovittatus distinctus
**Ridgways Weißnacken-Maskentyrann**
Ridgway, 1908
e Honduras bis w Panama

Conopias parvus
**Weißring-Maskentyrann**
*Yellow-throated Flycatcher - Bienteveo guayanés*
Pelzeln, 1868
n, w Amazonasgebiet

Conopias trivirgatus
**Olivbrust-Maskentyrann**
*Three-striped Flycatcher - Bienteveo trilistado*
Wied-Neuwied, M, 1831
se Brasilien, e Paraguay und ne Argentinien

Conopias trivirgatus berlepschi
**Berlepschs Olivbrust-Maskentyrann**
Snethlage, E, 1914
e Amazonasgebiet

Conopias cinchoneti
**Gelbbrauen-Maskentyrann**
*Lemon-browed Flycatcher - Bienteveo cejiamarillo*
Tschudi, 1844
*e Ecuador bis c Peru*

Conopias cinchoneti icterophrys
**Kolumbien-Gelbbrauen-Maskentyrann**
Lafresnaye, 1845
*c Kolumbien bis nw Venezuela*



Myiodynastes hemichrysus
**Braunbart-Maskentyrann**
*Golden-bellied Flycatcher - Bienteveo ventridorado*
Cabanis, 1861
*Costa Rica und w Panama*

Myiodynastes hemichrysus minor
**Kleiner Braunbart-Maskentyrann**
Taczanowski & Berlepsch, 1885
*e Panama über c Kolumbien bis Ecuador*
Myiodynastes hemichrysus cinerascens
**Todds Braunbart-Maskentyrann**
Todd, 1912
*n Kolumbien und n Venezuela*

Myiodynastes chrysocephalus
**Andenmaskentyrann**
*Golden-crowned Flycatcher - Bienteveo coronidorado*
Tschudi, 1844
*Anden von e Peru bis nw Argentinien*

Myiodynastes bairdii
**Rostflügel-Maskentyrann**
*Baird's Flycatcher - Bienteveo de Baird*
Gambel, 1847
*sw Ecuador, nw Peru*

Myiodynastes luteiventris
**Nord-Fleckenmaskentyrann**
*Sulphur-bellied Flycatcher - Bienteveo ventriazufrado*
Sclater, PL, 1859
*sw USA bis Costa Rica*

Myiodynastes maculatus
**Süd-Fleckenmaskentyrann**
*Streaked Flycatcher - Bienteveo rayado septentrional*
Müller, PLS, 1776
*e Ecuador, ne Peru, w, n Amazonasgebiet Brasilien, Suriname und Französisch-Guayana*

Myiodynastes maculatus insolens
**Ridgways Fleckenmaskentyrann**
Ridgway, 1887
*se Mexico bis Honduras*
Myiodynastes maculatus difficilis
**Costa Rica-Fleckenmaskentyrann**
Zimmer, JT, 1937
*w Costa Rica bis nw, c Kolumbien und w Venezuela*
Myiodynastes maculatus nobilis
**Sclaters Fleckenmaskentyrann**
Sclater, PL, 1859
*ne Kolumbien*
Myiodynastes maculatus chapmani
**Zimmers Fleckenmaskentyrann**
Zimmer, JT, 1937
*sw Kolumbien bis w Peru*
Myiodynastes maculatus tobagensis
**Trinidad-Fleckenmaskentyrann**
Zimmer, JT, 1937
*n Venezuela, Guyana, Trinidad und Tobago*
Myiodynastes maculatus solitarius
**Peru-Fleckenmaskentyrann**
Vieillot, 1819
*c Peru, c Brasilien bis Bolivien, Paraguay, Argentinien und Uruguay*



Megarynchus pitangua
**Starkschnabel-Maskentyrann**
*Boat-billed Flycatcher - Bienteveo pitanguá*
Linnaeus, 1766
*n, c USA bis n Argentinien; Trinidad*

Megarynchus pitangua tardiusculus
**Moores Starkschnabel-Maskentyrann**
Moore, RT, 1941
*nw Mexico*
Megarynchus pitangua caniceps
**Ridgways Starkschnabel-Maskentyrann**
Ridgway, 1906
*w Mexico*

Megarynchus pitangua mexicanus
**Mexiko-Starkschnabel-Maskentyrann**
Lafresnaye, 1851
*e Mexico bis nw Kolumbien*
Megarynchus pitangua deserticola
**Guatemala-Starkschnabel-Maskentyrann**
Griscom, 1930
*c Guatemala*
Megarynchus pitangua chrysogaster
**Peru-Starkschnabel-Maskentyrann**
Sclater, PL, 1860
*e Ecuador und nw Peru*



Tyrannopsis sulphurea
**Schwefelbauch-Maskentyrann**
*Sulphury Flycatcher - Tirano palmero*
Spix, 1825
*Amazonasgebiet*



Empidonomus varius
**Schuppenrücken-Maskentyrann**
*Variegated Flycatcher - Tuquito rayado*
Vieillot, 1818
*e Bolivien bis c, s Brasilien, Paraguay, n Argentinien und Uruguay*

Empidonomus varius rufinus
**Spix-Schuppenrücken-Maskentyrann**
Spix, 1825
*Venezuela, Guianas und n, e Brasilien*



Griseotyrannus aurantioatrocristatus
**Graumaskentyrann**
*Crowned Slaty Flycatcher - Tuquito gris*
d'Orbigny & Lafresnaye, 1837
*Bolivien bis Paraguay, n Argentinien, Uruguay und s Brasilien*

Griseotyrannus aurantioatrocristatus pallidiventris
**Hellmayrs Grau-Maskentyrann**
Hellmayr, 1929
*e Brasilien*



Tyrannus niveigularis
**Schneekehl-Königstyrann**
*Snowy-throated Kingbird - Tirano gorjiníveo*
Sclater, PL, 1860
*sw Kolumbien bis w Peru*

Tyrannus albogularis
**Weißkehl-Königstyrann**
*White-throated Kingbird - Tirano gorjiblanco*
Burmeister, 1856
*Amazonasgebiet und c Brasilien*

Tyrannus melancholicus
**Trauerkönigstyrann**
*Tropical Kingbird - Tirano melancólico*
Vieillot, 1819
*n USA bis c Argentinien*

Tyrannus melancholicus satrapa
**Cabanis-Trauerkönigstyrann**
Cabanis & Heine, 1860
*sw USA bis n Kolumbien, n Venezuela und Trinidad*
Tyrannus melancholicus despotes
**Lichtensteins Trauerkönigstyrann**
Lichtenstein, MHC, 1823
*ne Brasilien*

Tyrannus couchii
**Texaskönigstyrann**
*Couch's Kingbird - Tirano silbador*
Baird, SF, 1858
*s Texas, e Mexico bis Belize*

Tyrannus vociferans
**Cassinkönigstyrann**
*Cassin's Kingbird - Tirano gritón*
Swainson, 1826
*sw USA bis c Mexico*

Tyrannus vociferans xenopterus
**Lichtensteinkönigstyrann**
Griscom, 1934
sw Mexico

Tyrannus crassirostris
**Dickschnabel-Königstyrann**
*Thick-billed Kingbird - Tirano piquigrueso*
Swainson, 1826
*sw Mexico und w Guatemala*

Tyrannus crassirostris pompalis
**Arizona-Dickschnabel-Königstyrann**
Bangs & Peters, JL. 1928
se Arizona (sw USA) und w Mexico

Tyrannus verticalis
**Schmalschnabel-Königstyrann**
*Western Kingbird - Tirano occidental*
Say, 1822
*nw, nc Kanada bis n Mexico*

Tyrannus forficatus
**Scherenschwanz-Königstyrann**
*Scissor-tailed Flycatcher - Tijereta rosada*
Gmelin, JF, 1789
*c USA bis ne Mexico*

Tyrannus savana
**Gabelschwanz-Königstyrann**
*Fork-tailed Flycatcher - Tijereta sabanera*
Daudin, 1802
*c, s USA , Falkland Is.*

Tyrannus savana monachus
**Guyana-Gabelschwanz-Königstyrann**
Hartlaub, 1844
s Mexico bis Kolumbien, Guianas und n Brasilien
Tyrannus savana sanctaemartae
**Kolumbien-Gabelschwanz-Königstyrann**
Zimmer, JT, 1937
n Kolumbien und nw Venezuela
Tyrannus savana circumdatus
**Brasilien-Gabelschwanz-Königstyrann**
Zimmer, JT, 1937
ec Brasilien

Tyrannus tyrannus
**Schieferrücken-Königstyrann**
*Eastern Kingbird - Tirano oriental*
Linnaeus, 1758
*Nordamerika weit verbreitet*

Tyrannus dominicensis
**Graukönigstyrann**
*Grey Kingbird - Tirano dominicano*
Gmelin, JF, 1788
*se USA bis Kolumbien und Venezuela*

Tyrannus dominicensis vorax
**Kleine Antillen-Königstyrann**
Vieillot, 1819
Kleine Antillen

Tyrannus cubensis
**Riesenkönigstyrann**
*Giant Kingbird - Tirano cubano*
Richmond, 1898
*Kuba*

Tyrannus caudifasciatus
**Antillenkönigstyrann**
*Loggerhead Kingbird - Tirano guatíbere*
d'Orbigny, 1839
*Kuba und Isle von Pines*

Tyrannus caudifasciatus bahamensis
**Bahamas-Königstyrann**
Bryant, H, 1864
Bahamas
Tyrannus caudifasciatus caymanensis
**Cayman-Königstyrann**
Nicoll, 1904
Cayman Is.
Tyrannus caudifasciatus jamaicensis
**Jamaika-Königstyrann**
Chapman, 1892
Jamaika
Tyrannus caudifasciatus taylori
**Puerto Rico-Königstyrann**
Sclater, PL, 1864
Puerto Rico

Tyrannus caudifasciatus gabbii
**Hispaniola-Königstyrann**
Lawrence, 1876
Hispaniola

## Gattung: Rhytipterna

Rhytipterna simplex
**Grauschmucktyrann**
*Greyish Mourner - Plañidera gris*
Lichtenstein, MHC, 1823
*se Brasilien*

Rhytipterna simplex frederici
**Frederics Grauschmucktyrann**
Bangs & Penard, TE, 1918
Kolumbien bis Guianas, Amazonasgebiet Brasilien und Bolivien

Rhytipterna immunda
**Hellbauch-Schmucktyrant**
*Pale-bellied Mourner - Plañidera pálida*
Sclater, PL & Salvin, 1873
*c, ne Amazonasgebiet*

Rhytipterna holerythra
**Zimtschmucktyrann**
*Rufous Mourner - Plañidera rojiza*
Sclater, PL & Salvin, 1860
*se Mexico bis n Kolumbien*

Rhytipterna holerythra rosenbergi
**Rosenbergs Zimtschmucktyrann**
Hartert, EJO, 1905
w Kolumbien und nw Ecuador

## Gattung: Sirystes

Sirystes sibilator
**Olivrücken-Kappentyrann**
*Sibilant Sirystes - Mosquero silbador*
Vieillot, 1818
*e Brasilien, e Paraguay und ne Argentinien*

Sirystes sibilator atimastus
**Oberholsers Olivrücken-Kappentyrann**
Oberholser, 1902
sw Brasilien

Sirystes albocinereus
**Halsband-Kappentyrann**
*White-rumped Sirystes - Mosquero culiblanco*
Sclater, PL & Salvin, 1880
*sw Venezuela, e Kolumbien, e Ecuador, e Peru, w Brasilien und n Bolivien*

Sirystes subcanescens
**Guyanakappentyrann**
*Todd's Sirystes - Mosquero canoso*
Todd, 1920
*Guianas und ne Amazonasgebiet Brasilien*

Sirystes albogriseus
**Grauschulter-Kappentyrann**
*Choco Sirystes - Mosquero del Chocó*
Lawrence, 1863
*Panama, nw Kolumbien und nw Ecuador*

## Gattung: Casiornis

Casiornis rufus
**Zimtrücken-Röteltyrann**
*Rufous Casiornis - Burlisto castaño*
Vieillot, 1816
*Bolivien bis c Brasilien und s bis n Argentinien und se Brasilien*

Casiornis fuscus
**Braunrücken-Röteltyrann**
*Ash-throated Casiornis - Burlisto gorjigrís*
Sclater, PL & Salvin, 1873
*e Brasilien*

## Gattung: Myiarchus

Myiarchus semirufus
**Rötelschopftyrann**
*Rufous Flycatcher - Copetón rufo*
Sclater, PL & Salvin, 1878
*nw Peru*

Myiarchus yucatanensis
## Yucatánschopftyrann
*Yucatan Flycatcher - Copetón yucateco*
Lawrence, 1871
*se Mexico*

Myiarchus yucatanensis lanyoni
### Cozumel-Schopftyrann
Parkes & Phillips, AR, 1967
Cozumel Insel (Mexico)
Myiarchus yucatanensis navai
### Parkes-Schopftyrann
Parkes, 1982
s Mexico, n Guatemala und n Belize

Myiarchus barbirostris
## Jamaikaschopftyrann
*Sad Flycatcher - Copetón jamaicano*
Swainson, 1827
*Jamaika*

Myiarchus tuberculifer
## Schwarzkappen-Schopftyrann
*Dusky-capped Flycatcher - Copetón capirotado*
d'Orbigny & Lafresnaye, 1837
*c Kolumbien über Venezuela, Guianas und Amazonasgebiet Brasilien, se Brasilien, Trinidad*

Myiarchus tuberculifer olivascens
### Ridgways Schwarzkappen-Schopftyrann
Ridgway, 1884
sw USA und nw Mexico
Myiarchus tuberculifer lawrenceii
### Girauds Schwarzkappen-Schopftyrann
Giraud Jr, 1841
e Mexico bis Guatemala und El Salvador
Myiarchus tuberculifer querulus
### Nelsons Schwarzkappen-Schopftyrann
Nelson, 1904
sw Mexico
Myiarchus tuberculifer platyrhynchus
### Cozumel-Schwarzkappen-Schopftyrann
Ridgway, 1885
Cozumel Insel (Mexico)
Myiarchus tuberculifer manens
### Belize-Schwarzkappen-Schopftyrann
Parkes, 1982
se Mexico und n Belize
Myiarchus tuberculifer connectens
### Nikaragua-Schwarzkappen-Schopftyrann
Miller, W & Griscom, 1925
w Belize bis c Nicaragua
Myiarchus tuberculifer littoralis
### Zimmers Schwarzkappen-Schopftyrann
Zimmer, JT, 1953
w Nicaragua bis nw Costa Rica
Myiarchus tuberculifer nigricapillus
### Panama-Schwarzkappen-Schopftyrann
Cabanis, 1861
se Nicaragua bis w Panama
Myiarchus tuberculifer brunneiceps
### Kolumbien-Schwarzkappen-Schopftyrann
Lawrence, 1861
e Panama bis w Kolumbien
Myiarchus tuberculifer pallidus
### Venezuela-Schwarzkappen-Schopftyrann
Zimmer, JT & Phelps, WH, 1946
ne Kolumbien und n, w Venezuela
Myiarchus tuberculifer nigriceps
### Sclaters Schwarzkappen-Schopftyrann
Sclater, PL, 1860
sw Kolumbien bis w Ecuador
Myiarchus tuberculifer atriceps
### Ekuador-Schwarzkappen-Schopftyrann
Cabanis, 1883
s Ecuador bis nw Argentinien

Myiarchus swainsoni
## Swainsonschopftyrann
*Swainson's Flycatcher - Copetón de Swainson*
Cabanis & Heine, 1860
*se Paraguay und se Brasilien bis ne Argentinien und Uruguay*

Myiarchus swainsoni phaeonotus
### Guyana-Swainsonschopftyrann
Salvin & Godman, 1883
se Venezuela, w Guyana, Suriname und n Brasilien
Myiarchus swainsoni pelzelni
### Peru-Swainsonschopftyrann
Berlepsch, 1883
s Peru und n Bolivien bis sc Brasilien
Myiarchus swainsoni ferocior
### Bolivien-Swainsonschopftyrann
Cabanis, 1883
se Bolivien, w Paraguay und n Argentinien

Myiarchus venezuelensis
## Venezuelaschopftyrann
*Venezuelan Flycatcher - Copetón venezolano*
Lawrence, 1865
*n Kolumbien und n Venezuela*

Myiarchus panamensis
## Panamaschopftyrann
*Panama Flycatcher - Copetón panameño*
Lawrence, 1860
*sw Costa Rica bis w Kolumbien und nw Venezuela*

Myiarchus panamensis actiosus
### Costa Rica-Schopftyrann
Ridgway, 1906
nw Costa Rica

Myiarchus ferox
## Kurzschopftyrann
*Short-crested Flycatcher - Copetón feroz*
Gmelin, JF, 1789
*Amazonasgebiet*

Myiarchus ferox brunnescens
### Zimmers Kurzschopftyrann
Zimmer, JT & Phelps, WH, 1946
ne Kolumbien und sw Venezuela
Myiarchus ferox australis
### Hellmayrs Kurzschopftyrann
Hellmayr, 1927
e Bolivien bis c, s Brasilien, Paraguay, Uruguay und ne Argentinien

Myiarchus apicalis
## Kolumbienschopftyrann
*Apical Flycatcher - Copetón apical*
Sclater, PL & Salvin, 1881
*wc Kolumbien*

Myiarchus cephalotes
## Andenschopftyrann
*Pale-edged Flycatcher - Copetón montañero*
Taczanowski, 1880
*Kolumbien und w Venezuela bis Bolivien*

Myiarchus cephalotes caribbaeus
### Hellmayrs Andenschopftyrann
Hellmayr, 1925
n Venezuela

Myiarchus phaeocephalus
## Rußkappen-Schopftyrann
*Sooty-crowned Flycatcher - Copetón tiznado*
Sclater, PL, 1860
*w Ecuador und nw Peru*

Myiarchus phaeocephalus interior
### Peru-Rußkappen-Schopftyrann
Zimmer, JT, 1938
n Peru

Myiarchus cinerascens
## Kalifornienschopftyrann
*Ash-throated Flycatcher - Copetón cenizo*
Lawrence, 1851
*sw USA und w Mexico*

Myiarchus cinerascens pertinax
### Baja Kalifornien-Schopftyrann
Baird, SF, 1860
s Baja California (nw Mexico)

Myiarchus nuttingi
## Braunwangen-Schopftyrann
*Nutting's Flycatcher - Copetón de Nutting*
Ridgway, 1882
*s Mexico bis nw Costa Rica*

Myiarchus nuttingi inquietus
### Salvins Braunwangen-Schopftyrann
Salvin & Godman, 1889
w, c Mexico
Myiarchus nuttingi flavidior
### Rossems Braunwangen-Schopftyrann
Van Rossem, 1936
sw Mexico bis Pacific Tiefland nw Costa Rica

Myiarchus crinitus
## Gelbbauch-Schopftyrann
*Great Crested Flycatcher - Copetón viajero*
Linnaeus, 1758
*sc, se Kanada bis sc, se USA*

Myiarchus tyrannulus
**Braunschopftyrann**
*Brown-crested Flycatcher - Copetón tiranillo*
Müller, PLS, 1776
*Kolumbien und s Ecuador über Guianas bis Amazon; e Peru, Bolivien, s Brasilien, Paraguay und n Argentinien*

Myiarchus tyrannulus magister
**Ridgways Braunschopftyrann**
Ridgway, 1884
*sw USA und w Mexico*
Myiarchus tyrannulus cooperi
**Coopers Braunschopftyrann**
Baird, SF, 1858
*sc USA und e Mexico bis Honduras*
Myiarchus tyrannulus cozumelae
**Cozumel-Braunschopftyrann**
Parkes, 1982
*Cozumel Insel (Mexico)*
Myiarchus tyrannulus insularum
**Honduras-Braunschopftyrann**
Bond, J, 1936
*Inseln vor Honduras*
Myiarchus tyrannulus brachyurus
**Costa Rica-Braunschopftyrann**
Ridgway, 1887
*El Salvador bis nw Costa Rica*
Myiarchus tyrannulus bahiae
**Bahia-Braunschopftyrann**
Berlepsch & Leverkühn, 1890
*ne Brasilien s Amazonas bis ne Argentinien*

Myiarchus magnirostris
**Galápagosschopftyrann**
*Galapagos Flycatcher - Copetón de Galápagos*
Gould, 1838
*Galápagos*

Myiarchus nugator
**Grenadaschopftyrann**
*Grenada Flycatcher - Copetón de Granada*
Riley, 1904
*Kleine Antillen*

Myiarchus validus
**Rostschwanz-Schopftyrann**
*Rufous-tailed Flycatcher - Copetón colirrufo*
Cabanis, 1847
*Jamaika*

Myiarchus sagrae
**Kubaschopftyrann**
*La Sagra's Flycatcher - Copetón de De La Sagra*
Gundlach, 1852
*Kuba , Isle von Pines und Grand Cayman Insel*

Myiarchus sagrae lucaysiensis
**Bahamasschopftyrann**
Bryant, H, 1867
*Bahamas*
Myiarchus stolidus
**Haitischopftyrann**
*Stolid Flycatcher - Copetón bobito*
Gosse, 1847
*Jamaika*

Myiarchus stolidus dominicensis
**Hispaniolaschopftyrann**
Bryant, H, 1867
*Hispaniola*
Myiarchus antillarum
**Puerto-Rico-Schopftyrann**
*Puerto Rican Flycatcher - Copetón puertorriqueño*
Bryant, H, 1866
*Puerto Rico*

Myiarchus oberi
**Kleinantillen-Schopftyrann**
*Lesser Antillean Flycatcher - Copetón de Ober*
Lawrence, 1877
*Dominica und Guadeloupe (Kleine Antillen)*

Myiarchus oberi berlepschii
**Barbudaschopftyrann**
Cory, 1888
*St. Kitts, St. Christopher, Barbuda und Nevis*
Myiarchus oberi sclateri
**Martiniqueschopftyrann**
Lawrence, 1879
*Martinique*

Myiarchus oberi sanctaeluciae
**Luciaschopftyrann**
Hellmayr & Seilern, 1915
*St. Lucia*



Ramphotrigon megacephalum
**Gelbbrauen-Flachschnabeltyrann**
*Large-headed Flatbill - Picoplano cabezón*
Swainson, 1835
*se Paraguay, ne Argentinien und se Brasilien*

Ramphotrigon megacephalum pectorale
**Ekuador-Gelbbrauen-Flachschnabeltyrann**
Zimmer, JT & Phelps, WH, 1947
*s Kolumbien, e Ecuador und s Venezuela*
Ramphotrigon megacephalum venezuelense
**Venezuela-Gelbbrauen-Flachschnabeltyrann**
Phelps, WH & Gilliard, 1941
*nw Venezuela*
Ramphotrigon megacephalum bolivianum
**Bolivien-Gelbbrauen-Flachschnabeltyrann**
Zimmer, JT, 1939
*e Peru, w Amazonasgebiet Brasilien und n Bolivien*

Ramphotrigon flammulatum
**Breitschnabel-Schopftyrann**
*Flammulated Flycatcher - Copetón abejerillo*
Lawrence, 1875
*sw, s Mexico*

Ramphotrigon ruficauda
**Rostschwanz-Flachschnabeltyrann**
*Rufous-tailed Flatbill - Picoplano colirrufo*
Spix, 1825
*Amazonasgebiet*

Ramphotrigon fuscicauda
**Dunkelschwanz-Flachschnabeltyrann**
*Dusky-tailed Flatbill - Picoplano colioscuro*
Chapman, 1925
*w, sw Amazonasgebiet*



Attila phoenicurus
**Graukopf-Attilatyrann**
*Rufous-tailed Attila - Atila cabecigrís*
Pelzeln, 1868
*se Brasilien über Amazonasgebiet und s bis ne Argentinien*

Attila cinnamomeus
**Zimtattilatyrann**
*Cinnamon Attila - Atila canelo*
Gmelin, JF, 1789
*Amazonasgebiet*

Attila torridus
**Ockerattilatyrann**
*Ochraceous Attila - Atila ocre*
Sclater, PL, 1860
*sw Kolumbien bis nw Peru*

Attila citriniventris
**Gelbbauch-Attilatyrann**
*Citron-bellied Attila - Atila citrino*
Sclater, PL, 1859
*w Amazonasgebiet*

Attila bolivianus
**Weißaugen-Attilatyrann**
*White-eyed Attila - Atila ojiblanco*
Lafresnaye, 1848
*s, sw Amazonasgebiet*

Attila bolivianus nattereri
**Natterers Weißaugen-Attilatyrann**
Hellmayr, 1902
*se Kolumbien, ne Ecuador und e Peru bis c Brasilien*

Attila rufus
**Streifenkehl-Attilatyrann**
*Grey-hooded Attila - Atila encapuchado*
Vieillot, 1819
*se Brasilien*

Attila rufus hellmayri
**Östlicher Streifenkehl-Attilatyrann**
Pinto, 1935
e Brasilien

Attila spadiceus
**Gelbbürzel-Attilatyrann**
*Bright-rumped Attila - Atila polimorfo*
Gmelin, JF, 1789
*e Kolumbien über Venezuela und Guianas s bis n Bolivien*

Attila spadiceus pacificus
**Pazifik-Gelbbürzel-Attilatyrann**
Hellmayr, 1929
nw Mexico
Attila spadiceus cozumelae
**Cozumel-Gelbbürzel-Attilatyrann**
Ridgway, 1885
Cozumel Insel (Mexico)
Attila spadiceus gaumeri
**Gaumers Gelbbürzel-Attilatyrann**
Salvin & Godman, 1891
Yucatán Halbinsel und nahegelegene Inseln
Attila spadiceus flammulatus
**Yucatan-Gelbbürzel-Attilatyrann**
Lafresnaye, 1848
se Mexico bis Belize und nc Honduras
Attila spadiceus salvadorensis
**Nikaragua-Gelbbürzel-Attilatyrann**
Dickey & Van Rossem, 1929
El Salvador bis nw Nicaragua
Attila spadiceus citreopyga
**Honduras-Gelbbürzel-Attilatyrann**
Bonaparte, 1854
se Honduras und Nicaragua bis w Panama
Attila spadiceus sclateri
**Sclaters Gelbbürzel-Attilatyrann**
Lawrence, 1862
e Panama und nw Kolumbien
Attila spadiceus caniceps
**Todds Gelbbürzel-Attilatyrann**
Todd, 1917
n, nc Kolumbien
Attila spadiceus parvirostris
**Allens Gelbbürzel-Attilatyrann**
Allen, JA, 1900
ne Kolumbien und nw Venezuela
Attila spadiceus parambae
**Harters Gelbbürzel-Attilatyrann**
Hartert, EJO, 1900
w Kolumbien und nw Ecuador
Attila spadiceus uropygiatus
**Brasilien-Gelbbürzel-Attilatyrann**
Wied-Neuwied, M, 1831
se Brasilien

## Familie: Cotingidae (Schmuckvögel)

### Gattung: Ampelioides

Ampelioides tschudii
**Schuppenkotinga**
*Scaled Fruiteater - Frutero escamoso*
Gray, GR, 1846
*w Venezuela bis Bolivien*

### Gattung: Pipreola

Pipreola chlorolepidota
**Orangekehlkotinga**
*Fiery-throated Fruiteater - Frutero gorjirrojo*
Swainson, 1838
*s Kolumbien bis Peru*

Pipreola frontalis
**Scharlachbrustkotinga**
*Scarlet-breasted Fruiteater - Frutero pechirrojo sureño*
Sclater, PL, 1859
*c Peru bis c Bolivien*

Pipreola frontalis squamipectus
**Ekuador-Scharlachbrustkotinga**
Chapman, 1925
n Ecuador bis n Peru

Pipreola formosa
**Weißfleckenkotinga**
*Handsome Fruiteater - Frutero hermoso*
Hartlaub, 1849
*Küste Gebirge von n Venezuela*

Pipreola formosa rubidior
**Östliche Weißfleckenkotinga**
Chapman, 1925
Gebirge von ne Venezuela
Pipreola formosa pariae
**Paria-Weißfleckenkotinga**
Phelps, WH & Phelps, WH Jr, 1949
Paría Halbinsel (ne Venezuela)

Pipreola whitelyi
**Brustbandkotinga**
*Red-banded Fruiteater - Frutero degollado*
Salvin & Godman, 1884
*w Guyana*

Pipreola whitelyi kathleenae
**Venezuela-Brustbandkotinga**
Zimmer, JT & Phelps, WH, 1944
se Venezuela

Pipreola lubomirskii
**Schwarzkappenkotinga**
*Black-chested Fruiteater - Frutero pechinegro*
Taczanowski, 1879
*s Kolumbien bis Peru*

Pipreola jucunda
**Orangebrustkotinga**
*Orange-breasted Fruiteater - Frutero pechinaranja*
Sclater, PL, 1860
*Kolumbien, Ecuador*

Pipreola pulchra
**Gelbbrustkotinga**
*Masked Fruiteater - Frutero enmascarado*
Hellmayr, 1917
*Peru*

Pipreola aureopectus
**Goldbrustkotinga**
*Golden-breasted Fruiteater - Frutero pechidorado*
Lafresnaye, 1843
*e Kolumbien und w Venezuela*

Pipreola aureopectus decora
**Santa Marta-Goldbrustkotinga**
Bangs, 1899
Santa Marta Mts. (ne Kolumbien)
Pipreola aureopectus festiva
**Venezuela-Goldbrustkotinga**
Todd, 1912
n Venezuela

Pipreola arcuata
**Bindenkotinga**
*Barred Fruiteater - Frutero barrado*
Lafresnaye, 1843
*n Kolumbien und nw Venezuela bis n Peru*

Pipreola arcuata viridicauda
**Peru-Bindenkotinga**
Meyer de Schauensee, 1953
se Peru und w Bolivien

Pipreola intermedia
**Schmuckbauchkotinga**
*Band-tailed Fruiteater - Frutero colifajado*
Taczanowski, 1884
*n und c Peru*

Pipreola intermedia signata
**Hellmayrs Schmuckbauchkotinga**
Hellmayr, 1917
se Peru und w Bolivien

Pipreola riefferii
**Goldbandkotinga**
*Green-and-black Fruiteater - Frutero verdinegro*
Boissonneau, 1840
*c Kolumbien bis Sierra de Perijá (Gebirge von ne Kolumbien und nw Venezuela)*

Pipreola riefferii occidentalis
**Chapmans Goldbandkotinga**
Chapman, 1914
w Kolumbien und w Ecuador
Pipreola riefferii confusa
**Sclaters Goldbandkotinga**
Zimmer, JT, 1936
e Ecuador und n Peru
Pipreola riefferii chachapoyas
**Zimmers Goldbandkotinga**
Hellmayr, 1915
nc Peru

Pipreola riefferii tallmanorum
**Hellmayrs Goldbandkotinga**
O'Neill & Parker, TA, 1981
c Peru

Pipreola riefferii melanolaema
**Peru-Goldbandkotinga**
Sclater, PL, 1856
w Venezuela

## Gattung: Snowornis

Snowornis subalaris
**Schwarzkronenkotinga**
*Grey-tailed Piha - Guardabosques coligrís*
Sclater, PL, 1861
s Kolumbien bis Peru

Snowornis cryptolophus
**Schwarzscheitelkotinga**
*Olivaceous Piha - Guardabosques oliváceo*
Sclater, PL & Salvin, 1877
se Kolumbien und e Ecuador bis c Peru

Snowornis cryptolophus mindoensis
**Ekuador-Schwarzscheitelkotinga**
Hellmayr & Seilern, 1914
sw Kolumbien und w Ecuador

## Gattung: Carpornis

Carpornis cucullata
**Braunmantel-Beerenfresser**
*Hooded Berryeater - Cotinga encapuchado*
Swainson, 1821
se Brasilien

Carpornis melanocephala
**Olivmantel-Beerenfresser**
*Black-headed Berryeater - Cotinga cabecinegro*
Wied-Neuwied, M, 1820
e Brasilien

## Gattung: Rupicola

Rupicola peruvianus
**Andenfelsenhahn**
*Andean Cock-of-the-rock - Gallito de las rocas peruano*
Latham, 1790
c Peru

Rupicola peruvianus sanguinolentus
**Goulds Andenfelsenhahn**
Gould, 1859
w Kolumbien und w Ecuador

Rupicola peruvianus aequatorialis
**Ekuador-Andenfelsenhahn**
Taczanowski, 1889
e Kolumbien, w Venezuela, e Ecuador und ne Peru

Rupicola peruvianus saturatus
**Bolivien-Andenfelsenhahn**
Cabanis & Heine, 1860
se Peru und w Bolivien

Rupicola rupicola
**Tiefland-Felsenhahn**
*Guianan Cock-of-the-rock - Gallito de las rocas guayanés*
Linnaeus, 1766
n Amazonasgebiet

## Gattung: Phoenicircus

Phoenicircus carnifex
**Blutkotinga**
*Guianan Red Cotinga - Cotinga rojo guayanés*
Linnaeus, 1758
ne Amazonasgebiet

Phoenicircus nigricollis
**Samtkotinga**
*Black-necked Red Cotinga - Cotinga rojo cuellinegro*
Swainson, 1832
w, sc Amazonasgebiet

## Gattung: Zaratornis

Zaratornis stresemanni
**Weißohrkotina**
*White-cheeked Cotinga - Cotinga cariblanco*
Koepcke, 1954
w Peru

## Gattung: Phytotoma

Phytotoma rara
**Rotschwanz-Pflanzenmäher**
*Rufous-tailed Plantcutter - Cortarramas chileno*
Molina, 1782
Chile, w Argentinien

Phytotoma raimondii
**Graubrust-Pflanzenmäher**
*Peruvian Plantcutter - Cortarramas peruano*
Taczanowski, 1883
nw Peru

Phytotoma rutila
**Zweibinden-Pflanzenmäher**
*White-tipped Plantcutter - Cortarramas argentino*
Vieillot, 1818
w Paraguay, n und e Argentinien und w Uruguay

Phytotoma rutila angustirostris
**Bolivien-Zweibinden-Pflanzenmäher**
d'Orbigny & Lafresnaye, 1837
c Bolivien bis nw Argentinien

## Gattung: Phibalura

Phibalura flavirostris
**Gabelschwanzkotinga**
*Swallow-tailed Cotinga - Cotinga tijereta*
Vieillot, 1816
se Brasilien bis e Paraguay und ne Argentinien

Phibalura boliviana
**Bolivien-Gabelschwanzkotinga**
*Palkachupa Cotinga - Cotinga de Apolo*
Chapman, 1930
w Bolivien

## Gattung: Doliornis

Doliornis sclateri
**Braunbauchkotinga**
*Bay-vented Cotinga - Cotinga de Sclater*
Taczanowski, 1874
c Peru

Doliornis remseni
**Kastanienbauchkotinga**
*Chestnut-bellied Cotinga - Cotinga de Remsen*
Robbins, Rosenberg, GH & Sornoza-Molina, 1994
Kolumbien, Ecuador

## Gattung: Ampelion

Ampelion rubrocristatus
**Rotschopfkotinga**
*Red-crested Cotinga - Cotinga crestirrojo*
d'Orbigny & Lafresnaye, 1837
w Venezuela bis Bolivien

Ampelion rufaxilla
**Braunohrkotinga**
*Chestnut-crested Cotinga - Cotinga cresticastaño*
Tschudi, 1844
s Ecuador, Peru und Bolivien

Ampelion rufaxilla antioquiae
**Chapmanns Braunohrkotinga**
Chapman, 1924
w Kolumbien bis n Ecuador

**Gattung: Haematoderus**

Haematoderus militaris
**Karminkotinga**
*Crimson Fruitcrow - Cotinga militar*
Shaw, 1792
*ne Amazonasgebiet*

**Gattung: Querula**

Querula purpurata
**Purpurbrustkotinga**
*Purple-throated Fruitcrow - Cotinga quérula*
Müller, PLS, 1776
*s Nicaragua über Amazonasgebiet*

**Gattung: Pyroderus**

Pyroderus scutatus
**Rotkehlkotinga**
*Red-ruffed Fruitcrow - Yacutoro*
Shaw, 1792
*e Paraguay, ne Argentinien und se Brasilien*

    Pyroderus scutatus occidentalis
    **Ekuador-Rotkehlkotinga**
    Chapman, 1914
    *w Kolumbien und nw Ecuador*
    Pyroderus scutatus granadensis
    **Kolumbien-Rotkehlkotinga**
    Lafresnaye, 1846
    *c und ne Kolumbien bis n und w Venezuela*
    Pyroderus scutatus orenocensis
    **Guyana-Rotkehlkotinga**
    Lafresnaye, 1846
    *e Venezuela und n Guyana*
    Pyroderus scutatus masoni
    **Peru-Rotkehlkotinga**
    Ridgway, 1886
    *e Peru*

**Gattung: Cephalopterus**

Cephalopterus glabricollis
**Nacktkehl-Schirmvogel**
*Bare-necked Umbrellabird - Paragüero cuellicalvo*
Gould, 1851
*Costa Rica, Panama*

Cephalopterus penduliger
**Langlappen-Schirmvogel**
*Long-wattled Umbrellabird - Paragüero corbatudo*
Sclater, PL, 1859
*Kolumbien, Ecuador*

Cephalopterus ornatus
**Kurzlappen-Schirmvogel**
*Amazonian Umbrellabird - Paragüero ornado*
Geoffroy Saint-Hilaire, É, 1809
*w, c Amazonasgebiet*

**Gattung: Perissocephalus**

Perissocephalus tricolor
**Kapuzinerkotinga**
*Capuchinbird - Cotinga capuchino*
Müller, PLS, 1776
*ne Amazonasgebiet*

**Gattung: Lipaugus**

Lipaugus unirufus
**Rötelkotinga**
*Rufous Piha - Guardabosques rojizo*
Sclater, PL, 1860
*s Mexico bis n Kolumbien*

    Lipaugus unirufus castaneotinctus
    **Kastanienrötelkotinga**
    Hartert, EJO, 1902
    *sw Kolumbien und nw Ecuador*

Lipaugus streptophorus
**Halsbandkotinga**
*Rose-collared Piha - Guardabosques acollarado*
Salvin & Godman, 1884
*Tepuis im südlichen Venezuela, im angrenzenden westlichen Guyana und im äußersten Norden Brasiliens*

Lipaugus vociferans
**Schreikotinga**
*Screaming Piha - Guardabosques gritón*
Wied-Neuwied, M, 1820
*Amazonasgebiet, e Brasilien*

Lipaugus lanioides
**Graukopfkotinga**
*Cinnamon-vented Piha - Guardabosques lanioide*
Lesson, RP, 1844
*se Brasilien*

Lipaugus ater
**Goldflügelkotinga**
*Black-and-gold Cotinga - Cotinga negro*
Férussac, 1829
*se Brasilien*

Lipaugus conditus
**Grauflügelkotinga**
*Grey-winged Cotinga - Cotinga aligrís*
Snow, 1980
*se Brasilien*

Lipaugus weberi
**Braunkappenkotinga**
*Chestnut-capped Piha - Guardabosques antioqueño*
Cuervo, Salaman, Donegan & Ochoa, 2001
*nw Kolumbien*

Lipaugus fuscocinereus
**Graukotinga**
*Dusky Piha - Guardabosques oscuro*
Lafresnaye, 1843
*Kolumbien bis Peru*

Lipaugus uropygialis
**Rotbürzelkotinga**
*Scimitar-winged Piha - Guardabosques alicurvo*
Sclater, PL & Salvin, 1876
*se Peru, Bolivien*

**Gattung: Procnias**

Procnias albus
**Einlappenkotinga**
*White Bellbird - Campanero blanco*
Hermann, 1783
*Venezuela, Guianas und ne Brasilien*

    Procnias albus wallacei
    **Pará-Einlappenkotinga**
    Oren & Novaes, 1985
    *se Pará (ne Brasilien)*

Procnias tricarunculatus
**Dreilappenkotinga**
*Three-wattled Bellbird - Campanero tricarunculado*
Verreaux, J & Verreaux, É, 1853
*Honduras bis Panama*

Procnias nudicollis
**Nacktgesichtkotinga**
*Bare-throated Bellbird - Campanero meridional*
Vieillot, 1817
*e Brasilien bis e Paraguay, s Brasilien und ne Argentinien*

Procnias averano
**Bartkotinga**
*Bearded Bellbird - Campanero barbudo*
Hermann, 1783
*ne Brasilien*

    Procnias averano carnobarba
    **Cuviers Bartkotinga**
    Cuvier, 1816
    *ne Kolumbien, Venezuela, w Guyana und n Brasilien, Trinidad*

## Gattung: Cotinga

Cotinga maynana
**Veilchenkehlkotinga**
*Plum-throated Cotinga - Cotinga mayna*
Linnaeus, 1766
*w Amazonasgebiet*

Cotinga cayana
**Türkiskotinga**
*Spangled Cotinga - Cotinga celeste*
Linnaeus, 1766
*Amazonasgebiet*

Cotinga amabilis
**Azurkotinga**
*Lovely Cotinga - Cotinga azulejo*
Gould, 1857
*se Mexico bis Costa Rica*

Cotinga nattererii
**Prachtkotinga**
*Blue Cotinga - Cotinga azul*
Boissonneau, 1840
*Panama bis nw Ecuador*

Cotinga ridgwayi
**Ridgwaykotinga**
*Turquoise Cotinga - Cotinga turquesa*
Ridgway, 1887
*Costa Rica, Panama*

Cotinga maculata
**Kobaltkotinga**
*Banded Cotinga - Cotinga maculado*
Müller, PLS, 1776
*se Brasilien*

Cotinga cotinga
**Purpurlatzkotinga**
*Purple-breasted Cotinga*
Linnaeus, 1766
*ne Amazonasgebiet*

## Gattung: Porphyrolaema

Porphyrolaema porphyrolaema
**Purpurkehlkotinga**
*Purple-throated Cotinga - Cotinga pechimorado*
Deville & Sclater, PL, 1852
*w, sc Amazonasgebiet*

## Gattung: Conioptilon

Conioptilon mcilhennyi
**Schwarzgesichtkotinga**
*Black-faced Cotinga - Cotinga carinegro*
Lowery & O'Neill, 1966
*sw Amazonasgebiet*

## Gattung: Gymnoderus

Gymnoderus foetidus
**Nackthalskotinga**
*Bare-necked Fruitcrow - Cuellopelado*
Linnaeus, 1758
*Amazonasgebiet*

## Gattung: Xipholena

Xipholena punicea
**Pompadourkotinga**
*Pompadour Cotinga - Cotinga Pompadour*
Pallas, 1764
*Amazonasgebiet*

Xipholena lamellipennis
**Weißschwanzkotinga**
*White-tailed Cotinga - Cotinga coliblanco*
Lafresnaye, 1839
*se Amazonasgebiet*

Xipholena atropurpurea
**Schmuckflügelkotinga**
*White-winged Cotinga - Cotinga aliblanco*
Wied-Neuwied, M, 1820
*e Brasilien*

## Gattung: Carpodectes

Carpodectes hopkei
**Schwarzfleckenkotinga**
*Black-tipped Cotinga - Cotinga blanco*
Berlepsch, 1897
*sw Panama bis nw Ecuador*

Carpodectes antoniae
**Gelbschnabelkotinga**
*Yellow-billed Cotinga - Cotinga piquiamarillo*
Ridgway, 1884
*Costa Rica, Panama*

Carpodectes nitidus
**Grauscheitelkotinga**
*Snowy Cotinga - Cotinga níveo*
Salvin, 1865
*sw Honduras bis w Panama*

## Familie: Pipridae (Schnurrvögel)

## Gattung: Tyranneutes

Tyranneutes stolzmanni
**Amazonienzwergpipra**
*Dwarf Tyrant-Manakin - Saltarín enano*
Hellmayr, 1906
*w, s Amazonasgebiet*

Tyranneutes virescens
**Guayanazwergpipra**
*Tiny Tyrant-Manakin - Saltarín diminuto*
Pelzeln, 1868
*ne Amazonasgebiet*

## Gattung: Neopelma

Neopelma chrysocephalum
**Goldscheitelpipra**
*Saffron-crested Tyrant-Manakin - Saltarín coronigualdo*
Pelzeln, 1868
*n Amazonasgebiet*

Neopelma sulphureiventer
**Gelbbauchpipra**
*Sulphur-bellied Tyrant-Manakin - Saltarín ventrisulfúreo*
Hellmayr, 1903
*sw Amazonasgebiet*

Neopelma pallescens
**Rahmbauchpipra**
*Pale-bellied Tyrant-Manakin - Saltarín ventriblanco*
Lafresnaye, 1853
*e, c Brasilien*

Neopelma aurifrons
**Grünscheitelpipra**
*Wied's Tyrant-Manakin - Saltarín de Wied*
Wied-Neuwied, M, 1831
*se Brasilien*

Neopelma chrysolophum
**Goldhaubenpipra**
*Serra do Mar Tyrant-Manakin - Saltarín de Serra do Mar*
Pinto, 1944
*se Brasilien*

## Gattung: Chloropipo

Chloropipo flavicapilla
**Goldkappenpipra**
*Yellow-headed Manakin - Saltarín amarillo*
Sclater, PL, 1852
*Kolumbien und Ecuador*

Chloropipo unicolor
**Einfarbpipra**
*Jet Manakin - Saltarín azabache*
Taczanowski, 1884
*Ecuador, Peru*

Gattung: Chiroxiphia

Chiroxiphia linearis
**Langschwanzpipra**
*Long-tailed Manakin - Saltarín colilargo*
Bonaparte, 1838
*s Mexico bis nw Costa Rica*

Chiroxiphia lanceolata
**Lanzettschwanzpipra**
*Lance-tailed Manakin - Saltarín lanceolado*
Wagler, 1830
*sw Costa Rica bis n Venezuela*

Chiroxiphia pareola
**Prachtpipra**
*Blue-backed Manakin - Saltarín dorsiazul*
Linnaeus, 1766
*e Venezuela, Guianas und ne, e Brasilien*

    Chiroxiphia pareola atlantica
    **Tobago-Prachtpipra**
    Dalmas, 1900
    Tobago
    Chiroxiphia pareola regina
    **Sclaters Prachtpipra**
    Sclater, PL, 1856
    e Peru, w Brasilien und n Bolivien
    Chiroxiphia pareola napensis
    **Millers Prachtpipra**
    Miller, W, 1908
    se Kolumbien, e Ecuador und ne Peru

Chiroxiphia boliviana
**Yungaspipra**
*Yungas Manakin - Saltarín de las yungas*
Allen, JA, 1889
*s Peru bis s Bolivien*

Chiroxiphia caudata
**Blaubrustpipra**
*Blue Manakin - Saltarín azul*
Shaw, 1793
*s, se Brasilien bis e Paraguay und ne Argentinien*

Chiroxiphia bokermanni
**Weißbauchpipra**
*Araripe Manakin - Saltarín de Araripe*
Coelho & Silva, W, 1998
*ne Brasilien*

Chiroxiphia galeata
**Schwarzbauchpipra**
*Helmeted Manakin - Saltarín de yelmo*
Lichtenstein, MHC, 1823
*e Bolivien bis c Brasilien und s bis e Paraguay und se Brasilien*

Gattung: Ilicura

Ilicura militaris
**Rotbürzelpipra**
*Pin-tailed Manakin - Saltarín militar*
Shaw, 1809
*se Brasilien*

Gattung: Masius

Masius chrysopterus
**Goldschwingenpipra**
*Golden-winged Manakin - Saltarín alidorado*
Lafresnaye, 1843
*c Kolumbien bis nw Venezuela*

    Masius chrysopterus bellus
    **Kolumbien-Goldschwingenpipra**
    Hartert, EJO & Hellmayr, 1903
    w Kolumbien
    Masius chrysopterus pax
    **Ekuador-Goldschwingenpipra**
    Meyer de Schauensee, 1952
    se Kolumbien und e Ecuador

    Masius chrysopterus coronulatus
    **Sclaters Goldschwingenpipra**
    Sclater, PL, 1860
    sw Kolumbien und w Ecuador
    Masius chrysopterus peruvianus
    **Peruanische Goldschwingenpipra**
    Carriker, 1934
    s Ecuador und n Peru

Gattung: Corapipo

Corapipo gutturalis
**Weißlatzpipra**
*White-throated Manakin - Saltarín gorjiblanco oriental*
Linnaeus, 1766
*Tepuis, ne Amazonasgebiet*

Corapipo altera
**Weißkragenpipra**
*White-ruffed Manakin - Saltarín de Barba Blanca*
Hellmayr, 1906
*Karibikseite von e Honduras bis Panama und nw Kolumbien*

    Corapipo altera heteroleuca
    **Hellmayrs Weißkragenpipra**
    Hellmayr, 1910
    sw Costa Rica und w Panama

Corapipo leucorrhoa
**Weißkehlpipra**
*White-bibbed Manakin - Saltarín gorjiblanco occidental*
Sclater, PL, 1863
*n Kolumbien und nw Venezuela*

Gattung: Xenopipo

Xenopipo uniformis
**Tepuipipra**
*Olive Manakin - Saltarín oliváceo*
Salvin & Godman, 1884
*w Guyana und n Brasilien*

    Xenopipo uniformis duidae
    **Südliche Tepuipipra**
    Chapman, 1929
    s Venezuela

Xenopipo atronitens
**Schwarzpipra**
*Black Manakin - Saltarín negro*
Cabanis, 1847
*Amazonasgebiet*

Gattung: Cryptopipo

Cryptopipo litae
**Olivpipra**
*Choco Manakin - Saltarín del Chocó*
Hellmayr, 1906
*w Kolumbien und w Ecuador*

    Cryptopipo litae suffusa
    **Panama Olivpipra**
    Griscom, 1932
    e Panama und nw Kolumbien

Cryptopipo holochlora
**Grünpipra**
*Green Manakin - Saltarín verde*
Sclater, PL, 1888
*e Kolumbien und e Ecuador bis e Peru*

    Cryptopipo holochlora viridior
    **Chapmanns Grünpipra**
    Chapman, 1924
    se Peru

Gattung: Lepidothrix

Lepidothrix velutina
**Samtpipra**
*Velvety Manakin - Saltarín terciopelo*
Berlepsch, 1883
*sw Costa Rica und w Panama*

    Lepidothrix velutina minuscula
    **Todds Samtpipra**
    Todd, 1919
    e Panama bis nw Ecuador

Lepidothrix coronata
**Blauscheitelpipra**
*Blue-capped Manakin - Saltarín coroniazul*
Spix, 1825
*e Ecuador, ne Peru und w Amazonasgebiet Brasilien*

    Lepidothrix coronata caquetae
    **Kolumbien-Blauscheitelpipra**
    Meyer de Schauensee, 1953
    *c Kolumbien*
    Lepidothrix coronata carbonata
    **Todds Blauscheitelpipra**
    Todd, 1925
    *sc, se Kolumbien, s Venezuela, ne Peru und nw Brasilien*
    Lepidothrix coronata caelestipileata
    **Amazonas-Blauscheitelpipra**
    Goeldi, 1905
    *se Peru und w Amazonasgebiet Brasilien*
    Lepidothrix coronata exquisita
    **Peru-Blauscheitelpipra**
    Hellmayr, 1905
    *ec Peru*
    Lepidothrix coronata regalis
    **Bolivien-Blauscheitelpipra**
    Bond, J & Meyer de Schauensee, 1940
    *n Bolivien*

Lepidothrix nattereri
**Weißbürzelpipra**
*Snow-capped Manakin - Saltarín coronialbo*
Sclater, PL, 1865
*sc Amazonasgebiet Brasilien*

    Lepidothrix nattereri gracilis
    **Hellmayrs Weißbürzelpipra**
    Hellmayr, 1903
    *se Amazonasgebiet Brasilien und ne Bolivien*

Lepidothrix vilasboasi
**Gelbscheitelpipra**
*Golden-crowned Manakin - Saltarín coronidorado*
Sick, 1959
*c Brasilien*

Lepidothrix iris
**Opalscheitelpipra**
*Opal-crowned Manakin - Saltarín opalescente*
Schinz, 1851
*ne Brasilien s Amazonas*

    Lepidothrix iris eucephala
    **Todds Opalscheitelpipra**
    Todd, 1928
    *nc Brasilien s Amazonas*

Lepidothrix suavissima
**Orangebauchpipra**
*Orange-bellied Manakin - Saltarín ventrinaranja*
Salvin & Godman, 1882
*n Amazonasgebiet*

Lepidothrix serena
**Weißstirnpipra**
*White-fronted Manakin - Saltarín frentiblanco*
Linnaeus, 1766
*ne Amazonasgebiet*

Lepidothrix isidorei
**Blaubürzelpipra**
*Blue-rumped Manakin - Saltarín lomiazul*
Sclater, PL, 1852
*c Kolumbien bis e Ecuador*

    Lepidothrix isidorei leucopygia
    **Hellmayrs Blaubürzelpipra**
    Hellmayr, 1903
    *n Peru*

Lepidothrix coeruleocapilla
**Blaukappenpipra**
*Cerulean-capped Manakin - Saltarín coroniceleste*
Tschudi, 1844
*Peru*



**Gattung: Heterocercus**

Heterocercus aurantiivertex
**Orangescheitelpipra**
*Orange-crested Manakin - Saltarín crestinaranja*
Sclater, PL & Salvin, 1880
*e Ecuador und n Peru*

Heterocercus flavivertex
**Grauwangenpipra**
*Yellow-crested Manakin - Saltarín crestiamarillo*
Pelzeln, 1868
*nc Amazonasgebiet*

Heterocercus linteatus
**Schwarzkopfpipra**
*Flame-crested Manakin - Saltarín crestirrojo*
Strickland, 1850
*s Amazonasgebiet*

**Gattung: Manacus**

Manacus manacus
**Weißbrustpipra**
*White-bearded Manakin - Saltarín barbiblanco*
Linnaeus, 1766
*s Venezuela, Guianas und ne Brasilien*

    Manacus manacus abditivus
    **Bangs Weißbrustpipra**
    Bangs, 1899
    *n Kolumbien*
    Manacus manacus flaveolus
    **Cassins Weißbrustpipra**
    Cassin, 1852
    *c Kolumbien*
    Manacus manacus bangsi
    **Bangs Weißbrustpipra**
    Chapman, 1914
    *sw Kolumbien und nw Ecuador*
    Manacus manacus interior
    **Chapmans Weißbrustpipra**
    Chapman, 1914
    *e Kolumbien, nw, sc Venezuela, e Ecuador, n Peru und nw Brasilien*
    Manacus manacus trinitatis
    **Trinidad-Weißbrustpipra**
    Hartert, EJO, 1912
    *Trinidad*
    Manacus manacus umbrosus
    **Amazonas-Weißbrustpipra**
    Friedmann, 1944
    *c Amazonas (s Venezuela)*
    Manacus manacus leucochlamys
    **Ekuador-Weißbrustpipra**
    Chapman, 1914
    *nw Ecuador*
    Manacus manacus maximus
    **Große Weißbrustpipra**
    Chapman, 1924
    *sw Ecuador*
    Manacus manacus expectatus
    **Peru-Weißbrustpipra**
    Gyldenstolpe, 1941
    *ne Peru und w Brasilien*
    Manacus manacus longibarbatus
    **Zimmers Weißbrustpipra**
    Zimmer, JT, 1936
    *ne Brasilien s Amazonas*
    Manacus manacus purissimus
    **Östliche Weißbrustpipra**
    Todd, 1928
    *e Brasilien*
    Manacus manacus gutturosus
    **Desmarets Weißbrustpipra**
    Desmarest, 1806
    *se Brasilien, e Paraguay und ne Argentinien*
    Manacus manacus purus
    **Nördliche Weißbrustpipra**
    Bangs, 1899
    *nc Brasilien s Amazonas*
    Manacus manacus subpurus
    **Brasilien-Weißbrustpipra**
    Cherrie & Reichenberger, 1923
    *sc Brasilien*

Manacus candei
**Weißbandpipra**
*White-collared Manakin - Saltarín cuelliblanco*
Parzudaki, 1841
*se Mexico bis w Panama*

Manacus vitellinus
**Goldbandpipra**
*Golden-collared Manakin - Saltarín cuellidorado*
Gould, 1843
*e Panama und nw Kolumbien*

    Manacus vitellinus amitinus
    **Wetmores Goldbandpipra**
    Wetmore, 1959
    *Escudo de Veraguas Insel (vor n Panama)*

Manacus vitellinus milleri
**Millers Goldbandpipra**
Chapman, 1915
n Kolumbien
Manacus vitellinus viridiventris
**Grünbauch-Goldbandpipra**
Griscom, 1929
w Kolumbien

Manacus aurantiacus
**Orangebandpipra**
*Orange-collared Manakin - Saltarín cuellinaranja*
Salvin, 1870
Costa Rica und Panama

## Gattung: Pipra

Pipra aureola
**Rothaubenpipra**
*Crimson-hooded Manakin - Saltarín cabecinaranja*
Linnaeus, 1758
ne Venezuela, Guianas und ne Brasilien

Pipra aureola borbae
**Madeira-Rothaubenpipra**
Zimmer, JT, 1936
w Brasilien Madeira River
Pipra aureola aurantiicollis
**Nördliche Rothaubenpipra**
Todd, 1925
nc Brasilien
Pipra aureola flavicollis
**Amazonas-Rothaubenpipra**
Sclater, PL, 1852
sw Amazonasgebiet Brasilien

Pipra filicauda
**Fadenpipra**
*Wire-tailed Manakin - Saltarín Uirapuru*
Spix, 1825
e Ecuador, s Venezuela, ne Peru und w Amazonasgebiet Brasilien

Pipra filicauda subpallida
**Todds Fadenpipra**
Todd, 1928
e Kolumbien und nw Venezuela

Pipra fasciicauda
**Schwanzbindenpipra**
*Band-tailed Manakin - Saltarín naranja*
Hellmayr, 1906
se Peru bis c Bolivien

Pipra fasciicauda calamae
**Brasilien-Schwanzbindenpipra**
Hellmayr, 1910
wc Brasilien
Pipra fasciicauda saturata
**Peru-Schwanzbindenpipra**
Zimmer, JT, 1936
n Peru
Pipra fasciicauda purusiana
**Amazonas-Schwanzbindenpipra**
Snethlage, E, 1907
e Peru und w Amazonasgebiet Brasilien
Pipra fasciicauda scarlatina
**Hellmayrs Schwanzbindenpipra**
Hellmayr, 1915
c, s Brasilien, n Bolivien, se Paraguay und ne Argentinien

## Gattung: Machaeropterus

Machaeropterus deliciosus
**Keulenschwingenpipra**
*Club-winged Manakin - Saltarín alitorcido*
Sclater, PL, 1860
sw Kolumbien bis w Ecuador

Machaeropterus regulus
**Streifenbauchpipra**
*Kinglet Manakin - Saltarín rayado oriental*
Hahn, 1819
se Brasilien

Machaeropterus striolatus
**Rotbrustpipra**
*Striolated Manakin - Saltarín rayado occidental*
Bonaparte, 1838
e Kolumbien, e Ecuador, e Peru und w Amazonasgebiet Brasilien

Machaeropterus striolatus antioquiae
**Kolumbien-Rotbrustpipra**
Chapman, 1924
w, c Kolumbien
Machaeropterus striolatus obscurostriatus
**Venezuela-Rotbrustpipra**
Phelps, WH & Gilliard, 1941
nw Venezuela
Machaeropterus striolatus zulianus
**Zulian-Rotbrustpipra**
Phelps, WH & Phelps, WH Jr, 1952
w Venezuela
Machaeropterus striolatus aureopectus
**Guyana-Rotbrustpipra**
Phelps, WH & Gilliard, 1941
se Venezuela und w Guyana

Machaeropterus eckelberryi
**Gelbbrustpipra**
*Painted Manakin - Saltarín pintado*
Lane, Kratter & O'Neill, 2017
nw Peru, Cordillera Azul und Berge Rio Mayo Tal von San Martín und Loreto

Machaeropterus pyrocephalus
**Feuerkopfpipra**
*Fiery-capped Manakin - Saltarín encendido*
Sclater, PL, 1852
e Peru und n Bolivien bis ne, c Brasilien

Machaeropterus pyrocephalus pallidiceps
**Zimmers Feuerkopfpipra**
Zimmer, JT, 1936
s Venezuela und extremer n Brasilien

## Gattung: Pseudopipra

Pseudopipra pipra
**Weißscheitelpipra**
*White-crowned Manakin - Saltarín coroniblanco*
Linnaeus, 1758
e Kolumbien, Venezuela, Guianas und n Brasilien

Pseudopipra pipra anthracina
**Costa Rica-Weißscheitelpipra**
Ridgway, 1906
Costa Rica und w Panama
Pseudopipra pipra bolivari
**Bolivar-Weißscheitelpipra**
Meyer de Schauensee, 1950
nw Kolumbien
Pseudopipra pipra minima
**Kleine Weißscheitelpipra**
Chapman, 1917
w Kolumbien
Pseudopipra pipra unica
**Kolumbien-Weißscheitelpipra**
Meyer de Schauensee, 1945
nc, s Kolumbien
Pseudopipra pipra coracina
**Sclaters Weißscheitelpipra**
Sclater, PL, 1856
c Kolumbien, nw Venezuela, e Ecuador und n Peru
Pseudopipra pipra discolor
**Zimmers Weißscheitelpipra**
Zimmer, JT, 1936
ne Peru
Pseudopipra pipra pygmaea
**Zwergweißscheitelpipra**
Zimmer, JT, 1936
Rio Huallaga (ne Peru)
Pseudopipra pipra occulta
**Peru-Weißscheitelpipra**
Zimmer, JT, 1936
nc Peru
Pseudopipra pipra comata
**Südperu-Weißscheitelpipra**
Berlepsch & Stolzmann, 1894
sc Peru
Pseudopipra pipra microlopha
**Ostperu-Weißscheitelpipra**
Zimmer, JT, 1929
e Peru und w Amazonasgebiet Brasilien
Pseudopipra pipra separabilis
**Amazonas-Weißscheitelpipra**
Zimmer, JT, 1936
se Amazonasgebiet Brasilien
Pseudopipra pipra cephaleucos
**Brasilien-Weißscheitelpipra**
Thunberg, 1822
se Brasilien

## Gattung: Ceratopipra

Ceratopipra cornuta
**Rotschopfpipra**
*Scarlet-horned Manakin - Saltarín copetón*
Spix, 1825
*n Amazonasgebiet*

Ceratopipra mentalis
**Gelbhosenpipra**
*Red-capped Manakin - Saltarín cabecirrojo norteño*
Sclater, PL, 1857
*se Mexico bis e Costa Rica*

   Ceratopipra mentalis ignifera
   **Bangs Gelbhosenpipra**
   Bangs, 1901
   w Costa Rica und w Panama
   Ceratopipra mentalis minor
   **Kleine Gelbhosenpipra**
   Hartert, EJO, 1898
   e Panama, w Kolumbien und nw Ecuador

Ceratopipra chloromeros
**Rundschwanzpipra**
*Round-tailed Manakin - Saltarín coliancho*
Tschudi, 1844
*sw Amazonasgebiet*

Ceratopipra erythrocephala
**Gelbkopfpipra**
*Golden-headed Manakin - Saltarín cabecidorado*
Linnaeus, 1758
*e Panama, n Kolumbien, Venezuela, Trinidad, Guianas und n Brasilien*

   Ceratopipra erythrocephala berlepschi
   **Berlepschs Gelbkopfpipra**
   Ridgway, 1906
   e, se Kolumbien, e Ecuador, ne Peru und nw Brasilien

Ceratopipra rubrocapilla
**Rotkopfpipra**
*Red-headed Manakin - Saltarín cabecirrojo sureño*
Temminck, 1821
*s Amazonasgebiet und se Brasilien*

## Familie: Tityridae (Tityras & Becarden)

### Gattung: Oxyruncus

Oxyruncus cristatus
**Flammenkopfbekarde**
*Sharpbill - Picoagudo*
Swainson, 1821
*se Brasilien, e Paraguay und ne Argentinien*

   Oxyruncus cristatus frater
   **Fraters Flammenkopfbekarde**
   Sclater, PL & Salvin, 1868
   Costa Rica und w Panama
   Oxyruncus cristatus brooksi
   **Brooks Flammenkopfbekarde**
   Bangs & Barbour, 1922
   e Panama
   Oxyruncus cristatus hypoglaucus
   **Guyanas-Flammenkopfbekarde**
   Salvin & Godman, 1883
   se Venezuela, Guianas und ne, nc Brasilien

### Gattung: Onychorhynchus

Onychorhynchus swainsoni
**Orangebrust-Kronenbekarde**
*Atlantic Royal Flycatcher - Mosquero real del Atlántico*
Pelzeln, 1858
*se Brasilien*

Onychorhynchus coronatus
**Schuppenbrust-Kronenbekarde**
*Amazonian Royal Flycatcher - Mosquero real amazónico*
Müller, PLS, 1776
*e Venezuela, Guianas und n Brasilien*

   Onychorhynchus coronatus castelnaui
   **Amazonas-Schuppenbrust-Kronenbekarde**
   Deville, 1849
   w Amazonasgebiet

Onychorhynchus mexicanus
**Fleckenbrust-Kronenbekarde**
*Northern Royal Flycatcher - Mosquero real norteño*
Sclater, PL, 1857
*se Mexico bis Panama*

   Onychorhynchus mexicanus fraterculus
   **Bangs-Fleckenbrust-Kronenbekarde**
   Bangs, 1902
   ne Kolumbien bis nw Venezuela

Onychorhynchus occidentalis
**Gelbbrust-Kronenbekarde**
*Pacific Royal Flycatcher - Mosquero real del Pacífico*
Sclater, PL, 1860
*w Ecuador und nw Peru*

### Gattung: Myiobius

Myiobius villosus
**Gebirgsbekarde**
*Tawny-breasted Myiobius - Moscareta vellosa*
Sclater, PL, 1860
*e Panama, w Kolumbien und w Ecuador*

   Myiobius villosus schaeferi
   **Schäfers Gebirgsbekarde**
   Aveledo & Pons, 1952
   n Kolumbien und nw Venezuela
   Myiobius villosus clarus
   **Zimmers Gebirgsbekarde**
   Zimmer, JT, 1939
   e Ecuador und e Peru
   Myiobius villosus peruvianus
   **Peru-Gebirgsbekarde**
   Todd, 1922
   se Peru und nw Bolivien

Myiobius sulphureipygius
**Schwefelbürzelbekarde**
*Sulphur-rumped Myiobius - Moscareta culiamarilla*
Sclater, PL, 1857
*se Mexico bis Honduras*

   Myiobius sulphureipygius aureatus
   **Bangs Schwefelbürzelbekarde**
   Bangs, 1908
   s Honduras bis w Ecuador

Myiobius barbatus
**Gelbbauchbekarde**
*Whiskered Myiobius - Moscareta barbada*
Gmelin, JF, 1789
*se Kolumbien bis n Peru, s Venezuela, Guianas und n Brasilien*

   Myiobius barbatus semiflavus
   **Kolumbien-Gelbbauchbekarde**
   Todd, 1919
   ec Kolumbien
   Myiobius barbatus amazonicus
   **Amazonas-Gelbbauchbekarde**
   Todd, 1925
   e Peru und w Brasilien
   Myiobius barbatus insignis
   **Zimmers Gelbbauchbekarde**
   Zimmer, JT, 1939
   ne Brasilien s Amazonas
   Myiobius barbatus mastacalis
   **Brasilien-Gelbbauchbekarde**
   Wied-Neuwied, M, 1821
   se Brasilien

Myiobius atricaudus
**Schwarzschwanzbekarde**
*Black-tailed Myiobius - Moscareta colinegra*
Lawrence, 1863
*sw Costa Rica, Panama und w Kolumbien*

   Myiobius atricaudus portovelae
   **Chapmans Schwarzschwanzbekarde**
   Chapman, 1924
   w Ecuador und nw Peru
   Myiobius atricaudus modestus
   **Todds Schwarzschwanzbekarde**
   Todd, 1912
   e Venezuela
   Myiobius atricaudus adjacens
   **Zimmers Schwarzschwanzbekarde**
   Zimmer, JT, 1939
   s Kolumbien, e Ecuador, e Peru und w Brasilien
   Myiobius atricaudus connectens
   **Amazonas-Schwarzschwanzbekarde**
   Zimmer, JT, 1939
   ne Brasilien s Amazonas

Myiobius atricaudus snethlagei
**Hellmayrs Schwarzschwanzbekarde**
Hellmayr, 1927
Küste ne, e Brasilien
Myiobius atricaudus ridgwayi
**Ridgways Schwarzschwanzbekarde**
Berlepsch, 1888
se Brasilien

## Gattung: Terenotriccus

Terenotriccus erythrurus
### Rotschwanzbekarde
*Ruddy-tailed Flycatcher - Mosquerito colirrojo*
Cabanis, 1847
*e Venezuela, Guianas und ne Brasilien n Amazonas*

Terenotriccus erythrurus fulvigularis
**Salvins Rotschwanzbekarde**
Salvin & Godman, 1889
se Mexico bis n Venezuela, w Kolumbien und nw Ecuador
Terenotriccus erythrurus signatus
**Zimmers Rotschwanzbekarde**
Zimmer, JT, 1939
e Kolumbien, e Ecuador, e Peru und w Brasilien
Terenotriccus erythrurus venezuelensis
**Venezuela-Rotschwanzbekarde**
Zimmer, JT, 1939
e Kolumbien, s Venezuela und nw Brasilien
Terenotriccus erythrurus hellmayri
**Hellmayrs Rotschwanzbekarde**
Snethlage, E, 1907
ne Brasilien s Amazonas
Terenotriccus erythrurus purusianus
**Purus-Rotschwanzbekarde**
Parkes & Panza, 1993
Rio Purús Region von w Brasilien
Terenotriccus erythrurus amazonus
**Amazonas-Rotschwanzbekarde**
Zimmer, JT, 1939
nc Brasilien s Amazonas
Terenotriccus erythrurus brunneifrons
**Peru-Rotschwanzbekarde**
Hellmayr, 1927
e Peru, sw Brasilien und n, w Bolivien

## Gattung: Tityra

Tityra inquisitor
### Schwarzkappenbekarde
*Black-crowned Tityra - Titira piquinegro*
Lichtenstein, MHC, 1823
*e, se Brasilien, e Paraguay und ne Argentinien*

Tityra inquisitor fraserii
**Fraseris Schwarzkappenbekarde**
Kaup, 1852
se Mexico bis c Panama
Tityra inquisitor albitorques
**Panama-Schwarzkappenbekarde**
Du Bus de Gisignies, 1847
e Panama bis nw Brasilien und über w Kolumbien und w Ecuador bis c Peru und nw
Bolivien
Tityra inquisitor buckleyi
**Buckleys Schwarzkappenbekarde**
Salvin & Godman, 1890
se Kolumbien und e Ecuador
Tityra inquisitor erythrogenys
**Selbys Schwarzkappenbekarde**
Selby, 1826
e Kolumbien, Venezuela, Guianas und ne Brasilien
Tityra inquisitor pelzelni
**Bolivien-Schwarzkappenbekarde**
Salvin & Godman, 1890
n, e Bolivien bis c Brasilien

Tityra cayana
### Schwarznackenbekarde
*Black-tailed Tityra - Titira colinegro occidental*
Linnaeus, 1766
*Kolumbien bis n Bolivien, n Brasilien, Guianas und Trinidad*

Tityra cayana braziliensis
**Brasilien-Schwarznackenbekarde**
Swainson, 1838
e, s Brasilien, e Paraguay und ne Argentinien

Tityra semifasciata
### Weißnackenbekarde
*Masked Tityra - Titira enmascarado*
Spix, 1825
*Amazonasgebiet Brasilien, s Amazonas, ne Paraguay und ne Argentinien*

Tityra semifasciata hannumi
**Hannum-Weißnackenbekarde**
Van Rossem & Hachisuka, 1937
nw Mexico

Tityra semifasciata griseiceps
**Ridgways Weißnackenbekarde**
Ridgway, 1888
w Mexico
Tityra semifasciata deses
**Bangs Weißnackenbekarde**
Bangs, 1915
se Mexico
Tityra semifasciata personata
**Nikaragua-Weißnackenbekarde**
Jardine & Selby, 1827
e, s Mexico bis nc Nicaragua
Tityra semifasciata costaricensis
**Honduras-Weißnackenbekarde**
Ridgway, 1906
se Honduras bis c Panama
Tityra semifasciata columbiana
**Panama-Weißnackenbekarde**
Ridgway, 1906
e Panama, Kolumbien und w Venezuela
Tityra semifasciata nigriceps
**Ekuador-Weißnackenbekarde**
Allen, JA, 1888
sw Kolumbien und w Ecuador
Tityra semifasciata fortis
**Bolivien-Weißnackenbekarde**
Berlepsch & Stolzmann, 1896
se Kolumbien bis se Peru, n Bolivien und w Brasilien

Tityra leucura
### Weißschwanzbekarde
*White-tailed Tityra - Titira colinegro occidental*
Hoyo & Collar 2016
*Salto do Girao, Rio Madeira, Brasilien*

## Gattung: Schiffornis

Schiffornis major
### Rostbekarde
*Varzea Schiffornis - Llorón de varzea*
des Murs, 1856
*s Kolumbien, e Ecuador, w, c Amazonasgebiet Brasilien, e Peru und n Bolivien*

Schiffornis major duidae
**Duida-Rostbekarde**
Zimmer, JT, 1936
s Venezuela

Schiffornis olivacea
### Guyanabekarde
*Guianan Schiffornis - Llorón oliváceo*
Ridgway, 1906
*se Venezuela, Guyana und nc Brasilien*

Schiffornis veraepacis
### Trauerbekarde
*Northern Schiffornis - Llorón de Verapaz*
Sclater, PL & Salvin, 1860
*se Mexico bis s Costa Rica*

Schiffornis veraepacis dumicola
**Bangs Trauerbekarde**
Bangs, 1903
w Panama
Schiffornis veraepacis rosenbergi
**Rosenbergs Trauerbekarde**
Hartert, EJO, 1898
w Kolumbien und w Ecuador
Schiffornis veraepacis acrolophites
**Wetmores Trauerbekarde**
Wetmore, 1972
Hochland von extremer e Panama und nw Kolumbien

Schiffornis aenea
### Braunrückenbekarde
*Foothill Schiffornis - Llorón bronceado*
Zimmer, JT, 1936
*c Ecuador und n Peru*

Schiffornis stenorhyncha
### Rostflügelbekarde
*Russet-winged Schiffornis - Llorón picofino*
Sclater, PL & Salvin, 1869
*ne Kolumbien und n Venezuela*

Schiffornis stenorhyncha panamensis
**Panama-Rostflügelbekarde**
Hellmayr, 1929
Tiefland c, e Panama und nw Kolumbien

Schiffornis turdina
**Drosselbekarde**
*Brown-winged Schiffornis - Llorón turdino*
Wied-Neuwied, M, 1831
*se Brasilien*

Schiffornis turdina amazonum
**Amazonas-Drosselbekarde**
Sclater, PL, 1861
s Venezuela, e Peru und w Brasilien
Schiffornis turdina wallacii
**Wallacis Drosselbekarde**
Sclater, PL & Salvin, 1867
Suriname und Französisch-Guayana und nc Brasilien
Schiffornis turdina steinbachi
**Steinbachs Drosselbekarde**
Todd, 1928
se Peru und n Bolivien
Schiffornis turdina intermedia
**Kleine Drosselbekarde**
Pinto, 1954
e Brasilien

Schiffornis virescens
**Olivbekarde**
*Greenish Schiffornis - Llorón verdoso*
Lafresnaye, 1838
*se, s Brasilien, e Paraguay und ne Argentinien*



Laniocera rufescens
**Rötelbekarde**
*Speckled Mourner - Plañidera moteada*
Sclater, PL, 1858
*se Mexico bis nw Kolumbien*

Laniocera rufescens tertia
**Hartes Rötelbekarde**
Hartert, EJO, 1902
sw Kolumbien und nw Ecuador
Laniocera rufescens griseigula
**Kolumbien-Rötelbekarde**
Meyer de Schauensee, 1950
nc Kolumbien

Laniocera hypopyrra
**Tropfenflügelbekarde**
*Cinereous Mourner - Plañidera cenicienta*
Vieillot, 1817
*Amazonasgebiet und se Brasilien*



Iodopleura pipra
**Fahlkehl-Zwergbekarde**
*Buff-throated Purpletuft - Cotinguita pipra*
Lesson, RP, 1831
*Küste se Brasilien*

Iodopleura pipra leucopygia
**Salvins Fahlkehl-Zwergbekarde**
Salvin, 1885
Küste e Brasilien

Iodopleura fusca
**Braunkopf-Zwergbekarde**
*Dusky Purpletuft - Cotinguita oscuro*
Vieillot, 1817
*e Venezuela, Guianas und ne Brasilien*

Iodopleura isabellae
**Weißbrauen-Zwergbekarde**
*White-browed Purpletuft - Cotinguita cejiblanco*
Parzudaki, 1847
*Amazonasgebiet*



Laniisoma buckleyi
**Gelbkehlbekarde**
*Andean Laniisoma - Lanisoma andina*
Sclater, PL & Salvin, 1880
*e Ecuador und e Peru*

Laniisoma buckleyi venezuelense
**Phelps Gelbkehlbekarde**
Phelps, WH & Gilliard, 1941
ne Kolumbien und nw Venezuela

Laniisoma buckleyi cadwaladeri
**Carrikers Gelbkehlbekarde**
Carriker, 1935
nw Bolivien

Laniisoma elegans
**Wellenbauchbekarde**
*Brazilian Laniisoma - Lanisoma elegante*
Thunberg, 1823
*se Brasilien*



Xenopsaris albinucha
**Kappenbekarde**
*White-naped Xenopsaris - Anambé chico*
Burmeister, 1869
c Bolivien bis e Brasilien, Paraguay und ne Argentinien; s Guyana und n Brasilien

Xenopsaris albinucha minor
**Kleine Kappenbekarde**
Hellmayr, 1920
c, wc Venezuela



Pachyramphus viridis
**Gelbbrustbekarde**
*Green-backed Becard - Anambé dorsiverde*
Vieillot, 1816
*e Bolivien bis e, s Brasilien, Paraguay und n Argentinien*

Pachyramphus viridis griseigularis
**Amazonas-Gelbbrustbekarde**
Salvin & Godman, 1883
e Venezuela, nw Guyana und ne Brasilien

Pachyramphus xanthogenys
**Gelbwangenbekarde**
*Yellow-cheeked Becard - Anambé cariamarillo*
Salvadori & Festa, 1898
*s Kolumbien und e Ecuador*

Pachyramphus xanthogenys peruanus
**Peru-Gelbwangenbekarde**
Hartert, EJO & Goodson, 1917
c Peru

Pachyramphus versicolor
**Wellenbekarde**
*Barred Becard - Anambé barrado*
Hartlaub, 1843
*Kolumbien und w Venezuela bis se Ecuador*

Pachyramphus versicolor costaricensis
**Costa Rica-Wellenbekarde**
Bangs, 1908
Costa Rica und w Panama
Pachyramphus versicolor meridionalis
**Kleine Wellenbekarde**
Carriker, 1934
se Ecuador, Peru und nw Bolivien

Pachyramphus spodiurus
**Schieferbekarde**
*Slaty Becard - Anambé pizarra*
Sclater, PL, 1860
*w Ecuador und nw Peru*

Pachyramphus rufus
**Graubekarde**
*Cinereous Becard - Anambé cinéreo*
Boddaert, 1783
*e Panama bis Kolumbien, Guianas und Amazonasgebiet und e Brasilien*

Pachyramphus rufus juruanus
**Ekuador-Graubekarde**
Gyldenstolpe, 1951
se Ecuador, ne Peru und w Brasilien

Pachyramphus castaneus
**Graunackenbekarde**
*Chestnut-crowned Becard - Anambé castaño*
Jardine & Selby, 1827
*se Brasilien, e Paraguay und ne Argentinien*

Pachyramphus castaneus saturatus
**Chapmans Graunackenbekarde**
Chapman, 1914
se Kolumbien, e Ecuador, n Peru und nw Brasilien

Pachyramphus castaneus intermedius
**Kleine Graunackenbekarde**
Berlepsch, 1879
n Venezuela

Pachyramphus castaneus parui
**Paru-Graunackenbekarde**
Phelps, WH & Phelps, WH Jr, 1949
s Venezuela

Pachyramphus castaneus amazonus
**Amazonas-Graunackenbekarde**
Zimmer, JT, 1936
ne Brasilien

Pachyramphus cinnamomeus
## Zimtbekarde
*Cinnamon Becard - Anambé canelo*
Lawrence, 1861
*e Panama, w Kolumbien und w Ecuador*

Pachyramphus cinnamomeus fulvidior
**Panama-Zimtbekarde**
Griscom, 1932
se Mexico bis w Panama

Pachyramphus cinnamomeus magdalenae
**Magdalenas Zimtbekarde**
Chapman, 1914
n, e Kolumbien und nw Venezuela

Pachyramphus cinnamomeus badius
**Venezuela-Zimtbekarde**
Phelps, WH & Phelps, WH Jr, 1955
w Venezuela

Pachyramphus salvini
## Elsterbekarde
*Cryptic Becard - Anambé de Salvini*
Richmond, 1899
*Tiefland in w Kolumbien und w Ecuador s bis nw Peru und Rio Maranon*

Pachyramphus polychopterus
## Weißbindenbekarde
*White-winged Becard - Anambé aliblanco*
Vieillot, 1818
*e Brasilien*

Pachyramphus polychopterus similis
**Guatemala-Weißbindenbekarde**
Cherrie, 1891
Guatemala bis nw Kolumbien

Pachyramphus polychopterus cinereiventris
**Kolumbien-Weißbindenbekarde**
Sclater, PL, 1862
n Kolumbien

Pachyramphus polychopterus dorsalis
**Sclaters Weißbindenbekarde**
Sclater, PL, 1862
w Kolumbien und nw Ecuador

Pachyramphus polychopterus tenebrosus
**Zimmers Weißbindenbekarde**
Zimmer, JT, 1936
se Kolumbien, e Ecuador und ne Peru

Pachyramphus polychopterus tristis
**Kaups Weißbindenbekarde**
Kaup, 1852
ne Kolumbien, Venezuela, Guianas, ne Brasilien und Trinidad

Pachyramphus polychopterus nigriventris
**Brasilien-Weißbindenbekarde**
Sclater, PL, 1857
e Kolumbien und s Venezuela über w Brasilien bis e Peru und n Bolivien

Pachyramphus polychopterus spixii
**Spixis Weißbindenbekarde**
Swainson, 1838)
e Bolivien bis e, se Brasilien, Uruguay, n Argentinien und Paraguay

Pachyramphus marginatus
## Streifenrückenbekarde
*Black-capped Becard - Anambé capirotado*
Lichtenstein, MHC, 1823
*e Brasilien*

Pachyramphus marginatus nanus
**Kleine Streifenrückenbekarde**
Bangs & Penard, TE, 1921
Kolumbien über Guianas und Amazonasgebiet Brasilien bis e Ecuador, e Peru und n Bolivien

Pachyramphus albogriseus
## Graurückenbekarde
*Black-and-white Becard - Anambé blanquinegro*
Sclater, PL, 1857
*n, ne Kolumbien und nw Venezuela (Santa Marta Mts. und Perijá Mts.) bis n Venezuela und Anden von e Kolumbien bis c Peru*

Pachyramphus albogriseus ornatus
**Panama-Graurückenbekarde**
Cherrie, 1891
Costa Rica und w Panama

Pachyramphus major
## Schwarzrückenbekarde
*Grey-collared Becard - Anambé mexicano oriental*
Cabanis, 1847
*e Mexico*

Pachyramphus major uropygialis
**Nelsons Schwarzrückenbekarde**
Nelson, 1899
w Mexico

Pachyramphus major matudai
**Phillips Schwarzrückenbekarde**
Phillips, AR, 1966
s Mexico und n Guatemala

Pachyramphus major itzensis
**Belize-Schwarzrückenbekarde**
Nelson, 1901
se Mexico und Belize

Pachyramphus major australis
**Guatemala-Schwarzrückenbekarde**
Miller, W & Griscom, 1925
Guatemala bis Nicaragua

Pachyramphus surinamus
## Weißbauchbekarde
*Glossy-backed Becard - Anambé de Surinam*
Linnaeus, 1766
*ne Amazonasgebiet*

Pachyramphus homochrous
## Einfarbbekarde
*One-colored Becard - Anambé unicolor*
Sclater, PL, 1859
*c Panama bis nw Peru*

Pachyramphus homochrous quimarinus
**Kolumbien-Einfarbbekarde**
Meyer de Schauensee, 1950
n Kolumbien

Pachyramphus homochrous canescens
**Chapmans Einfarbbekarde**
Chapman, 1912
ne Kolumbien und nw Venezuela

Pachyramphus minor
## Rosensternbekarde
*Pink-throated Becard - Anambé gorjirrosa*
Lesson, RP, 1831
*Amazonasgebiet*

Pachyramphus validus
## Schopfbekarde
*Crested Becard - Anambé grande*
Lichtenstein, MHC, 1823
*e Bolivien bis e, s Brasilien, Paraguay und ne Argentinien*

Pachyramphus validus audax
**Cabanis-Schopfbekarde**
Cabanis, 1873
se Peru, Bolivien und nw Argentinien

Pachyramphus aglaiae
## Rosenkehlbekarde
*Rose-throated Becard - Anambé degollado*
Lafresnaye, 1839
*s Mexico*

Pachyramphus aglaiae albiventris
**Arizona-Rosenkehlbekarde**
Lawrence, 1867
se Arizona (sw USA) und w Mexico

Pachyramphus aglaiae gravis
**Texas-Rosenkehlbekarde**
Van Rossem, 1938
s Texas (sc USA) und ne Mexico

Pachyramphus aglaiae yucatanensis
**Yucatan-Rosenkehlbekarde**
Ridgway, 1906
Yucatán Halbinsel (se Mexico)

Pachyramphus aglaiae insularis
**Trea Marias-Rosenkehlbekarde**
Ridgway, 1887
Tres Marias Is. (vor w Mexico)

Pachyramphus aglaiae sumichrasti
**Nelsons Rosenkehlbekarde**
Nelson, 1897
se Mexico bis w Guatemala

Pachyramphus aglaiae hypophaeus
**Ridgways Rosenkehlbekarde**
Ridgway, 1891
c Belize und Guatemala bis w Panama

Pachyramphus aglaiae latirostris
**Bonapartes Rosenkehlbekarde**
Bonaparte, 1854
El Salvador bis nw Costa Rica

Pachyramphus niger
**Jamaikabekarde**
*Jamaican Becard - Anambé jamaicano*
Gmelin, JF, 1788
*Jamaika*


**Familie: Menuridae (Leierschwänze)**

Gattung: Menura


Menura alberti
**Braunrücken-Leierschwanz**
*Albert's Lyrebird - Avelira de Alberto*
Bonaparte, 1850
*se Queensland und ne New South Wales (e Australien)*

Menura novaehollandiae
**Graurücken-Leierschwanz**
*Superb Lyrebird - Avelira soberbia*
Latham, 1801
*ec bis se New South Wales (se Australien)*

   Menura novaehollandiae edwardi
   **Edwards-Leierschwanz**
   Chisholm, 1921
   *se Queensland und ne New South Wales (e Australien)*
   Menura novaehollandiae victoriae
   **Victoria-Leierschwanz**
   Gould, 1865
   *se New South Wales bis s Victoria (se Australien)*


**Familie: Atrichornithidae (Dickichtvögel)**

Gattung: Atrichornis


Atrichornis rufescens
**Rostdickichtvogel**
*Rufous Scrubbird - Matorralero rojizo*
Ramsay, EP, 1866
*se Queensland und ne New South Wales (se Australien)*

   Atrichornis rufescens ferrieri
   **South Wales-Dickichtvogel**
   Schodde & Mason, IJ, 1999
   *ec New South Wales (se Australien)*

Atrichornis clamosus
**Lärmdickichtvogel**
*Noisy Scrubbird - Matorralero bullicioso*
Gould, 1844
*sw South Australia (sw Australien)*


**Familie: Ptilonorhynchidae (Laubenvögel)**

Gattung: Ailuroedus


Ailuroedus stonii
**Ockerbauch-Laubenvogel**
*Ochre-breasted Catbird - Maullador de pecho ocre*
Sharpe, 1876
*se Neuguinea*

   Ailuroedus stonii cinnamomeus
   **Westlicher Ockerbauch-Laubenvogel**
   Mees, 1964
   *sw, se Neuguinea*

Ailuroedus buccoides
**Weißohr-Laubenvogel**
*White-eared Catbird - Maullador cariblanco*
Temminck, 1836
*Raja Ampat Is. (nw von Neuguinea), Bird's Head und Neck (nw Neuguinea) bis wc Neuguinea*

Ailuroedus geislerorum
**Östlicher Braunscheitel-Laubenvogel**
*Tan-capped Catbird - Maullador broceado*
Meyer, AB, 1891
*nc Neuguinea*

   Ailuroedus geislerorum molestus
   **Braunscheitel-Laubenvogel**
   Rothschild & Hartert, EJO, 1929
   *e Neuguinea*


Ailuroedus crassirostris
**Grünlaubenvogel**
*Green Catbird - Maullador verde*
Paykull, 1815
*se Queensland bis se New South Wales (e Australien)*

Ailuroedus maculosus
**Tüpfellaubenvogel**
*Spotted Catbird - Maullador moteado*
Ramsay, EP, 1875
*se Cape York Halbinsel, ne Queensland (ne Australien)*

Ailuroedus astigmaticus
**Huonlaubenvogel**
*Huon Catbird - Maullador de Huon*
Mayr, 1931
*Gebirge ne Neuguinea (Huon Halbinsel)*

Ailuroedus melanocephalus
**Schwarzscheitel-Laubenvogel**
*Black-capped Catbird - Maullador capirotado*
Ramsay, EP, 1883
*Gebirge se Neuguinea*

Ailuroedus jobiensis
**Schwarzkehl-Laubenvogel**
*Northern Catbird - Maullador norteño*
Rothschild, 1895
*Gebirge n Neuguinea*

Ailuroedus arfakianus
**Arfaklaubenvogel**
*Arfak Catbird - Maullador de Arfak*
Meyer, AB, 1874
*Gebirge Bird's Head (nw Neuguinea)*

   Ailuroedus arfakianus misoliensis
   **Misoollaubenvogel**
   Mayr & Meyer de Schauensee, 1939
   *Misool (Raja Ampat Is., nw von Neuguinea)*

Ailuroedus melanotis
**Schwarzohr-Laubenvogel**
*Black-eared Catbird - Maullador orejudo*
Gray, GR, 1858
*Aru Is. (sw von Neuguinea) und Trans-Fly (sc Neuguinea)*

   Ailuroedus melanotis facialis
   **Neuguinea-Schwarzohr-Laubenvogel**
   Mayr, 1936
   *Gebirge wc Neuguinea*
   Ailuroedus melanotis joanae
   **Joanas Schwarzohr-Laubenvogel**
   Mathews, 1941
   *ne Cape York Halbinsel, ne Queensland (ne Australien)*


Gattung: Scenopoeetes


Scenopoeetes dentirostris
**Zahnlaubenvogel**
*Tooth-billed Bowerbird - Pergolero dentado*
Ramsay, EP, 1876
*Gebirge se Cape York Halbinsel, ne Queensland (ne Australien)*


Gattung: Archboldia


Archboldia papuensis
**Archboldlaubenvogel**
*Archbold's Bowerbird - Pergolero de Archbold*
Rand, 1940
*Gebirge wc Neuguinea*

   Archboldia papuensis sanfordi
   **Sanfords Archboldlaubenvogel**
   Mayr & Gilliard, 1950
   *Gebirge ec Neuguinea*


Gattung: Amblyornis


Amblyornis inornata
**Hüttenlaubenvogel**
*Vogelkop Bowerbird - Pergolero pardo*
Schlegel, 1871
*Gebirge Bird's Head und Neck (nw Neuguinea)*

Amblyornis macgregoriae
**Goldhauben-Laubenvogel**
*MacGregor's Bowerbird - Pergolero de MacGregor*
De Vis, 1890
*Gebirge ec bis ne (Adelbert Mts.) und se Neuguinea*

    Amblyornis macgregoriae mayri
    **Mayrs Goldhauben-Laubenvogel**
    Hartert, EJO, 1930
    Gebirge wc, c Neuguinea

Amblyornis germanus
**Saruwagedlaubenvogel**
*Huon Bowerbird - Pergolero de Huon*
Rothschild, 1910
*Gebirge Huon Halbinsel (ne Neuguinea)*

Amblyornis subalaris
**Rothauben-Laubenvogel**
*Streaked Bowerbird - Pergolero estriado*
Sharpe, 1884
*Gebirge se Neuguinea*

Amblyornis flavifrons
**Gelbscheitel-Laubenvogel**
*Golden-fronted Bowerbird - Pergolero frentigualdo*
Rothschild, 1895
*Foja Mts. (nc Neuguinea)*

**Gattung: Prionodura**

Prionodura newtoniana
**Säulenlaubenvogel**
*Golden Bowerbird - Pergolero dorado*
De Vis, 1883
*Gebirge se Cape York Halbinsel, ne Queensland (ne Australien)*

**Gattung: Sericulus**

Sericulus aureus
**Goldlaubenvogel**
*Masked Bowerbird - Pergolero áureo*
Linnaeus, 1758
*Gebirge Bird's Head und Neck (nw Neuguinea) bis ec Neuguinea*

Sericulus ardens
**Flammenlaubenvogel**
*Flame Bowerbird - Pergolero flamígero*
D'Albertis & Salvadori, 1879
*sc Neuguinea*

Sericulus bakeri
**Rotscheitel-Laubenvogel**
*Fire-maned Bowerbird - Pergolero de los Adelbert*
Chapin, 1929
*Adelbert Range (ne Neuguinea)*

Sericulus chrysocephalus
**Gelbnacken-Laubenvogel**
*Regent Bowerbird - Pergolero regente*
Lewin, 1808
*ec Queensland bis ec New South Wales (e Australien)*

**Gattung: Ptilonorhynchus**

Ptilonorhynchus violaceus
**Seidenlaubenvogel**
*Satin Bowerbird - Pergolero satinado*
Vieillot, 1816
*se Queensland bis se Victoria (se Australien)*

    Ptilonorhynchus violaceus minor
    **Kleiner Seidenlaubenvogel**
    Campbell, AJ, 1912
    se Cape York Halbinsel, ne Queensland (ne Australien)

**Gattung: Chlamydera**

Chlamydera guttata
**Tropfenlaubenvogel**
*Western Bowerbird - Pergolero moteado occidental*
Gould, 1862
*wc Western Australia bis ec Nortern Territory (w, c Australien)*

Chlamydera guttata carteri
**Caters Tropfenlaubenvogel**
Mathews, 1920
North West Cape Halbinsel, wc Western Australia (wc Australien)

Chlamydera nuchalis
**Graulaubenvogel**
*Great Bowerbird - Pergolero grande*
Jardine & Selby, 1830
*ne Western Australia bis nw Queensland (nw bis nc Australien)*

    Chlamydera nuchalis orientalis
    **Östlicher Graulaubenvogel**
    Gould, 1879
    n Queensland inklusive Cape York Halbinsel (ne Australien)

Chlamydera maculata
**Fleckenlaubenvogel**
*Spotted Bowerbird - Pergolero moteado oriental*
Gould, 1837
*Queensland (außer Cape York Halbinsel) und New South Wales (e, se Australien)*

Chlamydera lauterbachi
**Dreigang-Laubenvogel**
*Yellow-breasted Bowerbird - Pergolero de Lauterbach*
Reichenow, 1897
*nc, ne Neuguinea*

    Chlamydera lauterbachi uniformis
    **Westlicher Dreigang-Laubenvogel**
    Rothschild, 1931
    wc bis ec Neuguinea

Chlamydera cerviniventris
**Braunbauch-Laubenvogel**
*Fawn-breasted Bowerbird - Pergolero pechipardo*
Gould, 1850
*Trans-Fly (sc Neuguinea), Küste ne, se Neuguinea und ne Cape York Halbinsel, ne Queensland (ne Australien)*

**Familie: Climacteridae (Baumrutscherartige)**

**Gattung: Cormobates**

Cormobates leucophaea
**Weißkehl-Baumrutscher**
*White-throated Treecreeper - Corretroncos gorjiblanco*
Latham, 1801
*ne New South Wales bis se South Australia (se Australien)*

    Cormobates leucophaea minor
    **Kleiner Weißkehlbaumrutscher**
    Mathews, 1908
    se Cape York Halbinsel, ne Queensland (ne Australien)
    Cormobates leucophaea intermedia
    **Queensland-Weißkehlbaumrutscher**
    Boles & Longmore, 1984
    ec Queensland (ne Australien)
    Cormobates leucophaea metastasis
    **Wales-Weißkehlbaumrutscher**
    Schodde, 1989
    se Queensland und ne New South Wales (ec Australien)
    Cormobates leucophaea grisescens
    **Südlicher Weißkehlbaumrutscher**
    Mathews, 1912
    sc South Australia (s Australien)

Cormobates placens
**Papuabaumrutscher**
*Papuan Treecreeper - Corretroncos papú*
Sclater, PL, 1874
*Gebirge Bird's Head (nw Neuguinea) und wc und c Neuguinea*

    Cormobates placens meridionalis
    **Harters Papuabaumrutscher**
    Hartert, EJO, 1907
    Gebirge se Neuguinea

**Gattung: Climacteris**

Climacteris erythrops
**Rostbrauen-Baumrutscher**
*Red-browed Treecreeper - Corretroncos cejirrojo*
Gould, 1841
*se Queensland bis e Victoria (se Australien)*

Climacteris affinis
**Weißbrauen-Baumrutscher**
*White-browed Treecreeper - Corretroncos cejiblanco*
Blyth, 1863
*se South Australia bis sc Queensland und c New South Wales (ec Australien)*

Climacteris affinis superciliosus
**Nördlicher Weißbrauenbaumrutscher**
North, 1895
wc Western Australia bis se Nortern Territory und ec South Australia (ec Australien)

Climacteris rufus
**Rostbauch-Baumrutscher**
*Rufous Treecreeper - Corretroncos rufo*
Gould, 1841
sw Western Australia bis sc South Australia (sw, sc Australien)

Climacteris picumnus
**Spechtbaumrutscher**
*Brown Treecreeper - Corretroncos pardo*
Temminck, 1824
nc Queensland bis se South Australia (e bis sc Australien)

Climacteris picumnus melanotus
**Goulds Spechtbaumrutscher**
Gould, 1847
Cape York Halbinsel, ne Queensland (ne Australien)
Climacteris picumnus victoriae
**Victoria-Spechtbaumrutscher**
Mathews, 1912
se Queensland bis s Victoria (se Australien)

Climacteris melanurus
**Schwarzschwanz-Baumrutscher**
*Black-tailed Treecreeper - Corretroncos colinegro*
Gould, 1843
ne Western Australia bis nw Queensland (nw, nc Australien)

Climacteris melanurus wellsi
**Wells-Schwarzschwanz-Baumrutscher**
Ogilvie-Grant, 1909
wc Western Australia (wc Australien)

## Familie: Maluridae (Australische Sänger)

### Gattung: Sipodotus

Sipodotus wallacii
**Rostnacken-Staffelschwanz**
*Wallace's Fairywren - Maluro de Wallace*
Gray, GR, 1862
Misool (Raja Ampat Is., nw von Neuguinea), Yapen (Geelvink Bay is., nw Neuguinea), Aru Is. (sw von Neuguinea) und Neuguinea

### Gattung: Chenorhamphus

Chenorhamphus grayi
**Breitschnabel-Staffelschwanz**
*Broad-billed Fairywren - Maluro picoancho*
Wallace, 1862
Salawati (Raja Ampat Is., nw von Neuguinea), Bird's Head und Neck (nw Neuguinea) bis nc Neuguinea

Chenorhamphus campbelli
**Campbellstaffelschwanz**
*Campbell's Fairywren - Maluro de Campbell*
Schodde & Weatherly, 1982
c von s Flachland Neuguinea

### Gattung: Malurus

Malurus cyanocephalus
**Kaiserstaffelschwanz**
*Emperor Fairywren - Maluro emperador*
Quoy & Gaimard, 1832
Salawati (Raja Ampat Is., nw von Neuguinea), Bird's Head und Neck (nw Neuguinea) und n Neuguinea

Malurus cyanocephalus mysorensis
**Biak-Kaiserstaffelschwanz**
Meyer, AB, 1874
Biak (Geelvink Bay is., nw Neuguinea)
Malurus cyanocephalus bonapartii
**Bonapartis Kaiserstaffelschwanz**
Gray, GR, 1859
Aru Is. (sw von Neuguinea) und s Neuguinea

Malurus amabilis
**Schmuckstaffelschwanz**
*Lovely Fairywren - Maluro amable*
Gould, 1852
ne Cape York Halbinsel, ne Queensland (ne Australien)

Malurus assimilis
**Purpurrücken-Staffelschwanz**
*Purple-backed Fairywren - Maluro dorsimorado*
North, 1901
Australien (außer n, sw, se, Tasmanien)

Malurus assimilis dulcis
**Matthews-Purpurrücken-Staffelschwanz**
Mathews, 1908
nc Top End, n Nortern Territory (nc Australien)
Malurus assimilis rogersi
**Rogers Purpurrücken-Staffelschwanz**
Mathews, 1912
ne Western Australia (nw Australien)
Malurus assimilis bernieri
**Berniers Purpurrücken-Staffelschwanz**
Ogilvie-Grant, 1909
Bernier Insel (vor w Western Australia, w Australien)

Malurus lamberti
**Weißbauch-Staffelschwanz**
*Variegated Fairywren - Maluro variegado*
Vigors & Horsfield, 1827
se Queensland bis se New South Wales (se Australien)

Malurus pulcherrimus
**Blaubrust-Staffelschwanz**
*Blue-breasted Fairywren - Maluro pechiazul*
Gould, 1844
sw Western Australia bis sc South Australia (sw, sc Australien)

Malurus elegans
**Silberkopf-Staffelschwanz**
*Red-winged Fairywren - Maluro elegante*
Gould, 1837
sw Western Australia (sw Australien)

Malurus cyaneus
**Prachtstaffelschwanz**
*Superb Fairywren - Maluro soberbio*
Ellis, 1782
Tasmanien (se Australien)

Malurus cyaneus samueli
**Samuels Prachtstaffelschwanz**
Mathews, 1912
Flinders Insel (Furneaux Gruppe, e Bass Strait, se Australien)
Malurus cyaneus elizabethae
**Elizabethas Prachtstaffelschwanz**
Campbell, AJ, 1901
King Insol (w Bass Strait, se Australien)
Malurus cyaneus cyanochlamys
**Sharps Prachtstaffelschwanz**
Sharpe, 1881
nc Queensland bis w Victoria (se Australien)
Malurus cyaneus leggei
**Australien-Prachtstaffelschwanz**
Mathews, 1912
se South Australia (sc Australien)
Malurus cyaneus ashbyi
**Kangaroo-Prachtstaffelschwanz**
Mathews, 1912
Kangaroo Insel (vor South Australia; sc Australien)

Malurus splendens
**Türkisstaffelschwanz**
*Splendid Fairywren - Maluro espléndido*
Quoy & Gaimard, 1832
w, s, c Western Australia (sw, wc Australien)

Malurus splendens callainus
**Australien-Türkisstaffelschwanz**
Gould, 1867
ec Western Australia bis c Nortern Territory und sc South Australia (c, sc Australien)
Malurus splendens melanotus
**Goulds Türkisstaffelschwanz**
Gould, 1841
ec South Australia bis sc Queensland (ec Australien)
Malurus splendens emmottorum
**Nördlicher Türkisstaffelschwanz**
Schodde & Mason, IJ, 1999
c Queensland (ne Australien)

Malurus coronatus
**Purpurkopf-Staffelschwanz**
*Purple-crowned Fairywren - Maluro coronado*
Gould, 1858
nc Western Australia bis wc Nortern Territory (nw Australien)

Malurus coronatus macgillivrayi
**McGillivrays Purpurkopfstaffelschwanz**
Mathews, 1913
ec Nortern Territory bis nw Queensland (nc Australien)

Malurus alboscapulatus
**Weißschulter-Staffelschwanz**
*White-shouldered Fairywren - Maluro hombroblanco*
Meyer, AB, 1874
*Bird's Head (nw Neuguinea)*

Malurus alboscapulatus aida
**Aidastaffelschwanz**
Hartert, EJO, 1930
*Bird's Neck (nw Neuguinea) bis nc Neuguinea*
Malurus alboscapulatus lorentzi
**Lorentzstaffelschwanz**
van Oort, 1909
*s Neuguinea*
Malurus alboscapulatus kutubu
**Kutubustaffelschwanz**
Schodde & Hitchcock, 1968
*sc Neuguinea*
Malurus alboscapulatus moretoni
**Morentonstaffelschwanz**
De Vis, 1892
*se Neuguinea*
Malurus alboscapulatus naimii
**Naimistaffelschwanz**
D'Albertis, 1875
*e Neuguinea*

Malurus melanocephalus
**Rotrücken-Staffelschwanz**
*Red-backed Fairywren - Maluro dorsirrojo*
Latham, 1801
*ec Queensland bis ec New South Wales (e Australien)*

Malurus melanocephalus cruentatus
**Goulds Rotrückenstaffelschwanz**
Gould, 1840
*ne Western Australia bis Cape York Halbinsel, ne Queensland (n Australien)*

Malurus leucopterus
**Weißflügel-Staffelschwanz**
*White-winged Fairywren - Maluro aliblanco*
Quoy & Gaimard, 1824
*Dirk Hartog Insel (vor w Western Australia, w Australien)*

Malurus leucopterus edouardi
**Edouards Weißflügelstaffelschwanz**
Campbell, AJ, 1901
*Barrow Insel (vor w Western Australia, w Australien)*
Malurus leucopterus leuconotus
**Goulds Weißflügelstaffelschwanz**
Gould, 1865
*Australien (außer n, s, e, Tasmanien)*



Clytomyias insignis
**Rotkopf-Staffelschwanz**
*Orange-crowned Fairywren - Maluro cabecirrojo*
Sharpe, 1879
*Gebirge Bird's Head (nw Neuguinea)*

Clytomyias insignis oorti
**Oortstaffelschwanz**
Rothschild & Hartert, EJO, 1907
*Gebirge wc bis ne (Huon Halbinsel) und se Neuguinea*



Stipiturus malachurus
**Rotstirn-Borstenschwanz**
*Southern Emu-wren - Maluro meridional*
Shaw, 1798
*se Queensland bis sc Victoria (e, se Australien)*

Stipiturus malachurus littleri
**Littlers Rotstirnborstenschwanz**
Mathews, 1912
*w Tasmanien (se Australien)*
Stipiturus malachurus polionotum
**Australien-Rotstirnborstenschwanz**
Schodde & Mason, IJ, 1999
*se South Australia und sw Victoria (sc, se Australien)*
Stipiturus malachurus intermedius
**Kleiner Rotstirnborstenschwanz**
Ashby, 1920
*Mt. Lofty Ranges, se South Australia (sc Australien)*
Stipiturus malachurus halmaturinus
**Kangaroo-Rotstirnborstenschwanz**
Parsons, 1920
*Kangaroo Insel (vor South Australia; sc Australien)*
Stipiturus malachurus parimeda
**Eyre-Rotstirnborstenschwanz**
Schodde & Weatherly, 1981
*s Eyre Halbinsel, sc South Australia (sc Australien)*

Stipiturus malachurus westernensis
**Westlicher Rotstirnborstenschwanz**
Campbell, AJ, 1912
*sw Western Australia (sw Australien)*
Stipiturus malachurus hartogi
**Hartogs Rotstirnborstenschwanz**
Carter, 1916
*Dirk Hartog Insel, vor w Western Australia (w Australien)*

Stipiturus mallee
**Malleeborstenschwanz**
*Mallee Emu-wren - Maluro del Mallee*
Campbell, AJ, 1908
*e South Australia und nw Victoria (se Australien)*

Stipiturus ruficeps
**Rotscheitel-Borstenschwanz**
*Rufous-crowned Emu-wren - Maluro coronirrufo*
Campbell, AJ, 1899
*wc Western Australia bis sw Queensland und nc South Australia (w, c Australien)*



Amytornis barbatus
**Brauengrasschlüpfer**
*Grey Grasswren - Maluro gris*
Favaloro & McEvey, 1968
*Bulloo River, sw Queensland und nw New South Wales (ec Australien)*

Amytornis barbatus diamantina
**Diamantina-Brauengrasschlüpfer**
Schodde & Christidis, 1987
*Diamantina River drainage, sw Queensland und ne South Australia (ec Australien)*

Amytornis housei
**Schwarzkehl-Grasschlüpfer**
*Black Grasswren - Maluro negro*
Milligan, 1902
*Kimberley, ne Western Australia (nw Australien)*

Amytornis woodwardi
**Weißkehl-Grasschlüpfer**
*White-throated Grasswren - Maluro gorjiblanco*
Hartert, EJO, 1905
*nc Nortern Territory (nc Australien)*

Amytornis dorotheae
**Carpentariagrasschlüpfer**
*Carpentarian Grasswren - Maluro de Carpentaria*
Mathews, 1914
*ne Nortern Territory und nw Queensland (nc Australien)*

Amytornis merrotsyi
**Kurzschwanz-Grasschlüpfer**
*Short-tailed Grasswren - Maluro colicorto*
Mellor, 1913
*Flinders Ranges, se South Australia (sc Australien)*

Amytornis merrotsyi pedleri
**Gawier-Kurzschwanzgrasschlüpfer**
Christidis, Horton & Norman, 2008
*Gawler Ranges, sc South Australia (sc Australien)*

Amytornis whitei
**Rötelgrasschlüpfer**
*Pilbara Grasswren - Maluro de Pilbara*
Mathews, 1910
*Pilbara Ranges, w Western Australia (w Australien)*

Amytornis whitei parvus
**Cape Range-Rötelgrasschlüpfer**
Black, 2020
*Cape Range, w Western Australia (w Australien)*

Amytornis oweni
**Owens Streifengrasschlüpfer**
*Sandhill Grasswren - Maluro de Owens*
Mathews, 1911
*c Western Australia bis c Queensland und nw South Australia (wc Australien)*

Amytornis oweni aenigma
**Eyre-Rötelgrasschlüpfer**
Black, 2020
*w Eyre Halbinsel, s South Australia (sc Australien)*

Amytornis rowleyi
**Rostgrasschlüpfer**
*Opalton Grasswren - Maluro herrumbroso*
Schodde & Mason, IJ, 1999
*c Queensland (ec Australien)*

Amytornis striatus
**Streifengrasschlüpfer**
*Striated Grasswren - Maluro estriado*
Gould, 1840
*c New South Wales (se Australien)*

    Amytornis striatus howei
    **Howes Streifengrasschlüpfer**
    Mathews, 1911
    *se South Australia, nw Victoria und sw New South Wales (se Australien)*

Amytornis goyderi
**Finkenschnabel-Grasschlüpfer**
*Eyrean Grasswren - Maluro del Eyre*
Gould, 1875
*Simpson und Strzelecki Deserts, se Nortern Territory, sw Queensland und nc South Australia (c Australien)*

Amytornis textilis
**Strichelgrasschlüpfer**
*Western Grasswren - Maluro occidental*
Quoy & Gaimard, 1824
*w Western Australia (w Australien)*

    † Amytornis textilis macrourus
    **Goulds Strichelgrasschlüpfer**
    Gould, 1847
    *sw Australien*
    Amytornis textilis myall
    **Myall-Strichelgrasschlüpfer**
    Mathews, 1916
    *s South Australia (sc Australien)*

† Amytornis modestus
**Dickschnabel-Grasschlüpfer**
*Thick-billed Grasswren - Maluro picogordo*
North, 1902
*s Nortern Territory (c Australien)*

    Amytornis modestus indulkanna
    **Indulkana-Dickschnabel-Grasschlüpfer**
    Mathews, 1916
    *s Nortern Territory und nc South Australia (sc Australien)*
    Amytornis modestus raglessi
    **Ragless-Dickschnabel-Grasschlüpfer**
    Black, 2011
    *n Flinders Ranges, sc South Australia (sc Australien)*
    Amytornis modestus curnamona
    **Basin-Dickschnabel-Grasschlüpfer**
    Black, 2011
    *s Lake Frome Basin, ec South Australia (sc Australien)*
    Amytornis modestus cowarie
    **Desert--Dickschnabel-Grasschlüpfer**
    Black, 2016
    *Sturt Stony Desert, ne South Australia (sc Australien)*
    Amytornis modestus obscurior
    **South Wales-Dickschnabel-Grasschlüpfer**
    Mathews, 1923
    *nw New South Wales (ec Australien)*
    † Amytornis modestus inexpectatus
    **Nördlicher-Dickschnabel-Grasschlüpfer**
    Mathews, 1912
    *n, s New South Wales (ec Australien)*

Amytornis purnelli
**Zimtgrasschlüpfer**
*Dusky Grasswren - Maluro sombrío*
Mathews, 1914
*ec Western Australia, sc Nortern Territory und nw Western Australia (nc Australien)*

Amytornis ballarae
**Grauflanken-Grasschlüpfer**
*Kalkadoon Grasswren - Maluro kalkadoon*
Condon, 1969
*wc Queensland (ec Australien)*


## Familie: Meliphagidae (Honigfresser)

### Gattung: Myza

Myza celebensis
**Brillenhonigfresser**
*Dark-eared Myza - Mielero chico de Célebes*
Meyer, AB & Wiglesworth, 1894
*Gebirge n, c, se Sulawesi*

    Myza celebensis meridionalis
    **Südlicher Celebeshonigfresser**
    Meyer, AB & Wiglesworth, 1896
    *Gebirge sw Sulawesi*

Myza sarasinorum
**Strichelbauch-Honigfresser**
*White-eared Myza - Mielero grande de Célebes*
Meyer, AB & Wiglesworth, 1895
*Gebirge n Sulawesi*

    Myza sarasinorum chionogenys
    **Stresemanns Strichelbauch-Honigfresser**
    Stresemann, 1931
    *Gebirge nc, sc Sulawesi*
    Myza sarasinorum pholidota
    **Südlicher Strichelbauch-Honigfresser**
    Stresemann, 1932
    *Gebirge se Sulawesi*

### Gattung: Acanthorhynchus

Acanthorhynchus tenuirostris
**Rotnacken-Honigfresser**
*Eastern Spinebill - Picoespina oriental*
Latham, 1801
*ec Queensland bis se South Australia (e, se Australien)*

    Acanthorhynchus tenuirostris cairnsensis
    **Queensland-Rotnacken-Honigfresser**
    Mathews, 1912
    *se Cape York Halbinsel, ne Queensland (ne Australien)*
    Acanthorhynchus tenuirostris dubius
    **Tasmanien-Rotnacken-Honigfresser**
    Gould, 1837
    *Tasmanien und Bass Strait is.*
    Acanthorhynchus tenuirostris halmaturinus
    **Kangaroo-Rotnacken-Honigfresser**
    Campbell, AG, 1906
    *se South Australien und Kangaroo Insel (vor South Australia; sc Australien)*

Acanthorhynchus superciliosus
**Buntkopf-Honigfresser**
*Western Spinebill - Picoespina occidental*
Gould, 1837
*sw Western Australia (sw Australien)*

### Gattung: Glycichaera

Glycichaera fallax
**Grünmantel-Honigfresser**
*Green-backed Honeyeater - Mielero dorsiverde*
Salvadori, 1878
*Misool (Raja Ampat Is., nw von Neuguinea), Aru Is. (sw von Neuguinea), Yapen (Geelvink Bay is., nw Neuguinea) und Neuguinea*

    Glycichaera fallax pallida
    **Batana-Grünmantel-Honigfresser**
    Stresemann & Paludan, 1932
    *Batanta und Waigeo (Raja Ampat Is., nw von Neuguinea)*
    Glycichaera fallax claudi
    **Clauds Grünmantel-Honigfresser**
    Mathews, 1914
    *ec Cape York Halbinsel, ne Queensland (ne Australien)*

### Gattung: Melionyx

Melionyx fuscus
**Buntwarzen-Honigfresser**
*Sooty Honeyeater - Mielero fuliginoso*
De Vis, 1897
*Gebirge wc bis se Neuguinea*

Melionyx princeps
**Langbart-Honigfresser**
*Long-bearded Honeyeater - Mielero barbilargo*
Mayr & Gilliard, 1951
*Gebirge ec Neuguinea*

Melionyx nouhuysi
**Kurzbart-Honigfresser**
*Short-bearded Honeyeater - Mielero barbicorto*
van Oort, 1910
*Gebirge wc Neuguinea*

### Gattung: Ptiloprora

Ptiloprora plumbea
**Bleikehl-Honigfresser**
*Leaden Honeyeater - Mielero plomizo*
Salvadori, 1895
*Gebirge wc, c, se Neuguinea*

Ptiloprora meekiana
**Olivstreifen-Honigfresser**
*Yellowish-streaked Honeyeater - Mielero de Meek*
Rothschild & Hartert, EJO, 1907
*Gebirge ne (Huon Halbinsel) bis se Neuguinea*

Ptiloprora meekiana occidentalis
**Westlicher Olivstreifen-Honigfresser**
Rand, 1940
Gebirge wc Neuguinea

Ptiloprora erythropleura
**Rotflanken-Honigfresser**
*Rufous-sided Honeyeater - Mielero flanquirrufo*
Salvadori, 1876
*Gebirge Bird's Head und Neck (nw Neuguinea)*

Ptiloprora erythropleura dammermani
**Dammermanhonigfresser**
Stresemann & Paludan, 1934
Gebirge wc Neuguinea

Ptiloprora guisei
**Rotrücken-Honigfresser**
*Rufous-backed Honeyeater - Mielero dorsirrufo*
De Vis, 1894
*Gebirge e, ne (Adelbert Range und Huon Halbinsel) und se Neuguinea*

Ptiloprora mayri
**Mayrhonigfresser**
*Mayr's Honeyeater - Mielero de Mayr*
Hartert, EJO, 1930
*Foja und Cyclops Mts. (wc Neuguinea)*

Ptiloprora mayri acrophila
**Östlicher Mayrhonigfresser**
Diamond, 1969
Bewani Mts. (ec Neuguinea)

Ptiloprora perstriata
**Streifenhonigfresser**
*Grey-streaked Honeyeater - Mielero estriado*
De Vis, 1898
*Gebirge we bis se Neuguinea*

## Gattung: Ashbyia

Ashbyia lovensis
**Wüstentrugschmätzer**
*Gibberbird - Eptianuro de Ashby*
Ashby, 1911
*nc South Australia, se Queensland und nw New South Wales (ec Australien)*

## Gattung: Epthianura

Epthianura tricolor
**Scharlachtrugschmätzer**
*Crimson Chat - Eptianuro tricolor*
Gould, 1841
*Australien (außer n, s und Tasmanien)*

Epthianura aurifrons
**Goldstirn-Trugschmätzer**
*Orange Chat - Eptianuro naranja*
Gould, 1838
*Australien (außer n, s, e und Tasmanien)*

Epthianura crocea
**Safrantrugschmätzer**
*Yellow Chat - Eptianuro amarillo*
Castelnau & Ramsay, EP, 1877
*ne Western Australia bis w Queensland (nw bis c Australien)*

Epthianura crocea tunneyi
**Tunneys Safrantrugschmätzer**
Mathews, 1912
w Arnhem Land, nw Nortern Territory (nc Australien)
Epthianura crocea macgregori
**McGregors Safrantrugschmätzer**
Keast, 1958
Küste ec Queensland (ec Australien)

Epthianura albifrons
**Weißgesicht-Trugschmätzer**
*White-fronted Chat - Eptianuro pío*
Jardine & Selby, 1828
*sw Western Australia bis ec New South Wales und Tasmanien (s Australien)*

## Gattung: Stresemannia

Stresemannia bougainvillei
**Bougainville-Honigfresser**
*Bougainville Honeyeater - Mielero de Bougainville*
Mayr, 1932
*Gebirge Bougainville (n Solomon Is.)*

## Gattung: Conopophila

Conopophila albogularis
**Rostband-Honigfresser**
*Rufous-banded Honeyeater - Mielero pechirrufo*
Gould, 1843
*Aru Is. (sw von Neuguinea), sc, ne und se Neuguinea, und n Nortern Territory bis n Cape York Halbinsel, ne Queensland (nc, ne Australien)*

Conopophila rufogularis
**Rostkehl-Honigfresser**
*Rufous-throated Honeyeater - Mielero golirrufo*
Gould, 1843
*ne Western Australia bis se Queensland (n Australien)*

Conopophila whitei
**Grauhonigfresser**
*Grey Honeyeater - Mielero de White*
North, 1910
*wc Western Australia bis ec Nortern Territory und nw South Australia (wc Australien)*

## Gattung: Ramsayornis

Ramsayornis fasciatus
**Wellenbrust-Honigfresser**
*Bar-breasted Honeyeater - Mielero pechibarrado*
Gould, 1843
*ne Western Australia bis se Queensland (n Australien)*

Ramsayornis modestus
**Sumpfhonigfresser**
*Brown-backed Honeyeater - Mielero modesto*
Gray, GR, 1858
*Neuguinea Küste und kleine Inseln, und Cape York Halbinsel, ne Queensland (ne Australien)*

## Gattung: Melilestes

Melilestes megarhynchus
**Langschnabel-Honigfresser**
*Long-billed Honeyeater - Mielero piquilargo*
Gray, GR, 1858
*Salawati und Misool (Raja Ampat Is., nw von Neuguinea), Aru Is. (sw von Neuguinea), Bird's Head und Neck (nw Neuguinea), w, s, ne (Huon Halbinsel) und se Neuguinea*

Melilestes megarhynchus vagans
**Waigeo-Langschnabel-Honigfresser**
Bernstein, 1864
Batanta und Waigeo (Raja Ampat Is., nw von Neuguinea), Yapen (Geelvink Bay is., nw Neuguinea) und nc Neuguinea

## Gattung: Timeliopsis

Timeliopsis fulvigula
**Buschhonigfresser**
*Olive Straightbill - Mielero oliváceo*
Schlegel, 1871
*Gebirge Bird's Head (nw Neuguinea)*

Timeliopsis fulvigula meyeri
**Huon-Buschhonigfresser**
Salvadori, 1896
Gebirge wc bis ne (Huon Halbinsel) und se Neuguinea

Timeliopsis griseigula
**Geradschnabel-Honigfresser**
*Tawny Straightbill - Mielero habano*
Schlegel, 1871
*Bird's Head (nw Neuguinea) und n Neuguinea*

Timeliopsis griseigula fulviventris
**Huon-Geradschnabel-Honigfresser**
Ramsay, EP, 1882
sc, ne (Huon Gulf) bis se Neuguinea

Myzomela prawiradilagae
**Alorhonigfresser**
*Alor Myzomela - Mielero de Alor*
Irham, Ashari, Suparno, Trainor, Verbelen, Wu, MY & Rheindt, 2019
*Gebirge Alor (ec Lesser Sundas)*

Myzomela erythrocephala
**Rotkopf-Honigfresser**
*Red-headed Myzomela - Mielero cabecirrojo*
Gould, 1840
*Küste ne Western Australia, Nortern Territory und kleine Inseln, und bis ne Cape York Halbinsel, ne Queensland (n Australien)*

    Myzomela erythrocephala infuscata
    **Aru-Rotkopf-Honigfresser**
    Forbes, WA, 1879
    *Aru Is. (sw von Neuguinea), s Küste Neuguinea und Torres Strait is. (ne Queensland, n Australien)*

Myzomela dammermani
**Sumbahonigfresser**
*Sumba Myzomela - Mielero de Sumba*
Siebers, 1928
*Sumba (wc Lesser Sundas)*

Myzomela irianawidodoae
**Rotihonigfresser**
*Rote Myzomela - Mielero de Rote*
Prawiradilaga, Baveja, Suparno, Ashari, Ng, NSR, Gwee, Verbelen & Rheindt, 2017
*Rote (ec Lesser Sundas)*

Myzomela adolphinae
**Berghonigfresser**
*Mountain Myzomela - Mielero de Adolfina*
Salvadori, 1876
*Gebirge Bird's Head (nw Neuguinea), nc, ec, ne (Huon Halbinsel) und se Neuguinea*

Myzomela boiei
**Inselhonigfresser**
*Banda Myzomela - Mielero de las Banda*
Müller, S, 1843
*Banda Is. (s Moluccas)*

    Myzomela boiei annabellae
    **Babar-Inselhonigfresser**
    Sclater, PL, 1883
    *Babar (e Lesser Sundas) und Tanimbar Is. (s Moluccas)*

Myzomela wahe
**Taliabuhonigfresser**
*Taliabu Myzomela - Mielero de Taliabu*
Rheindt, Prawiradilaga, Ashari, Suparno & Wu, MY, 2020
*Taliabu (Sula Is., e von Sulawesi)*

Myzomela chloroptera
**Sulawesihonigfresser**
*Sulawesi Myzomela - Mielero rojo de Célebes*
Walden, 1872
*Gebirge n, c, se Sulawesi*

    Myzomela chloroptera juga
    **Juga-Sulawesihonigfresser**
    Riley, 1921
    *Gebirge sw Sulawesi*
    Myzomela chloroptera eva
    **Eva-Sulawesihonigfresser**
    Meise, 1929
    *Selayar und Tanahjampea (s von sw Sulawesi)*

Myzomela batjanensis
**Bacanhonigfresser**
*Bacan Myzomela - Mielero de las Bacan*
Hartert, EJO, 1903
*Gebirge Bacan (n Moluccas)*

Myzomela wakoloensis
**Wakolohonigfresser**
*Wakolo Myzomela - Mielero del Wakolo*
Forbes, HO, 1883
*Gebirge Buru (wc Moluccas)*

    Myzomela wakoloensis elisabethae
    **Seram-Wakolohonigfresser**
    van Oort, 1911
    *Gebirge Seram (ec Moluccas)*

Myzomela sanguinolenta
**Scharlachhonigfresser**
*Scarlet Myzomela - Mielero escarlata*
Latham, 1801
*ec Queensland bis s Victoria (e Australien)*

Myzomela caledonica
**Neukaledonien-Honigfresser**
*New Caledonian Myzomela - Mielero de Nueva Caledonia*
Forbes, WA, 1879
*Grande Terre und Ile des Pins (New Caledonia)*

Myzomela cardinalis
**Kardinalhonigfresser**
*Cardinal Myzomela - Mielero cardenal*
Gmelin, JF, 1788
*Erromango, Tanna und Aneityum (s Vanuatu)*

    Myzomela cardinalis pulcherrima
    **Ugi-Kardinalhonigfresser**
    Ramsay, EP, 1881
    *Makira (=San Cristóbal), Ugi und Three Sisters (n von c Makira; se Solomon Is.)*
    Myzomela cardinalis sanfordi
    **Sanfords Kardinalhonigfresser**
    Mayr, 1931
    *Rennell (s Solomon Is.)*
    Myzomela cardinalis sanctaecrucis
    **Torres-Kardinalhonigfresser**
    Sarasin, 1913
    *Temotu (=Santa Cruz Is., se Solomon Is.) und Torres Is. (n Vanuatu)*
    Myzomela cardinalis tucopiae
    **Tikopia-Kardinalhonigfresser**
    Mayr, 1937
    *Tikopia (se Solomon Is.)*
    Myzomela cardinalis tenuis
    **Vanuatu-Kardinalhonigfresser**
    Mayr, 1937
    *Banks Is. bis Efate (n bis c Vanuatu)*
    Myzomela cardinalis lifuensis
    **Loyalitäts-Kardinalhonigfresser**
    Layard, EL & Layard, ELC, 1878
    *Loyalty Is. (New Caledonia)*
    Myzomela cardinalis nigriventris
    **Samoa-Kardinalhonigfresser**
    Peale, 1849
    *Savaii und Upolu (w Samoa) und Tutuila (w American Samoa, c Polynesien)*

Myzomela chermesina
**Karmesinhonigfresser**
*Rotuma Myzomela - Mielero de Rotuma*
Gray, GR, 1846
*Rotuma (nw Fiji, sw Polynesien)*

Myzomela rubratra
**Mikronesienhonigfresser**
*Micronesian Myzomela - Mielero de Micronesia*
Lesson, RP, 1827
*Kosrae (e Caroline Is., c Micronesia)*

    Myzomela rubratra asuncionis
    **Marianahonigfresser**
    Salomonsen, 1966
    *Maug bis Anatahan (n Mariana Is., w Micronesia)*
    Myzomela rubratra saffordi
    **Saffords Mikronesienhonigfresser**
    Wetmore, 1917
    *Saipan, Tinian, Agiguan (=Aguijan) und Rota, s Northern Mariana Is. und früher Guam (s Mariana Is.; w Micronesia)*
    Myzomela rubratra kobayashii
    **Palauhonigfresser**
    Momiyama, 1922
    *Palau (w Caroline Is., w Micronesia)*
    Myzomela rubratra kurodai
    **Yaphonigfresser**
    Momiyama, 1922
    *Yap (w Caroline Is., w Micronesia)*
    Myzomela rubratra major
    **Truckhonigfresser**
    Bonaparte, 1854
    *Chuuk (=Truk, c Caroline Is., c Micronesia)*
    Myzomela rubratra dichromata
    **Phonpeihonigfresser**
    Wetmore, 1919
    *Pohnpei (=Ponape) und Sapwuahfik Atoll (=Ngatik, bis sw von Pohnpei), e Caroline Is., c Micronesia)*

Myzomela sclateri
**Scharlachkehl-Honigfresser**
*Sclater's Myzomela - Mielero de Sclater*
Forbes, WA, 1879
*Karkar (n von nc Neuguinea) und Inseln vor New Britain (se Bismarck Archipel)*

Myzomela pammelaena
**Ebenholz-Honigfresser**
*Bismarck Black Myzomela - Mielero de ébano*
Sclater, PL, 1877
*Admiralty Is. inklusive Inseln (nw Bismarck Archipel)*

    Myzomela pammelaena ernstmayri
    **Ernstmayrs Ebenholz-Honigfresser**
    Meise, 1929
    *Ninigo, Hermit und Kaniet Is. (islets w von Admiralty Is., nw Bismarck Archipel)*

Myzomela pammelaena hades
**Matthias-Ebenholz-Honigfresser**
Meise, 1929
St. Matthias Is. (nc Bismarck Archipel)
Myzomela pammelaena ramsayi
**Ramsays Ebenholz-Honigfresser**
Finsch, 1886
Tingwon (w von Lavongai) und Inseln vor New Hanover und New Ireland
Myzomela pammelaena nigerrima
**Neuguinea-Ebenholz-Honigfresser**
Salomonsen, 1966
Inseln zwischen ne Neuguinea und New Britain (sc Bismarck Archipel)

Myzomela lafargei
**Scharlachnacken-Honigfresser**
*Red-capped Myzomela - Mielero nuquirrojo*
Pucheran, 1853
*Buka bis Isabel und kleine Inseln (n bis ec Solomon Is.)*

Myzomela eichhorni
**Rotbürzel-Honigfresser**
*Crimson-rumped Myzomela - Mielero de Eichhorn*
Rothschild & Hartert, EJO, 1901
*Gizo und Kolombangara bis Nggatokae (ne bis s New Georgia Gruppe, wc Solomon Is.)*

Myzomela eichhorni ganongae
**Ranongga-Rotbürzel-Honigfresser**
Mayr, 1932
Ranongga (nw New Georgia Gruppe, wc Solomon Is.)
Myzomela eichhorni atrata
**Vella Rotbürzel-Honigfresser**
Hartert, EJO, 1908
Vella Lavella und Bagga Is. (to e von Vella Lavella; n New Georgia Gruppe, wc Solomon Is.)

Myzomela malaitae
**Malaitahonigfresser**
*Red-vested Myzomela - Mielero de Malaita*
Mayr, 1931
*Gebirge Malaita (se Solomon Is.)*

Myzomela melanocephala
**Savohonigfresser**
*Black-headed Myzomela - Mielero cabecinegro*
Ramsay, EP, 1879
*Florida Is., Savo (n von nw Guadalcanal) und Guadalcanal (sc Solomon Is.)*

Myzomela tristrami
**Tristramhonigfresser**
*Sooty Myzomela - Mielero de Tristram*
Ramsay, EP, 1881
*Makira, Ugi (vor nw Makira) und Santa Catalina und Santa Ana (vor se Makira; se Solomon Is.)*

Myzomela jugularis
**Orangebrust-Honigfresser**
*Sulphur-breasted Myzomela - Mielero pechinaranja*
Peale, 1849
*Fiji (sw Polynesien)*

Myzomela erythromelas
**Flammenkopf-Honigfresser**
*Black-bellied Myzomela - Mielero ventrinegro*
Salvadori, 1881
*New Britain (se Bismarck Archipel)*

Myzomela vulnerata
**Dreifarben-Honigfresser**
*Black-breasted Myzomela - Mielero culirrojo*
Müller, S, 1843
*Timor (e Lesser Sundas)*

Myzomela rosenbergii
**Rotbrust-Honigfresser**
*Red-collared Myzomela - Mielero de Rosenberg*
Schlegel, 1871
*Gebirge Neuguinea*

Myzomela longirostris
**Nidulahonigfresser**
*Long-billed Myzomela - Mielero de la Goodenough*
Mayr & Rand, 1935
*Gebirge Goodenough (D'Entrecasteaux Archipel, e von se Neuguinea)*

**Gattung: Philemon**

Philemon meyeri
**Zwerglederkopf**
*Meyer's Friarbird - Filemón de Meyer*
Salvadori, 1878
*Neuguinea (außer Bird's Head, nw und lower Fly, sc Neuguinea)*

Philemon brassi
**Mamberamolederkopf**
*Brass's Friarbird - Filemón de Brass*
Rand, 1940
*Mamberamo Basin (nw Neuguinea)*

Philemon citreogularis
**Glattstirn-Lederkopf**
*Little Friarbird - Filemón goligualdo*
Gould, 1837
*Cape York Halbinsel, ne Queensland bis se South Australia und n Victoria (e Australien)*

Philemon citreogularis papuensis
**Neuguinea-Glattstirnlederkopf**
Mayr & Rand, 1935
Trans-Fly (sc Neuguinea)
Philemon citreogularis sordidus
**Nördlicher Glattstirnlederkopf**
Gould, 1848
ne Western Australia bis nw Queensland (nc Australien)

Philemon kisserensis
**Graulederkopf**
*Grey Friarbird - Filemón de Kisar*
Meyer, AB, 1884
*Kisar, Leti und Moa (e von Timor, e Lesser Sundas)*

Philemon inornatus
**Timorlederkopf**
*Timor Friarbird - Filemón de Timor*
Gray, GR, 1846
*Timor (e Lesser Sundas)*

Philemon fuscicapillus
**Molukkenlederkopf**
*Morotai Friarbird - Filemón sombrío*
Wallace, 1862
*Morotai (n Moluccas)*

Philemon subcorniculatus
**Seramlederkopf**
*Seram Friarbird - Filemón de Seram*
Hombron & Jacquinot, 1841
*Seram (ec Moluccas)*

Philemon moluccensis
**Burulederkopf**
*Buru Friarbird - Filemón moluqueño*
Gmelin, JF, 1788
*Buru (wc Moluccas)*

Philemon plumigenis
**Tanimbarlederkopf**
*Tanimbar Friarbird - Filemón de las Tanimbar*
Gray, GR, 1858
*Kai und Tanimbar is. (s Moluccas)*

Philemon buceroides
**Helmlederkopf**
*Helmeted Friarbird - Filemón de yelmo*
Swainson, 1838
*Sawu bis Timor und Wetar (e Lesser Sundas)*

Philemon buceroides neglectus
**Sunda-Helmlederkopf**
Büttikofer, 1891
Lombok bis Sumba und Flores (w, c Lesser Sundas)
Philemon buceroides gordoni
**Gordons Helmlederkopf**
Mathews, 1912
Küste Top End, n Nortern Territory und Melville Insel (Tiwi Is., n von Nortern Territory; nc Australien)
Philemon buceroides ammitophilus
**Nördlicher Helmlederkopf**
Schodde, Mason, IJ & McKean, 1979
Top End, n Nortern Territory (nc Australien)

Philemon novaeguineae
**Papualederkopf**
*New Guinea Friarbird - Filemón de Nueva Guinea*
Müller, S, 1842
*Raja Ampat Is. (nw von Neuguinea), Bird's Head (nw Neuguinea) und s, se Neuguinea*

Philemon novaeguineae aruensis
**Arulederkopf**
Meyer, AB, 1884
Aru Is. (sw von Neuguinea)
Philemon novaeguineae jobiensis
**Yapenlederkopf**
Meyer, AB, 1874
Yapen (Geelvink Bay is., nw Neuguinea) und n Neuguinea

Philemon novaeguineae subtuberosus
**Trobriandlederkopf**
Hartert, EJO, 1896
D'Entrecasteaux Archipel und Trobriand Is. (e von se Neuguinea)
Philemon novaeguineae tagulanus
**Tagulalederkopf**
Rothschild & Hartert, EJO, 1918
Tagula (c Louisiade Archipel, e von se Neuguinea)

Philemon yorki
**Yorklederkopf**
*Hornbill Friarbird - Filemón de York*
Mathews, 1912
*ne Australien*

Philemon cockerelli
**Melanesien-Lederkopf**
*New Britain Friarbird - Filemón de Nueva Bretaña*
Sclater, PL, 1877
*New Britain und Duke von York (n von ne New Britain; se Bismarck Archipel)*

Philemon cockerelli umboi
**Umboilederkopf**
Hartert, EJO, 1926
Umboi (w von New Britain, sc Bismarck Archipel)

Philemon eichhorni
**Neuirland-Lederkopf**
*New Ireland Friarbird - Filemón de Nueva Irlanda*
Rothschild & Hartert, EJO, 1924
*Gebirge New Ireland (ne Bismarck Archipel)*

Philemon albitorques
**Manuslederkopf**
*Manus Friarbird - Filemón nuquiblanco*
Sclater, PL, 1877
*Manus und kleine Inseln (Admiralty Is., nc Bismarck Archipel)*

Philemon argenticeps
**Weißscheitel-Lederkopf**
*Silver-crowned Friarbird - Filemón coronado*
Gould, 1840
*ne Western Australia bis nw Queensland (nc Australien)*

Philemon argenticeps kempi
**Kemps-Weißscheitel-Lederkopf**
Mathews, 1912
ne Cape York Halbinsel, ne Queensland (ne Australien)

Philemon corniculatus
**Lärmlederkopf**
*Noisy Friarbird - Filemón chillón*
Latham, 1790
*Trans-Fly (sc Neuguinea) und Cape York Halbinsel, ne Queensland (ne Australien)*

Philemon corniculatus monachus
**Lathams Lärmlederkopf**
Latham, 1801
ec Queensland bis ne Victoria (ec, se Australien)

Philemon diemenensis
**Neukaledonien-Lederkopf**
*New Caledonian Friarbird - Filemón de Nueva Caledonia*
Lesson, RP, 1831
*Grande Terre, Ile des Pins und Loyalty Is. (New Caledonia)*



Xanthotis polygrammus
**Drosselhonigfresser**
*Spotted Honeyeater - Mielero manchado*
Gray, GR, 1862
*Waigeo (Raja Ampat Is., nw von Neuguinea)*

Xanthotis polygrammus poikilosternos
**Salawati-Drosselhonigfresser**
Meyer, AB, 1874
Salawati und Misool (Raja Ampat Is., nw von Neuguinea), Bird's Head (nw Neuguinea) und w Neuguinea
Xanthotis polygrammus septentrionalis
**Nördlicher Drosselhonigfresser**
Mayr, 1931
n Neuguinea
Xanthotis polygrammus lophotis
**Östlicher Drosselhonigfresser**
Mayr, 1931
ne (Huon Halbinsel), sc (Trans-Fly) und se Neuguinea

Xanthotis macleayanus
**Kappenhonigfresser**
*Macleay's Honeyeater - Mielero de Macleay*
Ramsay, EP, 1875
*se Cape York Halbinsel, ne Queensland (ne Australien)*

Xanthotis flaviventer
**Ockerbrust-Honigfresser**
*Tawny-breasted Honeyeater - Mielero ventrihabano*
Lesson, RP, 1828
*Salawati und Misool (Raja Ampat Is., nw von Neuguinea) und Bird's Head und Neck (nw Neuguinea)*

Xanthotis flaviventer fusciventris
**Waigeo-Ockerbrust-Honigfresser**
Salvadori, 1876
Waigeo und Batanta (Raja Ampat Is., nw von Neuguinea)
Xanthotis flaviventer saturatior
**Aru-Ockerbrust-Honigfresser**
Rothschild & Hartert, EJO, 1903
Aru Is. (sw von Neuguinea), sc, se Neuguinea und Saibai und Boigu (Torres Strait is., ne Queensland, ne Australien)
Xanthotis flaviventer visi
**Harters Ockerbrust-Honigfresser**
Hartert, EJO, 1896
se Neuguinea
Xanthotis flaviventer madaraszi
**Madarasz-Ockerbrust-Honigfresser**
Rothschild & Hartert, EJO, 1903
Huon Halbinsel (ne Neuguinea)
Xanthotis flaviventer meyerii
**Meyeris Ockerbrust-Honigfresser**
Salvadori, 1876
Yapen (Geelvink Bay is., nw Neuguinea) und n Neuguinea
Xanthotis flaviventer spilogaster
**Trobriand-Ockerbrust-Honigfresser**
Ogilvie-Grant, 1896)
D'Entrecasteaux Archipel und Trobriand Is. (e von se Neuguinea)
Xanthotis flaviventer filiger
**Goulds Ockerbrust-Honigfresser**
Gould, 1851
Cape York Halbinsel, ne Queensland (ne Australien)



Plectorhyncha lanceolata
**Strichelhonigfresser**
*Striped Honeyeater - Mielero lanceolado*
Gould, 1838
*nc Queensland bis se South Australia und sc New South Wales (e, se Australien)*



Grantiella picta
**Rotschnabel-Honigfresser**
*Painted Honeyeater - Mielero pintado*
Gould, 1838
*nc Nortern Territory bis se Queensland und sc Victoria (nc bis se Australien)*



Trichodere cockerelli
**Uferhonigfresser**
*White-streaked Honeyeater - Mielero de Cockerell*
Gould, 1869
*n, ne Cape York Halbinsel, ne Queensland (ne Australien)*



Phylidonyris pyrrhopterus
**Goldflügel-Honigfresser**
*Crescent Honeyeater - Mielero alafuego*
Latham, 1801
*sw Victoria bis sc New South Wales, Bass Strait is. und Tasmanien (se Australien)*

Phylidonyris pyrrhopterus halmaturinus
**Kangaroo Goldflügel-Honigfresser**
Campbell, AG, 1906
sc South Australia und Kangaroo Insel (vor sc South Australia; sc Australien)

Phylidonyris novaehollandiae
**Weißaugen-Honigfresser**
*New Holland Honeyeater - Mielero de Nueva Holanda*
Latham, 1790
*se Queensland bis se South Australia (sc, se Australien)*

Phylidonyris novaehollandiae caudatus
**Bassstrait-Weißaugen-Honigfresser**
Salomonsen, 1966
Bass Strait is. (se Australien)
Phylidonyris novaehollandiae canescens
**Tasmanien-Weißaugen-Honigfresser**
Latham, 1790
Tasmanien (se Australien)
Phylidonyris novaehollandiae campbelli
**Campbells Weißaugen-Honigfresser**
Mathews, 1923
Kangaroo Insel (vor sc South Australia; sc Australien)
Phylidonyris novaehollandiae longirostris
**Goulds Weißaugen-Honigfresser**
Gould, 1846)
sw Western Australia (sw Australien)

Phylidonyris niger
**Weißwangen-Honigfresser**
*White-cheeked Honeyeater - Mielero cariblanco*
Bechstein, 1811
ec Queensland bis se New South Wales (e Australien)

Phylidonyris niger gouldii
**Goulds Weißwangen-Honigfresser**
Schlegel, 1872
sw Western Australia (sw Australien)

Gattung: Lichmera

Lichmera argentauris
**Silberohr-Honigfresser**
*Olive Honeyeater - Mielero cariplateado*
Finsch, 1871
Lusaolate (n von c Seram), Kekek (e von Obi), Damar (s von Halmahera; n, c Moluccas) und
Inseln von Raja Ampat Is. (nw von Neuguinea)

Lichmera indistincta
**Braunhonigfresser**
*Brown Honeyeater - Mielero pardo*
Vigors & Horsfield, 1827
Western Australia (außer se) bis w Queensland (w, n, c Australien)

Lichmera indistincta limbata
**Bali-Braunhonigfresser**
Müller, S, 1843
Bali und Lombok bis Timor (Lesser Sundas)
Lichmera indistincta nupta
**Aru-Braunhonigfresser**
Stresemann, 1912
Aru Is. (sw von Neuguinea)
Lichmera indistincta melvillensis
**Tiwi-Braunhonigfresser**
Mathews, 1912
Bathurst und Melville is. (Tiwi Is., n von Nortern Territory, nc Australien)
Lichmera indistincta ocularis
**Goulds Braunhonigfresser**
Gould, 1838
Trans-Fly (sc Neuguinea) und Cape York Halbinsel, ne Queensland bis sc New South
Wales (e Australien)

Lichmera incana
**Grauohr-Honigfresser**
*Grey-eared Honeyeater - Mielero orejigrís*
Latham, 1790
Grande Terre und Ile des Pins (New Caledonia)

Lichmera incana poliotis
**Grays Grauohr-Honigfresser**
Gray, GR, 1859
Ouvea und Lifou (w, c Loyalty Is., New Caledonia)
Lichmera incana mareensis
**Mare-Grauohr-Honigfresser**
Salomonsen, 1966
Maré (e Loyalty Is., New Caledonia)
Lichmera incana griseoviridis
**Vanuatu-Grauohr-Honigfresser**
Salomonsen, 1966
Malo und Malekula bis Efate (c Vanuatu)
Lichmera incana flavotincta
**Erromanga-Grauohr-Honigfresser**
Gray, GR, 1870
Erromango (s Vanuatu)

Lichmera alboauricularis
**Ohrflecken-Honigfresser**
*Silver-eared Honeyeater - Mielero pechipinto*
Ramsay, EP, 1878
se Neuguinea

Lichmera alboauricularis olivacea
**Mayrs Ohrflecken-Honigfresser**
Mayr, 1938
nc Neuguinea

Lichmera squamata
**Schuppenbrust-Honigfresser**
*Scaly-breasted Honeyeater - Mielero escamoso*
Salvadori, 1878
Wetar und Leti bis Babar (e Lesser Sundas) und Tayandu, Kai, und Tanimbar Is. (s Moluccas)

Lichmera deningeri
**Buruhonigfresser**
*Buru Honeyeater - Mielero de Buru*
Stresemann, 1912
Gebirge Buru (wc Moluccas)

Lichmera monticola
**Seramhonigfresser**
*Seram Honeyeater - Mielero de Seram*
Stresemann, 1912
Gebirge w, c Seram (ec Moluccas)

Lichmera flavicans
**Timorhonigfresser**
*Flame-eared Honeyeater - Mielero de Timor*
Vieillot, 1817
Timor (e Lesser Sundas)

Lichmera notabilis
**Halsband-Honigfresser**
*Black-necklaced Honeyeater - Mielero acollarado*
Finsch, 1898
Wetar (e Lesser Sundas)

Gattung: Cissomela

Cissomela pectoralis
**Brustband-Honigfresser**
*Banded Honeyeater - Mielero bandeado*
Gould, 1841
ne Western Australia bis Cape York Halbinsel, ne Queensland (nc bis ne Australien)

Gattung: Guadalcanaria

Guadalcanaria inexpectata
**Guadalcanal-Honigfresser**
*Guadalcanal Honeyeater - Mielero de Guadalcanal*
Hartert, EJO, 1929
Gebirge Guadalcanal (sc Solomon Is.)

Gattung: Meliarchus

Meliarchus sclateri
**Rostschwanz-Honigfresser**
*Makira Honeyeater - Mielero de San Cristóbal*
Gray, GR, 1870
Makira (se Solomon Is.)

Gattung: Gymnomyza

Gymnomyza viridis
**Grünhonigfresser**
*Yellow-billed Giant Honeyeater - Mielero gigante piquiamarillo*
Layard, EL, 1875
Vanua Levu und Taveuni (nc Fiji, sw Polynesien)

Gymnomyza brunneirostris
**Olivhonigfresser**
*Duetting Giant Honeyeater - Mielero gigante piquipardo*
Mayr, 1932
Viti Levu (w Fiji, sw Polynesien)

Gymnomyza samoensis
**Maohonigfresser**
*Mao - Mielero mao*
Hombron & Jacquinot, 1841
Savaii und Upolu (w Samoa, c Polynesien)

Gymnomyza aubryana
**Rotgesicht-Honigfresser**
*Crow Honeyeater - Mielero corvino*
Verreaux, J & des Murs, 1860
Grande Terre (New Caledonia)

## Gattung: Foulehaio

**Foulehaio carunculatus**
**Ostfidschi-Honigfresser**
*Polynesian Wattled Honeyeater - Mielero carunculado común*
Gmelin, JF, 1788
*Lau Archipel (e Fiji, sw Polynesien), Wallis und Futuna Is. (ne von Fiji), Savaii, Upolu und kleine Inseln (w Samoa) und Tonga (sc Polynesien)*

**Foulehaio taviunensis**
**Nordfidschi-Honigfresser**
*Fiji Wattled Honeyeater - Mielero carunculado de Taveuni*
Wiglesworth, 1891
*Vanua Levu, Taveuni und kleine Inseln (nc Fiji, sw Polynesien)*

**Foulehaio procerior**
**Westfidschi-Honigfresser**
*Kikau - Mielero carunculado de Viti Levu*
Finsch & Hartlaub, 1867
*Yasawa und Mamanuca Gruppes, Viti Levu Gruppe, Lomaiviti und Yasayasa Moala Gruppes (w, c Fiji, sc Polynesien)*

## Gattung: Meliphacator

**Meliphacator provocator**
**Goldaugen-Honigfresser**
*Kadavu Honeyeater - Mielero de Kandavu*
Layard, EL, 1875
*Kadavu (sw Fiji, sw Polynesien)*

## Gattung: Nesoptilotis

**Nesoptilotis leucotis**
**Schwarzkehl-Honigfresser**
*White-eared Honeyeater - Mielero orejiblanco*
Latham, 1801
*Küste Victoria bis ne New South Wales (se Australien)*

 Nesoptilotis leucotis depauperata
 **Inland-Schwarzkehl-Honigfresser**
 Mathews, 1912
 *c Queensland bis s New South Wales (se Australien)*
 Nesoptilotis leucotis thomasi
 **Thomas-Schwarzkehl-Honigfresser**
 Mathews, 1912
 *Kangaroo Insel (vor sc South Australia; sc Australien)*
 Nesoptilotis leucotis novaenorciae
 **Milligans Schwarzkehl-Honigfresser**
 Milligan, 1904
 *sw Western Australia (sw Australien)*
 Nesoptilotis leucotis schoddei
 **Südlicher Schwarzkehl-Honigfresser**
 Black, 2019
 *s South Australia (sc Australien)*

**Nesoptilotis flavicollis**
**Gelbkehl-Honigfresser**
*Yellow-throated Honeyeater - Mielero cuelligualdo*
Vieillot, 1817
*Tasmanien und Bass Strait is. (se Australien)*

## Gattung: Entomyzon

**Entomyzon cyanotis**
**Blauohr-Honigfresser**
*Blue-faced Honeyeater - Mielero cariazul*
Latham, 1801
*nc Queensland bis n Victoria (ne, e, se Australien)*

 Entomyzon cyanotis albipennis
 **Goulds Blauohr-Honigfresser**
 Gould, 1841
 *ne Western Australia bis nw Queensland (nw, nc Australien)*
 Entomyzon cyanotis griseigularis
 **Oorts Blauohr-Honigfresser**
 van Oort, 1909
 *Trans-Fly (sc Neuguinea) und Cape York Halbinsel, ne Queensland (ne Australien)*

## Gattung: Melithreptus

**Melithreptus gularis**
**Schwarzkinn-Honigfresser**
*Black-chinned Honeyeater - Mielero barbinegro*
Gould, 1837
*ec Queensland bis se South Australia (ec bis se Australien)*

 Melithreptus gularis laetior
 **Goulds Schwarzkinn-Honigfresser**
 Gould, 1875
 *wc Western Australia bis ec Queensland (n bis ec Australien)*

**Melithreptus validirostris**
**Starkschnabel-Honigfresser**
*Strong-billed Honeyeater - Mielero picudo*
Gould, 1837
*Tasmanien und Bass Strait is. (se Australien)*

**Melithreptus brevirostris**
**Braunkopf-Honigfresser**
*Brown-headed Honeyeater - Mielero cabecipardo*
Vigors & Horsfield, 1827
*Küste se South Australia bis ne New South Wales (se Australien)*

 Melithreptus brevirostris wombeyi
 **Wombeys Braunkopf-Honigfresser**
 Schodde & Mason, IJ, 1999
 *s Victoria (se Australien)*
 Melithreptus brevirostris pallidiceps
 **Mathews Braunkopf-Honigfresser**
 Mathews, 1912
 *ec South Australia bis sc Queensland (se Australien)*
 Melithreptus brevirostris magnirostris
 **Norts Braunkopf-Honigfresser**
 North, 1905
 *Kangaroo Insel (vor sc South Australia; sc Australien)*
 Melithreptus brevirostris leucogenys
 **Milligans Braunkopf-Honigfresser**
 Milligan, 1903
 *wc Western Australia bis sc South Australia (sw, sc Australien)*

**Melithreptus albogularis**
**Weißkehl-Honigfresser**
*White-throated Honeyeater - Mielero goliblanco*
Gould, 1848
*sc, se Neuguinea und ne Western Australia bis Cape York Halbinsel, ne Queensland (n Australien)*

 Melithreptus albogularis inopinatus
 **Schoddes Weißkehl-Honigfresser**
 Schodde, 1989
 *ec Queensland bis ne New South Wales (e Australien)*

**Melithreptus lunatus**
**Mondstreif-Honigfresser**
*White-naped Honeyeater - Mielero nuquiblanco oriental*
Vieillot, 1802
*ec Queensland bis se South Australia (e, se Australien)*

**Melithreptus chloropsis**
**Weißbrauen-Honigfresser**
*Gilbert's Honeyeater - Mielero nuquiblanco occidental*
Gould, 1848
*sw Western Australia (sw Australien)*

**Melithreptus affinis**
**Schwarzkopf-Honigfresser**
*Black-headed Honeyeater - Mielero carinegro*
Lesson, RP, 1839
*Tasmanien und Bass Strait is. (se Australien)*

## Gattung: Stomiopera

**Stomiopera unicolor**
**Wulsthonigfresser**
*White-gaped Honeyeater - Mielero unicolor*
Gould, 1843
*ne Western Australia bis ne Queensland (n Australien)*

**Stomiopera flava**
**Zitronenhonigfresser**
*Yellow Honeyeater - Mielero amarillo*
Gould, 1843
*Cape York Halbinsel, ne Queensland (ne Australien)*

 Stomiopera flava addenda
 **Queensland-Zitronenhonigfresser**
 Mathews, 1912
 *ec Queensland (ne Australien)*

## Gattung: Meliphaga

**Meliphaga aruensis**
**Aruhonigfresser**
*Puff-backed Honeyeater - Mielero de las Aru*
Sharpe, 1884
*Neuguinea und kleine Inseln*

Meliphaga notata
**Torreshonigfresser**
*Yellow-spotted Honeyeater - Mielero marcado*
Gould, 1867
*Torres Strait is. und Cape York Halbinsel, ne Queensland (ne Australien)*

Meliphaga notata mixta
**Cape York-Torreshonigfresser**
Mathews, 1912
*se Cape York Halbinsel, ne Queensland (ne Australien)*

Meliphaga lewinii
**Goldohr-Honigfresser**
*Lewin's Honeyeater - Mielero de Lewin*
Swainson, 1837
*se Queensland bis s Victoria (e, se Australien)*

Meliphaga lewinii amphochlora
**Cape York-Goldohr-Honigfresser**
Schodde, 1989
*e Cape York Halbinsel, ne Queensland (ne Australien)*
Meliphaga lewinii mab
**Mathews Goldohr-Honigfresser**
Mathews, 1912
*ne bis ec Queensland (ne Australien)*

**Gattung: Purnella**

Purnella albifrons
**Weißstirn-Honigfresser**
*White-fronted Honeyeater - Mielero frentiblanco*
Gould, 1841
*Australien*

**Gattung: Lichenostomus**

Lichenostomus melanops
**Gelbstirn-Honigfresser**
*Yellow-tufted Honeyeater - Mielero orejigualdo*
Latham, 1801
*e Victoria und Küste New South Wales (se Australien)*

Lichenostomus melanops meltoni
**Meltons Gelbstirn-Honigfresser**
Mathews, 1912
*se Queensland bis c Victoria (e Australien)*
Lichenostomus melanops gippslandicus
**Gippsland-Gelbstirn-Honigfresser**
Wakefield, 1958
*c, e Gippsland (s, c Victoria, se Australien)*
Lichenostomus melanops cassidix
**Victoria-Gelbstirn-Honigfresser**
Gould, 1867
*w Gippsland (s, c Victoria, se Australien)*

Lichenostomus cratitius
**Purpurzügel-Honigfresser**
*Purple-gaped Honeyeater - Mielero de boqueras*
Gould, 1841
*Kangaroo Insel (vor sc South Australia; sc Australien)*

Lichenostomus cratitius occidentalis
**Cabanis Purpurzügel-Honigfresser**
Cabanis, 1851
*sc Western Australia, sc South Australia bis sw Victoria (sw, sc Australien)*

**Gattung: Microptilotis**

Microptilotis mimikae
**Mimikahonigfresser**
*Mottle-breasted Honeyeater - Mielero del Mimika*
Ogilvie-Grant, 1911
*Gebirge wc bis se Neuguinea*

Microptilotis montanus
**Bergwald-Honigfresser**
*Forest Honeyeater - Mielero montano*
Salvadori, 1880
*Batanta (Raja Ampat Is., nw von Neuguinea), Bird's Head und Neck (nw Neuguinea) und n bis se Neuguinea*

Microptilotis montanus steini
**Yapen-Bergwald-Honigfresser**
Stresemann & Paludan, 1932
*Yapen (Geelvink Bay is., nw Neuguinea)*

Microptilotis orientalis
**Schlankschnabel-Honigfresser**
*Mountain Honeyeater - Mielero montesino*
Meyer, AB, 1894
*Gebirge se Neuguinea*

Microptilotis orientalis facialis
**Waigeo-Schlankschnabel-Honigfresser**
Rand, 1936
*Gebirge Waigeo (Raja Ampat Is., nw von Neuguinea), Bird's Head und Neck (nw Neuguinea) und w, c Neuguinea*
Microptilotis orientalis becki
**Becks Schlankschnabel-Honigfresser**
Rand, 1936
*Gebirge nc, ne Neuguinea*

Microptilotis albonotatus
**Schneeohr-Honigfresser**
*Scrub Honeyeater - Mielero matorralero*
Salvadori, 1876
*Bird's Head und Neck (nw Neuguinea), s Neuguinea bis Huon Gulf (ne Neuguinea)*

Microptilotis analogus
**Papuahonigfresser**
*Mimic Honeyeater - Mielero imitador*
Reichenbach, 1852
*Raja Ampat Is. (nw von Neuguinea), Aru Is. (sw von Neuguinea) und Neuguinea (außer se)*

Microptilotis vicina
**Tagulahonigfresser**
*Tagula Honeyeater - Mielero de Tagula*
Rothschild & Hartert, EJO, 1912
*Tagula (c Louisiade Archipel, e von se Neuguinea)*

Microptilotis gracilis
**Feenhonigfresser**
*Graceful Honeyeater - Mielero grácil*
Gould, 1866
*Aru Is. (sw von Neuguinea), s Neuguinea, Torres Strait is. und Cape York Halbinsel (ne Queensland, ne Australien)*

Microptilotis imitatrix
**Elfenhonigfresser**
*Cryptic Honeyeater - Mielero críptico*
Mathews, 1912
*se Cape York Halbinsel, ne Queensland (ne Australien)*

Microptilotis cinereifrons
**Graustirn-Honigfresser**
*Elegant Honeyeater - Mielero elegante*
Rand, 1936
*se Neuguinea*

Microptilotis flavirictus
**Gelbkinn-Honigfresser**
*Yellow-gaped Honeyeater - Mielero sonriente*
Salvadori, 1880
*ec, se Neuguinea*

Microptilotis flavirictus crockettorum
**Westlicher Gelbkinn-Honigfresser**
Mayr & Meyer de Schauensee, 1939
*w, n, c Neuguinea*

**Gattung: Territornis**

Territornis albilineata
**Weißbart-Honigfresser**
*White-lined Honeyeater - Mielero listado*
White, HL, 1917
*c Top End, n Nortern Territory (nc Australien)*

Territornis fordiana
**Kimberleyhonigfresser**
*Kimberley Honeyeater - Mielero de Kimberley*
Schodde, 1989
*Kimberley Region, ne Western Australia (nw Australien)*

Territornis reticulata
**Temminckhonigfresser**
*Streak-breasted Honeyeater - Mielero reticulado*
Temminck, 1820
*Semau (w von Timor) und Timor (e Lesser Sundas)*

**Gattung: Gavicalis**

Gavicalis versicolor
**Pirolhonigfresser**
*Varied Honeyeater - Mielero versicolor*
Gould, 1843
*Küste s Neuguinea, Torres Strait is. und ne Cape York Halbinsel, ne Queensland (ne Australien)*

Gavicalis versicolor sonoroides
**Raja Ampat-Pirolhonigfresser**
Gray, GR, 1862
Raja Ampat Is. (nw von Neuguinea), Yapen (Geelvink Bay is., nw Neuguinea), Küste Neuguinea (außer sw) über n Neuguinea und Milne Bay is., und D'Entrecasteaux Archipel (e von se Neuguinea)

Gavicalis fasciogularis
**Mangrovehonigfresser**
*Mangrove Honeyeater - Mielero de manglar*
Gould, 1854
*Küste ec Queensland bis ne New South Wales (e Australien)*

Gavicalis virescens
**Pfeifhonigfresser**
*Singing Honeyeater - Mielero cantarín*
Vieillot, 1817
*sw Western Australia bis sw South Australia (sw, sc Australien)*

    Gavicalis virescens cooperi
    **Coopers Pfeifhonigfresser**
    Mathews, 1912
    n Top End, n Nortern Territory und kleine Inseln (nc Australien)
    Gavicalis virescens sonorus
    **Goulds Pfeifhonigfresser**
    Gould, 1841
    nc Queensland bis n Victoria und se South Australia (nc bis sc Australien)
    Gavicalis virescens forresti
    **Forrests Pfeifhonigfresser**
    Ingram, C, 1906
    nc Western Australia bis nw Queensland und nw New South Wales (nw bis ec Australien)

## Gattung: Oreornis

Oreornis chrysogenys
**Goldwangen-Honigfresser**
*Orange-cheeked Honeyeater - Mielero carinaranja*
van Oort, 1910
*Gebirge wc Neuguinea*

## Gattung: Ptilotula

Ptilotula flavescens
**Sichelohr-Honigfresser**
*Yellow-tinted Honeyeater - Mielero amarillento*
Gould, 1840
*s Küste von se Neuguinea und ne Western Australia bis Cape York Halbinsel, ne Queensland (n Australien)*

    Ptilotula flavescens melvillensis
    **Tiwi-Sichelohr-Honigfresser**
    Mathews, 1912
    Tiwi Is. (n von Nortern Territory; nc Australien)

Ptilotula fusca
**Olivkehl-Honigfresser**
*Fuscous Honeyeater - Mielero fusco*
Gould, 1837
*se Queensland bis wc Victoria (e, se Australien)*

    Ptilotula fusca subgermana
    **Norths Olivkehl-Honigfresser**
    Mathews, 1912
    ec Queensland (ne Australien)

Ptilotula keartlandi
**Grauscheitel-Honigfresser**
*Grey-headed Honeyeater - Mielero cabecigrís*
North, 1895
*nw Western Australia bis nc Queensland (w, c Australien)*

Ptilotula plumula
**Grünscheitel-Honigfresser**
*Grey-fronted Honeyeater - Mielero de plumón*
Gould, 1841
*wc Western Australia bis sc Nortern Territory und sc South Australia (wc bis sc Australien)*

    Ptilotula plumula planasi
    **Planas Grünscheitel-Honigfresser**
    Campbell, AJ, 1910
    ne Western Australia bis ec Queensland (n Australien)
    Ptilotula plumula graingeri
    **Graingers Grünscheitel-Honigfresser**
    Mathews, 1912
    nc Queensland bis e South Australia und se New South Wales (c bis e, se Australien)

Ptilotula ornata
**Gelbscheitel-Honigfresser**
*Yellow-plumed Honeyeater - Mielero adornado*
Gould, 1838
*von sw Western Australia bis c New South Wales (s Australien)*

Ptilotula penicillata
**Weißbürzel-Honigfresser**
*White-plumed Honeyeater - Mielero empenachado*
Gould, 1837
*se Queensland bis s Victoria und se South Australia (ec, se Australien)*

    Ptilotula penicillata leilavalensis
    **Nördlicher Weißbürzel-Honigfresser**
    North, 1899
    wc Nortern Territory bis sc Queensland und nw New South Wales (c, nc Australien)
    Ptilotula penicillata carteri
    **Carters Weißbürzel-Honigfresser**
    Campbell, AJ, 1899
    wc Western Australia bis nw South Australia (wc Australien)
    Ptilotula penicillata calconi
    **Calcons Weißbürzel-Honigfresser**
    Mathews, 1912
    nc Western Australia bis w Nortern Territory (nw Australien)

## Gattung: Caligavis

Caligavis chrysops
**Dreistreifen-Honigfresser**
*Yellow-faced Honeyeater - Mielero carigualdo*
Latham, 1801
*se Queensland bis se South Australia (e, se Australien)*

    Caligavis chrysops barroni
    **Barrons Dreistreifen-Honigfresser**
    Mathews, 1912
    se Cape York Halbinsel, ne Queensland (ne Australien)
    Caligavis chrysops samueli
    **Samuels Dreistreifen-Honigfresser**
    Mathews, 1912
    sc South Australia (sc Australien)

Caligavis subfrenata
**Goldstreif-Honigfresser**
*Black-throated Honeyeater - Mielero gorjinegro*
Salvadori, 1876
*Gebirge Neuguinea*

Caligavis obscura
**Laubhonigfresser**
*Obscure Honeyeater - Mielero oscuro*
De Vis, 1897
*Neuguinea (außer ne, sc)*

## Gattung: Anthochaera

Anthochaera chrysoptera
**Zimtflügel-Honigfresser**
*Little Wattlebird - Mielero alirrufo*
Latham, 1801
*ec Queensland bis se South Australia (e, se Australien)*

    Anthochaera chrysoptera halmaturina
    **Kangaroo-Zimtflügel-Honigfresser**
    Mathews, 1912
    Kangaroo Insel (vor se South Australia; sc Australien)
    Anthochaera chrysoptera tasmanica
    **Tasmanien-Zimtflügel-Honigfresser**
    Mathews, 1912
    Tasmanien (se Australien)

Anthochaera lunulata
**Zwerghonigfresser**
*Western Wattlebird - Mielero lunulado*
Gould, 1838
*sw Western Australia (sw Australien)*

Anthochaera carunculata
**Rotlappen-Honigfresser**
*Red Wattlebird - Mielero carunculado*
Shaw, 1790
*se Queensland bis sw Victoria (se Australien)*

    Anthochaera carunculata clelandi
    **Cleland-Rotlappen-Honigfresser**
    Mathews, 1923
    Kangaroo Insel (vor se South Australia; sc Australien)
    Anthochaera carunculata woodwardi
    **Woodwards Rotlappen-Honigfresser**
    Mathews, 1912
    se Western Australia bis se South Australia (sw, sc Australien)

Anthochaera paradoxa
**Gelblappen-Honigfresser**
*Yellow Wattlebird - Mielero ventriamarillo*
Daudin, 1800
*Tasmanien (se Australien)*

Anthochaera paradoxa kingi
**Kings Gelblappen-Honigfresser**
Mathews, 1925
King Insel (w Bass Strait, se Australien)

Anthochaera phrygia
**Warzenhonigfresser**
*Regent Honeyeater - Mielero regente*
Shaw, 1794
*se Queensland bis c Victoria (se Australien)*

## Gattung: Acanthagenys

Acanthagenys rufogularis
**Braunkehl-Honigfresser**
*Spiny-cheeked Honeyeater - Mielero golicanelo*
Gould, 1838
*Australien (außer n und Tasmanien)*

## Gattung: Bolemoreus

Bolemoreus frenatus
**Buntschnabel-Honigfresser**
*Bridled Honeyeater - Mielero embridado*
Ramsay, EP, 1874
*se Cape York Halbinsel, ne Queensland (ne Australien)*

Bolemoreus hindwoodi
**Eungellahonigfresser**
*Eungella Honeyeater - Mielero de Hindwood*
Longmore & Boles, 1983
*Gebirge Clarke und Sarina ranges, ec Queensland (ec Australien)*

## Gattung: Melidectes

Melidectes ochromelas
**Rostohr-Honigfresser**
*Cinnamon-browed Melidectes - Mielero cejirrufo*
Meyer, AB, 1874
*Gebirge nw bis se Neuguinea*

Melidectes leucostephes
**Diademhonigfresser**
*Vogelkop Melidectes - Mielero de Vogelkop*
Meyer, AB, 1874
*Gebirge Bird's Head und Neck (nw Neuguinea)*

Melidectes rufocrissalis
**Reichenowhonigfresser**
*Yellow-browed Melidectes - Mielero cejiamarillo*
Reichenow, 1915
*Gebirge nc Neuguinea*

Melidectes rufocrissalis thomasi
**Thomashonigfresser**
Diamond, 1969
ec Hochland Neuguinea
Melidectes rufocrissalis stresemanni
**Stresemannhonigfresser**
Mayr, 1931
Herzog Mts. (sw von ne Neuguinea)

Melidectes foersteri
**Foersterhonigfresser**
*Huon Melidectes - Mielero de Foerster*
Rothschild & Hartert, EJO, 1911
*Gebirge Huon Halbinsel (ne Neuguinea)*

Melidectes belfordi
**Belfordhonigfresser**
*Belford's Melidectes - Mielero de Belford*
De Vis, 1890
*c Neuguinea bis Hoch-Gebirge se Neuguinea*

Melidectes belfordi joiceyi
**Westlicher Belfordhonigfresser**
Rothschild, 1921
Gebirge w, wc Neuguinea
Melidectes belfordi griseirostris
**Neuguinea-Belfordhonigfresser**
Rothschild & Hartert, EJO, 1911
Mt. Goliath (c Neuguinea)
Melidectes belfordi schraderensis
**Östlicher Belfordhonigfresser**
Gilliard & LeCroy, 1968
Schrader Range (ec Neuguinea)

Melidectes belfordi brassi
**Südlicher Belfordhonigfresser**
Mayr & Rand, 1936
Gebirge se Neuguinea

Melidectes torquatus
**Zimtbrust-Honigfresser**
*Ornate Melidectes - Mielero maquillado*
Sclater, PL, 1874
*Gebirge Bird's Head (nw Neuguinea) und wc Neuguinea*

Melidectes torquatus polyphonus
**Östlicher Zimtbrust-Honigfresser**
Mayr, 1931
Gebirge ec und ne (Adelbert Range) Neuguinea
Melidectes torquatus cahni
**Huon-Zimtbrust-Honigfresser**
Mertens, 1923
Gebirge Huon Halbinsel (ne Neuguinea)
Melidectes torquatus emilii
**Südlicher Zimtbrust-Honigfresser**
Meyer, AB, 1886
Gebirge se Neuguinea

## Gattung: Manorina

Manorina melanophrys
**Glockenschwatzvogel**
*Bell Miner - Mielero cejinegro*
Latham, 1801
*se Queensland bis sc Victoria (se Australien)*

Manorina melanocephala
**Weißstirn-Schwatzvogel**
*Noisy Miner - Mielero chillón*
Latham, 1801
*se South Australia bis ec New South Wales (ec bis se Australien)*

Manorina melanocephala titaniota
**Nördlicher Weißstirn-Schwatzvogel**
Schodde & Mason, IJ, 1999
se Cape York Halbinsel, ne Queensland (ne Australien)
Manorina melanocephala leachi
**Tasmanien-Weißstirn-Schwatzvogel**
Mathews, 1912
Tasmanien (se Australien)

Manorina flavigula
**Gelbstirn-Schwatzvogel**
*Yellow-throated Miner - Mielero goligualdo*
Gould, 1840
*nc Queensland bis se South Australia und sc New South Wales (Inland e Australien)*

Manorina flavigula melvillensis
**Mathews Schwatzvogel**
Mathews, 1912
Melville Insel (Tiwi Is., n von Nortern Territory; nc Australien)
Manorina flavigula lutea
**Goulds Schwatzvogel**
Gould, 1840
ne Western Australia bis ne Nortern Territory (nw Australien)
Manorina flavigula wayensis
**Südaustralischer Schwatzvogel**
Mathews, 1912
wc Western Australia bis nw Queensland und ne South Australia (inland w, c, s Australien)
Manorina flavigula obscura
**Dunkler Schwatzvogel**
Gould, 1841
sw Western Australia (sw Australien)

Manorina melanotis
**Malleeschwatzvogel**
*Black-eared Miner - Mielero orejinegro*
Wilson, FE, 1911
*se South Australia und nw Victoria (sc Australien)*

## Familie: Dasyornithidae (Lackvögel)

## Gattung: Dasyornis

Dasyornis brachypterus
**Olivscheitel-Borstenvogel**
*Eastern Bristlebird - Picocerdas oriental*
Latham, 1801
*se New South Wales (se Australien)*

Dasyornis brachypterus monoides
**Östlicher Olivscheitel-Borstenvogel**
Schodde & Mason, IJ, 1999
se Queensland und ne New South Wales (ec Australien)

Dasyornis longirostris
## Tüpfelborstenvogel
*Western Bristlebird - Picocerdas occidental*
Gould, 1841
*sw Western Australia (sw Australien)*

Dasyornis broadbenti
## Rotkopf-Borstenvogel
*Rufous Bristlebird - Picocerdas rufo*
McCoy, 1867
*se South Australia und sw Victoria (se Australien)*

† Dasyornis broadbenti litoralis
### Milligan-Rotkopf-Borstenvogel
Milligan, 1902
sw Australien
Dasyornis broadbenti caryochrous
### Otway-Rotkopf-Borstenvogel
Schodde & Mason, IJ, 1999
Otway Halbinsel, s Victoria (se Australien)




# Familie: Pardalotidae (Panthervögel)

## Gattung: Pardalotus

Pardalotus punctatus
## Fleckenpanthervogel
*Spotted Pardalote - Pardalote moteado*
Shaw, 1792
*sw Western Australia, ec Queensland bis se South Australia und Tasmanien (e, se Australien)*

Pardalotus punctatus millitaris
### Soldatenpanthervogel
Mathews, 1912
ne, ec Queensland (ne Australien)
Pardalotus punctatus xanthopyge
### McCoy-Panthervogel
McCoy, 1866
Inland sw Western Australia bis se South Australia und Inland se Queensland (sw, sc Australien)

Pardalotus quadragintus
## Tasmanpanthervogel
*Forty-spotted Pardalote - Pardalote tasmano*
Gould, 1838
*Flinders Insel (Furneaux Gruppe, e Bass Strait) und se Tasmanien (se Australien)*

Pardalotus rubricatus
## Rotbrauen-Panthervogel
*Red-browed Pardalote - Pardalote cejirrojo*
Gould, 1838
*w, n Western Australia bis nc Queensland und nw New South Wales (w, n, c Australien)*

Pardalotus rubricatus yorki
### Yorkpanthervogel
Mathews, 1913
Cape York Halbinsel, ne Queensland (ne Australien)

Pardalotus striatus
## Streifenpanthervogel
*Striated Pardalote - Pardalote estriado*
Gmelin, JF, 1789
*Bass Strait is. und Tasmanien*

Pardalotus striatus uropygialis
### Gouldpanthervogel
Gould, 1840
ne Western Australia bis Cape York Halbinsel, ne Queensland (n Australien)
Pardalotus striatus melvillensis
### Tiwipanthervogel
Mathews, 1912
Tiwi Is. (n von Nortern Territory; nc Australien)
Pardalotus striatus melanocephalus
### Australienpanthervogel
Gould, 1838
ec bis se Queensland (e Australien)
Pardalotus striatus ornatus
### Temminckpanthervogel
Temminck, 1826
ne New South Wales bis se Victoria (se Australien)
Pardalotus striatus substriatus
### Mathewspanthervogel
Mathews, 1912
w, s Western Australia bis wc Queensland und w Victoria (w, c Australien)


# Familie: Acanthizidae (Australische Grasmücken)

## Gattung: Pachycare

Pachycare flavogriseum
## Goldstirnhuscher
*Goldenface - Silbador enano*
Meyer, AB, 1874
*Gebirge Bird's Head und Neck (nw Neuguinea)*

Pachycare flavogriseum lecroyae
### Nördlicher Goldstirnhuscher
Beehler & Prawiradilaga, 2010
Gebirge nc Neuguinea
Pachycare flavogriseum subaurantium
### Westlicher Goldstirnhuscher
Rothschild & Hartert, EJO, 1911
Gebirge n, wc und c Neuguinea
Pachycare flavogriseum subpallidum
### Östlicher Goldstirnhuscher
Hartert, EJO, 1930
Gebirge ne (Huon Halbinsel) und se Neuguinea


## Gattung: Oreoscopus

Oreoscopus gutturalis
## Farnhuscher
*Fernwren - Acantiza de helechal*
De Vis, 1889
*Gebirge se Cape York Halbinsel, ne Queensland (ne Australien)*


## Gattung: Pycnoptilus

Pycnoptilus floccosus
## Rötelkehlhuscher
*Pilotbird - Acantiza piloto*
Gould, 1851
*Snowy Mts., se New South Wales (se Australien)*

Pycnoptilus floccosus sandlandi
### Küsten-Rötelkehlhuscher
Mathews, 1912
Küste New South Wales und e Victoria (se Australien)


## Gattung: Pyrrholaemus

Pyrrholaemus brunneus
## Dornhuscher
*Redthroat - Sedosito gorjirrojo*
Gould, 1841
*wc Western Australia bis sw Queensland und sw New South Wales (sw, sc Australien)*

Pyrrholaemus sagittatus
## Grundhuscher
*Speckled Warbler - Sedosito moteado*
Latham, 1801
*se Queensland bis sw Victoria (se Australien)*


## Gattung: Hylacola

Hylacola cauta
## Sandhuscher
*Shy Heathwren - Sedosito tímido*
Gould, 1843
*sc South Australia bis nw Victoria (sc Australien)*

Hylacola cauta macrorhyncha
### Inland-Sandhuscher
Schodde & Mason, IJ, 1999
c New South Wales (se Australien)
Hylacola cauta halmaturina
### Kangaroo-Sandhuscher
Mathews, 1912
Kangaroo Insel (vor se South Australia; sc Australien)
Hylacola cauta whitlocki
### Westlicher Sandhuscher
Mathews, 1912
sw Western Australia (sw Australien)

Hylacola pyrrhopygia
## Heidehuscher
*Chestnut-rumped Heathwren - Sedosito culirrojo*
Vigors & Horsfield, 1827
*ne New South Wales bis se South Australia (se Australien)*

Hylacola pyrrhopygia parkeri
**Lofty Ranges-Heidehuscher**
Schodde & Mason, IJ, 1999
Mt. Lofty Ranges, se South Australia (sc Australien)
Hylacola pyrrhopygia pedleri
**Flinders Ranges-Heidehuscher**
Schodde & Mason, IJ, 1999
s Flinders Ranges, se South Australia (sc Australien)



Calamanthus fuliginosus
**Strichelhuscher**
*Striated Fieldwren - Sedosito estriado*
Vigors & Horsfield, 1827
*e Tasmanien (se Australien)*

Calamanthus fuliginosus albiloris
**Norths Strichelhuscher**
North, 1902
sc Victoria bis se New South Wales (se Australien)
Calamanthus fuliginosus bourneorum
**Südlicher Strichelhuscher**
Schodde & Mason, IJ, 1999
se South Australia bis sw Victoria (sc Australien)
Calamanthus fuliginosus diemenensis
**Westlicher Strichelhuscher**
North, 1904
w Tasmanien (se Australien)

Calamanthus campestris
**Rötelhuscher**
*Rufous Fieldwren - Sedosito rufo*
Gould, 1841
*Küste se Western Australia bis sw New South Wales (sc Australien)*

Calamanthus campestris winiam
**Victoria-Rötelhuscher**
Campbell, AJ & Campbell, AG, 1927
se South Australia und w Victoria (se Australien)
Calamanthus campestris rubiginosus
**Campbells Rötelhuscher**
Campbell, AJ, 1899
wc Western Australia (w Australien)
Calamanthus campestris dorrie
**Dorris Rötelhuscher**
Mathews, 1912
Dorre Insel (vor w Western Australia, w Australien)
Calamanthus campestris hartogi
**Hartogs Rötelhuscher**
Carter, 1916
Dirk Hartog Insel (vor w Western Australia, w Australien)
Calamanthus campestris wayensis
**Mathews-Rötelhuscher**
Mathews, 1912
c Western Australia (wc Australien)
Calamanthus campestris isabellinus
**Norths Rötelhuscher**
North, 1896
se Nortern Territory bis nw New South Wales (sc Australien)

Calamanthus montanellus
**Gelbbauchhuscher**
*Western Fieldwren - Sedosito occidental*
Milligan, 1903
*sw Western Australia (sw Australien)*



Smicrornis brevirostris
**Stutzschnabel**
*Weebill - Gerigón piquicorto*
Gould, 1838
*ec Queensland bis s Victoria (e Australien)*

Smicrornis brevirostris flavescens
**Goulds Stutzschnabel**
Gould, 1843
ne Western Australia bis Cape York Halbinsel, ne Queensland und s Nortern Territory (n, nc Australien)
Smicrornis brevirostris occidentalis
**Südlicher Stutzschnabel**
Bonaparte, 1850
sw Western Australia bis se South Australia (sw bis sc Australien)
Smicrornis brevirostris ochrogaster
**Östlicher Stutzschnabel**
Schodde & Mason, IJ, 1999
wc bis ec Western Australia (e Australien)



Neosericornis citreogularis
**Gelbkehlsericornis**
*Yellow-throated Scrubwren - Sedosito gorjigualdo*
Gould, 1838
*ne, se New South Wales (se Australien)*

Neosericornis citreogularis cairnsi
**Atherton-Gelbkehlsericornis**
Mathews, 1912
Atherton Tablelands, se Cape York Halbinsel, ne Queensland (ne Australien)
Neosericornis citreogularis intermedius
**Kleine Gelbkehlsericornis**
Mathews, 1912
se Queensland (ec Australien)



Origma robusta
**Braunbauchhuscher**
*Mountain Mouse-warbler - Acantiza robusta*
De Vis, 1898
*Gebirge ne und se Neuguinea*

Origma robusta peninsularis
**Arfak-Braunbauchhuscher**
Hartert, EJO, 1930
Gebirge Bird's Head (nw Neuguinea)
Origma robusta bastille
**Bastill-Braunbauchhuscher**
Diamond, 1969
Küste nc Neuguinea
Origma robusta diamondi
**Diamond-Braunbauchhuscher**
Beehler & Prawiradilaga, 2010
Foja Mts. (nc Neuguinea)
Origma robusta deficiens
**Harters Braunbauchhuscher**
Hartert, EJO, 1930
Cyclops Mts. (nc Neuguinea)
Origma robusta sanfordi
**Sanfords Braunbauchhuscher**
Hartert, EJO, 1930
Gebirge wc und c Neuguinea

Origma murina
**Braunrückenhuscher**
*Rusty Mouse-warbler - Acantiza ratona*
Sclater, PL, 1858
*Salawati (Raja Ampat Is., nw von Neuguinea), Yapen (Geelvink Bay is., nw Neuguinea) und Neuguinea*

Origma murina monacha
**Aru-Braunrückenhuscher**
Gray, GR, 1858
Aru Is. (sw von Neuguinea)
Origma murina pallida
**Rands Braunrückenhuscher**
Rand, 1938
sc Neuguinea
Origma murina capitalis
**Waigeo-Braunrückenhuscher**
Stresemann & Paludan, 1932
Waigeo, Batanta und Misool (Raja Ampat Is., nw von Neuguinea)

Origma solitaria
**Steinhuscher**
*Rockwarbler - Acantiza minera*
Lewin, 1808
*se New South Wales (se Australien)*



Sericornis humilis
**Tasmansericornis**
*Tasmanian Scrubwren - Sedosito pardo*
Gould, 1838
*Tasmanien (se Australien)*

Sericornis humilis tregellasi
**Kingsericornis**
Mathews, 1914
King Insel (w Bass Strait, se Australien)

Sericornis frontalis
**Weißbrauensericornis**
*White-browed Scrubwren - Sedosito cejiblanco*
Vigors & Horsfield, 1827
*ec New South Wales bis se South Australia (se Australien)*

Sericornis frontalis laevigaster
**Queensland-Weißbrauensericornis**
Gould, 1847
ec, se Queensland (e Australien)
Sericornis frontalis tweedi
**South Wales-Weißbrauensericornis**
Mathews, 1922
ne New South Wales (e Australien)
Sericornis frontalis harterti
**Harters Weißbrauensericornis**
Mathews, 1912
Otway Range bis Wilsons Promontory, s Victoria (se Australien)
Sericornis frontalis rosinae
**Rosinas Weißbrauensericornis**
Mathews, 1912
Mt. Lofty Ranges, se South Australia (sc South Australien)
Sericornis frontalis flindersi
**Flinders Weißbrauensericornis**
White, SA & Mellor, 1913
e Bass Strait is. (se Australien)

Sericornis maculatus
## Fleckensericornis
*Spotted Scrubwren - Sedosito manchado*
Gould, 1847
*sw Western Australia (sw Australien)*

Sericornis maculatus ashbyi
**Kangaroo-Fleckensericornis**
Mathews, 1912
Kangaroo Insel (vor se South Australia; sc Australien)
Sericornis maculatus mellori
**Mellors Fleckensericornis**
Mathews, 1912
sc Western Australia bis sc South Australia (sw bis sc Australien)
Sericornis maculatus balstoni
**Balstons Fleckensericornis**
Ogilvie-Grant, 1909
Küste wc Western Australia (wc Australien)

Sericornis keri
## Rotstirnsericornis
*Atherton Scrubwren - Sedosito del Atherton*
Mathews, 1920
*Gebirge Atherton Tablelands, se Cape York Halbinsel, ne Queensland (ne Australien)*

Sericornis beccarii
## Beccarisericornis
*Tropical Scrubwren - Sedosito de Beccari*
Salvadori, 1874
*Aru Is. (sw von Neuguinea)*

Sericornis beccarii wondiwoi
**Wondiwoi-Beccarisericornis**
Mayr, 1937
Wondiwoi Mts. (nw Neuguinea)
Sericornis beccarii weylandi
**Weylands Beccarisericornis**
Mayr, 1937
wc Neuguinea
Sericornis beccarii idenburgi
**Idenburgs Beccarisericornis**
Rand, 1941
Gauttier Mts. und Idenburg River (nw Neuguinea)
Sericornis beccarii cyclopum
**Cyclops-Beccarisericornis**
Hartert, EJO, 1930
Weyland, Wandammen, Foja und Cyclops mts. (nw, nc Neuguinea)
Sericornis beccarii randi
**Rands Beccarisericornis**
Mayr, 1937
Trans-Fly (sc Neuguinea)
Sericornis beccarii minimus
**Kleine Beccarisericornis**
Gould, 1875
n Cape York Halbinsel, ne Queensland (ne Australien)
Sericornis beccarii dubius
**Capeyork-Beccarisericornis**
Mayr, 1937
ec Cape York Halbinsel, ne Queensland (ne Australien)

Sericornis magnirosta
## Fahlstirnsericornis
*Large-billed Scrubwren - Sedosito picudo*
Gould, 1838
*se Queensland bis ne Victoria (e Australien)*

Sericornis magnirosta viridior
**Nördliche Fahlstirnsericornis**
Mathews, 1912
se Cape York Halbinsel, ne Queensland (ne Australien)
Sericornis magnirosta howei
**Südliche Fahlstirnsericornis**
Mathews, 1912
sc Victoria (se Australien)

Sericornis nouhuysi
## Bergsericornis
*Large Scrubwren - Sedosito grande*
van Oort, 1909
*Gebirge wc Neuguinea*

Sericornis nouhuysi cantans
**Vogelkop-Bergsericornis**
Mayr, 1930
Gebirge Bird's Head (nw Neuguinea)
Sericornis nouhuysi stresemanni
**Stresemanns Bergsericornis**
Mayr, 1930
Gebirge c, ec Neuguinea
Sericornis nouhuysi adelberti
**Adeberts Bergsericornis**
Pratt, 1982
Adelbert Range (ne Neuguinea)
Sericornis nouhuysi oorti
**Oorts Bergsericornis**
Rothschild & Hartert, EJO, 1913
Huon Halbinsel und Herzog Mts. (ne Neuguinea)
Sericornis nouhuysi monticola
**Mayrs Bergsericornis**
Mayr & Rand, 1936
Gebirge se Neuguinea

Sericornis virgatus
## Sepiksericornis
*Perplexing Scrubwren - Sedosito Variable*
Reichenow, 1915
*n Sepik-Ramu (ne Neuguinea)*

Sericornis virgatus imitator
**Arfak-Sepiksericornis**
Mayr, 1937
Arfak Mts. (nw Neuguinea)
Sericornis virgatus jobiensis
**Yapen-Sepiksericornis**
Stresemann & Paludan, 1932
Yapen (Geelvink Bay is., nw Neuguinea)
Sericornis virgatus boreonesioticus
**Bewani-Sepiksericornis**
Diamond, 1969
Bewani Mts., Torricelli Mts. und Prince Alexander Mts. (nc Neuguinea)
Sericornis virgatus pontifex
**Hunstein-Sepiksericornis**
Stresemann, 1921
Victor Emanuel Mts., Hunstein Range und Sepik Mts. (nc Neuguinea)

### Gattung: Aethomyias

Aethomyias spilodera
## Fahlschnabelsericornis
*Pale-billed Scrubwren - Sedosito piquiblanco*
Gray, GR, 1859
*Yapen (Geelvink Bay is., nw Neuguinea), Bird's Head (nw Neuguinea) und Gebirge n Neuguinea*

Aethomyias spilodera ferrugineus
**Waigeo-Fahlschnabelsericornis**
Stresemann & Paludan, 1932
Waigeo und Batanta (Raja Ampat Is., nw von Neuguinea)
Aethomyias spilodera granti
**Grants Fahlschnabelsericornis**
Hartert, EJO, 1930
wc Neuguinea
Aethomyias spilodera guttatus
**Sharps Fahlschnabelsericornis**
Sharpe, 1882
Trans-Fly (sc Neuguinea) bis ne (Huon Halbinsel) und se Neuguinea
Aethomyias spilodera aruensis
**Aru-Fahlschnabelsericornis**
Ogilvie-Grant, 1911
Aru Is. (sw von Neuguinea)

Aethomyias nigrorufus
## Schwarzrückensericornis
*Bicolored Scrubwren - Acantiza bicolor*
Salvadori, 1895
*Gebirge wc bis se Neuguinea*

Aethomyias rufescens
## Braunohrsericornis
*Vogelkop Scrubwren - Sedosito de Vogelkop*
Salvadori, 1876
*Gebirge Bird's Head und Neck (nw Neuguinea)*

Aethomyias perspicillatus
## Brillensericornis
*Buff-faced Scrubwren - Sedosito caricanela*
Salvadori, 1896
*Gebirge wc bis se Neuguinea*

Aethomyias arfakianus
**Arfaksericornis**
*Grey-green Scrubwren - Sedosito de las Arfak*
Salvadori, 1876
*Gebirge Neuguinea*

Aethomyias papuensis
**Papuasericornis**
*Papuan Scrubwren - Sedosito papú*
De Vis, 1894
*Gebirge ne bis se Neuguinea*

    Aethomyias papuensis meeki
    **Meeks Papuasericornis**
    Rothschild & Hartert, EJO, 1913
    *Gebirge wc Neuguinea*
    Aethomyias papuensis buergersi
    **Bürgers-Papuasericornis**
    Stresemann, 1921
    *Gebirge c Neuguinea*

**Gattung: Acanthornis**

Acanthornis magna
**Stammhuscher**
*Scrubtit - Sedosito tasmano*
Gould, 1855
*Tasmanien (se Australien)*

    Acanthornis magna greeniana
    **King-Stammhuscher**
    Schodde & Mason, IJ, 1999
    *King Insel (w Bass Strait, se Australien)*

**Gattung: Aphelocephala**

Aphelocephala leucopsis
**Fahlrücken-Weißstirnchen**
*Southern Whiteface - Cariblanco meridional*
Gould, 1841
*se Western Australia bis se Queensland und n Victoria (c, s, se Australien)*

    Aphelocephala leucopsis castaneiventris
    **Milligans Fahlrücken-Weißstirnchen**
    Milligan, 1903
    *wc bis ec Western Australia (wc Australien)*

Aphelocephala nigricincta
**Halsband-Weißstirnchen**
*Banded Whiteface - Cariblanco bandeado*
North, 1895
*wc Western Australia bis sw Queensland und ne South Australia (c Australien)*

Aphelocephala pectoralis
**Braunbrust-Weißstirnchen**
*Chestnut-breasted Whiteface - Cariblanco pectoral*
Gould, 1871
*ne South Australia (sc Australien)*

**Gattung: Acanthiza**

Acanthiza chrysorrhoa
**Gelbbürzel-Dornschnabel**
*Yellow-rumped Thornbill - Acantiza culigualda*
Quoy & Gaimard, 1832
*w, sw Western Australia bis sw South Australia (sw, sc Australien)*

    Acanthiza chrysorrhoa normantoni
    **Normantons Gelbbürzel-Dornschnabel**
    Mathews, 1913
    *sw Nortern Territory bis se Queensland (c und Inland ne Australien)*
    Acanthiza chrysorrhoa leighi
    **Östlicher Gelbbürzel-Dornschnabel**
    Ogilvie-Grant, 1909
    *sc South Australia bis n New South Wales (se Australien)*
    Acanthiza chrysorrhoa leachi
    **Tasmanischer Gelbbürzel-Dornschnabel**
    Mathews, 1912
    *Tasmanien (se Australien)*

Acanthiza cinerea
**Weißbürzel-Dornschnabel**
*Grey Thornbill - Acantiza gris*
Salvadori, 1876
*Gebirge Neuguinea*

Acanthiza murina
**Papuadornschnabel**
*New Guinea Thornbill - Acantiza papú*
De Vis, 1897
*Gebirge wc bis se Neuguinea*

Acanthiza nana
**Gelbbauch-Dornschnabel**
*Yellow Thornbill - Acantiza enana*
Vigors & Horsfield, 1827
*ne bis se New South Wales (se Australien)*

    Acanthiza nana flava
    **Whites Gelbbauch-Dornschnabel**
    White, HL, 1922
    *Atherton Tablelands, se Cape York Halbinsel, ne Queensland (ne Australien)*
    Acanthiza nana modesta
    **De Vis-Gelbbauch-Dornschnabel**
    De Vis, 1905
    *ec Queensland bis s Victoria und se South Australia (se Australien)*

Acanthiza lineata
**Stricheldornschnabel**
*Striated Thornbill - Acantiza estriada*
Gould, 1838
*ne New South Wales bis sw Victoria (se Australien)*

    Acanthiza lineata alberti
    **Alberts Stricheldornschnabel**
    Mathews, 1920
    *ec, se Queensland (e Australien)*
    Acanthiza lineata clelandi
    **Cleland-Stricheldornschnabel**
    Mathews, 1912
    *se South Australia und w Victoria (sc bis se Australien)*
    Acanthiza lineata whitei
    **Whites Stricheldornschnabel**
    Mathews, 1912
    *Kangaroo Insel (vor se South Australia; sc Australien)*

Acanthiza apicalis
**Stelzschwanz-Dornschnabel**
*Inland Thornbill - Acantiza apical*
Gould, 1847
*sw Western Australia bis se South Australia (sw bis sc Australien)*

    Acanthiza apicalis whitlocki
    **Whitlocks Stelzschwanz-Dornschnabel**
    North, 1909
    *wc Western Australia bis nc Nortern Territory und sc South Australia (w, c Australien)*
    Acanthiza apicalis albiventris
    **Weißbauch-Stelzschwanz-Dornschnabel**
    North, 1904
    *c Queensland bis nc Victoria (se Australien)*
    Acanthiza apicalis cinerascens
    **Östliche Stelzschwanz-Dornschnabel**
    Schodde & Mason, IJ, 1999
    *sw Queensland (ec Australien)*

Acanthiza ewingii
**Tasmandornschnabel**
*Tasmanian Thornbill - Acantiza de Tasmania*
Gould, 1844
*Flinders Insel (Furneaux Gruppe, e Bass Strait) und Tasmanien*

    Acanthiza ewingii rufifrons
    **Kingdornschnabel**
    Campbell, AJ, 1903
    *King Insel (w Bass Strait, se Australien)*

Acanthiza katherina
**Bergdornschnabel**
*Mountain Thornbill - Acantiza montana*
De Vis, 1905
*Gebirge se Cape York Halbinsel, ne Queensland (ne Australien)*

Acanthiza pusilla
**Roststirn-Dornschnabel**
*Brown Thornbill - Acantiza parda*
Shaw, 1790
*sc Queensland bis se South Australia (e, se Australien)*

    Acanthiza pusilla dawsonensis
    **Queensland-Roststirn-Dornschnabel**
    Campbell, AG, 1922
    *ec Queensland (ne Australien)*
    Acanthiza pusilla samueli
    **Lofty Ranges-Roststirn-Dornschnabel**
    Mathews, 1913
    *Mount Lofty Ranges, sc South Australia (sc Australien)*
    Acanthiza pusilla diemenensis
    **Kent-Roststirn-Dornschnabel**
    Gould, 1838
    *Kent Is. (n von Furneaux Gruppe, e Bass Strait) und Tasmanien*

Acanthiza pusilla magnirostris
**King-RRoststirn-Dornschnabel**
Campbell, AJ, 1903
King Insel (w Bass Strait, se Australien)
Acanthiza pusilla zietzi
**Kangaroo-Roststirn-Dornschnabel**
North, 1904
Kangaroo Insel (vor se South Australia; sc Australien)

Acanthiza robustirostris
## Graurücken-Dornschnabel
*Slaty-backed Thornbill - Acantiza pizarrosa*
Milligan, 1903
*s Western Australia bis sw Queensland (wc bis ec Australien)*

Acanthiza iredalei
## Grunddornschnabel
*Slender-billed Thornbill - Acantiza de Iredale*
Mathews, 1911
*wc, sc Western Australia bis sc South Australia (wc bis sc Australien)*

Acanthiza iredalei hedleyi
**Hedleys Grunddornschnabel**
Mathews, 1912
se South Australia und w Victoria (se Australien)
Acanthiza iredalei rosinae
**Rosinas Grunddornschnabel**
Mathews, 1913
Gulf von St. Vincent, se South Australia (sc Australien)

Acanthiza uropygialis
## Braunbürzel-Dornschnabel
*Chestnut-rumped Thornbill - Acantiza culirroja*
Gould, 1838
*Inland w, sw Western Australia bis se Queensland und n Victoria (wc bis sc Australien)*

Acanthiza inornata
## Walddornschnabel
*Western Thornbill - Acantiza sencilla*
Gould, 1841
*sw Western Australia (sw Australien)*

Acanthiza reguloides
## Goldhähnchen-Dornschnabel
*Buff-rumped Thornbill - Acantiza reguloide*
Vigors & Horsfield, 1827
*ne New South Wales bis s Victoria (se Australien)*

Acanthiza reguloides squamata
**Nördlicher Goldhähnchen-Dornschnabel**
De Vis, 1889
ec Queensland (ne Australien)
Acanthiza reguloides nesa
**Östlicher Goldhähnchen-Dornschnabel**
Mathews, 1920
se Queensland (e Australien)
Acanthiza reguloides australis
**Südlicher Goldhähnchen-Dornschnabel**
North, 1904
se South Australia bis s Victoria (sc, se Australien)

## Gattung: Gerygone

Gerygone chrysogaster
## Gelbbauchgerygone
*Yellow-bellied Gerygone - Gerigón ventrigualdo*
Gray, GR, 1858
*Yapen (Geelvink Bay is., nw Neuguinea), Aru Is. (sw von Neuguinea) und Neuguinea e von Bird's Neck*

Gerygone chrysogaster neglecta
**Waigeo-Gelbbauchgerygone**
Wallace, 1865
Waigeo und Batanta (Raja Ampat Is., nw von Neuguinea)
Gerygone chrysogaster notata
**Batanta-Gelbbauchgerygone**
Salvadori, 1878
Salawati (Raja Ampat Is., nw von Neuguinea), Bird's Head und Neck (nw Neuguinea)

Gerygone mouki
## Grauwangengerygone
*Brown Gerygone - Gerigón pardo*
Mathews, 1912
*se Cape York Halbinsel, ne Queensland (ne Australien)*

Gerygone mouki amalia
**Amalias Grauwangengerygone**
Meise, 1931
ec Queensland (ec Australien)
Gerygone mouki richmondi
**Richmonds Grauwangengerygone**
Mathews, 1915
se Queensland bis se Victoria (se Australien)

Gerygone chloronota
## Grünrückengerygone
*Green-backed Gerygone - Gerigón dorsiverde*
Gould, 1843
*Neuguinea (außer e von se Neuguinea) und kleine Inseln, und Top End und kleine Inseln, n Nortern Territory (nc Australien)*

Gerygone chloronota darwini
**Darwins Grünrückengerygone**
Mathews, 1912
ne Western Australia (nw Australien)

Gerygone palpebrosa
## Elfengerygone
*Fairy Gerygone - Gerigón duende*
Wallace, 1865
*Raja Ampat Is. (nw von Neuguinea), Aru Is. (sw von Neuguinea), Bird's Head und Neck (nw Neuguinea) bis se Tiefland Neuguinea (außer Trans-Fly, sc Neuguinea)*

Gerygone palpebrosa wahnesi
**Yapen-Elfengerygone**
Meyer, AB, 1899
Yapen (Geelvink Bay is., nw Neuguinea) und n Neuguinea bis n von w von se Neuguinea
Gerygone palpebrosa tarara
**Rands Elfengerygone**
Rand, 1941
Trans-Fly (sc Neuguinea)
Gerygone palpebrosa personata
**Goulds Elfengerygone**
Gould, 1866
Cape York Halbinsel, ne Queensland (ne Australien)
Gerygone palpebrosa flavida
**Australische Elfengerygone**
Ramsay, EP, 1877
ec bis se Queensland (e Australien)

Gerygone magnirostris
## Sumpfgerygone
*Large-billed Gerygone - Gerigón picudo*
Gould, 1843
*Küste ne Western Australia bis ne Nortern Territory (nc Australien)*

Gerygone magnirostris conspicillata
**Vogelkop-Sumpfgerygone**
Gray, GR, 1859
Raja Ampat Is. (nw von Neuguinea) und Bird's Head und Neck (nw Neuguinea)
Gerygone magnirostris affinis
**Meyers Sumpfgerygone**
Meyer, AB, 1874
Yapen (Geelvink Bay is., nw Neuguinea), n Neuguinea bis n von se Neuguinea, und Manam und Karkar (n von nc Neuguinea)
Gerygone magnirostris rosseliana
**Sudest-Sumpfgerygone**
Hartert, EJO, 1899
D'Entrecasteaux und Louisiade archs. (e von se Neuguinea)
Gerygone magnirostris brunneipectus
**Aru-Sumpfgerygone**
Sharpe, 1879
Aru Is. (sw von Neuguinea), s Bird's Neck (nw Neuguinea), s Neuguinea und Torres Strait is. (ne Queensland, ne Australien)
Gerygone magnirostris cairnsensis
**Mathews-Sumpfgerygone**
Mathews, 1912
Cape York Halbinsel, ne Queensland (ne Australien)

Gerygone hypoxantha
## Biakgerygone
*Biak Gerygone - Gerigón de Biak*
Salvadori, 1878
*Biak (Geelvink Bay is., nw Neuguinea)*

Gerygone inornata
## Timorgerygone
*Plain Gerygone - Gerigón sencillo*
Wallace, 1864
*Sawu bis Timor, Atauro und Wetar (n von Timor; e Lesser Sundas)*

Gerygone dorsalis
## Rostflankengerygone
*Rufous-sided Gerygone - Gerigón flanquirrufo*
Sclater, PL, 1883
*Tanimbar Is. (s Moluccas)*

Gerygone dorsalis senex
**Kalaotoa-Rostflankengerygone**
Meise, 1929
Kalaotoa und Madu (s von sw Sulawesi)
Gerygone dorsalis kuehni
**Kühns Rostflankengerygone**
Hartert, EJO, 1900
Damar (e Lesser Sundas)
Gerygone dorsalis fulvescens
**Sunda-Rostflankengerygone**
Meyer, AB, 1884
Romang bis Babar (e Lesser Sundas)

Gerygone dorsalis keyensis
**Kei-Rostflankengerygone**
Büttikofer, 1893
Tayandu Is. (w von Kai Is.) und Kai Is. (se Moluccas)

Gerygone olivacea
## Weißkehlgerygone
*White-throated Gerygone - Gerigón gorjiblanco*
Gould, 1838
*ec Queensland bis se Victoria (e Australien)*

Gerygone olivacea cinerascens
**Neuguinea-Weißkehlgerygone**
Sharpe, 1878
s Küste von se Neuguinea und Cape York Halbinsel, ne Queensland (ne Australien)
Gerygone olivacea rogersi
**Nördliche Weißkehlgerygone**
Mathews, 1911
ne Western Australia bis nw Queensland (nw bis nc Australien)

Gerygone sulphurea
## Goldbrustgerygone
*Golden-bellied Gerygone - Gerigón sulfúreo*
Wallace, 1864
*Malayische Halbinsel, s Vietnam, Große Sundas und Lesser Sundas e von Alor*

Gerygone sulphurea muscicapa
**Enggano-Goldbrustgerygone**
Oberholser, 1912
Enggano (w von s Sumatra)
Gerygone sulphurea simplex
**Philippinen-Goldbrustgerygone**
Cabanis, 1872
Luzon und Palawan Gruppes über Visayas (n, sw, c Philippinen)
Gerygone sulphurea rhizophorae
**Südphilippinen-Goldbrustgerygone**
Mearns, 1905
Mindanao Gruppe und Sulu Archipel (s Philippinen)
Gerygone sulphurea flaveola
**Sulawesi-Goldbrustgerygone**
Cabanis, 1873
Sulawesi, Selayar (s von sw Sulawesi) und Banggai Is. (e von Sulawesi)

Gerygone tenebrosa
## Braunrückengerygone
*Dusky Gerygone - Gerigón sombrío*
Hall, R, 1901
*Küste nw Western Australia (nw Australien)*

Gerygone tenebrosa christophori
**Christoph-Braunrückengerygone**
Mathews, 1912
Küste w Western Australia (w Australien)

Gerygone flavolateralis
## Fächerschwanzgerygone
*Fan-tailed Gerygone - Gerigón melanesio*
Gray, GR, 1859
*Grande Terre (New Caledonia) und Maré (e Loyalty Is., New Caledonia)*

Gerygone flavolateralis lifuensis
**Lifou-Fächerschwanzgerygone**
Sarasin, 1913
Lifou (c Loyalty Is.)
Gerygone flavolateralis rouxi
**Ouvea-Fächerschwanzgerygone**
Sarasin, 1913
Ouvéa (w Loyalty Is.)
Gerygone flavolateralis correiae
**Banks-Fächerschwanzgerygone**
Mayr, 1931
Vanua Lava und Gaua (Banks Is., n Vanuatu) bis Epi (c Vanuatu)

Gerygone citrina
## Rennellgerygone
*Rennell Gerygone - Gerigón de la Rennell*
Mayr, 1931
*Rennell (s Solomon Is.)*

Gerygone levigaster
## Mangrovegerygone
*Mangrove Gerygone - Gerigón de manglar*
Gould, 1843
*Küste ne Western Australia bis n Cape York Halbinsel, ne Queensland (n Australien)*

Gerygone levigaster pallida
**Südliche Mangrovegerygone**
Finsch, 1898
Küste s Neuguinea
Gerygone levigaster cantator
**Östliche Mangrovegerygone**
Weatherill, 1908
Küste ec Queensland bis ec New South Wales (e Australien)

Gerygone fusca
## Weißschwanzgerygone
*Western Gerygone - Gerigón coliblanco*
Gould, 1838
*sw Western Australia (sw Australien)*

Gerygone fusca exsul
**Östliche Weißschwanzgerygone**
Mathews, 1912
nc Queensland bis nc Victoria (e Australien)
Gerygone fusca mungi
**Mungs Weißschwanzgerygone**
Mathews, 1912
w Western Australia bis nw Queensland (wc bis ec Australien)

Gerygone ruficollis
## Baumfarngerygone
*Brown-breasted Gerygone - Gerigón pechipardo*
Salvadori, 1876
*Gebirge Neuguinea*

† Gerygone insularis
## Lord-Howe-Gerygone
*Lord Howe Gerygone - Gerigón de la Lord Howe*
Ramsay, EP, 1878
*Lord Howe Insel (e von Australien)*

Gerygone modesta
## Norfolkgerygone
*Norfolk Gerygone - Gerigón de la Norfolk*
Pelzeln, 1860
*Norfolk Insel (e von Australien)*

Gerygone igata
## Maorigerygone
*Grey Gerygone - Gerigón maorí*
Quoy & Gaimard, 1832
*North, South und Stewart is. und kleine Inseln (Neuseeland)*

Gerygone albofrontata
## Langschnabelgerygone
*Chatham Islands  Gerygone - Gerigón de las Chatham*
Gray, GR, 1845
*Chatham Is. (e von Südinsel, New Zealand)*

## Familie: Pomatostomidae (Australasien-Säbler)

### Gattung: Garritornis

Garritornis isidorei
## Beutelsäbler
*Papuan Babbler - Gárrulo papú*
Lesson, RP, 1827
*Misool (Raja Ampat Is., nw von Neuguinea), Bird's Head und Neck (nw Neuguinea) bis se Neuguinea*

### Gattung: Pomatostomus

Pomatostomus temporalis
## Grauscheitelsäbler
*Grey-crowned Babbler - Gárrulo coronigrís*
Vigors & Horsfield, 1827
*Trans-Fly (sc Neuguinea) und Cape York Halbinsel, ne Queensland bis n Victoria (ne bis se Australien)*

Pomatostomus temporalis rubeculus
**Goulds Grauscheitelsäbler**
Gould, 1840
wc Western Australia bis nw Queensland (nw, wc Australien)

Pomatostomus halli
## Rußbauchsäbler
*Hall's Babbler - Gárrulo de Hall*
Cowles, 1964
*wc Queensland bis nw New South Wales (ec Australien)*

Pomatostomus superciliosus
## Brauensäbler
*White-browed Babbler - Gárrulo cejudo*
Vigors & Horsfield, 1827
*wc Western Australia bis s South Australia und w Queensland bis Victoria (wc bis s Australien)*

Pomatostomus superciliosus gilgandra
**Östlicher Brauensäbler**
Mathews, 1912
se Queensland bis nc Victoria (se Australien)

Pomatostomus superciliosus ashbyi
**Westlicher Brauensäbler**
Mathews, 1911
sw Western Australia (sw Australien)
Pomatostomus superciliosus centralis
**Inland-Brauensäbler**
Schodde & Mason, IJ, 1999
ec Western Australia bis wc Queensland und nc South Australia (c Australien)

Pomatostomus ruficeps
**Rotscheitelsäbler**
*Chestnut-crowned Babbler - Gárrulo coronirrufo*
Hartlaub, 1852
e Western Australia bis sw Queensland und w New South Wales (ec Australien)


## Familie: Orthonychidae (Laufflöter)

### Gattung: Orthonyx

Orthonyx novaeguineae
**Papuaflöter**
*Papuan Logrunner - Colaespina papú*
Meyer, AB, 1874
Gebirge Bird's Head (nw Neuguinea)

Orthonyx novaeguineae victorianus
**Victoriaflöter**
van Oort, 1909
Gebirge wc und se Neuguinea

Orthonyx temminckii
**Dschungelflöter**
*Australian Logrunner - Colaespina de Temminck*
Ranzani, 1822
se Queensland bis sc New South Wales (e Australien)

Orthonyx spaldingii
**Schwarzkopfflöter**
*Chowchilla - Colaespina de Spalding*
Ramsay, EP, 1868
Macalister und Herberton Ranges bis Seaview und Paluma Ranges, se Cape York Halbinsel, ne Queensland (ne Australien)

Orthonyx spaldingii melasmenus
**Amos-Schwarzkopfflöter**
Schodde & Mason, IJ, 1999
Mt. Amos und Mt. Finnegan bis Thornton Range, ec Cape York Halbinsel, ne Queensland (ne Australien)


## Familie: Cnemophilidae (Furchenvogelartige)

### Gattung: Cnemophilus

Cnemophilus loriae
**Loriasamtvogel**
*Loria's Satinbird - Ave del paraíso de Loria*
Salvadori, 1895
Gebirge wc bis se Neuguinea

Cnemophilus macgregorii
**Schopfsamtvogel**
*Crested Satinbird - Ave del paraíso crestada amarilla*
De Vis, 1890
Gebirge se Neuguinea

Cnemophilus macgregorii sanguineus
**Iredales Schopfsamtvogel**
Iredale, 1948
Gebirge wc, ec Neuguinea

### Gattung: Loboparadisea

Loboparadisea sericea
**Gelbbrust-Samtvogel**
*Yellow-breasted Satinbird - Ave del paraíso sedosa*
Rothschild, 1896
Gebirge w bis ec Neuguinea

Loboparadisea sericea aurora
**Aurora-Gelbbrust-Samtvogel**
Mayr, 1930
Gebirge nw von se Neuguinea


## Familie: Melanocharitidae (Beerenpicker, Pfriemschnäbel)

### Gattung: Melanocharis

Melanocharis arfakiana
**Arfakbeerenpicker**
*Obscure Berrypecker - Picabayas oscuro*
Finsch, 1900
Zentral- und Ostneuguinea unregelmäßig verteilt

Melanocharis longicauda
**Gelbbüschel-Beerenpicker**
*Mid-mountain Berrypecker - Picabayas colilargo*
Salvadori, 1876
Gebirge Bird's Head und Neck (nw Neuguinea), w und nc Neuguinea

Melanocharis longicauda captata
**Östlicher Gelbbüschel-Beerenpicker**
Mayr, 1931
Gebirge c und ne (Huon Halbinsel) Neuguinea
Melanocharis longicauda orientalis
**Orient-Gelbbüschel-Beerenpicker**
Mayr, 1931
Gebirge se Neuguinea

Melanocharis nigra
**Weißbüschel-Beerenpicker**
*Black Berrypecker - Picabayas negro*
Lesson, RP, 1830
Misool und Salawati (Raja Ampat Is., nw von Neuguinea) und Bird's Head und Neck (nw Neuguinea)

Melanocharis nigra pallida
**Waigeobeerenpicker**
Stresemann & Paludan, 1932
Waigeo (Raja Ampat Is., nw von Neuguinea)
Melanocharis nigra unicolor
**Yapenbeerenpicker**
Salvadori, 1878
Yapen und Mios Num (=Meos Num, Geelvink Bay is., nw Neuguinea) und n bis se Neuguinea
Melanocharis nigra chloroptera
**Arubeerenpicker**
Salvadori, 1876
Aru Is. (sw von Neuguinea) und s Neuguinea

Melanocharis versteri
**Fächerschwanz-Beerenpicker**
*Fan-tailed Berrypecker - Picabayas abanico*
Finsch, 1876
Gebirge Bird's Head (nw Neuguinea)

Melanocharis versteri meeki
**Meekbeerenpicker**
Rothschild & Hartert, EJO, 1911
Gebirge wc, nc (Foja Mts.) und c Neuguinea
Melanocharis versteri maculiceps
**Südlicher Fächerschwanz-Beerenpicker**
De Vis, 1898
Gebirge n, ec, ne (Huon Halbinsel) und se Neuguinea

Melanocharis striativentris
**Streifenbeerenpicker**
*Streaked Berrypecker - Picabayas estriado*
Salvadori, 1895
Gebirge ec, ne (Huon Halbinsel) und se Neuguinea

Melanocharis striativentris axillaris
**Westlicher Streifenbeerenpicker**
Mayr, 1931
Gebirge wc Neuguinea

Melanocharis citreola
**Kumawabeerenpicker**
*Satin Berrypecker - Picabayas satinado*
Milá, Ashari & Thébaud, 2021
w Neuguinea


### Gattung: Rhamphocharis

Rhamphocharis crassirostris
**Dickschnabel-Beerenpicker**
*Thick-billed Berrypecker - Picabayas piquigrueso*
Salvadori, 1876
Gebirge Bird's Head (nw Neuguinea) bis Mt. Goliath (w Neuguinea)

Rhamphocharis crassirostris interposita
**Star-Dickschnabel-Beerenpicker**
Mees, 1964
Star Mts. (c Neuguinea)

Rhamphocharis piperata
**Fleckenbeerenpicker**
*Spotted Berrypecker - Picabayas moteado*
De Vis, 1898
*Gebirge ec, ne (Huon Halbinsel) und se Neuguinea*



Oedistoma iliolophus
**Gnomenpfriemschnabel**
*Spectacled Longbill - Picudo pechigrís*
Salvadori, 1876
*Yapen und Meos Num (=Mios Num, Geelvink Bay is., nw Neuguinea) und Neuguinea*

    Oedistoma iliolophus cinerascens
    **Waigeo-Gnomenpfriemschnabel**
    Stresemann & Paludan, 1932
    *Waigeo (Raja Ampat Is., nw von Neuguinea)*
    Oedistoma iliolophus fergussonis
    **Fergussons Gnomenpfriemschnabel**
    Hartert, EJO, 1896
    *D'Entrecasteaux Archipel (e von se Neuguinea)*

Oedistoma pygmaeum
**Zwergpfriemschnabel**
*Pygmy Longbill - Picudo pigmeo*
Salvadori, 1876
*Waigeo und Misool (Raja Ampat Is., nw von Neuguinea) und Neuguinea*

    Oedistoma pygmaeum meeki
    **Entrecasteauxpfriemschnabel**
    Hartert, EJO, 1896
    *D'Entrecasteaux Archipel (e von se Neuguinea)*



Toxorhamphus novaeguineae
**Gelbbauch-Pfriemschnabel**
*Yellow-bellied Longbill - Picudo ventrigualdo*
Lesson, RP, 1827
*Raja Ampat Is. (nw von Neuguinea), Yapen (Geelvink Bay is., nw Neuguinea) und w, n Neuguinea*

    Toxorhamphus novaeguineae flaviventris
    **Arupfriemschnabel**
    Rothschild & Hartert, EJO, 1911
    *Aru Is. (sw von Neuguinea) und s Neuguinea*

Toxorhamphus poliopterus
**Graukinn-Pfriemschnabel**
*Slaty-headed Longbill - Picudo cabecigrís*
Sharpe, 1882
*Gebirge wc bis ne und se Neuguinea*





Oreocharis arfaki
**Gelbbauch-Beerenfresser**
*Tit Berrypecker - Picabayas de las Arfak*
Meyer, AB, 1875
*Gebirge Neuguinea*



Paramythia olivacea
**Oliv-Schopfbeerenfresser**
*Western Crested Berrypecker - Picabayas crestado occidental*
van Oort, 1910
*Gebirge wc Neuguinea*

Paramythia montium
**Schopfbeerenfresser**
*Eastern Crested Berrypecker - Picabayas crestado oriental*
De Vis, 1892
*Gebirge ec, ne und se Neuguinea*





Callaeas wilsoni
**Graulappenvogel**
*North Island Kokako - Kokako de Isla Norte*
Bonaparte, 1850
*Nordinsel und kleine Inseln (Neuseeland)*

† Callaeas cinereus
**Orangelappenvogel**
*South Island Kokako - Kokako de Isla Sur*
Gmelin, JF, 1788
*South und Stewart is. (Neuseeland)*



Philesturnus rufusater
**Nordinsel-Sattelvogel**
*North Island Saddleback - Tieke de Isla Norte*
Lesson, RP, 1828
*Nordinsel, kleine Inseln (Neuseeland)*

Philesturnus carunculatus
**Südinsel-Sattelvogel**
*South Island Saddleback - Tieke de Isla Sur*
Gmelin, JF, 1789
*Südinsel, kleine Inseln (Neuseeland)*



† Heteralocha acutirostris
**Huialappenvogel**
*Huia - Huia*
Gould, 1837
*Nordinsel (Neuseeland)*





† Notiomystis cincta
**Stichvogel**
*Stitchbird - Hihi*
Du Bus de Gisignies, 1839
*Nordinsel (Neuseeland)*

    Notiomystis cincta hautura
    **Barrier-Hihi**
    Mathews, 1935
    *Little Barrier Insel (e von n Nordinsel, New Zealand)*





Androphobus viridis
**Grünflöter**
*Papuan Whipbird - Zordala papú*
Rothschild & Hartert, EJO, 1911
*wc, c, ec Neuguinea mts.*



Psophodes olivaceus
**Schwarzschopfflöter**
*Eastern Whipbird - Zordala crestada oriental*
Latham, 1801
*ec Queensland bis se Victoria (ec bis se Australien)*

    Psophodes olivaceus lateralis
    **Nördlicher Schwarzschopfflöter**
    North, 1897
    *se Cape York Halbinsel, ne Queensland (ne Australien)*

Psophodes nigrogularis
**Schwarzkehlflöter**
*Black-throated Whipbird - Zordala crestada occidental*
Gould, 1844
*Two Peoples Bay, sw South Australia (sw Australien)*

Psophodes nigrogularis oberon
**Oberon-Schwarzkehlflöter**
Schodde & Mason, IJ, 1991
sw Western Australia, e von Two Peoples Bay (sw Australien)

Psophodes leucogaster
**Weißbauchflöter**
*White-bellied Whipbird - Zordala crestada negra*
Howe & Ross, JA, 1933
*Küste sc South Australia (sc Australien)*

Psophodes leucogaster lashmari
**Kangaroo-Weißbauchflöter**
Schodde & Mason, IJ, 1991
Kangaroo Insel (vor se South Australia; sc Australien)

Psophodes cristatus
**Buschflöter**
*Chirruping Wedgebill - Zordala picocuña oriental*
Gould, 1838
*sw Queensland bis ec South Australia und nw New South Wales (ec Australien)*

Psophodes occidentalis
**Glockenflöter**
*Chiming Wedgebill - Zordala picocuña occidental*
Mathews, 1912
*wc Western Australia bis se Nortern Territory und c South Australia (w, c Australien)*

## Familie: Cinclosomatidae (Drosselflöter)

### Gattung: Ptilorrhoa

Ptilorrhoa leucosticta
**Bergwaldflöter**
*Spotted Jewel-babbler - Zordala moteada*
Sclater, PL, 1874
*Gebirge Bird's Head (nw Neuguinea)*

Ptilorrhoa leucosticta mayri
**Mayrs Bergwaldflöter**
Hartert, EJO, 1930
Wandammen Mts. (Bird's Neck, nw Neuguinea)
Ptilorrhoa leucosticta centralis
**Neuguinea-Bergwaldflöter**
Mayr, 1936
Gebirge wc Neuguinea
Ptilorrhoa leucosticta sibilans
**Cyclops-Bergwaldflöter**
Mayr, 1931
Cyclops Mts. (nc Neuguinea)
Ptilorrhoa leucosticta menawa
**Menawa-Bergwaldflöter**
Diamond, 1969
Bewani Mts. (nc Neuguinea)
Ptilorrhoa leucosticta amabilis
**Huon-Bergwaldflöter**
Mayr, 1931
Gebirge Huon Halbinsel (ne Neuguinea)
Ptilorrhoa leucosticta loriae
**Salvadoris Bergwaldflöter**
Salvadori, 1896
Gebirge ec und se Neuguinea

Ptilorrhoa caerulescens
**Blauflöter**
*Blue Jewel-babbler - Zordala azul*
Temminck, 1836
*Misool und Salawati (Raja Ampat Is., nw von Neuguinea), Bird's Head und Bird's Neck (nw Neuguinea)*

Ptilorrhoa caerulescens neumanni
**Neumanns Blauflöter**
Mayr & Meyer de Schauensee, 1939
nc und ne (Huon Halbinsel) Neuguinea
Ptilorrhoa caerulescens nigricrissus
**Südlicher Blauflöter**
Salvadori, 1876
s Neuguinea

Ptilorrhoa geislerorum
**Braunnackenflöter**
*Brown-headed Jewel-babbler - Zordala de los Geisler*
Meyer, AB, 1892
*Adelbert Range und e Huon Halbinsel (ne Neuguinea) und se Neuguinea*

Ptilorrhoa castanonota
**Buntflöter**
*Chestnut-backed Jewel-babbler - Zordala dorsicastaña*
Salvadori, 1876
*Gebirge Bird's Head (nw Neuguinea)*

Ptilorrhoa castanonota gilliardi
**Gilliards Buntflöter**
Greenway, 1966
Batanta (Raja Ampat Is., nw von Neuguinea)
Ptilorrhoa castanonota saturata
**Nassau-Buntflöter**
Rothschild & Hartert, EJO, 1911
Gebirge sw Neuguinea
Ptilorrhoa castanonota uropygialis
**Snow-Buntflöter**
Rand, 1940
Gebirge nc Neuguinea
Ptilorrhoa castanonota buergersi
**Bürgers Buntflöter**
Mayr, 1931
Gebirge ne Neuguinea (außer Huon Halbinsel)
Ptilorrhoa castanonota par
**Huon-Buntflöter**
Meise, 1930
Gebirge Huon Halbinsel (ne Neuguinea)
Ptilorrhoa castanonota pulchra
**Sharps Buntflöter**
Sharpe, 1882
Herzog Mts. (w von Huon Gulf, ne Neuguinea) und se Neuguinea

### Gattung: Cinclosoma

Cinclosoma punctatum
**Fleckenflöter**
*Spotted Quail-thrush - Zordala manchada*
Shaw, 1795
*se Queensland bis se Victoria (ec bis se Australien)*

Cinclosoma punctatum dovei
**Doves Fleckenflöter**
Mathews, 1912
e Tasmanien (se Australien)
† Cinclosoma punctatum anachoreta
**Loftyflöter**
Schodde & Mason, IJ, 1999
Mt. Lofty Range, se South Australia (sc Australien)

Cinclosoma castanotum
**Kastanienmantelflöter**
*Chestnut Quail-thrush - Zordala castaña*
Gould, 1840
*ec South Australia bis c New South Wales und nw Victoria (se Australien)*

Cinclosoma clarum
**Kupfermantelflöter**
*Copperback Quail-thrush - Zordala cobrizo*
Morgan, 1926
*wc Western Australia bis sc Nortern Territory und ec South Australia (sw, sc Australien)*

Cinclosoma clarum fordianum
**Küsten-Kupfermantelflöter**
Schodde & Mason, IJ, 1999
Küste sw South Australia bis wc South Australia (sw bis sc Australien)
Cinclosoma clarum morgani
**Eyre-Kupfermantelflöter**
Condon, 1951
Eyre Halbinsel, sc South Australia (sc Australien)

Cinclosoma cinnamomeum
**Zimtflöter**
*Cinnamon Quail-thrush - Zordala canela*
Gould, 1846
*sc Nortern Territory, c South Australia bis sw New South Wales (sc Australien)*

Cinclosoma cinnamomeum tirariense
**Inlandzimtflöter**
Schodde & Mason, IJ, 1999
se Nortern Territory, sw Queensland und ne South Australia (c Australien)

Cinclosoma alisteri
**Nullarborflöter**
*Nullarbor Quail-thrush - Zordala de Nullarbor*
Mathews, 1910
*se Western Australia und sw South Australia (sc Australien)*

Cinclosoma castaneothorax
**Kastanienbrustflöter**
*Chestnut-breasted Quail-thrush - Zordala pechicastaña*
Gould, 1849
*wc Queensland bis nc New South Wales (ec Australien)*

Cinclosoma marginatum
**Rötelflankenflöter**
*Western Quail-thrush - Zordala occidental*
Sharpe, 1883
*wc Western Australia bis sw Nortern Territory und sw South Australia (wc Australien)*

Cinclosoma ajax
**Ajaxflöter**
*Painted Quail-thrush - Zordala pintada*
Temminck, 1836
nw, w Neuguinea

> Cinclosoma ajax alare
> **Alareflöter**
> Mayr & Rand, 1935
> ec, sc Neuguinea
> Cinclosoma ajax goldiei
> **Goldieflöter**
> Ramsay, EP, 1879
> se Neuguinea

## Familie: Platysteiridae (Schnäpperwürger)

### Gattung: Batis

Batis diops
**Ruwenzorischnäpper**
*Rwenzori Batis - Batis del Ruwenzori*
Jackson, FJ, 1905
ec Demokratische Republik Kongo, sw Uganda, w Rwanda und w Burundi

Batis margaritae
**Boultonschnäpper**
*Margaret's Batis - Batis de Boulton*
Boulton, 1934
wc Angola

> Batis margaritae kathleenae
> **Kathaleenaschnäpper**
> White, CMN, 1941
> nw Sambia und se Demokratische Republik Kongo

Batis mixta
**Kurzschwanzschnäpper**
*Forest Batis - Batis colicorto*
Shelley, 1889
se Kenia bis ne Tansania

Batis reichenowi
**Reichenowschnäpper**
*Reichenow's Batis - Batis de Reichenow*
Grote, 1911
se Tansania

Batis crypta
**Iringaschnäpper**
*Dark Batis - Batis de Iringa*
Fjeldså, Bowie & Kiure, 2006
Eastern Arc Mts. von Tansania und nw Malawi

Batis dimorpha
**Malawischnäpper**
*Malawi Batis - Batis de Malawi*
Shelley, 1893
c, s Malawi und n Mosambik

> Batis dimorpha sola
> **Sambiaschnäpper**
> Lawson, 1964
> n Malawi und e Sambia

Batis capensis
**Kapschnäpper**
*Cape Batis - Batis de El Cabo*
Linnaeus, 1766
s Südafrika

> Batis capensis kennedyi
> **Kennedy-Kapschnäpper**
> Smithers & Paterson, 1956
> sw Simbabwe
> Batis capensis erythrophthalma
> **Mosambik-Kapschnäpper**
> Swynnerton, 1907
> e Simbabwe und w Mosambik
> Batis capensis hollidayi
> **Holliday-Kapschnäpper**
> Clancey, 1952
> ne Südafrika, Swaziland und s Mosambik

Batis fratrum
**Mosambikschnäpper**
*Woodwards' Batis - Batis de Woodward*
Shelley, 1900
s Malawi, c Mosambik und e Simbabwe bis e Südafrika

Batis molitor
**Weißflankenschnäpper**
*Chinspot Batis - Batis molitor*
Küster, 1836
s Mosambik, Swaziland und e Südafrika

> Batis molitor puella
> **Reichenows Weißflankenschnäpper**
> Reichenow, 1893
> s Sudan und ne Demokratische Republik Kongo bis Kenia und n Tansania
> Batis molitor pintoi
> **Pintos Weißflankenschnäpper**
> Lawson, 1966
> Gabun bis c Angola und nw Sambia
> Batis molitor palliditergum
> **Clanceys Weißflankenschnäpper**
> Clancey, 1955
> s Angola und se Demokratische Republik Kongo bis Namibia, Botswana und n Südafrika

Batis senegalensis
**Senegalschnäpper**
*Senegal Batis - Batis senegalés*
Linnaeus, 1766
s Mauretanien bis Sierra Leone und e bis Niger, Chad und Kamerun

Batis orientalis
**Heuglinschnäpper**
*Grey-headed Batis - Batis oriental*
Heuglin, 1870
Äthiopien, Eritrea, Somalia und n Kenia

> Batis orientalis chadensis
> **Kamerun-Heuglinschnäpper**
> Alexander, 1908
> ne Nigeria und n Kamerun bis sw Sudan
> Batis orientalis lynesi
> **Sudan-Heuglinschnäpper**
> Grant, CHB & Mackworth-Praed, 1940
> ne Sudan

Batis soror
**Kinnfleckschnäpper**
*Pale Batis - Batis pálido*
Reichenow, 1903
se Kenia bis e Simbabwe und s Mosambik

Batis pririt
**Priritschnäpper**
*Pririt Batis - Batis pririt*
Vieillot, 1818
c, sw Südafrika

> Batis pririt affinis
> **Wahlbers Piritschnäpper**
> Wahlberg, 1855
> sw Angola, Namibia, w, c Botswana und nw Südafrika

Batis minor
**Keniaschnäpper**
*Eastern Black-headed Batis - Batis carinegro*
Erlanger, 1901
s Somalia

> Batis minor suahelica
> **Suahelischnäpper**
> Neumann, 1907
> se Kenia und e Tansania

Batis erlangeri
**Kongoschnäpper**
*Western Black-headed Batis - Batis de Erlanger*
Neumann, 1907
n Kamerun bis Äthiopien s bis Uganda, w Kenia und Burundi

> Batis erlangeri congoensis
> **Südlicher Kongoschnäpper**
> Neumann, 1907
> s Kongo und sw Demokratische Republik Kongo und w Angola

Batis perkeo
**Däumlingsschnäpper**
*Pygmy Batis - Batis pigmeo*
Neumann, 1907
se Süd-Sudan, s Äthiopien und Somalia bis n Tansania

Batis minulla
**Angolaschnäpper**
*Angola Batis - Batis angoleño*
Barboza du Bocage, 1874
e Gabun, s Kongo, w Demokratische Republik Kongo und w Angola

Batis minima
**Gabunschnäpper**
*Gabon Batis - Batis de Verreaux*
Verreaux, J & Verreaux, É, 1855
*s Kamerun, Gabun*

Batis ituriensis
**Iturischnäpper**
*Ituri Batis - Batis del Ituri*
Chapin, 1921
*Demokratische Republik Kongo und w Uganda*

Batis occulta
**Plantagenschnäpper**
*West African Batis - Batis oculto*
Lawson, 1984
*Sierra Leone bis Gabun*

Batis poensis
**Biokoschnäpper**
*Fernando Po Batis - Batis de Fernando Póo*
Alexander, 1903
*Bioko (n Gulf von Guinea)*

## Gattung: Lanioturdus

Lanioturdus torquatus
**Erdschnäpper**
*White-tailed Shrike - Laniotordo*
Waterhouse, 1838
*Angola und c Namibia*

## Gattung: Platysteira

Platysteira hormophora
**Halsband-Lappenschnäpper**
*West African Wattle-eye - Batis carunculado acollarado*
Reichenow, 1901
*Sierra Leone bis Benin*

Platysteira castanea
**Weißbürzel-Lappenschnäpper**
*Chestnut Wattle-eye - Batis carunculado castaño*
Fraser, 1843
*Nigeria bis s Sudan, w Kenia und n Sambia*

Platysteira tonsa
**Weißbrauen-Lappenschnäpper**
*White-spotted Wattle-eye - Batis carunculado tordo*
Bates, GL, 1911
*s Nigeria bis Gabun und Kongo und ec Demokratische Republik Kongo*

Platysteira laticincta
**Bandlappenschnäpper**
*Banded Wattle-eye - Batis carunculado de Bamenda*
Bates, GL, 1926
*sw Kamerun*

Platysteira peltata
**Schwarzkehl-Lappenschnäpper**
*Black-throated Wattle-eye - Batis carunculado gorjinegro*
Sundevall, 1850
*Sambia bis c Mosambik und e Südafrika*

   Platysteira peltata cryptoleuca
   **Somalia-Schwarzkehl-Lappenschnäpper**
   Oberholser, 1905
   *Somalia bis n Mosambik*
   Platysteira peltata mentalis
   **Angola-Schwarzkehl-Lappenschnäpper**
   Barboza du Bocage, 1878
   *c Angola bis w Kenia, w Tansania und Malawi*

Platysteira albifrons
**Weißstirn-Lappenschnäpper**
*White-fronted Wattle-eye - Batis carunculado frentiblanco*
Sharpe, 1873
*w Angola und sw Demokratische Republik Kongo*

Platysteira cyanea
**Bindenlappenschnäpper**
*Brown-throated Wattle-eye - Batis carunculado gorjipardo*
Müller, PLS, 1776
*Senegal und Gambia bis nw Angola*

   Platysteira cyanea nyansae
   **Kongo-Bindenlappenschnäpper**
   Neumann, 1905
   *Zentralafrikanische Republik und Demokratische Republik Kongo bis sw Sudan und w Kenia*
   Platysteira cyanea aethiopica
   **Äthiopien-Bindenlappenschnäpper**
   Neumann, 1905
   *se Sudan und s Äthiopien*

Platysteira concreta
**Orangebauch-Lappenschnäpper**
*Yellow-bellied Wattle-eye - Batis carunculado ventrirrufo*
Hartlaub, 1855
*Sierra Leone bis Ghana*

   Platysteira concreta ansorgei
   **Ansorges Orangebauch-Lappenschnäpper**
   Hartert, EJO, 1905
   *w Angola*
   Platysteira concreta graueri
   **Grauers Orangebauch-Lappenschnäpper**
   Hartert, EJO, 1908
   *Nigeria bis Gabun, Demokratische Republik Kongo und w Kenia*
   Platysteira concreta kungwensis
   **Tansania-Orangebauch-Lappenschnäpperr**
   Moreau, 1941
   *w Tansania*

Platysteira blissetti
**Glanzlappenschnäpper**
*Red-cheeked Wattle-eye - Batis carunculado de Blissett*
Sharpe, 1872
*Guinea und Sierra Leone tp c Nigeria und ne Kamerun*

Platysteira chalybea
**Schwarznacken-Lappenschnäpper**
*Black-necked Wattle-eye - Batis carunculado cuellinegro*
Reichenow, 1897
*c Kamerun und Zentralafrikanische Republik bis Gabun und Kongo und wc Angola*

Platysteira jamesoni
**Ugandalappenschnäpper**
*Jameson's Wattle-eye - Batis carunculado de Jameson*
Sharpe, 1890
*ne Demokratische Republik Kongo und s Süd-Sudan bis Burundi und w Kenia*

## Familie: Malaconotidae (Buschwürger)

### Gattung: Malaconotus

Malaconotus cruentus
**Blutbrustwürger**
*Fiery-breasted Bushshrike - Gladiador cruento*
Lesson, RP, 1831
*Guinea und Sierra Leone bis ne Demokratische Republik Kongo, w Uganda, s Kongo und w Demokratische Republik Kongo*

Malaconotus monteiri
**Monteirowürger**
*Monteiro's Bushshrike - Gladiador de Monteiro*
Sharpe, 1870
*nw Angola*

   Malaconotus monteiri perspicillatus
   **Kamerun-Monteirowürger**
   Reichenow, 1894
   *Mt. Kamerun*

Malaconotus blanchoti
**Graukopfwürger**
*Grey-headed Bushshrike - Gladiador cabecigrís*
Stephens, 1826
*Senegal und Gambia bis n Kamerun*

   Malaconotus blanchoti approximans
   **Äthiopien-Graukopfwürger**
   Cabanis, 1869
   *e Äthiopien und Somalia bis n Tansania*
   Malaconotus blanchoti catharoxanthus
   **Kamerun-Graukopfwürger**
   Neumann, 1899
   *n Kamerun bis Eritrea, Äthiopien, Uganda und w Kenia*
   Malaconotus blanchoti hypopyrrhus
   **Tansania-Graukopfwürger**
   Hartlaub, 1844
   *Tansania bis Südafrika*
   Malaconotus blanchoti interpositus
   **Angola-Graukopfwürger**
   Hartert, EJO, 1911
   *Angola, se Demokratische Republik Kongo und w Sambia*

Malaconotus blanchoti citrinipectus
**Namibia-Graukopfwürger**
Meise, 1968
sw Angola und n Namibia
Malaconotus blanchoti extremus
**Südafrika-Graukopfwürger**
Clancey, 1957
e Südafrika

Malaconotus lagdeni
**Lagdenwürger**
*Lagden's Bushshrike - Gladiador de Lagden*
Sharpe, 1884
*Sierra Leone bis Ghana*

Malaconotus lagdeni centralis
**Uganda-Lagdenwürger**
Neumann, 1920
e Demokratische Republik Kongo, w Uganda und w Rwanda

Malaconotus gladiator
**Grünbrustwürger**
*Green-breasted Bushshrike - Gladiador pechiverde*
Reichenow, 1893
*se Nigeria, w Kamerun*

Malaconotus alius
**Schwarzkappenwürger**
*Uluguru Bushshrike - Gladiador de las Uluguru*
Friedmann, 1927
*c Tansania*

Gattung: Chlorophoneus

Chlorophoneus kupeensis
**Halsbandwürger**
*Mount Kupe Bushshrike - Bubú del Kupé*
Serle, 1951
*se Nigeria, sw Kamerun*

Chlorophoneus multicolor
**Vielfarbenwürger**
*Many-colored Bushshrike - Bubú multicolor*
Gray, GR, 1845
*Sierra Leone bis Kamerun*

Chlorophoneus multicolor batesi
**Kamerun-Vielfarbenwürger**
Sharpe, 1908
s Kamerun bis w Uganda und nw Angola
Chlorophoneus multicolor graueri
**Grauers Vielfarbenwürger**
Hartert, EJO, 1908
e Demokratische Republik Kongo, sw Uganda und w Rwanda

Chlorophoneus nigrifrons
**Graustirnwürger**
*Black-fronted Bushshrike - Bubú frentinegro*
Reichenow, 1896
*c Kenia, Tansania und n Malawi*

Chlorophoneus nigrifrons manningi
**Kongo-Graustirnwürger**
Shelley, 1899
se Demokratische Republik Kongo und n Sambia
Chlorophoneus nigrifrons sandgroundi
**Südlicher Graustirnwürger**
Bangs, 1931
se Malawi, Mosambik, e Simbabwe und ne Südafrika

Chlorophoneus olivaceus
**Olivwürger**
*Olive Bushshrike - Bubú oliváceo*
Shaw, 1809
*e, s Südafrika, Swaziland und sw Mosambik*

Chlorophoneus olivaceus makawa
**Makawa-Olivwürger**
Benson, 1945
sw Malawi
Chlorophoneus olivaceus bertrandi
**Bertrands Olivwürger**
Shelley, 1894
se Malawi
Chlorophoneus olivaceus vitorum
**Mosambik-Olivwürger**
Clancey, 1967
Küste se Mosambik und ne Südafrika
Chlorophoneus olivaceus interfluvius
**Clanceys Olivwürger**
Clancey, 1969
e Simbabwe und wc Mosambik

Chlorophoneus bocagei
**Bocagewürger**
*Bocage's Bushshrike - Bubú de Bocage*
Reichenow, 1894
*s Kamerun bis n Angola*

Chlorophoneus bocagei jacksoni
**Jacksons Bocagewürger**
Sharpe, 1901
c Demokratische Republik Kongo bis Uganda und w Kenia

Chlorophoneus sulfureopectus
**Orangebrustwürger**
*Orange-breasted Bushshrike - Bubú azufrado*
Lesson, RP, 1831
*Senegal und Gambia bis ne Demokratische Republik Kongo und w Uganda*

Chlorophoneus sulfureopectus similis
**Südlicher Orangebrustwürger**
Smith, A, 1836
s Sudan und Äthiopien bis e Südafrika

Gattung: Telophorus

Telophorus viridis
**Doppelbandwürger**
*Gorgeous Bushshrike - Bubú verde*
Vieillot, 1817
e Gabun, sw Kongo, w Demokratische Republik Kongo bis w Angola, c Demokratische Republik Kongo bis nw Sambia

Telophorus viridis nigricauda
**Kenia-Doppelbandwürger**
Clarke, S, 1913
se Kenia und e Tansania
Telophorus viridis quartus
**Malawi-Doppelbandwürger**
Clancey, 1960
s Malawi, Simbabwe und Mosambik
Telophorus viridis quadricolor
**Südlicher Doppelbandwürger**
Cassin, 1851
Südafrika und Swaziland

Telophorus dohertyi
**Rotstirnwürger**
*Doherty's Bushshrike - Bubú de Doherty*
Rothschild, 1901
e Demokratische Republik Kongo, sw Uganda, Rwanda, Burundi, nw Tansania und w Kenia

Telophorus zeylonus
**Bokmakiriwürger**
*Bokmakierie - Bubú silbón*
Linnaeus, 1766
e, s Südafrika

Telophorus zeylonus restrictus
**Irwins Bokmakiriwürger**
Irwin, 1968
e Simbabwe und w Mosambik
Telophorus zeylonus phanus
**Harters Bokmakiriwürger**
Hartert, EJO, 1920
s Angola und nw Namibia
Telophorus zeylonus thermophilus
**Clanceys Bokmakiriwürger**
Clancey, 1960
Namibia, Botswana und nw Südafrika

Telophorus cruentus
**Rosenwürger**
*Rosy-patched Bushshrike - Bubú pechirrosado*
Hemprich & Ehrenberg, 1828
ne Sudan, Eritrea und n Äthiopien

Telophorus cruentus kordofanicus
**Sudan-Rosenwürger**
Sclater, WL & Mackworth-Praed, 1918
wc Sudan
Telophorus cruentus hilgerti
**Hilgerts Rosenwürger**
Neumann, 1903
Äthiopien und Somalia bis n, e Kenia
Telophorus cruentus cathemagmenus
**Kenia-Rosenwürger**
Reichenow, 1887
s Kenia und ne Tansania

Bocagia minuta
**Sumpftschagra**
*Marsh Tchagra - Chagra marismeña*
Hartlaub, 1858
*Sierra Leone bis Äthiopien, w Kenia und nw Tansania*

Bocagia minuta reichenowi
**Reichenows Sumpftschagra**
Neumann, 1900
e Tansania, s Malawi, e Simbabwe und Mosambik
Bocagia minuta anchietae
**Angola-Sumpftschagra**
Barboza du Bocage, 1869
Angola bis sw Tansania und n Malawi



Tchagra australis
**Dorntschagra**
*Brown-crowned Tchagra - Chagra coroniparda*
Smith, A, 1836
*se Simbabwe, ne Südafrika, s Mosambik und Swaziland*

Tchagra australis ussheri
**Sharps Dorntschagra**
Sharpe, 1882
Sierra Leone bis s Nigeria
Tchagra australis emini
**Reichenows Dorntschagra**
Reichenow, 1893
se Nigeria bis c Kenia und nw Tansania
Tchagra australis minor
**Kleine Dorntschagra**
Reichenow, 1887
se Kenia bis c Mosambik
Tchagra australis ansorgei
**Ansorges Dorntschagra**
Neumann, 1909
w Angola
Tchagra australis bocagei
**Angola-Dorntschagra**
da Rosa Pinto, 1968
se Angola
Tchagra australis souzae
**Kongo-Dorntschagra**
Barboza du Bocage, 1892
c Angola, s Demokratische Republik Kongo und n Sambia
Tchagra australis rhodesiensis
**Sambia-Dorntschagra**
Roberts, 1932
se Angola, sw Sambia, ne Namibia und nw Botswana
Tchagra australis damarensis
**Damaradorntschagra**
Reichenow, 1915
sw Angola und Namibia bis sw Simbabwe und n Südafrika

Tchagra jamesi
**Somalitschagra**
*Three-streaked Tchagra - Chagra de James*
Shelley, 1885
*se Sudan bis Somalia und c Kenia und ne Tansania*

Tchagra jamesi mandanus
**Neumanns Somalitschagra**
Neumann, 1903
Küste Kenia und Inseln

Tchagra tchagra
**Kaptschagra**
*Southern Tchagra - Chagra de El Cabo*
Vieillot, 1816
*s Südafrika*

Tchagra tchagra natalensis
**Nataltschagra**
Reichenow, 1903
ne Südafrika und Swaziland
Tchagra tchagra caffrariae
**Quickelbergs Kaptschagra**
Quickelberge, 1967
e Südafrika

Tchagra senegalus
**Senegaltschagra**
*Black-crowned Tchagra - Chagra del Senegal*
Linnaeus, 1766
*s Mauretanien bis Liberia und e bis n Zentralafrikanische Republik*

Tchagra senegalus cucullatus
**Temmincks Senegaltschagra**
Temminck, 1840
Marokko bis w Libyen

Tchagra senegalus percivali
**Arabische Senegaltschagra**
Ogilvie-Grant, 1900
s Arabische Halbinsel
Tchagra senegalus remigialis
**Hartlaubs Senegaltschagra**
Hartlaub & Finsch, 1870
c Chad bis c Sudan
Tchagra senegalus nothus
**Reichenows Senegaltschagra**
Reichenow, 1920
Mali bis w Chad
Tchagra senegalus habessinicus
**Ehrenbergs Senegaltschagra**
Ehrenberg, 1833
s Sudan bis Eritrea, Äthiopien und Somalia
Tchagra senegalus armenus
**Oberholsers Senegaltschagra**
Oberholser, 1906
s Kamerun bis sw Sudan und Uganda, s bis Angola, Simbabwe und nw Mosambik
Tchagra senegalus orientalis
**Orient-Senegaltschagra**
Cabanis, 1869
s Somalia bis e Südafrika
Tchagra senegalus kalahari
**Kalahari-Senegaltschagra**
Roberts, 1932
s Angola bis sw Sambia und w Südafrika



Dryoscopus sabini
**Dickschnabel-Schneeballwürger**
*Sabine's Puffback - Cubla de Sabine*
Gray, JE, 1831
*Sierra Leone bis s Nigeria*

Dryoscopus sabini melanoleucus
**Kamerun-Schneeballwürger**
Verreaux, J & Verreaux, É, 1851
Kamerun bis Demokratische Republik Kongo und Angola

Dryoscopus angolensis
**Blassfuß-Schneeballwürger**
*Pink-footed Puffback - Cubla patirrosada*
Hartlaub, 1860
*s Gabun bis nw Angola*

Dryoscopus angolensis boydi
**Boyds Schneeballwürger**
Bannerman, 1938
se Nigeria und w Kamerun
Dryoscopus angolensis nandensis
**Sudan-Schneeballwürger**
Sharpe, 1900
e Demokratische Republik Kongo bis Sudan und w Kenia
Dryoscopus angolensis kungwensis
**Tansania-Schneeballwürger**
Moreau, 1941
w Tansania

Dryoscopus senegalensis
**Schwarzschulter-Schneeballwürger**
*Red-eyed Puffback - Cubla senegalesa*
Hartlaub, 1857
*Nigeria bis Zentralafrikanische Republik, sw Süd-Sudan und w Uganda, s bis n Angola und e Demokratische Republik Kongo*

Dryoscopus cubla
**Schwarzmantel-Schneeballwürger**
*Black-backed Puffback - Cubla dorsinegra*
Latham, 1801
*se Südafrika*

Dryoscopus cubla affinis
**Somalia-Schneeballwürger**
Gray, GR, 1837
s Somalia, e Kenia und ne Tansania
Dryoscopus cubla nairobiensis
**Nairobi-Schneeballwürger**
Rand, 1958
c Kenia bis n Tansania
Dryoscopus cubla hamatus
**Angola-Schneeballwürger**
Hartlaub, 1863
n Angola bis sw Kenia, e Tansania, Mosambik und ne Südafrika
Dryoscopus cubla okavangensis
**Okavango-Schneeballwürger**
Roberts, 1932
s Angola, Namibia, s Sambia und n Botswana

Dryoscopus gambensis
**Gambia-Schneeballwürger**
*Northern Puffback - Cubla del Gambia*
Lichtenstein, MHC, 1823
*Senegal und Gambia bis Gabun*

Dryoscopus gambensis congicus
**Kongo-Schneeballwürger**
Sharpe, 1901
sw Kongo und w Demokratische Republik Kongo
Dryoscopus gambensis erythreae
**Eritera-Schneeballwürger**
Neumann, 1899
e Sudan, Eritrea und Äthiopien
Dryoscopus gambensis malzacii
**Malzacis Schneeballwürger**
Heuglin, 1870
e Kamerun bis w Kenia
Dryoscopus gambensis erwini
**Uganda-Schneeballwürger**
Sassi, 1923
e Demokratische Republik Kongo, sw Uganda, nw Tansania

Dryoscopus pringlii
**Zwerg-Schneeballwürger**
*Pringle's Puffback - Cubla de Pringle*
Jackson, FJ, 1893
s Äthiopien und Somalia bis ne Tansania

## Gattung: Laniarius

Laniarius leucorhynchus
**Schwarzwürger**
*Lowland Sooty Boubou - Bubú sombrío*
Hartlaub, 1848
Guinea und Sierra Leone bis Ghana, se Nigeria und Kamerun bis Uganda, c Demokratische
Republik Kongo und n Angola

Laniarius poensis
**Rabenwürger**
*Mountain Sooty Boubou - Bubú montano occidental*
Alexander, 1903
Bioko Insel (Gulf von Guinea)

Laniarius poensis camerunensis
**Kamerun-Rabenwürger**
Eisentraut, 1968
Kamerun und Nigeria

Laniarius holomelas
**Kongowürger**
*Albertine Sooty Boubou - Bubú montano oriental*
Jackson, FJ, 1906
e Demokratische Republik Kongo, Uganda, Rwanda und Burundi

Laniarius willardi
**Grauaugenwürger**
*Willard's Sooty Boubou - Bubú de Willard*
Voelker & Gnoske, 2010
Albertine Rift in Uganda, Burundi

Laniarius fuelleborni
**Füllebornwürger**
*Fülleborn's Boubou - Bubú de Fülleborn*
Reichenow, 1900
s Tansania, n Malawi und ne Sambia

Laniarius fuelleborni usambaricus
**Usambara-Füllebornwürger**
Rand, 1957
ne, ec Tansania

Laniarius funebris
**Schieferwürger**
*Slate-colored Boubou - Bubú fúnebre*
Hartlaub, 1863
c Äthiopien und Somalia tp Uganda und c Tansania

Laniarius luehderi
**Braunscheitelwürger**
*Lühder's Bushshrike - Bubú de Lühder*
Reichenow, 1874
se Nigeria und Kamerun bis w Demokratische Republik Kongo; e Demokratische Republik Kongo
bis s Süd-Sudan, w Kenia und w Tansania

Laniarius brauni
**Angolawürger**
*Braun's Bushshrike - Bubú de Braun*
Bannerman, 1939
nw Angola

Laniarius amboimensis
**Amboimwürger**
*Gabela Bushshrike - Bubú angoleño*
Moltoni, 1932
wc Angola

Laniarius ruficeps
**Rotnackenwürger**
*Red-naped Bushshrike - Bubú nuquirrojo*
Shelley, 1885
nw Somalia

Laniarius ruficeps rufinuchalis
**Äthiopien-Rotnackenwürger**
Sharpe, 1895
Äthiopien und c, s Somalia
Laniarius ruficeps kismayensis
**Somalia-Rotnackenwürger**
Erlanger, 1901
s Somalia und e Kenia

Laniarius nigerrimus
**Reichenowwürger**
*Black Boubou - Bubú de Reichenow*
Reichenow, 1879
sc Somalia und Küste e Kenia

Laniarius aethiopicus
**Äthiopienwürger**
*Ethiopian Boubou - Bubú abisinio*
Gmelin, JF, 1789
Eritrea, Äthiopien, nw Somalia und n Kenia

Laniarius major
**Tropenwürger**
*Tropical Boubou - Bubú tropical*
Hartlaub, 1848
Senegal und Gambia bis Liberia und e bis w Kenia und n Sambia

Laniarius major ambiguus
**Kenia-Tropenwürger**
Madarász, G, 1904
e Kenia und ne Tansania
Laniarius major limpopoensis
**Südafrikanischer Tropenwürger**
Roberts, 1922
se Simbabwe und n Südafrika
Laniarius major mossambicus
**Sambia-Tropenwürger**
Fischer, GA & Reichenow, 1880
Sambia und Malawi bis ne Namibia, n Botswana, Simbabwe und Mosambik

Laniarius sublacteus
**Keniawürger**
*East Coast Boubou - Bubú de Cassin*
Cassin, 1851
se Somalia bis ne Tansania und Sansibar

Laniarius ferrugineus
**Flötenwürger**
*Southern Boubou - Bubú ferrugíneo*
Gmelin, JF, 1788
s Western Cape Province (s Südafrika)

Laniarius ferrugineus transvaalensis
**Südafrikanischer Flötenwürger**
Roberts, 1922
se Botswana, n Südafrika und Swaziland
Laniarius ferrugineus tongensis
**Mosambik-Flötenwürger**
Roberts, 1931
s Mosambik und e Südafrika
Laniarius ferrugineus natalensis
**Natal-Flötenwürger**
Roberts, 1922
w, s KwaZulu-Natal bis sw Eastern Cape Province (e, se Südafrika)
Laniarius ferrugineus pondoensis
**Roberts Flötenwürger**
Roberts, 1922
e Eastern Cape Province (se Südafrika)
Laniarius ferrugineus savensis
**Simbabwe-Flötenwürger**
da Rosa Pinto, 1963
se Simbabwe und s Mosambik

Laniarius bicolor
**Sumpfwürger**
*Swamp Boubou - Bubú bicolor*
Hartlaub, 1857
Kamerun bis Gabun

Laniarius bicolor guttatus
**Angola-Sumpfwürger**
Hartlaub, 1865
w Kongo bis w Angola
Laniarius bicolor sticturus
**Namibia-Sumpfwürger**
Hartlaub & Finsch, 1870
s Angola, w Sambia, ne Namibia und n Botswana

Laniarius turatii
**Turatiwürger**
*Turati's Boubou - Bubú de Turati*
Verreaux, J, 1858
*Guinea-Bissau bis Sierra Leone*

Laniarius barbarus
**Goldscheitelwürger**
*Yellow-crowned Gonolek - Bubú coronigualdo*
Linnaeus, 1766
*Senegal und Gambia bis s Chad*

    Laniarius barbarus helenae
    **Helenas Goldscheitelwürger**
    Kelsall, 1913
    *Sierra Leone*

Laniarius mufumbiri
**Papyruswürger**
*Papyrus Gonolek - Bubú de los papiros*
Ogilvie-Grant, 1911
*Uganda bis w Kenia, e Demokratische Republik Kongo, Rwanda und Burundi*

Laniarius erythrogaster
**Scharlachwürger**
*Black-headed Gonolek - Bubú cabecinegro*
Cretzschmar, 1829
*e Nigeria und n Kamerun bis Eritrea, w Äthiopien, w Kenia, n Tansania und e Demokratische Republik Kongo*

Laniarius atrococcineus
**Rotbauchwürger**
*Crimson-breasted Shrike - Bubú pechirrojo*
Burchell, 1822
*Angola, Sambia und Simbabwe bis c Südafrika*

Laniarius atroflavus
**Gelbbauchwürger**
*Yellow-breasted Boubou - Bubú pechigualdo*
Shelley, 1887
*se Nigeria und w Kamerun*

## Gattung: Nilaus

Nilaus afer
**Brubruwürger**
*Brubru - Brubrú*
Latham, 1801
*Senegal und Gambia bis Äthiopien*

    Nilaus afer camerunensis
    **Kamerun-Brubruwürger**
    Neumann, 1907
    Kamerun bis ne Demokratische Republik Kongo
    Nilaus afer hilgerti
    **Hilgerts Brubruwürger**
    Neumann, 1907
    e Äthiopien
    Nilaus afer minor
    **Kleiner Brubruwürger**
    Sharpe, 1895
    se Sudan bis Somalia, n, e Kenia und ne Tansania
    Nilaus afer massaicus
    **Massai-Brubruwürger**
    Neumann, 1907
    e Demokratische Republik Kongo bis sw Kenia und n Tansania
    Nilaus afer nigritemporalis
    **Sambia-Brubruwürger**
    Reichenow, 1892
    e Angola bis Tansania, s bis c Sambia und c Mosambik
    Nilaus afer brubru
    **Lathams Brubruwürger**
    Latham, 1801
    s Angola bis n Südafrika und w Swaziland
    Nilaus afer solivagus
    **Swasiland-Brubruwürger**
    Clancey, 1958
    c Simbabwe, sw Mosambik, e Swaziland und e und ne Südafrika
    Nilaus afer affinis
    **Angola-Brubruwürger**
    Barboza du Bocage, 1878
    n Angola und s Demokratische Republik Kongo
    Nilaus afer miombensis
    **Mosambik-Brubruwürger**
    Clancey, 1971
    se Mosambik

## Familie: Machaerirhynchidae (Flachschnäbler)

### Gattung: Machaerirhynchus

Machaerirhynchus flaviventer
**Gelbbauch-Flachschnabel**
*Yellow-breasted Boatbill - Monarca piquiplano pechiamarillo*
Gould, 1851
*n Cape York Halbinsel, ne Queensland (ne Australien)*

    Machaerirhynchus flaviventer albifrons
    **Waigeo-Flachschnabel**
    Gray, GR, 1862
    Waigeo und Salawati (Raja Ampat Is., nw von Neuguinea)
    Machaerirhynchus flaviventer albigula
    **Westneuguines-Flachschnabel**
    Mayr & Meyer de Schauensee, 1939
    Misool (Raja Ampat Is., nw von Neuguinea), Bird's Head und Neck (nw Neuguinea) bis nc Neuguinea
    Machaerirhynchus flaviventer novus
    **Rotschilds Flachschnabel**
    Rothschild & Hartert, EJO, 1912
    n Küste von se Neuguinea
    Machaerirhynchus flaviventer xanthogenys
    **Grays Flachschnabel**
    Gray, GR, 1858
    Aru Is. (sw von Neuguinea) und s, se Neuguinea
    Machaerirhynchus flaviventer secundus
    **Mathews Flachschnabel**
    Mathews, 1912
    ne Queensland (außer n; ne Australien)

Machaerirhynchus nigripectus
**Schwarzbrust-Flachschnabel**
*Black-breasted Boatbill - Monarca piquiplano pechinegro*
Schlegel, 1871
*Gebirge Bird's Head (nw Neuguinea)*

    Machaerirhynchus nigripectus saturatus
    **Harters Flachschnabel**
    Rothschild & Hartert, EJO, 1913
    c Neuguinea
    Machaerirhynchus nigripectus harterti
    **Oots Flachschnabel**
    van Oort, 1909
    Gebirge Huon Halbinsel (ne Neuguinea) und se Neuguinea

## Familie: Vangidae (Vangawürger)

### Gattung: Calicalicus

Calicalicus madagascariensis
**Rotschwanzvanga**
*Red-tailed Vanga - Vanga colirrojo*
Linnaeus, 1766
*Madagascar (außer c, s)*

Calicalicus rufocarpalis
**Rotschultervanga**
*Red-shouldered Vanga - Vanga hombrorrojo*
Goodman, Hawkins & Domergue, 1997
*sw Madagascar*

### Gattung: Vanga

Vanga curvirostris
**Hakenschnabelvanga**
*Hook-billed Vanga - Vanga picudo*
Linnaeus, 1766
*w, n, e Madagascar*

    Vanga curvirostris cetera
    **Südliche Hakenschnabelvanga**
    Bangs, 1928
    s Madagascar

### Gattung: Oriolia

Oriolia bernieri
**Schwarzvanga**
*Bernier's Vanga - Vanga de Bernier*
Geoffroy Saint-Hilaire, I, 1838
*ne Madagascar*

## Gattung: Xenopirostris

Xenopirostris xenopirostris
**Schmalschnabelvanga**
*Lafresnaye's Vanga - Vanga de Lafresnaye*
Lafresnaye, 1850
*sw Madagascar*

Xenopirostris damii
**Ambarovanga**
*Van Dam's Vanga - Vanga de Van Dam*
Schlegel, 1865
*nw, ne Madagascar*

Xenopirostris polleni
**Pollenvanga**
*Pollen's Vanga - Vanga de Pollen*
Schlegel, 1868
*ec bis se Madagascar*

## Gattung: Falculea

Falculea palliata
**Sichelschnabelvanga**
*Sickle-billed Vanga - Vanga piquicurvo*
Geoffroy Saint-Hilaire, I, 1836
*n, w, s Madagascar*

## Gattung: Artamella

Artamella viridis
**Weißkopfvanga**
*White-headed Vanga - Vanga cabeciblanco*
Müller, PLS, 1776
*n, e Madagascar*

    Artamella viridis annae
    **Annas Weißkopfvanga**
    Stejneger, 1879
    w, s Madagascar

## Gattung: Leptopterus

Leptopterus chabert
**Elstervanga**
*Chabert Vanga - Vanga chabert*
Müller, PLS, 1776
*w, n, e Madagascar*

    Leptopterus chabert schistocercus
    **Südliche Elstervanga**
    Neumann, 1908
    sw Madagascar

## Gattung: Cyanolanius

Cyanolanius comorensis
**Komorenvanga**
*Comoro Blue Vanga - Vanga azul de las Comoras*
Shelley, 1894
*Gebirge Mohéli (=Mwali; wc Comoros)*

    Cyanolanius comorensis bensoni
    **Bensons Blauvanga**
    Louette & Herremans, 1982
    Gebirge Grande Comore (=Njazidja; nw Comoros; rare)

Cyanolanius madagascarinus
**Blauvanga**
*Madagascar Blue Vanga - Vanga azul de Madagascar*
Linnaeus, 1766
*Madagascar (außer c)*

## Gattung: Schetba

Schetba rufa
**Rotvanga**
*Rufous Vanga - Vanga rufo*
Linnaeus, 1766
*n, e Madagascar*

    Schetba rufa occidentalis
    **Westliche Rotvanga**
    Delacour, 1931
    w Madagascar

## Gattung: Euryceros

Euryceros prevostii
**Helmvanga**
*Helmet Vanga - Vanga de casco*
Lesson, RP, 1831
*ne Madagascar*

## Gattung: Tylas

Tylas eduardi
**Bülbülvanga**
*Tylas Vanga - Vanga cabecinegro*
Hartlaub, 1862
*nw, e Madagascar*

    Tylas eduardi albigularis
    **Westliche Bülbülvanga**
    Hartlaub, 1877
    wc Madagascar

## Gattung: Hypositta

Hypositta corallirostris
**Kleibervanga**
*Nuthatch Vanga - Vanga trepador*
Newton, A, 1863
*nw, e Madagascar*

## Gattung: Newtonia

Newtonia amphichroa
**Olivbauchvanga**
*Dark Newtonia - Newtonia oscura*
Reichenow, 1891
*Gebirge n Madagascar*

    Newtonia amphichroa lavarambo
    **Südlicge Olivbauchvanga**
    Goodman, Younger, Raherilalao & Reddy, 2018
    Gebirge s Madagascar

Newtonia brunneicauda
**Rostbauchvanga**
*Common Newtonia - Newtonia común*
Newton, A, 1863
*Madagascar*

    Newtonia brunneicauda monticola
    **Ankarata-Rostbauchvanga**
    Salomonsen, 1934
    Ankaratra Mts. (c Madagascar)

Newtonia archboldi
**Braunstirnvanga**
*Archbold's Newtonia - Newtonia de Archbold*
Delacour & Berlioz, 1931
*sw Madagascar*

Newtonia fanovanae
**Rostschwanzvanga**
*Red-tailed Newtonia - Newtonia colirroja*
Gyldenstolpe, 1933
*e Madagascar*

## Gattung: Pseudobias

Pseudobias wardi
**Blauringvanga**
*Ward's Flycatcher - Bias de Ward*
Sharpe, 1870
*nw, e Madagascar*

## Gattung: Mystacornis

Mystacornis crossleyi
**Weißbartvanga**
*Crossley's Vanga - Tordina malgache*
Grandidier, A, 1870
*nw, e Madagascar*

## Gattung: Prionops

**Prionops plumatus**
### Weißschopf-Brillenvanga
*White-crested Helmetshrike - Prionopo crestiblanco*
Shaw, 1809
*Senegal bis n Kamerun*

Prionops plumatus concinnatus
**Sundevall-Weißschopf-Brillenvanga**
Sundevall, 1850
c Kamerun bis nw Äthiopien und Uganda
Prionops plumatus cristatus
**Rüppel-Weißschopf-Brillenvanga**
Rüppell, 1836
Eritrea und n Äthiopien bis se Sudan und nw Kenia
Prionops plumatus vinaceigularis
**Richmond-Weißschopf-Brillenvanga**
Richmond, 1897
e Äthiopien und Somalia bis e Kenia und ne Tansania
Prionops plumatus poliocephalus
**Stanley-Weißschopf-Brillenvanga**
Stanley, 1814
e Tansania, Malawi, s, e Sambia und Mosambik bis e Südafrika
Prionops plumatus talacoma
**Smith-Weißschopf-Brillenvanga**
Smith, A, 1836
c, s Kenia, Uganda bis Angola, n Namibia, n, e Botswana, Simbabwe und ne Südafrika

**Prionops poliolophus**
### Grauschopf-Brillenvanga
*Grey-crested Helmetshrike - Prionopo crestigrís*
Fischer, GA & Reichenow, 1884
*sw Kenia und w Tansania*

**Prionops alberti**
### Gelbschopf-Brillenvanga
*Yellow-crested Helmetshrike - Prionopo crestigualdo*
Schouteden, 1933
*ec Demokratische Republik Kongo*

**Prionops caniceps**
### Rotschnabel-Brillenvanga
*Red-billed Helmetshrike - Prionopo piquirrojo*
Bonaparte, 1850
*Guinea und Mali bis Togo*

Prionops caniceps harterti
**Hartert-Rotschnabel-Brillenvanga**
Neumann, 1908
Benin bis Kamerun

**Prionops rufiventris**
### Gabunbrillenvanga
*Rufous-bellied Helmetshrike - Prionopo ventrirrojo*
Bonaparte, 1853
*Kamerun und Zentralafrikanische Republik bis nw Demokratische Republik Kongo*

Prionops rufiventris mentalis
**Sharps Gabunbrillenvanga**
Sharpe, 1884
c, ne Demokratische Republik Kongo bis w Uganda

**Prionops retzii**
### Dreifarben-Brillenvanga
*Retz's Helmetshrike - Prionopo de Retz*
Wahlberg, 1856
*s Angola und s Sambia bis n Südafrika*

Prionops retzii graculinus
**Cabanis Dreifarben-Brillenvanga**
Cabanis, 1868
s Somalia bis ne Tansania
Prionops retzii tricolor
**Grays Dreifarben-Brillenvanga**
Gray, GR, 1864
e Sambia und w Tansania bis ne Südafrika, Swaziland und Mosambik
Prionops retzii nigricans
**Angola-Dreifarben-Brillenvanga**
Neumann, 1899
Angola bis se Demokratische Republik Kongo und nw Sambia

**Prionops gabela**
### Gabelabrillenvanga
*Gabela Helmetshrike - Prionopo de Gabela*
Rand, 1957
*w Angola*

**Prionops scopifrons**
### Braunstirn-Brillenvanga
*Chestnut-fronted Helmetshrike - Prionopo frentirrufo*
Peters, W, 1854
*se Tansania bis Simbabwe und Mosambik*

Prionops scopifrons kirki
**Somalia-Braunstirn-Brillenvanga**
Sclater, WL, 1924
s Somalia, e Kenia und ne Tansania
Prionops scopifrons keniensis
**Kenia-Braunstirn-Brillenvanga**
Van Someren, 1923
c Kenia

## Gattung: Hemipus

**Hemipus picatus**
### Elsterschnäppervanga
*Bar-winged Flycatcher-shrike - Oruguero alibarrado*
Sykes, 1832
*Indien bis s Myanmar und s Indochina*

Hemipus picatus capitalis
**Himalaya-Elsterschnäppervanga**
Horsfield, 1840
Himalaya bis n Myanmar und n Indochina
Hemipus picatus intermedius
**Kleiner Elsterschnäppervanga**
Salvadori, 1879
Gebirge Malayische Halbinsel, Sumatra und Borneo
Hemipus picatus leggei
**Legges Elsterschnäppervanga**
Whistler, 1939
Sri Lanka

**Hemipus hirundinaceus**
### Sundaschnäppervanga
*Black-winged Flycatcher-shrike - Oruguero golondrina*
Temminck, 1822
*Malayische Halbinsel, Sumatra, Simeulue und Nias (w von n Sumatra), Riau und Lingga is. (e von c Sumatra), Bangka und Belitung (e von s Sumatra), Java, Bali, Borneo und Banggi (n von ne Borneo)*

## Gattung: Tephrodornis

**Tephrodornis virgatus**
### Waldvanga
*Large Woodshrike - Ceniciento grande*
Temminck, 1824
*s Sumatra, Java und Bali*

Tephrodornis virgatus pelvicus
**Himalaya-Waldvanga**
Hodgson, 1837
e Himalaya bis n Myanmar
Tephrodornis virgatus jugans
**Chinesischer Waldvanga**
Deignan, 1948
e Myanmar, s China und n Thailand
Tephrodornis virgatus verneyi
**Myanmar-Waldvanga**
Kinnear, 1924
se Myanmar, sw Thailand und n Malayische Halbinsel
Tephrodornis virgatus annectens
**Malayischer Waldvanga**
Robinson & Kloss, 1918
c Malayische Halbinsel
Tephrodornis virgatus fretensis
**Sumatra-Waldvanga**
Robinson & Kloss, 1920
s Malayische Halbinsel und n Sumatra
Tephrodornis virgatus frenatus
**Borneo-Waldvanga**
Büttikofer, 1887
Borneo
Tephrodornis virgatus mekongensis
**Vietnam-Waldvanga**
Meyer de Schauensee, 1946
se Thailand bis s Vietnam
Tephrodornis virgatus hainanus
**Laos-Waldvanga**
Ogilvie-Grant, 1910
n Laos, n Vietnam und Hainan (vor se China)
Tephrodornis virgatus latouchei
**Kinnears Waldvanga**
Kinnear, 1925
s China

**Tephrodornis sylvicola**
### Malabarvanga
*Malabar Woodshrike - Ceniciento de Malabar*
Jerdon, 1839
*w Halbinsel Indien*

**Tephrodornis pondicerianus**
### Indienvanga
*Common Woodshrike - Ceniciento chico*
Gmelin, JF, 1789
*e Indien bis s Laos*

Tephrodornis pondicerianus pallidus
**Pakistanvanga**
Ticehurst, 1920
Pakistan und nw Indien
Tephrodornis pondicerianus orientis
**Kambodschavanga**
Deignan, 1948
Kambodscha und s Vietnam

Tephrodornis affinis
**Ceylonvanga**
*Sri Lanka Woodshrike - Ceniciento de Ceilán*
Blyth, 1847
*Sri Lanka*


## Gattung: Philentoma

Philentoma pyrhoptera
**Rostflügelvanga**
*Rufous-winged Philentoma - Filentoma alicastaño*
Temminck, 1836
*Malayische Halbinsel, Sumatra und Borneo und kleine Inseln*

Philentoma pyrhoptera dubia
**Natunas-Rostflügelvanga**
Hartert, EJO, 1894
Natunas Is. (nw von Borneo)

Philentoma velata
**Braunbrustvanga**
*Maroon-breasted Philentoma - Filentoma pechipardo*
Temminck, 1825
*Java*

Philentoma velata caesia
**Sumatra-Braunbrustvanga**
Lesson, RP, 1839
Malayische Halbinsel, Sumatra und Borneo

## Gattung: Megabyas

Megabyas flammulatus
**Schnäppervanga**
*African Shrike-flycatcher - Bias llameante*
Verreaux, J & Verreaux, É, 1855
*Guinea bis w Demokratische Republik Kongo*

Megabyas flammulatus aequatorialis
**Angola-Schnäppervanga**
Jackson, FJ, 1904
n Angola und c Demokratische Republik Kongo bis s Sudan, w Kenia, nw Tansania, s
Demokratische Republik Kongo und nw Sambia

## Gattung: Bias

Bias musicus
**Haubenvanga**
*Black-and-white Shrike-flycatcher - Bias músico*
Vieillot, 1818
*Sierra Leone bis n Angola, Demokratische Republik Kongo und Uganda*

Bias musicus changamwensis
**Kenia-Haubenvanga**
Van Someren, 1919
c Kenia und e Tansania
Bias musicus clarens
**Malawi-Haubenvanga**
Clancey, 1966
s Malawi bis Simbabwe und Mosambik

## Familie: Pityriasidae (Warzenköpfe)

## Gattung: Pityriasis

Pityriasis gymnocephala
**Warzenkopf**
*Bornean Bristlehead - Gimnocéfalo*
Temminck, 1836
*Borneo*


## Familie: Artamidae (Schwalbenstare, Krähenstare)

## Gattung: Artamus

Artamus fuscus
**Grauschwalbenstar**
*Ashy Woodswallow - Artamo ceniciento*
Vieillot, 1817
*Indien bis se China und Indochina*

Artamus leucorynchus
**Weißbauch-Schwalbenstar**
*White-breasted Woodswallow - Artamo ventriblanco*
Linnaeus, 1771
*Philippinen bis Natuna Is. (nw von Borneo), Borneo und Inseln vor n Küste und Maratua (e von ne
Borneo)*

Artamus leucorynchus pelewensis
**Palau-Weißbauchschwalbenstar**
Finsch, 1876
Palau (w Caroline Is., w Micronesia)
Artamus leucorynchus amydrus
**Sumatra-Weißbauchschwalbenstar**
Oberholser, 1917
w Malayische Halbinsel, Sumatra, Bangka (e von s Sumatra), Java, Masalembu (n von e
Java), Bali und Kangean Is. (n von Bali)
Artamus leucorynchus humei
**Humes Weißbauchschwalbenstar**
Stresemann, 1913
Andaman Is. und Coco Is. (n von Andaman Is.)
Artamus leucorynchus albiventer
**Sulawesi-Weißbauchschwalbenstar**
Lesson, RP, 1831
Sulawesi und kleine Inseln, inklusive Banggai Is. (e von Sulawesi) und Lombok bis Timor
und Wetar (Lesser Sundas)
Artamus leucorynchus musschenbroeki
**Musschenbröks Weißbauchschwalbenstar**
Meyer, AB, 1884
Babar (e Lesser Sundas) und Tanimbar Is. (s Moluccas)
Artamus leucorynchus leucopygialis
**Molukken-Weißbauchschwalbenstar**
Gould, 1842
Moluccas, Neuguinea und kleine Inseln, und n, e Australien
Artamus leucorynchus melaleucus
**Neukaledonien-Weißbauchschwalbenstar**
Wagler, 1827
Grande Terre, Ile des Pins, und Lifou und Mare (c, e Loyalty Is.; New Caledonia)
Artamus leucorynchus tenuis
**Vanuatu-Weißbauchschwalbenstar**
Mayr, 1943
Vanuatu inklusive Banks Is.

Artamus mentalis
**Fidschischwalbenstar**
*Fiji Woodswallow - Artamo de las Fiyi*
Jardine, 1845
*Viti Levu, Vanua Levu, Taveuni und kleine Inseln (Fiji, sw Polynesien)*

Artamus monachus
**Weißrücken-Schwalbenstar**
*Ivory-backed Woodswallow - Artamo cabecinegro*
Bonaparte, 1850
*Sulawesi, Lembeh (e von ne Sulawesi), Togian Is. (zwischen ne und ec Sulawesi), Butung (s von se
Sulawesi), Banggai und Sula is. (e von Sulawesi)*

Artamus maximus
**Riesenschwalbenstar**
*Great Woodswallow - Artamo grande*
Meyer, AB, 1874
*Gebirge Neuguinea*

Artamus insignis
**Schneerücken-Schwalbenstar**
*White-backed Woodswallow - Artamo dorsiblanco*
Sclater, PL, 1877
*New Ireland und New Britain (e Bismarck Archipel)*

Artamus personatus
**Maskenschwalbenstar**
*Masked Woodswallow - Artamo enmascarado*
Gould, 1841
*Australien (außer n Cape York Halbinsel und Tasmanien)*

Artamus superciliosus
**Weißbrauen-Schwalbenstar**
*White-browed Woodswallow - Artamo cejiblanco*
Gould, 1837
*ne Western Australia bis ne Queensland und s bis se South Australia und Victoria (c, e Australien)*

Artamus cinereus
## Schwarzgesicht-Schwalbenstar
*Black-faced Woodswallow - Artamo carinegro*
Vieillot, 1817
*sw Western Australia (sw Australien)*

Artamus cinereus perspicillatus
### Sunda-Schwarzgesichtschwalbenstar
Bonaparte, 1850
Semau, Timor, Leti und Sermata (e Lesser Sundas)
Artamus cinereus normani
### Normans Schwarzgesichtschwalbenstar
Mathews, 1923
Trans-Fly (sc Neuguinea) und Cape York Halbinsel, ne Queensland (ne Australien)
Artamus cinereus inkermani
### Östlicher Schwarzgesichtschwalbenstar
Keast, 1958
ec bis se Queensland (ec Australien)
Artamus cinereus melanops
### Westlicher Schwarzgesichtschwalbenstar
Gould, 1865
c, n Western Australia bis nc Queensland und n Victoria (w, nw Australien bis Inland se)

Artamus cyanopterus
## Rußschwalbenstar
*Dusky Woodswallow - Artamo sombrío*
Latham, 1801
*nc Queensland bis se South Australia und Tasmanien (ne bis se Australien)*

Artamus cyanopterus perthi
### Perths Rußschwalbenstar
Mathews, 1915
sw Western Australia bis sc South Australia (sw bis sc Australien)

Artamus minor
## Zwergschwalbenstar
*Little Woodswallow - Artamo chico*
Vieillot, 1817
*w Western Australia bis sc Nortern Territory und ec South Australia (wc und c Australien)*

Artamus minor derbyi
### Derbys Zwergschwalbenstar
Mathews, 1912
ne Western Australia bis ne Queensland (außer n Cape York Halbinsel) und n New South
Wales (n bis e Australien)

## Gattung: Peltops

Peltops blainvillii
## Waldwürgerstar
*Lowland Peltops - Peltopo llanero*
Lesson, RP & Garnot, 1827
*Tiefland Neuguinea (außer sc)*

Peltops montanus
## Bergwürgerstar
*Mountain Peltops - Peltopo montano*
Stresemann, 1921
*Gebirge Neuguinea*

## Gattung: Melloria

Melloria quoyi
## Mangrovekrähenstar
*Black Butcherbird - Verdugo negro*
Lesson, RP & Garnot, 1827
*Raja Ampat Is. (nw von Neuguinea), Yapen (Geelvink Bay is., nw Neuguinea) und Neuguinea
(außer sc)*

Melloria quoyi spaldingi
### Tiwi-Mangrovekrähenstar
Masters, 1878
ne Western Australia, n Nortern Territory inklusive Tiwi Is. (nc Australien)
Melloria quoyi alecto
### Aru-Mangrovekrähenstar
Schodde & Mason, IJ, 1999
Aru Is. (sw von Neuguinea), Trans-Fly (sc Neuguinea), Daru (e von sc Neuguinea) und n
Torres Strait is., ne Queensland (ne Australien)
Melloria quoyi jardini
### Capeyork-Mangrovekrähenstar
Mathews, 1912
Cape York Halbinsel, ne Queensland (ne Australien)
Melloria quoyi rufescens
### Queensland-Mangrovekrähenstar
De Vis, 1883
ne bis nc Queensland (ne Australien)

## Gattung: Gymnorhina

Gymnorhina tibicen
## Flötenkrähenstar
*Australian Magpie - Verdugo flautista*
Latham, 1801
*s Cape York Halbinsel, ne Queensland bis ne South Australia und se New South Wales (ne, ec bis
se Australien)*

Gymnorhina tibicen papuana
### Papua-Flötenkrähenstar
Bangs & Peters, JL, 1926
Trans-Fly (sc Neuguinea)
Gymnorhina tibicen eylandtensis
### Nördlicher Flötenkrähenstar
White, HL, 1922
ne Western Australia bis nw Queensland (n Australien)
Gymnorhina tibicen tyrannica
### Küsten-Flötenkrähenstar
Schodde & Mason, IJ, 1999
se South Australia bis se Victoria (Küste se Australien)
Gymnorhina tibicen hypoleuca
### Tasmanien-Flötenkrähenstar
Gould, 1837
Tasmanien und Bass Strait is. (se Australien)
Gymnorhina tibicen telonocua
### Südlicher Flötenkrähenstar
Schodde & Mason, IJ, 1999
sc South Australia (sc Australien)
Gymnorhina tibicen dorsalis
### Campbells Flötenkrähenstar
Campbell, AJ, 1895
sw Western Australia (sw Australien)
Gymnorhina tibicen longirostris
### Langschnabel-Flötenkrähenstar
Milligan, 1903
wc bis nc Western Australia (w Australien)

## Gattung: Cracticus

Cracticus torquatus
## Graurücken-Krähenstar
*Grey Butcherbird - Verdugo acollarado*
Latham, 1801
*ne New South Wales bis Victoria (se Australien)*

Cracticus torquatus leucopterus
### Goulds Graurücken-Krähenstar
Gould, 1848
wc Western Australia und sw Western Australia bis ne Queensland (außer n) und ec New
South Wales (w, s, e Australien)
Cracticus torquatus cinereus
### Tasmanischer Graurücken-Krähenstar
Gould, 1837
Tasmanien (se Australien)

Cracticus argenteus
## Silberrücken-Krähenstar
*Silver-backed Butcherbird - Verdugo plateado*
Gould, 1841
*ne Western Australia (nw Australien)*

Cracticus argenteus colletti
### Colletts Silberrücken-Krähenstar
Mathews, 1912
Top End, n Nortern Territory (nc Australien)

Cracticus mentalis
## Schwarzrücken-Krähenstar
*Black-backed Butcherbird - Verdugo dorsinegro*
Salvadori & D'Albertis, 1875
*Trans-Fly (sc Neuguinea) und s Küste von se Neuguinea*

Cracticus mentalis kempi
### Kemps Schwarzrücken-Krähenstar
Mathews, 1912
Cape York Halbinsel, ne Queensland (ne Australien)

Cracticus nigrogularis
## Schwarzkehl-Krähenstar
*Pied Butcherbird - Verdugo gorjinegro*
Gould, 1837
*Cape York Halbinsel, ne Queensland bis n Victoria (e Australien)*

Cracticus nigrogularis picatus
### Goulds Schwarzkehl-Krähenstar
Gould, 1848
w South Australia bis c Queensland, c South Australia (w, c, n Australien)

Cracticus cassicus
## Papuakrähenstar
*Hooded Butcherbird - Verdugo cabecinegro*
Boddaert, 1783
*Neuguinea und kleine Inseln (außer se is.)*

Cracticus cassicus hercules
**Herculeskrähenstar**
Mayr, 1940
D'Entrecasteaux Archipel und Trobriand Is. (e in se Neuguinea)

Cracticus louisiadensis
**Louisiadenkrähenstar**
*Tagula Butcherbird - Verdugo de Tagula*
Tristram, 1889
*Tagula und Sabara (nw Tagula; c Louisiade Archipel, e in se Neuguinea)*

## Gattung: Strepera

Strepera graculina
**Weißbürzel-Krähenstar**
*Pied Currawong - Verdugo pío*
Shaw, 1790
*nc Queensland bis ec New South Wales (e Australien)*

    Strepera graculina magnirostris
    **Cape York-Weißbürzel-Krähenstar**
    White, HL, 1923
    n Cape York Halbinsel, ne Queensland (ne Australien)
    Strepera graculina robinsoni
    **Robinsons Weißbürzel-Krähenstar**
    Mathews, 1912
    se Cape York Halbinsel, tropical ne Queensland (ne Australien)
    Strepera graculina crissalis
    **Lord Howe-Weißbürzel-Krähenstar**
    Sharpe, 1877
    Lord Howe Insel (e Australien)
    Strepera graculina nebulosa
    **Östlicher Weißbürzel-Krähenstar**
    Schodde & Mason, IJ, 1999
    ec New South Wales bis Victoria (se Australien)
    Strepera graculina ashbyi
    **Westlicher Weißbürzel-Krähenstar**
    Mathews, 1913
    sw Victoria (se Australien)

Strepera fuliginosa
**Tasmankrähenstar**
*Black Currawong - Verdugo fuliginoso*
Gould, 1837
*Tasmanien (se Australien)*

    Strepera fuliginosa parvior
    **Flinderskrähenstar**
    Schodde & Mason, IJ, 1999
    Flinders Insel (Furneaux Gruppe, e Bass Strait; se Australien)
    Strepera fuliginosa colei
    **Kingkrähenstar**
    Mathews, 1916
    King Insel (w Bass Strait; se Australien)

Strepera versicolor
**Rußkrähenstar**
*Grey Currawong - Verdugo cenizo*
Latham, 1801
*sw Victoria bis ec New South Wales (se Australien)*

    Strepera versicolor arguta
    **Tasmanien-Rußkrähenstar**
    Gould, 1846
    e Tasmanien (se Australien)
    Strepera versicolor melanoptera
    **Victoria-Rußkrähenstar**
    Gould, 1846
    se South Australia bis w Victoria (sc bis se Australien)
    Strepera versicolor halmaturina
    **Kangaroo-Rußkrähenstar**
    Mathews, 1912
    Kangaroo Insel (vor se South Australia; sc Australien)
    Strepera versicolor intermedia
    **Südlicher Rußkrähenstar**
    Sharpe, 1877
    s South Australia (sc Australien)
    Strepera versicolor plumbea
    **Westlicher Rußkrähenstar**
    Gould, 1846
    sw Western Australia (sw Australien)

## Familie: Rhagologidae (Beerenjäger)

### Gattung: Rhagologus

Rhagologus leucostigma
**Beerenjäger**
*Mottled Berryhunter - Silbador moteado*
Salvadori, 1876
*Gebirge Bird's Head (nw Neuguinea) und wc Neuguinea*

Rhagologus leucostigma obscurus
**Dunkler Beerenjäger**
Rand, 1940
Gebirge c, se Neuguinea

## Familie: Aegithinidae (Ioras)

### Gattung: Aegithina

Aegithina tiphia
**Garteniora**
*Common Iora - Iora común*
Linnaeus, 1758
*n Indien bis w Myanmar*

    Aegithina tiphia multicolor
    **Sri Lanka-Garteniora**
    Gmelin, JF, 1789
    sw Indien und Sri Lanka
    Aegithina tiphia deignani
    **Deignan-Garteniora**
    Hall, BP, 1957
    s, e Indien und n, c Myanmar
    Aegithina tiphia humei
    **Humes Garteniora**
    Baker, ECS, 1922
    c Halbinsel Indien
    Aegithina tiphia septentrionalis
    **Himalaya-Garteniora**
    Koelz, 1939
    nw Himalaya
    Aegithina tiphia philipi
    **Philips Garteniora**
    Oustalet, 1886
    sc China, e Myanmar, n Thailand und n, c Indochina
    Aegithina tiphia cambodiana
    **Kambodscha-Garteniora**
    Hall, BP, 1957
    se Thailand, Kambodscha und s Vietnam
    Aegithina tiphia horizoptera
    **Myanmar-Garteniora**
    Oberholser, 1912
    se Myanmar, sw Thailand, Malayische Halbinsel, Sumatra, Nias (w in n Sumatra), Riau und
    Lingga is. (e in c Sumatra) und Bangka (e in s Sumatra)
    Aegithina tiphia scapularis
    **Java-Garteniora**
    Horsfield, 1821
    Java und Bali
    Aegithina tiphia viridis
    **Borneo-Garteniora**
    Bonaparte, 1850
    Borneo außer ne
    Aegithina tiphia aequanimis
    **Philippinen-Garteniora**
    Bangs, 1922
    Sabah (ne Borneo) und kleine Inseln, und Palawan Gruppe (sw Philippinen)

Aegithina nigrolutea
**Schwarzkappeniora**
*Marshall's Iora - Iora coliblanca*
Marshall, GFL, 1876
*nw Indien und Sri Lanka*

Aegithina viridissima
**Smaragdiora**
*Green Iora - Iora verde*
Bonaparte, 1850
*Malayische Halbinsel, Sumatra und kleine Inseln, n Natuna Is. (nw Borneo) und Borneo*

    Aegithina viridissima thapsina
    **Anamba-Smaragdiora**
    Oberholser, 1917
    Anambas Is. (e Malayische Halbinsel)

Aegithina lafresnayei
**Großiora**
*Great Iora - Iora grande*
Hartlaub, 1844
*s Thailand und Malayische Halbinsel*

    Aegithina lafresnayei innotata
    **Blyths Großiora**
    Blyth, 1847
    s Myanmar und s China s bis n Malayische Halbinsel, s Laos und c Vietnam
    Aegithina lafresnayei xanthotis
    **Sharps Großiora**
    Sharpe, 1882
    Kambodscha und s Vietnam

Pericrocotus erythropygius
**Weißbauch-Mennigvogel**
*White-bellied Minivet - Minivet ventriblanco*
Jerdon, 1840
*Indien*

Pericrocotus albifrons
**Myanmarmennigvogel**
*Jerdon's Minivet - Minivet de Jerdon*
Jerdon, 1862
*c Myanmar*

Pericrocotus igneus
**Feuermennigvogel**
*Fiery Minivet - Minivet encendido*
Blyth, 1846
*Malayische Halbinsel bis Sumatra, Nias (w in n Sumatra), Borneo und Palawan (sw Philippinen)*

Pericrocotus igneus trophis
**Simeulue-Feuermennigvogel**
Oberholser, 1912
Simeulue (w in n Sumatra)

Pericrocotus cinnamomeus
**Zwergmennigvogel**
*Small Minivet - Minivet chico*
Linnaeus, 1766
*c, s Indien und Sri Lanka*

Pericrocotus cinnamomeus pallidus
**Bakers Zwergmennigvogel**
Baker, ECS, 1920
Pakistan und nw Indien
Pericrocotus cinnamomeus peregrinus
**Himalaya-Zwergmennigvogel**
Linnaeus, 1766
nw Himalaya und n Indien
Pericrocotus cinnamomeus malabaricus
**Indischer Zwergmennigvogel**
Gmelin, JF, 1789
w Indien
Pericrocotus cinnamomeus vividus
**Indochinesischer Zwergmennigvogel**
Baker, ECS, 1920
c Himalaya und e Indien über c, se Myanmar bis nw Halbinsel Thailand und Andaman Is.
Pericrocotus cinnamomeus thai
**Thailand-Zwergmennigvogel**
Deignan, 1947
ne Myanmar, n Thailand und Laos
Pericrocotus cinnamomeus sacerdos
**Kambodscha-Zwergmennigvogel**
Riley, 1940
Kambodscha und s Vietnam
Pericrocotus cinnamomeus saturatus
**Java-Zwergmennigvogel**
Baker, ECS, 1920
Java und Bali

Pericrocotus solaris
**Graukehl-Mennigvogel**
*Grey-chinned Minivet - Minivet gorjigrís*
Blyth, 1846
*c, e Himalaya, n, w Myanmar*

Pericrocotus solaris rubrolimbatus
**Thailand-Graukehl-Mennigvogel**
Salvadori, 1887
e, se Myanmar und n Thailand
Pericrocotus solaris montpellieri
**Chinesischer Graukehl-Mennigvogel**
La Touche, 1922
s China
Pericrocotus solaris griseogularis
**Hainan-Graukehl-Mennigvogel**
Gould, 1863
se China, Taiwan, Hainan, ne Laos und n Vietnam
Pericrocotus solaris deignani
**Laos-Graukehl-Mennigvogel**
Riley, 1940
s Laos und c Vietnam
Pericrocotus solaris nassovicus
**Kambodscha-Graukehl-Mennigvogel**
Deignan, 1938
se Thailand und s Kambodscha
Pericrocotus solaris montanus
**Sumatra-Graukehl-Mennigvogel**
Salvadori, 1879
Gebirge Malayische Halbinsel und w Sumatra
Pericrocotus solaris cinereigula
**Borneo-Graukehl-Mennigvogel**
Sharpe, 1889
Gebirge Borneo

Pericrocotus miniatus
**Sundamennigvogel**
*Sunda Minivet - Minivet de la Sonda*
Temminck, 1822
*Gebirge Sumatra und Java*

Pericrocotus brevirostris
**Kurzschnabel-Mennigvogel**
*Short-billed Minivet - Minivet piquicorto*
Vigors, 1831
*c, e Himalaya, ne Indien*

Pericrocotus brevirostris affinis
**Indischer Kurzschnabel-Mennigvogel**
McClelland, 1840
ne Indien und n Myanmar bis sc China
Pericrocotus brevirostris neglectus
**Myanmar-Kurzschnabel-Mennigvogel**
Hume, 1877
se Myanmar und nw Thailand
Pericrocotus brevirostris anthoides
**Chinesischer Kurzschnabel-Mennigvogel**
Stresemann, 1923
se China, Laos und n Vietnam

Pericrocotus lansbergei
**Floresmennigvogel**
*Little Minivet - Minivet de Flores*
Büttikofer, 1886
*Sumbawa und Flores (w, c Lesser Sundas)*

Pericrocotus ethologus
**Langschwanz-Mennigvogel**
*Long-tailed Minivet - Minivet colilargo*
Bangs & Phillips, JC, 1914
*ne Indien und n Myanmar bis c China*

Pericrocotus ethologus favillaceus
**Nepal-Langschwanz-Mennigvogel**
Bangs & Phillips, JC, 1914
ne Afghanistan bis w Nepal
Pericrocotus ethologus laetus
**Indischer Langschwanz-Mennigvogel**
Mayr, 1940
e Nepal und ne Indien bis sc China
Pericrocotus ethologus yvettae
**Myanmar-Langschwanz-Mennigvogel**
Bangs, 1921
ne Myanmar und s China
Pericrocotus ethologus mariae
**Assam-Langschwanz-Mennigvogel**
Ripley, 1952
se Assam (ne Indien) und w Myanmar
Pericrocotus ethologus ripponi
**Thailand-Langschwanz-Mennigvogel**
Baker, ECS, 1924
e Myanmar und nw Thailand
Pericrocotus ethologus annamensis
**Vietnam-Langschwanz-Mennigvogel**
Robinson & Kloss, 1923
sc Vietnam

Pericrocotus flammeus
**Orangemennigvogel**
*Orange Minivet - Minivet naranja*
Forster, JR, 1781
*sw Indien und Sri Lanka*

Pericrocotus speciosus
**Scharlachmennigvogel**
*Scarlet Minivet - Minivet escarlata*
Latham, 1790
*Himalaya bis sw China*

Pericrocotus speciosus siebersi
**Siebers Scharlachmennigvogel**
Rensch, 1928
Java und Bali
Pericrocotus speciosus exul
**Lombok-Scharlachmennigvogel**
Wallace, 1864
Lombok (w Lesser Sundas)
Pericrocotus speciosus andamanensis
**Andamanen-Scharlachmennigvogel**
Beavan, 1867
Andaman Is.
Pericrocotus speciosus minythomelas
**Simeulue-Scharlachmennigvogel**
Oberholser, 1912
Simeulue (w in n Sumatra)
Pericrocotus speciosus modiglianii
**Enggano-Scharlachmennigvogel**
Salvadori, 1892
Enggano (w in s Sumatra)

Pericrocotus speciosus fraterculus
**Hainan-Scharlachmennigvogel**
Swinhoe, 1870
ne Indien, n Myanmar, s China, Hainan und n Indochina

Pericrocotus speciosus fohkiensis
**Buturlins Scharlachmennigvogel**
Buturlin, 1910
se China

Pericrocotus speciosus semiruber
**Hellroter Scharlachmennigvogel**
Whistler & Kinnear, 1933
ec Indien, s Myanmar, Thailand und c, s Indochina

Pericrocotus speciosus flammifer
**Flammenroter Scharlachmennigvogel**
Hume, 1875
se Myanmar, s Thailand und n, c Malayische Halbinsel

Pericrocotus speciosus xanthogaster
**Sumatra-Scharlachmennigvogel**
Raffles, 1822
s Malayische Halbinsel, Sumatra und e kleine Inseln

Pericrocotus speciosus insulanus
**Borneo-Scharlachmennigvogel**
Deignan, 1946
Borneo

Pericrocotus speciosus novus
**Luzon-Scharlachmennigvogel**
McGregor, 1904
Luzon und Negros (n, c Philippinen)

Pericrocotus speciosus leytensis
**Samar-Scharlachmennigvogel**
Steere, 1890
Samar, Bohol und Leyte (ec Philippinen)

Pericrocotus speciosus johnstoniae
**Apo-Scharlachmennigvogel**
Ogilvie-Grant, 1905
Mt. Apo (se Mindanao, s Philippinen)

Pericrocotus speciosus gonzalesi
**Mindanao-Scharlachmennigvogel**
Ripley & Rabor, 1961
n, e Mindanao (s Philippinen)

Pericrocotus speciosus nigroluteus
**Parkes-Scharlachmennigvogel**
Parkes, 1981
sc Mindanao (s Philippinen)

Pericrocotus speciosus marchesae
**Jolo-Scharlachmennigvogel**
Guillemard, 1885
Jolo und Capual is. (Sulu Archipel, s Philippinen)

Pericrocotus divaricatus
**Graumennigvogel**
*Ashy Minivet - Minivet ceniciento*
Raffles, 1822
se Sibirien, ne China, Koreanische Halbinsel und Japan

Pericrocotus tegimae
**Japanmennigvogel**
*Ryukyu Minivet - Minivet de las Ryukyu*
Stejneger, 1887
*Ryukyu Is., expanding n bis Honshu (c, s Japan)*

Pericrocotus cantonensis
**Fahlbürzel-Mennigvogel**
*Swinhoe's Minivet - Minivet de Swinhoe*
Swinhoe, 1861
c, se China

Pericrocotus roseus
**Rosenmennigvogel**
*Rosy Minivet - Minivet rosado*
Vieillot, 1818
*Himalaya bis s China, Myanmar und nw Vietnam*



## Gattung: Ceblepyris

Ceblepyris cinereus
**Madagaskarraupenfänger**
*Madagascar Cuckooshrike - Oruguero malgache*
Müller, PLS, 1776
n, e Madagascar

Ceblepyris cinereus pallidus
**Südlicher Madagaskarraupenfänger**
Delacour, 1931
w, s Madagascar

Ceblepyris cucullatus
**Komorenraupenfänger**
*Comoro Cuckooshrike - Oruguero de las Comoras*
Milne-Edwards & Oustalet, 1885
*Gebirge Grande Comore (=Njazidja; nw Comoros)*

Ceblepyris cucullatus moheliensis
**Moheli-Komorenraupenfänger**
Benson, 1960
Gebirge Mohéli (=Mwali; wc Comoros)

Ceblepyris graueri
**Silberraupenfänger**
*Grauer's Cuckooshriken - Oruguero de Grauer*
Neumann, 1908
e Demokratische Republik Kongo

Ceblepyris pectoralis
**Weißbrust-Raupenfänger**
*White-breasted Cuckooshrike - Oruguero pechiblanco*
Jardine & Selby, 1828
*Brachystegia-Wälder in Afrika südlich der Sahara*

Ceblepyris caesius
**Waldraupenfänger**
*Grey Cuckooshrike - Oruguero gris*
Lichtenstein, MHC, 1823
*Simbabwe und c Mosambik bis s Südafrika*

Ceblepyris caesius purus
**Bioko-Waldraupenfänger**
Sharpe, 1891
se Nigeria, w Kamerun, Bioko Insel und Equatorial Guinea; se Sudan und Äthiopien über e Demokratische Republik Kongo s bis nw Mosambik

## Gattung: Coracina

Coracina caeruleogrisea
**Dickschnabel-Raupenfänger**
*Stout-billed Cuckooshrike - Oruguero picogrueso*
Gray, GR, 1858
*Halmahera, Bird's Head und Neck (nw Neuguinea), Yapen (Geelvink Bay is., nw Neuguinea), Aru Is. (sw Neuguinea) und Neuguinea (außer sc)*

Coracina longicauda
**Langschwanz-Raupenfänger**
*Hooded Cuckooshrike - Oruguero encapuchado*
De Vis, 1890
*Gebirge wc bis ne und se Neuguinea*

Coracina temminckii
**Temminckraupenfänger**
*Cerulean Cuckooshrike - Oruguero de Temminck*
Müller, S, 1843
*Gebirge n Sulawesi*

Coracina temminckii rileyi
**Südlicher Temminckraupenfänger**
Meise, 1931
Gebirge c, se Sulawesi

Coracina temminckii tonkeana
**Östlicher Temminckraupenfänger**
Meyer, AB, 1903
Gebirge e Sulawesi

Coracina bicolor
**Zweifarben-Raupenfänger**
*Pied Cuckooshrike - Oruguero bicolor*
Temminck, 1824
*Sulawesi und kleine Inseln, inklusive Sangihe Is. (n Sulawesi), Togian Is. (zwischen ne und ec Sulawesi) und Peleng (Banggai Is., e Sulawesi)*

Coracina maxima
**Grundraupenfänger**
*Ground Cuckooshrike - Oruguero terrestre*
Rüppell, 1839
*Inland Australien*

Coracina lineata
**Gelbaugen-Raupenfänger**
*Barred Cuckooshrike - Oruguero lineado*
Swainson, 1825
*ne Cape York Halbinsel, ne Queensland bis se New South Wales (e Australien)*

Coracina lineata axillaris
**Waigeo-Gelbaugen-Raupenfänger**
Salvadori, 1876
Waigeo und Gam (s Waigeo; Raja Ampat Is., nw Neuguinea), Aru Is. (sw Neuguinea), Bird's Head und Neck (nw Neuguinea), n Küste mts. und se Neuguinea

Coracina lineata maforensis
**Numfor-Gelbaugen-Raupenfänger**
Meyer, AB, 1874
Numfor (Geelvink Bay is., nw Neuguinea)

Coracina lineata sublineata
**Neuirland-Gelbaugen-Raupenfänger**
Sclater, PL, 1879
New Ireland, New Britain und Lolobau (n, e New Britain; e Bismarck Archipel)

Coracina lineata nigrifrons
**Salomonen-Gelbaugen-Raupenfänger**
Tristram, 1892
Buka bis Isabel (nw bis ec Solomon Is.)
Coracina lineata ombriosa
**Rotschilds Gelbaugen-Raupenfänger**
Rothschild & Hartert, EJO, 1905
New Georgia Gruppe (wc Solomon Is.)
Coracina lineata pusilla
**Guadacanal-Gelbaugen-Raupenfänger**
Ramsay, EP, 1879
Guadacanal (sc Solomon Is.)
Coracina lineata malaitae
**Malaita-Gelbaugen-Raupenfänger**
Mayr, 1931
Malaita (se Solomon Is.)
Coracina lineata makirae
**Cristobal-Gelbaugen-Raupenfänger**
Mayr, 1935
Makira (=San Cristóbal; se Solomon Is.)
Coracina lineata gracilis
**Rennell-Gelbaugen-Raupenfänger**
Mayr, 1931
Rennell und Bellona (nw Rennell; s Solomon Is.)

Coracina novaehollandiae
## Schwarzgesicht-Raupenfänger
*Black-faced Cuckooshrike - Oruguero carinegro*
Gmelin, JF, 1789
*Tasmanien und Bass Strait is. (se Australien)*

Coracina novaehollandiae subpallida
**Mathews Schwarzgesicht-Raupenfänger**
Mathews, 1912
wc Western Australia (wc Australien)
Coracina novaehollandiae melanops
**Lathams Schwarzgesicht-Raupenfänger**
Latham, 1801
sw, s, n, e Australien und sc Küste se Neuguinea

Coracina boyeri
## Rostachsel-Raupenfänger
*Boyer's Cuckooshrike - Oruguero de Boyer*
Gray, GR, 1846
*Salawati und Misool (Raja Ampat Is., nw Neuguinea), Yapen (Geelvink Bay is., nw Neuguinea),
Bird's Head und Neck (nw Neuguinea) und n Neuguinea*

Coracina boyeri subalaris
**Sharpes Rostachsel-Raupenfänger**
Sharpe, 1878
s, se Neuguinea

Coracina fortis
## Bururaupenfänger
*Buru Cuckooshrike - Oruguero de Buru*
Salvadori, 1878
*Buru (wc Moluccas)*

Coracina personata
## Wallaceraupenfänger
*Wallacean Cuckooshrike - Oruguero de Wallacea*
Müller, S, 1843
*Rote bis Sermata (e Lesser Sundas)*

Coracina personata floris
**Flores-Wallaceraupenfänger**
Sharpe, 1878
Sumbawa und Flores (w, c Lesser Sundas)
Coracina personata alfrediana
**Sunda-Wallaceraupenfänger**
Hartert, EJO, 1898
Lembata (=Lomblen), Pantar und Alor (ec Lesser Sundas)
Coracina personata sumbensis
**Sumba-Wallaceraupenfänger**
Meyer, AB, 1881
Sumba (sc Lesser Sundas)
Coracina personata unimoda
**Tanimbar-Wallaceraupenfänger**
Sclater, PL, 1883
Tanimbar Is. (s Moluccas)
Coracina personata pollens
**Kei-Wallaceraupenfänger**
Salvadori, 1874
Kai Is. (se Moluccas)

Coracina welchmani
## Solomonen-Raupenfänger
*North Melanesian Cuckooshrike - Oruguero de Welchman*
Tristram, 1892
*Isabel (ec Solomon Is.)*

Coracina welchmani bougainvillei
**Bougainvilleraupenfänger**
Mathews, 1928
Bougainville (n Solomon Is.)

Coracina welchmani kulambangrae
**Neugeorgienraupenfänger**
Rothschild & Hartert, EJO, 1916
Kolombangara, New Georgia und Vangunu (e New Georgia Gruppe, wc Solomon Is.)
Coracina welchmani amadonis
**Guadacanalraupenfänger**
Cain & Galbraith, ICJ, 1955
Guadalcanal (sc Solomon Is.)

Coracina caledonica
## Melanesienraupenfänger
*South Melanesian Cuckooshrike - Oruguero de Melanesia*
Gmelin, JF, 1788
*Grande Terre und Ile des Pins (New Caledonia)*

Coracina caledonica thilenii
**Vanuaturaupenfänger**
Neumann, 1915
Santo, Malo und Malekula (wc Vanuatu)
Coracina caledonica seiuncta
**Erromangaraupenfänger**
Mayr & Ripley, 1941
Erromango (s Vanuatu)
Coracina caledonica lifuensis
**Lifouraupenfänger**
Tristram, 1879
Lifou (c Loyalty Is., New Caledonia)

Coracina striata
## Bindenraupenfänger
*Bar-bellied Cuckooshrike - Oruguero barrado*
Boddaert, 1783
*Luzon Gruppe (n Philippinen)*

Coracina striata sumatrensis
**Sumatra-Bindenraupenfänger**
Müller, S, 1843
Malayische Halbinsel, Tioman (e Malayische Halbinsel), Sumatra, Mentawai Is. (w in c
Sumatra), Riau Is. (e in c Sumatra), Borneo und kleine Inseln
Coracina striata simalurensis
**Simeulue-Bindenraupenfänger**
Richmond, 1903
Simeulue (w in n Sumatra)
Coracina striata babiensis
**Babi-Bindenraupenfänger**
Richmond, 1903
Babi (w in n Sumatra)
Coracina striata kannegieteri
**Nias-Bindenraupenfänger**
Büttikofer, 1896
Nias (w in n Sumatra)
Coracina striata enganensis
**Enggano-Bindenraupenfänger**
Salvadori, 1892
Enggano (w in s Sumatra)
Coracina striata bungurensis
**Borneo-Bindenraupenfänger**
Hartert, EJO, 1894
Anambas und Natuna is. (e Malayische Halbinsel)
Coracina striata vordermani
**Kangean-Bindenraupenfänger**
Hartert, EJO, 1901
Kangean Is. (n Bali)
Coracina striata difficilis
**Westphilippinen-Bindenraupenfänger**
Hartert, EJO, 1895
Palawan Gruppe (sw Philippinen)
† Coracina striata cebuensis
**Cebu-Bindenraupenfänger**
Ogilvie-Grant, 1896
Cebu (c Philippinen)

Coracina mindorensis
## Mindoro-Bindenraupenfänger
*Mindoro Cuckooshrike - Oruguero del Mindoro*
Steere, 1890
*Mindoro und Tablas (wc Philippinen)*

Coracina panayensis
## Visayan Bindenraupenfänger
*Visayan Cuckooshrike - Oruguero del Visayan*
Steere, 1890
*West Visayas (c Philippinen)*

Coracina kochii
## Mindanao Bindenraupenfänger
*Mindanao Cuckooshrike - Oruguero del Mindanao*
Kutter, 1882
*Mindanao Gruppe (s Philippinen)*

Coracina kochii boholensis
**Bohol-Bindenraupenfänger**
Rand & Rabor, 1959
East Visayas (ec Philippinen)

Coracina guillemardi
**Sulu-Bindenraupenfänger**
*Sulu Cuckooshrike - Oruguero del Sulu*
Salvadori, 1886
*Sulu Archipel (s Philippinen)*

Coracina macei
**Maskenraupenfänger**
*Indian Cuckooshrike - Oruguero indio*
Lesson, RP, 1831
*c, s Indien*

    Coracina macei layardi
    **Layards Maskenraupenfänger**
    Blyth, 1866
    Sri Lanka

Coracina javensis
**Javaraupenfänger**
*Oriental Cuckooshrike - Oruguero oriental*
Horsfield, 1821
*Java und Bali*

    Coracina javensis nipalensis
    **Nepal-Maskenraupenfänger**
    Hodgson, 1836
    Himalaya
    Coracina javensis andamana
    **Andamanen-Maskenraupenfänger**
    Neumann, 1915
    Andaman Is. (w in s Myanmar)
    Coracina javensis siamensis
    **Siam-Maskenraupenfänger**
    Baker, ECS, 1918
    Myanmar und s China bis s Indochina
    Coracina javensis larvivora
    **Hainan-Maskenraupenfänger**
    Hartert, EJO, 1910
    Hainan (vor se China)
    Coracina javensis rexpineti
    **Taiwan-Maskenraupenfänger**
    Swinhoe, 1863
    se China, Taiwan, n Laos und n Vietnam

Coracina larutensis
**Malaysia-Maskenraupenfänger**
*Malayan Cuckooshrike - Oruguero del Malysia*
Sharpe, 1887
*Malayische Halbinsel*

Coracina dobsoni
**Andamanenraupenfänger**
*Andaman Cuckooshrike - Oruguero de las Andamán*
Ball, 1872
*Andaman Is.*

Coracina schistacea
**Schieferraupenfänger**
*Slaty Cuckooshrike - Oruguero pizarroso*
Sharpe, 1878
*Banggai und Sula is. (e Sulawesi)*

Coracina leucopygia
**Weißbürzel-Raupenfänger**
*White-rumped Cuckooshrike - Oruguero culiblanco*
Bonaparte, 1850
*Sulawesi und kleine Inseln, inklusive Togian Is. (zwischen ne und ec Sulawesi)*

Coracina larvata
**Sundaraupenfänger**
*Sunda Cuckooshrike - Oruguero de la Sonda*
Müller, S, 1843
*Gebirge Java*

    Coracina larvata melanocephala
    **Sumatra-Larvenraupenfänger**
    Salvadori, 1879
    Gebirge Sumatra
    Coracina larvata normani
    **Normans Larvenraupenfänger**
    Sharpe, 1887
    Gebirge Borneo

Coracina papuensis
**Weißbauch-Raupenfänger**
*White-bellied Cuckooshrike - Oruguero papú*
Gmelin, JF, 1788
*Morotai bis Obi (n Moluccas), Raja Ampat Is. (nw Neuguinea), Geelvink Bay is. (nw Neuguinea), Festland Neuguinea, Lesser Sundas und Kai Is. (se Moluccas)*

Coracina papuensis angustifrons
**Salvadoris Weißbauch-Raupenfänger**
Salvadori, 1876
sc bis se Neuguinea
Coracina papuensis louisiadensis
**Louisidae-Weißbauch-Raupenfänger**
Hartert, EJO, 1898
Tagula (c Louisiade Archipel, e in se Neuguinea)
Coracina papuensis oriomo
**Torres-Weißbauch-Raupenfänger**
Mayr & Rand, 1936
sc Neuguinea, Torres Strait is. und Cape York Halbinsel, ne Queensland (ne Australien)
Coracina papuensis timorlaoensis
**Tanimbar-Weißbauch-Raupenfänger**
Meyer, AB, 1884
Tanimbar Is. (s Moluccas)
Coracina papuensis hypoleuca
**Aru-Weißbauch-Raupenfänger**
Gould, 1848
Aru Is. (sw Neuguinea) und ne Western Australia bis nw Queensland (nw, nc Australien)
Coracina papuensis apsleyi
**Melville-Weißbauch-Raupenfänger**
Mathews, 1912
Melville Insel (Tiwi Is., n Nortern Territory) und Küste Nortern Territory (nc Australien)
Coracina papuensis artamoides
**Masons Weißbauch-Raupenfänger**
Schodde & Mason, IJ, 1999
ec Queensland bis sc Queensland (ec Australien)
Coracina papuensis robusta
**Lathams Weißbauch-Raupenfänger**
Latham, 1801
nc New South Wales bis Victoria (se Australien)
Coracina papuensis sclaterii
**Sclaters Weißbauch-Raupenfänger**
Salvadori, 1878
New Hanover (=Lavongai), New Ireland, New Britain, und many kleine Inseln (e Bismarck Archipel)
Coracina papuensis perpallida
**Salomonen-Weißbauch-Raupenfänger**
Rothschild & Hartert, EJO, 1916
Buka, Bougainville, Shortland, Choiseul, Isabel und Florida Is. (n, c Solomon Is.)
Coracina papuensis elegans
**Ramsays Weißbauch-Raupenfänger**
Ramsay, EP, 1881
New Georgia Gruppe, Russell (=Pavuvu) und Guadalcanal (c, se Solomon Is.)
Coracina papuensis eyerdami
**Malaita-Weißbauch-Raupenfänger**
Mayr, 1931
Malaita (se Solomon Is.)

Coracina ingens
**Admiralitätsraupenfänger**
*Manus Cuckooshrike - Oruguero de la Manus*
Rothschild & Hartert, EJO, 1914
*Manus und Los Negros (e Manus; Admiralty Is., nw Bismarck Archipel)*

Coracina atriceps
**Molukkenraupenfänger**
*Moluccan Cuckooshrike - Oruguero moluqueño cabecinegro*
Müller, S, 1843
*Seram (ec Moluccas)*

    Coracina atriceps magnirostris
    **Ternateraupenfänger**
    Bonaparte, 1850
    Ternate, Halmahera, Kasiruta und Bacan (n Moluccas)

Coracina parvula
**Halmaheraraupenfänger**
*Halmahera Cuckooshrike - Oruguero de Halmahera*
Salvadori, 1878
*Halmahera (n Moluccas)*



Campephaga flava
**Kapraupenfänger**
*Black Cuckooshrike - Oruguero hombroamarillo*
Vieillot, 1817
*Süd-Sudan und Kenia bis Angola, Botswana und e Südafrika*

Campephaga phoenicea
**Rotschulter-Raupenfänger**
*Red-shouldered Cuckooshrike - Oruguero hombrorrojo*
Latham, 1790
*Senegal und Gambia bis Sierra Leone, e bis Eritrea, Äthiopien und Kenia*

Campephaga petiti
**Kongoraupenfänger**
*Petit's Cuckooshrike - Oruguero de Petit*
Oustalet, 1884
*se Nigeria und sw Kamerun, se Gabun bis nw Angola, e Demokratische Republik Kongo und w Uganda, w Kenia*

Campephaga quiscalina
**Purpurraupenfänger**
*Purple-throated Cuckooshrike - Oruguero purpúreo*
Finsch, 1869
*Guinea und Sierra Leone bis n Angola*

    Campephaga quiscalina martini
    **Sudan-Purpurraupenfänger**
    Jackson, FJ, 1912
    *s Sudan und w Kenia bis e Demokratische Republik Kongo und Sambia*
    Campephaga quiscalina muenzneri
    **Tansania-Purpurraupenfänger**
    Reichenow, 1915
    *e Tansania*

## Gattung: Lobotos

Lobotos lobatus
**Orangebauch-Raupenfänger**
*Western Wattled Cuckooshrike - Oruguero carunculado*
Temminck, 1824
*Sierra Leone bis Ghana*

Lobotos oriolinus
**Pirolraupenfänger**
*Eastern Wattled Cuckooshrike - Oruguero oriolino*
Bates, GL, 1909
*se Nigeria, s Kamerun und sw Zentralafrikanische Republik bis Gabun und nw Kongo und e Demokratische Republik Kongo*

## Gattung: Campochaera

Campochaera sloetii
**Goldraupenfänger**
*Golden Cuckooshrike - Oruguero dorado*
Schlegel, 1866
*Bird's Head und Neck (nw Neuguinea) und nc Neuguinea*

    Campochaera sloetii flaviceps
    **Salvadoris Goldraupenfänger**
    Salvadori, 1879
    *s, se Neuguinea*

## Gattung: Malindangia

Malindangia mcgregori
**Spitzschwanz-Raupenfänger**
*McGregor's Cuckooshrike - Oruguero de McGregor*
Mearns, 1907
*Gebirge Mindanao (Philippinen)*

## Gattung: Edolisoma

Edolisoma anale
**Rotsteiß-Raupenfänger**
*New Caledonian Cuckooshrike - Oruguero de Nueva Caledonia*
Verreaux, J & des Murs, 1860
*Grande Terre und Ile des Pins (New Caledonia)*

Edolisoma ostentum
**Spiegelraupenfänger**
*White-winged Cuckooshrike - Oruguero aliblanco*
Ripley, 1952
*Gebirge West Visayas (Philippinen)*

Edolisoma coerulescens
**Glanzraupenfänger**
*Blackish Cuckooshrike - Oruguero negruzco*
Blyth, 1842
*Luzon und Catanduanes (n Philippinen)*

    Edolisoma coerulescens deschauenseei
    **Luzon-Glanzraupenfänger**
    duPont, 1972
    Marinduque (nc Philippinen)
    † Edolisoma coerulescens alterum
    **Cebu-Glanzraupenfänger**
    Wardlaw-Ramsay, RG, 1881
    Cebu (c Philippinen)

Edolisoma montanum
**Bergraupenfänger**
*Black-bellied Cuckooshrike - Oruguero ventrinegro*
Meyer, AB, 1874
*Gebirge Bird's Head (nw Neuguinea), Adelbert Range und Huon Halbinsel (ne Neuguinea) und wc bis se Neuguinea*

    Edolisoma montanum bicinia
    **Diamonds Bergraupenfänger**
    Diamond, 1969
    *Gebirge nc Neuguinea*

Edolisoma dohertyi
**Sumbaraupenfänger**
*Pale-shouldered Cicadabird - Oruguero de Sumba*
Hartert, EJO, 1896
*Sumbawa, Flores, und Sumba (w, c Lesser Sundas)*

Edolisoma dispar
**Keiraupenfänger**
*Kai Cicadabird - Oruguero de las Kai*
Salvadori, 1878
*Seram Laut, Banda, Watubela, Tayandu, Tanimbar und Kai Is. (s Moluccas) und Romang und Damar (e Lesser Sundas)*

Edolisoma schisticeps
**Graukopf-Raupenfänger**
*Grey-headed Cuckooshrike - Oruguero cabecigrís*
Gray, GR, 1846
*Salawati und Misool (Raja Ampat Is., nw Neuguinea) und Bird's Head und Neck (nw Neuguinea)*

    Edolisoma schisticeps reichenowi
    **Reichenows Graukopf-Raupenfänger**
    Neumann, 1917
    nc Neuguinea
    Edolisoma schisticeps poliopsa
    **Südlicher Graukopf-Raupenfänger**
    Sharpe, 1882
    s Neuguinea (außer Trans-Fly)
    Edolisoma schisticeps vittatum
    **Harters Graukopf-Raupenfänger**
    Rothschild & Hartert, EJO, 1914
    D'Entrecasteaux Archipel (e in se Neuguinea)

Edolisoma ceramense
**Blassraupenfänger**
*Pale Cicadabird - Oruguero pálido*
Bonaparte, 1850
*Buru, Boano (nw Seram) und Seram (c Moluccas)*

    Edolisoma ceramense hoogerwerfi
    **Obi-Blassraupenfänger**
    Jany, 1955
    Obi (nc Moluccas)

Edolisoma mindanense
**Philippinenraupenfänger**
*Black-bibbed Cicadabird - Oruguero filipino*
Tweeddale, 1879
*Mindanao und Basilan (s Philippinen)*

    Edolisoma mindanense lecroyae
    **Luzonraupenfänger**
    Parkes, 1971
    Luzon (n Philippinen)
    Edolisoma mindanense elusum
    **Mindororaupenfänger**
    McGregor, 1905
    Mindoro (nc Philippinen)
    Edolisoma mindanense ripleyi
    **Ripleyraupenfänger**
    Parkes, 1971
    East Visayas (ec Philippinen)
    Edolisoma mindanense everetti
    **Everettraupenfänger**
    Sharpe, 1893
    Sulu Archipel (s Philippinen)

Edolisoma salomonis
**Makiraraupenfänger**
*Makira Cicadabird - Oruguero de San Cristóbal*
Tristram, 1879
*Makira (=San Cristobal, se Solomon Is.)*

Edolisoma holopolium
**Salomonenraupenfänger**
*Solomons Cuckooshrike - Oruguero de las Salomón*
Sharpe, 1888
*Buka bis Guadalcanal (n bis sc Solomon Is.)*

    Edolisoma holopolium pygmaeum
    **Kleiner Salomonenraupenfänger**
    Mayr, 1931
    Kolombangara, New Georgia, Vangunu und Nggatokae (New Georgia Gruppe, wc Solomon Is.)

Edolisoma tricolor
**Dreifarbiiger Salomonenraupenfänger**
*Malaita Cicadabird - Oruguero de tres colores*
Mayr, 1931
*Malaita (se Solomon Is.)*

Edolisoma morio
**Morioraupenfänger**
*Sulawesi Cicadabird - Oruguero de Célebes*
Müller, S, 1843
*Sulawesi und kleine Inseln*

Edolisoma morio edithae
**Sulawesi-Dünnschnabel-Raupenfänger**
Stresemann, 1932
*s Sulawesi*

Edolisoma salvadorii
**Sangiheraupenfänger**
*Sangihe Cicadabird - Oruguero de Sangihe*
Sharpe, 1878
*Sangihe Is. (ne Sulawesi)*

Edolisoma salvadorii talautense
**Talaudraupenfänger**
Meyer, AB & Wiglesworth, 1895
*Talaud Is. (ne Sulawesi)*

Edolisoma incertum
**Schwarzschulter-Raupenfänger**
*Black-shouldered Cicadabird - Oruguero incierto*
Meyer, AB, 1874
*Raja Ampat Is. (nw von Neuguinea), Mios Num (=Meos Num, nw Yapen) und Yapen (Geelvink Bay is., nw Neuguinea) und Neuguinea (außer sc)*

Edolisoma remotum
**Bismarckraupenfänger**
*Grey-capped Cicadabird - Oruguero Melanesia*
Sharpe, 1878
*Lavongai (=New Hanover), New Ireland, Dyaul (=Djaul, s in nw New Ireland) und Feni (e in se New Ireland; ne Bismarck Archipel)*

Edolisoma remotum matthiae
**Matthias-Dünnschnabel-Raupenfänger**
Sibley, 1946
*Mussau und Emirau (=Storm oder Squally Insel, e Mussau, St. Matthias Is., nc Bismarck Archipel)*

Edolisoma remotum heinrothi
**Heinroths Dünnschnabel-Raupenfänger**
Stresemann, 1922
*New Britain und Lolobau (n in e New Britain; se Bismarck Archipel)*

Edolisoma remotum rooki
**Umboi-Dünnschnabel-Raupenfänger**
Rothschild & Hartert, EJO, 1914
*Umboi (w New Britain, sw Bismarck Archipel)*

Edolisoma erythropygium
**Melanesischer Raupenfänger**
*Central Melanesian Cicadabird - Oruguero remoto*
Sharpe, 1888
*Guadalcanal, Savo (n Guadalcanal), Florida Is., Malaita und Ulawa (se Malaita; se Solomon Is.)*

Edolisoma erythropygium ultimum
**Lihir-Raupenfänger**
Mayr, 1955
*Tabar, Lihir und Tanga Is. (e in c New Ireland; ne Bismarck Archipel)*

Edolisoma erythropygium saturatius
**Buka-Raupenfänger**
Rothschild & Hartert, EJO, 1902
*Buka bis Bougainville und New Georgia Gruppe (n, c Solomon Is.)*

Edolisoma erythropygium nisorium
**Pavuvu-Raupenfänger**
Mayr, 1950
*Russell Is. (=Pavuvu; sc Solomon Is.)*

Edolisoma sula
**Sularaupenfänger**
*Sula Cicadabird - Oruguero de las Sula*
Hartert, EJO, 1918
*Sula Is. (e Sulawesi)*

Edolisoma tenuirostre
**Dünnschnabel-Raupenfänger**
*Sahul Cicadabird - Oruguero picofino*
Jardine, 1831
*ec Queensland bis se Victoria (e Australien)*

Edolisoma tenuirostre nehrkorni
**Waigeo-Dünnschnabel-Raupenfänger**
Salvadori, 1890
*Waigeo (Raja Ampat Is., nw Neuguinea)*

Edolisoma tenuirostre aruense
**Aru-Dünnschnabel-Raupenfänger**
Sharpe, 1878
*Aru Is. (sw Neuguinea) und sw, sc Neuguinea*

Edolisoma tenuirostre muellerii
**Misool-Dünnschnabel-Raupenfänger**
Salvadori, 1876
*Kofiau und Misool (Raja Ampat Is., nw Neuguinea), Neuguinea (außer s), D'Entrecasteaux Archipel (e in se Neuguinea), Long (w New Britain) und Sakar (n Umboi, w New Britain; sw Bismarck Archipel)*

Edolisoma tenuirostre tagulanum
**Tagula-Dünnschnabel-Raupenfänger**
Hartert, EJO, 1898
*Misima und Tagula (w, c Louisiade Archipel, e in se Neuguinea)*

Edolisoma tenuirostre melvillense
**Australischer Dünnschnabel-Raupenfänger**
Mathews, 1912
*ne Western Australia bis Cape York Halbinsel, ne Queensland (n Australien)*

Edolisoma rostratum
**Rossel-Dünnschnabel-Raupenfänger**
*Rossel Cicadabird - Oruguero de Rossel*
Hartert, EJO, 1898
*Rossel (e Louisiade Archipel, e in se Neuguinea)*

Edolisoma meyerii
**Geelvink-Dünnschnabel-Raupenfänger**
*Geelvink Cicadabird - Oruguero de Geelvink*
Salvadori, 1878
*Biak (Geelvink Bay is., nw Neuguinea)*

Edolisoma meyerii numforanum
**Numfor-Dünnschnabel-Raupenfänger**
Peters, JL & Mayr, 1960
*Numfor (Geelvink Bay is., nw Neuguinea)*

Edolisoma pelingi
**Banggai-Dünnschnabel-Raupenfänger**
*Banggai Cicdabird - Oruguero de Banggai*
Hartert, EJO, 1918
*Banggai (e Sulawesi)*

Edolisoma obiense
**Obi-Dünnschnabel-Raupenfänger**
*Obi Cicadabird - Oruguero de Obi*
Salvadori, 1878
*Obi und Bisa (nc Moluccas)*

Edolisoma grayi
**Nord-Molukken Dünnschnabel-Raupenfänger**
*North Moluccan Cicadabird - Oruguero de Moluccas*
Salvadori, 1879
*Morotai bis Bacan (n Moluccas)*

Edolisoma grayi pererratum
**Tukangbesi-Dünnschnabel-Raupenfänger**
Hartert, EJO, 1918
*Tukangbesi Is. (se in se Sulawesi)*

Edolisoma amboinense
**Süd-Molukken Dünnschnabel-Raupenfänger**
*South Moluccan Cicadabird - Oruguero de Moluccas del sur*
Hartlaub, 1865
*Buru, Ambon, Seram und Seram Laut (se Seram; c Moluccas)*

Edolisoma timoriense
**Timor-Dünnschnabel-Raupenfänger**
*Timor Cicadabird - Oruguero de Timor*
Sharpe, 1878
*Lembata, Alor und Timor (c, e Lesser Sundas)*

Edolisoma timoriense kalaotuae
**Kalaotoa-Dünnschnabel-Raupenfänger**
Meise, 1929
*Kalaotoa (se in s Sulawesi)*

Edolisoma timoriense emancipatum
**Flores-Dünnschnabel-Raupenfänger**
Hartert, EJO, 1896
*Tanahjampea (s in sw Sulawesi)*

Edolisoma admiralitatis
**Manusraupenfänger**
*Admiralty Cicadabird - Oruguero remoto*
Rothschild & Hartert, EJO, 1914
*Admiralty Is. (nw Bismarck Archipel)*

Edolisoma monacha
**Palauraupenfänger**
*Palau Cicadabird - Oruguero de Palaos*
Hartlaub & Finsch, 1872
*Palau (w Caroline Is., w Micronesia)*

Edolisoma nesiotis
**Yapraupenfänger**
*Yap Cicadabird - Oruguero de Yap*
Hartlaub & Finsch, 1872
*Yap (w Caroline Is., w Micronesia)*

Edolisoma insperatum
**Pohnpeiraupenfänger**
*Pohnpei Cicadabird - Oruguero de Ponapé*
Finsch, 1876
Pohnpei (=Ponape, e Caroline Is., c Micronesia)

Edolisoma melas
**Stahlraupenfänger**
*Black Cicadabird - Oruguero negro*
Lesson, RP, 1828
Salawati (Raja Ampat Is., nw Neuguinea), Aru Is. (sw Neuguinea) und Neuguinea

Edolisoma melas waigeuense
**Waigeo-Stahlraupenfänger**
Stresemann & Paludan, 1932
Waigeo (Raja Ampat Is., nw Neuguinea)
Edolisoma melas tommasonis
**Tommasons Stahlraupenfänger**
Rothschild & Hartert, EJO, 1903
Yapen (Geelvink Bay is., nw Neuguinea)
Edolisoma melas batantae
**Batanta-Stahlraupenfänger**
Gyldenstolpe & Mayr, 1955
Batanta (Raja Ampat Is., nw Neuguinea)

## Gattung: Celebesica

Celebesica abbotti
**Abbottraupenfänger**
*Pygmy Cuckooshrike - Oruguero de Abbott*
Riley, 1918
Gebirge Sulawesi (außer sw)

## Gattung: Cyanograucalus

Cyanograucalus azureus
**Azurraupenfänger**
*Blue Cuckooshrike - Oruguero azulado*
Cassin, 1852
Sierra Leone und Liberia bis e, sw Demokratische Republik Kongo

## Gattung: Lalage

Lalage maculosa
**Südsee-Raupenfänger**
*Polynesian Triller - Oruguero polinesio*
Peale, 1849
Savaii und Upolu (w Samoa, c Polynesien)

Lalage maculosa ultima
**Efate-Südsee-Raupenfänger**
Mayr & Ripley, 1941
Efate und kleine Inseln (sc Vanuatu)
Lalage maculosa modesta
**Vanuatu-Südsee-Raupenfänger**
Mayr & Ripley, 1941
Santo bis Emae (c Vanuatu)
Lalage maculosa melanopygia
**Utupua-Südsee-Raupenfänger**
Mayr & Ripley, 1941
Utupua und Nendo (=Ndeni; c, s Santa Cruz Is.=Temotu, se Solomon Is.)
Lalage maculosa vanikorensis
**Vanikoro-Südsee-Raupenfänger**
Mayr & Ripley, 1941
Vanikoro (se Santa Cruz Is.=Temotu, se Solomon Is.)
Lalage maculosa soror
**Kadavu-Südsee-Raupenfänger**
Mayr & Ripley, 1941
Kadavu (sw Fiji, sw Polynesien)
Lalage maculosa pumila
**Viti Levu-Südsee-Raupenfänger**
Neumann, 1927
Viti Levu (w Fiji, sw Polynesien)
Lalage maculosa mixta
**Fiji-Südsee-Raupenfänger**
Mayr & Ripley, 1941
Yasawa Gruppe (nw Fiji) und Inseln c Fiji (sw Polynesien)
Lalage maculosa woodi
**Woods Südsee-Raupenfänger**
Wetmore, 1925
Vanua Levu, Kioa, Taveuni und Qamea (nc Fiji, sw Polynesien)
Lalage maculosa rotumae
**Rotuma-Südsee-Raupenfänger**
Neumann, 1927
Rotuma (nw Fiji, sw Polynesien)
Lalage maculosa nesophila
**Lau-Südsee-Raupenfänger**
Mayr & Ripley, 1941
Lau Archipel (e Fiji, sw Polynesien)
Lalage maculosa tabuensis
**Tonga-Südsee-Raupenfänger**
Mayr & Ripley, 1941
c, s Tonga (sc Polynesien)

Lalage maculosa vauana
**Vavau-Südsee-Raupenfänger**
Mayr & Ripley, 1941
Vava'u Gruppe (nc Tonga, sc Polynesien)
Lalage maculosa keppeli
**Tafahi-Südsee-Raupenfänger**
Mayr & Ripley, 1941
Tafahi und Niuatoputapu (n Tonga, sc Polynesien)
Lalage maculosa futunae
**Futuna-Südsee-Raupenfänger**
Mayr & Ripley, 1941
Wallis und Futuna Is. (ne Fiji, sw Polynesien)
Lalage maculosa whitmeei
**Niue-Südsee-Raupenfänger**
Sharpe, 1878
Niue (sc Polynesien)

Lalage sharpei
**Braunrücken-Raupenfänger**
*Samoan Triller - Oruguero de Samoa*
Rothschild, 1900
Upolu (w Samoa, c Polynesien)

Lalage sharpei tenebrosa
**Savaii-Braunrücken-Raupenfänger**
Mayr & Ripley, 1941
Savaii (w Samoa, c Polynesien)

Lalage sueurii
**Weißschulter-Raupenfänger**
*White-shouldered Triller - Oruguero de Lesueur*
Vieillot, 1818
e Java, Bali, Lesser Sundas bis Babar (e), Sulawesi (außer n) und kleine Inseln

† Lalage leucopyga
**Graubürzel-Raupenfänger**
*Long-tailed Triller - Oruguero colilargo*
Gould, 1838
Norfolk Insel (e Australien)

Lalage leucopyga affinis
**Salomonen-Graubürzel-Raupenfänger**
Tristram, 1879
Makira (=San Cristobal) und Ugi (se Solomon Is.)
Lalage leucopyga deficiens
**Torres-Graubürzel-Raupenfänger**
Mayr & Ripley, 1941
Torres Is. und Banks Is. (n Vanuatu)
Lalage leucopyga albiloris
**Vanuatu-Graubürzel-Raupenfänger**
Mayr & Ripley, 1941
Santo bis Efate (c, n Vanuatu)
Lalage leucopyga simillima
**Loyalitäts-Graubürzel-Raupenfänger**
Sarasin, 1913
Tanna, Erromango, Aneityum (s Vanuatu) und Loyalty Is. (New Caledonia)
Lalage leucopyga montrosieri
**Neukaledonien-Graubürzel-Raupenfänger**
Verreaux, J & des Murs, 1860
Grande Terre (New Caledonia)

Lalage tricolor
**Weißflügel-Raupenfänger**
*White-winged Triller - Oruguero tricolor*
Swainson, 1825
Port Moresby Gebiet (sc Küste in se Neuguinea) und Australien (außer Tasmanien)

Lalage aurea
**Rotbauch-Raupenfänger**
*Rufous-bellied Triller - Oruguero ventrirrufo*
Temminck, 1825
Morotai bis Obi (n Moluccas)

Lalage atrovirens
**Papuaraupenfänger**
*Black-browed Triller - Oruguero cejinegro*
Gray, GR, 1862
Raja Ampat Is. (nw Neuguinea), Bird's Head und Neck (nw Neuguinea) und nc, ne Neuguinea

Lalage leucoptera
**Biakraupenfänger**
*Biak Triller - Oruguero de Biak*
Schlegel, 1871
Biak (Geelvink Bay is., nw Neuguinea)

Lalage moesta
**Tanimbarraupenfänger**
*White-browed Triller - Oruguero de las Tanimbar*
Sclater, PL, 1883
Tanimbar Is. (s Moluccas)

Lalage leucomela
## Weißbrauen-Raupenfänger
*Varied Triller - Oruguero variable*
Vigors & Horsfield, 1827
*ec Queensland bis ec New South Wales (ec Australien)*

Lalage leucomela keyensis
### Kei-Weißbrauen-Raupenfänger
Rothschild & Hartert, EJO, 1917
Kai Is. (se Moluccas)
Lalage leucomela polygrammica
### Aru-Weißbrauen-Raupenfänger
Gray, GR, 1858
Aru Is. (sw Neuguinea) und s, se Neuguinea
Lalage leucomela obscurior
### Dunkler Weißbrauen-Raupenfänger
Rothschild & Hartert, EJO, 1917
D'Entrecasteaux Archipel und Trobriand Is. (e in se Neuguinea)
Lalage leucomela pallescens
### Louisidae-Weißbrauen-Raupenfänger
Rothschild & Hartert, EJO, 1917
Misima und Tagula (w, c Louisiade Archipel, e in se Neuguinea)
Lalage leucomela falsa
### Uboi-Weißbrauen-Raupenfänger
Hartert, EJO, 1925
Umboi (w New Britain), New Britain, Duke von York Is. und umliegende Inseln (se
Bismarck Archipel)
Lalage leucomela karu
### Neuirland-Weißbrauen-Raupenfänger
Lesson, RP & Garnot, 1827
New Ireland (ne Bismarck Archipel)
Lalage leucomela albidior
### Neuhannover-Weißbrauen-Raupenfänger
Hartert, EJO, 1924
New Hanover (=Lavongai, nc Bismarck Archipel)
Lalage leucomela ottomeyeri
### Lihir-Weißbrauen-Raupenfänger
Stresemann, 1933
Lihir (n in c New Ireland, ne Bismarck Archipel)
Lalage leucomela tabarensis
### Tabar-Weißbrauen-Raupenfänger
Mayr, 1955
Tabar (n in c New Ireland, ne Bismarck Archipel)
Lalage leucomela sumunae
### Dyaul-Weißbrauen-Raupenfänger
Salomonsen, 1964
Dyaul (=Djaul, s in n New Ireland, ne Bismarck Archipel)
Lalage leucomela macrura
### Schoddes Weißbrauen-Raupenfänger
Schodde, 1989
ne Western Australia und nw Nortern Territory (nw Australien)
Lalage leucomela rufiventris
### Melville-Weißbrauen-Raupenfänger
Gray, GR, 1846
Top End, n Nortern Territory und Melville Insel (Tiwi Is., n Nortern Territory; n Australien)
Lalage leucomela yorki
### Capeyork-Weißbrauen-Raupenfänger
Mathews, 1912
sc Neuguinea, Torres Strait is. und Cape York Halbinsel, ne Queensland (ne Australien)

Lalage conjuncta
## Mussauraupenfänger
*Mussau Triller - Oruguero de San Matías*
Rothschild & Hartert, EJO, 1924
*Mussau (St. Matthias Is., nc Bismarck Archipel)*

Lalage melanoleuca
## Luzonraupenfänger
*Black-and-white Triller - Oruguero blanquinegro norteño*
Blyth, 1861
*Luzon und Mindoro (n Philippinen)*

Lalage melanoleuca minor
### Kleiner Luzonraupenfänger
Steere, 1890
East Visayas und Mindanao (ec, s Philippinen)

Lalage nigra
## Weißstirn-Raupenfänger
*Pied Triller - Oruguero pío*
Pennant, 1781
*Borneo und kleine Inseln und Philippinen*

Lalage nigra davisoni
### Davidsons Weißstirn-Raupenfänger
Kloss, 1926
Nicobar Is.
Lalage nigra striga
### Horsfields Weißstirn-Raupenfänger
Horsfield, 1821
Malayische Halbinsel, Sumatra, Nias (w in n Sumatra), Bangka und Belitung (e in s
Sumatra), Java, Karimunjawa (n in c Java) und Bali

Lalage leucopygialis
## Sulawesiraupenfänger
*White-rumped Triller  Oruguero de Walden*
Walden, 1872
*Sulawesi, Togian Is. (Sulawesi), Banggai und Sula is. (e Sulawesi), und Flores Sea is. s Sulawesi*

Lalage melaschistos
## Trauerraupenfänger
*Black-winged Cuckooshrike - Oruguero alinegro*
Hodgson, 1836
*n Pakistan bis ne Indien, n, w Myanmar und sw China*

Lalage melaschistos avensis
### Blyths Trauerraupenfänger
Blyth, 1852
sc China über e Myanmar bis n Thailand, n Laos und c Vietnam
Lalage melaschistos intermedia
### Humes Trauerraupenfänger
Hume, 1877
c, se China, Taiwan
Lalage melaschistos saturata
### Swinhoes Trauerraupenfänger
Swinhoe, 1870
ne, c Vietnam und Hainan Insel (vor se China)

Lalage melanoptera
## Schwarzkopf-Raupenfänger
*Black-headed Cuckooshrike - Oruguero cabecinegro*
Rüppell, 1839
*nw Indien*

Lalage melanoptera sykesi
### Südlicher Schwarzkopf-Raupenfänger
Strickland, 1844
nc, e Indien s bis Sri Lanka

Lalage polioptera
## Gartenraupenfänger
*Indochinese Cuckooshrike - Oruguero de Indochina*
Sharpe, 1878
*s Myanmar, s Thailand, Kambodscha und s Vietnam*

Lalage polioptera jabouillei
### Vietnam-Gartenraupenfänger
Delacour, 1951
c Vietnam
Lalage polioptera indochinensis
### Laos-Gartenraupenfänger
Kloss, 1925
Myanmar bis e Thailand, c Laos und sc Vietnam

Lalage fimbriata
## Zwergraupenfänger
*Lesser Cuckooshrike - Oruguero menor*
Temminck, 1824
*Java und Bali*

Lalage fimbriata neglecta
### Myanmar-Zwergraupenfänger
Hume, 1877
s Myanmar und s Thailand
Lalage fimbriata culminata
### Malaysia-Zwergraupenfänger
Hay, 1845
Malayische Halbinsel
Lalage fimbriata schierbrandi
### Sumatra-Zwergraupenfänger
Pelzeln, 1865
Sumatra und Borneo
Lalage fimbriata compta
### Siberut-Zwergraupenfänger
Richmond, 1903
Simeulue und Siberut (w in n, c Sumatra)

Lalage typica
## Mauritiusraupenfänger
*Mauritius Cuckooshrike - Oruguero de Mauricio*
Hartlaub, 1865
*s Mauritius (c Mascarenes)*

Lalage newtoni
## Newtonraupenfänger
*Reunion Cuckooshrike - Oruguero de Reunión*
Pollen, 1866
*Gebirge Réunion (w Mascarenes)*

## Familie: Mohouidae (Mohoua-Dickköpfe)

Gattung: Mohoua

Mohoua ochrocephala
## Gelbköpfchen
*Yellowhead - Mohoua cabecigualda*
Gmelin, JF, 1789
*Südinsel, Stewart Insel (where extinct) und kleine Inseln (Neuseeland)*

Mohoua albicilla
**Weißköpfchen**
*Whitehead - Mohoua cabeciblanca*
Lesson, RP, 1830
*Nordinsel und kleine Inseln (Neuseeland)*

Mohoua novaeseelandiae
**Braunköpfchen**
*Pipipi - Mohoua pipipí*
Gmelin, JF, 1789
*South und Stewart is. und kleine Inseln (Neuseeland)*


## Familie: Neosittidae (Australkleiber)

### Gattung: Daphoenositta

Daphoenositta chrysoptera
**Spiegelkleiber**
*Varied Sittella - Neosita variable*
Latham, 1801
*ne New South Wales und e Victoria (se Australien)*

    Daphoenositta chrysoptera leucoptera
    **Goulds Spiegelkleiber**
    Gould, 1840
    *ne Western Australia bis nw Queensland (nw bis nc Australien)*
    Daphoenositta chrysoptera striata
    **Nördlicher Spiegelkleiber**
    Gould, 1869
    *Cape York Halbinsel, ne Queensland (ne Australien)*
    Daphoenositta chrysoptera leucocephala
    **Östlicher Spiegelkleiber**
    Gould, 1838
    *ec bis se Queensland (ec Australien)*
    Daphoenositta chrysoptera pileata
    **Südlicher Spiegelkleiber**
    Gould, 1838
    *wc, sw Western Australia bis sw Nortern Territory und se South Australia (sw, wc bis ec Australien)*

Daphoenositta papuensis
**Papuakleiber**
*Papuan Sittella - Neosita papú*
Schlegel, 1871
*Arfak Mts., Bird's Head (nw Neuguinea)*

    Daphoenositta papuensis toxopeusi
    **Oranje-Papuakleiber**
    Rand, 1940
    *s in wc bis ec Neuguinea mts.*
    Daphoenositta papuensis alba
    **Rands Papuakleiber**
    Rand, 1940
    *nc Neuguinea mts.*
    Daphoenositta papuensis albifrons
    **Ramsays Papuakleiber**
    Ramsay, EP, 1883
    *Gebirge se Neuguinea*

Daphoenositta miranda
**Prachtkleiber**
*Black Sittella - Neosita negra*
De Vis, 1897
*Gebirge wc bis se Neuguinea*


## Familie: Eulacestomatidae (Lappenpfuhlschnäbel)

### Gattung: Eulacestoma

Eulacestoma nigropectus
**Lappenpflugschnabel**
*Wattled Ploughbill - Silbador picoarado*
De Vis, 1894
*Gebirge wc bis se Neuguinea*


## Familie: Oreoicidae (Pitohuivögel)

### Gattung: Aleadryas

Aleadryas rufinucha
**Oliv-Haubendickkopf**
*Rufous-naped Bellbird - Silbador nuquirrufo*
Sclater, PL, 1874
*Gebirge Bird's Head (nw Neuguinea)*

Aleadryas rufinucha niveifrons
**Inland-Haubendickkopf**
Hartert, EJO, 1930
*Gebirge Bird's Neck (nw Neuguinea) bis c Neuguinea*
Aleadryas rufinucha gamblei
**Südlicher Haubendickkopf**
Rothschild, 1897
*Gebirge Huon Halbinsel (ne Neuguinea) und se Neuguinea*


### Gattung: Ornorectes

Ornorectes cristatus
**Braun-Haubendickkopf**
*Piping Bellbird - Pitohuí crestado*
Salvadori, 1876
*Neuguinea*


### Gattung: Oreoica

Oreoica gutturalis
**Schwarz-Haubendickkopf**
*Crested Bellbird - Silbador campanillero*
Vigors & Horsfield, 1827
*sw Western Australia bis n Victoria und c Queensland (sw, sc und Inland e Australien)*

    Oreoica gutturalis pallescens
    **Südlicher Haubendickkopf**
    Mathews, 1912
    *n Western Australia bis nc Queensland und s bis c South Australia (w, c und Inland n Australien)*


## Familie: Falcunculidae (Meisendickköpfe)

### Gattung: Falcunculus

Falcunculus whitei
**Gelbflügel-Meisendickkopf**
*Northern Shriketit - Silbador cabezón norteño*
Campbell, AJ, 1910
*n Western Australia und Top End, n Nortern Territory (nw, nc Australien)*

Falcunculus leucogaster
**Weißbauch-Meisendickkopf**
*Western Shriketit - Silbador cabezón occidental*
Gould, 1838
*sw Western Australia (sw Australien)*

Falcunculus frontatus
**Meisendickkopf**
*Eastern Shriketit - Silbador cabezón oriental*
Latham, 1801
*ne Queensland von Atherton bis se South Australia und Victoria (e, se Australien)*


## Familie: Pachycephalidae (Eigentliche Dickköpfe)

### Gattung: Coracornis

Coracornis raveni
**Rotrücken-Dickkopf**
*Maroon-backed Whistler - Silbador dorsicastaño*
Riley, 1918
*Gebirge Sulawesi*

Coracornis sanghirensis
**Sangihedickkopf**
*Sangihe Whistler - Silbador de la Sangihe*
Oustalet, 1881
*Gebirge Sangihe (n Sulawesi)*


### Gattung: Melanorectes

Melanorectes nigrescens
**Schwarzdickkopf**
*Black Pitohui - Pitohuí negro*
Schlegel, 1871
*Gebirge Bird's Head und Neck (nw Neuguinea)*

    Melanorectes nigrescens wandamensis
    **Wandammen-Mohrenpitohui**
    Hartert, EJO, 1930
    *Gebirge Wandammen Halbinsel (Bird's Neck, nw Neuguinea)*

Melanorectes nigrescens meeki
**Meeks Mohrenpitohui**
Rothschild & Hartert, EJO, 1913
Gebirge wc bis ec Neuguinea
Melanorectes nigrescens harterti
**Harters Mohrenpitohui**
Reichenow, 1911
Gebirge Huon Halbinsel (ne Neuguinea)
Melanorectes nigrescens schistaceus
**Reichenows Mohrenpitohui**
Reichenow, 1900
Gebirge se Neuguinea

## Gattung: Pachycephala

Pachycephala olivacea
**Schuppenkehl-Dickkopf**
*Olive Whistler - Silbador oliváceo*
Vigors & Horsfield, 1827
*sc Victoria bis sc New South Wales (se Australien)*

Pachycephala olivacea macphersoniana
**Östlicher Schuppenkehl-Dickkopf**
White, HL, 1920
se Queensland bis sc New South Wales (se Australien)
Pachycephala olivacea bathychroa
**Victoria-Schuppenkehl-Dickkopf**
Schodde & Mason, IJ, 1999
sc Victoria (se Australien)
Pachycephala olivacea apatetes
**Tasmanien-Schuppenkehl-Dickkopf**
Schodde & Mason, IJ, 1999
Tasmanien und Bass Strait is. (se Australien)
Pachycephala olivacea hesperus
**Südlicher Schuppenkehl-Dickkopf**
Schodde & Mason, IJ, 1999
se South Australia und sw Victoria (sc Australien)

Pachycephala rufogularis
**Rotzügel-Dickkopf**
*Red-lored Whistler - Silbador gorjirrufo*
Gould, 1841
*se South Australia, ns Victoria und wc New South Wales (se Australien)*

Pachycephala inornata
**Schwarzzügel-Dickkopf**
*Gilbert's Whistler - Silbador de Gilbert*
Gould, 1841
*s South Australia bis ec New South Wales (s Australien)*

Pachycephala cinerea
**Schnäpperdickkopf**
*Mangrove Whistler - Silbador de manglar*
Blyth, 1847
*ne Indien, n Küsten und Andaman Is. bis Vietnam, Sumatra und kleine Inseln, Borneo, Maratua (e in ne Borneo), Inseln in Java Sea, Java, Bali und Lombok (w Lesser Sundas)*

Pachycephala cinerea plateni
**Palawan-Schnäpperdickkopf**
Blasius, W, 1888
Palawan (sw Philippinen)

Pachycephala albiventris
**Olivrücken-Dickkopf**
*Green-backed Whistler - Silbador dorsiverde*
Ogilvie-Grant, 1894
*n Luzon (n Philippinen)*

Pachycephala albiventris crissalis
**Luzon-Olivrücken-Dickkopf**
Zimmer, JT, 1918
c, s Luzon (n Philippinen)
Pachycephala albiventris mindorensis
**Mindoro-Olivrücken-Dickkopf**
Bourns & Worcester, 1894
Mindoro (nw Philippinen)

Pachycephala homeyeri
**Braunbrust-Dickkopf**
*White-vented Whistler - Silbador culiblanco*
Blasius, W, 1890
*Zamboanga Halbinsel, Mindanao und Sulu Archipel (s Philippinen) und Si Amil, Pandanan und Sipadan (e in ne Borneo)*

Pachycephala homeyeri major
**Großer Braunbrust-Dickkopf**
Bourns & Worcester, 1894
Cebu (sc Philippinen)
Pachycephala homeyeri winchelli
**Winchells Braunbrust-Dickkopf**
Bourns & Worcester, 1894
West Visayas (wc Philippinen)

Pachycephala phaionota
**Küstendickkopf**
*Island Whistler - Silbador moluqueño*
Bonaparte, 1850
*Inseln Nanusa (Talaud Is., ne Sulawesi), Moluccas, Raja Ampat Is. (nw Neuguinea), Rani (Geelvink Bay, nw Neuguinea) und Aru Is. (sw Neuguinea)*

Pachycephala melanorhyncha
**Biakdickkopf**
*Biak Whistler - Silbador de Biak*
Meyer, AB, 1874
*Biak (Geelvink Bay is., nw Neuguinea)*

Pachycephala hyperythra
**Rostbauch-Dickkopf**
*Rusty Whistler - Silbador herrumbroso*
Salvadori, 1876
*Bird's Head und Neck (nw Neuguinea), w, n Western Range, und Foja Mts. (nc Neuguinea)*

Pachycephala hyperythra sepikiana
**Stresemanns Rostbauch-Dickkopf**
Stresemann, 1921
n Neuguinea
Pachycephala hyperythra reichenowi
**Reichenows Rostbauch-Dickkopf**
Rothschild & Hartert, EJO, 1911
Huon Halbinsel (ne Neuguinea)
Pachycephala hyperythra salvadorii
**Salvadoris Rostbauch-Dickkopf**
Rothschild, 1897
se Neuguinea

Pachycephala modesta
**Braunrücken-Dickkopf**
*Brown-backed Whistler - Silbador modesto*
De Vis, 1894
*Gebirge Huon Halbinsel (ne Neuguinea) und ec bis se Neuguinea*

Pachycephala modesta telefolminensis
**Gillards Braunrücken-Dickkopf**
Gilliard & LeCroy, 1961
Gebirge c Neuguinea

Pachycephala philippinensis
**Philippinendickkopf**
*Yellow-bellied Whistler - Silbador filipino*
Walden, 1872
*Luzon Gruppe (n Philippinen)*

Pachycephala philippinensis fallax
**Calayan-Philippinendickkopf**
McGregor, 1904
Calayan (n Philippinen)
Pachycephala philippinensis illex
**Camiguin-Philippinendickkopf**
McGregor, 1907
Camiguin Norte (n Philippinen)
Pachycephala philippinensis siquijorensis
**Siquijor-Philippinendickkopf**
Rand & Rabor, 1957
Siquijor (sc Philippinen)
Pachycephala philippinensis apoensis
**Meams Philippinendickkopf**
Mearns, 1905
East Visayas (außer Bohol) und Mindanao Gruppe (ec, s Philippinen)
Pachycephala philippinensis basilanica
**Basilan-Philippinendickkopf**
Mearns, 1909
Basilan (sw Philippinen)
Pachycephala philippinensis boholensis
**Boho-Philippinendickkopf**
Parkes, 1966
Bohol (sc Philippinen)

Pachycephala sulfuriventer
**Sulawesidickkopf**
*Sulphur-vented Whistler - Silbador ventrisulfúreo*
Walden, 1872
*Gebirge Sulawesi*

Pachycephala hypoxantha
**Borneodickkopf**
*Bornean Whistler - Silbador de Borneo*
Sharpe, 1887
*Borneo außer w*

Pachycephala hypoxantha sarawacensis
**Sarawakdickkopf**
Chasen, 1935
w Sarawak und w Kalimantan (w Borneo)

Pachycephala meyeri
**Braunohr-Dickkopf**
*Vogelkop Whistler - Silbador de Vogelkop*
Salvadori, 1890
*Gebirge Bird's Head (nw Neuguinea)*

Pachycephala simplex
**Graudickkopf**
*Grey Whistler - Silbador simple*
Gould, 1843
*Küste Nortern Territory und Melville Insel (Tiwi Is., n Nortern Territory; nc Australien)*

Pachycephala simplex rufipennis
**Kei-Graudickkopf**
Gray, GR, 1858
*Kai Is. (se Moluccas)*
Pachycephala simplex griseiceps
**Gagi-Graudickkopf**
Gray, GR, 1858
*Raja Ampat Is. (nw Neuguinea), Aru Is. (sw Neuguinea) und nw, s Neuguinea*
Pachycephala simplex jobiensis
**Yapen-Graudickkopf**
Meyer, AB, 1874
*Yapen und Meos Num Is. (Geelvink Bay Is., nw Neuguinea) und nc Neuguinea*
Pachycephala simplex brunnescens
**Wolters Graudickkopf**
Wolters, 1980
*Huon Halbinsel (ne Neuguinea), se Neuguinea und D'Entrecasteaux Archipel (e in se Neuguinea)*
Pachycephala simplex sudestensis
**Louisidae-Graudickkopf**
De Vis, 1892
*Tagula (c Louisiade Archipel, e in se Neuguinea)*
Pachycephala simplex peninsulae
**Australischer Graudickkopf**
Hartert, EJO, 1899
*n und e Küste Cape York Halbinsel, ne Queensland (ne Australien)*

Pachycephala orpheus
**Orpheusdickkopf**
*Fawn-breasted Whistler - Silbador de Timor*
Jardine, 1849
*Rote, Timor, Jaco (e Timor), Atauro (zwischen Timor und Wetar) und Wetar (e Lesser Sundas)*

Pachycephala orpheus par
**Roma-Bandadickkopf**
Hartert, EJO, 1904
*Roma (=Romang, e Wetar; e Lesser Sundas)*
Pachycephala orpheus compar
**Leti-Bandadickkopf**
Hartert, EJO, 1904
*Leti und Moa (e Timor, e Lesser Sundas)*

Pachycephala soror
**Hügeldickkopf**
*Sclater's Whistler - Silbador de Sclater*
Sclater, PL, 1874
*Gebirge Bird's Head (nw Neuguinea)*

Pachycephala soror klossi
**Kloss-Hügeldickkopf**
Ogilvie-Grant, 1915
*Gebirge c, e Neuguinea*
Pachycephala soror octogenarii
**Kumawa-Hügeldickkopf**
Diamond, 1985
*Kumawa Mts. (sw Bird's Neck, nw Neuguinea)*
Pachycephala soror bartoni
**Bartons Hügeldickkopf**
Ogilvie-Grant, 1915
*Gebirge se Neuguinea und Goodenough (D'Entrecasteaux Archipel, e in se Neuguinea)*

Pachycephala calliope
**Goldbauch-Dickkopf**
*Rusty-breasted Whistler - Silbador pechileonado*
Wallace, 1864
*Sumbawa bis Alor (w, c Lesser Sundas)*

Pachycephala calliope everetti
**Everetts Goldbauch-Dickkopf**
Hartert, EJO, 1896
*Tanahjampea, Kalaotoa und Madu (se in sw Sulawesi)*
Pachycephala calliope javana
**Java-Goldbauch-Dickkopf**
Hartert, EJO, 1928
*e Java und Bali*
Pachycephala calliope fulvotincta
**Sumbawa-Goldbauch-Dickkopf**
Wallace, 1864
*Sumbawa bis Alor (w, c Lesser Sundas)*
Pachycephala calliope fulviventris
**Sumba-Goldbauch-Dickkopf**
Hartert, EJO, 1896
*Sumba (sc Lesser Sundas)*

Pachycephala teysmanni
**Selayar Goldbauch-Dickkopf**
*Selayar Whistler - Silbador del Selayar*
Büttikofer, 1893
*Selayar (s in sw Sulawesi)*

Pachycephala macrorhyncha
**Bandadickkopf**
*Yellow-throated Whistler - Silbador gorjiamarillo*
Strickland, 1849
*Seram und Ambon (ec Moluccas)*

Pachycephala macrorhyncha fuscoflava
**Tanimbar-Bandadickkopf**
Sclater, PL, 1883
*Tanimbar Is. (s Moluccas)*
Pachycephala macrorhyncha buruensis
**Buru-Bandadickkopf**
Hartert, EJO, 1899
*Buru (wc Moluccas)*
Pachycephala macrorhyncha clio
**Sula-Bandadickkopf**
Wallace, 1863
*Sula Is. (e Sulawesi)*
Pachycephala macrorhyncha pelengensis
**Banggai-Bandadickkopf**
Neumann, 1941
*Banggai Is. (e Sulawesi)*

Pachycephala balim
**Baliemdickkopf**
*Baliem Whistler - Silbador balim*
Rand, 1940
*Gebirge wc Neuguinea*

Pachycephala mentalis
**Schwarzkinn-Dickkopf**
*Black-chinned Whistler - Silbador barbinegro*
Wallace, 1863
*Morotai, Halmahera und Bacan (n Moluccas)*

Pachycephala mentalis tidorensis
**Tidore-Schwarzkinn-Dickkopf**
van Bemmel, 1939
*Tidore und Ternate (w Halmahera, n Moluccas)*
Pachycephala mentalis obiensis
**Obi-Schwarzkinn-Dickkopf**
Salvadori, 1878
*Obi (nc Moluccas)*

Pachycephala pectoralis
**Gelbbauch-Dickkopf**
*Australian Golden Whistler - Silbador dorado*
Latham, 1801
*ne Queensland bis ec New South Wales (e Australien)*

Pachycephala pectoralis xanthoprocta
**Norfolk-Gelbbauch-Dickkopf**
Gould, 1838
*Norfolk Insel (e Australien)*
Pachycephala pectoralis contempta
**Lord Howe-Gelbbauch-Dickkopf**
Hartert, EJO, 1898
*Lord Howe Insel (e Australien)*
Pachycephala pectoralis youngi
**Youngs Gelbbauch-Dickkopf**
Mathews, 1912
*se South Australia bis sc Queensland und Victoria (se Australien)*
Pachycephala pectoralis glaucura
**Tasmanien-Gelbbauch-Dickkopf**
Gould, 1845
*Tasmanien und Bass Strait is. (se Australien)*

Pachycephala fuliginosa
**Westlicher Ramsaydickkopf**
*Western Whistler - Silbador de Ramsay*
Vigors & Horsfield, 1827
*s South Australia (sc Australien)*

Pachycephala fuliginosa occidentalis
**Ramsaydickkopf**
Ramsay, EP, 1878
*s Western Australia (sw Australien)*

Pachycephala citreogaster
**Bismarckdickkopf**
*Bismarck Whistler - Silbador de Bismarck*
Ramsay, EP, 1876
*New Hanover (=Lavongai), New Ireland, Dyaul (=Djaul, s in nw New Ireland), Feni Is. (e in se New Ireland), Tolokiwa und Umboi (w New Britain) und New Britain (e Bismarck Archipel)*

Pachycephala citreogaster sexuvaria
**Matthias-Bismarckdickkopf**
Rothschild & Hartert, EJO, 1924
*Mussau (St. Matthias Is., nc Bismarck Archipel)*

Pachycephala citreogaster goodsoni
**Goodsons Bismarckdickkopf**
Rothschild & Hartert, EJO, 1914
Manus (Admiralty Is., nw Bismarck Archipel)
Pachycephala citreogaster tabarensis
**Tabar-Bismarckdickkopf**
Mayr, 1955
Tabar (n in c New Ireland, ne Bismarck Archipel)
Pachycephala citreogaster ottomeyeri
**Ottomeyers Bismarckdickkopf**
Stresemann, 1933
Lihir (e Bismarck Archipel)

Pachycephala orioloides
## Salomonendickkopf
*Oriole Whistler - Silbador oriolino*
Pucheran, 1853
*Choiseul, Malakobi, Santa Isabel und Florida Is. (ec Solomon Is.)*

Pachycephala orioloides bougainvillei
**Bougainville-Piroldickkopf**
Mayr, 1932
Buka, Bougainville und Shortland Is. (n Solomon Is.)
Pachycephala orioloides centralis
**Neugeorgien-Piroldickkopf**
Mayr, 1932
Kolombangara bis Nggatokae (e New Georgia Gruppe, wc Solomon Is.)
Pachycephala orioloides melanoptera
**Mayrs Piroldickkopf**
Mayr, 1932
Rendova und Tetepare (sw New Georgia Gruppe, wc Solomon Is.)
Pachycephala orioloides melanonota
**Ranongga-Piroldickkopf**
Hartert, EJO, 1908
Ranongga, Bagga und Vella Lavella (n New Georgia Gruppe, wc Solomon Is.)
Pachycephala orioloides pavuvu
**Pavuvu-Piroldickkopf**
Mayr, 1932
Pavuvu (=Russell Insel, c Solomon Is.)
Pachycephala orioloides sanfordi
**Malaita-Piroldickkopf**
Mayr, 1931
Malaita (se Solomon Is.)
Pachycephala orioloides cinnamomea
**Beagle-Piroldickkopf**
Ramsay, EP, 1879
Guadalcanal und Beagle (=Maruiapa, e Guadalcanal, sc Solomon Is.)
Pachycephala orioloides christophori
**Cristobal-Piroldickkopf**
Tristram, 1879
Makira (=San Cristóbal) und Santa Ana (vor e Makira, se Solomon Is.)

Pachycephala collaris
## Louisiadedickkopf
*Louisiade Whistler - Silbador de Louisiade*
Ramsay, EP, 1878
*Louisiade Archipel (außer Rossel; e in se Neuguinea)*

Pachycephala collaris rosseliana
**Rosseldickkopf**
Hartert, EJO, 1898
Rossel (e Louisiade Archipel; e in se Neuguinea)

Pachycephala feminina
## Rennelldickkopf
*Rennell Whistler - Silbador de la Melanesia*
Mayr, 1931
*Rennell (se Solomon Is.)*

Pachycephala chlorura
## Melanesiendickkopf
*Melanesian Whistler - Silbador de la Rennell*
Gray, GR, 1860
*Erromango (se Vanuatu)*

Pachycephala chlorura intacta
**Banks-Dickkopf**
Sharpe, 1900
Banks Is. bis Efate (n, c Vanuatu)
Pachycephala chlorura cucullata
**Anatom-Dickkopf**
Gray, GR, 1860
Anatom (=Aneityum, se Vanuatu)
Pachycephala chlorura littayei
**Loyalitäts-Dickkopf**
Layard, EL, 1878
Ouvea und Lifou (w, c Loyalty Is., New Caledonia)

Pachycephala caledonica
## Ockerbauch-Dickkopf
*New Caledonian Whistler - Silbador de Nueva Caledonia*
Gmelin, JF, 1789
*Grande Terre und Ile des Pins (New Caledonia)*

Pachycephala vitiensis
## Fidschidickkopf
*White-throated Fiji Whistler - Silbador de Fiyi*
Gray, GR, 1860
*Gau (c Fiji, sw Polynesien)*

Pachycephala vitiensis kandavensis
**Kandavu-Dickkopf**
Ramsay, EP, 1876
Beqa (s Viti Levu) und Kadavu und kleine Inseln (sw Fiji, sw Polynesien)
Pachycephala vitiensis lauana
**Lau-Dickkopf**
Mayr, 1932
s Lau Archipel (se Fiji, sw Polynesien)

Pachycephala graeffii
## Fidschi-Gelbdickkopf
*Yellow-throated Fiji Whistler - Silbador de Polonesia*
Hartlaub, 1866
*Waya (Yasawa Gruppe) und Viti Levu (nw, w Fiji, sw Polynesien)*

Pachycephala graeffii bella
**Vatu Vara-Dickkopf**
Mayr, 1932
Vatu Vara (ec Fiji, sw Polynesien)
Pachycephala graeffii koroana
**Karo-Dickkopf**
Mayr, 1932
Koro (c Fiji, sw Polynesien)
Pachycephala graeffii torquata
**Tavenui-Dickkopf**
Layard, EL, 1875
Taveuni (nc Fiji, sw Polynesien)
Pachycephala graeffii aurantiiventris
**Yanganga-Dickkopf**
Seebohm, 1891
Yaqaga (=Yanganga; n Vanua Levu) und Vanua Levu (außer se Küste; nc Fiji, sw Polynesien)
Pachycephala graeffii ambigua
**Rabi-Dickkopf**
Mayr, 1932
se Vanua Levu, Rabi und Kioa (e in ne Vanua Levu; nc Fiji, sw Polynesien)
Pachycephala graeffii optata
**Ovalau-Dickkopf**
Hartlaub, 1866
se Küste Viti Levu und Ovalau (w Lomaiviti Gruppe; w, wc Fiji, sw Polynesien)

Pachycephala ornata
## Nendodickkopf
*Nendo Whistler - Silbador de Nendo*
Mayr, 1932
*Nendo, Reef und Duff Is. (n Santa Cruz Is.=Temotu, se Solomon Is.)*

Pachycephala utupuae
## Utupuadickkopf
*Utupua Whistler - Silbador de Utupua*
Mayr, 1932
*Utupua (sc Santa Cruz Is.=Temotu, se Solomon Is.)*

Pachycephala vanikorensis
## Temotudickkopf
*Temotu Whistler - Silbador de Temotu*
Oustalet, 1875
*Vanikoro (se Santa Cruz Is.=Temotu, se Solomon Is.)*

Pachycephala jacquinoti
## Tongadickkopf
*Tongan Whistler - Silbador de Tonga*
Bonaparte, 1850
*Vava'u Gruppe und Late Insel (n Tonga, sc Polynesien)*

Pachycephala melanura
## Mangrovedickkopf
*Mangrove Golden Whistler - Silbador colinegro*
Gould, 1843
*nw Australien*

Pachycephala melanura dammeriana
**Damar-Bandadickkopf**
Hartert, EJO, 1900
Damar (e Lesser Sundas)
Pachycephala melanura dahll
**Dahlis Mangrovedickkopf**
Reichenow, 1897
Bismarck Archipel, Nissan und Inseln vor Shortland Is. (extremer n Solomon Is.), se Neuguinea und kleine Inseln
Pachycephala melanura spinicaudus
**Torres-Mangrovedickkopf**
Pucheran, 1853
Bintuni Bay (Bird's Neck, nw Neuguinea), s Neuguinea und kleine Inseln, und Torres Strait is. (ne Queensland, ne Australien)
Pachycephala melanura violetae
**Großer Mangrovedickkopf**
Mathews, 1912
n Australien

Pachycephala melanura robusta
**Nördlicher Mangrovedickkopf**
Masters, 1876
n Australien

Pachycephala flavifrons
**Diademdickkopf**
*Samoan Whistler - Silbador de Samoa*
Peale, 1849
*Savaii, Upolu und Nu-utele (e Upolu; w Samoa, c Polynesien)*

Pachycephala implicata
**Olivbauch-Dickkopf**
*Hooded Whistler - Silbador de Guadalcanal*
Hartert, EJO, 1929
*Gebirge Guadalcanal (sc Solomon Is.)*

Pachycephala richardsi
**Bougainville-Dickkopf**
*Bougainville Whistler - Silbador de Bougainville*
Mayr, 1932
*Gebirge Bougainville (n Solomon Is.)*

Pachycephala nudigula
**Nacktkehl-Dickkopf**
*Bare-throated Whistler - Silbador de Flores*
Hartert, EJO, 1897
*Gebirge Flores (e Lesser Sundas)*

    Pachycephala nudigula ilsa
    **Renschs Nacktkehl-Dickkopf**
    Rensch, 1928
    Gebirge Sumbawa (w Lesser Sundas)

Pachycephala lorentzi
**Lorentzdickkopf**
*Lorentz's Whistler - Silbador de Lorentz*
Mayr, 1931
*Gebirge wc Neuguinea*

Pachycephala schlegelii
**Bergdickkopf**
*Regent Whistler - Silbador de Schlegel*
Schlegel, 1871
*Gebirge Bird's Head und Neck (nw Neuguinea)*

    Pachycephala schlegelii obscurior
    **Harterts Bergdickkopf**
    Hartert, EJO, 1896
    Gebirge wc bis ne Neuguinea

Pachycephala aurea
**Gelbrücken-Dickkopf**
*Golden-backed Whistler - Silbador áureo*
Reichenow, 1899
*von wc bis se Neuguinea*

Pachycephala rufiventris
**Schlichtmantel-Dickkopf**
*Rufous Whistler - Silbador rufo*
Latham, 1801
*Australien (außer n und Tasmanien)*

    Pachycephala rufiventris minor
    **Kleiner Schlichtmantel-Dickkopf**
    Zietz, FR, 1914
    Bathurst und Melville is. (Tiwi Is., n in nc Australien)
    Pachycephala rufiventris falcata
    **Goulds Schlichtmantel-Dickkopf**
    Gould, 1843
    ne Western Australia bis ne Nortern Territory (nw, nc Australien)
    Pachycephala rufiventris pallida
    **Ramsays Schlichtmantel-Dickkopf**
    Ramsay, EP, 1878
    Gulf von Carpentaria und Cape York Halbinsel (n Queensland, ne Australien)
    Pachycephala rufiventris xanthetraea
    **Forsters Schlichtmantel-Dickkopf**
    Forster, JR, 1844
    Grande Terre (New Caledonia)

Pachycephala monacha
**Schwarzgrau-Dickkopf**
*Black-headed Whistler - Silbador monje*
Gray, GR, 1858
*Aru Is. (sw Neuguinea)*

    Pachycephala monacha lugubris
    **Salvadoris Schwarzgrau-Dickkopf**
    Salvadori, 1881
    wc bis se Neuguinea

Pachycephala leucogastra
**Weißbauch-Dickkopf**
*White-bellied Whistler - Silbador ventriblanco*
Salvadori & D'Albertis, 1875
*nc, se Neuguinea*

    Pachycephala leucogastra meeki
    **Meeks Weißbauch-Dickkopf**
    Hartert, EJO, 1898
    Rossel (e Louisiade Archipel, e in se Neuguinea)

Pachycephala sharpei
**Babardickkopf**
*Babar Whistler - Silbador de Babar*
Meyer, AB, 1884
*Babar (e Lesser Sundas)*

Pachycephala arctitorquis
**Weißhals-Dickkopf**
*Wallacean Whistler - Silbador de Wallacea*
Sclater, PL, 1883
*Tanimbar Is. (s Moluccas)*

    Pachycephala arctitorquis kebirensis
    **Sunda-Weißhals-Dickkopf**
    Meyer, AB, 1884
    Roma, Damar, Moa, Sermata und Babar (e Lesser Sundas)
    Pachycephala arctitorquis tianduana
    **Tayandu-Weißhals-Dickkopf**
    Hartert, EJO, 1901
    Tayandu Is. (w Kai Is., s Moluccas)

Pachycephala griseonota
**Molukkendickkopf**
*Drab Whistler - Silbador cenizo*
Gray, GR, 1862
*Seram (ec Moluccas)*

    Pachycephala griseonota lineolata
    **Wallaces Molukkendickkopf**
    Wallace, 1863
    Peleng (Banggai Is., e Sulawesi) und Sula Is. (e Sulawesi)
    Pachycephala griseonota cinerascens
    **Salvadoris Molukkendickkopf**
    Salvadori, 1878
    Morotai bis Bacan (n Moluccas)
    Pachycephala griseonota examinata
    **Harters Molukkendickkopf**
    Hartert, EJO, 1898
    Buru (wc Moluccas)
    Pachycephala griseonota kuehni
    **Kühns Molukkendickkopf**
    Hartert, EJO, 1898
    Kai Is. (se Moluccas)

Pachycephala johni
**Obidickkopf**
*Cinnamon-breasted Whistler - Silbador de Obi*
Hartert, EJO, 1903
*Obi (nc Moluccas)*

Pachycephala lanioides
**Braunhals-Dickkopf**
*White-breasted Whistler - Silbador pechiblanco*
Gould, 1840
*Küste ne Western Australia (nw Australien)*

    Pachycephala lanioides carnarvoni
    **Westlicher Braunhals-Dickkopf**
    Mathews, 1913
    Küste nw Western Australia (w Australien)
    Pachycephala lanioides fretorum
    **Nördlicher Braunhals-Dickkopf**
    De Vis, 1889
    Küste n Nortern Territory, nw Queensland (nc Australien)

Pachycephala tenebrosa
**Singdickkopf**
*Morningbird - Picanzo de Palaos*
Hartlaub & Finsch, 1868
*Palau (w Caroline Is., w Micronesia)*

**Gattung: Pseudorectes**

Pseudorectes incertus
**Fleckenbrust-Dickkopf**
*White-bellied Pitohui - Pitohuí ventriblanco*
van Oort, 1909
*s Neuguinea*

Pseudorectes ferrugineus
**Weißaugen-Dickkopf**
*Rusty Pitohui - Pitohuí herrumbroso*
Bonaparte, 1850
*Misool und Salawati (Raja Ampat Is., nw Neuguinea) und nw bis sc Neuguinea*

Pseudorectes ferrugineus leucorhynchus
**Waigeo-Weißaugen-Dickkopf**
Gray, GR, 1862
Waigeo und Batanta (Raja Ampat Is., nw Neuguinea)
Pseudorectes ferrugineus brevipennis
**Aru-Weißaugen-Dickkopf**
Hartert, EJO, 1896
Aru Is. (sw Neuguinea)
Pseudorectes ferrugineus holerythrus
**Yapen-Weißaugen-Dickkopf**
Salvadori, 1878
Yapen (Geelvink Bay is., nw Neuguinea) und nc Neuguinea
Pseudorectes ferrugineus clarus
**Südlicher Weißaugen-Dickkopf**
Meyer, AB, 1894
ne bis se Neuguinea

## Gattung: Colluricincla

Colluricincla boweri
**Graurücken-Dickkopf**
*Bower's Shrikethrush - Picanzo de Bower*
Ramsay, EP, 1885
*ne Australien*

Colluricincla tenebrosa
**Rußdickkopf**
*Sooty Shrikethrush - Picanzo sombrío*
Rothschild, 1911
*Gebirge wc bis ec Neuguinea*

Colluricincla megarhyncha
**Walddickkopf**
*Arafura Shrikethrush - Picanzo chico*
Quoy & Gaimard, 1832
*Raja Ampat Is. (nw Neuguinea), Bird's Head (nw Neuguinea) bis Cenderawasih Bay und sw Neuguinea*

Colluricincla megarhyncha parvula
**Goulds Walddickkopf**
Gould, 1845
ne Western Australia und Top End, n Nortern Territory (nw Australien e bis w Gulf von Carpentaria)
Colluricincla megarhyncha aruensis
**Aru-Walddickkopf**
Gray, GR, 1858
Aru Is. (sw Neuguinea) und Trans-Fly (sc Neuguinea)

Colluricincla fortis
**Salomonensee-Dickkopf**
*Variable Shrikethrush - Picanzo variable*
Gadow, 1883
*D'Entrecasteaux Archipel (e in se Neuguinea)*

Colluricincla fortis trobriandi
**Trobriand-Salomonensee-Dickkopf**
Hartert, EJO, 1896
Trobriand Is. (e in se Neuguinea)
Colluricincla fortis despecta
**Harterts Salomonensee-Dickkopf**
Rothschild & Hartert, EJO, 1903
se Neuguinea w in n bis Huon Gulf und s bis Fly-Digul Rivers

Colluricincla affinis
**Waigeodickkopf**
*Waigeo Shrikethrush - Picanzo de Waigeo*
Gray, GR, 1862
*Waigeo (Raja Ampat Is., nw Neuguinea)*

Colluricincla obscura
**Mamberamodickkopf**
*Mamberamo Shrikethrush - Picanzo del Mamberamo*
Meyer, AB, 1874
*Yapen (Geelvink Bay Is., nw Neuguinea)*

Colluricincla obscura hybridus
**Meises Mamberamodickkopf**
Meise, 1929
nw, wc Neuguinea

Colluricincla discolor
**Vanatinaidickkopf**
*Tagula Shrikethrush - Picanzo de Tagula*
De Vis, 1890
*Tagula und Junet (c Louisiade Archipel, e in se Neuguinea)*

Colluricincla tappenbecki
**Huondickkopf**
*Sepik-Ramu Shrikethrush - Picanzo de Sepik-Ramu*
Reichenow, 1898
*nc Neuguinea bis Astrolabe Bay (ne Neuguinea)*

Colluricincla tappenbecki madaraszi
**Madaraszidickkopf**
Rothschild & Hartert, EJO, 1903
Huon Halbinsel (ne Neuguinea)
Colluricincla tappenbecki maeandrina
**Stresemanns Huondickkopf**
Stresemann, 1921
ec Neuguinea

Colluricincla rufogaster
**Röteldickkopf**
*Rufous Shrikethrush - Picanzo de Costa*
Gould, 1845
*Küste von Burdekin River (ne Queensland) bis ne New South Wales (e Australien)*

Colluricincla rufogaster normani
**Küsten-Röteldickkopf**
Mathews, 1914
Küste Trans-Fly (sc Neuguinea), nw Queensland s Gulf von Carpentaria, n Cape York Halbinsel (ne Queensland) und Torres Strait is. (ne Australien)
Colluricincla rufogaster griseata
**Burdekin-Röteldickkopf**
Gray, GR, 1858
ne Queensland zwischen Endeavour und Burdekin rivers (ne Australien)

Colluricincla harmonica
**Weißzügel-Dickkopf**
*Grey Shrikethrush - Picanzo gris*
Latham, 1801
*Queensland (außer ne) bis e South Australia und Victoria (e Australien)*

Colluricincla harmonica brunnea
**Melville-Weißzügel-Dickkopf**
Gould, 1841
nw Nortern Territory bis nw Queensland und Melville Insel (Tiwi Is., n Nortern Territory; nw, nc Australien)
Colluricincla harmonica superciliosa
**Torres-Weißzügel-Dickkopf**
Masters, 1876
e Neuguinea, Torres Strait is. und Cape York Halbinsel (ne Queensland, ne Australien)
Colluricincla harmonica strigata
**Tasmanien-Weißzügel-Dickkopf**
Swainson, 1838
Tasmanien und Bass Strait is. (se Australien)
Colluricincla harmonica rufiventris
**Goulds Weißzügel-Dickkopf**
Gould, 1841
Western Australia (außer ne) bis ec Nortern Territory und ec South Australia (w, s, c Australien)

Colluricincla woodwardi
**Felsendickkopf**
*Sandstone Shrikethrush - Picanzo roquero*
Hartert, EJO, 1905
*ne Western Australia bis nw Queensland (n Australien)*

## Familie: Vireonidae (Vireos)

## Gattung: Pteruthius

Pteruthius xanthochlorus
**Grünwürgervireo**
*Green Shrike-babbler - Vireo alcaudón verde*
Gray, JE & Gray, GR, 1847
*e Nepal bis ne Indien*

Pteruthius xanthochlorus occidentalis
**Östlicher Grünwürgervireo**
Harington, 1913
ne Pakistan bis w Nepal
Pteruthius xanthochlorus hybrida
**Indischer Grünwürgervireo**
Harington, 1913
ne Indien bis w Myanmar
Pteruthius xanthochlorus pallidus
**Chinesischer Grünwürgervireo**
David, A, 1871
n Myanmar bis sc, se China

Pteruthius melanotis
**Zimtkehl-Würgervireo**
*Black-eared Shrike-babbler - Vireo alcaudón orejudo*
Hodgson, 1847
*c Nepal und ne Indien bis Myanmar, w Thailand, n Indochina und s China*

Pteruthius melanotis tahanensis
**Thailand-Zimtkehl-Würgervireo**
Hartert, EJO, 1902
s Thailand und Malayische Halbinsel

Pteruthius rufiventer
**Rotbauch-Würgervireo**
*Black-headed Shrike-babbler - Vireo alcaudón ventrirrufo*
Blyth, 1842
*Himalaya bis n Myanmar, s China und  nw Vietnam*

Pteruthius aeralatus
**Rostflügel-Würgervireo**
*White-browed Shrike-babbler - Vireo alcaudón cejiblanco*
Blyth, 1855
*e Myanmar und w Thailand*

Pteruthius aeralatus ripleyi
**Himalaya-Rostflügel-Würgervireo**
Biswas, 1960
w Himalaya e bis c Nepal
Pteruthius aeralatus validirostris
**Koelzes Rostflügel-Würgervireo**
Koelz, 1951
e Himalaya bis w Myanmar
Pteruthius aeralatus ricketti
**Ricketts Rostflügel-Würgervireo**
Ogilvie-Grant, 1904
ne Myanmar bis se China und n, c Indochina
Pteruthius aeralatus schauenseei
**Schauensees Rostflügel-Würgervireo**
Deignan, 1946
s Thailand
Pteruthius aeralatus cameranoi
**Salvadoris Rostflügel-Würgervireo**
Salvadori, 1879
Gebirge Malayische Halbinsel und Sumatra
Pteruthius aeralatus robinsoni
**Robinsons Rostflügel-Würgervireo**
Chasen & Kloss, 1931
Gebirge Borneo
Pteruthius aeralatus annamensis
**Vietnam-Rostflügel-Würgervireo**
Robinson & Kloss, 1919
s Vietnam (Da Lat Plateau)

Pteruthius flaviscapis
**Weißbrauen-Würgervireo**
*Pied Shrike-babbler - Vireo alcaudón pío*
Temminck, 1836
*Gebirge Java*

Pteruthius intermedius
**Rostbrust-Würgervireo**
*Clicking Shrike-babbler - Vireo alcaudón frenticastaño*
Hume, 1877
*Myanmar bis n Indochina und s China, Lang Bian Plateau (s Vietnam)*

Pteruthius intermedius aenobarbulus
**Indischer Rostbrust-Würgervireo**
Koelz, 1954
ne Indien

Pteruthius aenobarbus
**Rotstirn-Würgervireo**
*Trilling Shrike-babbler - Vireo alcaudón trinador*
Temminck, 1836
*Gebirge Java*

Gattung: Erpornis

Erpornis zantholeuca
**Haubenvireo**
*White-bellied Erpornis - Yuhina ventriblanca*
Blyth, 1844
*c, e Himalaya bis Myanmar, w Thailand und w Yunnan (s China)*

Erpornis zantholeuca tyrannulus
**Yunnan-Haubenvireo**
Swinhoe, 1870
s Yunnan (s China) bis ne Thailand und n Indochina
Erpornis zantholeuca griseiloris
**Taiwan-Haubenvireo**
Stresemann, 1923
se China, Taiwan
Erpornis zantholeuca sordida
**Indochina-Haubenvireo**
Robinson & Kloss, 1919
e Thailand und s Indochina
Erpornis zantholeuca canescens
**Kambodscha-Haubenvireo**
Delacour & Jabouille, 1928
se Thailand und w Kambodscha

---

Erpornis zantholeuca interposita
**Malaysia-Haubenvireo**
Hartert, EJO, 1917
Malayische Halbinsel
Erpornis zantholeuca saani
**Sumatra-Haubenvireo**
Chasen, 1939
nw Sumatra
Erpornis zantholeuca brunnescens
**Borneo-Haubenvireo**
Sharpe, 1876
Borneo und Laut (e in se Borneo)

## Gattung: Cyclarhis

Cyclarhis gujanensis
**Rostbrauenvireo**
*Rufous-browed Peppershrike - Vireón cejirrufo*
Gmelin, JF, 1789
*e Kolumbien und s Venezuela über Guianas bis ne, c Brasilien und e Peru*

Cyclarhis gujanensis septentrionalis
**Phillips-Rostbrauenvireo**
Phillips, AR, 1991
e Mexico
Cyclarhis gujanensis flaviventris
**Südmexikanischer Rostbrauenvireo**
Lafresnaye, 1842
se Mexico (außer Yucatán Halbinsel), Guatemala und n Honduras
Cyclarhis gujanensis yucatanensis
**Yucatan-Rostbrauenvireo**
Ridgway, 1887
Yucatán Halbinsel (se Mexico)
Cyclarhis gujanensis insularis
**Cozumel-Rostbrauenvireo**
Ridgway, 1885
Cozumel Insel(vor se Mexico)
Cyclarhis gujanensis nicaraguae
**Nikaragua-Rostbrauenvireo**
Miller, W & Griscom, 1925
s Mexico bis Nicaragua
Cyclarhis gujanensis subflavescens
**Costa Rica-Rostbrauenvireo**
Cabanis, 1861
Costa Rica und w Panama
Cyclarhis gujanensis perrygoi
**Panama-Rostbrauenvireo**
Wetmore, 1950
wc Panama
Cyclarhis gujanensis flavens
**Wetmores Rostbrauenvireo**
Wetmore, 1950
e Panama
Cyclarhis gujanensis coibae
**Coiba-Rostbrauenvireo**
Hartert, EJO, 1901
Coiba Insel (vor sw Panama)
Cyclarhis gujanensis cantica
**Bangs-Rostbrauenvireo**
Bangs, 1898
n, c Kolumbien
Cyclarhis gujanensis flavipectus
**Trinidad-Rostbrauenvireo**
Sclater, PL, 1859
ne Venezuela und Trinidad
Cyclarhis gujanensis parva
**Venezuela-Rostbrauenvireo**
Chapman, 1917
ne Kolumbien und n Venezuela
Cyclarhis gujanensis cearensis
**Bairds Rostbrauenvireo**
Baird, SF, 1866
e Brasilien
Cyclarhis gujanensis ochrocephala
**Uruguay-Rostbrauenvireo**
Tschudi, 1845
se Brasilien, Uruguay, Paraguay und ne Argentinien
Cyclarhis gujanensis viridis
**Paraguay-Rostbrauenvireo**
Vieillot, 1822
Paraguay und n Argentinien
Cyclarhis gujanensis virenticeps
**Ekuador-Rostbrauenvireo**
Sclater, PL, 1860
w Ecuador und nw Peru
Cyclarhis gujanensis contrerasi
**Peru-Rostbrauenvireo**
Taczanowski, 1879
se Ecuador und n Peru
Cyclarhis gujanensis saturata
**Zimmers Rostbrauenvireo**
Zimmer, JT, 1925
c Peru
Cyclarhis gujanensis pax
**Bonds-Rostbrauenvireo**
Bond, J & Meyer de Schauensee, 1942
ec Bolivien
Cyclarhis gujanensis dorsalis
**Bolivien-Rostbrauenvireo**
Zimmer, JT, 1942
c Bolivien

Cyclarhis gujanensis tarijae
**Argentinien-Rostbrauenvireo**
Bond, J & Meyer de Schauensee, 1942
se Bolivien und nw Argentinien

Cyclarhis nigrirostris
**Schwarzschnabelvireo**
*Black-billed Peppershrike - Vireón piquinegro*
Lafresnaye, 1842
c Kolumbien und e Ecuador

Cyclarhis nigrirostris atrirostris
**Sclaters Schwarzschnabelvireo**
Sclater, PL, 1887
sw Kolumbien und w Ecuador

## Gattung: Vireolanius

Vireolanius melitophrys
**Brustbandvireo**
*Chestnut-sided Shrike-Vireo - Vireón pechicastaño*
Bonaparte, 1850
c Mexico

Vireolanius melitophrys crossini
**Westlicher Brustbandvireo**
Phillips, AR, 1991
sw Mexico
Vireolanius melitophrys quercinus
**Südlicher Brustbandvireo**
Griscom, 1935
s Mexico und Guatemala

Vireolanius pulchellus
**Smaragdvireo**
*Green Shrike-Vireo - Vireón esmeralda*
Sclater, PL & Salvin, 1859
s Yucatán Halbinsel (se Mexico), Guatemala und Belize bis n Nicaragua

Vireolanius pulchellus ramosi
**Oaxaca-Smaragdvireo**
Phillips, AR, 1991
s Veracruz und e Oaxaca bis n Yucatán Halbinsel (se Mexico)
Vireolanius pulchellus verticalis
**Costa Rica-Smaragdvireo**
Ridgway, 1885
e Nicaragua, Costa Rica und w Panama
Vireolanius pulchellus viridiceps
**Panama-Smaragdvireo**
Ridgway, 1903
c Panama

Vireolanius eximius
**Gelbbrauenvireo**
*Yellow-browed Shrike-Vireo - Vireón cejiamarillo*
Baird, SF, 1866
e Panama, n Kolumbien und nw Venezuela

Vireolanius leucotis
**Schieferkopfvireo**
*Slaty-capped Shrike-Vireo - Vireón coronigrís*
Swainson, 1838
n, w Amazonasgebiet

Vireolanius leucotis mikettae
**Ekuador-Schieferkopfvireo**
Hartert, EJO, 1900
w Kolumbien und w Ecuador
Vireolanius leucotis simplex
**Amazonas-Schieferkopfvireo**
Berlepsch, 1912
s Peru und wc Brasilien (s Amazon)
Vireolanius leucotis bolivianus
**Bolivien-Schieferkopfvireo**
Berlepsch, 1901
se Peru und n Bolivien

## Gattung: Hylophilus

Hylophilus amaurocephalus
**Grauaugenvireo**
*Grey-eyed Greenlet - Verdillo ojigrís*
Nordmann, 1835
e, sw Brasilien und n Bolivien

Hylophilus poicilotis
**Rostkappenvireo**
*Rufous-crowned Greenlet - Verdillo coronado*
Temminck, 1822
e Paraguay, ne Argentinien und se Brasilien

Hylophilus olivaceus
**Olivvireo**
*Olivaceous Greenlet - Verdillo oliváceo*
Tschudi, 1844
Ecuador und Peru

Hylophilus pectoralis
**Aschkopfvireo**
*Ashy-headed Greenlet - Verdillo cabecigrís*
Sclater, PL, 1866
n, c Amazonasgebiet

Hylophilus brunneiceps
**Braunkopfvireo**
*Brown-headed Greenlet - Verdillo cabecicastaño*
Sclater, PL, 1866
w Amazonasgebiet und c Brasilien

Hylophilus thoracicus
**Rio-de-Janeiro-Vireo**
*Lemon-chested Greenlet - Verdillo de Río de Janeiro*
Temminck, 1822
se Brasilien

Hylophilus thoracicus aemulus
**Kolumbien-Gelbbrustvireo**
Hellmayr, 1920
se Kolumbien bis n Bolivien
Hylophilus thoracicus griseiventris
**Guyana-Gelbbrustvireo**
Berlepsch & Hartert, EJO, 1902
e Venezuela, Guianas und n Brasilien

Hylophilus flavipes
**Buschvireo**
*Scrub Greenlet - Verdillo paticlaro*
Lafresnaye, 1845
n, c Kolumbien

Hylophilus flavipes viridiflavus
**Costa Rica-Buschvireo**
Lawrence, 1861
sw Costa Rica bis c Panama
Hylophilus flavipes xuthus
**Coiba-Buschvireo**
Wetmore, 1957
Coiba Insel (vor sw Panama)
Hylophilus flavipes melleus
**Guajira-Buschvireo**
Wetmore, 1941
Guajira Halbinsel (N Kolumbien)
Hylophilus flavipes galbanus
**Kolumbien-Buschvireo**
Wetmore & Phelps, WH Jr, 1956
ne Kolumbien und nw Venezuela
Hylophilus flavipes acuticaudus
**Venezuela-Buschvireo**
Lawrence, 1865
n Venezuela
Hylophilus flavipes insularis
**Tobago-Buschvireo**
Sclater, PL, 1861
Tobago

Hylophilus semicinereus
**Graubrustvireo**
*Grey-chested Greenlet - Verdillo pechigrís*
Sclater, PL & Salvin, 1867
n Brasilien (s Amazon)

Hylophilus semicinereus viridiceps
**Venezuela-Graunackenvireo**
Todd, 1929
s Venezuela, Guianas und n Brasilien
Hylophilus semicinereus juruanus
**Brasilien-Graunackenvireo**
Gyldenstolpe, 1941
nw Brasilien und ne Peru

## Gattung: Tunchiornis

Tunchiornis ochraceiceps
**Fuchsscheitelvireo**
*Tawny-crowned Greenlet - Verdillo coronipardo*
Sclater, PL, 1860
s Mexico, Belize und n Guatemala

Tunchiornis ochraceiceps pallidipectus
**Guatemala-Fuchsscheitelvireo**
Ridgway, 1903
s Guatemala und Honduras bis nw Panama

Tunchiornis ochraceiceps pacificus
**Costa Rica-Fuchsscheitelvireo**
Parkes, 1991
se Costa Rica und w Panama
Tunchiornis ochraceiceps nelsoni
**Nelsons Fuchsscheitelvireo**
Todd, 1929
e Panama
Tunchiornis ochraceiceps bulunensis
**Panama-Fuchsscheitelvireo**
Hartert, EJO, 1902
extremer e Panama, w Kolumbien und nw Ecuador
Tunchiornis ochraceiceps ferrugineifrons
**Guyana-Fuchsscheitelvireo**
Sclater, PL, 1862
se Kolumbien, s Venezuela, wc Guyana, nw Brasilien, Ecuador und Peru
Tunchiornis ochraceiceps viridior
**Peru-Fuchsscheitelvireo**
Todd, 1929
s Peru und n Bolivien
Tunchiornis ochraceiceps luteifrons
**Sclaters Fuchsscheitelvireo**
Sclater, PL, 1881
e Venezuela, Guianas und n Brasilien
Tunchiornis ochraceiceps lutescens
**Amazonas Fuchsscheitelvireo**
Snethlage, E, 1914
nc Brasilien s Amazonas
Tunchiornis ochraceiceps rubrifrons
**Brasilien Fuchsscheitelvireo**
Sclater, PL & Salvin, 1867
ne Brasilien s Amazonas

## Gattung: Pachysylvia

Pachysylvia decurtata
**Graukappenvireo**
*Lesser Greenlet - Verdillo menor*
Bonaparte, 1838
*s Belize und Guatemala bis c Panama*

Pachysylvia decurtata brevipennis
**Girauds Graukappenvireo**
Giraud Jr, 1851
e Mexico
Pachysylvia decurtata dickermani
**Parkes-Graukappenvireo**
Parkes, 1991
se Mexico
Pachysylvia decurtata phillipsi
**Yucatan-Graukappenvireo**
Parkes, 1991
Yucatán Halbinsel (se Mexico) und n Belize
Pachysylvia decurtata darienensis
**Panama-Graukappenvireo**
Griscom, 1927
c Panama bis nw Kolumbien
Pachysylvia decurtata minor
**Kleiner Graukappenvireo**
Berlepsch & Taczanowski, 1884
w Kolumbien bis nw Peru

Pachysylvia hypoxantha
**Braunstirnvireo**
*Dusky-capped Greenlet - Verdillo ventriamarillo*
Pelzeln, 1868
*se Kolumbien*

Pachysylvia hypoxantha fuscicapillus
**Ekuador-Braunstirnvireo**
Sclater, PL & Salvin, 1880
e Ecuador und n Peru
Pachysylvia hypoxantha flaviventris
**Peru-Braunstirnvireo**
Cabanis, 1873
c Peru
Pachysylvia hypoxantha icterica
**Bolivien-Braunstirnvireo**
Bond, J, 1953)
w Brasilien, se Peru und n Bolivien
Pachysylvia hypoxantha albigula
**Chapmans Braunstirnvireo**
Chapman, 1921
nc Brasilien s Amazonas
Pachysylvia hypoxantha inornata
**Amazonas-Braunstirnvireo**
Snethlage, E, 1914
ne Brasilien s Amazonas

Pachysylvia muscicapina
**Braunwangenvireo**
*Buff-cheeked Greenlet - Verdillo atrapamoscas*
Sclater, PL & Salvin, 1873
*s Venezuela, Guianas und Brasilien n Amazonas*

Pachysylvia muscicapina griseifrons
**Bolivien-Braunwangenvireo**
Snethlage, E, 1907
c Brasilien s Amazonas und ne Bolivien

Pachysylvia aurantiifrons
**Goldstirnvireo**
*Golden-fronted Greenlet - Verdillo luisucho*
Lawrence, 1861
*e Panama und n Kolumbien*

Pachysylvia aurantiifrons helvina
**Westlicher Goldstirnvireo**
Wetmore & Phelps, WH Jr, 1956
nw Venezuela
Pachysylvia aurantiifrons saturata
**Trinidad-Goldstirnvireo**
Hellmayr, 1906
e Kolumbien, n Venezuela und Trinidad

Pachysylvia semibrunnea
**Rostnackenvireo**
*Rufous-naped Greenlet - Verdillo nuquirrufo*
Lafresnaye, 1845
*nw Venezuela bis e Ecuador*

## Gattung: Vireo

Vireo hypochryseus
**Goldbauchvireo**
*Golden Vireo - Vireo dorado*
Sclater, PL, 1863
*w Mexico*

Vireo hypochryseus nitidus
**Nördlicher Goldbauchvireo**
Van Rossem, 1934
nw Mexico
Vireo hypochryseus sordidus
**Tresmarias-Goldbauchvireo**
Nelson, 1898
Tres Marias Is. (vor w Mexico)

Vireo flavoviridis
**Gelbflankenvireo**
*Yellow-green Vireo - Vireo verdiamarillo*
Cassin, 1851
*nc, ne Mexico bis Panama*

Vireo flavoviridis hypoleucus
**Sonora-Gelbflankenvireo**
Van Rossem & Hachisuka, 1937
nw Mexico (se Sonora bis s Sinaloa)
Vireo flavoviridis forreri
**Forrers Gelbflankenvireo**
Madarász, G, 1885
Tres Marias Is. (vor w Mexico)
Vireo flavoviridis perplexus
**Guatemala-Gelbflankenvireo**
Phillips, AR, 1991
n Guatemala
Vireo flavoviridis vanrossemi
**El Salvador-Gelbflankenvireo**
Phillips, AR, 1991
se El Salvador
Vireo flavoviridis insulanus
**Insel-Gelbflankenvireo**
Bangs, 1902
Pearl Islands (Gulf of Panama)

Vireo olivaceus
**Rotaugenvireo**
*Red-eyed Vireo - Vireo chiví*
Linnaeus, 1766
*Kanada und c, e USA*

Vireo magister
**Yucatánvireo**
*Yucatan Vireo - Vireo yucateco*
Baird, SF, 1871
*se Mexico und Belize*

Vireo magister decoloratus
**Belizevireo**
Phillips, AR, 1991
Inseln vor n, c Belize
Vireo magister stilesi
**Hondurasvireo**
Phillips, AR, 1991
Inseln vor s Belize und n Honduras
Vireo magister caymanensis
**Grand Caymanvireo**
Cory, 1887
Grand Cayman Insel

Vireo altiloquus
## Bartvireo
*Black-whiskered Vireo - Vireo bigotudo*
Vieillot, 1808
*Große Antillen*

Vireo altiloquus barbatulus
### Florida-Bartvireo
Cabanis, 1855
s Florida (se USA), Kuba und Bahamas
Vireo altiloquus barbadensis
### Barbados-Bartvireo
Ridgway, 1874
St. Croix bis Barbados und Grenada (Kleine Antillen)
Vireo altiloquus bonairensis
### Antillen-Bartvireo
Phelps, WH & Phelps, WH Jr, 1948
Niederländische Antillen
Vireo altiloquus grandior
### Catalina-Bartvireo
Ridgway, 1884
Providencia Insel und Santa Catalina Insel (e Nicaragua)
Vireo altiloquus canescens
### San Anfrs-Bartvireo
Cory, 1887
San Andrés Insel (e Nicaragua)

Vireo chivi
## Chivivireo
*Chivi Vireo - Vireo chiví*
Vieillot, 1817
*w, sw Amazonasgebiet und s bis c Argentinien*

Vireo chivi caucae
### Kolumbien-Chivivireo
Chapman, 1912
w Kolumbien
Vireo chivi griseobarbatus
### Ekuador-Chivivireo
Berlepsch & Taczanowski, 1884
w Ecuador und nw Peru
Vireo chivi pectoralis
### Peru-Chivivireo
Zimmer, JT, 1941
n Peru
Vireo chivi solimoensis
### Todds Chivivireo
Todd, 1931
e Ecuador, ne Peru und extremer w Brasilien
Vireo chivi vividior
### Guyana-Chivivireo
Hellmayr & Seilern, 1913
Kolumbien, Venezuela, Guianas, n Brasilien und Trinidad
Vireo chivi tobagensis
### Tobago-Chivivireo
Hellmayr, 1935
Tobago
Vireo chivi agilis
### Brasilien-Chivivireo
Lichtenstein, MHC, 1823
e Brasilien
Vireo chivi diversus
### Paraguay-Chivivireo
Zimmer, JT, 1941
e Paraguay, se Brasilien, Uruguay und ne Argentinien

Vireo gracilirostris
## Schmalschnabelvireo
*Noronha Vireo - Vireo de Noronha*
Sharpe, 1890
*Ilha Fernando de Noronha*

Vireo sclateri
## Tepuivireo
*Tepui Vireo - Verdillo de tepuí*
Salvin & Godman, 1883
*Tepuis Venezuela, Guyana und Brasilien*

Vireo philadelphicus
## Philadelphiavireo
*Philadelphia Vireo - Vireo de Filadelfia*
Cassin, 1851
*c, s Kanada bis nc, ne USA*

Vireo gilvus
## Sängervireo
*Warbling Vireo - Vireo gorjeador*
Vieillot, 1808
*sc, se Kanada und c, s und ne USA*

Vireo gilvus swainsoni
### Swainsons Sängervireo
Baird, SF, 1858
w Kanada und w USA

Vireo gilvus brewsteri
### Brewsters Sängervireo
Ridgway, 1903
Rocky Mts. (wc USA) bis w Mexico
Vireo gilvus victoriae
### Victoria-Sängervireo
Sibley, 1940
s Baja California (nw Mexico)
Vireo gilvus sympatricus
### Sympatischer Sängervireo
Phillips, AR, 1991
c Mexico

Vireo leucophrys
## Braunkappenvireo
*Brown-capped Vireo - Vireo coronipardo*
Lafresnaye, 1844
*e Anden von Kolumbien bis c Peru*

Vireo leucophrys eleanorae
### Eleanoras Braunkappenvireo
Sutton & Burleigh, 1940
ne Mexico
Vireo leucophrys dubius
### Phillips Braunkappenvireo
Phillips, AR, 1991
ec Mexico
Vireo leucophrys amauronotus
### Puebla-Braunkappenvireo
Salvin & Godman, 1881
Puebla bis Veracruz (se Mexico)
Vireo leucophrys strenuus
### Chiapas-Braunkappenvireo
Nelson, 1900
Chiapa (s Mexico)
Vireo leucophrys bulli
### Oaxaca-Braunkappenvireo
Rowley, JS, 1968
se Oaxaca (sw Mexico)
Vireo leucophrys palmeri
### Palmers Braunkappenvireo
Phillips, AR, 1991
Honduras
Vireo leucophrys costaricensis
### Costa Rica-Braunkappenvireo
Ridgway, 1903
c Costa Rica
Vireo leucophrys chiriquensis
### Bangs Braunkappenvireo
Bangs, 1903
s Costa Rica und w Panama
Vireo leucophrys dissors
### Kolumbien-Braunkappenvireo
Zimmer, JT, 1941
e Panama bis nw Kolumbien
Vireo leucophrys mirandae
### Mirandas Braunkappenvireo
Hartert, EJO, 1917
n Kolumbien und nw Venezuela
Vireo leucophrys josephae
### Josephas Braunkappenvireo
Sclater, PL, 1859
sw Kolumbien und w Ecuador
Vireo leucophrys maranonicus
### Peru-Braunkappenvireo
Zimmer, JT, 1941
nw Peru
Vireo leucophrys laetissimus
### Bolivien-Braunkappenvireo
Todd, 1924
se Peru und n Bolivien

Vireo huttoni
## Huttonvireo
*Hutton's Vireo - Vireo de Hutton*
Cassin, 1851
*wc California (sw USA)*

Vireo huttoni obscurus
### Dunkler Huttonvireo
Anthony, 1891
sw Kanada bis nw California (w USA)
Vireo huttoni parkesi
### Kalifornien-Huttonvireo
Rea, 1991
nw California bis wc California (sw USA)
Vireo huttoni sierrae
### Sierra-Huttonvireo
Rea, 1991
Sierra Nevada Mts. (e California in w USA)
Vireo huttoni oberholseri
### Oberholsers Huttonvireo
Bishop, 1905
s California, nw Mexico (n Baja)
Vireo huttoni unitti
### Catalina-Huttonvireo
Rea, 1991
Santa Catalina Insel (vor s California in sw USA)

Vireo huttoni cognatus
**Baja California-Huttonvireo**
Ridgway, 1903
s Baja California (nw Mexico)
Vireo huttoni stephensi
**Arizona-Huttonvireo**
Brewster, 1882
Arizona und New Mexico (sw USA) bis c Mexico
Vireo huttoni carolinae
**Texas-Huttonvireo**
Brandt, HW, 1938
sw Texas (s USA) und ne Mexico
Vireo huttoni pacificus
**Pazifik-Huttonvireo**
Phillips, AR, 1966
w, sw Mexico
Vireo huttoni mexicanus
**Mexikanischer Huttonvireo**
Ridgway, 1903
c, s Mexico
Vireo huttoni vulcani
**Guatemala-Huttonvireo**
Griscom, 1930
w Guatemala

Vireo vicinior
**Grauvireo**
*Grey Vireo - Vireo gris*
Coues, 1866
*sw USA  und nw Mexico*

Vireo flavifrons
**Gelbkehlvireo**
*Yellow-throated Vireo - Vireo gorjiamarillo*
Vieillot, 1808
*sc, se Kanada bis sc, se USA*

Vireo carmioli
**Gelbbindenvireo**
*Yellow-winged Vireo - Vireo aliamarillo*
Baird, SF, 1866
*Costa Rica und Panama*

Vireo masteri
**Kolumbienvireo**
*Choco Vireo - Vireo del Chocó*
Salaman & Stiles, 1996
*Kolumbien*

Vireo solitarius
**Graukopfvireo**
*Blue-headed Vireo - Vireo solitario*
Wilson, A, 1810
*Kanada über nc, ne USA*

Vireo solitarius alticola
**Gebirgs-Graukopfvireo**
Brewster, 1886
s Appalachian Mts. (se USA)

Vireo cassinii
**Cassinvireo**
*Cassin's Vireo - Vireo de Cassin*
Xántus, J, 1858
*sw Kanada über w USA  bis n Baja California (nw Mexico)*

Vireo cassinii lucasanus
**Mexikanischer Cassinvireo**
Brewster, 1891
s Baja California (nw Mexico)

Vireo plumbeus
**Weißstirnvireo**
*Plumbeous Vireo - Vireo plomizo*
Coues, 1866
*wc USA  bis sw Mexico*

Vireo plumbeus gravis
**Phillips Weißstirnvireo**
Phillips, AR, 1991
ec Mexico
Vireo plumbeus notius
**Belize-Weißstirnvireo**
Van Tyne, 1933
Belize
Vireo plumbeus montanus
**Honduras-Weißstirnvireo**
Van Rossem, 1933
s Mexico bis Honduras

Vireo osburni
**Bergvireo**
*Blue Mountain Vireo - Vireo de Osburn*
Sclater, PL, 1861
*Jamaika*

Vireo nanus
**Schnäppervireo**
*Flat-billed Vireo - Vireo de La Española*
Lawrence, 1875
*Hispaniola*

Vireo pallens
**Mangrovevireo**
*Mangrove Vireo - Vireo de manglar*
Salvin, 1863
*s Honduras, w Nicaragua und w Costa Rica*

Vireo pallens paluster
**Moors Mangrovevireo**
Moore, RT, 1938
Küste nw Mexico
Vireo pallens semiflavus
**Belize-Mangrovevireo**
Salvin, 1863
n Guatemala und s Belize bis e Nicaragua
Vireo pallens ochraceus
**Guatemala-Mangrovevireo**
Salvin, 1863
sw Mexico, w Guatemala und w El Salvador
Vireo pallens salvini
**Salvins Mangrovevireo**
Van Rossem, 1934
se Mexico und n Belize
Vireo pallens wetmorei
**Wetmores Mangrovevireo**
Phillips, AR, 1991
El Cayo (vor e Guatemala)
Vireo pallens angulensis
**Bay-Mangrovevireo**
Parkes, 1990
Bay Insel (vor n Honduras)
Vireo pallens browningi
**Nikaragua-Mangrovevireo**
Phillips, AR, 1991
se Nicaragua
Vireo pallens nicoyensis
**Nicoya-Mangrovevireo**
Parkes, 1990
Nicoya Halbinsel (nw Costa Rica)

Vireo approximans
**Providenciavireo**
*Providencia Vireo - Vireo de Cozumel*
Ridgway, 1884
*Isla Providencia, Isla Santa Catalina*

Vireo bairdi
**Bairdvireo**
*Cozumel Vireo - Vireo de Providencia*
Ridgway, 1885
*Cozumel Insel (Mexico)*

Vireo caribaeus
**San-Andrés-Vireo**
*San Andres Vireo - Vireo de San Andrés*
Bond, J & Meyer de Schauensee, 1942
*Isla Andrés*

Vireo griseus
**Weißaugenvireo**
*White-eyed Vireo - Vireo ojiblanco*
Boddaert, 1783
*c, e USA*

Vireo griseus maynardi
**Maynards Weißaugenvireo**
Brewster, 1887
s Florida (se USA)
Vireo griseus bermudianus
**Bermuda-Weißaugenvireo**
Bangs & Bradlee, 1901
Bermuda
Vireo griseus micrus
**Kleiner Weißaugenvireo**
Nelson, 1899
s Texas (s USA) und ne Mexico
Vireo griseus perquisitor
**Nelsons Weißaugenvireo**
Nelson, 1900
e Mexico
Vireo griseus marshalli
**Marshalls Weißaugenvireo**
Phillips, AR, 1991
ec Mexico

Vireo crassirostris
**Dickschnabelvireo**
*Thick-billed Vireo - Vireo piquigrueso*
Bryant, H, 1859
*Bahamas*

Vireo crassirostris stalagmium
**Caicos-Dickschnabelvireo**
Buden, 1985
Caicos Is.
Vireo crassirostris tortugae
**Tortue-Dickschnabelvireo**
Richmond, 1917
Tortue Insel (vor nw Haiti)
Vireo crassirostris cubensis
**Kuba-Dickschnabelvireo**
Kirkconnell & Garrido, 2000
Cayo Paredón Grande (vor n Kuba )
Vireo crassirostris alleni
**Cayman-Dickschnabelvireo**
Cory, 1886
Cayman Is.

Vireo modestus
**Jamaikavireo**
*Jamaican Vireo - Vireo jamaicano*
Sclater, PL, 1861
*Jamaika*

Vireo gundlachii
**Kubavireo**
*Cuban Vireo - Vireo cubano*
Lembeye, 1850
*Kuba (außer se)*

Vireo gundlachii magnus
**Großer Gundlachvireo**
Garrido, 1971
Cayo Cantiles (e Isle von Pines)
Vireo gundlachii sanfelipensis
**Cayo Real-Gundlachvireo**
Garrido, 1973
Cayo Real (Cayos de San Felipe w Isle von Pines)
Vireo gundlachii orientalis
**Östlicher Gundlachvireo**
Todd, 1916
se Kuba

Vireo bellii
**Braunaugenvireo**
*Bell's Vireo - Vireo de Bell*
Audubon, 1844
*c, s USA*

Vireo bellii pusillus
**Kalifornischer Braunaugenvireo**
Coues, 1866
c California (sw USA) bis n Baja California (nw Mexico)
Vireo bellii arizonae
**Arizona-Braunaugenvireo**
Ridgway, 1903
Nevada, Utah, Arizona und sw New Mexico (sw USA) und nw Mexico
Vireo bellii medius
**Texas-Braunaugenvireo**
Oberholser, 1903
s New Mexico und w Texas (sw USA)

Vireo latimeri
**Puerto-Rico-Vireo**
*Puerto Rican Vireo - Vireo puertorriqueño*
Baird, SF, 1866
*Puerto Rico*

Vireo atricapilla
**Schwarzkopfvireo**
*Black-capped Vireo - Vireo cabecinegro*
Woodhouse, 1852
*sc USA und Mexico*

Vireo nelsoni
**Zwergvireo**
*Dwarf Vireo - Vireo enano*
Bond, J, 1934
*sw Mexico*

Vireo brevipennis
**Schiefervireo**
*Slaty Vireo - Vireo pizarroso*
Sclater, PL, 1858
*sw bis se Mexico (Jalisco und Colima bis Morelos, wc Veracruz und c Oaxaca)*

Vireo brevipennis browni
**Guerrero-Schiefervireo**
Miller, AH & Ray, 1944
sw Mexico (Guerrero)

## Familie: Oriolidae (Pirole)

### † Gattung: Turnagra

† Turnagra tanagra
**Nordinselpirol**
*North Island Piopio - Turnagra de Isla Norte*
Schlegel, 1866
*Nordinsel (Neuseeland)*

† Turnagra capensis
**Südinselpirol**
*South Island Piopio - Turnagra de Isla Sur*
Sparrman, 1787
*South und Stewart is. (Neuseeland)*

† Turnagra capensis minor
**Kleiner Südinsel-Piopio**
Fleming, JH, 1915
Stephens Insel (zwischen Nord- und Südinsel, New Zealand)

### Gattung: Sphecotheres

Sphecotheres viridis
**Timorpirol**
*Green Figbird - Papafigos de Timor*
Vieillot, 1816
*Rote und Timor (e Lesser Sundas)*

Sphecotheres hypoleucus
**Wetarpirol**
*Wetar Figbird - Papafigos de la Wetar*
Finsch, 1898
*Wetar (e Lesser Sundas)*

Sphecotheres vieilloti
**Feigenpirol**
*Australasian Figbird - Papafigos de Vieillot*
Vigors & Horsfield, 1827
*ne Queensland (s Cape York Halbinsel) bis se New South Wales (e Australien)*

Sphecotheres vieilloti salvadorii
**Salvadorifeigenpirol**
Sharpe, 1877
s in se Neuguinea
Sphecotheres vieilloti cucullatus
**Rosenbergfeigenpirol**
Rosenberg, HKB, 1866
Kai Is. (se Moluccas)
Sphecotheres vieilloti ashbyi
**Mathewsfeigenpirol**
Mathews, 1912
ne Western Australia und Top End, n Nortern Territory (nc Australien)
Sphecotheres vieilloti flaviventris
**Gouldfeigenpirol**
Gould, 1850
Cape York Halbinsel und Torres Strait is., ne Queensland (ne Australien)

### Gattung: Pitohui

Pitohui kirhocephalus
**Ockerpirol**
*Northern Variable Pitohui - Pitohuí variable norteño*
Lesson, RP & Garnot, 1827
*ne Bird's Head Halbinsel (nw Neuguinea)*

Pitohui kirhocephalus dohertyi
**Wandammen-Ockerpirol**
Rothschild & Hartert, EJO, 1903
Wandammen Halbinsel Gebiet (nw Neuguinea)
Pitohui kirhocephalus rubiensis
**Geelvink-Ockerpirol**
Meyer, AB, 1884
Geelvink Bay bis Triton Bay (nw, sw Neuguinea), Etna Bay Region (sw Neuguinea) und Adi
(s Bird's Neck, sw Neuguinea)
Pitohui kirhocephalus brunneivertex
**Rotschilds Ockerpirol**
Rothschild, 1931
se Küste Geelvink Bay (nw Neuguinea)
Pitohui kirhocephalus decipiens
**Onin-Ockerpirol**
Salvadori, 1878
Onin Halbinsel (sw Neuguinea)

Pitohui kirhocephalus jobiensis
**Yapen-Ockerpirol**
Meyer, AB, 1874
Yapen und Kurudu (e Yapen; Geelvink Bay is., nw Neuguinea)
Pitohui kirhocephalus meyeri
**Meyers Ockerpirol**
Rothschild & Hartert, EJO, 1903
Mamberamo Küste (n Neuguinea)
Pitohui kirhocephalus senex
**Sepik-Ockerpirol**
Stresemann, 1922
Sepik Region (nc Neuguinea)
Pitohui kirhocephalus brunneicaudus
**Astrolabe-Ockerpirol**
Meyer, AB, 1891
Sepik bis Astrolabe Bay (ne Neuguinea)

Pitohui cerviniventris
**Graukopfpirol**
*Raja Ampat Pitohui - Pitohuí de Waigeo*
Gray, GR, 1862
*Waigeo und Gemien (=Gam; Raja Ampat Is., nw Neuguinea)*

Pitohui cerviniventris pallidus
**Batanta-Graukopfpirol**
van Oort, 1907
Batanta und Sagewin (s in c Batanta; Raja Ampat Is., nw Neuguinea)

Pitohui uropygialis
**Maronenpirol**
*Southern Variable Pitohui - Pitohuí variable sureño*
Gray, GR, 1862
*Salawati und Misool (Raja Ampat Is., nw Neuguinea) und w Bird's Head (nw Neuguinea)*

Pitohui uropygialis brunneiceps
**Fly-Maronenpirol**
D'Albertis & Salvadori, 1879
Gulf in Papua bis Fly River (c, e in s Neuguinea)
Pitohui uropygialis nigripectus
**Mimika-Maronenpirol**
van Oort, 1909
Mimika River bis Eilanden River (w, wc in s Neuguinea)
Pitohui uropygialis aruensis
**Aru-Maronenpirol**
Sharpe, 1877
Aru Is. (sw Neuguinea)
Pitohui uropygialis meridionalis
**Neuguinea-Maronenpirol**
Sharpe, 1888
se Neuguinea

Pitohui dichrous
**Zweifarbpirol**
*Hooded Pitohui - Pitohuí bicolor*
Bonaparte, 1850
*Yapen (Geelvink Bay is., nw Neuguinea) und Neuguinea*

## Gattung: Oriolus

Oriolus isabellae
**Isabellpirol**
*Isabela Oriole - Oropéndola de Isabela*
Ogilvie-Grant, 1894
*n Luzon (n Philippinen)*

Oriolus forsteni
**Grauhalspirol**
*Grey-collared Oriole - Oropéndola de Seram*
Bonaparte, 1850
*Seram (ec Moluccas)*

Oriolus bouroensis
**Burupirol**
*Black-eared Oriole - Oropéndola de Buru*
Quoy & Gaimard, 1832
*Buru (wc Moluccas)*

Oriolus phaeochromus
**Halmaherapirol**
*Dusky-brown Oriole - Oropéndola de Halmahera*
Gray, GR, 1861
*Halmahera (n Moluccas)*

Oriolus sagittatus
**Streifenpirol**
*Olive-backed Oriole - Oropéndola estriada*
Latham, 1801
*ne Queensland (s Cape York Halbinsel) bis Victoria (e Australien)*

Oriolus sagittatus magnirostris
**Südlicher Streifenpirol**
van Oort, 1910
Trans-Fly (sc Neuguinea)

Oriolus sagittatus affinis
**Nördlicher Streifenpirol**
Gould, 1848
ne Western Australia bis nw Queensland (nw, nc Australien)
Oriolus sagittatus grisescens
**Torres-Streifenpirol**
Schodde & Mason, IJ, 1999
Cape York Halbinsel und Torres Strait is., ne Queensland (ne Australien)

Oriolus melanotis
**Sundapirol**
*Timor Oriole - Oropéndola de Timor*
Bonaparte, 1850
*Rote, Semau und Timor (e Lesser Sundas)*

Oriolus finschi
**Braunkehlpirol**
*Wetar Oriole - Oropéndola de la Wetar*
Hartert, EJO, 1904
*Wetar und Atauro (n Timor, e Lesser Sundas)*

Oriolus decipiens
**Tanimbarpirol**
*Tanimbar Oriole - Oropéndola de las Tanimbar*
Sclater, PL, 1883
*Tanimbar Is. (s Moluccas)*

Oriolus szalayi
**Neuguineapirol**
*Brown Oriole - Oropéndola papú*
Madarász, G, 1900
*Raja Ampat Is. (nw Neuguinea) und Neuguinea (außer Trans-Fly)*

Oriolus flavocinctus
**Mangrovepirol**
*Green Oriole - Oropéndola verdosa*
King, PP, 1826
*ne Western Australia bis ne Nortern Territory (nc Australien)*

Oriolus flavocinctus migrator
**Sunda-Mangrovepirol**
Hartert, EJO, 1904
Romang, Leti und Moa (e Lesser Sundas)
Oriolus flavocinctus muelleri
**Müllers Mangrovepirol**
Bonaparte, 1850
Aru Is. (sw Neuguinea) und Trans-Fly (sc Neuguinea)
Oriolus flavocinctus tiwi
**Tiwi-Mangrovepirol**
Schodde & Mason, IJ, 1999
Bathurst und Molvillo io. (Tiwi Io., n Nortern Territory, nc Australien)
Oriolus flavocinctus flavotinctus
**Capeyork-Mangrovepirol**
Schodde & Mason, IJ, 1999
Cape York Halbinsel (außer se), ne Queensland (ne Australien)
Oriolus flavocinctus kingi
**King-Mangrovepirol**
Mathews, 1912
se Cape York Halbinsel, ne Queensland (ne Australien)

Oriolus cruentus
**Javapirol**
*Javan Oriole - Oropéndola ensangrentada*
Wagler, 1827
*Gebirge Java*

Oriolus consanguineus
**Schwarz-Karminrot-Pirol**
*Black-and-crimson Oriole - Oropéndola consanguínea*
Wardlaw-Ramsay, RG, 1881
*Gebirge Sumatra*

Oriolus consanguineus malayanus
**Malaien-Schwarz-Karminrot-Pirol**
Robinson & Kloss, 1923
Gebirge Malayische Halbinsel
Oriolus consanguineus vulneratus
**Borneo-Schwarz-Karminrot-Pirol**
Sharpe, 1887
Gebirge n Borneo

Oriolus hosii
**Braunsteißpirol**
*Black Oriole - Oropéndola negra*
Sharpe, 1892
*Gebirge e Sarawak (nc Borneo)*

Oriolus traillii
**Blutpirol**
*Maroon Oriole - Oropéndola granate*
Vigors, 1832
*Himalaya bis s China, n Indochina und n Thailand*

Oriolus traillii robinsoni
**Indochina-Blutpirol**
Delacour, 1927
s Indochina
Oriolus traillii nigellicauda
**Hainan-Blutpirol**
Swinhoe, 1870
Hainan Insel
Oriolus traillii ardens
**Taiwan-Blutpirol**
Swinhoe, 1862
Taiwan

Oriolus mellianus
## Seidenpirol
*Silver Oriole - Oropéndola plateada*
Stresemann, 1922
sc China

Oriolus xanthornus
## Bengalenpirol
*Black-hooded Oriole - Oropéndola encapuchada*
Linnaeus, 1758
n Indien bis n Malayische Halbinsel und Indochina

Oriolus xanthornus maderaspatanus
**Indischer Bengalenpirol**
Franklin, 1831
c, s Indien
Oriolus xanthornus ceylonensis
**Sri Lanka-Bengalenpirol**
Bonaparte, 1850
Sri Lanka
Oriolus xanthornus reubeni
**Andamanen-Bengalenpirol**
Abdulali, 1977
Andaman Is.
Oriolus xanthornus tanakae
**Borneo-Bengalenpirol**
Kuroda, Nm, 1925
ne Borneo

Oriolus xanthonotus
## Gelbmantelpirol
*Dark-throated Oriole - Oropéndola gorjinegra*
Horsfield, 1821
Malayische Halbinsel, Sumatra, Bangka (e in s Sumatra), Java und sw Borneo

Oriolus xanthonotus mentawi
**Mentawai-Gelbmantelpirol**
Chasen & Kloss, 1926
Mentawai Is. (w in c Sumatra)

Oriolus consobrinus
## Dunkelkehlpirol
*Ventriloquial Oriole - Oropéndola de garganta oscura*
Wardlaw-Ramsay, RG, 1880
n, c, e Borneo und kleine Inseln

Oriolus consobrinus persuasus
**Palawan-Dunkelkehlpirol**
Bangs, 1922
Palawan Gruppe (sw Philippinen)

Oriolus steerii
## Philippinenpirol
*Philippine Oriole - Oropéndola filipina*
Sharpe, 1877
Masbate und Negros (wc Philippinen)

Oriolus steerii samarensis
**Samarpirol**
Steere, 1890
Samar, Leyte, Bohol und e Mindanao (e, s Philippinen)
† Oriolus steerii assimilis
**Cebupirol**
Tweeddale, 1878
Cebu (c Philippinen)
Oriolus steerii basilanicus
**Basilanpirol**
Ogilvie-Grant, 1896
Basilan und w Mindanao (s Philippinen)
Oriolus steerii cinereogenys
**Sulupirol**
Bourns & Worcester, 1894
Sulu Archipel (s Philippinen)

Oriolus albiloris
## Weißzügelpirol
*White-lored Oriole - Oropéndola de Luzón*
Ogilvie-Grant, 1894
n, c Luzon (n Philippinen)

Oriolus chlorocephalus
## Grünkopfpirol
*Green-headed Oriole - Oropéndola cabeciverde*
Shelley, 1896
Malawi und c Mosambik

Oriolus chlorocephalus amani
**Bensons Grünkopfpirol**
Benson, 1946
se Kenia und e Tansania
Oriolus chlorocephalus speculifer
**Wolters Grünkopfpirol**
Clancey, 1969
s Mosambik

Oriolus brachyrynchus
## Dschungelpirol
*Western Oriole - Oropéndola cabecinegra*
Swainson, 1837
Guinea-Bissau bis Togo und Benin

Oriolus brachyrynchus laetior
**Sharpes Dschungelpirol**
Sharpe, 1897
Nigeria bis w Kenia, sc Demokratische Republik Kongo und n Angola

Oriolus crassirostris
## São-Tomé-Pirol
*Sao Tome Oriole - Oropéndola de Santo Tomé*
Hartlaub, 1857
São Tomé (sc Gulf von Guinea Is.)

Oriolus larvatus
## Maskenpirol
*Black-headed Oriole - Oropéndola enmascarada*
Lichtenstein, MHC, 1823
s Simbabwe bis Inland s Mosambik und e Südafrika

Oriolus larvatus rolleti
**Rollets Maskenpirol**
Salvadori, 1864
s Sudan und s Äthiopien bis e Demokratische Republik Kongo und c Kenia
Oriolus larvatus reichenowi
**Reichenows Maskenpirol**
Zedlitz, 1916
Somalia bis e Tansania
Oriolus larvatus angolensis
**Angola-Maskenpirol**
Neumann, 1905
Angola und Namibia bis w Tansania und n Mosambik
Oriolus larvatus tibicen
**Küsten-Maskenpirol**
Lawson, 1962
Küste s Tansania bis Küste s Mosambik

Oriolus monacha
## Mönchspirol
*Ethiopian Oriole - Oropéndola monje*
Gmelin, JF, 1789
Gebirge n Äthiopien und Eritrea

Oriolus monacha meneliki
**Berg-Mönchspirol**
Blundell & Lovat, 1899
Gebirge s Äthiopien

Oriolus percivali
## Bergpirol
*Mountain Oriole - Oropéndola montana*
Ogilvie-Grant, 1903
e Demokratische Republik Kongo bis c Kenia und w Tansania

Oriolus nigripennis
## Schwarzschwingenpirol
*Black-winged Oriole - Oropéndola alinegra*
Verreaux, J & Verreaux, É, 1855
Sierra Leone und Liberia bis s Süd-Sudan, w Uganda, c Demokratische Republik Kongo und nw Angola

Oriolus auratus
## Goldpirol
*African Golden Oriole - Oropéndola africana*
Vieillot, 1817
Senegal, Gambia bis Sudan

Oriolus auratus notatus
**Angola-Goldpirol**
Peters, W, 1868
Angola bis c Mosambik

Oriolus kundoo
**Indienpirol**
*Indian Golden Oriole - Oropéndola india*
Sykes, 1832
*s Kasachstan bis e China s bis c Afghanistan, n Pakistan, Nepal und c Indien*

Oriolus oriolus
**Pirol**
*Eurasian Golden Oriole - Oropéndola europea*
Linnaeus, 1758
*w Eurasien*

Oriolus chinensis
**Schwarznackenpirol**
*Black-naped Oriole - Oropéndola china*
Linnaeus, 1766
*Luzon Gruppe und Mindoro und Palawan Gruppe (n, sw Philippinen)*

Oriolus chinensis diffusus
**Ostasiatischer Schwarznackenpirol**
Sharpe, 1877
e Asien
Oriolus chinensis andamanensis
**Andamanen-Schwarznackenpirol**
Beavan, 1867
Andaman Is.
Oriolus chinensis macrourus
**Nikobaren-Schwarznackenpirol**
Blyth, 1846
Nicobar Is.
Oriolus chinensis maculatus
**Malaysia-Schwarznackenpirol**
Vieillot, 1817
Malayische Halbinsel, Sumatra, Bangka und Belitung (e in s Sumatra), Java, Bali und
Borneo
Oriolus chinensis mundus
**Nias-Schwarznackenpirol**
Richmond, 1903
Simeulue und Nias (w in n Sumatra)
Oriolus chinensis sipora
**Sipura-Schwarznackenpirol**
Chasen & Kloss, 1926
Sipura (=Sipora, Mentawai Is., w in c Sumatra)
Oriolus chinensis richmondi
**Richmonds Schwarznackenpirol**
Oberholser, 1912
Siberut und Pagai (Mentawai Is., w in c Sumatra)
Oriolus chinensis lamprochryseus
**Masalembu-Schwarznackenpirol**
Oberholser, 1917
Masalembu Is. (n in e Java)
Oriolus chinensis insularis
**Sapudi-Schwarznackenpirol**
Vorderman, 1893
Sapudi und Raas (n in e Java) und Kangean Is. (n Bali)
Oriolus chinensis melanisticus
**Talaud-Schwarznackenpirol**
Meyer, AB & Wiglesworth, 1894
Talaud Is. (ne Sulawesi)
Oriolus chinensis sangirensis
**Sangihe-Schwarznackenpirol**
Meyer, AB & Wiglesworth, 1898
n Sangihe Is. (n Sulawesi)
Oriolus chinensis formosus
**Siau-Schwarznackenpirol**
Cabanis, 1872
Siau, Tahulandang, Ruang und Biaro (s Sangihe Is., n Sulawesi) und Mayu (e in ne
Sulawesi)
Oriolus chinensis celebensis
**Sulawesi-Schwarznackenpirol**
Walden, 1872
Sulawesi und kleine Inseln inklusive Togian Is. (zwischen ne und ec Sulawesi)
Oriolus chinensis frontalis
**Banggai-Schwarznackenpirol**
Wallace, 1863
Sula Is. (e Sulawesi)
Oriolus chinensis stresemanni
**Peleng-Schwarznackenpirol**
Neumann, 1939
Peleng (Banggai Is., e Sulawesi)
Oriolus chinensis boneratensis
**Flores-Schwarznackenpirol**
Meyer, AB & Wiglesworth, 1896
Flores Sea is. s Sulawesi
Oriolus chinensis broderipi
**Sunda-Schwarznackenpirol**
Bonaparte, 1850
Lombok bis Alor (w bis ec Lesser Sundas)
Oriolus chinensis yamamurae
**Visayas-Schwarznackenpirol**
Kuroda, Nm, 1927
Visayas, Mindanao und Basilan (c, s Philippinen)
Oriolus chinensis suluensis
**Sulu-Schwarznackenpirol**
Sharpe, 1877
Sulu Archipel (s Philippinen)

Oriolus tenuirostris
**Dünnschnabelpirol**
*Slender-billed Oriole - Oropéndola picofina*
Blyth, 1846
*e Himalaya bis s China und c Vietnam*

Oriolus tenuirostris invisus
**Vietnam-Dünnschnabelpirol**
Riley, 1940
s Vietnam



Dicrurus aeneus
**Bronzedrongo**
*Bronzed Drongo - Drongo bronceado*
Vieillot, 1817
*Indien und c Himalaya über s China und Myanmar bis n Malayische Halbinsel*

Dicrurus aeneus malayensis
**Malaysia-Bronzedrongo**
Blyth, 1846
s Malayische Halbinsel, Sumatra und Borneo
Dicrurus aeneus braunianus
**Taiwan-Bronzedrongo**
Swinhoe, 1863
Taiwan

Dicrurus remifer
**Spateldrongo**
*Lesser Racket-tailed Drongo - Drongo de raquetas chico*
Temminck, 1823
*Gebirge Sumatra und w Java*

Dicrurus remifer tectirostris
**Himalaya-Spateldrongo**
Hodgson, 1836
s Himalaya über s China bis n Indochina
Dicrurus remifer peracensis
**Myanmar-Spateldrongo**
Baker, ECS, 1918
s Myanmar bis s Indochina
Dicrurus remifer lefoli
**Kambodscha-Spateldrongo**
Delacour & Jabouille, 1928
s Kambodscha

Dicrurus annectens
**Krähendrongo**
*Crow-billed Drongo - Drongo picogordo*
Hodgson, 1836
*Himalaya von nw Indien bis s China und Vietnam*

Dicrurus paradiseus
**Flaggendrongo**
*Greater Racket-tailed Drongo - Drongo de raquetas grande*
Linnaeus, 1766
*s Indien bis s Thailand, n Malayische Halbinsel und s Indochina*

Dicrurus paradiseus grandis
**Großer Flaggendrongo**
Gould, 1836
n Indien über w, n Myanmar und s China bis n Indochina
Dicrurus paradiseus rangoonensis
**Goulds Flaggendrongo**
Gould, 1836
c Indien über Bangladesch, c Myanmar und n Thailand bis c Indochina
Dicrurus paradiseus johni
**Hainan-Flaggendrongo**
Hartert, EJO, 1902
Hainan Insel (vor se China)
Dicrurus paradiseus ceylonicus
**Sri Lanka-Flaggendrongo**
Vaurie, 1949
Sri Lanka
Dicrurus paradiseus otiosus
**Andamanen-Flaggendrongo**
Richmond, 1902
Andaman Is.
Dicrurus paradiseus nicobariensis
**Nikobaren-Flaggendrongo**
Baker, ECS, 1918
Nicobar Is.
Dicrurus paradiseus hypoballus
**Malayischer Flaggendrongo**
Oberholser, 1926
c Malayische Halbinsel
Dicrurus paradiseus platurus
**Sumatra-Flaggendrongo**
Vieillot, 1817
s Malayische Halbinsel, Sumatra und kleine Inseln

Dicrurus paradiseus microlophus
**Südchinesicher Flaggendrongo**
Oberholser, 1917
Tioman, Anambas und Natuna is. (e Malayische Halbinsel)
Dicrurus paradiseus brachyphorus
**Borneo-Flaggendrongo**
Bonaparte, 1850
Borneo und Laut (se Borneo)
Dicrurus paradiseus banguey
**Banguey-Flaggendrongo**
Chasen & Kloss, 1929
Balambangan und Banggi (n in ne Borneo)
Dicrurus paradiseus formosus
**Java-Flaggendrongo**
Cabanis, 1851
Java und Bali

Dicrurus lophorinus
**Regendrongo**
*Sri Lanka Drongo - Drongo cingalés*
Vieillot, 1817
*Sri Lanka*

Dicrurus andamanensis
**Andamanendrongo**
*Andaman Drongo - Drongo de las Andamán*
Beavan, 1867
*Andaman Is.*

Dicrurus andamanensis dicruriformis
**Great Cocodrongo**
Hume, 1873
Great Coco und Table Is. (n Andaman Is.)

Dicrurus sumatranus
**Sumatradrongo**
*Sumatran Drongo - Drongo de Sumatra*
Wardlaw-Ramsay, RG, 1880
*Gebirge Sumatra*

Dicrurus montanus
**Bergdrongo**
*Sulawesi Drongo - Drongo de Célebes*
Riley, 1919
*Gebirge Sulawesi und Togian Is. (zwischen ne und ec Sulawesi)*

Dicrurus bracteatus
**Glanzfleckdrongo**
*Spangled Drongo - Drongo escamoso*
Gould, 1843
*ne Queensland (s Cape York Halbinsel) bis se New South Wales (e Australien)*

Dicrurus bracteatus amboinensis
**Ambon-Glanzfleckdrongo**
Gray, GR, 1861
Seram, Ambon, Haruku und Saparua (s in sw Seram; ec Moluccas)
Dicrurus bracteatus buruensis
**Buru-Glanzfleckdrongo**
Hartert, EJO, 1919
Buru (wc Moluccas)
Dicrurus bracteatus morotensis
**Morotai-Glanzfleckdrongo**
Vaurie, 1946
Morotai (n Moluccas)
Dicrurus bracteatus atrocaeruleus
**Halmahera-Glanzfleckdrongo**
Gray, GR, 1861
Halmahera und Bacan (n Moluccas) und Kofiau (Raja Ampat Is., nw Neuguinea)
Dicrurus bracteatus carbonarius
**Neuguinea-Glanzfleckdrongo**
Bonaparte, 1850
Neuguinea und kleine Inseln, und Torres Strait is. (ne Australien)
Dicrurus bracteatus baileyi
**Baileys Glanzfleckdrongo**
Mathews, 1912
ne Western Australia und Top End, n Nortern Territory (nc Australien)
Dicrurus bracteatus atrabectus
**Australischer Glanzfleckdrongo**
Schodde & Mason, IJ, 1999
Cape York Halbinsel, ne Queensland (ne Australien)
Dicrurus bracteatus laemostictus
**Neubritannien-Glanzfleckdrongo**
Sclater, PL, 1877
Umboi (w New Britain), New Britain und ne Lolobau (se Bismarck Archipel)
Dicrurus bracteatus meeki
**Guadacanal-Glanzfleckdrongo**
Rothschild & Hartert, EJO, 1903
Guadalcanal (se Solomon Is.)
Dicrurus bracteatus longirostris
**Cristobal-Glanzfleckdrongo**
Ramsay, EP, 1882
Makira (se Solomon Is.)

Dicrurus megarhynchus
**Bandschwanzdrongo**
*Paradise Drongo - Drongo de Nueva Irlanda*
Quoy & Gaimard, 1832
*New Ireland (ne Bismarck Archipel)*

Dicrurus hottentottus
**Haarbuschdrongo**
*Hair-crested Drongo - Drongo crestudo*
Linnaeus, 1766
*Indien über c Myanmar bis s Indochina*

Dicrurus hottentottus brevirostris
**Indochinesischer Haarbuschdrongo**
Cabanis, 1851
c, s China bis n Myanmar und n Indochina
Dicrurus hottentottus viridinitens
**Siberut-Haarbuschdrongo**
Salvadori, 1895
Siberut, Sipura und Pagai Is. (Mentawai Is., w in c Sumatra)
Dicrurus hottentottus borneensis
**Borneo-Haarbuschdrongo**
Sharpe, 1879
Gebirge Borneo und Maratua (e in ne Borneo)
Dicrurus hottentottus faberi
**Java-Haarbuschdrongo**
Hoogerwerf, 1962
Panaitan (=Prinsen; w Java)
Dicrurus hottentottus termeuleni
**Serbiu-Haarbuschdrongo**
Finsch, 1907
Seribu Is. und Inseln in Jakarta Bay (n in w Java)
Dicrurus hottentottus jentincki
**Bali-Haarbuschdrongo**
Vorderman, 1893
c, e Java, Masalembu (n in e Java), Bali und Kangean Is. (n Bali)
Dicrurus hottentottus leucops
**Sulawesi-Haarbuschdrongo**
Wallace, 1865
Sulawesi und kleine Inseln
Dicrurus hottentottus banggaiensis
**Banggai-Haarbuschdrongo**
Vaurie, 1952
Banggai Is. (e Sulawesi)
Dicrurus hottentottus guillemardi
**Obi-Haarbuschdrongo**
Salvadori, 1890
Obi (nc Moluccas)
Dicrurus hottentottus pectoralis
**Sula-Haarbuschdrongo**
Wallace, 1863
Sula Is. (e Sulawesi)
Dicrurus hottentottus suluensis
**Sulu-Haarbuschdrongo**
Hartert, EJO, 1902
Sulu Archipel (s Philippinen)

Dicrurus menagei
**Tablasdrongo**
*Tablas Drongo - Drongo de Tablas*
Bourns & Worcester, 1894
*Tablas (c Philippinen)*

Dicrurus palawanensis
**Palawandrongo**
*Palawan Drongo - Drongo de Palawan*
Tweeddale, 1878
*Palawan Gruppe (sw Philippinen)*

Dicrurus palawanensis cuyensis
**Palmalicandrongo**
McGregor, 1903
Cuyo, Pamalican und Semirara (wc Philippinen)

Dicrurus balicassius
**Philippinendrongo**
*Balicassiao - Drongo balicassio*
Linnaeus, 1766
*Luzon Gruppe (außer n und Mindoro; n Philippinen)*

Dicrurus balicassius abraensis
**Luzondrongo**
Vaurie, 1947
n Luzon (N Philippinen)
Dicrurus balicassius mirabilis
**West Visayasdrongo**
Walden & Layard, EL, 1872
West Visayas (wc Philippinen)

Dicrurus striatus
**Kurzschwanzdrongo**
*Short-tailed Drongo - Drongo colicorto*
Tweeddale, 1877
*Mindanao Gruppe (s Philippinen)*

Dicrurus striatus samarensis
**East Visayas-Kurzschwanzdrongo**
Vaurie, 1947
East Visayas (ec Philippinen)

Dicrurus densus
## Wallacedrongo
*Wallacean Drongo - Drongo de Wallacea*
Bonaparte, 1850
*Timor von Rote und Wetar bis Sermata (e Lesser Sundas)*

Dicrurus densus vicinus
**Lombokdrongo**
Rensch, 1928
Lombok (w Lesser Sundas)
Dicrurus densus bimaensis
**Sumbawagrongo**
Wallace, 1864
Sumbawa bis Alor (w, c Lesser Sundas)
Dicrurus densus sumbae
**Sumbadrongo**
Rensch, 1931
Sumba (sw Lesser Sundas)
Dicrurus densus kuehni
**Tanimbardrongo**
Hartert, EJO, 1901
Tanimbar Is. (s Moluccas)
Dicrurus densus megalornis
**Molukkendrongo**
Gray, GR, 1858
Gorong, Watubela und Kai Is. (se Moluccas)

Dicrurus leucophaeus
## Graudrongo
*Ashy Drongo - Drongo cenizo*
Vieillot, 1817
*Java, Bali, Lombok und Palawan Gruppe (sw Philippinen)*

Dicrurus leucophaeus longicaudatus
**Himalaya-Graudrongo**
Jerdon, 1862
e Afghanistan bis c Himalaya
Dicrurus leucophaeus hopwoodi
**Hopwoods Graudrongo**
Baker, ECS, 1918
e Himalaya über s China und n Myanmar bis ne Indochina
Dicrurus leucophaeus nigrescens
**Malaysia-Graudrongo**
Oates, 1889
s, se Myanmar und Malayische Halbinsel
Dicrurus leucophaeus mouhoti
**Myanmar-Graudrongo**
Walden, 1870
sw, c Myanmar bis c Indochina
Dicrurus leucophaeus celaenus
**Simeulue-Graudrongo**
Oberholser, 1912
Simeulue (w in n Sumatra)
Dicrurus leucophaeus bondi
**Thailand-Graudrongo**
Meyer de Schauensee, 1937
c Thailand über s Indochina
Dicrurus leucophaeus leucogenis
**Chinesischer Graudrongo**
Walden, 1870
c, n, e China
Dicrurus leucophaeus salangensis
**Ostchinesischer Graudrongo**
Reichenow, 1890
se China
Dicrurus leucophaeus innexus
**Hainan-Graudrongo**
Swinhoe, 1870
Hainan Insel (vor se China)
Dicrurus leucophaeus periophthalmicus
**Sipura-Graudrongo**
Salvadori, 1895
Sipura und Pagai Is. (c, s Mentawai Is., w in c Sumatra)
Dicrurus leucophaeus siberu
**Siberut-Graudrongo**
Chasen & Kloss, 1926
Siberut (n Mentawai Is., w in c Sumatra)
Dicrurus leucophaeus batakensis
**Nordsumatra-Graudrongo**
Robinson & Kloss, 1919
Gebirge n Sumatra
Dicrurus leucophaeus phaedrus
**Südsumatra-Graudrongo**
Reichenow, 1904
Gebirge c, s Sumatra
Dicrurus leucophaeus stigmatops
**Borneo-Graudrongo**
Sharpe, 1879
Gebirge n Borneo

Dicrurus caerulescens
## Graubrustdrongo
*White-bellied Drongo - Drongo ventriblanco*
Linnaeus, 1758
s Nepal bis w, s Indien

Dicrurus caerulescens insularis
**Nord Srilanka-Graubrustdrongo**
Sharpe, 1877
n Sri Lanka
Dicrurus caerulescens leucopygialis
**Süd Srilanka-Graubrustdrongo**
Blyth, 1846
s Sri Lanka

Dicrurus waldenii
## Mayottedrongo
*Mayotte Drongo - Drongo de Mayotte*
Schlegel, 1865
*Mayotte (se Comoros)*

Dicrurus forficatus
## Madagaskardrongo
*Crested Drongo - Drongo malgache*
Linnaeus, 1766
*Madagascar und kleine Inseln*

Dicrurus forficatus potior
**Anjouandrogon**
Bangs & Penard, TE, 1922
Anjouan (ec Comoros)

Dicrurus aldabranus
## Aldabradrongo
*Aldabra Drongo - Drongo de Aldabra*
Ridgway, 1893
*Aldabra (w Aldabra Gruppe, sw Seychellen)*

Dicrurus fuscipennis
## Braunschwingendrongo
*Grande Comore Drongo - Drongo de Gran Comora*
Milne-Edwards & Oustalet, 1887
*Gebirge Grande Comore (nw Comoros)*

Dicrurus modestus
## Samtdrongo
*Velvet-mantled Drongo - Drongo modesto*
Hartlaub, 1849
*Príncipe (c Gulf von Guinea Is.)*

Dicrurus modestus atactus
**Nigeria Samtdrongo**
Oberholser, 1899
Sierra Leone bis sw Nigeria
Dicrurus modestus coracinus
**Kongo-Samtdrongo**
Verreaux, J & Verreaux, E, 1851
s Nigeria bis w Kenia, c Demokratische Republik Kongo und nw Angola

Dicrurus adsimilis
## Trauerdrongo
*Fork-tailed Drongo - Drongo ahorquillado*
Bechstein, 1794
*w Swaziland und e, s Südafrika*

Dicrurus adsimilis apivorus
**Südafrikanischer Trauerdrongo**
Clancey, 1976
se Gabun und Kongo bis n Südafrika
Dicrurus adsimilis jubaensis
**Äthiopien-Trauerdrongo**
Van Someren, 1931
s Somalia und s Äthiopien
Dicrurus adsimilis fugax
**Swaziland-Trauerdrongo**
Peters, W, 1868
Uganda und Kenia s bis ne Südafrika und Swaziland
Dicrurus adsimilis divaricatus
**Somalia-Trauerdrongo**
Lichtenstein, MHC, 1823
Senegal, Gambia und s Mauretanien bis sw Chad
Dicrurus adsimilis lugubris
**Ehrenbergs Trauerdrongo**
Hemprich & Ehrenberg, 1828
s Chad bis Eritrea, Äthiopien, n Kenia und n Somalia

Dicrurus macrocercus
## Königsdrongo
*Black Drongo - Drongo real*
Vieillot, 1817
*se Pakistan und c, s Indien*

Dicrurus macrocercus albirictus
**Tibet-Königsdrongo**
Hodgson, 1836
se Iran und e Afghanistan bis n Indien, se Tibet und nw Myanmar
Dicrurus macrocercus minor
**Sri Lanka-Königsdrongo**
Blyth, 1850
Sri Lanka

Dicrurus macrocercus cathoecus
**Thailand-Königsdrongo**
Swinhoe, 1871
c, e, s China bis e Myanmar, n Thailand und n Indochina
Dicrurus macrocercus thai
**Indochina-Königsdrongo**
Kloss, 1921
s Myanmar bis Indochina
Dicrurus macrocercus harterti
**Taiwan-Königsdrongo**
Baker, ECS, 1918
Taiwan
Dicrurus macrocercus javanus
**Java-Königsdrongo**
Kloss, 1921
Java und Bali

Dicrurus ludwigii
**Geradschwanzdrongo**
*Square-tailed Drongo - Drongo de Ludwig común*
Smith, A, 1834
*Südafrika bis Limpopo River*

Dicrurus ludwigii muenzneri
**Münzners Geradschwanzdrongo**
Reichenow, 1915
s Somalia und e Kenia bis Tansania und n Mosambik
Dicrurus ludwigii saturnus
**Angola-Geradschwanzdrongo**
Clancey, 1976
Angola (außer nw), n Sambia und n Mosambik; Malawi
Dicrurus ludwigii tephrogaster
**Malawi-Geradschwanzdrongo**
Clancey, 1975
Malawi und s, c Mosambik

Dicrurus atripennis
**Glanzdrongo**
*Shining Drongo - Drongo selvático*
Swainson, 1837
*Sierra Leone und Liberia bis ne Demokratische Republik Kongo*

Dicrurus sharpei
**Sharpedrongo**
*Sharpe's Drongo - Drongo de Sharpe*
Oustalet, 1879
*n, se DRC, Uganda, s Sudan, w Kenia, bis nw Angola und Nigeria e Niger River und s Benue River*

Dicrurus sharpei occidentalis
**Westlicher Sharpedrongo**
Fuchs, Douno, Bowie & Fjeldså, 2018
Senegal bis Nigeria (w Niger River)


## Familie: Rhipiduridae (Fächerschwänze)

## Gattung: Rhipidura

Rhipidura superciliaris
**Blaubrauen-Fächerschwanz**
*Mindanao Blue Fantail - Abanico azul de Mindanao*
Sharpe, 1877
*Basilan und Zamboanga Halbinsel, w Mindanao (S Philippinen)*

Rhipidura superciliaris apo
**Apo-Blaubrauen-Fächerschwanz**
Hachisuka, 1930
Mindanao außer Zamboanga Halbinsel (S Philippinen)

Rhipidura samarensis
**Samarfächerschwanz**
*Visayan Blue Fantail - Abanico azul de las Bisayas*
Steere, 1890
*Bohol, Leyte und Samar (ec Philippinen)*

Rhipidura cyaniceps
**Graukopf-Fächerschwanz**
*Blue-headed Fantail - Abanico cabeciazul de Luzón*
Cassin, 1855
*e, c, s Luzon und Catanduanes (n Philippinen)*

Rhipidura cyaniceps pinicola
**Luzon-Graukopf-Fächerschwanz**
Parkes, 1958
nw Luzon (n Philippinen)

Rhipidura sauli
**Tablasfächerschwanz**
*Tablas Fantail - Abanico cabeciazul de Tablas*
Bourns & Worcester, 1894
*Tablas (wc Philippinen)*


Rhipidura albiventris
**Weißbauch-Fächerschwanz**
*Visayan Fantail - Abanico cabeciazul de las Bisayas*
Sharpe, 1877
*Ticao, Masbate, Panay, Guimaras und Negros (wc Philippinen)*

Rhipidura albicollis
**Weißkehl-Fächerschwanz**
*White-throated Fantail - Abanico gorjiblanco*
Vieillot, 1818
*c Himalaya, Bangladesch und e Indien*

Rhipidura albicollis canescens
**Himalaya-Weißkehl-Fächerschwanz**
Koelz, 1939
w Himalaya
Rhipidura albicollis stanleyi
**Stanleys Weißkehl-Fächerschwanz**
Baker, ECS, 1916
e Himalaya, ne Indien und w Myanmar
Rhipidura albicollis orissae
**Indischer Weißkehl-Fächerschwanz**
Ripley, 1955
ec Indien
Rhipidura albicollis celsa
**Tibet-Weißkehl-Fächerschwanz**
Riley, 1929
se Tibet über s China und e Myanmar und n Thailand bis n Indochina
Rhipidura albicollis cinerascens
**Thailand-Weißkehl-Fächerschwanz**
Delacour, 1927
se Thailand und s Indochina
Rhipidura albicollis atrata
**Sumatra-Weißkehl-Fächerschwanz**
Salvadori, 1879
Malayische Halbinsel und Sumatra
Rhipidura albicollis sarawacensis
**Sarawak-Weißkehl-Fächerschwanz**
Chasen, 1941
Gebirge Sarawak (nw Borneo)
Rhipidura albicollis kinabalu
**Kinabalu-Weißkehl-Fächerschwanz**
Chasen, 1941
Gebirge Brunei und Sabah (n Borneo)

Rhipidura albogularis
**Indienfächerschwanz**
*White-spotted Fantail - Abanico pechipinto*
Lesson, RP, 1831
*Halbinsel Indien*

Rhipidura albogularis vernayi
**Vernays Indienfächerschwanz**
Whistler, 1931
se Indien

Rhipidura euryura
**Kurzfuß-Fächerschwanz**
*White-bellied Fantail - Abanico ventriblanco*
Müller, S, 1843
*Gebirge Java*

Rhipidura aureola
**Weißstirn-Fächerschwanz**
*White-browed Fantail - Abanico cejiblanco*
Lesson, RP, 1831
*e Pakistan, n Indien und s Nepal s bis c Indien*

Rhipidura aureola compressirostris
**Blyths Weißstirn-Fächerschwanz**
Blyth, 1849
s Indien und Sri Lanka
Rhipidura aureola burmanica
**Humes Weißstirn-Fächerschwanz**
Hume, 1880
Myanmar und s China bis s Indochina

Rhipidura javanica
**Malaienfächerschwanz**
*Malaysian Pied Fantail - Abanico pío de la Sonda*
Sparrman, 1788
*Java, Bali und Lombok (w Lesser Sundas)*

Rhipidura javanica longicauda
**Südostasien-Malaienfächerschwanz**
Wallace, 1865
se Asien, Sumatra, Borneo und kleine Inseln

Rhipidura nigritorquis
**Philippinenfächerschwanz**
*Philippine Pied Fantail - Abanico pío de Filipinas*
Vigors, 1831
*Philippinen*

Rhipidura perlata
**Perlbrust-Fächerschwanz**
*Spotted Fantail - Abanico perlado*
Müller, S, 1843
*Malayische Halbinsel, Sumatra und Borneo*

Rhipidura leucophrys
**Gartenfächerschwanz**
*Willie Wagtail - Abanico lavandera*
Latham, 1801
*Australien (außer n und Tasmanien)*

 Rhipidura leucophrys melaleuca
 **Molukken-Gartenfächerschwanz**
 Quoy & Gaimard, 1832
 n, c Moluccas, Neuguinea und kleine Inseln, n Torres Strait Is. (ne Queensland, ne Australien), Bismarck Archipel und Solomon Is.
 Rhipidura leucophrys picata
 **Nordaustralischer Gartenfächerschwanz**
 Gould, 1848
 ne Western Australia bis ne Queensland (n Australien)

Rhipidura diluta
**Sundafächerschwanz**
*Brown-capped Fantail - Abanico cabecipardo*
Wallace, 1864
*Flores und Lomblen (=Lembata, c Lesser Sundas)*

 Rhipidura diluta sumbawensis
 **Sumbawafächerschwanz**
 Büttikofer, 1892
 Sumbawa (w Lesser Sundas)

Rhipidura fuscorufa
**Zimtbauch-Fächerschwanz**
*Cinnamon-tailed Fantail - Abanico colicanela*
Sclater, PL, 1883
*Babar (e Lesser Sundas) und Tanimbar Is. (s Moluccas)*

Rhipidura rufiventris
**Timorfächerschwanz**
*Northern Fantail - Abanico de Timor*
Vieillot, 1818
*Semau (w Timor) und Timor (e Lesser Sundas)*

 Rhipidura rufiventris tenkatei
 **Roti-Witwenfächerschwanz**
 Büttikofer, 1892
 Rote (sw Timor, e Lesser Sundas)
 Rhipidura rufiventris pallidiceps
 **Wetar-Witwenfächerschwanz**
 Hartert, EJO, 1904
 Wetar (e Lesser Sundas)
 Rhipidura rufiventris hoedti
 **Romang-Witwenfächerschwanz**
 Büttikofer, 1892
 Romang, Damar, Leti, Moa und Sermata (e Timor, e Lesser Sundas)
 Rhipidura rufiventris assimilis
 **Tayandu-Witwenfächerschwanz**
 Gray, GR, 1858
 Tayandu Is. (w Kai Is.) und Kai Is. (se Moluccas)
 Rhipidura rufiventris finitima
 **Watubela-Witwenfächerschwanz**
 Hartert, EJO, 1918
 Watubela Is. (n Kai Is., se Moluccas)
 Rhipidura rufiventris bouruensis
 **Buru-Witwenfächerschwanz**
 Wallace, 1863
 Buru (wc Moluccas)
 Rhipidura rufiventris cinerea
 **Seram-Witwenfächerschwanz**
 Wallace, 1865
 Seram und Ambon (ec Moluccas)
 Rhipidura rufiventris obiensis
 **Obi-Witwenfächerschwanz**
 Salvadori, 1876
 Bisa (n Obi) und Obi (nc Moluccas)
 Rhipidura rufiventris vidua
 **Kofiau-Witwenfächerschwanz**
 Salvadori & Turati, 1874
 Kofiau (Raja Ampat Is., nw Neuguinea)
 Rhipidura rufiventris gularis
 **Müllers Witwenfächerschwanz**
 Müller, S, 1843
 Neuguinea und kleine Inseln
 Rhipidura rufiventris nigromentalis
 **Louisidae-Witwenfächerschwanz**
 Hartert, EJO, 1898
 Louisiade Archipel (e in se Neuguinea)
 Rhipidura rufiventris finschii
 **Neubritannien-Witwenfächerschwanz**
 Salvadori, 1882
 New Britain und kleine Inseln Lolobau, Watom und Duke von York Is. (se Bismarck Archipel)
 Rhipidura rufiventris setosa
 **Neuirland-Witwenfächerschwanz**
 Quoy & Gaimard, 1832
 New Ireland, New Hanover (=Lavongai) und Dyaul (=Djaul; ne Bismarck Archipel)

 Rhipidura rufiventris gigantea
 **Lihir-Witwenfächerschwanz**
 Stresemann, 1933
 Lihir und Tabar (n in c New Ireland, ne Bismarck Archipel)
 Rhipidura rufiventris tangensis
 **Tanga-Witwenfächerschwanz**
 Mayr, 1955
 Boang (Tanga Is., n in e New Ireland, ne Bismarck Archipel)
 Rhipidura rufiventris niveiventris
 **Bismarck-Witwenfächerschwanz**
 Rothschild & Hartert, EJO, 1914
 Manus und Rambutyo (e Manus; Admiralty Is., nw Bismarck Archipel)
 Rhipidura rufiventris mussai
 **Matthias-Witwenfächerschwanz**
 Rothschild & Hartert, EJO, 1924
 Mussau (St. Matthias Is., Bismarck Archipel)
 Rhipidura rufiventris isura
 **Goulds Witwenfächerschwanz**
 Gould, 1841
 ne Western Australia bis ne Queensland (n Australien)

Rhipidura kordensis
**Biakfächerschwanz**
*Biak Fantail - Abanico de Biak*
Meyer, AB, 1874
*Biak (Geelvink Bay is., nw Neuguinea)*

Rhipidura cockerelli
**Salomonenfächerschwanz**
*Cockerell's Fantail - Abanico de Cockerell*
Ramsay, EP, 1879
*Guadalcanal (sc Solomon Is.)*

 Rhipidura cockerelli septentrionalis
 **Bukafächerschwanz**
 Rothschild & Hartert, EJO, 1916
 Buka, Bougainville und Shortland Is. (nw Solomon Is.)
 Rhipidura cockerelli interposita
 **Choiseulfächerschwanz**
 Rothschild & Hartert, EJO, 1916
 Choiseul und Isabel (ec Solomon Is.)
 Rhipidura cockerelli lavellae
 **Vella Lavellafächerschwanz**
 Rothschild & Hartert, EJO, 1916
 Vella Lavella und Ranongga (n New Georgia Gruppe, wc Solomon Is.)
 Rhipidura cockerelli albina
 **Vangunufächerschwanz**
 Rothschild & Hartert, EJO, 1901
 Kolombangara, Kohinggo, New Georgia, Vangunu, Rendova und Tetepare Is. (c, s New Georgia Gruppe, wc Solomon Is.)
 Rhipidura cockerelli floridana
 **Nggelafächerschwanz**
 Mayr, 1931
 Nggela Is. (=Florida Is., sc Solomon Is.)

Rhipidura coultasi
**Weißkehlfächerschwanz**
*White-gorgeted Fantail - Abanico gorguera*
Mayr, 1931
*Malaita (se Solomon Is.)*

Rhipidura threnothorax
**Tropfenfächerschwanz**
*Sooty Thicket Fantail - Abanico del matorral*
Müller, S, 1843
*Raja Ampat Is. (nw Neuguinea), Aru Is. (sw Neuguinea) und Neuguinea*

 Rhipidura threnothorax fumosa
 **Yapen-Tropfenfächerschwanz**
 Schlegel, 1871
 Yapen (Geelvink Bay is., nw Neuguinea)

Rhipidura maculipectus
**Sumpffächerschwanz**
*Black Thicket Fantail - Abanico colipinto*
Gray, GR, 1858
*Raja Ampat Is. (nw Neuguinea), Aru Is. (sw Neuguinea), nw und s Neuguinea*

Rhipidura leucothorax
**Dickichtfächerschwanz**
*White-bellied Thicket Fantail - Abanico pechiblanco*
Salvadori, 1874
*w bis ec, w in se Neuguinea; Kairiru und Muschu (n in nc Neuguinea)*

 Rhipidura leucothorax episcopalis
 **Ramsays-Dickichtfächerschwanz**
 Ramsay, EP, 1878
 e in se Neuguinea

Rhipidura atra
**Rabenfächerschwanz**
*Black Fantail - Abanico negro*
Salvadori, 1876
*Gebirge nw, c, ne (Huon Halbinsel) bis se Neuguinea*

Rhipidura atra vulpes
**Cyclops-Rabenfächerschwanz**
Mayr, 1931
Cyclops Mts. und n Küste ranges (nc Neuguinea)

Rhipidura hyperythra
**Braunbauch-Fächerschwanz**
*Chestnut-bellied Fantail - Abanico ventrirrufo*
Gray, GR, 1858
nw, c Neuguinea, Yapen (Geelvink Bay is., nw Neuguinea) und Aru Is. (sw Neuguinea)

Rhipidura hyperythra castaneothorax
**Ramsays Braunbauch-Fächerschwanz**
Ramsay, EP, 1879
Huon Halbinsel (ne Neuguinea) und se Neuguinea

Rhipidura albolimbata
**Hochland-Fächerschwanz**
*Friendly Fantail - Abanico amistoso*
Salvadori, 1874
Gebirge Neuguinea

Rhipidura albiscapa
**Graufächerschwanz**
*Grey Fantail - Abanico gris*
Gould, 1840
Tasmanien und Bass Strait is. (se Australien)

Rhipidura albiscapa brenchleyi
**Banks-Graufächerschwanz**
Sharpe, 1879
Makira (=San Cristóbal, se Solomon Is.) und Vanuatu inklusive Banks Is.

Rhipidura albiscapa bulgeri
**Bulgers Graufächerschwanz**
Layard, EL, 1877
Grande Terre und Ile des Pins (New Caledonia); Lifou (c Loyalty Is.)

Rhipidura albiscapa keasti
**Fords Graufächerschwanz**
Ford, 1981
nc Queensland (ne Australien)

Rhipidura albiscapa pelzelni
**Pelzens Graufächerschwanz**
Gray, GR, 1862
Norfolk Insel (e Australien)

Rhipidura albiscapa alisteri
**Mathews Graufächerschwanz**
Mathews, 1911
se South Australia bis ec Queensland (ec, se, sc Australien)

Rhipidura albiscapa preissi
**Cabanis-Graufächerschwanz**
Cabanis, 1851
sw Western Australia (sw Australien)

Rhipidura albiscapa albicauda
**Norths Graufächerschwanz**
North, 1895
c Western Australia bis c Nortern Territory (wc, c Australien)

Rhipidura fuliginosa
**Neuseeland-Fächerschwanz**
*New Zealand Fantail - Abanico maorí*
Sparrman, 1787
South und Stewart is. (Neuseeland)

Rhipidura fuliginosa placabilis
**Bangsfächerschwanz**
Bangs, 1921
Nordinsel (Neuseeland)

Rhipidura fuliginosa penita
**Chathamfächerschwanz**
Bangs, 1911
Chatham Is. (e Südinsel, New Zealand)

† Rhipidura fuliginosa cervina
**Lord Howe-Fächerschwanz**
Ramsay, EP, 1879
Lord Howe Insel (e Australien)

Rhipidura phasiana
**Mangrovefächerschwanz**
*Mangrove Fantail - Abanico de manglar*
De Vis, 1885
sw Trans-Fly (sc Neuguinea), s Küste se Neuguinea und w Western Australia bis nw Queensland
(Küste n Australien)

Rhipidura drownei
**Bougainville-Fächerschwanz**
*Brown Fantail - Abanico de Bougainville*
Mayr, 1931
Gebirge Bougainville (n Solomon Is.)

Rhipidura ocularis
**Guadacanalfächerschwanz**
*Guadalcanal Fantail - Abanico de Guadalcanal*
Mayr, 1931
Gebirge Guadalcanal (sc Solomon Is.)

Rhipidura tenebrosa
**Rußfächerschwanz**
*Makira Fantail - Abanico sombrío*
Ramsay, EP, 1882
Makira (=San Cristobal, se Solomon Is.)

Rhipidura rennelliana
**Rennellfächerschwanz**
*Rennell Fantail - Abanico de Rennell*
Mayr, 1931
Rennell (se Solomon Is.)

Rhipidura verreauxi
**Fleckenfächerschwanz**
*Streaked Fantail - Abanico moteado de Nueva Caledonia*
Marie, 1870
New Caledonia inklusive Loyalty Is. (außer Ouvea)

Rhipidura layardi
**Fiji-Fleckenfächerschwanz**
*Fiji Streaked Fantail - Abanico moteado de Fiji*
Salvadori, 1877
Viti Levu und Ovalau (Lomaiviti Gruppe; w Fiji, sw Polynesien)

Rhipidura layardi erythronota
**Vanua Levu-Fleckenfächerschwanz**
Sharpe, 1879
Vanua Levu und Yanganga (n in nw Vanua Levu; nc Fiji, sw Polynesien)

Rhipidura layardi rufilateralis
**Tavenui-Fleckenfächerschwanz**
Sharpe, 1879
Taveuni (nc Fiji, sw Polynesien)

Rhipidura spilodera
**Vanuatu-Fleckenfächerschwanz**
*Vanuatu Streaked Fantail - Abanico de Vanuatu*
Gray, GR, 1870
Vanua Lava (e Banks Is.) bis Efate (sc Vanuatu)

Rhipidura personata
**Kadavufächerschwanz**
*Kadavu Fantail - Abanico de Kandavu*
Ramsay, EP, 1875
Kadavu und Ono (ne Kadavu; sw Fiji, sw Polynesien)

Rhipidura nebulosa
**Samoafächerschwanz**
*Samoan Fantail - Abanico samoano*
Peale, 1849
Upolu (w Samoa, c Polynesien)

Rhipidura nebulosa altera
**Savalifächerschwanz**
Mayr, 1931
Gebirge Savaii (w Samoa, c Polynesien)

Rhipidura phoenicura
**Rotbürzel-Fächerschwanz**
*Rufous-tailed Fantail - Abanico colirrojo*
Müller, S, 1843
Gebirge Java

Rhipidura nigrocinnamomea
**Mindanaofächerschwanz**
*Black-and-cinnamon Fantail - Abanico rojinegro*
Hartert, EJO, 1903
c, s Mindanao (s Philippinen)

Rhipidura nigrocinnamomea hutchinsoni
**Hutchinsons Mindanaofächerschwanz**
Mearns, 1907
n, w, e Mindanao (s Philippinen)

Rhipidura brachyrhyncha
**Gebirgsfächerschwanz**
*Dimorphic Fantail - Abanico dimorfo*
Schlegel, 1871
Gebirge Neuguinea

Rhipidura lepida
**Palaufächerschwanz**
*Palau Fantail - Abanico de Palaos*
Hartlaub & Finsch, 1868
Palau (w Caroline Is., w Micronesia)

Rhipidura dedemi
## Seramfächerschwanz
*Streak-breasted Fantail - Abanico de van Dedem*
van Oort, 1911
*Gebirge Seram (ec Moluccas)*

Rhipidura superflua
## Burufächerschwanz
*Tawny-backed Fantail - Abanico superfluo*
Hartert, EJO, 1899
*Gebirge Buru (wc Moluccas)*

Rhipidura teysmanni
## Sulawesifächerschwanz
*Sulawesi Fantail - Abanico de Célebes*
Büttikofer, 1892
*Gebirge sw Sulawesi*

### Rhipidura teysmanni toradja
### Toradjafächerschwanz
Stresemann, 1931
Gebirge c, se Sulawesi
### Rhipidura teysmanni coomansi
### Sulufächerschwanz
van Marle, 1940
Gebirge n Sulawesi

Rhipidura habibiei
## Nördlicher Sulawesifächerschwanz
*Peleng Fantail - Abanico de Peleng*
Rheindt, Prawiradilaga, Ashari, Suparno & Ng, NSR, 2020
*Gebirge Peleng (Banggai Is., e Sulawesi)*

Rhipidura sulaensis
## Sulafächerschwanz
*Taliabu Fantail - Abanico de Taliabu*
Neumann, 1939
*Gebirge Taliabu (Sula Archipel, e Sulawesi)*

Rhipidura opistherythra
## Tanimbarfächerschwanz
*Long-tailed Fantail - Abanico de las Tanimbar*
Sclater, PL, 1883
*Tanimbar Is. (s Moluccas)*

Rhipidura rufidorsa
## Rostrücken-Fächerschwanz
*Rufous-backed Fantail - Abanico dorsirrufo*
Meyer, AB, 1874
*Misool (Raja Ampat Is., nw Neuguinea), Yapen (Geelvink Bay is., nw Neuguinea) bis ne, sc Neuguinea*

### Rhipidura rufidorsa kubuna
### Kubuna-Rostrücken-Fächerschwanz
Rand, 1938
s in se Neuguinea
### Rhipidura rufidorsa kumusi
### Kumus-Rostrücken-Fächerschwanz
Mathews, 1928
n Küste se Neuguinea

Rhipidura dahli
## Graukehl-Fächerschwanz
*Bismarck Fantail - Abanico de las Bismarck*
Reichenow, 1897
*Gebirge Umboi (w New Britain) und New Britain (se Bismarck Archipel)*

### Rhipidura dahli antonii
### Antonis Graukehl-Fächerschwanz
Hartert, EJO, 1926
Gebirge New Ireland (ne Bismarck Archipel)

Rhipidura matthiae
## Schwarzbrust-Fächerschwanz
*Mussau Fantail - Abanico de San Matías*
Heinroth, 1902
*Mussau (St. Matthias Is., nc Bismarck Archipel)*

Rhipidura malaitae
## Malaitafächerschwanz
*Malaita Fantail - Abanico de Malaita*
Mayr, 1931
*Gebirge Malaita (sc Solomon Is.)*

Rhipidura semirubra
## Manusfächerschwanz
*Manus Fantail - Abanico de Manus*
Sclater, PL, 1877
*Inseln Admiralty Is. (nw Bismarck Archipel)*

Rhipidura dryas
## Arafurafächerschwanz
*Arafura Fantail - Abanico de Arafura*
Gould, 1843
*ne Western Australia bis nw Queensland und kleine Inseln (Küste nw, nc Australien)*

### Rhipidura dryas streptophora
### Küsten-Arafurafächerschwanz
Ogilvie-Grant, 1911
Küste sc Neuguinea

Rhipidura semicollaris
## Halbkragenfächerschwanz
*Supertramp Fantail - Abanico Musaraña semicollar*
Müller, S, 1843
*Flores bis Timor und Wetar (c, e Lesser Sundas)*

### Rhipidura semicollaris celebensis
### Büttikofers Halbkragenfächerschwanz
Büttikofer, 1892
Tanahjampea und Kalao (s in s Sulawesi)
### Rhipidura semicollaris mimosae
### Meises Halbkragenfächerschwanz
Meise, 1929
Kalaotoa (se in s Sulawesi)
### Rhipidura semicollaris sumbensis
### Harters Halbkragenfächerschwanz
Hartert, EJO, 1896
Sumba und Sawu (sc Lesser Sundas)
### Rhipidura semicollaris elegantula
### Sharps Halbkragenfächerschwanz
Sharpe, 1879
Romang, Damar, Leti und Moa (e Lesser Sundas)
### Rhipidura semicollaris reichenowi
### Finschs Halbkragenfächerschwanz
Finsch, 1901
Babar (e Lesser Sundas)
### Rhipidura semicollaris hamadryas
### Tanimbarfächerschwanz
Sclater, PL, 1883
Tanimbar Is. (s Moluccas)
### Rhipidura semicollaris squamata
### Westguineafächerschwanz
Müller, S, 1843
Kekek und Lawin (e Obi, nc Moluccas), Banda Is. (sw Moluccas), Raja Ampat Is. (nw Neuguinea) und Babi (Aru Is., sw Neuguinea)
### Rhipidura semicollaris henrici
### Seram-Fächerschwanz
Hartert, EJO, 1918 — Seram Laut (se Seram, ec Moluccas), Tayandu (w Kai Is.), Kai Is. (se Moluccas) und Aru Is. (sw Neuguinea)

Rhipidura torrida
## Molukken-Fuchsfächerschwanz
*Gilolo Fantail - Abanico de Halmahera*
Wallace, 1865
*Halmahera bis Obi (n Moluccas)*

Rhipidura rufifrons
## Fuchsfächerschwanz
*Rufous Fantail - Abanico rojizo*
Latham, 1801
*se South Australia bis ne New South Wales (se Australien)*

### Rhipidura rufifrons intermedia
### Kleiner Fuchsfächerschwanz
North, 1902
Cape York Halbinsel, ne Queensland bis se Queensland (ne, ec Australien)

Rhipidura kubaryi
## Pohnpeifächerschwanz
*Pohnpei Fantail - Abanico de Ponapé*
Finsch, 1876
*Pohnpei (=Ponape, e Caroline Is., c Micronesia)*

Rhipidura louisiadensis
## Louisidae-Fuchsfächerschwanz
*Louisiade Fantail - Abanico de Louisiade*
Hartert, EJO, 1899
*D'Entrecasteaux und Louisiade archs. (e in se Neuguinea)*

Rhipidura melanolaema
## Santa Cruz-Fuchsfächerschwanz
*Santa Cruz Fantail - Abanico de Santa Cruz*
Sharpe, 1879
*Vanikoro (s Santa Cruz Is., se Solomon Is.)*

### Rhipidura melanolaema agilis
### Nemdo-Fuchsfächerschwanz
Mayr, 1931
Nendo (=Santa Cruz, w Santa Cruz Is., se Solomons)
### Rhipidura melanolaema utupuae
### Utupua-Fuchsfächerschwanz
Mayr, 1931
Utupua (c Santa Cruz Is.=Temotu, se Solomon Is.)

Rhipidura versicolor
## Micronesien-Fuchsfächerschwanz
*Micronesian Rufous Fantail - Abanico de Micronesia*
Hartlaub & Finsch, 1872
*Yap (w Caroline Is., w Micronesia)*

† Rhipidura versicolor uraniae
### Urania-Fuchsfächerschwanz
Oustalet, 1881
Guam (s Mariana Is., w Micronesia)
Rhipidura versicolor saipanensis
### Saipan-Fuchsfächerschwanz
Hartert, EJO, 1898
Saipan, Tinian und Agiguan (=Aguijan; s Northern Mariana Is., w Micronesia)
Rhipidura versicolor mariae
### Rota-Fuchsfächerschwanz
Baker, RH, 1946
Rota (s Northern Mariana Is., w Micronesia)

Rhipidura rufofronta
## Solomonen-Fuchsfächerschwanz
*Solomons Rufous Fantail - Abanico de Solomon*
Ramsay, EP, 1879
*Guadalcanal (s Solomon Is.)*

Rhipidura rufofronta commoda
### Buka-Fuchsfächerschwanz
Hartert, EJO, 1918
Buka bis Isabel (n bis ec Solomon Is.)
Rhipidura rufofronta granti
### Grants Fuchsfächerschwanz
Hartert, EJO, 1918
New Georgia Gruppe (wc Solomon Is.)
Rhipidura rufofronta brunnea
### Malaita-Fuchsfächerschwanz
Mayr, 1931
Malaita (se Solomon Is.)
Rhipidura rufofronta ugiensis
### Uki-Fuchsfächerschwanz
Mayr, 1931
Ugi (n Makira=San Cristóbal, se Solomon Is.)
Rhipidura rufofronta russata
### Cristobal-Fuchsfächerschwanz
Tristram, 1879
Makira (San Cristóbal Is., se Solomon Is.)
Rhipidura rufofronta kuperi
### Kupers Fuchsfächerschwanz
Mayr, 1931
Santa Ana (e Makira=San Cristóbal, se Solomon Is.)

## Gattung: Chaetorhynchus

Chaetorhynchus papuensis
## Drongofächerschwanz
*Drongo Fantail - Drongo papú*
Meyer, AB, 1874
*Gebirge Neuguinea*

## Gattung: Eutrichomyias

Eutrichomyias rowleyi
## Blaumonarch
*Cerulean Flycatcher - Monarca de Rowley*
Meyer, AB, 1878
*Sangihe (n Sulawesi)*

## Gattung: Lamprolia

Lamprolia klinesmithi
## Natewafächerschwanz
*Natewa Silktail - Monarca de Natewa*
Ramsay, EP, 1876
*Natewa Halbinsel (se Vanua Levu, nc Fiji, sw Polynesien)*

Lamprolia victoriae
## Seidenfächerschwanz
*Taveuni Silktail - Monarca de Taveuni*
Finsch, 1874
*Taveuni (nc Fiji, sw Polynesien)*

## Familie: Monarchidae (Monarchen)

## Gattung: Hypothymis

Hypothymis azurea
## Schwarznackenmonarch
*Black-naped Monarch - Monarca nuquinegro*
Boddaert, 1783
*Philippinen außer Camiguin Sur*

Hypothymis azurea styani
### Styan-Schwarzgenickschnäpper
Hartlaub, 1899
Indien und Nepal bis se China und Vietnam
Hypothymis azurea oberholseri
### Oberholsers Schwarzgenickschnäpper
Stresemann, 1913
Taiwan
Hypothymis azurea ceylonensis
### Sri Lanka-Schwarzgenickschnäpper
Sharpe, 1879
Sri Lanka
Hypothymis azurea tytleri
### Andamanen-Schwarzgenickschnäpper
Beavan, 1867
Andaman Is.
Hypothymis azurea idiochroa
### Car Nicobar-Schwarzgenickschnäpper
Oberholser, 1911
Car Nicobar (n Nicobar Is.)
Hypothymis azurea nicobarica
### Nikobaren-Schwarzgenickschnäpper
Bianchi, 1907
s Nicobar Is.
Hypothymis azurea montana
### Gebirgs-Schwarzgenickschnäpper
Riley, 1929
n, c Thailand
Hypothymis azurea galerita
### Thailand-Schwarzgenickschnäpper
Deignan, 1956
sw, se Thailand
Hypothymis azurea forrestia
### Mergui-Schwarzgenickschnäpper
Oberholser, 1911
Mergui Archipel (vor w Myanmar)
Hypothymis azurea prophata
### Sumatra-Schwarzgenickschnäpper
Oberholser, 1911
Malayische Halbinsel, Sumatra und Borneo
Hypothymis azurea javana
### Java-Schwarzgenickschnäpper
Chasen & Kloss, 1929
Java und Bali
Hypothymis azurea penidae
### Penida-Schwarzgenickschnäpper
Meise, 1942
Nusa Penida (se Bali, w Lesser Sundas)
Hypothymis azurea karimatensis
### Karimata-Schwarzgenickschnäpper
Chasen & Kloss, 1932
Karimata Is. (w in sw Borneo)
Hypothymis azurea opisthocyanea
### Anamba-Schwarzgenickschnäpper
Oberholser, 1911
Anambas (e Malayische Halbinsel)
Hypothymis azurea gigantoptera
### Bunguran-Schwarzgenickschnäpper
Oberholser, 1911
Bunguran (Natuna Is., nw Borneo)
Hypothymis azurea consobrina
### Simeulue-Schwarzgenickschnäpper
Richmond, 1902
Simeulue (w in n Sumatra)
Hypothymis azurea leucophila
### Siberut-Schwarzgenickschnäpper
Oberholser, 1911
Siberut Insel (Mentawai Is., w in c Sumatra)
Hypothymis azurea richmondi
### Richmonds Schwarzgenickschnäpper
Oberholser, 1911
Enggano (w in s Sumatra)
Hypothymis azurea abbotti
### Abbotts Schwarzgenickschnäpper
Richmond, 1902
Reusam und Babi Is. (w in n Sumatra)
Hypothymis azurea symmixta
### Sunda-Schwarzgenickschnäpper
Stresemann, 1913
w, c Lesser Sundas
Hypothymis azurea aeria
### Maratua-Schwarzgenickschnäpper
Bangs & Peters, JL, 1927
Maratua (e in ne Borneo)
Hypothymis azurea catarmanensis
### Camiguin-Schwarzgenickschnäpper
Rand & Rabor, 1969
Camiguin Sur (s Philippinen)

Hypothymis puella
## Sulawesimonarch
*Pale-blue Monarch - Monarca azulado*
Wallace, 1863
*Sulawesi und kleine Inseln*

Hypothymis puella blasii
### Blasis Sulawesimonarch
Hartert, EJO, 1898
Banggai und Sula is. (e Sulawesi)

Hypothymis helenae
### Helenamonarch
*Short-crested Monarch - Monarca de Helena*
Steere, 1890
*Luzon, Polillo, Catanduanes und Samar (n Philippinen)*

Hypothymis helenae agusanae
#### Dinagat-Helenamonarch
Rand, 1970
Dinagat, Siargao und e Mindanao (ec, se Philippinen)
Hypothymis helenae personata
#### Camiguin-Helenamonarch
McGregor, 1907
Camiguin Norte (n Philippinen)

Hypothymis coelestis
### Himmelsmonarch
*Celestial Monarch - Monarca celeste*
Tweeddale, 1877
*Luzon, Samar, Dinagat, Mindanao, Basilan und Tawi Tawi (n, e, s, sw Philippinen)*

Hypothymis coelestis rabori
#### Rabor-Himmelsmonarch
Rand, 1970
Sibuyan und Negros (c Philippinen)

## Gattung: Trochocercus

Trochocercus cyanomelas
### Kapmonarch
*Blue-mantled Crested Flycatcher - Monarca morado meridional*
Vieillot, 1818
*s, se Südafrika*

Trochocercus cyanomelas vivax
#### Uganda-Kapmonarch
Neave, 1909
Uganda und nw Tansania bis se Demokratische Republik Kongo und n, w Sambia
Trochocercus cyanomelas bivittatus
#### Reichenows Kapmonarch
Reichenow, 1879
Somalia bis e Tansania
Trochocercus cyanomelas megalolophus
#### Swynnertons Kapmonarch
Swynnerton, 1907
Malawi und n Mosambik bis Simbabwe und e KwaZulu-Natal (ne Südafrika)
Trochocercus cyanomelas segregus
#### Clanceys Kapmonarch
Clancey, 1975
e Northern Prov. und w KwaZulu-Natal (ne Südafrika)

Trochocercus nitens
### Schwarzkopfmonarch
*Blue-headed Crested Flycatcher - Monarca brillante*
Cassin, 1859
*Nigeria bis s Sudan, Uganda, Demokratische Republik Kongo und nw Angola*

Trochocercus nitens reichenowi
#### Reichenows Schwarzkopfmonarch
Sharpe, 1904
Guinea bis Togo

## Gattung: Terpsiphone

Terpsiphone bedfordi
### Bedfordparadiesschnäpper
*Bedford's Paradise Flycatcher - Monarca de Bedford*
Ogilvie-Grant, 1907
*e Demokratische Republik Kongo*

Terpsiphone rufocinerea
### Roststeiß-Paradiesschnäpper
*Rufous-vented Paradise Flycatcher - Monarca del Congo*
Cabanis, 1875
*s Kamerun bis e, c Demokratische Republik Kongo und nw Angola*

Terpsiphone rufiventer
### Senegalparadiesschnäpper
*Red-bellied Paradise Flycatcher - Monarca ventrirrojo*
Swainson, 1837
*Senegal, Gambia und w Guinea*

Terpsiphone rufiventer nigriceps
#### Guineaparadiesschnäpper
Hartlaub, 1855
Sierra Leone und Guinea bis Togo und sw Benin
Terpsiphone rufiventer fagani
#### Beninparadiesschnäpper
Bannerman, 1921
Benin und sw Nigeria
Terpsiphone rufiventer tricolor
#### Dreifarbiger Paradiesschnäpper
Fraser, 1843
Bioko Insel (Gulf von Guinea)

Terpsiphone rufiventer neumanni
#### Neumannparadiesschnäpper
Stresemann, 1924
se Nigeria bis n Angola
Terpsiphone rufiventer schubotzi
#### Schubotzparadiesschnäpper
Reichenow, 1911
se Kamerun und sw Zentralafrikanische Republik
Terpsiphone rufiventer mayombe
#### Mayombeparadiesschnäpper
Chapin, 1932
Kongo und w Demokratische Republik Kongo
Terpsiphone rufiventer somereni
#### Ugandaparadiesschnäpper
Chapin, 1948
w, s Uganda
Terpsiphone rufiventer emini
#### Keniaparadiesschnäpper
Reichenow, 1893
se Uganda, w Kenia und nw Tansania
Terpsiphone rufiventer ignea
#### Kongoparadiesschnäpper
Reichenow, 1901
e Zentralafrikanische Republik, Demokratische Republik Kongo, ne Angola und nw Sambia

Terpsiphone smithii
### Annobónparadiesschnäpper
*Annobon Paradise Flycatcher - Monarca-colilargo de Annobón*
Fraser, 1843
*Annobón (s Gulf von Guinea Is.)*

Terpsiphone batesi
### Batesparadiesschnäpper
*Bates's Paradise Flycatcher - Monarca de Bates*
Chapin, 1921
*s Kamerun und Gabun bis e Demokratische Republik Kongo*

Terpsiphone batesi bannermani
#### Bannermanparadiesschnäpper
Chapin, 1948
Kongo, sw Demokratische Republik Kongo und n Angola

Terpsiphone viridis
### Graubrust-Paradiesschnäpper
*African Paradise Flycatcher - Monarca africano*
Müller, PLS, 1776
*Senegal und Gambia bis Sierra Leone*

Terpsiphone viridis harterti
#### Harterparadiesschnäpper
Meinertzhagen, R, 1923
s Arabische Halbinsel
Terpsiphone viridis speciosa
#### Sudanparadiesschnäpper
Cassin, 1859
s Kamerun bis sw Sudan, Demokratische Republik Kongo und ne Angola
Terpsiphone viridis ferreti
#### Maliparadiesschnäpper
Guérin-Méneville, 1843
Mali und Elfenbeinküste bis Somalia, Kenia und Tansania
Terpsiphone viridis restricta
#### Südugandaparadiesschnäpper
Salomonsen, 1933
s Uganda
Terpsiphone viridis kivuensis
#### Kivuparadiesschnäpper
Salomonsen, 1949
sw Uganda bis e Demokratische Republik Kongo und nw Tansania
Terpsiphone viridis suahelica
#### Suaheliparadiesschnäpper
Reichenow, 1898
w Kenia und n Tansania
Terpsiphone viridis ungujaensis
#### Ungujaparadiesschnäpper
Grant, CHB & Mackworth-Praed, 1947
e Tansania und nahegelegene Inseln
Terpsiphone viridis plumbeiceps
#### Mosambikparadiesschnäpper
Reichenow, 1898
Angola bis sw Tansania, Mosambik und n Südafrika
Terpsiphone viridis granti
#### Grantparadiesschnäpper
Roberts, 1948
e, s Südafrika

Terpsiphone paradisi
### Hainparadiesschnäpper
*Indian Paradise Flycatcher - Monarca del paraíso indio*
Linnaeus, 1758
*c, s Indien, c Bangladesch und sw Myanmar*

Terpsiphone paradisi leucogaster
#### Indischer Hainparadiesschnäpper
Swainson, 1838
n Afghanistan und w China bis nc Indien und w Nepal

489

Terpsiphone paradisi ceylonensis
**Sri Lanka-Hainparadiesschnäpper**
Zarudny & Härms, 1912
Sri Lanka

Terpsiphone affinis
**Blythparadiesschnäpper**
*Blyth's Paradise Flycatcher - Monarca del paraíso oriental*
Blyth, 1846
*Malayische Halbinsel, Sumatra, Riau Is. (e in c Sumatra), Bangka und Belitung (e in s Sumatra) und Java*

Terpsiphone affinis saturatior
**Nepal-Blythparadiesschnäpper**
Salomonsen, 1933
e Nepal, ne Indien, e Bangladesch und n Myanmar
Terpsiphone affinis nicobarica
**Nikobaren-Blythparadiesschnäpper**
Oates, 1890
Nicobar Is.
Terpsiphone affinis burmae
**Myanmar-Blythparadiesschnäpper**
Salomonsen, 1933
c Myanmar
Terpsiphone affinis indochinensis
**Indochina-Blythparadiesschnäpper**
Salomonsen, 1933
e Myanmar und s China bis Indochina
Terpsiphone affinis procera
**Simeulue-Blythparadiesschnäpper**
Richmond, 1903
Simeulue (w in n Sumatra)
Terpsiphone affinis insularis
**Nias-Blythparadiesschnäpper**
Salvadori, 1887
Nias (w in n Sumatra)
Terpsiphone affinis borneensis
**Borneo-Blythparadiesschnäpper**
Hartert, EJO, 1916
Borneo

Terpsiphone floris
**Sundaparadiesschnäpper**
*Tenggara Paradise Flycatcher - Monarca del paraíso de Flores*
Büttikofer, 1894
*Sumbawa, Flores, Lomblen und Alor (w, c Lesser Sundas)*

Terpsiphone floris sumbaensis
**Sumbaparadiesschnäpper**
Meyer, AB, 1894
Sumba (sw Lesser Sundas)

Terpsiphone incei
**Amurparadiesschnäpper**
*Amur Paradise Flycatcher - Monarca del paraíso chino*
Gould, 1852
c China bis ne China, se Russland und North Korea

Terpsiphone atrocaudata
**Japanparadiesschnäpper**
*Black Paradise Flycatcher - Monarca japonés*
Eyton, 1839
*c, s Koreanische Halbinsel, Japan und Taiwan*

Terpsiphone atrocaudata illex
**Ryukyuparadiesschnäpper**
Bangs, 1901
Ryukyu Is. (s Japan)
Terpsiphone atrocaudata periophthalmica
**Lanyuparadiesschnäpper**
Ogilvie-Grant, 1895
Lanyu (vor Taiwan) und Batan Is. (n Philippinen)

Terpsiphone cyanescens
**Kobaltparadiesschnäpper**
*Blue Paradise Flycatcher - Monarca de Palawan*
Sharpe, 1877
*Palawan Gruppe (sw Philippinen)*

Terpsiphone cinnamomea
**Zimtparadiesschnäpper**
*Rufous Paradise Flycatcher - Monarca canelo meridional*
Sharpe, 1877
*East Visayas und Mindanao Gruppe (s Philippinen)*

Terpsiphone cinnamomea unirufa
**Philippinen-Zimtparadiesschnäpper**
Salomonsen, 1937
Luzon, Mindoro, und West Visayas (n, wc Philippinen)
Terpsiphone cinnamomea talautensis
**Talaud-Zimtparadiesschnäpper**
Meyer, AB & Wiglesworth, 1894
Talaud Is. (ne Sulawesi)

Terpsiphone atrochalybeia
**Stahlparadiesschnäpper**
*Sao Tome Paradise Flycatcher - Monarca de Santo Tomé*
Thomson, 1842
*São Tomé (sc Gulf von Guinea Is.)*

Terpsiphone mutata
**Rotbrust-Paradiesschnäpper**
*Malagasy Paradise Flycatcher - Monarca malgache*
Linnaeus, 1766
*Madagascar*

Terpsiphone mutata pretiosa
**Mayotte-Rotbrust-Paradiesschnäpper**
Lesson, RP, 1847
Mayotte (se Comoros)
Terpsiphone mutata vulpina
**Anjouan-Rotbrust-Paradiesschnäpper**
Newton, E, 1877
Anjouan (=Nzwani; ec Comoros)
Terpsiphone mutata voeltzkowiana
**Moheli-Rotbrust-Paradiesschnäpper**
Stresemann, 1924
Mohéli (=Mwali; wc Comoros)
Terpsiphone mutata comorensis
**Komoren-Rotbrust-Paradiesschnäpper**
Milne-Edwards & Oustalet, 1885
Grande Comore (=Njazidja; nw Comoros)

Terpsiphone corvina
**Seychellenparadiesschnäpper**
*Seychelles Paradise Flycatcher - Monarca de las Seychelles*
Newton, E, 1867
*La Digue und Marianne (ne Inner Is., ne Seychellen)*

Terpsiphone bourbonnensis
**Maskarenenparadiesschnäpper**
*Mascarene Paradise Flycatcher - Monarca de las Mascareñas*
Müller, PLS, 1776
*Réunion (w Mascarenes)*

Terpsiphone bourbonnensis desolata
**Mauritiusparadiesschnäpper**
Salomonsen, 1933
Mauritius (c Mascarenes)

**Gattung: Chasiempis**

Chasiempis sclateri
**Kauaimonarch**
*Kauai Elepaio - Elepaio de Kauai*
Ridgway, 1882
*Kauai, Hawaiian Is.*

Chasiempis ibidis
**Oahumonarch**
*Oahu Elepaio - Elepaio de Oahu*
Stejneger, 1887
*Oahu, Hawaiian Is.*

Chasiempis sandwichensis
**Hawaiimonarch**
*Hawaii Elepaio - Elepaio de Hawái*
Gmelin, JF, 1789
*Hawaii*

Chasiempis sandwichensis ridgwayi
**Ridgways Hawaiimonarch**
Stejneger, 1887
Hawaii
Chasiempis sandwichensis bryani
**Bryans Hawaiimonarch**
Pratt, 1979
Mauna Kea, Hawaii, Hawaiian Is.

**Gattung: Pomarea**

Pomarea dimidiata
**Rarotongamonarch**
*Rarotonga Monarch - Monarca de Rarotonga*
Hartlaub & Finsch, 1871
*Rarotonga; eingeführt Atiu (se Cook Is., e Polynesien)*

Pomarea nigra
**Tahitimonarch**
*Tahiti Monarch - Monarca de Tahití*
Sparrman, 1786
*Tahiti (se Society Is., e Polynesien)*

† Pomarea maupitiensis
**Maupiti-Monarch**
*Maupiti Monarch - Monarca de Maupiti*
Garnot, 1829
*Maupiti (w Society Is., e Polynesien)*

† Pomarea mendozae
**Marquesasmonarch**
*Marquesan Monarch - Monarca de las Marquesas*
Hartlaub, 1854
*Tahuata und Hiva Oa (c Marquesas Is., ne Polynesien)*

Pomarea mendozae motanensis
**Motanemonarch**
Murphy & Mathews, 1928
Mohotani (c Marquesas Is., ne Polynesien)

Pomarea mira
**Ua-Pou-Monarch**
*Ua Pou Monarch - Monarca de Ua Pou*
Murphy & Mathews, 1928
*Ua Pou (c Marquesas Is., ne Polynesien )*

† Pomarea nukuhivae
**Nuku-Hiva-Monarch**
*Nuku Hiva Monarch - Monarca de Nuku Hiva*
Murphy & Mathews, 1928
*Nuku Hiva (nc Marquesas Is., ne Polynesien)*

Pomarea iphis
**Fleckenmonarch**
*Iphis Monarch - Monarca de Ua Huka*
Murphy & Mathews, 1928
*Ua Huka (c Marquesas Is., ne Polynesien)*

† Pomarea fluxa
**Eiao-Monarch**
*Eiao Monarch - Monarca de Eiao*
Murphy & Mathews, 1928
*Eiao (nw Marquesas Is., ne Polynesien)*

Pomarea whitneyi
**Fatuhivamonarch**
*Fatu Hiva Monarch - Monarca de Fatu Hiva*
Murphy & Mathews, 1928
*Fatu Iva (se Marquesas Is., ne Polynesien)*



Mayrornis schistaceus
**Vanikoromonarch**
*Vanikoro Monarch - Monarca pizarroso*
Mayr, 1933
*Vanikoro und satellite islet Teanu (se Santa Cruz Is. =Temotu, se Solomon Is.)*

Mayrornis versicolor
**Rostbrustmonarch**
*Ogea Monarch - Monarca versicolor*
Mayr, 1933
*Ogea Levu und kleine Inseln Ogea Driki und Dakuiyanuya (s Lau Archipel, se Fiji, sw Polynesien)*

Mayrornis lessoni
**Schwarzschwanzmonarch**
*Slaty Monarch - Monarca de Lesson*
Gray, GR, 1846
*w, c Fiji (sw Polynesien)*

Mayrornis lessoni orientalis
**Östlicher Schwarzschwanzmonarch**
Mayr, 1933
Moala Gruppe (c Fiji) und Lau Archipel (e Fiji, sw Polynesien)



Neolalage banksiana
**Harlekinmonarch**
*Buff-bellied Monarch - Monarca de las Banks*
Gray, GR, 1870
*Vanua Lava (Banks Is., n Vanuatu) bis Efate (n bis sc Vanuatu)*



Clytorhynchus pachycephaloides
**Südseemonarch**
*Southern Shrikebill - Monarca pardo*
Elliot, DG, 1870
*Grande Terre (New Caledonia)*

Clytorhynchus pachycephaloides grisescens
**Bankswürgermonarch**
Sharpe, 1899
Torres Is., Banks Is. und south bis Erromango (n bis sc Vanuatu)

Clytorhynchus vitiensis
**Fidschimonarch**
*Fiji Shrikebill - Monarca de Fiyi*
Hartlaub, 1866
*Viti Levu und Ovalau (Lomaiviti Gruppe, wc Fiji, sw Polynesien)*

Clytorhynchus vitiensis wiglesworthi
**Rotumawürgermonarch**
Mayr, 1933
Rotuma (nw Fiji, sw Polynesien)
Clytorhynchus vitiensis brunneus
**Kadavuwürgermonarch**
Ramsay, EP, 1875
Kadavu, Ono und Vanuakula (n Kadavu; sw Fiji, sw Polynesien)
Clytorhynchus vitiensis buensis
**Vana Levuwürgermonarch**
Layard, EL, 1876
Vanua Levu und Kioa (e Natewa Halbinsel, nc Fiji, sw Polynesien)
Clytorhynchus vitiensis layardi
**Taveuniwürgermonarch**
Mayr, 1933
Taveuni (c Fiji, sw Polynesien)
Clytorhynchus vitiensis pontifex
**Rambiwürgermonarch**
Mayr, 1933
Ngamia und Rambi (e Vanua Levu, nc Fiji, sw Polynesien)
Clytorhynchus vitiensis vatuanus
**Lauwürgermonarch**
Mayr, 1933
n Lau Archipel (ne Fiji, sw Polynesien)
Clytorhynchus vitiensis nesiotes
**Südlauwürgermonarch**
Wetmore, 1919
s Lau Archipel (se Fiji, sw Polynesien)
Clytorhynchus vitiensis fortunae
**Futunawürgermonarch**
Layard, EL, 1876
Wallis und Futuna Is. (ne Fiji, sw Polynesien)
Clytorhynchus vitiensis heinei
**Tongawürgermonarch**
Finsch & Hartlaub, 1870
c Tonga (sc Polynesien)
Clytorhynchus vitiensis keppeli
**Tafahiwürgermonarch**
Mayr, 1933
Niuatoputapu und Tafahi (n Tonga, sc Polynesien)
Clytorhynchus vitiensis powelli
**Samoawürgermonarch**
Salvin, 1879
Manua'a Gruppe (e American Samoa, c Polynesien)

Clytorhynchus nigrogularis
**Schwarzkehlmonarch**
*Black-throated Shrikebill - Monarca gorjinegro*
Layard, EL, 1875
*Viti Levu, Ovalau (w Lomaiviti Gruppe), Vanua Levu, Taveuni und Kadavu (w, c Fiji, sw Polynesien)*

Clytorhynchus sanctaecrucis
**Nendömonarch**
*Santa Cruz Shrikebill - Monarca de Santa Cruz*
Mayr, 1933
*Nendo (nw Santa Cruz Is., se Solomon Is.)*

Clytorhynchus hamlini
**Rennellmonarch**
*Rennell Shrikebill - Monarca de la Rennell*
Mayr, 1931
*Rennell (se Solomon Is.)*



Metabolus rugensis
**Chuukmonarch**
*Chuuk Monarch - Monarca de la Truk*
Hombron & Jacquinot, 1841
*Chuuk (=Truk, c Caroline Is., c Micronesia)*

Symposiachrus axillaris
**Fächerschwanzmonarch**
*Black Monarch - Monarca negro*
Salvadori, 1876
*Gebirge Bird's Head und Neck (nw Neuguinea) und nc Neuguinea*

Symposiachrus axillaris fallax
**Ramsays Fächerschwanzmonarch**
Ramsay, EP, 1885
Gebirge wc bis ne (Adelbert Range und Huon Halbinsel) und se Neuguinea und
Goodenough (D'Entrecasteaux Archipel, e in se Neuguinea)

Symposiachrus guttula
**Perlenflügelmonarch**
*Spot-winged Monarch - Monarca alimoteado*
Lesson, RP & Garnot, 1828
*Neuguinea*

Symposiachrus mundus
**Sundamonarch**
*Banda Sea Monarch - Monarca barbinegro*
Sclater, PL, 1883
*Damar und Babar (e Lesser Sundas) und Tanimbar Is. (s Moluccas)*

Symposiachrus sacerdotum
**Floresmonarch**
*Flores Monarch - Monarca de Flores*
Mees, 1973
*Gebirge w Flores (c Lesser Sundas)*

Symposiachrus boanensis
**Boanomonarch**
*Boano Monarch - Monarca de Boano*
van Bemmel, 1939
*Boano (nw Seram, ec Moluccas)*

Symposiachrus melanopterus
**Louisiademonarch**
*Louisiade Monarch - Monarca de Louisiade*
Gray, GR, 1858
*e D'Entrecasteaux bis Louisiade Archipel (e in se Neuguinea)*

Symposiachrus trivirgatus
**Brillenmonarch**
*Spectacled Monarch - Monarca de anteojos*
Temminck, 1826
*Flores bis Damar (c, e Lesser Sundas)*

Symposiachrus trivirgatus albiventris
**Torres-Brillenmonarch**
Gould, 1866
n Cape York Halbinsel und Torres Strait is., ne Queensland (ne Australien)
Symposiachrus trivirgatus gouldii
**Australien-Brillenmonarch**
Gray, GR, 1861
se Cape York Halbinsel, ne Queensland bis ec New South Wales (e Australien)

Symposiachrus bimaculatus
**Weißbauchmonarch**
*Moluccan Monarch - Monarca de Molussas*
Gray, GR, 1861
*Morotai, Halmahera und Bacan (n Moluccas)*

Symposiachrus bimaculatus diadematus
**Obimonarch**
Salvadori, 1878
Bisa (n Obi) und Obi (nc Moluccas)
Symposiachrus bimaculatus nigrimentum
**Ambonmonarch**
Gray, GR, 1861
Seram und Ambon (ec Moluccas) und Gorong und Watubela (se Moluccas)

Symposiachrus leucurus
**Weißschwanzmonarch**
*Kai Monarch - Monarca coliblanco*
Gray, GR, 1858
*Kai Is. (se Moluccas)*

Symposiachrus everetti
**Everettmonarch**
*Tanahjampea Monarch - Monarca de Everett*
Hartert, EJO, 1896
*Tanahjampea (s in s Sulawesi)*

Symposiachrus loricatus
**Burumonarch**
*Buru Monarch - Monarca de Buru*
Wallace, 1863
*Buru (wc Moluccas)*

Symposiachrus julianae
**Julianamonarch**
*Kofiau Monarch - Monarca de Kofiau*
Ripley, 1959
*Kofiau (Raja Ampat Is., nw Neuguinea)*

Symposiachrus brehmii
**Biakmonarch**
*Biak Monarch - Monarca de Brehm*
Schlegel, 1871
*Biak (Geelvink Bay is., nw Neuguinea)*

Symposiachrus manadensis
**Zweifarbenmonarch**
*Hooded Monarch - Monarca encapuchado*
Quoy & Gaimard, 1832
*Neuguinea*

Symposiachrus infelix
**Silberschwanzmonarch**
*Manus Monarch - Monarca de Manus*
Sclater, PL, 1877
*Manus (w Admiralty Is., nw Bismarck Archipel)*

Symposiachrus infelix coultasi
**Tong-Silberschwanzmonarch**
Mayr, 1955
Rambutyo und Tong (e Admiralty Is., nw Bismarck Archipel)

Symposiachrus menckei
**Weißbrustmonarch**
*Mussau Monarch - Monarca de San Matías*
Heinroth, 1902
*Mussau (St. Matthias Is., nc Bismarck Archipel)*

Symposiachrus verticalis
**Stirnschopfmonarch**
*Bismarck Monarch - Monarca de las Bismarck*
Sclater, PL, 1877
*New Hanover (=Lavongai), New Ireland, Duke von York, Umboi (w New Britain) und New Britain (e
Bismarck Archipel)*

Symposiachrus verticalis ateralbus
**Dyaul-Stirnschopfmonarch**
Salomonsen, 1964
Dyaul (=Djaul, s in nw New Ireland, n Bismarck Archipel)

Symposiachrus barbatus
**Weißbartmonarch**
*Solomons Monarch - Monarca blanquinegro*
Ramsay, EP, 1879
*Buka bis Guadalcanal (n bis sc Solomon Is. außer New Georgia Gruppe)*

Symposiachrus malaitae
**Malaita-Weißbartmonarch**
*Malaita Monarch - Monarca de Malaita*
Mayr, 1931
*Malaita (se Solomon Is.)*

Symposiachrus vidua
**Schuppenmonarch**
*White-collared Monarch - Monarca acollarado*
Tristram, 1879
*Makira (=San Cristóbal) und Santa Ana (se Makira, se Solomon Is.)*

Symposiachrus vidua squamulatus
**Ugi-Schuppenmonarch**
Tristram, 1882
Ugi (n in nc Makira=San Cristóbal, se Solomon Is.)

Symposiachrus nigrotectus
**Vella Lavellamonarch**
*Vella Lavella Monarch - Monarca de Vella*
Hartert, EJO, 1908
*Vella Lavella (n New Georgia Gruppe, wc Solomon Is.)*

Symposiachrus nigrotectus ganongae
**Ranonggamonarch**
Mayr, 1935
Ranongga (nw New Georgia Gruppe, wc Solomon Is.)

Symposiachrus browni
**Salomonenmonarch**
*Kolombangara Monarch - Monarca de Brown*
Ramsay, EP, 1883
*Kolombangara, New Georgia, Vangunu und kleine Inseln (e, s New Georgia Gruppe, wc Solomon
Is.)*

Symposiachrus browni meeki
**Rendovamonarch**
Rothschild & Hartert, EJO, 1905
Rendova und Tetepare (sw New Georgia Gruppe, wc Solomon Is.)

Symposiachrus rubiensis
**Fuchsmonarch**
*Rufous Monarch - Monarca rufo*
Meyer, AB, 1874
*nw, n Neuguinea*



Monarcha cinerascens
**Graukopfmonarch**
*Island Monarch - Monarca isleño*
Temminck, 1827
*Moluccas und Lesser Sundas*

Monarcha cinerascens commutatus
**Sangihe-Graukopfmonarch**
Brüggemann, 1876
Sangihe, Siau, Mayu, Sulawesi, Talaud Archipel (ne Sulawesi), und Tifore (zwischen ne
Sulawesi und Halmahera)
Monarcha cinerascens inornatus
**Aru-Graukopfmonarch**
Lesson, RP & Garnot, 1828
Misool und Waigeo (Raja Ampat Is., nw Neuguinea), n Küste Bird's Head und Aru Is. (sw
Neuguinea)
Monarcha cinerascens steini
**Numfor-Graukopfmonarch**
Stresemann & Paludan, 1932
Numfor (Geelvink Bay is., nw Neuguinea)
Monarcha cinerascens geelvinkianus
**Yapen-Graukopfmonarch**
Meyer, AB, 1884
Yapen, Biak und Mios Korwar (=Bepondi, nw Biak; Geelvink Bay is., nw Neuguinea)
Monarcha cinerascens fuscescens
**Meyers Graukopfmonarch**
Meyer, AB, 1884
Inseln vor nw Neuguinea
Monarcha cinerascens fulviventris
**Hartlaubs-Graukopfmonarch**
Hartlaub, 1868
Inseln in w Bismarck Archipel inklusive smaller Admiralty Is. (nw Bismarck Archipel)
Monarcha cinerascens perpallidus
**Bismarck-Graukopfmonarch**
Neumann, 1924
Inseln vor Mussau (=St. Matthias Is.) und vor New Ireland (n, c Bismarck Archipel)
Monarcha cinerascens impediens
**Salomonen-Graukopfmonarch**
Hartert, EJO, 1926
Inseln n in ne Neuguinea von Tarawai e bis Karkar und Bagabag, n Huon Halbinsel (ne
Neuguinea), Inseln vor New Britain (se Bismarck Archipel) bis c Solomon Is. und Ontong
Java, Ndai, und Sikaiana (e Solomon Is.)
Monarcha cinerascens rosselianus
**Trobriand-Graukopfmonarch**
Rothschild & Hartert, EJO, 1916
Trobriand, D'Entrecasteaux und Louisiade Archipel (e in se Neuguinea)

Monarcha melanopsis
**Maskenmonarch**
*Black-faced Monarch - Monarca carinegro*
Vieillot, 1818
*ne Queensland (s Cape York Halbinsel) bis se Victoria (e Australien)*

Monarcha frater
**Schwarzflügelmonarch**
*Black-winged Monarch - Monarca alinegro*
Sclater, PL, 1874
*Bird's Head (nw Neuguinea)*

Monarcha frater kunupi
**Westlicher Schwarzflügelmonarch**
Hartert, EJO & Paludan, 1934
wc Neuguinea
Monarcha frater periophthalmicus
**Östlicher Schwarzflügelmonarch**
Sharpe, 1882
c, ne, se Neuguinea
Monarcha frater canescens
**Torres-Schwarzflügelmonarch**
Salvadori, 1876
Torres Strait is. und e Cape York Halbinsel (ne Queensland; ne Australien)

Monarcha castaneiventris
**Schwarzrückenmonarch**
*Chestnut-bellied Monarch - Monarca ventricastaño*
Verreaux, J, 1858
*Choiseul, Santa Isabel, Florida Is., Guadalcanal, Savo (n in nw Guadalcanal) und Malaita (c, se
Solomon Is.), Buka, Bougainville, Shortland und Fauro (n Solomon Is.)*

Monarcha castaneiventris erythrostictus
**Salomonen-Schwarzrückenmonarch**
Sharpe, 1888
Buka, Bougainville, Shortland und Fauro (n Solomon Is.)

Monarcha castaneiventris obscurior
**Russell-Schwarzrückenmonarch**
Mayr, 1935
Russell Is. (sc Solomon Is.)
Monarcha castaneiventris megarhynchus
**Cristobal-Schwarzrückenmonarch**
Rothschild & Hartert, EJO, 1908
Makira (=San Cristóbal, se Solomon Is.)
Monarcha castaneiventris ugiensis
**Ugi-Schwarzrückenmonarch**
Ramsay, EP, 1882
Ugi und Three Sisters (n Makira), und Santa Ana und Santa Catalina (e Makira=San
Cristóbal; se Solomon Is.)

Monarcha richardsii
**Kappenmonarch**
*White-capped Monarch - Monarca de Richards*
Ramsay, EP, 1881
*New Georgia Gruppe (wc Solomon Is.)*

Monarcha godeffroyi
**Yapmonarch**
*Yap Monarch - Monarca de Yap*
Hartlaub, 1868
*Yap (w Caroline Is., w Micronesia)*

Monarcha takatsukasae
**Tinianmonarch**
*Tinian Monarch - Monarca de Tinian*
Yamashina, 1931
*Tinian und Agiguan (=Aguijan; s Northern Mariana Is., w Micronesia)*



Carterornis leucotis
**Weißohrmonarch**
*White-eared Monarch - Monarca orejudo*
Gould, 1850
*ne Queensland bis ne New South Wales (e Australien)*

Carterornis pileatus
**Weißhalsmonarch**
*White-naped Monarch - Monarca nuquiblanco*
Salvadori, 1878
*Halmahera (n Moluccas)*

Carterornis pileatus buruensis
**Buru-Weißhalsmonarch**
Meyer, AB, 1884
Buru (wc Moluccas)

Carterornis castus
**Tanimbarmonarch**
*Tanimbar Monarch - Monarca de las Tanimbar*
Sclater, PL, 1883
*Tanimbar Is. (s Moluccas)*

Carterornis chrysomela
**Goldmonarch**
*Golden Monarch - Monarca dorado*
Lesson, RP & Garnot, 1827
*New Hanover (=Lavongai) und New Ireland (ne Bismarck Archipel)*

Carterornis chrysomela aruensis
**Aru-Goldmonarch**
Salvadori, 1874
sw, sc Neuguinea und Aru Is. (sw Neuguinea)
Carterornis chrysomela melanonotus
**Westneuguinea-Goldmonarch**
Sclater, PL, 1877
Raja Ampat Is. (nw Neuguinea) und Bird's Head und Neck (nw Neuguinea)
Carterornis chrysomela kordensis
**Biak-Goldmonarch**
Meyer, AB, 1874
Biak (Geelvink Bay is., nw Neuguinea)
Carterornis chrysomela aurantiacus
**Meyers Goldmonarch**
Meyer, AB, 1891
n Neuguinea
Carterornis chrysomela nitidus
**Louisidae-Goldmonarch**
De Vis, 1897
e, ne, se Neuguinea und D'Entrecasteaux Archipel (e in se Neuguinea)
Carterornis chrysomela pulcherrimus
**Dyaul-Goldmonarch**
Salomonsen, 1964
Dyaul (=Djaul, s in nw New Ireland, ne Bismarck Archipel)
Carterornis chrysomela whitneyorum
**Lihir-Goldmonarch**
Mayr, 1955
Lihir (n in ne New Ireland, ne Bismarck Archipel)

Carterornis chrysomela tabarensis
**Tabar-Goldmonarch**
Mayr, 1955
Tabar (n in wc New Ireland, ne Bismarck Archipel)

## Gattung: Arses

Arses insularis
**Rothalsmonarch**
*Ochre-collared Monarch - Monarca cuellirrufo*
Meyer, AB, 1874
Yapen (Geelvink Bay is., nw Neuguinea) und n Neuguinea

Arses telescopthalmus
**Krausenmonarch**
*Frilled Monarch - Monarca elegante*
Lesson, RP & Garnot, 1827
Salawati und Misool (Raja Ampat Is., nw Neuguinea) und Bird's Head und Neck (nw Neuguinea)

Arses telescopthalmus batantae
**Batanta-Krausenmonarch**
Sharpe, 1879
Batanta und Waigeo (Raja Ampat Is., nw Neuguinea)
Arses telescopthalmus aruensis
**Aru-Krausenmonarch**
Sharpe, 1879
Aru Is. (sw Neuguinea)
Arses telescopthalmus harterti
**Harters Krausenmonarch**
van Oort, 1909
sc Neuguinea und Boigu (Torres Strait is., ne Queensland, ne Australien)
Arses telescopthalmus henkei
**Henkes Krausenmonarch**
Meyer, AB, 1886
Huon Halbinsel (ne Neuguinea) und se Neuguinea

Arses lorealis
**Yorkmonarch**
*Frill-necked Monarch - Monarca de Cape York*
De Vis, 1895
n Cape York Halbinsel, ne Queensland (ne Australien)

Arses kaupi
**Elstermonarch**
*Pied Monarch - Monarca pío*
Gould, 1851
se Cape York Halbinsel, ne Queensland (ne Australien)

Arses kaupi terraereginae
**Capeyork-Elstermonarch**
Campbell, AJ, 1895
ec Cape York Halbinsel, ne Queensland (ne Australien)

## Gattung: Grallina

Grallina cyanoleuca
**Stelzenmonarch**
*Magpie-lark - Grallina australiana*
Latham, 1801
wc Western Australia bis ec Queensland und Victoria (w, c, e, s Australien)

Grallina cyanoleuca neglecta
**Südlicher Stelzenmonarch**
Mathews, 1912
ne Western Australia bis ne Queensland (n Australien) und s Trans-Fly (sc Neuguinea)

Grallina bruijnii
**Bachmonarch**
*Torrent-lark - Grallina papú*
Salvadori, 1876
Gebirge Neuguinea

## Gattung: Myiagra

Myiagra oceanica
**Carolinenmonarch**
*Chuuk Flycatcher - Monarca de Truk*
Pucheran, 1853
Chuuk (=Truk, c Caroline Is., c Micronesia)

Myiagra erythrops
**Palaumonarch**
*Palau Flycatcher - Monarca de Palaos*
Hartlaub & Finsch, 1868
Palau (w Caroline Is., w Micronesia)

† Myiagra freycineti
**Guammonarch**
*Guam Flycatcher - Monarca de Guam*
Oustalet, 1881
Guam (s Mariana Is., w Micronesia)

Myiagra pluto
**Pohnpeimonarch**
*Pohnpei Flycatcher - Monarca de Ponapé*
Finsch, 1876
Pohnpei (=Ponape, e Caroline Is., c Micronesia)

Myiagra galeata
**Molukkenmonarch**
*Moluccan Flycatcher - Monarca moluqueño*
Gray, GR, 1861
Morotai bis Obi (n Moluccas)

Myiagra galeata goramensis
**Südlicher Molukkenmonarch**
Sharpe, 1879
Ambon, Seram und kleine Inseln (ec Moluccas)
Myiagra galeata buruensis
**Buru-Molukkenmonarch**
Hartert, EJO, 1903
Buru (wc Moluccas)

Myiagra atra
**Numformonarch**
*Biak Black Flycatcher - Monarca de Biak*
Meyer, AB, 1874
Biak (Geelvink Bay is., nw Neuguinea)

Myiagra rubecula
**Silbermonarch**
*Leaden Flycatcher - Monarca plomizo*
Latham, 1801
e Victoria bis ne New South Wales (se Australien)

Myiagra rubecula sciurorum
**Louisidae-Silbermonarch**
Rothschild & Hartert, EJO, 1918
D'Entrecasteaux Archipel und Louisiade Archipel (e in se Neuguinea)
Myiagra rubecula papuana
**Torres-Silbermonarch**
Rothschild & Hartert, EJO, 1918
s, se Neuguinea und Boigu (n Torres Strait, ne Queensland, ne Australien)
Myiagra rubecula concinna
**Goulds Silbermonarch**
Gould, 1848
ne Western Australia bis nw Queensland (nw, nc Australien)
Myiagra rubecula okyri
**Capeyork-Silbermonarch**
Schodde & Mason, IJ, 1999
Cape York Halbinsel, ne Queensland (ne Australien)
Myiagra rubecula yorki
**Nördlicher Silbermonarch**
Mathews, 1912
ec Queensland bis ne NWS (ne, ec Australien)

Myiagra ferrocyanea
**Erzmonarch**
*Steel-blue Flycatcher - Monarca acerado*
Ramsay, EP, 1879
Choiseul, Isabel, Florida Is. und Guadalcanal (ec Solomon Is.)

Myiagra ferrocyanea cinerea
**Buka-Erzmonarch**
Mathews, 1928
Buka und Bougainville (n Solomon Is.)
Myiagra ferrocyanea feminina
**Neugeorgien-Erzmonarch**
Rothschild & Hartert, EJO, 1901
New Georgia Is. (wc Solomon Is.)
Myiagra ferrocyanea malaitae
**Malaita-Erzmonarch**
Mayr, 1931
Malaita (se Solomon Is.)

Myiagra cervinicauda
**Makiramonarch**
*Makira Flycatcher - Monarca de San Cristóbal ventriblanco*
Tristram, 1879
Makira und kleine Inseln (se Solomon Is.)

Myiagra caledonica
**Pazifikmonarch**
*Melanesian Flycatcher - Monarca melanesio*
Bonaparte, 1857
Grande Terre und Ile des Pins (New Caledonia)

Myiagra caledonica viridinitens
**Loyalitätsmonarch**
Gray, GR, 1859
Ouvea und Lifou (w, c Loyalty Is., ne New Caledonia)
Myiagra caledonica melanura
**Vanuatumonarch**
Gray, GR, 1860
Erromango bis Aneityum (s Vanuatu)
Myiagra caledonica marinae
**Marianamonarch**
Salomonsen, 1934
Torres Is. bis Efate (n, c Vanuatu)
Myiagra caledonica occidentalis
**Rennellmonarch**
Mayr, 1931
Rennell (se Solomon Is.)

Myiagra vanikorensis
**Rotbauchmonarch**
*Vanikoro Flycatcher - Monarca de Vanikoro*
Quoy & Gaimard, 1832
*Vanikoro (Temotu=Santa Cruz Is., se Solomon Is.)*

Myiagra vanikorensis rufiventris
**Elliots Rotbauchmonarch**
Elliot, DG, 1859
n, w, c Fiji (sw Polynesien)
Myiagra vanikorensis kandavensis
**Kadavu-Rotbauchmonarch**
Mayr, 1933
Beqa und Vatulele (s Viti Levu) und Kadavu (sw Fiji, sw Polynesien)
Myiagra vanikorensis dorsalis
**Moala-Rotbauchmonarch**
Mayr, 1933
Moala Gruppe (c Fiji) und n Lau Archipel (ne Fiji, sw Polynesien)
Myiagra vanikorensis townsendi
**Lau-Rotbauchmonarch**
Wetmore, 1919
s Lau Archipel (se Fiji, sw Polynesien)

Myiagra albiventris
**Samoamonarch**
*Samoan Flycatcher - Monarca samoano*
Peale, 1849
*Savaii und Upolu (w Samoa, c Polynesien)*

Myiagra azureocapilla
**Azurscheitelmonarch**
*Azure-crested Flycatcher - Monarca crestiazul*
Layard, EL, 1875
*Taveuni (nc Fiji, sw Polynesien)*

Myiagra castaneigularis
**Schmuckmonarch**
*Chestnut-throated Flycatcher - Monarca gorjicastaño*
Layard, EL, 1876
*Vanua Levu (außer Natewa Halbinsel; nc Fiji, sw Polynesien)*

Myiagra castaneigularis whitneyi
**Viti Levu-Schmuckmonarch**
Mayr, 1933
Viti Levu (w Fiji, sw Polynesien)

Myiagra ruficollis
**Breitschnabelmonarch**
*Broad-billed Flycatcher - Monarca piquiancho*
Vieillot, 1818
*Flores Sea is. s Sulawesi; Sumba bis Damar (c bis e Lesser Sundas)*

Myiagra ruficollis fulviventris
**Tanimbar-Breitschnabelmonarch**
Sclater, PL, 1883
Tanimbar Is. (s Moluccas)
Myiagra ruficollis mimikae
**Aru-Breitschnabelmonarch**
Ogilvie-Grant, 1911
Aru Is. (sw Neuguinea), s Neuguinea und kleine Inseln, Torres Strait is. und n, ne Australien

Myiagra cyanoleuca
**Seidenmonarch**
*Satin Flycatcher - Monarca satinado*
Vieillot, 1818
*ec Queensland bis Victoria und Tasmanien (se Australien)*

Myiagra alecto
**Glanzmonarch**
*Shining Flycatcher - Monarca reluciente*
Temminck, 1827
*Morotai bis Obi (n Moluccas)*

Myiagra alecto longirostris
**Tanimbar-Glanzmonarch**
Mathews, 1928
Tanimbar Is. (s Moluccas)

Myiagra alecto rufolateralis
**Aru-Glanzmonarch**
Gray, GR, 1858
Aru Is. (sw Neuguinea)
Myiagra alecto chalybeocephala
**Bismarck-Glanzmonarch**
Lesson, RP & Garnot, 1828
Raja Ampat Is. (nw Neuguinea), Geelvink Bay is. (nw Neuguinea), Festland Neuguinea und n Küste kleine Inseln, Bismarck Archipel von Manus (e Admiralty Is.) über New Ireland und New Britain und kleine Inseln
Myiagra alecto lucida
**Louisidae-Glanzmonarch**
Gray, GR, 1858
D'Entrecasteaux, Trobriand, Woodlark und Louisiade Archipel (e in se Neuguinea)
Myiagra alecto manumudari
**Manum-Glanzmonarch**
Rothschild & Hartert, EJO, 1915
Manum (=Manam, n in ne Neuguinea)
Myiagra alecto melvillensis
**Melville-Glanzmonarch**
Mathews, 1912
ne Western Australia bis nw Queensland (nw, nc Australien)
Myiagra alecto wardelli
**Wardells Glanzmonarch**
Mathews, 1911
Trans-Fly (sc Neuguinea), Daru (se Trans-Fly) und e Cape York Halbinsel, ne Queensland bis se Queensland (ne, e Australien)

Myiagra hebetior
**Mussaumonarch**
*Mussau Flycatcher - Monarca apagado*
Hartert, EJO, 1924
*Mussau (St. Matthias Is., nc Bismarck Archipel)*

Myiagra eichhorni
**Samtmonarch**
*Velvet Flycatcher - Monarca de Eichhorn*
Hartert, EJO, 1924
*New Hanover (=Lavongai), New Ireland, New Britain und Watom (n in ne New Britain) (e Bismarck Archipel)*

Myiagra alecto cervinicolor
**Bismarck Glanzmonarch**
Salomonsen, 1964
Dyaul (=Djaul, s von nw New Ireland, ne Bismarck Arch.)

Myiagra nana
**Teebaummonarch**
*Paperbark Flycatcher - Monarca chico*
Gould, 1870
*Trans-Fly (sc Neuguinea) und ne Western Australia bis nw Queensland (n Australien)*

Myiagra inquieta
**Weißkehlmonarch**
*Restless Flycatcher - Monarca inquieto*
Latham, 1801
*sw Western Australia und s South Australia bis ne Queensland und Victoria (sw, e Australien)*

## Familie: Platylophidae (Haubenhäher)

### Gattung: Platylophus

Platylophus galericulatus
**Haubenhäher**
*Crested Jayshrike - Arrendajo crestado*
Cuvier, 1816
*Java*

Platylophus galericulatus ardesiacus
**Malayischer Haubenhäher**
Bonaparte, 1850
Malayische Halbinsel
Platylophus galericulatus coronatus
**Sumatra-Haubenhäher**
Raffles, 1822
Sumatra und Borneo (außer n)
Platylophus galericulatus lemprieri
**Borneo-Haubenhäher**
Nicholson, 1883
n Borneo

## Familie: Laniidae (Eigentliche Würger)

### Gattung: Eurocephalus

Eurocephalus ruppelli
**Rüppellwürger**
*Northern White-crowned Shrike - Alcaudón culiblanco*
Bonaparte, 1853
*AF : se Süd-Sudan, c Äthiopien und c Somalia bis c Tansania*

Eurocephalus anguitimens
**Weißscheitelwürger**
*Southern White-crowned Shrike - Alcaudón coroniblanco*
Smith, A, 1836
*s Angola und ne Namibia bis s Sambia, c Simbabwe und n Südafrika*

Eurocephalus anguitimens niveus
**Schneescheitelwürger**
Clancey, 1965
*se Simbabwe bis Mosambik, Swaziland und e Südafrika*

## Gattung: Lanius

Lanius corvinus
**Gelbschnabelwürger**
*Yellow-billed Shrike - Alcaudón piquigualdo*
Shaw, 1809
*s Mauretanien s bis n Guinea und e bis Niger und Nigeria*

Lanius corvinus togoensis
**Togo-Gelbschnabelwürger**
Neumann, 1900
*Guinea und Sierra Leone e bis s Chad und w, c Sudan*
Lanius corvinus affinis
**Uganda-Gelbschnabelwürger**
Hartlaub, 1857
*s, sw Sudan, w Kenia, n Uganda und ne Demokratische Republik Kongo*

Lanius melanoleucus
**Elsterwürger**
*Magpie Shrike - Alcaudón pío*
Jardine, 1831
*s Angola und ne Namibia bis s Sambia, c Simbabwe, n Mosambik und n Südafrika*

Lanius melanoleucus aequatorialis
**Äquator-Elsterwürger**
Reichenow, 1887
*sw Kenia und Tansania*
Lanius melanoleucus expressus
**Südafrikanischer Elsterwürger**
Clancey, 1961
*se Simbabwe bis s Mosambik, Swaziland und e Südafrika*

Lanius cabanisi
**Langschwanzwürger**
*Long-tailed Fiscal - Alcaudón colilargo*
Hartert, EJO, 1906
*se Somalia bis c Tansania*

Lanius excubitoroides
**Graumantelwürger**
*Grey-backed Fiscal - Alcaudón dorsigrís*
Prévost & des Murs, 1847
*se Mauretanien und Mali bis ne Demokratische Republik Kongo und Uganda*

Lanius excubitoroides intercedens
**Neumanns Graumantelwürger**
Neumann, 1905
*se Sudan und c Äthiopien bis w Kenia*
Lanius excubitoroides boehmi
**Böhms Graumantelwürger**
Reichenow, 1902
*sc Uganda und sw Kenia bis e Demokratische Republik Kongo und w Tansania*

Lanius dorsalis
**Taitawürger**
*Taita Fiscal - Alcaudón de los Taita*
Cabanis, 1878
*se Süd-Sudan, s Äthiopien und c Somalia bis ne Tansania*

Lanius excubitor
**Raubwürger**
*Great Grey Shrike - Alcaudón norteño*
Linnaeus, 1758
*n, c, e Europa und nw Sibirien*

Lanius excubitor homeyeri
**Südeuropäischer Raubwürger**
Cabanis, 1873
*se Europa und sw Sibirien*
Lanius excubitor koenigi
**Kanarenraubwürger**
Hartert, EJO, 1901
*c, e Kanarische Is. (c Makaronesien, nw von n Afrika)*
Lanius excubitor algeriensis
**Nordafrikanischer Raubwürger**
Lesson, RP, 1839
*Küste nw Afrika*
Lanius excubitor elegans
**Ägypten-Raubwürger**
Swainson, 1832
*ne Mauretanien und nw Mali bis ne Sudan, Ägypten und sw Israel*

Lanius excubitor leucopygos
**Sudan-Raubwürger**
Hemprich & Ehrenberg, 1833
*c, s Mauretanien bis s Chad und c Sudan*
Lanius excubitor aucheri
**Somalia-Raubwürger**
Bonaparte, 1853
*ec Sudan bis nw Somalia, Arabische Halbinsel, s Israel, Jordanien, Irak und s Iran*
Lanius excubitor theresae
**Libanon-Raubwürger**
Meinertzhagen, R, 1953
*s Libanon und n Israel*
Lanius excubitor buryi
**Jemen-Raubwürger**
Lorenz von Liburnau, L & Hellmayr, 1901
*Jemen*
Lanius excubitor uncinatus
**Socotra-Raubwürger**
Sclater, PL & Hartlaub, 1881
*Socotra*
Lanius excubitor lahtora
**Indischer Raubwürger**
Sykes, 1832
*Pakistan über c Indien und s Nepal bis w Bangladesch*
Lanius excubitor pallidirostris
**China-Raubwürger**
Cassin, 1851
*s Russland und s Kasachstan bis Mongolei und n China, s bis nw Iran, Afghanistan und Pakistan*

Lanius somalicus
**Somaliwürger**
*Somali Fiscal - Alcaudón somalí*
Hartlaub & Heuglin, 1859
*se Süd-Sudan, c Äthiopien und Dschibuti bis ec Somalia und c Kenia*

Lanius ludovicianus
**Louisianawürger**
*Loggerhead Shrike - Alcaudón americano*
Linnaeus, 1766
*Küste se South Australia*

Lanius ludovicianus excubitorides
**Swainsons Louisianawürger**
Swainson, 1832
*c Kanada und c, w USA*
Lanius ludovicianus migrans
**Palmers Louisianawürger**
Palmer, W, 1898
*e Nordamerika*
Lanius ludovicianus anthonyi
**Meams Louisianawürger**
Mearns, 1898
*Channel Is. (vor s California, sw USA)*
Lanius ludovicianus mearnsi
**Ridgways Louisianawürger**
Ridgway, 1903
*San Clemente Insel (vor s California, sw USA)*
Lanius ludovicianus grinnelli
**Oberholsers Louisianawürger**
Oberholser, 1919
*extremer s California (sw USA) und n Baja California (nw Mexico)*
Lanius ludovicianus mexicanus
**Brehms Louisianawürger**
Brehm, CL, 1854
*w, c Mexico und s Baja California (nw Mexico)*

Lanius giganteus
**Sichuanwürger**
*Giant Grey Shrike - Alcaudón gigante*
Przevalski, 1887
*c China*

Lanius sphenocercus
**Keilschwanzwürger**
*Chinese Grey Shrike - Alcaudón chino*
Cabanis, 1873
*e Mongolei, se Russland, ne China und n, c Koreanische Halbinsel*

Lanius meridionalis
**Iberienraubwürger**
*Iberian Grey Shrike - Alcaudón real*
Temminck, 1820
*s Frankreich und Iberische Halbinsel*

Lanius borealis
**Taigaraubwürger**
*Northern Shrike - Alcaudón boreal*
Vieillot, 1808
*Alaska und Kanada*

Lanius borealis sibiricus
**Sibirien-Raubwürger**
Bogdanov, 1881
*c, e Sibirien, n Mongolei und se Russland*

Lanius borealis bianchii
**Kurilen-Raubwürger**
Hartert, EJO, 1907
Sakhalin und Kuril Is. (vor se Russland)
Lanius borealis mollis
**Mongolen-Raubwürger**
Eversmann, 1854
sc Russland und nw Mongolei
Lanius borealis funereus
**China-Raubwürger**
Menzbier, 1894
e Kasachstan, Kirgisistan und nw China

Lanius nubicus
## Maskenwürger
*Masked Shrike - Alcaudón núbico*
Lichtenstein, MHC, 1823
e Griechenland und Bulgaria über s Türkei bis Israel und Iran

Lanius newtoni
## São-Tomé-Würger
*Sao Tome Fiscal - Alcaudón de Santo Tomé*
Barboza du Bocage, 1891
São Tomé (sc Gulf von Guinea Is.)

Lanius humeralis
## Stanleywürger
*Northern Fiscal - Alcaudón fiscal norteño*
Stanley, 1814
Eritrea und c Äthiopien bis Sambia und n Mosambik

Lanius humeralis smithii
**Smithiwürger**
Fraser, 1843
s Guinea bis sw Sudan und w Uganda
Lanius humeralis capelli
**Capellwürger**
Barboza du Bocage, 1879
s Gabun bis Angola und e bis sw Uganda, Sambia und n Botswana

Lanius gubernator
## Rostbürzelwürger
*Emin's Shrike - Alcaudón de Emin*
Hartlaub, 1882
s Mali und n Elfenbeinküste bis s Süd-Sudan, n Uganda und ne Demokratische Republik Kongo

Lanius mackinnoni
## Mackinnonwürger
*Mackinnon's Shrike - Alcaudón de Mackinnon*
Sharpe, 1891
se Nigeria und Kamerun bis nw Angola, ne Kongo und n Demokratische Republik Kongo bis w
Kenia und n Tansania

Lanius souzae
## Miombowürger
*Souza's Shrike - Alcaudón de Souza*
Barboza du Bocage, 1878
Gabun und s Kongo bis c Angola

Lanius souzae tacitus
**Angola-Rostmantelwürger**
Clancey, 1970
se Angola bis w Mosambik und n Botswana
Lanius souzae burigi
**Burundi-Rostmantelwürger**
Chapin, 1950
Rwanda, Burundi und w Tansania

Lanius collaris
## Fiskalwürger
*Southern Fiscal - Alcaudón fiscal sureño*
Linnaeus, 1766
s Namibia bis s Südafrika

Lanius collaris aridicolus
**Namibia-Fiskalwürger**
Clancey, 1955
sw Angola und nw Namibia
Lanius collaris pyrrhostictus
**Botswana-Fiskalwürger**
Holub & Pelzeln, 1882
ne Botswana, s Simbabwe, sw Mosambik und e Südafrika
Lanius collaris subcoronatus
**Südafrikanischer Fiskalwürger**
Smith, A, 1841
se Angola und c Namibia bis n Südafrika
Lanius collaris marwitzi
**Marwitz-Fiskalwürger**
Reichenow, 1901
ne, c, se Tansania und n Malawi

Lanius minor
## Schwarzstirnwürger
*Lesser Grey Shrike - Alcaudón chico*
Gmelin, JF, 1788
s Europa bis s Russland, s bis Syrien, Irak und Afghanistan

Lanius senator
## Rotkopfwürger
*Woodchat Shrike - Alcaudón común*
Linnaeus, 1758
c, s Europa und n Afrika

Lanius senator badius
**Mittelmeerrotkopfwürger**
Hartlaub, 1854
w Mittelmeer Is.
Lanius senator niloticus
**Nilrotkopfwürger**
Bonaparte, 1853
Zypern und s Türkei bis Iran

Lanius collurioides
## Burmawürger
*Burmese Shrike - Alcaudón birmano*
Lesson, RP, 1831
Myanmar und ne Indien bis e Kambodscha und n Vietnam

Lanius collurioides nigricapillus
**Vietnamwürger**
Delacour, 1926
s Vietnam

Lanius tigrinus
## Tigerwürger
*Tiger Shrike - Alcaudón tigre*
Drapiez, 1828
se Sibirien, e, ne China, Koreanische Halbinsel und Japan

Lanius vittatus
## Rotschulterwürger
*Bay-backed Shrike - Alcaudón dorsicastaño*
Valenciennes, 1826
c, s Pakistan bis s Nepal und c, s Indien

Lanius vittatus nargianus
**Vauries Rotschulterwürger**
Vaurie, 1955
se Turkmenistan bis se Iran, Afghanistan und w Pakistan

Lanius isabellinus
## Isabellwürger
*Isabelline Shrike - Alcaudón isabel*
Hemprich & Ehrenberg, 1833
n China, Mongolei und s Russland

Lanius isabellinus arenarius
**Westlicher Isabellwürger**
Blyth, 1846
nw China
Lanius isabellinus tsaidamensis
**Stegmanns Isabellwürger**
Stegmann, 1930
wc China

Lanius collurio
## Neuntöter
*Red-backed Shrike - Alcaudón dorsirrojo*
Linnaeus, 1758
Europa bis w Sibirien, w Kasachstan, Türkei und nw Iran

Lanius phoenicuroides
## Rotschwanzwürger
*Red-tailed Shrike - Alcaudón colirrojo*
Schalow, 1875
c Asien bis Pakistan

Lanius validirostris
## Philippinenwürger
*Mountain Shrike - Alcaudón filipino*
Ogilvie-Grant, 1894
Gebirge n Luzon (n Philippinen)

Lanius validirostris tertius
**Mindorowürger**
Salomonsen, 1953
Gebirge n Mindoro (nc Philippinen)
Lanius validirostris hachisuka
**Mindanaowürger**
Ripley, 1949
Gebirge Mindanao (s Philippinen)

Lanius cristatus
**Braunwürger**
*Brown Shrike - Alcaudón pardo*
Linnaeus, 1758
*c, e Sibirien und n Mongolei*

Lanius cristatus confusus
**Mongolenbraunwürger**
Stegmann, 1929
e Mongolei, se Russland und ne China
Lanius cristatus lucionensis
**Japanbraunwürger**
Linnaeus, 1766
e China, Koreanische Halbinsel und s Japan
Lanius cristatus superciliosus
**Sakhalinbraunwürger**
Latham, 1801
Sakhalin Is. (se Russland) und n, c Japan

Lanius bucephalus
**Büffelkopfwürger**
*Bull-headed Shrike - Alcaudón bucéfalo*
Temminck & Schlegel, 1845
*se Russland, ne China, Koreanische Halbinsel, Japan und nahegelegene Inseln*

Lanius bucephalus sicarius
**Chinesischer Büffelkopfwürger**
Bangs & Peters, JL, 1928
c China

Lanius schach
**Schachwürger**
*Long-tailed Shrike - Alcaudón schach*
Linnaeus, 1758
*c, se China bis n Vietnam*

Lanius schach erythronotus
**Afghanischer Schachwürger**
Vigors, 1831
s Kasachstan bis ne Iran, Afghanistan, Pakistan und nc Indien
Lanius schach caniceps
**Indischer Schachwürger**
Blyth, 1846
w, c, s Indien und Sri Lanka
Lanius schach tricolor
**Nepal-Schachwürger**
Hodgson, 1837
Nepal und e Indien über Myanmar und s China bis n Laos und n Thailand
Lanius schach longicaudatus
**Laos-Schachwürger**
Ogilvie-Grant, 1902
c, se Thailand und s Laos
Lanius schach bentet
**Malaysia-Schachwürger**
Horsfield, 1821
Malayische Halbinsel, Greater und Lesser Sundas und Borneo
Lanius schach nasutus
**Philippinen-Schachwürger**
Scopoli, 1786
Philippinen (außer Palawan Gruppe und Sulu Archipel)
Lanius schach suluensis
**Sulu-Schachwürger**
Mearns, 1905
Sulu Archipel (s Philippinen)
Lanius schach stresemanni
**Neuguinea-Schachwürger**
Mertens, 1923
Gebirge e Neuguinea

Lanius tephronotus
**Tibetwürger**
*Grey-backed Shrike - Alcaudón tibetano*
Vigors, 1831
*Nepal und ne Indien bis c, s China*

Lanius tephronotus lahulensis
**Koelz-Tibetwürger**
Koelz, 1950
nw Indien und sw China


## Familie: Corvidae (Rabenvögel)

Gattung: Platysmurus

Platysmurus leucopterus
**Rabenhäher**
*Malayan Black Magpie - Urraca negra malaya*
Temminck, 1824
*Malayische Halbinsel, Sumatra, Bintan (Riau Is., e in c Sumatra), Bangka und Belitung (e in s Sumatra)*

Platysmurus aterrimus
**Borneorabenhäher**
*Bornean Black Magpie - Urraca negra de Borneo*
Lesson, RP, 1831
*Borneo*

Gattung: Perisoreus

Perisoreus infaustus
**Unglückshäher**
*Siberian Jay - Arrendajo siberiano*
Linnaeus, 1758
*Skandinavien bis w Sibirien*

Perisoreus infaustus rogosowi
**Russischer Unglückshäher**
Sushkin & Stegmann, 1929
ne Europäisch Russland bis nc Sibirien
Perisoreus infaustus opicus
**Chinesischer Unglückshäher**
Bangs, 1913
e Kasachstan, nw China und sc Sibirien
Perisoreus infaustus sibericus
**Sibirischer Unglückshäher**
Boddaert, 1783
c Sibirien und n Mongolei
Perisoreus infaustus maritimus
**Ostsibirischer Unglückshäher**
Buturlin, 1915
se Sibirien und ne China

Perisoreus internigrans
**Sichuanhäher**
*Sichuan Jay - Arrendajo de Sichuan*
Thayer & Bangs, 1912
*wc China*

Perisoreus canadensis
**Meisenhäher**
*Canada Jay - Arrendajo canadiense*
Linnaeus, 1766
*ne Alaska und nw Kanada bis e Kanada und ne USA*

Perisoreus canadensis pacificus
**Pazifik-Meisenhäher**
Gmelin, JF, 1788
c Alaska bis Küste wc Kanada
Perisoreus canadensis nigricapillus
**Labrador-Meisenhäher**
Ridgway, 1882
ne Quebec und Labrador (e Kanada)
Perisoreus canadensis albescens
**Kanada-Meisenhäher**
Peters, JL, 1920
e Rocky Mts. in wc Kanada und nc USA
Perisoreus canadensis bicolor
**Alberta-Meisenhäher**
Miller, AH, 1933
Rocky Mts. von se British Columbia und sw Alberta (sw Kanada) bis e Washington, Idaho und w Montana (nw USA)
Perisoreus canadensis capitalis
**Arizona-Meisenhäher**
Baird, SF, 1874
Rocky Mts. von s Idaho bis New Mexico und Arizona (w USA)
Perisoreus canadensis griseus
**Kalifornien-Meisenhäher**
Ridgway, 1899
Cascade range von sw Kanada bis ne California (w USA)
Perisoreus canadensis obscurus
**Dunkler Meisenhäher**
Ridgway, 1874
Küste nw USA
Perisoreus canadensis sanfordi
**Sanfords Meisenhäher**
Oberholser, 1914
Neufundland

Gattung: Cyanolyca

Cyanolyca armillata
**Schwarzbandhäher**
*Black-collared Jay - Chara collareja*
Gray, GR, 1845
*e Kolumbien und w Venezuela*

Cyanolyca armillata meridana
**Sclaters Schwarzbandhäher**
Sclater, PL & Salvin, 1876
nw Venezuela
Cyanolyca armillata quindiuna
**Ekuador-Schwarzbandhäher**
Sclater, PL & Salvin, 1876
c Kolumbien bis n Ecuador

Cyanolyca viridicyanus
**Weißbandhäher**
*White-collared Jay - Chara andina*
d'Orbigny & Lafresnaye, 1838
nw Bolivien

Cyanolyca viridicyanus jolyaea
**Nördlicher Weißbandhäher**
Bonaparte, 1852
n, c Peru
Cyanolyca viridicyanus cyanolaema
**Südlicher Weißbandhäher**
Hellmayr, 1917
se Peru

Cyanolyca turcosa
**Türkishäher**
*Turquoise Jay - Chara turquesa*
Bonaparte, 1853
s Kolumbien bis n Peru

Cyanolyca pulchra
**Schmuckhäher**
*Beautiful Jay - Chara hermosa*
Lawrence, 1876
Kolumbien, Ecuador und n Peru

Cyanolyca cucullata
**Blaukappenhäher**
*Azure-hooded Jay - Chara coroniazul*
Ridgway, 1885
Costa Rica bis wc Panama

Cyanolyca cucullata mitrata
**Mexiko-Blaukappenhäher**
Ridgway, 1899
e Mexico
Cyanolyca cucullata guatemalae
**Guatemala-Blaukappenhäher**
Pitelka, 1951
s Mexico bis c Guatemala
Cyanolyca cucullata hondurensis
**Honduras-Blaukappenhäher**
Pitelka, 1951
w Honduras

Cyanolyca pumilo
**Schwarzkehlhäher**
*Black-throated Jay - Chara gorjinegra*
Strickland, 1849
s Mexico bis nw Honduras

Cyanolyca nanus
**Zwerghäher**
*Dwarf Jay - Chara enana*
Du Bus de Gisignies, 1847
sw Mexico

Cyanolyca mirabilis
**Weißkehlhäher**
*White-throated Jay - Chara de Omiltemi*
Nelson, 1903
sw Mexico

Cyanolyca argentigula
**Silberkehlhäher**
*Silvery-throated Jay - Chara gorjiplateada*
Lawrence, 1875
s Costa Rica bis w Panama

Cyanolyca argentigula albior
**Pitelkas Silberkehlhäher**
Pitelka, 1951
c Costa Rica



Cyanocorax colliei
**Schwarzkehl-Elsternhäher**
*Black-throated Magpie-Jay - Urraca hermosa carinegra*
Vigors, 1829
w Mexico

Cyanocorax formosus
**Weißkehl-Elsternhäher**
*White-throated Magpie-Jay - Urraca hermosa cariblanca*
Swainson, 1827
Colima, Michoacán und Puebla s bis Oaxaca (sw Mexico)

Cyanocorax formosus azurea
**Nelsons Weißkehl-Elsternhäher**
Nelson, 1897
Oaxaca und Chiapa (se Mexico) und w Guatemala
Cyanocorax formosus pompata
**Bangs Weißkehl-Elsternhäher**
Bangs, 1914
e Chiapa (se Mexico) und e Guatemala bis nw Costa Rica

Cyanocorax morio
**Braunhäher**
*Brown Jay - Chara papán*
Wagler, 1829
se Mexico bis w Panama

Cyanocorax morio palliatus
**Texas-Braunhäher**
Van Rossem, 1934
extremer s Texas (s USA) und ne, e Mexico
Cyanocorax morio vociferus
**Yucatan-Braunhäher**
Cabot, S, 1843
n Yucatán Halbinsel (se Mexico)

Cyanocorax caeruleus
**Azurblaurabe**
*Azure Jay - Chara cerúlea*
Vieillot, 1818
e Paraguay, ne Argentinien und b Brasilien

Cyanocorax violaceus
**Hyazinthblaurabe**
*Violaceous Jay - Chara violácea*
Du Bus de Gisignies, 1847
w Amazonasgebiet

Cyanocorax violaceus pallidus
**Venezuela-Hyazinthenblaurabe**
Zimmer, JT & Phelps, WH, 1944
n Venezuela

Cyanocorax cyanomelas
**Purpurblaurabe**
*Purplish Jay - Chara morada*
Vieillot, 1818
s Peru, Bolivien und sw Brasilien über Paraguay bis n Argentinien

Cyanocorax cristatellus
**Krauskopf-Blaurabe**
*Curl-crested Jay - Chara crestada*
Temminck, 1823
c Brasilien bis e Bolivien und e Paraguay

Cyanocorax luxuosus
**Grünblaurabe**
*Green Jay - Chara verde*
Lesson, RP, 1839
San Luis Potosi bis ne Puebla und c Veracruz (ec Mexico)

Cyanocorax luxuosus glaucescens
**Texas-Grünblaurabe**
Ridgway, 1900
extremer s Texas (s USA), Nuevo León und Tamaulipas (ne Mexico)
Cyanocorax luxuosus speciosus
**Nelsons Grünblaurabe**
Nelson, 1900
w Mexico
Cyanocorax luxuosus vividus
**Colima-Grünblaurabe**
Ridgway, 1900
Colima und Guerrero (sw Mexico) bis w Guatemala
Cyanocorax luxuosus maya
**Maya-Grünblaurabe**
Van Rossem, 1934
Tabasco und Yucatán Halbinsel (se Mexico)
Cyanocorax luxuosus confusus
**Chiapas-Grünblaurabe**
Phillips, AR, 1966
Chiapa (s Mexico) und w Guatemala
Cyanocorax luxuosus centralis
**Tabasco-Grünblaurabe**
Van Rossem, 1934
Tabasco und n Chiapa (s Mexico) bis Honduras

Cyanocorax yncas
**Inkablaurabe**
*Inca Jay - Chara verde*
Boddaert, 1783
sw Kolumbien, e Ecuador, Peru bis c Bolivien

Cyanocorax yncas galeatus
**Ridgways Inkablaurabe**
Ridgway, 1900
wc Kolumbien

Cyanocorax yncas cyanodorsalis
**Dubois-Inkablaurabe**
Dubois, AJC, 1874
c, e Kolumbien und nw Venezuela
Cyanocorax yncas guatimalensis
**Venezuela-Inkablaurabe**
Bonaparte, 1850
n Venezuela
Cyanocorax yncas longirostris
**Maranon-Inkablaurabe**
Carriker, 1933
Marañon Tal (n Peru)

Cyanocorax mystacalis
## Weißschwanz-Blaurabe
*White-tailed Jay - Chara coliblanca*
de Sparre, 1835
*sw Ecuador und nw Peru*

Cyanocorax melanocyaneus
## Hartlaubblaurabe
*Bushy-crested Jay - Chara centroamericana*
Hartlaub, 1844
*Guatemala bis s El Salvador*

Cyanocorax melanocyaneus chavezi
**Chavez-Hartlaubblaurabe**
Miller, W & Griscom, 1925
Honduras und n Nicaragua

Cyanocorax yucatanicus
## Yucatánblaurabe
*Yucatan Jay - Chara yucateca*
Dubois, AJC, 1875
*Yucatán Halbinsel, n Belize und n Guatemala*

Cyanocorax yucatanicus rivularis
**Tabascoblaurabe**
Brodkorb, 1940
Tabasco und Campeche (se Mexico)

Cyanocorax beecheii
## Indigoblaurabe
*Purplish-backed Jay - Chara de Beechey*
Vigors, 1829
*nw Mexico*

Cyanocorax sanblasianus
## Acapulcoblaurabe
*San Blas Jay - Chara de San Blas*
Lafresnaye, 1842
*c Guerrero (Küste sw Mexico)*

Cyanocorax sanblasianus nelsoni
**Nelsons Acapulcoblaurabe**
Bangs & Penard, TE, 1919
Küste w Mexico

Cyanocorax dickeyi
## Schopfblaurabe
*Tufted Jay - Chara pinta*
Moore, RT, 1935
*w Mexico*

Cyanocorax affinis
## Schwarzbrust-Blaurabe
*Black-chested Jay - Chara pechinegra*
Pelzeln, 1856
*n Kolumbien und nw Venezuela*

Cyanocorax affinis zeledoni
**Zeledoni-Schwarzbrust-Blaurabe**
Ridgway, 1899
se Costa Rica und Panama

Cyanocorax heilprini
## Azurnacken-Blaurabe
*Azure-naped Jay - Chara nuquiazul*
Gentry, 1885
*e Kolumbien, s Venezuela, nw Brasilien*

Cyanocorax heilprini hafferi
**Haffers Azurnacken-Blaurabe**
Cohn-Haft, Santos, MA, Fernandes & Ribas, 2013
wc Amazonasgebiet Brasilien

Cyanocorax cayanus
## Cayenneblaurabe
*Cayenne Jay - Chara de Cayena*
Linnaeus, 1766
*n Amazonasgebiet*

Cyanocorax chrysops
## Kappenblaurabe
*Plush-crested Jay - Chara moñuda*
Vieillot, 1818
*Bolivien bis se Brasilien, Paraguay, ne Argentinien und Uruguay*

Cyanocorax chrysops diesingii
**Pelzelns Kappenblaurabe**
Pelzeln, 1856
nc Brasilien s Amazonas
Cyanocorax chrysops insperatus
**Pintos Kappenblaurabe**
Pinto & Camargo, 1961
ne Brasilien s Amazonas
Cyanocorax chrysops tucumanus
**Cabanis-Kappenblaurabe**
Cabanis, 1883
nw Argentinien

Cyanocorax cyanopogon
## Weißnacken-Blaurabe
*White-naped Jay - Chara nuquiblanca*
Wied-Neuwied, M, 1821
*e Brasilien*



Cyanocitta cristata
## Blauhäher
*Blue Jay - Chara azul*
Linnaeus, 1758
*ec, se USA*

Cyanocitta cristata bromia
**Oberholsers Blauhäher**
Oberholser, 1921
s Kanada und c USA
Cyanocitta cristata semplei
**Florida-Blauhäher**
Todd, 1928
s Florida (se USA)
Cyanocitta cristata cyanotephra
**Westamerikanischer Blauhäher**
Sutton, 1935
wc USA

Cyanocitta stelleri
## Diademhäher
*Steller's Jay - Chara de Steller*
Gmelin, JF, 1788
*s Alaska und Küste w Kanada bis nw Oregon (nw USA)*

Cyanocitta stelleri carlottae
**Carlottas Diademhäher**
Osgood, 1901
Haida Gwaii (vor w Kanada)
Cyanocitta stelleri frontalis
**Nevada-Diademhäher**
Ridgway, 1873
c Oregon, Kalifornien (außer Küstengebiet wc) bis wc Nevada (w USA)
Cyanocitta stelleri carbonacea
**Kalifornischer Diademhäher**
Grinnell, 1900
feuchtes Küstengebiet wc Kalifornien von  Marin und Contra Costa bis s San Luis Obispo (w USA)
Cyanocitta stelleri annectens
**Alberta-Diademhäher**
Baird, SF, 1874
c British Kolumbien bis se Alberta (sw Kanada) s bis ne Oregon und nw Wyoming (nw USA)
Cyanocitta stelleri macrolopha
**Nevada-Diademhäher**
Baird, SF, 1854
e Nevada bis sw South Dakota (wc USA) s bis n Mexico
Cyanocitta stelleri diademata
**Bonapartes Diademhäher**
Bonaparte, 1850
nw Mexico
Cyanocitta stelleri phillipsi
**Phillips Diademhäher**
Browning, 1993
San Luis Potosí (c Mexico)
Cyanocitta stelleri azteca
**Azteken-Diademhäher**
Ridgway, 1899
sc Mexico
Cyanocitta stelleri coronata
**Guatemala-Diademhäher**
Swainson, 1827
sw, ec, s Mexico und w Guatemala
Cyanocitta stelleri purpurea
**Michoacan-Diademhäher**
Aldrich, 1944
Michoacán (sw Mexico)
Cyanocitta stelleri restricta
**Oaxaca-Diademhäher**
Phillips, AR, 1966
Oaxaca (s Mexico)

Cyanocitta stelleri suavis
**Nikaragua-Diademhäher**
Miller, W & Griscom, 1925
Nicaragua und Honduras



## Gattung: Aphelocoma

Aphelocoma wollweberi
**Mexikohäher**
*Mexican Jay - Chara mexicana*
Kaup, 1855
nw und wc Mexico

Aphelocoma wollweberi arizonae
**Arizona-Mexikohäher**
Ridgway, 1874
sw USA und extremer n Mexico
Aphelocoma wollweberi potosina
**Nelsons Mexikohäher**
Nelson, 1899
ec Mexico
Aphelocoma wollweberi couchii
**Texas-Mexikohäher**
Baird, SF, 1858
s Texas (s USA) und ne Mexico

Aphelocoma ultramarina
**Ultramarinhäher**
*Transvolcanic Jay - Chara ultramarina*
Bonaparte, 1825
sc Mexico

Aphelocoma ultramarina colimae
**Colima-Ultramarinhäher**
Nelson, 1899
nw Jalisco bis Colima (w Mexico)

Aphelocoma unicolor
**Einfarbhäher**
*Unicolored Jay - Chara unicolor*
Du Bus de Gisignies, 1847
se Mexico und Guatemala

Aphelocoma unicolor guerrerensis
**Guerrero-Einfarbhäher**
Nelson, 1903
sw Mexico
Aphelocoma unicolor concolor
**Cassins Einfarbhäher**
Cassin, 1848
se Mexico
Aphelocoma unicolor oaxacae
**Oaxaca-Einfarbhäher**
Pitelka, 1946
s Mexico
Aphelocoma unicolor griscomi
**Honduras-Einfarbhäher**
Van Rossem, 1928
El Salvador und Honduras

Aphelocoma californica
**Kalifornienhäher**
*California Scrub Jay - Chara californiana*
Vigors, 1839
Küste c California (w USA)

Aphelocoma californica immanis
**Washingtonhäher**
Grinnell, 1901
sw Washington und w Oregon (nw USA)
Aphelocoma californica caurina
**Oregonhäher**
Pitelka, 1951
sw Oregon bis c California (w USA)
Aphelocoma californica oocleptica
**Nevadahäher**
Swarth, 1918
sc Oregon bis sc California und w Nevada (w USA)
Aphelocoma californica cana
**Joshuahäher**
Pitelka, 1951
Joshua Tree National Park in se California (sw USA)
Aphelocoma californica obscura
**Dunkler Kalifornienhäher**
Anthony, 1889
sw California (sw USA) und n Baja California (nw Mexico)
Aphelocoma californica hypoleuca
**Baja Californiahäher**
Ridgway, 1887
c, s Baja California (nw Mexico)

Aphelocoma woodhouseii
**Woodhousehäher**
*Woodhouse's Scrub Jay - Chara dec Oaxaca*
Baird, SF, 1858
wc USA bis n Mexico

Aphelocoma woodhouseii nevadae
**Nevada-Woodhousehäher**
Pitelka, 1945
se Oregon bis Arizona und New Mexico (w, sw USA)
Aphelocoma woodhouseii texana
**Texas-Woodhouseshäher**
Ridgway, 1902
Edwards Plateau in wc Texas (s USA)
Aphelocoma woodhouseii grisea
**Sierra-Woodhouseshäher**
Nelson, 1899
e Sierra Madre Occidental (nw Mexico)
Aphelocoma woodhouseii cyanotis
**Ostmexiko-Woodhouseshäher**
Ridgway, 1887
ec Mexico
Aphelocoma woodhouseii sumichrasti
**Südmexiko-Woodhouseshäher**
Ridgway, 1874
s Mexico
Aphelocoma woodhouseii remota
**Westmexiko-Woodhouseshäher**
Griscom, 1934
sw Mexico

Aphelocoma insularis
**Inselhäher**
*Island Scrub Jay - Chara de Santa Cruz*
Henshaw, 1886
Santa Cruz Island (California)

Aphelocoma coerulescens
**Floridahäher**
*Florida Scrub Jay - Chara floridana*
Bosc, 1795
Florida

## Gattung: Gymnorhinus

Gymnorhinus cyanocephalus
**Schlankschnabelhäher**
*Pinyon Jay - Chara piñonera*
Wied-Neuwied, M, 1841
w USA und nw Mexico

## Gattung: Garrulus

Garrulus glandarius
**Eichelhäher**
*Eurasian Jay - Arrendajo euroasiático*
Linnaeus, 1758
n, c Europa bis Ural Mts.

Garrulus glandarius hibernicus
**Irlandeichelhäher**
Witherby & Hartert, EJO, 1911
Ireland
Garrulus glandarius rufitergum
**Englandeichelhäher**
Hartert, EJO, 1903
Schottland, England, Wales und nw Frankreich
Garrulus glandarius fasciatus
**Iberischer Eichelhäher**
Brehm, AE, 1857
Iberische Halbinsel
Garrulus glandarius corsicanus
**Korsikaeichelhäher**
Laubmann, 1912
Korsika
Garrulus glandarius ichnusae
**Sardinieneichelhäher**
Kleinschmidt, 1903
Sardinien
Garrulus glandarius albipectus
**Italienischer Eichelhäher**
Kleinschmidt, 1920
Italien, Sizilien und Dalmatian coast
Garrulus glandarius graecus
**Balkaneichelhäher**
Keve-Kleiner, 1939
w Balkans inklusive Griechenland
Garrulus glandarius ferdinandi
**Türkeneichelhäher**
Keve-Kleiner, 1944
e Bulgaria und n Türkei
Garrulus glandarius cretorum
**Kretaeichelhäher**
Meinertzhagen, R, 1920
Kreta
Garrulus glandarius glaszneri
**Zyperneichelhäher**
Madarász, G, 1902
Zypern

Garrulus glandarius whitakeri
**Algerieneichelhäher**
Hartert, EJO, 1903
n Marokko und nw Algerien

Garrulus glandarius minor
**Atlaseichelhäher**
Verreaux, J, 1857
c Marokko und Atlas Mts. n Algerien

Garrulus glandarius cervicalis
**Tunesieneichelhäher**
Bonaparte, 1853
n, ne Algerien und Tunesien

Garrulus glandarius samios
**Samoseichelhäher**
Keve-Kleiner, 1939
Samos (se Aegean Sea)

Garrulus glandarius anatoliae
**Iraneichelhäher**
Seebohm, 1883
w Türkei bis w Iran und n Irak

Garrulus glandarius iphigenia
**Krimeichelhäher**
Sushkin & Ptuschenko, 1914
Krim-Halbinsel (n Küste Schwarzes Meer)

Garrulus glandarius krynicki
**Kaukasuseichelhäher**
Kaleniczenko, 1839
ne Türkei und Kaukasus

Garrulus glandarius atricapillus
**Syrieneichelhäher**
Geoffroy Saint-Hilaire, I, 1832
w Syrien, w Jordanien und Israel

Garrulus glandarius hyrcanus
**Aserbaidschaneichelhäher**
Blanford, 1873
se Aserbaidschan und n Iran

Garrulus glandarius brandtii
**Brants Eichelhäher**
Eversmann, 1842
s Sibirien, n Mongolei, nw, ne China, Koreanische Halbinsel und n Japan

Garrulus glandarius kansuensis
**Chinesischer Eichelhäher**
Stresemann, 1928
c China

Garrulus glandarius pekingensis
**Pekingeichelhäher**
Reichenow, 1905
e China

Garrulus glandarius japonicus
**Japaneichelhäher**
Temminck & Schlegel, 1847
Honshu, Oshima und Kyushu (c, s Japan)

Garrulus glandarius tokugawae
**Honshueichelhäher**
Taka-Tsukasa, 1931
Sado Insel (vor Honshu in c Japan)

Garrulus glandarius orii
**Kyushueichelhäher**
Kuroda, Nm, 1923
Yakushima (Osumi Is., s Japan)

Garrulus glandarius sinensis
**Yakushimaeichelhäher**
Swinhoe, 1871
n Myanmar und s, e China

Garrulus glandarius taivanus
**Myanmareichelhäher**
Gould, 1863
Taiwan

Garrulus glandarius bispecularis
**Taiwaneichelhäher**
Vigors, 1831
w Himalaya bis w Nepal

Garrulus glandarius interstinctus
**Nepaleichelhäher**
Hartert, EJO, 1918
e Himalaya

Garrulus glandarius persaturatus
**Himalayaeichelhäher**
Hartert, EJO, 1918
ne Indien (s Assam)

Garrulus glandarius oatesi
**Sharps Eichelhäher**
Sharpe, 1896
nw Myanmar

Garrulus glandarius haringtoni
**Rippons Eichelhäher**
Rippon, 1905
w Myanmar

Garrulus glandarius leucotis
**Indochinesischer Eichelhäher**
Hume, 1874
c Myanmar bis c, s Indochina

Garrulus lanceolatus
**Strichelhäher**
*Black-headed Jay - Arrendajo cabecinegro*
Vigors, 1830
*e Afghanistan und n Pakistan bis w Tibet, Nepal und n Indien*

Garrulus lidthi
**Prachthäher**
*Lidth's Jay - Arrendajo de Lidth*
Bonaparte, 1850
*Amami Is. (n Ryukyu Is., s Japan)*



Cyanopica cyanus
**Azurelster**
*Azure-winged Magpie - Rabilargo asiático*
Pallas, 1776
*e Sibirien, Mongolei, n, c, e China und Koreanische Halbinsel*

Cyanopica cyanus japonica
**Japanische Azurelster**
Parrot, 1905
Japan

Cyanopica cooki
**Blauelster**
*Iberian Magpie - Rabilargo ibérico*
Bonaparte, 1850
*s, c Iberische Halbinsel: e, s Portugal und wc, sc Spanien*



Urocissa ornata
**Schmuckkitta**
*Sri Lanka Blue Magpie - Urraca cingalesa*
Wagler, 1829
*Sri Lanka*

Urocissa caerulea
**Dickschnabelkitta**
*Taiwan Blue Magpie - Urraca de Formosa*
Gould, 1863
*Taiwan*

Urocissa flavirostris
**Gelbschnabelkitta**
*Yellow-billed Blue Magpie - Urraca piquigualda*
Blyth, 1846
*Nepal bis n Myanmar und s China*

Urocissa flavirostris cucullata
**Himalaya-Gelbschnabelkitta**
Gould, 1861
w Himalaya bis w Nepal

Urocissa flavirostris schaeferi
**Schäfers Gelbschnabelkitta**
Sick, 1939
w Myanmar

Urocissa flavirostris robini
**Robins Gelbschnabelkitta**
Delacour & Jabouille, 1930
n Vietnam

Urocissa erythroryncha
**Rotschnabelkitta**
*Red-billed Blue Magpie - Urraca piquirroja*
Boddaert, 1783
*c, e, se China, n Indochina*

Urocissa erythroryncha occipitalis
**Nepal-Rotschnabelkitta**
Blyth, 1846
nw Indien bis e Nepal

Urocissa erythroryncha magnirostris
**Indien-Rotschnabelkitta**
Blyth, 1846
ne Indien bis s Indochina

Urocissa erythroryncha alticola
**Myanmar-Rotschnabelkitta**
Birckhead, 1938
n Myanmar und sc China

Urocissa erythroryncha brevivexilla
**China-Rotschnabelkitta**
Swinhoe, 1874
ne China

Urocissa whiteheadi
**Hainankitta**
*White-winged Magpie - Urraca de Hainan*
Ogilvie-Grant, 1899
*Hainan Insel (vor se China)*

Urocissa whiteheadi xanthomelana
**Indochinesische Weißflügelkitta**
Delacour, 1927
s China bis c Indochina

Cissa chinensis
**Jagdelster**
*Common Green Magpie - Urraca verde*
Boddaert, 1783
*Himalaya bis s China, n Indochina, Thailand und Myanmar*

Cissa chinensis klossi
**Indochinesische Jagdelster**
Delacour & Jabouille, 1924
c Indochina
Cissa chinensis margaritae
**Lang Bian-Jagdelster**
Robinson & Kloss, 1919
Lang Bian Mts. (s Vietnam)
Cissa chinensis robinsoni
**Malaysia-Jagdelster**
Ogilvie-Grant, 1906
Malayische Halbinsel
Cissa chinensis minor
**Sumatra-Jagdelster**
Cabanis, 1851
Gebirge Sumatra und Borneo

Cissa hypoleuca
**Goldbauchelster**
*Indochinese Green Magpie - Urraca ventrigualda*
Salvadori & Giglioli, 1885
*se Thailand und s Indochina*

Cissa hypoleuca jini
**Chinesische Goldbauchelster**
Delacour, 1930
sc China
Cissa hypoleuca concolor
**Vietnam-Goldbauchelster**
Delacour & Jabouille, 1928
n Vietnam
Cissa hypoleuca chauleti
**Chaulets Goldbauchelster**
Delacour, 1926
c Vietnam
Cissa hypoleuca katsumatae
**Hainan-Goldbauchelster**
Rothschild, 1903
Hainan Insel (vor se China)

Cissa thalassina
**Javabuschelster**
*Javan Green Magpie - Urraca colicorta de Java*
Temminck, 1826
*Gebirge w Java*

Cissa jefferyi
**Borneobuschelster**
*Bornean Green Magpie - Urraca colicorta de Borneo*
Sharpe, 1888
*Gebirge Borneo*



Dendrocitta vagabunda
**Wanderbaumelster**
*Rufous Treepie - Urraca vagabunda*
Latham, 1790
*ne, ec Indien bis Bangladesch*

Dendrocitta vagabunda bristoli
**Bristols Wanderbaumelster**
Paynter, 1961
e Pakistan und n Indien
Dendrocitta vagabunda behni
**Steinheimers Wanderbaumelster**
Steinheimer, 2009
w, wc Indien
Dendrocitta vagabunda parvula
**Whistlers Wanderbaumelster**
Whistler & Kinnear, 1932
sw Indien
Dendrocitta vagabunda pallida
**Blyths Wanderbaumelster**
Blyth, 1846
se Indien
Dendrocitta vagabunda sclateri
**Scalters Wanderbaumelster**
Baker, ECS, 1922
w, n Myanmar
Dendrocitta vagabunda kinneari
**Bakers Wanderbaumelster**
Baker, ECS, 1922
c Myanmar bis s China und nw Thailand

Dendrocitta vagabunda saturatior
**Myanmar-Wanderbaumelster**
Ticehurst, 1922
se Myanmar und sw Thailand
Dendrocitta vagabunda sakeratensis
**Thailand-Wanderbaumelster**
Gyldenstolpe, 1920
c Thailand bis s Vietnam

Dendrocitta occipitalis
**Sumatrabaumelster**
*Sumatran Treepie - Urraca de Sumatra*
Müller, S, 1836
*Gebirge Sumatra*

Dendrocitta cinerascens
**Borneobaumelster**
*Bornean Treepie - Urraca de Borneo*
Sharpe, 1879
*Gebirge Borneo*

Dendrocitta formosae
**Graubrust-Baumelster**
*Grey Treepie - Urraca gris*
Swinhoe, 1863
*Taiwan*

Dendrocitta formosae occidentalis
**Östliche Graubrustbaumelster**
Ticehurst, 1925
nw Himalaya bis w Nepal
Dendrocitta formosae himalayana
**Himalaya-Graubrustbaumelster**
Jerdon, 1864
c Nepal und ne Indien bis s China und c Indochina
Dendrocitta formosae sarkari
**Indische Graubrustbaumelster**
Kinnear & Whistler, 1930
e Indien
Dendrocitta formosae assimilis
**Myanmar-Graubrustbaumelster**
Hume, 1877
sw, e Myanmar und Thailand
Dendrocitta formosae sinica
**Vietnam-Graubrustbaumelster**
Stresemann, 1913
e, se China, n Vietnam
Dendrocitta formosae sapiens
**Chinesische Graubrustbaumelster**
Deignan, 1955
c China
Dendrocitta formosae insulae
**Hainan-Graubrustbaumelster**
Hartert, EJO, 1910
Hainan Insel (vor se China)

Dendrocitta leucogastra
**Weißbauch-Baumelster**
*White-bellied Treepie - Urraca ventriblanca*
Gould, 1833
*sw Indien*

Dendrocitta frontalis
**Maskenbaumelster**
*Collared Treepie - Urraca acollarada*
Horsfield, 1840
*n Indien bis nw Vietnam*

Dendrocitta bayleii
**Andamanenbaumelster**
*Andaman Treepie - Urraca de las Andamán*
Tytler, 1863
*Andaman Is.*



Crypsirina temia
**Spatelbaumelster**
*Racket-tailed Treepie - Urraca bronceada*
Daudin, 1800
*e Myanmar bis s China und Vietnam und n Malayische Halbinsel; Java und Bali*

Crypsirina cucullata
**Kapuzenbaumelster**
*Hooded Treepie - Urraca encapuchada*
Jerdon, 1862
*Myanmar*

Gattung: Temnurus

Temnurus temnurus
**Leiterschwanzelster**
*Ratchet-tailed Treepie - Urraca de raquetas*
Temminck, 1825
*se Asien*

Gattung: Pica

Pica pica
**Elster**
*Eurasian Magpie - Urraca común*
Linnaeus, 1758
*Britische Inseln und s Skandinavien bis e Europa und Kleinasien (Türkei)*

    Pica pica fennorum
    **Skandinavienelster**
    Lönnberg, 1927
    n Skandinavien und nw Russland
    Pica pica melanotos
    **Iberiaelster**
    Brehm, AE, 1857
    Iberische Halbinsel
    Pica pica bactriana
    **Mongolenelster**
    Bonaparte, 1850
    c Russland bis Iran, n Indien und Mongolei und w, s Sibirien
    Pica pica leucoptera
    **Goulds Elster**
    Gould, 1862
    se Sibirien, Mongolei und ne China
    Pica pica camtschatica
    **Kamschatkaelster**
    Stejneger, 1884
    Kamtschatka Halbinsel (e Sibirien)

Pica mauritanica
**Maghrebelster**
*Maghreb Magpie - Urraca magrebí*
Malherbe, 1845
*nw Afrika*

Pica asirensis
**Asirelster**
*Asir Magpie - Urraca árabe*
Bates, GL, 1936
*sw Saudi-Arabien*

Pica bottanensis
**Tibetelster**
*Black-rumped Magpie - Urraca del himalaya*
Delessert, 1840
*c Bhutan und wc China*

Pica serica
**Orientelster**
*Oriental Magpie - Urraca oriental*
Gould, 1845
*n Myanmar bis e China, Taiwan und n Indochina*

    Pica serica anderssoni
    **Anderssons Orientelster**
    Lönnberg, 1923
    se Russland, extremer ne China und Koreanische Halbinsel

Pica hudsonia
**Hudsonelster**
*Black-billed Magpie - Urraca de Hudson*
Sabine, 1823
*s Alaska, w Kanada und w USA  bis c Kanada und c USA*

Pica nuttalli
**Gelbschnabelelster**
*Yellow-billed Magpie - Urraca de Nuttall*
Audubon, 1837
*California*

Gattung: Zavattariornis

Zavattariornis stresemanni
**Akazienhäher**
*Stresemann's Bushcrow - Urraquita de Stresemann*
Moltoni, 1938
*Gebirge sc Äthiopien*

Gattung: Podoces

Podoces hendersoni
**Mongolenhäher**
*Mongolian Ground Jay - Arrendajo terrestre mongol*
Hume, 1871
*n, e Xinjiang s über Qinghai und e bis w Nei Mongol (nw, nc China) und w, s Mongolei*

Podoces biddulphi
**Weißschwanzhäher**
*Xinjiang Ground Jay - Arrendajo terrestre de Xinjiang*
Hume, 1874
*w, c Xinjiang (w China)*

Podoces panderi
**Saxaulhäher**
*Turkestan Ground Jay - Arrendajo terrestre del Turquestán*
Fischer von Waldheim, 1821
*Turkmenistan und c Usbekistan*

    Podoces panderi ilensis
    **Kasachstan-Saxaulhäher**
    Menzbier & Schnitnikov, 1915
    ec Kasachstan

Podoces pleskei
**Pleskehäher**
*Iranian Ground Jay - Arrendajo terrestre iraní*
Zarudny, 1896
*c, e Iran*

Gattung: Nucifraga

Nucifraga columbiana
**Kiefernhäher**
*Clark's Nutcracker - Cascanueces americano*
Wilson, A, 1811
*sw Kanada und w USA ; n Mexico*

Nucifraga caryocatactes
**Tannenhäher**
*Northern Nutcracker - Cascanueces norteño*
Linnaeus, 1758
*Europa*

    Nucifraga caryocatactes macrorhynchos
    **Ural-Tannenhäher**
    Brehm, CL, 1823
    Ural Mts. bis e Sibirien und ne China
    Nucifraga caryocatactes rothschildi
    **Kasachstan-Tannenhäher**
    Hartert, EJO, 1903
    Kasachstan bis nw China
    Nucifraga caryocatactes japonica
    **Japanischer Tannenhäher**
    Hartert, EJO, 1897
    Kuril Is. und n Japan

Nucifraga hemispila
**Himalaya-Tannenhäher**
*Southern Nutcracker - Cascanueces del Sur*
Vigors, 1831
*nw, c Himalaya*

    Nucifraga hemispila owstoni
    **Taiwan-Tannenhäher**
    Ingram, C, 1910
    Taiwan
    Nucifraga hemispila interdicta
    **Chinesischer Tannenhäher**
    Kleinschmidt & Weigold, 1922
    n China
    Nucifraga hemispila macella
    **Myanmar-Tannenhäher**
    Thayer & Bangs, 1909
    e Himalaya bis c, s China und n Myanmar

Nucifraga multipunctata
**Himalajahäher**
*Kashmir Nutcracker - Cascanueces del Himalaya*
Gould, 1849
*w Himalaya*

Gattung: Pyrrhocorax

Pyrrhocorax pyrrhocorax
**Alpenkrähe**
*Red-billed Chough - Chova piquirroja*
Linnaeus, 1758
*Britische Inseln*

Pyrrhocorax pyrrhocorax erythroramphos
**Iberische Alpenkrähe**
Vieillot, 1817
Iberische Halbinsel bis Schweiz und n Italien
Pyrrhocorax pyrrhocorax barbarus
**Kanarische Alpenkrähe**
Vaurie, 1954
nw Afrika und La Palma (nw Kanarische Is., c Makaronesien, nw von n Afrika)
Pyrrhocorax pyrrhocorax docilis
**Osteuropäische Alpenkrähe**
Gmelin, SG, 1774
se Europa bis Afghanistan und Pakistan
Pyrrhocorax pyrrhocorax centralis
**Asiatische Alpenkrähe**
Stresemann, 1920
c Asien
Pyrrhocorax pyrrhocorax himalayanus
**Himalaya-Alpenkrähe**
Gould, 1862
Himalaya, n Indien und w China
Pyrrhocorax pyrrhocorax brachypus
**Chinesische Alpenkrähe**
Swinhoe, 1871
ne, e China
Pyrrhocorax pyrrhocorax baileyi
**Äthiopische Alpenkrähe**
Rand & Vaurie, 1955
n, c Äthiopien

Pyrrhocorax graculus
**Alpendohle**
*Alpine Chough - Chova piquigualda*
Linnaeus, 1766
*Europa und n Afrika bis n Iran*

Pyrrhocorax graculus digitatus
**Türkische Alpendohle**
Hemprich & Ehrenberg, 1833
se Türkei bis Libanon, Irak und sw Iran
Pyrrhocorax graculus forsythi
**Asiatische Alpendohle**
Stoliczka, 1874
c Asien

## Gattung: Ptilostomus

Ptilostomus afer
**Spitzschwanzelster**
*Piapiac - Piapiac*
Linnaeus, 1766
*Senegal und Gambia bis s Äthiopien, w Kenia und Uganda*

## Gattung: Coloeus

Coloeus monedula
**Dohle**
*Western Jackdaw - Grajilla occidental*
Linnaeus, 1758
*Skandinavien*

Coloeus monedula spermologus
**Europäische Dohle**
Vieillot, 1817
w, s Europa und nw Afrika
Coloeus monedula soemmerringii
**Osteuropäische Dohle**
Fischer von Waldheim, 1811
e, se Europa bis sc Sibirien und w China
Coloeus monedula cirtensis
**Nordafrikanische Dohle**
Rothschild & Hartert, EJO, 1912
n Algerien

Coloeus dauuricus
**Elsterdohle**
*Daurian Jackdaw - Grajilla oriental*
Pallas, 1776
*w China, Mongolei und se Russland bis s China*

## Gattung: Corvus

Corvus splendens
**Glanzkrähe**
*House Crow - Cuervo indio*
Vieillot, 1817
c, s Indien, Nepal, Bangladesch und Bhutan

Corvus splendens zugmayeri
**Zugmayers Glanzkrähe**
Laubmann, 1913
s Iran über Pakistan bis nc Indien

Corvus splendens protegatus
**Indische Glanzkrähe**
Madarász, G, 1904
sw Indien und Sri Lanka
Corvus splendens maledivicus
**Maledivenglanzkrähe**
Reichenow, 1904
Maldives
Corvus splendens insolens
**Indochinaglanzkrähe**
Hume, 1874
Myanmar, s China und sw Thailand

Corvus moneduloides
**Geradschnabelkrähe**
*New Caledonian Crow - Cuervo de Nueva Caledonia*
Lesson, RP, 1831
*Grande Terre und (eingeführt) Loyalty Is. (New Caledonia)*

Corvus typicus
**Celebeskrähe**
*Piping Crow - Cuervo de Célebes*
Bonaparte, 1853
*Gebirge c, s Sulawesi und Muna, Butung, Wowoni und Kabaena (s in se Sulawesi)*

Corvus unicolor
**Banggaikrähe**
*Banggai Crow - Cuervo de las Banggai*
Rothschild & Hartert, EJO, 1900
*Gebirge Peleng (Banggai Is., e Sulawesi)*

Corvus enca
**Sundakrähe**
*Sunda Crow - Cuervo picofino*
Horsfield, 1821
*Java und Bali*

Corvus enca compilator
**Sumatrakrähe**
Richmond, 1903
Malayische Halbinsel, Sumatra, w Sumatran is. und Borneo

Corvus celebensis
**Sulawesikrähe**
*Sulawesi Crow - Cuervo del Sulawesi*
Stresemann, 1936
*Sulawesi und kleine Inseln*

Corvus celebensis mangoli
**Sulakrähe**
Vaurie, 1958
Sula Is. (e Sulawesi)

Corvus samarensis
**Samarkrähe**
*Samar Crow - Cuervo de Samar*
Steere, 1890
*Samar und Mindanao (s Philippinen)*

Corvus sierramadrensis
**Luzonkrähe**
*Sierra Madre Crow - Cuervo de Sierra Madre*
Rand & Rabor, 1961
*Luzon (n Philippinen)*

Corvus pusillus
**Palawankrähe**
*Palawan Crow - Cuervo de Palawan*
Tweeddale, 1878
*Mindoro, Calamian Is. und Palawan Gruppe (sw Philippinen)*

Corvus violaceus
**Seramkrähe**
*Violet Crow - Cuervo violáceo*
Bonaparte, 1850
*Seram und Ambon (ec Moluccas)*

Corvus florensis
**Floreskrähe**
*Flores Crow - Cuervo de Flores*
Büttikofer, 1894
*w Flores (c Lesser Sundas)*

Corvus kubaryi
**Guamkrähe**
*Mariana Crow - Cuervo de las Marianas*
Reichenow, 1885
*Rota (s Northern Mariana Is.) und Guam*

Corvus validus
**Molukkenkrähe**
*Long-billed Crow - Cuervo moluqueño*
Bonaparte, 1850
*Halmahera und kleine Inseln (n Moluccas)*

Corvus woodfordi
**Buntschnabelkrähe**
*White-billed Crow - Cuervo piquiblanco*
Ogilvie-Grant, 1887
*Choiseul, Isabel und Guadalcanal (c Solomon Is.)*

Corvus meeki
**Bougainvillekrähe**
*Bougainville Crow - Cuervo de Bougainville*
Rothschild, 1904
*Buka, Bougainville und Shortland Is. (n Solomon Is.)*

Corvus fuscicapillus
**Braunkopfkrähe**
*Brown-headed Crow - Cuervo cabecipardo*
Gray, GR, 1859
*Waigeo und Gam (Raja Ampat Is., nw Neuguinea), w Neuguinea und Aru Is. (sw Neuguinea)*

Corvus tristis
**Greisenkrähe**
*Grey Crow - Cuervo gris*
Lesson, RP & Garnot, 1827
*Neuguinea und kleine Inseln*

Corvus capensis
**Kapkrähe**
*Cape Crow - Cuervo de El Cabo*
Lichtenstein, MHC, 1823
*Angola, Sambia und Simbabwe bis Südafrika*

    Corvus capensis kordofanensis
    **Eritreakrähe**
    Laubmann, 1919
    Sudan, Eritrea und Somalia bis Uganda, Kenia und Tansania

Corvus frugilegus
**Saatkrähe**
*Rook - Graja*
Linnaeus, 1758
*Europa bis c Asien*

    Corvus frugilegus pastinator
    **Asiatische Saatkrähe**
    Gould, 1845
    e Asien

Corvus brachyrhynchos
**Amerikakrähe**
*American Crow - Cuervo americano*
Brehm, CL, 1822
*c, e Kanada und c, e USA*

    Corvus brachyrhynchos caurinus
    **Alaskakrähe**
    Baird, SF, 1858
    s Alaska, Kanada w Küste und nw Washington
    Corvus brachyrhynchos hesperis
    **Kanadakrähe**
    Ridgway, 1887
    sw Kanada über w USA bis nw Mexico
    Corvus brachyrhynchos hargravei
    **Westamerikakrähe**
    Phillips, AR, 1942
    wc USA
    Corvus brachyrhynchos pascuus
    **Floridakrähe**
    Coues, 1899
    s Florida (se USA)

Corvus imparatus
**Tamaulipaskrähe**
*Tamaulipas Crow - Cuervo tamaulipeco*
Peters, JL, 1929
*ne Mexico und s Texas*

Corvus sinaloae
**Sinaloakrähe**
*Sinaloa Crow - Cuervo sinaloense*
Davis, LI, 1958
*nw Mexico*

Corvus ossifragus
**Fischkrähe**
*Fish Crow - Cuervo pescador*
Wilson, A, 1812
*e, se USA*

Corvus palmarum
**Palmenkrähe**
*Hispaniolan Palm Crow - Cuervo palmero*
Württemberg, 1835
*Hispaniola*

Corvus minutus
**Kuba-Palmenkrähe**
*Cuban Palm Crow - Cuervo cubano*
Gundlach, 1852
*Kuba*

Corvus jamaicensis
**Jamaikakrähe**
*Jamaican Crow - Cuervo jamaicano*
Gmelin, JF, 1788
*Jamaika*

Corvus nasicus
**Kubakrähe**
*Cuban Crow - Cuervo cubano*
Temminck, 1826
*Kuba und Caicos Is.*

Corvus leucognaphalus
**Antillenkrähe**
*White-necked Crow - Cuervo de La Española*
Daudin, 1800
*Hispaniola, Puerto Rico*

Corvus hawaiiensis
**Hawaiikrähe**
*Hawaiian Crow - Cuervo hawaiano*
Peale, 1849
*Hawaiian Is.*

Corvus corone
**Rabenkrähe**
*Carrion Crow - Corneja negra*
Linnaeus, 1758
*w Europa*

    Corvus corone orientalis
    **Östliche Rabenkrähe**
    Eversmann, 1841
    c, e Asien

Corvus cornix
**Nebelkrähe**
*Hooded Crow - Corneja Cenicienta*
Linnaeus, 1758
*n, e Europa*

    Corvus cornix sharpii
    **Sharps Nebelkrähe**
    Oates, 1889
    Balkans bis w Sibirien, c Asien und n Iran
    Corvus cornix pallescens
    **Ägyptische Nebelkrähe**
    Madarász, G, 1904
    Türkei und Irak bis Ägypten
    Corvus cornix capellanus
    **Sclaters Nebelkrähe**
    Sclater, PL, 1877
    ec Irak bis sw Iran

Corvus torquatus
**Halsbandkrähe**
*Collared Crow - Cuervo acollarado*
Lesson, RP, 1831
*e, c China, n Vietnam*

Corvus macrorhynchos
**Dschungelkrähe**
*Large-billed Crow - Cuervo picudo*
Wagler, 1827
*Himalaya von ne Afghanistan, Indien und Sri Lanka über Russland, Japan, Taiwan bis nach Romang und Sermata (Kleine Sundas)*

    Corvus macrorhynchos japonensis
    **Japan-Dschungelkrähe**
    Bonaparte, 1850
    c, s Sakhalin Insel, Kuril Is. und Japan

Corvus macrorhynchos connectens
**Ryukyu-Dschungelkrähe**
Stresemann, 1916
Ryukyu Is. (sw Japan)

Corvus macrorhynchos osai
**Ogawa-Dschungelkrähe**
Ogawa, 1905
s Ryukyu Is. (sw Japan)

Corvus macrorhynchos mandshuricus
**Mandschuren-Dschungelkrähe**
Buturlin, 1913
e, se Sibirien, n Sakhalin Insel, Koreanische Halbinsel und ne China

Corvus macrorhynchos colonorum
**Hainan-Dschungelkrähe**
Swinhoe, 1864
c, s China, Taiwan, Hainan Insel (vor se China) und n Indochina

Corvus macrorhynchos tibetosinensis
**Tibet-Dschungelkrähe**
Kleinschmidt & Weigold, 1922
Tibet und e Himalaya bis n Myanmar und s China

Corvus macrorhynchos intermedius
**Kleine Dschungelkrähe**
Adams, 1859
Afghanistan und Pakistan über c Himalaya

Corvus levaillantii
## Indochina-Dschungelkrähe
*Eastern Jungle Crow - Cuervo de jungla Indochina*
Lesson, RP, 1831
n Indien bis n Malayische Halbinsel

Corvus culminatus
## Indien-Dschungelkrähe
*Indian Jungle Crow - Cuervo de selva india*
Sykes, 1832
Halbinsel Indien und Sri Lanka

Corvus philippinus
## Philippinen-Dschungelkrähe
*Philippine Jungle Crow - Cuervo de Philipine*
Bonaparte, 1853
Philippinen

Corvus orru
## Torreskrähe
*Torresian Crow - Cuervo de Torres*
Bonaparte, 1850
n Moluccas, Neuguinea und kleine Inseln

Corvus orru latirostris
**Sunda-Salvadorikrähe**
Meyer, AB, 1884
Babar (e Lesser Sundas) und Tanimbar Is. (s Moluccas)

Corvus orru cecilae
**Australische Salvadorikrähe**
Mathews, 1912
Australien (außer s, Tasmanien)

Corvus insularis
## Heinrothkrähe
*Bismarck Crow - Cuervo de las Bismarck*
Heinroth, 1903
New Hanover (=Lavongai), New Ireland, New Britain und kleine Inseln (e Bismarck Archipel)

Corvus bennetti
## Bennettkrähe
*Little Crow - Cuervo de Bennett*
North, 1901
Australien (außer n, s, Tasmanien)

Corvus tasmanicus
## Tasmankrähe
*Forest Raven - Cuervo de Tasmania*
Mathews, 1912
se South Australia, s Victoria, Bass Strait is. und Tasmanien (se Australien)

Corvus tasmanicus boreus
**Sout Waleskrähe**
Rowley, I, 1970
ne New South Wales (e Australien)

Corvus mellori
## Gesellschaftskrähe
*Little Raven - Cuervo de Mellor*
Mathews, 1912
se South Australia bis ne New South Wales und King Insel (w Bass Strait; se Australien)

Corvus coronoides
## Neuhollandkrähe
*Australian Raven - Cuervo australiano*
Vigors & Horsfield, 1827
c, e Australien (außer Cape York Halbinsel und Tasmanien)

Corvus coronoides perplexus
**Mathews Neuhollandkrähe**
Mathews, 1912
sw Western Australia (sw Australien)

Corvus albus
## Schildrabe
*Pied Crow - Cuervo pío*
Müller, PLS, 1776
Mauretanien bis Sudan und Somalia, s bis s Südafrika; Aldabra Gruppe (sw Seychellen), Comoros, Iles Glorieuses (nw Madagascar), Juan de Nova und Europa (w von c, s Madagascar, Mosambik Channel) und Madagascar

Corvus ruficollis
## Wüstenrabe
*Brown-necked Raven - Cuervo desertícola*
Lesson, RP, 1831
n, ne Afrika, Socotra, Arabische Halbinsel bis Kasachstan

Corvus edithae
## Somalirabe
*Somali Crow - Cuervo etíope*
Lort Phillips, 1895
e Eritrea bis e Süd-Sudan und n Kenia über Äthiopien bis Somalia

Corvus corax
## Kolkrabe
*Northern Raven - Cuervo grande*
Linnaeus, 1758
nw Europa über c Europa bis c Sibirien

Corvus corax principalis
**Alaska-Kolkrabe**
Ridgway, 1887
Alaska, Kanada (außer sw), Grönland und n, e USA

Corvus corax sinuatus
**Nordamerikanischer Kolkrabe**
Wagler, 1829
sw Kanada über wc USA bis Mexico und Nicaragua

Corvus corax clarionensis
**Kalifornischer Kolkrabe**
Rothschild & Hartert, EJO, 1902
sw USA und nw Mexico

Corvus corax varius
**Islandkolkrabe**
Brünnich, 1764
Island und Färöer Is.

Corvus corax hispanus
**Iberischer Kolkrabe**
Hartert, EJO & Kleinschmidt, 1901
Iberische Halbinsel, Italien und Mittelmeer Inseln

Corvus corax laurencei
**Griechischer Kolkrabe**
Hume, 1873
Greece, Zypern und Türkei bis w China und n Indien

Corvus corax tingitanus
**Nordafrikanischer Kolkrabe**
Irby, 1874
n Afrika

Corvus corax canariensis
**Kanarischer Kolkrabe**
Hartert, EJO & Kleinschmidt, 1901
Kanarische Is.

Corvus corax tibetanus
**Asiatischer Kolkrabe**
Hodgson, 1849
c Asien

Corvus corax kamtschaticus
**Kamschatkakolkrabe**
Dybowski, 1883
w Mongolei, e Sibirien, ne China, n Japan und nahegelegene Inseln

Corvus cryptoleucus
## Mexikorabe
*Chihuahuan Raven - Cuervo llanero*
Couch, 1854
sw USA bis n Mexico

Corvus rhipidurus
## Borstenrabe
*Fan-tailed Raven - Cuervo colicorto*
Hartert, EJO, 1918
Mali und Niger bis Äthiopien, Somalia und Kenia

Corvus rhipidurus stanleyi
**Stanleys Borstenrabe**
Roselaar, 1993
Sinai Halbinsel, Israel und Jordanien über Saudi-Arabien bis Jemen und Oman

Corvus albicollis
## Geierrabe
*White-necked Raven - Cuervo cuelliblanco*
Latham, 1790
e Demokratische Republik Kongo, Uganda und Kenia bis s Südafrika

Corvus crassirostris
**Erzrabe**
*Thick-billed Raven - Cuervo picogordo*
Rüppell, 1836
*Gebirge Eritrea bis se Sudan über Äthiopien bis nw Somalia*


## Familie: Corcoracidae (Drosselhäher)

### Gattung: Corcorax

Corcorax melanorhamphos
**Drosseltöpferkrähe**
*White-winged Chough - Corvino negro*
Vieillot, 1817
*ec Queensland bis Victoria und extremer se South Australia (e, se Australien)*

Corcorax melanorhamphos whiteae
**Südliche Drosseltöpferkrähe**
Mathews, 1912
*sc, se South Australia in Eyre Pen und Mt. Lofty und Flinders Ranges (s Australien)*

### Gattung: Struthidea

Struthidea cinerea
**Aposteltöpferkrähe**
*Apostlebird - Corvino apóstol*
Gould, 1837
*nc Queensland bis se South Australia, n Victoria (e Australien)*

Struthidea cinerea dalyi
**Nördliche Töpferkrähe**
Mathews, 1923
*n Nortern Territory bis ne Queensland (außer n; nc, ne Australien)*


## Familie: Melampittidae (Glanzflöter)

### Gattung: Melampitta

Melampitta lugubris
**Glanzflöter**
*Lesser Melampitta - Melampita chica*
Schlegel, 1871
*Gebirge Neuguinea*

### Gattung: Megalampitta

Megalampitta gigantea
**Rußflöter**
*Greater Melampitta - Melampita grande*
Rothschild, 1899
*nw, sw, c, nc und se Neuguinea*


## Familie: Ifritidae (Blaukappenflöter)

### Gattung: Ifrita

Ifrita kowaldi
**Blaukappenflöter**
*Blue-capped Ifrit - Ifrita*
De Vis, 1890
*Gebirge w bis se Neuguinea*


## Familie: Paradisaeidae (Paradiesvögel)

### Gattung: Lycocorax

Lycocorax pyrrhopterus
**Molukkenparadieskrähe**
*Halmahera Paradise-crow - Ave del paraíso corvina de Halmahera*
Bonaparte, 1850
*Halmahera, Bacan und Kasiruta (n Moluccas)*

Lycocorax pyrrhopterus morotensis
**Morotaiparadieskrähe**
Schlegel, 1863
*Morotai und Rau Is. (n Moluccas)*

Lycocorax obiensis
**Obiparadieskrähe**
*Obi Paradise-crow - Ave del paraíso corvina de Obi*
Bernstein, 1865
*Bisa und Obi (nc Moluccas)*

### Gattung: Manucodia

Manucodia ater
**Glanzparadieskrähe**
*Glossy-mantled Manucode - Ave del paraíso negra*
Lesson, RP, 1830
*Raja Ampat Is. (nw Neuguinea), Aru Is. (sw Neuguinea) und Neuguinea*

Manucodia alter
**Vanatinaiparadieskrähe**
*Tagula Manucode - Ave del paraíso de Tagula*
Rothschild & Hartert, EJO, 1903
*Tagula (c Louisiade Archipel, e in se Neuguinea)*

Manucodia jobiensis
**Jobiparadieskrähe**
*Jobi Manucode - Ave del paraíso de la Jobi*
Salvadori, 1876
*n Neuguinea*

Manucodia chalybatus
**Stahlparadieskrähe**
*Crinkle-collared Manucode - Ave del paraíso metálica*
Pennant, 1781
*Neuguinea*

Manucodia comrii
**Kräuselparadieskrähe**
*Curl-crested Manucode - Ave del paraíso de Comrie*
Sclater, PL, 1876
*D'Entrecasteaux Archipel und Trobriand Is. (e in se Neuguinea)*

### Gattung: Phonygammus

Phonygammus keraudrenii
**Trompeterparadieskrähe**
*Trumpet Manucode - Ave del paraíso trompetera*
Lesson, RP & Garnot, 1826
*nw, w Neuguinea*

Phonygammus keraudrenii neumanni
**Neumanns Trompeterparadieskrähe**
Reichenow, 1918
*nc, ne Neuguinea*

Phonygammus keraudrenii purpureoviolaceus
**Meyers Trompeterparadieskrähe**
Meyer, AB, 1886
*se Neuguinea*

Phonygammus keraudrenii hunsteini
**Hunsteins Trompeterparadieskrähe**
Sharpe, 1882
*D'Entrecasteaux Archipel (e in ne Neuguinea)*

Phonygammus keraudrenii jamesii
**Jamesis Trompeterparadieskrähe**
Sharpe, 1877
*Aru Is. (sw Neuguinea), s Neuguinea und Saibai und Boigu (n Torres Strait is., ne Australien)*

Phonygammus keraudrenii gouldii
**Goulds Trompeterparadieskrähe**
Gray, GR, 1859
*n Cape York Halbinsel und sw Torres Strait is., ne Queensland (ne Australien)*

### Gattung: Paradigalla

Paradigalla carunculata
**Spitzschwanz-Paradieselster**
*Long-tailed Paradigalla - Ave del paraíso carunculada*
Lesson, RP, 1835
*Arfak Mts. (nw Neuguinea)*

Paradigalla brevicauda
**Kurzschwanz-Paradieselster**
*Short-tailed Paradigalla - Ave del paraíso colicorta*
Rothschild & Hartert, EJO, 1911
*Gebirge w, c Neuguinea*

Gattung: Astrapia

Astrapia nigra
**Fächerparadieselster**
*Arfak Astrapia - Ave del paraíso de las Arfak*
Gmelin, JF, 1788
*Arfak und Tamrau mts. (nw Neuguinea)*

Astrapia splendidissima
**Prachtparadieselster**
*Splendid Astrapia - Ave del paraíso espléndida*
Rothschild, 1895
*Gebirge wc Neuguinea (w Western Range)*

    Astrapia splendidissima helios
    **Mayrs Prachtparadieselster**
    Mayr, 1936
    *Gebirge wc, ec Neuguinea (c Snow Mts. bis Victor Emanuel Mts.)*

Astrapia mayeri
**Schmalschwanz-Paradieselster**
*Ribbon-tailed Astrapia - Ave del paraíso cuelgacintas*
Stonor, 1939
*Gebirge ec Neuguinea*

Astrapia stephaniae
**Stephanieparadieselster**
*Princess Stephanie's Astrapia - Ave del paraíso de Estefanía*
Finsch & Meyer, AB, 1886
*Gebirge sc bis se Neuguinea*

    Astrapia stephaniae feminina
    **Neumanns Stephanieparadieselster**
    Neumann, 1922
    *Gebirge nc Neuguinea*

Astrapia rothschildi
**Rothschildparadieselster**
*Huon Astrapia - Ave del paraíso de Rothschild*
Förster, JFN, 1906
*Gebirge Huon Halbinsel (ne Neuguinea)*

Gattung: Parotia

Parotia sefilata
**Strahlenparadiesvogel**
*Western Parotia - Ave del paraíso de Pennant*
Pennant, 1781
*Gebirge Bird's Head und Wandammen Halbinsel (Bird's Neck; nw Neuguinea)*

Parotia carolae
**Carolaparadiesvogel**
*Queen Carola's Parotia - Ave del paraíso de Carola*
Meyer, AB, 1894
*Gebirge sw Neuguinea*

    Parotia carolae chalcothorax
    **Westlicher Carolaparadiesvogel**
    Stresemann, 1934
    n Western Range (wc Neuguinea)
    Parotia carolae meeki
    **Snow-Carolaparadiesvogel**
    Rothschild, 1910
    Snow Mts. bis Victor Emanuel Mts. (c Neuguinea)
    Parotia carolae chrysenia
    **Nördlicher Carolaparadiesvogel**
    Stresemann, 1934
    Gebirge c, ec Neuguinea

Parotia berlepschi
**Berlepschparadiesvogel**
*Bronze Parotia - Ave del paraíso de Berlepsch*
Kleinschmidt, 1897
*Foja Mts. (nc Neuguinea)*

Parotia lawesii
**Blaunacken-Paradiesvogel**
*Lawes's Parotia - Ave del paraíso de Lawes*
Ramsay, EP, 1885
*Gebirge e, se Neuguinea*

Parotia helenae
**Helenaparadiesvogel**
*Eastern Parotia - Ave-del-paraíso de Helena*
De Vis, 1897
*Gebirge se Neuguinea*

Parotia wahnesi
**Wahnesparadiesvogel**
*Wahnes's Parotia - Ave del paraíso de Wahnes*
Rothschild, 1906
*Gebirge Adelbert Range und Huon Halbinsel (ne Neuguinea)*

Gattung: Pteridophora

Pteridophora alberti
**Wimpelträger-Paradiesvogel**
*King of Saxony Bird-of-paradise - Ave del paraíso de Alberto*
Meyer, AB, 1894
*c Neuguinea*

Gattung: Lophorina

Lophorina superba
**Pracht-Kragenparadiesvogel**
*Vogelkop Lophorina - Ave del paraíso soberbia mayor*
Pennant, 1781
*Kobowre (=Weyland Range, wc Neuguinea) bis Yuat-Strickland Rivers Divide (ec Neuguinea)*

    Lophorina superba niedda
    **Wondiwoi-Pracht-Kragenparadiesvogel**
    Mayr, 1930
    Gebirge Wandammen (Wondiwoi) Halbinsel (Bird's Neck, nw Neuguinea)

Lophorina latipennis
**Rotschilds Kragenparadiesvogel**
*Greater Superb Bird-of-paradise - Ave del paraíso soberbia grande*
Rothschild, 1907
*Adelbert Range, Gebirge Huon Halbinsel und Herzog Range (ne Neuguinea)*

    Lophorina latipennis feminina
    **Kobowre-Kragenparadiesvogel**
    Ogilvie-Grant, 1915
    w-Neuguinea, von den Kobowre-Bergen (West-Papua, Indonesien) bis Yuat-Strickland
    Rivers Divide (w-Papua-Neuguinea)
    Lophorina latipennis addenda
    **Yuat-Pracht-Kragenparadiesvogel**
    Iredale, 1948
    Yuat-Strickland Rivers Divide (ec Neuguinea) bis se Neuguinea

Lophorina minor
**Ramsay-Kragenparadiesvogel**
*Lesser Lophorina - Ave del paraíso soberbia menor*
Ramsay, EP, 1885
*se Neuguinea (Wharton und Owen Stanley Ranges, Papuan Halbinsel, Papua Neuguinea)*

Gattung: Ptiloris

Ptiloris paradiseus
**Schildparadiesvogel**
*Paradise Riflebird - Ave del paraíso festoneada*
Swainson, 1825
*se Queensland bis ec New South Wales (e Australien)*

Ptiloris victoriae
**Victoriaparadiesvogel**
*Victoria's Riflebird - Ave del paraíso de Victoria*
Gould, 1850
*se Cape York Halbinsel, ne Queensland (ne Australien)*

Ptiloris magnificus
**Prachtparadiesvogel**
*Magnificent Riflebird - Ave del paraíso goliazul*
Vieillot, 1819
*w, c Neuguinea*

    Ptiloris magnificus alberti
    **Elliots Prachtparadiesvogel**
    Elliot, DG, 1871
    n Cape York Halbinsel, ne Queensland (ne Australien)

Ptiloris intercedens
**Adelbertparadiesvogel**
*Growling Riflebird - Ave del paraíso gruñidora*
Sharpe, 1882
*e Neuguinea*

Gattung: Epimachus

Epimachus fastosus
**Schwarzbauch-Paradieshopf**
*Black Sicklebill - Ave del paraíso fastuosa*
Hermann, 1783
*Gebirge wc bis sc Neuguinea und nw, nc Küste*

Epimachus meyeri
**Braunbauch-Paradieshopf**
*Brown Sicklebill - Ave del paraíso de Meyer*
Finsch & Meyer, AB, 1886
*Gebirge wc bis se Neuguinea*

Gattung: Drepanornis

Drepanornis albertisi
**Schwarzschnabel-Paradieshopf**
*Black-billed Sicklebill - Ave del paraíso de Albertis*
Sclater, PL, 1873
*Bird's Head und Neck (nw Neuguinea)*

Drepanornis albertisi cervinicauda
**Sclaters Schwarzschnabel-Paradieshop**
Sclater, PL, 1884
c, se Neuguinea
Drepanornis albertisi geisleri
**Geislers Schwarzschnabel-Paradieshop**
Meyer, AB, 1893
Huon Halbinsel (ne Neuguinea)

Drepanornis bruijnii
**Weißschnabel-Paradieshopf**
*Pale-billed Sicklebill - Ave del paraíso piquiblanca*
Oustalet, 1879
nc Neuguinea

Gattung: Diphyllodes

Diphyllodes magnificus
**Sichelschwanz-Paradiesvogel**
*Magnificent Bird-of-paradise - Ave del paraíso magnífica*
Pennant, 1781
*Salawati (Raja Ampat Is., nw Neuguinea) und Bird's Head und Neck (nw Neuguinea)*

Diphyllodes magnificus chrysopterus
**Elliot-Sichelschwanz-Paradiesvogel**
Elliot, DG, 1873
Yapen (Geelvink Bay is., nw Neuguinea) und w, c Neuguinea
Diphyllodes magnificus hunsteini
**Hunstein-Sichelschwanz-Paradiesvogel**
Meyer, AB, 1886
e, se Neuguinea

Diphyllodes respublica
**Nacktkopf-Paradiesvogel**
*Wilson's Bird-of-paradise - Ave del paraíso republicana*
Bonaparte, 1850
Waigeo und Batanta (Raja Ampat Is., nw Neuguinea)

Gattung: Cicinnurus

Cicinnurus regius
**Königsparadiesvogel**
*King Bird-of-paradise - Ave del paraíso real*
Linnaeus, 1758
Raja Ampat Is. (nw Neuguinea), s Neuguinea und Aru Is. (sw Neuguinea)

Cicinnurus regius coccineifrons
**Yapen-Königsparadiesvogel**
Rothschild, 1896
Yapen (Geelvink Bay is., nw Neuguinea) und n, c, e Neuguinea

Gattung: Semioptera

Semioptera wallacii
**Bänderparadiesvogel**
*Standardwing - Ave del paraíso de Wallace*
Gray, GR, 1859
Bacan und Kasiruta (n Moluccas)

Semioptera wallacii halmaherae
**Halmahera-Bänderparadiesvogel**
Salvadori, 1881
Halmahera (n Moluccas)

Gattung: Seleucidis

Seleucidis melanoleucus
**Fadenparadiesvogel**
*Twelve-wired Bird-of-paradise - Ave del paraíso filamentosa*
Daudin, 1800
*Salawati (Raja Ampat Is., nw Neuguinea) und Neuguinea*

Gattung: Paradisaea

Paradisaea apoda
**Großparadiesvogel**
*Greater Bird-of-paradise - Ave del paraíso esmeralda grande*
Linnaeus, 1758
s Neuguinea und Aru Is. (sw Neuguinea)

Paradisaea raggiana
**Raggiparadiesvogel**
*Raggiana Bird-of-paradise - Ave del paraíso de Raggi*
Sclater, PL, 1873
e in se Neuguinea

Paradisaea raggiana salvadorii
**Salvadoris Raggiparadiesvogel**
Mayr & Rand, 1935
sc, w in se Neuguinea
Paradisaea raggiana intermedia
**Kleiner Raggiparadiesvogel**
De Vis, 1894
nc Küste se Neuguinea
Paradisaea raggiana augustaevictoriae
**Cabanis-Raggiparadiesvogel**
Cabanis, 1888
ne Neuguinea

Paradisaea minor
**Kleinparadiesvogel**
*Lesser Bird-of-paradise - Ave del paraíso esmeralda chica*
Shaw, 1809
Misool (Raja Ampat Is., nw Neuguinea), Bird's Head und Neck (nw Neuguinea) und n Neuguinea

Paradisaea minor jobiensis
**Yapen-Kleinparadiesvogel**
Rothschild, 1897
Yapen (Geelvink Bay is., nw Neuguinea)

Paradisaea decora
**Lavendelparadiesvogel**
*Goldie's Bird-of-paradise - Ave del paraíso de Goldie*
Salvin & Godman, 1883
Fergusson und Normanby (D'Entrecasteaux Archipel, e in se Neuguinea)

Paradisaea rubra
**Rotparadiesvogel**
*Red Bird-of-paradise - Ave del paraíso roja*
Daudin, 1800
Waigeo, Gam und Saonek (s Waigeo) und Batanta (Raja Ampat Is., nw Neuguinea)

Paradisaea guilielmi
**Kaiserparadiesvogel**
*Emperor Bird-of-paradise - Ave del paraíso imperial*
Cabanis, 1888
Huon Halbinsel (ne Neuguinea)

Gattung: Paradisornis

Paradisornis rudolphi
**Blauparadiesvogel**
*Blue Bird-of-paradise - Ave del paraíso azul*
Finsch & Meyer, AB, 1886
se Neuguinea

Paradisornis rudolphi margaritae
**Margaritas Blauparadiesvogel**
Mayr & Gilliard, 1951
ec Neuguinea

**Familie: Petroicidae (Australasien-Schnäpper)**

Gattung: Amalocichla

Amalocichla incerta
**Zwergpittaschnäpper**
*Lesser Ground Robin - Petroica terrestre chica*
Salvadori, 1876
Arfak Mts., Bird's Head (nw Neuguinea)

Amalocichla incerta brevicauda
**New Guinnea-Zwergpittaschnäpper**
De Vis, 1894
Gebirge wc bis se Neuguinea

Amalocichla sclateriana
**Nebelpittaschnäpper**
*Greater Ground Robin - Petroica terrestre grande*
De Vis, 1892
Gebirge se Neuguinea

    Amalocichla sclateriana occidentalis
    **Rands Nebelpittaschnäpper**
    Rand, 1940
    Gebirge c Neuguinea

Gattung: Pachycephalopsis

Pachycephalopsis hattamensis
**Grünrücken-Dickichtschnäpper**
*Green-backed Robin - Petroica dorsiverde*
Meyer, AB, 1874
Gebirge nw und wc Neuguinea

    Pachycephalopsis hattamensis ernesti
    **Wandammen-Grünrücken-Dickichtschnäpper**
    Hartert, EJO, 1930
    Wandammen Mts. (w Neuguinea)
    Pachycephalopsis hattamensis insularis
    **Yapen-Grünrücken-Dickichtschnäpper**
    Diamond, 1985
    Gebirge Yapen (Geelvink Bay is., nw Neuguinea)
    Pachycephalopsis hattamensis lecroyae
    **Sisa-Grünrücken-Dickichtschnäpper**
    Boles, 1989
    Magidobo, Mt. Sisa (ec Neuguinea)

Pachycephalopsis poliosoma
**Weißaugen-Dickichtschnäpper**
*White-eyed Robin - Petroica ojiblanca*
Sharpe, 1882
se Neuguinea

    Pachycephalopsis poliosoma approximans
    **Grants Weißaugen-Dickichtschnäpper**
    Ogilvie-Grant, 1911
    w, c Neuguinea
    Pachycephalopsis poliosoma hunsteini
    **Neumanns Weißaugen-Dickichtschnäpper**
    Neumann, 1922
    c, ec Neuguinea
    Pachycephalopsis poliosoma hypopolia
    **Salvadoris Weißaugen-Dickichtschnäpper**
    Salvadori, 1899
    Gebirge Adelbert Range und Huon Halbinsel (ne Neuguinea)

Gattung: Eugerygone

Eugerygone rubra
**Granatschnäpper**
*Garnet Robin - Petroica granate*
Sharpe, 1879
Gebirge Neuguinea

Gattung: Petroica

Petroica macrocephala
**Maorischnäpper**
*Tomtit - Petroica carbonera*
Gmelin, JF, 1789
South und Stewart is. und kleine Inseln (Neuseeland)

    Petroica macrocephala toitoi
    **Toitoischnäpper**
    Lesson, RP & Garnot, 1828
    Nordinsel und kleine Inseln (Neuseeland)
    Petroica macrocephala dannefaerdi
    **Snaresschnäpper**
    Rothschild, 1894
    Snares Is. (S Südinsel, Neuseeland)
    Petroica macrocephala chathamensis
    **Chatham-Marioschnäpper**
    Fleming, CA, 1950
    Chatham Is. (e Südinsel, New Zealand)
    Petroica macrocephala marrineri
    **Aucklandschnäpper**
    Mathews & Iredale, 1913
    Auckland Is. (S Südinsel, Neuseeland)

Petroica traversi
**Chathamschnäpper**
*Black Robin - Petroica de las Chatham*
Buller, 1872
Mangere und South East is. (Chatham Is., e Südinsel, New Zealand)

Petroica longipes
**Nordinselschnäpper**
*North Island Robin - Petroica de Isla Norte*
Lesson, RP & Garnot, 1827
Nordinsel und kleine Inseln (Neuseeland)

Petroica australis
**Südinselschnäpper**
*South Island Robin - Petroica de Isla Sur*
Sparrman, 1788
Südinsel und kleine Inseln (Neuseeland)

    Petroica australis rakiura
    **Stewartschnäpper**
    Fleming, CA, 1950
    Stewart Insel und kleine Inseln (Neuseeland)

Petroica bivittata
**Bergwaldschnäpper**
*Mountain Robin - Petroica montañesa*
De Vis, 1897
Gebirge ec und se Neuguinea

    Petroica bivittata caudata
    **Rands Bergwaldschnäpper**
    Rand, 1940
    Gebirge wc Neuguinea

Petroica archboldi
**Felsenschnäpper**
*Snow Mountain Robin - Petroica roquera*
Rand, 1940
Gebirge wc Neuguinea

Petroica multicolor
**Norfolk-Scharlachschnäpper**
*Norfolk Robin - Petroica de la Norfolk*
Gmelin, JF, 1789
Norfolk Insel (e Australien)

Petroica goodenovii
**Rotstirnschnäpper**
*Red-capped Robin - Petroica frentirroja*
Vigors & Horsfield, 1827
Inland Australien

Petroica polymorpha
**Salomonenschnäpper**
*Solomons Robin - Petroica de Salomon*
Mayr, 1934
San Cristóbal (=Makira, se Solomon Is.)

    Petroica polymorpha septentrionalis
    **Bougainville-Salomonenschnäpper**
    Mayr, 1934
    Gebirge Bougainville (n Solomon Is.)
    Petroica polymorpha kulambangrae
    **Kolonbangara-Salomonenschnäpper**
    Mayr, 1934
    Gebirge Kolombangara (wc Solomon Is.)
    Petroica polymorpha dennisi
    **Guadacanal-Salomonenschnäpper**
    Cain & Galbraith, ICJ, 1955
    Gebirge Guadalcanal (s Solomon Is.)

Petroica pusilla
**Pazifikscharlachschnäpper**
*Pacific Robin - Petroica del Pacífico*
Peale, 1849
Savaii und Upolu (w Samoa, c Polynesien)

    Petroica pusilla soror
    **Vanua Lava-Pazifikscharlachschnäpper**
    Mayr, 1934
    Vanua Lava (Banks Is., n Vanuatu)
    Petroica pusilla ambrynensis
    **Mere-Pazifikscharlachschnäpper**
    Sharpe, 1900
    Gaua und Mere Lava (s Banks Is., n Vanuatu) und Santo bis Epi und kleine Inseln (n, c Vanuatu)
    Petroica pusilla feminina
    **Emae-Pazifikscharlachschnäpper**
    Mayr, 1934
    Emae, Efate und kleine Inseln (c Vanuatu)
    Petroica pusilla cognata
    **Erromango-Pazifikscharlachschnäpper**
    Mayr, 1938
    Erromango (sc Vanuatu)
    Petroica pusilla tannensis
    **Tanna-Pazifikscharlachschnäpper**
    Kearns & Omland, 2015
    Tanna (s Vanuatu)

Petroica pusilla similis
**Aneityum-Pazifikscharlachschnäpper**
Gray, GR, 1860
Aneityum (s Vanuatu)
Petroica pusilla kleinschmidti
**Viti Levu-Pazifikscharlachschnäpper**
Finsch, 1876
Viti Levu und Vanua Levu (w, nc Fiji, sw Polynesien)
Petroica pusilla taveunensis
**Taveuni-Pazifikscharlachschnäpper**
Holyoak, 1979
Taveuni (ne Fiji, sw Polynesien)
Petroica pusilla becki
**Kadavu-Pazifikscharlachschnäpper**
Mayr, 1934
Kadavu (sw Fiji, sw Polynesien)

Petroica rosea
## Rosenschnäpper
*Rose Robin - Petroica rosada*
Gould, 1840
*Victoria bis se Queensland (se Australien)*

Petroica rodinogaster
## Rosaschnäpper
*Pink Robin - Petroica encarnada*
Drapiez, 1819
*Tasmanien und Bass Strait is. (se Australien)*

Petroica rodinogaster inexpectata
**Victoria-Rosaschnäpper**
Mathews, 1912
Victoria und se New South Wales (se Australien)

Petroica phoenicea
## Flammenbrustschnäpper
*Flame Robin - Petroica flamígera*
Gould, 1837
*se South Australia bis se Queensland und Tasmanien (se Australien)*

Petroica boodang
## Australscharlachschnäpper
*Scarlet Robin - Petroica escarlata*
Lesson, RP, 1837
*se South Australia bis se Queensland (se Australien)*

Petroica boodang leggii
**Tasmanienscharlachschnäpper**
Sharpe, 1879
e Tasmanien und Flinders Insel (Furneaux Gruppe, e Bass Strait, se Australien)
Petroica boodang campbelli
**Campbells Australscharlachschnäpper**
Sharpe, 1898
sw Western Australia (sw Australien)



Devioeca papuana
## Papuaschnäpper
*Canary Flyrobin - Petroica papú*
Meyer, AB, 1875
*Gebirge Neuguinea*



Kempiella flavovirescens
## Aruschnäpper
*Olive Flyrobin - Petroica olivácea*
Gray, GR, 1858
*Raja Ampat Is. (nw Neuguinea), Aru Is. (sw Neuguinea), Yapen (Geelvink Bay is., nw Neuguinea) und Neuguinea*

Kempiella griseoceps
## Gelbfußschnäpper
*Yellow-legged Flyrobin - Petroica patigualda*
De Vis, 1894
*s, se Neuguinea*

Kempiella griseoceps occidentalis
**Westlicher Gelbfußschnäpper**
Rothschild & Hartert, EJO, 1903
nw bis nc Neuguinea
Kempiella griseoceps kempi
**Kemps Gelbfußschnäpper**
Mathews, 1913
n Cape York Halbinsel (ne Australien)



Cryptomicroeca flaviventris
## Gelbbauchschnäpper
*Yellow-bellied Flyrobin - Petroica ventrigualda*
Sharpe, 1903
*Grande Terre und Ile des Pins (New Caledonia)*



Monachella muelleriana
## Uferschnäpper
*Torrent Flyrobin - Petroica torrentera de Nueva Guinea*
Schlegel, 1871
*Neuguinea*

Monachella muelleriana coultasi
**Mayrs Uferschnäpper**
Mayr, 1934
e New Britain (se Bismarck Archipel)



Microeca hemixantha
## Tanimbarschnäpper
*Golden-bellied Flyrobin - Petroica de las Tanimbar*
Sclater, PL, 1883
*Tanimbar Is. (s Moluccas)*

Microeca flavigaster
## Limonenbauchschnäpper
*Lemon-bellied Flyrobin - Petroica limón*
Gould, 1843
*ne Western Australia bis nw Queensland (nc Australien)*

Microeca flavigaster laeta
**Salvadoris Limonenbauchschnäpper**
Salvadori, 1878
nc Neuguinea
Microeca flavigaster tarara
**Tararaschnäpper**
Rand, 1940
s Neuguinea bis w in se Neuguinea
Microeca flavigaster flavissima
**Capeyork-Limonenbauchschnäpper**
Schodde & Mason, IJ, 1999
se Neuguinea und Cape York Halbinsel, ne Queensland (ne Australien)
Microeca flavigaster laetissima
**Queensland-Limonenbauchschnäpper**
Rothschild, 1916
ec Queensland (ne Australien)
Microeca flavigaster tormenti
**Tormentschnäpper**
Mathews, 1916
Küste ne Western Australia (nw Australien)

Microeca fascinans
## Weißschwanzschnäpper
*Jacky Winter - Petroica fascinante*
Latham, 1801
*se South Australia bis ec Queensland (e, se Australien)*

Microeca fascinans zimmeri
**Zimmers Weißschwanzschnäpper**
Mayr & Rand, 1935
Port Moresby se Neuguinea
Microeca fascinans pallida
**Nördlicher Weißschwanzschnäpper**
De Vis, 1885
ne Western Australia bis w Queensland (n, c Australien)
Microeca fascinans assimilis
**Südlicher Weißschwanzschnäpper**
Gould, 1841
sc Western Australia bis s Nortern Territory und sw New South Wales (sw, c, s Australien)



Drymodes beccarii
## Papuadrosselschnäpper
*Papuan Scrub Robin - Petroica matorralera papú*
Salvadori, 1876
*Aru Is. (sw Neuguinea) und w, s, se Neuguinea*

Drymodes beccarii nigriceps
**Rands Papuadrosselschnäpper**
Rand, 1940
nc, c Neuguinea

Drymodes superciliaris
**Yorkdrosselschnäpper**
*Northern Scrub Robin - Petroica matorralera norteña*
Gould, 1850
ne Cape York Halbinsel (ne Australien)

Drymodes brunneopygia
**Eukalyptusdrosselschnäpper**
*Southern Scrub Robin - Petroica matorralera sureña*
Gould, 1841
sw Western Australia bis c New South Wales und w Victoria (s Australien)

## Gattung: Heteromyias

Heteromyias albispecularis
**Graukopf-Farnschnäpper**
*Ashy Robin - Petroica ceniza*
Salvadori, 1876
Gebirge Bird's Head und Neck (nw Neuguinea)

Heteromyias armiti
**Schwarzscheitel-Farnschnäpper**
*Black-capped Robin - Petroica cabecinegra*
De Vis, 1894
Gebirge Adelbert Range und Huon Halbinsel (ne Neuguinea)

    Heteromyias armiti rothschildi
    **Rothschilds Schwarzscheitel-Farnschnäpper**
    Hartert, EJO, 1930
    Gebirge wc bis ec Neuguinea

Heteromyias cinereifrons
**Graustirn-Farnschnäpper**
*Grey-headed Robin - Petroica cabecigrís*
Ramsay, EP, 1876
ec Queensland (ne Australien)

## Gattung: Plesiodryas

Plesiodryas albonotata
**Schwarzkehlschnäpper**
*Black-throated Robin - Petroica gorjinegra*
Salvadori, 1875
Gebirge Bird's Head (nw Neuguinea)

    Plesiodryas albonotata griseiventris
    **Rotschilds Schwarzkehlschnäpper**
    Rothschild & Hartert, EJO, 1913
    Gebirge wc bis ec Neuguinea
    Plesiodryas albonotata correcta
    **Harters Schwarzkehlschnäpper**
    Hartert, EJO, 1930
    Gebirge Huon Halbinsel (ne Neuguinea) und se Neuguinea

## Gattung: Leucophantes

Leucophantes brachyura
**Schwarzkinnschnäpper**
*Black-chinned Robin - Petroica barbinegra*
Sclater, PL, 1874
Bird's Head und Neck (nw Neuguinea) und sw in nw Neuguinea

    Leucophantes brachyura albotaeniata
    **Yapen-Schwarzkinnschnäpper**
    Meyer, AB, 1874
    Yapen (Geelvink Bay Is., nw Neuguinea) und wnc Neuguinea
    Leucophantes brachyura dumasi
    **Dumas-Schwarzkinnschnäpper**
    Ogilvie-Grant, 1915
    en Neuguinea

## Gattung: Poecilodryas

Poecilodryas hypoleuca
**Boaschnäpper**
*Black-sided Robin - Petroica flanquinegra*
Gray, GR, 1859
Misool und Salawati (Raja Ampat Is., nw Neuguinea), Bird's Head und Neck (nw Neuguinea), bis se Neuguinea

    Poecilodryas hypoleuca steini
    **Steins Boaschnäpper**
    Stresemann & Paludan, 1932
    Waigeo (Raja Ampat Is., nw Neuguinea)
    Poecilodryas hypoleuca hermani
    **Hermans Boaschnäpper**
    Madarász, G, 1894
    n Neuguinea

Poecilodryas superciliosa
**Augenstreifschnäpper**
*White-browed Robin - Petroica cejuda*
Gould, 1847
n und ne Queensland (ne Australien)

Poecilodryas cerviniventris
**Isabellflankenschnäpper**
*Buff-sided Robin - Petroica ventricanela*
Gould, 1858
n Western Australia bis nw Queensland (nw, nc Australien)

## Gattung: Melanodryas

Melanodryas cucullata
**Schwarzkopfschnäpper**
*Hooded Robin - Petroica encapuchada*
Latham, 1801
se South Australia bis se Queensland (se Australien)

    † Melanodryas cucullata melvillensis
    **Melville-Schwarzkopfschnäpper**
    Zietz, FR, 1914
    Bathurst und Melville (Tiwi Is., n Nortern Territory, n Australien)
    Melanodryas cucullata picata
    **Goulds Schwarzkopfschnäpper**
    Gould, 1865
    n Nortern Territory bis nw New South Wales (n bis ec Australien)
    Melanodryas cucullata westralensis
    **Südlicher Schwarzkopfschnäpper**
    Mathews, 1912
    Western Australia (außer n) bis ec South Australia (sw bis sc Australien)

Melanodryas vittata
**Tasmanschnäpper**
*Dusky Robin - Petroica de Tasmania*
Quoy & Gaimard, 1832
Tasmanien und Furneaux Gruppe (e Bass Strait, se Australien)

    Melanodryas vittata kingi
    **Kingschnäpper**
    Mathews, 1914
    King Insel (w Bass Strait, se Australien)

## Gattung: Peneothello

Peneothello sigillata
**Spiegeldickichtschnäpper**
*White-winged Robin - Petroica aliblanca*
De Vis, 1890
Gebirge ec bis se Neuguinea

    Peneothello sigillata saruwagedi
    **Nördlicher Spiegeldickichtschnäpper**
    Mayr, 1931
    Gebirge Huon Halbinsel (ne Neuguinea)
    Peneothello sigillata quadrimaculata
    **Westlicher Spiegeldickichtschnäpper**
    van Oort, 1910
    Gebirge wc Neuguinea

Peneothello cryptoleuca
**Rußdickichtschnäpper**
*Smoky Robin - Petroica sombría*
Hartert, EJO, 1930
Gebirge Bird's Head und Foja Mts. (nw Neuguinea)

    Peneothello cryptoleuca albidior
    **Rotschilds Rußdickichtschnäpper**
    Rothschild, 1931
    Gebirge wc Neuguinea
    Peneothello cryptoleuca maxima
    **Riesen-Rußdickichtschnäpper**
    Diamond, 1985
    Kumawa Mts. (sw Bird's Neck, nw Neuguinea)

Peneothello cyanus
**Schieferdickichtschnäpper**
*Slaty Robin - Petroica azulada*
Salvadori, 1874
Gebirge Bird's Head (nw Neuguinea)

    Peneothello cyanus atricapilla
    **Harters Schieferdickichtschnäpper**
    Hartert, EJO & Paludan, 1934
    Gebirge c, n Neuguinea
    Peneothello cyanus subcyanea
    **De Vis-Schieferdickichtschnäpper**
    De Vis, 1897
    Gebirge ec bis se Neuguinea

Peneothello bimaculata
**Weißbürzel-Dickichtschnäpper**
*White-rumped Robin - Petroica culiblanca*
Salvadori, 1874
*Yapen (Geelvink Bay is., nw Neuguinea) und w, c, se Neuguinea*

Peneothello bimaculata vicaria
**Neuguinea-Weißbürzel-Dickichtschnäpper**
De Vis, 1892
*Gebirge Adelbert Range und Huon Halbinsel (ne Neuguinea) bis se Neuguinea*

Peneothello pulverulenta
**Mangroveschnäpper**
*Mangrove Robin - Petroica de manglar*
Bonaparte, 1850
*Küste und Flachland Neuguinea*

Peneothello pulverulenta leucura
**Aru-Mangroveschnäpper**
Gould, 1869
*Aru Is. (sw Neuguinea) und Küste Queensland (ne Australien)*

Peneothello pulverulenta alligator
**Alligator-Mangroveschnäpper**
Mathews, 1912
*n Top End, Nortern Territory und kleine Inseln (Küste nc Australien)*

Peneothello pulverulenta cinereiceps
**Harters Mangroveschnäpper**
Hartert, EJO, 1905
*wc bis ne Western Australia (Küste nw Australien)*

## Gattung: Gennaeodryas

Gennaeodryas placens
**Olivbandschnäpper**
*Banded Yellow Robin - Petroica bandeada*
Ramsay, EP, 1879
*Batanta (Raja Ampat Is., nw Neuguinea) und Bird's Neck, Weyland und Adelbert mts., Eastern Range, se Neuguinea*

## Gattung: Eopsaltria

Eopsaltria australis
**Goldbauchschnäpper**
*Eastern Yellow Robin - Petroica amarilla*
Shaw, 1790
*sc Queensland bis Victoria und se South Australia (ec bis se Australien)*

Eopsaltria australis chrysorrhos
**Nördlicher Goldbauchschnäpper**
Gould, 1869
*ec Queensland bis ne New South Wales (ec Australien)*

Eopsaltria griseogularis
**Graumantelschnäpper**
*Western Yellow Robin - Petroica pechigrís*
Gould, 1838
*sw Western Australia (sw Australien)*

Eopsaltria griseogularis rosinae
**Rosina-Graumantelschnäpper**
Mathews, 1912
*sc South Australia (sc Australien)*

## Gattung: Quoyornis

Quoyornis georgianus
**Weißbrustschnäpper**
*White-breasted Robin - Petroica pechiblanca*
Quoy & Gaimard, 1832
*sw Western Australia (sw Australien)*

## Gattung: Tregellasia

Tregellasia capito
**Graugesichtschnäpper**
*Pale-yellow Robin - Petroica amarillenta*
Gould, 1854
*se Queensland bis ec New South Wales (e Australien)*

Tregellasia capito nana
**Kleiner Fahlgesichtschnäpper**
Ramsay, EP, 1878
*ec Queensland (ne Australien)*

Tregellasia leucops
**Weißgesichtschnäpper**
*White-faced Robin - Petroica cariblanca*
Salvadori, 1876
*Bird's Head und Neck (nw Neuguinea)*

Tregellasia leucops mayri
**Mayrs Weißgesichtschnäpper**
Hartert, EJO, 1930
*Wandammen bis Weyland Mts. (w Neuguinea)*

Tregellasia leucops heurni
**Heums Weißgesichtschnäpper**
Hartert, EJO, 1932
*c, e in n Western Range (wc Neuguinea)*

Tregellasia leucops nigroorbitalis
**Nassau-Weißgesichtschnäpper**
Rothschild & Hartert, EJO, 1913
*Fakfak und Kumawa mts. und s Western Range (wc Neuguinea)*

Tregellasia leucops nigriceps
**Neumanns Weißgesichtschnäpper**
Neumann, 1922
*c Neuguinea*

Tregellasia leucops melanogenys
**Meyers Weißgesichtschnäpper**
Meyer, AB, 1893
*Cyclops Mts. bis Huon Halbinsel mts. (n, ne Neuguinea)*

Tregellasia leucops wahgiensis
**Waigeo-Weißgesichtschnäpper**
Mayr & Gilliard, 1952
*ec Neuguinea*

Tregellasia leucops albifacies
**Sharps Weißgesichtschnäpper**
Sharpe, 1882
*se Neuguinea*

Tregellasia leucops auricularis
**Rands Weißgesichtschnäpper**
Mayr & Rand, 1935
*Trans-Fly (sc Neuguinea)*

Tregellasia leucops albigularis
**Harters Weißgesichtschnäpper**
Rothschild & Hartert, EJO, 1907
*ne Cape York Halbinsel (ne Australien)*

## Familie: Picathartidae (Felshüpfer)

### Gattung: Picathartes

Picathartes gymnocephalus
**Gelbkopf-Felsenhüpfer**
*White-necked Rockfowl - Picatartes cuelliblanco*
Temminck, 1825
*s Guinea und Sierra Leone bis Ghana*

Picathartes oreas
**Buntkopf-Felsenhüpfer**
*Grey-necked Rockfowl - Picatartes cuelligrís*
Reichenow, 1899
*s Nigeria und Kamerun bis Gabun und nw Kongo*

## Familie: Chaetopidae (Felsenspringer)

### Gattung: Chaetops

Chaetops frenatus
**Kapfelsenspringer**
*Cape Rockjumper - Saltarrocas de El Cabo*
Temminck, 1826
*w Südafrika*

Chaetops aurantius
**Orangebrust-Felsenspringer**
*Drakensberg Rockjumper - Saltarrocas del Drakensberg*
Layard, EL, 1867
*e Südafrika*

## Familie: Eupetidae (Rallenflöter)

### Gattung: Eupetes

Eupetes macrocerus
**Rallenflöter**
*Rail-babbler - Zordala colilarga*
Temminck, 1831
*Malayische Halbinsel, Sumatra und n Natuna Is. (nw Borneo)*

Eupetes macrocerus borneensis
**Borneo-Rallenflöter**
Robinson & Kloss, 1921
*n Borneo*

## Familie: Bombycillidae (Seidenschwänze)

### Gattung: Bombycilla

Bombycilla garrulus
**Seidenschwanz**
*Bohemian Waxwing - Ampelis europeo*
Linnaeus, 1758
n Europa und n Asien

Bombycilla garrulus pallidiceps
**Amerikanischer Seidenschwanz**
Reichenow, 1908
w Kanada und n, w USA

Bombycilla japonica
**Blutseidenschwanz**
*Japanese Waxwing - Ampelis japonés*
Siebold, 1824
e Asien

Bombycilla cedrorum
**Zedernseidenschwanz**
*Cedar Waxwing - Ampelis americano*
Vieillot, 1808
Kanada bis Venezuela und Kolumbien

## Familie: Ptiliogonatidae (Seidenschnäpper)

### Gattung: Phainoptila

Phainoptila melanoxantha
**Gelbflanken-Seidenschnäpper**
*Black-and-yellow Phainoptila - Capulinero negrigualdo*
Salvin, 1877
se Costa Rica und w Panama

Phainoptila melanoxantha parkeri
**Parkers Gelbflanken-Seidenschnäpper**
Barrantes & Sánchez, JE, 2000
n Costa Rica

### Gattung: Ptiliogonys

Ptiliogonys cinereus
**Grauseidenschnäpper**
*Grey Silky-flycatcher - Capulinero gris*
Swainson, 1827
c, e Mexico

Ptiliogonys cinereus otofuscus
**Nördlicher Grauseidenschnäpper**
Moore, RT, 1935
nw Mexico
Ptiliogonys cinereus pallescens
**Westlicher Grauseidenschnäpper**
Griscom, 1934
sw Mexico
Ptiliogonys cinereus molybdophanes
**Südlicher Grauseidenschnäpper**
Ridgway, 1887
s Mexico und w Guatemala

Ptiliogonys caudatus
**Langschwanz-Seidenschnäpper**
*Long-tailed Silky-flycatcher - Capulinero colilargo*
Cabanis, 1861
Costa Rica und Panama

### Gattung: Phainopepla

Phainopepla nitens
**Trauerseidenschnäpper**
*Phainopepla - Capulinero negro*
Swainson, 1838
s Texas (s USA) bis nc Mexico

Phainopepla nitens lepida
**Tynes Trauerseidenschnäpper**
Van Tyne, 1925
sw USA  und nw Mexico

## Familie: Hypocoliidae (Seidenwürger)

### Gattung: Hypocolius

Hypocolius ampelinus
**Seidenwürger**
*Grey Hypocolius - Hipocolio*
Bonaparte, 1850
Irak, s Iran, s Turkmenistan und s Afghanistan, bis Arabische Halbinsel, s Pakistan und w Indien

## Familie: Dulidae (Palmschwätzer)

### Gattung: Dulus

Dulus dominicus
**Palmenschwätzer**
*Palmchat - Sigua palmera*
Linnaeus, 1766
Hispaniola

## Familie: Mohoidae (Mohos)

### † Gattung: Chaetoptila

† Chaetoptila angustipluma
**Schmalfedermoho**
*Kioea - Kioea*
Peale, 1849
Hawaii (Hawaiian Is.)

### † Gattung: Moho

† Moho braccatus
**Schuppenkehlmoho**
*Kauai Oo - Oo de Kauai*
Cassin, 1855
Kauai (Hawaiian Is.)

† Moho apicalis
**Krausschwanzmoho**
*Oahu Oo - Oo de Oahu*
Gould, 1861
Oahu (Hawaiian Is.)

† Moho bishopi
**Ohrbüschelmoho**
*Bishop's Oo - Oo de Bishop*
Rothschild, 1893
Maui, Molokai (Hawaiian Is.)

† Moho nobilis
**Prachtmoho**
*Hawaii Oo - Oo de Hawái*
Merrem, 1786
Hawaii (Hawaiian Is.)

## Familie: Hylocitreidae (Beerenschnäpper)

### Gattung: Hylocitrea

Hylocitrea bonensis
**Sulawesiwaldpfeifer**
*Hylocitrea - Silbador de los Bone*
Meyer, AB & Wiglesworth, 1894
Gebirge n, c, se Sulawesi

Hylocitrea bonensis bonthaina
**Westlicher Sulawesiwaldpfeifer**
Meyer, AB & Wiglesworth, 1896
Gebirge sw Sulawesi

Melanochlora sultanea gayeti
**Laos-Sultansmeise**
Delacour & Jabouille, 1925
se Laos und sc Vietnam

## Gattung: Periparus

Periparus rufonuchalis
**Fichtenmeise**
*Rufous-naped Tit - Carbonero nuquirrufo*
Blyth, 1849
*w, nw Himalaya*

Periparus rubidiventris
**Rotbrustmeise**
*Rufous-vented Tit - Carbonero culirrufo*
Blyth, 1847
*w, c Himalaya*

Periparus rubidiventris beavani
**Himalaya-Rotbrustmeise**
Jerdon, 1863
e Himalaya
Periparus rubidiventris whistleri
**Whistlers Rotbrustmeise**
Stresemann, 1931
Yunnan, Sichuan (s, c China) und ne Myanmar
Periparus rubidiventris saramatii
**Saramati-Rotbrustmeise**
Ripley, 1961
ne Indien und nw Myanmar

Periparus ater
**Tannenmeise**
*Coal Tit - Carbonero garrapinos*
Linnaeus, 1758
*Europa und Kleinasien (Türkei) über Sibirien bis Kamtschatka, Sakhalin Is., Koreanische Halbinsel, ne China und ne Mongolei*

Periparus ater britannicus
**Großbritanien-Tannenmeise**
Sharpe & Dresser, 1871
Great Britain und ne Ireland
Periparus ater hibernicus
**Irland-Tannenmeise**
Ingram, W, 1910
Ireland (außer ne)
Periparus ater vieirae
**Iberische Tannenmeise**
Nicholson, 1906
Iberische Halbinsel
Periparus ater sardus
**Sarden-Tannenmeise**
Kleinschmidt, 1903
Korsika und Sardinien
Periparus ater atlas
**Marokko-Tannenmeise**
Meade-Waldo, 1901
Marokko
Periparus ater ledouci
**Algerien-Tannenmeise**
Malherbe, 1845
n Algerien und n Tunesien
Periparus ater cypriotes
**Zypern-Tannenmeise**
Guillemard, 1888
Zypern
Periparus ater moltchanovi
**Krim-Tannenmeise**
Menzbier, 1903
s Krim-Halbinsel
Periparus ater michalowskii
**Kaukasus-Tannenmeise**
Bogdanov, 1879
Kaukasus (außer sw) und c, e Transkaukasien
Periparus ater derjugini
**Türkische Tannenmeise**
Zarudny & Loudon, 1903
ne Türkei bis sw Kaukasus
Periparus ater eckodedicatus
**Westchinesische Tannenmeise**
Martens, J, Tietze & Sun, 2006
w China
Periparus ater phaeonotus
**Iran-Tannenmeise**
Blanford, 1873
se Aserbaidschan, n Iran, sw Turkmenistan
Periparus ater rufipectus
**Kasachstan-Tannenmeise**
Severtsov, 1873
se Kasachstan bis nw China
Periparus ater martensi
**Nepal-Tannenmeise**
Eck, 1998
Kali Gandaki Gebiet (c Nepal)
Periparus ater melanolophus
**Afghanische Tannenmeise**
Vigors, 1831
e Afghanistan und nw Pakistan bis nw Himalaya

Periparus ater aemodius
**Myanmar-Tannenmeise**
Blyth, 1845
e Himalaya bis n Myanmar
Periparus ater pekinensis
**Ostchinesische Tannenmeise**
Verreaux, J, 1868
ec China
Periparus ater insularis
**Japan-Tannenmeise**
Hellmayr, 1902
s Kuril Is. und Japan
Periparus ater kuatunensis
**Südchinesische Tannenmeise**
La Touche, 1923
se China
Periparus ater ptilosus
**Taiwan-Tannenmeise**
Ogilvie-Grant, 1912
Taiwan

## Gattung: Pardaliparus

Pardaliparus venustulus
**Schmuckmeise**
*Yellow-bellied Tit - Carbonero ventrigualdo*
Swinhoe, 1870
*e, c, s China*

Pardaliparus elegans
**Panthermeise**
*Elegant Tit - Carbonero elegante*
Lesson, RP, 1831
*ec, s Luzon, Panay, Mindoro und Catanduanes (n, wc Philippinen)*

Pardaliparus elegans edithae
**Ediths Panthermeise**
McGregor, 1907
Calayan und Camiguin Norte (n Philippinen)
Pardaliparus elegans montigenus
**Luzon-Panthermeise**
Hachisuka, 1930
nw Luzon (n Philippinen)
Pardaliparus elegans gilliardi
**Gilliards Panthermeise**
Parkes, 1958
Bataan Halbinsel, wc Luzon (n Philippinen)
Pardaliparus elegans visayanus
**Cebu-Panthermeise**
Hachisuka, 1930
Cebu (c Philippinen)
Pardaliparus elegans albescens
**Masbate-Panthermeise**
McGregor, 1907
Ticao, Masbate, Guimaras und Negros (c Philippinen)
Pardaliparus elegans mindanensis
**Mindanao-Panthermeise**
Mearns, 1905
Mindanao, Samar und Leyte (e, s Philippinen)
Pardaliparus elegans suluensis
**Sulu-Panthermeise**
Mearns, 1916
Sulu Archipel außer Bongao (s Philippinen)
Pardaliparus elegans bongaoensis
**Bongao-Panthermeise**
Parkes, 1958
Bongao (sw Sulu Archipel, s Philippinen)

Pardaliparus amabilis
**Kapuzenmeise**
*Palawan Tit - Carbonero de Palawan*
Sharpe, 1877
*Palawan Gruppe (sw Philippinen)*

## Gattung: Lophophanes

Lophophanes cristatus
**Haubenmeise**
*Crested Tit - Herrerillo capuchino*
Linnaeus, 1758
*n, e Europa bis Carpathian Mts.*

Lophophanes cristatus scoticus
**Schottische Haubenmeise**
Pražák, 1897
nc Schottland
Lophophanes cristatus abadiei
**Französische Haubenmeise**
Jouard, 1929
w Frankreich
Lophophanes cristatus weigoldi
**Iberische Haubenmeise**
Tratz, 1914
w, s Iberische Halbinsel

Lophophanes cristatus baschkirikus
**Ural-Haubenmeise**
Snigirewski, 1931
sw, c Ural Mts.
Lophophanes cristatus mitratus
**Europäische Haubenmeise**
Brehm, CL, 1831
c Europa bis ne Spanien, Alpen und n Balkans
Lophophanes cristatus bureschi
**Bureschs Haubenmeise**
von Jordans, 1940
Albanien bis Bulgaria und Griechenland

Lophophanes dichrous

**Grauhaubenmeise**

*Grey-crested Tit - Herrerillo crestigrís*

Blyth, 1845
*c, e Himalaya bis sw China*

Lophophanes dichrous kangrae
**Himalaya-Grauhaubenmeise**
Whistler, 1932
nw Himalaya
Lophophanes dichrous dichroides
**China-Grauhaubenmeise**
Przevalski, 1876
c China
Lophophanes dichrous wellsi
**Wells-Grauhaubenmeise**
Baker, ECS, 1917
s China und ne Myanmar

## Gattung: Baeolophus

Baeolophus wollweberi

**Brillenmeise**

*Bridled Titmouse - Herrerillo embridado*

Bonaparte, 1850
*c, s Mexico*

Baeolophus wollweberi vandevenderi
**Arizona-Brillenmeise**
Rea, 1986
c Arizona und sw New Mexico (sw USA)
Baeolophus wollweberi phillipsi
**Phillips-Brillenmeise**
Van Rossem, 1947
se Arizona (sw USA) und nw Mexico
Baeolophus wollweberi caliginosus
**Mexiko-Brillenmeise**
Van Rossem, 1947
sw Mexico

Baeolophus inornatus

**Eichenmeise**

*Oak Titmouse - Herrerillo unicolor*

Gambel, 1845
*sw Oregon bis c California (w USA)*

Baeolophus inornatus affabilis
**Grinnells Eichenmeise**
Grinnell & Swarth, 1926
sw California (sw USA) und n Baja California (nw Mexico)
Baeolophus inornatus mohavensis
**Millers Eichenmeise**
Miller, AH, 1946
se California (sw USA)
Baeolophus inornatus cineraceus
**Ridgways Eichenmeise**
Ridgway, 1883
s Baja California (nw Mexico)

Baeolophus ridgwayi

**Wacholdermeise**

*Juniper Titmouse - Herrerillo de Ridgway*

Richmond, 1902
*s Idaho bis Arizona und New Mexico (wc USA) und n Mexico*

Baeolophus ridgwayi zaleptus
**Oregon-Wacholdermeise**
Oberholser, 1932
se Oregon, e California und w Nevada (w USA)

Baeolophus bicolor

**Grauhäubchenmeise**

*Tufted Titmouse - Herrerillo bicolor*

Linnaeus, 1766
*e, se USA*

Baeolophus atricristatus

**Schwarzhäubchenmeise**

*Black-crested Titmouse - Herrerillo crestinegro*

Cassin, 1850
*Rio Grande Tal (s Texas, USA) und ne Mexico*

Baeolophus atricristatus paloduro
**Texas-Schwarzhäubchenmeise**
Stevenson, JO, 1940
n Texas und sw Oklahoma, sw Texas (s USA) und n Mexico
Baeolophus atricristatus sennetti
**Südtexas-Schwarzhäubchenmeise**
Ridgway, 1904
c, s Texas (s USA)

## Gattung: Sittiparus

Sittiparus varius

**Buntmeise**

*Varied Tit - Carbonero variado*

Temminck & Schlegel, 1847
*s Kuril Is., Japan, Koreanische Halbinsel und ne China*

Sittiparus varius sunsunpi
**Yakushima-Buntmeise**
Kuroda, Nm, 1919
Tanegashima und Yakushima (Ozumi Is., s Japan)
Sittiparus varius namiyei
**Izu-Buntmeise**
Kuroda, Nm, 1918
n Izu Is. (c Japan)
Sittiparus varius amamii
**Amami-Buntmeise**
Kuroda, Nm, 1922
n Ryukyu Is. (s Japan)
† Sittiparus varius orii
**Ori-Buntmeise**
Kuroda, Nm, 1923
Daito Insel (Borodino Is. e Okinawa, s Japan)

Sittiparus owstoni

**Izuinseln-Buntmeise**

*Owston's Tit - Carbonero de las Izu*

Ijima, 1893
*s Izu Is. (se Honshu, c Japan)*

Sittiparus olivaceus

**Iriomote-Buntmeise**

*Iriomote Tit - Carbonero de Iriomote*

Kuroda, Nm, 1923
*Yaeyama Is. (s Ryukyu Is., s Japan)*

Sittiparus castaneoventris

**Taiwanbuntmeise**

*Chestnut-bellied Tit - Carbonero ventricastaño*

Gould, 1863
*Taiwan*

Sittiparus semilarvatus

**Weißstirnmeise**

*White-fronted Tit - Carbonero frentiblanco*

Salvadori, 1866
*c, s Luzon (n Philippinen)*

Sittiparus semilarvatus snowi
**Snow-Weißstirnmeise**
Parkes, 1971
ne Luzon (n Philippinen)
Sittiparus semilarvatus nehrkorni
**Nehrkorns Weißstirnmeise**
Blasius, W, 1890
Mindanao (s Philippinen)

## Gattung: Poecile

Poecile superciliosus

**Weißbrauenmeise**

*White-browed Tit - Carbonero cejiblanco*

Przevalski, 1876
*c China*

Poecile lugubris

**Balkanmeise**

*Sombre Tit - Carbonero lúgubre*

Temminck, 1820
*Gebirge Balkan Halbinsel bis n Griechenland*

Poecile lugubris lugens
**Grieschische Balkanmeise**
Brehm, CL, 1855
Gebirge c, s Griechenland
Poecile lugubris anatoliae
**Anatolienmeise**
Hartert, EJO, 1905
Gebirge Türkei bis sw Georgia, s Armenien, sw Aserbaidschan und nw Iran, s bis n Israel
Poecile lugubris dubius
**Hellmayrs Balkanmeise**
Hellmayr, 1901
Gebirge sw bis sc Iran

Poecile lugubris kirmanensis
**Koelz-Balkanmeise**
Koelz, 1950
Gebirge se Iran

Poecile cinctus
## Lapplandmeise
*Grey-headed Chickadee - Carbonero lapón*
Boddaert, 1783
*ne Europäisch Russland über Sibirien bis Kamtschatka und nc Mongolei*

Poecile cinctus lapponicus
**Skandinavische Lapplandmeise**
Lundahl, 1848
Skandinavien bis n Europäisch Russland
Poecile cinctus sayanus
**Sibirische Lapplandmeise**
Sushkin, 1904
s Sibirien und nw Mongolei
Poecile cinctus lathami
**Amerikanische Lapplandmeise**
Stephens, 1817
n, w Alaska und nw Kanada

Poecile rufescens
## Rotrückenmeise
*Chestnut-backed Chickadee - Carbonero dorsicastaño*
Townsend, JK, 1837
*Alaska über w Kanada bis n, c California (w USA)*

Poecile rufescens neglectus
**Ridgways Rotrückenmeise**
Ridgway, 1879
Küste c California (w USA)
Poecile rufescens barlowi
**Barlows Rotrückenmeise**
Grinnell, 1900
Küste s California (w USA)

Poecile hudsonicus
## Hudsonmeise
*Boreal Chickadee - Carbonero boreal*
Forster, JR, 1772
*c Alaska bis e Kanada*

Poecile hudsonicus stoneyi
**Ridgways Hudsonmeise**
Ridgway, 1887
n Alaska und nw Kanada
Poecile hudsonicus columbianus
**Rhoads Hudsonmeise**
Rhoads, 1893
s Alaska, w Kanada bis n Washington (nw USA)
Poecile hudsonicus littoralis
**Bryants Hudsonmeise**
Bryant, H, 1865
se Kanada und ne USA
Poecile hudsonicus farleyi
**Godfreys Hudsonmeise**
Godfrey, 1951
sc Kanada

Poecile sclateri
## Grauflankenmeise
*Mexican Chickadee - Carbonero mexicano*
Kleinschmidt, 1897
*c Mexico*

Poecile sclateri eidos
**Eidos-Grauflankenmeise**
Peters, JL, 1927
sw USA und n Mexico
Poecile sclateri garzai
**Garzas Grauflankenmeise**
Phillips, AR, 1986
ne Mexico
Poecile sclateri rayi
**Rays Grauflankenmeise**
Miller, AH & Storer, 1950
s Mexico

Poecile carolinensis
## Carolinameise
*Carolina Chickadee - Carbonero de Carolina*
Audubon, 1834
*se USA*

Poecile carolinensis atricapilloides
**Kansas-Carolinameise**
Lunk, 1952
Kansas, Oklahoma und Texas (sc USA)
Poecile carolinensis agilis
**Louisiana-Carolinameise**
Sennett, 1888
Arkansas, Louisiana und e Texas (sc USA)

Poecile carolinensis extimus
**Todds Carolinameise**
Todd & Sutton, 1936
ec USA

Poecile atricapillus
## Schwarzkopfmeise
*Black-capped Chickadee - Carbonero cabecinegro*
Linnaeus, 1766
*e Kanada bis c, ne USA*

Poecile atricapillus turneri
**Turners Schwarzkopfmeise**
Ridgway, 1884
c, s Alaska und nw Kanada
Poecile atricapillus occidentalis
**Küsten-Schwarzkopfmeise**
Baird, SF, 1858
Küste sw Kanada und nw USA
Poecile atricapillus fortuitus
**Dawsons Schwarzkopfmeise**
Dawson, WL, 1909
Inland sw Kanada und nw USA
Poecile atricapillus septentrionalis
**Harris-Schwarzkopfmeise**
Harris, E, 1846
w, c Kanada bis c USA
Poecile atricapillus bartletti
**Bartletts Schwarzkopfmeise**
Aldrich & Nutt, 1939
Neufundland
Poecile atricapillus garrinus
**Behles Schwarzkopfmeise**
Behle, 1951
wc USA
Poecile atricapillus nevadensis
**Nevada-Schwarzkopfmeise**
Linsdale, 1938
w USA
Poecile atricapillus practicus
**Appalachian-Schwarzkopfmeise**
Oberholser, 1937
Appalachian Mts. (e USA)

Poecile gambeli
## Gebirgsmeise
*Mountain Chickadee - Carbonero montañés*
Ridgway, 1886
*e Rocky Mts. in wc USA*

Poecile gambeli baileyae
**Pazifik-Gebirgsmeise**
Grinnell, 1908
Karibikseite Rocky Mts. in w USA und w Kanada
Poecile gambeli inyoensis
**Rocky-Gebirgsmeise**
Grinnell, 1918
c Rocky Mts. in w USA
Poecile gambeli atratus
**Mexiko-Gebirgsmeise**
Grinnell & Swarth, 1926
nw Mexico

Poecile davidi
## Davidmeise
*Pere David's Tit - Carbonero de David*
Berezowski & Bianchi, 1891
*c China*

Poecile hypermelaenus
## Kragenmeise
*Black-bibbed Tit - Carbonero barbinegro*
Berezowski & Bianchi, 1891
*c, w, sw China, w Myanmar*

Poecile palustris
## Sumpfmeise
*Marsh Tit - Carbonero palustre*
Linnaeus, 1758
*Skandinavien bis n Iberische Halbinsel e bis Polen, Balkan und Griechenland*

Poecile palustris dresseri
**Dressers Sumpfmeise**
Stejneger, 1886
Wales, c, s England und w Frankreich
Poecile palustris italicus
**Italienische Sumpfmeise**
Tschusi & Hellmayr, 1900
Französische Alpen, Italien und Sizilien
Poecile palustris stagnatilis
**Osteuropäische Sumpfmeise**
Brehm, CL, 1855
e Europa bis s Ural Mts. und nw Türkei
Poecile palustris kabardensis
**Kaukasus-Sumpfmeise**
Buturlin, 1929
Kaukasus Gebiet und ne Türkei

Poecile palustris brevirostris
## Mandschuren-Sumpfmeise
Taczanowski, 1872
sc, se Sibirien, n Mongolei, Manchuria und Liaoning (ne China) und extremer n Korea

Poecile palustris ernsti
## Ernst-Sumpfmeise
Yamashina, 1933
Sakhalin Insel

Poecile palustris hensoni
## Japan-Sumpfmeise
Stejneger, 1892
s Kuril Is. und n Japan

Poecile palustris jeholicus
## Hebei-Sumpfmeise
Kleinschmidt & Weigold, 1922
n Hebei (ne China) und n Korea

Poecile palustris hellmayri
## Hellmayrs Sumpfmeise
Bianchi, 1902
e China und s Korea

Poecile weigoldicus
## Sichuanmeise
*Sichuan Tit - Carbonero de Sichuán*
Kleinschmidt, 1921
*wc, swc China*

Poecile hyrcanus
## Elbursmeise
*Caspian Tit - Carbonero del Caspio*
Zarudny & Loudon, 1905
*Gebirge se Aserbaidschan und n Iran*

Poecile montanus
## Weidenmeise
*Willow Tit - Carbonero montano*
Conrad von Baldenstein, 1827
*se Frankreich bis Rumänien, Bulgaria und Griechenland*

Poecile montanus kleinschmidti
## Kleinschmidts Weidenmeise
Hellmayr, 1900
Britain

Poecile montanus rhenanus
## Westmitteleuropa-Weidenmeise
Kleinschmidt, 1900
nw Frankreich bis w Deutschland, n Schweiz und n Italien

Poecile montanus salicarius
## Südmitteleuropa-Weidenmeise
Brehm, CL, 1831
Deutschland und w Polen bis ne Schweiz und Österreich

Poecile montanus borealis
## Skandinavien-Weidenmeise
de Sélys-Longchamps, 1843
Skandinavien s bis Ukraine

Poecile montanus uralensis
## Ural-Weidenmeise
Grote, 1927
se Europäisch Russland, w Sibirien und Kasachstan

Poecile montanus baicalensis
## Baikal-Weidenmeise
Swinhoe, 1871
ec, e Sibirien, n Mongolei, n China und n Korea

Poecile montanus anadyrensis
## Sibirien-Weidenmeise
Belopolski, 1932
ne Sibirien

Poecile montanus kamtschatkensis
## Kamtschatka-Weidenmeise
Bonaparte, 1850
Kamtschatka Halbinsel und n Kuril Is.

Poecile montanus sachalinensis
## Sakhalin-Weidenmeise
Lönnberg, 1908
Sakhalin Insel und s Kuril Is.

Poecile montanus restrictus
## Japan-Weidenmeise
Hellmayr, 1900
Japan

Poecile montanus songarus
## Kirgisistan-Weidenmeise
Severtsov, 1873
se Kasachstan bis Kirgisistan und nw China

Poecile montanus affinis
## China-Weidenmeise
Przevalski, 1876
nc China

Poecile montanus stoetzneri
## Stötzners Weidenmeise
Kleinschmidt, 1921
ne China



Cyanistes teneriffae
## Kanarenblaumeise
*African Blue Tit - Herrerillo canario*
Lesson, RP, 1831
*La Gomera und Tenerife (c Kanarische Is., c Makaronesien, nw von n Afrika)*

Cyanistes teneriffae palmensis
## La Palmablaumeise
Meade-Waldo, 1889
La Palma (nw Kanarische Is., c Makaronesien, nw von n Afrika)

Cyanistes teneriffae cyrenaicae
## Libyenblaumeise
Hartert, EJO, 1922
ne Libyen

Cyanistes teneriffae ultramarinus
## Marokkoblaumeise
Bonaparte, 1841
Marokko bis n Tunesien

Cyanistes teneriffae degener
## Fuerteventurablaumeise
Hartert, EJO, 1901
Fuerteventura und Lanzarote (e Kanarische Is., c Makaronesien, nw von n Afrika)

Cyanistes teneriffae ombriosus
## El Hierroblaumeise
Meade-Waldo, 1890
El Hierro (sw Kanarische Is., c Makaronesien, nw von n Afrika)

Cyanistes teneriffae hedwigae
## Gran Canariablaumeise
Dietzen, Garcia-del-Rey, Castro & Wink, 2008)
Gran Canaria (c Kanarische Is., c Makaronesien, nw von n Afrika)

Cyanistes caeruleus
## Blaumeise
*Eurasian Blue Tit - Herrerillo común*
Linnaeus, 1758
*n, c, e Europa bis w, n Kleinasien (Türkei)*

Cyanistes caeruleus obscurus
## Britische Blaumeise
Pražák, 1894
Britische Inseln

Cyanistes caeruleus balearicus
## Balearenblaumeise
von Jordans, 1913
Mallorca

Cyanistes caeruleus ogliastrae
## Iberiablaumeise
Hartert, EJO, 1905
Iberische Halbinsel, Korsika und Sardinien

Cyanistes caeruleus calamensis
## Grieschische Blaumeise
Parrot, 1908
s Griechenland, Cyclades, Kreta und Rhodos

Cyanistes caeruleus orientalis
## Osteuropäische Blaumeise
Zarudny & Loudon, 1905
se Europäisch Russland

Cyanistes caeruleus satunini
## Kaukasus-Blaumeise
Zarudny, 1908
Krim-Halbinsel, Kaukasus, e Türkei und nw Iran

Cyanistes caeruleus raddei
## Iran-Blaumeise
Zarudny, 1908
n Iran

Cyanistes caeruleus persicus
## Persische Blaumeise
Blanford, 1873
sw Iran

Cyanistes cyanus
## Lasurmeise
*Azure Tit - Herrerillo azul*
Pallas, 1770
*Belarus, w, c Europäisch Russland bis c Ural Mts*

Cyanistes cyanus hyperrhiphaeus
## Ural-Lasurmeise
Dementiev & Heptner, 1932
sw Ural Mts., sw Sibirien und n Kasachstan

Cyanistes cyanus yenisseensis
## Sibirien-Lasurmeise
Buturlin, 1911
sc bis e Sibirien, n Mongolei und ne China

Cyanistes cyanus tianschanicus
## Kasachstan-Lasurmeise
Menzbier, 1884
se Kasachstan, Kirgisistan und nw China

Cyanistes cyanus koktalensis
## Tiefland-Lasurmeise
Portenko, 1954
se Kasachstan

Cyanistes cyanus carruthersi
## Kirgisistan-Lasurmeise
Hartert, EJO, 1917
Kirgisistan bis n Tadschikistan

Cyanistes cyanus flavipectus
**Afghanische Lasurmeise**
Severtsov, 1873
s Kirgisistan bis n Afghanistan
Cyanistes cyanus berezowskii
**Chinesische Lasurmeise**
Pleske, 1893
nc China

## Gattung: Pseudopodoces

Pseudopodoces humilis
**Tibetmeise**
*Ground Tit - Carbonero terrestre*
Hume, 1871
*Tibet*

## Gattung: Parus

Parus major
**Kohlmeise**
*Great Tit - Carbonero común*
Linnaeus, 1758
*Festland Europa bis w, sc Sibirien, Kaukasus und Kleinasien (Türkei)*

Parus major newtoni
**Britische Kohlmeise**
Pražák, 1894
Britische Inseln
Parus major kapustini
**Kapustin-Kohlmeise**
Portenko, 1954
se Kasachstan und nw China bis Mongolei und e Sibirien
Parus major corsus
**Korsenkohlmeise**
Kleinschmidt, 1903
Portugal, s Spanien und Korsika
Parus major mallorcae
**Balearenkohlmeise**
von Jordans, 1913
Balearic Is.
Parus major excelsus
**Nordafrikanische Kohlmeise**
Buvry, 1857
nw Afrika
Parus major ecki
**Sardinien-Kohlmeise**
von Jordans, 1970
Sardinia
Parus major aphrodite
**Aphroditenkohlmeise**
Madarász, G, 1901
s Italien, s Griechenland, Aegean Is. und Zypern
Parus major niethammeri
**Niethammers Kohlmeise**
von Jordans, 1970
Kreta
Parus major terraesanctae
**Syrische Kohlmeise**
Hartert, EJO, 1910
Syrien bis ne Ägypten
Parus major karelini
**Aserbaidschan-Kohlmeise**
Zarudny, 1910
se Aserbaidschan und nw Iran
Parus major blanfordi
**Blanfords Kohlmeise**
Pražák, 1894
n Irak, nc, sw Iran
Parus major bokharensis
**Usbekistan-Kohlmeise**
Lichtenstein, MHC, 1823
Turkmenistan und n Afghanistan bis sc Kasachstan und Usbekistan
Parus major turkestanicus
**Mongolen-Kohlmeise**
Zarudny & Loudon, 1905
se Kasachstan bis sw Mongolei
Parus major ferghanensis
**China-Kohlmeise**
Buturlin, 1912
Tadschikistan und Kirgisistan bis w China
Parus major intermedius
**Kleine Kohlmeise**
Zarudny, 1890
ne Iran und sw Turkmenistan

Parus cinereus
**Graukohlmeise**
*Cinereous Tit - Carbonero indio*
Vieillot, 1818
*Java und Lesser Sundas (außer Timor und e)*

Parus cinereus decolorans
**Pakistanmeise**
Koelz, 1939
ne Afghanistan und nw Pakistan

Parus cinereus ziaratensis
**Afghanenmeise**
Whistler, 1929
c, s Afghanistan und w Pakistan
Parus cinereus caschmirensis
**Kashmirmeise**
Hartert, EJO, 1905
ne Afghanistan, n Pakistan und nw Indien
Parus cinereus planorum
**Nepalmeise**
Hartert, EJO, 1905
n Indien bis Nepal, Bhutan, Bangladesch und w, c Myanmar
Parus cinereus vauriei
**Vauriemeise**
Ripley, 1950
ne Indien
Parus cinereus stupae
**Stupameise**
Koelz, 1939
w, c, se Indien
Parus cinereus mahrattarum
**Sri Lankameise**
Hartert, EJO, 1905
sw Indien und Sri Lanka
Parus cinereus templorum
**Thailandmeise**
Meyer de Schauensee, 1946
w, c Thailand und s Indochina
Parus cinereus hainanus
**Hainanmeise**
Hartert, EJO, 1905
Hainan (vor se China)
Parus cinereus ambiguus
**Sumatrameise**
Raffles, 1822
Malayische Halbinsel und Sumatra
Parus cinereus sarawacensis
**Borneomeise**
Slater, HH, 1885
Borneo

Parus minor
**Japankohlmeise**
*Japanese Tit - Carbonero japonés*
Temminck & Schlegel, 1848
*e Sibirien, s Sakhalin Insel, ec, ne China, Koreanische Halbinsel und Japan*

Parus minor dageletensis
**Ulleungdomeise**
Kuroda, Nm & Mori, 1920
Ulleungdo Insel (vor South Korea)
Parus minor amamiensis
**Ryukyumeise**
Kleinschmidt, 1922
n Ryukyu Is.
Parus minor okinawae
**Okinawameise**
Hartert, EJO, 1905
c Ryukyu Is.
Parus minor nigriloris
**Hellmayrs Japanmeise**
Hellmayr, 1900
Ishigaki und Iriomote (Yaeyama Is., s Ryukyu Is., s Japan)
Parus minor tibetanus
**Tibetkohlmeise**
Hartert, EJO, 1905
se Tibet, sw, sc China bis n Myanmar
Parus minor commixtus
**Swinhoes Kohlmeise**
Swinhoe, 1868
s China und n Vietnam
Parus minor nubicolus
**Meyers Kohlnmeise**
Meyer de Schauensee, 1946
e Myanmar, n Thailand und nw Indochina

Parus monticolus
**Bergkohlmeise**
*Green-backed Tit - Carbonero dorsiverde*
Vigors, 1831
*n Pakistan bis w Nepal und s Tibet*

Parus monticolus yunnanensis
**Yunnan-Bergkohlmeise**
La Touche, 1922
e Himalaya und ne Indien bis c China, n Indochina und Myanmar
Parus monticolus legendrei
**Vietnam-Bergkohlmeise**
Delacour, 1927
sc Vietnam
Parus monticolus insperatus
**Taiwan-Bergkohlmeise**
Swinhoe, 1866
Taiwan

## Gattung: Machlolophus

Machlolophus nuchalis
**Weißflügelmeise**
*White-naped Tit - Carbonero nuquiblanco*
Jerdon, 1845
*c, s Indien*

Machlolophus holsti
**Taiwanmeise**
*Yellow Tit - Carbonero de Formosa*
Seebohm, 1894
*Taiwan*

Machlolophus xanthogenys
**Himalajakronenmeise**
*Himalayan Black-lored Tit - Carbonero carigualdo indio*
Vigors, 1831
*Himalaya von n Pakistan bis e Nepal*

Machlolophus aplonotus
**Indienkronenmeise**
*Indian Black-lored Tit - Carbonero Carigualdo Indio*
Blyth, 1847
*c Indien*

> Machlolophus aplonotus travancoreensis
> **Süd-Indien-Kronenmeise**
> Whistler & Kinnear, 1932
> *s Indien*

Machlolophus spilonotus
**Königsmeise**
*Yellow-cheeked Tit - Carbonero carigualdo chino*
Bonaparte, 1850
*e Nepal und ne Indien bis n, w Myanmar und sw China*

> Machlolophus spilonotus subviridis
> **Blyths Königsmeise**
> Blyth, 1855
> *ne Indien bis s, e Myanmar, n Thailand und sc China*
> Machlolophus spilonotus rex
> **Davids Königsmeise**
> David, A, 1874
> *s, se China, n, c Indochina*
> Machlolophus spilonotus basileus
> **Delacours Königsmeise**
> Delacour, 1932
> *s Indochina*

## Gattung: Melaniparus

Melaniparus guineensis
**Weißschulter-Rußmeise**
*White-shouldered Black Tit - Carbonero guineano*
Shelley, 1900
*s Mauretanien und Senegal bis s Sudan und Eritrea, s bis Kamerun und n Demokratische Republik Kongo*

Melaniparus leucomelas
**Weißflügel-Rußmeise**
*White-winged Black Tit - Carbonero aliblanco*
Rüppell, 1840
*c, se Äthiopien*

> Melaniparus leucomelas insignis
> **Südliche Weißflügel-Rußmeise**
> Cabanis, 1881
> *s Gabun, Kongo und Angola e bis Uganda, Tansania, Malawi und Sambia*

Melaniparus niger
**Sambesi-Rußmeise**
*Southern Black Tit - Carbonero negro*
Vieillot, 1818
*s Mosambik und e Südafrika*

> Melaniparus niger ravidus
> **Mosambik-Sambesi-Rußmeise**
> Clancey, 1964
> *e Sambia bis c Mosambik und ne Südafrika*
> Melaniparus niger xanthostomus
> **Namibia-Sambesi-Rußmeise**
> Shelley, 1892
> *se Angola bis c Sambia und sw Tansania, s bis ne Namibia, Botswana und n Südafrika*

Melaniparus carpi
**Carprußmeise**
*Carp's Tit - Carbonero de Carp*
Macdonald & Hall, BP, 1957
*sw Angola bis c Namibia*

Melaniparus albiventris
**Weißbauch-Rußmeise**
*White-bellied Tit - Carbonero ventriblanco*
Shelley, 1881
*se Nigeria und Kamerun; s Süd-Sudan, e Uganda, Kenia und Tansania*

Melaniparus leuconotus
**Weißmantel-Rußmeise**
*White-backed Black Tit - Carbonero dorsiblanco*
Guérin-Méneville, 1843
*Gebirge Eritrea und Äthiopien*

Melaniparus funereus
**Einfarb-Rußmeise**
*Dusky Tit - Carbonero cenizo*
Verreaux, J & Verreaux, É, 1855
*Guinea bis Uganda, Kenia und Demokratische Republik Kongo*

> Melaniparus funereus gabela
> **Angola-Einfarb-Rußmeise**
> Traylor, 1961
> *w Angola*

Melaniparus rufiventris
**Rostbauch-Rußmeise**
*Rufous-bellied Tit - Carbonero ventrirrufo*
Barboza du Bocage, 1877
*s Kongo und s Demokratische Republik Kongo bis c Angola und c Sambia*

> Melaniparus rufiventris masukuensis
> **Malawi-Rostbauch-Rußmeise**
> Shelley, 1900
> *se Demokratische Republik Kongo, e Sambia und Malawi*
> Melaniparus rufiventris diligens
> **Namibia-Rostbauch-Rußmeise**
> Clancey, 1979
> *s Angola, n Namibia, sw Sambia und nw Botswana*

Melaniparus pallidiventris
**Zimtbauch-Rußmeise**
*Cinnamon-breasted Tit - Carbonero ventripálido*
Reichenow, 1885
*Tansania, s Malawi und n Mosambik*

> Melaniparus pallidiventris stenotopicus
> **Simbabwe-Zimtbauch-Rußmeise**
> Clancey, 1989
> *e Simbabwe und wc Mosambik*

Melaniparus fringillinus
**Rostkehl-Rußmeise**
*Red-throated Tit - Carbonero gorjirrufo*
Fischer, GA & Reichenow, 1884
*s Kenia und n Tansania*

Melaniparus fasciiventer
**Schwarzbrust-Rußmeise**
*Stripe-breasted Tit - Carbonero del Ruwenzori*
Reichenow, 1893
*Rwenzori Mts. (e Demokratische Republik Kongo, w Uganda), w Rwanda und w Burundi*

> Melaniparus fasciiventer tanganjicae
> **Itombwerußmeise**
> Reichenow, 1909
> *Itombwe Mts. (e Demokratische Republik Kongo) und sw Rwanda (Nyungwe Forest)*
> Melaniparus fasciiventer kaboboensis
> **Kaboborußmeise**
> Prigogine, 1957
> *Mt. Kabobo (e Demokratische Republik Kongo)*

Melaniparus thruppi
**Somalirußmeise**
*Acacia Tit - Carbonero somalí*
Shelley, 1885
*Äthiopien, Somalia (außer sw) und n Kenia*

> Melaniparus thruppi barakae
> **Barakarußmeise**
> Jackson, FJ, 1899
> *sw Somalia, e Uganda, Kenia und ne Tansania*

Melaniparus griseiventris
**Miomborußmeise**
*Miombo Tit - Carbonero del miombo*
Reichenow, 1882
*Angola bis w Tansania, Malawi und Simbabwe*

Melaniparus cinerascens
**Akazienrußmeise**
*Ashy Tit - Carbonero cinéreo*
Vieillot, 1818
*Namibia, Botswana, Simbabwe und n, c Südafrika*

Melaniparus cinerascens benguelae
**Benguelarußmeise**
Hall, BP & Traylor, 1959
sw Angola und nw Namibia

Melaniparus afer
**Kaprußmeise**
*Grey Tit - Carbonero gris*
Gmelin, JF, 1789
*Namibia und w Südafrika*

Melaniparus afer arens
**Lesothorußmeise**
Clancey, 1963
s Südafrika und Lesotho

## Familie: Remizidae (Beutelmeisen)

### Gattung: Remiz

Remiz pendulinus
**Beutelmeise**
*Eurasian Penduline Tit - Pájaro moscón europeo*
Linnaeus, 1758
*Europa bis Ural Mts., Kaukasus und w Türkei*

Remiz pendulinus menzbieri
**Menzbiers Beutelmeise**
Zarudny, 1913
s, e Türkei und Syrien bis Armenien und nw Iran
Remiz pendulinus caspius
**Kaspische Beutelmeise**
Peltzam, 1870
sw Russland und nw Kasachstan
Remiz pendulinus jaxarticus
**Sibirische Beutelmeise**
Severtsov, 1873
e Ural Mts. bis w Sibirien und n Kasachstan

Remiz macronyx
**Schwarzkopf-Beutelmeise**
*Black-headed Penduline Tit - Pájaro moscón cabecinegro*
Severtsov, 1873
*sw Kasachstan, Usbekistan, n, se Turkmenistan, Tadschikistan, und ne Afghanistan*

Remiz macronyx neglectus
**Iranische Schwarzkopf-Beutelmeise**
Zarudny, 1908
n Iran und s Turkmenistan
Remiz macronyx nigricans
**Afghanische Schwarzkopf-Beutelmeise**
Zarudny, 1908
se Iran und sw Afghanistan
Remiz macronyx ssaposhnikowi
**Kasachstan-Schwarzkopf-Beutelmeise**
Johansen, HE, 1907
se Kasachstan

Remiz coronatus
**Kronenbeutelmeise**
*White-crowned Penduline Tit - Pájaro moscón coronado*
Severtsov, 1873
*s Kasachstan bis nw China, n Afghanistan und e Turkmenistan*

Remiz coronatus stoliczkae
**Stoliczkas Kronenbeutelmeise**
Hume, 1874
e Kasachstan bis s Sibirien, c Mongolei und n China

Remiz consobrinus
**Chinabeutelmeise**
*Chinese Penduline Tit - Pájaro moscón chino*
Swinhoe, 1870
*n China*

### Gattung: Anthoscopus

Anthoscopus punctifrons
**Sudanbeutelmeise**
*Sennar Penduline Tit - Pájaro moscón sudanés*
Sundevall, 1850
*s Mauretanien und Senegal bis e Sudan, Eritrea und n Süd-Sudan*

Anthoscopus parvulus
**Senegalbeutelmeise**
*Yellow Penduline Tit - Pájaro moscón amarillo*
Heuglin, 1864
*s Mauretanien bis Guinea Bissau, e bis Süd-Sudan und ne Demokratische Republik Kongo*

Anthoscopus musculus
**Graubeutelmeise**
*Mouse-colored Penduline Tit - Pájaro moscón gris*
Hartlaub, 1882
*c Äthiopien und Süd-Sudan bis Somalia, Kenia, n Tansania und ne Uganda*

Anthoscopus flavifrons
**Goldstirn-Beutelmeise**
*Forest Penduline Tit - Pájaro moscón frentigualdo*
Cassin, 1855
*se Nigeria und s Kamerun bis n Demokratische Republik Kongo und Gabun*

Anthoscopus flavifrons waldronae
**Ghana-Goldstirn-Beutelmeise**
Bannerman, 1935
Liberia bis Ghana
Anthoscopus flavifrons ruthae
**Kongo-Goldstirn-Beutelmeise**
Chapin, 1958
e Demokratische Republik Kongo

Anthoscopus caroli
**Blassstirn-Beutelmeise**
*Grey Penduline Tit - Pájaro moscón africano*
Sharpe, 1871
*s Angola und sw Sambia bis n Namibia und n Botswana*

Anthoscopus caroli roccatii
**Roccatis Blassstirn-Beutelmeise**
Salvadori, 1906
Uganda, ne Demokratische Republik Kongo, Rwanda, Burundi, w Kenia und nw Tansania
Anthoscopus caroli pallescens
**Tansania-Blassstirn-Beutelmeise**
Ulfstrand, 1960
w Tansania
Anthoscopus caroli ansorgei
**Ansorges Blassstirn-Beutelmeise**
Hartert, EJO, 1905
Kongo, w Demokratische Republik Kongo bis c Angola
Anthoscopus caroli rhodesiae
**Sambia-Blassstirn-Beutelmeise**
Sclater, WL, 1932
se Demokratische Republik Kongo, n Sambia und sw Tansania
Anthoscopus caroli robertsi
**Roberts Blassstirn-Beutelmeise**
Haagner, 1909
se Kenia bis ne Sambia, Malawi und n Mosambik
Anthoscopus caroli winterbottomi
**Winterbottom-Blassstirn-Beutelmeise**
White, CMN, 1946
s Demokratische Republik Kongo und nw Sambia
Anthoscopus caroli rankinei
**Simbabwe-Blassstirn-Beutelmeise**
Irwin, 1963
ne Simbabwe
Anthoscopus caroli hellmayri
**Hellmayrs Blassstirn-Beutelmeise**
Roberts, 1914
e, s Simbabwe, s Mosambik und ne Südafrika
Anthoscopus caroli sylviella
**Sylviella-Blassstirn-Beutelmeise**
Reichenow, 1904
sc Kenia bis c Tansania
Anthoscopus caroli sharpei
**Sharps Blassstirn-Beutelmeise**
Hartert, EJO, 1905
sw Kenia bis n Tansania

Anthoscopus minutus
**Kapbeutelmeise**
*Cape Penduline Tit - Pájaro moscón de El Cabo*
Shaw, 1812
*w, s Namibia, sw Botswana und w, c Südafrika*

Anthoscopus minutus damarensis
**Damarabeutelmeise**
Reichenow, 1905
w Angola und n Namibia, n, e Botswana, Simbabwe und n Südafrika
Anthoscopus minutus gigi
**Gigbeutelmeise**
Winterbottom, 1959
s Südafrika

### Gattung: Auriparus

Auriparus flaviceps
**Goldkopf-Beutelmeise**
*Verdin - Pájaro moscón baloncito*
Sundevall, 1850
*c Baja California, s Sonora und n Sinaloa (nw Mexico)*

Auriparus flaviceps acaciarum
**Sonora-Goldköpfchen**
Grinnell, 1931
sw USA bis n Baja California, c Sonora, c Chihuahua und c Durango (nw Mexico)

Auriparus flaviceps ornatus
**Lawrences Goldköpfchen**
Lawrence, 1851
sc USA und ne Mexico
Auriparus flaviceps lamprocephalus
**Oberholsers Goldköpfchen**
Oberholser, 1897
s Baja California (nw Mexico)
Auriparus flaviceps sinaloae
**Sinola-Goldköpfchen**
Phillips, AR, 1986
nw Sinaloa (nw Mexico)
Auriparus flaviceps hidalgensis
**Phillips Goldköpfchen**
Phillips, AR, 1986
nc Mexico

## Familie: Nicatoridae (Tropfenvögel)

### Gattung: Nicator

Nicator chloris
**Graukehl-Tropfenvogel**
*Western Nicator - Conquistador occidental*
Valenciennes, 1826
*Senegal und Gambia bis s Süd-Sudan, Uganda, w Tansania, Sambia und n Angola*

Nicator gularis
**Braunkopf-Tropfenvogel**
*Eastern Nicator - Conquistador oriental*
Hartlaub & Finsch, 1870
*s Somalia bis e Südafrika*

Nicator vireo
**Gelbkehl-Tropfenvogel**
*Yellow-throated Nicator - Conquistador gorjiamarillo*
Cabanis, 1876
*Kamerun bis ne Demokratische Republik Kongo und s bis n Angola*

## Familie: Panuridae (Bartmeisen)

### Gattung: Panurus

Panurus biarmicus
**Bartmeise**
*Bearded Reedling - Bigotudo*
Linnaeus, 1758
*w, c, s Europa bis sw Russland, Balkan und w Türkei*

Panurus biarmicus kosswigi
**Türkische Bartmeise**
Kumerloeve, 1959
sc Türkei
Panurus biarmicus russicus
**Eurasische Bartmeise**
Brehm, CL, 1831
ec, e Europa über s Russland bis ne China, Mongolei, Kasachstan und c Türkei

## Familie: Alaudidae (Lerchen)

### Gattung: Alaemon

Alaemon alaudipes
**Wüstenläuferlerche**
*Greater Hoopoe-Lark - Alondra ibis*
Desfontaines, 1789
*n Afrika von s Marokko und Mauretanien bis Sinai*

Alaemon alaudipes boavistae
**Kapverde-Wüstenläuferlerche**
Hartert, EJO, 1917
Sal, Boavista und Maio (e Cape Verde Is., s Makaronesien, w in n Afrika)
Alaemon alaudipes desertorum
**Arabische Wüstenläuferlerche**
Stanley, 1814
ne Sudan bis n Somalia, c Saudi-Arabien bis s Jemen
Alaemon alaudipes doriae
**Dorias Wüstenläuferlerche**
Salvadori, 1868
e Arabien bis Irak, Iran und nw Indien

Alaemon hamertoni
**Somaliläuferlerche**
*Lesser Hoopoe-Lark - Alondra de Hamerton*
Witherby, 1905
*ec Somalia*

Alaemon hamertoni alter
**Östliche Somaliläuferlerche**
Witherby, 1905
n, ne Somalia
Alaemon hamertoni tertius
**Westliche Somaliläuferlerche**
Clarke, S, 1919
nw Somalia

### Gattung: Chersomanes

Chersomanes beesleyi
**Beesleylerche**
*Beesley's Lark - Alondra de Beesley*
Benson, 1966
*ne Tansania*

Chersomanes albofasciata
**Zirplerche**
*Spike-heeled Lark - Alondra espolada*
Lafresnaye, 1836
*se Botswana bis c Südafrika*

Chersomanes albofasciata obscurata
**Dunkle Zirplerche**
Hartert, EJO, 1907
sw, c Angola
Chersomanes albofasciata erikssoni
**Erikssons Zirplerche**
Hartert, EJO, 1907
n Namibia
Chersomanes albofasciata kalahariae
**Kalahari-Zirplerche**
Ogilvie-Grant, 1912
s, w Botswana und n Südafrika
Chersomanes albofasciata boweni
**Namibia-Zirplerche**
Meyer de Schauensee, 1931
nw Namibia
Chersomanes albofasciata arenaria
**Kap-Zirplerche**
Reichenow, 1904
s Namibia und sw Südafrika
Chersomanes albofasciata barlowi
**Barlows Zirplerche**
White, CMN, 1961
e Botswana
Chersomanes albofasciata alticola
**Hochland-Zirplerche**
Roberts, 1932
ne Südafrika
Chersomanes albofasciata garrula
**Smiths Zirplerche**
Smith, A, 1846
w Südafrika
Chersomanes albofasciata macdonaldi
**McDonalds Zirplerche**
Winterbottom, 1958
s Südafrika

### Gattung: Ammomanopsis

Ammomanopsis grayi
**Namiblerche**
*Gray's Lark - Alondra de Gray*
Wahlberg, 1855
*wc, sw Namibia*

Ammomanopsis grayi hoeschi
**Höschs Namiblerche**
Niethammer, 1955
nw Namibia und sw Angola

### Gattung: Certhilauda

Certhilauda chuana
**Akazien-Langschnabellerche**
*Short-clawed Lark - Alondra chuana*
Smith, A, 1836
*se Botswana und n, ne Südafrika*

Certhilauda subcoronata
**Karoo-Langschnabellerche**
*Karoo Long-billed Lark - Alondra piquilarga*
Smith, A, 1843
*wc Südafrika*

Certhilauda subcoronata damarensis
**Damara-Langschnabellerche**
Sharpe, 1904
c Namibia

Certhilauda subcoronata bradshawi
**Namibia-Langschnabellerche**
Sharpe, 1904
s Namibia und nw Südafrika
Certhilauda subcoronata gilli
**Gilli-Langschnabellerche**
Roberts, 1936
s Südafrika

Certhilauda benguelensis
**Benguela-Langschnabellerche**
*Benguela Long-billed Lark - Alondra de Benguela*
Sharpe, 1904
*sw Angola und nw Namibia*

Certhilauda benguelensis kaokoensis
**Kaoko-Langschnabellerche**
Bradfield, 1944
nw und wc Namibia

Certhilauda semitorquata
**Transkei-Langschnabellerche**
*Eastern Long-billed Lark - Alondra de Transvaal*
Smith, A, 1836
*c Südafrika*

Certhilauda semitorquata transvaalensis
**Transvaal-Langschnabellerche**
Roberts, 1936
e Südafrika
Certhilauda semitorquata algida
**Quickelberges Langschnabellerche**
Quickelberge, 1967
se Südafrika

Certhilauda curvirostris
**Kap-Langschnabellerche**
*Cape Long-billed Lark - Alondra de El Cabo*
Hermann, 1783
*sw Südafrika*

Certhilauda curvirostris falcirostris
**Reichenows Langschnabellerche**
Reichenow, 1916
sw Namibia bis w Südafrika

Certhilauda brevirostris
**Agulhas-Langschnabellerche**
*Agulhas Long-billed Lark - Alondra de Agulhas*
Roberts, 1941
*s Südafrika*

## Gattung: Pinarocorys

Pinarocorys nigricans
**Drossellerche**
*Dusky Lark - Alondra oscura*
Sundevall, 1850
*se Demokratische Republik Kongo, nw Sambia und sw Tansania*

Pinarocorys nigricans occidentis
**Angola-Drossellerche**
Clancey, 1968
sw Demokratische Republik Kongo und n Angola

Pinarocorys erythropygia
**Rotbürzellerche**
*Rufous-rumped Lark - Alondra colirrufa*
Strickland, 1852
*Mali, Guinea und Sierra Leone bis e Sudan, Süd-Sudan und nw Uganda*

## Gattung: Ramphocoris

Ramphocoris clotbey
**Knackerlerche**
*Thick-billed Lark - Calandria picogorda*
Bonaparte, 1850
*Mauretanien und Marokko bis Libyen, c Arabische Halbinsel*

## Gattung: Ammomanes

Ammomanes deserti
**Steinlerche**
*Desert Lark - Terrera sahariana*
Lichtenstein, MHC, 1823
*e Ägypten bis n Sudan*

Ammomanes deserti payni
**Marikko-Steinlerche**
Hartert, EJO, 1924
s Marokko, sw Algerien

Ammomanes deserti algeriensis
**Algerische Steinlerche**
Sharpe, 1890
n Algerien, Tunesien, nw Libyen und nw Chad
Ammomanes deserti whitakeri
**Whitakers Steinlerche**
Hartert, EJO, 1911
se Algerien und sw Libyen
Ammomanes deserti mya
**Mya-Steinlerche**
Hartert, EJO, 1912
c Algerien
Ammomanes deserti geyri
**Niger-Steinlerche**
Hartert, EJO, 1024
Mauretanien bis s Algerien und nw Niger
Ammomanes deserti kollmannspergeri
**Sudan-Steinlerche**
Niethammer, 1955
ne Chad und w Sudan
Ammomanes deserti erythrochroa
**Tschad-Steinlerche**
Reichenow, 1904
w Chad bis c Sudan
Ammomanes deserti isabellina
**Isabellsteinlerche**
Temminck, 1823
n Ägypten bis s Türkei, Syrien, c Arabien und n, sw Irak
Ammomanes deserti samharensis
**Arabische Steinlerche**
Shelley, 1902
ne Sudan, Eritrea und s Arabien
Ammomanes deserti taimuri
**Oman-Steinlerche**
Meyer de Schauensee & Ripley, 1953
n Oman und UAE
Ammomanes deserti assabensis
**Eritrea-Steinlerche**
Salvadori, 1902
s Eritrea, Äthiopien und nw Somalia
Ammomanes deserti akeleyi
**Somalia-Steinlerche**
Elliot, DG, 1897
n Somalia
Ammomanes deserti azizi
**Aziz-Steinlerche**
Ticehurst & Cheesman, 1924
ec Arabien
Ammomanes deserti saturata
**Südarabische Steinlerche**
Ogilvie-Grant, 1900
s Arabien
Ammomanes deserti insularis
**Bahrain-Steinlerche**
Ripley, 1951
Bahrain
Ammomanes deserti annae
**Annas Steinlerche**
Meinertzhagen, R, 1923
Jordanien und s Syrien
Ammomanes deserti cheesmani
**Irakische Steinlerche**
Meinertzhagen, R, 1923
e Irak und w Iran
Ammomanes deserti parvirostris
**Turkmenische Steinlerche**
Hartert, EJO, 1890
ne Iran und w Turkmenistan
Ammomanes deserti orientalis
**Afghanische Steinlerche**
Zarudny & Loudon, 1904
ne Iran, n Afghanistan, s Turkmenistan, s Usbekistan und s Tadschikistan
Ammomanes deserti iranica
**Pakistanische Steinlerche**
Zarudny, 1911
c, s, e Iran bis s Afghanistan und w Pakistan
Ammomanes deserti phoenicuroides
**Indische Steinlerche**
Blyth, 1853
se Afghanistan, e Pakistan und nw Indien

Ammomanes cinctura
**Sandlerche**
*Bar-tailed Lark - Terrera colinegra*
Gould, 1839
*São Nicolau (nc), Sal und Boavista (ne), Fogo, Santiago und Maio (sc Cape Verde Is.; s Makaronesien, w in n Afrika)*

Ammomanes cinctura arenicolor
**Sandfarbene Sandlerche**
Sundevall, 1850
North Afrikanische Wüsten bis Sinai Halbinsel und w Arabien
Ammomanes cinctura zarudnyi
**Zarudnys Sandlerche**
Hartert, EJO, 1902
e Iran, s Afghanistan und s Pakistan

Ammomanes phoenicura
**Rotschwanzlerche**
*Rufous-tailed Lark - Terrera colirroja*
Franklin, 1831
*ne Pakistan und c Indien*

Ammomanes phoenicura testacea
**Indische Rotschwanzlerche**
Koelz, 1951
*s Indien*

## Gattung: Eremopterix

Eremopterix australis
**Schwarzwangenlerche**
*Black-eared Sparrow-Lark - Terrera orejinegra*
Smith, A, 1836
*Namibia und s Botswana bis Südafrika*

Eremopterix hova
**Madagaskarlerche**
*Madagascar Lark - Alondra malgache*
Hartlaub, 1860
*Madagascar*

Eremopterix nigriceps
**Weißstirnlerche**
*Black-crowned Sparrow-Lark - Terrera negrita*
Gould, 1839
*Fogo, Santiago, Maio und Boavista (s bis sc Cape Verde Is., s Makaronesien, w in n Afrika)*

Eremopterix nigriceps albifrons
**Senegal-Weißstirnlerche**
Sundevall, 1850
Mauretanien und Senegal bis Sudan
Eremopterix nigriceps melanauchen
**Somalia-Weißstirnlerche**
Cabanis, 1851
e Sudan bis Somalia, Arabien, s Irak, Socotra, Iran und Pakistan

Eremopterix leucotis
**Weißwangenlerche**
*Chestnut-backed Sparrow-Lark - Terrera orejiblanca*
Stanley, 1814
*s, e Sudan, Eritrea, Äthiopien und nw Somalia*

Eremopterix leucotis melanocephalus
**Senegal-Weißwangenlerche**
Lichtenstein, MHC, 1823
Senegal und Gambia bis c Sudan
Eremopterix leucotis madaraszi
**Madarasz-Weißwangenlerche**
Reichenow, 1902
s Somalia und Kenia bis n Malawi und n Mosambik
Eremopterix leucotis hoeschi
**Höschs Weißwangenlerche**
White, CMN, 1959
s Angola und n Namibia bis w Simbabwe
Eremopterix leucotis smithi
**Sniths Weißwangenlerche**
Bonaparte, 1850
s Sambia und s Malawi bis e Südafrika

Eremopterix griseus
**Grauscheitellerche**
*Ashy-crowned Sparrow-Lark - Terrera coronigrís*
Scopoli, 1786
*Indien und Pakistan*

Eremopterix signatus
**Harlekinlerche**
*Chestnut-headed Sparrow-Lark - Terrera señalada*
Oustalet, 1886
*s, e Äthiopien, Somalia und e Kenia*

Eremopterix signatus harrisoni
**Harrisons Harlekinlerche**
Ogilvie-Grant, 1900
se Sudan und nw Kenia

Eremopterix verticalis
**Graurückenlerche**
*Grey-backed Sparrow-Lark - Terrera dorsigrís*
Smith, A, 1836
*se Botswana und sw Simbabwe bis s Südafrika*

Eremopterix verticalis khama
**Khama-Graurückenlerche**
Irwin, 1957
ne Botswana, w Simbabwe und w Sambia

Eremopterix verticalis harti
**Harts Graurückenlerche**
Benson & Irwin, 1965
sw Sambia
Eremopterix verticalis damarensis
**Damara-Graurückenlerche**
Roberts, 1931
w Angola und sw Sambia bis w Südafrika

Eremopterix leucopareia
**Braunscheitellerche**
*Fischer's Sparrow-Lark - Terrera cariblanca*
Fischer, GA & Reichenow, 1884
*c Kenia bis e Sambia, Malawi und nw Mosambik*

## Gattung: Calendulauda

Calendulauda rufa
**Rostlerche**
*Rusty Bush Lark - Alondra rufa*
Lynes, 1920
*Chad und w Sudan*

Calendulauda rufa nigriticola
**Mali-Rostlerche**
Bates, GL, 1932
Mali bis Niger
Calendulauda rufa lynesi
**Sudan-Rostlerche**
Grant, CHB & Mackworth-Praed, 1933
c Sudan

Calendulauda sabota
**Sabotalerche**
*Sabota Lark - Alondra sabota*
Smith, A, 1836
*e Botswana, c Simbabwe und ne Südafrika*

Calendulauda sabota plebeja
**Cabinda-Sabotalerche**
Cabanis, 1875
Cabinda Küste (nw Angola)
Calendulauda sabota ansorgei
**Ansorges Sabotalerche**
Sclater, WL, 1926
w Angola
Calendulauda sabota naevia
**Namibia-Sabotalerche**
Strickland, 1853
nw Namibia
Calendulauda sabota waibeli
**Waibels Sabotalerche**
Grote, 1922
n Namibia und n Botswana
Calendulauda sabota herero
**Herero-Sabotalerche**
Roberts, 1936
s und c Namibia und nw Südafrika
Calendulauda sabota sabotoides
**Botswana-Sabotalerche**
Roberts, 1932
c, s Botswana, w Simbabwe und n Südafrika
Calendulauda sabota suffusca
**Mosambik-Sabotalerche**
Clancey, 1958
se Simbabwe, s Mosambik und e Südafrika
Calendulauda sabota bradfieldi
**Bradfields Sabotalerche**
Roberts, 1928
c Südafrika

Calendulauda poecilosterna
**Fahlbrustlerche**
*Pink-breasted Lark - Alondra pechirrosa*
Reichenow, 1879
*se Süd-Sudan und s Äthiopien über Kenia bis s Somalia, ne Tansania und e Uganda*

Calendulauda gilletti
**Gillettlerche**
*Gillett's Lark - Alondra de Gillett*
Sharpe, 1895
*e Äthiopien und nw Somalia*

Calendulauda gilletti degodiensis
**Äthiopien-Gillettlerche**
Érard, 1976
se Äthiopien
Calendulauda gilletti arorihensis
**Somalia-Gillettlerche**
Érard, 1976
c Somalia bis ne Kenia

Calendulauda africanoides
## Savannenlerche
*Fawn-colored Lark - Alondra leonada*
Smith, A, 1836
*extremer e Äthiopien und n Somalia, s Namibia, s, e Botswana, sw Simbabwe und n Südafrika*

Calendulauda africanoides trapnelli
### Trapnell-Steppenlerche
White, CMN, 1943
*se Angola und sw Sambia*
Calendulauda africanoides harei
### Hares Steppenlerche
Roberts, 1917
*c Namibia bis sw Botswana und nw Südafrika*
Calendulauda africanoides makarikari
### Angola-Steppenlerche
Roberts, 1932
*sw Angola und n Namibia bis w Sambia und n, c Botswana*
Calendulauda africanoides sarwensis
### Namibia-Steppenlerche
Roberts, 1932
*w Botswana, e Namibia und nc Südafrika*
Calendulauda africanoides vincenti
### Vincents Steppenlerche
Roberts, 1938
*c Simbabwe und s Mosambik*

Calendulauda albescens
## Karoolerche
*Karoo Lark - Alondra del Karoo*
Lafresnaye, 1839
*sw Südafrika*

Calendulauda albescens codea
### Westliche Karoolerche
Smith, A, 1843
*Küste w Südafrika*
Calendulauda albescens guttata
### Inland-Karoolerche
Lafresnaye, 1839
*w Südafrika*
Calendulauda albescens karruensis
### Südliche Karoolerche
Roberts, 1936
*s Südafrika*

Calendulauda burra
## Kalaharilerche
*Red Lark - Alondra roja*
Bangs, 1930
*c Südafrika*

Calendulauda erythrochlamys
## Rotdünenlerche
*Dune Lark - Alondra de las dunas*
Strickland, 1853
*Kuiseb River (Walvis Bay) bis Koichab River (wc Namibia)*

Calendulauda erythrochlamys barlowi
### Koichab-Rotdünenlerche
Roberts, 1937
*Koichab-Fluss bis Aus (Südnamibia)*
Calendulauda erythrochlamys patae
### Küsten-Rotdünenlerche
Macdonald, 1953
*Südwestküste Namibias bis Nordwesten Südafrikas*
Calendulauda erythrochlamys cavei
### Südliche Rotdünenlerche
Macdonald, 1953
*Südwest-Namibia bis Nordwest-Südafrika im Landesinneren*

## Gattung: Heteromirafra

Heteromirafra ruddi
## Transvaalspornlerche
*Rudd's Lark - Alondra de Rudd*
Grant, CHB, 1908
*e Südafrika*

Heteromirafra archeri
## Somalispornlerche
*Archer's Lark - Alondra de Archer*
Clarke, S, 1920
*sc, ne Äthiopien und nw Somalia*

## Gattung: Mirafra

Mirafra passerina
## Sperlingslerche
*Monotonous Lark - Alondra monótona*
Gyldenstolpe, 1926
*w Angola bis c Sambia und s bis n Südafrika*

Mirafra pulpa
## Friedmannlerche
*Friedmann's Lark - Alondra de Friedmann*
Friedmann, 1930
*sc Äthiopien, c Kenia, se Kenia und ne Tansania*

Mirafra cordofanica
## Kordofanlerche
*Kordofan Lark - Alondra del Kordofán*
Strickland, 1852
*Mauretanien und Senegal bis Niger; e Chad, s Sudan und n Süd-Sudan*

Mirafra williamsi
## Williamslerche
*Williams's Lark - Alondra de Williams*
Macdonald, 1956
*n, c Kenia*

Mirafra javanica
## Horsfieldlerche
*Singing Bush Lark - Alondra de Java*
Horsfield, 1821
*Borneo, Java, Bali und Lombok (w Lesser Sundas)*

Mirafra javanica marginata
### Somalia-Horsfieldlerche
Hawker, 1898
*s Sudan bis Somalia, Kenia und ne Tansania*
Mirafra javanica chadensis
### Chad-Horsfieldlerche
Alexander, 1908
*Senegal bis c Sudan und w Äthiopien*
Mirafra javanica simplex
### Arabische Horsfieldlerche
Heuglin, 1868
*w, s Arabien*
Mirafra javanica cantillans
### Pakistanische Horsfieldlerche
Blyth, 1845
*Pakistan, Indien und Bangladesch*
Mirafra javanica williamsoni
### Williamsons Javalerche
Baker, ECS, 1915
*c Myanmar bis s China, c, sc Thailand, Kambodscha und c, s Vietnam*
Mirafra javanica philippinensis
### Philippinen-Horsfieldlerche
Wardlaw-Ramsay, RG, 1886
*Luzon Gruppe und Mindoro (n Philippinen)*
Mirafra javanica mindanensis
### Mindanao-Horsfieldlerche
Hachisuka, 1931
*Visayas und Mindanao Gruppe (s Philippinen)*
Mirafra javanica parva
### Sunda-Horsfieldlerche
Swinhoe, 1871
*Sumbawa bis Flores und Sumba (w, c Lesser Sundas)*
Mirafra javanica timorensis
### Timor-Horsfieldlerche
Mayr, 1944
*Sawu (w Timor) und Timor (e Lesser Sundas)*
Mirafra javanica aliena
### Nordneuguinea-Horsfieldlerche
Greenway, 1935
*ne, sc, se Neuguinea*
Mirafra javanica woodwardi
### Woodwards Javalerche
Milligan, 1901
*w Western Australia (nw Australien)*
Mirafra javanica halli
### Halls Javalerche
Bianchi, 1907
*nc Western Australia (nw Australien)*
Mirafra javanica forresti
### Forrestis Javalerche
Mayr & McEvey, 1960
*ne Western Australia (nc Australien)*
Mirafra javanica melvillensis
### Melville-Horsfieldlerche
Mathews, 1912
*Bathurst und Melville is. (Tiwi Is., n Nortern Territory; nc Australien)*
Mirafra javanica soderbergi
### Soderbergs Javalerche
Mathews, 1921
*Top End, n Nortern Territory (nc Australien)*
Mirafra javanica rufescens
### Australische Horsfieldlerche
Ingram, C, 1906
*sc Nortern Territory und ne South Australia bis w Queensland (ec Australien)*
Mirafra javanica athertonensis
### Nördliche Horsfieldlerche
Schodde & Mason, IJ, 1999
*ne Australien*
Mirafra javanica horsfieldii
### Östliche Horsfieldlerche
Gould, 1847
*Cape York Halbinsel (außer n), ne Queensland bis Victoria und e South Australia (ne bis se Australien)*

Mirafra javanica secunda
**Südliche Horsfieldlerche**
Sharpe, 1890
se South Australia (sc Australien)

Mirafra cheniana
**Spottlerche**
*Melodious Lark - Alondra melodiosa*
Smith, A, 1843
c Simbabwe und c, e Südafrika, in sw Kenia und n Tansania (Mara, Serengeti)

Mirafra albicauda
**Weißschwanzlerche**
*White-tailed Lark - Alondra coliblanca*
Reichenow, 1891
w Chad; e Sudan, ne Süd-Sudan, sc Äthiopien; Uganda und w Kenia bis c Tansania

## Gattung: Plocealauda

Plocealauda microptera
**Burmalerche**
*Burmese Bush Lark - Alondra birmana*
Hume, 1873
c Myanmar

Plocealauda erythrocephala
**Indochinalerche**
*Indochinese Bush Lark - Alondra indochina*
Salvadori & Giglioli, 1885
se Asien

Plocealauda affinis
**Jerdonlerche**
*Jerdon's Bush Lark - Alondra de Jerdon*
Blyth, 1845
s Indien und Sri Lanka

Plocealauda erythroptera
**Rotflügellerche**
*Indian Bush Lark - Alondra india*
Blyth, 1845
Pakistan und nw, c, sc Indien

Plocealauda assamica
**Bengalenlerche**
*Bengal Bush Lark - Alondra de Assam*
Horsfield, 1840
n Indien bis s Nepal, Bhutan, Bangladesch und w Myanmar

## Gattung: Amirafra

Amirafra collaris
**Halsbandlerche**
*Collared Lark - Alondra acollarada*
Sharpe, 1896
e Äthiopien und Somalia bis c Kenia

Amirafra angolensis
**Angolalerche**
*Angola Lark - Alondra angoleña*
Barboza du Bocage, 1880
n, w, c Angola

Amirafra angolensis marungensis
**Kongolerche**
Hall, BP, 1958
se Demokratische Republik Kongo und sw Tansania
Amirafra angolensis antonii
**Antonis Angolalerche**
Hall, BP, 1958
e Angola bis s Demokratische Republik Kongo und nw Sambia

Amirafra rufocinnamomea
**Baumklapperlerche**
*Flappet Lark - Alondra aplaudidora canela*
Salvadori, 1866
nw, c Äthiopien

Amirafra rufocinnamomea buckleyi
**Buckleys Baumklapperlerche**
Shelley, 1873
s Mauretanien und Senegal bis n Kamerun
Amirafra rufocinnamomea serlei
**Nigeria-Baumklapperlerche**
White, CMN, 1960
se Nigeria
Amirafra rufocinnamomea tigrina
**Kamerun-Baumklapperlerche**
Oustalet, 1892
e Kamerun bis n Demokratische Republik Kongo

Amirafra rufocinnamomea furensis
**Westsudan-Baumklapperlerche**
Lynes, 1923
wc Sudan
Amirafra rufocinnamomea sobatensis
**Sudan-Baumklapperlerche**
Lynes, 1914
c Sudan
Amirafra rufocinnamomea omoensis
**Äthiopien-Baumklapperlerche**
Neumann, 1928
sw Äthiopien
Amirafra rufocinnamomea torrida
**Uganda-Baumklapperlerche**
Shelley, 1882
se Sudan und s Äthiopien bis n Uganda, c Kenia und c Tansania
Amirafra rufocinnamomea kawirondensis
**Kongo-Baumklapperlerche**
Van Someren, 1921
e Demokratische Republik Kongo, w Uganda und w Kenia
Amirafra rufocinnamomea fischeri
**Fischers Baumklapperlerche**
Reichenow, 1878
Angola, s Demokratische Republik Kongo, n Sambia und n Mosambik n über e Tansania,
e Kenia bis s Somalia
Amirafra rufocinnamomea schoutedeni
**Gabun-Baumklapperlerche**
White, CMN, 1956
Gabun und Zentralafrikanische Republik bis w Demokratische Republik Kongo und nw
Angola
Amirafra rufocinnamomea lwenarum
**Sambia-Baumklapperlerche**
White, CMN, 1945
nw Sambia
Amirafra rufocinnamomea smithersi
**Smithers-Baumklapperlerche**
White, CMN, 1956
n Sambia, Simbabwe, ne Botswana und n Südafrika
Amirafra rufocinnamomea pintoi
**Pintos Baumklapperlerche**
White, CMN, 1956
s Mosambik, Swaziland und ne Südafrika
Amirafra rufocinnamomea mababiensis
**Botswana-Baumklapperlerche**
Roberts, 1932
w Sambia bis c Botswana

## Gattung: Corypha

Corypha apiata
**Grasklapperlerche**
*Cape Clapper Lark - Alondra aplaudidora de El Cabo*
Vieillot, 1816
sw Namibia und w Südafrika

Corypha apiata marjoriae
**Südliche Grasklapperlerche**
Winterbottom, 1956
sw Südafrika

Corypha fasciolata
**Ostklapperlerche**
*Eastern Clapper Lark - Alondra aplaudidora oriental*
Sundevall, 1850
sc Botswana und n, c Südafrika

Corypha fasciolata reynoldsi
**Reynolds Ostklapperlerche**
Benson & Irwin, 1965
n Namibia, n Botswana und sw Sambia
Corypha fasciolata jappi
**Japp-Ostklapperlerche**
Traylor, 1962
w Sambia
Corypha fasciolata nata
**Nata-Ostklapperlerche**
Smithers, 1955
ne Botswana
Corypha fasciolata damarensis
**Damara-Ostklapperlerche**
Sharpe, 1875
n, c Namibia und w, c Botswana

Corypha kidepoensis
**Uganda-Riesenlerche**
*Kidepo Lark - Alondra Kidepo*
Macdonald, 1940
s Sudan und ne Uganda

Corypha kidepoensis kathangorensis
**Sudan-Riesenlerche**
Cave, 1940
se Sudan

Corypha hypermetra
**Riesenlerche**
*Red-winged Lark - Alondra alirroja*
Reichenow, 1879
s Somalia bis ne Tansania

Corypha hypermetra gallarum
**Äthiopien-Riesenlerche**
Hartert, EJO, 1907
Äthiopien

Corypha kurrae
**Gebirgs-Kurzhaubenlerche**
*Highland Lark - Alondra de montana*
Lynes, 1923
w Sudan

Corypha kurrae henrici
**Henrics Kurzhaubenlerche**
Bates, GL, 1930
Guinea bis sw Elfenbeinküste
Corypha kurrae batesi
**Nigeria-Kurzhaubenlerche**
Bannerman, 1923
c Nigeria bis se Niger und w Chad
Corypha kurrae stresemanni
**Stresemanns Kurzhaubenlerche**
Bannerman, 1923
nc Kamerun
Corypha kurrae bamendae
**Kamerun-Kurzhaubenlerche**
Serle, 1959
w Kamerun

Corypha africana
**Kurzhaubenlerche**
*Rufous-naped Lark - Alondra nuquirrufa*
Smith, A, 1836
se Südafrika

Corypha africana tropicalis
**Tropische Kurzhaubenlerche**
Hartert, EJO, 1900
e Uganda und w Kenia bis nw Tansania
Corypha africana ruwenzoria
**Ruwenzon-Kurzhaubenlerche**
Kinnear, 1921
e Demokratische Republik Kongo bis sw Uganda
Corypha africana malbranti
**Malbrants Kurzhaubenlerche**
Chapin, 1946
Gabun bis s Demokratische Republik Kongo
Corypha africana chapini
**Chapins Kurzhaubenlerche**
Grant, CHB & Mackworth-Praed, 1939
se Demokratische Republik Kongo und nw Sambia
Corypha africana occidentalis
**Angola-Kurzhaubenlerche**
Hartlaub, 1857
w Angola
Corypha africana grisescens
**Sambia-Kurzhaubenlerche**
Sharpe, 1902
w Sambia, n Botswana und nw Simbabwe
Corypha africana pallida
**Namibia-Kurzhaubenlerche**
Sharpe, 1902
sw Angola und nw Namibia
Corypha africana ghansiensis
**Botswana-Kurzhaubenlerche**
Roberts, 1932
e Namibia und w Botswana
Corypha africana isolata
**Malawi-Kurzhaubenlerche**
Clancey, 1956
se Malawi
Corypha africana transvaalensis
**Transvaal-Kurzhaubenlerche**
Hartert, EJO, 1900
Tansania bis n Südafrika

Corypha athi
**Kenia-Kurzhaubenlerche**
*Sentinel Lark - Alondra de Kenia*
Hartert, EJO, 1900
c Kenia bis ne Tansania

Corypha athi harterti
**Harters Kurzhaubenlerche**
Neumann, 1908
sc Kenia

Corypha kabalii
**Kabali-Kurzhaubenlerche**
*Plains Lark - Alondra kabali*
White, CMN, 1943
ne Angola und nw Sambia

Corypha kabalii malbranti
**Malbrants Kurzhaubenlerche**
Chapin, 1946
Gabun bis s Demokratische Republik Kongo
Corypha kabalii gomesi
**Gomes-Kurzhaubenlerche**
White, CMN, 1944
e Angola und w Sambia

Corypha nigrescens
**Hochland-Kurzhaubenlerche**
*Plateau Lark - Alondra montesina*
Reichenow, 1900
ne Sambia und s Tansania

Corypha nigrescens nyikae
**Bensons Kurzhaubenlerche**
Benson, 1939
e Sambia, n Malawi und sw Tansania

Corypha sharpii
**Fahllerche**
*Sharpe's Lark - Alondra de Sharpe*
Elliot, DG, 1897
nw Somalia

Corypha somalica
**Somaliriesenlerche**
*Somali Lark - Alondra somalí*
Witherby, 1903
n Somalia

Corypha somalica rochei
**Roches Somaliriesenlerche**
Colston, 1982
c Somalia



Lullula arborea
**Heidelerche**
*Woodlark - Alondra totovía*
Linnaeus, 1758
n, w, c Europa bis w Russland und Ukraine

Lullula arborea pallida
**Südliche Heidelerche**
Zarudny, 1902
s Europa und nw Afrika über Mittlerer Osten bis Iran und Turkmenistan



Spizocorys obbiensis
**Obbialerche**
*Obbia Lark - Alondra de Obbia*
Witherby, 1905
Küste sc Somalia

Spizocorys sclateri
**Ammernlerche**
*Sclater's Lark - Alondra de Sclater*
Shelley, 1902
w Südafrika, s Namibia

Spizocorys starki
**Falblerche**
*Stark's Lark - Alondra de Stark*
Shelley, 1902
w Angola bis c Südafrika

Spizocorys fremantlii
**Kurzschwanzlerche**
*Short-tailed Lark - Alondra colicorta*
Lort Phillips, 1897
se Äthiopien und Somalia

Spizocorys fremantlii megaensis
**Kenia-Kurzschwanzlerche**
Benson, 1946
s Äthiopien und n Kenia
Spizocorys fremantlii delamerei
**Tansania-Kurzschwanzlerche**
Sharpe, 1900
s Kenia und n Tansania

Spizocorys personata
**Maskenlerche**
*Masked Lark - Alondra enmascarada*
Sharpe, 1895
e Äthiopien

Spizocorys personata yavelloensis
**Äthiopien-Maskenlerche**
Benson, 1947
s Äthiopien und n Kenia
Spizocorys personata mcchesneyi
**Marsabit-Maskenlerche**
Williams, JG, 1957
Marsabit Plateau (n Kenia)
Spizocorys personata intensa
**Kenia-Maskenlerche**
Rothschild, 1931
c Kenia

Spizocorys fringillaris
**Finkenlerche**
*Botha's Lark - Alondra de Botha*
Sundevall, 1850
*ne Südafrika*

Spizocorys conirostris
**Rotschnabellerche**
*Pink-billed Lark - Alondra piquirrosa*
Sundevall, 1850
*se Botswana und n, c, e Südafrika*

Spizocorys conirostris damarensis
**Damara-Rotschnabellerche**
Roberts, 1922
nw Namibia
Spizocorys conirostris crypta
**Botswana-Rotschnabellerche**
Irwin, 1957
ne Botswana
Spizocorys conirostris makawai
**Makawa-Rotschnabellerche**
Traylor, 1962
w Sambia
Spizocorys conirostris harti
**Sambia-Rotschnabellerche**
Benson, 1964
sw Sambia
Spizocorys conirostris barlowi
**Barlows Rotschnabellerche**
Roberts, 1942
s Namibia, s Botswana und nw Südafrika

## Gattung: Alauda

Alauda leucoptera
**Weißflügellerche**
*White-winged Lark - Calandria aliblanca*
Pallas, 1811
*s Ukraine über Kasachstan bis sc Russland*

Alauda razae
**Rasolerche**
*Raso Lark - Alondra de Razo*
Alexander, 1898
*Raso (sc Cape Verde Is., s Makaronesien, nw von n Afrika)*

Alauda gulgula
**Orientfeldlerche**
*Oriental Skylark - Alondra oriental*
Franklin, 1831
*nc Indien bis Sri Lanka und e bis n Indochina*

Alauda gulgula lhamarum
**Pamirfeldlerche**
Meinertzhagen, R & Meinertzhagen, A, 1926
Pamir Mts. und w Himalaya
Alauda gulgula inopinata
**Tibetfeldlerche**
Bianchi, 1904
Tibetische Hochebene und nw China
Alauda gulgula vernayi
**Himalayafeldlerche**
Mayr, 1941
e Himalaya und sw China
Alauda gulgula inconspicua
**Pakistanfeldlerche**
Severtsov, 1873
s Kasachstan bis e Iran, Pakistan und nw Indien
Alauda gulgula dharmakumarsinhjii
**Westindienfeldlerche**
Abdulali, 1976
wc Indien
Alauda gulgula australis
**Südindienfeldlerche**
Brooks, WE, 1873
sw Indien
Alauda gulgula weigoldi
**Weigolds Orientfeldlerche**
Hartert, EJO, 1922
c, e China

Alauda gulgula coelivox
**Südchinafeldlerche**
Swinhoe, 1859
s, se China, n Vietnam
Alauda gulgula sala
**Hainanfeldlerche**
Swinhoe, 1870
Hainan Insel (vor se China)
Alauda gulgula herberti
**Herberts Orientfeldlerche**
Hartert, EJO, 1923
c, se Thailand bis s Vietnam
Alauda gulgula wattersi
**Taiwanfeldlerche**
Swinhoe, 1871
Taiwan
Alauda gulgula wolfei
**Luzonfeldlerche**
Hachisuka, 1930
Philippinen (außer Palawan Gruppe und Sulu Archipel)

Alauda arvensis
**Feldlerche**
*Eurasian Skylark - Alondra común*
Linnaeus, 1758
*n, w, c Europa*

Alauda arvensis sierrae
**Iberiafeldlerche**
Weigold, 1913
Portugal, c, s Spanien
Alauda arvensis harterti
**Harters Feldlerche**
Whitaker, 1904
nw Afrika
Alauda arvensis cantarella
**Südeuropäische Feldlerche**
Bonaparte, 1850
s Europa von ne Spanien bis Türkei und Kaukasus
Alauda arvensis armenica
**Armenische Feldlerche**
Bogdanov, 1879
se Türkei bis Iran
Alauda arvensis dulcivox
**Sibirische Feldlerche**
Hume, 1872
se Europäisch Russland und w Sibirien bis nw China und sw Mongolei
Alauda arvensis kiborti
**Mongolische Feldlerche**
Zaliesski, 1917
s Sibirien, n, e Mongolei und ne China
Alauda arvensis intermedia
**Koreanische Feldlerche**
Swinhoe, 1863
nc Sibirien bis ne China und Koreanische Halbinsel
Alauda arvensis pekinensis
**Kamtschatka-Feldlerche**
Swinhoe, 1863
ne Sibirien, Kamtschatka Halbinsel und Kuril Is.
Alauda arvensis lonnbergi
**Sakhalin-Feldlerche**
Hachisuka, 1926
n Sakhalin Insel
Alauda arvensis japonica
**Japan-Feldlerche**
Temminck & Schlegel, 1848
s Sakhalin Insel, s Kuril Is., Japan und Ryukyu Is.

## Gattung: Galerida

Galerida deva
**Devalerche**
*Sykes's Lark - Cogujada de Deva*
Sykes, 1832
c Indien

Galerida modesta
**Sonnenlerche**
*Sun Lark - Cogujada modesta*
Heuglin, 1864
*Burkina Faso und n Ghana e bis s Sudan*

Galerida modesta nigrita
**Senegal-Sonnenlerche**
Grote, 1920
Senegal und Gambia, Guinea, Sierra Leone und s Mali
Galerida modesta struempelli
**Strümpells Sonnenlerche**
Reichenow, 1910
Kamerun
Galerida modesta bucolica
**Kongo-Sonnenlerche**
Hartlaub, 1887
se Zentralafrikanische Republik, ne Demokratische Republik Kongo und extremer nw Uganda

Galerida magnirostris
**Dickschnabellerche**
*Large-billed Lark - Cogujada picogorda*
Stephens, 1826
sw Südafrika

Galerida magnirostris sedentaria
**Namibia-Dickschnabellerche**
Clancey, 1993
sw Namibia und w Südafrika
Galerida magnirostris harei
**Südafrika-Dickschnabellerche**
Roberts, 1924
c Südafrika, Lesotho

Galerida theklae
**Theklalerche**
*Thekla's Lark - Cogujada montesina*
Brehm, AE, 1857
Portugal, Spanien, Balearen Is. und extremer s Frankreich

Galerida theklae erlangeri
**Erlangers Theklalerche**
Hartert, EJO, 1904
n Marokko
Galerida theklae ruficolor
**Marokko-Theklalerche**
Whitaker, 1898
c, ne Marokko, n Algerien und n Tunesien
Galerida theklae theresae
**Theresas Theklalerche**
Meinertzhagen, R, 1939
sw Marokko und Mauretanien
Galerida theklae superflua
**Algerien-Theklalerche**
Hartert, EJO, 1897
e Marokko, n Algerien und e Tunesien
Galerida theklae carolinae
**Carolinas Theklalerche**
Erlanger, 1897
e Marokko über n Sahara bis nw Ägypten
Galerida theklae harrarensis
**Harrare-Theklalerche**
Érard & Jarry, 1973
e Äthiopien
Galerida theklae huei
**Äthiopien-Theklalerche**
Érard & Naurois, 1973
sc Äthiopien
Galerida theklae praetermissa
**Eritrea-Theklalerche**
Blanford, 1869
s Eritrea bis c Äthiopien
Galerida theklae ellioti
**Elliots Theklalerche**
Hartert, EJO, 1897
n, c Somalia
Galerida theklae mallablensis
**Somalia-Theklalerche**
Colston, 1982
s Somalia
Galerida theklae huriensis
**Kenia-Theklalerche**
Benson, 1947
s Äthiopien und n Kenia

Galerida cristata
**Haubenlerche**
*Crested Lark - Cogujada común*
Linnaeus, 1758
s Skandinavien und Frankreich e bis Ukraine und Ungarn

Galerida cristata pallida
**Iberische Haubenlerche**
Brehm, CL, 1858
Iberische Halbinsel
Galerida cristata neumanni
**Neumanns Haubenlerche**
Hilgert, 1907
wc Italien
Galerida cristata apuliae
**Sizilien-Haubenlerche**
von Jordans, 1935
s Italien und Sizilien
Galerida cristata meridionalis
**Griechische Haubenlerche**
Brehm, CL, 1841
e Kroatien bis c Griechenland und w Türkei
Galerida cristata cypriaca
**Zypern-Haubenlerche**
Bianchi, 1907
Rhodos, Karpathos und Zypern
Galerida cristata tenuirostris
**Brehms Haubenlerche**
Brehm, CL, 1858
e Ungarn und Rumänien bis s Russland und Kasachstan
Galerida cristata caucasica
**Türkische Haubenlerche**
Taczanowski, 1888
e Aegean is., n Türkei und s Kaukasus

Galerida cristata kleinschmidti
**Kleinschmidts Haubenlerche**
Erlanger, 1899
nw Marokko
Galerida cristata riggenbachi
**Riggenbachs Haubenlerche**
Hartert, EJO, 1902
w Marokko
Galerida cristata carthaginis
**Marokko-Haubenlerche**
Kleinschmidt & Hilgert, 1905
ne Marokko bis n Tunesien
Galerida cristata arenicola
**Algerien-Haubenlerche**
Tristram, 1859
ne Algerien, s Tunesien und nw Libyen
Galerida cristata festae
**Libyen-Haubenlerche**
Hartert, EJO, 1922
Küste ne Libyen
Galerida cristata brachyura
**Arabische Haubenlerche**
Tristram, 1865
Inland ne Libyen bis s Irak und n Arabien
Galerida cristata helenae
**Helenas Haubenlerche**
Lavauden, 1926
se Algerien und sw Libyen
Galerida cristata jordansi
**Jordans Haubenlerche**
Niethammer, 1955
Aïr Mts. (Niger)
Galerida cristata nigricans
**Nil-Haubenlerche**
Brehm, CL, 1855
Nil-Delta (n Ägypten)
Galerida cristata maculata
**Ägypten-Haubenlerche**
Brehm, CL, 1858
c Ägypten
Galerida cristata halfae
**Halfa-Haubenlerche**
Nicoll, 1921
s Ägypten und n Sudan
Galerida cristata altirostris
**Sudan-Haubenlerche**
Brehm, CL, 1855
e Sudan und Eritrea
Galerida cristata somaliensis
**Somalia-Haubenlerche**
Reichenow, 1907
s Äthiopien, n Somalia und n Kenia
Galerida cristata balsaci
**Balsac-Haubenlerche**
Dekeyser & Villiers, 1950
Küste Mauretanien
Galerida cristata senegallensis
**Senegal-Haubenlerche**
Müller, PLS, 1776
Mauretanien, Senegal und Gambia bis Niger
Galerida cristata alexanderi
**Alexanders Haubenlerche**
Neumann, 1908
n Nigeria bis w Sudan und ne Zentralafrikanische Republik
Galerida cristata isabellina
**Isabellhaubenlerche**
Bonaparte, 1850
c Sudan
Galerida cristata cinnamomina
**Libanon-Haubenlerche**
Hartert, EJO, 1904
w Libanon und nw Israel
Galerida cristata zion
**Israelische Haubenlerche**
Meinertzhagen, R, 1920
s Türkei bis ne Israel
Galerida cristata subtaurica
**Turkmenische Haubenlerche**
Kollibay, 1912
c Türkei bis sw Turkmenistan und n Iran
Galerida cristata magna
**Mongolische Haubenlerche**
Hume, 1871
c Iran und c Turkmenistan bis nw Pakistan, Kasachstan, s Mongolei und nw China
Galerida cristata leautungensis
**Chinesische Haubenlerche**
Swinhoe, 1861
ne, e China
Galerida cristata coreensis
**Koreanische Haubenlerche**
Taczanowski, 1888
Koreanische Halbinsel
Galerida cristata lynesi
**Pakistanische Haubenlerche**
Whistler, 1928
n Pakistan
Galerida cristata chendoola
**Indische Haubenlerche**
Franklin, 1831
c, e Pakistan über w, n Indien bis s Nepal

Galerida malabarica
**Malabarlerche**
*Malabar Lark - Cogujada malabar*
Scopoli, 1786
*w Indien*

Galerida macrorhyncha
**Maghreblerche**
*Maghreb Lark - Cogujada maghreb*
Tristram, 1859
*s Marokko und w Algerien bis wc Mauretanien*

> Galerida macrorhyncha randonii
> **Randons Maghreblerche**
> Loche, 1860
> e Marokko und nw Algerien

## Gattung: Eremophila

Eremophila alpestris
**Ohrenlerche**
*Horned Lark - Alondra cornuda*
Linnaeus, 1758
*e Kanada*

> Eremophila alpestris arcticola
> **Alaska-Ohrenlerche**
> Oberholser, 1902
> n Alaska bis British Columbia (w Kanada)
> Eremophila alpestris hoyti
> **Hoyts Ohrenlerche**
> Bishop, 1896
> n Kanada
> Eremophila alpestris merrilli
> **Merrills Ohrenlerche**
> Dwight, 1890
> w Küste Kanada und USA
> Eremophila alpestris strigata
> **Westkanada-Ohrenlerche**
> Henshaw, 1884
> Küste s British Columbia (w Kanada) bis Küste Oregon (w USA)
> Eremophila alpestris alpina
> **Washington-Ohrenlerche**
> Jewett, 1943
> w Washington (nw USA)
> Eremophila alpestris lamprochroma
> **Gebirgsohrenlerche**
> Oberholser, 1932
> w USA
> Eremophila alpestris leucolaema
> **Alberta-Ohrenlerche**
> Coues, 1874
> s Alberta (sw Kanada) über nc und c USA
> Eremophila alpestris enthymia
> **Oklahoma-Ohrenlerche**
> Oberholser, 1902
> sc Kanada bis Oklahoma und Texas (c USA)
> Eremophila alpestris praticola
> **Südkanada-Ohrenlerche**
> Henshaw, 1884
> se Kanada und ne, ec USA
> Eremophila alpestris sierrae
> **Oberholsers Ohrenlerche**
> Oberholser, 1920
> ne California (w USA)
> Eremophila alpestris rubea
> **Kalifonische Ohrenlerche**
> Henshaw, 1884
> c California (w USA)
> Eremophila alpestris utahensis
> **Utha-Ohrenlerche**
> Behle, 1938
> wc USA
> Eremophila alpestris insularis
> **Insel-Ohrenlerche**
> Dwight, 1890
> Inseln vor s California (w USA)
> Eremophila alpestris actia
> **Baja California-Ohrenlerche**
> Oberholser, 1902
> Küste s California (w USA) und n Baja California (nw Mexico)
> Eremophila alpestris ammophila
> **Nevada-Ohrenlerche**
> Oberholser, 1902
> se California und sw Nevada (sw USA)
> Eremophila alpestris leucansiptila
> **Arizona-Ohrenlerche**
> Oberholser, 1902
> s Nevada, w Arizona (sw USA) und nw Mexico
> Eremophila alpestris occidentalis
> **Östliche Ohrenlerche**
> McCall, 1851
> n Arizona bis c New Mexico (sw USA)
> Eremophila alpestris adusta
> **New Mexiko-Ohrenlerche**
> Dwight, 1890
> s Arizona und s New Mexico (sw USA); nc Mexico?

> Eremophila alpestris enertera
> **Mexikanische Ohrenlerche**
> Oberholser, 1907
> c Baja California (nw Mexico)
> Eremophila alpestris giraudi
> **Henshaws Ohrenlerche**
> Henshaw, 1884
> Küste sc USA und ne Mexico
> Eremophila alpestris aphrasta
> **Chihuahua-Ohrenlerche**
> Oberholser, 1902
> Chihuahua und Durango (nw Mexico)
> Eremophila alpestris lactea
> **Coahuila-Ohrenlerche**
> Phillips, AR, 1970
> Coahuila (nc Mexico)
> Eremophila alpestris diaphora
> **Puebla-Ohrenlerche**
> Oberholser, 1902
> s Coahuila bis ne Puebla (nc, e Mexico)
> Eremophila alpestris chrysolaema
> **Waglers Ohrenlerche**
> Wagler, 1831
> wc bis ec Mexico
> Eremophila alpestris oaxacae
> **Oaxaca-Ohrenlerche**
> Nelson, 1897
> s Mexico
> Eremophila alpestris peregrina
> **Kolumbische Ohrenlerche**
> Sclater, PL, 1855
> Kolumbien
> Eremophila alpestris flava
> **Eurasische Ohrenlerche**
> Gmelin, JF, 1789
> n Europa und n Asien
> Eremophila alpestris brandti
> **Brandts Ohrenlerche**
> Dresser, 1874
> se Europäisch Russland bis w Mongolei und n China
> Eremophila alpestris atlas
> **Atlas-Ohrenlerche**
> Whitaker, 1898
> Marokko
> Eremophila alpestris balcanica
> **Baikal-Ohrenlerche**
> Reichenow, 1895
> s Balkans und Griechenland
> Eremophila alpestris kumerloevei
> **Kleinasien-Ohrenlerche**
> Roselaar, 1995
> w, c Kleinasien (Türkei)
> Eremophila alpestris penicillata
> **Kaukasus-Ohrenlerche**
> Gould, 1838
> e Türkei und Kaukasus bis Iran
> Eremophila alpestris bicornis
> **Libanon-Ohrenlerche**
> Brehm, CL, 1842
> Lebanon bis Israel-Syrien Grenze
> Eremophila alpestris albigula
> **Turkmenische Ohrenlerche**
> Bonaparte, 1850
> ne Iran und Turkmenistan bis nw Pakistan
> Eremophila alpestris argalea
> **Chinesische Ohrenlerche**
> Oberholser, 1902
> extremer w China
> Eremophila alpestris teleschowi
> **Teleschow-Ohrenlerche**
> Przevalski, 1887
> w und wc China
> Eremophila alpestris przewalskii
> **Przewalskis Ohrenlerche**
> Bianchi, 1904
> n Qinghai (wc China)
> Eremophila alpestris nigrifrons
> **Qinghai-Ohrenlerche**
> Przevalski, 1876
> ne Qinghai (wc China)
> Eremophila alpestris longirostris
> **Himalaya-Ohrenlerche**
> Moore, F, 1856
> ne Pakistan und w Himalaya
> Eremophila alpestris elwesi
> **Tibet-Ohrenlerche**
> Blanford, 1872
> s, e Tibetische Hochebene
> Eremophila alpestris khamensis
> **Südchinesische Ohrenlerche**
> Bianchi, 1904
> sw, sc China

Eremophila bilopha
**Saharaohrenlerche**
*Temminck's Lark - Alondra sahariana*
Temminck, 1823
*nw Mauretanien und Marokko bis Syrien und Irak*

## Gattung: Calandrella

Calandrella acutirostris
**Tibetlerche**
*Hume's Short-toed Lark - Terrera de Hume*
Hume, 1873
ne Iran und e Kasachstan bis w China

Calandrella acutirostris tibetana
**Hochland-Tibetlerche**
Brooks, WE, 1880
ne Pakistan bis Tibetische Hochebene

Calandrella dukhunensis
**Chinalerche**
*Mongolian Short-toed Lark - Terrera oriental*
Sykes, 1832
e Mongolei, nc China

Calandrella blanfordi
**Blanfordlerche**
*Blanford's Lark - Terrera de Blanford*
Shelley, 1902
n Eritrea und n Äthiopien

Calandrella blanfordi erlangeri
**Gebirgs-Blanfordlerche**
Neumann, 1906
Gebirge c Äthiopien

Calandrella eremica
**Jemenlerche**
*Rufous-capped Lark - Terrera capirrufa*
Reichenow & Peters, N, 1932
sw Arabien

Calandrella eremica daaroodensis
**Whites Jemenlerche**
White, CMN, 1960
ne Äthiopien und n Somalia

Calandrella cinerea
**Rotkappenlerche**
*Red-capped Lark - Terrera capirotada*
Gmelin, JF, 1789
s, c Namibia, s Botswana, Simbabwe und s Afrika

Calandrella cinerea rufipecta
**Nigeria-Rotkappenlerche**
Stervander, Hansson, Olsson, Hulme, Ottosson & Alström, 2020
c Nigeria (Jos Plateau)
Calandrella cinerea williamsi
**Williams-Rotkappenlerche**
Clancey, 1952
c Kenia
Calandrella cinerea saturatior
**Angola-Rotkappenlerche**
Reichenow, 1904
Uganda und w Kenia s bis Angola, ne Namibia, n Botswana und Sambia
Calandrella cinerea spleniata
**Namibia-Rotkappenlerche**
Strickland, 1853
wc Angola bis wc Namibia

Calandrella brachydactyla
**Kurzzehenlerche**
*Greater Short-toed Lark - Terrera común*
Leisler, 1814
s Europa und Mittelmeer Inseln, nw Afrika

Calandrella brachydactyla hungarica
**Ungarische Kurzzehenlerche**
Horváth, 1956
Ungarn und n Serbien
Calandrella brachydactyla rubiginosa
**Nordafrikanische Kurzzehenlerche**
Fromholz, 1913
n Afrika
Calandrella brachydactyla hermonensis
**Türkische Kurzzehenlerche**
Tristram, 1865
s Türkei und Syrien bis ne Ägypten
Calandrella brachydactyla woltersi
**Wolters Kurzzehenlerche**
Kumerloeve, 1969
s Türkei und nw Syrien
Calandrella brachydactyla artemisiana
**Transkaukasische Kurzzehenlerche**
Banjkovski, 1913
c Türkei und Transkaukasien bis nw Iran
Calandrella brachydactyla longipennis
**Sibirische Kurzzehenlerche**
Eversmann, 1848
Ukraine und s Russland bis sc Sibirien und s Mongolei

Calandrella brachydactyla orientalis
**Mogolische Kurzzehenlerche**
Sushkin, 1925
c Sibirien, n Mongolei und n China

## Gattung: Melanocorypha

Melanocorypha bimaculata
**Bergkalanderlerche**
*Bimaculated Lark - Calandria bimaculada*
Ménétriés, 1832
wc Türkei bis s Kasachstan, Kirgisistan, ne Iran und n Afghanistan; n Israel, Libanon, w Syrien und n Irak

Melanocorypha calandra
**Kalanderlerche**
*Calandra Lark - Calandria común*
Linnaeus, 1766
s Europa und nw Afrika bis Türkei (außer sc, se), Transkaukasien und nw Iran

Melanocorypha calandra psammochroa
**Harters Kalanderlerche**
Hartert, EJO, 1904
n Irak und n Iran bis Turkmenistan und Kasachstan
Melanocorypha calandra gaza
**Gaza-Kalanderlerche**
Meinertzhagen, R, 1919
e Syrien und se Türkei bis sw Iran
Melanocorypha calandra hebraica
**Syrien-Kalanderlerche**
Meinertzhagen, R, 1920
sc Türkei und nw Syrien bis Israel und w Jordanien

Melanocorypha yeltoniensis
**Schwarzsteppenlerche**
*Black Lark - Calandria negra*
Forster, JR, 1768
s Russland und Kasachstan

Melanocorypha mongolica
**Mongolenlerche**
*Mongolian Lark - Calandria de Mongolia*
Pallas, 1776
s Russland und Mongolei bis c China

Melanocorypha maxima
**Sumpflerche**
*Tibetan Lark - Calandria tibetana*
Blyth, 1867
Tibetische Hochebene von nw Indien bis c China

## Gattung: Chersophilus

Chersophilus duponti
**Dupontlerche**
*Dupont's Lark - Alondra ricotí*
Vieillot, 1824
s Spanien, n Marokko, n Algerien und n Tunesien

Chersophilus duponti margaritae
**Margaritas Dupontlerche**
Koenig, AF, 1888
c Algerien bis w Ägypten

## Gattung: Eremalauda

Eremalauda dunni
**Einödlerche**
*Dunn's Lark - Alondra de Dunn*
Shelley, 1904
Mauretanien bis c Sudan

Eremalauda eremodites
**Arabienlerche**
*Arabian Lark - Alondra árabe*
Meinertzhagen, R, 1923
Syrien bis Jordanien und über Saudi-Arabien bis Oman

## Gattung: Alaudala

Alaudala cheleensis
**Salzlerche**
*Asian Short-toed Lark - Terrera de Mongolia*
Swinhoe, 1871
sc Sibirien, ne Mongolei und ne China

Alaudala cheleensis leucophaea
**Kasachstan-Salzlerche**
Severtsov, 1873
Kasachstan bis Turkmenistan
Alaudala cheleensis seebohmi
**Seebohms Salzlerche**
Sharpe, 1890
nw China (Tarim Basin)
Alaudala cheleensis tuvinica
**Mogolen-Salzlerche**
Stepanyan, 1975
nw Mongolei und s Russland

Alaudala somalica
## Somalia-Halsfleckenlerche
*Somali Short-toed Lark - Terrera somalí*
Sharpe, 1895
e Äthiopien und n Somalia, s Kenia und n Tansania

Alaudala somalica perconfusa
**Nord-Somalia-Halsfleckenlerche**
White, CMN, 1960
nw Somalia
Alaudala somalica megaensis
**Kanaren-Halsfleckenlerche**
Benson, 1946
s Äthiopien bis c Kenia

Alaudala athensis
## Kenia-Halsfleckenlerche
*Athi Short-toed Lark - Terrera de Athi*
Sharpe, 1900
s Kenya und n Tanzania

Alaudala rufescens
## Stummellerche
*Mediterranean Short-toed Lark - Terrera marismeña*
Vieillot, 1819
Tenerife, Gran Canaria, Fuerteventura und Lanzarote (c, e Kanarische Is., c Makaronesien, nw von n Afrika)

Alaudala rufescens apetzii
**Apetzis Stummellerche**
Brehm, AE, 1857
e, s Iberische Halbinsel
Alaudala rufescens minor
**Kleine Stummellerche**
Cabanis, 1851
Marokko bis n Ägypten, s Türkei bis w Saudi-Arabien und w Irak

Alaudala heinei
## Turkestanlerche
*Turkestan Short-toed Lark - Terrera pálida*
Homeyer, 1873
ne Rumänien und Ukraine bis e Kasachstan und sc Mongolei; e Türkei, Transkaukasien und n Iran

Alaudala heinei aharonii
**Türkischenlerche**
Hartert, EJO, 1910
c Türkei
Alaudala heinei persica
**Afgahnenlerche**
Sharpe, 1890
e, s Irak bis s Afghanistan

Alaudala raytal
## Uferlerche
*Sand Lark - Terrera raytal*
Blyth, 1845
nc Indien bis s Myanmar

Alaudala raytal adamsi
**Adams-Uferlerche**
Hume, 1871
se Iran, Pakistan, e Afghanistan und nw, wc Indien

## Familie: Pycnonotidae (Bülbüls)

### Gattung: Andropadus

Andropadus importunus
## Dunkelbülbül
*Sombre Greenbul - Bulbul de Zanzibar*
Vieillot, 1818
n Südafrika, w Swaziland s Küste bis Western Cape

Andropadus importunus insularis
**Somalia-Dunkelbülbül**
Hartlaub, 1861
s Äthiopien und s Somalia bis e Tansania
Andropadus importunus oleaginus
**Simbabwe-Dunkelbülbül**
Peters, W, 1868
s Simbabwe, s Mosambik und Flachland n Südafrika

Andropadus importunus hypoxanthus
**Tansania-Dunkelbülbül**
Sharpe, 1876
se Tansania bis c Mosambik, c Simbabwe und sc Sambia

### Gattung: Stelgidillas

Stelgidillas gracilirostris
## Schmalschnabelbülbül
*Slender-billed Greenbul - Bulbul picofino*
Strickland, 1844
Senegal und Guinea-Bissau bis s Sudan, w Kenia, w Tansania, sc Demokratische Republik Kongo und nw Angola

Stelgidillas gracilirostris percivali
**Kenia-Schmalschnabelbülbül**
Neumann, 1903
c Kenia

### Gattung: Calyptocichla

Calyptocichla serinus
## Goldbülbül
*Golden Greenbul - Bulbul dorado*
Verreaux, J & Verreaux, É, 1855
Sierra Leone bis Ghana; se Nigeria und w Kamerun bis Zentralafrikanische Republik und extremer nw Angola

### Gattung: Neolestes

Neolestes torquatus
## Boabülbül
*Black-collared Bulbul - Bulbul acollarado*
Cabanis, 1875
s Gabun, Kongo und w Demokratische Republik Kongo; s Demokratische Republik Kongo bis c Angola; Rwanda und e Demokratische Republik Kongo

### Gattung: Bleda

Bleda syndactylus
## Rotschwanz-Borstenbülbül
*Red-tailed Bristlebill - Bulbul bigotudo*
Swainson, 1837
Sierra Leone bis w Demokratische Republik Kongo und n Angola

Bleda syndactylus woosnami
**Kongo-Rotschwanz-Borstenbülbül**
Ogilvie-Grant, 1907
e Demokratische Republik Kongo bis s Sudan, w Kenia, nw Sambia

Bleda eximius
## Grünschwanz-Borstenbülbül
*Green-tailed Bristlebill - Bulbul coliverde*
Hartlaub, 1855
Sierra Leone bis Ghana

Bleda canicapillus
## Graukopf-Borstenbülbül
*Grey-headed Bristlebill - Bulbul hormiguero*
Hartlaub, 1854
Guinea-Bissau bis sw Kamerun

Bleda canicapillus morelorum
**Senegal-Graukopf-Borstenbülbül**
Érard, 1992
Senegal und Gambia

Bleda notatus
## Gelbzügel-Borstenbülbül
*Yellow-lored Bristlebill - Bulbul manchado*
Cassin, 1856
Nigeria bis Zentralafrikanische Republik und Kongo, Bioko Insel

Bleda ugandae
## Gelbaugen-Borstenbülbül
*Yellow-eyed Bristlebill - Bulbul ojigualdo*
Van Someren, 1915
c, n Demokratische Republik Kongo bis sw Sudan und Uganda

### Gattung: Atimastillas

Atimastillas flavicollis
## Gelbkehlbülbül
*Yellow-gorgeted Greenbul - Bulbul gorjiamarillo*
Swainson, 1837
Senegal und Gambia bis n Kamerun und nw Zentralafrikanische Republik

Atimastillas flavigula
**Blaßkehl-Grünbülbül**
*Pale-throated Greenbul - Bulbul de garganta pálida*
Cabanis, 1880
*Angola, se Demokratische Republik Kongo bis Uganda, w Kenia und w Tansania*

> Atimastillas flavigula soror
> **Kongo-Blaßkehlbülbül**
> Neumann, 1914
> c Kamerun bis wc Äthiopien und c Demokratische Republik Kongo

## Gattung: Ixonotus

Ixonotus guttatus
**Fleckenbülbül**
*Spotted Greenbul - Bulbul moteado*
Verreaux, J & Verreaux, É, 1851
*Sierra Leone und Guinea bis Ghana;  s Nigeria bis Uganda, n Tansania, e, c Demokratische
Republik Kongo und extremer nw Angola*

## Gattung: Thescelocichla

Thescelocichla leucopleura
**Palmenbülbül**
*Swamp Palm Bulbul - Bulbul de las rafias*
Cassin, 1855
*Senegal und Gambia bis ne, c Demokratische Republik Kongo und n Angola*

## Gattung: Chlorocichla

Chlorocichla laetissima
**Dotterbülbül**
*Joyful Greenbul - Bulbul alegre*
Sharpe, 1899
*s Sudan bis sw Kenia und ne Demokratische Republik Kongo*

> Chlorocichla laetissima schoutedeni
> **Kongo-Dotterbülbül**
> Prigogine, 1954
> e Demokratische Republik Kongo und n Sambia

Chlorocichla prigoginei
**Prigoginebülbül**
*Prigogine's Greenbul - Bulbul de Prigogine*
De Roo, 1967
*e Demokratische Republik Kongo*

Chlorocichla falkensteini
**Falkensteinbülbül**
*Falkenstein's Greenbul - Bulbul de Falkenstein*
Reichenow, 1874
*w Kamerun und Zentralafrikanische Republik bis c Angola*

Chlorocichla flaviventris
**Gelbbauchbülbül**
*Yellow-bellied Greenbul - Bulbul pechiamarillo*
Smith, A, 1834
*e Südafrika und s Mosambik*

> Chlorocichla flaviventris centralis
> **Somalia-Gelbbauchbülbül**
> Reichenow, 1887
> s Somalia bis n Mosambik
> Chlorocichla flaviventris occidentalis
> **Angola-Gelbbauchbülbül**
> Sharpe, 1882
> nw Angola bis w Tansania south bis nw Namibia, n Botswana, n Südafrika und c
> Mosambik

Chlorocichla simplex
**Hartlaubbülbül**
*Simple Greenbul - Bulbul sencillo*
Hartlaub, 1855
*Guinea Bissau und Guinea bis w Süd-Sudan, w Uganda, c Demokratische Republik Kongo und n
Angola*

## Gattung: Baeopogon

Baeopogon indicator
**Indikatorbülbül**
*Honeyguide Greenbul - Bulbul indicador*
Verreaux, J & Verreaux, É, 1855
*Nigeria bis s Sudan, w Kenia. S Demokratische Republik Kongo, nw Sambia und n Angola*

> Baeopogon indicator leucurus
> **Togo-Indikatorbülbül**
> Cassin, 1855
> Sierra Leone bis Togo

Baeopogon clamans
**Sjöstedtbülbül**
*Sjöstedt's Greenbul - Bulbul chillón*
Sjöstedt, 1893
*se Nigeria und w Kamerun bis Zentralafrikanische Republik und extremer nw Angola; c, e
Demokratische Republik Kongo*

## Gattung: Arizelocichla

Arizelocichla montana
**Einfarbbülbül**
*Cameroon Mountain Greenbul - Bulbul montano*
Reichenow, 1892
*se Nigeria und w Kamerun*

Arizelocichla tephrolaema
**Bergwaldbülbül**
*Western Mountain Greenbul - Bulbul pechioliva*
Gray, GR, 1862
*Mt. Kamerun (sw Kamerun) und Bioko Insel*

> Arizelocichla tephrolaema bamendae
> **Nigeria-Bergwaldbülbül**
> Bannerman, 1923
> se Nigeria und w Kamerun

Arizelocichla kakamegae
**Kakamegabülbül**
*Kakamega Greenbul - Bulbul de Kamega*
Sharpe, 1900
*e Demokratische Republik Kongo, Uganda, w Kenia und nw Tansania*

> Arizelocichla kakamegae kungwensis
> **Tansania-Kakamegabülbül**
> Moreau, 1941
> w Tansania

Arizelocichla masukuensis
**Shelleybülbül**
*Shelley's Greenbul - Bulbul de las Misuku*
Shelley, 1897
*sw Tansania und n Malawi*

> Arizelocichla masukuensis roehli
> **Reichenows Shelleybülbül**
> Reichenow, 1905
> ne, c, s Tansania

Arizelocichla neumanni
**Ulugurubülbül**
*Uluguru Mountain Greenbul - Bulbul de las Uulguru*
Hartert, EJO, 1922
*e Tansania*

Arizelocichla fusciceps
**Schwarzbrauenbülbül**
*Black-browed Mountain Greenbul - Bulbul cabecioscuro*
Shelley, 1893
*sw Tansania bis ne Sambia, Malawi und wc Mosambik*

Arizelocichla chlorigula
**Gelbfleckbülbül**
*Yellow-throated Mountain Greenbul - Bulbul de manchas amarillas*
Reichenow, 1899
*ec, s Tansania*

Arizelocichla kikuyuensis
**Olivbauchbülbül**
*Kikuyu Mountain Greenbul - Bulbul e vientre oliváceo*
Sharpe, 1891
*e Demokratische Republik Kongo, sw, se Uganda, Rwanda, Burundi, und c Kenia*

Arizelocichla nigriceps
**Schwarzkappenbülbül**
*Black-headed Mountain Greenbul - Bulbul del Kilimanjaro*
Shelley, 1889
*s Kenia und n Tansania*

> Arizelocichla nigriceps usambarae
> **Usambara-Schwarzkappenbülbül**
> Grote, 1919
> se Kenia und ne Tansania

Arizelocichla striifacies
**Streifenohrbülbül**
*Olive-headed Greenbul - Bulbul cabecioliva*
Reichenow & Neumann, 1895
*se Kenia bis sw Tansania*

Arizelocichla striifacies olivaceiceps
**Südlicher Schwarzkappenbülbül**
Shelley, 1896
sw Tansania (Rungwe), Malawi und nw Mosambik

Arizelocichla milanjensis
**Olivbrustbülbül**
*Stripe-cheeked Greenbul - Bulbul del Mulanje*
Shelley, 1894
se Malawi (Mt. Mulanje), extremer e Simbabwe und wc Mosambik

## Gattung: Criniger

Criniger barbatus
**Gelbkehl-Haarbülbül**
*Western Bearded Greenbul - Bulbul barbado*
Temminck, 1821
Sierra Leone bis Benin

    Criniger barbatus ansorgeanus
    **Nigeria-Gelbkehl-Haarbülbül**
    Hartert, EJO, 1907
    s Nigeria

Criniger chloronotus
**Graubrust-Haarbülbül**
*Eastern Bearded Greenbul - Bulbul dorsiverde*
Cassin, 1859
se Nigeria bis Zentralafrikanische Republik, Kongo und extremer nw Angola; ne Demokratische
Republik Kongo

Criniger calurus
**Rotschwanz-Haarbülbül**
*Red-tailed Greenbul - Bulbul colirrojo*
Cassin, 1856
s Nigeria bis w Demokratische Republik Kongo

    Criniger calurus verreauxi
    **Senegal-Rotschwanz-Haarbülbül**
    Sharpe, 1871
    Senegal bis sw Nigeria
    Criniger calurus emini
    **Angola-Rotschwanz-Haarbülbül**
    Chapin, 1948
    ne Angola und w Demokratische Republik Kongo bis Uganda und w Tansania

Criniger ndussumensis
**Weißkehl-Haarbülbül**
*White-bearded Greenbul - Bulbul barbiblanco*
Reichenow, 1904
se Nigeria und w Kamerun bis e Demokratische Republik Kongo und extremer nw Angola

Criniger olivaceus
**Olivrücken-Haarbülbül**
*Yellow-bearded Greenbul - Bulbul barbigualdo*
Swainson, 1837
Sierra Leone bis Ghana

## Gattung: Eurillas

Eurillas virens
**Grünbülbül**
*Little Greenbul - Bulbul verde*
Cassin, 1857
w Kamerun bis s Sudan, w Kenia, s Demokratische Republik Kongo und n Angola

    Eurillas virens amadoni
    **Amadon-Grünbülbül**
    Dickerman, 1997
    Bioko Insel
    Eurillas virens erythroptera
    **Gambia-Grünbülbül**
    Hartlaub, 1858
    Gambia bis s Nigeria
    Eurillas virens zanzibarica
    **Sansibar-Grünbülbül**
    Pakenham, 1935
    Sansibar
    Eurillas virens zombensis
    **Kongo-Grünbülbül**
    Shelley, 1894
    se Demokratische Republik Kongo und n Sambia bis se Kenia und n Mosambik

Eurillas latirostris
**Gelbbartbülbül**
*Yellow-whiskered Greenbul - Bulbul sibá*
Strickland, 1844
se Nigeria bis s Sudan, w Kenia, w Tansania, sc Demokratische Republik Kongo und n Angola

    Eurillas latirostris australis
    **Ufipa-Gelbbartbülbül**
    Moreau, 1941
    Ufipa Plateau (Tansania)

    Eurillas latirostris congener
    **Senegal-Gelbbartbülbül**
    Reichenow, 1897
    Senegal bis sw Nigeria

Eurillas curvirostris
**Alexanderbülbül**
*Plain Greenbul - Bulbul piquicurvo*
Cassin, 1859
c Ghana bis w Kenia, s Demokratische Republik Kongo und n Angola

    Eurillas curvirostris leonina
    **Ghana-Alexanderbülbül**
    Bates, GL, 1930
    Sierra Leone bis c Ghana

Eurillas gracilis
**Zwergbülbül**
*Little Grey Greenbul - Bulbul grácil*
Cabanis, 1880
se Nigeria bis c Demokratische Republik Kongo und n Angola

    Eurillas gracilis extrema
    **Nigeria-Zwergbülbül**
    Hartert, EJO, 1922
    Sierra Leone bis sw Nigeria
    Eurillas gracilis ugandae
    **Uganda-Zwergbülbül**
    Van Someren, 1915
    e Demokratische Republik Kongo bis c Uganda und w Kenia

Eurillas ansorgei
**Ansorgebülbül**
*Ansorge's Greenbul - Bulbul de Ansorge*
Hartert, EJO, 1907
w Guinea bis sw Uganda und e Demokratische Republik Kongo

    Eurillas ansorgei kavirondensis
    **Kenia-Ansorgebülbül**
    Van Someren, 1920
    w Kenia

## Gattung: Phyllastrephus

Phyllastrephus debilis
**Gnombülbül**
*Lowland Tiny Greenbul - Bulbul chico costero*
Sclater, WL, 1899
se Tansania bis e Simbabwe und s Mosambik

    Phyllastrephus debilis rabai
    **Raba-Gnombülbül**
    Hartert, EJO & Van Someren, 1921
    se Kenia und ne Tansania

Phyllastrephus albigula
**Usambarabülbül**
*Montane Tiny Greenbul - Bulbul chico montano*
Grote, 1919
Usambara und Nguru Mts, n Tansania

Phyllastrephus albigularis
**Schuppenkopfbülbül**
*White-throated Greenbul - Bulbul gorjiblanco*
Sharpe, 1882
Senegal und Gambia bis s Sudan, w Uganda und e Demokratische Republik Kongo

Phyllastrephus viridiceps
**Angola-Schuppenstirnbülbül**
*Angola Greenbul - Bulbul de Angola*
Rand, 1955
nw Angola

Phyllastrephus xavieri
**Xavierbülbül**
*Xavier's Greenbul - Bulbul de Xavier*
Oustalet, 1892
Kamerun bis w Uganda und nw Tansania

    Phyllastrephus xavieri serlei
    **Kamerun-Xavierbülbül**
    Chapin, 1949
    n und w Mt. Kamerun (sw Kamerun)

Phyllastrephus icterinus
**Zeisigbülbül**
*Icterine Greenbul - Bulbul icterino*
Bonaparte, 1850
Guinea bis Ghana; s Nigeria bis w, s Uganda, e, c Demokratische Republik Kongo und extremer
nw Angola

Phyllastrephus terrestris
**Laubbülbül**
*Terrestrial Brownbul - Bulbul terrestre*
Swainson, 1837
e, s Südafrika

Phyllastrephus terrestris suahelicus
**Suaheli-Laubbülbül**
Reichenow, 1904
s Somalia bis n Mosambik
Phyllastrephus terrestris intermedius
**Kleiner Laubbülbül**
Gunning & Roberts, 1911
s Simbabwe, s Mosambik und e Südafrika
Phyllastrephus terrestris rhodesiae
**Kongo-Laubbülbül**
Roberts, 1917
sw Angola, Sambia, se Demokratische Republik Kongo, sw Tansania bis n Botswana, n Simbabwe und ne Mosambik

Phyllastrephus poensis
**Bamendabülbül**
*Cameroon Olive Greenbul - Bulbul de Fernando Póo*
Alexander, 1903
se Nigeria und w Kamerun

Phyllastrephus strepitans
**Braunbülbül**
*Northern Brownbul - Bulbul pardo*
Reichenow, 1879
Südwestsudan; se Südsudan, s Äthiopien und s Somalia bis n Uganda, Kenia und ne Tansania

Phyllastrephus cerviniventris
**Fahlbauchbülbül**
*Grey-olive Greenbul - Bulbul verdioliva*
Shelley, 1894
Katanga (se Demokratische Republik Kongo)

Phyllastrephus cerviniventris schoutedeni
**Angola-Fahlbauchbülbül**
Prigogine, 1969
c Kenia bis c Mosambik, Sambia und e Angola

Phyllastrephus fischeri
**Fischerbülbül**
*Fischer's Greenbul - Bulbul de Fischer*
Reichenow, 1879
s Somalia bis ne Mosambik

Phyllastrephus cabanisi
**Cabanisbülbül**
*Cabanis's Greenbul - Bulbul de Cabanis*
Sharpe, 1882
c Angola bis se Demokratische Republik Kongo, w Tansania und n Sambia

Phyllastrephus cabanisi sucosus
**Reichenows Cabanisbülbül**
Reichenow, 1904
s Sudan und w Kenia bis e Demokratische Republik Kongo und nw Tansania

Phyllastrephus scandens
**Uferbülbül**
*Red-tailed Leaflove - Bulbul colirrojizo*
Swainson, 1837
Gambia und Senegal bis n Kamerun

Phyllastrephus scandens orientalis
**Uganda-Uferbülbül**
Hartlaub, 1883
n Kamerun bis s Sudan, c Uganda, w Tansania und s Demokratische Republik Kongo

Phyllastrephus lorenzi
**Lorenzbülbül**
*Sassi's Olive Greenbul - Bulbul de Lorenz*
Sassi, 1914
ne, e Demokratische Republik Kongo

Phyllastrephus flavostriatus
**Gelbstreifenbülbül**
*Yellow-streaked Greenbul - Bulbul listado*
Sharpe, 1876
e Simbabwe, s Mosambik und e Südafrika

Phyllastrephus flavostriatus graueri
**Grauers Gelbstreifenbülbül**
Neumann, 1908
Hochland Albert, Edward und Kivu Lakes (e und ne Demokratische Republik Kongo)
Phyllastrephus flavostriatus olivaceogriseus
**Ruwenzori-Gelbstreifenbülbül**
Reichenow, 1908
Rwenzori Mts., Itombwe und Mt. Kabobo (e Demokratische Republik Kongo), w Uganda, w Rwanda und n Burundi

Phyllastrephus flavostriatus kungwensis
**Tansania-Gelbstreifenbülbül**
Moreau, 1941
w Tansania
Phyllastrephus flavostriatus uzungwensis
**Udzungwa-Gelbstreifenbülbül**
Jensen & Stuart, S, 1982
Udzungwa Mts. (e Tansania)
Phyllastrephus flavostriatus tenuirostris
**Kenia-Gelbstreifenbülbül**
Fischer, GA & Reichenow, 1884
se Kenia, e Tansania und ne Mosambik
Phyllastrephus flavostriatus vincenti
**Malawi-Gelbstreifenbülbül**
Grant, CHB & Mackworth-Praed, 1940
se Malawi und w Mosambik

Phyllastrephus alfredi
**Sharpebülbül**
*Sharpe's Greenbul - Bulbul de Alfred*
Shelley, 1903
sw Tansania, ne Sambia und n Malawi

Phyllastrephus poliocephalus
**Goldbauchbülbül**
*Grey-headed Greenbul - Bulbul ventriamarillo*
Reichenow, 1892
se Nigeria und w Kamerun

Phyllastrephus hypochloris
**Torobülbül**
*Toro Olive Greenbul - Bulbul de Toro*
Jackson, FJ, 1906
s Süd-Sudan; e Demokratische Republik Kongo über Uganda bis w Kenia und n Tansania

Phyllastrephus baumanni
**Baumannbülbül**
*Baumann's Olive Greenbul - Bulbul de Baumann*
Reichenow, 1895
Guinea und Sierra Leone bis se Nigeria

Phyllastrephus fulviventris
**Angolabülbül**
*Pale-olive Greenbul - Bulbul ventrirrufo*
Cabanis, 1876
s Kongo und extremer w Demokratische Republik Kongo; w Angola

Gattung: Tricholestes

Tricholestes criniger
**Borstenmantelbülbül**
*Hairy-backed Bulbul - Bulbul peludo*
Blyth, 1845
Malayische Halbinsel, Tioman (vor Malayische Halbinsel) und e Sumatra

Tricholestes criniger sericeus
**Sumatra-Borstenmantelbülbül**
Blyth, 1865
w Sumatra, Musala (w in n Sumatra), Batu Is. (w in c Sumatra) und Lingga Is. (e in c Sumatra)
Tricholestes criniger viridis
**Borneo-Borstenmantelbülbül**
Bonaparte, 1854
n Natuna Is. (nw Borneo) und Borneo

Gattung: Setornis

Setornis criniger
**Langschnabelbülbül**
*Hook-billed Bulbul - Bulbul piquilargo*
Lesson, RP, 1839
Sumatra, Bangka (e in s Sumatra) und Borneo

Gattung: Alophoixus

Alophoixus phaeocephalus
**Schwefelbülbül**
*Yellow-bellied Bulbul - Bulbul capirotado*
Hartlaub, 1844
Malayische Halbinsel und Sumatra

Alophoixus phaeocephalus connectens
**Nördlicher Schwefelbülbül**
Chasen & Kloss, 1929
ne Borneo
Alophoixus phaeocephalus diardi
**Diards Schwefelbülbül**
Finsch, 1867
w Borneo

Alophoixus phaeocephalus sulphuratus
**Inland Schwefelbülbül**
Bonaparte, 1850
c, e, s Borneo

Alophoixus frater
**Palawanbülbül**
*Palawan Bulbul - Bulbul fraile*
Sharpe, 1877
*Palawan (sw Philippinen)*

Alophoixus tephrogenys
**Grauwangenbülbül**
*Grey-cheeked Bulbul - Bulbul carigrís*
Jardine & Selby, 1833
*Malayische Halbinsel und e Sumatra*

   Alophoixus tephrogenys gutturalis
   **Borneo-Grauwangenbülbül**
   Bonaparte, 1850
   Borneo

Alophoixus ruficrissus
**Rostbauchbülbül**
*Penan Bulbul - Bulbul ventricastaño*
Sharpe, 1879
*Gebirge Sabah (ne Borneo)*

   Alophoixus ruficrissus meratusensis
   **Kalimantan-Rostbauchbülbül**
   Shakya, Irham, Brady, Haryoko, Fitriana, Johnson, O, Rahman, Robi, Moyle,
   Prawiradilaga & Sheldon, 2020
   Meratus Mts., se Kalimantan (se Borneo)
   Alophoixus ruficrissus fowleri
   **Fowlers Rostbauchbülbül**
   Amadon & Harrisson, 1957
   Gebirge w Borneo

Alophoixus bres
**Braunwangenbülbül**
*Brown-cheeked Bulbul - Bulbul bres*
Lesson, RP, 1831
*Java und Bali*

Alophoixus flaveolus
**Weißkehlbülbül**
*White-throated Bulbul - Bulbul frentigrís*
Gould, 1836
*e Himalaya bis n Myanmar*

   Alophoixus flaveolus burmanicus
   **Myanmar-Weißkehlbülbül**
   Oates, 1889
   se Myanmar, s China und w Thailand

Alophoixus ochraceus
**Ockerbauchbülbül**
*Ochraceous Bulbul - Bulbul ocráceo*
Moore, F, 1854
s Myanmar und sw Thailand

   Alophoixus ochraceus hallae
   **Hallas Ockerbauchbülbül**
   Deignan, 1956
   s Vietnam
   Alophoixus ochraceus cambodianus
   **Kambodscha-Ockerbauchbülbül**
   Delacour & Jabouille, 1928
   se Thailand und sw Kambodscha
   Alophoixus ochraceus sordidus
   **Malaysia-Ockerbauchbülbül**
   Richmond, 1900
   Gebirge c Malayische Halbinsel
   Alophoixus ochraceus sacculatus
   **Robinsons-Ockerbauchbülbül**
   Robinson, 1915
   Gebirge s Malayische Halbinsel
   Alophoixus ochraceus sumatranus
   **Sumatra-Ockerbauchbülbül**
   Wardlaw-Ramsay, RG, 1882
   Gebirge Sumatra

Alophoixus pallidus
**Braunhaubenbülbül**
*Puff-throated Bulbul - Bulbul pálido*
Swinhoe, 1870
*Hainan Insel (vor se China)*

   Alophoixus pallidus griseiceps
   **Pegu Yoma-Braunhaubenbülbül**
   Hume, 1873
   Pegu Yoma (sc Myanmar)

---

   Alophoixus pallidus robinsoni
   **Robinsons-Braunhaubenbülbül**
   Ticehurst, 1932
   Tenasserim (se Myanmar)
   Alophoixus pallidus henrici
   **Henrics Braunhaubenbülbül**
   Oustalet, 1896
   sw China, e Myanmar, n Thailand und n Indochina
   Alophoixus pallidus isani
   **Thailand-Braunhaubenbülbül**
   Deignan, 1956
   ne Thailand
   Alophoixus pallidus annamensis
   **Delacours Braunhaubenbülbül**
   Delacour & Jabouille, 1924
   c Indochina
   Alophoixus pallidus khmerensis
   **ndochina-Braunhaubenbülbül**
   Deignan, 1956
   s Indochina

## Gattung: Alcurus

Alcurus striatus
**Streifenbülbül**
*Striated Bulbul - Bulbul estriado*
Blyth, 1842
*e Himalaya, ne Indien, s China und w Myanmar*

   Alcurus striatus arctus
   **Mishimi-Streifenbülbül**
   Ripley, 1948
   Mishmi Hills (ne Indien)
   Alcurus striatus paulus
   **Südlicher Streifenbülbül**
   Bangs & Phillips, JC, 1914
   e Myanmar, s China und n Indochina

## Gattung: Iole

Iole finschii
**Finschbülbül**
*Finsch's Bulbul - Bulbul de Finsch*
Salvadori, 1871
*Malayische Halbinsel, Sumatra und Borneo*

Iole palawanensis
**Gelbaugenbülbül**
*Sulphur-bellied Bulbul - Bulbul de Palawan*
Tweeddale, 1878
*Palawan (sw Philippinen)*

Iole viridescens
**Olivbülbül**
*Olive Bulbul - Bulbul verdoso*
Blyth, 1867
*w, sc, sw Myanmar und w Thailand*

   Iole viridescens lekhakuni
   **Südlicher Olivbülbül**
   Deignan, 1954
   s Myanmar und sw Thailand
   Iole viridescens cinnamomeoventris
   **Malayen-Olivbülbül**
   Baker, ECS, 1917
   n, c Malayische Halbinsel

Iole crypta
**Braunbauchbülbül**
*Buff-vented Bulbul - Bulbul vientre marrón*
Oberholser, 1918
*Malayische Halbinsel, Anambas Is. (e Malayische Halbinsel), Sumatra, Batu Is. (w in c Sumatra),*
*Riau Is. (e in c Sumatra), Bangka und Belitung (e in s Sumatra) und n Natunas Is. (nw Borneo)*

Iole charlottae
**Charlottebülbül**
*Charlotte's Bulbul - Bulbul oliváceo*
Finsch, 1867
*Borneo und Banggi (n in ne Borneo)*

Iole cacharensis
**Cacharbülbül**
*Cachar Bulbul - Bulbul de Cachar*
Deignan, 1948
*ne Indien und se Bangladesch*

Iole propinqua
**Grauaugenbülbül**
*Grey-eyed Bulbul - Bulbul ojigrís*
Oustalet, 1903
*e Myanmar bis s China, n Thailand und n Indochina*

Iole propinqua aquilonis
**China-Grauaugenbülbül**
Deignan, 1948
s China und ne Vietnam
Iole propinqua simulator
**Thailand-Grauaugenbülbül**
Deignan, 1948
se Thailand und s Indochina
Iole propinqua innectens
**Vietnam-Grauaugenbülbül**
Deignan, 1948
extremer s Vietnam
Iole propinqua myitkyinensis
**Myanmar-Grauaugenbülbül**
Deignan, 1948
ne, e Myanmar

## Gattung: Hemixos

Hemixos flavala
**Aschbülbül**
*Ashy Bulbul - Bulbul ceniciento*
Blyth, 1845
*e Himalaya, ne Bangladesch, nw Myanmar und s China*

Hemixos flavala hildebrandi
**Hildebrands Aschbülbül**
Hume, 1874
e Myanmar und nw Thailand
Hemixos flavala davisoni
**Davidsons Aschbülbül**
Hume, 1877
se Myanmar und sw Thailand
Hemixos flavala bourdellei
**Thailand-Aschbülbül**
Delacour, 1926
s China, e Thailand, n, c Laos
Hemixos flavala remotus
**Indochina-Aschbülbül**
Deignan, 1957
s Indochina

Hemixos cinereus
**Malaienbülbül**
*Cinereous Bulbul - Bulbul cinéreo*
Blyth, 1845
*Gebirge Malayische Halbinsel und Sumatra*

Hemixos cinereus connectens
**Borneo-Malaienbülbül**
Sharpe, 1887
Gebirge Borneo

Hemixos castanonotus
**Braunmantelbülbül**
*Chestnut Bulbul - Bulbul castaño*
Swinhoe, 1870
*n Vietnam und Hainan Insel (vor se China)*

Hemixos castanonotus canipennis
**Seebohms Braunmantelbülbül**
Seebohm, 1890
s China, ne Vietnam

## Gattung: Acritillas

Acritillas indica
**Goldbrauenbülbül**
*Yellow-browed Bulbul - Bulbul cejiamarillo*
Jerdon, 1839
*sw Indien, Sri Lanka (außer sw)*

Acritillas indica icterica
**Indischer Goldbrauenbülbül**
Strickland, 1844
Halbinsel Indien
Acritillas indica guglielmi
**Sri Lanka-Goldbrauenbülbül**
Ripley, 1946
sw Sri Lanka

## Gattung: Ixos

Ixos leucogrammicus
**Strichelbülbül**
*Cream-striped Bulbul - Bulbul rayado*
Müller, S, 1836
*Gebirge Sumatra*

Ixos sumatranus
**Sumatrabülbül**
*Sumatran Bulbul - Bulbul de Sumatra*
Wardlaw-Ramsay, RG, 1882
*Gebirge w Sumatra*

Ixos virescens
**Javabülbül**
*Javan Bulbul - Bulbul de Java*
Temminck, 1825
*Gebirge Java*

Ixos malaccensis
**Strichelbrustbülbül**
*Streaked Bulbul - Bulbul malayo*
Blyth, 1845
*Malayische Halbinsel, Sumatra, Riau und Lingga is. (e in c Sumatra), Bangka (e in s Sumatra) und Borneo*

Ixos mcclellandii
**Grünflügelbülbül**
*Mountain Bulbul - Bulbul de McClelland*
Horsfield, 1840
*e Himalaya bis nw Myanmar*

Ixos mcclellandii ventralis
**Myanmar-Grünflügelbülbül**
Stresemann, 1940
sw Myanmar
Ixos mcclellandii tickelli
**Tickells Grünflügelbülbül**
Blyth, 1855
e Myanmar und nw Thailand
Ixos mcclellandii similis
**Indochina-Grünflügelbülbül**
Rothschild, 1921
ne Myanmar bis s China und n Indochina
Ixos mcclellandii holtii
**Holtis Grünflügelbülbül**
Swinhoe, 1861
se China
Ixos mcclellandii loquax
**Thailand-Grünflügelbülbül**
Deignan, 1940
nc, ne Thailand, s Laos
Ixos mcclellandii griseiventer
**Vietnam-Grünflügelbülbül**
Robinson & Kloss, 1919
s Vietnam
Ixos mcclellandii canescens
**Kambodscha-Grünflügelbülbül**
Riley, 1933
se Thailand und sw Kambodscha
Ixos mcclellandii peracensis
**Malaysia-Grünflügelbülbül**
Hartert, EJO & Butler, AL, 1898
Malayische Halbinsel

## Gattung: Hypsipetes

Hypsipetes nicobariensis
**Nikobarenbülbül**
*Nicobar Bulbul - Bulbul de Nicobar*
Moore, F, 1854
*Nicobar Is.*

Hypsipetes philippinus
**Rostbrustbülbül**
*Philippine Bulbul - Bulbul filipino*
Forster, JR, 1795
*Luzon Gruppe (n Philippinen)*

Hypsipetes philippinus parkesi
**Burias-Rotbrustbülbül**
duPont, 1980
Burias (nc Philippinen)
Hypsipetes philippinus saturatior
**Philippinen-Rotbrustbülbül**
Hartert, EJO, 1916
East Visayas, Cebu und Mindanao außer Zamboanga Halbinsel (ec, c, s Philippinen)

Hypsipetes mindorensis
**Mindorobülbül**
*Mindoro Bulbul - Bulbul de Mindoro*
Steere, 1890
*Mindoro (nw Philippinen)*

Hypsipetes siquijorensis
**Schieferkopfbülbül**
*Streak-breasted Bulbul - Bulbul de Siquijor*
Steere, 1890
*Siquijor (c Philippinen)*

Hypsipetes siquijorensis cinereiceps
**Tablas-Schieferkopfbülbül**
Bourns & Worcester, 1894
Tablas und Romblon (nc Philippinen)

Hypsipetes siquijorensis monticola
**Cebu-Schieferkopfbülbül**
Bourns & Worcester, 1894
Cebu (c Philippinen)

Hypsipetes affinis
**Seramgoldbülbül**
*Seram Golden Bulbul - Bulbul colidorado*
Hombron & Jacquinot, 1841
*Seram (ec Moluccas)*

Hypsipetes affinis flavicaudus
**Ambongoldbülbül**
Bonaparte, 1850
*Ambon (c Moluccas)*

Hypsipetes platenae
**Sangihebülbük**
*Sangihe Golden Bulbul - Bulbul de las Sangihe*
Blasius, W, 1888
*Gebirge Sangihe (n in ne Sulawesi)*

Hypsipetes aureus
**Togianbülbül**
*Togian Golden Bulbul - Bulbul de las Togian*
Walden, 1872
*Togian Is. (zwischen ne und ec Sulawesi)*

Hypsipetes harterti
**Banggaibülbül**
*Banggai Golden Bulbul - Bulbul de las Banggai*
Stresemann, 1912
*Banggai Is. (e Sulawesi)*

Hypsipetes longirostris
**Sulagoldbülbül**
*Sula Golden Bulbul - Bulbul de las Sula*
Wallace, 1863
*Sula Is. (e Sulawesi)*

Hypsipetes chloris
**Halmaherabülbül**
*Halmahera Golden Bulbul - Bulbul de Halmahera*
Finsch, 1867
*Morotai, Halmahera und Bacan Is. (n Moluccas)*

Hypsipetes lucasi
**Obibülbül**
*Obi Golden Bulbul - Bulbul de Obi*
Hartert, EJO, 1903
*Obi (nc Moluccas)*

Hypsipetes mysticalis
**Burugoldbülbül**
*Buru Golden Bulbul - Bulbul de Buru*
Wallace, 1863
*Buru (wc Moluccas)*

Hypsipetes guimarasensis
**Visayasbülbül**
*Visayan Bulbul - Bulbul de Samar*
Steere, 1890
*Guimaras, Masbate, Panay, Negros, Ticao, Verde (wc Philippinen)*

Hypsipetes everetti
**Everettbülbül**
*Yellowish Bulbul - Bulbul de Everett*
Tweeddale, 1877
East Visayas und Mindanao Gruppe außer Zamboanga Halbinsel und Basilan (ec, se Philippinen)

Hypsipetes everetti haynaldi
**Sulu-Everettbülbül**
Blasius, W, 1890
Sulu Archipel (s Philippinen)

Hypsipetes catarmanensis
**Camiguinbülbül**
*Camiguin Bulbul - Bulbul de Camiguín*
Rand & Rabor, 1969
*Camiguin Sur (n Mindanao, s Philippinen)*

Hypsipetes rufigularis
**Rotkehlbülbül**
*Zamboanga Bulbul - Bulbul gorjirrufo*
Sharpe, 1877
*Zamboanga Halbinsel bis wc Mindanao und Basilan (sw Philippinen)*

Hypsipetes amaurotis
**Orpheusbülbül**
*Brown-eared Bulbul - Bulbul orejipardo*
Temminck, 1830
*s Sakhalin Is., Japan und South Korea*

Hypsipetes amaurotis matchiae
**Kyushu-Orpheusbülbül**
Momiyama, 1923
s Kyushu (s Japan)

Hypsipetes amaurotis ogawae
**Ogawa-Orpheusbülbül**
Hartert, EJO, 1907
n Ryukyu Is.

Hypsipetes amaurotis pryeri
**Ryukyu-Orpheusbülbül**
Stejneger, 1887
c Ryukyu Is.

Hypsipetes amaurotis stejnegeri
**Stejnegers Orpheusbülbül**
Hartert, EJO, 1907
s Ryukyu Is.

Hypsipetes amaurotis squamiceps
**Bonin-Orpheusbülbül**
Kittlitz, 1830
Bonin Is.

Hypsipetes amaurotis magnirostris
**Volcano-Orpheusbülbül**
Hartert, EJO, 1905
Volcano Is.

Hypsipetes amaurotis borodinonis
**Borodino-Orpheusbülbül**
Kuroda, Nm, 1923
Borodino Is.

Hypsipetes amaurotis nagamichii
**Taiwan-Orpheusbülbül**
Deignan, 1960
Taiwan und Lanyu Is.

Hypsipetes amaurotis batanensis
**Batan-Orpheusbülbül**
Mearns, 1907
Batan, Ivuhos, Sabtang, Babuyan und Claro (n Philippinen)

Hypsipetes amaurotis fugensis
**Fuga-Orpheusbülbül**
Ogilvie-Grant, 1895
Dalupiri, Calayan und Fuga (n Luzon, n Philippinen)

Hypsipetes amaurotis camiguinensis
**Camiguin-Orpheusbülbül**
McGregor, 1907
Camiguin Norte (n Luzon, n Philippinen)

Hypsipetes borbonicus
**Réunion-Rotschnabelbülbül**
*Reunion Bulbul - Bulbul de Reunión*
Pennant, 1781
*Réunion (w Mascarenes)*

Hypsipetes madagascariensis
**Madagaskar-Rotschnabelbülbül**
*Malagasy Bulbul - Bulbul malgache*
Müller, PLS, 1776
*Comoros und Madagascar*

Hypsipetes madagascariensis grotei
**Glorioso-Rotschnabelbülbül**
Friedmann, 1929
Iles Glorieuses (nw Madagascar)

Hypsipetes madagascariensis rostratus
**Aldabra-Rotschnabelbülbül**
Ridgway, 1893
Aldabra (w Aldabra Gruppe, sw Seychellen); früher Cosmoledo und Astove

Hypsipetes olivaceus
**Mauritius-Rotschnabelbülbül**
*Mauritius Bulbul - Bulbul de Mauricio*
Jardine & Selby, 1837
*Mauritius (c Mascarenes)*

Hypsipetes thompsoni
**Thompsonbülbül**
*White-headed Bulbul - Bulbul cabeciblanco*
Bingham, 1900
*Myanmar, nw Thailand*

Hypsipetes leucocephalus
**China-Rotschnabelbülbül**
*Black Bulbul - Bulbul negro*
Gmelin, JF, 1789
*se China*

Hypsipetes leucocephalus psaroides
**Afghanischer Rotschnabelbülbül**
Vigors, 1831
ne Afghanistan und n Pakistan über c Himalaya bis nw Myanmar
Hypsipetes leucocephalus nigrescens
**Myanmar-Rotschnabelbülbül**
Baker, ECS, 1917
ne Indien und w Myanmar
Hypsipetes leucocephalus concolor
**Hunnan-Rotschnabelbülbül**
Blyth, 1849
e Myanmar und s Yunnan (s China) über Indochina
Hypsipetes leucocephalus ambiens
**Mayrs Rotschnabelbülbül**
Mayr, 1942
ne Myanmar und w Yunnan (s China)
Hypsipetes leucocephalus sinensis
**Yunnan-Rotschnabelbülbül**
La Touche, 1922
n Yunnan (s China)
Hypsipetes leucocephalus stresemanni
**Stresemanns Rotschnabelbülbül**
Mayr, 1942
c Yunnan (s China)
Hypsipetes leucocephalus leucothorax
**Zentralchina-Rotschnabelbülbül**
Mayr, 1942
c China
Hypsipetes leucocephalus nigerrimus
**Taiwan-Rotschnabelbülbül**
Gould, 1863
Taiwan
Hypsipetes leucocephalus perniger
**Hainan-Rotschnabelbülbül**
Swinhoe, 1870
Hainan Insel (vor se China)

Hypsipetes ganeesa
## Indien-Rotschnabelbülbül
*Square-tailed Bulbul - Bulbul de los Ghats*
Sykes, 1832
sw Indien

Hypsipetes ganeesa humii
**Sri Lanka-Rotschnabelbülbül**
Whistler & Kinnear, 1932
Sri Lanka

Hypsipetes parvirostris
## Komoren-Rotschnabelbülbül
*Grande Comore Bulbul - Bulbul de Gran Comora*
Milne-Edwards & Oustalet, 1885
Gebirge Grande Comore (=Njazidja; nw Comoros)

Hypsipetes moheliensis
## Mohéli-Rotschnabelbülbül
*Moheli Bulbul - Bulbul de la Mohéli*
Benson, 1960
Gebirge Mohéli (=Mwali; wc Comoros)

Hypsipetes crassirostris
## Seychellen-Rotschnabelbülbül
*Seychelles Bulbul - Bulbul picogordo*
Newton, E, 1867
Silhouette, Mahé, Praslin, La Digue und kleine Inseln (Inner Is., ne Seychellen)

## Gattung: Euptilotus

Euptilotus eutilotus
## Flauschrückenbülbül
*Puff-backed Bulbul - Bulbul lanudo*
Jardine & Selby, 1837
Malayische Halbinsel, Sumatra, Bangka (e in s Sumatra) und Borneo

## Gattung: Microtarsus

Microtarsus melanoleucos
## Trauerbülbül
*Black-and-white Bulbul - Bulbul blanquinegro*
Eyton, 1839
Malayische Halbinsel, Sumatra, Siberut (w in c Sumatra) und Borneo

## Gattung: Poliolophus

Poliolophus urostictus
## Gelbbrillenbülbül
*Yellow-wattled Bulbul - Bulbul ojiamarillo*
Salvadori, 1870
c, s Luzon, Polillo und Catanduanes (n Philippinen)

Poliolophus urostictus ilokensis
**Luzon-Gelbbrillenbülbül**
Rand & Rabor, 1967
n Luzon (n Philippinen)
Poliolophus urostictus atricaudatus
**Samar-Gelbbrillenbülbül**
Parkes, 1967
Samar, Biliran, Leyte, Panaon, Bohol und Negros (c, ec Philippinen)
Poliolophus urostictus philippensis
**Dinagat-Gelbbrillenbülbül**
Hachisuka, 1934
Dinagat, Siargao, Bucas und Mindanao (außer Zamboanga Halbinsel)
Poliolophus urostictus basilanicus
**Basilan-Gelbbrillenbülbül**
Steere, 1890
Zamboanga Halbinsel (w Mindanao) und Basilan

## Gattung: Brachypodius

Brachypodius priocephalus
## Graukopfbülbül
*Grey-headed Bulbul - Bulbul cabecigrís*
Jerdon, 1839
sw Indien

Brachypodius melanocephalos
## Schwarzkopfbülbül
*Black-headed Bulbul - Bulbul cabecinegro*
Gmelin, JF, 1788
ne Indien und Bangladesch über se Asien bis Große Sundas, w Sumatran is. (außer Simeulue),
und Palawan Gruppe (sw Philippinen)

Brachypodius melanocephalos hyperemnus
**Sumatra-Schwarzkopfbülbül**
Oberholser, 1912
Simeulue (w in n Sumatra)
Brachypodius melanocephalos baweanus
**Java-Schwarzkopfbülbül**
Finsch, 1901
Bawean (n in e Java)
Brachypodius melanocephalos hodiernus
**Borneo-Schwarzkopfbülbül**
Bangs & Peters, JL, 1927
Maratua (e in ne Borneo)

Brachypodius fuscoflavescens
## Andamanenbülbül
*Andaman Bulbul - Bulbul de Andamán*
Hume, 1873
Andaman Is.

Brachypodius nieuwenhuisii
## Blaubrillenbülbül
*Blue-wattled Bulbul - Bulbul ojiazul*
Finsch, 1901
Borneo

Brachypodius nieuwenhuisii inexspectatus
**Sumatra-Blaubrillenbülbül**
Chasen, 1939
Sumatra

## Gattung: Ixodia

Ixodia erythropthalmos
## Brillenbülbül
*Spectacled Bulbul - Bulbul de anteojos*
Hume, 1878
Malayische Halbinsel, Sumatra, Banyak, Nias, und Batu Is. (w in n, c Sumatra), Lingga Is. (e in c
Sumatra), Bangka und Belitung (e in s Sumatra) und Borneo

Ixodia cyaniventris
## Graubauchbülbül
*Grey-bellied Bulbul - Bulbul ventrigrís*
Blyth, 1842
Malayische Halbinsel, Sumatra und Sipura (=Sipora, Mentawai Is., w in c Sumatra)

Ixodia cyaniventris paroticalis
**Borneo-Graubauchbülbül**
Sharpe, 1878
Borneo

Ixodia squamata
## Schuppenbülbül
*Scaly-breasted Bulbul - Bulbul escamoso*
Temminck, 1828
Java

Ixodia squamata webberi
**Sumatra-Schuppenbülbül**
Hume, 1879
Malayische Halbinsel und Sumatra

Ixodia squamata borneensis
**Borneo-Schuppenbülbül**
Chasen, 1941
Borneo

## Gattung: Rubigula

Rubigula flaviventris
**Haubenbülbül**
*Black-crested Bulbul - Bulbul crestinegro*
Tickell, 1833
*Nepal, n, e Indien bis s China und c Myanmar*

Rubigula flaviventris vantynei
**China-Haubenbülbül**
Deignan, 1948
e, s Myanmar bis s China und n Indochina
Rubigula flaviventris xanthops
**Myanmar-Haubenbülbül**
Deignan, 1948
se Myanmar und w Thailand
Rubigula flaviventris aurata
**Laos-Haubenbülbül**
Deignan, 1948
ne Thailand und w Laos
Rubigula flaviventris johnsoni
**Johnsons Haubenbülbül**
Gyldenstolpe, 1913
c, se Thailand, s Indochina
Rubigula flaviventris elbeli
**Thailand-Haubenbülbül**
Deignan, 1954
Inseln vor se Thailand
Rubigula flaviventris negata
**Deignans Haubenbülbül**
Deignan, 1954
s Myanmar und sw Thailand
Rubigula flaviventris caecilii
**Malayan-Haubenbülbül**
Deignan, 1948
n Malayische Halbinsel

Rubigula gularis
**Orangekehlbülbül**
*Flame-throated Bulbul - Bulbul gorjinaranja*
Gould, 1836
*sw Indien*

Rubigula melanictera
**Kappenbülbül**
*Black-capped Bulbul - Bulbul carinegro*
Gmelin, JF, 1789
*Sri Lanka*

Rubigula dispar
**Rubinkehlbülbül**
*Ruby-throated Bulbul - Bulbul gorjirrojo*
Horsfield, 1821
*Sumatra, Java und Bali*

Rubigula dispar matamerah
**Sumatra-Rubinkehlbülbül**
Berryman & Collar, 2023
Sumatra

Rubigula montis
**Borneobülbül**
*Bornean Bulbul - Bulbul de Borneo*
Sharpe, 1879
*Gebirge Borneo*

## Gattung: Nok

Nok hualon
**Kahlgesichtbülbül**
*Bare-faced Bulbul - Bulbul caripelado*
Woxvold, Duckworth & Timmins, 2009
c Laos

## Gattung: Spizixos

Spizixos canifrons
**Finkenbülbül**
*Crested Finchbill - Bulbul picogrueso*
Blyth, 1845
*ne Indien und w Myanmar*

Spizixos canifrons ingrami
**Indochinesischer Finkenbülbül**
Bangs & Phillips, JC, 1914
e Myanmar, s China und n Indochina

Spizixos semitorques
**Halsbandbülbül**
*Collared Finchbill - Bulbul collarejo*
Swinhoe, 1861
c, s China, n Vietnam

Spizixos semitorques cinereicapillus
**Taiwan-Halsbandbülbül**
Swinhoe, 1871
Taiwan

## Gattung: Pycnonotus

Pycnonotus simplex
**Weißaugenbülbül**
*Cream-vented Bulbul - Bulbul ojiblanco*
Lesson, RP, 1839
*Malayische Halbinsel, Sumatra, Batu Is. und Nias (w in n Sumatra), Riau und Lingga is. (e in c Sumatra) und Bangka und Belitung (e in s Sumatra)*

Pycnonotus simplex perplexus
**Borneo-Weißaugenbülbül**
Chasen & Kloss, 1929
Borneo und Balambangan (n in ne Borneo)
Pycnonotus simplex prillwitzi
**Prillwitz-Weißaugenbülbül**
Hartert, EJO, 1902
Java
Pycnonotus simplex halizonus
**Anambas-Weißaugenbülbül**
Oberholser, 1917
Anambas Is. (e Malayische Halbinsel) und n Natuna Is. (nw Borneo)

Pycnonotus plumosus
**Olivschwingenbülbül**
*Olive-winged Bulbul - Bulbul aliverde*
Blyth, 1845
*Malayische Halbinsel, Anambas Is. (e Malayische Halbinsel), e Sumatra, Riau und Lingga is. (e in c Sumatra), Bangka und Belitung (e in s Sumatra), Java, Bawean (n in c Java), Bali und w, s Borneo*

Pycnonotus plumosus porphyreus
**Sumatra-Olivschwingenbülbül**
Oberholser, 1912
w Sumatra, Banyak, Nias und Musala (w in n Sumatra) und Batu und Mentawai is. (w in c Sumatra)
Pycnonotus plumosus hutzi
**Borneo-Olivschwingenbülbül**
Stresemann, 1938
n, e Borneo
Pycnonotus plumosus hachisukae
**Philippinen-Olivschwingenbülbül**
Deignan, 1952
Inseln vor n Borneo und Mapun (=Cagayan Sulu, sw Philippinen)

Pycnonotus brunneus
**Rotaugenbülbül**
*Asian Red-eyed Bulbul - Bulbul ojirrojo*
Blyth, 1845
*Malayische Halbinsel, Tioman (e Malayische Halbinsel), Sumatra, Banyak, Nias und Batu Is. (w in n, c Sumatra), Borneo, Karimata (w in sw Borneo), Matasiri (s in sc Borneo) und Banggi Is. (n in ne Borneo)*

Pycnonotus brunneus zapolius
**Anamba-Rotaugenbülbül**
Oberholser, 1917
Anambas Is. (e Malayische Halbinsel)

Pycnonotus zeylanicus
**Gelbscheitelbülbül**
*Straw-headed Bulbul - Bulbul cabeciamarillo*
Gmelin, JF, 1789
*Malayische Halbinsel, Sumatra, Java und Borneo*

Pycnonotus tympanistrigus
**Halsfleckbülbül**
*Spot-necked Bulbul - Bulbul cuellipinto*
Müller, S, 1836
*Gebirge Sumatra*

Pycnonotus pseudosimplex
**Cremeaugenbülbül**
*Cream-eyed Bulbul - Bulbul ojicremoso*
Shakya, Lim, Moyle, Rahman, Lakim & Sheldon, 2019
*Borneo*

Pycnonotus cinereifrons
**Graustirnbülbül**
*Ashy-fronted Bulbul - Bulbul penitente*
Tweeddale, 1878
*Palawan (sw Philippinen)*

Pycnonotus luteolus
**Weißbrauenbülbül**
*White-browed Bulbul - Bulbul cejiblanco*
Lesson, RP, 1841
*c, s Indien*

Pycnonotus luteolus insulae
**Sri Lanka-Weißbrauenbülbül**
Whistler & Kinnear, 1932
*Sri Lanka*

Pycnonotus blanfordi
**Ayeyarwadybülbül**
*Ayeyarwady Bulbul - Bulbul de Blanford occidental*
Jerdon, 1862
*Myanmar*

Pycnonotus conradi
**Strichelwangenbülbül**
*Streak-eared Bulbul - Bulbul de Blanford oriental*
Finsch, 1873
*Thailand und n, c Malayische Halbinsel bis s Indochina*

Pycnonotus davisoni
**Blassaugenbülbül**
*Pale-eyed Bulbul - Bulbul de Davison*
Hume, 1875
*w, sc, se Myanmar*

Pycnonotus finlaysoni
**Streifenkehlbülbül**
*Stripe-throated Bulbul - Bulbul de Finlayson*
Strickland, 1844
*Malayische Halbinsel*

Pycnonotus finlaysoni eous
**Westlicher Streifenkehlbülbül**
Riley, 1940
*s China, Thailand und s Indochina*

Pycnonotus flavescens
**Grauohrbülbül**
*Flavescent Bulbul - Bulbul amarillento*
Blyth, 1845
*ne Indien, ne Bangladesch und w Myanmar*

Pycnonotus flavescens vividus
**Myanmar-Grauohrbülbül**
Baker, ECS, 1917
*ne Myanmar, s China, Thailand und n Indochina*
Pycnonotus flavescens sordidus
**Indochina-Grauohrbülbül**
Robinson & Kloss, 1919
*s Indochina*

Pycnonotus snouckaerti
**Goldzügelbülbül**
*Aceh Bulbul - Bulbul de Snouckaert*
Siebers, 1928
*Gebirge nw Sumatra*

Pycnonotus bimaculatus
**Goldfleckbülbül**
*Orange-spotted Bulbul - Bulbul bimaculado*
Horsfield, 1821
*Gebirge c, s Sumatra und w, c Java*

Pycnonotus bimaculatus tenggerensis
**Bali-Goldfleckbülbül**
van Oort, 1911
*Gebirge e Java und Bali*

Pycnonotus leucops
**Weißwangenbülbül**
*Pale-faced Bulbul - Bulbul cariclaro*
Sharpe, 1888
*Gebirge Borneo*

Pycnonotus xantholaemus
**Goldkehlbülbül**
*Yellow-throated Bulbul - Bulbul gorjigualdo*
Jerdon, 1845
*Indien*

Pycnonotus penicillatus
**Schmuckbülbül**
*Yellow-eared Bulbul - Bulbul orejudo*
Blyth, 1851
*Sri Lanka*

Pycnonotus xanthorrhous
**Braunbrustbülbül**
*Brown-breasted Bulbul - Bulbul pechipardo*
Anderson, 1869
*sw China und n Myanmar bis n Indochina*

Pycnonotus xanthorrhous andersoni
**Andersons Braunbrustbülbül**
Swinhoe, 1870
*c, s China*

Pycnonotus sinensis
**Chinabülbül**
*Light-vented Bulbul - Bulbul chino*
Gmelin, JF, 1789
*c, e China*

Pycnonotus sinensis hainanus
**Hainan-Chinabülbül**
Swinhoe, 1870
*se China und n Vietnam*
Pycnonotus sinensis formosae
**Taiwan-Chinabülbül**
Hartert, EJO, 1910
*Taiwan*
Pycnonotus sinensis orii
**Ori-Chinabülbül**
Kuroda, Nm, 1923
*s Ryukyu Is.*

Pycnonotus taivanus
**Taiwanbülbül**
*Styan's Bulbul - Bulbul de Taiwan*
Styan, 1893
*Taiwan*

Pycnonotus jocosus
**Rotohrbülbül**
*Red-whiskered Bulbul - Bulbul orfeo*
Linnaeus, 1758
*se China*

Pycnonotus jocosus fuscicaudatus
**Indischer Rotohrbülbül**
Gould, 1866
*w, c Indien*
Pycnonotus jocosus abuensis
**Whistlers Rotohrbülbül**
Whistler, 1931
*nw Indien*
Pycnonotus jocosus pyrrhotis
**Nepal-Rotohrbülbül**
Bonaparte, 1850
*n Indien und Nepal*
Pycnonotus jocosus emeria
**Thailand-Rotohrbülbül**
Linnaeus, 1758
*e Indien bis sw Thailand*
Pycnonotus jocosus whistleri
**Andamanen-Rotohrbülbül**
Deignan, 1948
*Andaman Is.*
Pycnonotus jocosus monticola
**Himalaya-Rotohrbülbül**
Horsfield, 1840
*e Himalaya bis n Myanmar und s China*
Pycnonotus jocosus hainanensis
**Hainan-Rotohrbülbül**
Hachisuka, 1939
*Hainan Insel (vor se China)*
Pycnonotus jocosus pattani
**Myanmar-Rotohrbülbül**
Deignan, 1948
*s Myanmar und n Malayische Halbinsel über Thailand und s Indochina*

Pycnonotus goiavier
**Schwarzzügelbülbül**
*Yellow-vented Bulbul - Bulbul culiamarillo*
Scopoli, 1786
*Luzon Gruppe, Mindoro, und West Visayas (n, wc Philippinen)*

Pycnonotus goiavier jambu
**Jambu-Schwarzzügelbülbül**
Deignan, 1955
*s Myanmar bis s Indochina*
Pycnonotus goiavier analis
**Malaysia-Schwarzzügelbülbül**
Horsfield, 1821
*Malayische Halbinsel, Sumatra, Riau Is. (e in c Sumatra), Bangka und Belitung (e in s Sumatra), Java, Bali, Kangean Is. (n Bali) und bis Sumbawa (w Lesser Sundas)*
Pycnonotus goiavier gourdini
**Borneo-Schwarzzügelbülbül**
Gray, GR, 1847
*Borneo, Maratua (e in ne Borneo) und Karimunjawa Is. (n in c Java)*
Pycnonotus goiavier samarensis
**Samar-Schwarzzügelbülbül**
Rand & Rabor, 1960
*East Visayas (ec Philippinen)*

Pycnonotus goiavier suluensis
**Sulu-Schwarzzügelbülbül**
Mearns, 1909
Mindanao Gruppe und Sulu Archipel (s Philippinen)

Pycnonotus cafer
**Rotsteißbülbül**
*Red-vented Bulbul - Bulbul cafre*
Linnaeus, 1766
*s Indien*

Pycnonotus cafer humayuni
**Pakistan-Rotsteißbülbül**
Deignan, 1951
se Pakistan, nw, nc Indien
Pycnonotus cafer intermedius
**Kleiner Rotsteißbülbül**
Blyth, 1846
w Himalaya
Pycnonotus cafer bengalensis
**Bengalen-Rotsteißbülbül**
Blyth, 1845
c, e Himalaya, ne Indien und Bangladesch
Pycnonotus cafer stanfordi
**Stanfords Rotsteißbülbül**
Deignan, 1949
n Myanmar und sw China
Pycnonotus cafer melanchimus
**Myanmar-Rotsteißbülbül**
Deignan, 1949
sc Myanmar
Pycnonotus cafer wetmorei
**Indischer Rotsteißbülbül**
Deignan, 1960
e Indien
Pycnonotus cafer haemorrhousus
**Sri Lanka-Rotsteißbülbül**
Gmelin, JF, 1789
Sri Lanka

Pycnonotus aurigaster
**Rußhaubenbülbül**
*Sooty-headed Bulbul - Bulbul ventridorado*
Vieillot, 1818
*Java und Bali*

Pycnonotus aurigaster chrysorrhoides
**Chinesischer Rußhaubenbülbül**
Lafresnaye, 1845
se China
Pycnonotus aurigaster resurrectus
**Deignans Rußhaubenbülbül**
Deignan, 1952
s China und ne Vietnam
Pycnonotus aurigaster dolichurus
**Vietnam-Rußhaubenbülbül**
Deignan, 1949
c Vietnam
Pycnonotus aurigaster latouchei
**Myanmar-Rußhaubenbülbül**
Deignan, 1949
e Myanmar bis s China und n Indochina
Pycnonotus aurigaster klossi
**Kloss-Rußhaubenbülbül**
Gyldenstolpe, 1920
se Myanmar und n Thailand
Pycnonotus aurigaster schauenseei
**Schauensee-Rußhaubenbülbül**
Delacour, 1943
s Myanmar und sw Thailand
Pycnonotus aurigaster thais
**Thailand-Rußhaubenbülbül**
Kloss, 1924
c, s Thailand, c Laos
Pycnonotus aurigaster germani
**Germans Rußhaubenbülbül**
Oustalet, 1878
se Thailand und s Indochina

Pycnonotus leucotis
**Weißohrbülbül**
*White-eared Bulbul - Bulbul orejiblanco*
Gould, 1836
*s Iran, s Afghanistan, Pakistan und nw Indien*

Pycnonotus leucotis mesopotamia
**Arabischer Weißohrbülbül**
Ticehurst, 1918
ne Arabien, s Irak und sw Iran

Pycnonotus leucogenys
**Himalajabülbül**
*Himalayan Bulbul - Bulbul cariblanco*
Gray, JE, 1835
*Himalaya*

Pycnonotus xanthopygos
**Gelbsteißbülbül**
*White-spectacled Bulbul - Bulbul árabe*
Hemprich & Ehrenberg, 1833
*s Türkei und Syrien bis Jemen und Oman*

Pycnonotus nigricans
**Feueraugenbülbül**
*African Red-eyed Bulbul - Bulbul encapuchado*
Vieillot, 1818
*sw Angola, Namibia und Botswana und w Südafrika*

Pycnonotus nigricans superior
**Südlicher Feueraugenbülbül**
Clancey, 1959
c Südafrika

Pycnonotus barbatus
**Graubülbül**
*Common Bulbul - Bulbul naranjero*
Desfontaines, 1789
*Marokko bis Tunesien*

Pycnonotus barbatus inornatus
**Senegal-Graubülbül**
Fraser, 1843
s Mauretanien und Senegal bis w Chad und n Kamerun
Pycnonotus barbatus gabonensis
**Gabun-Graubülbül**
Sharpe, 1871
c Nigeria und c Kamerun bis Gabun und s Kongo
Pycnonotus barbatus arsinoe
**Sudan-Graubülbül**
Lichtenstein, MHC, 1823
e Chad, n, c Sudan und e Ägypten
Pycnonotus barbatus schoanus
**Äthiopien-Graubülbül**
Neumann, 1905
se Sudan, w, c, e Äthiopien, Eritrea

Pycnonotus dodsoni
**Dodsonbülbül**
*Dodson's Bulbul - Bulbul de Dodson*
Sharpe, 1895
*n Somalia und se Äthiopien bis ec Kenia*

Pycnonotus somaliensis
**Somalibülbül**
*Somali Bulbul - Bulbul Somalí*
Reichenow, 1905
*Dschibuti, nw Somalia und ne Äthiopien*

Pycnonotus tricolor
**Rußkopfbülbül**
*Dark-capped Bulbul - Bulbul Tricolor*
Hartlaub, 1862
*e Kamerun bis Demokratische Republik Kongo, s Sudan, w, c Kenia, Angola, nw Botswana und n, w Sambia*

Pycnonotus tricolor spurius
**Äthiopien-Rußkopfbülbül**
Reichenow, 1905
s Äthiopien
Pycnonotus tricolor layardi
**Layards Rußkopfbülbül**
Gurney, JH Sr, 1879
se Kenia bis e, s Sambia, ne Botswana und Südafrika

Pycnonotus capensis
**Kapbülbül**
*Cape Bulbul - Bulbul de El Cabo*
Linnaeus, 1766
*w, s Südafrika*

## Familie: Hirundinidae (Schwalben)

### Gattung: Pseudochelidon

Pseudochelidon eurystomina
**Rotaugenschwalbe**
*African River Martin - Avión ribereño africano*
Hartlaub, 1861
*Kongo Region*

Pseudochelidon sirintarae
**Weißaugenschwalbe**
*White-eyed River Martin - Avión ribereño asiático*
Thonglongya, K, 1968
*se Asien*

Gattung: Psalidoprocne

Psalidoprocne nitens
**Grünglanzschwalbe**
*Square-tailed Saw-wing - Golondrina colicuadrada*
Cassin, 1857
*Guinea bis c DR-Kongo und nw Angola*

Psalidoprocne nitens centralis
**Kongo-Grünglanzschwalbe**
Neumann, 1904
ne DR-Kongo

Psalidoprocne albiceps
**Weißkopfschwalbe**
*White-headed Saw-wing - Golondrina cabeciblanca*
Sclater, PL, 1864
*se Sudan und Uganda bis n Sambia und n Malawi*

Psalidoprocne albiceps suffusa
**Angola-Weißkopfschwalbe**
Ripley, 1960
n Angola

Psalidoprocne fuliginosa
**Kamerunschwalbe**
*Mountain Saw-wing - Golondrina camerunesa*
Shelley, 1887
*w Kamerun, Bioko*

Psalidoprocne pristoptera
**Erzschwalbe**
*Black Saw-wing - Golondrina negra*
Rüppell, 1840
*Eritrea und n Äthiopien*

Psalidoprocne pristoptera blanfordi
**Blanfords Erzschwalbe**
Blundell & Lovat, 1899
wc Äthiopien
Psalidoprocne pristoptera antinorii
**Antinoris Erzschwalbe**
Salvadori, 1884
c, s Äthiopien
Psalidoprocne pristoptera oleaginea
**Sudan-Erzschwalbe**
Neumann, 1904
se Sudan und sw Äthiopien
Psalidoprocne pristoptera mangbettorum
**Chapins Erzschwalbe**
Chapin. 1923
s Sudan und ne DR-Kongo
Psalidoprocne pristoptera chalybea
**Kamerun-Erzschwalbe**
Reichenow, 1893
n, c Kamerun bis w Sudan und n, c DR-Kongo
Psalidoprocne pristoptera petiti
**Nigeria-Erzschwalbe**
Sharpe & Bouvier, 1876
e Nigeria bis nw Angola
Psalidoprocne pristoptera ruwenzori
**Kongo-Erzschwalbe**
Chapin, 1932
e DR-Kongo und sw Uganda
Psalidoprocne pristoptera orientalis
**Sambia-Erzschwalbe**
Reichenow, 1889
e Sambia und s Tansania bis e Simbabwe und c Mosambik
Psalidoprocne pristoptera reichenowi
**Reichenows Erzschwalbe**
Neumann, 1904
Angola, s DR-Kongo und Sambia
Psalidoprocne pristoptera massaica
**Massai-Erzschwalbe**
Neumann, 1904
Kenia und n, c Tansania
Psalidoprocne pristoptera holomelas
**Südafrikanische Erzschwalbe**
Sundevall, 1850
s Simbabwe und s Mosambik bis e, s Südafrika

Psalidoprocne obscura
**Scherenschwanzschwalbe**
*Fanti Saw-wing - Golondrina fanti*
Hartlaub, 1855
*Senegal und Gambia bis w Kamerun*

Gattung: Pseudhirundo

Pseudhirundo griseopyga
**Graubürzelschwalbe**
*Grey-rumped Swallow - Golondrina culigrís*
Sundevall, 1850
*Nigeria bis Äthiopien und w Kenia s bis Südafrika*

Pseudhirundo griseopyga melbina
**Gambia-Graubürzelschwalbe**
Verreaux, J & Verreaux, É, 1851
Gambia und Senegal bis nw Angola

Gattung: Cheramoeca

Cheramoeca leucosterna
**Weißrückenschwalbe**
*White-backed Swallow - Golondrina dorsiblanca*
Gould, 1841
*Australien (außer n, se, Tasmanien)*

Gattung: Phedina

Phedina borbonica
**Maskarenenschwalbe**
*Mascarene Martin - Golondrina de las Mascareñas*
Gmelin, JF, 1789
*Réunion und Mauritius (w, c Mascarenes)*

Phedina borbonica madagascariensis
**Madagaskar-Maskarenenschwalbe**
Hartlaub, 1860
Madagascar

Gattung: Neophedina

Neophedina cincta
**Weißbrauen-Uferschwalbe**
*Banded Martin - Avión cinchado*
Boddaert, 1783
*se Botswana, s Simbabwe und Südafrika*

Neophedina cincta erlangeri
**Erlangers Weißbrauenuferschwalbe**
Reichenow, 1905
Äthiopien
Neophedina cincta suahelica
**Suaheli-Weißbrauenuferschwalbe**
Van Someren, 1922
s Sudan und w Kenia bis n Simbabwe und w Mosambik
Neophedina cincta parvula
**Angola-Weißbrauenuferschwalbe**
Amadon, 1954
n Angola, sw DR-Kongo und nw Sambia
Neophedina cincta xerica
**Namibia-Weißbrauenuferschwalbe**
Clancey & Irwin, 1966
w, s Angola, n Namibia und n Botswana

Gattung: Phedinopsis

Phedinopsis brazzae
**Brazzaschwalbe**
*Brazza's Martin - Golondrina del Congo*
Oustalet, 1886
*Kongo bis c DR-Kongo und ne Angola*

Gattung: Riparia

Riparia paludicola
**Braunkehl-Uferschwalbe**
*Brown-throated Martin - Avión paludícola africano*
Vieillot, 1817
*Angola bis s Tansania und s bis Südafrika*

Riparia paludicola mauritanica
**Marokko-Braunkehluferschwalbe**
Meade-Waldo, 1901
w Marokko
Riparia paludicola minor
**Kleine Braunkehluferschwalbe**
Cabanis, 1851
Senegal und Gambia bis n Äthiopien
Riparia paludicola schoensis
**Äthiopien-Braunkehluferschwalbe**
Reichenow, 1920
c Äthiopien
Riparia paludicola newtoni
**Newtons Braunkehluferschwalbe**
Bannerman, 1937
ne Nigeria und w Kamerun
Riparia paludicola ducis
**Uganda-Braunkehluferschwalbe**
Reichenow, 1908
e DR-Kongo, Uganda, Kenia und n, c Tansania

Riparia cowani
**Madagaskaruferschwalbe**
*Madagascar Martin - Avión paludícola malgache*
Sharpe, 1882
*Gebirge e Madagascar*

Riparia chinensis
**Graukehl-Uferschwalbe**
*Grey-throated Martin - Avión paludícola asiático*
Gray, JE, 1830
*Tadschikistan und n Afghanistan bis s China, Indochina und Taiwan*

   Riparia chinensis tantilla
   **Luzon-Graukehluferschwalbe**
   Riley, 1935
   *Luzon und Mindoro (n Philippinen)*

Riparia congica
**Kongouferschwalbe**
*Congo Martin - Avión del Congo*
Reichenow, 1888
*Kongo River*

Riparia riparia
**Uferschwalbe**
*Sand Martin - Avión zapador*
Linnaeus, 1758
*Nordamerika, Europa bis c Asien*

   Riparia riparia taczanowskii
   **Kasachstan-Uferschwalbe**
   Stegmann, 1925
   *s Sibirien und c Mongolei bis e Sibirien*
   Riparia riparia ijimae
   **Japan-Uferschwalbe**
   Lönnberg, 1908
   *Sakhalin und Kuril Is. (se Russland) und Japan*
   Riparia riparia shelleyi
   **Ägypten-Uferschwalbe**
   Sharpe, 1885
   *Ägypten*

Riparia diluta
**Fahluferschwalbe**
*Pale Martin - Avión pálido*
Sharpe & Wyatt, 1893
*s, e Kasachstan, n Kirgisistan, e, s Usbekistan, w Tadschikistan, c, sc, sw Sibirien, n Mongolei und nw, ne China*

   Riparia diluta indica
   **Indische Fahluferschwalbe**
   Ticehurst, 1916
   *ne Afghanistan, n Pakistan und n Indien*
   Riparia diluta tibetana
   **Tibet-Fahluferschwalbe**
   Stegmann, 1925
   *sw, sc China (Tibetische Hochebene)*
   Riparia diluta fohkienensis
   **Chinesische Fahluferschwalbe**
   La Touche, 1908
   *c, e China*



Tachycineta bicolor
**Sumpfschwalbe**
*Tree Swallow - Golondrina bicolor*
Vieillot, 1808
*Nordamerika weit verbreitet*

Tachycineta leucorrhoa
**Weißbürzelschwalbe**
*White-rumped Swallow - Golondrina cejiblanca*
Vieillot, 1817
*Bolivien bis c Brasilien und s bis c, e Argentinien*

Tachycineta leucopyga
**Chileschwalbe**
*Chilean Swallow - Golondrina chilena*
Meyen, 1834
*Südamerika Südspitze*

Tachycineta stolzmanni
**Tumbesschwalbe**
*Tumbes Swallow - Golondrina de Tumbes*
Philippi, 1902
*sw Ecuador und nw Peru*

Tachycineta albilinea
**Mangroveschwalbe**
*Mangrove Swallow - Golondrina de manglar*
Lawrence, 1863
*e und w Küste Mexico bis Panama*

Tachycineta albiventer
**Cayenneschwalbe**
*White-winged Swallow - Golondrina aliblanca*
Boddaert, 1783
*Kolumbien bis n Argentinien*

Tachycineta euchrysea
**Antillenschwalbe**
*Golden Swallow - Golondrina dorada*
Gosse, 1847
*Jamaika*

   Tachycineta euchrysea sclateri
   **Sclaters Antillenschwalbe**
   Cory, 1884
   *Hispaniola*

Tachycineta cyaneoviridis
**Bahamaschwalbe**
*Bahama Swallow - Golondrina de las Bahamas*
Bryant, H, 1859
*Bahamas und Kuba*

Tachycineta thalassina
**Veilchenschwalbe**
*Violet-green Swallow - Golondrina verdemar*
Swainson, 1827
*c Alaska, w Kanada, w USA und nw Mexico*

   Tachycineta thalassina brachyptera
   **Südliche Veilchenschwalbe**
   Brewster, 1902
   *c, s Baja California und w Sonora (nw Mexico)*



Progne tapera
**Braunbrustschwalbe**
*Brown-chested Martin - Golondrina parda*
Linnaeus, 1766
*Kolumbien über Amazonasgebiet bis ne Brasilien, sw Ecuador und nw Peru*

   Progne tapera fusca
   **Südliche Braunbrustschwalbe**
   Vieillot, 1817
   *e Bolivien bis e Brasilien und c Argentinien*

Progne murphyi
**Peruschwalbe**
*Peruvian Martin - Golondrina peruana*
Chapman, 1925
*w Peru und n Chile*

Progne modesta
**Galápagosschwalbe**
*Galapagos Martin - Golondrina de Galápagos*
Gould, 1838
*Galápagos*

Progne subis
**Purpurschwalbe**
*Purple Martin - Golondrina purpúrea*
Linnaeus, 1758
*s Kanada, e USA und e Mexico*

   Progne subis hesperia
   **Brewsters Purpurschwalbe**
   Brewster, 1889
   *sw USA und nw Mexico*
   Progne subis arboricola
   **Behles Purpurschwalbe**
   Behle, 1968
   *w USA und n Mexico*

Progne elegans
**Blauschwalbe**
*Southern Martin - Golondrina sureña*
Baird, SF, 1865
*Südamerika weit verbreitet*

Progne chalybea
**Graubrustschwalbe**
*Grey-breasted Martin - Golondrina pechigrís*
Gmelin, JF, 1789
*e Mexico über n Südamerika*

 Progne chalybea warneri
 **Warners Graubrustschwalbe**
 Phillips, AR, 1986
 *w Mexico*
 Progne chalybea macrorhamphus
 **Südamerika-Graubrustschwalbe**
 Brooke, 1974
 *c, sc Südamerika*

Progne sinaloae
**Sinaloaschwalbe**
*Sinaloa Martin - Golondrina sinaloense*
Nelson, 1898
*w Mexico*

Progne cryptoleuca
**Kubaschwalbe**
*Cuban Martin - Golondrina cubana*
Baird, SF, 1865
*Kuba*

Progne dominicensis
**Karibikschwalbe**
*Caribbean Martin - Golondrina caribeña*
Gmelin, JF, 1789
*Karibik is.*

Gattung: Stelgidopteryx

Stelgidopteryx serripennis
**Graukehlschwalbe**
*Northern Rough-winged Swallow - Golondrina aserrada norteña*
Audubon, 1838
*se Alaska, s Kanada bis wc, sc, se USA*

 Stelgidopteryx serripennis psammochroa
 **Mexiko-Graukehlschwalbe**
 Griscom, 1929
 *sw USA bis sw Mexico*
 Stelgidopteryx serripennis fulvipennis
 **Costa Rica-Graukehlschwalbe**
 Sclater, PL, 1860
 *c Mexico bis Costa Rica*
 Stelgidopteryx serripennis ridgwayi
 **Ridgways Graukehlschwalbe**
 Nelson, 1901
 *n Yucatán Halbinsel (se Mexico)*
 Stelgidopteryx serripennis stuarti
 **Stuarts Graukehlschwalbe**
 Brodkorb, 1942
 *Veracruz, Oaxaca und Chiapa (se Mexico) bis e Guatemala*
 Stelgidopteryx serripennis burleighi
 **Yucatan-Graukehlschwalbe**
 Phillips, AR, 1986
 *s Yucatán Halbinsel (se Mexico) und Belize*

Stelgidopteryx ruficollis
**Zimtkehlschwalbe**
*Southern Rough-winged Swallow - Golondrina gorjirrufa*
Vieillot, 1817
*se Kolumbien und e Venezuela über e, c Südamerika bis n Argentinien*

 Stelgidopteryx ruficollis decolor
 **Panama-Zimtkehlschwalbe**
 Griscom, 1929
 *w Costa Rica und w Panama*
 Stelgidopteryx ruficollis uropygialis
 **Westliche Zimtkehlschwalbe**
 Lawrence, 1863
 *e Honduras bis e Panama über w Kolumbien und w Ecuador bis nw Peru*
 Stelgidopteryx ruficollis aequalis
 **Trinidad-Zimtkehlschwalbe**
 Bangs, 1901
 *n Kolumbien, w Venezuela und Trinidad*

Gattung: Atticora

Atticora fasciata
**Weißbandschwalbe**
*White-banded Swallow - Golondrina fajiblanca*
Gmelin, JF, 1789
*Amazonasgebiet*

Atticora pileata
**Kappenschwalbe**
*Black-capped Swallow - Golondrina cabecinegra*
Gould, 1858
*s Mexico bis w El Salvador*

Atticora tibialis
**Weißhosenschwalbe**
*White-thighed Swallow - Golondrina patiblanca*
Cassin, 1853
*se Brasilien*

 Atticora tibialis minima
 **Kleine Weißhosenschwalbe**
 Chapman, 1924
 *e Panama bis w Ecuador*
 Atticora tibialis griseiventris
 **Amazonas-Weißhosenschwalbe**
 Chapman, 1924
 *w Amazonasgebiet*

Gattung: Pygochelidon

Pygochelidon cyanoleuca
**Schwarzsteißschwalbe**
*Blue-and-white Swallow - Golondrina barranquera*
Vieillot, 1817
*Costa Rica über n, c Südamerika*

 Pygochelidon cyanoleuca peruviana
 **Peruanische Schwarzsteißschwalbe**
 Chapman, 1922
 *w Peru*
 Pygochelidon cyanoleuca patagonica
 **Patagonien-Schwarzsteißschwalbe**
 d'Orbigny & Lafresnaye, 1837
 *s Südamerika*

Pygochelidon melanoleuca
**Halsbandschwalbe**
*Black-collared Swallow - Golondrina acollarada*
Wied-Neuwied, M, 1820
*e Kolumbien über c Venezuela, Guianas und n Brasilien, se Amazonasgebiet und ne Argentinien*

Gattung: Alopochelidon

Alopochelidon fucata
**Fuchsschwalbe**
*Tawny-headed Swallow - Golondrina cabecicastaña*
Temminck, 1822
*Bolivien bis sc Brasilien und s bis n Argentinien*

Gattung: Orochelidon

Orochelidon flavipes
**Blassfußschwalbe**
*Pale-footed Swallow - Golondrina paticlara*
Chapman, 1922
*w Venezuela bis c Bolivien*

Orochelidon murina
**Mausschwalbe**
*Brown-bellied Swallow - Golondrina ventriparda*
Cassin, 1853
*Kolumbien bis c Peru*

 Orochelidon murina meridensis
 **Venezuela-Mausschwalbe**
 Zimmer, JT & Phelps, WH, 1947
 *w Venezuela*
 Orochelidon murina cyanodorsalis
 **Bolivien-Mausschwalbe**
 Carriker, 1935
 *s Peru bis c Bolivien*

Orochelidon andecola
**Andenschwalbe**
*Andean Swallow - Golondrina andina*
d'Orbigny & Lafresnaye, 1837
*s Peru bis n Chile, s Bolivien und nw Argentinien*

 Orochelidon andecola oroyae
 **Peruanische Andenschwalbe**
 Chapman, 1924
 *c Peru*

Ptyonoprogne rupestris
**Felsenschwalbe**
*Eurasian Crag Martin - Avión roquero*
Scopoli, 1769
*Mittelmeer-Region über s Asien bis Mongolei und e China*

Ptyonoprogne obsoleta
**Wüstenschwalbe**
*Pale Crag Martin - Avión isabel norteño*
Cabanis, 1851
*Ägypten bis n, c, e Arabische Halbinsel, ne Irak und Iran*

Ptyonoprogne obsoleta spatzi
**Spatz-Wüstenschwalbe**
Geyr von Schweppenburg, 1916
s Algerien, sw Libyen und n Chad
Ptyonoprogne obsoleta presaharica
**Nordafrika-Wüstenschwalbe**
Vaurie, 1953
s Marokko, n Mauretanien und nc Algerien
Ptyonoprogne obsoleta buchanani
**Niger-Wüstenschwalbe**
Hartert, EJO, 1921
Niger
Ptyonoprogne obsoleta arabica
**Arabische Wüstenschwalbe**
Reichenow, 1905
n Chad bis n Sudan, sw Arabien, n Somalia und Socotra
Ptyonoprogne obsoleta perpallida
**Vauries Wüstenschwalbe**
Vaurie, 1951
ne Saudi-Arabien
Ptyonoprogne obsoleta pallida
**Afghanische Wüstenschwalbe**
Hume, 1872
e Iran, s Afghanistan und Pakistan

Ptyonoprogne rufigula
**Rotkehl-Steinschwalbe**
*Red-throated Rock Martin - Avión de garganta roja*
Fischer, GA & Reichenow, 1884
*n Nigeria und Chad bis Äthiopien s bis Simbabwe und n Mosambik*

Ptyonoprogne rufigula pusilla
**Äthiopien-Steinschwalbe**
Zedlitz, 1908
s Mali bis Äthiopien und Eritrea
Ptyonoprogne rufigula bansoensis
**Kamerun-Steinschwalbe**
Bannerman, 1923
Sierra Leone bis Nigeria und Kamerun

Ptyonoprogne fuligula
**Steinschwalbe**
*Rock Martin - Avión isabel meridional*
Lichtenstein, MHC, 1842
*s Namibia und w Südafrika*

Ptyonoprogne fuligula anderssoni
**Südafrikanische Steinschwalbe**
Sharpe & Wyatt, 1887
sw Angola, n, c Namibia
Ptyonoprogne fuligula pretoriae
**Anderssons Steinschwalbe**
Roberts, 1922
sw Simbabwe und s Mosambik bis e Südafrika

Ptyonoprogne concolor
**Einfarbschwalbe**
*Dusky Crag Martin - Avión oscuro*
Sykes, 1832
*Indien*

Ptyonoprogne concolor sintaungensis
**Indochina-Einfarbschwalbe**
Baker, ECS, 1933
Myanmar und n Thailand bis s China und n Indochina



Hirundo atrocaerulea
**Stahlschwalbe**
*Blue Swallow - Golondrina azul*
Sundevall, 1850
*von se Demokratische Republik Kongo und c Tansania bis e Südafrika*

Hirundo nigrorufa
**Rostbauchschwalbe**
*Black-and-rufous Swallow - Golondrina rojinegra*
Barboza du Bocage, 1877
*wc Angola über s DR Kongo bis e Sambia*

Hirundo dimidiata
**Perlbrustschwalbe**
*Pearl-breasted Swallow - Golondrina perlada*
Sundevall, 1850
*Namibia und Botswana bis s Südafrika*

Hirundo dimidiata marwitzi
**Marwitz-Perlbrustschwalbe**
Reichenow, 1903
Angola und s DR-Kongo bis ne Südafrika und w Mosambik

Hirundo domicola
**Hügelschwalbe**
*Hill Swallow - Golondrina de Cabaña*
Jerdon, 1841
*s Indien und Sri Lanka*

Hirundo javanica
**Pazifikschwalbe**
*Pacific Swallow - Golondrina de Tahití*
Sparrman, 1789
*s Myanmar und Andaman Is. bis s Vietnam, e bis Philippinen und s bis Moluccas und Greater und Lesser Sundas*

Hirundo javanica namiyei
**Taiwan-Südseeschwalbe**
Stejneger, 1887
Ryukyu Is. (s Japan) und Taiwan
Hirundo javanica frontalis
**Nordneuguinea-Südseeschwalbe**
Quoy & Gaimard, 1832
n, w Neuguinea inklusive Raja Ampat Is. (nw Neuguinea), Aru Is. (sw Neuguinea), Geelvink Bay is. und Inseln vor n coast
Hirundo javanica albescens
**Südneuguinea-Südseeschwalbe**
Schodde & Mason, IJ, 1999
s, e Neuguinea und kleine Inseln
Hirundo javanica ambiens
**Bismarck-Südseeschwalbe**
Mayr, 1934
New Britain und kleine Inseln (se Bismarck Archipel)
Hirundo javanica subfusca
**Salomonen-Südseeschwalbe**
Gould, 1856
Admiralty Is., New Ireland und kleine Inseln (n Bismarck Archipel) bis Solomon Is. (außer Rennell und inklusive Temotu), Ouvea (w Loyalty Is., New Caledonia), und Vanuatu bis Fiji und Tonga (w, c Micronesia)

Hirundo tahitica
**Tahitischwalbe**
*Tahiti Swallow - Golondrina de Pacific*
Gmelin, JF, 1789
*Moorea und Tahiti (se Society Is., e Polynesien)*

Hirundo leucosoma
**Scheckflügelschwalbe**
*Pied-winged Swallow - Golondrina alipinta*
Swainson, 1837
*Senegal und Gambia bis Nigeria*

Hirundo megaensis
**Weißschwanzschwalbe**
*White-tailed Swallow - Golondrina coliblanca*
Benson, 1942
*Gebirge sc Äthiopien*

Hirundo neoxena
**Glücksschwalbe**
*Welcome Swallow - Golondrina australiana*
Gould, 1842
*sc, e Australien, Lord Howe und Norfolk is. (e Australien), North, South, Stewart, Kermadec und Chatham is. (Neuseeland)*

Hirundo neoxena carteri
**Carters Glücksschwalbe**
Mathews, 1912
sw Western Australia (sw Australien)

Hirundo rustica
**Rauchschwalbe**
*Barn Swallow - Golondrina común*
Linnaeus, 1758
*Europa, w, c Asien und n Afrika*

Hirundo rustica transitiva
**Libanon-Rauchschwalbe**
Hartert, EJO, 1910
Lebanon, Syrien, Israel und Jordanien
Hirundo rustica savignii
**Ägypten-Rauchschwalbe**
Stephens, 1817
Ägypten

Hirundo rustica gutturalis
**Japan-Rauchschwalbe**
Scopoli, 1786
e Himalaya bis Koreanische Halbinsel und Japan, e, s China und Taiwan
Hirundo rustica tytleri
**Jerdons Rauchschwalbe**
Jerdon, 1864
sc Sibirien
Hirundo rustica saturata
**Sibirische Rauchschwalbe**
Ridgway, 1883
e Sibirien
Hirundo rustica mandschurica
**Chinesische Rauchschwalbe**
Meise, 1934
ne China
Hirundo rustica erythrogaster
**Amerikanische Rauchschwalbe**
Boddaert, 1783
Alaska, Kanada und USA bis s Mexico

Hirundo lucida
**Singschwalbe**
*Red-chested Swallow - Golondrina guineana*
Hartlaub, 1858
*sw Mauretanien und Senegal bis Togo und Benin*

Hirundo lucida subalaris
**Kongo-Singschwalbe**
Reichenow, 1905
Kongo und DR Kongo
Hirundo lucida rothschildi
**Rothschilds Singschwalbe**
Neumann, 1904
Äthiopien

Hirundo aethiopica
**Fahlkehlschwalbe**
*Ethiopian Swallow - Golondrina etiópica*
Blanford, 1869
*Senegal und Gambia bis w Äthiopien, se Kenia und ne Tansania*

Hirundo aethiopica amadoni
**Amadon-Fahlkehlschwalbe**
White, CMN, 1956
e Äthiopien, Somalia und ne Kenia

Hirundo angolensis
**Angolaschwalbe**
*Angola Swallow - Golondrina angoleña*
Barboza du Bocage, 1868
*Gabun, w Angola, c, e DR-Kongo bis Uganda, w Kenia, Tansania, n Malawi und n Sambia*

Hirundo nigrita
**Medaillonschwalbe**
*White-bibbed Swallow - Golondrina negrita*
Gray, GR, 1845
*Sierra Leone bis w Uganda, s DR-Kongo und n Angola*

Hirundo albigularis
**Weißkehlschwalbe**
*White-throated Swallow - Golondrina gorjiblanca*
Strickland, 1849
*Botswana und Simbabwe bis s Südafrika*

Hirundo smithii
**Rotkappenschwalbe**
*Wire-tailed Swallow - Golondrina colilarga*
Leach, 1818
*Sub-Saharan Afrika*

Hirundo smithii filifera
**Asiatische Rotkappenschwalbe**
Stephens, 1826
sc, se Asien



Atronanus fuliginosa
**Bronzeschwalbe**
*Forest Swallow - Golondrina selvática*
Chapin, 1925
*se Nigeria bis Gabun und nw Kongo*



Delichon urbicum
**Mehlschwalbe**
*Western House Martin - Avión común occidental*
Linnaeus, 1758
*w, c, n Europa bis w Sibirien*

Delichon urbicum meridionale
**Afrikanische Mehlschwalbe**
Hartert, EJO, 1910
n Afrika und s Europa bis sc Asien

Delichon lagopodum
**Sibirienschwalbe**
*Siberian House Martin - Avión común oriental*
Pallas, 1811
*e Asien*

Delichon dasypus
**Kaschmirschwalbe**
*Asian House Martin - Avión asiático*
Bonaparte, 1850
*sc Sibirien bis ne China, Koreanische Halbinsel und Japan*

Delichon dasypus cashmeriense
**Goulds Kaschmirschwalbe**
Gould, 1858
Himalaya bis sc China
Delichon dasypus nigrimentale
**Harters Kaschmirschwalbe**
Hartert, EJO, 1910
s, e China, Taiwan

Delichon nipalense
**Nepalschwalbe**
*Nepal House Martin - Avión nepalí*
Moore, F, 1854
*Himalaya bis nw Myanmar*

Delichon nipalense cuttingi
**Cuttings Nepalschwalbe**
Mayr, 1941
ne Myanmar bis nw Vietnam



Cecropis cucullata
**Kaprötelschwalbe**
*Greater Striped Swallow - Golondrina cabecirrufa*
Boddaert, 1783
*Angola und Namibia bis Simbabwe und s bis s Südafrika*

Cecropis rufula
**Südeuropa-Rötelschwalbe**
*European Red-rumped Swallow - Golondrina de Europa*
Temminck, 1835
*s Europa und n Afrika e bis Iran, Pakistan und nw Indien*

Cecropis daurica
**Rötelschwalbe**
*Eastern Red-rumped Swallow - Golondrina dáurica*
Laxmann, 1769
*ne Kasachstan und Mongolei bis sc China, Taiwan und Philippinen (außer Sulu Archipel), Java und Bali bis Wetar und Timor (e Lesser Sundas)*

Cecropis daurica japonica
**Japan-Rötelschwalbe**
Temminck & Schlegel, 1845
se Sibirien, Koreanische Halbinsel und Japan bis s China
Cecropis daurica nipalensis
**Himalaya-Rötelschwalbe**
Hodgson, 1837
Himalaya bis n Myanmar
Cecropis daurica erythropygia
**Indische Rötelschwalbe**
Sykes, 1832
c Indien
Cecropis daurica mayri
**Bangladesch-Rötelschwalbe**
Hall, BP, 1953
ne Bangladesch, ne Indien, n Myanmar und s China
Cecropis daurica stanfordi
**Myanmar-Rötelschwalbe**
Mayr, 1941
e Myanmar, n Thailand und Indochina
Cecropis daurica vemay
**Thailand-Rötelschwalbe**
Kinnear, 1924
s Myanmar und w Thailand
Cecropis daurica striolata
**Taiwan-Rötelschwalbe**
Schlegel, 1844
Taiwan und Philippinen (außer Sulu Arch.), Java und Bali bis Wetar und Timor (e Kleine Sundas)

Cecropis melanocrissus
**Afrika-Rötelschwalbe**
*African Red-rumped Swallow - Golondrina de Africa*
Rüppell, 1845
*Äthiopien und Eritrea*

Cecropis melanocrissus domicella
**Senegal-Rötelschwalbe**
Reichenow, 1892
Senegal, Gambia, Guinea, sw Sudan, Süd-Sudan, w Äthiopien
Cecropis melanocrissus kumboensis
**Kamerun-Rötelschwalbe**
Bannerman, 1923
Sierra Leone und w Kamerun
Cecropis melanocrissus emini
**Kenia-Rötelschwalbe**
Reichenow, 1892
se Sudan, Uganda und Kenia bis Malawi und n Sambia

Cecropis hyperythra
**Rostbauch-Rötelschwalbe**
*Sri Lanka Swallow - Golondrina de Sri Lanka*
Blyth, 1849
*Sri Lanka*

Cecropis badia
**Thairötelschwalbe**
*Rufous-bellied Swallow - Golondrina Ventrirrufa*
Cassin, 1853
*Malayische Halbinsel*

Cecropis abyssinica
**Zwergrötelschwalbe**
*Lesser Striped Swallow - Golondrina abisinia*
Guérin-Méneville, 1843
*e Sudan bis Somalia*

Cecropis abyssinica puella
**Senegal-Zwergrötelschwalbe**
Temminck & Schlegel, 1845
Senegal und Gambia bis n Kamerun
Cecropis abyssinica maxima
**Große Zwergrötelschwalbe**
Bannerman, 1923
se Nigeria bis sw Zentralafrikanische Republik
Cecropis abyssinica bannermani
**Bannermans Zwergrötelschwalbe**
Grant, CHB & Mackworth-Praed, 1942
ne Zentralafrikanische Republik und sw Sudan
Cecropis abyssinica unitatis
**Somalia-Zwergrötelschwalbe**
Sclater, WL & Mackworth-Praed, 1918
Equatorial Guinea und Gabun bis s Somalia und s bis Angola, Botswana und e Südafrika
Cecropis abyssinica ampliformis
**Namibia-Zwergrötelschwalbe**
Clancey, 1969
s Angola und n Namibia bis w Sambia und nw Simbabwe

Cecropis semirufa
**Rostbrust-Rötelschwalbe**
*Red-breasted Swallow - Golondrina pechirrufa*
Sundevall, 1850
*s, e Angola bis Malawi und ne Südafrika*

Cecropis semirufa gordoni
**Gordons Rostbrust-Rötelschwalbe**
Jardine, 1852
Senegal und Gambia bis Sudan und s bis n Angola, c DR-Kongo und n Tansania

Cecropis senegalensis
**Senegalrötelschwalbe**
*Mosque Swallow - Golondrina senegalesa*
Linnaeus, 1766
*s Mauretanien, Senegal und Gambia e bis sw Sudan*

Cecropis senegalensis saturatior
**Bannermans Senegalrötelschwalbe**
Bannerman, 1923
s Ghana bis s Sudan, Äthiopien, und n Kenia
Cecropis senegalensis monteiri
**Hartlaubs Senegalrötelschwalbe**
Hartlaub, 1862
Angola und s DR-Kongo bis s Kenia und s bis ne Südafrika

## Gattung: Petrochelidon

Petrochelidon rufigula
**Rotkehlschwalbe**
*Red-throated Cliff Swallow - Golondrina gorjirroja*
Barboza du Bocage, 1878
*s Gabun bis c DR-Kongo und s bis c Angola und c Sambia*

Petrochelidon preussi
**Rostschläfenschwalbe**
*Preuss's Cliff Swallow - Golondrina de Preuss*
Reichenow, 1898
*Guinea Bissau, Guinea und Sierra Leone bis ne Nigeria, Kamerun und Zentralafrikanische
Republik; ne DR Kongo*

Petrochelidon perdita
**Rotmeerschwalbe**
*Red Sea Cliff Swallow - Golondrina del Mar Rojo*
Fry & Smith, DA, 1985
*e Sudan*

Petrochelidon spilodera
**Klippenschwalbe**
*South African Cliff Swallow - Golondrina sudafricana*
Sundevall, 1850
*Namibia; Simbabwe; se Botswana bis Südafrika*

Petrochelidon fluvicola
**Braunscheitelschwalbe**
*Streak-throated Swallow - Golondrina india*
Blyth, 1855
*ne Afghanistan, Pakistan und Indien*

Petrochelidon ariel
**Arielschwalbe**
*Fairy Martin - Golondrina ariel*
Gould, 1842
*Australien (außer Tasmanien, se Australien)*

Petrochelidon nigricans
**Baumschwalbe**
*Tree Martin - Golondrina arborícola*
Vieillot, 1817
*Tasmanien*

Petrochelidon nigricans timoriensis
**Timor-Baumschwalbe**
Sharpe, 1885
Sumba, Timor und Alor (sw, e Lesser Sundas)
Petrochelidon nigricans neglecta
**Australische Baumschwalbe**
Mathews, 1912
Australien

Petrochelidon pyrrhonota
**Fahlstirnschwalbe**
*American Cliff Swallow - Golondrina risquera*
Vieillot, 1817
*Alaska, Kanada, w, n, e USA und nw Baja California (nw Mexico)*

Petrochelidon pyrrhonota ganieri
**Ganiers Fahlstirnschwalbe**
Phillips, AR, 1986
sc USA
Petrochelidon pyrrhonota tachina
**Baja California-Fahlstirnschwalbe**
Oberholser, 1903
sw USA und ne Baja California (nw Mexico)
Petrochelidon pyrrhonota melanogaster
**Arizona-Fahlstirnschwalbe**
Swainson, 1827
extremer se Arizona und sw New Mexico (sw USA) bis w, s Mexico

Petrochelidon fulva
**Höhlenschwalbe**
*Cave Swallow - Golondrina pueblera*
Vieillot, 1808
*Hispaniola*

Petrochelidon fulva pallida
**Nelsons Höhlenschwalbe**
Nelson, 1902
s USA bis nc Mexico
Petrochelidon fulva citata
**Mexiko-Höhlenschwalbe**
Van Tyne, 1938
s Mexico
Petrochelidon fulva cavicola
**Kuba-Höhlenschwalbe**
Barbour & Brooks, WS, 1917
se USA und Kuba
Petrochelidon fulva poeciloma
**Jamaika-Höhlenschwalbe**
Gosse, 1847
Jamaika
Petrochelidon fulva puertoricensis
**Puerto Rico-Höhlenschwalbe**
Garrido, Peterson & Komar, 1999
Puerto Rico

Petrochelidon rufocollaris
**Rotnackenschwalbe**
*Chestnut-collared Swallow - Golondrina cuellirrufa*
Peale, 1849
*w Peru*

Petrochelidon rufocollaris aequatorialis
**Ekuador-Rotnackenschwalbe**
Chapman, 1924
sw Ecuador

## Familie: Pnoepygidae (Zwerpfeifer)

### Gattung: Pnoepyga

Pnoepyga albiventer
**Himalajazwergpfeifer**
*Scaly-breasted Cupwing - Ratina ventriblanca*
Hodgson, 1837
e Himalaya; e Nepal und ne Indien bis w, n Myanmar und nw Vietnam

Pnoepyga albiventer pallidior
**Nepalzwergpfeifer**
Kinnear, 1924
w Himalaya; n Indien bis w Nepal

Pnoepyga albiventer mutica
**Sichuanzwergpfeifer**
Thayer & Bangs, 1912
Gebirge sc, c China (Sichuan, w Yunnan)

Pnoepyga formosana
**Taiwanzwergpfeifer**
*Taiwan Cupwing - Ratina de Formosa*
Ingram, C, 1909
Taiwan

Pnoepyga immaculata
**Nepalzwergpfeifer**
*Nepal Cupwing - Ratina inmaculada*
Martens, J & Eck, 1991
Indien Himalaya bis Nepal

Pnoepyga pusilla
**Mooszwergpfeifer**
*Pygmy Cupwing - Ratina pigmea*
Hodgson, 1845
c, e Himalaya und ne Indien bis Myanmar, n Thailand, s China und n Indochina

Pnoepyga pusilla annamensis
**Indochinazwergpfeifer**
Robinson & Kloss, 1919
s Indochina

Pnoepyga pusilla harterti
**Malaysiazwergpfeifer**
Robinson & Kloss, 1918
Malayische Halbinsel

Pnoepyga pusilla lepida
**Sumatrazwergpfeifer**
Salvadori, 1879
Gebirge Sumatra

Pnoepyga pusilla rufa
**Javazwergpfeifer**
Sharpe, 1882
Gebirge Java

Pnoepyga pusilla everetti
**Floreszwergpfeifer**
Rothschild, 1897
Gebirge Flores (c Lesser Sundas)

Pnoepyga pusilla timorensis
**Timorzwergpfeifer**
Mayr, 1944
Gebirge Timor (e Lesser Sundas)

## Familie: Macrosphenidae (Bülbülgrasmücken und Sylviettas)

### Gattung: Melocichla

Melocichla mentalis
**Bart-Bülbülgrasmücke**
*Moustached Grass Warbler - Yerbera bigotuda*
Fraser, 1843
Senegal und Gambia bis Liberia e bis n, s Demokratische Republik Kongo und s bis nw Sambia
und c Angola

Melocichla mentalis amauroura
**Sunda-Bart-Bülbülgrasmücke**
Pelzeln, 1883
s Sudan und sw Äthiopien bis se Kenia, w, n Tansania, c Sambia und e Demokratische
Republik Kongo

Melocichla mentalis orientalis
**Östliche Bart-Bülbülgrasmücke**
Sharpe, 1883
e Tansania bis e Simbabwe und c Mosambik

Melocichla mentalis luangwae
**Sambia-Bart-Bülbülgrasmücke**
Benson, 1958
e Sambia

### Gattung: Sphenoeacus

Sphenoeacus afer
**Kap-Bülbülgrasmücke**
*Cape Grassbird - Yerbera de El Cabo*
Gmelin, JF, 1789
sw, s Südafrika

Sphenoeacus afer excisus
**Mosambik-Kap-Bülbülgrasmücke**
Clancey, 1973
e Simbabwe und w Mosambik

Sphenoeacus afer natalensis
**Swasiland-Kap-Bülbülgrasmücke**
Shelley, 1882
ne Südafrika, w Swaziland und n Lesotho

Sphenoeacus afer intermedius
**Kleiner Kap-Bülbülgrasmücke**
Shelley, 1882
e Südafrika

### Gattung: Achaetops

Achaetops pycnopygius
**Klippensänger**
*Rockrunner - Saltarrocas de Damara*
Sclater, PL, 1853
Küste sw Angola und n Namibia

Achaetops pycnopygius spadix
**Huila-Klippensänger**
Clancey, 1972
Huila und Namibe (sw Angola)

### Gattung: Macrosphenus

Macrosphenus flavicans
**Gelbbauch-Bülbülgrasmücke**
*Yellow Longbill - Picolargo amarillo*
Cassin, 1859
se Nigeria und s Kamerun bis nw Angola

Macrosphenus flavicans hypochondriacus
**Sudan-Bülbülgrasmücke**
Reichenow, 1893
se Zentralafrikanische Republik und sw Sudan bis nw Tansania und c Demokratische
Republik Kongo

Macrosphenus kempi
**Rostflanken-Bülbülgrasmücke**
*Kemp's Longbill - Picolargo de Kemp*
Sharpe, 1905
Sierra Leone bis sw Nigeria

Macrosphenus kempi flammeus
**Nigeria-Bülbülgrasmücke**
Marchant, 1950
se Nigeria und w Kamerun

Macrosphenus concolor
**Einfarb-Bülbülgrasmücke**
*Grey Longbill - Picolargo gris*
Hartlaub, 1857
Guinea und Sierra Leone bis Uganda, Rwanda und e Demokratische Republik Kongo

Macrosphenus pulitzeri
**Angola-Bülbülgrasmücke**
*Pulitzer's Longbill - Picolargo de Pulitzer*
Boulton, 1931
w Angola

Macrosphenus kretschmeri
**Suaheli-Bülbülgrasmücke**
*Kretschmer's Longbill - Picolargo de Kretschmer*
Reichenow & Neumann, 1895
ne, ec Tansania

Macrosphenus kretschmeri griseiceps
**Mosambik-Bülbülgrasmücke**
Grote, 1911
se Tansania und n Mosambik

Abroscopus superciliaris bambusarum
**Thailand-Bambusdickichtsänger**
Deignan, 1947
n Thai-Malayische Halbinsel
Abroscopus superciliaris sakaiorum
**Malaysia-Bambusdickichtsänger**
Stresemann, 1912
c, s Malayische Halbinsel
Abroscopus superciliaris papilio
**Sumatra-Bambusdickichtsänger**
Deignan, 1947
Sumatra
Abroscopus superciliaris schwaneri
**Schwaners Bambusdickichtsänger**
Blyth, 1870
Borneo
Abroscopus superciliaris vordermani
**Vordermans Bambusdickichtsänger**
Büttikofer, 1893
Java

Abroscopus albogularis
## Rostwangen-Dickichtsänger
*Rufous-faced Warbler - Mosquitero carirrufo*
Moore, F, 1854
*e Himalaya bis Yunnan (s China) und w Myanmar*

Abroscopus albogularis hugonis
**Thailand-Rostwangen-Dickichtsänger**
Deignan, 1938
n, e Myanmar und nw Thailand
Abroscopus albogularis fulvifacies
**Indochina-Rostwangen-Dickichtsänger**
Swinhoe, 1870
s, se China, Taiwan, n, c Indochina

Abroscopus schisticeps
## Schieferkopf-Dickichtsänger
*Black-faced Warbler - Mosquitero carinegro*
Gray, JE & Gray, GR, 1847
*c Himalaya*

Abroscopus schisticeps flavimentalis
**Myanmar-Schieferkopf-Dickichtsänger**
Baker, ECS, 1924
e Himalaya bis w Myanmar
Abroscopus schisticeps ripponi
**Chinesischer Schieferkopf-Dickichtsänger**
Sharpe, 1902
n, e Myanmar, s China und nw Vietnam

Gattung: Phyllergates

Phyllergates cucullatus
## Bergdickichtsänger
*Mountain Tailorbird - Sastrecillo montano*
Temminck, 1836
*Gebirge Sumatra, Java und Bali*

Phyllergates cucullatus coronatus
**Himalaya-Bergdickichtsänger**
Blyth, 1861
e Himalaya bis Indochina
Phyllergates cucullatus thais
**Thailand-Bergdickichtsänger**
Robinson & Kloss, 1923
Halbinsel Thailand
Phyllergates cucullatus malayanus
**Malaysia-Bergdickichtsänger**
Chasen, 1938
Halbinsel Malaysia
Phyllergates cucullatus cinereicollis
**Borneo-Bergdickichtsänger**
Sharpe, 1888
Gebirge ne Borneo
Phyllergates cucullatus viridicollis
**Palawan-Bergdickichtsänger**
Salomonsen, 1962
Gebirge Palawan (sw Philippinen)
Phyllergates cucullatus philippinus
**Philippinen-Bergdickichtsänger**
Hartert, EJO, 1897
Gebirge Luzon (n Philippinen)
Phyllergates cucullatus everetti
**Everetts Bergdickichtsänger**
Hartert, EJO, 1897
Gebirge Flores (c Lesser Sundas)
Phyllergates cucullatus riedeli
**Riedels Bergdickichtsänger**
Meyer, AB & Wiglesworth, 1895
Gebirge n Sulawesi
Phyllergates cucullatus meisei
**Meises Bergdickichtsänger**
Stresemann, 1931
Gebirge sc Sulawesi
Phyllergates cucullatus hedymeles
**Lompobatang-Bergdickichtsänger**
Stresemann, 1932

Lompobattang Mts. (sw Sulawesi)
Phyllergates cucullatus stentor
**Sulawesi-Bergdickichtsänger**
Stresemann, 1938
Gebirge c, se Sulawesi
Phyllergates cucullatus relictus
**Peleng-Bergdickichtsänger**
Rheindt, Prawiradilaga, Ashari, Suparno & Ng, NSR, 2020
Gebirge Peleng (Banggai Is., e Sulawesi)
Phyllergates cucullatus sulanus
**Taliabu-Bergdickichtsänger**
Rheindt, Prawiradilaga, Ashari, Suparno & Ng, NSR, 2020
Gebirge Taliabu (Sula Is., e Sulawesi)
Phyllergates cucullatus dumasi
**Seram-Bergdickichtsänger**
Hartert, EJO, 1899
Gebirge Buru und Seram (c Moluccas)
Phyllergates cucullatus batjanensis
**Bacan-Bergdickichtsänger**
Hartert, EJO, 1912
Gebirge Bacan (n Moluccas)

Phyllergates heterolaemus
## Rotkopf-Dickichtsänger
*Rufous-headed Tailorbird - Sastrecillo encapuchado*
Mearns, 1905
*Gebirge Mindanao (s Philippinen)*

Gattung: Tickellia

Tickellia hodgsoni
## Breitschnabel-Dickichtsänger
*Broad-billed Warbler - Mosquitero picoancho*
Moore, F, 1854
*e Himalaya, sw China und w Myanmar*

Tickellia hodgsoni tonkinensis
**Indochina-Breitschnabel-Dickichtsänger**
Delacour & Jabouille, 1930
s China und n Indochina

Gattung: Horornis

Horornis seebohmi
## Luzonseidensänger
*Philippine Bush Warbler - Cetia filipina*
Ogilvie-Grant, 1894
*Gebirge Luzon (n Philippinen)*

Horornis diphone
## Japanseidensänger
*Japanese Bush Warbler - Cetia japonesa*
Kittlitz, 1830
*Izu Is., Bonin Is. und Volcano Is.*

Horornis diphone riukiuensis
**Kurile-Japanseidensänger**
Kuroda, Nm, 1925
s Sakhalin Is. und s Kuril Is.
Horornis diphone cantans
**Ryukyu-Japanseidensänger**
Temminck & Schlegel, 1845
c, s Japan, n Ryukyu Is.
Horornis diphone restrictus
**Daito-Japanseidensänger**
Kuroda, Nm, 1923
Daito (Borodino Is.); s Ryukyu Is.

Horornis canturians
## Mandschurenseidensänger
*Manchurian Bush Warbler - Cetia coreana*
Swinhoe, 1860
*c, e China*

Horornis canturians borealis
**Sibirienseidensänger**
Campbell, CW, 1892
ne China, se Sibirien und Koreanische Halbinsel

Horornis annae
## Palauseidensänger
*Palau Bush Warbler - Cetia de Palaos*
Hartlaub & Finsch, 1868
*Palau (w Caroline Is., w Micronesia)*

Horornis carolinae
## Tanimbarseidensänger
*Tanimbar Bush Warbler - Cetia de las Tanimbar*
Rozendaal, 1987
*Yamdena (Tanimbar Is., s Moluccas)*

Horornis parens
**Schattenseidensänger**
*Shade Bush Warbler - Cetia de San Cristóbal*
Mayr, 1935
*Makira (se Solomon Is.)*

Horornis haddeni
**Odediseidensänger**
*Bougainville Bush Warbler - Cetia odedi*
Lecroy & Barker, 2006
*Gebirge Bougainville (n Solomon Is.)*

Horornis ruficapilla
**Fidschiseidensänger**
*Fiji Bush Warbler - Cetia de Fiyi*
Ramsay, EP, 1875
*Kadavu (sw Fiji, sw Polynesien)*

    Horornis ruficapilla badiceps
    **Viti Fidschiseidensänger**
    Finsch, 1876
    Viti Levu (nw Fiji, sw Polynesien)
    Horornis ruficapilla castaneopterus
    **Vanua Fidschiseidensänger**
    Mayr, 1935
    Vanua Levu (nc Fiji, sw Polynesien)
    Horornis ruficapilla funebris
    **Taveuni-Fidschiseidensänger**
    Mayr, 1935
    Taveuni (nc Fiji, sw Polynesien)

Horornis fortipes
**Bergseidensänger**
*Brown-flanked Bush Warbler - Cetia montana*
Hodgson, 1845
*e Himalaya bis sw China und n Myanmar*

    Horornis fortipes pallidus
    **Nepal-Bergseidensänger**
    Brooks, WE, 1871
    w Himalaya bis w Nepal
    Horornis fortipes davidianus
    **Chinesischer Bergseidensänger**
    Verreaux, J, 1871
    c China bis n Indochina
    Horornis fortipes robustipes
    **Taiwan-Bergseidensänger**
    Swinhoe, 1866
    Taiwan

Horornis brunnescens
**Blassbauch-Seidensänger**
*Hume's Bush Warbler - Cetia del Himalaya*
Hume, 1872
*Himalaya*

Horornis acanthizoides
**Gelbbauch-Seidensänger**
*Yellow-bellied Bush Warbler - Cetia ventrigulada*
Verreaux, J, 1871
*c, se China*

    Horornis acanthizoides concolor
    **Taiwan-Gelbbauch-Seidensänger**
    Ogilvie-Grant, 1912
    Taiwan

Horornis flavolivaceus
**Olivseidensänger**
*Aberrant Bush Warbler - Cetia verdiamarilla*
Blyth, 1845
*c, e Himalaya*

    Horornis flavolivaceus stresemanni
    **Assam-Olivseidensänger**
    Koelz, 1954
    sw Assam (ne Indien)
    Horornis flavolivaceus weberi
    **Webers Olivseidensänger**
    Mayr, 1941
    se Assam (ne Indien) und w Myanmar
    Horornis flavolivaceus intricatus
    **Myanmar-Olivseidensänger**
    Hartert, EJO, 1909
    n, e Myanmar bis s China
    Horornis flavolivaceus oblitus
    **Indochina-Olivseidensänger**
    Mayr, 1941
    n Indochina
    Horornis flavolivaceus sepiarius
    **Nordsumatra-Olivseidensänger**
    Kloss, 1931
    Gebirge n Sumatra

    Horornis flavolivaceus flaviventris
    **Südsumatra-Olivseidensänger**
    Salvadori, 1879
    Gebirge c, s Sumatra
    Horornis flavolivaceus vulcanius
    **Java-Olivseidensänger**
    Blyth, 1870
    Gebirge Java, Bali, Lombok und Sumbawa (w Lesser Sundas)
    Horornis flavolivaceus kolichisi
    **Alor-Olivseidensänger**
    Johnstone, RE & Darnell, 1997
    Gebirge Alor (e Lesser Sundas)
    Horornis flavolivaceus everetti
    **Timor-Olivseidensänger**
    Hartert, EJO, 1898
    Gebirge Timor und Wetar (e Lesser Sundas)
    Horornis flavolivaceus banksi
    **Westborneo-Olivseidensänger**
    Chasen, 1935
    Gebirge nw Borneo
    Horornis flavolivaceus oreophilus
    **Ostborneo-Olivseidensänger**
    Sharpe, 1888
    Gebirge ne Borneo
    Horornis flavolivaceus palawanus
    **Palawan-Olivseidensänger**
    Ripley & Rabor, 1962
    Gebirge Palawan (sw Philippinen)

## Gattung: Tesia

Tesia cyaniventer
**Olivscheitel-Stutzschwanz**
*Grey-bellied Tesia - Tesia cejiamarilla*
Hodgson, 1837
*Nepal bis se Asien*

Tesia olivea
**Goldscheitel-Stutzschwanz**
*Slaty-bellied Tesia - Tesia pizarrosa*
McClelland, 1840
*e Himalaya bis s China und n Myanmar*

    Tesia olivea chiangmaiensis
    **Chiangmai-Goldscheitel-Stutzschwanz**
    Renner, Rappole, Rasmussen, Aung, T, Aung, M, Shwe & Fleischer, RC, 2008
    n Thailand bis n Vietnam

Tesia everetti
**Rostkappen-Stutzschwanz**
*Russet-capped Tesia - Tesia de Everett*
Hartert, EJO, 1897
*Gebirge Flores und Adonara (e Flores; c Lesser Sundas)*

    Tesia everetti sumbawana
    **Sumbawa-Rostkappen-Stutzschwanz**
    Rensch, 1928
    Gebirge Sumbawa (w Lesser Sundas)

Tesia superciliaris
**Brauenstutzschwanz**
*Javan Tesia - Tesia de Java*
Bonaparte, 1850
*Gebirge w, c Java*

## Gattung: Cettia

Cettia cetti
**Seidensänger**
*Cetti's Warbler - Cetia ruiseñor*
Temminck, 1820
*w Europa bis Griechenland und Balkan, nw Afrika*

    Cettia cetti orientalis
    **Östlicher Seidensänger**
    Tristram, 1867
    Türkei bis Iran und Afghanistan
    Cettia cetti albiventris
    **Weißbauch-Seidensänger**
    Severtsov, 1873
    Kasachstan und Turkmenistan bis nw China und n Afghanistan

Cettia major
**Rhododendron-Seidensänger**
*Chestnut-crowned Bush Warbler - Cetia grande*
Moore, F, 1854
*c Himalaya bis c China*

    Cettia major vafra
    **Großer Rhododendron-Seidensänger**
    Koelz, 1954
    ne Indien

Cettia brunnifrons
**Himalajaseidensänger**
*Grey-sided Bush Warbler - Cetia capirotada*
Hodgson, 1845
*n Indien bis s China*

Cettia brunnifrons whistleri
**Whistlers Himalajaseidensänger**
Ticehurst, 1923
*w Himalaya*
Cettia brunnifrons umbratica
**Indischer Himalajaseidensänger**
Baker, ECS, 1924
*ne Indien, s China und n Myanmar*

Cettia castaneocoronata
**Rotkopf-Seidensänger**
*Chestnut-headed Tesia - Cetia cabecicastaña*
Burton, 1836
*Himalaya und ne Indien bis s China und n Laos*

Cettia castaneocoronata abadiei
**Vietnam-Rotkopf-Seidensänger**
Delacour & Jabouille, 1930
*n Vietnam*
Cettia castaneocoronata ripleyi
**Yunnan-Rotkopf-Seidensänger**
Deignan, 1951
*Yunnan (s China)*

Gattung: Urosphena

Urosphena squameiceps
**Buschstutzschwanz**
*Asian Stubtail - Buscarla colicorta asiática*
Swinhoe, 1863
*se Russland, ne China, North und South Korea und Japan*

Urosphena whiteheadi
**Borneostutzschwanz**
*Bornean Stubtail - Buscarla colicorta de Borneo*
Sharpe, 1888
*Gebirge Borneo*

Urosphena subulata
**Timorstutzschwanz**
*Timor Stubtail - Buscarla colicorta de Timor*
Sharpe, 1884
*Timor (e Lesser Sundas)*

Urosphena subulata advena
**Babarstutzschwanz**
Hartert, EJO, 1906
*Babar (e Lesser Sundas)*

Gattung: Hemitesia

Hemitesia pallidipes
**Weißbauch-Stutzschwanz**
*Pale-footed Bush Warbler - Tesia paticlara*
Blanford, 1872
*Himalaya bis w Yunnan (s China) und n Myanmar*

Hemitesia pallidipes laurentei
**Hunnan-Weißbauch-Stutzschwanz**
La Touche, 1921
*c Myanmar und se Yunnan (s China) bis Vietnam*
Hemitesia pallidipes osmastoni
**Andamanen-Weißbauch-Stutzschwanz**
Hartert, EJO, 1908
*Andaman Is.*

Hemitesia neumanni
**Kivustutzschwanz**
*Neumann's Warbler - Tesia de Neumann*
Rothschild, 1908
*e Demokratische Republik Kongo, sw Uganda, w Rwanda und w Burundi*

Familie: Scotocercidae (Wüstendickichtsänger)

Gattung: Scotocerca

Scotocerca inquieta
**Wüstendickichtsänger**
*Streaked Scrub Warbler - Prinia desértica*
Cretzschmar, 1830
*ne Ägypten bis nw Arabien*

Scotocerca inquieta theresae
**Theresas Wüstendickichtsänger**
Meinertzhagen, R, 1939
*Mauretanien, sw, c Marokko*
Scotocerca inquieta saharae
**Sahara-Wüstendickichtsänger**
Loche, 1858
*e Marokko bis Libyen*
Scotocerca inquieta grisea
**Jemen-Wüstendickichtsänger**
Bates, GL, 1936
*w Saudi-Arabien, e Jemen und Oman*
Scotocerca inquieta buryi
**Arabische Wüstendickichtsänger**
Ogilvie-Grant, 1902
*s Saudi-Arabien und w Jemen*
Scotocerca inquieta montana
**Gebirgs-Wüstendickichtsänger**
Stepanyan, 1970
*Iran, s Turkmenistan, s Tadschikistan und Afghanistan*
Scotocerca inquieta platyura
**Turkmenischer Wüstendickichtsänger**
Severtsov, 1873
*Kasachstan, Usbekistan, n Turkmenistan und sw Tadschikistan*
Scotocerca inquieta striata
**Afghanischer Wüstendickichtsänger**
Brooks, WE, 1872
*sc Irak, s Iran, s Afghanistan und Pakistan*

Familie: Erythrocercidae (Spreizschwänze)

Gattung: Erythrocercus

Erythrocercus holochlorus
**Goldrücken-Spreizschwanz**
*Little Yellow Flycatcher - Monarca amarillo*
Erlanger, 1901
*se Somalia, e Kenia und ne Tansania*

Erythrocercus mccallii
**Rotkappen-Spreizschwanz**
*Chestnut-capped Flycatcher - Monarca capirrufo*
Cassin, 1855
*se Nigeria bis c Demokratische Republik Kongo und nw Angola*

Erythrocercus mccallii nigeriae
**Nigeriaspreizschwanz**
Bannerman, 1920
*Sierra Leone bis sw Nigeria*
Erythrocercus mccallii congicus
**Kongospreizschwanz**
Ogilvie-Grant, 1907
*e Demokratische Republik Kongo und w Uganda*

Erythrocercus livingstonei
**Gelbbauch-Spreizschwanz**
*Livingstone's Flycatcher - Monarca de Livingstone*
Gray, GR, 1870
*s Sambia, n Simbabwe und nw Mosambik*

Erythrocercus livingstonei thomsoni
**Thomsons Spreizschwanz**
Shelley, 1882
*s Tansania bis s Malawi und n Mosambik*
Erythrocercus livingstonei francisi
**Francis Spreizschwanz**
Sclater, WL, 1898
*s Malawi bis ne Simbabwe und s Mosambik*

Familie: Hyliidae (Afrikabaumsänger)

Gattung: Hylia

Hylia prasina
**Grünbaumsänger**
*Green Hylia - Hilia verde*
Cassin, 1855
*Gambia und Senegal bis Kenia, Tansania, Demokratische Republik Kongo und Angola*

Hylia prasina poensis
**Bioko-Grünbaumsänger**
Alexander, 1903
*Bioko Insel*

Pholidornis rushiae
**Strichelbaumsänger**
*Tit Hylia - Hilia estriada*
Cassin, 1855
*se Nigeria bis Gabun*

Pholidornis rushiae ussheri
**Nigeria-Strichelbaumsänger**
Reichenow, 1905
Sierra Leone bis sw Nigeria
Pholidornis rushiae bedfordi
**Bedfords Strichelbaumsänger**
Ogilvie-Grant, 1904
Bioko Insel
Pholidornis rushiae denti
**Kongo-Strichelbaumsänger**
Ogilvie-Grant, 1907
se Kamerun bis Uganda, e Demokratische Republik Kongo und nw Angola

## Familie: Aegithalidae (Schwanzmeisen)

Gattung: Leptopoecile

Leptopoecile sophiae
**Purpurhähnchen**
*White-browed Tit-warbler - Carbonerito de Sophie*
Severtsov, 1873
*se Kasachstan bis nw China, nw Indien und n Pakistan*

Leptopoecile sophiae stoliczkae
**Stoliczkas Purpurhähnchen**
Hume, 1874
s Xinjiang, w Qinghai und extremer w Xizang (w China)
Leptopoecile sophiae major
**Großes Purpurhähnchen**
Menzbier, 1885
w Xinjiang und n Qinghai (w China)
Leptopoecile sophiae obscurus
**Dunkles Purpurhähnchen**
Przevalski, 1887
c Nepal, s, se Xizang und s, e Qinghai bis s Gansu und Sichuan (w China)

Leptopoecile elegans
**Schopfhähnchen**
*Crested Tit-warbler - Carbonerito elegante*
Przevalski, 1887
*e Himalaya und e, seTibet bis c, e Qinghai, Gansu, sw Inner Mongolei und w, c Sichuan (nc, c China)*

Gattung: Psaltriparus

Psaltriparus minimus
**Buschschwanzmeise**
*American Bushtit - Mito sastrecillo*
Townsend, JK, 1837
*Küste w USA*

Psaltriparus minimus saturatus
**Kanada-Buschschwanzmeise**
Ridgway, 1903
sw Kanada und nw USA
Psaltriparus minimus melanurus
**Baja California-Buschschwanzmeise**
Grinnell & Swarth, 1926
sw USA und n Baja California (nw Mexico)
Psaltriparus minimus grindae
**Ridgways Buschschwanzmeise**
Ridgway, 1883
s Baja California (nw Mexico)
Psaltriparus minimus californicus
**Kalifornische Buschschwanzmeise**
Ridgway, 1884
sc Oregon bis sc California (w USA)
Psaltriparus minimus plumbeus
**Bairds Buschschwanzmeise**
Baird, SF, 1854
wc, s USA und nc Mexico
Psaltriparus minimus dimorphicus
**Rossems Buschschwanzmeise**
Van Rossem & Hachisuka, 1938
sc USA und nc Mexico
Psaltriparus minimus iulus
**Jouys Buschschwanzmeise**
Jouy, 1894
w, c Mexico
Psaltriparus minimus personatus
**Bonaparte-Buschschwanzmeise**
Bonaparte, 1850
sc Mexico

Psaltriparus minimus melanotis
**Hartlaubs Buschschwanzmeise**
Hartlaub, 1844
s Mexico und Guatemala

## Gattung: Aegithalos

Aegithalos caudatus
**Schwanzmeise**
*Long-tailed Tit - Mito común*
Linnaeus, 1758
*n, e Europa bis e Sibirien, Japan und Koreanische Halbinsel*

Aegithalos caudatus rosaceus
**Britische Schwanzmeise**
Mathews, 1938
Britische Inseln
Aegithalos caudatus europaeus
**Europäische Schwanzmeise**
Hermann, 1804
ne Frankreich, Deutschland und s Dänemark bis n Italien (Alpen), w Polen und w Rumänien
Aegithalos caudatus aremoricus
**Französische Schwanzmeise**
Whistler, 1929
w Frankreich
Aegithalos caudatus taiti
**Iberia-Schwanzmeise**
Ingram, C, 1913
sw, s Frankreich bis c Spanien und Portugal
Aegithalos caudatus irbii
**Korsika-Schwanzmeise**
Sharpe & Dresser, 1871
s Spanien und Portugal, Korsika
Aegithalos caudatus italiae
**Italienische Schwanzmeise**
Jourdain, 1910
Italien (s Alpen), sw Slovenien
Aegithalos caudatus siculus
**Sizilien-Schwanzmeise**
Whitaker, 1901
Sizilien
Aegithalos caudatus macedonicus
**Macedonien-Schwanzmeise**
Salvadori & Dresser, 1892
Albanien und Festland Griechenland bis Balkan, Bulgaria und nw Türkei
Aegithalos caudatus tephronotus
**Türkische Schwanzmeise**
Gunther, 1865
e Griechenland bis c Türkei, n Irak und Syrien
Aegithalos caudatus tauricus
**Krim-Schwanzmeise**
Menzbier, 1903
Krim-Halbinsel
Aegithalos caudatus major
**Große Schwanzmeise**
Radde, 1884
ne Türkei und Kaukasus
Aegithalos caudatus alpinus
**Aserbaidschan-Schwanzmeise**
Hablizl, 1783
se Aserbaidschan, n Iran und sw Turkmenistan
Aegithalos caudatus passekii
**Iranische Schwanzmeise**
Zarudny, 1904
se Türkei und sw Iran
Aegithalos caudatus trivirgatus
**Japanische Schwanzmeise**
Temminck & Schlegel, 1848
c Japan
Aegithalos caudatus kiusiuensis
**Kyushu-Schwanzmeise**
Kuroda, Nm, 1923
s Japan
Aegithalos caudatus magnus
**Korea-Schwanzmeise**
Clark, AH, 1907
c, s Koreanische Halbinsel, Tsushima (Japan)

Aegithalos glaucogularis
**Silberkehl-Schwanzmeise**
*Silver-throated Bushtit - Mito gorjigrís*
Gould, 1855
*ec China*

Aegithalos glaucogularis vinaceus
**Nördliche Silberkehl-Schwanzmeise**
Verreaux, J, 1871
c, ne China

Aegithalos leucogenys
**Weißwangen-Schwanzmeise**
*White-cheeked Bushtit - Mito cariblanco*
Moore, F, 1854
*ne Afghanistan und n Pakistan*

Aegithalos exilis
**Javaschwanzmeise**
*Pygmy Bushtit - Mito pigmeo*
Temminck, 1836
*Gebirge w, c Java*

Aegithalos concinnus
**Schwarzkehl-Schwanzmeise**
*Black-throated Bushtit - Mito gorjinegro común*
Gould, 1855
*ec, se China, ne Vietnam und Taiwan*

    Aegithalos concinnus iredalei
    **Himalaya-Schwarzkehl-Schwanzmeise**
    Baker, ECS, 1920
    w Himalaya
    Aegithalos concinnus rubricapillus
    **Östliche Schwarzkehl-Schwanzmeise**
    Ticehurst, 1925
    c, e Himalaya
    Aegithalos concinnus manipurensis
    **Indische Schwarzkehl-Schwanzmeise**
    Hume, 1888
    ne Indien und w Myanmar
    Aegithalos concinnus talifuensis
    **China-Schwarzkehl-Schwanzmeise**
    Rippon, 1903
    ne Myanmar, s China und n Indochina
    Aegithalos concinnus pulchellus
    **Thailand-Schwarzkehl-Schwanzmeise**
    Rippon, 1900
    e Myanmar und nw Thailand
    Aegithalos concinnus annamensis
    **Indochina-Schwarzkehl-Schwanzmeise**
    Robinson & Kloss, 1919
    s Indochina

Aegithalos niveogularis
**Weißkehl-Schwanzmeise**
*White-throated Bushtit - Mito gorjiblanco*
Gould, 1855
*nw Himalaya*

Aegithalos iouschistos
**Rostwangen-Schwanzmeise**
*Rufous-fronted Bushtit - Mito frentirrufo*
Blyth, 1845
*c, e Himalaya*

Aegithalos bonvaloti
**Brauenschwanzmeise**
*Black-browed Bushtit - Mito cejinegro*
Oustalet, 1892
*sw, sc China, ne Myanmar*

    Aegithalos bonvaloti obscuratus
    **Dunkle Brauenschwanzmeise**
    Mayr, 1940
    c China

Aegithalos sharpei
**Burmaschwanzmeise**
*Burmese Bushtit - Mito Birmano*
Rippon, 1904
*sw Myanmar*

Aegithalos fuliginosus
**Rußschwanzmeise**
*Sooty Bushtit - Mito cuelliblanco*
Verreaux, J, 1869
*nc China*

## Familie: Phylloscopidae (Laubsängerartige)

### Gattung: Phylloscopus

Phylloscopus sibilatrix
**Waldlaubsänger**
*Wood Warbler - Mosquitero silbador*
Bechstein, 1793
*Europa über n Kasachstan und c Russland*

Phylloscopus bonelli
**Berglaubsänger**
*Western Bonelli's Warbler - Mosquitero papialbo*
Vieillot, 1819
*Spanien und Portugal bis Österreich, Slovenien und Italien*

Phylloscopus orientalis
**Balkanlaubsänger**
*Eastern Bonelli's Warbler - Mosquitero oriental*
Brehm, CL, 1855
*se Europa bis w Türkei, Syrien und Libanon*

Phylloscopus pulcher
**Goldbinden-Laubsänger**
*Buff-barred Warbler - Mosquitero elegante*
Blyth, 1845
*c, e Himalaya*

    Phylloscopus pulcher kangrae
    **Himalaya-Goldbinden-Laubsänger**
    Ticehurst, 1923
    nw Himalaya
    Phylloscopus pulcher vegetus
    **Bangs Goldbinden-Laubsänger**
    Bangs, 1913
    s China und nw Vietnam

Phylloscopus maculipennis
**Graukehl-Laubsänger**
*Ashy-throated Warbler - Mosquitero gorjigrís*
Blyth, 1867
*c, e Himalaya bis s China und Indochina*

    Phylloscopus maculipennis virens
    **Indischer Graukehl-Laubsänger**
    Ticehurst, 1926
    n Indien

Phylloscopus humei
**Tienschan-Laubsänger**
*Hume's Leaf Warbler - Mosquitero de Hume*
Brooks, WE, 1878
*sc Russland und e Kasachstan bis nw China und c Nepal*

    Phylloscopus humei mandellii
    **Chinesischer Tienschan-Laubsänger**
    Brooks, WE, 1879
    c China

Phylloscopus inornatus
**Gelbbrauen-Laubsänger**
*Yellow-browed Warbler - Mosquitero bilistado*
Blyth, 1842
*c Russland und n Kasachstan bis e Russland, ne China und North Korea*

Phylloscopus subviridis
**Brookslaubsänger**
*Brooks's Leaf Warbler - Mosquitero de Brooks*
Brooks, WE, 1872
*e Afghanistan, n Pakistan und nw Indien*

Phylloscopus yunnanensis
**Yunnanlaubsänger**
*Chinese Leaf Warbler - Mosquitero de Yunnan*
La Touche, 1922
*n, c China*

Phylloscopus chloronotus
**Gelbbürzel-Laubsänger**
*Lemon-rumped Warbler - Mosquitero dorsiclaro*
Gray, JE & Gray, GR, 1847
*e Himalaya bis c China*

    Phylloscopus chloronotus simlaensis
    **Westlicher Gelbbürzel-Laubsänger**
    Ticehurst, 1920
    w Himalaya

Phylloscopus forresti
**Sichuanlaubsänger**
*Sichuan Leaf Warbler - Mosquitero de Sichuan*
Rothschild, 1921
*sc China*

Phylloscopus kansuensis
**Kansulaubsänger**
*Gansu Leaf Warbler - Mosquitero de Gansu*
Meise, 1933
*nc China*

Phylloscopus proregulus
**Goldhähnchen-Laubsänger**
*Pallas's Leaf Warbler - Mosquitero de Pallas*
Pallas, 1811
*s Russland und n Mongolei bis e Russland und ne China*

Phylloscopus tytleri
**Dünnschnabel-Laubsänger**
*Tytler's Leaf Warbler - Mosquitero de Tytler*
Brooks, WE, 1871
*ne Afghanistan, n Pakistan und nw Indien*

Phylloscopus armandii
**Davidlaubsänger**
*Yellow-streaked Warbler - Mosquitero de David*
Milne-Edwards, 1865
*nc, ne China*

    Phylloscopus armandii perplexus
    **Südlicher Davidlaubsänger**
    Ticehurst, 1934
    *sc China und ne Myanmar*

Phylloscopus schwarzi
**Bartlaubsänger**
*Radde's Warbler - Mosquitero de Schwarz*
Radde, 1863
*e Kasachstan und s Russland bis se Russland und North Korea*

Phylloscopus griseolus
**Pamirlaubsänger**
*Sulphur-bellied Warbler - Mosquitero del Pamir*
Blyth, 1847
*Afghanistan und Pakistan bis s Russland, w Mongolei und c China*

Phylloscopus affinis
**Himalajalaubsänger**
*Tickell's Leaf Warbler - Mosquitero de Tickell*
Tickell, 1833
*e Himalaya von Nepal bis se Tibet*

    Phylloscopus affinis perflavus
    **Pakistan-Himalajalaubsänger**
    Martens, J, Sun & Päckert, 2008
    *w Himalaya von Pakistan bis n Indien*
    Phylloscopus affinis occisinensis
    **China-Himalajalaubsänger**
    Martens, J, Sun & Päckert, 2008
    *wc China*

Phylloscopus fuligiventer
**Rußlaubsänger**
*Smoky Warbler - Mosquitero ahumado*
Hodgson, 1845
*c Himalaya*

    Phylloscopus fuligiventer tibetanus
    **Tibet-Rußlaubsänger**
    Ticehurst, 1937
    *e Himalaya*
    Phylloscopus fuligiventer weigoldi
    **Weigolds Rußlaubsänger**
    Stresemann, 1923
    *wc China*

Phylloscopus fuscatus
**Dunkellaubsänger**
*Dusky Warbler - Mosquitero sombrío*
Blyth, 1842
*c, e Sibirien bis ne China und n Mongolei*

    Phylloscopus fuscatus robustus
    **Stresemanns Dunkellaubsänger**
    Stresemann, 1923
    *nc China*

Phylloscopus neglectus
**Eichenlaubsänger**
*Plain Leaf Warbler - Mosquitero sencillo*
Hume, 1870
*Gebirge ne Irak und n, s Iran, s Turkmenistan bis Afghanistan, se Usbekistan, sw Tadschikistan und Baluchistan (wc Pakistan)*

Phylloscopus subaffinis
**Blasskehl-Laubsänger**
*Buff-throated Warbler - Mosquitero gorjiclaro*
Ogilvie-Grant, 1900
*c, s China*

Phylloscopus trochilus
**Fitis**
*Willow Warbler - Mosquitero musical*
Linnaeus, 1758
*s Schweden, w, c Europa*

Phylloscopus trochilus acredula
**Skandinavienfitis**
Linnaeus, 1758
*Skandinavien (außer s Schweden) bis e Europa und w Sibirien*
Phylloscopus trochilus yakutensis
**Sibirischer Fitis**
Ticehurst, 1935
*c, e Sibirien*

Phylloscopus sindianus
**Bergzilpzalp**
*Mountain Chiffchaff - Mosquitero montano*
Brooks, WE, 1880
*Tadschikistan und n Pakistan bis w China und nw Indien*

    Phylloscopus sindianus lorenzii
    **Lorenzis Bergzilpzalp**
    Lorenz, T, 1887
    *Kaukasus, ne Türkei und nw Iran*

Phylloscopus canariensis
**Kanarenzilpzalp**
*Canary Islands Chiffchaff - Mosquitero canario*
Hartwig, 1886
*w, c Kanarische Is. (c Makaronesien, nw von n Afrika)*

    Phylloscopus canariensis exsul
    **Lanzarotezilpzalp**
    Hartert, EJO, 1907
    *Lanzarote (ne Kanarische Is., c Makaronesien, nw von n Afrika)*

Phylloscopus collybita
**Zilpzalp**
*Common Chiffchaff - Mosquitero común*
Vieillot, 1817
*w, c, se Europa*

    Phylloscopus collybita abietinus
    **Skandinavienzilpzalp**
    Nilsson, S, 1819
    *Skandinavien und nw Russland bis Schwarzes Meer, e Türkei und Syrien*
    Phylloscopus collybita brevirostris
    **Türkenzipzalp**
    Strickland, 1837
    *nw, n Türkei*
    Phylloscopus collybita caucasicus
    **Kaukasuszilpzalp**
    Loskot, 1991
    *Kaukasus bis n Iran*
    Phylloscopus collybita menzbieri
    **Menzbiers Zilpzalp**
    Shestoperov, 1937
    *ne Iran und Turkmenistan*
    Phylloscopus collybita tristis
    **Sibirienzilpzalp**
    Blyth, 1843
    *e Russland und n Kasachstan bis s Sibirien und n Mongolei*

Phylloscopus ibericus
**Iberienzilpzalp**
*Iberian Chiffchaff - Mosquitero ibérico*
Ticehurst, 1937
*sw Frankreich, Portugal, Spanien, nw Afrika*

Phylloscopus coronatus
**Kronenlaubsänger**
*Eastern Crowned Warbler - Mosquitero coronado*
Temminck & Schlegel, 1845
*se Russland, ne China, Koreanische Halbinsel und Japan; c China*

Phylloscopus ijimae
**Ijimalaubsänge**
*Ijima's Leaf Warbler - Mosquitero de Ijima*
Stejneger, 1892
*Izu Is. (se Honshu, e Japan) und Nakanoshima, Tokara Is. (n Ryukyu Is., s Japan)*

Phylloscopus olivaceus
**Philippinenlaubsänger**
*Philippine Leaf Warbler - Mosquitero de Mindanao*
Moseley, 1891
*Visayas, Mindanao Gruppe und Sulu Archipel (c, s Philippinen)*

Phylloscopus cebuensis
**Luzonlaubsänger**
*Lemon-throated Leaf Warbler - Mosquitero de Luzón*
Dubois, AJC, 1900
*Cebu und Gebirge Negros (wc Philippinen)*

    Phylloscopus cebuensis luzonensis
    **Nord-Luzonlaubsänger**
    Rand & Rabor, 1952
    *n, c Luzon (n Philippinen)*

Phylloscopus cebuensis sorsogonensis
**Süd-Luzonlaubsänger**
Rand & Rabor, 1967
*s Luzon (n Philippinen)*

Phylloscopus ruficapilla
## Rotscheitel-Laubsänger
*Yellow-throated Woodland Warbler - Mosquitero gorjigualdo*
Sundevall, 1850
*e Südafrika*

Phylloscopus ruficapilla ochrogularis
**Tansania-Rotscheitel-Laubsänger**
Moreau, 1941
*w Tansania*
Phylloscopus ruficapilla minullus
**Kleiner Rotscheitel-Laubsänger**
Reichenow, 1905
*se Kenia und e Tansania*
Phylloscopus ruficapilla johnstoni
**Johnstons Rotscheitel-Laubsänger**
Sclater, WL, 1927
*ne Sambia, Tansania, Malawi und nw Mosambik*
Phylloscopus ruficapilla quelimanensis
**Mosambik-Rotscheitel-Laubsänger**
Vincent, 1933
*n Mosambik*
Phylloscopus ruficapilla alacris
**Simbabwe-Rotscheitel-Laubsänger**
Clancey, 1969
*e Simbabwe und w Mosambik*
Phylloscopus ruficapilla voelckeri
**Völkers Rotscheitel-Laubsänger**
Roberts, 1941
*s Südafrika*

Phylloscopus umbrovirens
## Umbralaubsänger
*Brown Woodland Warbler - Mosquitero oscuro*
Rüppell, 1840
*Eritrea, n, c Äthiopien und nw Somalia*

Phylloscopus umbrovirens yemenensis
**Jemen-Umbralaubsänger**
Ogilvie-Grant, 1913
*sw Saudi-Arabien und w Jemen*
Phylloscopus umbrovirens williamsi
**Williams Umbralaubsänger**
Clancey, 1956
*nc Somalia*
Phylloscopus umbrovirens omoensis
**Äthiopien-Umbralaubsänger**
Neumann, 1905
*w, s Äthiopien*
Phylloscopus umbrovirens mackenzianus
**Uganda-Umbralaubsänger**
Sharpe, 1892
*se Sudan und n Uganda bis c Kenia*
Phylloscopus umbrovirens wilhelmi
**Wilhelms Umbralaubsänger**
Gyldenstolpe, 1922
*e Demokratische Republik Kongo, sw Uganda, Rwanda und Burundi*
Phylloscopus umbrovirens alpinus
**Ruwenzori-Umbralaubsänger**
Ogilvie-Grant, 1906
*Rwenzori Mts. (Demokratische Republik Kongo-Uganda-Rwanda)*
Phylloscopus umbrovirens dorcadichroa
**Kenia-Umbralaubsänger**
Reichenow & Neumann, 1895
*se Kenia und n, ne Tansania*
Phylloscopus umbrovirens fugglescouchmani
**Tansania-Umbralaubsänger**
Moreau, 1941
*e Tansania*

Phylloscopus laetus
## Braunwangen-Laubsänger
*Red-faced Woodland Warbler - Mosquitero carirrojo*
Sharpe, 1902
*ne, e Demokratische Republik Kongo, Uganda, Rwanda und Burundi*

Phylloscopus laetus schoutedeni
**Kabobo-Braunwangenlaubsänger**
Prigogine, 1955
*Mt. Kabobo (e Demokratische Republik Kongo)*

Phylloscopus laurae
## Lauralaubsänger
*Laura's Woodland Warbler - Mosquitero de Laura*
Boulton, 1931
*w Angola*

Phylloscopus laurae eustacei
**Bensons Lauralaubsänger**
Benson, 1954
*se Demokratische Republik Kongo, n, e Sambia und sw Tansania*

Phylloscopus herberti
## Schwarzscheitel-Laubsänger
*Black-capped Woodland Warbler - Mosquitero capirotado*
Alexander, 1903
*Bioko Insel und Equatorial Guinea*

Phylloscopus herberti camerunensis
**Kamerun-Schwarzscheitel-Laubsänger**
Alexander, 1909
*se Nigeria und w Kamerun*

Phylloscopus budongoensis
## Budongolaubsänger
*Uganda Woodland Warbler - Mosquitero ugandés*
Seth-Smith, 1907
*Equatorial Guinea und Kamerun bis w Kenia und Uganda*

Phylloscopus intermedius
## Silberbrillen-Laubsänger
*White-spectacled Warbler - Mosquitero de anteojos*
La Touche, 1898
*c, se China*

Phylloscopus intermedius zosterops
**Laos-Silberbrillen-Laubsänger**
Elliott, A & del Hoyo, 2016
*e Himalaya bis s China, n Laos und c Vietnam*
Phylloscopus intermedius ocularis
**Vietnam-Silberbrillen-Laubsänger**
Robinson & Kloss, 1919
*s Vietnam*

Phylloscopus poliogenys
## Grauwangen-Laubsänger
*Grey-cheeked Warbler - Mosquitero carigrís*
Blyth, 1847
*n Indien bis s Vietnam*

Phylloscopus burkii
## Goldbrillen-Laubsänger
*Green-crowned Warbler - Mosquitero de Burke*
Burton, 1836
*Himalaya*

Phylloscopus tephrocephalus
## Grauscheitel-Laubsänger
*Grey-crowned Warbler - Mosquitero coronigrís*
Anderson, 1871
*ne Indien bis n Vietnam und c China*

Phylloscopus whistleri
## Whistlerlaubsänger
*Whistler's Warbler - Mosquitero de Whistler*
Ticehurst, 1925
*w, c Himalaya*

Phylloscopus whistleri nemoralis
**Südlicher Whistlerlaubsänger**
Koelz, 1954
*e Himalaya bis w Myanmar*

Phylloscopus valentini
## Bianchilaubsänger
*Bianchi's Warbler - Mosquitero de Bianchi*
Hartert, EJO, 1907
*c China*

Phylloscopus valentini latouchei
**Südlicher Bianchilaubsänger**
Bangs, 1929
*se China und n Vietnam*

Phylloscopus soror
## Alström-Laubsänger
*Alström's Warbler - Mosquitero soror*
Alström & Olsson, 1999
*c, se China*

Phylloscopus omeiensis
## Martenslaubsänger
*Martens's Warbler - Mosquitero de Martens*
Martens, J, Eck, Päckert & Sun, 1999
*c China*

Phylloscopus nitidus
## Wacholderlaubsänger
*Green Warbler - Mosquitero del Cáucaso*
Blyth, 1843
*n Türkei und n Kaukasus s bis n Georgia, n Iran und nw Afghanistan*

Phylloscopus plumbeitarsus
**Middendorff-Laubsänger**
*Two-barred Warbler - Mosquitero patigrís*
Swinhoe, 1861
*c Russland und ne Mongolei bis e, se Russland, ne China und North Korea*

Phylloscopus trochiloides
**Grünlaubsänger**
*Greenish Warbler - Mosquitero verdoso*
Sundevall, 1837
*c, e Himalaya bis sc China*

    Phylloscopus trochiloides viridanus
    **Eurasischer Grünlaubsänger**
    Blyth, 1843
    *e Europa bis c Sibirien und nw China*
    Phylloscopus trochiloides ludlowi
    **Ludows Grünlaubsänger**
    Whistler, 1931
    *n Pakistan bis nw Himalaya*
    Phylloscopus trochiloides obscuratus
    **Dunkler Grünlaubsänger**
    Stresemann, 1929
    *c China*

Phylloscopus emeiensis
**Emeilaubsänger**
*Emei Leaf Warbler - Mosquitero del Emei*
Alström & Olsson, 1995
*s China*

Phylloscopus magnirostris
**Schluchtenlaubsänger**
*Large-billed Leaf Warbler - Mosquitero picudo*
Blyth, 1843
*Himalaya und c China*

Phylloscopus borealoides
**Sachalinlaubsänger**
*Sakhalin Leaf Warbler - Mosquitero borealoide*
Portenko, 1950
*Sakhalin (se Russland) und s Kuril Is., Hokkaido und Honshu (n, c Japan)*

Phylloscopus tenellipes
**Ussurilaubsänger**
*Pale-legged Leaf Warbler - Mosquitero paticlaro*
Swinhoe, 1860
*e Russland bis ne China und North Korea*

Phylloscopus xanthodryas
**Japanlaubsänger**
*Japanese Leaf Warbler - Mosquitero japonés*
Swinhoe, 1863
*Honshu bis Kyushu (c, s Japan)*

Phylloscopus examinandus
**Kamtschatkalaubsänger**
*Kamchatka Leaf Warbler - Mosquitero de Kamchatka*
Stresemann, 1913
*Kamtschatka, Sakhalin und Kuril Is. (se Russland) und Hokkaido (n Japan)*

Phylloscopus borealis
**Wanderlaubsänger**
*Arctic Warbler - Mosquitero boreal*
Blasius, JH, 1858
*Fennoscandia (n Europa) über Sibirien und Mongolei bis Russland East (außer Kamtschatka) bis ne China; w Alaska*

Phylloscopus castaniceps
**Rotkopf-Laubsänger**
*Chestnut-crowned Warbler - Mosquitero coronicastaño*
Hodgson, 1845
*c, e Himalaya bis sw China und w Myanmar*

    Phylloscopus castaniceps laurentei
    **Südchinesischer Rotkopf-Laubsänger**
    La Touche, 1922
    *extremer s China*
    Phylloscopus castaniceps sinensis
    **Indochina-Rotkopf-Laubsänger**
    Rickett, 1898
    *c, se China bis n Indochina*
    Phylloscopus castaniceps collinsi
    **Myanmar-Rotkopf-Laubsänger**
    Deignan, 1943
    *e Myanmar und nw Thailand*
    Phylloscopus castaniceps stresemanni
    **Stresemanns Rotkopf-Laubsänger**
    Delacour, 1932
    *s Laos und sw Kambodscha*

    Phylloscopus castaniceps annamensis
    **Vietnam-Rotkopf-Laubsänger**
    Robinson & Kloss, 1919
    *sc Vietnam*
    Phylloscopus castaniceps youngi
    **Thailand-Rotkopf-Laubsänger**
    Robinson, 1915
    *Thai Halbinsel*
    Phylloscopus castaniceps butleri
    **Malaysia-Rotkopf-Laubsänger**
    Hartert, EJO, 1898
    *Halbinsel Malaysia*
    Phylloscopus castaniceps muelleri
    **Sumatra-Rotkopf-Laubsänger**
    Robinson & Kloss, 1916
    *Gebirge Sumatra*

Phylloscopus grammiceps
**Javalaubsänger**
*Sunda Warbler - Mosquitero de Java*
Strickland, 1849
*Gebirge Java und Bali*

    Phylloscopus grammiceps sumatrensis
    **Sumatralaubsänger**
    Robinson & Kloss, 1916
    *Gebirge Sumatra*

Phylloscopus montis
**Gelbbauch-Laubsänger**
*Yellow-breasted Warbler - Mosquitero pechiamarillo*
Sharpe, 1887
*Borneo*

    Phylloscopus montis davisoni
    **Davidsons Gelbbauch-Laubsänger**
    Sharpe, 1888
    *Malayische Halbinsel*
    Phylloscopus montis barisanus
    **Sumatra-Gelbbauch-Laubsänger**
    Christie & Elliott, A, 2016
    *Sumatra*
    Phylloscopus montis xanthopygius
    **Palawan-Gelbbauch-Laubsänger**
    Whitehead, J, 1893
    *Gebirge Palawan (sw Philippinen)*
    Phylloscopus montis floris
    **Flores-Gelbbauch-Laubsänger**
    Hartert, EJO, 1897
    *Flores (Lesser Sundas)*
    Phylloscopus montis paulinae
    **Timor-Gelbbauch-Laubsänger**
    Mayr, 1944
    *Timor (Lesser Sundas)*

Phylloscopus calciatilis
**Karstlaubsänger**
*Limestone Leaf Warbler - Mosquitero roquero*
Alström, Davidson, PJ, Duckworth, Eames, JC, Trai Trong Le, Nguyen Cu, Olsson, Robson & Timmins, 2009
*n, c Vietnam und n, c Laos*

Phylloscopus ricketti
**Goldscheitel-Laubsänger**
*Sulphur-breasted Warbler - Mosquitero de Rickett*
Slater, HH, 1897
*ec, s China*

Phylloscopus cantator
**Gelbbrust-Laubsänger**
*Yellow-vented Warbler - Mosquitero cantor*
Tickell, 1833
*e Nepal, Bhutan und ne Indien bis nw Laos*

    Phylloscopus cantator pernotus
    **Laos-Gelbbrust-Laubsänger**
    Bangs & Van Tyne, 1930
    *n, c Laos*

Phylloscopus occipitalis
**Dachskopf-Laubsänger**
*Western Crowned Warbler - Mosquitero occipital*
Blyth, 1845
*sc bis w Himalaya*

Phylloscopus reguloides
**Streifenkopf-Laubsänger**
*Blyth's Leaf Warbler - Mosquitero de Blyth*
Blyth, 1842
*c Himalaya*

    Phylloscopus reguloides kashmiriensis
    **Nord-Himalaya-Streifenkopf-Laubsänger**
    Ticehurst, 1933
    *nw Himalaya*

Phylloscopus reguloides assamensis
**Himalaya-Streifenkopf-Laubsänger**
Hartert, EJO, 1921
e Himalaya bis Myanmar, c Indochina und s China
Phylloscopus reguloides ticehursti
**Vietnam-Streifenkopf-Laubsänger**
Delacour & Greenway, 1939
sc Vietnam

## Phylloscopus claudiae
**Claudialaubsänger**
*Claudia's Leaf Warbler - Mosquitero de Claudia*
La Touche, 1922
c, e China

## Phylloscopus goodsoni
**Hartertlaubsänger**
*Hartert's Leaf Warbler - Mosquitero de Hartert*
Hartert, EJO, 1910
se China

Phylloscopus goodsoni fokiensis
**Östlicher Hartertlaubsänger**
Hartert, EJO, 1917
se China

## Phylloscopus ogilviegranti
**Ogilvielaubsänger**
*Kloss's Leaf Warbler - Mosquitero de Ogilvie Grant*
La Touche, 1922
se China

Phylloscopus ogilviegranti disturbans
**Inland-Ogilvielaubsänger**
La Touche, 1922
c, sc China
Phylloscopus ogilviegranti klossi
**Südlicher Ogilvielaubsänger**
Riley, 1922)
s Indochina

## Phylloscopus hainanus
**Hainanlaubsänger**
*Hainan Leaf Warbler - Mosquitero de Hainan*
Olsson, Alström & Colston, 1993
s China

## Phylloscopus intensior
**Davisonlaubsänger**
*Davison's Leaf Warbler - Mosquitero de Davison*
Deignan, 1956
se Thailand und sw Kambodscha

Phylloscopus intensior muleyitensis
**Laos-Davisonlaubsänger**
Dickinson & Christidis, 2014
Yunnan, Myanmar, nw Thailand, n, c Laos und n, c Vietnam

## Phylloscopus xanthoschistos
**Graukopf-Laubsänger**
*Grey-hooded Warbler - Mosquitero cabecigrís*
Gray, JE & Gray, GR, 1847
w, c Nepal

Phylloscopus xanthoschistos albosuperciliaris
**Kashmir-Graukopf-Laubsänger**
Jerdon, 1863
n Pakistan, Kashmir und n Indien bis w Nepal
Phylloscopus xanthoschistos jerdoni
**Jerdons-Graukopf-Laubsänger**
Brooks, WE, 1871
e Nepal und sw China bis ne Indien
Phylloscopus xanthoschistos flavogularis
**Indischer Graukopf-Laubsänger**
Godwin-Austen, 1877
ne Indien, s China und n Myanmar
Phylloscopus xanthoschistos tephrodiras
**Myanmar-Graukopf-Laubsänger**
Sick, 1939
ne Indien und w Myanmar

## Phylloscopus trivirgatus
**Südsee-Laubsänger**
*Mountain Leaf Warbler - Mosquitero tribandeado*
Strickland, 1849
Gebirge Sumatra, Java, Bali, Lombok und Sumbawa (w Lesser Sundas)

Phylloscopus trivirgatus parvirostris
**Malayischer-Südsee-Laubsänger**
Stresemann, 1912
s Malayische Halbinsel
Phylloscopus trivirgatus kinabaluensis
**Kinabalu-Südsee-Laubsänger**
Sharpe, 1901
Mt. Kinabalu (ne Borneo)

Phylloscopus trivirgatus sarawacensis
**Sarawak-Südsee-Laubsänger**
Chasen, 1938
Gebirge Borneo (außer ne)

## Phylloscopus nigrorum
**Negroslaubsänger**
*Negros Leaf Warbler - Mosquitero de Negros*
Moseley, 1891
Gebirge s Luzon, West Visayas (nc, c Philippinen)

Phylloscopus nigrorum peterseni
**Palawan-Negroslaubsänger**
Salomonsen, 1962
Gebirge Palawan (sw Philippinen)
Phylloscopus nigrorum benguetensis
**Luzon-Negroslaubsänger**
Ripley & Rabor, 1958
Gebirge n Luzon (n Philippinen)
Phylloscopus nigrorum diuatae
**Diuata-Negroslaubsänger**
Salomonsen, 1953
Gebirge ne Mindanao (s Philippinen)
Phylloscopus nigrorum mindanensis
**Mindanao-Negroslaubsänger**
Hartert, EJO, 1903
s Mindanao (s Philippinen)
Phylloscopus nigrorum malindangensis
**Malindang-Negroslaubsänger**
Mearns, 1909
Mt. Malindang, nw Mindanao (s Philippinen)
Phylloscopus nigrorum flavostriatus
**Katanglad-Negroslaubsänger**
Salomonsen, 1953
Mt. Katanglad, nc Mindanao (s Philippinen)

## Phylloscopus floresianus
**Floreslaubsänger**
*Flores Leaf Warbler - Mosquitero de Flores*
Dickinson & Christidis, 2014
Gebirge Flores (c Lesser Sundas)

## Phylloscopus presbytes
**Timorlaubsänger**
*Timor Leaf Warbler - Mosquitero de Timor*
Blyth, 1870
Timor und Atauro (n in e Timor; e Lesser Sundas)

## Phylloscopus rotiensis
**Rotilaubsänger**
*Rote Leaf Warbler - Mosquitero de Roti*
Ng, NSR, Prawiradilaga, Ng, EYX, Suparno, Ashari, Trainor, Verbelen & Rheindt, 2018
Rote (sw Timor, e Lesser Sundas)

## Phylloscopus makirensis
**Makiralaubsänger**
*Makira Leaf Warbler - Mosquitero de San Cristóbal*
Mayr, 1935
Makira (se Solomon Is.)

## Phylloscopus nesophilus
**Sulawesilaubsänger**
*Sulawesi Leaf Warbler - Mosquitero de Sulawesi*
Riley, 1918
Gebirge n, c, se Sulawesi

## Phylloscopus sarasinorum
**Lompobatang-Laubsänger**
*Lompobattang Leaf Warbler - Mosquitero de Célebes*
Meyer, AB & Wiglesworth, 1896
Gebirge sw Sulawesi

## Phylloscopus amoenus
**Kulambangra-Laubsänger**
*Kolombangara Leaf Warbler - Mosquitero de Kulambangra*
Hartert, EJO, 1929
Gebirge Kolombangara (wc Solomon Is.)

## Phylloscopus poliocephalus
**Insellaubsänger**
*Island Leaf Warbler - Mosquitero isleño*
Salvadori, 1876
Gebirge Bird's Head und Wandammen Halbinsel (Bird's Neck, nw Neuguinea)

Phylloscopus poliocephalus suaramerdu
**Peleng Insellaubsänger**
Rheindt, Prawiradilaga, Ashari, Suparno & Ng, NSR, 2020
Gebirge Peleng (Banggai Is., e Sulawesi)
Phylloscopus poliocephalus emilsalimi
**Taliabu Insellaubsänger**
Rheindt, Prawiradilaga, Ashari, Suparno & Ng, NSR, 2020
Gebirge Taliabu (Sula Is., e Sulawesi)

Phylloscopus poliocephalus henrietta
**Henriettas Insellaubsänger**
Stresemann, 1931
Halmahera und Ternate (n Moluccas)
Phylloscopus poliocephalus waterstradti
**Waterstradts Insellaubsänger**
Hartert, EJO, 1903
Gebirge Bacan und Obi (s Halmahera, nc Moluccas)
Phylloscopus poliocephalus everetti
**Everetts Insellaubsänger**
Hartert, EJO, 1899
Gebirge Buru (wc Moluccas)
Phylloscopus poliocephalus ceramensis
**Seram-Insellaubsänger**
Ogilvie-Grant, 1910
Gebirge Seram und Ambon (ec Moluccas)
Phylloscopus poliocephalus avicola
**Kei-Insellaubsänger**
Hartert, EJO, 1924
Gebirge Kai Besar (Kai Is., se Moluccas)
Phylloscopus poliocephalus matthiae
**Matthias-Insellaubsänger**
Rothschild & Hartert, EJO, 1924
Mussau (St. Matthias Is., nc Bismarck Archipel)
Phylloscopus poliocephalus moorhousei
**Umboi-Insellaubsänger**
Gilliard & LeCroy, 1967
Gebirge Umboi (w New Britain) und New Britain (se Bismarck Archipel)
Phylloscopus poliocephalus leletensis
**Bismarck-Insellaubsänger**
Salomonsen, 1965
Gebirge New Ireland (ne Bismarck Archipel)
Phylloscopus poliocephalus albigularis
**Weyland-Insellaubsänger**
Hartert, EJO & Paludan, 1936
Gebirge wc Neuguinea
Phylloscopus poliocephalus cyclopum
**Cyclops-Insellaubsänger**
Hartert, EJO, 1930
Cyclops Mts. (nc Neuguinea)
Phylloscopus poliocephalus giulianettii
**Giulianettis Insellaubsänger**
Salvadori, 1896
Gebirge c, se Neuguinea und Karkar (n in ne Neuguinea)
Phylloscopus poliocephalus hamlini
**Hamlins Insellaubsänger**
Mayr & Rand, 1935
Goodenough und Fergusson (D'Entrecasteaux Is., e in se Neuguinea)
Phylloscopus poliocephalus becki
**Becks Insellaubsänger**
Hartert, EJO, 1929
Gebirge Isabel, Guadalcanal und Malaita (ec Solomon Is.)
Phylloscopus poliocephalus bougainvillei
**Bougainville-Insellaubsänger**
Mayr, 1935
Gebirge Bougainville (n Solomon Is.)
Phylloscopus poliocephalus pallescens
**Kolombangara-Insellaubsänger**
Mayr, 1935
Gebirge Kolombangara (wc Solomon Is.)

Phylloscopus maforensis
**Numforlaubsänger**
*Numfor Leaf Warbler - Mosquitero de Numfor*
Meyer, AB, 1874
*Numfor (Geelvink Bay is., nw Neuguinea)*

Phylloscopus misoriensis
**Biaklaubsänger**
*Biak Leaf Warbler - Mosquitero de Biak*
Meise, 1931
*Biak (Geelvink Bay is., nw Neuguinea)*

## Familie: Acrocephalidae (Rohrsängerartige)

### Gattung: Graueria

Graueria vittata
**Sperberbrustsänger**
*Grauer's Warbler - Mosquitero barrado*
Hartert, EJO, 1908
*e Demokratische Republik Kongo, sw Uganda, w Rwanda und nw Burundi*

### Gattung: Nesillas

Nesillas typica
**Madagaskarspötter**
*Malagasy Brush Warbler - Zarzalero malgache*
Hartlaub, 1860
*c, s, e Madagascar*

Nesillas typica moheliensis
**Moheli-Madagaskarspötter**
Benson, 1960
Gebirge Mohéli (=Mwali; wc Comoros)
Nesillas typica obscura
**Dunkler Madagaskarspötter**
Delacour, 1931
w Madagascar
Nesillas typica ellisii
**Nördlicher Madagaskarspötter**
Schlegel & Pollen, 1868
n, ne Madagascar

Nesillas lantzii
**Wolfsmilchspötter**
*Subdesert Brush Warbler - Zarzalero de Lantz*
Grandidier, A, 1867
*sw Madagascar*

Nesillas longicaudata
**Anjouanspötter**
*Anjouan Brush Warbler - Zarzalero de Anjou*
Newton, E, 1877
*Anjouan (=Nzwani; ec Comoros)*

Nesillas brevicaudata
**Strichelbrustspötter**
*Grande Comore Brush Warbler - Zarzalero de Gran Comora*
Milne-Edwards & Oustalet, 1888
*Gebirge Grande Comore (=Njazidja; nw Comoros)*

Nesillas mariae
**Mohélispötter**
*Moheli Brush Warbler - Zarzalero de la Mohéli*
Benson, 1960
*Mohéli (=Mwali; wc Comoros)*

† Nesillas aldabrana
**Aldabraspötter**
*Aldabra Brush Warbler - Zarzalero de Aldabra*
Benson & Penny, 1968
*Malabar (nw Aldabra Gruppe, sw Seychellen)*

### Gattung: Acrocephalus

Acrocephalus griseldis
**Basrarohrsänger**
*Basra Reed Warbler - Carricero de Basora*
Hartlaub, 1891
*s Irak*

Acrocephalus brevipennis
**Kapverden-Rohrsänger**
*Cape Verde Warbler - Carricero de Cabo Verde*
Keulemans, 1866
*São Nicolau, Brava und Fogo, und Santiago (nc, sw, sc Cape Verde Is., s Makaronesien, w in n Afrika)*

Acrocephalus rufescens
**Papyrusrohrsänger**
*Greater Swamp Warbler - Carricero rufo*
Sharpe & Bouvier, 1877
*Ghana bis nw Demokratische Republik Kongo*

Acrocephalus rufescens senegalensis
**Senegal-Papyrusrohrsänger**
Colston & Morel, 1985
Senegal und Gambia
Acrocephalus rufescens chadensis
**Tschad-Papyrusrohrsänger**
Alexander, 1907
Chad
Acrocephalus rufescens ansorgei
**Ansorges Papyrusrohrsänger**
Hartert, EJO, 1906
nw Angola, s Sudan und w Kenia bis ne Namibia, n Botswana und w Simbabwe

Acrocephalus gracilirostris
**Kaprohrsänger**
*Lesser Swamp Warbler - Carricero picofino*
Hartlaub, 1864
*s Namibia, Südafrika, se Simbabwe und s Mosambik*

Acrocephalus gracilirostris neglectus
**Tschad-Kaprohrsänger**
Alexander, 1908
w Chad
Acrocephalus gracilirostris tsanae
**Äthiopien-Kaprohrsänger**
Bannerman, 1937
nw Äthiopien

Acrocephalus gracilirostris jacksoni
**Jacksons Kaprohrsänger**
Neumann, 1901
ne Demokratische Republik Kongo, s Sudan, Uganda und w Kenia
Acrocephalus gracilirostris parvus
**Ruanda-Kaprohrsänger**
Fischer, GA & Reichenow, 1884
sw Äthiopien bis n Tansania, Rwanda und Burundi
Acrocephalus gracilirostris leptorhynchus
**Südafrika-Kaprohrsänger**
Reichenow, 1879
e Äthiopien bis e Südafrika
Acrocephalus gracilirostris winterbottomi
**Winterbottoms Kaprohrsänger**
White, CMN, 1947
e Angola bis n Sambia und sw Tansania
Acrocephalus gracilirostris cunenensis
**Namibia-Kaprohrsänger**
Hartert, EJO, 1903
sw Angola und n Namibia bis w Simbabwe

Acrocephalus newtoni
**Madagaskarrohrsänger**
*Madagascar Swamp Warbler - Carricero malgache*
Hartlaub, 1863
*Madagascar*

Acrocephalus sechellensis
**Seychellenrohrsänger**
*Seychelles Warbler - Carricero de Seychelles*
Oustalet, 1877
*Cousin Insel (ne Seychellen)*

Acrocephalus rodericanus
**Rodriguesrohrsänger**
*Rodrigues Warbler - Carricero de Rodrigues*
Newton, A, 1865
*Rodrigues (e Mascarenes)*

Acrocephalus arundinaceus
**Drosselrohrsänger**
*Great Reed Warbler - Carricero tordal*
Linnaeus, 1758
*Europa bis n Iran und nw Arabien*

Acrocephalus arundinaceus zarudnyi
**Eurasischer Drosselrohrsänger**
Hartert, EJO, 1907
se Europäisch Russland und n Iran bis nw Mongolei und nw China

Acrocephalus orientalis
**Chinarohrsänger**
*Oriental Reed Warbler - Carricero oriental*
Temminck & Schlegel, 1847
*c Mongolei und se Russland s bis n, e China, Koreanische Halbinsel und Japan*

Acrocephalus stentoreus
**Stentorrohrsänger**
*Clamorous Reed Warbler - Carricero estentóreo*
Hemprich & Ehrenberg, 1833
*Ägypten*

Acrocephalus stentoreus levantinus
**Arabischer Stentorrohrsänger**
Roselaar, 1994
Israel, Jordanien, Syrien und nw Arabien
Acrocephalus stentoreus brunnescens
**Kasachstan-Stentorrohrsänger**
Jerdon, 1839
Red Sea Region bis Kasachstan und n Indien
Acrocephalus stentoreus amyae
**Indischer Stentorrohrsänger**
Baker, ECS, 1922
ne Indien, Myanmar, Thailand und s China
Acrocephalus stentoreus meridionalis
**Sri Lanka-Stentorrohrsänger**
Legge, 1875
s Indien und Sri Lanka
Acrocephalus stentoreus harterti
**Harters Stentorrohrsänger**
Salomonsen, 1928
Philippinen (außer Palawan Gruppe und Sulu Archipel)
Acrocephalus stentoreus siebersi
**Java-Stentorrohrsänger**
Salomonsen, 1928
w Java
Acrocephalus stentoreus celebensis
**Sulawesi-Stentorrohrsänger**
Heinroth, 1903
Sulawesi
Acrocephalus stentoreus lentecaptus
**Borneo-Stentorrohrsänger**
Hartert, EJO, 1924
Borneo und c, e Java bis Sumbawa (w Lesser Sundas)

Acrocephalus australis
**Australrohrsänger**
*Australian Reed Warbler - Carricero australiano*
Gould, 1838
*n Nortern Territory bis se South Australia und e Australien*

Acrocephalus australis sumbae
**Nördlicher Australrohrsänger**
Hartert, EJO, 1924
Sumba und Timor (c, e Lesser Sundas), Buru (wc Moluccas), Neuguinea, e Bismarck Archipel und bis Guadalcanal (sc Solomon Is.)
Acrocephalus australis gouldi
**Goulds Australrohrsänger**
Dubois, AJC, 1901
n, w Western Australia (w Australien)

† Acrocephalus familiaris
**Hawaiirohrsänger**
*Millerbird - Carricero familiar*
Rothschild, 1892
*Laysan*

Acrocephalus familiaris kingi
**Nihoarohrsänger**
Wetmore, 1924
Nihoa

† Acrocephalus luscinius
**Guamrohrsänger**
*Nightingale Reed Warbler - Carricero de Guam*
Quoy & Gaimard, 1832
*Guam (s Mariana Is., w Micronesia)*

Acrocephalus hiwae
**Marianenrohrsänger**
*Saipan Reed Warbler - Carricero de Saipán*
Yamashina, 1942
*Almagan und Saipan (Northern Mariana Is., w Micronesia)*

† Acrocephalus nijoi
**Aguijanrohrsänger**
*Aguiguan Reed Warbler - Carricero de Aguijan*
Yamashina, 1940
*Aguiguan (=Aquijan, Northern Mariana Is., w Micronesia)*

† Acrocephalus yamashinae
**Paganrohrsänger**
*Pagan Reed Warbler - Carricero de Pagán*
Taka-Tsukasa, 1931
*Pagan (Northern Mariana Is., w Micronesia)*

† Acrocephalus astrolabii
**Mangarevarohrsänger**
*Mangareva Reed Warbler - Carricero de Mangareva*
Holyoak & Thibault, 1978
*Mangareva (Gambier Is., se Tuamotu Is., e Polynesien)*

Acrocephalus rehsei
**Naururohrsänger**
*Nauru Reed Warbler - Carricero de Nauru*
Finsch, 1883
*Nauru (sc Micronesia)*

Acrocephalus syrinx
**Carolinenrohrsänger**
*Caroline Reed Warbler - Carricero de las Carolinas*
Kittlitz, 1833
*Chuuk (=Truk, c Caroline Is.), Pohnpei (=Ponape), Kosrae und e Caroline Is., c Micronesia*

Acrocephalus aequinoctialis
**Kiribatirohrsänger**
*Bokikokiko - Carricero de Kiritimati*
Latham, 1790
*Kiritimati (nw Line Is., e Polynesien)*

Acrocephalus aequinoctialis pistor
**Tabuaeranrohrsänger**
Tristram, 1883
Teraina und Tabuaeran (nw Line Is., e Polynesien)

Acrocephalus percernis
**Nordmarquesas-Rohrsänger**
*Northern Marquesan Reed Warbler - Carricero de las Marquesas septentrional*
Wetmore, 1919
*Nuku Hiva (nc Marquesas Is., ne Polynesien)*

Acrocephalus percernis postremus
**Hatuturohrsänger**
Murphy & Mathews, 1928
Hatutaa (n Marquesas Is., ne Polynesien)

Acrocephalus percernis aquilonis
**Eiaorohrsänger**
Murphy & Mathews, 1928
Eiao (n Marquesas Is., ne Polynesien)
Acrocephalus percernis idae
**Uahukarohrsänger**
Murphy & Mathews, 1928
Ua Huka (ne Marquesas Is., ne Polynesien)

Acrocephalus caffer
**Langschnabel-Rohrsänger**
*Tahiti Reed Warbler - Carricero de Tahití*
Sparrman, 1786
*Tahiti (se Society Is., e Polynesien)*

† Acrocephalus longirostris
**Moorearohrsänger**
*Moorea Reed Warbler - Carricero de Moorea*
Gmelin, JF, 1789
*Moorea (se Society Is., e Polynesien)*

† Acrocephalus musae
**Forsterrohrsänger**
*Garrett's Reed Warbler - Carricero de Forster*
Forster, JR, 1844
*Raiatea (nw Society Is., e Polynesien)*

    † Acrocephalus musae garretti
    **Huahinerohrsänger**
    Holyoak & Thibault, 1978
    Huahine (nw Society Is., e Polynesien)

Acrocephalus mendanae
**Südmarquesas-Rohrsänger**
*Southern Marquesan Reed Warbler - Carricero de las Marquesas meridional*
Tristram, 1883
*Hiva Oa und Tahuata (s Marquesas Is., ne Polynesien)*

    Acrocephalus mendanae dido
    **Uapourohrsänger**
    Murphy & Mathews, 1928
    Uapou (s Marquesas Is., ne Polynesien)
    Acrocephalus mendanae consobrina
    **Mohotanirohrsänger**
    Murphy & Mathews, 1928
    Mohotani (s Marquesas Is., ne Polynesien)
    Acrocephalus mendanae fatuhivae
    **Fatu Hivarohrsänger**
    Murphy & Mathews, 1928
    Fatu Iva (s Marquesas Is., ne Polynesien)

Acrocephalus atyphus
**Tuamoturohrsänger**
*Tuamotu Reed Warbler - Carricero de Tuamotú*
Wetmore, 1919
*nw Tuamotu Is. (e Polynesien)*

    Acrocephalus atyphus eremus
    **Makatearohrsänger**
    Wetmore, 1919
    Makatea (nw Tuamotu Is., e Polynesien)
    Acrocephalus atyphus niauensis
    **Niaurohrsänger**
    Murphy & Mathews, 1929
    Niau (c Tuamotu Is., e Polynesien)
    Acrocephalus atyphus palmarum
    **Anaarohrsänger**
    Murphy & Mathews, 1929
    Anaa (sc Tuamotu Is., e Polynesien)
    Acrocephalus atyphus ravus
    **Südtuamotorohrsänger**
    Wetmore, 1919
    se Tuamotu Is. (e Polynesien)
    Acrocephalus atyphus flavidus
    **Napukarohrsänger**
    Murphy & Mathews, 1929
    Napuka (nc Tuamotu Is., e Polynesien)

Acrocephalus kerearako
**Cookinsel-Rohrsänger**
*Cook Reed Warbler - Carricero de las Cook*
Holyoak, 1974
*Mangaia (se Cook Is., e Polynesien)*

    Acrocephalus kerearako kaoko
    **Mitiarorohrsänger**
    Holyoak, 1974
    Mitiaro (se Cook Is., e Polynesien)

Acrocephalus rimitarae
**Rimatararohrsänger**
*Rimatara Reed Warbler - Carricero de Rimatara*
Murphy & Mathews, 1929
*Rimatara (nw Austral Is., e Polynesien)*

Acrocephalus taiti
**Hendersonrohrsänger**
*Henderson Reed Warbler - Carricero de la Henderson*
Ogilvie-Grant, 1913
*Henderson (c Pitcairn Gruppe, se Polynesien)*

Acrocephalus vaughani
**Pitcairnrohrsänger**
*Pitcairn Reed Warbler - Carricero de la Pitcairn*
Sharpe, 1900
*Pitcairn (w Pitcairn Gruppe, se Polynesien)*

Acrocephalus bistrigiceps
**Brauenrohrsänger**
*Black-browed Reed Warbler - Carricerín cejinegro*
Swinhoe, 1860
*e Mongolei und se Russland bis e China und Japan*

Acrocephalus melanopogon
**Mariskenrohrsänger**
*Moustached Warbler - Carricerín real*
Temminck, 1823
*s Europa bis Ukraine und w Türkei, nw Afrika*

    Acrocephalus melanopogon mimicus
    **Östlicher Mariskenrohrsänger**
    Madarász, G, 1903
    e Türkei bis s Russland, Kasachstan, nw China, Iran und Irak
    Acrocephalus melanopogon albiventris
    **Ukrainischer Mariskenrohrsänger**
    Kazakov, 1974
    se Ukraine und sw Russland

Acrocephalus paludicola
**Seggenrohrsänger**
*Aquatic Warbler - Carricerín cejudo*
Vieillot, 1817
*c, e Europa*

Acrocephalus schoenobaenus
**Schilfrohrsänger**
*Sedge Warbler - Carricerín común*
Linnaeus, 1758
*w, n, c Europa bis c Russland*

Acrocephalus sorghophilus
**Hirserohrsänger**
*Speckled Reed Warbler - Carricerín estriado*
Swinhoe, 1863
*ne China*

Acrocephalus concinens
**Strauchrohrsänger**
*Blunt-winged Warbler - Carricero de Swinhoe*
Swinhoe, 1870
*c, e China*

    Acrocephalus concinens haringtoni
    **Haringtons Strauchrohrsänger**
    Witherby, 1920
    Afghanistan bis nw Indien
    Acrocephalus concinens stevensi
    **Stevens Strauchrohrsänger**
    Baker, ECS, 1922
    ne Indien, Bangladesch und Myanmar

Acrocephalus tangorum
**Mandschurenrohrsänger**
*Manchurian Reed Warbler - Carricerín manchú*
La Touche, 1912
*ne China, se Russland*

Acrocephalus orinus
**Großschnabel-Rohrsänger**
*Large-billed Reed Warbler - Carricero picudo*
Oberholser, 1905
*ne Afghanistan*

Acrocephalus agricola
**Feldrohrsänger**
*Paddyfield Warbler - Carricero agrícola*
Jerdon, 1845
*Kasachstan und ne Iran über c Asien bis Mongolei und wc China*

Acrocephalus dumetorum
**Buschrohrsänger**
*Blyth's Reed Warbler - Carricero de Blyth*
Blyth, 1849
*c, nc Europa bis c Russland und s bis Mittlerer Osten*

Acrocephalus scirpaceus
## Teichrohrsänger
*Common Reed Warbler - Carricero común*
Hermann, 1804
*Europa bis w Russland, Ukraine und w Türkei, nw Afrika*

Acrocephalus scirpaceus fuscus
### Östlicher Teichrohrsänger
Hemprich & Ehrenberg, 1833
n Ägypten und c Türkei über Mittlerer Osten bis se Europäisch Russland, n Iran, Kasachstan und nw China

Acrocephalus scirpaceus avicenniae
### Rotes Meer-Teichrohrsänger
Ash, Pearson, DJ, Nikolaus & Colston, 1989
Küsten Red Sea

Acrocephalus scirpaceus ammon
### Libischer Teichrohrsänger
Hering, Winkler & Steinheimer, 2016
Libyen-Ägypten

Acrocephalus scirpaceus ambiguus
### Iberischer Teichrohrsänger
Brehm, AE, 1857
Iberische Halbinsel und nw Afrika

Acrocephalus scirpaceus minor
### Kleiner Teichrohrsänger
Lynes, 1923
Sahel Region von Sengal bis wc Sudan (Darfur)

Acrocephalus scirpaceus cinnamomeus
### Somalia-Teichrohrsänger
Reichenow, 1908
w Äthiopien und s Somalia s über Süd-Sudan, Uganda, Kenia, Sambia und Mosambik; patchy distribution in w Afrika von s Kamerun bis Niger und Mali

Acrocephalus scirpaceus suahelicus
### Suaheli-Teichrohrsänger
Grote, 1926
e Tansania bis e Mosambik und e Südafrika

Acrocephalus scirpaceus hallae
### Angola-Teichrohrsänger
White, CMN, 1960
sw Angola bis sw Sambia und s bis w Südafrika

Acrocephalus scirpaceus baeticatus
### Südafrikanischer Teichrohrsänger
Vieillot, 1817
n Botswana und Simbabwe bis s Südafrika

Acrocephalus palustris
## Sumpfrohrsänger
*Marsh Warbler - Carricero políglota*
Bechstein, 1798
*c, nc Europa bis ec Russland und s bis Türkei und Irak*

## Gattung: Arundinax

Arundinax aedon
## Dickschnabelspötter
*Thick-billed Warbler - Carricero picogordo*
Pallas, 1776
*sc Sibirien und nw Mongolei*

Arundinax aedon rufescens
### Chinesischer Dickschnabelspötter
Stegmann, 1929
e Sibirien, ne Mongolei und ne China

## Gattung: Iduna

Iduna natalensis
## Natalspötter
*African Yellow Warbler - Zarcero de Natal*
Smith, A, 1847
*s Tansania bis Südafrika*

Iduna natalensis batesi
### Nigeria-Natalspötter
Sharpe, 1905
Nigeria bis sw Sudan und nw Demokratische Republik Kongo

Iduna natalensis massaica
### Massai-Natalspötter
Fischer, GA & Reichenow, 1884
se Sudan und w Äthiopien bis n Tansania

Iduna natalensis major
### Großer Natalspötter
Hartert, EJO, 1904
Gabun bis Angola und n Sambia

Iduna similis
## Bergspötter
*Mountain Yellow Warbler - Zarcero montano*
Richmond, 1897
*s Süd-Sudan und c Kenia bis e Demokratische Republik Kongo, c Tansania und n Malawi*

Iduna caligata
## Buschspötter
*Booted Warbler - Zarcero escita*
Lichtenstein, MHC, 1823
*w, c Russland s über Kasachstan bis Iran, Afghanistan und w China*

Iduna rama
## Steppenspötter
*Sykes's Warbler - Zarcero de Sykes*
Sykes, 1832
*Kasachstan und w China s bis Iran, Afghanistan und Pakistan*

Iduna pallida
## Blassspötter
*Eastern Olivaceous Warbler - Zarcero pálido*
Hemprich & Ehrenberg, 1833
*Ägypten*

Iduna pallida elaeica
### Osteuropa-Blassspötter
Lindermayer, 1843
se Europa über Mittlerer Osten bis Kasachstan und Iran

Iduna pallida reiseri
### Reisers Blassspötter
Hilgert, 1908
se Marokko, Algerien, Mauretanien und w Libyen

Iduna pallida alulensis
### Somalia-Blassspötter
Ash, Pearson, DJ & Bensch, 2005
n Somalia

Iduna pallida laeneni
### Niger-Blassspötter
Niethammer, 1955
Niger bis c Sudan

Iduna opaca
## Isabellspötter
*Western Olivaceous Warbler - Zarcero bereber*
Cabanis, 1851
*sw Europa und nw Afrika*

## Gattung: Calamonastides

Calamonastides gracilirostris
## Papyrusspötter
*Papyrus Yellow Warbler - Zarcero picofino*
Ogilvie-Grant, 1906
*e Demokratische Republik Kongo, Rwanda, Burundi und w Kenia*

Calamonastides gracilirostris bensoni
### Bensons Papyrusspötter
Amadon, 1954
n Sambia

## Gattung: Hippolais

Hippolais languida
## Dornspötter
*Upcher's Warbler - Zarcero lánguido*
Hemprich & Ehrenberg, 1833
*Türkei bis Israel und e bis s Kasachstan, Kirgisistan, Tadschikistan, Afghanistan und Pakistan*

Hippolais olivetorum
## Olivenspötter
*Olive-tree Warbler - Zarcero grande*
Strickland, 1837
*Kroatien und Griechenland bis Bulgaria, Türkei und Israel*

Hippolais polyglotta
## Orpheusspötter
*Melodious Warbler - Zarcero políglota*
Vieillot, 1817
*sw Europa und nw Afrika*

Hippolais icterina
## Gelbspötter
*Icterine Warbler - Zarcero icterino*
Vieillot, 1817
*c, nc Europa bis ec Russland und n Kasachstan*

Robsonius rabori
**Rostkopf-Grundsänger**
*Cordillera Ground Warbler - Ratina de Rabor*
Rand, 1960
*Cordillera Central, nc Luzon (n Philippinen)*

Robsonius thompsoni
**Sierra-Madre-Grundsänger**
*Sierra Madre Ground Warbler - Ratina de Sierra Madre*
Hosner, Boggess, Alviola, Sánchez-González, LA, Oliveros, Urriza & Moyle, 2013
*Sierra Madre, ne Luzon (n Philippinen)*

Robsonius sorsogonensis
**Braungesicht-Grundsänger**
*Bicol Ground Warbler - Ratina de Rand*
Rand & Rabor, 1967
*s Luzon (Philippinen)*



Helopsaltes fasciolatus
**Riesenschwirl**
*Gray's Grasshopper Warbler - Buscarla de Gray*
Gray, GR, 1861
*s Russland und n Mongolei bis se Russland, ne China, Koreanische Halbinsel und n Japan*

Helopsaltes amnicola
**Sachalinschwirl**
*Sakhalin Grasshopper Warbler - Buscarla de Sajalín*
Stepanyan, 1972
*Sakhalin und s Kuril Is. (Russland) und Hokkaido (n Japan)*

Helopsaltes pryeri
**Riedschwirl**
*Marsh Grassbird - Yerbera japonesa*
Seebohm, 1884
*n, e Honshu (c Japan)*

Helopsaltes pryeri sinensis
**Chinesischer Riedschwirl**
Witherby, 1912
ne Mongolei bis Primorskiy (se Russland), ne, e China

Helopsaltes certhiola
**Streifenschwirl**
*Pallas's Grasshopper Warbler - Buscarla de Pallas*
Pallas, 1811
*se Sibirien (Transsibirien), e Mongolei und nc China*

Helopsaltes certhiola sparsimstriatus
**Sibirien-Streifenschwirl**
Meise, 1934
sw Sibirien bis sc Sibirien

Helopsaltes certhiola centralasiae
**Kasachstan-Streifenschwirl**
Sushkin, 1925
e Kasachstan und ne Kirgisistan bis w China

Helopsaltes certhiola rubescens
**Nördlicher Streifenschwirl**
Blyth, 1845
n Sibirien

Helopsaltes certhiola minor
**Kleiner Streifenschwirl**
David, A & Oustalet, 1877
se Sibirien (Amurland) und ne China

Helopsaltes ochotensis
**Middendorffschwirl**
*Middendorff's Grasshopper Warbler - Buscarla de Middendorff*
Middendorff, 1853
e Russland und n Japan

Helopsaltes pleskei
**Pleskeschwirl**
*Styan's Grasshopper Warbler - Buscarla de Pleske*
Taczanowski, 1890
*Inseln vor e Russland, Koreanische Halbinsel und s Japan*



Locustella lanceolata
**Strichelschwirl**
*Lanceolated Warbler - Buscarla lanceolada*
Temminck, 1840
*n Europa bis e Sibirien und ne China*

Locustella lanceolata hendersonii
**Hendersons Strichelschwirl**
Cassin, 1858
Sakhalin Insel, s Kuril Is. und n Japan

Locustella alfredi
**Bambusschwirl**
*Bamboo Warbler - Zarzalero del bambú*
Hartlaub, 1890
*se Sudan und w Äthiopien bis e Demokratische Republik Kongo*

Locustella alfredi kungwensis
**Kongo-Bambusschwirl**
Moreau, 1942
se Demokratische Republik Kongo, w Tansania und nw Sambia

Locustella fluviatilis
**Schlagschwirl**
*River Warbler - Buscarla fluvial*
Wolf, 1810
*c, e Europa und e Afrika*

Locustella luscinioides
**Rohrschwirl**
*Savi's Warbler - Buscarla unicolor*
Savi, 1824
*Europa bis Ural Mts. und Balkan, nw Afrika*

Locustella luscinioides sarmatica
**Östlicher Rohrschwirl**
Kazakov, 1973
e Ukraine und s Europäisch Russland

Locustella luscinioides fusca
**Türkischer Rohrschwirl**
Severtsov, 1873
Türkei und Jordanien bis Kasachstan

Locustella major
**Kaschmirschwirl**
*Long-billed Bush Warbler - Zarzalero piquilargo*
Brooks, WE, 1871
*n Pakistan und nw Indien*

Locustella major innae
**Portenkos Kaschmirschwirl**
Portenko, 1955
w China

Locustella luteoventris
**Hodgsonschwirl**
*Brown Bush Warbler - Zarzalero pardo*
Hodgson, 1845
*e Himalaya bis n Vietnam und c, se China*

Locustella naevia
**Feldschwirl**
*Common Grasshopper Warbler - Buscarla pintoja*
Boddaert, 1783
*Europa bis w Europäisch Russland und Ukraine*

Locustella naevia straminea
**Osteuropäischer Feldschwirl**
Seebohm, 1881
e Europäisch Russland bis sw, sc Sibirien, e Kasachstan, w Mongolei und nw China

Locustella naevia obscurior
**Kaukasus-Feldschwirl**
Buturlin, 1929
e Türkei und Kaukasus

Locustella tacsanowskia
**Taczanowskischwirl**
*Chinese Bush Warbler - Zarzalero de Taczanowski*
Swinhoe, 1871
*sc Sibirien bis ne China*

Locustella accentor
**Borneoschwirl**
*Friendly Bush Warbler - Zarzalero del Kinabalu*
Sharpe, 1888
*Gebirge ne Borneo*

Locustella caudata
**Langschwanzschwirl**
*Long-tailed Bush Warbler - Zarzalero colilargo*
Ogilvie-Grant, 1895
*Gebirge n Luzon (n Philippinen)*

Locustella caudata unicolor
**Einfarb-Langschwanzschwirl**
Hartert, EJO, 1904
Gebirge Mindanao außer Zamboanga Halbinsel (s Philippinen)

Locustella caudata malindangensis
**Zamboanga-Langschwanzschwirl**
Mearns, 1909
Gebirge Zamboanga Halbinsel, w Mindanao (s Philippinen)

Locustella castanea
**Waldschwirl**
*Sulawesi Bush Warbler - Zarzalero castaño*
Büttikofer, 1893
Gebirge Sulawesi (außer sw)

Locustella castanea everetti
**Everetts Waldschwirl**
Hartert, EJO, 1896
Gebirge sw Sulawesi

Locustella musculus
**Seramschwirl**
*Seram Bush Warbler - Zarzalero de Seram*
Stresemann, 1914
Gebirge Seram (ec Moluccas)

Locustella portenta
**Taliabuschwirl**
*Taliabu Bush Warbler - Zarzalero de Taliabu*
Rheindt, Prawiradilaga, Ashari, Suparno & Gwee, 2020
Gebirge Taliabu (Sula Is., e Sulawesi)

Locustella disturbans
**Buruschwirl**
*Buru Bush Warbler - Zarzalero de Buru*
Hartert, EJO, 1900
Gebirge Buru (wc Moluccas)

Locustella davidi
**Davidschwirl**
*Baikal Bush Warbler - Zarzalero de David*
La Touche, 1923
se Sibirien und ne China

Locustella davidi suschkini
**Suschkinschwirl**
Stegmann, 1929
sc Sibirien

Locustella kashmirensis
**Himalajaschwirl**
*West Himalayan Bush Warbler - Zarzalero de Cachemira*
Sushkin, 1925
w Himalaya

Locustella thoracica
**Fleckenschwirl**
*Spotted Bush Warbler - Zarzalero moteado*
Blyth, 1845
c Himalaya bis c China

Locustella alishanensis
**Taiwanschwirl**
*Taiwan Bush Warbler - Zarzalero de Formosa*
Rasmussen, Round, Dickinson & Rozendaal, 2000
Taiwan

Locustella mandelli
**Mandellischwirl**
*Russet Bush Warbler - Zarzalero de Mandelli*
Brooks, WE, 1875
e Himalaya bis s China, n Indochina und Myanmar

Locustella mandelli melanorhyncha
**Ricketts Mandellischwirl**
Rickett, 1898
e China

Locustella idonea
**Vietnamschwirl**
*Dalat Bush Warbler - Zarzalero de Dà Lat*
Riley, 1940
sc Vietnam

Locustella montis
**Javaschwirl**
*Javan Bush Warbler - Zarzalero de Java*
Hartert, EJO, 1896
Gebirge Java und Bali

Locustella montis timorensis
**Timorschwirl**
Mayr, 1944
Gebirge Timor und Alor (e Lesser Sundas)

Locustella chengi
**Sichuanschwirl**
*Sichuan Bush Warbler - Zarzalero de Sichuan*
Alström, Xia, Rasmussen, Olsson, Dai B, Zhao J, Leader, Carey, Dong L, Cai T, Holt, PI, Hung Le Manh, Song G, Liu Y, Zhang Y & Lei F, 2015
Gebirge c China

Locustella seebohmi
**Luzonschwirl**
*Benguet Bush Warbler - Zarzalero de Seebohm*
Ogilvie-Grant, 1895
Gebirge n Luzon (n Philippinen)

## Gattung: Poodytes

Poodytes albolimbatus
**Weißrand-Schilfsänger**
*Fly River Grassbird - Yerbera del Fly*
D'Albertis & Salvadori, 1879
Fly Region (sc Neuguinea)

Poodytes carteri
**Spinifex-Schilfsänger**
*Spinifexbird - Yerbera del spinifex*
North, 1900
nw Western Australia bis nw Queensland (nc Australien)

† Poodytes rufescens
**Chathamfarnsänger**
*Chatham Islands Fernbird - Zarzalero de las Chatham*
Buller, 1869
Chatham Is. (e Südinsel, New Zealand)

Poodytes punctatus
**Farnsänger**
*New Zealand Fernbird - Yerbera maorí*
Quoy & Gaimard, 1832
Südinsel (Neuseeland)

Poodytes punctatus vealeae
**Nördlicher Farnsänger**
Kemp, R, 1912
Nordinsel (Neuseeland)
Poodytes punctatus stewartianus
**Stewart-Farnsänger**
Oliver, 1930
Stewart Insel (Neuseeland)
Poodytes punctatus wilsoni
**Codfish-Farnsänger**
Stead, 1936
Codfish Insel (=Whenua Hou, w Stewart Insel, New Zealand)
Poodytes punctatus caudatus
**Snares-Farnsänger**
Buller, 1894
Snares Is. (S Südinsel, Neuseeland)

Poodytes gramineus
**Zwergschilfsänger**
*Little Grassbird - Yerbera chica*
Gould, 1845
Tasmanien und Bass Strait is. (se Australien)

Poodytes gramineus papuensis
**Papua-Zwergschilfsänger**
Junge, 1952
Paniai Lake, w Neuguinea
Poodytes gramineus goulburni
**Gouldburns Zwergschilfsänger**
Mathews, 1912
e Nortern Territory und e South Australia bis e Queensland und Victoria (ec, e Australien)
Poodytes gramineus thomasi
**Thomas-Zwergschilfsänger**
Mathews, 1912
w Western Australia (sw Australien)

## Gattung: Malia

Malia grata
**Moossänger**
*Malia - Timalí malia*
Schlegel, 1880
Gebirge sw Sulawesi

Malia grata recondita
**Nördlicher Moossänger**
Meyer, AB & Wiglesworth, 1894
Gebirge n Sulawesi
Malia grata stresemanni
**Stresemanns Moossänger**
Meise, 1931
Gebirge c, se Sulawesi

Cincloramphus cruralis
**Schwarzbauch-Buschsänger**
*Brown Songlark - Yerbera parda*
Vigors & Horsfield, 1827
*Australien (außer n und Tasmanien)*

Cincloramphus rubiginosus
**Maronenbuschsänger**
*Rusty Thicketbird - Yerbera herrumbrosa*
Sclater, PL, 1881
*New Britain (se Bismarck Archipel)*

Cincloramphus grosvenori
**Bismarckbuschsänger**
*New Britain Thicketbird - Yerbera de Nueva Bretaña*
Gilliard, 1960
*Gebirge New Britain (se Bismarck Archipel)*

Cincloramphus bivittatus
**Timorbuschsänger**
*Buff-banded Thicketbird - Yerbera de Timor*
Bonaparte, 1850
*Timor (e Lesser Sundas)*

Cincloramphus mathewsi
**Rostbürzel-Buschsänger**
*Rufous Songlark - Yerbera de Mathews*
Iredale, 1911
*Australien (außer n und Tasmanien)*

Cincloramphus macrurus
**Papuabuschsänger**
*Papuan Grassbird - Yerbera papú*
Salvadori, 1876
*Flachland und Mittel-Gebirge c, se Neuguinea (außer Huon Halbinsel)*

    Cincloramphus macrurus stresemanni
    **Stresemanns Papuabuschsänger**
      Hartert, EJO, 1930
      Arfak Mts. (nw Neuguinea)
    Cincloramphus macrurus harterti
    **Harters Papuabuschsänger**
      Mayr, 1931
      Huon Halbinsel (ne Neuguinea)
    Cincloramphus macrurus alpinus
    **Alpiner Papuabuschsänger**
      Mayr & Rand, 1935
      Gebirge wc und c Neuguinea
    Cincloramphus macrurus interscapularis
    **Bismarck-Papuabuschsänger**
      Sclater, PL, 1880
      New Ireland, New Britain und umliegende Inseln (e Bismarck Archipel)

Cincloramphus timoriensis
**Rostkopf-Buschsänger**
*Tawny Grassbird - Yerbera leonada*
Wallace, 1864
*Timor und Wetar (e Lesser Sundas)*

    Cincloramphus timoriensis tweeddalei
    **Philippinen-Rostkopf-Buschsänger**
      McGregor, 1908
      Luzon Gruppe und Visayas (n, c Philippinen)
    Cincloramphus timoriensis alopex
    **Cebu-Rostkopf-Buschsänger**
      Parkes, 1970
      Bohol, Leyte und Cebu (c Philippinen)
    Cincloramphus timoriensis amboinensis
    **Ambon-Rostkopf-Buschsänger**
      Salvadori, 1876
      Ambon (ec Moluccas)
    Cincloramphus timoriensis crex
    **Crex-Rostkopf-Buschsänger**
      Salomonsen, 1953
      Mindanao Gruppe (s Philippinen)
    Cincloramphus timoriensis mindorensis
    **Mindoro-Rostkopf-Buschsänger**
      Salomonsen, 1953
      Mindoro (nw Philippinen)
    Cincloramphus timoriensis celebensis
    **Sulawesi-Rostkopf-Buschsänger**
      Riley, 1919
      Sulawesi
    Cincloramphus timoriensis inquirendus
    **Sumba-Rostkopf-Buschsänger**
      Siebers, 1928
      Sumba (wc Lesser Sundas)
    Cincloramphus timoriensis muscalis
    **Rands Rostkopf-Buschsänger**
      Rand, 1938
      Trans-Fly (sc Neuguinea)

    Cincloramphus timoriensis alisteri
    **Australischer Rostkopf-Buschsänger**
      Mathews, 1912
      ne Western Australia bis se New South Wales (n bis e Australien)

Cincloramphus turipavae
**Guadalcanal-Buschsänger**
*Guadalcanal Thicketbird - Yerbera de Guadalcanal*
Cain & Galbraith, ICJ, 1955
*Gebirge Guadalcanal (sc Solomon Is.)*

Cincloramphus whitneyi
**Santobuschsänger**
*Santo Thicketbird - Yerbera de Espíritu Santo*
Mayr, 1933
*Gebirge Santo (nw Vanuatu)*

Cincloramphus mariae
**Neukaledonien-Buschsänger**
*New Caledonian Thicketbird - Yerbera de Nueva Caledonia*
Verreaux, J, 1869
*Grande Terre (New Caledonia)*

Cincloramphus rufus
**Langbein-Buschsänger**
*Long-legged Thicketbird - Yerbera de Fiyi*
Reichenow, 1891
*Gebirge Viti Levu (nw Fiji, sw Polynesien)*

    Cincloramphus rufus cluniei
    **Vanua Levu-Langbein-Buschsänger**
      Kinsky, 1975
      Gebirge Vanua Levu (nc Fiji, sw Polynesien)

Cincloramphus llaneae
**Bougainville-Buschsänger**
*Bougainville Thicketbird - Yerbera de Bougainville*
Hadden, 1983
*Gebirge Bougainville (n Solomon Is.)*



Elaphrornis palliseri
**Ceylonbuschsänger**
*Sri Lanka Bush Warbler - Zarzalero de Ceilán*
Blyth, 1851
*Sri Lanka*



Schoenicola platyurus
**Rundschwanzsänger**
*Broad-tailed Grassbird - Yerbera coliancha*
Jerdon, 1841
*w Ghats (Indien)*

Schoenicola striatus
**Borstenbuschsänger**
*Bristled Grassbird - Yerbera estriada*
Jerdon, 1841
*ne Pakistan bis Bangladesch*



Catriscus brevirostris
**Fächerschwanzsänger**
*Fan-tailed Grassbird - Yerbera de abanico*
Sundevall, 1850
*Malawi und nw Mosambik bis e Südafrika*

    Catriscus brevirostris alexinae
    **Alexinas Fächerschwanzsänger**
      Heuglin, 1863
      Sierra Leone und Guinea bis Äthiopien, Tansania und Angola



Megalurus palustris
**Streifenbuschsänger**
*Striated Grassbird - Yerbera palustre*
Horsfield, 1821
*Java und Bali*

Megalurus palustris toklao
**Pakistan-Streifenbuschsänger**
Blyth, 1843
Pakistan bis s China, Indochina und s Myanmar
Megalurus palustris forbesi
**Philippinen-Streifenbuschsänger**
Bangs, 1919
Philippinen (außer Sulu Archipel) und ne Borneo

## Gattung: Bradypterus

Bradypterus sylvaticus
**Kapbuschsänger**
*Knysna Warbler - Zarzalero del Knysna*
Sundevall, 1860
s Südafrika

Bradypterus sylvaticus pondoensis
**Östlicher Kapbuschsänger**
Haagner, 1909
e Südafrika

Bradypterus bangwaensis
**Bangwabuschsänger**
*Bangwa Forest Warbler - Zarzalero del Bangwa*
Delacour, 1943
se Nigeria, w Kamerun

Bradypterus barratti
**Barrattbuschsänger**
*Barratt's Warbler - Zarzalero de Barratt*
Sharpe, 1876
ne Südafrika und sw Mosambik

Bradypterus barratti godfreyi
**Godfreys Barrattbuschsänger**
Roberts, 1922
e Südafrika
Bradypterus barratti cathkinensis
**Lesotho-Barrattbuschsänger**
Vincent, 1948
Hochland e Südafrika und Lesotho
Bradypterus barratti priesti
**Mosambik-Barrattbuschsänger**
Benson, 1946
e Simbabwe und wc Mosambik

Bradypterus lopezi
**Lopesbuschsänger**
*Evergreen Forest Warbler - Zarzalero de Lopes*
Alexander, 1903
Bioko Insel

Bradypterus lopezi manengubae
**Alexanders Lopesbuschsänger**
Serle, 1949
w Kamerun (Mt. Manenguba)
Bradypterus lopezi camerunensis
**Kamerun-Lopesbuschsänger**
Alexander, 1909
sw Kamerun
Bradypterus lopezi barakae
**Baraka-Lopesbuschsänger**
Sharpe, 1906
e Demokratische Republik Kongo, Uganda und Rwanda
Bradypterus lopezi mariae
**Marias Lopesbuschsänger**
Madarász, G, 1905
w, c Kenia und n Tansania
Bradypterus lopezi usambarae
**Usambara-Lopesbuschsänger**
Reichenow, 1917
se Kenia bis n Mosambik und n Malawi
Bradypterus lopezi ufipae
**Ufipa-Lopesbuschsänger**
Grant, CHB & Mackworth-Praed, 1941
se Demokratische Republik Kongo, sw Tansania und n Sambia
Bradypterus lopezi granti
**Grants Lopesbuschsänger**
Benson, 1939
s Malawi und Mt. Chiperone (n Mosambik)
Bradypterus lopezi boultoni
**Boultons Lopesbuschsänger**
Chapin, 1948
Angola

Bradypterus cinnamomeus
**Zimtbuschsänger**
*Cinnamon Bracken Warbler - Zarzalero canela*
Rüppell, 1840
Äthiopien bis n Tansania

Bradypterus cinnamomeus cavei
**Sudan-Zimtbuschsänger**
Macdonald, 1939
se Sudan und ne Uganda

Bradypterus cinnamomeus mildbreadi
**Mildbreads Zimtbuschsänger**
Reichenow, 1908
Rwenzori Mts. (Demokratische Republik Kongo-Rwanda Grenze)
Bradypterus cinnamomeus nyassae
**Nyassa-Zimtbuschsänger**
Shelley, 1893
se Demokratische Republik Kongo, ne, sw Tansania, ne Sambia und Malawi

Bradypterus seebohmi
**Madagaskarbuschsänger**
*Grey Emutail - Yerbera malgache*
Sharpe, 1879
Gebirge nw, ne bis ec Madagascar

Bradypterus brunneus
**Stachelschwanz-Buschsänger**
*Brown Emutail - Yerbera colilarga*
Sharpe, 1877
Gebirge nw, e Madagascar

Bradypterus grandis
**Riedbuschsänger**
*Dja River Scrub Warbler - Zarzalero grande*
Ogilvie-Grant, 1917
se Kamerun, sw Zentralafrikanische Republik und s Gabun

Bradypterus baboecala
**Sumpfbuschsänger**
*Little Rush Warbler - Zarzalero charlatán*
Vieillot, 1817
s Südafrika

Bradypterus baboecala chadensis
**Tschad-Sumpfbuschsänger**
Bannerman, 1936
w Chad
Bradypterus baboecala abyssinicus
**Äthiopien-Sumpfbuschsänger**
Blundell & Lovat, 1899
Äthiopien
Bradypterus baboecala tongensis
**Kenia-Sumpfbuschsänger**
Roberts, 1931
se Kenia bis e Südafrika
Bradypterus baboecala msiri
**Msir-Sumpfbuschsänger**
Neave, 1909
e Angola und se Demokratische Republik Kongo bis n, w Sambia und ne Botswana; ?
Ghana bis Kamerun
Bradypterus baboecala benguellensis
**Benguela-Sumpfbuschsänger**
Bannerman, 1927
w Angola
Bradypterus baboecala transvaalensis
**Transvaal-Sumpfbuschsänger**
Roberts, 1919
c Simbabwe bis Lesotho und e Südafrika

Bradypterus carpalis
**Bindenbuschsänger**
*White-winged Swamp Warbler - Zarzalero aliblanco*
Chapin, 1916
e Demokratische Republik Kongo, Uganda, w Kenia, Rwanda und Burundi

Bradypterus graueri
**Kivubuschsänger**
*Grauer's Swamp Warbler - Zarzalero de Grauer*
Neumann, 1908
e Demokratische Republik Kongo, s Uganda, Rwanda und Burundi

Bradypterus centralis
**Papyrusbuschsänger**
*Highland Rush Warbler - Zarzalero montano*
Neumann, 1908
ne, e Demokratische Republik Kongo, Rwanda, Burundi, sw Uganda und nw Tansania

Bradypterus centralis sudanensis
**Sudan-Papyrusbuschsänger**
Grant, CHB & Mackworth-Praed, 1941
s Sudan, w Äthiopien und ne Uganda
Bradypterus centralis elgonensis
**Uganda-Papyrusbuschsänger**
Madarász, G, 1912
e Uganda bis w, c Kenia

## Familie: Donacobiidae (Rohrspötter)

### Gattung: Donacobius

Donacobius atricapilla
**Rohrspötter**
*Black-capped Donacobius - Angú*
Linnaeus, 1766
*Venezuela und Guianas bis ne Argentinien*

Donacobius atricapilla brachypterus
**Panama-Rohrspötter**
Madarász, G, 1913
Panama und n Kolumbien
Donacobius atricapilla nigrodorsalis
**Ekuador-Rohrspötter**
Traylor, 1948
s Kolumbien, e Ecuador und e Peru
Donacobius atricapilla albovittatus
**Brasilien-Rohrspötter**
d'Orbigny & Lafresnaye, 1837
sw Brasilien und Bolivien

## Familie: Bernieridae (Madagaskarsänger)

### Gattung: Oxylabes

Oxylabes madagascariensis
**Weißkehl-Madagaskarsänger**
*White-throated Oxylabes - Silvícola sirontsirona*
Gmelin, JF, 1789
*nw, e Madagascar*

### Gattung: Bernieria

Bernieria madagascariensis
**Gmelinmadagaskarsänger**
*Long-billed Bernieria - Tetraka piquilargo*
Gmelin, JF, 1789
*e Madagascar*

Bernieria madagascariensis incelebris
**Nördlicher Gmelinsänger**
Bangs & Peters, JL, 1926
n, w Madagascar

### Gattung: Cryptosylvicola

Cryptosylvicola randrianasoloi
**Steineiben-Madagaskarsänger**
*Cryptic Warbler - Silvícola críptico*
Goodman, Langrand & Whitney, 1996
*Gebirge nw, e Madagascar*

### Gattung: Hartertula

Hartertula flavoviridis
**Keilschwanz-Madagaskarsänger**
*Wedge-tailed Jery - Jiji colicuña*
Hartert, EJO, 1924
*nw, e Madagascar*

### Gattung: Thamnornis

Thamnornis chloropetoides
**Kiritika-Madagaskarsänger**
*Thamnornis Warbler - Zarzalero kiritika*
Grandidier, A, 1867
*sw Madagascar*

### Gattung: Xanthomixis

Xanthomixis zosterops
**Kurzschnabel-Madagaskarsänger**
*Spectacled Tetraka - Tetraka piquicorto*
Sharpe, 1875
*e Madagascar*

Xanthomixis zosterops fulvescens
**Nördlicher Kurzschnabel-Madagaskarsänger**
Delacour, 1931
n Madagascar

Xanthomixis zosterops andapae
**Östlicher Kurzschnabel-Madagaskarsänger**
Salomonsen, 1934
ne Madagascar
Xanthomixis zosterops ankafanae
**Südlicher Kurzschnabel-Madagaskarsänger**
Salomonsen, 1934
se Madagascar

Xanthomixis apperti
**Appertmadagaskarsänger**
*Appert's Tetraka - Tetraka de Appert*
Colston, 1972
*sw Madagascar*

Xanthomixis cinereiceps
**Grauscheitel-Madagaskarsänger**
*Grey-crowned Tetraka - Tetraka coronigrís*
Sharpe, 1881
*Gebirge nw, e Madagascar*

### Gattung: Crossleyia

Crossleyia xanthophrys
**Gelbbrauen-Madagaskarsänger**
*Madagascar Yellowbrow - Silvícola foditany*
Sharpe, 1875
*Gebirge nw, e Madagascar*

Crossleyia tenebrosa
**Sianakamadagaskarsänger**
*Dusky Tetraka - Tetraka oscuro*
Stresemann, 1925
*ne Madagascar*

### Gattung: Randia

Randia pseudozosterops
**Randmadagaskarsänger**
*Rand's Warbler - Randia malgache*
Delacour & Berlioz, 1931
*nw, e Madagascar*

## Familie: Cisticolidae (Halmsängerartige)

### Gattung: Neomixis

Neomixis tenella
**Graunackensänger**
*Common Jery - Jiji común*
Hartlaub, 1866
*n Madagascar*

Neomixis tenella decaryi
**Westlicher Graunackensänger**
Delacour, 1931
wc und c Madagascar
Neomixis tenella orientalis
**Östlicher Graunackensänger**
Delacour, 1931
ec, se Madagascar
Neomixis tenella debilis
**Südlicher Graunackensänger**
Delacour, 1931
s Madagascar

Neomixis viridis
**Grünsänger**
*Green Jery - Jiji verde*
Sharpe, 1883
*se Madagascar*

Neomixis viridis delacouri
**Delacours Grünsänger**
Salomonsen, 1934
ne Madagascar

Neomixis striatigula
**Streifenkehlsänger**
*Stripe-throated Jery - Jiji goliestriado*
Sharpe, 1881
*se Madagascar*

Neomixis striatigula sclateri
**Sclaters Streifenkehlsänger**
Delacour, 1931
ne Madagascar

Neomixis striatigula pallidior
**Westlicher Streifenkehlsänger**
Salomonsen, 1934
sw Madagascar

## Gattung: Cisticola

Cisticola erythrops
**Rotgesicht-Zistensänger**
*Red-faced Cisticola - Cistícola carirrojo*
Hartlaub, 1857
*Mauretanien, Senegal und Gambia bis Zentralafrikanische Republik, Kongo und Gabun*

Cisticola erythrops pyrrhomitra
**Äthiopien-Rotgesichtzistensänger**
Reichenow, 1916
se Sudan und Äthiopien
Cisticola erythrops niloticus
**Sudan-Rotgesichtzistensänger**
Madarász, G, 1914
c Sudan
Cisticola erythrops sylvia
**Kongo-Rotgesichtzistensänger**
Reichenow, 1904
ne Demokratische Republik Kongo und s Sudan bis Kenia und c Tansania
Cisticola erythrops nyasa
**Südafrikanischer Rotgesichtzistensänger**
Lynes, 1930
se Demokratische Republik Kongo und s Tansania bis e Südafrika
Cisticola erythrops lepe
**Angola-Rotgesichtzistensänger**
Lynes, 1930
Angola

Cisticola cantans
**Rostflügel-Zistensänger**
*Singing Cisticola - Cistícola cantor*
Heuglin, 1869
*Eritrea und Äthiopien*

Cisticola cantans swanzii
**Swanzis Rostflügel-Zistensänger**
Sharpe, 1870
Senegal und Gambia bis s Nigeria
Cisticola cantans concolor
**Nigeria-Rostflügel-Zistensänger**
Heuglin, 1869
n Nigeria bis Sudan
Cisticola cantans adamauae
**Kongo-Rostflügel-Zistensänger**
Reichenow, 1910
Kamerun, Kongo und nw Demokratische Republik Kongo
Cisticola cantans belli
**Bell-Rostflügel-Zistensänger**
Ogilvie-Grant, 1908
Zentralafrikanische Republik, n, e Demokratische Republik Kongo, Uganda und nw Tansania
Cisticola cantans pictipennis
**Kenia-Rostflügel-Zistensänger**
Madarász, G, 1904
Kenia und n Tansania
Cisticola cantans muenzneri
**Münzners Rostflügel-Zistensänger**
Reichenow, 1916
s Tansania bis Simbabwe und Mosambik

Cisticola lateralis
**Pfeifzistensänger**
*Whistling Cisticola - Cistícola silbador*
Fraser, 1843
*Senegal und Gambia bis Kamerun*

Cisticola lateralis antinorii
**Antinori-Pfeifzistensänger**
Heuglin, 1867
Zentralafrikanische Republik bis w Kenia
Cisticola lateralis modestus
**Angola-Pfeifzistensänger**
Barboza du Bocage, 1880
Gabun bis n Angola, s Demokratische Republik Kongo und n Sambia

Cisticola woosnami
**Miombozistensänger**
*Trilling Cisticola - Cistícola de Woosnam*
Ogilvie-Grant, 1908
*ne Demokratische Republik Kongo und Uganda bis c Tansania*

Cisticola woosnami lufira
**Kongozistensänger**
Lynes, 1930
se Demokratische Republik Kongo, Sambia, sw Tansania und n Malawi

Cisticola anonymus
**Waldzistensänger**
*Chattering Cisticola - Cistícola charlatán*
Müller, JW, 1855
*s Nigeria bis e Demokratische Republik Kongo und nw Angola*

Cisticola bulliens
**Angolazistensänger**
*Bubbling Cisticola - Cistícola murmurador*
Lynes, 1930
*wc bis sw Angola*

Cisticola bulliens septentrionalis
**Tyes Angolazistensänger**
Tye, 1992
nw Angola und sw Demokratische Republik Kongo

Cisticola hunteri
**Gebirgszistensänger**
*Hunter's Cisticola - Cistícola de Hunter*
Shelley, 1889
*e Uganda, sw Kenia und n Tansania*

Cisticola chubbi
**Farnzistensänger**
*Chubb's Cisticola - Cistícola de Chubb*
Sharpe, 1892
*e Demokratische Republik Kongo bis w Kenia*

Cisticola chubbi adametzi
**Adametz-Farnzistensänger**
Reichenow, 1910
se Nigeria und sw Kamerun
Cisticola chubbi discolor
**Kamerun-Farnzistensänger**
Sjöstedt, 1893
Mt. Kamerun (sw Kamerun)
Cisticola chubbi marungensis
**Marungu-Farnzistensänger**
Chapin, 1932
Marungu Mts. (se Demokratische Republik Kongo)

Cisticola bakerorum
**Kilomberozistensänger**
*Kilombero Cisticola - Cisticola Kilombero*
Fjeldså, Dinesen, Davies, Irestedt, Krabbe, Hansen & Bowie, 2021
*c Tansania (Kilombero)*

Cisticola nigriloris
**Schwarzzügel-Zistensänger**
*Black-lored Cisticola - Cistícola enmascarado*
Shelley, 1897
*s Tansania, ne Sambia und n Malawi*

Cisticola aberrans
**Langschwanz-Zistensänger**
*Rock-loving Cisticola - Cistícola perezoso*
Smith, A, 1843
*se Botswana und c Südafrika*

Cisticola aberrans emini
**Kenia-Langschwanzzistensänger**
Reichenow, 1892
Süd-Kenia und Nord-Tansania
Cisticola aberrans admiralis
**Ghana-Langschwanzzistensänger**
Bates, GL, 1930
Süd-Mauretanien bis Mali, Ghana und Sierra Leone
Cisticola aberrans petrophilus
**Uganda-Langschwanzzistensänger**
Alexander, 1907
Nord-Nigeria bis Südwest-Sudan, Nordost-DR Kongo, Uganda, Ruanda und Burundi
Cisticola aberrans nyika
**Sambia-Langschwanzzistensänger**
Lynes, 1930
Sambia und sw Tansania bis w Malawi, Simbabwe und w Mosambik
Cisticola aberrans lurio
**Malawi-Langschwanzzistensänger**
Vincent, 1933
e Malawi und n Mosambik
Cisticola aberrans minor
**Kleiner Langschwanzzistensänger**
Roberts, 1913
s Mosambik und e Südafrika

Cisticola bailunduensis
**Huambo-Zistensänger**
*Huambo Cisticola - Cistícola de Humanbo*
Smith, A, 1843
*Angola*

Cisticola chiniana
**Rotscheitel-Zistensänger**
*Rattling Cisticola - Cistícola cascabel*
Smith, A, 1843
*se Botswana und Simbabwe bis sc Mosambik und c Südafrika*

Cisticola chiniana simplex
**Sudan-Rotscheitelzistenänger**
Heuglin, 1869
s Sudan, ne Demokratische Republik Kongo und n Uganda

Cisticola chiniana fricki
**Fricks Rotscheitelzistenänger**
Mearns, 1913
s Äthiopien und n Kenia

Cisticola chiniana fortis
**Gabun-Rotscheitelzistenänger**
Lynes, 1930
Gabun bis c Angola, s Demokratische Republik Kongo und Sambia

Cisticola chiniana humilis
**Ugnada-Rotscheitelzistenänger**
Madarász, G, 1904
e Uganda und w Kenia

Cisticola chiniana fischeri
**Fischers Rotscheitelzistenänger**
Reichenow, 1891
nc Tansania

Cisticola chiniana ukamba
**Ukamba-Rotscheitelzistenänger**
Lynes, 1930
c Kenia und n Tansania

Cisticola chiniana victoria
**Victoria-Rotscheitelzistenänger**
Lynes, 1930
sw Kenia und n Tansania

Cisticola chiniana heterophrys
**Kenia-Rotscheitelzistenänger**
Oberholser, 1906
Küste Kenia und Tansania

Cisticola chiniana keithi
**Keiths Rotscheitelzistenänger**
Parkes, 1987
sc Tansania

Cisticola chiniana mbeya
**Mbeya-Rotscheitelzistenänger**
Parkes, 1987
s Tansania

Cisticola chiniana emendatus
**Malawi-Rotscheitelzistenänger**
Vincent, 1944
Malawi, se Tansania und n Mosambik

Cisticola chiniana procerus
**Mosambik-Rotscheitelzistenänger**
Peters, W, 1868
e Sambia, s Malawi und c Mosambik

Cisticola chiniana frater
**Fraters Rotscheitelzistenänger**
Reichenow, 1916
c Namibia

Cisticola chiniana bensoni
**Bensons Rotscheitelzistenänger**
Traylor, 1964
s Sambia

Cisticola chiniana smithersi
**Smithers Rotscheitelzistenänger**
Hall, BP, 1956
s Angola und n Namibia bis w Simbabwe

Cisticola chiniana campestris
**Südafrika-Rotscheitelzistenänger**
Gould, 1845
se Mosambik und e Südafrika

Cisticola bodessa
**Boranzistensänger**
*Boran Cisticola - Cistícola borana*
Mearns, 1913
*se Sudan bis c Äthiopien und c Kenia*

Cisticola bodessa kaffensis
**Äthiopien-Boranzistensänger**
Érard, 1974
sw Äthiopien

Cisticola njombe
**Njombezistensänger**
*Churring Cisticola - Cistícola de Njombé*
Lynes, 1933
*s Tansania*

Cisticola njombe mariae
**Marias Njombezistensänger**
Benson, 1945
n Malawi und ne Sambia

Cisticola cinereolus
**Grauzistensänger**
*Ashy Cisticola - Cistícola ceniciento*
Salvadori, 1888
*ne Äthiopien und n Somalia*

Cisticola cinereolus schillingsi
**Schillings Grauzistensänger**
Reichenow, 1905
se Sudan, s Äthiopien und s Somalia bis n Tansania

Cisticola restrictus
**Tanazistensänger**
*Tana River Cisticola - Cistícola del Tana*
Traylor, 1967
*Kenia*

Cisticola rufilatus
**Rotschwanz-Zistensänger**
*Tinkling Cisticola - Cistícola gris*
Hartlaub, 1870
*se Angola und Namibia bis w Simbabwe und n Südafrika*

Cisticola rufilatus ansorgei
**Ansorges Rotschwanzzistensänger**
Neumann, 1906
se Gabun bis c Angola e bis Malawi

Cisticola rufilatus vicinior
**Simbabwe-Rotschwanzzistensänger**
Clancey, 1973
c Simbabwe

Cisticola subruficapilla
**Bergzistensänger**
*Grey-backed Cisticola - Cistícola dorsigrís*
Smith, A, 1843
*sw bis s Südafrika*

Cisticola subruficapilla newtoni
**Newtons Bergzistensänger**
da Rosa Pinto, 1967
sw Angola und nw Namibia

Cisticola subruficapilla windhoekensis
**Windhoek-Bergzistensänger**
Roberts, 1937
c Namibia

Cisticola subruficapilla karasensis
**Namibia-Bergzistensänger**
Roberts, 1937
s Namibia und nw Südafrika

Cisticola subruficapilla namaqua
**Namaqu-Bergzistensänger**
Lynes, 1930
w Karoo Region (w Südafrika und s Namibia)

Cisticola subruficapilla jamesi
**James-Bergzistensänger**
Lynes, 1930
sc Südafrika

Cisticola lais
**Trauerzistensänger**
*Wailing Cisticola - Cistícola plañidero*
Hartlaub & Finsch, 1870
*e Südafrika und Lesotho*

Cisticola lais namba
**Namba-Trauerzistensänger**
Lynes, 1931
w Angola

Cisticola lais semifasciatus
**Sambia-Trauerzistensänger**
Reichenow, 1905
ne Sambia, s Tansania, Malawi und ne Mosambik

Cisticola lais mashona
**Mashona-Trauerzistensänger**
Lynes, 1930
Simbabwe, s Mosambik und ne Südafrika

Cisticola lais oreobates
**Gorongoza-Trauerzistensänger**
Irwin, 1966
Mt. Gorongoza (c Mosambik)

Cisticola lais monticola
**Südafrika-Trauerzistensänger**
Roberts, 1913
n Südafrika

Cisticola lais maculatus
**Kap-Trauerzistensänger**
Lynes, 1930
s Südafrika

Cisticola distinctus
**Lyneszistensänger**
*Lynes's Cisticola - Cistícola de Lynes*
Lynes, 1930
*Uganda, Kenia*

Cisticola galactotes
**Uferzistensänger**
*Rufous-winged Cisticola - Cistícola alirrojo*
Temminck, 1821
*s Mosambik und e Südafrika*

Cisticola galactotes isodactylus
**Malawi-Uferzistensänger**
Peters, W, 1868
s Malawi, se Simbabwe und w Mosambik

Cisticola marginatus
## Heuglinzistensänger
*Winding Cisticola - Cistícola del Nilo*
Heuglin, 1869
*s Sudan und n Uganda*

Cisticola marginatus amphilectus
### Mauretanischer Heuglinzistensänger
Reichenow, 1875
Mauretanien und Senegal bis Ghana, sw Kamerun und nw Angola
Cisticola marginatus zalingei
### Nigeria-Heuglinzistensänger
Lynes, 1930
n Nigeria bis w Sudan
Cisticola marginatus nyansae
### Kongo-Heuglinzistensänger
Neumann, 1905
c Demokratische Republik Kongo bis Uganda und Kenia
Cisticola marginatus suahelicus
### Suaheli-Heuglinzistensänger
Neumann, 1905
se Demokratische Republik Kongo, Tansania und ne Sambia

Cisticola haematocephalus
## Küstenzistensänger
*Coastal Cisticola - Cistícola costero*
Cabanis, 1868
*Küste Somalia, Kenia und Tansania*

Cisticola anderseni
## Weißschwanz-Zistensänger
*White-tailed Cisticola - Cisticola coliblanco*
Fjeldså, Dinesen, Davies, Irestedt, Krabbe, Hansen & Bowie, 2021
*c Tansania (Kilombero)*

Cisticola lugubris
## Äthiopienzistensänger
*Ethiopian Cisticola - Cistícola lúgubre*
Rüppell, 1840
*Äthiopien und Eritrea*

Cisticola luapula
## Luapulazistensänger
*Luapula Cisticola - Cistícola del Luapula*
Lynes, 1933
*Angola und Namibia bis Sambia und Simbabwe*

Cisticola pipiens
## Sumpfzistensänger
*Chirping Cisticola - Cistícola gorjeador*
Lynes, 1930
*w Angola*

Cisticola pipiens congo
### Kongo-Sumpfzistensänger
Lynes, 1936
e Angola bis Burundi und sw Tansania
Cisticola pipiens arundicola
### Namibia-Sumpfzistensänger
Clancey, 1969
se Angola und ne Namibia bis nw Simbabwe

Cisticola carruthersi
## Papyruszistensänger
*Carruthers's Cisticola - Cistícola de Carruthers*
Ogilvie-Grant, 1909
*e Demokratische Republik Kongo, Burundi, Rwanda, Uganda und w Kenia*

Cisticola tinniens
## Vleyzistensänger
*Levaillant's Cisticola - Cistícola de Levaillant*
Lichtenstein, MHC, 1842
*Simbabwe, w Mosambik und Südafrika*

Cisticola tinniens dyleffi
### Dyleffs Vleyzistensänger
Prigogine, 1952
e Demokratische Republik Kongo
Cisticola tinniens oreophilus
### Kenia-Vleyzistensänger
Van Someren, 1922
w, c Kenia
Cisticola tinniens shiwae
### Shiwa-Vleyzistensänger
White, CMN, 1947
se Demokratische Republik Kongo, sw Tansania und e Sambia
Cisticola tinniens perpullus
### Angola-Vleyzistensänger
Hartert, EJO, 1920
Angola, s Demokratische Republik Kongo und w Sambia
Cisticola tinniens elegans
### Südafrika-Vleyzistensänger
Hartlaub & Finsch, 1870
sw Südafrika

Cisticola robustus
## Amharazistensänger
*Stout Cisticola - Cistícola robusto*
Rüppell, 1845
*n Äthiopienn plateau*

Cisticola robustus schraderi
### Schraders Amharazistensänger
Neumann, 1906
Eritrea und n Äthiopien
Cisticola robustus omo
### Omo-Amharazistensänger
Neumann & Lynes, 1928
sw Äthiopien
Cisticola robustus santae
### Santa-Amharazistensänger
Bates, GL, 1926
e Nigeria und w Kamerun
Cisticola robustus nuchalis
### Kongo-Amharazistensänger
Reichenow, 1893
Kongo, ne Demokratische Republik Kongo und Uganda bis Kenia und n Tansania
Cisticola robustus awemba
### Awemba-Amharazistensänger
Lynes, 1933
se Demokratische Republik Kongo, sw Tansania und ne Sambia
Cisticola robustus angolensis
### Angola-Amharazistensänger
Barboza du Bocage, 1877
Angola, s Demokratische Republik Kongo und nw Sambia

Cisticola aberdare
## Aberdarezistensänger
*Aberdare Cisticola - Cistícola de los Aberdare*
Lynes, 1930
*Kenia*

Cisticola natalensis
## Strichelzistensänger
*Croaking Cisticola - Cistícola de Natal*
Smith, A, 1843
*se Kenia, c, e Tansania bis e Sambia, Malawi und e Südafrika*

Cisticola natalensis strangei
### Stranges Strichelzistensänger
Fraser, 1843
Senegal und Gambia bis sw Sudan, Uganda, w, c Kenia und n Tansania
Cisticola natalensis inexpectatus
### Äthiopien-Strichelzistensänger
Neumann, 1906
c Äthiopien
Cisticola natalensis argenteus
### Somalia-Strichelzistensänger
Reichenow, 1905
s Äthiopien, n Kenia und s Somalia
Cisticola natalensis tonga
### Tonga-Strichelzistensänger
Lynes, 1930
c Sudan
Cisticola natalensis katanga
### Angola-Strichelzistensänger
Lynes, 1930
ne Angola bis sw Tansania und n Malawi
Cisticola natalensis huambo
### Huambo-Strichelzistensänger
Lynes, 1930
w, c Angola
Cisticola natalensis holubii
### Holubi-Strichelzistensänger
Pelzeln, 1882
sw Sambia, ne Botswana und w Simbabwe

Cisticola ruficeps
## Rotkopf-Zistensänger
*Red-pate Cisticola - Cistícola cabecirrojo*
Cretzschmar, 1830
*Chad bis w, sw Sudan*

Cisticola ruficeps scotopterus
### Sunda-Rotkopfzistensänger
Sundevall, 1850
c Sudan bis Eritrea
Cisticola ruficeps mongalla
### Uganda-Rotkopfzistensänger
Lynes, 1930
s Sudan und n Uganda

Cisticola guinea
## Dorstzistensänger
*Dorst's Cisticola - Cistícola de Dorst*
Lynes, 1930
*Gambia und Senegal bis Togo, c Nigeria und n Kamerun*

Cisticola nana
## Dornbusch-Zistensänger
*Tiny Cisticola - Cistícola enano*
Fischer, GA & Reichenow, 1884
*n Uganda, Äthiopien und w Somalia über Kenia und ne Tansania*

Cisticola brachypterus
## Kurzflügel-Zistensänger
*Short-winged Cisticola - Cistícola alicorto*
Sharpe, 1870
*Senegal und Gambia bis w Sudan, n Demokratische Republik Kongo und n Angola*

Cisticola brachypterus hypoxanthus
### Sudan-Kurzflügelzistensänger
Hartlaub, 1881
ne Demokratische Republik Kongo, s Sudan und n Uganda
Cisticola brachypterus zedlitzi
### Zedlitz-Kurzflügelzistensänger
Reichenow, 1909
Eritrea und Äthiopien
Cisticola brachypterus reichenowi
### Reichenows Kurzflügelzistensänger
Mearns, 1911
s Somalia bis ne Tansania
Cisticola brachypterus ankole
### Ankole-Kurzflügelzistensänger
Lynes, 1930
e Demokratische Republik Kongo und s Uganda bis nw Tansania
Cisticola brachypterus kericho
### Kericho-Kurzflügelzistensänger
Lynes, 1930
sw Kenia
Cisticola brachypterus katonae
### Katona-Kurzflügelzistensänger
Madarász, G, 1904
c Kenia bis n Tansania
Cisticola brachypterus loanda
### Loanda-Kurzflügelzistensänger
Lynes, 1930
c Angola bis s Demokratische Republik Kongo und w Sambia
Cisticola brachypterus isabellinus
### Isabellkurzflügelzistensänger
Reichenow, 1907
e Sambia und s Tansania bis Mosambik

Cisticola rufus
## Rostzistensänger
*Rufous Cisticola - Cistícola rojizo*
Fraser, 1843
*Senegal und Gambia bis Kamerun und w Zentralafrikanische Republik*

Cisticola troglodytes
## Fuchszistensänger
*Foxy Cisticola - Cistícola zorruno*
Antinori, 1864
*s Chad bis nw Kenia*

Cisticola troglodytes ferrugineus
### Sudan-Fuchszistensänger
Heuglin, 1864
e Sudan und w Äthiopien

Cisticola fulvicapilla
## Braunkopf-Zistensänger
*Neddicky - Cistícola coronirrufo*
Vieillot, 1817
*Inland e Südafrika*

Cisticola fulvicapilla dispar
### Gabun-Braunkopfzistensänger
de Sousa, JA, 1887
se Gabun bis nw Sambia und c Angola
Cisticola fulvicapilla muelleri
### Müllers Braunkopfzistensänger
Alexander, 1899
c Sambia bis Mosambik und ne Simbabwe
Cisticola fulvicapilla hallae
### Halla-Braunkopfzistensänger
Benson, 1955
s Angola und ne Namibia bis w Simbabwe
Cisticola fulvicapilla dexter
### Dexter-Braunkopfzistensänger
Clancey, 1971
se Botswana bis c Simbabwe und Inland ne Südafrika
Cisticola fulvicapilla ruficapilla
### Südafrika-Braunkopfzistensänger
Smith, A, 1842
c Südafrika
Cisticola fulvicapilla lebombo
### Lebombo-Braunkopfzistensänger
Roberts, 1936
s Mosambik und Küste ne Südafrika
Cisticola fulvicapilla dumicola
### Kap-Braunkopfzistensänger
Clancey, 1983
Küste e Südafrika

Cisticola fulvicapilla silberbauer
### Silberbauers Braunkopfzistensänger
Roberts, 1919
sw Südafrika

Cisticola angusticauda
## Taborazistensänger
*Long-tailed Cisticola - Cistícola colifino*
Reichenow, 1891
*s Uganda und sw Kenia über Tansania und Sambia bis w Angola bis se Demokratische Republik Kongo*

Cisticola melanurus
## Schwarzschwanz-Zistensänger
*Black-tailed Cisticola - Cistícola colinegro*
Cabanis, 1882
*sw Demokratische Republik Kongo und n Angola*

Cisticola juncidis
## Zistensänger
*Zitting Cisticola - Cistícola buitrón*
Rafinesque, 1810
*s Frankreich bis Türkei und Syrien, Ägypten und Mittelmeer Inseln*

Cisticola juncidis cisticola
### Temmincks Zistensänger
Temminck, 1820
w Frankreich, Iberische Halbinsel, Balearen Is. und nw Afrika
Cisticola juncidis uropygialis
### Senegal-Zistensänger
Fraser, 1843
Senegal und Gambia bis Äthiopien, Rwanda, Tansania und Nigeria
Cisticola juncidis terrestris
### Gabun-Zistensänger
Smith, A, 1842
Gabun und Kongo bis s Tansania und s bis Südafrika
Cisticola juncidis neuroticus
### Zypern-Zistensänger
Meinertzhagen, R, 1920
Zypern, Libanon und Israel bis w Iran
Cisticola juncidis cursitans
### Afghanistan-Zistensänger
Franklin, 1831
e Afghanistan bis n Myanmar und s China und s bis se Indien und Flachland Sri Lanka
Cisticola juncidis salimalii
### Indischer Zistensänger
Whistler, 1936
sw Indien
Cisticola juncidis omalurus
### Sri Lanka-Zistensänger
Blyth, 1851
Sri Lanka
Cisticola juncidis brunniceps
### Japan-Zistensänger
Temminck & Schlegel, 1850
s Korea, Japan und Batanes (n Philippinen)
Cisticola juncidis tinnabulans
### Taiwan-Zistensänger
Swinhoe, 1859
se China und Taiwan bis Thailand, Indochina und Philippinen (außer Batanes, Palawan Gruppe und Sulu Archipel)
Cisticola juncidis nigrostriatus
### Palawan-Zistensänger
Parkes, 1971
Palawan Gruppe (sw Philippinen)
Cisticola juncidis malaya
### Nikobaren-Zistensänger
Lynes, 1930
Nicobar Is., se Myanmar, sw Thailand, Malaysische Halbinsel und Große Sundas bis w Java
Cisticola juncidis fuscicapilla
### Java-Zistensänger
Wallace, 1864
e Java, Bawean (n in c Java), Kangean Is. (n Bali) und Lesser Sundas
Cisticola juncidis constans
### Sulawesi-Zistensänger
Lynes, 1938
Sulawesi, Peleng (Banggai Is., e Sulawesi), Muna, Butung (=Buton) und Tukangbesi (se in se Sulawesi).
Cisticola juncidis leanyeri
### Nordaustralien-Zistensänger
Givens & Hitchcock, 1953
ne Western Australia und n Nortern Territory (nc Australien)
Cisticola juncidis normani
### Normans Zistensänger
Mathews, 1914
nw Queensland (nc Australien)
Cisticola juncidis laveryi
### Laverys Zistensänger
Schodde & Mason, IJ, 1979
s Trans-Fly (sc Neuguinea) und ne, e Queensland (ne Australien)

Cisticola haesitatus
## Sokotrazistensänger
*Socotra Cisticola - Cistícola de Socotora*
Sclater, PL & Hartlaub, 1881
*Socotra*

Cisticola cherina
**Madagaskarzistensänger**
*Madagascar Cisticola - Cistícola malgache*
Smith, A, 1843
*Cosmoledo und Astove (se Aldabra Gruppe, sw Seychellen), Iles Glorieuses (nw Madagascar) und Madagascar*

Cisticola aridulus
**Kalaharizistensänger**
*Desert Cisticola - Cistícola del Kalahari*
Witherby, 1900
*s Mauretanien und Senegal bis Sudan*

   Cisticola aridulus lavendulae
   **Somalia-Kalaharizistensänger**
   Ogilvie-Grant & Reid, 1901
   Eritrea, Äthiopien, nw Somalia und n Kenia
   Cisticola aridulus tanganyika
   **Kenia-Kalaharizistensänger**
   Lynes, 1930
   c Kenia bis n Tansania
   Cisticola aridulus lobito
   **Angola-Kalaharizistensänger**
   Lynes, 1930
   w Angola
   Cisticola aridulus perplexus
   **Sambia-Kalaharizistensänger**
   White, CMN, 1947
   n Sambia
   Cisticola aridulus kalahari
   **Namibia-Kalaharizistensänger**
   Ogilvie-Grant, 1910
   c Namibia und s Botswana bis n Südafrika
   Cisticola aridulus traylori
   **Traylors Kalaharizistensänger**
   Benson & Irwin, 1966
   e Angola und w Sambia
   Cisticola aridulus caliginus
   **Mosambik-Kalaharizistensänger**
   Clancey, 1955
   s Mosambik und e Südafrika
   Cisticola aridulus eremicus
   **Simbabwe-Kalaharizistensänger**
   Clancey, 1984
   s Angola und n Namibia bis Simbabwe

Cisticola textrix
**Pinkpink-Zistensänger**
*Cloud Cisticola - Cistícola pinc-pinc*
Vieillot, 1817
*s Südafrika*

   Cisticola textrix bulubulu
   **Bulubulu-Pinkpinkzistensänger**
   Lynes, 1931
   w Angola
   Cisticola textrix anselli
   **Ansells Pinkpinkzistensänger**
   White, CMN, 1960
   e Angola und w Sambia
   Cisticola textrix major
   **Großer Pinkpinkzistensänger**
   Roberts, 1913
   c, e Südafrika
   Cisticola textrix marleyi
   **Marleys Pinkpinkzistensänger**
   Roberts, 1932
   s Mosambik und Küste e Südafrika

Cisticola eximius
**Schwarzrücken-Zistensänger**
*Black-backed Cisticola - Cistícola dorsinegro*
Heuglin, 1869
*Kongo und Zentralafrikanische Republik bis Eritrea, Äthiopien, w Kenia und n Tansania*

   Cisticola eximius occidens
   **Senegal-Schwarzhalszistensänger**
   Lynes, 1930
   s Senegal bis Nigeria
   Cisticola eximius winneba
   **Ghana-Schwarzhalszistensänger**
   Lynes, 1931
   s Ghana

Cisticola dambo
**Dambozistensänger**
*Dambo Cisticola - Cistícola dambo*
Lynes, 1931
*se Demokratische Republik Kongo, e Angola und w Sambia*

   Cisticola dambo kasai
   **Kasaizistensänger**
   Lynes, 1936
   Kasai Province (sc Demokratische Republik Kongo)

Cisticola brunnescens
**Blasskopf-Zistensänger**
*Pectoral-patch Cisticola - Cistícola pectoral*
Heuglin, 1862
*Äthiopien und nw Somalia, n Kenia*

   Cisticola brunnescens mbangensis
   **Kamerun-Blasskopfzistensänger**
   Chappuis & Érard, 1973
   nc Kamerun
   Cisticola brunnescens lynesi
   **Lynes-Blasskopfzistensänger**
   Bates, GL, 1926
   w Kamerun
   Cisticola brunnescens wambera
   **Wambera-Blasskopfzistensänger**
   Lynes, 1930
   nw Äthiopien
   Cisticola brunnescens nakuruensis
   **Kenia-Blasskopfzistensänger**
   Van Someren, 1922
   Kenia und n Tansania w Rift Valley
   Cisticola brunnescens hindii
   **Hindi-Blasskopfzistensänger**
   Sharpe, 1896
   Kenia und n Tansania e Rift Valley

Cisticola cinnamomeus
**Zimtzistensänger**
*Pale-crowned Cisticola - Cistícola castaño*
Reichenow, 1904
*c Angola bis s Tansania und s bis n Botswana*

   Cisticola cinnamomeus midcongo
   **Gabun-Zimtzistensänger**
   Lynes, 1938
   se Gabun, Kongo und w Demokratische Republik Kongo
   Cisticola cinnamomeus egregius
   **Südlicher Zimtzistensänger**
   Roberts, 1913
   s Mosambik und e Südafrika

Cisticola ayresii
**Zwergzistensänger**
*Wing-snapping Cisticola - Cistícola de Ayres*
Hartlaub, 1863
*Angola bis s Tansania und s bis e Südafrika*

   Cisticola ayresii gabun
   **Gabun-Zwergzistensänger**
   Lynes, 1931
   Gabun, Kongo und w Demokratische Republik Kongo
   Cisticola ayresii imatong
   **Uganda-Zwergzistensänger**
   Cave, 1938
   s Sudan, n Uganda
   Cisticola ayresii entebbe
   **Entebbe-Zwergzistensänger**
   Lynes, 1930
   ne Demokratische Republik Kongo bis w Kenia und nw Tansania
   Cisticola ayresii itombwensis
   **Kongo-Zwergzistensänger**
   Prigogine, 1957
   e Demokratische Republik Kongo
   Cisticola ayresii mauensis
   **Kenia-Zwergzistensänger**
   Van Someren, 1922
   c Kenia

Cisticola exilis
**Goldkopf-Zistensänger**
*Golden-headed Cisticola - Cistícola cabecidorado*
Vigors & Horsfield, 1827
*se Queensland bis se South Australia und Victoria (ec, se Australien)*

   Cisticola exilis tytleri
   **Tytlers Goldkopfzistensänger**
   Jerdon, 1863
   s Nepal und ne Indien bis n Myanmar und sw China
   Cisticola exilis erythrocephalus
   **Indien-Goldkopfzistensänger**
   Blyth, 1851
   Indien Halbinsel
   Cisticola exilis equicaudatus
   **Myanmar-Goldkopfzistensänger**
   Baker, ECS, 1924
   e Myanmar, Thailand und Indochina
   Cisticola exilis courtoisi
   **Chinesischer Goldkopfzistensänger**
   La Touche, 1926
   s, e China
   Cisticola exilis volitans
   **Taiwan-Goldkopfzistensänger**
   Swinhoe, 1859
   Taiwan
   Cisticola exilis semirufus
   **Philippinen-Goldkopfzistensänger**
   Cabanis, 1872
   Philippinen (außer Palawan Gruppe)

Cisticola exilis rusticus
**Sulawesi-Goldkopfzistensänger**
Wallace, 1863
Sulawesi, Peleng (Banggai Is., e Sulawesi), Buru und Seram (c Moluccas)
Cisticola exilis lineocapilla
**Sumatra-Goldkopfzistensänger**
Gould, 1847
Sumatra, sw Borneo, Java, Lesser Sundas und n Western Australia bis Top End, n
Nortern Territory (nw Australien)
Cisticola exilis diminutus
**Torres-Goldkopfzistensänger**
Mathews, 1922
Neuguinea und kleine Inseln, Torres Strait is. und Cape York Halbinsel (ne Queensland,
ne Australien)
Cisticola exilis alexandrae
**Australischer Goldkopfzistensänger**
Mathews, 1912
nc Western Australia bis ec Queensland (Inland n Australien)
Cisticola exilis polionotus
**Bismarck-Goldkopfzistensänger**
Mayr, 1934
New Ireland, New Britain und kleine Inseln (e Bismarck Archipel)

## Gattung: Incana

Incana incana
**Hartlaubzistensänger**
*Socotra Warbler - Prinia de Socotora*
Sclater, PL & Hartlaub, 1881
*Socotra*

## Gattung: Prinia

Prinia crinigera
**Bergprinie**
*Himalayan Prinia - Prinia del Himalaya*
Hodgson, 1836
*ne Pakistan bis Bhutan*

Prinia crinigera striatula
**Afghanische Bergprinie**
Hume, 1873
w Pakistan s Himalaya
Prinia crinigera yunnanensis
**Yunnan-Bergprinie**
Harington, 1913
ne Indien bis w Yunnan, China
Prinia crinigera bangsi
**Bangs Bergprinie**
La Touche, 1922
se Yunnan (s China)

Prinia striata
**Chinaprinie**
*Striped Prinia - Prinia estriada*
Swinhoe, 1859
*Taiwan*

Prinia striata catharia
**Inland-Chinaprinie**
Reichenow, 1908
China
Prinia striata parumstriata
**Küsten-Chinaprinie**
David, A & Oustalet, 1877
se Küste China

Prinia polychroa
**Malaienprinie**
*Brown Prinia - Prinia parda*
Temminck, 1828
*Java*

Prinia polychroa deignani
**Laos-Braunprinie**
Alström, Rasmussen, Sangster, Dalvi, Round, Zhang R, Yao C, Irestedt, Hung Le Manh,
Lei F & Olsson, 2019
Thailand, Laos und Kambodscha

Prinia cooki
**Burmaprinie**
*Burmese Prinia - Prinia de Birmania*
Harington, 1913
*c Myanmar*

Prinia rocki
**Annamprinie**
*Annam Prinia - Prinia de Langbian*
Deignan, 1957
*s, c Vietnam*

Prinia atrogularis
**Schwarzbrustprinie**
*Black-throated Prinia - Prinia gorjinegra*
Moore, F, 1854
*e Himalaya und sw China*

Prinia khasiana
**Rostscheitelprinie**
*Rufous-crowned Prinia - Prinia coronirrufa*
Godwin-Austen, 1876
*ne Indien und w Myanmar*

Prinia superciliaris
**Grauwangenprinie**
*Hill Prinia - Prinia montana*
Anderson, 1871
*ne Myanmar, s, se China, ne Thailand und ne Indochina*

Prinia superciliaris erythropleura
**Myanmar-Grauwangenprinie**
Walden, 1875
e Myanmar und nw Thailand
Prinia superciliaris klossi
**Indochina-Grauwangenprinie**
Hachisuka, 1926
s Indochina
Prinia superciliaris waterstradti
**Tahan-Grauwangenprinie**
Hartert, EJO, 1902
Mt. Tahan (Malayische Halbinsel)
Prinia superciliaris dysancrita
**Sumatra-Grauwangenprinie**
Oberholser, 1912
Gebirge w Sumatra

Prinia cinereocapilla
**Graukopfprinie**
*Grey-crowned Prinia - Prinia coronigrís*
Moore, F, 1854
*nw Indien, Nepal und Bhutan*

Prinia buchanani
**Roststirnprinie**
*Rufous-fronted Prinia - Prinia frentirrufa*
Blyth, 1844
*Pakistan und Indien*

Prinia rufescens
**Rostprinie**
*Rufescent Prinia - Prinia rojiza*
Blyth, 1847
*ne, e Indien bis s China und c Myanmar*

Prinia rufescens beavani
**Myanmar-Rostprinie**
Walden, 1867
se Myanmar, n, c Thailand bis n Indochina
Prinia rufescens dalatensis
**Vietnam-Rostprinie**
Riley, 1940
sc, s Vietnam
Prinia rufescens objurgans
**Thailand-Rostprinie**
Deignan, 1942
se Thailand und s Kambodscha
Prinia rufescens peninsularis
**Malaysia-Rostprinie**
Deignan, 1942
n, c Malayische Halbinsel
Prinia rufescens extrema
**Deignans Rostprinie**
Deignan, 1942
s Malayische Halbinsel

Prinia hodgsonii
**Graubrustprinie**
*Grey-breasted Prinia - Prinia de Hodgson*
Blyth, 1844
*w Indien bis Bangladesch und wc Myanmar*

Prinia hodgsonii rufula
**Himalaya-Graubrustprinie**
Godwin-Austen, 1874
Himalaya Ausläufer von n Pakistan bis ne Indien, w Myanmar und sw China
Prinia hodgsonii confusa
**Indochina-Graubrustprinie**
Deignan, 1942
sc China und n Indochina
Prinia hodgsonii erro
**Thailand-Graubrustprinie**
Deignan, 1942
c Myanmar über Thailand bis s Indochina

Prinia hodgsonii albogularis
**Indische Graubrustprinie**
Walden, 1870
s, se Indien
Prinia hodgsonii pectoralis
**Sri Lanka-Graubrustprinie**
Legge, 1874
Sri Lanka

Prinia gracilis
# Streifenprinie
*Graceful Prinia - Prinia grácil*
Lichtenstein, MHC, 1823
*Cairo (n Ägypten) bis ne, c Sudan und Somalia*

Prinia gracilis natronensis
**Natron-Streifenprinie**
Nicoll, 1917
Natron Tal (n Ägypten)
Prinia gracilis deltae
**Nildelta-Streifenprinie**
Reichenow, 1904
Nil-Delta (n Ägypten) bis w Israel
Prinia gracilis ashi
**Küsten-Streifenprinie**
Alström, Rasmussen, Xia C, Zhang L, Liu C, Magnusson, Shafaeipour & Olsson, 2021
Küste e Somalia
Prinia gracilis yemenensis
**Jemen-Streifenprinie**
Hartert, EJO, 1909
w Saudi-Arabien, Jemen und s Oman
Prinia gracilis hufufae
**Arabische Streifenprinie**
Ticehurst & Cheesman, 1924
ne Saudi-Arabien und Bahrain
Prinia gracilis palaestinae
**Palestina-Streifenprinie**
Zedlitz, 1911
s Syrien bis nw Saudi-Arabien

Prinia lepida
# Orientprinie
*Delicate Prinia - Prinia delicada*
Blyth, 1844
*e Syrien, Irak bis se Iran und n Indien*

Prinia lepida akyildizi
**Türkische Orientprinie**
Watson, 1961
s Türkei und n Syrien
Prinia lepida carpenteri
**Oman-Orientprinie**
Meyer de Schauensee & Ripley, 1953
n Oman und United Arab Emirates
Prinia lepida etovonoi
**Nepal-Orientprinie**
Hartert, EJO, 1923
se Nepal, ne Indien und Bangladesch

Prinia sylvatica
# Dschungelprinie
*Jungle Prinia - Prinia selvática*
Jerdon, 1840
*c, s Indien*

Prinia sylvatica insignis
**Indische Dschungelprinie**
Hume, 1872
nw Indien
Prinia sylvatica gangetica
**Nepal-Dschungelprinie**
Blyth, 1867
n Indien, Nepal, Bhutan und Bangladesch
Prinia sylvatica mahendrae
**Mahandra-Dschungelprinie**
Koelz, 1939
e Indien
Prinia sylvatica valida
**Sri Lanka-Dschungelprinie**
Blyth, 1851
Sri Lanka

Prinia familiaris
# Sundaprinie
*Bar-winged Prinia - Prinia alibarrada*
Horsfield, 1821
*Sumatra, Java und Bali*

Prinia flaviventris
# Gelbbauchprinie
*Yellow-bellied Prinia - Prinia ventriamarilla*
Delessert, 1840
*n Indien bis w, n Myanmar*

Prinia flaviventris sindiana
**Indische Gelbbauchprinie**
Ticehurst, 1920
Pakistan und nw Indien

Prinia flaviventris sonitans
**Chinesische Gelbbauchprinie**
Swinhoe, 1860
se China, Taiwan und ne Vietnam
Prinia flaviventris delacouri
**Delacours Gelbbauchprinie**
Deignan, 1942
e, s Myanmar, Thailand, s China bis nw, c, s Indochina
Prinia flaviventris rafflesi
**Malayische Gelbbauchprinie**
Tweeddale, 1877
Malayische Halbinsel, Sumatra und Java
Prinia flaviventris halistona
**Nias-Gelbbauchprinie**
Oberholser, 1912
Nias (w in n Sumatra)
Prinia flaviventris latrunculus
**Borneo-Gelbbauchprinie**
Finsch, 1905
Borneo

Prinia socialis
# Rostbauchprinie
*Ashy Prinia - Prinia cenicienta*
Sykes, 1832
*s Indien*

Prinia socialis stewarti
**Stewards Rostbauchprinie**
Blyth, 1847
ne Pakistan, w, n Indien und Nepal
Prinia socialis inglisi
**Indische Rostbauchprinie**
Whistler, 1933
ne Indien, Bhutan und Bangladesch
Prinia socialis brevicauda
**Sri Lanka-Rostbauchprinie**
Legge, 1879
Sri Lanka

Prinia subflava
# Rahmbrustprinie
*Tawny-flanked Prinia - Prinia modesta*
Gmelin, JF, 1789
*s Mauretanien und Senegal bis c Äthiopien und n Uganda*

Prinia subflava pallescens
**Mali-Rahmbrustprinie**
Madarász, G, 1914
n Mali bis nw Eritrea und n Äthiopien
Prinia subflava tenella
**Somalia-Rahmbrustprinie**
Cabanis, 1868
s Somalia, e Kenia und e Tansania
Prinia subflava melanorhyncha
**Uganda-Rahmbrustprinie**
Jardine & Fraser, 1852
Sierra Leone bis s Uganda, c Kenia und nw Tansania
Prinia subflava graueri
**Grauers Rahmbrustprinie**
Hartert, EJO, 1920
c Angola, s, e Demokratische Republik Kongo und Rwanda
Prinia subflava affinis
**Kongo-Rahmbrustprinie**
Smith, A, 1843
se Demokratische Republik Kongo und sw Tansania bis ne Südafrika
Prinia subflava kasokae
**Angola-Rahmbrustprinie**
White, CMN, 1946
e Angola und w Sambia
Prinia subflava mutatrix
**Tansania-Rahmbrustprinie**
Meise, 1936
s Tansania bis e Simbabwe und c Mosambik
Prinia subflava bechuanae
**Namibia-Rahmbrustprinie**
Macdonald, 1941
sw Angola und n Namibia bis nw Simbabwe
Prinia subflava pondoensis
**Südafrika-Rahmbrustprinie**
Roberts, 1922
s Mosambik und e Südafrika

Prinia inornata
# Schlichtprinie
*Plain Prinia - Prinia sencilla*
Sykes, 1832
*c, se Indien*

Prinia inornata terricolor
**Erdfarbene Schlichtprinie**
Hume, 1874
e Afghanistan und Pakistan bis n Indien und sw Nepal
Prinia inornata fusca
**Nepal-Schlichtprinie**
Hodgson, 1845
Nepal und ne Indien bis sw Myanmar

Prinia inornata blanfordi
**Blanfords Schlichtprinie**
Walden, 1875
n, c, e Myanmar, nw Thailand und w Yunnan (s China)
Prinia inornata extensicauda
**Yunnan-Schlichtprinie**
Swinhoe, 1860
n, e Yunnan (s China) bis e China, n Indochina
Prinia inornata herberti
**Herberts Schlichtprinie**
Baker, ECS, 1918
s Myanmar bis c, s Indochina
Prinia inornata flavirostris
**Taiwan-Schlichtprinie**
Swinhoe, 1863
Taiwan
Prinia inornata franklinii
**Franklinis Schlichtprinie**
Blyth, 1844
sw Indien
Prinia inornata insularis
**Sri Lanka-Schlichtprinie**
Legge, 1879
Sri Lanka
Prinia inornata blythi
**Java-Schlichtprinie**
Bonaparte, 1850)
Java

Prinia somalica
**Somaliprinie**
*Pale Prinia - Prinia somalí*
Elliot, DG, 1897
n Somalia

Prinia somalica erlangeri
**Erlangers Somaliprinie**
Reichenow, 1905
se Sudan und e Uganda bis s Somalia

Prinia fluviatilis
**Flussprinie**
*River Prinia - Prinia fluvial*
Chappuis, 1974
nw Senegal und sw Mauretanien bis Chad; nw Kenia

Prinia flavicans
**Brustbandprinie**
*Black-chested Prinia - Prinia pechinegra*
Vieillot, 1821
s Namibia bis c Botswana und nw, nc Südafrika

Prinia flavicans bihe
**Angola-Brustbandprinie**
Boulton & Vincent, 1936
s Angola und w Sambia
Prinia flavicans ansorgei
**Ansorges Brustbandprinie**
Sclater, WL, 1927
sw Angola und nw Namibia
Prinia flavicans nubilosa
**Sambia-Brustbandprinie**
Clancey, 1957
ne Namibia, n, e Botswana, sw Sambia bis ne Südafrika

Prinia maculosa
**Fleckenprinie**
*Karoo Prinia - Prinia del Karoo*
Boddaert, 1783
s Namibia und c, s Südafrika

Prinia maculosa psammophila
**Namibia-Fleckenprinie**
Clancey, 1963
sw Namibia und w Südafrika
Prinia maculosa exultans
**Lesotho-Fleckenprinie**
Clancey, 1982
se Südafrika und Lesotho

Prinia hypoxantha
**Drakensbergprinie**
*Drakensberg Prinia - Prinia del Drakensberg*
Sharpe, 1877
e Südafrika und w Swaziland

Prinia molleri
**São-Tomé-Prinie**
*Sao Tome Prinia - Prinia de Santo Tomé*
Barboza du Bocage, 1887
São Tomé (sc Gulf von Guinea Is.)

Prinia bairdii
**Zebraprinie**
*Banded Prinia - Prinia barrada*
Cassin, 1855
se Nigeria bis Kongo und e bis ne Demokratische Republik Kongo und w Uganda

Prinia bairdii heinrichi
**Heinrichs Zebraprinie**
Meise, 1958
nw Angola

Prinia melanops
**Schwarzgesicht-Zebraprinie**
*Black-faced Prinia - Prinia zebrata*
Reichenow & Neumann, 1895
e Uganda und w Kenia

Prinia melanops obscura
**Uganda-Zebraprinie**
Clancey, 1963
e DR Kongo, w Uganda, Burundi und Ruanda

Prinia erythroptera
**Sonnenprinie**
*Red-winged Prinia - Prinia alirroja*
Jardine, 1849
Senegal bis n Kamerun

Prinia erythroptera jodoptera
**Kamerun-Sonnenprinie**
Heuglin, 1864
c Kamerun bis s Sudan und nw Uganda
Prinia erythroptera major
**Große Sonnenprinie**
Blundell & Lovat, 1899
Äthiopien
Prinia erythroptera rhodoptera
**Mosambik-Sonnenprinie**
Shelley, 1880
Kenia bis e Simbabwe und Mosambik

Prinia rufifrons
**Rotstirnprinie**
*Red-fronted Prinia - Prinia frentirroja*
Rüppell, 1840
Chad bis nw Somalia

Prinia rufifrons smithi
**Sudan-Rotstirnprinie**
Sharpe, 1895
se Sudan bis c Somalia und s bis n Tansania
Prinia rufifrons rufidorsalis
**Kenia-Rotstirnprinie**
Sharpe, 1897
se Kenia



Schistolais leucopogon
**Weißkehl-Feinsänger**
*White-chinned Prinia - Prinia gorjiblanca*
Cabanis, 1875
se Nigeria bis w, s Demokratische Republik Kongo, n Sambia und n Angola

Schistolais leucopogon reichenowi
**Sudan-Weißkehl-Feinsänger**
Hartlaub, 1890
se Sudan und e Demokratische Republik Kongo bis w Kenia und w Tansania

Schistolais leontica
**Hochland-Feinsänger**
*Sierra Leone Prinia - Prinia de Sierra Leona*
Bates, GL, 1930
Guinea, Sierra Leone, Elfenbeinküste und Liberia



Phragmacia substriata
**Namafeinsänger**
*Namaqua Warbler - Prinia namaqua*
Smith, A, 1842
w, c Südafrika

Phragmacia substriata confinis
**Clanceys Namafeinsänger**
Clancey, 1991
s Namibia, nw, n Südafrika

## Gattung: Oreophilais

Oreophilais robertsi
**Zügelfeinsänger**
*Roberts's Warbler - Prinia de Roberts*
Benson, 1946
*e Simbabwe und w Mosambik*

## Gattung: Micromacronus

Micromacronus leytensis
**Goldstachelsänger**
*Visayan Miniature Babbler - Timalí enano de Visayán*
Amadon, 1962
*Leyte und Samar (ec Philippinen)*

Micromacronus sordidus
**Mindanaostachelsänger**
*Mindanao Miniature Babbler - Timalí enano de Mindanao*
Ripley & Rabor, 1968
*Gebirge Mindanao (s Philippinen)*

## Gattung: Urolais

Urolais epichlorus
**Langschwanz-Feinsänger**
*Green Longtail - Prinia rabilarga*
Reichenow, 1892
*se Nigeria und s Southwest Region (Kamerun)*

    Urolais epichlorus cinderella
    **Kamerun-Langschwanz-Feinsänger**
    Bates, GL, 1928
    n Southwest Region (Kamerun)
    Urolais epichlorus mariae
    **Bioko-Langschwanz-Feinsänger**
    Alexander, 1903
    Bioko Insel

## Gattung: Oreolais

Oreolais pulcher
**Schmuckfeinsänger**
*Black-collared Apalis - Apalis cuellinegro*
Sharpe, 1891
*se Nigeria bis s Sudan und Kenia*

    Oreolais pulcher murphyi
    **Kongo-Schmuckfeinsänger**
    Chapin, 1932
    se Demokratische Republik Kongo

Oreolais ruwenzorii
**Ruwenzorifeinsänger**
*Rwenzori Apalis - Apalis del Ruwenzori*
Jackson, FJ, 1904
*e Demokratische Republik Kongo, s Uganda, Rwanda und Burundi*

## Gattung: Drymocichla

Drymocichla incana
**Rotschwingensänger**
*Red-winged Grey Warbler - Prinia alicastaña*
Hartlaub, 1881
*e Nigeria und Kamerun bis Süd-Sudan und Uganda*

## Gattung: Spiloptila

Spiloptila clamans
**Schuppenkopfsänger**
*Cricket Warbler - Prinia charlatana*
Cretzschmar, 1826
*s Mauretanien und n Senegal bis Eritrea*

## Gattung: Phyllolais

Phyllolais pulchella
**Akaziensänger**
*Buff-bellied Warbler - Prinia ventripálida*
Cretzschmar, 1830
*s Niger und n Nigeria bis Eritrea, Äthiopien, Kenia und Tansania*

## Gattung: Apalis

Apalis thoracica
**Halsband-Feinsänger**
*Bar-throated Apalis - Apalis acollarado*
Shaw, 1811
*se Südafrika*

    Apalis thoracica griseiceps
    **Kenia-Halsbandfeinsänger**
    Reichenow & Neumann, 1895
    se Kenia bis c Tansania
    Apalis thoracica pareensis
    **Pare-Halsbandfeinsänger**
    Ripley & Heinrich, 1966
    South Pare Mts. (ne Tansania)
    Apalis thoracica murina
    **Malawi-Halsbandfeinsänger**
    Reichenow, 1904
    ne Tansania bis n Malawi und ne Sambia
    Apalis thoracica uluguru
    **Uluguru-Halsbandfeinsänger**
    Neumann, 1914
    Uluguru Mts. (e Tansania)
    Apalis thoracica youngi
    **Youngs Halsbandfeinsänger**
    Kinnear, 1936
    sw Tansania, n Malawi und ne Sambia
    Apalis thoracica whitei
    **Sambia-Halsbandfeinsänger**
    Grant, CHB & Mackworth-Praed, 1937
    e Sambia und s Malawi
    Apalis thoracica rhodesiae
    **Simbabwe-Halsbandfeinsänger**
    Gunning & Roberts, 1911
    ne Botswana bis c Simbabwe
    Apalis thoracica quarta
    **Nyanga-Halsbandfeinsänger**
    Irwin, 1966
    Nyanga Mts. (ne Simbabwe) und Mt. Gorongoza (wc Mosambik)
    Apalis thoracica arnoldi
    **Arnolds Halsbandfeinsänger**
    Roberts, 1936
    e Simbabwe und sw Mosambik
    Apalis thoracica flaviventris
    **Botswana-Halsbandfeinsänger**
    Gunning & Roberts, 1911
    se Botswana und n Südafrika
    Apalis thoracica spelonkensis
    **Südafrika-Halsbandfeinsänger**
    Gunning & Roberts, 1911
    ne Südafrika
    Apalis thoracica drakensbergensis
    **Drakensberg-Halsbandfeinsänger**
    Roberts, 1937
    ec Südafrika und w Swaziland
    Apalis thoracica lebomboensis
    **Lebombo-Halsbandfeinsänger**
    Roberts, 1931
    e Swaziland, e Südafrika und s Mosambik
    Apalis thoracica venusta
    **Roberts Halsbandfeinsänger**
    Gunning & Roberts, 1911
    e bis se Südafrika
    Apalis thoracica claudei
    **Claudes Halsbandfeinsänger**
    Sclater, WL, 1910
    s Südafrika
    Apalis thoracica capensis
    **Kap-Halsbandfeinsänger**
    Roberts, 1936
    sw Südafrika
    Apalis thoracica griseopyga
    **Lawsons Halsbandfeinsänger**
    Lawson, 1965
    w Südafrika

Apalis flavigularis
**Gelbkehl-Feinsänger**
*Yellow-throated Apalis - Apalis gorjigualdo*
Shelley, 1893
*Malawi*

Apalis fuscigularis
**Taitafeinsänger**
*Taita Apalis - Apalis de los Taita*
Moreau, 1938
*Kenia*

Apalis lynesi
**Namulifeinsänger**
*Namuli Apalis - Apalis de Lynes*
Vincent, 1933
*Mosambik*

Apalis ruddi
## Flechtenfeinsänger
*Rudd's Apalis - Apalis de Rudd*
Grant, CHB, 1908
*se Mosambik*

Apalis ruddi caniviridis
### Malawi-Flechtenfeinsänger
Hanmer, 1979
s Malawi

Apalis ruddi fumosa
### Südafrikanischer Flechtenfeinsänger
Clancey, 1966
s Mosambik und e Südafrika

Apalis flavocincta
## Braunschwanz-Feinsänger
*Brown-tailed Apalis - Apalis colipardo*
Sharpe, 1882
*se Sudan und n Uganda bis s Somalia, e Kenia und ne Tansania*

Apalis flavocincta viridiceps
### Hawkers Braunschwanz-Feinsänger
Hawker, 1898
ne Äthiopien und nw Somalia

Apalis flavida
## Gelbbrust-Feinsänger
*Yellow-breasted Apalis - Apalis pechigualdo*
Strickland, 1853
*w Angola und n Namibia bis nw Simbabwe*

Apalis flavida caniceps
### Senegal-Gelbbrust-Feinsänger
Cassin, 1859
Senegal und Gambia bis w Kenia und n Angola

Apalis flavida abyssinica
### Abyssini-Gelbbrust-Feinsänger
Erard, 1974
sw Äthiopien

Apalis flavida pugnax
### Kenia-Gelbbrust-Feinsänger
Lawson, 1968
w, c Kenia

Apalis flavida golzi
### Taita-Gelbbrust-Feinsänger
Fischer, GA & Reichenow, 1884
Taita Hills (se Kenia) bis c Tansania und Rwanda

Apalis flavida neglecta
### Angola-Gelbbrust-Feinsänger
Alexander, 1899
e Angola bis se Kenia und e Tansania s bis Mosambik und n Südafrika

Apalis flavida florisuga
### Südafrika-Gelbbrust-Feinsänger
Reichenow, 1898
se Südafrika

Apalis binotata
## Maskenfeinsänger
*Lowland Masked Apalis - Apalis enmascarado*
Reichenow, 1895
*s Kamerun, c Gabun, nw Angola, ne Demokratische Republik Kongo, nw Tansania und Uganda*

Apalis personata
## Kivufeinsänger
*Mountain Masked Apalis - Apalis carinegro*
Sharpe, 1902
*ne, e Demokratische Republik Kongo, Uganda, Burundi und Rwanda*

Apalis personata marungensis
### Chapins Kivufeinsänger
Chapin, 1932
se Demokratische Republik Kongo

Apalis jacksoni
## Schwarzkehl-Feinsänger
*Black-throated Apalis - Apalis gorjinegro*
Sharpe, 1891
*s Sudan bis n Tansania und e Demokratische Republik Kongo und n Angola*

Apalis jacksoni bambuluensis
### Bambulu-Schwarzkehlfeinsänger
Serle, 1949
se Nigeria und sw Kamerun

Apalis jacksoni minor
### Kleiner Schwarzkehlfeinsänger
Ogilvie-Grant, 1917
s Kamerun bis sw Zentralafrikanische Republik, n Demokratische Republik Kongo und Gabun

Apalis chariessa
## Spiegelfeinsänger
*White-winged Apalis - Apalis aliblanco*
Reichenow, 1879
e Kenia

Apalis chariessa macphersoni
### McPhersons Spiegelfeinsänger
Vincent, 1934
c Tansania bis Malawi und n Mosambik

Apalis nigriceps
## Kappenfeinsänger
*Black-capped Apalis - Apalis capirotado*
Shelley, 1873
*Sierra Leone bis sw Zentralafrikanische Republik und Gabun*

Apalis nigriceps collaris
### Kongo-Kappenfeinsänger
Van Someren, 1915
e Demokratische Republik Kongo und Uganda

Apalis melanocephala
## Schwarzkopf-Feinsänger
*Black-headed Apalis - Apalis gorjinegro*
Fischer, GA & Reichenow, 1884
*Küste s Somalia bis ne Tansania*

Apalis melanocephala nigrodorsalis
### Kenia-Schwarzkopffeinsänger
Granvik, 1923
c Kenia

Apalis melanocephala moschi
### Mosch-Schwarzkopffeinsänger
Van Someren, 1931
se Kenia und e Tansania

Apalis melanocephala muhuluensis
### Muhulu-Schwarzkopffeinsänger
Grant, CHB & Mackworth-Praed, 1947
se Tansania

Apalis melanocephala lightoni
### Simbabwe-Schwarzkopffeinsänger
Roberts, 1938
e Simbabwe und c Mosambik

Apalis melanocephala fuliginosa
### Malawi-Schwarzkopffeinsänger
Vincent, 1933
s Malawi

Apalis melanocephala tenebricosa
### Mosambik-Schwarzkopffeinsänger
Vincent, 1933
n Mosambik

Apalis melanocephala adjacens
### Hochland-Schwarzkopffeinsänger
Clancey, 1969
e Malawi Hochland

Apalis melanocephala addenda
### Addenda-Schwarzkopffeinsänger
Clancey, 1968
s Mosambik

Apalis chirindensis
## Chirindafeinsänger
*Chirinda Apalis - Apalis del Chirinda*
Shelley, 1906
*se Simbabwe und wc Mosambik*

Apalis chirindensis vumbae
### Vumbafeinsänger
Roberts, 1936
e Simbabwe

Apalis porphyrolaema
## Bergfeinsänger
*Chestnut-throated Apalis - Apalis gorjicastaño*
Reichenow & Neumann, 1895
*e Demokratische Republik Kongo, Uganda, sw Kenia, Rwanda, Burundi und n Tansania*

Apalis kaboboensis
## Kabobofeinsänger
*Kabobo Apalis - Apalis del Kabobo*
Prigogine, 1955
*Demokratische Republik Kongo*

Apalis chapini
## Chapinfeinsänger
*Chapin's Apalis - Apalis de Chapin*
Friedmann, 1928
*c Tansania*

Apalis chapini strausae
### Strausafeinsänger
Boulton, 1931
ne Sambia, s Tansania und Malawi

Apalis sharpii
## Kurzschwanz-Feinsänger
*Sharpe's Apalis - Apalis de Sharpe*
Shelley, 1884
*Guinea und Sierra Leone bis Togo und Benin*

Apalis rufogularis
## Weißbauch-Feinsänger
*Buff-throated Apalis - Apalis gorjirrufo*
Fraser, 1843
*e Nigeria bis Gabun und Zentralafrikanische Republik, Bioko Insel*

Apalis rufogularis sanderi
### Sanders Weißbauch-Feinsänger
Serle, 1951
*s Benin bis sw Nigeria*
Apalis rufogularis nigrescens
### Sudan-Weißbauch-Feinsänger
Jackson, FJ, 1906
*sw Sudan, Demokratische Republik Kongo und Uganda (außer sw) bis w Kenia, nw Iansania, nw Sambia und ne Angola*
Apalis rufogularis angolensis
### Angola-Weißbauch-Feinsänger
Bannerman, 1922
*nw Angola*
Apalis rufogularis brauni
### Brauns Weißbauch-Feinsänger
Stresemann, 1934
*w Angola*
Apalis rufogularis kigezi
### Uganda-Weißbauch-Feinsänger
Keith, Twomey & Friedmann, 1967
*sw Uganda*

Apalis argentea
## Kungwefeinsänger
*Kungwe Apalis - Apalis de Moreau*
Moreau, 1941
*w Tansania, e Demokratische Republik Kongo, Rwanda und Burundi*

Apalis karamojae
## Karamojafeinsänger
*Karamoja Apalis - Apalis de Karamoja*
Van Someren, 1921
*ne Uganda*

Apalis stronachi
## Stronachfeinsänger
*Maasai Apalis - Apalis de Maasai*
Stuart, S & Collar, 1985
*n Tansania und sw Kenia*

Apalis bamendae
## Bamendafeinsänger
*Bamenda Apalis - Apalis de Bamenda*
Bannerman, 1922
*Kamerun*

Apalis goslingi
## Flussfeinsänger
*Gosling's Apalis - Apalis de Gosling*
Alexander, 1908
*Kamerun, Equatorial Guinea und Gabun bis ne, e Demokratische Republik Kongo*

Apalis cinerea
## Graurücken-Feinsänger
*Grey Apalis - Apalis gris*
Sharpe, 1891
*e Demokratische Republik Kongo und s Sudan bis c Kenia und nw Tansania; se Nigeria, sw Kamerun, ne Gabun*

Apalis cinerea sclateri
### Sclaters Graurückenfeinsänger
Alexander, 1903
*Mt. Kamerun (sw Kamerun) und Bioko Insel*
Apalis cinerea grandis
### Großer Graurückenfeinsänger
Boulton, 1931
*w Angola*

Apalis alticola
## Braunkopf-Feinsänger
*Brown-headed Apalis - Apalis cabecipardo*
Shelley, 1899
*n Angola, s Demokratische Republik Kongo und n Sambia bis Malawi, Tansania und sw Kenia*

Apalis alticola dowsetti
### Dowsetts Braunkopffeinsänger
Prigogine, 1973
*Marungu Mts. (se Demokratische Republik Kongo)*

Gattung: Malcorus

Malcorus pectoralis
## Rotohrsänger
*Rufous-eared Warbler - Prinia carirrufa*
Smith, A, 1829
*s Südafrika*

Malcorus pectoralis etoshae
### Etosha-Rotohrsänger
Winterbottom, 1965
*n, c Namibia*
Malcorus pectoralis ocularius
### Namibia-Rotohrsänger
Smith, A, 1843
*s Namibia, s Botswana und n Südafrika*

Gattung: Hypergerus

Hypergerus atriceps
## Pirolsänger
*Oriole Warbler - Prinia oropéndola*
Lesson, RP, 1831
*Senegal und Gambia bis Sierra Leone und e bis Zentralafrikanische Republik und n Demokratische Republik Kongo*

Gattung: Eminia

Eminia lepida
## Graukappensänger
*Grey-capped Warbler - Eminia*
Hartlaub, 1881
*ne Demokratische Republik Kongo und s Süd-Sudan bis Uganda, e Demokratische Republik Kongo, Rwanda, Burundi und n Tansania*

Gattung: Camaroptera

Camaroptera brachyura
## Grünmantel-Bogenflügel
*Green-backed Camaroptera - Camaróptera baladora*
Vieillot, 1821
*s, e Südafrika*

Camaroptera brachyura pileata
### Kenia-Grünmantelbogenflügel
Reichenow, 1891
*se Kenia bis se Tansania*
Camaroptera brachyura fugglescouchmani
### Sambia-Grünmantelbogenflügel
Moreau, 1939
*ne Sambia, n Malawi und e Tansania*
Camaroptera brachyura bororensis
### Malawi-Grünmantelbogenflügel
Gunning & Roberts, 1911
*s Tansania, s Malawi und n Mosambik*
Camaroptera brachyura constans
### Südafrika-Grünmantelbogenflügel
Clancey, 1952
*se Simbabwe, s Mosambik und ne Südafrika*

Camaroptera brevicaudata
## Savannenbogenflügel
*Grey-backed Camaroptera - Camaróptera de savanna*
Cretzschmar, 1830
*Senegal bis c Sudan und nw Äthiopien*

Camaroptera brevicaudata tincta
### Liberia-Savannenbogenflügel
Cassin, 1855
*Liberia bis w Kenia und w Tansania s bis nw Angola und nw Sambia*
Camaroptera brevicaudata abessinica
### Kongo-Savannenbogenflügel
Zedlitz, 1911
*s Sudan und ne Demokratische Republik Kongo bis nw Somalia und n Kenia*
Camaroptera brevicaudata insulata
### Äthiopien-Savannenbogenflügel
Desfayes, 1975
*sw Äthiopien*
Camaroptera brevicaudata aschani
### Uganda-Savannenbogenflügel
Granvik, 1934
*e Demokratische Republik Kongo, sw Uganda und w Kenia*
Camaroptera brevicaudata erlangeri
### Erlangers Savannenbogenflügel
Reichenow, 1905
*s Somalia, e Kenia und ne Tansania*
Camaroptera brevicaudata griseigula
### Kenia-Savannenbogenflügel
Sharpe, 1892
*se Uganda, w Kenia und n Tansania*
Camaroptera brevicaudata intercalata
### Tansania-Savannenbogenflügel
White, CMN, 1960
*n Angola und s Demokratische Republik Kongo bis w Tansania und n Sambia*
Camaroptera brevicaudata sharpei
### Sharps Savannenbogenflügel
Zedlitz, 1911
*s Angola und n Namibia bis Malawi, Simbabwe und nc Südafrika*
Camaroptera brevicaudata transitiva
### Botswana-Savannenbogenflügel
Clancey, 1974
*se Botswana, Simbabwe und nc Südafrika*

Camaroptera brevicaudata beirensis
**Südafrika-Savannenbogenflügel**
Roberts, 1932
c Mosambik, e Simbabwe und ne Südafrika

Camaroptera harterti
**Hartertbogenflügel**
*Hartert's Camaroptera - Camaróptera de Hartert*
Zedlitz, 1911
*Angola*

Camaroptera superciliaris
**Gelbbrauen-Bogenflügel**
*Yellow-browed Camaroptera - Camaróptera cejigualda*
Fraser, 1843
*Guinea und Sierra Leone bis Uganda, Demokratische Republik Kongo und nw Angola*

Camaroptera chloronota
**Olivbogenflügel**
*Olive-green Camaroptera - Camaróptera dorsiverde*
Reichenow, 1895
*Togo bis Kamerun, Gabun und Kongo*

Camaroptera chloronota kelsalli
**Senegal-Olivbogenflügel**
Sclater, WL, 1927
Senegal bis Ghana
Camaroptera chloronota granti
**Grants Olivbogenflügel**
Alexander, 1903
Bioko Insel
Camaroptera chloronota kamitugaensis
**Kongo-Olivbogenflügel**
Prigogine, 1961
e Demokratische Republik Kongo
Camaroptera chloronota toroensis
**Jacksons-Olivbogenflügel**
Jackson, FJ, 1905
Zentralafrikanische Republik und c Demokratische Republik Kongo bis sw Kenia und nw Tansania

Gattung: Calamonastes

Calamonastes simplex
**Somalibindensänger**
*Grey Wren-Warbler - Camaróptera sencilla*
Cabanis, 1878
*Äthiopien und Somalia bis se Süd-Sudan, ne Uganda, Kenia und ne Tansania*

Calamonastes undosus
**Miombobindensänger**
*Miombo Wren-Warbler - Camaróptera del miombo*
Reichenow, 1882
*Rwanda, Burundi, Tansania und Kenia*

Calamonastes undosus cinereus
**Kongo-Miombobindensänger**
Reichenow, 1887
Kongo, w Demokratische Republik Kongo, n Angola und nw Sambia
Calamonastes undosus huilae
**Angola-Miombobindensänger**
Meise, 1958
wc Angola
Calamonastes undosus katangae
**Sambia-Miombobindensänger**
Neave, 1909
se Demokratische Republik Kongo und n Sambia

Calamonastes stierlingi
**Wellenkehl-Bindensänger**
*Stierling's Wren-Warbler - Camaróptera de Stierling*
Reichenow, 1901
*se Angola und ne Namibia bis e Tansania und n Mosambik*

Calamonastes stierlingi irwini
**Irwins Wellenkehl-Bindensänger**
Smithers & Paterson, 1956
e Sambia bis c Mosambik und Botswana
Calamonastes stierlingi olivascens
**Mosambik-Wellenkehl-Bindensänger**
Clancey, 1909
Küste Mosambik
Calamonastes stierlingi pintoi
**Pintos-Wellenkehl-Bindensänger**
Irwin, 1960
s Mosambik und ne Südafrika

Calamonastes fasciolatus
**Damarabindensänger**
*Barred Wren-Warbler - Camaróptera barrada*
Smith, A, 1847
*nc Namibia bis Botswana, w Simbabwe und n Südafrika*

Calamonastes fasciolatus pallidior
**Angola-Damarabindensänger**
Hartert, EJO, 1907
sw Angola
Calamonastes fasciolatus europhilus
**Botswana-Damarabindensänger**
Clancey, 1970
se Botswana, s Simbabwe und n Südafrika

Gattung: Euryptila

Euryptila subcinnamomea
**Zimtbrustsänger**
*Cinnamon-breasted Warbler - Camaróptera canela*
Smith, A, 1847
*s Namibia und w, c Südafrika*

Gattung: Bathmocercus

Bathmocercus cerviniventris
**Rostbauch-Fuchssänger**
*Black-headed Rufous Warbler - Prinia cabecinegra*
Sharpe, 1877
*Sierra Leone bis Ghana*

Bathmocercus rufus
**Graubauch-Fuchssänger**
*Black-faced Rufous Warbler - Prinia carinegra*
Reichenow, 1895
*s Kamerun und Gabun bis nw Demokratische Republik Kongo*

Bathmocercus rufus vulpinus
**Sudan-Graubauch-Fuchssänger**
Reichenow, 1895
s Sudan und e Demokratische Republik Kongo bis w Kenia und nw Tansania

Gattung: Scepomycter

Scepomycter winifredae
**Rostkopf-Fuchssänger**
*Winifred's Warbler - Prinia de Winifred*
Moreau, 1938
*Uluguru Mts. e Tansania, Rubeho-Ukaguru Mts. Tansania*

Scepomycter rubehoensis
**Rubeho-Fuchssänger**
*Rubeho Warbler - Prinia de Rubeho*
Bowie, Fjeldså & Kiure, 2009
*Rubeho-Ukaguru Mts. in Tansania*

Gattung: Orthotomus

Orthotomus sutorius
**Rotstirn-Schneidervogel**
*Common Tailorbird - Sastrecillo común*
Pennant, 1769
*Sri Lanka*

Orthotomus sutorius guzuratus
**Pakistan-Rotstirnschneidervogel**
Latham, 1790
Pakistan bis c, s Indien
Orthotomus sutorius patia
**Himalaya-Rotstirnschneidervogel**
Hodgson, 1845
c, e Himalaya bis w Myanmar
Orthotomus sutorius luteus
**Indischer Rotstirnschneidervogel**
Ripley, 1948
ne Indien
Orthotomus sutorius inexpectatus
**Laos-Rotstirnschneidervogel**
La Touche, 1922
e Myanmar und s China bis n Laos und n Vietnam
Orthotomus sutorius longicauda
**Chinesischer Rotstirnschneidervogel**
Gmelin, JF, 1789
se China und n Vietnam
Orthotomus sutorius maculicollis
**Indochina-Rotstirnschneidervogel**
Moore, F, 1855
se Myanmar, Malayische Halbinsel, Riau Is. (e in c Sumatra) und s Indochina
Orthotomus sutorius edela
**Java-Rotstirnschneidervogel**
Temminck, 1836
Java

Orthotomus sutorius fernandonis
**Sri Lanka-Rotstirnschneidervogel**
Whistler, 1939
Hochland Sri Lanka

Orthotomus atrogularis
## Dunkelkehl-Schneidervogel
*Dark-necked Tailorbird - Sastrecillo cuellinegro*
Temminck, 1836
*Malayische Halbinsel, Sumatra und Borneo (außer ne)*

Orthotomus atrogularis nitidus
**Indischer Dunkelkehl-Schneidervogel**
Hume, 1874
ne Indien und e Bangladesch bis s China, Thailand und Indochina
Orthotomus atrogularis major
**Malaysia-Dunkelkehl-Schneidervogel**
Chasen & Kloss, 1928
Tioman und Anambas Is. (e Malayische Halbinsel) und Natuna Is. (nw Borneo)
Orthotomus atrogularis humphreysi
**Borneo-Dunkelkehl-Schneidervogel**
Chasen & Kloss, 1929
ne Borneo

Orthotomus chaktomuk
## Kambodschaschneidervogel
*Cambodian Tailorbird - Sastrecillo de Camboya*
Mahood, John, Eames, JC, Oliveros, Moyle, Chamnan, Poole, Nielsen & Sheldon, 2013
*Phnom Phen (Kambodscha)*

Orthotomus castaneiceps
## Philippinenschneidervogel
*Philippine Tailorbird - Sastrecillo cabecicastaño*
Walden, 1872
*West Visayas (wc Philippinen)*

Orthotomus castaneiceps rabori
**Rabors Philippinenschneidervogel**
Parkes, 1961
Negros und ?Cebu (wc Philippinen)

Orthotomus chloronotus
## Trillerschneidervogel
*Trilling Tailorbird - Sastrecillo dorsiverde*
Ogilvie-Grant, 1895
*n, c Luzon (n Philippinen)*

Orthotomus frontalis
## Kastanienstirn-Schneidervogel
*Rufous-fronted Tailorbird - Sastrecillo frentirrufo*
Sharpe, 1877
*East Visayas und Mindanao (ec, s Philippinen)*

Orthotomus frontalis mearnsi
**Basilan-Kastanienstirn-Schneidervogel**
McGregor, 1907
Basilan (sw Philippinen)

Orthotomus derbianus
## Luzonschneidervogel
*Grey-backed Tailorbird - Sastrecillo de Luzón*
Moore, F, 1855
*c, s Luzon (n Philippinen)*

Orthotomus derbianus nilesi
**Catanduanesschneidervogel**
Parkes, 1988
Catanduanes (ne Philippinen)

Orthotomus sericeus
## Rotschwanz-Schneidervogel
*Rufous-tailed Tailorbird - Sastrecillo colirrufo*
Temminck, 1836
*Borneo, Palawan Gruppe und sw Sulu Archipel (sw, s Philippinen)*

Orthotomus sericeus hesperius
**Malayischer Rotschwanzschneidervogel**
Oberholser, 1932
Malayische Halbinsel, Sumatra und Belitung (e in s Sumatra)
Orthotomus sericeus rubicundulus
**Natuna-Rotschwanzschneidervogel**
Chasen & Kloss, 1931
Natuna Is. (nw Borneo)

Orthotomus ruficeps
## Grauschneidervogel
*Ashy Tailorbird - Sastrecillo ceniciento*
Lesson, RP, 1830
*Java*

Orthotomus ruficeps cineraceus
**Malayischer Grauschneidervogel**
Blyth, 1845
Malayische Halbinsel, Sumatra, Bangka und Belitung (e in s Sumatra)

Orthotomus ruficeps germaini
**Vietnam-Grauschneidervogel**
Fuchs & Zuccon, 2018
s Vietnam und se Kambodscha

Orthotomus ruficeps baeus
**Nias-Grauschneidervogel**
Oberholser, 1912
Nias und Pagai Is. (w in n Sumatra)
Orthotomus ruficeps concinnus
**Siberut-Grauschneidervogel**
Riley, 1927
Siberut und Sipura (Mentawai Is., w in c Sumatra)
Orthotomus ruficeps palliolatus
**Kangean-Grauschneidervogel**
Chasen & Kloss, 1932
Karimunjawa (n in wc Java) und Kangean Is. (n Bali)
Orthotomus ruficeps baweanus
**Bawean-Grauschneidervogel**
Hoogerwerf, 1962
Bawean (n in ec Java)
Orthotomus ruficeps borneoensis
**Borneo-Grauschneidervogel**
Salvadori, 1874
Borneo
Orthotomus ruficeps cagayanensis
**Cagayan-Grauschneidervogel**
Riley, 1935
Mapun (=Cagayan Sulu; w Philippinen)

Orthotomus sepium
## Rostwangen-Schneidervogel
*Olive-backed Tailorbird - Sastrecillo de Java*
Horsfield, 1821
*Java, Bali und Lombok (w Lesser Sundas)*

Orthotomus sepium sundaicus
**Panaitan-Rostwangenschneidervogel**
Hoogerwerf, 1962
Panaitan (=Prinsen, w Java)

Orthotomus cinereiceps
## Graukopf-Schneidervogel
*White-eared Tailorbird - Sastrecillo orejiblanco*
Sharpe, 1877
*Basilan (s Philippinen)*

Orthotomus cinereiceps obscurior
**Mindanao-Graukopfschneidervogel**
Mayr, 1947
w Mindanao und Basilan (s Philippinen)

Orthotomus nigriceps
## Schwarzkopf-Schneidervogel
*Black-headed Tailorbird - Sastrecillo cabecinegro*
Tweeddale, 1878
*e Mindanao (s Philippinen)*

Orthotomus nigriceps luminosus
**Dinagat-Schwarzkopf-Schneidervogel**
Halley, 2022
Dinagat und Siargao (se Philippinen)

Orthotomus samarensis
## Samarschneidervogel
*Yellow-breasted Tailorbird - Sastrecillo de Samar*
Steere, 1890
*East Visayas (ec Philippinen)*



## Gattung: Artisornis

Artisornis moreaui
## Usambarafeinsänger
*Long-billed Forest Warbler - Sastrecillo de Moreau*
Sclater, WL, 1931
*ne Tansania*

Artisornis moreaui sousae
**Bensons Usambarafeinsänger**
Benson, 1945
nw Mosambik

Artisornis metopias
## Uluguru-Rotkappensänger
*Red-capped Forest Warbler - Sastrecillo africano*
Reichenow, 1907
*ne Tansania bis nw Mosambik*

Artisornis metopias altus
**Rotkappensänger**
Friedmann, 1927
Uluguru Mts. (e Tansania)

Sylvia atricapilla heineken
**Heineckes Mönchsgrasmücke**
Jardine, 1830
w, s Iberische Halbinsel, Madeira und Kanarische Is. (nc bis c Makaronesien, nw von n Afrika) und nw Afrika
Sylvia atricapilla pauluccii
**Pauluccis Mönchsgrasmücke**
Arrigoni degli Oddi, 1902
e Spanien bis c, s Italien und nc Afrika
Sylvia atricapilla dammholzi
**Dammholz-Mönchsgrasmücke**
Stresemann, 1928
e Türkei bis n Iran

Sylvia borin
## Gartengrasmücke
*Garden Warbler - Curruca mosquitera*
Boddaert, 1783
w, c, n Europa

Sylvia borin woodwardi
**Woodwards Gartengrasmücke**
Sharpe, 1877
Polen und Ukraine bis c Sibirien

Sylvia dohrni
## Príncipegrasmücke
*Dohrn's Warbler - Curruca de Príncipe*
Hartlaub, 1866
Príncipe (c Gulf von Guinea Is.)

Sylvia galinieri
## Roststeiß-Grasmücke
*Abyssinian Catbird - Charlatán abisinio*
Guérin-Méneville, 1843
Gebirge w, c Äthiopien

Sylvia nigricapillus
## Kappengrasmücke
*Bush Blackcap - Curruca sudafricana*
Vieillot, 1818
Südafrika

Sylvia abyssinica
## Hochland-Grasmücke
*African Hill Babbler - Curruca abisinia*
Rüppell, 1840
se Sudan und c Äthiopien bis ne Tansania

Sylvia abyssinica monachus
**Kamerun-Hochland-Grasmücke**
Reichenow, 1892
Mt. Kamerun (sw Kamerun)
Sylvia abyssinica claudei
**Bioko-Hochland-Grasmücke**
Alexander, 1903
Bioko (n Gulf von Guinea Is.)
Sylvia abyssinica ansorgei
**Angola-Hochland-Grasmücke**
Rothschild, 1918
wc Angola, se Demokratische Republik Kongo, w Tansania
Sylvia abyssinica stierlingi
**Stierlings Hochland-Grasmücke**
Reichenow, 1898
ec, sw Tansania
Sylvia abyssinica stictigula
**Malawi-Hochland-Grasmücke**
Shelley, 1903
ne Sambia, n Malawi und nw Mosambik

Sylvia atriceps
## Schwarzkopf-Grasmücke
*Rwenzori Hill Babbler - Curruca del Ruwenzori*
Sharpe, 1902
se Nigeria, sw Kamerun, ec Demokratische Republik Kongo, w Uganda, Rwanda und Burundi

## Gattung: Curruca

Curruca nisoria
## Sperbergrasmücke
*Barred Warbler - Curruca gavilana*
Bechstein, 1792
c Europa bis Ural Mts. und Iran

Curruca nisoria merzbacheri
**Merzbachers Gartengrasmücke**
Schalow, 1907
n Kasachstan und ne Iran bis sw Sibirien und Mongolei

Curruca layardi
## Layardgrasmücke
*Layard's Warbler - Curruca de Layard*
Hartlaub, 1862
sw Südafrika

Curruca layardi aridicola
**Namibia-Layardgrasmücke**
Winterbottom, 1958
sw Namibia und nw Südafrika
Curruca layardi barnesi
**Leshoto-Layardgrasmücke**
Vincent, 1948
Lesotho
Curruca layardi subsolana
**Kap-Layardgrasmücke**
Clancey, 1963
sc Südafrika

Curruca boehmi
## Bandgrasmücke
*Banded Parisoma - Curruca de Böhm*
Reichenow, 1882
s Kenia und Tansania

Curruca boehmi somalica
**Somalia-Bandgrasmücke**
Friedmann, 1928
Äthiopien, nw Somalia und ne Kenia
Curruca boehmi marsabit
**Kenis-Bandgrasmücke**
Van Someren, 1931
nc Kenia

Curruca subcoerulea
## Meisengrasmücke
*Chestnut-vented Warbler - Curruca azulada*
Vieillot, 1817
s Südafrika

Curruca subcoerulea ansorgei
**Ansorges Meisengrasmücke**
Zedlitz, 1921
s Angola
Curruca subcoerulea cinerascens
**Namibia-Meisengrasmücke**
Reichenow, 1902
Namibia und Botswana
Curruca subcoerulea orpheana
**Südafrika-Meisengrasmücke**
Clancey, 1954
Simbabwe und n Südafrika

Curruca curruca
## Klappergrasmücke
*Lesser Whitethroat - Curruca zarcerilla*
Linnaeus, 1758
Europa bis w Sibirien und south bis Kleinasien (Türkei) und n Iran

Curruca curruca blythi
**Sibirische Klappergrasmücke**
Ticehurst & Whistler, 1933
nc Sibirien und n Kasachstan bis n Mongolei und ne China
Curruca curruca halimodendri
**Turkmenistan-Klappergrasmücke**
Sushkin, 1904
se Russland, Kasachstan, Usbekistan und Turkmenistan bis nw Mongolei
Curruca curruca althaea
**Pakistan-Klappergrasmücke**
Hume, 1878
Iran, s Turkmenistan bis n Pakistan und c Asien
Curruca curruca minula
**Humes Klappergrasmücke**
Hume, 1873
s Kasachstan bis w China
Curruca curruca margelanica
**Chinesische Klappergrasmücke**
Stolzmann, 1898
n China

Curruca lugens
## Braungrasmücke
*Brown Parisoma - Curruca parda*
Rüppell, 1840
w, c Äthiopien

Curruca lugens griseiventris
**Graubach-Braungrasmücke**
Érard, 1978
sc Äthiopien
Curruca lugens jacksoni
**Jacksons Braungrasmücke**
Sharpe, 1899
s Sudan und Uganda bis Kenia, n Tansania, Malawi und se Demokratische Republik Kongo
Curruca lugens clara
**Tansania-Braungrasmücke**
Meise, 1934
s Tansania
Curruca lugens prigoginei
**Kongo-Braungrasmücke**
Schouteden, 1952
e Demokratische Republik Kongo

Curruca buryi
**Jemengrasmücke**
*Yemen Warbler - Curruca yemení*
Ogilvie-Grant, 1913
*Gebirge sw Saudi-Arabien und sw Jemen (sw Arabische Halbinsel)*

Curruca leucomelaena
**Akaziengrasmücke**
*Arabian Warbler - Curruca árabe*
Hemprich & Ehrenberg, 1833
*nw Saudi-Arabien bis Jemen und sw Oman*

    Curruca leucomelaena negevensis
    **Jordanien-Akaziengrasmücke**
    Shirihai, 1988
    *se Israel und sw Jordanien*
    Curruca leucomelaena blanfordi
    **Blanfords Akaziengrasmücke**
    Seebohm, 1879
    *se Ägypten, ne Sudan und w Eritrea*
    Curruca leucomelaena somaliensis
    **Somalia-Akaziengrasmücke**
    Sclater, WL & Mackworth-Praed, 1918
    *Dschibuti und n Somalia*

Curruca hortensis
**Orpheusgrasmücke**
*Western Orphean Warbler - Curruca mirlona occidental*
Gmelin, JF, 1789
*sw Europa und nw Afrika*

    Curruca hortensis cyrenaicae
    **Libyen-Orpheusgrasmücke**
    Svensson, 2012
    *ne Libyen*

Curruca crassirostris
**Nachtigallengrasmücke**
*Eastern Orphean Warbler - Curruca mirlona oriental*
Cretzschmar, 1830
*se Europa bis nw Iran*

    Curruca crassirostris balchanica
    **Turkmenische Nachtigallengrasmücke**
    Zarudny & Bilkevitch, 1918
    *n Iran und ne Irak bis se Turkmenistan und se Iran*
    Curruca crassirostris jerdoni
    **Jerdons Nachtigallengrasmücke**
    Blyth, 1847
    *s Kasachstan bis Afghanistan und w Pakistan*

Curruca deserti
**Saharagrasmücke**
*African Desert Warbler - Curruca sahariana*
Loche, 1858
*Marokko bis w Libyen und Niger*

Curruca nana
**Wüstengrasmücke**
*Asian Desert Warbler - Curruca enana*
Hemprich & Ehrenberg, 1833
*n Iran bis Mongolei und nw China*

Curruca deserticola
**Atlasgrasmücke**
*Tristram's Warbler - Curruca del Atlas*
Tristram, 1859
*n Algerien und n Tunesien*

    Curruca deserticola maroccana
    **Marrokkograsmücke**
    Hartert, EJO, 1917
    *Marokko bis nw Algerien*

Curruca mystacea
**Tamariskengrasmücke**
*Menetries's Warbler - Curruca de Ménétries*
Ménétriés, 1832
*e Türkei bis sw Russland und n Iran*

    Curruca mystacea rubescens
    **Türkische Tamariskengrasmücke**
    Blanford, 1874
    *se Türkei bis e Jordanien, Irak und sw Iran*
    Curruca mystacea turcmenica
    **Kasachstan-Tamariskengrasmücke**
    Zarudny & Bilkevitch, 1918
    *ne Iran bis s Kasachstan und w Pakistan*

Curruca ruppeli
**Maskengrasmücke**
*Rüppell's Warbler - Curruca de Rüppell*
Temminck, 1823
*s Griechenland, Kreta, Türkei und Syrien*

Curruca melanothorax
**Schuppengrasmücke**
*Cyprus Warbler - Curruca chipriota*
Tristram, 1872
*Zypern*

Curruca melanocephala
**Samtkopf-Grasmücke**
*Sardinian Warbler - Curruca cabecinegra*
Gmelin, JF, 1789
*s Europa bis w Türkei, nw Afrika*

    Curruca melanocephala leucogastra
    **Kanarische Samtkopfgrasmücke**
    Ledru, 1810
    *Kanarische Is. (all main Inseln; c Makaronesien, nw von n Afrika)*
    Curruca melanocephala valverdei
    **Marokko-Samtkopfgrasmücke**
    Cabot, J & Urdiales, 2005
    *s Marokko und Western Sahara*
    Curruca melanocephala momus
    **Türkische Samtkopfgrasmücke**
    Hemprich & Ehrenberg, 1833
    *ne Ägypten bis extremer sc Türkei*
    † Curruca melanocephala norrisae
    **Fiyum-Samtkopfgrasmücke**
    Nicoll, 1917
    *Faiyum (nc Ägypten)*

Curruca iberiae
**Iberien-Bartgrasmücke**
*Western Subalpine Warbler - Curruca carrasqueña occidental*
Svensson, 2013
*Iberia, s Frankreich, und extremer nw Italien. nw Afrika von Marokko bis Tunesien*

Curruca subalpina
**Ligurien-Bartgrasmücke**
*Moltoni's Warbler - Curruca subalpina*
Temminck, 1820
*nw bis nc Italien, Korsika, Sardinien, Balearen*

Curruca cantillans
**Balkan-Bartgrasmücke**
*Eastern Subalpine Warbler - Curruca carrasqueña oriental*
Pallas, 1764
*s Italien und Sizilien*

    Curruca cantillans albistriata
    **Östliche Balkan-Bartgrasmücke**
    Brehm, CL, 1855
    *ne Italien über se Europa bis w Türkei*

Curruca communis
**Dorngrasmücke**
*Common Whitethroat - Curruca zarcera*
Latham, 1787
*Europa bis n Türkei und n Afrika*

    Curruca communis volgensis
    **Östliche Dorngrasmücke**
    Domaniewski, 1915
    *se Europäisch Russland, w Sibirien und n Kasachstan*
    Curruca communis icterops
    **Türkische Dorngrasmücke**
    Ménétriés, 1832
    *c Türkei bis Turkmenistan und Iran*
    Curruca communis rubicola
    **Asiatische Gebirgsdorngrasmücke**
    Stresemann, 1928
    *Gebirge c Asien*

Curruca conspicillata
**Brillengrasmücke**
*Spectacled Warbler - Curruca tomillera*
Temminck, 1820
*sw, s Europa, nw Afrika, Türkei bis Jordanien*

    Curruca conspicillata orbitalis
    **Kanaren-Brillengrasmücke**
    Wahlberg, 1854
    *Madeira (w Madeira Gruppe), Kanarische Is., und Cape Verde Is. (außer Sal; nc bis s Makaronesien, nw von n Afrika)*

Curruca sarda
**Sardengrasmücke**
*Marmora's Warbler - Curruca sarda*
Temminck, 1820
*Mittelmeer Is.*

Curruca undata
**Provencegrasmücke**
*Dartford Warbler - Curruca rabilarga*
Boddaert, 1783
*Iberische Halbinsel, s Frankreich und Italien*

    Curruca undata dartfordiensis
    **Dartford-Provencegrasmücke**
      Latham, 1787
      s England, w Frankreich und nw Spanien
    Curruca undata toni
    **Tonis Provencegrasmücke**
      Hartert, EJO, 1909
      nw Afrika

Curruca balearica
**Balearengrasmücke**
*Balearic Warbler - Curruca balear*
von Jordans, 1913
*Balearen Is.*

## Familie: Paradoxornithidae (Papageischnäbel)

### Gattung: Myzornis

Myzornis pyrrhoura
**Smaragdgrasmücke**
*Fire-tailed Myzornis - Timalí melero*
Blyth, 1843
*Himalaya bis ne Myanmar*

### Gattung: Moupinia

Moupinia poecilotis
**Rostschwanz-Grasmücke**
*Rufous-tailed Babbler - Timalí colirrufo*
Verreaux, J, 1871
*c China*

### Gattung: Lioparus

Lioparus chrysotis
**Goldgrasmücke**
*Golden-breasted Fulvetta - Fulveta dorada*
Blyth, 1845
*c, e Himalaya*

    Lioparus chrysotis albilineatus
    **Assam-Goldgrasmücke**
      Koelz, 1954
      s Assam, Nagaland und Manipur (ne Indien)
    Lioparus chrysotis forresti
    **Forrest-Goldgrasmücke**
      Rothschild, 1926
      ne Myanmar und sw China
    Lioparus chrysotis swinhoii
    **Swinhois Goldgrasmücke**
      Verreaux, J, 1871
      c, se China
    Lioparus chrysotis amoenus
    **China-Goldgrasmücke**
      Mayr, 1941
      s China und nw Vietnam
    Lioparus chrysotis robsoni
    **Robinsons Goldgrasmücke**
      Eames, JC, 2002
      c Vietnam

### Gattung: Chrysomma

Chrysomma sinense
**Goldaugen-Grasmücke**
*Yellow-eyed Babbler - Timalí ojigualdo*
Gmelin, JF, 1789
*ne Indien bis s China und Vietnam*

    Chrysomma sinense nasale
    **Sri Lanka-Goldaugen-Grasmücke**
      Legge, 1879
      Sri Lanka

    Chrysomma sinense hypoleucum
    **Indische Goldaugen-Grasmücke**
      (Franklin, 1831)
      Pakistan, Indien (außer ne) und s Nepal

Chrysomma altirostre
**Jerdongrasmücke**
*Jerdon's Babbler - Timalí de Jerdon*
Jerdon, 1862
*Myanmar*

    Chrysomma altirostre scindicum
    **Pakistan-Jerdongrasmücke**
      Harington, 1915
      Pakistan
    Chrysomma altirostre griseigulare
    **Nepal-Jerdongrasmücke**
      Hume, 1877
      s Nepal und ne Indien

### Gattung: Rhopophilus

Rhopophilus albosuperciliaris
**Tarimgrasmücke**
*Tarim Babbler - Timalí del Tarim*
Hume, 1871
*nw China*

Rhopophilus pekinensis
**Pekinggrasmücke**
*Beijing Babbler - Timalí pekinés*
Swinhoe, 1868
*nc bis ne China und n Korea*

### Gattung: Fulvetta

Fulvetta ruficapilla
**Rostscheitel-Grasmücke**
*Spectacled Fulvetta - Fulveta de Verreaux*
Verreaux, J, 1871
*c China*

    Fulvetta ruficapilla sordidior
    **Südliche Rostscheitel-Grasmücke**
      Rippon, 1903
      s China

Fulvetta danisi
**Bambusgrasmücke**
*Indochinese Fulvetta - Fulveta indochina*
Delacour & Greenway, 1941
*ne, ec Laos*

    Fulvetta danisi bidoupensis
    **Südliche Bambusgrasmücke**
      Eames, JC, Robson & Nguyen Cu, 1995
      se Laos und c Vietnam

Fulvetta striaticollis
**Berggrasmücke**
*Chinese Fulvetta - Fulveta china*
Verreaux, J, 1871
*Tibet*

Fulvetta vinipectus
**Weißbrauen-Grasmücke**
*White-browed Fulvetta - Fulveta cejiblanca*
Hodgeon, 1837
*c Himalaya*

    Fulvetta vinipectus kangrae
    **Westhimalaya-Weißbrauen-Grasmücke**
      Ticehurst & Whistler, 1924
      w Himalaya
    Fulvetta vinipectus chumbiensis
    **Osthimalaya-Weißbrauen-Grasmücke**
      Kinnear, 1939
      e Himalaya
    Fulvetta vinipectus austeni
    **Austens Weißbrauen-Grasmücke**
      Ogilvie-Grant, 1895
      ne Indien und n Myanmar
    Fulvetta vinipectus ripponi
    **Rippons Weißbrauen-Grasmücke**
      Harington, 1913
      w Myanmar
    Fulvetta vinipectus perstriata
    **Myanmar-Weißbrauen-Grasmücke**
      Mayr, 1941
      ne Myanmar und sw China

Fulvetta vinipectus valentinae
**Valentinas Weißbrauen-Grasmücke**
Delacour & Jabouille, 1930
n Vietnam
Fulvetta vinipectus bieti
**Chinesische Weißbrauen-Grasmücke**
Oustalet, 1892
sc China

Fulvetta ludlowi
**Braunohr-Grasmücke**
*Brown-throated Fulvetta - Fulveta de Ludlow*
Kinnear, 1935
se Tibet bis nw Myanmar

Fulvetta manipurensis
**Streifenkehl-Grasmücke**
*Manipur Fulvetta - Fulveta de Manipur*
Ogilvie-Grant, 1906
ne Indien, Myanmar und sw China

Fulvetta manipurensis tonkinensis
**Vietnam-Streifenkehl-Grasmücke**
Delacour & Jabouille, 1930
s China und n Vietnam

Fulvetta cinereiceps
**Graukopf-Grasmücke**
*Grey-hooded Fulvetta - Fulveta encapuchada*
Verreaux, J, 1871
sc China

Fulvetta cinereiceps fessa
**Zentrale Graukopf-Grasmücke**
Bangs & Peters, JL, 1928
c China
Fulvetta cinereiceps fucata
**Östliche Graukopf-Grasmücke**
Styan, 1899
e China
Fulvetta cinereiceps guttaticollis
**Südliche Graukopf-Grasmücke**
La Touche, 1897
se China

Fulvetta formosana
**Taiwangrasmücke**
*Taiwan Fulvetta - Fulveta de Formosa*
Ogilvie-Grant, 1906
Taiwan

## Gattung: Chamaea

Chamaea fasciata
**Chaparralgrasmücke**
*Wrentit - Camea*
Gambel, 1845
wc California (w USA)

Chamaea fasciata phaea
**Oregon-Chaparralgrasmücke**
Osgood, 1899
w Oregon (w USA)
Chamaea fasciata margra
**Margra-Chaparralgrasmücke**
Browning, 1992
sc Oregon (w USA)
Chamaea fasciata rufula
**Kalifonische Chaparralgrasmücke**
Ridgway, 1903
nw California (w USA)
Chamaea fasciata henshawi
**Mexikanische Chaparralgrasmücke**
Ridgway, 1882
s California (w USA) und nw Mexico

## Gattung: Paradoxornis

Paradoxornis heudei
**Polivanovpapageimeise**
*Reed Parrotbill - Picoloro del Yangtsé*
David, A, 1872
e China

Paradoxornis heudei polivanovi
**Jangtsepapageimeise**
Stepanyan, 1974
e Mongolei bis Manchuria (ne China) und se Russland

Paradoxornis flavirostris
**Schwarzkehl-Papageimeise**
*Black-breasted Parrotbill - Picoloro pechinegro*
Gould, 1836
Himalaya, ne Indien

Paradoxornis guttaticollis
**Fleckenbrust-Papageimeise**
*Spot-breasted Parrotbill - Picoloro pechipinto*
David, A, 1871
ne Indien bis nw Thailand und s China

Paradoxornis aemodius
**Riesenpapageimeise**
*Great Parrotbill - Picoloro grande*
Hodgson, 1841
Himalaya, ne Myanmar bis c China

Paradoxornis unicolor
**Einfarb-Papageimeise**
*Brown Parrotbill - Picoloro unicolor*
Hodgson, 1843
Himalaya bis s China

Paradoxornis paradoxus
**Dreizehen-Papageimeise**
*Three-toed Parrotbill - Picoloro tridáctilo*
Verreaux, J, 1871
s Gansu, Sichuan und se Shaanxi (c China)

Paradoxornis paradoxus taipaiensis
**Qinling-Riesenpapageimeise**
Cheng T, Lo S & Chao T, 1973
Qinling Mts. in s Shaanxi (c China)

Paradoxornis gularis
**Graukopf-Papageimeise**
*Grey-headed Parrotbill - Picoloro cabecigrís*
Gray, GR, 1845
e Himalaya

Paradoxornis gularis transfluvialis
**Indische Graukopf-Papageimeise**
Hartert, EJO, 1900
ne Indien, n, e Myanmar, sw China und nw Thailand
Paradoxornis gularis rasus
**Myanmar-Graukopf-Papageimeise**
Stresemann, 1940
w Myanmar
Paradoxornis gularis laotianus
**Thailand-Graukopf-Papageimeise**
Delacour, 1926
e Myanmar, n Thailand und n, c Indochina
Paradoxornis gularis fokiensis
**Chinesische Graukopf-Papageimeise**
David, A, 1874
sc, se China
Paradoxornis gularis hainanus
**Hainan-Graukopf-Papageimeise**
Rothschild, 1903
Hainan Insel (vor se China)

Paradoxornis margaritae
**Schwarzkappen-Papageimeise**
*Black-headed Parrotbill - Picoloro cabecinegro*
Delacour, 1927
s Vietnam

Paradoxornis ruficeps
**Weißkehl-Papageimeise**
*White-breasted Parrotbill - Picoloro cabecirrufo occidental*
Blyth, 1842
ne Indien, Bhutan und s China

Paradoxornis bakeri
**Rotkopf-Papageimeise**
*Rufous-headed Parrotbill - Picoloro cabecirrufo oriental*
Hartert, EJO, 1900
ne Indien, ne Bangladesch, n Myanmar und sw China, s Myanmar

Paradoxornis bakeri magnirostris
**Bakers Rotkopf-Papageimeise**
Delacour, 1927
n Vietnam und n Laos

Suthora davidiana
**Kurzschwanz-Papageimeise**
*Short-tailed Parrotbill - Picoloro de David*
Slater, HH, 1897
*se China*

Suthora davidiana tonkinensis
**Vietnam-Kurzschwanz-Papageimeise**
Delacour, 1927
*n Vietnam*
Suthora davidiana thompsoni
**Myanmar-Kurzschwanz-Papageimeise**
Bingham, 1903
*e Myanmar, nw Laos und ne Thailand*

Suthora fulvifrons
**Gelbstirn-Papageimeise**
*Fulvous Parrotbill - Picoloro leonado*
Hodgson, 1845
*c, e Himalaya*

Suthora fulvifrons chayulensis
**Indische Gelbstirn-Papageimeise**
Kinnear, 1940
*ne Indien und se Tibet*
Suthora fulvifrons albifacies
**Myanmar-Gelbstirn-Papageimeise**
Mayr & Birckhead, 1937
*n Myanmar und sw China*
Suthora fulvifrons cyanophrys
**Chinesische Gelbstirn-Papageimeise**
David, A, 1874
*c China*

Suthora nipalensis
**Grauohr-Papageimeise**
*Black-throated Parrotbill - Picoloro gorjinegro*
Hodgson, 1837
*w, c Nepal*

Suthora nipalensis garhwalensis
**Indische Grauohr-Papageimeise**
Fleming, RL & Traylor, 1964
*n Indien*
Suthora nipalensis humii
**Humis Grauohr-Papageimeise**
Sharpe, 1883
*e Nepal und Bhutan*
Suthora nipalensis crocotia
**Buthan-Grauohr-Papageimeise**
Kinnear, 1954
*e Bhutan und w Arunachal Pradesh (ne Indien)*
Suthora nipalensis poliotis
**Manipur-Grauohr-Papageimeise**
Blyth, 1851
*e Arunachal Pradesh bis Manipur (ne Indien), nw, n Myanmar und sw China*
Suthora nipalensis feae
**Myanmar.Grauohr-Papageimeise**
Salvadori, 1889
*e, s Myanmar und w Thailand*
Suthora nipalensis patriciae
**Mizoram-Grauohr-Papageimeise**
Koelz, 1954
*Mizoram (ne Indien)*
Suthora nipalensis ripponi
**Chin-Grauohr-Papageimeise**
Sharpe, 1905
*Chin Hills (w Myanmar)*
Suthora nipalensis beaulieui
**Laos-Grauohr-Papageimeise**
Ripley, 1953
*ne Thailand, n, c Laos und nc Vietnam*
Suthora nipalensis kamoli
**Vietnam-Grauohr-Papageimeise**
Eames, JC, 2002
*c Vietnam und s Laos*

Suthora verreauxi
**Goldstirn-Papageimeise**
*Golden Parrotbill - Picoloro dorado*
Sharpe, 1883
*c China*

Suthora verreauxi craddocki
**Craddocks Goldstirn-Papageimeise**
Bingham, 1903
*ne Myanmar und nw Vietnam*
Suthora verreauxi pallida
**China-Goldstirn-Papageimeise**
La Touche, 1922
*se China*
Suthora verreauxi morrisoniana
**Taiwan-Goldstirn-Papageimeise**
Ogilvie-Grant, 1906
*Taiwan*

Suthora atrosuperciliaris
**Schwarzbrauen-Papageimeise**
*Pale-billed Parrotbill - Picoloro cejinegro*
Godwin-Austen, 1877
*ne Indien bis n, e Myanmar und sw China; s Myanmar und nw Thailand bis n, c Laos und n Vietnam*

Suthora atrosuperciliaris oatesi
**Himalaya-Schwarzbrauen-Papageimeise**
Sharpe, 1903
*e Himalaya*

Suthora conspicillata
**Brillenpapageimeise**
*Spectacled Parrotbill - Picoloro de anteojos*
David, A, 1871
*c China*

Suthora conspicillata rocki
**Hubei-Brillenpapageimeise**
Bangs & Peters, JL, 1928
*w Hubei (ec China)*

Suthora zappeyi
**Grauhauben-Papageimeise**
*Grey-hooded Parrotbill - Picoloro encapuchado*
Thayer & Bangs, 1912
*sc Sichuan (außer Erlang Shan) und nw Guizhou*

Suthora zappeyi erlangshanica
**Erlangshan-Grauhauben-Papageimeise**
Cheng T, Li G & Zhang Q, 1983
*Erlang Shan (Sichuan in sc China)*

Suthora brunnea
**Braunflügel-Papageimeise**
*Brown-winged Parrotbill - Picoloro alipardo*
Anderson, 1871
*c, e Myanmar bis n, nw Yunnan (sw China)*

Suthora brunnea styani
**Ricketts Braunflügel-Papageimeise**
Rippon, 1903
*Dali Gebiet (wc Yunnan in sw China)*

Suthora ricketti
**Augenring-Papageimeise**
*Eye-ringed Parrotbill - Picoloro anillo del ojo*
Rothschild, 1922
*sc China*

Suthora webbiana
**Braunkopf-Papageimeise**
*Vinous-throated Parrotbill - Picoloro de Webb*
Gould, 1852
*Jiangsu und Zhejiang (e China)*

Suthora webbiana mantschurica
**Mandschurische Braunkopf-Papageimeise**
Taczanowski, 1885
*se Russland und ne China*
Suthora webbiana fulvicauda
**Hebei-Braunkopf-Papageimeise**
Campbell, CW, 1892
*Hebei (e China) und Korea*
Suthora webbiana suffusa
**Vietnam-Braunkopf-Papageimeise**
Swinhoe, 1871
*c, se China und ne Vietnam*
Suthora webbiana elisabethae
**Elisabeths Braunkopf-Papageimeise**
La Touche, 1922
*s China und nw Vietnam*
Suthora webbiana bulomacha
**Taiwan-Braunkopf-Papageimeise**
Swinhoe, 1866
*Taiwan*

Suthora alphonsiana
**Graukehl-Papageimeise**
*Ashy-throated Parrotbill - Picoloro gorjigrís*
Verreaux, J, 1871
*c Sichuan (c China)*

Suthora alphonsiana ganluoensis
**Ganluo-Graukehl-Papageimeise**
Li G & Zhang Q, 1980
*Ganluo County (sc Sichuan in c China)*
Suthora alphonsiana stresemanni
**Stresemanns Graukehl-Papageimeise**
Yen, 1934
*sc China*
Suthora alphonsiana yunnanensis
**Yunnan-Graukehl-Papageimeise**
La Touche, 1921
*s China und n Vietnam*

Suthora przewalskii
**Przewalski-Papageimeise**
*Przevalski's Parrotbill - Picoloro de Przewalski*
Berezowski & Bianchi, 1891
sc China


## Familie: Zosteropidae (Brillenvögel)

### Gattung: Parayuhina

Parayuhina diademata
**Diademyuhina**
*White-collared Yuhina - Yuhina diademada*
Verreaux, J, 1869
c China

Parayuhina diademata ampelina
**Südliche Diademyuhina**
Rippon, 1900
ne Myanmar, s China und n Vietnam

### Gattung: Staphida

Staphida everetti
**Rotschopfyuhina**
*Chestnut-crested Yuhina*
Sharpe, 1887
Gebirge Borneo

Staphida castaniceps
**Rotohryuhina**
*Striated Yuhina - Yuhina de Borneo*
Moore, F, 1854
s von ne Indien, se Bangladesch und w Myanmar

Staphida castaniceps rufigenis
**Himalaya-Rotohryuhina**
Hume, 1877
e Himalaya
Staphida castaniceps plumbeiceps
**Indien-Rotohryuhina**
Godwin-Austen, 1877
n von ne Indien, n Myanmar und sw China
Staphida castaniceps striata
**Myanmar-Rotohryuhina**
Blyth, 1859
e, s Myanmar und w Thailand

Staphida torqueola
**Kastanienohryuhina**
*Indochinese Yuhina - Yuhina indochina*
Swinhoe, 1870
s China, nc Vietnam und ne Thailand

### Gattung: Yuhina

Yuhina nigrimenta
**Meisenyuhina**
*Black-chinned Yuhina - Yuhina barbinegra*
Blyth, 1845
c, e Himalaya bis se China s bis n, s Indochina

Yuhina brunneiceps
**Braunscheitelyuhina**
*Taiwan Yuhina - Yuhina de Formosa*
Ogilvie-Grant, 1906
Taiwan

Yuhina flavicollis
**Gelbnackenyuhina**
*Whiskered Yuhina - Yuhina bigotuda*
Hodgson, 1836
e Himalaya und se Tibet

Yuhina flavicollis albicollis
**Himalaya-Gelbnackenyuhina**
Ticehurst & Whistler, 1924
w, c Himalaya
Yuhina flavicollis rouxi
**Roux-Gelbnackenyuhina**
Oustalet, 1896
ne Indien bis n Indochina
Yuhina flavicollis rogersi
**Rogers Gelbnackenyuhina**
Deignan, 1937
n Thailand

Yuhina flavicollis constantiae
**Laos-Gelbnackenyuhina**
Ripley, 1953
c Laos

Yuhina humilis
**Graunackenyuhina**
*Burmese Yuhina - Yuhina birmana*
Hume, 1877
se Myanmar und w Thailand

Yuhina humilis clarki
**Clarks Graunackenyuhina**
Oates, 1894
e Myanmar

Yuhina bakeri
**Rotkopfyuhina**
*White-naped Yuhina - Yuhina nuquiblanca*
Rothschild, 1926
Himalaya bis n Myanmar

Yuhina gularis
**Kehlstreifenyuhina**
*Stripe-throated Yuhina - Yuhina goliestriada*
Hodgson, 1836
c Himalaya bis n Indochina

Yuhina gularis vivax
**Himalaya-Kehlstreifenyuhina**
Koelz, 1954
w Himalaya
Yuhina gularis omeiensis
**China-Kehlstreifenyuhina**
Riley, 1930
c, s China
Yuhina gularis uthaii
**Vietnam-Kehlstreifenyuhina**
Eames, JC, 2002
c Vietnam

Yuhina occipitalis
**Rotsteißyuhina**
*Rufous-vented Yuhina - Yuhina ventrirrufa*
Hodgson, 1836
c, e Himalaya, s Tibet

Yuhina occipitalis obscurior
**Südliche Rotsteißyuhina**
Rothschild, 1921
n Myanmar und s China

### Gattung: Dasycrotapha

Dasycrotapha speciosa
**Goldstirn-Brillenvogel**
*Flame-templed Babbler - Timalí frentigualdo*
Tweeddale, 1878
Panay und Negros (wc Philippinen)

Dasycrotapha pygmaea
**Koboldbrillenvogel**
*Visayan Pygmy Babbler - Timalí pigmeo*
Ogilvie-Grant, 1896
Leyte und Samar (ec Philippinen)

Dasycrotapha plateni
**Mindanaobrillenvogel**
*Mindanao Pygmy Babbler - Timalí de Mindanao*
Blasius, W, 1890
Mindanao (s Philippinen)

### Gattung: Sterrhoptilus

Sterrhoptilus capitalis
**Gelbkehl-Brillenvogel**
*Rusty-crowned Babbler - Timalí mitrado*
Tweeddale, 1877
Dinagat (ec Philippinen)

Sterrhoptilus capitalis euroaustralis
**Mindanao-Gelbkehl-Brillenvogel**
Parkes, 1988
Mindanao außer Zamboanga Halbinsel (s Philippinen)
Sterrhoptilus capitalis isabelae
**Isabel-Gelbkehl-Brillenvogel**
Parkes, 1963
Basilan und Zamboanga Halbinsel, w Mindanao (s Philippinen)

Sterrhoptilus dennistouni
**Goldkappen-Brillenvogel**
*Golden-crowned Babbler - Timalí coronidorado*
Ogilvie-Grant, 1895
*n, e Luzon (n Philippinen)*

Sterrhoptilus affinis
**Bicolbrillenvogel**
*Calabarzon Babbler - Timalí de Luzon*
McGregor, 1907
*c, s Luzon (n Philippinen)*

Sterrhoptilus nigrocapitatus
**Schwarzkappen-Brillenvogel**
*Visayan Babbler - Timalí coroninegro*
Steere, 1890
*Samar und Leyte (ec Philippinen)*

> Sterrhoptilus nigrocapitatus boholensis
> **Bohol-Schwarzkappen-Brillenvogel**
> Rand & Rabor, 1957
> Bohol (ec Philippinen)

## Gattung: Zosterornis

Zosterornis hypogrammicus
**Palawan-Streifenbrillenvogel**
*Palawan Striped Babbler - Timalí de Palawan*
Salomonsen, 1961
*Gebirge Palawan (sw Philippinen)*

Zosterornis striatus
**Luzon-Streifenbrillenvogel**
*Luzon Striped Babbler - Timalí estriado*
Ogilvie-Grant, 1894
*e Luzon (n Philippinen)*

Zosterornis whiteheadi
**Rostgesicht-Streifenbrillenvogel**
*Chestnut-faced Babbler - Timalí de Whitehead*
Ogilvie-Grant, 1894
*Gebirge n, c Luzon (n Philippinen)*

> Zosterornis whiteheadi sorsogonensis
> **Südlicher Rostgesicht-Streifenbrillenvogel**
> Rand & Rabor, 1967
> Gebirge s Luzon (n Philippinen)

Zosterornis latistriatus
**Panay-Streifenbrillenvogel**
*Panay Striped Babbler - Timalí rayado*
Gonzales & Kennedy, RS, 1990
*Gebirge Panay (wc Philippinen)*

Zosterornis nigrorum
**Negros-Streifenbrillenvogel**
*Negros Striped Babbler - Timalí de Negros*
Rand & Rabor, 1952
*Gebirge Negros (wc Philippinen)*

## Gattung: Cleptornis

Cleptornis marchei
**Goldbrillenvogel**
*Golden White-eye - Anteojitos dorado*
Oustalet, 1889
*Saipan und Agiguan (=Aguijan, s Northern Mariana Is., w Micronesia)*

## Gattung: Rukia

Rukia ruki
**Trukbrillenvogel**
*Teardrop White-eye - Anteojitos de la Truk*
Hartert, EJO, 1897
*Faichuk Gruppe, Chuuk (=Truk, c Caroline Is., c Micronesia)*

Rukia longirostra
**Langschnabel-Brillenvogel**
*Long-billed White-eye - Anteojitos piquilargo*
Taka-Tsukasa & Yamashina, 1931
*Pohnpei (=Ponape, e Caroline Is., c Micronesia)*

## Gattung: Megazosterops

Megazosterops palauensis
**Bronzebrillenvogel**
*Giant White-eye - Anteojitos de Palaos*
Reichenow, 1915
*Palau (w Caroline Is., w Micronesia)*

## Gattung: Heleia

Heleia javanica
**Javabrillenvogel**
*Mees's White-eye - Anteojitos de Java*
Horsfield, 1821
*Gebirge c Java*

> Heleia javanica frontalis
> **Westlicher Javabrillenvogel**
> Reichenbach, 1852
> Gebirge w Java
> Heleia javanica elongata
> **Östlicher Javabrillenvogel**
> Stresemann, 1913
> Gebirge e Java und Bali

Heleia pinaiae
**Pinaiabrillenvogel**
*Grey-hooded White-eye - Anteojitos cabecigrís*
Stresemann, 1912
*Gebirge c Seram (ec Moluccas)*

Heleia squamifrons
**Zwergbrillenvogel**
*Pygmy White-eye - Anteojitos pigmeo*
Sharpe, 1892
*Borneo*

Heleia goodfellowi
**Gnomenbrillenvogel**
*Mindanao White-eye - Anteojitos enmascarado*
Hartert, EJO, 1903
*Gebirge c, s Mindanao (s Philippinen)*

> Heleia goodfellowi gracilis
> **Östlicher Gnomenbrillenvogel**
> Mees, 1969
> Gebirge ne Mindanao (s Philippinen)
> Heleia goodfellowi malindangensis
> **Westlicher Gnomenbrillenvogel**
> Mearns, 1909
> Gebirge Zamboangao Halbinsel, w Mindanao (s Philippinen)

Heleia squamiceps
**Schuppenkopf-Brillenvogel**
*Streak-headed White-eye - Anteojitos cabecirrayado*
Hartert, EJO, 1896
*Gebirge sw Sulawesi*

> Heleia squamiceps heinrichi
> **Heinrichs Schuppenkopf-Brillenvogel**
> Stresemann, 1931
> Gebirge nw Sulawesi
> Heleia squamiceps striaticeps
> **Nördlicher Schuppenkopf-Brillenvogel**
> Riley, 1918
> Gebirge nc Sulawesi
> Heleia squamiceps stresemanni
> **Stresemanns Schuppenkopf-Brillenvogel**
> van Marle, 1940
> Gebirge ne Sulawesi
> Heleia squamiceps stachyrina
> **Südlicher Schuppenkopf-Brillenvogel**
> Stresemann, 1932
> Gebirge sc Sulawesi
> Heleia squamiceps analoga
> **Östlicher Schuppenkopf-Brillenvogel**
> Stresemann, 1932
> Gebirge se Sulawesi

Heleia superciliaris
**Gelbbrauen-Brillenvogel**
*Cream-browed White-eye - Anteojitos cejiamarillo*
Hartert, EJO, 1897
*Gebirge Flores (c Lesser Sundas)*

> Heleia superciliaris hartertiana
> **Sumbawa-Gelbbrauen-Brillenvogel**
> Rensch, 1928
> Gebirge Sumbawa (w Lesser Sundas)

Heleia dohertyi
**Schopfbrillenvogel**
*Crested White-eye - Anteojitos crestado*
Hartert, EJO, 1896
*Sumbawa und Satonda (n von c Sumbawa; w Lesser Sundas)*

Heleia dohertyi subcristata
**Flores-Schopfbrillenvogel**
Hartert, EJO, 1897
Flores (c Lesser Sundas)

Heleia muelleri
**Fleckenbrust-Brillenvogel**
*Spot-breasted Heleia - Anteojitos de Timor*
Hartlaub, 1865
*Timor (e Lesser Sundas)*

Heleia crassirostris
**Nacktaugen-Brillenvogel**
*Thick-billed Heleia - Anteojitos picogordo*
Hartert, EJO, 1897
*Sumbawa und Flores (w, c Lesser Sundas)*

Heleia wallacei
**Gelbring-Brillenvogel**
*Yellow-ringed White-eye - Anteojitos ojigualdo*
Finsch, 1901
*Sumbawa bis Sumba und Lembata (w, c Lesser Sundas)*

## Gattung: Apalopteron

Apalopteron familiare
**Boninbrillenvogel**
*Bonin White-eye - Anteojitos de las Bonin*
Kittlitz, 1830
*Mukojima, Chichijima, und Hahajima (n Bonin=Ogasawara Is.)*

Apalopteron familiare hahasima
**Hahajimabrillenvogel**
Yamashina, 1930
Hahajima und kleine Inseln Mukohijima und Imotojima, among others (s
Bonin=Ogasawara Is.)

## Gattung: Tephrozosterops

Tephrozosterops stalkeri
**Kakopibrillenvogel**
*Rufescent Darkeye - Anteojitos bicolor*
Ogilvie-Grant, 1910
*w, c Seram (ec Moluccas)*

## Gattung: Zosterops

Zosterops ceylonensis
**Ceylonbrillenvogel**
*Sri Lanka White-eye - Anteojitos cingalés*
Holdsworth, 1872
*Sri Lanka*

Zosterops nigrorum
**Philippinenbrillenvogel**
*Yellowish White-eye - Anteojitos amarillento*
Tweeddale, 1878
*West Visayas (wc Philippinen)*

Zosterops nigrorum richmondi
**Richmonds Philippinenbrillenvogel**
McGregor, 1904
Cagayancillo Is. (se Palawan, sw Philippinen)

Zosterops nigrorum meyleri
**Meylers Philippinenbrillenvogel**
McGregor, 1907
Camiguin Norte (n Philippinen)

Zosterops nigrorum aureiloris
**West-Luzonbrillenvogel**
Ogilvie-Grant, 1895
nw Luzon (n Philippinen)

Zosterops nigrorum innominatus
**Ost-Luzonbrillenvogel**
Finsch, 1901
ne, c Luzon (n Philippinen)

Zosterops nigrorum luzonicus
**Luzonbrillenvogel**
Ogilvie-Grant, 1895
s Luzon und Catanduanes (n Philippinen)

Zosterops nigrorum catarmanensis
**Camiguinbrillenvogel**
Rand & Rabor, 1969
Camiguin Sur (n Mindanao, s Philippinen)

Zosterops nigrorum mindorensis
**Mindorobrillenvogel**
Parkes, 1971
Mindoro (nw Philippinen)

Zosterops atricapilla
**Schwarzstirn-Brillenvogel**
*Black-capped White-eye - Anteojitos capirotado*
Salvadori, 1879
*Gebirge c, s Sumatra und Borneo*

Zosterops atricapilla viridicatus
**Sumatra-Schwarzstirnbrillenvogel**
Chasen, 1941
Gebirge n Sumatra

Zosterops abyssinicus
**Somalibrillenvogel**
*Abyssinian White-eye - Anteojitos abisinio*
Guérin-Méneville, 1843
*ne Sudan, Eritrea und n, c Äthiopien*

Zosterops abyssinicus arabs
**Arabischer Brillenvogel**
Lorenz von Liburnau, L & Hellmayr, 1901
sw Saudi-Arabien, Jemen und s Oman

Zosterops abyssinicus omoensis
**Äthiopienbrillenvogel**
Neumann, 1904
w Äthiopien

Zosterops flavilateralis
**Keniabrillenvogel**
*Pale White-eye - Anteojitos keniano*
Reichenow, 1892
*c, e Kenia bis e Tansania*

Zosterops flavilateralis jubaensis
**Erlangers Keniabrillenvogel**
Erlanger, 1901
s Äthiopien, s Somalia und n Kenia

Zosterops mbuluensis
**Mbulubrillenvogel**
*Mbulu White-eye - Anteojitos serrano de Mbulu*
Sclater, WL & Moreau, 1935
*s Kenia und n Tansania*

Zosterops erythropleurus
**Rostflanken-Brillenvogel**
*Chestnut-flanked White-eye - Anteojitos flanquirrufo*
Swinhoe, 1863
*e, Southeast Asien*

Zosterops simplex
**Swinhoebrillenvogel**
*Swinhoe's White-eye - Anteojitos de Swinhoe*
Swinhoe, 1861
*e China, Taiwan und extremer ne Vietnam*

Zosterops simplex hainanus
**Hainan-Swinhoebrillenvogel**
Hartert, EJO, 1923
Hainan Insel (vor se China)

Zosterops simplex erwini
**Erwins Swinhoebrillenvogel**
Chasen, 1935
Küste Thai-Malayische Halbinsel, Flachland Sumatra, Riau Is. (e von c Sumatra), Bangka
(e von s Sumatra), Natuna Is. (nw Borneo) und Flachland w Borneo

Zosterops simplex williamsoni
**Williams Swinhoebrillenvogel**
Robinson & Kloss, 1919
Gulf von Thailand Küste und w Kambodscha

Zosterops simplex salvadorii
**Salvadoris Swinhoebrillenvogel**
Meyer, AB & Wiglesworth, 1894
Mega (w von sc Sumatra) und Enggano (w von s Sumatra)

Zosterops emiliae
**Schwarzring-Brillenvogel**
*Mountain Blackeye - Anteojitos ojinegro*
Sharpe, 1888
*Mt. Tambuyukon und Mt. Kinabalu (Sabah, n Borneo)*

Zosterops emiliae trinitae
**Madi-Schwarzring-Brillenvogel**
Harrisson, 1957
Mt. Trus Madi (Sabah, n Borneo)

Zosterops emiliae fusciceps
**Sarawak-Schwarzring-Brillenvogel**
Mees, 1954
Gebirge ne Sarawak und sw Sabah (n Borneo)

Zosterops emiliae moultoni
**Moultons Schwarzring-Brillenvogel**
Chasen & Kloss, 1927
Gebirge w Sarawak und nw Kalimantan (n, w Borneo)

Zosterops japonicus
**Japanbrillenvogel**
*Warbling White-eye - Anteojitos japonés*
Temminck & Schlegel, 1847
*s Sakhalin Is., Japan und Küste Koreanische Halbinsel*

Zosterops japonicus stejnegeri
**Izubrillenvogel**
Seebohm, 1891
Izu Is. s bis Torishima (Nanpo Archipel)
Zosterops japonicus alani
**Volcanobrillenvogel**
Hartert, EJO, 1905
Iwo (=Volcano) Insel
Zosterops japonicus insularis
**Ogawabrillenvogel**
Ogawa, 1905
n Ryukyu Is.
Zosterops japonicus loochooensis
**Ryukyubrillenvogel**
Tristram, 1889
Ryukyu Is. (außer n)
Zosterops japonicus daitoensis
**Borodinobrillenvogel**
Kuroda, Nm, 1923
Borodino Is.
Zosterops japonicus obstinatus
**Tidorebrillenvogel**
Hartert, EJO, 1900
Gebirge Ternate, Tidore, Bacan (w Halmahera) und Seram
Zosterops japonicus montanus
**Gebirgs-Sumatrabrillenvogel**
Bonaparte, 1850
Gebirge Sumatra, Java, Bali, Lesser Sundas, Sulawesi und s Moluccas
Zosterops japonicus difficilis
**Dempobrillenvogel**
Robinson & Kloss, 1918
Mt. Dempo (s Sumatra)
Zosterops japonicus parkesi
**Parkers Palawanbrillenvogel**
duPont, 1971
Gebirge Palawan (sw Philippinen)
Zosterops japonicus whiteheadi
**Gebirgs-Luzonbrillenvogel**
Hartert, EJO, 1903
Gebirge n Luzon (n Philippinen)
Zosterops japonicus diuatae
**Gebirgs-Mindanaobrillenvogel**
Salomonsen, 1953
Gebirge n Mindanao (s Philippinen)
Zosterops japonicus vulcani
**Gebirgs-Phillipinenbrillenvogel**
Hartert, EJO, 1903
Gebirge c Mindanao (s Philippinen)
Zosterops japonicus pectoralis
**Gebirgs-Negrosbrillenvogel**
Mayr, 1945
Gebirge Negros (wc Philippinen)
Zosterops japonicus halconensis
**Gebirgs-Mindorobrillenvogel**
Mearns, 1907
Gebirge Mindoro (nw Philippinen)

Zosterops palpebrosus
**Gangesbrillenvogel**
*Indian White-eye - Anteojitos oriental*
Temminck, 1824
*se Arabien über n Indien e bis sw Sichuan, Yunnan, und Myanmar*

Zosterops palpebrosus occidentis
**Westlicher Gangesbrillenvogel**
Ticehurst, 1927
ne Afghanistan, Pakistan, n, c Indien und w Himalaya
Zosterops palpebrosus nilgiriensis
**Indischer Gangesbrillenvogel**
Ticehurst, 1927
s Western Ghats (sw Indien)
Zosterops palpebrosus salimalii
**Salimalibrillenvogel**
Whistler, 1933
s Eastern Ghats (se Indien)
Zosterops palpebrosus egregius
**Laccadivebrillenvogel**
Madarász, G, 1911
Flachland Halbinsel Indien, Sri Lanka und Laccadive Insel
Zosterops palpebrosus siamensis
**Siambrillenvogel**
Blyth, 1867
s Myanmar bis nw Indochina und n Vietnam
Zosterops palpebrosus nicobaricus
**Nikobarenbrillenvogel**
Blyth, 1845
Andaman und Nicobar Is.

Zosterops meyeni
**Luzonbrillenvogel**
*Lowland White-eye - Anteojitos filipino*
Bonaparte, 1850
*Calayan, Luzon, Mindoro und East Visayas (n, ec Philippinen)*

Zosterops meyeni batanis
**Batan-Flachlandbrillenvogel**
McGregor, 1907
Taiwan und n Philippinen

† Zosterops semiflavus
**Mariannebrillenvogel**
*Marianne White-eye - Zarzalero de Marianne*
Newton, E, 1867
*Marianne (ne Inner Is., ne Seychellen)*

Zosterops mouroniensis
**Karthalabrillenvogel**
*Karthala White-eye - Anteojitos de Gran Comora*
Milne-Edwards & Oustalet, 1885
*Gebirge Grande Comore (=Njazidja; nw Comoros)*

Zosterops olivaceus
**Réunion-Olivbrillenvogel**
*Reunion Olive White-eye - Anteojitos oliváceo de Reunión*
Linnaeus, 1766
*Gebirge Réunion (w Mascarenes)*

Zosterops chloronothos
**Mauritius-Olivbrillenvogel**
*Mauritius Olive White-eye - Anteojitos oliváceo de Mauricio*
Vieillot, 1817
*Mauritius (c Mascarenes); Ile aux Aigrettes (e Mauritius)*

Zosterops borbonicus
**Réunion-Graubrillenvogel**
*Reunion Grey White-eye - Anteojitos gris de Reunión*
Pennant, 1781
*n, e Réunion (w Mascarenes)*

Zosterops borbonicus alopekion
**Hochland-Graubrillenvogel**
Storer & Gill, FB, 1966
Hochland Réunion (w Mascarenes)
Zosterops borbonicus xerophilus
**Küsten-Graubrillenvogel**
Storer & Gill, FB, 1966
w Küste Réunion (w Mascarenes)

Zosterops mauritianus
**Mauritius-Graubrillenvogel**
*Mauritius Grey White-eye - Anteojitos gris de Mauricio*
Gmelin, JF, 1789
*Mauritius (c Mascarenes)*

Zosterops melanocephalus
**Kamerunbrillenvogel**
*Mount Cameroon Speirops - Anteojitos del Camerún*
Gray, GR, 1862
*Kamerun*

Zosterops stenocricotus
**Waldbrillenvogel**
*Forest White-eye - Anteojitos forestal*
Reichenow, 1892
*se Nigeria bis sw Zentralafrikanische Republik und n Gabun, Bioko Insel*

Zosterops stuhlmanni
**Grünbrillenvogel**
*Green White-eye - Anteojitos verde*
Reichenow, 1892
*nw Tansania und s, c Uganda*

Zosterops stuhlmanni reichenowi
**Kongo-Grünbrillenvogel**
Dubois, AJC, 1911
e Demokratische Republik Kongo
Zosterops stuhlmanni toroensis
**Uganda-Grünbrillenvogel**
Reichenow, 1904
ne Demokratische Republik Kongo und w Uganda
Zosterops stuhlmanni scotti
**Scotts Grünbrillenvogel**
Neumann, 1899
Bwindi-Impenetrable NP und Virunga Volcanos

Zosterops eurycricotus
**Kilimandscharo-Brillenvogel**
*Broad-ringed White-eye - Anteojitos serrano del Kilimanjaro*
Fischer, GA & Reichenow, 1884
*ne Tansania*

Zosterops brunneus
**Braunbrillenvogel**
*Fernando Po Speirops - Anteojitos de Fernando Póo*
Salvadori, 1903
*Gebirge Bioko (n Gulf von Guinea Is.)*

Zosterops poliogastrus
**Bergbrillenvogel**
*Heuglin's White-eye - Anteojitos serrano etíope*
Heuglin, 1861
*se Sudan, Eritrea und n, c, e Äthiopien*

Zosterops kaffensis
**Kaffensbrillenvogel**
*Kafa White-eye - Anteojitos de Kafa*
Neumann, 1902
*w, sw Äthiopien*

    Zosterops kaffensis kulalensis
    **Kulalbrillenvogel**
    Williams, JG, 1948
    *Mt. Kulal (n Kenia)*

Zosterops kikuyuensis
**Kikuyubrillenvogel**
*Kikuyu White-eye - Anteojitos serrano kikuyu*
Sharpe, 1891
*Kenia*

Zosterops socotranus
**Sokotrabrillenvogel**
*Socotra White-eye - Anteojitos de Socotra*
Neumann, 1908
*Socotra und n Somalia*

Zosterops ficedulinus
**Fahlbrillenvogel**
*Principe White-eye - Anteojitos de Príncipe*
Hartlaub, 1866
*Príncipe (c Gulf von Guinea Is.)*

Zosterops griseovirescens
**Annobónbrillenvogel**
*Annobon White-eye - Anteojitos de Annobón*
Barboza du Bocage, 1893
*Annobón (s Gulf von Guinea Is.)*

Zosterops feae
**São-Tomé-Brillenvogel**
*Sao Tome White-eye - Anteojitos de Santo Tomé*
Salvadori, 1901
*São Tomé (sc Gulf von Guinea Is.)*

Zosterops lugubris
**Schwarzscheitel-Brillenvogel**
*Black-capped Speirops - Anteojitos lúgubre*
Hartlaub, 1848
*São Tomé (sc Gulf von Guinea Is.)*

Zosterops leucophaeus
**Silberbrillenvogel**
*Principe Speirops - Anteojitos plateado*
Hartlaub, 1857
*Príncipe (c Gulf von Guinea Is.)*

Zosterops silvanus
**Taitabrillenvogel**
*Taita White-eye - Anteojitos serrano de los Taita*
Peters, JL & Loveridge, 1935
*Kenia*

Zosterops senegalensis
**Senegalbrillenvogel**
*Northern Yellow White-eye - Anteojitos senegalés*
Bonaparte, 1850
*Mauretanien und Senegal bis nw Äthiopien*

    Zosterops senegalensis jacksoni
    **Jacksond Senegalbrillenvogel**
    Neumann, 1899
    *w Kenia und n Tansania*
    Zosterops senegalensis demeryi
    **Demerys Senegalbrillenvogel**
    Büttikofer, 1890
    *Sierra Leone, Liberia und Elfenbeinküste*
    Zosterops senegalensis gerhardi
    **Gerhards Senegalbrillenvogel**
    Elzen & König, C, 1983
    *s Sudan und ne Uganda*

Zosterops kasaicus
**Angolabrillenvogel**
*Angola White-eye - Anteojitos de Angola*
Chapin, 1932
*c Demokratische Republik Kongo bis ne Angola*

    Zosterops kasaicus heinrichi
    **Heinrichs Senegalbrillenvogel**
    Meise, 1958
    *nw Angola*
    Zosterops kasaicus quanzae
    **Quanzabrillenvogel**
    Meyer de Schauensee, 1932
    *c Angola*

Zosterops pallidus
**Oranjebrillenvogel**
*Orange River White-eye - Anteojitos del Orange*
Swainson, 1838
*Namibia bis w, c Südafrika; Orange River*

Zosterops winifredae
**Parebrillenvogel**
*South Pare White-eye - Anteojitos serrano de las Pare*
Moreau & Sclater, WL, 1934
*s Pare Mts. (ne Tansania)*

Zosterops virens
**Kapbrillenvogel**
*Cape White-eye - Anteojitos de El Cabo*
Sundevall, 1850
*sw Mosambik, Swaziland und e Südafrika*

    Zosterops virens capensis
    **Botswana-Kapbrillenvogel**
    Sundevall, 1850
    *se Botswana und n Südafrika bis sw Südafrika*

Zosterops anderssoni
**Südbrillenvogel**
*Southern Yellow White-eye - Anteojitos del Zambeze*
Shelley, 1892
*e, s Angola und n Namibia bis sw Tansania, w Mosambik und n Südafrika*

    Zosterops anderssoni tongensis
    **Simbawe-Südbrillenvogel**
    Roberts, 1931
    *se Simbabwe, s Mosambik und ne Südafrika*
    Zosterops anderssoni stierlingi
    **Sterlings Südbrillenvogel**
    Reichenow, 1899
    *e, s Tansania, e Sambia, Malawi und n Mosambik*

Zosterops vaughani
**Pembabrillenvogel**
*Pemba White-eye - Anteojitos de Pemba*
Bannerman, 1924
*Pemba Insel*

Zosterops modestus
**Mahébrillenvogel**
*Seychelles White-eye - Anteojitos de Seychelles*
Newton, E, 1867
*Mahé und Conception (w von nw Mahé; s Inner Is., ne Seychellen)*

Zosterops anjuanensis
**Anjouanbrillenvogel**
*Anjouan White-eye - Anteojitos de Anjouan*
Newton, E, 1877
*Anjouan (=Nzwani; ec Comoros)*

Zosterops aldabrensis
**Aldabrabrillenvogel**
*Aldabra White-eye - Anteojitos de Aldabra*
Ridgway, 1894
*Aldabra (w Aldabra Gruppe, sw Seychellen)*

Zosterops kirki
**Komorenbrillenvogel**
*Kirk's White-eye - Anteojitos de Kirk*
Shelley, 1880
*Grande Comore (=Njazidja; nw Comoros)*

Zosterops comorensis
**Mohélibrillenvogel**
*Moheli White-eye - Anteojitos de Moheli*
Shelley, 1900
*Mohéli (=Mwali; wc Comoros)*

Zosterops mayottensis
## Dotterbrust-Brillenvogel
*Mayotte White-eye - Anteojitos de la Mayotte*
Schlegel, 1867
*Mayotte und kleine Inseln (se Comoros)*

Zosterops maderaspatanus
## Madagaskarbrillenvogel
*Malagasy White-eye - Anteojitos malgache*
Linnaeus, 1766
*Iles Glorieuses (nw Madagascar) und Madagascar*

> Zosterops maderaspatanus voeltzkowi
> ### Europa-Inselbrillenvogel
> Reichenow, 1905
> Europa (w von s Madagascar, Mosambik Channel)
> Zosterops maderaspatanus menaiensis
> ### Cosmolédobrillenvogel
> Benson, 1969
> Cosmolédo Atoll und Astove (e Aldabra Gruppe, sw Seychellen)

Zosterops meratusensis
## Meratusbrillenvogel
*Meratus White-eye - Anteojitos meratus*
Irham, Haryoko, Shakya, Mitchell, S, Burner, Bocos, Eaton, Rheindt, Suparno, Sheldon & Prawiradilaga, 2021
*Meratus Mts., se Kalimantan (se Borneo)*

Zosterops chloris
## Molukkenbrillenvogel
*Lemon-bellied White-eye - Anteojitos ventrilimón*
Bonaparte, 1850
*Mayu (zwischen n Sulawesi und Halmahera), Nanusa (n Talaud Is., ne Sulawesi), Tujuh (n von c Seram, ec Moluccas), s Moluccas inklusive Banda und Kai is., Schildpad und Wai (Geelvink Bay is.) und Aru Is. (sw Neuguinea)*

> Zosterops chloris maxi
> ### Großer Molukkenbrillenvogel
> Finsch, 1907
> Inseln in Java Sea, w Borneo, und Lombok (w Lesser Sundas)
> Zosterops chloris intermedius
> ### kleiner Molukkenbrillenvogel
> Wallace, 1864
> e, s Sulawesi, Selayar bis Kalaotoa (s von sw Sulawesi) und Sumbawa bis Pantar (w, c Lesser Sundas)
> Zosterops chloris mentoris
> ### Meises Molukkenbrillenvogel
> Meise, 1952
> Sulawesi außer se

Zosterops flavissimus
## Tukang-Besi-Brillenvogel
*Wakatobi White-eye - Anteojitos de Wakatobi*
Hartert, EJO, 1903
*Tukangbesi (se von se Sulawesi)*

Zosterops atrifrons
## Sulabrillenvogel
*Black-crowned White-eye - Anteojitos frentinegro*
Wallace, 1864
*n Sulawesi*

> Zosterops atrifrons surdus
> ### Rileys Sulabrillenvogel
> Riley, 1919
> c Sulawesi
> Zosterops atrifrons subatrifrons
> ### Banggaibrillenvogel
> Meyer, AB & Wiglesworth, 1896
> Banggai Is. (e Sulawesi)
> Zosterops atrifrons sulaensis
> ### Neumanns Sulabrillenvogel
> Neumann, 1939
> Sula Is. (e Sulawesi)

Zosterops nehrkorni
## Sangihebrillenvogel
*Sangihe White-eye - Anteojitos de la Sangihe*
Blasius, W, 1888
*Gebirge Sangihe (n Sulawesi)*

Zosterops consobrinorum
## Celebesbrillenvogel
*Pale-bellied White-eye - Anteojitos ventripálido*
Meyer, AB, 1904
*se Sulawesi, Kabaena und Butung (s von se Sulawesi)*

Zosterops somadikartai
## Togianbrillenvogel
*Togian White-eye - Anteojitos de las Togian*
Indrawan, Rasmussen & Sunarto, 2008
*Togian Is. (zwischen ne und ec Sulawesi)*

Zosterops anomalus
## Sulawesibrillenvogel
*Black-ringed White-eye - Anteojitos anómalo*
Meyer, AB & Wiglesworth, 1896
*sw Sulawesi*

Zosterops minor
## Grünstirn-Brillenvogel
*Green-fronted White-eye - Anteojitos cariverde*
Meyer, AB, 1874
*Yapen (Geelvink Bay is.) und n Neuguinea (außer nw)*

> Zosterops minor rothschildi
> ### Rothschilds Grünstirn-Brillenvogel
> Stresemann & Paludan, 1934
> wc Neuguinea (Weyland Mts.)

Zosterops chrysolaemus
## Maskenbrillenvogel
*Black-fronted White-eye - Anteojitos carinegro*
Salvadori, 1876
*nw, c, ec Neuguinea*

> Zosterops chrysolaemus gregarius
> ### Adelbert-Maskenbrillenvogel
> Mayr, 1933
> Gebirge Adelbert Range und Huon Halbinsel (ne Neuguinea)
> Zosterops chrysolaemus delicatulus
> ### Sharpes Maskenbrillenvogel
> Sharpe, 1882
> se Neuguinea und D'Entrecasteaux Archipel (e von se Neuguinea)

Zosterops meeki
## Tagulabrillenvogel
*Tagula White-eye - Anteojitos goliblanco*
Hartert, EJO, 1898
*Tagula (c Louisiade Archipel, se Neuguinea)*

Zosterops dehaani
## Morotaibrillenvogel
*Morotai White-eye - Anteojitos de Morotai*
van Bemmel, 1939
*Morotai (n Moluccas)*

Zosterops atriceps
## Braunscheitel-Brillenvogel
*Cream-throated White-eye - Anteojitos moluqueño*
Gray, GR, 1861
*Bacan und Obi (nc Moluccas)*

> Zosterops atriceps fuscifrons
> ### Halmahera-Braunscheitel-Brillenvogel
> Salvadori, 1878
> Halmahera (n Moluccas)

Zosterops buruensis
## Burubrillenvogel
*Buru White-eye - Anteojitos de Buru*
Salvadori, 1878
*Buru (wc Moluccas)*

Zosterops stalkeri
## Serambrillenvogel
*Seram White-eye - Anteojitos de Seram*
Ogilvie-Grant, 1910
*Seram (ec Moluccas)*

Zosterops flavus
## Horsfieldbrillenvogel
*Javan White-eye - Anteojitos amarillo*
Horsfield, 1821
*Java und s Borneo*

Zosterops citrinella
## Zitronenbrillenvogel
*Ashy-bellied White-eye - Anteojitos pálido*
Bonaparte, 1850
*Sumba, Sawu, Semau und Rote (w Timor) und Timor (c, e Lesser Sundas)*

> Zosterops citrinella harterti
> ### Harters Zitronenbrillenvogel
> Stresemann, 1912
> Lembata und Alor (ec Lesser Sundas)
> Zosterops citrinella albiventris
> ### Weißbauch-Zitronenbrillenvogel
> Reichenbach, 1852
> Inseln e Lesser Sundas, Tanimbar Is. (s Moluccas), Torres Strait is. und Inseln vor ne Queensland (ne Australien)
> Zosterops citrinella unicus
> ### Flores-Zitronenbrillenvogel
> Hartert, EJO, 1897
> Sumbawa und Flores (w, c Lesser Sundas)

Zosterops luteus
## Mangrovebrillenvogel
*Canary White-eye - Anteojitos australiano*
Gould, 1843
*Küste ne Western Australia bis nw Queensland und Inseln e von ne Queensland (n Australien)*

Zosterops luteus balstoni
### Balstons Mangrovebrillenvogel
Ogilvie-Grant, 1909
Küste wc bis n Western Australia (nw Australien)

Zosterops lateralis
## Graumantel-Brillenvogel
*Silvereye - Anteojitos dorsigrís*
Latham, 1801
*Flinders Insel (Furneaux Gruppe, e Bass Strait) und Tasmanien (se Australien), Norfolk Insel (e Australien), New Zealand*

Zosterops lateralis vegetus
### Cape Yorkbrillenvogel
Hartert, EJO, 1899
e Cape York Halbinsel, ne Queensland (ne Australien)
Zosterops lateralis cornwalli
### Cornwallbrillenvogel
Mathews, 1912
ec Queensland bis ne NWS (ec Australien)
Zosterops lateralis chlorocephalus
### Östlicher Graumantel-Brillenvogel
Campbell, AJ & White, SA, 1910
Inseln e von se Queensland (ec Australien)
Zosterops lateralis westernensis
### Südlicher Graumantel-Brillenvogel
Quoy & Gaimard, 1832
c, e New South Wales und Victoria (se Australien)
Zosterops lateralis tephropleurus
### Lord Howe-Brillenvogel
Gould, 1855
Lord Howe Insel (e Australien)
Zosterops lateralis ochrochrous
### King Island-Brillenvogel
Schodde & Mason, IJ, 1999
King Insel (w Bass Strait, se Australien)
Zosterops lateralis pinarochrous
### Masons Graumantel-Brillenvogel
Schodde & Mason, IJ, 1999
s, se South Australia (sc, se Australien)
Zosterops lateralis chloronotus
### Goulds Graumantel-Brillenvogel
Gould, 1841
wc bis se Western Australia und sw South Australia (sw bis s Australien)
Zosterops lateralis griseonota
### Neukaledonienbrillenvogel
Gray, GR, 1859
Grande Terre und Ile des Pins (New Caledonia)
Zosterops lateralis nigrescens
### Loyalitätsbrillenvogel
Sarasin, 1913
Mare und Ouvea (w, e Loyalty Is.)
Zosterops lateralis melanops
### Lifoubrillenvogel
Gray, GR, 1860
Lifou (c Loyalty Is.)
Zosterops lateralis tropicus
### Tropischer Graumantel-Brillenvogel
Mees, 1969
Torres und Banks Is. bis Santo at least (nw, n Vanuatu)
Zosterops lateralis vatensis
### Vanuatu-Graumantelbrillenvogel
Tristram, 1879
Malekula bis Tanna (c, s Vanuatu)
Zosterops lateralis valuensis
### Mota Lava-Brillenvogel
Murphy & Mathews, 1929
Mota Lava (Banks Is., ne Vanuatu)
Zosterops lateralis flaviceps
### Fijibrillenvogel
Peale, 1849
Fiji (sw Polynesien)

Zosterops auriventer
## Humebrillenvogel
*Hume's White-eye - Anteojitos de Hume*
Hume, 1878
*se Burma (Tenasserim)*

Zosterops auriventer tahanensis
### Malyen-Humebrillenvogel
Ogilvie-Grant, 1906
c, s Malayische Halbinsel, Gebirge Sumatra
Zosterops auriventer wetmorei
### Wetmor-Humebrillenvogel
Deignan, 1943
s Thailand und n Malayische Halbinsel
Zosterops auriventer medius
### Kleiner Humebrillenvogel
Robinson & Kloss, 1923
Borneo

Zosterops melanurus
## Sangkarbrillenvogel
*Sangkar White-eye - Anteojitos Sangkar*
Hartlaub, 1865
*e, c Java und Bali*

Zosterops melanurus buxtoni
### Buxtons Sangkarbrillenvogel
Nicholson, 1879
w Java

Zosterops everetti
## Everettbrillenvogel
*Everett's White-eye - Anteojitos de Everett*
Tweeddale, 1878
*Cebu (c Philippinen)*

Zosterops everetti boholensis
### Bohol-Everettbrillenvogel
McGregor, 1908
East Visayas (ec Philippinen)
Zosterops everetti basilanicus
### Basilan-Everettbrillenvogel
Steere, 1890
Mindanao Gruppe (s Philippinen)
Zosterops everetti siquijorensis
### Siquijor-Everettbrillenvogel
Bourns & Worcester, 1894
Siquijor (sc Philippinen)
Zosterops everetti mandibularis
### Sulu-Everettbrillenvogel
Stresemann, 1931
Sulu Archipel (s Philippinen)
Zosterops everetti babelo
### Talaud-Everettbrillenvogel
Meyer, AB & Wiglesworth, 1895
Talaud Is. (ne von ne Sulawesi)

Zosterops vellalavella
## Bänderbrillenvogel
*Vella Lavella White-eye - Anteojitos de Vella Lavella*
Hartert, EJO, 1908
*Vella Lavella und Bagga (wc Solomon Is.)*

Zosterops sanctaecrucis
## Einfarb-Brillenvogel
*Santa Cruz White-eye - Anteojitos de Santa Cruz*
Tristram, 1894
*Nendo (Santa Cruz Is. =Temotu, se Solomon Is.)*

Zosterops fuscicapilla
## Arfakbrillenvogel
*Capped White-eye - Anteojitos de las Arfak*
Salvadori, 1876
*Gebirge nw bis c Neuguinea*

Zosterops crookshanki
## Nidulabrillenvogel
*Oya Tabu White-eye - Anteojitos de las Entrecasteaux*
Mayr & Rand, 1935
*Goodenough und Fergusson (D'Entrecasteaux Archipel, e von se Neuguinea)*

Zosterops flavifrons
## Gelbstirn-Brillenvogel
*Vanuatu White-eye - Anteojitos frentigualdo*
Gmelin, JF, 1789
*Tanna und Aniwa (s Vanuatu)*

Zosterops flavifrons gauensis
### Gauabrillenvogel
Murphy & Mathews, 1929
Gaua (n Vanuatu)
Zosterops flavifrons perplexus
### Östlicher Gelbstirn-Brillenvogel
Murphy & Mathews, 1929
Vanua Lava south bis Epi und kleine Inseln (n, nc Vanuatu)
Zosterops flavifrons brevicauda
### Westlicher Gelbstirn-Brillenvogel
Murphy & Mathews, 1929
Malo und Santo (nw Vanuatu)
Zosterops flavifrons macgillivrayi
### Malakulabrillenvogel
Sharpe, 1900
Malakula (nc Vanuatu)
Zosterops flavifrons efatensis
### Südlicher Gelbstirn-Brillenvogel
Mayr, 1937
Efate und Erromango (sc Vanuatu)
Zosterops flavifrons majusculus
### Anatombrillenvogel
Murphy & Mathews, 1929
Anatom Insel (=Aneityum, s Vanuatu)

Zosterops superciliosus
**Woodfordbrillenvogel**
*Bare-eyed White-eye - Anteojitos de Woodford*
North, 1906
*Rennell (se Solomon Is.)*

Zosterops lacertosus
**Sanfordbrillenvogel**
*Sanford's White-eye - Anteojitos de Sanford*
Murphy & Mathews, 1929
*Nendo (Santa Cruz Is. =Temotu, se Solomon Is.)*

Zosterops gibbsi
**Vanikorobrillenvogel**
*Vanikoro White-eye - Anteojitos de Vanikoro*
Dutson, 2008
*Vanikoro (Santa Cruz Is. =Temotu, se Solomon Is.)*

Zosterops explorator
**Layardbrillenvogel**
*Fiji White-eye - Anteojitos de Fiyi*
Layard, EL, 1875
*Viti Levu, Ovalau, Vanua Levu, Taveuni und Kadavu (w, c Fiji, sw Polynesien)*

Zosterops hypoxanthus
**Schwarzkopf-Brillenvogel**
*Bismarck White-eye - Anteojitos de las Bismarck*
Salvadori, 1881
*Gebirge Umboi (w New Britain) und New Britain, Watom (n von ne New Britain), und Mioko (Duke von York Is.; se Bismarck Archipel)*

    Zosterops hypoxanthus ultimus
    **Mayrs Schwarzkopf-Brillenvogel**
    Mayr, 1955
    *Gebirge New Hanover (=Lavongai, nw New Ireland) und New Ireland (ne Bismarck Archipel)*
    Zosterops hypoxanthus admiralitatis
    **Harterts Schwarzkopf-Brillenvogel**
    Rothschild & Hartert, EJO, 1914
    *Manus (Admiralty Is., nw Bismarck Archipel)*

Zosterops mysorensis
**Biakbrillenvogel**
*Biak White-eye - Anteojitos de Biak*
Meyer, AB, 1874
*Biak (Geelvink Bay is., nw Neuguinea)*

Zosterops hamlini
**Bougainville-Brillenvogel**
*Bougainville White-eye - Anteojitos de Bougainville*
Murphy, 1929
*Gebirge Bougainville (n Solomon Is.)*

Zosterops oblitus
**Guadalcanal-Brillenvogel**
*Guadalcanal White-eye - Anteojitos de Guadacanal*
Hartert, EJO, 1929
*Gebirge Guadalcanal (sc Solomon Is.)*

Zosterops rendovae
**Graukehl-Brillenvogel**
*Makira White-eye - Anteojitos de San Cristóbal*
Tristram, 1882
*Makira (=San Cristóbal, Solomon Is.)*

Zosterops oleagineus
**Yapbrillenvogel**
*Olive-colored White-eye - Anteojitos de Yap*
Hartlaub & Finsch, 1872
*Yap (w Caroline Is., w Micronesia)*

Zosterops finschii
**Palaubrillenvogel**
*Dusky White-eye - Anteojitos de Finsch*
Hartlaub, 1868
*Palau (w Caroline Is., w Micronesia)*

Zosterops ponapensis
**Pohnpeibrillenvogel**
*Grey-brown White-eye - Anteojitos de Ponapé*
Finsch, 1876
*Pohnpei (=Ponape, e Caroline Is., c Micronesia)*

Zosterops cinereus
**Kosraebrillenvogel**
*Kosrae White-eye - Anteojitos de Kosrae*
Kittlitz, 1832
*Kosrae (e Caroline Is., c Micronesia)*

Zosterops rotensis
**Rotabrillenvogel**
*Rota White-eye - Anteojitos de Rota*
Taka-Tsukasa & Yamashina, 1931
*Rota (s Northern Mariana Is., w Micronesia)*

Zosterops metcalfii
**Goldkehl-Brillenvogel**
*Yellow-throated White-eye - Anteojitos goliamarillo*
Tristram, 1894
*Isabel (nc Solomon Is.)*

    Zosterops metcalfii exiguus
    **Buka-Goldkehl-Brillenvogel**
    Murphy, 1929
    *Buka, Bougainville, Shortland Is., und Choiseul (nw Solomon Is.)*
    Zosterops metcalfii floridanus
    **Florida-Goldkehl-Brillenvogel**
    Rothschild & Hartert, EJO, 1901
    *Florida Is. (ec Solomon Is.)*

Zosterops stresemanni
**Malaitabrillenvogel**
*Malaita White-eye - Anteojitos de Malaita*
Mayr, 1931
*Gebirge Malaita (se Solomon Is.)*

Zosterops novaeguineae
**Papuabrillenvogel**
*Papuan White-eye - Anteojitos papú*
Salvadori, 1878
*Bird's Head und Neck (nw Neuguinea)*

    Zosterops novaeguineae wuroi
    **Wurobrillenvogel**
    Mayr & Rand, 1935
    *Aru Is. (sw Neuguinea) und e Trans-Fly (sc Neuguinea)*
    Zosterops novaeguineae wahgiensis
    **Gillards Papuabrillenvogel**
    Mayr & Gilliard, 1951
    *ec Neuguinea*
    Zosterops novaeguineae crissalis
    **Sharps Papuabrillenvogel**
    Sharpe, 1884
    *se Neuguinea*
    Zosterops novaeguineae oreophilus
    **Mayrs Papuabrillenvogel**
    Mayr, 1931
    *Huon Halbinsel (ne Neuguinea)*
    Zosterops novaeguineae magnirostris
    **Mees-Papuabrillenvogel**
    Mees, 1955
    *ne Küste Sepik-Ramu (ne Neuguinea)*

Zosterops kuehni
**Ambonbrillenvogel**
*Ambon White-eye - Anteojitos de Ambon*
Hartert, EJO, 1906
*Ambon (sw Seram, c Moluccas)*

Zosterops grayi
**Keibrillenvogel**
*Kai Besar White-eye - Anteojitos de la Gran Kai*
Wallace, 1864
*Kai Besar (Kai Is., se Moluccas)*

Zosterops luteirostris
**Gizobrillenvogel**
*Gizo White-eye - Anteojitos de Gizo*
Hartert, EJO, 1904
*Gizo (=Ghizo, se Vella Lavella, nw New Georgia Gruppe, wc Solomon Is.)*

Zosterops uropygialis
**Tualbrillenvogel**
*Kai Kecil White-eye - Anteojitos de la Pequeña Kai*
Salvadori, 1874
*Kai Kecil und Kai Dulah (n Kai Kecil; Kai Is., se Moluccas)*

Zosterops splendidus
**Ranonggabrillenvogel**
*Ranongga White-eye - Anteojitos espléndido*
Hartert, EJO, 1929
*Ranongga (s Vella Lavella, nw New Georgia Gruppe, wc Solomon Is.)*

Zosterops kulambangrae
**Salomonenbrillenvogel**
*Solomons White-eye - Anteojitos de las Salomón*
Rothschild & Hartert, EJO, 1901
*New Georgia Gruppe, inklusive Kolombangara bis Vangunu und umliegende Inseln (wc Solomon Is.)*

Zosterops tetiparius
**Teteparebrillenvogel**
*Dark-eyed White-eye - Anteojitos de Tetepare*
Murphy, 1929
*Tetepare (se Rendova, s New Georgia Gruppe, wc Solomon Is.)*

Zosterops tetiparius paradoxus
**Rendovabrillenvogel**
Mees, 1955
Rendova (s New Georgia Gruppe, wc Solomon Is.)

Zosterops natalis
**Weißstirn-Brillenvogel**
*Christmas White-eye - Anteojitos de Christmas*
Lister, 1889
*Christmas Insel (s von w Java)*

Zosterops conspicillatus
**Guambrillenvogel**
*Bridled White-eye - Anteojitos embridado*
Kittlitz, 1833
*Mariana Is.*

Zosterops conspicillatus saypani
**Saipanbrillenvogel**
Dubois, AJC, 1902
Saipan und Tinian (s Northern Mariana Is., w Micronesia)
† Zosterops conspicillatus conspicillatus
**Marianabrillenvogel**
Kittlitz, 1833
Guam (s Mariana Is., w Micronesia)

Zosterops semperi
**Semperbrillenvogel**
*Citrine White-eye - Anteojitos de las Carolinas*
Hartlaub, 1868
*Palau (w Caroline Is., w Micronesia)*

Zosterops semperi owstoni
**Owstons Semperbrillenvogel**
Hartert, EJO, 1900
Chuuk (=Truk, c Caroline Is., c Micronesia)
Zosterops semperi takatsukasai
**Pohneibrillenvogel**
Momiyama, 1922
Pohnpei (=Ponape, e Caroline Is., c Micronesia)

Zosterops hypolais
**Schlichtbrillenvogel**
*Plain White-eye - Anteojitos liso*
Hartlaub & Finsch, 1872
*Yap (w Caroline Is., w Micronesia)*

Zosterops paruhbesar
**Wangi-wangi-Brillenvogel**
*Wangi-wangi White-eye - Anteojitos de Wangi-wangi*
Irham, Prawiradilaga, Menner, O'Connell, Kelly, Analuddin, Karya, Meads, Marples & Rheindt, 2022
*Wangi-wangi Insel (Wakatobi Archipel se von se Sulawesi)*

Zosterops griseotinctus
**Louisiadenbrillenvogel**
*Louisiade White-eye - Anteojitos de las Luisiadas*
Gray, GR, 1858
*Kimuta, Deboyne, Duchateau und Conflict is. (c, wc Louisiade Archipel, e von se Neuguinea)*

Zosterops griseotinctus ottomeyeri
**Naunabrillenvogel**
Stresemann, 1930
Nauna (e Admiralty Is., nw Bismarck Archipel)
Zosterops griseotinctus eichhorni
**Eichhorns Louisiadenbrillenvogel**
Hartert, EJO, 1926
Inseln im Bismarck Archipel, inklusive Nissan (zwischen New Ireland und Bougainville) und Long, Tolokiwa, und Crown (w von sw New Britain, se Bismarck Archipel)
Zosterops griseotinctus longirostris
**Rogeibrillenvogel**
Ramsay, EP, 1879
Heath (=Rogeia, s von se Neuguinea), Bonvouloir Is. (ne von se Neuguinea) und Alcester (s Woodlark) (Inseln e Neuguinea)
Zosterops griseotinctus pallidipes
**Rosselbrillenvogel**
De Vis, 1890
Rossel (e Louisiade Archipel, e von se Neuguinea)

Zosterops murphyi
**Kolombangara-Brillenvogel**
*Kolombangara White-eye - Anteojitos de Murphy*
Hartert, EJO, 1929
*Gebirge Kolombangara (wc Solomon Is.)*

Zosterops inornatus
**Lifubrillenvogel**
*Large Lifou White-eye - Anteojitos sencillo*
Layard, EL, 1878
*Lifou (c Loyalty Is.)*

† Zosterops albogularis
**Norfolkbrillenvogel**
*White-chested White-eye - Anteojitos pechiblanco*
Gould, 1837
*Norfolk Insel (e Australien)*

Zosterops samoensis
**Samoabrillenvogel**
*Samoan White-eye - Anteojitos de Samoa*
Murphy & Mathews, 1929
*Savaii (w Samoa, c Polynesien)*

† Zosterops strenuus
**Lord-Howe-Brillenvogel**
*Robust White-eye - Anteojitos robusto*
Gould, 1855
*Lord Howe Insel (e Australien)*

Zosterops tenuirostris
**Dünnschnabel-Brillenvogel**
*Slender-billed White-eye - Anteojitos picofino*
Gould, 1837
*Norfolk Insel (e Australien)*

Zosterops minutus
**Ameisenbrillenvogel**
*Small Lifou White-eye - Anteojitos menudo*
Layard, EL, 1878
*Lifou (c Loyalty Is.)*

Zosterops xanthochroa
**Neukaledonien-Brillenvogel**
*Green-backed White-eye - Anteojitos dorsiverde*
Gray, GR, 1859
*New Caledonia, inklusive Grande Terre und Ile des Pins, und Mare (e Loyalty Is., New Caledonia)*

Zosterops rennellianus
**Rennellbrillenvogel**
*Rennell White-eye - Anteojitos de la Rennell*
Murphy, 1929
*Rennell (sw Solomon Is.)*


## Familie: Timaliidae (Timalien)

### Gattung: Timalia

Timalia pileata
**Rotkappentimalie**
*Chestnut-capped Babbler - Timalí capirotado*
Horsfield, 1821
*Java*

Timalia pileata bengalensis
**Bengalen-Rotkappentimalie**
Godwin-Austen, 1872
s Nepal und ne Indien bis Bangladesch und w Myanmar
Timalia pileata smithi
**Smiths Rotkappentimalie**
Deignan, 1955
e Myanmar, nw Thailand und s China bis n, c Indochina
Timalia pileata intermedia
**Kleine Rotkappentimalie**
Kinnear, 1924
c, s Myanmar und w Thailand
Timalia pileata patriciae
**Thailand-Rotkappentimalie**
Deignan, 1955
sw Thailand
Timalia pileata dictator
**Indochina-Rotkappentimalie**
Kinnear, 1930
e Thailand und s Indochina

### Gattung: Dumetia

Dumetia hyperythra
**Rotbauch-Tyrannentimalie**
*Tawny-bellied Babbler - Timalí ventrirrufo*
Franklin, 1831
*s Nepal bis c, e Indien*

Dumetia hyperythra albogularis
**Südliche Rotbauch-Tyrannentimalie**
Blyth, 1847
w, s Indien
Dumetia hyperythra phillipsi
**Sri Lanka-Rotbauch-Tyrannentimalie**
Whistler, 1941
Sri Lanka

Dumetia atriceps
## Kapuzentyrannentimalie
*Dark-fronted Babbler - Timalí frentinegro*
Jerdon, 1839
*w bis s Indien*

Dumetia atriceps bourdilloni
**Bourdillons Kapuzentimalie**
Hume, 1876
sw bis s Indien
Dumetia atriceps siccata
**Nördliche Kapuzentimalie**
Whistler, 1941
n, e Sri Lanka
Dumetia atriceps nigrifrons
**Südliche Kapuzentimalie**
Blyth, 1849
sw Sri Lanka

## Gattung: Mixornis

Mixornis kelleyi
## Graugesicht-Meisentimalie
*Grey-faced Tit-Babbler - Timalí de Kelley*
Delacour, 1932
*Laos und Vietnam*

Mixornis flavicollis
## Grauwangen-Meisentimalie
*Grey-cheeked Tit-Babbler - Timalí carigrís*
Bonaparte, 1850
*Java*

Mixornis prillwitzi
## Kangeanmeisentimalie
*Kangean Tit-Babbler - Timalí de las Kangean*
Hartert, EJO, 1901
*Kangean Is. (n Bali)*

Mixornis gularis
## Strichelmeisentimalie
*Pin-striped Tit-Babbler - Timalí goliestriado*
Horsfield, 1822
*s Malayische Halbinsel, Sumatra, Banyak Is. (w von n Sumatra) und Batu Is. (w von c Sumatra)*

Mixornis gularis rubicapilla
**Nepal-Strichelmeisentimalie**
Tickell, 1833
Nepal, Bhutan und ne Indien bis Bangladesch und ec Indien
Mixornis gularis ticehursti
**Myanmar-Strichelmeisentimalie**
Stresemann, 1940
w Myanmar
Mixornis gularis sulphureus
**Thailand-Strichelmeisentimalie**
Rippon, 1900
e Myanmar, w Thailand und sw Yunnan (s China)
Mixornis gularis lutescens
**Yunnan-Strichelmeisentimalie**
Delacour, 1926
se Yunnan (s China), n, ne Thailand und n Indochina
Mixornis gularis kinneari
**Vietnam-Strichelmeisentimalie**
Delacour & Jabouille, 1924
c Vietnam
Mixornis gularis saraburiensis
**Kambodscha-Strichelmeisentimalie**
Deignan, 1956
ec Thailand und w Kambodscha
Mixornis gularis versuricola
**Oberholsers Strichelmeisentimalie**
Oberholser, 1922
e Kambodscha und s Vietnam
Mixornis gularis condorensis
**Con Son-Strichelmeisentimalie**
Robinson, 1921
Con Son Insel (vor s Vietnam)
Mixornis gularis connectens
**Kloss-Strichelmeisentimalie**
Kloss, 1918
Tenasserim (se Myanmar), Küste Gulf von Thailand bis c Malayische Halbinsel
Mixornis gularis archipelagicus
**Mergui-Strichelmeisentimalie**
Oberholser, 1922
Mergui Archipel (vor sw Myanmar)

Mixornis gularis inveteratus
**Küsten-Strichelmeisentimalie**
Oberholser, 1922
Küste Inseln vor se Thailand und Kambodscha
Mixornis gularis woodi
**Philippinen-Strichelmeisentimalie**
Sharpe, 1877
Palawan Gruppe (sw Philippinen)

Mixornis bornensis
## Fleckenmeisentimalie
*Bold-striped Tit-Babbler - Timalí de Borneo*
Bonaparte, 1850
*Borneo (außer n)*

Mixornis bornensis zopherus
**Anambas-Fleckenmeisentimalie**
Oberholser, 1917
Anambas Is. (e Malayische Halbinsel)
Mixornis bornensis everetti
**Bunguran-Fleckenmeisentimalie**
Hartert, EJO, 1894
Bunguran (n Natuna Is.; nw Borneo)
Mixornis bornensis zaperissus
**Natuna-Fleckenmeisentimalie**
Oberholser, 1932
n Natuna Is. (außer Bunguran; nw Borneo)
Mixornis bornensis argenteus
**Banggai-Fleckenmeisentimalie**
Chasen & Kloss, 1930
Banggi und Malawali (n von ne Borneo)
Mixornis bornensis cagayanensis
**Cagayan-Fleckenmeisentimalie**
Guillemard, 1885
Cagayan Sulu (=Mapun, n von ne Borneo, sw Philippinen)
Mixornis bornensis montanus
**Sabah-Fleckenmeisentimalie**
Sharpe, 1887
Sabah (ne Borneo)
Mixornis bornensis javanicus
**Java-Fleckenmeisentimalie**
Cabanis, 1851
w, c Java

## Gattung: Macronus

Macronus ptilosus
## Stachelrücken-Meisentimalie
*Fluffy-backed Tit-Babbler - Timalí piloso*
Jardine & Selby, 1835
*Malayische Halbinsel, Sumatra und Batu Is. (w von c Sumatra)*

Macronus ptilosus trichorrhos
**Bangka-Stachelrücken-Meisentimalie**
Temminck, 1836
Bangka und Belitung (e von s Sumatra) und Borneo

Macronus striaticeps
## Streifenkopf-Meisentimalie
*Brown Tit-Babbler - Timalí pardo*
Sharpe, 1877
*Basilan (sw Philippinen)*

Macronus striaticeps mindanensis
**Mindanao-Streifenkopf-Meisentimalie**
Steere, 1890
East Visayas und Mindanao (e, s Philippinen)
Macronus striaticeps alcasidi
**Dinagat-Streifenkopf-Meisentimalie**
duPont & Rabor, 1973
Dinagat und Siargao (se Philippinen)
Macronus striaticeps kettlewelli
**Sulu-Streifenkopf-Meisentimalie**
Guillemard, 1885
Sulu Archipel (s Philippinen)

## Gattung: Cyanoderma

Cyanoderma chrysaeum
## Goldbuschtimalie
*Golden Babbler - Timalí dorado*
Blyth, 1844
*e Himalaya bis n Myanmar und sw China*

Cyanoderma chrysaeum binghami
**Bingham-Goldbuschtimalie**
Rippon, 1904
ne Indien und w Myanmar
Cyanoderma chrysaeum auratum
**Chinesische Goldbuschtimalie**
Meyer de Schauensee, 1938
e Myanmar, n Thailand, s China und n Indochina
Cyanoderma chrysaeum assimile
**Myanmar-Goldbuschtimalie**
Walden, 1875
se Myanmar und w Thailand

Cyanoderma chrysaeum chrysops
**Malaysia-Goldbuschtimalie**
Richmond, 1902
Malayische Halbinsel

Cyanoderma chrysaeum frigidum
**Sumatra-Goldbuschtimalie**
Hartlaub, 1865
Gebirge Sumatra

Cyanoderma erythropterum
## Rotflügel-Buschtimalie
*Chestnut-winged Babbler - Timalí alirrojo*
Blyth, 1842
*Malayische Halbinsel und n Natuna Is. (nw Borneo)*

Cyanoderma erythropterum pyrrhophaeum
**Sumatra-Rotflügel-Buschtimalie**
Hartlaub, 1844
Sumatra, Batu Is. (w von c Sumatra), Bangka und Belitung Is. (e von s Sumatra)

Cyanoderma erythropterum fulviventre
**Banyak-Rotflügel-Buschtimalie**
Richmond, 1903
Banyak (w von n Sumatra)

Cyanoderma bicolor
## Zweifarb-Buschtimalie
*Grey-hooded Babbler - Timalí bicolor*
Blyth, 1865
*n Borneo und Banggi (n von ne Borneo)*

Cyanoderma bicolor rufum
**Südliche Zweifarb-Buschtimalie**
Chasen & Kloss, 1927
s Borneo

Cyanoderma melanothorax
## Schwarzstrich-Buschtimalie
*Crescent-chested Babbler - Timalí perlado*
Temminck, 1823
*w, c Java*

Cyanoderma melanothorax intermedium
**Java-Schwarzstrich-Buschtimalie**
Robinson, 1918
e Java

Cyanoderma melanothorax baliense
**Bali-Schwarzstrich-Buschtimalie**
Hartert, EJO, 1915
Bali

Cyanoderma rufifrons
## Rotstirn-Buschtimalie
*Rufous-fronted Babbler - Timalí frentirrufo*
Hume, 1873
*se Myanmar und w Thailand*

Cyanoderma rufifrons ambiguum
**Haringtonbuschtimalie**
Harington, 1915
e Himalaya-Gebirge,nw Myanmar und ne Indien

Cyanoderma rufifrons planicola
**China Rotstirn-Buschtimalie**
Mayr, 1941
ne Myanmar und sw China

Cyanoderma rufifrons adjunctum
**Thailand-Rotstirn-Buschtimalie**
Deignan, 1939
n, e Thailand und n Indochina

Cyanoderma rufifrons insuspectum
**Laos-Rotstirn-Buschtimalie**
Deignan, 1939
s Laos

Cyanoderma rufifrons pallescens
**Myanmar-Rotstirn-Buschtimalie**
Ticehurst, 1932
w Myanmar

Cyanoderma rufifrons obscurum
**Dunkle Rotstirn-Buschtimalie**
Baker, ECS, 1917
s Myanmar und sw Thailand

Cyanoderma rufifrons poliogaster
**Malaysia-Rotstirn-Buschtimalie**
Hume, 1880
s Malayische Halbinsel, Sumatra und n, c Borneo

Cyanoderma rufifrons sarawacense
**Borneo-Rotstirn-Buschtimalie**
Chasen, 1939
nw Borneo

Cyanoderma pyrrhops
## Schwarzkinn-Buschtimalie
*Black-chinned Babbler - Timalí barbinegro*
Blyth, 1844
*Himalaya*

Cyanoderma ruficeps
## Rotkopf-Buschtimalie
*Rufous-capped Babbler - Timalí coronirrojo*
Blyth, 1847
*e Himalaya*

Cyanoderma ruficeps bhamoense
**Myanmar-Rotkopf-Buschtimalie**
Harington, 1908
ne Myanmar und sw China

Cyanoderma ruficeps davidi
**Davids Rotkopf-Buschtimalie**
Oustalet, 1899
c, e, s China und n Indochina

Cyanoderma ruficeps paganum
**Pagana-Rotkopf-Buschtimalie**
Riley, 1940
sc Vietnam

Cyanoderma ruficeps praecognitum
**Taiwan-Rotkopf-Buschtimalie**
Swinhoe, 1866
Taiwan

Cyanoderma ruficeps goodsoni
**Goodsons Rotkopf-Buschtimalie**
Rothschild, 1903
Hainan Insel (vor se China)



Spelaeornis caudatus
## Rotkehl-Zaunkönigtimalie
*Rufous-throated Wren-Babbler - Ratina golirrufa*
Blyth, 1845
*Nepal bis ne Indien*

Spelaeornis badeigularis
## Mishmi-Zaunkönigtimalie
*Mishmi Wren-Babbler - Ratina mishmi*
Ripley, 1948
*ne Indien (Mishmi Hills)*

Spelaeornis troglodytoides
## Binden-Zaunkönigtimalie
*Bar-winged Wren-Babbler - Ratina alibarrada*
Verreaux, J, 1871
*sw China*

Spelaeornis troglodytoides sherriffi
**Sherriffs Binden-Zaunkönigtimalie**
Kinnear, 1934
e Bhutan und n Assam (ne Indien)

Spelaeornis troglodytoides indiraji
**Assam-Binden-Zaunkönigtimalie**
Ripley, Saha & Beehler, 1991
e Assam (ne Indien)

Spelaeornis troglodytoides souliei
**Myanmar-Binden-Zaunkönigtimalie**
Oustalet, 1898
ne Myanmar und sw China

Spelaeornis troglodytoides rocki
**Yunnan-Binden-Zaunkönigtimalie**
Riley, 1929
nw Yunnan (s China)

Spelaeornis troglodytoides nanchuanensis
**China-Binden-Zaunkönigtimalie**
Li, G, Yang & Yu, 1992
sc China

Spelaeornis troglodytoides halsueti
**Davids Binden-Zaunkönigtimalie**
David, A, 1875
c China

Spelaeornis kinneari
## Blasskehl-Zaunkönigtimalie
*Pale-throated Wren-Babbler - Ratina gorjipálida*
Delacour & Jabouille, 1930
*n Vietnam*

Spelaeornis chocolatinus
## Naga-Zaunkönigtimalie
*Naga Wren-Babbler - Ratina chocolate*
Godwin-Austen & Walden, 1875
*ne Indien*

Spelaeornis oatesi
## Perlen-Zaunkönigtimalie
*Chin Hills Wren-Babbler - Ratina de los Chin*
Rippon, 1904
*se Assam und w Myanmar*

Spelaeornis longicaudatus
**Khasi-Zaunkönigtimalie**
*Tawny-breasted Wren-Babbler - Ratina colilarga*
Moore, F, 1854
*ne Indien*

Spelaeornis reptatus
**Graubauch-Zaunkönigtimalie**
*Grey-bellied Wren-Babbler - Ratina ventrigrís*
Bingham, 1903
*se Arunachal Pradesh bis ne, e Myanmar, n, sw Yunnan, sw Sichuan und w Thailand*

## Gattung: Melanocichla

Melanocichla lugubris
**Trauerhäherling**
*Black Laughingthrush - Charlatán negro*
Müller, S, 1836
*Gebirge Malayische Halbinsel und Sumatra*

Melanocichla calva
**Kahlkopfhäherling**
*Bare-headed Laughingthrush - Charlatán calvo*
Sharpe, 1888
*Gebirge e Sarawak und Sabah (n Borneo)*

## Gattung: Pomatorhinus

Pomatorhinus ferruginosus
**Rostbrustsäbler**
*Black-crowned Scimitar Babbler - Cimitarra coralina*
Blyth, 1845
*e Himalaya (e Nepal bis c Arunachal Pradesh und se Xizang)*

Pomatorhinus phayrei
**Korallenschnabelsäbler**
*Brown-crowned Scimitar Babbler - Cimitarra coroniparda*
Blyth, 1847
*s Assam und Manipur (ne Indien) und sw Myanmar*

Pomatorhinus phayrei stanfordi
**Sanfords Korallenschnabelsäbler**
Ticehurst, 1935
e Arunachal Pradesh (ne Indien), n Myanmar und s China (w Yunnan)
Pomatorhinus phayrei albogularis
**Blyths Korallenschnabelsäbler**
Blyth, 1855
s, se Myanmar bis nw Thailand und nw Laos
Pomatorhinus phayrei orientalis
**Östlicher Korallenschnabelsäbler**
Delacour, 1927
s China (s Yunnan) und n Indochina
Pomatorhinus phayrei dickinsoni
**Laos-Korallenschnabelsäbler**
Eames, JC, 2002
s Laos und c Vietnam

Pomatorhinus ochraceiceps
**Rotschnabelsäbler**
*Red-billed Scimitar Babbler - Cimitarra piquirroja*
Walden, 1873
*e Myanmar bis n Indochina*

Pomatorhinus ochraceiceps stenorhynchus
**Assam-Rotschnabelsäbler**
Godwin-Austen, 1877
n Assam (ne Indien) und n Myanmar
Pomatorhinus ochraceiceps austeni
**Austens Rotschnabelsäbler**
Hume, 1881
e, s Assam (ne Indien), nw Myanmar und extremer se Bangladesch
Pomatorhinus ochraceiceps alius
**Indochina-Rotschnabelsäbler**
Riley, 1940
ne Thailand bis s Indochina

Pomatorhinus superciliaris
**Dünnschnabelsäbler**
*Slender-billed Scimitar Babbler - Cimitarra picofina*
Blyth, 1842
*e Himalaya*

Pomatorhinus superciliaris intextus
**Assam-Dünnschnabelsäbler**
Ripley, 1948
s Assam (ne Indien) und w Myanmar
Pomatorhinus superciliaris forresti
**Forrest-Dünnschnabelsäbler**
Rothschild, 1926
ne Myanmar und sw China

Pomatorhinus superciliaris rothschildi
**Rotschilds Dünnschnabelsäbler**
Delacour & Jabouille, 1930
n Vietnam

Pomatorhinus ruficollis
**Rotnackensäbler**
*Streak-breasted Scimitar Babbler - Cimitarra cuellirrufa*
Hodgson, 1836
*c Himalaya*

Pomatorhinus ruficollis godwini
**Godwins Rotnackensäbler**
Kinnear, 1944
e Himalaya, n Assam (ne Indien) und sw China
Pomatorhinus ruficollis bakeri
**Bakers Rotnackensäbler**
Harington, 1914
s Assam (ne Indien) bis se Bangladesch und w Myanmar
Pomatorhinus ruficollis similis
**Myanmar-Rotnackensäbler**
Rothschild, 1926
ne Myanmar bis sc China
Pomatorhinus ruficollis styani
**Styans Rotnackensäbler**
Seebohm, 1884
e China
Pomatorhinus ruficollis albipectus
**Südchina-Rotnackensäbler**
La Touche, 1923
s China bis n Laos
Pomatorhinus ruficollis beaulieui
**Laos-Rotnackensäbler**
Delacour & Greenway, 1940
n, c Laos
Pomatorhinus ruficollis laurentei
**Nord-Yunnan-Rotnackensäbler**
La Touche, 1921
nc Yunnan (s China)
Pomatorhinus ruficollis reconditus
**Süd-Yunnan-Rotnackensäbler**
Bangs & Phillips, JC, 1914
se Yunnan (s China) und n Vietnam
Pomatorhinus ruficollis hunanensis
**Südostchina-Rotnackensäbler**
Cheng T, 1974
se China
Pomatorhinus ruficollis eidos
**Eido-Rotnackensäbler**
Bangs, 1930
sc China
Pomatorhinus ruficollis stridulus
**Swinhoes Rotnackensäbler**
Swinhoe, 1861
nc, e China
Pomatorhinus ruficollis nigrostellatus
**Hainan-Rotnackensäbler**
Swinhoe, 1870
Hainan Insel (vor se China)

Pomatorhinus musicus
**Taiwansäbler**
*Taiwan Scimitar Babbler - Cimitarra de Formosa*
Swinhoe, 1859
*Taiwan*

Pomatorhinus schisticeps
**Himalajasäbler**
*White-browed Scimitar Babbler - Cimitarra cejiblanca*
Hodgson, 1836
*c Himalaya bis s Assam (ne Indien) und nw Myanmar*

Pomatorhinus schisticeps leucogaster
**Goulds Himalajasäbler**
Gould, 1838
nw Himalaya
Pomatorhinus schisticeps salimalii
**Assam-Himalajasäbler**
Ripley, 1948
n Assam (ne Indien)
Pomatorhinus schisticeps cryptanthus
**Bangladesch-Himalajasäbler**
Hartert, EJO, 1915
c Assam (ne Indien) und ne Bangladesch
Pomatorhinus schisticeps mearsi
**Myanmar-Himalajasäbler**
Ogilvie-Grant, 1905
w Myanmar
Pomatorhinus schisticeps ripponi
**Laos-Himalajasäbler**
Harington, 1910
e Myanmar, n Thailand und n Laos
Pomatorhinus schisticeps nuchalis
**Ostmyanmar-Himalajasäbler**
Wardlaw-Ramsay, RG, 1877
se Myanmar
Pomatorhinus schisticeps difficilis
**Thailand-Himalajasäbler**
Deignan, 1956
se Myanmar und w Thailand

Pomatorhinus schisticeps olivaceus
**Südmyanmar-Himalajasäbler**
Blyth, 1847
s Myanmar und sw Thailand
Pomatorhinus schisticeps fastidiosus
**Malaysia-Himalajasäbler**
Hartert, EJO, 1916
Malayische Halbinsel
Pomatorhinus schisticeps humilis
**Vietnam-Himalajasäbler**
Delacour, 1932
ne, e Thailand, s Laos und c Vietnam
Pomatorhinus schisticeps annamensis
**Kambodscha-Himalajasäbler**
Robinson & Kloss, 1919
e Kambodscha und s Vietnam
Pomatorhinus schisticeps klossi
**Kloss-Himalajasäbler**
Baker, ECS, 1917
se Thailand und sw Kambodscha

Pomatorhinus horsfieldii
**Horsfieldsäbler**
*Indian Scimitar Babbler - Cimitarra india*
Sykes, 1832
*w Indien*

Pomatorhinus horsfieldii obscurus
**Dunkler Horsfieldsäbler**
Hume, 1872
nw Indien
Pomatorhinus horsfieldii travancoreensis
**Südlicher Horsfieldsäbler**
Harington, 1914
sw Indien
Pomatorhinus horsfieldii maderaspatensis
**Östlicher Horsfieldsäbler**
Whistler, 1936
ec Indien

Pomatorhinus melanurus
**Schwarzschwanzsäbler**
*Sri Lanka Scimitar Babbler - Cimitarra cingalesa*
Blyth, 1847
*sc Sri Lanka*

Pomatorhinus melanurus holdsworthi
**Holdsworths Schwarzschwanzsäbler**
Whistler, 1942
sc Sri Lanka

Pomatorhinus bornensis
**Sundasäbler**
*Sunda Scimitar Babbler - Cimitarra de Sunda*
Cabanis, 1851
*Borneo und Bangka (e von c Sumatra)*

Pomatorhinus bornensis occidentalis
**Westlicher Sundasäbler**
Robinson & Kloss, 1923
Malayische Halbinsel und Sumatra

Pomatorhinus montanus
**Rotrückensäbler**
*Javan Scimitar Babbler - Cimitarra dorsicastaña*
Horsfield, 1821
*Gebirge w, c Java*

Pomatorhinus montanus ottolanderi
**Bali-Rotrückensäbler**
Robinson, 1918
Gebirge e Java und Bali



Erythrogenys hypoleucos
**Riesensäbler**
*Large Scimitar Babbler - Cimitarra grande*
Blyth, 1844
*Bangladesch und ne Indien bis w, n Myanmar*

Erythrogenys hypoleucos tickelli
**Tickells Riesensäbler**
Hume, 1877
s Myanmar bis s China, Thailand, sw Kambodscha und n Indochina
Erythrogenys hypoleucos brevirostris
**Indochina-Riesensäbler**
Robinson & Kloss, 1919
s Indochina
Erythrogenys hypoleucos wrayi
**Wrays Riesensäbler**
Sharpe, 1887
Malayische Halbinsel
Erythrogenys hypoleucos hainana
**Hainan-Riesensäbler**
Rothschild, 1903
Hainan Insel (vor se China)

Erythrogenys erythrogenys
**Rotwangensäbler**
*Rusty-cheeked Scimitar Babbler - Cimitarra carirrufa*
Vigors, 1831
*w Himalaya*

Erythrogenys erythrogenys ferrugilatus
**Hodgons Rotwangensäbler**
Hodgson, 1836
w, c Nepal
Erythrogenys erythrogenys haringtoni
**Bakers Rotwangensäbler**
Baker, ECS, 1914
e Nepal bis e Bhutan

Erythrogenys imberbis
**Myanmar-Rotwangensäbler**
*Red-eyed Scimitar Babbler - Cimitarra del Myanmar*
Salvadori, 1889
*e Myanmar*

Erythrogenys imberbis celata
**Thailand-Rotwangensäbler**
Deignan, 1941
nw Thailand

Erythrogenys mcclellandi
**Fleckenbrustsäbler**
*Spot-breasted Scimitar Babbler - Cimitarra moteada*
Godwin-Austen, 1870
*s Assam, w Myanmar*

Erythrogenys gravivox
**Schwarzstrichelsäbler**
*Black-streaked Scimitar Babbler - Cimitarra rayada*
David, A, 1873
*c China*

Erythrogenys gravivox cowensae
**China-Schwarzstrichelsäbler**
Deignan, 1952
sc China
Erythrogenys gravivox dedekensi
**Yunnan-Schwarzstrichelsäbler**
Oustalet, 1892
e Qinghai und nw Yunnan (sw China)
Erythrogenys gravivox decarlei
**Qinghai-Schwarzstrichelsäbler**
Deignan, 1952
Qinghai, s Sichuan und nw Yunnan (sw China)
Erythrogenys gravivox odica
**Indochina-Schwarzstrichelsäbler**
Bangs & Phillips, JC, 1914
ne, e Myanmar, s China und n Indochina

Erythrogenys swinhoei
**Grauflankensäbler**
*Grey-sided Scimitar Babbler - Cimitarra flanquigrís*
David, A, 1874
*s China*

Erythrogenys erythrocnemis
**Drosselsäbler**
*Black-necklaced Scimitar Babbler - Cimitarra estriada*
Gould, 1863
*Taiwan*



Stachyris nigricollis
**Schwarzkehl-Buschtimalie**
*Black-throated Babbler - Timalí gorjinegro*
Temminck, 1836
*Malayische Halbinsel, Sumatra und Borneo*

Stachyris grammiceps
**Grauwangen-Buschtimalie**
*White-breasted Babbler - Timalí pechiblanco*
Temminck, 1828
*Java*

Stachyris maculata
**Rostbürzel-Buschtimalie**
*Chestnut-rumped Babbler - Timalí maculado*
Temminck, 1836
*Malayische Halbinsel, Sumatra, Riau Is. (e von c Sumatra), Bangka (e von s Sumatra) und Borneo*

Stachyris maculata banjakensis
**Banyak-Rostbürzel-Buschtimalie**
Richmond, 1902
Banyak Is. (w von n Sumatra)

Stachyris maculata hypopyrrha
**Batu-Rostbürzel-Buschtimalie**
Oberholser, 1912
Batu Is. (w von c Sumatra)

Stachyris nigriceps
**Schwarzbrauen-Buschtimalie**
*Grey-throated Babbler - Timalí gorjigrís*
Blyth, 1844
*c, e Himalaya*

Stachyris nigriceps coltarti
**Cotart-Schwarzbrauen-Buschtimalie**
Harington, 1913
ne Indien, n Myanmar und sw China
Stachyris nigriceps spadix
**Assam-Schwarzbrauen-Buschtimalie**
Ripley, 1948
e, s Assam (ne Indien), e Bangladesch, s, se Myanmar und nw, w Thailand
Stachyris nigriceps yunnanensis
**Yunnan-Schwarzbrauen-Buschtimalie**
La Touche, 1921
e Myanmar, n Thailand und s China bis n, c Indochina
Stachyris nigriceps rileyi
**Rileys Schwarzbrauen-Buschtimalie**
Chasen, 1936
s Indochina
Stachyris nigriceps dipora
**Malayische Schwarzbrauen-Buschtimalie**
Oberholser, 1922
n, c Malayische Halbinsel
Stachyris nigriceps davisoni
**Davidsons Schwarzbrauen-Buschtimalie**
Sharpe, 1892
s Malayische Halbinsel
Stachyris nigriceps larvata
**Sumatra-Schwarzbrauen-Buschtimalie**
Bonaparte, 1850
Sumatra und Lingga Is. (e von c Sumatra)
Stachyris nigriceps natunensis
**Natuna-Schwarzbrauen-Buschtimalie**
Hartert, EJO, 1894
n Natuna Is. (nw Borneo)
Stachyris nigriceps tionis
**Tioman-Schwarzbrauen-Buschtimalie**
Robinson & Kloss, 1927
Tioman Insel (vor e Malayische Halbinsel)
Stachyris nigriceps hartleyi
**Hartleys Schwarzbrauen-Buschtimalie**
Chasen, 1935
Gebirge w Borneo
Stachyris nigriceps borneensis
**Borneo-Schwarzbrauen-Buschtimalie**
Sharpe, 1887
Gebirge n Borneo

Stachyris poliocephala
**Graukopf-Buschtimalie**
*Grey-headed Babbler - Timalí cabecigrís*
Temminck, 1836
*Malayische Halbinsel, Sumatra und Borneo*

Stachyris nonggangensis
**Nonggang-Buschtimalie**
*Nonggang Babbler - Timalí de Nonggang*
Zhou F & Jiang A, 2008
*sw China und n Vietnam*

Stachyris herberti
**Laosbuschtimalie**
*Sooty Babbler - Timalí de Herbert*
Baker, ECS, 1920
*Laos und Vietnam*

Stachyris humei
**Schwarzbrust-Buschtimalie**
*Sikkim Wedge-billed Babbler - Ratina picocuña occidental*
Mandelli, 1873
*Himalaya Indien*

Stachyris roberti
**Schuppenbuschtimalie**
*Cachar Wedge-billed Babbler - Ratina picocuña oriental*
Godwin-Austen & Walden, 1875
*ne Indien bis sw China*

Stachyris leucotis
**Perlhals-Buschtimalie**
*White-necked Babbler - Timalí orejudo*
Strickland, 1848
*Malayische Halbinsel*

Stachyris leucotis sumatrensis
**Sumatra-Perlhals-Buschtimalie**
Chasen, 1939
Sumatra
Stachyris leucotis obscurata
**Borneo-Perlhals-Buschtimalie**
Mayr, 1942
Borneo

Stachyris thoracica
**Weißlatz-Buschtimalie**
*White-bibbed Babbler - Timalí cuelliblanco*
Temminck, 1821
*Gebirge w Java*

Stachyris thoracica orientalis
**Östliche Weißlatz-Buschtimalie**
Robinson, 1918
Gebirge c, e Java

Stachyris oglei
**Weißkehl-Buschtimalie**
*Snowy-throated Babbler - Timalí gorjiblanco*
Godwin-Austen, 1877
*ne Indien und Myanmar*

Stachyris strialata
**Fleckenhals-Buschtimalie**
*Spot-necked Babbler - Timalí gorjipinto*
Müller, S, 1836
*Gebirge c, s Sumatra*

Stachyris strialata helenae
**Helenas Fleckenhals-Buschtimalie**
Delacour & Greenway, 1939
n Thailand und n Laos
Stachyris strialata guttata
**Myanmar-Fleckenhals-Buschtimalie**
Blyth, 1859
s Myanmar und w Thailand
Stachyris strialata tonkinensis
**Indochina-Fleckenhals-Buschtimalie**
Kinnear, 1938
s China und n Indochina
Stachyris strialata swinhoei
**Swinhoes Fleckenhals-Buschtimalie**
Rothschild, 1903
Hainan Insel (vor se China)
Stachyris strialata nigrescentior
**Thailand-Fleckenhals-Buschtimalie**
Deignan, 1947
Thai Halbinsel
Stachyris strialata umbrosa
**Sumatra-Fleckenhals-Buschtimalie**
Kloss, 1921
Gebirge n Sumatra

**Familie: Pellorneidae (Boden-Schwätzer)**

Gattung: Graminicola

Graminicola bengalensis
**Indiengrasdrossling**
*Indian Grassbird - Yerbera bengalí*
Jerdon, 1863
*n, ne Indien, s Nepal, s Bhutan und n Bangladesch*

Graminicola striatus
**Chinagrasdrossling**
*Chinese Grassbird - Yerbera china*
Styan, 1892
*se Myanmar, sc Thailand, ne Vietnam und Hainan Insel (vor se China)*

Graminicola striatus sinicus
**Stresemanns Chinagrasdrossling**
Stresemann, 1923
se China

Gattung: Turdinus

Turdinus macrodactylus
**Graubauchdrossling**
*Large Wren-Babbler - Ratina grande*
Strickland, 1844
*Malayische Halbinsel*

Turdinus macrodactylus beauforti
**Sumatra-Graubauchdrossling**
Voous, 1950
Sumatra

Turdinus macrodactylus lepidopleura
**Java-Graubauchdrossling**
Bonaparte, 1850
Java

Turdinus marmoratus
**Marmordrossling**
*Marbled Wren-Babbler - Ratina jaspeada*
Wardlaw-Ramsay, RG, 1880
*Gebirge Sumatra*

Turdinus marmoratus grandior
**Gebirgs-Marmordrossling**
Voous, 1950
Gebirge Malayische Halbinsel

Turdinus atrigularis
**Schwarzkehldrossling**
*Black-throated Wren-Babbler - Ratina golinegra*
Bonaparte, 1850
*Borneo*



Malacopteron affine
**Schwarzscheitel-Zweigdrossling**
*Sooty-capped Babbler - Tordina coronioscura*
Blyth, 1842
*Malayische Halbinsel, Sumatra, Banyak (w von n Sumatra), Bangka (e von s Sumatra)*

Malacopteron affine phoeniceum
**Borneo-Schwarzscheitel-Zweigdrossling**
Deignan, 1950
Borneo

Malacopteron albogulare
**Graubrust-Zweigdrossling**
*Grey-breasted Babbler - Tordina pechigrís*
Blyth, 1844
*Malayische Halbinsel, Sumatra, Batu Is. (w von c Sumatra) und Lingga Is. (e von c Sumatra)*

Malacopteron albogulare moultoni
**Borneo-Graubrust-Zweigdrossling**
Robinson & Kloss, 1919
Borneo

Malacopteron cinereum
**Schuppenstirn-Zweigdrossling**
*Scaly-crowned Babbler - Tordina coroniescamada*
Eyton, 1839
*Malayische Halbinsel, Sumatra, Batu Is. (w von c Sumatra), Lingga Is. (e von c Sumatra), Bangka (e von s Sumatra), n Natuna Is. (nw Borneo) und Borneo*

Malacopteron cinereum indochinense
**Indochina-Schuppenstirn-Zweigdrossling**
Robinson & Kloss, 1921
e Thailand, Kambodscha und c, s Indochina
Malacopteron cinereum niasense
**Nias-Schuppenstirn-Zweigdrossling**
Riley, 1937
Nias (w von n Sumatra)
Malacopteron cinereum rufifrons
**Java-Schuppenstirn-Zweigdrossling**
Cabanis, 1851
w, c Java

Malacopteron magnum
**Rotscheitel-Zweigdrossling**
*Rufous-crowned Babbler - Tordina magna*
Eyton, 1839
*Malayische Halbinsel, Sumatra, n Natuna Is. (nw Borneo) und Borneo (außer n)*

Malacopteron magnum saba
**Saba-Rotscheitel-Zweigdrossling**
Chasen & Kloss, 1930
n Borneo

Malacopteron magnirostre
**Bartstreif-Zweigdrossling**
*Moustached Babbler - Tordina bigotuda*
Moore, Г, 1854
*Malayische Halbinsel, Tioman und Anambas Is. (e Malayische Halbinsel), Sumatra und Lingga Is. (e von c Sumatra)*

Malacopteron magnirostre cinereocapilla
**Borneo-Bartstreif-Zweigdrossling**
Salvadori, 1868
Borneo

Malacopteron palawanense
**Palawanzweigdrossling**
*Melodious Babbler - Tordina de Palawan*
Büttikofer, 1895
*Palawan Gruppe (sw Philippinen)*



Gampsorhynchus rufulus
**Weißkopf-Baumdrossling**
*White-hooded Babbler - Timalí cabeciblanco*
Blyth, 1844
*e Himalaya bis c Myanmar und sw China*

Gampsorhynchus torquatus
**Halsband-Baumdrossling**
*Collared Babbler - Timalí acollarado*
Hume, 1874
*s Myanmar, n, w Thailand und s China bis nw, s Laos und c, s Vietnam*

Gampsorhynchus torquatus luciae
**Laos-Halsband-Baumdrossling**
Delacour, 1926
se China bis ne, c Laos und n Vietnam
Gampsorhynchus torquatus saturatior
**Malayen-Halsband-Baumdrossling**
Sharpe, 1888
Malayische Halbinsel



Schoeniparus cinereus
**Gelbkehl-Zweigdrossling**
*Yellow-throated Fulvetta - Fulveta goligualda*
Blyth, 1847
*Himalaya bis nc Vietnam*

Schoeniparus castaneceps
**Kastanienzweigdrossling**
*Rufous-winged Fulvetta - Fulveta alirrufa*
Hodgson, 1837
*e Himalaya bis w Yunnan (s China) und w Thailand*

Schoeniparus castaneceps exul
**Yunnan-Kastanienzweigdrossling**
Delacour, 1932
n Thailand und e Yunnan (s China) bis Laos und nw Vietnam
Schoeniparus castaneceps stepanyani
**Vietnam-Kastanienzweigdrossling**
Eames, JC, 2002
c Vietnam
Schoeniparus castaneceps soror
**Malaysia-Kastanienzweigdrossling**
Sharpe, 1887
Malayische Halbinsel

Schoeniparus klossi
**Streifenkopf-Zweigdrossling**
*Black-crowned Fulvetta - Fulveta coroninegra*
Delacour & Jabouille, 1931
*sc Vietnam*

Schoeniparus variegaticeps
**Goldstirn-Zweigdrossling**
*Golden-fronted Fulvetta - Fulveta frentigualda*
Yen, 1932
*sc, sw China*

Schoeniparus rufogularis
**Rotband-Zweigdrossling**
*Rufous-throated Fulvetta - Fulveta gorjirrufa*
Mandelli, 1873
*e Himalaya*

Schoeniparus rufogularis collaris
**Indische Rotband-Zweigdrossling**
Walden, 1874
ne Indien, e Bangladesch und nw Myanmar
Schoeniparus rufogularis major
**Große Rotband-Zweigdrossling**
Baker, ECS, 1920
ne Myanmar, n, e Thailand und nc Laos
Schoeniparus rufogularis stevensi
**Stevens-Rotband-Zweigdrossling**
Kinnear, 1924
s China, ne Laos und n Vietnam
Schoeniparus rufogularis kelleyi
**Kelleys Rotband-Zweigdrossling**
Bangs & Van Tyne, 1930
c Vietnam
Schoeniparus rufogularis khmerensis
**Kambodscha-Rotband-Zweigdrossling**
Meyer de Schauensee, 1938
se Thailand und sw Kambodscha

Schoeniparus dubius
## Braunkappen-Zweigdrossling
*Rusty-capped Fulvetta - Fulveta coronirrufa*
Hume, 1874
*se Myanmar und w Thailand*

Schoeniparus dubius mandellii
### Mandellis Braunkappen-Zweigdrossling
Godwin-Austen, 1876
e Himalaya bis w Myanmar
Schoeniparus dubius intermedius
### Kleine Braunkappen-Zweigdrossling
Rippon, 1900
ne, e Myanmar, w Yunnan (s China)
Schoeniparus dubius genestieri
### China-Braunkappen-Zweigdrossling
Oustalet, 1897
s, se China und n Indochina
Schoeniparus dubius cui
### Laos-Braunkappen-Zweigdrossling
Eames, JC, 2002
se Laos und c Vietnam

Schoeniparus brunneus
## Dunkelzweigdrossling
*Dusky Fulvetta - Fulveta de Gould*
Gould, 1863
*Taiwan*

Schoeniparus brunneus olivaceus
### Chinesische Dunkelzweigdrossling
Styan, 1896
c China
Schoeniparus brunneus weigoldi
### Weigolds Dunkelzweigdrossling
Stresemann, 1923
c, e Sichuan (wc China)
Schoeniparus brunneus argutus
### Hainan-Dunkelzweigdrossling
Hartert, EJO, 1910
Hainan Insel (vor se China)
Schoeniparus brunneus superciliaris
### Davids Dunkelzweigdrossling
David, A, 1874
e, se China

## Gattung: Pellorneum

Pellorneum ruficeps
## Streifenbrust-Erddrossling
*Puff-throated Babbler - Tordina pechiestriada*
Swainson, 1832
*w, c Indien*

Pellorneum ruficeps olivaceum
### Jerdons Streifenbrust-Erddrossling
Jerdon, 1839
sw Indien
Pellorneum ruficeps pallidum
### Indische Streifenbrust-Erddrossling
Abdulali, 1982
se Indien
Pellorneum ruficeps punctatum
### Himalaya-Streifenbrust-Erddrossling
Gould, 1838
w Himalaya
Pellorneum ruficeps mandellii
### Nepal-Streifenbrust-Erddrossling
Blanford, 1871
Nepal bis Arunachal Pradesh (ne Indien)
Pellorneum ruficeps chamelum
### Assam-Streifenbrust-Erddrossling
Deignan, 1947
s Assam (ne Indien) und e Bangladesch
Pellorneum ruficeps pectorale
### Arunachal-Streifenbrust-Erddrossling
Godwin-Austen, 1877
e Arunachal Pradesh (ne Indien) und n Myanmar
Pellorneum ruficeps ripleyi
### Ripleys Streifenbrust-Erddrossling
Deignan, 1947
e Assam (ne Indien)
Pellorneum ruficeps vocale
### Manipur-Streifenbrust-Erddrossling
Deignan, 1951
Manipur (ne Indien)
Pellorneum ruficeps stageri
### Stagers Streifenbrust-Erddrossling
Deignan, 1947
ne Myanmar
Pellorneum ruficeps shanense
### Ost-Myanmar-Streifenbrust-Erddrossling
Deignan, 1947
e Myanmar bis s China
Pellorneum ruficeps hilarum
### Myanmar-Streifenbrust-Erddrossling
Deignan, 1947
c Myanmar

Pellorneum ruficeps victoriae
### West-Myanmar-Streifenbrust-Erddrossling
Deignan, 1947
w Myanmar
Pellorneum ruficeps minus
### Süd-Myanmar-Streifenbrust-Erddrossling
Hume, 1873
s Myanmar
Pellorneum ruficeps subochraceum
### Thailand-Streifenbrust-Erddrossling
Swinhoe, 1871
se Myanmar und w Thailand
Pellorneum ruficeps insularum
### Mergui-Streifenbrust-Erddrossling
Deignan, 1947
Mergui Archipel (extremer s Myanmar)
Pellorneum ruficeps acrum
### Süd-Thailand-Streifenbrust-Erddrossling
Deignan, 1947
w, s Thailand bis n Malayische Halbinsel
Pellorneum ruficeps chthonium
### Deignans Streifenbrust-Erddrossling
Deignan, 1947
nw Thailand
Pellorneum ruficeps indistinctum
### Nord-Thailand-Streifenbrust-Erddrossling
Deignan, 1947
extremer n Thailand
Pellorneum ruficeps elbeli
### Ebels Streifenbrust-Erddrossling
Deignan, 1956
ne Thailand
Pellorneum ruficeps dusiti
### Dusits Streifenbrust-Erddrossling
Dickinson & Chaiyaphun, 1970
ec Thailand
Pellorneum ruficeps oreum
### Yunnan-Streifenbrust-Erddrossling
Deignan, 1947
s Yunnan (s China) und n Laos und nw Vietnam
Pellorneum ruficeps vividum
### Nord-Vietnam-Streifenbrust-Erddrossling
La Touche, 1921
se Yunnan (s China) und n, c Vietnam
Pellorneum ruficeps ubonense
### Laos-Streifenbrust-Erddrossling
Deignan, 1947
ne Thailand, s Laos und ne Kambodscha
Pellorneum ruficeps deignani
### Kambodscha-Streifenbrust-Erddrossling
Delacour, 1951
s Vietnam und e Kambodscha
Pellorneum ruficeps dilloni
### Dillions Streifenbrust-Erddrossling
Delacour, 1951
extremer s Vietnam und se Kambodscha
Pellorneum ruficeps euroum
### Euroum-Streifenbrust-Erddrossling
Deignan, 1947
sc, se Thailand, w Kambodscha
Pellorneum ruficeps smithi
### Smiths Streifenbrust-Erddrossling
Riley, 1924
Inseln vor se Thailand und Kambodscha

Pellorneum fuscocapillus
## Braunscheitel-Erddrossling
*Brown-capped Babbler - Tordina coroniparda*
Blyth, 1849
*sw Sri Lanka*

Pellorneum fuscocapillus babaulti
### Sri Lanka-Braunscheitel-Erddrossling
Wells, T, 1919
n, e Sri Lanka

Pellorneum palustre
## Sumpf-Erddrossling
*Marsh Babbler - Tordina palustre*
Gould, 1872
*ne Indien*

Pellorneum nigrocapitatum
## Malaienerddrossling
*Malayan Black-capped Babbler - Tordina coroninegra*
Eyton, 1839
*Malayische Halbinsel, Sumatra, Bangka und Belitung (e von s Sumatra) und n Natuna Is. (nw Borneo)*

Pellorneum capistratum
## Javaerddrossling
*Javan Black-capped Babbler - Tordina coronirufa*
Temminck, 1823
*Java*

Pellorneum capistratoides
**Borneoerddrossling**
*Bornean Black-capped Babbler - Tordina de Borneo*
Strickland, 1849
*w, c, s Borneo*

    Pellorneum capistratoides morrelli
    **Morells Borneoerddrossling**
    Chasen & Kloss, 1929
    *n, e Borneo und Banggi (n von ne Borneo)*

Pellorneum malaccense
**Kurzschwanz-Mausdrossling**
*Short-tailed Babbler - Tordina colicorta*
Hartlaub, 1844
*Malayische Halbinsel, Anambas Is. (e von Malayische Halbinsel), Sumatra, Banyak und Batu is. (w Sumatra), Riau und Lingga is. (e von c Sumatra) und n Natuna Is. (nw Borneo)*

Pellorneum saturatum
**Glissandodrossling**
*Glissando Babbler - Tordina Glissando*
Robinson & Kloss, 1920
*Bangka und Belitung (e von s Sumatra) und w, sw Borneo (Sarawak und e Kalimantan)*

Pellorneum poliogene
**Laubflöterdrossling**
*Leaflitter Babbler - Tordina capirotada*
Strickland, 1849
*n, e Borneo (Sabah, Brunei und e Kalimantan)*

Pellorneum cinereiceps
**Graukopf-Mausdrossling**
*Ashy-headed Babbler - Tordina coronigrís*
Tweeddale, 1878
*Palawan Gruppe (sw Philippinen)*

Pellorneum albiventre
**Weißbauch-Erddrossling**
*Spot-throated Babbler - Tordina golipinta*
Godwin-Austen, 1877
*Bhutan, s Assam (ne Indien) bis w Myanmar*

    Pellorneum albiventre ignotum
    **Assam-Weißbauch-Erddrossling**
    Hume, 1877
    *n Assam (ne Indien) und n Myanmar*
    Pellorneum albiventre pusillum
    **Laos-Weißbauch-Erddrossling**
    Delacour, 1927
    *se China, n Laos und n Vietnam*
    Pellorneum albiventre cinnamomeum
    **Indochina-Weißbauch-Erddrossling**
    Rippon, 1900
    *c Myanmar, nw Thailand und s China bis c, s Indochina*

Pellorneum tickelli
**Rostbrust-Erddrossling**
*Buff-breasted Babbler - Tordina de Tickell*
Blyth, 1859
*s Thailand und Malayische Halbinsel*

    Pellorneum tickelli assamense
    **Indien-Rostbrust-Erddrossling**
    Sharpe, 1883
    *ne Indien und e Bangladesch bis n und w Myanmar*
    Pellorneum tickelli grisescens
    **Myanmar-Rostbrust-Erddrossling**
    Ticehurst, 1932
    *sw Myanmar*
    Pellorneum tickelli fulvum
    **Thailand-Rostbrust-Erddrossling**
    Walden, 1875
    *ne Myanmar, n Thailand und s China bis n Indochina*
    Pellorneum tickelli annamense
    **Indochina-Rostbrust-Erddrossling**
    Delacour, 1926
    *Kambodscha und s Indochina*

Pellorneum buettikoferi
**Sumatraerddrossling**
*Sumatran Babbler - Tordina de Sumatra*
Vorderman, 1892
*Sumatra*

Pellorneum pyrrogenys
**Rostwangen-Erddrossling**
*Temminck's Babbler - Tordina de Temminck*
Temminck, 1827
*Gebirge Java*

    Pellorneum pyrrogenys erythrote
    **Sarawak-Rostwangen-Erddrossling**
    Sharpe, 1883
    *Gebirge w Sarawak und w Kalimantan (w Borneo)*
    Pellorneum pyrrogenys longstaffi
    **Longstaffs Rostwangen-Erddrossling**
    Harrisson & Hartley, 1934
    *Gebirge c, e Sarawak bis s, e Kalimantan (nw bis e Borneo)*
    Pellorneum pyrrogenys canicapillus
    **Borneo-Rostwangen-Erddrossling**
    Sharpe, 1887
    *Gebirge Sabah (ne Borneo)*

Pellorneum rostratum
**Mangrovemausdrossling**
*White-chested Babbler - Tordina pechiblanca*
Blyth, 1842
*Malayische Halbinsel, Sumatra, Riau und Lingga is. (e von c Sumatra) und Belitung (e von s Sumatra)*

Pellorneum macropterum
**Borneo-Mangrovemausdrossling**
*Bornean Swamp Babbler - Tordina pechiblanca de Borneo*
Salvadori, 1868
*Borneo und Banggi (n von ne Borneo)*

Pellorneum bicolor
**Zimtmausdrossling**
*Ferruginous Babbler - Tordina bicolor*
Lesson, RP, 1839
*Malayische Halbinsel, Sumatra, Bangka (e von s Sumatra) und Borneo*

Pellorneum celebense
**Weißkehl-Mausdrossling**
*Sulawesi Babbler - Tordina de Célebes*
Strickland, 1849
*n Sulawesi und Manterawu (=Mantehage, w von ne Sulawesi), Bangka (n von ne Sulawesi) und Lembeh (e von ne Sulawesi)*

    Pellorneum celebense rufofuscum
    **Sulawesi-Weißkehl-Mausdrossling**
    Stresemann, 1931
    *c, se Sulawesi und Butung (=Buton, se von se Sulawesi)*
    Pellorneum celebense finschi
    **Waldens Weißkehl-Mausdrossling**
    Walden, 1876
    *sw Sulawesi*
    Pellorneum celebense togianense
    **Togian-Weißkehl-Mausdrossling**
    Voous, 1952
    *Togian Is. (zwischen ne und nc Sulawesi)*



Laticilla burnesii
**Schweifpriniendrossling**
*Rufous-vented Grass Babbler - Prinia de Burnes*
Blyth, 1844
*Pakistan und nw Indien*

    Laticilla burnesii nipalensis
    **Nepal-Schweifpriniendrossling**
    Baral, Basnet, Chaudhary, B, Chaudhary, H, Giri & Som, 2007
    *e Nepal*

Laticilla cinerascens
**Sumpfpriniendrossling**
*Swamp Grass Babbler - Prinia palustre*
Walden, 1874
*ne Indien und n Bangladesch*



Illadopsis fulvescens
**Braunbauch-Laubdrossling**
*Brown Illadopsis - Tordina parda*
Cassin, 1859
*s Kamerun bis w Zentralafrikanische Republik und w Demokratische Republik Kongo*

    Illadopsis fulvescens gularis
    **Senegal-Braunbauch-Laubdrossling**
    Sharpe, 1870
    *sw Senegal bis sw Ghana*
    Illadopsis fulvescens moloneyana
    **Ghana-Braunbauch-Laubdrossling**
    Sharpe, 1892
    *se Ghana bis sw Nigeria*
    Illadopsis fulvescens iboensis
    **Kamerun-Braunbauch-Laubdrossling**
    Hartert, EJO, 1907
    *se Nigeria und sw Kamerun*

Illadopsis fulvescens ugandae
**Uganda-Braunbauch-Laubdrossling**
Van Someren, 1915
sc Zentralafrikanische Republik und e Kongo bis s Sudan, w Kenia, w Tansania und ne
Angola
Illadopsis fulvescens dilutior
**Angola-Braunbauch-Laubdrossling**
White, CMN, 1953
nw Angola

Illadopsis rufipennis
# Grauwangen-Laubdrossling
*Pale-breasted Illadopsis - Tordina pechipálida*
Sharpe, 1872
c Nigeria bis w Kenia, nw Tansania und south bis nw Angola und c Demokratische Republik
Kongo

Illadopsis rufipennis extrema
**Ghana-Grauwangen-Laubdrossling**
Bates, GL, 1930
Sierra Leone bis Ghana
Illadopsis rufipennis bocagei
**Bioko-Grauwangen-Laubdrossling**
Salvadori, 1903
Bioko Insel

Illadopsis distans
# Graubrust-Laubdrossling
*Tanzanian Illadopsis - Tordina distante*
Friedmann, 1928
s Kenia und e Tansania

Illadopsis pyrrhoptera
# Berglaubdrossling
*Mountain Illadopsis - Tordina montañesa*
Reichenow & Neumann, 1895
e Demokratische Republik Kongo bis w Kenia und w Tansania

Illadopsis pyrrhoptera nyasae
**Malawi-Berglaubdrossling**
Benson, 1939
n Malawi

Illadopsis cleaveri
# Augenbrauen-Laubdrossling
*Blackcap Illadopsis - Tordina capirotada*
Shelley, 1874
Ghana

Illadopsis cleaveri johnsoni
**Johnsons Augenbrauen-Laubdrossling**
Büttikofer, 1889
Sierra Leone und Liberia (? Elfenbeinküste)
Illadopsis cleaveri marchanti
**Benin-Augenbrauen-Laubdrossling**
Serle, 1956
Benin und Nigeria
Illadopsis cleaveri batesi
**Kongo-Augenbrauen-Laubdrossling**
Sharpe, 1901
se Nigeria bis Zentralafrikanische Republik und Kongo
Illadopsis cleaveri poensis
**Biak-Augenbrauen-Laubdrossling**
Bannerman, 1934
Bioko Insel

Illadopsis albipectus
# Schuppenbrust-Laubdrossling
*Scaly-breasted Illadopsis - Tordina pechiescamada*
Reichenow, 1888
se Zentralafrikanische Republik, w, n Demokratische Republik Kongo und s Sudan bis w Kenia
und nw Angola

Illadopsis turdina
# Grauzügel-Laubdrossling
*Spotted Thrush-Babbler - Tordina moteada*
Hartlaub, 1883
s Sudan und ne Demokratische Republik Kongo

Illadopsis turdina harterti
**Harters Grauzügel-Laubdrossling**
Grote, 1921
c Kamerun
Illadopsis turdina upembae
**Upemba-Grauzügel-Laubdrossling**
Verheyen, 1951
se Demokratische Republik Kongo, e Angola und nw Sambia

Illadopsis puveli
# Puvellaubdrossling
*Puvel's Illadopsis - Tordina de Puvel*
Salvadori, 1901
Senegal und Gambia bis Ghana und Togo

Illadopsis puveli strenuipes
**Bannermanns Puvellaubdrossling**
Bannerman, 1920
c Nigeria bis ne Demokratische Republik Kongo, s Sudan und w Uganda

Illadopsis rufescens
# Rostschwingen-Laubdrossling
*Rufous-winged Illadopsis - Tordina alirrufa*
Reichenow, 1878
Gambia, Guinea, Sierra Leone bis Togo



Kenopia striata
# Strichelgrunddrossling
*Striped Wren-Babbler - Ratina estriada*
Blyth, 1842
Malayische Halbinsel, Sumatra und Borneo



Malacocincla abbotti
# Rotschwanz-Mausdrossling
*Abbott's Babbler - Tordina de Abbott*
Blyth, 1845
e Himalaya bis c Malayische Halbinsel

Malacocincla abbotti krishnarajui
**Indische Rotschwanz-Mausdrossling**
Ripley & Beehler, 1985
e Indien
Malacocincla abbotti williamsoni
**Vietnam-Rotschwanz-Mausdrossling**
Deignan, 1948
e Thailand bis s Vietnam
Malacocincla abbotti obscurior
**Thailand-Rotschwanz-Mausdrossling**
Deignan, 1948
se Thailand und sw Kambodscha
Malacocincla abbotti altera
**Laos-Rotschwanz-Mausdrossling**
Sims, 1957
c Laos und c Vietnam
Malacocincla abbotti olivacea
**Stricklands-Rotschwanz-Mausdrossling**
Strickland, 1847
s Malayische Halbinsel und Sumatra
Malacocincla abbotti concreta
**Belitung-Rotschwanz-Mausdrossling**
Büttikofer, 1895
Belitung (e von s Sumatra) und Borneo
Malacocincla abbotti baweana
**Bawean-Rotschwanz-Mausdrossling**
Oberholser, 1917
Bawean (n von c Java)

Malacocincla sepiaria
# Horsfieldmausdrossling
*Horsfield's Babbler - Tordina de Horsfield*
Horsfield, 1821
Java und Bali

Malacocincla sepiaria tardinata
**Malaysia-Horsfieldmausdrossling**
Hartert, EJO, 1915
Malayische Halbinsel
Malacocincla sepiaria barussana
**Sumatra-Horsfieldmausdrossling**
Robinson & Kloss, 1921
Sumatra
Malacocincla sepiaria rufiventris
**Borneo-Horsfieldmausdrossling**
Salvadori, 1874
w, s Borneo
Malacocincla sepiaria harterti
**Harters Horsfieldmausdrossling**
Chasen & Kloss, 1929
n, e Borneo

Malacocincla perspicillata
# Schwarzbrauen-Mausdrossling
*Black-browed Babbler - Tordina cejinegra*
Bonaparte, 1850
s Kalimantan (s Borneo)



Gypsophila crassa
# Blasskehldrossling
*Mountain Wren-Babbler - Ratina montana*
Sharpe, 1888
Gebirge Borneo

Gypsophila brevicaudata
## Stutzschwanzdrossling
*Streaked Wren-Babbler - Ratina colicorta*
Blyth, 1855
sw China (w Yunnan), n, e, se Myanmar und w, n Thailand

Gypsophila brevicaudata striata
### Indische Stutzschwanzdrossling
Walden, 1871
ne Indien bis sw Myanmar

Gypsophila brevicaudata stevensi
### Stevens Stutzschwanzdrossling
Kinnear, 1925
s China und n Indochina

Gypsophila brevicaudata proxima
### Laos-Stutzschwanzdrossling
Delacour, 1930
s Laos und c Vietnam

Gypsophila brevicaudata rufiventer
### Lang Biang-Stutzschwanzdrossling
Delacour, 1927
Lang Biang Plateau (sc Vietnam)

Gypsophila brevicaudata griseigularis
### Kambodscha-Stutzschwanzdrossling
Delacour & Jabouille, 1928
se Thailand und sw Kambodscha

Gypsophila brevicaudata leucosticta
### Sharps Stutzschwanzdrossling
Sharpe, 1887
s Thailand und Malayische Halbinsel

Gypsophila annamensis
## Annamdrossling
*Annam Limestone Babbler - Ratina de Annam*
Delacour & Jabouille, 1928
s China und n Indochina

Gypsophila calcicola
## Thaidrossling
*Rufous Limestone Babbler - Ratina calcícola*
Deignan, 1939
c Thailand

Gypsophila crispifrons
## Kalkdrossling
*Variable Limestone Babbler - Ratina roquera*
Blyth, 1855
se Myanmar und w Thailand

Gypsophila rufipectus
## Kastanienbauchdrossling
*Rusty-breasted Wren-Babbler - Ratina pechirrufa*
Salvadori, 1879
Gebirge Sumatra

## Gattung: Ptilocichla

Ptilocichla mindanensis
## Philippinenwolldrossling
*Striated Wren-Babbler - Ratina de Mindanao*
Blasius, W, 1890
Mindanao (s Philippinen)

Ptilocichla mindanensis minuta
### Kleiner Philippinenwolldrossling
Bourns & Worcester, 1894
Leyte und Samar (ec Philippinen)

Ptilocichla mindanensis fortichi
### Boholwolldrossling
Rand & Rabor, 1957
Bohol (ec Philippinen)

Ptilocichla mindanensis basilanica
### Basilanwolldrossling
Steere, 1890
Basilan (sw Philippinen)

Ptilocichla leucogrammica
## Borneowolldrossling
*Bornean Wren-Babbler - Ratina de Borneo*
Bonaparte, 1850
Borneo

Ptilocichla falcata
## Palawanwolldrossling
*Falcated Wren-Babbler - Ratina de Palawan*
Sharpe, 1877
Palawan (sw Philippinen)

## Gattung: Napothera

Napothera epilepidota
## Fleckenzwergdrossling
*Eyebrowed Wren-Babbler - Ratina cejuda*
Temminck, 1828
Gebirge Java

Napothera epilepidota delacouri
### Guangxi-Fleckenzwergdrossling
Yen, 1934
ec Guangxi (s China)

Napothera epilepidota amyae
### Vietnam-Fleckenzwergdrossling
Kinnear, 1925
n Vietnam

Napothera epilepidota lucilleae
### Lucilles Fleckenzwergdrossling
Meyer de Schauensee & Ripley, 1940
Lower Gebirge Sumatra (900-1100 m)

Napothera epilepidota roberti
### Roberts Fleckenzwergdrossling
Godwin-Austen & Walden, 1875
s Assam (ne Indien) und nw Myanmar

Napothera epilepidota guttaticollis
### Buthan-Fleckenzwergdrossling
Ogilvie-Grant, 1895
e Bhutan und n Assam (ne Indien)

Napothera epilepidota bakeri
### Bakers Fleckenzwergdrossling
Harington, 1913
e Myanmar

Napothera epilepidota davisoni
### Davisons Fleckenzwergdrossling
Ogilvie-Grant, 1910
s Myanmar und n, w Thailand

Napothera epilepidota laotiana
### Laos-Fleckenzwergdrossling
Delacour, 1926
se Yunnan (s China) und n, c, se Laos

Napothera epilepidota hainana
### Hainan-Fleckenzwergdrossling
Hartert, EJO, 1910
Hainan Insel (vor se China)

Napothera epilepidota clara
### Claras-Fleckenzwergdrossling
Robinson & Kloss, 1919
c, sc Vietnam

Napothera epilepidota granti
### Grants Fleckenzwergdrossling
Richmond, 1900
Malayische Halbinsel

Napothera epilepidota diluta
### Hochland-Fleckenzwergdrossling
Robinson & Kloss, 1916
Higher Gebirge Sumatra (1300–1600 m)

Napothera epilepidota exsul
### Borneo-Fleckenzwergdrossling
Sharpe, 1888
Borneo

Napothera malacoptila
## Assamsäbeldrossling
*Long-billed Wren-Babbler - Ratina picuda*
Blyth, 1847
Himalaya von ne Indien bis s China

Napothera albostriata
## Sumatrasäbeldrossling
*Sumatran Wren-Babbler - Ratina de Sumatra*
Salvadori, 1879
Gebirge Sumatra

Napothera pasquieri
## Tonkinsäbeldrossling
*White-throated Wren-Babbler - Ratina goliblanca*
Delacour & Jabouille, 1930
nw Vietnam

Napothera naungmungensis
## Naung-Mung-Säbeldrossling
*Naung Mung Scimitar Babbler - Ratina de Naung Mung*
Rappole, Renner, Shwe & Sweet, 2005
n Myanmar

Napothera danjoui
## Annamsäbeldrossling
*Short-tailed Scimitar Babbler - Ratina indochina*
Robinson & Kloss, 1919
sc Vietnam

Napothera danjoui parvirostris
### Laossäbeldrossling
Delacour, 1927
c Laos und c Vietnam

Alcippe poioicephala
**Graukopf-Zweigdrossling**
*Brown-cheeked Fulvetta - Fulveta cariparda*
Jerdon, 1841
*w Indien*

Alcippe poioicephala brucei
**Indischer Graukopf-Zweigdrossling**
Hume, 1870
c, s Indien
Alcippe poioicephala fusca
**Bangladesch-Graukopf-Zweigdrossling**
Godwin-Austen, 1877
e Bangladesch, ne Indien und n Myanmar
Alcippe poioicephala phayrei
**Myanmar-Graukopf-Zweigdrossling**
Blyth, 1845
sw Myanmar
Alcippe poioicephala haringtoniae
**Thailand-Graukopf-Zweigdrossling**
Hartert, EJO, 1909
e Myanmar und nw Thailand
Alcippe poioicephala alearis
**Indochina-Graukopf-Zweigdrossling**
Bangs & Van Tyne, 1930
s China und n Thailand bis n Indochina
Alcippe poioicephala karenni
**Karenns Graukopf-Zweigdrossling**
Robinson & Kloss, 1923
s Myanmar und w Thailand
Alcippe poioicephala davisoni
**Davidsons Graukopf-Zweigdrossling**
Harington, 1915
n Malayische Halbinsel, Mergui Archipel (vor sw Myanmar)

Alcippe grotei
**Weißbauch-Zweigdrossling**
*Black-browed Fulvetta - Fulveta cejinegra*
Delacour, 1936
*e Kambodscha, c, s Laos und Vietnam*

Alcippe grotei eremita
**Thailand-Weißbauch-Zweigdrossling**
Riley, 1936
se Thailand

Alcippe brunneicauda
**Braunschwanz-Zweigdrossling**
*Brown Fulvetta - Fulveta parda*
Salvadori, 1879
*Malayische Halbinsel, Sumatra, Batu Is. (w von c Sumatra)*

Alcippe brunneicauda eriphaea
**Natuna-Braunschwanz-Zweigdrossling**
Oberholser, 1922
n Natuna Is. (nw Borneo) und Borneo

Alcippe pyrrhoptera
**Rotrücken-Zweigdrossling**
*Javan Fulvetta - Fulveta de Java*
Bonaparte, 1850
*Gebirge w, c Java*

Alcippe nipalensis
**Nepalzweigdrossling**
*Nepal Fulvetta - Fulveta nepalesa*
Hodgson, 1837
*c, e Himalaya bis n Myanmar*

Alcippe nipalensis stanfordi
**Stanfords Nepalzweigdrossling**
Ticehurst, 1930
e Bangladesch, ne Indien und w Myanmar

Alcippe davidi
**Davidzweigdrossling**
*David's Fulvetta - Fulveta de David*
Styan, 1896
c, ec China

Alcippe davidi schaefferi
**Südlicher Davidzweigdrossling**
La Touche, 1923
s China und nw Vietnam

Alcippe hueti
**Huetzweigdrossling**
*Huet's Fulvetta - Fulveta de Huet*
David, A, 1874
se China

Alcippe hueti rufescentior
**Hainan-Huetzweigdrossling**
Hartert, EJO, 1910
Hainan Insel (vor se China)

Alcippe morrisonia
**Grauwangen-Zweigdrossling**
*Grey-cheeked Fulvetta - Fulveta carigrís*
Swinhoe, 1863
Taiwan

Alcippe fratercula
**Yunnan-Zweigdrossling**
*Yunnan Fulvetta - Fulveta de Yunnan*
Rippon, 1900
c Myanmar bis s China, n Thailand und nw Laos

Alcippe fratercula yunnanensis
**Myanmar-Zweigdrossling**
Harington, 1913
ne Myanmar und sw China
Alcippe fratercula laotiana
**Laos-Zweigdrossling**
Delacour, 1926
nc, c Laos und nc Vietnam

Alcippe peracensis
**Malaienzweigdrossling**
*Mountain Fulvetta - Fulveta montana*
Sharpe, 1887
Malayische Halbinsel

Alcippe peracensis annamensis
**Robinsons Malaienzweigdrossling**
Robinson & Kloss, 1919
s Laos und s Vietnam



Grammatoptila striata
**Streifenbülbülhäherling**
*Striated Laughingthrush - Charlatán estriado*
Vigors, 1831
nw Himalaya

Grammatoptila striata vibex
**Nepal-Streifenbülbülhäherling**
Ripley, 1950
w, c Nepal
Grammatoptila striata sikkimensis
**Bhutan-Streifenbülbülhäherling**
Ticehurst, 1924
e Nepal bis c Bhutan
Grammatoptila striata brahmaputra
**Tibet-Streifenbülbülhäherling**
Hachisuka, 1953
se Tibet und e Bhutan bis nw Myanmar
Grammatoptila striata cranbrooki
**Yunnan-Streifenbülbülhäherling**
Kinnear, 1932
ne Myanmar bis w Yunnan (sw China)



Cutia nipalensis
**Himalajacutia**
*Himalayan Cutia - Cutia nepalesa*
Hodgson, 1837
c, e Himalaya bis n Myanmar und sw China

Cutia nipalensis melanchima
**Myanmarjacutia**
Deignan, 1947
e Myanmar, s China, nw Thailand und n Indochina
Cutia nipalensis cervinicrissa
**Malayenjacutia**
Sharpe, 1888
Malayische Halbinsel

Cutia legalleni
**Wellenbauchcutia**
*Vietnamese Cutia - Cutia vietnamita*
Robinson & Kloss, 1919
sc Vietnam

Cutia legalleni hoae
**Laos-Wellenbauchcutia**
Eames, JC, 2002
se Laos und c Vietnam



Laniellus langbianis
**Grauscheitel-Würgerhäherling**
*Grey-crowned Crocias - Sibia de Langbian*
Gyldenstolpe, 1939
*Vietnam*

Laniellus albonotatus
**Fleckenwürgerhäherling**
*Spotted Crocias - Sibia moteada*
Lesson, RP, 1831
*Gebirge Java*



Trochalopteron subunicolor
**Goldschuppenhäherling**
*Scaly Laughingthrush - Charlatán modesto*
Blyth, 1843
*c und e Himalaya*

   Trochalopteron subunicolor griseatum
   **Yunnan-Goldschuppenhäherling**
   Rothschild, 1921
   n Myanmar und w Yunnan (sw China)
   Trochalopteron subunicolor fooksi
   **Vietnam-Goldschuppenhäherling**
   Delacour & Jabouille, 1930
   se China und n Vietnam

Trochalopteron austeni
**Braunkappenhäherling**
*Brown-capped Laughingthrush - Charlatán de Austen*
Godwin-Austen, 1870
*ne Indien*

   Trochalopteron austeni victoriae
   **Victoriahäherling**
   Rippon, 1906
   w Myanmar

Trochalopteron squamatum
**Blauflügelhäherling**
*Blue-winged Laughingthrush - Charlatán aliazul*
Gould, 1835
*Himalaya bis nw Vietnam*

Trochalopteron lineatum
**Borstenhäherling**
*Streaked Laughingthrush - Charlatán barrado*
Vigors, 1831
*nw Himalaya*

   Trochalopteron lineatum bilkevitchi
   **Bilkevitchs Borstenhäherling**
   Zarudny, 1910
   s Tadschikistan, Afghanistan und w Pakistan
   Trochalopteron lineatum schachdarense
   **Usbekistan-Borstenhäherling**
   Stepanyan, 1998
   se Usbekistan bis se Tadschikistan
   Trochalopteron lineatum gilgit
   **Gilgithäherling**
   Hartert, EJO, 1909
   ne Afghanistan und n Pakistan
   Trochalopteron lineatum setafer
   **Himalaya-Borstenhäherling**
   Hodgson, 1836
   c Himalaya

Trochalopteron imbricatum
**Braunhäherling**
*Bhutan Laughingthrush - Charlatán de Bután*
Blyth, 1843
*Bhutan und ne Indien*

Trochalopteron virgatum
**Weißschafthäherling**
*Striped Laughingthrush - Charlatán rayado*
Godwin-Austen, 1874
*ne Indien und Myanmar*

Trochalopteron variegatum
**Buntflügelhäherling**
*Variegated Laughingthrush - Charlatán variegado*
Vigors, 1831
*w, c Himalaya*

   Trochalopteron variegatum nuristani
   **Nuristanhäherling**
   Paludan, 1959
   ne Afghanistan und nw Pakistan
   Trochalopteron variegatum simile
   **Indischer Buntflügelhäherling**
   Hume, 1871
   n Pakistan bis n Indien

Trochalopteron affine
**Schwarzscheitelhäherling**
*Black-faced Laughingthrush - Charlatán carinegro*
Blyth, 1843
*w, c Nepal und s Tibet*

   Trochalopteron affine bethelae
   **Bhutan-Schwarzscheitelhäherling**
   Rand & Fleming, RL, 1956
   e Nepal, Bhutan, ne Indien und s Tibet
   Trochalopteron affine oustaleti
   **Oustalts Schwarzscheitelhäherling**
   Hartert, EJO, 1909
   n Myanmar und sw China
   Trochalopteron affine muliense
   **Sichuan-Schwarzscheitelhäherling**
   Rand, 1953
   sw Sichuan bis nw Yunnan (s China)
   Trochalopteron affine blythii
   **Blythis Schwarzscheitelhäherling**
   Verreaux, J, 1871
   sc China
   Trochalopteron affine saturatum
   **Yunnan-Schwarzscheitelhäherling**
   Delacour & Jabouille, 1930
   c, se Yunnan (s China) und nw Vietnam

Trochalopteron morrisonianum
**Weißbarthäherling**
*White-whiskered Laughingthrush - Charlatán de Morrison*
Ogilvie-Grant, 1906
*Taiwan*

Trochalopteron henrici
**Prinzenhäherling**
*Brown-cheeked Laughingthrush - Charlatán de Henri*
Oustalet, 1892
*s, se Tibet*

Trochalopteron elliotii
**Elliothäherling**
*Elliot's Laughingthrush - Charlatán de Elliot*
Verreaux, J, 1871
*sw, sc China*

Trochalopteron milnei
**Rotschwanzhäherling**
*Red-tailed Laughingthrush - Charlatán colirrojo*
David, A, 1874
*nw Fujian*

   Trochalopteron milnei sharpei
   **Sharps Rotschwanzhäherling**
   Rippon, 1901
   n Myanmar und s China bis nw Thailand und n Indochina
   Trochalopteron milnei vitryi
   **Laos-Rotschwanzhäherling**
   Delacour, 1932
   s Laos
   Trochalopteron milnei sinianum
   **Chinesischer Rotschwanzhäherling**
   Stresemann, 1930
   se China (außer nw Fujian)

Trochalopteron yersini
**Halsbandhäherling**
*Collared Laughingthrush - Charlatán de Yersin*
Robinson & Kloss, 1919
*Vietnam*

Trochalopteron erythrocephalum
**Rotscheitelhäherling**
*Chestnut-crowned Laughingthrush - Charlatán coronicastaño*
Vigors, 1832
*n Indien*

Trochalopteron erythrocephalum kali
**Nepal-Rotscheitelhäherling**
Vaurie, 1953
w, c Nepal
Trochalopteron erythrocephalum nigrimentum
**Östlicher Rotscheitelhäherling**
Oates, 1889
e Nepal bis ne Indien

Trochalopteron chrysopterum
## Assamhäherling
*Assam Laughingthrush - Charlatán de Assam*
Gould, 1835
*Meghalaya (ne Indien)*

Trochalopteron chrysopterum godwini
**Godwinhäherling**
Harington, 1914
s Assam, Nagaland und n Manipur (ne Indien)
Trochalopteron chrysopterum erythrolaemum
**Manipurhäherling**
Hume, 1881
se Manipur, Mizoram (ne Indien) und w Myanmar
Trochalopteron chrysopterum woodi
**Woodshäherling**
Baker, ECS, 1914
n Myanmar und w Yunnan (sw China)
Trochalopteron chrysopterum ailaoshanense
**Yunnanhäherling**
Yang, 2002
c Yunnan (s China)

Trochalopteron formosum
## Prachthäherling
*Red-winged Laughingthrush - Charlatán alirrojo*
Verreaux, J, 1869
*sc China*

Trochalopteron formosum greenwayi
**Yunnan-Prachthäherling**
Delacour & Jabouille, 1930
se Yunnan (s China) und n Vietnam

Trochalopteron melanostigma
## Silberohrhäherling
*Silver-eared Laughingthrush - Charlatán orejiplateado*
Blyth, 1855
*se Myanmar und w Thailand*

Trochalopteron melanostigma ramsayi
**Ramsays Silberohrhäherling**
Ogilvie-Grant, 1904
s Myanmar und s Thailand
Trochalopteron melanostigma schistaceum
**Myanmar-Silberohrhäherling**
Deignan, 1938
extremer e Myanmar und nw Thailand
Trochalopteron melanostigma subconnectens
**Laos-Silberohrhäherling**
Deignan, 1938
n Thailand und nw Laos
Trochalopteron melanostigma connectans
**Yunnan-Silberohrhäherling**
Delacour, 1928
c Yunnan (s China) bis c Laos und n Vietnam

Trochalopteron ngoclinhense
## Goldflügelhäherling
*Golden-winged Laughingthrush - Charlatán alidorado*
Eames, JC, Trai Trong Le & Nguyen Cu, 1999
*w Vietnam*

Trochalopteron peninsulae
## Malaienhäherling
*Malayan Laughingthrush - Charlatán malayo*
Sharpe, 1887
*s Thailand, Malayische Halbinsel*



Montecincla jerdoni
## Jerdonhäherling
*Banasura Laughingthrush - Charlatán del Banasura*
Blyth, 1851
*sw Indien (Western Ghats in sw Karnataka)*

Montecincla cachinnans
## Zimtbrusthäherling
*Nilgiri Laughingthrush - Charlatán de los Nilgiri*
Jerdon, 1839
*sw Indien (Western Ghats in Nilgiri Hills)*

Montecincla fairbanki
## Flötenhäherling
*Palani Laughingthrush - Charlatán de Palani*
Blanford, 1869
*sw Indien (Western Ghats in Palani Hills)*

Montecincla meridionalis
## Graubrusthäherling
*Ashambu Laughingthrush - Charlatán de Travancore*
Blanford, 1880
*sw Indien (Western Ghats in s Kerala und s Tamil Nadu)*



Heterophasia picaoides
## Langschweifsibia
*Long-tailed Sibia - Sibia colilarga*
Hodgson, 1839
*c Himalaya bis n Myanmar und s China*

Heterophasia picaoides cana
**Indochina-Langschweifsibia**
Riley, 1929
e Myanmar bis n Indochina
Heterophasia picaoides wrayi
**Wrays Langschweifsibia**
Ogilvie-Grant, 1910
Malayische Halbinsel
Heterophasia picaoides simillima
**Sumatra-Langschweifsibia**
Salvadori, 1879
Gebirge Sumatra

Heterophasia auricularis
## Weißohrsibia
*White-eared Sibia - Sibia orejiblanca*
Swinhoe, 1864
*Taiwan*

Heterophasia capistrata
## Schwarzkappensibia
*Rufous Sibia - Sibia rufa*
Vigors, 1831
*w Himalaya*

Heterophasia capistrata nigriceps
**Himalaya-Schwarzkappensibia**
Hodgson, 1839
c Himalaya
Heterophasia capistrata bayleyi
**Bayleys Schwarzkappensibia**
Kinnear, 1939
e Himalaya

Heterophasia pulchella
## Prachtsibia
*Beautiful Sibia - Sibia bonita*
Godwin-Austen, 1874
*ne Indien (e Arunachal Pradesh bis Nagaland), n Myanmar und sc China (w Yunnan)*

Heterophasia pulchella nigroaurita
**Tibet-Prachtsibia**
Kinnear, 1944
ne Indien (w, c Arunachal Pradesh) und se Tibet

Heterophasia gracilis
## Grausibia
*Grey Sibia - Sibia gris*
Horsfield, 1840
*ne Indien bis sc China*

Heterophasia melanoleuca
## Schwarzrückensibia
*Dark-backed Sibia - Sibia dorsinegra*
Blyth, 1859
*s Myanmar und w Thailand*

Heterophasia melanoleuca radcliffei
**Laos-Schwarzrückensibia**
Baker, ECS, 1922
e Myanmar, nw Thailand und nw Laos
Heterophasia melanoleuca castanoptera
**Südöstliche Schwarzrückensibia**
Salvadori, 1889
se Myanmar

Heterophasia desgodinsi
## Schwarzkopfsibia
*Black-headed Sibia - Sibia cabecinegra*
Oustalet, 1877
*n Myanmar und s China*

Heterophasia desgodinsi tonkinensis
**Vietnam-Schwarzkopfsibia**
Yen, 1934
n Vietnam
Heterophasia desgodinsi engelbachi
**Engelbachs Schwarzkopfsibia**
Delacour, 1930
s Laos
Heterophasia desgodinsi kingi
**Kings Schwarzkopfsibia**
Eames, JC, 2002
c Vietnam
Heterophasia desgodinsi robinsoni
**Robinsons Schwarzkopfsibia**
Rothschild, 1921
s Vietnam

## Gattung: Actinodura

Actinodura nipalensis
**Nepalmeisenhäherling**
*Hoary-throated Barwing - Sibia nepalesa*
Hodgson, 1836
*Nepal bis Bhutan*

Actinodura morrisoniana
**Taiwanmeisenhäherling**
*Taiwan Barwing - Sibia de Formosa*
Ogilvie-Grant, 1906
*Taiwan*

Actinodura waldeni
**Waldenmeisenhäherling**
*Streak-throated Barwing - Sibia de Yunnan*
Godwin-Austen, 1874
*s Assam, Nagaland, n Manipur (ne Indien) und nw Myanmar*

Actinodura waldeni daflaensis
**Godwins Waldenmeisenhäherling**
Godwin-Austen, 1875
sw China und Arunachal Pradesh (ne Indien)
Actinodura waldeni poliotis
**Rippons Waldenmeisenhäherling**
Rippon, 1905
w Myanmar
Actinodura waldeni saturatior
**Rotschilds Waldenmeisenhäherling**
Rothschild, 1921
n Myanmar und s China

Actinodura souliei
**Tonkinmeisenhäherling**
*Streaked Barwing - Sibia de Tonkín*
Oustalet, 1897
*sc China*

Actinodura souliei griseinucha
**Jabouilles Tonkinmeisenhäherling**
Delacour & Jabouille, 1930
s China und n Vietnam

Actinodura cyanouroptera
**Blauflügelsiva**
*Blue-winged Minla - Siva aliazul*
Hodgson, 1837
*c, e Himalaya bis nw Myanmar*

Actinodura cyanouroptera aglae
**Assam-Blauflügelsiva**
Deignan, 1942
se Assam (ne Indien) und w Myanmar
Actinodura cyanouroptera wingatei
**Myanmar-Blauflügelsiva**
Ogilvie-Grant, 1900
ne Myanmar, n Thailand, s China, Laos und n Vietnam
Actinodura cyanouroptera sordida
**Thailand-Blauflügelsiva**
Hume, 1877
se Myanmar und nw, w Thailand
Actinodura cyanouroptera wirthi
**Laos-Blauflügelsiva**
Collar, 2011
s Laos
Actinodura cyanouroptera orientalis
**Östliche Blauflügelsiva**
Robinson & Kloss, 1919
e Kambodscha und s Vietnam
Actinodura cyanouroptera rufodorsalis
**Engelbachs Blauflügelsiva**
Engelbach, 1946
se Thailand und sw Kambodscha
Actinodura cyanouroptera sordidior
**Sharpes Blauflügelsiva**
Sharpe, 1888
Malayische Halbinsel

Actinodura strigula
**Bändersiva**
*Bar-throated Minla - Minla colicastaña*
Hodgson, 1837
*c Himalaya*

Actinodura strigula simlaensis
**Nepal-Bändersiva**
Meinertzhagen, R, 1926
n Indien und w Nepal
Actinodura strigula yunnanensis
**Indische Bändersiva**
Rothschild, 1921
ne Indien, sw und s China über Myanmar bis n Indochina
Actinodura strigula traii
**Vietnam-Bändersiva**
Eames, JC, 2002
c Vietnam
Actinodura strigula castanicauda
**Humes-Bändersiva**
Hume, 1877
se Myanmar und w, nw Thailand
Actinodura strigula malayana
**Malayan-Bändersiva**
Hartert, EJO, 1902
Malayische Halbinsel

Actinodura egertoni
**Roststirn-Meisenhäherling**
*Rusty-fronted Barwing - Sibia de Egerton*
Gould, 1836
*c, e Himalaya*

Actinodura egertoni lewisi
**Lewis-Roststirn-Meisenhäherling**
Ripley, 1948
Mishmi Hills (ne Indien)
Actinodura egertoni khasiana
**Assam-Roststirn-Meisenhäherling**
Godwin-Austen, 1876
Meghalaya, s Assam, Nagaland und Manipur (ne Indien)
Actinodura egertoni ripponi
**Rippons Roststirn-Meisenhäherling**
Ogilvie-Grant & La Touche, 1907
sw, ne Myanmar und s China

Actinodura ramsayi
**Brillenmeisenhäherling**
*Spectacled Barwing - Sibia de anteojos occidental*
Walden, 1875
*se Myanmar und nw Thailand*

Actinodura ramsayi yunnanensis
**Yunnan-Brillenmeisenhäherling**
Bangs & Phillips, JC, 1914
s China und n Vietnam
Actinodura ramsayi radcliffei
**Radcliffs Brillenmeisenhäherling**
Harington, 1910
e Myanmar

Actinodura sodangorum
**Schwarzscheitel-Meisenhäherling**
*Black-crowned Barwing - Sibia coroninegra*
Eames, JC, Trai Trong Le, Nguyen Cu & Eve, 1998
*se Laos und c Vietnam*

## Gattung: Leiothrix

Leiothrix lutea
**Rotschnabel-Sonnenvogel**
*Red-billed Leiothrix - Leiótrix piquirrojo*
Scopoli, 1786
*sc, e China*

Leiothrix lutea kumaiensis
**Himalayasonnenvogel**
Whistler, 1943
nw Himalaya
Leiothrix lutea calipyga
**Myanmarsonnenvogel**
Hodgson, 1837
c Himalaya bis nw Myanmar
Leiothrix lutea yunnanensis
**Yunnansonnenvogel**
Rothschild, 1921
ne Myanmar und s China
Leiothrix lutea kwangtungensis
**Vietnamsonnenvogel**
Stresemann, 1923
se China und n Vietnam

Leiothrix argentauris
## Silberohr-Sonnenvogel
*Silver-eared Mesia - Leiótrix cariblanco*
Hodgson, 1837
*c, e Himalaya, n Myanmar und sw China*

Leiothrix argentauris aureigularis
### Assam-Silberohr-Sonnenvogel
Koelz, 1953
*s Assam (ne Indien) und w Myanmar*
Leiothrix argentauris vernayi
### Vernays Silberohr-Sonnenvogel
Mayr & Greenway, 1938
*ne Assam (ne Indien), n Myanmar und s China*
Leiothrix argentauris galbana
### Myanmar-Silberohr-Sonnenvogel
Mayr & Greenway, 1938
*e Myanmar und nw Thailand*
Leiothrix argentauris ricketti
### Ricketts Silberohr-Sonnenvogel
La Touche, 1923
*s China und n Indochina*
Leiothrix argentauris cunhaci
### Indochina-Silberohr-Sonnenvogel
Robinson & Kloss, 1919
*s Indochina*
Leiothrix argentauris tahanensis
### Malasia-Silberohr-Sonnenvogel
Yen, 1934
*Malayische Halbinsel*
Leiothrix argentauris rookmakeri
### Rookmakers Silberohr-Sonnenvogel
Junge, 1948
*Gebirge nw Sumatra*
Leiothrix argentauris laurinae
### Sumatra Silberohr-Sonnenvogel
Salvadori, 1879
*Gebirge c, s Sumatra*



Minla ignotincta
## Rotschwanzminla
*Red-tailed Minla - Minla colirroja*
Hodgson, 1837
*c, e Himalaya bis sw China und se Myanmar*

Minla ignotincta mariae
### Marias Rotschwanzminla
La Touche, 1921
*s China und n Indochina*
Minla ignotincta sini
### China-Rotschwanzminla
Stresemann, 1929
*se China*
Minla ignotincta jerdoni
### Jerdons Rotschwanzminla
Verreaux, J, 1871
*c, sc China*



Leioptila annectens
## Rotrückensibia
*Rufous-backed Sibia - Sibia dorsirrufa*
Blyth, 1847
*e Himalaya, n Myanmar und sw China*

Leioptila annectens mixta
### Deignans Rotrückensibia
Deignan, 1948
*e Myanmar und s China bis c Indochina*
Leioptila annectens saturata
### Waldens Rotrückensibia
Walden, 1875
*e Myanmar, nw Thailand*
Leioptila annectens davisoni
### Humes Rotrückensibia
Hume, 1877
*s Myanmar, w Thailand*
Leioptila annectens roundi
### Eames Rotrückensibia
Eames, JC, 2002
*c Vietnam*
Leioptila annectens eximia
### Rileys Rotrückensibia
Riley, 1940
*s Vietnam*



Liocichla bugunorum
## Bugunbunthäherling
*Bugun Liocichla - Charlatán Bugun*
Athreya, 2006
*Arunachal Pradesh (ne Indien)*

Liocichla omeiensis
## Omeibunthäherling
*Emei Shan Liocichla - Charlatán del Omei*
Riley, 1926
*sw China*

Liocichla steerii
## Taiwanbunthäherling
*Taiwan Liocichla - Charlatán de Steere*
Swinhoe, 1877
*Taiwan*

Liocichla phoenicea
## Karminflügel-Bunthäherling
*Red-faced Liocichla - Charlatán carirrojo*
Gould, 1837
*e Himalaya, sw China*

Liocichla phoenicea bakeri
### Bakers Karminflügel-Bunthäherling
Hartert, EJO, 1908
*s Assam (ne Indien), nw Myanmar und sw China*

Liocichla ripponi
## Rotgesicht-Bunthäherling
*Scarlet-faced Liocichla - Charlatán de Rippon*
Oates, 1900
*e Myanmar, nw Thailand und s China*

Liocichla ripponi wellsi
### Wells Rotgesicht-Bunthäherling
La Touche, 1921
*se China und n Indochina*



Argya malcolmi
## Malcolmdrosselhäherling
*Large Grey Babbler - Turdoide gris*
Sykes, 1832
*Indien*

Argya cinereifrons
## Graustirnhäherling
*Ashy-headed Laughingthrush - Charlatán cabecigrís*
Blyth, 1851
*Sri Lanka*

Argya longirostris
## Schlankschnabel-Drosselhäherling
*Slender-billed Babbler - Turdoide picofino*
Moore, F, 1854
*Nepal bis sw Myanmar*

Argya subrufa
## Orangebauch-Drosselhäherling
*Rufous Babbler - Turdoide rufo*
Jerdon, 1839
*Karnataka und n Tamil Nadu (sw Indien)*

Argya subrufa hyperythra
### Kerala-Orangebauch-Drosselhäherling
Sharpe, 1883
*Kerala und w Tamil Nadu (sw Indien)*

Argya rufescens
## Orangeschnabel-Drosselhäherling
*Orange-billed Babbler - Turdoide cingalés*
Blyth, 1847
*Sri Lanka*

Argya striata
## Dschungeldrosselhäherling
*Jungle Babbler - Turdoide matorralero*
Dumont, 1823
*n, ne, e Indien, Bangladesch*

Argya striata sindiana
### Pakistan-Dschungeldrosselhäherling
Ticehurst, 1920
*Pakistan und nw Indien*

Argya striata somervillei
**Westlicher Dschungeldrosselhäherling**
Sykes, 1832
w Indien
Argya striata malabarica
**Jerdons Dschungeldrosselhäherling**
Jerdon, 1845
sw Indien
Argya striata orientalis
**Südlicher Dschungeldrosselhäherling**
Jerdon, 1845
c, s Indien

Argya affinis
**Gelbschnabel-Drosselhäherling**
*Yellow-billed Babbler - Turdoide piquigualdo*
Jerdon, 1845
s Indien

Argya affinis taprobanus
**Sri Lanka-Gelbschnabel-Drosselhäherling**
Ripley, 1958
Sri Lanka

Argya rubiginosa
**Heuglindrosselhäherling**
*Rufous Chatterer - Turdoide herrumbroso*
Rüppell, 1845
s Sudan bis Eritrea, c, s Äthiopien, Kenia (außer ne, se) und Uganda

Argya rubiginosa sharpii
**Sharps Heuglindrosselhäherling**
Ogilvie-Grant & Reid, 1901
se Äthiopien und ne Kenia
Argya rubiginosa heuglini
**Somalia-Heuglindrossling**
Sharpe, 1883
s Somalia, se Kenia und e Tansania
Argya rubiginosa emini
**Tansania-Heuglindrosselhäherling**
Reichenow, 1907
n, nc Tansania

Argya aylmeri
**Schuppenbrust-Drosselhäherling**
*Scaly Chatterer - Turdoide de Aylmer*
Shelley, 1885
se Äthiopien und Somalia

Argya aylmeri boranensis
**Bensons Schuppenbrust-Drosselhäherling**
Benson, 1947
s Äthiopien und n Kenia
Argya aylmeri keniana
**Kenia-Schuppenbrust-Drosselhäherling**
Jackson, FJ, 1910
c Kenia bis ne Tansania
Argya aylmeri mentalis
**Tansania-Schuppenbrust-Drosselhäherling**
Reichenow, 1887
nc Tansania

Argya altirostris
**Rieddrosselhäherling**
*Iraq Babbler - Turdoide iraquí*
Hartert, EJO, 1909
sc Türkei, nc, ne Syrien, n, c Irak und sw Iran

Argya huttoni
**Afghanistandrosselhäherling**
*Afghan Babbler - Turdoide indio*
Blyth, 1847
e Iran, s Afghanistan und sw Pakistan

Argya huttoni salvadorii
**Salvadoris Afghanistandrosselhäherling**
de Filippi, 1865
c, se Irak, Kuwait und sw Iran

Argya caudata
**Langschwanz-Drosselhäherling**
*Common Babbler - Turdoide indio*
Dumont, 1823
e Pakistan, pen. Indien und w Bangladesch

Argya caudata eclipes
**Humes Langschwanz-Drosselhäherling**
Hume, 1877
c, n Pakistan, nw Indien

Argya fulva
**Akaziendrosselhäherling**
*Fulvous Babbler - Turdoide rojizo*
Desfontaines, 1789
n Algerien, Tunesien und nw Libyen

Argya fulva maroccana
**Marrokko-Akaziendrosselhäherling**
Lynes, 1925
s Marokko, nw Algerien
Argya fulva buchanani
**Mauretanien-Akaziendrosselhäherling**
Hartert, EJO, 1921
wc Mauretanien, n Senegal bis c Chad
Argya fulva acaciae
**Chad-Akaziendrosselhäherling**
Lichtenstein, MHC, 1823
n, e Chad bis Eritrea und n Äthiopien

Argya squamiceps
**Graudrosselhäherling**
*Arabian Babbler - Turdoide árabe*
Cretzschmar, 1827
ne Ägypten und Israel bis c Saudi-Arabien

Argya squamiceps yemensis
**Jemen-Graudrosselhäherling**
Neumann, 1904
sw Saudi-Arabien und Jemen
Argya squamiceps muscatensis
**Oman-Graudrosselhäherling**
Meyer de Schauensee & Ripley, 1953
e United Arab Emirates und n Oman

Argya earlei
**Stricheldrosselhäherling**
*Striated Babbler - Turdoide de Earle*
Blyth, 1844
n Indien bis c, s Myanmar

Argya earlei sonivia
**Pakistan-Stricheldrosselhäherling**
Koelz, 1954
Pakistan und nw Indien

Argya gularis
**Burmadrosselhäherling**
*White-throated Babbler - Turdoide gorjiblanco*
Blyth, 1855
Myanmar

Gattung: Turdoides

Turdoides nipalensis
**Nepaldrosselhäherling**
*Spiny Babbler - Turdoide nepalés*
Hodgson, 1836
Nepal

Turdoides atripennis
**Kapuzinerdrosselhäherling**
*Capuchin Babbler - Charlatán capuchino*
Swainson, 1837
Gambia und Senegal bis Liberia

Turdoides atripennis rubiginosus
**Ivory-Kapuzinerdrosselhäherling**
Blyth, 1865
Elfenbeinküste bis sw Kamerun
Turdoides atripennis bohndorffi
**Kongo-Kapuzinerdrosselhäherling**
Sharpe, 1884
s Zentralafrikanische Republik, ne Demokratische Republik Kongo und w Uganda

Turdoides gilberti
**Kamerundrosselhäherling**
*White-throated Mountain Babbler - Charlatán goliblanco*
Serle, 1949
ne Kamerun und sw Nigeria

Turdoides chapini
**Kongodrosselhäherling**
*Chapin's Babbler - Charlatán de Chapin*
Schouteden, 1949
Lake Albert bis Lake Edward

Turdoides chapini nyombensis
**Nyombedrosselhäherling**
Prigogine, 1960
Mt. Nyombe
Turdoides chapini kalindei
**Tanganyikadrosselhäherling**
Prigogine, 1964
w Lake Tanganyika

Turdoides rufocinctus
**Ruandadrosselhäherling**
*Red-collared Babbler - Charlatán cuellirrojo*
Rothschild, 1908
*e Demokratische Republik Kongo, sw Uganda, w Rwanda und nw Burundi*

Turdoides plebejus
**Sudandrosselhäherling**
*Brown Babbler - Turdoide pardo*
Cretzschmar, 1828
*ne Nigeria bis w und c Sudan*

    Turdoides plebejus platycirca
    **Nigeriadrosselhäherling**
    Swainson, 1837
    *s Mauretanien bis w Nigeria*
    Turdoides plebejus cinerea
    **Keniadrosselhäherling**
    Heuglin, 1856
    *se Nigeria bis sw Äthiopien und w Kenia*

Turdoides leucopygia
**Weißbürzel-Drosselhäherling**
*White-rumped Babbler - Turdoide culiblanco*
Rüppell, 1837
*c, e Eritrea, n Äthiopien und e Sudan*

    Turdoides leucopygia limbata
    **Eritrea-Weißbürzel-Drosselhäherling**
    Rüppell, 1845
    *w Eritrea und nw Äthiopien*
    Turdoides leucopygia smithii
    **Smithis Weißbürzel-Drosselhäherling**
    Sharpe, 1895
    *e Äthiopien bis nw Somalia*
    Turdoides leucopygia lacuum
    **Äthiopien-Weißbürzel-Drosselhäherling**
    Neumann, 1903
    *c Äthiopien*
    Turdoides leucopygia omoensis
    **Sudan-Weißbürzel-Drosselhäherling**
    Neumann, 1903
    *se Sudan und sw Äthiopien*

Turdoides hindei
**Hindedrosselhäherling**
*Hinde's Babbler - Turdoide de Hinde*
Sharpe, 1900
*Kenia*

Turdoides squamulata
**Schuppendrosselhäherling**
*Scaly Babbler - Turdoide escamado*
Shelley, 1884
*extremer s Somalia, Küste Kenia und ne Tansania*

    Turdoides squamulata jubaensis
    **Somalia-Schuppendrosselhäherling**
    Van Someren, 1931
    *s Äthiopien und s Somalia*
    Turdoides squamulata carolinae
    **Carolinas Schuppendrosselhäherling**
    Ash, 1981
    *se Äthiopien und sc Somalia*

Turdoides jardineii
**Weißstrichel-Drosselhäherling**
*Arrow-marked Babbler - Turdoide de Jardine*
Smith, A, 1836
*c Sambia bis s Mosambik und ne Südafrika*

    Turdoides jardineii hyposticta
    **Gabun-Weißstrichel-Drosselhäherling**
    Cabanis & Reichenow, 1877
    *s Gabun und nw Angola bis sw Demokratische Republik Kongo*
    Turdoides jardineii tanganjicae
    **Tanganjika-Weißstrichel-Drosselhäherling**
    Reichenow, 1886
    *se Demokratische Republik Kongo und n Sambia*
    Turdoides jardineii emini
    **Kongo-Weißstrichel-Drosselhäherling**
    Neumann, 1904
    *e Demokratische Republik Kongo und s Uganda bis sw Kenia und n Tansania*
    Turdoides jardineii kirkii
    **Kirkis Weißstrichel-Drosselhäherling**
    Sharpe, 1876
    *se Kenia bis ne Sambia, Malawi, n Simbabwe und n, c Mosambik*
    Turdoides jardineii tamalakanei
    **Angola-Weißstrichel-Drosselhäherling**
    Meyer de Schauensee, 1932
    *s Angola, sw Sambia und n Botswana*

Turdoides gymnogenys
**Nacktwangen-Drosselhäherling**
*Bare-cheeked Babbler - Turdoide caricalvo*
Hartlaub, 1865
*sw Angola*

    Turdoides gymnogenys kaokensis
    **Namibia-Nacktwangen-Drosselhäherling**
    Roberts, 1937
    *nw Namibia*

Turdoides leucocephala
**Weißkopf-Drosselhäherling**
*White-headed Babbler - Turdoide cabeciblanco*
Cretzschmar, 1826
*e Sudan, Eritrea und nw Äthiopien*

Turdoides reinwardtii
**Weißaugen-Drosselhäherling**
*Blackcap Babbler - Turdoide cabecinegro*
Swainson, 1831
*Senegal bis Sierra Leone*

    Turdoides reinwardtii stictilaema
    **Ivory-Weißaugen-Drosselhäherling**
    Alexander, 1901
    *Elfenbeinküste bis Zentralafrikanische Republik und n Demokratische Republik Kongo*

Turdoides tenebrosa
**Uferdrosselhäherling**
*Dusky Babbler - Turdoide sombrío*
Hartlaub, 1883
*n Zentralafrikanische Republik und s Sudan; ne Demokratische Republik Kongo, s Süd-Sudan und w Uganda; e Süd-Sudan und w Äthiopien*

Turdoides bicolor
**Elsterdrosselhäherling**
*Southern Pied Babbler - Turdoide bicolor*
Jardine, 1831
*s Angola und Namibia bis Simbabwe und n Südafrika*

Turdoides hartlaubii
**Hartlaubdrosselhäherling**
*Hartlaub's Babbler - Turdoide de Hartlaub*
Barboza du Bocage, 1868
*e Demokratische Republik Kongo und Rwanda bis c Angola und ne Namibia*

    Turdoides hartlaubii griseosquamata
    **Clanceys Hartlaubdrosselhäherling**
    Clancey, 1974
    *wc Sambia bis n Botswana und w Simbabwe*

Turdoides sharpei
**Schwarzzügel-Drosselhäherling**
*Black-lored Babbler - Turdoide de Sharpe*
Reichenow, 1891
*e Demokratische Republik Kongo und Uganda bis sw Kenia und w Tansania*

    Turdoides sharpei vepres
    **Kenia-Schwarzzügel-Drosselhäherling**
    Meinertzhagen, R, 1937
    *Mt. Kenia (c Kenia)*

Turdoides melanops
**Schwarzgesicht Drosselhäherling**
*Black-faced Babbler - Turdoide enmascarado*
Hartlaub, 1867
*s, sw Angola und n Namibia*

    Turdoides melanops querula
    **Angola-Schwarzgesicht-Drosselhäherling**
    Clancey, 1979
    *se Angola, ne Namibia und nw Botswana*

Turdoides hypoleuca
**Zweifarb-Drosselhäherling**
*Northern Pied Babbler - Turdoide pío*
Cabanis, 1878
*c, s Kenia bis Mt. Kilimanjaro (n Tansania)*

    Turdoides hypoleuca rufuensis
    **Tansania-Zweifarb-Drosselhäherling**
    Neumann, 1906
    *ne Tansania*

Garrulax merulinus
**Fleckenhäherling**
*Spot-breasted Laughingthrush - Charlatán pechipinto*
Blyth, 1851
*ne Indien, n, w Myanmar und w Yunnan (se China)*

    Garrulax merulinus laoensis
    **Thailand-Fleckenhäherling**
    Meyer de Schauensee, 1938
    *nw Thailand*
    Garrulax merulinus obscurus
    **Dunkler Fleckenhäherling**
    Delacour & Jabouille, 1930
    *s China und n Indochina*

Garrulax annamensis
**Orangebrusthäherling**
*Orange-breasted Laughingthrush - Charlatán pechinaranja*
Robinson & Kloss, 1919
*sc Vietnam*

Garrulax canorus
**Augenbrauenhäherling**
*Chinese Hwamei - Charlatán canoro*
Linnaeus, 1758
*s, ec China bis n Laos und c Vietnam*

    Garrulax canorus owstoni
    **Owstons Augenbrauenhäherling**
    Rothschild, 1903
    *Hainan Insel (vor se China)*

Garrulax taewanus
**Taiwanhäherling**
*Taiwan Hwamei - Charlatán de Formosa*
Swinhoe, 1859
*Taiwan*

Garrulax monileger
**Lätzchenhäherling**
*Lesser Necklaced Laughingthrush - Charlatán acollarado chico*
Hodgson, 1836
*c, e Himalaya bis c Myanmar und w Yunnan (sw China)*

    Garrulax monileger badius
    **Mishimi-Lätzchenhäherling**
    Ripley, 1948
    *Mishmi Hills (extremer ne Indien)*
    Garrulax monileger stuarti
    **Stuarts Lätzchenhäherling**
    Meyer de Schauensee, 1955
    *se Myanmar und nw Thailand*
    Garrulax monileger fuscatus
    **Myanmar-Lätzchenhäherling**
    Baker, ECS, 1918
    *s Myanmar und w Thailand*
    Garrulax monileger mouhoti
    **Thailand-Lätzchenhäherling**
    Sharpe, 1883
    *se Thailand und s Indochina*
    Garrulax monileger pasquieri
    **Vietanm-Lätzchenhäherling**
    Delacour & Jabouille, 1924
    *c Vietnam*
    Garrulax monileger schauenseei
    **Schauensees Lätzchenhäherling**
    Delacour & Greenway, 1939
    *e Myanmar, n Thailand, n Laos und s China*
    Garrulax monileger tonkinensis
    **Tokin-Lätzchenhäherling**
    Delacour, 1927
    *s China und n Vietnam*
    Garrulax monileger melli
    **Mell-Lätzchenhäherling**
    Stresemann, 1923
    *se China*
    Garrulax monileger schmackeri
    **Schmackers Lätzchenhäherling**
    Hartlaub, 1898
    *Hainan Insel (vor se China)*

Garrulax rufifrons
**Rotstirnhäherling**
*Rufous-fronted Laughingthrush - Charlatán frentirrufo*
Lesson, RP, 1831
*Gebirge w Java*

    Garrulax rufifrons slamatensis
    **Hochland-Rotstirnhäherling**
    Siebers, 1929
    *Gebirge c Java*

Garrulax palliatus
**Schieferhäherling**
*Sunda Laughingthrush - Charlatán de la Sonda*
Bonaparte, 1850
*Gebirge Sumatra*

    Garrulax palliatus schistochlamys
    **Borneo-Schieferhäherling**
    Sharpe, 1888
    *Gebirge n Borneo*

Garrulax leucolophus
**Weißhaubenhäherling**
*White-crested Laughingthrush - Charlatán crestiblanco*
Hardwicke, 1816
*Himalaya und se Tibet*

    Garrulax leucolophus patkaicus
    **Indien-Weißhaubenhäherling**
    Reichenow, 1913
    *ne Indien, w Myanmar und w Yunnan (sw China)*
    Garrulax leucolophus belangeri
    **Thailand-Weißhaubenhäherling**
    Lesson, RP, 1831
    *c Myanmar bis sw Thailand*
    Garrulax leucolophus diardi
    **China-Weißhaubenhäherling**
    Lesson, RP, 1831
    *e Myanmar und s China bis Indochina*

Garrulax bicolor
**Schwarzweißhäherling**
*Sumatran Laughingthrush - Charlatán de Sumatra*
Hartlaub, 1844
*Gebirge Sumatra*

Garrulax milleti
**Kapuzenhäherling**
*Black-hooded Laughingthrush - Charlatán de Millet*
Robinson & Kloss, 1919
*s Vietnam*

    Garrulax milleti sweeti
    **Laos-Kapuzenhäherling**
    Eames, JC, 2002
    *se Laos und c Vietnam*

Garrulax strepitans
**Weißhalshäherling**
*White-necked Laughingthrush - Charlatán cuelliblanco*
Blyth, 1855
*e Myanmar, sw China, Thailand und nw Laos*

Garrulax ferrarius
**Kardamomhäherling**
*Cambodian Laughingthrush - Charlatán de Camboya*
Riley, 1930
*sw Kambodscha*

Garrulax maesi
**Maeshäherling**
*Grey Laughingthrush - Charlatán de Maës*
Oustalet, 1890
*Tibet bis c, s China und n Vietnam*

Garrulax castanotis
**Rotwangenhäherling**
*Rufous-cheeked Laughingthrush - Charlatán carirrufo*
Ogilvie-Grant, 1899
*Hainan Insel (vor se China)*

    Garrulax castanotis varennei
    **Laos-Rotwangenhäherling**
    Delacour, 1926
    *e Laos und n, c Vietnam*



Ianthocincla sukatschewi
**Kansuhäherling**
*Snowy-cheeked Laughingthrush - Charlatán de Sukatschev*
Berezowski & Bianchi, 1891
*n China*

Ianthocincla rufogularis
**Rostkinnhäherling**
*Rufous-chinned Laughingthrush - Charlatán golirrufo*
Gould, 1835
*c Nepal bis n Assam (ne Indien)*

Ianthocincla rufogularis occidentalis
**Himalaya-Rostkinnhäherling**
Hartert, EJO, 1909
w Himalaya
Ianthocincla rufogularis assamensis
**Assam-Rostkinnhäherling**
Hartert, EJO, 1909
se Assam (ne Indien), e Bangladesch und w Myanmar
Ianthocincla rufogularis rufitincta
**Westassam-Rostkinnhäherling**
Koelz, 1952
sw Assam (ne Indien)
Ianthocincla rufogularis rufiberbis
**Arunachal-Rostkinnhäherling**
Koelz, 1954
se Arunachal Pradesh (ne Indien), n Myanmar und s China
Ianthocincla rufogularis intensior
**Vietnam-Rostkinnhäherling**
Delacour & Jabouille, 1930
nw Vietnam

Ianthocincla konkakinhensis
## Kastanienohrhäherling
*Chestnut-eared Laughingthrush - Charlatán orejicastaño*
Eames, JC & Eames, C, 2001
*Vietnam*

Ianthocincla cineracea
## Grauflügelhäherling
*Moustached Laughingthrush - Charlatán ceniciento occidental*
Godwin-Austen, 1874
*ne Indien und w Myanmar*

Ianthocincla cineracea strenua
**Myanmar-Grauflügelhäherling**
Deignan, 1957
e Myanmar bis s China
Ianthocincla cineracea cinereiceps
**Chinesischer Grauflügelhäherling**
Styan, 1887
c, e China

Ianthocincla ocellata
## Waldhäherling
*Spotted Laughingthrush - Charlatán ocelado*
Vigors, 1831
*e Himalaya*

Ianthocincla ocellata griseicauda
**Himalaya-Waldhäherling**
Koelz, 1950
w Himalaya
Ianthocincla ocellata maculipectus
**Yunnan-Waldhäherling**
Hachisuka, 1953
n Myanmar und sw Yunnan (sw China)
Ianthocincla ocellata artemisiae
**Chinesischer Waldhäherling**
David, A, 1871
c China

Ianthocincla maxima
## Riesenhäherling
*Giant Laughingthrush - Charlatán gigante*
Verreaux, J, 1871
*w, nc China*

Ianthocincla bieti
## Perlenhäherling
*White-speckled Laughingthrush - Charlatán de Biet*
Oustalet, 1897
*sw China*

Ianthocincla lunulata
## Wellenhäherling
*Barred Laughingthrush - Charlatán lunado*
Verreaux, J, 1871
*c China*

Ianthocincla lunulata liangshanensis
**Südlicher Wellenhäherling**
Li G, Zhang Q & Zhang R, 1979
sc China



Pterorhinus delesserti
## Rostflankenhäherling
*Wayanad Laughingthrush - Charlatán de Delessert*
Jerdon, 1839
*sw Indien*

Pterorhinus gularis
## Roststeißhäherling
*Rufous-vented Laughingthrush - Charlatán culirrufo*
McClelland, 1840
*Bhutan bis c Laos*

Pterorhinus vassali
## Schwarzohrhäherling
*White-cheeked Laughingthrush - Charlatán cariblanco*
Ogilvie-Grant, 1906
*Laos, Vietnam und Kambodscha*

Pterorhinus galbanus
## Gelbbauchhäherling
*Yellow-throated Laughingthrush - Charlatán goligualdo*
Godwin-Austen, 1874
*ne Indien, Myanmar und Bangladesch*

Pterorhinus courtoisi
## Blaukappenhäherling
*Blue-crowned Laughingthrush - Charlatán coroniazul*
Ménégaux, 1923
*e China*

Pterorhinus courtoisi simaoensis
**Südlicher Blaukappenhäherling**
Cheng T & Tang R, 1982
s China

Pterorhinus mitratus
## Spiegelhäherling
*Chestnut-capped Laughingthrush - Charlatán mitrado*
Müller, S, 1836
*Gebirge Sumatra*

Pterorhinus mitratus major
**Hochland-Spiegelhäherling**
Robinson & Kloss, 1919
Gebirge Malayische Halbinsel

Pterorhinus treacheri
## Kastanienkappenhäherling
*Chestnut-hooded Laughingthrush - Charlatán de Treacher*
Sharpe, 1879
*Gebirge Sabah (n Borneo)*

Pterorhinus treacheri damnatus
**Sarawak-Kastanienkappenhäherling**
Harrisson & Hartley, 1934
Gebirge e Sarawak und ne Kalimantan (nc Borneo)
Pterorhinus treacheri griswoldi
**Borneo-Kastanienkappenhäherling**
Peters, JL, 1940
Gebirge c Borneo

Pterorhinus ruficollis
## Rothalshäherling
*Rufous-necked Laughingthrush - Charlatán cuellirrufo*
Jardine & Selby, 1838
*Himalaya bis Myanmar und s China*

Pterorhinus nuchalis
## Rotnackenhäherling
*Chestnut-backed Laughingthrush - Charlatán nuquipardo*
Godwin-Austen, 1876
*ne Indien und Myanmar*

Pterorhinus chinensis
## Weißohrhäherling
*Black-throated Laughingthrush - Charlatán golinegro*
Scopoli, 1786
*se China und n Indochina (außer nw Laos)*

Pterorhinus chinensis lochmius
**Yunnan-Weißohrhäherling**
Deignan, 1941
sw Yunnan (sw China) und e Myanmar bis n Thailand und nw Laos
Pterorhinus chinensis propinquus
**Thailand-Weißohrhäherling**
Salvadori, 1913
se Myanmar und w Thailand
Pterorhinus chinensis germaini
**Vietnam-Weißohrhäherling**
Oustalet, 1890
se Kambodscha und s Vietnam
Pterorhinus chinensis monachus
**Hainan-Weißohrhäherling**
Swinhoe, 1870
Hainan Insel (vor se China)

Pterorhinus sannio
**Weißwangenhäherling**
*White-browed Laughingthrush - Charlatán payaso*
Swinhoe, 1867
*se China und ne Vietnam*

Pterorhinus sannio albosuperciliaris
**Godwins Weißwangenhäherling**
Godwin-Austen, 1874
ne Indien
Pterorhinus sannio comis
**Myanmar-Weißwangenhäherling**
Deignan, 1952
sw China über e Myanmar und ne Thailand bis n Indochina
Pterorhinus sannio oblectans
**China-Weißwangenhäherling**
Deignan, 1952
wc, sc China

Pterorhinus perspicillatus
**Maskenhäherling**
*Masked Laughingthrush - Charlatán enmascarado*
Gmelin, JF, 1789
*c, e China bis c Vietnam*

Pterorhinus pectoralis
**Brustbandhäherling**
*Greater Necklaced Laughingthrush - Charlatán acollarado grande*
Gould, 1836
*c, e Himalaya bis e Bangladesch und c Myanmar*

Pterorhinus pectoralis subfusus
**Laos-Brustbandhäherling**
Kinnear, 1924
se Myanmar, n, w Thailand und nw Laos
Pterorhinus pectoralis robini
**Robins Brustbandhäherling**
Delacour, 1927
s China, ne Laos und n Vietnam
Pterorhinus pectoralis picticollis
**China-Brustbandhäherling**
Swinhoe, 1872
e China
Pterorhinus pectoralis semitorquatus
**Hainan-Brustbandhäherling**
Ogilvie-Grant, 1900
Hainan Insel (vor se China)

Pterorhinus davidi
**Davidhäherling**
*Plain Laughingthrush - Charlatán de David*
Swinhoe, 1868
*nc, ne China*

Pterorhinus davidi concolor
**Westlicher Davidhäherling**
Stresemann, 1923
wc China

Pterorhinus woodi
**Victoriahäherling**
*Mount Victoria Babax - Babax indio*
Finn, 1902
*se Assam und w Myanmar*

Pterorhinus lanceolatus
**Bartstreifhäherling**
*Chinese Babax - Babax chino*
Verreaux, J, 1871
*c Myanmar bis c, s China*

Pterorhinus lanceolatus bonvaloti
**Westlicher Bartstreifhäherling**
Oustalet, 1892
sw China
Pterorhinus lanceolatus latouchei
**Östlicher Bartstreifhäherling**
Stresemann, 1929
se China

Pterorhinus waddelli
**Großhäherling**
*Giant Babax - Babax gigante*
Dresser, 1905
*se Tibet*

Pterorhinus waddelli jomo
**Nepal-Großhäherling**
Vaurie, 1955
e Nepal, w Bhutan und sc Tibet

Pterorhinus koslowi
**Koslowhäherling**
*Tibetan Babax - Babax de Koslov*
Bianchi, 1905
*sc China*

Pterorhinus koslowi yuquensis
**Tibet-Koslowhäherling**
Li D & Wang Z, 1979
se Tibet

Pterorhinus albogularis
**Weißkehlhäherling**
*White-throated Laughingthrush - Charlatán gorjiblanco*
Gould, 1836
*c, e Himalaya*

Pterorhinus albogularis whistleri
**Himalaya-Weißkehlhäherling**
Baker, ECS, 1921
w Himalaya
Pterorhinus albogularis eous
**Südlicher Weißkehlhäherling**
Riley, 1930
sw, sc, s China und nw Vietnam

Pterorhinus ruficeps
**Rotkappenhäherling**
*Rufous-crowned Laughingthrush - Charlatán coronirrufo*
Gould, 1863
*Taiwan*

Pterorhinus caerulatus
**Grauflankenhäherling**
*Grey-sided Laughingthrush - Charlatán flanquigrís*
Hodgson, 1836
*e Himalaya*

Pterorhinus caerulatus subcaerulatus
**Humes Grauflankenhäherling**
Hume, 1878
Meghalaya und s Assam (ne Indien)
Pterorhinus caerulatus livingstoni
**Assam-Grauflankenhäherling**
Ripley, 1952
e Assam (ne Indien) und nw Myanmar
Pterorhinus caerulatus kaurensis
**Rippons Grauflankenhäherling**
Rippon, 1901
e Myanmar und w Yunnan (sw China)
Pterorhinus caerulatus latifrons
**Rothschilds Grauflankenhäherling**
Rothschild, 1926
ne Myanmar und nw Yunnan (sw China)

Pterorhinus berthemyi
**Ockerhäherling**
*Buffy Laughingthrush - Charlatán rojizo chino*
Oustalet, 1876
*sw, sc, se China*

Pterorhinus poecilorhynchus
**Rosthäherling**
*Rusty Laughingthrush - Charlatán rojizo de Formosa*
Gould, 1863
*Taiwan*

## Familie: Modulatricidae (Sopranisten)

### Gattung: Modulatrix

Modulatrix stictigula
**Fleckenkehlsopranist**
*Spot-throat - Tordina de anteojos*
Reichenow, 1906
*ne Tansania bis n Malawi (Eastern Arc Hochland)*

### Gattung: Arcanator

Arcanator orostruthus
**Strichelkehlsopranist**
*Dapple-throat - Tordina manchada*
Vincent, 1933
*n Mosambik*

Arcanator orostruthus amani
**Nördlicher Strichelkehlsopranist**
Sclater, WL & Moreau, 1935
ne Tansania

Arcanator orostruthus sanjei
**Südlicher Strichelkehlsopranist**
Jensen & Stuart, S, 1982
s Tansania

## Gattung: Kakamega

Kakamega poliothorax
**Graubrustsopranist**
*Grey-chested Babbler - Tordina de Kakamega*
Reichenow, 1900
se Nigeria, w Kamerun, Bioko Insel, e Demokratische Republik Kongo, w Uganda, sw Rwanda, w
Burundi und w Kenia

## Familie: Promeropidae (Kap-Honigfresser)

### Gattung: Promerops

Promerops cafer
**Kaphonigvogel**
*Cape Sugarbird - Mielero abejaruco de El Cabo*
Linnaeus, 1758
Südafrika

Promerops gurneyi
**Natalhonigvogel**
*Gurney's Sugarbird - Mielero abejaruco de Gurney*
Verreaux, J, 1871
n, e Südafrika

    Promerops gurneyi ardens
    **Simbawehonigvogel**
    Friedmann, 1952
    Simbabwe und w Mosambik

## Familie: Irenidae (Feenvögel)

### Gattung: Irena

Irena puella
**Türkisfeenvogel**
*Asian Fairy-bluebird - Irena común*
Latham, 1790
w Ghats (sw Indien)

    Irena puella sikkimensis
    **Malayenfeenvogel**
    Whistler & Kinnear, 1933
    ne Indien und e Nepal bis Indochina
    Irena puella andamanica
    **Andamanenfeenvogel**
    Abdulali, 1964
    Andaman and Nicobar Is.
    Irena puella malayensis
    **Sumatrafeenvogel**
    Moore, F, 1854
    Malayische Halbinsel
    Irena puella crinigera
    **Javafeenvogel**
    Sharpe, 1877
    Sumatra und w Sumatran is., Bangka und Belitung (e Sumatra) und Borneo
    Irena puella turcosa
    **Philippinenfeenvogel**
    Walden, 1870
    Java

Irena tweeddalii
**Azurfeenvogel**
*Palawan Fairy-bluebird - Irena de Palawan*
Sharpe, 1877
Palawan Gruppe (sw Philippinen)

Irena cyanogastra
**Kobaltfeenvogel**
*Philippine Fairy-bluebird - Irena dorsinegra*
Vigors, 1831
Luzon, Polillo und Catanduanes (n Philippinen)

    Irena cyanogastra ellae
    **Boholfeenvogel**
    Steere, 1890
    Bohol, Leyte und Samar (ec Philippinen)
    Irena cyanogastra hoogstraali
    **Dinagatfeenvogel**
    Rand, 1948
    Mindanao und Dinagat (s Philippinen)
    Irena cyanogastra melanochlamys
    **Basilanfeenvogel**
    Sharpe, 1877
    Basilan (sw Philippinen)

## Familie: Regulidae (Goldhähnchen)

### Gattung: Corthylio

Corthylio calendula
**Rubingoldhähnchen**
*Ruby-crowned Kinglet - Reyezuelo rubí*
Linnaeus, 1766
c, e Kanada und sw, wc, e USA

    Corthylio calendula grinnelli
    **Grinnells Rubingoldhähnchen**
    Palmer, W, 1897
    Alaska, sw Kanada und nw USA
    Corthylio calendula obscurus
    **Dunkles Rubingoldhähnchen**
    Ridgway, 1876
    Guadalupe Insel (vor nw Mexico)

### Gattung: Regulus

Regulus ignicapilla
**Sommergoldhähnchen**
*Common Firecrest - Reyezuelo listado*
Temminck, 1820
w, c, s Europa und Kleinasien (Türkei)

    Regulus ignicapilla caucasicus
    **Kaukasusgoldhähnchen**
    Stepanyan, 1998
    w Kaukasus
    Regulus ignicapilla tauricus
    **Krimgoldhähnchen**
    Red'kin, 2001
    Krim-Halbinsel
    Regulus ignicapilla balearicus
    **Balearengoldhähnchen**
    von Jordans, 1923
    Balearic Is. und nw Afrika

Regulus madeirensis
**Madeiragoldhähnchen**
*Madeira Firecrest - Reyezuelo de Madeira*
Harcourt, 1851
Gebirge Madeira und Puerto Santo (Madeira Gruppe, nc Makaronesien, nw von n Afrika)

Regulus satrapa
**Indianergoldhähnchen**
*Golden-crowned Kinglet - Reyezuelo sátrapa*
Lichtenstein, MHC, 1823
c, e Kanada und ne USA

    Regulus satrapa olivaceus
    **Olivgoldhähnchen**
    Baird, SF, 1864
    extremer se Alaska und sw Kanada bis Oregon (nw USA)
    Regulus satrapa apache
    **Apachengoldhähnchen**
    Jenks, 1936
    Alaska über wc Kanada und wc USA bis n Mexico
    Regulus satrapa aztecus
    **Aztekengoldhähnchen**
    Lawrence, 1887
    c Mexico
    Regulus satrapa clarus
    **Guatemala-Goldhähnchen**
    Dearborn, 1907
    s Mexico und Guatemala

Regulus goodfellowi
**Taiwangoldhähnchen**
*Flamecrest - Reyezuelo de Formosa*
Ogilvie-Grant, 1906
Taiwan

Regulus regulus
**Wintergoldhähnchen**
*Goldcrest - Reyezuelo sencillo*
Linnaeus, 1758
Europa und w Sibirien

    Regulus regulus teneriffae
    **Tenerifagoldhähnchen**
    Seebohm, 1883
    La Gomera und Tenerife (wc Kanarische Is., c Makaronesien, nw von n Afrika)
    Regulus regulus ellenthalerae
    **La Palma-Goldhähnchen**
    Päckert, Dietzen, Martens, J, Wink & Kvist, 2006
    El Hierro und La Palma (w Kanarische Is., c Makaronesien, nw von n Afrika)
    Regulus regulus azoricus
    **Sao Miguel-Goldhähnchen**
    Seebohm, 1883
    São Miguel (e Azoren, nw Makaronesien, nw von n Afrika)

Regulus regulus sanctaemariae
**Santa Maria-Goldhähnchen**
Vaurie, 1954
Santa Maria (se Azoren, nw Makaronesien, nw von n Afrika)
Regulus regulus inermis
**Azorengoldhähnchen**
Murphy & Chapin, 1929
Flores (w Azoren), c Azoren (außer Graciosa; nw Makaronesien, nw von n Afrika)
Regulus regulus buturlini
**Buturlingldhähnchen**
Loudon, 1911
Krim-Halbinsel, Kleinasien (Türkei) und Kaukasus area
Regulus regulus hyrcanus
**Iranisches Goldhähnchen**
Zarudny, 1910
se Aserbaidschan und n Iran
Regulus regulus coatsi
**Sibirisches Goldhähnchen**
Sushkin, 1904
sc Sibirien
Regulus regulus tristis
**Tien Shan-Goldhähnchen**
Pleske, 1892
Tien Shan Mts. (c Asien)
Regulus regulus himalayensis
**Himalayagoldhähnchen**
Bonaparte, 1856
e Afghanistan bis w Himalaya
Regulus regulus sikkimensis
**Chinesisches Goldhähnchen**
Meinertzhagen, R & Meinertzhagen, A, 1926
e Himalaya bis nc China
Regulus regulus yunnanensis
**Yunnangoldhähnchen**
Rippon, 1906
c, sc China und ne Myanmar
Regulus regulus japonensis
**Japangoldhähnchen**
Blakiston, 1862
se Sibirien, ne China, Korea und Japan

## Familie: Elachuridae (Zaunkönigstimalien)

### Gattung: Elachura

Elachura formosa
**Fleckenbrust-Kurzschwanz**
*Spotted Elachura - Ratina moteada*
Walden, 1874
*Himalaya bis se China und c Vietnam*

## Familie: Hyliotidae (Hyliotas)

### Gattung: Hyliota

Hyliota flavigaster
**Gelbbauchhyliota**
*Yellow-bellied Hyliota - Hiliota ventrigualda*
Swainson, 1837
*Senegal und Gambia bis Sierra Leone und e bis Äthiopien und Kenia*

Hyliota flavigaster barbozae
**Gabun-Gelbbauchhyliota**
Hartlaub, 1883
Gabun und Angola bis Tansania und Mosambik

Hyliota australis
**Mashonalandhyliota**
*Southern Hyliota - Hiliota austral*
Shelley, 1882
*c Simbabwe, c, s Mosambik und ne Südafrika*

Hyliota australis slatini
**Slatins Maschonahyliota**
Sassi, 1914
ne Demokratische Republik Kongo, w Uganda und w Kenia
Hyliota australis inornata
**Angola-Maschonahyliota**
Vincent, 1933
Angola und s Demokratische Republik Kongo bis nw Mosambik und nw Simbabwe

Hyliota usambara
**Usambarahyliota**
*Usambara Hyliota - Hiliota de los Usambara*
Sclater, WL, 1932
*ne Tansania*

Hyliota violacea
**Violettmantelhyliota**
*Violet-backed Hyliota - Hiliota violácea*
Verreaux, J & Verreaux, É, 1851
*se Nigeria und w Kamerun bis e Demokratische Republik Kongo und Rwanda*

Hyliota violacea nehrkorni
**Nehrkorns Violettmantelhyliota**
Hartlaub, 1892
Sierra Leone bis sw Nigeria

## Familie: Troglodytidae (Zaunkönige)

### Gattung: Campylorhynchus

Campylorhynchus albobrunneus
**Weißkopf-Zaunkönig**
*White-headed Wren - Cucarachero cabeciblanco*
Lawrence, 1862
*c, e Panama*

Campylorhynchus albobrunneus harterti
**Harters Weißkopf-Zaunkönig**
Berlepsch, 1907
extremer e Panama und w Kolumbien

Campylorhynchus zonatus
**Tigerzaunkönig**
*Band-backed Wren - Cucarachero barrado*
Lesson, RP, 1832
*ec Mexico*

Campylorhynchus zonatus restrictus
**Oaxaca-Tigerzaunkönig**
Nelson, 1901
Veracruz und Oaxaca (s Mexico), Guatemala und Belize
Campylorhynchus zonatus vulcanius
**Vulcan-Tigerzaunkönig**
Brodkorb, 1940
Chiapa (s Mexico) bis Nicaragua
Campylorhynchus zonatus costaricensis
**Costa Rica-Tigerzaunkönig**
Berlepsch, 1888
e Costa Rica bis wc Panama
Campylorhynchus zonatus brevirostris
**Ekuador-Tigerzaunkönig**
Lafresnaye, 1845
nw Kolumbien bis nw Ecuador
Campylorhynchus zonatus curvirostris
**Santa Marta-Tigerzaunkönig**
Ridgway, 1888
Santa Marta Mts. (ne Kolumbien)
Campylorhynchus zonatus imparilis
**Kolumbischer Tigerzaunkönig**
Borrero & Hernández-Camacho, 1958
n Kolumbien

Campylorhynchus megalopterus
**Graubinden-Zaunkönig**
*Grey-barred Wren - Cucarachero serrano*
Lafresnaye, 1845
*c Mexico*

Campylorhynchus megalopterus nelsoni
**Nelsons Graubinden-Zaunkönig**
Ridgway, 1903
sc Mexico

Campylorhynchus nuchalis
**Pantherzaunkönig**
*Stripe-backed Wren - Cucarachero chocorocoy*
Cabanis, 1847
*c, e Venezuela*

Campylorhynchus nuchalis pardus
**Kolumbischer Pantherzaunkönig**
Sclater, PL, 1858
n Kolumbien
Campylorhynchus nuchalis brevipennis
**Nördlicher Pantherzaunkönig**
Lawrence, 1866
n Venezuela

Campylorhynchus fasciatus
**Bindenzaunkönig**
*Fasciated Wren - Cucarachero ondeado*
Swainson, 1838
*w Peru*

Campylorhynchus fasciatus pallescens
**Ekuador-Bindenzaunkönig**
Lafresnaye, 1846
sw Ecuador und nw Peru

Campylorhynchus chiapensis
**Riesenzaunkönig**
*Giant Wren - Cucarachero de Chiapas*
Salvin & Godman, 1891
*s Mexico*

Campylorhynchus griseus
**Brauenzaunkönig**
*Bicolored Wren - Cucarachero currucuchú*
Swainson, 1838
*e Venezuela, Guyana und n Brasilien*

Campylorhynchus griseus albicilius
**Venezuela-Brauenzaunkönig**
Bonaparte, 1854
*n Kolumbien und nw Venezuela*
Campylorhynchus griseus bicolor
**Kolumbien-Brauenzaunkönig**
Pelzeln, 1875
*w Kolumbien*
Campylorhynchus griseus zimmeri
**Zimmers Brauenzaunkönig**
Borrero & Hernández-Camacho, 1958
*c Kolumbien*
Campylorhynchus griseus minor
**Kleiner Brauenzaunkönig**
Cabanis, 1851
*e Kolumbien und n Venezuela*
Campylorhynchus griseus pallidus
**Südlicher Brauenzaunkönig**
Phelps, WH & Phelps, WH Jr, 1947
*s Venezuela*

Campylorhynchus rufinucha
**Veracruz-Zaunkönig**
*Veracruz Wren - Cucarachero nuquirrufo*
Lesson, RP, 1838
*c Veracruz, Mexico*

Campylorhynchus humilis
**Sclaterzaunkönig**
*Russet-naped Wren - Cucarachero de Sclater*
Sclater, PL, 1857
*sw Mexico*

Campylorhynchus capistratus
**Rostrücken-Zaunkönig**
*Rufous-backed Wren - Cucarachero dorsicastaño*
Lesson, RP, 1842
*El Salvador bis n Costa Rica*

Campylorhynchus capistratus nigricaudatus
**Mexikanischer Rotrückenzaunkönig**
Nelson, 1897
*sw Mexico*
Campylorhynchus capistratus xerophilus
**Motagua-Rotrückenzaunkönig**
Griscom, 1930
*Motagua Tal (Guatemala)*
Campylorhynchus capistratus castaneus
**Honduras-Rotrückenzaunkönig**
Ridgway, 1888
*Guatemala bis Honduras*
Campylorhynchus capistratus nicaraguae
**Nikaragua-Rotrückenzaunkönig**
Miller, W & Griscom, 1925
*Nicaragua*
Campylorhynchus capistratus nicoyae
**Nicoya-Rotrückenzaunkönig**
Phillips, AR, 1986
*Nicoya Halbinsel (nw Costa Rica)*

Campylorhynchus gularis
**Bartzaunkönig**
*Spotted Wren - Cucarachero manchado*
Sclater, PL, 1861
*w, ec Mexico*

Campylorhynchus jocosus
**Harlekinzaunkönig**
*Boucard's Wren - Cucarachero del Balsas*
Sclater, PL, 1860
*s Mexico*

Campylorhynchus yucatanicus
**Yucatánzaunkönig**
*Yucatan Wren - Cucarachero yucateco*
Hellmayr, 1934
*n Yucatán Halbinsel (Mexico)*

Campylorhynchus brunneicapillus
**Kaktuszaunkönig**
*Cactus Wren - Cucarachero desértico*
Lafresnaye, 1835
*Sonora bis Sinaloa (nw Mexico)*

Campylorhynchus brunneicapillus sandiegensis
**Amerikanischer Kaktuszaunkönig**
Rea, 1986
*sw California (sw USA) und nw Baja California (nw Mexico)*

Campylorhynchus brunneicapillus bryanti
**Bryants Kaktuszaunkönig**
Anthony, 1894
*n Baja California (nw Mexico)*
Campylorhynchus brunneicapillus affinis
**Mexikanischer Kaktuszaunkönig**
Xántus, J, 1860
*s Baja California (nw Mexico)*
Campylorhynchus brunneicapillus seri
**Tiburon-Kaktuszaunkönig**
Van Rossem, 1932
*Tiburón Insel (Gulf von California)*
Campylorhynchus brunneicapillus couesi
**Südlicher Kaktuszaunkönig**
Sharpe, 1882
*Inland sw, sc USA und n Mexico*
Campylorhynchus brunneicapillus guttatus
**Goulds Kaktuszaunkönig**
Gould, 1837
*c Mexico*

Campylorhynchus turdinus
**Drosselzaunkönig**
*Thrush-like Wren - Cucarachero turdino*
Wied-Neuwied, M, 1821
*ec Brasilien*

Campylorhynchus turdinus hypostictus
**Amazonas-Drosselzaunkönig**
Gould, 1855
*nw und w Amazonasgebiet*
Campylorhynchus turdinus unicolor
**Einfarbiger Drosselzaunkönig**
Lafresnaye, 1846
*n Bolivien, sw Brasilien, Paraguay und extremer n Argentinien*



Odontorchilus branickii
**Graumantel-Zaunkönig**
*Grey-mantled Wren - Cucarachero dorsigrís*
Taczanowski & Berlepsch, 1885
*s Kolumbien und e Ecuador bis w Bolivien*

Odontorchilus branickii minor
**Kleiner Graumantel-Zaunkönig**
Hartert, EJO, 1900
*sw Kolumbien und nw Ecuador*

Odontorchilus cinereus
**Zahnschnabel-Zaunkönig**
*Tooth-billed Wren - Cucarachero dentado*
Pelzeln, 1868
*sw Amazonasgebiet*



Salpinctes obsoletus
**Felsenzaunkönig**
*Rock Wren - Cucarachero roquero*
Say, 1822
*sw Kanada bis c Mexico*

Salpinctes obsoletus tenuirostris
**San Benito-Felsenzaunkönig**
Van Rossem, 1943
*San Benito Insel (vor nw Mexico)*
Salpinctes obsoletus guadeloupensis
**Guadeloupe-Felsenzaunkönig**
Ridgway, 1876
*Guadalupe Insel (vor nw Mexico)*
† Salpinctes obsoletus exsul
**San Benedicto-Felsenzaunkönig**
Ridgway, 1903
*San Benedicto Insel (vor wc Mexico)*
Salpinctes obsoletus neglectus
**Honduras-Felsenzaunkönig**
Nelson, 1897
*s Mexico bis c Honduras*
Salpinctes obsoletus guttatus
**Salvador-Felsenzaunkönig**
Salvin & Godman, 1891
*El Salvador*
Salpinctes obsoletus fasciatus
**Nikaragua-Felsenzaunkönig**
Salvin & Godman, 1891
*nw Nicaragua*
Salpinctes obsoletus costaricensis
**Costa Rica-Felsenzaunkönig**
Van Rossem, 1941
*nw Costa Rica*

Cistothorus platensis hornensis
**Chilenischer Pampazaunkönig**
Lesson, RP, 1834
c, s Chile und s Argentinien
Cistothorus platensis falklandicus
**Falkland-Pampazaunkönig**
Chapman, 1934
Falkland Is.

Cistothorus palustris
**Sumpfzaunkönig**
*Marsh Wren - Cucarachero pantanero*
Wilson, A, 1810
*Küste e USA*

Cistothorus palustris browningi
**Washington-Sumpfzaunkönig**
Rea, 1986
sw British Kolumbien (extremer sw Kanada) bis c Washington (nw USA)
Cistothorus palustris paludicola
**Oregon-Sumpfzaunkönig**
Baird, SF, 1864
sw Washington und nw Oregon (nw USA)
Cistothorus palustris clarkae
**Clarka-Sumpfzaunkönig**
Unitt, Messer & Théry, 1996
sw California (sw USA)
Cistothorus palustris pulverius
**Kanada-Sumpfzaunkönig**
Aldrich, 1946
Inland sw Kanada und Inland w USA
Cistothorus palustris plesius
**Westlicher Sumpfzaunkönig**
Oberholser, 1897
wc USA
Cistothorus palustris laingi
**Harpers Sumpfzaunkönig**
Harper, 1926
sc Kanada und nc USA
Cistothorus palustris iliacus
**Ridgways Sumpfzaunkönig**
Ridgway, 1903
c Kanada und c USA
Cistothorus palustris aestuarinus
**Swarths Sumpfzaunkönig**
Swarth, 1917
c California (w USA)
Cistothorus palustris deserticola
**Reas Sumpfzaunkönig**
Rea, 1986
se California (sw USA)
Cistothorus palustris dissaeptus
**Bangs Sumpfzaunkönig**
Bangs, 1902
se Kanada und ne USA
Cistothorus palustris waynci
**Virginia-Sumpfzaunkönig**
Dingle & Sprunt Jr, 1932
Virginia und North Carolina (se USA)
Cistothorus palustris griseus
**Florida-Sumpfzaunkönig**
Brewster, 1893
South Carolina bis Florida (se USA)
Cistothorus palustris marianae
**Marianas Sumpfzaunkönig**
Scott, WED, 1888
Gulf von Mexico Küste (se USA)
Cistothorus palustris tolucensis
**Mexikanischer Sumpfzaunkönig**
Nelson, 1904
c Mexico



Thryomanes bewickii
**Buschzaunkönig**
*Bewick's Wren - Cucarachero colinegro*
Audubon, 1827
*c, ec USA*

Thryomanes bewickii calophonus
**Kanada-Buschzaunkönig**
Oberholser, 1898
sw Kanada und nw USA
Thryomanes bewickii drymoecus
**Westlicher Buschzaunkönig**
Oberholser, 1898
w USA
Thryomanes bewickii marinensis
**Küsten-Buschzaunkönig**
Grinnell, 1910
Küste nw California (w USA)
Thryomanes bewickii spilurus
**Kalifornien-Buschzaunkönig**
Vigors, 1839
Küste c California (w USA)
† Thryomanes bewickii leucophrys
**San Clemente-Buschzaunkönig**
Anthony, 1895
San Clemente Insel (vor sw USA)

Thryomanes bewickii charienturus
**Südkalifornischer Buschzaunkönig**
Oberholser, 1898
s California (sw USA) und nw Baja California (nw Mexico)
Thryomanes bewickii cerroensis
**Anthonys Buschzaunkönig**
Anthony, 1897
wc Baja California (nw Mexico)
Thryomanes bewickii magdalenensis
**Magdalena-Buschzaunkönig**
Huey, 1942
sw Baja California (nw Mexico)
† Thryomanes bewickii brevicauda
**Guadeloupe-Buschzaunkönig**
Ridgway, 1876
Guadalupe Insel (vor nw Mexico)
Thryomanes bewickii eremophilus
**Mexikanischer Buschzaunkönig**
Oberholser, 1898
sw USA bis c Mexico
Thryomanes bewickii cryptus
**Kansas-Buschzaunkönig**
Oberholser, 1898
w Kansas, w Oklahoma und c, e Texas (sc USA) und ne Mexico
Thryomanes bewickii pulichi
**Oklahoma-Buschzaunkönig**
Phillips, AR, 1986
e Kansas und Oklahoma (c USA)
Thryomanes bewickii sadai
**Texas-Buschzaunkönig**
Phillips, AR, 1986
s Texas (s USA) bis c Tamaulipas (ne Mexico)
Thryomanes bewickii mexicanus
**Südmexiko-Buschzaunkönig**
Deppe, 1830
c, s Mexico



Ferminia cerverai
**Kubazaunkönig**
*Zapata Wren - Cucarachero de Zapata*
Barbour, 1926
*Kuba*



Pheugopedius atrogularis
**Schwarzkehl-Zaunkönig**
*Black-throated Wren - Cucarachero gorjinegro*
Salvin, 1865
*Nicaragua bis Panama*

Pheugopedius spadix
**Rußkopf-Zaunkönig**
*Sooty-headed Wren - Cucarachero cabecigrís*
Bangs, 1910
*Panama und Kolumbien*

Pheugopedius fasciatoventris
**Bindenbauch-Zaunkönig**
*Black-bellied Wren - Cucarachero ventrinegro*
Lafresnaye, 1845
*n, nc Kolumbien*

Pheugopedius fasciatoventris melanogaster
**Costa Rica-Bindenbauch-Zaunkönig**
Sharpe, 1882
se Costa Rica und w Panama
Pheugopedius fasciatoventris albigularis
**Kolumbien-Bindenbauch-Zaunkönig**
Sclater, PL, 1855
c Panama bis nw Kolumbien

Pheugopedius euophrys
**Kastanienrücken-Zaunkönig**
*Plain-tailed Wren - Cucarachero coliliso*
Sclater, PL, 1860
*sw Kolumbien und w Ecuador*

Pheugopedius euophrys longipes
**Ekuador-Kastanienrücken-Zaunkönig**
Allen, JA, 1889
ec Ecuador
Pheugopedius euophrys atriceps
**Peru-Kastanienrücken-Zaunkönig**
Chapman, 1924
nw Peru

Pheugopedius schulenbergi
**Graubrauner Zaunkönig**
*Grey-browed Wren - Cucarachero gris-marrón*
Parker, TA & O'Neill, 1985
*n Peru n Río Marañón*

Pheugopedius eisenmanni
**Inkazaunkönig**
*Inca Wren - Cucarachero inca*
Parker, TA & O'Neill, 1985
*Peru*

Pheugopedius genibarbis
**Wangenstreif-Zaunkönig**
*Moustached Wren - Cucarachero bigotudo brasileño*
Swainson, 1838
*c, e Brasilien*

    Pheugopedius genibarbis juruanus
    **Peru-Wangenstreif-Zaunkönig**
    Ihering, HFA, 1905
    e Peru, w Brasilien und nw Bolivien
    Pheugopedius genibarbis intercedens
    **Brasilien-Wangenstreif-Zaunkönig**
    Hellmayr, 1908
    sw, sc Brasilien
    Pheugopedius genibarbis bolivianus
    **Bolivien-Wangenstreif-Zaunkönig**
    Todd, 1913
    n, e Bolivien

Pheugopedius mystacalis
**Bartstreif-Zaunkönig**
*Whiskered Wren - Cucarachero bigotudo montano*
Sclater, PL, 1860
*s Kolumbien und w Ecuador*

    Pheugopedius mystacalis consobrinus
    **Venezuela-Bartstreif-Zaunkönig**
    Madarász, G, 1904
    nw Venezuela
    Pheugopedius mystacalis ruficaudatus
    **Nördlicher Bartstreif-Zaunkönig**
    Berlepsch, 1883
    n Venezuela
    Pheugopedius mystacalis tachirensis
    **Südlicher Bartstreif-Zaunkönig**
    Phelps, WH & Gilliard, 1941
    sw Venezuela
    Pheugopedius mystacalis saltuensis
    **Westlicher Bartstreif-Zaunkönig**
    Bangs, 1910
    w Kolumbien
    Pheugopedius mystacalis yananchae
    **Yanacha-Bartstreif-Zaunkönig**
    Meyer de Schauensee, 1951
    sw Kolumbien
    Pheugopedius mystacalis macrurus
    **Allens Bartstreif-Zaunkönig**
    Allen, JA, 1889
    wc Kolumbien
    Pheugopedius mystacalis amaurogaster
    **Kolumbianischer Bartstreif-Zaunkönig**
    Chapman, 1914
    c Kolumbien

Pheugopedius coraya
**Corayazaunkönig**
*Coraya Wren - Cucarachero coraya*
Gmelin, JF, 1789
*Guianas und n Brasilien*

    Pheugopedius coraya obscurus
    **Dunkler Corayazaunkönig**
    Zimmer, JT & Phelps, WH, 1947
    e Venezuela
    Pheugopedius coraya caurensis
    **Kolumbianischer Corayazaunkönig**
    Berlepsch & Hartert, EJO, 1902
    e Kolumbien, s Venezuela und nw Brasilien
    Pheugopedius coraya barrowcloughianus
    **Venezulanischer Corayazaunkönig**
    Aveledo & Peréz, 1994
    se Venezuela
    Pheugopedius coraya ridgwayi
    **Ridgways Corayazaunkönig**
    Berlepsch, 1889
    ne, e Venezuela und w Guyana
    Pheugopedius coraya herberti
    **Herberts Corayazaunkönig**
    Ridgway, 1888
    ne Brasilien s Amazonas
    Pheugopedius coraya griseipectus
    **Ekuador-Corayazaunkönig**
    Sharpe, 1882
    e Ecuador, ne Peru und w Brasilien
    Pheugopedius coraya amazonicus
    **Amazonas-Corayazaunkönig**
    Sharpe, 1882
    e Peru
    Pheugopedius coraya albiventris
    **Weissbauch-Corayazaunkönig**
    Taczanowski, 1882
    n Peru

    Pheugopedius coraya cantator
    **Peruanischer Corayazaunkönig**
    Taczanowski, 1874
    c Peru

Pheugopedius felix
**Glückszaunkönig**
*Happy Wren - Cucarachero feliz*
Sclater, PL, 1860
*sw Mexico*

    Pheugopedius felix sonorae
    **Sonora-Glückszaunkönig**
    Van Rossem, 1930
    nw Mexico
    Pheugopedius felix pallidus
    **Westlicher Glückszaunkönig**
    Nelson, 1899
    w Mexico
    Pheugopedius felix lawrencii
    **Maria Madre-Glückszaunkönig**
    Ridgway, 1878
    Tres Marías Is. (vor wc Mexico)
    Pheugopedius felix grandis
    **Südlicher Glückszaunkönig**
    Nelson, 1900
    sc Mexico

Pheugopedius maculipectus
**Fleckenbrust-Zaunkönig**
*Spot-breasted Wren - Cucarachero pinto*
Lafresnaye, 1845
*e Mexico*

    Pheugopedius maculipectus microstictus
    **Mexikanischer Fleckenbrust-Zaunkönig**
    Griscom, 1930
    ne Mexico
    Pheugopedius maculipectus canobrunneus
    **Belize-Fleckenbrust-Zaunkönig**
    Ridgway, 1887
    se Mexico, n Belize und n Guatemala
    Pheugopedius maculipectus umbrinus
    **Salvador-Fleckenbrust-Zaunkönig**
    Ridgway, 1887
    s Mexico, s Belize bis El Salvador
    Pheugopedius maculipectus petersi
    **Peters Fleckenbrust-Zaunkönig**
    Griscom, 1930
    n Honduras bis n Costa Rica

Pheugopedius rutilus
**Rotbrust-Zaunkönig**
*Rufous-breasted Wren - Cucarachero pechirrufo*
Vieillot, 1819
*Trinidad und n, w Venezuela*

    Pheugopedius rutilus hyperythrus
    **Costa Rica-Rotbrust-Zaunkönig**
    Salvin & Godman, 1880
    Costa Rica und Panama
    Pheugopedius rutilus tobagensis
    **Tobago-Rotbrust-Zaunkönig**
    Hellmayr, 1921
    Tobago
    Pheugopedius rutilus intensus
    **Tachira-Rotbrust-Zaunkönig**
    Todd, 1932
    Táchira (extremer w Venezuela)
    Pheugopedius rutilus laetus
    **Bangs Rotbrust-Zaunkönig**
    Bangs, 1898
    n Kolumbien und nw Venezuela
    Pheugopedius rutilus interior
    **Todds Rotbrust-Zaunkönig**
    Todd, 1932
    c Kolumbien
    Pheugopedius rutilus hypospodius
    **Kolumbien-Rotbrust-Zaunkönig**
    Salvin & Godman, 1880
    nc Kolumbien

Pheugopedius sclateri
**Bänderbrust-Zaunkönig**
*Speckle-breasted Wren - Cucarachero jaspeado*
Taczanowski, 1879
*s Ecuador und n Peru*

    Pheugopedius sclateri columbianus
    **Kolumbien-Bänderbrust-Zaunkönig**
    Chapman, 1924
    w Kolumbien
    Pheugopedius sclateri paucimaculatus
    **Ekuador-Bänderbrust-Zaunkönig**
    Sharpe, 1882
    w Ecuador

Thryophilus pleurostictus
**Akazienzaunkönig**
*Banded Wren - Cucarachero ventribarrado*
Sclater, PL, 1860
*Guatemala*

Thryophilus pleurostictus nisorius
**Südlicher Akazienzaunkönig**
Sclater, PL, 1870
sc Mexico
Thryophilus pleurostictus oaxacae
**Oaxaca-Akazienzaunkönig**
Brodkorb, 1942
Guerrero und Oaxaca (s Mexico)
Thryophilus pleurostictus acaciarum
**Chiapas-Akazienzaunkönig**
Brodkorb, 1942
Chiapa (s Mexico)
Thryophilus pleurostictus oblitus
**Salvador-Akazienzaunkönig**
Van Rossem, 1934
se Chiapa (s Mexico) bis w El Salvador
Thryophilus pleurostictus lateralis
**Honduras-Akazienzaunkönig**
Dickey & Van Rossem, 1927
c, e El Salvador und nw Honduras
Thryophilus pleurostictus ravus
**Nikaragua-Akazienzaunkönig**
Ridgway, 1903
Nicaragua und n Costa Rica

Thryophilus rufalbus
**Rotrückenzaunkönig**
*Rufous-and-white Wren - Cucarachero rufiblanco*
Lafresnaye, 1845
*s Mexico, Guatemala und El Salvador*

Thryophilus rufalbus sylvus
**Karibischer Rotrückenzaunkönig**
Phillips, AR, 1986
Karibikseite e Guatemala und n Honduras
Thryophilus rufalbus castanonotus
**Pazifischer Rotrückenzaunkönig**
Ridgway, 1888
Karibikseite Nicaragua bis w Panama
Thryophilus rufalbus cumanensis
**Nördlicher Rotrückenzaunkönig**
Cabanis, 1861
n Kolumbien und n Venezuela
Thryophilus rufalbus minlosi
**Östlicher Rotrückenzaunkönig**
Berlepsch, 1884
e Kolumbien und nw Venezuela

Thryophilus sernai
**Antioquiazaunkönig**
*Antioquia Wren - Cucarachero antioqueño*
Lara, Cuervo, Valderrama, Calderón-Franco & Cadena, 2012
*nw Kolumbien*

Thryophilus nicefori
**Santanderzaunkönig**
*Niceforo's Wren - Cucarachero de Nicéforo*
Meyer de Schauensee, 1946
*nc Kolumbien*

Thryophilus sinaloa
**Sinaloazaunkönig**
*Sinaloa Wren - Cucarachero sinaloense*
Baird, SF, 1864
*wc Mexico*

Thryophilus sinaloa cinereus
**Nördlicher Sinaloazaunkönig**
Brewster, 1889
nw Mexico
Thryophilus sinaloa russeus
**Südlicher Sinaloazaunkönig**
Nelson, 1903
sw Mexico



Cantorchilus modestus
**Cabaniszaunkönig**
*Cabanis's Wren - Cucarachero modesto*
Cabanis, 1861
*s Mexico bis Costa Rica*

Cantorchilus zeledoni
**Zeledonzaunkönig**
*Canebrake Wren - Cucarachero de Zeledón*
Ridgway, 1878
*e Nicaragua, e Costa Rica und nw Panama*

Cantorchilus elutus
**Panamazaunkönig**
*Isthmian Wren - Cucarachero del istmo*
Bangs, 1902
*sw Costa Rica und w Panama*

Cantorchilus leucotis
**Weißohr-Zaunkönig**
*Buff-breasted Wren - Cucarachero pechihabano*
Lafresnaye, 1845
*Sinu River bis Santa Marta (nw, n Kolumbien)*

Cantorchilus leucotis galbraithii
**Panama-Weißohr-Zaunkönig**
Lawrence, 1861
e Panama und nw Kolumbien
Cantorchilus leucotis conditus
**Coiba-Weißohr-Zaunkönig**
Bangs, 1903
Coiba Insel und Pearl Is. (vor s Panama)
Cantorchilus leucotis collinus
**Guajira-Weißohr-Zaunkönig**
Wetmore, 1946
n Guajira (n Kolumbien)
Cantorchilus leucotis venezuelanus
**Venezuela-Weißohr-Zaunkönig**
Cabanis, 1851
e Santa Marta und Guajira (n Kolumbien) und nw Venezuela
Cantorchilus leucotis zuliensis
**Kolumbien-Weißohr-Zaunkönig**
Hellmayr, 1934
ne Kolumbien und w Venezuela
Cantorchilus leucotis hypoleucus
**Berlepschs Weißohr-Zaunkönig**
Berlepsch & Hartert, EJO, 1901
nc Venezuela
Cantorchilus leucotis bogotensis
**Bogota-Weißohr-Zaunkönig**
Hellmayr, 1901
e Kolumbien bis c Venezuela
Cantorchilus leucotis albipectus
**Guyana-Weißohr-Zaunkönig**
Cabanis, 1849
ne Venezuela, Guianas und ne Brasilien
Cantorchilus leucotis peruanus
**Peru-Weißohr-Zaunkönig**
Hellmayr, 1921
e Ecuador und s Kolumbien bis e Peru, w Brasilien und nw Bolivien
Cantorchilus leucotis rufiventris
**Brasilien-Weißohr-Zaunkönig**
Sclater, PL, 1870
c Brasilien bis e Paraguay

Cantorchilus superciliaris
**Küstenzaunkönig**
*Superciliated Wren - Cucarachero cejón*
Lawrence, 1869
*w Ecuador*

Cantorchilus superciliaris baroni
**Barons Küstenzaunkönig**
Hellmayr, 1902
s Ecuador und w Peru

Cantorchilus guarayanus
**Guarayoszaunkönig**
*Fawn-breasted Wren - Cucarachero de Guarayos*
d'Orbigny & Lafresnaye, 1837
*Bolivien und sw Brasilien*

Cantorchilus longirostris
**Langschnabel-Zaunkönig**
*Long-billed Wren - Cucarachero piquilargo*
Vieillot, 1819
*e Brasilien*

Cantorchilus longirostris bahiae
**Bahia-Zaunkönig**
Hellmayr, 1904
ne Brasilien

Cantorchilus griseus
**Grauzaunkönig**
*Grey Wren - Cucarachero gris*
Todd, 1925
*w Brasilien*

Cantorchilus semibadius
**Uferzaunkönig**
*Riverside Wren - Cucarachero ribereño*
Salvin, 1870
*Costa Rica und Panama*

Cantorchilus nigricapillus
**Kastanienzaunkönig**
*Bay Wren - Cucarachero cabecinegro*
Sclater, PL, 1860
*w Ecuador*

Cantorchilus nigricapillus costaricensis
**Costa Rica-Kastanienzaunkönig**
Sharpe, 1882
se Nicaragua bis w Panama
Cantorchilus nigricapillus castaneus
**Panama-Kastanienzaunkönig**
Lawrence, 1861
c Panama
Cantorchilus nigricapillus odicus
**Veraguas-Kastanienzaunkönig**
Wetmore, 1959
Escudo de Veraguas Insel (vor nw Panama)
Cantorchilus nigricapillus reditus
**Griscoms Kastanienzaunkönig**
Griscom, 1932
ne Panama
Cantorchilus nigricapillus schottii
**Schottis Kastanienzaunkönig**
Baird, SF, 1864
Darién (e Panama) und nw Kolumbien
Cantorchilus nigricapillus connectens
**Kolumbischer Kastanienzaunkönig**
Chapman, 1912
sw Kolumbien

Cantorchilus thoracicus
**Streifenbrust-Zaunkönig**
*Stripe-breasted Wren - Cucarachero pechirrayado*
Salvin, 1865
*Nicaragua bis Panama*

Cantorchilus leucopogon
**Streifenkehl-Zaunkönig**
*Stripe-throated Wren - Cucarachero gorjirrayado*
Salvadori & Festa, 1899
*se Panama, w Kolumbien und nw Ecuador*

Cantorchilus leucopogon grisescens
**Panama-Streifenkehlzaunkönig**
Griscom, 1932
ne Panama und n Kolumbien



Thryothorus ludovicianus
**Carolinazaunkönig**
*Carolina Wren - Cucarachero de Carolina*
Latham, 1790
*se Kanada und e USA*

Thryothorus ludovicianus miamensis
**Ridgways Carolinazaunkönig**
Ridgway, 1875
Florida (se USA)
Thryothorus ludovicianus nesophilus
**Dog Island-Zaunkönig**
Stevenson, HM, 1973
Dog Insel (vor nw Florida)
Thryothorus ludovicianus burleighi
**Mississippi-Carolinazaunkönig**
Lowery, 1940
Inseln vor Mississippi Küste (sc USA)
Thryothorus ludovicianus lomitensis
**Texas-Carolinazaunkönig**
Sennett, 1890
Texas (sc USA) und n Tamaulipas (ne Mexico)
Thryothorus ludovicianus oberholseri
**Oberholsers Carolinazaunkönig**
Lowery, 1940
sw Texas (sc USA) und n Mexico
Thryothorus ludovicianus berlandieri
**Berlandier-Carolinazaunkönig**
Baird, SF, 1858
e Coahuila, Nuevo León und sw Tamaulipas (nc, ne Mexico)
Thryothorus ludovicianus tropicalis
**Tropischer Carolinazaunkönig**
Lowery & Newman, RJ, 1949
e San Luis Potosí und s Tamaulipas (ec Mexico)
Thryothorus ludovicianus albinucha
**Belize-Carolinazaunkönig**
Cabot, S, 1847
se Mexico, n Belize und n Guatemala

Thryothorus ludovicianus subfulvus
**Guatemala-Carolinazaunkönig**
Miller, W & Griscom, 1925
Guatemala und Nicaragua



Troglodytes troglodytes
**Zaunkönig**
*Eurasian Wren - Chochín paleártico*
Linnaeus, 1758
*Festland Europa*

Troglodytes troglodytes islandicus
**Islandzaunkönig**
Hartert, EJO, 1907
Island
Troglodytes troglodytes borealis
**Färöerzaunkönig**
Fischer, JCH, 1861
Färöer Is.
Troglodytes troglodytes zetlandicus
**Shetlandzaunkönig**
Hartert, EJO, 1910
Shetland Is.
Troglodytes troglodytes fridariensis
**Fairzaunkönig**
Williamson, 1951
Fair Insel (s Shetland Is.)
Troglodytes troglodytes hirtensis
**Kildazaunkönig**
Seebohm, 1884
St. Kilda Insel (Outer Hebrides vor w Schottland)
Troglodytes troglodytes hebridensis
**Hebridenzaunkönig**
Meinertzhagen, R, 1924
Outer Hebrides außer St. Kilda (vor w Schottland)
Troglodytes troglodytes indigenus
**Irlandzaunkönig**
Clancey, 1937
Ireland und Britain
Troglodytes troglodytes kabylorum
**Balearenzaunkönig**
Hartert, EJO, 1910
nw Afrika, Balearen Is. und s Spanien
Troglodytes troglodytes koenigi
**Sardinienzaunkönig**
Schiebel, 1910
Korsika und Sardinien
Troglodytes troglodytes juniperi
**Libyenzaunkönig**
Hartert, EJO, 1922
ne Libyen
Troglodytes troglodytes cypriotes
**Zypernzaunkönig**
Bate, 1903
Zypern, w, s Türkei bis n Israel
Troglodytes troglodytes hyrcanus
**Kaukasuszaunkönig**
Zarudny & Loudon, 1905
Krim-Halbinsel, n Türkei, Kaukasus und n, w Iran
Troglodytes troglodytes tianschanicus
**Tianschanzaunkönig**
Sharpe, 1882
ne Afghanistan bis c Asien
Troglodytes troglodytes subpallidus
**Afghanischer Zaunkönig**
Zarudny & Loudon, 1905
ne Iran bis s Usbekistan und nw Afghanistan
Troglodytes troglodytes magrathi
**Pakistanischer Zaunkönig**
Whitehead, CHT, 1907
se Afghanistan und w Pakistan
Troglodytes troglodytes neglectus
**Himalayazaunkönig**
Brooks, WE, 1872
w Himalaya
Troglodytes troglodytes nipalensis
**Nepalzaunkönig**
Blyth, 1845
c, e Himalaya
Troglodytes troglodytes idius
**Chinazaunkönig**
Richmond, 1907
nc China
Troglodytes troglodytes szetschuanus
**Szetschuanzaunkönig**
Hartert, EJO, 1910
wc China
Troglodytes troglodytes talifuensis
**Myanmarzaunkönig**
Sharpe, 1902
s China und ne Myanmar
Troglodytes troglodytes dauricus
**Daurischer Zaunkönig**
Dybowski & Taczanowski, 1884
se Sibirien, ne China, Korea und Tsushima (sw Japan)
Troglodytes troglodytes pallescens
**Kamtschatkazaunkönig**
Ridgway, 1883
Kamtschatka Halbinsel und Commander Is.

Troglodytes troglodytes kurilensis
**Kurilenzaunkönig**
Stejneger, 1889
n Kuril Is.
Troglodytes troglodytes fumigatus
**Sakhalinzaunkönig**
Temminck, 1835
s Kuril Is., Sakhalin und Japan
Troglodytes troglodytes mosukei
**Izuzaunkönig**
Momiyama, 1923
Izu Is. (Japan)
Troglodytes troglodytes ogawae
**Ogawazaunkönig**
Hartert, EJO, 1910
Yakushima und Tanegashima (Osumi Is., s Japan)
Troglodytes troglodytes taivanus
**Taiwanzaunkönig**
Hartert, EJO, 1910
Taiwan

Troglodytes hiemalis
**Winterzaunkönig**
*Winter Wren - Chochín hiemal*
Vieillot, 1819
*e Kanada und ne USA*

Troglodytes hiemalis pullus
**Virginia-Winterzaunkönig**
Burleigh, 1935
Gebirge West Virginia bis Georgia (ec USA)

Troglodytes pacificus
**Pazifikzaunkönig**
*Pacific Wren - Chochín del Pacífico*
Baird, SF, 1864
*se Alaska, w Kanada und nw USA*

Troglodytes pacificus alascensis
**Alaska-Pazifikzaunkönig**
Baird, SF, 1869
Pribilof Is. (sw Alaska)
Troglodytes pacificus meligerus
**Aleuten-Pazifikzaunkönig**
Oberholser, 1900
Aleutian Is.
Troglodytes pacificus kiskensis
**Kiskens-Pazifikzaunkönig**
Oberholser, 1919
w Aleutian Is.
Troglodytes pacificus tanagensis
**Tanagens-Pazifikzaunkönig**
Oberholser, 1919
wc Aleutian Is.
Troglodytes pacificus seguamensis
**Seguamens-Pazifikzaunkönig**
Gabrielson & Lincoln, 1951
c Aleutian Is.
Troglodytes pacificus petrophilus
**Unalaska-Pazifikzaunkönig**
Oberholser, 1919
Unalaska (e Aleutian Is.)
Troglodytes pacificus stevensoni
**Stevensons Pazifikzaunkönig**
Oberholser, 1930
Alaskan Halbinsel (sw Alaska)
Troglodytes pacificus ochroleucus
**Südalaska-Pazifikzaunkönig**
Rea, 1986
Inseln s Alaska Halbinsel
Troglodytes pacificus semidiensis
**Semidi-Pazifikzaunkönig**
Brooks, WS, 1915
Semidi Insel (s Alaska Halbinsel)
Troglodytes pacificus helleri
**Hellers Pazifikzaunkönig**
Osgood, 1901
Kodiak und Afognak Is. (s Alaska Halbinsel)
Troglodytes pacificus muiri
**Oregon-Pazifikzaunkönig**
Rea, 1986
sw Oregon bis c California (w USA)
Troglodytes pacificus obscurior
**Kalifornien-Pazifikzaunkönig**
Rea, 1986
w USA , Küste c California (w USA)
Troglodytes pacificus salebrosus
**Kanada-Pazifikzaunkönig**
Burleigh, 1959
nw USA  und sw Kanada

Troglodytes tanneri
**Clariónzaunkönig**
*Clarion Wren - Chochín de la Clarión*
Townsend, CH, 1890
*Isla Clarión*

Troglodytes aedon
**Hauszaunkönig**
*House Wren - Chochín criollo*
Vieillot, 1809
*se Kanada und e USA*

Troglodytes aedon parkmanii
**Parkmannis Hauszaunkönig**
Audubon, 1839
sw, sc Kanada und w, c USA  bis n Mexico
Troglodytes aedon cahooni
**Arizona-Hauszaunkönig**
Brewster, 1888
se Arizona (sw USA) bis c Mexico
Troglodytes aedon brunneicollis
**Mexikanischer Hauszaunkönig**
Sclater, PL, 1858
c, s Mexico

Troglodytes musculus
**Südamerkanischer Hauszaunkönig**
*Southern House Wren - Chochín del Sur*
Naumann, JF, 1823
*c, e Brasilien bis ne Argentinien und e Paraguay*

Troglodytes musculus intermedius
**Cabanis-Hauszaunkönig**
Cabanis, 1861
s Mexico bis c Costa Rica
Troglodytes musculus peninsularis
**Yucatan-Hauszaunkönig**
Nelson, 1901
Yucatán Pen. (se Mexico)
Troglodytes musculus inquietus
**Costa Rica-Hauszaunkönig**
Baird, SF, 1864
sw Costa Rica bis e Panama
Troglodytes musculus carychrous
**Coiba-Hauszaunkönig**
Wetmore, 1957
Coiba Insel (vor s Panama)
Troglodytes musculus pallidipes
**Pearl-Hauszaunkönig**
Phillips, AR, 1986
Pearl Is. (vor se Panama)
Troglodytes musculus tobagensis
**Tobago-Hauszaunkönig**
Lawrence, 1888
Tobago (n Trinidad)
Troglodytes musculus atopus
**Oberholsers Hauszaunkönig**
Oberholser, 1904
n Kolumbien
Troglodytes musculus effutitus
**Wetmores Hauszaunkönig**
Wetmore, 1958
Guajira Halbinsel (n Kolumbien) und nw Venezuela
Troglodytes musculus striatulus
**Venezuela-Hauszaunkönig**
Lafresnaye, 1845
w, c Kolumbien und nw Venezuela
Troglodytes musculus columbae
**Kolumbien-Hauszaunkönig**
Stone, 1899
e Kolumbien und w Venezuela
Troglodytes musculus clarus
**Guyana-Hauszaunkönig**
Berlepsch & Hartert, EJO, 1902
Venezuela (außer w), e Kolumbien und Guianas bis ne Peru und n, w Brasilien
Troglodytes musculus albicans
**Ekuador-Hauszaunkönig**
Berlepsch & Taczanowski, 1884
sw Kolumbien und w Ecuador
Troglodytes musculus bonariae
**Uruguay-Hauszaunkönig**
Hellmayr, 1919
extremer se Brasilien, Uruguay und ne Argentinien
Troglodytes musculus puna
**Bolivien-Hauszaunkönig**
Berlepsch & Stolzmann, 1896
Peru und nw Bolivien
Troglodytes musculus audax
**Tschudis Hauszaunkönig**
Tschudi, 1844
w Peru
Troglodytes musculus carabayae
**Peruanischer Hauszaunkönig**
Chapman & Griscom, 1924
c, s Peru
Troglodytes musculus tecellatus
**Berlepschs Hauszaunkönig**
d'Orbigny & Lafresnaye, 1837
sw Peru und n Chile
Troglodytes musculus rex
**Paraguay-Hauszaunkönig**
Berlepsch & Leverkühn, 1890
c Bolivien bis n Argentinien und w Paraguay
Troglodytes musculus atacamensis
**Atacama-Hauszaunkönig**
Hellmayr, 1924
n, c Chile

Troglodytes musculus chilensis
**Chilenischer Hauszaunkönig**
Lesson, RP, 1830
s Chile und s Argentinien

Troglodytes beani
## Cozumel-Hauszaunkönig
*Cozumel Wren - Chochín del Cozumel*
Ridgway, 1885
*Cozumel Insel (vor se Mexico)*

† Troglodytes martinicensis
## Martinique-Hauszaunkönig
*Kalinago Wren - Chochín de Kalinago*
Sclater, PL, 1866
*Martinique (c Kleine Antillen)*

Troglodytes martinicensis guadeloupensis
**Guadaloupe-Hauszaunkönig**
Cory, 1886
Guadeloupe (n Kleine Antillen)
Troglodytes martinicensis rufescens
**Dominica-Hauszaunkönig**
Lawrence, 1877
Dominica (c Kleine Antillen)

Troglodytes mesoleucus
## Santa Lucia-Hauszaunkönig
*St. Lucia Wren - Chochín del St. Lucia*
Sclater, PL, 1876
*St. Lucia (c Kleine Antillen)*

Troglodytes musicus
## Vincent-Hauszaunkönig
*St. Vincent Wren - Chochín del St. Vincent*
Lawrence, 1878
*St. Vincent (s Kleine Antillen)*

Troglodytes grenadensis
## Grenada-Hauszaunkönig
*Grenada Wren - Chochín del Grenada*
Lawrence, 1878
*Grenada (s Kleine Antillen)*

Troglodytes cobbi
## Falklandzaunkönig
*Cobb's Wren - Chochín malvinero*
Chubb, C, 1909
*Falkland Is.*

Troglodytes sissonii
## Socorrozaunkönig
*Socorro Wren - Chochín de Socorro*
Grayson, 1868
*Socorro Insel*

Troglodytes rufociliatus
## Rostbrauen-Zaunkönig
*Rufous-browed Wren - Chochín cejirrufo*
Sharpe, 1882
*s, c Guatemala und n El Salvador*

Troglodytes rufociliatus chiapensis
**Chiapas-Rostbrauen-Zaunkönig**
Brodkorb, 1943
Chiapa (s Mexico)
Troglodytes rufociliatus rehni
**Rehns Rostbrauen-Zaunkönig**
Stone, 1932
Honduras bis nw Nicaragua
Troglodytes rufociliatus nannoides
**Kleiner Rostbrauen-Zaunkönig**
Dickey & Van Rossem, 1929
sw El Salvador

Troglodytes ochraceus
## Fahlstreif-Zaunkönig
*Ochraceous Wren - Chochín ocráceo*
Ridgway, 1882
*Costa Rica und w Panama*

Troglodytes ochraceus festinus
**Östlicher Fahlstreif-Zaunkönig**
Nelson, 1912
e Panama

Troglodytes solstitialis
## Andenzaunkönig
*Mountain Wren - Chochín montañés*
Sclater, PL, 1859
*extremer sw Kolumbien, Ecuador und nw Peru*

Troglodytes solstitialis solitarius
**Kolumbien-Andenzaunkönig**
Todd, 1912
w, c Kolumbien und w Venezuela
Troglodytes solstitialis macrourus
**Peruanischer Andenzaunkönig**
Berlepsch & Stolzmann, 1902
ec Peru
Troglodytes solstitialis frater
**Fraters Andenzaunkönig**
Sharpe, 1882
se Peru und Bolivien
Troglodytes solstitialis auricularis
**Argentinischer Andenzaunkönig**
Cabanis, 1883
nw Argentinien

Troglodytes monticola
## Santa-Marta-Zaunkönig
*Santa Marta Wren - Chochín de Santa Marta*
Bangs, 1899
*n Kolumbien*

Troglodytes rufulus
## Tepuizaunkönig
*Tepui Wren - Chochín de tepuí*
Cabanis, 1849
*Mt. Roraima Gebiet (e Venezuela, w Guyana und extremer n Brasilien)*

Troglodytes rufulus fulvigularis
**Bolivar-Tepuizaunkönig**
Zimmer, JT & Phelps, WH, 1945
se Bolivar (se Venezuela)
Troglodytes rufulus yavii
**Yavi-Tepuizaunkönig**
Phelps, WH & Phelps, WH Jr, 1949
n Amazonas (sc Venezuela)
Troglodytes rufulus duidae
**Duida-Tepuizaunkönig**
Chapman, 1929
c Amazonas und s Bolivar (s Venezuela)
Troglodytes rufulus wetmorei
**Wetmores Tepuizaunkönig**
Phelps, WH & Phelps, WH Jr, 1955
s Amazonas (s Venezuela) und n Brasilien
Troglodytes rufulus marahuacae
**Marahuaca-Tepuizaunkönig**
Phelps, WH Jr & Aveledo, 1984
c Amazonas (s Venezuela)

## Gattung: Thryorchilus

Thryorchilus browni
## Bergzaunkönig
*Timberline Wren - Cucarachero del bambú*
Bangs, 1902
*Costa Rica und Panama*

## Gattung: Uropsila

Uropsila leucogastra
## Weißbauch-Zaunkönig
*White-bellied Wren - Cucarachero ventriblanco*
Gould, 1837
*e Mexico (se Veracruz bis Tabasco und n Chiapas)*

Uropsila leucogastra pacifica
**Pazifischer Weißbauch-Zaunkönig**
Nelson, 1897
sw Mexico
Uropsila leucogastra centralis
**Mexikanischer Weißbauchzaunkönig**
Phillips, AR, 1986
ec Mexico (n Puebla bis c Veracruz)
Uropsila leucogastra restricta
**Yucatan-Weißbauchzaunkönig**
Phillips, AR, 1986
se Mexico (n Yucatán)
Uropsila leucogastra brachyura
**Guatemala-Weißbauchzaunkönig**
Lawrence, 1887
se Mexico (e, c Yucatán) bis n Guatemala, Belize und n Honduras

## Gattung: Henicorhina

Henicorhina leucosticta
## Waldzaunkönig
*White-breasted Wood Wren - Cucarachero pechiblanco*
Cabanis, 1847
*e, s Venezuela, Guianas und n Brasilien*

Henicorhina leucosticta decolorata
**Mexiko-Waldzaunkönig**
Phillips, AR, 1986
ec Mexico

Henicorhina leucosticta prostheleuca
**Belize-Waldzaunkönig**
Sclater, PL, 1857
s, e Mexico bis Belize

Henicorhina leucosticta smithei
**Yukatan-Waldzaunkönig**
Dickerman, 1973
s Yucatán (se Mexico) bis Guatemala

Henicorhina leucosticta tropaea
**Nikaragua-Waldzaunkönig**
Bangs & Peters, JL, 1927
Honduras, Nicaragua und e Costa Rica

Henicorhina leucosticta costaricensis
**Costa Rica-Waldzaunkönig**
Dickerman, 1973
c Costa Rica

Henicorhina leucosticta pittieri
**Panama-Waldzaunkönig**
Cherrie, 1893
sw Costa Rica bis c Panama

Henicorhina leucosticta alexandri
**Alexandris Waldzaunkönig**
Phillips, AR, 1986
Karibikseite e Panama und nw Kolumbien

Henicorhina leucosticta darienensis
**Pazifischer Waldzaunkönig**
Hellmayr, 1921
Karibikseite e Panama und w Kolumbien

Henicorhina leucosticta albilateralis
**Kolumbien-Waldzaunkönig**
Chapman, 1917
nc Kolumbien

Henicorhina leucosticta eucharis
**Dagua-Waldzaunkönig**
Bangs, 1910
Dagua Tal (w Kolumbien)

Henicorhina leucosticta inornata
**Ekuador-Waldzaunkönig**
Hellmayr, 1904
sw Kolumbien bis nw Ecuador

Henicorhina leucosticta hauxwelli
**Hauxwells Waldzaunkönig**
Chubb, C, 1920
s Kolumbien, e Ecuador und ne Peru

Henicorhina leucophrys
**Einsiedlerzaunkönig**
*Grey-breasted Wood Wren - Cucarachero pechigrís*
Tschudi, 1844
*e Panama (Gebirge Darien), c Kolumbien, c, e Ecuador und Peru*

Henicorhina leucophrys minuscula
**Westlicher Einsiedlerzaunkönig**
Phillips, AR, 1966
w Mexico

Henicorhina leucophrys festiva
**Nelsons Einsiedlerzaunkönig**
Nelson, 1903
sw Mexico

Henicorhina leucophrys mexicana
**Mexikanischer Einsiedlerzaunkönig**
Nelson, 1897
e Mexico

Henicorhina leucophrys castanea
**Guatemala-Einsiedlerzaunkönig**
Ridgway, 1903
extremer s Mexico und n Guatemala

Henicorhina leucophrys capitalis
**Südmexiko-Einsiedlerzaunkönig**
Nelson, 1897
s Mexico und w Guatemala

Henicorhina leucophrys composita
**Honduras-Einsiedlerzaunkönig**
Griscom, 1932
El Salvador, Honduras und nw Nicaragua

Henicorhina leucophrys collina
**Costa Rica-Einsiedlerzaunkönig**
Bangs, 1902
Costa Rica und Panama

Henicorhina leucophrys bangsi
**Bangs Einsiedlerzaunkönig**
Ridgway, 1903
Santa Marta Mts., 1000-2000 m (ne Kolumbien)

Henicorhina leucophrys manastarae
**Perija-Einsiedlerzaunkönig**
Aveledo & Ginés, 1952
Perijá Mts. (ne Kolumbien und nw Venezuela)

Henicorhina leucophrys sanluisensis
**Falcon-Einsiedlerzaunkönig**
Phelps, WH & Phelps, WH Jr, 1959
Falcon (nw Venezuela)

Henicorhina leucophrys venezuelensis
**Venezuela-Einsiedlerzaunkönig**
Hellmayr, 1904
n Venezuela

Henicorhina leucophrys meridana
**Trujillo-Einsiedlerzaunkönig**
Todd, 1932
Trujillo bis n Táchira (nw und w Venezuela)

Henicorhina leucophrys tamae
**Tachira-Einsiedlerzaunkönig**
Zimmer, JT & Phelps, WH, 1944
sw Táchira (w Venezuela) und nc Kolumbien

Henicorhina leucophrys brunneiceps
**Kolumbien-Einsiedlerzaunkönig**
Chapman, 1914
w Kolumbien und nw Ecuador

Henicorhina leucophrys hilaris
**Ekuador-Einsiedlerzaunkönig**
Berlepsch & Taczanowski, 1884
sw Ecuador

Henicorhina leucophrys boliviana
**Bolivien-Einsiedlerzaunkönig**
Todd, 1932
w Bolivien

Henicorhina anachoreta
**Gipfelzaunkönig**
*Hermit Wood Wren - Cucarachero anacoreta*
Bangs, 1899
*Santa Marta Mts., >2000 m (ne Kolumbien)*

Henicorhina leucoptera
**Bindenflügel-Zaunkönig**
*Bar-winged Wood Wren - Cucarachero aliblanco*
Fitzpatrick, Terborgh & Willard, 1977
*Peru*

Henicorhina negreti
**Negretzaunkönig**
*Munchique Wood Wren - Cucarachero del Munchique*
Salaman, Coopmans, Donegan, Mulligan, Cortés-Diago, Hilty & Ortega, 2003
*Kolumbien*

Gattung: Microcerculus

Microcerculus philomela
**Nachtigallzaunkönig**
*Northern Nightingale-Wren - Cucarachero ruiseñor norteño*
Salvin, 1861
s Mexico bis Costa Rica

Microcerculus marginatus
**Schuppenbrust-Zaunkönig**
*Southern Nightingale-Wren - Cucarachero ruiseñor sureño*
Sclater, PL, 1855
*w Amazonasgebiet*

Microcerculus marginatus luscinia
**Costa Rica-Schuppenbrust-Zaunkönig**
Salvin, 1866
Costa Rica und Panama

Microcerculus marginatus corrasus
**Santa Marta-Schuppenbrust-Zaunkönig**
Bangs, 1902
Santa Marta (n Kolumbien)

Microcerculus marginatus squamulatus
**Venezuela-Schuppenbrust-Zaunkönig**
Sclater, PL & Salvin, 1875
n Kolumbien (außer Santa Marta) bis n Venezuela

Microcerculus marginatus occidentalis
**Kolumbien-Schuppenbrust-Zaunkönig**
Hellmayr, 1906
w Kolumbien und nw Ecuador

Microcerculus marginatus taeniatus
**Ekuador-Schuppenbrust-Zaunkönig**
Salvin, 1881
w Ecuador

Microcerculus ustulatus
**Flötenzaunkönig**
*Flutist Wren - Cucarachero flautista*
Salvin & Godman, 1883
*se Venezuela, w Guyana und extremer n Brasilien*

Microcerculus ustulatus duidae
**Duida-Flötenzaunkönig**
Chapman, 1929
w Bolivar und Amazonas (sc, s Venezuela)

Microcerculus ustulatus lunatipectus
**Bolivar-Flötenzaunkönig**
Zimmer, JT & Phelps, WH, 1946
c Bolivar (sc Venezuela)

Microcerculus ustulatus obscurus
**Dunkler Flötenzaunkönig**
Zimmer, JT & Phelps, WH, 1946
e Bolivar (se Venezuela)

Microcerculus bambla
**Weißbinden-Zaunkönig**
*Wing-banded Wren - Cucarachero alifranjeado*
Boddaert, 1783
*e Venezuela, Guianas und n Brasilien*

Microcerculus bambla albigularis
**Peruanischer Weißbinden-Zaunkönig**
Sclater, PL, 1858
e Ecuador, e Peru und nw Brasilien
Microcerculus bambla caurensis
**Kolumbianischer Weißbinden-Zaunkönig**
Berlepsch & Hartert, EJO, 1902
e Kolumbien und s Venezuela



Cyphorhinus dichrous
**Nördlicher Kastanienbrust-Zaunkönig**
*Northern Chestnut-breasted Wren - Cucarachero dorsicastaño del norte*
Sclater, PL & Salvin, 1879
*c Kolumbien bis n Peru*

Cyphorhinus thoracicus
**Kastanienbrust-Zaunkönig**
*Southern Chestnut-breasted Wren - Cucarachero dorsicastaño del sur*
Tschudi, 1844
*c Peru bis w Bolivien*

Cyphorhinus arada
**Orpheuszaunkönig**
*Musician Wren - Cucarachero musical*
Hermann, 1783
*e Venezuela, Guianas und n Brasilien*

Cyphorhinus arada griseolateralis
**Brasilianischer Orpheuszaunkönig**
Ridgway, 1888
c Brasilien
Cyphorhinus arada interpositus
**Todds Orpheuszaunkönig**
Todd, 1932
wc Brasilien
Cyphorhinus arada transfluvialis
**Kolumbien-Orpheuszaunkönig**
Todd, 1932
se Kolumbien und nw Brasilien
Cyphorhinus arada salvini
**Salvins Orpheuszaunkönig**
Sharpe, 1882
s Kolumbien, e Ecuador und ne Peru
Cyphorhinus arada modulator
**Peru-Orpheuszaunkönig**
d'Orbigny, 1838
e Peru, w Brasilien und n Bolivien

Cyphorhinus phaeocephalus
**Brillenzaunkönig**
*Song Wren - Cucarachero canoro*
Sclater, PL, 1860
*sw Kolumbien bis s Ecuador*

Cyphorhinus phaeocephalus richardsoni
**Richardsons Brillenzaunkönig**
Salvin, 1893
se Honduras bis e Nicaragua
Cyphorhinus phaeocephalus infuscatus
**Zimmers Brillenzaunkönig**
Zimmer, JT, 1932
Costa Rica bis nw Panama
Cyphorhinus phaeocephalus lawrencii
**Lawrencis Brillenzaunkönig**
Lawrence, 1863
c Panama bis nw Kolumbien
Cyphorhinus phaeocephalus propinquus
**Nördlicher Brillenzaunkönig**
Todd, 1919
n Kolumbien
Cyphorhinus phaeocephalus chocoanus
**Westlicher Brillenzaunkönig**
Meyer de Schauensee, 1946
w Kolumbien

## Familie: Polioptilidae (Mückenfänger)



Ramphocaenus sticturus
**Schwatzdegenschnäbler**
*Chattering Gnatwren - Soterillo parloteador*
Hellmayr, 1902
*sc Brasilien*

Ramphocaenus sticturus obscurus
**Dunkler Schwatzdegenschnäbler**
Zimmer, JT, 1931
e Peru bis n Bolivien

Ramphocaenus melanurus
**Schwarzschwanz-Degenschnäbler**
*Trilling Gnatwren - Soterillo picudo*
Vieillot, 1819
*ec Brasilien*

Ramphocaenus melanurus rufiventris
**Ekuador-Schwarzschwanz-Degenschnäbler**
Bonaparte, 1838
s Mexico bis w Ecuador
Ramphocaenus melanurus ardeleo
**Yucatan-Schwarzschwanz-Degenschnäbler**
Van Tyne & Trautman, 1941
Yucatán Halbinsel (se Mexico) und n Guatemala
Ramphocaenus melanurus panamensis
**Panama-Schwarzschwanz-Degenschnäbler**
Phillips, AR, 1991
c, e Panama
Ramphocaenus melanurus sanctaemarthae
**Santa Marta-Schwarzschwanz-Degenschnäbler**
Sclater, PL, 1862
n Kolumbien und nw Venezuela
Ramphocaenus melanurus griseodorsalis
**Kolumbien-Schwarzschwanz-Degenschnäbler**
Chapman, 1912
w Kolumbien
Ramphocaenus melanurus pallidus
**Zulia-Schwarzschwanz-Degenschnäbler**
Todd, 1913
Zulia Tal (nc Kolumbien) und w Venezuela
Ramphocaenus melanurus trinitatis
**Trinidad-Schwarzschwanz-Degenschnäbler**
Lesson, RP, 1839
e Kolumbien bis n Venezuela, Trinidad
Ramphocaenus melanurus albiventris
**Guyanas-Schwarzschwanz-Degenschnäbler**
Sclater, PL, 1883
e Venezuela, Guianas und n Brasilien
Ramphocaenus melanurus duidae
**Duida-Schwarzschwanz-Degenschnäbler**
Zimmer, JT, 1937
ne Ecuador bis s Venezuela
Ramphocaenus melanurus badius
**Peru-Schwarzschwanz-Degenschnäbler**
Zimmer, JT, 1937
ne Peru und se Ecuador
Ramphocaenus melanurus amazonum
**Amazonas-Schwarzschwanz-Degenschnäbler**
Hellmayr, 1907
e Peru bis nc Brasilien
Ramphocaenus melanurus austerus
**Zimmers Schwarzschwanz-Degenschnäbler**
Zimmer, JT, 1937
e Brasilien s Amazonas



Microbates cinereiventris
**Graubauch-Degenschnäbler**
*Tawny-faced Gnatwren - Soterillo caricastaño*
Sclater, PL, 1855
*sw Panama bis sw Ecuador*

Microbates cinereiventris semitorquatus
**Nikaragua-Graubauch-Degenschnäbler**
Lawrence, 1862
s Nicaragua bis nw Kolumbien
Microbates cinereiventris albapiculus
**Cauca-Graubauch-Degenschnäbler**
Olson, 1980
Cauca Tal (n Kolumbien)
Microbates cinereiventris magdalenae
**Magdalena-Graubauch-Degenschnäbler**
Chapman, 1915
Magdalena Tal (n Kolumbien)
Microbates cinereiventris unicus
**Kolumbien-Graubauch-Degenschnäbler**
Olson, 1980
c Kolumbien
Microbates cinereiventris hormotus
**Ekuador-Graubauch-Degenschnäbler**
Olson, 1980
s Kolumbien, e Ecuador und ne Peru
Microbates cinereiventris peruvianus
**Bolivien-Graubauch-Degenschnäbler**
Chapman, 1923
e Peru und w Bolivien

Microbates collaris
**Halsband-Degenschnäbler**
*Collared Gnatwren - Soterillo acollarado*
Pelzeln, 1868
*se Kolumbien, s Venezuela, n Brasilien*

Microbates collaris paraguensis
**Venezuela-Halsband-Degenschnäbler**
Phelps, WH & Phelps, WH Jr, 1946
e Venezuela
Microbates collaris torquatus
**Guyanas-Halsband-Degenschnäbler**
Sclater, PL & Salvin, 1873
Guianas und Amapá (nne Brasilien)
Microbates collaris perlatus
**Peru-Halsband-Degenschnäbler**
Todd, 1927
se Kolumbien, ne Peru und nw Brasilien
Microbates collaris colombianus
**Ekuador-Halsband-Degenschnäbler**
Parkes, 1980
sc Kolumbien und ne Ecuador

## Gattung: Polioptila

Polioptila facilis
**Rio-Negro-Mückenfänger**
*Rio Negro Gnatcatcher - Perlita del Río Negro*
Zimmer, JT, 1942
*nw Amazonasgebiet Brasilien*

Polioptila guianensis
**Cayennemückenfänger**
*Guianan Gnatcatcher - Perlita guayanesa*
Todd, 1920
*e Venezuela, Guianas und n Brasilien*

Polioptila schistaceigula
**Graukehl-Mückenfänger**
*Slate-throated Gnatcatcher - Perlita pizarrosa*
Hartert, EJO, 1898
*Panama bis Ecuador*

Polioptila paraensis
**Parámückenfänger**
*Para Gnatcatcher - Perlita de Pará*
Todd, 1937
*se Amazonasgebiet Brasilien*

Polioptila clementsi
**Iquitosmückenfänger**
*Iquitos Gnatcatcher - Perlita de Iquitos*
Whitney & Álvarez A, J, 2005
*ne Peru*

Polloptila attenboroughi
**Inambarimückenfänger**
*Inambari Gnatcatcher - Perlita de Inambari*
Whittaker, Aleixo, Whitney, Smith, BT & Klicka, 2013
*sw Amazonasgebiet Brasilien*

Polioptila plumbea
**Amazonasmückenfänger**
*Tropical Gnatcatcher - Perlita tropical*
Gmelin, JF, 1788
*Suriname, Französisch-Guayana und n Brasilien*

　　Polioptila plumbea anteocularis
　　**Hellmayrs Amazonasmückenfänger**
　　Hellmayr, 1900
　　c Kolumbien
　　Polioptila plumbea plumbiceps
　　**Nördlicher Amazonasmückenfänger**
　　Lawrence, 1865
　　ne, e Kolumbien und n Venezuela
　　Polioptila plumbea innotata
　　**Guyana-Amazonasmückenfänger**
　　Hellmayr, 1901
　　e Kolumbien bis c Guyana und n Brasilien
　　Polioptila plumbea atricapilla
　　**Brasilien-Amazonasmückenfänger**
　　Swainson, 1831
　　ne Brasilien
　　Polioptila plumbea parvirostris
　　**Sharps Amazonasmückenfänger**
　　Sharpe, 1885
　　e Ecuador, ne Peru und nw Brasilien

Polioptila maior
**Großer Amazonasmückenfänger**
*Maranon Gnatcatcher - Perlita tropical grande*
Hellmayr, 1900
*n Peru*

Polioptila lactea
**Rahmbauch-Mückenfänger**
*Creamy-bellied Gnatcatcher - Perlita blanca*
Sharpe, 1885
*e Paraguay, ne Argentinien und s Brasilien*

Polioptila dumicola
**Maskenmückenfänger**
*Masked Gnatcatcher - Perlita azul*
Vieillot, 1817
*e Bolivien bis se Brasilien, Uruguay und n Argentinien*

　　Polioptila dumicola saturata
　　**Bolivien-Maskenmückenfänger**
　　Todd, 1946
　　c Bolivien
　　Polioptila dumicola berlepschi
　　**Berlepschs Maskenmückenfänger**
　　Hellmayr, 1901
　　c Brasilien und ne Bolivien

Polioptila lembeyei
**Kubamückenfänger**
*Cuban Gnatcatcher - Perlita cubana*
Gundlach, 1858
*Kuba*

Polioptila albiventris
**Yucatánmückenfänger**
*Yucatan Gnatcatcher - Perlita del Bonaparte*
Lawrence, 1885
*n Yucatán Halbinsel (se Mexico)*

Polioptila bilineata
**Weißbrauen-Mückenfänger**
*White-browed Gnatcatcher - Perlita del Yucatán*
Bonaparte, 1850
*nw Kolumbien bis nw Peru*

　　Polioptila bilineata brodkorbi
　　**Mexico-Weißbrauen-Mückenfänger**
　　Parkes, 1979
　　s Mexico bis n Costa Rica
　　Polioptila bilineata superciliaris
　　**Costa Rica-Weißbrauen-Mückenfänger**
　　Lawrence, 1861
　　nc Costa Rica bis n Kolumbien
　　Polioptila bilineata cinericia
　　**Coiba-Weißbrauen-Mückenfänger**
　　Wetmore, 1957
　　Coiba Insel (vor s Panama)
　　Polioptila bilineata daguae
　　**Kolumbien-Weißbrauen-Mückenfänger**
　　Chapman, 1915
　　wc Kolumbien

Polioptila caerulea
**Blaumückenfänger**
*Blue-grey Gnatcatcher - Perlita grisilla*
Linnaeus, 1766
*se Kanada und c, e USA*

　　Polioptila caerulea caesiogaster
　　**Bahamas-Blaumückenfänger**
　　Ridgway, 1887
　　Bahamas
　　Polioptila caerulea obscura
　　**Dunkler Blaumückenfänger**
　　Ridgway, 1883
　　w USA bis s Baja California (nw Mexico)
　　Polioptila caerulea perplexa
　　**Östlicher Blaumückenfänger**
　　Phillips, AR, 1991
　　ec Mexico
　　Polioptila caerulea deppei
　　**Deppes Blaumückenfänger**
　　Van Rossem, 1934
　　e, se Mexico und Belize
　　Polioptila caerulea comiteca
　　**Mexico-Blaumückenfänger**
　　Phillips, AR, 1991
　　c Mexico bis nw Guatemala
　　Polioptila caerulea nelsoni
　　**Nelsons Blaumückenfänger**
　　Ridgway, 1903
　　s Mexico
　　Polioptila caerulea cozumelae
　　**Cozumel-Blaumückenfänger**
　　Griscom, 1926
　　Cozumel Insel (vor se Mexico)

Polioptila melanura
## Schwarzschwanz-Mückenfänger
*Black-tailed Gnatcatcher - Perlita colinegra*
Lawrence, 1857
*sc USA und ec Mexico*

Polioptila melanura lucida
### Westlicher Schwarzschwanz-Mückenfänger
Van Rossem, 1931
*sw USA und nw Mexico*
Polioptila melanura curtata
### Tiburon-Schwarzschwanz-Mückenfänger
Van Rossem, 1932
*Tiburón Insel (vor nw Mexico)*

Polioptila californica
## Kalifornienmückenfänger
*California Gnatcatcher - Perlita californiana*
Brewster, 1881
*sw USA*

Polioptila californica atwoodi
### Atwoods Kalifornienmückenfänger
Mellink & Rea, 1994
*n Baja California (nw Mexico)*
Polioptila californica margaritae
### Margaritas Kalifornienmückenfänger
Ridgway, 1904
*s Baja California (nw Mexico)*

Polioptila nigriceps
## Schwarzkappen-Mückenfänger
*Black-capped Gnatcatcher - Perlita capirotada*
Baird, SF, 1864
*w Mexico*

Polioptila nigriceps restricta
### Arizona-Schwarzkappen-Mückenfänger
Brewster, 1889
*se Arizona (sw USA) und nw Mexico*

Polioptila albiloris
## Weißzügel-Mückenfänger
*White-lored Gnatcatcher - Perlita cejiblanca*
Sclater, PL & Salvin, 1860
*Guatemala bis Costa Rica*

Polioptila albiloris vanrossemi
### Südlicher Weißzügel-Mückenfänger
Brodkorb, 1944
*s Mexico*

## Familie: Sittidae (Kleiber)

Gattung: Sitta

Sitta leucopsis
## Weißwangenkleiber
*White-cheeked Nuthatch - Trepador cariblanco*
Gould, 1850
*w Himalaya*

Sitta przewalskii
## Przewalskikleiber
*Przewalski's Nuthatch - Trepador de Przewalski*
Berezowski & Bianchi, 1891
*se Tibet, wc China*

Sitta magna
## Riesenkleiber
*Giant Nuthatch - Trepador gigante*
Wardlaw-Ramsay, RG, 1876
*c Myanmar, s China und nw Thailand*

Sitta magna ligea
### China-Riesenkleiber
Deignan, 1938
*sc China*

Sitta carolinensis
## Weißbrustkleiber
*White-breasted Nuthatch - Trepador pechiblanco*
Latham, 1790
*c, e Kanada und c, e USA*

Sitta carolinensis aculeata
### Cassins Weißbrustkleiber
Cassin, 1856
*Karibikseite w USA*

Sitta carolinensis alexandrae
### Alexandras Weißbrustkleiber
Grinnell, 1926
*n Baja California (nw Mexico)*
Sitta carolinensis tenuissima
### Grinnells Weißbrustkleiber
Grinnell, 1918
*e und w USA*
Sitta carolinensis nelsoni
### Nelsons Weißbrustkleiber
Mearns, 1902
*wc, sc USA und n Mexico*
Sitta carolinensis mexicana
### Mexiko-Weißbrustkleiber
Nelson & Palmer, TS, 1894
*w, c, e, s Mexico*
Sitta carolinensis laguna
### Laguna-Weißbrustkleiber
Brewster, 1891
*s Baja California (nw Mexico)*

Sitta formosa
## Schmuckkleiber
*Beautiful Nuthatch - Trepador hermoso*
Blyth, 1843
*Himalaya bis nw Vietnam*

Sitta azurea
## Schwarzbauchkleiber
*Blue Nuthatch - Trepador azur*
Lesson, RP, 1830
*Gebirge c, e Java*

Sitta azurea expectata
### Sumatra-Schwarzbauchkleiber
Hartert, EJO, 1914
*Gebirge Malayische Halbinsel und Sumatra*
Sitta azurea nigriventer
### Java-Schwarzbauchkleiber
Robinson & Kloss, 1919
*Gebirge w Java*

Sitta frontalis
## Samtstirnkleiber
*Velvet-fronted Nuthatch - Trepador piquirrojo*
Swainson, 1820
*c Himalaya und Indien Halbinsel bis Indochina*

Sitta frontalis saturatior
### Malayischer Samtstirnkleiber
Hartert, EJO, 1902
*Malayische Halbinsel, Simeulue (w von n Sumatra), Lingga Is. (e von ec Sumatra), n Sumatra und Bangka (e von s Sumatra)*
Sitta frontalis velata
### Borneo-Samtstirnkleiber
Temminck, 1821
*s Sumatra und Java*
Sitta frontalis corallipes
### Palawan-Samtstirnkleiber
Sharpe, 1888
*Borneo und Maratua (e von ne Borneo)*
Sitta frontalis palawana
### Sumatra-Samtstirnkleiber
Hartert, EJO, 1905
*Palawan Gruppe (sw Philippinen)*

Sitta solangiae
## Gelbschnabelkleiber
*Yellow-billed Nuthatch - Trepador piquigualdo*
Delacour & Jabouille, 1930
*n Vietnam*

Sitta solangiae fortior
### Laos-Gelbschnabelkleiber
Delacour & Greenway, 1939
*se Laos und c, s Vietnam*
Sitta solangiae chienfengensis
### Hainan-Gelbschnabelkleiber
Cheng T, Ting W & Wang T, 1964
*Hainan Insel (vor se China)*

Sitta oenochlamys
## Philippinenkleiber
*Sulphur-billed Nuthatch - Trepador filipino*
Sharpe, 1877
*West Visayas (wc Philippinen)*

Sitta oenochlamys mesoleuca
### Westlicher Schwefelschnabelkleiber
(Ogilvie-Grant, 1894
*nw Luzon (n Philippinen)*
Sitta oenochlamys isarog
### Luzon-Schwefelschnabelkleiber
Rand & Rabor, 1967
*Luzon außer nw (n Philippinen)*

Sitta oenochlamys lilacea
**Philippinen-Schwefelschnabelkleiber**
Whitehead, J, 1897
East Visayas (ec Philippinen)
Sitta oenochlamys zamboanga
**Apo-Schwefelschnabelkleiber**
Rand & Rabor, 1957
Zamboanga Halbinsel, w Mindanao, Basilan und e Bolod (sw Philippinen)
Sitta oenochlamys apo
**Zamboanga-Schwefelschnabelkleiber**
Hachisuka, 1930
Mindanao außer Zamboanga Halbinsel (s Philippinen)

Sitta pygmaea
**Zwergkleiber**
*Pygmy Nuthatch - Trepador enano*
Vigors, 1839
*c Küste California (w USA)*

Sitta pygmaea melanotis
**Gebirgszwergkleiber**
Van Rossem, 1929
sw Kanada und Gebirge w und wc USA  s bis nw Mexico
Sitta pygmaea leuconucha
**Kalifornischer Zwergkleiber**
Anthony, 1889
sw California (sw USA) und Baja California (nw Mexico)
Sitta pygmaea brunnescens
**Nordmexiko-Zwergkleiber**
Norris, 1958
sw Mexico
Sitta pygmaea flavinucha
**Ostmexiko-Zwergkleiber**
Van Rossem, 1939
e Mexico
Sitta pygmaea elii
**Südmexiko-Zwergkleiber**
Phillips, AR, 1986
n Mexico

Sitta pusilla
**Braunkopfkleiber**
*Brown-headed Nuthatch - Trepador cabecipardo*
Latham, 1790
*se USA*

Sitta insularis
**Bahamakleiber**
*Bahama Nuthatch - Trepador de las Bahamas*
Bond, J, 1931
*Grand Bahama*

Sitta yunnanensis
**Yunnankleiber**
*Yunnan Nuthatch - Trepador de Yunnan*
Ogilvie-Grant, 1900
*sw China*

Sitta ledanti
**Kabylenkleiber**
*Algerian Nuthatch - Trepador de Kabilia*
Vielliard, 1976
*Gebirge ne Algerien*

Sitta krueperi
**Türkenkleiber**
*Krüper's Nuthatch - Trepador de Krüper*
Pelzeln, 1863
*Lesbos (e Griechenland), w, n, s Türkei, sw Russland und w Georgia*

Sitta canadensis
**Rotbrustkleiber**
*Red-breasted Nuthatch - Trepador canadiense*
Linnaeus, 1766
*Nordamerika weit verbreitet*

Sitta whiteheadi
**Korsenkleiber**
*Corsican Nuthatch - Trepador corso*
Sharpe, 1884
*Gebirge Korsika*

Sitta villosa
**Chinakleiber**
*Chinese Nuthatch - Trepador chino*
Verreaux, J, 1865
*nc, ne China*

Sitta villosa bangsi
**Bangs Chinakleiber**
Stresemann, 1929
c China

Sitta villosa corea
**Koreakleiber**
Ogilvie-Grant, 1906
se Sibirien und Korea

Sitta neumayer
**Felsenkleiber**
*Western Rock Nuthatch - Trepador rupestre occidental*
Michahelles, 1830
*se Europa und Türkei bis Kaukasus und n Iran, n Irak, w Syrien und n Israel*

Sitta neumayer tschitscherini
**Tschitscherins Felsenkleiber**
Zarudny, 1904
Zagros Mts. e Irak und sw Iran
Sitta neumayer plumbea
**Iranischer Felsenkleiber**
Koelz, 1950
sc Iran

Sitta tephronota
**Klippenkleiber**
*Eastern Rock Nuthatch - Trepador rupestre oriental*
Sharpe, 1872
*e Turkmenistan bis s Kasachstan, Afghanistan und w Pakistan*

Sitta tephronota obscura
**Dressers Klippenkleiber**
Zarudny & Loudon, 1905
ne Türkei bis Kaukasus und Iran
Sitta tephronota dresseri
**Dunkler Klippenkleiber**
Zarudny & Buturlin, 1906
Zagros Mts. von se Türkei bis n Irak und w Iran
Sitta tephronota iranica
**Iranischer Klippenkleiber**
Buturlin, 1916
ne Iran und s Turkmenistan

Sitta arctica
**Sibirienkleiber**
*Siberian Nuthatch - Trepador siberiano*
Buturlin, 1907
*ne Sibirien*

Sitta victoriae
**Weißbrauenkleiber**
*White-browed Nuthatch - Trepador birmano*
Rippon, 1904
*Mt. Victoria (sw Myanmar)*

Sitta himalayensis
**Weißschwanzkleiber**
*White-tailed Nuthatch - Trepador del Himalaya*
Jardine & Selby, 1835
*Himalaya bis nw Vietnam*

Sitta europaea
**Kleiber**
*Eurasian Nuthatch - Trepador azul*
Linnaeus, 1758
*n, e Europa*

Sitta europaea sinensis
**Ostchinesischer Kleiber**
Verreaux, J, 1871
nc, e China
Sitta europaea formosana
**Taiwankleiber**
Buturlin, 1911
Taiwan
Sitta europaea asiatica
**Asiatischer Kleiber**
Gould, 1835
sw, sc Sibirien, n Kasachstan und w Mongolei
Sitta europaea seorsa
**Westchinesischer Kleiber**
Portenko, 1955
nw China
Sitta europaea baicalensis
**Baicalkleiber**
Taczanowski, 1882
e Sibirien und c Mongolei
Sitta europaea albifrons
**Kurilenkleiber**
Taczanowski, 1882
ne Sibirien und Kuril Is.
Sitta europaea takatsukasai
**Kurielenkleiber**
Momiyama, 1931
sc Kuril Is.
Sitta europaea sakhalinensis
**Sakhalikleiber**
Buturlin, 1916
Sakhalin Insel

Sitta europaea clara
**Hokkaidokleiber**
Stejneger, 1887
s Kuril Is. und Hokkaido (n Japan)
Sitta europaea amurensis
**Amurkleiber**
Swinhoe, 1871
e Russland, ne China und Korea
Sitta europaea bedfordi
**Bedfords Kleiber**
Ogilvie-Grant, 1909
Cheju Insel (vor South Korea)
Sitta europaea hondoensis
**Honshukleiber**
Buturlin, 1916
Honshu bis n Kyushu (Japan)
Sitta europaea roseilia
**Kyushukleiber**
Bonaparte, 1850
s Kyushu (extremer s Japan)
Sitta europaea caesia
**Westlicher Kleiber**
Wolf, 1810
w, c, se Europa
Sitta europaea cisalpina
**Alpinenkleiber**
Sachtleben, 1919
Schweiz, Kroatien, Italien und Sizilien
Sitta europaea hispaniensis
**Spanischer Kleiber**
Witherby, 1913
Portugal, Spanien und n Marokko
Sitta europaea levantina
**Syrienkleiber**
Hartert, EJO, 1905
s Türkei, n Syrien und n Libanon
Sitta europaea caucasica
**Kaukasuskleiber**
Reichenow, 1901
ne Türkei bis sw Russland
Sitta europaea persica
**Perischer Kleiber**
Witherby, 1903
se Türkei, n Irak und w Iran
Sitta europaea rubiginosa
**Irankleiber**
Tschusi & Zarudny, 1905
n Iran und Aserbaidschan

Sitta nagaensis
**Rostflankenkleiber**
*Chestnut-vented Nuthatch - Trepador de las Naga*
Godwin-Austen, 1874
*ne Indien und nw Myanmar*

Sitta nagaensis montium
**Tibet-Rostflankenkleiber**
La Touche, 1899
e Tibet, s, e China, e Myanmar und nw Thailand
Sitta nagaensis grisiventris
**Myanmar-Rostflankenkleiber**
Kinnear, 1920
w Myanmar und s Indochina

Sitta cashmirensis
**Kaschmirkleiber**
*Kashmir Nuthatch - Trepador de Cachemira*
Brooks, WE, 1871
*Pakistan, Afghanistan, n Indien und Nepal*

Sitta castanea
**Kastanienkleiber**
*Indian Nuthatch - Trepador indio*
Lesson, RP, 1830
*Indien, sw Nepal, sw Bangladesch*

Sitta cinnamoventris
**Zimtbauchkleiber**
*Chestnut-bellied Nuthatch - Trepador ventricastaño*
Blyth, 1842
*e Himalaya bis s China und ne Myanmar*

Sitta cinnamoventris almorae
**Almora-Zimtbauchkleiber**
Kinnear & Whistler, 1930
w, c Himalaya
Sitta cinnamoventris koelzi
**Koelz-Zimtbauchkleiber**
Vaurie, 1950
ne Indien und w Myanmar
Sitta cinnamoventris tonkinensis
**Tonkin-Zimtbauchkleiber**
Kinnear, 1936
s China und n Indochina

Sitta neglecta
**Burmakleiber**
*Burmese Nuthatch - Trepador indochino*
Walden, 1870
*Myanmar bis s Vietnam*

## Familie: Tichodromidae (Mauerläufer)

### Gattung: Tichodroma

Tichodroma muraria
**Mauerläufer**
*Wallcreeper - Treparriscos*
Linnaeus, 1766
*s, e Europa bis Kaukasus und w Iran*

Tichodroma muraria nepalensis
**Nepalmauerläufer**
Bonaparte, 1850
Kasachstan, Turkmenistan und e Iran bis e China

## Familie: Certhiidae (Eigentliche Baumläufer)

### Gattung: Certhia

Certhia familiaris
**Waldbaumläufer**
*Eurasian Treecreeper - Agateador euroasiático*
Linnaeus, 1758
*n, e Europa*

Certhia familiaris britannica
**Englischer Waldbaumläufer**
Ridgway, 1882
Ireland und Britain
Certhia familiaris macrodactyla
**Westeuropäischer Waldbaumläufer**
Brehm, CL, 1831
w, c Europa
Certhia familiaris corsa
**Korsika-Waldbaumläufer**
Hartert, EJO, 1905
Korsika
Certhia familiaris daurica
**Daurischer Waldbaumläufer**
Domaniewski, 1922
s Sibirien und n Kasachstan bis se Sibirien, n Japan, Korea und ne China
Certhia familiaris caucasica
**Kaukasus-Waldbaumläufer**
Buturlin, 1907
n Türkei über Kaukasus
Certhia familiaris persica
**Persischer Waldbaumläufer**
Zarudny & Loudon, 1905
se Aserbaidschan und n Iran
Certhia familiaris bianchii
**Chinesischer Waldbaumläufer**
Hartert, EJO, 1905
n, c China
Certhia familiaris tianschanica
**Kirgisischer Waldbaumläufer**
Hartert, EJO, 1905
se Kasachstan, Kirgisistan und nw China
Certhia familiaris japonica
**Japanischer Waldbaumläufer**
Hartert, EJO, 1897
s Japan

Certhia hodgsoni
**Himalajabaumläufer**
*Hodgson's Treecreeper - Agateador de Hodgson*
Brooks, WE, 1871
*w Himalaya*

Certhia hodgsoni mandellii
**Mandellis Himalajabaumläufer**
Brooks, WE, 1874
c Himalaya
Certhia hodgsoni khamensis
**Bianchis Himalajabaumläufer**
Bianchi, 1903
sw, s China

Certhia americana
**Amerikabaumläufer**
*Brown Creeper - Agateador americano*
Bonaparte, 1838
*s, e Kanada und nc, ne USA*

Certhia americana alascensis
**Alaskabaumläufer**
Webster, JD, 1986
sc Alaska
Certhia americana occidentalis
**Östlicher Amerikabaumläufer**
Ridgway, 1882
se Alaska, w Kanada und w USA
Certhia americana stewarti
**Stewarts Amerikabaumläufer**
Webster, JD, 1986
Inseln vor British Columbia (sw Kanada)
Certhia americana zelotes
**Oregonbaumläufer**
Osgood, 1901
Gebirge s Oregon bis n, e, s California (w USA)
Certhia americana phillipsi
**Phillips Amerikabaumläufer**
Unitt & Rea, 1997
c California (w USA)
Certhia americana montana
**Montanabaumläufer**
Ridgway, 1882
sw Kanada bis nc und c USA
Certhia americana leucosticta
**Nevadabaumläufer**
Van Rossem, 1931
s Nevada und Utah (wc USA)
Certhia americana nigrescens
**Burleighs Amerikabaumläufer**
Burleigh, 1935
ec USA
Certhia americana albescens
**Berlepschs Amerikabaumläufer**
Berlepsch, 1888
sw USA und nw Mexico
Certhia americana alticola
**Mexikobaumläufer**
Miller, GS, 1895
w, sw, c Mexico
Certhia americana pernigra
**Guatemalabaumläufer**
Griscom, 1935
s Mexico und Guatemala
Certhia americana extima
**Nikaraguabaumläufer**
Miller, W & Griscom, 1925
e Guatemala bis Nicaragua

Certhia brachydactyla
**Gartenbaumläufer**
*Short-toed Treecreeper - Agateador europeo*
Brehm, CL, 1820
*s, c, se Europa von se Spanien bis Türkei*

Certhia brachydactyla megarhynchos
**Westlicher Gartenbaumläufer**
Brehm, CL, 1831
w Europa von Portugal und nw Spanien bis w, n Frankreich und w Deutschland
Certhia brachydactyla mauritanica
**Mauritanischer Gartenbaumläufer**
Witherby, 1905
nw Afrika
Certhia brachydactyla dorotheae
**Dorotheas Gartenbaumläufer**
Hartert, EJO, 1904
s Griechenland, Kreta und Zypern
Certhia brachydactyla rossocaucasica
**Kaukasus-Gartenbaumläufer**
Stepanyan, 2000
nw Kaukasus

Certhia himalayana
**Bänderschwanz-Baumläufer**
*Bar-tailed Treecreeper - Agateador del Himalaya*
Vigors, 1832
*e Afghanistan bis c Himalaya*

Certhia himalayana taeniura
**Severtsovs Bänderschwanz-Baumläufer**
Severtsov, 1873
Gebirge c Asien
Certhia himalayana yunnanensis
**Sharps Bänderschwanz-Baumläufer**
Sharpe, 1902
e Tibet und n Myanmar bis c China
Certhia himalayana ripponi
**Kinnears Bänderschwanz-Baumläufer**
Kinnear, 1929
sw Myanmar

Certhia nipalensis
**Rostflanken-Baumläufer**
*Rusty-flanked Treecreeper - Agateador nepalés*
Blyth, 1845
*Himalaya bis ne Myanmar*

Certhia discolor
**Sikkimbaumläufer**
*Sikkim Treecreeper - Agateador gorjipardo*
Blyth, 1845
*Nepal, Tibet, ne Indien*

Certhia manipurensis
**Manipurbaumläufer**
*Hume's Treecreeper - Agateador de Manipur*
Hume, 1881
*ne Indien und w Myanmar*

Certhia manipurensis shanensis
**Indochinabaumläufer**
Baker, ECS, 1930
n Myanmar und sw China bis w, n Thailand und nw Vietnam
Certhia manipurensis laotiana
**Laosbaumläufer**
Delacour, 1951
nc Laos
Certhia manipurensis meridionalis
**Vietnambaumläufer**
Robinson & Kloss, 1919
sc Vietnam

Certhia tianquanensis
**Sichuanbaumläufer**
*Sichuan Treecreeper - Agateador de Sichuan*
Li G, 1995
*sc China*

## Familie: Salpornithidae (Stammsteiger)

### Gattung: Salpornis

Salpornis spilonota
**Indienstammsteiger**
*Indian Spotted Creeper - Agateador moteado indio*
Franklin, 1831
*c Indien*

Salpornis spilonota rajputanae
**Westlicher Stammsteiger**
Meinertzhagen, R & Meinertzhagen, A, 1926
w Indien

Salpornis salvadori
**Afrikastammsteiger**
*African Spotted Creeper - Agateador moteado africano*
Barboza du Bocage, 1878
*w Kenia, c Angola bis s Tansania und n Mosambik*

Salpornis salvadori emini
**Senegal-Stammsteiger**
Hartlaub, 1884
Senegal und Gambia bis nw Uganda und ne Demokratische Republik Kongo
Salpornis salvadori erlangeri
**Erlangers Stammsteiger**
Neumann, 1907
w, s Äthiopien
Salpornis salvadori xylodromus
**Mosambik-Stammsteiger**
Clancey, 1975
c Simbabwe und w Mosambik

## Familie: Mimidae (Spottdrosseln)

### Gattung: Dumetella

Dumetella carolinensis
**Katzenspottdrossel**
*Grey Catbird - Pájaro gato gris*
Linnaeus, 1766
*südliches British Columbia bis zu den Golfstaaten; überwintert auf den Westindischen Inseln und in Panama*

### Gattung: Melanoptila

Melanoptila glabrirostris
**Glanzspottdrossel**
*Black Catbird - Pájaro gato negro*
Sclater, PL, 1858
*s Mexico bis Honduras*

**Mimus polyglottos**
**Gartenspottdrossel**
*Northern Mockingbird - Sinsonte norteño*
Linnaeus, 1758
*s Kanada über USA bis s Mexico*

Mimus polyglottos orpheus
**Orpheusspottdrossel**
Linnaeus, 1758
Bahamas bis Große Antillen, Cayman Is. und Virgin Is.

**Mimus gilvus**
**Tropenspottdrossel**
*Tropical Mockingbird - Sinsonte tropical*
Vieillot, 1808
*Suriname und Französisch-Guayana*

Mimus gilvus gracilis
**Honduras-Tropenspottdrossel**
Cabanis, 1851
s Mexico bis Honduras und El Salvador
Mimus gilvus leucophaeus
**Yucatan-Tropenspottdrossel**
Ridgway, 1888
Yucatán Halbinsel (se Mexico) und Cozumel Insel (vor se Mexico)
Mimus gilvus antillarum
**Antillen-Tropenspottdrossel**
Hellmayr & Seilern, 1915
Kleine Antillen s von Antigua
Mimus gilvus tobagensis
**Tobago-Tropenspottdrossel**
Dalmas, 1900
Trinidad und Tobago
Mimus gilvus rostratus
**Ridgways Tropenspottdrossel**
Ridgway, 1884
Inseln vor n Venezuela
Mimus gilvus melanopterus
**Guyana-Tropenspottdrossel**
Lawrence, 1849
n Kolumbien, Venezuela, Guyana und n Brasilien
Mimus gilvus tolimensis
**Panama-Tropenspottdrossel**
Ridgway, 1904
e El Salvador bis c Panama, w, c Kolumbien bis n Ecuador
Mimus gilvus antelius
**Brasilien-Tropenspottdrossel**
Oberholser, 1919
ne, e Brasilien
Mimus gilvus magnirostris
**San Andres-Tropenspottdrossel**
Cory, 1887
San Andrés Insel (vor e Nicaragua)

**Mimus gundlachii**
**Gundlachspottdrossel**
*Bahama Mockingbird - Sinsonte de las Bahamas*
Cabanis, 1855
*Bahamas, Inseln vor n Kuba , Turks und Caicos Is.*

Mimus gundlachii hillii
**Jamaikaspottdrossel**
March, WT, 1864
s Jamaika

**Mimus thenca**
**Chilespottdrossel**
*Chilean Mockingbird - Sinsonte tenca*
Molina, 1782
*Chile und wc Argentinien*

**Mimus longicaudatus**
**Langschwanz-Spottdrossel**
*Long-tailed Mockingbird - Sinsonte colilargo*
Tschudi, 1844
*w Peru*

Mimus longicaudatus platensis
**La Plata-Langschwanzspottdrossel**
Chapman, 1924
La Plata Insel (vor w Ecuador)
Mimus longicaudatus albogriseus
**Ekuador-Langschwanzspottdrossel**
Lesson, RP, 1844
sw Ecuador
Mimus longicaudatus maranonicus
**Peru-Langschwanzspottdrossel**
Carriker, 1933
nc Peru

**Mimus saturninus**
**Camposspottdrossel**
*Chalk-browed Mockingbird - Sinsonte calandria*
Lichtenstein, MHC, 1823
*s Suriname und n Brasilien*

Mimus saturninus arenaceus
**Brasilien-Camposspottdrossel**
Chapman, 1890
ne Brasilien
Mimus saturninus frater
**Bolivien-Camposspottdrossel**
Hellmayr, 1903
c Bolivien bis c Brasilien
Mimus saturninus modulator
**Uruguay-Camposspottdrossel**
Gould, 1836
e Bolivien und n Argentinien bis s Brasilien und Uruguay

**Mimus patagonicus**
**Patagonienspottdrossel**
*Patagonian Mockingbird - Sinsonte patagón*
d'Orbigny & Lafresnaye, 1837
*s, c, nw Argentinien und s Chile*

**Mimus triurus**
**Weißbinden-Spottdrossel**
*White-banded Mockingbird - Sinsonte trescolas*
Vieillot, 1818
*c Argentinien*

**Mimus dorsalis**
**Braunrücken-Spottdrossel**
*Brown-backed Mockingbird - Sinsonte castaño*
d'Orbigny & Lafresnaye, 1837
*Bolivien und nw Argentinien*

**Mimus parvulus**
**Galápagosspottdrossel**
*Galapagos Mockingbird - Sinsonte de Galápagos*
Gould, 1837
*Isabela, Fernandina, Daphne, Santa Cruz und Inseln (Galápagos)*

Mimus parvulus barringtoni
**Santa Fespottdrossel**
Rothschild, 1898
Santa Fe Insel (Galápagos)
Mimus parvulus personatus
**Pintaspottdrossel**
Ridgway, 1890
Pinta, Marchena, Santiago und Rabida is. (Galápagos)
Mimus parvulus wenmani
**Wolfspottdrossel**
Swarth, 1931
Wolf Insel (Galápagos)
Mimus parvulus hulli
**Darwinspottdrossel**
Rothschild, 1898
Darwin Insel (Galápagos)
Mimus parvulus bauri
**Genovesaspottdrossel**
Ridgway, 1894
Genovesa Insel (Galápagos)

**Mimus trifasciatus**
**Floreanaspottdrossel**
*Floreana Mockingbird - Sinsonte de Floreana*
Gould, 1837
*Gardner-by-Floreana und Champion is., Floreana (se Galápagos)*

**Mimus macdonaldi**
**Españolaspottdrossel**
*Espanola Mockingbird - Sinsonte de Española*
Ridgway, 1890
*Española und Gardner de Española is. (se Galápagos)*

**Mimus melanotis**
**San-Cristóbal-Spottdrossel**
*San Cristobal Mockingbird - Sinsonte de San Cristóbal*
Gould, 1837
*San Cristóbal Insel (e Galápagos)*

**Mimus graysoni**
**Socorrospottdrossel**
*Socorro Mockingbird - Sinsonte de Socorro*
Lawrence, 1871
*Socorro Insel*

## Gattung: Oreoscoptes

Oreoscoptes montanus
**Beifuß-Spottdrossel**
*Sage Thrasher - Cuitlacoche de las artemisas*
Townsend, JK, 1837
*w, sw USA*

## Gattung: Toxostoma

Toxostoma rufum
**Rotspottdrossel**
*Brown Thrasher - Cuitlacoche rojizo*
Linnaeus, 1758
*se Kanada bis se USA*

    Toxostoma rufum longicauda
    **Rote Langschwanzspottdrossel**
    Baird, SF, 1858
    sc Kanada bis s USA

Toxostoma longirostre
**Langschnabel-Spottdrossel**
*Long-billed Thrasher - Cuitlacoche piquilargo*
Lafresnaye, 1838
*e Mexico*

    Toxostoma longirostre sennetti
    **Texas-Langschnabelspottdrossel**
    Ridgway, 1888
    s Texas (s USA) und ne Mexico

Toxostoma guttatum
**Cozumelspottdrossel**
*Cozumel Thrasher - Cuitlacoche de Cozumel*
Ridgway, 1885
*Cozumel Insel (Mexico)*

Toxostoma cinereum
**Grauspottdrossel**
*Grey Thrasher - Cuitlacoche ceniciento*
Xántus, J, 1860
*c, s Baja California (nw Mexico)*

    Toxostoma cinereum mearnsi
    **Mearns-Grauspottdrossel**
    Anthony, 1895
    nw, c Baja California (nw Mexico)

Toxostoma bendirei
**Kaktusspottdrossel**
*Bendire's Thrasher - Cuitlacoche piquicorto*
Coues, 1873
*sw USA und nw Mexico*

Toxostoma ocellatum
**Tropfenspottdrossel**
*Ocellated Thrasher - Cuitlacoche ocelado*
Sclater, PL, 1862
*sc Mexico*

    Toxostoma ocellatum villai
    **Südliche Tropfenspottdrossel**
    Phillips, AR, 1986
    s Mexico

Toxostoma curvirostre
**Krummschnabel-Spottdrossel**
*Curve-billed Thrasher - Cuitlacoche piquicurvo*
Swainson, 1827
*c, sc Mexico*

    Toxostoma curvirostre palmeri
    **Palmers Krummschnabel-Spottdrossel**
    Coues, 1872
    sw USA bis c Sonora (nw Mexico)
    Toxostoma curvirostre maculatum
    **Sonora-Krummschnabelspottdrossel**
    Nelson, 1900
    s Sonora, sw Chihuahua und n Sinaloa (nw Mexico)
    Toxostoma curvirostre insularum
    **Insel-Krummschnabelspottdrossel**
    Van Rossem, 1930
    Inseln vor c Sonora Küste (nw Mexico)
    Toxostoma curvirostre occidentale
    **Östliche Krummschnabel-Spottdrossel**
    Ridgway, 1882
    wc Mexico
    Toxostoma curvirostre celsum
    **Moores Krummschnabel-Spottdrossel**
    Moore, RT, 1941
    sc USA und nc Mexico

    Toxostoma curvirostre oberholseri
    **Oberholsers Krummschnabel-Spottdrossel**
    Law, 1928
    s Texas (s USA) und ne Mexico

Toxostoma redivivum
**Kalifornienspottdrossel**
*California Thrasher - Cuitlacoche californiano*
Gambel, 1845
*s California (sw USA) und nw Mexico*

    Toxostoma redivivum sonomae
    **Sonomaspottdrossel**
    Grinnell, 1915
    n California (w USA)

Toxostoma crissale
**Rotsteiß-Spottdrossel**
*Crissal Thrasher - Cuitlacoche culirrojo*
Henry, 1858
*California, c Arizona bis w Texas (sw USA) bis nc Mexico*

    Toxostoma crissale coloradense
    **Arizona-Rotsteiß-Spottdrossel**
    Van Rossem, 1946
    se California und nw Arizona (sw USA) und ne Baja California und nw Sonora (nw Mexico)
    Toxostoma crissale dumosum
    **Moores Rotsteiß-Spottdrossel**
    Moore, RT, 1941
    c Mexico

Toxostoma lecontei
**Wüstenspottdrossel**
*LeConte's Thrasher - Cuitlacoche pálido*
Lawrence, 1851
*sw USA und nw Mexico*

    Toxostoma lecontei macmillanorum
    **Sa Joaquin-Wüstenspottdrossel**
    Phillips, AR, 1966
    San Joaquin Tal in s California (sw USA)
    Toxostoma lecontei arenicola
    **Sandschwanzspottdrossel**
    Anthony, 1897
    w Baja California (nw Mexico)

## Gattung: Ramphocinclus

Ramphocinclus brachyurus
**Weißbrust-Spottdrossel**
*Martinique Thrasher - Cuitlacoche pechiblanco*
Vieillot, 1818
*Martinique*

Ramphocinclus sanctaeluciae
**Santa Lucia-Spottdrossel**
*St. Lucia Thrasher - Cuitlacoche del St. Lucia*
Cory, 1887
*St. Lucia*

## Gattung: Melanotis

Melanotis caerulescens
**Blauspottdrossel**
*Blue Mockingbird - Mulato azul*
Swainson, 1827
*c, s Mexico*

    Melanotis caerulescens longirostris
    **Tres Marias-Blauspottdrossel**
    Nelson, 1898
    Tres Marías Insel (vor w Mexico)

Melanotis hypoleucus
**Lasurspottdrossel**
*Blue-and-white Mockingbird - Mulato pechiblanco*
Hartlaub, 1852
*s Mexico bis El Salvador*

## Gattung: Allenia

Allenia fusca
**Schuppenspottdrossel**
*Scaly-breasted Thrasher - Cuitlacoche oscuro*
Müller, PLS, 1776
*Dominica, Martinique und Grenada*

    Allenia fusca hypenema
    **Antillen-Schuppenspottdrossel**
    Buden, 1993
    n Kleine Antillen

Allenia fusca vincenti
**Vincent-Schuppenspottdrossel**
Kratter & Garrido, 1996
St. Vincent
Allenia fusca atlantica
**Barbadosspottdrossel**
Buden, 1993
Barbados
Allenia fusca schwartzi
**Schwartz-Schuppenspottdrossel**
Buden, 1993
St. Lucia

## Gattung: Margarops

Margarops fuscatus
**Perlaugen-Spottdrossel**
*Pearly-eyed Thrasher - Cuitlacoche chucho*
Vieillot, 1808
Bahamas bis n Kleine Antillen

Margarops fuscatus klinikowskii
**Klinikowskis Perlaugen-Spottdrossel**
Garrido & Remsen, 1996
St. Lucia (sc Kleine Antillen)
Margarops fuscatus densirostris
**Antillen-Perlaugen-Spottdrossel**
Vieillot, 1818
c Kleine Antillen
Margarops fuscatus bonairensis
**Boniare-Perlaugen-Spottdrossel**
Phelps, WH & Phelps, WH Jr, 1948
Bonaire Insel (vor n Venezuela)

## Gattung: Cinclocerthia

Cinclocerthia ruficauda
**Braunzitterdrossel**
*Brown Trembler - Cocobino pardo*
Gould, 1836
Dominica

Cinclocerthia ruficauda pavida
**Ridgways Braunzitterdrossel**
Ridgway, 1904
n Kleine Antillen
Cinclocerthia ruficauda tremula
**Guadeloupe-Braunzitterdrossel**
Lafresnaye, 1843
Guadeloupe (n Kleine Antillen)
Cinclocerthia ruficauda tenebrosa
**Grenada-Braunzitterdrossel**
Ridgway, 1904
St. Vincent und Grenada

Cinclocerthia gutturalis
**Grauzitterdrossel**
*Grey Trembler - Cocobino gris*
Lafresnaye, 1843
Martinique

Cinclocerthia gutturalis macrorhyncha
**Sclaters Grauzitterdrossel**
Sclater, PL, 1866
St. Lucia

## Familie: Sturnidae (Stare)

## Gattung: Aplonis

Aplonis metallica
**Weberstar**
*Metallic Starling - Estornino lustroso*
Temminck, 1824
Moluccas, Neuguinea und kleine Inseln (außer Numfor und Biak) und ne, nc Queensland (ne Australien)

Aplonis metallica nitida
**Bismarck-Weberstar**
Gray, GR, 1858
Admiralty Is. (außer Manus Region), Bismarck Archipel und Solomon Is. (außer Rennell)
Aplonis metallica purpureiceps
**Salvadoris Weberstar**
Salvadori, 1878
Manus und Los Negros (Admiralty Is., nw Bismarck Archipel)
Aplonis metallica inornata
**Numfor-Weberstar**
Salvadori, 1881
Numfor und Biak (Geelvink Bay is., nw Neuguinea)

Aplonis circumscripta
**Damarstar**
*Violet-hooded Starling - Estornino de capucha violeta*
Meyer, AB, 1884
Tanimbar Is. (s Moluccas) und Damar (e Lesser Sundas)

Aplonis mystacea
**Mimikastar**
*Yellow-eyed Starling - Estornino ojigualdo*
Ogilvie-Grant, 1911
s Neuguinea (außer Trans-Fly)

Aplonis cantoroides
**Singstar**
*Singing Starling - Estornino cantor*
Gray, GR, 1862
Neuguinea und kleine Inseln, Boigu (n Torres Strait is., ne Australien), Bismarck Archipel (inklusive Admiralty Is.), und Solomon Is.

Aplonis crassa
**Tanimbarstar**
*Tanimbar Starling - Estornino de las Tanimbar*
Sclater, PL, 1883
Yamdena und Larat (Tanimbar Is., s Moluccas)

Aplonis feadensis
**Atollstar**
*Atoll Starling - Estornino de los atolones*
Ramsay, EP, 1882
New Ireland (ne Bismarck Archipel), vor Bougainville, und Ontong Java Atoll (ne Solomon Is.)

Aplonis feadensis heureka
**Heurekastar**
Meise, 1929
Ninigo und Hermit Is., und Inseln (nw Bismarck Archipel)

Aplonis insularis
**Rennellstar**
*Rennell Starling - Estornino de la Rennell*
Mayr, 1931
Rennell (se Solomon Is.)

Aplonis magna
**Biakstar**
*Long-tailed Starling - Estornino de Biak*
Schlegel, 1871
Biak (Geelvink Bay is., nw Neuguinea)

Aplonis magna brevicauda
**Numforstar**
van Oort, 1908
Numfor (Geelvink Bay is., nw Neuguinea)

Aplonis brunneicapillus
**Weißaugenstar**
*White-eyed Starling - Estornino ojiblanco*
Danis, 1938
Bougainville, Choiseul, Rendova und Guadalcanal (n, c, se Solomon Is.)

Aplonis grandis
**Kragenstar**
*Brown-winged Starling - Estornino de las Salomón*
Salvadori, 1881
Buka bis Florida Insel (n, c Solomon Is.)

Aplonis grandis malaitae
**Maliata-Kragenstar**
Mayr, 1931
Malaita (se Solomon Is.)
Aplonis grandis macrura
**Guadacanal-Kragenstar**
Mayr, 1931
Guadalcanal (se Solomon Is.)

Aplonis dichroa
**Makirastar**
*Makira Starling - Estornino de San Cristóbal*
Tristram, 1895
Makira (=San Cristobal, se Solomon Is.)

Aplonis zelandica
**Rostflügelstar**
*Rusty-winged Starling - Estornino de Melanesia*
Quoy & Gaimard, 1832
Vanikoro (se Santa Cruz Is.=Temotu, se Solomon Is.)

Aplonis zelandica maxwellii
**Maxwellis Rostflügelstar**
Forbes, HO, 1900
Nendo (nw Santa Cruz Is.=Temotu, se Solomon Is.)

Aplonis zelandica rufipennis
**Banks-Rostflügelstar**
Layard, EL, 1881
Banks Is. bis Paama und Lopevi, s Ambrym (n bis c Vanuatu)

## Aplonis striata
**Dickschnabelstar**
*Striated Starling - Estornino de Nueva Caledonia*
Gmelin, JF, 1788
Grande Terre und Ile des Pins (New Caledonia)

    Aplonis striata atronitens
    **Loyalitäts-Dickschnabelstar**
    Gray, GR, 1859
    Ouvea, Lifou und Mare (Loyalty Is.)

## † Aplonis fusca
**Norfolkstar**
*Tasman Starling - Estornino de la Norfolk*
Gould, 1836
Norfolk Insel

    † Aplonis fusca hulliana
    **Mathews Norfolkstar**
    Mathews, 1912
    Lord Howe Insel (Australien)

## Aplonis santovestris
**Rostbürzelstar**
*Mountain Starling - Estornino de Espíritu Santo*
Harrisson & Marshall, AJ, 1937
Gebirge Santo (nw Vanuatu)

## Aplonis panayensis
**Malaienstar**
*Asian Glossy Starling - Estornino bronceado*
Scopoli, 1786
n Sulawesi und Philippine Is.

    Aplonis panayensis affinis
    **Blyths Malaienstar**
    Blyth, 1846
    ne Indien, Bangladesch und sw Myanmar
    Aplonis panayensis tytleri
    **Andaman-Malaienstar**
    Hume, 1873
    Andaman und n Nicobar Is.
    Aplonis panayensis albiris
    **Nikobaren-Malaienstar**
    Abdulali, 1967
    c, s Nicobar Is.
    Aplonis panayensis strigata
    **Java-Malaienstar**
    Horsfield, 1821
    Malayische Halbinsel, Sumatra, Java und w Borneo
    Aplonis panayensis altirostris
    **Salvadoris Malaienstar**
    Salvadori, 1887
    Simeulue, Banyak Is. und Nias (w von n Sumatra)
    Aplonis panayensis nesodramus
    **Babi-Malaienstar**
    Oberholser, 1926
    Babi (w von c Sumatra)
    Aplonis panayensis pachistorhina
    **Sumatra-Malaienstar**
    Oberholser, 1912
    Batu und Mentawai is. (w von c Sumatra)
    Aplonis panayensis enganensis
    **Enggano-Malaienstar**
    Salvadori, 1892
    Enggano (w von s Sumatra)
    Aplonis panayensis heterochlora
    **Natuna-Malaienstar**
    Oberholser, 1917
    Anambas und Natuna Is. (zwischen Malayische Halbinsel und Borneo)
    Aplonis panayensis eustathis
    **Borneo-Malaienstar**
    Oberholser, 1926
    e Borneo
    Aplonis panayensis alipodis
    **Oberholsers Malaienstar**
    Oberholser, 1926
    Panjang, Maratua und Derawan (vor e Borneo)
    Aplonis panayensis gusti
    **Bali-Malaienstar**
    Stresemann, 1913
    Bali
    Aplonis panayensis sanghirensis
    **Sanghir-Malaienstar**
    Salvadori, 1876
    Sangihe und Talaud is. (n von ne Sulawesi)

## Aplonis mysolensis
**Molukkenstar**
*Moluccan Starling - Estornino moluqueño*
Gray, GR, 1862
Banggai und Sula is. (e Sulawesi), Morotai bis Obi (n Moluccas), Ambon, Haruku und Saparua (ec Moluccas) und Raja Ampat Is. (nw Neuguinea)

## Aplonis minor
**Sundastar**
*Short-tailed Starling - Estornino colicorto*
Bonaparte, 1850
Sulawesi und s kleine Inseln, Gebirge Java, Bali, Lombok bis Romang und Moa (w bis e Lesser Sundas)

    Aplonis minor todayensis
    **Mindanaostar**
    Mearns, 1905
    Gebirge Mindanao außer Zamboanga Halbinsel (s Philippinen)

## Aplonis opaca
**Karolinenstar**
*Micronesian Starling - Estornino de Micronesia*
Kittlitz, 1833
Kosrae (e Caroline Is., c Micronesia)

    Aplonis opaca aenea
    **Aeneastar**
    Taka-Tsukasa & Yamashina, 1931
    n Northern Mariana Is. (w Micronesia)
    Aplonis opaca guami
    **Guamistar**
    Momiyama, 1922
    Saipan, Tinian und Rota (s Northern Mariana Is.) und Guam (s Mariana Is., w Micronesia)
    Aplonis opaca orii
    **Oristar**
    Taka-Tsukasa & Yamashina, 1931
    Palau (w Caroline Is., w Micronesia)
    Aplonis opaca kurodai
    **Kurodastar**
    Momiyama, 1920
    Yap (w Caroline Is., w Micronesia)
    Aplonis opaca ponapensis
    **Pohnpeistar**
    Taka-Tsukasa & Yamashina, 1931
    Kapingamarangi Atoll (zwischen Guam und Nauru, sw Micronesia, w Caroline Is.) und Pohnpei (=Ponape, e Caroline Is., c Micronesia)
    Aplonis opaca anga
    **Trukstar**
    Momiyama, 1922
    Chuuk (=Truk) und w, c Caroline Is. (c Caroline Is., c Micronesia)

## Aplonis pelzelni
**Pelzelnstar**
*Pohnpei Starling - Estornino de Ponapé*
Finsch, 1876
Gebirge Pohnpei (=Ponape, e Caroline Is., c Micronesia)

## Aplonis tabuensis
**Südseestar**
*Polynesian Starling - Estornino de Polinesia*
Gmelin, JF, 1788
Lau Archipel (e Fiji, sw Polynesien) und Tonga (sc Polynesien)

    Aplonis tabuensis pachyrhampha
    **Santa Cruzstar**
    Mayr, 1942
    Tinakula und Swallow (nw Santa Cruz Is.=Temotu, se Solomon Is.)
    Aplonis tabuensis tucopiae
    **Tucopiastar**
    Mayr, 1942
    Tucopia (=Tikopia, se Santa Cruz Is.=Temotu, se Solomon Is.)
    Aplonis tabuensis rotumae
    **Rotumastar**
    Mayr, 1942
    Rotuma (nw Fiji, sw Polynesien)
    Aplonis tabuensis vitiensis
    **Fijistar**
    Layard, EL, 1876
    Fiji (außer Rotuma, nw, und Lau Gruppe, e; sw Polynesien)
    Aplonis tabuensis manuae
    **Manuastar**
    Mayr, 1942
    Manua Gruppe (American Samoa, c Polynesien)
    Aplonis tabuensis fortunae
    **Hornestar**
    Layard, EL, 1876
    Wallis und Futuna (ne Fiji, sw Polynesien)
    Aplonis tabuensis tenebrosa
    **Tongastar**
    Mayr, 1942
    n Tonga (sc Polynesien)
    Aplonis tabuensis nesiotes
    **Mayrs Südseestar**
    Mayr, 1942
    nw Tonga (sc Polynesien)
    Aplonis tabuensis brunnescens
    **Niuestar**
    Sharpe, 1890
    Niue (sc Polynesien)
    Aplonis tabuensis tutuilae
    **Tutuilastar**
    Mayr, 1942
    Tutuila (American Samoa, c Polynesien)

Aplonis tabuensis brevirostris
**Peales Südseestar**
Peale, 1849
Savaii und Upolu (w Samoa, c Polynesien)

Aplonis atrifusca
**Samoastar**
*Samoan Starling - Estornino de Samoa*
Peale, 1849
Savaii und Upolu (w Samoa) und Tutuila, Ofu, Olosega und Tau (American Samoa, c Polynesien)

† Aplonis corvina
**Rabenstar**
*Kosrae Starling - Estornino de Kosrae*
Kittlitz, 1833
Kosrae (e Caroline Is., c Micronesia)

† Aplonis mavornata
**Schlichtstar**
*Mauke Starling - Estornino misterioso*
Buller, 1887
Mauke (e Cook Is., e Polynesien)

Aplonis cinerascens
**Rarotongastar**
*Rarotonga Starling - Estornino de Rarotonga*
Hartlaub & Finsch, 1871
Rarotonga (sc Cook Is., e Polynesien)



Mino dumontii
**Papuaatzel**
*Yellow-faced Myna - Miná carigualdo*
Lesson, RP, 1827
Raja Ampat Is. (nw Neuguinea), Aru Is. (sw Neuguinea) und Neuguinea

Mino kreffti
**Bismarckatzel**
*Long-tailed Myna - Miná de las Bismarck*
Sclater, PL, 1869
New Hanover (=Lavongai), New Ireland (ne Bismarck Archipel) und n, c Solomon Is.

Mino kreffti giliau
**Stresemanns Bismarckatzel**
Stresemann, 1922
Umboi (w New Britain) und New Britain (se Bismarck Archipel)
Mino kreffti sanfordi
**Sanfords Bismarckatzel**
Hartert, EJO, 1929
Guadalcanal, Malaita und Ulawa (se Malaita; se Solomon Is.)

Mino anais
**Orangeatzel**
*Golden Myna - Miná dorado*
Lesson, RP, 1839
Raja Ampat Is. (nw Neuguinea) und nw Neuguinea

Mino anais orientalis
**Östlicher Orangeatzel**
Schlegel, 1871
n Neuguinea
Mino anais robertsonii
**Robertsons Orangeatzel**
D'Albertis, 1877
s Neuguinea



Basilornis celebensis
**Königsatzel**
*Sulawesi Myna - Miná de Célebes*
Gray, GR, 1861
Sulawesi, Lembeh (e von ne Sulawesi), Muna und Buton (=Butung, e von se Sulawesi) und
Togian Is. (zwischen ne und nc Sulawesi)

Basilornis galeatus
**Helmatzel**
*Helmeted Myna - Miná de yelmo*
Meyer, AB, 1894
Banggai und Sula is. (e Sulawesi)

Basilornis corythaix
**Molukkenatzel**
*Long-crested Myna - Miná moluqueño*
Wagler, 1827
Seram (ec Moluccas)



Goodfellowia miranda
**Prachtatzel**
*Apo Myna - Miná de Mindanao*
Hartert, EJO, 1903
Gebirge c Mindanao (s Philippinen)



Sarcops calvus
**Kahlkopfatzel**
*Coleto - Miná coleto*
Linnaeus, 1766
Luzon Gruppe und Mindoro (n Philippinen)

Sarcops calvus melanonotus
**Südlicher Kahlkopfatzel**
Ogilvie-Grant, 1906
Visayas und Mindanao Gruppe (c, s Philippinen)
Sarcops calvus lowii
**Lowis Kahlkopfatzel**
Sharpe, 1877
Sulu Archipel (s Philippinen)



Streptocitta albicollis
**Weißhalsatzel**
*White-necked Myna - Miná cuelliblanco sureño*
Vieillot, 1818
s, se Sulawesi und Muna und Buton (=Butung, e von se Sulawesi)

Streptocitta albicollis torquata
**Nördlicher Weißhalsatzel**
Temminck, 1828
n, e Sulawesi, Lembeh (e von ne Sulawesi) und Togian Is. (zwischen ne und nc Sulawesi)

Streptocitta albertinae
**Sulaatzel**
*Bare-eyed Myna - Miná caricalvo*
Schlegel, 1865
Taliabu und Mangole (Sula Is., e Sulawesi)



Enodes erythrophris
**Rotbrauenstar**
*Fiery-browed Starling - Estornino cejirrojo*
Temminck, 1824
Gebirge Sulawesi (außer sw)



Scissirostrum dubium
**Finkenschnabelstar**
*Grosbeak Starling - Estornino culipinto*
Latham, 1801
Sulawesi und kleine Inseln



Saroglossa spilopterus
**Marmorstar**
*Spot-winged Starling - Estornino alipinto*
Vigors, 1831
nc Indien



Ampeliceps coronatus
**Kronenatzel**
*Golden-crested Myna - Miná coronado*
Blyth, 1842
ne Indien über se Asien

## Gattung: Gracupica

Gracupica nigricollis
**Schwarzhalsstar**
*Black-collared Starling - Estornino cuellinegro*
Paykull, 1807
*s China bis Kambodscha und Vietnam*

Gracupica contra
**Elsterstar**
*Indian Pied Myna - Estornino pío común*
Linnaeus, 1758
*e Pakistan, n, c, Indien, s Nepal und Bangladesch*

    Gracupica contra superciliaris
    **Manipur-Elsterstar**
    Blyth, 1863
    Manipur (ne Indien), n, c, se Myanmar und sw China

Gracupica floweri
**Siamelsterstar**
*Siamese Pied Myna - Estornino pío de Siam*
Sharpe, 1897
*s, e Myanmar und s China bis Thailand, Laos und Kambodscha*

Gracupica jalla
**Javaelsterstar**
*Javan Pied Myna - Estornino pío de Java*
Horsfield, 1821
*Java und Bali*

## Gattung: Agropsar

Agropsar sturninus
**Mongolenstar**
*Daurian Starling - Estornino dáurico*
Pallas, 1776
*e Mongolei und se Russland bis North Korea und c China*

Agropsar philippensis
**Violettrückenstar**
*Chestnut-cheeked Starling - Estornino carirrojo*
Pennant, 1781
*n Japan*

## Gattung: Sturnia

Sturnia sinensis
**Mandarinstar**
*White-shouldered Starling - Estornino chino*
Gmelin, JF, 1788
*s China bis Kambodscha und Vietnam*

Sturnia malabarica
**Graukopfstar**
*Chestnut-tailed Starling - Estornino malabar*
Gmelin, JF, 1789
*Indien (außer sw, ne), s Nepal und Bangladesch*

    Sturnia malabarica nemoricola
    **Assam-Graukopfstar**
    Jerdon, 1862
    s Assam (ne Indien) und Myanmar bis n, c Indochina

Sturnia erythropygia
**Andamanenstar**
*White-headed Starling - Estornino cabeciblanco*
Blyth, 1846
*n Nicobar Is.*

    Sturnia erythropygia andamanensis
    **Beavans Andamanenstar**
    Beavan, 1867
    Andaman Is.
    Sturnia erythropygia katchalensis
    **Richmonds Andamanenstar**
    Richmond, 1902
    c Nicobar Is.

Sturnia blythii
**Malabarstar**
*Malabar Starling - Estornino de Malabar*
Jerdon, 1845
*sw Indien*

Sturnia pagodarum
**Pagodenstar**
*Brahminy Starling - Estornino de las pagodas*
Gmelin, JF, 1789
*e Afghanistan bis Bangladesch*

## Gattung: Sturnornis

Sturnornis albofrontatus
**Greisenstar**
*White-faced Starling - Estornino cingalés*
Layard, EL, 1854
*Sri Lanka*

## Gattung: Leucopsar

Leucopsar rothschildi
**Balistar**
*Bali Myna - Estornino de Bali*
Stresemann, 1912
*Bali, Nusa Penida und Nusa Lembongan (se Bali)*

## † Gattung: Fregilupus

† Fregilupus varius
**Hopfstar**
*Hoopoe Starling - Estornino de Reunión*
Boddaert, 1783
*Réunion (w Mascarenes)*

## †† Gattung: Necropsar

†† Necropsar rodericanus
**Rodriguesstar**
*Rodrigues Starling - Estornino de Rodrigues*
Slater, HH, 1879
*Rodrigues Insel*

## Gattung: Pastor

Pastor roseus
**Rosenstar**
*Rosy Starling - Estornino rosado*
Linnaeus, 1758
*se Europa bis wc Asien*

## Gattung: Sturnus

Sturnus vulgaris
**Star**
*Common Starling - Estornino pinto*
Linnaeus, 1758
*Europa*

    Sturnus vulgaris caucasicus
    **Kaukasusstar**
    Lorenz, T, 1887
    Kaukasus bis s Iran
    Sturnus vulgaris faroensis
    **Färöerstar**
    Feilden, 1872
    Färöer Is.
    Sturnus vulgaris zetlandicus
    **Shetlansstar**
    Hartert, EJO, 1918
    Shetland Is.
    Sturnus vulgaris granti
    **Azorenstar**
    Hartert, EJO, 1903
    Azoren (Inseln, nw Makaronesien, nw von n Afrika)
    Sturnus vulgaris poltaratskyi
    **Poltaratskys Star**
    Finsch, 1878
    se Europäisch Russland bis w Mongolei
    Sturnus vulgaris tauricus
    **Türkenstar**
    Buturlin, 1904
    Ukraine, sw Russland und Türkei
    Sturnus vulgaris purpurascens
    **Georgienstar**
    Gould, 1868
    e Türkei, Georgia und Armenien

Sturnus vulgaris oppenheimi
**Oppenheims Star**
Neumann, 1915
se Türkei und n Irak
Sturnus vulgaris nobilior
**Irakischer Star**
Hume, 1879
ne Iran, s Turkmenistan und Afghanistan
Sturnus vulgaris porphyronotus
**Chinesischer Star**
Sharpe, 1888
e Kasachstan und nw China bis Usbekistan und Tadschikistan
Sturnus vulgaris humii
**Himalayastar**
Brooks, WF, 1876
w Himalaya
Sturnus vulgaris minor
**Kleiner Star**
Hume, 1873
c, s Pakistan

Sturnus unicolor
**Einfarbstar**
*Spotless Starling - Estornino negro*
Temminck, 1820
*sw Europa und n Afrika: Iberische Halbinsel, sw Frankreich, Balearen Is., Korsika, Sardinien und Sizilien; sw Marokko bis n Tunesien*

### Gattung: Creatophora

Creatophora cinerea
**Lappenstar**
*Wattled Starling - Estornino carunculado*
Meuschen, 1787
*Eritrea, Äthiopien und Somalia bis Angola, Namibia und Südafrika*

### Gattung: Notopholia

Notopholia corusca
**Schwarzbauch-Glanzstar**
*Black-bellied Starling - Estornino ventrinegro*
Nordmann, 1835
*s Somalia bis e Südafrika*

Notopholia corusca vaughani
**Pemba-Glanzstar**
Bannerman, 1926
Pemba Insel (vor Tansania)

### Gattung: Hylopsar

Hylopsar purpureiceps
**Samtglanzstar**
*Purple-headed Starling - Estornino cabecipúrpura*
Verreaux, J & Verreaux, É, 1851
*Nigeria bis Uganda und e, s Demokratische Republik Kongo*

Hylopsar cupreocauda
**Kupferglanzstar**
*Copper-tailed Starling - Estornino colicobrizo*
Hartlaub, 1857
*Sierra Leone bis Ghana*

### Gattung: Lamprotornis

Lamprotornis nitens
**Rotschulter-Glanzstar**
*Cape Starling - Estornino de El Cabo*
Linnaeus, 1766
*w Demokratische Republik Kongo über w, s Angola bis Namibia, Botswana, s Zimbabawe, s Mosambik und n, e Südafrika*

Lamprotornis chalybaeus
**Grünschwanz-Glanzstar**
*Greater Blue-eared Starling - Estornino orejiazul*
Hemprich & Ehrenberg, 1828
*Senegal und Gambia bis c Sudan*

Lamprotornis chalybaeus cyaniventris
**Kongo-Grünschwanzglanzstar**
Blyth, 1855
Eritrea bis nw Somalia, n Kenia und e Demokratische Republik Kongo
Lamprotornis chalybaeus sycobius
**Uganda-Grünschwanzglanzstar**
Hartlaub, 1859
sw Uganda und s Kenia bis w Mosambik
Lamprotornis chalybaeus nordmanni
**Nordmanns Grünschwanz-Glanzstar**
Hartert, EJO & Neumann, 1914
s Angola und n Namibia bis s Mosambik und n Südafrika

Lamprotornis chloropterus
**Messingglanzstar**
*Lesser Blue-eared Starling - Estornino de Swainson*
Swainson, 1838
*Senegal, Gambia und Guinea bis Eritrea, Äthiopien und Kenia*

Lamprotornis elisabeth
**Elisabethglanzstar**
*Miombo Blue-eared Starling - Estornino de Miombo*
Stresemann, 1924
*s Kenia bis n Botswana und Simbabwe*

Lamprotornis chalcurus
**Erzglanzstar**
*Bronze-tailed Starling - Estornino colibronceado*
Nordmann, 1835
*Senegal und Gambia bis Nigeria*

Lamprotornis chalcurus emini
**Neumanns Erzglanzstar**
Neumann, 1920
n Kamerun bis w Kenia

Lamprotornis splendidus
**Prachtglanzstar**
*Splendid Starling - Estornino espléndido*
Vieillot, 1822
*Nigeria und s Kamerun bis Äthiopien, w Kenia, nw Tansania und n Angola*

Lamprotornis splendidus chrysonotis
**Senegal-Prachtglanzstar**
Swainson, 1837
Senegal und Gambia bis Togo
Lamprotornis splendidus lessoni
**Bioko-Prachtglanzstar**
Pucheran, 1858
Bioko Insel
Lamprotornis splendidus bailundensis
**Angola-Prachtglanzstar**
Neumann, 1920
s Angola, se Demokratische Republik Kongo und n Sambia

Lamprotornis ornatus
**Prinzenglanzstar**
*Principe Starling - Estornino de Príncipe*
Daudin, 1800
*Príncipe (c Gulf von Guinea Is.)*

Lamprotornis iris
**Schillerglanzstar**
*Emerald Starling - Estornino esmeralda*
Oustalet, 1879
*Guinea, Sierra Leone und Elfenbeinküste*

Lamprotornis purpureus
**Purpurglanzstar**
*Purple Starling - Estornino purpúreo*
Müller, PLS, 1776
*Senegal und Gambia bis Nigeria*

Lamprotornis purpureus amethystinus
**Amethyst-Purpurglanzstar**
Heuglin, 1863
Kamerun bis s Sudan und w Kenia

Lamprotornis purpuroptera
**Schweifglanzstar**
*Rüppell's Starling - Estornino de Rüppell*
Rüppell, 1845
*s Sudan und s Äthiopien bis w Tansania*

Lamprotornis purpuroptera aeneocephalus
**Heuglins Schweifglanzstar**
Heuglin, 1863
e Sudan, Eritrea und n Äthiopien

Lamprotornis caudatus
**Langschwanz-Glanzstar**
*Long-tailed Glossy Starling - Estornino colilargo*
Müller, PLS, 1776
*s Mauretanien bis Guinea-Bissau und e bis Sudan und Süd-Sudan*

Lamprotornis regius
**Königsglanzstar**
*Golden-breasted Starling - Estornino pechidorado*
Reichenow, 1879
*Äthiopien und Somalia bis n Tansania*

Lamprotornis mevesii
**Mevesglanzstar**
*Meves's Starling - Estornino de Meves*
Wahlberg, 1856
*s Sambia und s Malawi bis n Botswana und n Südafrika*

Lamprotornis mevesii benguelensis
**Benguela-Mevesglanzstar**
Shelley, 1906
*sw Angola*
Lamprotornis mevesii violacior
**Namibia-Mevesglanzstar**
Clancey, 1973
*s Angola und n Namibia*

Lamprotornis australis
**Riesenglanzstar**
*Burchell's Starling - Estornino de Burchell*
Smith, A, 1836
*sc Afrika*

Lamprotornis acuticaudus
**Keilschwanz-Glanzstar**
*Sharp-tailed Starling - Estornino colifino*
Barboza du Bocage, 1869
*c Angola bis sw Tansania*

Lamprotornis acuticaudus ecki
**Südlicher Keilschwanz-Glanzstar**
Clancey, 1980
*s Angola und n Namibia*

Lamprotornis superbus
**Dreifarben-Glanzstar**
*Superb Starling - Estornino soberbio*
Rüppell, 1845
*Äthiopien und Somalia bis  Tansania*

Lamprotornis hildebrandti
**Hildebrandtglanzstar**
*Hildebrandt's Starling - Estornino de Hildebrant*
Cabanis, 1878
*Kenia und Tansania*

Lamprotornis shelleyi
**Shelleyglanzstar**
*Shelley's Starling - Estornino de Shelley*
Sharpe, 1890
*Äthiopien und Somalia bis n Kenia und se Süd-Sudan*

Lamprotornis pulcher
**Rotbauch-Glanzstar**
*Chestnut-bellied Starling - Estornino ventrirrufo*
Müller, PLS, 1776
*Mauretanien, Senegal und Gambia bis Sudan, Eritrea und n Äthiopien*

Lamprotornis unicolor
**Grauglanzstar**
*Ashy Starling - Estornino cenizo*
Shelley, 1881
*Kenia und Tansania*

Lamprotornis fischeri
**Fischerglanzstar**
*Fischer's Starling - Estornino de Fischer*
Reichenow, 1884
*s Äthiopien und c Somalia bis ne Tansania*

Lamprotornis bicolor
**Zweifarb-Glanzstar**
*Pied Starling - Estornino bicolor*
Gmelin, JF, 1789
*s Botswana über Lesotho und Südafrika*

Lamprotornis albicapillus
**Weißscheitel-Glanzstar**
*White-crowned Starling - Estornino coroniblanco*
Blyth, 1855
*Somalia und Äthiopien bis extremer ne Kenia*

Lamprotornis albicapillus horrensis
**Keiths Weißscheitel-Glanzstar**
Keith, 1964
*s Äthiopien und n Kenia*



Gattung: Hartlaubius

Hartlaubius auratus
**Madagaskarstar**
*Madagascar Starling - Estornino malgache*
Müller, PLS, 1776
*Madagascar (außer sw)*

Gattung: Cinnyricinclus

Cinnyricinclus leucogaster
**Amethystglanzstar**
*Violet-backed Starling - Estornino amatista*
Boddaert, 1783
*Senegal und Gambia bis Äthiopien, Kenia und Tansania*

Cinnyricinclus leucogaster arabicus
**Arabischer Amethystglanzstar**
Grant, CHB & Mackworth-Praed, 1942
*e Sudan bis nw Somalia und Arabische Halbinsel*
Cinnyricinclus leucogaster verreauxi
**Verreaux-Amethystglanzstar**
Finsch & Hartlaub, 1870
*s Demokratische Republik Kongo bis w Tansania s bis Botswana, ne Südafrika und Mosambik*

Gattung: Onychognathus

Onychognathus morio
**Rotschwingenstar**
*Red-winged Starling - Estornino alirrojo*
Linnaeus, 1766
*Uganda und Kenia bis Botswana und s Südafrika*

Onychognathus morio rueppellii
**Rüppells-Rotschwingenstar**
Verreaux, J, 1856
*s Sudan bis c Äthiopien und n Kenia*

Onychognathus tenuirostris
**Zimtflügelstar**
*Slender-billed Starling - Estornino picofino*
Rüppell, 1836
*Eritrea und Äthiopien*

Onychognathus tenuirostris theresae
**Theresas Zimtflügelstar**
Meinertzhagen, R, 1937
*e Demokratische Republik Kongo bis Uganda, Kenia, Tansania und Malawi*

Onychognathus fulgidus
**Kastanienflügelstar**
*Chestnut-winged Starling - Estornino alirrufo*
Hartlaub, 1849
*São Tomé Insel (Gulf von Guinea)*

Onychognathus fulgidus hartlaubii
**Hartlaubs Kastanienflügelstar**
Hartlaub, 1858
*Guinea bis Uganda*
Onychognathus fulgidus intermedius
**Kleiner Kastanienflügelstar**
Hartert, EJO, 1895
*s Kamerun bis nw Angola*

Onychognathus walleri
**Wallerstar**
*Waller's Starling - Estornino de Waller*
Shelley, 1880
*c Kenia, Tansania und n Malawi*

Onychognathus walleri preussi
**Reichenows Wallerstar**
Reichenow, 1892
*se Nigeria, w Kamerun und Bioko Insel*
Onychognathus walleri elgonensis
**Sharps Wallerstar**
Sharpe, 1891
*s Sudan und e Demokratische Republik Kongo bis w Kenia*

Onychognathus blythii
**Somalistar**
*Somali Starling - Estornino somalí*
Hartlaub, 1859
*Eritrea, Äthiopien, Dschibuti, Somalia und Socotra*

Onychognathus frater
**Sokotrastar**
*Socotra Starling - Estornino de Socotora*
Sclater, PL & Hartlaub, 1881
*Socotra*

Onychognathus tristramii
**Tristramstar**
*Tristram's Starling - Estornino de Tristram*
Sclater, PL, 1858
*Arabische Halbinsel*

Onychognathus nabouroup
**Fahlflügelstar**
*Pale-winged Starling - Estornino naburup*
Daudin, 1800
*sw Angola bis s und c Südafrika*

Onychognathus salvadorii
**Helmstar**
*Bristle-crowned Starling - Estornino de Salvadori*
Sharpe, 1891
*c Äthiopien bis ne Uganda, c Kenia und c Somalia*

Onychognathus albirostris
**Weißschnabelstar**
*White-billed Starling - Estornino piquiblanco*
Rüppell, 1836
*Gebirge Eritrea und Äthiopien*

Onychognathus neumanni
**Neumannstar**
*Neumann's Starling - Estornino de Neumann*
Alexander, 1908
*e Mali bis w Sudan und w Zentralafrikanische Republik*

    Onychognathus neumanni modicus
    **Senegal-Neumannstar**
    Bates, GL, 1932
    *e Senegal und s Mauretanien bis w Mali und n Elfenbeinküste*

## Gattung: Poeoptera

Poeoptera stuhlmanni
**Stuhlmannstar**
*Stuhlmann's Starling - Estornino de Stuhlmann*
Reichenow, 1893
*c Äthiopien, w Kenia, s Süd-Sudan, ne Demokratische Republik Kongo und Uganda bis w Tansania*

Poeoptera kenricki
**Kenrickstar**
*Kenrick's Starling - Estornino de Kenrick*
Shelley, 1894
*Tansania*

    Poeoptera kenricki bensoni
    **Bensonsstar**
    Van Someren, 1945
    Kenia

Poeoptera lugubris
**Spitzschwanzstar**
*Narrow-tailed Starling - Estornino rabilargo*
Bonaparte, 1854
*Sierra Leone und Liberia e bis w Uganda, e, c Demokratische Republik Kongo und n Angola*

## Gattung: Pholia

Pholia sharpii
**Rostbauchstar**
*Sharpe's Starling - Estornino de Sharpe*
Jackson, FJ, 1898
*c Äthiopien bis e Demokratische Republik Kongo und Tansania*

## Gattung: Arizelopsar

Arizelopsar femoralis
**Abbottstar**
*Abbott's Starling - Estornino de Abbott*
Richmond, 1897
*Kenia und Tansania*

## Gattung: Grafisia

Grafisia torquata
**Ringstar**
*White-collared Starling - Estornino acollarado*
Reichenow, 1909
*Kamerun, n Zentralafrikanische Republik und n Demokratische Republik Kongo*

## Gattung: Speculipastor

Speculipastor bicolor
**Spiegelstar**
*Magpie Starling - Estornino urraca*
Reichenow, 1879
*ne Äthiopien und n Somalia bis n Uganda, Kenia und ne Tansania*

## Gattung: Neocichla

Neocichla gutturalis
**Weißflügelstar**
*Babbling Starling - Estornino gorjinegro*
Barboza du Bocage, 1871
*s Angola*

    Neocichla gutturalis angusta
    **Tansania-Weißflügelstar**
    Friedmann, 1930
    Sambia, Tansania und Malawi

## Gattung: Rhabdornis

Rhabdornis mystacalis
**Streifenkopf-Kleiberstar**
*Stripe-headed Rhabdornis - Rabdornis común*
Temminck, 1825
*Luzon Gruppe und West Visayas (n, wc Philippinen)*

    Rhabdornis mystacalis minor
    **Kleiner Streifenkopf-Kleiberstar**
    Ogilvie-Grant, 1896
    East Visayas und Mindanao Gruppe (ec, s Philippinen)

Rhabdornis inornatus
**Streifenbrust-Kleiberstar**
*Stripe-breasted Rhabdornis - Rabdornis cabecipardo*
Ogilvie-Grant, 1896
*Samar (ec Philippinen)*

    Rhabdornis inornatus leytensis
    **Leyete-Streifenbrust-Kleiberstar**
    Parkes, 1973
    Biliran und Leyte (ec Philippinen)
    Rhabdornis inornatus alaris
    **Mindanao-Streifenbrust-Kleiberstar**
    Rand, 1948
    Mindanao (s Philippinen)

Rhabdornis rabori
**Graukopf-Kleiberstar**
*Visayan Rhabdornis - Rabdornis de Rabor*
Rand, 1950
*Gebirge Panay und Negros (wc Philippinen)*

Rhabdornis grandis
**Langschnabel-Kleiberstar**
*Grand Rhabdornis - Rabdornis grande*
Salomonsen, 1953
*Gebirge Luzon (n Philippinen)*

## Familie: Buphagidae (Madenhacker)

## Gattung: Buphagus

Buphagus africanus
**Gelbschnabel-Madenhacker**
*Yellow-billed Oxpecker - Picabueyes piquigualdo*
Linnaeus, 1766
*Mauretanien und Senegal bis nw Äthiopien s bis ne Südafrika*

    Buphagus africanus langi
    **Langs Gelbschnabel-Madenhacker**
    Chapin, 1921
    Gabun, Kongo, Demokratische Republik Kongo und w Angola

Buphagus erythrorynchus
**Rotschnabel-Madenhacker**
*Red-billed Oxpecker - Picabueyes piquirrojo*
Stanley, 1814
*Eritrea, Äthiopien und Somalia bis ne Namibia, Botswana und ne Südafrika*

## Familie: Turdidae (Drosseln)

### Gattung: Grandala

Grandala coelicolor
**Grandala**
*Grandala - Zorzal grandala*
Hodgson, 1843
*Himalaya bis c China*

### Gattung: Sialia

Sialia currucoides
**Berghüttensänger**
*Mountain Bluebird - Azulejo claro*
Bechstein, 1798
*estliches Nordamerika (Alaska bis Zentralmexiko); überwintert in Baja California*

Sialia mexicana
**Blaukehl-Hüttensänger**
*Western Bluebird - Azulejo occidental*
Swainson, 1832
*sc Mexico*

    Sialia mexicana occidentalis
    **Östlicher Blaukehl-Hüttensänger**
    Townsend, JK, 1837
    sw Kanada bis n Baja California (nw Mexico)
    Sialia mexicana bairdi
    **Bairds Blaukehl-Hüttensänger**
    Ridgway, 1894
    w USA bis Sonora und Chihuahua (nw Mexico)
    Sialia mexicana jacoti
    **Jacot-Blaukehl-Hüttensänger**
    Phillips, AR, 1991
    sc USA und ne Mexico
    Sialia mexicana amabilis
    **Mexikanischer Blaukehl-Hüttensänger**
    Moore, RT, 1939
    nc Mexico
    Sialia mexicana nelsoni
    **Nelsons Blaukehl-Hüttensänger**
    Phillips, AR, 1991
    c Mexico

Sialia sialis
**Rotkehl-Hüttensänger**
*Eastern Bluebird - Azulejo oriental*
Linnaeus, 1758
*s, se Kanada, e, c USA und ne Mexico*

    Sialia sialis bermudensis
    **Bermuda-Rotkehl-Hüttensänger**
    Verrill, 1901
    Bermuda
    Sialia sialis nidificans
    **Phillips Rotkehl-Hüttensänger**
    Phillips, AR, 1991
    ec Mexico
    Sialia sialis fulva
    **Brewsters Rotkehl-Hüttensänger**
    Brewster, 1885
    sw USA bis c Mexico
    Sialia sialis guatemalae
    **Guatemala-Rotkehl-Hüttensänger**
    Ridgway, 1882
    se Mexico und Guatemala
    Sialia sialis meridionalis
    **Salvador-Rotkehl-Hüttensänger**
    Dickey & Van Rossem, 1930
    El Salvador, Honduras und n Nicaragua
    Sialia sialis caribaea
    **Karibik-Rotkehl-Hüttensänger**
    Howell, TR, 1965
    e Honduras und ne Nicaragua

### Gattung: Stizorhina

Stizorhina finschi
**Finschdrossel**
*Finsch's Rufous Thrush - Zorzal de Finsch*
Sharpe, 1870
*Sierra Leone bis Nigeria*

Stizorhina fraseri
**Fraserdrossel**
*Fraser's Rufous Thrush - Zorzal de Fraser*
Strickland, 1844
*Bioko Insel*

    Stizorhina fraseri rubicunda
    **Nigeria-Fraserdrossel**
    Hartlaub, 1860
    se Nigeria bis n Demokratische Republik Kongo, nw Sambia und Angola
    Stizorhina fraseri vulpina
    **Sudan-Fraserdrossel**
    Reichenow, 1902
    s Sudan, ne Demokratische Republik Kongo und Uganda

### Gattung: Neocossyphus

Neocossyphus poensis
**Weißschwanz-Fuchsdrossel**
*White-tailed Ant Thrush - Zorzal de Fernando Póo*
Strickland, 1844
*Sierra Leone bis Kamerun, Kongo und Gabun, Bioko Insel*

    Neocossyphus poensis praepectoralis
    **Kongo-Weißschwanz-Fuchsdrossel**
    Jackson, FJ, 1906
    w Demokratische Republik Kongo und w Angola bis Uganda und w Kenia

Neocossyphus rufus
**Rotschwanz-Fuchsdrossel**
*Red-tailed Ant Thrush - Zorzal colirrufo*
Fischer, GA & Reichenow, 1884
*e Kenia und e Tansania*

    Neocossyphus rufus gabunensis
    **Gabun-Rotschwanz-Fuchsdrossel**
    Neumann, 1908
    s Kamerun und Gabun bis n Demokratische Republik Kongo und w Uganda

### Gattung: Pinarornis

Pinarornis plumosus
**Springschmätzer**
*Boulder Chat - Zorzal roquero*
Sharpe, 1876
*e Sambia und Malawi bis e Botswana und s Simbabwe*

### Gattung: Myadestes

Myadestes occidentalis
**Braunrückenklarino**
*Brown-backed Solitaire - Solitario dorsipardo*
Stejneger, 1882
*nw Mexico*

    Myadestes occidentalis insularis
    **Tres Marias-Braunrückenklarino**
    Stejneger, 1882
    Tres Marías Insel (vor w Mexico)
    Myadestes occidentalis oberholseri
    **Oberholsers Braunrückenklarino**
    Dickey & Van Rossem, 1925
    c, s Mexico bis El Salvador und Honduras

Myadestes unicolor
**Schieferklarino**
*Slate-colored Solitaire - Solitario unicolor*
Sclater, PL, 1857
*s Mexico bis Nicaragua*

Myadestes townsendi
**Townsendklarino**
*Townsend's Solitaire - Solitario norteño*
Audubon, 1838
*ec Alaska bis w USA*

    Myadestes townsendi calophonus
    **Südlicher Townsendklarino**
    Moore, RT, 1937
    n, c Mexico

† Myadestes myadestinus
**Kauaiklarino**
*Kamao - Solitario kamao*
Stejneger, 1887
*Kauai (Hawaiian Is.)*

Myadestes palmeri
**Palmerklarino**
*Puaiohi - Solitario puaiohi*
Rothschild, 1893
*Kauai (Hawaiian Is.)*

† Myadestes lanaiensis
**Lanaiklarino**
*Olomao - Solitario olomao*
Wilson, SB, 1891
*Lanai*

  † Myadestes lanaiensis woahensis
  **Oahuklarino**
  Bloxam, A, 1899
  Oahu
  Myadestes lanaiensis rutha
  **Molokaiklarino**
  Bryan, 1908
  Molokai

Myadestes obscurus
**Hawaiiklarino**
*Omao - Solitario omao*
Gmelin, JF, 1789
*Hawaii (Hawaiian Is.)*

Myadestes elisabeth
**Kubaklarino**
*Cuban Solitaire - Solitario cubano*
Lembeye, 1850
*w, e Kuba*

  † Myadestes elisabeth retrusus
  **Islaklarino**
  Bangs & Zappey, 1905
  Isle von Pines

Myadestes genibarbis
**Bartklarino**
*Rufous-throated Solitaire - Solitario gorjirrufo*
Swainson, 1838
*Martinique*

  Myadestes genibarbis solitarius
  **Jamaika-Bartklarino**
  Baird, SF, 1866
  Jamaika
  Myadestes genibarbis montanus
  **Hispaniola-Bartklarino**
  Cory, 1881
  Hispaniola
  Myadestes genibarbis dominicanus
  **Dominica-Bartklarino**
  Stejneger, 1882
  Dominica
  Myadestes genibarbis sanctaeluciae
  **Santa Lucia-Bartklarino**
  Stejneger, 1882
  St. Lucia
  Myadestes genibarbis sibilans
  **Sant Vincent-Bartklarino**
  Lawrence, 1878
  St. Vincent

Myadestes melanops
**Maskenklarino**
*Black-faced Solitaire - Solitario carinegro*
Salvin, 1865
*Costa Rica und Panama*

Myadestes coloratus
**Buntklarino**
*Varied Solitaire - Solitario variado*
Nelson, 1912
*Panama*

Myadestes ralloides
**Andenklarino**
*Andean Solitaire - Solitario andino*
d'Orbigny, 1840
*c, s Peru und w Bolivien*

  Myadestes ralloides plumbeiceps
  **Hellmayrs Andenklarino**
  Hellmayr, 1921
  w Kolumbien und w Ecuador
  Myadestes ralloides candelae
  **Kolumbianischer Andenklarino**
  Meyer de Schauensee, 1947
  nc Kolumbien
  Myadestes ralloides venezuelensis
  **Venezulanischer Andenklarino**
  Sclater, PL, 1856
  n, w Venezuela und e Kolumbien bis n Peru



Chlamydochaera jefferyi
**Fruchtpickerdrossel**
*Fruithunter - Zorzal de Borneo*
Sharpe, 1887
*Gebirge Borneo*



Cochoa purpurea
**Purpurschnäpperdrossel**
*Purple Cochoa - Cochoa púrpura*
Hodgson, 1836
*Himalaya bis n Vietnam und n Thailand*

Cochoa viridis
**Smaragdschnäpperdrossel**
*Green Cochoa - Cochoa verde*
Hodgson, 1836
*Himalaya bis Vietnam*

Cochoa beccarii
**Sumatraschnäpperdrossel**
*Sumatran Cochoa - Cochoa de Sumatra*
Salvadori, 1879
*Gebirge Sumatra*

Cochoa azurea
**Sundaschnäpperdrossel**
*Javan Cochoa - Cochoa de Java*
Temminck, 1824
*Gebirge w, c Java*



Ixoreus naevius
**Halsbanddrossel**
*Varied Thrush - Zorzal pinto*
Gmelin, JF, 1789
*se Alaska und w Kanada bis wc USA*

  Ixoreus naevius meruloides
  **Alaska-Halsbanddrossel**
  Swainson, 1832
  s Alaska und nw Kanada
  Ixoreus naevius carlottae
  **Carlottas Halsbanddrossel**
  Phillips, AR, 1991
  Haida Gwaii (vor w Kanada)
  Ixoreus naevius godfreii
  **Godfreis Halsbanddrossel**
  Phillips, AR, 1991
  w Kanada bis nw USA



Ridgwayia pinicola
**Aztekendrossel**
*Aztec Thrush - Zorzal azteca*
Sclater, PL, 1859
*sw Mexico*

  Ridgwayia pinicola maternalis
  **Nördliche Aztekendrossel**
  Phillips, AR, 1991
  sw USA und nw Mexico



Cichlopsis leucogenys
**Rostrückenklarino**
*Rufous-brown Solitaire - Solitario ocre brasileño*
Cabanis, 1851
*e Brasilien*

  Cichlopsis leucogenys gularis
  **Guyana-Rotrückenklarino**
  Salvin & Godman, 1882
  se Venezuela, Guyana und Suriname
  Cichlopsis leucogenys chubbi
  **Ekuador-Rotrückenklarino**
  Chapman, 1924
  sw Kolumbien und nw Ecuador
  Cichlopsis leucogenys peruviana
  **Peru-Rotrückenklarino**
  Hellmayr, 1930
  c Peru

Entomodestes coracinus
**Schwarzklarino**
*Black Solitaire - Solitario negro*
Berlepsch, 1897
*Kolumbien und Ecuador*

Entomodestes leucotis
**Weißohrklarino**
*White-eared Solitaire - Solitario orejiblanco*
Tschudi, 1844
*Peru und Bolivien*

Gattung: Hylocichla

Hylocichla mustelina
**Walddrossel**
*Wood Thrush - Zorzalito maculado*
Gmelin, JF, 1789
*c, e USA und se Kanada*

Gattung: Catharus

Catharus dryas
**Tropfenbrust-Musendrossel**
*Yellow-throated Nightingale-Thrush - Zorzalito overo*
Gould, 1855
*w Guatemala, El Salvador, Honduras und nw Nicaragua*

    Catharus dryas harrisoni
    **Oaxaca-Tropfenbrust-Musendrossel**
    Phillips, AR & Rook, 1965
    Oaxaca (sw Mexico)
    Catharus dryas ovandensis
    **Chiapas-Tropfenbrust-Musendrossel**
    Brodkorb, 1938
    Chiapa (s Mexico)

Catharus maculatus
**Sclatermusendrossel**
*Speckled Nightingale-Thrush - Zorzalito pinto*
Sclater, PL, 1858
*e Kolumbien und w Venezuela bis w, e Ecuador, e Peru und w Bolivien*

    Catharus maculatus blakei
    **Bolivien-Sclatermusendrossel**
    Olrog, 1973
    s Bolivien bis n Argentinien

Catharus aurantiirostris
**Goldschnabel-Musendrossel**
*Orange-billed Nightingale-Thrush - Zorzalito piquigualdo*
Hartlaub, 1850
*ne Kolumbien und nw Venezuela*

    Catharus aurantiirostris clarus
    **Jouys Goldschnabel-Musendrossel**
    Jouy, 1894
    nw, nc Mexico
    Catharus aurantiirostris melpomene
    **Cabanis-Goldschnabel-Musendrossel**
    Cabanis, 1851
    c, s Mexico bis nw Nicaragua
    Catharus aurantiirostris costaricensis
    **Costa Rica-Goldschnabel-Musendrossel**
    Hellmayr, 1902
    Costa Rica
    Catharus aurantiirostris griseiceps
    **Salvins Goldschnabel-Musendrossel**
    Salvin, 1866
    sw Costa Rica und w, c Panama
    Catharus aurantiirostris phaeopleurus
    **Sclaters Goldschnabel-Musendrossel**
    Sclater, PL & Salvin, 1876
    nc Kolumbien
    Catharus aurantiirostris birchalli
    **Trinidad-Goldschnabel-Musendrossel**
    Seebohm, 1881
    ne Venezuela und Trinidad
    Catharus aurantiirostris barbaritoi
    **Perija-Goldschnabel-Musendrossel**
    Aveledo & Ginés, 1952
    Perijá Mts. (nw Venezuela)
    Catharus aurantiirostris sierrae
    **Santa Marta-Goldschnabel-Musendrossel**
    Hellmayr, 1919
    Santa Marta Mts. (ne Kolumbien)
    Catharus aurantiirostris inornatus
    **Kolumbien-Goldschnabel-Musendrossel**
    Zimmer, JT, 1944
    ec Kolumbien

    Catharus aurantiirostris insignis
    **Zimmers Goldschnabel-Musendrossel**
    Zimmer, JT, 1944
    n Kolumbien

Catharus mexicanus
**Schwarzkopf-Musendrossel**
*Black-headed Nightingale-Thrush - Zorzalito cabecinegro*
Bonaparte, 1856
*ec Mexico*

    Catharus mexicanus cantator
    **Guatemala-Schwarzkopf-Musendrossel**
    Griscom, 1930
    s Mexico und e Guatemala
    Catharus mexicanus yaegeri
    **Honduras-Schwarzkopf-Musendrossel**
    Phillips, AR, 1991
    Honduras
    Catharus mexicanus carrikeri
    **Costa Rica-Schwarzkopf-Musendrossel**
    Phillips, AR, 1991
    Nicaragua, Costa Rica und w Panama

Catharus fuscater
**Graurücken-Musendrossel**
*Slaty-backed Nightingale-Thrush - Zorzalito sombrío*
Lafresnaye, 1845
*e Panama, Kolumbien bis w Ecuador, w Venezuela*

    Catharus fuscater hellmayri
    **Hellmayrs Graurücken-Musendrossel**
    Berlepsch, 1902
    Costa Rica und w Panama
    Catharus fuscater mirabilis
    **Nelsons Graurücken-Musendrossel**
    Nelson, 1912
    e Panama
    Catharus fuscater sanctaemartae
    **Santa Marta-Graurücken-Musendrossel**
    Ridgway, 1904
    n Kolumbien
    Catharus fuscater opertaneus
    **Wetmores Graurücken-Musendrossel**
    Wetmore, 1955
    w Kolumbien
    Catharus fuscater caniceps
    **Chapmans Graurücken-Musendrossel**
    Chapman, 1924
    nw, c Peru
    Catharus fuscater mentalis
    **Peru-Graurücken-Musendrossel**
    Sclater, PL & Salvin, 1876
    se Peru und nw Bolivien

Catharus ustulatus
**Zwergmusendrossel**
*Swainson's Thrush - Zorzalito quemado*
Nuttall, 1840
*se Alaska bis wc USA*

    Catharus ustulatus incanus
    **Alaska-Zwergmusendrossel**
    Godfrey, 1952
    c, e Alaska und w Kanada
    Catharus ustulatus phillipsi
    **Phillips-Zwergmusendrossel**
    Ramos, 1991
    Haida Gwaii (vor w Kanada)
    Catharus ustulatus oedicus
    **Oberholsers Zwergmusendrossel**
    Oberholser, 1899
    sw USA
    Catharus ustulatus swainsoni
    **Swainsons Zwergmusendrossel**
    Tschudi, 1845
    c, e Kanada und n USA
    Catharus ustulatus appalachiensis
    **Appalachen-Zwergmusendrossel**
    Ramos, 1991
    e USA

Catharus gracilirostris
**Graukehl-Musendrossel**
*Black-billed Nightingale-Thrush - Zorzalito piquinegro*
Salvin, 1865
*Costa Rica*

    Catharus gracilirostris accentor
    **Bangs Graukehl-Musendrossel**
    Bangs, 1902
    w Panama (w Chiriqui)
    Catharus gracilirostris bensoni
    **Bensons Graukehl-Musendrossel**
    Griscom, 1924
    w Panama (e Chiriqui)

Catharus guttatus
**Einsiedler-Musendrossel**
*Hermit Thrush - Zorzalito colirrufo*
Pallas, 1811
*s Alaska und sw Yukon, sc BC (w Kanada)*

Catharus guttatus nanus
**Kleine Einsiedler-Musendrossel**
Audubon, 1839
*se Alaska und Küste w Kanada*
Catharus guttatus slevini
**Slevin-Einsiedler-Musendrossel**
Grinnell, 1901
*Cascade Mts. und Küste w USA von w Washington bis n, wc California*
Catharus guttatus sequoiensis
**Belings Einsiedler-Musendrossel**
Belding, 1889
*Sierra Nevada Mts. c, e California bis s California Gebirge (w USA)*
Catharus guttatus polionotus
**Grinnells Einsiedler-Musendrossel**
Grinnell, 1918
*Gebirge von e Washington bis ec California und sw Utah (w USA)*
Catharus guttatus auduboni
**Bairds Einsiedler-Musendrossel**
Baird, SF, 1864
*Rocky Mts. nw und wc USA und sw Kanada*
Catharus guttatus faxoni
**Bangs Einsiedler-Musendrossel**
Bangs & Penard, TE, 1921
*nw, e Kanada von Yukon bis Maritimes Provinces, e USA*
Catharus guttatus crymophilus
**Neufundland-Einsiedler-Musendrossel**
Burleigh & Peters, HS, 1948
Neufundland

Catharus occidentalis
**Braunkopf-Musendrossel**
*Russet Nightingale-Thrush - Zorzalito piquipardo*
Sclater, PL, 1859
*s Mexico*

Catharus occidentalis olivascens
**Nördliche Braunkopf-Musendrossel**
Nelson, 1899
*nw Mexico*
Catharus occidentalis lambi
**Westliche Braunkopf-Musendrossel**
Phillips, AR, 1969
*w, c Mexico*
Catharus occidentalis fulvescens
**Südliche Braunkopf-Musendrossel**
Nelson, 1897
*sw Mexico*

Catharus frantzii
**Bergmusendrossel**
*Ruddy-capped Nightingale-Thrush - Zorzalito de Frantzius*
Cabanis, 1861
*Costa Rica*

Catharus frantzii omiltemensis
**Ridgways Bergmusendrossel**
Ridgway, 1905
*sw Mexico*
Catharus frantzii nelsoni
**Nelsons Bergmusendrossel**
Phillips, AR, 1969
*sc Mexico*
Catharus frantzii chiapensis
**Chiapas-Bergmusendrossel**
Phillips, AR, 1969
*s Mexico bis w Guatemala*
Catharus frantzii alticola
**Guatemala-Bergmusendrossel**
Salvin & Godman, 1879
*se Chiapa (s Mexico) bis s Guatemala*
Catharus frantzii juancitonis
**Honduras-Bergmusendrossel**
Stone, 1931
*El Salvador und Honduras*
Catharus frantzii waldroni
**Waldrons Bergmusendrossel**
Phillips, AR, 1969
*n Nicaragua*
Catharus frantzii wetmorei
**Wetmores Bergmusendrossel**
Phillips, AR, 1969
*w Panama*

Catharus minimus
**Grauwangen-Musendrossel**
*Grey-cheeked Thrush - Zorzalito carigrís*
Lafresnaye, 1848
*e Kanada (Neufundland, n Quebec)*

Catharus minimus aliciae
**Alicias Grauwangen-Musendrossel**
Baird, SF, 1858
*ne Sibirien, Alaska und Kanada*

Catharus bicknelli
**Bicknellmusendrossel**
*Bicknell's Thrush - Zorzalito de Bicknell*
Ridgway, 1882
*ne USA und se Kanada*

Catharus fuscescens
**Weidenmusendrossel**
*Veery - Zorzalito rojizo*
Stephens, 1817
*se Kanada und e USA*

Catharus fuscescens salicicola
**Westliche Weidenmusendrossel**
Ridgway, 1882
*sw, sc Kanada und w USA*
Catharus fuscescens subpallidus
**Duvall-Weidenmusendrossel**
Burleigh & Duvall, 1959
*nw USA*
Catharus fuscescens fuliginosus
**Östliche Weidenmusendrossel**
Howe, 1900
extremer e Kanada

Gattung: Zoothera

Zoothera dixoni
**Dixonerddrossel**
*Long-tailed Thrush - Zorzal de Dixon*
Seebohm, 1881
*c, e Himalaya bis sc, sw China*

Zoothera mollissima
**Felserddrossel**
*Alpine Thrush - Zorzal dorsiliso del Himalaya*
Blyth, 1842
*nw Himalaya bis s China*

Zoothera salimalii
**Walderddrossel**
*Himalayan Thrush - Zorzal de Salim Ali*
Alström, Rasmussen, Zhao J, Xu J, Dalvi, Cai T, Guan Y, Zhang R, Kalyakin, Lei F & Olsson, 2016
*ne Indien (West Bengal, Arunachal Pradesh) bis s China (Yunnan)*

Zoothera griseiceps
**Sichuanerddrossel**
*Sichuan Thrush - Zorzal dorsiliso de Sichuan*
Delacour, 1930
*sc China und nw Vietnam*

Zoothera monticola
**Bergerddrossel**
*Long-billed Thrush - Zorzal piquilargo*
Vigors, 1832
*Himalaya bis nw Myanmar*

Zoothera monticola atrata
**Vietnam-Bergerddrossel**
Delacour & Greenway, 1939
*nw Vietnam*

Zoothera heinrichi
**Sulawesi-Erddrossel**
*Geomalia - Zorzal terrestre de Célebes*
Stresemann, 1931
*Gebirge Sulawesi*

Zoothera marginata
**Langschnabel-Erddrossel**
*Dark-sided Thrush - Zorzal flanquioscuro*
Blyth, 1847
*Himalaya bis Thailand*

Zoothera everetti
**Borneoerddrossel**
*Everett's Thrush - Zorzal de Everett*
Sharpe, 1892
*Gebirge Borneo*

Zoothera andromedae
**Sundaerddrossel**
*Sunda Thrush - Zorzal de Andrómeda*
Temminck, 1826
*Sumatra, Enggano (w von s Sumatra), Java, Bali, Philippinen (außer Palawan Gruppe und Sulu Archipel) und Lombok bis Romang (w bis e Lesser Sundas)*

Zoothera aurea
**Erddrossel**
*White's Thrush - Zorzal dorado de Siberia*
Holandre, 1825
*e Europäisch Russland bis e Sibirien und n Mongolei*

Zoothera aurea toratugum
**Östliche Erddrossel**
Momiyama, 1940
*se Russland, Korea, Sakhalin, Kuril Is. und Japan*

Zoothera dauma
**Himalajaerddrossel**
*Scaly Thrush - Zorzal dorado del Himalaya*
Latham, 1790
*w Himalaya bis sc China, n Indochina und n Thailand*

Zoothera dauma horsfieldi
**Horsfields Himalajaerddrossel**
Bonaparte, 1857
*Gebirge Sumatra, Java, Bali, Lombok und Sumbawa (w Lesser Sundas)*
Zoothera dauma iriomotensis
**Iromoteerddrossel**
Nishiumi & Morioka, 2009
*Iriomote Jima (s Ryukyu Is.)*

Zoothera neilgherriensis
**Nilgirierddrossel**
*Nilgiri Thrush - Zorzal de Nilgiri*
Blyth, 1847
*sw Indien*

Zoothera imbricata
**Ceylonerddrossel**
*Sri Lanka Thrush - Zorzal Dorado de Ceilán*
Layard, EL, 1854
*Sri Lanka*

Zoothera major
**Ryūkyūerddrossel**
*Amami Thrush - Zorzal dorado de las Amami*
Ogawa, 1905
*Amami-Oshima und Kakeromajima, n Ryukyu Is. (s Japan)*

† Zoothera terrestris
**Boninerddrossel**
*Bonin Thrush - Zorzal de las Bonin*
Kittlitz, 1830
*Bonin Is. (se Japan)*

Zoothera turipavae
**Guadalcanal-Erddrossel**
*Guadalcanal Thrush - Zorzal de Guadalcanal*
Cain & Galbraith, ICJ, 1955
*Gebirge Guadalcanal (se Solomon Is.)*

Zoothera margaretae
**Makiraerddrossel**
*Makira Thrush - Zorzal de San Cristóbal*
Mayr, 1935
*Makira (=San Cristobal, se Solomon Is.)*

Zoothera heinei
**Heineerddrossel**
*Russet-tailed Thrush - Zorzal de Heine*
Cabanis, 1851
*ec, se Queensland bis se New South Wales (ec Australien)*

Zoothera heinei papuensis
**Huon Pen-Erddrossel**
Seebohm, 1881
*Gebirge wc bis ne (Huon Halbinsel) und se Neuguinea*
Zoothera heinei eichhorni
**Eichhornerddrossel**
Rothschild & Hartert, EJO, 1924
*St. Matthias (=Mussau, n Bismarck Archipel)*
Zoothera heinei choiseuli
**Choiseulerddrossel**
Hartert, EJO, 1924
*Gebirge Choiseul (nc Solomon Is.)*

Zoothera machiki
**Tanimbarerddrossel**
*Fawn-breasted Thrush - Zorzal de las Tanimbar*
Forbes, HO, 1884
*Larat und Yamdena (Tanimbar Is., s Moluccas)*

Zoothera lunulata
**Tasmanerddrossel**
*Bassian Thrush - Zorzal lunado*
Latham, 1801
*sw Victoria, Tasmanien und Bass Strait is. bis se Queensland (se Australien)*

Zoothera lunulata cuneata
**Cape York-Erddrossel**
De Vis, 1889
*Gebirge se Cape York Halbinsel, ne Queensland (ne Australien)*
Zoothera lunulata halmaturina
**Kangarooerddrossel**
Campbell, AG, 1906
*s South Australia und Kangaroo Insel (vor se South Australia; sc Australien)*

Zoothera talaseae
**Bismarckerddrossel**
*Black-backed Thrush - Zorzal de Nueva Bretaña*
Rothschild & Hartert, EJO, 1926
*Gebirge Umboi (w New Britain) und New Britain (se Bismarck Archipel)*

Zoothera talaseae atrigena
**Bougainvilleerddrossel**
Ripley & Hadden, 1982
*Gebirge Bougainville (n Solomon Is.)*

## Gattung: Geokichla

Geokichla sibirica
**Schieferdrossel**
*Siberian Thrush - Zorzal siberiano*
Pallas, 1776
*c, e Sibirien bis n Mongolei und ne China*

Geokichla sibirica davisoni
**Davidsons Schieferdrossel**
Hume, 1877
*Sakhalin, s Kuril Is. und Japan*

Geokichla wardii
**Elsterdrossel**
*Pied Thrush - Zorzal de Ward*
Blyth, 1843
*Himalaya bis Sri Lanka*

Geokichla princei
**Ghanadrossel**
*Grey Ground Thrush - Zorzal de Ghana*
Sharpe, 1874
*Sierra Leone und Liberia bis Ghana*

Geokichla princei batesi
**Bates-Ghanadrossel**
Sharpe, 1905
*se Nigeria und sw Kamerun bis w Uganda*

Geokichla camaronensis
**Kamerundrossel**
*Black-eared Ground Thrush - Zorzal camerunés*
Sharpe, 1905
*Kamerun und Gabun*

Geokichla camaronensis graueri
**Grauers Kamerundrossel**
Sassi, 1914
*ne Demokratische Republik Kongo und w Uganda*
Geokichla camaronensis kibalensis
**Kibaledrossel**
Prigogine, 1978
*Kibale Forest (w Uganda)*

Geokichla guttata
**Nataldrossel**
*Spotted Ground Thrush - Zorzal moteado*
Vigors, 1831
*e Südafrika*

Geokichla guttata maxis
**Große Nataldrossel**
Nikolaus, 1982
*s Sudan*
Geokichla guttata fischeri
**Fischers Nataldrossel**
Hellmayr, 1901
*e Kenia und e Tansania*
Geokichla guttata belcheri
**Belchers Nataldrossel**
Benson, 1950
*s Malawi*
Geokichla guttata lippensi
**Kongo-Nataldrossel**
Prigogine & Louette, 1984
*se Demokratische Republik Kongo*

Geokichla spiloptera
**Fleckflügeldrossel**
*Spot-winged Thrush - Zorzal alimoteado*
Blyth, 1847
*Sri Lanka*

Geokichla crossleyi
**Crossleydrossel**
*Crossley's Ground Thrush - Zorzal de Crossley*
Sharpe, 1871
*e Nigeria, Kamerun, Kongo und w Demokratische Republik Kongo*

    Geokichla crossleyi pilettei
    **Kongo-Crossleydrossel**
    Schouteden, 1918
    *e Demokratische Republik Kongo*

Geokichla piaggiae
**Orangedrossel**
*Abyssinian Ground Thrush - Zorzal de Piaggia*
Bouvier, 1877
*Boma Hills (se Sudan) bis Äthiopien, e Demokratische Republik Kongo und n, w Kenia*

    Geokichla piaggiae hadii
    **Hadi-Orangedrossel**
    Macdonald, 1940
    *se Sudan*
    Geokichla piaggiae ruwenzorii
    **Ruwenzori-Orangedrossel**
    Prigogine, 1984
    *Rwenzori Mts. (w Uganda)*
    Geokichla piaggiae kilimensis
    **Kilimanjaro-Orangedrossel**
    Neumann, 1900
    *c, s Kenia und Mt. Kilimanjaro (n Tansania)*
    Geokichla piaggiae tanganjicae
    **Tanganjica-Orangedrossel**
    Sassi, 1914
    *e Demokratische Republik Kongo, sw Uganda, Rwanda und Burundi*
    Geokichla piaggiae rowei
    **Rowe-Orangedrossel**
    Grant, CHB & Mackworth-Praed, 1937
    *Loliondo und Magaidu forests (n Tansania)*

Geokichla oberlaenderi
**Oberländerdrossel**
*Oberländer's Ground Thrush - Zorzal de Oberlaender*
Sassi, 1914
*e Demokratische Republik Kongo und w Uganda*

Geokichla gurneyi
**Gurneydrossel**
*Orange Ground Thrush - Zorzal de Gurney*
Hartlaub, 1864
*e Südafrika*

    Geokichla gurneyi chuka
    **Kenia-Gurneydrossel**
    Van Someren, 1931
    *Mt. Kenia und Kikuyu (c Kenia)*
    Geokichla gurneyi raineyi
    **Rainey-Gurneydrossel**
    Mearns, 1913
    *se Kenia*
    Geokichla gurneyi otomitra
    **Angola-Gurneydrossel**
    Reichenow, 1904
    *w Angola, se Demokratische Republik Kongo bis Tansania und n Malawi*
    Geokichla gurneyi disruptans
    **Malawi-Gurneydrossel**
    Clancey, 1955
    *c Malawi bis ne Südafrika*

Geokichla citrina
**Damadrossel**
*Orange-headed Thrush - Zorzal citrino*
Latham, 1790
*Himalaya bis n, c, se Myanmar und sw Thailand*

    Geokichla citrina cyanota
    **Indische Damadrossel**
    Jardine & Selby, 1828
    *c, s Indien*
    Geokichla citrina innotata
    **Indochina-Damadrossel**
    Blyth, 1846
    *e Myanmar und extremer s China bis s Indochina*
    Geokichla citrina melli
    **Chinesische Damadrossel**
    Stresemann, 1923
    *s China*
    Geokichla citrina courtoisi
    **Harters Damadrossel**
    Hartert, EJO, 1919
    *e China*

    Geokichla citrina aurimacula
    **Hainan-Damadrossel**
    Hartert, EJO, 1910
    *Hainan Insel (vor se China) und ne, c Indochina*
    Geokichla citrina andamanensis
    **Andamanen-Damadrossel**
    Walden, 1874
    *Andaman Is.*
    Geokichla citrina albogularis
    **Nikobaren-Damadrossel**
    Blyth, 1847
    *Nicobar Is.*
    Geokichla citrina aurata
    **Borneo-Damadrossel**
    Sharpe, 1888
    *n Borneo*
    Geokichla citrina rubecula
    **Java-Damadrossel**
    Gould, 1836
    *Java und Bali*

Geokichla dumasi
**Burudrossel**
*Buru Thrush - Zorzal de Buru*
Rothschild, 1899
*Gebirge Buru (wc Moluccas)*

Geokichla joiceyi
**Seramdrossel**
*Seram Thrush - Zorzal de Seram*
Rothschild & Hartert, EJO, 1921
*Gebirge Seram (ec Moluccas)*

Geokichla peronii
**Timordrossel**
*Orange-sided Thrush - Zorzal de Timor*
Vieillot, 1818
*Rote und w Timor (e Lesser Sundas)*

    Geokichla peronii audacis
    **Wetardrossel**
    Hartert, EJO, 1899
    *e Timor und Wetar bis Babar (e Lesser Sundas)*

Geokichla schistacea
**Weißohrdrossel**
*Slaty-backed Thrush - Zorzal pizarroso*
Meyer, AB, 1884
*Larat und Yamdena (Tanimbar Is., s Moluccas)*

Geokichla interpres
**Rostkappendrossel**
*Chestnut-capped Thrush - Zorzal coronicastaño*
Temminck, 1828
*s Thailand bis Sulu Archipel (s Philippinen), Borneo, Java und Lombok, Sumbawa und Flores (w bis c Lesser Sundas)*

Geokichla leucolaema
**Engganodrossel**
*Enggano Thrush - Zorzal de Enggano*
Salvadori, 1892
*Enggano (w von s Sumatra)*

Geokichla dohertyi
**Sumbawadrossel**
*Chestnut-backed Thrush - Zorzal de Doherty*
Hartert, EJO, 1896
*Lombok bis Timor (w bis e Lesser Sundas)*

Geokichla cinerea
**Mindorodrossel**
*Ashy Thrush - Zorzal cenizo*
Bourns & Worcester, 1894
*Luzon Gruppe und Mindoro (n Philippinen)*

Geokichla erythronota
**Rotrückendrossel**
*Red-backed Thrush - Zorzal dorsirrojo*
Sclater, PL, 1859
*Sulawesi und Buton (=Butung, e von se Sulawesi)*

    Geokichla erythronota kabaena
    **Kabaenadrossel**
    Robinson-Dean, Willmott, Catterall, Kelly, Whittington, Phalan, Marples & Boeadi, 2002
    *Kabaena (s von se Sulawesi)*

Geokichla mendeni
**Pelengdrossel**
*Red-and-black Thrush - Zorzal de Peleng*
Neumann, 1939
*Peleng (Banggai Is., e Sulawesi)*

Turdus simensis
**Kosobaumdrossel**
*Ethiopian Thrush - Zorzal del Simen*
Rüppell, 1837
*Eritrea und Äthiopien*

Turdus litsitsirupa
**Akaziendrossel**
*Groundscraper Thrush - Zorzal litsitsirupa*
Smith, A, 1836
*c Namibia und s Sambia bis n Südafrika und s Mosambik*

Turdus litsitsirupa pauciguttatus
**Angola-Akaziendrossel**
Clancey, 1956
s Angola und n Namibia bis w Simbabwe
Turdus litsitsirupa stierlingi
**Stierlings Akaziendrossel**
Reichenow, 1900
c Angola bis Tansania

Turdus mupinensis
**Chinasingdrossel**
*Chinese Thrush - Zorzal chino*
Laubmann, 1920
*c China*

Turdus philomelos
**Singdrossel**
*Song Thrush - Zorzal común*
Brehm, CL, 1831
*Europa (außer w), n Türkei, Kaukasus und n Iran*

Turdus philomelos hebridensis
**Hebriden-Singdrossel**
Clarke, WE, 1913
Outer Hebrides, Insel von Skye, w Schottland und w Ireland
Turdus philomelos clarkei
**Clarkes Singdrossel**
Hartert, EJO, 1909
w Europa
Turdus philomelos nataliae
**Sibirische Singdrossel**
Buturlin, 1929
w, c Sibirien

Turdus viscivorus
**Misteldrossel**
*Mistle Thrush - Zorzal charlo*
Linnaeus, 1758
*Europa bis w Sibirien und n Iran*

Turdus viscivorus deichleri
**Deichlers Misteldrossel**
Erlanger, 1897
nw Afrika, Korsika und Sardinien
Turdus viscivorus bonapartei
**Bonapartes Misteldrossel**
Cabanis, 1860
sc Asien bis Turkmenistan und w Nepal

Turdus pelios
**Afrikadrossel**
*African Thrush - Zorzal africano*
Bonaparte, 1850
*e Kamerun bis Sudan, Eritrea und e Äthiopien*

Turdus pelios chiguancoides
**Senegal-Afrikadrossel**
Seebohm, 1881
Senegal bis n Ghana
Turdus pelios saturatus
**Kongo-Afrikadrossel**
Cabanis, 1882
w Ghana bis Kamerun, Kongo und Gabun
Turdus pelios nigrilorum
**Kamerun-Afrikadrossel**
Reichenow, 1892
Mt. Kamerun (sw Kamerun)
Turdus pelios poensis
**Bioko-Afrikadrossel**
Alexander, 1903
Bioko Insel
Turdus pelios bocagei
**Angola-Afrikadrossel**
Cabanis, 1882
w Demokratische Republik Kongo und w Angola
Turdus pelios centralis
**Zentralafrikadrossel**
Reichenow, 1905
e Kongo und s Zentralafrikanische Republik bis s Äthiopien, w Kenia und nw Tansania

Turdus pelios graueri
**Grauers Afrikadrossel**
Neumann, 1908
e Demokratische Republik Kongo, Burundi, Rwanda und w Tansania
Turdus pelios stormsi
**Sambia-Afrikadrossel**
Hartlaub, 1886
se Demokratische Republik Kongo, e Angola und n Sambia

Turdus xanthorhynchus
**Príncipedrossel**
*Principe Thrush - Zorzal de Príncipe*
Salvadori, 1901
*Príncipe (c Gulf von Guinea Is.)*

Turdus olivaceofuscus
**São-Tomé-Drossel**
*Sao Tome Thrush - Zorzal de Santo Tomé*
Hartlaub, 1852
*São Tomé (sc Gulf von Guinea Is.)*

Turdus abyssinicus
**Abessiniendrossel**
*Abyssinian Thrush - Zorzal abisinio*
Gmelin, JF, 1789
*Eritrea und Äthiopien bis n, w, c Kenia, extremer n Tansania, n Uganda und Sudan*

Turdus abyssinicus deckeni
**Deckensdrossel**
Cabanis, 1868
n bis ne Tansania
Turdus abyssinicus oldeani
**Tansaniadrossel**
Sclater, WL & Moreau, 1935
nc Tansania
Turdus abyssinicus bambusicola
**Ugandadrossel**
Neumann, 1908
e Demokratische Republik Kongo bis sw Uganda und nw Tansania
Turdus abyssinicus baraka
**Virungadrossel**
Sharpe, 1903
Virunga Volcanoes (e Demokratische Republik Kongo) und sw Uganda
Turdus abyssinicus nyikae
**Nyikadrossel**
Reichenow, 1904
e, s Tansania, n Malawi und ne Sambia

Turdus helleri
**Taitadrossel**
*Taita Thrush - Zorzal de los Taita*
Mearns, 1913
*se Kenia*

Turdus roehli
**Usambaradrossel**
*Usambara Thrush - Zorzal de los Usambara*
Reichenow, 1905
*Pare und Usambara Mts. nc Tansania*

Turdus olivaceus
**Kapdrossel**
*Olive Thrush - Zorzal oliváceo*
Linnaeus, 1766
*sw Südafrika*

Turdus olivaceus milanjensis
**Malawi-Kapdrossel**
Shelley, 1893
s Malawi und nw Mosambik
Turdus olivaceus swynnertoni
**Bannermans Kapdrossel**
Bannerman, 1913
e Simbabwe und w Mosambik
Turdus olivaceus transvaalensis
**Transvaaldrossel**
Roberts, 1936
ne Südafrika
Turdus olivaceus culminans
**Clanceys Kapdrossel**
Clancey, 1982
e Südafrika
Turdus olivaceus pondoensis
**Reichenows Kapdrossel**
Reichenow, 1917
se Südafrika

Turdus libonyana
**Rotschnabeldrossel**
*Kurrichane Thrush - Zorzal de Kurrichane*
Smith, A, 1836
*Botswana, c Simbabwe und n, ne Südafrika*

Turdus libonyana tropicalis
**Tropische Rotschnabeldrossel**
Peters, W, 1881
Burundi und Tansania bis c, e Sambia, e Simbabwe, Malawi und Mosambik
Turdus libonyana verreauxii
**Verreauxis Rotschnabeldrossel**
Barboza du Bocage, 1869
Angola und s Demokratische Republik Kongo bis n Botswana und w Simbabwe
Turdus libonyana peripheris
**Südliche Rotschnabeldrossel**
Clancey, 1952
s Mosambik und e Südafrika

Turdus bewsheri
# Komorendrossel
*Comoro Thrush - Zorzal de las Comoras*
Newton, E, 1877
*Gebirge Anjouan (=Nzwani; ec Comoros)*

Turdus bewsheri comorensis
**Grand Comorodrossel**
Milne-Edwards & Oustalet, 1885
Gebirge Grande Comore (=Njazidja; nw Comoros)
Turdus bewsheri moheliensis
**Mohelidrossel**
Benson, 1960
Mohéli (=Mwali; wc Comoros)

Turdus tephronotus
# Brillendrossel
*Bare-eyed Thrush - Zorzal ceniciento*
Cabanis, 1878
*Äthiopien und c Somalia über Kenia bis c Tansania*

Turdus smithi
# Karoodrossel
*Karoo Thrush - Zorzal del Karoo*
Bonaparte, 1850
*s Namibia, se Botswana und n Südafrika*

Turdus ludoviciae
# Somalidrossel
*Somali Thrush - Zorzal somalí*
Lort Phillips, 1895
*Gebirge n Somalia*

Turdus mandarinus
# Mandarindrossel
*Chinese Blackbird - Mirlo mandarín*
Bonaparte, 1850
*e China*

Turdus mandarinus sowerbyi
**Sowerbys Mandarindrossel**
Deignan, 1951
c China

Turdus iliacus
# Rotdrossel
*Redwing - Zorzal alirrojo*
Linnaeus, 1758
*n, e Europa bis c Sibirien*

Turdus iliacus coburni
**Island-Rotdrossel**
Sharpe, 1901
Island und Färöer Is.

Turdus merula
# Amsel
*Common Blackbird - Mirlo común*
Linnaeus, 1758
*Europa (außer se)*

Turdus merula azorensis
**Azorenamsel**
Hartert, EJO, 1905
Azoren (nw Makaronesien, nw von n Afrika)
Turdus merula cabrerae
**Kanarenamsel**
Hartert, EJO, 1901
Madeira und Porto Santo (Madeira Gruppe) und w, c Kanarische Is. (nc bis c Makaronesien, nw von n Afrika)
Turdus merula mauritanicus
**Mauritanische Amsel**
Hartert, EJO, 1902
nw Afrika
Turdus merula aterrimus
**Kaukasusamsel**
Madarász, G, 1903
se Europa, Türkei, Kaukasus und n Iran
Turdus merula syriacus
**Syrische Amsel**
Hemprich & Ehrenberg, 1833
Inseln s Griechenland, s Türkei bis s Iran, n Irak und Ägypten

Turdus merula intermedius
**Kleine Amsel**
Richmond, 1896
Gebirge c Asien bis n Afghanistan

Turdus menachensis
# Jemendrossel
*Yemen Thrush - Zorzal yemení*
Ogilvie-Grant, 1913
*Gebirge sw Saudi-Arabien und sw Jemen (sw Arabische Halbinsel)*

Turdus niveiceps
# Taiwandrossel
*Taiwan Thrush - Zorzal de Formosa*
Hellmayr, 1919
*Taiwan*

Turdus boulboul
# Bülbülamsel
*Grey-winged Blackbird - Mirlo aligrís*
Latham, 1790
*Himalaya bis n Vietnam*

Turdus simillimus
# Indienamsel
*Indian Blackbird - Mirlo indio*
Jerdon, 1839
*sw Indien*

Turdus simillimus nigropileus
**Westliche Indienamsel**
Lafresnaye, 1840
w, c, se Indien
Turdus simillimus bourdilloni
**Südliche Indienamsel**
Seebohm, 1881
s Indien
Turdus simillimus kinnisii
**Sri Lanka-Amsel**
Blyth, 1851
Sri Lanka

Turdus unicolor
# Einfarbdrossel
*Tickell's Thrush - Zorzal unicolor*
Tickell, 1833
*w, c Himalaya*

Turdus dissimilis
# Schwarzbrustdrossel
*Black-breasted Thrush - Zorzal pechinegro*
Blyth, 1847
*ne Indien bis n Vietnam*

Turdus cardis
# Scheckendrossel
*Japanese Thrush - Zorzal japonés*
Temminck, 1831
*c China und Hokkaido bis Kyushu (n bis s Japan)*

Turdus hortulorum
# Amurdrossel
*Grey-backed Thrush - Zorzal dorsigrís*
Sclater, PL, 1863
*se Russland und ne China*

Turdus obscurus
# Weißbrauendrossel
*Eyebrowed Thrush - Zorzal rojigrís*
Gmelin, JF, 1789
*c bis se Russland*

Turdus pallidus
# Fahldrossel
*Pale Thrush - Zorzal pálido*
Gmelin, JF, 1789
*se Russland, ne China und Korea Halbinsel*

Turdus feae
# Feadrossel
*Grey-sided Thrush - Zorzal de Fea*
Salvadori, 1887
*ne China*

Turdus chrysolaus
# Japandrossel
*Brown-headed Thrush - Zorzal cabecipardo*
Temminck, 1832
*n, c Japan*

Turdus chrysolaus orii
**Ori-Japandrossel**
Yamashina, 1929
Sakhalin Insel, Kuril Is.

## Turdus celaenops
**Izudrossel**
*Izu Thrush - Zorzal de las Izu*
Stejneger, 1887
*Izu Is. (e Honshu, c Japan) und Tokara Is. (n Ryukyu Is., s Japan)*

## Turdus mindorensis
**Mindoroamsel**
*Mindoro Island Thrush - Zorzal del Mindoro*
Ogilvie-Grant, 1896
*Gebirge Mindoro (nw Philippinen)*

## Turdus thomassoni
**Thomassons Amsel**
*Luzon Island Thrush - Zorzal del Luzon*
Seebohm, 1894
*Gebirge n Luzon (n Philippinen)*

Turdus thomassoni mayonensis
**Luzonamsel**
Mearns, 1907
Gebirge s Luzon (n Philippinen)

## Turdus nigrorum
**Negrosamsel**
*Mindanao Island Thrush - Zorzal del Mindanao*
Ogilvie-Grant, 1896
*Gebirge Negros (wc Philippinen)*

Turdus nigrorum malindangensis
**Mindanaoamsel**
Mearns, 1907
Gebirge nw Mindanao (s Philippinen)
Turdus nigrorum katanglad
**Katangladamsel**
Salomonsen, 1953
Gebirge c Mindanao (s Philippinen)
Turdus nigrorum kelleri
**Kellers Amsel**
Mearns, 1905
Gebirge se Mindanao (s Philippinen)

## Turdus schlegelii
**Wallaceanamsel**
*Wallacean Island Thrush - Zorzal del Wallacean*
Sclater, PL, 1861
*Gebirge w Timor (e Lesser Sundas)*

Turdus schlegelii sterlingi
**Stierlingamsel**
Mayr, 1944
Gebirge e Timor (s Lesser Sundas)
Turdus schlegelii celebensis
**Sulawesiamsel**
Büttikofer, 1893
Gebirge sw Sulawesi
Turdus schlegelii hygroscopus
**Stresemannamsel**
Stresemann, 1931
Gebirge sc, e Sulawesi

## Turdus erythropleurus
**Christmasamsel**
*Christmas Island Thrush - Zorzal del Christmas Isla*
Sharpe, 1887
*Christmas Insel (s von w Java)*

## Turdus javanicus
**Javaamsel**
*Sundaic Island Thrush - Zorzal del Sundaic*
Horsfield, 1821
*Gebirge c Java*

Turdus javanicus seebohmi
**Borneoamsel**
Sharpe, 1888
Gebirge n Borneo
Turdus javanicus stresemanni
**Stresemanns Javaamsel**
Bartels, M, 1938
Gebirge ec Java
Turdus javanicus whiteheadi
**Ostjavaamsel**
Seebohm, 1893
Gebirge e Java
Turdus javanicus fumidus
**Westjavaamsel**
Müller, S, 1844
Gebirge w Java

Turdus javanicus indrapurae
**Sumatraamsel**
Robinson & Kloss, 1916
Gebirge sc Sumatra
Turdus javanicus loeseri
**Loesers Indienamsel**
Meyer de Schauensee, 1939
Gebirge n Sumatra

## Turdus deningeri
**Molukkenamsel**
*Moluccan Island Thrush - Zorzal del Moluccas*
Stresemann, 1912
*Gebirge Seram (ec Moluccas)*

Turdus deningeri sukahujan
**Taliabuamsel**
Rheindt, Prawiradilaga, Ashari & Suparno, 2020
Taliabu (Sula Islands)

## Turdus papuensis
**Papuaamsel**
*Papuan Island Thrush - Zorzal de Papuan Isla*
De Vis, 1890
*Gebirge e, ne (Huon Halbinsel), se Neuguinea und Karkar (n von ne Neuguinea)*

Turdus papuensis versteegi
**Versteegamsel**
Junge, 1939
Gebirge w Neuguinea
Turdus papuensis canescens
**Goodenoughamsel**
De Vis, 1894
Goodenough (D'Entrecasteaux Archipel, se Neuguinea)

## Turdus heinrothi
**Bismarckamsel**
*Bismarck Island Thrush - Zorzal de Bismarck Isla*
Rothschild & Hartert, EJO, 1924
*St. Matthias (=Mussau, nc Bismarck Archipel)*

Turdus heinrothi tolokiwae
**Tolokiwaamsel**
Diamond, 1989
Gebirge Tolokiwa (w New Britain, sc Bismarck Archipel)
Turdus heinrothi beehleri
**Neuirlandamsel**
Ripley, 1977
Gebirge New Ireland (ne Bismarck Archipel)

## Turdus bougainvillei
**Bougainvilleamsel**
*Bougainville Island Thrush - Zorzal de Bougainville Isla*
Mayr, 1941
*Gebirge Bougainville (n Solomon Is.)*

## Turdus kulambangrae
**Solomonenamsel**
*Solomons Island Thrush - Zorzal de Solomon Islas*
Mayr, 1941
*Gebirge Kolombangara (c Solomon Is.)*

Turdus kulambangrae sladeni
**Guadacanalamsel**
Cain & Galbraith, ICJ, 1955
Gebirge Guadalcanal (se Solomon Is.)

## Turdus vanikorensis
**Vanikoroamsel**
*Vanikoro Island Thrush - Zorzal de Vanikoro*
Quoy & Gaimard, 1832
*Utupua und Vanikoro (s Temotu Is., se Solomon Is.) und Santo und Malo (nw Vanuatu)*

Turdus vanikorensis rennellianus
**Rennellamsel**
Mayr, 1931
Rennell (se Solomon Is.)
Turdus vanikorensis efatensis
**Efateamsel**
Mayr, 1941
Efate und Nguna (sc Vanuatu)
Turdus vanikorensis placens
**Vanua Lavaamsel**
Mayr, 1941
Vanua Lava und Ureparapara (n Vanua Lava; c Banks Is., n Vanuatu)
Turdus vanikorensis malekulae
**Malekulaamsel**
Mayr, 1941
Pentecost, Malekula und Ambrym (nc Vanuatu)
Turdus vanikorensis becki
**Epiamsel**
Mayr, 1941
Paama, Lopevi, Epi und Emae (c Vanuatu)
† Turdus vanikorensis mareensis
**Mareamsel**
Layard, EL & Tristram, 1879
Mare (Loyalty Is.)

Turdus vanikorensis whitneyi
**Gaua-Amsel**
Mayr, 1941
Gaua (s Banks Is., n Vanuatu)

† Turdus pritzbueri
## Weißkopf-Inselamsel
*White-headed Island Thrush - Zorzal de cabeza blanca*
Layard, EL, 1878
*Tanna (s Vanuatu) und Lifou (c Loyalty Is.)*

Turdus pritzbueri albifrons
**Erromangaamsel**
Ramsay, EP, 1879
Erromango (s Vanuatu)

Turdus xanthopus
## Neukaledonienamsel
*New Caledonian Island Thrush - Zorzal de New Caledonia*
Forster, JR, 1844
*New Caledonia und kleine Inseln*

† Turdus poliocephalus
## Südseedrossel
*Tasman Sea Island Thrush - Zorzal insular*
Latham, 1801
*Norfolk Insel (e Australien)*

† Turdus poliocephalus vinitinctus
**Lord Howeamsel**
Gould, 1855
Lord Howe Insel (e Australien)

Turdus samoensis
## Samoaamsel
*Samoan Island Thrush - Zorzal de Samoa*
Tristram, 1879
*Savaii und Upolu (w Samoa, c Polynesien)*

Turdus ruficeps
## Fijiamsel
*Fiji Island Thrush - Zorzal de Fiji*
Ramsay, EP, 1875
*Kadavu (sw Fiji, sw Polynesien)*

Turdus ruficeps hades
**Gau-Amsel**
Mayr, 1941
Gau (s Lomaiviti Gruppe, c Fiji, sw Polynesien)
Turdus ruficeps tempesti
**Tavenuiamsel**
Layard, EL, 1876
Taveuni (nc Fiji, sw Polynesien)
Turdus ruficeps vitiensis
**Vanua Levuamsel**
Layard, EL, 1876
Vanua Levu (nc Fiji, sw Polynesien)
Turdus ruficeps layardi
**Layards Fijiamsel**
Seebohm, 1891
Yasawa Gruppe, Viti Levu und Koro und Ovalau (Lomaiviti Gruppe; w Fiji, sw Polynesien)

Turdus maximus
## Tibetamsel
*Tibetan Blackbird - Mirlo del Himalaya*
Seebohm, 1881
*Himalaya von n Pakistan bis se Tibet*

Turdus kessleri
## Rhododendrondrossel
*White-backed Thrush - Zorzal de Kessler*
Przevalski, 1876
*w China bis se Tibet*

Turdus pilaris
## Wacholderdrossel
*Fieldfare - Zorzal real*
Linnaeus, 1758
*w Europa über e Russland*

Turdus torquatus
## Ringdrossel
*Ring Ouzel - Mirlo capiblanco*
Linnaeus, 1758
*w, n Europa*

Turdus torquatus alpestris
**Alpen-Ringdrossel**
Brehm, CL, 1831
n Spanien und c Europa bis Griechenland und w Türkei

Turdus torquatus amicorum
**Harters Ringdrossel**
Hartert, EJO, 1923
c Türkei bis Turkmenistan und n Iran

Turdus atrogularis
## Schwarzkehldrossel
*Black-throated Thrush - Zorzal papinegro*
Jarocki, 1819
*wc Russland bis nc Sibirien und nw Mongolei*

Turdus ruficollis
## Rotkehldrossel
*Red-throated Thrush - Zorzal papirrojo*
Pallas, 1776
*sc Russland, n Mongolei und nw China*

Turdus eunomus
## Rostflügeldrossel
*Dusky Thrush - Zorzal eunomo*
Temminck, 1831
*nc bis ne Russland*

Turdus naumanni
## Rostschwanzdrossel
*Naumann's Thrush - Zorzal de Naumann*
Temminck, 1820
*sc Russland*

Turdus rubrocanus
## Kastaniendrossel
*Chestnut Thrush - Zorzal castaño*
Gray, JE & Gray, GR, 1847
*e Afghanistan, nw Himalaya und s Tibet*

Turdus rubrocanus gouldii
**Goulds Kastaniendrossel**
Verreaux, J, 1871
e Tibet bis c, sw China

Turdus albocinctus
## Weißhalsdrossel
*White-collared Blackbird - Mirlo acollarado*
Royle, 1840
*Himalaya bis sc China*

Turdus turdoides
## Schwarzbrauendrossel
*Sulawesi Thrush - Zorzal montano de Célebes*
Hartert, EJO, 1896
*Gebirge sw Sulawesi*

Turdus turdoides abditivus
**Nördliche Schwarzbrauendrossel**
Riley, 1918
Gebirge nc Sulawesi
Turdus turdoides tenebrosus
**Südliche Schwarzbrauendrossel**
Stresemann, 1938
Gebirge s Sulawesi
Turdus turdoides heinrichi
**Östliche Schwarzbrauendrossel**
Stresemann, 1938
Gebirge se Sulawesi

Turdus migratorius
## Wanderdrossel
*American Robin - Zorzal robín*
Linnaeus, 1766
*Alaska (außer se), Kanada (außer e und w) und c, ne USA*

Turdus migratorius nigrideus
**Kanada-Wanderdrossel**
Aldrich & Nutt, 1939
e Kanada
Turdus migratorius achrusterus
**Batchelders Wanderdrossel**
Batchelder, 1900
se USA
Turdus migratorius caurinus
**Grinnells Wanderdrossel**
Grinnell, 1909
se Alaska und Küste w Kanada
Turdus migratorius propinquus
**Ridgways Wanderdrossel**
Ridgway, 1877
sw Kanada und w USA bis c Mexico
Turdus migratorius phillipsi
**Phillips-Wanderdrossel**
Bangs, 1915
sw Mexico

Turdus migratorius confinis
**Bairds Wanderdrossel**
Baird, SF, 1864
s Baja California (nw Mexico)

Turdus infuscatus
## Guatemaladrossel
*Black Thrush - Mirlo guatemalteco*
Lafresnaye, 1844
*Mexico bis Honduras*

Turdus rufitorques
## Rotnackendrossel
*Rufous-collared Thrush - Zorzal cuellirrufo*
Hartlaub, 1844
*s Mexico bis Honduras*

Turdus nigrescens
## Rußdrossel
*Sooty Thrush - Mirlo negruzco*
Cabanis, 1861
*Costa Rica und Panama*

Turdus plumbeus
## Rotfußdrossel
*Red-legged Thrush - Zorzal patirrojo norteño*
Linnaeus, 1758
*n Bahamas*

Turdus plumbeus schistaceus
**Kuba-Rotfußdrossel**
Baird, SF, 1864
e Kuba
Turdus plumbeus rubripes
**Pines-Rotfußdrossel**
Temminck, 1826
c, w Kuba und Isle von Pines
Turdus plumbeus coryi
**Cayman-Rotfußdrossel**
Sharpe, 1902
Cayman Is.
Turdus plumbeus ardosiaceus
**Hispaniola-Rotfußdrossel**
Vieillot, 1822
Hispaniola und Puerto Rico
Turdus plumbeus albiventris
**Sclaters Rotfußdrossel**
Sclater, PL, 1889
Dominica

† Turdus ravidus
## Caymandrossel
*Grand Cayman Thrush - Zorzal de Gran Caimán*
Cory, 1886
*Grand Cayman Insel*

Turdus aurantius
## Weißkinndrossel
*White-chinned Thrush - Zorzal gorjiblanco*
Gmelin, JF, 1789
*Jamaika*

Turdus lherminieri
## Antillendrossel
*Forest Thrush - Zorzal antillano*
Lafresnaye, 1844
*Guadeloupe (n Kleine Antillen)*

Turdus lherminieri dominicensis
**Dominicadrossel**
Lawrence, 1880
Dominica
Turdus lherminieri dorotheae
**Monserratdrossel**
Wolters, 1980
Montserrat
Turdus lherminieri sanctaeluciae
**Santa Luciadrossel**
Sclater, PL, 1880
St. Lucia

Turdus plebejus
## Cabanisdrossel
*Mountain Thrush - Zorzal plebeyo*
Cabanis, 1861
*Costa Rica und w Panama*

Turdus plebejus differens
**Nelsons Cabanisdrossel**
Nelson, 1901
se Mexico und Guatemala

Turdus plebejus rafaelensis
**Nördliche Cabanisdrossel**
Miller, W & Griscom, 1925
Honduras, El Salvador, Nicaragua und nw Costa Rica

Turdus leucops
## Blauaugendrossel
*Pale-eyed Thrush - Mirlo ojiblanco*
Taczanowski, 1877
*Venezuela und Kolumbien bis Bolivien*

Turdus jamaicensis
## Weißaugendrossel
*White-eyed Thrush - Zorzal jamaicano*
Gmelin, JF, 1789
*Jamaika*

Turdus swalesi
## Haitidrossel
*La Selle Thrush - Zorzal de La Española*
Wetmore, 1927
*s Haiti und sw Dominikanische Republick*

Turdus swalesi dodae
**Dominikanerdrossel**
Graves, GR & Olson, 1986
c Dominikanische Republick

Turdus fulviventris
## Ockerbauchdrossel
*Chestnut-bellied Thrush - Zorzal ventricastaño*
Sclater, PL, 1858
*nw Venezuela bis Peru*

Turdus reevei
## Schiefermanteldrossel
*Plumbeous-backed Thrush - Zorzal dorsiplomizo*
Lawrence, 1869
*w Ecuador und nw Peru*

Turdus chiguanco
## Chiguancodrossel
*Chiguanco Thrush - Mirlo chiguanco*
d'Orbigny & Lafresnaye, 1837
*Küste Peru, w Bolivien und extremer n Chile*

Turdus chiguanco conradi
**Conrads Chiguancodrossel**
Salvadori & Festa, 1899
c Ecuador bis c Peru
Turdus chiguanco anthracinus
**Burmeisters Chiguancodrossel**
Burmeister, 1858
s Bolivien, ne Chile bis wc Argentinien

Turdus nigriceps
## Andengraudrossel
*Andean Slaty Thrush - Zorzal plomizo andino*
Cabanis, 1874
*s Ecuador bis n Argentinien*

Turdus serranus
## Samtdrossel
*Glossy-black Thrush - Mirlo serrano*
Tschudi, 1844
*Peru und w Bolivien*

Turdus serranus cumanensis
**Venezuela-Samtdrossel**
Hellmayr, 1919
ne Venezuela
Turdus serranus atrosericeus
**Kolumbien-Samtdrossel**
Lafresnaye, 1848
ne Kolumbien und n Venezuela
Turdus serranus fuscobrunneus
**Ekuador-Samtdrossel**
Chapman, 1912
c, s Kolumbien und Ecuador
Turdus serranus continoi
**Argentinien-Samtdrossel**
Fraga & Dickinson, 2008
nw Argentinien

Turdus olivater
## Kapuzendrossel
*Black-hooded Thrush - Zorzal cabecinegro*
Lafresnaye, 1848
*e Kolumbien und n, w Venezuela*

Turdus olivater sanctaemartae
**Santa Marta-Kapuzendrossel**
Todd, 1913
n Kolumbien
Turdus olivater caucae
**Cauca-Kapuzendrossel**
Chapman, 1914
sw Kolumbien
Turdus olivater kemptoni
**Kemptons Kapuzendrossel**
Phelps, WH & Phelps, WH Jr, 1955
extremer s Venezuela
Turdus olivater paraquensis
**Westliche Kapuzendrossel**
Pholps, WH & Pholps, WH Jr, 1946
sw Venezuela
Turdus olivater duidae
**Duida-Kapuzendrossel**
Chapman, 1929
c Venezuela
Turdus olivater roraimae
**Roraima-Kapuzendrossel**
Salvin & Godman, 1884
se Venezuela, w Guyana und n Brasilien
Turdus olivater ptaritepui
**Südliche Kapuzendrossel**
Phelps, WH & Phelps, WH Jr, 1946
se Venezuela

Turdus fuscater
**Riesendrossel**
*Great Thrush - Mirlo grande*
d'Orbigny & Lafresnaye, 1837
w Bolivien

Turdus fuscater cacozelus
**Santa Marta-Riesendrossel**
Bangs, 1898
Santa Marta (n Kolumbien)
Turdus fuscater clarus
**Perija-Riesendrossel**
Phelps, WH & Phelps, WH Jr, 1953
Perijá Mts. (ne Kolumbien und nw Venezuela)
Turdus fuscater quindio
**Ekuador-Riesendrossel**
Chapman, 1925
s, w Kolumbien und n Ecuador
Turdus fuscater gigas
**Anden-Riesendrossel**
Fraser, 1841
Anden ne Kolumbien und nw Venezuela
Turdus fuscater gigantodes
**Cabanis-Riesendrossel**
Cabanis, 1873
s Ecuador bis c Peru
Turdus fuscater ockendeni
**Peruanische Riesendrossel**
Hellmayr, 1906
se Peru

Turdus falcklandii
**Magellandrossel**
*Austral Thrush - Zorzal patagón*
Quoy & Gaimard, 1824
Falkland Is.

Turdus falcklandii magellanicus
**Nördliche Magellandrossel**
King, PP, 1831
s Chile und s Argentinien

Turdus lawrencii
**Lawrencedrossel**
*Lawrence's Thrush - Zorzal imitador*
Coues, 1880
w Amazonasgebiet

Turdus murinus
**Pantepuidrossel**
*Pantepui Thrush - Zorzal de Pantepui*
Salvin, 1885
s Venezuela und Guyana

Turdus subalaris
**Tiefland-Graudrossel**
*Blacksmith Thrush - Zorzal plomizo oriental*
Seebohm, 1887
e Paraguay, ne Argentinien und se Brasilien

Turdus amaurochalinus
**Rahmbauchdrossel**
*Creamy-bellied Thrush - Zorzal chalchalero*
Cabanis, 1851
Bolivien und s Brasilien bis c Argentinien

Turdus eremita
**Tristandrossel**
*Tristan Thrush - Zorzal de Tristán de Acuña*
Gould, 1855
Tristan da Cunha Insel

Turdus eremita gordoni
**Gordons Tristandrossel**
Stenhouse, 1924
Inaccessible Insel
Turdus eremita procax
**Nightingaledrossel**
Elliott, HFI, 1954
Nightingale Insel

Turdus maranonicus
**Marañóndrossel**
*Maranon Thrush - Zorzal del Marañón*
Taczanowski, 1880
n Peru

Turdus ignobilis
**Schwarzschnabeldrossel**
*Black-billed Thrush - Zorzal piquinegro andino*
Sclater, PL, 1858
e, c Anden Kolumbien

Turdus ignobilis goodfellowi
**Anden-Schwarzschnabeldrossel**
Hartert, EJO & Hellmayr, 1901
w Anden Kolumbien
Turdus ignobilis debilis
**Amazonas-Schwarzschnabeldrossel**
Hellmayr, 1902
e Kolumbien, w Venezuela und w Amazonasgebiet

Turdus arthuri
**Tepuidrossel**
*Campina Thrush - Zorzal piquinegro guayanés*
Chubb, C, 1914
Flachland se Venezuela, Guyana, Suriname, e Kolumbien und wc Amazonasgebiet n Brasilien

Turdus flavipes
**Gelbfußdrossel**
*Yellow-legged Thrush - Mirlo azulado*
Vieillot, 1818
se Brasilien bis e Paraguay und ne Argentinien

Turdus flavipes venezuelensis
**Venezuela-Gelbfußdrossel**
Sharpe, 1900
n, e Kolumbien und n, w Venezuela
Turdus flavipes melanopleura
**Trinidad-Gelbfußdrossel**
Sharpe, 1900
ne Venezuela und Trinidad
Turdus flavipes xanthoscelus
**Tobago-Gelbfußdrossel**
Jardine, 1847
Tobago
Turdus flavipes polionotus
**Guyana-Gelbfußdrossel**
Sharpe, 1900
s Venezuela, Guyana und n Brasilien

Turdus assimilis
**Weißkehldrossel**
*White-throated Thrush - Zorzal cuelliblanco norteño*
Cabanis, 1851
c Mexico

Turdus assimilis calliphthongus
**Moores Weißkehldrossel**
Moore, RT, 1937
nw Mexico
Turdus assimilis lygrus
**Oberholsers Weißkehldrossel**
Oberholser, 1921
c, s Mexico
Turdus assimilis suttoni
**Phillips-Weißkehldrossel**
Phillips, AR, 1991
e Mexico
Turdus assimilis leucauchen
**Sclaters Weißkehldrossel**
Sclater, PL, 1859
Atlantikseite s Mexico bis Costa Rica
Turdus assimilis hondurensis
**Honduras-Weißkehldrossel**
Phillips, AR, 1991
c Honduras
Turdus assimilis benti
**Bents Weißkehldrossel**
Phillips, AR, 1991
sw El Salvador

Turdus assimilis rubicundus
**Guatemala-Weißkehldrossel**
Dearborn, 1907
s Mexico, w Guatemala und El Salvador
Turdus assimilis atrotinctus
**Nikaragua-Weißkehldrossel**
Miller, W & Griscom, 1925
e Honduras und n Nicaragua
Turdus assimilis cnephosus
**Costa Rica-Weißkehldrossel**
Bangs, 1902
sw Costa Rica und w Panama
Turdus assimilis campanicola
**Panama-Weißkehldrossel**
Phillips, AR, 1991
c Panama
Turdus assimilis croizati
**Azuero-Weißkehldrossel**
Phillips, AR, 1991
Azuero Halbinsel (sc Panama)
Turdus assimilis coibensis
**Coiba-Weißkehldrossel**
Eisenmann, 1950
Coiba Insel (vor s Panama)

Turdus daguae
**Daguadrossel**
*Dagua Thrush - Zorzal de Dagua*
Berlepsch, 1897
*Panama bis nw Ecuador*

Turdus albicollis
**Halbringdrossel**
*White-necked Thrush - Zorzal cuelliblanco sureño*
Vieillot, 1818
*se Brasilien und n Uruguay*

Turdus albicollis phaeopygoides
**Trinidad-Halbringdrossel**
Seebohm, 1881
ne Kolumbien, n Venezuela, Trinidad und Tobago
Turdus albicollis phaeopygus
**Cabanis-Halbringdrossel**
Cabanis, 1849
e Kolumbien bis Guianas und n Brasilien
Turdus albicollis spodiolaemus
**Ekuador-Halbringdrossel**
Berlepsch & Stolzmann, 1896
e Ecuador und w Brasilien bis n Bolivien
Turdus albicollis contemptus
**Bolivien-Halbringdrossel**
Hellmayr, 1902
s Bolivien
Turdus albicollis crotopezus
**Brasilien-Halbringdrossel**
Lichtenstein, MHC, 1823
e Brasilien
Turdus albicollis paraguayensis
**Paraguay-Halbringdrossel**
Chubb, C, 1910
sw Brasilien, Paraguay und n Argentinien

Turdus rufopalliatus
**Rotmanteldrossel**
*Rufous-backed Thrush - Zorzal dorsirrufo*
Lafresnaye, 1840
*w Mexico*

Turdus rufopalliatus interior
**Zentrale Rotmanteldrossel**
Phillips, AR, 1991
sc Mexico
Turdus rufopalliatus graysoni
**Graysons Rotmanteldrossel**
Ridgway, 1882
Tres Marías Is. (vor w Mexico)

Turdus obsoletus
**Blasssteißdrossel**
*Pale-vented Thrush - Zorzal ventripálido*
Lawrence, 1862
*Costa Rica bis nw Kolumbien*

Turdus obsoletus parambanus
**Ekuador- Blasssteißdrossel**
Hartert, EJO, 1920
w Kolumbien und w Ecuador
Turdus obsoletus colombianus
**Kolumbien-Blasssteißdrossel**
Hartert, EJO & Hellmayr, 1901
c Kolumbien

Turdus leucomelas
**Fahlbrustdrossel**
*Pale-breasted Thrush - Zorzal sabiá*
Vieillot, 1818
*e Peru und Bolivien bis s Brasilien und ne Argentinien*

Turdus leucomelas albiventer
**Venezuela-Fahlbrustdrossel**
Spix, 1824
n Kolumbien, Venezuela, Guianas und ne Brasilien
Turdus leucomelas cautor
**Guajira-Fahlbrustdrossel**
Wetmore, 1946
Guajira Halbinsel (extremer n Kolumbien)
Turdus leucomelas upichiarum
**Kolumbien-Fahlbrustdrossel**
Stiles & Avendaño, 2019
se Kolumbien

Turdus fumigatus
**Kakaodrossel**
*Cocoa Thrush - Zorzal cacao*
Lichtenstein, MHC, 1823
*Guianas und n, e Brasilien*

Turdus fumigatus aquilonalis
**Trinidad-Kakaodrossel**
Cherrie, 1909
ne Kolumbien, n Venezuela und Trinidad
Turdus fumigatus orinocensis
**Orinoco-Kakaodrossel**
Zimmer, JT & Phelps, WH, 1955
e Kolumbien und w Venezuela
Turdus fumigatus bondi
**Bonds Kakaodrossel**
Deignan, 1951
St. Vincent (s Kleine Antillen)
Turdus fumigatus personus
**Grenada-Kakaodrossel**
Barbour, 1911
Grenada (s Kleine Antillen)

Turdus hauxwelli
**Hauxwelldrossel**
*Hauxwell's Thrush - Zorzal de Hauxwell*
Lawrence, 1869
*w Amazonasgebiet*

Turdus rufiventris
**Rotbauchdrossel**
*Rufous-bellied Thrush - Zorzal colorado*
Vieillot, 1818
*e Bolivien bis se Brasilien, Uruguay und n Argentinien*

Turdus rufiventris juensis
**Nördliche Rotbauchdrossel**
Cory, 1916
ne Brasilien

Turdus grayi
**Gilbdrossel**
*Clay-colored Thrush - Zorzal pardo*
Bonaparte, 1838
*extremer s Mexico und w Guatemala*

Turdus grayi tamaulipensis
**Texas-Gilbdrossel**
Nelson, 1897
s Texas (s USA) und ne, e Mexico
Turdus grayi microrhynchus
**Mexiko-Gilbdrossel**
Lowery & Newman, RJ, 1949
c Mexico
Turdus grayi lanyoni
**Lanyon-Gilbdrossel**
Dickerman, 1981
s Mexico, n Guatemala und s Belize
Turdus grayi yucatanensis
**Yucatan-Gilbdrossel**
Phillips, AR, 1991
se Mexico und n Belize
Turdus grayi linnaei
**Pazifik-Gilbdrossel**
Phillips, AR, 1966
Pacific s Mexico
Turdus grayi megas
**Nikaragua-Gilbdrossel**
Miller, W & Griscom, 1925
w Guatemala bis Nicaragua
Turdus grayi casius
**Costa Rica-Gilbdrossel**
Bonaparte, 1855
Costa Rica bis nw Kolumbien
Turdus grayi incomptus
**Kolumbien-Gilbdrossel**
Bangs, 1898
n Kolumbien

Turdus nudigenis
**Nacktaugendrossel**
*Spectacled Thrush - Zorzal caripelado*
Lafresnaye, 1848
*Kleine Antillen, Trinidad, Tobago, Kolumbien, Venezuela und Guianas*

Turdus nudigenis extimus
**Todds Nacktaugendrossel**
Todd, 1931
n Brasilien

Turdus maculirostris
**Tumbesdrossel**
*Ecuadorian Thrush - Zorzal ecuatoriano*
Berlepsch & Taczanowski, 1884
*w Ecuador und nw Peru*

Turdus sanchezorum
**Várzeadrossel**
*Varzea Thrush - Zorzal de varzea*
O'Neill, Lane & Naka, 2011
*w Amazonasgebiet*

Turdus haplochrous
**Palmaritodrossel**
*Unicolored Thrush - Zorzal boliviano*
Todd, 1931
*n Bolivien*

## Familie: Muscicapidae (Eigentliche Fliegenschnäpper)

### Gattung: Alethe

Alethe diademata
**Diadembraunschwanz**
*White-tailed Alethe - Alete diademado*
Bonaparte, 1850
*w Afrika von Senegal, Gambia bis Togo*

Alethe castanea
**Kastanienbraunschwanz**
*Fire-crested Alethe - Alete castaño*
Cassin, 1856
*Nigeria bis w Demokratische Republik Kongo, n Angola und Bioko Insel*

Alethe castanea woosnami
**Woosnamalethe**
Ogilvie-Grant, 1906
c Demokratische Republik Kongo bis s Sudan und Uganda

### Gattung: Cercotrichas

Cercotrichas coryphoeus
**Karooheckensänger**
*Karoo Scrub Robin - Alzacola del Karoo*
Vieillot, 1817
*c, s Südafrika*

Cercotrichas coryphoeus abboti
**Abbots Karroheckensänger**
Friedmann, 1932
s Namibia und nw Südafrika
Cercotrichas coryphoeus cinerea
**Südlicher Karroheckensänger**
Macdonald, 1952
Küste w Südafrika

Cercotrichas signata
**Natalheckensänger**
*Brown Scrub Robin - Alzacola pardo*
Sundevall, 1850
*c, se Südafrika*

Cercotrichas signata tongensis
**Roberts Natalheckensänger**
Roberts, 1931
s Mosambik und e Südafrika

Cercotrichas leucosticta
**Waldheckensänger**
*Forest Scrub Robin - Alzacola selvático*
Sharpe, 1883
*Ghana*

Cercotrichas leucosticta colstoni
**Clostons Waldheckensänger**
Tye, 1991
Sierra Leone, Liberia und Elfenbeinküste
Cercotrichas leucosticta collsi
**Colls-Waldheckensänger**
Alexander, 1907
se Zentralafrikanische Republik, ne Demokratische Republik Kongo und w Uganda
Cercotrichas leucosticta reichenowi
**Reichenows Waldheckensänger**
Hartert, EJO, 1907
w Angola

Cercotrichas quadrivirgata
**Streifenkopf-Heckensänger**
*Bearded Scrub Robin - Alzacola bigotudo*
Reichenow, 1879
*Somalia bis ne Namibia und e Südafrika*

Cercotrichas quadrivirgata greenwayi
**Sansibarheckensänger**
Moreau, 1938
Sansibar und Mafia Is. (vor Tansania)

Cercotrichas barbata
**Bartheckensänger**
*Miombo Scrub Robin - Alzacola barbudo*
Hartlaub & Finsch, 1870
*Angola und s Demokratische Republik Kongo bis w Tansania, Malawi und s Sambia*

Cercotrichas paena
**Kalahariheckensänger**
*Kalahari Scrub Robin - Alzacola del Kalahari*
Smith, A, 1836
*Namibia, Botswana und nc Südafrika*

Cercotrichas paena benguellensis
**Benguelaheckensänger**
Hartert, EJO, 1907
sw Angola
Cercotrichas paena oriens
**Südlicher Kalahariheckensänger**
Clancey, 1957
s Simbabwe und n Südafrika

Cercotrichas podobe
**Rußheckensänger**
*Black Scrub Robin - Alzacola negro*
Müller, PLS, 1776
*s Mauretanien und n Senegal bis ne Sudan, Äthiopien und Somalia*

Cercotrichas podobe melanoptera
**Arabischer Rußheckensänger**
Hemprich & Ehrenberg, 1833
w, c, s Arabische Halbinsel

Cercotrichas galactotes
**Heckensänger**
*Rufous-tailed Scrub Robin - Alzacola rojizo*
Temminck, 1820
*Iberische Halbinsel, n Afrika, Israel und sw Syrien*

Cercotrichas galactotes syriaca
**Syrischer Heckensänger**
Hemprich & Ehrenberg, 1833
Balkans bis w, s Türkei, w Syrien und Libanon
Cercotrichas galactotes familiaris
**Familien-Heckensänger**
Ménétriés, 1832
se Türkei, Irak und n, ne Arabien bis s Kasachstan, e Afghanistan und w Pakistan
Cercotrichas galactotes minor
**Kleiner Heckensänger**
Cabanis, 1851
Senegal und Gambia bis n Somalia
Cercotrichas galactotes hamertoni
**Hamertons Heckensänger**
Ogilvie-Grant, 1906
e Somalia

Cercotrichas hartlaubi
**Hartlaubheckensänger**
*Brown-backed Scrub Robin - Alzacola de Hartlaub*
Reichenow, 1891
*se Nigeria und s Kamerun bis sw Zentralafrikanische Republik; ne Demokratische Republik Kongo bis c Kenia und Burundi; nw Angola*

Cercotrichas leucophrys
**Weißbrauen-Heckensänger**
*White-browed Scrub Robin - Alzacola dorsirrojo*
Vieillot, 1817
*s Simbabwe, s Mosambik und n, e Südafrika*

Cercotrichas leucophrys leucoptera
**Sudan-Weißbrauen-Heckensänger**
Rüppell, 1845
s Sudan, s Äthiopien, n Somalia und n Kenia
Cercotrichas leucophrys eluta
**Somalia-Weißbrauen-Heckensänger**
Bowen, 1934
s Somalia und ne Kenia
Cercotrichas leucophrys vulpina
**Kenia-Weißbrauen-Heckensänger**
Reichenow, 1891
e Kenia und e Tansania

Cercotrichas leucophrys brunneiceps
**Tansania-Weißbrauen-Heckensänger**
Reichenow, 1891
c, s Kenia und n Tansania
Cercotrichas leucophrys sclateri
**Sclaters Weißbrauen-Heckensänger**
Grote, 1930
c Tansania
Cercotrichas leucophrys zambesiana
**Sambesi-Weißbrauen-Heckensänger**
Sharpe, 1882
n, e Demokratische Republik Kongo und s Sudan bis w Kenia, e Simbabwe und n Mosambik
Cercotrichas leucophrys munda
**Angola-Weißbrauen-Heckensänger**
Cabanis, 1880
s Gabun bis c Angola und w Demokratische Republik Kongo
Cercotrichas leucophrys ovamboensis
**Ovambo-Weißbrauen-Heckensänger**
Neumann, 1920
s Angola und n Namibia bis sw Sambia und w Simbabwe

## Gattung: Copsychus

Copsychus saularis
**Dajalschama**
*Oriental Magpie-Robin - Shama oriental*
Linnaeus, 1758
ne Pakistan und Indien bis s, e China, Hainan Insel (vor se China), Thailand und Indochina

Copsychus saularis ceylonensis
**Sri Lanka-Dajalschama**
Sclater, PL, 1861
s Indien und Sri Lanka
Copsychus saularis andamanensis
**Andamanen-Dajalschama**
Hume, 1874
Andaman Is.
Copsychus saularis musicus
**Malaysia-Dajalschama**
Raffles, 1822
s Thai-Malayische Halbinsel, Sumatra (inklusive Simeulue, Nias, Batu, Mentawai, Belitung und Bangka Is.), w Java und s, w Borneo
Copsychus saularis amoenus
**Java-Dajalschama**
Horsfield, 1821
e Java und Bali
Copsychus saularis adamsi
**Adams Dajalschama**
Elliot, DG, 1890
n Borneo und Banggi Insel
Copsychus saularis pluto
**Borneo-Dajalschama**
Bonaparte, 1850
Maratua (e von ne Borneo), e, se Borneo

Copsychus sechellarum
**Seychellenschama**
*Seychelles Magpie-Robin - Shama de Seychelles*
Newton, A, 1865
*Frégate (ne Seychellen)*

Copsychus mindanensis
**Philippinenschama**
*Philippine Magpie-Robin - Shama filipino*
Boddaert, 1783
*Philippinen (außer Palawan Gruppe)*

Copsychus albospecularis
**Madagaskarschama**
*Madagascar Magpie-Robin - Shama malgache común*
Eydoux & Gervais, 1836
ne Madagascar

Copsychus albospecularis pica
**Nördliche Madagaskarschama**
Pelzeln, 1858
w, n Madagascar
Copsychus albospecularis inexspectatus
**Südliche Madagaskarschama**
Richmond, 1897
ec bis se Madagascar

Copsychus pyrropygus
**Feuerschwanzschama**
*Rufous-tailed Shama - Shama colirrufo*
Lesson, RP, 1839
*Malayische Halbinsel, Sumatra und Borneo*

Copsychus fulicatus
**Strauchschmätzer**
*Indian Robin - Tarabilla terrestre*
Linnaeus, 1766
s Indien

Copsychus fulicatus cambaiensis
**Nepal-Strauchschmätzer**
Latham, 1790
Pakistan, n, w Indien und Nepal

Copsychus fulicatus erythrurus
**Lessons Strauchschmätzer**
Lesson, RP, 1831
ne Indien
Copsychus fulicatus intermedius
**Kleiner Strauchschmätzer**
Whistler & Kinnear, 1932
c Indien
Copsychus fulicatus leucopterus
**Sri Lanka-Strauchschmätzer**
Lesson, RP, 1840
Sri Lanka

Copsychus luzoniensis
**Brauenschama**
*White-browed Shama - Shama de Luzón*
Kittlitz, 1832
*Luzon und Catanduanes (n Philippinen)*

Copsychus luzoniensis parvimaculatus
**Polillo-Brauenschama**
McGregor, 1910
Polillo (n Philippinen)
Copsychus luzoniensis shemleyi
**Marinduque-Brauenschama**
duPont, 1976
Marinduque (n Philippinen)

Copsychus superciliaris
**Visayasschama**
*Visayan Shama - Shama de las Bisayas*
Bourns & Worcester, 1894
*Ticao, Masbate, Negros und Panay (wc Philippinen)*

Copsychus niger
**Rußschama**
*White-vented Shama - Shama de Palawan*
Sharpe, 1877
*Palawan Gruppe (sw Philippinen)*

Copsychus cebuensis
**Cebuschama**
*Black Shama - Shama de Cebú*
Steere, 1890
*Cebu (c Philippinen)*

Copsychus albiventris
**Andamanenschama**
*Andaman Shama - Shama culiblanco*
Blyth, 1858
*Andaman Is.*

Copsychus omissus
**Javashama**
*Larwo Shama - Shama de Lawro*
Vorderman, 1893
o Java

Copsychus omissus javanus
**Zentral-Javashama**
Vorderman, 1893
c Java

Copsychus stricklandii
**Borneoschama**
*White-crowned Shama - Shama de Corona Blanca*
Motley & Dillwyn, 1855
*n Borneo und Banggi (n von ne Borneo)*

Copsychus barbouri
**Maratuaschama**
*Maratua Shama - Shama maratua*
Bangs & Peters, JL, 1927
*Maratua (e von ne Borneo)*

Copsychus nigricauda
**Kangean-Weißbürzelschama**
*Kangean Shama - Shama de Kangean*
Vorderman, 1893
*Kangean Is. (n Bali)*

Copsychus leggei
**Sri Lanka-Weißbürzelschama**
*Sri Lanka Shama - Shama de Sri Lanka*
Whistler, 1941
*Sri Lanka*

Copsychus malabaricus
**Weißbürzelschama**
*White-rumped Shama - Shama malabar*
Scopoli, 1786
*w, s Indien*

Copsychus malabaricus macrourus
**Nepal-Weißbürzelschama**
Gmelin, JF, 1789
Nepal und n Indien bis s China und Indochina inklusive Con Son Insel (vor s Vietnam)
Copsychus malabaricus tricolor
**Dreifarb-Weißbürzelschama**
Vieillot, 1818
w Malaysia, Sumatra und e kleine Inseln, und Java
Copsychus malabaricus suavis
**Borneo-Weißbürzelschama**
Sclater, PL, 1861
Borneo (außer n)
† Copsychus malabaricus hypolizus
**Simeule-Weißbürzelschama**
Oberholser, 1912
Simeulue Island, w Küste Sumatra
† Copsychus malabaricus opisthochrus
**Lasia-Malay-Weißbürzelschama**
Oberholser, 1912
Lasia und Babi Islands, w Küste Sumatra
Copsychus malabaricus melanurus
**Sumatra-Weißbürzelschama**
Salvadori, 1887
w Sumatran is. (w Sumatra)
Copsychus malabaricus mirabilis
**Prinsen-Weißbürzelschama**
Hoogerwerf, 1962
Panaitan (=Prinsen, w Java)
Copsychus malabaricus ngae
**Thai-Malay-Weißbürzelschama**
Wu, MY & Rheindt, 2022
Inseln vor w Thai-Malayische Halbinsel von Yam Yai Insel bis Langkawi Archipel

## Gattung: Agricola

Agricola pallidus
**Fahlschnäpper**
*Pale Flycatcher - Papamoscas pálido*
Müller, JW, 1851
*Senegal und Gambia bis w Äthiopien*

Agricola pallidus parvus
**Kongo-Fahlschnäpper**
Reichenow, 1907
se Sudan, ne Demokratische Republik Kongo und nw Uganda
Agricola pallidus bowdleri
**Eritrea-Fahlschnäpper**
Collin, A & Hartert, EJO, 1927
Eritrea und c Äthiopien
Agricola pallidus bafirawari
**Äthiopien-Fahlschnäpper**
Bannerman, 1924
s Äthiopien und ne Kenia
Agricola pallidus duyerali
**Somalia-Fahlschnäpper**
Traylor, 1970
ne Äthiopien und c Somalia
Agricola pallidus subalaris
**Kenia-Fahlschnäpper**
Sharpe, 1874
e Kenia und ne Tansania
Agricola pallidus erlangeri
**Erlangers Fahlschnäpper**
Reichenow, 1905
s Somalia
Agricola pallidus modestus
**Guinea-Fahlschnäpper**
Shelley, 1873
Guinea bis Zentralafrikanische Republik
Agricola pallidus murinus
**Sudan-Fahlschnäpper**
Hartlaub & Finsch, 1870
Gabun und Kongo bis Sudan, Kenia, Tansania, Simbabwe, Botswana und Namibia
Agricola pallidus griseus
**Sambia-Fahlschnäpper**
Reichenow, 1882
se Kenia und c Tansania bis e Sambia und c Malawi
Agricola pallidus divisus
**Malawi-Fahlschnäpper**
Lawson, 1961
se Sambia und s Malawi bis ne Südafrika
Agricola pallidus sibilans
**Südafrikanischer Fahlschnäpper**
Clancey, 1966
s Mosambik und e Südafrika

Agricola infuscatus
**Akazienschnäpper**
*Chat Flycatcher - Papamoscas tarabilla*
Smith, A, 1839
*sw Namibia bis sw Südafrika*

Agricola infuscatus benguellensis
**Benguela-Akazienschnäpper**
de Sousa, JA, 1886
s Angola und nw Namibia
Agricola infuscatus namaquensis
**Namibia-Akazienschnäpper**
Macdonald, 1957
Namibia (außer nw, sw) und extremer w Botswana
Agricola infuscatus placidus
**Botswana-Akazienschnäpper**
Clancey, 1958
Botswana (außer w) und nc Südafrika
Agricola infuscatus seimundi
**Südafrika-Akazienschnäpper**
Ogilvie-Grant, 1913
sc Südafrika

## Gattung: Fraseria

Fraseria cinerascens
**Brauenwaldschnäpper**
*White-browed Forest Flycatcher - Papamoscas cejiblanco*
Hartlaub, 1857
*Senegal und Gambia bis Ghana*

Fraseria cinerascens ruthae
**Kongo-Brauenwaldschnäpper**
Dickerman, 1994
Nigeria und Kamerun bis c Demokratische Republik Kongo

Fraseria ocreata
**Sperberwaldschnäpper**
*Fraser's Forest Flycatcher - Papamoscas forestal*
Strickland, 1844
*Nigeria bis Uganda, c Demokratische Republik Kongo, n Angola und Bioko Insel*

Fraseria ocreata kelsalli
**Bannermans Sperberwaldschnäpper**
Bannerman, 1922
sw Guinea und Sierra Leone
Fraseria ocreata prosphora
**Oberholsers Sperberwaldschnäpper**
Oberholser, 1899
Liberia bis Ghana

Fraseria griseigularis
**Graukehlschnäpper**
*Grey-throated Tit-Flycatcher - Papamoscas gorjigrís*
Jackson, FJ, 1906
*se Nigeria und s Kamerun bis w Uganda, nw Tansania, sc Demokratische Republik Kongo und nw Angola*

Fraseria griseigularis parelii
**Ghana-Graukehlschnäpper**
Traylor, 1970
Liberia bis Ghana

Fraseria plumbea
**Meisenschnäpper**
*Grey Tit-Flycatcher - Papamoscas carbonero*
Hartlaub, 1858
*Senegal und Gambia bis s Sudan, sw Äthiopien, w Kenia, nw Tansania, c Demokratische Republik Kongo und Gabun*

Fraseria plumbea orientalis
**Östlicher Meisenschnäpper**
Reichenow & Neumann, 1895
e Kenia bis e Südafrika
Fraseria plumbea catoleuca
**Angola-Meisenschnäpper**
Reichenow, 1900
Angola bis se Tansania, c Simbabwe und n Südafrika

Fraseria olivascens
**Olivschnäpper**
*Olivaceous Flycatcher - Papamoscas oliváceo*
Cassin, 1859
*Sierra Leone und Guinea bis Zentralafrikanische Republik, Kongo und e Demokratische Republik Kongo*

Fraseria olivascens nimbae
**Nimba-Olivschnäpper**
Colston & Curry-Lindahl, 1986
Mt. Nimba (n Liberia und w Elfenbeinküste)

Fraseria lendu
**Lenduschnäpper**
*Chapin's Flycatcher - Papamoscas de Chapin*
Chapin, 1932
*ne Demokratische Republik Kongo, sw Uganda und w Kenia*

Fraseria lendu itombwensis
**Itombweschnäpper**
Prigogine, 1957
e Demokratische Republik Kongo

Fraseria caerulescens
**Hartlaubschnäpper**
*Ashy Flycatcher - Papamoscas cenizo*
Hartlaub, 1865
*s Mosambik, e Südafrika und s Swaziland*

Fraseria caerulescens nigrorum
**Togo-Hartlaubschnäpper**
Collin, A & Hartert, EJO, 1927
Guinea bis Togo
Fraseria caerulescens brevicauda
**Nigeria-Hartlaubschnäpper**
Ogilvie-Grant, 1907
n Benin und s Nigeria bis s Sudan, w Kenia, s Demokratische Republik Kongo und nw Angola
Fraseria caerulescens cinereola
**Somalia-Hartlaubschnäpper**
Hartlaub & Finsch, 1870
s Somalia, e Kenia und e Tansania
Fraseria caerulescens impavida
**Angola-Hartlaubschnäpper**
Clancey, 1957
c Angola und n Namibia bis n Tansania und Simbabwe
Fraseria caerulescens vulturna
**Südlicher Hartlaubschnäpper**
Clancey, 1957
s Malawi und c Mosambik bis n Südafrika und n Swaziland

Fraseria tessmanni
**Tessmannschnäpper**
*Tessmann's Flycatcher - Papamoscas de Tessmann*
Reichenow, 1907
*Sierra Leone bis Ghana, Kamerun, ne Demokratische Republik Kongo*

## Gattung: Melaenornis

Melaenornis brunneus
**Angoladrongoschnäpper**
*Angola Slaty Flycatcher - Papamoscas angoleño*
Cabanis, 1886
*w Angola Flachland*

Melaenornis brunneus bailunduensis
**Angola-Hochlanddrongoschnäpper**
Neumann, 1929
w Angola Hochland

Melaenornis fischeri
**Bergdrongoschnäpper**
*White-eyed Slaty Flycatcher - Papamoscas de Fischer*
Reichenow, 1884
*se Sudan, Uganda, Kenia und n Tansania*

Melaenornis fischeri toruensis
**Uganda-Bergdrongoschnäpper**
Hartert, EJO, 1900
e Demokratische Republik Kongo, Uganda, Rwanda und Burundi
Melaenornis fischeri semicinctus
**Kongo-Bergdrongoschnäpper**
Hartert, EJO, 1916
ne Demokratische Republik Kongo
Melaenornis fischeri nyikensis
**Malawi-Bergdrongoschnäpper**
Shelley, 1899
se Demokratische Republik Kongo, e, s Tansania und n Malawi

Melaenornis chocolatinus
**Braundrongoschnäpper**
*Abyssinian Slaty Flycatcher - Papamoscas chocolate*
Rüppell, 1840
*Gebirge Eritrea und n, c Äthiopien*

Melaenornis chocolatinus reichenowi
**Reichenows Braundrongoschnäpper**
Neumann, 1902
Gebirge w Äthiopien

Melaenornis annamarulae
**Liberiadrongoschnäpper**
*Nimba Flycatcher - Papamoscas liberiano*
Forbes-Watson, 1970
*Sierra Leone bis Elfenbeinküste*

Melaenornis ardesiacus
**Gelbaugen-Drongoschnäpper**
*Yellow-eyed Black Flycatcher - Papamoscas de Berlioz*
Berlioz, 1936
*e Demokratische Republik Kongo, w Uganda, Rwanda und Burundi*

Melaenornis edolioides
**Senegaldrongoschnäpper**
*Northern Black Flycatcher - Papamoscas drongo*
Swainson, 1837
*s Mauretanien, Senegal und Gambia bis w Kamerun*

Melaenornis edolioides lugubris
**Kamerundrongoschnäpper**
Müller, JW, 1851
e Kamerun bis Eritrea, w Äthiopien, w Kenia und n Tansania
Melaenornis edolioides schistaceus
**Keniadrongoschnäpper**
Sharpe, 1895
n, e Äthiopien und n Kenia

Melaenornis pammelaina
**Glanzdrongoschnäpper**
*Southern Black Flycatcher - Papamoscas sudafricano*
Stanley, 1814
*w, s Demokratische Republik Kongo bis Kenia, e Südafrika und c Angola*

Melaenornis pammelaina diabolicus
**Sharps Glanzdrongoschnäpper**
Sharpe, 1877
s Angola und sw Sambia bis Botswana und w Südafrika

## Gattung: Namibornis

Namibornis herero
**Namibschnäpper**
*Herero Chat - Papamoscas herero*
Meyer de Schauensee, 1931
*sw Angola über w Namibia*

## Gattung: Empidornis

Empidornis semipartitus
**Silberschnäpper**
*Silverbird - Papamoscas plateado*
Rüppell, 1840
*w Sudan bis w Kenia und n Tansania*

## Gattung: Sigelus

Sigelus silens
**Würgerschnäpper**
*Fiscal Flycatcher - Papamoscas fiscal*
Shaw, 1809
*c, s Südafrika*

Sigelus silens lawsoni
**Nördlicher Würgerschnäpper**
Clancey, 1966
s Botswana und n Südafrika

## Gattung: Bradornis

Bradornis comitatus
**Waldrandschnäpper**
*Dusky-blue Flycatcher - Papamoscas pizarroso*
Cassin, 1857
*Kamerun bis sw Sudan, Uganda, Demokratische Republik Kongo und Angola*

Bradornis comitatus aximensis
**Nigeria-Waldrandschnäpper**
Sclater, WL, 1924
Sierra Leone bis Nigeria
Bradornis comitatus camerunensis
**Kamerun-Waldrandschnäpper**
Reichenow, 1892
Mt. Kamerun (sw Kamerun)

Bradornis microrhynchus
**Strichelkopfschnäpper**
*African Grey Flycatcher - Papamoscas piquicorto*
Reichenow, 1887
*sw Kenia und Tansania*

Bradornis microrhynchus neumanni
**Nemanns Strichelkopfschnäpper**
Hilgert, 1908
s Sudan bis c Somalia und n Kenia
Bradornis microrhynchus burae
**Somalia-Strichelkopfschnäpper**
Traylor, 1970
se Somalia und e Kenia

Bradornis microrhynchus taruensis
**Kenia-Strichelkopfschnäpper**
Van Someren, 1921
se Kenia

Bradornis microrhynchus pumilus
**Äthiopien-Strichelkopfschnäpper**
Sharpe, 1895
c Äthiopien und n Somalia

Bradornis mariquensis
**Maricoschnäpper**
*Marico Flycatcher - Papamoscas del Marico*
Smith, A, 1847
*sw Sambia und c Simbabwe bis n, ne Südafrika*

Bradornis mariquensis acaciae
**Angola-Maricoschnäpper**
Irwin, 1957
s Angola bis sw Botswana und nw Südafrika

Bradornis mariquensis territinctus
**Namibia-Maricoschnäpper**
Clancey, 1979
ne Namibia und nw Botswana

Bradornis boehmi
**Böhmschnäpper**
*Böhm's Flycatcher - Papamoscas de Böhm*
Reichenow, 1884
*Angola bis Tansania, Malawi und s Sambia*

Bradornis ussheri
**Schwalbenschnäpper**
*Ussher's Flycatcher - Papamoscas de Ussher*
Sharpe, 1871
*Guinea Bissau und Guinea bis Nigeria*

Bradornis fuliginosus
**Schieferbrustschnäpper**
*Sooty Flycatcher - Papamoscas ahumado*
Verreaux, J & Verreaux, É, 1855
*s Nigeria bis c Demokratische Republik Kongo und Angola*

Bradornis fuliginosus minusculus
**Kleiner Schieferbrustschnäpper**
Grote, 1922
e Demokratische Republik Kongo und Uganda

## Gattung: Humblotia

Humblotia flavirostris
**Humblotschnäpper**
*Humblot's Flycatcher - Papamoscas de las Comoras*
Milne-Edwards & Oustalet, 1885
*Gebirge Grande Comore (=Njazidja; nw Comoros)*

## Gattung: Muscicapa

Muscicapa griseisticta
**Strichelschnäpper**
*Grey-streaked Flycatcher - Papamoscas estriado*
Swinhoe, 1861
*se Russland und ne China*

Muscicapa sibirica
**Rußschnäpper**
*Dark-sided Flycatcher - Papamoscas siberiano*
Gmelin, JF, 1789
*c, s Sibirien bis Korea und Japan*

Muscicapa sibirica gulmergi
**Gulmergs Rußschnäpper**
Baker, ECS, 1923
ne Afghanistan und nw Himalaya

Muscicapa sibirica cacabata
**Tibet-Rußschnäpper**
Penard, TE, 1919
c Himalaya bis s Tibet und ne Indien

Muscicapa sibirica rothschildi
**Rotschilds Rußschnäpper**
Baker, ECS, 1923
c, s China bis n Myanmar und nw Vietnam

Muscicapa ferruginea
**Rostschnäpper**
*Ferruginous Flycatcher - Papamoscas herrumbroso*
Hodgson, 1845
*Himalaya bis c China und Taiwan*

Muscicapa muttui
**Bambusschnäpper**
*Brown-breasted Flycatcher - Papamoscas muttui*
Layard, EL, 1854
*ne Indien bis nw Thailand*

Muscicapa randi
**Aschbrustschnäpper**
*Ashy-breasted Flycatcher - Papamoscas de Rand*
Amadon & duPont, 1970
*Luzon und Negros (n, wc Philippinen)*

Muscicapa segregata
**Sumbaschnäpper**
*Sumba Brown Flycatcher - Papamoscas de Sumba claro*
Siebers, 1928
*Sumba (c Lesser Sundas)*

Muscicapa dauurica
**Braunschnäpper**
*Asian Brown Flycatcher - Papamoscas asiático*
Pallas, 1811
*c Sibirien und n Mongolei bis Sakhalin, Japan und Korea*

Muscicapa dauurica poonensis
**Buthan-Braunschnäpper**
Sykes, 1832
n Pakistan bis Bhutan; c, s Indien

Muscicapa dauurica siamensis
**Siam-Braunschnäpper**
Gyldenstolpe, 1916
se Myanmar bis nw Thailand; sc Vietnam

Muscicapa williamsoni
**Williamsonschnäpper**
*Brown-streaked Flycatcher - Papamoscas de Williamson*
Deignan, 1957
*s Myanmar und s Thailand bis n Malayische Halbinsel*

Muscicapa williamsoni umbrosa
**Borneo-Williamsonschnäpper**
Wells, DR, 1982
ne Borneo

Muscicapa sodhii
**Sulawesischnäpper**
*Sulawesi Streaked Flycatcher - Papamoscas pardo de Célebes*
Harris, JBC, Rasmussen, Yong, Prawiradilaga, Putra, Round & Rheindt, 2014
*Sulawesi*

Muscicapa sethsmithi
**Gelblaufschnäpper**
*Yellow-footed Flycatcher - Papamoscas patigualdo*
Van Someren, 1922
*se Nigeria bis sw Republic Kongo, ne, e Demokratische Republik Kongo und Uganda*

Muscicapa epulata
**Fanteschnäpper**
*Little Grey Flycatcher - Papamoscas saciado*
Cassin, 1855
*Sierra Leone bis Togo, c Nigeria, s Kamerun und sw Zentralafrikanische Republik bis nw Angola
und ne Demokratische Republik Kongo*

Muscicapa adusta
**Dunkelschnäpper**
*African Dusky Flycatcher - Papamoscas sombrío*
Boie, F, 1828
*s Südafrika*

Muscicapa adusta poensis
**Bioko-Dunkelschnäpper**
Alexander, 1903
se Nigeria bis c Kamerun, Bioko Insel

Muscicapa adusta pumila
**Kamerun-Dunkelschnäpper**
Reichenow, 1892
n Kamerun bis s Sudan, c Kenia und n Tansania

Muscicapa adusta minima
**Kleiner Dunkelschnäpper**
Heuglin, 1862
Eritrea und Äthiopien

Muscicapa adusta subadusta
**Angola-Dunkelschnäpper**
Shelley, 1897
Angola bis nw Mosambik und e Simbabwe

Muscicapa adusta marsabit
**Kenia-Dunkelschnäpper**
Van Someren, 1931
n Kenia

Muscicapa adusta murina
**Tansania-Dunkelschnäpper**
Fischer, GA & Reichenow, 1884
se Kenia und ne Tansania

Muscicapa adusta fuelleborni
**Fuelleborns Dunkelschnäpper**
Reichenow, 1900
s, w Tansania
Muscicapa adusta mesica
**Simbabwe-Dunkelschnäpper**
Clancey, 1974
Simbabwe (außer e)
Muscicapa adusta fuscula
**Südlicher Dunkelschnäpper**
Sundevall, 1850
n, e Südafrika

Muscicapa striata
**Grauschnäpper**
*Spotted Flycatcher - Papamoscas gris*
Pallas, 1764
*Europa bis w Sibirien und nw Afrika*

Muscicapa striata inexpectata
**Krim-Grauschnäpper**
Dementiev, 1932
Krim-Halbinsel (s Ukraine)
Muscicapa striata neumanni
**Neumanns Grauschnäpper**
Poche, 1904
Inseln Aegean Sea über Mittlerer Osten bis Kaukasus und n Iran, c Sibirien
Muscicapa striata sarudnyi
**Sarudnys Grauschnäpper**
Snigirewski, 1928
e Iran und Turkmenistan bis Gebirge c Asien und n Pakistan
Muscicapa striata mongola
**Mongolischer Grauschnäpper**
Portenko, 1955
Mongolei und sc Sibirien

Muscicapa tyrrhenica
**Mittelmeer-Grauschnäpper**
*Mediterranean Flycatcher - Papamoscas mediterráneo*
Schiebel, 1910
*Korsika und Sardinien*

Muscicapa tyrrhenica balearica
**Balearen-Grauschnäpper**
von Jordans, 1913
Balearic Is. (w Mittelmeer)

Muscicapa gambagae
**Gambagaschnäpper**
*Gambaga Flycatcher - Papamoscas gambaga*
Alexander, 1901
*Mali und Elfenbeinküste bis Somalia und Kenia, sw Arabische Halbinsel*

Muscicapa cassini
**Cassinschnäpper**
*Cassin's Flycatcher - Papamoscas de Cassin*
Heine, 1860
*Guinea und Sierra Leone e bis Uganda und s bis Angola und Sambia*

Muscicapa aquatica
**Sumpfschnäpper**
*Swamp Flycatcher - Papamoscas palustre*
Heuglin, 1864
*s Mauretanien, Senegal und Gambia bis sw Sudan und n Demokratische Republik Kongo*

Muscicapa aquatica infulata
**Sudan-Sumpfschnäpper**
Hartlaub, 1881
se Sudan, ne Demokratische Republik Kongo und Uganda bis ne Sambia und nw Tansania
Muscicapa aquatica lualabae
**Kongo-Sumpfschnäpper**
Chapin, 1932
se Demokratische Republik Kongo
Muscicapa aquatica grimwoodi
**Sambia-Sumpfschnäpper**
Chapin, 1952
s Sambia



Leucoptilon concretum
**Weißschwanz-Blauschnäpper**
*White-tailed Flycatcher - Papamoscas coliblanco*
Müller, S, 1836
*Malayische Halbinsel und Sumatra*

Leucoptilon concretum cyaneum
**Indischer Weißschwanz-Blauschnäpper**
Hume, 1877
ne Indien bis n Indochina und s Thailand
Leucoptilon concretum everetti
**Everretts Weißschwanz-Blauschnäpper**
Sharpe, 1890
Borneo



Sholicola major
**Nilgirischmätzer**
*Nilgiri Blue Robin - Alicorto flanquirrufo*
Jerdon, 1841
*sw Indien (Western Ghats in s Karnataka und Nilgiri Hills)*

Sholicola albiventris
**Weißbauchschmätzer**
*White-bellied Blue Robin - Alicorto ventriblanco*
Blanford, 1868
*sw Indien (Western Ghats in s Kerala und w Tamil Nadu)*

Sholicola albiventris ashambuensis
**Ashambu-Weißbauchschmätzer**
Robin, Vishnudas, Gupta, Rheindt, Hooper, Ramakrishnan & Reddy, 2017
sw Indien (Ashambu Hills)



Niltava davidi
**Davidblauschnäpper**
*Fujian Niltava - Papamoscas de David*
La Touche, 1907
*c, e China bis se Thailand*

Niltava sundara
**Rotbauch-Blauschnäpper**
*Rufous-bellied Niltava - Papamoscas sundara*
Hodgson, 1837
*c, e Himalaya bis sw China und c Myanmar*

Niltava sundara whistleri
**Whistlers Rotbauch-Blauschnäpper**
Ticehurst, 1926
nw Himalaya
Niltava sundara denotata
**Südlicher Rotbauch-Blauschnäpper**
Bangs & Phillips, JC, 1914
s China und e Myanmar

Niltava sumatrana
**Sumatrablauschnäpper**
*Rufous-vented Niltava - Papamoscas de Sumatra*
Salvadori, 1879
*Gebirge Malayische Halbinsel und Sumatra*

Niltava oatesi
**Prunkblauschnäpper**
*Chinese Vivid Niltava - Papamoscas vívido grande*
Salvadori, 1887
*e Himalaya bis s China*

Niltava vivida
**Taiwanblauschnäpper**
*Taiwan Vivid Niltava - Papamoscas vívido chico*
Swinhoe, 1864
*Taiwan*

Niltava macgrigoriae
**Feenblauschnäpper**
*Small Niltava - Papamoscas de McGrigor*
Burton, 1836
*w, c Himalaya*

Niltava macgrigoriae signata
**China-Feenblauschnäpper**
McClelland, 1840
e Himalaya bis s China und n, c Indochina

Niltava grandis
**Kobaltblauschnäpper**
*Large Niltava - Papamoscas grande*
Blyth, 1842
*e Himalaya bis sw China, c Myanmar und n, w Thailand*

Niltava grandis griseiventris
**China-Kobaltblauschnäpper**
La Touche, 1921
s China und n Indochina
Niltava grandis decorata
**Vietnam-Kobaltblauschnäpper**
Robinson & Kloss, 1919
sc Vietnam
Niltava grandis decipiens
**Sumatra-Kobaltblauschnäpper**
Salvadori, 1891   Gebirge Malayische Halbinsel und Sumatra

## Gattung: Cyanoptila

Cyanoptila cyanomelana
**Taigablauschnäpper**
*Blue-and-white Flycatcher - Papamoscas azul*
Temminck, 1829
*s Kuril Is., Japan und Koreanische Halbinsel*

Cyanoptila cyanomelana intermedia
**Westlicher Taigablauschnäpper**
Weigold, 1922
*se Sibirien, ne China und n Korea*

Cyanoptila cumatilis
**Türkisblauschnäpper**
*Zappey's Flycatcher - Papamoscas de Zappey*
Thayer & Bangs, 1909
*c, ec China*

## Gattung: Eumyias

Eumyias albicaudatus
**Nilgirischnäpper**
*Nilgiri Flycatcher - Papamoscas de los Nilgiri*
Jerdon, 1840
*sw Indien*

Eumyias indigo
**Javaschnäpper**
*Indigo Flycatcher - Papamoscas índigo*
Horsfield, 1821
*Gebirge Java*

Eumyias indigo ruficrissa
**Sumatraschnäpper**
Salvadori, 1879
*Gebirge Sumatra*
Eumyias indigo cerviniventris
**Borneochnäpper**
Sharpe, 1887
*Gebirge Borneo*

Eumyias thalassinus
**Lazulischnäpper**
*Verditer Flycatcher - Papamoscas verdín*
Swainson, 1838
*Himalaya bis ec China, Indochina, n Thailand und c Myanmar*

Eumyias thalassinus thalassoides
**Malayischer Lazulischnäpper**
Cabanis, 1851
*Malayische Halbinsel, Sumatra und Borneo*

Eumyias additus
**Buruschnäpper**
*Buru Jungle Flycatcher - Papamoscas gorjiestriado*
Hartert, EJO, 1900
*Gebirge Buru (wc Moluccas)*

Eumyias panayensis
**Azurschnäpper**
*Turquoise Flycatcher - Papamoscas isleño*
Sharpe, 1877
*Gebirge West Visayas (wc Philippinen)*

Eumyias panayensis nigrimentalis
**Nördlicher Azurschnäpper**
Ogilvie-Grant, 1894
*Gebirge Luzon und Mindoro (n Philippinen)*
Eumyias panayensis nigriloris
**Südlicher Azurschnäpper**
Hartert, EJO, 1904
*Gebirge Mindanao (s Philippinen)*
Eumyias panayensis septentrionalis
**Sula-Azurschnäpper**
Büttikofer, 1893
*n, c Sulawesi und Taliabu (Sula Is., e Sulawesi)*
Eumyias panayensis meridionalis
**Sulawesi-Azurschnäpper**
Büttikofer, 1893
*Gebirge s Sulawesi*
Eumyias panayensis obiensis
**Obi-Azurschnäpper**
Hartert, EJO, 1912
*Obi (nc Moluccas)*
Eumyias panayensis harterti
**Seram-Azurschnäpper**
van Oort, 1911
*Seram (ec Moluccas)*

Eumyias sanfordi
**Sanford-Blauschnäpper**
*Matinan Blue Flycatcher - Papamoscas de Sanford*
Stresemann, 1931
*Gebirge n Sulawesi*

Eumyias hoevelli
**Celebesblauschnäpper**
*Blue-fronted Blue Flycatcher - Papamoscas frentiazul*
Meyer, AB, 1903
*Gebirge c, se Sulawesi*

Eumyias hyacinthinus
**Hyazinthblauschnäpper**
*Timor Blue Flycatcher - Papamoscas jacintino*
Temminck, 1820
*Rote und Semau (w Timor) und Timor (e Lesser Sundas)*

Eumyias hyacinthinus kuehni
**Kühns Hyazinthblauschnäpper**
Hartert, EJO, 1904
*Wetar (e Lesser Sundas)*

Eumyias oscillans
**Floresdschungelschnäpper**
*Flores Jungle Flycatcher - Papamoscas de Flores*
Hartert, EJO, 1897
*Gebirge Sumbawa und Flores (wc Lesser Sundas)*

Eumyias stresemanni
**Sumbadschungelschnäpper**
*Sumba Jungle Flycatcher - Papamoscas de Sumba oscuro*
Siebers, 1928
*Sumba (c Lesser Sundas)*

Eumyias sordidus
**Ceylonschnäpper**
*Dull-blue Flycatcher - Papamoscas de Ceilán*
Walden, 1870
*Sri Lanka*

## Gattung: Anthipes

Anthipes monileger
**Diamantschnäpper**
*White-gorgeted Flycatcher - Papamoscas gargantilla*
Hodgson, 1845
*c, e Himalaya*

Anthipes monileger leucops
**Indischer Diamantschnäpper**
Sharpe, 1888
*ne Indien bis n, c Indochina*
Anthipes monileger gularis
**Arakan-Diamantschnäpper**
Blyth, 1847
*Arakan (sw Myanmar)*

Anthipes solitaris
**Roststirnschnäpper**
*Rufous-browed Flycatcher - Papamoscas cejirrufo*
Müller, S, 1836
*Gebirge c, s Sumatra*

Anthipes solitaris submoniliger
**Laos-Roststirnschnäpper**
Hume, 1877
*n Malayische Halbinsel, se Laos und sc Vietnam*
Anthipes solitaris malayana
**Malayischer Roststirnschnäpper**
Sharpe, 1888
*Gebirge c, s Malayische Halbinsel und n Sumatra*

## Gattung: Cyornis

Cyornis unicolor
**Einfarb-Blauschnäpper**
*Pale Blue Flycatcher - Papamoscas azulado*
Blyth, 1843
*Himalaya bis s China, n Indochina, n Thailand und Myanmar*

Cyornis unicolor diaoluoensis
**Hainan-Einfarb-Blauschnäpper**
Zheng, B, Yang & Lu, 1981
*Hainan (vor se China)*
Cyornis unicolor cyanopolia
**Harters Einfarb-Blauschnäpper**
Blyth, 1870
*Malayische Halbinsel, Sumatra, Java und Borneo*

Cyornis glaucicomans
**Chinablauschnäpper**
*Chinese Blue Flycatcher - Papamoscas chino*
Thayer & Bangs, 1909
*s, se China*

Cyornis rubeculoides
**Blaukehl-Blauschnäpper**
*Blue-throated Blue Flycatcher - Papamoscas gorjiazul*
Vigors, 1831
*Himalaya bis w, n, ne Myanmar*

   Cyornis rubeculoides dialilaemus
   **Salvadoris Blaukehl-Blauschnäpper**
   Salvadori, 1889
   *e, se Myanmar und n, w Thailand*
   Cyornis rubeculoides rogersi
   **Rogers Blaukehl-Blauschnäpper**
   Robinson & Kinnear, 1928
   *c, sw Myanmar*

Cyornis hainanus
**Hainanblauschnäpper**
*Hainan Blue Flycatcher - Papamoscas de Hainan*
Ogilvie-Grant, 1900
*c, e, s Myanmar bis s China, Thailand, Laos, Kambodscha und Vietnam*

   Cyornis hainanus klossi
   **Südlicher Hainanblauschnäpper**
   Robinson, 1921
   *e Thailand, s Laos, e Kambodscha und Vietnam*

Cyornis superbus
**Prachtblauschnäpper**
*Bornean Blue Flycatcher - Papamoscas de Borneo*
Stresemann, 1925
*Borneo*

Cyornis turcosus
**Malaienblauschnäpper**
*Malaysian Blue Flycatcher - Papamoscas malayo*
Brüggemann, 1877
*Malayische Halbinsel, Sumatra und Borneo*

Cyornis lemprieri
**Palawanblauschnäpper**
*Palawan Blue Flycatcher - Papamoscas de Balabac*
Sharpe, 1884
*Palawan Gruppe (sw Philippinen)*

Cyornis caerulatus
**Sundablauschnäpper**
*Sunda Blue Flycatcher - Papamoscas picoancho*
Bonaparte, 1857
*n, e, s Borneo*

   Cyornis caerulatus albiventer
   **Junges Sundablauschnäpper**
   Junge, 1933
   *Sumatra*
   Cyornis caerulatus rufifrons
   **Westborneo-Sundablauschnäpper**
   Wallace, 1865
   *w Borneo*

Cyornis herioti
**Heriotblauschnäpper**
*Blue-breasted Blue Flycatcher - Papamoscas pechiazul*
Wardlaw-Ramsay, RG, 1886
*n, c Luzon (n Philippinen)*

Cyornis camarinensis
**Zimtbrust-Blauschnäpper**
*Rufous-breasted Blue Flycatcher - Papamoscas pechicanela*
Rand & Rabor, 1967
*s Luzon und Catanduanes (n Philippinen)*

Cyornis ruficauda
**Rotschwanz-Dschungelschnäpper**
*Philippine Jungle Flycatcher - Papamoscas colirrufo*
Sharpe, 1877
*Basilan (sw Philippinen)*

   Cyornis ruficauda zamboanga
   **Mindanao-Rotschwanz-Dschungelschnäpper**
   Rand & Rabor, 1957
   *w Mindanao (s Philippinen)*
   Cyornis ruficauda boholensis
   **Bohol-Rotschwanz-Dschungelschnäpper**
   Rand & Rabor, 1957
   *Bohol (ec Philippinen)*

Cyornis ruficauda samarensis
**Samar-Rotschwanz-Dschungelschnäpper**
Steere, 1890
*East Visayas und e Mindanao (ec, s Philippinen)*

Cyornis ocularis
**Suludschungelschnäpper**
*Sulu Jungle Flycatcher - Papamoscas de Sulu*
Bourns & Worcester, 1894
*Sulu Archipel (s Philippinen)*

Cyornis ruficrissa
**Kinabaludschungelschnäpper**
*Crocker Jungle Flycatcher - Papamoscas de Kinabalu*
Sharpe, 1887
*Mt. Kinabalu (n Borneo)*

   Cyornis ruficrissa isola
   **Gebirgsdschungelschnäpper**
   Hachisuka, 1932
   *Gebirge n, c Borneo (außer Mt. Kinabalu)*

Cyornis pallidipes
**Keralablauschnäpper**
*White-bellied Blue Flycatcher - Papamoscas ventriblanco*
Jerdon, 1840
*sw Indien*

Cyornis brunneatus
**Weißkehl-Dschungelschnäpper**
*Brown-chested Jungle Flycatcher - Papamoscas pechipardo*
Slater, HH, 1897
*se China*

Cyornis nicobaricus
**Nikobaren-Dschungelschnäpper**
*Nicobar Jungle Flycatcher - Papamoscas de Nicobar*
Richmond, 1902
*s Nicobar Is.*

Cyornis umbratilis
**Graubrust-Dschungelschnäpper**
*Grey-chested Jungle Flycatcher - Papamoscas pechigrís*
Strickland, 1849
*Malayische Halbinsel, Sumatra, Musala (w von n Sumatra), Batu Is. und Siberut (w von c Sumatra), Belitung (e von s Sumatra) und Borneo*

Cyornis magnirostris
**Dickschnabel-Blauschnäpper**
*Large Blue Flycatcher - Papamoscas de Arunachal Pradesh*
Blyth, 1849
*Himalaya*

Cyornis tickelliae
**Tickellblauschnäpper**
*Tickell's Blue Flycatcher - Papamoscas de Tickell*
Blyth, 1843
*s Nepal, n, c, s Indien, Bangladesch und n, w Myanmar*

   Cyornis tickelliae jerdoni
   **Jerdons Tickellblauschnäpper**
   Holdsworth, 1872
   *Sri Lanka*

Cyornis sumatrensis
**Indochina-Blauschnäpper**
*Indochinese Blue Flycatcher - Papamoscas indochino*
Sharpe, 1879
*s Myanmar, Malayische Halbinsel und ne Sumatra*

   Cyornis sumatrensis indochina
   **Myanmar-Blauschnäpper**
   Chasen & Kloss, 1928
   *se Myanmar bis Indochina*
   Cyornis sumatrensis lamprus
   **Anambas-Blauschnäpper**
   Oberholser, 1917
   *Anambas Is. (e Malayische Halbinsel)*

Cyornis whitei
**Hügelblauschnäpper**
*Hill Blue Flycatcher - Papamoscas pechiclaro*
Harington, 1908
*n, e Myanmar bis sc China, n Thailand und n Indochina*

   Cyornis whitei lekhakuni
   **Östlicher Hügelblauschnäpper**
   Deignan, 1956
   *e Thailand*

Cyornis whitei deignani
**Südlicher Hügelblauschnäpper**
Meyer de Schauensee, 1939
se Thailand
Cyornis whitei coerulifrons
**Malayen-Hügelblauschnäpper**
Baker, ECS, 1918
c, s Malayische Halbinsel

Cyornis rufigastra
## Mangroveblauschnäpper
*Mangrove Blue Flycatcher - Papamoscas de manglar*
Raffles, 1822
*Malayische Halbinsel, Sumatra, Riau und Lingga is. (e Sumatra), Borneo und Maratua (e von ne Borneo)*

Cyornis rufigastra longipennis
**Karimunjawa-Mangroveblauschnäpper**
Chasen & Kloss, 1930
Karimunjawa Is. (n von nc Java)
Cyornis rufigastra rhizophorae
**Java-Mangroveblauschnäpper**
Stresemann, 1925
w Java
Cyornis rufigastra karimatensis
**Karimata-Mangroveblauschnäpper**
Oberholser, 1924
Karimata Is. (vor sw Borneo)
Cyornis rufigastra simplex
**Luzon-Mangroveblauschnäpper**
Blyth, 1870
Luzon Gruppe (n Philippinen)
Cyornis rufigastra marinduquensis
**Marinduque-Mangroveblauschnäpper**
duPont, 1972
Marinduque (nc Philippinen)
Cyornis rufigastra philippinensis
**Philippinen-Mangroveblauschnäpper**
Sharpe, 1877
Visayas, Palawan Gruppe, Mindanao und Sulu Archipel (c, sw, s Philippinen)
Cyornis rufigastra mindorensis
**Mindoro-Mangroveblauschnäpper**
Mearns, 1907
Mindoro (nw Philippinen)

Cyornis omissus
## Sulawesiblauschnäpper
*Sulawesi Blue Flycatcher - Papamoscas de Célebes*
Hartert, EJO, 1896
*Gebirge Sulawesi*

Cyornis omissus omississimus
**Togianblauschnäpper**
Rheindt, Prawiradilaga, Ashari, Suparno & Gwee, 2020
Togian Is. (zwischen ne und ec Sulawesi)
Cyornis omissus peromissus
**Salayarblauschnäpper**
Hartert, EJO, 1920
Salayar (s Sulawesi)
Cyornis omissus djampeanus
**Tanahjampeablauschnäpper**
Hartert, EJO, 1896
Tanahjampea (s Sulawesi)

Cyornis kalaoensis
## Kalaoblauschnäpper
*Kalao Blue Flycatcher - Papamoscas de Kalao*
Hartert, EJO, 1896
*Kalao (s Sulawesi)*

Cyornis banyumas
## Bergblauschnäpper
*Javan Blue Flycatcher - Papamoscas de Banyumas*
Horsfield, 1821
*c, e Java*

Cyornis banyumas ligus
**Westlicher Bergblauschnäpper**
Deignan, 1947
w Java
Cyornis banyumas mardii
**Panaitan-Bergblauschnäpper**
Hoogerwerf, 1962
Panaitan (=Prinsen, w Java)

Cyornis montanus
## Borneoblauschnäpper
*Dayak Blue Flycatcher - Papamoscas dayaco*
Robinson & Kinnear, 1928
*Gebirge Borneo*

Cyornis kadayangensis
## Meratusblauschnäpper
*Meratus Blue Flycatcher - Papamoscas de Meratus*
Irham, Haryoko, Shakya, Mitchell, S, Burner, Bocos, Eaton, Rheindt, Suparno, Sheldon & Prawiradilaga, 2021
*Meratus Mts., se Kalimantan (se Borneo)*

Cyornis poliogenys
## Graublauschnäpper
*Pale-chinned Blue Flycatcher - Papamoscas de Brooks*
Brooks, WE, 1880
*c Himalaya bis e Bangladesch und sw Myanmar*

Cyornis poliogenys cachariensis
**Himalaya-Graublauschnäpper**
Madarász, G, 1884
e Himalaya bis sc China und n Myanmar
Cyornis poliogenys laurentei
**China-Graublauschnäpper**
La Touche, 1921
s China
Cyornis poliogenys vernayi
**Indien-Graublauschnäpper**
Whistler, 1931
e Indien

Cyornis olivaceus
## Olivrücken-Dschungelschnäpper
*Fulvous-chested Jungle Flycatcher - Papamoscas dorsioliva*
Hume, 1877
*Malayische Halbinsel, Sumatra, Java, Bali und n Borneo*

Cyornis olivaceus perolivaceus
**Balumbabgan-Dschungelschnäpper**
Chasen & Kloss, 1929
Balumbangan und Banggi (n von ne Borneo)

Cyornis pelingensis
## Pelengdschungelschnäpper
*Banggai Jungle Flycatcher - Papamoscas de Banggai*
Vaurie, 1952
*Peleng (c Banggai Is., e Sulawesi)*

Cyornis colonus
## Suladschungelschnäpper
*Sula Jungle Flycatcher - Papamoscas de las Sula*
Hartert, EJO, 1898
*Sula Is. (e Sulawesi)*

Cyornis ruckii
## Oustaletblauschnäpper
*Rück's Blue Flycatcher - Papamoscas de Rück*
Oustalet, 1881
*n Sumatra*

Gattung: Erithacus

Erithacus rubecula
## Rotkehlchen
*European Robin - Petirrojo europeo*
Linnaeus, 1758
*Azoren, Madeira und w Kanarische Is. (n bis c Makaronesien, nw von n Afrika), Europa bis Ural Mts., w Türkei und nw Marokko*

Erithacus rubecula melophilus
**Britisches Rotkehlchen**
Hartert, EJO, 1901
Britische Inseln
Erithacus rubecula superbus
**Teneriffarotkehlchen**
Koenig, AF, 1889
Tenerife (c Kanarische Is., c Makaronesien, nw von n Afrika)
Erithacus rubecula marionae
**Gran Canaria-Rotkehlchen**
Dietzen, Michels & Wink, 2015
Gran Canaria (c Kanarische Is., c Makaronesien, nw von n Afrika)
Erithacus rubecula witherbyi
**Algerisches Rotkehlchen**
Hartert, EJO, 1910
n Algerien und n Tunesien
Erithacus rubecula valens
**Krim-Rotkehlchen**
Portenko, 1954
s Krim-Halbinsel (s Ukraine)
Erithacus rubecula caucasicus
**Kaukasusrotkehlchen**
Buturlin, 1907
e Türkei und Kaukasus
Erithacus rubecula hyrcanus
**Iranisches Rotkehlchen**
Blanford, 1874
se Aserbaidschan und n Iran
Erithacus rubecula tataricus
**Sibirisches Rotkehlchen**
Grote, 1928
Ural Mts. und sw Sibirien

Swynnertonia swynnertoni
**Swynnertonrötel**
*Swynnerton's Robin - Ruiseñor de Swynnerton*
Shelley, 1906
e Simbabwe und w Mosambik

Swynnertonia swynnertoni rodgersi
**Rodgers Swynnertonrötel**
Jensen & Stuart, S, 1982
c Tansania



Pogonocichla stellata
**Sternrötel**
*White-starred Robin - Ruiseñor estrellado*
Vieillot, 1818
e, s Südafrika

Pogonocichla stellata pallidiflava
**Sudan-Sternrötel**
Cunningham-Van Someren & Schifter, 1981
s Sudan
Pogonocichla stellata intensa
**Kenia-Sternrötel**
Sharpe, 1901
n, c Kenia und n Tansania
Pogonocichla stellata ruwenzori
**Ruwenzori-Sternrötel**
Ogilvie-Grant, 1906
ne Demokratische Republik Kongo, sw Uganda, Rwanda und Burundi
Pogonocichla stellata elgonensis
**Elgon-Sternrötel**
Ogilvie-Grant, 1911
Mt. Elgon (Uganda-Kenia Grenze)
Pogonocichla stellata guttifer
**Kilimanjaro-Sternrötel**
Reichenow & Neumann, 1895
Mt. Kilimanjaro (n Tansania)
Pogonocichla stellata macarthuri
**Chyulu-Sternrötel**
Van Someren, 1939
Chyulu Hills (se Kenia)
Pogonocichla stellata helleri
**Hellers Sternrötel**
Mearns, 1913
Taita Hills (se Kenia) und ne Tansania
Pogonocichla stellata orientalis
**Östlicher Sternrötel**
Fischer, GA & Reichenow, 1884
w, e, s Tansania, Malawi und n Mosambik
Pogonocichla stellata transvaalensis
**Transvaal-Sternrötel**
Roberts, 1912
w Mosambik, e Simbabwe und n Südafrika



Stiphrornis erythrothorax
**Orangebrust-Waldrötel**
*Forest Robin - Petirrojo selvático dorsipardo*
Hartlaub, 1855
Sierra Leone bis sw Ghana

Stiphrornis erythrothorax pyrrholaemus
**Schmidts Orangebrust-Waldrötel**
Schmidt & Angehr, 2008
w, ne Gabun und sw Kongo Republic
Stiphrornis erythrothorax gabonensis
**Gabun-Orangebrust-Waldrötel**
Sharpe, 1883
Ghana e bis c Kamerun und n Gabun; Bioko (Gulf von Guinea)
Stiphrornis erythrothorax dahomeyensis
**Benin-Orangebrust-Waldrötel**
Voelker, Tobler, Prestridge, Duijm, Groenenberg, Martin, AD, Nieman, Roselaar & Huntley, 2017
s Benin, se Ghana
Stiphrornis erythrothorax inexpectatus
**Ghana-Orangebrust-Waldrötel**
Voelker, Tobler, Prestridge, Duijm, Groenenberg, Martin, AD, Nieman, Roselaar & Huntley, 2017
sw Ghana
Stiphrornis erythrothorax xanthogaster
**Sharps Orangebrust-Waldrötel**
Sharpe, 1903
se Kamerun und ne Gabun bis n, c Demokratische Republik Kongo und s Uganda
Stiphrornis erythrothorax sanghensis
**Bresefords Orangebrust-Waldrötel**
Beresford & Cracraft, 1999
sw Zentralafrikanische Republik bis nc Demokratische Republik Kongo
Stiphrornis erythrothorax rudderi
**Kongo-Orangebrust-Waldrötel**
Voelker, Tobler, Prestridge, Duijm, Groenenberg, Martin, AD, Nieman, Roselaar & Huntley, 2017
nc Demokratische Republik Kongo



Cossyphicula roberti
**Weißbauchrötel**
*White-bellied Robin-Chat - Cosifa ventriblanco*
Alexander, 1903
e Nigeria, w Kamerun, Bioko Insel

Cossyphicula roberti rufescentior
**Kongo-Weißbauchrötel**
Hartert, EJO, 1908
e Demokratische Republik Kongo, sw Uganda und Rwanda

Cossyphicula isabellae
**Kamerunrötel**
*Mountain Robin-Chat - Cosifa de Isabel*
Gray, GR, 1862
Mt. Kamerun (sw Kamerun)

Cossyphicula isabellae batesi
**Nigerianrötel**
Bannerman, 1922
e Nigeria und w Kamerun



Chamaetylas poliophrys
**Rotkehl-Braunschwanz**
*Red-throated Alethe - Alete gorjirrojo*
Sharpe, 1902
ne, e Demokratische Republik Kongo, w Uganda, w Burundi und w Rwanda

Chamaetylas poliophrys kaboboensis
**Kababo Rotkehl-Braunschwanz**
Prigogine, 1957
Mt. Kabobo (e Demokratische Republik Kongo)

Chamaetylas poliocephala
**Braunbrust-Braunschwanz**
*Brown-chested Alethe - Alete pechipardo*
Bonaparte, 1850
Sierra Leone bis Ghana

Chamaetylas poliocephala compsonota
**Nigeria-Braunbrust-Braunschwanz**
Cassin, 1859
s Nigeria bis sw Zentralafrikanische Republik, nw Angola und Bioko
Chamaetylas poliocephala hallae
**Angola-Braunbrust-Braunschwanz**
Traylor, 1961
w Angola
Chamaetylas poliocephala giloensis
**Sudan-Braunbrust-Braunschwanz**
Cunningham-Van Someren & Schifter, 1981
s Sudan
Chamaetylas poliocephala carruthersi
**Kongo-Braunbrust-Braunschwanz**
Ogilvie-Grant, 1906
se Zentralafrikanische Republik, ne Demokratische Republik Kongo, Uganda und w Kenia
Chamaetylas poliocephala akeleyae
**Kenia-Braunbrust-Braunschwanz**
Dearborn, 1909
c Kenia
Chamaetylas poliocephala vandeweghei
**Ruanda-Braunbrust-Braunschwanz**
Prigogine, 1984
Rwanda und Burundi
Chamaetylas poliocephala kungwensis
**Tansania-Braunbrust-Braunschwanz**
Moreau, 1941
w Tansania
Chamaetylas poliocephala ufipae
**Ufipa-Braunbrust-Braunschwanz**
Moreau, 1942
se Demokratische Republik Kongo und sw Tansania

Chamaetylas fuelleborni
**Weißbrust-Braunschwanz**
*White-chested Alethe - Alete pechiblanco*
Reichenow, 1900
Tansania bis Malawi und c Mosambik

Chamaetylas choloensis
**Thyolobraunschwanz**
*Thyolo Alethe - Alete de Cholo*
Sclater, WL, 1927
s Malawi und Mt. Chiperone (wc Mosambik)

Chamaetylas choloensis namuli
**Namulibraunschwanz**
Vincent, 1933
Mt. Namuli (nc Mosambik)

## Gattung: Cossypha

Cossypha albicapillus
**Weißscheitelrötel**
*White-crowned Robin-Chat - Cosifa coroniblanca*
Vieillot, 1818
*Senegal und Gambia bis ne Guinea*

Cossypha albicapillus giffardi
**Giffards Weißscheitelrötel**
Hartert, EJO, 1899
*s Mali und n Elfenbeinküste bis n Kamerun und s Chad*
Cossypha albicapillus omoensis
**Sudan-Weißscheitelrötel**
Sharpe, 1900
*se Sudan und sw Äthiopien*

Cossypha heuglini
**Weißbrauenrötel**
*White-browed Robin-Chat - Cosifa de Heuglin*
Hartlaub, 1866
*s Chad und s Sudan s bis e Angola, Botswana und n Südafrika*

Cossypha heuglini subrufescens
**Angola-Weißbrauenrötel**
Barboza du Bocage, 1869
*Gabun bis w Angola*
Cossypha heuglini intermedia
**Kleiner Weißbrauenrötel**
Cabanis, 1868
*s Somalia Küste bis ne Südafrika*

Cossypha dichroa
**Spottrötel**
*Chorister Robin-Chat - Cosifa bicolor*
Gmelin, JF, 1789
*Swaziland und s Südafrika*

Cossypha dichroa mimica
**Nördlicher Spottrötel**
Clancey, 1981
*n Südafrika*

Cossypha semirufa
**Braunrückenrötel**
*Rüppell's Robin-Chat - Cosifa de Rüppell*
Rüppell, 1837
*Eritrea, s, w Äthiopien, se Sudan und n Kenia*

Cossypha semirufa donaldsoni
**Donaldsons Braunrückenrötel**
Sharpe, 1895
*e Äthiopien und nw Somalia*
Cossypha semirufa intercedens
**Cabanis-Braunrückenrötel**
Cabanis, 1878
*c, se Kenia und n Tansania*

Cossypha niveicapilla
**Schneescheitelrötel**
*Snowy-crowned Robin-Chat - Cosifa coroninívea*
Lafresnaye, 1838
*s Mauretanien, Senegal und Gambia bis Nigeria, Sudan und w Äthiopien*

Cossypha niveicapilla melanonota
**Südlicher Schneescheitelrötel**
Cabanis, 1875
*s Kamerun bis w Kenia, Tansania und ne Angola*

Cossypha natalensis
**Natalrötel**
*Red-capped Robin-Chat - Cosifa de Natal*
Smith, A, 1840
*e Südafrika*

Cossypha natalensis larischi
**Meises Natalrötel**
Meise, 1958
*Nigeria bis n Angola*
Cossypha natalensis intensa
**Mearns Natalrötel**
Mearns, 1913
*se Zentralafrikanische Republik bis s Somalia s bis e Angola und ne Südafrika*

Cossypha heinrichi
**Weißkopfrötel**
*White-headed Robin-Chat - Cosifa cabeciblanca*
Rand, 1955
*w Demokratische Republik Kongo und n Angola*

Cossypha cyanocampter
**Blauschulterrötel**
*Blue-shouldered Robin-Chat - Cosifa aliazul*
Bonaparte, 1850
*sw Mali, e Guinea und Sierra Leone bis Gabun*

Cossypha cyanocampter bartteloti
**Barttelots Blauschulterrötel**
Shelley, 1890
*ne Demokratische Republik Kongo, s Sudan, Uganda und w Kenia*

## Gattung: Cichladusa

Cichladusa arquata
**Morgenrötel**
*Collared Palm Thrush - Zorzal palmero acollarado*
Peters, W, 1863
*c Demokratische Republik Kongo, Uganda und Kenia bis ne Südafrika*

Cichladusa ruficauda
**Graubruströtel**
*Rufous-tailed Palm Thrush - Zorzal palmero colirrufo*
Hartlaub, 1857
*s Zentralafrikanische Republik bis n Namibia*

Cichladusa guttata
**Tropfenrötel**
*Spotted Palm Thrush - Zorzal palmero moteado*
Heuglin, 1862
*s Sudan, ne Demokratische Republik Kongo, Uganda und nw Kenia*

Cichladusa guttata intercalans
**Kenia-Tropfenrötel**
Clancey, 1986
*sw Äthiopien bis c Kenia und c Tansania*
Cichladusa guttata rufipennis
**Somalia-Tropfenrötel**
Sharpe, 1901
*s Somalia, e Kenia und ne Tansania*

## Gattung: Xenocopsychus

Xenocopsychus ansorgei
**Höhlenrötel**
*Angola Cave Chat - Cosifa angoleña*
Hartert, EJO, 1907
*Angola und n Namibia (Zebra Mts.)*

## Gattung: Dessonornis

Dessonornis humeralis
**Weißkehlrötel**
*White-throated Robin-Chat - Cosifa gorjiblanca*
Smith, A, 1836
*Simbabwe bis n Südafrika und s Mosambik*

Dessonornis caffer
**Kaprötel**
*Cape Robin-Chat - Cosifa cafre*
Linnaeus, 1771
*Simbabwe und n, e, s Südafrika*

Dessonornis caffer iolaemus
**Sudan-Kaprötel**
Reichenow, 1900
*s Sudan bis Malawi und n Mosambik*
Dessonornis caffer kivuensis
**Kivu-Kaprötel**
Schouteden, 1937
*sw Uganda und e Demokratische Republik Kongo*
Dessonornis caffer namaquensis
**Namibia-Kaprötel**
Sclater, WL, 1911
*s Namibia und w, c Südafrika*

Dessonornis archeri
**Ruwenzorirötel**
*Archer's Ground Robin - Cosifa de Archer*
Sharpe, 1902
*e Demokratische Republik Kongo, sw Uganda, w Rwanda und w Burundi*

Dessonornis archeri kimbutui
**Kimbuturötel**
Prigogine, 1955
*Mt. Kabobo (e Demokratische Republik Kongo)*

Dessonornis anomalus
**Olivflankenrötel**
*Olive-flanked Ground Robin - Cosifa anómala*
Shelley, 1893
*Mt. Mulanje (s Malawi) und Mt. Namuli (n Mosambik)*

Dessonornis anomalus grotei
**Grotes Olivflankenrötel**
Reichenow, 1932
*e, s Tansania*
Dessonornis anomalus macclounii
**Sambia-Olivflankenrötel**
Shelley, 1903
*sw Tansania, n Malawi und ne Sambia*
Dessonornis anomalus mbuluensis
**Tansania-Olivflankenrötel**
Grant, CHB & Mackworth-Praed, 1937
*nc Tansania*

## Gattung: Sheppardia

Sheppardia montana
**Usambararötel**
*Usambara Akalat - Akelat de los Usambara*
Reichenow, 1907
*ne Tansania (w Usambara Mts)*

Sheppardia lowei
**Njomberötel**
*Iringa Akalat - Akelat del Iringa*
Grant, CHB & Mackworth-Praed, 1941
*sc Tansania*

Sheppardia aurantiithorax
**Rubehorötel**
*Rubeho Akalat - Akelat de Rubeho*
Beresford, Fjeldså & Kiure, 2004
*Gebirge e Tansania (Rubehos und Ukagura Mts.)*

Sheppardia gunningi
**Blauflügelrötel**
*East Coast Akalat - Akelat de Gunning*
Haagner, 1909
*c Mosambik*

Sheppardia gunningi sokokensis
**Kenia-Blauflügelrötel**
Van Someren, 1921
*se Kenia und ne Tansania*
Sheppardia gunningi alticola
**Östlicher Blauflügelrötel**
Fjeldså, Roy & Kiure, 2000
*e Tansania*
Sheppardia gunningi bensoni
**Bensons Blauflügelrötel**
Kinnear, 1938
*nc Malawi*

Sheppardia sharpei
**Braunbruströtel**
*Sharpe's Akalat - Akelat de Sharpe*
Shelley, 1903
*s Tansania, n Malawi und ne Sambia*

Sheppardia sharpei usambarae
**Usambara-Braunbruströtel**
Macdonald, 1940
*e, ne Tansania*

Sheppardia bocagei
**Bocagerötel**
*Bocage's Akalat - Akelat de Bocage*
Finsch & Hartlaub, 1870
*w Angola*

Sheppardia bocagei ilyai
**Ilya-Bocagerötel**
Prigogine, 1987
*e Mt. Kungwe (w Tansania)*
Sheppardia bocagei chapini
**Chapinis Bocagerötel**
Benson, 1955
*se Demokratische Republik Kongo, sw Tansania und n Sambia*

Sheppardia poensis
**Kurzschwanzrötel**
*Short-tailed Akalat - Akelat colicorto*
Alexander, 1903
*Bioko Insel*

Sheppardia poensis granti
**Grants Kurzschwanzrötel**
Serle, 1949
*se Nigeria und w Kamerun*
Sheppardia poensis kungwensis
**Kungwe-Kurzschwanzrötel**
Moreau, 1941
*Mt. Kungwe (w Tansania)*
Sheppardia poensis kaboboensis
**Kabobo-Kurzschwanzrötel**
Prigogine, 1955
*Mt. Kabobo (e Demokratische Republik Kongo)*
Sheppardia poensis schoutedeni
**Kongo-Kurzschwanzrötel**
Prigogine, 1952
*e Demokratische Republik Kongo*

Sheppardia cyornithopsis
**Schnäpperrötel**
*Lowland Akalat - Akelat occidental*
Sharpe, 1901
*s Kamerun und sw Zentralafrikanische Republik bis Gabun und Kongo*

Sheppardia cyornithopsis houghtoni
**Houghtons Schnäpperrötel**
Bannerman, 1931
*Sierra Leone, s Guinea, Liberia und w Elfenbeinküste*
Sheppardia cyornithopsis lopezi
**Lopez-Schnäpperrötel**
Alexander, 1907
*n, e Demokratische Republik Kongo und w, s Uganda*

Sheppardia aequatorialis
**Ugandarötel**
*Equatorial Akalat - Akelat ecuatorial*
Jackson, FJ, 1906
*e Demokratische Republik Kongo, s Uganda, Rwanda, Burundi und w Kenia*

Sheppardia aequatorialis acholiensis
**Sudanrötel**
Macdonald, 1940
*s Sudan*

Sheppardia gabela
**Gabelarötel**
*Gabela Akalat - Akelat de Gabela*
Rand, 1957
*Angola*

Sheppardia polioptera
**Grauflügelrötel**
*Grey-winged Robin-Chat - Akelat aligrís*
Reichenow, 1892
*s Sudan bis w Kenia, nw Tansania, s Demokratische Republik Kongo, nw Sambia und Angola*

Sheppardia polioptera nigriceps
**Kamerun-Grauflügelrötel**
Reichenow, 1910
*Sierra Leone und Liberia bis c Kamerun*
Sheppardia polioptera tessmanni
**Tessmanns Grauflügelrötel**
Reichenow, 1921
*e Kamerun*

## Gattung: Irania

Irania gutturalis
**Weißkehlsänger**
*White-throated Robin - Petirrojo de Irán*
Guérin-Méneville, 1843
*Türkei bis Kirgisistan, Afghanistan und Iran*

## Gattung: Luscinia

Luscinia luscinia
**Sprosser**
*Thrush Nightingale - Ruiseñor ruso*
Linnaeus, 1758
*n, c Europa bis c Russland*

Luscinia megarhynchos
**Nachtigall**
*Common Nightingale - Ruiseñor común*
Brehm, CL, 1831
*w, c Europa bis c Türkei und s bis Jordanien*

Luscinia megarhynchos africana
**Kaukasus-Nachtigall**
Fischer, GA & Reichenow, 1884
*e Türkei, Kaukasus und n, sw Iran*

Luscinia megarhynchos golzii
**Golzis Nachtigall**
Cabanis, 1873
e Iran bis Kasachstan, sw Mongolei und nw China

Luscinia svecica

**Blaukehlchen**

*Bluethroat - Ruiseñor pechiazul*
Linnaeus, 1758
n Europa, n Asien, n Alaska und nw Kanada

Luscinia svecica namnetum
**Französisches Blaukehlchen**
Mayaud, 1934
sw, c Frankreich
Luscinia svecica cyanecula
**Weisssterniges Blaukehlchen**
Meisner, 1804
Niederlande und n, e Frankreich bis Belarus und nw Ukraine
Luscinia svecica azuricollis
**Spanisches Blaukehlchen**
Rafinesque, 1814
n, c Spanien
Luscinia svecica volgae
**Ukraine-Blaukehlchen**
Kleinschmidt, 1907
ne Ukraine, c, e Europäisch Russland
Luscinia svecica magna
**Kaukasus-Blaukehlchen**
Zarudny & Loudon, 1904
e Türkei, Kaukasus und n Iran
Luscinia svecica pallidogularis
**Kasachstan-Blaukehlchen**
Zarudny, 1897
Kasachstan und Turkmenistan
Luscinia svecica abbotti
**Abbotts Blaukehlchen**
Richmond, 1896
n Afghanistan, n Pakistan und nw Himalaya
Luscinia svecica saturatior
**Sushkin-Blaukehlchen**
Sushkin, 1925
Gebirge c Asien
Luscinia svecica kobdensis
**Mongolenblaukehlchen**
Tugarinov, 1929
w Mongolei und w China
Luscinia svecica przevalskii
**Przevalski-Blaukehlchen**
Tugarinov, 1929
c China

Luscinia phaenicuroides

**Weißbauch-Rostschwanz**

*White-bellied Redstart - Colirrojo ventriblanco*
Gray, JE & Gray, GR, 1847
Himalaya und w Myanmar

Luscinia phaenicuroides ichangensis
**Bakers Weißbauch-Rostschwanz**
Baker, ECS, 1922
ne, e Myanmar bis c China und n Indochina



Myiomela leucura

**Schattenschmätzer**

*White-tailed Robin - Ruiseñor coliblanco*
Hodgson, 1845
c, e Himalaya bis c China, c Indochina, Malayische Halbinsel und Myanmar

Myiomela leucura montium
**Taiwan-Schattenschmätzer**
Swinhoe, 1864
Taiwan
Myiomela leucura cambodiana
**Thailand-Schattenschmätzer**
Delacour & Jabouille, 1928
se Thailand und Kambodscha

Myiomela sumatrana

**Sumatraschmätzer**

*Sumatran Blue Robin - Ruiseñor de Sumatra*
Robinson & Kloss, 1918
Gebirge Sumatra

Myiomela diana

**Diademschmätzer**

*Javan Blue Robin - Ruiseñor de la Sonda*
Lesson, RP, 1831
Gebirge w, c Java



Calliope obscura

**Schwarzkehlnachtigall**

*Blackthroat - Ruiseñor gorjinegro*
Berezowski & Bianchi, 1891
nc China

Calliope pectardens

**Feuerkehlnachtigall**

*Firethroat - Ruiseñor de David*
David, A, 1877
c China

Calliope calliope

**Rubinkehlchen**

*Siberian Rubythroat - Ruiseñor calíope*
Pallas, 1776
Sibirien, n Mongolei, ne China und n Korea

Calliope calliope camtschatkensis
**Kamtschatka-Rubinkehlchen**
Gmelin, JF, 1789
Kamtschatka, Commander Is., Kuril Is. und n Japan
Calliope calliope beicki
**Beiks Rubinkehlchen**
Meise, 1937
nc China

Calliope pectoralis

**Bergrubinkehlchen**

*Himalayan Rubythroat - Ruiseñor pechinegro del Himalaya*
Gould, 1837
Himalaya von n Pakistan bis c Nepal

Calliope pectoralis ballioni
**Afghanisches Bergrubinkehlchen**
Severtsov, 1873
Gebirge c Asien und ne Afghanistan
Calliope pectoralis confusa
**Nepal-Bergrubinkehlchen**
Hartert, EJO, 1910
e Nepal und Sikkim

Calliope tschebaiewi

**Tibetrubinkehlchen**

*Chinese Rubythroat - Ruiseñor pechinegro chino*
Przevalski, 1876
Kashmir, Tibet, c China und n Myanmar



Enicurus scouleri

**Stummelscherenschwanz**

*Little Forktail - Torrentero chico*
Vigors, 1832
Himalaya bis e China, nw Vietnam und Taiwan

Enicurus immaculatus

**Schwarzrücken-Scherenschwanz**

*Black-backed Forktail - Torrentero dorsinegro*
Hodgson, 1836
Himalaya bis nw Thailand

Enicurus schistaceus

**Graurücken-Scherenschwanz**

*Slaty-backed Forktail - Torrentero dorsigrís*
Hodgson, 1836
Himalaya über se Asien

Enicurus maculatus

**Fleckenscherenschwanz**

*Spotted Forktail - Torrentero moteado*
Vigors, 1831
e Afghanistan, w, c Himalaya

Enicurus maculatus guttatus
**Myanmar-Fleckenscherenschwanz**
Gould, 1866
e Himalaya, Myanmar und sw China
Enicurus maculatus bacatus
**China-Fleckenscherenschwanz**
Bangs & Phillips, JC, 1914
se China und n Indochina
Enicurus maculatus robinsoni
**Robinsons Fleckenscherenschwanz**
Baker, ECS, 1922
sc Vietnam

Enicurus leschenaulti
**Weißscheitel-Scherenschwanz**
*White-crowned Forktail - Torrentero coroniblanco*
Vieillot, 1818
*Java und Bali*

Enicurus leschenaulti indicus
**Indischer Scherenschwanz**
Hartert, EJO, 1910
ne Indien und Myanmar bis s China, Indochina und Thailand
Enicurus leschenaulti sinensis
**Chinesischer Scherenschwanz**
Gould, 1866
c, e China und Hainan Insel
Enicurus leschenaulti frontalis
**Malayischer Scherenschwanz**
Blyth, 1847
c, s Malayische Halbinsel, Sumatra, Nias (w von n Sumatra) und Flachland Borneo
Enicurus leschenaulti chaseni
**Batu-Scherenschwanz**
Meyer de Schauensee, 1940
Batu (w von c Sumatra)

Enicurus borneensis
**Borneoscherenschwanz**
*Bornean Forktail - Torrentero de Borneo*
Sharpe, 1889
*Gebirge Borneo*

Enicurus ruficapillus
**Rotkopf-Scherenschwanz**
*Chestnut-naped Forktail - Torrentero capirrufo*
Temminck, 1832
*Malayische Halbinsel, Sumatra und Borneo*

Enicurus velatus
**Zwergscherenschwanz**
*Sunda Forktail - Torrentero de la Sonda*
Temminck, 1822
*Gebirge Java*

Enicurus velatus sumatranus
**Sumatra-Zwergscherenschwanz**
Robinson & Kloss, 1923
Gebirge Sumatra

## Gattung: Cinclidium

Cinclidium frontale
**Blauschmätzer**
*Blue-fronted Robin - Ruiseñor frentiazul*
Blyth, 1842
*Nepal bis Bhutan*

Cinclidium frontale orientale
**Sumatra-Blauschmätzer**
Delacour & Jabouille, 1930
ne Indien bis sc China und n Indochina

## Gattung: Myophonus

Myophonus insularis
**Taiwanpfeifdrossel**
*Taiwan Whistling Thrush - Arrenga de Formosa*
Gould, 1863
*Taiwan*

Myophonus melanurus
**Glanzpfeifdrossel**
*Shiny Whistling Thrush - Arrenga brillante*
Salvadori, 1879
*Gebirge Sumatra*

Myophonus castaneus
**Sumatrapfeifdrossel**
*Brown-winged Whistling Thrush - Arrenga castaño*
Wardlaw-Ramsay, RG, 1880
*Sumatra*

Myophonus caeruleus
**Purpurpfeifdrossel**
*Blue Whistling Thrush - Arrenga común*
Scopoli, 1786
*c, e China*

Myophonus caeruleus temminckii
**Temminckpfeifdrossel**
Vigors, 1831
Gebirge c Asien bis wc China und ne Myanmar

Myophonus caeruleus eugenei
**Eugenpfeifdrossel**
Hume, 1873
c Myanmar bis e Thailand, s China und n, c Indochina
Myophonus caeruleus crassirostris
**Kambodschapfeifdrossel**
Robinson, 1910
se Thailand, Kambodscha und n, c Malayische Halbinsel
Myophonus caeruleus dichrorhynchus
**Salvadoripfeifdrossel**
Salvadori, 1879
s Malayische Halbinsel und Sumatra
Myophonus caeruleus flavirostris
**Horsfieldpfeifdrossel**
Horsfield, 1821
Java

Myophonus glaucinus
**Javapfeifdrossel**
*Javan Whistling Thrush - Arrenga de Java*
Temminck, 1823
*Gebirge Java und Bali*

Myophonus borneensis
**Borneopfeifdrossel**
*Bornean Whistling Thrush - Arrenga de Borneo*
Slater, HH, 1885
*Gebirge Borneo*

Myophonus robinsoni
**Malaienpfeifdrossel**
*Malayan Whistling Thrush - Arrenga malayo*
Ogilvie-Grant, 1905
*w Malaysia*

Myophonus horsfieldii
**Malabarpfeifdrossel**
*Malabar Whistling Thrush - Arrenga indio*
Vigors, 1831
*s Indien*

Myophonus blighi
**Ceylonpfeifdrossel**
*Sri Lanka Whistling Thrush - Arrenga de Ceilán*
Holdsworth, 1872
*Sri Lanka*

## Gattung: Heinrichia

Heinrichia calligyna
**Celebeskurzflügel**
*Great Shortwing - Alicorto grande*
Stresemann, 1931
*Gebirge sc Sulawesi*

Heinrichia calligyna simplex
**Nördlicher Celebeskurzflügel**
Stresemann, 1931
Gebirge n Sulawesi
Heinrichia calligyna picta
**Östlicher Celebeskurzflügel**
Stresemann, 1932
Gebirge se Sulawesi

## Gattung: Vauriella

Vauriella gularis
**Weißbrauen-Dschungelschnäpper**
*Eyebrowed Jungle Flycatcher - Papamoscas embridado*
Sharpe, 1888
*Gebirge Borneo*

Vauriella albigularis
**Negrosdschungelschnäpper**
*White-throated Jungle Flycatcher - Papamoscas de Negros*
Bourns & Worcester, 1894
*West Visayas (wc Philippinen)*

Vauriella insignis
**Rotflanken-Dschungelschnäpper**
*White-browed Jungle Flycatcher - Papamoscas insigne*
Ogilvie-Grant, 1895
*Gebirge n Luzon (n Philippinen)*

Vauriella goodfellowi
**Graurücken-Dschungelschnäpper**
*Slaty-backed Jungle Flycatcher - Papamoscas de Mindanao*
Ogilvie-Grant, 1905
*Gebirge Mindanao (s Philippinen)*

## Gattung: Leonardina

Leonardina woodi
**Mindanaokurzflügel**
*Bagobo Babbler - Tordina de Mindanao*
Mearns, 1905
*Gebirge Mindanao (s Philippinen)*

## Gattung: Brachypteryx

Brachypteryx cruralis
**Himalaja-Bergkurzflügel**
*Himalayan Shortwing - Alicorto del Himalaya*
Blyth, 1843
*c Himalaya und Myanmar bis sc, s China, nw Thailand und n Indochina*

Brachypteryx sinensis
**China-Bergkurzflügel**
*Chinese Shortwing - Alicorto chino*
Rickett, 1897
*se China*

Brachypteryx goodfellowi
**Taiwan-Bergkurzflügel**
*Taiwan Shortwing - Alicorto de Formosa*
Ogilvie-Grant, 1912
*Gebirge Taiwan*

Brachypteryx hyperythra
**Rostbauch-Kurzflügel**
*Rusty-bellied Shortwing - Alicorto ventrirrufo*
Blyth, 1861
*e Himalaya, ne Indien*

Brachypteryx leucophris
**Zwergkurzflügel**
*Lesser Shortwing - Alicorto chico*
Temminck, 1828
*Gebirge Sumatra, Java und Lesser Sundas*

Brachypteryx leucophris nipalensis
**Nepal-Zwergkurzflügel**
Moore, F, 1854
*Himalaya bis w, n Myanmar und sc China*
Brachypteryx leucophris carolinae
**Carolinas Zwergkurzflügel**
La Touche, 1090
*s, se China, e Myanmar, ne Thailand und n Indochina*
Brachypteryx leucophris langbianensis
**Indochina-Zwergkurzflügel**
Delacour & Greenway, 1939
*s Indochina*
Brachypteryx leucophris wrayi
**Wrays Zwergkurzflügel**
Ogilvie-Grant, 1906
*c, s Malayische Halbinsel*

Brachypteryx poliogyna
**Philippinen-Bergkurzflügel**
*Philippine Shortwing - Alicorto filipino*
Ogilvie-Grant, 1895
*Gebirge n Luzon (n Philippinen)*

Brachypteryx poliogyna andersoni
**Andersons Bergkurzflügel**
Rand & Rabor, 1967
*Gebirge s Luzon (n Philippinen)*
Brachypteryx poliogyna mindorensis
**Mindoro-Bergkurzflügel**
Hartert, EJO, 1916
*Gebirge Mindoro (nw Philippinen)*
Brachypteryx poliogyna sillimani
**Palawan-Bergkurzflügel**
Ripley & Rabor, 1962
*Gebirge Palawan (sw Philippinen)*
Brachypteryx poliogyna brunneiceps
**Negros-Bergkurzflügel**
Ogilvie-Grant, 1896
*Gebirge Negros und Panay (wc Philippinen)*
Brachypteryx poliogyna malindangensis
**Malindang-Bergkurzflügel**
Mearns, 1909
*Mt. Malindang (Zamboanga Halbinsel, Mindanao, s Philippinen)*
Brachypteryx poliogyna mindanensis
**Apo-Bergkurzflügel**
Mearns, 1905
*Mt. Apo, se Mindanao (s Philippinen)*

Brachypteryx erythrogyna
**Borneo-Bergkurzflügel**
*Bornean Shortwing - Alicorto de Borneo*
Sharpe, 1888
*Gebirge n Borneo*

Brachypteryx saturata
**Sumatra-Bergkurzflügel**
*Sumatran Shortwing - Alicorto de Sumatra*
Salvadori, 1879
*Gebirge Sumatra*

Brachypteryx montana
**Java-Bergkurzflügel**
*Javan Shortwing - Alicorto de Java*
Horsfield, 1821
*Gebirge Java*

Brachypteryx floris
**Flores-Bergkurzflügel**
*Flores Shortwing - Alicorto de Flores*
Hartert, EJO, 1897
*Gebirge Flores (c Lesser Sundas)*

## Gattung: Larvivora

Larvivora cyane
**Blaunachtigall**
*Siberian Blue Robin - Ruiseñor azul*
Pallas, 1776
*e Sibirien, ne China und Korea*

Larvivora cyane bochaiensis
**Sibirische Blaunachtigall**
Shulpin, 1928
*sc Sibirien und n Mongolei*
Larvivora cyane nechaevi
**Japanische Blaunachtigall**
Red'kin, 2006
*Sakhalin, s Kuril Is. und Japan*

Larvivora brunnea
**Orangenachtigall**
*Indian Blue Robin - Ruiseñor indio*
Hodgson, 1837
*e Afghanistan und Himalaya bis c China*

Larvivora brunnea wickhami
**Wickhams Orangenachtigall**
Baker, ECS, 1916
*w Myanmar*

Larvivora akahige
**Rostkehlnachtigall**
*Japanese Robin - Ruiseñor japonés*
Temminck, 1835
*s Sakhalin und Kuril Is. (se Russland), Hokkaido bis Kyushu (n bis s Japan), inklusive Inseln vor s Kyushu*

Larvivora tanensis
**Izunachtigall**
*Izu Robin - Ruiseñor de las Izu*
Kuroda, Nm, 1923
*Izu Is. (s Japan)*

Larvivora komadori
**Samtkehlnachtigall**
*Ryukyu Robin - Ruiseñor de las Ryukyu*
Temminck, 1835
*sw Kyushu islets, Tokara Is., Amami Oshima bis Tokumoshima, n Ryukyu Is. (s Japan)*

Larvivora namiyei
**Okinawanachtigall**
*Okinawa Robin - Ruiseñor de Okinawa*
Stejneger, 1887
*n Okinawa und Kerama Insel in c Ryukyu Is. (s Japan)*

Larvivora sibilans
**Schwirrnachtigall**
*Rufous-tailed Robin - Ruiseñor silbador*
Swinhoe, 1863
*c bis se Russland, ne China und n Japan*

Larvivora ruficeps
**Rotkopfnachtigall**
*Rufous-headed Robin - Ruiseñor cabecirrojo*
Hartert, EJO, 1907
*nc China*

Ficedula zanthopygia
**Goldschnäpper**
*Yellow-rumped Flycatcher - Papamoscas culiamarillo*
Hay, 1845
e Mongolei und se Russland bis e China

Ficedula elisae
**Grünrückenschnäpper**
*Green-backed Flycatcher - Papamoscas de Elise*
Weigold, 1922
ne China

Ficedula narcissina
**Narzissenschnäpper**
*Narcissus Flycatcher - Papamoscas narciso*
Temminck, 1836
Sakhalin und Kuril Is. (se Russland) und Japan (außer Ryukyu Is.)

Ficedula owstoni
**Ryūkyūschnäpper**
*Ryukyu Flycatcher - Papamoscas de las Ryukyu*
Bangs, 1901
Ryukyu Is. (s Japan)

Ficedula tricolor
**Dreifarbenschnäpper**
*Slaty-blue Flycatcher - Papamoscas tricolor*
Hodgson, 1845
w, c Himalaya

    Ficedula tricolor minuta
    **Kleiner Dreifarbenschnäpper**
    Hume, 1872
    e Himalaya und se Tibet
    Ficedula tricolor cerviniventris
    **Sharps-Dreifarbenschnäpper**
    Sharpe, 1879
    ne Indien und w Myanmar
    Ficedula tricolor diversa
    **Vauries Dreifarbenschnäpper**
    Vaurie, 1953
    c China bis n Vietnam und n Myanmar

Ficedula hyperythra
**Rotbrustschnäpper**
*Snowy-browed Flycatcher - Papamoscas cejiníveo*
Blyth, 1843
c Himalaya bis sc China, n, c Indochina, n Thailand und Myanmar

    Ficedula hyperythra annamensis
    **Vietnam-Rotbrustschnäpper**
    Robinson & Kloss, 1919
    sc Vietnam
    Ficedula hyperythra innexa
    **Taiwan-Rotbrustschnäpper**
    Swinhoe, 1866
    Taiwan
    Ficedula hyperythra sumatrana
    **Sumatra-Rotbrustschnäpper**
    Hachisuka, 1926
    Gebirge Malayische Halbinsel, Sumatra und n Borneo
    Ficedula hyperythra mjobergi
    **Borneo-Rotbrustschnäpper**
    Hartert, EJO, 1925
    Gebirge nw Borneo
    Ficedula hyperythra vulcani
    **Vulcan-Rotbrustschnäpper**
    Robinson, 1918
    Gebirge Java, Bali und Lombok, Sumbawa und Flores (w, c Lesser Sundas)
    Ficedula hyperythra clarae
    **Timor-Rotbrustschnäpper**
    Mayr, 1944
    Gebirge Timor und Wetar (e Lesser Sundas)
    Ficedula hyperythra audacis
    **Babar-Rotbrustschnäpper**
    Hartert, EJO, 1906
    Babar (e Lesser Sundas)
    Ficedula hyperythra annalisa
    **Annalisas Rotbrustschnäpper**
    Stresemann, 1931
    Gebirge n Sulawesi
    Ficedula hyperythra jugosae
    **Sulawesi-Rotbrustschnäpper**
    Riley, 1921
    Gebirge c, se, s Sulawesi
    Ficedula hyperythra betinabiru
    **Talibi-Rotbrustschnäpper**
    Rheindt, Prawiradilaga, Ashari & Suparno, 2020
    Taliabu (Sula Is., e Sulawesi)
    Ficedula hyperythra negroides
    **Seram-Rotbrustschnäpper**
    Stresemann, 1914
    Seram (ec Moluccas)

    Ficedula hyperythra pallidipectus
    **Bacan-Rotbrustschnäpper**
    Hartert, EJO, 1903
    Bacan (s Halmahera, n Moluccas)
    Ficedula hyperythra alifura
    **Buru-Rotbrustschnäpper**
    Stresemann, 1912
    Buru (wc Moluccas)

Ficedula mugimaki
**Mugimakischnäpper**
*Mugimaki Flycatcher - Papamoscas mugimaki*
Temminck, 1836
n Mongolei und se Russland über ne China bis Koreanische Halbinsel

Ficedula erithacus
**Schiefermantelschnäpper**
*Slaty-backed Flycatcher - Papamoscas pechirrojo*
Blyth, 1861
Himalaya bis e Indien und se Asien

Ficedula hodgsoni
**Zwergblauschnäpper**
*Pygmy Flycatcher - Papamoscas pigmeo*
Moore, F, 1854
c, e Himalaya bis s China und c Indochina

    Ficedula hodgsoni sondaica
    **Gebirgs-Zwergblauschnäpper**
    Robinson & Kloss, 1923
    Gebirge Malayische Halbinsel, Sumatra und Borneo

Ficedula strophiata
**Zimtkehlschnäpper**
*Rufous-gorgeted Flycatcher - Papamoscas gorjirrojo*
Hodgson, 1837
Himalaya bis c, s China und w, n Myanmar

    Ficedula strophiata fuscogularis
    **Laos-Zimtkehlschnäpper**
    Baker, ECS, 1923
    s Laos und c Vietnam

Ficedula sapphira
**Saphirschnäpper**
*Sapphire Flycatcher - Papamoscas zafiro*
Blyth, 1843
e Himalaya bis sc China und n Myanmar

    Ficedula sapphira laotiana
    **Laos-Saphirschnäpper**
    Delacour & Greenway, 1939
    s China und n Indochina
    Ficedula sapphira tienchuanensis
    **Tienchuan-Saphirschnäpper**
    Cheng T, 1964
    nc und c China

Ficedula superciliaris
**Weißbrauenschnäpper**
*Ultramarine Flycatcher - Papamoscas ultramarino*
Jerdon, 1840
e Afghanistan bis c Himalaya

    Ficedula superciliaris aestigma
    **Himalaya-Weißbrauenschnäpper**
    Gray, JE & Gray, GR, 1847
    e Himalaya bis sc China

Ficedula westermanni
**Elsterschnäpper**
*Little Pied Flycatcher - Papamoscas pío*
Sharpe, 1888
Gebirge Malayische Halbinsel, n Sumatra, Borneo, Mindanao Gruppe (s Philippinen), Sulawesi (außer s), Taliabu (Sula Is., e Sulawesi), Bacan (s Halmahera, n Moluccas) und Seram (ec Moluccas)

    Ficedula westermanni collini
    **Collins Elsterschnäpper**
    Rothschild, 1925
    w, c Himalaya
    Ficedula westermanni australorientis
    **Himalaya-Elsterschnäpper**
    Ripley, 1952
    e Himalaya bis sc China, n Indochina, Thailand und Myanmar
    Ficedula westermanni langbianis
    **Laos-Elsterschnäpper**
    Kloss, 1927
    s Laos und sc Vietnam
    Ficedula westermanni rabori
    **Rabor-Elsterschnäpper**
    Ripley, 1952
    Gebirge Luzon, Mindoro und West Visayas (n, wc Philippinen)

Ficedula westermanni palawanensis
**Palawan-Elsterschnäpper**
Ripley & Rabor, 1962
Gebirge Palawan (sw Philippinen)
Ficedula westermanni hasselti
**Hasselts Elsterschnäpper**
Finsch, 1898
s Sumatra, Java, Bali, sw Sulawesi und Lombok, Sumbawa, Flores und Alor (w, c Lesser Sundas)
Ficedula westermanni mayri
**Mayrs Elsterschnäpper**
Ripley, 1952
Rote (w Timor), Timor und Wetar (e Lesser Sundas)

## Ficedula ruficauda
### Rotschwanzschnäpper
*Rusty-tailed Flycatcher - Papamoscas colirrojo*
Swainson, 1838
*Usbekistan und Kirgisistan bis Nepal und n Indien*

## Ficedula subrubra
### Kaschmirschnäpper
*Kashmir Flycatcher - Papamoscas de Cachemira*
Hartert, EJO & Steinbacher, 1934
*n Indien*

## Ficedula parva
### Zwergschnäpper
*Red-breasted Flycatcher - Papamoscas papirrojo*
Bechstein, 1792
*c, n Europa bis w Russland und Iran*

## Ficedula albicilla
### Taigaschnäpper
*Taiga Flycatcher - Papamoscas de la taiga*
Pallas, 1811
*w Russland bis e Russland und s bis n Mongolei und ne China*

## Ficedula semitorquata
### Halbringschnäpper
*Semicollared Flycatcher - Papamoscas semiacollarado*
Homeyer, 1885
*Griechenland bis Aserbaidschan und Irak*

## Ficedula speculigera
### Atlasschnäpper
*Atlas Pied Flycatcher - Papamoscas del Atlas*
Bonaparte, 1850
*Marokko bis Tunesien*

## Ficedula hypoleuca
### Trauerschnäpper
*European Pied Flycatcher - Papamoscas cerrojillo*
Pallas, 1764
*w, n Europa bis Ural Mts.*

Ficedula hypoleuca iberiae
**Iberia-Trauerschnäpper**
Witherby, 1928
Iberische Halbinsel
Ficedula hypoleuca sibirica
**Sibirischer Trauerschnäpper**
Khakhlov, 1915
w, sc Sibirien

## Ficedula albicollis
### Halsbandschnäpper
*Collared Flycatcher - Papamoscas acollarado*
Temminck, 1815
*c, sc Europa über w Russland*

## Ficedula nigrorufa
### Orangeschnäpper
*Black-and-orange Flycatcher - Papamoscas rufinegro*
Jerdon, 1839
*sw Indien*

## Ficedula riedeli
### Yamdenaschnäpper
*Tanimbar Flycatcher - Papamoscas de las Tanimbar*
Büttikofer, 1886
*Yamdena und Larat (Tanimbar Is., s Moluccas)*

## Ficedula dumetoria
### Spiegelschnäpper
*Rufous-chested Flycatcher - Papamoscas pechirrufo*
Wallace, 1864
*Java und Lombok, Sumbawa, Satonda (n von nc Sumbawa) und Flores (w, c Lesser Sundas)*

Ficedula dumetoria muelleri
**Muellers Spiegelschnäpper**
Sharpe, 1879
Malayische Halbinsel, Sumatra und Borneo

## Ficedula disposita
### Luzonschnäpper
*Furtive Flycatcher - Papamoscas furtivo*
Ripley & Marshall, JT Jr, 1967
*Luzon (n Philippinen)*

## Ficedula platenae
### Palawanschnäpper
*Palawan Flycatcher - Papamoscas de Palawan*
Blasius, W, 1888
*Palawan (sw Philippinen)*

## Ficedula rufigula
### Celebesschnäpper
*Rufous-throated Flycatcher - Papamoscas gorjirrufo*
Wallace, 1865
*Sulawesi*

## Ficedula buruensis
### Molukkenschnäpper
*Cinnamon-chested Flycatcher - Papamoscas de Buru*
Hartert, EJO, 1899
*Buru (wc Moluccas)*

Ficedula buruensis ceramensis
**Ceramgrundschnäpper**
Ogilvie-Grant, 1910
Seram (ec Moluccas)
Ficedula buruensis siebersi
**Siebersgrundschnäpper**
Hartert, EJO, 1924
Kai Besar (Kai Is., se Moluccas)

## Ficedula harterti
### Hartertschnäpper
*Sumba Flycatcher - Papamoscas de Hartert*
Siebers, 1928
*Sumba (c Lesser Sundas)*

## Ficedula timorensis
### Brustbandschnäpper
*Black-banded Flycatcher - Papamoscas de Timor*
Hellmayr, 1919
*Timor (e Lesser Sundas)*

## Ficedula basilanica
### Schieferschnäpper
*Little Slaty Flycatcher - Papamoscas de Basilán*
Sharpe, 1877
*Mindanao Gruppe (s Philippinen)*

Ficedula basilanica samarensis
**Visayas-Schieferschnäpper**
Bourns & Worcester, 1894
East Visayas (ec Philippinen)

## Ficedula luzoniensis
### Dickichtschnäpper
*Bundok Flycatcher - Papamoscas de Luzón*
Ogilvie-Grant, 1894
*Gebirge Luzon und Mindoro (n, nw Philippinen)*

Ficedula luzoniensis rara
**Palawan-Dickichtschnäpper**
Salomonsen, 1977
Gebirge Palawan (sw Philippinen)
Ficedula luzoniensis calayensis
**Calayan-Dickichtschnäpper**
McGregor, 1921
Calayan (n Philippinen)
Ficedula luzoniensis nigrorum
**Negros-Dickichtschnäpper**
Whitehead, J, 1897
Gebirge Negros (wc Philippinen)
Ficedula luzoniensis montigena
**Apo-Dickichtschnäpper**
Mearns, 1905
Gebirge Mt. Apo, Mt. Katanglad und Mt. McKinley, c Mindanao (s Philippinen)
Ficedula luzoniensis matutumensis
**Matutum-Dickichtschnäpper**
Kennedy, RS, 1987
Mt. Busa und Mt. Matutum, s Mindanao (s Philippinen)
Ficedula luzoniensis daggayana
**Mindanao-Dickichtschnäpper**
Meyer de Schauensee & duPont, 1962
Gebirge Misamis Oriental, nc Mindanao (s Philippinen)

Ficedula luzoniensis malindangensis
**Malindang-Dickichtschnäpper**
Rand & Rabor, 1957
Mt. Malindang (Zamboanga Halbinsel, w Mindanao, s Philippinen)

Ficedula crypta
**Philippinenschnäpper**
*Cryptic Flycatcher - Papamoscas críptico*
Vaurie, 1951
*Mindanao außer Zamboanga Halbinsel (s Philippinen)*

Ficedula bonthaina
**Bonthainschnäpper**
*Lompobattang Flycatcher - Papamoscas del Lompobattang*
Hartert, EJO, 1896
*Gebirge sw Sulawesi*

Ficedula henrici
**Fleckenschnäpper**
*Damar Flycatcher - Papamoscas de la Damar*
Hartert, EJO, 1899
*Damar (ne Lesser Sundas)*

## Gattung: Tarsiger

Tarsiger indicus
**Weißbrauen-Blauschwanz**
*White-browed Bush Robin - Ruiseñor cejudo*
Vieillot, 1817
c, e Himalaya

Tarsiger indicus yunnanensis
**Südlicher Weißbrauen-Blauschwanz**
Rothschild, 1922
n Myanmar, s China und n Vietnam

Tarsiger formosanus
**Taiwan-Weißbrauen-Blauschwanz**
*Taiwan Bush Robin - Ruiseñor de Taiwan*
Hartert, EJO, 1910
*Taiwan*

Tarsiger chrysaeus
**Goldschwanz**
*Golden Bush Robin - Ruiseñor dorado*
Hodgson, 1845
c, e Himalaya bis c China und n Myanmar

Tarsiger chrysaeus whistleri
**Goldschwanz**
Ticehurst, 1922
nw Himalaya

Tarsiger johnstoniae
**Taiwanblauschwanz**
*Collared Bush Robin - Ruiseñor de Formosa*
Ogilvie-Grant, 1906
*Taiwan*

Tarsiger hyperythrus
**Rostbrust-Blauschwanz**
*Rufous-breasted Bush Robin - Ruiseñor pechirrufo*
Blyth, 1847
Himalaya bis sc China

Tarsiger cyanurus
**Blauschwanz**
*Red-flanked Bluetail - Ruiseñor coliazul*
Pallas, 1773
n Eurasien von Finnland bis Japan

Tarsiger albocoeruleus
**Quilianblauschwanz**
*Qilian Bluetail - Ruiseñor de Quilian*
Meise, W 1937
*China (nordöstliches Qinghai, nördliches Gansu, Shanxi und Peking)*

Tarsiger rufilatus
**Himalajablauschwanz**
*Himalayan Bluetail - Ruiseñor del Himalaya*
Hodgson, 1845
c Himalaya bis c China

Tarsiger rufilatus pallidior
**Westlicher Himalajablauschwanz**
Baker, ECS, 1924
w Himalaya

## Gattung: Heteroxenicus

Heteroxenicus stellatus
**Braunrücken-Kurzflügel**
*Gould's Shortwing - Alicorto estrellado*
Gould, 1868
c Himalaya bis s China und ne Myanmar

Heteroxenicus stellatus fuscus
**Vietnam-Braunrücken-Kurzflügel**
Delacour & Jabouille, 1930
nw Vietnam

## Gattung: Phoenicurus

Phoenicurus erythronotus
**Sprosserrotschwanz**
*Eversmann's Redstart - Colirrojo de Eversmann*
Eversmann, 1841
c Asien

Phoenicurus frontalis
**Blaustirn-Rotschwanz**
*Blue-fronted Redstart - Colirrojo frentiazul*
Vigors, 1831
e Afghanistan bis c China

Phoenicurus coeruleocephala
**Blaukopf-Rotschwanz**
*Blue-capped Redstart - Colirrojo capiazul*
Vigors, 1831
e Afghanistan bis c Himalaya

Phoenicurus schisticeps
**Weißkehl-Rotschwanz**
*White-throated Redstart - Colirrojo gorjiblanco*
Gray, JE & Gray, GR, 1847
Himalaya bis c China

Phoenicurus fuliginosus
**Wasserrotschwanz**
*Plumbeous Water Redstart - Colirrojo fuliginoso*
Vigors, 1831
e Afghanistan bis ne, e China, Indochina und nw Thailand

Phoenicurus fuliginosus affinis
**Taiwan-Wasserrotschwanz**
Ogilvie-Grant, 1906
Taiwan

Phoenicurus bicolor
**Luzonrotschwanz**
*Luzon Water Redstart - Colirrojo bicolor*
Ogilvie-Grant, 1894
Gebirge Luzon und Mindoro (n Philippinen)

Phoenicurus leucocephalus
**Weißscheitel-Rotschwanz**
*White-capped Redstart - Colirrojo acuático*
Vigors, 1831
Central Asien über Himalaya bis c, ne China, n Myanmar, n Thailand und n Indochina

Phoenicurus alaschanicus
**Alaschan-Rotschwanz**
*Przevalski's Redstart - Colirrojo de Przewalski*
Przevalski, 1876
nc China

Phoenicurus ochruros
**Hausrotschwanz**
*Black Redstart - Colirrojo tizón*
Gmelin, SG, 1774
c Türkei bis Kaukasus und nw Iran

Phoenicurus ochruros gibraltariensis
**Gibraltar-Hausrotschwanz**
Gmelin, JF, 1789
Europa, w Türkei und nw Afrika

Phoenicurus ochruros semirufus
**Syrischer Hausrotschwanz**
Hemprich & Ehrenberg, 1833
w Syrien, Libanon und ne Israel

Phoenicurus ochruros phoenicuroides
**Moores Hausrotschwanz**
Moore, F, 1854
ne Iran und Turkmenistan bis nw Pakistan n bis se Kasachstan, nw China, und sc, e Mongolei

Phoenicurus ochruros murinus
**Asiatischer Hausrotschwanz**
Fedorenko, 2018
ne Kazakstan, sc Sibirien, extremer nc China und w, sw, wc Mongolei

Phoenicurus ochruros rufiventris
**Himalaya-Hausrotschwanz**
Vieillot, 1818
Central Himalaya bis c China

Phoenicurus phoenicurus
**Gartenrotschwanz**

*Common Redstart - Colirrojo real*

Linnaeus, 1758
*w, c, e Europa und nw Afrika bis e Kasachstan, sc Sibirien. w China (Xinjiang) und n Mongolei*

Phoenicurus phoenicurus samamisicus
**Balkan-Gartenrotschwanz**
Hablizl, 1783
Greece, s Bulgaria, Türkei, Crimea, und Kaukasus bis Iran, se Usbekistan und w
Tadschikistan; se Europa und Balkan bis n Schwarzes Meer Region

Phoenicurus moussieri
**Diademrotschwanz**

*Moussier's Redstart - Colirrojo diademado*

Olphe-Galliard, 1852
*Marokko bis ne Libyen*

Phoenicurus auroreus
**Spiegelrotschwanz**

*Daurian Redstart - Colirrojo dáurico*

Pallas, 1776
*sc Sibirien und Mongolei bis Korea und ne China*

Phoenicurus auroreus leucopterus
**Himalaya-Spiegelrotschwanz**
Blyth, 1843
e Himalaya bis c, e China

Phoenicurus hodgsoni
**Tibetrotschwanz**

*Hodgson's Redstart - Colirrojo de Hodgson*

Moore, F, 1854
*Himalaya bis c China*

Phoenicurus erythrogastrus
**Riesenrotschwanz**

*Güldenstädt's Redstart - Colirrojo de Güldenstädt*

Güldenstädt, 1775
*Greater Kaukasus Mt.*

Phoenicurus erythrogastrus grandis
**Goulds Riesenrotschwanz**
Gould, 1850
e Afghanistan bis sc Sibirien, w Mongolei und nw, c China

## Gattung: Monticola

Monticola cinclorhyncha
**Blaukopfrötel**

*Blue-capped Rock Thrush - Roquero capiazul*

Vigors, 1831
*Afghanistan bis Myanmar und s Indien*

Monticola gularis
**Amurrötel**

*White-throated Rock Thrush - Roquero gorjiblanco*

Swinhoe, 1863
*e Mongolei und se Russland bis c China*

Monticola rufiventris
**Kastanienbauchrötel**

*Chestnut-bellied Rock Thrush - Roquero ventrirrufo*

Jardine & Selby, 1833
*Himalaya über se Asien*

Monticola brevipes
**Kurzzehenrötel**

*Short-toed Rock Thrush - Roquero de Namibia*

Waterhouse, 1838
*w Angola, Namibia und nw Südafrika*

Monticola brevipes pretoriae
**Pretoria-Kurzzehenrötel**
Gunning & Roberts, 1911
se Botswana und c Südafrika

Monticola explorator
**Langzehenrötel**

*Sentinel Rock Thrush - Roquero centinela*

Vieillot, 1818
*e, s Südafrika*

Monticola explorator tenebriformis
**Lesotho-Langzehenrötel**
Clancey, 1952
Lesotho bis s Mosambik

Monticola erythronotus
**Ambrerötel**

*Amber Mountain Rock Thrush - Roquero de Lavauden*

Lavauden, 1929
*extremer n Madagascar*

Monticola sharpei
**Madagaskarrötel**

*Forest Rock Thrush - Roquero de Sharpe*

Gray, GR, 1871
*e Madagascar*

Monticola sharpei bensoni
**Bensonrötel**
Farkas, 1971
sw Madagascar

Monticola imerina
**Dünenrötel**

*Littoral Rock Thrush - Roquero litoral*

Hartlaub, 1860
*Küste sw, s Madagascar*

Monticola rufocinereus
**Schluchtenrötel**

*Little Rock Thrush - Roquero chico*

Rüppell, 1837
*Eritrea, Äthiopien und n Somalia bis Kenia und ne Tansania*

Monticola rufocinereus sclateri
**Sclaters Schluchtenrötel**
Hartert, EJO, 1917
w Saudi-Arabien

Monticola saxatilis
**Steinrötel**

*Common Rock Thrush - Roquero rojo*

Linnaeus, 1766
*s Europa bis sc China, nw Afrika*

Monticola solitarius
**Blaumerle**

*Blue Rock Thrush - Roquero solitario*

Linnaeus, 1758
*nw Afrika, sw und sc Europa, n Türkei bis Georgia und Aserbaidschan*

Monticola solitarius longirostris
**Langschnabel-Blaumerle**
Blyth, 1847
Griechenland und w, s Türkei über Mittlerer Osten bis nw Himalaya

Monticola solitarius pandoo
**China-Blaumerle**
Sykes, 1832
c Himalaya bis e China und nw Vietnam

Monticola solitarius philippensis
**Philippinen-Blaumerle**
Müller, PLS, 1776
e Mongolei bis Sakhalin s bis Japan, extremer n Philippinen und ne China

Monticola solitarius madoci
**Malayische Blaumerle**
Chasen, 1940
Malayische Halbinsel und n Sumatra

Monticola semirufus
**Spiegelrötel**

*White-winged Cliff Chat - Roquero abisinio*

Rüppell, 1837
*Gebirge Eritrea und Äthiopien*

Monticola rupestris
**Klippenrötel**

*Cape Rock Thrush - Roquero de El Cabo*

Vieillot, 1818
*se Botswana und sw Mosambik bis s Südafrika*

Monticola angolensis
**Miomborötel**

*Miombo Rock Thrush - Roquero angoleño*

de Sousa, JA, 1888
*Angola und s Demokratische Republik Kongo bis Rwanda, Tansania und n Sambia*

Monticola angolensis hylophilus
**Clanceys Miomborötel**
Clancey, 1965
s Sambia, w Malawi, w Mosambik und Simbabwe

## Gattung: Saxicola

**Saxicola jerdoni**
### Jerdonschmätzer
*Jerdon's Bush Chat - Tarabilla de Jerdon*
Blyth, 1867
*n Indien bis n Thailand*

**Saxicola ferreus**
### Grauschmätzer
*Grey Bush Chat - Tarabilla gris*
Gray, JE & Gray, GR, 1847
*Himalaya bis Myanmar, n Thailand und c Vietnam*

    Saxicola ferreus haringtoni
    **Haringtons Grauschmätzer**
      Hartert, EJO, 1910
      c, s China

**Saxicola rubetra**
### Braunkehlchen
*Whinchat - Tarabilla norteña*
Linnaeus, 1758
*Europa bis c Russland und nw Mongolei*

**Saxicola macrorhynchus**
### Wüstenbraunkehlchen
*White-browed Bush Chat - Tarabilla de Stoliczka*
Stoliczka, 1872
*nw Indien, Afghanistan und Pakistan*

**Saxicola gutturalis**
### Timorschmätzer
*White-bellied Bush Chat - Tarabilla de Timor*
Vieillot, 1818
*Timor*

    Saxicola gutturalis luctuosus
    **Semauschmätzer**
      Bonaparte, 1850
      Semau (vor sw Timor)

**Saxicola caprata**
### Elsterschmätzer
*Pied Bush Chat - Tarabilla pía*
Linnaeus, 1766
*Luzon und Mindoro (n Philippinen)*

    Saxicola caprata rossorum
    **Harters Elsterschmätzer**
      Hartert, EJO, 1910
      e Iran bis sc Kasachstan und Afghanistan
    Saxicola caprata bicolor
    **Pakistan-Elsterschmätzer**
      Sykes, 1832
      Pakistan bis n Indien und Nepal
    Saxicola caprata burmanicus
    **Burma-Elsterschmätzer**
      Baker, ECS, 1922
      c, se Indien bis Myanmar, s China, Thailand und Indochina
    Saxicola caprata nilgiriensis
    **Indischer Elsterschmätzer**
      Whistler, 1940
      sw Indien
    Saxicola caprata atratus
    **Sri Lanka-Elsterschmätzer**
      Blyth, 1851
      Sri Lanka
    Saxicola caprata randi
    **Rands Elsterschmätzer**
      Parkes, 1960
      West Visayas (wc Philippinen)
    Saxicola caprata anderseni
    **Andersens Elsterschmätzer**
      Salomonsen, 1953
      East Visayas (außer Samar) und Mindanao Gruppe (ec, s Philippinen)
    Saxicola caprata fruticola
    **Java-Elsterschmätzer**
      Horsfield, 1821
      Java bis Alor (c Lesser Sundas)
    Saxicola caprata pyrrhonotus
    **Sunda-Elsterschmätzer**
      Vieillot, 1818
      Sawu (=Savu) bis Kisar (e Lesser Sundas)
    Saxicola caprata francki
    **Francks Elsterschmätzer**
      Rensch, 1931
      Sumba (sw Lesser Sundas)
    Saxicola caprata albonotatus
    **Sulawesi-Elsterschmätzer**
      Stresemann, 1912
      Sulawesi, Selayar (s von sw Sulawesi) und Butung (=Buton, s von se Sulawesi)

    Saxicola caprata cognatus
    **Babar-Elsterschmätzer**
      Mayr, 1944
      Babar (e Lesser Sundas)
    Saxicola caprata aethiops
    **Bismarck-Elsterschmätzer**
      Sclater, PL, 1880
      n Neuguinea und Bismarck Archipel
    Saxicola caprata belensis
    **Rands Elsterschmätzer**
      Rand, 1940
      wc Neuguinea
    Saxicola caprata wahgiensis
    **Neuguinea-Elsterschmätzer**
      Mayr & Gilliard, 1951
      e Neuguinea

**Saxicola insignis**
### Mattenschmätzer
*White-throated Bush Chat - Tarabilla de Hodgson*
Gray, JE & Gray, GR, 1847
*Mongolei*

**Saxicola leucurus**
### Weißschwanzschmätzer
*White-tailed Stonechat - Tarabilla coliblanca*
Blyth, 1847
*Pakistan und n Indien*

**Saxicola stejnegeri**
### Stejnegerschwarzkehlchen
*Amur Stonechat - Tarabilla del Amur*
Parrot, 1908
*e Sibirien und e Mongolei bis Korea und Japan*

**Saxicola torquatus**
### Afrikaschwarzkehlchen
*African Stonechat - Tarabilla común*
Linnaeus, 1766
*c Südafrika*

    Saxicola torquatus felix
    **Arabisches Schwarzkehlchen**
      Bates, GL, 1936
      sw Saudi-Arabien und w Jemen
    Saxicola torquatus albofasciatus
    **Uganda-Schwarzkehlchen**
      Rüppell, 1840
      se Sudan und ne Uganda bis c Äthiopien
    Saxicola torquatus jebelmarrae
    **Sudan-Schwarzkehlchen**
      Lynes, 1920
      e Chad und w Sudan
    Saxicola torquatus moptanus
    **Senegal-Schwarzkehlchen**
      Bates, GL, 1932
      Senegal und s Mali
    Saxicola torquatus nebularum
    **Sierra Leone-Schwarzkehlchen**
      Bates, GL, 1930
      Sierra Leone und w Elfenbeinküste
    Saxicola torquatus axillaris
    **Kongo-Schwarzkehlchen**
      Shelley, 1885
      e Demokratische Republik Kongo, Kenia und n, w Tansania
    Saxicola torquatus promiscuus
    **Mosambik-Schwarzkehlchen**
      Hartert, EJO, 1922
      s Tansania bis e Simbabwe und w Mosambik
    Saxicola torquatus salax
    **Nigeria-Schwarzkehlchen**
      Verreaux, J & Verreaux, É, 1851
      e Nigeria bis nw Angola und Bioko Insel
    Saxicola torquatus stonei
    **Angola-Schwarzkehlchen**
      Bowen, 1931
      e, s Angola bis sw Tansania s bis n Südafrika und Botswana
    Saxicola torquatus clanceyi
    **Clanceys Schwarzkehlchen**
      Courtenay-Latimer, 1961
      Küste w Südafrika
    Saxicola torquatus oreobates
    **Lesotho-Schwarzkehlchen**
      Clancey, 1956
      Lesotho
    Saxicola torquatus voeltzkowi
    **Grand Comoro-Schwarzkehlchen**
      Grote, 1926
      Gebirge Grande Comore (=Njazidja; nw Comoros)

**Saxicola sibilla**
### Madagaskarschwarzkehlchen
*Madagascar Stonechat - Tarabilla de Madagascar*
Linnaeus, 1766
*Madagascar außer n, c*

Saxicola sibilla tsaratananae
**Nördliches Madagaskar-Schwarzkehlchen**
Milon, 1950
n Madagascar
Saxicola sibilla ankaratrae
**Salomonsens Madagaskar-Schwarzkehlchen**
Salomonsen, 1934
c Madagascar

Saxicola tectes
**Réunionschmätzer**
*Reunion Stonechat - Tarabilla de Reunión*
Gmelin, JF, 1789
*Réunion (w Mascarenes)*

Saxicola maurus
**Pallasschwarzkehlchen**
*Siberian Stonechat - Tarabilla Siberiana*
Pallas, 1773
*e Finnland und n, e Europäisch Russland bis Mongolei und Pakistan*

Saxicola maurus hemprichii
**Hemprichis Schwarzkehlchen**
Ehrenberg, 1833
e Ukraine und n Aserbaidschan bis nw, n Caspian Sea
Saxicola maurus variegatus
**Kaukasus-Schwarzkehlchen**
Gmelin, SG, 1774
se Türkei und Transkaukasien bis n, w Iran
Saxicola maurus indicus
**Indisches Schwarzkehlchen**
Blyth, 1847
nw, c Himalaya
Saxicola maurus przewalskii
**Przewalskis Schwarzkehlchen**
Pleske, 1889
Tibet bis c China, n Myanmar und n Thailand

Saxicola rubicola
**Schwarzkehlchen**
*European Stonechat - Tarabilla europea*
Linnaeus, 1766
*w, c, s Europa, nw Afrika und Türkei bis Kaukasus*

Saxicola rubicola hibernans
**Englisches Schwarzkehlchen**
Hartert, EJO, 1910
Ireland, Britain, w Frankreich und Portugal

Saxicola dacotiae
**Kanarenschmätzer**
*Canary Islands Stonechat - Tarabilla canaria*
Meade-Waldo, 1889
*Fuerteventura (e Kanarische Is., c Makaronesien, nw von n Afrika)*

† Saxicola dacotiae murielae
**Allegranzaschmätzer**
Bannerman, 1913
Alegranza (n Lanzarote, e Kanarische Is., c Makaronesien, nw von n Afrika)

## Gattung: Campicoloides

Campicoloides bifasciatus
**Fahlschulterschmätzer**
*Buff-streaked Chat - Tarabilla sudafricana*
Temminck, 1829
*Südafrika*

## Gattung: Emarginata

Emarginata schlegelii
**Bleichschmätzer**
*Karoo Chat - Colinegro del Karoo*
Wahlberg, 1855
*Küste Namibia*

Emarginata schlegelii benguellensis
**Benguela-Bleichschmätzer**
Sclater, WL, 1928
sw Angola und nw Namibia
Emarginata schlegelii namaquensis
**Namaqu-Bleichschmätzer**
Sclater, WL, 1928
s Namibia und nw Südafrika
Emarginata schlegelii pollux
**Kap-Bleichschmätzer**
Hartlaub, 1866
w, c Südafrika

Emarginata tractrac
**Oranjeschmätzer**
*Tractrac Chat - Colinegro tractrac*
Wilkes, 1817
*w Südafrika*

Emarginata tractrac hoeschi
**Hoeschs Oranjeschmätzer**
Niethammer, 1955
sw Angola und nw Namibia
Emarginata tractrac albicans
**Wahlbergs Oranjeschmätzer**
Wahlberg, 1855
w Namibia
Emarginata tractrac barlowi
**Barlows Oranjeschmätzer**
Roberts, 1937
s Namibia
Emarginata tractrac nebulosa
**Clanceys Oranjeschmätzer**
Clancey, 1962
sw Namibia

Emarginata sinuata
**Sichelschwingenschmätzer**
*Sickle-winged Chat - Colinegro sudafricano*
Sundevall, 1858
*s Südafrika*

Emarginata sinuata hypernephela
**Lesotho-Sichelschwingenschmätzer**
Clancey, 1956
Lesotho
Emarginata sinuata ensifera
**Südlicher Sichelschwingenschmätzer**
Clancey, 1958
s Namibia und w, c Südafrika

## Gattung: Pinarochroa

Pinarochroa sordida
**Almenschmätzer**
*Moorland Chat - Colinegro abisinio*
Rüppell, 1837
*Äthiopien*

Pinarochroa sordida ernesti
**Ernest-Almenschmätzer**
Sharpe, 1900
Uganda und Kenia
Pinarochroa sordida olimotiensis
**Crater-Almenschmätzer**
Elliott, HFI, 1945
Crater Highlands (n Tansania)
Pinarochroa sordida hypospodia
**Kilimanjaro-Almenschmätzer**
Shelley, 1885
Mt. Kilimanjaro (n Tansania)

## Gattung: Thamnolaea

Thamnolaea cinnamomeiventris
**Rotbauchschmätzer**
*Mocking Cliff Chat - Roquero imitador*
Lafresnaye, 1836
*e Botswana, e Südafrika, w Swaziland und Lesotho*

Thamnolaea cinnamomeiventris cavernicola
**Mali-Rotbauchschmätzer**
Bates, GL, 1933
c Mali
Thamnolaea cinnamomeiventris bambarae
**Senegal-Rotbauchschmätzer**
Bates, GL, 1928
s Mauretanien, e Senegal und sw Mali
Thamnolaea cinnamomeiventris albiscapulata
**Rüppels Rotbauchschmätzer**
Rüppell, 1837
n Eritrea, n, c, e Äthiopien
Thamnolaea cinnamomeiventris subrufipennis
**Reichenows Rotbauchschmätzer**
Reichenow, 1887
se Sudan und sw Äthiopien s bis Sambia und Malawi
Thamnolaea cinnamomeiventris odica
**Simbabwe-Rotbauchschmätzer**
Clancey, 1962
e Simbabwe
Thamnolaea cinnamomeiventris autochthones
**Südlicher Rotbauchschmätzer**
Clancey, 1952
s Mosambik, ne Südafrika und e Swaziland

Thamnolaea coronata
**Weißscheitelschmätzer**
*White-crowned Cliff Chat - Roquero de Corona Blanca*
Reichenow, 1902
n Elfenbeinküste und Burkina Faso bis w Sudan

Thamnolaea coronata kordofanensis
**Sudan-Weißscheitelschmätzer**
Wettstein, 1916
c Sudan



Myrmecocichla aethiops
**Rußschmätzer**
*Anteater Chat - Zorzal hormiguero septentrional*
Cabanis, 1851
Senegal und Gambia bis Chad und n Kamerun

Myrmecocichla aethiops sudanensis
**Sudan-Rußschmätzer**
Lynes, 1920
wc und c Sudan
Myrmecocichla aethiops cryptoleuca
**Kenia-Rußschmätzer**
Sharpe, 1891
w, c Kenia bis n Tansania

Myrmecocichla tholloni
**Kongoschmätzer**
*Congo Moor Chat - Zorzal hormiguero del Congo*
Oustalet, 1886
Zentralafrikanische Republik;  Gabun bis sw Demokratische Republik Kongo und c Angola

Myrmecocichla formicivora
**Termitenschmätzer**
*Ant-eating Chat - Zorzal hormiguero meridional*
Wilkes, 1817
s Angola, Namibia und Botswana bis s Südafrika

Myrmecocichla monticola
**Bergschmätzer**
*Mountain Wheatear - Zorzal hormiguero montano*
Vieillot, 1818
s Namibia und Südafrika

Myrmecocichla monticola albipileata
**Südangola-Bergsteinschmätzer**
Barboza du Bocage, 1867
sw Angola
Myrmecocichla monticola nigricauda
**Westangola-Bergsteinschmätzer**
Traylor, 1961
w Angola
Myrmecocichla monticola atmorii
**Atmoris Bergsteinschmätzer**
Tristram, 1869
w Namibia

Myrmecocichla nigra
**Hadesschmätzer**
*Sooty Chat - Zorzal hormiguero negro*
Vieillot, 1818
Nigeria, Zentralafrikanische Republik und Süd-Sudan bis Angola, Sambia und Tansania

Myrmecocichla melaena
**Einfarbschmätzer**
*Rüppell's Black Chat - Zorzal hormiguero de Rüppell*
Rüppell, 1837
Gebirge Eritrea und Äthiopien

Myrmecocichla arnotti
**Arnotschmätzer**
*Arnot's Chat - Zorzal hormiguero de Arnot*
Tristram, 1869
e Tansania bis Sambia, c Mosambik und ne Südafrika

Myrmecocichla arnotti harterti
**Harters Arnottschmätzer**
Neunzig, 1926
Angola
Myrmecocichla arnotti leucolaema
**Tansania Arnottschmätzer**
Fischer, GA; Reichenow, A 1880
w Tansania, e Rwanda, Burundi, n Sambia und e Demokratische Republik Kongo



Oenanthe oenanthe
**Steinschmätzer**
*Northern Wheatear - Collalba gris*
Linnaeus, 1758
n, c Europa über n Asien bis e Sibirien und nw Nordamerika

Oenanthe oenanthe leucorhoa
**Island-Steinschmätzer**
Gmelin, JF, 1789
ne Kanada, Grönland und Island
Oenanthe oenanthe libanotica
**Östlicher Steinschmätzer**
Hemprich & Ehrenberg, 1833
s Europa über Mittlerer Osten und sw Asien bis Mongolei und nw China

Oenanthe seebohmi
**Atlassteinschmätzer**
*Atlas Wheatear - Collalba del Atlas*
Dixon, 1882
nw Afrika

Oenanthe pileata
**Erdsteinschmätzer**
*Capped Wheatear - Collalba capirotada*
Gmelin, JF, 1789
sw Namibia und Südafrika außer nw, ne

Oenanthe pileata neseri
**Nesers Erdsteinschmätzer**
Macdonald, 1952
s Angola, Namibia, w Botswana und nw Südafrika
Oenanthe pileata livingstonii
**Livingstons Erdsteinschmätzer**
Tristram, 1868
c Kenia bis ne Südafrika und e Botswana

Oenanthe bottae
**Ockerbrust-Steinschmätzer**
*Buff-breasted Wheatear - Collalba de Botta*
Bonaparte, 1854
Gebirge sw Arabische Halbinsel

Oenanthe frenata
**Braunbrust-Steinschmätzer**
*Rusty-breasted Wheatear - Collalba pechirroja*
Heuglin, 1869
Gebirge Eritrea  und Äthiopien

Oenanthe isabellina
**Isabellsteinschmätzer**
*Isabelline Wheatear - Collalba isabel*
Temminck, 1829
Ukraine bis Mongolei und n China und s bis Israel, Iran und Pakistan

Oenanthe heuglinii
**Heuglinsteinschmätzer**
*Heuglin's Wheatear - Collalba de Heuglin*
Heuglin, 1869
Mauretanien, Guinea und Kamerun bis Sudan und nw Kenia

Oenanthe monacha
**Kappensteinschmätzer**
*Hooded Wheatear - Collalba monje*
Temminck, 1825
e Ägypten bis sw Pakistan

Oenanthe deserti
**Wüstensteinschmätzer**
*Desert Wheatear - Collalba desértica*
Temminck, 1825
ne Ägypten über Mittlerer Osten bis Mongolei, und Afghanistan

Oenanthe deserti homochroa
**Nordafrika-Wüstensteinschmätzer**
Tristram, 1859
n Afrika
Oenanthe deserti oreophila
**Himalaya-Wüstensteinschmätzer**
Oberholser, 1900
Himalaya, Tibet und w China

Oenanthe hispanica
**Maurensteinschmätzer**
*Western Black-eared Wheatear - Collalba rubia occidental*
Linnaeus, 1758
sw, sc Europa und nw Afrika

Oenanthe pleschanka
**Nonnensteinschmätzer**
*Pied Wheatear - Collalba pía*
Lepechin, 1770
*Rumänien und Ukraine bis sc Russland, Mongolei und c China*

Oenanthe melanoleuca
**Balkansteinschmätzer**
*Eastern Black-eared Wheatear - Collalba rubia oriental*
Güldenstädt, 1775
*sc, se Europa über Mittlerer Osten bis Iran und sw Kasachstan*

Oenanthe cypriaca
**Zypernsteinschmätzer**
*Cyprus Wheatear - Collalba chipriota*
Homeyer, 1885
*Zypern*

Oenanthe albifrons
**Weißstirn-Steinschmätzer**
*White-fronted Black Chat - Collalba frentiblanca*
Rüppell, 1837
*Eritrea und n Äthiopien*

    Oenanthe albifrons frontalis
    **Senegal-Weißstirn-Steinschmätzer**
    Swainson, 1837
    Senegal und Gambia bis n Kamerun und Chad
    Oenanthe albifrons limbata
    **Kamerun-Weißstirn-Steinschmätzer**
    Reichenow, 1921
    e Kamerun bis Zentralafrikanische Republik
    Oenanthe albifrons pachyrhyncha
    **Äthiopien-Weißstirn-Steinschmätzer**
    Neumann, 1906
    sw Äthiopien
    Oenanthe albifrons clericalis
    **Kongo-Weißstirn-Steinschmätzer**
    Cabanis, 1882
    s Sudan, ne Demokratische Republik Kongo und Uganda

Oenanthe phillipsi
**Somalisteinschmätzer**
*Somali Wheatear - Collalba somalí*
Shelley, 1885
*ne Somalia und ne Äthiopien*

Oenanthe moesta
**Fahlbürzel-Steinschmätzer**
*Red-rumped Wheatear - Collalba culirroja*
Lichtenstein, MHC, 1823
*n Afrika bis nw Saudi-Arabien, Syrien und w Irak*

Oenanthe melanura
**Schwarzschwanz-Steinschmätzer**
*Blackstart - Colinegro común*
Temminck, 1824
*ne Ägypten bis Israel, Jordanien und c Saudi-Arabien*

    Oenanthe melanura neumanni
    **Neumanns Schwarzschwanz-Steinschmätzer**
    Ripley, 1952
    sw Saudi-Arabien, Jemen und Oman
    Oenanthe melanura lypura
    **Sudan-Schwarzschwanz-Steinschmätzer**
    Hemprich & Ehrenberg, 1833
    nc Sudan bis Eritrea und ne Äthiopien
    Oenanthe melanura aussae
    **Somalia-Schwarzschwanz-Steinschmätzer**
    Thesiger & Meynell, 1934
    Danakil Region in ne Äthiopien, Dschibuti und n Somalia
    Oenanthe melanura airensis
    **Niger-Schwarzschwanz-Steinschmätzer**
    Hartert, EJO, 1921
    n Niger bis c Sudan
    Oenanthe melanura ultima
    **Mali-Schwarzschwanz-Steinschmätzer**
    Bates, GL, 1933
    e Mali und w Niger

Oenanthe familiaris
**Rostschwanz-Steinschmätzer**
*Familiar Chat - Colinegro familiar*
Wilkes, 1817
*s Südafrika*

    Oenanthe familiaris falkensteini
    **Falkensteins Rostschwanz-Steinschmätzer**
    Cabanis, 1875
    Senegal bis nw Äthiopien, s Uganda und Tansania s bis n Botswana, n Simbabwe und n Mosambik

    Oenanthe familiaris omoensis
    **Sudan-Rostschwanz-Steinschmätzer**
    Neumann, 1904
    se Sudan, sw Äthiopien, nw Kenia und ne Uganda
    Oenanthe familiaris angolensis
    **Angola-Rostschwanz-Steinschmätzer**
    Lynes, 1926
    w Angola und n Namibia
    Oenanthe familiaris galtoni
    **Galtons Rostschwanz-Steinschmätzer**
    Strickland, 1853
    e Namibia, w Botswana und n Südafrika
    Oenanthe familiaris hellmayri
    **Hellmayrs Rostschwanz-Steinschmätzer**
    Reichenow, 1902
    se Botswana bis s Mosambik und ne Südafrika
    Oenanthe familiaris actuosa
    **Südlicher Rostschwanz-Steinschmätzer**
    Clancey, 1966
    e Südafrika und Lesotho

Oenanthe scotocerca
**Braunschwanz-Steinschmätzer**
*Brown-tailed Rock Chat - Colinegro pardo*
Heuglin, 1869
*ne Sudan, Eritrea und n Äthiopien*

    Oenanthe scotocerca furensis
    **Tschad-Braunschwanz-Steinschmätzer**
    Lynes, 1926
    e Chad und w Sudan
    Oenanthe scotocerca turkana
    **Uganda-Braunschwanz-Steinschmätzer**
    Van Someren, 1920
    s Äthiopien, n Kenia, se Süd-Sudan
    Oenanthe scotocerca spectatrix
    **Äthiopien-Braunschwanz-Steinschmätzer**
    Clarke, S, 1919
    e Äthiopien und n Somalia
    Oenanthe scotocerca validior
    **Somalia-Braunschwanz-Steinschmätzer**
    Berlioz & Roche, 1970
    ne Somalia

Oenanthe dubia
**Dunkelsteinschmätzer**
*Sombre Rock Chat - Colinegro sombrío*
Blundell & Lovat, 1899
*nc Äthiopien (nw Somalia)*

Oenanthe fusca
**Braunsteinschmätzer**
*Brown Rock Chat - Colinegro indio*
Blyth, 1851
*Pakistan und n, c Indien*

Oenanthe picata
**Elstersteinschmätzer**
*Variable Wheatear - Collalba variable*
Blyth, 1847
*Turkmenistan, Usbekistan und Kirgisistan bis s Iran und s Pakistan*

Oenanthe finschii
**Felsensteinschmätzer**
*Finsch's Wheatear - Collalba de Finsch*
Heuglin, 1869
*sc, se Türkei bis n Israel und w, sw Iran*

    Oenanthe finschii barnesi
    **Barnesi-Felsensteinschmätzer**
    Oates, 1890
    e Türkei bis c, e Iran, sc Kasachstan und w Pakistan

Oenanthe halophila
**Maghrebsteinschmätzer**
*Maghreb Wheatear - Collalba de Maghreb*
Tristram, 1859
*n Afrika von Marokko bis w Ägypten*

Oenanthe lugens
**Schwarzrücken-Steinschmätzer**
*Mourning Wheatear - Collalba núbica*
Lichtenstein, MHC, 1823
*e Ägypten und ne Sudan bis nw Saudi-Arabien, Jordanien und Syrien*

    Oenanthe lugens persica
    **Persischer Schwarzrücken-Steinschmätzer**
    Seebohm, 1881
    Iran

Oenanthe warriae
**Basaltsteinschmätzer**
*Basalt Wheatear - Collalba basalt*
Shirihai & Kirwan, 2011
ne Jordanien, s Syrien

Oenanthe xanthoprymna
**Rostbürzel-Steinschmätzer**
*Kurdish Wheatear - Collalba persa*
Hemprich & Ehrenberg, 1833
e Türkei, w Iran und nw, ne Irak

Oenanthe chrysopygia
**Kaukasussteinschmätzer**
*Red-tailed Wheatear - Collalba afgana*
de Filippi, 1863
Armenien bis c Iran, Tadschikistan und Afghanistan

Oenanthe leucopyga
**Saharasteinschmätzer**
*White-crowned Wheatear - Collalba yebélica*
Brehm, CL, 1855
nw Afrika (w, c Sahara) bis w, c Ägypten und n Sudan, Eritrea und Dschibuti

Oenanthe leucopyga ernesti
**Ernestis Saharasteinschmätzer**
Meinertzhagen, R, 1930
ne Ägypten bis c Saudi-Arabien und Jemen

Oenanthe albonigra
**Schwarzkopf-Steinschmätzer**
*Hume's Wheatear - Collalba de Hume*
Hume, 1872
Irak bis Afghanistan, Pakistan und Oman

Oenanthe leucura
**Trauersteinschmätzer**
*Black Wheatear - Collalba negra*
Gmelin, JF, 1789
Portugal, Spanien und s Frankreich

Oenanthe leucura riggenbachi
**Afrikanischer Trauersteinschmätzer**
Hartert, EJO, 1909
nw Afrika

Oenanthe lugentoides
**Arabiensteinschmätzer**
*Arabian Wheatear - Collalba Arábica*
Seebohm, 1881
sw Saudi-Arabien und w Jemen

Oenanthe lugentoides boscaweni
**Jemensteinschmätzer**
Bates, GL, 1937
e Jemen und sw, sc Oman

Oenanthe lugubris
**Abessiniensteinschmätzer**
*Abyssinian Wheatear - Collalba de Shalow*
Rüppell, 1837
Eritrea bis c Äthiopien

Oenanthe lugubris vauriei
**Vauriesteinschmätzer**
Meinertzhagen, R, 1949
ne Somalia
Oenanthe lugubris schalowi
**Schalowsteinschmätzer**
Fischer, GA & Reichenow, 1884
s Kenia und ne Tansania

## Familie: Cinclidae (Wasseramseln)

### Gattung: Cinclus

Cinclus cinclus
**Wasseramsel**
*White-throated Dipper - Mirlo acuático europeo*
Linnaeus, 1758
n Europa, w, c Frankreich und n Spanien, Korsika und Sardinien

Cinclus cinclus hibernicus
**Irische Wasseramsel**
Hartert, EJO, 1910
Ireland und w Schottland
Cinclus cinclus gularis
**Englische Wasseramsel**
Latham, 1801
Schottland (außer w), n, c, w England und Wales

Cinclus cinclus aquaticus
**Südeuropäische Wasseramsel**
Bechstein, 1797
c, s Europa
† Cinclus cinclus olympicus
**Zypern-Wasseramsel**
Madarász, G, 1903
Zypern
Cinclus cinclus minor
**Kleine Wasseramsel**
Tristram, 1870
nw Afrika
Cinclus cinclus rufiventris
**Libanon-Wasseramsel**
Tristram, 1884
w Syrien und Libanon
Cinclus cinclus uralensis
**Uralwasseramsel**
Serebrovski, 1927
Ural Mts. (w Russland)
Cinclus cinclus caucasicus
**Kaukasus-Wasseramsel**
Madarász, G, 1903
Türkei bis Kaukasus, n Iran und n Irak
Cinclus cinclus persicus
**Persische Wasseramsel**
Witherby, 1906
sw Iran
Cinclus cinclus leucogaster
**Asiatische Wasseramsel**
Bonaparte, 1850
sc Russland, nw China s bis Afghanistan und n Pakistan
Cinclus cinclus baicalensis
**Baikal-Wasseramsel**
Dresser, 1892
sc, se Sibirien
Cinclus cinclus cashmeriensis
**Himalaya-Wasseramsel**
Gould, 1860
w, c Himalaya
Cinclus cinclus przewalskii
**Przewalskis Wasseramsel**
Bianchi, 1905
e Himalaya, s Tibet und w China

Cinclus pallasii
**Pallaswasseramsel**
*Brown Dipper - Mirlo acuático pardo*
Temminck, 1820
e Sibirien bis c China e bis Sakhalin, Kuril Is., Japan und Taiwan, s bis s China und n Indochina

Cinclus pallasii tenuirostris
**Asien-Pallaswasseramsel**
Bonaparte, 1850
n Afghanistan und Gebirge c Asien bis c Himalaya
Cinclus pallasii dorjei
**Myanmar-Pallaswasseramsel**
Kinnear, 1937
e Himalaya bis Myanmar und nw Thailand

Cinclus mexicanus
**Grauwasseramsel**
*American Dipper - Mirlo acuático norteamericano*
Swainson, 1827
n, c Mexico

Cinclus mexicanus unicolor
**Alaska-Grauwasseramsel**
Bonaparte, 1827
Alaska, w Kanada und w USA
Cinclus mexicanus anthonyi
**Anthonys Grauwasseramsel**
Griscom, 1930
se Mexico, sw Guatemala, e Honduras und nw Nicaragua
Cinclus mexicanus dickermani
**Dickermanns Grauwasseramsel**
Phillips, AR, 1966
s Mexico
Cinclus mexicanus ardesiacus
**Costa Rica-Grauwasseramsel**
Salvin, 1867
Costa Rica und w Panama

Cinclus leucocephalus
**Weißkopf-Wasseramsel**
*White-capped Dipper - Mirlo acuático coroniblanco*
Tschudi, 1844
Peru und Bolivien

Cinclus leucocephalus rivularis
**Bangs Weißkopf-Wasseramsel**
Bangs, 1899
n Kolumbien
Cinclus leucocephalus leuconotus
**Sclaters Weißkopf-Wasseramsel**
Sclater, PL, 1858
w Venezuela bis Ecuador

Cinclus schulzii
**Rostkehl-Wasseramsel**
*Rufous-throated Dipper - Mirlo acuático gorjirrufo*
Cabanis, 1882
*nw Argentinien und se Bolivien*


**Familie: Chloropseidae (Blattvögel)**

**Gattung: Chloropsis**

Chloropsis flavipennis
**Philippinenblattvogel**
*Philippine Leafbird - Verdín filipino*
Tweeddale, 1878
*Leyte und Mindanao (c, s Philippinen)*

Chloropsis palawanensis
**Palawanblattvogel**
*Yellow-throated Leafbird - Verdín de Palawan*
Sharpe, 1876
*Palawan Gruppe (sw Philippinen)*

Chloropsis sonnerati
**Dickschnabel-Blattvogel**
*Greater Green Leafbird - Verdín de Sonnerat*
Jardine & Selby, 1827
*Java*

    Chloropsis sonnerati zosterops
    **Malaysia-Dickschnabelblattvogel**
    Vigors, 1830
    s Myanmar und Malayische Halbinsel bis Sumatra, Nias und Batu Is. (w von n, c
    Sumatra), Natuna Is. (nw Borneo) und Borneo

Chloropsis cyanopogon
**Blaubart-Blattvogel**
*Lesser Green Leafbird - Verdín gorjiazul*
Temminck, 1830
*s Malayische Halbinsel, Sumatra, Borneo und Banggi (n von ne Borneo)*

    Chloropsis cyanopogon septentrionalis
    **Nördlicher Blaubart-Blattvogel**
    Robinson & Kloss, 1919
    n, c Malayische Halbinsel

Chloropsis moluccensis
**Blauflügel-Blattvogel**
*Blue-winged Leafbird - Verdín aliazul*
Gray, JE, 1831
*s Malayische Halbinsel, Sumatra, Bangka und Belitung (e Sumatra) und Natuna Is. (nw Borneo)*

    Chloropsis moluccensis chlorocephala
    **Indien-Blauflügelblattvogel**
    Walden, 1871
    e Bangladesch und ne Indien bis Myanmar und w Thailand
    Chloropsis moluccensis kinneari
    **China-Blauflügelblattvogel**
    Hall, BP & Deignan, 1956
    ne Thailand bis s China und n Indochina
    Chloropsis moluccensis auropectus
    **Indochina-Blauflügelblattvogel**
    Wells, DR, Dickinson & Dekker, 2003
    se Thailand und s Indochina
    Chloropsis moluccensis serithai
    **Thailand-Blauflügelblattvogel**
    Deignan, 1946
    Halbinsel Thailand
    Chloropsis moluccensis viridinucha
    **Borneo-Blauflügelblattvogel**
    Sharpe, 1877
    Borneo

Chloropsis cochinchinensis
**Javablattvogel**
*Javan Leafbird - Verdín de Java*
Gmelin, JF, 1789
*Java*

Chloropsis kinabaluensis
**Borneoblattvogel**
*Bornean Leafbird - Verdín de Borneo*
Sharpe, 1887
*Gebirge Borneo*

Chloropsis jerdoni
**Jerdonblattvogel**
*Jerdon's Leafbird - Verdín de Jerdon*
Blyth, 1844
*Indien und Sri Lanka*

Chloropsis aurifrons
**Goldstirn-Blattvogel**
*Golden-fronted Leafbird - Verdín frentidorado*
Temminck, 1829
*e Himalaya bis Myanmar*

    Chloropsis aurifrons frontalis
    **Indien-Goldstirnblattvogel**
    Pelzeln, 1856
    Halbinsel Indien (außer extremer sw)
    Chloropsis aurifrons insularis
    **Sri Lanka-Goldstirnblattvogel**
    Whistler & Kinnear, 1932
    sw Indien und Sri Lanka
    Chloropsis aurifrons pridii
    **China-Goldstirnblattvogel**
    Deignan, 1946
    sw China und e Myanmar bis nw Thailand und n, c Laos
    Chloropsis aurifrons inornata
    **Kambodscha-Goldstirnblattvogel**
    Kloss, 1918
    w, c, ne, se Thailand, Kambodscha und s Vietnam
    Chloropsis aurifrons incompta
    **Laos-Goldstirnblattvogel**
    Deignan, 1948
    sw Thailand, s Laos und c, s Vietnam

Chloropsis media
**Sumatrablattvogel**
*Sumatran Leafbird - Verdín de Sumatra*
Bonaparte, 1850
*Gebirge Sumatra*

Chloropsis hardwickii
**Orangebauch-Blattvogel**
*Orange-bellied Leafbird - Verdín ventrinaranja occidental*
Jardine & Selby, 1830
*c Himalaya bis Myanmar, nw Thailand und n Laos*

    Chloropsis hardwickii malayana
    **Vietnam-Orangebauchblattvogel**
    Robinson & Kloss, 1923
    Malayische Halbinsel
    Chloropsis hardwickii melliana
    **Hainan-Orangebauchblattvogel**
    Stresemann, 1923
    se China und n, c Vietnam
    Chloropsis hardwickii lazulina
    **Malayischer Orangebauchblattvogel**
    Swinhoe, 1870
    Hainan Insel (vor se China)

Chloropsis venusta
**Blaustirn-Blattvogel**
*Blue-masked Leafbird - Verdín frentiazul*
Bonaparte, 1850
*Gebirge Sumatra*


**Familie: Dicaeidae (Mistelfresser)**

**Gattung: Prionochilus**

Prionochilus olivaceus
**Grünmantel-Mistelfresser**
*Olive-backed Flowerpecker - Picaflores oliváceo*
Tweeddale, 1877
*Mindanao Gruppe (s Philippinen)*

    Prionochilus olivaceus parsonsi
    **Parsons Grünmantel-Mistelfresser**
    McGregor, 1927
    Luzon Gruppe (n Philippinen)
    Prionochilus olivaceus samarensis
    **Samar-Grünmantelmistelfresser**
    Steere, 1890
    East Visayas (ec Philippinen)

Prionochilus maculatus
**Goldbrust-Mistelfresser**
*Yellow-breasted Flowerpecker - Picaflores moteado*
Temminck, 1836
*Sumatra, Nias (w von n Sumatra), Belitung (e Sumatra) und Borneo*

    Prionochilus maculatus septentrionalis
    **Nördlicher Goldbrustmistelfresser**
    Robinson & Kloss, 1921
    n, c Malayische Halbinsel
    Prionochilus maculatus oblitus
    **Südlicher Goldbrustmistelfresser**
    Mayr, 1938
    s Malayische Halbinsel

Prionochilus maculatus natunensis
**Natuna-Goldbrustmistelfresser**
Chasen, 1935
Natuna Is. (nw Borneo)

Prionochilus percussus
**Mennigbrust-Mistelfresser**
*Crimson-breasted Flowerpecker - Picaflores carminoso*
Temminck, 1826
*Java*

Prionochilus percussus ignicapilla
**Borneo-Mennigbrustmistelfresser**
Eyton, 1839
Malayische Halbinsel, Sumatra, Riau, Lingga, Bangka und Belitung is. (e Sumatra) und Borneo

Prionochilus percussus regulus
**Batu-Mennigbrustmistelfresser**
Meyer de Schauensee, 1940
Batu Is. (vor w Sumatra)

Prionochilus plateni
**Palawanmistelfresser**
*Palawan Flowerpecker - Picaflores de Palawan*
Blasius, W, 1888
*Palawan und Balabac (sw Philippinen)*

Prionochilus plateni culionensis
**Calamianmistelfresser**
Rand, 1948
Calamian Is. (sw Philippinen)

Prionochilus xanthopygius
**Gelbbürzel-Mistelfresser**
*Yellow-rumped Flowerpecker - Picaflores culigualdo*
Salvadori, 1868
*Borneo und n Natuna*

Prionochilus thoracicus
**Rubinkehl-Mistelfresser**
*Scarlet-breasted Flowerpecker - Picaflores pechiescarlata*
Temminck, 1836
*Malayische Halbinsel, Sumatra, Lingga und Belitung is. (e Sumatra) und Borneo*

## Gattung: Dicaeum

Dicaeum dayakorum
**Dayakmistelfresser**
*Spectacled Flowerpecker - Picaflores especulado*
Saucier, Milensky, Caraballo-Ortiz, Ragai, Dahlan & Edwards, DP, 2019
*Borneo*

Dicaeum annae
**Bartmistelfresser**
*Golden-rumped Flowerpecker - Picaflores culidorado*
Büttikofer, 1894
*Flores (c Lesser Sundas)*

Dicaeum annae sumbavense
**Sumbawa-Bartmistelfresser**
Rensch, 1931
Sumbawa (w Lesser Sundas)

Dicaeum agile
**Dickschnabel-Mistelfresser**
*Thick-billed Flowerpecker - Picaflores picogrueso*
Tickell, 1833
*ne Pakistan bis w Bangladesch und s Indien*

Dicaeum agile zeylonicum
**Sri Lanka-Dickschnabelmistelfresser**
Whistler, 1944
Sri Lanka

Dicaeum agile pallescensIndien
**Dickschnabelmistelfresser**
Riley, 1935
Bhutan, ne Indien und e Bangladesch

Dicaeum agile modestum
**Borneo-Dickschnabelmistelfresser**
Hume, 1875
sw China, c, s Indochina, Malayische Halbinsel und Borneo

Dicaeum agile atjehense
**Sumatra-Dickschnabelmistelfresser**
Delacour, 1946
Sumatra

Dicaeum agile finschi
**Java-Dickschnabelmistelfresser**
Bartels, MEG, 1914
Java

Dicaeum agile tinctum
**Sunda-Dickschnabelmistelfresser**
Mayr, 1944
Sumba und Flores bis Alor (c Lesser Sundas)

Dicaeum agile obsoletum
**Timor-Dickschnabelmistelfresser**
Müller, S, 1843
Timor und Wetar (e Lesser Sundas)

Dicaeum aeruginosum
**Streifenbrust-Mistelfresser**
*Striped Flowerpecker - Picaflores Rayada*
Bourns & Worcester, 1894
*Mindoro, West Visayas und Mindanao (s Philippinen)*

Dicaeum aeruginosum striatissimum
**Nördlicher Streifenbrustmistelfresser**
Parkes, 1962
Luzon Gruppe (n Philippinen)

Dicaeum aeruginosum affine
**Palawan-Streifenbrustmistelfresser**
Zimmer, JT, 1919
Palawan (sw Philippinen)

Dicaeum everetti
**Braunrücken-Mistelfresser**
*Brown-backed Flowerpecker - Picaflores dorsipardo*
Sharpe, 1877
*Malayische Halbinsel, Riau Is. (e von c Sumatra) und Borneo*

Dicaeum proprium
**Graubrust-Mistelfresser**
*Whiskered Flowerpecker - Picaflores bigotudo*
Ripley & Rabor, 1966
*Gebirge Mindanao (s Philippinen)*

Dicaeum chrysorrheum
**Gelbsteiß-Mistelfresser**
*Yellow-vented Flowerpecker - Picaflores pechiestriado*
Temminck, 1829
*c, s Malayische Halbinsel, Sumatra, Borneo, Java, Madura (ne Java) und Bali*

Dicaeum chrysorrheum chrysochlore
**Blyths Gelbsteiß-Mistelfresser**
Blyth, 1843
c Himalaya bis Indochina, n Malayische Halbinsel und Myanmar

Dicaeum melanozanthum
**Gelbbauch-Mistelfresser**
*Yellow-bellied Flowerpecker - Picaflores ventrigualdo*
Blyth, 1843
*Himalaya bis Thailand*

Dicaeum vincens
**Weißkehl-Mistelfresser**
*Legge's Flowerpecker - Picaflores cingalés*
Sclater, PL, 1872
*Sri Lanka*

Dicaeum aureolimbatum
**Gelbflanken-Mistelfresser**
*Yellow-sided Flowerpecker - Picaflores flanquigualdo*
Wallace, 1865
*Sulawesi, Bangka (n Sulawesi), Lembeh (e von n Sulawesi), Togian Is. (zwischen ne und ec Sulawesi), und Flores Sea b. s Sulawesi*

Dicaeum aureolimbatum laterale
**Sangihe-Mistelfresser**
Salomonsen, 1960
Sangihe (n Sulawesi)

Dicaeum nigrilore
**Olivkopf-Mistelfresser**
*Olive-capped Flowerpecker - Picaflores de Mindanao*
Hartert, EJO, 1904
*Gebirge Mindanao außer ne (s Philippinen)*

Dicaeum nigrilore diuatae
**Östlicher Olivkopf-Mistelfresser**
Salomonsen, 1953
Gebirge ne Mindanao (s Philippinen)

Dicaeum anthonyi
**Goldkronen-Mistelfresser**
*Yellow-crowned Flowerpecker - Picaflores coronigualdo*
McGregor, 1914
*Gebirge n Luzon (n Philippinen)*

Dicaeum kampalili
**Feuerkronen-Mistelfresser**
*Flame-crowned Flowerpecker - Picaflores coronirrufo*
Manuel & Gilliard, 1953
*Gebirge n, c, se Mindanao (s Philippinen)*

Dicaeum kampalili masawan
**Masawan-Feuerkronen-Mistelfresser**
Rand & Rabor, 1957
Gebirge Mt. Malindang (Zamboanga Halbinsel, w Mindanao, s Philippinen)

## Dicaeum bicolor
## Zweifarben-Mistelfresser
*Bicolored Flowerpecker - Picaflores bicolor*
Bourns & Worcester, 1894
*East Visayas und Mindanao Gruppe außer Zamboanga Halbinsel (ec, s Philippinen)*

Dicaeum bicolor inexpectatum
**Harters Zweifarbenmistelfresser**
Hartert, EJO, 1895
Luzon Gruppe und Mindoro (n Philippinen)
Dicaeum bicolor viridissimum
**Parkes Zweifarbenmistelfresser**
Parkes, 1971
West Visayas (wc Philippinen)

## Dicaeum australe
## Rostbauch-Mistelfresser
*Red-keeled Flowerpecker - Picaflores filipino*
Hermann, 1783
*Philippinen (außer Mindoro, West Visayas, Palawan Gruppe und Sulu Archipel)*

## Dicaeum haematostictum
## Schwarzgürtel-Mistelfresser
*Black-belted Flowerpecker - Picaflores pechinegro*
Sharpe, 1876
*West Visayas (wc Philippinen)*

## Dicaeum retrocinctum
## Mindoromistelfresser
*Scarlet-collared Flowerpecker - Picaflores de Mindoro*
Gould, 1872
*Mindoro (nw Philippinen)*

## Dicaeum quadricolor
## Vierfarben-Mistelfresser
*Cebu Flowerpecker - Picaflores de Cebú*
Tweeddale, 1878
*Cebu (c Philippinen)*

## Dicaeum trigonostigma
## Orangebauch-Mistelfresser
*Orange-bellied Flowerpecker - Picaflores ventrinaranja*
Scopoli, 1786
*c Malayische Halbinsel, Sumatra und kleine Inseln, Karimata Is. (sw Borneo)*

Dicaeum trigonostigma rubropygium
**Bakers Orangebauchmistelfresser**
Baker, ECS, 1921
Bangladesch über Myanmar bis nc Malayische Halbinsel
Dicaeum trigonostigma antioproctum
**Simeulue-Orangebauchmistelfresser**
Oberholser, 1912
Simeulue (w von n Sumatra)
Dicaeum trigonostigma megastoma
**Natuna-Orangebauchmistelfresser**
Hartert, EJO, 1918
Natuna Is. (nw Borneo)
Dicaeum trigonostigma flaviclunis
**Java-Orangebauchmistelfresser**
Hartert, EJO, 1918
Krakatau (w Java), Java und Bali
Dicaeum trigonostigma dayakanum
**Borneo-Orangebauchmistelfresser**
Chasen & Kloss, 1929
Borneo und Inseln vor n coast
Dicaeum trigonostigma xanthopygium
**Philippinen-Orangebauchmistelfresser**
Tweeddale, 1877
Luzon Gruppe und Mindoro (n Philippinen)
Dicaeum trigonostigma intermedium
**Romblon-Orangebauchmistelfresser**
Bourns & Worcester, 1894
Romblon (nc Philippinen)
Dicaeum trigonostigma cnecolaemum
**Tablas-Orangebauchmistelfresser**
Parkes, 1989
Tablas (nc Philippinen)
Dicaeum trigonostigma sibuyanicum
**Sibuyan-Orangebauchmistelfresser**
Bourns & Worcester, 1894
Sibuyan (nc Philippinen)
Dicaeum trigonostigma dorsale
**Sharpes Orangebauchmistelfresser**
Sharpe, 1876
West Visayas (wc Philippinen)
Dicaeum trigonostigma besti
**Siquijor-Orangebauchmistelfresser**
Steere, 1890
Siquijor (c Philippinen)

Dicaeum trigonostigma pallidius
**Cebu-Orangebauchmistelfresser**
Bourns & Worcester, 1894
Cebu (c Philippinen)
Dicaeum trigonostigma cinereigulare
**Südlicher Orangebauchmistelfresser**
Tweeddale, 1878
East Visayas und Mindanao Gruppe (ec, s Philippinen)
Dicaeum trigonostigma isidroi
**Camiguin-Orangebauchmistelfresser**
Rand & Rabor, 1969
Camiguin Sur (n Mindanao, s Philippinen)
Dicaeum trigonostigma assimile
**Bourns Orangebauchmistelfresser**
Bourns & Worcester, 1894
c Sulu Archipel (s Philippinen)
Dicaeum trigonostigma sibutuense
**Sulu-Orangebauchmistelfresser**
Sharpe, 1893
sw Sulu Archipel (s Philippinen)

## Dicaeum hypoleucum
## Weißbauch-Mistelfresser
*Buzzing Flowerpecker - Picaflores zumbador*
Sharpe, 1876
*Basilan und Sulu Archipel (s Philippinen)*

Dicaeum hypoleucum cagayanense
**Luzon-Mistelfresser**
Rand & Rabor, 1967
ne Luzon (n Philippinen)
Dicaeum hypoleucum obscurum
**Catanduanes-Mistelfresser**
Ogilvie-Grant, 1894
n, c, s Luzon und Catanduanes (n Philippinen)
Dicaeum hypoleucum pontifex
**Mayrs Mistelfresser**
Mayr, 1946
East Visayas und e Mindanao (ec, s Philippinen)
Dicaeum hypoleucum mindanense
**Zamboanga-Mistelfresser**
Tweeddale, 1877
Zamboanga Halbinsel und w Mindanao (s Philippinen)

## Dicaeum erythrorhynchos
## Blassschnabel-Mistelfresser
*Pale-billed Flowerpecker - Picaflores piquirrojo*
Latham, 1790
*Indien, s Himalaya, Bangladesch und Myanmar*

Dicaeum erythrorhynchos ceylonense
**Sri Lanka-Mistelfresser**
Babault, 1920
Sri Lanka

## Dicaeum concolor
## Nilgirimistelfresser
*Nilgiri Flowerpecker - Picaflores liso*
Jerdon, 1840
*sw Indien*

## Dicaeum minullum
## Einfarb-Mistelfresser
*Plain Flowerpecker - Picaflores sencillo*
Swinhoe, 1870
*Hainan Insel (vor se China)*

Dicaeum minullum olivaceum
**China-Einfarb-Mistelfresser**
Walden, 1875
e Himalaya bis s China, n, c Indochina, Thailand und Myanmar
Dicaeum minullum uchidai
**Taiwan-Einfarb-Mistelfresser**
Kuroda, Nm, 1920
Taiwan
Dicaeum minullum borneanum
**Borneo-Einfarb-Mistelfresser**
Lönnberg, 1925
Malayische Halbinsel, Sumatra, Natuna Is. (nw Borneo) und Borneo
Dicaeum minullum sollicitans
**Java-Einfarb-Mistelfresser**
Hartert, EJO, 1901
Java, Madura (ne Java) und Bali

## Dicaeum virescens
## Andamanenmistelfresser
*Andaman Flowerpecker - Picaflores de Andaman*
Hume, 1873
*Andaman Is.*

## Dicaeum pygmaeum
## Zwergmistelfresser
*Pygmy Flowerpecker - Picaflores pigmeo*
Kittlitz, 1833
*Luzon Gruppe (außer nw), Mindoro und Visayas (n, c Philippinen)*

Dicaeum pygmaeum palawanorum
**Palawan-Zwergmistelfresser**
Hachisuka, 1926
Palawan Gruppe (sw Philippinen)
Dicaeum pygmaeum fugaense
**Fuga-Zwergmistelfresser**
Parkes, 1988
Calayan und Fuga (n Philippinen)
Dicaeum pygmaeum salomonseni
**Salomonsens Zwergmistelfresser**
Parkes, 1962
nw Luzon (n Philippinen)
Dicaeum pygmaeum davao
**Südlicher Zwergmistelfresser**
Mearns, 1905
Mindanao (s Philippinen)

Dicaeum nehrkorni
## Nehrkornmistelfresser
*Crimson-crowned Flowerpecker - Picaflores de Nehrkorn*
Blasius, W, 1886
*Gebirge Sulawesi*

Dicaeum erythrothorax
## Burumistelfresser
*Buru Flowerpecker - Picaflores de Buru*
Lesson, RP & Garnot, 1828
*Buru (wc Moluccas)*

Dicaeum schistaceiceps
## Halmaheramistelfresser
*Halmahera Flowerpecker - Picaflores de Halmahera*
Gray, GR, 1861
*Morotai bis Obi (n Moluccas)*

Dicaeum vulneratum
## Serammistelfresser
*Ashy Flowerpecker - Picaflores cenizo*
Wallace, 1863
*Ambon, Seram und kleine Inseln Boano, Saparua, Gorong und Manawoka (ec Moluccas)*

Dicaeum pectorale
## Papuamistelfresser
*Olive-crowned Flowerpecker - Picaflores pectoral*
Müller, S, 1843
*Raja Ampat Is. (außer Gebe) und Bird's Head und Neck (nw Neuguinea)*

Dicaeum pectorale ignotum
**Gebemistelfresser**
Mees, 1964
Gebe (Raja Ampat Is., nw Neuguinea)

Dicaeum geelvinkianum
## Rotkappen-Mistelfresser
*Red-capped Flowerpecker - Picaflores capirrojo*
Meyer, AB, 1874
*Yapen und Kurudu (Geelvink Bay is., nw Neuguinea)*

Dicaeum geelvinkianum maforense
**Numformistelfresser**
Salvadori, 1876
Numfor (Geelvink Bay is., nw Neuguinea)
Dicaeum geelvinkianum misoriense
**Biakmistelfresser**
Salvadori, 1876
Biak (Geelvink Bay is., nw Neuguinea)
Dicaeum geelvinkianum obscurifrons
**Junges Rotkappenmistelfresser**
Junge, 1952
wc Neuguinea
Dicaeum geelvinkianum diversum
**Nördlicher Rotkappenmistelfresser**
Rothschild & Hartert, EJO, 1903
sw, c, und n Neuguinea
Dicaeum geelvinkianum albopunctatum
**Südlicher Rotkappenmistelfresser**
D'Albertis & Salvadori, 1879
Trans-Fly (sc Neuguinea), Daru Insel (to se) und Goigu und Saibai (Torres Strait is., ne Australien)
Dicaeum geelvinkianum rubrigulare
**Salvadoris Rotkappenmistelfresser**
D'Albertis & Salvadori, 1879
Fly River (sc Neuguinea)
Dicaeum geelvinkianum rubrocoronatum
**Sharps Rotkappenmistelfresser**
Sharpe, 1876
e, se Neuguinea und n kleine Inseln
Dicaeum geelvinkianum violaceum
**Mayrs Rotkappenmistelfresser**
Mayr, 1936
D'Entrecasteaux Archipel (se Neuguinea)

Dicaeum nitidum
## Louisiadenmistelfresser
*Louisiade Flowerpecker - Picaflores de las Luisiadas*
Tristram, 1889
*Misima und Tagula (w, c Louisiade Archipel, se Neuguinea)*

Dicaeum nitidum rosseli
**Rosselmistelfresser**
Rothschild & Hartert, EJO, 1914
Rossel (e Louisiade Archipel, se Neuguinea)

Dicaeum eximium
## Bismarckmistelfresser
*Red-banded Flowerpecker - Picaflores de las Bismarck*
Sclater, PL, 1877
*New Hanover (=Lavongai) und New Ireland (ne Bismarck Archipel)*

Dicaeum eximium layardorum
**Neubritanienmistelfresser**
Salvadori, 1880
New Britain und kleine Inseln (se Bismarck Archipel)
Dicaeum eximium phaeopygium
**Dyaulmistelfresser**
Salomonsen, 1964
Dyaul (=Djaul, s von nw New Ireland, nc Bismarck Archipel)

Dicaeum aeneum
## Salomonenmistelfresser
*Midget Flowerpecker - Picaflores de las Salomón*
Pucheran, 1853
*Buka bis Florida Is. (n bis se Solomon Is.)*

Dicaeum aeneum malaitae
**Malaitamistelfresser**
Salomonsen, 1960
Malaita (se Solomon Is.)
Dicaeum aeneum becki
**Becks Mistelfresser**
Hartert, EJO, 1929
Guadalcanal (se Solomon Is.)

Dicaeum tristrami
## Makiramistelfresser
*Mottled Flowerpecker - Picaflores de San Cristóbal*
Sharpe, 1884
*Makira (=San Cristobal, se Solomon Is.)*

Dicaeum igniferum
## Rotkehl-Mistelfresser
*Black-fronted Flowerpecker - Picaflores encendido*
Wallace, 1864
*Sumbawa, Komodo, Flores, und Solor, Adonara und Lembata (e Flores; wc Lesser Sundas)*

Dicaeum maugei
## Blauwangen-Mistelfresser
*Blue-cheeked Flowerpecker - Picaflores de Maugé*
Lesson, RP, 1830
*Sawu und Rote (w Timor), Timor, Wetar, und Romang und Damar (ne Timor; e Lesser Sundas)*

Dicaeum maugei splendidum
**Selayar-Blauwangen-Mistelfresser**
Büttikofer, 1893
Salayar und Tanahjampea (s Sulawesi)
Dicaeum maugei salvadorii
**Salvadoris Blauwangen-Mistelfresser**
Meyer, AB, 1884
Moa und Babar (e Timor, e Lesser Sundas)
Dicaeum maugei neglectum
**Sunda-Blauwangen-Mistelfresser**
Hartert, EJO, 1897
Nusa Penida (se Bali) und Lombok (w Lesser Sundas)

Dicaeum keiense
## Pinkbauch-Mistelfresser
*Pink-breasted Flowerpecker - Picaflores vientre rosa*
Salvadori, 1874
*Tayandu, Kai und Watubela is. (se Moluccas)*

Dicaeum keiense fulgidum
**Tanimbar-Pinkbauch-Mistelfresser**
Sclater, PL, 1883
Tanimbar Is. (s Moluccas)

Dicaeum hirundinaceum
## Rotsteiß-Mistelfresser
*Mistletoebird - Picaflores golondrina*
Shaw, 1792
*Australien (außer Tasmanien)*

Dicaeum hirundinaceum ignicolle
**Aru-Rotsteiß-Mistelfresser**
Gray, GR, 1858
Aru Is. (sw Neuguinea)

Dicaeum celebicum
## Schwarzwangen-Mistelfresser
*Grey-sided Flowerpecker - Picaflores de Célebes*
Müller, S, 1843
*Sulawesi und kleine Inseln*

Dicaeum celebicum talautense
### Talaud-Schwarzwangen-Mistelfresser
Meyer, AB & Wiglesworth, 1895
Talaud (ne Sulawesi)
Dicaeum celebicum sanghirense
### Sangihe-Schwarzwangen-Mistelfresser
Salvadori, 1876
Sangihe und Siau (n Sulawesi)
Dicaeum celebicum sulaense
### Sula-Schwarzwangen-Mistelfresser
Sharpe, 1884
Banggai und Sula is. (e Sulawesi)
Dicaeum celebicum kuehni
### Tukanvesi-Schwarzwangen-Mistelfresser
Hartert, EJO, 1903
Tukangbesi Is. (se Sulawesi)

Dicaeum monticolum
## Borneomistelfresser
*Black-sided Flowerpecker - Picaflores de Borneo*
Sharpe, 1887
*Gebirge Borneo*

Dicaeum ignipectus
## Feuerbrust-Mistelfresser
*Fire-breasted Flowerpecker - Picaflores pechofuego*
Blyth, 1843
*Himalaya bis e China, n, c Indochina, n Thailand und Myanmar*

Dicaeum ignipectus dolichorhynchum
### Malaysia-Feuerbrust-Mistelfresser
Deignan, 1938
Malayische Halbinsel
Dicaeum ignipectus formosum
### Taiwan-Feuerbrust-Mistelfresser
Ogilvie-Grant, 1912
Taiwan

Dicaeum cambodianum
## Kambodschamistelfresser
*Cambodian Flowerpecker - Picaflores de Camboya*
Delacour & Jabouille, 1928
*e Thailand und Kambodscha*

Dicaeum beccarii
## Sumatramistelfresser
*Sumatran Flowerpecker - Picaflores de Sumatra*
Robinson & Kloss, 1916
*Gebirge Sumatra*

Dicaeum luzoniense
## Feuerkehl-Mistelfresser
*Fire-throated Flowerpecker - Picaflores de Luzón*
Ogilvie-Grant, 1894
*Gebirge Luzon (n Philippinen)*

Dicaeum luzoniense bonga
### Samar-Feuerbrust-Mistelfresser
Hartert, EJO, 1904
Samar (ec Philippinen)
Dicaeum luzoniense apo
### Apo-Feuerbrust-Mistelfresser
Hartert, EJO, 1904
West Visayas und Mindanao (wc, s Philippinen)

Dicaeum sanguinolentum
## Purpurmistelfresser
*Javan Flowerpecker - Picaflores sangrante*
Temminck, 1829
*Gebirge Java und Bali*

Dicaeum rhodopygiale
## Flores-Purpurmistelfresser
*Flores Flowerpecker - Picaflores de Flores*
Rensch, 1928
*Gebirge Flores (c Lesser Sundas)*

Dicaeum wilhelminae
## Sumba-Purpurmistelfresser
*Sumba Flowerpecker - Picaflores de Sumba*
Büttikofer, 1892
*Sumba (c Lesser Sundas)*

Dicaeum hanieli
## Timor-Purpurmistelfresser
*Timor Flowerpercker - Picaflores de Timor*
Hellmayr, 1912
*Gebirge Timor (e Lesser Sundas)*

Dicaeum cruentatum
## Scharlachmistelfresser
*Scarlet-backed Flowerpecker - Picaflores dorsirrojo*
Linnaeus, 1758
*e Himalaya und Bangladesch bis s China, Indochina, Malayische Halbinsel, Riau Is. (s Malayische Halbinsel) und Myanmar*

Dicaeum cruentatum sumatranum
### Sumatra-Scharlachmistelfresser
Cabanis, 1877
Sumatra und kleine Inseln
Dicaeum cruentatum niasense
### Nias-Scharlachmistelfresser
Meyer de Schauensee & Ripley, 1940
Nias (vor w Sumatra)
Dicaeum cruentatum batuense
### Batu-Scharlachmistelfresser
Richmond, 1912
Batu und Mentawai is. (w von s Sumatra)
Dicaeum cruentatum simalurense
### Simeulue-Scharlachmistelfresser
Salomonsen, 1961
Simeulue (w von n Sumatra)
Dicaeum cruentatum nigrimentum
### Borneo-Scharlachmistelfresser
Salvadori, 1874
Borneo

Dicaeum trochileum
## Feuerkopf-Mistelfresser
*Scarlet-headed Flowerpecker - Picaflores cabecirrojo*
Sparrman, 1789
*se Sumatra und Bangka (e von s Sumatra), s, e Borneo, Java und kleine Inseln, Bali und Kangean Is. (n Bali)*

Dicaeum trochileum stresemanni
### Stresemanns Feuerkopf-Mistelfresser
Rensch, 1928
Lombok (w Lesser Sundas)

## Familie: Nectariniidae (Nektarvögel)

### Gattung: Chalcoparia

Chalcoparia singalensis
## Rubinwangen-Nektarvogel
*Ruby-cheeked Sunbird - Suimanga carirrubí*
Gmelin, JF, 1789
*s Malayische Halbinsel*

Chalcoparia singalensis assamensis
### Assam-Rubinwangennektarvogel
Kloss, 1930
e Himalaya und Bangladesch bis s China, n Thailand und n Myanmar
Chalcoparia singalensis koratensis
### Thailand-Rubinwangennektarvogel
Kloss, 1918
e Thailand und Indochina
Chalcoparia singalensis internota
### Deignans Rubinwangennektarvogel
Deignan, 1955
s Myanmar bis n Malayische Halbinsel
Chalcoparia singalensis interposita
### Malaysia-Rubinwangennektarvogel
Robinson & Kloss, 1921
c Malayische Halbinsel
Chalcoparia singalensis sumatrana
### Sumatra-Rubinwangennektarvogel
Kloss, 1921
Sumatra, Lingga Is. und Belitung (e Sumatra)
Chalcoparia singalensis panopsia
### Oberholsers Rubinwangennektarvogel
Oberholser, 1912
Inseln w Sumatra
Chalcoparia singalensis pallida
### Natuna-Rubinwangennektarvogel
Chasen, 1935
Natuna Is. (nw Borneo)
Chalcoparia singalensis borneana
### Borneo-Rubinwangennektarvogel
Kloss, 1921
Borneo
Chalcoparia singalensis bantenensis
### Java-Rubinwangennektarvogel
Hoogerwerf, 1967
w Java
Chalcoparia singalensis phoenicotis
### Temmincks Rubinwangennektarvogel
Temminck, 1822
c, e Java

## Gattung: Deleornis

Deleornis fraseri
**Laubnektarvogel**
*Fraser's Sunbird - Suimanga de Fraser*
Jardine & Selby, 1843
*Bioko Insel*

Deleornis fraseri idius
**Togo-Laubnektarvogel**
Oberholser, 1899
Sierra Leone bis Togo
Deleornis fraseri cameroonensis
**Kamerun-Laubnektarvogel**
Bannerman, 1921
s Nigeria bis w Demokratische Republik Kongo und nw Angola

Deleornis axillaris
**Graukopf-Nektarvogel**
*Grey-headed Sunbird - Suimanga cabecigrís*
Reichenow, 1893
*e Demokratische Republik Kongo, Uganda und Rwanda*

## Gattung: Anthreptes

Anthreptes reichenowi
**Blaukehl-Nektarvogel**
*Plain-backed Sunbird - Suimanga de Reichenow*
Gunning, 1909
*e Simbabwe, s Mosambik und ne Südafrika*

Anthreptes reichenowi yokanae
**Harters Blaukehl-Nektarvogel**
Hartert, EJO, 1921
se Kenia und e Tansania

Anthreptes anchietae
**Buntbauch-Nektarvogel**
*Anchieta's Sunbird - Suimanga de Anchieta*
Barboza du Bocage, 1878
*Angola bis Tansania und Mosambik*

Anthreptes simplex
**Schlichtnektarvogel**
*Plain Sunbird - Suimanga sencillo*
Müller, S, 1843
*Malayische Halbinsel, Sumatra, Nias, n Natuna Is. (nw Borneo) und Borneo*

Anthreptes malacensis
**Braunkehl-Nektarvogel**
*Brown-throated Sunbird - Suimanga gorjipardo*
Scopoli, 1786
*s Myanmar bis Indochina und Malayische Halbinsel, Sumatra und kleine Inseln, Borneo (außer n), Java und Bali*

Anthreptes malacensis anambae
**Anamba-Braunkehl-Nektarvogel**
Oberholser, 1917
Anambas Is. (e Malayische Halbinsel)
Anthreptes malacensis erixanthus
**Natuna-Braunkehl-Nektarvogel**
Oberholser, 1932
Natuna Is. (nw Borneo)
Anthreptes malacensis bornensis
**Borneo-Braunkehl-Nektarvogel**
Riley, 1920
n Borneo
Anthreptes malacensis mjobergi
**Maruatua-Braunkehl-Nektarvogel**
Bangs & Peters, JL, 1927
Maratua (e von ne Borneo)
Anthreptes malacensis paraguae
**Palawan-Braunkehl-Nektarvogel**
Riley, 1920
Palawan Gruppe (sw Philippinen)
Anthreptes malacensis heliolusius
**Mindanao-Braunkehl-Nektarvogel**
Oberholser, 1923
w, c Mindanao Gruppe (s Philippinen)
Anthreptes malacensis wiglesworthi
**Sulu-Braunkehl-Nektarvogel**
Hartert, EJO, 1902
Sulu Archipel außer Sibutu Gruppe (s Philippinen)
Anthreptes malacensis iris
**Sibutu-Braunkehl-Nektarvogel**
Parkes, 1971
Sibutu Gruppe, sw Sulu Archipel (s Philippinen)
Anthreptes malacensis chlorigaster
**Visayas-Braunkehl-Nektarvogel**
Sharpe, 1877
West Visayas (wc Philippinen)
Anthreptes malacensis cagayanensis
**Mapun-Braunkehl-Nektarvogel**
Mearns, 1905
Mapun (=Cagayan Sulu, sw Philippinen)

Anthreptes malacensis heliocalus
**Siaui-Braunkehl-Nektarvogel**
Oberholser, 1923
Sangihe und Siau (n Sulawesi)
Anthreptes malacensis celebensis
**Sulawesi-Braunkehl-Nektarvogel**
Shelley, 1878
Sulawesi und kleine Inseln
Anthreptes malacensis extremus
**Banggai-Braunkehl-Nektarvogel**
Mees, 1966
Banggai und Sula is. (e Sulawesi)
Anthreptes malacensis convergens
**Sunda-Braunkehl-Nektarvogel**
Rensch, 1929
Lombok bis Alor (Lesser Sundas außer Sumba)
Anthreptes malacensis rubrigena
**Sumba-Braunkehl-Nektarvogel**
Rensch, 1931
Sumba (w Lesser Sundas)

Anthreptes griseigularis
**Graukehl-Nektarvogel**
*Grey-throated Sunbird - Suimanga gorjigrís*
Tweeddale, 1878
*East Visayas und e Mindanao (ec, se Philippinen)*

Anthreptes griseigularis birgitae
**Birgitas Graukehl-Nektarvogel**
Salomonsen, 1953
Luzon Gruppe und Mindoro (n Philippinen)

Anthreptes rhodolaemus
**Rotkehl-Nektarvogel**
*Red-throated Sunbird - Suimanga gorjirrojo*
Shelley, 1878
*Malayische Halbinsel, Sumatra und Borneo*

Anthreptes gabonicus
**Mangrovenektarvogel**
*Mangrove Sunbird - Suimanga pardo*
Hartlaub, 1861
*Senegal und Gambia bis Kamerun und s bis Angola*

Anthreptes longuemarei
**Violettmantel-Nektarvogel**
*Western Violet-backed Sunbird - Suimanga violeta*
Lesson, RP, 1831
*Senegal bis s Sudan und w Kenia*

Anthreptes longuemarei angolensis
**Angola-Violettmantel-Nektarvogel**
Neumann, 1906
s Demokratische Republik Kongo und Angola bis Sambia, Malawi und sw Tansania
Anthreptes longuemarei nyassae
**Nyassa-Violettmantel-Nektarvogel**
Neumann, 1906
se Tansania, n Mosambik, e Malawi und e Simbabwe

Anthreptes orientalis
**Schwalbennektarvogel**
*Eastern Violet-backed Sunbird - Suimanga keniata*
Hartlaub, 1880
*Äthiopien und c Somalia bis Süd-Sudan, Rwanda und s Tansania*

Anthreptes neglectus
**Ulugurunektarvogel**
*Uluguru Violet-backed Sunbird - Suimanga de las Uluguru*
Neumann, 1922
*se Kenia bis ec Mosambik*

Anthreptes aurantius
**Violettschwanz-Nektarvogel**
*Violet-tailed Sunbird - Suimanga colivioleta*
Verreaux, J & Verreaux, É, 1851
*Kamerun bis e Demokratische Republik Kongo und s bis n Angola*

Anthreptes seimundi
**Stutzschwanz-Nektarvogel**
*Little Green Sunbird - Suimanga de Seimund*
Ogilvie-Grant, 1908
*Bioko Insel*

Anthreptes seimundi kruensis
**Guinea-Stutzschwanz-Nektarvogel**
Bannerman, 1911
Guinea und Sierra Leone bis Togo
Anthreptes seimundi minor
**Kleiner Stutzschwanz-Nektarvogel**
Bates, GL, 1926
Nigeria bis s Sudan, Uganda, nw Tansania und Angola

Anthreptes rectirostris
**Gelbkehl-Nektarvogel**
*Yellow-chinned Sunbird - Suimanga piquirrecto*
Shaw, 1812
*Sierra Leone bis Ghana*

Anthreptes tephrolaemus
**Graukinn-Nektarvogel**
*Grey-chinned Sunbird - Suimanga barbigrís*
Jardine & Fraser, 1852
*s Nigeria bis s Uganda, w Kenia, nw Tansania, nw Angola und Bioko Insel*

Anthreptes rubritorques
**Rotband-Nektarvogel**
*Banded Green Sunbird - Suimanga cuellirrojo*
Reichenow, 1905
*Tansania*

Gattung: Hedydipna

Hedydipna collaris
**Halsband-Nektarvogel**
*Collared Sunbird - Suimanga acollarado*
Vieillot, 1819
*se Südafrika*

    Hedydipna collaris subcollaris
    **Senegal-Halsband-Nektarvogel**
    Hartlaub, 1857
    *Senegal und Gambia bis s Nigeria*
    Hedydipna collaris hypodila
    **Bioko-Halsband-Nektarvogel**
    Jardine & Fraser, 1852
    *Bioko Insel*
    Hedydipna collaris somereni
    **Kongo-Halsband-Nektarvogel**
    Chapin, 1949
    *se Nigeria bis sw Sudan, n Demokratische Republik Kongo und nw Angola*
    Hedydipna collaris djamdjamensis
    **Äthiopien-Halsband-Nektarvogel**
    Benson, 1942
    *sw Äthiopien*
    Hedydipna collaris garguensis
    **Angola-Halsband-Nektarvogel**
    Mearns, 1915
    *s Sudan und w Kenia bis e Angola, Sambia und w Tansania*
    Hedydipna collaris elachior
    **Somalia-Halsband-Nektarvogel**
    Mearns, 1910
    *s Somalia, e Kenia und ne Tansania*
    Hedydipna collaris zambesiana
    **Zambesi-Halsband-Nektarvogel**
    Shelley, 1876
    *se Angola bis se Tansania, n Simbabwe und c Mosambik*
    Hedydipna collaris zuluensis
    **Zulu-Halsband-Nektarvogel**
    Roberts, 1931
    *e Simbabwe, s Mosambik, Swaziland und ne Südafrika*

Hedydipna platura
**Grünkehl-Nektarvogel**
*Pygmy Sunbird - Suimanga pigmeo*
Vieillot, 1819
*Mauretanien bis Guinea Bissau und e bis Sudan, Süd-Sudan und Uganda*

Hedydipna metallica
**Erznektarvogel**
*Nile Tal Sunbird - Suimanga del Nilo*
Lichtenstein, MHC, 1823
*Ägypten bis Süd-Sudan, Äthiopien und Somalia; sw Arabische Halbinsel*

Hedydipna pallidigaster
**Amaninektarvogel**
*Amani Sunbird - Suimanga de Amani*
Sclater, WL & Moreau, 1935
*Tansania und se Kenia*

Gattung: Anabathmis

Anabathmis reichenbachii
**Reichenbach-Nektarvogel**
*Reichenbach's Sunbird - Suimanga de Reichenbach*
Hartlaub, 1857
*Liberia bis e Demokratische Republik Kongo und s bis n Angola*

Anabathmis hartlaubii
**Hartlaub-Nektarvogel**
*Principe Sunbird - Suimanga de Príncipe*
Hartlaub, 1857
*Príncipe (c Gulf von Guinea Is.)*

Anabathmis newtonii
**Gelbbrust-Nektarvogel**
*Newton's Sunbird - Suimanga de Newton*
Barboza du Bocage, 1887
*São Tomé (sc Gulf von Guinea Is.)*

Gattung: Dreptes

Dreptes thomensis
**Riesennektarvogel**
*Giant Sunbird - Suimanga gigante*
Barboza du Bocage, 1889
*São Tomé (sc Gulf von Guinea Is.)*

Gattung: Anthobaphes

Anthobaphes violacea
**Goldbrust-Nektarvogel**
*Orange-breasted Sunbird - Suimanga pechinaranja*
Linnaeus, 1766
*Südafrika*

Gattung: Cyanomitra

Cyanomitra verticalis
**Grünkopf-Nektarvogel**
*Green-headed Sunbird - Suimanga cabeciverde*
Latham, 1790
*Senegal bis w, n Kamerun*

    Cyanomitra verticalis bohndorffi
    **Bohndorffs Grünkopf-Nektarvogel**
    Reichenow, 1887
    *c, s Kamerun und Zentralafrikanische Republik bis n Angola und c Demokratische Republik Kongo*
    Cyanomitra verticalis cyanocephala
    **Gabun-Grünkopf-Nektarvogel**
    Bechstein, 1811
    *Equatorial Guinea, Gabun, w Demokratische Republik Kongo und nw Angola*
    Cyanomitra verticalis viridisplendens
    **Kenia-Grünkopf-Nektarvogel**
    Reichenow, 1891
    *s Sudan, Uganda und Kenia bis Tansania, n Malawi und ne Sambia*

Cyanomitra bannermani
**Bannerman-Nektarvogel**
*Bannerman's Sunbird - Suimanga de Bannerman*
Grant, CHB & Mackworth-Praed, 1943
*Angola, s Demokratische Republik Kongo und n Sambia*

Cyanomitra cyanolaema
**Braunrücken-Nektarvogel**
*Blue-throated Brown Sunbird - Suimanga gorjiazul*
Jardine & Fraser, 1852
*Bioko Insel*

    Cyanomitra cyanolaema magnirostrata
    **Togo-Braunrücken-Nektarvogel**
    Bates, GL, 1930
    *Sierra Leone bis Togo*
    Cyanomitra cyanolaema octaviae
    **Octavia-Braunrücken-Nektarvogel**
    Amadon, 1953
    *sw Nigeria bis Uganda, w Kenia, s Demokratische Republik Kongo und n Angola; w Tansania*

Cyanomitra oritis
**Blaukopf-Nektarvogel**
*Cameroon Sunbird - Suimanga camerunés*
Reichenow, 1892
*Mt. Kamerun (sw Kamerun)*

    Cyanomitra oritis poensis
    **Bioko-Blaukopf-Nektarvogel**
    Alexander, 1903
    *Bioko Insel*
    Cyanomitra oritis bansoensis
    **Bannermans Blaukopf-Nektarvogel**
    Bannerman, 1922
    *se Nigeria und w Kamerun (außer Mt. Kamerun)*

Cyanomitra alinae
**Ruwenzorinektarvogel**
*Blue-headed Sunbird - Suimanga cabeciazul*
Jackson, FJ, 1904
*Rwenzori Mt. und Virunga Volcanoes in e Demokratische Republik Kongo, sw Uganda und nw Rwanda*

Cyanomitra alinae derooi
**Deroonektarvogel**
Prigogine, 1975
ne Demokratische Republik Kongo
Cyanomitra alinae kaboboensis
**Kabobonektarvogel**
Prigogine, 1975
Mt. Kabobo (e Demokratische Republik Kongo)
Cyanomitra alinae tanganjicae
**Tanganjicanektarvogel**
Reichenow, 1915
e Demokratische Republik Kongo, sw Rwanda und w Burundi
Cyanomitra alinae marungensis
**Marungun-Blaukopfnektarvogel**
Prigogine, 1975
Marungu Mts. (se Demokratische Republik Kongo)

Cyanomitra olivacea
**Olivnektarvogel**
*Olive Sunbird - Suimanga oliváceo*
Smith, A, 1840
*e Südafrika*

Cyanomitra olivacea guineensis
**Senegal-Olivnektarvogel**
Bannerman, 1921
Senegal bis Togo
Cyanomitra olivacea cephaelis
**Ghana-Olivnektarvogel**
Bates, GL, 1930
Ghana bis Zentralafrikanische Republik, Demokratische Republik Kongo und n Angola
Cyanomitra olivacea obscura
**Dunkler Olivnektarvogel**
Jardine, 1842
Bioko und Príncipe Is.
Cyanomitra olivacea ragazzii
**Ragazzis Olivnektarvogel**
Salvadori, 1888
e, se Demokratische Republik Kongo, Süd-Sudan e bis c Äthiopien, Uganda, w Kenia, w Tansania, Sambia und n Malawi
Cyanomitra olivacea changamwensis
**Somalia-Olivnektarvogel**
Mearns, 1910
s Somalia bis ne Tansania
Cyanomitra olivacea neglecta
**Kenia-Olivnektarvogel**
Neumann, 1900
sc Kenia bis n Tansania
Cyanomitra olivacea granti
**Grants Olivnektarvogel**
Vincent, 1934
Pemba und Sansibar (vor Tansania)
Cyanomitra olivacea alfredi
**Alfreds Olivnektarvogel**
Vincent, 1934
s Tansania, e Sambia, Malawi und Mosambik
Cyanomitra olivacea sclateri
**Sclaters Olivnektarvogel**
Vincent, 1934
e Simbabwe und w Mosambik
Cyanomitra olivacea olivacina
**Südlicher Olivnektarvogel**
Peters, W, 1881
se Tansania, Mosambik und ne Südafrika

Cyanomitra veroxii
**Graunektarvogel**
*Grey Sunbird - Suimanga ratonil*
Smith, A, 1832
*e, s Südafrika*

Cyanomitra veroxii fischeri
**Fischers Graunektarvogel**
Reichenow, 1880
e Somalia bis ne Südafrika
Cyanomitra veroxii zanzibarica
**Sansibar-Graunektarvogel**
Grote, 1932
Sansibar (vor e Tansania)

Gattung: Chalcomitra

Chalcomitra adelberti
**Fahlkehl-Glanzköpfchen**
*Buff-throated Sunbird - Suimanga gorjiclaro*
Gervais, 1834
*Guinea und Sierra Leone bis Togo*

Chalcomitra adelberti eboensis
**Jardines Fahlkehl-Glanzköpfchen**
Jardine, 1842
Benin bis se Nigeria und sw Kamerun

Chalcomitra fuliginosa
**Rußglanzköpfchen**
*Carmelite Sunbird - Suimanga carmelita*
Bechstein, 1811
*nw Angola und extremer w Demokratische Republik Kongo*

Chalcomitra fuliginosa aurea
**Lessons Rußglanzköpfchen**
Lesson, RP, 1847
Sierra Leone bis Gabun

Chalcomitra rubescens
**Grünkehl-Glanzköpfchen**
*Green-throated Sunbird - Suimanga gorjiverde*
Vieillot, 1819
*c Kamerun bis s Sudan, Uganda, w Kenia, nw Tansania, nw Sambia und n Angola*

Chalcomitra rubescens crossensis
**Kamerun-Grünkehl-Glanzköpfchen**
Serle, 1963
se Nigeria und sw Kamerun
Chalcomitra rubescens stangerii
**Bioko-Grünkehl-Glanzköpfchen**
Jardine, 1842
Bioko Insel

Chalcomitra amethystina
**Amethystglanzköpfchen**
*Amethyst Sunbird - Suimanga amatista*
Shaw, 1812
*se Botswana, s Mosambik und Südafrika*

Chalcomitra amethystina kalckreuthi
**Kalckreuths Amethystglanzköpfchen**
Cabanis, 1878
s Somalia, e Kenia und ne Tansania
Chalcomitra amethystina kirkii
**Kirki-Amethystglanzköpfchen**
Shelley, 1876
Süd-Sudan, Uganda, w, c Kenia, und s Tansania bis e Sambia, Simbabwe und c Mosambik
Chalcomitra amethystina deminuta
**Angola-Amethystglanzköpfchen**
Cabanis, 1880
se Gabun und s Kongo bis sw Demokratische Republik Kongo, Angola, c, w Sambia, n Botswana und n Namibia

Chalcomitra senegalensis
**Rotbrust-Glanzköpfchen**
*Scarlet-chested Sunbird - Suimanga pechiescarlata*
Linnaeus, 1766
*s Mauretanien und Senegal bis Nigeria*

Chalcomitra senegalensis acik
**Kamerun Rotbrustglanzköpfchen**
Hartmann, 1866
Kamerun bis sw Sudan, nw Uganda und ne Demokratische Republik Kongo
Chalcomitra senegalensis proteus
**Sudan-Rotbrustglanzköpfchen**
Rüppell, 1840
se Sudan, Eritrea, Äthiopien und n Kenia
Chalcomitra senegalensis lamperti
**Lamperts Rotbrustglanzköpfchen**
Reichenow, 1897
s Sudan, e Demokratische Republik Kongo und w, c, s Uganda bis c Kenia und w Tansania
Chalcomitra senegalensis saturatior
**Angola-Rotbrustglanzköpfchen**
Reichenow, 1891
Angola und s Demokratische Republik Kongo bis Namibia und n Botswana
Chalcomitra senegalensis gutturalis
**Südliches Rotbrustglanzköpfchen**
Linnaeus, 1766
s Somalia bis e Simbabwe, Mosambik und ne Südafrika

Chalcomitra hunteri
**Purpurbürzel-Glanzköpfchen**
*Hunter's Sunbird - Suimanga de Hunter*
Shelley, 1889
*Äthiopien und Somalia bis ne Tansania*

Chalcomitra balfouri
**Sokotraglanzköpfchen**
*Socotra Sunbird - Suimanga de Socotora*
Sclater, PL & Hartlaub, 1881
*Socotra*

Gattung: Leptocoma

Leptocoma zeylonica
**Indiennektarvogel**
*Purple-rumped Sunbird - Suimanga cingalés*
Linnaeus, 1766
*Sri Lanka*

Leptocoma zeylonica flaviventris
**Hermanns Indiennektarvogel**
Hermann, 1804
Indien Halbinsel und Bangladesch

Leptocoma minima
**Däumlingsnektarvogel**
*Crimson-backed Sunbird - Suimanga mínimo*
Sykes, 1832
*sw Indien*

Leptocoma sperata
**Purpurkehl-Nektarvogel**
*Purple-throated Sunbird - Suimanga gorjipúrpura*
Linnaeus, 1766
*c, s Luzon, Polillo, Marinduque und Catanduanes (n Philippinen)*

    Leptocoma sperata henkei
    **Henkels Purpurkehl-Nektarvogel**
    Meyer, AB, 1884
    *n Luzon und Inseln bis n (n Philippinen)*
    Leptocoma sperata trochilus
    **Sulu-Purpurkehl-Nektarvogel**
    Salomonsen, 1953
    *Mindoro, Visayas, Palawan Gruppe und e Mindanao (nc, c, sw, s Philippinen) und Maratua (e von ne Borneo)*
    Leptocoma sperata juliae
    **Julias Purpurkehl-Nektarvogel**
    Tweeddale, 1877
    *w, s Mindanao und Sulu Archipel (s Philippinen)*

Leptocoma brasiliana
**Blauglanz-Nektarvogel**
*Van Hasselt's Sunbird - Suimanga ventrigranate*
Gmelin, JF, 1788
*ne Indien und e Bangladesch bis Malayische Halbinsel, Sumatra, Inseln w Sumatra (außer Simeulue), w Java und Borneo*

    Leptocoma brasiliana emmae
    **Indochina Blauglanz-Nektarvogel**
    Delacour & Jabouille, 1928
    *s Indochina*
    Leptocoma brasiliana mecynorhyncha
    **Simeulue-Blauglanz-Nektarvogel**
    Oberholser, 1912
    *Simeulue (w Sumatra)*
    Leptocoma brasiliana eumecis
    **Anamba-Blauglanz-Nektarvogel**
    Oberholser, 1917
    *Anambas Is. (e Malayische Halbinsel)*
    Leptocoma brasiliana axantha
    **Natuna-Blauglanz-Nektarvogel**
    Oberholser, 1932
    *Natuna Is. (nw Borneo)*

Leptocoma aspasia
**Seidennektarvogel**
*Black Sunbird - Suimanga negro*
Lesson, RP & Garnot, 1828
*Festland Neuguinea, Yapen (Geelvink Bay is., nw Neuguinea) und other n Neuguinea kleine Inseln*

    Leptocoma aspasia talautensis
    **Talaud-Seidennektarvogel**
    Meyer, AB & Wiglesworth, 1894
    *Talaud Is. (ne Sulawesi)*
    Leptocoma aspasia sangirensis
    **Sanghir-Seidennektarvogel**
    Meyer, AB, 1874
    *Sangihe und Siau (n Sulawesi)*
    Leptocoma aspasia grayi
    **Grays Seidennektarvogel**
    Wallace, 1865
    *n Sulawesi*
    Leptocoma aspasia porphyrolaema
    **Sulwesi-Seidennektarvogel**
    Wallace, 1865
    *c, s Sulawesi und se kleine Inseln*
    Leptocoma aspasia auriceps
    **Molukken-Seidennektarvogel**
    Gray, GR, 1861
    *Banggai Is. (e Sulawesi), n, c Moluccas, Damar (e Lesser Sundas) und Gebe (Raja Ampat Is., nw Neuguinea)*
    Leptocoma aspasia auricapilla
    **Kayoa-Seidennektarvogel**
    Mees, 1965
    *Kayoa (w von c Halmahera)*
    Leptocoma aspasia aspasioides
    **Aru-Seidennektarvogel**
    Gray, GR, 1861
    *Seram und Ambon (ec Moluccas), Watubela (s Moluccas) und Aru Is. (sw Neuguinea)*
    Leptocoma aspasia proserpina
    **Buru-Seidennektarvogel**
    Wallace, 1863
    *Buru (wc Moluccas)*
    Leptocoma aspasia chlorolaema
    **Kei-Seidennektarvogel**
    Salvadori, 1874
    *Kai Is. (s Moluccas)*
    Leptocoma aspasia mariae
    **Kofiau-Seidennektarvogel**
    Ripley, 1959
    *Kofiau (Raja Ampat Is., nw Neuguinea)*

    Leptocoma aspasia cochrani
    **Westguinea-Seidennektarvogel**
    Stresemann & Paludan, 1932
    *Waigeo und Misool (Raja Ampat Is., nw Neuguinea)*
    Leptocoma aspasia maforensis
    **Numfor-Seidennektarvogel**
    Meyer, AB, 1874
    *Numfor (Geelvink Bay is., nw Neuguinea)*
    Leptocoma aspasia nigriscapularis
    **Rani-Seidennektarvogel**
    Salvadori, 1876
    *Meos Num und Rani (s Biak, Geelvink Bay is., nw Neuguinea)*
    Leptocoma aspasia mysorensis
    **Biak-Seidennektarvogel**
    Meyer, AB, 1874
    *Biak (Geelvink Bay is., nw Neuguinea) und Schouten (n von nc Neuguinea)*
    Leptocoma aspasia veronica
    **Veronicas Seidennektarvogel**
    Mees, 1965
    *Liki (Kumamba Is., n Sarmi, nw Neuguinea)*
    Leptocoma aspasia cornelia
    **Tarawai-Seidennektarvogel**
    Salvadori, 1878
    *Tarawai (Dogreto Bay, n von nc Neuguinea)*
    Leptocoma aspasia christianae
    **Christianas Seidennektarvogel**
    Tristram, 1889
    *D'Entrecasteaux Archipel, Woodlark und Louisiade Archipel (außer Rossel; e von se Neuguinea)*
    Leptocoma aspasia caeruleogula
    **Umboi-Seidennektarvogel**
    Mees, 1965
    *New Britain und kleine Inseln (se Bismarck Archipel)*
    Leptocoma aspasia corinna
    **Corinnas Seidennektarvogel**
    Salvadori, 1878
    *New Ireland und Inseln von New Hanover (=Lavongai) bis Lihir; Duke von York Is. (ne Bismarck Archipel)*
    Leptocoma aspasia eichhorni
    **Eichhorns Seidennektarvogel**
    Rothschild & Hartert, EJO, 1926
    *Feni Is. (e New Ireland, ne Bismarck Archipel)*

Leptocoma calcostetha
**Kupferkehl-Nektarvogel**
*Copper-throated Sunbird - Suimanga de Macklot*
Jardine, 1842
*Myanmar bis Palawan (sw Philippinen), Borneo, Natuna Is. (nw Borneo) und Java*

## Gattung: Nectarinia

Nectarinia bocagii
**Bocagenektarvogel**
*Bocage's Sunbird - Suimanga de Bocage*
Shelley, 1879
*se Demokratische Republik Kongo bis c Angola*

Nectarinia purpureiventris
**Purpurbrust-Nektarvogel**
*Purple-breasted Sunbird - Suimanga pechipúrpura*
Reichenow, 1893
*e Demokratische Republik Kongo, s Uganda, Rwanda und Burundi*

Nectarinia tacazze
**Tacazzenektarvogel**
*Tacazze Sunbird - Suimanga de Tacazzé*
Stanley, 1814
*Äthiopien und Eritrea*

    Nectarinia tacazze jacksoni
    **Jacksons Tacazzenektarvogel**
    Neumann, 1899
    *se Sudan, Uganda, Kenia und n Tansania*

Nectarinia kilimensis
**Bronzenektarvogel**
*Bronzy Sunbird - Suimanga bronceado*
Shelley, 1885
*e Demokratische Republik Kongo und s Uganda bis c Kenia und n Tansania*

    Nectarinia kilimensis arturi
    **Arturs Bronzenektarvogel**
    Sclater, PL, 1906
    *s Tansania bis e Simbabwe*
    Nectarinia kilimensis gadowi
    **Gadows Bronzenektarvogel**
    Barboza du Bocage, 1892
    *wc Angola*

Nectarinia famosa
**Malachitnektarvogel**
*Malachite Sunbird - Suimanga malaquita*
Linnaeus, 1766
*e Simbabwe, w Mosambik und Südafrika*

Nectarinia famosa cupreonitens
**Nördlicher Malachitnektarvogel**
Shelley, 1876
Eritrea und Äthiopien bis e Sambia, n Malawi und n Mosambik

Nectarinia johnstoni
**Lobeliennektarvogel**
*Scarlet-tufted Sunbird - Suimanga de Johnston*
Shelley, 1885
c, w Kenia und n Tansania

Nectarinia johnstoni dartmouthi
**Kongo-Lobeliennektarvogel**
Ogilvie-Grant, 1906
e Demokratische Republik Kongo, sw Uganda und w Rwanda
Nectarinia johnstoni nyikensis
**Sambia-Lobeliennektarvogel**
Delacour, 1944
s Tansania, ne Sambia und n Malawi
Nectarinia johnstoni itombwensis
**Itombwenektarvogel**
Prigogine, 1977
Itombwe Mts. (e Demokratische Republik Kongo)

## Gattung: Drepanorhynchus

Drepanorhynchus reichenowi
**Goldschwingen-Nektarvogel**
*Golden-winged Sunbird - Suimanga alidorado*
Fischer, GA, 1884
s Uganda bis c Kenia und n Tansania

Drepanorhynchus reichenowi shellyae
**Kongo-Goldschwingen-Nektarvogel**
Prigogine, 1952
e Demokratische Republik Kongo
Drepanorhynchus reichenowi lathburyi
**Kenia-Goldschwingen-Nektarvogel**
Williams, JG, 1956
n Kenia

## Gattung: Cinnyris

Cinnyris chloropygius
**Olivbauch-Nektarvogel**
*Olive-bellied Sunbird - Suimanga ventrioliva*
Jardine, 1842
se Nigeria bis Zentralafrikanische Republik, w Demokratische Republik Kongo, nw Angola und
Bioko Insel

Cinnyris chloropygius kempi
**Kemps Olivbauch-Nektarvogel**
Ogilvie-Grant, 1910
Senegal bis sw Nigeria
Cinnyris chloropygius orphogaster
**Reichenows Olivbauch-Nektarvogel**
Reichenow, 1899
c, e Demokratische Republik Kongo, s Sudan und Uganda bis w Kenia, w Tansania und
ne Angola

Cinnyris minullus
**Zwergnektarvogel**
*Tiny Sunbird - Suimanga enano*
Reichenow, 1899
Sierra Leone und Liberia bis Uganda, Demokratische Republik Kongo und Gabun und Bioko Insel

Cinnyris manoensis
**Miombonektarvogel**
*Eastern Miombo Sunbird - Suimanga del miombo oriental*
Reichenow, 1907
c Tansania bis Simbabwe und n Mosambik

Cinnyris manoensis amicorum
**Clanceys Miombonektarvogel**
Clancey, 1970
s Mosambik

Cinnyris gertrudis
**Gertrudisnektarvogel**
*Western Miombo Sunbird - Suimanga del miombo occidental*
Grote, 1926
c Angola und s Demokratische Republik Kongo bis sw Tansania und n Malawi

Cinnyris chalybeus
**Kapnektarvogel**
*Southern Double-collared Sunbird - Suimanga acerado*
Linnaeus, 1766
s Namibia und w Südafrika

Cinnyris chalybeus subalaris
**Südlicher Kapnektarvogel**
Reichenow, 1899
e Südafrika

Cinnyris neergaardi
**Neergaard-Nektarvogel**
*Neergaard's Sunbird - Suimanga de Neergaard*
Grant, CHB, 1908
se Mosambik bis Swaziland und e Südafrika

Cinnyris stuhlmanni
**Stuhlmann-Nektarvogel**
*Rwenzori Double-collared Sunbird - Suimanga de Stuhlmann*
Reichenow, 1893
Rwenzori Mts. (ne Demokratische Republik Kongo und w Uganda)

Cinnyris stuhlmanni graueri
**Grauers Nektarvogel**
Neumann, 1908
sw Uganda, nw Rwanda und e Demokratische Republik Kongo
Cinnyris stuhlmanni chapini
**Chapinis Nektarvogel**
Prigogine, 1952
e Demokratische Republik Kongo
Cinnyris stuhlmanni schubotzi
**Schubotz-Nektarvogel**
Reichenow, 1908
sw Rwanda und w Burundi

Cinnyris whytei
**Malawinektarvogel**
*Whyte's Double-collared Sunbird - Suimanga de Malawi*
Benson, 1948
Sambia und Malawi

Cinnyris whytei skye
**Rubehonektarvogel**
Bowie, Fjeldså, Kiure & Kristensen, 2016
Rubeho und Udzungwa Mts. Tansania

Cinnyris prigoginei
**Marungunektarvogel**
*Prigogine's Double-collared Sunbird - Suimanga de Prigogine*
Macdonald, 1958
se Demokratische Republik Kongo

Cinnyris ludovicensis
**Bergnektarvogel**
*Ludwig's Double-collared Sunbird - Suimanga angoleño*
Barboza du Bocage, 1868
Angola

Cinnyris reichenowi
**Nandinektarvogel**
*Northern Double-collared Sunbird - Suimanga de Preuss*
Sharpe, 1891
s Sudan, ne Demokratische Republik Kongo, Uganda, Rwanda, Burundi und Kenia

Cinnyris reichenowi preussi
**Preussnektarvogel**
Reichenow, 1892
Bioko Insel, se Nigeria, Kamerun und nw Zentralafrikanische Republik

Cinnyris afer
**Doppelband-Nektarvogel**
*Greater Double-collared Sunbird - Suimanga bicollar*
Linnaeus, 1766
e, s Südafrika

Cinnyris regius
**Königsnektarvogel**
*Regal Sunbird - Suimanga real*
Reichenow, 1893
e Demokratische Republik Kongo, w Uganda, w Rwanda und w Burundi

Cinnyris regius anderseni
**Andersens Königsnektarvogel**
Williams, JG, 1950
w Tansania

Cinnyris rockefelleri
**Blutbrust-Nektarvogel**
*Rockefeller's Sunbird - Suimanga de Rockefeller*
Chapin, 1932
e Demokratische Republik Kongo

Cinnyris mediocris
**Hochland-Nektarvogel**
*Eastern Double-collared Sunbird - Suimanga del Kilimanjaro*
Shelley, 1885
w, c Kenia und n Tansania

Cinnyris usambaricus
**Usambaranektarvogel**
*Usambara Double-collared Sunbird - Suimanga de los Usambara*
Grote, 1922
*se Kenia und ne Tansania*

Cinnyris fuelleborni
**Füllebornnektarvogel**
*Forest Double-collared Sunbird - Suimanga de Fülleborn*
Reichenow, 1899
*c, s Tansania, ne Sambia und n Malawi*

Cinnyris fuelleborni bensoni
**Waldbensonnektarvogel**
Williams, JG, 1953
*s Malawi und n Mosambik*

Cinnyris moreaui
**Moreaunektarvogel**
*Moreau's Sunbird - Suimanga de Moreau*
Sclater, WL, 1933
*c Tansania*

Cinnyris loveridgei
**Orangebauch-Nektarvogel**
*Loveridge's Sunbird - Suimanga de Loveridge*
Hartert, EJO, 1922
*ec Tansania*

Cinnyris pulchellus
**Elfennektarvogel**
*Beautiful Sunbird - Suimanga colilargo sudanés*
Linnaeus, 1766
*Mauretanien bis Sierra Leone und e bis Eritrea, w Äthiopien und nw Kenia*

Cinnyris melanogastrus
**Kenia-Elfennektarvogel**
*Gorgeous Sunbird - Suimanga del Gorgeus*
Fischer, GA & Reichenow, 1884
*w, c, s Kenia und Tansania*

Cinnyris mariquensis
**Bindennektarvogel**
*Marico Sunbird - Suimanga del Marico*
Smith, A, 1836
*wc, s Angola und ne Namibia bis sw Sambia, Botswana, c, s Simbabwe, n Südafrika und s Mosambik*

Cinnyris mariquensis osiris
**Äthiopien-Bindennektarvogel**
Finsch, 1870
*Eritrea und Äthiopien bis se Sudan, n Uganda und n Kenia*
Cinnyris mariquensis suahelicus
**Suaheli-Bindennektarvogel**
Reichenow, 1891
*c Uganda bis c Kenia, Tansania und ne Sambia*

Cinnyris shelleyi
**Scharlachbrust-Nektarvogel**
*Shelley's Sunbird - Suimanga de Shelley*
Alexander, 1899
*Tansania bis Sambia, n Simbabwe und n Mosambik*

Cinnyris hofmanni
**Hofmann-Nektarvogel**
*Hofmann's Sunbird - Suimanga de Hofmann*
Reichenow, 1915
*e Tansania*

Cinnyris congensis
**Kongonektarvogel**
*Congo Sunbird - Suimanga congoleño*
van Oort, 1910
*Kongo Region*

Cinnyris erythrocercus
**Schmucknektarvogel**
*Red-chested Sunbird - Suimanga pechirrojo*
Hartlaub, 1857
*extremer s Sudan bis w, c Tansania*

Cinnyris nectarinioides
**Mennigbrust-Nektarvogel**
*Black-bellied Sunbird - Suimanga ventrinegro*
Richmond, 1897
*se Kenia und ne Tansania*

Cinnyris nectarinioides erlangeri
**Erlangers Nektarvogel**
Reichenow, 1905
*se Äthiopien, s Somalia und ne Kenia*

Cinnyris bifasciatus
**Zweiband-Nektarvogel**
*Purple-banded Sunbird - Suimanga bandeado*
Shaw, 1812
*sw Zentralafrikanische Republik und Gabun bis w Angola*

Cinnyris bifasciatus microrhynchus
**Angola-Zweiband-Nektarvogel**
Sholloy, 1876
*s Demokratische Republik Kongo, s Uganda, s, c Kenia bis ne Angola, Sambia, Malawi, Mosambik und e Südafrika*

Cinnyris tsavoensis
**Tsavonektarvogel**
*Tsavo Sunbird - Suimanga del Tsavo*
Van Someren, 1922
*e Kenia und ne Tansania*

Cinnyris chalcomelas
**Veilchenbrust-Nektarvogel**
*Violet-breasted Sunbird - Suimanga pechivioleta*
Reichenow, 1905
*ec Somalia bis se Kenia*

Cinnyris pembae
**Pembanektarvogel**
*Pemba Sunbird - Suimanga de Pemba*
Reichenow, 1905
*Pemba Insel (vor Tansania)*

Cinnyris bouvieri
**Braunbauch-Nektarvogel**
*Orange-tufted Sunbird - Suimanga de Bouvier*
Shelley, 1877
*Kamerun und Zentralafrikanische Republik bis Uganda, n Sambia und n Angola*

Cinnyris osea
**Jerichonektarvogel**
*Palestine Sunbird - Suimanga palestino*
Bonaparte, 1856
*Syrien bis ne Ägypten und e bis Jemen und Oman*

Cinnyris osea decorsei
**Südlicher Jerichonektarvogel**
Ouctalot, 1905
*Kamerun bis s Sudan und nw Uganda*

Cinnyris hellmayri
**Arabiennektarvogel**
*Arabian Sunbird - Suimanga árabe*
Neumann, 1904
*sw Saudi-Arabien, Jemen und sw Oman*

Cinnyris hellmayri kinneari
**Saudi Arabiennektarvogel**
Bates, GL, 1935
*w Saudi-Arabien*

Cinnyris habessinicus
**Glanznektarvogel**
*Abyssinian Sunbird - Suimanga brillante*
Hemprich & Ehrenberg, 1828
*ne Sudan, Eritrea und n, c Äthiopien*

Cinnyris habessinicus alter
**Somalia-Glanznektarvogel**
Neumann, 1906
*e Äthiopien und n Somalia*
Cinnyris habessinicus turkanae
**Kenia-Glanznektarvogel**
Van Someren, 1920
*se Sudan, s Äthiopien, s Somalia, n Kenia und ne Uganda*

Cinnyris coccinigastrus
**Vielfarben-Nektarvogel**
*Splendid Sunbird - Suimanga espléndido*
Latham, 1801
*Senegal und Gambia s bis Liberia und e bis ne Demokratische Republik Kongo und nw Uganda*

Cinnyris johannae
**Grünscheitel-Nektarvogel**
*Johanna's Sunbird - Suimanga de Johanna*
Verreaux, J & Verreaux, É, 1851
*s Nigeria und s Kamerun bis ne Demokratische Republik Kongo, Kongo und nw Angola*

Cinnyris johannae fasciatus
**Benin-Grünscheitel-Nektarvogel**
Jardine & Fraser, 1852
Sierra Leone bis Benin

Cinnyris superbus
## Prachtnektarvogel
*Superb Sunbird - Suimanga soberbio*
Shaw, 1812
*s Kamerun bis Demokratische Republik Kongo (außer ne) und w Angola*

Cinnyris superbus ashantiensis
**Togo-Prachtnektarvogel**
Bannerman, 1922
Sierra Leone bis Togo und Benin
Cinnyris superbus nigeriae
**Nigeria-Prachtnektarvogel**
Rand & Traylor, 1959
se Benin und s Nigeria
Cinnyris superbus buvuma
**Buvuma-Prachtnektarvogel**
Van Someren, 1932
ne Demokratische Republik Kongo, Uganda, w Kenia und nw Tansania

Cinnyris rufipennis
## Rotflügel-Nektarvogel
*Rufous-winged Sunbird - Suimanga alirrojo*
Jensen, 1983
*c Tansania*

Cinnyris oustaleti
## Angolanektarvogel
*Oustalet's Sunbird - Suimanga de Oustalet*
Barboza du Bocage, 1878
*wc Angola*

Cinnyris oustaleti rhodesiae
**Rhodesianektarvogel**
Benson, 1955
ne Sambia und w Tansania

Cinnyris talatala
## Weißbauch-Nektarvogel
*White-bellied Sunbird - Suimanga pechiblanco*
Smith, A, 1836
*s Tansania bis s Angola, n Botswana, n, e Südafrika und Mosambik*

Cinnyris venustus
## Ziernektarvogel
*Variable Sunbird - Suimanga variable*
Shaw, 1799
*Senegal und Gambia bis Sierra Leone und e bis n Kamerun und Zentralafrikanische Republik*

Cinnyris venustus fazoqlensis
**Sudan-Ziernektarvogel**
Heuglin, 1874
e Sudan, Eritrea und n, w Äthiopien
Cinnyris venustus albiventris
**Somalia-Ziernektarvogel**
Strickland, 1852
e, s Äthiopien, Somalia und ne Kenia
Cinnyris venustus falkensteini
**Falkensteins Ziernektarvogel**
Fischer, GA & Reichenow, 1884
Gabun und w Angola bis w Kenia, Tansania und Mosambik
Cinnyris venustus igneiventris
**Ruanda-Ziernektarvogel**
Reichenow, 1899
e Demokratische Republik Kongo, Uganda, Rwanda und Burundi

Cinnyris fuscus
## Rußnektarvogel
*Dusky Sunbird - Suimanga oscuro*
Vieillot, 1819
*Namibia und Botswana bis Südafrika*

Cinnyris fuscus inclusus
**Angola-Rußnektarvogel**
Clancey, 1970
sw Angola

Cinnyris ursulae
## Graubrust-Nektarvogel
*Ursula's Sunbird - Suimanga de Úrsula*
Alexander, 1903
*Kamerun*

Cinnyris batesi
## Einfarb-Nektarvogel
*Bates's Sunbird - Suimanga de Bates*
Ogilvie-Grant, 1908
*Elfenbeinküste und s Liberia e bis e, s Demokratische Republik Kongo*

Cinnyris cupreus
## Kupfernektarvogel
*Copper Sunbird - Suimanga cobrizo*
Shaw, 1812
*sw Mauretanien bis Sierra Leone und e bis w Äthiopien, w Kenia, w Tansania, c Demokratische Republik Kongo und nw Angola*

Cinnyris cupreus chalceus
**Angola-Kupfernektarvogel**
Hartlaub, 1862
Angola und s Demokratische Republik Kongo bis s Tansania, Mosambik, n Simbabwe und n Botswana

Cinnyris asiaticus
## Purpurnektarvogel
*Purple Sunbird - Suimanga asiático*
Latham, 1790
*Nepal, n, c, s Indien und Sri Lanka*

Cinnyris asiaticus brevirostris
**Arabischer Purpurnektarvogel**
Blanford, 1873
e Arabische Halbinsel bis w Indien
Cinnyris asiaticus intermedius
**Kleiner Purpurnektarvogel**
Hume, 1870
e Indien und Bangladesch bis Indochina

Cinnyris ornatus
## Malaysia-Grünrückennektarvogel
*Ornate Sunbird - Suimanga deMalaysia*
Lesson, RP, 1827
*c, s Malayische Halbinsel, Sumatra, Borneo, Java, Bali und Lesser Sundas (außer Sumba und Timor)*

Cinnyris ornatus polyclystus
**Enggano-Grünrückennektarvogel**
Oberholser, 1912
Enggano (w von s Sumatra)
Cinnyris ornatus andamanicus
**Andamanen-Grünrückennektarvogel**
Hume, 1873
Andaman Is.
Cinnyris ornatus klossi
**Kloss-Grünrückennektarvogel**
Richmond, 1902
c, s Nicobar Is.
Cinnyris ornatus proselius
**Nikobaren-Grünrückennektarvogel**
Oberholser, 1923
n Nicobar Is.
Cinnyris ornatus flammaxillaris
**Indochina-Grünrückennektarvogel**
Blyth, 1845
Myanmar, Thailand, c, s Indochina und n Malayische Halbinsel
Cinnyris ornatus rhizophorae
**Hainan-Grünrückennektarvogel**
Swinhoe, 1869
s, se China inklusive Hainan, und n Vietnam

Cinnyris jugularis
## Grünrücken-Nektarvogel
*Olive-backed Sunbird - Suimanga dorsioliva*
Linnaeus, 1766
*c, s Luzon Gruppe, Mindoro, Visayas und Mindanao Gruppe (n bis s Philippinen)*

Cinnyris jugularis obscurior
**Luzon-Grünrückennektarvogel**
Ogilvie-Grant, 1894
n Luzon und Babuyan Is. (n Philippinen)
Cinnyris jugularis woodi
**Wood-Grünrückennektarvogel**
Mearns, 1909
Sulu Archipel (s Philippinen)

Cinnyris aurora
## Palawan-Grünrückennektarvogel
*Palawan Sunbird - Suimanga de Palawan*
Tweeddale, 1878
*Palawan Gruppe (sw Philippinen)*

Cinnyris frenatus
## Molukken-Grünrückennektarvogel
*Sahul Sunbird - Suimanga de Sahul*
Müller, S, 1843
*Morotai bis Obi (n Moluccas), Neuguinea (außer n) und kleine Inseln (außer Trobriand, Woodlark und Louisiade is., se von se Neuguinea), Aru Is. (sw Neuguinea) und ne Queensland (ne Australien)*

Cinnyris frenatus plateni
**Sulawesi-Grünrückennektarvogel**
Blasius, W, 1885
Talaud Is. (ne Sulawesi), Sulawesi und kleine Inseln
Cinnyris frenatus flavigastra
**Bismarck-Grünrückennektarvogel**
Gould, 1843
Bismarck Archipel inklusive Ninigo und Hermit is., und n, sc Solomon Is. bis Guadalcanal und Malaita

Cinnyris frenatus robustirostris
**Banggai-Grünrückennektarvogel**
Mees, 1964
Banggai und Sula Is. (e Sulawesi)

Cinnyris infrenatus
**Tukangbesi-Grünrückennektarvogel**
*Tukangbesi Sunbird - Suimanga de Tukanbesi*
Hartert, EJO, 1903
*Tukangbesi und Inseln vor se Sulawesi*

Cinnyris teysmanni
**Flores-Grünrückennektarvogel**
*Flores Sea Sunbird - Suimanga de Flores*
Büttikofer, 1893
*Flores Sea is. s Sulawesi*

Cinnyris clementiae
**Clementinas Grünrückennektarvogel**
*South Moluccan Sunbird - Suimanga de Moluccas*
Lesson, RP, 1827
*Boano (nw Seram), Ambon, Seram (ec Moluccas) und Watubela (s Moluccas)*

   Cinnyris clementiae buruensis
   **Buru-Grünrückennektarvogel**
   Hartert, EJO, 1910
   Buru (wc Moluccas)
   Cinnyris clementiae keiensis
   **Kei-Grünrückennektarvogel**
   Stresemann, 1913
   Kai Is. (se Moluccas)

Cinnyris idenburgi
**Idenburgs Grünrückennektarvogel**
*Mamberamo Sunbird - Suimanga de Mamberamo*
Rand, 1940
*Mamberamo, Sepik und Ramu basins, n Neuguinea*

Cinnyris buettikoferi
**Sumbanektarvogel**
*Apricot-breasted Sunbird - Suimanga de Sumba*
Hartert, EJO, 1896
*Sumba (c Lesser Sundas)*

Cinnyris solaris
**Sonnennektarvogel**
*Flame-breasted Sunbird - Suimanga de Timor*
Temminck, 1825
*Sumbawa bis Timor und kleine Inseln (Lesser Sundas außer Lombok und Sumba)*

   Cinnyris solaris exquisitus
   **Harters Sonnennektarvogel**
   Hartert, EJO, 1904
   Wetar (n Timor)

Cinnyris sovimanga
**Malegassennektarvogel**
*Souimanga Sunbird - Suimanga malgache*
Gmelin, JF, 1788
*Iles Glorieuses (nw Madagascar) und Madagascar (außer s)*

   Cinnyris sovimanga apolis
   **Südlicher Malegassennektarvogel**
   Hartert, EJO, 1920
   s Madagascar
   Cinnyris sovimanga aldabrensis
   **Westlicher Aldabranektarvogel**
   Ridgway, 1894
   Aldabra (w Aldabra Gruppe, sw Seychellen)

Cinnyris abbotti
**Aldabranektarvogel**
*Abbott's Sunbird - Suimanga abotti*
Ridgway, 1894
*Assumption (sw Aldabra Gruppe, sw Seychellen)*

   Cinnyris abbotti buchenorum
   **Cosmoledonektarvogel**
   Williams, JG, 1953
   Cosmoledo und Astove (e Aldabra Gruppe, sw Seychellen)

Cinnyris notatus
**Stahlnektarvogel**
*Malagasy Green Sunbird - Suimanga piquilargo*
Müller, PLS, 1776
*Madagascar*

   Cinnyris notatus moebii
   **Moebis Stahlnektarvogel**
   Reichenow, 1887
   Grande Comore (=Njazidja; nw Comoros)

Cinnyris notatus voeltzkowi
**Moheli-Stahlnektarvogel**
Reichenow, 1905
Mohéli (=Mwali; wc Comoros)

Cinnyris dussumieri
**Seychellennektarvogel**
*Seychelles Sunbird - Suimanga de Seychelles*
Hartlaub, 1861
*Inner Is. (ne Seychellen)*

Cinnyris humbloti
**Schlichtmantel-Nektarvogel**
*Humblot's Sunbird - Suimanga de Humblot*
Milne-Edwards & Oustalet, 1885
*Grande Comore (=Njazidja; nw Comoros)*

   Cinnyris humbloti mohelicus
   **Moheli-Schlichtmantel-Nektarvogel**
   Stresemann & Grote, 1926
   Mohéli (=Mwali; wc Comoros)

Cinnyris comorensis
**Anjouannektarvogel**
*Anjouan Sunbird - Suimanga de Anjuán*
Peters, W, 1864
*Anjouan (=Nzwani; ec Comoros)*

Cinnyris coquerellii
**Mayottenektarvogel**
*Mayotte Sunbird - Suimanga de Mayotte*
Hartlaub, 1860
*Mayotte und kleine Inseln (se Comoros)*

Cinnyris lotenius
**Lotennektarvogel**
*Loten's Sunbird - Suimanga de Loten*
Linnaeus, 1766
*Sri Lanka*

   Cinnyris lotenius hindustanicus
   **Hindunektarvogel**
   Whistler, 1944
   s Indien

## Gattung: Aethopyga

Aethopyga primigenia
**Grauhauben-Nektarvogel**
*Grey-hooded Sunbird - Suimanga de Hachisuka*
Hachisuka, 1941
*Gebirge c Mindanao (s Philippinen)*

   Aethopyga primigenia diuatae
   **Diuatanektarvogel**
   Salomonsen, 1953
   Gebirge ne Mindanao (s Philippinen)

Aethopyga boltoni
**Mindanaonektarvogel**
*Apo Sunbird - Suimanga de Bolton*
Mearns, 1905
*Gebirge ec, e Mindanao (s Philippinen)*

   Aethopyga boltoni malindangensis
   **Westlicher Mindanaonektarvogel**
   Rand & Rabor, 1957
   Gebirge w Mindanao (s Philippinen)
   Aethopyga boltoni tibolii
   **Südlicher Mindanaonektarvogel**
   Kennedy, RS, Gonzales & Miranda, 1997
   Gebirge s Mindanao (s Philippinen)

Aethopyga linaraborae
**Linanektarvogel**
*Lina's Sunbird - Suimanga de Lina*
Kennedy, RS, Gonzales & Miranda, 1997
*Gebirge se Mindanao (s Philippinen)*

Aethopyga flagrans
**Feuerbrust-Nektarvogel**
*Flaming Sunbird - Suimanga llameante*
Oustalet, 1876
*Luzon und Catanduanes (n Philippinen)*

Aethopyga guimarasensis
**Braunnacken-Nektarvogel**
*Maroon-naped Sunbird - Suimanga de Guimarás*
Steere, 1890
*Panay und Guimaras (wc Philippinen)*

Aethopyga guimarasensis daphoenonota
**Negros-Braunnacken-Nektarvogel**
Parkes, 1963
Negros (wc Philippinen)

Aethopyga pulcherrima
**Glanzflügel-Nektarvogel**
*Metallic-winged Sunbird - Suimanga submontano*
Sharpe, 1876
*East Visayas und Mindanao Gruppe (c, s Philippinen)*

Aethopyga duyvenbodei
**Sangihenektarvogel**
*Elegant Sunbird - Suimanga elegante*
Schlegel, 1871
*Sangihe (n Sulawesi)*

Aethopyga shelleyi
**Goldkehl-Nektarvogel**
*Lovely Sunbird - Suimanga filipino*
Sharpe, 1876
*Palawan Gruppe (sw Philippinen)*

Aethopyga bella
**Philippinennektarvogel**
*Handsome Sunbird - Suimanga hermoso*
Tweeddale, 1877
*East Visayas und Mindanao (e, s Philippinen)*

Aethopyga bella flavipectus
**Luzon-Philippinennektarvogel**
Ogilvie-Grant, 1894
n Luzon (n Philippinen)
Aethopyga bella minuta
**Kleiner Philippinennektarvogel**
Bourns & Worcester, 1894
c, s Luzon, Polillo, Marinduque und Mindoro (n Philippinen)
Aethopyga bella rubrinota
**Lubang-Philippinennektarvogel**
McGregor, 1905
Lubang (n Mindoro in n Philippinen)
Aethopyga bella bonita
**Bonitanektarvogel**
Bourns & Worcester, 1894
West Visayas (wc Philippinen)
Aethopyga bella arolasi
**Arolanektarvogel**
Bourns & Worcester, 1894
Sulu Archipel (s Philippinen)

Aethopyga gouldiae
**Gouldnektarvogel**
*Mrs. Gould's Sunbird - Suimanga de Gould*
Vigors, 1831
*e Himalaya*

Aethopyga gouldiae isolata
**Indischer Gouldnektarvogel**
Baker, ECS, 1925
ne Indien, e Bangladesch und w Myanmar
Aethopyga gouldiae dabryii
**China-Gouldnektarvogel**
Verreaux, J, 1867
c, s China, n, e Myanmar und n Indochina
Aethopyga gouldiae annamensis
**Laos-Gouldnektarvogel**
Robinson & Kloss, 1919
s Laos und s Vietnam

Aethopyga nipalensis
**Grünschwanz-Nektarvogel**
*Green-tailed Sunbird - Suimanga coliverde*
Hodgson, 1836
*c, e Nepal und n Indien*

Aethopyga nipalensis horsfieldi
**Horsfields Grünschwanz-Nektarvogel**
Blyth, 1843
w Himalaya bis w Nepal
Aethopyga nipalensis koelzi
**Tibet-Grünschwanz-Nektarvogel**
Ripley, 1948
se Tibet, Bhutan und e Bangladesch bis sc China und n Vietnam
Aethopyga nipalensis victoriae
**Victorias Grünschwanz-Nektarvogel**
Rippon, 1904
w Myanmar
Aethopyga nipalensis karenensis
**Myanmar-Grünschwanz-Nektarvogel**
Ticehurst, 1939
e Myanmar
Aethopyga nipalensis angkanensis
**Rileys Grünschwanz-Nektarvogel**
Riley, 1929
nw Thailand

Aethopyga nipalensis australis
**Thailand-Grünschwanz-Nektarvogel**
Robinson & Kloss, 1923
Halbinsel Thailand
Aethopyga nipalensis blanci
**Laos-Grünschwanz-Nektarvogel**
Delacour & Greenway, 1939
Laos
Aethopyga nipalensis ezrai
**Vietnam-Grünschwanz-Nektarvogel**
Delacour, 1926
s Vietnam

Aethopyga eximia
**Javanektarvogel**
*White-flanked Sunbird - Suimanga eximio*
Horsfield, 1821
*Gebirge Java*

Aethopyga christinae
**Hainannektarvogel**
*Fork-tailed Sunbird - Suimanga de Christina*
Swinhoe, 1869
*Hainan Insel (vor se China)*

Aethopyga christinae latouchii
**Sclaters Hainannektarvogel**
Slater, HH, 1891
c China bis c Indochina
Aethopyga christinae sokolovi
**Sokolov-Hainannektarvogel**
Stepanyan, 1985
s Vietnam

Aethopyga saturata
**Schwarzkehl-Nektarvogel**
*Black-throated Sunbird - Suimanga gorjinegro*
Hodgson, 1836
*c, e Himalaya*

Aethopyga saturata assamensis
**Assam-Schwarzkehl-Nektarvogel**
Horsfield, 1840
ne Indien, n Myanmar into sw China
Aethopyga saturata galenae
**Thailand-Schwarzkehl-Nektarvogel**
Deignan, 1948
nw Thailand
Aethopyga saturata petersi
**Peters Schwarzkehl-Nektarvogel**
Deignan, 1948
e Myanmar bis se China und n Indochina
Aethopyga saturata sanguinipectus
**Myanmar-Schwarzkehl-Nektarvogel**
Walden, 1875
se Myanmar
Aethopyga saturata anomala
**Malaysia-Schwarzkehl-Nektarvogel**
Richmond, 1900
c Malayische Halbinsel
Aethopyga saturata wrayi
**Wrays Schwarzkehl-Nektarvogel**
Sharpe, 1887
s Malayische Halbinsel
Aethopyga saturata ochra
**Laos-Schwarzkehl-Nektarvogel**
Deignan, 1948
s Laos und c Vietnam
Aethopyga saturata johnsi
**Johns Schwarzkehl-Nektarvogel**
Robinson & Kloss, 1919
s Vietnam
Aethopyga saturata cambodiana
**Kambodscha-Schwarzkehl-Nektarvogel**
Delacour, 1948
se Thailand und sw Kambodscha

Aethopyga siparaja
**Karmesinnektarvogel**
*Crimson Sunbird - Suimanga siparaja*
Raffles, 1822
*s Malayische Halbinsel, Sumatra und Borneo und kleine Inseln*

Aethopyga siparaja seheriae
**Indien-Karmesinnektarvogel**
Tickell, 1833
Himalaya n Indien und w Bangladesch
Aethopyga siparaja labecula
**Himalaya-Karmesinnektarvogel**
Horsfield, 1840
e Himalaya und Bangladesch über Myanmar (außer s) bis nw Laos und nw Vietnam
Aethopyga siparaja owstoni
**China-Karmesinnektarvogel**
Rothschild, 1910
se China
Aethopyga siparaja tonkinensis
**Vietnam-Karmesinnektarvogel**
Hartert, EJO, 1917
s China und ne Vietnam

Aethopyga siparaja mangini
**Indochina-Karmesinnektarvogel**
Delacour & Jabouille, 1924
se Thailand und c, s Indochina

Aethopyga siparaja insularis
**Kambodscha-Karmesinnektarvogel**
Delacour & Jabouille, 1928
Dao Phu Quoc (vor s Kambodscha)

Aethopyga siparaja cara
**Humes Karmesinnektarvogel**
Hume, 1874
s Myanmar und n Thailand

Aethopyga siparaja trangensis
**Malaysia-Karmesinnektarvogel**
Meyer de Schauensee, 1946
s Thailand und n Malayische Halbinsel

Aethopyga siparaja nicobarica
**Nikobaren-Karmesinnektarvogel**
Hume, 1873
Nicobar Is.

Aethopyga siparaja heliogona
**Java-Karmesinnektarvogel**
Oberholser, 1923
Java

Aethopyga siparaja natunae
**Natuna-Karmesinnektarvogel**
Chasen, 1935
Natuna Is. (nw Borneo)

Aethopyga siparaja flavostriata
**Sulawesi-Karmesinnektarvogel**
Wallace, 1865
n Sulawesi

Aethopyga siparaja beccarii
**Beccaris Karmesinnektarvogel**
Salvadori, 1875
c, s Sulawesi und kleine Inseln

Aethopyga magnifica
**Prunknektarvogel**
*Magnificent Sunbird - Suimanga magnífico*
Sharpe, 1876
*West Visayas (wc Philippinen)*

Aethopyga vigorsii
**Graubauch-Nektarvogel**
*Vigors's Sunbird - Suimanga de Vigors*
Sykes, 1832
*w Halbinsel Indien*

Aethopyga mystacalis
**Scharlachnektarvogel**
*Javan Sunbird - Suimanga de Java*
Temminck, 1822
*Java*

Aethopyga temminckii
**Temmincknektarvogel**
*Temminck's Sunbird - Suimanga de Temminck*
Müller, S, 1843
*Gebirge Malayische Halbinsel, Sumatra und Borneo*

Aethopyga ignicauda
**Feuerschwanz-Nektarvogel**
*Fire-tailed Sunbird - Suimanga colafuego*
Hodgson, 1836
*Himalaya bis n Myanmar und sw China*

Aethopyga ignicauda flavescens
**Indischer Feuerschwanz-Nektarvogel**
Baker, ECS, 1921
extremer e Indien und w Myanmar



Kurochkinegramma hypogrammicum
**Streifennektarvogel**
*Purple-naped Sunbird - Arañero nuquiazul*
Müller, S, 1843
*Sumatra und Borneo*

Kurochkinegramma hypogrammicum lisettae
**China-Streifennektarvogel**
Delacour, 1926
n Myanmar, sw China, n Thailand und n, c Indochina

Kurochkinegramma hypogrammicum mariae
**Indochina-Streifennektarvogel**
Deignan, 1943
s Indochina

Kurochkinegramma hypogrammicum nuchale
**Malayen-Streifennektarvogel**
Blyth, 1843
Malayische Halbinsel

Kurochkinegramma hypogrammicum natunense
**Natuna-Streifennektarvogel**
Chasen, 1935
Natuna Is. (nw Borneo)



Arachnothera longirostra
**Weißkehl-Spinnenjäger**
*Little Spiderhunter - Arañero chico*
Latham, 1790
*Indien, c Himalaya bis sw China und w Thailand*

Arachnothera longirostra sordida
**China-Weißkehl-Spinnenjäger**
La Touche, 1921
s China, ne Thailand und n Indochina

Arachnothera longirostra pallida
**Indochina-Weißkehl-Spinnenjäger**
Delacour, 1932
se Thailand und c, s Indochina

Arachnothera longirostra cinereicollis
**Malaysia-Weißkehl-Spinnenjäger**
Vieillot, 1819
Malayische Halbinsel, Sumatra und kleine Inseln

Arachnothera longirostra zarhina
**Banyak-Weißkehl-Spinnenjäger**
Oberholser, 1912
Banyak Is. (vor w Sumatra)

Arachnothera longirostra niasensis
**Nias-Weißkehl-Spinnenjäger**
van Oort, 1910
Nias Insel (vor w Sumatra)

Arachnothera longirostra prillwitzi
**Java-Weißkehl-Spinnenjäger**
Hartert, EJO, 1901
Java und Bali

Arachnothera longirostra rothschildi
**Rotschilds Weißkehl-Spinnenjäger**
van Oort, 1910
n Natuna Is. (nw Borneo)

Arachnothera longirostra atita
**Natuna-Weißkehl-Spinnenjäger**
Oberholser, 1932
s Natuna Is. (nw Borneo)

Arachnothera longirostra buettikoferi
**Borneo-Weißkehl-Spinnenjäger**
van Oort, 1910
Borneo

Arachnothera flammifera
**Gelbsteiß-Spinnenjäger**
*Orange-tufted Spiderhunter - Arañero filipino*
Tweeddale, 1878
*Samar, Leyte, Bohol, Dinagat und Mindanao (e, s Philippinen)*

Arachnothera flammifera randi
**Rands Gelbsteiß-Spinnenjäger**
Salomonsen, 1953
Basilan (sw Philippinen)

Arachnothera dilutior
**Palawanspinnenjäger**
*Pale Spiderhunter - Arañero de Palawan*
Sharpe, 1876
*Palawan (sw Philippinen)*

Arachnothera crassirostris
**Dickschnabel-Spinnenjäger**
*Thick-billed Spiderhunter - Arañero picogordo*
Reichenbach, 1853
*Malayische Halbinsel, Sumatra und Borneo*

Arachnothera robusta
**Langschnabel-Spinnenjäger**
*Long-billed Spiderhunter - Arañero piquilargo*
Müller, S & Schlegel, 1844
*s Malayische Halbinsel, Sumatra und Borneo*

Arachnothera robusta armata
**Java-Langschnabel-Spinnenjäger**
Müller, S & Schlegel, 1844
Java

Arachnothera flavigaster
**Brillenspinnenjäger**
*Spectacled Spiderhunter - Arañero de anteojos*
Eyton, 1839
*Malayische Halbinsel, Sumatra und Borneo*

Arachnothera chrysogenys
**Gelbwangen-Spinnenjäger**
*Yellow-eared Spiderhunter - Arañero carigualdo*
Temminck, 1826
*Malayische Halbinsel, Sumatra, Riau und Lingga is. (ne von c Sumatra), w Java und w Borneo*

Arachnothera chrysogenys harrissoni
**Harrissons Gelbwangen-Spinnenjäger**
Deignan, 1957
e Borneo

Arachnothera clarae
**Nacktwangen-Spinnenjäger**
*Naked-faced Spiderhunter - Arañero caricalvo*
Blasius, W, 1890
*e Mindanao (s Philippinen)*

Arachnothera clarae luzonensis
**Luzon-Spinnenjäger**
Alcasid & Gonzales, 1968
Luzon (n Philippinen)
Arachnothera clarae philippinensis
**Philippinen-Spinnenjäger**
Steere, 1890
Samar, Biliran und Leyte (ec Philippinen)
Arachnothera clarae malindangensis
**Mindanao-Spinnenjäger**
Rand & Rabor, 1957
w Mindanao und Basilan (s Philippinen)

Arachnothera modesta
**Graubrust-Spinnenjäger**
*Grey-breasted Spiderhunter - Arañero modesto*
Eyton, 1839
*Malayische Halbinsel und Borneo*

Arachnothera modesta caena
**Myanmar-Graubrust-Spinnenjäger**
Deignan, 1956
s Myanmar und sw Thailand
Arachnothera modesta concolor
**Sumatra-Graubrust-Spinnenjäger**
Snelleman, 1882
Sumatra und Mentawai Archipel

Arachnothera affinis
**Strichelbrust-Spinnenjäger**
*Streaky-breasted Spiderhunter - Arañero pechiestriado*
Horsfield, 1821
*Gebirge Java und Bali*

Arachnothera everetti
**Borneospinnenjäger**
*Bornean Spiderhunter - Arañero de Everett*
Sharpe, 1893
*Borneo*

Arachnothera magna
**Strichelspinnenjäger**
*Streaked Spiderhunter - Arañero estriado*
Hodgson, 1836
*c Himalaya und e Bangladesch bis s China und n Myanmar*

Arachnothera magna aurata
**Blyths Strichelspinnenjäger**
Blyth, 1855
c, e Myanmar
Arachnothera magna musarum
**Laos-Strichelspinnenjäger**
Deignan, 1956
se Myanmar, n Thailand, Laos und n Vietnam
Arachnothera magna remota
**Vietnam-Strichelspinnenjäger**
Riley, 1940
sc, s Vietnam
Arachnothera magna pagodarum
**Malaysia-Strichelspinnenjäger**
Deignan, 1956
Malayische Halbinsel

Arachnothera juliae
**Bergspinnenjäger**
*Whitehead's Spiderhunter - Arañero de Whitehead*
Sharpe, 1887
*Gebirge n, c Borneo*

## Familie: Passeridae (Sperlinge)

### Gattung: Hypocryptadius

Hypocryptadius cinnamomeus
**Zimtsperling**
*Cinnamon Ibon - Anteojitos canelo*
Hartert, EJO, 1903
*Gebirge Mindanao (s Philippinen)*

### Gattung: Carpospiza

Carpospiza brachydactyla
**Fahlsperling**
*Pale Rockfinch - Gorrión pálido*
Bonaparte, 1850
*sc, se Türkei über Armenien und w, s Aserbaidschan bis Iran, s Turkmenistan und wc Afghanistan, s über Syrien bis s Israel, bis n, c Saudi-Arabien, Kuwait und Musandam Halbinsel (n, c, e Arabische Halbinsel)*

### Gattung: Petronia

Petronia petronia
**Steinsperling**
*Rock Sparrow - Gorrión chillón*
Linnaeus, 1766
*Madeira, Porto Santo und Desertas (Madeira Gruppe), w, c Kanarische Is. (c Makaronesien, nw von n Afrika), s Europa bis w Türkei*

Petronia petronia barbara
**Barbara-Steinsperling**
Erlanger, 1900
nw Afrika
Petronia petronia puteicola
**Jordanien-Steinsperling**
Festa, 1894
s Türkei bis Jordanien
Petronia petronia exigua
**Kaukasus-Steinsperling**
Hellmayr, 1902
c Türkei bis Kaukasus, n Iran und n Irak
Petronia petronia kirhizica
**Kaspischer Steinsperling**
Sushkin, 1925
Caspian Sea bis Kirgisistan
Petronia petronia intermedia
**Kleiner Steinsperling**
Hartert, EJO, 1901
Iran und n Afghanistan bis nw China
Petronia petronia brevirostris
**Chinesischer Steinsperling**
Taczanowski, 1874
Mongolei, sc Sibirien und n, c China

### Gattung: Onychostruthus

Onychostruthus taczanowskii
**Weißbürzel-Erdsperling**
*White-rumped Snowfinch - Gorrión de Taczanowski*
Przevalski, 1876
*Hoch-Gebirge se Ladakh (nw Indien), w bis e Tibet, ne Qinghai und s Gansu, s bis nw Sichuan (c China) und s bis nw Nepal und n Sikkim*

### Gattung: Montifringilla

Montifringilla henrici
**Tibetschneesperling**
*Tibetan Snowfinch - Gorrión de Henri*
Oustalet, 1892
*ne Qinghai s bis sc Tibet*

Montifringilla nivalis
**Schneesperling**
*White-winged Snowfinch - Gorrión alpino*
Linnaeus, 1766
*s Europa*

Montifringilla nivalis leucura
**Türkischer Schneesperling**
Bonaparte, 1855
s, e Türkei
Montifringilla nivalis alpicola
**Kaukasus-Schneesperling**
Pallas, 1811
Kaukasus und n Iran bis Afghanistan
Montifringilla nivalis gaddi
**Iranischer Schneesperling**
Zarudny & Loudon, 1904
sw Iran

Montifringilla nivalis tianshanica
**Kasachstan-Schneesperling**
Keve-Kleiner, 1943
e Kasachstan und n Tadschikistan
Montifringilla nivalis groumgrzimaili
**Mongolischer Schneesperling**
Zarudny & Loudon, 1904
nw China bis c Mongolei
Montifringilla nivalis kwenlunensis
**Tibet-Schneesperling**
Bianchi, 1908
Kunlun Shan, Altun Shan, und Nan Shan (s Xinjiang, w China)

Montifringilla adamsi
**Adamsschneesperling**
*Black-winged Snowfinch - Gorrión de Adams*
Adams, 1859
s Tibet, Nepal, n Indien und sw China

Montifringilla adamsi xerophila
**Tibet-Adamsschneesperling**
Stegmann, 1932
e Tibet, wc und c China



Pyrgilauda theresae
**Hindukusch-Erdsperling**
*Afghan Snowfinch - Gorrión afgano*
Meinertzhagen, R, 1937
Gebirge c Afghanistan

Pyrgilauda ruficollis
**Rothals-Erdsperling**
*Rufous-necked Snowfinch - Gorrión cuellirrufo*
Blanford, 1871
s, e Tibet, n Nepal, n Sikkim bis c China

Pyrgilauda ruficollis isabellina
**Isabellerdsperling**
Stegmann, 1932
wc China und n Tibet

Pyrgilauda davidiana
**Daviderdsperling**
*Pere David's Snowfinch - Gorrión de David*
Verreaux, J, 1871
s Mongolei und ne Qinghai bis s Inner Mongolei (nc, ne China)

Pyrgilauda davidiana potanini
**Sibirischer Daviderdsperling**
Sushkin, 1925
se Russisch Altai, se Transsibirien (ec Sibirien) und e Mongolei

Pyrgilauda blanfordi
**Blanforderdsperling**
*Blanford's Snowfinch - Gorrión de Blanford*
Hume, 1876
Tibet, n, e Ladakh, n Nepal, n Sikkim bis s Qinghai

Pyrgilauda blanfordi barbata
**Nördlicher Blanforderdsperling**
Przevalski, 1887
e Qinghai
Pyrgilauda blanfordi ventorum
**Nordwestlicher Blanforderdsperling**
Stegmann, 1932
se Xinjiang bis nw Qinghai



Gymnoris pyrgita
**Sahelsteinsperling**
*Yellow-spotted Bush Sparrow - Gorrión moteado*
Heuglin, 1862
e Sudan bis Somalia und s bis ne Uganda, Kenia und c Tansania

Gymnoris pyrgita pallida
**Neumanns Sahelsteinsperling**
Neumann, 1908
Mauretanien und Senegal bis c Sudan

Gymnoris superciliaris
**Kapsteinsperling**
*Yellow-throated Bush Sparrow - Gorrión cejudo*
Blyth, 1845
e Südafrika

Gymnoris superciliaris bororensis
**Roberts Kapsteinsperling**
Roberts, 1912
e Tansania, Mosambik und ne Südafrika

Gymnoris superciliaris flavigula
**Sundevalls Kapsteinsperling**
Sundevall, 1850
se Sambia, Simbabwe, e Botswana und n Südafrika
Gymnoris superciliaris rufitergum
**Clanceys Kapsteinsperling**
Clancey, 1964
se Gabun bis ne Namibia und e bis sw Tansania, Sambia und nw Botswana

Gymnoris dentata
**Buschsteinsperling**
*Sahel Bush Sparrow - Gorrión chico*
Sundevall, 1850
Sahelzone und sw Arabische Halbinsel: s Mauretanien bis Guinea und e bis n Eritrea. w, c
Äthiopien und Süd-Sudan; sw Jemen

Gymnoris xanthocollis
**Gelbkehlsperling**
*Yellow-throated Sparrow - Gorrión cuelligualdo*
Burton, 1838
ne Afghanistan, n Pakistan und Indien

Gymnoris xanthocollis transfuga
**Harters Gelbkehlsperling**
Hartert, EJO, 1904
se Türkei und e Irak bis sw Afghanistan und s Pakistan



Passer melanurus
**Kapsperling**
*Cape Sparrow - Gorrión de El Cabo*
Müller, PLS, 1776
sw, s, e Südafrika

Passer melanurus damarensis
**Reichenows Kapsperling**
Reichenow, 1902
sw Angola und Namibia bis w Simbabwe und n Südafrika
Passer melanurus vicinus
**Lesotho-Kapsperling**
Clancey, 1958
e Südafrika und Lesotho

Passer eminibey
**Maronensperling**
*Chestnut Sparrow - Gorrión castaño*
Hartlaub, 1880
c Chad, s Sudan und nc Äthiopien bis sc Tansania

Passer cordofanicus
**Kordofansperling**
*Kordofan Sparrow - Gorrión del Kordofán*
Heuglin, 1874
Chad bis wc Sudan

Passer shelleyi
**Nilsperling**
*Shelley's Sparrow - Gorrión de Shelley*
Sharpe, 1891
s Süd-Sudan ne bis s, c, ne Äthiopien und nw Somalia; s bis n Uganda und wc Kenia

Passer rufocinctus
**Keniasperling**
*Kenya Sparrow - Gorrión keniata*
Finsch & Reichenow, 1884
sw, sc Kenia und n Tansania

Passer motitensis
**Rostsperling**
*Great Sparrow - Gorrión grande*
Smith, A, 1836
Namibia, w, c Botswana und nw Südafrika

Passer motitensis benguellensis
**Benguela-Rostsperling**
Lynes, 1926
sw Angola und extremer nw Namibia
Passer motitensis subsolanus
**Südlicher Rostsperling**
Clancey, 1964
e Botswana, sw Simbabwe und n, c, ne Südafrika

Passer griseus
**Graukopfsperling**
*Northern Grey-headed Sparrow - Gorrión gris*
Vieillot, 1817
Mauretanien und Senegal bis c, s Kamerun, s Chad und n Gabun, Bioko (ne Gulf von Guinea Is.)

Passer griseus laeneni
**Kamerun-Graukopfsperling**
Niethammer, 1955
e Mali über n Kamerun bis w Sudan
Passer griseus ugandae
**Uganda-Graukopfsperling**
Reichenow, 1904
e, s Sudan, Eritrea und nw Äthiopien s bis s Gabun, Demokratische Republik Kongo, n
Namibia, n Simbabwe und s Malawi

## Passer swainsonii
# Swainsonsperling
*Swainson's Sparrow - Gorrión de Swainson*
Rüppell, 1840
*nw Eritrea e über Äthiopien bis Dschibuti und n Somalia; s bis e Süd-Sudan und n Kenia*

## Passer suahelicus
# Suahelisperling
*Swahili Sparrow - Gorrión swahili*
Reichenow, 1904
*sw, sc Kenia bis sc Tansania*

## Passer gongonensis
# Papageischnabelsperling
*Parrot-billed Sparrow - Gorrión picogordo*
Oustalet, 1890
*se Süd-Sudan, s Äthiopien und c Somalia s über e Uganda, Kenia und n Tansania*

## Passer diffusus
# Damarasperling
*Southern Grey-headed Sparrow - Gorrión sudafricano*
Smith, A, 1836
*Angola und Namibia bis w Simbabwe und n Südafrika*

Passer diffusus luangwae
**Bensons Damarasperling**
Benson, 1956
e Sambia
Passer diffusus mosambicus
**Mosambik-Damarasperling**
Van Someren, 1921
se Sambia und n Mosambik
Passer diffusus stygiceps
**Clanceys Damarasperling**
Clancey, 1954
n Simbabwe und s Malawi bis s Mosambik und e Südafrika

## Passer pyrrhonotus
# Dschungelsperling
*Sind Sparrow - Gorrión del Sind*
Blyth, 1845
*se Iran, s, c Pakistan und Sub-Himalaya nw Indien*

## Passer cinnamomeus
# Rötelsperling
*Russet Sparrow - Gorrión rutilante*
Gould, 1836
*Gebirge ne Afghanistan über Himalaya und s Tibet*

Passer cinnamomeus intensior
**Indochina-Rötelsperling**
Rothschild, 1922
Gebirge ne Indien, Myanmar, s China und n Indochina
Passer cinnamomeus rutilans
**Temmincks Rötelsperling**
Temminck, 1836
nc, e China, Sakhalin (se Russland), Kuril Is., Hokkaido bis c Honshu (n, c Japan),
Koreanische Halbinsel und Taiwan

## Passer montanus
# Feldsperling
*Eurasian Tree Sparrow - Gorrión molinero*
Linnaeus, 1758
*Europa über n, c Asien bis ne Sibirien und ne Mongolei*

Passer montanus dybowskii
**Dybowskis Feldsperling**
Domaniewski, 1915
se Sibirien, ne China und n Korea
Passer montanus transcaucasicus
**Kaukasus-Feldsperling**
Buturlin, 1906
e Türkei, Kaukasus bis Armenien und Iran
Passer montanus kansuensis
**Kansu-Feldsperling**
Stresemann, 1932
nc China
Passer montanus dilutus
**Richmonds Feldsperling**
Richmond, 1896
s Kasachstan und e Iran bis nw China und s Mongolei
Passer montanus tibetanus
**Tibet-Feldsperling**
Baker, ECS, 1925
Tibet bis c China

Passer montanus saturatus
**Japanischer Feldsperling**
Stejneger, 1885
Sakhalin und Kuril Is. und Japan über e China bis Taiwan und n Philippinen
Passer montanus hepaticus
**Indischer Feldsperling**
Ripley, 1948
ne Indien (ne Arunachal Pradesh), se Tibet und nw Myanmar
Passer montanus malaccensis
**Sumatra-Feldsperling**
Dubois, AJC, 1887
w Nepal bis Bhutan und ne Indien (Assam), s China, se Asien, Indonesisches Archipel und
s Philippinen

## Passer ammodendri
# Saxaulsperling
*Saxaul Sparrow - Gorrión del saxaul*
Gould, 1872
*s Kasachstan, n Usbekistan und e Turkmenistan*

Passer ammodendri nigricans
**Mongolischer Saxaulsperling**
Stepanyan, 1961
e Kasachstan bis sw Mongolei und w China
Passer ammodendri stoliczkae
**Humes Saxaulsperling**
Hume, 1874
wc China und s Mongolei

## Passer flaveolus
# Gelbbauchsperling
*Plain-backed Sparrow - Gorrión liso*
Blyth, 1845
*c, s Myanmar bis c Malayische Halbinsel und c, s Vietnam*

## Passer hemileucus
# Abd-al-Kuri-Sperling
*Abd al-Kuri Sparrow - Gorrión de Abd al Kuri*
Ogilvie-Grant & Forbes, HO, 1899
*Abd al-Kuri Insel (sw Socotra)*

## Passer insularis
# Sokotrasperling
*Socotra Sparrow - Gorrión de Socotora*
Sclater, PL & Hartlaub, 1881
*Socotra, Samhah und Darsah (sw Socotra)*

## Passer hispaniolensis
# Weidensperling
*Spanish Sparrow - Gorrión moruno*
Temminck, 1820
*Iberische Halbinsel bis w Türkei, Makaronesien (außer Azoren) und nw Afrika*

Passer hispaniolensis transcaspicus
**Kaspischer Weidensperling**
Tschusi, 1902
Mittlerer Osten bis s Kasachstan, w China und Afghanistan

## Passer italiae
# Italiensperling
*Italian Sparrow - Gorrión italiano*
Vieillot, 1817
*se Frankreich, s Switzerland, s Österreich, Italian Halbinsel und w Slovenien, Korsika, Sizilien,
Malta und Kreta*

## Passer domesticus
# Haussperling
*House Sparrow - Gorrión común*
Linnaeus, 1758
*w, n Europa über n Asien bis ne Sibirien und n Japan, eingeführt in Amerika, Südafrika und
Australien*

Passer domesticus balearoibericus
**Balearen-Haussperling**
von Jordans, 1923
s Europa (außer Italien) bis c Türkei
Passer domesticus biblicus
**Bibelsperling**
Hartert, EJO, 1904
Zypern, n Israel und nw Jordanien bis w Syrien und se Türkei bis nw Iran
Passer domesticus hyrcanus
**Iranischer Haussperling**
Zarudny & Kudashev, 1916
se Aserbaidschan und n Iran
Passer domesticus persicus
**Persischer Haussperling**
Zarudny & Kudashev, 1916
c Iran bis w, s Afghanistan
Passer domesticus indicus
**Indischer Haussperling**
Jardine & Selby, 1831
s Israel und s Palestine über Arabien und e bis Indien und c se Asien
Passer domesticus bactrianus
**Pakistan-Haussperling**
Zarudny & Kudashev, 1916
w Turkmenistan und ne Iran bis w China und nw Pakistan

Passer domesticus parkini
**Himalaya-Haussperling**
Whistler, 1920
nw, c Himalaya

Passer domesticus hufufae
**Arabischer Haussperling**
Ticehurst & Cheesman, 1924
ne Arabien

Passer domesticus tingitanus
**Nordafrikanischer Haussperling**
Loche, 1867
nw Afrika

Passer domesticus niloticus
**Ägyptischer Haussperling**
Nicoll & Bonhote. 1909
Ägypten

Passer domesticus rufidorsalis
**Sudan-Haussperling**
Brehm, CL, 1855
Sudan und Eritrea

Passer castanopterus
# Somalisperling
*Somali Sparrow - Gorrión somalí*
Blyth, 1855
*Dschibuti, ne Äthiopien und n, c Somalia*

Passer castanopterus fulgens
**Friedmanns Somalisperling**
Friedmann, 1931
sw Äthiopien und nw Kenia

Passer iagoensis
# Kapverdensperling
*Iago Sparrow - Gorrión de Cabo Verde*
Gould, 1838
*Cape Verde Is. (Inseln; s Makaronesien, nw von n Afrika)*

Passer simplex
# Wüstensperling
*Desert Sparrow - Gorrión sahariano*
Lichtenstein, MHC, 1823
*s Mauretanien und Mali bis nw, c Sudan*

Passer simplex saharae
**Saharasperling**
Erlanger, 1900
Marokko bis c Libyen

Passer zarudnyi
# Turkmeniensperling
*Zarudny's Sparrow - Gorrión del Karakum*
Pleske, 1896
*Turkmenistan und Usbekistan*

Passer euchlorus
# Jemengoldsperling
*Arabian Golden Sparrow - Gorrión árabe*
Bonaparte, 1850
*Küste sw, sc, c Saudi-Arabien und w, c Jemen (sw Arabische Halbinsel), Dschibuti und nw Somalia*

Passer luteus
# Braunrücken-Goldsperling
*Sudan Golden Sparrow - Gorrión dorado*
Lichtenstein, MHC, 1823
*s Mauretanien und n Senegal e bis e Sudan, n Eritrea und n Äthiopien*

Passer moabiticus
# Moabsperling
*Dead Sea Sparrow - Gorrión del Mar Muerto*
Tristram, 1864
*s Türkei, n Syrien, Israel und Jordanien bis Irak und sw Iran*

Passer moabiticus yatii
**Iransperling**
Sharpe, 1888
se Iran und sw Afghanistan

## Familie: Ploceidae (Webervögel)

## Gattung: Bubalornis

Bubalornis albirostris
# Alektoweber
*White-billed Buffalo Weaver - Bufalero piquiblanco*
Vieillot, 1817
*Mauretanien und Senegal bis Sudan, Eritrea, Äthiopien und w Kenia*

Bubalornis niger
# Büffelweber
*Red-billed Buffalo Weaver - Bufalero piquirrojo*
Smith, A, 1836
*s Angola und n Namibia bis Simbabwe bis s Sambia, s Mosambik und n, ne Südafrika*

Bubalornis niger intermedius
**Kleiner Büffelweber**
Cabanis, 1868
se Sudan, Äthiopien und Somalia bis Uganda, Kenia und Tansania

## Gattung: Dinemellia

Dinemellia dinemelli
# Starweber
*White-headed Buffalo Weaver - Bufalero cabeciblanco*
Rüppell, 1845
*se Sudan, Äthiopien und Somalia bis Kenia (außer se)*

Dinemellia dinemelli boehmi
**Boehms Starweber**
Reichenow, 1885
se Kenia und Tansania

## Gattung: Plocepasser

Plocepasser mahali
# Weißbrauenweber
*White-browed Sparrow-Weaver - Tejedor gorrión cejiblanco*
Smith, A, 1836
*s Namibia, s Botswana, sw Simbabwe und n, c Südafrika*

Plocepasser mahali melanorhynchus
**Rüppells Weißbrauenweber**
Rüppell, 1845
se Sudan, n Uganda, sc Äthiopien und Kenia

Plocepasser mahali pectoralis
**Peters Weißbrauenweber**
Peters, W, 1868
Tansania, s Malawi, s, e Sambia, w Mosambik, n Simbabwe und n Botswana

Plocepasser mahali ansorgei
**Ansorges Weißbrauenweber**
Hartert, EJO, 1907
sw Angola und nw Namibia

Plocepasser superciliosus
# Kastanienscheitelweber
*Chestnut-crowned Sparrow-Weaver - Tejedor gorrión coronicastaño*
Cretzschmar, 1027
*Senegal und Gambia bis Eritrea, Äthiopien und w Kenia*

Plocepasser donaldsoni
# Dornbuschweber
*Donaldson Smith's Sparrow-Weaver - Tejedor gorrión de Donaldson*
Sharpe, 1895
*s Äthiopien bis c Kenia und s Somalia*

Plocepasser rufoscapulatus
# Rotrückenweber
*Chestnut-backed Sparrow-Weaver - Tejedor gorrión dorsicastaño*
Büttikofer, 1888
*Angola und s Demokratische Republik Kongo bis Sambia und Malawi*

## Gattung: Histurgops

Histurgops ruficauda
# Rotschwanzweber
*Rufous-tailed Weaver - Tejedor colirrojo*
Reichenow, 1887
*Tansania*

## Gattung: Pseudonigrita

Pseudonigrita arnaudi
# Marmorweber
*Grey-capped Social Weaver - Tejedor social de Arnaud*
Bonaparte, 1850
*sw Sudan, Uganda, Kenia und n Tansania*

Pseudonigrita arnaudi australoabyssinicus
**Äthiopien-Marmorweber**
Benson, 1942
s Äthiopien

Pseudonigrita arnaudi dorsalis
**Tansania-Marmorweber**
Reichenow, 1887
w, c Tansania

Pseudonigrita cabanisi
**Schwarzkappenweber**
*Black-capped Social Weaver - Tejedor social de Cabanis*
Fischer, GA & Reichenow, 1884
*Äthiopien und Somalia bis ne Tansania*

## Gattung: Philetairus

Philetairus socius
**Siedelweber**
*Sociable Weaver - Tejedor republicano*
Latham, 1790
*Namibia bis Botswana und Südafrika*

## Gattung: Sporopipes

Sporopipes squamifrons
**Bartweber**
*Scaly-feathered Weaver - Tejedorcito escamoso*
Smith, A, 1836
*sw Angola bis nw Südafrika*

    Sporopipes squamifrons fuligescens
    **Botswana-Bartweber**
    Clancey, 1957
    Botswana, Simbabwe und ne Südafrika

Sporopipes frontalis
**Fleckstirnweber**
*Speckle-fronted Weaver - Tejedorcito frontal*
Daudin, 1800
*Mauretanien, Senegal und Gambia bis Eritrea und Äthiopien*

    Sporopipes frontalis emini
    **Emini-Fleckstirnweber**
    Neumann, 1900
    s Sudan, Uganda, Kenia und Tansania

## Gattung: Amblyospiza

Amblyospiza albifrons
**Weißstirnweber**
*Thick-billed Weaver - Tejedor picogordo*
Vigors, 1831
*se Südafrika*

    Amblyospiza albifrons capitalba
    **Senegal-Weißstirnweber**
    Bonaparte, 1850
    Senegal bis sw Nigeria
    Amblyospiza albifrons saturata
    **Sharps Weißstirnweber**
    Sharpe, 1908
    s Nigeria bis nw Demokratische Republik Kongo
    Amblyospiza albifrons melanota
    **Heuglins Weißstirnweber**
    Heuglin, 1863
    ne Demokratische Republik Kongo bis Äthiopien, Uganda und nw Kenia
    Amblyospiza albifrons montana
    **Hochland-Weißstirnweber**
    Van Someren, 1921
    e Demokratische Republik Kongo bis c, sw Kenia s bis c Sambia, Malawi und nw Simbabwe
    Amblyospiza albifrons unicolor
    **Einfarbiger Weißstirnweber**
    Fischer, GA & Reichenow, 1878
    s Somalia, e Kenia und e Tansania
    Amblyospiza albifrons tandae
    **Angola-Weißstirnweber**
    Bannerman, 1921
    nw Angola und extremer w Demokratische Republik Kongo
    Amblyospiza albifrons kasaica
    **Kongo-Weißstirnweber**
    Schouteden, 1953
    se Demokratische Republik Kongo
    Amblyospiza albifrons maxima
    **Großer Weißstirnweber**
    Roberts, 1932
    se Angola, ne Namibia, w Sambia, n Botswana und extremer nw Simbabwe
    Amblyospiza albifrons woltersi
    **Wolters Weißstirnweber**
    Clancey, 1956
    e Simbabwe, s Mosambik und ne, e Südafrika

## Gattung: Ploceus

Ploceus baglafecht
**Baglafechtweber**
*Baglafecht Weaver - Tejedor baglafecht*
Daudin, 1802
*Eritrea und Äthiopien*

Ploceus baglafecht neumanni
**Neumanns Baglafechtweber**
Bannerman, 1923
e Nigeria, Kamerun und Zentralafrikanische Republik
Ploceus baglafecht eremobius
**Kongo-Baglafechtweber**
Hartlaub, 1887
sw Sudan und ne Demokratische Republik Kongo
Ploceus baglafecht emini
**Uganda-Baglafechtweber**
Hartlaub, 1882
se Sudan, sw Äthiopien und n Uganda
Ploceus baglafecht reichenowi
**Reichenows Baglafechtweber**
Fischer, GA, 1884
e Uganda, Kenia und n Tansania
Ploceus baglafecht stuhlmanni
**Stuhlmanns Baglafechtweber**
Reichenow, 1893
e Demokratische Republik Kongo und s Uganda bis w Tansania
Ploceus baglafecht sharpii
**Sharps Baglafechtweber**
Shelley, 1898
s, sw Tansania
Ploceus baglafecht nyikae
**Sambia-Baglafechtweber**
Benson, 1938
ne Sambia und n Malawi

Ploceus bannermani
**Hochlandweber**
*Bannerman's Weaver - Tejedor de Bannerman*
Chapin, 1932
*Nigeria, Kamerun*

Ploceus batesi
**Braunwangenweber**
*Bates's Weaver - Tejedor de Bates*
Sharpe, 1908
*Kamerun*

Ploceus nigrimentus
**Schwarzkinnweber**
*Black-chinned Weaver - Tejedor gorjinegro*
Reichenow, 1904
*e Gabun, Republik Kongo und c Angola*

Ploceus bertrandi
**Malawiweber**
*Bertram's Weaver - Tejedor de Malawi*
Shelley, 1893
*n Sambia und c Tansania über Malawi bis n Mosambik*

Ploceus pelzelni
**Mönchsweber**
*Slender-billed Weaver - Tejedor de Pelzeln*
Hartlaub, 1887
*ne Demokratische Republik Kongo und Uganda bis w Kenia und w Tansania*

    Ploceus pelzelni monacha
    **Sharps Mönchsweber**
    Sharpe, 1890
    Elfenbeinküste bis s Demokratische Republik Kongo, nw Sambia, nw Angola und Gabun

Ploceus subpersonatus
**Loangoweber**
*Loango Weaver - Tejedor de Loango*
Cabanis, 1876
*Küste Gabun, Republik Kongo und Demokratische Republik Kongo*

Ploceus luteolus
**Zwergweber**
*Little Weaver - Tejedor chico*
Lichtenstein, MHC, 1823
*Mauretanien, Senegal und Gambia bis Eritrea, Äthiopien und n Kenia*

    Ploceus luteolus kavirondensis
    **Kenia-Zwergweber**
    Van Someren, 1921
    Uganda, w Kenia und nw Tansania

Ploceus ocularis
**Brillenweber**
*Spectacled Weaver - Tejedor de anteojos*
Smith, A, 1828
*extremer s Mosambik und ne, e Südafrika*

    Ploceus ocularis crocatus
    **Hartlaubs Brillenweber**
    Hartlaub, 1881
    se Nigeria und Kamerun bis sw Äthiopien, w Kenia, nw Tansania, Angola, n Namibia und nw Botswana

Ploceus ocularis suahelicus
**Suaheli-Brillenweber**
Neumann, 1905
e Kenia bis Mosambik

## Ploceus brachypterus
**Olivnackenweber**
*Olive-naped Weaver - Tejedor nuquiverde*
Swainson, 1837
*Senegal und Gambia bis w Kamerun*

## Ploceus nigricollis
**Kurzflügelweber**
*Black-necked Weaver - Tejedor cuellinegro*
Vieillot, 1805
*Bioko Insel, e Kamerun bis s Sudan, w Kenia, nw Tansania, s Demokratische Republik Kongo und Angola*

Ploceus nigricollis melanoxanthus
**Cabanis-Kurzflügelweber**
Cabanis, 1878
s Äthiopien und s Somalia bis c, e Kenia und ne Tansania

## Ploceus alienus
**Meisenweber**
*Strange Weaver - Tejedor extraño*
Sharpe, 1902
*sw Uganda, e Demokratische Republik Kongo, Rwanda und Burundi*

## Ploceus melanogaster
**Schwarzbauchweber**
*Black-billed Weaver - Tejedor piquinegro*
Shelley, 1887
*se Nigeria und sw Kamerun, Bioko Insel*

Ploceus melanogaster stephanophorus
**Uganda-Schwarzbauchweber**
Sharpe, 1891
s Sudan und e Demokratische Republik Kongo bis Uganda, Rwanda, Burundi und Kenia

## Ploceus capensis
**Kapweber**
*Cape Weaver - Tejedor de El Cabo*
Linnaeus, 1766
*Südafrika*

## Ploceus temporalis
**Bocageweber**
*Bocage's Weaver - Tejedor de Bocage*
Barboza du Bocage, 1880
*Angola, s Demokratische Republik Kongo und n Sambia*

## Ploceus subaureus
**Goldweber**
*Eastern Golden Weaver - Tejedor dorado africano*
Smith, A, 1839
*s Mosambik und e Südafrika*

Ploceus subaureus aureoflavus
**Kenia-Goldweber**
Smith, A, 1839
Kenia, Tansania, Malawi und n Mosambik

## Ploceus xanthops
**Safranweber**
*Holub's Golden Weaver - Tejedor azafranado*
Hartlaub, 1862
*Gabun bis Uganda und Kenia s bis n Namibia, n Botswana und e Südafrika*

## Ploceus aurantius
**Königsweber**
*Orange Weaver - Tejedor anaranjado*
Vieillot, 1805
*Sierra Leone bis Angola*

Ploceus aurantius rex
**Neumanns Königsweber**
Neumann, 1908
Uganda, w Kenia und nw Tansania

## Ploceus heuglini
**Heuglinweber**
*Heuglin's Masked Weaver - Tejedor de Heuglin*
Reichenow, 1886
*Senegal und Gambia; Mali bis Elfenbeinküste und e bis Uganda und w Kenia*

## Ploceus bojeri
**Palmenweber**
*Golden Palm Weaver - Tejedor palmero*
Cabanis, 1869
*Savanne von Äthiopien bis s Somalia, e Kenia und ne Tansania*

Ploceus castaneiceps
**Tavetaweber**
*Taveta Weaver - Tejedor taveta*
Sharpe, 1890
*Kenia und Tansania*

## Ploceus princeps
**Prinzenweber**
*Principe Weaver - Tejedor de Príncipe*
Bonaparte, 1850
*Príncipe (c Gulf von Guinea Is.)*

## Ploceus castanops
**Riedweber**
*Northern Brown-throated Weaver - Tejedor gorjipardo norteño*
Shelley, 1888
*Uganda und e Demokratische Republik Kongo bis w Kenia und n Tansania*

## Ploceus xanthopterus
**Braunkehlweber**
*Southern Brown-throated Weaver - Tejedor gorjipardo sureño*
Hartlaub & Finsch, 1870
*sw Tansania und Malawi bis ne Simbabwe und n, c Mosambik*

Ploceus xanthopterus castaneigula
**Botswana-Braunkehlweber**
Cabanis, 1884
w Sambia, ne Namibia, n Botswana und w Simbabwe

Ploceus xanthopterus marleyi
**Marleys Braunkehlweber**
Roberts, 1929
s Mosambik bis ne Südafrika

## Ploceus holoxanthus
**Ruvuweber**
*Ruvu Weaver - Tejedor de Ruvu*
Hartlaub, 1891
*e Tansania*

## Ploceus burnieri
**Kilomberoweber**
*Kilombero Weaver - Tejedor de Kilombero*
Baker, NE & Baker, EM, 1990
*w Tansania*

## Ploceus galbula
**Gilbweber**
*Rüppell's Weaver - Tejedor de Rüppell*
Rüppell, 1840
*Sudan bis Somalia und extremer n Kenia; sw Arabische Halbinsel*

## Ploceus taeniopterus
**Goldmantelweber**
*Northern Masked Weaver - Tejedor del Nilo*
Reichenbach, 1863
*c, s Sudan, sw Äthiopien, n Uganda und nw Kenia*

Ploceus taeniopterus furensis
**Westlicher Goldmantelweber**
Lynes, 1923
w Sudan

## Ploceus intermedius
**Cabanisweber**
*Lesser Masked Weaver - Tejedor intermedio*
Rüppell, 1845
*s Sudan, Äthiopien und Somalia s bis e Demokratische Republik Kongo, w, c Tansania und Kenia*

Ploceus intermedius cabanisii
**Kongo-Cabanisweber**
Peters, W, 1868
Kongo bis sw Tansania und s bis n Namibia, n Botswana, n, e Südafrika und s Mosambik

Ploceus intermedius beattyi
**Angola-Cabanisweber**
Traylor, 1959
w Angola

## Ploceus velatus
**Maskenweber**
*Southern Masked Weaver - Tejedor enmascarado*
Vieillot, 1819
*s Angola bis Mosambik, s bis s, e Südafrika; São Tomé (sc Gulf von Guinea Is.)*

## Ploceus katangae
**Katangaweber**
*Katanga Masked Weaver - Tejedor de Katanga*
Verheyen, 1947
*extremer se Demokratische Republik Kongo und n Sambia*

Ploceus katangae upembae
**Upembaweber**
Verheyen, 1953
*se Demokratische Republik Kongo*

Ploceus ruweti
**Ruwetweber**
*Lufira Masked Weaver - Tejedor de Ruwet*
Louette & Benson, 1982
*Demokratische Republik Kongo*

Ploceus reichardi
**Reichardweber**
*Tanzanian Masked Weaver - Tejedor de Reichard*
Reichenow, 1886
*Tansania und ne Sambia*

Ploceus vitellinus
**Dotterweber**
*Vitelline Masked Weaver - Tejedor vitelino*
Lichtenstein, MHC, 1823
*Mauretanien, Senegal und Gambia bis sw Sudan*

Ploceus vitellinus uluensis
**Neumanns Dotterweber**
Neumann, 1900
se Sudan, Äthiopien und Somalia bis c Tansania

Ploceus spekei
**Somaliweber**
*Speke's Weaver - Tejedor de Speke*
Heuglin, 1861
*Äthiopien und Somalia bis n Tansania*

Ploceus spekeoides
**Ugandaweber**
*Fox's Weaver - Tejedor de Fox*
Grant, CHB & Mackworth-Praed, 1947
*Uganda*

Ploceus cucullatus
**Dorfweber**
*Village Weaver - Tejedor común*
Müller, PLS, 1776
*Mauretanien, Senegal und Gambia bis s Chad und Kamerun, Bioko Insel*

Ploceus cucullatus abyssinicus
**Äthiopien-Dorfweber**
Gmelin, JF, 1789
n Sudan, Eritrea und Äthiopien
Ploceus cucullatus bohndorffi
**Bohndorffs Dorfweber**
Reichenow, 1887
s Sudan, n Demokratische Republik Kongo, Uganda, w Kenia und nw Tansania
Ploceus cucullatus frobenii
**Kongo-Dorfweber**
Reichenow, 1923
s, se Demokratische Republik Kongo
Ploceus cucullatus collaris
**Angola-Dorfweber**
Vieillot, 1819
Gabun, w Demokratische Republik Kongo und Angola
Ploceus cucullatus graueri
**Grauers Dorfweber**
Hartert, EJO, 1911
e Demokratische Republik Kongo, Rwanda und w Tansania
Ploceus cucullatus nigriceps
**Namibia-Dorfweber**
Layard, EL, 1867
s Somalia und e Kenia über e, s Tansania bis se Demokratische Republik Kongo, s Angola und ne Namibia, w Simbabwe, e Sambia und c Mosambik
Ploceus cucullatus spilonotus
**Südafrika-Dorfweber**
Vigors, 1831
se Botswana, e Südafrika und s Mosambik

Ploceus grandis
**Riesenweber**
*Giant Weaver - Tejedor gigante*
Gray, GR, 1844
*São Tomé (sc Gulf von Guinea Is.)*

Ploceus castaneofuscus
**Fuchsweber**
*Chestnut-and-black Weaver - Tejedor pardinegro*
Lesson, RP, 1840
*Sierra Leone bis s Nigeria*

Ploceus nigerrimus
**Vieillotweber**
*Vieillot's Black Weaver - Tejedor de Vieillot*
Vieillot, 1819
*se Nigeria bis s Sudan, Uganda, w Kenia, w Tansania, s Demokratische Rep. Kongo und Angola*

Ploceus weynsi
**Weynsweber**
*Weyns's Weaver - Tejedor de Weyns*
Dubois, AJC, 1900
*Uganda und e Demokratische Republik Kongo*

Ploceus golandi
**Golandweber**
*Kilifi Weaver - Tejedor de Clarke*
Clarke, S, 1913
*Kenia*

Ploceus dichrocephalus
**Gelbrückenweber**
*Juba Weaver - Tejedor de Salvadori*
Salvadori, 1896
*c Äthiopien, extremer n Kenia und s Somalia*

Ploceus melanocephalus
**Schwarzkopfweber**
*Black-headed Weaver - Tejedor cabecinegro*
Linnaeus, 1758
*Mauretanien, Senegal, Gambia, Mali und Niger*

Ploceus melanocephalus capitalis
**Nigeria-Schwarzkopfweber**
Latham, 1790
Guinea Bissau bis Nigeria, n Kamerun, sw Chad und n Zentralafrikanische Republik
Ploceus melanocephalus duboisi
**Dubois-Schwarzkopfweber**
Hartlaub, 1886
e Kongo, s Zentralafrikanische Republik und sw Sudan bis n Sambia
Ploceus melanocephalus dimidiatus
**Sudan-Schwarzkopfweber**
Salvadori & Antinori, 1873
ne Sudan und w Eritrea
Ploceus melanocephalus fischeri
**Fischers Schwarzkopfweber**
Reichenow, 1887
e Demokratische Republik Kongo, Uganda, w Kenia, nw Tansania und n Sambia

Ploceus jacksoni
**Jacksonweber**
*Golden-backed Weaver - Tejedor de Jackson*
Shelley, 1888
*s Süd-Sudan bis Tansania*

Ploceus badius
**Zimtweber**
*Cinnamon Weaver - Tejedor canela*
Cassin, 1850
*e Sudan*

Ploceus badius axillaris
**Südlicher Zimtweber**
Heuglin, 1867
Süd-Sudan

Ploceus rubiginosus
**Maronenweber**
*Chestnut Weaver - Tejedor castaño*
Rüppell, 1840
*e Sudan, Äthiopien und Somalia bis c Tansania*

Ploceus rubiginosus trothae
**Angola-Maronenweber**
Reichenow, 1905
sw Angola, n Namibia und nw Botswana

Ploceus aureonucha
**Goldnackenweber**
*Golden-naped Weaver - Tejedor nuquigualdo*
Sassi, 1920
*Demokratische Republik Kongo*

Ploceus tricolor
**Dreifarbweber**
*Yellow-mantled Weaver - Tejedor tricolor*
Hartlaub, 1854
*Sierra Leone und Guinea bis Kamerun und sw Zentralafrikanische Republik s bis extremer w Demokratische Republik Kongo*

Ploceus tricolor interscapularis
**Kongo-Dreifarbenweber**
Reichenow, 1893
s Uganda über Demokratische Republik Kongo und nw Angola

Ploceus albinucha
**Rußweber**
*Maxwell's Black Weaver - Tejedor de Maxwell*
Barboza du Bocage, 1876
*Sierra Leone bis Ghana*

Ploceus albinucha maxwelli
**Maxwells Rußweber**
Alexander, 1903
Bioko Insel
Ploceus albinucha holomelas
**Nigeria-Rußweber**
Sassi, 1920
Nigeria bis ne Demokratische Republik Kongo, Uganda und Gabun

## Ploceus nelicourvi
**Grünweber**
*Nelicourvi Weaver - Tejedor malgache*
Scopoli, 1786
n, e Madagascar

## Ploceus sakalava
**Sakalavaweber**
*Sakalava Weaver - Tejedor sakalava*
Hartlaub, 1861
n, w Madagascar

Ploceus sakalava minor
**Kleiner Sakalavaweber**
Delacour & Berlioz, 1931
sw, s Madagascar

## Ploceus hypoxanthus
**Kernbeißerweber**
*Asian Golden Weaver - Tejedor dorado asiático*
Sparrman, 1788
Sumatra und Java

Ploceus hypoxanthus chryseus
**Indochina-Kernbeißerweber**
Hume, 1878
c Myanmar bis s Indochina

## Ploceus superciliosus
**Brauenweber**
*Compact Weaver - Tejedor piquigrueso*
Shelley, 1873
Senegal bis Liberia, e bis Äthiopien und s bis Angola und s Demokratische Republik Kongo

## Ploceus benghalensis
**Bengalenweber**
*Black-breasted Weaver - Tejedor bengalí*
Linnaeus, 1758
Pakistan bis sc China

## Ploceus manyar
**Manyarweber**
*Streaked Weaver - Tejedor estriado*
Horsfield, 1821
Java, Bawean (n von ec Java) und Bali

Ploceus manyar flaviceps
**Indischer Manyarweber**
Lesson, RP, 1831
Pakistan, Indien (außer ne), Sri Lanka und se Nepal
Ploceus manyar peguensis
**Bhutan-Manyarweber**
Baker, ECS, 1925
Bhutan, ne Indien und Bangladesch bis n Laos
Ploceus manyar williamsoni
**Kambodscha-Manyarweber**
Hall, BP, 1957
Thailand, Kambodscha und s Vietnam

## Ploceus philippinus
**Bayaweber**
*Baya Weaver - Tejedor baya*
Linnaeus, 1766
Pakistan, Indien (außer sw, ne), Sri Lanka und s Nepal

Ploceus philippinus travancoreensis
**Indischer Bayaweber**
Ali & Whistler, 1936
sw Indien
Ploceus philippinus burmanicus
**Myanmar-Bayaweber**
Ticehurst, 1932
Bhutan, ne Indien und Bangladesch über Myanmar bis sw China
Ploceus philippinus angelorum
**Thailand-Bayaweber**
Deignan, 1956
Thailand und s Laos
Ploceus philippinus infortunatus
**Malaysischer Bayaweber**
Hartert, EJO, 1902
s Vietnam, Malayische Halbinsel, Sumatra, Nias (w von n Sumatra), Java, Bali und (eingeführt) Borneo

## Ploceus megarhynchus
**Großschnabelweber**
*Finn's Weaver - Tejedor de Finn*
Hume, 1869
wc Himalaya

Ploceus megarhynchus salimalii
**Indischer Großschnabelweber**
Abdulali, 1961
ne Indien und s Bhutan

## Ploceus bicolor
**Waldweber**
*Dark-backed Weaver - Tejedor bicolor*
Vieillot, 1819
se Südafrika

Ploceus bicolor tephronotus
**Reichenows Waldweber**
Reichenow, 1892
se Nigeria bis w Kongo und Bioko Insel
Ploceus bicolor amaurocephalus
**Cabanis-Waldweber**
Cabanis, 1881
n, c Angola und s Demokratische Republik Kongo
Ploceus bicolor mentalis
**Hartlaubs Waldweber**
Hartlaub, 1891
s Sudan, ne Demokratische Republik Kongo, Uganda und w Kenia
Ploceus bicolor kigomaensis
**Angola-Waldweber**
Grant, CHB & Mackworth-Praed, 1956
e Angola, n Sambia, se Demokratische Republik Kongo und w Tansania
Ploceus bicolor kersteni
**Kerstens Waldweber**
Hartlaub & Finsch, 1870
s Somalia, e Kenia und e Tansania
Ploceus bicolor stictifrons
**Mosambik-Waldweber**
Fischer, GA & Reichenow, 1885
se Tansania, s Malawi, e Simbabwe, Mosambik und ne Südafrika

## Ploceus preussi
**Preussweber**
*Preuss's Weaver - Tejedor de Preuss*
Reichenow, 1893
Guinea bis Ghana, Kamerun bis Gabun, e Demokratische Republik Kongo

## Ploceus dorsomaculatus
**Gelbkappenweber**
*Yellow-capped Weaver - Tejedor dorsipinto*
Reichenow, 1893
Kamerun bis Zentralafrikanische Republik, Gabun und Republik Kongo; e Demokratische Republik Kongo

## Ploceus olivaceiceps
**Olivkopfweber**
*Olive-headed Weaver - Tejedor cabeciverde*
Reichenow, 1899
Tansania, e Sambia, Malawi und Mosambik

## Ploceus nicolli
**Usambaraweber**
*Usambara Weaver - Tejedor de los Usambara*
Sclater, WL, 1931
Usambara Mts. (e Tansania)

Ploceus nicolli anderseni
**Andersens Usambaraweber**
Franzmann, 1983
Uluguru und Udzungwa Mts. (e Tansania)

## Ploceus insignis
**Braunkappenweber**
*Brown-capped Weaver - Tejedor insigne*
Sharpe, 1891
e Nigeria und w Kamerun; w Angola; s Süd-Sudan bis e Demokratische Republik Kongo und w, n Tansania

## Ploceus angolensis
**Miomboweber**
*Bar-winged Weaver - Tejedor alibarrado*
Barboza du Bocage, 1878
Angola, s Demokratische Republik Kongo und Sambia

## Ploceus sanctithomae
**São-Tomé-Weber**
*Sao Tome Weaver - Tejedor de Santo Tomé*
Hartlaub, 1848
São Tomé (sc Gulf von Guinea Is.)

Ploceus flavipes
**Gelbfußweber**
*Yellow-legged Weaver - Tejedor patigualdo*
Chapin, 1916
*Demokratische Republik Kongo*

## Gattung: Malimbus

Malimbus coronatus
**Kronenweber**
*Red-crowned Malimbe - Malimbo coronado*
Sharpe, 1906
*Kamerun bis e Demokratische Republik Kongo*

Malimbus cassini
**Cassinweber**
*Cassin's Malimbe - Malimbo de Cassin*
Elliot, DG, 1859
*Kamerun bis w, e Demokratische Republik Kongo*

Malimbus racheliae
**Rachelweber**
*Rachel's Malimbe - Malimbo de Rachel*
Cassin, 1857
*se Nigeria bis c Gabun*

Malimbus ballmanni
**Ballmannweber**
*Gola Malimbe - Malimbo de Gola*
Wolters, 1974
*e Sierra Leone über Liberia bis Elfenbeinküste*

Malimbus scutatus
**Rotsteißweber**
*Red-vented Malimbe - Malimbo culirrojo*
Cassin, 1849
*Sierra Leone bis Ghana*

> Malimbus scutatus scutopartitus
> **Kamerun-Rotsteißweber**
> Reichenow, 1894
> Benin bis sw Kamerun

Malimbus ibadanensis
**Ibadanweber**
*Ibadan Malimbe - Malimbo de Ibadán*
Elgood, 1958
*Nigeria*

Malimbus nitens
**Rotkehlweber**
*Blue-billed Malimbe - Malimbo piquiazul*
Gray, JE, 1831
*Senegal und Gambia bis Liberia und e bis Uganda und e Demokratische Republik Kongo s bis n Angola*

Malimbus rubricollis
**Kletterweber**
*Red-headed Malimbe - Malimbo cabecirrojo*
Swainson, 1838
*se Nigeria bis s Sudan, Uganda und w Kenia*

> Malimbus rubricollis bartletti
> **Ghana-Kletterweber**
> Sharpe, 1890
> Sierra Leone bis Ghana
> Malimbus rubricollis nigeriae
> **Nigeria-Kletterweber**
> Bannerman, 1921
> Benin und sw Nigeria
> Malimbus rubricollis rufovelatus
> **Bioko-Kletterweber**
> Fraser, 1843
> Bioko Insel
> Malimbus rubricollis praedi
> **Angola-Kletterweber**
> Bannerman, 1921
> nw Angola

Malimbus erythrogaster
**Rotbauchweber**
*Red-bellied Malimbe - Malimbo ventrirrojo*
Reichenow, 1893
*se Nigeria bis Republik Kongo und e bis Uganda und e Demokratische Republik Kongo*

Malimbus malimbicus
**Haubenweber**
*Crested Malimbe - Malimbo crestado*
Daudin, 1802
*Kamerun bis Uganda, Demokratische Republik Kongo und nw Angola*

> Malimbus malimbicus nigrifrons
> **Nigeria-Haubenweber**
> Hartlaub, 1855
> Sierra Leone bis Nigeria

## Gattung: Anaplectes

Anaplectes rubriceps
**Scharlachweber**
*Red-headed Weaver - Tejedor cabecirrojo sureño*
Sundevall, 1850
*Angola bis s Tansania und s bis Botswana und ne Südafrika*

> Anaplectes rubriceps leuconotos
> **Müllers Scharlachweber**
> Müller, JW, 1851
> s Mali bis nc Nigeria und e bis s Sudan und w Äthiopien, s bis Tansania, n Sambia und n Malawi

Anaplectes jubaensis
**Rotweber**
*Red Weaver - Tejedor rojo*
Van Someren, 1920
*s Somalia und ne Kenia*

## Gattung: Quelea

Quelea cardinalis
**Kardinalweber**
*Cardinal Quelea - Quelea cardenal*
Hartlaub, 1880
*s Sudan, s Äthiopien, Uganda, nw Kenia, Rwanda und nw Tansania*

> Quelea cardinalis rhodesiae
> **Rhodesien-Kardinalweber**
> Grant, CHB & Mackworth-Praed, 1944
> se Kenia, Tansania und Sambia

Quelea erythrops
**Rotkopfweber**
*Red-headed Quelea - Quelea cabecirrojo*
Hartlaub, 1848
*Senegal und Gambia bis Äthiopien und s bis e Südafrika*

Quelea quelea
**Blutschnabelweber**
*Red-billed Quelea - Quelea común*
Linnaeus, 1758
*Mauretanien, Senegal und Gambia bis sc Chad und n Zentralafrikanische Republik*

> Quelea quelea aethiopica
> **Äthiopien-Blutschnabelweber**
> Sundevall, 1850
> Sudan bis Somalia und s bis ne Sambia und Tansania
> Quelea quelea lathamii
> **Lathami-Blutschnabelweber**
> Smith, A, 1836
> Gabun, Kongo und Angola bis Malawi und Mosambik und s bis s Südafrika

## Gattung: Foudia

Foudia madagascariensis
**Madagaskarweber**
*Red Fody - Fodi rojo*
Linnaeus, 1766
*Madagascar; inklusive Comoros, Seychellen und Mascarenes*

Foudia eminentissima
**Komorenweber**
*Comoro Fody - Fodi cabecirrojo*
Bonaparte, 1850
*Mohéli (=Mwali; wc Comoros)*

> Foudia eminentissima consobrina
> **Cosobrinaweber**
> Milne-Edwards & Oustalet, 1885
> Grande Comore (=Njazidja; nw Comoros)
> Foudia eminentissima anjuanensis
> **Anjouanweber**
> Milne-Edwards & Oustalet, 1888
> Anjouan (=Nzwani; ec Comoros)
> Foudia eminentissima algondae
> **Mayotteweber**
> Schlegel, 1867
> Mayotte (se Comoros)

Foudia aldabrana
**Aldabraweber**
*Aldabra Fody - Fodi de Aldabra*
Ridgway, 1893
*Aldabra (Assumption, Cosmoledo und Astove; Aldabra Gruppe, sw Seychellen)*

Foudia omissa
**Rothschildweber**
*Forest Fody - Fodi forestal*
Rothschild, 1912
nw, e Madagascar

Foudia rubra
**Mauritiusweber**
*Mauritius Fody - Fodi de Mauricio*
Gmelin, JF, 1789
Mauritius; eingeführt Ile aux Aigrettes (sw Mauritius; c Mascarenes)

Foudia sechellarum
**Seychellenweber**
*Seychelles Fody - Fodi de Seychelles*
Newton, E, 1867
Cousin, Cousine, Frégate und Aride (Inner Is., ne Seychellen)

Foudia flavicans
**Rodriguesweber**
*Rodrigues Fody - Fodi de Rodrigues*
Newton, A, 1865
Rodrigues (e Mascarenes)

## Gattung: Brachycope

Brachycope anomala
**Kurzschwanzweber**
*Bob-tailed Weaver - Tejedor anómalo*
Reichenow, 1887
se Kamerun und s Zentralafrikanische Republik über Republik Kongo und Demokratische
Republik Kongo

## Gattung: Euplectes

Euplectes afer
**Tahaweber**
*Yellow-crowned Bishop - Obispo coronigualdo*
Gmelin, JF, 1789
Mauretanien, Senegal und Gambia bis w Sudan, Demokratische Republik Kongo und nw Angola

Euplectes afer strictus
**Äthiopien-Tahaweber**
Hartlaub, 1857
c Äthiopien
Euplectes afer ladoensis
**Sudan-Tahaweber**
Reichenow, 1885
s Sudan und sw Äthiopien bis n Tansania
Euplectes afer taha
**Angola-Tahaweber**
Smith, A, 1836
sw Angola, Sambia und sw Tansania bis Südafrika

Euplectes diadematus
**Diademweber**
*Fire-fronted Bishop - Obispo diademado*
Fischer, GA & Reichenow, 1878
c Somalia über Kenia bis ne Tansania

Euplectes gierowii
**Bischofsweber**
*Black Bishop - Obispo negro*
Cabanis, 1880
sw Demokratische Republik Kongo und nw Angola

Euplectes gierowii ansorgei
**Ansorges Bischofsweber**
Hartert, EJO, 1899
Kamerun bis s Sudan, sw Äthiopien, Uganda und w Kenia
Euplectes gierowii friederichseni
**Friedrichsens Bischofsweber**
Fischer, GA & Reichenow, 1884
s Kenia und n Tansania

Euplectes nigroventris
**Brandweber**
*Zanzibar Red Bishop - Obispo de Zanzíbar*
Cassin, 1848
se Kenia bis s Tansania und ec Mosambik

Euplectes hordeaceus
**Flammenweber**
*Black-winged Red Bishop - Obispo alinegro*
Linnaeus, 1758
Mauretanien, Senegal und Gambia bis w Sudan, Demokratische Republik Kongo, Tansania und s
bis Angola, Simbabwe und Mosambik

Euplectes hordeaceus craspedopterus
**Uganda-Flammenweber**
Bonaparte, 1850
s Sudan, sw Äthiopien, Uganda und w Kenia

Euplectes orix
**Oryxweber**
*Southern Red Bishop - Obispo rojo*
Linnaeus, 1758
s, e Demokratische Republik Kongo und sw Kenia bis Mosambik, Angola, w Sambia, n Botswana,
Namibia und Südafrika

Euplectes franciscanus
**Feuerweber**
*Northern Red Bishop - Obispo anaranjado*
Isert, 1789
Mauretanien, Senegal und Gambia bis Äthiopien, Uganda und nw Kenia

Euplectes franciscanus pusillus
**Harters Feuerweber**
Hartert, EJO, 1901
se Äthiopien und Somalia

Euplectes aureus
**Goldrückenweber**
*Golden-backed Bishop - Obispo dorado*
Gmelin, JF, 1789
Angola und São Tomé (sc Gulf von Guinea Is.)

Euplectes capensis
**Samtweber**
*Yellow Bishop - Obispo culigualdo*
Linnaeus, 1766
w, s Südafrika

Euplectes capensis phoenicomerus
**Kamerun-Samtweber**
Gray, GR, 1862
e Nigeria und Kamerun
Euplectes capensis xanthomelas
**Äthiopien-Samtweber**
Rüppell, 1840
Äthiopien
Euplectes capensis angolensis
**Angola-Samtweber**
Neunzig, 1928
Angola
Euplectes capensis crassirostris
**Kongo-Samtweber**
Ogilvie-Grant, 1907
se Sudan, e Demokratische Republik Kongo, Uganda und Kenia bis ne Südafrika und s
Mosambik
Euplectes capensis approximans
**Cabanis-Samtweber**
Cabanis, 1851
e Südafrika

Euplectes axillaris
**Stummelweber**
*Fan-tailed Widowbird - Obispo de abanico*
Smith, A, 1838
e Sambia, Malawi, Mosambik und e Südafrika

Euplectes axillaris bocagei
**Bocage-Stummelweber**
Sharpe, 1871
Mali bis n Zentralafrikanische Republik und s bis w Angola, ne Namibia, n Botswana und
ne Simbabwe
Euplectes axillaris traversii
**Äthiopien-Stummelweber**
Salvadori, 1888
Äthiopien
Euplectes axillaris phoeniceus
**Uganda-Stummelweber**
Heuglin, 1862
Sudan, Uganda und Kenia bis ne Sambia
Euplectes axillaris zanzibaricus
**Sansibar-Stummelweber**
Shelley, 1881
s Somalia, e Kenia, e Tansania und nahegelegene Inseln

Euplectes macroura
**Gelbschulterweber**
*Yellow-mantled Widowbird - Obispo dorsiamarillo*
Gmelin, JF, 1789
Äthiopien, Uganda und w Kenia

Euplectes macroura macroura
**Senegal-Gelbschulterweber**
Gmelin, JF, 1789
Senegal und Gambia bis s Sudan und sw Kenia und s bis Sambia, Malawi, Simbabwe und
w Mosambik
Euplectes macroura conradsi
**Conrads Gelbschulterweber**
Berger, 1908
Ukerewe Insel in Lake Victoria

Euplectes hartlaubi
## Hartlaubweber
*Marsh Widowbird - Obispo marismeño*
Barboza du Bocage, 1878
*Angola, s Demokratische Republik Kongo, n Sambia und w Tansania*

Euplectes hartlaubi humeralis
### Nigeria-Hartlaubweber
Sharpe, 1901
Nigeria und Kamerun bis Uganda und w Kenia

Euplectes psammacromius
## Reichenowweber
*Montane Widowbird - Obispo montano*
Reichenow, 1900
*c Tansania bis ne Sambia und n Malawi*

Euplectes albonotatus
## Spiegelweber
*White-winged Widowbird - Obispo aliblanco*
Cassin, 1848
*se Demokratische Republik Kongo, Sambia und s Tansania bis e Südafrika*

Euplectes albonotatus eques
### Sudan-Spiegelweber
Hartlaub, 1863
Zentralafrikanische Republik, Sudan und Äthiopien bis c Tansania

Euplectes albonotatus asymmetrurus
### Westlicher Spiegelweber
Reichenow, 1891
w Gabun bis w Angola und São Tomé

Euplectes ardens
## Schildweber
*Red-collared Widowbird - Obispo acollarado*
Boddaert, 1783
*Sierra Leone bis Uganda, sw Sudan, nw, s Tansania s bis e Südafrika*

Euplectes laticauda
## Kapuzenweber
*Red-cowled Widowbird - Obispo encapuchado*
Lichtenstein, MHC, 1823
*se Sudan, Eritrea und Äthiopien*

Euplectes laticauda suahelicus
### Kenia-Kapuzenweber
Van Someren, 1921
c Kenia bis n Tansania

Euplectes progne
## Hahnenschweifweber
*Long-tailed Widowbird - Obispo colilargo*
Boddaert, 1783
*se Botswana bis e Südafrika*

Euplectes progne delamerei
### Kenia-Hahnschweifweber
Shelley, 1903
c Kenia
Euplectes progne delacouri
### Delacours Hahnschweifweber
Wolters, 1953
Angola, s Demokratische Republik Kongo und Sambia

Euplectes jacksoni
## Leierschwanzweber
*Jackson's Widowbird - Obispo de Jackson*
Sharpe, 1891
*w, c Kenia bis n Tansania*


## Familie: Estrildidae (Prachtfinken)

## Gattung: Heteromunia

Heteromunia pectoralis
## Weißbrustnonne
*Pictorella Mannikin - Diamante pectoral*
Gould, 1841
*n Western Australia bis ec Queensland (n Australien)*

## Gattung: Oreostruthus

Oreostruthus fuliginosus
## Bergamadine
*Mountain Firetail - Diamante montano*
De Vis, 1897
*Gebirge c, se Neuguinea*

## Gattung: Stagonopleura

Stagonopleura guttata
## Diamantamadine
*Diamond Firetail - Diamante moteado*
Shaw, 1796
*se Queensland, e New South Wales, Victoria und sc South Australia (ec bis sc Australien)*

Stagonopleura oculata
## Rotohramadine
*Red-eared Firetail - Diamante orejirrojo*
Quoy & Gaimard, 1832
*sw Western Australia (sw Australien)*

Stagonopleura bella
## Feuerschwanzamadine
*Beautiful Firetail - Diamante hermoso*
Latham, 1801
*s Victoria, se New South Wales und Tasmanien (se Australien)*

Stagonopleura bella interposita
### Südliche Feuerschwanzamadine
Schodde & Mason, IJ, 1999
se South Australia (se Australien)
Stagonopleura bella samueli
### Samuels Feuerschwanzamadine
Mathews, 1912
sc South Australia (sc Australien)

## Gattung: Neochmia

Neochmia phaeton
## Sonnenamadine
*Crimson Finch - Diamante escarlata ventrinegro*
Hombron & Jacquinot, 1841
*n Western Australia bis w, ec Queensland (n Australien)*

Neochmia phaeton evangelinae
### Neuguinea-Sonnenamadine
D'Albertis & Salvadori, 1879
Trans-Fly (sc Neuguinea) und ec Cape York Halbinsel, ne Queensland (ne Australien)

Neochmia temporalis
## Dornamadine
*Red-browed Finch - Diamante cejirrojo*
Latham, 1801
*se South Australia, Victoria, e New South Wales und e Queensland (außer Cape York Halbinsel; n bis sc Australien)*

Neochmia temporalis minor
### Kleine Dornamadine
Campbell, AJ, 1901
Cape York Halbinsel (ne Australien)

## Gattung: Emblema

Emblema pictum
## Maleramadine
*Painted Finch - Diamante pintado*
Gould, 1842
*n, c Western Australia bis w Queensland und ne South Australia (nw, nc Australien)*

## Gattung: Bathilda

† Bathilda ruficauda
## Binsenamadine
*Star Finch - Diamante colirrojo*
Gould, 1837
*nc Queensland (e Australien)*

Bathilda ruficauda subclarescens
### Westliche Binsenamadine
Mathews, 1912
wc, n Western Australia, nw Nortern Territory (wc bis nc Australien)
Bathilda ruficauda clarescens
### Östliche Binsenamadine
Hartert, EJO, 1899
Cape York Halbinsel, ne Queensland (ne Australien)

## Gattung: Aidemosyne

Aidemosyne modesta
## Zeresamadine
*Plum-headed Finch - Diamante modesto*
Gould, 1837
*Queensland (außer Cape York Halbinsel) und n New South Wales (e Australien)*

## Gattung: Stizoptera

Stizoptera bichenovii
**Ringelamadine**
*Double-barred Finch - Diamante de Bicheno*
Vigors & Horsfield, 1827
*n Queensland bis se New South Wales (e Australien)*

Stizoptera bichenovii annulosa
**Nördliche Ringelamadine**
Gould, 1840
*n Western Australia und Nortern Territory (nw, n Australien)*

## Gattung: Taeniopygia

Taeniopygia guttata
**Sundaamadine**
*Sunda Zebra Finch - Diamante cebra de Timor*
Vieillot, 1817
*Lombok bis Timor (Lesser Sundas)*

Taeniopygia castanotis
**Zebraamadine**
*Australian Zebra Finch - Diamante cebra australiano*
Gould, 1837
*Australien (außer Cape York Halbinsel, ne Queensland und se)*

## Gattung: Poephila

Poephila personata
**Maskenamadine**
*Masked Finch - Diamante enmascarado*
Gould, 1842
*n Western Australia bis nw Queensland (nw, nc Australien)*

Poephila personata leucotis
**Östliche Maskenamadine**
Gould, 1847
*Cape York Halbinsel, ne Queensland (ne Australien)*

Poephila acuticauda
**Spitzschwanzamadine**
*Long-tailed Finch - Diamante colilargo*
Gould, 1840
*n Western Australia (nw Australien)*

Poephila acuticauda hecki
**Hecks Spitzschwanzamadine**
Heinroth, 1900
*n Nortern Territory bis nw Queensland (nc Australien)*

Poephila cincta
**Gürtelamadine**
*Black-throated Finch - Diamante gorjinegro*
Gould, 1837
*ec Queensland (ec Australien)*

Poephila cincta atropygialis
**Nördliche Gürtelamadine**
Diggles, 1876
*Cape York Halbinsel und n Queensland (ne Australien)*

## Gattung: Spermestes

Spermestes griseicapilla
**Graukopfelsterchen**
*Grey-headed Silverbill - Capuchino cabecigrís*
Delacour, 1943
*s Süd-Sudan und s Äthiopien bis c Tansania*

Spermestes cucullata
**Kleinelsterchen**
*Bronze Mannikin - Capuchino bronceado*
Swainson, 1837
*Senegal und Gambia bis s Sudan, Uganda, w Kenia und Bioko Insel*

Spermestes cucullata scutata
**Südliches Kleinelsterchen**
Heuglin, 1863
*Äthiopien und e Kenia bis se Südafrika, e Angola und Comoro Is.*

Spermestes fringilloides
**Riesenelsterchen**
*Magpie Mannikin - Capuchino pío*
Lafresnaye, 1835
*Senegal und Gambia bis Liberia und e bis Äthiopien und Kenia und s bis Südafrika*

Spermestes bicolor
**Glanzelsterchen**
*Black-and-white Mannikin - Capuchino bicolor*
Fraser, 1843
*Guinea-Bissau bis Kamerun*

Spermestes bicolor poensis
**Sudan-Glanzelsterchen**
Fraser, 1843
*s Kamerun bis s Sudan, sw Äthiopien, w Kenia und Bioko Insel*
Spermestes bicolor woltersi
**Wolters Glanzelsterchen**
Schouteden, 1956
*se Demokratische Republik Kongo und nw Sambia*
Spermestes bicolor nigriceps
**Cassins Glanzelsterchen**
Cassin, 1852
*c Kenia und s Somalia bis e Angola, Sambia, Simbabwe und e Südafrika*

## Gattung: Lepidopygia

Lepidopygia nana
**Zwergelsterchen**
*Madagascar Mannikin - Capuchino malgache*
Pucheran, 1845
*Madagascar*

## Gattung: Euodice

Euodice cantans
**Afrikasilberschnabel**
*African Silverbill - Capuchino picoplata africano*
Gmelin, JF, 1789
*Mauretanien, Senegal und Gambia bis s Sudan*

Euodice cantans orientalis
**Östlicher Afrikasilberschnabel**
Lorenz von Liburnau, L & Hellmayr, 1901
*s Arabische Halbinsel, e Sudan bis Somalia und s bis Tansania*

Euodice malabarica
**Indiensilberschnabel**
*Indian Silverbill - Capuchino picoplata indio*
Linnaeus, 1758
*Indien, Sri Lanka, sc Asien*

## Gattung: Padda

Padda oryzivora
**Reisamadine**
*Java Sparrow - Capuchino arrocero de Java*
Linnaeus, 1758
*Java*

Padda fuscata
**Timorreisamadine**
*Timor Sparrow - Capuchino arrocero de Timor*
Vieillot, 1807
*Timor (e Lesser Sundas)*

## Gattung: Mayrimunia

Mayrimunia tristissima
**Trauerbronzemännchen**
*Streak-headed Mannikin - Capuchino cabeciestriado*
Wallace, 1865
*nw Neuguinea*

Mayrimunia tristissima hypomelaena
**Westliches Trauerbronzemännchen**
Stresemann & Paludan, 1934
*w Neuguinea*
Mayrimunia tristissima calaminoros
**Nördliches Trauerbronzemännchen**
Reichenow, 1916
*n Neuguinea*
Mayrimunia tristissima bigilalei
**Restalls Trauerbronzemännchen**
Restall, 1995
*se Neuguinea*

Mayrimunia leucosticta
**Perlbronzemännchen**
*White-spotted Mannikin - Capuchino moteado*
D'Albertis & Salvadori, 1879
*sc Neuguinea*

Lonchura punctulata
**Muskatbronzemännchen**
*Scaly-breasted Munia - Capuchino punteado*
Linnaeus, 1758
n Pakistan, Indien (außer ne), Nepal und Sri Lanka

Lonchura punctulata subundulata
**Bhutan-Bronzemännchen**
Godwin-Austen, 1874
Bhutan, ne Indien, Bangladesch und w Myanmar
Lonchura punctulata yunnanensis
**Yunnan-Bronzemännchen**
Parkes, 1958
se Tibet, sw China und n Myanmar
Lonchura punctulata topela
**Topela-Bronzemännchen**
Swinhoe, 1863
s Myanmar, Thailand, se China, Taiwan, Hainan und Indochina
Lonchura punctulata cabanisi
**Cabanis Bronzemännchen**
Sharpe, 1890
Philippinen und n Borneo
Lonchura punctulata fretensis
**Nias-Bronzemännchen**
Kloss, 1931
s Malayische Halbinsel, Sumatra, e kleine Inseln und Nias (w von n Sumatra)
Lonchura punctulata nisoria
**Bali-Bronzemännchen**
Temminck, 1830
Java, Bali bis Sumbawa (w Lesser Sundas) und s, w Borneo
Lonchura punctulata sumbae
**Sumba-Bronzemännchen**
Mayr, 1944
Sumba (w Lesser Sundas)
Lonchura punctulata blasii
**Blasi-Bronzemännchen**
Stresemann, 1912
Flores bis Timor (c bis e Lesser Sundas) und Tanimbar (s Moluccas)
Lonchura punctulata baweana
**Bawean-Bronzemännchen**
Hoogerwerf, 1963
Bawean (n von ec Java)
Lonchura punctulata particeps
**Sulawesi-Bronzemännchen**
Riley, 1920
Sulawesi

Lonchura kelaarti
**Bergbronzemännchen**
*Black-throated Munia - Capuchino golinegro*
Jerdon, 1863
Sri Lanka

Lonchura kelaarti vernayi
**Vernays Bronzemännchen**
Whistler & Kinnear, 1933
e Indien
Lonchura kelaarti jerdoni
**Jerdons Bronzemännchen**
Hume, 1874
sw Indien

Lonchura molucca
**Wellenbauch-Bronzemännchen**
*Black-faced Munia - Capuchino carinegro*
Linnaeus, 1766
Sangihe und Talaud is. (n von ne Sulawesi), Sulawesi und kleine Inseln, Sula Is. (e Sulawesi),
Moluccas inklusive Kai und Tayandu is., Gag und Kofiau (Raja Ampat Is., w von nw Neuguinea)

Lonchura molucca propinqua
**Kangean-Wellenbauch-Bronzemännchen**
Sharpe, 1890
Kangean Is. (n Bali), Lesser Sundas bis Tanimbar (s Moluccas)

Lonchura striata
**Spitzschwanz-Bronzemännchen**
*White-rumped Munia - Capuchino culiblanco*
Linnaeus, 1766
c, s Indien und Sri Lanka

Lonchura striata acuticauda
**Nepal-Bronzemännchen**
Hodgson, 1836
Nepal, n Indien und Bangladesch bis n Indochina
Lonchura striata fumigata
**Andamanen-Bronzemännchen**
Walden, 1873
Andaman Is.
Lonchura striata semistriata
**Nikobaren-Bronzemännchen**
Hume, 1874
Nicobar Is.
Lonchura striata subsquamicollis
**Indochina-Bronzemännchen**
Baker, ECS, 1925
Malayische Halbinsel bis s Indochina

Lonchura striata swinhoei
**Swinhoes Bronzemännchen**
Cabanis, 1882
ec, e China und Taiwan

Lonchura fuscans
**Borneobronzemännchen**
*Dusky Munia - Capuchino sombrío*
Cassin, 1852
Borneo und Mapun (=Cagayan Sulu, extremer w Philippinen)

Lonchura leucogastra
**Weißbauch-Bronzemännchen**
*White-bellied Munia - Capuchino ventriblanco*
Blyth, 1846
Malayische Halbinsel, Sumatra und w Java

Lonchura leucogastra palawana
**Palawan-Bronzemännchen**
Ripley & Rabor, 1962
Palawan Gruppe (sw Philippinen), Sulu Archipel (s Philippinen) und n, e Borneo
Lonchura leucogastra smythiesi
**Smythies Bronzemännchen**
Parkes, 1958
w Borneo
Lonchura leucogastra castanonota
**Mayrs Bronzemännchen**
Mayr, 1938
s Borneo
Lonchura leucogastra everetti
**Everetts Bronzemännchen**
Tweeddale, 1877
Luzon Gruppe und Mindoro (n Philippinen)
Lonchura leucogastra manueli
**Manuels Bronzemännchen**
Parkes, 1958
Visayas und Mindanao (c, s Philippinen)

Lonchura leucogastroides
**Javabronzemännchen**
*Javan Munia - Capuchino de Java*
Moore, F, 1858
s Sumatra, Java, Bali und Lombok (w Lesser Sundas)

Lonchura malacca
**Dreifarbnonne**
*Tricolored Munia - Capuchino tricolor*
Linnaeus, 1766
s Indien und Sri Lanka

Lonchura atricapilla
**Schwarzkappennonne**
*Chestnut Munia - Capuchino castaño*
Vieillot, 1807
ne Indien, Bangladesch, Myanmar und sw China

Lonchura atricapilla rubronigra
**Nepal-Schwarzkappennonne**
Hodgson, 1836
n Indien und Nepal
Lonchura atricapilla deignani
**Thailand-Schwarzkappennonne**
Parkes, 1958
Thailand, se China und Indochina
Lonchura atricapilla sinensis
**Malaysia-Schwarzkappennonne**
Blyth, 1852
Malayische Halbinsel, Sumatra, Riau und Lingga is. (e von c Sumatra)
Lonchura atricapilla batakana
**Sumatra-Schwarzkappennonne**
Chasen & Kloss, 1929
nw Sumatra
Lonchura atricapilla formosana
**Taiwan-Schwarzkappennonne**
Swinhoe, 1865
Taiwan und n Luzon (n Philippinen)
Lonchura atricapilla jagori
**Borneo-Schwarzkappennonne**
Martens, KE, 1866
Philippinen (außer n Luzon), Borneo, Sulawesi und satellite Inseln (Togian Is., Muna und Buton)

Lonchura ferruginosa
**Weißkappennonne**
*White-capped Munia - Capuchino coroniblanco*
Sparrman, 1789
s Sumatra , Java und Bali

Lonchura maja
**Weißkopfnonne**
*White-headed Munia - Capuchino cabeciblanco*
Linnaeus, 1766
Malayische Halbinsel, s Vietnam, Sumatra, Java und Bali

Lonchura pallida
**Blasskopfnonne**
*Pale-headed Munia - Capuchino pálido*
Wallace, 1864
*Sulawesi und Lesser Sundas*

Lonchura grandis
**Dickschnabelnonne**
*Great-billed Mannikin - Capuchino grande*
Sharpe, 1882
*ne, se Neuguinea*

    Lonchura grandis destructa
    **Westliche Dickschnabelnonne**
    Hartert, EJO, 1930
    nw, nc Neuguinea

Lonchura teerinki
**Schwarzbrustnonne**
*Black-breasted Mannikin - Capuchino pechinegro*
Rand, 1940
*Gebirge wc Neuguinea (s Western Range in Grand Baliem Valley)*

    Lonchura teerinki mariae
    **Marias Schwarzbrustnonne**
    Ripley, 1964
    Gebirge wc Neuguinea

Lonchura montana
**Höhennonne**
*Western Alpine Mannikin - Capuchino montano*
Junge, 1939
*Gebirge wc Neuguinea*

Lonchura monticola
**Bergnonne**
*Eastern Alpine Mannikin - Capuchino alpino*
De Vis, 1897
*Gebirge se Neuguinea*

Lonchura vana
**Arfaknonne**
*Grey-banded Mannikin - Capuchino de las Arfak*
Hartert, EJO, 1930
*e Arfak Mts. (nw Neuguinea)*

Lonchura nevermanni
**Weißscheitelnonne**
*Grey-crowned Mannikin - Capuchino coronigrís*
Stresemann, 1934
*Trans-Fly (sc Neuguinea)*

Lonchura caniceps
**Graukopfnonne**
*Grey-headed Mannikin - Capuchino canoso*
Salvadori, 1876
*s Küste se Neuguinea*

    Lonchura caniceps scratchleyana
    **Hochland-Graukopfnonne**
    Sharpe, 1898
    Gebirge se Neuguinea
    Lonchura caniceps kumusii
    **Küsten-Graukopfnonne**
    Hartert, EJO, 1911
    n Küste von se Neuguinea

Lonchura spectabilis
**Prachtnonne**
*Hooded Mannikin - Capuchino vistoso*
Sclater, PL, 1879
*New Britain und kleine Inseln (se Bismarck Archipel)*

    Lonchura spectabilis wahgiensis
    **Neuguinea-Prachtnonne**
    Mayr & Gilliard, 1952
    ne, se Neuguinea
    Lonchura spectabilis mayri
    **Mayrs Prachtnonne**
    Hartert, EJO, 1930
    nc Neuguinea

Lonchura forbesi
**Forbesnonne**
*Forbes's Mannikin - Capuchino de Nueva Irlanda*
Sclater, PL, 1879
*New Ireland (ne Bismarck Archipel)*

Lonchura hunsteini
**Hunsteinnonne**
*Mottled Mannikin - Capuchino de Hunstein*
Finsch, 1886
*New Ireland (ne Bismarck Archipel)*

Lonchura nigerrima
**Lavongainonne**
*New Hanover Mannikin - Capuchino de Nueva Hanover*
Rothschild & Hartert, EJO, 1899
*New Hanover (=Lavongai) (vor n New Ireland, ne Bismarck Archipel)*

Lonchura flaviprymna
**Gelbbrustnonne**
*Yellow-rumped Mannikin - Capuchino culiamarillo*
Gould, 1845
*ne Kimberley, Western Australia und Top End, Nortern Territory (nw Australien)*

Lonchura quinticolor
**Fünffarbennonne**
*Five-colored Munia - Capuchino multicolor*
Vieillot, 1807
*Lombok bis Tanimbar Is. (Lesser Sundas, s Moluccas)*

Lonchura castaneothorax
**Braunbrustnonne**
*Chestnut-breasted Mannikin - Capuchino pechicastaño*
Gould, 1837
*n Western Australia bis se New South Wales (nw bis se Australien)*

    Lonchura castaneothorax uropygialis
    **Neuguinea-Braunbrustnonne**
    Stresemann & Paludan, 1934
    nw Neuguinea
    Lonchura castaneothorax boschmai
    **Westliche Braunbrustnonne**
    Junge, 1952
    w Neuguinea
    Lonchura castaneothorax sharpii
    **Sharpes Braunbrustnonne**
    Madarász, G, 1894
    n, ne Neuguinea und Manam (n von ne Neuguinea)
    Lonchura castaneothorax ramsayi
    **Ramsays Braunbrustnonne**
    Delacour, 1943
    se Neuguinea und D'Entrecasteaux Archipel (e von se Neuguinea)

Lonchura stygia
**Hadesnonne**
*Black Mannikin - Capuchino negro*
Stresemann, 1934
*s Trans-Fly (sc Neuguinea)*

Lonchura melaena
**Dickkopfnonne**
*Buff-bellied Mannikin - Capuchino de Nueva Bretaña*
Sclater, PL, 1880
*New Britain (se Bismarck Archipel)*

    Lonchura melaena bukaensis
    **Buka-Dickkopfnonne**
    Restall, 1995
    Buka Insel (north von Bougainville, n Solomon Is.;)

## Gattung: Chloebia

Chloebia gouldiae
**Gouldamadine**
*Gouldian Finch - Diamante de Gould*
Gould, 1844
*n Western Australia bis ne Queensland (n Australien)*

## Gattung: Erythrura

Erythrura prasina
**Lauchpapageiamadine**
*Pin-tailed Parrotfinch - Diamante colifino*
Sparrman, 1788
*Indochina, Malayische Halbinsel, Sumatra und Java*

    Erythrura prasina coelica
    **Borneo-Lauchpapageiamadine**
    Baker, ECS, 1925
    Borneo und Palawan (sw Philippinen)

Erythrura viridifacies
**Manilapapageiamadine**
*Green-faced Parrotfinch - Diamante de Luzón*
Hachisuka & Delacour, 1937
*Luzon, Mindoro und West Visayas (n, wc Philippinen)*

Erythrura hyperythra
**Bambuspapageiamadine**
*Tawny-breasted Parrotfinch - Diamante coliverde*
Reichenbach, 1862
*Java*

    Erythrura hyperythra brunneiventris
    **Philippinen-Bambuspapageiamadine**
    Ogilvie-Grant, 1894
    Luzon, Mindoro, Panay und Palawan (n, wc, sw Philippinen)
    Erythrura hyperythra borneensis
    **Borneo-Bambuspapageiamadine**
    Sharpe, 1889
    n Borneo
    Erythrura hyperythra malayana
    **Malaysia-Bambuspapageiamadine**
    Robinson, 1928
    Malayische Halbinsel
    Erythrura hyperythra microrhyncha
    **Sulawesi-Bambuspapageiamadine**
    Stresemann, 1931
    Sulawesi
    Erythrura hyperythra intermedia
    **Sunda-Bambuspapageiamadine**
    Hartert, EJO, 1896
    Lombok bis Flores (w Lesser Sundas)

Erythrura psittacea
**Rotkopf-Papageiamadine**
*Red-throated Parrotfinch - Diamante lorito*
Gmelin, JF, 1789
*Grande Terre und Ile des Pins (New Caledonia)*

Erythrura pealii
**Fidschipapageiamadine**
*Fiji Parrotfinch - Diamante de Fiyi*
Hartlaub, 1852
*Yasawa und Mamanuca Gruppes, Viti Levu, Vanua Levu, Taveuni und Kadavu (n, w Fiji, sw Polynesien)*

Erythrura regia
**Königspapageiamadine**
*Royal Parrotfinch - Diamante Real*
Sclater, PL, 1881
*Gaua (s Banks Is., n Vanuatu) bis Emae (ec Vanuatu)*

    Erythrura regia efatensis
    **Efate-Königspapageiamadine**
    Mayr, 1931
    Efaté (sc Vanuatu)
    Erythrura regia serena
    **Anatom-Königspapageiamadine**
    Sclater, PL, 1881
    Anatom (=Aneityum, s Vanuatu)

Erythrura cyaneovirens
**Samoapapageiamadine**
*Red-headed Parrotfinch - Diamante verdiazul*
Peale, 1849
*Upolu (w Samoa, sc Polynesien)*

    Erythrura cyaneovirens gaughrani
    **Savaii-Papageiamadine**
    duPont, 1972
    Savaii (w Samoa, sc Polynesien)

Erythrura kleinschmidti
**Schwarzmasken-Papageiamadine**
*Pink-billed Parrotfinch - Diamante piquirrosado*
Finsch, 1878
*c, e Viti Levu (w Fiji, sw Polynesien)*

Erythrura tricolor
**Forbespapageiamadine**
*Tricolored Parrotfinch - Diamante tricolor*
Vieillot, 1817
*Timor bis Babar (e Lesser Sundas) und Tanimbar Is. (s Moluccas)*

Erythrura coloria
**Buntkopf-Papageiamadine**
*Red-eared Parrotfinch - Diamante de Mindanao*
Ripley & Rabor, 1961
*Gebirge Mindanao (s Philippinen)*

Erythrura papuana
**Papuapapageiamadine**
*Papuan Parrotfinch - Diamante papú*
Rothschild & Hartert, EJO, 1900
*Gebirge Neuguinea*

Erythrura trichroa
**Dreifarben-Papageiamadine**
*Blue-faced Parrotfinch - Diamante cariazul*
Kittlitz, 1833
*Kosrae (e Caroline Is., c Micronesia)*

    Erythrura trichroa sanfordi
    **Sanfords Dreifarbenpapageiamadine**
    Stresemann, 1931
    Gebirge Sulawesi
    Erythrura trichroa modesta
    **Molukken-Dreifarbenpapageiamadine**
    Wallace, 1862
    Gebirge Halmahera bis Bacan (n Moluccas)
    Erythrura trichroa pinaiae
    **Pinaia-Dreifarbenpapageiamadine**
    Stresemann, 1914
    Gebirge Buru und Seram (c Moluccas)
    Erythrura trichroa sigillifer
    **Neuguinea-Dreifarbenpapageiamadine**
    De Vis, 1897
    Neuguinea und ne, se kleine Inseln, New Ireland, New Britain und kleine Inseln (e Bismarck Archipel)
    Erythrura trichroa macgillivrayi
    **Australische Dreifarbenpapageiamadine**
    Mathews, 1914
    se Cape York Halbinsel, ne Queensland (ne Australien)
    Erythrura trichroa eichhorni
    **Eichhorns Dreifarbenpapageiamadine**
    Hartert, EJO, 1924
    St. Matthias (=Mussau) und Emirau (to se; nc Bismarck Archipel)
    Erythrura trichroa pelewensis
    **Palau-Dreifarbenpapageiamadine**
    Kuroda, Nm, 1922
    Palau (w Caroline Is., w Micronesia)
    Erythrura trichroa clara
    **Phonpei-Dreifarbenpapageiamadine**
    Taka-Tsukasa & Yamashina, 1931
    Chuuk und Pohnpei (c, e Caroline Is., c Micronesia)
    Erythrura trichroa woodfordi
    **Woodfords Dreifarbenpapageiamadine**
    Rothschild & Hartert, EJO, 1900
    Guadalcanal und Bougainville und Kolombangara (Solomon Is.)
    Erythrura trichroa cyanofrons
    **Vanuatu-Dreifarbenpapageiamadine**
    Layard, EL, 1878
    Gaua (s Banks Is.) bis Anatom (=Aneityum; n bis s Vanuatu) und Lifou und Mare (c, e Loyalty Is.)

## Gattung: Nesocharis

Nesocharis shelleyi
**Meisenastrild**
*Shelley's Oliveback - Olivino carinegro*
Alexander, 1903
*Mt. Kamerun (sw Kamerun) und Bioko Insel*

    Nesocharis shelleyi bansoensis
    **Nigeria-Meisenastrild**
    Bannerman, 1923
    se Nigeria und w Kamerun

Nesocharis ansorgei
**Halsbandastrild**
*White-collared Oliveback - Olivino acollarado*
Hartert, EJO, 1899
*e Demokratische Republik Kongo und w Uganda bis nw Tansania*

## Gattung: Coccopygia

Coccopygia quartinia
**Gelbbauchastrild**
*Yellow-bellied Waxbill - Estrilda ventrigualda oriental*
Bonaparte, 1850
*Eritrea, Äthiopien und se Sudan*

    Coccopygia quartinia kilimensis
    **Sharpes Gelbbauchastrild**
    Sharpe, 1890
    e Demokratische Republik Kongo bis c Kenia und n Tansania
    Coccopygia quartinia stuartirwini
    **Östlicher Gelbbauchastrild**
    Clancey, 1969
    e Sambia bis e Tansania und e Simbabwe

Coccopygia bocagei
**Angolagrünastrild**
*Angola Waxbill - Estrilda de Bocage*
Shelley, 1903
*Angola*

Coccopygia melanotis
**Kapgrünastrild**
*Swee Waxbill - Estrilda ventrigualda meridional*
Temminck, 1823
sc Simbabwe und sw Mosambik bis s Südafrika



Mandingoa nitidula
**Tropfengrünastrild**
*Green Twinspot - Estrilda verde*
Hartlaub, 1865
s Malawi, Simbabwe, Mosambik und e Südafrika

    Mandingoa nitidula schlegeli
    **Guinea-Tropfengrünastrild**
    Sharpe, 1870
    Sierra Leone und Guinea bis w Uganda, Demokratische Republik Kongo und nw Angola
    Mandingoa nitidula virginiae
    **Bioko-Tropfengrünastrild**
    Amadon, 1953
    Bioko Insel
    Mandingoa nitidula chubbi
    **Kenia-Tropfengrünastrild**
    Ogilvie-Grant, 1912
    Äthiopien, Kenia, Tansania, ne Sambia und n Malawi



Cryptospiza shelleyi
**Rotmantelastrild**
*Shelley's Crimsonwing - Estrilda de Shelley*
Sharpe, 1902
e Demokratische Republik Kongo, w Uganda, Rwanda und Burundi

Cryptospiza jacksoni
**Jacksonastrild**
*Dusky Crimsonwing - Estrilda de Jackson*
Sharpe, 1902
e Demokratische Republik Kongo, w Uganda, Rwanda und Burundi

Cryptospiza salvadorii
**Salvadoriastrild**
*Abyssinian Crimsonwing - Estrilda de Salvadori*
Reichenow, 1892
Äthiopien und n Kenia

    Cryptospiza salvadorii ruwenzori
    **Ruwenzoriastrild**
    Sclater, WL, 1925
    e Demokratische Republik Kongo, sw Uganda, w Rwanda und w Burundi
    Cryptospiza salvadorii kilimensis
    **Keniaastrild**
    Moreau & Sclater, WL, 1934
    s Sudan, e Uganda, Kenia und n Tansania

Cryptospiza reichenovii
**Reichenowastrild**
*Red-faced Crimsonwing - Estrilda de Reichenow*
Hartlaub, 1874
se Nigeria, Kamerun, nw Angola und Bioko Insel

    Cryptospiza reichenovii ocularis
    **Kongo-Reichenowastrild**
    Sharpe, 1902
    e Demokratische Republik Kongo, sw Uganda, Rwanda und Burundi
    Cryptospiza reichenovii australis
    **Malawi-Reichenowastrild**
    Shelley, 1896
    Tansania bis Malawi, e Simbabwe und w Mosambik



Parmoptila rubrifrons
**Rotstirn-Ameisenpicker**
*Red-fronted Antpecker - Estrilda piquifina frentirroja*
Sharpe & Ussher, 1872
Sierra Leone bis Ghana

Parmoptila woodhousei
**Woodhouse-Ameisenpicker**
*Woodhouse's Antpecker - Estrilda piquifina de Woodhouse*
Cassin, 1859
se Nigeria und Kamerun bis w Demokratische Republik Kongo

    Parmoptila woodhousei ansorgei
    **Angola-Woodhouse-Ameisenpicker**
    Hartert, EJO, 1904
    n Angola

Parmoptila jamesoni
**Kongoameisenpicker**
*Jameson's Antpecker - Estrilda piquifina de Jameson*
Shelley, 1890
Demokratische Republik Kongo, w Uganda und extremer nw Tansania



Nigrita fusconotus
**Mantelschwärzling**
*White-breasted Nigrita - Negrita pechiblanca*
Fraser, 1843
se Nigeria und Kamerun bis Uganda, w Kenia, Angola und Bioko Insel

    Nigrita fusconotus uropygialis
    **Guinea-Mantelschwärzling**
    Sharpe, 1869
    Guinea bis sw Nigeria

Nigrita bicolor
**Zweifarbenschwärzling**
*Chestnut-breasted Nigrita - Negrita pechirrufa*
Hartlaub, 1844
Senegal und Gambia bis Togo

    Nigrita bicolor brunnescens
    **Südlicher Zweifarbenschwärzling**
    Reichenow, 1902
    s Nigeria bis Demokratische Republik Kongo, n Angola und Príncipe Insel
    Nigrita bicolor saturatior
    **Kongo-Zweifarbenschwärzling**
    Reichenow, 1902
    e Demokratische Republik Kongo und sw Uganda

Nigrita canicapillus
**Graunackenschwärzling**
*Grey-headed Nigrita - Negrita canosa*
Strickland, 1841
s Benin und s Nigeria bis c Demokratische Republik Kongo und Gabun

    Nigrita canicapillus emiliae
    **Emilias Graunackenschwärzling**
    Sharpe, 1869
    Guinea und Sierra Leone bis Togo
    Nigrita canicapillus schistaceus
    **Kongo-Graunackenschwärzling**
    Sharpe, 1891
    s Sudan und e Demokratische Republik Kongo bis w Kenia und n Tansania
    Nigrita canicapillus angolensis
    **Angola-Graunackenschwärzling**
    Bannerman, 1921
    nw Angola und s Demokratische Republik Kongo
    Nigrita canicapillus diabolicus
    **Kenia-Graunackenschwärzling**
    Reichenow & Neumann, 1895
    c Kenia bis n Tansania
    Nigrita canicapillus candidus
    **Tansania-Graunackenschwärzling**
    Moreau, 1942
    w Tansania

Nigrita luteifrons
**Blassstirnschwärzling**
*Pale-fronted Nigrita - Negrita frentigualda*
Verreaux, J & Verreaux, É, 1851
Sierra Leone und Liberia bis w Uganda und nw Angola

    Nigrita luteifrons alexanderi
    **Alexanders Blassstirnschwärzling**
    Ogilvie-Grant, 1907
    Bioko Insel



Delacourella capistrata
**Weißwangenastrild**
*Grey-headed Oliveback - Olivino carigrís*
Hartlaub, 1861
Senegal und Gambia bis Guinea und e bis s Süd-Sudan, w Uganda und ne Demokratische
Republik Kongo



Brunhilda charmosyna
**Feenastrild**
*Black-cheeked Waxbill - Estrilda carinegra norteña*
Reichenow, 1881
s Sudan, Äthiopien, s Somalia, ne Uganda und n Kenia

Brunhilda charmosyna kiwanukae
**Tansania-Feenastrild**
Van Someren, 1919
s Kenia und n Tansania

Brunhilda erythronotos
**Elfenastrild**
*Black-faced Waxbill - Estrilda carinegra sureña*
Vieillot, 1817
*Angola und Namibia bis Simbabwe und n Südafrika*

Brunhilda erythronotos delamerei
**Uganda-Elfenastrild**
Sharpe, 1900
sw Uganda, w Kenia bis c Tansania

## Gattung: Glaucestrilda

Glaucestrilda caerulescens
**Lavendelastrild**
*Lavender Waxbill - Estrilda azulada*
Vieillot, 1817
*Senegal und Gambia bis Guinea und e bis n Zentralafrikanische Republik*

Glaucestrilda perreini
**Schwarzschwanzastrild**
*Grey Waxbill - Estrilda colinegra*
Vieillot, 1817
*Gabun bis n Angola und e bis s Tansania*

Glaucestrilda perreini incana
**Malawi-Schwarzschwanzastrild**
Sundevall, 1850
s Malawi und Mosambik bis e Südafrika

Glaucestrilda thomensis
**Cinderellaastrild**
*Cinderella Waxbill - Estrilda cenicienta*
de Sousa, JA, 1888
*w Angola und nw Namibia*

## Gattung: Estrilda

Estrilda nonnula
**Schwarzscheitelastrild**
*Black-crowned Waxbill - Estrilda monjita*
Hartlaub, 1883
*se Nigeria und Kamerun bis se Sudan, w Kenia und nw Tansania*

Estrilda nonnula elizae
**Bioko-Schwarzscheitelastrild**
Alexander, 1903
Bioko Insel
Estrilda nonnula eisentrauti
**Eisentrauts Schwarzscheitelastrild**
Wolters, 1964
Mt. Kamerun (sw Kamerun)

Estrilda atricapilla
**Kappenastrild**
*Black-headed Waxbill - Estrilda capirotada*
Verreaux, J & Verreaux, É, 1851
*Kamerun bis ne Demokratische Republik Kongo*

Estrilda atricapilla marungensis
**Kongo-Kappenastrild**
Prigogine, 1975
se Demokratische Republik Kongo
Estrilda atricapilla avakubi
**Avakub-Kappenastrild**
Traylor, 1964
c, sw Demokratische Republik Kongo bis n Angola

Estrilda kandti
**Kandtastrild**
*Kandt's Waxbill - Estrilda de Kandt*
Reichenow, 1902
*ec Demokratische Republik Kongo, Uganda, Rwanda und Burundi*

Estrilda kandti keniensis
**Kenia-Kandtastrild**
Mearns, 1915
c Kenia

Estrilda melpoda
**Orangewangenastrild**
*Orange-cheeked Waxbill - Estrilda carinaranja*
Vieillot, 1817
*s Mauretanien, Senegal und Gambia bis s Chad, Zentralafrikanische Republik, se Sudan und Äthiopien, Gabun, n Angola, und Demokratische Republik Kongo, w Burundi und n Sambia*

Estrilda poliopareia
**Anambraastrild**
*Anambra Waxbill - Estrilda del Níger*
Reichenow, 1902
*s Benin, s Nigeria*

Estrilda paludicola
**Sumpfastrild**
*Fawn-breasted Waxbill - Estrilda pechiparda*
Heuglin, 1863
*e Zentralafrikanische Republik und n Demokratische Republik Kongo bis w Kenia*

Estrilda paludicola roseicrissa
**Reichenows Sumpfastrild**
Reichenow, 1892
e Demokratische Republik Kongo und sw Uganda bis nw Tansania
Estrilda paludicola marwitzi
**Marwitz-Sumpfastrild**
Reichenow, 1900
sc Tansania
Estrilda paludicola benguellensis
**Benguela-Sumpfastrild**
Neumann, 1908
Angola, s Demokratische Republik Kongo und Sambia
Estrilda paludicola ruthae
**Kongo-Sumpfastrild**
Chapin, 1950
c Demokratische Republik Kongo
Estrilda paludicola ochrogaster
**Sudan-Sumpfastrild**
Salvadori, 1897
se Sudan und Äthiopien

Estrilda astrild
**Wellenastrild**
*Common Waxbill - Estrilda común*
Linnaeus, 1758
*s Botswana und w, s Südafrika*

Estrilda astrild kempi
**Kemps Wellenastrild**
Bates, GL, 1930
Guinea, Sierra Leone und Liberia
Estrilda astrild occidentalis
**Bioko-Wellenastrild**
Jardine & Fraser, 1852
s Mali und Elfenbeinküste bis n Demokratische Republik Kongo und Bioko Insel
Estrilda astrild peasei
**Äthiopien-Wellenastrild**
Shelley, 1903
Äthiopien
Estrilda astrild macmillani
**Mcmillan-Wellenastrild**
Ogilvie-Grant, 1907
Sudan
Estrilda astrild adesma
**Uganda-Wellenastrild**
Reichenow, 1916
e Demokratische Republik Kongo, Uganda, w Kenia bis nw Tansania
Estrilda astrild massaica
**Massai-Wellenastrild**
Neumann, 1907
c Kenia bis n Tansania
Estrilda astrild minor
**Kleiner Wellenastrild**
Cabanis, 1878
s Somalia, e Kenia, ne Tansania und Sansibar
Estrilda astrild cavendishi
**Simbabwe-Wellenastrild**
Sharpe, 1900
s Demokratische Republik Kongo und s Tansania bis Simbabwe und Mosambik
Estrilda astrild niediecki
**Niedicks Wellenastrild**
Reichenow, 1916
c Angola bis w Simbabwe
Estrilda astrild angolensis
**Angola-Wellenastrild**
Reichenow, 1902
Inland w Angola
Estrilda astrild jagoensis
**Westlicher Wellenastrild**
Alexander, 1898
Küste w Angola und São Tomé
Estrilda astrild rubriventris
**Gabun-Wellenastrild**
Vieillot, 1817
Gabun bis nw Angola
Estrilda astrild damarensis
**Damara-Wellenastrild**
Reichenow, 1902
Namibia
Estrilda astrild tenebridorsa
**Südlicher Wellenastrild**
Clancey, 1957
n, e Südafrika

Estrilda nigriloris
**Schwarzzügelastrild**
*Black-lored Waxbill - Estrilda ojinegra*
Chapin, 1928
*sc Demokratische Republik Kongo*

Estrilda troglodytes
**Grauastrild**
*Black-rumped Waxbill - Estrilda culinegra*
Lichtenstein, MHC, 1823
*Mauretanien bis Liberia und e bis Eritrea, Äthiopien und w Kenia*

Estrilda rhodopyga
**Zügelastrild**
*Crimson-rumped Waxbill - Estrilda culirroja*
Sundevall, 1850
*n Sudan bis n Somalia*

    Estrilda rhodopyga centralis
    **Zentralafrika-Zügelastrild**
    Kothe, 1911
    *se Sudan bis s Somalia und s bis Tansania und Malawi*

Estrilda rufibarba
**Jemenastrild**
*Arabian Waxbill - Estrilda árabe*
Cabanis, 1851
*sw Saudi-Arabien und w, c Jemen (sw Arabische Halbinsel)*



Ortygospiza atricollis
**Wachtelastrild**
*Quailfinch - Estrilda codorniz*
Vieillot, 1817
*s Mauretanien und Senegal bis Chad und Kamerun*

    Ortygospiza atricollis ansorgei
    **Ansorges Wachtelastrild**
    Ogilvie-Grant, 1910
    Gambia und s Senegal bis Togo
    Ortygospiza atricollis ugandae
    **Uganda-Wachtelastrild**
    Van Someren, 1921
    s Sudan, Uganda und w Kenia
    Ortygospiza atricollis fuscocrissa
    **Eritrea-Wachtelastrild**
    Heuglin, 1863
    Eritrea und Äthiopien
    Ortygospiza atricollis muelleri
    **Müllers Wachtelastrild**
    Zedlitz, 1911
    s Kenia bis Angola, Namibia und s Botswana
    Ortygospiza atricollis smithersi
    **Smithers Wachtelastrild**
    Benson, 1955
    ne Sambia
    Ortygospiza atricollis pallida
    **Botswana-Wachtelastrild**
    Roberts, 1932
    n Botswana
    Ortygospiza atricollis digressa
    **Kongo-Wachtelastrild**
    Clancey, 1958
    e Simbabwe, s Mosambik und Südafrika
    Ortygospiza atricollis gabonensis
    **Gabun-Wachtelastrild**
    Lynes, 1914
    Gabun bis c Demokratische Republik Kongo
    Ortygospiza atricollis fuscata
    **Sclaters Wachtelastrild**
    Sclater, WL, 1932
    n Angola, s Demokratische Republik Kongo und nw Sambia
    Ortygospiza atricollis dorsostriata
    **Somerens Wachtelastrild**
    Van Someren, 1921
    e Demokratische Republik Kongo und s, w Uganda



Paludipasser locustella
**Heuschreckenastrild**
*Locust Finch - Estrilda saltamontes*
Neave, 1909
*Nigeria und Kamerun bis w Kenia, n, w Demokratische Republik Kongo und Gabun*

    Paludipasser locustella uelensis
    **Congo-Heuschreckenastrild**
    Chapin, 1916
    Angola und s Demokratische Republik Kongo bis Tansania, n Mosambik, n Simbabwe
    und n Botswana



Amadina fasciata
**Bandastrild**
*Cut-throat Finch - Estrilda degollada*
Gmelin, JF, 1789
*s Mauretanien, Senegal und Gambia bis Sudan und Uganda*

    Amadina fasciata alexanderi
    **Alexanders Bandamadine**
    Neumann, 1908
    Eritrea, Äthiopien und Somalia bis Kenia und Tansania
    Amadina fasciata meridionalis
    **Namibia-Bandamadine**
    Neunzig, 1910
    s Angola und n Namibia bis n Mosambik
    Amadina fasciata contigua
    **Südafrika-Bandamadine**
    Clancey, 1970
    s Simbabwe, s Mosambik und n Südafrika

Amadina erythrocephala
**Rotkopfastrild**
*Red-headed Finch - Estrilda cabecirroja*
Linnaeus, 1758
*w Angola, s Sambia und w Simbabwe bis s Südafrika*



Amandava formosa
**Olivastrild**
*Green Avadavat - Bengalí verde*
Latham, 1790
*c Indien*

Amandava subflava
**Goldbrustastrild**
*Orange-breasted Waxbill - Bengalí cebra*
Vieillot, 1819
*sw Mauretanien, Senegal und Gambia bis Äthiopien e bis Zentralafrikanische Republik, e
Demokratische Republik Kongo, Uganda, w Kenia und nw Tansania; sw Arabische Halbinsel*

    Amandava subflava clarkei
    **Clarkes Goldbrustastrild**
    Shelley, 1903
    s Gabun, s Republik Kongo, s Demokratische Republik Kongo und Tansania (außer nw) s
    bis Angola, Sambia, Malawi, Simbabwe, Mosambik und se Südafrika

Amandava amandava
**Tüpfelastrild**
*Red Avadavat - Bengalí rojo*
Linnaeus, 1758
*Pakistan, Indien, Nepal und Bangladesch*

    Amandava amandava flavidiventris
    **Chinesischer Tüpfelastrild**
    Wallace, 1864
    Myanmar, s China, nw, c Thailand und Lombok bis Timor (Lesser Sundas)
    Amandava amandava punicea
    **Horsfields Tüpfelastrild**
    Horsfield, 1821
    se Thailand, Kambodscha, s Vietnam, Hainan (se China), Java und Bali



Granatina ianthinogaster
**Veilchenastrild**
*Purple Grenadier - Granadero oriental*
Reichenow, 1879
*Äthiopien und Somalia bis c Tansania*

Granatina granatina
**Granatastrild**
*Violet-eared Waxbill - Granadero meridional*
Linnaeus, 1766
*s Angola und c Namibia bis sw Sambia, Simbabwe, s Mosambik und n, ne Südafrika*



Uraeginthus angolensis
**Blauastrild**
*Blue Waxbill - Azulito angoleño*
Linnaeus, 1758
*São Tomé, sw Demokratische Republik Kongo, n Angola und nw Sambia*

    Uraeginthus angolensis cyanopleurus
    **Wolters Blauastrild**
    Wolters, 1963
    s Angola, sw Sambia, nw Simbabwe und n Botswana

Uraeginthus angolensis niassensis
**Reichenows Blauastrild**
Reichenow, 1911
e Tansania bis c, e Sambia, Malawi, Mosambik, s Simbabwe und e Südafrika

Uraeginthus bengalus
**Schmetterlingsastrild**
*Red-cheeked Cordon-bleu - Azulito carirrojo*
Linnaeus, 1766
s Mauretanien bis Guinea und e bis Äthiopien, Uganda und w Kenia

    Uraeginthus bengalus brunneigularis
    **Somalia-Schmetterlingsastrild**
    Mearns, 1911
    s Somalia, c, e Kenia und ne Tansania
    Uraeginthus bengalus ugogensis
    **Tansania-Schmetterlingsastrild**
    Reichenow, 1911
    s Kenia und n, w, c Tansania
    Uraeginthus bengalus katangae
    **Katanga-Schmetterlingsastrild**
    Vincent, 1934
    ne Angola, s Demokratische Republik Kongo und n Sambia

Uraeginthus cyanocephalus
**Blaukopfastrild**
*Blue-capped Cordon-bleu - Azulito coroniazul*
Richmond, 1897
s Süd-Sudan, s Äthiopien und s Somalia bis c Tansania

## Gattung: Spermophaga

Spermophaga poliogenys
**Grantsamenknacker**
*Grant's Bluebill - Estrilda piquigorda de Grant*
Ogilvie-Grant, 1906
Republik Kongo bis e Demokratische Republik Kongo und w Uganda

Spermophaga haematina
**Rotbrust-Samenknacker**
*Western Bluebill - Estrilda piquigorda cabecinegra*
Vieillot, 1807
Senegal und Gambia bis Ghana

    Spermophaga haematina togoensis
    **Togo-Rotbrust-Samenknacker**
    Neumann, 1910
    Togo bis sw Nigeria
    Spermophaga haematina pustulata
    **Voigts Rotbrust-Samenknacker**
    Voigt, 1831
    se Nigeria und Kamerun bis sw Zentralafrikanische Republik, e Demokratische Republik
    Kongo und nw Angola

Spermophaga ruficapilla
**Rotkopf-Samenknacker**
*Red-headed Bluebill - Estrilda piquigorda cabecirroja*
Shelley, 1888
se Zentralafrikanische Republik, s Sudan und Uganda bis Kenia, w Tansania, s Demokratische
Republik Kongo und n Angola

    Spermophaga ruficapilla cana
    **Tansania-Rotkopf-Samenknacker**
    Friedmann, 1927
    ne Tansania

## Gattung: Pyrenestes

Pyrenestes minor
**Kleinastrild**
*Lesser Seedcracker - Estrilda piquigorda chica*
Shelley, 1894
c Tansania bis e Simbabwe und c Mosambik

Pyrenestes sanguineus
**Karmesinastrild**
*Crimson Seedcracker - Estrilda piquigorda escarlata*
Swainson, 1837
Senegal und Sierra Leone bis Elfenbeinküste

Pyrenestes ostrinus
**Purpurastrild**
*Black-bellied Seedcracker - Estrilda piquigorda ventrinegra*
Vieillot, 1805
Elfenbeinküste bis s Süd-Sudan und w Kenia und s bis Sambia und n Angola

## Gattung: Pytilia

Pytilia melba
**Buntastrild**
*Green-winged Pytilia - Estrilda melba*
Linnaeus, 1758
s Kongo und Angola bis sw Tansania und s bis c Namibia, n Südafrika und s Mosambik

    Pytilia melba citerior
    **Senegal-Buntastrild**
    Strickland, 1853
    Mauretanien, Senegal und Gambia bis s Sudan
    Pytilia melba jessei
    **Jesse-Buntastrild**
    Shelley, 1903
    ne Sudan bis nw Somalia
    Pytilia melba soudanensis
    **Sudan-Buntastrild**
    Sharpe, 1890
    se Sudan, s Äthiopien, c, s Somalia, ne Uganda und n, e Kenia
    Pytilia melba percivali
    **Kenia-Buntastrild**
    Van Someren, 1919
    c Kenia bis n Tansania
    Pytilia melba belli
    **Bells Buntastrild**
    Ogilvie-Grant, 1907
    e Demokratische Republik Kongo und w Uganda bis w Tansania
    Pytilia melba grotei
    **Grotes Buntastrild**
    Reichenow, 1919
    e Tansania, n Mosambik und e Malawi
    Pytilia melba hygrophila
    **Sambia-Buntastrild**
    Irwin & Benson, 1967
    n Sambia und n Malawi

Pytilia afra
**Wienerastrild**
*Orange-winged Pytilia - Estrilda alinaranja*
Gmelin, JF, 1789
s Süd-Sudan und Äthiopien s bis ne Südafrika und w bis s Republik Kongo und w Angola

Pytilia phoenicoptera
**Auroraastrild**
*Red-winged Pytilia - Estrilda alirroja*
Swainson, 1837
Senegal und Gambia bis n Nigeria

    Pytilia phoenicoptera emini
    **Kamerun-Auroraastrild**
    Hartert, EJO, 1899
    Kamerun bis s Sudan und n Uganda

Pytilia lineata
**Streifenastrild**
*Red-billed Pytilia - Estrilda etíope*
Heuglin, 1863
Äthiopien

Pytilia hypogrammica
**Rotmaskenastrild**
*Yellow-winged Pytilia - Estrilda aliamarilla*
Sharpe, 1870
Guinea bis Liberia und e bis s Chad und Zentralafrikanische Republik

## Gattung: Euschistospiza

Euschistospiza dybowskii
**Dybowskiastrild**
*Dybowski's Twinspot - Estrilda de Dybowski*
Oustalet, 1892
Guinea bis Elfenbeinküste; c Nigeria bis w Uganda

Euschistospiza cinereovinacea
**Schieferastrild**
*Dusky Twinspot - Estrilda sombría*
de Sousa, JA, 1889
w Angola

    Euschistospiza cinereovinacea graueri
    **Grauers Schieferastrild**
    Rothschild, 1909
    e Demokratische Republik Kongo, sw Uganda, Rwanda und Burundi

## Gattung: Hypargos

Hypargos niveoguttatus
**Tropfenastrild**
*Red-throated Twinspot - Estrilda golirroja*
Peters, W, 1868
e Simbabwe und s Mosambik

Hypargos niveoguttatus macrospilotus
**Nördlicher Tropfenastrild**
Mearns, 1913
s Somalia und se Kenia bis ne Angola, se Demokratische Republik Kongo, n Simbabwe und c Mosambik

Hypargos margaritatus
**Perlastrild**
*Pink-throated Twinspot - Estrilda golirrosa*
Strickland, 1844
s Mosambik und ne Südafrika

## Gattung: Clytospiza

Clytospiza monteiri
**Monteiroastrild**
*Brown Twinspot - Estrilda parda*
Hartlaub, 1860
se Nigeria und Kamerun bis s Süd-Sudan und w Kenia, Gabun bis w Angola und e bis c Demokratische Republik Kongo

## Gattung: Lagonosticta

Lagonosticta senegala
**Senegalamarant**
*Red-billed Firefinch - Amaranta senegalesa*
Linnaeus, 1766
Mauretanien, Senegal und Gambia bis w, c Nigeria

Lagonosticta senegala rhodopsis
**Kamerunamarant**
Heuglin, 1863
e Nigeria, n, c Kamerun und s Chad bis Sudan, w Eritrea und w Äthiopien
Lagonosticta senegala brunneiceps
**Sudanamarant**
Sharpe, 1890
c Äthiopien und se Sudan
Lagonosticta senegala somaliensis
**Somaliaamarant**
Salvadori, 1894
se Äthiopien und s Somalia
Lagonosticta senegala ruberrima
**Reichenowamarant**
Reichenow, 1903
Demokratische Republik Kongo, Uganda und w Kenia bis ne Angola, ne Sambia und n Malawi
Lagonosticta senegala rendalli
**Rendallamarant**
Hartert, EJO, 1898
s Angola bis Mosambik s bis Südafrika

Lagonosticta rubricata
**Dunkelamarant**
*African Firefinch - Amaranta ocre*
Lichtenstein, MHC, 1823
s Mosambik und n, e Südafrika

Lagonosticta rubricata polionota
**Senegal-Dunkelamarant**
Shelley, 1873
s Senegal bis Nigeria
Lagonosticta rubricata congica
**Kongo-Dunkelamarant**
Sharpe, 1890
Kamerun bis s Sudan, w Uganda, s, e Demokratische Republik Kongo und n Angola
Lagonosticta rubricata haematocephala
**Neumanns Dunkelamarant**
Neumann, 1907
e Sudan, Äthiopien, c, s Uganda, w, c Kenia s bis Sambia, Malawi, E Simbabwe, e Tansania und n, c Mosambik
Lagonosticta rubricata landanae
**Sharpes Dunkelamarant**
Sharpe, 1890
Gabun bis w Demokratische Republik Kongo und nw Angola

Lagonosticta rhodopareia
**Rosenamarant**
*Jameson's Firefinch - Amaranta de Jameson*
Heuglin, 1868
s Sudan, sw Äthiopien, ne Uganda und w Kenia

Lagonosticta rhodopareia jamesoni
**Jamesons Rosenamarant**
Shelley, 1882
s Kenia bis n, ne Südafrika
Lagonosticta rhodopareia ansorgei
**Ansorges Rosenamarant**
Neumann, 1908
sw Demokratische Republik Kongo, Angola und nw Namibia

Lagonosticta virata
**Maliamarant**
*Mali Firefinch - Amaranta de Mali*
Bates, GL, 1932
e Senegal und s Mali

Lagonosticta sanguinodorsalis
**Felsenamarant**
*Rock Firefinch - Amaranta roquera*
Payne, 1998
Nigeria, nw Kamerun

Lagonosticta umbrinodorsalis
**Tschadamarant**
*Chad Firefinch - Amaranta de Chad*
Reichenow, 1910
sw Chad und n Kamerun

Lagonosticta rara
**Schwarzbauchamarant**
*Black-bellied Firefinch - Amaranta ventrinegra*
Antinori, 1864
Kamerun bis s Sudan, Uganda und w Kenia

Lagonosticta rara forbesi
**Senegal-Schwarzbauchamarant**
Neumann, 1908
Senegal bis Nigeria

Lagonosticta rufopicta
**Pünktchenamarant**
*Bar-breasted Firefinch - Amaranta barrada*
Fraser, 1843
Senegal und Gambia bis Chad und Zentralafrikanische Republik

Lagonosticta rufopicta lateritia
**Heuglins Pünktchenamarant**
Heuglin, 1864
s Sudan, ne Demokratische Republik Kongo, s Äthiopien, Uganda und w Kenia

Lagonosticta nitidula
**Braunbürzelamarant**
*Brown Firefinch - Amaranta parda*
Hartlaub, 1886
c Angola, c Demokratische Republik Kongo und sw Tansania bis ne Namibia, n Botswana und nw Simbabwe

Lagonosticta larvata
**Larvenamarant**
*Black-faced Firefinch - Amaranta etíope*
Rüppell, 1840
e Sudan und Äthiopien

Lagonosticta larvata vinacea
**Guinea-Larvenamarant**
Hartlaub, 1857
Senegal und Gambia bis w Mali und Guinea
Lagonosticta larvata nigricollis
**Sudan-Larvenamarant**
Heuglin, 1863
c, s Mali bis Sudan und Uganda

## Familie: Viduidae (Witwenvögel)

## Gattung: Vidua

Vidua chalybeata
**Rotfußwitwe**
*Village Indigobird - Viuda senegalesa*
Müller, PLS, 1776
s Mauretanien bis Sierra Leone

Vidua chalybeata neumanni
**Neumanns Rotfußwitwe**
Alexander, 1908
Mali bis Sudan
Vidua chalybeata ultramarina
**Äthiopien-Rotfußwitwe**
Gmelin, JF, 1789
Äthiopien und Eritrea
Vidua chalybeata centralis
**Kongo-Rotfußwitwe**
Neunzig, 1928
e Demokratische Republik Kongo, Uganda, c Kenia und c Tansania
Vidua chalybeata amauropteryx
**Sharpes Rotfußwitwe**
Sharpe, 1890
s Somalia bis Mosambik und Inland bis e Sambia, Malawi, Simbabwe und e Südafrika
Vidua chalybeata okavangoensis
**Okovango-Rotfußwitwe**
Payne, 1973
Angola und n Namibia bis w Sambia und n Botswana

Vidua purpurascens
**Purpurwitwe**
*Purple Indigobird - Viuda purpúrea*
Reichenow, 1883
*Kenia bis Angola, Botswana und ne Südafrika*

Vidua raricola
**Jambanduwitwe**
*Jambandu Indigobird - Viuda de Jambandú*
Payne, 1982
*Guinea bis Sudan, Süd-Sudan und ne Demokratische Republik Kongo*

Vidua larvaticola
**Barkawitwe**
*Barka Indigobird - Viuda de Barka*
Payne, 1982
*Guinea-Bissau; Elfenbeinküste bis Äthiopien*

Vidua funerea
**Trauerwitwe**
*Dusky Indigobird - Viuda sombría*
de Tarragon, L, 1847
*s Mosambik und n, e Südafrika*

    Vidua funerea nigerrima
    **Sharpes Trauerwitwe**
    Sharpe, 1871
    *w Kenia und Tansania bis n Angola, Sambia und Mosambik*

Vidua codringtoni
**Sambesiwitwe**
*Zambezi Indigobird - Viuda verdosa*
Neave, 1907
*Tansania bis Simbabwe und w Mosambik*

Vidua wilsoni
**Wilsonwitwe**
*Wilson's Indigobird - Viuda de Wilson*
Hartert, EJO, 1901
*Senegal und Gambia bis Sierra Leone und e bis Äthiopien s Süd-Sudan und ne Demokratische
Republik Kongo*

Vidua nigeriae
**Grünschwanzwitwe**
*Quailfinch Indigobird - Viuda nigeriana*
Alexander, 1908
*Senegal und Gambia; Guinea; Mali; Nigeria und Kamerun; s Süd-Sudan*

Vidua maryae
**Jos-Plateau-Witwe**
*Jos Plateau Indigobird - Viuda del Jos*
Payne, 1982
*c Nigeria*

Vidua camerunensis
**Kamerunwitwe**
*Cameroon Indigobird - Viuda camerunesa*
Grote, 1922
*Guinea-Bissau bis Sierra Leone und e bis Süd-Sudan, ne Demokratische Republik Kongo und
Republik Kongo*

Vidua macroura
**Dominikanerwitwe**
*Pin-tailed Whydah - Viuda colicinta*
Pallas, 1764
*Mauretanien bis Sudan und Eritrea, s bis s Südafrika*

Vidua hypocherina
**Glanzwitwe**
*Steel-blue Whydah - Viuda metálica*
Verreaux, J & Verreaux, É, 1856
*Äthiopien und Somalia bis Tansania*

Vidua fischeri
**Strohwitwe**
*Straw-tailed Whydah - Vluda de Fischer*
Reichenow, 1882
*Süd-Sudan, Äthiopien und Somalia bis Tansania*

Vidua regia
**Königswitwe**
*Shaft-tailed Whydah - Viuda real*
Linnaeus, 1766
*Angola, Sambia und Simbabwe bis n Südafrika und s Mosambik*

Vidua paradisaea
**Schmalschwanzwitwe**
*Long-tailed Paradise Whydah - Viuda del paraíso*
Linnaeus, 1758
*se Sudan, Äthiopien und Somalia bis n Südafrika*

Vidua orientalis
**Senegalwitwe**
*Sahel Paradise Whydah - Viuda del Sahel*
Heuglin, 1870
*n Kamerun und s Chad bis Eritrea und nw Äthiopien*

    Vidua orientalis aucupum
    **Neumanns Senegalwitwe**
    Neumann, 1908
    *s Mauretanien, Senegal und Gambia bis n Nigeria*

Vidua interjecta
**Langschwanzwitwe**
*Exclamatory Paradise Whydah - Viuda chillona*
Grote, 1922
*Senegal und Gambia bis Äthiopien*

Vidua togoensis
**Togowitwe**
*Togo Paradise Whydah - Viuda togolesa*
Grote, 1923
*Guinea bis Togo*

Vidua obtusa
**Breitschwanzwitwe**
*Broad-tailed Paradise Whydah - Viuda coliancha*
Chapin, 1922
*e Demokratische Republik Kongo bis Angola, Botswana, Simbabwe und Mosambik*

## Gattung: Anomalospiza

Anomalospiza imberbis
**Kuckuckswitwe**
*Cuckoo-finch - Viuda anómala*
Cabanis, 1868
*Sierra Leone und s Mali bis Äthiopien und s bis e Südafrika*

## Familie: Peucedramidae (Trugwaldsänger)

### Gattung: Peucedramus

Peucedramus taeniatus
**Trugwaldsänger**
*Olive Warbler - Ocotero*
Du Bus de Gisignies, 1847
*sc Mexico bis w Guatemala*

    Peucedramus taeniatus arizonae
    **Arizona-Trugwaldsänger**
    Miller, W & Griscom, 1925
    *sw USA und nw Mexico*
    Peucedramus taeniatus jaliscensis
    **Mexikanischer Trugwaldsänger**
    Miller, W & Griscom, 1925
    *nc bis c Mexico*
    Peucedramus taeniatus giraudi
    **Girauds Trugwaldsänger**
    Zimmer, JT, 1948
    *sc Mexico*
    Peucedramus taeniatus micrus
    **Honduras-Trugwaldsänger**
    Miller, W & Griscom, 1925
    *Honduras, n El Salvador und n Nicaragua*

## Familie: Prunellidae (Braunellen)

### Gattung: Prunella

Prunella collaris
**Alpenbraunelle**
*Alpine Accentor - Acentor alpino*
Scopoli, 1769
*sw Europa bis Slovenien und Carpathian Mts., nw Afrika*

    Prunella collaris subalpina
    **Brehms Alpenbraunelle**
    Brehm, CL, 1831
    *Kroatien bis Bulgaria und Griechenland, Kreta und sw Türkei*

Prunella collaris montana
**Kaukasus-Alpenbraunelle**
Hablizl, 1783
n, e Türkei bis Kaukasus und Iran
Prunella collaris rufilata
**Asiatische Alpenbraunelle**
Severtsov, 1879
ne Afghanistan und n Pakistan über Gebirge von c Asien bis w China
Prunella collaris whymperi
**Himalaya-Alpenbraunelle**
Baker, ECS, 1915
w Himalaya
Prunella collaris nipalensis
**Nepal-Alpenbraunelle**
Blyth, 1843
c, e Himalaya bis sc China und n Myanmar
Prunella collaris tibetana
**Tibet-Alpenbraunelle**
Bianchi, 1904
e Tibet
Prunella collaris erythropygia
**Japanische Alpenbraunelle**
Swinhoe, 1870
e Kasachstan und sc Sibirien bis ne Sibirien, Japan, Korea und ne China
Prunella collaris fennelli
**Fennell-Alpenbraunelle**
Deignan, 1964
Taiwan

Prunella himalayana
## Himalajabraunelle
*Altai Accentor - Acentor del Himalaya*
Blyth, 1842
e Kasachstan und s Russland bis c Mongolei und nw China

Prunella rubeculoides
## Rostbrustbraunelle
*Robin Accentor - Acentor petirrojo*
Moore, F, 1854
c, e Himalaya bis c China

Prunella rubeculoides muraria
**Westliche Rostbrustbraunelle**
Meinertzhagen, R & Meinertzhagen, A, 1926
w Himalaya

Prunella strophiata
## Strichelbraunelle
*Rufous-breasted Accentor - Acentor pechirrufo*
Blyth, 1843
c, e Himalaya bis c China und n Myanmar

Prunella strophiata jerdoni
**Jerdons Strichelbraunelle**
Brooks, WE, 1872
e Afghanistan und w Himalaya

Prunella montanella
## Bergbraunelle
*Siberian Accentor - Acentor siberiano*
Pallas, 1776
ne Europa bis nw, sc Sibirien und s Russland

Prunella montanella badia
**Sibirische Bergbraunelle**
Portenko, 1929
ne Sibirien

Prunella fulvescens
## Fahlbraunelle
*Brown Accentor - Acentor pardo*
Severtsov, 1873
se Kasachstan und w China bis c Afghanistan und w Himalaya

Prunella fulvescens dahurica
**Mongolische Fahlbraunelle**
Taczanowski, 1874
e Kasachstan und sc Russland über Mongolei bis ne China
Prunella fulvescens dresseri
**Dressers Fahlbraunelle**
Hartert, EJO, 1910
wc China
Prunella fulvescens nanshanica
**Chinesische Fahlbraunelle**
Sushkin, 1925
nc und c China
Prunella fulvescens khamensis
**Tibet-Fahlbraunelle**
Sushkin, 1925
c, e Himalaya, e Tibet und sw China

Prunella ocularis
## Steinbraunelle
*Radde's Accentor - Acentor de Radde*
Radde, 1884
Gebirge sc, e Türkei und Transkaukasien bis s Turkmenistan, Iran und Afghanistan

Prunella ocularis fagani
**Jemen-Steinbraunelle**
Ogilvie-Grant, 1913
Gebirge w Jemen

Prunella atrogularis
## Schwarzkehlbraunelle
*Black-throated Accentor - Acentor gorjinegro*
Brandt, JF, 1843
Ural Mts. von nw Russland

Prunella atrogularis huttoni
**Huttons Schwarzkehlbraunelle**
Moore, F, 1854
Gebirge von c Asien

Prunella koslowi
## Steppenbraunelle
*Kozlov's Accentor - Acentor mongol*
Przevalski, 1887
w, c Mongolei und Ningxia und w Inner Mongolei (nc China)

Prunella modularis
## Heckenbraunelle
*Dunnock - Acentor común*
Linnaeus, 1758
n, c Europa, w, c Balkans und Bulgaria

Prunella modularis hebridium
**Irländische Heckenbraunelle**
Meinertzhagen, R, 1934
Ireland und Hebrides (w von Schottland)
Prunella modularis occidentalis
**Englische Heckenbraunelle**
Hartert, EJO, 1910
Schottland (außer Hebrides), England und w Frankreich
Prunella modularis fuscata
**Krim-Heckenbraunelle**
Mauersberger, 1971
s Krim-Halbinsel (n Küste Schwarzes Meer)
Prunella modularis euxina
**Türkische Heckenbraunelle**
Watson, 1961
nw, n Türkei
Prunella modularis mabbotti
**Kaukasus-Heckenbraunelle**
Harper, 1919
Iberische Halbinsel, sc Frankreich, Italien und Griechenland
Prunella modularis obscura
**Dunkle Heckenbraunelle**
Hablizl, 1783
ne Türkei, Kaukasus und n Iran

Prunella rubida
## Rötelbraunelle
*Japanese Accentor - Acentor japonés*
Temminck & Schlegel, 1847
s Sakhalin und Kuril Is. (se Russland) und Hokkaido bis Shikoku (n bis sc Japan)

Prunella immaculata
## Waldbraunelle
*Maroon-backed Accentor - Acentor inmaculado*
Hodgson, 1845
Himalaya bis n Myanmar und c China

## Familie: Motacillidae (Stelzen)

### Gattung: Dendronanthus

Dendronanthus indicus
## Baumstelze
*Forest Wagtail - Lavandera forestal*
Gmelin, JF, 1789
se Russland und ne China bis se China

### Gattung: Motacilla

Motacilla flava
## Wiesenschafstelze
*Western Yellow Wagtail - Lavandera boyera*
Linnaeus, 1758
n, c Europa bis Ural Mts.

Motacilla flava flavissima
**Englische Schafstelze**
Blyth, 1834
Großbritanien und Küste Europa
Motacilla flava iberiae
**Iberische Schafstelze**
Hartert, EJO, 1921
Iberische Halbinsel, sw Frankreich und nw Afrika

Motacilla flava thunbergi
**Thunberg-Schafstelze**
Billberg, 1828
n Europa bis nw Sibirien
Motacilla flava cinereocapilla
**Sardinien-Schafstelze**
Savi, 1831
Italien, Sizilien, Korsika, Sardinien und Slovenien
Motacilla flava feldegg
**Feldegg-Schafstelze**
Michahelles, 1830
Balkan und Türkei bis Iran und Afghanistan
Motacilla flava pygmaea
**Kleine Wiesenschafstelze**
Brehm, AE, 1854
Ägypten
Motacilla flava lutea
**Russische Wiesenschafstelze**
Gmelin, SG, 1774
sw Russland bis nw, nc Kasachstan
Motacilla flava beema
**Sibirische Wiesenschafstelze**
Sykes, 1832
sw Sibirien und ne Kasachstan bis w Himalaya
Motacilla flava leucocephala
**Chinesische Wiesenschafstelze**
Przevalski, 1887
nw Mongolei, nw China und sc Sibirien

Motacilla tschutschensis
**Tschuktschenstelze**
*Eastern Yellow Wagtail - Lavandera de Chukotka*
Gmelin, JF, 1789
s Sibirien, n Mongolei, e Kasachstan und nw China bis ne Sibirien und nw Nordamerika

Motacilla tschutschensis plexa
**Mongolische Schafstelze**
Thayer & Bangs, 1914
nc Sibirien
Motacilla tschutschensis macronyx
**Stresemanns Schafstelze**
Stresemann, 1920
sc Sibirien, ne Mongolei und ne China
Motacilla tschutschensis taivana
**Japanische Schafstelze**
Swinhoe, 1863
se Sibirien bis Sakhalin (e Russland), und n Hokkaido (n Japan)

Motacilla citreola
**Zitronenstelze**
*Citrine Wagtail - Lavandera cetrina*
Pallas, 1776
n, e Europa bis c Sibirien, Mongolei und ne China

Motacilla citreola calcarata
**Hodgsons Zitronenstelze**
Hodgson, 1836
e Iran und Afghanistan bis c China

Motacilla capensis
**Kapstelze**
*Cape Wagtail - Lavandera de El Cabo*
Linnaeus, 1766
w, s Namibia bis s Mosambik und Südafrika

Motacilla capensis simplicissima
**Neumanns Kapstelze**
Neumann, 1929
Angola und ne Namibia bis se Demokratische Republik Kongo, Sambia und w Simbabwe
Motacilla capensis wellsi
**Wells Kapstelze**
Ogilvie-Grant, 1911
e Demokratische Republik Kongo und sw Uganda bis c Kenia und nw Tansania

Motacilla flaviventris
**Madagaskarstelze**
*Madagascar Wagtail - Lavandera malgache*
Hartlaub, 1860
Madagascar

Motacilla bocagii
**Stummelschwanzstelze**
*Sao Tome Shorttail - Picolargo de Bocage*
Sharpe, 1892
São Tomé (sc Gulf von Guinea Is.)

Motacilla cinerea
**Gebirgsstelze**
*Grey Wagtail - Lavandera cascadeña*
Tunstall, 1771
w Europa, w, c Kanarische Is. (c Makaronesien, nw von w Afrika), nw Afrika e bis e Russland über Mongolei, ne China, Koreanische Halbinsel, und Kyushu (s Japan); e Kasachstan bis Afghanistan und w, c Himalaya

Motacilla cinerea patriciae
**Azorengebirgsstelze**
Vaurie, 1957
Azoren (all Inseln; nw Makaronesien, nw von n Afrika)
Motacilla cinerea schmitzi
**Madeira-Gebirgsstelze**
Tschusi, 1900
Madeira und Porto Santo (Madeira Gruppe, nc Makaronesien, nw von n Afrika)

Motacilla clara
**Langschwanzstelze**
*Mountain Wagtail - Lavandera clara*
Sharpe, 1908
Äthiopien

Motacilla clara chapini
**Chapins Langschwanzstelze**
Amadon, 1954
Sierra Leone bis Zentralafrikanische Republik, c Demokratische Republik Kongo und Gabun
Motacilla clara torrentium
**Südliche Langschwanzstelze**
Ticehurst, 1940
e Uganda und c Kenia bis c Angola, Sambia, Simbabwe, w Mosambik und e Südafrika

Motacilla alba
**Bachstelze**
*White Wagtail - Lavandera blanca*
Linnaeus, 1758
se Grönland, Island und Färöer Is. über Europa bis Ural Mts., Kaukasus, c Asien und Mittlerer Osten

Motacilla alba yarrellii
**Trauerbachstelze**
Gould, 1837
Ireland, Großbritanien und Küste w Europa
Motacilla alba subpersonata
**Marokkanische Bachstelze**
Meade-Waldo, 1901
w Marokko
Motacilla alba personata
**Maskenbachstelze**
Gould, 1861
n Iran bis sw Sibirien, w Mongolei, nw China und w Himalaya
Motacilla alba baicalensis
**Baikalbachstelze**
Swinhoe, 1871
sc Sibirien bis ne China
Motacilla alba ocularis
**Ostsibirische Bachstelze**
Swinhoe, 1860
n Sibirien bis nw Alaska
Motacilla alba lugens
**Glogers Bachstelze**
Gloger, 1829
Küste Sea von Okhotsk, c Kamtschatka, Commander Is. und Sakhalin (e Russland), n Koreanische Halbinsel und Hokkaido bis Kyushu (n bis s Japan)
Motacilla alba leucopsis
**Goulds Bachstelze**
Gould, 1838
c, e China, Amurland und Ussuriland (se Russland), Koreanische Halbinsel und sw Honshu und n Kyushu (c bis sw Japan)
Motacilla alba alboides
**Hodgons Bachstelze**
Hodgson, 1836
c, e Himalaya bis s China, n Indochina und n Myanmar

Motacilla aguimp
**Witwenstelze**
*African Pied Wagtail - Lavandera africana*
Temminck, 1820
s Namibia bis c Südafrika

Motacilla aguimp vidua
**Nördliche Witwenstelze**
Sundevall, 1850
Sierra Leone und Mali bis s Sudan und nw Kenia, s Ägypten bis s Somalia und s bis e Südafrika

Motacilla samveasnae
**Mekongstelze**
*Mekong Wagtail - Lavandera del Mekong*
Duckworth, Alström, Davidson, PJ, Evans, Poole, Setha & Timmins, 2001
ne Kambodscha, s Laos und se Thailand

Motacilla grandis
**Japanstelze**
*Japanese Wagtail - Lavandera japonesa*
Sharpe, 1885
Hokkaido bis Kyushu (n bis s Japan) und s Koreanische Halbinsel

Motacilla maderaspatensis
**Weißbrauenstelze**
*White-browed Wagtail - Lavandera india*
Gmelin, JF, 1789
Indien Subkontinent

Tmetothylacus tenellus
**Goldpieper**
*Golden Pipit - Bisbita dorado*
Cabanis, 1878
*Somalia bis se Süd-Sudan und c Tansania*

Gattung: Macronyx

Macronyx sharpei
**Zitronenpieper**
*Sharpe's Longclaw - Bisbita de Sharpe*
Jackson, FJ, 1904
*w Kenia*

Macronyx flavicollis
**Goldhalspieper**
*Abyssinian Longclaw - Bisbita abisinio*
Rüppell, 1840
*Gebirge w, c Äthiopien*

Macronyx fuelleborni
**Füllebornpieper**
*Fülleborn's Longclaw - Bisbita de Fülleborn*
Reichenow, 1900
*sw Tansania*

　Macronyx fuelleborni ascensi
　**Angola-Füllebornpieper**
　Salvadori, 1907
　Angola und n Namibia bis c Demokratische Republik Kongo, Sambia und n Malawi

Macronyx capensis
**Kappieper**
*Cape Longclaw - Bisbita de El Cabo*
Linnaeus, 1766
*sw, s Südafrika*

　Macronyx capensis colletti
　**Colletts Kappieper**
　Schou, 1908
　se Botswana und Simbabwe bis Mosambik und e Südafrika

Macronyx croceus
**Gelbkehlpieper**
*Yellow-throated Longclaw - Bisbita gorjigualdo*
Vieillot, 1816
*Senegal und Gambia bis Kamerun, sw Chad, n, s Zentralafrikanische Republik s und e bis Gabun und nw, wc Angola, Republik Kongo, w, n Demokratische Republik Kongo, Burundi, Süd-Sudan, Uganda, w, c Kenia und n Tansania*

　Macronyx croceus tertius
　**Küsten-Gelbkehlpieper**
　Clancey, 1958
　Küste Tiefland e Kenia und e Tansania
　Macronyx croceus vulturnus
　**Friedmanns Gelbkehlpieper**
　Friedmann, 1930
　c, s Tansania, e Sambia, Malawi, ne, c Simbabwe bis Mosambik und se Südafrika

Macronyx aurantiigula
**Panganipieper**
*Pangani Longclaw - Bisbita de Pangani*
Reichenow, 1891
*s Somalia bis ne Tansania*

Macronyx ameliae
**Rubinkehlpieper**
*Rosy-throated Longclaw - Bisbita gorjirrosado*
de Tarragon, L, 1845
*s Mosambik, Swaziland und e Südafrika*

　Macronyx ameliae wintoni
　**Sharpes Rubinkehlpieper**
　Sharpe, 1891
　sw Kenia und n Tansania
　Macronyx ameliae altanus
　**Clanceys Rubinkehlpieper**
　Clancey, 1966
　sw Tansania, Malawi, Sambia bis c Angola s bis n Botswana und c Simbabwe

Macronyx grimwoodi
**Grimwoodpieper**
*Grimwood's Longclaw - Bisbita de Grimwood*
Benson, 1955
*sw Demokratische Republik Kongo bis c Angola und nw Sambia*



Anthus richardi
**Spornpieper**
*Richard's Pipit - Bisbita de Richard*
Vieillot, 1818
*se Russland bis Kirgisistan und c, se China*

Anthus rufulus
**Orientspornpieper**
*Paddyfield Pipit - Bisbita oriental*
Vieillot, 1818
*Indien und Sri Lanka bis s China und Indochina*

　Anthus rufulus malayensis
　**Malaysiaspornpieper**
　Eyton, 1839
　Malayische Halbinsel, s Indochina, Sumatra, Java und Borneo
　Anthus rufulus lugubris
　**Philippinenspornpieper**
　Walden, 1875
　Philippinen
　Anthus rufulus albidus
　**Sulawesispornpieper**
　Stresemann, 1912
　Sulawesi, Bali bis Alor und Sumba (w Lesser Sundas)
　Anthus rufulus medius
　**Sundaspornpieper**
　Wallace, 1864
　Sawu bis Sermata (c bis e Lesser Sundas)

Anthus australis
**Australspornpieper**
*Australian Pipit - Bisbita austral*
Vieillot, 1818
*Australien außer n und s (c, e, se Australien)*

　Anthus australis exiguus
　**Neuguineaspornpieper**
　Greenway, 1935
　ec, se Neuguinea
　Anthus australis rogersi
　**Rodgers Spornpieper**
　Mathews, 1913
　ne Western Australia bis ne Cape York Halbinsel und ne Queensland (n Australien)
　Anthus australis bilbali
　**Bilbalspornpieper**
　Mathews, 1912
　sw Western Australia und sc South Australia (sw, sc Australien)
　Anthus australis bistriatus
　**Tasmanienspornpieper**
　Swainson, 1838
　Tasmanien und Bass Strait is. (se Australien)

Anthus novaeseelandiae
**Neuseeland-Spornpieper**
*New Zealand Pipit - Bisbita neozelandés*
Gmelin, JF, 1789
*North, South und Stewart is. und kleine Inseln (Neuseeland)*

　Anthus novaeseelandiae chathamensis
　**Chathamspornpieper**
　Lorenz von Liburnau, L, 1902
　Chatham Is. (e von Südinsel, New Zealand)
　Anthus novaeseelandiae aucklandicus
　**Aucklandspornpieper**
　Gray, GR, 1862
　Auckland und Campbell is. (S Südinsel, Neuseeland)
　Anthus novaeseelandiae steindachneri
　**Antipodesspornpieper**
　Reischek, 1889
　Antipodes Is. (se von Stewart Insel, New Zealand)

Anthus cinnamomeus
**Zimtspornpieper**
*African Pipit - Bisbita africano*
Rüppell, 1840
*w, se Äthiopien*

　Anthus cinnamomeus lynesi
　**Nigeria-Zimtspornpieper**
　Bannerman & Bates, GL, 1926
　se Nigeria und Kamerun bis w Sudan
　Anthus cinnamomeus camaroonensis
　**Kamerun-Zimtspornpieper**
　Shelley, 1900
　Mt. Manenguba und Mt. Kamerun (w Kamerun)
　Anthus cinnamomeus stabilis
　**Sudan-Zimtspornpieper**
　Clancey, 1986
　c, se Sudan
　Anthus cinnamomeus eximius
　**Arabischer Zimtspornpieper**
　Clancey, 1986
　sw Arabien

Anthus cinnamomeus annae
**Annas Zimtspornpieper**
Meinertzhagen, R, 1921
Eritrea bis Somalia und s bis ne Tansania
Anthus cinnamomeus itombwensis
**Kongo-Zimtspornpieper**
Prigogine, 1982
e Demokratische Republik Kongo
Anthus cinnamomeus lacuum
**Kenia-Zimtspornpieper**
Meinertzhagen, R, 1920
se Uganda und w, c, s Kenia bis c Tansania
Anthus cinnamomeus winterbottomi
**Winterbottoms Zimtspornpieper**
Clancey, 1985
ne Sambia, s Tansania, n Malawi und nw Mosambik
Anthus cinnamomeus lichenya
**Uganda-Zimtspornpieper**
Vincent, 1933
Angola bis w Uganda, e Sambia und c Malawi bis Simbabwe
Anthus cinnamomeus spurium
**Namibia-Zimtspornpieper**
Clancey, 1951
ne Namibia bis s Mosambik
Anthus cinnamomeus bocagii
**Angola-Zimtspornpieper**
Nicholson, 1884
w Angola bis nw Südafrika
Anthus cinnamomeus grotei
**Grotes Zimtspornpieper**
Niethammer, 1957
n Namibia und n Botswana
Anthus cinnamomeus rufuloides
**Roberts Zimtspornpieper**
Roberts, 1936
Südafrika (außer nw)
Anthus cinnamomeus latistriatus
**Jacksons Zimtspornpieper**
Jackson, FJ, 1899
e Demokratische Republik Kongo

Anthus hoeschi
**Drakensbergpieper**
*Mountain Pipit - Bisbita montano*
Stresemann, 1938
*e Südafrika und Lesotho*

Anthus godlewskii
**Steppenpieper**
*Blyth's Pipit - Bisbita estepario*
Taczanowski, 1876
*s Russland, Mongolei und n China*

Anthus campestris
**Brachpieper**
*Tawny Pipit - Bisbita campestre*
Linnaeus, 1758
*w Europa bis w Mongolei und s bis nw Afrika, Mittlerer Osten und Afghanistan*

Anthus similis
**Langschnabelpieper**
*Long-billed Pipit - Bisbita piquilargo*
Jerdon, 1840
*c, se, sw Halbinsel Indien*

Anthus similis asbenaicus
**Niger-Langschnabelpieper**
Rothschild, 1920
c, e Mali, c Niger
Anthus similis bannermani
**Bannermans Langschnabelpieper**
Bates, GL, 1930
Sierra Leone, Guinea und sw Mali bis w Kamerun
Anthus similis captus
**Syrischer Langschnabelpieper**
Hartert, EJO, 1905
Lebanon, Syrien, Israel, Palestine und w Jordanien
Anthus similis jebelmarrae
**Sudan-Langschnabelpieper**
Lynes, 1920
w, c Sudan
Anthus similis nivescens
**Somalia-Langschnabelpieper**
Reichenow, 1905
Küste se Ägypten und ne Sudan bis ne Äthiopien, n, s Somalia und ne Kenia
Anthus similis hararensis
**Äthiopien-Langschnabelpieper**
Neumann, 1906
Äthiopien und Kenia bis n Tansania
Anthus similis chyuluensis
**Kenia-Langschnabelpieper**
Van Someren, 1939
c, s Kenia und n Tansania
Anthus similis dewittei
**Dewittes Langschnabelpieper**
Chapin, 1937
e, se Demokratische Republik Kongo, sw Uganda, Rwanda und Burundi

Anthus similis moco
**Moco-Langschnabelpieper**
Traylor, 1962
c Angola
Anthus similis arabicus
**Arabischer Langschnabelpieper**
Hartert, EJO, 1917
sw, s, se Arabische Halbinsel
Anthus similis sokotrae
**Socotra-Langschnabelpieper**
Hartert, EJO, 1917
Socotra
Anthus similis decaptus
**Iranischer Langschnabelpieper**
Meinertzhagen, R, 1920
s Iran bis w Pakistan
Anthus similis jerdoni
**Jerdons Langschnabelpieper**
Finsch, 1870
e Afghanistan bis w Nepal
Anthus similis yamethini
**Myanmar-Langschnabelpieper**
Hall, BP, 1957
c Myanmar

Anthus nicholsoni
**Nicholsonpieper**
*Nicholson's Pipit - Bisbita sudafricano*
Sharpe, 1884
*se Botswana und ne Südafrika*

Anthus nicholsoni palliditinctus
**Angola-Langschnabelpieper**
Clancey, 1956
sw Angola und nw Namibia
Anthus nicholsoni leucocraspedon
**Namibia-Langschnabelpieper**
Reichenow, 1915
w, s Namibia und sw Südafrika
Anthus nicholsoni petricolus
**Lesotho-Langschnabelpieper**
Clancey, 1956
Lesotho und e Südafrika
Anthus nicholsoni primarius
**Südafrika-Langschnabelpieper**
Clancey, 1990
s Südafrika

Anthus nyassae
**Waldlandpieper**
*Wood Pipit - Bisbita del Nyasa*
Neumann, 1906
*e Sambia, s Tansania, Malawi und nw Mosambik*

Anthus nyassae schoutedeni
**Chapins Waldlandpieper**
Chapin, 1937
se Gabun, s Kongo und s Demokratische Republik Kongo bis s Angola, ne Namibia, n Botswana und w Sambia
Anthus nyassae chersophilus
**Angola-Waldlandpieper**
Clancey, 1989
s Angola, ne Namibia, n Botswana und sw Sambia
Anthus nyassae frondicolus
**Botswana-Waldlandpieper**
Clancey, 1964
ne Botswana, Simbabwe und w Mosambik

Anthus vaalensis
**Vaalpieper**
*Buffy Pipit - Bisbita del Vaal*
Shelley, 1900
*s, se Botswana und ne, n, c, se Südafrika*

Anthus vaalensis chobiensis
**Kongo-Vaalpieper**
Roberts, 1932
s Demokratische Republik Kongo und sw Tansania bis ne Namibia, n Botswana, Simbabwe und w Mosambik
Anthus vaalensis neumanni
**Neumanns Vaalpieper**
Meinertzhagen, R, 1920
c Angola
Anthus vaalensis namibicus
**Namibia-Vaalpieper**
Clancey, 1990
ne, c Namibia
Anthus vaalensis exasperatus
**Botswana-Vaalpieper**
Winterbottom, 1963
ne Botswana

Anthus leucophrys
**Braunrückenpieper**
*Plain-backed Pipit - Bisbita liso*
Vieillot, 1818
*se Botswana und s Mosambik bis e, s Südafrika*

Anthus leucophrys ansorgei
**Ansorges Braunrückenpieper**
White, CMN, 1948
s Mauretanien bis Guinea-Bissau
Anthus leucophrys gouldii
**Goulds Braunrückenpieper**
Fraser, 1843
Sierra Leone, Liberia und Elfenbeinküste
Anthus leucophrys zenkeri
**Zenkers Braunrückenpieper**
Neumann, 1906
s Mali und Guinea bis s Sudan, w Kenia, nw Tansania und e Demokratische Republik Kongo
Anthus leucophrys saphiroi
**Somalia-Braunrückenpieper**
Neumann, 1906
se Äthiopien und nw Somalia
Anthus leucophrys goodsoni
**Goodsons Braunrückenpieper**
Meinertzhagen, R, 1920
c, sw Kenia und n Tansania
Anthus leucophrys omoensis
**Sudan-Braunrückenpieper**
Neumann, 1906
n, c, w Äthiopien und se Sudan
Anthus leucophrys bohndorffi
**Bohndorffs Braunrückenpieper**
Neumann, 1906
se Gabun und n, c Angola bis w Tansania und n Malawi
Anthus leucophrys tephridorsus
**Angola-Braunrückenpieper**
Clancey, 1967
s Angola und ne Namibia bis sw Sambia und nw Botswana

Anthus pallidiventris
# Stelzenpieper
*Long-legged Pipit - Bisbita patilargo*
Sharpe, 1885
*se Togo, s Benin; s Kamerun bis nw Angola*

Anthus pallidiventris esobe
**Esobe-Stelzenpieper**
Chapin, 1937
c Demokratische Republik Kongo

Anthus pratensis
# Wiesenpieper
*Meadow Pipit - Bisbita pratense*
Linnaeus, 1758
*Island über w, n Europa bis w Russland*

Anthus trivialis
# Baumpieper
*Tree Pipit - Bisbita arbóreo*
Linnaeus, 1758
*Europa bis sw Sibirien, n Iran und Türkei, e Kasachstan, sc Sibirien, Mongolei und nw China*

Anthus trivialis haringtoni
**Haringtons Baumpieper**
Witherby, 1917
w Himalaya

Anthus hodgsoni
# Waldpieper
*Olive-backed Pipit - Bisbita de Hodgson*
Blackwelder, 1907
*Himalaya bis ec China, n Koreanische Halbinsel, Hokkaido und Honshu (n, c Japan)*

Anthus hodgsoni yunnanensis
**Yunnan-Waldpieper**
Uchida & Kuroda, Nm, 1916
nw Russland bis Kamtschatka, Sakhalin und Kuril Is. (e Russland) s bis n Mongolei und ne China

Anthus gustavi
# Petschorapieper
*Pechora Pipit - Bisbita del Pechora*
Swinhoe, 1863
*nw Russland bis Kamtschatka Halbinsel und Commander Is.*

Anthus gustavi menzbieri
**Menzbierpieper**
Shulpin, 1928
se Sibirien und ne China

Anthus roseatus
# Rosenpieper
*Rosy Pipit - Bisbita rosado*
Blyth, 1847
*Usbekistan und Afghanistan bis e, s China*

Anthus cervinus
# Rotkehlpieper
*Red-throated Pipit - Bisbita gorjirrojo*
Pallas, 1811
*n Europa bis nw Alaska*

Anthus japonicus
# Sibirienpieper
*Siberian Pipit - Bisbita siberia*
Temminck & Schlegel, 1847
*nc, sc über e Sibirien, bis Chukotskiy Halbinsel, Kamtschatka, Sakhalin und Kuril Is.*

Anthus rubescens
# Pazifikpieper
*Buff-bellied Pipit - Bisbita norteamericano*
Tunstall, 1771
*n, e Kanada, w Grönland und ne USA, Küste nw und w Nordamerika*

Anthus rubescens alticola
**Rocky Mountainspieper**
Todd, 1935
c, s Rocky Mts. (w Nordamerika)

Anthus spinoletta
# Bergpieper
*Water Pipit - Bisbita alpino*
Linnaeus, 1758
*c, s Europa*

Anthus spinoletta coutellii
**Coutellis Bergpieper**
Audouin, 1826
Türkei, Kaukasus und n Iran
Anthus spinoletta blakistoni
**Blakistons Bergpieper**
Swinhoe, 1863
s Russland und e Kasachstan bis sc Sibirien, Mongolei und c China

Anthus petrosus
# Strandpieper
*European Rock Pipit - Bisbita costero*
Montagu, 1798
*Britische Inseln und w Frankreich*

Anthus petrosus littoralis
**Skandinavischer Strandpieper**
Brehm, CL, 1823
Skandinavien bis nw Russland

Anthus nilghiriensis
# Nilgiripieper
*Nilgiri Pipit - Bisbita de los Nilgiri*
Sharpe, 1885
*sw Indien*

Anthus sylvanus
# Mattenpieper
*Upland Pipit - Bisbita del Himalaya*
Hodgson, 1845
*n Pakistan bis se China*

Anthus berthelotii
# Kanarenpieper
*Berthelot's Pipit - Bisbita caminero*
Bolle, 1862
*Savage Is. (n von Kanarische Is.) und Kanarische Is. (c Makaronesien, nw von n Afrika)*

Anthus berthelotii madeirensis
**Madeirapieper**
Hartert, EJO, 1905
Madeira, Porto Santo und Desertas (Madeira Gruppe, nc Makaronesien, nw von n Afrika)

Anthus lineiventris
# Streifenpieper
*Striped Pipit - Bisbita rayado*
Sundevall, 1850
*Rwanda und s Kenia bis e Südafrika; w Angola*

Anthus crenatus
# Klippenpieper
*African Rock Pipit - Bisbita roquero*
Finsch & Hartlaub, 1870
*Südafrika, Lesotho und Swaziland*

Anthus brachyurus
# Kurzschwanzpieper
*Short-tailed Pipit - Bisbita colicorto*
Sundevall, 1850
*Gabun und Kongo bis ne Angola, n, c Sambia und s Tansania, e, s Mosambik und se Südafrika*

Anthus brachyurus leggei
**Legges Kurzschwanzpieper**
Ogilvie-Grant, 1906
e Demokratische Republik Kongo und Uganda bis nw Tansania

Anthus caffer
**Buschpieper**
*Bushveld Pipit - Bisbita cafre*
Sundevall, 1850
*se Botswana und sw Simbabwe bis nc Südafrika*

Anthus caffer australoabyssinicus
**Äthiopien-Buschpieper**
Benson, 1942
*s Äthiopien*
Anthus caffer blayneyi
**Kenia-Buschpieper**
Van Someren, 1919
*s Kenia und n Tansania*
Anthus caffer mzimbaensis
**Angola-Buschpieper**
Benson, 1955
*Angola und ne Botswana bis Sambia, w Malawi, und c Simbabwe*
Anthus caffer traylori
**Taylors Buschpieper**
Clancey, 1964
*ne Südafrika und s Mosambik*

Anthus sokokensis
**Sokokepieper**
*Sokoke Pipit - Bisbita del Sokoke*
Van Someren, 1921
*e Kenia und ne Tansania*

Anthus melindae
**Malindipieper**
*Malindi Pipit - Bisbita de Malindi*
Shelley, 1900
*s Somalia und Küste Kenia*

Anthus melindae mallablensis
**Somalia-Malindipieper**
Colston, 1987
*sc Somalia*

Anthus chloris
**Gelbbrustpieper**
*Yellow-breasted Pipit - Bisbita pechigualdo*
Lichtenstein, MHC, 1842
*e Südafrika*

Anthus gutturalis
**Papuapieper**
*Alpine Pipit - Bisbita papú*
De Vis, 1894
*se Neuguinea*

Anthus gutturalis wollastoni
**Wollastonpieper**
Ogilvie-Grant, 1913
*Gebirge wc bis ne (Huon Halbinsel) und ec Neuguinea*

Anthus ruficollis
**Burupieper**
*Madanga - Madanga*
Rothschild & Hartert, EJO, 1923
*Gebirge Buru (wc Moluccas)*

Anthus spragueii
**Präriepieper**
*Sprague's Pipit - Bisbita llanero*
Audubon, 1844
*sc Kanada und nc USA*

Anthus chii
**Savannenpieper**
*Yellowish Pipit - Bisbita amarillento*
Vieillot, 1818
*ne Brasilien bis Argentinien und e Bolivien*

Anthus chii parvus
**Panama-Savannenpieper**
Lawrence, 1865
*w Panama und ne Kolumbien über nc Brasilien bis Guianas*

Anthus peruvianus
**Perupieper**
*Peruvian Pipit - Bisbita peruano*
Nicholson, 1878
*w Peru bis n Chile*

Anthus furcatus
**Weißbauchpieper**
*Short-billed Pipit - Bisbita piquicorto*
d'Orbigny & Lafresnaye, 1837
*se Brasilien bis Uruguay und Argentinien*

Anthus brevirostris
**Punapieper**
*Puna Pipit - Bisbita de Puna*
Taczanowski, 1875
*c Peru bis w Bolivien und c Argentinien*

Anthus chacoensis
**Chacopieper**
*Pampas Pipit - Bisbita chaqueño*
Zimmer, JT, 1952
*Paraguay bis ec Argentinien*

Anthus correndera
**Correnderapieper**
*Correndera Pipit - Bisbita correndera*
Vieillot, 1818
*se Brasilien, Paraguay, Uruguay und n Argentinien*

Anthus correndera calcaratus
**Peru-Correnderapieper**
Taczanowski, 1875
*Peru*
Anthus correndera catamarcae
**Bolivien-Correnderapieper**
Hellmayr, 1921
*Bolivien, n Chile und nw Argentinien*
Anthus correndera chilensis
**Chile-Correnderapieper**
Lesson, RP, 1839
*s Chile und s Argentinien*
Anthus correndera grayi
**Grays Correnderapieper**
Bonaparte, 1850
*Falkland Is.*

Anthus antarcticus
**Riesenpieper**
*South Georgia Pipit - Bisbita de las Georgias del Sur*
Cabanis, 1884
*South Georgia Island*

Anthus nattereri
**Ockerbrustpieper**
*Ochre-breasted Pipit - Bisbita ocre*
Sclater, PL, 1878
*se Brasilien; s Paraguay, ne Argentinien und Uruguay*

Anthus hellmayri
**Hellmayrpieper**
*Hellmayr's Pipit - Bisbita pálido*
Hartert, EJO, 1909
*se Peru, Bolivien und nw Argentinien*

Anthus hellmayri dabbenei
**Chile-Hellmayrpieper**
Hellmayr, 1921
*s Chile und w Argentinien*
Anthus hellmayri brasilianus
**Brasilien-Hellmayrpieper**
Hellmayr, 1921
*se Brasilien, se Paraguay, Uruguay und ne, e Argentinien*

Anthus bogotensis
**Paramopieper**
*Paramo Pipit - Bisbita andino*
Sclater, PL, 1855
*Kolumbien und Ecuador*

Anthus bogotensis meridae
**Venezuela-Paramopieper**
Zimmer, JT, 1953
*nw Venezuela*
Anthus bogotensis immaculatus
**Peru-Paramopieper**
Cory, 1916
*Peru und Bolivien*
Anthus bogotensis shiptoni
**Argentinien-Paramopieper**
Chubb, C, 1923
*nw Argentinien*

**Familie: Urocynchramidae (Rosenschwänze)**

Gattung: Urocynchramus

Urocynchramus pylzowi
**Rosenschwanz**
*Przevalski's Finch - Camachuelo de Przewalski*
Przevalski, 1876
*Tibet bis c China*

## Familie: Fringillidae (Finken)

### Gattung: Fringilla

Fringilla coelebs
**Buchfink**
*Eurasian Chaffinch - Pinzón vulgar*
Linnaeus, 1758
*Europa (außer Britische Inseln, Sardinien) bis c Asien, w, n Türkei, c, e Kaukasus und nw Iran*

Fringilla coelebs gengleri
**Englischer Buchfink**
Kleinschmidt, 1909
Britische Inseln
Fringilla coelebs solomkoi
**Krimbuchfink**
Menzbier & Sushkin, 1913
Krim-Halbinsel und sw Kaukasus
Fringilla coelebs sarda
**Sardenbuchfink**
Rapine, 1925
Sardinia
Fringilla coelebs syriaca
**Syrischer Buchfink**
Harrison, JM, 1945
Zypern, se Türkei bis n Irak und Jordanien
Fringilla coelebs alexandrovi
**Iranischer Buchfink**
Zarudny, 1916
n Iran
Fringilla coelebs transcaspia
**Transkaspischer Buchfink**
Zarudny, 1916
ne Iran und sw Turkmenistan

Fringilla spodiogenys
**Afrikanischer Buchfink**
*African Chaffinch - Pinzón vulgar de Africa*
Bonaparte, 1841
*n, e Tunesien und nw Libyen*

Fringilla spodiogenys africana
**Westafrikanischer Buchfink**
Levaillant, J, 1850
Marokko bis nw Tunesien
Fringilla spodiogenys harterti
**Libischer Buchfink**
Svensson, 2015
ne Libyen

Fringilla moreletti
**Azorenbuchfink**
*Azores Chaffinch - Pinzón vulgar de Azores*
Pucheran, 1859
*Azoren (Inseln; nw Makaronesien, nw von n Afrika)*

Fringilla maderensis
**Madeirabuchfink**
*Madeira Chaffinch - Pinzón vulgar de Madeira*
Sharpe, 1888
*Madeira (Madeira Gruppe, nc Makaronesien, nw von n Afrika)*

Fringilla canariensis
**Kanarenbuchfink**
*Canary Islands Chaffinch - Pinzón vulgar de Canary Islands*
Vieillot, 1817
*La Gomera und Tenerife (c Kanarische Is., c Makaronesien, nw von n Afrika)*

Fringilla canariensis bakeri
**Gran Canariabuchfink**
Illera, Rando, Rodriguez-Exposito, Hernández, M, Claramunt & Martín, A, 2018
Gran Canaria (c Kanarische Is., c Makaronesien, nw von n Afrika)
Fringilla canariensis ombriosa
**El Hierro-Buchfink**
Hartert, EJO, 1913
El Hierro (sw Kanarische Is., c Makaronesien, nw von n Afrika)
Fringilla canariensis palmae
**La Palma-Buchfink**
Tristram, 1889
La Palma (nw Kanarische Is., c Makaronesien, nw von n Afrika)

Fringilla teydea
**Teidefink**
*Tenerife Blue Chaffinch - Pinzón azul de Tenerife*
Webb, Berthelot & Moquin-Tandon, 1836
*Tenerife (c Kanarische Is., c Makaronesien, nw von n Afrika)*

Fringilla polatzeki
**Gran-Canaria-Fink**
*Gran Canaria Blue Chaffinch - Pinzón azul de Gran Canaria*
Hartert, EJO, 1905
*Gran Canaria (c Kanarische Is., c Makaronesien, nw von n Afrika)*

Fringilla montifringilla
**Bergfink**
*Brambling - Pinzón real*
Linnaeus, 1758
*n Europa über Russland, n Kasachstan, nw Mongolei bis e Russland*

### Gattung: Mycerobas

Mycerobas icterioides
**Goldkernbeißer**
*Black-and-yellow Grosbeak - Picogordo negrigualdo*
Vigors, 1830
*Himalaya*

Mycerobas affinis
**Gelbschenkel-Kernbeißer**
*Collared Grosbeak - Picogordo acollarado*
Blyth, 1855
*Himalaya*

Mycerobas melanozanthos
**Fleckenkernbeißer**
*Spot-winged Grosbeak - Picogordo alimoteado*
Hodgson, 1836
*ne Pakistan bis n Vietnam*

Mycerobas carnipes
**Wacholderkernbeißer**
*White-winged Grosbeak - Picogordo aliblanco*
Hodgson, 1836
*ne Afghanistan über Himalaya bis c China und n Myanmar, e Kasachstan und nw China*

Mycerobas carnipes speculigerus
**Brandts Wacholderkernbeißer**
Brandt, JF, 1841
n Iran und s Turkmenistan bis w Pakistan

### Gattung: Hesperiphona

Hesperiphona vespertina
**Abendkernbeißer**
*Evening Grosbeak - Picogordo vespertino*
Cooper, W, 1825
*c, e Kanada und ne USA*

Hesperiphona vespertina brooksi
**Brooks Abendkernbeißer**
Grinnell, 1917
w Kanada und nw USA
Hesperiphona vespertina montana
**Gebirgskernbeißer**
Ridgway, 1874
sw USA bis sw Mexico

Hesperiphona abeillei
**Kapuzenkernbeißer**
*Hooded Grosbeak - Picogordo encapuchado*
Lesson, RP, 1839
*c, sc Mexico*

Hesperiphona abeillei pallida
**Westlicher Kapuzenkernbeißer**
Nelson, 1928
nw Mexico
Hesperiphona abeillei saturata
**Östlicher Kapuzenkernbeißer**
Sutton & Burleigh, 1939
ne Mexico
Hesperiphona abeillei cobanensis
**Südlicher Kapuzenkernbeißer**
Nelson, 1928
s Mexico und Guatemala

### Gattung: Coccothraustes

Coccothraustes coccothraustes
**Kernbeißer**
*Hawfinch - Picogordo común*
Linnaeus, 1758
*Europa bis c Sibirien und n Mongolei*

Coccothraustes coccothraustes buvryi
**Afrikanischer Kernbeißer**
Cabanis, 1862
nw Afrika
Coccothraustes coccothraustes nigricans
**Kaukasuskernbeißer**
Buturlin, 1908
s Ukraine, Kaukasus, ne Türkei und n Iran

Coccothraustes coccothraustes humii
**Humis Kernbeißer**
Sharpe, 1886
s Kasachstan und e Usbekistan bis ne Afghanistan
Coccothraustes coccothraustes shulpini
**Schulpins Kernbeißer**
Johansen, H, 1944
se Sibirien, ne China und Korea
Coccothraustes coccothraustes japonicus
**Japankernbeißer**
Temminck & Schlegel, 1848
Kamtschatka, Sakhalin und Kuril Is. (se Russland) und Japan

## Gattung: Eophona

Eophona migratoria
**Weißhand-Kernbeißer**
*Chinese Grosbeak - Picogordo chino*
Hartert, EJO, 1903
*se Sibirien, ne China und Korea*

Eophona migratoria sowerbyi
**Sowerby-Weißhand-Kernbeißer**
Riley, 1915
c, ec China

Eophona personata
**Maskenkernbeißer**
*Japanese Grosbeak - Picogordo japonés*
Temminck & Schlegel, 1847
n, c Japan

Eophona personata magnirostris
**Sibirischer Maskenkernbeißer**
Hartert, EJO, 1896
se Sibirien, ne China und n Koreanische Halbinsel

## Gattung: Pinicola

Pinicola enucleator
**Hakengimpel**
*Pine Grosbeak - Camachuelo picogrueso*
Linnaeus, 1758
*Skandinavien bis c Sibirien*

Pinicola enucleator kamtschatkensis
**Kamtschatka-Hakengimpel**
Dybowski, 1883
ne Sibirien
Pinicola enucleator sakhalinensis
**Sakhalin-Hakengimpel**
Buturlin, 1915
Sakhalin, Kuril Is. und n Japan
Pinicola enucleator flammula
**Kanada-Hakengimpel**
Homeyer, 1880
Küste s Alaska und w Kanada
Pinicola enucleator carlottae
**Carlottas Hakengimpel**
Brooks, AC, 1922
Haida Gwaii (vor w Kanada)
Pinicola enucleator montana
**Hochland-Hakengimpel**
Ridgway, 1898
Inland sw Kanada bis wc USA
Pinicola enucleator californica
**Kalifornien-Hakengimpel**
Price, 1897
e Kalifornien
Pinicola enucleator leucura
**Müllers Hakengimpel**
Müller, PLS, 1776
Inland w, c Alaska bis e Kanada und n New England (USA)

## Gattung: Pyrrhula

Pyrrhula nipalensis
**Schuppenkopfgimpel**
*Brown Bullfinch - Camachuelo pardo*
Hodgson, 1836
*Himalaya bis ne Indien*

Pyrrhula nipalensis ricketti
**Ricketts Schuppenkopfgimpel**
La Touche, 1905
ne Indien und n Myanmar bis se China und nw Vietnam
Pyrrhula nipalensis victoriae
**Victorias Schuppenkopfgimpel**
Rippon, 1906
w Myanmar
Pyrrhula nipalensis waterstradti
**Malaysia-Schuppenkopfgimpel**
Hartert, EJO, 1902
Malayische Halbinsel

Pyrrhula nipalensis uchidai
**Taiwan-Schuppenkopfgimpel**
Kuroda, Nm, 1916
Taiwan

Pyrrhula aurantiaca
**Goldrückengimpel**
*Orange Bullfinch - Camachuelo anaranjado*
Gould, 1858
*Himalaya*

Pyrrhula erythrocephala
**Rotkopfgimpel**
*Red-headed Bullfinch - Camachuelo cabecirrojo*
Vigors, 1832
*Himalaya*

Pyrrhula erythaca
**Maskengimpel**
*Grey-headed Bullfinch - Camachuelo cabecigrís*
Blyth, 1862
*e Himalaya bis c China*

Pyrrhula owstoni
**Taiwangimpel**
*Taiwan Bullfinch - Camachuelo de Taiwán*
Rothschild & Hartert, EJO, 1907
*Taiwan*

Pyrrhula leucogenis
**Weißwangengimpel**
*White-cheeked Bullfinch - Camachuelo filipino*
Ogilvie-Grant, 1895
*Gebirge n Luzon (n Philippinen)*

Pyrrhula leucogenis steerei
**Mindanao-Weißwangengimpel**
Mearns, 1909
Gebirge Panay und Mindanao (wc, s Philippinen)

Pyrrhula pyrrhula
**Gimpel**
*Eurasian Bullfinch - Camachuelo común*
Linnaeus, 1758
*n, sc, e Europa bis c Sibirien*

Pyrrhula pyrrhula pileata
**Englischer Gimpel**
MacGillivray, W, 1837
Britische Inseln
Pyrrhula pyrrhula europaea
**Europäischer Gimpel**
Vieillot, 1816
w Europa
Pyrrhula pyrrhula iberiae
**Iberiagimpel**
Voous, 1952
sw Frankreich, n Iberische Halbinsel
Pyrrhula pyrrhula rossikowi
**Rossikows Gimpel**
Derjugin, 1900
ne Türkei und Kaukasus
Pyrrhula pyrrhula cineracea
**Sibiriengimpel**
Cabanis, 1872
w Sibirien und ne Kasachstan bis e Sibirien und ne China
Pyrrhula pyrrhula caspica
**Kaspischer Gimpel**
Witherby, 1908
Aserbaidschan und n Iran
Pyrrhula pyrrhula cassinii
**Cassinis Gimpel**
Baird, SF, 1869
e Sibirien
Pyrrhula pyrrhula griseiventris
**Kurilengimpel**
Lafresnaye, 1841
Kuril Is. (e Russland), Hokkaido und n, c Honshu (n, nc Japan)
Pyrrhula pyrrhula rosacea
**Sakhalingimpel**
Seebohm, 1882
Sakhalin Insel

Pyrrhula murina
**Azorengimpel**
*Azores Bullfinch - Camachuelo de las Azores*
Godman, 1866
*São Miguel (ne Azoren, nw Makaronesien, nw von n Afrika)*

Rhodopechys sanguineus
**Rotflügelgimpel**
*Asian Crimson-winged Finch - Camachuelo alirrojo asiático*
Gould, 1838
*Türkei bis w China, Tadschikistan und Afghanistan*

Rhodopechys alienus
**Atlasgimpel**
*African Crimson-winged Finch - Camachuelo alirrojo bereber*
Whitaker, 1897
*Marokko, Algerien*



Bucanetes githagineus
**Wüstengimpel**
*Trumpeter Finch - Camachuelo trompetero*
Lichtenstein, MHC, 1823
*Ägypten, nc, ne Sudan*

Bucanetes githagineus amantum
**Kanarischer Wüstengimpel**
Hartert, EJO, 1903
c, e Kanarische Is. (c Makaronesien, nw von n Afrika)
Bucanetes githagineus zedlitzi
**Afrikanischer Wüstengimpel**
Neumann, 1907
s Spanien, nw, nc Afrika
Bucanetes githagineus crassirostris
**Indischer Wüstengimpel**
Blyth, 1847
Mittlerer Osten bis Pakistan und nw Indien

Bucanetes mongolicus
**Mongolengimpel**
*Mongolian Finch - Camachuelo mongol*
Swinhoe, 1870
*Iran bis s Russland, Mongolei und n China*



Agraphospiza rubescens
**Blanfordgimpel**
*Blanford's Rosefinch - Camachuelo de Blanford*
Blanford, 1872
*Himalaya bis wc China*



Callacanthis burtoni
**Rotmaskengimpel**
*Spectacled Finch - Pinzón de anteojos*
Gould, 1838
*Himalaya*



Pyrrhoplectes epauletta
**Goldnackengimpel**
*Golden-naped Finch - Pinzón nuquigualdo*
Hodgson, 1836
*Himalaya*



Procarduelis nipalensis
**Nepalgimpel**
*Dark-breasted Rosefinch - Camachuelo oscuro*
Hodgson, 1836
*c, e Himalaya bis c China, ne Myanmar und nw Vietnam*

Procarduelis nipalensis kangrae
**Westlicher Dünnschnabelgimpel**
Whistler, 1939
w Himalaya



Leucosticte nemoricola
**Waldschneegimpel**
*Plain Mountain Finch - Pinzón montano de Hodgson*
Hodgson, 1836
*c Tibet und c Himalaya bis c China*

Leucosticte nemoricola altaica
**Altai-Waldschneegimpel**
Eversmann, 1848
ne Afghanistan bis e Kasachstan und e bis s Sibirien, w Mongolei, nw China und nw Himalaya

Leucosticte brandti
**Mattenschneegimpel**
*Brandt's Mountain Finch - Pinzón montano de Brandt*
Bonaparte, 1850
*Kirgisistan, se Kasachstan und nw China*

Leucosticte brandti margaritacea
**Sibirien-Mattenschneegimpel**
Madarász, G, 1904
ne Kasachstan, s Sibirien und nw China
Leucosticte brandti pamirensis
**Afghanischer Mattenschneegimpel**
Severtsov, 1883
Tadschikistan, Kirgisistan, ne Afghanistan und w China
Leucosticte brandti haematopygia
**Himalaya-Mattenschneegimpel**
Gould, 1851
Himalaya von n Pakistan bis w, s Tibet und Bhutan
Leucosticte brandti pallidior
**Bianchis Mattenschneegimpel**
Bianchi, 1908
wc China
Leucosticte brandti intermedia
**China-Mattenschneegimpel**
Stegmann, 1932
c China
Leucosticte brandti walteri
**Walters Mattenschneegimpel**
Hartert, EJO, 1904
e Tibet und sw China

Leucosticte arctoa
**Rosenbauch-Schneegimpel**
*Asian Rosy Finch - Pinzón montano pardo*
Pallas, 1811
*sc Sibirien, ne Kasachstan und nw Mongolei*

Leucosticte arctoa cognata
**Mongolischer Schneegimpel**
Madarász, G, 1909
sc Sibirien und n Mongolei
Leucosticte arctoa sushkini
**Sushkin-Schneegimpel**
Stegmann, 1932
wc Mongolei
Leucosticte arctoa gigliolii
**Salvadori-Schneegimpel**
Salvadori, 1869
se Sibirien
Leucosticte arctoa brunneonucha
**Brants Schneegimpel**
Brandt, JF, 1842
e Sibirien bis Kamtschatka und Kuril Is., w Heilongjiang (ne China) und c Hokkaido (n Japan)

Leucosticte tephrocotis
**Schwarzstirn-Schneegimpel**
*Grey-crowned Rosy Finch - Pinzón montano nuquigrís*
Swainson, 1832
*n Alaska, wc Kanada und nw Montana (nw USA)*

Leucosticte tephrocotis maxima
**Großer Schneegimpel**
Brooks, WS, 1915
Commander Is. (se Sibirien)
Leucosticte tephrocotis griseonucha
**Kodiak-Schneegimpel**
Brandt, JF, 1842
Aleutian Is., Kodiak Is. und Alaska (außer n, e)
Leucosticte tephrocotis umbrina
**Beringsee-Schneegimpel**
Murie, 1944
Hall, St. Matthew und Pribilof Is. (Beringsee)
Leucosticte tephrocotis littoralis
**Kanada-Schneegimpel**
Baird, SF, 1869
e Alaska und w Kanada
Leucosticte tephrocotis dawsoni
**Dawsons Schneegimpel**
Grinnell, 1913
e California
Leucosticte tephrocotis wallowa
**Oregon-Schneegimpel**
Miller, AH, 1939
ne Oregon

Leucosticte atrata
**Rußschneegimpel**
*Black Rosy Finch - Pinzón montano negro*
Ridgway, 1874
*c Rocky Mts. (wc USA)*

Leucosticte australis
**Coloradoschneegimpel**
*Brown-capped Rosy Finch - Pinzón montano coronipardo*
Ridgway, 1874
*s Rocky Mts. (sc USA)*

Gattung: Carpodacus

Carpodacus erythrinus
**Karmingimpel**
*Common Rosefinch - Camachuelo carminoso*
Pallas, 1770
*n, c, e Europa bis c Sibirien*

    Carpodacus erythrinus grebnitskii
    **Mongolischer Karmingimpel**
    Stejneger, 1885
    *e Sibirien, n Mongolei, ne China und Korea*
    Carpodacus erythrinus kubanensis
    **Kaukasus-Karmingimpel**
    Laubmann, 1915
    *Türkei, Kaukasus, n Iran und Turkmenistan*
    Carpodacus erythrinus ferghanensis
    **Himalaya-Karmingimpel**
    Kozlova, 1939
    *e Kasachstan bis w China, w Himalaya, Pakistan und Afghanistan*
    Carpodacus erythrinus roseatus
    **Chinesischer Karmingimpel**
    Blyth, 1842
    *c, e Himalaya bis c, s China*

Carpodacus sipahi
**Scharlachgimpel**
*Scarlet Finch - Camachuelo escarlata*
Hodgson, 1836
*Uttarakhand über se Tibet, ne Indien, w, n Myanmar und nw Yunnan (sc China)*

† Carpodacus ferreorostris
**Boningimpel**
*Bonin Grosbeak - Camachuelo de las Bonin*
Vigors, 1829
*Bonin Is. (=Ogasawara Is., se Japan)*

Carpodacus rubicilloides
**Gebirgsgimpel**
*Streaked Rosefinch - Camachuelo estriado*
Przevalski, 1876
*e Tibet bis c, s China*

    Carpodacus rubicilloides lucifer
    **Himalaya-Gebirgsgimpel**
    Meinertzhagen, R & Meinertzhagen, A, 1926
    *s Tibet und Himalaya*

Carpodacus rubicilla
**Berggimpel**
*Great Rosefinch - Camachuelo grande*
Güldenstädt, 1775
*c, e Kaukasus Mts. von sw Russland, n Georgia und nw Aserbaidschan*

    Carpodacus rubicilla diabolicus
    **Afghanischer Berggimpel**
    Koelz, 1939
    *ne Afghanistan und Tadschikistan*
    Carpodacus rubicilla kobdensis
    **Mongolischer Berggimpel**
    Sushkin, 1925
    *sc Sibirien, w Mongolei und nw China*
    Carpodacus rubicilla severtzovi
    **Himalaya-Berggimpel**
    Sharpe, 1886
    *e Kasachstan bis wc China, Himalaya und n Pakistan*

Carpodacus grandis
**Blythgimpel**
*Blyth's Rosefinch - Camachuelo de Blyth*
Blyth, 1849
*n Afghanistan und Tadschikistan, n Pakistan, Ladakh und ne Himachal Pradesh (nw Indien)*

Carpodacus rhodochlamys
**Rosenmantelgimpel**
*Red-mantled Rosefinch - Camachuelo dorsirrojo*
Brandt, JF, 1843
*se, e Kasachstan, Kirgisistan und Tadschikistan, nw Xinjiang, Altay und Tuva (sc Russland) und w, n Mongolei*

Carpodacus pulcherrimus
**Schmuckgimpel**
*Himalayan Beautiful Rosefinch - Camachuelo bonito del Himalaya*
Moore, F, 1856
*Himalaya (Himachal Pradesh bis Nepal, Bhutan und se Tibet*

    Carpodacus pulcherrimus argyrophrys
    **Chinesischer Schmuckgimpel**
    Berlioz, 1929
    *w China (Xinjiang, Qinghai, Gansu und w Sichuan)*

Carpodacus davidianus
**Davidgimpel**
*Chinese Beautiful Rosefinch - Camachuelo bonito chino*
Milne-Edwards, 1865
*se Innere Mongolei (ne China) s über Shaanxi, Shanxi und Hebei*

Carpodacus waltoni
**Auroragimpel**
*Pink-rumped Rosefinch - Camachuelo culirrosado*
Sharpe, 1905
*se Tibet und ne Indien*

    Carpodacus waltoni eos
    **Chinesischer Rosenbauchgimpel**
    Stresemann, 1930
    *w, wc China*

Carpodacus rodochroa
**Rosenbrauengimpel**
*Pink-browed Rosefinch - Camachuelo cejirrosado*
Vigors, 1831
*von n Pakistan und Kashmir bis Bhutan und s, se Tibet*

Carpodacus edwardsii
**Edwardsgimpel**
*Dark-rumped Rosefinch - Camachuelo de Edwards*
Verreaux, J, 1871
*sc China*

    Carpodacus edwardsii rubicundus
    **Tibet-Edwardsgimpel**
    Greenway, 1933
    *e Himalaya, se Tibet und n Myanmar*

Carpodacus rodopeplus
**Fleckengimpel**
*Spot-winged Rosefinch - Camachuelo alimoteado*
Vigors, 1831
*von w Uttarakhand (nw Indien), s Tibet und Sikkim (nc Indien)*

Carpodacus verreauxii
**Lavendelgimpel**
*Sharpe's Rosefinch - Camachuelo de Sharpe*
David, A & Oustalet, 1877
*w, s Sichuan bis n, ne Myanmar und nw Yunnan (sw China)*

Carpodacus vinaceus
**Rubingimpel**
*Vinaceous Rosefinch - Camachuelo vinoso*
Verreaux, J, 1871
*Nepal; s Gansu bis Hubei (nc China), in s bis se Tibet, n Myanmar und nw Vietnam*

Carpodacus formosanus
**Formosagimpel**
*Taiwan Rosefinch - Camachuelo de Formosa*
Ogilvie-Grant, 1911
*Taiwan*

Carpodacus synoicus
**Einödgimpel**
*Sinai Rosefinch - Camachuelo del Sinaí*
Temminck, 1825
*s, e Sinai Halbinsel (ne Ägypten), se Israel, sw Jordanien und nw Saudi-Arabien*

Carpodacus stoliczkae
**Fahlgimpel**
*Pale Rosefinch - Camachuelo pálido*
Hume, 1874
*w China*

    Carpodacus stoliczkae salimalii
    **Salimaligimpel**
    Meinertzhagen, R, 1938
    *c Afghanistan*
    Carpodacus stoliczkae beicki
    **Beicksgimpel**
    Stresemann, 1930
    *c China*

Carpodacus roborowskii
**Roborowskigimpel**
*Tibetan Rosefinch - Camachuelo de Roborowski*
Przevalski, 1887
*Qinghai und ne (perhaps bis se) Tibet*

Carpodacus sillemi
**Sillemgimpel**
*Sillem's Rosefinch - Pinzón montano de Sillem*
Roselaar, 1992
*sw Xinjiang (nw China) und w Qinghai (c China)*

Carpodacus sibiricus
**Meisengimpel**
*Siberian Long-tailed Rosefinch - Camachuelo colilargo*
Pallas, 1773
*sw Sibirien und ne Kasachstan bis n Mongolei und nc China*

    Carpodacus sibiricus ussuriensis
    **Ussuri-Meisengimpel**
    Buturlin, 1915
    *e Sibirien und ne China*
    Carpodacus sibiricus sanguinolentus
    **Sakhalin-Meisengimpel**
    Temminck & Schlegel, 1848
    *Sakhalin, Kuril Is. (e Russland) und Hokkaido (n Japan)*

Carpodacus lepidus
**Tibetgimpel**
*Chinese Long-tailed Rosefinch - Camachuelo  de Tibet*
David, A & Oustalet, 1877
*ne Tibet bis nc und c China*

    Carpodacus lepidus henrici
    **Henrics Tibetgimpel**
    Oustalet, 1892
    *e Tibet und sc China*

Carpodacus roseus
**Rosengimpel**
*Pallas's Rosefinch - Camachuelo de Pallas*
Pallas, 1776
*c Sibirien und n Mongolei e über Sea von Okhotsk Küste (e Russland)*

    Carpodacus roseus portenkoi
    **Sakhalin-Rosengimpel**
    Browning, 1988  n
    *Sakhalin (e Russland)*

Carpodacus trifasciatus
**Bindengimpel**
*Three-banded Rosefinch - Camachuelo tribarrado*
Verreaux, J, 1871
*se Tibet bis Qinghai, s Gansu und s Shaanxi, s bis nw Yunnan (nc, sc China)*

Carpodacus thura
**Thuragimpel**
*Himalayan White-browed Rosefinch - Camachuelo de Thura*
Bonaparte & Schlegel, 1850
*c, e Himalaya, se Tibet*

    Carpodacus thura blythi
    **Blyths Thuragimpel**
    Biddulph, 1882
    *ne Afghanistan und w Himalaya*

Carpodacus dubius
**Weißbrauengimpel**
*Chinese White-browed Rosefinch - Camachuelo chino*
Przevalski, 1876
*wc China*

    Carpodacus dubius femininus
    **Tibetanischer Weißbrauengimpel**
    Rippon, 1906
    *e Tibet, sw China*
    Carpodacus dubius deserticolor
    **Stegmanns Weißbrauengimpel**
    Stegmann, 1931
    *c China*

Carpodacus puniceus
**Felsengimpel**
*Red-fronted Rosefinch - Camachuelo frentirrojo*
Blyth, 1845
*c Himalaya und s Tibet*

    Carpodacus puniceus kilianensis
    **Vauries Felsengimpel**
    Vaurie, 1956
    *w China*

Carpodacus puniceus humii
**Humis Felsengimpel**
Sharpe, 1888
*se Kasachstan, Kirgisistan und Tadschikistan bis nw Himalaya*
Carpodacus puniceus sikangensis
**Chinesischer Felsengimpel**
Vaurie, 1956
*sc China*
Carpodacus puniceus longirostris
**Langschnabel-Felsengimpel**
Przevalski, 1876
*c China*

Carpodacus subhimachalus
**Rhododendrongimpel**
*Crimson-browed Finch - Camachuelo cejirrojo*
Hodgson, 1836
*c, e Himalaya von c Nepal und sc, se Tibet über Sichuan und Qinghai s bis n Myanmar und n Yunnan (c, sc China)*

† Gattung: Melamprosops

† Melamprosops phaeosoma
**Weißwangen-Kleidervogel**
*Poo-uli - Poo-uli*
Casey & Jacobi, JD, 1974
*Hawaiian Is.*

Gattung: Paroreomyza

Paroreomyza maculata
**Oahuastläufer**
*Oahu Alauahio - Alauahio de Oahu*
Cabanis, 1851
*Oahu (Hawaiian Is.)*

† Paroreomyza flammea
**Kakawahie-Astläufer**
*Kakawahie - Alauahio de Molokai*
Wilson, SB, 1890
*Molokai (Hawaiian Is.)*

† Paroreomyza montana
**Mauiastläufer**
*Maui Alauahio - Alauahio de Maui*
Wilson, SB, 1890
*Lanai*

    Paroreomyza montana newtoni
    **Newtons Mauiastläufer**
    Rothschild, 1893
    *Maui*

Gattung: Oreomystis

Oreomystis bairdi
**Weißkehl-Kleidervogel**
*Akikiki - Akikiki de Kauai*
Stejneger, 1887
*Hawaiian Is.*

Gattung: Telespiza

Telespiza cantans
**Laysankleidervogel**
*Laysan Finch - Palila de Laysan*
Wilson, SB, 1890
*Hawaiian Is.*

Telespiza ultima
**Nihoakleidervogel**
*Nihoa Finch - Palila de Nihoa*
Bryan, 1917
*Hawaiian Is.*

Gattung: Loxioides

Loxioides bailleui
**Schwarzmasken-Kleidervogel**
*Palila - Palila de Hawái*
Oustalet, 1877
*Hawaiian Is.*

† Gattung: Rhodacanthis

† Rhodacanthis flaviceps
**Kleinkoa-Kleidervogel**
*Lesser Koa Finch - Koa menor*
Rothschild, 1892
*Hawaii (Hawaiian Is.)*

† Rhodacanthis palmeri
**Großkoa-Kleidervogel**
*Greater Koa Finch - Koa mayor*
Rothschild, 1892
*Hawaii (Hawaiian Is.)*

† Gattung: Chloridops

† Chloridops kona
**Konakleidervogel**
*Kona Grosbeak - Kona*
Wilson, SB, 1888
*Hawaii (Hawaiian Is.)*

† Gattung: Psittirostra

† Psittirostra psittacea
**Gelbkopf-Kleidervogel**
*Ou - Ou*
Gmelin, JF, 1789
*Hawaiian Is.*

† Gattung: Dysmorodrepanis

† Dysmorodrepanis munroi
**Lanaikleidervogel**
*Lanai Hookbill - Drepanis de Munro*
Perkins, 1919
*Lanai (Hawaiian Is.)*

Gattung: Drepanis

Drepanis coccinea
**Iiwikleidervogel**
*Iiwi - Iiwi*
Forster, G, 1780
*Hawaiian Is.*

† Drepanis pacifica
**Mamokleidervogel**
*Hawaii Mamo - Mamo de Hawaii*
Gmelin, JF, 1788
*Hawaii (Hawaiian Is.)*

† Drepanis funerea
**Trauerkleidervogel**
*Black Mamo - Mamo negro*
Newton, A, 1894
*Molokai (Hawaiian Is.)*

† Gattung: Ciridops

† Ciridops anna
**Annakleidervogel**
*Ula-ai-hawane - Ula-ai-hawane*
Dole, 1878
*Hawaii (Hawaiian Is.)*

Gattung: Palmeria

Palmeria dolei
**Haubenkleidervogel**
*Akohekohe - Akohekohe*
Wilson, SB, 1891
*Hawaiian Is.*

Gattung: Himatione

Himatione sanguinea
**Apapanekleidervogel**
*Apapane - Apapane*
Gmelin, JF, 1788
*Hawaiian Is.*

† Himatione fraithii
**Laysan-Apapanekleidervogel**
*Laysan Honeycreeper - Mielerito de Laysan*
Rothschild, 1892
*Laysan Insel (Hawaiian Is.)*

† Gattung: Viridonia

† Viridonia sagittirostris
**Amakihikleidervogel**
*Greater Amakihi - Amakihi grande*
Rothschild, 1892
*Hawaii (Hawaiian Is.)*

† Gattung: Akialoa

† Akialoa obscura
**Hawaii-Akialoakleidervogel**
*Lesser Akialoa - Akialoa de Hawaii*
Gmelin, JF, 1788
*Hawaii (Hawaiian Is.)*

† Akialoa ellisiana
**Groß-Akialoakleidervogel**
*Oahu Akialoa - Akialoa de Oahu*
Gray, GR, 1860
*Oahu (Hawaiian Is.)*

† Akialoa stejnegeri
**Kauai-Akialoakleidervogel**
*Kauai Akialoa - Akialoa de Kauai*
Wilson, SB, 1889
*Kauai (Hawaiian Is.)*

† Akialoa lanaiensis
**Lanai-Akialoakleidervogel**
*Maui-nui Akialoa - Akialoa de Lanai*
Rothschild, 1893
*Lanai (Hawaiian Is.)*

Gattung: Hemignathus

† Hemignathus lucidus
**Oahu-Sichelkleidervogel**
*Oahu Nukupuu - Nukupuu de Oahu*
Lichtenstein, MHC, 1839
*Oahu (Hawaiian Is.)*

Hemignathus hanapepe
**Kauai-Sichelkleidervogel**
*Kauai Nukupuu - Nukupuu de Kauai*
Wilson, SB, 1889
*Kauai (Hawaiian Is.)*

Hemignathus affinis
**Maui-Sichelkleidervogel**
*Maui Nukupuu - Nukupuu de Maui*
Rothschild, 1893
*Maui (Hawaiian Is.)*

Hemignathus wilsoni
**Hawaii-Sichelkleidervogel**
*Akiapolaau - Akiapolaau*
Rothschild, 1893
*Hawaiian Is.*

Gattung: Pseudonestor

Pseudonestor xanthophrys
**Papageischnabel-Kleidervogel**
*Maui Parrotbill - Pseudonestor*
Rothschild, 1893
*Hawaiian Is.*

## Gattung: Magumma

Magumma parva
**Gelbkleidervogel**
*Anianiau - Anianiau*
Stejneger, 1887
*Hawaiian Is.*

## Gattung: Loxops

Loxops mana
**Mana-Akepakleidervogel**
*Hawaii Creeper - Akikiki de Hawaii*
Wilson, SB, 1891
*Hawaiian Is.*

Loxops caeruleirostris
**Kauai-Akepakleidervogel**
*Akekee - Akepa de Kauai*
Wilson, SB, 1890
*Hawaiian Is.*

Loxops coccineus
**Hawaii-Akepakleidervogel**
*Hawaii Akepa - Akepa de Hawaii*
Gmelin, JF, 1789
*Hawaii (Hawaiian Is.)*

† Loxops wolstenholmei
**Oahu-Akepakleidervogel**
*Oahu Akepa - Akepa de Oahu*
Rothschild, 1893
*Oahu (Hawaiian Is.)*

Loxops ochraceus
**Maui-Akepakleidervogel**
*Maui Akepa - Akepa de Maui*
Rothschild, 1893
*Maui (Hawaiian Is.)*

## Gattung: Chlorodrepanis

Chlorodrepanis virens
**Hawaii-Amakihikleidervogel**
*Hawaii Amakihi - Amakihi de Hawaii*
Gmelin, JF, 1788
*Hawaii*

Chlorodrepanis virens wilsoni
**Wilsons Hawaii-Amakihikleidervogel**
Rothschild, 1893
Molokai, Lanai und Maui

Chlorodrepanis flava
**Oahu-Amakihikleidervogel**
*Oahu Amakihi - Amakihi de Oahu*
Bloxam, A, 1827
*Hawaiian Is.*

Chlorodrepanis stejnegeri
**Kauai-Amakihikleidervogel**
*Kauai Amakihi - Amakihi de Kauai*
Wilson, SB, 1890
*Hawaiian Is.*

## Gattung: Haemorhous

Haemorhous purpureus
**Purpurgimpel**
*Purple Finch - Camachuelo purpúreo*
Gmelin, JF, 1789
*sc, se Kanada und ne USA*

Haemorhous purpureus californicus
**Kalifornischer Purpurgimpel**
Baird, SF, 1858
sw Kanada und w USA

Haemorhous cassinii
**Cassingimpel**
*Cassin's Finch - Camachuelo de Cassin*
Baird, SF, 1854
*w, n Mexico*

Haemorhous mexicanus
**Hausgimpel**
*House Finch - Camachuelo mexicano*
Müller, PLS, 1776
*sc Mexico*

Haemorhous mexicanus frontalis
**Nordamerika-Hausgimpel**
Say, 1822
sw, se Kanada, USA und nw Mexico

† Haemorhous mexicanus mcgregori
**McGregors Hausgimpel**
Anthony, 1897
San Benito Insel (vor nw Mexico)

Haemorhous mexicanus amplus
**Guadalupe-Hausgimpel**
Ridgway, 1876
Guadalupe Insel (vor nw Mexico)

Haemorhous mexicanus ruberrimus
**Ridgways Hausgimpel**
Ridgway, 1887
s Baja California (nw Mexico)

Haemorhous mexicanus sonoriensis
**Sonora-Hausgimpel**
Ridgway, 1901
s Sonora, sw Chihuahua, n Sinaloa (wc Mexico)

Haemorhous mexicanus coccineus
**Moores Hausgimpel**
Moore, RT, 1939
sw Mexico

Haemorhous mexicanus potosinus
**Griscoms Hausgimpel**
Griscom, 1928
nc Mexico

Haemorhous mexicanus centralis
**Mexikanischer Hausgimpel**
Moore, RT, 1937
c Mexico

Haemorhous mexicanus roseipectus
**Oaxaca-Hausgimpel**
Sharpe, 1888
Oaxaca Tal (s Mexico)

Haemorhous mexicanus griscomi
**Griscoms Hausgimpel**
Moore, RT, 1939
Guerrero (sw Mexico)

## Gattung: Chloris

Chloris chloris
**Grünfink**
*European Greenfinch - Verderón común*
Linnaeus, 1758
*n Schottland, n, c Frankreich und Norwegen bis w Sibirien*

Chloris chloris harrisoni
**Harrisons Grünfink**
Clancey, 1940
Großbritannien (außer n Schottland) und Ireland

Chloris chloris muehlei
**Balkangrünfink**
Parrot, 1905
Serbien und Montenegro bis Moldova, Bulgaria und Griechenland

Chloris chloris aurantiiventris
**Spanischer Grünfink**
Cabanis, 1851
s Spanien über s Europa bis w Griechenland

Chloris chloris madaraszi
**Sardengrünfink**
Tschusi, 1911
Korsika und Sardinien

Chloris chloris vanmarli
**Iberiagrünfink**
Voous, 1952
nw Spanien, Portugal und nw Marokko

Chloris chloris voousi
**Marokkogrünfink**
Roselaar, 1993
c Marokko und n Algerien

Chloris chloris chlorotica
**Ägyptischer Grünfink**
Bonaparte, 1850
sc Türkei bis ne Ägypten

Chloris chloris bilkevitchi
**Kaukasusgrünfink**
Zarudny, 1911
s Ukraine, Kaukasus und ne Türkei bis n Iran und sw Turkmenistan

Chloris chloris turkestanica
**Turkestangrünfink**
Zarudny, 1907
s Kasachstan bis Kirgisistan und c Tadschikistan

Chloris sinica
**Chinagrünfink**
*Oriental Greenfinch - Verderón chino*
Linnaeus, 1766
*c, e China bis Küste c Vietnam*

Chloris sinica ussuriensis
**Ussurigrünfink**
Hartert, EJO, 1903
Ussuriland (se Russland), Koreanische Halbinsel und ne China
Chloris sinica kawarahiba
**Kurilengrünfink**
Temminck, 1836
Kamtschatka, Sakhalin und Kuril Is. (se Russland) und ne Hokkaido (n Japan)
Chloris sinica minor
**Kleiner Grünfink**
Temminck & Schlegel, 1848
s Koreanische Halbinsel und Hokkaido bis Tsushima (n bis s Japan)

Chloris kittlitzi
## Boningrünfink
*Bonin Greenfinch - Verderón de Bonin*
Seebohm, 1890
*Hahajima und Minamiiwoto (Bonin = Ogasawara Is., se Japan)*

Chloris spinoides
## Himalajagrünfink
*Yellow-breasted Greenfinch - Verderón del Himalaya*
Vigors, 1831
*Pakistan, Himalaya, ne Indien und s Tibet*

Chloris spinoides heinrichi
**Heinrichs Grünfink**
Stresemann, 1940
ne Indien und w Myanmar

Chloris monguilloti
## Annamgrünfink
*Vietnamese Greenfinch - Verderón vietnamita*
Delacour, 1926
*Vietnam*

Chloris ambigua
## Schwarzkopf-Grünfink
*Black-headed Greenfinch - Verderón cabecinegro*
Oustalet, 1896
*e und ne Myanmar, s China und n Indochina*

Chloris ambigua taylori
**Taylors Grünfink**
Kinnear, 1939
se Tibet

## Gattung: Rhodospiza

Rhodospiza obsoleta
## Weißflügelgimpel
*Desert Finch - Camachuelo desertícola*
Lichtenstein, MHC, 1823
*se Türkei e über s Kasachstan, w, n Xinjiang (nw China), sw Mongolei bis c Inner Mongolei (nc China); s bis Sinai Halbinsel, c Saudi-Arabien, se Iran, n Afghanistan und nc Pakistan*

## Gattung: Rhynchostruthus

Rhynchostruthus socotranus
## Sokotragimpel
*Socotra Golden-winged Grosbeak - Picogordo de Socotora*
Sclater, PL & Hartlaub, 1881
*Socotra*

Rhynchostruthus percivali
## Arabiengimpel
*Arabian Golden-winged Grosbeak - Picogordo árabe*
Ogilvie-Grant, 1900
*sw Saudia Arabien, w, e Jemen und w Oman (sw, sc Arabische Halbinsel)*

Rhynchostruthus louisae
## Somaligimpel
*Somali Golden-winged Grosbeak - Picogordo somalí*
Lort Phillips, 1897
*n Somalia*

## Gattung: Linurgus

Linurgus olivaceus
## Pirolgimpel
*Oriole Finch - Canario oropéndola*
Fraser, 1843
*se Nigeria, w Kamerun und Bioko Insel*

Linurgus olivaceus prigoginei
**Kongo-Pirolgimpel**
Schouteden, 1950
e Demokratische Republik Kongo, sw Uganda, w Rwanda und w Burundi

Linurgus olivaceus elgonensis
**Uganda-Pirolgimpel**
Van Someren, 1918
se Sudan, e Uganda und w, c Kenia
Linurgus olivaceus kilimensis
**Tansania-Pirolgimpel**
Reichenow & Neumann, 1895
s Kenia, Tansania und n Malawi

## Gattung: Crithagra

Crithagra rufobrunnea
## Príncipegirlitz
*Principe Seedeater - Serín de Príncipe*
Gray, GR, 1862
*Príncipe (nc Gulf von Guinea Is.)*

Crithagra rufobrunnea fradei
**Fradegirlitz**
Naurois, 1975
Ilhéu Caroço (s von Príncipe, nc Gulf von Guinea Is.)
Crithagra rufobrunnea thomensis
**Sao Tomegirlitz**
Barboza du Bocage, 1888
São Tomé (sc Gulf von Guinea Is.)

Crithagra concolor
## Einfarbgirlitz
*Sao Tome Grosbeak - Picogordo de Santo Tomé*
Barboza du Bocage, 1888
*s São Tomé*

Crithagra citrinelloides
## Dünnschnabelgirlitz
*African Citril - Serín etíope*
Rüppell, 1840
*Eritrea und Äthiopien*

Crithagra citrinelloides kikuyensis
**Kenia-Dünnschnabelgirlitz**
Neumann, 1905
w Kenia

Crithagra frontalis
## Diademgirlitz
*Western Citril - Serín cejigualdo*
Reichenow, 1904
*e Demokratische Republik Kongo bis Uganda, w Tansania und ne Sambia*

Crithagra hyposticta
## Streifengirlitz
*Southern Citril - Serín keniata*
Reichenow, 1904
*se Kenia bis ne Sambia und Malawi*

Crithagra hyposticta brittoni
**Brittongirlitz**
Traylor, 1970
s Sudan bis w Kenia

Crithagra capistrata
## Zügelgirlitz
*Black-faced Canary - Serín carinegro*
Finsch, 1870
*Gabun und Kongo bis e Demokratische Republik Kongo und Burundi, n Angola, s Demokratische Republik Kongo und n Sambia*

Crithagra capistrata hildegardae
**Angola-Zügelgirlitz**
Rand & Traylor, 1959
c Angola

Crithagra koliensis
## Papyrusgirlitz
*Papyrus Canary - Serín de los papiros*
Grant, CHB & Mackworth-Praed, 1952
*c Uganda bis e Demokratische Republik Kongo, Burundi, nw Tansania und w Kenia*

Crithagra scotops
## Waldgirlitz
*Forest Canary - Serín forestal*
Sundevall, 1850
*Flachland e, s Südafrika*

Crithagra scotops kirbyi
**Nördlicher Waldgirlitz**
Dowsett, 2012
ne Südafrika
Crithagra scotops umbrosa
**Clanceys Waldgirlitz**
Clancey, 1964
Inland e, s Südafrika

Crithagra leucopygia
**Weißbürzelgirlitz**
*White-rumped Seedeater - Serín culiblanco*
Sundevall, 1850
*e Sudan, Eritrea, Äthiopien und nw Uganda*

Crithagra leucopygia riggenbachi
**Riggenbachs Weißbürzelgirlitz**
Neumann, 1908
*Mauretanien, Senegal und Gambia bis w Sudan und Zentralafrikanische Republik*
Crithagra leucopygia pallens
**Niger Weißbürzelgirlitz**
Vaurie, 1956
*Niger*

Crithagra atrogularis
**Angolagirlitz**
*Black-throated Canary - Serín gorjinegro*
Smith, A, 1836
*se Botswana, Simbabwe (außer w) und n Südafrika*

Crithagra atrogularis somereni
**Ugandagirlitz**
Hartert, EJO, 1912
*ne Demokratische Republik Kongo, Uganda und w Kenia bis nw Tansania*
Crithagra atrogularis lwenarum
**Gabungirlitz**
White, CMN, 1944
*Gabun und Kongo bis sw Tansania, c Sambia und c Angola*
Crithagra atrogularis impigra
**Lesothogirlitz**
Clancey, 1959
*c Südafrika und Lesotho*
Crithagra atrogularis semideserti
**Roberts Angolagirlitz**
Roberts, 1932
*s Angola und ne Namibia bis w Simbabwe*
Crithagra atrogularis deserti
**Südlicher Angolagirlitz**
Reichenow, 1918
*sw Angola bis w Südafrika*

Crithagra xanthopygia
**Graubrustgirlitz**
*Yellow-rumped Seedeater - Serín culigualdo*
Rüppell, 1840
*Eritrea und nw Äthiopien*

Crithagra reichenowi
**Reichenowgirlitz**
*Reichenow's Seedeater - Serín de Reichenow*
Salvadori, 1888
*Dschibuti, Äthiopien und Somalia bis s Tansania*

Crithagra rothschildi
**Medinagirlitz**
*Arabian Serin - Serín árabe*
Ogilvie-Grant, 1902
*wc, sw Saudi-Arabien und sw Jemen (w, sw Arabische Halbinsel)*

Crithagra flavigula
**Gelbkehlgirlitz**
*Yellow-throated Seedeater - Serín gorjigualdo*
Salvadori, 1888
*wc Äthiopien*

Crithagra xantholaema
**Salvadorigirlitz**
*Salvadori's Seedeater - Serín de Salvadori*
Salvadori, 1896
*c, sc Äthiopien*

Crithagra citrinipectus
**Gelbbrustgirlitz**
*Lemon-breasted Canary - Serín pechilimón*
Clancey & Lawson, 1960
*s Malawi bis e Südafrika*

Crithagra mozambica
**Mosambikgirlitz**
*Yellow-fronted Canary - Serín frentiamarillo*
Müller, PLS, 1776
*Kenia bis e Botswana, Simbabwe, ne Südafrika und sc Mosambik*

Crithagra mozambica caniceps
**Mauretaniengirlitz**
d'Orbigny, 1839
*s Mauretanien, Senegal und Gambia bis n Kamerun*
Crithagra mozambica punctigula
**Reichenows Mosambikgirlitz**
Reichenow, 1898
*c, s Kamerun*

Crithagra mozambica grotei
**Grotes Mosambikgirlitz**
Sclater, WL & Mackworth-Praed, 1931
*e Sudan, w, sw Äthiopien*
Crithagra mozambica gommaensis
**Eritreagirlitz**
Grant, CHB & Mackworth-Praed, 1945
*Eritrea, nw, c Äthiopien*
Crithagra mozambica barbata
**Heuglins Mosambikgirlitz**
Heuglin, 1864
*s Chad und Zentralafrikanische Republik bis sw Kenia und c Tansania*
Crithagra mozambica tando
**Tandogirlitz**
Sclater, WL & Mackworth-Praed, 1918
*Gabun bis Angola*
Crithagra mozambica samaliyae
**Samaliyagirlitz**
White, CMN, 1947
*se Demokratische Republik Kongo, sw Tansania und ne Sambia*
Crithagra mozambica vansoni
**Vansons Mosambikgirlitz**
Roberts, 1932
*se Angola, ne Namibia und sw Sambia*
Crithagra mozambica granti
**Grants Mosambikgirlitz**
Clancey, 1957
*s Mosambik und e Südafrika*

Crithagra dorsostriata
**Weißbauchgirlitz**
*White-bellied Canary - Serín dorsiestriado*
Reichenow, 1887
*se Uganda, w Kenia und nw Tansania*

Crithagra dorsostriata maculicollis
**Sharpes Weißbauchgirlitz**
Sharpe, 1895
*Äthiopien und Somalia über n Kenia bis ne Uganda*
Crithagra dorsostriata taruensis
**Südlicher Weißbauchgirlitz**
Van Someren, 1921
*c, s, se Kenia und ne Tansania*

Crithagra ankoberensis
**Ankobergirlitz**
*Ankober Serin - Serín de Ankober*
Ash, 1979
*w Äthiopien*

Crithagra menachensis
**Jemengirlitz**
*Yemen Serin - Serín yemení*
Ogilvie-Grant, 1913
*sw Saudi-Arabien, sw Jemen, sw Oman (sw Arabische Halbinsel)*

Crithagra totta
**Kapgirlitz**
*Cape Siskin - Serín de El Cabo*
Sparrman, 1786
*Südafrika*

Crithagra symonsi
**Basutogirlitz**
*Drakensberg Siskin - Serín del Drakensberg*
Roberts, 1916
*Südafrika*

Crithagra donaldsoni
**Donaldsongirlitz**
*Northern Grosbeak-Canary - Serín piquigordo norteño*
Sharpe, 1895
*ec Äthiopien und Somalia bis c Kenia*

Crithagra buchanani
**Buchanangirlitz**
*Southern Grosbeak-Canary - Serín piquigordo sureño*
Hartert, EJO, 1919
*s Kenia und n Tansania*

Crithagra flaviventris
**Gelbbauchgirlitz**
*Yellow Canary - Serín amarillo*
Gmelin, JF, 1789
*extremer s Namibia und w, sw Südafrika*

Crithagra flaviventris damarensis
**Damara-Gelbbauchgirlitz**
Roberts, 1922
*sw Angola, Namibia, Botswana und nc Südafrika*
Crithagra flaviventris guillarmodi
**Lesotho-Gelbbauchgirlitz**
Roberts, 1936
*Hochland von Lesotho*

Crithagra flaviventris marshalli
**Marshalls Gelbbauchgirlitz**
Shelley, 1902
se Botswana, c, ne Südafrika und Tiefland Lesotho

Crithagra sulphurata
**Schwefelgirlitz**
*Brimstone Canary - Serín azufrado*
Linnaeus, 1766
s Südafrika

Crithagra sulphurata sharpii
**Sharpes Schwefelgirlitz**
Neumann, 1900
Angola bis ne Demokratische Republik Kongo, Kenia, Tansania und n Mosambik
Crithagra sulphurata wilsoni
**Wilsons Schwefelgirlitz**
Roberts, 1936
Simbabwe, s Mosambik, Swaziland und e Südafrika

Crithagra striatipectus
**Streifenbrustgirlitz**
*Stripe-breasted Seedeater - Serín pechirrayado*
Sharpe, 1891
s Sudan, s Äthiopien und n Kenia

Crithagra reichardi
**Miombogirlitz**
*Reichard's Seedeater - Serín de Reichard*
Reichenow, 1882
s Demokratische Republik Kongo bis c Tansania und n Mosambik

Crithagra gularis
**Südbrauengirlitz**
*Streaky-headed Seedeater - Serín gris*
Smith, A, 1836
se Botswana und n Südafrika

Crithagra gularis benguellensis
**Benguela-Brauengirlitz**
Reichenow, 1904
c Angola, w Sambia und ne Namibia
Crithagra gularis endemion
**Mosambik-Brauengirlitz**
Clancey, 1952
s Mosambik und e Südafrika
Crithagra gularis humilis
**Humilis Brauengirlitz**
Bonaparte, 1850
s Südafrika
Crithagra gularis mendosa
**Botswana-Brauengirlitz**
Clancey, 1966
ne Botswana, Simbabwe und nw Mosambik

Crithagra canicapilla
**Nordbrauengirlitz**
*West African Seedeater - Serín canoso*
Du Bus de Gisignies, 1855
Guinea, Sierra Leone und s Mali bis n Kamerun

Crithagra canicapilla elgonensis
**Tschad-Brauengirliz**
Ogilvie-Grant, 1912
s Chad bis s Sudan, w Kenia und n Demokratische Republik Kongo
Crithagra canicapilla montanorum
**Kamerun-Brauengirlitz**
Bannerman, 1923
e Nigeria bis c Kamerun

Crithagra mennelli
**Schwarzwangengirlitz**
*Black-eared Seedeater - Serín orejinegro*
Chubb, EC, 1908
Tansania bis e Angola, ne Botswana, Simbabwe und s Mosambik

Crithagra tristriata
**Rüppellgirlitz**
*Brown-rumped Seedeater - Serín culipardo*
Rüppell, 1840
Eritrea, Äthiopien und n Somalia

Crithagra albogularis
**Weißkehlgirlitz**
*White-throated Canary - Serín gorjiblanco*
Smith, A, 1833
w, s Südafrika

Crithagra albogularis crocopygia
**Angola-Weißkehlgirlitz**
Sharpe, 1871
sw Angola und n Namibia

Crithagra albogularis sordahlae
**Namibia-Weißkehlgirlitz**
Friedmann, 1932
c, s Namibia und nw Südafrika
Crithagra albogularis orangensis
**Südafrika-Weißkehlgirlitz**
Roberts, 1937
c Südafrika

Crithagra burtoni
**Dickschnabelgirlitz**
*Thick-billed Seedeater - Serín de Burton*
Gray, GR, 1862
se Nigeria, sw Kamerun und Bioko Insel

Crithagra burtoni tanganjicae
**Tanganjica-Dickschnabelgirlitz**
Granvik, 1923
wc Angola, e Demokratische Republik Kongo bis w Uganda, w Rwanda und w Burundi
Crithagra burtoni kilimensis
**Tansania-Dickschnabelgirlitz**
Richmond, 1897
e Uganda, sw Kenia und w Tansania
Crithagra burtoni albifrons
**Kenia-Dickschnabelgirlitz**
Sharpe, 1891
e Kenia

Crithagra striolata
**Strichelgirlitz**
*Streaky Seedeater - Serín estriado*
Rüppell, 1840
Eritrea, Äthiopien und se Sudan bis Tansania und n Malawi

Crithagra striolata graueri
**Grauers Strichelgirlitz**
Hartert, EJO, 1907
e Demokratische Republik Kongo, sw Uganda, Rwanda und Burundi

Crithagra whytii
**Whytigirlitz**
*Yellow-browed Seedeater - Serín de Whyti*
Shelley, 1897
s Tansania und n Malawi

Crithagra melanochroa
**Tansaniagirlitz**
*Kipengere Seedeater - Serín de los Kipengere*
Reichenow, 1900
Tansania

Crithagra leucoptera
**Proteagirlitz**
*Protea Canary - Serín de las proteas*
Sharpe, 1871
Südafrika

Gattung: Linaria

Linaria flavirostris
**Berghänfling**
*Twite - Pardillo piquigualdo*
Linnaeus, 1758
n Skandinavien und nw Russland

Linaria flavirostris pipilans
**Englischer Berghänfling**
Latham, 1787
n Irland und n Britain
Linaria flavirostris brevirostris
**Türkischer Berghänfling**
Bonaparte, 1855
Türkei, Kaukasus und n Iran
Linaria flavirostris kirghizorum
**Kasachstan-Berghänfling**
Sushkin, 1925
n, c Kasachstan
Linaria flavirostris korejevi
**Korejevs Berghänfling**
Zarudny & Härms, 1914
ne Kasachstan bis nw China
Linaria flavirostris altaica
**Altai-Berghänfling**
Sushkin, 1925
sw Sibirien und n, w Mongolei
Linaria flavirostris montanella
**Kirgisistan-Berghänfling**
Hume, 1873
Kirgisistan, Tadschikistan, n Afghanistan und nw Pakistan bis nw China
Linaria flavirostris miniakensis
**Tibet-Berghänfling**
Jacobi, A, 1923
e Tibet und w China
Linaria flavirostris rufostrigata

**Indischer Berghänfling**
Walton, 1905
w, s Tibet, n Indien und n Nepal

Linaria cannabina
**Bluthänfling**
*Common Linnet - Pardillo común*
Linnaeus, 1758
*w, c, n Europa und w, sc Sibirien*

Linaria cannabina autochthona
**Schottischer Bluthänfling**
Clancey, 1946
Schottland

Linaria cannabina bella
**Östlicher Bluthänfling**
Brehm, CL, 1845
Mittlerer Osten bis Mongolei und nw China

Linaria cannabina mediterranea
**Mittelmeer-Bluthänfling**
Tschusi, 1903
Iberische Halbinsel, Italien, Griechenland, nw Afrika und Mittelmeer Inseln

Linaria cannabina guentheri
**Madeira-Bluthänfling**
Wolters, 1953
Madeira, Porto Santo und Desertas (Madeira Gruppe, nc Makaronesien, nw von n Afrika)

Linaria cannabina meadewaldoi
**Kanaren-Bluthänfling**
Hartert, EJO, 1901
El Hierro, La Palma, La Gomera, Tenerife und Gran Canaria (w, c Kanarische Is., c Makaronesien, w von n Afrika)

Linaria cannabina harterti
**Harters Bluthänfling**
Bannerman, 1913
Fuerteventura, Lobos (ne von Fuerteventura), Lanzarote, La Graciosa und Alegranza (ne von Lanzarote; e Kanarische Is., c Makaronesien, w von n Afrika)

Linaria yemenensis
**Jemenhänfling**
*Yemen Linnet - Pardillo yemení*
Ogilvie-Grant, 1913
*sw Saudi-Arabien und w Jemen (sw Arabische Halbinsel)*

Linaria johannis
**Somalihänfling**
*Warsangli Linnet - Pardillo somalí*
Clarke, S, 1919
*ne Somalia*

Gattung: Acanthis

Acanthis flammea
**Taigabirkenzeisig**
*Redpoll - Pardillo norteño*
Linnaeus, 1758
*n Europa, Sibirien, Alaska und Kanada*

Acanthis flammea rostrata
**Isländischer Birkenzeisig**
Coues, 1861
ne Kanada, Grönland und Island

Acanthis flammea cabaret
**Alpenbirkenzeisig**
Müller, PLS, 1776
Britische Is., sw Skandinavien e bis n Deutschland und s Polen; s bis se Frankreich, Österreich und Tschechische Republik

Acanthis flammea hornemanni
**Polarbirkenzeisig**
Holbøll, 1843
ne Kanada und Grönland

Acanthis flammea exilipes
**Eurasischer Polarbirkenzeisig**
Coues, 1862
n Eurasien, Alaska und nw Kanada

Gattung: Loxia

Loxia pytyopsittacus
**Kiefernkreuzschnabel**
*Parrot Crossbill - Piquituerto lorito*
Borkhausen, 1793
*Schottland (n Britische Is.), Skandinavien bis und Baltikländer in Europa bis Petchora River Region (w Sibirien), in s Litauen bis sw Sibirien*

Loxia scotica
**Schottlandkreuzschnabel**
*Scottish Crossbill - Piquituerto escocés*
Hartert, EJO, 1904
*n, ne Schottland (n Britische Is.)*

Loxia curvirostra
**Fichtenkreuzschnabel**
*Red Crossbill - Piquituerto común*
Linnaeus, 1758
*n, w, c Europa bis ne Sibirien und n Mongolei*

Loxia curvirostra balearica
**Balearen-Fichtenkreuzschnabel**
Homeyer, 1862
c, s Spanien, Balearen Is.

Loxia curvirostra corsicana
**Korsika-Fichtenkreuzschnabel**
Tschusi, 1912
Korsika

Loxia curvirostra poliogyna
**Italienischer Fichtenkreuzschnabel**
Whitaker, 1898
s Italien, nw Afrika

Loxia curvirostra guillemardi
**Balkan-Fichtenkreuzschnabel**
Madarász, G, 1903
e Balkans und Türkei bis Kaukasus und s Ukraine

Loxia curvirostra altaiensis
**Altai-Fichtenkreuzschnabel**
Sushkin, 1925
ne Kasachstan, sw Sibirien und w Mongolei

Loxia curvirostra tianschanica
**China-Fichtenkreuzschnabel**
Laubmann, 1927
se Kasachstan bis Tadschikistan und nw China

Loxia curvirostra himalayensis
**Himalaya-Fichtenkreuzschnabel**
Blyth, 1845
Himalaya bis s China

Loxia curvirostra meridionalis
**Vietnam-Fichtenkreuzschnabel**
Robinson & Kloss, 1919
s Vietnam

Loxia curvirostra japonica
**Japanischer Fichtenkreuzschnabel**
Ridgway, 1884
se Sibirien bis Sakhalin und Kuril Is., ne China, Koreanische Halbinsel, Hokkaido und n, c Honshu (n, nc Japan)

Loxia curvirostra luzoniensis
**Luzon-Fichtenkreuzschnabel**
Ogilvie-Grant, 1894
Gebirge Luzon (n Philippinen)

Loxia curvirostra minor
**Kleiner Fichtenkreuzschnabel**
Brehm, CL, 1846
se Kanada und ne USA

Loxia curvirostra percna
**Neufundland-Fichtenkreuzschnabel**
Bent, 1912
Neufundland

Loxia curvirostra sitkensis
**Alaska-Fichtenkreuzschnabel**
Grinnell, 1909
Küste s Alaska bis Küste w USA

Loxia curvirostra bendirei
**Kanada-Fichtenkreuzschnabel**
Ridgway, 1884
Inland sw Kanada und Inland nw USA

Loxia curvirostra benti
**Rocky-Fichtenkreuzschnabel**
Griscom, 1937
c Rocky Mts. (wc USA)

Loxia curvirostra grinnelli
**Grinnells Fichtenkreuzschnabel**
Griscom, 1937
wc bis sw USA

Loxia curvirostra stricklandi
**Stricklands Fichtenkreuzschnabel**
Ridgway, 1885
sw USA bis s Mexico

Loxia curvirostra mesamericana
**Nikaragua-Fichtenkreuzschnabel**
Griscom, 1937
Guatemala und Belize bis Nicaragua

Loxia sinesciuris
**Idahokreuzschnabel**
*Cassia Crossbill - Piquituerto de Cassia*
Benkman, 2009
*South Hills und Albion Mts. (Idaho in nw USA)*

Loxia leucoptera
**Bindenkreuzschnabel**
*Two-barred Crossbill - Piquituerto aliblanco*
Gmelin, JF, 1789
*Alaska, Kanada und n USA*

Loxia leucoptera bifasciata
**Eurasischer Bindenkreuzschnabel**
Brehm, CL, 1827
n Europa bis e Sibirien und ne China

Loxia megaplaga
**Hispaniolakreuzschnabel**
*Hispaniolan Crossbill - Piquituerto de La Española*
Riley, 1916
*Hispaniola*



Chrysocorythus estherae
**Malaiengirlitz**
*Indonesian Serin - Serín montano*
Finsch, 1902
*Gebirge w, c Java*

    Chrysocorythus estherae vanderbilti
    **Sumatra-Malaiengirlitz**
    Meyer de Schauensee, 1939
    Gebirge n Sumatra
    Chrysocorythus estherae orientalis
    **Östlicher Malaiengirlitz**
    Chasen, 1940
    Gebirge e Java
    Chrysocorythus estherae renatae
    **Sulawesi-Malaiengirlitz**
    Schuchmann & Wolters, 1982
    Gebirge sc Sulawesi

Chrysocorythus mindanensis
**Mindanaogirlitz**
*Mindanao Serin - Serín de Mindanao*
Ripley & Rabor, 1961
*Gebirge Mindanao (s Philippinen)*



Carduelis carduelis
**Stieglitz**
*European Goldfinch - Jilguero europeo*
Linnaeus, 1758
*s Skandinavien bis c Frankreich und Italien und e bis c Europäisch Russland*

    Carduelis carduelis britannica
    **Englischer Stieglitz**
    Hartert, EJO, 1903
    Britische Is., nw Frankreich und w Niederlande
    Carduelis carduelis parva
    **Kanarenstieglitz**
    Tschusi, 1901
    sw Europa, nw Afrika, Madeira, Kanarische Is. (Macaronesia) und Balearen Is. (w Mittelmeer)
    Carduelis carduelis tschusii
    **Tschusis Stieglitz**
    Arrigoni degli Oddi, 1902    Korsika, Sardinien und Sizilien
    Carduelis carduelis balcanica
    **Balkanstieglitz**
    Sachtleben, 1919
    Balkans, Griechenland, Kreta und nw Türkei
    Carduelis carduelis niediecki
    **Östlicher Stieglitz**
    Reichenow, 1907
    Mittlerer Osten
    Carduelis carduelis brevirostris
    **Türkischer Stieglitz**
    Zarudny, 1890
    e Türkei, s Kaukasus und n Iran
    Carduelis carduelis colchica
    **Kaukasus-Stieglitz**
    Koudashev, 1915
    n Kaukasus und Krim-Halbinsel (s Ukraine)
    Carduelis carduelis volgensis
    **Ukrainischer Stieglitz**
    Buturlin, 1906
    s Ukraine, s Europäisch Russland und nw Kasachstan
    Carduelis carduelis frigoris
    **Wolters Stieglitz**
    Wolters, 1953
    sw, sc Sibirien

Carduelis caniceps
**Graukopf-Stieglitz**
*Grey-crowned Goldfinch - Jilguero de himalaxa*
Vigors, 1831
*w Pakistan bis nw Himalaya, sw Tibet und c Nepal*

    Carduelis caniceps ultima
    **Iranischer Stieglitz**
    Koelz, 1949
    s Iran
    Carduelis caniceps paropanisi
    **Iranischer Stieglitz**
    Kollibay, 1910
    w Turkmenistan und e Iran bis nw China

Carduelis caniceps subulata
**Sibirischer Stieglitz**
Gloger, 1833
ne Kasachstan, sc Sibirien und w Mongolei

Carduelis citrinella
**Zitronenzeisig**
*Citril Finch - Verderón serrano*
Pallas, 1764
*Spanien, s, e Frankreich, Switzerland, n Italien, s Deutschland, Österreich und nw Slovenien*

Carduelis corsicana
**Korsenzeisig**
*Corsican Finch - Verderón corso*
Koenig, AF, 1899
*Korsika, Gorgona, Capraia und Elba (ne von Korsika) und Sardinien*



Serinus pusillus
**Rotstirngirlitz**
*Red-fronted Serin - Serín frentirrojo*
Pallas, 1811
*Türkei und Kaukasus über n Iran und s Turkmenistan, Afghanistan, Tadschikistan, Kirgisistan und se Kasachstan bis nw Xinjiang (nw China) und sw Mongolei; in s bis sc Iran, n Baluchistan (nc Pakistan) und w Himalaya bis sw Tibet und wc Nepal*

Serinus serinus
**Girlitz**
*European Serin - Serín verdecillo*
Linnaeus, 1766
*n Frankreich bis s Skandinavien und bis n Estonia und w Russland; s bis Iberische Halbinsel, Tenerife und Gran Canaria (c Kanarische Is., Makaronesien, w von n Afrika) und Marokko bis w Libyen (nw, nc Afrika) über Mittelmeer bis Türkei und Zypern*

Serinus syriacus
**Zederngirlitz**
*Syrian Serin - Serín sirio*
Bonaparte, 1850
*Libanon, n Israel, s Syrien und sw Jordanien*

Serinus canaria
**Kanarengirlitz**
*Atlantic Canary - Serín canario*
Linnaeus, 1758
*Azoren, Madeira und w, c Kanarische Is. (nw bis c Makaronesien, nw von n Afrika)*

Serinus canicollis
**Gelbscheitelgirlitz**
*Cape Canary - Serín dorsigrís*
Swainson, 1838
*se, s Südafrika*

    Serinus canicollis griseitergum
    **Mosambik-Gelbscheitelgirlitz**
    Clancey, 1967
    e Simbabwe und w Mosambik
    Serinus canicollis thompsonae
    **Roberts Gelbscheitelgirlitz**
    Roberts, 1924
    ne, e Südafrika

Serinus flavivertex
**Gelbstirngirlitz**
*Yellow-crowned Canary - Serín coronigualdo*
Blanford, 1869
*Eritrea und Äthiopien bis n Tansania*

    Serinus flavivertex sassii
    **Sassi-Gelbstirngirlitz**
    Neumann, 1922
    e Demokratische Republik Kongo und sw Uganda bis ne Sambia und n Malawi
    Serinus flavivertex huillensis
    **Angola-Gelbstirngirlitz**
    de Sousa, JA, 1889
    c Angola

Serinus nigriceps
**Schwarzkopfgirlitz**
*Ethiopian Siskin - Serín cabecinegro*
Rüppell, 1840
*Gebirge w Äthiopien*

Serinus alario
**Alariogirlitz**
*Black-headed Canary - Serín alario*
Linnaeus, 1758
*w, c Südafrika, Lesotho*

Serinus alario leucolaemus
**Namibia-Alariogirlitz**
Sharpe, 1903
s Namibia und nw und wc Südafrika



Spinus thibetanus
**Himalajazeisig**
*Tibetan Serin - Jilguero tibetano*
Hume, 1872
*se Tibet, Sichuan, n Myanmar und nw Yunnan (wc China)*

Spinus lawrencei
**Maskenzeisig**
*Lawrence's Goldfinch - Jilguero de Lawrence*
Cassin, 1850
*sw USA und nw Mexico*

Spinus tristis
**Goldzeisig**
*American Goldfinch - Jilguero yanqui*
Linnaeus, 1758
*se Kanada und c, e USA*

    Spinus tristis pallidus
    **Kanada-Goldzeisig**
    Mearns, 1890
    sc Kanada und c, wc USA
    Spinus tristis jewetti
    **Jewetts Goldzeisig**
    Van Rossem, 1943
    sw Kanada und nw USA
    Spinus tristis salicamans
    **Salicaman-Goldzeisig**
    Grinnell, 1897
    sw USA und nw Mexico

Spinus psaltria
**Mexikozeisig**
*Lesser Goldfinch - Jilguero menor*
Say, 1822
*wc USA bis sc Mexico*

    Spinus psaltria hesperophilus
    **Kleiner Goldzeisig**
    Oberholser, 1903
    w USA und nw Mexico
    Spinus psaltria witti
    **Tres Mariaszeisig**
    Grant, PR, 1964
    Tres Marías Is. (vor w Mexico)
    Spinus psaltria jouyi
    **Belizezeisig**
    Ridgway, 1898
    se Mexico und nw Belize
    Spinus psaltria colombianus
    **Kolumbienzeisig**
    Lafresnaye, 1843
    s Mexico bis Peru und Venezuela

Spinus spinus
**Erlenzeisig**
*Eurasian Siskin - Jilguero lúgano*
Linnaeus, 1758
*Britische Is., n Skandinavien über Russland, nc Kasachstan und nc Mongolei bis Sea von Okhotsk, Sakhalin und Kuril Is. (e Russland), Hokkaido, n Honshu (n Japan), n Inner Mongolei und Heilongjiang (ne China) s bis Gebirge c Iberische Halbinsel, Korsika, Italien, Griechenland, Balkans, n Türkei, Kaukasus und n Iran*

Spinus dominicensis
**Haitizeisig**
*Antillean Siskin - Jilguero antillano*
Bryant, H, 1867
*Hispaniola*

Spinus pinus
**Fichtenzeisig**
*Pine Siskin - Jilguero de los pinos*
Wilson, A, 1810
*Alaska, Kanada und w, ne USA*

    Spinus pinus macropterus
    **Mexiko-Fichtenzeisig**
    Bonaparte, 1850
    nw, c Mexico
    Spinus pinus perplexus
    **Guatemala-Fichtenzeisig**
    Van Rossem, 1938
    s Mexico bis Guatemala

Spinus atriceps
**Guatemalazeisig**
*Black-capped Siskin - Jilguero capirotado*
Salvin, 1863
*s Mexico und Guatemala*

Spinus notatus
**Schwarzbrustzeisig**
*Black-headed Siskin - Jilguero cabecinegro*
Du Bus de Gisignies, 1847
*e, c Mexico und n Guatemala*

    Spinus notatus forreri
    **Westlicher Schwarzbrustzeisig**
    Salvin & Godman, 1886
    w Mexico
    Spinus notatus oleaceus
    **Südlicher Schwarzbrustzeisig**
    Griscom, 1932
    Belize bis n Nicaragua

Spinus barbatus
**Bartzeisig**
*Black-chinned Siskin - Jilguero golinegro*
Molina, 1782
*s Chile, s Argentinien und Falkland Is.*

Spinus xanthogastrus
**Gelbbauchzeisig**
*Yellow-bellied Siskin - Jilguero ventriamarillo*
Du Bus de Gisignies, 1855
*Costa Rica bis Ecuador, Kolumbien und Venezuela*

    Spinus xanthogastrus stejnegeri
    **Peru-Gelbbauchzeisig**
    Sharpe, 1888
    se Peru bis c Bolivien

Spinus olivaceus
**Olivzeisig**
*Olivaceous Siskin - Jilguero oliváceo*
Berlepsch & Stolzmann, 1894
*sw Kolumbien und e Ecuador bis n Bolivien*

Spinus magellanicus
**Magellanzeisig**
*Hooded Siskin - Jilguero encapuchado*
Vieillot, 1805
*Uruguay und e Argentinien*

    Spinus magellanicus capitalis
    **Kolumbien-Magellanzeisig**
    Cabanis, 1866
    c Kolumbien bis c Ecuador und nw Peru
    Spinus magellanicus paulus
    **Ekuador-Magellanzeisig**
    Todd, 1926
    s Ecuador bis sw Peru
    Spinus magellanicus peruanus
    **Peru-Magellanzeisig**
    Berlepsch & Stolzmann, 1896
    c Peru
    Spinus magellanicus urubambensis
    **Chile-Magellanzeisig**
    Todd, 1926
    s Peru und n Chile
    Spinus magellanicus santaecrucis
    **Todds Magellanzeisig**
    Todd, 1926
    ec Bolivien
    Spinus magellanicus bolivianus
    **Bolivien-Magellanzeisig**
    Sharpe, 1888
    c, s Bolivien
    Spinus magellanicus hoyi
    **Hoys Magellanzeisig**
    König, C, 1981
    c Anden von nw Argentinien
    Spinus magellanicus tucumanus
    **Argentinien-Magellanzeisig**
    Todd, 1926
    w Anden von nw Argentinien
    Spinus magellanicus alleni
    **Allens Magellanzeisig**
    Ridgway, 1899
    se Bolivien, w Paraguay und ne Argentinien
    Spinus magellanicus ictericus
    **Paraguay-Magellanzeisig**
    Lichtenstein, MHC, 1823
    e, s Paraguay und se Brasilien
    Spinus magellanicus longirostris
    **Guyana-Magellanzeisig**
    Sharpe, 1888
    s Venezuela, w Guyana und n Brasilien

Spinus siemiradzkii
**Safranzeisig**
*Saffron Siskin - Jilguero azafranado*
Berlepsch & Taczanowski, 1884
*sw Ecuador und nw Peru*

Spinus yarrellii
**Yarrellzeisig**
*Yellow-faced Siskin - Jilguero cariamarillo*
Audubon, 1839
*n Venezuela und ne Brasilien*

Spinus cucullatus
**Kapuzenzeisig**
*Red Siskin - Jilguero rojo*
Swainson, 1820
*ne Kolumbien, n, w Venezuela, s Guyana*

Spinus atratus
**Schwarzzeisig**
*Black Siskin - Jilguero negro*
d'Orbigny & Lafresnaye, 1837
*s Peru bis n Chile und w Argentinien*

Spinus uropygialis
**Kordillerenzeisig**
*Yellow-rumped Siskin - Jilguero cordillerano*
Sclater, PL, 1862
*s Peru bis Chile und w Argentinien*

Spinus crassirostris
**Dickschnabelzeisig**
*Thick-billed Siskin - Jilguero piquigrueso*
Landbeck, 1877
*s Bolivien, c Chile und nw Argentinien*

    Spinus crassirostris amadoni
    **Amadons Dickschnabelzeisig**
    George, WG, 1964
    *se Peru*

Spinus spinescens
**Andenzeisig**
*Andean Siskin - Jilguero andino*
Bonaparte, 1850
*n, ne Kolumbien und w, n Venezuela*

    Spinus spinescens nigricauda
    **Chapmanns Andenzeisig**
    Chapman, 1912
    *w Kolumbien bis n Ecuador*

## Gattung: Chlorophonia

Chlorophonia elegantissima
**Blaukappenorganist**
*Elegant Euphonia - Eufonia elegante*
Bonaparte, 1838
*c Mexico bis Honduras*

    Chlorophonia elegantissima rileyi
    **Nördlicher Blaukappenorganist**
    Van Rossem, 1942
    *nw Mexico*
    Chlorophonia elegantissima vincens
    **Südlicher Blaukappenorganist**
    Hartert, EJO, 1913
    *sw Nicaragua bis w Panama*

Chlorophonia musica
**Hispaniolaorganist**
*Hispaniolan Euphonia - Eufonia de La Española*
Gmelin, JF, 1789
*Hispaniola*

Chlorophonia sclateri
**Puerto Rico-Organist**
*Puerto Rican Euphonia - Eufonia de Puerto Rico*
Sclater, PL, 1854
*Puerto Rico*

Chlorophonia flavifrons
**Kleiner Antillen-Organist**
*Lesser Antillean Euphonia - Eufonia de las Antillas Menores*
Sparrman, 1789
*Kleine Antillen*

Chlorophonia cyanocephala
**Goldbürzelorganist**
*Golden-rumped Euphonia - Eufonia culidorada*
Vieillot, 1819
*e Kolumbien über n Venezuela bis Trinidad; Guianas; e Anden von Peru bis Bolivien und nw Argentinien; se Brasilien, ne Argentinien und e Paraguay*

    Chlorophonia cyanocephala pelzelni
    **Pelzelns Goldbürzelorganist**
    Sclater, PL, 1886
    *s Kolumbien und w Ecuador*
    Chlorophonia cyanocephala insignis
    **Ekuador-Goldbürzelorganist**
    Sclater, PL & Salvin, 1877
    *c Ecuador*

Chlorophonia cyanea
**Grünorganist**
*Blue-naped Chlorophonia - Clorofonia nuquiazul*
Thunberg, 1822
*se Brasilien, e Paraguay und ne Argentinien*

    Chlorophonia cyanea psittacina
    **Bangs Grünorganist**
    Bangs, 1902
    *n Kolumbien*
    Chlorophonia cyanea frontalis
    **Sclaters Grünorganist**
    Sclater, PL, 1851
    *n Venezuela*
    Chlorophonia cyanea minuscula
    **Hellmayrs Grünorganist**
    Hellmayr, 1922
    *ne Venezuela*
    Chlorophonia cyanea roraimae
    **Roraima-Grünorganist**
    Salvin & Godman, 1884
    *Tepuis s Venezuela, w Guyana und n Brasilien*
    Chlorophonia cyanea intensa
    **Kolumbien-Grünorganist**
    Zimmer, JT, 1943
    *w Kolumbien*
    Chlorophonia cyanea longipennis
    **Bolivien-Grünorganist**
    Du Bus de Gisignies, 1855
    *w Venezuela bis c Bolivien und nw Argentinien*

Chlorophonia pyrrhophrys
**Schwarzbrauenorganist**
*Chestnut-breasted Chlorophonia - Clorofonia pechicastaña*
Sclater, PL, 1851
*Anden von c Venezuela bis c Peru*

Chlorophonia flavirostris
**Halsbandorganist**
*Yellow-collared Chlorophonia - Clorofonia acollarada*
Sclater, PL, 1861
*s Panama, w Kolumbien und nw Ecuador*

Chlorophonia occipitalis
**Blauscheitelorganist**
*Blue-crowned Chlorophonia - Clorofonia coroniazul*
Du Bus de Gisignies, 1847
*Mexico bis Nicaragua*

Chlorophonia callophrys
**Goldbrauenorganist**
*Golden-browed Chlorophonia - Clorofonia cejidorada*
Cabanis, 1861
*Costa Rica und Panama*

## Gattung: Euphonia

Euphonia jamaica
**Gimpelorganist**
*Jamaican Euphonia - Eufonia jamaicana*
Linnaeus, 1766
*Jamaika*

Euphonia saturata
**Orangescheitelorganist**
*Orange-crowned Euphonia - Eufonia coroninaranja*
Cabanis, 1861
*wc Kolumbien bis nw Peru*

Euphonia plumbea
**Grauorganist**
*Plumbeous Euphonia - Eufonia plúmbea*
Du Bus de Gisignies, 1855
*Südvenezuela bis Guyana, Surinam und das nördliche Amazonasgebiet Brasiliens*

Euphonia chlorotica
## Purpurkehlorganist
*Purple-throated Euphonia - Eufonia golipúrpura*
Linnaeus, 1766
*Guianas und ne, e Brasilien*

Euphonia chlorotica cynophora
### Kolumbien-Purpurkehlorganist
Oberholser, 1918
*e Kolumbien, s Venezuela und n Brasilien*
Euphonia chlorotica amazonica
### Amazonas-Purpurkehlorganist
Parkes, 1969
*nc und c Brasilien*
Euphonia chlorotica taczanowskii
### Peru-Purpurkehlorganist
Sclater, PL, 1886
*Peru und n Bolivien*
Euphonia chlorotica serrirostris
### Brasilien-Purpurkehlorganist
d'Orbigny & Lafresnaye, 1837
*se Bolivien und se Brasilien bis nc Argentinien*

Euphonia finschi
## Finschorganist
*Finsch's Euphonia - Eufonia de Finsch*
Sclater, PL & Salvin, 1877
*Venezuela und Guianas*

Euphonia concinna
## Samtstirnorganist
*Velvet-fronted Euphonia - Eufonia del Magdalena*
Sclater, PL, 1855
*Kolumbien*

Euphonia trinitatis
## Trinidadorganist
*Trinidad Euphonia - Eufonia de Trinidad*
Strickland, 1851
*e Kolumbien und c Venezuela über Guianas und bis n Brasilien*

Euphonia godmani
## Weißsteißorganist
*West Mexican Euphonia - Eufonia mexicana*
Brewster, 1889
*w Mexico*

Euphonia affinis
## Buschorganist
*Scrub Euphonia - Eufonia matorralera*
Lesson, RP, 1842
*s Mexico bis Costa Rica*

Euphonia affinis olmecorum
### Östlicher Buschorganist
Dickerman, 1981
*e Mexico*

Euphonia luteicapilla
## Gelbscheitelorganist
*Yellow-crowned Euphonia - Eufonia conigualda*
Cabanis, 1861
*Nicaragua bis Panama*

Euphonia chrysopasta
## Zügelorganist
*White-lored Euphonia - Eufonia maquillada*
Sclater, PL & Salvin, 1869
*w Amazonasgebiet*

Euphonia chrysopasta nitida
### Penards Zügelorganist
Penard, TE, 1923
*e Kolumbien, Venezuela, Guianas und n Brasilien*

Euphonia minuta
## Weißbauchorganist
*White-vented Euphonia - Eufonia culiblanca*
Cabanis, 1849
*Guiana Shield und w, c Amazonasgebiet*

Euphonia minuta humilis
### Mexikanischer Weißbauchorganist
Cabanis, 1861
*Chiapa (se Mexico) bis nw Ecuador*

Euphonia chalybea
## Bronzeorganist
*Green-chinned Euphonia - Eufonia bronceada*
Mikan, 1825
*e Paraguay ne Argentinien und se Brasilien*

Euphonia violacea
## Veilchenorganist
*Violaceous Euphonia - Eufonia violácea*
Linnaeus, 1758
*Guianas und n Brasilien*

Euphonia violacea rodwayi
### Rodways Veilchenorganist
Penard, TE, 1919
*Venezuela und Trinidad*
Euphonia violacea aurantiicollis
### Brasilien-Veilchenorganist
Bertoni, AW, 1901
*e Brasilien bis n Paraguay und ne Argentinien*

Euphonia hirundinacea
## Schwalbenorganist
*Yellow-throated Euphonia - Eufonia gorjiamarilla*
Bonaparte, 1838
*se Mexico bis e Nicaragua*

Euphonia hirundinacea suttoni
### Suttons Schwalbenorganist
Phillips, AR, 1966
*e Mexico*
Euphonia hirundinacea caribbaea
### Karibik-Schwalbenorganist
Phillips, AR, 1966
*sc Mexico*
Euphonia hirundinacea gnatho
### Panama-Schwalbenorganist
Cabanis, 1861
*nw Nicaragua bis w Panama*

Euphonia laniirostris
## Dickschnabelorganist
*Thick-billed Euphonia - Eufonia piquigruesa*
d'Orbigny & Lafresnaye, 1837
*se Peru und n Bolivien bis c Brasilien*

Euphonia laniirostris crassirostris
### Costa Rica-Dickschnabelorganist
Sclater, PL, 1857
*sw Costa Rica bis w Venezuela*
Euphonia laniirostris melanura
### Sclaters-Dickschnabelorganist
Sclater, PL, 1851
*e Kolumbien bis e Peru und nc Brasilien*
Euphonia laniirostris hypoxantha
### Ekuador-Dickschnabelorganist
Berlepsch & Taczanowski, 1884
*w Ecuador und nw Peru*
Euphonia laniirostris zopholega
### Oberholsers Dickschnabelorganist
Oberholser, 1918
*ec Peru*

Euphonia imitans
## Stirnfleckenorganist
*Spot-crowned Euphonia - Eufonia coronipinta*
Hellmayr, 1936
*Costa Rica und Panama*

Euphonia gouldi
## Olivrückenorganist
*Olive-backed Euphonia - Eufonia olivácea*
Sclater, PL, 1857
*se Mexico bis Honduras*

Euphonia gouldi praetermissa
### Panama-Olivrückenorganist
Peters, JL, 1929
*se Honduras bis Panama*

Euphonia fulvicrissa
## Roststeißorganist
*Fulvous-vented Euphonia - Eufonia ventricanela*
Sclater, PL, 1857
*c Panama bis w Kolumbien*

Euphonia fulvicrissa omissa
### Kolumbischer Rotsteißorganist
Hartert, EJO, 1913
*c Kolumbien*
Euphonia fulvicrissa purpurascens
### Ekuador-Rotsteißorganist
Hartert, EJO, 1901
*sw Kolumbien und nw Ecuador*

Euphonia anneae
## Braunscheitelorganist
*Tawny-capped Euphonia - Eufonia coronirrufa*
Cassin, 1865
*Costa Rica bis w Panama*

Euphonia anneae rufivertex
**Südlicher Braunscheitelorganist**
Salvin, 1866
w Panama bis nw Kolumbien

Euphonia xanthogaster
**Gelbbauchorganist**
*Orange-bellied Euphonia - Eufonia ventrinaranja*
Sundevall, 1834
e Brasilien

    Euphonia xanthogaster oressinoma
    **Olsons Gelbbauchorganist**
    Olson, 1981
    nw Kolumbien

    Euphonia xanthogaster chocoensis
    **Hellmayrs Gelbbauchorganist**
    Hellmayr, 1911
    e Panama bis nw Ecuador

    Euphonia xanthogaster badissima
    **Venezuela-Gelbbauchorganis**
    Olson, 1981
    n Kolumbien und nw Venezuela

    Euphonia xanthogaster quitensis
    **Ekuador-Gelbbauchorganist**
    Nelson, 1912
    w Ecuador und nw Peru

    Euphonia xanthogaster dilutior
    **Kolumbien-Gelbbauchorganist**
    Zimmer, JT, 1943
    se Kolumbien und ne Peru

    Euphonia xanthogaster cyanonota
    **Brasilien-Gelbbauchorganist**
    Parkes, 1969
    w, c Brasilien

    Euphonia xanthogaster brunneifrons
    **Peru-Gelbbauchorganist**
    Chapman, 1901
    se Peru

    Euphonia xanthogaster ruficeps
    **Bolivien-Gelbbauchorganist**
    d'Orbigny & Lafresnaye, 1837
    w Bolivien

    Euphonia xanthogaster brevirostris
    **Bonapartes Gelbbauchorganist**
    Bonaparte, 1851
    e Kolumbien bis s Venezuela, Guianas, nw Brasilien und e Peru

    Euphonia xanthogaster exsul
    **Berlepschs Gelbbauchorganist**
    Berlepsch, 1912
    ne Kolumbien und n Venezuela

Euphonia mesochrysa
**Grünscheitelorganist**
*Bronze-green Euphonia - Eufonia verdosa*
Salvadori, 1873
c Kolumbien bis e Ecuador

    Euphonia mesochrysa media
    **Peru-Grünscheitelorganist**
    Zimmer, JT, 1943
    n, c Peru

    Euphonia mesochrysa tavarae
    **Bolivien-Grünscheitelorganist**
    Chapman, 1925
    se Peru bis c Bolivien

Euphonia cayennensis
**Cayenneorganist**
*Golden-sided Euphonia - Eufonia negra*
Gmelin, JF, 1789
n Amazonasgebiet

Euphonia rufiventris
**Rotbauchorganist**
*Rufous-bellied Euphonia - Eufonia ventrirrufa*
Vieillot, 1819
w, c Amazonasgebiet

    Euphonia rufiventris carnegiei
    **Venezuela-Rotbauchorganist**
    Dickerman, 1988
    s Venezuela

Euphonia pectoralis
**Braunbauchorganist**
*Chestnut-bellied Euphonia - Eufonia ventricastaña*
Latham, 1801
e Paraguay, c, se Brasilien und ne Argentinien



Rhynchophanes mccownii
**Weißkehl-Spornammer**
*Thick-billed Longspur - Escribano de McCown*
Lawrence, 1851
sc Kanada und nc USA



Calcarius lapponicus
**Spornammer**
*Lapland Longspur - Escribano lapón*
Linnaeus, 1758
n Europa und n Asien

    Calcarius lapponicus subcalcaratus
    **Grönland-Spornammer**
    Brehm, CL, 1826
    n Kanada und Grönland

    Calcarius lapponicus kamtschaticus
    **Kamtschatka-Spornammer**
    Portenko, 1937
    ne Sibirien

    Calcarius lapponicus alascensis
    **Alaska-Spornammer**
    Ridgway, 1898
    extremer e Sibirien, Alaska und nw Kanada

    Calcarius lapponicus coloratus
    **Commander-Spornammer**
    Ridgway, 1898
    Commander Is.

Calcarius pictus
**Goldbauch-Spornammer**
*Smith's Longspur - Escribano de Smith*
Swainson, 1832
n Alaska und Kanada; se Alaska und w Kanada

Calcarius ornatus
**Gelbkehl-Spornammer**
*Chestnut-collared Longspur - Escribano collarejo*
Townsend, JK, 1837
sc Kanada und nc USA



Plectrophenax nivalis
**Schneeammer**
*Snow Bunting - Escribano nival*
Linnaeus, 1758
n Nordamerika und n Europa

    Plectrophenax nivalis insulae
    **Island-Schneeammer**
    Salomonsen, 1931
    Island

    Plectrophenax nivalis vlasowae
    **Vlasowas Schneeammer**
    Portenko, 1937
    ne Europa bis ne Sibirien

    Plectrophenax nivalis townsendi
    **Townsends Schneeammer**
    Ridgway, 1887
    Commander, Aleutian Is. und Pribilof Is.

Plectrophenax hyperboreus
**Beringschneeammer**
*McKay's Bunting - Escribano de McKay*
Ridgway, 1884
w Alaska



Rhodinocichla rosea
**Rosenbrust-Tangarenammer**
*Rosy Thrush-tanager - Tangara rosada*
Lesson, RP, 1832
nw bis n Venezuela

Rhodinocichla rosea schistacea
**Mexiko-Rosenbrust-Tangarenammer**
Ridgway, 1878
w Mexico
Rhodinocichla rosea eximia
**Costa Rica-Rosenbrust-Tangarenammer**
Ridgway, 1902
w Costa Rica bis c Panama
Rhodinocichla rosea harterti
**Harters Rosenbrust-Tangarenammer**
Hellmayr, 1918
n, nc Kolumbien
Rhodinocichla rosea beebei
**Perija-Rosenbrust-Tangarenammer**
Phelps, WH & Phelps, WH Jr, 1949
Perijá Mts. (extremer n Kolumbien und nw Venezuela)

## Familie: Emberizidae (Ammern)

### Gattung: Emberiza

Emberiza lathami
**Haubenammer**
*Crested Bunting - Escribano crestado*
Gray, JE, 1831
*ne Pakistan und w, c Indien bis c, ec China und s über n se Asien*

Emberiza siemsseni
**Blauammer**
*Slaty Bunting - Escribano azul*
Martens, GH, 1906
*se Gansu, c, se Sichuan und s Shaanxi, und Hubei und Anhui*

Emberiza calandra
**Grauammer**
*Corn Bunting - Escribano triguero*
Linnaeus, 1758
*Britische Is. und w Europa n bis s Skandinavien, Lettland und sw Russland, s bis Kanarische Is. (c Makaronesien, nw von w Afrika), Marokko bis Tunesien (nw, nc Afrika), über Mittelmeer bis Türkei, Israel und w Jordanien*

Emberiza calandra buturlini
**Buturlinis Grauammer**
Johansen, HE, 1907
se Türkei e über s Kasachstan bis nw Xinjiang (nw China), s über sw, sc, n Iran und n Afghanistan

Emberiza citrinella
**Goldammer**
*Yellowhammer - Escribano cerillo*
Linnaeus, 1758
*se England und w Europa bis nw Russland und Polen s bis Balkan*

Emberiza citrinella caliginosa
**Britische Goldammer**
Clancey, 1940
w, n Britische Is.
Emberiza citrinella erythrogenys
**Östliche Goldammer**
Brehm, CL, 1855
e Europa bis sc Sibirien

Emberiza leucocephalos
**Fichtenammer**
*Pine Bunting - Escribano cabeciblanco*
Gmelin, SG, 1771
*wc Russland von Ural Mts. e bis Sea von Okhotsk, Sakhalin und Kuril Is. (se Russland), s über nc, ne Kasachstan, e Kirgisistan und nw Xinjiang (nw China), n, c Mongolei und ne China*

Emberiza leucocephalos fronto
**Chinesische Fichtenammer**
Stresemann, 1930
c, ne Qinghai und w Gansu (nc China)

Emberiza cia
**Zippammer**
*Rock Bunting - Escribano montesino*
Linnaeus, 1766
*c, s Europa bis Balkan und n Türkei, nw Afrika*

Emberiza cia hordei
**Hordes Zippammer**
Brehm, CL, 1831
Griechenland über s Türkei und s bis Israel und Jordanien
Emberiza cia prageri
**Pragers Zippammer**
Laubmann, 1915
Kaukasus, s Ukraine, e Türkei und sw, n Iran
Emberiza cia par
**Harters Zippammer**
Hartert, EJO, 1904
ne Iran bis c Asien und n Pakistan

Emberiza cia stracheyi
**Himalaya-Zippammer**
Moore, F, 1856
nw Himalaya bis sw Tibet und Nepal
Emberiza cia flemingorum
**Nepal-Zippammer**
Martens, J, 1972
c Nepal

Emberiza godlewskii
**Felsenammer**
*Godlewski's Bunting - Escribano de Godlewski*
Taczanowski, 1874
*s Sibirien, Mongolei und n China*

Emberiza godlewskii decolorata
**Sushkins Felsenammer**
Sushkin, 1925
nw China
Emberiza godlewskii khamensis
**Tibet-Felsenammer**
Sushkin, 1925
Tibet bis sc China
Emberiza godlewskii yunnanensis
**Yunnan-Felsenammer**
Sharpe, 1902
s China
Emberiza godlewskii omissa
**Östliche Felsenammer**
Rothschild, 1921
e China

Emberiza cioides
**Wiesenammer**
*Meadow Bunting - Escribano de Brandt*
Brandt, JF, 1843
*sc Sibirien und Transsibirien (e Russland), Mongolei, und e Qinghai (nc China)*

Emberiza cioides tarbagataica
**China-Wiesenammer**
Sushkin, 1925
e Kasachstan, e Kirgisistan, und Xinjiang (w China)
Emberiza cioides weigoldi
**Weigolds Wiesenammer**
Jacobi, A, 1923
Amurland und Ussuriland (se Russland), n Koreanische Halbinsel und ne China
Emberiza cioides castaneiceps
**Korea-Wiesenammer**
Moore, F, 1856
e China s von Hebei, und s Koreanische Halbinsel
Emberiza cioides ciopsis
**Japan-Wiesenammer**
Bonaparte, 1850
Sakhalin und Kuril Is. (se Russland) und Hokkaido bis Yakushima (n bis s Japan)

Emberiza stewarti
**Silberkopfammer**
*White-capped Bunting - Escribano de Stewart*
Blyth, 1854
*ec, s Kasachstan, e Usbekistan und e Turkmenistan, über Kirgisistan und Tadschikistan über Afghanistan und n, wc Pakistan, Kashmir bis c Himachal Pradesh*

Emberiza jankowskii
**Jankowskiammer**
*Jankowski's Bunting - Escribano de Jankowski*
Taczanowski, 1888
*e Mongolei, e Inner Mongolei und w Jilin (ne China)*

Emberiza buchanani
**Steinortolan**
*Grey-necked Bunting - Escribano cabecigrís*
Blyth, 1845
*Usbekistan und Tadschikistan bis c Afghanistan und wc Pakistan*

Emberiza buchanani cerrutii
**Türkischer Steinortolan**
de Filippi, 1863
e Türkei bis Turkmenistan
Emberiza buchanani neobscura
**Mongolischer Steinortolan**
Paynter, 1970
Kasachstan bis Mongolei und nw China

Emberiza cineracea
**Türkenammer**
*Cinereous Bunting - Escribano cinéreo*
Brehm, CL, 1855
*Lesbos und Chios (e Griechenland), sw, c, se Türkei*

Emberiza cineracea semenowi
**Semenows Türkenammer**
Zarudny, 1904
se Türkei, n Irak und wc Iran

Emberiza hortulana
**Ortolan**
*Ortolan Bunting - Escribano hortelano*
Linnaeus, 1758
*Skandinavien bis Iberische Halbinsel, e über Baltic Region, w, sc Russland, n Kasachstan, n Xinjiang (nw China) und w, c, s Mongolei; in s über Küste Algerien, n Mittelmeer bis Türkei, Kaukasus und n Iran*

Emberiza caesia
**Grauortolan**
*Cretzschmar's Bunting - Escribano ceniciento*
Cretzschmar, 1827
*ne Mittelmeer Küste s Albanien, Griechenland, Kreta, w, s Türkei und Zypern bis Israel und w Jordanien*

Emberiza cirlus
**Zaunammer**
*Cirl Bunting - Escribano soteño*
Linnaeus, 1766
*s England, Frankreich, s Deutschland e über s Rumänien; von s bis Iberische Halbinsel und Küste Marokko bis Tunesien (nw, nc Afrika), Mittelmeer inklusive Balearen, Korsika, Sardinien, Sizilien, Kreta, und Küste w, n Türkei*

Emberiza striolata
**Wüstenammer**
*Striolated Bunting - Escribano estriado*
Lichtenstein, MHC, 1823
*ne Sudan bis n Somalia; Israel und ne Ägypten bis Pakistan und nw Indien*

   Emberiza striolata saturatior
   **Sudan-Wüstenammer**
   Sharpe, 1901
   *c Sudan, sw Äthiopien und nw Kenia*
   Emberiza striolata jebelmarrae
   **Tschad-Wüstenammer**
   Lynes, 1920
   *ne Chad und w Sudan*

Emberiza sahari
**Hausammer**
*House Bunting - Escribano sahariano*
Levaillant, J, 1850
*Marokko bis n Chad*

   Emberiza sahari sanghae
   **Mauretanien-Hausammer**
   Traylor, 1960
   *Mauretanien, n Senegal und s Mali*

Emberiza impetuani
**Lerchenammer**
*Lark-like Bunting - Escribano alaudino*
Smith, A, 1836
*Küste c Angola bis Namibia, Botswana, Simbabwe, s bis nw Südafrika*

   Emberiza impetuani sloggetti
   **Slogetts Lerchenammer**
   Macdonald, 1957
   *w Südafrika*

Emberiza tahapisi
**Bergammer**
*Cinnamon-breasted Bunting - Escribano canelo*
Smith, A, 1836
*Gabun e bis c, s Äthiopien und Gebirge Socotra, s bis se Südafrika*

   Emberiza tahapisi arabica
   **Arabische Bergammer**
   Lorenz von Liburnau, L & Hellmayr, 1902
   *s Arabien*
   Emberiza tahapisi septemstriata
   **Äthiopien-Bergammer**
   Rüppell, 1837
   *e Sudan über Eritrea und n Äthiopien bis nw Somalia*
   Emberiza tahapisi nivenorum
   **Namibia-Bergammer**
   Winterbottom, 1965
   *s Angola bis c Namibia*

Emberiza goslingi
**Graukehlammer**
*Gosling's Bunting - Escribano gorjigrís*
Alexander, 1906
*Mauretanien und Senegal e bis sw Sudan und ne Demokratische Republik Kongo; s bis n Kamerun, n Zentralafrikanische Republik und n Süd-Sudan*

Emberiza socotrana
**Sokotraammer**
*Socotra Bunting - Escribano de Socotora*
Ogilvie-Grant & Forbes, HO, 1899
*Socotra*

Emberiza capensis
**Kapammer**
*Cape Bunting - Escribano de El Cabo*
Linnaeus, 1766
*s Namibia bis sw Südafrika*

   Emberiza capensis nebularum
   **Rudebecks Kapammer**
   Rudebeck, 1958
   *sw Angola*
   Emberiza capensis bradfieldi
   **Bradfields Kapammer**
   Roberts, 1928
   *n, c Namibia*
   Emberiza capensis smithersii
   **Smithersis Kapammer**
   Plowes, 1951
   *e Simbabwe und wc Mosambik*
   Emberiza capensis plowesi
   **Plowes-Kapammer**
   Vincent, 1950
   *ne Botswana und s Simbabwe*
   Emberiza capensis limpopoensis
   **Limpopo-Kapammer**
   Roberts, 1924
   *se Botswana bis North West und Limpopo Provinces (nc, ne Südafrika)*
   Emberiza capensis reidi
   **Reids Kapammer**
   Shelley, 1902
   *ec Südafrika, w Swaziland und n Lesotho*
   Emberiza capensis basutoensis
   **Lesotho-Kapammer**
   Vincent, 1950
   *c Lesotho und e Südafrika*
   Emberiza capensis cinnamomea
   **Lichtensteins Kapammer**
   Lichtenstein, MHC, 1842
   *c Südafrika*
   Emberiza capensis vinacea
   **Clanceys Kapammer**
   Clancey, 1963
   *ne Northern Cape Province (nc Südafrika)*
   Emberiza capensis vincenti
   **Gebirgs-Kapammer**
   Lowe, 1932
   *von sc Afrika: Gebirge e Sambia, c, s Malawi und n Mosambik*

Emberiza tristrami
**Tristramammer**
*Tristram's Bunting - Escribano de Tristram*
Swinhoe, 1870
*Amurland und Ussuriland, (se Russland), n Outer Mongolei und Heilongjiang (ne China) und n, c Koreanische Halbinsel*

Emberiza fucata
**Bandammer**
*Chestnut-eared Bunting - Escribano orejudo*
Pallas, 1776
*nc, ne Mongolei, s Transsibirien bis Sakhalin (se Russland), Nei Mongol und Heilongjiang (ne China) s bis Koreanische Halbinsel, s Kuril Is. bis Kyushu (n bis s Japan)*

   Emberiza fucata arcuata
   **Himalaya-Bandammer**
   Sharpe, 1888
   *Gebirge nw Pakistan über Himalaya bis c Nepal; Sichuan und s Shaanxi s bis se Tibet, Yunnan und Guizhou*
   Emberiza fucata kuatunensis
   **Kuatun-Bandammer**
   La Touche, 1925
   *Zhejiang und Fujian (ec China)*

Emberiza pusilla
**Zwergammer**
*Little Bunting - Escribano pigmeo*
Pallas, 1776
*n Skandinavien über Russland bis Chukotka; s bis nc Mongolei und in ne China*

Emberiza chrysophrys
**Gelbbrauenammer**
*Yellow-browed Bunting - Escribano cejigualdo*
Pallas, 1776
*Irkutsk Oblast und Sakha Republic (sc, ec Russland)*

Emberiza rustica
**Waldammer**
*Rustic Bunting - Escribano rústico*
Pallas, 1776
*Skandinavien (außer n und s) Russland bis s Chukotka, Kamtschatka, s bis n Altai und n Sakhalin (e Russland)*

Emberiza elegans
**Gelbkehlammer**
*Yellow-throated Bunting - Escribano elegante*
Temminck, 1836
*Amurland, s Khabarovsk und Ussuriland (se Russland), Inner Mongolei und Heilongjiang (ne China) bis Koreanische Halbinsel, Oki und Tsushima (sw, n von s Kyushu, c Japan)*

Emberiza elegans elegantula
**Chinesische Gelbkehlammer**
Swinhoe, 1870
Gansu bis Shaanxi und s bis Yunnan und Hunan (se, c, se China)

Emberiza aureola
# Weidenammer
*Yellow-breasted Bunting - Escribano aureolado*
Pallas, 1773
*Murmansk, e bis e Sibirien und s bis n Kasachstan und c Mongolei*

Emberiza aureola ornata
**Östliche Weidenammer**
Shulpin, 1928
sc Sibirien und ne Mongolei, n Inner Mongolei und Heilongjiang (ne China) und n Hokkaido (n Japan)

Emberiza poliopleura
# Somaliammer
*Somali Bunting - Escribano somalí*
Salvadori, 1888
*c Äthiopien und Somalia (außer ne) s über se Süd-Sudan bis n Tansania*

Emberiza flaviventris
# Gelbbauchammer
*Golden-breasted Bunting - Escribano pechidorado*
Stephens, 1815
*s Mauretanien und s Mali bis n Eritrea und n Äthiopien*

Emberiza flaviventris kalaharica
**Äthiopien-Gelbbauchammer**
Roberts, 1932
s Süd-Sudan bis Botswana, n Südafrika und c Mosambik

Emberiza flaviventris princeps
**Kalahari-Gelbbauchammer**
Clancey & Winterbottom, 1960
s Angola und Namibia

Emberiza flaviventris flaviventris
**Namibia-Gelbbauchammer**
Stephens, 1815
s, e Südafrika, s Mosambik

Emberiza affinis
# Braunbürzelammer
*Brown-rumped Bunting - Escribano culipardo*
Heuglin, 1867
*s Sudan, ne Demokratische Republik Kongo und nw Uganda*

Emberiza affinis nigeriae
**Nigeria-Braunbürzelammer**
Bannerman & Bates, GL, 1926
Senegal und Gambia bis Nigeria und n Kamerun

Emberiza affinis vulpecula
**Kamerun-Braunbürzelammer**
Grote, 1921
c Kamerun, s Chad und Zentralafrikanische Republik

Emberiza affinis omoensis
**Äthiopien-Braunbürzelammer**
Neumann, 1905
s Äthiopien

Emberiza cabanisi
# Cabanisammer
*Cabanis's Bunting - Escribano de Cabanis*
Reichenow, 1875
*Guinea und Sierra Leone bis s Sudan und nw Uganda*

Emberiza cabanisi cognominata
**Gabun-Cabanisammer**
Grote, 1931
Gabun, Republik Kongo und Angola bis w Simbabwe

Emberiza cabanisi orientalis
**Angola-Cabanisammer**
Shelley, 1882
Tansania bis e Simbabwe und Mosambik

Emberiza rutila
# Rötelammer
*Chestnut Bunting - Escribano herrumbroso*
Pallas, 1776
*sc Russland und nc Mongolei bis s Sea von Okhotsk und Ussuriland (se Russland) und ne Inner Mongolei und Heilongjiang (ne China)*

Emberiza koslowi
# Tibetammer
*Tibetan Bunting - Escribano tibetano*
Bianchi, 1904
*Gebirge se Tibet und s Qinghai (wc China)*

Emberiza melanocephala
# Kappenammer
*Black-headed Bunting - Escribano cabecinegro*
Scopoli, 1769
*sw Frankreich, Italien, Balkans ne bis se Ukraine und sw Russland und Kaukasus; s bis Griechenland, Kreta, Türkei, Zypern bis n Israel und n Jordanien, e über nw Syrien und n Irak bis nc, se Iran*

Emberiza bruniceps
# Braunkopfammer
*Red-headed Bunting - Escribano carirrojo*
Brandt, JF, 1841
*sw Russland in Astrakhan, Kasachstan (außer n) und se Orenburg (sc Russland) bis nw Xinjiang (nw China) und sw Mongolei; s bis nc, ne Iran, n, e Afghanistan und n Baluchistan, w Pakistan über Tadschikistan und Kirgisistan*

Emberiza sulphurata
# Schwefelammer
*Yellow Bunting - Escribano japonés*
Temminck & Schlegel, 1848
*Gebirge n, c Honshu (nc Japan)*

Emberiza spodocephala
# Maskenammer
*Black-faced Bunting - Escribano carinegro*
Pallas, 1776
*sc Russland und n Mongolei e bis Sea von Okhotsk und n Sakhalin (se Russland) und s bis ne Inner Mongolei, n Heilongjiang (ne China) und n, c Koreanische Halbinsel*

Emberiza spodocephala sordida
**Chinesische Maskenammer**
Blyth, 1845
Qinghai und Shaanxi s bis Yunnan und Guizhou (c China)

Emberiza personata
# Strohammer
*Masked Bunting - Escribano enmascarado*
Temminck, 1836
*s Sakhalin und Kuril Is. (se Russland), Hokkaido und n, c Honshu (n, c Japan)*

Emberiza variabilis
# Bambusammer
*Grey Bunting - Escribano gris*
Temminck, 1836
*Sakhalin, Kuril Is. (se Russland), Hokkaido, Honshu und Shikoku (n, c Japan)*

Emberiza variabilis musica
**Kamtschatka-Bambusammer**
Kittlitz, 1858
c, s Kamtschatka (e Russland)

Emberiza pallasi
# Pallasammer
*Pallas's Reed Bunting - Escribano de Pallas*
Cabanis, 1851
*sc Sibirien, n Mongolei und ne China*

Emberiza pallasi minor
**Kleine Pallasammer**
Middendorff, 1853
c Sibirien bis se Russland

Emberiza pallasi polaris
**Nördliche Pallasammer**
Middendorff, 1853
ne Europäisch Russland bis n Kamtschatka

Emberiza pallasi lydiae
**Mongolische Pallasammer**
Portenko, 1929
nw, c, ne Mongolei

Emberiza yessoensis
# Mandschurenammer
*Ochre-rumped Bunting - Escribano culiocre*
Swinhoe, 1874
*Honshu und Kyushu (c, s Japan)*

Emberiza yessoensis continentalis
**Sibirische Mandschurenammer**
Witherby, 1913
se Sibirien, e Mongolei und ne China

Emberiza schoeniclus
# Rohrammer
*Common Reed Bunting - Escribano palustre*
Linnaeus, 1758
*w, n, nc Europa bis n Europäisch Russland*

Emberiza schoeniclus lusitanica
**Iberische Rohrammer**
Steinbacher, 1930
nw Spanien und Portugal

Emberiza schoeniclus passerina
**Sperlings-Rohrammer**
Pallas, 1771
nw Sibirien
Emberiza schoeniclus parvirostris
**Sibirische Rohrammer**
Buturlin, 1910
c Sibirien
Emberiza schoeniclus pyrrhulina
**Kamtschatka-Rohrammer**
Swinhoe, 1876
sc Sibirien und ne Mongolei bis Kamtschatka Halbinsel, Kuril Is., n Japan und ne China
Emberiza schoeniclus pallidior
**Kasachstan-Rohrammer**
Hartert, EJO, 1904
sw Sibirien und n Kasachstan
Emberiza schoeniclus stresemanni
**Stresemanns Rohrammer**
Steinbacher, 1930
e Österreich, Ungarn, n Serbien und nw Rumänien
Emberiza schoeniclus ukrainae
**Ukrainische Rohrammer**
Zarudny, 1917
Moldova und Ukraine bis c Europäisch Russland
Emberiza schoeniclus incognita
**Östliche Rohrammer**
Zarudny, 1917
se Europäisch Russland bis nw, c, ne Kasachstan
Emberiza schoeniclus witherbyi
**Witherbys Rohrammer**
von Jordans, 1923
Spanien (außer nw), s Frankreich, Sardinien, Balearen Is. und Marokko
Emberiza schoeniclus intermedia
**Italienische Rohrammer**
Degland, 1849
Italien und Adriatic Küste bis Albanien
Emberiza schoeniclus tschusii
**Tschusis Rohrammer**
Reiser & Almásy, 1898
Bulgaria, Rumänien und n Schwarzes Meer Region
Emberiza schoeniclus reiseri
**Reisers Rohrammer**
Hartert, EJO, 1904
se Albanien, nw Griechenland, Macedonia und w, c Türkei
Emberiza schoeniclus caspia
**Kaspische Rohrammer**
Ménétriés, 1832
e Türkei, Kaukasus und n Iran
Emberiza schoeniclus korejewi
**Korejew Rohrammer**
Zarudny, 1907
sw, e Iran, s Turkmenistan
Emberiza schoeniclus pyrrhuloides
**Pallas-Rohrammer**
Pallas, 1811
w Kasachstan bis se Kasachstan
Emberiza schoeniclus harterti
**Harters Rohrammer**
Sushkin, 1906
e Kasachstan bis c Mongolei und nw China
Emberiza schoeniclus centralasiae
**Zentralasiatische Rohrammer**
Hartert, EJO, 1904
w China
Emberiza schoeniclus zaidamensis
**Chinesische Rohrammer**
Portenko, 1929
wc China

## Familie: Passerellidae (Neuweltammern)

### Gattung: Oreothraupis

Oreothraupis arremonops
**Tangarenbuschammer**
*Tanager Finch - Cerquero tangarino*
Sclater, PL, 1855
*w Kolumbien und nw Ecuador*

### Gattung: Chlorospingus

Chlorospingus flavigularis
**Gelbkehl-Grünammer**
*Yellow-throated Chlorospingus - Clorospingo gorjiamarillo*
Sclater, PL, 1852
*c Kolumbien bis c Ecuador und Peru*

Chlorospingus flavigularis hypophaeus
**Panama-Gelbkehl-Grünammer**
Sclater, PL & Salvin, 1868
w Panama
Chlorospingus flavigularis marginatus
**Ekuador-Gelbkehl-Grünammer**
Chapman, 1914
w Kolumbien bis sw Ecuador

Chlorospingus parvirostris
**Kurzschnabel-Grünammer**
*Yellow-whiskered Chlorospingus - Clorospingo bigotudo*
Chapman, 1901
s Peru und w Bolivien

Chlorospingus parvirostris huallagae
**Ekuador-Kurzschnabel-Grünammer**
Carriker, 1933
c Kolumbien bis Ecuador und nw Peru
Chlorospingus parvirostris medianus
**Peru-Kurzschnabel-Grünammer**
Zimmer, JT, 1947
c Peru

Chlorospingus canigularis
**Graukehl-Grünammer**
*Ashy-throated Chlorospingus - Clorospingo gorjigrís*
Lafresnaye, 1848
nc Kolumbien bis nw Venezuela

Chlorospingus canigularis olivaceiceps
**Costa Rica-Graukehl-Grünammer**
Underwood, 1898
Costa Rica und w Panama
Chlorospingus canigularis conspicillatus
**Kolumbien-Graukehl-Grünammer**
Todd, 1922
w Kolumbien
Chlorospingus canigularis paulus
**Ekuador-Graukehl-Grünammer**
Zimmer, JT, 1947
w Ecuador und nw Peru
Chlorospingus canigularis signatus
**Peru-Graukehl-Grünammer**
Taczanowski & Berlepsch, 1885
c Ecuador bis sc Peru

Chlorospingus pileatus
**Weißbrauen-Grünammer**
*Sooty-capped Chlorospingus - Clorospingo cejiblanco*
Salvin, 1865
*Costa Rica und w Panama*

Chlorospingus flavopectus
**Finkengrünammer**
*Common Chlorospingus - Clorospingo común*
Lafresnaye, 1840
*e Anden von s Santander bis Bogota (c Kolumbien)*

Chlorospingus flavopectus postocularis
**Chiapas-Finkengrünammer**
Cabanis, 1866
s Chiapa (s Mexico) und w Guatemala
Chlorospingus flavopectus wetmorei
**Wetmores Finkengrünammer**
Lowery & Newman, RJ, 1949
e Veracruz (e Mexico)
Chlorospingus flavopectus albifrons
**Guerrero-Finkengrünammer**
Salvin & Godman, 1889
Guerrero und Oaxaca (sw Mexico)
Chlorospingus flavopectus ophthalmicus
**Veracruz-Finkengrünammer**
Du Bus de Gisignies, 1847
se San Luis Potosí und w Veracruz bis ne Oaxaca (e Mexico)
Chlorospingus flavopectus dwighti
**Guatemala-Finkengrünammer**
Underdown, 1931
n Chiapa (s Mexico), e Guatemala und sw Belize
Chlorospingus flavopectus honduratius
**Honduras-Finkengrünammer**
Berlepsch, 1912
El Salvador und Honduras
Chlorospingus flavopectus regionalis
**Nikaragaua-Finkengrünammer**
Bangs, 1906
Nicaragua, ne Costa Rica und w Panama
Chlorospingus flavopectus punctulatus
**Panama-Finkengrünammer**
Sclater, PL & Salvin, 1869
c Panama
Chlorospingus flavopectus jacqueti
**Jacquets Finkengrünammer**
Hellmayr, 1921
n Kolumbien und Anden von Lara bis Táchira (w Venezuela)
Chlorospingus flavopectus falconensis
**Phelps Finkengrünammer**
Phelps, WH & Gilliard, 1941
n Venezuela
Chlorospingus flavopectus venezuelanus
**Venezuela-Finkengrünammer**
Berlepsch, 1893
Anden Lara bis Táchira (w Venezuela)
Chlorospingus flavopectus ponsi
**Perija-Finkengrünammer**
Phelps, WH & Phelps, WH Jr, 1952
e Perijá Mts. (nw Venezuela)

Chlorospingus flavopectus eminens
**Anden-Finkengrünammer**
Zimmer, JT, 1946
e Anden (nc Kolumbien)
Chlorospingus flavopectus trudis
**Santander-Finkengrünammer**
Olson, 1983
e Anden in Santander (nc Kolumbien)
Chlorospingus flavopectus exitelus
**Olsons Finkengrünammer**
Olson, 1983
n Central Anden (nc Kolumbien)
Chlorospingus flavopectus macarenae
**Meta-Finkengrünammer**
Zimmer, JT, 1947
Meta (c Kolumbien)
Chlorospingus flavopectus olsoni
**Olsons Anden-Finkengrünammer**
Avendaño, Stiles & Cadena, 2013
e Anden (c Kolumbien)
Chlorospingus flavopectus nigriceps
**Chapmans Finkengrünammer**
Chapman, 1912
sc Anden von Kolumbien
Chlorospingus flavopectus phaeocephalus
**Sclaters Finkengrünammer**
Sclater, PL & Salvin, 1877
Ecuador
Chlorospingus flavopectus cinereocephalus
**Peru-Finkengrünammer**
Taczanowski, 1874
c Peru
Chlorospingus flavopectus hiaticolus
**Nordperu-Finkengrünammer**
O'Neill & Parker, TA, 1981
n Peru
Chlorospingus flavopectus peruvianus
**Südperu-Finkengrünammer**
Carriker, 1933
s Peru
Chlorospingus flavopectus bolivianus
**Bolivien-Finkengrünammer**
Hellmayr, 1921
w Bolivien
Chlorospingus flavopectus fulvigularis
**Berlepschs Finkengrünammer**
Berlepsch, 1901
c Bolivien
Chlorospingus flavopectus argentinus
**Hellmayrs Finkengrünammer**
Hellmayr, 1921
sc Bolivien bis nw Argentinien

Chlorospingus tacarcunae
**Tacarcuna-Grünammer**
*Tacarcuna Chlorospingus - Clorospingo del Tacarcuna*
Griscom, 1924
*Panama und Kolumbien*

Chlorospingus inornatus
**Schwarzwangen-Grünammer**
*Pirre Chlorospingus - Clorospingo del Pirre*
Nelson, 1912
*Panama*

Chlorospingus semifuscus
**Graubrust-Grünammer**
*Dusky Chlorospingus - Clorospingo oscuro*
Sclater, PL & Salvin, 1873
*sw Kolumbien und w Ecuador*

Chlorospingus semifuscus livingstoni
**Livingstons Graubrust-Grünammer**
Bond, J & Meyer de Schauensee, 1940
w Kolumbien



Rhynchospiza stolzmanni
**Tumbesammer**
*Tumbes Sparrow - Chingolo de Tumbes*
Taczanowski, 1877
*s Ecuador und nw Peru*

Rhynchospiza dabbenei
**Yungasammer**
*Yungas Sparrow - Chingolo de las yungas*
Hellmayr, 1912
*se Bolivien bis nw Argentinien*

Rhynchospiza strigiceps
**Streifenscheitelammer**
*Chaco Sparrow - Chingolo coronicastaño*
Gould, 1839
*sc Paraguay bis nc Argentinien*



Peucaea carpalis
**Rostflügelammer**
*Rufous-winged Sparrow - Chingolo alirrufo*
Coues, 1873
*sw USA und nw Mexico*

Peucaea carpalis bangsi
**Bangs Rostflügelammer**
Moore, RT, 1932
nc Sonora bis n Sinaloa (nw Mexico)
Peucaea carpalis cohaerens
**Sinaloa-Rostflügelammer**
Moore, RT, 1946
n, c Sinaloa (w Mexico)

Peucaea sumichrasti
**Zimtschwanzammer**
*Cinnamon-tailed Sparrow - Chingolo colicanela*
Lawrence, 1871
*sw Mexico*

Peucaea ruficauda
**Rostschwanzammer**
*Stripe-headed Sparrow - Chingolo cabecilistado*
Bonaparte, 1853
*se Guatemala, El Salvador, Honduras, Nicaragua und nw Costa Rica*

Peucaea ruficauda acuminata
**Mexikanische Rostschwanzammer**
Salvin & Godman, 1886
wc Mexico
Peucaea ruficauda lawrencii
**Lawrencis Rostschwanzammer**
Salvin & Godman, 1886
s Mexico
Peucaea ruficauda connectens
**Guatemala-Rostschwanzammer**
Griscom, 1930
e Guatemala

Peucaea humeralis
**Schwarzbrustammer**
*Black-chested Sparrow - Chingolo pechinegro*
Cabanis, 1851
*w Mexico*

Peucaea mystacalis
**Zügelammer**
*Bridled Sparrow - Chingolo embridado*
Hartlaub, 1852
*c Mexico*

Peucaea botterii
**Streifenrückenammer**
*Botteri's Sparrow - Chingolo de Botteri*
Sclater, PL, 1858
*c, s Mexico*

Peucaea botterii arizonae
**Arizona-Streifenrückenammer**
Ridgway, 1873
sw USA und nw Mexico
Peucaea botterii texana
**Texas-Streifenrückenammer**
Phillips, AR, 1943
sc USA und ne Mexico
Peucaea botterii goldmani
**Goldmans Streifenrückenammer**
Phillips, AR, 1943
w Mexico
Peucaea botterii petenica
**Belize-Streifenrückenammer**
Salvin, 1863
se Mexico, Belize und n Guatemala
Peucaea botterii spadiconigrescens
**Honduras-Streifenrückenammer**
Howell, TR, 1965
Honduras und ne Nicaragua
Peucaea botterii vantynei
**Guatemala-Streifenrückenammer**
Webster, JD, 1959
c Guatemala
Peucaea botterii vulcanica
**Costa Rica-Streifenrückenammer**
Miller, W & Griscom, 1925
w Nicaragua und nw Costa Rica

Peucaea cassinii
**Cassinammer**
*Cassin's Sparrow - Chingolo de Cassin*
Woodhouse, 1852
*sc, sw USA und n Mexico*

Peucaea aestivalis
**Kiefernammer**
*Bachman's Sparrow - Chingolo de Bachman*
Lichtenstein, MHC, 1823
*se USA*

Peucaea aestivalis bachmani
**Südliche Kiefernammer**
Audubon, 1833
sc USA
Peucaea aestivalis illinoensis
**Zentrale Kiefernammer**
Ridgway, 1879
c USA

## Gattung: Ammodramus

Ammodramus savannarum
**Heuschreckenammer**
*Grasshopper Sparrow - Chingolo saltamontes*
Gmelin, JF, 1789
*Jamaika*

Ammodramus savannarum perpallidus
**Kanada-Heuschreckenammer**
Coues, 1872
sw Kanada und c, w USA
Ammodramus savannarum ammolegus
**Arizona-Heuschreckenammer**
Oberholser, 1942
s Arizona (sw USA) und nw Mexico
Ammodramus savannarum pratensis
**Viellots Heuschreckenammer**
Vieillot, 1818
se Kanada und e USA
Ammodramus savannarum floridanus
**Florida-Heuschreckenammer**
Mearns, 1902
Florida (se USA)
Ammodramus savannarum bimaculatus
**Nikaragua-Heuschreckenammer**
Swainson, 1827
c, s Mexico, Guatemala, Nicaragua und Costa Rica
Ammodramus savannarum beatriceae
**Panama-Heuschreckenammer**
Olson, 1980
c Panama
Ammodramus savannarum cracens
**Belize-Heuschreckenammer**
Bangs & Peck, 1908
n, e Guatemala, Belize, e Honduras und ne Nicaragua
Ammodramus savannarum caucae
**Kolumbien-Heuschreckenammer**
Chapman, 1912
Kolumbien
Ammodramus savannarum intricatus
**Hispaniola-Heuschreckenammer**
Hartert, EJO, 1907
Hispaniola
Ammodramus savannarum borinquensis
**Puerto Rico-Heuschreckenammer**
Peters, JL, 1917
Puerto Rico
Ammodramus savannarum caribaeus
**Karibik-Heuschreckenammer**
Hartert, EJO, 1902
Niederländische Antillen

Ammodramus humeralis
**Wachtelammer**
*Grassland Sparrow - Chingolo pajonalero*
Bosc, 1792
*Kolumbien (außer ne) und Venezuela (außer nw) über Guianas bis e Brasilien*

Ammodramus humeralis pallidulus
**Nördliche Wachtelammer**
Wetmore, 1949
ne Kolumbien und nw Venezuela
Ammodramus humeralis xanthornus
**Südliche-Wachtelammer**
Gould, 1839
se Peru und ne Bolivien bis sc Brasilien, Uruguay und c Argentinien
Ammodramus humeralis tarijensis
**Bolivien-Wachtelammer**
Bond, J & Meyer de Schauensee, 1939
se Bolivien

Ammodramus aurifrons
**Gelbwangenammer**
*Yellow-browed Sparrow - Chingolo cejigualdo*
Spix, 1825
*s Kolumbien, e Ecuador, e Peru, ne Bolivien und Amazonasgebiet Brasilien*

Ammodramus aurifrons apurensis
**Venezuela-Gelbwangenammer**
Phelps, WH & Gilliard, 1941
ne Kolumbien und w Venezuela

Ammodramus aurifrons cherriei
**Cherries Gelbwangenammer**
Chapman, 1914
ec Kolumbien
Ammodramus aurifrons tenebrosus
**Zimmers Gelbwangenammer**
Zimmer, JT & Phelps, WH, 1949
se Kolumbien und sw Venezuela

## Gattung: Arremonops

Arremonops rufivirgatus
**Olivrückenammer**
*Olive Sparrow - Cerquero oliváceo*
Lawrence, 1851
*s Texas (sc USA) und ne, e Mexico*

Arremonops rufivirgatus crassirostris
**Südliche Olivrückenammer**
Ridgway, 1878
se Mexico
Arremonops rufivirgatus rhyptothorax
**Yucatan-Olivrückenammer**
Parkes, 1974
n Yucatán Halbinsel (se Mexico)
Arremonops rufivirgatus verticalis
**Tabasco-Olivrückenammer**
Ridgway, 1878
Tabasco und s Yucatán Halbinsel (se Mexico), Guatemala und Belize
Arremonops rufivirgatus sinaloae
**Sinaloa-Olivrückenammer**
Nelson, 1899
w Mexico
Arremonops rufivirgatus sumichrasti
**Sharps Olivrückenammer**
Sharpe, 1888
sw Mexico
Arremonops rufivirgatus chiapensis
**Chiapas-Olivrückenammer**
Nelson, 1904
s Mexico
Arremonops rufivirgatus superciliosus
**Costa Rica-Olivrückenammer**
Salvin, 1865
w Costa Rica

Arremonops chloronotus
**Grünrückenammer**
*Green-backed Sparrow - Cerquero dorsiverde*
Salvin, 1861
*se Mexico, Guatemala, Belize und nw Honduras*

Arremonops chloronotus twomeyi
**Twomeys Grünrückenammer**
Monroe, 1963
nc Honduras

Arremonops conirostris
**Dickichtammer**
*Black-striped Sparrow - Cerquero negrilistado*
Bonaparte, 1850
*n, ne Kolumbien, n, c Venezuela und extremer n Brasilien*

Arremonops conirostris striaticeps
**Östliche Dickichtammer**
Lafresnaye, 1853
e Honduras und Panama über w Kolumbien bis w Ecuador
Arremonops conirostris viridicatus
**Coiba-Dickichtammer**
Wetmore, 1957
Coiba Insel (vor s Panama)
Arremonops conirostris inexpectatus
**Chapmans Dickichtammer**
Chapman, 1914
nc Kolumbien
Arremonops conirostris umbrinus
**Todds Dickichtammer**
Todd, 1923
e Kolumbien und w Venezuela
Arremonops conirostris pastazae
**Krabbes Dickichtammer**
Krabbe & Stejskal, 2008
e Ecuador

Arremonops tocuyensis
**Tocuyoammer**
*Tocuyo Sparrow - Cerquero de El Tocuyo*
Todd, 1912
*SA : Kolumbien und Venezuela*

Gattung: Amphispizopsis

Amphispizopsis quinquestriata
**Fünfstreifenammer**
*Five-striped Sparrow - Chingolo cincorrayas*
Sclater, PL & Salvin, 1868
w Mexico

Amphispizopsis quinquestriata septentrionalis
**Nördliche Fünfstreifenammer**
Van Rossem, 1934
nw Mexico

Gattung: Amphispiza

Amphispiza bilineata
**Schwarzkehlammer**
*Black-throated Sparrow - Chingolo gorjinegro*
Cassin, 1850
c Texas (s USA) bis ne Mexico

Amphispiza bilineata opuntia
**Nördliche Schwarzkehlammer**
Burleigh & Lowery, 1939
sc USA bis n Mexico
Amphispiza bilineata deserticola
**Ridgways Schwarzkehlammer**
Ridgway, 1898
w USA bis nw Mexico
Amphispiza bilineata bangsi
**Bangs Schwarzkehlammer**
Grinnell, 1927
s Baja California (nw Mexico)
Amphispiza bilineata tortugae
**Tortuga-Schwarzkehlammer**
Van Rossem, 1930
Tortuga Insel (Gulf von California)
Amphispiza bilineata belvederei
**Cerralvo-Schwarzkehlammer**
Banks, 1963
Cerralvo Insel (Gulf von California)
Amphispiza bilineata pacifica
**Pazifik-Schwarzkehlammer**
Nelson, 1900
nw Mexico
Amphispiza bilineata cana
**Esteban-Schwarzkehlammer**
Van Rossem, 1930
San Esteban Insel (Gulf von California)
Amphispiza bilineata grisea
**Mexiko-Schwarzkehlammer**
Nelson, 1898
nc und c Mexico

Gattung: Chondestes

Chondestes grammacus
**Rainammer**
*Lark Sparrow - Chingolo arlequín*
Say, 1822
c USA

Chondestes grammacus strigatus
**Westliche Rainammer**
Swainson, 1827
sw Kanada und w USA

Gattung: Calamospiza

Calamospiza melanocorys
**Prärieammer**
*Lark Bunting - Chingolo albinegro*
Stejneger, 1885
sc Kanada bis sc USA

Gattung: Spizella

Spizella passerina
**Schwirrammer**
*Chipping Sparrow - Chingolo cejiblanco*
Bechstein, 1798
se Kanada bis c, e USA

Spizella passerina arizonae
**Arizona-Schwirrammer**
Coues, 1872
Alaska bis nw Mexico
Spizella passerina atremaea
**Moores Schwirrammer**
Moore, RT, 1937
w Mexico

Spizella passerina mexicana
**Mexiko-Schwirrammer**
Nelson, 1899
c, s Mexico und nw Guatemala
Spizella passerina pinetorum
**Belize-Schwirrammer**
Salvin, 1863
ne Guatemala und Belize bis ne Nicaragua

Spizella pallida
**Fahlammer**
*Clay-colored Sparrow - Chingolo pálido*
Swainson, 1832
c Kanada bis nc USA

Spizella atrogularis
**Schwarzkinnammer**
*Black-chinned Sparrow - Chingolo barbinegro*
Cabanis, 1851
nc Mexico

Spizella atrogularis evura
**Sonora-Schwarzkinammer**
Coues, 1866
sw USA und n Sonora (nw Mexico)
Spizella atrogularis caurina
**Millers Schwarzkinammer**
Miller, AH, 1929
wc California (w USA)
Spizella atrogularis cana
**Kalifornien-Schwarzkinammer**
Coues, 1866
sw California (sw USA) und n Baja California (nw Mexico)

Spizella pusilla
**Klapperammer**
*Field Sparrow - Chingolo campestre*
Wilson, A, 1810
se Kanada bis c, e USA

Spizella breweri
**Blassammer**
*Brewer's Sparrow - Chingolo de Brewer*
Cassin, 1856
sc Kanada bis wc USA

Spizella breweri taverneri
**Tavemers Blassammer**
Swarth & Brooks, AC, 1925
se Alaska und w Kanada bis nw USA

Spizella wortheni
**Mexikoammer**
*Worthen's Sparrow - Chingolo de Worthen*
Ridgway, 1884
ne Mexico

Spizella wortheni browni
**Browns Mexikoammer**
Webster, JD & Orr, 1954
nc Mexico

Gattung: Arremon

Arremon basilicus
**Brustfleck-Buschammer**
*Sierra Nevada Brushfinch - Cerquero de Bangs*
Bangs, 1898
Sierra Nevada de Santa Marta, n Kolumbien

Arremon perijanus
**Perijábuschammer**
*Perija Brushfinch - Cerquero del Perijá*
Phelps, WH & Gilliard, 1940
Serranía del Perijá, ne Kolumbien und nw Venezuela

Arremon costaricensis
**Grauband-Buschammer**
*Costa Rican Brushfinch - Cerquero costarricense*
Bangs, 1907
Costa Rica und w Panama

Arremon atricapillus
**Schwarzkopf-Buschammer**
*Black-headed Brushfinch - Cerquero cabecinegro*
Lawrence, 1874
n Kolumbien

Arremon atricapillus tacarcunae
**Panama-Schwarzkopf-Buschammer**
Chapman, 1923
e Panama

Arremon phaeopleurus
**Caracasbuschammer**
*Caracas Brushfinch - Cerquero de Sclater*
Sclater, PL, 1856
Cordillera de la Costa, n Venezuela

Arremon phygas
**Berlepschbuschammer**
*Paria Brushfinch - Cerquero de Berlepsch*
Berlepsch, 1912
Cordillera de la Costa Oriental, ne Venezuela

Arremon assimilis
**Schmalschnabel-Buschammer**
*Grey-browed Brushfinch - Cerquero picofino*
Boissonneau, 1840
n Kolumbien bis nc Peru

    Arremon assimilis larensis
    **Merida-Schmalschnabel-Buschammer**
    Phelps, WH & Phelps, WH Jr, 1949
    Lara, Mérida und Táchira (nw Venezuela)
    Arremon assimilis nigrifrons
    **Ekuador-Schmalschnabel-Buschammer**
    Chapman, 1923
    sw Ecuador und nw Peru
    Arremon assimilis poliophrys
    **Peru-Schmalschnabel-Buschammer**
    Berlepsch & Stolzmann, 1896
    c, s Peru

Arremon torquatus
**Streifenkopf-Buschammer**
*White-browed Brushfinch - Cerquero cabecilistado*
d'Orbigny & Lafresnaye, 1837
w Bolivien

    Arremon torquatus fimbriatus
    **Chapmans Streifenkopf-Buschammer**
    Chapman, 1923
    c Bolivien
    Arremon torquatus borellii
    **Borellis Streifenkopf-Buschammer**
    Salvadori, 1897
    s Bolivien und nw Argentinien

Arremon aurantiirostris
**Goldschnabel-Buschammer**
*Orange-billed Sparrow - Cerquero piquinaranja*
Lafresnaye, 1847
w Costa Rica bis c Panama

    Arremon aurantiirostris saturatus
    **Guatemala-Goldschnabel-Buschammer**
    Cherrie, 1891
    se Mexico, Guatemala und Belize
    Arremon aurantiirostris rufidorsalis
    **Honduras-Goldschnabel-Buschammer**
    Cassin, 1865
    Honduras bis nw Panama
    Arremon aurantiirostris strictocollaris
    **Panama-Goldschnabel-Buschammer**
    Todd, 1922
    e Panama und nw Kolumbien
    Arremon aurantiirostris occidentalis
    **Hellmayrs Goldschnabel-Buschammer**
    Hellmayr, 1911
    w Kolumbien und nw Ecuador
    Arremon aurantiirostris santarosae
    **Ekuador-Goldschnabel-Buschammer**
    Chapman, 1925
    sw Ecuador
    Arremon aurantiirostris erythrorhynchus
    **Kolumbien-Goldschnabel-Buschammer**
    Sclater, PL, 1855
    n Kolumbien
    Arremon aurantiirostris spectabilis
    **Peru-Goldschnabel-Buschammer**
    Sclater, PL, 1855
    se Kolumbien, e Ecuador und ne Peru

Arremon abeillei
**Kapuzenbuschammer**
*Black-capped Sparrow - Cerquero coroninegro*
Lesson, RP, 1844
sw Ecuador und nw Peru

Arremon nigriceps
**Marañón-Buschammer**
*Marañon Sparrow - Cerquero del Marañón*
Taczanowski, 1880
nc Peru

Arremon schlegeli
**Goldflügel-Buschammer**
*Golden-winged Sparrow - Cerquero alidorado*
Bonaparte, 1850
n Kolumbien (außer Guajira Halbinsel) und Venezuela

    Arremon schlegeli fratruelis
    **Guajira-Goldflügelbuschammer**
    Wetmore, 1946
    Guajira Halbinsel (n Kolumbien)
    Arremon schlegeli canidorsum
    **Zimmers Goldflügelbuschammer**
    Zimmer, JT, 1941
    nc Kolumbien

Arremon taciturnus
**Schwarzring-Buschammer**
*Pectoral Sparrow - Cerquero pectoral*
Hermann, 1783
e Kolumbien, c, s Venezuela, Guianas, Amazonasgebiet Brasilien und ne Bolivien

    Arremon taciturnus axillaris
    **Kolumbien-Schwarzring-Buschammer**
    Sclater, PL, 1854
    ne Kolumbien und w Venezuela
    Arremon taciturnus nigrirostris
    **Peru-Schwarzring-Buschammer**
    Sclater, PL, 1886
    se Peru und n Bolivien

Arremon franciscanus
**Franziskusbuschammer**
*Sao Francisco Sparrow - Cerquero franciscano*
Raposo, M, 1997
ec Brasilien

Arremon semitorquatus
**Halsband-Buschammer**
*Half-collared Sparrow - Cerquero semiacollarado*
Swainson, 1838
se Brasilien

Arremon dorbignii
**Moosmantel-Buschammer**
*Moss-backed Sparrow - Cerquero cejilargo*
Sclater, PL, 1856
c Bolivien bis nw Argentinien

Arremon flavirostris
**Gelbschnabel-Buschammer**
*Saffron-billed Sparrow - Cerquero piquiamarillo*
Swainson, 1838
c, e Brasilien

    Arremon flavirostris polionotus
    **Paraguay-Gelbschnabel-Buschammer**
    Bonaparte, 1850
    e Bolivien bis sc, se Brasilien, Paraguay und ne Argentinien

Arremon virenticeps
**Grünscheitel-Buschammer**
*Green-striped Brushfinch - Cerquero verdilistado*
Bonaparte, 1855
w, c Mexico

Arremon brunneinucha
**Braunkopf-Buschammer**
*Chestnut-capped Brushfinch - Cerquero coronicastaño*
Lafresnaye, 1839
San Luis Potosí, w, c Veracruz und n Oaxaca (e Mexico)

    Arremon brunneinucha apertus
    **Veracruz-Braunkopf-Buschammer**
    Wetmore, 1942
    s Veracruz (se Mexico)
    Arremon brunneinucha alleni
    **Allens Braunkopf-Buschammer**
    Parkes, 1954
    El Salvador, Honduras und Nicaragua
    Arremon brunneinucha suttoni
    **Suttons Braunkopf-Buschammer**
    Parkes, 1954
    Guerrero bis c Oaxaca (s Mexico)
    Arremon brunneinucha macrourus
    **Chiapas-Braunkopf-Buschammer**
    Parkes, 1954
    Chiapa (s Mexico) und sw Guatemala
    Arremon brunneinucha elsae
    **Elsas Braunkopf-Buschammer**
    Parkes, 1954
    Costa Rica bis c Panama

Arremon brunneinucha frontalis
**Panama-Braunkopf-Buschammer**
Tschudi, 1844
e Panama, Kolumbien, Venezuela (außer nw), Ecuador (außer sc) und Peru
Arremon brunneinucha allinornatus
**Venezuela-Braunkopf-Buschammer**
Phelps, WH & Phelps, WH Jr, 1949
nw Venezuela
Arremon brunneinucha inornatus
**Ekuador-Braunkopf-Buschammer**
Sclater, PL & Salvin, 1879
sc Ecuador

Arremon crassirostris

**Dickschnabel-Buschammer**

*Sooty-faced Finch - Cerquero carisucio*
Cassin, 1865
*Costa Rica und Panama*

Arremon castaneiceps

**Olivbuschammer**

*Olive Finch - Cerquero capirrufo*
Sclater, PL, 1860
*Kolumbien bis Peru*



Passerella unalaschcensis

**Aleutenammer**

*Sooty Fox Sparrow - Chingolo fuliginoso*
Gmelin, JF, 1789
*Aleutian Is. und sw Alaska*

Passerella unalaschcensis townsendi
**Townsends Aleutenammer**
Audubon, 1838
se Alaska und Haida Gwaii (sw Kanada)
Passerella unalaschcensis fuliginosa
**Ridgways Aleutenammer**
Ridgway, 1899
Küste se Alaska bis nw USA
Passerella unalaschcensis annectens
**Yukuatat-Aleutenammer**
Ridgway, 1900
Yukutat Bay (se Alaska)
Passerella unalaschcensis insularis
**Kodiak-Aleutenammer**
Ridgway, 1900
Kodiak Is. (s von Alaska)
Passerella unalaschcensis sinuosa
**Alaska-Aleutenammer**
Grinnell, 1910
s Alaska
Passerella unalaschcensis chilcatensis
**Websters Aleutenammer**
Webster, JD, 1983
se Alaska bis nw British Columbia (w Kanada)

Passerella schistacea

**Schieferammer**

*Slate-colored Fox Sparrow - Chingolo pizarroso*
Baird, SF, 1858
*sw bis sc Kanada und nc, wc USA*

Passerella schistacea altivagans
**Inland-Schieferammer**
Riley, 1911
sw Kanada
Passerella schistacea canescens
**Nevada-Schieferammer**
Swarth, 1918
e California und c Nevada (wc USA)
Passerella schistacea olivacea
**Westliche Schieferammer**
Aldrich, 1943
sw Kanada und nw USA
Passerella schistacea swarthi
**Utha-Schieferammer**
Behle & Selander, 1951
nw Utah und se Idaho (wc USA)

Passerella megarhyncha

**Dickschnabelammer**

*Thick-billed Fox Sparrow - Chingolo picogrueso*
Baird, SF, 1858
*sw Oregon und California (w USA)*

Passerella iliaca

**Fuchsammer**

*Red Fox Sparrow - Chingolo zorruno*
Merrem, 1786
*c, e Kanada*

Passerella iliaca zaboria
**Alaska-Fuchsammer**
Oberholser, 1946
nw, c Alaska und w Kanada



Spizelloides arborea

**Baumammer**

*American Tree Sparrow - Chingolo arbóreo*
Wilson, A, 1810
*nc, e Kanada*

Spizelloides arborea ochracea
**Alaska-Baumammer**
Brewster, 1882
Alaska und nw, w Kanada



Junco vulcani

**Vulkanammer**

*Volcano Junco - Junco de los volcanes*
Boucard, 1878
*Costa Rica und Panama*

Junco insularis

**Guadalupeammer**

*Guadalupe Junco - Junco de Guadalupe*
Ridgway, 1876
*Guadalupe Insel (vor nw Mexico)*

Junco hyemalis

**Winterammer**

*Dark-eyed Junco - Junco pizarroso*
Linnaeus, 1758
*Alaska, n, c, e Kanada und nc, ne USA*

Junco hyemalis aikeni
**Aiken-Winterammer**
Ridgway, 1873
wc USA
Junco hyemalis carolinensis
**Karolina-Winterammer**
Brewster, 1886
ec USA
Junco hyemalis cismontanus
**Kanada-Winterammer**
Dwight, 1910
w Kanada
Junco hyemalis oreganus
**Oregon-Winterammer**
Townsend, JK, 1837
se Alaska und wc British Columbia (w Kanada)
Junco hyemalis shufeldti
**Shufelds Winterammer**
Coale, 1887
Küste sw British Columbia (w Kanada) und Küste nw USA
Junco hyemalis montanus
**Hochland-Winterammer**
Ridgway, 1898
sw Kanada und nw USA
Junco hyemalis thurberi
**Thurbers Winterammer**
Anthony, 1890
s Oregon und nw California (w USA)
Junco hyemalis pinosus
**Kalifornien-Winterammer**
Loomis, 1893
c, s California (sw USA)
Junco hyemalis pontilis
**Juarez-Winterammer**
Oberholser, 1919
Sierra Juárez (n Baja California in nw Mexico)
Junco hyemalis townsendi
**Townsends Winterammer**
Anthony, 1889
Sierra San Pedro Mártir (n Baja California in nw Mexico)
Junco hyemalis mutabilis
**Nevada-Winterammer**
Van Rossem, 1931
se California und s Nevada (sw USA)
Junco hyemalis mearnsi
**Meams-Winterammer**
Ridgway, 1897
sw, sc Kanada und nc USA
Junco hyemalis caniceps
**Woodhouses Winterammer**
Woodhouse, 1853
wc USA
Junco hyemalis dorsalis
**Henrys Winterammer**
Henry, 1858
Arizona, New Mexico und w Texas (sw USA)

Junco phaeonotus
### Rotrückenammer
*Yellow-eyed Junco - Junco ojilumbre*
Wagler, 1831
*c, s Mexico*

Junco phaeonotus palliatus
**Ridgways Rotrückenammer**
Ridgway, 1885
sw USA und nw Mexico
Junco phaeonotus fulvescens
**Chiapas-Rotrückenammer**
Nelson, 1897
von Chiapa (s Mexico)
Junco phaeonotus alticola
**Guatemala-Rotrückenammer**
Salvin, 1863
se Chiapa (s Mexico) und w Guatemala

Junco bairdi
### Braunflankenammer
*Baird's Junco - Junco de Baja California*
Ridgway, 1883
*s Baja California (nw Mexico)*

## Gattung: Zonotrichia

Zonotrichia capensis
### Morgenammer
*Rufous-collared Sparrow - Chingolo común*
Müller, PLS, 1776
*ne Französisch-Guayana*

Zonotrichia capensis septentrionalis
**Honduras-Morgenammer**
Griscom, 1930
s Mexico bis El Salvador und Honduras
Zonotrichia capensis antillarum
**Antillen-Morgenammer**
Riley, 1916
Dominikanische Republick
Zonotrichia capensis costaricensis
**Costa Rica-Morgenammer**
Allen, JA, 1891
Costa Rica bis Anden von Kolumbien, w Venezuela und s Ecuador
Zonotrichia capensis insularis
**Insel-Morgenammer**
Ridgway, 1898
Niederländische Antillen
Zonotrichia capensis venezuelae
**Venezuela-Morgenammer**
Chapman, 1939
n, c Venezuela
Zonotrichia capensis inaccessibilis
**Neblina-Morgenammer**
Phelps, WH & Phelps, WH Jr, 1955
Cerro de la Neblina (s Venezuela)
Zonotrichia capensis perezchinchillorum
**Marahuaca-Morgenammer**
Phelps, WH Jr & Aveledo, 1984
Cerro Marahuaca (s Venezuela)
Zonotrichia capensis roraimae
**Roraima-Morgenammer**
Chapman, 1929
ec Kolumbien (Meta), s, e Venezuela, w Guyana und n Brasilien
Zonotrichia capensis macconnelli
**McConnells Morgenammer**
Sharpe, 1900
Mt. Roraima (se Venezuela)
Zonotrichia capensis bonnetiana
**Kolumbien-Morgenammer**
Stiles, 1995
s Kolumbien
Zonotrichia capensis tocantinsi
**Amazonas-Morgenammer**
Chapman, 1940
ec Brasilien s Amazonas
Zonotrichia capensis novaesi
**Carajas-Morgenammer**
Oren, 1985
Serra dos Carajás (e Brasilien)
Zonotrichia capensis matutina
**Paraguay-Morgenammer**
Lichtenstein, MHC, 1823
ne, c Brasilien bis e Bolivien
Zonotrichia capensis subtorquata
**Uruguay-Morgenammer**
Swainson, 1837
sc, se Brasilien, e Paraguay, ne Argentinien und Uruguay
Zonotrichia capensis illescasensis
**Illescas-Morgenammer**
Koepcke, 1963
Cerro Illescas (nw Peru)
Zonotrichia capensis markli
**Markis Morgenammer**
Koepcke, 1971
Tiefland nw Peru

Zonotrichia capensis huancabambae
**Chapmans Morgenammer**
Chapman, 1940
n, c Peru
Zonotrichia capensis peruviensis
**Peru-Morgenammer**
Lesson, RP, 1834
w Peru
Zonotrichia capensis pulacayensis
**Bolivien-Morgenammer**
Ménégaux, 1909
c Peru bis c Bolivien und nw Argentinien
Zonotrichia capensis carabayae
**Anden-Morgenammer**
Chapman, 1940
Anden von c Peru bis c Bolivien
Zonotrichia capensis antofagastae
**Chile-Morgenammer**
Chapman, 1940
n Chile
Zonotrichia capensis arenalensis
**Argentinische Morgenammer**
Nores, 1986
nw Argentinien
Zonotrichia capensis sanborni
**Sanborns Morgenammer**
Hellmayr, 1932
Anden von Chile und w Argentinien
Zonotrichia capensis hypoleuca
**Todds Morgenammer**
Todd, 1915
s, e Bolivien und n Argentinien
Zonotrichia capensis choraules
**Wetmores Morgenammer**
Wetmore & Peters, JL, 1922
wc Argentinien
Zonotrichia capensis chilensis
**Meyens Morgenammer**
Meyen, 1834
c Chile und sc Argentinien
Zonotrichia capensis australis
**Südliche Morgenammer**
Latham, 1790
s Chile und s Argentinien

Zonotrichia leucophrys
### Dachsammer
*White-crowned Sparrow - Chingolo coroniblanco*
Forster, JR, 1772
*c, e Kanada*

Zonotrichia leucophrys gambelii
**Gambells Dachsammer**
Nuttall, 1840
Alaska und w Kanada
Zonotrichia leucophrys nuttalli
**Nuttalls Dachsammer**
Ridgway, 1899
wc California (w USA)
Zonotrichia leucophrys pugetensis
**Grinnells Dachsammer**
Grinnell, 1928
sw Kanada und nw USA
Zonotrichia leucophrys oriantha
**Kanada-Dachsammer**
Oberholser, 1932
Inland sw Kanada und w USA

Zonotrichia atricapilla
### Kronenammer
*Golden-crowned Sparrow - Chingolo coronidorado*
Gmelin, JF, 1789
*w Alaska bis sw Kanada*

Zonotrichia querula
### Harrisammer
*Harris's Sparrow - Chingolo de Harris*
Nuttall, 1840
*nc und c Kanada*

Zonotrichia albicollis
### Weißkehlammer
*White-throated Sparrow - Chingolo gorjiblanco*
Gmelin, JF, 1789
*nw, w Kanada und ne, nc USA*

## Gattung: Artemisiospiza

Artemisiospiza nevadensis
### Beifußammer
*Sagebrush Sparrow - Chingolo de Nevada*
Ridgway, 1874
*wc USA*

Artemisiospiza belli
**Salbeiammer**
*Bell's Sparrow - Chingolo de Bell*
Cassin, 1850
s California inklusive San Clemente Insel (sw USA), und nw Baja California (nw Mexico)

Artemisiospiza belli canescens
**Grinnells Salbeiammer**
Grinnell, 1905
se California, sw Nevada (sw USA) und ne Baja California (nw Mexico)
Artemisiospiza belli cinerea
**Mexikanische Salbeiammer**
Townsend, CH, 1890
c Baja California (nw Mexico)

## Gattung: Oriturus

Oriturus superciliosus
**Streifenammer**
*Striped Sparrow - Chingolo rayado*
Swainson, 1838
c, s Mexico

Oriturus superciliosus palliatus
**Westliche Streifenammer**
Van Rossem, 1938
nw und w Mexico

## Gattung: Pooecetes

Pooecetes gramineus
**Abendammer**
*Vesper Sparrow - Chingolo coliblanco*
Gmelin, JF, 1789
se Kanada bis e USA

Pooecetes gramineus confinis
**Bairds Abendammer**
Baird, SF, 1858
sw Kanada und wc USA
Pooecetes gramineus affinis
**Millers Abendammer**
Miller, GS, 1888
nw USA

## Gattung: Ammospiza

Ammospiza leconteii
**Leconteammer**
*LeConte's Sparrow - Chingolo de Le Conte*
Audubon, 1844
c Kanada bis nc USA

Ammospiza maritima
**Strandammer**
*Seaside Sparrow - Chingolo costero*
Wilson, A, 1811
New Hampshire bis n North Carolina (ne bis e USA)

Ammospiza maritima macgillivraii
**Florida-Strandammer**
Audubon, 1834
North Carolina bis ne Florida (e bis se USA)
Ammospiza maritima fisheri
**Fishers Strandammer**
Chapman, 1899
Gulf Küste von se USA
Ammospiza maritima sennetti
**Texas-Strandammer**
Allen, JA, 1888
Küste s Texas (sc USA)
Ammospiza maritima peninsulae
**Allens Strandammer**
Allen, JA, 1888
nw, w Florida (se USA)
† Ammospiza maritima nigrescens
**Ridgway-Strandammer**
Ridgway, 1874
ec Florida (se USA)
Ammospiza maritima mirabilis
**Howells Strandammer**
Howell, AH, 1919
sw Florida (se USA)

Ammospiza nelsoni
**Nelsonammer**
*Nelson's Sparrow - Chingolo de Nelson*
Allen, JA, 1875
w, c Kanada und nc USA

Ammospiza nelsoni altera
**Todds Nelsonammer**
Todd, 1938
ec Kanada
Ammospiza nelsoni subvirgata
**Südliche Nelsonammer**
Dwight, 1887
se Kanada und ne USA

Ammospiza caudacuta
**Spitzschwanzammer**
*Saltmarsh Sparrow - Chingolo colifino*
Gmelin, JF, 1788
ne USA

Ammospiza caudacuta diversa
**Östliche Spitzschwanzammer**
Bishop, 1901
e USA

## Gattung: Centronyx

Centronyx bairdii
**Bairdammer**
*Baird's Sparrow - Chingolo de Baird*
Audubon, 1844
sc Kanada und nc USA

Centronyx henslowii
**Henslowammer**
*Henslow's Sparrow - Chingolo de Henslow*
Audubon, 1829
sc Kanada und nc und c USA

Centronyx henslowii susurrans
**Östliche Henslowammer**
Brewster, 1918
ne USA

## Gattung: Passerculus

Passerculus sandwichensis
**Grasammer**
*Savannah Sparrow - Chingolo sabanero*
Gmelin, JF, 1789
e Aleutian Is. und Inseln vor Alaskan Halbinsel

Passerculus sandwichensis princeps
**Sable Grasammer**
Maynard, 1872
Sable Insel (e Nova Scotia in e Kanada)
Passerculus sandwichensis labradorius
**Labrador-Grasammer**
Howe, 1901
c, e Kanada und nc USA
Passerculus sandwichensis savanna
**Savannen-Grasammer**
Wilson, A, 1811
s, se Kanada und ne USA
Passerculus sandwichensis anthinus
**Alaska-Grasammer**
Bonaparte, 1853
Alaska und nw Kanada
Passerculus sandwichensis brooksi
**Brooks Grasammer**
Bishop, 1915
sw Kanada und nw USA
Passerculus sandwichensis alaudinus
**Bonapartes Grasammer**
Bonaparte, 1853
Küste California (w USA)
Passerculus sandwichensis nevadensis
**Nevada-Grasammer**
Grinnell, 1910
sc Kanada und wc USA
Passerculus sandwichensis brunnescens
**Butlers Grasammer**
Butler, AW, 1888
nc Mexico
Passerculus sandwichensis wetmorei
**Guatemala-Grasammer**
Van Rossem, 1938
sw Guatemala
Passerculus sandwichensis beldingi
**Beldings Grasammer**
Ridgway, 1885
sw USA und n Baja California (nw Mexico)
Passerculus sandwichensis anulus
**Hueys Grasammer**
Huey, 1930
wc Baja California (nw Mexico)
Passerculus sandwichensis guttatus
**Lawrences Grasammer**
Lawrence, 1867
sc Baja California (nw Mexico)

Passerculus sandwichensis magdalenae
**Magdalena-Grasammer**
Van Rossem, 1947
s Baja California (nw Mexico)
Passerculus sandwichensis sanctorum
**Benito-Grasammer**
Coues, 1884
San Benito Is. (vor Baja California in nw Mexico)
Passerculus sandwichensis rostratus
**Sonora-Grasammer**
Cassin, 1852
ne Baja California und nw Sonora (nw Mexico)
Passerculus sandwichensis atratus
**Sinaola-Grasammer**
Van Rossem, 1930
Küste Sonora bis Sinaloa (nw bis w Mexico)

## Gattung: Xenospiza

Xenospiza baileyi
**Sierraammer**
*Sierra Madre Sparrow - Chingolo serrano*
Bangs, 1931
c Mexico

## Gattung: Melospiza

Melospiza melodia
**Singammer**
*Song Sparrow - Chingolo cantor*
Wilson, A, 1810
sc, se Kanada bis se USA

Melospiza melodia maxima
**Große Singammer**
Gabrielson & Lincoln, 1951
w Aleutian Is.
Melospiza melodia sanaka
**Aleuten-Singammer**
McGregor, 1900
e Aleutian Is. und Alaskan Halbinsel
Melospiza melodia insignis
**Kodiak-Singammer**
Baird, SF, 1869
Kodiak Is. und e Alaskan Halbinsel
Melospiza melodia kenaiensis
**Südalaska-Singammer**
Ridgway, 1900
Küste s Alaska
Melospiza melodia caurina
**Ridgways Singammer**
Ridgway, 1899
Küste se Alaska
Melospiza melodia rufina
**Bonapartes Singammer**
Bonaparte, 1850
Inseln vor se Alaska und w Kanada
Melospiza melodia merrilli
**Merrills Singammer**
Brewster, 1896
e British Columbia (sw Kanada) bis se Washington, ne California und n Nevada (nw USA)
Melospiza melodia morphna
**Kanada-Singammer**
Oberholser, 1899
c, sw British Columbia (sw Kanada) bis nw Oregon (nw USA)
Melospiza melodia cleonensis
**Oregon-Singammer**
McGregor, 1899
sw Oregon und nw California (w USA)
Melospiza melodia gouldii
**Goulds Singammer**
Baird, SF, 1858
c Küste von California (außer San Francisco Bay) und Santa Cruz Is.
Melospiza melodia samuelsis
**Samuels Singammer**
Baird, SF, 1858
San Pablo Bay und n San Francisco Bay (c Küste von California in w USA)
Melospiza melodia maxillaris
**Suisan-Singammer**
Grinnell, 1909
Suisun Bay (c Küste von California in w USA)
Melospiza melodia pusillula
**San Francisco-Singammer**
Ridgway, 1899
s San Francisco Bay (c Küste von California in w USA)
Melospiza melodia graminea
**Channel-Singammer**
Townsend, CH, 1890
Channel Is. (vor sw California in w USA) und Los Coronados Is. (vor nw Mexico)
Melospiza melodia heermanni
**Heermanns Singammer**
Baird, SF, 1858
c, sw California, n Baja California (nw Mexico)
Melospiza melodia rivularis
**Bryants Singammer**
Bryant, WE, 1888
s Baja California (nw Mexico)

Melospiza melodia fallax
**Nevada-Singammer**
Baird, SF, 1854
s Nevada, s Utah, Arizona und nw Mexico
Melospiza melodia goldmani
**Goldmans Singammer**
Nelson, 1899
nw bis wc Mexico
Melospiza melodia mexicana
**Mexikanische Singammer**
Ridgway, 1874
sc Mexico
Melospiza melodia villai
**Phillips Singammer**
Phillips, AR & Dickerman, 1957
c Mexico
Melospiza melodia adusta
**Nelsons Singammer**
Nelson, 1899
wc Mexico
Melospiza melodia montana
**Gebirgs-Singammer**
Henshaw, 1884
wc USA
Melospiza melodia atlantica
**Atlantische Singammer**
Todd, 1924
Küste ec USA

Melospiza lincolnii
**Lincolnammer**
*Lincoln's Sparrow - Chingolo de Lincoln*
Audubon, 1834
nw Alaska und nc, ne Kanada bis n USA

Melospiza lincolnii gracilis
**Südliche Lincolnammer**
Kittlitz, 1858
s Alaska und w Kanada
Melospiza lincolnii alticola
**Westliche Lincolnammer**
Miller, AH & McCabe, 1935
w USA

Melospiza georgiana
**Sumpfammer**
*Swamp Sparrow - Chingolo pantanero*
Latham, 1790
North Dakota bis Nova Scotia und Nordosten der USA; überwintert in Südtexas und Florida

Melospiza georgiana ericrypta
**Oberholsers Sumpfammer**
Oberholser, 1938
s Kanada und nc USA
Melospiza georgiana georgiana
**Lathams Sumpfammer**
Latham, 1790
se Kanada und ne, ec USA
Melospiza georgiana nigrescens
**Stewarts Sumpfammer**
Bond, GM & Stewart, 1951
Küste e USA (New Jersey bis se Maryland)

## Gattung: Pezopetes

Pezopetes capitalis
**Großfuß-Buschammer**
*Large-footed Finch - Cerquero patigrande*
Cabanis, 1861
Costa Rica und Panama

## Gattung: Torreornis

Torreornis inexpectata
**Zapataammer**
*Zapata Sparrow - Chingolo de la ciénaga*
Barbour & Peters, JL, 1927
sw Kuba

Torreornis inexpectata sigmani
**Sigmans Zapataammer**
Spence, MJ & Smith, BL, 1961
se Kuba
Torreornis inexpectata varonai
**Varonas Zapataammer**
Regalado Ruiz, 1981
Cayo Coco (vor nc Kuba )

Melozone kieneri
## Rostnacken-Grundammer
*Rusty-crowned Ground Sparrow - Toquí nuquirrufo*
Bonaparte, 1850
*w Mexico*

Melozone kieneri grisior
### Nördliche Rostnacken-Grundammer
Van Rossem, 1933
nw Mexico
Melozone kieneri rubricata
### Südliche Rostnacken-Grundammer
Cabanis, 1851
c, sw Mexico

Melozone fusca
## Braunrücken-Grundammer
*Canyon Towhee - Toquí pardo*
Swainson, 1827
*c bis sc Mexico*

Melozone fusca mesoleuca
### Bairds Braunrücken-Grundammer
Baird, SF, 1854
sw USA und n Mexico
Melozone fusca intermedia
### Nelsons Braunrücken-Grundammer
Nelson, 1899
nw Mexico
Melozone fusca jamesi
### Tiburon-Braunrücken-Grundammer
Townsend, CH, 1923
Tiburón Insel (vor nw Mexico)
Melozone fusca mesata
### Oberholsers Braunrücken-Grundammer
Oberholser, 1937
wc USA
Melozone fusca texana
### Texas-Braunrücken-Grundammer
Van Rossem, 1934
w, c Texas (sc USA) und ne Mexico
Melozone fusca perpallida
### Rossems Braunrücken-Grundammer
Van Rossem, 1934
wc Mexico
Melozone fusca potosina
### Ridgways Braunrücken-Grundammer
Ridgway, 1899
nc bis c Mexico
Melozone fusca campoi
### Campo-Braunrücken-Grundammer
Moore, RT, 1949
e Mexico
Melozone fusca toroi
### Toro-Braunrücken-Grundammer
Moore, RT, 1942
sc bis s Mexico

Melozone albicollis
## Weißkehl-Grundammer
*White-throated Towhee - Toquí oaxaqueño*
Sclater, PL, 1858
*Guerrero und Oaxaca (sw Mexico)*

Melozone albicollis marshalli
### Marshalls Weißkehl-Grundammer
Parkes, 1974
Puebla (sc Mexico)

Melozone aberti
## Schwarzkinn-Grundammer
*Abert's Towhee - Toquí de Abert*
Baird, SF, 1852
*s Arizona und sw Mexico (sw USA)*

Melozone aberti dumeticola
### Nevada-Schwarzkinn-Grundammer
Van Rossem, 1946
s Nevada und sw Utah (sw USA) bis n Baja California (nw Mexico)

Melozone crissalis
## Kaliforniengrundammer
*California Towhee - Toquí californiano*
Vigors, 1839
*sw Oregon bis c California (w USA)*

Melozone crissalis petulans
### Küsten-Kaliforniengrundammer
Grinnell & Swarth, 1926
Küste n, c California (w USA)
Melozone crissalis senicula
### Anthonys Kaliforniengrundammer
Anthony, 1895
Küste s California (sw USA) und n Baja California (nw Mexico)

Melozone crissalis aripolia
### Oberholsers Kaliforniengrundammer
Oberholser, 1919
c Baja California (nw Mexico)
Melozone crissalis albigula
### Bairds Kaliforniengrundammer
Baird, SF, 1860
s Baja California (nw Mexico)

Melozone leucotis
## Weißohr-Grundammer
*White-eared Ground Sparrow - Toquí orejiblanco*
Cabanis, 1861
*Costa Rica*

Melozone leucotis occipitalis
### Guatemala-Weißohrgrundammer
Salvin, 1878
s Mexico, Guatemala und El Salvador
Melozone leucotis nigrior
### Nikaragua-Weißohrgrundammer
Miller, W & Griscom, 1925
Nicaragua

Melozone biarcuata
## Brillengrundammer
*Prevost's Ground Sparrow - Toquí cuatroojos*
Prévost & des Murs, 1842
*se Mexico bis El Salvador*

Melozone cabanisi
## Rotohr-Grundammer
*Cabanis's Ground Sparrow - Toquí costarricense*
Sclater, PL & Salvin, 1868
*c Costa Rica*



Aimophila rufescens
## Rostrückenammer
*Rusty Sparrow - Chingolo rojizo*
Swainson, 1827
*w, sw Mexico*

Aimophila rufescens antonensis
### Sonora-Rostrückenammer
Van Rossem, 1942
nc Sonora (nw Mexico)
Aimophila rufescens mcleodii
### Sinaola-Rostrückenammer
Brewster, 1888
e Somora und w Chihuahua bis n Sinaloa und nw Durango (nw Mexico)
Aimophila rufescens pyrgitoides
### Honduras-Rostrückenammer
Lafresnaye, 1839
e, se Mexico bis Hochland von n, c El Salvador, c Honduras und nw Nicaragua
Aimophila rufescens discolor
### Nikaragua-Rostrückenammer
Ridgway, 1888
n Honduras und ne Nicaragua
Aimophila rufescens pectoralis
### Salvador-Rostrückenammer
Dickey & Van Rossem, 1927
Karibikseite von s El Salvador und s Honduras
Aimophila rufescens hypaethra
### Costa Rica-Rostrückenammer
Bangs, 1909
nw Costa Rica

Aimophila ruficeps
## Rostscheitelammer
*Rufous-crowned Sparrow - Chingolo coronirrufo*
Cassin, 1852
*c California (w USA)*

Aimophila ruficeps canescens
### Todds Rostscheitelammer
Todd, 1922
sw California (sw USA) und n Baja California (nw Mexico)
Aimophila ruficeps obscura
### Dunkle Rostscheitelammer
Dickey & Van Rossem, 1923
Inseln vor sw California (sw USA)
Aimophila ruficeps sanctorum
### Santos-Rostscheitelammer
Van Rossem, 1947
Todoa Santos Is. (island vor Baja California in nw Mexico)
Aimophila ruficeps sororia
### Baja California-Rostscheitelammer
Ridgway, 1898
s Baja California (nw Mexico)
Aimophila ruficeps scottii
### Scottis Rostscheitelammer
Sennett, 1888
n, e, sw Arizona, sw New Mexico (sw USA) und nw Mexico

Aimophila ruficeps eremoeca
**Colorado-Rostscheitelammer**
Brown, NC, 1882
Colorado bis Kansas (wc USA) und s bis nc Mexico
Aimophila ruficeps simulans
**Westmexiko-Rostscheitelammer**
Van Rossem, 1934
nw bis w Mexico
Aimophila ruficeps pallidissima
**Ostmexiko-Rostscheitelammer**
Phillips, AR, 1966
ne Mexico
Aimophila ruficeps phillipsi
**Phillips Rostscheitelammer**
Hubbard & Crossin, 1974
se Sinaloa (wc Mexico)
Aimophila ruficeps boucardi
**Boucard-Rostscheitelammer**
Sclater, PL, 1867
s San Luis Potosí bis Guanajuato und Querétaro bis s Michoacán, Hidalgo, Tlaxcala, nw,
c Veracruz, und n Puebla (c Mexico)
Aimophila ruficeps suttoni
**Jalisco Rostscheitelammer**
Hubbard, 1975
e Nayarit bis n, w Jalisco und s Colima (w Mexico)
Aimophila ruficeps laybournae
**Veracruz-Rostscheitelammer**
Hubbard, 1975
Veracruz bis Oaxaca (sc Mexico)
Aimophila ruficeps duponti
**Dupont-Rostscheitelammer**
Hubbard, 1975
Mexico City Gebiet (sc Mexico)
Aimophila ruficeps fusca
**Colima-Rostscheitelammer**
Nelson, 1897
e Jalisco bis n Colima und n Michoacán (sw Mexico)
Aimophila ruficeps australis
**Oaxaca-Rostscheitelammer**
Nelson, 1897
c Oaxaca (sc Mexico)
Aimophila ruficeps extima
**Guerrero-Rostscheitelammer**
Phillips, AR, 1966
Guerrero und s Puebla über s Oaxaca (sw Mexico)

Aimophila notosticta
**Oaxacaammer**
*Oaxaca Sparrow - Chingolo oaxaqueño*
Sclater, PL & Salvin, 1868
s Mexico

## Gattung: Pipilo

Pipilo chlorurus
**Grünschwanz-Grundammer**
*Green-tailed Towhee - Toquí coliverde*
Audubon, 1839
w USA

Pipilo maculatus
**Fleckengrundammer**
*Spotted Towhee - Toquí moteado*
Swainson, 1827
e Mexico

Pipilo maculatus oregonus
**Oregon-Fleckengrundammer**
Bell, 1849
sw Kanada bis sw Oregon (w USA)
Pipilo maculatus falcifer
**Kalifornien-Fleckengrundammer**
McGregor, 1900
nw California (w USA)
Pipilo maculatus megalonyx
**Bairds Fleckengrundammer**
Baird, SF, 1858
wc California (w USA) bis extremer nw Baja California (nw Mexico)
Pipilo maculatus clementae
**Clementa-Fleckengrundammer**
Grinnell, 1897
Inseln vor sw California (sw USA)
Pipilo maculatus umbraticola
**Grinnell-Fleckengrundammer**
Grinnell & Swarth, 1926
n Baja California (nw Mexico)
† Pipilo maculatus consobrinus
**Guadaloupe-Fleckengrundammer**
Ridgway, 1876
Guadalupe Insel (vor nw Mexico)
Pipilo maculatus magnirostris
**Brewsters Fleckengrundammer**
Brewster, 1891
s Baja California (nw Mexico)
Pipilo maculatus curtatus
**Kanada-Fleckengrundammer**
Grinnell, 1911
sw Kanada und nw USA

Pipilo maculatus falcinellus
**Swarths Fleckengrundammer**
Swarth, 1913
s Oregon bis c California (w USA)
Pipilo maculatus arcticus
**Swainsons Fleckengrundammer**
Swainson, 1832
sc Kanada und wc USA
Pipilo maculatus montanus
**Gebirgs-Fleckengrundammer**
Swarth, 1905
sw USA und n Mexico
Pipilo maculatus gaigei
**Texas-Fleckengrundammer**
Van Tyne & Sutton, 1937
e New Mexico und w Texas (sc USA) und nc Mexico
Pipilo maculatus griseipygius
**Westmexiko-Fleckengrundammer**
Van Rossem, 1934
w Mexico
Pipilo maculatus orientalis
**Ostmexiko-Fleckengrundammer**
Sibley, 1950
ne Mexico
Pipilo maculatus vulcanorum
**Sibleys Fleckengrundammer**
Sibley, 1950
sc Mexico
Pipilo maculatus oaxacae
**Oaxaca-Fleckengrundammer**
Sibley, 1950
Oaxaca (s Mexico)
Pipilo maculatus chiapensis
**Chiapas-Fleckengrundammer**
Van Rossem, 1938
c Chiapa (s Mexico)
Pipilo maculatus repetens
**Guatemala-Fleckengrundammer**
Griscom, 1930
se Chiapa (s Mexico) und w Guatemala
Pipilo maculatus macronyx
**Südmexiko-Fleckengrundammer**
Swainson, 1827
sw bis sc Mexico
Pipilo maculatus socorroensis
**Socorro-Fleckengrundammer**
Grayson, 1867
Socorro Insel (vor w Mexico)

Pipilo erythrophthalmus
**Rötelgrundammer**
*Eastern Towhee - Toquí flanquirrufo*
Linnaeus, 1758
sc, se Kanada bis ec USA

Pipilo erythrophthalmus canaster
**Howells Rötelgrundammer**
Howell, AH, 1913
se USA
Pipilo erythrophthalmus rileyi
**Rileys Rötelgrundammer**
Koelz, 1939
Küste se USA außer c, s Florida
Pipilo erythrophthalmus alleni
**Allens Rötelgrundammer**
Coues, 1871
Florida (se USA)

†† Pipilo naufragus
**Bermudagrundammer**
*Bermuda Towhee - Toquí de las Bermudas*
Olson & Wingate, 2012
Bermuda

Pipilo ocai
**Halsband-Grundammer**
*Collared Towhee - Toquí acollarado*
Lawrence, 1865
ec Mexico

Pipilo ocai alticola
**Westliche Halsband-Grundammer**
Salvin & Godman, 1889
w Mexico
Pipilo ocai nigrescens
**Salvins Halsband-Grundammer**
Salvin & Godman, 1889
c Mexico
Pipilo ocai guerrerensis
**Guerrero-Halsbandgrundammer**
Van Rossem, 1938
sw Mexico
Pipilo ocai brunnescens
**Südliche Halsband-Grundammer**
Van Rossem, 1938
s Mexico

Atlapetes pileatus
**Rotkappen-Buschammer**
*Rufous-capped Brushfinch - Atlapetes coronirrufo*
Wagler, 1831
*sc Mexico*

Atlapetes pileatus dilutus
**Nördliche Rotkappen-Buschammer**
Ridgway, 1898
*n, c Mexico*

Atlapetes albinucha
**Weißnacken-Buschammer**
*White-naped Brushfinch - Atlapetes nuquiblanco*
d'Orbigny & Lafresnaye, 1838
*e, se Mexico*

Atlapetes albinucha griseipectus
**Guatemala-Weißnacken-Buschammer**
Dwight & Griscom, 1921
*s Mexico, w Guatemala und w El Salvador*
Atlapetes albinucha fuscipygius
**Honduras-Weißnacken-Buschammer**
Dwight & Griscom, 1921
*Honduras, nw El Salvador und nw Nicaragua*
Atlapetes albinucha parvirostris
**Costa Rica-Weißnacken-Buschammer**
Dwight & Griscom, 1921
*Costa Rica*
Atlapetes albinucha brunnescens
**Chiriqui-Weißnacken-Buschammer**
Chapman, 1915
*w Panama*
Atlapetes albinucha azuerensis
**Azuero-Weißnacken-Buschammer**
Aldrich, 1937
*Azuero Halbinsel (s Panama)*
Atlapetes albinucha gutturalis
**Kolumbien-Weißnacken-Buschammer**
Lafresnaye, 1843
*w Kolumbien bis n Ecuador*

Atlapetes tibialis
**Gelbschenkel-Buschammer**
*Yellow-thighed Brushfinch - Cerquero musliamarillo*
Lawrence, 1864
*Costa Rica und Panama*

Atlapetes luteoviridis
**Anthrazitbuschammer**
*Yellow-green Brushfinch - Cerquero verdiamarillo*
Griscom, 1924
*Panama*

Atlapetes albofrenatus
**Weißbart-Buschammer**
*Moustached Brushfinch - Atlapetes bigotudo*
Boissonneau, 1840
*n Kolumbien*

Atlapetes meridae
**Méridabuschammer**
*Merida Brushfinch - Atlapetes de Mérida*
Sclater, PL & Salvin, 1871
*nw Venezuela*

Atlapetes personatus
**Tepuibuschammer**
*Tepui Brushfinch - Atlapetes de tepuí*
Cabanis, 1849
*Mt. Roraima und Tepuis (se Venezuela)*

Atlapetes personatus collaris
**Auyanbuschammer**
Chapman, 1939
*Auyán-tepui (se Venezuela)*
Atlapetes personatus duidae
**Duidabuschammer**
Chapman, 1929
*Mt. Duida und Mt. Guaiquinima (s Venezuela)*
Atlapetes personatus parui
**Parubuschammer**
Phelps, WH & Phelps, WH Jr, 1950
*Cerro Parú (s Venezuela)*
Atlapetes personatus paraquensis
**Yavibuschammer**
Phelps, WH & Phelps, WH Jr, 1946
*Cerro Paraque und Cerro Yavi (s Venezuela)*
Atlapetes personatus jugularis
**Neblinabuschammer**
Phelps, WH & Phelps, WH Jr, 1955
*Cerro La Neblina (s Venezuela) und n Brasilien*

Atlapetes melanocephalus
**Grauohr-Buschammer**
*Santa Marta Brushfinch - Atlapetes de Santa Marta*
Salvin & Godman, 1880
*Kolumbien*

Atlapetes semirufus
**Ockerbrust-Buschammer**
*Ochre-breasted Brushfinch - Atlapetes semirrufo*
Boissonneau, 1840
*Cundinamarca (nc Kolumbien)*

Atlapetes semirufus denisei
**Denises Ockerbrust-Buschammer**
Hellmayr, 1911
*n, ne Venezuela*
Atlapetes semirufus benedettii
**Benedettis Ockerbrust-Buschammer**
Phelps, WH & Gilliard, 1941
*nw Venezuela*
Atlapetes semirufus albigula
**Tachira-Ockerbrust-Buschammer**
Zimmer, JT & Phelps, WH, 1946
*n Táchira (w Venezuela)*
Atlapetes semirufus zimmeri
**Zimmers Ockerbrust-Buschammer**
Meyer de Schauensee, 1947
*n Kolumbien und w Táchira (w Venezuela)*
Atlapetes semirufus majusculus
**Boyaca-Ockerbrust-Buschammer**
Todd, 1919
*Boyacá (nc Kolumbien)*

Atlapetes flaviceps
**Goldkopf-Buschammer**
*Yellow-headed Brushfinch - Atlapetes cabecigualdo*
Chapman, 1912
*Kolumbien*

Atlapetes fuscoolivaceus
**Rußkopf-Buschammer**
*Dusky-headed Brushfinch - Atlapetes sombrío*
Chapman, 1914
*Kolumbien*

Atlapetes leucopis
**Brillenbuschammer**
*White-rimmed Brushfinch - Atlapetes embridado*
Sclater, PL & Salvin, 1878
*s Kolumbien und Ecuador*

Atlapetes albiceps
**Weißkopf-Buschammer**
*White-headed Brushfinch - Atlapetes cabeciblanco*
Taczanowski, 1884
*sw Ecuador und nw Peru*

Atlapetes rufigenis
**Rotohr-Buschammer**
*Rufous-eared Brushfinch - Atlapetes orejirrufo*
Salvin, 1895
*Peru*

Atlapetes crassus
**Goldscheitel-Buschammer**
*Choco Brushfinch - Atlapetes del Chocó*
Bangs, 1908
*wc, sw Kolumbien bis sw Ecuador*

Atlapetes tricolor
**Dreifarben-Buschammer**
*Tricolored Brushfinch - Atlapetes tricolor*
Taczanowski, 1875
*Peru*

Atlapetes schistaceus
**Graubrust-Buschammer**
*Slaty Brushfinch - Atlapetes pizarroso*
Boissonneau, 1840
*c Kolumbien bis Ecuador*

Atlapetes schistaceus fumidus
**Perija-Graubrust-Buschammer**
Wetmore & Phelps, WH Jr, 1953
*Perijá Mts. (n Kolumbien und nw Venezuela)*
Atlapetes schistaceus castaneifrons
**Anden-Graubrust-Buschammer**
Sclater, PL & Salvin, 1875
*Anden von nw Venezuela*

Atlapetes schistaceus tamae
**Tachira-Graubrust-Buschammer**
Cory, 1913
sw Táchira (nw Venezuela) und n Kolumbien

Atlapetes taczanowskii
**Taczanowskibuschammer**
*Taczanowskii's Brushfinch - Atlapetes de Taczanowski*
Sclater, PL & Salvin, 1875
c Peru

Atlapetes pallidinucha
**Zimtstirn-Buschammer**
*Pale-naped Brushfinch - Atlapetes nuquipálido*
Boissonneau, 1840
ne Kolumbien und nw Venezuela

Atlapetes pallidinucha papallactae
**Hellmayrs Zimtstirn-Buschammer**
Hellmayr, 1913
c Kolumbien bis Ecuador und n Peru

Atlapetes blancae
**Antioquiabuschammer**
*Antioquia Brushfinch - Atlapetes antioqueño*
Donegan, 2007
nc Kolumbien

Atlapetes latinuchus
**Gelbbrust-Buschammer**
*Yellow-breasted Brushfinch - Atlapetes pechiamarillo*
Du Bus de Gisignies, 1855
se Ecuador und n Peru

Atlapetes latinuchus elaeoprorus
**Antioquia-Gelbbrustbuschammer**
Sclater, PL & Salvin, 1879
Antioquia (nc Kolumbien)
Atlapetes latinuchus yariguierum
**Santander-Gelbbrustbuschammer**
Donegan & Huertas, 2006
Santander (nc Kolumbien)
Atlapetes latinuchus caucae
**Cauca-Gelbbrustbuschammer**
Chapman, 1927
sw Kolumbien
Atlapetes latinuchus spodionotus
**Ekuador-Gelbbrustbuschammer**
Sclater, PL & Salvin, 1879
c, s Kolumbien und n Ecuador
Atlapetes latinuchus comptus
**Piura-Gelbbrustbuschammer**
Sclater, PL & Salvin, 1879
sw Ecuador und Piura (extremer nw Peru)
Atlapetes latinuchus chugurensis
**Cajamarca-Gelbbrustbuschammer**
Chapman, 1927
w Cajamarca (nw Peru)
Atlapetes latinuchus baroni
**Baron-Gelbbrustbuschammer**
Salvin, 1895
s Cajamarca und La Libertad (nw Peru)

Atlapetes nigrifrons
**Schwarzstirn-Buschammer**
*Black-fronted Brushfinch - Atlapetes del Perijá*
Phelps, WH & Gilliard, 1940
Perijá Mts., extremer n Kolumbien und nw Venezuela

Atlapetes leucopterus
**Spiegelbuschammer**
*White-winged Brushfinch - Atlapetes aliblanco*
Jardine, 1856
nw Ecuador

Atlapetes leucopterus dresseri
**Dressers Spiegelbuschammer**
Taczanowski, 1883
sw Ecuador und nw Peru
Atlapetes leucopterus paynteri
**Paynters Spiegelbuschammer**
Fitzpatrick, 1980
sc Ecuador und nc Peru

Atlapetes pallidiceps
**Blasskopf-Buschammer**
*Pale-headed Brushfinch - Atlapetes cabecipálido*
Sharpe, 1900
Inter-Anden-Täler von Azuay, sc Ecuador

Atlapetes seebohmi
**Rotscheitel-Buschammer**
*Bay-crowned Brushfinch - Atlapetes de Seebohm*
Taczanowski, 1883
nw, wc Peru

Atlapetes seebohmi simonsi
**Simons Rotscheitel-Buschammer**
Sharpe, 1900
sw Ecuador

Atlapetes nationi
**Rostbauch-Buschammer**
*Rusty-bellied Brushfinch - Atlapetes ventrirrufo*
Sclater, PL, 1881
w Peru

Atlapetes nationi brunneiceps
**Südliche Rostbauch-Buschammer**
Berlepsch & Stolzmann, 1906
sw Peru

Atlapetes forbesi
**Forbesbuschammer**
*Apurimac Brushfinch - Atlapetes de Apurímac*
Morrison, 1947
Peru

Atlapetes melanopsis
**Schwarzbrillen-Buschammer**
*Black-spectacled Brushfinch - Atlapetes de anteojos*
Valqui & Fjeldså, 2002
Peru

Atlapetes terborghi
**Vilcabambabuschammer**
*Vilcabamba Brushfinch - Atlapetes de Vilcabamba*
Remsen, 1993
Peru

Atlapetes canigenis
**Schieferbuschammer**
*Cuzco Brushfinch - Atlapetes de Cuzco*
Chapman, 1919
Peru

Atlapetes melanolaemus
**Schwarzgesicht-Buschammer**
*Grey-eared Brushfinch - Atlapetes carinegro*
Sclater, PL & Salvin, 1879
Peru

Atlapetes rufinucha
**Rotnacken-Buschammer**
*Bolivian Brushfinch - Atlapetes nuquirrufo*
d'Orbigny & Lafresnaye, 1837
w Bolivien

Atlapetes rufinucha carrikeri
**Carrikers Rotnacken-Buschammer**
Bond, J & Meyer de Schauensee, 1939
c Bolivien

Atlapetes fulviceps
**Braunbart-Buschammer**
*Fulvous-headed Brushfinch - Atlapetes cabecirrufo*
d'Orbigny & Lafresnaye, 1837
Bolivien und nw Argentinien

Atlapetes citrinellus
**Schwarzbart-Buschammer**
*Yellow-striped Brushfinch - Atlapetes amarillo*
Cabanis, 1883
nw Argentinien

**Familie: Calyptophilidae (Schmätzertangaren)**

Gattung: Calyptophilus

Calyptophilus tertius
**Haitischmätzertangare**
*Western Chat-Tanager - Tangara haitiana*
Wetmore, 1929
Hispaniola

Calyptophilus frugivorus
**Dominikanerschmätzertangare**
*Eastern Chat-Tanager - Tangara dominicana*
Cory, 1883
*n Dominikanische Republick*

Calyptophilus frugivorus neibae
**Neibaschmätzertangare**
Bond, J & de Dod, 1977
c Dominikanische Republick
Calyptophilus frugivorus abbotti
**Abbotts Schmätzertangare**
Richmond & Swales, 1924
Gonâve Insel (vor wc Hispaniola)


**Familie: Phaenicophilidae (Palmtangaren)**

Gattung: Phaenicophilus

Phaenicophilus palmarum
**Schwarzscheitel-Palmtangare**
*Black-crowned Tanager - Cuatroojos coroninegro*
Linnaeus, 1766
*Hispaniola*

Phaenicophilus poliocephalus
**Grauscheitel-Palmtangare**
*Grey-crowned Tanager - Cuatroojos coronigrís*
Bonaparte, 1851
*Hispaniola*

Phaenicophilus poliocephalus coryi
**Gonâve-Grauscheitel-Palmtangare**
Richmond & Swales, 1924
Gonâve Insel (vor wc Hispaniola)
Phaenicophilus poliocephalus tetraopes
**Südliche Grauscheitel-Palmtangare**
Wetmore & Lincoln, 1932
Ile à Vache (vor sw Hispaniola)

Gattung: Microligea

Microligea palustris
**Graubrust-Palmtangare**
*Green-tailed Warbler - Reinita coliverde*
Cory, 1884
*Hochland von Hispaniola*

Microligea palustris vasta
**Lincolns Graubrust-Palmtangare**
Wetmore & Lincoln, 1931
sw Dominikanische Republick

Gattung: Xenoligea

Xenoligea montana
**Spiegelpalmtangare**
*White-winged Warbler - Reinita montana*
Chapman, 1917
*Hispaniola*


**Familie: Nesospingidae (Puerto-Rico-Tangaren)**

Gattung: Nesospingus

Nesospingus speculiferus
**Puerto-Rico-Tangare**
*Puerto Rican Tanager - Tangara puertorriqueña*
Lawrence, 1875
*Puerto Rico*


**Familie: Spindalidae (Streifenkopftangaren)**

Gattung: Spindalis

Spindalis zena
**Kuba-Streifenkopftangare**
*Western Spindalis - Cigua cubana*
Linnaeus, 1758
*c, s Bahamas*

Spindalis zena townsendi
**Townsends Streifenkopftangare**
Ridgway, 1887
n Bahamas
Spindalis zena pretrei
**Pretres Streifenkopftangare**
Lesson, RP, 1831
Kuba und Isle von Pines
Spindalis zena salvini
**Salvins Streifenkopftangare**
Cory, 1886
Grand Cayman Insel
Spindalis zena benedicti
**Benedicts Streifenkopftangare**
Ridgway, 1885
Cozumel Insel (vor se Mexico)

Spindalis dominicensis
**Hispaniola-Streifenkopftangare**
*Hispaniolan Spindalis - Cigua de La Española*
Bryant, H, 1867
*Hispaniola*

Spindalis portoricensis
**Puerto-Rico-Streifenkopftangare**
*Puerto Rican Spindalis - Cigua puertorriqueña*
Bryant, H, 1866
*Puerto Rico*

Spindalis nigricephala
**Jamaika-Streifenkopftangare**
*Jamaican Spindalis - Cigua jamaicana*
Jameson, 1835
*Jamaika*


**Familie: Zeledoniidae (Zaunkönigsänger)**

Gattung: Zeledonia

Zeledonia coronata
**Zaunkönigsänger**
*Wrenthrush - Reinita de Zeledón*
Ridgway, 1889
*Costa Rica und Panama*


**Familie: Teretistridae (Kubasänger)**

Gattung: Teretistris

Teretistris fernandinae
**Gelbkopf-Kubasänger**
*Yellow-headed Warbler - Reinita chillina*
Lembeye, 1850
*Kuba*

Teretistris fornsi
**Gelbbrust-Kubasänger**
*Oriente Warbler - Reinita de Oriente*
Gundlach, 1858
*n Kuba*

Teretistris fornsi turquinensis
**Südlicher Gelbbrust-Kubasänger**
Garrido, 2000
se Kuba


**Familie: Icteriidae (Flötensterlinge)**

Gattung: Icteria

Icteria virens
**Flötenstärling**
*Yellow-breasted Chat - Reinita grande*
Linnaeus, 1758
*se Kanada und e USA bis ne Mexico*

Icteria virens auricollis
**Westlicher Flötenstärling**
Deppe, 1830
sw Kanada, w USA und nw Mexico

## Familie: Icteridae (Stärlinge)

### Gattung: Xanthocephalus

Xanthocephalus xanthocephalus
**Brillenstärling**
*Yellow-headed Blackbird - Tordo cabeciamarillo*
Bonaparte, 1826
*sw, sc Kanada bis sw USA und nw Mexico*

### Gattung: Dolichonyx

Dolichonyx oryzivorus
**Reisstärling**
*Bobolink - Tordo charlatán*
Linnaeus, 1758
*s Kanada und n USA*

### Gattung: Sturnella

Sturnella neglecta
**Wiesenstärling**
*Western Meadowlark - Pradero occidental*
Audubon, 1844
*sw, sc Kanada über w USA (außer Küste Pacific Northwest) bis c Mexico*

Sturnella neglecta confluenta
**Küsten-Wiesenstärling**
Rathbun, 1917
Küste sw Kanada und nw USA (sw British Kolumbien bis Oregon)

Sturnella magna
**Lerchenstärling**
*Eastern Meadowlark - Pradero oriental*
Linnaeus, 1758
*se Kanada und c, e USA*

Sturnella magna argutula
**Bangs Lerchenstärling**
Bangs, 1899
sc, se USA

Sturnella magna hoopesi
**Texas-Lerchenstärling**
Stone, 1897
s Texas (sc USA) und ne Mexico

Sturnella magna saundersi
**Oaxaca-Lerchenstärling**
Dickerman & Phillips, AR, 1970
se Oaxaca (s Mexico)

Sturnella magna alticola
**Costa Rica-Lerchenstärling**
Nelson, 1900
s Mexico bis Costa Rica

Sturnella magna mexicana
**Mexiko-Lerchenstärling**
Sclater, PL, 1861
se Mexico bis Belize und Guatemala

Sturnella magna griscomi
**Griscoms Lerchenstärling**
Van Tyne & Trautman, 1941
n Yucatán (se Mexico)

Sturnella magna inexspectata
**Nikaragua-Lerchenstärling**
Ridgway, 1888
Honduras und ne Nicaragua

Sturnella magna subulata
**Panama-Lerchenstärling**
Griscom, 1934
Panama

Sturnella magna meridionalis
**Sclaters Lerchenstärling**
Sclater, PL, 1861
nc Kolumbien bis nw Venezuela

Sturnella magna paralios
**Venezuela-Lerchenstärling**
Bangs, 1901
n Kolumbien und n, c Venezuela

Sturnella magna praticola
**Guyana-Lerchenstärling**
Chubb, C, 1921
llanos von e Kolumbien und se Venezuela bis Guyana und Suriname

Sturnella magna monticola
**Chubbs Lerchenstärling**
Chubb, C, 1921
Gebirge s Venezuela, Guianas und n Brasilien

Sturnella magna hippocrepis
**Kubanischer Lerchenstärling**
Wagler, 1832
Kuba

Sturnella lilianae
**Chihuahuastärling**
*Chihuahuan Meadowlark - Pradero de Lilian*
Oberholser, 1930
*sw USA und nw Mexico*

Sturnella lilianae auropectoralis
**Mexiko-Chihuahuastärling**
Saunders, GB, 1934
wc Mexico

### Gattung: Leistes

Leistes militaris
**Rotbruststärling**
*Red-breasted Blackbird - Loica pechirroja*
Linnaeus, 1758
*se Nicaragua bis nw Bolivien und nc Brasilien*

Leistes superciliaris
**Weißbrauenstärling**
*White-browed Blackbird - Loica cejiblanca*
Bonaparte, 1850
*n Bolivien und sw Brasilien bis c Argentinien und Uruguay; e Brasilien*

Leistes bellicosus
**Weißschenkelstärling**
*Peruvian Meadowlark - Loica peruana*
de Filippi, 1847
*sw Kolumbien bis nw Peru*

Leistes bellicosus albipes
**Südlicher Weißschenkelstärling**
Philippi & Landbeck, 1861
sw Peru und nw Chile

Leistes loyca
**Langschwanzstärling**
*Long-tailed Meadowlark - Loica común*
Molina, 1782
*s Chile und s Argentinien*

Leistes loyca catamarcanus
**Nördlicher Langschwanzstärling**
Zotta, 1937
nw Argentinien

Leistes loyca obscurus
**Dunkler Langschwanzstärling**
Nores & Yzurieta, 1979
c Argentinien

Leistes loyca falklandicus
**Falkland-Langschwanzstärling**
Leverkühn, 1889
Falkland Is.

Leistes defilippii
**Schwarzschenkelstärling**
*Pampas Meadowlark - Loica pampeana*
Bonaparte, 1850
*ec Argentinien*

### Gattung: Amblycercus

Amblycercus holosericeus
**Gelbschnabelkassike**
*Yellow-billed Cacique - Cacique piquiclaro*
Deppe, 1830
*se Mexico bis nw Kolumbien*

Amblycercus holosericeus flavirostris
**Kolumbien-Gelbschnabelkassike**
Chapman, 1915
w Kolumbien bis n Peru

Amblycercus holosericeus australis
**Venezuela-Gelbschnabelkassike**
Chapman, 1919
n Kolumbien und nw Venezuela bis e Peru und n Bolivien

### Gattung: Cassiculus

Cassiculus melanicterus
**Haubenkassike**
*Mexican Cacique - Cacique mexicano*
Bonaparte, 1825
*w Mexico bis se Guatemala*

Psarocolius wagleri
**Rotkopf-Stirnvogel**
*Chestnut-headed Oropendola - Cacique cabecicastaño*
Gray, GR, 1844
*c Veracruz (ec Mexico) bis ne Nicaragua*

Psarocolius wagleri ridgwayi
**Ridgways Rotkopf-Stirnvogel**
Van Rossem, 1934
*s Nicaragua bis ec Kolumbien und sw Ecuador*

Psarocolius angustifrons
**Breithauben-Stirnvogel**
*Russet-backed Oropendola - Cacique dorsirrufo*
Spix, 1824
*nw Amazonasgebiet*

Psarocolius angustifrons salmoni
**Salmon-Stirnvogel**
Sclater, PL, 1883
*w, c Kolumbien*
Psarocolius angustifrons atrocastaneus
**Ekuadorstirnvogel**
Cabanis, 1873
*w Ecuador*
Psarocolius angustifrons sincipitalis
**Cabanisstirnvogel**
Cabanis, 1873
*nc Kolumbien*
Psarocolius angustifrons neglectus
**Chapmans Strinvogel**
Chapman, 1914
*ne Kolumbien und nw Venezuela*
Psarocolius angustifrons oleagineus
**Sclaters Stirnvogel**
Sclater, PL, 1883
*nc Venezuela*
Psarocolius angustifrons alfredi
**Alfred-Stirnvogel**
des Murs, 1856
*se Ecuador bis c Bolivien*

Psarocolius atrovirens
**Grünschnabel-Stirnvogel**
*Dusky-green Oropendola - Cacique verdioscuro*
d'Orbigny & Lafresnaye, 1838
*Peru und Bolivien*

Psarocolius decumanus
**Krähenstirnvogel**
*Crested Oropendola - Cacique crestado*
Pallas, 1769
*n Südamerika*

Psarocolius decumanus melanterus
**Panama-Krähenstirnvogel**
Todd, 1917
*sw Costa Rica bis n, w Kolumbien*
Psarocolius decumanus insularis
**Trinidad-Krähenstirnvogel**
Dalmas, 1900
*Trinidad und Tobago*
Psarocolius decumanus maculosus
**Südlicher Krähenstirnvogel**
Chapman, 1920
*e Peru und Bolivien bis n Argentinien*

Psarocolius viridis
**Grünschopf-Stirnvogel**
*Green Oropendola - Cacique verde*
Müller, PLS, 1776
*Amazonasgebiet*

Psarocolius bifasciatus
**Parástirnvogel**
*Olive Oropendola - Cacique de Pará*
Spix, 1824
*ne Brasilien s Amazonas*

Psarocolius bifasciatus yuracares
**Amazonas-Olivstirnvogel**
d'Orbigny & Lafresnaye, 1838
*w Amazonasgebiet in se Kolumbien und s Venezuela bis e Peru, w Brasilien und Bolivien*
Psarocolius bifasciatus neivae
**Neiva-Olivstirnvogel**
Snethlage, E, 1925
*nc Brasilien s Amazonas*

Psarocolius montezuma
**Montezumastirnvogel**
*Montezuma Oropendola - Cacique de Moctezuma*
Lesson, RP, 1830
*s Mexico bis Panama*

Psarocolius guatimozinus
**Anthrazitstirnvogel**
*Black Oropendola - Cacique negro*
Bonaparte, 1853
*Panama und Kolumbien*

Psarocolius cassini
**Braunmantel-Stirnvogel**
*Baudo Oropendola - Cacique de Cassin*
Richmond, 1898
*nw Kolumbien*



Cacicus solitarius
**Stahlkassike**
*Solitary Cacique - Cacique solitario*
Vieillot, 1816
*sw Venezuela, w, c Amazonasgebiet bis n Argentinien*

Cacicus chrysopterus
**Goldschulterkassike**
*Golden-winged Cacique - Cacique aliamarillo*
Vigors, 1825
*c Bolivien bis nc Argentinien; s Brasilien, e Paraguay, ne Argentinien und Uruguay*

Cacicus koepckeae
**Koepckekassike**
*Selva Cacique - Cacique de Koepcke*
Lowery & O'Neill, 1965
*Peru*

Cacicus sclateri
**Trauerkassike**
*Ecuadorian Cacique - Cacique ecuatoriano*
Dubois, AJC, 1887
*Ecuador, Peru*

Cacicus cela
**Gelbbürzelkassike**
*Yellow-rumped Cacique - Cacique lomiamarillo*
Linnaeus, 1758
*e Kolumbien und Venezuela, Guianas s bis c Bolivien und s Brasilien*

Cacicus cela vitellinus
**Panama-Gelbbürzelkassike**
Lawrence, 1864
*c Panama bis n, c Kolumbien*
Cacicus cela flavicrissus
**Ekuador-Gelbbürzelkassike**
Sclater, PL, 1860
*w Ecuador und nw Peru*

Cacicus microrhynchus
**Scharlachbürzelkassike**
*Scarlet-rumped Cacique - Cacique lomiescarlata*
Sclater, PL & Salvin, 1865
*e Honduras bis e Panama*

Cacicus microrhynchus pacificus
**Chapmans Scharlachbürzelkassike**
Chapman, 1915
*e Panama bis sw Ecuador*

Cacicus uropygialis
**Zinnoberbürzelkassike**
*Subtropical Cacique - Cacique subtropical*
Lafresnaye, 1843
*w Venezuela über Anden bis sc Peru*

Cacicus chrysonotus
**Mittelandenkassike**
*Mountain Cacique - Cacique montano sureño*
d'Orbigny & Lafresnaye, 1838
*sc Peru bis c Bolivien*

Cacicus chrysonotus leucoramphus
**Ekuador-Mittelandenkassike**
Bonaparte, 1845
*Kolumbien und w Venezuela bis se Ecuador*
Cacicus chrysonotus peruvianus
**Peru-Mittelandenkassike**
Zimmer, JT, 1924
*n, c Peru*

Cacicus latirostris
**Breitschnabelkassike**
*Band-tailed Oropendola - Cacique colibandeado*
Swainson, 1838
*w Amazonasgebiet von sw Kolumbien bis ec Peru und w Brasilien*

Cacicus oseryi
## Helmkassike
*Casqued Oropendola - Cacique de yelmo*
Deville, 1849
*w Amazonasgebiet von sw Kolumbien bis w Brasilien und n Bolivien*

Cacicus haemorrhous
## Rotbürzelkassike
*Red-rumped Cacique - Cacique lomirrojo*
Linnaeus, 1766
*e Kolumbien und e Ecuador, s Venezuela, Guianas und n Brasilien*

### Cacicus haemorrhous pachyrhynchus
**Peru-Rotbürzelkassike**
Berlepsch, 1889
Amazonasbecken in Brasilien, e Peru und n Bolivien
Cacicus haemorrhous affinis
**Südliche Rotbürzelkassike**
Swainson, 1834
e Paraguay, e Brasilien und ne Argentinien

## Gattung: Icterus

Icterus parisorum
## Kalifornientrupial
*Scott's Oriole - Turpial de Scott*
Bonaparte, 1838
*sc USA und Mexico*

Icterus chrysater
## Schwarzflügeltrupial
*Yellow-backed Oriole - Turpial dorsidorado*
Lesson, RP, 1844
*c, s Yucatán (se Mexico) und s Mexico bis n Nicaragua*

### Icterus chrysater mayensis
**Yucatan-Schwarzflügeltrupial**
Van Rossem, 1938
n Yucatán Halbinsel (se Mexico)
Icterus chrysater giraudii
**Giraudis Schwarzflügeltrupial**
Cassin, 1848
Panama bis nw Venezuela, nc, c, s Kolumbien und sw Ecuador

Icterus graduacauda
## Schwarzkopftrupial
*Audubon's Oriole - Turpial de Audubon*
Lesson, RP, 1839
*e Mexico*

### Icterus graduacauda audubonii
**Nördlicher Schwarzkopftrupial**
Giraud Jr, 1841
s Texas (sc USA) und ne Mexico
Icterus graduacauda nayaritensis
**Westlicher Schwarzkopftrupial**
Van Rossem, 1938
wc Mexico
Icterus graduacauda dickeyae
**Südlicher Schwarzkopftrupial**
Van Rossem, 1938
sw Mexico

Icterus leucopteryx
## Jamaikatrupial
*Jamaican Oriole - Turpial jamaicano*
Wagler, 1827
*Jamaika*

### Icterus leucopteryx lawrencii
**Lawrencetrupial**
Cory, 1887
San Andrés Insel (e von Nicaragua)
† Icterus leucopteryx bairdi
**Grand Cayman-Trupial**
Cory, 1886
Grand Cayman Insel

Icterus auratus
## Goldtrupial
*Orange Oriole - Turpial yucateco*
Bonaparte, 1850
*se Mexico*

Icterus gularis
## Schwarzkehltrupial
*Altamira Oriole - Turpial de Altamira*
Wagler, 1829
*Oaxaca (sw Mexico) über s Guatemala bis w Nicaragua*

### Icterus gularis mentalis
**Texas--Schwarzkehltrupial**
Lesson, RP, 1831
s Texas (USA), s, e Mexico, c Guatemala und n Belize
Icterus gularis flavescens
**Guerrero-Schwarzkehltrupial**
Phillips, AR, 1966
Guerrero (sw Mexico)

Icterus nigrogularis
## Orangebrusttrupial
*Yellow Oriole - Turpial amarillo*
Hahn, 1819
*n Kolumbien, Venezuela, Guianas und n Brasilien*

### Icterus nigrogularis curasoensis
**Curacao-Orangebrusttrupial**
Ridgway, 1884
Niederländische Antillen
Icterus nigrogularis helioeides
**Margarita-Orangebrusttrupial**
Clark, AH, 1902
Margarita Insel (vor n Venezuela)
Icterus nigrogularis trinitatis
**Trinidad-Orangebrusttrupial**
Hartert, EJO, 1913
Trinidad und Paria Halbinsel (ne Venezuela)

Icterus bullockii
## Bullocktrupial
*Bullock's Oriole - Turpial de Bullock*
Swainson, 1827
*sw Kanada über w USA bis n Mexico*

Icterus pustulatus
## Piroltrupial
*Streak-backed Oriole - Turpial dorsilistado*
Wagler, 1829
*Colima bis n Oaxaca, Puebla und Veracruz (sw Mexico)*

### Icterus pustulatus microstictus
**Nördlicher Piroltrupial**
Griscom, 1934
nw Mexico
Icterus pustulatus graysonii
**Graysons Piroltrupial**
Cassin, 1867
Tres Marías Is. (vor w Mexico)
Icterus pustulatus formosus
**Chiapas-Piroltrupial**
Lawrence, 1872
Oaxaca und Chiapa (s Mexico) bis nw Guatemala
Icterus pustulatus maximus
**Großer Piroltrupial**
Griscom, 1930
Rio Negro Tal (nc Guatemala)
Icterus pustulatus alticola
**Honduras-Piroltrupial**
Miller, W & Griscom, 1925
Guatemala bis ne Honduras
Icterus pustulatus pustuloides
**San Miquel-Piroltrupial**
Van Rossem, 1927
San Miquel Volcano (ec El Salvador)
Icterus pustulatus sclateri
**Sclaters Piroltrupial**
Cassin, 1867
s El Salvador bis Costa Rica

Icterus abeillei
## Schwarzmanteltrupial
*Black-backed Oriole - Turpial dorsinegro*
Lesson, RP, 1839
*sc Mexico*

Icterus galbula
## Baltimoretrupial
*Baltimore Oriole - Turpial de Baltimore*
Linnaeus, 1758
*c, se Kanada bis c, se USA*

Icterus mesomelas
## Gelbschwanztrupial
*Yellow-tailed Oriole - Turpial coliamarillo*
Wagler, 1829
*Veracruz (ec Mexico) bis Honduras*

### Icterus mesomelas salvinii
**Salvinis Gelbschwanztrupial**
Cassin, 1867
Nicaragua bis w Panama
Icterus mesomelas carrikeri
**Carrikers Gelbschwanztrupial**
Todd, 1917
e Panama bis c Kolumbien und nw Venezuela

Icterus mesomelas taczanowskii
**Taczanowskis Gelbschwanztrupial**
Ridgway, 1901
w Ecuador und nw Peru

Icterus pectoralis
**Tropfentrupial**
*Spot-breasted Oriole - Turpial pechipinto*
Wagler, 1829
*se Mexico*

Icterus pectoralis carolynae
**Westlicher Tropfentrupial**
Dickerman, 1981
sw Mexico
Icterus pectoralis guttulatus
**Südmexiko-Tropfentrupial**
Lafresnaye, 1844
s Mexico bis Nicaragua
Icterus pectoralis espinachi
**Nikaragua-Tropfentrupial**
Ridgway, 1882
s Nicaragua bis nw Costa Rica

Icterus graceannae
**Weißschwingentrupial**
*White-edged Oriole - Turpial aliblanco*
Cassin, 1867
*sw Ecuador und nw Peru*

Icterus jamacaii
**Campotrupial**
*Campo Troupial - Turpial brasileño*
Gmelin, JF, 1788
*e Brasilien*

Icterus icterus
**Orangetrupial**
*Venezuelan Troupial - Turpial venezolano*
Linnaeus, 1766
*nc Venezuela*

Icterus icterus ridgwayi
**Ridgways Orangetrupial**
Hartert, EJO, 1902
n Kolumbien, Küste n Venezuela und nahegelegene Inseln
Icterus icterus metae
**Meta-Orangetrupial**
Phelps, WH Jr & Aveledo, 1966
ne Kolumbien und w Venezuela

Icterus croconotus
**Orangerückentrupial**
*Orange-backed Troupial - Turpial amazónico*
Wagler, 1829
*sw Guyana bis n Brasilien, e Ecuador und e Peru*

Icterus croconotus strictifrons
**Südlicher Orangerückentrupial**
Todd, 1924
e Bolivien und Paraguay bis sc Brasilien und n Argentinien

Icterus maculialatus
**Bindentrupial**
*Bar-winged Oriole - Turpial alibarrado*
Cassin, 1848
*s Mexico bis El Salvador*

Icterus wagleri
**Berglandtrupial**
*Black-vented Oriole - Turpial culinegro*
Sclater, PL, 1857
*c Mexico bis Nicaragua*

Icterus wagleri castaneopectus
**Nördlicher Berglandtrupial**
Brewster, 1888
nw Mexico

Icterus cucullatus
**Maskentrupial**
*Hooded Oriole - Turpial enmascarado*
Swainson, 1827
*sw Texas (sc USA) bis c Mexico*

Icterus cucullatus nelsoni
**Nelsons Maskentrupial**
Ridgway, 1885
sw USA und nw Mexico
Icterus cucullatus trochiloides
**Grinnells Maskentrupial**
Grinnell, 1927
c, s Baja California (nw Mexico)

Icterus cucullatus sennetti
**Sennetts Maskentrupial**
Ridgway, 1901
s Texas (sc USA) bis e Mexico
Icterus cucullatus igneus
**Belize Maskentrupial**
Ridgway, 1885
se Mexico und Belize

Icterus prosthemelas
**Gelbschultertrupial**
*Black-cowled Oriole - Turpial cabecinegro*
Strickland, 1850
*se Mexico bis c Costa Rica*

Icterus prosthemelas praecox
**Panama-Gelbschultertrupial**
Phillips, AR & Dickerman, 1965
se Costa Rica bis w Panama

Icterus spurius
**Gartentrupial**
*Orchard Oriole - Turpial castaño*
Linnaeus, 1766
*se Kanada bis c Mexico*

Icterus spurius fuertesi
**Mexikanischer Gartentrupial**
Chapman, 1911
e Mexico
Icterus spurius phillipsi
**Phillips Gartentrupial**
Dickerman, RW; Warner, DW 1962
w Mexico

Icterus melanopsis
**Kubatrupial**
*Cuban Oriole - Turpial cubano*
Wagler, 1829
*Kuba*

Icterus northropi
**Bahamatrupial**
*Bahama Oriole - Turpial de las Bahamas*
Allen, JA, 1890
*Bahamas*

Icterus bonana
**Braunkopftrupial**
*Martinique Oriole - Turpial de Martinica*
Linnaeus, 1766
*Martinique*

Icterus portoricensis
**Puerto-Rico-Trupial**
*Puerto Rican Oriole - Turpial puertorriqueño*
Bryant, H, 1866
*Puerto Rico*

Icterus oberi
**Montserrattrupial**
*Montserrat Oriole - Turpial de Montserrat*
Lawrence, 1880
*Montserrat*

Icterus laudabilis
**Saint-Lucia-Trupial**
*St. Lucia Oriole - Turpial de Santa Lucía*
Sclater, PL, 1871
*St. Lucia*

Icterus dominicensis
**Hispaniolatrupial**
*Hispaniolan Oriole - Turpial de La Española*
Linnaeus, 1766
*Hispaniola*

Icterus auricapillus
**Orangekopftrupial**
*Orange-crowned Oriole - Turpial coroninaranja*
Cassin, 1848
*Panama bis Venezuela*

Icterus pyrrhopterus
**Feuerflügeltrupial**
*Variable Oriole - Turpial variable*
Vieillot, 1819
*se Bolivien bis s Brasilien, Uruguay und n Argentinien*

Icterus pyrrhopterus periporphyrus
**Bonapartes Feuerflügeltrupial**
Bonaparte, 1850
ec Bolivien bis sc Brasilien
Icterus pyrrhopterus tibialis
**Swainsons Feuerflügeltrupial**
Swainson, 1838
e Brasilien
Icterus pyrrhopterus valenciobuenoi
**Valenciobuenotrupial**
Ihering, HFA, 1902
se Brasilien

Icterus cayanensis
## Epaulettentrupial
*Epaulet Oriole - Turpial boyerito*
Linnaeus, 1766
*s Guyana, Suriname, Französisch-Guayana und n Brasilien, se zum Amazonas bis e Peru und n Bolivien*

Icterus cayanensis chrysocephalus
**Trinidad-Epaulettentrupial**
Linnaeus, 1766
e Kolumbien, e Ecuador und ne Peru bis s, e Venezuela, Guianas, nw Brasilien; Trinidad



Nesopsar nigerrimus
## Bromelienstärling
*Jamaican Blackbird - Zanate jamaicano*
Osburn, 1859
*Jamaika*



Agelaius xanthomus
## Gelbschulterstärling
*Yellow-shouldered Blackbird - Sargento puertorriqueño*
Sclater, PL, 1862
*Puerto Rico*

Agelaius xanthomus monensis
**Mona-Gelbschulterstärling**
Barnés Jr, 1945
Mona Insel (w von Puerto Rico)

Agelaius humeralis
## Braunschulterstärling
*Tawny-shouldered Blackbird - Sargento humeral*
Vigors, 1827
*Kuba und nw Haiti*

Agelaius humeralis scopulus
**Cantiles-Braunschulterstärling**
Garrido, 1970
Cayo Cantiles (e von Isle von Pines vor sw Kuba)

Agelaius tricolor
## Dreifarbenstärling
*Tricolored Blackbird - Sargento tricolor*
Audubon, 1837
*California, n Baja California (nw Mexico)*

Agelaius phoeniceus
## Rotflügelstärling
*Red-winged Blackbird - Sargento alirrojo*
Linnaeus, 1766
*se Kanada und e USA*

Agelaius phoeniceus arctolegus
**Alaska-Rotflügelstärling**
Oberholser, 1907
se Alaska, wc, c Kanada und nc USA
Agelaius phoeniceus fortis
**Fortis-Rotflügelstärling**
Ridgway, 1901
wc, sc USA
Agelaius phoeniceus nevadensis
**Nevada-Rotflügelstärling**
Grinnell, 1914
Inland sw Kanada und nw und w USA
Agelaius phoeniceus caurinus
**Westlicher-Rotflügelstärling**
Ridgway, 1901
Küste sw Kanada und nw und w USA
Agelaius phoeniceus sonoriensis
**Sonora-Rotflügelstärling**
Ridgway, 1887
sw USA und nw Mexico
Agelaius phoeniceus nyaritensis
**Salvador-Rotflügelstärling**
Dickey & Van Rossem, 1925
w Mexico bis w El Salvador

Agelaius phoeniceus grinnelli
**Grinnells Rotflügelstärling**
Howell, AB, 1917
El Salvador bis nw Costa Rica
Agelaius phoeniceus littoralis
**Texas-Rotflügelstärling**
Howell, AH & Van Rossem, 1928
Küste se USA von Texas bis Florida
Agelaius phoeniceus mearnsi
**Mearns-Rotflügelstärling**
Howell, AH & Van Rossem, 1928
se Georgia bis sc Florida (se USA)
Agelaius phoeniceus floridanus
**Florida-Rotflügelstärling**
Maynard, 1895
s Florida (se USA)
Agelaius phoeniceus megapotamus
**Oberholsers Rotflügelstärling**
Oberholser, 1919
s Texas (sc USA) bis e Mexico
Agelaius phoeniceus nelsoni
**Nelsons Rotflügelstärling**
Dickerman, 1965
sc Mexico
Agelaius phoeniceus richmondi
**Richmonds Rotflügelstärling**
Nelson, 1897
se, s Mexico bis n Costa Rica
Agelaius phoeniceus pallidulus
**Guatemala-Rotflügelstärling**
Van Tyne & Trautman, 1946
se Mexico (n Yucatán Halbinsel)
Agelaius phoeniceus arthuralleni
**Honduras-Rotflügelstärling**
Dickerman, 1974
n Guatemala
Agelaius phoeniceus bryanti
**Bryants Rotflügelstärling**
Ridgway, 1887
nw Bahamas
Agelaius phoeniceus aciculatus
**Kern-Rotflügelstärling**
Mailliard, 1915
Kern County (s California in sw USA)
Agelaius phoeniceus neutralis
**Ridgways Rotflügelstärling**
Ridgway, 1901
s California (sw USA) und nw Mexico
Agelaius phoeniceus mailliardorum
**Mailliards Rotflügelstärling**
Van Rossem, 1926
Küste c California (w USA)
Agelaius phoeniceus californicus
**Kalifornien-Rotflügelstärling**
Nelson, 1897
Inland c California (w USA)
Agelaius phoeniceus gubernator
**Mexikanischer Rotflügelstärling**
Wagler, 1832
c Mexico

Agelaius assimilis
## Rotschulterstärling
*Red-shouldered Blackbird - Sargento cubano*
Lembeye, 1850
*Kuba*



Molothrus rufoaxillaris
## Rotachsel-Kuhstärling
*Screaming Cowbird - Tordo chillón*
Cassin, 1866
*s Bolivien und s Brasilien bis ec Argentinien*

Molothrus oryzivorus
## Riesenkuhstärling
*Giant Cowbird - Tordo gigante*
Gmelin, JF, 1788
*c Panama bis Peru, Bolivien und n Argentinien*

Molothrus oryzivorus impacifus
**Bangs Rotschulterstärling**
Peters, JL, 1929
e Mexico bis w Panama

Molothrus bonariensis
## Seidenkuhstärling
*Shiny Cowbird - Tordo renegrido*
Gmelin, JF, 1789
*c, e Brasilien bis c Chile, Bolivien und sc Argentinien*

Molothrus bonariensis minimus
**Kleiner Seidenkuhstärling**
Dalmas, 1900
s Florida (se USA), West Indies, Guianas und n Brasilien

Molothrus bonariensis cabanisii
**Cabanis Seidenkuhstärling**
Cassin, 1866
e Costa Rica bis w Kolumbien
Molothrus bonariensis venezuelensis
**Venezuela-Seidenkuhstärling**
Stone, 1891
e Kolumbien und n Venezuela
Molothrus bonariensis aequatorialis
**Ekuador-Seidenkuhstärling**
Chapman, 1915
sw Kolumbien und w Ecuador
Molothrus bonariensis occidentalis
**Westlicher Seidenkuhstärling**
Berlepsch & Stolzmann, 1892
sw Ecuador und w Peru
Molothrus bonariensis riparius
**Östlicher Seidenkuhstärling**
Griscom & Greenway, 1937
e Ecuador, e Peru und w Brasilien

Molothrus aeneus
**Rotaugen-Kuhstärling**
*Bronzed Cowbird - Tordo ojirrojo*
Wagler, 1829
s Texas (sc USA) und e Mexico bis c Panama

Molothrus aeneus loyei
**Parkes Rotaugen-Kuhstärling**
Parkes & Blake, 1965
sw USA und nw Mexico
Molothrus aeneus assimilis
**Mexiko-Rotaugenkuhstärling**
Nelson, 1900
sw Mexico

Molothrus armenti
**Zwergkuhstärling**
*Bronze-brown Cowbird - Tordo chico*
Cabanis, 1851
Kolumbien

Molothrus ater
**Braunkopf-Kuhstärling**
*Brown-headed Cowbird - Tordo cabecipardo*
Boddaert, 1783
se Kanada, e, c USA und ne Mexico

Molothrus ater artemisiae
**Westlicher Braunkopf-Kuhstärling**
Grinnell, 1909
w Kanada und w USA
Molothrus ater obscurus
**Dunkler Braunkopf-Kuhstärling**
Gmelin, JF, 1789
Küste Alaska, w Kanada, w USA und nw Mexico



Dives warczewiczi
**Buschstärling**
*Scrub Blackbird - Zanate matorralero*
Cabanis, 1861
sw Kolumbien, w Ecuador und nw Peru

Dives warczewiczi kalinowskii
**Kalinowskis Buschstärling**
Berlepsch & Stolzmann, 1892
w Peru

Dives dives
**Trauerstärling**
*Melodious Blackbird - Zanate cantor*
Deppe, 1830
Mexico bis Nicaragua



Ptiloxena atroviolacea
**Kubastärling**
*Cuban Blackbird - Zanate cubano*
d'Orbigny, 1839
Kuba



Euphagus carolinus
**Roststärling**
*Rusty Blackbird - Zanate canadiense*
Müller, PLS, 1776
Alaska und n Kanada bis Labrador (e Kanada) und ne USA

Euphagus carolinus nigrans
**Südlicher Roststärling**
Burleigh & Peters, HS, 1948
se Kanada

Euphagus cyanocephalus
**Purpurstärling**
*Brewer's Blackbird - Zanate de Brewer*
Wagler, 1829
sw, sc Kanada über w USA



Quiscalus quiscula
**Purpurgrackel**
*Common Grackle - Zanate común*
Linnaeus, 1758
se USA

Quiscalus quiscula versicolor
**Mehrfarben-Purpurgrackel**
Vieillot, 1819
sc, se Kanada und c USA
Quiscalus quiscula stonei
**Stones Purpurgrackel**
Chapman, 1935
ec USA

Quiscalus nicaraguensis
**Nicaraguagrackel**
*Nicaraguan Grackle - Zanate nicaragüense*
Salvin & Godman, 1891
Nicaragua und n Costa Rica

Quiscalus lugubris
**Trauergrackel**
*Carib Grackle - Zanate caribeño*
Swainson, 1838
Trinidad, n Venezuela, Guianas und ne Brasilien

Quiscalus lugubris guadeloupensis
**Guadeloupe-Trauergrackel**
Lawrence, 1879
nc Kleine Antillen
Quiscalus lugubris inflexirostris
**Santa Lucia-Trauergrackel**
Swainson, 1838
St. Lucia (c Kleine Antillen)
Quiscalus lugubris luminosus
**Granada-Trauergrackel**
Lawrence, 1878
Grenada und Grenadines (s Kleine Antillen) und Los Testigos (vor ne Venezuela)
Quiscalus lugubris orquillensis
**Hermanos-Trauergrackel**
Cory, 1909
Los Hermanos (vor ne Venezuela)
Quiscalus lugubris insularis
**Margarita-Trauergrackel**
Richmond, 1896
Margarita Insel und Los Frailes (vor ne Venezuela)
Quiscalus lugubris contrusus
**Vincent-Trauergrackel**
Peters, JL, 1925
St. Vincent (s Kleine Antillen)
Quiscalus lugubris fortirostris
**Barbados-Trauergrackel**
Lawrence, 1868
Barbados (s Kleine Antillen); eingeführt bis Antigua, Barbuda und St. Kitts (c Kleine Antillen)

Quiscalus niger
**Antillengrackel**
*Greater Antillean Grackle - Zanate antillano*
Boddaert, 1783
Hispaniola

Quiscalus niger caribaeus
**Kuba-Antillengrackel**
Todd, 1916
w Kuba und Isle von Pines
Quiscalus niger gundlachii
**Gundlachs Antillengrackel**
Cassin, 1867
c, e Kuba
Quiscalus niger caymanensis
**Cayman-Antillengrackel**
Cory, 1886
Grand Cayman Insel
Quiscalus niger bangsi
**Bangs Antillengrackel**
Peters, JL, 1921
Little Cayman Insel
Quiscalus niger crassirostris
**Jamaika-Antillengrackel**
Swainson, 1838
Jamaika

Quiscalus niger brachypterus
**Puerto Rico-Antillengrackel**
Cassin, 1867
Puerto Rica

Quiscalus major
**Bootschwanzgrackel**
*Boat-tailed Grackle - Zanate marismeño*
Vieillot, 1819
*Küste se USA von Texas bis Mississippi*

Quiscalus major torreyi
**Torreys Bootschwanzgrackel**
Harper, 1934
ec USA

Quiscalus major westoni
**Westons Bootschwanzgrackel**
Sprunt Jr, 1934
Florida (se USA)

Quiscalus major alabamensis
**Alabama-Bootschwanzgrackel**
Stevenson, HM, 1978
Küste se USA von Mississippi bis Florida

Quiscalus mexicanus
**Großschwanzgrackel**
*Great-tailed Grackle - Zanate mexicano*
Gmelin, JF, 1788
*c Mexico bis Nicaragua*

Quiscalus mexicanus nelsoni
**Nelsons Großschwanzgrackel**
Ridgway, 1901
sw USA und nw Mexico

Quiscalus mexicanus graysoni
**Graysons Großschwanzgrackel**
Sclater, PL, 1884
w Mexico

Quiscalus mexicanus obscurus
**Dunkle Großschwanzgrackel**
Nelson, 1900
sw Mexico

Quiscalus mexicanus monsoni
**Monsons Großschwanzgrackel**
Phillips, AR, 1950
wc USA bis nc Mexico

Quiscalus mexicanus prosopidicola
**Lowerys Großschwanzgrackel**
Lowery, 1938
c, sc USA bis ne Mexico

Quiscalus mexicanus loweryi
**Yucatan-Großschwanzgrackel**
Dickerman & Phillips, AR, 1966
Yucatán Halbinsel (se Mexico), Belize und nahegelegene Inseln

Quiscalus mexicanus peruvianus
**Peru-Großschwanzgrackel**
Swainson, 1838
Costa Rica bis Küste n Peru und Venezuela

† Quiscalus palustris
**Schlankschnabelgrackel**
*Slender-billed Grackle - Zanate picofino*
Swainson, 1827
*c Mexico*



Hypopyrrhus pyrohypogaster
**Rotbauchstärling**
*Red-bellied Grackle - Chango ventrirrojo*
de Tarragon, L, 1847
*Kolumbien*



Lampropsar tanagrinus
**Samtstirnstärling**
*Velvet-fronted Grackle - Chango terciopelo*
Spix, 1824
*s Kolumbien, e Ecuador, ne Peru und w Brasilien*

Lampropsar tanagrinus guianensis
**Guiana-Samtstirnstärling**
Cabanis, 1849
e Kolumbien, Venezuela, Guyana und n Brasilien

Lampropsar tanagrinus macropterus
**Brasilien-Samtstirnstärling**
Gyldenstolpe, 1945
w Brasilien

Lampropsar tanagrinus violaceus
**Hellmayrs Samtstirnstärling**
Hellmayr, 1906
wc Brasilien

Lampropsar tanagrinus boliviensis
**Bolivien-Samtstirnstärling**
Gyldenstolpe, 1941
e Bolivien



Gymnomystax mexicanus
**Gelbbauchstärling**
*Oriole Blackbird - Chango oriolino*
Linnaeus, 1766
*Orinoco-Becken und n Amazonasgebiet*



Macroagelaius subalaris
**Braunachselstärling**
*Colombian Mountain Grackle - Chango colombiano*
Boissonneau, 1840
*Kolumbien*

Macroagelaius imthurni
**Goldachselstärling**
*Golden-tufted Mountain Grackle - Chango de tepuí*
Sclater, PL, 1881
*Tepuis Venezuela, Guyana und Brasilien*



Curaeus curaeus
**Strichelkopfstärling**
*Austral Blackbird - Tordo patagón*
Molina, 1782
*c Chile und sw Argentinien*

Curaeus curaeus recurvirostris
**Reisco-Stachelkopfstärling**
Markham, 1971
Reisco Is. (s Chile)

Curaeus curaeus reynoldsi
**Reynolds Stachelkopfstärling**
Sclater, WL, 1939
Tierra del Fuego (s Chile und s Argentinien)



Amblyramphus holosericeus
**Rotkopfstärling**
*Scarlet-headed Blackbird - Federal*
Scopoli, 1786
*c Bolivien bis s Brasilien, Uruguay und e Argentinien*



Anumara forbesi
**Forbesstärling**
*Forbes's Blackbird - Chango de Forbes*
Sclater, PL, 1886
*e Brasilien*



Gnorimopsar chopi
**Palmenstärling**
*Chopi Blackbird - Chopí*
Vieillot, 1819
*se Bolivien bis c, se Brasilien, Uruguay und ne Argentinien*

Gnorimopsar chopi sulcirostris
**Nördlicher Palmenstärling**
Spix, 1824
ne Brasilien

Gnorimopsar chopi megistus
**Östlicher Palmenstärling**
Leverkühn, 1889
se Peru bis e Bolivien



Oreopsar bolivianus
**Bolivienstärling**
*Bolivian Blackbird - Tordo boliviano*
Sclater, WL, 1939
*Bolivien*

## Gattung: Agelaioides

Agelaioides badius
**Graustärling**
*Greyish Baywing - Tordo músico*
Vieillot, 1819
e Bolivien und s Brasilien bis Uruguay und c Argentinien

Agelaioides badius bolivianus
**Bolivien-Graukuhstärling**
Hellmayr, 1917
c, s Bolivien und nw Argentinien

Agelaioides fringillarius
**Braunstärling**
*Pale Baywing - Tordo de Spix*
Spix, 1824
ne Brasilien

## Gattung: Agelasticus

Agelasticus thilius
**Goldschulterstärling**
*Yellow-winged Blackbird - Varillero aliamarillo*
Molina, 1782
Chile

Agelasticus thilius alticola
**Peru-Goldschulterstärling**
Todd, 1932
se Peru und w Bolivien
Agelasticus thilius petersii
**Peters Goldschulterstärling**
Laubmann, 1934
se Brasilien, Uruguay und n Argentinien

Agelasticus xanthophthalmus
**Gelbaugenstärling**
*Pale-eyed Blackbird - Varillero ojipálido*
Short, 1969
Amazonasgebiet von e Ecuador und e Peru

Agelasticus cyanopus
**Einfarbstärling**
*Unicolored Blackbird - Varillero negro*
Vieillot, 1819
e Bolivien und sc Brasilien bis Paraguay, n Argentinien und Uruguay

Agelasticus cyanopus xenicus
**Parkes Einfarbstärling**
Parkes, 1966
ne Brasilien
Agelasticus cyanopus atroolivaceus
**Brasilien-Einfarbstärling**
Wied-Neuwied, M, 1831
e Brasilien
Agelasticus cyanopus beniensis
**Bolivien-Einfarbstärling**
Parkes, 1966
ne Bolivien

## Gattung: Chrysomus

Chrysomus ruficapillus
**Braunkopfstärling**
*Chestnut-capped Blackbird - Varillero congo*
Vieillot, 1819
e Bolivien und s Brasilien bis n Argentinien und Uruguay

Chrysomus ruficapillus frontalis
**Guyana-Braunkopfstärling**
Vieillot, 1819
Französisch-Guayana und e Brasilien
Chrysomus icterocephalus
**Gelbkopfstärling**
*Yellow-hooded Blackbird - Varillero capuchino*
Linnaeus, 1766
n Kolumbien, Venezuela, Guianas, n, w Brasilien und ne Peru

Chrysomus icterocephalus bogotensis
**Bogota-Gelbkopfstärling**
Chapman, 1914
nc Kolumbien

## Gattung: Xanthopsar

Xanthopsar flavus
**Goldstärling**
*Saffron-cowled Blackbird - Tordo amarillo*
Gmelin, JF, 1788
e Paraguay, s Brasilien, ne Argentinien und Uruguay

## Gattung: Pseudoleistes

Pseudoleistes virescens
**Drachenstärling**
*Brown-and-yellow Marshbird - Tordo pechiamarillo*
Vieillot, 1819
ne Argentinien, s Brasilien und Uruguay

Pseudoleistes guirahuro
**Gelbbürzelstärling**
*Yellow-rumped Marshbird - Tordo güirahuró*
Vieillot, 1819
e Paraguay, s Brasilien, ne Argentinien und Uruguay

## Familie: Parulidae (Waldsänger)

### Gattung: Seiurus

Seiurus aurocapilla
**Pieperwaldsänger**
*Ovenbird - Reinita hornera*
Linnaeus, 1766
c, se Kanada und e USA

Seiurus aurocapilla cinereus
**Westlicher Pieperwaldsänger**
Miller, AH, 1942
wc USA
Seiurus aurocapilla furvior
**Kanada-Pieperwaldsänger**
Batchelder, 1918
Neufundland (se Kanada)

## Gattung: Helmitheros

Helmitheros vermivorum
**Haldenwaldsänger**
*Worm-eating Warbler - Reinita gusanera*
Gmelin, JF, 1789
e USA

## Gattung: Parkesia

Parkesia motacilla
**Stelzenwaldsänger**
*Louisiana Waterthrush - Reinita charquera de Luisiana*
Vieillot, 1809
e USA

Parkesia noveboracensis
**Drosselwaldsänger**
*Northern Waterthrush - Reinita charquera norteña*
Gmelin, JF, 1789
Alaska über Kanada bis nw, ne USA

## Gattung: Vermivora

Vermivora bachmanii
**Gelbstirn-Waldsänger**
*Bachman's Warbler - Reinita de Bachman*
Audubon, 1833
se USA

Vermivora chrysoptera
**Goldflügel-Waldsänger**
*Golden-winged Warbler - Reinita alidorada*
Linnaeus, 1766
nc, ne USA und se Kanada

Vermivora cyanoptera
**Blauflügel-Waldsänger**
*Blue-winged Warbler - Reinita aliazul*
Olson & Reveal, 2009
c, ne USA und s Kanada

**Gattung: Mniotilta**

Mniotilta varia
**Kletterwaldsänger**
*Black-and-white Warbler - Reinita trepadora*
Linnaeus, 1766
c Kanada bis se Kanada und ne USA

**Gattung: Protonotaria**

Protonotaria citrea
**Zitronenwaldsänger**
*Prothonotary Warbler - Reinita protonotaria*
Boddaert, 1783
c, e, se USA

**Gattung: Limnothlypis**

Limnothlypis swainsonii
**Swainsonwaldsänger**
*Swainson's Warbler - Reinita de Swainson*
Audubon, 1834
se USA

**Gattung: Oreothlypis**

Oreothlypis superciliosa
**Schmuckwaldsänger**
*Crescent-chested Warbler - Reinita cejuda*
Hartlaub, 1844
s Mexico, Guatemala, El Salvador und w Honduras

    Oreothlypis superciliosa sodalis
    **Westlicher Schmuckwaldsänger**
    Moore, RT, 1941
    nw und w Mexico
    Oreothlypis superciliosa mexicana
    **Mexiko-Schmuckwaldsänger**
    Bonaparte, 1850
    e Mexico
    Oreothlypis superciliosa palliata
    **Südlicher Schmuckwaldsänger**
    Van Rossem, 1939
    sw Mexico
    Oreothlypis superciliosa parva
    **Honduras-Schmuckwaldsänger**
    Miller, W & Griscom, 1925
    e Honduras und Nicaragua

Oreothlypis gutturalis
**Feuerwaldsänger**
*Flame-throated Warbler - Reinita flamígera*
Cabanis, 1861
Costa Rica und Panama

**Gattung: Leiothlypis**

Leiothlypis peregrina
**Brauenwaldsänger**
*Tennessee Warbler - Reinita de Tennessee*
Wilson, A, 1811
se Alaska und nw Kanada bis se Kanada und ne USA

Leiothlypis celata
**Orangefleck-Waldsänger**
*Orange-crowned Warbler - Reinita coroninaranja*
Say, 1822
c Alaska bis s Kanada

    Leiothlypis celata lutescens
    **Ridgways Orangefleckwaldsänger**
    Ridgway, 1872
    w Kanada und w USA
    Leiothlypis celata orestera
    **Oberholsers Orangefleckwaldsänger**
    Oberholser, 1905
    wc Kanada und wc USA
    Leiothlypis celata sordida
    **Mexiko-Orangefleckwaldsänger**
    Townsend, CH, 1890
    s California (sw USA) und nw Mexico

Leiothlypis crissalis
**Colimawaldsänger**
*Colima Warbler - Reinita de Colima*
Salvin & Godman, 1889
sw Texas (USA) bis c Mexico

Leiothlypis luciae
**Rotbürzel-Waldsänger**
*Lucy's Warbler - Reinita de Lucy*
Cooper, JG, 1861
sw USA und nw Mexico

Leiothlypis ruficapilla
**Rubinfleck-Waldsänger**
*Nashville Warbler - Reinita de Nashville*
Wilson, A, 1811
s, se Kanada und ne USA

    Leiothlypis ruficapilla ridgwayi
    **Ridgways Rubinfleck-Waldsänger**
    Van Rossem, 1929
    sw Kanada und w USA

Leiothlypis virginiae
**Gelbsteiß-Waldsänger**
*Virginia's Warbler - Reinita de Virginia*
Baird, SF, 1860
sw USA

**Gattung: Leucopeza**

Leucopeza semperi
**Blassfuß-Waldsänger**
*Semper's Warbler - Reinita de Semper*
Sclater, PL, 1876
St. Lucia

**Gattung: Oporornis**

Oporornis agilis
**Augenring-Waldsänger**
*Connecticut Warbler - Reinita de Connecticut*
Wilson, A, 1812
sc Kanada und nc USA

**Gattung: Geothlypis**

Geothlypis poliocephala
**Wiesengelbkehlchen**
*Grey-crowned Yellowthroat - Mascarita coronigrís*
Baird, SF, 1865
w Mexico

    Geothlypis poliocephala ralphi
    **Costa Rica-Wiesengelbkehlchen**
    Ridgway, 1894
    ne Mexico
    Geothlypis poliocephala palpebralis
    **Honduras-Wiesengelbkehlchen**
    Ridgway, 1887
    ec Mexico bis n Costa Rica
    Geothlypis poliocephala caninucha
    **Nikaragua-Wiesengelbkehlchen**
    Ridgway, 1872
    sw Mexico bis s Honduras
    Geothlypis poliocephala icterotis
    **Morelos-Wiesengelbkehlchen**
    Ridgway, 1889
    w Nicaragua und w Costa Rica
    Geothlypis poliocephala ridgwayi
    **Ridgways Wiesengelbkehlchen**
    Griscom, 1930
    sw Costa Rica und w Panama

Geothlypis aequinoctialis
**Maskengelbkehlchen**
*Masked Yellowthroat - Mascarita equinoccial*
Gmelin, JF, 1789
Venezuela und Kolumbien bis n Amazonasgebiet Brasilien und Trinidad

Geothlypis chiriquensis
**Chiriquígelbkehlchen**
*Chiriqui Yellowthroat - Mascarita de Chiriquí*
Salvin, 1872
sw Costa Rica und Panama

Geothlypis auricularis
**Schwarzaugen-Gelbkehlchen**
*Black-lored Yellowthroat - Mascarita embridada*
Salvin, 1883
*w Ecuador und nw Peru*

Geothlypis auricularis peruviana
**Peru-Schwarzaugen-Gelbkehlchen**
Taczanowski, 1884
*n Peru*

Geothlypis velata
**Brasiliengelbkehlchen**
*Southern Yellowthroat - Mascarita Sureña*
Vieillot, 1809
*se Peru, n Bolivien und s Amazonasgebiet Brasilien bis Argentinien und Uruguay*

Geothlypis tolmiei
**Dickichtwaldsänger**
*MacGillivray's Warbler - Reinita de Tolmie*
Townsend, JK, 1839
*se Alaska, w Kanada und nw USA*

Geothlypis tolmiei monticola
**Phillips-Dickichtwaldsänger**
Phillips, AR, 1947
*sc Kanada und wc USA*

Geothlypis philadelphia
**Graukopf-Waldsänger**
*Mourning Warbler - Reinita plañidera*
Wilson, A, 1810
*c Kanada bis se Kanada und ne USA*

Geothlypis formosa
**Kentuckygelbkehlchen**
*Kentucky Warbler - Reinita de Kentucky*
Wilson, A, 1811
*c, e, se USA*

Geothlypis semiflava
**Olivscheitel-Gelbkehlchen**
*Olive-crowned Yellowthroat - Mascarita coronioliva*
Sclater, PL, 1860
*w Kolumbien und w Ecuador*

Geothlypis semiflava bairdi
**Bairds Olivscheitel-Gelbkehlchen**
Ridgway, 1884
*Honduras bis Panama*

Geothlypis speciosa
**Ockerbrust-Gelbkehlchen**
*Black-polled Yellowthroat - Mascarita transvolcánica*
Sclater, PL, 1859
*Mexico (c Mexico)*

Geothlypis speciosa limnatis
**Guanajuato-Gelbkehlchen**
Dickerman, 1970
*s Guanajuato und n Michoacán (c Mexico)*

Geothlypis beldingi
**Sumpfgelbkehlchen**
*Belding's Yellowthroat - Mascarita de Belding*
Ridgway, 1882
*s Baja California (nw Mexico)*

Geothlypis beldingi goldmani
**Goldmangoldkehlchen**
Oberholser, 1917
*c Baja California (nw Mexico)*

Geothlypis rostrata
**Bahamagelbkehlchen**
*Bahama Yellowthroat - Mascarita de las Bahamas*
Bryant, H, 1867
*New Providence Insel (wc Bahamas)*

Geothlypis rostrata exigua
**Androsgelbkehlchen**
Ridgway, 1902
*Andros Insel (wc Bahamas)*
Geothlypis rostrata tanneri
**Abacogelbkehlchen**
Ridgway, 1886
*Grand Bahama und Abaco Is. (n Bahamas)*
Geothlypis rostrata coryi
**Corygelbkehlchen**
Ridgway, 1886
*Eleuthera und Cat Is. (c Bahamas)*

Geothlypis flavovelata
**Goldscheitel-Gelbkehlchen**
*Altamira Yellowthroat - Mascarita de Altamira*
Ridgway, 1896
*e Mexico*

Geothlypis trichas
**Weidengelbkehlchen**
*Common Yellowthroat - Mascarita común*
Linnaeus, 1766
*se Kanada und e USA (außer se)*

Geothlypis trichas typhicola
**Inland-Weidengelbkehlchen**
Burleigh, 1934
*Inland se USA*
Geothlypis trichas ignota
**Chapmans Weidengelbkehlchen**
Chapman, 1890
*Küste se USA*
Geothlypis trichas insperata
**Texas-Weidengelbkehlchen**
Van Tyne, 1933
*s Texas (sc USA)*
Geothlypis trichas campicola
**Westliches Weidengelbkehlchen**
Behle & Aldrich, 1947
*w Kanada und nw, nc USA*
Geothlypis trichas arizela
**Mexiko-Weidengelbkehlchen**
Oberholser, 1899
*Küste w Kanada, w USA und nw Mexico*
Geothlypis trichas occidentalis
**Brewsters Weidengelbkehlchen**
Brewster, 1883
*wc USA*
Geothlypis trichas sinuosa
**Kalifornien-Weidengelbkehlchen**
Grinnell, 1901
*n California (w USA)*
Geothlypis trichas scirpicola
**Grinnells Weidengelbkehlchen**
Grinnell, 1901
*sw USA und nw Mexico*
Geothlypis trichas chryseola
**Rossems Weidengelbkehlchen**
Van Rossem, 1930
*sw bis sc USA und wc Mexico*
Geothlypis trichas melanops
**Bairds Weidengelbkehlchen**
Baird, SF, 1865
*c Mexico*
Geothlypis trichas modesta
**Nelsons Weidengelbkehlchen**
Nelson, 1900
*w Mexico*
Geothlypis trichas chapalensis
**Chapala Weidengelbkehlchen**
Nelson, 1903
*Lake Chapala in Jalisco (wc Mexico)*

Geothlypis nelsoni
**Berggelbkehlchen**
*Hooded Yellowthroat - Mascarita matorralera*
Richmond, 1900
*e Mexico*

Geothlypis nelsoni karlenae
**Südliches Berggelbkehlchen**
Moore, RT, 1946
*sw Mexico*



Catharopeza bishopi
**Pfeifwaldsänger**
*Whistling Warbler - Reinita de San Vicente*
Lawrence, 1878
*St. Vincent*



Setophaga plumbea
**Grauwaldsänger**
*Plumbeous Warbler - Reinita plúmbea*
Lawrence, 1877
*Kleine Antillen*

Setophaga angelae
**Puerto-Rico-Waldsänger**
*Elfin Woods Warbler - Reinita de Ángela*
Kepler & Parkes, 1972
*Puerto Rico*

Setophaga pharetra
**Strichelwaldsänger**
*Arrowhead Warbler - Reinita jamaicana*
Gosse, 1847
*Jamaika*

Setophaga citrina
**Kapuzenwaldsänger**
*Hooded Warbler - Reinita encapuchada*
Boddaert, 1783
*c, e, se USA*

Setophaga ruticilla
**Rotschwanz-Waldsänger**
*American Redstart - Candelita norteña*
Linnaeus, 1758
*w Kanada bis se Kanada und e USA*

Setophaga kirtlandii
**Michiganwaldsänger**
*Kirtland's Warbler - Reinita de Kirtland*
Baird, SF, 1852
*Michigan (nc USA)*

Setophaga tigrina
**Tigerwaldsänger**
*Cape May Warbler - Reinita atigrada*
Gmelin, JF, 1789
*c Kanada bis se Kanada und ne und nc USA*

Setophaga cerulea
**Blauwaldsänger**
*Cerulean Warbler - Reinita cerúlea*
Wilson, A, 1810
*se Kanada und nc, ne USA*

Setophaga americana
**Meisenwaldsänger**
*Northern Parula - Parula norteña*
Linnaeus, 1758
*sc, se Kanada und c, e USA*

Setophaga pitiayumi
**Elfenwaldsänger**
*Tropical Parula - Parula pitiayumí*
Vieillot, 1817
*n Kolumbien, n Venezuela, Trinidad, Tobago bis c Peru, Brasilien, Bolivien, n Argentinien und Uruguay*

    Setophaga pitiayumi nigrilora
    **Coues-Elfenwaldsänger**
    Coues, 1878
    extremer sc USA und e Mexico
    Setophaga pitiayumi pulchra
    **Mexiko-Elfenwaldsänger**
    Brewster, 1889
    w Mexico
    Setophaga pitiayumi insularis
    **Insel-Elfenwaldsänger**
    Lawrence, 1871
    Tres Marías Is. (vor w Mexico)
    Setophaga pitiayumi graysoni
    **Graysons Elfenwaldsänger**
    Ridgway, 1887
    Socorro Insel (Revillagigedo Is., w von c Mexico)
    Setophaga pitiayumi inornata
    **Honduras-Elfenwaldsänger**
    Baird, SF, 1864
    s Mexico bis Panama und nw Kolumbien
    Setophaga pitiayumi cirrha
    **Coiba-Elfenwaldsänger**
    Wetmore, 1957
    Coiba Insel (sw von Panama)
    Setophaga pitiayumi pacifica
    **Pazifik-Elfenwaldsänger**
    Berlepsch & Taczanowski, 1884
    sw Kolumbien bis nw Peru
    Setophaga pitiayumi alarum
    **Chapmans Elfenwaldsänger**
    Chapman, 1924
    e Ecuador und n Peru

Setophaga magnolia
**Magnolienwaldsänger**
*Magnolia Warbler - Reinita de Magnolia*
Wilson, A, 1811
*c Kanada bis se Kanada und ne und nc USA*

Setophaga castanea
**Braunkehl-Waldsänger**
*Bay-breasted Warbler - Reinita castaña*
Wilson, A, 1810
*s, se Kanada und ne USA*

Setophaga fusca
**Fichtenwaldsänger**
*Blackburnian Warbler - Reinita gorjinaranja*
Müller, PLS, 1776
*sc, se Kanada bis nc, ne, e USA*

Setophaga aestiva
**Goldwaldsänger**
*American Yellow Warbler - Reinita amarilla*
Gmelin, JF, 1789
*sc bis e Kanada und s über e, c USA*

    Setophaga aestiva rubiginosa
    **Alaska-Goldwaldsänger**
    Pallas, 1811
    s Alaska und w Kanada
    Setophaga aestiva banksi
    **Banks Goldwaldsänger**
    Browning, 1994
    c Alaska und nw Kanada
    Setophaga aestiva parkesi
    **Parkes Goldwaldsänger**
    Browning, 1994
    n Alaska und n Kanada
    Setophaga aestiva amnicola
    **Kanada-Goldwaldsänger**
    Batchelder, 1918
    wc bis e Kanada
    Setophaga aestiva morcomi
    **Morcom-Goldwaldsänger**
    Coale, 1887
    sw Kanada und wc USA
    Setophaga aestiva brewsteri
    **Brewsters Goldwaldsänger**
    Grinnell, 1903
    Küste w USA und nw Mexico
    Setophaga aestiva sonorana
    **Sonora-Goldwaldsänger**
    Brewster, 1888
    sw USA und n bis nw Mexico
    Setophaga aestiva dugesi
    **Mexiko-Goldwaldsänger**
    Coale, 1887
    c Mexico

Setophaga petechia
**Mangrovewaldsänger**
*Mangrove Warbler - Reinita de manglar*
Linnaeus, 1766
*Barbados*

    Setophaga petechia oraria
    **Mexiko-Mangrovenwaldsänger**
    Parkes & Dickerman, 1967
    e Mexico
    Setophaga petechia bryanti
    **Bryants Mangrovenwaldsänger**
    Ridgway, 1873
    se Mexico bis s Nicaragua
    Setophaga petechia erithachorides
    **Costa Rica-Mangrovenwaldsänger**
    Baird, SF, 1858
    e Costa Rica bis n Kolumbien
    Setophaga petechia chrysendeta
    **Wetmores Mangrovenwaldsänger**
    Wetmore, 1946
    ne Kolumbien und extremer nw Venezuela
    Setophaga petechia paraguanae
    **Paraguanawaldsänger**
    Phelps, WH & Gilliard, 1941
    Paraguaná Halbinsel (nw Venezuela)
    Setophaga petechia cienagae
    **Zimmers Mangrovenwaldsänger**
    Zimmer, JT & Phelps, WH, 1944
    nw bis n Venezuela und nahegelegene Inseln
    Setophaga petechia castaneiceps
    **Ridgways Mangrovenwaldsänger**
    Ridgway, 1885
    e Baja California (nw Mexico)
    Setophaga petechia rhizophorae
    **Sonora-Mangrovenwaldsänger**
    Van Rossem, 1935
    Sonora und Sinaloa (nw Mexico)
    Setophaga petechia phillipsi
    **Phillips Mangrovenwaldsänger**
    Browning, 1994
    w Mexico bis Honduras
    Setophaga petechia xanthotera
    **Nikaragua-Mangrovenwaldsänger**
    Todd, 1924
    w Nicaragua und w Costa Rica

Setophaga petechia aithocorys
**Coiba-Mangrovenwaldsänger**
Olson, 1980
sw Panama und Coiba Insel

Setophaga petechia iguanae
**Iguana-Mangrovenwaldsänger**
Olson, 1980
Iguana Insel (vor s Panama)

Setophaga petechia aequatorialis
**Panama-Mangrovenwaldsänger**
Sundevall, 1869
sc Panama

Setophaga petechia jubaris
**Olsons Mangrovenwaldsänger**
Olson, 1980
se Panama bis wc Kolumbien

Setophaga petechia peruviana
**Peru-Mangrovenwaldsänger**
Sundevall, 1869
sw Kolumbien bis nw Peru

Setophaga petechia aureola
**Coco-Mangrovenwaldsänger**
Gould, 1839
Coco und Galápagos is.

Setophaga petechia ruficapilla
**Martinique-Mangrovenwaldsänger**
Gmelin, JF, 1789
Martinique (sc Kleine Antillen)

Setophaga petechia rufivertex
**Cozumel-Mangrovenwaldsänger**
Ridgway, 1885
Cozumel Insel (vor se Mexico)

Setophaga petechia armouri
**Prvidencia-Mangrovenwaldsänger**
Greenway, 1933
Providencia Insel (e von Nicaragua)

Setophaga petechia flavida
**Andres-Mangrovenwaldsänger**
Cory, 1887
San Andrés Insel (e von Nicaragua)

Setophaga petechia eoa
**Jamaika-Mangrovenwaldsänger**
Gosse, 1847
Cayman Is. und Jamaika

Setophaga petechia gundlachi
**Gundlachs Mangrovenwaldsänger**
Baird, SF, 1865
Florida Keys (extremer se USA), Kuba und Isle von Pines

Setophaga petechia flaviceps
**Bahama-Mangrovenwaldsänger**
Chapman, 1892
Bahamas

Setophaga petechia albicollis
**Hispaniola-Mangrovenwaldsänger**
Gmelin, JF, 1789
Hispaniola und nahegelegene Inseln

Setophaga petechia chlora
**Seven Brotherswaldsänger**
Browning, 1994
Seven Brothers Keys (vor n Hispaniola)

Setophaga petechia solaris
**Gonave-Mangrovenwaldsänger**
Wetmore, 1929
Gonâve Is. (vor w Hispaniola)

Setophaga petechia bartholemica
**Sundevalls Mangrovenwaldsänger**
Sundevall, 1869
Puerto Rico, Virgin Is. und n Kleine Antillen

Setophaga petechia melanoptera
**Antillen-Mangrovenwaldsänger**
Lawrence, 1879
c Kleine Antillen

Setophaga petechia babad
**Babad-Mangrovenwaldsänger**
Bond, J, 1927
St. Lucia (sc Kleine Antillen)

Setophaga petechia alsiosa
**Grenadinewaldsänger**
Peters, JL, 1926
Grenadines (s Kleine Antillen)

Setophaga petechia rufopileata
**Aruba-Mangrovenwaldsänger**
Ridgway, 1884
Aruba, Niederländische Antillen und Inseln vor n Venezuela

Setophaga petechia obscura
**Dunkler Mangrovenwaldsänger**
Cory, 1909
Las Aves, Los Roques und La Orchila Is. (vor n Venezuela)

Setophaga petechia aurifrons
**Phelps-Mangrovenwaldsänger**
Phelps, WH & Phelps, WH Jr, 1950
ne Venezuela und nahegelegene Inseln

Setophaga pensylvanica
**Gelbscheitel-Waldsänger**
*Chestnut-sided Warbler - Reinita de Pensilvania*
Linnaeus, 1766
sc, se Kanada bis nc, ne, e USA

Setophaga striata
**Streifenwaldsänger**
*Blackpoll Warbler - Reinita estriada*
Forster, JR, 1772
Alaska bis e, se Kanada und ne USA

Setophaga caerulescens
**Blaurücken-Waldsänger**
*Black-throated Blue Warbler - Reinita azulada*
Gmelin, JF, 1789
s, se Kanada und ne USA

Setophaga caerulescens cairnsi
**Coues Blaurücken-Waldsänger**
Coues, 1897
ec USA

Setophaga palmarum
**Palmenwaldsänger**
*Palm Warbler - Reinita palmera*
Gmelin, JF, 1789
c, sc Kanada

Setophaga palmarum hypochrysea
**Ridgways Palmenwaldsänger**
Ridgway, 1876
se Kanada und ne USA

Setophaga pityophila
**Kubawaldsänger**
*Olive-capped Warbler - Reinita coroniverde*
Gundlach, 1855
Kuba und Bahamas

Setophaga pinus
**Kiefernwaldsänger**
*Pine Warbler - Reinita del pinar*
Linnaeus, 1766
se Kanada und e USA

Setophaga pinus florida
**Florida-Kiefernwaldsänger**
Maynard, 1906
s Florida

Setophaga pinus achrustera
**Bahamas-Kiefernwaldsänger**
Bangs, 1900
Bahamas

Setophaga pinus chrysoleuca
**Hispaniola-Kiefernwaldsänger**
Griscom, 1923
Hispaniola

Setophaga coronata
**Kronenwaldsänger**
*Myrtle Warbler - Reinita coronada*
Linnaeus, 1766
sc, se Kanada bis nc, ne USA

Setophaga coronata hooveri
**Alaska-Kronenwaldsänger**
McGregor, 1899
Alaska und nw Kanada

Setophaga auduboni
**Audubonwaldsänger**
*Audubon's Warbler - Reinita de Audubon*
Townsend, JK, 1837
sw Kanada und w USA

Setophaga auduboni nigrifrons
**Mexiko-Audubonsänger**
Brewster, 1889
nc Mexico

Setophaga goldmani
**Schwarznacken-Waldsänger**
*Goldman's Warbler - Reinita cuellinegro*
Nelson, 1897
s Chiapa (se Mexico) und w Guatemala

Setophaga dominica
**Goldkehl-Waldsänger**
*Yellow-throated Warbler - Reinita gorjiamarilla*
Linnaeus, 1766
e, se USA

Setophaga dominica albilora
**Ridgways Goldkehl-Waldsänger**
Ridgway, 1873
ec USA

Setophaga dominica stoddardi
**Stoddards Goldkehl-Waldsänger**
Sutton, 1951
nw Florida und s Alabama (se USA)

Setophaga flavescens
**Bahamawaldsänger**
*Bahama Warbler - Reinita de las Bahamas*
Todd, 1909
Bahamas

Setophaga vitellina
**Dotterwaldsänger**
*Vitelline Warbler - Reinita de las Caimán*
Cory, 1886
Grand Cayman Insel

Setophaga vitellina crawfordi
**Crawfords Dotterwaldsänger**
Nicoll, 1904
Little Cayman Insel und Cayman Brac
Setophaga vitellina nelsoni
**Nelsons Dotterwaldsänger**
Bangs, 1919
Swan Insel (n von Honduras)

Setophaga discolor
**Rotmantel-Waldsänger**
*Prairie Warbler - Reinita galana*
Vieillot, 1809
se Kanada und e USA

Setophaga discolor paludicola
**Florida-Rotmantel-Waldsänger**
Howell, AH, 1930
s Florida (extremer se USA)

Setophaga adelaidae
**Antillenwaldsänger**
*Adelaide's Warbler - Reinita puertorriqueña*
Baird, SF, 1865
Puerto Rico

Setophaga subita
**Barbudawaldsänger**
*Barbuda Warbler - Reinita de Barbuda*
Riley, 1904
Barbuda

Setophaga delicata
**Saint-Lucia-Waldsänger**
*St. Lucia Warbler - Reinita de Santa Lucía*
Ridgway, 1883
St. Lucia

Setophaga graciae
**Arizonawaldsänger**
*Grace's Warbler – Reinita de Grace*
Baird, SF, 1865
sw USA und nw Mexico

Setophaga graciae yaegeri
**Yaegerwaldsänger**
Phillips, AR & Webster, JD, 1961
w Mexico
Setophaga graciae remota
**Remotawaldsänger**
Griscom, 1935
s Mexico bis w Nicaragua
Setophaga graciae decora
**Decorawaldsänger**
Ridgway, 1873
Belize bis ne Nicaragua

Setophaga nigrescens
**Trauerwaldsänger**
*Black-throated Grey Warbler - Reinita gris*
Townsend, JK, 1837
sw Kanada und Küste w USA

Setophaga nigrescens halseii
**Südlicher Trauerwaldsänger**
Giraud Jr, 1841
Inland w USA und n, nw Mexico

Setophaga townsendi
**Townsendwaldsänger**
*Townsend's Warbler - Reinita de Townsend*
Townsend, JK, 1837
se Alaska, w Kanada und nw USA

Setophaga occidentalis
**Einsiedelwaldsänger**
*Hermit Warbler - Reinita cabecigualda*
Townsend, JK, 1837
w USA

Setophaga chrysoparia
**Goldwangen-Waldsänger**
*Golden-cheeked Warbler - Reinita caridorada*
Sclater, PL & Salvin, 1860
sc Texas (sc USA)

Setophaga virens
**Grünmantel-Waldsänger**
*Black-throated Green Warbler - Reinita dorsiverde*
Gmelin, JF, 1789
n British Columbia und n Minnesota bis s Neufundland und südliches Nova Scotia s durch die Appalachen bis n Georgia

Setophaga virens wayneia
**Virginia-Waldsänger**
Bangs, 1918
se Virginia und die Küstenebene von North und South Carolina (se USA)

## Gattung: Myiothlypis

Myiothlypis luteoviridis
**Bonapartewaldsänger**
*Citrine Warbler - Reinita citrina norteña*
Bonaparte, 1845
e Kolumbien, sw Venezuela und e Ecuador

Myiothlypis luteoviridis quindiana
**Quindiana-Waldsänger**
Meyer de Schauensee, 1946
c Kolumbien
Myiothlypis luteoviridis richardsoni
**Richardsonwaldsänger**
Chapman, 1912
w Kolumbien
Myiothlypis luteoviridis striaticeps
**Peru-Bonapartewaldsänger**
Cabanis, 1873
n, c Peru
Myiothlypis luteoviridis euophrys
**Bolivien-Bonapartewaldsänger**
Sclater, PL & Salvin, 1876
s Peru bis c Bolivien

Myiothlypis basilica
**Santa-Marta-Waldsänger**
*Santa Marta Warbler - Reinita de Santa Marta*
Todd, 1913
ne Kolumbien

Myiothlypis leucophrys
**Goldflanken-Waldsänger**
*White-striped Warbler - Reinita cejiblanca*
Pelzeln, 1868
sc Brasilien

Myiothlypis flaveola
**Gilbwaldsänger**
*Flavescent Warbler - Reinita amarillenta*
Baird, SF, 1865
ne bis sw Brasilien, e Bolivien, c Paraguay und nc Argentinien

Myiothlypis flaveola pallidirostris
**Venezuela-Gilbwaldsänger**
Oren, 1985
ne Kolumbien und n Venezuela

Myiothlypis leucoblephara
**Olivflanken-Waldsänger**
*White-rimmed Warbler - Reinita silbona*
Vieillot, 1817
se Brasilien bis ne Argentinien

Myiothlypis leucoblephara lemurum
**Uruguay-Olivflanken-Waldsänger**
Olson, 1975
Uruguay

Myiothlypis signata
**Bergbach-Waldsänger**
*Pale-legged Warbler - Reinita paticlara*
Berlepsch & Stolzmann, 1906
sc Peru

Myiothlypis signata flavovirens
**Südlicher Bergbach-Waldsänger**
Todd, 1929
s Peru, Bolivien und n Argentinien

Myiothlypis nigrocristata
**Schwarzscheitel-Waldsänger**
*Black-crested Warbler - Reinita crestinegra*
Lafresnaye, 1840
*Venezuela bis Peru*

Myiothlypis fulvicauda
**Schmätzerwaldsänger**
*Buff-rumped Warbler - Reinita cullparda*
Spix, 1825
*w Amazonasgebiet*

Myiothlypis fulvicauda leucopygia
**Honduras-Schmätzerwaldsänger**
Sclater, PL & Salvin, 1873
Honduras bis w Panama
Myiothlypis fulvicauda veraguensis
**Costa Rica-Schmätzerwaldsänger**
Sharpe, 1885
sw Costa Rica bis c Panama
Myiothlypis fulvicauda semicervina
**Panama-Schmätzerwaldsänger**
Sclater, PL, 1860
e Panama bis nw Peru
Myiothlypis fulvicauda motacilla
**Kolumbien-Schmätzerwaldsänger**
Miller, AH, 1952
n Kolumbien
Myiothlypis fulvicauda significans
**Peru-Schmätzerwaldsänger**
Zimmer, JT, 1949
se Peru und nw Bolivien

Myiothlypis rivularis
**Flusswaldsänger**
*Riverbank Warbler - Reinita ribereña meridional*
Wied-Neuwied, M, 1821
*se Brasilien, e Paraguay und ne Argentinien*

Myiothlypis rivularis mesoleuca
**Guyanas-Flusswaldsänger**
Sclater, PL, 1865
e Venezuela, Guianas und n Brasilien
Myiothlypis rivularis boliviana
**Bolivien-Flusswaldsänger**
Sharpe, 1885
ec Bolivien

Myiothlypis bivittata
**Bindenwaldsänger**
*Two-banded Warbler - Reinita bandeada*
d'Orbigny & Lafresnaye, 1837
*s Peru bis c Bolivien*

Myiothlypis bivittata argentinae
**Argentinien-Bindenwaldsänger**
Zimmer, JT, 1949
s Bolivien und n Argentinien

Myiothlypis roraimae
**Roraimawaldsänger**
*Roraiman Warbler - Reinita del Roraima*
Sharpe, 1885
*se Venezuela, w Guyana und n Brasilien*

Myiothlypis chrysogaster
**Goldbauch-Waldsänger**
*Cuzco Warbler - Reinita ventridorada*
Tschudi, 1844
*Peru*

Myiothlypis chlorophrys
**Chocówaldsänger**
*Choco Warbler - Reinita del Chocó*
Berlepsch, 1907
*Kolumbien und Ecuador*

Myiothlypis conspicillata
**Weißzügel-Waldsänger**
*White-lored Warbler - Reinita embridada*
Salvin & Godman, 1880
*n Kolumbien*

Myiothlypis cinereicollis
**Graukehl-Waldsänger**
*Grey-throated Warbler - Reinita gorjigrís*
Sclater, PL, 1864
*c Kolumbien bis w Venezuela*

Myiothlypis cinereicollis pallidula
**Wetmores Graukehl-Waldsänger**
Wetmore, 1941
extremer nw von Perijá Mts. (n Kolumbien)
Myiothlypis cinereicollis zuliensis
**Perija-Graukehl-Waldsänger**
Aveledo & Peréz, 1994
Perijá Mts. (n Kolumbien und nw Venezuela)

Myiothlypis fraseri
**Feenwaldsänger**
*Grey-and-gold Warbler - Reinita de Fraser*
Sclater, PL, 1884
*sw Ecuador und nw Peru*

Myiothlypis fraseri ochraceicrista
**Westlicher Feenwaldsänger**
Chapman, 1921
w Ecuador

Myiothlypis coronata
**Goldscheitel-Waldsänger**
*Russet-crowned Warbler - Reinita coronirroja*
Tschudi, 1844
*c Peru bis w Bolivien*

Myiothlypis coronata regulus
**Kolumbien-Goldscheitelwaldsänger**
Todd, 1929
n, w Kolumbien und nw Venezuela
Myiothlypis coronata elata
**Ekuador-Goldscheitelwaldsänger**
Todd, 1929
sw Kolumbien und w Ecuador
Myiothlypis coronata orientalis
**Östlicher Goldscheitelwaldsänger**
Chapman, 1924
ec Ecuador
Myiothlypis coronata castaneiceps
**Piura-Goldscheitelwaldsänger**
Sclater, PL & Salvin, 1877
sw Ecuador und Piura (extremer nw Peru)
Myiothlypis coronata chapmani
**Chapmans Goldscheitelwaldsänger**
Todd, 1929
Cajamarca (nw Peru)
Myiothlypis coronata inaequalis
**Amazonas-Goldscheitelwaldsänger**
Zimmer, JT, 1949
Amazonas und San Martín (nc Peru)
Myiothlypis coronata notia
**Bolivien-Goldscheitelwaldsänger**
Todd, 1929
c Bolivien

Myiothlypis griseiceps
**Grauwangen-Waldsänger**
*Grey-headed Warbler - Reinita cabecigrís*
Sclater, PL & Salvin, 1868
*n Venezuela*

## Gattung: Basileuterus

Basileuterus lachrymosus
**Fächerwaldsänger**
*Fan-tailed Warbler - Reinita roquera*
Bonaparte, 1850
*s Mexico bis Nicaragua*

Basileuterus lachrymosus tephrus
**Westlicher Fächerwaldsänger**
Ridgway, 1902
w Mexico
Basileuterus lachrymosus schistaceus
**Südlicher Fächerwaldsänger**
Dickey & Van Rossem, 1926
sw Mexico

Basileuterus rufifrons
**Rotkappen-Waldsänger**
*Rufous-capped Warbler - Reinita coronirrufa*
Swainson, 1838
*s Mexico und c Guatemala*

Basileuterus rufifrons caudatus
**Nelsons Rotkappen-Waldsänger**
Nelson, 1899
nw Mexico
Basileuterus rufifrons dugesi
**Mexiko-Rotkappen-Waldsänger**
Ridgway, 1892
w, c Mexico

Basileuterus rufifrons jouyi
**Ridgways Rotkappen-Waldsänger**
Ridgway, 1892
ne, e Mexico
Basileuterus rufifrons salvini
**Salvins Rotkappen-Waldsänger**
Cherrie, 1891
se Mexico, Belize und n Guatemala

Basileuterus delattrii
## Rostkappen-Waldsänger
*Chestnut-capped Warbler - Chiví gorra castaña*
Bonaparte, 1854
*s Guatemala bis c Costa Rica*

Basileuterus delattrii mesochrysus
**Kolumbien-Rostkappen-Waldsänger**
Sclater, PL, 1860
s Costa Rica bis n Kolumbien und w Venezuela
Basileuterus delattrii actuosus
**Coiba-Rostkappen-Waldsänger**
Wetmore, 1957
Coiba Insel (vor s Panama)

Basileuterus melanogenys
## Schwarzwangen-Waldsänger
*Black-cheeked Warbler - Reinita carinegra*
Baird, SF, 1865
*c, s Costa Rica*

Basileuterus melanogenys eximius
**Chiriqui-Schwarzwangen-Waldsänger**
Nelson, 1912
Chiriquí (w Panama)
Basileuterus melanogenys bensoni
**Bensons Schwarzwangen-Waldsänger**
Griscom, 1927
Veraguas (w Panama)

Basileuterus ignotus
## Pirrewaldsänger
*Pirre Warbler - Reinita del Pirre*
Nelson, 1912
*Panama und Kolumbien*

Basileuterus belli
## Goldstreif-Waldsänger
*Golden-browed Warbler - Reinita cejidorada*
Giraud Jr, 1841
*e Mexico*

Basileuterus belli bateli
**Westlicher Goldstreif-Waldsänger**
Moore, RT, 1946
w Mexico
Basileuterus belli clarus
**Südlicher Goldstreif-Waldsänger**
Ridgway, 1902
sw Mexico
Basileuterus belli scitulus
**Östlicher Goldstreif-Waldsänger**
Nelson, 1900
se Mexico bis w Honduras und nw El Salvador
Basileuterus belli subobscurus
**Honduras Goldstreif-Waldsänger**
Wetmore, 1940
c Honduras

Basileuterus culicivorus
## Goldhähnchen-Waldsänger
*Golden-crowned Warbler - Reinita coroniestriada*
Deppe, 1830
*sc Mexico bis n Costa Rica*

Basileuterus culicivorus flavescens
**Ridgways Goldhähnchenwaldsänger**
Ridgway, 1902
wc Mexico
Basileuterus culicivorus brasierii
**Girauds Goldhähnchenwaldsänger**
Giraud Jr, 1841
ne, ec Mexico
Basileuterus culicivorus godmani
**Godmans Goldhähnchenwaldsänger**
Berlepsch, 1888
c Costa Rica bis w Panama
Basileuterus culicivorus occultus
**Zimmers Goldhähnchenwaldsänger**
Zimmer, JT, 1949
w Kolumbien
Basileuterus culicivorus austerus
**Kolumbien-Goldhähnchenwaldsänger**
Zimmer, JT, 1949
c Kolumbien
Basileuterus culicivorus indignus
**Todds Goldhähnchenwaldsänger**
Todd, 1916
n Kolumbien

Basileuterus culicivorus cabanisi
**Cabanis Goldhähnchenwaldsänger**
Berlepsch, 1879
ne Kolumbien und nw Venezuela
Basileuterus culicivorus olivascens
**Chapmans Goldhähnchenwaldsänger**
Chapman, 1893
n, ne Venezuela und Trinidad
Basileuterus culicivorus segrex
**Guyana-Goldhähnchenwaldsänger**
Zimmer, JT & Phelps, WH, 1949
s Venezuela, w Guyana und n Brasilien
Basileuterus culicivorus auricapilla
**Brasilien-Goldhähnchenwaldsänger**
Swainson, 1838
c, e Brasilien
Basileuterus culicivorus azarae
**Azara-Goldhähnchenwaldsänger**
Zimmer, JT, 1949
se, s Brasilien, Paraguay, Uruguay und n Argentinien
Basileuterus culicivorus viridescens
**Bolivien-Goldhähnchenwaldsänger**
Todd, 1913
e Bolivien
Basileuterus culicivorus hypoleucus
**Paraguay-Goldhähnchenwaldsänger**
Bonaparte, 1850
sw Brasilien und ne Paraguay

Basileuterus melanotis
## Fahlscheitel-Waldsänger
*Black-eared Warbler - Reinita Tica*
Lawrence, 1868
*Costa Rica und w Panama*

Basileuterus tacarcunae
## Tacarcunawaldsänger
*Tacarcuna Warbler - Reinita de Tacarcuna*
Chapman, 1924
*e Panama und nw Kolumbien*

Basileuterus trifasciatus
## Cayamarcawaldsänger
*Three-banded Warbler - Reinita de Cajamarca*
Taczanowski, 1880
*Piura bis La Libertad (nw Peru)*

Basileuterus trifasciatus nitidior
**Tumbeswaldsänger**
Chapman, 1924
sw Ecuador und Tumbes (extremer nw Peru)

Basileuterus punctipectus
## Yungaswaldsänger
*Yungas Warbler - Reinita de Yungas*
Chapman, 1924
*c Bolivien*

Basileuterus punctipectus inconspicuus
**Östlicher Yungaswaldsänger**
Zimmer, JT, 1949
se Peru und nw Bolivien
Basileuterus punctipectus canens
**Südlicher Yungaswaldsänger**
Zimmer, JT, 1949
sc Bolivien

Basileuterus tristriatus
## Dreistreifen-Waldsänger
*Three-striped Warbler - Reinita cabecilistada*
Tschudi, 1844
*s Ecuador bis c Peru*

Basileuterus tristriatus daedalus
**Bangs Dreistreifen-Waldsänger**
Bangs, 1908
w Kolumbien und w Ecuador
Basileuterus tristriatus sanlucasensis
**Nördlicher Dreistreifen-Waldsänger**
Salaman, 2015
nc Kolumbien
Basileuterus tristriatus auricularis
**Kolumbien-Dreistreifen-Waldsänger**
Sharpe, 1885
c Kolumbien bis w Venezuela
Basileuterus tristriatus meridanus
**Venezuela-Dreistreifen-Waldsänger**
Sharpe, 1885
nw Venezuela
Basileuterus tristriatus bessereri
**Hellmayrs Dreistreifen-Waldsänger**
Hellmayr, 1922
n Venezuela
Basileuterus tristriatus pariae
**Phelps Dreistreifen-Waldsänger**
Phelps, WH & Phelps, WH Jr, 1949
ne Venezuela

Basileuterus tristriatus baezae
**Chapmans Dreistreifen-Waldsänger**
Chapman, 1924
ec Ecuador

## Gattung: Cardellina

Cardellina canadensis
**Kanadawaldsänger**
*Canada Warbler - Reinita canadiense*
Linnaeus, 1766
*c Kanada bis se Kanada und ne, e, nc USA*

Cardellina pusilla
**Mönchswaldsänger**
*Wilson's Warbler - Reinita de Wilson*
Wilson, A, 1811
*c, s Kanada und ne USA*

Cardellina pusilla pileolata
**Alaska-Mönchswaldsänger**
Pallas, 1811
Alaska, wc Kanada und w USA
Cardellina pusilla chryseola
**Westlicher Mönchswaldsänger**
Ridgway, 1902
Küste sw Kanada und Küste w USA

Cardellina rubrifrons
**Dreifarben-Waldsänger**
*Red-faced Warbler - Reinita carirroja*
Giraud Jr, 1841
*sw USA und nw Mexico*

Cardellina rubra
**Purpurwaldsänger**
*Red Warbler - Reinita roja*
Swainson, 1827
*w, c Mexico*

Cardellina rubra melanauris
**Nördlicher Purpurwaldsänger**
Moore, RT, 1937
nw Mexico
Cardellina rubra rowleyi
**Südlicher Purpurwaldsänger**
Orr & Webster, JD, 1968
s Mexico

Cardellina versicolor
**Rosenwaldsänger**
*Pink-headed Warbler - Reinita rosada*
Salvin, 1863
*s Mexico und Guatemala*

## Gattung: Myioborus

Myioborus pictus
**Rotbrust-Waldsänger**
*Painted Whitestart - Candelita aliblanca*
Swainson, 1829
*sw USA bis sc Mexico*

Myioborus pictus guatemalae
**Guatemala-Rotbrust-Waldsänger**
Sharpe, 1885
s Mexico bis n Nicaragua

Myioborus miniatus
**Larvenwaldsänger**
*Slate-throated Whitestart - Candelita plomiza*
Swainson, 1827
*w, sw Mexico*

Myioborus miniatus molochinus
**Mexiko-Larvenwaldsänger**
Wetmore, 1942
e Mexico
Myioborus miniatus intermedius
**Kleiner Larvenwaldsänger**
Hartlaub, 1852
s Mexico und e Guatemala
Myioborus miniatus hellmayri
**Hellmayrs Larvenwaldsänger**
Van Rossem, 1936
s Guatemala und sw El Salvador
Myioborus miniatus connectens
**Honduras-Larvenwaldsänger**
Dickey & Van Rossem, 1928
El Salvador und Honduras bis nc Nicaragua

Myioborus miniatus comptus
**Costa Rica-Larvenwaldsänger**
Wetmore, 1944
w, c Costa Rica
Myioborus miniatus aurantiacus
**Bairds Larvenwaldsänger**
Baird, SF, 1865
e Costa Rica und w Panama
Myioborus miniatus ballux
**Panama-Larvenwaldsänger**
Wetmore & Phelps, WH, 1944
e Panama bis n Ecuador und w Venezuela
Myioborus miniatus sanctaemartae
**Kolumbien-Larvenwaldsänger**
Zimmer, JT, 1949
n Kolumbien
Myioborus miniatus pallidiventris
**Venezuela-Larvenwaldsänger**
Chapman, 1899
n Venezuela
Myioborus miniatus subsimilis
**Peru-Larvenwaldsänger**
Zimmer, JT, 1949
sw Ecuador und nw Peru
Myioborus miniatus verticalis
**Ekuador-Larvenwaldsänger**
d'Orbigny & Lafresnaye, 1837
s Ecuador bis c Bolivien, se Venezuela, w Guyana und n Brasilien

Myioborus brunniceps
**Braunkappen-Waldsänger**
*Brown-capped Whitestart - Candelita coronicastaña*
d'Orbigny & Lafresnaye, 1837
*Bolivien und nw und wc Argentinien*

Myioborus flavivertex
**Gelbkronen-Waldsänger**
*Yellow-crowned Whitestart - Candelita conigualda*
Salvin, 1887
*ne Kolumbien*

Myioborus albifrons
**Weißstirn-Waldsänger**
*White-fronted Whitestart - Candelita frentiblanca*
Sclater, PL & Salvin, 1871
*w Venezuela*

Myioborus ornatus
**Schwarzohr-Waldsänger**
*Golden-fronted Whitestart - Candelita adornada*
Boissonneau, 1840
*e Kolumbien und w Venezuela*

Myioborus ornatus chrysops
**Salvins Schwarzohr-Waldsänger**
Salvin, 1878
c Kolumbien bis n Ecuador

Myioborus melanocephalus
**Brillenwaldsänger**
*Spectacled Whitestart - Candelita de anteojos*
Tschudi, 1844
*c Peru*

Myioborus melanocephalus ruficoronatus
**Ekuador-Brillenwaldsänger**
Kaup, 1852
sw Kolumbien und Ecuador
Myioborus melanocephalus griseonuchus
**Chapmans Brillenwaldsänger**
Chapman, 1927
nw Peru
Myioborus melanocephalus malaris
**Zimmers Brillenwaldsänger**
Zimmer, JT, 1949
n Peru
Myioborus melanocephalus bolivianus
**Bolivien-Brillenwaldsänger**
Chapman, 1919
s Peru und w Bolivien

Myioborus torquatus
**Halsband-Waldsänger**
*Collared Whitestart - Candelita collareja*
Baird, SF, 1865
*Costa Rica und Panama*

Myioborus pariae
**Goldzügel-Waldsänger**
*Paria Whitestart - Candelita de Paria*
Phelps, WH & Phelps, WH Jr, 1949
*ne Venezuela*

Myioborus albifacies
**Weißwangen-Waldsänger**
*White-faced Whitestart - Candelita cariblanca*
Phelps, WH & Phelps, WH Jr, 1946
s Venezuela

Myioborus cardonai
**Guaiquinimawaldsänger**
*Guaiquinima Whitestart - Candelita de Cardona*
Zimmer, JT & Phelps, WH, 1945
se Venezuela

Myioborus castaneocapilla
**Tepuiwaldsänger**
*Tepui Whitestart - Candelita de tepuí*
Cabanis, 1849
se Venezuela, w Guyana und n Brasilien

    Myioborus castaneocapilla duidae
    **Duidawaldsänger**
    Chapman, 1929
    sc Venezuela
    Myioborus castaneocapilla maguirei
    **Südlicher Tepuiwaldsänger**
    Phelps, WH & Phelps, WH Jr, 1961
    extremer s Venezuela

## Familie: Mitrospingidae (Stärlingstangaren)

### Gattung: Mitrospingus

Mitrospingus cassinii
**Rußgesicht-Stärlingstangare**
*Dusky-faced Tanager - Tangara carinegruzca*
Lawrence, 1861
c Panama über w Kolumbien bis w Ecuador

    Mitrospingus cassinii costaricensis
    **Todds Rußgesicht-Stärlingstangare**
    Todd, 1922
    Costa Rica und nw Panama

Mitrospingus oleagineus
**Olivmantel-Stärlingstangare**
*Olive-backed Tanager - Tangara dorsioliva*
Salvin, 1886
e Venezuela und Guyana

    Mitrospingus oleagineus obscuripectus
    **Phelps Olivmantel-Stärlingstangare**
    Zimmer, JT & Phelps, WH, 1945
    se Venezuela und n Brasilien

### Gattung: Orthogonys

Orthogonys chloricterus
**Olivnacken-Stärlingstangare**
*Olive-green Tanager - Tangara verdioliva*
Vieillot, 1819
se Brasilien

### Gattung: Lamprospiza

Lamprospiza melanoleuca
**Rotschnabel-Stärlingstangare**
*Red-billed Pied Tanager - Tangara piquirroja*
Vieillot, 1817
*Amazonasgebiet*

## Familie: Cardinalidae (Kardinäle)

### Gattung: Piranga

Piranga bidentata
**Blutkardinal**
*Flame-colored Tanager - Piranga estriada*
Swainson, 1827
sw USA und nw, c Mexico

    Piranga bidentata flammea
    **Flammen-Blutkardinal**
    Ridgway, 1887
    w Mexico

    Piranga bidentata sanguinolenta
    **Salvador-Blutkardinal**
    Lafresnaye, 1839
    e Mexico bis El Salvador
    Piranga bidentata citrea
    **Costa Rica-Blutkardinal**
    Van Rossem, 1934
    Costa Rica und Panama

Piranga lutea
**Hochlandkardinal**
*Tooth-billed Tanager - Piranga Montana*
Lesson, RP, 1834
sw Kolumbien bis wc Bolivien

    Piranga lutea testacea
    **Costa Rica-Hochlandkardinal**
    Sclater, PL & Salvin, 1868
    Costa Rica und Panama
    Piranga lutea desidiosa
    **Kolumbien-Hochlandkardinal**
    Bangs & Noble, 1918
    wc Kolumbien
    Piranga lutea toddi
    **Todds Hochlandkardinal**
    Parkes, 1969
    c Kolumbien
    Piranga lutea faceta
    **Trinidad-Hochlandkardinal**
    Bangs, 1898
    Trinidad, n Kolumbien und n Venezuela
    Piranga lutea haemalea
    **Guyanas-Hochlandkardinal**
    Salvin & Godman, 1883
    s Venezuela, Guianas und n Brasilien

Piranga flava
**Tieflandkardinal**
*Red Tanager - Piranga bermeja*
Vieillot, 1822
se Bolivien bis Uruguay und c Argentinien

    Piranga flava macconnelli
    **Suriname-Tieflandkardinal**
    Chubb, C, 1921
    s Guyana, s Suriname und n Brasilien
    Piranga flava saira
    **Brasilien-Tieflandkardinal**
    Spix, 1825
    e, s Brasilien
    Piranga flava rosacea
    **Bolivien-Tieflandkardinal**
    Todd, 1922
    e Bolivien

Piranga hepatica
**Zinnoberkardinal**
*Hepatic Tanager - Piranga hepática*
Swainson, 1827
sw USA bis sw Mexico

    Piranga hepatica dextra
    **Mexiko-Zinnoberkardinal**
    Bangs, 1907
    s USA bis e Mexico
    Piranga hepatica figlina
    **Guatemala-Zinnoberkardinal**
    Salvin & Godman, 1883
    e Guatemala und Belize
    Piranga hepatica albifacies
    **Nikaragua-Zinnoberkardinal**
    Zimmer, JT, 1929
    w Guatemala bis nc Nicaragua
    Piranga hepatica savannarum
    **Honduras-Zinnoberkardinal**
    Howell, TR, 1965
    e Honduras und ne Nicaragua

Piranga rubra
**Sommerkardinal**
*Summer Tanager - Piranga roja*
Linnaeus, 1758
e USA

    Piranga rubra cooperi
    **Südlicher Sommerkardinal**
    Ridgway, 1869
    sw USA und n Mexico

Piranga roseogularis
**Rosenkehlkardinal**
*Rose-throated Tanager - Piranga yucateca*
Cabot, S, 1846
n Yucatán Halbinsel (se Mexico)

Piranga roseogularis tincta
**Yucatan-Rosenkehlkardinal**
Paynter, 1950
c, s Yucatán Halbinsel (se Mexico), Belize und n Guatemala
Piranga roseogularis cozumelae
**Cozumel-Rosenkehlkardinal**
Ridgway, 1901
Mujeres und Cozumel Is. (vor se Mexico)

Piranga olivacea
## Scharlachkardinal
*Scarlet Tanager - Piranga escarlata*
Gmelin, JF, 1789
sc, se Kanada bis se USA

Piranga ludoviciana
## Kiefernkardinal
*Western Tanager - Piranga carirroja*
Wilson, A, 1811
w, c Kanada über w USA bis extremer nw Mexico

Piranga leucoptera
## Weißbindenkardinal
*White-winged Tanager - Piranga aliblanca*
Trudeau, 1839
e Mexico bis Nicaragua

Piranga leucoptera latifasciata
**Costa Rica-Weißbindenkardinal**
Ridgway, 1887
Costa Rica und w Panama
Piranga leucoptera venezuelae
**Venezuela-Weißbindenkardinal**
Zimmer, JT, 1947
w, c, n Kolumbien, Venezuela und n Brasilien
Piranga leucoptera ardens
**Bolivien-Weißbindenkardinal**
Tschudi, 1844
sw Kolumbien bis c Bolivien

Piranga erythrocephala
## Rotkopfkardinal
*Red-headed Tanager - Piranga cabecirroja*
Swainson, 1827
sc, s Mexico

Piranga erythrocephala candida
**Westlicher Rotkopfkardinal**
Griscom, 1934
nw Mexico

Piranga rubriceps
## Scharlachkopfkardinal
*Red-hooded Tanager - Piranga capuchirroja*
Gray, GR, 1844
*Kolumbien bis Peru*

## Gattung: Habia

Habia rubica
## Karmesinkardinal
*Red-crowned Ant Tanager - Habia coronirroja*
Vieillot, 1817
e Paraguay, se Brasilien und ne Argentinien

Habia rubica holobrunnea
**Griscoms Karmesinkardinal**
Griscom, 1930
e Mexico
Habia rubica rosea
**Mexiko-Karmesinkardinal**
Nelson, 1898
sw Mexico
Habia rubica affinis
**Oaxaca-Karmesinkardinal**
Nelson, 1897
s Oaxaca (s Mexico)
Habia rubica nelsoni
**Nelsons Karmesinkardinal**
Ridgway, 1902
Yucatán Halbinsel (se Mexico)
Habia rubica rubicoides
**Honduras-Karmesinkardinal**
Lafresnaye, 1844
sc, s Mexico bis Honduras und El Salvador
Habia rubica vinacea
**Panama-Karmesinkardinal**
Lawrence, 1867
w Costa Rica und Panama
Habia rubica alfaroana
**Costa Rica-Karmesinkardinal**
Ridgway, 1905
nw Costa Rica

Habia rubica perijana
**Perija-Karmesinkardinal**
Phelps, WH & Phelps, WH Jr, 1957
n Kolumbien und nw Venezuela
Habia rubica coccinea
**Todds Karmesinkardinal**
Todd, 1919
nc Kolumbien und w Venezuela
Habia rubica crissalis
**Venezuela-Karmesinkardinal**
Parkes, 1969
ne Venezuela
Habia rubica rubra
**Trinidad-Karmesinkardinal**
Vieillot, 1819
Trinidad
Habia rubica mesopotamia
**Parkes-Karmesinkardinal**
Parkes, 1969
e Venezuela
Habia rubica rhodinolaema
**Ekuador-Karmesinkardinal**
Salvin & Godman, 1883
e Kolumbien, e Ecuador, ne Peru und nw Brasilien
Habia rubica peruviana
**Peru-Karmesinkardinal**
Taczanowski, 1884
e Peru, w Brasilien und n Bolivien
Habia rubica hesterna
**Brasilien-Karmesinkardinal**
Griscom & Greenway, 1937
c Brasilien
Habia rubica bahiae
**Bahia-Karmesinkardinal**
Hellmayr, 1936
e Brasilien

## Gattung: Driophlox

Driophlox fuscicauda
## Rotkehlkardinal
*Red-throated Ant Tanager - Habia gorjirroja*
Cabanis, 1861
s Nicaragua bis w Panama

Driophlox fuscicauda salvini
**Salvins Rotkehlkardinal**
Berlepsch, 1883
e Mexico bis s Guatemala, El Salvador, Belize und Honduras
Driophlox fuscicauda insularis
**Yucatan-Rotkehlkardinal**
Salvin, 1888
Yucatan Halbinsel (se Mexico) und n Guatemala
Driophlox fuscicauda discolor
**Nikaragua-Rotkehlkardinal**
Ridgway, 1901
ne, c, e Nicaragua
Driophlox fuscicauda willisi
**Willis Rotkehlkardinal**
Parkes, 1969
c Panama
Driophlox fuscicauda erythrolaema
**Kolumbien-Rotkehlkardinal**
Sclater, PL, 1862
n Kolumbien

Driophlox atrimaxillaris
## Schwarzwangenkardinal
*Black-cheeked Ant Tanager - Habia carinegra*
Dwight & Griscom, 1924
*Costa Rica*

Driophlox gutturalis
## Graurückenkardinal
*Sooty Ant Tanager - Habia sombria*
Sclater, PL, 1854
*SA : Kolumbien*

Driophlox cristata
## Scharlachhaubenkardinal
*Crested Ant Tanager - Habia copetona*
Lawrence, 1875
*Kolumbien*

## Gattung: Chlorothraupis

Chlorothraupis carmioli
## Carmiolkardinal
*Carmiol's Tanager - Tangara de Carmiol*
Lawrence, 1868
*Nicaragua bis nw Panama*

Chlorothraupis carmioli magnirostris
**Griscoms Carmiolkardinal**
Griscom, 1927
w Panama
Chlorothraupis carmioli lutescens
**Panama-Carmiolkardinal**
Griscom, 1927
c Panama bis nw Kolumbien

Chlorothraupis frenata
**Streifenkehlkardinal**
*Yellow-lored Tanager - Tangara embridada*
Berlepsch, 1907
*e Andean Ausläufer von c Kolumbien bis c Bolivien*

Chlorothraupis olivacea
**Gelbbrauenkardinal**
*Lemon-spectacled Tanager - Tangara olivácea*
Cassin, 1860
*Panama bis nw Ecuador*

Chlorothraupis stolzmanni
**Ockerbrustkardinal**
*Ochre-breasted Tanager - Tangara pechiocre*
Berlepsch & Taczanowski, 1884
*w Ecuador*

Chlorothraupis stolzmanni dugandi
**Dugands Ockerbrustkardinal**
Meyer de Schauensee, 1948
w Kolumbien und nw Ecuador



## Gattung: Pheucticus

Pheucticus chrysopeplus
**Gelbkopf-Kernknacker**
*Yellow Grosbeak - Picogrueso amarillo*
Vigors, 1832
*w, c Mexico*

Pheucticus chrysopeplus dilutus
**Nördlicher Gelbkopf-Kernknacker**
Van Rossem, 1934
nw Mexico
Pheucticus chrysopeplus aurantiacus
**Südlicher Gelbkopf-Kernknacker**
Salvin & Godman, 1891
s Mexico und Guatemala

Pheucticus tibialis
**Schwarzschenkel-Kernknacker**
*Black-thighed Grosbeak - Picogrueso muslinegro*
Lawrence, 1867
*Costa Rica und Panama*

Pheucticus chrysogaster
**Gelbbauch-Kernknacker**
*Golden Grosbeak - Picogrueso ventriamarillo*
Lesson, RP, 1832
*sw Kolumbien bis s Peru*

Pheucticus chrysogaster laubmanni
**Laubmanns Gelbbauch-Kernknacker**
Hellmayr & Seilern, 1915
n Kolumbien und n Venezuela

Pheucticus aureoventris
**Goldbauch-Kernknacker**
*Black-backed Grosbeak - Picogrueso dorsinegro*
d'Orbigny & Lafresnaye, 1837
*s Peru und w Bolivien bis nw Argentinien*

Pheucticus aureoventris meridensis
**Venezuela-Goldbauchkernknacker**
Riley, 1905
w Venezuela
Pheucticus aureoventris uropygialis
**Kolumbien-Goldbauchkernknacker**
Sclater, PL & Salvin, 1871
nc und c Kolumbien
Pheucticus aureoventris crissalis
**Ekuador-Goldbauchkernknacker**
Sclater, PL & Salvin, 1877
sw Kolumbien bis c Ecuador
Pheucticus aureoventris terminalis
**Peru-Goldbauchkernknacker**
Chapman, 1919
e Peru

Pheucticus ludovicianus
**Rosenbrust-Kernknacker**
*Rose-breasted Grosbeak - Picogrueso pechirrosado*
Linnaeus, 1766
*c Kanada bis se Kanada, e USA und c USA*

Pheucticus melanocephalus
**Schwarzkopf-Kernknacker**
*Black-headed Grosbeak - Picogrueso cabecinegro*
Swainson, 1827
*sw bis sc Kanada und wc USA bis sc Mexico*

Pheucticus melanocephalus maculatus
**Westlicher Schwarzkopf-Kernknacker**
Audubon, 1837
sw Kanada, w USA und nw Mexico

## Gattung: Granatellus

Granatellus venustus
**Rotbrust-Sängerkardinal**
*Red-breasted Chat - Reinita mexicana*
Bonaparte, 1850
*w, sw Mexico*

Granatellus venustus francescae
**Francescas Rotbrust-Sängerkardinal**
Baird, SF, 1865
Tres Marías Is. (vor w Mexico)

Granatellus sallaei
**Graukopf-Sängerkardinal**
*Grey-throated Chat - Reinita yucateca*
Bonaparte, 1856
*Veracruz bis n Chiapa (se Mexico)*

Granatellus sallaei boucardi
**Boucards Graukopf-Sängerkardinal**
Ridgway, 1885
Yucatán Halbinsel (se Mexico) bis Belize und c Guatemala

Granatellus pelzelni
**Weißflanken-Sängerkardinal**
*Rose-breasted Chat - Reinita pechirroja común*
Sclater, PL, 1865
*s Venezuela, Guyana, Suriname und n, s Amazonasgebiet Brasilien*

Granatellus pelzelni paraensis
**Tocantins-Weißflanken-Sängerkardinal**
Rothschild, 1906
s Amazonas und e Tocantins River (ne Brasilien)

## Gattung: Cardinalis

Cardinalis cardinalis
**Rotkardinal**
*Northern Cardinal - Cardenal norteño*
Linnaeus, 1758
*se Kanada und c, e USA (außer se Georgia und Halbinsel Florida)*

Cardinalis cardinalis floridanus
**Florida-Rotkardinal**
Ridgway, 1896
se Georgia und Halbinsel Florida (se USA)
Cardinalis cardinalis magnirostris
**Oklahoma-Rotkardinal**
Bangs, 1903
s Texas und c Oklahoma bis Mississippi (sc USA)
Cardinalis cardinalis canicaudus
**Texas-Rotkardinal**
Chapman, 1891
w Oklahoma und w, c Texas (sc USA) bis c Mexico
Cardinalis cardinalis coccineus
**Potosi-Rotkardinal**
Ridgway, 1873
San Luis Potosí bis n Oaxaca (e bis sc Mexico)
Cardinalis cardinalis littoralis
**Veracruz-Rotkardinal**
Nelson, 1897
Veracruz bis Tabasco (se Mexico)
Cardinalis cardinalis yucatanicus
**Yucatan-Rotkardinal**
Ridgway, 1887
Yucatán Halbinsel (se Mexico)
Cardinalis cardinalis phillipsi
**Phillips Rotkardinal**
Parkes, 1997
Yucatán Halbinsel (se Mexico)
Cardinalis cardinalis flammiger
**Guatemala-Rotkardinal**
Peters, JL, 1913
s Quintana Roo (se Mexico), ne Belize und n Guatemala

Cardinalis cardinalis saturatus
**Cozumel-Rotkardinal**
Ridgway, 1885
Cozumel Insel (vor se Mexico)
Cardinalis cardinalis superbus
**Sonora-Rotkardinal**
Ridgway, 1885
sw USA und n Sonora (nw Mexico)
Cardinalis cardinalis seftoni
**Seftons Rotkardinal**
Huey, 1940
c Baja California (nw Mexico)
Cardinalis cardinalis igneus
**Bairds Rotkardinal**
Baird, SF, 1860
s Baja California (nw Mexico)
Cardinalis cardinalis clintoni
**Clintons Rotkardinal**
Banks, 1963
Seralvo Insel (vor Baja California in nw Mexico)
Cardinalis cardinalis townsendi
**Townsends Rotkardinal**
Van Rossem, 1932
Tiburón Insel und Küste Sonora (nw Mexico)
Cardinalis cardinalis affinis
**Nelsons Rotkardinal**
Nelson, 1899
nc, wc Mexico
Cardinalis cardinalis sinaloensis
**Sinaloa-Rotkardinal**
Nelson, 1899
w Mexico
Cardinalis cardinalis mariae
**Marias-Rotkardinal**
Nelson, 1898
Tres Marías Is. (vor w Mexico)
Cardinalis cardinalis carneus
**Lessons Rotkardinal**
Lesson, RP, 1842
sw Mexico

Cardinalis phoeniceus
**Purpurkardinal**
*Vermilion Cardinal - Cardenal de la Guajira*
Bonaparte, 1838
*Kolumbien und Venezuela*

Cardinalis sinuatus
**Schmalschnabelkardinal**
*Pyrrhuloxia - Cardenal pardo*
Bonaparte, 1838
*sc USA bis c, e Mexico*

Cardinalis sinuatus fulvescens
**Arizona-Schmalschnabelkardinal**
Van Rossem, 1934
s Arizona (sw USA) und nw und w Mexico
Cardinalis sinuatus peninsulae
**Mexiko-Schmalschnabelkardinal**
Ridgway, 1887
Baja California (nw Mexico)



Caryothraustes poliogaster
**Graubauchkardinal**
*Black-faced Grosbeak - Picogrueso carinegro*
Du Bus de Gisignies, 1847
*se Mexico, Belize, n Guatemala und n Honduras*

Caryothraustes poliogaster scapularis
**Honduras-Graubauchkardinal**
Ridgway, 1888
e Honduras bis w Panama

Caryothraustes canadensis
**Gelbbauchkardinal**
*Yellow-green Grosbeak - Picogrueso verdiamarillo*
Linnaeus, 1766
*se Kolumbien, s Venezuela, Guianas und n Brasilien*

Caryothraustes canadensis simulans
**Panama-Gelbbauchkardinal**
Nelson, 1912
e Panama
Caryothraustes canadensis frontalis
**Hellmayrs Gelbbauchkardinal**
Hellmayr, 1905
ne Brasilien
Caryothraustes canadensis brasiliensis
**Brasilien-Gelbbauchkardinal**
Cabanis, 1851
Brasilien



Periporphyrus celaeno
**Halsbandkardinal**
*Crimson-collared Grosbeak - Picogrueso acollarado*
Deppe, 1830
*ne Mexico*

Periporphyrus erythromelas
**Schwarzkopfkardinal**
*Red-and-black Grosbeak - Picogrueso rojinegro*
Gmelin, JF, 1789
*n Amazonasgebiet*



Amaurospiza concolor
**Indigokardinal**
*Cabanis's Seedeater - Semillero Azul*
Cabanis, 1861
*s Mexico, Belize, Honduras bis Panama*

Amaurospiza concolor relicta
**Mexiko-Indigokardinal**
Griscom, 1934
sw Mexico

Amaurospiza aequatorialis
**Andenkardinal**
*Ecuadorian Seedeater - Semillero del Ecuador*
Sharpe, 1888
*sw Kolumbien bis n Peru*

Amaurospiza moesta
**Dunkelkardinal**
*Blackish-blue Seedeater - Semillero negruzco*
Hartlaub, 1853
*e Paraguay, ne Argentinien und s Brasilien*

Amaurospiza carrizalensis
**Carrizalkardinal**
*Carrizal Seedeater - Semillero de Carrizal*
Lentino & Restall, 2003
*se Venezuela*



Spiza americana
**Rotschulterkardinal**
*Dickcissel - Arrocero*
Gmelin, JF, 1789
*c USA bis Venezuela und Kolumbien*



Cyanoloxia glaucocaerulea
**Türkiskardinal**
*Glaucous-blue Grosbeak - Picogrueso índigo*
d'Orbigny & Lafresnaye, 1837
*e Paraguay, ne Argentinien und s Brasilien*

Cyanoloxia cyanoides
**Stahlkardinal**
*Blue-black Grosbeak - Picogrueso negriazul*
Lafresnaye, 1847
*c Panama, n Kolumbien und nw Venezuela bis nw Peru*

Cyanoloxia cyanoides concreta
**Belize-Stahlkardinal**
Du Bus de Gisignies, 1855
se Mexico, Belize, Guatemala und Honduras
Cyanoloxia cyanoides caerulescens
**Panama-Stahlkardinal**
Todd, 1923
Nicaragua bis w Panama

Cyanoloxia rothschildii
**Azurstirnkardinal**
*Amazonian Grosbeak - Picogrueso amazónico*
Bartlett, E, 1890
*w Amazonasgebiet*

Cyanoloxia brissonii
**Ultramarinkardinal**
*Ultramarine Grosbeak - Picogrueso de Brisson*
Lichtenstein, MHC, 1823
*e Brasilien*

Cyanoloxia brissonii caucae
**Kolumbien-Ultramarinkardinal**
Chapman, 1912
sw Kolumbien
Cyanoloxia brissonii minor
**Kleiner Ultramarinkardinal**
Cabanis, 1861
n Venezuela
Cyanoloxia brissonii sterea
**Sterea-Ultramarinkardinal**
Oberholser, 1901
se, s Brasilien, e Paraguay, ne Argentinien und Uruguay
Cyanoloxia brissonii argentina
**Argentinien-Ultramarinkardinal**
Sharpe, 1888
Bolivien und sw Brasilien, w Paraguay und n Argentinien



Cyanocompsa parellina
**Lasurkardinal**
*Blue Bunting - Picogrueso azul*
Bonaparte, 1850
*e, se Mexico bis Nicaragua*

Cyanocompsa parellina beneplacita
**Bangs Lasurkardinal**
Bangs, 1915
ne Mexico
Cyanocompsa parellina indigotica
**Westlicher Lasurkardinal**
Ridgway, 1887
w, sw Mexico
Cyanocompsa parellina lucida
**Östlicher Lasurkardinal**
Sutton & Burleigh, 1939
ne bis e Mexico



Passerina caerulea
**Azurfink**
*Blue Grosbeak - Azulillo grande*
Linnaeus, 1758
*se, sc USA*

Passerina caerulea interfusa
**Nördlicher Azurfink**
Dwight & Griscom, 1927
wc USA und n Mexico
Passerina caerulea salicaria
**Grinnells Azurfink**
Grinnell, 1911
sw USA und nw Mexico
Passerina caerulea eurhyncha
**Südlicher Azurfink**
Coues, 1874
c, s Mexico
Passerina caerulea chiapensis
**Guatemala-Azurfink**
Nelson, 1898
s Mexico bis Guatemala
Passerina caerulea deltarhyncha
**Westlicher Azurfink**
Van Rossem, 1938
w Mexico
Passerina caerulea lazula
**Costa Rica-Azurfink**
Lesson, RP, 1842
s Guatemala bis nw Costa Rica

Passerina cyanea
**Indigofink**
*Indigo Bunting - Azulillo índigo*
Linnaeus, 1766
*sc, se Kanada bis sw, sc, se USA*

Passerina amoena
**Lazulifink**
*Lazuli Bunting - Azulillo lapislázuli*
Say, 1822
*sw, sc Kanada über w USA bis extremer nw Mexico*

Passerina versicolor
**Vielfarbenfink**
*Varied Bunting - Azulillo morado*
Bonaparte, 1838
*sc USA bis sw Mexico*

Passerina versicolor dickeyae
**Rossems Vielfarbenfink**
Van Rossem, 1934
sw USA und nw Mexico
Passerina versicolor pulchra
**Ridgways Vielfarbenfink**
Ridgway, 1887
s Baja California (nw Mexico)
Passerina versicolor purpurascens
**Griscoms Vielfarbenfink**
Griscom, 1930
s Mexico und Guatemala

Passerina ciris
**Papstfink**
*Painted Bunting - Azulillo sietecolores*
Linnaeus, 1758
*se USA*

Passerina ciris pallidior
**Südlicher Papstfink**
Mearns, 1911
sc USA und n Mexico

Passerina rositae
**Rosenbauchfink**
*Rose-bellied Bunting - Azulillo ventrirrosado*
Lawrence, 1874
*s Mexico*

Passerina leclancherii
**Orangeblaufink**
*Orange-breasted Bunting - Azulillo pechinaranja*
Lafresnaye, 1840
*Küste c Guerrero (sw Mexico)*

Passerina leclancherii grandior
**Colima-Orangeblaufink**
Griscom, 1934
Colima bis Chiapa (w, sw Mexico)





Catamblyrhynchus diadema
**Plüschkopftangare**
*Plushcap - Tangara peluda*
Lafresnaye, 1842
*n Kolumbien und nw Venezuela bis s Ecuador*

Catamblyrhynchus diadema federalis
**Venezuela-Plüschkopftangare**
Phelps, WH & Phelps, WH Jr, 1953
n Venezuela
Catamblyrhynchus diadema citrinifrons
**Bolivien-Plüschkopftangare**
Berlepsch & Stolzmann, 1896
Peru, Bolivien und nw Argentinien



Charitospiza eucosma
**Meisentangare**
*Coal-crested Finch - Monterita crestada*
Oberholser, 1905
*c, e Brasilien, ne Bolivien und n Argentinien*



Orchesticus abeillei
**Fuchstangare**
*Brown Tanager - Tangara parda*
Lesson, RP, 1839
*se Brasilien*



Parkerthraustes humeralis
**Gelbschultertangare**
*Yellow-shouldered Grosbeak - Picogrueso humeral*
Lawrence, 1867
*s Kolumbien und e Ecuador bis c Bolivien, e über e Amazonasgebiet Brasilien*

Gattung: Nemosia

Nemosia pileata
**Schwarzkappentangare**
*Hooded Tanager - Tangara encapuchada*
Boddaert, 1783
*Französisch-Guayana über c Brasilien bis n Bolivien*

Nemosia pileata hypoleuca
**Kolumbien-Schwarzkappentangare**
Todd, 1916
n Kolumbien und n Venezuela
Nemosia pileata surinamensis
**Guyana-Schwarzkappentangare**
Zimmer, JT, 1947
Guyana und Suriname
Nemosia pileata interna
**Zimmers Schwarzkappentangare**
Zimmer, JT, 1947
nc Brasilien
Nemosia pileata nana
**Kleine Schwarzkappentangare**
Berlepsch, 1912
ne Peru und w Brasilien
Nemosia pileata caerulea
**Südliche Schwarzkappentangare**
Wied-Neuwied, M, 1831
e, s Brasilien, se Peru bis e Bolivien, Paraguay und n Argentinien

Nemosia rourei
**Rubinkehltangare**
*Cherry-throated Tanager - Tangara golirroja*
Cabanis, 1870
*se Brasilien*

Gattung: Cyanicterus

Cyanicterus cyanicterus
**Ziertangare**
*Blue-backed Tanager - Tangara dorsiazul*
Vieillot, 1819
*n Amazonasgebiet*

Gattung: Sericossypha

Sericossypha albocristata
**Weißkappentangare**
*White-capped Tanager - Tangara coroniblanca*
Lafresnaye, 1843
*Venezuela bis Peru*

Gattung: Compsothraupis

Compsothraupis loricata
**Rotbrusttangare**
*Scarlet-throated Tanager - Tangara gorjirroja*
Lichtenstein, MHC, 1819
*e Brasilien*

Gattung: Coryphaspiza

Coryphaspiza melanotis
**Schwarzkopftangare**
*Black-masked Finch - Cachilo enmascarado*
Temminck, 1822
*se Peru und e Bolivien bis e, se Brasilien, Paraguay und ne Argentinien*

Coryphaspiza melanotis marajoara
**Marajotangare**
Sick, 1967
Marajó Insel (vor ne Brasilien)

Gattung: Embernagra

Embernagra platensis
**Pampagrastangare**
*Pampa Finch - Coludo verdón*
Gmelin, JF, 1789
*n Bolivien, c, e Paraguay, se Brasilien, Uruguay und e Argentinien*

Embernagra platensis olivascens
**Paraguay-Pampagrastangare**
d'Orbigny, 1839
se Bolivien, w Paraguay und n Argentinien

Embernagra platensis catamarcana
**Catamarca-Pampagrastangare**
Nores, 1986
Catamarca (nw Argentinien)
Embernagra platensis gossei
**Gosses Pampagrastangare**
Chubb, C, 1918
wc Argentinien

Embernagra longicauda
**Langschwanz-Grastangare**
*Serra Finch - Coludo gorjipálido*
Strickland, 1844
*e Brasilien*

Gattung: Emberizoides

Emberizoides ypiranganus
**Olivmantel-Grastangare**
*Lesser Grass Finch - Coludo chico*
Ihering, HFA & Ihering, R, 1907
*e Paraguay, ne Argentinien und s, se Brasilien*

Emberizoides herbicola
**Keilschwanz-Grastangare**
*Wedge-tailed Grass Finch - Coludo colicuña*
Vieillot, 1817
*e Bolivien bis e Brasilien, Paraguay, n Argentinien und Uruguay*

Emberizoides herbicola lucaris
**Costa Rica-Keilschwanz-Grastangare**
Bangs, 1908
sw Costa Rica
Emberizoides herbicola hypochondriacus
**Panama-Keilschwanz-Grastangare**
Hellmayr, 1906
w, c Panama
Emberizoides herbicola apurensis
**Kolumbien-Keilschwanz-Grastangare**
Gilliard, 1940
e Kolumbien und w Venezuela
Emberizoides herbicola sphenurus
**Venezuela-Keilschwanz-Grastangare**
Vieillot, 1818
w, n Kolumbien bis Venezuela, Guianas und n Brasilien; se Ecuador und n Peru

Emberizoides duidae
**Duidagrastangare**
*Duida Grass Finch - Coludo del Duida*
Chapman, 1929
*Tepuis s Venezuela*

Gattung: Incaspiza

Incaspiza pulchra
**Inkakaktustangare**
*Great Inca Finch - Incaspiza alirrufo*
Sclater, PL, 1886
*Peru*

Incaspiza personata
**Rotmantel-Kaktustangare**
*Rufous-backed Inca Finch - Incaspiza dorsirrufo*
Salvin, 1895
*Peru*

Incaspiza ortizi
**Streifenrücken-Kaktustangare**
*Grey-winged Inca Finch - Incaspiza aligrís*
Zimmer, JT, 1952
*Peru*

Incaspiza laeta
**Schwarzstirn-Kaktustangare**
*Buff-bridled Inca Finch - Incaspiza bigotudo*
Salvin, 1895
*Peru*

Incaspiza watkinsi
**Rotschulter-Kaktustangare**
*Little Inca Finch - Incaspiza chico*
Chapman, 1925
*Peru*

Rhopospina fruticeti
**Strauchammertangare**
*Mourning Sierra Finch - Yal pechinegro*
Kittlitz, 1833
*n bis s Chile und w Argentinien*

Rhopospina fruticeti peruviana
**Peru-Strauchammertangare**
Zimmer, JT, 1924
Peru und w Bolivien
Rhopospina fruticeti coracina
**Bolivien-Strauchammertangare**
Sclater, PL, 1891
sw Bolivien und ne Chile

Rhopospina caerulescens
**Kobaltammertangare**
*Blue Finch - Yal azul*
Wied-Neuwied, M, 1830
*ne Bolivien bis e Brasilien*

Rhopospina alaudina
**Lerchenammertangare**
*Band-tailed Sierra Finch - Yal platero*
Kittlitz, 1833
*c Chile*

Rhopospina alaudina bipartita
**Ekuador-Lerchenammertangare**
Zimmer, JT, 1924
c Ecuador, w Peru und n Chile
Rhopospina alaudina humboldti
**Humboldts Lerchenammertangare**
Koepcke, 1963
sw Ecuador und nw Peru
Rhopospina alaudina bracki
**Bracks Lerchenammertangare**
O'Neill & Parker, TA, 1997
c Peru
Rhopospina alaudina excelsa
**Bolivien-Lerchenammertangare**
Berlepsch, 1907
s Peru und w Bolivien
Rhopospina alaudina venturii
**Venturis Lerchenammertangare**
Hartert, EJO, 1909
nw Argentinien

Rhopospina carbonaria
**Karbonammertangare**
*Carbonated Sierra Finch - Yal carbonero*
d'Orbigny & Lafresnaye, 1837
*Argentinien*



Chlorophanes spiza
**Kappennaschvogel**
*Green Honeycreeper - Mielerito verde*
Linnaeus, 1758
*Trinidad, e Kolumbien, Venezuela (außer w), Guianas und n Brasilien*

Chlorophanes spiza guatemalensis
**Guatemala-Kappennaschvogel**
Sclater, PL, 1861
s Mexico bis Honduras
Chlorophanes spiza argutus
**Honduras-Kappennaschvogel**
Bangs & Barbour, 1922
e Honduras bis nw Kolumbien
Chlorophanes spiza exsul
**Kolumbien-Kappennaschvogel**
Berlepsch & Taczanowski, 1884
sw Kolumbien und w Ecuador
Chlorophanes spiza subtropicalis
**Venezuela-Kappennaschvogel**
Todd, 1924
n, c Kolumbien und w Venezuela
Chlorophanes spiza caerulescens
**Peru-Kappennaschvogel**
Cassin, 1865
sc Kolumbien über e Ecuador und e Peru bis c Bolivien und w Brasilien
Chlorophanes spiza axillaris
**Brasilien-Kappennaschvogel**
Zimmer, JT, 1929
e, se Brasilien



Iridophanes pulcherrimus
**Halsband-Naschvogel**
*Golden-collared Honeycreeper - Mielerito collarejo*
Sclater, PL, 1853
*c Kolumbien über e Ecuador bis sc Peru*

Iridophanes pulcherrimus aureinucha
**Ridgways Halsband-Naschvogel**
Ridgway, 1879
w Kolumbien bis nw Ecuador



Chrysothlypis salmoni
**Seidenflankentangare**
*Scarlet-and-white Tanager - Tangara rojiblanca*
Sclater, PL, 1886
*w Kolumbien und nw Ecuador*

Chrysothlypis chrysomelas
**Zitronentangare**
*Black-and-yellow Tanager - Tangara negriamarilla*
Sclater, PL & Salvin, 1869
*wc Panama*

Chrysothlypis chrysomelas titanota
**Costa Rica-Zitronentangare**
Olson, 1981
Costa Rica und extremer w Panama
Chrysothlypis chrysomelas ocularis
**Panama-Zitronentangare**
Nelson, 1912
e Panama und extremer nw Kolumbien



Heterospingus rubrifrons
**Schwefelbürzeltangare**
*Sulphur-rumped Tanager - Tangara lomiazufrada*
Lawrence, 1865
*Costa Rica und Panama*

Heterospingus xanthopygius
**Rotbrauentangare**
*Scarlet-browed Tanager - Tangara cejirroja*
Sclater, PL, 1855
*e Panama und n Kolumbien*

Heterospingus xanthopygius berliozi
**Wetmores Rotbrauentangare**
Wetmore, 1966
w Kolumbien bis nw Ecuador



Hemithraupis flavicollis
**Gelbbürzeltangare**
*Yellow-backed Tanager - Tangara gorjigualda*
Vieillot, 1818
*Surinam, Französisch-Guayana und ne Brasilien*

Hemithraupis flavicollis ornata
**Panama-Gelbbürzeltangare**
Nelson, 1912
e Panama und nw Kolumbien
Hemithraupis flavicollis albigularis
**Kolumbien-Gelbbürzeltangare**
Sclater, PL, 1855
nc Kolumbien
Hemithraupis flavicollis peruana
**Peru-Gelbbürzeltangare**
Bonaparte, 1851
sc Kolumbien über e Ecuador bis nc Peru
Hemithraupis flavicollis sororia
**Zimmers Gelbbürzeltangare**
Zimmer, JT, 1947
nc, e Peru
Hemithraupis flavicollis centralis
**Bolivien-Gelbbürzeltangare**
Hellmayr, 1907
se Peru bis c Bolivien und sc Brasilien
Hemithraupis flavicollis aurigularis
**Venezuela-Gelbbürzeltangare**
Cherrie, 1916
se Kolumbien, s Venezuela und nw Brasilien
Hemithraupis flavicollis hellmayri
**Guyana-Gelbbürzeltangare**
Berlepsch, 1912
se Venezuela und wc Guyana

Hemithraupis flavicollis obidensis
**Brasilien-Gelbbürzeltangare**
Parkes & Humphrey, 1963
n Brasilien
Hemithraupis flavicollis melanoxantha
**Lichtensteins Gelbbürzeltangare**
Lichtenstein, MHC, 1823
e Brasilien
Hemithraupis flavicollis insignis
**Sclaters Gelbbürzeltangare**
Sclater, PL, 1856
se Brasilien

Hemithraupis guira
## Guiratangare
*Guira Tanager - Tangara guirá*
Linnaeus, 1766
*e Brasilien*

Hemithraupis guira nigrigula
**Guyanas-Guiratangare**
Boddaert, 1783
nc Kolumbien, Venezuela (außer se), Guianas (außer wc Guyana) und ne Brasilien
Hemithraupis guira roraimae
**Roraima-Guiratangare**
Hellmayr, 1910
se Venezuela und wc Guyana
Hemithraupis guira guirina
**Kolumbien-Guiratangare**
Sclater, PL, 1856
w, c Kolumbien bis nw Peru
Hemithraupis guira huambina
**Peru-Guiratangare**
Stolzmann, 1926
se Kolumbien, e Ecuador, ne Peru und w Brasilien
Hemithraupis guira boliviana
**Bolivien-Guiratangare**
Zimmer, JT, 1947
e Bolivien und nw Argentinien
Hemithraupis guira amazonica
**Amazonas-Guiratangare**
Zimmer, JT, 1947
c Brasilien
Hemithraupis guira fosteri
**Fosters Guiratangare**
Sharpe, 1905
se Brasilien, Paraguay und ne Argentinien

Hemithraupis ruficapilla
## Rostkappentangare
*Rufous-headed Tanager - Tangara cabecirrufa*
Vieillot, 1818
*se Brasilien*

Hemithraupis ruficapilla bahiae
**Bahia-Rostkappentangare**
Zimmer, JT, 1947
e Brasilien

## Gattung: Tersina

Tersina viridis
## Schwalbentangare
*Swallow Tanager - Tangara golondrina*
Illiger, 1811
*e, s Brasilien, se Bolivien, Paraguay und ne Argentinien*

Tersina viridis grisescens
**Kolumbien-Schwalbentangare**
Griscom, 1929
n Kolumbien
Tersina viridis occidentalis
**Sclaters Schwalbentangare**
Sclater, PL, 1855
e Panama und Kolumbien (außer n) e bis Guianas und n Brasilien und s bis Bolivien
(außer se) und nw Argentinien

## Gattung: Cyanerpes

Cyanerpes caeruleus
## Kobaltnaschvogel
*Purple Honeycreeper - Mielerito cerúleo*
Linnaeus, 1758
*c Kolumbien und Venezuela über Guianas und nc Brasilien*

Cyanerpes caeruleus chocoanus
**Panama-Kobaltnaschvogel**
Hellmayr, 1920
e Panama bis w Ecuador
Cyanerpes caeruleus hellmayri
**Potaro-Kobaltnaschvogel**
Gyldenstolpe, 1945
Potaro Highlands (Guyana)
Cyanerpes caeruleus longirostris
**Trinidad-Kobaltnaschvogel**
Cabanis, 1851
Trinidad

Cyanerpes caeruleus microrhynchus
**Amazonas-Kobaltnaschvogel**
Berlepsch, 1884
w, c Amazonasgebiet

Cyanerpes cyaneus
## Türkisnaschvogel
*Red-legged Honeycreeper - Mielerito patirrojo*
Linnaeus, 1766
*Trinidad, e Venezuela, Guianas und n Brasilien*

Cyanerpes cyaneus carneipes
**Mexiko-Türkisnaschvogel**
Sclater, PL, 1860
e Mexico bis Panama
Cyanerpes cyaneus pacificus
**Pazifik-Türkisnaschvogel**
Chapman, 1915
w Kolumbien und nw Ecuador
Cyanerpes cyaneus gigas
**Gorgona-Türkisnaschvogel**
Thayer & Bangs, 1905
Gorgona Insel (vor w Kolumbien)
Cyanerpes cyaneus gemmeus
**Kolumbien-Türkisnaschvogel**
Wetmore, 1941
extremer n Kolumbien
Cyanerpes cyaneus eximius
**Venezuela-Türkisnaschvogel**
Cabanis, 1851
n, nc Kolumbien bis n Venezuela
Cyanerpes cyaneus tobagensis
**Tobago-Türkisnaschvogel**
Hellmayr & Seilern, 1914
Tobago
Cyanerpes cyaneus dispar
**Peru-Türkisnaschvogel**
Zimmer, JT, 1942
se Kolumbien und sw Venezuela bis ne Peru
Cyanerpes cyaneus violaceus
**Bolivien-Türkisnaschvogel**
Zimmer, JT, 1942
se Peru und w Brasilien bis c Bolivien
Cyanerpes cyaneus brevipes
**Brasilien-Türkisnaschvogel**
Cabanis, 1851
c Brasilien
Cyanerpes cyaneus holti
**Holts Türkisnaschvogel**
Parkes, 1977
e Brasilien

Cyanerpes nitidus
## Kurzschnabel-Naschvogel
*Short billed Honeycreeper - Mielerito piquicorto*
Hartlaub, 1847
*Amazonasgebiet*

Cyanerpes lucidus
## Azurnaschvogel
*Shining Honeycreeper - Mielerito reluciente*
Sclater, PL & Salvin, 1859
*s Mexico bis ne Nicaragua*

Cyanerpes lucidus isthmicus
**Costa Rica-Azurnaschvogel**
Bangs, 1907
Costa Rica bis nw Kolumbien

## Gattung: Dacnis

Dacnis berlepschi
## Rotbrustpitpit
*Scarlet-breasted Dacnis - Dacnis pechirrojo*
Hartert, EJO, 1900
*sw Kolumbien und nw Ecuador*

Dacnis venusta
## Rotschenkelpitpit
*Scarlet-thighed Dacnis - Dacnis muslirrojo*
Lawrence, 1862
*Costa Rica bis c Panama*

Dacnis venusta fuliginata
**Bangs Rotschenkelpitpit**
Bangs, 1908
e Panama bis nw Ecuador

Dacnis cayana
## Blaukopfpitpit
*Blue Dacnis - Dacnis azul*
Linnaeus, 1766
*e Kolumbien bis Französisch-Guayana, Trinidad und n, c Brasilien*

Dacnis cayana callaina
**Costa Rica-Blaukopfpitpit**
Bangs, 1905
w Costa Rica bis sw Panama
Dacnis cayana ultramarina
**Honduras-Blaukopfpitpit**
Lawrence, 1864
Honduras bis nw Kolumbien
Dacnis cayana napaea
**Kolumbien-Blaukopfpitpit**
Bangs, 1898
n, nc Kolumbien
Dacnis cayana baudoana
**Ekuador-Blaukopfpitpit**
Meyer de Schauensee, 1946
sw Kolumbien und w Ecuador
Dacnis cayana caerebicolor
**Sclaters Blaukopfpitpit**
Sclater, PL, 1851
c Kolumbien
Dacnis cayana glaucogularis
**Bolivien-Blaukopfpitpit**
Berlepsch & Stolzmann, 1896
s Kolumbien über e Ecuador und e Peru bis n, e Bolivien
Dacnis cayana paraguayensis
**Paraguay-Blaukopfpitpit**
Chubb, C, 1910
e, s Brasilien, e Paraguay und ne Argentinien

Dacnis flaviventer
## Gelbbauchpitpit
*Yellow-bellied Dacnis - Dacnis ventriamarillo*
d'Orbigny & Lafresnaye, 1837
*w, c Amazonasgebiet*

Dacnis hartlaubi
## Türkispitpit
*Turquoise Dacnis - Dacnis turquesa*
Sclater, PL, 1855
*Kolumbien*

Dacnis lineata
## Maskenpitpit
*Black-faced Dacnis - Dacnis carinegro*
Gmelin, JF, 1789
*n, w Amazonasgebiet*

Dacnis egregia
## Gelbsteißpitpit
*Yellow-tufted Dacnis - Dacnis egregio*
Sclater, PL, 1855
nc Kolumbien

Dacnis egregia aequatorialis
**Ekuador-Gelbsteißpitpit**
Berlepsch & Taczanowski, 1884
sw Kolumbien und w Ecuador

Dacnis viguieri
## Grünflügelpitpit
*Viridian Dacnis - Dacnis verdoso*
Oustalet, 1883
*Panama und Kolumbien*

Dacnis nigripes
## Blauflügelpitpit
*Black-legged Dacnis - Dacnis patinegro*
Pelzeln, 1856
*se Brasilien*

Dacnis albiventris
## Weißbauchpitpit
*White-bellied Dacnis - Dacnis ventriblanco*
Sclater, PL, 1852
w, c Amazonasgebiet



Saltatricula multicolor
## Chacosaltator
*Many-colored Chaco Finch - Pepitero chico*
Burmeister, 1860
*e Bolivien und w Paraguay bis c Argentinien und w Uruguay*

Saltatricula atricollis
## Schwarzhalssaltator
*Black-throated Saltator - Pepitero gorjinegro*
Vieillot, 1817
*e Bolivien und e Paraguay bis e Brasilien*



Saltator orenocensis
## Zimtflankensaltator
*Orinoco Saltator - Pepitero del Orinoco*
Lafresnaye, 1846
*ne Kolumbien bis ne Venezuela*

Saltator orenocensis rufescens
**Todds Zimtflankensaltator**
Todd, 1912
n Kolumbien und nw Venezuela

Saltator similis
## Grünschwingensaltator
*Green-winged Saltator - Pepitero verdoso*
d'Orbigny & Lafresnaye, 1837
*e Bolivien und c Brasilien bis Paraguay, ne Argentinien und Uruguay*

Saltator similis ochraceiventris
**Südlicher Grünschwingensaltator**
Berlepsch, 1912
se Brasilien

Saltator grandis
## Zimtbauchsaltator
*Cinnamon-bellied Saltator - Pepitero grisáceo norteño*
Deppe, 1830
*e Mexico bis w Panama*

Saltator grandis vigorsii
**Grays Zimtbauchsaltator**
Gray, GR, 1844
nw bis w Mexico
Saltator grandis plumbiceps
**Bairds Zimtbauchsaltator**
Baird, SF, 1867
w bis sw Mexico
Saltator grandis yucatanensis
**Yucatan-Zimtbauchsaltator**
Berlepsch, 1912
Yucatán Halbinsel (se Mexico)
Saltator grandis hesperis
**Griscoms Zimtbauchsaltator**
Griscom, 1930
sw Mexico bis w Nicaragua
Saltator grandis brevicaudus
**Costa Rica-Zimtbauchsaltator**
Van Rossem, 1931
wc Costa Rica

Saltator olivascens
## Karibiksaltator
*Olive-grey Saltator - Pepitero grisáceo del Caribe*
Cabanis, 1849
*se Venezuela, Guianas und n Brasilien*

Saltator olivascens plumbeus
**Kolumbien-Karibiksaltator**
Bonaparte, 1853
n Kolumbien
Saltator olivascens brewsteri
**Trinidad-Karibiksaltator**
Bangs & Penard, TE, 1918
ne Kolumbien, Venezuela (außer se) und Trinidad

Saltator coerulescens
## Grausaltator
*Bluish-grey Saltator - Pepitero grisáceo del Amazonas*
Vieillot, 1817
*e Bolivien, sw Brasilien, Paraguay, n Argentinien und Uruguay*

Saltator coerulescens azarae
**Azara-Grausaltator**
d'Orbigny, 1839
w Amazonasgebiet
Saltator coerulescens mutus
**Brasilien-Grausaltator**
Sclater, PL, 1856
n, nc Brasilien
Saltator coerulescens superciliaris
**Spix-Grausaltator**
Spix, 1825
e Brasilien

Saltator striatipectus
## Strichelsaltator
*Streaked Saltator - Pepitero listado*
Lafresnaye, 1847
*e Panama, w Kolumbien und n Ecuador*

Saltator striatipectus furax
**Costa Rica-Strichelsaltator**
Bangs & Penard, TE, 1919
sw Costa Rica und w Panama

Saltator striatipectus isthmicus
**Panama-Strichelsaltator**
Sclater, PL, 1861
c Panama
Saltator striatipectus scotinus
**Coiba-Strichelsaltator**
Wetmore, 1957
Coiba und Coibita Is. (vor sw Panama)
Saltator striatipectus melicus
**Taboga-Strichelsaltator**
Wetmore, 1952
Taboga Insel (s von c Panama)
Saltator striatipectus speratus
**Pearl-Strichelsaltator**
Bangs & Penard, TE, 1919
Pearl Is. (s von Panama)
Saltator striatipectus perstriatus
**Trinidad-Strichelsaltator**
Parkes, 1959
ne Kolumbien, n Venezuela und Trinidad
Saltator striatipectus flavidicollis
**Ekuador-Strichelsaltator**
Sclater, PL, 1860
w Ecuador und nw Peru
Saltator striatipectus immaculatus
**Peru-Strichelsaltator**
Berlepsch & Stolzmann, 1892
w Peru
Saltator striatipectus peruvianus
**Corys Strichelsaltator**
Cory, 1916
se Ecuador und ne Peru

Saltator albicollis
## Antillensaltator
*Lesser Antillean Saltator - Pepitero antillano*
Vieillot, 1817
*Martinique und St. Lucia*

Saltator albicollis guadelupensis
**Guadaloupesaltator**
Lafresnaye, 1844
Guadeloupe und Dominica (Kleine Antillen)

Saltator maximus
## Buntkehlsaltator
*Buff-throated Saltator - Pepitero gorjicanelo*
Müller, PLS, 1776
*Kolumbien, w Ecuador, Venezuela und Guianas, w Amazonasgebiet und e Brasilien*

Saltator maximus gigantodes
**Östlicher Buntkehlsaltator**
Cabanis, 1851
e Mexico
Saltator maximus magnoides
**Südlicher Buntkehlsaltator**
Lafresnaye, 1844
s Mexico und Belize bis nw Panama
Saltator maximus intermedius
**Costa Rica-Buntkehlsaltator**
Lawrence, 1864
sw Costa Rica bis c Panama
Saltator maximus iungens
**Panama-Buntkehlsaltator**
Griscom, 1929
e Panama und nw Kolumbien

Saltator atripennis
## Schwarzschwingensaltator
*Black-winged Saltator - Pepitero alinegro*
Sclater, PL, 1857
*w, c Kolumbien und w Ecuador*

Saltator atriceps
## Schwarzscheitelsaltator
*Black-headed Saltator - Pepitero cabecinegro*
Lesson, RP, 1832
*e Mexico (außer se Veracruz und n, c Yucatán Halbinsel) bis e Costa Rica*

Saltator atriceps suffuscus
**Veracruz-Schwarzscheitelsaltator**
Wetmore, 1942
se Veracruz (e Mexico)
Saltator atriceps flavicrissus
**Guerrero-Schwarzscheitelsaltator**
Griscom, 1937
Guerrero bis c Oaxaca (sw Mexico)
Saltator atriceps peeti
**Oaxaca-Schwarzscheitelsaltator**
Brodkorb, 1940
e Oaxaca und Chiapa (sw Mexico)
Saltator atriceps raptor
**Yucatan-Schwarzscheitelsaltator**
Cabot, S, 1845
Yucatán Halbinsel (se Mexico)
Saltator atriceps lacertosus
**Costa Rica-Schwarzscheitelsaltator**
Bangs, 1900
e Costa Rica und Panama

Saltator nigriceps
## Schwarzkopfsaltator
*Black-cowled Saltator - Pepitero capuchinegro*
Chapman, 1914
s Ecuador und n Peru

Saltator fuliginosus
## Papageischnabelsaltator
*Black-throated Grosbeak - Pepitero fuliginoso*
Daudin, 1800
e Paraguay, ne Argentinien und s, se Brasilien

Saltator grossus
## Rotschnabelsaltator
*Slate-colored Grosbeak - Pepitero pizarroso*
Linnaeus, 1766
*Amazonasgebiet*

Saltator grossus saturatus
**Todds Rotschnabelsaltator**
Todd, 1922
e Honduras bis sw Ecuador

Saltator cinctus
## Maskensaltator
*Masked Saltator - Pepitero enmascarado*
Zimmer, JT, 1943
wc Kolumbien bis nc Peru

Saltator maxillosus
## Dickschnabelsaltator
*Thick-billed Saltator - Pepitero picudo*
Cabanis, 1851
ne Argentinien und s, se Brasilien

Saltator aurantiirostris
## Goldschnabelsaltator
*Golden-billed Saltator - Pepitero piquigualdo*
Vieillot, 1817
s Bolivien, n Argentinien, Paraguay und s Brasilien

Saltator aurantiirostris iteratus
**Peru-Goldschnabelsaltator**
Chapman, 1927
n Peru
Saltator aurantiirostris albociliaris
**Chile-Goldschnabelsaltator**
Philippi & Landbeck, 1861
c Peru bis n Chile
Saltator aurantiirostris hellmayri
**Hellmayrs Goldschnabelsaltator**
Bond, J & Meyer de Schauensee, 1939
w, c, sc Bolivien
Saltator aurantiirostris parkesi
**Parkes Goldschnabelsaltator**
Cardoso da Silva, 1990
se Brasilien, Uruguay und e Argentinien
Saltator aurantiirostris nasica
**Argentinien-Goldschnabelsaltator**
Wetmore & Peters, JL, 1922
wc Argentinien

Gattung: Coereba

Coereba flaveola
## Zuckervogel
*Bananaquit - Platanero*
Linnaeus, 1758
*Jamaika*

Coereba flaveola bahamensis
**Bahamas-Zuckervogel**
Reichenbach, 1853
Bahamas
Coereba flaveola caboti
**Cabot-Zuckervogel**
Baird, SF, 1873
e Yucatán Halbinsel (se Mexico) und nahegelegene Inseln
Coereba flaveola sharpei
**Sharps Zuckervogel**
Cory, 1886
Cayman Is.
Coereba flaveola bananivora
**Hispaniola-Zuckervogel**
Gmelin, JF, 1789
Hispaniola und nahegelegene Inseln
Coereba flaveola nectarea
**Tortue-Zuckervogel**
Wetmore, 1929
Tortue Insel (vor nw Haiti)
Coereba flaveola portoricensis
**Puerto Rico-Zuckervogel**
Bryant, H, 1866
Puerto Rico

Coereba flaveola sanctithomae
**Virgin-Zuckervogel**
Sundevall, 1869
I. de Vieques und Insel Culebra (e von Puerto Rico) und n Virgin Is.
Coereba flaveola newtoni
**Newtons Zuckervogel**
Baird, SF, 1873
St. Croix (s Virgin Is.)
Coereba flaveola bartholemica
**Antillen-Zuckervogel**
Sparrman, 1788
n, c Kleine Antillen
Coereba flaveola martinicana
**Martinique-Zuckervogel**
Reichenbach, 1853
Martinique und St. Lucia (sc Kleine Antillen)
Coereba flaveola barbadensis
**Barbados-Zuckervogel**
Baird, SF, 1873
Barbados
Coereba flaveola atrata
**Vincent-Zuckervogel**
Lawrence, 1878
St. Vincent (s Kleine Antillen)
Coereba flaveola aterrima
**Grenada-Zuckervogel**
Lesson, RP, 1830
Grenada und Grenadines (s Kleine Antillen)
Coereba flaveola uropygialis
**Aruba-Zuckervogel**
Berlepsch, 1892
Aruba und Curaçao (Niederländische Antillen)
Coereba flaveola tricolor
**Dreifarbzuckervogel**
Ridgway, 1884
Providencia Insel (vor e Nicaragua)
Coereba flaveola oblita
**San Andres-Zuckervogel**
Griscom, 1923
San Andrés Insel (vor e Nicaragua)
Coereba flaveola mexicana
**Mexiko-Zuckervogel**
Sclater, PL, 1857
se Mexico bis w Panama
Coereba flaveola cerinoclunis
**Pearl-Zuckervogel**
Bangs, 1901
Pearl Is. (s von Panama)
Coereba flaveola columbiana
**Kolumbien-Zuckervogel**
Cabanis, 1866
e Panama bis sw Kolumbien und s Venezuela
Coereba flaveola bonairensis
**Bonaire-Zuckervogel**
Voous, 1955
Bonaire Insel (Niederländische Antillen)
Coereba flaveola melanornis
**Cayo Sal-Zuckervogel**
Phelps, WH & Phelps, WH Jr, 1954
Cayo Sal Insel (vor n Venezuela)
Coereba flaveola lowii
**Lowis Zuckervogel**
Cory, 1909
Los Roques Is. (vor n Venezuela)
Coereba flaveola ferryi
**Ferry-Zuckervogel**
Cory, 1909
La Tortuga Insel (vor n Venezuela)
Coereba flaveola frailensis
**Frailes-Zuckervogel**
Phelps, WH & Phelps, WH Jr, 1946
Los Frailes und Los Hermanos Is. (vor n Venezuela)
Coereba flaveola laurae
**Lauras Zuckervogel**
Lowe, 1908
Los Testigos (vor n Venezuela)
Coereba flaveola luteola
**Trinidad-Zuckervogel**
Cabanis, 1851
Küste n Kolumbien und n Venezuela, Trinidad und Tobago
Coereba flaveola obscura
**Dunkler Zuckervogel**
Cory, 1913
ne Kolumbien und w Venezuela
Coereba flaveola minima
**Kleiner Zuckervogel**
Bonaparte, 1854
e Kolumbien und s Venezuela bis Französisch-Guayana und nc Brasilien
Coereba flaveola montana
**Anden-Zuckervogel**
Lowe, 1912
Anden von nw Venezuela
Coereba flaveola caucae
**Chapmans Zuckervogel**
Chapman, 1914
w Kolumbien
Coereba flaveola gorgonae
**Gorgona-Zuckervogel**
Thayer & Bangs, 1905
Gorgona Insel (vor w Kolumbien)

Coereba flaveola intermedia
**Salyadoris Zuckervogel**
Salvadori & Festa, 1899
sw Kolumbien, w Ecuador und n Peru e bis s Venezuela und w Brasilien
Coereba flaveola bolivari
**Bolivar-Zuckervogel**
Zimmer, JT & Phelps, WH, 1946
e Venezuela
Coereba flaveola guianensis
**Guyana-Zuckervogel**
Cabanis, 1851
se Venezuela bis Guyana
Coereba flaveola roraimae
**Roraima-Zuckervogel**
Chapman, 1929
Tepui Regions von se Venezuela, sw Guyana und n Brasilien
Coereba flaveola pacifica
**Pazifischer Zuckervogel**
Lowe, 1912
w Peru
Coereba flaveola magnirostris
**Peru-Zuckervogel**
Taczanowski, 1880
se Ecuador und n Peru
Coereba flaveola dispar
**Bolivien-Zuckervogel**
Zimmer, JT, 1942
nc Peru bis w Bolivien
Coereba flaveola chloropyga
**Cabanis-Zuckervogel**
Cabanis, 1851
ec Peru bis c Bolivien und e bis e Brasilien n Uruguay, ne Argentinien und Paraguay
Coereba flaveola alleni
**Allens Zuckervogel**
Lowe, 1912
e Bolivien bis c Brasilien

<h2>Gattung: Tiaris</h2>

Tiaris olivaceus
**Goldbrauen-Gimpeltangare**
*Yellow-faced Grassquit - Semillero tomeguín*
Linnaeus, 1766
*Kuba , Isle von Pines, Cayman Is., Jamaika und Hispaniola*

Tiaris olivaceus pusillus
**Mexiko-Goldbrauen-Gimpeltangare**
Swainson, 1827
e Mexico bis n Ecuador und Venezuela
Tiaris olivaceus intermedius
**Cozumel-Goldbrauen-Gimpeltangare**
Ridgway, 1885
Cozumel Insel (vor se Mexico)
Tiaris olivaceus ravidus
**Coiba-Goldbrauen-Gimpeltangare**
Wetmore, 1957
Coiba Insel (vor s Panama)
Tiaris olivaceus bryanti
**Bryants Goldbrauen-Gimpeltangare**
Ridgway, 1898
Puerto Rico und nahegelegene Inseln

<h2>Gattung: Euneornis</h2>

Euneornis campestris
**Braunlatz-Gimpeltangare**
*Orangequit - Semillero azulillo*
Linnaeus, 1758
*Jamaika*

<h2>Gattung: Melopyrrha</h2>

Melopyrrha portoricensis
**Rotkopf-Gimpeltangare**
*Puerto Rican Bullfinch - Semillero puertorriqueño*
Daudin, 1800
*Puerto Rico*

† Melopyrrha grandis
**Kittsgimpeltangare**
*St. Kitts Bullfinch - Semillero de San Cristóbal*
Lawrence, 1881
*St. Kitts (Kleine Antillen)*

Melopyrrha violacea
**Rotbrauen-Gimpeltangare**
*Greater Antillean Bullfinch - Semillero prieto*
Linnaeus, 1758
*n, c Bahamas*

Melopyrrha violacea ofella
**Caicos-Rotbrauen-Gimpeltangare**
Buden, 1986
c, e Caicos Is. (s Bahamas)
Melopyrrha violacea maurella
**Tortue-Rotbrauen-Gimpeltangare**
Wetmore, 1929
Tortue Insel (vor nw Hispaniola)
Melopyrrha violacea affinis
**Hispaniola-Rotbrauen-Gimpeltangare**
Ridgway, 1898
Hispaniola und Inseln bis s
Melopyrrha violacea ruficollis
**Jamaika-Rotbrauen-Gimpeltangare**
Gmelin, JF, 1789
Jamaika

Melopyrrha nigra
**Schwarzgimpeltangare**
*Cuban Bullfinch - Semillero negrito*
Linnaeus, 1758
*Kuba und Isle von Pines*

Melopyrrha taylori
**Taylors Gimpeltangare**
*Grand Cayman Bullfinch - Semillero de Gran Caimán*
Hartert, EJO, 1896
*Grand Cayman Insel*

## Gattung: Loxipasser

Loxipasser anoxanthus
**Goldbug-Gimpeltangare**
*Yellow-shouldered Grassquit - Semillero jamaicano*
Gosse, 1847
*Jamaika*

## Gattung: Phonipara

Phonipara canora
**Kubagimpeltangare**
*Cuban Grassquit - Semillero canoro*
Gmelin, JF, 1789
*Kuba*

## Gattung: Loxigilla

Loxigilla barbadensis
**Barbadosgimpeltangare**
*Barbados Bullfinch - Semillero de Barbados*
Cory, 1886
*Barbados*

Loxigilla noctis
**Rotkehl-Gimpeltangare**
*Lesser Antillean Bullfinch - Semillero gorjirrojo*
Linnaeus, 1766
*Martinique (sc Kleine Antillen)*

Loxigilla noctis coryi
**Corys Rotkehl-Gimpeltangare**
Ridgway, 1898
nw Kleine Antillen
Loxigilla noctis ridgwayi
**Ridgways Rotkehl-Gimpeltangare**
Cory, 1892
US Virgin Is. und n Kleine Antillen
Loxigilla noctis desiradensis
**Desirade-Rotkehl-Gimpeltangare**
Danforth, 1937
Desirade (nc Kleine Antillen)
Loxigilla noctis dominicana
**Antillen-Rotkehl-Gimpeltangare**
Ridgway, 1898
nc Kleine Antillen
Loxigilla noctis sclateri
**Sclaters Rotkehl-Gimpeltangare**
Allen, JA, 1880
St. Lucia (sc Kleine Antillen)
Loxigilla noctis crissalis
**Vincent-Rotkehl-Gimpeltangare**
Ridgway, 1898
St. Vincent (s Kleine Antillen)
Loxigilla noctis grenadensis
**Grenada-Rotkehl-Gimpeltangare**
Cory, 1892
Grenada (s Kleine Antillen)

## Gattung: Melanospiza

Melanospiza richardsoni
**Blassfuß-Gimpeltangare**
*St. Lucia Black Finch - Semillero de Santa Lucía*
Cory, 1886
*St. Lucia*

Melanospiza bicolor
**Jamaikagimpeltangare**
*Black-faced Grassquit - Semillero bicolor*
Linnaeus, 1766
*Bahamas und Inseln vor n Kuba*

Melanospiza bicolor marchii
**Hispaniola-Gimpeltangare**
Baird, SF, 1864
Jamaika und Hispaniola
Melanospiza bicolor omissa
**Puerto Rico-Gimpeltangare**
Jardine, 1847
Puerto Rico, Kleine Antillen, n Kolumbien und n Venezuela
Melanospiza bicolor huilae
**Millers Gimpeltangare**
Miller, AH, 1952
c Kolumbien
Melanospiza bicolor grandior
**Andres-Gimpeltangare**
Cory, 1887
San Andrés Archipel (e von Nicaragua)
Melanospiza bicolor johnstonei
**Los Hermanos-Gimpeltangare**
Lowe, 1906
La Blanquilla und Los Hermanos (vor n Venezuela)
Melanospiza bicolor sharpei
**ABC-Inselgiimpeltangare**
Hartert, EJO, 1893
Niederländische Antillen
Melanospiza bicolor tortugensis
**Tortuga-Gimpeltangare**
Cory, 1909
La Tortuga (vor n Venezuela)

## Gattung: Asemospiza

Asemospiza fuliginosa
**Schwarzbrust-Gimpeltangare**
*Sooty Grassquit - Semillero fuliginoso*
Wied-Neuwied, M, 1830
*Venezuela und Trinidad bis e Bolivien, ne, c Brasilien und ne Argentinien*

Asemospiza obscura
**Braungimpeltangare**
*Dull-colored Grassquit - Semillero oscuro*
d'Orbigny & Lafresnaye, 1837
*c Peru bis Bolivien und nw Argentinien*

Asemospiza obscura haplochroma
**Todds Braungimpeltangare**
Todd, 1912
n Kolumbien bis n Venezuela
Asemospiza obscura pauper
**Kolumbien-Braungimpeltangare**
Berlepsch & Taczanowski, 1884
sw Kolumbien bis n Peru
Asemospiza obscura pacifica
**Peru-Braungimpeltangare**
Koepcke, 1963
w Peru

## Gattung: Certhidea

Certhidea olivacea
**Waldsänger-Darwinfink**
*Green Warbler-Finch - Pinzón de Darwin oliváceo*
Gould, 1837
*Galápagos*

Certhidea fusca
**Laubsänger-Darwinfink**
*Grey Warbler-Finch - Pinzón de Darwin gris*
Sclater, PL & Salvin, 1870
*n Galápagos*

Certhidea fusca becki
**Becks Laubsänger-Darwinfink**
Rothschild, 1898
nw Galápago
Certhidea fusca mentalis
**Genovesa-Laubsänger-Darwinfink**
Ridgway, 1894
Genovesa (ne Galápagos)

Certhidea fusca luteola
**Cristobal-Laubsänger-Darwinfink**
Ridgway, 1894
San Cristóbal (se Galápagos)
Certhidea fusca bifasciata
**Santa Fe-Laubsänger-Darwinfink**
Ridgway, 1894
Santa Fe (c Galápagos)
Certhidea fusca cinerascens
**Espanola-Laubsänger-Darwinfink**
Ridgway, 1890
Española (se Galápagos)
Certhidea fusca ridgwayi
**Ridgways Laubsänger-Darwinfink**
Rothschild & Hartert, EJO, 1899
Floreana (s Galápagos)



Platyspiza crassirostris
**Dickschnabel-Darwinfink**
*Vegetarian Finch - Pinzón de Darwin vegetariano*
Gould, 1837
*Galápagos*



Pinaroloxias inornata
**Kokosinsel-Darwinfink**
*Cocos Finch - Pinzón de Darwin de Cocos*
Gould, 1843
*Insel del Coco (sw von Costa Rica)*



Camarhynchus heliobates
**Mangrovedarwinfink**
*Mangrove Finch - Pinzón de Darwin manglero*
Snodgrass & Heller, 1901
*Galápagos*

Camarhynchus pauper
**Kleinschnabel-Darwinfink**
*Medium Tree Finch - Pinzón de Darwin modesto*
Ridgway, 1890
*Galápagos*

Camarhynchus pallidus
**Spechtdarwinfink**
*Woodpecker Finch - Pinzón de Darwin carpintero*
Sclater, PL & Salvin, 1870
*c, s Galápagos*

Camarhynchus pallidus productus
**Westlicher Spechtdarwinfink**
Ridgway, 1894
w Galápagos
Camarhynchus pallidus striatipecta
**Östlicher Spechtdarwinfink**
Swarth, 1931
San Cristóbal (se Galápagos)

Camarhynchus parvulus
**Zwergdarwinfink**
*Small Tree Finch - Pinzón de Darwin chico*
Gould, 1837
*Galápagos*

Camarhynchus parvulus salvini
**Salvins Zwergdarwinfink**
Ridgway, 1894
San Cristóbal (se Galápagos)

Camarhynchus psittacula
**Papageischnabel-Darwinfink**
*Large Tree Finch - Pinzón de Darwin lorito*
Gould, 1837
*c, s Galápagos*

Camarhynchus psittacula habeli
**Nördlicher Papageischnabel-Darwinfink**
Sclater, PL & Salvin, 1870
n Galápagos
Camarhynchus psittacula affinis
**Westlicher Papageischnabel-Darwinfink**
Ridgway, 1894
w Galápagos



Geospiza fuliginosa
**Kleingrundfink**
*Small Ground Finch - Pinzón de Darwin fuliginoso*
Gould, 1837
*Galápagos*

Geospiza difficilis
**Spitzschnabel-Grundfink**
*Sharp-beaked Ground Finch - Pinzón de Darwin picofino*
Sharpe, 1888
*Pinta (n Galápagos)*

Geospiza difficilis debilirostris
**Ridgways Spitzschnabel-Grundfink**
Ridgway, 1894
w, c Galápagos

Geospiza acutirostris
**Genovesagrundfink**
*Genovesa Ground Finch - Pinzón de Darwin de Genovesa picofino*
Ridgway, 1894
*Genovesa (n Galápagos)*

Geospiza septentrionalis
**Vampirgrundfink**
*Vampire Ground Finch - Pinzón de Darwin chupasangre*
Rothschild & Hartert, EJO, 1899
*nw Galápagos*

Geospiza conirostris
**Españolagrundfink**
*Espanola Cactus Finch - Pinzón de Darwin conirrostro*
Ridgway, 1890
*Española (se Galápagos)*

Geospiza propinqua
**Opuntiengrundfink**
*Genovesa Cactus Finch - Pinzón de Darwin de Genovesa picogrueso*
Ridgway, 1894
*Genovesa (ne Galápagos)*

Geospiza magnirostris
**Großschnabel-Grundfink**
*Large Ground Finch - Pinzón de Darwin picogordo*
Gould, 1837
*Galápagos*

Geospiza magnirostris darwini
**Wolf-Großschnabel-Grundfink**
Rothschild & Hartert, EJO, 1899
Darwin und Wolf Is. (nw Galápagos)

Geospiza scandens
**Kaktusgrundfink**
*Common Cactus Finch - Pinzón de Darwin de Española*
Gould, 1837
*Santiago und Rábida (c Galápagos)*

Geospiza scandens intermedia
**Kleiner Kaktusgrundfink**
Ridgway, 1894
w, c, s Galápagos
Geospiza scandens abingdoni
**Pinta-Kaktusgrundfink**
Sclater, PL & Salvin, 1870
Pinta (n Galápagos)
Geospiza scandens rothschildi
**Rothschilds Kaktusgrundfink**
Heller & Snodgrass, 1901
Marchena (n Galápagos)

Geospiza fortis
**Mittelgrundfink**
*Medium Ground Finch - Pinzón de Darwin picomediano*
Gould, 1837
*Galápagos*



Volatinia jacarina
**Jacarinitangare**
*Blue-black Grassquit - Semillero volatinero*
Linnaeus, 1766
*se Peru bis e Brasilien und s bis n Argentinien*

Volatinia jacarina splendens
**Trinidad-Jacariniammer**
Vieillot, 1817
Mexico bis Kolumbien und e über Venezuela und Guianas bis zum Amazonasbecken;
Trinidad, Tobago und Grenada
Volatinia jacarina peruviensis
**Peru-Jacariniammer**
Peale, 1849
w Ecuador, w Peru und nw Chile

## Gattung: Conothraupis

Conothraupis speculigera
**Spiegeltangare**
*Black-and-white Tanager - Tangara albinegra*
Gould, 1855
*Ecuador, Peru*

Conothraupis mesoleuca
**Witwentangare**
*Cone-billed Tanager - Tangara picuda*
Berlioz, 1939
*wc Brasilien*

## Gattung: Creurgops

Creurgops verticalis
**Ockerschopftangare**
*Rufous-crested Tanager - Tangara crestirrufa*
Sclater, PL, 1858
*Venezuela bis Peru*

Creurgops dentatus
**Schiefertangare**
*Slaty Tanager - Tangara pizarrosa*
Sclater, PL & Salvin, 1876
*Peru und Bolivien*

## Gattung: Eucometis

Eucometis penicillata
**Graukopftangare**
*Grey-headed Tanager - Tangara cabecigrís*
Spix, 1825
*se Kolumbien, e Ecuador und e Peru e über Guianas und n Brasilien*

Eucometis penicillata pallida
**Honduras-Graukopftangare**
Berlepsch, 1888
se Mexico bis Honduras
Eucometis penicillata spodocephalus
**Nikaragua-Graukopftangare**
Bonaparte, 1853
Nicaragua und n Costa Rica
Eucometis penicillata stictothorax
**Costa Rica-Graukopftangare**
Berlepsch, 1888
wc Costa Rica bis w Panama
Eucometis penicillata cristata
**Panama-Graukopftangare**
Du Bus de Gisignies, 1855
e Panama, n Kolumbien und nw Venezuela
Eucometis penicillata affinis
**Venezuela-Graukopftangare**
Berlepsch, 1888
n Venezuela
Eucometis penicillata albicollis
**Bolivien-Graukopftangare**
d'Orbigny & Lafresnaye, 1837
Bolivien und Paraguay über c Brasilien

## Gattung: Trichothraupis

Trichothraupis melanops
**Schwarzgesichttangare**
*Black-goggled Tanager - Tangara de anteojos*
Vieillot, 1818
*Anden von n Peru bis n Argentinien; e Paraguay, s Brasilien und ne Argentinien*

Trichothraupis melanops griseonota
**Östliche Schwarzgesichttangare**
Cavarzere, V; Costa, TVV; Cabanne, GS; Trujillo-Arias, N; Marcondes, RS; Silveira, LF 2024
Osthänge der Anden

## Gattung: Heliothraupis

Heliothraupis oneilli
**Intitangare**
*Inti Tanager - Tangara inti*
Lane, Aponte, Rheindt, Rosenberg, GH, Schmitt & Terrill, 2021
*nw Bolivien (Machariapo Valley, Dpto. La Paz)*

## Gattung: Loriotus

Loriotus cristatus
**Feuerhaubentangare**
*Flame-crested Tanager - Tangara crestifuego*
Linnaeus, 1766
*Französisch-Guayana und ne Brasilien*

Loriotus cristatus intercedens
**Guyana-Feuerhaubentangare**
Berlepsch, 1880
e Venezuela, Guyana und Suriname
Loriotus cristatus orinocensis
**Venezuela-Feuerhaubentangare**
Zimmer, JT & Phelps, WH, 1945
e Kolumbien und s Venezuela
Loriotus cristatus cristatellus
**Sclaters Feuerhaubentangare**
Sclater, PL, 1862
se Kolumbien, s Venezuela, ne Peru und nw Brasilien
Loriotus cristatus fallax
**Peru-Feuerhaubentangare**
Zimmer, JT, 1945
s Kolumbien, e Ecuador und n Peru
Loriotus cristatus huarandosae
**Hurandosa-Feuerhaubentangare**
Chapman, 1925
nc Peru
Loriotus cristatus madeirae
**Bolivien-Feuerhaubentangare**
Hellmayr, 1910
se Peru und n Bolivien bis c Brasilien
Loriotus cristatus pallidigula
**Zimmers Feuerhaubentangare**
Zimmer, JT, 1945
ne Brasilien
Loriotus cristatus brunneus
**Spix-Feuerhaubentangare**
Spix, 1825
e Brasilien
Loriotus cristatus nattereri
**Natterers Feuerhaubentangare**
Pelzeln, 1870
sw Brasilien

Loriotus luctuosus
**Weißschulter-Haubentangare**
*White-shouldered Tanager - Tangara luctuosa*
d'Orbigny & Lafresnaye, 1837
*Amazonasgebiet*

Loriotus luctuosus axillaris
**Honduras-Weißschulter-Haubentangare**
Lawrence, 1874
e Honduras bis nw Panama
Loriotus luctuosus nitidissimus
**Costa Rica-Weißschulter-Haubentangare**
Salvin, 1870
w Costa Rica bis sw Panama
Loriotus luctuosus panamensis
**Panama-Weißschulter-Haubentangare**
Todd, 1917
c Panama bis nw Peru und w Venezuela
Loriotus luctuosus flaviventris
**Trinidad-Weißschulter-Haubentangare**
Sclater, PL, 1856
ne Venezuela und Trinidad

Loriotus rufiventer
**Gelbschopf-Haubentangare**
*Yellow-crested Tanager - Tangara crestiamarilla*
Spix, 1825
*sw Amazonasgebiet*

## Gattung: Coryphospingus

Coryphospingus pileatus
**Silberhaubentangare**
*Grey Pileated Finch - Soldadito capirotado*
Wied-Neuwied, M, 1821
*c, e Brasilien*

Coryphospingus pileatus rostratus
**Kolumbien-Silberhaubentangare**
Miller, AH, 1947
c Kolumbien

Coryphospingus pileatus brevicaudus
**Venezuela-Silberhaubentangare**
Cory, 1916
n Kolumbien bis n Venezuela

Coryphospingus cucullatus
**Rothaubentangare**
*Red Pileated Finch - Soldadito crestirrojo*
Müller, PLS, 1776
*Guianas und ne Brasilien*

Coryphospingus cucullatus rubescens
**Swainsons Rothaubentangare**
Swainson, 1825
c, s Brasilien, e Paraguay, ne Argentinien und Uruguay
Coryphospingus cucullatus fargoi
**Fargo-Rothaubentangare**
Brodkorb, 1938
se Ecuador, Peru, Bolivien, w Paraguay und n Argentinien

## Gattung: Tachyphonus

Tachyphonus surinamus
**Goldschopf-Haubentangare**
*Fulvous-crested Tanager - Tangara crestifulva*
Linnaeus, 1766
*e, s Venezuela, Guianas und n Brasilien*

Tachyphonus surinamus brevipes
**Venezuela-Goldschopf-Haubentangare**
Lafresnaye, 1846
s Kolumbien und s Venezuela bis e Ecuador, ne Peru und nw Brasilien
Tachyphonus surinamus napensis
**Peru-Goldschopf-Haubentangare**
Lawrence, 1864
e Peru und w Brasilien
Tachyphonus surinamus insignis
**Brasilien-Goldschopf-Haubentangare**
Hellmayr, 1906
c Brasilien

Tachyphonus delatrii
**Schwarzachsel-Haubentangare**
*Tawny-crested Tanager - Tangara de Delattre*
Lafresnaye, 1847
*Nicaragua bis Ecuador*

Tachyphonus rufus
**Schwarztangare**
*White-lined Tanager - Tangara negra*
Boddaert, 1783
*Costa Rica bis ne Argentinien*

Tachyphonus phoenicius
**Rotschultertangare**
*Red-shouldered Tanager - Tangara de galones*
Swainson, 1838
*Amazonasgebiet*

Tachyphonus coronatus
**Kronentangare**
*Ruby-crowned Tanager - Tangara coronada*
Vieillot, 1822
*e Paraguay, ne Argentinien und s Brasilien*

## Gattung: Rhodospingus

Rhodospingus cruentus
**Purpurhaubentangare**
*Crimson-breasted Finch - Soldadito carmesí*
Lesson, RP, 1844
*sw Kolumbien, w Ecuador und nw Peru*

## Gattung: Lanio

Lanio versicolor
**Weißschulter-Würgertangare**
*White-winged Shrike-Tanager - Tangara aliblanca*
d'Orbigny & Lafresnaye, 1837
*e Peru, w Brasilien und n Bolivien*

Lanio versicolor parvus
**Berlepschs Weißschulter-Würgertangare**
Berlepsch, 1912
ec Brasilien und ne Bolivien

Lanio fulvus
**Goldbrust-Würgertangare**
*Fulvous Shrike-Tanager - Tangara fulva*
Boddaert, 1783
*se Venezuela, Guianas und n Brasilien*

Lanio fulvus peruvianus
**Peru-Goldbrust-Würgertangare**
Carriker, 1934
w Venezuela, s Kolumbien, e Ecuador und ne Peru

Lanio aurantius
**Schwarzkehl-Würgertangare**
*Black-throated Shrike-Tanager - Tangara gorjinegra*
Lafresnaye, 1846
*s Mexico bis Honduras*

Lanio leucothorax
**Weißkehl-Würgertangare**
*White-throated Shrike-Tanager - Tangara gorjiblanca*
Salvin, 1865
*e Honduras bis e Costa Rica*

Lanio leucothorax reversus
**Costa Rica-Weißkehl-Würgertangare**
Bangs & Griscom, 1932
nw Costa Rica
Lanio leucothorax melanopygius
**Westliche Weißkehl-Würgertangare**
Salvin & Godman, 1883
w Costa Rica bis w Panama
Lanio leucothorax ictus
**Panama-Weißkehl-Würgertangare**
Kennard & Peters, JL, 1927
nw Panama

## Gattung: Ramphocelus

Ramphocelus sanguinolentus
**Flammentangare**
*Crimson-collared Tanager - Tangara acollarada*
Lesson, RP, 1831
*se Mexico bis Honduras*

Ramphocelus sanguinolentus apricus
**Panama-Flammentangare**
Bangs, 1908
e Honduras bis nw Panama

Ramphocelus flammigerus
**Feuerbürzeltangare**
*Flame-rumped Tanager - Tangara flamígera*
Jardine & Selby, 1833
*wc Kolumbien*

Ramphocelus icteronotus
**Gelbrückentangare**
*Lemon-rumped Tanager - Tangara culigualda*
Bonaparte, 1838
*Panama bis Ecuador*

Ramphocelus passerinii
**Passerinitangare**
*Scarlet-rumped Tanager - Tangara terciopelo*
Bonaparte, 1831
*s Mexico bis w Costa Rica*

Ramphocelus passerinii costaricensis
**Südliche Passerinitangare**
Cherrie, 1891
w Costa Rica

Ramphocelus bresilia
**Brasiltangare**
*Brazilian Tanager - Tangara brasileña*
Linnaeus, 1766
*e Brasilien*

Ramphocelus bresilia dorsalis
**Südliche Brasiltangare**
Sclater, PL, 1855
se Brasilien

Ramphocelus dimidiatus
**Scharlachbauchtangare**
*Crimson-backed Tanager - Tangara dorsirroja*
Lafresnaye, 1837
*c Panama, n Kolumbien und w Venezuela*

Ramphocelus dimidiatus arestus
**Coiba-Scharlachbauchtangare**
Wetmore, 1957
Coiba Insel (vor s Panama)
Ramphocelus dimidiatus limatus
**Pearl-Scharlachbauchtangare**
Bangs, 1901
Pearl Archipel (vor s Panama)
Ramphocelus dimidiatus molochinus
**Kolumbien-Scharlachbauchtangare**
Meyer de Schauensee, 1950
c Kolumbien

Ramphocelus nigrogularis
## Maskentangare
*Masked Crimson Tanager - Tangara enmascarada*
Spix, 1825
*w Amazonasgebiet*

Ramphocelus melanogaster
## Schwarzbauchtangare
*Huallaga Tanager - Tangara del Huallaga*
Swainson, 1838
*nc Peru*

Ramphocelus melanogaster transitus
**Östliche Schwarzbauchtangare**
Zimmer, JT, 1929
ec Peru

Ramphocelus carbo
## Purpurtangare
*Silver-beaked Tanager - Tangara picoplata*
Pallas, 1764
*se Kolumbien, e Ecuador und e Peru e über Venezuela, Guianas und n, c Brasilien*

Ramphocelus carbo unicolor
**Kolumbien-Purpurtangare**
Sclater, PL, 1856
c Kolumbien
Ramphocelus carbo capitalis
**Allens Purpurtangare**
Allen, JA, 1892
ne Venezuela
Ramphocelus carbo magnirostris
**Trinidad-Purpurtangare**
Lafresnaye, 1853
Trinidad
Ramphocelus carbo venezuelensis
**Venezuela-Purpurtangare**
Lafresnaye, 1853
e Kolumbien und n, w Venezuela
Ramphocelus carbo connectens
**Peru-Purpurtangare**
Berlepsch & Stolzmann, 1896
se Peru und nw Bolivien
Ramphocelus carbo atrosericeus
**Bolivien-Purpurtangare**
d'Orbigny & Lafresnaye, 1837
n, e Bolivien
Ramphocelus carbo centralis
**Paraguay-Purpurtangare**
Hellmayr, 1920
e Brasilien und n Paraguay

## Gattung: Sporophila

Sporophila bouvronides
## Weißbartspelzer
*Lesson's Seedeater - Semillero de Lesson*
Lesson, RP, 1831
*n Kolumbien, Venezuela, Trinidad, Tobago und Guianas*

Sporophila lineola
## Diamantspelzer
*Lined Seedeater - Semillero overo*
Linnaeus, 1758
*ne, s Brasilien bis n Argentinien*

Sporophila torqueola
## Halsbandspelzer
*Cinnamon-rumped Seedeater - Semillero torcaz*
Bonaparte, 1850
*c, sw Mexico*

Sporophila torqueola atriceps
**Mexiko-Halsbandspelzer**
Baird, SF, 1867
s Baja California (nw Mexico) und w Mexico

Sporophila morelleti
## Schwarzbrustspelzer
*Morelet's Seedeater - Semillero cuelliblanco*
Bonaparte, 1850
*se Mexico bis n Panama*

Sporophila morelleti sharpei
**Sharps Schwarzbrustspelzer**
Lawrence, 1889
s Texas (sc USA) und ne Mexico
Sporophila morelleti mutanda
**Salvador-Schwarzbrustspelzer**
Griscom, 1930
s Chiapa (s Mexico) bis El Salvador

Sporophila corvina
## Dunkelspelzer
*Variable Seedeater - Semillero corvino*
Sclater, PL, 1860
*e Mexico bis w Panama*

Sporophila corvina hoffmanni
**Hoffmanns Dunkelspelzer**
Cabanis, 1861
sw Costa Rica und sw Panama
Sporophila corvina hicksii
**Hicksis Dunkelspelzer**
Lawrence, 1865
s, se Panama bis nw Kolumbien
Sporophila corvina ophthalmica
**Peru-Dunkelspelzer**
Sclater, PL, 1860
sw Kolumbien bis nw Peru

Sporophila intermedia
## Einfarbspelzer
*Grey Seedeater - Semillero intermedio*
Cabanis, 1851
*Trinidad, n Kolumbien, Venezuela, Guyana und n Brasilien*

Sporophila intermedia bogotensis
**Kolumbien-Einfarbspelzer**
Gilliard, 1946
w Kolumbien
Sporophila intermedia insularis
**Trinidad-Einfarbspelzer**
Gilliard, 1946
n Venezuela und Trinidad

Sporophila americana
## Wechselspelzer
*Wing-barred Seedeater - Semillero aliblanco*
Gmelin, JF, 1789
*Tobago, ne Venezuela, Guianas und n Brasilien*

Sporophila americana dispar
**Brasilien-Wechselspelzer**
Todd, 1922
nc Brasilien
Sporophila americana murallae
**Amazonas-Wechselspelzer**
Chapman, 1915
w Amazonasgebiet von e Kolumbien bis ne Peru und nw Brasilien

Sporophila fringilloides
## Spitzschnabelspelzer
*White-naped Seedeater - Semillero nuquiblanco*
Pelzeln, 1870
*n, nw Amazonasgebiet*

Sporophila luctuosa
## Elsterspelzer
*Black-and-white Seedeater - Semillero negriblanco*
Lafresnaye, 1843
*Venezuela bis Bolivien*

Sporophila caerulescens
## Schmuckspelzer
*Double-collared Seedeater - Semillero corbatita*
Vieillot, 1823
*e Bolivien und s Brasilien bis c Argentinien*

Sporophila caerulescens hellmayri
**Östlicher Schmuckspelzer**
Wolters, 1939
e Brasilien
Sporophila caerulescens yungae
**Bolivien-Schmuckspelzer**
Gyldenstolpe, 1941
c Bolivien

Sporophila nigricollis
**Gelbbauchspelzer**
*Yellow-bellied Seedeater - Semillero ventriamarillo*
Vieillot, 1823
*Costa Rica bis n, w, e Kolumbien bis Venezuela, Guyana, Suriname, Trinidad, Tobago und s Kleine Antillen; ec, e Brasilien bis e Bolivien und ne Argentinien*

Sporophila nigricollis olivacea
**Ekuador-Gelbbauchspelzer**
Berlepsch & Taczanowski, 1884
sw Kolumbien und w Ecuador
Sporophila nigricollis inconspicua
**Peru-Gelbbauchspelzer**
Berlepsch & Stolzmann, 1906
w, c Peru

Sporophila ardesiaca
**Flankenfleckenspelzer**
*Dubois's Seedeater - Semillero de Dubois*
Dubois, AJC, 1894
*se Brasilien*

Sporophila funerea
**Dickschnabelspelzer**
*Thick-billed Seed Finch - Semillero piquigrueso*
Sclater, PL, 1860
*se Mexico bis n Nicaragua*

Sporophila funerea salvini
**Costa Rica-Dickschnabelspelzer**
Ridgway, 1884
s Nicaragua, Costa Rica (außer sw) und n Panama
Sporophila funerea ochrogyne
**Panama-Dickschnabelspelzer**
Olson, 1981
sw Costa Rica, s Panama bis n, w Kolumbien und nw Venezuela
Sporophila funerea fractor
**Coiba-Dickschnabelspelzer**
Olson, 2007
Coiba Insel (vor s Panama)
Sporophila funerea aethiops
**Ekuador-Dickschnabelspelzer**
Sclater, PL, 1860
sw Kolumbien und sw Ecuador

Sporophila angolensis
**Braunbauchspelzer**
*Chestnut-bellied Seed Finch - Semillero curió*
Linnaeus, 1766
*n Bolivien bis e Brasilien, Paraguay und ne Argentinien*

Sporophila angolensis torrida
**Trinidad-Braunbauchspelzer**
Scopoli, 1769
Trinidad, Tobago, e Kolumbien, Venezuela, Guianas und n, w Amazonasgebiet

Sporophila nuttingi
**Rosenschnabelspelzer**
*Nicaraguan Seed Finch - Semillero nicaragüense*
Ridgway, 1884
*Nicaragua bis n Panama*

Sporophila maximiliani
**Weißschnabelspelzer**
*Great-billed Seed Finch - Semillero de Maximilian*
Cabanis, 1851
*e Bolivien bis c, e Brasilien; Trinidad und e Venezuela; w Guyana und e Französisch-Guayana bis n Brasilien*

Sporophila crassirostris
**Rußspelzer**
*Large-billed Seed Finch - Semillero piquigrande*
Gmelin, JF, 1789
*e Kolumbien, Venezuela, Guianas s bis ne Peru und w, n Brasilien*

Sporophila crassirostris occidentalis
**Ekuador-Rußspelzer**
Sclater, PL, 1860
w Kolumbien bis sw Ecuador

Sporophila atrirostris
**Schwarzschnabelspelzer**
*Black-billed Seed Finch - Semillero piquinegro*
Sclater, PL & Salvin, 1878
*sc Kolumbien und e Ecuador bis n Peru*

Sporophila atrirostris gigantirostris
**Peru-Schwarzschnabelspelzer**
Bond, J & Meyer de Schauensee, 1939
se Peru bis c Bolivien

Sporophila schistacea
**Schieferspelzer**
*Slate-colored Seedeater - Semillero pizarroso*
Lawrence, 1862
*s Mexico bis n Kolumbien*

Sporophila schistacea incerta
**Ekuador-Schieferspelzer**
Riley, 1914
w Kolumbien und nw Ecuador
Sporophila schistacea longipennis
**Guianas-Schieferspelzer**
Chubb, C, 1921
e Kolumbien, Venezuela, Guianas, und w Amazonasgebiet

Sporophila falcirostris
**Falzschnabelspelzer**
*Temminck's Seedeater - Semillero picudo*
Temminck, 1820
*se Brasilien, e Paraguay und ne Argentinien*

Sporophila frontalis
**Riesenspelzer**
*Buffy-fronted Seedeater - Semillero frentiblanco*
Verreaux, J, 1869
*e Paraguay und ne Argentinien; se Brasilien*

Sporophila plumbea
**Grauspelzer**
*Plumbeous Seedeater - Semillero plomizo*
Wied-Neuwied, M, 1830
*c, s Brasilien, se Peru, n Bolivien, Paraguay und ne Argentinien*

Sporophila plumbea colombiana
**Nördlicher Grauspelzer**
Sharpe, 1888
n Kolumbien
Sporophila plumbea whiteleyana
**Östlicher Grauspelzer**
Sharpe, 1888
e Kolumbien, Venezuela, Guianas und n Brasilien

Sporophila beltoni
**Tropeirospelzer**
*Tropeiro Seedeater - Semillero arriero*
Repenning & Fontana, 2013
*s Brasilien (Rio Grande do Sul, Santa Catarina und Paraná)*

Sporophila collaris
**Erzspelzer**
*Rusty-collared Seedeater - Semillero acollarado*
Boddaert, 1783
*e Brasilien*

Sporophila collaris ochrascens
**Bolivien-Erzspelzer**
Hellmayr, 1904
Bolivien bis sc Brasilien
Sporophila collaris melanocephala
**Brasilien-Erzspelzer**
Vieillot, 1817
sw Brasilien, Paraguay und n Argentinien, se Brasilien und Uruguay

Sporophila albogularis
**Weißkehlspelzer**
*White-throated Seedeater - Semillero gorjiblanco*
Spix, 1825
*e Brasilien*

Sporophila leucoptera
**Zweifarbenspelzer**
*White-bellied Seedeater - Semillero ventriblanco*
Vieillot, 1817
*c, s Brasilien, Paraguay und n Argentinien*

Sporophila leucoptera mexianae
**Surinam-Zweifarbenspelzer**
Hellmayr, 1912
s Surinam und ne Brasilien
Sporophila leucoptera cinereola
**Temmnincks Zweifarbenspelzer**
Temminck, 1820
e Brasilien
Sporophila leucoptera bicolor
**Peru-Zweifarbenspelzer**
d'Orbigny & Lafresnaye, 1837
se Peru und Bolivien

Sporophila peruviana
**Papageischnabelspelzer**
*Parrot-billed Seedeater - Semillero peruano*
Lesson, RP, 1842
*w Peru*

Sporophila peruviana devronis
**Ekuador-Papageischnabelspelzer**
Verreaux, J, 1852
w Ecuador und nw Peru

Sporophila telasco
**Braunkehlspelzer**
*Chestnut-throated Seedeater - Semillero gorjicastaño*
Lesson, RP, 1828
sw Kolumbien bis nw Chile

Sporophila simplex
**Schlichtspelzer**
*Drab Seedeater - Semillero simple*
Taczanowski, 1874
sw Ecuador und w Peru

Sporophila castaneiventris
**Rotbauchspelzer**
*Chestnut-bellied Seedeater - Semillero ventricastaño*
Cabanis, 1849
Guiana Shield und Amazonasgebiet

Sporophila minuta
**Zwergspelzer**
*Ruddy-breasted Seedeater - Semillero pechirrufo*
Linnaeus, 1758
Trinidad, Tobago und n Südamerika

　Sporophila minuta parva
　**Mexiko-Zwergspelzer**
　Lawrence, 1883
　sw Mexico bis Nicaragua
　Sporophila minuta centralis
　**Panama-Zwergspelzer**
　Bangs & Penard, TE, 1918
　sw Costa Rica bis s Panama

Sporophila bouvreuil
**Orangespelzer**
*Copper Seedeater - Semillero camachuelo*
Müller, PLS, 1776
s Suriname und e, se Brasilien

Sporophila nigrorufa
**Schwarzmantelspelzer**
*Black-and-tawny Seedeater - Semillero rojinegro*
d'Orbigny & Lafresnaye, 1837
sw Brasilien und Bolivien

Sporophila hypoxantha
**Ockerbrustspelzer**
*Tawny-bellied Seedeater - Semillero ventricanela*
Cabanis, 1851
se Paraguay und s Brasilien bis ne Argentinien und w Uruguay

Sporophila ruficollis
**Schwarzkehlspelzer**
*Dark-throated Seedeater - Semillero gorjioscuro*
Cabanis, 1851
se Bolivien und sw Brasilien bis ne Argentinien und Uruguay

Sporophila iberaensis
**Iberáspelzer**
*Ibera Seedeater - Semillero del Iberá*
Di Giacomo & Kopuchian, 2016
ne Argentinien

Sporophila pileata
**Weißwangenspelzer**
*Pearly-bellied Seedeater - Semillero capirotado*
Sclater, PL, 1865
ne Bolivien, c, s Brasilien, Paraguay, ne Argentinien und Uruguay

Sporophila hypochroma
**Rotbürzelspelzer**
*Rufous-rumped Seedeater - Semillero culirrufo*
Todd, 1915
c Paraguay und ne Argentinien

Sporophila cinnamomea
**Zimtspelzer**
*Chestnut Seedeater - Semillero castaño*
Lafresnaye, 1839
s Paraguay, ne Argentinien, s Brasilien und Uruguay

Sporophila palustris
**Sumpfspelzer**
*Marsh Seedeater - Semillero palustre*
Barrows, 1883
ne Argentinien, Uruguay und s Brasilien

Sporophila melanogaster
**Schwarzbauchspelzer**
*Black-bellied Seedeater - Semillero ventrinegro*
Pelzeln, 1870
se Brasilien



Piezorina cinerea
**Dickschnabel-Grautangare**
*Cinereous Finch - Yal cinéreo*
Lafresnaye, 1843
Peru



Xenospingus concolor
**Feinschnabel-Grautangare**
*Slender-billed Finch - Yal picofino*
d'Orbigny & Lafresnaye, 1837
Peru und Chile



Cnemoscopus rubrirostris
**Rosaschnabeltangare**
*Grey-hooded Bush Tanager - Tangara piquirrubio*
Lafresnaye, 1840
w Venezuela und nc Kolumbien bis Ecuador

　Cnemoscopus rubrirostris chrysogaster
　**Peru-Rosaschnabeltangare**
　Taczanowski, 1875
　n Peru bis w Bolivien



Pseudospingus verticalis
**Schwarzkopf-Finkentangare**
*Black-headed Hemispingus - Hemispingo cabecinegro*
Lafresnaye, 1840
Kolumbien bis Peru

Pseudospingus xanthophthalmus
**Schlichtfinkentangare**
*Drab Hemispingus - Hemispingo modesto*
Taczanowski, 1874
Peru und Bolivien



Poospiza boliviana
**Zimtbrust-Finkentangare**
*Bolivian Warbling Finch - Monterita boliviana*
Sharpe, 1888
Bolivien und nw Argentinien

Poospiza ornata
**Schmuckfinkentangare**
*Cinnamon Warbling Finch - Monterita canela*
Landbeck, 1865
w Argentinien

Poospiza nigrorufa
**Rötelfinkentangare**
*Black-and-rufous Warbling Finch - Monterita sietevestidos pampera*
d'Orbigny & Lafresnaye, 1837
c Bolivien bis w Argentinien; e Paraguay und s Brasilien über Uruguay bis e Argentinien

Poospiza whitii
**Rotbrust-Finkentangare**
*Black-and-chestnut Warbling Finch - Monterita sietevestidos andina*
Sclater, PL, 1883
Anden in Bolivien (nördlich bis La Paz) und im nordwestlichen Argentinien (südlich bis San Luis und westlich von Córdoba)

Poospiza hispaniolensis
**Schwarzbrust-Finkentangare**
*Collared Warbling Finch - Monterita collareja*
Bonaparte, 1850
*s Ecuador und w Peru*

Poospiza rubecula
**Rostbauch-Finkentangare**
*Rufous-breasted Warbling Finch - Monterita pechirrufa*
Salvin, 1895
*Peru*

Poospiza baeri
**Graubauch-Finkentangare**
*Tucuman Mountain Finch - Monterita de Tucumán*
Oustalet, 1904
*Argentinien*

Poospiza garleppi
**Cochabamba-Finkentangare**
*Cochabamba Mountain Finch - Monterita de Cochabamba*
Berlepsch, 1893
*Bolivien*

Poospiza goeringi
**Graurücken-Finkentangare**
*Slaty-backed Hemispingus - Hemispingo dorsigrís*
Sclater, PL & Salvin, 1871
*sw Venezuela*

Poospiza rufosuperciliaris
**Zimtbrauen-Finkentangare**
*Rufous-browed Hemispingus - Hemispingo cejirrufo*
Blake & Hocking, 1974
*Peru*

## Gattung: Kleinothraupis

Kleinothraupis reyi
**Graukappen-Finkentangare**
*Grey-capped Hemispingus - Hemispingo coronigrís*
Berlepsch, 1885
*sw Venezuela*

Kleinothraupis atropileus
**Schwarzkappen-Finkentangare**
*Black-capped Hemispingus - Hemispingo capirotado*
Lafresnaye, 1842
*Venezuela bis Ecuador*

Kleinothraupis auricularis
**Weißbrauen-Finkentangare**
*White-browed Hemispingus - Hemispingo cejiblanco*
Cabanis, 1873
*Peru*

Kleinothraupis calophrys
**Ockerbrauen-Finkentangare**
*Orange-browed Hemispingus - Hemispingo de los bambúes*
Sclater, PL & Salvin, 1876
*Peru und Bolivien*

Kleinothraupis parodii
**Gelbbrauen-Finkentangare**
*Parodi's Hemispingus - Hemispingo de Parodi*
Weske & Terborgh, 1974
*Peru*

## Gattung: Sphenopsis

Sphenopsis frontalis
**Olivrücken-Finkentangare**
*Oleaginous Hemispingus - Hemispingo oleaginoso*
Tschudi, 1844
*Kolumbien, Ecuador und Peru*

    Sphenopsis frontalis ignobilis
    **Westliche Olivrücken-Finkentangare**
    Sclater, PL, 1862
    *w Venezuela*
    Sphenopsis frontalis flavidorsalis
    **Nordwestliche Olivrücken-Finkentangare**
    Phelps, WH & Phelps, WH Jr, 1953
    nw Venezuela

    Sphenopsis frontalis hanieli
    **Nördliche Olivrücken-Finkentangare**
    Hellmayr & Seilern, 1914
    n Venezuela
    Sphenopsis frontalis iterata
    **Nordöstliche Olivrücken-Finkentangare**
    Chapman, 1925
    ne Venezuela

Sphenopsis melanotis
**Schwarzohr-Finkentangare**
*Black-eared Hemispingus - Hemispingo orejinegro*
Sclater, PL, 1855
*w Venezuela und c Kolumbien bis c Ecuador*

    Sphenopsis melanotis berlepschi
    **Peru-Schwarzohr-Finkentangare**
    Taczanowski, 1880
    n, c Peru
    Sphenopsis melanotis castaneicollis
    **Bolivien-Schwarzohr-Finkentangare**
    Sclater, PL, 1858
    s Peru bis c Bolivien

Sphenopsis ochracea
**Ockerbrust-Finkentangare**
*Western Hemispingus - Hemispingo ocráceo*
Berlepsch & Taczanowski, 1884
*sw Kolumbien und w Ecuador*

Sphenopsis piurae
**Piurafinkentangare**
*Piura Hemispingus - Hemispingo de Piura*
Chapman, 1923
*s Ecuador und nw Peru*

    Sphenopsis piurae macrophrys
    **Peru-Piurafinkentangare**
    Koepcke, 1961
    w Peru

## Gattung: Thlypopsis

Thlypopsis fulviceps
**Rostkopftangare**
*Fulvous-headed Tanager - Tangara cabecifulva*
Cabanis, 1851
*n Venezuela*

    Thlypopsis fulviceps obscuriceps
    **Kolumbien-Rostkopftangare**
    Phelps, WH & Phelps, WH Jr, 1953
    n Kolumbien und nw Venezuela
    Thlypopsis fulviceps meridensis
    **Venezuela-Rostkopftangare**
    Phelps, WH & Phelps, WH Jr, 1962
    w Venezuela
    Thlypopsis fulviceps intensa
    **Todds Rostkopftangare**
    Todd, 1917
    nc Kolumbien

Thlypopsis inornata
**Braunbauchtangare**
*Buff-bellied Tanager - Tangara sencilla*
Taczanowski, 1879
*Peru*

Thlypopsis sordida
**Orangekopftangare**
*Orange-headed Tanager - Tangara cabecinaranja*
d'Orbigny & Lafresnaye, 1837
*e Bolivien bis e Brasilien und s bis Paraguay und n Argentinien*

    Thlypopsis sordida orinocensis
    **Venezuela-Orangekopftangare**
    Friedmann, 1942
    c Venezuela
    Thlypopsis sordida chrysopis
    **Ekuador-Orangekopftangare**
    Sclater, PL & Salvin, 1880
    s Kolumbien, e Ecuador, e Peru und w Brasilien

Thlypopsis pyrrhocoma
**Kastanienkopftangare**
*Chestnut-headed Tanager - Tangara pioró*
Burns, KJ, Unitt & Mason, NA, 2016
*e Paraguay, ne Argentinien und s Brasilien*

Thlypopsis ruficeps
**Goldkappentangare**
*Rust-and-yellow Tanager - Tangara alisera*
d'Orbigny & Lafresnaye, 1837
*Peru bis nw Argentinien*

Thlypopsis superciliaris
**Augenbrauentangare**
*Superciliaried Hemispingus - Hemispingo cejudo*
Lafresnaye, 1840
*nc Kolumbien*

> Thlypopsis superciliaris chrysophrys
> **Salvins Augenbrauentangare**
> Sclater, PL & Salvin, 1875
> *w Venezuela*
> Thlypopsis superciliaris nigrifrons
> **Zimmers Augenbrauentangare**
> Lawrence, 1875
> *c Kolumbien bis c Ecuador*
> Thlypopsis superciliaris maculifrons
> **Ekuador-Augenbrauentangare**
> Zimmer, JT, 1947
> *sw Ecuador und nw Peru*
> Thlypopsis superciliaris insignis
> **Nord-Peru-Augenbrauentangare**
> Zimmer, JT, 1947
> *n, nc Peru*
> Thlypopsis superciliaris leucogastra
> **Peru-Augenbrauentangare**
> Taczanowski, 1874
> *c Peru*
> Thlypopsis superciliaris urubambae
> **Bolivien-Augenbrauentangare**
> Zimmer, JT, 1947
> *s Peru bis c Bolivien*

Thlypopsis ornata
**Zimtbrusttangare**
*Rufous-chested Tanager - Tangara pechicanela*
Sclater, PL, 1859
*sw Kolumbien bis w Ecuador*

> Thlypopsis ornata media
> **Ekuador-Zimtbrusttangare**
> Zimmer, JT, 1930
> *s Ecuador bis c Peru*
> Thlypopsis ornata macropteryx
> **Peru-Zimtbrusttangare**
> Berlepsch & Stolzmann, 1896
> *c, s Peru*

Thlypopsis pectoralis
**Braunflankentangare**
*Brown-flanked Tanager - Tangara pectoral*
Taczanowski, 1884
*Peru*

## Gattung: Castanozoster

Castanozoster thoracicus
**Maronenbrust-Finkentangare**
*Bay-chested Warbling Finch - Monterita torácica*
Nordmann, 1835
*se Brasilien*

## Gattung: Donacospiza

Donacospiza albifrons
**Riedammertangare**
*Long-tailed Reed Finch - Cachilo canela*
Vieillot, 1817
*c Bolivien, e Paraguay, s Brasilien, ne Argentinien und Uruguay*

## Gattung: Cypsnagra

Cypsnagra hirundinacea
**Weißbürzeltangare**
*White-rumped Tanager - Tangara culiblanca*
Lesson, RP, 1831
*e Bolivien, Paraguay und s Brasilien*

> Cypsnagra hirundinacea pallidigula
> **Surinam-Weißbürzeltangare**
> Hellmayr, 1907
> Suriname, Französisch-Guayana, ne Bolivien bis ec Brasilien

## Gattung: Poospizopsis

Poospizopsis hypocondria
**Rotflanken-Finkentangare**
*Rufous-sided Warbling Finch - Monterita pechigrís*
d'Orbigny & Lafresnaye, 1837
*w Bolivien*

> Poospizopsis hypocondria affinis
> **Südliche Rotflanken-Finkentangare**
> Berlepsch, 1906
> nw Argentinien

Poospizopsis caesar
**Grauflanken-Finkentangare**
*Chestnut-breasted Mountain Finch - Monterita pechicastaña*
Sclater, PL & Salvin, 1869
*Peru*

## Gattung: Urothraupis

Urothraupis stolzmanni
**Weißkehltangare**
*Black-backed Bush Tanager - Tangara de Stolzmann*
Taczanowski & Berlepsch, 1885
*Andean Kolumbien und Ecuador*

## Gattung: Nephelornis

Nephelornis oneilli
**Brauntangare**
*Pardusco - Tangara pardusca*
Lowery & Tallman, 1976
*Peru*

## Gattung: Microspingus

Microspingus lateralis
**Rotbürzel-Finkentangare**
*Buff-throated Warbling Finch - Monterita culirrufa*
Nordmann, 1835
*e, se Brasilien*

Microspingus cabanisi
**Graubrust-Finkentangare**
*Grey-throated Warbling Finch - Monterita de Cabanis*
Bonaparte, 1850
*se Brasilien bis ne Argentinien inklusive Uruguay und e Paraguay*

Microspingus erythrophrys
**Rostbrauen-Finkentangare**
*Rusty-browed Warbling Finch - Monterita cejirrufa*
Sclater, PL, 1881
*extremer s Bolivien und nw Argentinien*

> Microspingus erythrophrys cochabambae
> **Bolivien-Rostbrauen-Finkentangare**
> Gyldenstolpe, 1941
> *c, s Bolivien*

Microspingus alticola
**Schwarzscheitel-Finkentangare**
*Plain-tailed Warbling Finch - Monterita de Cajamarca*
Salvin, 1895
*Peru*

Microspingus torquatus
**Bandfinkentangare**
*Ringed Warbling Finch - Monterita acollarada*
d'Orbigny & Lafresnaye, 1837
*w, c, s Bolivien*

> Microspingus torquatus pectoralis
> **Todds Bandfinkentangare**
> Todd, 1922
> n, c Argentinien

Microspingus trifasciatus
**Streifenfinkentangare**
*Three-striped Hemispingus - Hemispingo trilistado*
Taczanowski, 1874
*Peru und Bolivien*

Microspingus melanoleucus
**Schwarzwangen-Finkentangare**
*Black-capped Warbling Finch - Monterita cabecinegra*
d'Orbigny & Lafresnaye, 1837
*c Bolivien bis c Argentinien und Uruguay*

Microspingus cinereus
**Grauscheitel-Finkentangare**
*Cinereous Warbling Finch - Monterita cinérea*
Bonaparte, 1850
*s Brasilien*



Conirostrum margaritae
**Perlbrust-Spitzschnabel**
*Pearly-breasted Conebill - Conirrostro pechigrís*
Holt, EG, 1931
*w Amazonasgebiet*

Conirostrum bicolor
**Zweifarben-Spitzschnabel**
*Bicolored Conebill - Conirrostro bicolor*
Vieillot, 1809
*Trinidad, Kolumbien und Venezuela über Guianas bis n, e Brasilien*

Conirostrum bicolor minus
**Amazonas-Zweifarben-Spitzschnabel**
Hellmayr, 1935
*w Amazonasgebiet*

Conirostrum speciosum
**Rotsteiß-Spitzschnabel**
*Chestnut-vented Conebill - Conirrostro culirrufo*
Temminck, 1824
*se Peru und Bolivien bis sc Brasilien, Paraguay und n Argentinien*

Conirostrum speciosum guaricola
**Venezuela-Rotsteiß-Spitzschnabel**
Phelps, WH & Phelps, WH Jr, 1949
*n Venezuela*
Conirostrum speciosum amazonum
**Amazonas-Rotsteiß-Spitzschnabel**
Hellmayr, 1917
*e Kolumbien und w Venezuela, e Ecuador und e Peru, Guianas und n Brasilien*

Conirostrum leucogenys
**Weißohr-Spitzschnabel**
*White-eared Conebill - Conirrostro orejiblanco*
Lafresnaye, 1852
*n Kolumbien und nw Venezuela*

Conirostrum leucogenys panamense
**Panama-Weißohr-Spitzschnabel**
Griscom, 1927
*e Panama und nw Kolumbien*
Conirostrum leucogenys cyanochroum
**Venezuela-Weißohr-Spitzschnabel**
Todd, 1924
*w Venezuela*

Conirostrum albifrons
**Kappenspitzschnabel**
*Capped Conebill - Conirrostro coronado*
Lafresnaye, 1842
*nc Kolumbien bis w Venezuela*

Conirostrum albifrons cyanonotum
**Venezuela-Kappenspitzschnabel**
Todd, 1932
*n Venezuela*
Conirostrum albifrons centralandium
**Kolumbien-Kappenspitzschnabel**
Meyer de Schauensee, 1946
*c Kolumbien und n Ecuador*
Conirostrum albifrons atrocyaneum
**Ekuador-Kappenspitzschnabel**
Lafresnaye, 1848
*sw Kolumbien, Ecuador und n Peru*
Conirostrum albifrons sordidum
**Peru-Kappenspitzschnabel**
Berlepsch, 1901
*c Peru bis w Bolivien*
Conirostrum albifrons lugens
**Bolivien-Kappenspitzschnabel**
Berlepsch, 1901
*c Bolivien*

Conirostrum binghami
**Riesenspitzschnabel**
*Giant Conebill - Conirrostro gigante*
Chapman, 1919
*Andean Kolumbien bis Bolivien, n Chile und nw Argentinien*

Conirostrum sitticolor
**Blaurücken-Spitzschnabel**
*Blue-backed Conebill - Conirrostro dorsiazul*
Lafresnaye, 1840
*sw Venezuela, Kolumbien bis n Peru*

Conirostrum sitticolor pallidum
**Kolumbien-Blaurücken-Spitzschnabel**
Aveledo & Peréz, 1989
*ne Kolumbien und nw Venezuela*
Conirostrum sitticolor intermedium
**Venezuela-Blaurücken-Spitzschnabel**
Berlepsch, 1893
*w Venezuela*
Conirostrum sitticolor cyaneum
**Bolivien-Blaurücken-Spitzschnabel**
Taczanowski, 1875
*c Peru bis c Bolivien*

Conirostrum ferrugineiventre
**Weißbrauen-Spitzschnabel**
*White-browed Conebill - Conirrostro cejiblanco*
Sclater, PL, 1855
*Peru und Bolivien*

Conirostrum tamarugense
**Rotstirn-Spitzschnabel**
*Tamarugo Conebill - Conirrostro de tamarugal*
Johnson, AW & Millie, 1972
*Peru und Chile*

Conirostrum rufum
**Rotbrauen-Spitzschnabel**
*Rufous-browed Conebill - Conirrostro rufo*
Lafresnaye, 1843
*Kolumbien*

Conirostrum cinereum
**Weißstirn-Spitzschnabel**
*Cinereous Conebill - Conirrostro cinéreo*
d'Orbigny & Lafresnaye, 1838
*ec Peru bis w, c Bolivien*

Conirostrum cinereum fraseri
**Frasers Weißstirn-Spitzschnabel**
Sclater, PL, 1859
*sc Kolumbien und Ecuador*
Conirostrum cinereum littorale
**Südlicher Weißstirn-Spitzschnabel**
Berlepsch & Stolzmann, 1896
*nw, n Peru bis n Chile*



Sicalis citrina
**Zitronengilbtangare**
*Stripe-tailed Yellow Finch - Chirigüe citrino*
Pelzeln, 1870
*e Brasilien*

Sicalis citrina browni
**Guyanas-Zitronengilbtangare**
Bangs, 1898
*Kolumbien, Venezuela, Guianas und n Brasilien*
Sicalis citrina occidentalis
**Südliche Zitronengilbtangare**
Carriker, 1932
*se Peru bis nw Argentinien*

Sicalis taczanowskii
**Blasskehl-Gilbtangare**
*Sulphur-throated Finch - Chirigüe de Taczanowski*
Sharpe, 1888
*sw Ecuador und nw Peru*

Sicalis uropygialis
**Goldbürzel-Gilbtangare**
*Bright-rumped Yellow Finch - Chirigüe culigualdo*
d'Orbigny & Lafresnaye, 1837
*s Peru, n Chile, w Bolivien und nw Argentinien*

Sicalis uropigyalis sharpei
**Sharps Goldbürzel-Gilbtangare**
Berlepsch & Stolzmann, 1894
*nw bis c Peru*

Sicalis flaveola
**Safrangilbtangare**
*Saffron Finch - Chirigüe azafranado*
Linnaeus, 1766
*Trinidad, Kolumbien, Venezuela und Guianas*

Sicalis flaveola valida
**Ekuador-Safrangilbtangare**
Bangs & Penard, TE, 1921
w, c Ecuador und nw Peru
Sicalis flaveola brasiliensis
**Brasilien-Safrangilbtangare**
Gmelin, JF, 1789
e Brasilien
Sicalis flaveola pelzelni
**Pelzelns Safrangilbtangare**
Sclater, PL, 1872
e Bolivien, Paraguay, se Brasilien, n Argentinien und Uruguay
Sicalis flaveola koenigi
**Königs Safrangilbtangare**
Hoy, G, 1978
nw Argentinien

Sicalis columbiana
## Zwerggilbtangare
*Orange-fronted Yellow Finch - Chirigüe frentinaranja*
Cabanis, 1851
*e Kolumbien bis n Venezuela*

Sicalis columbiana leopoldinae
**Östliche Zwerggilbtangare**
Hellmayr, 1906
e Brasilien
Sicalis columbiana goeldii
**Goeldis Zwerggilbtangare**
Berlepsch, 1906
c Brasilien

Sicalis luteola
## Kurzschnabel-Gilbtangare
*Grassland Yellow Finch - Chirigüe sabanero*
Sparrman, 1789
*n Kolumbien, c Venezuela, Guyana und n Brasilien*

Sicalis luteola chrysops
**Nikaragua-Kurzschnabel-Gilbtangare**
Sclater, PL, 1862
s Mexico bis Nicaragua
Sicalis luteola mexicana
**Mexiko-Kurzschnabel-Gilbtangare**
Brodkorb, 1943
c Mexico
Sicalis luteola eisenmanni
**Eisenmanns Kurzschnabel-Gilbtangare**
Wetmore, 1953
nw Costa Rica bis c Panama
Sicalis luteola bogotensis
**Bogota-Kurzschnabel-Gilbtangare**
Chapman, 1924
n Kolumbien und nw Venezuela bis Ecuador und s Peru
Sicalis luteola flavissima
**Suriname-Kurzschnabel-Gilbtangare**
Todd, 1922
Suriname bis ne Brasilien
Sicalis luteola chapmani
**Chapmans Kurzschnabel-Gilbtangare**
Ridgway, 1899
nc Brasilien
Sicalis luteola luteiventris
**Südliche Kurzschnabel-Gilbtangare**
Meyen, 1834
s Brasilien bis c Argentinien und c Chile

Sicalis luteocephala
## Graunacken-Gilbtangare
*Citron-headed Yellow Finch - Chirigüe cabecigualdo*
d'Orbigny & Lafresnaye, 1837
*Bolivien und nw Argentinien*

Sicalis lebruni
## Magellangilbtangare
*Patagonian Yellow Finch - Chirigüe austral*
Oustalet, 1891
*c Argentinien bis s Chile und s Argentinien*

Sicalis olivascens
## Olivbrust-Gilbtangare
*Greenish Yellow Finch - Chirigüe oliváceo*
d'Orbigny & Lafresnaye, 1837
*se Peru, Bolivien und nw Argentinien*

Sicalis olivascens salvini
**Salvins Olivbrust-Gilbtangare**
Chubb, C, 1919
n Peru
Sicalis olivascens chloris
**Südliche Olivbrust-Gilbtangare**
Cabanis, 1846
wc Peru bis n Chile

Sicalis mendozae
## Olivbauch-Gilbtangare
*Monte Yellow Finch - Chirigüe de Mendoza*
Sharpe, 1888
*w Argentinien*

Sicalis auriventris
## Goldbauch-Gilbtangare
*Greater Yellow Finch - Chirigüe grande*
Philippi & Landbeck, 1864
*Chile und Argentinien*

Sicalis raimondii
## Grauflanken-Gilbtangare
*Raimondi's Yellow Finch - Chirigüe de Raimondi*
Taczanowski, 1874
*Peru*

Sicalis lutea
## Punagilbtangare
*Puna Yellow Finch - Chirigüe puneño*
d'Orbigny & Lafresnaye, 1837
*sc Peru bis nw Argentinien*



Phrygilus gayi
## Kordillerenammertangare
*Grey-hooded Sierra Finch - Yal cabecigrís*
Gervais, 1834
*n, c Chile*

Phrygilus gayi minor
**Kleine Kordillerenammertangare**
Philippi Bañados & Goodall, 1957
Küste nc Chile
Phrygilus gayi caniceps
**Südliche Kordillerenammertangare**
Burmeister, 1860
s Chile und w Argentinien

Phrygilus patagonicus
## Graukopf-Ammertangare
*Patagonian Sierra Finch - Yal patagón*
Lowe, 1923
*Chile und Argentinien*

Phrygilus atriceps
## Kapuzenammertangare
*Black-hooded Sierra Finch - Yal cabecinegro*
d'Orbigny & Lafresnaye, 1837
*Anden im Südwesten Perus (Arequipa), im Westen Boliviens, im Norden Chiles und im Nordwesten Argentiniens*

Phrygilus punensis
## Buschammertangare
*Peruvian Sierra Finch - Yal peruano*
Ridgway, 1887
*s Peru und w Bolivien*

Phrygilus punensis chloronotus
**Peru-Buschammertangare**
Berlepsch & Stolzmann, 1896
n, c Peru



Nesospiza acunhae
## Tristanammertangare
*Inaccessible Island Finch - Yal de la Inaccesible*
Cabanis, 1873
*Küste Inaccessible Insel*

Nesospiza acunhae dunnei
**Dunnes Tristanammertangare**
Hagen, 1952
e Inaccessible Insel
Nesospiza acunhae fraseri
**Frasers Tristanammertangare**
Ryan, 2008
Inaccessible Insel

Nesospiza wilkinsi
## Dickschnabel-Ammertangare
*Wilkins's Finch - Yal de Wilkins*
Lowe, 1923
*Nightingale Insel, Tristan da Cunha Gruppe s Atlantik*

Nesospiza questi
**Spitzschnabel-Ammertangare**
*Nightingale Island Finch - Yal de la Nightingale*
Lowe, 1923
*Nightingale Insel, Tristan da Cunha Gruppe s Atlantic*

### Gattung: Rowettia

Rowettia goughensis
**Goughammertangare**
*Gough Finch - Yal de Gough*
Clarke, WE, 1904
*Gough Island*

### Gattung: Melanodera

Melanodera melanodera
**Weißbart-Ammertangare**
*White-bridled Finch - Yal cejiblanco*
Quoy & Gaimard, 1824
*Falkland Is.*

> Melanodera melanodera princetoniana
> **Chile-Weißbart-Ammertangare**
> Scott, WED, 1900
> s Chile und s Argentinien

Melanodera xanthogramma
**Gelbbart-Ammertangare**
*Yellow-bridled Finch - Yal cejiamarillo*
Gould & Gray, GR, 1839
*extremer s Chile und s Argentinien*

> Melanodera xanthogramma barrosi
> **Chile-Gelbbart-Ammertangare**
> Chapman, 1923
> c, s Chile und w Argentinien

### Gattung: Geospizopsis

Geospizopsis plebejus
**Aschbrust-Ammertangare**
*Ash-breasted Sierra Finch - Yal plebeyo*
Tschudi, 1844
*nc Peru bis n Chile, w Bolivien und w Argentinien*

> Geospizopsis plebejus ocularis
> **Ekuador-Aschbrust-Ammertangare**
> Sclater, PL, 1859
> Ecuador und n Peru
> Geospizopsis plebejus naroskyi
> **Naroskys Aschbrust-Ammertangare**
> Nores & Yzurieta, 1983
> nc Argentinien

Geospizopsis unicolor
**Bleiammertangare**
*Plumbeous Sierra Finch - Yal plomizo*
d'Orbigny & Lafresnaye, 1837
*sw Peru, Chile und w Argentinien*

> Geospizopsis unicolor nivaria
> **Bangs Bleiammertangare**
> Bangs, 1899
> n Kolumbien und nw Venezuela
> Geospizopsis unicolor geospizopsis
> **Peru-Bleiammertangare**
> Bonaparte, 1853
> c Kolumbien bis n Peru
> Geospizopsis unicolor inca
> **Bolivien-Bleiammertangare**
> Zimmer, JT, 1929
> nc Peru bis w Bolivien
> Geospizopsis unicolor tucumana
> **Chapmanns Bleiammertangare**
> Chapman, 1925
> c Bolivien bis nw Argentinien
> Geosplzopsis unicolor cyanea
> **Argentinische Bleiammertangare**
> Nores & Yzurieta, 1983
> nc Argentinien
> Geospizopsis unicolor ultima
> **Ripleys Bleiammertangare**
> Ripley, 1950
> s Argentinien

### Gattung: Haplospiza

Haplospiza unicolor
**Einfarb-Ammertangare**
*Uniform Finch - Yal unicolor*
Cabanis, 1851
*e Paraguay, s Brasilien und ne Argentinien*

Haplospiza rustica
**Schieferammertangare**
*Slaty Finch - Yal pizarroso*
Tschudi, 1844
*Kolumbien und nw Venezuela bis c Bolivien*

> Haplospiza rustica uniformis
> **Mexiko-Schieferammertangare**
> Sclater, PL & Salvin, 1873
> se Mexico bis w Panama
> Haplospiza rustica arcana
> **Venezuela-Schieferammertangare**
> Wetmore & Phelps, WH Jr, 1949
> s Venezuela

### Gattung: Acanthidops

Acanthidops bairdi
**Vulkanammertangare**
*Peg-billed Finch - Yal costarricense*
Ridgway, 1882
*Costa Rica und Panama*

### Gattung: Xenodacnis

Xenodacnis petersi
**Strichelkopfpitpit**
*Streaked Dacnis - Dacnis andino norteño*
Bond, J & Meyer de Schauensee, 1939
*c Peru*

> Xenodacnis petersi bella
> **Ekuador-Strichelkopfpitpit**
> Bond, J & Meyer de Schauensee, 1939
> sc Ecuador und n Peru

Xenodacnis parina
**Stricheltangare**
*Tit-like Dacnis - Dacnis andino sureño*
Cabanis, 1873
*Andean s Peru*

### Gattung: Idiopsar

Idiopsar dorsalis
**Braunmantel-Ammertangare**
*Red-backed Sierra Finch - Yal dorsirrojo*
Cabanis, 1883
*n Chile und s Bolivien bis nw Argentinien*

Idiopsar erythronotus
**Weißkehl-Ammertangare**
*White-throated Sierra Finch - Yal gorjiblanco*
Philippi & Landbeck, 1861
*s Peru, sw Bolivien und n Chile*

Idiopsar speculifer
**Spiegelammertangare**
*Glacier Finch - Diuca aliblanca*
d'Orbigny & Lafresnaye, 1837
*s Peru, n Chile, w Bolivien und nw Argentinien*

> Idiopsar speculifer magnirostris
> **Peru-Spiegelammertangare**
> Carriker, 1935
> c Peru

Idiopsar brachyurus
**Kurzschwanz-Ammertangare**
*Boulder Finch - Yal colicorto*
Cassin, 1867
*s Peru bis c Bolivien; s Bolivien und n Argentinien*

Catamenia analis
**Spiegelsamenfresser**
*Band-tailed Seedeater - Semillero colifajado*
d'Orbigny & Lafresnaye, 1837
*n Chile, Bolivien und Argentinien*

Catamenia analis alpica
**Nördliche Spiegelsamenfresser**
Bangs, 1902
n Kolumbien
Catamenia analis schistaceifrons
**Östliche Spiegelsamenfresser**
Chapman, 1915
c, e Kolumbien
Catamenia analis soderstromi
**Soderstroms Spiegelsamenfresser**
Chapman, 1924
Ecuador
Catamenia analis insignis
**Peru-Spiegelsamenfresser**
Zimmer, JT, 1930
nc Peru
Catamenia analis analoides
**Westperu-Spiegelsamenfresser**
Lafresnaye, 1847
w Peru
Catamenia analis griseiventris
**Südperu-Spiegelsamenfresser**
Chapman, 1919
sw Peru

Catamenia inornata
**Schlichtsamenfresser**
*Plain-colored Seedeater - Semillero sencillo*
Lafresnaye, 1847
*s Peru bis n Chile und nw Argentinien*

Catamenia inornata mucuchiesi
**Merida-Schlichtsamenfresser**
Phelps, WH & Gilliard, 1941
Mérida (w Venezuela)
Catamenia inornata minor
**Kleine Schlichtsamenfresser**
Berlepsch, 1885
Táchira (w Venezuela) und Kolumbien bis c Peru
Catamenia inornata cordobensis
**Südliche Schlichtsamenfresser**
Nores & Yzurieta, 1983
nc Argentinien

Catamenia homochroa
**Schlankschnabel-Samenfresser**
*Paramo Seedeater - Semillero paramero*
Sclater, PL, 1859
*n Kolumbien und nw Venezuela bis nw Bolivien*

Catamenia homochroa oreophila
**Kolumbien-Schlankschnabel-Samenfresser**
Todd, 1913
n Kolumbien
Catamenia homochroa duncani
**Venezuela-Schlankschnabel-Samenfresser**
Chubb, C, 1921
c, s Venezuela und n Brasilien



Diglossa glauca
**Ultramarin-Hakenschnabel**
*Golden-eyed Flowerpiercer - Pinchaflor glauco*
Sclater, PL & Salvin, 1876
*nc Peru bis wc Bolivien*

Diglossa glauca tyrianthina
**Hellmayrs Hakenschnabel**
Hellmayr, 1930
s Kolumbien, c Ecuador und extremer n Peru

Diglossa caerulescens
**Silberhakenschnabel**
*Bluish Flowerpiercer - Pinchaflor azulado*
Sclater, PL, 1856
*n Venezuela*

Diglossa caerulescens ginesi
**Venezuela-Silberhakenschnabel**
Phelps, WH & Phelps, WH Jr, 1952
nw Venezuela
Diglossa caerulescens media
**Ekuador-Silberhakenschnabel**
Bond, J, 1955
Ecuador und nw Peru

Diglossa caerulescens mentalis
**Bolivien-Silberhakenschnabel**
Zimmer, JT, 1942
se Peru und w Bolivien
Diglossa caerulescens pallida
**Peru-Silberhakenschnabel**
Berlepsch & Stolzmann, 1896
nc und c Peru
Diglossa caerulescens saturata
**Kolumbien-Silberhakenschnabel**
Todd, 1917
Kolumbien und w Venezuela

Diglossa cyanea
**Maskenhakenschnabel**
*Masked Flowerpiercer - Pinchaflor enmascarado*
Lafresnaye, 1840
*w Venezuela, Kolumbien und Ecuador (außer sw)*

Diglossa cyanea obscura
**Ekuador-Maskenhakenschnabel**
Phelps, WH & Phelps, WH Jr, 1952
nw Venezuela
Diglossa cyanea tovarensis
**Venezuela-Maskenhakenschnabel**
Zimmer, JT & Phelps, WH, 1952
n Venezuela
Diglossa cyanea dispar
**Dunkler Maskenhakenschnabel**
Zimmer, JT, 1942
sw Ecuador und nw Peru
Diglossa cyanea melanopis
**Bolivien-Maskenhakenschnabel**
Tschudi, 1844
Peru bis c Bolivien

Diglossa indigotica
**Indigohakenschnabel**
*Indigo Flowerpiercer - Pinchaflor índigo*
Sclater, PL, 1856
*w Kolumbien und nw Ecuador*

Diglossa sittoides
**Rostbauch-Hakenschnabel**
*Rusty Flowerpiercer - Pinchaflor ferrugíneo*
d'Orbigny & Lafresnaye, 1838
*Bolivien und nw Argentinien*

Diglossa sittoides hyperythra
**Nördlicher Rostbauch-Hakenschnabel**
Cabanis, 1851
n Kolumbien und n Venezuela
Diglossa sittoides mandeli
**Mandel-Rostbauch-Hakenschnabel**
Blake, 1940
ne Venezuela
Diglossa sittoides coelestis
**Venezuela-Rostbauch-Hakenschnabel**
Phelps, WH & Phelps, WH Jr, 1953
nw Venezuela
Diglossa sittoides dorbignyi
**Dorbignys Rostbauch-Hakenschnabel**
Boissonneau, 1840
c Kolumbien bis w Venezuela
Diglossa sittoides decorata
**Peru-Rostbauch-Hakenschnabel**
Zimmer, JT, 1930
Ecuador und Peru

Diglossa plumbea
**Einfarb-Hakenschnabel**
*Slaty Flowerpiercer - Pinchaflor plomizo*
Cabanis, 1861
*Costa Rica und w Panama*

Diglossa baritula
**Zimtbauch-Hakenschnabel**
*Cinnamon-bellied Flowerpiercer - Pinchaflor ventricanelo*
Wagler, 1832
*c, sw Mexico*

Diglossa baritula montana
**Guatemala-Zimtbauch-Hakenschnabel**
Dearborn, 1907
s Mexico, Guatemala und El Salvador
Diglossa baritula parva
**Honduras-Zimtbauch-Hakenschnabel**
Griscom, 1932
Honduras und Nicaragua

Diglossa mystacalis
**Barthakenschnabel**
*Moustached Flowerpiercer - Pinchaflor bigotudo*
Lafresnaye, 1846
*w Bolivien*

Diglossa mystacalis unicincta
**Nördlicher Barthakenschnabel**
Hellmayr, 1905
n, nc Peru

Diglossa mystacalis pectoralis
**Peru-Barthakenschnabel**
Cabanis, 1873
c Peru

Diglossa mystacalis albilinea
**Südlicher Barthakenschnabel**
Chapman, 1919
se Peru

Diglossa lafresnayii
**Stahlhakenschnabel**
*Glossy Flowerpiercer - Pinchaflor satinado*
Boissonneau, 1840
*Venezuela bis Peru*

Diglossa gloriosissima
**Maronenbauch-Hakenschnabel**
*Chestnut-bellied Flowerpiercer - Pinchaflor ventrirrufo*
Chapman, 1912
*sw Kolumbien*

Diglossa gloriosissima boylei
**Westlicher Maronenbauch-Hakenschnabel**
Graves, GR, 1990
nw Kolumbien

Diglossa duidae
**Schuppenbrust-Hakenschnabel**
*Scaled Flowerpiercer - Pinchaflor del Duida*
Chapman, 1929
*c, s Amazonas (s Venezuela)*

Diglossa duidae hitchcocki
**Amazonas-Schuppenbrust-Hakenschnabel**
Phelps, WH & Phelps, WH Jr, 1948
n Amazonas (sc Venezuela)

Diglossa duidae georgebarrowcloughi
**Neblina-Schuppenbrust-Hakenschnabel**
Dickerman, 1987
Cerro de la Neblina (Venezuela-Brasilien Grenze)

Diglossa major
**Strichelhakenschnabel**
*Greater Flowerpiercer - Pinchaflor grande*
Cabanis, 1849
*Cerro Roraima, Cerro Cuquenán und Uei-tepui (se Venezuela, w Guyana und n Brasilien)*

Diglossa major gilliardi
**Gilliards Strichelhakenschnabel**
Chapman, 1939
Auyán-tepui (se Venezuela)

Diglossa major disjuncta
**Tepui-Strichelhakenschnabel**
Zimmer, JT & Phelps, WH, 1944
Tepuis on w side von Gran Sabana (se Venezuela)

Diglossa major chimantae
**Chimanta-Strichelhakenschnabel**
Phelps, WH & Phelps, WH Jr, 1947
Chimantá-tepui (se Venezuela)

Diglossa venezuelensis
**Dunkelhakenschnabel**
*Venezuelan Flowerpiercer - Pinchaflor venezolano*
Chapman, 1925
*Venezuela*

Diglossa albilatera
**Schieferhakenschnabel**
*White-sided Flowerpiercer - Pinchaflor flanquiblanco*
Lafresnaye, 1843
*nw Venezuela bis s Ecuador*

Diglossa albilatera federalis
**Nördlicher Schieferhakenschnabel**
Hellmayr, 1922
n Venezuela

Diglossa albilatera schistacea
**Ekuador-Schieferhakenschnabel**
Chapman, 1925
sw Ecuador und nw Peru

Diglossa albilatera affinis
**Peru-Schieferhakenschnabel**
Zimmer, JT, 1942
n bis sc Peru

Diglossa carbonaria
**Graubauch-Hakenschnabel**
*Grey-bellied Flowerpiercer - Pinchaflor carbonero*
d'Orbigny & Lafresnaye, 1838
*Bolivien und nw Argentinien*

Diglossa brunneiventris
**Schwarzkehl-Hakenschnabel**
*Black-throated Flowerpiercer - Pinchaflor gorjinegro*
Lafresnaye, 1846
*n Peru bis n Chile und w Bolivien*

Diglossa brunneiventris vuilleumieri
**Nördlicher Schwarzkehl-Hakenschnabel**
Graves, GR, 1980
nw Kolumbien

Diglossa gloriosa
**Méridahakenschnabel**
*Merida Flowerpiercer - Pinchaflor de Mérida*
Sclater, PL & Salvin, 1871
*Venezuela*

Diglossa humeralis
**Schwarzhakenschnabel**
*Black Flowerpiercer - Pinchaflor negro*
Fraser, 1840
*c Kolumbien bis w Venezuela*

Diglossa humeralis nocticolor
**Bangs Schwarzhakenschnabel**
Bangs, 1898
n Kolumbien und nw Venezuela

Diglossa humeralis aterrima
**Peru-Schwarzhakenschnabel**
Lafresnaye, 1846
wc Kolumbien bis n Peru



Calochaetes coccineus
**Mennigtangare**
*Vermilion Tanager - Tangara bermellón*
Sclater, PL, 1858
*Kolumbien bis Peru*



Iridosornis porphyrocephalus
**Purpurmantel-Bergtangare**
*Purplish-mantled Tanager - Tangara capiazul*
Sclater, PL, 1856
*Kolumbien und Ecuador*

Iridosornis analis
**Gelbkehl-Bergtangare**
*Yellow-throated Tanager - Tangara goliamarilla*
Tschudi, 1844
*Kolumbien bis Peru*

Iridosornis jelskii
**Kastanienbauch-Bergtangare**
*Golden-collared Tanager - Tangara de Jelski*
Cabanis, 1873
*n, c Peru*

Iridosornis jelskii bolivianus
**Bolivien-Kastanienbauch-Bergtangare**
Berlepsch, 1912
s Peru und w Bolivien

Iridosornis reinhardti
**Goldband-Bergtangare**
*Yellow-scarfed Tanager - Tangara de Reinhardt*
Sclater, PL, 1865
*Peru*

Iridosornis rufivertex
**Goldscheitel-Bergtangare**
*Golden-crowned Tanager - Tangara coronidorada*
Lafresnaye, 1842
*c Kolumbien und w Venezuela bis n Peru*

Iridosornis rufivertex caeruleoventris
**Nördliche Goldscheitel-Bergtangare**
Chapman, 1915
nw Kolumbien

Iridosornis rufivertex ignicapillus
**Südliche Goldscheitel-Bergtangare**
Chapman, 1915
sw Kolumbien

Iridosornis rufivertex subsimilis
**Westliche Goldscheitel-Bergtangare**
Zimmer, JT, 1944
w Ecuador

## Gattung: Pipraeidea

Pipraeidea melanonota
**Schwarzwangentangare**
*Fawn-breasted Tanager - Tangara de antifaz*
Vieillot, 1819
s Brasilien, Paraguay, ne Argentinien und Uruguay

Pipraeidea melanonota venezuelensis
**Sclaters Schwarzwangentangare**
Sclater, PL, 1857
Venezuela bis Bolivien und nw Argentinien

## Gattung: Rauenia

Rauenia bonariensis
**Schwarzstirntangare**
*Blue-and-yellow Tanager - Tangara naranjera*
Gmelin, JF, 1789
se Brasilien, Uruguay und e Argentinien

Rauenia bonariensis darwinii
**Darwins Schwarzstirntangare**
Bonaparte, 1838
Ecuador bis n Chile und w Bolivien
Rauenia bonariensis composita
**Bolivien-Schwarzstirntangare**
Zimmer, JT, 1944
c Bolivien
Rauenia bonariensis schulzei
**Schulzes Schwarzstirntangare**
Brodkorb, 1938
se Bolivien, Paraguay und nw Argentinien

## Gattung: Pseudosaltator

Pseudosaltator rufiventris
**Weißbrauen-Bergtangare**
*Rufous-bellied Mountain Tanager - Pepitero colorado*
d'Orbigny & Lafresnaye, 1837
Bolivien und nw Argentinien

## Gattung: Dubusia

Dubusia carrikeri
**Carrikers Bergtangare**
*Carriker's Mountain Tanager - Tangara pechifulva de Carriker*
Wetmore, 1946
n Kolumbien

Dubusia taeniata
**Silberbrauen-Bergtangare**
*Buff-breasted Mountain Tanager - Tangara pechifulva norteña*
Boissonneau, 1840
c Kolumbien und w Venezuela bis nw Peru

Dubusia stictocephala
**Stolzmanns Bergtangare**
*Streak-crowned Mountain Tanager - Tangara pechifulva sureña*
Berlepsch & Stolzmann, 1894
n Peru bis sc Peru

Dubusia castaneoventris
**Orangebauch-Bergtangare**
*Chestnut-bellied Mountain Tanager - Tangara ventricastaña*
Sclater, PL, 1851
Peru und Bolivien

## Gattung: Buthraupis

Buthraupis montana
**Blaurücken-Bergtangare**
*Hooded Mountain Tanager - Tangara montana*
d'Orbigny & Lafresnaye, 1837
w Bolivien

Buthraupis montana venezuelana
**Venezuela-Blaurücken-Bergtangare**
Aveledo & Peréz, 1989
nw Venezuela
Buthraupis montana gigas
**Große Blaurücken-Bergtangare**
Bonaparte, 1851
n Kolumbien
Buthraupis montana cucullata
**Ekuador-Blaurücken-Bergtangare**
Jardine & Selby, 1842
w, c Kolumbien bis Ecuador

Buthraupis montana cyanonota
**Nordperu-Blaurücken-Bergtangare**
Berlepsch & Stolzmann, 1896
n, c Peru
Buthraupis montana saturata
**Südperu-Blaurücken-Bergtangare**
Berlepsch & Stolzmann, 1906
se Peru

## Gattung: Sporathraupis

Sporathraupis cyanocephala
**Blaukopftangare**
*Blue-capped Tanager - Tangara coroniazul*
d'Orbigny & Lafresnaye, 1837
Ecuador, Peru und n Bolivien

Sporathraupis cyanocephala annectens
**Kolumbien-Blaukopftangare**
Zimmer, JT, 1944
c, w Kolumbien
Sporathraupis cyanocephala auricrissa
**Sclaters Blaukopftangare**
Sclater, PL, 1856
ne Kolumbien und nw Venezuela
Sporathraupis cyanocephala margaritae
**Margarita-Blaukopftangare**
Chapman, 1912
n Kolumbien
Sporathraupis cyanocephala hypophaea
**Todds Blaukopftangare**
Todd, 1917
nw bis nc Venezuela
Sporathraupis cyanocephala olivicyanea
**Lafresnayes Blaukopftangare**
Lafresnaye, 1843
nc Venezuela
Sporathraupis cyanocephala subcinerea
**Venezuela-Blaukopftangare**
Sclater, PL, 1861
nc bis ne Venezuela
Sporathraupis cyanocephala buesingi
**Trinidad-Blaukopftangare**
Hellmayr & Seilern, 1913
extremer ne Venezuela und Trinidad

## Gattung: Tephrophilus

Tephrophilus wetmorei
**Wetmorebergtangare**
*Masked Mountain Tanager - Tangara de Wetmore*
Moore, RT, 1934
Kolumbien bis Peru

## Gattung: Chlorornis

Chlorornis riefferii
**Papageitangare**
*Grass-green Tanager - Tangara lorito*
Boissonneau, 1840
Kolumbien und Ecuador

Chlorornis riefferii dilutus
**Nördliche Papageitangare**
Zimmer, JT, 1947
n Peru
Chlorornis riefferii elegans
**Peru-Papageitangare**
Tschudi, 1844
c Peru
Chlorornis riefferii celatus
**Südliche-Papageitangare**
Zimmer, JT, 1947
s Peru
Chlorornis riefferii bolivianus
**Bolivien-Papageitangare**
Berlepsch, 1912
w Bolivien

## Gattung: Cnemathraupis

Cnemathraupis eximia
**Schwarzbrust-Bergtangare**
*Black-chested Mountain Tanager - Tangara dorsiverde*
Boissonneau, 1840
ne Kolumbien und w Venezuela

Cnemathraupis eximia zimmeri
**Zimmers Schwarzbrust-Bergtangare**
Moore, RT, 1934
wc Kolumbien

Cnemathraupis eximia chloronota
**Sclaters Schwarzbrust-Bergtangare**
Sclater, PL, 1855
s Kolumbien und nw Ecuador
Cnemathraupis eximia cyanocalyptra
**Moores Schwarzbrust-Bergtangare**
Moore, RT, 1934
s Ecuador und n Peru

Cnemathraupis aureodorsalis
**Goldrücken-Bergtangare**
*Golden-backed Mountain Tanager - Tangara dorsidorada*
Blake & Hocking, 1974
*Peru*

## Gattung: Anisognathus

Anisognathus somptuosus
**Blauflügel-Bergtangare**
*Blue-winged Mountain Tanager - Tangara aliazul*
Lesson, RP, 1831
*se Ecuador und ec Peru*

Anisognathus somptuosus venezuelanus
**Venezuela-Blauflügel-Bergtangare**
Hellmayr, 1913
Yaracuy bis Miranda (n Venezuela)
Anisognathus somptuosus virididorsalis
**Aragua-Blauflügel-Bergtangare**
Phelps, WH & Phelps, WH Jr, 1949
Aragua (n Venezuela)
Anisognathus somptuosus antioquiae
**Kolumbien-Blauflügel-Bergtangare**
Berlepsch, 1912
nc Kolumbien
Anisognathus somptuosus victorini
**Victorins Blauflügel-Bergtangare**
Lafresnaye, 1842
c Kolumbien bis w Venezuela
Anisognathus somptuosus cyanopterus
**Cabanis-Blauflügel-Bergtangare**
Cabanis, 1866
sw Kolumbien und w Ecuador
Anisognathus somptuosus baezae
**Chapmans Blauflügel-Bergtangare**
Chapman, 1925
s Kolumbien bis c Ecuador
Anisognathus somptuosus alamoris
**Ekuador-Blauflügel-Bergtangare**
Chapman, 1925
sw Ecuador
Anisognathus somptuosus flavinucha
**Bolivien-Blauflügel-Bergtangare**
d'Orbigny & Lafresnaye, 1837
se Peru bis c Bolivien

Anisognathus notabilis
**Schwarzkinn-Bergtangare**
*Black-chinned Mountain Tanager - Tangara barbinegra*
Sclater, PL, 1855
*Kolumbien, Ecuador*

Anisognathus melanogenys
**Schwarzwangen-Bergtangare**
*Santa Marta Mountain Tanager - Tangara de Santa Marta*
Salvin & Godman, 1880
*Kolumbien*

Anisognathus igniventris
**Mennigohr-Bergtangare**
*Scarlet-bellied Mountain Tanager - Tangara ventrinaranja*
d'Orbigny & Lafresnaye, 1837
*sc Peru bis w Bolivien*

Anisognathus igniventris lunulatus
**Venezuela-Mennigohr-Bergtangare**
Du Bus de Gisignies, 1839
ne Kolumbien und w Venezuela
Anisognathus igniventris erythrotus
**Kolumbien-Mennigohr-Bergtangare**
Jardine & Selby, 1840
c Kolumbien bis n Peru
Anisognathus igniventris ignicrissa
**Peru-Mennigohr-Bergtangare**
Cabanis, 1873
nc und c Peru

Anisognathus lacrymosus
**Tränenbergtangare**
*Lacrimose Mountain Tanager - Tangara lacrimosa*
Du Bus de Gisignies, 1846
*c Peru*

Anisognathus lacrymosus pallididorsalis
**Nördliche Tränenbergtangare**
Phelps, WH & Phelps, WH Jr, 1952
n Kolumbien und nw Venezuela
Anisognathus lacrymosus melanops
**Berlepschs Tränenbergtangare**
Berlepsch, 1893
w Venezuela
Anisognathus lacrymosus tamae
**Tama-Tränenbergtangare**
Phelps, WH & Gilliard, 1941
ne Kolumbien und w Venezuela
Anisognathus lacrymosus yariguierum
**Kolumbien-Tränenbergtangare**
Donegan & Avendaño, 2010
c Kolumbien
Anisognathus lacrymosus intensus
**Südliche Tränenbergtangare**
Meyer de Schauensee, 1951
sw Kolumbien
Anisognathus lacrymosus olivaceiceps
**Westliche Tränenbergtangare**
Berlepsch, 1912
w Kolumbien
Anisognathus lacrymosus palpebrosus
**Ekuador-Tränenbergtangare**
Lafresnaye, 1847
s Kolumbien bis c Ecuador
Anisognathus lacrymosus caerulescens
**Peru-Tränenbergtangare**
Taczanowski & Berlepsch, 1885
s Ecuador und n Peru

## Gattung: Chlorochrysa

Chlorochrysa phoenicotis
**Rotohr-Bunttangare**
*Glistening-green Tanager - Tangara verde*
Bonaparte, 1851
*Kolumbien, Ecuador*

Chlorochrysa nitidissima
**Schwarzohr-Bunttangare**
*Multicolored Tanager - Tangara multicolor*
Sclater, PL, 1874
*Kolumbien*

Chlorochrysa calliparaea
**Schwarzkehl-Bunttangare**
*Orange-eared Tanager - Tangara orejinaranja*
Tschudi, 1844
*ec Peru*

Chlorochrysa calliparaea bourcieri
**Peru-Schwarzkehl-Bunttangare**
Bonaparte, 1851
s Kolumbien bis ne Peru
Chlorochrysa calliparaea fulgentissima
**Bolivien-Schwarzkehl-Bunttangare**
Chapman, 1901
s Peru und w Bolivien

## Gattung: Wetmorethraupis

Wetmorethraupis sterrhopteron
**Veilchenschultertangare**
*Orange-throated Tanager - Tangara golinaranja*
Lowery & O'Neill, 1964
*Peru und s Ecuador*

## Gattung: Bangsia

Bangsia flavovirens
**Olivbergtangare**
*Yellow-green Tanager - Tangara verdiamarilla*
Lawrence, 1867
*w Kolumbien und ne Ecuador*

Bangsia arcaei
**Gelbbauch-Bergtangare**
*Blue-and-gold Tanager - Tangara de Arcé*
Sclater, PL & Salvin, 1869
*Panama, nw Kolumbien*

Bangsia arcaei caeruleigularis
**Costa Rica-Bangstangare**
Ridgway, 1893
Costa Rica

Bangsia aureocincta
**Goldring-Bergtangare**
*Gold-ringed Tanager - Tangara del Tatamá*
Hellmayr, 1910
*Kolumbien*

Bangsia edwardsi
**Moosmantel-Bergtangare**
*Moss-backed Tanager - Tangara de Edwards*
Elliot, DG, 1865
*Kolumbien und Ecuador*

Bangsia rothschildi
**Gelbbrust-Bergtangare**
*Golden-chested Tanager - Tangara de Rothschild*
Berlepsch, 1897
*Kolumbien und Ecuador*

Bangsia melanochlamys
**Blauschulter-Bergtangare**
*Black-and-gold Tanager - Tangara negrigualda*
Hellmayr, 1910
*Kolumbien*

## Gattung: Lophospingus

Lophospingus griseocristatus
**Grauhauben-Ammertangare**
*Grey-crested Finch - Soldadito gris*
d'Orbigny & Lafresnaye, 1837
*c Bolivien bis nw Argentinien*

Lophospingus pusillus
**Schwarzhauben-Ammertangare**
*Black-crested Finch - Soldadito común*
Burmeister, 1860
*se Bolivien und w Paraguay bis c Argentinien*

## Gattung: Neothraupis

Neothraupis fasciata
**Flügelbindentangare**
*Shrike-like Tanager - Tangara bandeada*
Lichtenstein, MHC, 1823
*ne Bolivien und ne Paraguay bis e Brasilien*

## Gattung: Diuca

Diuca diuca
**Diucaammertangare**
*Diuca Finch - Diuca común*
Molina, 1782
*c und sc Chile, w Argentinien*

    Diuca diuca crassirostris
    **Hellmayrs Diucaammertangare**
    Hellmayr, 1932
    nc Chile, s Bolivien und n Argentinien
    Diuca diuca chiloensis
    **Chiloe-Diucaammertangare**
    Philippi Bañados & Peña, 1964
    Chiloé Insel (sc Chile)
    Diuca diuca minor
    **Kleine Diucaammertangare**
    Bonaparte, 1850
    c und s Argentinien und s Chile

## Gattung: Gubernatrix

Gubernatrix cristata
**Grüntangare**
*Yellow Cardinal - Gobernador crestado*
Vieillot, 1817
*Uruguay und n, e Argentinien*

## Gattung: Stephanophorus

Stephanophorus diadematus
**Diademtangare**
*Diademed Tanager - Tangara diademada*
Temminck, 1823
*e Paraguay, s Brasilien, ne Argentinien und Uruguay*

## Gattung: Cissopis

Cissopis leverianus
**Elstertangare**
*Magpie Tanager - Tangara urraca*
Gmelin, JF, 1788
*Bolivien*

    Cissopis leverianus major
    **Große Elstertangare**
    Cabanis, 1851
    Paraguay, se Brasil und ne Argentinien

## Gattung: Schistochlamys

Schistochlamys melanopis
**Schleiertangare**
*Black-faced Tanager - Tangara carinegra*
Latham, 1790
*E Guyana, Suriname, Französisch-Guyana und NO Brasil*

    Schistochlamys melanopis aterrima
    **Todds Schleiertangare**
    Todd, 1912
    c Kolumbien, Venezuela, w Guyana und n Brasil
    Schistochlamys melanopis grisea
    **Corys Schleiertangare**
    Cory, 1916
    s Ecuador und e Peru
    Schistochlamys melanopis olivina
    **Sclaters Schleiertangare**
    Sclater, PL, 1865
    se Peru und n Bolivien bis sc Brasil
    Schistochlamys melanopis amazonica
    **Amazonas-Schleiertangare**
    Zimmer, JT, 1947
    e und se Brasil

Schistochlamys ruficapillus
**Zimttangare**
*Cinnamon Tanager - Tangara canela*
Vieillot, 1817
*se Brasil, e Paraguay und ne Argentinien*

    Schistochlamys ruficapillus capistrata
    **Östliche Zimttangare**
    Wied-Neuwied, M, 1821
    e Brasil
    Schistochlamys ruficapillus sicki
    **Sicks Zimttangare**
    Pinto & Camargo, 1952
    c Brasil

## Gattung: Paroaria

Paroaria coronata
**Rotschopftangare**
*Red-crested Cardinal - Cardenilla crestada*
Miller, JF, 1776
*Bolivien und sw Brasilien bis c Argentinien, Uruguay und s Brasilien*

Paroaria dominicana
**Dominikanertangare**
*Red-cowled Cardinal - Cardenilla dominica*
Linnaeus, 1758
*ne Brasilien*

Paroaria baeri
**Blutstirntangare**
*Crimson-fronted Cardinal - Cardenilla frentirroja*
Hellmayr, 1907
*ec Brasilien*

    Paroaria baeri xinguensis
    **Sicks Blutstirntangare**
    Sick, 1950
    c Brasilien

Paroaria capitata
**Gelbschnabeltangare**
*Yellow-billed Cardinal - Cardenilla piquigualda*
d'Orbigny & Lafresnaye, 1837
*c, e Bolivien und sw Brasilien über ne Argentinien und nw Uruguay*

Paroaria nigrogenis
**Schwarzohrtangare**
*Masked Cardinal - Cardenilla enmascarada*
Lafresnaye, 1846
*ec Kolumbien, Venezuela und Trinidad*

Paroaria gularis
**Schwarzkehltangare**
*Red-capped Cardinal - Cardenilla capirroja*
Linnaeus, 1766
*e Kolumbien bis e Peru und über Guianas bis c Brasilien*

 Paroaria gularis cervicalis
 **Sclaters Schwarzkehltangare**
 Sclater, PL, 1862
 ne Bolivien und sw Brasilien


## Gattung: Ixothraupis

Ixothraupis varia
**Tüpfeltangare**
*Dotted Tanager - Tangara manchada*
Müller, PLS, 1776
*n Amazonasgebiet*

Ixothraupis rufigula
**Rostkehltangare**
*Rufous-throated Tanager - Tangara golirrufa*
Bonaparte, 1851
*Kolumbien und Ecuador*

Ixothraupis punctata
**Drosseltangare**
*Spotted Tanager - Tangara puntosa*
Linnaeus, 1766
*s Venezuela, Guianas und n Brasilien*

 Ixothraupis punctata punctulata
 **Bolivien-Drosseltangare**
 Linnaeus, 1766
 wc Bolivien
 Ixothraupis punctata zamorae
 **Ekuador-Drosseltangare**
 Chapman, 1925
 c Ecuador und n Peru
 Ixothraupis punctata perenensis
 **Peru-Drosseltangare**
 Chapman, 1925
 c Peru
 Ixothraupis punctata annectens
 **Zimmers Drosseltangare**
 Zimmer, JT, 1943
 se Peru

Ixothraupis guttata
**Fleckentangare**
*Speckled Tanager - Tangara pintoja*
Cabanis, 1851
*se Venezuela, Guianas und n Brasilien*

 Ixothraupis guttata eusticta
 **Todds Fleckentangare**
 Todd, 1912
 Costa Rica bis nw Kolumbien
 Ixothraupis guttata tolimae
 **Kolumbien-Fleckentangare**
 Chapman, 1914
 c Kolumbien
 Ixothraupis guttata bogotensis
 **Bogota-Fleckentangare**
 Hellmayr & Seilern, 1912
 n Kolumbien und nw Venezuela
 Ixothraupis guttata chrysophrys
 **Sclaters Fleckentangare**
 Sclater, PL, 1851
 n, s Venezuela und nw Brasilien
 Ixothraupis guttata trinitatis
 **Trinidad-Fleckentangare**
 Todd, 1912
 Trinidad

Ixothraupis xanthogastra
**Gelbbauchtangare**
*Yellow-bellied Tanager - Tangara ventriamarilla*
Sclater, PL, 1851
*e Kolumbien und s Venezuela bis n Bolivien*

 Ixothraupis xanthogastra phelpsi
 **Zimmers Gelbbauchtangare**
 Zimmer, JT, 1943
 se Venezuela, n Brasilien und Guyana

## Gattung: Chalcothraupis

Chalcothraupis ruficervix
**Rotnackentangare**
*Golden-naped Tanager - Tangara nuquigualda*
Prévost & des Murs, 1842
*Kolumbien*

Chalcothraupis ruficervix leucotis
**Ekuador-Rotnackentangare**
Sclater, PL, 1851
w Ecuador
Chalcothraupis ruficervix taylori
**Berlepschs Rotnackentangare**
Taczanowski & Berlepsch, 1885
se Kolumbien, e Ecuador und n Peru
Chalcothraupis ruficervix amabilis
**Zimmers Rotnackentangare**
Zimmer, JT, 1943
n bis c Peru
Chalcothraupis ruficervix inca
**Peru-Rotnackentangare**
Parkes, 1969
s Peru
Chalcothraupis ruficervix fulvicervix
**Bolivien-Rotnackentangare**
Sclater, PL & Salvin, 1876
se Peru und w Bolivien

## Gattung: Poecilostreptus

Poecilostreptus cabanisi
**Grünmanteltangare**
*Azure-rumped Tanager - Tangara chiapaneca*
Sclater, PL, 1868
s Mexico und Guatemala

Poecilostreptus palmeri
**Silbermanteltangare**
*Grey-and-gold Tanager - Tangara grisdorada*
Hellmayr, 1909
*Panama bis Ecuador*

## Gattung: Thraupis

Thraupis episcopus
**Bischofstangare**
*Blue-grey Tanager - Tangara azuleja*
Linnaeus, 1766
*Guyanas bis c Brasil*

 Thraupis episcopus cana
 **Nördliche Bischofstangare**
 Swainson, 1834
 seMexiko bis ne Kolumbien und N Venezuela
 Thraupis episcopus caesitia
 **Panama-Bischofstangare**
 Wetmore, 1959
 Bocas del Toro (nw Panama)
 Thraupis episcopus cumatilis
 **Coiba-Bischofstangare**
 Wetmore, 1957
 Coiba Insel (s Panama)
 Thraupis episcopus nesophila
 **Trinidad-Bischofstangare**
 Riley, 1912
 e Kolumbien bis e Venezuela, Trinidad
 Thraupis episcopus berlepschi
 **Tobago-Bischofstangare**
 Dalmas, 1900
 Tobago
 Thraupis episcopus mediana
 **Venezuela-Bischofstangare**
 Zimmer, JT, 1944
 se Kolumbien und s Venezuela bis n Bolivien
 Thraupis episcopus ehrenreichi
 **Purus-Bischofstangare**
 Reichenow, 1915
 Purús Rio (nw Brasil)
 Thraupis episcopus leucoptera
 **Kolumbien-Bischofstangare**
 Sclater, PL, 1886
 c Kolumbien
 Thraupis episcopus quaesita
 **Peru-Bischofstangare**
 Bangs & Noble, 1918
 sw Kolumbien bis nw Peru
 Thraupis episcopus caerulea
 **Ekuador-Bischofstangare**
 Zimmer, JT, 1929
 se Ecuador und n Peru
 Thraupis episcopus major
 **Große Bischofstangare**
 Berlepsch & Stolzmann, 1896
 C Peru
 Thraupis episcopus urubambae
 **Urubamba-Bischofstangare**
 Zimmer, JT, 1944
 se Peru
 Thraupis episcopus coelestis
 **Brasilien-Bischofstangare**
 Spix, 1825
 se Kolumbien, nw Ecuador bis w Brasil und c Peru

Thraupis sayaca
**Sayacatangare**
*Sayaca Tanager - Tangara sayaca*
Linnaeus, 1766
*e, s Brasilien, Paraguay, ne Argentinien und Uruguay*

Thraupis sayaca boliviana
**Bolivien-Sayacatangare**
Bond, J & Meyer de Schauensee, 1941
n Bolivien
Thraupis sayaca obscura
**Südliche Sayacatangare**
Naumburg, 1924
c, s Bolivien bis w Argentinien

Thraupis glaucocolpa
**Blauflecktangare**
*Glaucous Tanager - Tangara glauca*
Cabanis, 1851
*Kolumbien und Venezuela*

Thraupis cyanoptera
**Violettschultertangare**
*Azure-shouldered Tanager - Tangara cianóptera*
Vieillot, 1817
*se Brasilien*

Thraupis abbas
**Olivflügeltangare**
*Yellow-winged Tanager - Tangara aliamarilla*
Deppe, 1830
*e Mexico bis Nicaragua*

Thraupis ornata
**Schmucktangare**
*Golden-chevroned Tanager - Tangara adornada*
Sparrman, 1789
*se Brasilien*

Thraupis palmarum
**Palmentangare**
*Palm Tanager - Tangara palmera*
Wied-Neuwied, M, 1821
*e, s Brasilien und ne Argentinien*

Thraupis palmarum atripennis
**Todds Palmentangare**
Todd, 1922
e Nicaragua bis nw Venezuela
Thraupis palmarum violilavata
**Ekuador-Palmentangare**
Berlepsch & Taczanowski, 1884
sw Kolumbien und w Ecuador
Thraupis palmarum melanoptera
**Trinidad-Palmentangare**
Sclater, PL, 1857
Amazonasgebiet, Trinidad und Tobago

## Gattung: Stilpnia

Stilpnia cyanoptera
**Blauflügeltangare**
*Black-headed Tanager - Tangara cabecinegra*
Swainson, 1834
*n Kolumbien bis n Venezuela*

Stilpnia cyanoptera whitelyi
**Guyana-Blauflügeltangare**
Salvin & Godman, 1884
s Venezuela, Guyana und n Brasilien

Stilpnia viridicollis
**Goldkehltangare**
*Silver-backed Tanager - Tangara dorsiplateada*
Taczanowski, 1884
*c Peru bis w Bolivien*

Stilpnia viridicollis fulvigula
**Ekuador-Goldkehltangare**
Berlepsch & Stolzmann, 1906
s Ecuador und n Peru

Stilpnia phillipsi
**Siratangare**
*Sira Tanager - Tangara del Sira*
Graves, GR & Weske, 1987
*Peru*

Stilpnia argyrofenges
**Grünkehltangare**
*Straw-backed Tanager - Tangara dorsipajiza*
Sclater, PL & Salvin, 1876
*w, c Bolivien*

Stilpnia argyrofenges caeruleigularis
**Ekuador-Grünkehltangare**
Carriker, 1935
se Ecuador bis c Peru

Stilpnia heinei
**Schwarzscheiteltangare**
*Black-capped Tanager - Tangara coroninegra*
Cabanis, 1851
*Venezuela bis Ecuador*

Stilpnia larvata
**Goldscheiteltangare**
*Golden-hooded Tanager - Tangara cabecidorada*
Du Bus de Gisignies, 1846
*se Mexico bis n Costa Rica*

Stilpnia larvata centralis
**Costa Rica-Goldscheiteltangare**
Berlepsch, 1912
ne Costa Rica und nw Panama
Stilpnia larvata franciscae
**Franciscas Goldscheiteltangare**
Sclater, PL, 1856
sw Costa Rica und sw Panama
Stilpnia larvata fanny
**Fannys Goldscheiteltangare**
Lafresnaye, 1847
e Panama bis w Ecuador

Stilpnia cyanicollis
**Azurkopftangare**
*Blue-necked Tanager - Tangara cabeciazul*
d'Orbigny & Lafresnaye, 1837
*e Peru bis c Bolivien*

Stilpnia cyanicollis granadensis
**Kolumbien-Azurkopftangare**
Berlepsch, 1884
w Kolumbien
Stilpnia cyanicollis caeruleocephala
**Peru-Azurkopftangare**
Swainson, 1838
c Kolumbien bis n Peru
Stilpnia cyanicollis cyanopygia
**Ekuador-Azurkopftangare**
Berlepsch & Taczanowski, 1884
w Ecuador
Stilpnia cyanicollis hannahiae
**Venezuela-Azurkopftangare**
Cassin, 1865
n Kolumbien und nw Venezuela
Stilpnia cyanicollis melanogaster
**Brasilien-Azurkopftangare**
Cherrie & Reichenberger, 1923
c Brasilien
Stilpnia cyanicollis albotibialis
**Goias-Azurkopftangare**
Traylor, 1950
Goiás (ec Brasilien)

Stilpnia nigrocincta
**Schwarzbrusttangare**
*Masked Tanager - Tangara pechinegra*
Bonaparte, 1838
*n, w Amazonasgebiet*

Stilpnia peruviana
**Schwarzmanteltangare**
*Black-backed Tanager - Tangara dorsinegra*
Desmarest, 1806
*se Brasilien*

Stilpnia preciosa
**Prachttangare**
*Chestnut-backed Tanager - Tangara preciosa*
Cabanis, 1851
*e Paraguay, s Brasilien, ne Argentinien und Uruguay*

Stilpnia meyerdeschauenseei
**Grünkappentangare**
*Green-capped Tanager - Tangara coroniverde*
Schulenberg & Binford, 1985
*Peru*

Stilpnia vitriolina
**Rotscheiteltangare**
*Scrub Tanager - Tangara matorralera*
Cabanis, 1851
*Kolumbien und Ecuador*

Stilpnia cayana
**Isabelltangare**
*Burnished-buff Tanager - Tangara isabel norteña*
Linnaeus, 1766
*e Kolumbien und Venezuela, Guianas und n Brasilien; e Peru, n Bolivien und wc Brasilien*

    Stilpnia cayana fulvescens
    **Kolumbien-Isabelltangare**
    Todd, 1922
    c Kolumbien
    Stilpnia cayana huberi
    **Hubers Isabelltangare**
    Hellmayr, 1910
    ne Brasilien
    Stilpnia cayana flava
    **Brasilien-Isabelltangare**
    Gmelin, JF, 1789
    e Brasilien
    Stilpnia cayana sincipitalis
    **Berlepschs Isabelltangare**
    Berlepsch, 1907
    ec Brasilien
    Stilpnia cayana chloroptera
    **Paraguay-Isabelltangare**
    Vieillot, 1819
    se Brasilien, Paraguay und Argentinien
    Stilpnia cayana margaritae
    **Margarita-Isabelltangare**
    Allen, JA, 1891
    sw Brasilien

Stilpnia cucullata
**Buntkappentangare**
*Lesser Antillean Tanager - Tangara de Granada*
Swainson, 1834
*Grenada*

    Stilpnia cucullata versicolor
    **Vincent-Buntkappentangare**
    Lawrence, 1878
    St. Vincent

## Gattung: Tangara

Tangara vassorii
**Schwarzblautangare**
*Blue-and-black Tanager - Tangara azulinegra común*
Boissonneau, 1840
*Kolumbien und w Venezuela bis nw Peru*

    Tangara vassorii branickii
    **Branickis Schwarzblautangare**
    Taczanowski, 1882
    n Peru
    Tangara vassorii atrocoerulea
    **Südliche Schwarzblautangare**
    Tschudi, 1844
    s Peru bis c Bolivien

Tangara nigroviridis
**Silberfleckentangare**
*Beryl-spangled Tanager - Tangara de lentejuelas*
Lafresnaye, 1843
*e Hänge e Anden in Kolumbien und Ecuador*

    Tangara nigroviridis cyanescens
    **Sclaters Silberfleckentangare**
    Sclater, PL, 1857
    ne Kolumbien und n Venezuela, w Kolumbien bis w Ecuador
    Tangara nigroviridis lozanoana
    **Tachira-Silberfleckentangare**
    Aveledo & Peréz, 1994
    Lara bis Táchira (nw Venezuela)
    Tangara nigroviridis berlepschi
    **Berlepschs Silberfleckentangare**
    Taczanowski, 1884
    e Peru bis c Bolivien

Tangara dowii
**Glanzfleckentangare**
*Spangle-cheeked Tanager - Tangara caripinta*
Salvin, 1863
*Costa Rica und Panama*

Tangara fucosa
**Grünnackentangare**
*Green-naped Tanager - Tangara nuquiverde*
Nelson, 1912
*Panama*

Tangara cyanotis
**Silberbrauentangare**
*Blue-browed Tanager - Tangara cejiazul*
Sclater, PL, 1858
*Bolivien*

    Tangara cyanotis lutleyi
    **Lutleys Silberbrauentangare**
    Hellmayr, 1917
    Kolumbien, Ecuador und Peru

Tangara rufigenis
**Rotwangentangare**
*Rufous-cheeked Tanager - Tangara carirrufa*
Sclater, PL, 1857
*Venezuela*

Tangara labradorides
**Schwarznackentangare**
*Metallic-green Tanager - Tangara verdinegra*
Boissonneau, 1840
*w Kolumbien und w Ecuador*

    Tangara labradorides chaupensis
    **Peru-Schwarznackentangare**
    Chapman, 1925
    n Peru

Tangara gyrola
**Rötelkopftangare**
*Bay-headed Tanager - Tangara cabecibaya*
Linnaeus, 1758
*se Venezuela, Guianas und n Brasilien*

    Tangara gyrola bangsi
    **Bangs Rötelkopftangare**
    Hellmayr, 1911
    Nicaragua bis w Panama
    Tangara gyrola deleticia
    **Panama-Rötelkopftangare**
    Bangs, 1908
    e Panama bis c, w Kolumbien
    Tangara gyrola nupera
    **Kolumbien-Rötelkopftangare**
    Bangs, 1917
    sw Kolumbien, w Ecuador und nw Peru
    Tangara gyrola toddi
    **Todds Rötelkopftangare**
    Bangs & Penard, TE, 1921
    n Kolumbien und nw, n Venezuela
    Tangara gyrola viridissima
    **Trinidad-Rötelkopftangare**
    Lafresnaye, 1847
    ne Venezuela und Trinidad
    Tangara gyrola catharinae
    **Catharinas Rötelkopftangare**
    Hellmayr, 1911
    c Kolumbien über e Ecuador und e Peru bis w, c Bolivien
    Tangara gyrola parva
    **Zimmers Rötelkopftangare**
    Zimmer, JT, 1943
    e Kolumbien, s Venezuela, ne Peru und nw Brasilien
    Tangara gyrola albertinae
    **Albertinas Rötelkopftangare**
    Pelzeln, 1877
    c Brasilien s von Amazon

Tangara lavinia
**Kastanienflügeltangare**
*Rufous-winged Tanager - Tangara alirrufa*
Cassin, 1858
*e Panama bis w Ecuador*

    Tangara lavinia cara
    **Guatemala-Kastanienflügeltangare**
    Bangs, 1905
    Honduras bis nc Panama
    Tangara lavinia dalmasi
    **Dalmas-Kastanienflügeltangare**
    Hellmayr, 1910
    s Panama

Tangara chrysotis
**Goldohrtangare**
*Golden-eared Tanager - Tangara orejidorada*
Du Bus de Gisignies, 1846
*Kolumbien bis nw Bolivien*

Tangara xanthocephala
## Gelbkopftangare
*Saffron-crowned Tanager - Tangara coronigualda*
Tschudi, 1844
ec Peru

Tangara xanthocephala venusta
### Kolumbien-Gelbkopftangare
Sclater, PL, 1855
w Venezuela und Kolumbien bis c Peru
Tangara xanthocephala lamprotis
### Bolivien-Gelbkopftangare
Sclater, PL, 1851
se Peru bis w, c Bolivien

Tangara parzudakii
## Rotstirntangare
*Flame-faced Tanager - Tangara carirroja*
Lafresnaye, 1843
Kolumbien und w Venezuela bis s Ecuador

Tangara parzudakii urubambae
### Peru-Rotstirntangare
Zimmer, JT, 1943
Peru
Tangara parzudakii lunigera
### Sclaters Rotstirntangare
Sclater, PL, 1851
w Kolumbien und w Ecuador

Tangara johannae
## Blaubarttangare
*Blue-whiskered Tanager - Tangara bigotuda*
Dalmas, 1900
Kolumbien und Ecuador

Tangara schrankii
## Goldbrusttangare
*Green-and-gold Tanager - Tangara de Schrank*
Spix, 1825
s Kolumbien über e Ecuador und e Peru bis c Bolivien und wc Brasilien

Tangara schrankii venezuelana
### Venezuela-Goldbrusttangare
Phelps, WH & Phelps, WH Jr, 1957
s Venezuela

Tangara arthus
## Goldtangare
*Golden Tanager - Tangara pechicastaña*
Lesson, RP, 1832
nw, n Venezuela

Tangara arthus palmitae
### Palmita-Goldtangare
Meyer de Schauensee, 1947
ne Kolumbien
Tangara arthus sclateri
### Sclaters Goldtangare
Lafresnaye, 1854
c Kolumbien
Tangara arthus aurulenta
### Venezuela-Goldtangare
Lafresnaye, 1843
nc Kolumbien und nw Venezuela
Tangara arthus occidentalis
### Kolumbien-Goldtangare
Chapman, 1914
w Kolumbien
Tangara arthus goodsoni
### Goodsons Goldtangare
Hartert, EJO, 1913
w Ecuador
Tangara arthus aequatorialis
### Ekuador-Goldtangare
Taczanowski & Berlepsch, 1885
c Ecuador bis n Peru
Tangara arthus pulchra
### Peru-Goldtangare
Tschudi, 1844
ec Peru
Tangara arthus sophiae
### Sophias Goldtangare
Berlepsch, 1901
se Peru und w Bolivien

Tangara florida
## Smaragdtangare
*Emerald Tanager - Tangara florida*
Sclater, PL & Salvin, 1869
Costa Rica bis nw Ecuador

Tangara icterocephala
## Silberkehltangare
*Silver-throated Tanager - Tangara goliplateada*
Bonaparte, 1851
e Panama bis w Ecuador

Tangara icterocephala frantzii
### Frantzis Silberkehltangare
Cabanis, 1861
Costa Rica und w Panama
Tangara icterocephala oresbia
### Panama-Silberkehltangare
Wetmore, 1962
wc Panama

Tangara fastuosa
## Vielfarbentangare
*Seven-colored Tanager - Tangara sietecolores*
Lesson, RP, 1831
e Brasilien

Tangara seledon
## Dreifarbentangare
*Green-headed Tanager - Tangara arcoiris*
Müller, PLS, 1776
e Paraguay, ne Argentinien und s, se Brasilien

Tangara cyanocephala
## Blaukappentangare
*Red-necked Tanager - Tangara militar*
Müller, PLS, 1776
se Brasilien, Paraguay und ne Argentinien

Tangara cyanocephala cearensis
### Nördliche Blaukappentangare
Cory, 1916
ne Brasilien
Tangara cyanocephala corallina
### Östliche Blaukappentangare
Berlepsch, 1903
e Brasilien

Tangara desmaresti
## Orangebrusttangare
*Brassy-breasted Tanager - Tangara de Desmarest*
Vieillot, 1819
se Brasilien

Tangara cyanoventris
## Blaubrusttangare
*Gilt-edged Tanager - Tangara ventriazul*
Vieillot, 1819
se Brasilien

Tangara inornata
## Schlichttangare
*Plain-colored Tanager - Tangara cenicienta*
Gould, 1855
n, nc Kolumbien

Tangara inornata rava
### Costa Rica-Schlichttangare
Wetmore, 1963
Costa Rica und w Panama
Tangara inornata languens
### Panama-Schlichttangare
Bangs & Barbour, 1922
e Panama und nw Kolumbien

Tangara mexicana
## Türkistangare
*Turquoise Tanager - Tangara turquesa*
Linnaeus, 1766
Guianas bis c Brasilien

Tangara mexicana vieilloti
### Trinidad-Türkistangare
Sclater, PL, 1857
Trinidad
Tangara mexicana media
### Venezuela-Türkistangare
Berlepsch & Hartert, EJO, 1902
e Kolumbien und Venezuela
Tangara mexicana boliviana
### Bolivien-Türkistangare
Bonaparte, 1851
se Kolumbien bis e Ecuador, e Peru, w Brasilien und n Bolivien

Tangara brasiliensis
## Weißbauchtangare
*White-bellied Tanager - Tangara ventriblanca*
Linnaeus, 1766
*se Brasilien*

Tangara chilensis
## Siebenfarbentangare
*Paradise Tanager - Tangara del paraíso*
Vigors, 1832
*c Kolumbien über e Ecuador und e Peru bis w Bolivien und w Brasilien*

Tangara chilensis paradisea
### Guyanas-Siebenfarbentangare
Swainson, 1837
se Venezuela, Guianas und n Brasilien
Tangara chilensis caelicolor
### Venezuela-Siebenfarbentangare
Sclater, PL, 1851
e Kolumbien, s Venezuela und nw Brasilien
Tangara chilensis chlorocorys
### Peru-Siebenfarbentangare
Zimmer, JT, 1929
nc Peru

Tangara callophrys
## Opalscheiteltangare
*Opal-crowned Tanager - Tangara opalina*
Cabanis, 1849
*w Amazonasgebiet*

Tangara velia
## Rotbauchtangare
*Opal-rumped Tanager - Tangara velia*
Linnaeus, 1758
*Guianas und n Brasilien*

Tangara velia iridina
### Amazonas-Rotbauchtangare
Hartlaub, 1841
w Amazonasgebiet
Tangara velia signata
### Hellmayrs Rotbauchtangare
Hellmayr, 1905
ne Brasilien
Tangara velia cyanomelas
### Östliche Rotbauchtangare
Wied-Neuwied, M, 1830
e Brasilien